中国电建集团中南勘测设计研究院有限公司技术专著

# 水工碾压混凝土研究与应用

## 上 册

涂传林　肖　峰　姜福田　方坤河　等　编著

黄河水利出版社
· 郑 州 ·

## 内 容 提 要

本书以我国水工碾压混凝土（坝）大量试验研究、理论分析和工程应用为基础，吸收了国外碾压混凝土（坝）的最新研究和应用成果。主要内容包括：碾压混凝土在大坝建设中的应用，碾压混凝土重力坝的材料分区及设计指标；碾压混凝土的基本性能；有层面碾压混凝土的性能；碾压混凝土本构模型及对大坝位移和应力的影响，碾压混凝土坝温度徐变应力仿真分析；碾压混凝土的施工质量控制，龙滩大坝运行期原型观测。

本书可供从事水工碾压混凝土和常态混凝土试验研究，大坝设计、施工及运行管理的技术人员和相关专业的高等院校师生使用和参考。

### 图书在版编目(CIP)数据

水工碾压混凝土研究与应用：上、下册/涂传林等
编著. —郑州：黄河水利出版社，2023.9
ISBN 978-7-5509-3748-2

Ⅰ.①水… Ⅱ.①涂… Ⅲ.①碾压土坝-混凝土坝-研究 Ⅳ.①TV642.2

中国国家版本馆 CIP 数据核字(2023)第 188657 号

策划编辑：王志宽 电话：0371-66024331 E-mail：wangzhikuan83@126.com

责任编辑 赵红菲 郭 琼 责任校对 王单飞
封面设计 张心怡 责任监制 常红昕
出版发行 黄河水利出版社
　　　　　地址：河南省郑州市顺河路 49 号 邮政编码：450003
　　　　　网址：www.yrcp.com E-mail：hhslcbs@126.com
　　　　　发行部电话：0371-66020550
承印单位 河南瑞之光印刷股份有限公司
开　　本 889 mm×1 194 mm 1/16
印　　张 58.25
字　　数 1 800 千字
版次印次 2023 年 9 月第 1 版 2023 年 9 月第 1 次印刷
定　　价 450.00 元(上、下册)

# 作者简介

**涂传林**,男,江西新建人,1937 年出生。1963 年 1 月,清华大学水电系水工结构专业毕业。中南勘测设计研究院正高级工程师,从 1994 年起享受国务院政府特殊津贴。主持了一系列大型水利水电工程混凝土试验研究、混凝土断裂力学研究工作。5 项成果获得国家或省部级科技进步奖(3 项排名第一,2 项排名第二)。出版专著《三峡工程永久船闸混凝土质量与温度控制》(中国水利水电出版社,2012 年);主编《第五届岩石、混凝土断裂与强度学术会议论文集》(国防科技大学出版社,1993 年)。

**肖　峰**,男,湖南澧县人,1965 年出生。河海大学水工结构专业硕士研究生毕业。正高级工程师,中南勘测设计研究院有限公司技术总监。龙滩水电站设计总工程师。

**姜福田**,男,山东青岛人,1935 年出生。中国水利水电科学研究院正高级工程师。主持了一系列大型水利水电工程混凝土试验研究,水工碾压混凝土研究著名专家。

**方坤河**,男,广东普宁人,1946 年出生。武汉水利电力大学水工结构专业硕士研究生毕业,教授,享受国务院政府特殊津贴,国家级有突出贡献的中青年专家。水工碾压混凝土研究著名专家。

**金双全**,男,湖南长沙人,1964 年出生。武汉水利电力大学水工建筑专业毕业。中南勘测设计研究院原科研所副总工程师,正高级工程师。长期从事水电水利工程混凝土筑坝材料研究。

**成　方**,男,湖南宁乡人,1972 年出生。同济大学无机非金属材料专业毕业。中南勘测设计研究院原科研所总工程师,正高级工程师。长期从事水电水利工程混凝土筑坝材料研究。

**黄冬霞**,女,湖南临澧人,1963 年出生。四川建筑材料工业学院地质找矿专业毕业。中南勘测设计研究院原科研所主任工程师,正高级工程师。长期从事水工混凝土材料试验研究。

**何建平**,男,湖南资兴人,1966 年出生,华中科技大学工程力学专业硕士研究生毕业。中南勘测设计研究院原科研所副主任工程师,正高级工程师,从事数值计算分析工作。

# 序

碾压混凝土坝筑坝材料、施工技术和设计方法的发展是筑坝技术进展的重要体现。在保证混凝土坝质量的前提下,降低混凝土坝的造价、缩短混凝土坝的建设工期是国际坝工界不懈追求的目标,碾压混凝土筑坝技术就是在这一过程中提出并得到不断发展和完善的。经过大量的研究和工程实践,我国的碾压混凝土筑坝技术趋于成熟,技术水平已经处于世界前列。

本书由中国电建集团中南勘测设计研究院有限公司组织编写,涂传林、肖峰等8位同志共同完成。本书全面反映和总结了我国在水工碾压混凝土材料研究方面的成就和特色,主要表现在以下几个方面:

(1)以我国水工碾压混凝土大量试验研究成果和工程应用为基础,将试验研究、理论研究、设计技术与工程实际应用紧密结合,并吸收了国外碾压混凝土的研究成果,内容广泛,具有科学性、实用性、史料性,使我们对碾压混凝土有一个更全面、完整的了解。

(2)从碾压混凝土原材料选择、配合比优化、拌和物性能、混凝土物理力学热学性能和耐久性能等方面进行了全面的分析和讨论,这是我们认识碾压混凝土的基础。对全级配碾压混凝土成果的介绍和碾压混凝土坝结构强度的安全评估,使我们对碾压混凝土坝的安全性有了进一步的认识。

(3)变态混凝土和氧化镁碾压混凝土的研究和应用,是我国的创举。全面地介绍了这两种混凝土的生产、性能和工程应用情况,在分析其优越性的同时,也指出了应进一步研究的问题。

(4)由于碾压混凝土(坝)的碾压成层特性,用了大量的篇幅,介绍了碾压工艺与混凝土性能的密切关系和斜层碾压的优越性;研究了有层面碾压混凝土的各项基本物理力学性能、动力特性和断裂特性。另外,又列出一些专章分别讨论碾压混凝土的渗透溶蚀特性、渗流特性和抗剪断特性,它们对于大坝的耐久性和安全性都有重要的意义。同时,在大量试验资料的基础上,对各种渗流特性和抗剪断特性的统计分析方法和成果进行了全面的分析和讨论,并提出了有益的建议。

(5)介绍了碾压混凝土的一些本构模型,如碾压混凝土坝层内力学参数分析、有层面碾压混凝土结构力学性能的数值模拟、碾压混凝土层面对大坝应力和变形的影响分析,有助于我们对有层面碾压混凝土和碾压混凝土坝的深入了解。

(6)介绍了中国电建集团中南勘测设计研究院有限公司自主开发的混凝土坝温度徐变应力分析仿真软件MSCA1.0,包括碾压混凝土坝温度徐变应力仿真方法和原理、程序框架、与理论解和标准算例的对比分析,以及该软件在龙滩、向家坝等大型水利工程中的应用情况。

(7)为了了解碾压混凝土坝的施工和运行情况,列出专章介绍了碾压混凝土的施工质量控制问题、控制方法和工程实例,可供试验、施工和管理人员参考。

(8)200 m级龙滩碾压混凝土重力坝的建设,是一个里程碑式的工程。结合这个工程进行了大量的科技攻关,碾压混凝土材料研究的成果贯穿在各个部分,其运行情况如何被广泛关注。本书介绍了运行期大量宝贵的、系统的原型观测成果,表明大坝的建设是成功的,运行是安全和可靠的。

　　本书的特点是理论与实际应用相结合,在介绍理论基础的同时,引用了大量的工程实例。由于本书编写依托的专题研究时间跨度长,编写出版时间滞后较多,当时试验研究采用的标准和技术现在都有了新的发展,但本书的出版,对当今水工碾压混凝土试验研究、设计、施工和管理技术人员仍然具有重要参考价值。

**全国工程勘察设计大师　冯树荣**

2023 年 4 月

# 前　言

本书是在中国电建集团中南勘测设计研究院有限公司科技项目"碾压混凝土筑坝材料和工程实践总结"（YJ 2010-12）研究成果的基础上，由参加项目研究的相关人员集体编写完成。

碾压混凝土坝已在国内外大坝建设中得到了广泛的应用。碾压混凝土坝是一个由众多层间结合面和本体组成的层状结构。既要研究碾压混凝土本体的性能，还要研究有层面碾压混凝土的性能，以及由本体和层面组成的碾压混凝土坝的性能。这是一个综合性的课题，也是本书的主要内容。本书共5篇19章，主要内容如下：

第1章介绍碾压混凝土的产生和发展的情况；国内外碾压混凝土坝应用情况的统计分析；中国碾压混凝土筑坝的特点和创新点。第2章从设计方面提出了碾压混凝土大坝材料分区的原则和设计指标；介绍了安全系数设计方法的混凝土强度体系和强度参数，以及分项系数极限状态设计方法的混凝土强度体系和强度参数。

第3章介绍了混凝土原材料在混凝土中的凝结作用机理和检验方法，提出了今后研究发展的方向；对骨料碱活性反应问题，探讨了检验和抑制的方法。第4章论述了碾压混凝土配合比设计的基本原则、要求和应遵循的基本原则，配合比参数和确定原则；给出了碾压混凝土配合比设计的基本方法、步骤和应用算例；对部分工程的碾压混凝土配合比设计进行了统计分析。第5章分析了碾压混凝土拌和物的流动性、振动碾压实和凝结硬化机理；探讨了影响碾压混凝土工作度（VC）的因素及碾压混凝土的密实性、含气量、凝结时间的测定方法和研究的进展。第6章介绍了碾压混凝土试件规格和成型方法；对碾压混凝土强度、变形性能、体积变形、耐久性能、热性能的测定，变化规律和影响因素进行了分析。第7章进行了碾压混凝土强度影响因子统计分析；给出了碾压混凝土强度、变形性能及热性能参数的推算方法和推算数学模式。第8章提出了变态浆液和变态混凝土配合比设计的方法；分析了变态混凝土的性能；介绍了变态混凝土在一些工程中的应用情况；探讨了变态混凝土应用中存在的问题与进一步改进的方法。第9章介绍了碾压混凝土微膨胀的化学机理和特点；讨论了水泥中内含氧化镁和外掺氧化镁的碾压混凝土配合比设计；讨论了氧化镁碾压混凝土的性能及其影响因素。第10章介绍了全级配混凝土试验的特点及强度、抗渗透耐久性和变形性能及与标准试件的关系；探讨了层面对全级配碾压混凝土性能的影响；研究了碾压混凝土结构强度安全评估问题；分析了大体积混凝土强度的尺寸效应试验成果。第11章分析了混凝土中的空隙及其演变规律；碾压混凝土的渗透特性和水对碾压混凝土的溶蚀作用机理；给出了渗透及溶蚀耐久性评价原则及渗透溶蚀的稳定性；提出了碾压混凝土中掺合料掺量的建议。

第12章介绍了碾压混凝土室内碾压试验及现场碾压试验的工艺，分析了影响层面性能的因素。第13章介绍了有层面碾压混凝土的强度、变形、热学、抗渗、抗冻等各项物理力学性能。第14章介绍了室内模拟、施工现场试验取芯、施工试验现场的原位和大坝钻孔取芯的含层面试件的抗剪断特性及其影响因素；评价和研究了不同方法获得的抗剪断特性参数的相互关系。第15章介绍了室内模拟、施工试验现场取芯及在大坝上进行压水试验和取芯渗透试验方法，分析了渗透特性试验成果及其影响因素；评价和研究了不同试验方法获得的层面碾压混凝土渗透特性的相互关系和统计特性。

第16章介绍了碾压混凝土层面力学参数分析及力学性能的数值模拟方法，通过对碾压混凝土应力应变关系的理论分析和非线性有限元数值模拟，研究了碾压混凝土层面对大坝应力变形的影响。第17章介绍了中国电建集团中南勘测设计研究院有限公司自主开发的温控仿真软件MSCA1.0，以及该软件在龙滩、向家坝等大型水利工程中的应用情况。

第18章介绍了碾压混凝土从设计指标要求、原材料和配合比的选择和优化到碾压混凝土生产全过程的质量控制检测过程、要点及标准，结合工程对碾压混凝土质量进行分析评价。第19章介绍了龙滩大坝蓄水运行期的位移、变形、渗流和应力方面的原型观测资料和分析成果,分析了碾压混凝土坝的工作性态和安全性。

本书编写人员及具体编写分工如下:第 1、4、11、18 章由方坤河编写;第 2 章由涂传林、肖峰编写;第 3、5~7、10 章由姜福田编写;第 8、9 章由金双全编写;第 12~16 章由涂传林、成方、黄冬霞编写;第 17 章由何建平编写;第 19 章由肖峰编写。全书由涂传林、肖峰统稿。

本书在编写过程中引用了我国水电勘测设计、科研、高校、施工、管理等单位的大量试验研究成果和工程经验。其中:引用了水电水利规划设计总院、成都勘测设计研究院、贵阳勘测设计研究院、龙滩水电开发有限公司、中国长江三峡集团公司、中国水利水电科学研究院、南京水利科学研究院、长江科学研究院、河海大学、武汉大学、清华大学、西安理工大学、大连理工大学、广西大学、中国葛洲坝集团、中国水利水电第七工程局、中国水利水电第八工程局、广西水电工程局、湖南省水利水电勘测设计规划研究总院、广西水利科学研究院等许多单位已发表和未发表的大量研究报告和科技攻关成果;还引用了周建平、冯树荣、王圣培、李春敏、潘罗生、王述银、张有天、冯立生、张国新、陈改新、杨华全、黄松梅、速宝玉、孙恭尧、孙君森、林鸿镁、朱岳明、周群力、欧红光、王红斌、林长农、李双艳、朱育岷、何积树、陈子山、胡子奇、刘凯远、徐之江、袁宝珠、生卫民等专家、教授、工程师已发表和未发表的大量研究成果。作者深表感谢,在此向他们表示敬意!

全国工程勘察设计大师冯树荣为本书写了序并审阅了全书内容,长沙理工大学蒋忠明教授,中国电建集团中南勘测设计研究院有限公司科技信息部熊文清主任、朱友军正高级工程师等为本书的出版付出了大量劳动,在此表示感谢!

由于本书涉及专题研究成果资料众多,成书时间跨度长,又限于作者水平和经验,难免存在不妥之处,敬请广大读者批评指正。

作 者

2023 年 4 月

# 目　录

# 下　册

## 第 3 篇　有层面碾压混凝土的性能

## 第 4 篇 碾压混凝土坝温度应力仿真分析

## 第 5 篇 施工质量控制和原型观测

# 第1篇 概 论

## 第1章 碾压混凝土在大坝建设中的应用

### 1.1 概 述

降低混凝土坝的造价、缩短混凝土坝的建设周期是国际坝工界不懈追求的目标,碾压混凝土筑坝技术就是在这一过程中提出并得到不断发展的。

常规混凝土重力坝使用的混凝土的水泥含量高,水泥水化释放的水化热大且不易逸失。为了防止由于水泥水化热温升引起的混凝土裂缝,混凝土重力坝施工规定了严格的分缝、分块的"柱状"浇筑方法和严格的温度控制措施。这就使得常规混凝土重力坝的建设速度受到制约,混凝土坝的建设周期长、建设成本高。在与其他轻型混凝土坝和土石坝的竞争中显示出劣势。世界上15 m及其以上的高坝中,1950年以前混凝土坝所占的比例为38%;1951~1977年跌至25%;1978~1982年进一步减少到16.5%。而且,在上述时期内,在狭窄河谷地区建造混凝土拱坝的数量是增加的。因此,混凝土重力坝数量减少的比例,比上述数字所反映的还要大。所以,随着筑坝设备和筑坝技术的发展,一些新的筑坝方法就被提了出来,其中碾压混凝土筑坝就是其代表。

### 1.2 碾压混凝土筑坝技术的提出和应用

#### 1.2.1 碾压混凝土筑坝概念的提出

碾压混凝土坝是在常规混凝土重力坝与土石坝激烈竞争中产生的。由于大型土石方施工机械的使用及土力学理论的发展,土石坝的建设周期缩短、造价降低,使得土石坝的造价低于混凝土重力坝,从而得到快速的发展。然而,混凝土重力坝承受洪水漫顶破坏的能力强,具有较好的耐久性,无须在坝外另行布置专门的溢洪建筑物,以及修建过程对环境的破坏较小等优越性是土石坝无法与之相比的。因此,坝工专家们为寻求快速、经济建造混凝土重力坝的方法进行了不懈的努力。

1961年开始施工,1964年建成的意大利172 m高的阿尔普格拉(Alpe Gera)坝,包含了许多后来在碾压混凝土施工中沿用的方法。该坝使用了贫混凝土,施工时自卸卡车从拌和厂将混凝土直接运至施工仓面卸料,用推土机平仓,层厚700 mm,用悬挂于推土机后部的插入式振捣器组进行振捣,像土石坝的施工一样,从坝的一端向另一端一层一层地铺筑,在坝体规定位置用切缝机切割振捣后的混凝土形成横缝。该坝通过减少坝体内部混凝土的水泥用量达到节省大体积混凝土材料的单价。由于采用土石坝施工方法水平浇筑贫混凝土以代替传统的垂直柱状浇筑方法,因此降低了温度控制费用并加快了施工进度,节省了施工造价。

1970年,在美国加利福尼亚州阿斯劳玛尔(Asilomar)召开的"混凝土坝快速施工"会议上,意大利的学者提出关于阿尔普格拉坝施工的报告引起了人们的震动。但是,对于碾压混凝土坝有启发的还是加利福尼亚大学的杰罗姆·拉斐尔(Jerome Raphael)发表的《最优重力坝》一文。他提出了基于水泥土理论及应用的许多观点。他建议使用高效率、大容量的土石方运输机械和压实机械进行施工,并用水泥、砂砾石混合料作为筑坝材料。他认为,水泥固结砂砾石材料的抗剪强度较高,从而可使坝体的断面比典型的土石坝断面小很多,因此使用类似于土石坝施工的连续铺筑方法,与传统的混凝土坝施工方法相比,能缩短施工时间并减少施工费用。1972年,在阿斯劳玛尔召开的"混凝土坝经济施工"会议上,美国田纳西流域管理局的罗伯特·W.坎农(Robert W. Cannon)发表了题为《用土料压实方法建造混凝土坝》的论文,进一步发展了拉斐尔的设想。坎农介绍了在泰斯·福特(Tims Ford)坝试验块上,用无坍落度的贫混凝土用自卸卡车运输、前端装载机铺筑、振动碾压实的试验结果。在1973年召开的第十一届国际大坝会议上,莫法特(A. I. B. Moffat)宣读了题为《适用于重力坝施工的干贫混凝土研究》的论文。他推荐将早在20世纪50年代英国路基上使用的干贫混凝土用于修筑混凝土坝,用筑路机械将其压实。他预计,高40 m以上的坝,造价可降低15%。

将干贫混凝土用于水工大坝,可以追溯到20世纪60年代。1960~1961年,在中国台湾石门坝将干贫混凝土用作大坝的防渗心墙上,并使用土石坝的施工方法进行摊铺和碾压。但对于碾压混凝土坝的发展产生过重要影响的是巴基斯坦塔贝拉(Tarbela)坝的隧洞修复工程。1974年,该坝的泄洪隧洞出口被洪水冲垮,修复工作必须在春季融雪之前完成,于是采用碾压混凝土进行修复。在42 d时间里铺筑了35万 m³碾压混凝土,日平均铺筑量8 300余 m³,最大日铺筑强度达到1.8万 m³。这是当时世界最高的混凝土浇筑强度,充分显示了碾压混凝土施工快速、经济的特点。

### 1.2.2　碾压混凝土筑坝技术的应用

1974年,美国陆军工程师团(US Army Corps)针对Zintel Canyon坝的建设提出了一个碾压混凝土坝的比较方案,但由于缺乏资金,该坝的建设推迟到1992年才开始兴建。不过,该坝的很多设计理念在1982年建成的柳溪(Willow Creek)坝得到采用。

20世纪70年代中期,普莱斯(Price)在实验室对碾压混凝土进行了全面的试验研究。1977年,英国进行了高粉煤灰含量、低水泥用量的贫混凝土试验。1978~1980年,英国也进行了进一步的现场试验,并于1982年在小型碾压混凝土筑坝的施工中得到应用。

20世纪70年代,日本开展了碾压混凝土坝(RCD)工法的研究,该工法对混凝土坝施工的三个要素进行了改进。①施工:使用大型的施工设备,如土石坝施工设备,使用水平浇筑仓面,减少施工缝的模板工程量,缩短施工时间,提高施工安全性。②材料:降低混凝土的水泥用量,使用粉煤灰改善混凝土的工作性,降低温升,减小温度变形,取消埋设冷却系统。③设计:允许在以前只能修建土石坝等地质条件不佳的坝基上设计经济的碾压混凝土坝。1976年,日本在大川(Ohkawa)坝的围堰上进行了现场试验,结果表明RCD工法可用于大坝主体工程施工。

# 1.3　碾压混凝土在国外大坝建设中的应用

### 1.3.1　国外碾压混凝土坝的统计分析

碾压混凝土筑坝概念的形成到成为现实,仅仅不足10年时间。1980年,世界上第一座碾压混凝土坝——日本岛地川(Shimajigawa)坝建成。该坝坝高89 m,上下游面用3 m厚的常态混凝土作为防渗或保护面层,坝体混凝土总量为31.7万 m³,坝体内部碾压混凝土中胶凝材料用量为120 kg/m³,其中粉煤灰占30%。碾压混凝土约占坝体混凝土总方量的52%。1982年,美国建成世界上第一座全碾压混凝土坝——柳溪(Willow Creek)坝。该坝坝高52 m,坝轴线长543 m,不设纵横缝。该坝坝体上游面碾压混凝土水泥用量为104 kg/m³;下游面碾压混凝土的胶凝材料用量为151 kg/m³,其中粉煤灰用量为47 kg/m³;坝体内部碾压混凝土的胶凝材料用量仅为66 kg/m³,其中粉煤灰用量为19 kg/m³。该坝采用30

cm 厚的薄层连续铺筑上升方法，在 17 个星期里完成 33.1 万 m³ 碾压混凝土的铺筑，比常态混凝土重力坝缩短工期 1~1.5 年，造价仅相当于常规混凝土重力坝的 40%、堆石坝的 60% 左右。柳溪坝的建设，充分显示了碾压混凝土坝所具有的施工快速和经济的巨大优势。它的建成极大地推动了碾压混凝土坝在世界各国的发展速度。

对碾压混凝土筑坝技术发展起了重要作用的另一座坝是建于 1985~1987 年的美国上静水（Upper Stillwater）坝。该坝混凝土总量为 128.1 万 m³，碾压混凝土中胶凝材料用量高达 252 kg/m³，其中约 69% 是低钙的粉煤灰。1986 年，日本建成了第二座 RCD 坝——玉川（Tamagawa）坝，坝高 100 m，混凝土总量为 115.0 万 m³。

自 1980 年世界上第一座碾压混凝土坝——岛地川（Shimajigawa）坝建成至 2007 年，国外共建成碾压混凝土坝 241 座，在建 38 座（见表 1-1）。

将表 1-1 加上中国已建和在建的碾压混凝土坝，可得图 1-1 和图 1-2，即碾压混凝土坝在各大州和各国的分布情况。其中，中国占 33.57%，即约占 1/3。

**表 1-1 国外已建、在建碾压混凝土坝汇总表（截至 2009 年）**

| 序号 | 坝名 | 国家 | 坝高/ m | 坝长/ m | 混凝土量/ 万 m³ | 碾压混凝土 量/万 m³ | 胶凝材料/（kg/m³） 水泥 | 胶凝材料/（kg/m³） 掺合料 | 建成 年份 |
|---|---|---|---|---|---|---|---|---|---|
| 1 | Shimajigawa | 日本 | 89 | 240 | 31.7 | 16.5 | 84 | 36(F) | 1980 |
| 2 | Willow Creek | 美国 | 52 | 543 | 33.1 | 33.1 | 47 | 19(F) | 1982 |
| 3 | Copperfield | 澳大利亚 | 40 | 340 | 15.6 | 14.0 | 80 | 30(F) | 1984 |
| 4 | Middle Fork | 美国 | 38 | 125 | 4.3 | 4.2 | 66 | 0 | 1984 |
| 5 | Winchester | 美国 | 23 | 363 | 2.7 | 2.4 | 104 | 0 | 1984 |
| 6 | Galesville | 美国 | 50 | 290 | 17.1 | 16.1 | 53 | 51(F) | 1985 |
| 7 | Castilblanco de los Arroyos | 西班牙 | 25 | 124 | 2.0 | 1.4 | 61 | 120 | 1985 |
| 8 | Craigbourne | 澳大利亚 | 25 | 247 | 2.4 | 2.2 | 70 | 60(F) | 1986 |
| 9 | Tamagawa | 日本 | 100 | 441 | 115.0 | 77.2 | 91 | 39(F) | 1986 |
| 10 | Grindstone Canyon | 美国 | 42 | 432 | 9.6 | 8.8 | 76 | 0 | 1986 |
| 11 | Monksville | 美国 | 48 | 670 | 23.2 | 21.9 | 64 | 0 | 1986 |
| 12 | De Mist Kraal | 南非 | 30 | 300 | 6.5 | 3.5 | 58 | 58(F) | 1986 |
| 13 | Saco de Nova Olinda | 巴西 | 56 | 230 | 14.3 | 13.2 | 55 | 15(N) | 1986 |
| 14 | Arabie | 南非 | 36 | 455* | 14.2 | 10.1 | 36 | 74(S) | 1986 |
| 15 | Zaaihoek | 南非 | 47 | 527 | 13.4 | 9.7 | 36 | 84(S) | 1987 |
| 16 | La Manzanilla | 墨西哥 | 36 | 150 | 3.0 | 2.0 | 135 | 135(N) | 1987 |
| 17 | Lower Chase Creek | 美国 | 20 | 122 | 2.2 | 1.4 | 64 | 40(F) | 1987 |
| 18 | Upper Stillwater | 美国 | 91 | 815 | 128.1 | 112.5 | 79 | 173(F) | 1987 |
| 19 | Los Morales | 西班牙 | 28 | 200 | 2.6 | 2.2 | 80 74 | 140(F) 128(F) | 1987 |

续表 1-1

| 序号 | 坝名 | 国家 | 坝高/ m | 坝长/ m | 混凝土量/ 万 m³ | 碾压混凝土 量/万 m³ | 胶凝材料/(kg/m³) | | 建成 年份 |
|---|---|---|---|---|---|---|---|---|---|
| | | | | | | | 水泥 | 掺合料 | |
| 20 | Les Olivettes | 法国 | 36 | 255 | 8.5 | 8.0 | 0 | 130(R) | 1987 |
| 21 | Elk Creek | 美国 | 35 | 365 | 34.8 | 26.6 | 70 | 33(F) | 1988 |
| 22 | Mano | 日本 | 69 | 239 | 21.9 | 10.4 | 96 | 24(F) | 1988 |
| 23 | Ain al Koreima | 摩洛哥 | 26 | 124 | 3.0 | 2.7 | 70 140 | 30(S) 60(S) | 1988 |
| 24 | Shiromizugawa | 日本 | 55 | 367 | 31.4 | 14.2 | 96 | 24(F) | 1988 |
| 25 | Santa Eugenia | 西班牙 | 85.5 | 290 | 25.4 | 22.5 | 88 72 | 152(F) 143(F) | 1988 |
| 26 | Asahi Ogawa | 日本 | 84 | 260 | 36.1 | 26.8 | 96 | 24(F) | 1988 |
| 27 | Stagecoach | 美国 | 46 | 116 | 3.9 | 3.4 | 71 | 71(F) | 1988 |
| 28 | Pirika | 日本 | 40 | 755* | 36.0 | 16.3 | 84 | 36(F) | 1988 |
| 29 | Vadeni | 罗马尼亚 | 25 | 55 | 1.7 | 1.4 | 125 | 0 | 1988 |
| 30 | Rwedat | 摩洛哥 | 24 | 125 | 2.7 | 2.5 | 100 | 15(N) | 1988 |
| 31 | Nunome | 日本 | 72 | 322 | 33.0 | 11.0 | 78 | 42(F) | 1988 |
| 32 | Knellpoort[gb] | 南非 | 50 | 200 | 5.9 | 4.5 | 61 | 142(F) | 1988 |
| 33 | Los Canchales | 西班牙 | 32 | 240 | 5.4 | 2.5 | 84 70 | 156(F) 145(F) | 1988 |
| 34 | Urugua-i | 阿根廷 | 77 | 687 | 62.6 | 59.0 | 60 | 0 | 1989 |
| 35 | Stacy-spillway | 美国 | 31 | 173 | 15.8 | 8.9 | 125 | 62(C) | 1989 |
| 36 | Tirgu Jiu | 罗马尼亚 | 24 | 61 | 2.6 | 1.3 | 125 | 0 | 1989 |
| 37 | Spitskop | 南非 | 15 | 100 | 3.6 | 1.7 | 91 | 92(F) | 1989 |
| 38 | Wright's Basin | 澳大利亚 | 18 | 86 | 0.9 | 0.9 | 145 | 73(F) | 1989 |
| 39 | Wolwedans[gb] | 南非 | 70 | 268 | 21.0 | 18.0 | 58 | 136(F) | 1989 |
| 40 | Marmot Replacement | 美国 | 17 | 59 | 0.9 | 0.7 | 70 | 109(F) | 1989 |
| 41 | Tashkumyr | 吉尔吉斯斯坦 | 75 | 320 | 130.0 | 10.0 | 90 | 30(N) | 1989 |
| 42 | Dodairagawa | 日本 | 70 | 300 | 34.6 | 16.7 | 96 | 24(F) | 1990 |
| 43 | Quail Creek South | 美国 | 42 | 610 | 15.0 | 13.0 | 80 | 53(F) | 1990 |
| 44 | Concepcion | 洪都拉斯 | 68 | 694 | 29.0 | 27.0 | 65 | 15 | 1990 |
| 45 | Wriggleswade | 南非 | 34 | 737 | 16.5 | 13.4 | 44 | 66(F) | 1990 |
| 46 | Riou | 法国 | 26 | 308 | 4.6 | 4.1 | 0 | 120(R) | 1990 |

续表 1-1

| 序号 | 坝名 | 国家 | 坝高/m | 坝长/m | 混凝土量/万 m³ | 碾压混凝土量/万 m³ | 胶凝材料/（kg/m³） | | 建成年份 |
| | | | | | | | 水泥 | 掺合料 | |
|---|---|---|---|---|---|---|---|---|---|
| 47 | Marono | 西班牙 | 53 | 182 | 9.1 | 8.0 | 80<br>65 | 170（F）<br>160（F） | 1990 |
| 48 | Caraibas | 巴西 | 26 | 160 | 2.2 | 1.8 | 58 | 16（N） | 1990 |
| 49 | Asari | 日本 | 74 | 390 | 51.7 | 25.9 | 96 | 24（F） | 1990 |
| 50 | Aoulouz | 摩洛哥 | 75 | 480 | 83.0 | 60.8 | 120<br>90 | 0<br>0 | 1990 |
| 51 | Hervas | 西班牙 | 33 | 210 | 4.3 | 2.4 | 80 | 155（F） | 1990 |
| 52 | Freeman Diversion | 美国 | 17 | 366 | 11.0 | 10.1 | 125 | 83（F） | 1990 |
| 53 | Kamuro | 日本 | 61 | 257 | 30.7 | 13.6 | 96 | 24（F） | 1990 |
| 54 | Glen Melville | 南非 | 32 | 380 | 11.4 | 6.6 | 65 | 65（F） | 1990 |
| 55 | Thornlea | 南非 | 17 | 135 | 1.7 | 1.6 | 38 | 87（S） | 1990 |
| 56 | Nickajack Auxillary | 美国 | 17 | 427 | 7.9 | 7.9 | 85 | 119（F） | 1991 |
| 57 | Gameleira | 英国 | 29 | 150 | 2.9 | 2.7 | 65 | 0 | 1991 |
| 58 | Cuchillo Negro | 美国 | 50 | 186 | 8.2 | 7.5 | 77 | 59（F） | 1991 |
| 59 | Sakaigawa | 日本 | 115 | 298 | 71.8 | 37.3 | 91 | 39（F） | 1991 |
| 60 | New Victoria | 澳大利亚 | 52 | 285 | 13.5 | 12.1 | 79 | 160（F） | 1991 |
| 61 | Burguillo del Cerro | 西班牙 | 24 | 167 | 3.3 | 2.5 | 80 | 135（F） | 1991 |
| 62 | Victoria replacement | 美国 | 37 | 100 | 4.0 | 3.6 | 67 | 67（C） | 1991 |
| 63 | La Puebla de Cazalla | 西班牙 | 71 | 220 | 22.0 | 20.5 | 80 | 130（F） | 1991 |
| 64 | Belen Caguela | 西班牙 | 31 | 160 | 2.9 | 2.4 | 73 | 109（F） | 1991 |
| 65 | Choldocogagna | 法国 | 36 | 100 | 2.3 | 1.9 | 0 | 110（R） | 1991 |
| 66 | Belen-Gato | 西班牙 | 34 | 158 | 4.1 | 3.6 | 73 | 109（F） | 1991 |
| 67 | Sabigawa（lower dam） | 日本 | 104 | 273 | 59.0 | 40.0 | 91 | 39（F） | 1991 |
| 68 | Amatisteros Ⅲ | 西班牙 | 19 | 75 | 0.5 | 0.4 | 73 | 109（F） | 1991 |
| 69 | Caballar Ⅰ | 西班牙 | 16 | 98 | 0.7 | 0.6 | 73 | 109（F） | 1991 |
| 70 | Belen-Flores | 西班牙 | 28 | 87 | 1.2 | 1.0 | 73 | 109（F） | 1992 |
| 71 | Alan Henry Spillway | 美国 | 25 | 84 | 2.3 | 2.2 | 119 | 59（F） | 1992 |
| 72 | Capanda | 安哥拉 | 110 | 1 203 | 115.4 | 75.7 | 70 | 100（M） | 1992 |
| 73 | Town Wash | 美国 | 18 | 264 | 4.5 | 4.3 | 107 | 71（F） | 1992 |
| 74 | Urdalur | 西班牙 | 58 | 206 | 11.3 | 11.0 | 85 | 135（F） | 1992 |

续表 1-1

| 序号 | 坝名 | 国家 | 坝高/m | 坝长/m | 混凝土量/万 m³ | 碾压混凝土量/万 m³ | 胶凝材料/(kg/m³) 水泥 | 胶凝材料/(kg/m³) 掺合料 | 建成年份 |
|---|---|---|---|---|---|---|---|---|---|
| 75 | C. E. Siegrist | 美国 | 40 | 213 | 7.0 | 6.9 | 59 | 34(F) | 1992 |
| 76 | Taung | 南非 | 50 | 320 | 15.3 | 13.2 | 44 | 66(F) | 1992 |
| 77 | Arriaran | 西班牙 | 58 | 206 | 11.3 | 11.0 | 85 | 135(F) | 1992 |
| 78 | Zintel Canyon | 美国 | 39 | 158 | 5.5 | 5.4 | 74 | 0 | 1992 |
| 79 | Kroombit | 澳大利亚 | 26 | 250 | 11.0 | 8.4 | 82 | 107(F) | 1992 |
| 80 | Burton Gorge | 澳大利亚 | 26 | 285 | 6.8 | 6.4 | 85 | 0 | 1992 |
| 81 | Ryumon | 日本 | 100 | 378* | 83.6 | 52.1 | 91 | 39(F) | 1992 |
| 82 | Joumoua | 摩洛哥 | 57 | 297 | 20.0 | 16.2 | 105 180 | 45(N) 0 | 1992 |
| 83 | Trigomil | 墨西哥 | 100 | 250 | 68.1 | 36.2 | 148 | 47(F) | 1992 |
| 84 | Paxton[gb] | 南非 | 17 | 70 | 0.3 | 0.3 | 70 | 100(F) | 1992 |
| 85 | Petit Saut | 圭亚那 | 48 | 740 | 41.0 | 25.0 | 0 | 120(R) | 1993 |
| 86 | Elmer Thomas | 美国 | 34 | 128 | 3.4 | 2.9 | 89 | 89(F) | 1993 |
| 87 | Marathia[ntb] | 希腊 | 28 | 265 | 4.8 | 3.1 | 55 | 15(N) | 1993 |
| 88 | Imin el Kheng | 摩洛哥 | 39 | 170 | 14.0 | 13.0 | 100 110 | 20(F) 20(F) | 1993 |
| 89 | Tsugawa | 日本 | 76 | 228 | 34.2 | 22.2 | 96 | 24(F) | 1993 |
| 90 | Cenza | 西班牙 | 49 | 609 | 22.5 | 20.0 | 70 | 130(F) | 1993 |
| 91 | Spring Hollow Hattabara | 美国 | 74 | 302 | 22.3 | 22.2 | 53 | 53(F) | 1993 |
| 92 | Hattabara | 日本 | 83 | 325 | 50.0 | 22.8 | 84 | 36(F) | 1993 |
| 93 | Hudson River Ⅱ | 美国 | 21 | 168 | 2.8 | 2.6 | 119 | 84(F) | 1993 |
| 94 | Sierra Brava | 西班牙 | 54 | 835 | 34.0 | 27.7 | 70 | 130(F) | 1993 |
| 95 | Kodama | 日本 | 102 | 280 | 55.4 | 35.8 | 84 | 36(F) | 1993 |
| 96 | Villaunur | 法国 | 16 | 147 | 1.5 | 1.1 | 0 | 90(R) | 1993 |
| 97 | Vindramas | 墨西哥 | 50 | 805 | 18.4 | 11.7 | 100 | 100(M) | 1993 |
| 98 | Miyatoko | 日本 | 48 | 256 | 28.0 | 17.2 | 96 | 24(F) | 1993 |
| 99 | Sahla | 摩洛哥 | 55 | 160 | 14.6 | 13.6 | 85 125 | 15(N) 25(N) | 1993 |
| 100 | Pelo Sinal | 巴西 | 34 | 296 | 8.0 | 6.9 | 100 | 0 | 1993 |
| 101 | Sep | 法国 | 46 | 145 | 5.8 | 4.9 | 0 | 120(R) | 1994 |

续表 1-1

| 序号 | 坝名 | 国家 | 坝高/m | 坝长/m | 混凝土量/万 m³ | 碾压混凝土量/万 m³ | 胶凝材料/(kg/m³) | | 建成年份 |
| --- | --- | --- | --- | --- | --- | --- | --- | --- | --- |
| | | | | | | | 水泥 | 掺合料 | |
| 102 | Pak Mun | 泰国 | 26 | 323 | 5.0 | 4.8 | 0 | 120(R) | 1994 |
| 103 | Hinata | 日本 | 57 | 290 | 24.0 | 11.3 | 84 | 36(F) | 1994 |
| 104 | San Lazaro | 墨西哥 | 38 | 176 | 5.3 | 3.5 | 100<br>90 | 220(M)<br>220(M) | 1994 |
| 105 | Rocky Gulch | 美国 | 18 | 55 | 0.7 | 0.6 | 184 | 0 | 1994 |
| 106 | San Rafael | 墨西哥 | 48 | 168 | 11.0 | 8.5 | 90 | 18(N) | 1994 |
| 107 | Lac Robertson | 加拿大 | 40 | 124 | 3.5 | 2.8 | 85 | 85(F) | 1994 |
| 108 | La Touche Poupard | 法国 | 36 | 200 | 4.6 | 3.4 | 0 | 115(R) | 1994 |
| 109 | Lower Molonglo Bypass Storage | 澳大利亚 | 32 | 120 | 2.7 | 2.2 | 96 | 64(F) | 1994 |
| 110 | Varzea Grande | 巴西 | 31 | 135 | 2.8 | 2.7 | 56 | 14(N) | 1994 |
| 111 | Cova da Mandioca | 巴西 | 32 | 360 | 7.5 | 7.1 | 80 | 0 | 1994 |
| 112 | Acaua | 巴西 | 46 | 375 | | 67.4 | 56 | 14(N) | 1994 |
| 113 | Miyagase | 日本 | 155 | 400 | 200.1 | 153.7 | 91 | 39(F) | 1995 |
| 114 | Yoshida | 日本 | 75 | 218 | 29.8 | 19.3 | 84 | 36(F) | 1995 |
| 115 | Chiya | 日本 | 98 | 259 | 62.9 | 39.6 | 77 | 33(F) | 1995 |
| 116 | Canoas | 巴西 | 51 | 116 | 9.3 | 8.7 | 64 | 16(N) | 1995 |
| 117 | Ohmatsukawa | 日本 | 65 | 296 | 30.3 | 14.1 | 91 | 39(F) | 1995 |
| 118 | Satsunaigawa | 日本 | 114 | 300 | 76.0 | 53.6 | 42 | 78(S) | 1995 |
| 119 | Enjil | 摩洛哥 | 36 | 90 | 4.0 | 3.6 | 110<br>150 | 0<br>0 | 1995 |
| 120 | New Peterson Lake | 美国 | 21 | 70 | 0.8 | 0.7 | 145 | 48(F) | 1995 |
| 121 | Shiokawa | 日本 | 79 | 225 | 38.8 | 29.9 | 96 | 24(F) | 1995 |
| 122 | Urayama | 日本 | 156 | 372 | 186.0 | 129.4 | 91 | 39(F) | 1995 |
| 123 | Nacaome | 洪都拉斯 | 54 | 320 | 30.0 | 25.0 | 64 | 21(N) | 1995 |
| 124 | Trairas | 巴西 | 25 | 440 | 2.8 | 2.7 | 80 | 0 | 1995 |
| 125 | Ano Mera[ntb] | 希腊 | 32 | 170 | 6.4 | 4.9 | 55 | 15(N) | 1995 |
| 126 | Jordan | 巴西 | 95 | 546 | 64.7 | 57.0 | 65 | 10(N) | 1996 |
| 127 | Pangue | 智利 | 113 | 410 | 74.0 | 67.0 | 80 | 100(N) | 1996 |
| 128 | Loyalty Road | 澳大利亚 | 30 | 111 | 2.2 | 2.0 | 80 | 0 | 1996 |

续表 1-1

| 序号 | 坝名 | 国家 | 坝高/m | 坝长/m | 混凝土量/万 m³ | 碾压混凝土量/万 m³ | 胶凝材料/(kg/m³) | | 建成年份 |
|---|---|---|---|---|---|---|---|---|---|
| | | | | | | | 水泥 | 掺合料 | |
| 129 | Shimagawa | 日本 | 90 | 330 | 49.0 | 39.0 | 84 | 36(F) | 1996 |
| 130 | Big Haynes | 美国 | 27 | 427 | 7.4 | 7.2 | 42<br>39 | 42(F)<br>39(F) | 1996 |
| 131 | Hiyoshi | 日本 | 70 | 438 | 64.0 | 44.0 | 84<br>77 | 36(F)<br>33(F) | 1996 |
| 132 | Boqueron | 西班牙 | 58 | 290 | 14.5 | 13.7 | 55 | 130(F) | 1996 |
| 133 | Grand Falls spillway | 加拿大 | 15 | 180 | 1.1 | 0.7 | 130 | 75(F) | 1996 |
| 134 | Tomisato | 日本 | 111 | 250 | 48.0 | 40.9 | 84<br>72 | 36(F)<br>48(F) | 1997 |
| 135 | Platanovryssi | 希腊 | 95 | 305 | 44.0 | 42.0 | 50 | 225(C) | 1997 |
| 136 | Queilesy Val | 西班牙 | 82 | 375 | 52.0 | 48.0 | 80 | 145(F) | 1997 |
| 137 | Atance | 西班牙 | 45 | 184 | 7.5 | 6.5 | 57 | 133(F) | 1997 |
| 138 | Takisato | 日本 | 50 | 445 | 45.5 | 32.7 | 84 | 36(F) | 1997 |
| 139 | Kazunogawa | 日本 | 105 | 264 | 62.2 | 42.8 | 91<br>84 | 39(F)<br>36(F) | 1997 |
| 140 | Qedusizi | 南非 | 28 | 490 | 15.6 | 7.8 | 46 | 108(S) | 1997 |
| 141 | Tie Hack | 美国 | 41 | 170 | 6.9 | 6.2 | 89 | 83(F) | 1997 |
| 142 | Cadiangullong | 澳大利亚 | 43 | 356 | 12.3 | 11.4 | 90 | 90(F) | 1997 |
| 143 | Rio do Peixe | 巴西 | 20 | 300 | 3.4 | 2.0 | 120<br>90 | 0<br>0 | 1997 |
| 144 | Belo Jardim | 巴西 | 43 | 420 | 9.3 | 8.1 | 58 | 15(N) | 1997 |
| 145 | Contraembalse de Moncion[ntb] | 多米尼加 | 20 | 254 | 15.5 | 13.0 | 80±8 | 0 | 1998 |
| 146 | Bouhouda | 摩洛哥 | 60 | 173 | 21.8 | 19.8 | 100<br>120 | 0<br>0 | 1998 |
| 147 | Hayachine | 日本 | 74 | 333 | 32.5 | 14.1 | 84 | 36(F) | 1998 |
| 148 | Salto Caxias | 巴西 | 67 | 1 083 | 143.8 | 91.2 | 80 | 20(F) | 1998 |
| 149 | Val de Serra | 巴西 | 37 | 675 | 9.5 | 6.9 | 60 | 30(F) | 1998 |
| 150 | Gassan | 日本 | 123 | 393 | 116.0 | 73.1 | 91 | 39(F) | 1998 |
| 151 | Penn Forest | 美国 | 49 | 610 | 28.3 | 28.3 | 58 | 41(F) | 1998 |

续表 1-1

| 序号 | 坝名 | 国家 | 坝高/m | 坝长/m | 混凝土量/万 m³ | 碾压混凝土量/万 m³ | 胶凝材料/(kg/m³) | | 建成年份 |
|---|---|---|---|---|---|---|---|---|---|
| | | | | | | | 水泥 | 掺合料 | |
| 152 | Jucazinho | 巴西 | 63 | 442 | 50.0 | 47.2 | 64 | 16(N) | 1998 |
| 153 | Rialb | 西班牙 | 99 | 630 | 101.6 | 98.0 | 70 65 | 130(F) 130(F) | 1998 |
| 154 | Bab Louta | 摩洛哥 | 54 | 110 | 5.0 | 4.5 | 65 80 | 15(N) 20(N) | 1999 |
| 155 | Toker | 厄立特里亚 | 73 | 263 | 21.0 | 18.7 | 110 | 85(F) | 1999 |
| 156 | Balambano | 印度尼西亚 | 95 | 351 | 52.8 | 52.8 | 81 | 54(F) | 1999 |
| 157 | Bertarello | 巴西 | 29 | 210 | 7.0 | 6.0 | 72 | 18(N) | 1999 |
| 158 | Ziga | 布基纳法索 | 18 | 120 | | 4.4 | | | 1999 |
| 159 | Rosal | 巴西 | 37 | 212 | 7.5 | 4.5 | 45 | 55(S) | 1999 |
| 160 | Sucati | 土耳其 | 36 | 192 | 6.0 | 5.5 | 50 | 100(S) | 1999 |
| 161 | Barnard Creek Canyon Debris | 美国 | 18 | 46 | 0.3 | 0.3 | 108 | 84(F) | 1999 |
| 162 | Nagashima sediment[ntb] | 日本 | 33 | 127 | 5.5 | 2.3 | 40 | 50(S) | 1999 |
| 163 | Las Blancas | 墨西哥 | 28 | 2 795 | 31.6 | 22.1 | 100 | 100(F) | 1999 |
| 164 | Ponto Novo | 巴西 | 32 | 266 | 10.5 | 9.0 | 72 | 18(N) | 1999 |
| 165 | Guilman-Amorin | 巴西 | 41 | 143 | 7.2 | 2.3 | 80 | 20(N) | 1999 |
| 166 | Camera | 巴西 | 40 | | | | | | 1999 |
| 167 | Bullard Creek | 美国 | 16 | 110 | 0.7 | 0.7 | 148 | 44 | 1999 |
| 168 | Kubusugawa | 日本 | 95 | 253 | 47.2 | 27.7 | 84 | 36(F) | 2000 |
| 169 | Ohnagami | 日本 | 72 | 334 | 35.5 | 28.4 | 84 | 36(F) | 2000 |
| 170 | Trout Creek | 美国 | 31 | 38 | 1.0 | 0.9 | 163 | 0 | 2000 |
| 171 | Beni Haroun | 阿尔及利亚 | 118 | 714 | 190.0 | 169.0 | 82 | 143(F) | 2000 |
| 172 | Origawa | 日本 | 114 | 328 | 69.5 | 40.6 | 91 120 | 39(F) 0 | 2000 |
| 173 | Pie Pol | 伊朗 | 15 | 300 | 27.0 | 13.0 | 130 | 0 | 2000 |
| 174 | Shin-miyaka | 日本 | 68 | 325 | 48.0 | 39.3 | 91 | 39(F) | 2000 |
| 175 | Pajarito Canyon | 美国 | 36 | 112 | 4.8 | 4.8 | 148 | 0 | 2000 |
| 176 | Porce II | 哥伦比亚 | 123 | 425 | 144.5 | 130.5 | 132 120 | 88(N) 80(N) | 2000 |

续表 1-1

| 序号 | 坝名 | 国家 | 坝高/m | 坝长/m | 混凝土量/万 m³ | 碾压混凝土量/万 m³ | 胶凝材料/(kg/m³) | | 建成年份 |
|---|---|---|---|---|---|---|---|---|---|
| | | | | | | | 水泥 | 掺合料 | |
| 177 | Tucurui 2nd Phase | 巴西 | 78 | 1 541 | 880.0 | 7.6 | 70 | 30(N) | 2000 |
| 178 | Inyaka | 南非 | 53 | 350 | 32.7 | 16.0 | 60 | 120(F) | 2000 |
| 179 | Dona Francisca | 巴西 | 63 | 610 | 66.5 | 48.5 | 55 | 30(N) | 2000 |
| 180 | Ueno | 日本 | 120 | 350 | 72.0 | 26.9 | 77<br>70 | 33(F)<br>30(F) | 2000 |
| 181 | Tannur | 约旦 | 60 | 270 | 25.0 | 25.0 | 125<br>120 | 75(N)<br>50(N) | 2000 |
| 182 | Santa Cruz do Apodi | 巴西 | 58 | 1 660 | | 107.0 | 80 | 0 | 2000 |
| 183 | R′Mil | 突尼斯 | 18 | 260 | 16.0 | 6.4 | 100 | 0 | 2001 |
| 184 | Safad | 阿联酋 | 19 | 100 | 1.0 | 0.9 | 90 | 0 | 2001 |
| 185 | North Fork Hughes River | 美国 | 26 | 200 | 6.5 | 6.5 | 59<br>107 | 59(F)<br>65(F) | 2001 |
| 186 | Showkah | 阿联酋 | 24 | 105 | 2.0 | 1.8 | 90 | 0 | 2001 |
| 187 | Chubetu | 日本 | 86 | 290 | 98.0 | 49.5 | 84 | 36(F) | 2001 |
| 188 | Cana Brava | 巴西 | 71 | 510 | 62.0 | 40.0 | 45 | 55(S) | 2001 |
| 189 | Castanhao | 巴西 | 60 | 668 | 103.0 | 89.0 | 85 | 0 | 2001 |
| 190 | Lajeado | 巴西 | 43 | 2 100 | 133.0 | 21.0 | 30 | 40(S) | 2001 |
| 191 | Umari | 巴西 | 42 | 2 308 | 65.8 | 64.4 | 70 | 0 | 2001 |
| 192 | Estreito | 巴西 | 22 | 300 | 1.5 | 1.2 | 64 | 16(N) | 2001 |
| 193 | Pedras Altas | 巴西 | 24 | 1 090 | 19.2 | 17.2 | 80 | 0 | 2001 |
| 194 | Pirapana | 巴西 | 42 | 300 | 13.7 | 8.7 | 90 | 0 | 2001 |
| 195 | Penas Blancas | 哥斯达黎加 | 48 | 211 | 17.0 | 12.0 | 90 | 35(N) | 2002 |
| 196 | Mae Suai | 泰国 | 59 | 340 | 35.0 | 30.0 | 70 | 80~100(F) | 2002 |
| 197 | Hunting Run | 美国 | 25 | 720 | 10.5 | 10.5 | 74 | 37(F) | 2002 |
| 198 | La Canada | 玻利维亚 | 52 | 154 | 7.7 | 7.2 | 140 | 100(N) | 2002 |
| 199 | Wala | 约旦 | 52 | 300 | 26.0 | 24.0 | 120<br>100 | 0<br>0 | 2002 |
| 200 | Kutani | 日本 | 76 | 280 | 37.0 | 18.8 | 84 | 36(F) | 2002 |
| 201 | Miel I | 哥伦比亚 | 188 | 345 | 173.0 | 166.9 | 85~160 | 0 | 2002 |
| 202 | Randleman Lake | 美国 | 31 | 280 | 7.6 | 7.0 | 89 | 104(F) | 2002 |

续表 1-1

| 序号 | 坝名 | 国家 | 坝高/<br>m | 坝长/<br>m | 混凝土量/<br>万 m³ | 碾压混凝土<br>量/万 m³ | 胶凝材料/(kg/m³) | | 建成<br>年份 |
|---|---|---|---|---|---|---|---|---|---|
| | | | | | | | 水泥 | 掺合料 | |
| 203 | Olivenhain | 美国 | 97 | 788 | 114.0 | 107.0 | 74 | 121(F) | 2002 |
| 204 | Koyama | 日本 | 65 | 462 | 53.1 | 27.0 | 54 | 66(S) | 2002 |
| 205 | Bureiskaya | 俄罗斯 | 136 | 714 | 350.0 | 120.0 | 95~110 | 25~30(N) | 2002 |
| 206 | Fukutiyama | 日本 | 65 | 255 | 20.1 | 11.5 | 84 | 36(F) | 2002 |
| 207 | Mujib | 约旦 | 67 | 490 | 69.4 | 65.4 | 80 | 0 | 2003 |
| 208 | Ait M' Zal | 摩洛哥 | 49 | 212 | 11.7 | 7.7 | 80<br>100 | 0<br>0 | 2003 |
| 209 | Nandoni | 南非 | 47 | 392 | 31.6 | 15.0 | 54 | 129(F) | 2003 |
| 210 | El Espanagal | 西班牙 | 21 | 383 | 8.9 | 6.2 | 68 | 157(F) | 2003 |
| 211 | Ralco | 智利 | 155 | 360 | 164.0 | 159.6 | 133<br>116 | 57(F)<br>50(F) | 2003 |
| 212 | Takizawa | 日本 | 140 | 424 | 180.0 | 81.0 | 84 | 36(F) | 2003 |
| 213 | Steno[ntb] | 希腊 | 27 | 186 | | | 70 | 0 | 2003 |
| 214 | Serra do Facao | 巴西 | 80 | 326 | 70.0 | 60.0 | 90 | 0 | 2003 |
| 215 | Joao Leite | 巴西 | 55 | 380 | 29.0 | 27.0 | | | 2003 |
| 216 | Ghatghar( Upper Dam) | 印度 | 15 | 495 | 4.8 | 3.5 | 88 | 132(F) | 2004 |
| 217 | Tha Dan | 泰国 | 95 | 2 600 | 540.0 | 490.0 | 90 | 100(F) | 2004 |
| 218 | Rompepicos at<br>Corral des | 墨西哥 | 109 | 250 | 40.0 | | 70 | 53(F) | 2004 |
| 219 | Pedrogao | 葡萄牙 | 43 | 448 | 35.4 | 14.9 | 55 | 165(F) | 2004 |
| 220 | Boukerkour | 摩洛哥 | 60 | 213 | 17.2 | 15.2 | | | 2004 |
| 221 | Sidi Said | 摩洛哥 | 120 | 600 | 66.0 | 60.0 | 65<br>80 | 15(N)<br>20(N) | 2004 |
| 222 | Candonga | 巴西 | 53 | 311 | 35.6 | 23.6 | 90 | 0 | 2004 |
| 223 | Fundao | 巴西 | 49 | 445 | 21.0 | 18.0 | 80 | 0 | 2004 |
| 224 | Pindobacu | 巴西 | 44 | 210 | 8.5 | 7.5 | 70 | 0 | 2004 |
| 225 | Bandeira de Malo | 巴西 | 20 | 320 | 8.7 | 7.5 | 70 | 0 | 2004 |
| 226 | Santa Clara Jordao | 巴西 | 67 | 588 | 50.4 | 43.8 | 60 | 30 | 2004 |
| 227 | Saluda dam remediation | 美国 | 65 | 2 390 | 141.0 | 119.0 | | | 2004 |
| 228 | Cindere[ntb] | 土耳其 | 107 | 280 | 168.0 | 150.0 | 50 | 20(F) | 2005 |
| 229 | Chalillo | 伯利兹 | 45 | 380 | | 14.0 | 80 | 25(N) | 2005 |

续表 1-1

| 序号 | 坝名 | 国家 | 坝高/m | 坝长/m | 混凝土量/万 m³ | 碾压混凝土量/万 m³ | 胶凝材料/(kg/m³) 水泥 | 胶凝材料/(kg/m³) 掺合料 | 建成年份 |
|---|---|---|---|---|---|---|---|---|---|
| 230 | Jahgin | 伊朗 | 80 | 260 | 37.0 | 24.0 | 105 | 90(N) | 2005 |
| 231 | Krishna Weir | 印度 | 40 | | 4.5 | 3.5 | | | 2005 |
| 232 | Al Wehdah | 约旦/叙利亚 | 96 | 485 | 134.0 | 130.0 | 60 | 80(F) | 2005 |
| 233 | Burnett River | 澳大利亚 | 50 | 940 | 40.0 | 40.0 | 65 | 0 | 2005 |
| 234 | Kinta | 马来西亚 | 85 | 765 | 95.0 | 90.0 | 100 | 100(F) | 2006 |
| 235 | Ghatghar(Lower dam) | 印度 | 84 | 415 | 69.0 | 64.0 | 70 | 160(F) | 2006 |
| 236 | Oued R′Mil | 摩洛哥 | 79 | 250 | 26.0 | 23.0 | 100 | 0 | 2006 |
| 237 | Sa Stria | 意大利 | 87 | 345 | 44.4 | 26.2 | | | 2006 |
| 238 | Ban La | 越南 | 135 | 480 | 135.9 | 125.0 | | | 2007 |
| 239 | Mangla Emergency | 巴基斯坦 | 17 | 340 | 5.4 | 2.5 | | | 2008 |
| 240 | Yeywa | 缅甸 | 132 | 680 | 280.0 | 255.0 | 70 | 150(N) | 2008 |
| 241 | Cine | 土耳其 | 135 | 300 | 150.0 | 143.0 | 85<br>75 | 105(F)<br>95(F) | 2009 |
| 242 | Amata | 墨西哥 | 30 | | | | | | 施工 |
| 243 | Chalillo | 巴西 | 45 | | | | | | 施工 |
| 244 | Kido | 日本 | 94 | 350 | 50.4 | 29.1 | 84 | 36(F) | 施工 |
| 245 | Paradise(Burnett River) | 澳大利亚 | 50 | | | | | | 施工 |
| 246 | Can Asujan | 菲律宾 | 42 | | | | | | 施工 |
| 247 | Nagai | 日本 | 125 | 381 | 120.0 | 70.3 | 91 | 39(F) | 施工 |
| 248 | Pleikrong | 越南 | 71 | 500 | 45.0 | 30.0 | 80 | 110(N) | 施工 |
| 249 | El Guapo | 委内瑞拉 | 50 | | | | | | 施工 |
| 250 | Pinalito | 多米尼加 | 52 | | | | | | 施工 |
| 251 | Nakai | 老挝 | 39 | | | | | | 施工 |
| 252 | Hickory Log Creek | 美国 | 55 | | | | | | 施工 |
| 253 | Taishir | 蒙古 | 55 | 190 | | 20.0 | | | 施工 |
| 254 | Wirgane | 摩洛哥 | 70 | 232 | 30.0 | 24.0 | | | 施工 |
| 255 | Meander | 澳大利亚 | 47 | | | | | | 施工 |
| 256 | North Para | 澳大利亚 | 33 | | | | | | 施工 |
| 257 | A Vuong | 越南 | 80 | 240 | 41.0 | 32.0 | 90 | 150(N) | 施工 |
| 258 | Koris Yefiri | 希腊 | 41 | | | | | | 施工 |

续表 1-1

| 序号 | 坝名 | 国家 | 坝高/ m | 坝长/ m | 混凝土量/ 万 m³ | 碾压混凝土 量/万 m³ | 胶凝材料/（kg/m³） | | 建成 年份 |
|------|------|------|------|------|------|------|------|------|------|
| | | | | | | | 水泥 | 掺合料 | |
| 259 | Ain Kouachia | 摩洛哥 | 30 | | | | | | 施工 |
| 260 | Beydag | 土耳其 | 96 | | | | | | 施工 |
| 261 | Koudiat Acerdoune | 阿尔及利亚 | 121 | 500 | 185.0 | 165.0 | 77 | 87（F） | 施工 |
| 262 | La Brena Ⅱ | 西班牙 | 120 | | | | | | 施工 |
| 263 | Toppu | 日本 | 78 | 309 | 53.0 | 28.0 | 84 | 36（F） | 施工 |
| 264 | Boussiaba | 阿尔及利亚 | 51 | | | | | | 施工 |
| 265 | Zirdan | 伊朗 | 85 | | | | | | 施工 |
| 266 | Krishna Weir | 印度 | 40 | | | | | | 施工 |
| 267 | Dong Nai 3 | 越南 | 110 | 590 | 121.0 | 115.0 | 60 | 130（N） | 施工 |
| 268 | Dong Nai 4 | 越南 | 129 | | | | | | 施工 |
| 269 | Ban Ve | 越南 | 135 | 480 | 175.0 | 143.0 | 90 | 110（F） | 施工 |
| 270 | Song Tranh 2 | 越南 | 97 | | | | | | 施工 |
| 271 | Wadi Dayqah | 阿曼 | 80 | | | | | | 施工 |
| 272 | Kasrgawa | 日本 | 97 | | | | | | 施工 |
| 273 | Ban Chat | 越南 | 130 | | | | | | 施工 |
| 274 | Pirris | 哥斯达黎加 | 113 | | | | | | 施工 |
| 275 | Ohyama | 日本 | 94 | | | | | | 施工 |
| 276 | Huoi Qoabg | 越南 | 99 | 252 | 70.0 | 40.0 | | | 施工 |
| 277 | Son La | 越南 | 139 | 900 | 460.0 | 310.0 | | | 施工 |
| 278 | Moula | 突尼斯 | 84 | | | | | | 施工 |
| 279 | Dak Mi 4 | 越南 | 87 | | | | | | 施工 |

**注**：建成年份指碾压混凝土部分完成的时间。C—高钙粉煤灰；F—F 级粉煤灰；M—磨细砂；N—天然火山灰；R—粉煤灰和矿渣；S—粒化高炉矿渣；*—台阶状坝面；[gb]—重力拱坝；[ntb]—硬填料坝。

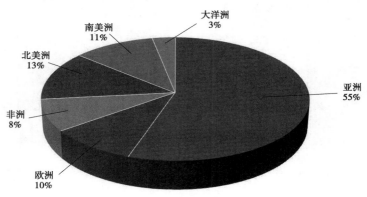

**图 1-1 碾压混凝土坝在各大洲的分布**

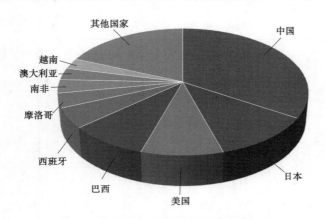

图 1-2　碾压混凝土坝在各国的分布

## 1.3.2　国外部分碾压混凝土坝介绍

### 1.3.2.1　国外部分碾压混凝土坝情况

国外一些碾压混凝土坝材料分区设计实例见第 2 章 2.5 节。

### 1.3.2.2　国外部分碾压混凝土坝施工照片

国外部分碾压混凝土坝施工照片见图 1-3～图 1-18。

图 1-3　施工中的哥伦比亚 Miel I 碾压混凝土坝

图 1-4　施工中的泰国 Tha Dan 碾压混凝土坝

图 1-5　施工中的美国 Upper Stillwater 碾压混凝土坝(1)

图 1-6　施工中的美国 Upper Stillwater 碾压混凝土坝(2)

图 1-7　即将建成的美国 Upper Stillwater 碾压混凝土坝

图 1-8　施工中的美国 Olivenhain 碾压混凝土坝( 1 )

图 1-9　施工中的美国 Olivenhain 碾压混凝土坝( 2 )

图 1-10　即将建成的美国 Olivenhain 碾压混凝土坝

图 1-11　施工中的阿尔及利亚 Beni Haroun 碾压混凝土坝( 1 )

图 1-12　施工中的阿尔及利亚 Beni Haroun 碾压混凝土坝( 2 )

图 1-13　施工中的阿尔及利亚 Beni Haroun 碾压混凝土坝( 3 )

图 1-14　建成的阿尔及利亚 Beni Haroun 碾压混凝土坝

图 1-15　施工中的哥伦比亚 Porce II 碾压混凝土坝(1)

图 1-16　施工中的哥伦比亚 Porce II 碾压混凝土坝(2)

图 1-17　希腊 Platanovryssi 坝运行 3 年时的情况

图 1-18　美国 Willow Creek 碾压混凝土坝运行 15 年后的情况

# 1.4　碾压混凝土在我国大坝建设中的应用

　　中国的碾压混凝土筑坝技术研究始于 1978 年,经过研究、试验、局部工程应用,1985 年开始中国第一座碾压混凝土坝——坑口坝的建设,并于 1986 年建成。此后,中国的碾压混凝土坝就像雨后春笋般涌现。截至 2010 年 5 月,据不完全统计,中国已经建成碾压混凝土坝 106 座(其中拱坝 31 座),在建的碾压混凝土坝 35 座(其中拱坝 8 座),规划设计中的碾压混凝土坝 42 座(其中拱坝 9 座)。此外,还有大量的碾压混凝土围堰在工程建设中得到应用。

　　下面就中国碾压混凝土筑坝技术的发展阶段、中国碾压混凝土材料的发展、中国碾压混凝土材料的特点、碾压混凝土在中国大坝建设中的应用等方面进行介绍。

## 1.4.1　中国碾压混凝土筑坝技术的发展阶段

　　中国碾压混凝土筑坝技术的发展从时段上大致可以划分为以下几个阶段。

### 1.4.1.1　1978~1983 年

　　此阶段主要是引进和消化、吸收国外的碾压混凝土筑坝技术。1978 年,原水利电力部科技司组团赴日本进行碾压混凝土筑坝技术的考察,其后部署了中国碾压混凝土筑坝技术的试验研究工作:组织了武汉水利电力学院、中国水利水电科学研究院和成都勘测设计研究院科研所等单位进行碾压混凝土配合比设计方法、碾压混凝土室内试验方法的研究与制定;组织中国水利水电第七工程局和中国水利水电闽江工程局对碾压混凝土施工技术和方法进行试验与研究;引进了德国宝马公司的振动碾技术,并交由夹江水工机械厂进行研制生产。

在此阶段,先后于室内(1979~1981 年)和四川龚嘴水电站工地(1980 年和 1981 年)、福建厦门机场工地(1983 年)进行了碾压混凝土试验,为其后中国第一座碾压混凝土坝的建设和《水工碾压混凝土试验规程》(SDJS 10—86)的制定打下了坚实的理论基础,并积累了丰富的经验。

### 1.4.1.2　1983~1986 年

这一阶段是中国第一座碾压混凝土坝——坑口坝的成功建设阶段。1983 年,原水利电力部科技司在福建省三明市召开了中国第一座碾压混凝土坝——坑口坝建设的国家"六·五"科技攻关会议,组成了坑口碾压混凝土坝建设的领导小组与相应的工作小组,指定了坑口碾压混凝土坝建设的技术保证单位和施工单位;1984~1985 年,进行了坑口碾压混凝土坝的水工结构设计、碾压混凝土配合比设计与碾压混凝土的性能检测、碾压混凝土施工方法的制定与施工人员的培训等的技术准备;1985 年 11 月至1986 年 5 月,进行了坑口碾压混凝土坝的建设。坑口碾压混凝土坝建设的成功,标志着中国的碾压混凝土筑坝技术达到国际先进水平并极大地推动了碾压混凝土筑坝技术在坝工建设上的应用。坑口碾压混凝土筑坝技术获得了国家科技进步奖一等奖。

### 1.4.1.3　1986~1993 年

此阶段是碾压混凝土筑坝技术在中国的混凝土重力坝上的推广和应用阶段。在此阶段内建设的70 m 以下的碾压混凝土重力坝,坝的上游面一般单独设置防渗层,整个坝体使用碾压混凝土(如龙门滩、万安等碾压混凝土坝);70 m 以上的碾压混凝土重力坝,部分坝段使用碾压混凝土(如岩滩、铜街子等碾压混凝土坝)。

### 1.4.1.4　1993~2000 年

此阶段是碾压混凝土筑坝技术在中国的拱坝和 100 m 以上重力坝上的推广和应用获得突破的阶段。1993 年,坝高 75 m 的普定碾压混凝土拱坝建成。1994 年,坝高 48 m 的温泉堡碾压混凝土拱坝建成。普定碾压混凝土拱坝是当时建成的世界最高的碾压混凝土拱坝,标志着中国碾压混凝土拱坝的建设达到国际领先的水平,并获得国家科技进步奖一等奖。

1995 年,128 m 高的江垭碾压混凝土重力坝开始建设,并于 2000 年建成。江垭碾压混凝土重力坝的成功建造,推动了 100 m 以上的碾压混凝土坝的建设,并发明了斜层平推施工方法,为加快碾压混凝土坝建造速度、保证碾压混凝土层面胶结质量提供了有力的保证。

### 1.4.1.5　2000~2012 年

在前 5 年碾压混凝土筑坝技术积累的基础上,2000 年以后中国的碾压混凝土重力拱坝、双曲拱坝大量涌现,2000~2009 年底建成的有:80.5 m 的龙首双曲拱坝、105.5 m 高的招徕河双曲拱坝、132 m 高的沙牌拱坝、109 m 高的石门子拱坝、100 m 高的蔺河口双曲拱坝等 18 座。2010 年正在施工中的有:102 m 高的白莲崖拱坝、119 m 高的云口双曲拱坝、167.5 m 高的万家口子双曲拱坝、114 m 高的罗坡拱坝、113 m 高的大花水双曲拱坝、141 m 高的三里坪双曲拱坝、134 m 高的云龙河三级双曲拱坝等 13 座。

高、中、低碾压混凝土重力坝全面建设,2000~2009 年底建成的 100 m 以上的高碾压混凝土重力坝有:临江(103.5 m)、棉花滩(111 m)、大朝山(115 m)、百色(128 m)、龙滩(192 m)、索风营(115.8 m)、洪口(130 m)、彭水(116.5 m)、思林(117 m)、光照(200.5 m)、九甸峡(180 m)、戈兰滩(113 m)、景洪(108 m)等 44 座。2010 年在建的碾压混凝土重力坝有:金安桥(160 m)、官地(168 m)、武都水库(120.3 m)、喀腊塑克(121.5 m)、塔西河(109 m)、龙开口(119 m)、石垭子(134.5 m)、观音岩(150 m)、沙坨(101 m)、马堵山(107.5 m)、阿海(138 m)、功果桥(105 m)、鲁地拉(140 m)等 29 座。此外,还有大量的 100 m 以下坝高的碾压混凝土坝在此时段内建成(见表 1-2)。

表 1-2　中国已建、在建碾压混凝土坝(截至 2010 年 5 月)

| 序号 | 坝名 | 坝型 | 坝高/m | 坝长/m | 防渗形式 | 混凝土量/<br>万 m³ | 碾压混凝土量/<br>万 m³ | 完成年份 |
|---|---|---|---|---|---|---|---|---|
| 1 | 坑口 | 重力坝 | 56.8 | 122.5 | 沥青砂浆 | 6.0 | 4.3 | 1986 |
| 2 | 龙门滩 | 重力坝 | 57.5 | 150.0 | 补偿收缩混凝土 | 9.3 | 7.1 | 1989 |
| 3 | 潘家口下池 | 重力坝 | 28.5 | 1 098.0 | 碾压混凝土 | 60.0 | 2.0 | 1989 |
| 4 | 马回 | 重力坝 | 20.2 | 886.8 | 常态混凝土 | 39.0 | 8.0 | 1989 |
| 5 | 铜街子 | 重力坝 | 82.0 | 1 084.59 | 常态混凝土 | 272.0 | 42.53 | 1990 |
| 6 | 高塘坪 | 重力坝 | 51.6 | | | 220.0 | | 1990 |
| 7 | 荣地 | 重力坝 | 56.3 | 137.0 | 碾压混凝土 | 7.36 | 6.07 | 1991 |
| 8 | 万安 | 重力坝 | 49.0 | 1 097.5 | 常态混凝土 | 148.0 | 4.3 | 1992 |
| 9 | 天生桥二级 | 重力坝 | 60.7 | 469.9 | 常态混凝土 | 26.0 | 13.1 | 1992 |
| 10 | 岩滩 | 重力坝 | 110.0 | 525.0 | 常态混凝土 | 199.0 | 37.6 | 1992 |
| 11 | 水口 | 重力坝 | 100.0 | 783.0 | 常态混凝土 | 100.0 | 60.0 | 1993 |
| 12 | 广蓄下库 | 重力坝 | 43.5 | 153.0 | 常态混凝土 | 5.63 | 3.2 | 1993 |
| 13 | 普定 | 拱坝 | 75.0 | 165.7 | 碾压混凝土 | 13.7 | 10.3 | 1993 |
| 14 | 锦江 | 重力坝 | 62.65 | 229.0 | 常态混凝土 | 26.7 | 18.2 | 1993 |
| 15 | 大广坝 | 重力坝 | 57.0 | 719.0 | 常态混凝土 | 82.7 | 48.5 | 1993 |
| 16 | 猫儿岩 | 拱坝 | 35.0 | 38.0 | | | | 1993 |
| 17 | 山仔 | 重力坝 | 64.6 | 266.4 | 碾压混凝土 | 23.0 | 19.4 | 1994 |
| 18 | 温泉堡 | 拱坝 | 48.0 | 187.9 | 碾压混凝土 | 6.3 | 5.6 | 1994 |
| 19 | 水东 | 重力坝 | 63.0 | 196.6 | 混凝土预制板 | 11.5 | 6.5 | 1994 |
| 20 | 溪柄 | 拱坝 | 63.5 | 95.5 | 碾压混凝土 | 2.8 | 2.24 | 1995 |
| 21 | 观音阁 | 重力坝 | 82.0 | 1 040.0 | 常态混凝土 | 181.5 | 96.3 | 1995 |
| 22 | 寺山坪 | 拱坝 | 55.7 | 147.0 | | 1.8 | | 1995 |
| 23 | 毛江 | 拱坝 | 45.0 | 150.0 | | | | 1995 |
| 24 | 百龙滩 | 重力坝 | 28.0 | 274.0 | 碾压混凝土 | 8.0 | 6.2 | 1996 |
| 25 | 双溪 | 重力坝 | 54.7 | 220.6 | 碾压混凝土 | 14.49 | 12.77 | 1997 |
| 26 | 石漫滩 | 重力坝 | 40.5 | 645.0 | 碾压混凝土 | 35.0 | 28.0 | 1997 |
| 27 | 满台城 | 重力坝 | 37.0 | 337.0 | 常态混凝土 | 13.6 | 7.8 | 1997 |
| 28 | 碗窑 | 重力坝 | 79.0 | 390.0 | 常态混凝土 | 44.2 | 29.4 | 1997 |
| 29 | 桃林口 | 重力坝 | 74.5 | 500.0 | 常态混凝土 | 126.3 | 62.2 | 1998 |
| 30 | 石板水 | 重力坝 | 84.1 | 445.0 | 常态混凝土 | 56.38 | 32.93 | 1998 |

续表 1-2

| 序号 | 坝名 | 坝型 | 坝高/m | 坝长/m | 防渗形式 | 混凝土量/万 m³ | 碾压混凝土量/万 m³ | 完成年份 |
|---|---|---|---|---|---|---|---|---|
| 31 | 枫香峡 | 拱坝 | 90.0 | 158.0 | 碾压混凝土 | 77.0 | | 1998 |
| 32 | 涌溪三级 | 重力坝 | 86.6 | 198.0 | 碾压混凝土 | 25.6 | 17.7 | 1999 |
| 33 | 高坝洲 | 重力坝 | 57.0 | 188.0 | 碾压混凝土 | 13.8 | 8.5 | 1999 |
| 34 | 花滩 | 重力坝 | 85.3 | 173.2 | 常态混凝土 | 29.0 | 24.0 | 1999 |
| 35 | 松月 | 重力坝 | 31.1 | 271.0 | | 7.75 | 4.44 | 1999 |
| 36 | 红坡 | 拱坝 | 55.2 | 244.0 | 碾压混凝土 | 7.7 | 7.1 | 1999 |
| 37 | 阎王鼻子 | 重力坝 | 34.5 | 383.0 | 碾压混凝土 | 17.1 | 8.7 | 1999 |
| 38 | 长顺 | 重力坝 | 69.0 | 279.0 | 碾压混凝土 | 20.0 | 17.0 | 2000 |
| 39 | 江垭 | 重力坝 | 128.0 | 327.0 | 碾压混凝土 | 136.0 | 114.0 | 2000 |
| 40 | 汾河二库 | 重力坝 | 84.3 | 225.0 | 碾压混凝土 | 45.6 | 34.7 | 2000 |
| 41 | 白石 | 重力坝 | 50.3 | 523.0 | | | 19.4 | 2000 |
| 42 | 杨水溪三级 | 重力坝 | 46.0 | 202.0 | 碾压混凝土 | 13.9 | 10.0 | 2000 |
| 43 | 万家寨 | 重力坝 | 105.0 | | | | | 2000 |
| 44 | 玉石 | 重力坝 | 50.0 | 265.0 | 常态混凝土 | 23.0 | 11.0 | 2001 |
| 45 | 龙首 | 拱坝 | 80.5 | 196.2 | 碾压混凝土 | 21.7 | 19.5 | 2001 |
| 46 | 棉花滩 | 重力坝 | 111.0 | 308.5 | 碾压混凝土 | 61.0 | 50.0 | 2001 |
| 47 | 石门子 | 拱坝 | 109.0 | 1 394.0 | 碾压混凝土 | 21.1 | 18.9 | 2001 |
| 48 | 山口三级 | 重力坝 | 57.4 | 179.44 | 碾压混凝土 | 13.3 | 10.4 | 2001 |
| 49 | 大干沟 | 重力坝 | 39.8 | | | 3.6 | | 2001 |
| 50 | 沙牌 | 拱坝 | 132.0 | 258.0 | 碾压混凝土 | 37.3 | 36.5 | 2002 |
| 51 | 大朝山 | 重力坝 | 115.0 | 480.0 | 碾压混凝土 | 193.0 | 90.0 | 2002 |
| 52 | 临江 | 重力坝 | 103.5 | 522.0 | 碾压混凝土 | 152.9 | 92.96 | 完成 |
| 53 | 河龙 | 重力坝 | 30.0 | 244.0 | | | 4.3 | 2003 |
| 54 | 回龙下库 | 重力坝 | 53.5 | 175.0 | 碾压混凝土 | 10.5 | 8.3 | 2003 |
| 55 | 回龙上库 | 重力坝 | 54.0 | 208.0 | 碾压混凝土 | 7.6 | 7.2 | 2003 |
| 56 | 杨水溪一级 | 重力坝 | 82.0 | 244.0 | 碾压混凝土 | 34.0 | 30.0 | 2003 |
| 57 | 碗米坡 | 重力坝 | 64.5 | 238.0 | 碾压混凝土 | 37.6 | 14.6 | 2003 |
| 58 | 蔺河口 | 拱坝 | 100.0 | 311.0 | 碾压混凝土 | 29.5 | 22.0 | 2003 |
| 59 | 小洋溪 | 重力坝 | 44.6 | 118.0 | 碾压混凝土 | | | 2003 |

续表 1-2

| 序号 | 坝名 | 坝型 | 坝高/m | 坝长/m | 防渗形式 | 混凝土量/万 m³ | 碾压混凝土量/万 m³ | 完成年份 |
|---|---|---|---|---|---|---|---|---|
| 60 | 小洋溪副坝 | 重力坝 | 24.6 | | 碾压混凝土 | | | 2003 |
| 61 | 大寨电站配套 | 拱坝 | 37.0 | | | | | 2003 |
| 62 | 毛坝关 | 拱坝 | 61.0 | 119.7 | 碾压混凝土 | 10.6 | 8.35 | 2004 |
| 63 | 流波 | 拱坝 | 70.1 | 257.8 | 碾压混凝土 | 17.0 | 13.0 | 2005 |
| 64 | 周宁 | 重力坝 | 73.4 | 201.0 | 碾压混凝土 | 21.8 | 15.9 | 2005 |
| 65 | 招徕河 | 双曲拱坝 | 105.5 | 198.1 | 碾压混凝土 | 20.4 | 17.9 | 2005 |
| 66 | 鱼简河 | 拱坝 | 81.0 | 167.3 | 碾压混凝土 | 11.0 | 10.5 | 2005 |
| 67 | 索风营 | 重力坝 | 115.8 | 164.6 | 碾压混凝土 | 70.0 | 44.7 | 2005 |
| 68 | 百色 | 重力坝 | 128.0 | 719.0 | 碾压混凝土 | 269.0 | 215.0 | 2005 |
| 69 | 下桥 | 拱坝 | 67.5 | 212.6 | 碾压混凝土 | 22.57 | 17.23 | 2005 |
| 70 | 通口 | 重力坝 | 71.5 | 220.7 | 碾压混凝土 | 33.0 | 30.0 | 2005 |
| 71 | 西溪 | 重力坝 | 71.0 | 243.0 | 碾压混凝土 | | 23.1 | 2006 |
| 72 | 玄庙观 | 拱坝 | 65.5 | 191.0 | 碾压混凝土 | 9.5 | 7.5 | 2006 |
| 73 | 喜河 | 重力坝 | 62.8 | 346.0 | 常态混凝土 | 64.83 | 19.81 | 2006 |
| 74 | 舟坝 | 重力坝 | 74.0 | 172.0 | 碾压混凝土 | 40.53 | 22.86 | 2006 |
| 75 | 麒麟观 | 双曲拱坝 | 77.0 | 138.1 | | 5.5 | 5.06 | 2006 |
| 76 | 乐滩 | 重力坝 | 66.0 | 586.3 | | 21.01 | 4.95 | 2006 |
| 77 | 平班 | 重力坝 | 67.2 | 385.0 | 碾压混凝土 | 28.6 | 12.0 | 2006 |
| 78 | 惠蓄上库坝 | 重力坝 | 56.7 | 168.0 | | 9.3 | 8.4 | 2006 |
| 79 | 惠蓄下库坝 | 重力坝 | 63.5 | 420.0 | | 24.2 | 23.5 | 2006 |
| 80 | 土卡河 | 重力坝 | 59.2 | 300.0 | 碾压混凝土 | 53.0 | 25.0 | 2006 |
| 81 | 青莲溪 | 拱坝 | 95.5 | 177.7 | 碾压混凝土 | 12.2 | | 2006 |
| 82 | 雷打滩 | 拱坝 | 84.0 | 209.5 | 碾压混凝土 | 38.9 | 20.4 | 2006 |
| 83 | 石堤 | 重力坝 | 53.5 | 212.15 | 碾压混凝土 | 16.86 | 9.31 | 2007 |
| 84 | 宜兴蓄能电站上副坝 | 重力坝 | 36.7 | 216.0 | 碾压混凝土 | 8.6 | 6.8 | 2007 |
| 85 | 沙坝 | 拱坝 | 87.0 | 148.5 | 碾压混凝土 | 9.0 | 6.7 | 2007 |
| 86 | 龙桥 | 双曲拱坝 | 91.0 | | 碾压混凝土 | | | 2007 |
| 87 | 赛珠 | 拱坝 | 72.0 | 160.0 | | 11.45 | 10.65 | 2007 |
| 88 | 景洪 | 重力坝 | 108.0 | 433.0 | 碾压混凝土 | 84.8 | 61.79 | 2008 |

续表 1-2

| 序号 | 坝名 | 坝型 | 坝高/m | 坝长/m | 防渗形式 | 混凝土量/万 m³ | 碾压混凝土量/万 m³ | 完成年份 |
|---|---|---|---|---|---|---|---|---|
| 89 | 光照 | 重力坝 | 200.5 | 410.0 | 碾压混凝土 | 280.0 | 240.0 | 2008 |
| 90 | 龙滩 | 重力坝 | 192.0 216.5 | 735.5 830.5 | 碾压混凝土 | 532.0 | 339.0 | 2008 |
| 91 | 彭水 | 重力坝 | 116.5 | 309.45 | 常态混凝土 | 96.37 | 55.97 | 2008 |
| 92 | 九甸峡 | 重力坝 | 180.0 | 258.0 | 碾压混凝土 | 143.0 | 93.0 | 2008 |
| 93 | 洪口 | 重力坝 | 130.0 | 348.0 | 碾压混凝土 | 74.6 | 68.0 | 2008 |
| 94 | 南沙 | 重力坝 | 86.0 | | 碾压混凝土 | 40.0 | | 2008 |
| 95 | 弄另 | 重力坝 | 90.5 | 280.0 | 碾压混凝土 | 39.22 | 29.76 | 2008 |
| 96 | 圆满贯 | 双曲拱坝 | 84.5 | | 碾压混凝土 | | | 2009 |
| 97 | 大花水 | 双曲拱坝 | 133.0 | 287.56 | 碾压混凝土 | 65.0 | 55.0 | 2009 |
| 98 | 思林 | 重力坝 | 117.0 | 310.0 | 碾压混凝土 | 108.24 | 77.45 | 2009 |
| 99 | 戈兰滩 | 重力坝 | 113.0 | 466.0 | | 140.0 | 94.0 | 2009 |
| 100 | 白莲崖 | 拱坝 | 102.0 | 348.0 | 碾压混凝土 | 56.0 | 48.5 | 2010 |
| 101 | 罗坡坝 | 拱坝 | 114.0 | | 碾压混凝土 | | | 2010 |
| 102 | 喀腊塑克 | 重力坝 | 121.5 | 1 570.0 | 碾压混凝土 | 267.0 | 235.0 | 2010 |
| 103 | 金安桥 | 重力坝 | 160.0 | 640.0 | 碾压混凝土 | 613.9 | 264.8 | 2010 |
| 104 | 云口 | 双曲拱坝 | 119.0 | | 碾压混凝土 | 16.0 | | 2010 |
| 105 | 冲乎尔 | 重力坝 | | | | 67.4 | 53.4 | 2010 |
| 106 | 杨家园 | 拱坝 | 68.0 | | 碾压混凝土 | 12.0 | 7.0 | 2010 |

正在施工的碾压混凝土坝

| 1 | 皂市 | 重力坝 | 88.0 | 351.0 | 碾压混凝土 | 82.0 | 47.7 | 施工 |
|---|---|---|---|---|---|---|---|---|
| 2 | 红岭 | 重力坝 | 95.7 | 528.0 | 碾压混凝土 | 110.65 | 78.39 | 施工 |
| 3 | 塔西河 | | 109.0 | 187.0 | | | 20.0 | 施工 |
| 4 | 马渡河 | 双曲拱坝 | 99.0 | 257.0 | 碾压混凝土 | 24.0 | 20.0 | 施工 |
| 5 | 官地 | 重力坝 | 168.0 | 469.0 | 碾压混凝土 | 350.0 | 300.0 | 施工 |
| 6 | 龙开口 | 重力坝 | 119.0 | 798.0 | 碾压混凝土 | 330.18 | 228.98 | 施工 |
| 7 | 石垭子 | 重力坝 | 134.5 | 249.2 | 碾压混凝土 | 75.34 | 66.42 | 施工 |
| 8 | 天花板 | 拱坝 | 113.0 | 223.17 | | 36.0 | 18.2 | 施工 |
| 9 | 梯子洞 | 重力坝 | 55.5 | 115.0 | 碾压混凝土 | 16.11 | 7.24 | 施工 |
| 10 | 鬼都府 | | | | | | | 施工 |

续表 1-2

| 序号 | 坝名 | 坝型 | 坝高/m | 坝长/m | 防渗形式 | 混凝土量/万 m³ | 碾压混凝土量/万 m³ | 完成年份 |
|---|---|---|---|---|---|---|---|---|
| 11 | 海甸峡 | 重力坝 | 54.0 | | | 21.0 | 12.0 | 施工 |
| 12 | 万家口子 | 双曲拱坝 | 167.5 | | 碾压混凝土 | 98.0 | 90.0 | 施工 |
| 13 | 大峡 | 拱坝 | 94.0 | 221.0 | 碾压混凝土 | | 14.0 | 施工 |
| 14 | 白沙 | 重力坝 | 74.9 | 171.8 | | 23.8 | 21.17 | 施工 |
| 15 | 武都引水 | 重力坝 | 120.34 | 736.0 | 碾压混凝土 | 160.0 | 130.0 | 施工 |
| 16 | 野三河 | | 74.0 | | 碾压混凝土 | | | 施工 |
| 17 | 小溪河 | 重力坝 | 62.0 | 102.5 | 碾压混凝土 | 6.56 | 4.71 | 施工 |
| 18 | 观音岩 | 重力坝 | 159.0 | 640.0 | 碾压混凝土 | 780.0 | 448.0 | 施工 |
| 19 | 三里坪 | 双曲拱坝 | 141.0 | 近 300.0 | 碾压混凝土 | 39.0 | 33.0 | 施工 |
| 20 | 云龙河三级 | 双曲拱坝 | 135.0 | 143.69 | 碾压混凝土 | | | 施工 |
| 21 | 沙沱 | 重力坝 | 101.0 | 631.0 | | 198.0 | 151.0 | 施工 |
| 22 | 黄花寨 | 拱坝 | 114.0 | 274.77 | | | 28.0 | 施工 |
| 23 | 格里桥 | | 120.0 | | | | | 施工 |
| 24 | 闸木水 | 拱坝 | 74.0 | | | | | 施工 |
| 25 | 马堵山 | 重力坝 | 107.5 | | | | | 施工 |
| 26 | 向家坝 | 部分坝段 | | | | | | 施工 |
| 27 | 金盘洞 | 重力坝 | 48.0 | | 碾压混凝土 | 7.51 | | 施工 |
| 28 | 禹门河 | 重力坝 | 64.5 | 213.5 | | 18.4 | 12.4 | 施工 |
| 29 | 阿海 | 重力坝 | 138.0 | 482.0 | 碾压混凝土 | 368.0 | 144.0 | 施工 |
| 30 | 亭子口 | 重力坝 | | | | | | 施工 |
| 31 | 马岩洞 | 重力坝 | 70.0 | 156.0 | | 18.0 | 14.0 | 施工 |
| 32 | 洛古 | 重力坝 | 78.0 | | | | | 施工 |
| 33 | 乐昌峡 | 重力坝 | 84.6 | 256.0 | 碾压混凝土 | 41.0 | 30.0 | 施工 |
| 34 | 功果桥 | 重力坝 | 105.0 | 356.0 | 碾压混凝土 | 107.2 | 80.5 | 施工 |
| 35 | 鲁地拉 | 重力坝 | 140.0 | 622.0 | 碾压混凝土 | 180.4 | 138.8 | 施工 |

## 1.4.2　中国碾压混凝土材料的发展

随着中国对碾压混凝土研究的深入和碾压混凝土坝的建设,在筑坝使用的碾压混凝土材料研究方面也不断地深入与发展。

#### 1.4.2.1　碾压混凝土类型的变化

1980 年以前,中国碾压混凝土的室内研究和室外试验使用的碾压混凝土都属于胶凝材料用量不大于 130 kg/m³、粉煤灰掺量不大于 30%、拌和物 VC 值 20 s 左右的干贫碾压混凝土,这主要受日本碾压混凝土筑坝技术 RCD 的影响。然而,通过室内试验和研究发现,在水胶比不变的情况下,这种碾压混凝土的强度随着胶凝材料用量的增加而明显增大,抗渗性能明显提高。研究表明,干贫碾压混凝土的孔隙率大,胶凝材料浆不足以填满碾压混凝土中砂子的空隙。因此,在水胶比不变的情况下,增加胶凝材料的用量可以提高碾压混凝土的强度和抗渗性能。进一步的研究表明,在胶凝材料用量不变的情况下,增加砂中的细粉(小于 0.15 mm 的颗粒)含量可以达到提高碾压混凝土强度和抗渗性能的目的,若用粉煤灰替代细粉掺加于碾压混凝土中,则提高碾压混凝土强度和抗渗性能的效果更加明显。这些试验研究成果为我国碾压混凝土走向高粉煤灰含量碾压混凝土的道路奠定了理论基础。正是这些研究成果为我国的一系列碾压混凝土施工规范规定"永久建筑物碾压混凝土的胶凝材料用量不宜低于 130 kg/m³,当低于 130 kg/m³ 时应专题试验论证"的条文提供了科学的依据。

1980 年和 1981 年四川龚嘴水电站工地的试验,特别是 1983 年在福建厦门机场工地进行了碾压混凝土试验,为中国走高粉煤灰含量碾压混凝土道路的实践奠定了基础。坑口碾压混凝土坝施工,使用胶凝材料 140 kg/m³、粉煤灰掺量达 57% 的碾压混凝土进行建造并获得了成功,坚定了中国碾压混凝土筑坝技术走"低水泥用量、中等胶凝材料用量、高粉煤灰掺量"道路的决心。

#### 1.4.2.2　碾压混凝土工作度的变化

中国碾压混凝土筑坝技术推广初期,受日本 RCD 技术及西方 Vebe 测试方法的影响,在《水工碾压混凝土试验规程》(SDJS 10—86)中规定,碾压混凝土拌和物的 VC 值宜为 20 s±5 s。随着我国碾压混凝土筑坝技术实践过程对 VC 值认识的加深,认为过大的 VC 值易造成碾压混凝土粗骨料的分离,不利于碾压混凝土施工层面胶结质量的提高。另外,随着我国碾压混凝土高坝的建设对碾压混凝土施工层面胶结质量要求的提高和使用的减水剂品质的改善,在相同水泥和胶凝材料用量并保持相同强度情况下 VC 值的降低成为可能,碾压混凝土拌和物的 VC 值逐渐降低。在《水工碾压混凝土施工规范》(SL 53—94)中指出,"碾压混凝土拌和物的 VC 值,机口值宜在 5～12 s 范围内使用";在《水工碾压混凝土施工规范》(DL/T 5112—2009)中指出,"碾压混凝土拌和物的 VC 值现场宜选用 2～12 s,机口 VC 值应根据施工现场气候条件的变化动态选用和控制,宜为 2～8 s";在《水工碾压混凝土施工规范》(DL/T 5112—2021)中指出,"碾压混凝土拌和物的 VC 值应根据施工现场的气候条件变化,动态选用和控制,机口 VC 值宜为 2～8 s"。仓面 VC 值宜为 2～12 s。

#### 1.4.2.3　外加剂的变化

中国碾压混凝土筑坝技术引进、推广初期,碾压混凝土使用的外加剂都是普通缓凝减水剂,如坑口、铜街子、天生桥二级、岩滩和万安等碾压混凝土坝,使用的都是木质素磺酸钙。一方面,由于碾压混凝土筑坝技术刚刚引进,对外加剂在碾压混凝土中的作用还未能进行深入的研究,更重要的是当时水工设计对碾压混凝土的抗压强度、抗渗等技术性能还没有提出很高的要求,使用普通缓凝减水剂即可以配制出满足技术性能要求的碾压混凝土。随着中国高碾压混凝土坝特别是高碾压混凝土拱坝的建设,普通缓凝减水剂已经不能满足碾压混凝土配合比设计对缓凝时间和减水率的要求,此时缓凝高效减水剂和超缓凝高效减水剂被引用到碾压混凝土中来,普通缓凝减水剂也就逐渐淘汰。另一方面,由于碾压混凝土被用作坝体的外部混凝土及碾压混凝土坝在我国寒冷、严寒地区的建造和碾压混凝土耐久性要求的提高,在碾压混凝土中掺用引气剂也就是必然的结果。关于碾压混凝土的抗冻能力,在我国碾压混凝土筑坝技术推广应用初期,有学者提出"碾压混凝土不具备抗冻能力"的结论,这是在当时使用超干硬混凝土并按常态混凝土掺 0.6%～1.2% 引气剂情况下根据试验结果得出的。进一步研究的结果表明,适当增大碾压混凝土的单位用浆量并掺加适量的引气剂,碾压混凝土的抗冻等级可以满足水工设计提出的相应抗冻等级的要求。

#### 1.4.2.4　碾压混凝土强度等级的变化

中国碾压混凝土筑坝技术引进、推广的初期,由于使用碾压混凝土的是坝高 70 m 以下的重力坝,碾压混凝土的设计强度等级均为 $C_{90}10$。随着碾压混凝土应用技术的逐步成熟和碾压混凝土高坝特别是碾压混凝土高拱坝的建设,碾压混凝土的设计强度等级逐渐向 $C_{90}15$、$C_{90}20$ 或 $C_{180}15$、$C_{180}20$ 发展。

#### 1.4.2.5　碾压混凝土设计龄期的变化

中国碾压混凝土筑坝技术引进、推广的初期,碾压混凝土强度的设计龄期均为 90 d,随着我国关于粉煤灰掺合料对碾压混凝土性能的长期影响作用研究的深入,碾压混凝土强度的设计龄期延长至 180 d,如棉花滩、大朝山、金安桥、甘再(柬埔寨)等 100 m 以上的高碾压混凝土重力坝的设计龄期都定为 180 d。

#### 1.4.2.6　碾压混凝土掺合料种类的变化

我国碾压混凝土筑坝技术引进和推广应用初期,我国所建碾压混凝土坝使用碾压混凝土中的掺合料全都为粉煤灰。一方面是因为对于粉煤灰作为混凝土掺合料的作用机理在当时已经研究得相对清楚一些;另一方面是因为粉煤灰作为混凝土掺合料的资源比较丰富。随着我国建造的碾压混凝土坝的增加,粉煤灰资源逐渐不足,特别是我国西南地区崇山峻岭中碾压混凝土坝的兴建,所需的掺合料——粉煤灰须从遥远的我国中、东部采运,这就削弱了碾压混凝土筑坝的经济性。基于这些因素,对碾压混凝土新型掺合料的寻找和研究就成为必然。随着研究的深入,碾压混凝土的掺合料逐渐出现了磷矿渣粉、火山灰粉、凝灰岩粉、锰矿渣粉和铜镍高炉矿渣粉等活性材料的单独使用(如弄另坝使用火山灰粉作为掺合料、冲乎尔坝的部分碾压混凝土使用铜镍高炉矿渣粉作为掺合料)或两种活性材料混合用作掺合料(如大朝山坝使用的掺合料为磷矿渣粉与凝灰岩粉各占 50%)。此后,又出现了活性材料与非活性材料(如石灰岩粉、凝灰岩粉)复合的掺合料(如戈兰滩坝使用的掺合料为高炉矿渣粉和石灰石粉的混合物、金安桥坝使用的掺合料为粉煤灰与石灰岩粉的混合物、景洪坝使用的掺合料为锰矿渣粉与石灰岩粉各占 50%)和非活性材料(如石灰岩粉、白云岩粉)单独用作碾压混凝土掺合料的工程(如泰西尔坝使用白云岩粉、甘再坝的部分碾压混凝土使用石灰岩粉)。

#### 1.4.2.7　碾压混凝土坝防渗结构材料的变化

我国碾压混凝土筑坝技术引进和推广应用初期,碾压混凝土坝的防渗结构材料并非碾压混凝土,而是沥青砂浆、常态混凝土或其他材料。这是因为当时对碾压混凝土抗渗性能的研究还不够深入,对获得高抗渗性能碾压混凝土特别是对整个坝体防渗结构材料的高抗渗性能存在疑虑,因此使用了更为传统的防渗结构材料。随着对碾压混凝土抗渗性能研究的深入和施工实践经验的积累,对使用碾压混凝土直接作为坝体的防渗结构材料的可靠性有了更深入的认识并采取了相应的结构防裂措施,2000 年以后所建的碾压混凝土坝,几乎都是直接使用碾压混凝土作为坝体的防渗结构材料。然而,为了保证坝面混凝土的平整光滑,使用了变态混凝土。

### 1.4.3　中国碾压混凝土材料的特点

由表 1-1 的统计资料可以得出,世界各国已建和在建碾压混凝土坝碾压混凝土的水泥用量为 0~184 kg/m³,平均水泥用量为 81.50 kg/m³;胶凝材料用量为 60~320 kg/m³,平均用量为 139.42 kg/m³;掺合料的平均掺量为 41.54%。根据我国碾压混凝土资料的统计,碾压混凝土的水泥用量一般为 60~90 kg/m³,平均水泥用量为 76.02 kg/m³;胶凝材料的用量一般为 140~190 kg/m³,平均用量为 163.06 kg/m³;掺合料的掺量一般为 45%~65%,平均掺量为 55.46%。比较可以看出,中国筑坝用碾压混凝土的水泥用量少,胶凝材料用量适中。中国碾压混凝土的绝热温升一般都不超过 20 ℃,多数在 12~18 ℃;根据配合比的不同,碾压混凝土 90 d 龄期的抗渗能力可以达到 W6~W10 的抗渗等级要求;根据设计需要,二级配碾压混凝土可以通过合理配制使其抗冻能力达到 F200~F300 的抗冻等级。

因此,中国碾压混凝土材料具有水泥用量少、胶凝材料用量适中,碾压混凝土绝热温升低、掺合料掺量高、抗渗和抗冻性能好的特点。

### 1.4.4 碾压混凝土在中国大坝建设中的应用

#### 1.4.4.1 中国碾压混凝土坝的统计分析

中国对碾压混凝土筑坝技术的研究始于 1978 年。1979 年开始室内试验,1980 年和 1981 年先后在四川省龚嘴水电站的混凝土路面和混凝土预制构件场进行了现场碾压试验。1983 年又在福建厦门进行了野外碾压试验,为沙溪口坝提供资料,胶凝材料中的粉煤灰掺量高达 50%。1984 年及 1985 年正式将碾压混凝土用于沙溪口坝的纵向围堰及电站开关站挡墙施工。1985 年在长江葛洲坝船闸下导墙基础上进行了两次现场碾压试验。此后,铜街子坝的水泥罐基础和牛日溪沟副坝的施工也先后使用了碾压混凝土。在广泛试验的基础上,中国第一座碾压混凝土坝——福建省大田县坑口坝,仅用 6 个月的时间就于 1986 年 5 月建成。

坑口坝的成功建设,为中国快速建坝开创了新的途径。在筑坝试验过程中,证实了中国独特的高掺粉煤灰、低水泥用量碾压混凝土的优越性;总结了碾压混凝土坝设计、施工和质量控制方面的经验;极大地调动了中国坝工界建造碾压混凝土坝的积极性。自坑口坝建成以后,碾压混凝土在中国获得了迅速的发展。

1986~2010 年的 25 年时间内,中国碾压混凝土坝的建造迅速。截至 2010 年 5 月底,已经建成碾压混凝土坝 106 座,在建碾压混凝土坝 35 座(见表 1-2 和图 1-19),正在设计或规划中的碾压混凝土坝 42 座。此外,还有大量的碾压混凝土围堰成功地应用于水利水电工程中。

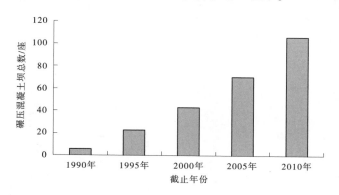

**图 1-19 中国碾压混凝土坝的增长情况**

经过 20 多年的研究和建设实践,中国已经形成了适合本国国情的碾压混凝土设计规范、碾压混凝土试验规程、碾压混凝土施工规范及验收规程等文件。碾压混凝土坝的坝型已经从重力坝扩展到重力拱坝和双曲薄拱坝。已建成的沙牌拱坝是当今世界上最高的碾压混凝土重力拱坝,并经受了 2008 年 5 月 12 日汶川 8 级大地震的考验安然无恙;已建成的招徕河拱坝是当今世界上最高的碾压混凝土双曲薄拱坝(厚高比 0.173);已建成的光照碾压混凝土坝是当今世界上最高的碾压混凝土重力坝;正在建设的万家口子坝建成后将接替沙牌拱坝成为世界上最高的碾压混凝土拱坝;计划进行第二期加高的龙滩碾压混凝土坝加高完成后将接替光照碾压混凝土坝成为世界上最高的碾压混凝土重力坝。中国的碾压混凝土筑坝技术已被世界同行专家公认为具有世界领先水平。

#### 1.4.4.2 中国部分碾压混凝土坝介绍

我国一些碾压混凝土坝材料分区设计具体介绍见第 2 章 2.4 节。

#### 1.4.4.3 中国部分碾压混凝土坝典型工程的照片

中国部分碾压混凝土坝典型工程的照片见图 1-20~图 1-51。

图1-20　施工中的坑口碾压混凝土坝

图1-21　施工中的龙滩碾压混凝土坝(1)

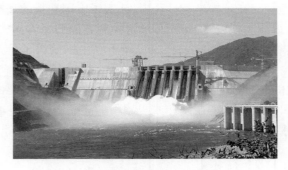

图1-22　施工中的龙滩碾压混凝土坝(2)

图1-23　建成的龙滩碾压混凝土坝(1)

图1-24　建成的龙滩碾压混凝土坝(2)

图1-25　建成的棉花滩碾压混凝土坝

图1-26　施工中的光照碾压混凝土坝(1)

图1-27　施工中的光照碾压混凝土坝(2)

图 1-28　已完工的光照碾压混凝土坝(1)

图 1-29　已完工的光照碾压混凝土坝(2)

图 1-30　施工中的大朝山碾压混凝土坝

图 1-31　施工中的沙牌碾压混凝土拱坝

图 1-32　建成的沙牌碾压混凝土拱坝

图 1-33　经受 2008 年"5·12"大地震后的
沙牌碾压混凝土拱坝

图 1-34　施工中的招徕河碾压混凝土双曲拱坝

图 1-35　建成的招徕河碾压混凝土双曲拱坝

图 1-36　建成的岩滩碾压混凝土坝

图 1-37　施工中的金安桥碾压混凝土坝(1)

图 1-38　施工中的金安桥碾压混凝土坝(2)

图 1-39　即将完工的蔺河口碾压混凝土拱坝

图 1-40　建成的通口碾压混凝土坝

图 1-41　施工中的弄另碾压混凝土坝

图 1-42　即将建成的弄另碾压混凝土坝

图 1-43　施工中的索风营碾压混凝土坝(1)

图 1-44 施工中的索风营碾压混凝土坝(2)

图 1-45 即将完工的索风营碾压混凝土坝

图 1-46 普定碾压混凝土拱坝

图 1-47 百色碾压混凝土坝

图 1-48 大花水碾压混凝土拱坝

图 1-49 沙沱碾压混凝土坝

图 1-50 龙滩大法坪砂石加工系统

图 1-51 龙滩碾压混凝土塔带机布料

# 参考文献

[1] 方坤河.碾压混凝土材料、结构与性能[M].武汉:武汉大学出版社,2004.

[2] 贾金生,陈改新,马锋玲,等译.碾压混凝土坝发展水平和工程实例[M].北京:中国水利水电出版社,2006.

[3] 张严明,王圣培,潘罗生.中国碾压混凝土坝20年:从坑口坝到龙滩坝的跨越(综述 设计 施工 科研 运行)[M].北京:中国水利水电出版社,2006.

[4] 高家训,何金荣,苗嘉生,等.普定碾压混凝土拱坝材料特性研究[J].水力发电,1995(10).

[5] 黎展眉.普定碾压混凝土拱坝裂缝成因探讨[J].水力发电学报,2001(1).

[6] 杨康宁.碾压混凝土坝施工[M].北京:中国水利水电出版社,1997.

[7] 冯树荣,肖峰,杨华全.混凝土重力坝的材料分区及其设计[C]//混凝土重力坝设计20年.北京:中国电力出版社,2008.

[8] 涂传林,孙君森,周建平,等.龙滩碾压混凝土重力坝结构设计与施工方法研究[R].长沙:电力工业部中南勘测设计研究院,1995.

[9] 孙君森,鲁一晖,欧红光.高碾压混凝土重力坝渗流分析和防渗结构的研究[R].长沙:国家电力公司中南勘测设计研究院,2000.

[10] 陆采荣,孙君森,等.考虑防渗与防裂要求的碾压混凝土配合比优化试验研究[R].南京:南京水利科学研究院和中南勘测设计研究院,2000.

[11] 孙恭尧,林鸿镁,等.高碾压混凝土重力坝设计方法的研究[R].长沙:国家电力公司中南勘测设计研究院,2000.

# 第 2 章 碾压混凝土重力坝的材料分区及设计指标

## 2.1 概 述

碾压混凝土重力坝筑坝材料和施工技术等的发展是重力坝筑坝技术进展的重要体现。20 世纪 60 年代以前,我国大坝混凝土的设计主要是满足强度要求。70 年代开始对大坝混凝土提出强度、抗渗、抗冻、极限拉伸等多方面性能要求。为此,对混凝土原材料的选择和优化、混凝土配合比设计、力学热学及耐久性能、材料分区设计等方面进行了深入细致的研究,提高了混凝土的质量,加快了施工进度,取得了巨大的经济效益。我国在筑坝材料及相关技术的发展具体表现为下列几个方面。

### 2.1.1 混凝土原材料

(1)水泥。目前,我国大型水利水电工程一般优先采用中热硅酸盐水泥,为了减少早期发热量,水泥比表面积控制在 $250 \sim 300$ m²/kg。近年来,又研究开发了低热硅酸盐水泥,7 d 的水化热低于 260 kJ/kg,水化热温升较中热水泥低 3 ℃左右,早期强度降低了一些,但后期强度增长率变大。

(2)掺合料。近年来普遍选用粉煤灰作为主要掺合料,并优先选用火电厂燃煤高炉烟囱静电收集的细灰。由于 I 级粉煤灰的大量生产,它也由过去一般作为混凝土填充料,变为混凝土功能材料使用。粉煤灰掺量有加大的趋势,常态混凝土和碾压混凝土最大掺量分别可达到 40% 和 70%。矿渣粉用作掺合料,具有比粉煤灰更高的活性,而且品质和均匀性更易保证,可降低胶凝材料水化热,改善混凝土的某些性能,同时掺用粉煤灰和矿渣粉(凝灰岩粉和磷矿渣),比单掺效果更好。

(3)外加剂。具有某些特殊功能的高效减水剂和引气剂等优质外加剂的广泛应用,不仅降低了混凝土的单位用水量,减少了水泥用量,降低了混凝土的温升,而且使混凝土的抗裂性和耐久性得以大幅度提高。从塑化剂、糖蜜类减水剂、萘系减水剂到羧酸系高效减水剂的应用,对提高混凝土的强度、耐久性、工作度等起到了重要的作用。

(4)砂石骨料。优质骨料是配制优质混凝土的重要条件,一般是就地取材。在骨料选择中,重视了骨料的碱活性的研究。对于有碱活性的骨料,研究表明,通过采用低碱水泥(<0.6%)、控制混凝土中的总碱量(<2.5 kg/m³)和加大粉煤灰掺量(达 30%左右),可以有效地抑制碱-硅酸盐反应。

### 2.1.2 大坝碾压混凝土

#### 2.1.2.1 碾压混凝土

干硬性、高掺混合材(主要是大量掺用粉煤灰)、中等胶凝材料用量和低 VC 值是我国碾压混凝土的重要特点。许多高度为百米级的坝,强度等级为 $C_{90}15$ 的三级配碾压混凝土,水泥用量多在 $55 \sim 70$ kg/m³,粉煤灰掺量达 60%~65%;强度等级为 $C_{90}20$ 以上的碾压混凝土,水泥用量在 $70 \sim 85$ kg/m³,粉煤灰掺量在 55%~60%;对于高度达到 200 m 的高坝,为了满足碾压混凝土层面抗剪断性能的要求,同时也是为了改善混凝土的和易性及工作度,倾向于采用中偏富胶凝材料,强度等级为 $C_{90}25$,水泥用量在 $85 \sim 90$ kg/m³,粉煤灰掺量在 55%左右。在砂子中掺加适量石粉,特别是细度小于 0.075 mm 的细粒颗粒可以改善碾压混凝土性能,部分工程已提出明确的细粉含量指标要求。

#### 2.1.2.2 氧化镁碾压混凝土

氧化镁(MgO)混凝土是我国自主研究的一项新技术。经过多年的深入研究,在部分工程应用方面取得了较多的成果,较以前的氧化镁混凝土技术有了重大进展。研究表明,氧化镁水泥混凝土与用菱镁矿煅烧成二氧化镁外掺至混凝土内和水泥内含氧化镁均具有较好的延迟膨胀性能,至一定时期后可趋于长期稳定,从而为氧化镁混凝土的推广应用提供了基础。但试验表明,氧化镁碾压混凝土的膨胀性能受温度的影响比较大,这会在混凝土外部产生附加拉应力,这是其不利的一面,应引起一定的注意。对水泥而言,氧化镁含量过多时会使水泥安定性不良。《通用硅酸盐水泥》(GB 175—2007)规定,硅酸盐水泥中氧化镁的含量一般不得超过5.0%;若经试验论证,其含量允许放宽到6.0%。

#### 2.1.2.3 变态混凝土

变态混凝土由中国首创,是指在摊铺完毕未经压实的碾压混凝土中加入适量水泥类浆材,使碾压混凝土中灰浆含量达到低塑性混凝土的浆量水平,然后用插入式振捣器振捣密实,即为碾压混凝土的变态,相应的经加浆振实的碾压混凝土称为变态混凝土。我国在1989年岩滩碾压混凝土(RCC)围堰施工中创造了变态混凝土,主要用于贴近模板处不便碾压的部位,在大坝上游表面附近,厚度为30~50 cm,从而有效地解决了碾压混凝土在模板附近不易碾压的难题。

### 2.1.3 坝体混凝土设计控制指标

#### 2.1.3.1 混凝土强度等级和设计龄期

根据大坝的不同部位和不同工作条件,大坝混凝土强度等级(或标号)一般分为7种左右,为了方便施工,混凝土材料分区趋势倾向于简化。

为了充分利用混凝土的后期强度,大坝常态混凝土强度设计龄期一般为90 d,目前已有工程设计龄期采用180 d;大坝碾压混凝土强度设计龄期一般采用90 d或180 d。

#### 2.1.3.2 混凝土设计控制指标

在混凝土配合比设计中,要正确确定大坝混凝土的强度保证率、强度标准值、强度等级(或标号)和配制强度,并留有一定的余地。从20世纪70年代开始,对混凝土强度、抗渗、抗冻、极限拉伸值等提出了全面的要求。目前,多采取降低水胶比,掺用Ⅰ级粉煤灰,适当加大粉煤灰掺量,掺高效减水剂和引气剂,严格控制水泥熟料的碱含量与混凝土中的总碱量的技术路线进行混凝土配合比设计。通过将高效减水剂、引气剂、Ⅰ级粉煤灰的联合使用,可使混凝土的单位用水量降低30%,提高了混凝土质量。适当的石粉含量(16%~20%)、低VC值(3~7 s)等对保证碾压混凝土的质量至关重要。

## 2.2 坝体混凝土设计强度代表值

大体积混凝土的强度特性是水工混凝土结构设计的基础数据。水利行业标准《混凝土重力坝设计规范》(SL 319—2005)和电力行业标准《混凝土重力坝设计规范》(DL 5108—1999)分别采用安全系数设计方法和以可靠度理论为基础的分项系数极限状态设计方法,形成了相应的坝体混凝土强度和混凝土强度代表值取值体系。

### 2.2.1 安全系数设计方法的混凝土强度体系和强度参数

《混凝土重力坝设计规范》(SL 319—2005)中,大坝混凝土强度等级用混凝土标号表示。混凝土标号定义:以按标准方法制作养护的边长150 mm的立方体试件为准,对于常态混凝土在90 d龄期、碾压混凝土在90 d或180 d龄期,用标准试验方法测得的具有80%保证率的抗压强度。混凝土标号用符号R和80%保证率的立方体抗压强度(以MPa计)表示。

混凝土强度设计代表值取为边长150 mm的立方体试件80%保证率的立方体抗压强度,由下式计算:

$$R^b = u_R(1.0 - 0.842\delta_R) \tag{2-1}$$

式中:$R^b$为混凝土强度设计代表值(标准值),MPa;0.842为保证率80%时的概率度系数;$u_R$、$\delta_R$分别为

15 cm 立方体标准试件 90 d 或 180 d 龄期抗压强度均值和变异系数。

根据全国 28 个大、中型水利水电工程混凝土立方体试件抗压强度实测数据的调查统计分析得出的变异系数,计算的混凝土标号和相应的混凝土抗压强度均值见表 2-1。

表 2-1 大体积混凝土试件抗压强度统计参数

| 大体积混凝土标号 | R100 | R150 | R200 | R250 | R300 |
|---|---|---|---|---|---|
| 标准值 $R^b$ (保证率 80%)/MPa | 10 | 15 | 20 | 25 | 30 |
| 变异系数 $\delta_R$ | 0.24 | 0.22 | 0.20 | 0.18 | 0.16 |
| 抗压强度均值 $u_R$/MPa | 12.53 | 18.40 | 24.04 | 29.45 | 34.66 |

《混凝土重力坝设计规范》(SL 319—2005)中,坝体大体积混凝土抗压强度是以其标号配一相对较大的安全系数来保证其安全度。

### 2.2.2 分项系数极限状态设计方法的混凝土强度体系和强度参数

#### 2.2.2.1 坝体混凝土强度等级

电力行业标准《混凝土重力坝设计规范》(DL 5108—1999)中关于坝体混凝土强度等级的定义,与《水工混凝土结构设计规范》(DL/T 5057—1996)的定义相同。混凝土的强度等级按立方体抗压强度标准值确定,采用符号 C 与立方体抗压强度标准值(MPa)表示。立方体抗压强度标准值系指按照标准方法制作养护的边长为 15 cm 的立方体试件,在 28 d 龄期,用标准试验方法测得的具有 95% 保证率的抗压强度。

混凝土强度等级由下式计算:

$$f_c = \mu_{f_{cu}}(1.0 - 1.645\delta_{f_{cu}})$$ (2-2)

式中:1.645 为保证率 95% 时的概率度系数;$f_c$ 为混凝土强度等级;$\mu_{f_{cu}}$、$\delta_{f_{cu}}$ 为 15 cm 立方体标准试件 28 d 龄期抗压强度均值和变异系数。

#### 2.2.2.2 坝体混凝土抗压强度设计代表值

重力坝大体积混凝土的结构尺寸通常不由压应力控制,而由结构布置或稳定、泄洪等条件控制,大体积混凝土强度标准值的保证率取得太高,会导致水泥用量大量增加,造成浪费并加大混凝土温度控制的难度。《水利水电工程结构可靠度设计统一标准》(GB 50199—94)的 5.2.2 条规定:"水工结构大体积混凝土的强度和岩基、围岩强度标准值可采用概率分布的 0.2 分位值",考虑到大体积混凝土施工期较长,强度标准值采用 90 d 或 180 d 龄期强度,即大体积混凝土强度等级体系采用国家标准规定的混凝土强度等级标准,但确定大体积混凝土设计中实际采用的抗压、抗拉、抗剪等强度标准值时,仍采用 90 d 或 180 d 龄期和 80% 保证率。

从混凝土试件抗压强度到坝体大体积混凝土抗压强度的转换,主要考虑材料换算系数,这个材料换算系数由以下四部分组成:

$$K_M = \lambda_1 \cdot \lambda_2 \cdot \lambda_3 \cdot \lambda_4$$ (2-3)

式中:$\lambda_1$ 为由 15 cm 立方体试件换算成 20 cm 立方体试件的边长换算系数,$\mu_{\lambda_1} = 0.95$,$\delta_{\lambda_1} = 0$;$\lambda_2$ 为由 20 cm 立方体试件强度换算至 20 cm 圆柱体试件强度的系数,$\mu_{\lambda_2} = 0.80$,$\delta_{\lambda_2} = 0$;$\lambda_3$ 为圆柱体试件强度与实际坝体混凝土强度的修正系数,根据工程经验和重力坝的特点,参考国内外相关规范的规定和试验数据的分析,修正系数的下限定为 0.60,上限为 1.00,同时假设重力坝混凝土强度服从递增的三角形分布,得到修正系数的统计参数 $\mu_{\lambda_3} = 0.867$、$\delta_{\lambda_3} = 0.109$;$\lambda_4$ 为抗压强度增长系数,常态混凝土 28 d 到 90 d 抗压强度增长系数 $\mu_{\lambda_4} = 1.2$、$\delta_{\lambda_4} = 0$,碾压混凝土 28 d 到 90 d、180 d 抗压强度增长系数分别取 $\mu_{\lambda_4} = 1.5$ 和 1.7、$\delta_{\lambda_4} = 0$。

因此,统计参数 $\mu_{f_c}$ 和 $\delta_{f_c}$ 为

$$\mu_{f_c} = \mu_{\lambda_1} \cdot \mu_{\lambda_2} \cdot \mu_{\lambda_3} \cdot \mu_{\lambda_4} \cdot \mu_{f_{cu}} \tag{2-4}$$

$$\delta_{f_c} = \sqrt{\delta_{\lambda_1}^2 + \delta_{\lambda_2}^2 + \delta_{\lambda_3}^2 + \delta_{\lambda_4}^2 + \delta_{f_{cu}}^2} \tag{2-5}$$

根据式(2-4)、式(2-5)求得的大体积混凝土抗压强度的统计参数见表 2-2 和表 2-3。应该说明的是:表 2-2、表 2-3 中,15 cm 立方体试件的混凝土是与混凝土强度等级相对应的;大坝混凝土是与抗压强度标准值相对应的,表中给出了两者的相互关系。

**表 2-2　常态混凝土强度等级与大坝常态混凝土抗压强度标准值的关系**

| 混凝土强度等级 | C7.5 | C10 | C15 | C20 | C25 | C30 |
|---|---|---|---|---|---|---|
| 15 cm 立方体试件抗压强度变异系数 $\delta_{f_{cu}}$/MPa | 0.24 | 0.22 | 0.20 | 0.18 | 0.16 | 0.14 |
| 15 cm 立方体试件 28 d 龄期抗压强度均值 $\mu_{f_{cu}}$/MPa | 12.39 | 15.67 | 22.35 | 28.41 | 33.93 | 38.98 |
| 大坝常态混凝土 90 d 龄期抗压强度均值 $\mu_{f_c}$/MPa | 9.79 | 12.39 | 17.68 | 22.47 | 26.83 | 30.82 |
| 大坝常态混凝土变异系数 $\delta_{f_c}$ | 0.264 | 0.246 | 0.228 | 0.210 | 0.194 | 0.177 |
| 大坝常态混凝土 90 d 龄期 80%保证率的抗压强度标准值/MPa | 7.6 | 9.83 | 14.29 | 18.49 | 22.46 | 26.21 |
| 15 cm 立方体试件 90 d 龄期抗压强度均值 $\mu_{f_{cu}}$/MPa | 14.87 | 18.81 | 26.83 | 34.10 | 40.72 | 46.77 |
| 15 cm 立方体试件 90 d 龄期 80%保证率抗压强度/MPa | 11.87 | 15.32 | 22.31 | 28.93 | 35.23 | 41.26 |
| 大坝常态混凝土 180 d 龄期抗压强度均值 $\mu_{f_c}$/MPa | 12.25 | 15.49 | 22.09 | 28.08 | 33.54 | 38.52 |
| 大坝常态混凝土 180 d 龄期 80%保证率的抗压强度标准值/MPa | 9.53 | 12.29 | 17.86 | 23.11 | 28.07 | 32.77 |
| 15 cm 立方体试件 180 d 龄期抗压强度均值 $\mu_{f_{cu}}$/MPa | 18.59 | 23.51 | 33.53 | 42.62 | 50.90 | 58.46 |
| 15 cm 立方体试件 180 d 龄期 80%保证率抗压强度/MPa | 14.83 | 19.15 | 27.89 | 36.16 | 44.04 | 51.57 |

**表 2-3　大坝碾压混凝土抗压强度标准值**

| 混凝土强度等级 | C5 | C7.5 | C10 | C15 | C20 | C25 |
|---|---|---|---|---|---|---|
| 15 cm 立方体试件抗压强度变异系数 $\delta_{f_{cu}}$ | 0.24 | 0.22 | 0.20 | 0.18 | 0.16 | 0.14 |
| 15 cm 立方体试件 28 d 龄期抗压强度均值 $\mu_{f_{cu}}$/MPa | 8.26 | 11.75 | 14.90 | 21.31 | 27.14 | 32.48 |
| 大坝 90 d 龄期碾压混凝土抗压强度均值 $\mu_{f_c}$/MPa | 8.17 | 11.61 | 14.73 | 21.06 | 26.83 | 32.11 |
| 大坝 180 d 龄期碾压混凝土抗压强度均值 $\mu_{f_c}$/MPa | 9.25 | 13.16 | 16.69 | 23.87 | 30.40 | 36.38 |
| 大坝碾压混凝土变异系数 $\delta_{f_c}$ | 0.264 | 0.246 | 0.228 | 0.210 | 0.194 | 0.177 |
| 大坝 90 d 龄期 80%保证率的碾压混凝土抗压强度标准值/MPa | 6.3 | 9.2 | 11.9 | 17.3 | 22.4 | 27.3 |
| 大坝 180 d 龄期 80%保证率的碾压混凝土抗压强度标准值/MPa | 7.2 | 10.4 | 13.5 | 19.6 | 25.4 | 31.0 |
| 15 cm 立方体试件 90 d 龄期抗压强度均值 $\mu_{f_{cu}}$/MPa | 12.39 | 17.63 | 22.35 | 31.97 | 40.71 | 48.72 |
| 15 cm 立方体试件 90 d 龄期 80%保证率抗压强度/MPa | 9.9 | 14.4 | 18.6 | 27.1 | 35.2 | 43.0 |
| 15 cm 立方体试件 180 d 龄期抗压强度均值 $\mu_{f_{cu}}$/MPa | 14.04 | 19.98 | 25.33 | 36.23 | 46.14 | 55.2 |
| 15 cm 立方体试件 180 d 龄期 80%保证率抗压强度/MPa | 11.2 | 16.3 | 21.1 | 30.7 | 39.9 | 48.7 |

下面以表 2-3 大坝碾压混凝土抗压强度标准值中 C10 为例,说明各行的计算过程:

15 cm 立方体试件抗压强度变异系数 $\delta_{f_{cu}} = 0.20$(这是根据试验数据的总结得出来的);

15 cm 立方体试件 28 d 龄期抗压强度均值 $\mu_{f_{cu}} = 10/(1.0 - 1.645 \times 0.20) = 14.90$(MPa);

大坝抗压强度变异系数 $\delta_{f_c} = \sqrt{\delta_{\lambda_1}^2 + \delta_{\lambda_2}^2 + \delta_{\lambda_3}^2 + \delta_{\lambda_4}^2 + \delta_{f_{cu}}^2} = \sqrt{0 + 0 + 0.109^2 + 0 + 0.20^2} = 0.228$;

大坝 90 d 龄期抗压强度均值 $\mu_{f_c} = \mu_{\lambda_1} \cdot \mu_{\lambda_2} \cdot \mu_{\lambda_3} \cdot \mu_{\lambda_4} \cdot \mu_{f_{cu}} = 0.95 \times 0.80 \times 0.867 \times 1.5 \times 14.90 = 14.73$(MPa);

大坝 180 d 龄期抗压强度均值 $\mu_{f_c} = \mu_{\lambda_1} \cdot \mu_{\lambda_2} \cdot \mu_{\lambda_3} \cdot \mu_{\lambda_4} \cdot \mu_{f_{cu}} = 0.95 \times 0.80 \times 0.867 \times 1.7 \times 14.90 = 16.69$(MPa);

大坝 90 d 龄期 80% 保证率的碾压混凝土抗压强度标准值 $= 14.73 \times (1.0 - 0.842 \times 0.228) = 11.9$(MPa);

大坝 180 d 龄期 80% 保证率的碾压混凝土抗压强度标准值 $= 16.69 \times (1.0 - 0.842 \times 0.228) = 13.5$(MPa);

15 cm 立方体试件 90 d 龄期抗压强度均值 $\mu_{f_{cu}} = 14.90 \times 1.5 = 22.35$(MPa);

15 cm 立方体试件 90 d 龄期 80% 保证率抗压强度 $= 22.35 \times (1.0 - 0.842 \times 0.20) = 18.6$(MPa);

15 cm 立方体试件 180 d 龄期抗压强度均值 $\mu_{f_{cu}} = 14.90 \times 1.7 = 25.33$(MPa);

15 cm 立方体试件 180 d 龄期 80% 保证率抗压强度 $= 25.33 \times (1.0 - 0.842 \times 0.20) = 21.1$(MPa)。

由式(2-3)可见,混凝土抗压强度均值从材料性能(15 cm 立方体 28 d 试件强度)转换到坝体混凝土抗力时,转换系数约为 0.66(0.95×0.80×0.867 = 0.66)。若计及混凝土抗压强度随龄期增长,则常态混凝土龄期 90 d 的抗力转换系数约为 0.79(0.66×1.2 = 0.79),碾压混凝土龄期 90 d、180 d 的抗力转换系数分别约为 0.99(0.66×1.5 = 0.99)、1.12(0.66×1.7 = 1.12)。

表 2-2、表 2-3 中,90 d 或 180 d 龄期 80% 保证率的大坝混凝土抗压强度标准值即为坝体混凝土抗压强度设计代表值。混凝土强度等级对应的 15 cm 立方体试件 90 d 龄期 80% 保证率抗压强度即为与水利系列标准《混凝土重力坝设计规范》(SL 319—2005)中坝体混凝土标号的对应关系。

#### 2.2.2.3 混凝土抗压强度的一些统计资料

表 2-2、表 2-3 中的两个重要数据是抗压强度变异系数 $\delta_{f_{cu}}$ 和 90 d、180 d 的抗压强度增长系数,它是根据已有试验资料统计得出来的。这两个统计资料是否需要修正值的研究。下面列出三峡工程常态混凝土和金安桥工程碾压混凝土的一些试验统计结果。

1. 三峡工程常态混凝土的试验统计结果

(1)抗压强度变异系数:$R_{28}150$、$R_{28}200$、$R_{28}250$、$R_{28}300$、$R_{28}350$ 的变异系数分别是 0.125、0.148、0.122、0.119、0.098;$R_{90}150$、$R_{90}200$、$R_{90}250$、$R_{90}300$、$R_{90}400$ 的变异系数分别是 0.152、0.155、0.135、0.107、0.058。这些变异系数比规范中给定的值要小得多,可能是施工中的质量控制较好。

(2)28 d 到 90 d 的抗压强度增长系数:$R_{28}200$、$R_{28}250$、$R_{28}300$、$R_{28}350$ 分别是 1.477、1.413、1.510、1.150,平均为 1.388,28 d 到 180 d 的抗压强度增长系数:$R_{28}250$ 是 1.518,$R_{90}200$ 是 1.68,平均为 1.600。抗压强度增长系数都高于规范中给定的值,可能是近年来混凝土粉煤灰掺量较多。

2. 金安桥工程碾压混凝土试验资料(2 460 组)的统计结果

(1)$C_{90}20W6F10$ 碾压混凝土 7 d、28 d、90 d、180 d 的抗压强度增长率(以 28 d 强度为 1.0)分别是 0.50、1.0、1.64、2.03。

(2)$C_{90}15W6F10$ 碾压混凝土 7 d、28 d、90 d、180 d 的抗压强度增长率(以 28 d 强度为 1.0)分别是 0.54、1.0、1.81、2.18。

#### 2.2.2.4 坝体混凝土抗拉强度设计代表值

混凝土劈裂抗拉强度 $f_{sp}$ 的试验资料相对较少,但它与抗压强度 $f_c$ 有较好的相关性,国内外均按试

件抗压强度 $f_c$ ,采用相关关系式计算劈裂抗拉强度 $f_{sp}$ 。目前已有 13 个关系式,均按式(2-6)表示,式中计算参数 $a$ 和 $b$ 如表 2-4 所示。

$$f_{sp} = af_c^b \tag{2-6}$$

按式(2-6)及表 2-4 所列参数可计算出不同等级混凝土劈裂抗拉强度。经分析研究,按表 2-4 中所列 13 个研究单位的换算参数,北京勘测设计院的计算结果居中。按这一参数计算出的混凝土抗压强度均值换算为劈裂抗拉强度均值的换算系数列于表 2-5 中。

**表 2-4　劈裂抗拉强度及抗压强度的换算参数 $f_{sp} = af_c^b$**

| 研究单位 | $a$ | $b$ | 研究单位 | $a$ | $b$ |
|---|---|---|---|---|---|
| 1. 中国水利水电科学研究院 | 0.305 | 0.732 | 8. Narayanan | 0.245 | 0.803 |
| 2. 中国建筑科学研究院 | 0.320 | 0.765 | 9. Carnefuo | 0.335 | 0.735 |
| 3. 刘家峡水电工程局 | 0.330 | 0.720 | 10. 北京市勘测设计研究院有限公司 | 0.299 | 0.752 |
| 4. 美国 PAC | 0.297 | 0.776 | 11. 成都勘测设计院 | 0.103 | 0.961 |
| 5. 美国 ACI | 0.320 | 2/3 | 12. 成都勘测设计研究院有限公司(碾压混凝土) | 0.161 | 0.814 |
| 6. 日本赤泽 | 0.396 | 0.730 | 13. 中南勘测设计研究院有限公司(三峡资料,90 d 龄期) | 0.147 8 | 0.824 |
| 7. 中南勘测设计研究院有限公司(三峡资料,28 d 龄期) | 0.151 6 | 0.813 | | | |

**表 2-5　混凝土试件劈裂抗拉强度换算系数 $\mu_{K_t}$**

| 混凝土标号 | R100 | R150 | R200 | R250 | R300 |
|---|---|---|---|---|---|
| 换算系数 $\mu_{K_t}$ | 11.00 | 12.20 | 13.10 | 13.70 | 14.30 |

注:本表中标号由 20 cm 立方体强度定义。

龙滩碾压混凝土抗压强度 $f_c$ 与劈拉抗拉强度 $f_{sp}$ 的关系表示为

$$f_{sp} = df_c^e \tag{2-7}$$

龙滩碾压混凝土抗压强度 $f_c$ 与轴心抗拉强度 $f_{stk}$ 的关系表示为

$$f_{stk} = kf_c^m \tag{2-8}$$

式中: $d$ 、 $e$ 、 $k$ 、 $m$ 为系数,见表 2-6。

**表 2-6　抗拉强度及抗压强度的换算参数(中南勘测设计研究院有限公司统计,龙滩碾压混凝土)**

| 抗压强度与劈裂抗拉强度的关系 $f_{sp} = df_c^e$ | | | 抗压强度与轴心抗拉强度的关系 $f_{stk} = kf_c^m$ | | |
|---|---|---|---|---|---|
| 试验龄期/d | $d$ | $e$ | 试验龄期/d | $k$ | $m$ |
| 7 | 0.032 59 | 1.372 2 | 7 | | |
| 28 | 0.127 7 | 0.879 1 | 28 | 0.089 7 | 1.045 7 |
| 90 | 0.128 5 | 0.891 9 | 90 | 0.209 8 | 0.755 7 |
| 180 | 0.153 5 | 0.845 1 | 180 | 0.474 0 | 0.527 8 |

劈裂抗拉强度的标准差及变异系数一般应根据试验数据估算,实际工程施工中通常采用抗压强度

换算求得,因此混凝土劈裂抗拉强度的标准差及变异系数应按误差传递公式推算。

混凝土试件劈裂抗拉强度为

$$f_{sp} = \frac{f_c}{\mu_{K_t}} \tag{2-9}$$

变异系数可表示为

$$\delta_{sp}^2 = \delta_{f_c}^2 + \delta_{K_t}^2 - 2\rho_{12}\frac{\sigma_{f_c} \cdot \sigma_{K_t}}{\mu_{f_c} \cdot \mu_{K_t}} \tag{2-10}$$

式中:$\sigma_{f_c}$、$\sigma_{K_t}$ 为混凝土抗压强度和换算系数的标准差;$\delta_{f_c}$、$\delta_{K_t}$ 为混凝土抗压强度和换算系数的变异系数;$\rho_{12}$ 为混凝土抗压强度与换算系数的相关系数;$\mu_{f_c}$、$\mu_{K_t}$ 为混凝土抗压强度与换算系数的均值。

假定换算系数 $\mu_{K_t}$ 服从等腰三角形分布,其上限值 $K_{ut} = 1.25\mu_{K_t}$,下限值 $K_{lt} = 0.75\mu_{K_t}$,则它的标准差 $\sigma_{K_t}$ 和变异系数 $\delta_{K_t}$ 可分别按式(2-11)和式(2-12)计算。

$$\sigma_{K_t} = \frac{\mu_{K_t}}{4\sqrt{6}} \tag{2-11}$$

$$\delta_{K_t} = \frac{1}{4\sqrt{6}} \tag{2-12}$$

经验算,$2\rho_{12} = 0.85$,由式(2-6)计算得的大体积混凝土结构的混凝土试件劈裂抗拉强度的统计参数见表2-7。

表 2-7　大体积混凝土试件劈裂抗拉强度统计参数

| 混凝土标号 | $\mu_{f_{sp}}$/MPa | $\sigma_{f_{sp}}$/MPa | $\delta_{f_{sp}}$ |
|---|---|---|---|
| R100 | 1.14 | 0.25 | 0.22 |
| R150 | 1.51 | 0.30 | 0.20 |
| R200 | 1.84 | 0.33 | 0.18 |
| R250 | 2.15 | 0.36 | 0.17 |
| R300 | 2.42 | 0.36 | 0.15 |

注:本表中标号由 20 cm 立方体强度定义。

根据国内外研究成果,实测混凝土轴心抗拉强度 $f_{stk}$ 低于劈裂抗拉强度 $f_{sp}$,建议 $f_{stk}/f_{sp} = 0.85 \sim 0.90$,变异系数 $\delta_{f_{st}}$ 不变,标准差 $\sigma_{f_{st}}$ 按轴心抗拉强度相应减少,计算出的轴心抗拉强度列于表2-8中。

表 2-8　混凝土试件轴心抗拉强度统计参数

| 混凝土标号 | $\mu_{f_{st}}$/MPa | $\sigma_{f_{st}}$/MPa | $\delta_{f_{st}}$ |
|---|---|---|---|
| R100 | 1.03 | 0.23 | 0.22 |
| R150 | 1.36 | 0.27 | 0.20 |
| R200 | 1.66 | 0.30 | 0.18 |
| R250 | 1.94 | 0.33 | 0.17 |
| R300 | 2.18 | 0.33 | 0.15 |

注:本表中标号由 20 cm 立方体强度定义。

混凝土轴心抗拉强度的标准值 $f_{stk}$ 按式(2-13)计算,计算结果见表2-8,不同标号的大体积混凝土轴心抗拉强度标准值见表2-9。

$$f_{stk} = \mu_{f_{st}}(1.0 - 0.842\delta_{f_{st}}) \tag{2-13}$$

表2-9　混凝土轴心抗拉强度标准值的计算

| 混凝土标号 | $\mu_{f_{st}}$/MPa | $\delta_{f_{st}}$ | $f_{stk}$ |
|---|---|---|---|
| R100 | 1.03 | 0.22 | 0.839 |
| R150 | 1.36 | 0.20 | 1.131 |
| R200 | 1.66 | 0.18 | 1.408 |
| R250 | 1.94 | 0.17 | 1.662 |
| R300 | 2.18 | 0.15 | 1.905 |

注:本表中标号由20 cm立方体强度定义。

按标号和混凝土强度等级的换算关系,由表2-10内插,可求出对应混凝土强度等级的混凝土试件抗拉强度标准值,列于表2-11。

表2-10　混凝土试件轴心抗拉强度标准值

| 混凝土标号 | R100 | R150 | R200 | R250 | R300 |
|---|---|---|---|---|---|
| 混凝土轴心抗拉强度标准值(保证率80%)/MPa | 0.839 | 1.131 | 1.408 | 1.662 | 1.905 |

注:本表中标号由20 cm立方体强度定义。

表2-11　大体积混凝土抗拉强度标准值

| 混凝土强度等级 | C7.5 | C10 | C15 | C20 | C25 |
|---|---|---|---|---|---|
| 相当于原大体积混凝土标号R | R113 | R146 | R212 | R275 | R335 |
| 混凝土试件抗拉强度标准值/MPa | 0.92 | 1.11 | 1.49 | 1.78 | 2.08 |

注:本表中标号由20 cm立方体强度定义。

坝体混凝土抗拉强度设计值可根据表2-10、表2-11中混凝土试件抗拉强度标准值,考虑尺寸效应和骨料级配效应后确定。

## 2.2.3　两种设计方法混凝土强度参数的关系

《混凝土重力坝设计规范》(DL 5108—1999)关于水工混凝土强度等级的定义,与《混凝土重力坝设计规范》(SL 319—2005)和《碾压混凝土坝设计规范》(SL 314—2004)等采用的大体积混凝土强度体系(标号)的主要区别在于:取消大体积混凝土标号(R)术语,改称大体积混凝土强度等级(C);混凝土立方体抗压强度的龄期由90 d改为28 d;强度等级的确定原则由保证率80%改为95%。

《混凝土重力坝设计规范》(SL 319—2005)和《碾压混凝土坝设计规范》(SL 314—2004)定义的大体积混凝土标号 $R^b$ 由下式计算:

$$R^b = u_R(1.0 - 0.842\delta_R) \tag{2-14}$$

由于

$$u_R = K_{yt} \cdot u_{R28} \tag{2-15}$$

并假定

$$\delta_{R28} = \delta_R \tag{2-16}$$

式中:$K_{yt}$ 为混凝土抗压强度随龄期的增长系数,对于常态混凝土,龄期从28 d到90 d,$K_{yt}$ 取1.2,对于碾压混凝土,龄期从 28 d 到 90 d 或 180 d,$K_{yt}$ 分别取 1.5、1.7;$u_{R28}$、$\delta_{R28}$ 为 15 cm 立方体标准试件 28 d 龄期抗压强度均值和变异系数。

由式(2-14)~式(2-16)可得

$$R^b = K_{yt} \cdot u_{R28}(1.0 - 0.842\delta_{R28}) \tag{2-17}$$

《混凝土重力坝设计规范》(DL 5108—1999)定义的大体积混凝土强度等级体系由下式计算:

$$f_c = \mu_{f_{cu}}(1.0 - 1.645\delta_{f_{cu}}) \tag{2-18}$$

假定

$$\delta_{f_{cu}} = \delta_{R28} \tag{2-19}$$

由于

$$u_{R28} = \mu_{f_{cu}} \tag{2-20}$$

则有

$$f_c = \frac{1.0 - 1.645\delta_{R28}}{K_{yt} \times (1.0 - 0.842\delta_{R28})} R^b \tag{2-21}$$

按式(2-21)计算的结果见表 2-12~表 2-14,其中 $\delta_{R28}$ 取自全国 28 个大、中型水利水电工程 63 800 组混凝土立方体抗压强度实测数据的调查统计分析结果。由表 2-12~表 2-14 得出混凝土标号与混凝土强度等级的对应关系,见表 2-15~表 2-17。由表 2-2、表 2-3 得出的大体积混凝土强度等级与大体积混凝土标号的对应关系,见表 2-18。

表 2-12 常态混凝土标号与混凝土强度等级的换算关系

| 混凝土标号 | $R^b$/MPa | $\delta_{R28}$ | $\dfrac{1.0-1.645\delta_{R28}}{1.2\times(1.0-0.842\delta_{R28})}$ | $f_c$/MPa |
|---|---|---|---|---|
| $R_{90}100$ | 10 | 0.24 | 0.63 | 6.3 |
| $R_{90}150$ | 15 | 0.22 | 0.65 | 9.8 |
| $R_{90}200$ | 20 | 0.20 | 0.67 | 13.5 |
| $R_{90}250$ | 25 | 0.18 | 0.69 | 17.3 |
| $R_{90}300$ | 30 | 0.16 | 0.71 | 21.3 |

表 2-13 碾压混凝土标号(90 d 龄期)与混凝土强度等级的换算关系

| 混凝土标号 | $R^b$/MPa | $\delta_{R28}$ | $\dfrac{1.0-1.645\delta_{R28}}{1.5\times(1.0-0.842\delta_{R28})}$ | $f_c$/MPa |
|---|---|---|---|---|
| $R_{90}100$ | 10 | 0.24 | 0.50 | 5.0 |
| $R_{90}150$ | 15 | 0.22 | 0.52 | 7.8 |
| $R_{90}200$ | 20 | 0.20 | 0.54 | 10.8 |
| $R_{90}250$ | 25 | 0.18 | 0.55 | 13.8 |
| $R_{90}300$ | 30 | 0.16 | 0.57 | 17.0 |

表 2-14　碾压混凝土标号(180 d 龄期)与混凝土强度等级的换算关系

| 混凝土标号 | $R^b$/MPa | $\delta_{R28}$ | $\dfrac{1.0-1.645\delta_{R28}}{1.7\times(1.0-0.842\delta_{R28})}$ | $f_c$/MPa |
|---|---|---|---|---|
| $R_{180}100$ | 10 | 0.24 | 0.45 | 4.5 |
| $R_{180}150$ | 15 | 0.22 | 0.46 | 6.9 |
| $R_{180}200$ | 20 | 0.20 | 0.48 | 9.5 |
| $R_{180}250$ | 25 | 0.18 | 0.49 | 12.2 |
| $R_{180}300$ | 30 | 0.16 | 0.50 | 15.0 |

表 2-15　坝体常态混凝土标号与混凝土强度等级的对应关系

| 混凝土标号 | $R_{90}100$ | $R_{90}150$ | $R_{90}200$ | $R_{90}250$ | $R_{90}300$ |
|---|---|---|---|---|---|
| 混凝土强度等级 | C6.3 | C9.8 | C13.5 | C17.3 | C21.3 |

表 2-16　坝体碾压混凝土标号(90 d 龄期)与混凝土强度等级的对应关系

| 混凝土标号 | $R_{90}100$ | $R_{90}150$ | $R_{90}200$ | $R_{90}250$ | $R_{90}300$ |
|---|---|---|---|---|---|
| 混凝土强度等级 | C5.0 | C7.8 | C10.8 | C13.8 | C17.0 |

表 2-17　坝体碾压混凝土标号(180 d 龄期)与混凝土强度等级的对应关系

| 混凝土标号 | $R_{180}100$ | $R_{180}150$ | $R_{180}200$ | $R_{180}250$ | $R_{180}300$ |
|---|---|---|---|---|---|
| 大体积混凝土强度等级 C | C4.5 | C6.9 | C9.5 | C12.2 | C15.0 |

表 2-18　坝体混凝土强度等级与混凝土标号间的对应关系

| 大体积混凝土强度等级 C | | C7.5 | C10 | C15 | C20 | C25 | C30 |
|---|---|---|---|---|---|---|---|
| 相当于常态混凝土标号 $R_{90}$ | | | $R_{90}119$ | $R_{90}153$ | $R_{90}223$ | $R_{90}289$ | $R_{90}352$ | $R_{90}413$ |
| 相当于碾压混凝土标号 $R_{90}$ | $R_{90}99$ | $R_{90}144$ | $R_{90}186$ | $R_{90}271$ | $R_{90}352$ | $R_{90}430$ |
| 相当于碾压混凝土标号 $R_{180}$ | $R_{180}112$ | $R_{180}163$ | $R_{180}211$ | $R_{180}307$ | $R_{90}399$ | $R_{90}487$ |

### 2.2.4　混凝土强度标准值和设计值

《混凝土重力坝设计规范》(DL 5108—1999)中"混凝土强度标准值"是这样叙述的:大坝混凝土的强度用设计龄期混凝土抗压强度标准值表示,符号为"$C_{龄期}$强度标准值(MPa)"。抗压强度标准值是按照标准方法制作养护的边长为 150 mm 的立方体试件,在设计龄期用标准试验方法测得的具有 80% 保证率的抗压强度来确定的。大坝常态混凝土的设计龄期一般采用 90 d,碾压混凝土的设计龄期一般采用 180 d。当常态混凝土重力坝施工期较长,经技术论证,设计龄期也可采用 180 d;当碾压混凝土重力坝需提前承受荷载时,设计龄期也可采用 90 d。

用于混凝土重力坝承载能力极限状态计算的坝体混凝土强度的标准值按表 2-19 取用。

表 2-19 大坝混凝土强度标准值

| 强度种类 | 符号 | 大坝混凝土强度 | | | | | | | |
| --- | --- | --- | --- | --- | --- | --- | --- | --- | --- |
| | | $C_{dd}10$ | $C_{dd}15$ | $C_{dd}20$ | $C_{dd}25$ | $C_{dd}30$ | $C_{dd}35$ | $C_{dd}40$ | $C_{dd}45$ |
| 轴心抗压/MPa | $f_{ck}$ | 6.7 | 10.0 | 13.4 | 16.7 | 20.1 | 23.4 | 26.8 | 29.6 |
| 轴心抗拉/MPa | $f_{tk}$ | 0.90 | 1.27 | 1.54 | 1.78 | 2.01 | 2.20 | 2.39 | 2.51 |

注:1. $dd$ 为大坝混凝土设计龄期,采用 90 d 或 180 d。

2. 本表适用于大坝常态混凝土和大坝碾压混凝土。

3. 大坝混凝土强度等级和标准值可内插使用。

下面给出在已知 $C_{dd}10$、$C_{dd}15$、…、$C_{dd}45$ 的情况下,如何计算轴心抗压强度 $f_{ck}$ 和轴心抗拉强度 $f_{tk}$,它是根据《水工混凝土结构设计规范》(SL 191—2008)所提供的公式进行计算的。计算时水工混凝土立方体抗压强度 $f_{cu,k}$ 的变异系数 $\delta_{f_{cu}}$ 见表 2-20。

表 2-20 水工混凝土立方体抗压强度 $f_{cu,k}$ 的变异系数 $\delta_{f_{cu}}$

| $f_{cu,k}$ | C10 | C15 | C20 | C25 | C30 | C35 | C40 | C45 | C50 | C55 | C60 |
| --- | --- | --- | --- | --- | --- | --- | --- | --- | --- | --- | --- |
| $\delta_{f_{cu}}$ | 0.22 | 0.20 | 0.18 | 0.16 | 0.14 | 0.13 | 0.12 | 0.12 | 0.11 | 0.11 | 0.10 |

注:原表中没有 C10,这里是外延得到的。

### 2.2.4.1 混凝土强度标准值 $f_{cu}$ 的计算

表 2-20 是根据混凝土坝承受荷载时龄期较长的特点,定义大坝混凝土强度为设计龄期保证率为 80% 的强度,是采用 15 cm 的立方体试件,在设计龄期用标准试验方法测得的具有 80% 保证率的抗压强度来确定的。换算到 20 cm 圆柱体试件,应乘以换算系数,$\mu_{\lambda_1} \times \mu_{\lambda_2} = 0.95 \times 0.8 = 0.76$,考虑到结构中的混凝土强度($\mu_{f_c}$)与 15 cm 的立方体试件混凝土强度($\mu_{f_{cu,15}}$)之间的差异,对试件混凝土强度进行修正,修正系数取为 0.88,则结构中的混凝土轴心抗压强度的平均值 $\mu_{f_c}$ 与 150 mm 立方体抗压强度的平均值 $\mu_{f_{cu,15}}$ 关系为

$$\mu_{f_c} = 0.88 \times 0.95 \times 0.8\mu_{f_{cu,15}} = 0.67\mu_{f_{cu,15}} \tag{2-22}$$

根据混凝土强度标准值的取值原则,假定 $\delta_{f_c} = \delta_{f_{cu}}$($\delta_{f_c}$ 为混凝土轴心抗压强度的变异系数),引入考虑高强混凝土脆性的折减系数 $\alpha_c$,则结构中的混凝土轴心抗压强度标准值为

$$f_{ck} = \alpha_c\mu_{f_c}(1 - 0.842\delta_{f_c}) = 0.67\alpha_c\mu_{f_{cu,15}}(1 - 0.842\delta_{f_c}) = 0.67\alpha_c f_{cu,k} \tag{2-23}$$

$$f_{cu,k} = (1 - 0.842\delta_{f_c})\mu_{f_{cu,15}} \tag{2-24}$$

式中:$\mu_{f_{cu,15}}$ 为 150 mm 立方体抗压强度的平均值;$f_{cu,k}$ 为 150 mm 立方体保证率 80% 的抗压强度,这就是表 2-19 中的 $C_{dd}10$、$C_{dd}15$、…、$C_{dd}45$。

$\alpha_c$ 的取值:对于 C45 以下,均取 $\alpha_c = 1.0$;对于 C45,取 $\alpha_c = 0.98$;对于 C60,取 $\alpha_c = 0.96$;中间按线性规律变化。C45 以下混凝土,由于 $\alpha_c = 1.0$,因此混凝土轴心抗压强度标准值 $f_{ck}$ 计算公式(2-23)简化为 $f_{ck} = 0.67f_{cu,k}$,与 SL/T 191—96 中的计算公式相同,也就是说,$f_{cu,k}$ 乘以 0.67 就得到 $f_{ck}$(大坝混凝土轴心抗压标准值)。这就是表 2-19 中轴心抗压 $f_{ck}$ 这一行的计算结果。

### 2.2.4.2 混凝土轴心抗拉强度标准值 $f_{ck}$ 的计算

《水工混凝土结构设计规范》(SL 191—2008)根据国内 72 组混凝土轴心抗拉试件强度与边长 200 mm 立方体抗压强度的对比试验,并考虑尺寸效应影响,两者平均值的关系为

$$\mu_{f_{t,sp}} = 0.58(0.95\mu_{f_{cu,15}})^{2/3} = 0.56f_{cu,15}^{2/3} \tag{2-25}$$

同样,考虑到结构中的混凝土强度与试件混凝土强度的差异,取修正系数为 0.88,同时将计量单位由 kgf/cm² 改为 N/mm²,则结构中混凝土轴心抗拉强度与 150 mm 立方体抗压强度的关系为

$$\mu_{f_t} = 0.88 \times 0.56\mu_{f_{cu,15}}^{2/3} \times 0.1^{1/3} = 0.23\mu_{f_{cu,15}}^{2/3} \tag{2-26}$$

假定轴心抗拉强度的变异系数 $\delta_{f_t} = \delta_{f_{cu}}$,则结构中混凝土轴心抗拉强度标准值为

$$f_{tk} = \mu_{f_t}(1 - 1.645\delta_{f_t}) = 0.23\mu_{f_{cu,15}}^{2/3}(1 - 1.645\delta_{f_t}) = 0.23\mu_{f_{cu,k}}^{2/3}(1 - 1.645\delta_{f_{cu}})^{1/3} \tag{2-27}$$

GB 50010—2002 根据原有的抗拉强度试验数据,再加上我国近年来高强混凝土强度研究的试验数据,统一进行分析后提出了下列混凝土轴心抗拉强度标准值的公式:

$$f_{tk} = 0.88 \times 0.395 f_{cu,k}^{0.55}(1 - 1.645\delta_{f_{cu}})^{0.45} \times \alpha_{c2} \tag{2-28}$$

式中:$\alpha_{c2}$ 为考虑高强混凝土的折减系数,对于 C40 取 $\alpha_{c2} = 1.0$,对于 C80 取 $\alpha_{c2} = 0.87$,中间按线性规律变化。

表 2-21 给出了计算混凝土轴心抗拉强度标准值 $f_{tk}$ 的三种结果的比较。由表 2-21 可知,三种方法得到的 $f_{tk}$ 相差不大。

表 2-21　三种方法给出的混凝土轴心抗拉强度标准值 $f_{tk}$ 的比较

| 序号 | 计算 $f_{tk}$ 结果的来源 | C10 | C15 | C20 | C25 | C30 | C35 | C40 | C45 |
|---|---|---|---|---|---|---|---|---|---|
| 1 | 取自表 2-19 中的 $f_{tk}$ | 0.90 | 1.27 | 1.54 | 1.78 | 2.01 | 2.20 | 2.39 | 2.51 |
| 2 | 取自式(2-27)中计算的 $f_{tk}$ | 0.92 | 1.23 | 1.51 | 1.78 | 2.04 | 2.27 | 2.49 | 2.70 |
| 3 | 取自式(2-28)中计算的 $f_{tk}$ | 1.01 | 1.29 | 1.54 | 1.78 | 2.01 | 2.20 | 2.39 | 2.51 |

混凝土强度设计值取为混凝土强度标准值除以混凝土材料性能分项系数 $\gamma_c$。SL/T 191—96 取 $\gamma_c = 1.35$,GB 50010—2002 取 $\gamma_c = 1.40$;美国规范 ACI318—05 取 $\gamma_c = 1.54$;欧盟和英国取 $\gamma_c = 1.50$;SL 191—2008 取 $\gamma_c = 1.40$。

# 2.3　坝体混凝土材料分区设计及其特性

## 2.3.1　坝体混凝土材料分区的设计原则

大坝混凝土材料分区的影响因素除考虑满足设计上对强度的要求外,还应根据大坝的工作条件、地区气候等具体情况,分别满足耐久性(包括抗渗、抗冻、抗冲耐磨和抗侵蚀),以及浇筑时良好的和易性和低热性等方面的要求。大坝材料分区的设计原则如下。

### 2.3.1.1　常态混凝土大坝材料分区的设计原则

(1)在考虑坝体各部位工作条件和应力状态、合理利用混凝土性能的基础上,尽量减少混凝土分区的数量,同一浇筑仓面的混凝土材料最好采用同一种强度等级,必要时不宜超过两种。

(2)具有相同或近似工作条件的混凝土尽量采用同一种材料指标,如泄洪表孔、泄洪中孔、冲砂孔及导流底孔周边、中表孔隔墙等均可采用同一种混凝土。

(3)材料分区要尽量减小对施工的干扰,要有利于加快施工进度,同时又便于质量控制。

### 2.3.1.2　碾压混凝土大坝的材料分区的设计原则

碾压混凝土大坝的材料分区原则与常态的类似,但要考虑其自身的特点:

(1)河床坝段基础垫层,考虑坝踵、坝址部位及基础上、下游灌浆廊道周边混凝土有较高的强度要求,而且拟采用通仓浇筑法施工,整个区域混凝土仅用一种混凝土强度等级。

(2)大坝内部碾压混凝土除上、下游防渗结构外,由于不同高程层面所要求的抗剪断强度参数不同,施工时的气温环境也不同,应按高程分区,不同区域用不同的混凝土配合比。同一仓面上的混凝土强度等级最好是一种,必要时一般也不得超过三种。

（3）除坝基上、下游灌浆廊道及主排水廊道采用常规混凝土包裹外，坝内其他廊道周边采用"变态混凝土"工艺，由碾压混凝土现场掺浆振捣施工，尽量减少材料分区带来的施工干扰。

根据上述原则，具体分析坝体不同部位混凝土的工作条件和运行期的气温环境等因素，并类比其他已建工程经验，进行混凝土材料分区设计。

## 2.3.2　常态混凝土坝材料分区的主要特性

### 2.3.2.1　常态混凝土坝材料分区

常态混凝土坝根据不同部位和不同工作条件，材料分区一般分为：上、下游水位以上坝体外部表面混凝土，上、下游水位变化区的坝体外部表面混凝土，上、下游最低水位以下坝体外部表面混凝土，坝体基础混凝土，坝体内部混凝土，抗冲刷部位混凝土（如溢流面、泄水孔、导墙和闸墩等），结构混凝土等。大坝混凝土分区见图 2-1。混凝土分区的尺寸：一般外部混凝土各区厚度最小为 2~3 m，基础混凝土厚度一般为 0.1L（L 为坝体底部边长），并不小于 3 m。

大坝混凝土分区特性要求及考虑的主要因素见表 2-22。

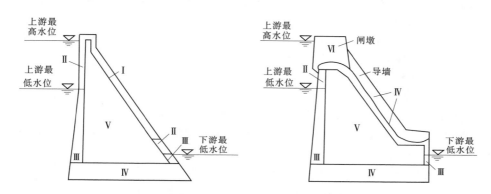

Ⅰ区—上、下游水位以上坝体外部表面混凝土；Ⅱ区—上、下游水位变化区的坝体外部表面混凝土；
Ⅲ区—上、下游最低水位以下坝体外部表面混凝土；Ⅳ区—坝体基础混凝土；Ⅴ区—坝体内部混凝土；
Ⅵ区—抗冲刷部位混凝土。

**图 2-1　坝体混凝土分区图**

**表 2-22　大坝混凝土分区特性要求及考虑的主要因素**

| 分区 | 强度 | 抗渗 | 抗冻 | 抗冲刷 | 抗侵蚀 | 低热 | 最大水灰比 | 选择各分区的主要因素 |
|---|---|---|---|---|---|---|---|---|
| Ⅰ | + | − | + + | − | − | + | + | 抗冻 |
| Ⅱ | + | + | + + | − | + | + | + | 抗冻、抗裂 |
| Ⅲ | + + | + + | + | − | + | + | + | 抗渗、抗裂 |
| Ⅳ | + + | + | + | − | + | + + | + | 抗裂 |
| Ⅴ | + + | + | + | − | − | + + | + | |
| Ⅵ | + + | − | + + | + + | + + | + | + | 抗冲耐磨 |

**注**：表中有"＋＋"的项目为选择各区混凝土等级的主要控制因素，有"＋"的项目为需要提出要求的，有"－"的项目为不需要提出要求的。

### 2.3.2.2　大坝混凝土强度等级及设计龄期

1. 大坝混凝土强度等级的确定

混凝土的强度包括抗拉强度、抗压强度、抗剪强度，均是重要的设计指标。重力坝混凝土抗压强度等级(标号)应根据坝体应力、施工进度、混凝土龄期和安全系数确定。坝体混凝土抗压安全系数,基本组合不应小于 4.0,特殊组合(不含地震情况)不应小于 3.5;当局部混凝土有抗拉要求时,抗拉安全系数不应小于 4.0;在地震情况下,混凝土允许压应力的采用值可比正常情况提高 30%,抗拉安全系数应不小于 2.5。强度等级的指标规定及指标与标号关系见表 2-23。

表 2-23　大坝混凝土强度标准值与标号的关系

| 强度种类 | 符号 | 大坝混凝土强度等级 | | | | | |
| --- | --- | --- | --- | --- | --- | --- | --- |
| | | C7.5 | C10 | C15 | C20 | C25 | C30 |
| 轴心抗压强度 90 d/MPa | $f_{ck}$ | 7.6 | 9.83 | 14.29 | 18.49 | 22.46 | 26.21 |
| 对应的大坝常态混凝土标号 | $R_{90}$ | R119 | R153 | R223 | R289 | R352 | R413 |

**注**:1. 坝体内部大孔口,包括导流孔、引水管、泄水孔、孔壁周围的混凝土及地震设计烈度Ⅷ度以上的坝体上部混凝土,其强度适当提高。

2. 选择混凝土强度等级或标号时,应注意由于温度、渗透压力及局部应力集中所产生的拉应力、剪应力和过大的压应力。

3. 坝体内部混凝土的强度不应低于 R100 或 C7.5。

4. 混凝土的强度等级按标准方法制作养护的 150 mm 立方体试件,在 28 d 龄期用标准试件方法测得的具有 95%保证率的立方体抗压强度来确定用符号 C(MPa)表示。大坝常态混凝土强度的标准值可采用 90 d 龄期强度,保证率 80%。

5. 常态混凝土强度等级和标准值可内插使用。

2. 大坝混凝土设计龄期的确定

混凝土的强度随着龄期增长,在规定强度等级时应同时规定设计龄期。重力坝大体积混凝土的抗压设计龄期为 90 d,一般不超过 180 d,此外还规定 28 d 龄期时的抗压强度不低于 7.5 MPa,作为对早期强度的控制。抗拉设计龄期采用 28 d,一般不采用后期强度。

随着粉煤灰等混合料和外加剂的应用日益广泛,特别是粉煤灰等混合料的掺量加大,为充分利用混凝土的后期强度,降低水泥用量,倾向于采用较长龄期作为抗压强度的设计标准。苏联在大坝建设中规定,采用 180 d 龄期作为抗压强度设计标准龄期,抗渗性也采用 180 d 龄期,坝高超过 60 m,混凝土量大于 50 万 m³ 的混凝土坝,混凝土的强度设计龄期按 1 年计算。美国垦务局在 1977 年《混凝土重力坝设计准则》中明确规定:混凝土抗压强度的龄期通常采用 365 d,并可随结构物的不同而变化。日本在 1978 年《坝工设计规范》中规定:混凝土抗压强度的龄期为 91 d。他们认为,坝体要在建成并经相当时间后才能承受设计荷载,因此大坝混凝土应以 1 年龄期强度为基准比较合适,但为混凝土设计方便,取 91 d 龄期为准。可是,在 91 d 之后,强度仍继续增加,龄期 365 d 的强度,至少比 91 d 增加 10%,才算完全符合规定。法国、意大利采用 90 d 龄期。我国在重力坝的设计上,虽然《混凝土重力坝设计规范》(SL 319—2005)和(DL 5108—1999)规定抗压强度用 90 d 龄期,抗渗标号用 28 d 龄期,但与国外相比有一定差异,因此抗压强度龄期建议研究采用 180 d 或更长龄期。目前已有部分重力坝工程大坝混凝土开始研究和采用 180 d 的设计龄期。

我国乌江渡工程大坝混凝土有长达 10 年的测试成果,见表 2-24。从表 2-24 中可以看出,混凝土的强度随龄期一直增长:28 d 时,强度值为 1.0;到 90 d 时,强度增长到 1.171~1.332;到 180 d 时,强度增长到 1.274~1.468;到 5 年时,强度增长到 1.534~1.823;到 14 年时,强度增长到 1.847~2.192。矿渣大坝水泥和矿渣水泥混凝土强度增长率大。考虑混凝土大坝施工期一般长达数年,采用后期强度进行大坝混凝土设计是可行的。

### 2.3.2.3　大坝混凝土的耐久性

大坝混凝土在周围的自然环境和使用条件下,必须具有耐久性。耐久性是大坝混凝土的一项重要指标,包括抗渗性、抗冻性、抗磨性、抗侵蚀性及抗风化性等。水灰比是影响大坝混凝土耐久性的一个重要指标,应根据不同分区和外部环境确定。大坝混凝土最大水灰比见表 2-25。

表 2-24　乌江渡工程大坝混凝土各龄期平均强度系数 $f_c$

| 混凝土种类 | 7 | 28 | 90 | 180 | 1 | 2 | 3 |
|---|---|---|---|---|---|---|---|
| | d | | | | 年 | | |
| 矿渣大坝水泥和矿渣水泥混凝土 | 0.571 | 1 | 1.332 | 1.468 | 1.564 | 1.631 | 1.743 |
| 普通硅酸盐水泥混凝土 | 0.779 | 1 | 1.171 | 1.274 | 1.369 | | 1.491 |
| 缓凝混凝土 | 0.715 | 1 | 1.241 | 1.403 | 1.414 | | 1.556 |

| 混凝土种类 | 5 | 8 | 10 | 11 | 14 | 回归常数 | |
|---|---|---|---|---|---|---|---|
| | 年 | | | | | $a$ | $b$ |
| 矿渣大坝水泥和矿渣水泥混凝土 | 1.823 | | 1.884 | 2.052 | 2.192 | 0.262 | 0.215 |
| 普通硅酸盐水泥混凝土 | 1.534 | 1.605 | | | | 0.548 | 0.135 |
| 缓凝混凝土 | 1.608 | | 1.980 | | 1.847 | 0.420 | 0.173 |

注: $f_c = a + b\lg t$；$a$、$b$ 为回归常数，$t$ 为时间(d)。

表 2-25　大坝混凝土最大水灰比

| 气候分区 | 大坝混凝土分区 | | | | | |
|---|---|---|---|---|---|---|
| | I | II | III | IV | V | VI |
| 严寒和寒冷地区 | 0.55 | 0.45 | 0.50 | 0.50 | 0.65 | 0.45 |
| 温和地区 | 0.60 | 0.50 | 0.55 | 0.55 | 0.65 | 0.45 |

注:在环境水有侵蚀性的情况下,应选择抗侵蚀性较好的水泥,外部水位变化区及水下混凝土的水灰比应较表中减少0.05。

**1. 抗渗性**

抗渗性指混凝土抵抗压力水渗透作用的能力。抗渗性的大小通常用抗渗等级(标号)表示。大坝混凝土的抗渗等级(标号),可根据作用水头与抗渗混凝土层厚度的比值,即渗透坡降的大小来确定,见表 2-26。

表 2-26　大坝混凝土抗渗等级的最小允许值

| 项次 | 部位 | 水力坡降 $i$ | 抗渗等级 |
|---|---|---|---|
| 1 | 坝体内部 | | W2 |
| 2 | 坝体其他部位按水力坡降考虑时 | $i < 10$ | W4 |
| | | $10 \leqslant i < 30$ | W6 |
| | | $30 \leqslant i < 50$ | W8 |
| | | $i \geqslant 50$ | W10 |

注:1. 承受侵蚀水作用的建筑物,其抗渗等级应进行专门的试验研究,但不得低于W4。
　　2. 混凝土的抗渗等级应按 SD 105—82、DL/T 5150—2001 和 SL 352—2006 规定的试验方法确定。根据坝体承受水压力作用的时间也可采用 90 d 龄期的试件测定抗渗等级。

**2. 抗冻性**

抗冻性好的混凝土,抵抗温度变化、干湿变化等风化作用的能力也较强。因此,处于温暖地区的工程,为了使其具有一定的抗风化能力,也应提出一定的抗冻性要求。大坝混凝土抗冻等级要求见表2-27。

表 2-27　大坝混凝土抗冻等级

| 气候分区 | | 严寒 | | 寒冷 | | 温和 |
|---|---|---|---|---|---|---|
| 年冻融循环次数/次 | | ≥100 | <100 | ≥100 | <100 | — |
| 抗冻等级 | 1. 受冻严重且难于检修部位<br>流速大于 25 m/s、过水、多沙或多推移质过坝的溢流坝;深孔的过水面及二期混凝土 | F300 | F300 | F300 | F200 | F100 |
| | 2. 受冻严重但有检修条件部位<br>混凝土重力坝上游冬季水位变化区;流速小于 25 m/s 的溢流坝;泄水孔的过水面 | F300 | F200 | F200 | F150 | F50 |
| | 3. 受冻较重部位<br>混凝土重力坝外露阴面部位 | F200 | F200 | F150 | F150 | F50 |
| | 4. 受冻较轻部位<br>混凝土重力坝外露阳面部位 | F200 | F150 | F100 | F100 | F50 |
| | 5. 混凝土重力坝水下部位、施工期可能受冻部位或内部混凝土 | F50 | F50 | F50 | F50 | F50 |

**注**:1. 混凝土的抗冻等级应按《水工混凝土试验规程》(SL 352—2006)规定的快冻试验方法确定,也可采用 90 d 龄期的试件测定。

　　2. 气候分区按最冷月平均气温做如下划分:严寒,最冷月份平均气温≤−10 ℃;寒冷,最冷月份平均气温≥−10 ℃;温和,最冷月份平均气温>3 ℃。

　　3. 年冻融循环次数分别按一年内气温从+3 ℃以上降至−3 ℃以下,然后回升至+3 ℃以上的交替次数,或一年中月平均气温低于−3 ℃的期间内设计预定水位的涨落次数统计,并取其中的最大值。

　　4. 冬季水位变化区指运行期内可能遇到的冬季最低水位以下 0.5~1.0 m,冬季最高水位以上 1.0 m(阳面)、2.0 m(阴面)、4.0 m(尾水区)。

　　5. 阳面系指冬季大多为晴天,平均每天有 4 h 阳光照射,不受山体或建筑物遮挡的表面;否则,均按阴面考虑。

　　6. 最冷月份平均气温低于−25 ℃地区的混凝土抗冻等级宜根据具体情况研究确定。

　　7. 抗冻混凝土必须掺加引气剂,其水泥、掺气剂、外加剂的品种和数量、水灰比、配合比及含气量应通过试验确定。

**3. 抗冲磨性**

抗冲磨性是指抵抗高速水流或挟沙水流冲刷、磨蚀的性能。根据经验,使用高强度等级混凝土,其抗磨性较强。不同流速下的抗冲磨指标要求见表2-28。

表 2-28　抗悬移质磨蚀混凝土的强度等级

| 水流速度/(m/s) | <15 | | 15~25 | | 25~35 | | >35 | |
|---|---|---|---|---|---|---|---|---|
| 含沙量/(kg/m³) | ≤2 | >2 | ≤2 | >2 | ≤2 | >2 | ≤2 | >2 |
| 强度等级 | ≥C25 | C35~C40 | ≥C35 | C40~C50 | ≥C40 | C50~C60 | ≥C50 | ≥C60 |

**2.3.2.4　三峡工程二期大坝混凝土标号及主要设计指标**

三峡常态混凝土大坝材料分区及主要性能指标见表2-29,三峡永久船闸地面工程混凝土标号及设计指标见表2-30,三峡永久船闸地下工程衬砌混凝土标号及设计指标见表2-31。

表 2-29 三峡工程二期大坝混凝土标号及主要设计指标

| 序号 | 混凝土标号 | 级配 | 抗冻标号 | 抗渗标号 | 极限拉伸/$10^{-4}$ | | 限制最大水胶比 | 水泥品种 | 最大粉煤灰掺量/% | 使用部位 |
|---|---|---|---|---|---|---|---|---|---|---|
| | | | | | 28 d | 90 d | | | | |
| 1 | $R_{90}200$ | 三 | D150 | S10 | ≥0.80 | ≥0.85 | 0.50~0.55 | 中热 525 | 30~35 | 基岩面 2 m 范围内 |
| 2 | $R_{90}200$ | 四 | D150 | S10 | ≥0.80 | ≥0.85 | 0.50~0.55 | 低热 425 中热 525 | 10~15 30~35 | 基础约束区 |
| 3 | $R_{90}150$ | 四 | D100 | S8 | ≥0.70 | ≥0.75 | 0.50~0.55 | 低热 425 中热 525 | 20 40~45 | 内部 |
| 4 | $R_{90}200$ | 三、四 | D250 | S10 | ≥0.80 | ≥0.85 | 0.50 | 中热 525 | 25~30 | 水上、水下外部 |
| 5 | $R_{90}250$ | 三、四 | D250 | S10 | ≥0.80 | ≥0.85 | 0.45 | 中热 525 | 20~30 | 水位变化区外部、公路桥墩 |
| 6 | $R_{90}300$ | 二、三 | D250 | S10 | ≥0.80 | ≥0.85 | 0.45 | 中热 525 | 20 | 孔口周边、胸墙、表孔、排漂孔隔墩、牛腿 |
| 7 | $R_{28}350$ | 二 | D250 | S10 | | | 0.35 | 中热 525 | 20 | 弧门支承牛腿混凝土 |
| 8 | $R_{28}300$ | 二、三 | D250 | S10 | ≥0.85 | | 0.40 | 中热 425 | 20 | 底孔、深孔等部位二期及钢管外包混凝土 |
| 9 | $R_{28}250$ | 二、三 | D250 | S10 | ≥0.85 | | 0.45 | 中热 425 | 20 | 导流底孔回填迎水面外部[2] |
| 10 | $R_{28}200$ | 二、三 | D150 | S10 | ≥0.80 | | 0.50 | 低热 425 中热 525 | 10~15 30~35 | 导流底孔回填内部[2] |
| 11 | $R_{28}400$ | 二 | D250 | S10 | | | 0.30 | 中热 525 | 10~20 | 大坝抗冲磨部位[1] |
| 12 | $R_{90}150$ | 三 | D100 | S6 | ≥0.60 | ≥0.65 | 0.50 | 中热 525 | 50 | 左导墙 RCC |
| 13 | $R_{90}200$ | 三 | D150 | S8 | ≥0.70 | ≥0.75 | 0.50 | 中热 525 | 40 | 右导墙 RCC |

注:[1] 用于该部位的混凝土具有抗冲磨性。

[2] 该部位为泵浇混凝土。

三期工程大坝混凝土设计指标主要将基础约束区和外部混凝土极限拉伸值调整为 28 d、90 d 分别不小于 $0.85 \times 10^{-4}$、$0.88 \times 10^{-4}$,内部混凝土限制最大水胶比调整为 0.6,压力钢管外包混凝土调整为 $R_{28}250$,限制最大水胶比 0.5,其余均同二期大坝混凝土。

表 2-30　三峡永久船闸地面工程混凝土标号及设计指标

| 部位 | | | | 设计标号 | | 级配 | 限制最大水胶比 | 极限拉伸/$10^{-4}$ | | 抗冻 | 抗渗 |
|---|---|---|---|---|---|---|---|---|---|---|---|
| | | | | 28 d | 90 d | | | 28 d | 90 d | | |
| 梯级船闸 | 闸首 | 边墙 | 外部 | | 250 | 三 | 0.45 | ≥0.80 | ≥0.85 | D250 | S10 |
| | | | 内部 | | 200 | 三 | 0.60 | ≥0.75 | ≥0.80 | D150 | S8 |
| | | 底板 | | | 250 | 三 | 0.60 | ≥0.80 | ≥0.85 | D150 | S6 |
| | 闸室 | 边墙 | 下部 | 250 | | 三 | 0.55 | ≥0.85 | ≥0.88 | D150 | S8 |
| | | | 上部重力式 | | 200 | 三 | 0.65 | ≥0.75 | ≥0.80 | D150 | S6 |
| | | 底板 | | 250 | | 三 | 0.55 | ≥0.85 | ≥0.88 | D150 | S8 |
| 上、下游引航道 | | | | 200 | | | 0.70 | | | | |
| 上、下游辅导墙 | | | | | 200 | 三 | 0.65 | | | D150 | S6 |
| 上游挡水坝 | | 内部 | | | 200 | 三 | 0.65 | ≥0.75 | ≥0.80 | D150 | S6 |
| | | 外部 | | | 250 | 三 | 0.45 | ≥0.80 | ≥0.85 | D250 | S10 |
| 浮堤支墩 | | | | | 200 | 三 | 0.65 | | | D150 | S6 |
| 房屋结构 | | | | 300~350 | | 二 | | | | | |
| 浮堤 | | | | | | 二 | | | | | |
| 闸首排架 | | | | 250 | | 三 | 0.55 | | | | |
| 上游取水箱涵 | | | | 250 | | 三 | 0.45 | | | D250 | S10 |
| 上游侧向取水口 | | | | | 200 | 三 | 0.45 | | | D250 | S10 |
| 上游隔流堤 | | | | 200 | | 三 | 0.70 | | | | |
| 上游靠船墩 | | | | 250 | | 三 | 0.60 | | | | |
| 下游导航墙 | | | | | 250 | 三 | 0.55 | ≥0.75 | ≥0.80 | D150 | S6 |
| 下游泄水箱涵 | | | | 250 | | 三 | 0.55 | ≥0.85 | ≥0.88 | D150 | S8 |
| 道路、护面及垫层混凝土 | | | | | 150 | 三 | 0.70 | | | | |
| 交通梯闸顶护栏 | | | | 250 | | 三 | 0.55 | | | | |
| 交通桥 | | | | 500 | | 二 | | | | | |

表 2-31 三峡永久船闸地下工程衬砌混凝土标号及设计指标

| 混凝土类型 | 混凝土标号 | 级配 | 施工部位 | 坍落度/cm | 含气量/% | 极限拉伸/$10^{-4}$ 28 d | 极限拉伸/$10^{-4}$ 90 d | 最大水灰比 |
|---|---|---|---|---|---|---|---|---|
| 常态混凝土 | $R_{28}$250D150S8 | 三 | 竖井分支洞、箱涵 | 5~7 | 5±0.5 | ≥0.80 | ≥0.85 | 0.55 |
| | $R_{90}$200D150S8 | 三 | 洞脸 | 5~7 | 5±0.5 | | | 0.60 |
| | $R_{28}$250D150S8 | 二 | 竖井分支洞、箱涵 | 5~7 | 5±0.5 | ≥0.80 | ≥0.85 | 0.55 |
| | $R_{28}$300D150S8 | 二 | 输水洞标准段 | 5~7 | 5±0.5 | ≥0.85 | ≥0.88 | 0.45 |
| | $R_{28}$350D150S8 | 二 | 闸室段 | 5~7 | 5±0.5 | ≥0.88 | ≥0.90 | 0.42 |
| | $R_{28}$400D150S8 | 二 | 闸室段 | 5~7 | 5±0.5 | ≥0.88 | ≥0.90 | 0.38 |
| 泵送混凝土 | $R_{28}$250D150S8 | 二 | 竖井分支洞、箱涵 | 16~18 | 5±0.5 | ≥0.80 | ≥0.85 | 0.55 |
| | $R_{28}$300D150S8 | 二 | 输水洞标准段 | 16~18 | 5±0.5 | ≥0.85 | ≥0.88 | 0.45 |
| | $R_{28}$350D150S8 | 二 | 闸室段 | 16~18 | 5±0.5 | ≥0.88 | ≥0.90 | 0.42 |
| | $R_{28}$400D150S8 | 二 | 闸室段 | 16~18 | 5±0.5 | ≥0.88 | ≥0.90 | 0.38 |

## 2.3.3 碾压混凝土坝材料分区的主要特性

### 2.3.3.1 碾压混凝土坝材料分区

碾压混凝土坝材料分区与常态混凝土坝的材料分区大的原则基本相同,但根据碾压混凝土坝的结构特点,材料分区中与常态混凝土坝材料分区不同的一般有:垫层混凝土(Ⅰ),与建基面接触的基础混凝土,一般用常态混凝土(但也有部分中小工程及大型工程的少数部位的垫层混凝土采用变态混凝土);内部碾压混凝土(Ⅲ),高坝按高程或部位采用不同的强度等级(标号);上游防渗混凝土(Ⅱ),用于上游防渗体的混凝土;变态混凝土(Ⅳ),用于上下游坝体表面、与常态混凝土接合部、与岸坡部位建基面接触的基础混凝土,孔洞周边等部位的混凝土及坝体难以碾压部位的混凝土。碾压混凝土坝体材料分区图见图2-2。

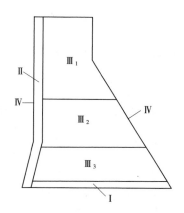

Ⅰ区—垫层混凝土;Ⅱ—上游防渗混凝土;
Ⅲ₁~Ⅲ₃—内部碾压混凝土;Ⅳ—变态混凝土。

图 2-2 碾压混凝土坝体材料分区图

### 2.3.3.2 碾压混凝土强度等级与设计龄期

碾压混凝土的强度等级取值标准同常态混凝土,但其龄期可采用 90 d 或 180 d,当开始承受荷载的时间早于 180 d 时,应进行核算,必要时应调整强度等级。

### 2.3.3.3 层面抗剪断参数

碾压层(缝)面的抗剪断参数是大坝抗滑稳定分析的重要参数,故材料分区设计时应考虑不同的抗剪断参数要求。在第 14 章,将对碾压层(缝)面的抗剪断参数做专门介绍。

# 2.4　我国一些碾压混凝土大坝材料分区设计

## 2.4.1　实例之一(坝高 200 m 级)

### 2.4.1.1　龙滩碾压混凝土大坝材料分区设计

1. 工程概况

龙滩水电站位于广西天峨县境内,坝址以上流域面积 98 500 km²,占红水河流域面积的 71%。设计正常蓄水位 400.00 m(坝高 216.5 m),初期按正常蓄水位 375.00 m 建设(坝高 192.5 m),相应总库容前、后期分别为 162.1 亿 m³、272.7 亿 m³。电站装机容量为 9×70 万 kW＝630 万 kW。为了缩短工期,节省投资,对枢纽布置进行了大量的优化研究,采用了最适合碾压混凝土重力坝施工的全地下厂房方案。龙滩大坝典型坝段(溢流坝段和挡水坝段)剖面及材料分区图见图 2-3。

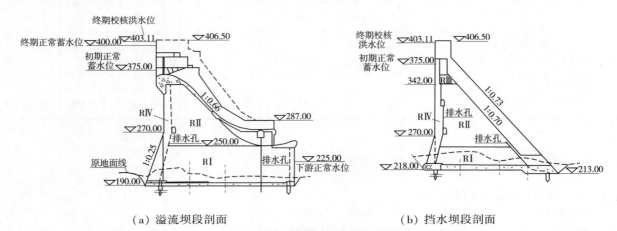

（a）溢流坝段剖面　　　　　　　　（b）挡水坝段剖面

**图 2-3　龙滩大坝典型坝段剖面及材料分区图**

2. 大坝材料分区设计及设计指标

龙滩大坝体型按照常规混凝土重力坝设计并经优化设计方法确定,坝体断面先进,对碾压混凝土层面抗剪断参数要求高。通过大量的理论研究和室内试验及大规模现场碾压试验,论证了可用富胶凝材料实现 200 m 级全高度全断面碾压混凝土筑坝,并确定了相应的碾压混凝土配合比和配套的施工技术措施。在总结国内外碾压混凝土筑坝实践经验和对碾压混凝土材料性能进行系统研究的基础上,通过对防渗结构方案的防渗效果及可靠性、耐久性、施工进度和造价等因素进行综合比较分析,最终确定 200 m 级的龙滩坝体防渗结构采用变态混凝土与二级配碾压混凝土组合防渗方案,简化了坝体结构,为碾压混凝土快速施工创造了条件。龙滩大坝碾压混凝土设计技术指标见表 2-32,大坝材料分区主要性能指标见表 2-33。从下部到上部碾压混凝土分为以下几个强度等级:下部 RⅠ,$C_{90}25W6F100$(或 C18);中部 RⅡ,$C_{90}20W6F100$(或 C15);上部 RⅢ,$C_{90}15W4F50$(或 C10);上游二级配防渗碾压混凝土 RⅣ,$C_{90}25W12F150$(或 C18);上游面变态混凝土 CbⅠ,$C_{90}25W12F150$(或 C18)。

3. 碾压混凝土配合比

龙滩大坝设计阶段各部位碾压混凝土参考配合比见表 2-34,施工配合比见表 2-35。

### 2.4.1.2　光照碾压混凝土大坝材料分区设计

1. 工程概况

光照水电站位于贵州省西南部的北盘江中游,是一个以发电为主,兼顾灌溉、供水及其他任务的大型水电站。工程枢纽主要由碾压混凝土重力坝、坝身泄洪表孔、放空底孔、右岸引水系统及地面厂房等组成,电站装机容量 1 040 MW(4×260 MW)。大坝由河床溢流坝段和两岸挡水坝段组成,坝顶全长

410 m,最大坝高 200.5 m,坝顶高程 750.50 m,为全断面碾压混凝土重力坝,其中溢流坝段(含底孔坝段)长 91 m,坝顶宽 12 m,上游坝坡坡比为 1:0.25,下游坝坡坡比为 1:0.75,坝底最大宽度为 159.05 m,坝基高程为 550 m,全坝共由 20 个坝段组成。大坝混凝土总量约 280 万 m³,其中碾压混凝土量约 241 万 m³,常态混凝土约 39 万 m³。

表 2-32　龙滩大坝碾压混凝土设计技术指标

| 坝体部位 | 设计强度等级 | 强度指标(90 d)/MPa | 抗渗等级(90 d) | 抗冻等级(90 d) | 极限拉伸 $\varepsilon_p$ (90 d)/$10^{-4}$ | VC/s | 坍落度/cm | 最大水胶比 | 层面原位抗剪断强度 | | 容重/(kg/m³) | 相对压实度/% |
|---|---|---|---|---|---|---|---|---|---|---|---|---|
| | | | | | | | | | $f'$ | $c'$/MPa | | |
| 下部 R I | C18 | 25 | W6 | F100 | 0.80 | 5~7 | | <0.5 | 1.0~1.1 | 1.7~1.9 | ≥2 400 | ≥98.5 |
| 中部 R II | C15 | 20 | W6 | F100 | 0.75 | 5~7 | | <0.5 | 1.0~1.1 | 1.2~1.4 | ≥2 400 | ≥98.5 |
| 上部 R III | C10 | 15 | W4 | F50 | 0.70 | 5~7 | | <0.55 | 0.9~1.0 | 1.0 | ≥2 400 | ≥98.5 |
| 上游面 R IV | C18 | 25 | W12 | F150 | 0.80 | 5~7 | | <0.45 | 1.0 | 2.0 | ≥2 400 | ≥98.5 |
| 上游面变态混凝土 Cb I | C18 | 25 | W12 | F150 | 0.85 (28 d) | | 1~2 | <0.45 | 1.0 | 2.0 | ≥2 400 | |

**注**:1. 混凝土设计强度等级和 90 d 强度指标,是指按标准方法制作养护的边长为 150 mm 的立方体试件,分别在 28 d 和 90 d 龄期用标准试验方法测得的保证率分别为 95% 和 80% 的抗压强度标准值。

2. 层面原位抗剪断强度在龄期 180 d 测得,保证率为 80%,剪切面积为 500 cm×500 cm。

表 2-33　龙滩大坝常态混凝土分区主要性能指标

| 混凝土分区 | 常态混凝土 | | | | | |
|---|---|---|---|---|---|---|
| | 坝基础 C I | 坝顶 C II | 堰顶、底孔门槽等 C III | 溢流面及导墙、底孔周边 C IV | 闸墩、航运坝段 C V | 溢流面及导墙表面等过流面 C VI |
| 级配 | 4 | 3 | 3 | 3 | 3 | 2 |
| 设计强度等级(28 d,95%保证率) | C20 | C15 | C20 | C25 | C30 | C50 |
| 设计抗压强度(90 d龄期,80%保证率)/MPa | 18.5 | 14.3 | 18.5 | 22.4 | 26.2 | 42.1 |
| 抗渗等级(90 d) | W10 | W8 | W8 | W8 | W8 | W8 |
| 抗冻等级(90 d) | F100 | F50 | F100 | F100 | F100 | F150 |
| 极限拉伸值(28 d) | 0.85×10⁻⁴ | 0.80×10⁻⁴ | 0.85×10⁻⁴ | 0.90×10⁻⁴ | 0.95×10⁻⁴ | 1.0×10⁻⁴ |

表 2-34　龙滩大坝设计阶段各部位碾压混凝土参考配合比

| 坝体部位 | 代号 | 设计强度等级 | 水胶比 | 最大骨料粒径/mm | 级配 | 粉煤灰掺量/(kg/m³) | 水泥用量/(kg/m³) | VC/s | 坍落度/cm |
|---|---|---|---|---|---|---|---|---|---|
| 下部 | R I | C18 | 0.42 | 80 | 三 | 100 | 90 | 5~7 | |
| 中部 | R II | C15 | 0.46 | 80 | 三 | 105 | 75 | 5~7 | |
| 上部 | R III | C10 | 0.51 | 80 | 三 | 105 | 60 | 5~7 | |
| 上游面 | R IV | C18 | 0.42 | 40 | 二 | 140 | 100 | 5~7 | |
| 上游面变态混凝土 | Cb I | C18 | 0.42 | 40 | 二 | 140 | 100+A | 5~7 | 1~2 |

**注**:表中 A 为坝体上游面变态混凝土现场掺入的水泥及掺合料浆用量。变态混凝土现场掺入的水泥及掺合料浆液体积为该部位二级配碾压混凝土体积的 5%~10%。

表 2-35　龙滩大坝碾压混凝土施工配合比

| 强度等级 | 级配 | 碾压混凝土配合比参数 | | | | | | | 混凝土材料用量/(kg/m³) | | | | | | | | | |
|---|---|---|---|---|---|---|---|---|---|---|---|---|---|---|---|---|---|---|
| | | 水胶比 | 水/% | 粉煤灰/% | 砂率/% | ZB-1 RCC15/% | JM-II/% | ZB-1G/10⁻⁴ | 水 | 水泥 | 粉煤灰 | 人工砂 | 小石 | 中石 | 大石 | ZB-1 RCC15粉剂 | JM-II粉剂 | ZB-1G粉剂 |
| RIC₉₀25 W6F100 | 三 | 0.41 | 78 | 55 | 33 | 0.6 | | 0.8 | 79 | 86 | 104 | 723 | 446 | 594 | 446 | 1.14 | | 0.015 2 |
| | | | | | | | 0.6 | 2.0 | | | | | | | | | 1.14 | 0.0380 |
| RIIC₉₀20 W6F100 | 三 | 0.45 | 76 | 60 | 33 | 0.6 | | 0.8 | 76 | 68 | 102 | 731 | 450 | 600 | 450 | 1.02 | | 0.013 8 |
| | | | | | | | 0.6 | 2.0 | | | | | | | | | 1.02 | 0.034 0 |
| RIIIC₉₀18 W6F50 | 三 | 0.48 | 77 | 65 | 34 | 0.6 | | 0.8 | 77 | 56 | 104 | 755 | 445 | 593 | 445 | 0.960 | | 0.012 8 |
| | | | | | | | 0.6 | 2.0 | | | | | | | | | 0.960 | 0.032 0 |
| RIVC₉₀25 W12F150 | 二 | 0.40 | 87 | 55 | 28 | 0.6 | | 0.8 | 87 | 99 | 121 | 812 | 670 | 670 | | 1.32 | | 0.017 6 |
| | | | | | | | 0.6 | 2.0 | | | | | | | | | 1.32 | 0.044 0 |
| CbIC₉₀25 W12F150 | 浆液 | 0.40 | 497 | 50 | | 0.4 | | | 497 | 621 | 621 | | | | | 4.97 | | |
| | | | | | | | 0.4 | | | | | | | | | | 4.97 | |

大坝溢流坝段剖面及材料分区示意图见图 2-4。

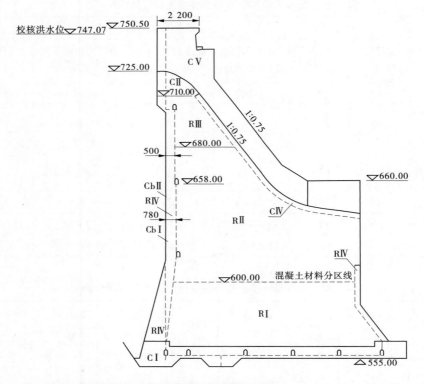

图 2-4　光照大坝溢流坝段剖面及材料分区示意图　(高程单位:m;尺寸单位:cm)

**2. 大坝混凝土主要设计指标和材料分区设计**

大坝碾压混凝土主要设计指标和材料分区设计见表 2-36,分述如下:

(1)大坝的基础垫层,在 612 m 高程以下的河床部位为 2~3 m 厚的常态混凝土,在 612 m 高程以上的两岸为 1 m 厚的变态混凝土。

表 2-36 光照大坝混凝土种类及设计指标要求

| 种类 | 编号 | 混凝土强度等级 | 级配 | 抗渗等级 | 抗冻等级 | 极限拉伸值(28 d)/10⁻⁴ | 抗压弹性模量(28 d)/GPa | 工程部位 |
|---|---|---|---|---|---|---|---|---|
| 碾压混凝土 | R I | $C_{90}25$ | 三 | W8 | F100 | ≥0.75 | <30 | 高程 600 m 以下坝体内部混凝土(低热性) |
| | R II | $C_{90}20$ | 三 | W6 | F100 | ≥0.70 | <30 | 高程 600~680 m 坝体内部混凝土(低热性) |
| | R III | $C_{90}15$ | 三 | W6 | F50 | ≥0.65 | <30 | 高程 680 m 以上坝体内部混凝土(低热性) |
| | R IV | $C_{90}25$ | 二 | W12 | F150 | ≥0.75 | <30 | 上、下游面高程 660 m 以下防渗混凝土(低热性)△ |
| | R V | $C_{90}20$ | 二 | W10 | F100 | ≥0.70 | <30 | 上游面高程 660 m 以上防渗混凝土(低热性)△ |
| 变态混凝土 | Cb I | $C_{90}25$ | 二 | W12 | F150 | ≥0.85 | <32 | R IV 对应部位上、下游面变态混凝土(低热性) |
| | Cb II | $C_{90}20$ | 二 | W12 | F150 | ≥0.80 | <32 | R V 对应部位上游面变态混凝土 |
| | Cb III | $C_{90}15$ 至 $C_{90}25$ | 二 | | | | | 其他部位及廊道、孔洞周边变态混凝土 |
| 常态混凝土 | C I | $C_{90}25$ | 三 | W10 | F100 | ≥0.85 | <35 | 坝基垫层常态混凝土自身体积变形(>60×10⁻⁶) |
| | C II | $C_{90}20$ | 三 | W6 | F50 | ≥0.80 | <32 | 坝顶常态混凝土(抗冲磨) |
| | C III | $C_{90}20$ | 三 | W6 | F100 | ≥0.85 | <32 | 坝顶及底孔闸门井门槽常态混凝土 |
| 常态混凝土 | C IV | $C_{90}25$ | 三 | W6 | F100 | ≥0.90 | <35 | 溢流面及导墙内部、底孔周边常态混凝土 |
| | C V | $C_{90}30$ | 三 | W6 | F100 | ≥1.0 | <37 | 底孔及表孔闸墩混凝土(抗冲磨) |
| | C VI | $C_{90}45$ | 二 | W6 | F150 | ≥1.0 | <35 | 底孔进出口及底孔表面混凝土、溢流面及导墙表面混凝土(抗冲磨) |
| 层面砂浆 | S I | $C_{90}25$ | | | | | | $C_{90}25$ 碾压混凝土层间结合面砂浆 |
| | S II | $C_{90}20$ | | | | | | $C_{90}20$ 碾压混凝土层间结合面砂浆 |
| | S III | $C_{90}15$ | | | | | | $C_{90}15$ 碾压混凝土层间结合面砂浆 |

注:1. 混凝土设计强度等级是指按标准方法制作养护的边长为 150 mm 的立方体试件,分别在 28 d 和 90 d 龄期用标准试验方法测得的保证率分别为 95% 和 80% 的抗压强度标准制值。

2. △ 表示可进行微膨胀混凝土研究的种类。

(2)大坝二级配防渗碾压混凝土,根据不同的防渗要求分为 2 种强度等级:①强度等级 $C_{90}25$、抗渗等级 W12 的二级配防渗碾压混凝土,布置在上游面 558~658 m 高程(厚 13.3~7.5 m)及下游面校核水位以下(厚 4 m);②强度等级 $C_{90}20$、抗渗等级 W10 的二级配防渗碾压混凝土,布置在上游面 658~710 m 高程(厚 5.5~3.5 m)。

(3)坝体大体积三级配碾压混凝土,根据不同的强度要求分为 3 种强度等级:①强度等级 $C_{90}25$、抗渗等级 W8 的三级配碾压混凝土,布置在 558~600 m 高程的 R I 区;②强度等级 $C_{90}20$、抗渗等级 W6 的三级配碾压混凝土,布置在 600~680 m 高程的 R II 区;③强度等级 $C_{90}15$、抗渗等级 W6 的三级配碾压混凝土,布置在 680~750 m 高程的 R III 区。

(4)大坝上下游面、电梯井周边、碾压混凝土分区内的廊道及孔口周边,以及其他不便碾压施工的部位,采用 $C_{90}15$ 至 $C_{90}25$ 变态混凝土;溢流堰头采用 $C_{28}20$ 常态混凝土,闸墩为 $C_{28}30$ 常态混凝土。

(5)底孔进出口及导墙表面、溢流面及导墙表面为 $C_{28}45$ 常态混凝土。

3. 大坝混凝土配合比

大坝混凝土设计推荐配合比和施工配合比分别见表 2-37 和表 2-38。

表2-37 光照大坝碾压混凝土设计推荐配合比

| 编号 | 设计指标 | 混凝土配合比参数 | | | | | | | 混凝土材料用量/(kg/m³) | | | | | 稠度/s | 级配 |
|---|---|---|---|---|---|---|---|---|---|---|---|---|---|---|---|
| | | 水胶比 | 粉煤灰/% | 砂率/% | 减水剂/% | 引气剂1/% | 水 | 水泥 | 粉煤灰 | 砂 | 大石 | 中石 | 小石 | | |
| R I | $C_{90}$25W8F100 | 0.45 | 50 | 32 | 0.7 | 0.20 | 76 | 84.5 | 84.5 | 703 | 530 | 530 | 455 | 3~5 | 三 |
| R II | $C_{90}$20W6F100 | 0.48 | 55 | 32 | 0.7 | 0.20 | 76 | 71.2 | 87.1 | 705 | 532 | 532 | 456 | 3~5 | 三 |
| R III | $C_{90}$15W6F50 | 0.50 | 60 | 33 | 0.7 | 0.15 | 76 | 60.8 | 91.2 | 738 | 529 | 529 | 453 | 3~5 | 三 |
| R IV | $C_{90}$25W12F150 | 0.45 | 45 | 38 | 0.7 | 0.25 | 86 | 105.0 | 86.0 | 817 | | 744 | 609 | 3~5 | 二 |
| R V | $C_{90}$20W10F100 | 0.48 | 55 | 38 | 0.7 | 0.20 | 86 | 80.6 | 98.6 | 819 | | 746 | 611 | 3~5 | 二 |

表2-38 光照大坝碾压混凝土施工配合比

| 编号 | 设计指标 | 混凝土配合比参数 | | | 外加剂 | | 混凝土材料用量/(kg/m³) | | | | | | | | 稠度/s | 级配 |
|---|---|---|---|---|---|---|---|---|---|---|---|---|---|---|---|---|
| | | 水胶比 | 粉煤灰/% | 砂率/% | HLC-NAF/% | HJAE-A/10⁻⁴ | 水 | 水泥 | 粉煤灰 | 灰载砂 | 人工砂 | 大石 | 中石 | 小石 | | |
| R-1 | $C_{90}$25W12F150 | 0.45 | 50 | 38 | 0.5 | 3 | 83 | 92 | 92 | 15 | 799 | | 818 | 545 | 3~5 | 二 |
| R-2 | $C_{90}$25W8F100 | 0.45 | 50 | 34 | 0.5 | 3 | 75 | 83 | 83 | 14 | 732 | 449 | 599 | 448 | 3~5 | 三 |
| R-3 | $C_{90}$25W12F150 | 0.45 | 50 | 38 | 0.7 | 3 | 83 | 92 | 92 | 22 | 791 | | 818 | 545 | 3~5 | 二 |
| R-4 | $C_{90}$25W8F100 | 0.45 | 50 | 34 | 0.7 | 3 | 75 | 83 | 83 | 21 | 729 | 449 | 599 | 448 | 3~5 | 三 |
| R-5 | $C_{90}$25W12F150 | 0.45 | 50 | 39 | 0.7 | 6 | 83 | 92 | 92 | 23 | 811 | | 809 | 539 | 3~5 | 二 |
| R-6 | $C_{90}$20W6F100 | 0.50 | 55 | 35 | 0.7 | 4 | 75 | 68 | 82 | 21 | 755 | 445 | 596 | 447 | 3~5 | 三 |
| R-7 | $C_{90}$20W10F100 | 0.50 | 55 | 39 | 0.7 | 6 | 83 | 75 | 91 | 23 | 822 | | 820 | 546 | 3~5 | 二 |
| R-8 | $C_{90}$15W6F50 | 0.55 | 60 | 35 | 0.7 | 4 | 75 | 55 | 82 | 22 | 768 | 453 | 606 | 454 | 3~5 | 三 |

## 2.4.2　实例之二(坝高 100~160 m 级)

### 2.4.2.1　金安桥水电站

#### 1. 工程概况

金安桥水电站位于金沙江干流中游河段云南省丽江市境内。拦河坝为碾压混凝土重力坝,坝顶高程 1 424.00 m,最大坝高 160 m,大坝从左到右由左岸非溢流坝段、左冲沙底孔坝段、河床厂房坝段、右泄洪兼冲沙底孔坝段、右岸溢流表孔坝段及右岸非溢流坝段组成,大坝下游坝坡为 1:0.75,上游坝坡以高程 1 335.00 m 为起坡点,以上为垂直坝面,以下坝坡为 1:0.3。河床坝段坝后布置电站引水钢管及厂房,坝体布置电站进水口及门槽,引水压力钢管为半背管式布置。坝后厂房安装 4 台单机容量为600 MW,总装机容量 2 400 MW。

#### 2. 混凝土分区设计

坝体材料分区按应力控制,正常工况及校核工况采用 90 d 混凝土强度复核,地震工况采用 180 d 混凝土强度复核。厂房坝段及非溢流坝段剖面混凝土材料分区图分别见图 2-5 和图 2-6。

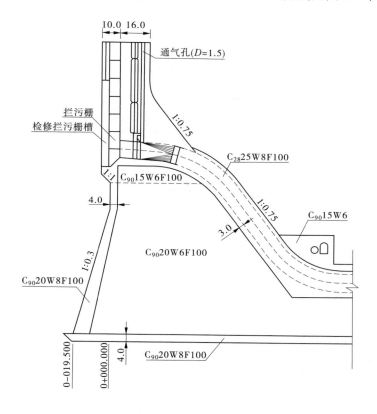

**图 2-5　金安桥大坝厂房坝段材料分区图**　(单位:m)

大坝坝体内部混凝土以 1 335.00 m 高程为界,以下为 $C_{90}20W6F100$ 三级配碾压混凝土,以上为$C_{90}15W6F100$ 三级配碾压混凝土;采用 $C_{90}20W8F100$ 二级配碾压混凝土防渗,不同的作用水头采用相应的碾压混凝土防渗层厚度,上游面 1 335.00 m 高程以下大于 5 m;1 335.00~1 398.00 m 高程(死水位)为 4 m;1 398.00 m 高程以上为 3 m。上游坝面采用 50~100 cm 厚变态混凝土,并涂刷防水涂料。基础混凝土厚度为 3 m,采用 $C_{90}20W8F100$ 四级配常态混凝土。

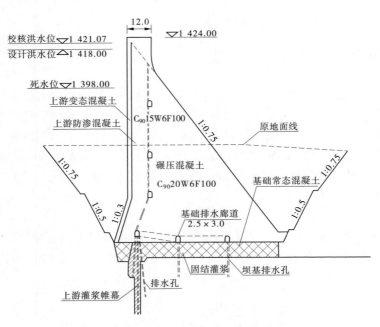

图 2-6　金安桥非溢流坝段材料分区图　（单位:m）

3. 大坝混凝土设计技术要求和混凝土配合比

大坝混凝土设计技术要求见表 2-39,优化后的大坝碾压混凝土施工配合比见表 2-40。

表 2-39　金安桥大坝碾压混凝土设计技术要求

| 部位 | 高程 | 级配 | 设计指标 | 上游面防渗层厚度 |
|---|---|---|---|---|
| 内部 | 1 335.00 m 高程以下 | 三 | $C_{90}20W6F100$ | |
| 内部 | 1 335.00 m 高程以上 | 三 | $C_{90}15W6F100$ | |
| 上游防渗区 | | 二 | $C_{90}20W8F100$ | 大于 5 m(1 335.00 m 高程以下),4 m(1 335.00~1 398.00 m 高),3 m(1 398.00 m 高程以上) |
| 上游变态混凝土 | | 二 | | 50~100 cm |
| 基础常态混凝土 | | 四 | $C_{90}20W8F100$ | 3 m |

### 2.4.2.2　江垭水利枢纽工程

1. 工程概况

江垭水利枢纽工程位于湖南省慈利县境内。工程以防洪为主,兼有发电、灌溉、航运、供水和旅游效益。江垭水利枢纽工程由碾压混凝土拦河坝、右岸地下厂房、地面升压站和左岸斜面升船机等建筑物组成。

江垭水利枢纽工程大坝坝高 128 m,采用全断面碾压混凝土重力坝,大坝为一级建筑物,河床中间布置 88 m 长的溢流坝。在坝体结构、筑坝材料分区设计中,充分考虑了碾压混凝土的施工特点,坝体混凝土总量为 134 万 $m^3$,其中碾压混凝土 111 万 $m^3$,占坝体混凝土总量的 82.8%。

2. 大坝混凝土分区设计

由于江垭水利枢纽工程坝址处河床狭窄,两岸较对称,大坝采用下部整体式,上部分缝结构形式,以改善坝体与坝基的应力和稳定状态,它使层间缺陷影响成为次要因素。因此,坝体剖面不需要增大,在相同坝体剖面情况下,下部整体坝的安全系数比单元坝提高了 18.8%~21.4%,采用下部整体式坝,下游坝坡由原溢流坝的 1:0.85、挡水坝的 1:0.8 分别降到 1:0.8 和 1:0.75,可节省混凝土 8 万~10 万 $m^3$。同时,上部单元重力坝挡水高度可降到 90 m,相应碾压混凝土层间抗剪断指标可由原全高单元坝要求的抗剪断参数 $f'=1.1,c'=1.0$,降为 $f'=1.0,c'=0.7$。设计中按 $f'=1.0,c'=0.8$ 控制,简化了施工控制条件。

表2-40　优化后的金安桥大坝碾压混凝土施工配合比

| 工程部位 | 设计指标 | 级配 | 水胶比/% | 砂率/% | 粉煤灰/% | ZB-1RCC15/% | ZB-1G/% | VC/s | 坍落度/cm | 材料用量/(kg/m³) 水 | 水泥 | 粉煤灰 | 砂 | 石 | ZB-1RCC15 | ZB-1G |
|---|---|---|---|---|---|---|---|---|---|---|---|---|---|---|---|---|
| 1350.00 m 以上 | $C_{90}$15W6F100 | 砂浆 | 47 | 100 | 60 | 0.6 | — | — | 9~11 | 290 | 247 | 370 | 1 393 | — | 3.35 | — |
|  |  | 三 | 53 | 33 | 63 | 1.2 | 0.15 | 1~3 | — | 90 | 63 | 107 | 782 | 1 588 | 2.04 | 0.255 |
| 1350.00 m 以下 | $C_{90}$20W6F100 | 砂浆 | 44 | 100 | 60 | 0.6 | — | — | 9~11 | 290 | 264 | 395 | 1 351 | — | 3.95 | — |
|  |  | 三 | 47 | 33 | 60 | 1.0 | 0.3 | 3~5 | — | 90 | 76 | 115 | 775 | 1 574 | 1.91 | 0.573 |
| 外部防渗 | $C_{90}$20W8F100 | 砂浆 | 44 | 100 | 55 | 0.6 | — | — | 9~11 | 290 | 297 | 362 | 1 351 | — | 3.95 | — |
|  |  | 二 | 47 | 37 | 55 | 1.0 | 0.3 | 3~5 | — | 100 | 96 | 117 | 846 | 1 441 | 2.13 | 0.639 |
| 变态混凝土 | $C_{90}$15W6F100 | 三 | 50 | 34 | 60 | 1.0 | 0.3 | 2~4 | 2~4 | 90 | 72 | 108 | 802 | 1 558 | 1.80 | 0.540 |
|  |  | 浆液 | 52 | — | 50 | 0.5 | 按碾压混凝土体积的 4%~6%掺入 |  |  | 574 | 552 | 552 | — | — | 5.52 | — |
|  | $C_{90}$20W6F100 | 三 | 47 | 33 | 60 | 1.0 | 0.3 | 2~4 | 2~4 | 90 | 76 | 115 | 775 | 1 574 | 1.91 | 0.573 |
|  |  | 浆液 | 52 | — | 50 | 0.5 | 按碾压混凝土体积的 4%~6%掺入 |  |  | 574 | 552 | 552 | — | — | 5.52 | — |
|  | $C_{90}$15W8F100 | 二 | 47 | 37 | 55 | 1.0 | 0.3 | 2~4 | 2~4 | 100 | 96 | 117 | 846 | 1 441 | 2.13 | 0.639 |
|  |  | 浆液 | 52 | — | 50 | 0.5 | 按碾压混凝土体积的 4%~6%掺入 |  |  | 574 | 552 | 552 | — | — | 5.52 | — |

注：1. 永保42.5中热硅酸盐水泥；攀枝花Ⅱ级粉煤灰。

2. 玄武岩人工骨料，砂FM＝2.4~2.8，根据实测的人工砂石粉含量，采用石灰石粉代砂，使砂石粉含量控制在10%~18%。

3. 级配：二级配为小石∶中石＝45∶55；三级配为小石∶中石∶大石＝30∶40∶30。

4. VC值增减1 s，用水量相应增减2 kg/m³；砂FM每增减0.2，砂率相应增减1%；含气量增减1%，砂率相应增减3.3%~4.0%。

　　江垭水利枢纽工程大坝碾压混凝土强度主要设计指标见表2-41。除在基础齿槽、垫层、中孔及廊道周边,下游溢流面及闸墩、导墙和坝顶细部结构等采用常规混凝土外,其他部位均采用碾压混凝土。坝体上游防渗采用二级配富胶凝材料碾压混凝土,强度指标 $R_{90}200^{\#}$、抗渗标号S12;上游坝面防渗体厚度大于1/15水头,即高程125.00~165.00 m的厚度为8.0 m,高程165.00~215.00 m的厚度为5.0 m,高程215.00 m至坝顶的厚度为3.0 m。坝体大体积混凝土在高程190.00 m以下为三级配 $R_{90}150^{\#}$,高程190.00 m以上为三级配 $R_{90}100^{\#}$。为了确保防渗可靠,除施工中A1碾压混凝土层间加水泥浆增强防渗性能外,在高程190.00 m(死水位188.00 m)以下增设一层变形能力及抗渗性能强的高分子水泥砂浆防渗层,并在防渗体A1混凝土下游利用两层坝体廊道及坝顶钻设排水孔加强排水。减少渗水沿缝面进入坝体形成扬压力。大坝溢流坝段剖面和大坝挡水坝段剖面见图2-7。

表2-41　江垭水利枢纽工程大坝碾压混凝土主要设计指标

| 编号 | 使用部位 | 级配 | 设计强度指标 | 抗剪断参数 | |
| --- | --- | --- | --- | --- | --- |
| | | | | $f'$ | $c'$/MPa |
| A1 | 上游防渗混凝土 | 二 | $R_{90}200S_{90}12$ | | |
| A2 | 高程190.00 m以下坝体混凝土 | 三 | $R_{90}150S_{90}8$ | 1.0 | 0.8 |
| A3 | 高程190.00 m以上坝体混凝土 | 三 | $R_{90}100$ | | |

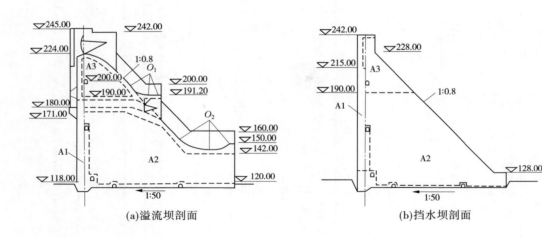

(a)溢流坝剖面　　　　　　　　　　(b)挡水坝剖面

图2-7　江垭水利枢纽工程大坝现场大坝剖面及材料分区图

**3. 大坝混凝土配合比**

江垭水利枢纽工程大坝现场碾压试验的混凝土类型及其单位材料用量见表2-42。

表2-42　江垭水利枢纽工程大坝现场碾压试验的混凝土类型及其单位材料用量

| 编号 | 设计指标 | 混凝土配合比参数 | | | | 混凝土材料用量/(kg/m³) | | | | | | | | VC/s | 级配 |
| --- | --- | --- | --- | --- | --- | --- | --- | --- | --- | --- | --- | --- | --- | --- | --- |
| | | 水胶比 | 粉煤灰/% | 砂率/% | 木钙/% | 水 | 水泥 | 粉煤灰 | 砂 | 大石 | 中石 | 小石 | 木钙 | | |
| A1 | $R_{90}200S_{90}12$ | 0.55 | 55 | 37 | 0.25 | 103 | 94 | 103 | 795 | | 745 | 610 | 0.47 | 6~9 | 二 |
| A2 | $R_{90}150S_{90}8$ | 0.57 | 60 | 32 | 0.25 | 93 | 65 | 98 | 704 | 449 | 598 | 449 | 0.41 | 7~12 | 三 |
| A2 | $R_{90}100S_{90}8$ | 0.62 | 60 | 33 | 0.25 | 93 | 60 | 90 | 730 | 445 | 593 | 445 | 0.38 | 7~12 | 三 |

续表 2-42

| 编号 | 设计指标 | 混凝土配合比参数 | | | | 混凝土材料用量/(kg/m³) | | | | | | | | VC/s | 级配 |
|---|---|---|---|---|---|---|---|---|---|---|---|---|---|---|---|
| | | 水胶比 | 粉煤灰/% | 砂率/% | 木钙/% | 水 | 水泥 | 粉煤灰 | 砂 | 大石 | 中石 | 小石 | 木钙 | | |
| C2 | $R_{28}200S_{28}8$ | 0.50 | 25 | 30 | 0.25 | 138 | 207 | 69 | 598 | 418 | 558 | 418 | 0.69 | 4~6 | 三 |
| M1 | $R_{90}250$<br>（A1 垫层） | 0.55 | 30 | 100 | 0.25 | 286 | 364 | 156 | 1 182 | | | | 1.3 | | 砂浆 |
| M2 | $R_{90}200$<br>（A2 垫层） | 0.60 | 30 | 100 | 0.25 | 288 | 336 | 144 | 1 217 | | | | 1.2 | | 砂浆 |

### 2.4.2.3　百色水利枢纽工程

**1. 工程概况**

百色水利枢纽工程位于广西郁江上游右江干流上,是一座以防洪为主,兼有发电、灌溉、航运、供水等综合效益的大型水利枢纽。拦河主坝采用全断面碾压混凝土重力坝,最大坝高 130 m,坝顶长 720 m,其中溢流坝段设 4 个 14 m×8 m(宽×高)表孔和 3 个 4 m×7 m(宽×高)泄洪中孔。主坝工程碾压混凝土量 211.6 万 m³,常态混凝土量 46.6 万 m³。主坝碾压混凝土的设计高峰月浇筑强度达 12.3 万 m³。坝体分 13 个坝段,除 5# 和 13# 坝段外,其余每个坝段分为 A、B 两块,1#~3# 坝段为左岸挡水坝段,4#~5# 坝段为溢流坝段,6#~7# 坝段为河床挡水坝段,8#~13# 坝段为右岸坡挡水坝段。

**2. 坝体混凝土设计指标和材料分区**

大坝典型坝段材料分区及相应设计指标见图 2-8。Ⅰ区,坝体内部采用 $R_{180}150S4D25$ 的准三级配碾压混凝土;Ⅱ区,坝体上游防渗层为 $R_{180}200S10D50$ 二级配碾压混凝土,碾压混凝土厚度按相关规范要求为水头 1/15,由上往下分阶梯设置,2.0 m、3.5 m、4.5 m 至 7.2 m 的布置形式,在挡水坝段坝高>70 m 的断面,考虑坝体抗震的需要,在坝体下游面 164~220 m 高程处设置二级配碾压混凝土;Ⅲ区,基础垫层采用 $R_{28}200S8$ 准三级配常态混凝土,厚度 1.5 m;Ⅳ区,溢流面、泄洪放空孔,闸墩等抗冲部位采用 $R_{90}400S8$ 准三级配抗冲磨混凝土。

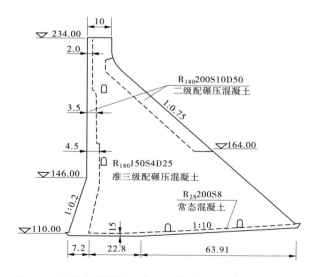

**图 2-8　百色水利枢纽工程大坝非溢流坝剖面图**　（单位:m）

3. 坝体碾压混凝土及砂浆配合比

坝体碾压混凝土及砂浆设计推荐配合比见表 2-43,施工配合比见表 2-44。

**表 2-43　百色水利枢纽工程大坝碾压混凝土及砂浆设计推荐配合比**

| 编号 | 设计强度 | 混凝土配合比参数 | | | | 混凝土材料用量/(kg/m³) | | | | | | | VC/s | 级配 |
| | | 水胶比 | 粉煤灰/% | 砂率/% | ZB-1/% | 水 | 水泥 | 粉煤灰 | 砂 | 石 | ZB-1/% | DH₉/% | | |
| 砂浆 | | 0.45 | 60 | 100 | | 225 | 200 | 300 | 1 648 | — | 2.5 | — | | |
| 碾压混凝土Ⅱ | R₁₈₀200 | 0.50 | 58 | 39 | | 100 | 84 | 116 | 897 | 1 410 | 1.0 | 3.0 | | |
| 碾压混凝土Ⅰ | R₁₈₀150 | 0.60 | 63 | 35 | | 90 | 55 | 95 | 843 | 1 567 | 0.75 | 2.3 | | |

**表 2-44　百色水利枢纽工程大坝碾压混凝土施工配合比**

| 编号 | 设计指标 | 混凝土配合比参数 | | | | | | 混凝土材料用量/(kg/m³) | | | | | | | | VC/s |
| | | 级配 | 水胶比 | 粉煤灰/% | 砂率/% | ZB-1R CC15/% | DH₉/10⁻⁴ | 水 | 水泥 | 粉煤灰 | 砂 | 大石 | 中石 | 小石 | ZB-1R CC15 | DH₉ | |
| A | R₁₈₀200 S10D50 | 二砂浆 | 0.50 0.47 | 58 58 | 38 100 | 0.8 0.8 | 1.5 1.5 | 108 280 | 91 250 | 125 346 | 864 1 319 | — | 775 | 635 | 1.728 4.768 | 0.032 0.089 | 3~8 9~11 |
| B | R₁₈₀150 S2D50 | 准三砂浆 | 0.60 0.57 | 63 60 | 34 100 | 0.8 0.8 | 1.5 1.5 | 96 280 | 59 196 | 101 295 | 814 1 425 | 474 — | 631 — | 474 — | 1.280 3.828 | 0.024 0.074 | 3~8 9~11 |
| C | 灰浆 | | 0.50 | 58 | — | 0.3 | 0.3 | 550 | 462 | 638 | 掺加混凝土体积的5%~8% | | | | 3.300 | 0.033 | — |

**注**:525 中热水泥,Ⅱ级粉煤灰,辉绿岩骨料,人工砂 FM=2.8±0.2,石粉含量按 20%计算。

#### 2.4.2.4　索风营水电站

1. 工程概况

索风营水电站位于贵州省乌江中游六广河河段,工程以发电为主,装机容量为 600 MW。枢纽由碾压混凝土重力坝、坝身泄洪表孔、消力池、右岸引水发电系统及地下厂房,左岸布置单级垂直升船机等组成,为Ⅱ等大(2)型工程。大坝为全断面碾压形式,由左、右岸挡水坝段和河床溢流坝段组成,共分 9 个坝段。坝顶高程 843.80 m,最大坝高 115.8 m,坝顶宽 8 m,最大底宽 97 m,坝顶全长 164.58 m,其中左、右岸挡水坝段的长度分别为 46.82 m 和 34.76 m。挡水坝段上游面 780.00 m 高程以下为 1:0.25 的坝坡,下游面的坝坡为 1:0.70。溢流坝段的基本剖面与挡水坝段相同。坝体混凝土总量为 52.48 万 m³,其中碾压混凝土 44.70 万 m³,占坝体总方量的 85.2%。

2. 坝体材料分区和主要设计指标

大坝溢流坝和非溢流坝典型剖面图见图 2-9 和图 2-10。坝体防渗形式采用富胶凝二级配碾压混凝土,上游面防渗层厚度自上而下从 2.5 m 渐变至 6.5 m(其中,非溢流坝段下游折坡点高程以上至坝顶直接为三级配碾压混凝土防渗),上下游坝面分别采用 0.7 m 和 0.5 m 厚的变态混凝土。碾压层面施工缝要做冲毛处理,并铺设 1.5~2 cm 厚的水泥砂浆。大坝基础垫层,在河床部位为 1~2 m 厚的常态混凝土,在两岸为 1 m 厚的变态混凝土;坝基垫层常态混凝土和坝体强约束区的碾压混凝土均外掺氧化镁(MgO)膨胀剂。上游面防渗层的强度等级为 C₉₀20W8;坝体大体积三级配碾压混凝土为 C₉₀15W6;坝基垫层常态混凝土为 C₉₀20W8;台阶溢流面采用 1 m 厚的变态混凝土,强度等级为 C₉₀20;溢流堰头采用

$C_{28}25$ 常态混凝土；闸墩为 $C_{28}30$ 常态混凝土。根据该坝体应力条件和使用要求,坝体混凝土主要设计指标见表 2-45。

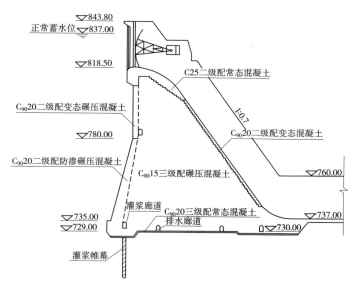

**图 2-9 索风营大坝溢流坝段典型剖面图**

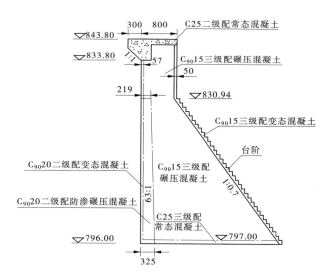

**图 2-10 索风营大坝非溢流坝段典型剖面图** （高程单位:m;尺寸单位:cm）

**表 2-45 索风营大坝混凝土主要设计指标**

| 混凝土种类 | 级配 | 强度等级 | 抗渗等级 | 抗冻等级 | 极限拉伸（90 d）/$10^{-4}$ | 强度保证率/% |
|---|---|---|---|---|---|---|
| 大体积碾压混凝土 | 三 | $C_{90}15$ | W4 | F50 | ≥0.74 | 80 |
| 防渗层碾压混凝土 | 二 | $C_{90}20$ | W8 | F75 | ≥0.82 | 85 |
| 坝基垫层常态混凝土 | 三 | $C_{90}20$ | W6 | F50 | ≥0.85 | 80 |

**3. 碾压混凝土配合比**

大坝混凝土设计配合比见表2-46,其特点是高掺粉煤灰和部分外掺 MgO,具有微膨胀补偿收缩特性,该配合比混凝土经试验后知其物理力学等各项指标均可满足设计要求。

表 2-46　索风营大坝碾压混凝土设计配合比

| 编号 | 设计指标 | 级配 | 混凝土配合比参数 | | | | | | 混凝土材料用量/(kg/m³) | | | | |
|------|---------|------|------|------|------|------|------|------|------|------|------|------|------|
| | | | 水胶比 | 粉煤灰/% | 砂率/% | MgO/% | QH-R20/% | DH₉/% | 水 | 水泥 | 粉煤灰 | 砂 | 石 |
| 索碾 20-2 | C₉₀20 | 二 | 0.50 | 50 | 38 | 3.0 | 0.6 | 0.12 | 94 | 94 | 94 | 815 | 1 365 |
| 索碾 15-2 | C₉₀15 | 三 | 0.55 | 60 | 34 | 3.0 | 0.6 | 0.12 | 88 | 64 | 64 | 747 | 1 489 |
| 索常 20-3 | C₉₀20 | 三 | 0.55 | 40 | 34 | 3.0 | 0.8 | 0.008 | 105 | 115 | 76 | 670 | 1 502 |

在大坝强约束区 755.00 m 高程以下全断面掺加一定量的 MgO,使坝体混凝土自身体积产生一定的膨胀量来补偿混凝土温降收缩、降低拉应力,探索新型的碾压混凝土温控技术,促进碾压混凝土筑坝技术的发展。目前已成功应用于大坝碾压混凝土的施工配合比见表2-47。

表 2-47　索风营大坝碾压混凝土施工配合比

| 工程部位 | 设计指标 | 级配 | 混凝土配合比参数 | | | | | | 混凝土材料用量/(kg/m³) | | | | | |
|---------|---------|------|------|------|------|------|------|------|------|------|------|------|------|------|
| | | | 水胶比 | 粉煤灰/% | 砂率/% | MgO/% | QH-R20/% | DH₉/% | 水 | 水泥 | 粉煤灰 | MgO/% | 砂 | 石 |
| 坝体 749.00 m 高程以下 | C₉₀20 | 二 | 0.50 | 50 | 38 | 3 | 0.7 | 0.05 | 94 | 94 | 94 | 5.64 | 818 | 1 366 |
| | C₉₀15 | 三 | 0.55 | 60 | 32 | 3 | 0.7 | 0.05 | 87 | 63.6 | 94.9 | 4.75 | 702 | 1 525 |
| 坝体 749.00～755.00 m 高程 | C₉₀15 | 二 | 0.50 | 50 | 38 | 2 | 0.7 | 0.05 | 94 | 94 | 94 | 3.76 | 818 | 1 366 |
| | C₉₀20 | 三 | 0.55 | 60 | 32 | 2 | 0.7 | 0.05 | 87 | 63.6 | 94.9 | 3.18 | 702 | 1 525 |
| 坝体 755.00 m 高程以上 | C₉₀20 | 二 | 0.50 | 50 | 38 | | 0.7 | 0.05 | 97 | 94 | | — | 808 | 1 366 |
| | C₉₀15 | 三 | 0.55 | 60 | 32 | | 0.7 | 0.05 | 87 | 63.6 | 94.9 | — | 702 | 1 525 |

#### 2.4.2.5　思林水电站

**1. 工程概述**

思林水电站位于贵州乌江中游河段,是一座以发电为主,兼顾航运、防洪和灌溉等综合效益的水利枢纽,其上游为贵州构皮滩水电站、下游为贵州沙沱水电站,工程主要永久性建筑物有碾压混凝土重力坝、右岸地下厂房、左岸垂直升船机,水库设计正常蓄水位为 440.00 m,最大坝高为 117 m,装机容量为 1 000 MW。

**2. 混凝土材料分区和设计指标**

思林水电站坝体主要混凝土设计指标和材料分区见表2-48 和图2-11。大坝河床坝段坝基采用 1 m 厚三级配常态垫层混凝土,混凝土强度等级为 C₂₈20W6;岸坡坝段坝基采用 1 m 厚变态垫层混凝土,变态垫层混凝土外掺 MgO;坝体上游面二级配防渗变态混凝土厚 0.5 m,混凝土强度等级为 C₉₀20W8;坝体上游二级配防渗碾压混凝土厚度为 3.0～5.1 m,强度等级为 C₉₀20W8;坝体大体积三级配碾压混凝土强度等级为 C₉₀15W6;溢流台阶面采用 1 m 厚的变态混凝土,强度等级为 C₉₀20,溢流堰头采用 C25 二级配常态混凝土,闸墩采用 C30 二级配常态混凝土。

表 2-48 思林水电站大坝主要混凝土设计指标

| 混凝土种类 | 级配 | 强度等级 | 抗渗等级 | 抗冻等级 | 极限拉伸 (90 d)/$10^{-4}$ | 强度保证率/% |
|---|---|---|---|---|---|---|
| 大体积碾压混凝土 | 三 | $C_{90}15$ | W6 | F50 | ≥0.74 | 80 |
| 防渗层碾压混凝土 | 二 | $C_{90}20$ | W8 | F100 | ≥0.82 | 85 |
| 坝基垫层常态混凝土 | 三 | $C_{28}20$ | W6 | F50 | ≥0.70 | 85 |

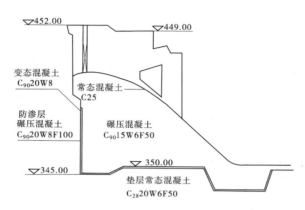

图 2-11 思林电站泄洪表孔断面及材料分区图

#### 2.4.2.6 彭水水电站

1. 工程概况

彭水水电站位于乌江下游河段,是乌江干流水电开发的第十个梯级电站,电站装机容量 1 750 MW。大坝为弧形碾压混凝土重力坝,最大坝高 116.5 m,混凝土总量 91.98 万 $m^3$。大坝泄洪采用全表孔方案,溢流坝段表孔以下采用碾压混凝土,碾压混凝土总量为 58.76 万 $m^3$,占坝体混凝土总量的 58%。大坝采用全断面碾压混凝土。

2. 混凝土材料分区和设计技术指标

大坝混凝土材料分区图见图 2-12。碾压混凝土:内部 $C_{90}15F100W6$;迎水面防渗层 $C_{90}20F150W10$。

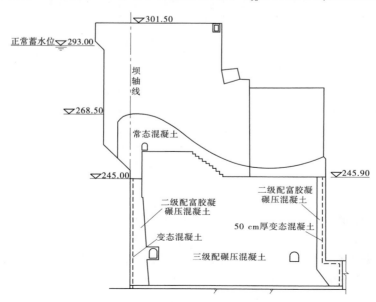

图 2-12 彭水电站溢流坝段混凝土材料分区图

变态混凝土:孔洞周边 C₉₀15F100W6,上下游面 C₉₀20F150W10。混凝土材料分区和设计技术指标见表 2-49。

表 2-49　彭水混凝土材料分区和设计技术指标

| 混凝土种类 | 混凝土标号 | 混凝土代号 | 级配 | 限制水胶比 | 限制粉煤灰掺量/% | 极限拉伸/10⁻⁴ | | 抗剪断参数 | | 使用部位 |
|---|---|---|---|---|---|---|---|---|---|---|
| | | | | | | 90 d | 28 d | $f'$ | $c'$/MPa | |
| 碾压混凝土 | C₉₀15F100W6 | R Ⅰ | 三 | 0.55 | 60 | 0.65 | 0.70 | 1.0 | 1.0 | 坝体内部 |
| | C₉₀20F150W10 | R Ⅱ | 二 | 0.50 | 55 | 0.70 | 0.75 | 1.0 | 1.0 | 迎水面防渗层 |
| 变态混凝土 | C₉₀15F100W6 | R_b Ⅰ | 三 | 0.55 | 60 | 0.70 | 0.75 | 1.0 | | 孔洞周边附近 50 cm |
| | C₉₀20F150W10 | R_b Ⅱ | 二 | 0.50 | 50 | 0.75 | 0.80 | | | 上下游面附近 50 cm |
| 常态混凝土 | C₉₀20F150W10 | C Ⅲ | 三 | | | | | | | 基础混凝土及垫层 |
| | C25F150W10 | C Ⅳ | 三 | | | | | | | RCC 与过流面之间 |
| | C30F150W10 | C Ⅴ | 三 | | | | | | | 墩墙 |
| | C40F150W10 | C Ⅵ | 二 | | | | | | | 溢流面 |

### 3. 碾压混凝土配合比

使用的配合比是根据室内试验及本工程碾压混凝土设计要求拟定的,配合比参数见表 2-50。碾压混凝土层面结合所用的砂浆和净浆配合比见表 2-51。

表 2-50　彭水碾压混凝土工艺性能试验施工配合比

| 设计指标 | 水胶比 | 砂率/% | 粉煤灰掺量/% | 级配 | 碾压混凝土材料用量/(kg/m³) | | | | | | |
|---|---|---|---|---|---|---|---|---|---|---|---|
| | | | | | 水 | 水泥 | 粉煤灰 | 砂 | 石 | JM-2(c) | JM-2000 |
| C₉₀20F150W10 | 0.50 | 38 | 50 | 二 | 91 | 91 | 91 | 847 | 1 398 | 1.092 | 0.109 2 |
| C₉₀15F100W6 | 0.50 | 35 | 60 | 三 | 83 | 66 | 100 | 792 | 1 487 | 0.996 | 0.099 6 |

表 2-51　彭水碾压混凝土层面结合用砂浆(净浆)施工配合比

| 种类 | 水胶比 | 砂率/% | 粉煤灰掺量/% | 砂浆(净浆)材料用量/(kg/m³) | | | | | |
|---|---|---|---|---|---|---|---|---|---|
| | | | | 水 | 水泥 | 粉煤灰 | 砂 | JM-2(c) | JM-2000 |
| M₉₀20 | 0.45 | 100 | 50 | 214 | 238 | 238 | 1 523 | 1.904 | 0.190 4 |
| M₉₀20 | 0.45 | — | 45 | 539 | 659 | 539 | — | 3.594 | — |
| M₉₀15 | 0.45 | 100 | 60 | 212 | 188 | 283 | 1 530 | 1.884 | 0.188 4 |
| M₉₀15 | 0.45 | — | 55 | 533 | 533 | 651 | — | 3.552 | — |

### 2.4.2.7　棉花滩工程

#### 1. 工程概况

棉花滩水电站位于福建省永定区汀江干流处,是以发电为主,兼有防洪、航运及水产养殖等功能的水利枢纽。电站装机容量 60 万 kW,拦河大坝为 1 级建筑物。碾压混凝土重力坝最大坝高 111 m,坝顶长 308.5 m,共分为 7 个坝段,其中 1#、2# 坝段为左岸非溢流坝,3#、4# 坝段为溢流坝,5#、6#、7# 坝段为右岸非溢流坝。棉花滩大坝不设纵缝只设横缝,间距为 33~64 m;在防渗方面,采用二级配碾压混凝土防渗。

## 2.混凝土材料分区及设计技术指标

挡水坝段和溢流坝段断面和混凝土标号分区图见图 2-13 和图 2-14。上游面垂直,下游面在高程 168.00 m 以上垂直,以下坝坡为 1:0.75,坝顶宽度为 7.0 m。鉴于溢流坝段的稳定和应力储备较为富裕,基本三角形断面的下游坡改为 1:0.65,以节省工程量。

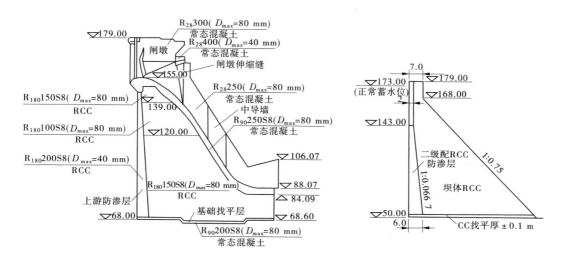

**图 2-13 棉花滩大坝溢流坝段混凝土标号分区图 图 2-14 棉花滩大坝非溢流坝段混凝土标号分区图** (单位:m)

碾压混凝土设计技术指标见表 2-52。设计中用"变态混凝土"在现场拌制振捣,将其变成常态混凝土施工方法。这样,既解决了布筋问题,又不用另外拌制常态混凝土。

**表 2-52 棉花滩大坝碾压混凝土设计技术指标**

| 混凝土标号 | 抗压强度/MPa | 抗拉强度/MPa | 极限拉伸/$10^{-4}$ | 抗渗 | 抗冻 | 抗剪断参数 | | 极限水胶比 | 强度保证率/% |
|---|---|---|---|---|---|---|---|---|---|
| | | | | | | $f'$ | $c'$ /MPa | | |
| $R_{180}200$ | 20 | 1.6 | | S8 | F50 | | | 0.6 | 85 |
| $R_{180}150$ | 15 | 1.3 | ≥0.75 | S8 | | 1.1 | >1.0 | 0.6 | 85 |
| $R_{180}100$ | 10 | | ≥0.70 | S8 | | 1.1 | 1.0 | 0.6 | 85 |

## 3.碾压混凝土配合比

试验推荐的和施工采用的碾压混凝土配合比分别见表 2-53 和表 2-54。

**表 2-53 棉花滩大坝碾压混凝土施工配合比**

| 混凝土 | 混凝土配合比参数 | | | | 混凝土材料用量/(kg/m³) | | | | | | | VC/s |
|---|---|---|---|---|---|---|---|---|---|---|---|---|
| | 级配 | 粉煤灰/% | 外加剂/% | 砂率/% | 水胶比 | 水 | 水泥 | 粉煤灰 | 砂 | 大石 | 中石 | 小石 | |
| $R_{180}100$ | 三 | 65 | 0.6 | 34.5 | 0.65 | 88 | 48 | 88 | 769 | 441 | 588 | 441 | 5~8 |
| $R_{180}150$ | 三 | 60 | 0.6 | 34.5 | 0.60 | 88 | 59 | 88 | 765 | 438 | 584 | 438 | 5~8 |
| $R_{180}200$ | 二 | 55 | 0.6 | 38.0 | 0.55 | 100 | 82 | 100 | 819 | | 671 | 671 | 5~8 |

表 2-54　棉花滩大坝变态混凝土净浆配合比

| 强度等级 | 级配 | 材料用量/(kg/m³) | | | 外加剂/% | 说明 |
|---|---|---|---|---|---|---|
| | | 水泥 | 粉煤灰 | 水 | BTV | |
| R₁₈₀150 | 三 | 25.3 | 38.0 | 34.7 | 0.6 | 第一枯水期 |
| R₁₈₀200 | 二 | 30.3 | 37.0 | 33.6 | 0.6 | |
| R₁₈₀100 | 三 | 19.8 | 36.9 | 36.9 | 0.6 | 第二枯水期 |
| R₁₈₀150 | 三 | 20.9 | 38.8 | 35.8 | 0.6 | |
| R₁₈₀200 | 二 | 30.3 | 37.0 | 33.6 | 0.6 | |

### 2.4.2.8　戈兰滩水电站

1. 工程概况

戈兰滩水电站位于云南省普洱市李仙江干流上,是一条流入越南的国际性河流。电站装机 3 台,总装机容量 450 MW。主要建筑物包括碾压混凝土重力坝、泄水建筑物、消能防冲建筑物、发电引水建筑物、岸边地面厂房等。碾压混凝土重力坝轴线采用折线布置,坝顶长 466 m,坝顶高程 458 m,最大坝高 113 m。泄水建筑物布置在河床中间的 9#~12# 坝段。

2. 混凝土材料分区及设计技术指标

根据坝体对混凝土强度、抗渗、抗冻和抗冲磨的要求,设计按坝体不同部位和不同运用条件进行混凝土分区,见表 2-55,相应的设计技术指标及参数见表 2-56。其确定原则如下:

表 2-55　戈兰滩大坝混凝土标号分区

| 部位 | 混凝土类别 | 级配 | 混凝土设计指标 |
|---|---|---|---|
| 大坝内部 | 碾压混凝土 | 三 | C₉₀15W4F50 |
| 进水口、闸墩、边墙 | 常态混凝土 | 三 | C₂₈25W6F100 |
| 溢流面 | 常态混凝土 | 二 | C₂₈35W6F100 |
| 上、下游防渗层 | 富胶凝碾压混凝土 | 二 | C₉₀20W8F100 |
| 基础垫层 | 常态混凝土 | 三 | C₉₀20W8F50 |

表 2-56　戈兰滩大坝各部位设计指标及参数

| 编号 | 混凝土类别 | 强度等级 | 设计龄期/d | 保证率/% | 抗渗等级 | 抗冻等级 | 级配 | 骨料最大粒径/mm | 极限拉伸(90 d)/10⁻⁴ | 掺合料最大掺量/% | 最大允许水胶比 | 适用部位 |
|---|---|---|---|---|---|---|---|---|---|---|---|---|
| 1 | 碾压 | C₉₀15 | 90 | 80 | W4 | F50 | 三 | 80 | ≥0.75 | 60 | 0.60 | 坝体内部碾压混凝土 |
| 2 | 碾压 | C₉₀20 | 90 | 85 | W8 | F100 | 二 | 40 | ≥0.80 | 50 | 0.55 | 上游防渗碾压混凝土 |
| 3 | 常态 | C₉₀20 | 90 | 80 | W8 | F50 | 三 | 80 | ≥0.85 | 30 | 0.55 | 基础垫层、厂房基础 |

（1）碾压混凝土强度设计龄期采用90 d,常态混凝土强度设计龄期采用28 d(大坝基础垫层除外)。

（2）抗渗等级。大坝内部混凝土Ⅰ区采用W4;基础垫层Ⅱ区常态混凝土采用W8;上游防渗富胶凝碾压混凝土有效厚度取作用水头的1/25~1/15,设计采用2~7.5 m,抗渗等级采用W8;其他分区常态混凝土抗渗等级采用W6。

（3）抗冻等级。大坝内部混凝土和基础常态采用F50,其余均为F100。

（4）采用复掺石灰石粉和高炉矿渣粉,可降低水泥用量,减小温度应力,防止混凝土开裂。

（5）大坝基础垫层为1.5 m厚常态混凝土;溢流面、闸墩和消力池表面过流部位采用高标号抗冲磨混凝土,并替换部分骨料以提高耐磨性能(粗骨料采用安山岩人工骨料,细骨料采用铁矿砂)。

3.碾压混凝土配合比

采用普通硅酸盐水泥(P·O42.5和P·O32.5);利用景谷水泥厂现有设备加工高炉矿渣粉和石灰石粉,作为本工程的混凝土掺合料;骨料采用右岸白云岩石料场的人工骨料。

对混凝土配合比进行了大量的试验,建议坝体部位混凝土配合比见表2-57。

表2-57　戈兰滩大坝各部位混凝土配合比

| 编号 | 设计指标 | 级配 | 混凝土配合比参数 | | | | | 混凝土材料用量/(kg/m³) | | | | | | | | VC/s | 备注 |
| | | | 水胶比 | 掺合料/% | 砂率/% | 减水剂/% | 引气剂/‰ | 水 | 水泥 | 矿渣 | 石粉 | 砂 | 大石 | 中石 | 小石 | | |
| 大坝内部（碾压） | C₉₀15 W4F50 | 三 | 0.60 | 50 | 35 | 0.8 | 0.40 | 92 | 77 | 38 | 38 | 779 | 432 | 432 | 576 | | 1 |
| | | 三 | 0.60 | 50 | 35 | 0.8 | 0.37 | 89 | 74 | 37 | 37 | 783 | 435 | 435 | 579 | | 3 |
| 上游防渗层（碾压） | C₉₀20 W8F100 | 二 | 0.55 | 50 | 38 | 0.8 | 0.40 | 104 | 95 | 47 | 47 | 821 | — | 667 | 667 | | 1 |
| | | 二 | 0.55 | 50 | 38 | 0.8 | 0.40 | 102 | 93 | 46 | 46 | 824 | — | 670 | 670 | | 2 |
| | | 二 | 0.55 | 50 | 38 | 0.8 | 0.35 | 101 | 92 | 46 | 46 | 825 | — | 671 | 671 | | 3 |
| 基层垫层面 | C₉₀20 W8F50 | 三 | 0.60 | 30 | 33 | 0.8 | 0.08 | 123 | 144 | 31 | 31 | 692 | 420 | 420 | 560 | | 1 |
| | | 三 | 0.55 | 40 | 32 | 0.8 | 0.04 | 128 | 140 | 47 | 47 | 657 | 417 | 417 | 557 | | 2 |
| | | 三 | 0.60 | 30 | 32 | 0.8 | 0.04 | 124 | 145 | 31 | 31 | 689 | 418 | 418 | 558 | | 3 |

注:备注栏中1表示采用景谷P·O32.5水泥;2表示采用景谷P·O42.5水泥;3表示采用建峰P·O42.5水泥。

该工程大坝上游面防渗涂层采用TK改性水泥基防水材料,涂层总厚度不得小于0.80 mm。该产品为双组分材料,具有黏结强度高、抗渗、弹性模量低、防裂、抗冻、抗老化、耐侵蚀及价格低等特点,同时还具有一定的延展性,是一种良好的防渗、防碳化、耐侵蚀的防水材料,其性能指标见表2-58。

### 2.4.2.9　大朝山工程

1.工程概况

大朝山水电站坝址位于澜沧江中游河段,属Ⅰ等工程,大坝为一级建筑物,最大坝高111 m,坝顶总长460.39 m。拦河坝由机组进水口坝段、底孔坝段、表孔坝段及左右非溢流坝段组成。除右岸非溢流坝段和机组进水口坝段外,其余坝段均为全断面碾压混凝土坝段。拦河坝坝轴线为折线,由右向左依次编号共分23个坝段。1#、2#为右岸非溢流坝段;3#~8#坝段为机组进水口坝段;9#坝段为一楔形体坝段;10#坝段为排沙孔及1#泄洪底孔坝段;11#~15#为表孔溢流坝段;16#、17#为泄洪底孔坝段;18#~23#坝段为左岸非溢流坝段。碾压混凝土方量75.66万 m³,占相应坝体混凝土量的67%。

**2. 坝体混凝土材料分区及设计技术指标**

大坝典型坝段横剖面及材料分区图见图2-15。按坝体强度、抗渗、抗冻、抗冲刷和低水化热等方面的要求,不同部位、不同工作环境将坝体混凝土分成以下区域:

Ⅰ区:为坝体内部三级配碾压混凝土,标号为 $R_{90}150S4$。

Ⅱ区:为坝体上下游防渗层二级配碾压混凝土,厚度3~4 m,标号为 $R_{90}200S8$。

Ⅲ区:为坝体基础填塘三级配常态混凝土,厚度0.8~1 m,标号为 $R_{90}200S8$。

Ⅳ区:为坝体溢流面抗冲三级配常态混凝土,厚度1.5~3 m,标号为 $R_{90}300S8$。

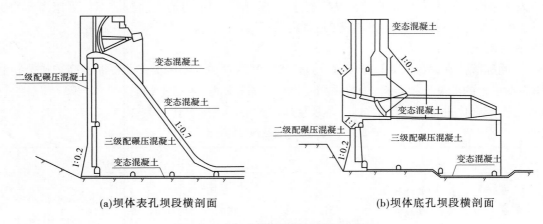

(a)坝体表孔坝段横剖面　　　　　　　　(b)坝体底孔坝段横剖面

**图2-15　大朝山大坝剖面及材料分区图**

**3. 混凝土配合比**

经过对6种掺合料的比选,最后选用磷矿渣(P)与凝灰岩(T)混磨作为掺合料。此项成果为我国缺少粉煤灰的地区修筑碾压混凝土坝开发了新的料源。为了确保碾压混凝土的质量,先后进行了3次施工工艺性试验,确定了大朝山碾压混凝土施工配合比,见表2-58。

**表2-58　大朝山混凝土施工配合比**

| 混凝土标号 | 级配 | 混凝土配合比参数 | | | | | 混凝土材料用量/(kg/m³) | | | | |
| --- | --- | --- | --- | --- | --- | --- | --- | --- | --- | --- | --- |
| | | 水胶比 | PT/% | 砂率/% | FDN-04/% | FDN-07/% | 水 | 水泥 | PT | 砂 | 石 |
| $R_{90}150$(RCC) | 三 | 0.50 | 60 | 37 | 0.8 | | 87 | 67 | 101 | 839 | 1 465 |
| $R_{90}200$(RCC) | 二 | 0.50 | 50 | 38 | 0.8 | | 94 | 94 | 94 | 850 | 1 432 |
| $R_{90}250$(RCC) | 砂浆 | 0.45 | 60 | 100 | 0.4 | | 267 | 237 | 355 | 1 309 | |
| $R_{90}250$(RCC) | 砂浆 | 0.45 | 50 | 100 | 0.4 | | 279 | 310 | 309 | 1 257 | |
| $R_{90}250$(RCC) | 净浆 | 0.45 | 50 | — | 0.4 | | 543 | 603 | 603 | | |
| $R_{90}300$(抗冲) | 三 | 0.45 | 20 | 30 | | 0.8 | 117 | 208 | 52 | 635 | 1 519 |
| $R_{90}350$(抗冲) | 二 | 0.45 | 20 | 36 | | 0.8 | 140 | 249 | 62 | 723 | 1 318 |
| $R_{90}350$ | 砂浆 | 0.42 | 20 | 100 | | 0.8 | 243 | 462 | 116 | 1 410 | |

注:PT为磷矿渣(P)与凝灰岩(T)混磨作为掺合料;FDN为减水剂。

## 2.4.2.10　景洪水电站

### 1. 工程概况

景洪水电站位于云南省澜沧江下游河段,为发电、航运等综合利用的枢纽工程。枢纽由挡水、泄水、发电、冲沙及通航建筑物组成。碾压混凝土重力坝,最大坝高 108 m。坝顶高程 612.00 m,坝顶全长 619.00 m,共分 20 个坝段。坝体上游面垂直,除溢流坝段外,下游坝面坡比为 1:0.65。景洪水电站左岸工程混凝土总量约 181.1 万 m³,其中常态混凝土量约 124.2 万 m³,碾压混凝土量约 56.9 万 m³。

### 2. 坝体混凝土材料分区及设计技术指标

景洪水电站坝体包含碾压混凝土和常态混凝土,其中碾压混凝土强度等级主要为 $C_{90}15$,常态混凝土强度等级主要为 $C_{90}20$、$C_{28}20$,其余强度等级混凝土数量较少。

根据各坝段的工作条件、强度、抗渗、抗冲刷及抗裂等要求,将坝体混凝土分为 6 个区:大坝内部采用 $C_{90}15W_{90}6F_{90}50$ 碾压混凝土;碾压混凝土坝段上游面采用约 3 m 厚二级配富胶凝材料 $C_{90}20W_{90}8F_{90}100$ 碾压混凝土为防渗;坝体内部廊道和孔洞周边采用变态混凝土;基础采用 1 m 厚常态混凝土垫层;溢流坝过流面和钢管周边留 3 m 厚 C30W8F100 常态混凝土。结构混凝土采用 $C_{90}20W_{90}8F_{90}100$ 二级配混凝土。

### 3. 混凝土配合比

胶凝材料为普洱 42.5 级硅酸盐水泥掺淬锰铁矿渣和石灰岩粉混掺料(混掺比例为 5:5),骨料为闪长岩碎石和天然砂砾料;减水剂为 ZB-1A(或 GM26 高分子减水剂),引气剂为 ZB-1G。碾压混凝土配合比见表 2-59。

表 2-59　景洪水电站双掺料碾压混凝土现场试验配合比

| 骨料种类 | 混凝土强度等级 | 级配 | 混凝土配合比参数 | | | 混凝土材料用量/(kg/m³) | | | | | | | | |
| | | | 水胶比 | 双掺料/% | 砂率/% | 水 | 水泥 | 双掺料 | 砂 | 大石 | 中石 | 小石 | Gm26原液 | ZB-1G溶液 |
| 天然骨料 | $C_{90}15$ | 三 | 0.50 | 60 | 33 | 75 | 60 | 90 | 722 | 452 | 602 | 452 | 0.75 | 3.00 |
| | 砂浆 | | 0.48 | 60 | 100 | 230 | 192 | 288 | 1 473 | — | — | — | 1.20 | 4.80 |
| | $C_{90}20$ | 二 | 0.45 | 50 | 37 | 84 | 93 | 93 | 790 | — | 759 | 621 | 0.93 | 3.72 |
| | 砂浆 | | 0.43 | 50 | 100 | 230 | 267 | 267 | 1 429 | — | — | — | 2.34 | 5.35 |
| 人工骨料 | $C_{90}15$ | 三 | 0.55 | 60 | 37 | 88 | 64 | 96 | 794 | 443 | 591 | 443 | 1.12 | 3.20 |
| | 砂浆 | | 0.53 | 60 | 100 | 230 | 174 | 260 | 1 512 | — | — | — | 1.52 | 4.34 |
| | $C_{90}20$ | 二 | 0.50 | 50 | 42 | 98 | 98 | 98 | 877 | — | 729 | 596 | 1.37 | 3.92 |
| | 砂浆 | | 0.48 | 50 | 100 | 230 | 240 | 240 | 1 477 | — | — | — | 1.68 | 4.80 |

## 2.4.2.11　岩滩水电站

### 1. 工程概况

岩滩水电站位于红水河中游广西大化县境内。电站近期装机容量 121 万 kW,年发电量 56.6 亿 kW·h,为Ⅰ等工程。枢纽主要建筑物由拦河坝、坝后式厂房、开关站及垂直升船机(1×250 t)等组成。混凝土拦河坝包括溢流坝段,厂前坝段,升船机坝段及左、右岸重力坝段,坝顶总长 525 m,坝顶高程 233.00 m,最大坝高 110 m。采用碾压混凝土的坝段为 13#~17#、19#~23# 等 10 个坝段,该 10 个坝段混凝土总方量为 63.6 万 m³,其中碾压混凝土为 35.8 万 m³。

**2. 坝体混凝土材料分区及设计技术指标**

大坝采用"金包银"断面。大坝的四周为常态混凝土,内部为碾压混凝土。溢流坝和挡水重力坝剖面及材料分区图如图 2-16 所示。混凝土分四个区:基础常态混凝土,$R_{180}200S6$;上游防渗层常态混凝土,$R_{180}200S10$;下游坝面常态混凝土和内部碾压混凝土,$R_{180}150S4$;溢流坝表面抗冲磨混凝土,$R_{180}400$,抗冲磨混凝土和碾压混凝土之间混凝土,$R_{180}250$(称为高低标号混凝土间的过渡层)。

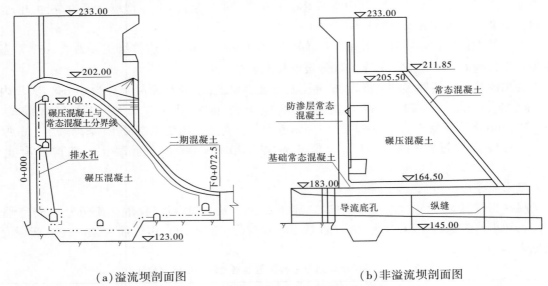

(a)溢流坝剖面图　　　　　　　　(b)非溢流坝剖面图

**图 2-16　岩滩碾压混凝土坝剖面和材料分区图**

**3. 碾压混凝土配合比**

岩滩碾压混凝土配合比设计要求:三级配,$R_{180}150S4$;混凝土容重≥2 400 kg/m³;层间凝聚力(黏聚力)$c$≥0.8 MPa;混凝土 VC 值应在 5~15 s;混凝土的初凝时间应大于 6 h(与碾压混凝土同时上升的常态混凝土的初凝时间应与碾压混凝土相同)。最后选定的大坝碾压混凝土配合比见表 2-60,围堰碾压混凝土配合比见表 2-61。

**表 2-60　岩滩大坝碾压混凝土配合比**

| 混凝土标号 | 混凝土配合比参数 | | | | 混凝土材料用量/(kg/m³) | | | | | | | VC/s |
| --- | --- | --- | --- | --- | --- | --- | --- | --- | --- | --- | --- | --- |
| | 粉煤灰/% | TF/% | 砂率/% | 水胶比 | 水 | 水泥 | 粉煤灰 | 砂 | 大石 | 中石 | 小石 | |
| $R_{180}150S4$ | 65.3 | 2.0 | 34 | 0.54~0.6 | 85 | 56 | 104 | 694 | 464 | 649 | 433 | 13±5 |

**表 2-61　岩滩围堰工程碾压混凝土施工配合比**

| 工程部位 | 混凝土配合比参数 | | | | 混凝土材料用量/(kg/m³) | | | | | | | VC/s |
| --- | --- | --- | --- | --- | --- | --- | --- | --- | --- | --- | --- | --- |
| | 水胶比 | 粉煤灰/% | 砂率/% | 外加剂/% | 水 | 水泥 | 粉煤灰 | 砂 | 大石 | 中石 | 小石 | |
| 围堰 2/3 高程以下 | 0.57 | 70 | 34.0 | 0.20 | 85 | 45 | 105 | 766 | 451 | 602 | 451 | 15±5 |
| 围堰 2/3 高程以上 | 0.59 | 77 | 34.1 | 0.20 | 90 | 35 | 117 | 759 | 445 | 494 | 445 | 15±5 |

注:围堰 2/3 高程以下为配合比 A;围堰 2/3 高程以上为配合比 B。

#### 2.4.2.12　水口水电站

##### 1. 工程概况

水口水电站位于福建省闽江干流,最大坝高 101 m,总装机容量 1 400 MW,电站枢纽由混凝土重力坝、坝后式发电厂房、一线三级船闸、一线垂直升船机和开关站组成,溢洪道布置在河床中部,其两侧各设一个泄水底孔,发电厂房位于左河床,通航建筑物紧靠右岸布置,开关站和预留变电站布置在左岸下游的山坡上。

##### 2. 坝体混凝土材料分区及设计技术指标

大坝剖面图见图 2-17。设计中对全长 581 m、高 48 m 的导流明渠导墙采用了预制块模板和碾压混凝土浇筑,总工程量 28 万 m³,碾压混凝土设计标号为 $R_{90}100S2$;后决定在 16#～20# 压力钢管坝段、溢流坝段下部和河中导墙采用碾压混凝土浇筑,总量达 35 万 m³,设计标号为 $R_{90}150S2$。

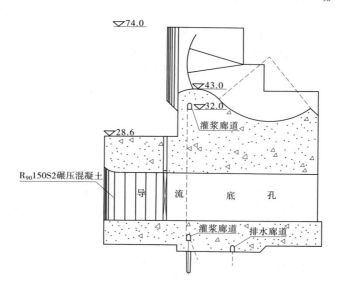

**图 2-17　水口水电站大坝溢流坝段剖面图**

##### 3. 碾压混凝土配合比

导流明渠导墙、溢流坝段下部和河中导墙碾压混凝土使用的主要配合比见表 2-62。

**表 2-62　水口水电站大坝碾压混凝土使用的主要配合比**

| 使用部位 | 混凝土设计要求 | 混凝土配合比参数 | | | | 混凝土材料用量/(kg/m³) | | | | | | | VC/s |
|---|---|---|---|---|---|---|---|---|---|---|---|---|---|
| | | 水胶比 | 粉煤灰/% | 砂率/% | 外加剂/% | 水 | 水泥 | 粉煤灰 | 砂 | 大石 | 中石 | 小石 | |
| 明渠导墙 | $R_{90}100S2$ | 0.53 | 66 | 27.5 | 0.25 | 80 | 50.4 | 99.6 | 620 | 490 | 654 | 490 | 10～20 |
| | $R_{90}100S2$ | 0.54 | 67 | 27.5 | 0.25 | 81 | 60 | 100 | 608 | 487 | 649 | 487 | 10～20 |
| 河中导墙 | $R_{90}150S2$ | 0.49 | 69 | 29 | 0.10 | 78 | 50 | 110 | 635 | 471 | 629 | 471 | 10～20 |
| | $R_{90}150S2$ | 0.53 | 62 | 32 | 0.10 | 90 | 65 | 105 | 701 | | 1 054 | 452 | 10～20 |

注:表中外加剂掺量 0.25% 为波左力士;0.10% 为 C6220。明渠导墙采用 425 福建普通水泥;河中导墙采用 525 顺昌硅酸盐水泥。

### 2.4.2.13　向家坝水电站

**1. 工程概况**

向家坝水电站位于金沙江下游,是金沙江梯级开发的最后一级电站。坝址位于四川省与云南省的交界处,左岸为四川省宜宾县安边镇,右岸为云南省水富市。工程以发电为主,同时期改善上、下游通航条件下,兼顾灌溉,结合防洪、拦沙,并且有为上游梯级进行反调节的作用。向家坝水库初拟正常蓄水位 380.00 m,总库容 51.85 亿 m³,电站装机容量为 6 000 MW,保证出力 2 009 MW,年电量为 307.47 kW·h。

枢纽建筑物主要由大坝、厂房及升船机组成。左岸布置坝后厂房,右岸山体中布置地下厂房,两厂房各安装 4 台单机容量为 750 MW 的机组。升船机布置在河中偏左岸。拦河大坝采用混凝土重力坝,坝顶高程 384.00 m,最大坝高 162.00 m,由于在坝基开挖过程中,开挖到原设计最低位置时,坝基岩石材料强度偏低,坝基进一步深挖,深挖量最多达 22 m,这样实际最大坝高达 184.00 m,坝顶长度 909.265 m。大坝从左至右依次为:左岸非溢流坝段全长 314.922 m,分 18 个坝段;冲沙孔坝段(兼临时船闸坝段)长 30.000 m;升船机坝段长 29.600 m;坝后厂房长 148.800 m,分 8 个坝段;泄水坝段长 248.000 m,分 13 个坝段;右岸非溢流坝段长 137.394 m,分 9 个坝段。

向家坝泄④坝段高程 240.00 m 以上表孔、中孔横断面材料分区剖视图见图 2-18、图 2-19。

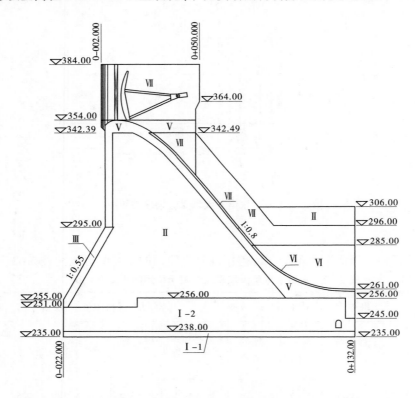

**图 2-18　向家坝泄④坝段高程 240.00 m 以上表孔横断面材料分区剖视图**

**2. 坝体混凝土浇筑特性**

向家坝水电站大坝在筑坝过程中,大部分坝段采用常态混凝土浇筑,局部坝段(部位)采用碾压混凝土浇筑,具体采用碾压混凝土浇筑的坝段(部位)见表 2-63。其中,二期工程齿槽部位采用通仓浇筑。本工程中常态混凝土与碾压混凝土分区浇筑主要在二期工程泄水坝段中存在,二期工程各坝段浇筑特性见表 2-64。

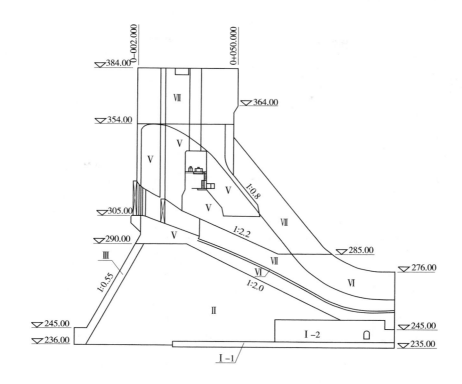

图 2-19　向家坝泄④坝段高程 240.00 m 以上中孔横断面材料分区剖视图

表 2-63　碾压混凝土使用坝段(部位)统计

| 使用坝段(部位) | | 高程/m | 备注 |
|---|---|---|---|
| 一期工程 | 不良地质体回填 | 200.00~222.00 | 通仓浇筑 |
| | 冲①、左非①坝段 | 222.00~254.00 | 通仓浇筑 |
| 二期工程 | 齿槽部位 | 203.00~240.00 | 通仓浇筑 |
| | 航①坝段 | 240.00~350.00 | 通仓浇筑 |
| | 左厂⑧坝段 | 245.00~323.50 | 分两仓浇筑,甲、乙块为一仓,采用碾压混凝土;丙块为一仓,采用常态混凝土 |
| | 泄②~泄⑥坝段 | 240.00~267.00 | 甲、乙块合并为一仓浇筑,采用碾压混凝土;丙块仍采用常态混凝土浇筑 |
| | 泄⑦坝段 | 240.00~285.00 | 甲、乙块合并为一仓进行浇筑,采用碾压混凝土;丙块仍采用常态混凝土浇筑 |
| | 右非①~⑦坝段 | 240.00~358.00 | 通仓浇筑 |

　　向家坝水电站大坝根据施工情况,采取常态混凝土和碾压混凝土联合使用的方式,可以充分发挥碾压混凝土的优势,加快了施工进度。

表 2-64　二期工程各坝段混凝土浇筑特性

| 坝段 | 材料分区 | | 浇筑方式 | 纵缝分缝桩号 | 并缝高程/m | 备注 |
|---|---|---|---|---|---|---|
| | 高程/m | 常态/碾压 | | | | |
| 升船机 | 215.00~229.00 | 常态 | 分三仓浇筑 | 0+025.000<br>0+070.000 | 229.00 | |
| | 229.00~350.00 | 碾压 | 通仓浇筑 | | | |
| | 350.00 以上 | 常态 | 通仓浇筑 | | | |
| 升船机<br>渡槽段 | 233.94 以下 | 常态 | 分两仓浇筑 | 0+168.300 | 233.94 | 不需灌浆 |
| | 233.94 以上 | 碾压 | 通仓浇筑 | | | |
| 左厂①~<br>左厂⑦ | 203.00~240.00 | 碾压 | 通仓浇筑 | | | |
| | 240.00 以上 | 常态 | 分三仓浇筑 | 0+025.000 | 281.50 | |
| | | | | 0+070.000 | 通顶 | |
| 左厂⑧ | 210.00~245.00 | 常态 | 分三仓浇筑 | 0+025.000<br>0+070.000 | 245.00 | |
| | 245.00~323.50 | 碾压/常态 | 第一、二仓合并,<br>分两仓浇筑 | 0+070.000 | 通顶 | 第一仓为碾压混凝土,<br>第二仓为常态混凝土 |
| | 323.50 以上 | 常态 | 通仓浇筑 | | | |
| 泄① | 203.00~240.00 | 碾压 | 通仓浇筑 | | | |
| | 240.00 以上 | 常态 | 分三仓浇筑 | 0+017.000 | 281.50 | |
| | | | | 0+070.000 | 通顶 | |
| 泄②~<br>泄⑦ | 200.00~240.00 | 碾压 | 通仓浇筑 | | | |
| | 240.00~267.00 | 碾压/常态 | 分两仓浇筑 | 0+070.000 | 通顶 | 第一仓为碾压混凝土,<br>第二仓为常态混凝土 |
| | 281.5 以上 | 常态 | 分两仓浇筑 | 0+070.000 | 通顶 | |
| 泄⑧~<br>泄⑩ | 240.00~281.50 | 常态 | 分三仓浇筑 | 0+017.000 | 281.50 | |
| | 281.50 以上 | 常态 | 分两仓浇筑 | 0+070.000 | 通顶 | |
| 泄⑪~<br>泄⑬ | 240.00~250.60 | 碾压 | 通仓 | | | |
| | 250.60~281.50 | 常态 | 分三仓浇筑 | 0+017.000 | 281.50 | |
| | | | | 0+070.000 | 通顶 | |
| | 281.50 以上 | 常态 | 分两仓浇筑 | 0+070.000 | 通顶 | |
| 右非①~<br>右非⑦ | 240.00~358.00 | 碾压 | 通仓 | | | |
| | 358.00 以上 | 常态 | 通仓 | | | |
| 右非⑧ | 351.00 以上 | 常态 | 通仓 | | | |

## 3. 坝体混凝土设计技术要求和材料分区设计

坝体碾压混凝土设计技术要求见表 2-65,坝体常态混凝土设计技术要求见表 2-66。

表 2-65 向家坝坝体碾压混凝土各强度等级混凝土技术要求

| 设计指标 | 坝体使用部位 | | | | |
|---|---|---|---|---|---|
| | 碾压混凝土 RCC | | | | 变态混凝土 Cb |
| | 高程 295.00 m 或高程 300.00 m 以下坝体 RⅠ | 高程 295.00 m 或高程 300.00~339.00 m 坝体 RⅡ | 高程 339.00 m 以上坝体 RⅢ | 坝体上游排水幕前 RⅣ | 坝体上游面 CbⅠ |
| 设计强度等级 | C15 | C10 | C10 | C15 | C15 |
| 轴心抗压强度(180 d,强度保证率 80%)/MPa | 19.6 | 13.5 | 13.5 | 19.6 | 19.6 |
| 抗渗等级 | W6 | W6 | W4 | W12 | W12 |
| 抗冻等级 | F100 | F100 | F50 | F100 | F100 |
| 极限拉伸 $\varepsilon_p/10^{-4}$ | 0.80(90 d) | 0.75(90 d) | 0.75(90 d) | 0.80(90 d) | 0.80(28 d) |
| VC/s | 5~7 | 5~7 | 5~7 | 5~7 | 坍落度为 30~50 mm |
| 最大水胶比 | ≤0.5 | <0.5 | <0.5 | <0.45 | <0.50 |
| 混凝土级配 | 三 | 三 | 三 | 二 | 二 |
| 容重/(kg/m³) | >2 400 | | | | |
| 相对压实度/% | ≥98 | | | | — |

表 2-66 向家坝坝体常态混凝土设计技术要求

| 编号 | | 混凝土强度等级 | 图例 | 保值率/% | 级配 | 抗渗等级 | 抗冻等级 | 极限拉伸/10⁻⁴ | | |
|---|---|---|---|---|---|---|---|---|---|---|
| | | | | | | | | 28 d | 90 d | 180 d |
| 常态混凝土 | Ⅰ-1 | $C_{90}25$ | | 80 | 三 | W4 | F150 | >0.80 | — | >0.90 |
| | Ⅰ-2 | $C_{90}25$ | | 80 | 四 | W4 | F200 | >0.80 | — | >0.90 |
| | Ⅱ | $C_{90}15$ | | 80 | 四 | W2 | F150 | >0.70 | — | >0.80 |
| | Ⅲ | $C_{90}20$ | | 80 | 三、四 | W4 | F150 | >0.80 | — | >0.90 |
| | Ⅳ | $C_{90}25$ | | 80 | 三、四 | W4 | F200 | >0.85 | >0.85 | — |
| | Ⅴ | $C_{90}30$ | | 95 | 三、四 | W10 | F200 | >0.90 | >0.90 | — |
| | Ⅵ | $C_{90}40$ | | 95 | 二、三 | W10 | F200 | — | — | — |
| | Ⅶ | $C_{90}55$ | | 95 | 二 | W10 | F200 | — | — | — |

**4. 向家坝碾压混凝土推荐配合比**

向家坝碾压混凝土推荐配合比见表 2-67。

表 2-67　向家坝碾压混凝土推荐配合比

| 工程部位 | 设计强度等级 | 碾压混凝土配合比参数 | | | | | | 混凝土材料用量/(kg/m³) | | | | | | | | |
| --- | --- | --- | --- | --- | --- | --- | --- | --- | --- | --- | --- | --- | --- | --- | --- |
| | | 级配 | 水胶比 | 粉煤灰/% | 砂率/% | ZB-1 RCC 15/% | DH₉/10⁻⁴ | 用水量 | 水泥 | 粉煤灰 | 砂子 | 石子 | | | ZB-1 RCC15 | DH₉ |
| | | | | | | | | | | | | 大 | 中 | 小 | | |
| RⅠ | C15F100W6 | 三 | 0.45 | 50 | 33 | 0.5 | 0.3 | 75 | 84 | 84 | 735 | 448 | 597 | 501 | 0.835 | 0.050 1 |
| RⅡ | C10F100W6 | 三 | 0.48 | 55 | 33 | 0.5 | 0.3 | 71 | 67 | 81 | 743 | 452 | 603 | 444 | 0.740 | 0.044 4 |
| RⅢ | C10F50W4 | 三 | 0.48 | 60 | 33 | 0.5 | 0.3 | 74 | 62 | 92 | 740 | 451 | 600 | 462 | 0.770 | 0.046 2 |
| RⅣ | C15F100W12 | 二 | 0.4 | 55 | 37 | 0.5 | 0.35 | 82 | 92 | 113 | 806 | — | 686 | 718 | 1.025 | 0.071 8 |
| CbⅠ | C15F100W12 | 二 | 0.4 | 55 | 37 | 0.5 | 0.35 | 82 | 92 | 113 | 806 | — | 686 | 718 | 1.025 | 0.071 8 |
| | | | 0.4 | 55 | — | 0.5 | 0.175 | 496 | 558 | 682 | — | — | — | — | 6.200 | 0.217 0 |

注:1. CbⅠ配合比第一排数据为本体混凝土配合比,第二排数据为水泥浆液配合比。

　　2. 变态混凝土水泥浆配比与本体 RCC 相同,只是引气剂(DH₉)掺量为 0.175‰;加浆量为 5.0%(100 L 本体 RCC 中加浆 5 L)。加浆方式为在已拌和未出机的本体 RCC 中加浆再搅拌,使水泥浆液在 RCC 中充分混合,使之成为常态混凝土。

　　3. 粉煤灰:黄桷庄Ⅰ级;水泥:地维中热 525。

# 2.5　国外一些碾压混凝土大坝材料分区设计

## 2.5.1　日本碾压混凝土坝材料分区设计

### 2.5.1.1　概述

日本是世界上率先利用碾压混凝土建成大坝的国家,早在 1980 年就已修建了坝高 89 m、坝体积 31.7 万 m³ 的岛地川坝。迄今为止,已建成的碾压混凝土坝的数量达到了 40 余座。在日本,碾压混凝土坝称为 RCD(roller compacted damconcrete)坝。这是为了与其他国家的 RCC(roller compacted concrete)坝相区别而命名的。也就是说,在日本,不认为 RCD 坝是一个新坝型(属于混凝土重力坝),而是利用新的施工方法建造的大坝。因而,RCD 坝所要求的性能与以往的混凝土重力坝所要求的条件相同。因此,为抑制温度应力引起的坝体内裂缝,在坝体内每间隔 15 m 设置一道横缝。为确保防渗性、抵御气候变化引起的冻融作用,在大坝的上、下游面浇筑高质量混凝土。此外,为确保高附着性和防渗性,与传统的混凝土坝相同,要进行施工缝处理(浇筑层缝面处理)。

RCD(碾压混凝土)工法是日本建设省(现已改组为国土交通省)20 世纪 70 年代开发的一种高效率建坝施工方法。碾压混凝土用于大坝内部以代替造价高的常规混凝土,这种独特的配合比设计与施工方法,提高了大坝的建设速度及其经济性,在日本得到了广泛的应用,并取得了很好的效果。宫濑、浦山、千屋、札内川几座高坝和其他大坝以防洪和供水为建设大坝主要目的,一旦大坝失事,其后果是非常严重的,这就促使日本工程师在 RCD 工法方面,更多地愿意采用常规混凝土重力坝的筑坝标准,而不愿意违反常规混凝土大坝设计的惯例去充分利用 RCC 的优点。这也是日本 RCD 工法的特点,为了满足重力坝扬压力的需要,在坝的横断面的上游面防渗、下游面的保护及基础面,设置了一定厚度的常规混凝土。一般上游面常规混凝土厚 3 m,下游面厚 2~3 m,基础厚 1.5 m 左右。

RCD 工法筑坝很重视层面处理,也是碾压混凝土抗滑设防的重点。日本采用铺设砂浆增强层面间的结合力以保证抗滑稳定的需要。在通常情况下,抗滑安全系数 $K=4$;当建基面处在有断层的河床部位,$K>4.1$;若是处在倾斜部的低角度断层带,$K>4.3$,其他部位 $K>4$。

RCD 抗压强度设计标准要求大于 12.3 MPa,单位密度大于 2 300 kg/m³(札内川坝的设计标号)。

日本的 RCD 施工配合比是很有特色的,除掺粉煤灰、缓凝型减水剂(250~300 g/m³)外,还有掺石粉、高炉灰的。配合比设计按填充包裹理论方法。

另外,日本目前正在开发梯形 CSG(cemented sand and gravel)坝技术。已决定在坝高 39 m、坝体积 33.9 万 m³ 的亿首坝采用该技术。梯形 CSG 坝属于新坝种。它的结构特征不同于传统的直角三角形混凝土重力坝,河床砂砾或开挖弃渣无须经过清洗,也不必经过筛分和分级,能够作为低质量材料直接使用。下面论述日本 RCD 坝的历史和梯形 CSG 坝的概况。

### 2.5.1.2　RCD 坝

**1. RCD 工法的开发**

1974 年,日本建设省成立了有关混凝土坝合理化施工的研讨委员会,对混凝土坝的经济性施工方法开展了广泛的研究。委员会的基本方针如下:

(1)鉴于劳动工资的提高,应该研究降低混凝土单价的方法。像混凝土拱坝或中空混凝土重力坝,混凝土体积的减少并没有提高劳动效率,必须努力降低混凝土单价。

(2)基岩条件差使得混凝土重力坝的坝体积增大,建设投资增加。为此,应该研究降低混凝土单价的方法。

这样,意大利的阿尔卑惹拉(Alpe Gera)坝采用自卸卡车运输坝上混凝土的施工法,以及美国 Lost Creek 坝开发的碾压混凝土施工法,作为经济且快速的施工方法面世了。此后,经过大量研究和反复研讨,得出了如下结论:

(1)从拌和厂到坝体的混凝土运输要使用简便的机械。

(2)混凝土坝的施工面应是平坦的,从地面料斗到混凝土铺筑位置,要用自卸卡车运输混凝土。

(3)为了达到快速压实的目的,混凝土要用振动碾压实。

(4)混凝土应该是能够用振动碾压实的半干混合料。

(5)混凝土要具有能够用振动碾压实的和易性。

(6)混凝土的浇筑层厚应控制在能够用振动碾压实的厚度。

(7)为防止发生离析,混凝土要用推土机均匀地摊铺。

(8)为保证混凝土坝的上、下游面具有防渗性和高防冻害性,要使用高质量混凝土护面。

(9)为防止温度龟裂,表面混凝土和内部混凝土要用振动切缝机间隔 15 m 切缝。

(10)为确保对于剪应力的附着性及耐水性,浇筑层表面要带水凿毛,铺垫打底砂浆。

**2. RCD 坝的设计技术指标及材料分区**

岛地川坝(坝高 89 m,1980 年建成)的高度适中,而且坝体内结构物较少,所以被选定为日本第一座 RCD 坝。其后建设了一系列的 RCD 坝。一些坝的设计剖面及材料分区见图 2-20~图 2-23。为了上游面的防渗和下游面的保护及基础面黏结和填平,在碾压混凝土坝的上游面、下游面和与基础的接触面均设有一定厚度的常态混凝土,一般上游面常态混凝土厚度为 3 m,下游面常态混凝土厚度为 2~2.5 m,基础部分常态混凝土厚度为 1.5~3.0 m。坝顶和廊道周围一般用常态混凝土。日本部分碾压混凝土坝上、下游面和基础部分常态混凝土厚度见表 2-68。日本碾压混凝土的设计标准:强度 10.7~13.5 MPa,抗渗为 10⁻⁶ cm/s,部分工程 90 d 龄期混凝土设计强度见表 2-69。

**3. 碾压混凝土配合比**

伴随着 RCD 坝的建设,RCD 用混凝土的配比设计也得到了不断进步。对混凝土的配比特性,即拌和参数(相对于细骨料孔隙的水泥浆体积比、相对于粗骨料的水泥浆体积比)进行了详细的研究。通过研究发现,适合 RCD 混凝土的值为:$\alpha=1.1\sim1.3$,$\beta=1.2\sim1.5$;而传统大坝混凝土的值为:$\alpha=1.5\sim1.8$,$\beta=1.2\sim1.5$,结构用混凝土的值为:$\alpha=2.1\sim2.4$,$\beta=2.0\sim2.3$。特别是,水泥浆的量接近细骨料之间的空隙量是 RCD 混凝土的特征。这表示,RCD 混凝土中,单位黏结剂量(水泥+粉煤灰)为 110~130 kg/m³,单位用水量为 80~100 kg/m³。

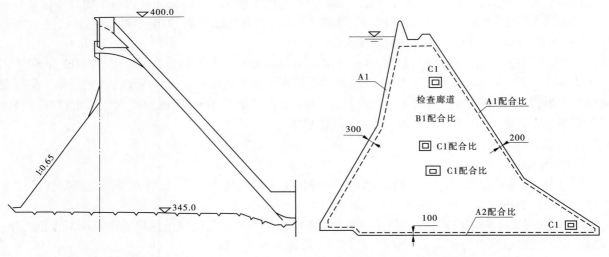

图 2-20　浦山坝剖面图　　　　　　图 2-21　宫濑坝剖面图及材料分区图　（单位：cm）

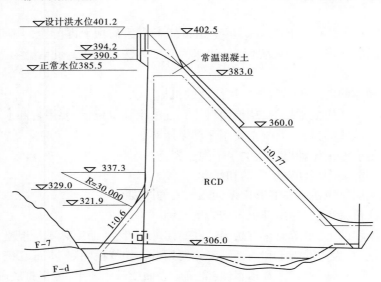

图 2-22　千屋坝剖面图

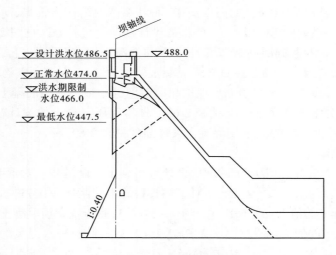

图 2-23　札内川坝剖面图

表 2-68 日本部分碾压混凝土坝上、下游面和基础部分常态混凝土厚度

| 坝名 | 外部常态混凝土厚度/m | | 基础部分常态混凝土厚度/m | 坝名 | 外部常态混凝土厚度/m | | 基础部分常态混凝土厚度/m |
|---|---|---|---|---|---|---|---|
| | 上游面 | 下游面 | | | 上游面 | 下游面 | |
| 岛地川 | 3 | 2 | 3 | 蛇尾川 | 3 | 2.5 | 2.25 |
| 玉川 | 3 | 2.5 | 1.5 | 小玉 | 3 | 2 | 0.5 |
| 朝日小川 | 2.5 | 2.5 | 2 | 札内川 | 3 | 3 | 1.5 |
| 境川 | 3 | 3 | 3 | 宫濑 | 3 | 2 | 1.5 |
| 八田原 | 3 | 3 | 2 | 千屋 | 3 | 2 | 1.5 |
| 龙门 | 3 | 2.5 | 1.5 | 岛川 | 3 | 2.5 | 3 |

表 2-69 日本部分碾压混凝土坝混凝土强度

| 坝名 | 设计标准强度/MPa | 平均取样强度/MPa | 平均试件强度/MPa | 坝名 | 设计标准强度/MPa | 平均取样强度/MPa | 平均试件强度/MPa |
|---|---|---|---|---|---|---|---|
| 岛地川 | 11.0 | >14.0 | 25.0 | 蛇尾川 | 14.5(下部) | | 18.6(下部) |
| 玉川 | 13.0 | | | 小玉 | 10.7 | 16.1 | 15.4 |
| 境川 | 12.4 | | | 札内川 | 12.3 | | |
| 蛇尾川 | 13.0(上部) | | 16.1(上部) | 宫濑 | 13.5 | >200 | >250 |

若水泥浆量、砂浆量偏少,容易引起材料的离析。这可以通过增加细骨料中的微粒含量(50%粒径约为 50 μm)加以改善。在日吉坝(坝高 67 m,1997 年完工),为增加微粒含量,使用了干式制砂设备,提高了混凝土的和易性,把单位黏结剂量减少到了 110 kg/m³。在浦山坝(坝高 156 m,1999 年完工),采用了干式粗骨料生产设备。生产粗骨料时产生的微粒成分在以前都作为废弃物丢弃了,但在 RCD 混凝土中能够被有效地用于改善混凝土的和易性。

技术的进步还涉及添加料、掺合剂及水泥领域。粉煤灰的使用产生了降低水化热、改善稠度、显现长效强度等效果。在富乡坝(坝高 111 m,2000 年完工),现场拌和水泥和粉煤灰,根据季节调整两者的比例。在夏季,40%的水泥用粉煤灰替代,其他季节为 30%;对于外侧混凝土(常规混凝土),在夏季粉煤灰替代率定为 35%。另外,还开发了 RCD 用掺合剂以及低热水泥等。

碾压混凝土坝施工方法的最新进步是使用了超缓凝碾压混凝土,混凝土初凝时间可大约延长至 21 h。这使得在前一层混凝土尚未达到初凝时进行后一层碾压混凝土的摊铺、压实,从而保证了层面之间的良好结合。

许多大坝建设采用了这个概念,并且很好地体现了它的优势。这种方法使层面处理降到最低(以及取消了在所有层面中使用垫层料),同时加快了施工速度。

日本部分 RCD 坝混凝土配合比(坝高 80 m 以上)见表 2-70,其中宫濑坝不同部位和不同种类的混凝土配合比见表 2-71。RCD 坝与我国的 RCC 坝相比,骨料粒径较大,胶材用量和粉煤灰掺量较低,水胶比较大。

表 2-70　日本部分 RCD 坝混凝土配合比(坝高 80 m 以上)

| 坝名 | 骨料类型 | 最大粒径/mm | 胶材用量/(kg/m³) | 粉煤灰掺量/% | 水胶比/% | 砂率/% | VC/s | 含气量/% |
|---|---|---|---|---|---|---|---|---|
| 岛地川 | 砂屑片岩,黑色片岩 | 80 | 130 | 30 | 80 | 34 | 15±5 | 1.5±1 |
| 玉川 | 英安岩,人工砂石 | 150 | 130 | 30 | 73 | 30 | 20±10 | 1.5±1 |
| 朝日小川 | 河床砾石 | 80 | 120 | 20 | 78 | 32 | 20±10 | 1.5±1 |
| 境川 | 流纹岩 | 80 | 130 | 30 | 76.9 | 32 | 20±10 | 1.5±1 |
| 八田原 | 花岗岩 | 150 | 120 | 30 | 66.7 | 30 | 20±10 | 1.5±1 |
| 龙门 | 花岗岩 | 150 | 120 | 30 | 70 | 28 | 20±10 | 1.5±1 |
| 蛇尾川 | 流纹岩 | 150 | 120(上部) | 30 | 70(上部) | 30 | 20±10 | 1.5±1 |
|  |  | 150 | 130(下部) | 30 | 73(下部) | 30 | 20±10 | 1.5±1 |
| 小玉 | 花岗岩 | 80 | 120(上部) | 30 | 81(上部) | 30 | 20±10 | 1.5±1 |
|  |  | 80 | 130(下部) | 30 | 75(下部) | 30 | 20±10 | 1.5±1 |
| 札内川 | 河床砾石 | 150 | 120 | 65 | 71.7 | 28 | 20±10 | 1.5±1 |
| 宫濑 | 凝灰岩 | 150 | 130 | 30 | 73.1 | 28 | 20±10 | 1.5±1 |
| 千屋 | 花岗岩 | 80 | 110 | 30 | 83 | 30 | 20±10 | 1.5±1 |
| 浦山 | 砂岩 | 150 | 130 | 30 | 65.4 | 30 | 20±10 | 1.5±1 |
| 月山 | 闪长岩 | 150 | 130 | 30 | 69 | 28 | 20±10 | 1.5±1 |
| 岛川 | 石英闪长岩 | 80 | 120 | 20 | 83.3 | 32 | 20±10 | 1.5±1 |

注:使用中热硅酸盐水泥。

表 2-71　宫濑坝不同部位和不同种类的混凝土配合比

| 配合比号 | 施工部位 | 水胶比 | 粉煤灰掺量/% | 砂率/% | 混凝土材料用量/(kg/m³) | | | | | | | 混合剂 | 坍落度/cm | VC/s | 含气量/% |
|---|---|---|---|---|---|---|---|---|---|---|---|---|---|---|---|
|  |  |  |  |  | 水 | 胶材用量 | 砂 | 粗骨料 | | | | |  |  |  |
|  |  |  |  |  |  |  |  | 小石 | 中石 | 大石 | 特大石 | |  |  |  |
| A1 | 坝体上下游面 | 0.5 | 30 | 26 | 108 | 215 | 537 | 461 | 307 | 307 | 460 | | 4±1 | — | 3.5±1 |
| A2 | 基岩部位 | 0.6 | 30 | 28 | 108 | 180 | 572 | 455 | 304 | 303 | 455 | | 4±1 | — | 3.5±1 |
| B1 | RCD 坝体内部 | 0.73 | 30 | 30 | 95 | 130 | 652 | 470 | 314 | 314 | 470 | 有 | — | 10~25 | 3.5±1 |
| C1 | 坝体外部 | 0.50 | 30 | 27 | 121 | 242 | 542 | 442 | 442 | 588 | — | | 6±1.5 | — | 3.5±1 |
| C2 | 溢流面 | 0.55 | 30 | 27 | 113 | 205 | 657 | 454 | 454 | 604 | — | 有 | 4±1 | — | 2.5±1 |
| C3 | 溢流面 | 0.55 | 30 | 43 | 147 | 267 | 813 | | | 541 | — | 有 | 8±2 | — | 4.5±1 |
| C4 | 坝体导流墙 | 0.55 | 30 | 43 | 147 | 268 | 813 | | | 541 | — | 有 | 8±2 | — | 4.5±1 |

## 2.5.2　澳大利亚碾压混凝土坝材料分区设计

### 2.5.2.1　柯波菲尔德坝

柯波菲尔德坝为重力坝,坝顶溢流。最大坝高 40 m,碾压混凝土总量 14 万 m³,其典型断面和材料分区如图 2-24 所示。

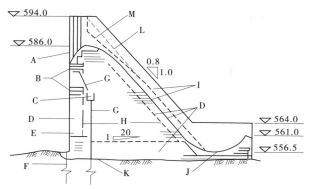

A—常态混凝土坝壳；B—常态混凝土护面；C—排水廊道；D—配合比为 110+0（水泥+粉煤灰，单位 kg/m³）的外部碾压混凝土；
E—碾压混凝土层间常态混凝土垫层；F—灌浆帷幕；G—排水孔；H—配合比为 80+30（低热水泥+粉煤灰，单位 kg/m³）的内部
碾压混凝土；I—溢洪道常态混凝土护面；J—钢筋混凝土滚筒式消力戽；K—基础垫层混凝土；L—设计坝坡；M—施工坝坡（0.9：1.0）。

**图 2-24　柯波菲尔德坝典型剖面及材料分区图**

坝下游设计边坡为 0.8：1.0（水平：垂直），后期将坡度变缓为 0.9：1.0。溢洪道反弧堰顶、泄水道和导墙均采用常态混凝土护面，泄水道和导墙面层厚 60 cm，采用坍落度为 0 的常态混凝土，该面层与内部碾压混凝土同时浇筑。在碾压混凝土上下层之间，距上游面 1 m 处浇一层 40 mm 厚、22 m 宽的常态混凝土垫层，以减少沿碾压混凝土层面的渗漏。整个大坝设置 3 条横缝，横缝止水设在上游护面常态混凝土中。在碾压混凝土中埋置聚氯乙烯片成缝。

坝体内部碾压混凝土配合比为 80+30（低热水泥+粉煤灰，单位 kg/m³），外部为 110+0（水泥+粉煤灰，单位 kg/m³）。设计 90 d 龄期平均强度为 15 MPa。碾压后层高 30 cm。施工中以控制层数/天数值来限制坝体热量升高，控制上下层浇筑时间间隔，以保证层间结合紧密。碾压混凝土骨料为级配良好的砂砾石。

### 2.5.2.2　克瑞格本坝

坝体典型断面和材料分区如图 2-25 所示，最大坝高 25 m。坝体上游面采用预制混凝土矩形模板施工。下游面施工不用模板，边坡为 1：1，碾压混凝土骨料为人工骨料，碾压混凝土配合比为：水泥 70 kg/m³，粉煤灰 60 kg/m³。设计龄期 90 d 平均强度为 15 MPa。坝体拐弯处设置一条横缝。柯波菲尔德坝和克瑞格本坝均已建成投入使用。蓄水初期渗漏率较大，几个月后，渗漏水与碾压混凝土发生水化作用而形成大量水化物，将缝隙充填，大坝渗漏率大大降低，不需对大坝渗漏再做处理。

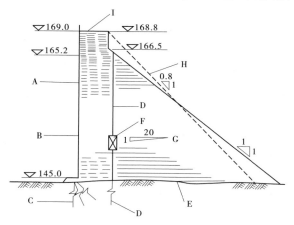

A—碾压混凝土层面常态混凝土垫层；B—预制混凝土模板；C—灌浆帷幕；D—排水孔；E—基础垫层混凝土；
F—集水廊道；G—配合比为 70+60（水泥+粉煤灰，单位 kg/m³）的碾压混凝土；H—设计边坡；I—路面钢筋混凝土。

**图 2-25　克瑞格本坝典型剖面及材料分区图**

### 2.5.2.3　巴卡坝

大坝由左右岸土坝、中间碾压混凝土坝体及两个碾压混凝土导墙组成,最大坝高 12 m。碾压混凝土坝体典型断面和材料分区图见图 2-26。碾压混凝土坝体上游面施工不用模板,施工坡度为 1:1。堰体上下游及顶面采用常态混凝土护面,坝内允许存在全扬压力,只在下游碾压混凝土层面铺设排水带,不再做另外的排水设施。

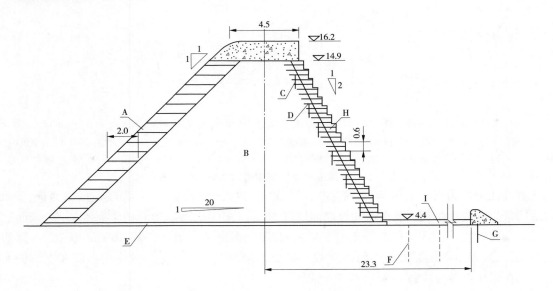

A—碾压混凝土层面常态混凝土垫层;B—配合比为 90+90(水泥+粉煤灰,单位 kg/m³)的碾压混凝土;C—排水孔;D—排水带;
E—基础垫层混凝土;F—基础排水孔;G—锚筋;H—溢流面常态混凝土;I—钢筋混凝土护坦。

**图 2-26　巴卡坝典型断面及材料分区图　（单位:m）**

### 2.5.2.4　伯内特河大坝

伯内特河大坝是澳大利亚第 1 座上游铺有 PVC 薄膜做截水墙的贫混合料 RCC 坝。伯内特坝大坝典型断面及材料分区图见图 2-27。大坝上游面垂直,下游面坡度为 1:0.64。

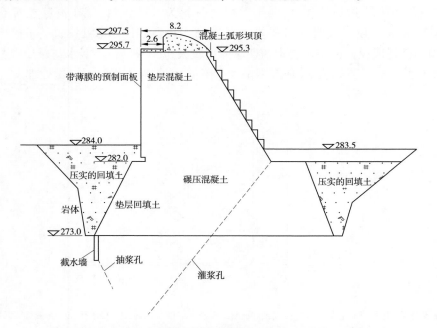

**图 2-27　伯内特河大坝溢洪道典型断面及材料分区图　（单位:m）**

#### 2.5.2.5　滑车峡坝

　　滑车峡坝最大坝高为 30 m,坝顶长 285 m,160 m 宽的溢洪道是大坝的主要结构。本工程的主要特点可总结如下:针对抗压强度和抗剪强度很低的、质量极差的基础进行了设计,下部采用一个梯形大坝断面,梯形断面上为一个典型的重力坝断面。RCC 配合比设计和材料性质考虑了一个约 2 GPa 的极低弹性模量。

　　上游防渗体系包括垫层混凝土和上游人工合成薄膜,薄膜一部分暴露于上游倾斜坝面上,另一部分则铺设在垂直的上游预制面板背后。尽管是在亚热带气候条件下进行的快速施工,但不需采取强制性的预冷或后期冷却措施。

### 2.5.3　巴西碾压混凝土大坝材料分区设计

#### 2.5.3.1　萨尔托卡希亚斯坝

1. 工程概况

　　巴西萨尔托卡希亚斯水电工程,装机容量 1 240 MW,最大坝高达 67 m,碾压混凝土坝长 1 100 m。大坝混凝土总量为 $1 \times 10^6$ m³,其中 950 000 m³ 为碾压混凝土溢洪道、泄水道。大坝典型断面见图 2-28。控制碾压混凝土坝体渗漏是大坝设计中主要考虑的因素之一。在这一坝段,用常规钢筋混凝土板密封碾压混凝土整个上游面。该板块是在整个碾压混凝土部分完工后,由滑模施工法建成的,板厚 0.75 m,

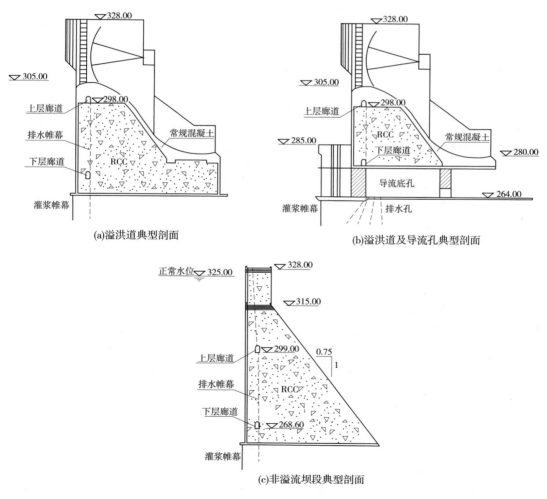

图 2-28　萨尔托卡希亚斯碾压混凝土坝典型剖面及材料分区图

每 4 m² 用一锚杆将该板锚定在碾压混凝土体中。使用钢筋是为了对付温缩裂缝,形成一道用 φ20 钢筋建成的钢筋网,钢筋含量为 25 kg/m³。在碾压混凝土施工的同时,在大坝非溢流段上游面以最小宽度约为 0.75 m 浇筑一道常规混凝土。

　　2. 大坝混凝土设计技术要求

　　碾压混凝土坝的主要设计参数,是根据主体建筑物施工前碾压混凝土试验的碾压试验结果确定的。在碾压试验期间测试了以下设计参数:各种不同的混凝土拌和物,使用当地生产的碎石、水泥及岩石细骨料;碾压混凝土碾压层的不同厚度(30 cm、35 cm 和 40 cm);碾压遍数;使用(或不用)垫层混合料的效果。

　　用于萨尔托卡希亚斯坝的拌和料主要具有以下特性:火山灰水泥 100 kg/m³,细骨料 1 143 kg/m³,粗骨料 1 242 kg/m³。粗、细骨料由人工压碎当地玄武岩制成,工区没有天然砂及砾石。规定 180 d 龄期混凝土抗压强度为 8 MPa。

　　上游面常规混凝土 180 d 龄期最小抗压强度规定为 8.5 MPa。根据配合比,得出水泥含量平均约为 180 kg/m³。大坝施工后对溢洪道及非溢流坝段的上游面进行了彻底检查,在渗漏控制被认为是非常重要的溢洪道坝段,仅发现一些呈水平方向的发丝状裂隙,其开度为 0.2 mm 或更小。裂缝只是表面的,从上游面贯穿深度不到 5 cm,这可能与滑模移动有关,表明用滑模浇筑板面已达到要求。

　　从碾压混凝土坝体中钻取芯样,以判断已建成碾压混凝土的相关参数,是质量控制程序的组成部分。为确定层间水平缝的直剪强度、渗透性及抗压强度,对芯样进行了测试。在现场用核密度仪进行了 1 000 多次测试,测得碾压混凝土的平均密度为 2 590 kg/m³。碾压混凝土 180 d 抗压强度的增加值比规定的最小值高出 25%。同样,对芯样进行的直剪试验表明,黏聚力及摩擦角分别达到 1.2 MPa 及 48°。

### 2.5.3.2　Jordan 坝

　　Jordan 坝位于 Parana 州 Jordan 河上,碾压混凝土重力坝坝高 95 m,坝顶长 546 m,混凝土总量 64.7 万 m³,其中碾压混凝土量 57 万 m³。坝体上游面垂直,设置常态混凝土防渗面层,常态混凝土下游为碾压混凝土;坝体下游面坡度 0.74:1(H:V),坝体设置 2 条廊道,大坝横缝间距 20 m。玄武岩人工骨料,碾压混凝土使用火山灰水泥(内含 20% 的火山灰)75 kg/m³,骨料中通过 75 μm 筛的石粉 200 kg/m³。坝体施工期出现一些裂缝,进行了灌浆和密封处理。大坝蓄水后发现在 2 条收缩缝处出现渗漏,工程进行了处理。

## 2.5.4　哥伦比亚碾压混凝土大坝材料分区设计

### 2.5.4.1　工程概况

　　哥伦比亚的 Miel 1 号碾压混凝土坝坝高 188 m,碾压混凝土总量 175 万 m³,装机 375 MW、年均发电量 1 460 GW·h。其所处的热带雨林的环境温度高(超过 38 ℃),降水量大(年降水量超过 4 200 mm)。该工程于 1997 年 12 月底开工,并于 2002 年 12 月投入商业运营。该工程原预定的工期是 66 个月,但实际上只用了 59 个月就完成了。该大坝全部是用 RCC 浇筑而成的,浇筑了 25 个月。

### 2.5.4.2　碾压混凝土坝材料分区及设计指标

　　选用的方案是碾压混凝土重力坝,在坝轴线处的最大高度为 188 m(如从基础底面起算为 200 m)。该坝的断面形式为:上游面竖直的三角形,下游面采用分级变坡的形式,从底部坡度为 1:1,到上部变为 0.4:1(平均坡度为 0:86,H:V),见图 2-29。

　　根据设计应力的大小,将填筑该坝的碾压混凝土拌和料按区域分成几个不同的级别,其水泥用量由低至中等,分别在 85~150 kg/m³ 的范围内变化。

　　大坝大多数部位浇筑层间的砂浆层和每隔 18.5 m 的收缩缝也是坝的主要特征。通过由 GEVR 层和沿上游面覆盖的 PVC 土工膜组成的双重防护系统实现了防渗。碾压混凝土浇筑使用了运输带、塔式起重机和履带式浇筑机,月浇筑量达到 12 万 m³。

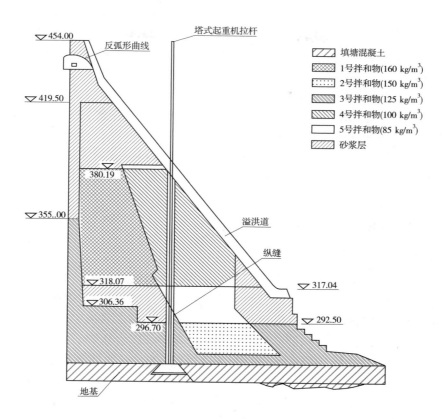

**图 2-29　哥伦比亚的 Miel 1 号碾压混凝土坝典型断面和材料分区图**

碾压混凝土拌和物的浇筑温度没有上限。为了使温缩裂缝最小化,因其与水泥拌和的温度(最高为 60 ℃)和水泥水化热有关,所以设计中考虑设置 17 个间距为 18.5 m 的横向收缩缝。

大坝下部 1/3 也设置了单一的纵向施工斜缝,与下游面平行。如果接缝张开,可以从两个截断接缝面的廊道(廊道 GID-6 和 GID-10,见图 2-29)进行灌浆,碾压混凝土的连续性和整体性明显增强。上游面大坝的原设计采用滑模钢筋混凝土面板。由于合同协议要按计划进行,上游面通过浇筑 0.40 m 厚的 GEVR 和覆盖与 GEVR 面平行的 2.5~3 mm 厚的 PVC 土工膜进行防渗处理。因为裸露的坝面高 188 m ,双倍保护是有必要的。GEVR 由经改进的未压实的碾压混凝土拌和物组成,加有少量的水泥浆,这改善了其和易性,便于振捣固结。GEVR 最大的效用是产生均质隔水层,能防止碾压混凝土浇筑层和接缝间不连续性所造成的渗漏,而不会降低 RCC 块的渗透性。PVC 薄膜固定在底座上,覆盖了大坝的上游面。它也固定在埋设于 GEVR 面的镀锌钢结构上。通过镀锌钢管网将薄膜下的渗漏引到坝内的排水廊道。

### 2.5.4.3　碾压混凝土配合比

所用的水泥是具有中等水化热(7 d 龄期释放的水化热为 70 cal/g)的硅酸盐 II 型水泥,28 d 的抗压强度为 21.1 MPa,博氏颗粒细度为 2 800~3 400 cm²/g,三钙化铝的含量小于 8%。骨料主要来自开挖时所获得的片麻岩、片岩和闪长石英岩,也有一些是从工程现场专门选用的料场中获得的。碾压混凝土所用的所有骨料毫无例外地都是通过破碎岩石获得的,破碎后的骨料按粒径大小分为 5 级:38~63 mm、19~38 mm、5~19 mm、砂及细砂。工程中使用的骨料平均密度为 2 740 kg/m³,破碎时的损耗率为 20%。

共设计了 5 种碾压混凝土配料,它们配入的水泥用量分别为 70 kg/m³、85 kg/m³、100 kg/m³、125 kg/m³ 和 150 kg/m³。碾压混凝土配料要计算的主要特征参数如下:物理参数有密度、弹性模量、泊松比;强度参数有抗压强度、抗剪强度、抗拉强度、黏结性、摩擦角;热力参数有绝热温升、比热容、散热系数、导热率、热胀系数;应变参数有快速荷载应变、持续荷载应变、自生体积变化。

对每一种的碾压混凝土配料确定出不同龄期(7 d、14 d、28 d、56 d、90 d、180 d、365 d),其目的是用这些更为真实的数据资料对大坝施工的不同阶段和各个运行时期进行结构分析和温控分析。下面给出碾压混凝土配料某些参数的平均值:密度 2 530 kg/m³,泊松比 0.23,摩擦角 45°,散热系数 0.003 35 m²/h,热胀系数 7×10⁻⁶ ℃⁻¹。

富浆碾压混凝土配料用在上游坝面的最外层,厚 40 cm,主要是为了提高建筑物的抗渗性,用在下游坝面是为了避免出现蜂窝麻面,用在防水 PVC 薄膜支撑面是为了增强支撑面的质量,还有用在固定 PVC 薄膜的金属型钢及伸缩缝中的 PVC 止水,以便于浇筑。

与水库接触的上游坝面铺筑的碾压混凝土 125 kg/m³ 和 150 kg/m³ 配料采用的水灰比为 0.8∶1,外加少许增塑剂(水泥重量的 1%)的稀浆。混凝土浇筑层厚 0.3 m,使用低到中热水泥(不含火山灰),用量 85~160 kg/m³。

### 2.5.5　摩洛哥碾压混凝土大坝材料分区设计

#### 2.5.5.1　工程概况

西迪塞伊德(Sidi Said)是摩洛哥最大的碾压混凝土坝,最大坝高 120 m,总体积约 60 万 m³。该坝位于米德勒特市附近的穆卢耶河上。其主要目的是溉灌、供水、防洪,并减少下游水库的淤沙。

#### 2.5.5.2　碾压混凝土坝的剖面及材料分区设计

坝的上游面是垂直的,而下游中央部分的坡度为 0.8,两岸坡度为 0.75,顶宽 7 m,考虑一直到坝顶都要采用碾压混凝土。由于审美和易施工的原因,坝面铺设 200 mm 厚的常规振捣混凝土(CVC)。这种混凝土相当经济,铺设又快,并可提供一个宽畅的边限以使碾子远离面模板。紧靠基础铺设的 CVC 的厚度将取决于基础表面的坡度和平整度,原则上设定为最小 200 mm,水平测定。具体材料分区见图 2-30。

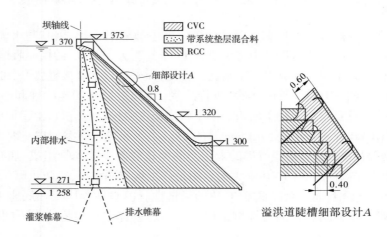

**图 2-30　摩洛哥的西迪塞伊德碾压混凝土坝的溢洪道材料分区和细部设计**　(高程单位:m;尺寸单位:mm)

垂直缝分两种:间距为 45 m 的交错缝,和沿铺设条(从上游面开始刚垫层砂浆处理)的起动缝间隔为 15 m。这样,就使两个起动缝和一个交错缝连续起来。所有的垂直缝将在上游设置一个 350 mm 宽的止水条,在下游 250 mm 处设一个排水孔。除测定渗漏外,该孔还可进行灌浆以封堵任何有缺陷的接缝。为避免止水条周围出现寄生裂缝,在两侧 1 m 处铺设一种相对轻型的钢筋。止水条周围上游面的 CVC 自然要加厚(650 mm)。除坝面上的薄层外,剖面完全由碾压混凝土铺设的水平层构成,300 mm 厚,标准的剖面包括一个上游铺设条带,将用垫层砂浆进行系统处理。其宽度从基础的 25 m 到顶的 7 m 不等。这种方法一方面旨在保证水平缝良好的密水性,另一方面提高这些接缝的抗剪力。再则,按相关技术规范要求,所有的水平冷缝(在下一层铺设前超过 36 h 以上的)应该用垫层砂浆对整个表面做系统处理。

### 2.5.5.3　碾压混凝土配合比

（1）不掺添加剂的碾压混凝土配合比。砂率为 33% ~ 43%,填料为 5% ~ 10%,水泥为 80 ~ 120 kg/m³。

（2）掺添加剂的碾压混凝土配合比。砂率为 33% ~ 38%,填料为 8%,水泥为 100 kg/m³。在 90 d 时,掺添加剂、水泥含量为 80 kg/m³ 时所达到的强度（13 MPa）相当于不掺添加剂水泥含量为 120 kg/m³ 配合比的强度。根据这些条件,决定减少坝体上半部分的水泥含量为 80 kg/m³（而不是 100 kg/m³）,而在下半部分采用 100 kg/m³（而不是 120 kg/m³）。当从试验中提取的首批芯样试件和 2003 年夏季期间左岸部分的施工肯定了实验室的试验结果后,又把它们分别减少到 70 kg/m³ 和 90 kg/m³。这类添加剂的使用除节约成本外,对结构的热性能也是非常有益的（水泥含量减少）。因此,决定整个工程都使用添加剂。

## 2.5.6　巴基斯坦大坝材料分区设计

### 2.5.6.1　工程概况

在巴基斯坦 Indus 河上拟建一高 277 m 的 BASHA DIAMER 混凝土重力坝。有人提议采用碾压混凝土技术来建此坝,它将是目前世界上采用此技术已建和筹建的大坝中最高的大坝。工程地址位于 Karakoram 山脉,面临的重大自然灾害为地震及由冰川引起的洪水。建成后水库库容将达 110 亿 m³;两个总装机容量为 4 500 MW 的地下厂房。同时,由底孔提供排淤功能。大坝的高度给工程带来了挑战,不仅体现在对重力坝的设计上,还体现在闸门和水利机械的设计上。工程的可行性研究目前正在准备当中,此项研究由以巴基斯坦为主的多国合资顾问公司及 NEAC 顾问公司来代表巴基斯坦水电开发局进行。

### 2.5.6.2　碾压混凝土重力坝的剖面和标号分区

BASHA DIAMER 大坝溢洪道截面、泄口断面及材料分区图见图 2-31。大坝内部碾压混凝土设计强度为 20 MPa,大坝外部碾压混凝土设计强度为 30 MPa。

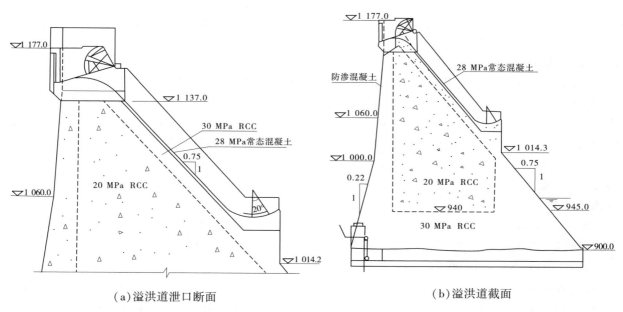

（a）溢洪道泄口断面　　　　　　　　　　　　　（b）溢洪道截面

**图 2-31　BASHA DIAMER 大坝溢洪道截面、泄口断面及材料分区图**

### 2.5.7　美国碾压混凝土坝材料分区设计

#### 2.5.7.1　奥尔文海恩坝

奥尔文海恩坝位于加利福尼亚南部,主坝于 2001 年 5 月开始施工,到 2003 年施工结束。奥尔文海恩坝将是加州首座 RCC 重力坝,坝高 94 m,RCC 方量 110 万 m³,该坝也是当时北美最大的 RCC 坝。奥尔文海恩坝具有重力坝典型的几何形状,上游面为垂直面,下游面坡度为 0.8:1(H:V) (见图 2-32)。坝顶宽 6.1 m,长约 732 m。

#### 2.5.7.2　柯波非尔得坝

典型剖面图见图 2-33。图中符号含义:A—常态混凝土坝壳;B—常态混凝土护面;C—排水廊道;D—配合比为 110+0(水泥+粉煤灰,单位 kg/m³)的外部碾压混凝土;E—碾压混凝土层间常态混凝土垫层;F—灌浆帷幕;G—排水孔;H—配合比为 80+30(低热水泥+粉煤灰,单位 kg/m³)的内部碾压混凝土;I—溢洪道常态混凝土护面;J—钢筋混凝土滚筒式消力戽;K—基础垫层混凝土;L—设计坝坡(0.8:1.0);M—施工坝坡(0.9:1.0)。

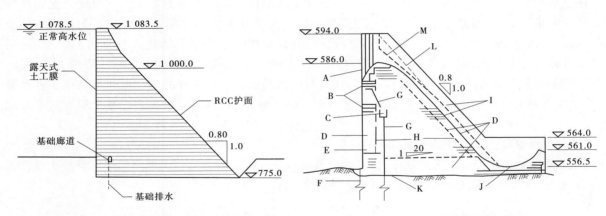

图 2-32　奥尔文海恩坝典型剖面图　　　　图 2-33　柯波非尔得坝典型剖面图

#### 2.5.7.3　Willow Creek 坝

Willow Creek 坝是一座高 52 m 的碾压混凝土重力坝。坝的碾压混凝土方量约为 32.9 万 m³。坝体断面为梯形,坝顶宽 4.9 m,下游面坡度 0.8:1(H:V)。坝体为整块碾压混凝土结构,不设置横缝,坝体中部设一条廊道。Willow Creek 坝共使用了 4 个碾压混凝土配合比。玄武岩骨料的最大粒径 75 mm,骨料中通过 75 μm 筛的非塑性细料占 10%。坝体内部碾压混凝土,胶凝材料用量 66 kg/m³,其中有 47 kg/m³ 低碱水泥,19 kg/m³ 低钙粉煤灰;上、下游面碾压混凝土的水泥用量为 104 kg/m³,粉煤灰用量为 47 kg/m³。溢流面混凝土的最大骨料粒径为 25 mm,胶凝材料中有 186 kg/m³ 水泥和 80 kg/m³ 粉煤灰。坝体碾压混凝土的相对压实度为 98%~99%。

Willow Creek 坝于 1983 年早春第一次蓄水,蓄水位到坝基以上 18 m。由于坝体渗漏严重,对整个坝体、坝肩岩体进行全面水泥灌浆。灌浆后的坝体渗漏量仍相当高,但认为可以接受。

#### 2.5.7.4　Upper Stillwater 坝

Upper Stillwater 坝为碾压混凝土重力坝,坝高 91 m,坝顶长 820 m,混凝土总量 120 万 m³(其中碾压混凝土 112 万 m³),坝顶宽 9.1 m,下游面上部 23 m 的坡度为 0.32:1(H:V),下部坡度为 0.60:1(H:V),上游面垂直。整个大坝不设横缝,坝体中设有 1 条廊道。坝体上、下游坝面由相互连接的面层板组成,采用带侧模的滑模浇筑。坝体碾压混凝土配合比见表 2-72。大坝蓄水后曾出现 16 条裂缝,平均间距为 35 m,库水通过贯穿裂缝漏至下游面,通过裂缝的最大漏水量为 60 L/s,经过灌浆处理后渗漏量减少到可以接受的范围。

表 2-72　上静水坝碾压混凝土配合比

| 混凝土使用部位 | 最大骨料粒径/mm | 水胶比 | 粉煤灰掺量/% | 每立方米混凝土材料用量/(kg/m³) | | | | |
|---|---|---|---|---|---|---|---|---|
| | | | | 水泥 | 粉煤灰 | 水 | 胶凝材料 | 砂石 |
| 距上游面 3 m 范围内 | 50 | 0.39 | 68.5 | 80 | 174 | 99 | 254 | 2 205 |
| 坝体其余部位 | 50 | 0.33 | 68.6 | 95 | 208 | 100 | 303 | 2 140 |

## 2.5.8　其他一些国家的碾压混凝土坝

### 2.5.8.1　西班牙 Santa Eugenia 坝

Santa Eugenia 坝为碾压混凝土重力坝,坝高 85.5 m,坝顶长 285 m,坝体设置 3 条横缝,混凝土量 25.7 万 m³(碾压混凝土量 22.5 万 m³)。坝体上游面坡度为 0.05:1(H:V),下游面基础 125～190 m 高程部分坡度为 0.75:1(H:V),其上部分的坡度为 0.36:1(H:V)。坝体设有 3 个廊道。坝体 2 个碾压混凝土配合比的粗骨料最大粒径分别为 70 mm 和 100 mm,相应的水泥用量(水泥中含 20% 的粉煤灰)分别为 88 kg/m³ 和 72 kg/m³。碾压混凝土的掺合料为粉煤灰,2 个配合比的用量分别为 152 kg/m³ 和 143 kg/m³。整个工程于 1988 年完工。

### 2.5.8.2　南非 Wolwedans 坝

Wolwedans 坝为碾压混凝土拱坝,坝高 70 m,坝顶长 268 m,混凝土量 20.3 万 m³(碾压混凝土量 17.2 万 m³)。坝体上游面垂直,下游面呈台阶状(包括溢洪道的台阶,高度均为 1.0 m),坡度 0.50:1(H:V)。Wolwedans 坝坝内设置 2 条廊道,坝体设置了可灌浆的间距 10 m 的诱导缝。坝体碾压混凝土的骨料最大粒径为 53 mm,水泥和粉煤灰的用量分别为 55 kg/m³ 和 136 kg/m³。工程于 1989 年完工,台阶状溢洪道曾经历溢流坝顶水深 1.65 m、单宽流量 4.1 m³/s 的洪水考验,运行情况良好。

# 2.6　我国部分碾压混凝土坝材料分区设计分析

我国部分碾压混凝土坝材料分区设计和技术要求已在 2.4 节中做了介绍,为便于观察,对于典型坝又列出表 2-73,由 2.4 节和表 2-73 的内容可以看出,我国碾压混凝土筑坝材料应用和发展的一些基本情况,现做初步分析。

## 2.6.1　碾压混凝土的设计指标

我国碾压混凝土一般提出设计指标,即强度、抗渗、抗冻和极限拉伸。根据坝高和工程部位重要性的下降,上述指标也相应降低。强度一般分为 $C_{90}25$、$C_{90}20$、$C_{90}15$、$C_{90}10$ 等 4 个等级;抗渗一般分为 $W12$、$W10$、$W8$、$W6$、$W4$ 等 5 个等级;抗冻一般分为 $F200$、$F150$、$F100$、$F50$ 等 4 个等级;极限拉伸一般分为 $0.85×10^{-4}$、$0.80×10^{-4}$、$0.75×10^{-4}$、$0.70×10^{-4}$、$0.60×10^{-4}$ 等 5 个等级。

碾压混凝土的设计龄期,一般采用 90 d 龄期,为了充分发挥碾压混凝土后期强度也有采用 180 d 龄期的,强度保证率一般采用 80%～85%。为了保证混凝土早期的抗裂性,龙滩碾压混凝土对于每一强度等级都提出了 3 个设计指标,即 $C_{90}25$(C18)、$C_{90}20$(C15)、$C_{90}15$(C10),括号内的数字表示 28 d 龄期、保证率 95% 时,混凝土应达到的强度(MPa)。

## 2.6.2　碾压混凝土内部分区

对于高坝(如 200 m 级的龙滩、光照),一般分为坝的下部、中部、上部三个区,强度分别取 $C_{90}25$、

$C_{90}20$、$C_{90}15$(三级配);对于中高坝(如160 m级的金安桥),一般分为坝的下部、上部两个区,强度分别取 $C_{90}20$、$C_{90}15$(三级配);对于100 m级左右及以下的坝(如百色、索风营等),一般不分级,强度一般取 $C_{90}15$ 或 $C_{90}10$(三级配)。基础垫层一般采用常态混凝土,其强度等级一般比内部混凝土高一级。

### 2.6.3　碾压混凝土上游防渗

(1)上游设一定厚度的常态混凝土防渗层(如岩滩、皂市等),其厚度由水头确定。

(2)在上游面一定范围内采用二级配碾压混凝土,在上游表面采用变态混凝土防渗(龙滩、光照等),这种防渗方案由于施工方便,已大量推广采用。

(3)在上游表面涂防渗材料。

(4)上游表面采用沥青防渗层。

### 2.6.4　碾压混凝土配合比

碾压混凝土原材料一般采用中热42.5水泥或低热水泥;掺合料中,粉煤灰应用最多,目前磷矿渣(P)与凝灰岩(T)混磨作为掺合料也得到了采用;为了提高碾压混凝土的质量,降低水泥用量,高效减水剂和引气剂得到了广泛的应用。

碾压混凝土配合比的控制因素主要是胶材用量和粉煤灰掺合料的掺量。随着坝的高度增加,胶材用量增加,掺合料的掺量下降。对于200 m级高坝(如龙滩、光照),底部胶材用量可达到180~190 $kg/m^3$,掺合料的掺量在55%左右;150 m级的坝,胶材用量可达到170~180 $kg/m^3$,掺合料的掺量在55%~60%;100 m级的坝,胶材用量可达到160~170 $kg/m^3$,掺合料的掺量在60%~65%;100 m级以下的坝,胶材用量可达到130~160 $kg/m^3$,掺合料的掺量在65%左右。

表 2-73　部分国内碾压混凝土坝材料分区和设计技术要求汇总

| 坝名 | 碾压混凝土坝材料分区和主要设计技术要求 | | | | |
| --- | --- | --- | --- | --- | --- |
| | 大坝下部 | 大坝中部 | 大坝上部 | 上游面防渗层 | 大坝变态混凝土 |
| | R I | R II | R III | R IV | |
| 龙滩 | $C_{90}25W6F100$ $\varepsilon_p0.80$ | $C_{90}20W6F100$ $\varepsilon_p0.75$ | $C_{90}15W4F50$ $\varepsilon_p0.7$ | $C_{90}25W12F150$ $\varepsilon_p0.80$ | $C_{90}25W12F150$ $\varepsilon_p0.85$ |
| 光照 | $C_{90}25W6F100$ $\varepsilon_p0.75$ | $C_{90}20W6F100$ $\varepsilon_p0.70$ | $C_{90}15W6F50$ $\varepsilon_p0.65$ | $C_{90}25W12F150$ $\varepsilon_p0.75$ | $C_{90}25W12F150\varepsilon_p0.85$ $C_{90}20W12F150\varepsilon_p0.80$ |
| 金安桥 | $C_{90}20W8F100$ | | $C_{90}15W6F50$ | $C_{90}20W8F100$ | $C_{90}20W6F100$ |
| 江垭 | $C_{90}15W8$ | | $C_{90}10$ | $C_{90}20W12$ | $C_{90}20W12$ |
| 百色 | $C_{180}20W4F25$ (大坝内部) | | | $C_{180}20W10F50$ | |
| 索风营 | $C_{90}15W4F50\varepsilon_p0.74$ (大坝内部) | | | $C_{90}20W8F50$ | $C_{90}20$ |
| 思林 | $C_{90}15W6F50\varepsilon_p0.74$ (大坝内部) | | | $C_{90}20W8F100\varepsilon_p0.82$ | $C_{90}20W8$ |
| 彭水 | $C_{90}15W6F100\varepsilon_p0.70$(大坝内部) | | | $C_{90}20W10F150\varepsilon_p0.75$ | $C_{90}20W10F150\varepsilon_p0.80$ $C_{90}15W6F100\varepsilon_p0.75$ |
| 棉花滩 | $C_{180}15W4F50$ $\varepsilon_p0.75$ | $C_{180}15W4F50$ $\varepsilon_p0.75$ | $C_{180}10W4$ $\varepsilon_p0.70$ | $C_{180}20W8F50$ $\varepsilon_p0.80$ | $C_{180}20W8F50$ $\varepsilon_p0.80$ |

续表 2-73

| 坝名 | 碾压混凝土坝材料分区和主要设计技术要求 | | | | 大坝变态混凝土 |
| --- | --- | --- | --- | --- | --- |
| | 大坝下部 RⅠ | 大坝中部 RⅡ | 大坝上部 RⅢ | 上游面防渗层 RⅣ | |
| 戈兰滩 | $C_{90}$15W4F50$\varepsilon_p$0.75(大坝内部) | | | $C_{90}$20W8F100$\varepsilon_p$0.80 | |
| 大朝山 | $C_{90}$15W4（大坝内部） | | | $C_{90}$20W8 | |
| 景洪 | $C_{90}$15W6F50（大坝内部） | | | $C_{90}$20W8F100 | $C_{90}$20W8F100 |
| 岩滩 | $C_{180}$15W4（大坝内部） | | | $C_{180}$20W10 | |
| 水口 | $C_{90}$15W2　$C_{90}$10W2 | | | | |
| 汾河二库 | $C_{90}$10S2D50（大坝内部） | | | $C_{90}$20W6F150 | |
| 皂市 | $C_{90}$15W8F100 | | $C_{90}$25W6F100（常态） | $C_{90}$25W8F100（常态）<br>$C_{90}$15W8F100（常态） | |
| 涌溪三级 | $C_{90}$15S2（大坝内部） | | | $R_{90}$200S6 | |
| 三峡围堰 | $R_{90}$15S4D50$\varepsilon_p$0.65（大坝内部） | | | $C_{90}$20W8D50$\varepsilon_p$0.70 | $C_{28}$15S8D50 |
| 石板 | $R_{90}$100S2（大坝内部），$R_{90}$200S6（基础垫层、常态） | | | $R_{90}$200S6 | |
| 雷打滩 | $C_{90}$15W4F50（大坝内部），$C_{90}$20W6F50（基础垫层、常态） | | | $C_{90}$20W8F100 | $C_{90}$20W8F100 |
| 铜街子 | $R_{90}$100S2（大坝内部），$R_{90}$200S6（基础垫层、常态） | | | $R_{90}$200S6（常态） | |
| 杨溪水一级 | C10W2（大坝内部），C15W8（基础垫层、常态） | | | C20W8（常态、上部）<br>C20W8（常态、下部） | C15（下游） |
| 观音阁 | $R_{90}$150D50S2（大坝内部），$R_{90}$200D200（基础垫层、常态） | | | $R_{90}$200D150S8（常态） | |
| 桃林口 | $R_{90}$150D50S2（大坝内部），<br>$R_{90}$200D100S6（基础垫层、常态） | | | $R_{90}$200D200S6<br>（常态、上部）<br>$R_{90}$200D100S8<br>（常态、下部） | |
| 周宁 | $C_{180}$7.5W2F50（大坝内部），$C_{90}$15W6F50（基础垫层、常态） | | | $C_{180}$7.5W6F50 | $C_{180}$7.5W2F50 |
| 舟坝 | $C_{90}$15F50W8（大坝内部），$C_{90}$20F100W8（基础垫层、常态） | | | $R_{90}$200F100W8 | $R_{90}$200F100W8 |
| 通口 | C10（大坝内部），C20W6（基础垫层、常态） | | | C20W6F100 | |
| 万安 | $R_{90}$150（大坝内部），$R_{90}$200（基础垫层、常态） | | | $R_{90}$250S6（常态） | |
| 锦江 | $R_{90}$100S2（大坝内部） | | | $R_{90}$200S6（常态） | |
| 平班 | C10W2（大坝内部），C15W6F50（基础垫层、常态） | | | C15W6 | |
| 双溪 | $R_{180}$100S2（大坝内部），$R_{90}$150（基础垫层、常态） | | | $R_{180}$200S6 | |

续表 2-73

| 坝名 | 碾压混凝土坝材料分区和主要设计技术要求 | | | | |
|---|---|---|---|---|---|
| | 大坝下部 | 大坝中部 | 大坝上部 | 上游面防渗层 | 大坝变态混凝土 |
| | R I | R II | R III | R IV | |
| 大广坝 | $C_{90}10S4$(大坝内部),$R_{90}150$(基础垫层、常态) | | | $C_{90}20S6$(常态) | |
| 荣地 | R100(大坝内部),R100(基础垫层、常态) | | | R100 | |
| 回龙 | C15W4(大坝内部),C20W8(基础垫层) | | | C20W8F150 | |
| 石漫滩 | $R_{90}150D50S4$(大坝内部),$R_{90}200D50S6$(基础垫层、常态) | | | $R_{90}200D50S8$ | |
| 高坝州 | $R_{90}150D50S4$(大坝内部),$R_{90}200D50S4$(强约束区) | | | $R_{90}200D100S6$ | |
| 乐滩 | C10W2(大坝内部),C15(层间结合) | | | $R_{90}200S6$ | |
| 普定 | $R_{90}150S4$(大坝内部),$R_{90}200S6$(基础垫层、常态) | | | | |
| 沙沱 | $C_{90}15W6F50$(大坝内部),$C_{90}20W8F100$(大坝内部) | | | $C_{90}20W8F100$ | |
| 官地 | $C_{90}25W6F100$ | $C_{90}20W6F100$ | $C_{90}15W4F50$ | $C_{90}25W10F100$ $C_{90}20W10F100$ | $C_{90}25W8F100$ $C_{90}20W8F100$ |
| 黄花寨 | $C_{90}20W6F100$(大坝内部), $C_{90}20W6F100$(基础垫层、变态) | | | $C_{90}20W6F100$ | $C_{90}20W6F100$ |
| 向家坝 | $C_{180}25W8F150$ | | | $C_{180}25W8F150$ | $C_{180}25W8F150$ |

**注**:极限拉伸应取 $10^{-4}$。

# 参考文献

[1] 冯树荣,肖峰,杨华全.混凝土重力坝的材料分区及其设计[C]//周建平,等.混凝土重力坝设计20年.北京:电力工业出版社,2008.

[2] 孙恭尧,林鸿镁,等.九五国家重点科技攻关项目《96-220-01-01:高碾压混凝土重力坝设计方法的研究》专题研究报告[R].国家电力公司中南勘测设计研究院,2000.

[3] 国家电力公司水电水利规划设计总院.混凝土重力坝设计规范:DL 5108—1999[S].北京:中国电力出版社,2000.

[4] 中华人民共和国水利部.混凝土重力坝设计规范:SL 319—2005[S].北京:中国水利水电出版社,2005.

[5] 电力工业部华东勘测设计研究院.水工混凝土结构设计规范:DL/T 5057—1996[S].北京:中国电力出版社,1997.

[6] 孙恭尧,王三一,冯树荣.高碾压混凝土重力坝[M].北京:中国电力出版社,2004.

[7] 中华人民共和国水利部.水工混凝土结构设计规范:SL 191—2008[S].北京:中国水利水电出版社,2009.

[8] 涂传林,张南燕,李振明.三峡工程永久船闸混凝土质量与温度控制[M].北京:中国水利水电出版社,2012.

[9] 肖峰,欧红光,王红斌.龙滩碾压混凝土重力坝设计[J].水力发电,2003(10).

[10] 冯树荣.龙滩水电站枢纽布置及重大问题研究[J].水力发电,2003(10).

[11] 冯树荣,罗俊军,肖峰.龙滩水电站枢纽主要建筑物的设计特点[J].中南水力发电,2007(1).

[12] 谭建军,等.光照水电站碾压混凝土材料特性研究[C]//第五碾压混凝土坝国际研讨会论文集,2007.

[13] 陈能平.光照水电站枢纽布置设计[J].贵州水力发电,2004.

[14] 龙起煌,陈能平.光照水电站碾压混凝土重力坝设计[J].贵州水力发电,2005(2).

[15] 龙起煌,陈能平.光照水电站枢纽建筑物布置及优化[J].贵州水力发电,2008,22(5).

[16] 陈祖荣.光照水电站碾压混凝土高坝快速筑坝技术[J].水利水电施工,2009(2).

[17] 洪永文.金安桥水电站碾压混凝土重力坝设计[J].水力发电,2006(11).

［18］李岑宏,田育功.金安桥水电站玄武岩骨料碾压混凝土特性研究[J].水利水电技术,2009(5).

［19］湖南水利水电勘测设计院.江垭全断面碾压混凝土重力坝结构设计与筑坝材料特性[J].水利水电技术,2000(1).

［20］张如强,朱敏,宋向宁.江垭碾压混凝土重力坝设计[J].水力发电,1999(7).

［21］胡华雄,张如强.江垭碾压混凝土重力坝结构设计与筑坝材料选择[J].水利水电技术,1997(7).

［22］麦家乡.百色水利枢纽碾压混凝土重力坝设计[J].红水河,1997,16(1).

［23］陆民安,卢庐.百色碾压混凝土重力坝混凝土设计优化[J].1997,红水河,2002,21(2).

［24］龙起煌,王树兰,雷声军.索风营水电站碾压混凝土重力坝设计[J].贵州水力发电,2004(6).

［25］印大秋.索风营水电站碾压混凝土重力坝筑坝技术特点[J].贵州水力发电,2004(6).

［26］张宪林,赵德才,段伟.思林水电站碾压混凝土大坝设计[J].贵州水力发电,2008(8).

［27］刘晖,吴效红,李国勇,等.彭水碾压混凝土大坝设计[J].人民长江,2006(1).

［28］吴效红,石运深.彭水水电站枢纽布置及泄洪消能设计与研究[J].人民长江,2006(1).

［29］李启雄,董勤俭,毛影秋.棉花滩碾压混凝土重力坝设计[J].水力发电,2001(7).

［30］李启雄.棉花滩碾压混凝土重力坝设计特点[J].水电站设计,1996(6).

［31］罗志林,刘宏伟.戈兰滩水电站重力坝碾压混凝土施工质量控制[J].云南水力发电,2008,24(增刊).

［32］丁建敏,李启业,张军劳.戈兰滩水电站工程勘测设计过程及特点[J].水利水电工程设计,2009,28(增刊).

［33］于忠政,邱景安.大朝山水电站的设计[J].国际电力,1998(1).

［34］于忠政,陆采荣.大朝山水电站碾压混凝土新型PT掺合料的研究和应用[J].水力发电,1998(9).

［35］罗凤立.岩滩水电站碾压混凝土坝设计简介[J].广西水利水电,1991(1).

［36］许百立,蔡鹤鸣,蒋效忠.水口水电站枢纽布置及有关技术问题[J].水力发电,1993(12).

［37］涂传林,孙君森,周建平,等.八五国家重点科技攻关项目《85-208-04-04:龙滩碾压混凝土重力坝结构设计与施工方法研究》专题总报告[R].电力工业部中南勘测设计研究院,1995.

# 第2篇　碾压混凝土的基本性能

# 第3章　碾压混凝土的原材料

## 3.1　水　泥

　　水泥是水利水电工程混凝土结构物的主要建筑材料。在碾压混凝土中常用的水泥是硅酸盐水泥,包括通用硅酸盐水泥(GB 175—2007)和中热、低热硅酸盐水泥(GB 200—2003)。通用硅酸盐水泥中使用最多的是普通硅酸盐水泥;中热、低热硅酸盐水泥中使用最多的是中热硅酸盐水泥。据统计,2000年以来修建的碾压混凝土坝,主体工程大部采用42.5中热硅酸盐水泥或42.5普通硅酸盐水泥。

　　对环境水有侵蚀的部位,根据侵蚀类型及程度常采用高抗硫酸盐水泥或中抗硫酸盐水泥。当骨料有碱活性反应时,常采用硅酸盐水泥掺加30%以上粉煤灰抑制措施。

　　碾压混凝土不宜选用低热硅酸盐水泥,碾压混凝土固有特征是掺加50%以上掺合料,因为要满足强度和耐久性要求,迫使低热水泥再掺加掺合料的可能性减少,因此低热水泥的低热效应不再显现。

### 3.1.1　硅酸盐水泥熟料的化学成分及矿物组成

　　GB 175—2007规定的硅酸盐水泥的定义为:凡以适当成分的生料,烧至部分熔融,得到以硅酸钙为主要成分的硅酸盐水泥熟料,加入适当的石膏,磨细制成的水硬性胶凝材料,称为硅酸盐水泥。

#### 3.1.1.1　硅酸盐水泥的主要化学成分

　　硅酸盐水泥熟料的化学成分主要有氧化钙($CaO$)、氧化硅($SiO_2$)、氧化铝($Al_2O_3$)、氧化铁($Fe_2O_3$)、氧化镁($MgO$)等。它们在熟料中的含量范围大致如下:$CaO$为60%~67%、$SiO_2$为19%~25%、$Al_2O_3$为3%~7%、$Fe_2O_3$为2%~6%、$MgO$为1%~4%、$SO_3$为1%~3%、$K_2O+Na_2O$为0.5%~1.5%。

#### 3.1.1.2　硅酸盐水泥的矿物组成

　　在高温下煅烧成的水泥熟料含有四种主要矿物,即硅酸三钙($3CaO \cdot SiO_2$),简称$C_3S$;硅酸二钙($2CaO \cdot SiO_2$),简称$C_2S$;铝酸三钙($3CaO \cdot Al_2O_3$),简称$C_3A$;铁铝酸四钙($4CaO \cdot Al_2O_3 \cdot Fe_2O_3$),简称$C_4AF$。这几种矿物成分的性质各不相同,它们在熟料中的相对含量改变时,水泥的技术性能也就随之改变,它们的一般含量及主要特征如下:

　　(1)$C_3S$——含量40%~55%,它是水泥中产生早期强度的矿物,$C_3S$含量越高,水泥28 d以前的强度也越高,水化速度比$C_2S$快,28 d可以水化70%左右,但比$C_3A$慢。这种矿物的水化热比$C_3A$低,较其他两种矿物高。

　　(2)$C_2S$——含量20%~30%,它是四种矿物成分中水化最慢的一种,28 d水化只有11%左右,是水泥中产生后期强度的矿物。它对水泥强度发展的影响是:早期强度低,后期强度增长量显著提高,一年后强度还继续增长。它的抗蚀性好,水化热最小。

（3）$C_3A$——含量 2.5%～15%，它的水化作用最快，发热量最高。强度发展虽很快但不高，体积收缩大，抗硫酸盐侵蚀性能差，因此有抗蚀性要求时，$C_3A+C_4AF$ 含量不超过 22%。

（4）$C_4AF$——含量 10%～19%，它的水化速度较快，仅次于 $C_3A$。水化热及强度均属中等。含量多时对提高抗拉强度有利，抗冲磨强度高，脆性系数小。

除上述几种主要成分外，水泥中尚有以下几种少量成分：

（5）$MgO$——含量多时会使水泥安定性不良，发生膨胀性破坏。

（6）$SO_3$——掺量合适时能调节水泥凝结时间，提高水泥性能，但过量时不仅会使水泥快硬，也会使水泥性能变差。因此，$SO_3$ 含量规定不得超过 3.5%。

（7）游离氧化钙（f-CaO）——为有害成分，含量超过 2%时，可能使水泥安定性不良。

（8）碱分（$K_2O$、$Na_2O$）——含量多时，会与活性骨料作用能引起碱骨料反应，使体积膨胀，导致混凝土产生裂缝。

## 3.1.2　硅酸盐水泥的凝结和硬化

水泥加水拌和后，最初形成具有塑性的浆体，然后逐渐变稠并失去塑性，这一过程称为凝结。此后，强度逐渐增加而变成坚固的石状物体——水泥石，这一过程称为硬化。水泥凝结与硬化过程是一系列复杂的物理化学反应过程。

### 3.1.2.1　凝结硬化的化学过程

水泥的凝结与硬化主要由于水泥矿物的水化反应。水泥矿物的水化反应比较复杂，一般认为水泥加水后，水泥矿物与水发生如下一些化学反应。

硅酸三钙与水作用反应较快，生成水化硅酸钙及氢氧化钙：
$$2(3CaO \cdot SiO_2)+6H_2O \rightarrow 3CaO \cdot 2SiO_2 \cdot 3H_2O+3Ca(OH)_2$$
硅酸二钙与水作用反应最慢，生成水化硅酸钙及氢氧化钙：
$$2(2CaO \cdot SiO_2)+4H_2O \rightarrow 3CaO \cdot 2SiO_2 \cdot 3H_2O+3Ca(OH)_2$$
铝酸三钙与水作用反应极快，生成水化铝酸钙：
$$3CaO \cdot Al_2O_3+6H_2O \rightarrow 3CaO \cdot Al_2O_3 \cdot 6H_2O$$
铁铝酸四钙与水和氢氧化钙作用反应也较快，生成水化铝酸钙和水化铁酸钙：
$$4CaO \cdot Al_2O_3 \cdot Fe_2O_3+2Ca(OH)_2+10H_2O \rightarrow 3CaO \cdot Al_2O_3 \cdot 6H_2O+2CaO \cdot Fe_2O_3 \cdot 6H_2O$$
以上列出的反应式实际上是示意性的，并不是确切的化学反应式。因为矿物的水化反应生成物都是一些很复杂的体系。随着温度和熟料的矿物组成比的变化，水化物的类型和结晶程度都会发生变化。比较确切的反应式为：
$$3CaO \cdot SiO_2 \xrightarrow{水} CaO \cdot SiO_2 \cdot H_2O+nCa(OH)_2$$
$$2CaO \cdot SiO_2 \xrightarrow{水} CaO \cdot SiO_2 \cdot H_2O+nCa(OH)_2$$
$$3CaO \cdot Al_2O_3 \xrightarrow{水} CaO \cdot Al_2O_3 \cdot H_2O+nCa(OH)_2$$
$$3CaO \cdot Al_2O_3 \cdot Fe_2O_3 \xrightarrow{水} CaO \cdot Al_2O_3 \cdot H_2O+CaO \cdot Fe_2O_3 \cdot H_2O$$
反应式后面生成的水化物，表示组合不固定的水化物体系。

各种矿物的水化速度对水泥的水化速度有很大的影响，是决定性的因素。

$C_3S$ 最初反应较慢，但以后反应较快。

$C_3A$ 则与 $C_3S$ 相反，开始时反应很快，以后反应较慢。

$C_4AF$ 开始的反应速度较快，但以后变慢。

$C_2S$ 的水化速度最慢，但在后期稳步增长。

### 3.1.2.2　凝结硬化的物理化学过程

硅酸盐水泥的水化过程可分为四个阶段：初始反应期、诱导期、凝结期和硬化期。

当硅酸盐水泥与水混合时,立即产生一个快速反应,生成过饱和溶液,然后反应急剧减慢,这是由于在水泥颗粒周围生成了硫铝酸钙微晶膜或胶状膜。接着就是慢反应阶段,称为诱导期。诱导期终了后,由于渗透压的作用,水泥颗粒表面的薄膜包裹层破裂,水泥颗粒得以继续水化,进入凝结期和硬化期。

水泥在凝结硬化过程中,水化反应的同时,又发生着一系列物理化学变化。水泥加水后,化学反应起初是在颗粒表面上进行的。$C_3S$ 水解生成的 $Ca(OH)_2$ 溶于水中,使水变成饱和的石灰溶液,使其他生成物不能再溶解于水中。它们就以细小分散状态的固体析出,微粒聚集形成凝胶。这种胶状物质有黏性,是水泥浆可塑性的来源,使水泥浆能够黏着在骨料上,并使拌和物产生和易性。随着化学反应的继续进行,水泥浆中的胶体颗粒逐渐增加,凝胶大量吸收周围的水分,而水泥颗粒的内核部分也从周围的凝胶包覆膜中吸收水分,继续进行水解和水化。随着水泥浆中的游离水分逐渐减小,凝胶体逐渐变稠。水泥浆也随之失去可塑性,开始凝结。

所形成的凝胶中有一部分能够再结晶,另一部分由于在水中的可溶性极小而长期保持胶体状态。氢氧化钙凝胶和水化铝酸钙凝胶是最先结晶的部分。它们的结晶和水化硅酸钙凝胶由于内部吸水而逐渐硬化。晶体逐渐成长,凝胶逐渐脱水硬化,未水化的水泥颗粒内核又继续水化,这些复杂交错的过程使水泥硬化能延续若干年之久。

水泥凝结硬化过程可以归纳为以下 4 个特点:

(1)水泥的水化反应是由颗粒表面逐渐深入到内层的复杂的物理化学过程,这种作用起初进行较快,以后逐渐变慢。

(2)硬化的水泥石是由晶体、胶体、未完全水化的水泥颗粒、游离水分及气孔等组成的不均质结构。

(3)水泥石的强度随龄期而发展,一般在 28 d 内较快,以后变慢。

(4)温度越高,凝结硬化速度越快。

### 3.1.3　水泥矿物组成对水泥性能的影响

#### 3.1.3.1　对强度的影响

硅酸盐水泥的强度受其熟料矿物组成影响较大。矿物组成不同的水泥,其水化强度的发展是不相同的。就水化物而言,$C_3S$ 具有较高的强度,特别是较高的早期强度。$C_2S$ 的早期强度较低,但后期强度较高。$C_3A$ 和 $C_4AF$ 的强度均在早期发挥,后期强度几乎没有发展,但 $C_4AF$ 的强度大于 $C_3A$ 的强度。表 3-1 为水泥熟料单矿物的水化物强度。

表 3-1　水泥熟料单矿物的水化物强度

| 矿物名称 | 抗压强度/MPa | | | | |
| --- | --- | --- | --- | --- | --- |
| | 3 d | 7 d | 28 d | 90 d | 180 d |
| $C_3S$ | 29.6 | 32.0 | 49.6 | 55.6 | 62.6 |
| $C_2S$ | 1.4 | 2.2 | 4.6 | 19.4 | 28.6 |
| $C_3A$ | 6.0 | 5.2 | 4.0 | 8.0 | 8.0 |
| $C_4AF$ | 15.4 | 16.8 | 18.6 | 16.6 | 19.6 |

#### 3.1.3.2　对水化热的影响

水泥单矿物的水化热试验数值有较大的差别,但是其大体的规律是一致的。不同熟料矿物的水化热和放热速度大致遵循下列顺序:$C_3A > C_3S > C_4AF > C_2S$。

硅酸盐水泥四种主要组成矿物的相对含量不同,其放热量和放热速度也不相同。$C_3A$ 与 $C_3S$ 含量较多的水泥,放热量大,放热速度也快,对大体积混凝土防止开裂是不利的。水泥熟料矿物的水化热见表 3-2。

表 3-2　水泥熟料矿物的水化热

| 矿物名称 | 水化热/（J/g） | | | | | |
| --- | --- | --- | --- | --- | --- | --- |
| | 3 d | 7 d | 28 d | 90 d | 180 d | 完全水化 |
| $C_3S$ | 410 | 461 | 477 | 511 | 507 | 510 |
| $C_2S$ | 80 | 75 | 184 | 230 | 222 | 247 |
| $C_3A$ | 712 | — | — | — | — | 1 356 |
| $C_4AF$ | 121 | 180 | 201 | 197 | 306 | 427 |

### 3.1.3.3　水泥熟料矿物的水化速度

水泥熟料矿物的水化速度见表 3-3。

表 3-3　不同熟料矿物的结合水量和水化速度　　　　　　　　　　　　　%

| 矿物名称 | 水化时间 | | | | | | | | | | 结合水量 | 完全水化 |
| --- | --- | --- | --- | --- | --- | --- | --- | --- | --- | --- | --- | --- |
| | 3 d | | 7 d | | 28 d | | 90 d | | 180 d | | | |
| | 结合水量 | 水化程度 | 结合水量 | 水化程度 | 结合水量 | 水化程度 | 结合水量 | 水化程度 | 结合水量 | 水化程度 | | |
| $C_3S$ | 4.9 | 36 | 6.2 | 46 | 9.2 | 69 | 12.5 | 93 | 12.9 | 94 | 13.4 | 100 |
| $C_2S$ | 0.1 | 7 | 1.1 | 11 | 1.1 | 11 | 2.9 | 29 | 2.9 | 30 | 9.9 | 100 |
| $C_3A$ | 20.2 | 82 | 19.9 | 83 | 20.6 | 84 | 22.3 | 91 | 22.8 | 93 | 24.4 | 100 |
| $C_4AF$ | 14.4 | 70 | 14.7 | 71 | 15.2 | 74 | 18.5 | 89 | 18.9 | 91 | 20.7 | 100 |

### 3.1.3.4　对保水性的影响

水泥保水性不仅与水泥的原始分散度有关，而且还与其矿物组成有关。$C_3A$ 保水性最强。

为获得密实度大和强度高的水泥石或混凝土，要求水泥浆体的流动性好，而需水量少；同时要求保水性好，泌水量少，而又具有比较密实的凝聚效果。但是流动性好与需水量少是矛盾的，保水性好与结构密实也是矛盾的。因此，需要采用一些工艺措施（如高频振动）或掺减水剂等方法来调整这些矛盾。

### 3.1.3.5　对收缩的影响

四种矿物对收缩的影响见表 3-4，$C_3A$ 的收缩率最大，比其他三种熟料矿物的收缩高 3～5 倍。$C_3S$、$C_2S$ 和 $C_4AF$ 三种矿物的收缩率相差不大，因此水工建筑物混凝土应尽量降低 $C_3A$ 的含量。

表 3-4　水泥四种矿物的收缩率

| 矿物名称 | 收缩率/% | 矿物名称 | 收缩率/% |
| --- | --- | --- | --- |
| $C_3A$ | 0.002 24～0.002 44 | $C_3S$ | 0.000 75～0.000 83 |
| $C_2S$ | 0.000 75～0.000 83 | $C_4AF$ | 0.000 38～0.000 60 |

## 3.1.4　碾压混凝土常用的水泥品种和技术指标

### 3.1.4.1　碾压混凝土常用的水泥品种

（1）通用硅酸盐水泥（GB 175—2007）。

通用硅酸盐水泥定义为:以硅酸盐水泥熟料和适量的石膏及规定的混合材料制成的水硬性胶凝材料。

通用硅酸盐水泥按混合材料的品种和掺量分为硅酸盐水泥、普通硅酸盐水泥、矿渣硅酸盐水泥、火山灰质硅酸盐水泥、粉煤灰硅酸盐水泥和复合硅酸盐水泥。

碾压混凝土选用的水泥品种多是硅酸盐水泥和普通硅酸盐水泥。这两种水泥的组分和代号见表3-5。

表3-5 硅酸盐水泥和普通硅酸盐水泥的组分

| 水泥品种 | 代号 | 组分(质量百分数)/% | | | | |
|---|---|---|---|---|---|---|
| | | 熟料+石膏 | 粒化高炉矿渣 | 火山灰质混合材料 | 粉煤灰 | 石灰石 |
| 硅酸盐水泥 | P·Ⅰ | 100 | — | — | — | — |
| | P·Ⅱ | ≥95 | ≤5 | — | — | — |
| | | ≥95 | | | | ≤5 |
| 普通硅酸盐水泥 | P·O | ≥80 且<95 | >5 且≤20 * | | | |

注:* 本组分材料为符合 GB 175—2007 中5.2.3条的活性混合材料,其中允许用不超过水泥质量8%且符合 GB 175—2007 5.2.4 中条的非活性混合材料或不超过水泥质量5%且符合 GB 175—2007 中5.2.5条的窑灰代替。

(2)中热硅酸盐水泥、低热硅酸盐水泥及低热矿渣硅酸盐水泥(GB 200—2003)。

碾压混凝土常选用中热硅酸盐水泥。中热硅酸盐水泥以适当成分($C_3S$ 含量≤55%,$C_3A$ 含量≤6%与 f-CaO 含量≤1.0%)的硅酸盐水泥熟料加入适量石膏,磨细制成的具有中等水化热(3 d 为≤251 kJ/kg,7 d 为≤293 kJ/kg)的水硬性胶凝材料,代号 P·MH,强度等级为42.5。

### 3.1.4.2 碾压混凝土常用水泥的技术指标

碾压混凝土常用水泥的技术指标见表3-6。

表3-6 硅酸盐水泥、普通硅酸盐水泥及中热硅酸盐水泥技术指标

| 水泥品种 | | 硅酸盐水泥(GB 175—2007) | | 普通硅酸盐水泥(GB 175—2007) | | 中热硅酸盐水泥(GB 200—2003) |
|---|---|---|---|---|---|---|
| 强度等级 | | 42.5 | 52.5 | 42.5 | 52.5 | 42.5 |
| 抗压强度/MPa | 3 d | ≥17.0 | ≥23.0 | ≥17.0 | ≥23.0 | 12.0 |
| | 7 d | — | — | — | — | 22.0 |
| | 28 d | ≥42.5 | ≥52.5 | ≥42.5 | ≥52.5 | 42.5 |
| 抗折强度/MPa | 3 d | ≥3.5 | ≥4.0 | ≥3.5 | ≥4.0 | 3.0 |
| | 7 d | — | — | — | — | 4.5 |
| | 28 d | ≥6.5 | ≥7.0 | ≥6.5 | ≥7.0 | 6.5 |
| 凝结时间/min | 初凝 | ≥45 | | ≥45 | | ≥60 |
| | 终凝 | ≤390 | | ≤600 | | ≤720 |
| 细度 | | 比表面积≥300 m²/kg | | | | 比表面积≥250 m²/kg |
| 氧化镁/% | | ≤5.0,压蒸合格允许放宽6.0 | | | | |

续表 3-6

| 水泥品种 | 硅酸盐水泥<br>（GB 175—2007） | | 普通硅酸盐水泥<br>（GB 175—2007） | 中热硅酸盐水泥<br>（GB 200—2003） | |
|---|---|---|---|---|---|
| 三氧化硫/% | ≤3.5 | | | | |
| 安定性 | 用沸煮法检验必须合格 | | | | |
| 氯离子/% | ≤1.3(素混凝土)或≤0.06(钢筋混凝土) | | | — | |
| 碱含量/% | ≤0.6(若使用活性骨料) | | | | |
| 烧失量/% | P·Ⅰ | ≤3.0 | ≤5.0 | ≤3.0 | |
| | P·Ⅱ | ≤3.5 | | | |
| 不溶物/% | P·Ⅰ | ≤0.75 | | | |
| | P·Ⅱ | ≤1.5 | | | |
| 水化热/(kJ/kg) | — | | — | 3 d | 251 |
| | | | | 7 d | 293 |

### 3.1.5　水泥品质指标的检验方法

（1）氧化钙（CaO）、二氧化硅（$SiO_2$）、三氧化二铝（$Al_2O_3$）、三氧化二铁（$Fe_2O_3$）、氧化镁（MgO）、三氧化硫（$SO_3$）、不溶物、烧失量、游离氧化钙（f-CaO）、氧化钠（$Na_2O$）和氧化钾（$K_2O$）。按水泥化学分析方法（GB/T 176）进行。

（2）比表面积。按水泥比表面积测定方法（GB/T 8074）进行。

（3）标准稠度用水量、凝结时间和安定性。按（GB/T 1346）进行。

（4）压蒸安定性。按水泥压蒸安定性试验方法（GB/T 750）进行。

（5）氯离子。按水泥原料中氯离子的化学分析方法（JC/T 420）进行。

（6）强度。按水泥胶砂强度检验方法（GB/T 17671）进行。

（7）水化热。按水泥水化热测定方法（GB/T 12959—2008）进行。

# 3.2　矿物掺合料

矿物掺合料是以硅、铝、钙等一种或多种氧化物为主要成分，掺入碾压混凝土中能改善新拌或硬化碾压混凝土性能的粉体材料。

掺合料在碾压混凝土组分中的作用主要是提高其密实性。碾压混凝土必须在密实性达到配合比设计表观密度的98%以上，才具有结构设计要求的强度和抗渗性。掺合料对碾压混凝土的作用如下：

（1）填充细骨料的空隙效应。细骨料的空隙率为35%~40%，这些空隙如不被胶凝材料填充必然降低碾压混凝土的密实性、强度和抗渗性能。

（2）二次水化反应。从水泥中释析出的游离石灰，即使数量少也足以同大量掺合料反应。这种反应称二次水化反应，是水泥水化过程中析出，非离子（$Ca^+$、$OH^-$）通过掺合料颗粒周围的水间层，扩散到掺合料颗粒表面发生界面反应，形成次生的水化硅酸钙。如果水泥水化产物薄壳与掺合料颗粒之间的水解层被不断作用的二次水化反应产物所填满，这时碾压混凝土强度将不断增加，掺合料颗粒与水化产物之间形成牢固的联结。这段反应时间在 28 d 龄期以后,甚至更长时间。所以,掺合料提高了碾压混凝土后期强度。

(3)微骨料效应。掺合料中 0.075 mm 以下的微粒,在碾压混凝土中减少骨料之间的摩阻力,相应减少拌和物用水量,改善碾压混凝土的和易性。

坝高 300 m 级碾压混凝土坝设计强度等级可达 C30,胶凝材料中满足强度要求所需水泥用量不会过半,而满足施工可碾性、和易性及密实性要求的部分要依靠掺合料。碾压混凝土掺合料掺量比常规混凝土高,一般为 50%~60%。所以,碾压混凝土掺加掺合料是一种既可填充空隙、提高后期强度和改善和易性,又不引起发热量过高最可行的措施。

### 3.2.1　粉煤灰

#### 3.2.1.1　粉煤灰及其对水泥性能的影响

粉煤灰或称飞灰,是以燃煤发电的火力发电厂从烟道中收集的一种工业废渣。磨成一定细度的煤粉在煤粉炉中燃烧(1 100~1 500 ℃)后,由收尘器收集的细灰称为粉煤灰。

粉煤灰与其他火山灰质混合材料相比,有许多特点,因此将它从人工火山灰中单列出来。它的化学成分以 $SiO_2$ 和 $Al_2O_3$ 为主。其活性也是来源于火山灰作用,与所含氧化硅和氧化铝含量及所含玻璃质的球形颗粒有关。

粉煤灰中玻璃体的形态、大小及表面情况,与粉煤灰的性能有密切关系。粉煤灰是由形形色色的颗粒所组成的,虽然其形态各异,但基本以密实的球形颗粒和多孔颗粒为主。形态相同的颗粒一般以硅、铝、铁的氧化物为主,但有的含钙很多,有的则较少。有的球形颗粒主要由氧化铁组成,具有明显的顺磁性。多孔颗粒则更复杂,有的是未燃尽的多孔碳粒,有的是由许多小的玻璃珠形成的子母球,还有球状的、壁薄中空能飘浮于水上的"飘珠"。粉煤灰颗粒在形态上有明显差异。致密球状颗粒的表面比较光滑,能减少需水量,对改善碾压混凝土性能有利;多孔颗粒表面粗糙,蓄水孔腔多,需水量较大,对碾压混凝土强度和其他性能不利。

(1)粉煤灰置换胶材中的水泥对抗压强度的影响。凯里Ⅱ级粉煤灰置换胶材中的柳州标号 525 中热硅酸盐水泥,胶砂抗压强度降低,其降低率试验结果见表 3-7。

表 3-7　粉煤灰掺量与胶砂强度试验结果

| 粉煤灰掺量/% | 抗压强度/MPa | | | | 抗压强度降低率/% | | | |
|---|---|---|---|---|---|---|---|---|
| | 7 d | 28 d | 90 d | 180 d | 7 d | 28 d | 90 d | 180 d |
| 0 | 41.3 | 61.3 | 78.8 | 84.1 | 100 | 100 | 100 | 100 |
| 20 | 30.6 | 47.2 | 64.3 | 75.0 | 74.1 | 77.0 | 81.6 | 89.2 |
| 30 | 26.2 | 42.1 | 60.6 | 73.4 | 63.4 | 68.7 | 76.9 | 87.3 |
| 55 | 12.7 | 22.2 | 38.2 | 53.5 | 30.7 | 36.2 | 48.5 | 63.6 |
| 58.5 | 10.3 | 19.4 | 33.6 | 47.3 | 24.9 | 31.6 | 42.6 | 56.2 |
| 65 | 7.4 | 13.7 | 25.1 | 40.3 | 17.9 | 22.3 | 31.8 | 47.9 |

碾压混凝土掺加粉煤灰的量超过水泥用量,相应水泥的强度效应下降,但是水工碾压混凝土强度要求不高,所以用掺加粉煤灰改善碾压混凝土的和易性、可碾性和密实性是最有效的。

(2)粉煤灰置换胶材中的水泥对水化热的影响。凯里Ⅱ级粉煤灰置换胶材中的柳州标号 525 中热硅酸盐水泥,胶砂水化热降低,降低率试验结果见表 3-8。

表 3-8　粉煤灰掺量与水化热试验结果

| 粉煤灰掺量/% | 水化热/(J/g) | | | | 水化热降低率/% | | | |
| --- | --- | --- | --- | --- | --- | --- | --- | --- |
| | 1 d | 3 d | 5 d | 7 d | 1 d | 3 d | 5 d | 7 d |
| 0 | 167 | 222 | 242 | 259 | 100 | 100 | 100 | 100 |
| 20 | 144 | 201 | 213 | 222 | 86 | 90 | 88 | 86 |
| 30 | 136 | 188 | 205 | 215 | 81 | 85 | 85 | 83 |
| 55 | 121 | 165 | 182 | 190 | 72 | 74 | 75 | 73 |
| 58.5 | 117 | 161 | 178 | 188 | 70 | 72 | 73 | 72 |
| 65 | 119 | 159 | 176 | 186 | 71 | 72 | 73 | 72 |

碾压混凝土掺加粉煤灰可降低水泥的水化热温升和发热量,但是降低幅度比抗压强度低,约 30%。

### 3.2.1.2　粉煤灰的技术指标及检验方法

1. 粉煤灰的技术指标

1)分类

粉煤灰按煤种和 CaO 含量分为 F 类和 C 类。F 类粉煤灰,由无烟煤或烟煤煅烧收集的粉煤灰;C 类粉煤灰,氧化钙含量一般大于 10%,由褐煤或次烟煤煅烧收集的粉煤灰。

2)等级

用于混凝土中的粉煤灰分为三个等级:Ⅰ级、Ⅱ级、Ⅲ级。Ⅲ级粉煤灰不宜用于碾压混凝土。

3)技术指标

用于混凝土中的粉煤灰技术指标应符合《用于水泥和混凝土中的粉煤灰》(GB/T 1596—2005)的规定,其技术指标见表 3-9。

表 3-9　混凝土和砂浆用粉煤灰技术指标

| 项目 | | 粉煤灰等级 | | |
| --- | --- | --- | --- | --- |
| | | Ⅰ级 | Ⅱ级 | Ⅲ级 |
| 细度(45 μm 方孔筛筛余)/%,不大于 | F 类粉煤灰 | 12.0 | 25.0 | 45.0 |
| | C 类粉煤灰 | | | |
| 需水量比/%,不大于 | F 类粉煤灰 | 95.0 | 105.0 | 115.0 |
| | C 类粉煤灰 | | | |
| 烧失量/%,不大于 | F 类粉煤灰 | 5.0 | 8.0 | 15.0 |
| | C 类粉煤灰 | | | |
| 含水量/%,不大于 | F 类粉煤灰 | 1.0 | | |
| | C 类粉煤灰 | | | |
| 三氧化硫/%,不大于 | F 类粉煤灰 | 3.0 | | |
| | C 类粉煤灰 | | | |
| 游离氧化钙/%,不大于 | F 类粉煤灰 | 1.0 | | |
| | C 类粉煤灰 | 4.0 | | |
| 安定性雷氏夹煮沸后增加距离/mm,不大于 | F 类粉煤灰 | 5.0 | | |

2.检验方法

(1)细度。按 GB/T 1596 附录 A 进行。

(2)需水量比。按 GB/T 1596 附录 B 进行。

(3)烧失量、三氧化硫、游离氧化钙和碱含量。按《水泥化学分析方法》(GB/T 176)进行。

(4)含水量。按(GB/T 1596)附录 C 进行。

(5)安定性。按《水泥标准稠度用水量、凝结时间、安定性检验方法》(GB/T 1346)进行。净浆试验样品的制备,符合《强度检验用水泥标准样品》(GSB 14-1510)要求的对比样品和被检验的粉煤灰按7:3质量比混合而成。

(6)放射性。按《建筑材料放射性核素限量》(GB 6566)进行。

## 3.2.2　粒化高炉矿渣粉

矿渣粉是水淬粒化高炉矿渣经干燥、粉磨后达到适当细度的粉体。水淬急冷后的矿渣,其玻璃体含量多,结构处在高能不稳定状态,潜在活性大,再经磨细其潜能得以充分发挥。由于粉磨技术的进步,现已能生产出比表面积不同的矿渣粉。

### 3.2.2.1　矿渣粉的化学成分和矿渣活性激发

1.化学成分

矿渣的化学成分也是决定矿渣粉品质的重要因素。矿渣的化学成分随其铁矿石、燃料及加入的辅助熔剂成分而不同。武汉钢铁公司生产的高炉矿渣化学成分如表 3-10 所示。

表 3-10　武汉钢铁公司生产的高炉矿渣化学成分　　　　　　　　　　　　%

| CaO | $Al_2O_3$ | $Fe_2O_3$ | $SiO_2$ | MgO | $SO_3$ | $Na_2O$ | $K_2O$ | 烧失量 |
|---|---|---|---|---|---|---|---|---|
| 34.67 | 14.60 | 1.72 | 33.67 | 9.89 | 1.95 | 0.27 | 0.65 | 2.38 |

矿渣粉的活性可用碱度 $b$ 来评定:

$$b = \frac{w_{CaO} + w_{MgO} + w_{Al_2O_3}}{w_{SiO_2}} \tag{3-1}$$

式中:$b$ 为碱度;$w_{CaO}$ 为矿渣粉中氧化钙含量(%);$w_{MgO}$ 为矿渣粉中氧化镁含量(%);$w_{Al_2O_3}$ 为矿渣粉中氧化铝含量(%);$w_{SiO_2}$ 为矿渣粉中氧化硅含量(%)。

当 $b>1.4$ 时,表明矿渣粉活性较高。

2.矿渣活性的激发

磨细的粒化矿渣粉单独与水拌和时,反应极慢,得不到足够的胶凝性能。但是在激发剂作用下,矿渣的活性就会被激发出来。碱性激发剂一般是石灰或是硅酸盐水泥水化时析出的 $Ca(OH)_2$。在碱性溶液中促进了矿渣的分散和溶解。$Ca(OH)_2$ 与矿渣的活性 $SiO_2$ 和活性 $Al_2O_3$ 化合,生成水化硅酸钙和水化铝酸钙。矿渣经激发后,就有一定的胶凝性,使浆体硬化并具有一定的强度。

硫酸盐激发剂一般是各种石膏或以 $CaSO_4$ 为主要成分的化工废渣。但是石膏只有在一定碱性环境中才能使矿渣的活性较为充分地发挥出来,并得到较高的胶凝强度。这是因为:一方面碱性环境促使矿渣分散、溶解,生成水化硅酸钙和水化铝酸钙;另一方面在 $Ca(OH)_2$ 存在条件下,石膏与矿渣中的活性 $Al_2O_3$ 化合,生成硫铝酸钙。

### 3.2.2.2　矿渣粉的技术指标和检验方法

1.矿渣粉的技术指标

用于混凝土中的粒化高炉矿渣粉应符合《用于水泥和混凝土中的粒化高炉矿渣粉》(GB/T 18046—2008)的规定,其技术指标见表 3-11。

表 3-11　矿渣粉品质指标

| 检测项目 | | 等级 | | |
|---|---|---|---|---|
| | | S105 | S95 | S75 |
| 密度/(g/cm³),不小于 | | 2.8 | | |
| 比表面积/(m²/kg),不小于 | | 500 | 400 | 300 |
| 活性指数/%,不小于 | 7 d | 95 | 75 | 55 |
| | 28 d | 105 | 95 | 75 |
| 流动度比/%,(不小于) | | 95 | | |
| 含水量(质量分数)/%,不大于 | | 1.0 | | |
| 三氧化硫(质量分数)/%,不大于 | | 4.0 | | |
| 氯离子(质量分数)/%,不大于 | | 0.06 | | |
| 烧失量(质量分数)/%,不大于 | | 3.0 | | |
| 玻璃体含量(质量分数)/%,不大于 | | 85 | | |
| 放射性 | | 合格 | | |

2. 矿渣粉的检验方法

(1)烧失量。按《水泥化学分析方法》(GB/T 176—1996)进行,但灼烧时间为 15~20 min。
矿渣粉在灼烧过程中由于硫化物的氧化引起的误差,可通过式(3-2)、式(3-3)进行校正:

$$w_{O_2} = 0.8(w_{灼SO_3} - w_{未灼SO_3})\tag{3-2}$$

式中:$w_{O_2}$ 为矿渣粉灼烧过程中吸收空气中氧的质量分数(%);$w_{灼SO_3}$ 为矿渣灼烧后测得的 $SO_3$ 质量分数(%);$w_{未灼SO_3}$ 为矿渣未经灼烧时的 $SO_3$ 质量分数(%)。

$$X_{校正} = X_{测} + w_{O_2}\tag{3-3}$$

式中:$X_{校正}$ 为矿渣粉校正后的烧失量(质量分数,%);$X_{测}$ 为矿渣粉试验测得的烧失量(质量分数,%)。

(2)三氧化硫。按《水泥化学分析方法》(GB/T 176)进行。

(3)氯离子。按《水泥原材料中氯的化学分析方法》(JC/T 420)进行。

(4)密度。按《水泥密度测定方法》(GB/T 208)进行。

(5)比表面积。按《水泥比表面积测定方法(勃氏法)》(GB/T 8074)进行。

(6)活性指数及流动度比。按 GB/T 18046—2008 附录 A(规范性附录)进行。

(7)含水量。按 GB/T 18046—2008 附录 B(规范性附录)进行。

(8)玻璃体含量。按 GB/T 18046—2008 附录 C(规范性附录)进行。

(9)放射性。按《建筑材料放射性核素限量》(GB 6566—2001)进行,其中放射性试验样品和硅酸盐水泥按质量比 1:1 混合制成。

### 3.2.3　磷渣粉

凡用电炉冶炼黄磷时,得到的以硅酸钙为主要成分的熔融物,经淬冷成粒的粒化电炉磷渣,磨细加工制成的粉状物料称为磷渣粉。

#### 3.2.3.1　磷渣粉的化学成分和矿物组成

磷渣粉的化学成分如表 3-12 所示。

表 3-12　磷渣粉的化学成分　　　　　　　　　　　　%

| SiO₂ | Fe₂O₃ | Al₂O₃ | CaO | MgO | K₂O | Na₂O | SO₃ | P₂O₅ | Loss |
|------|-------|-------|-----|-----|-----|------|-----|------|------|
| 39.4 | 0.16 | 1.24 | 49.53 | 1.51 | 1.31 | 0.25 | 1.99 | 1.53 | 0.60 |

表 3-12 中列出的磷渣粉化学成分中,$SiO_2$ 和 CaO 占有主要成分,是磷渣活性来源的主要因素。

由磷渣粉的化学成分可知,它的矿物组成主要是硅酸盐和铝酸盐玻璃体,它们的含量在 85%～90%,另外还含有少量细小晶体,结晶相中有假硅灰石、石英、方解石、氯化钙、硅酸二钙等。磷渣粉所具有的较高活性,主要是硅酸盐和铝酸盐的玻璃体的作用。这两种玻璃体具有较高的化学潜能,在碱性和硫酸盐激发剂的作用下,能够产生二次火山灰效应,同时磷渣中的硅酸二钙也有一定的活性,可以自身水化,但其含量少,对早期强度的作用较少。

#### 3.2.3.2　磷渣粉技术指标和检验方法

1. 技术指标

磷渣粉应符合《水工混凝土掺用磷渣粉技术规范》(DL/T 5387—2007)要求,其技术指标见表 3-13。

表 3-13　磷渣粉技术指标

| 项目 | 技术要求 | 项目 | 技术要求 |
|------|---------|------|---------|
| 质量系数 $K$ | ≥1.10 | 三氧化硫($SO_3$)/% | ≤3.5 |
| 比表面积/(m²/kg) | ≥300 | 五氧化二磷($P_2O_5$)/% | ≤3.5 |
| 28 d 活性指数/% | ≥60 | 烧失量(Loss)/% | ≤3.0 |
| 需水量比/% | ≤105 | 安定性 | 合格 |
| 含水量/% | ≤1.0 | 放射性 | 合格 |

注:必要时应对氟含量进行检测。

2. 检验方法

(1)氧化钙、氧化镁、二氧化硅、三氧化二铝、五氧化二磷和氟含量按《粒化电炉磷渣化学分析方法》(JC/T 1088)进行。

(2)质量系数 $K$。质量系数按式(3-4)计算,计算结果保留两位小数。

$$K = \frac{w_{CaO} + w_{MgO} + w_{Al_2O_3}}{w_{SiO_2} + w_{P_2O_5}} \tag{3-4}$$

式中:$K$ 为磷渣粉的质量系数;$w_{CaO}$ 为磷渣粉中氧化钙质量分数(%);$w_{MgO}$ 为磷渣粉中氧化镁质量分数(%);$w_{Al_2O_3}$ 为磷渣粉中氧化铝质量分数(%);$w_{SiO_2}$ 为磷渣粉中氧化硅质量分数(%);$w_{P_2O_5}$ 为磷渣粉中五氧化二磷质量分数(%)。

(3)比表面积。按《水泥比表面积测定方法(勃氏法)》(GB/T 8074)进行。

(4)三氧化硫和烧失量。按《水泥化学分析方法》(GB/T 176)进行。

(5)需水量比。按 DL/T 5387—2007 附录 A(规范性附录)进行。

(6)含水量。按 DL/T 5387—2007 附录 B(规范性附录)进行。

(7)安定性。按 DL/T 5387—2007 附录 C(规范性附录)进行。

(8)活性指数。按 DL/T 5387—2007 附录 E(规范性附录)进行。

(9)放射性。按《建筑材料放射性核素限量》(GB 6566—2001)进行,其中放射性试验样品和硅酸盐水泥按质量比 1:1 混合制成。

### 3.2.4 钢渣粉

转炉或电炉钢渣经磁选除铁处理后粉磨达到一定细度的产品,称为钢渣粉。

#### 3.2.4.1 技术指标

钢渣粉应符合《用于水泥和混凝土中的钢渣粉》(GB/T 20491—2006)要求,其技术指标见表 3-14。

表 3-14 钢渣粉的技术指标

| 项目 | | 品质指标 | |
|---|---|---|---|
| | | 一级 | 二级 |
| 比表面积/(m²/kg),不小于 | | 400 | |
| 密度/(g/cm³),不小于 | | 2.8 | |
| 含水量/%,不大于 | | 1.0 | |
| 游离氧化钙/%,不大于 | | 3.0 | |
| 三氧化硫/%,不大于 | | 4.0 | |
| 碱度指数/%,不大于 | | 1.8 | |
| 活性指数/%,不小于 | 7 d | 65 | 55 |
| | 28 d | 80 | 65 |
| 流动度比/%,不小于 | | 90 | |
| 安定性 | 沸煮法 | 合格 | |
| | 压蒸法 | 当钢渣中 MgO 含量大于 13%时须检验合格 | |

#### 3.2.4.2 检验方法

(1)碱度系数。按式(3-5)计算:

$$\text{碱度系数} = \frac{w_{CaO}}{w_{SiO_2} + w_{P_2O_5}} \tag{3-5}$$

式中:$w_{CaO}$ 为氧化钙含量(%);$w_{SiO_2}$ 为二氧化硅含量(%);$w_{P_2O_5}$ 为五氧化二磷含量(%)。

CaO、SiO₂、P₂O₅ 和游离氧化钙按《水泥用钢渣化学分析方法》(YB/T 140)测定。

(2)比表面积。按《水泥比表面积测定方法(勃氏法)》(GB/T 8074)进行。

(3)密度。按《水泥密度测定方法》(GB/T 208)进行。

(4)含水量。按《用于水泥和混凝土中的粒化高炉矿渣粉》(GB/T 18046—2000)附录 B(规范性附录)进行。

(5)三氧化硫。按《水泥化学分析方法》(GB/T 176)进行。

(6)活性指数与流动度比。按《用于水泥和混凝土中的钢渣粉》(GB/T 20491—2006)附录 A(规范性附录)进行。

(7)安定性。

①压蒸法。按《水泥压蒸安定性试验方法》(GB/T 750)进行。

②沸煮法。按《水泥标准稠度用水量、凝结时间、安定性检验方法》(GB/T 1346)进行。

### 3.2.5　天然火山灰质掺合料

#### 3.2.5.1　概述

天然火山灰是火山喷发时随同溶岩一起喷发的大量熔岩碎屑和粉尘沉积在地表面或水中形成松散或轻度胶结的物质。我国火山灰贮量十分丰富,在黑龙江、内蒙古、海南、新疆和西藏等均有资源分布。

火山灰质材料是水泥混凝土中的主要矿物掺合料之一。掺用火山灰质材料可以改善混凝土的工作性,密实水化产物的微观结构,提高混凝土的抗渗性、抗侵蚀性及抑制碱骨料活性反应等;同时可以节省水泥用量,达到节能减排的目的。火山灰质材料可分为人工火山灰质材料(粉煤灰、烧黏土等)和天然火山灰质材料。后者包括的范围较广,包括火山灰、浮石、沸石岩、凝灰岩、硅藻土及蛋白石等,人工火山灰质材料与天然火山灰质材料在性能和使用技术上存在较大区别。

随着我国混凝土工程建设的大发展,优质掺合料越来越紧缺,很多地区缺乏粉煤灰、矿渣等资源,尤其是西部地区。因此,促使天然火山灰质材料开发利用,可以就地取材,避免材料外运,降低建设成本。

大多数天然火山灰材料中含有无定形的活性 $SiO_2$ 和 $Al_2O_3$,活性比较高,但也存在一些惰性和活性较差的天然火山灰材料,因为作为混凝土掺合料的天然火山灰质材料需要进行磨细加工工艺,所以采用惰性材料磨细加工是不经济的。在开发利用天然火山灰质材料前,需要判定其具有火山灰活性,是否具有火山灰活性以"火山灰性试验"为判定依据。

#### 3.2.5.2　在水利水电工程的应用

1. 海南省大广坝碾压混凝土

1)工程概况

大广坝工程位于海南省昌化江中游,东方市境内。该工程具有发电、灌溉和供水等综合效益,于20世纪 90 年代中期建成。挡水建筑物为河床重力坝与两岸土坝,坝顶总长 5 842 m,其中重力坝长 719 m,最大坝高 57 m。混凝土总量 82.7 万 $m^3$,其中碾压混凝土量 48.5 万 $m^3$。

2)火山灰凝灰岩掺合料

经勘探调查和试验,选定峨曼天然火山灰作为混凝土掺合料,峨曼港距大广坝 172 km。矿山由火山灰与凝灰岩薄层互层组成,为多次火山灰喷发堆积物,两者天然质量比约为 1:1,凝灰岩稍多。大规模开采时,火山质与凝灰岩不易分离,需混合加工和使用,实质是火山灰质复合掺合料。

火山灰凝灰岩掺合料的化学成分和物理性质检验结果见表 3-15 和表 3-16。

表 3-15　火山灰凝灰岩掺合料的化学成分　　　　　　　　　　　　　　%

| $SiO_2$ | $Al_2O_3$ | $Fe_2O_3$ | CaO | MgO | $SO_3$ | 总碱量 | Loss |
|---|---|---|---|---|---|---|---|
| 51.02 | 14.90 | 10.0 | 11.24 | 2.28 | 0.10 | 1.82 | 6.34 |

表 3-16　火山灰凝灰岩掺合料的物理性质

| 密度/($t/m^3$) | 细度(0.08 mm 筛)/% | 需水量比/% | 含水量/% |
|---|---|---|---|
| 2.60 | 11.5 | 102.3 | 3.2 |

3)火山灰凝灰岩碾压混凝土

(1)大广坝碾压混凝土设计要求。

设计要求各项指标见表 3-17。

表 3-17　大广坝碾压混凝土设计要求指标

| 强度等级 | 抗渗等级(90 d) | 90 d 极限拉伸/$10^{-6}$ | 最大水胶比 | 最大骨料粒径/mm | VC/s |
|---|---|---|---|---|---|
| $C_{90}10$ | W4 | ≥65 | ≤0.70 | 80 | 5~7 |

（2）原材料。

水泥：海南叉河水泥厂 425 普通硅酸盐水泥，密度 3.14 t/m³。

掺合料：火山灰凝灰岩掺合料，密度 2.60 t/m³。

细骨料：混合砂（天然砂与花岗岩轧制人工砂混合），细度模数 2.93，含粉量（0.16 mm 筛以下）7.9%。

粗骨料：花岗岩轧制碎石，最大骨料粒径 80 mm（三级配），表观密度 2.64 t/m³。

外加剂：湛江外加剂厂生产缓凝减水剂。

（3）配合比优化。

通过配合比优化设计和施工检验，根据施工料场骨料变动情况调整砂率，施工采用表 3-18 中两个配合比。

表 3-18　大广坝碾压混凝土施工配合比

| 配合比 | 水胶比 | 掺合料掺量/% | 砂率/% | 材料用量/(kg/m³) | | | | | | VC/s |
|---|---|---|---|---|---|---|---|---|---|---|
| | | | | 水 | 水泥 | 掺合料 | 细骨料 | 粗骨料 | 外加剂 | |
| RCC2 | 0.70 | 67 | 32 | 105 | 50 | 100 | 709 | 1 507 | 1.650 | 5~7 |
| RCC1 | 0.64 | 61 | 33 | 105 | 65 | 100 | 725 | 1 470 | 1.815 | 5~7 |

（4）应用经验。

海南峨曼天然火山灰矿系火山灰质活性材料，经磨细可直接掺入碾压混凝土中，掺量 61%~67% 配制的碾压混凝土强度等可达到 $C_{90}15$。经施工质量检验结果，全部达到表 3-17 中的设计指标。

火山灰凝灰岩掺合料的掺量大于 30% 时，有较明显的促凝性，外加剂应选用缓凝减水剂，掺量适宜，缓凝效果显著，并能满足高气温（≤32 ℃）施工。

2. 德宏州弄另水电站

1）工程概况

弄另水电站位于云南省德宏州龙江至瑞丽江中段的梁河县。工程主要枢纽建筑物由拦河坝、引水系统、发电厂房及开关站等组成。拦河坝为碾压混凝土重力坝，最大坝高 90.5 m，坝顶长 280 m，坝顶宽 8 m。水电站混凝土总量为 51.44 万 m³。

2）碾压混凝土配合比

配合比中单掺江腾火山灰掺合料，等量取代水泥比例达到了 50%，达到强度等级 $C_{180}10$ 和 $C_{180}15$，并满足碾压混凝土各项物理性能要求。

3. 云南江腾火山灰掺合料在水利水电工程中的应用

江腾天然火山灰掺合料的开发利用，不仅填补了滇西地区混凝土掺合料的空白，还为澜沧江上游和怒江开发建设的水电站提供了宝贵的经验借鉴。在缺乏粉煤灰的地区，选择天然火山灰质矿物材料加工磨细，作为混凝土掺合料是可行的。现以江腾天然火山灰掺合料为例说明其应用前景。

1）江腾火山灰掺合料的性能

（1）化学成分。江腾天然火山灰掺合料的化学成分见表 3-19。

表 3-19　江腾天然火山灰掺合料的化学成分　　　　　　　　　　%

| SiO$_2$ | Al$_2$O$_3$ | Fe$_2$O$_3$ | CaO | MgO | SO$_3$ | K$_2$O | Na$_2$O | Loss |
|---|---|---|---|---|---|---|---|---|
| 50.65 | 17.38 | 9.04 | 6.38 | 6.09 | 0.06 | 2.48 | 3.24 | 3.26 |

(2)物理性能。江腾天然火山灰掺合料的物理性能见表 3-20。

表 3-20　江腾天然火山灰掺合料的物理性能

| 密度/(g/cm$^3$) | 比表面积/(m$^2$/g) | 细度(80 μm 筛)/% |
|---|---|---|
| 2.75 | 365 | 2.9 |

2)江腾天然火山灰掺合料在水利水电工程中的应用

江腾天然火山灰掺合料在云南地区水利水电工程中的应用概况见表 3-21。

表 3-21　江腾天然火山灰掺合料在云南地区水利水电工程中的应用概况

| 序号 | 工程名称 | 位置 | 建筑物 | 混凝土强度等级 | 采用的水泥 | 火山灰掺量/% |
|---|---|---|---|---|---|---|
| 1 | 葫芦口水电站 | 德宏梁口县 | 双曲拱坝 | C$_{90}$25 | P·O42.5 | 20～25 |
| 2 | 腾龙桥水电站(二级) | 龙陵县腾龙桥 | 重力坝 | C$_{90}$10 | P·O32.5 | 40 |
| 3 | 腊寨水电站 | 保山市龙江 | 重力坝 | C$_{90}$10 | P·O42.5 | 40 |
| 4 | 缅甸瑞丽江水电站(一级) | 缅甸南坎县 | 重力坝 | C$_{90}$15 | P·O42.5 | 40 |
| 5 | 芒里水电站 | 潞西市遮放县 | 重力坝 | C$_{90}$15 | P·O32.5 | 40 |
| 6 | 勐乃水电站 | 德宏盈江县 | 重力坝 | C$_{90}$15 | P·O42.5 | 30 |
| 7 | 龙川江水电站(一级) | 腾冲县曲石乡 | 重力坝 | C$_{90}$10 | P·O32.5 | 40 |
| 8 | 缅甸太平江水电站 | 盈江南河口岸 | 重力坝 | C$_{90}$15 | P·O42.5 | 30～40 |

### 3.2.5.3　天然火山灰质掺合料的技术要求和检验方法

#### 1.适用范围

天然火山灰质掺合料定义为:可直接使用的磨细粉体材料。其原材料包括以下六种:

(1)火山灰或火山渣。火山喷发的细粒碎屑的疏松沉积物。

(2)玄武岩。火山爆发时岩浆喷出地面骤冷凝结而成的硅酸盐岩石。

(3)凝灰岩。由火山灰沉积形成的致密岩石。

(4)天然沸石岩(沸石)。以碱金属或碱土金属的含水铝硅酸盐矿物为主要成分的岩石。

(5)天然浮石岩(浮石)。熔融的岩浆随火山喷发冷凝而成的具有密集气孔能浮于水面的火山玻璃岩。

(6)安山岩。一种中性的钙碱性火山岩,常与玄武岩共生。

#### 2.技术要求

天然火山灰质掺合料应符合表 3-22 的技术要求。

表 3-22　天然火山灰质掺合料的技术要求

| 序号 | 项目 | | 技术指标 |
|---|---|---|---|
| 1 | 细度（45 μm 方孔筛筛余，质量百分数）/% | | ≤20 |
| 2 | 流动度比/% | 1）磨细火山灰 | ≥85 |
| | | 2）磨细玄武岩、安山岩和凝灰岩 | ≥90 |
| | | 3）浮石粉 | ≥65 |
| 3 | 活性指数/% | 7 d | ≥50 |
| | | 28 d | ≥65 |
| 4 | 烧失量（质量百分数）/% | | ≤8.0 |
| 5 | 三氧化硫（质量百分数）/% | | ≤3.5 |
| 6 | 含水量（质量百分数）/% | | ≤1.0 |
| 7 | 火山灰性 | | 合格[a] |
| 8 | 放射性 | | 符合 GB 6566 规定[b] |
| 9 | 碱含量/% | | 按 $Na_2O+0.658K_2O$ 计算值表示，其值由买卖双方协商确定 |

注：[a]用于混凝土中的火山灰性为选择性控制指标，当活性指数达到相应的指标时，可不作强制要求。

[b]当有可靠资料证明材料的放射性合格时，可不再检验。

3. 检验方法

（1）细度。按 GB/T 1345 进行测试。

（2）流动度比、活性指数。按《水泥砂浆和混凝土用天然火山灰质材料》（JG/T 315—2011）附录 A 进行测试。

（3）烧失量、三氧化硫、碱含量。按 GB/T 176 进行测试。

（4）含水量。按《水泥砂浆和混凝土用天然火山灰质材料》（JG/T 315—2011）附录 B 进行测试。

（5）火山灰性。按 GB/T 2847 进行测试。

（6）放射性。将天然火山灰质掺合料与符合 GB 175 要求的硅酸盐水泥按质量比 1∶1 混合均匀，并按 GB 6566 方法检测放射性。

## 3.2.6　复合矿物掺合料

由两种或两种以上矿物掺合料复合的掺合料称为复合矿物掺合料。碾压混凝土使用的复合掺合料均由两种掺合料复合。复合方法有两种：其一，在工厂粉磨时原材料按复合比例配料，磨机内复合；其二，在混凝土搅拌楼按比例配料，搅拌机内复合。

复合掺合料分为主掺合料和副掺合料两类。主掺合料类是指粉煤灰、矿渣粉、磷渣粉、钢渣粉四种已有国标标准的掺合料；副掺合料没有规定，目前碾压混凝土工程采用的有凝灰岩粉和石灰岩粉两种。

### 3.2.6.1　副掺合料的性能

1. 石灰岩粉

1）石灰岩粉的化学成分和性能

（1）石灰岩粉的化学成分。景洪坝石灰岩粉的化学成分见表 3-23。

表 3-23　景洪坝石灰岩粉的化学成分　　　　　　　　　　　　　　%

| CaO | SiO$_2$ | Al$_2$O$_3$ | Fe$_2$O$_3$ | MgO | 烧失量 |
|------|------|------|------|------|------|
| 53.37 | 1.33 | 0.43 | 0.58 | 1.02 | 43.01 |

(2)石灰岩粉粒径分布。龙滩坝和景洪坝石灰岩粉粒径分布试验结果见表 3-24。

表 3-24　石灰岩粉粒径分布试验结果

| 工程名称 | 各级粒径含量(质量比)/% | | | |
|------|------|------|------|------|
| | >150 μm | 75~150 μm | 45~75 μm | <45 μm |
| 龙滩坝 | 4.9 | 18.3 | 17.3 | 59.5 |
| 景洪坝 | 0 | 19.4 | 16.5 | 64.1 |

(3)石灰岩粉和粉煤灰的掺量与水泥胶砂需水量比的关系。试验原材料:42.5 普通硅酸盐水泥、Ⅰ级粉煤灰、景洪坝石灰岩粉、标准砂。不同石灰岩粉和粉煤灰的掺量与胶砂需水量比关系试验结果见表 3-25。

表 3-25　不同石灰岩粉和粉煤灰掺量的胶砂需水量比

| 掺合料类别 | 不同掺量的需水量比(质量比)/% | | | | | |
|------|------|------|------|------|------|------|
| | 0 | 10 | 20 | 30 | 40 | 50 |
| 粉煤灰 | 100 | 97.9 | 95.8 | 95.8 | 94.5 | 92.8 |
| 石灰岩粉 | 100 | 98.7 | 98.7 | 98.7 | 98.7 | 97.5 |

石灰岩粉掺入水泥中所形成的胶凝体有一定的减水作用,随着掺量增加,需水量比减小。因此,石灰岩粉担当副掺合料是物有所用。据相关文献介绍,石灰岩粉掺入水泥中也有轻微增强作用,这不是主要的,其主要作用是改善碾压混凝土的和易性。

从胶砂需水量比考虑,石灰岩粉和粉煤灰的需水量比均低于 1.0,具有相近的减水效应。

2)石灰岩粉的技术要求和检验方法

石灰岩粉技术要求见表 3-26。

表 3-26　石灰岩粉技术要求

| 比表面积/(m$^2$/kg) | 需水量比/% | 含水量/% |
|------|------|------|
| ≥350 | ≤100 | ≤1.0 |

检验方法:

(1)比表面积。按《水泥比表面积测定方法(勃氏法)》(GB/T 8074)进行。

(2)需水量比。按《用于水泥和混凝土中的粉煤灰》(GB/T 1596—2005)附录 B(规范性附录)进行。

(3)含水量。按《用于水泥和混凝土中的粉煤灰》(GB/T 1596—2005)附录 C(规范性附录)进行。

2.凝灰岩粉

凝灰岩粉属火山灰质掺合料,含有较多的酸性氧化物(SiO$_2$、Al$_2$O$_3$),具有一定的活性,能与水泥水化析出的 Ca(OH)$_2$ 结合生成硅酸钙水化物,有助于后期强度增长。

1）凝灰岩粉化学成分和需水量比

（1）凝灰岩粉化学成分。云南云县棉花地凝灰岩粉化学成分见表 3-27。

表 3-27　棉花地凝灰岩粉化学成分　　　　　　　　　　　　　　　　　　　　　%

| $SiO_2$ | $Al_2O_3$ | $Fe_2O_3$ | CaO | $SO_3$ | MgO | $Na_2O$ | $K_2O$ | 烧失量 |
|---|---|---|---|---|---|---|---|---|
| 58.68 | 18.72 | 6.28 | 4.64 | 0.07 | 2.0 | 1.0 | 2.93 | 5.45 |

（2）凝灰岩粉和粉煤灰的掺量与水泥胶砂需水量比的关系。凝灰岩粉和粉煤类的掺量与胶砂需水量比关系试验结果见表 3-28。

表 3-28　不同凝灰岩粉和粉煤灰掺的胶砂需水量比

| 掺合料类别 | 不同掺量的需水量比（质量比）/% | | | | | |
|---|---|---|---|---|---|---|
| | 0 | 20 | 30 | 40 | 50 | 60 |
| 凯里粉煤灰 | 100 | 99 | 99 | — | — | 99 |
| 凝灰岩粉 | 100 | 101 | 101 | 100 | 101 | 102 |

凝灰岩粉的需水量比随掺量增加而略有增加，大于 1.0。因此，减水率比粉煤灰差，与石灰岩粉比较，会增加碾压混凝土用水量，但是凝灰岩粉的活性指数比石灰岩粉高。

2）凝灰岩粉的技术要求和检验方法

天然凝灰岩粉掺合料的技术要求和检验方法见表 3-22。

### 3.2.6.2　复合掺合料在碾压混凝土工程中的应用

**1. 大朝山碾压混凝土坝**

主掺合料为磷渣粉 50%，副掺合料为凝灰岩粉 50%，两种原料按 1∶1 比例配料混磨制成。

大朝山碾压混凝土坝工程实际使用的配合比见表 2-58。

大朝山坝开工前曾进行过单掺凝灰岩粉碾压混凝土配合比选择试验，选定水泥用量为：外部碾压混凝土 130 kg/m³；内部碾压混凝土 80 kg/m³。与表 2-58 相比较，显然采用磷渣粉和凝灰岩粉复合掺合料水泥用量明显降低。

**2. 景洪碾压混凝土坝**

主掺合料为矿渣粉 40%，副掺合料为石灰岩粉 60%，两种掺合料可在粉磨前按 4∶6 的比例配料，混磨制成；也可以在混凝土搅拌楼按 4∶6 的比例配料，在搅拌机内复合。

1）主、副掺合料性能

（1）主掺合料——矿渣粉。比表面积：350 m²/kg；需水量比：96.6%；活性指数：7 d 为 62.3%，28 d 为 85.8%，达 S75 级。

（2）副掺合料——石灰岩粉。比表面积：400 m²/kg。

2）碾压混凝土施工配合比

景洪坝碾压混凝土施工配合比见表 2-59。

**3. 金安桥碾压混凝土坝**

金安桥碾压混凝土掺合料研究方案以粉煤灰单一掺合料为主，另加两种复合掺合料：一种是磷渣粉和石灰岩粉复合掺合料；另一种是粉煤灰和石灰岩粉复合掺合料。

复合掺合料的比例：一种是主掺合料磷渣粉 40%，副掺合料石灰岩粉 60%；另一种是主掺合料粉煤灰 50%，副掺合料石灰岩粉 50%。

（1）主、副掺合料的性能见表 3-29。

表 3-29　金安桥碾压混凝土主、副掺合料性能

| 掺合料名称 | 密度/(g/cm³) | 比表面积/(m²/kg) | 需水量比/% |
|---|---|---|---|
| 粉煤灰 | 2.22 | 415 | 101 |
| 磷渣粉 | 2.91 | 400 | 98 |
| 石灰岩粉 | 2.73 | 450 | 99 |

(2)碾压混凝土推荐配合比见表 2-40。

# 3.3　外加剂

混凝土外加剂是在拌制混凝土时掺入少量(一般不超过水泥用量的 5%),以改善混凝土性能的物质。因此,它是混凝土的重要组成部分。

## 3.3.1　外加剂的种类

外加剂按其主要功能分类,每一类不同的外加剂均由某种主要化学成分组成。市售的外加剂可能都复合有不同的组成材料。

### 3.3.1.1　高性能减水剂

高性能减水剂是国内外近年来开发的新型外加剂品种,目前有聚羧酸盐类。早强型、标准型和缓凝型高性能减水剂可由分子设计引入不同功能团生产,也可掺入不同组分复配而成。其主要特点如下:

(1)掺量低、减水率高。

(2)混凝土拌和物工作性好。

(3)外加剂中氯离子和碱含量低。

(4)生产和使用过程中不污染环境。

### 3.3.1.2　高效减水剂

高效减水剂不同于普通减水剂,具有较高的减水率、较低的引气量,是我国使用量大、面广的外加剂品种。目前,我国使用的高效减水剂品种多是萘系减水剂、氨基磺酸盐系减水剂。

缓凝型高效减水剂是以高效减水剂为主要组分,再复合各种适量的缓凝组分或其他功能性组分而成的外加剂。

### 3.3.1.3　普通减水剂

普通减水剂的主要成分为木质素磺酸盐,通常由亚硫酸盐法生产纸浆的副产品制得。常用的有木钙、木钠和木镁。其具有一定的缓凝、减水和引气作用。以其为原料,加入不同类型的调凝剂、可制得不同类型的减水剂,如早强型、标准型和缓凝型的减水剂。

### 3.3.1.4　引气减水剂

引气减水剂是兼有引气和减水功能的外加剂。它是由引气剂与减水剂复合组成的,根据工程要求不同,性能有一定的差异。

### 3.3.1.5　泵送剂

泵送剂是改善混凝土泵送性能的外加剂。它由减水剂、调凝剂、润滑剂等多种组分复合而成。根据工程要求,其产品性能会有所差异。

### 3.3.1.6　早强剂

早强剂是能加速水泥水化和硬化,促进混凝土早期强度增长的外加剂,可缩短混凝土养护龄期,加快施工进度,提高模板和场地周转率。早强剂主要是无机盐类、有机物等,但现在越来越多地使用各种复合型早强剂。

### 3.3.1.7　缓凝剂

缓凝剂是可在较长时间内保持混凝土工作性,延缓混凝土凝结和硬化时间的外加剂。缓凝剂的种

类较多,主要有:①糖类及碳水化合物,如淀粉、纤维素的衍生物;②羟基羧酸,如柠檬酸、酒石酸、葡萄糖酸及其盐类。

#### 3.3.1.8　引气剂

引气剂是一种在搅拌过程中具有在混凝土中引入大量均匀分布的微气泡,而且在硬化后能保留在其中的一种外加剂。主要有:①可溶性树脂酸盐(松香酸);②文沙尔树脂。

### 3.3.2　外加剂的功能及作用机理

#### 3.3.2.1　外加剂的功能

外加剂具有以下功能:①改善混凝土拌和物施工时的和易性;②提高混凝土的强度及其他物理力学性能;③节约水泥或代替特种水泥;④加速混凝土的早期强度发展;⑤调节混凝土的凝结硬化速度;⑥调节混凝土的含气量,提高混凝土的抗冻耐久性;⑦降低水泥初期水化热或延缓水化放热;⑧改善混凝土拌和物的泌水性;⑨提高混凝土耐侵蚀性盐类的腐蚀性;⑩减弱碱-骨料反应;⑪改善混凝土的毛细孔结构;⑫改善混凝土的泵送性;⑬提高钢筋的抗锈蚀能力(掺加阻锈剂);⑭提高新老混凝土界面的黏结力;⑮水下混凝土施工可实现自流平和自密实。

#### 3.3.2.2　外加剂的作用机理

混凝土中掺加少量的化学外加剂,大大改善了它的性能和降低了费用,使得资源得到充分利用,增强环境保护,其作用机理如下。

1. 改善混凝土拌和物性能

当混凝土掺入引气、减水等功能的外加剂,提高混凝土的流动性能,改善了和易性。由于混凝土和易性改善,其质量得到保证,降低能耗和改善劳动条件。掺缓凝类外加剂,延缓了混凝土凝结时间。在浇筑块体尺寸大时,尤其在高温季节可减少或避免混凝土出现冷缝,方便施工,提高混凝土的质量。在泵送混凝土中加入泵送剂,使混凝土具有良好的可泵性,不产生泌水、离析,增加拌和物的流动性和稳定性。同时,使混凝土在管道内的摩阻力减小,降低输送过程中能量的损耗,增强混凝土的密实性。在浇筑大流动度的混凝土时,往往因混凝土拌和物坍落度损失而影响施工质量,掺用缓凝高效减水剂能有效地减少坍落度损失,有利于施工,保证混凝土质量。在水下混凝土施工中,为了抵抗水下混凝土的分离性,增加拌和物的黏聚性能,掺入能使混凝土保持絮凝状态的水下不分散剂,且水下混凝土有很高的流动性,能自流平、自密实,大大提高水下混凝土的质量。

2. 提高硬化混凝土性能

1)增加混凝土强度

混凝土中掺入各种类型的减水剂,在维持拌和物和易性与胶材用量不变的条件下,降低用水量,减小水胶比,从而能增加混凝土强度。掺木质素磺酸盐(如木钙)0.25%,可减少用水量5%~15%,掺糖蜜类减水剂可减少用水量6%~11%,掺高效减水剂可减少用水量15%~30%,对于超高强混凝土,减水率甚至可达40%,减水剂的增强效果从5%至30%,甚至更高等。

增加混凝土早期强度的外加剂,最早应用的是氯化钙,因其与水泥中铝酸三钙发生化学反应生成氯铝酸盐,加速了铝酸三钙的水化,同时增进硅酸三钙的水化,从而加速水泥的凝结与硬化。掺加1%和2%的氯化钙对普通水泥和火山灰水泥混凝土强度的增长率,2 d可达到40%~100%,在低温条件下尤为明显,但氯化钙对钢筋有腐蚀作用,因此对它应限制使用。三乙醇胺早强剂,它可加速水泥中$C_3A$-石膏-水体系形成钙矾石,从而加速$C_3A$的水化反应。但三乙醇胺延缓$C_3S$的初期水化,1 d后则加速其水化。因此,三乙醇胺早强剂掺量0.03%~0.05%能提高混凝土2~3 d强度50%左右。早强剂甲酸钙对混凝土早期强度的影响,取决于水泥中铝酸三钙的含量,铝酸三钙含量低的水泥,甲酸钙对其增强效果较好。掺甲酸钙、亚硝酸钠和三乙醇胺复合早强剂2%时,混凝土水灰比0.55,在低温(气温3 ℃)下可提高3~7 d强度30%~80%,且对钢筋无锈蚀作用。超早强剂,有一种是由三羟甲基氨基甲烷10%、亚硝酸钙16%、硫氰酸钠10%、乳酸4%和水60%组成的液体超早强剂。它的作用是使混凝土凝结后快速增加强度。混凝土拌和后1 h内完成浇筑,且需保持混凝土的温度不低于21 ℃。它主要应用于混凝土工程抢修任务,如水工建筑物中受高速水流冲刷磨损的混凝土、海港码头遭到海浪磨蚀的混凝土工程。

这种超早强剂,能与高效减水剂复合使用,降低水灰比,其早期强度会发展更快。

2)提高混凝土耐久性

混凝土掺引气型外加剂,能降低空气与水的界面张力。其机理为引气剂是由一端带有极性的官能团分子,另一端为具有非极性的分子,具有极性的一端引向水分子的偶极,非极性的一端指向空气,因而大量的空气泡在混凝土搅拌时引入混凝土中。这些细小的气泡能够均匀、稳定地存在于混凝土,一方面可能是由于气泡周边形成带相反电荷的分子层;另一方面是因为水泥水化形成的水化物吸附在气泡的表面上,增加了气泡的稳定性。混凝土中许多微小气泡具有释放存在于孔隙中的自由水结冰产生的膨胀压力和凝胶孔中过冷水流向毛细孔产生的渗透压力。所以,引气混凝土具有较高的抗冻性。换句话来说,配制抗冻性高的混凝土,必须掺加引气剂。

### 3.3.3 外加剂对水泥和掺合料适应性的试验

在混凝土中掺高效减水剂来改善其性能,已取得很好的效果与经验,但是,在某些情况下使用萘系高效减水剂后,混凝土的凝结和坍落度变化给施工造成麻烦,从而影响混凝土质量。许多研究成果表明,由于水泥的矿物组成、碱含量、细度和生产水泥时所用的石膏形态、掺量等不同,在同一种外加剂和相同掺量下,对这些水泥的效果明显不同,甚至不适应。

水泥熟料的矿物组成中 $C_3A$ 和 $C_3S$ 以及石膏的形态和掺量对外加剂的作用效果影响较大。水泥矿物中吸附外加剂能力由强至弱的顺序为: $C_3A>C_4AF>C_3S>C_2S$ 。由于 $C_3A$ 水化速度最快,吸附量又大,当外加剂掺入至 $C_3A$ 含量高的水泥中时,减水增强效果就差。当外加剂掺入 $C_3A$ 含量低、 $C_2S$ 含量高的水泥时,其减水增强效果显著,而且混凝土坍落度损失变化较小。

水泥中石膏形态和掺量对萘系减水剂的作用效果的影响,与水泥中 $C_3A$ 含量有关。 $C_3A$ 含量大时影响较大,反之则小。不同石膏的溶解速度的顺序为:半水石膏>二水石膏>无水石膏(硬石膏、烧石膏)。石膏作为调凝剂主要作用是控制 $C_3A$ 的水化速度,使水泥能够正常凝结硬化。这是由于石膏也就是硫酸钙与 $C_3A$ 反应生成钙矾石和单硫铝酸钙控制 $C_3A$ 的反应速度。掺外加剂对硫酸盐控制水化速度必然会影响水泥的水化过程。采用硬石膏作调凝剂的水泥,木钙对这种水泥有速凝作用。如上所述,硬石膏的溶解速度最低,是由于当掺加木钙后,硬石膏在饱和石灰溶液中的溶解性进一步减小的缘故。糖类和羟基酸对于掺硬石膏的水泥也具有类似木钙作用,而使水泥快速凝结。 $SO_3$ 含量低( $<1.3\%$ )的中热水泥,曾遇到过掺正常掺量的萘系减水剂时,使掺粉煤灰混凝土凝结时间过长的问题。试验表明,在这种情况下,萘系减水剂吸附在 $C_3A$ 、 $C_3S$ 和 $SO_3$ 的表面上,阻碍了钙矾石的生成,同时也延缓 $C_3A$ 和 $C_3S$ 的水化,从而延长凝结时间。

在高性能混凝土中,由于水胶比小与高效减水剂掺量大,使水泥与减水剂的不适应问题更为突出,其中以坍落度损失较快的居多。对高性能混凝土与减水剂相容性的因素,除水泥的矿物成分,细度、石膏的形态及掺量外,还有碱含量的影响。因为水泥中的碱会增加 $C_3A$ 和石膏反应及其水化物晶体生成,导致高碱水泥凝结时间较短。温度变化也对高效减水剂的效应产生影响,当气温高时,掺高效减水剂混凝土坍落度损失就大。

掺加磷渣粉掺合料的混凝土,由于磷渣粉含有氟、磷等化合物,外加剂可能与水泥、磷渣粉不适应,混凝土凝结出现异常情况。应在混凝土原材料选择阶段及时进行外加剂与水泥、磷渣粉的适应性综合试验。

### 3.3.4 外加剂的技术要求

#### 3.3.4.1 受检混凝土的性能指标及检验方法

1.性能指标

掺外加剂混凝土的性能应符合表 3-30 的要求。

表 3-30　受检混凝土性能指标

| 项目 | 高性能减水剂 HPWR 早强型 HPWR-A | 高性能减水剂 HPWR 标准型 HPWR-S | 高性能减水剂 HPWR 缓凝型 HPWR-R | 高效减水剂 HWR 标准型 HWR-S | 高效减水剂 HWR 缓凝型 HWR-R | 普通减水剂 WR 早强型 WR-A | 普通减水剂 WR 标准型 WR-S | 普通减水剂 WR 缓凝型 WR-R | 引气减水剂 AEWR | 泵送剂 PA | 早强剂 Ac | 缓凝剂 Re | 引气剂 AE |
|---|---|---|---|---|---|---|---|---|---|---|---|---|---|
| 减水率/%,不小于 | 25 | 25 | 25 | 14 | 14 | 8 | 8 | 8 | 10 | 12 | — | — | 6 |
| 泌水率比/%,不大于 | 50 | 60 | 70 | 90 | 100 | 95 | 100 | 100 | 70 | 70 | 100 | 100 | 70 |
| 含气量/% | 6.0 | ≤6.0 | ≤6.0 | ≤3.0 | ≤4.5 | ≤4.0 | ≤4.0 | ≤5.5 | ≥3.0 | ≤5.5 | — | — | ≥3.0 |
| 凝结时间差/min　初凝 | -90~+90 | -90~+120 | >+90 | -90~+120 | >+90 | -90~+90 | -90~+120 | >+90 | -90~120 | — | -90~+90 | >+90 | -90~120 |
| 凝结时间差/min　终凝 | — | — | — | — | — | — | — | — | — | — | — | — | — |
| 坍落度/mm | — | ≤80 | ≤60 | — | — | — | — | — | — | ≤80 | — | — | — |
| 1 h 经时变化量　含气量 | — | — | — | — | — | — | — | — | -1.5~+1.5 | — | — | — | -1.5~+1.5 |
| 抗压强度比/%,不小于　1 d | 180 | 170 | — | 140 | — | 135 | — | — | — | — | 135 | — | — |
| 3 d | 170 | 160 | — | 130 | — | 130 | 115 | — | 115 | — | 130 | — | 95 |
| 7 d | 145 | 150 | 140 | 125 | 125 | 110 | 115 | 110 | 110 | 115 | 110 | 100 | 95 |
| 28 d | 130 | 140 | 130 | 120 | 120 | 100 | 110 | 110 | 100 | 110 | 100 | 100 | 90 |
| 收缩率比/%,28 d,不大于 | 110 | 110 | 110 | 135 | 135 | 135 | 135 | 135 | 135 | 135 | 135 | 135 | 135 |
| 相对耐久性(200次)/%,不小于 | — | — | — | — | — | — | — | — | 80 | — | — | — | 80 |

注:1. 表中抗压强度比,相对耐久性,收缩率比为强制性指标,其余为推荐性指标。

2. 除含气量和相对耐久性外,表中所列数据为掺外加剂混凝土与基准混凝土的差值或比值。

3. 凝结时间之差性能指标中的"-"号表示提前,"+"号表示延缓。

4. 相对耐久性(200次)性能指标中的"≥80"表示将 28 d 龄期的受检混凝土试件快速冻融循环 200 次后,动弹性模量保留值≥80%。

5. 1 h 含气量经时变化量指标中的"-"号表示含气量增加,"+"号表示含气量减少。

6. 其他品种的外加剂等产品是否需要测定相对耐久性指标,由供、需双方协商确定。

7. 当用户对泵送剂等产品有特殊要求时,需要进行的补充试验项目、试验方法及指标,由供需双方协商确定。

2. 检验方法

表 3-30 检验项目包括减水率比、泌水率比、凝结时间差、坍落度和含气量的 1 h 经时变化量、抗压强度比、收缩率比和相对耐久性试验,以上项目均按《混凝土外加剂》(GB 8076—2008)中第 6 章试验方法的规定进行。

### 3.3.4.2　匀质性指标及检验方法

1. 匀质性指标

匀质性指标应符合表 3-31 的要求。

表 3-31　匀质性指标

| 项目 | 指标 | 项目 | 指标 |
|---|---|---|---|
| 氯离子含量/% | 不超过生产厂控制值 | 密度 $D/(\mathrm{g/cm^3})$ | $D>1.1$ 时,应控制在 $D\pm0.03$;<br>$D\leq1.1$ 时,应控制在 $D\pm0.02$ |
| 总碱量/% | 不超过生产厂控制值 | | |
| 含固量 $S/\%$ | $S>25\%$ 时,应控制在 $0.95S\sim1.05S$;<br>$S\leq25\%$ 时,应控制在 $0.90S\sim1.10S$ | 细度 | 应在生产厂控制范围内 |
| | | pH 值 | 应在生产厂控制范围内 |
| 含水量 $W/\%$ | $w>5\%$ 时,应控制在 $0.90w\sim1.10w$;<br>$w\leq5\%$ 时,应控制在 $0.80w\sim1.20w$ | 硫酸钠含量/% | 不超过生产厂控制值 |

注:1. 生产厂应在相关的技术资料中明示产品匀质性指标的控制值。

　　2. 对相同和不同批次之间的匀质性和等效性的其他要求,可由供需双方商定。

2. 检验方法

表 3-31 匀质性检验项目包括含固量、密度、细度、pH 值、氯离子含量、硫酸钠含量和总碱量,以上项目均按《混凝土外加剂均质性试验方法》(GB 8077—2000)的规定进行。

## 3.3.5　选用外加剂的主要注意事项

外加剂的使用效果受到多种因素的影响,因此选用外加剂时应特别予以注意以下事项:

(1)外加剂的品种应根据工程设计和施工要求选择。使用的工程原材料,通过试验及技术经济比较后确定。

(2)几种外加剂复合使用时,应注意不同品种外加剂之间的相容性及对混凝土性能的影响。使用前应进行试验,满足要求后,方可使用。如聚羧酸系高性能减水剂与萘系减水剂不宜复合使用。

(3)严禁使用对人体产生危害,对环境产生污染的外加剂。用户应注意工厂提供的混凝土安全防护措施的有关资料,并遵照执行。

(4)对钢筋混凝土和有耐久性要求的混凝土,应按有关标准规定严格控制混凝土中氯离子含量和碱的含量。混凝土中氯离子含量和总碱量是指其各种原材料所含氯离子和碱含量之和。

(5)由于聚羧酸高性能减水剂的掺加量对其性能影响较大,应注意准确计量。

# 3.4　骨　料

## 3.4.1　水工混凝土用骨料品质的一般要求

我国水工混凝土用骨料品质没有单独的标准。如建工行业标准《普通混凝土用砂、石质量及检验方法标准》(JGJ 52—2006),有单独的砂、石骨料品质标准。水工混凝土用骨料质量标准由《水工混凝土施工规范》(SDJ 207—82)规定。SDJ 207—82 对骨料筛规定为圆孔筛,由于细孔筛加工圆孔工艺上的困难,筛孔孔径在 1.25 mm 以下的筛采用方孔编织筛。方孔的边长与骨料粒径相同。

2001 年电力行业将 SDJ 207—82 修订为《水工混凝土施工规范》(DL/T 5144—2001)。将孔形由圆孔改为方孔,骨料粒径等于筛孔边长。经考证,该级配规格归属国际标准化组织 ISO 6274 系列 C。同年发布的《建筑用砂》(GB/T 14684—2001)和《建筑用卵石、碎石》(GB/T 14685—2001)筛孔均采用方孔筛,采用 ISO 6274 系列 B,见表 3-32。

**表 3-32　ISO 试验用筛筛孔尺寸(方孔筛)**　　　　　　　　单位:mm

| 系列 A | | 系列 B | | 系列 C | |
| --- | --- | --- | --- | --- | --- |
| 63.0 | 1.00 | 75.0 | 1.18 | 80.0 | 1.25 |
| 31.5 | 0.500 | 37.5 | 0.600 | 40.0 | 0.630 |
| 16.0 | 0.250 | 19.0 | 0.300 | 20.0 | 0.315 |
| 8.00 | 0.125 | 9.50 | 0.150 | 10.0 | 0.160 |
| 4.00 | 0.063 | 4.75 | 0.075 | 5.00 | 0.080 |
| 2.00 | | 2.36 | | 2.50 | |

《水工混凝土试验规程》(SL 352—2006)修订时,采用了 DL/T 5144—2001 修订方案,将圆孔筛直径改为方孔筛边长。由此,我国水工混凝土用骨料级配规格形成独有系列,既不同于国标,也不同于国际发达国家标准。ISO 6274 系列 B 筛孔规格原先是美国 ASTM 的规格,日本砂、石标准 1993 年由圆孔筛修订为方孔筛,采取直接过渡到系列 B,其他大多数国家也是如此。

我国水工混凝土用骨料试验筛筛孔尺寸体系不符合国际标准 ISO 体系和国标 GB/T 14684—2001 和 GB/T 14685—2001 的规定。作者建议:建立一个既符合国际标准 ISO 体系,又满足水工混凝土用骨料特点的新体系,便于国际技术交流和对外承包工程。

国内外有关标准推荐的水工混凝土用骨料试验筛新体系见表 3-33。该体系特点如下:

(1)试验筛筛孔规定为方孔,并以筛孔基本尺寸标记。考虑到用户习惯称呼,允许使用旧标准圆孔筛称谓,命名为骨料公称粒径和筛孔公称尺寸,与筛孔基本尺寸并列。

(2)本体系符合国际标准 ISO 6274 标准的系列 B 类,并添加了符合 ISO 565 标准规定的孔径 116 mm 试验筛。

(3)根据发达国家筑坝和我国大坝混凝土设计、科研和施工经验,将试验筛孔径由 116 mm 延伸到 150 mm。

表 3-33　　水工混凝土用骨料试验筛筛孔尺寸系列　　　　　　　单位：mm

| 骨料公称粒径 * | 150 | 120 | 80 | 40 | 20 | 10 | 5 | 2.5 | 1.25 | 0.63 | 0.315 | 0.16 | 0.08 |
|---|---|---|---|---|---|---|---|---|---|---|---|---|---|
| 筛孔公称尺寸 ** | 150 | 120 | 80 | 40 | 20 | 10 | 5 | 2.5 | 1.25# | 0.63# | 0.315# | 0.16# | 0.08# |
| 筛孔基本尺寸 *** | 150 | 112 | 75 | 37.5 | 19.0 | 9.5 | 4.75 | 2.36 | 1.18 | 600 μm | 300 μm | 150 μm | 75 μm |

| 按粒径划分 | 石 | | | | | | 砂 | | | | | | |
|---|---|---|---|---|---|---|---|---|---|---|---|---|---|
| 骨料用筛 | | | | | | | 石粉 | | | | | | |

注：1. * 骨料分级的称谓。

　　2. ** 旧标准圆孔的直径。

　　3. *** 新标准方孔的宽度。

　　4. # 旧标准方孔的宽度，符合 ISO 6274 标准的系列 C 类。

### 3.4.2　细骨料技术指标和检验方法

#### 3.4.2.1　细骨料技术指标

　　水工混凝土常用细骨料有天然砂（河砂、山砂）、人工砂及混合砂（人工砂与天然砂混合而成）三种。砂料应质地坚硬、清洁、级配良好；人工砂的细度模数应控制在 2.40~2.80，天然砂的细度模数在 2.20~3.0；使用山砂、粗砂、特细砂应经试验论证。

　　细骨料在开采过程中应定期或按一定开采数量进行碱活性检验，有潜在危害时，应采取相应措施，并经专门试验论证。

　　《水工碾压混凝土施工规范》（DL/T 5112—2009），对人工砂石粉含量定义与国标《建筑用砂》（GB/T 14684—2001）和建工行业标准《普通混凝土用砂、石质量及检验方法标准》（JGJ 52—2006），有较大差异。我国水工碾压混凝土施工规范对石粉含量定义为人工砂中公称粒径小于 160 μm 石粉与砂料总量的比值；GB 和 JGJ 标准对石粉含量定义为人工砂中公称粒径小于 80 μm，且其矿物组成和化学成分与加工母岩相同的颗粒含量。美国 ASTMC 117 标准，将人工砂中公称粒径在 75 μm 以下的颗粒定义为 Fines（细粉）。因此，使用不同标准时应注意其差异。

　　《水工混凝土施工规范》（DL/T 5144—2001）给出的细骨料技术指标，见表 3-34。

表 3-34　砂料的技术指标

| 项目 | | 指标 | | 备注 |
|---|---|---|---|---|
| | | 天然砂 | 人工砂 | |
| 石粉含量/% | | — | 6~18 * | |
| 含泥量/% | ≥C₉₀30 和有抗冻要求的 | ≤3 | — | |
| | <C₉₀30 | ≤5 | | |
| 泥块含量 | | 不允许 | 不允许 | |
| 坚固性/% | 有抗冻要求的混凝土 | ≤8 | ≤8 | |
| | 无抗冻要求的混凝土 | ≤10 | ≤10 | |
| 表观密度/(kg/m³) | | ≥2 500 | ≥2 500 | |
| 硫化物及硫酸盐含量/% | | ≤1 | ≤1 | 折算成 SO₃ 按质量计 |
| 有机质含量 | | 浅于标准色 | 不允许 | |
| 云母含量/% | | ≤2 | ≤2 | |
| 轻物质含量/% | | ≤1 | — | |

注：* 水工混凝土人工砂定义粒径小于 0.16 mm 以下的为石粉。

碾压混凝土用砂,除满足表 3-34 技术指标外,尚应补充以下内容:

(1)碾压混凝土用人工砂石粉含量允许放宽到 10% ~20%。

(2)有抗冻性要求的碾压混凝土,砂中云母含量不得大于 1.0%。

(3)人工砂生产,开采石料时会有土层没有清除干净或是有黏土夹层的情况,因此人工砂石粉中会含有黏土,需先经过亚甲蓝法(MB 值)试验判断。当石粉中含有黏土时,亚甲蓝 MB 值有明显变化。亚甲蓝 MB 值的限值是 MB<1.4,当 MB<1.4 时,则判定以石粉为主石粉;当 MB≥1.4 时,则判定以泥粉为主,不能用于碾压混凝土。亚甲蓝法试验方法见《普通混凝土用砂、石质量及检验方法标准》(JGJ 52—2006)6.11 人工砂及混合砂中石粉含量试验(亚甲蓝法)。

### 3.4.2.2 细骨料技术指标检验的试验方法

细骨料技术指标检验按《水工混凝土试验规程》(SL 352—2006)中的方法进行,见表 3-35。

表 3-35 细骨料技术指标检验的试验方法

| 技术指标 | SL 352—2006 中的方法 | 技术指标 | SL 352—2006 中的方法 |
|---|---|---|---|
| 石粉含量 | 2.12 人工砂石粉含量试验 | 有机质含量 | 2.13 砂料有机质含量试验 |
| 云母含量 | 2.14 砂料云母含量试验 | 硫化物及硫酸盐含量 | 2.15 砂石料硫酸盐、硫化物含量试验 |
| 泥块含量 | 2.11 砂料泥块含量试验 | 含泥量 | 2.10 砂料黏土、淤泥及细屑含量试验 |
| 坚固性 | 2.17 砂料坚固性试验 | 轻物质含量 | 2.16 砂料轻物质含量试验 |
| 表观密度 | 2.2 砂料表观密度及吸水率试验 | | |

## 3.4.3 粗骨料技术指标和检验方法

### 3.4.3.1 粗骨料技术指标

粗骨料必须坚硬、致密、无裂隙,且骨料表面不应含有大量黏土、淤泥、粉屑、有机物和其他有害杂质。粗骨料种类有卵石、碎石、破碎卵石、卵石和碎石混合石。我国碾压混凝土的最大粒径为 80 mm,分为三级,骨料公称粒径在 5~20 mm 的为小石;骨料公称粒径在 20~40 mm 的为中石;骨料公称粒径在 40~80 mm 的为大石。按目前碾压混凝土运送、摊铺和碾压经验,不可能再将最大骨料粒径放大,国外有缩小的趋势,缩小到 63 mm。

对于长期处于潮湿环境的碾压混凝土,其所使用的碎石或卵石应进行碱活性检验。

《水工混凝土施工规范》(DL/T 5144—2001)给出的粗骨料技术指标,见表 3-36。

表 3-36 粗骨料的技术指标

| 检测项目 | | 指标 | 备注 |
|---|---|---|---|
| 含泥量/% | $D_{20}$、$D_{40}$ 粒径级 | <1 | |
| | $D_{80}$、$D_{150}$($D_{120}$)粒径级 | <0.5 | |
| 泥块含量 | | 不允许 | |
| 坚固性/% | 有抗冻要求 | <5 | |
| | 无抗冻要求 | <12 | |
| 硫化物及硫酸盐含量/% | | <0.5 | 折算 $SO_3$,按质量计 |
| 有机质含量 | | 浅于标准色 | 如深于标准色,应进行混凝土强度对比试验,抗压强度比不应低于 0.95 |

续表 3-36

| 检测项目 | | | 指标 | 备注 |
|---|---|---|---|---|
| 表观密度/(kg/m³) | | | ≥2 550 | |
| 吸水率/% | | | <2.5 | |
| 针片状颗粒含量/% | | | <15 | 经试验论证,可以放宽至25% |
| 压碎值指标/% | 碎石 | 沉积岩 C60~C40 | ≤10 | 沉积岩包括石灰岩、砂岩等 |
| | | ≤C35 | ≤16 | |
| | | 变质岩或火成岩 C60~C40 | ≤12 | 变质岩包括片麻岩、石英岩等;火成岩包括花岗岩、正长岩、闪长岩等 |
| | | ≤C35 | ≤20 | |
| | | 喷出火成岩 C60~C40 | ≤13 | 喷出火成岩玄武岩和辉绿岩等 |
| | | ≤C35 | ≤30 | |
| | 卵石 | C60~C40 | ≤12 | |
| | | ≤C35 | ≤16 | |

### 3.4.3.2　粗骨料技术指标检验的试验方法

粗骨料技术指标检验按《水工混凝土试验规程》(SL 352—2006)的方法进行,见表3-37。

表 3-37　粗骨料技术指标检验的试验方法

| 技术指标 | SL 352—2006 中的方法 | 技术指标 | SL 352—2006 中的方法 |
|---|---|---|---|
| 含泥量 | 2.23　石料含泥量试验 | 有机质含量 | 2.25　石料有机质含量试验 |
| 泥块含量 | 2.24　泥块含量试验 | 表观密度、吸水率 | 2.19　石料表观密度及吸水率试验 |
| 坚固性 | 2.31　石料坚固性试验 | 针片状颗粒含量 | 2.26　石料针片状颗粒含量试验 |
| 硫化物及硫酸盐含量 | 2.15　砂石料硫酸盐、硫化物含量试验 | 压碎值指标 | 2.29　石料压碎值指标试验 |

## 3.4.4　骨料碱活性反应

### 3.4.4.1　骨料碱活性反应、检验方法及抑制技术措施

碱骨料反应(AAR)类型可分为碱硅酸反应(ASR)和碱碳酸盐反应(ACR)。AAR 是造成混凝土结构破坏失效的重要原因之一,随着我国重点工程持续大规模发展,预防 AAR 破坏,延长工程的寿命已成为普遍关注的大事,需迫切解决的问题。而预防的关键是如何正确判断骨料的碱活性。如何采用有效技术措施,防止混凝土工程遭受 AAR 破坏具有十分重要的意义。

1. AAR 的化学反应破坏的特征

(1)混凝土工程发生碱-骨料反应破坏必须具有三个条件:一是配制混凝土时由水泥、骨料、外加剂及拌和用水带进混凝土中一定数量的碱,或者混凝土处于碱渗入的环境中;二是一定数量的碱活性骨料存在;三是潮湿环境,可以供应反应物吸水膨胀时所需的水分。

(2)受碱-骨料反应影响的混凝土需要数年或一二十年的时间才会出现开裂破坏。

(3)碱-骨料反应破坏最重要的现场特征之一是混凝土表面开裂,裂纹呈网状(龟背纹),起因是混凝土表面下的反应骨料颗粒周围的凝胶或骨料内部产物的吸水膨胀。当其他骨料颗粒发生反应时,产

生更多的裂纹,最终这些裂纹相互连接,形成网状。若在预应力作用的区域,裂纹将主要沿预应力方向发展,形成平行于钢筋的裂纹;在非预应力的区域,混凝土表现出网状开裂。

(4)碱-骨料反应破坏是由膨胀引起的,可使结构工程发生整体变形、移位、弯曲、扭翘等现象。

(5)碱-硅酸反应生成的碱-硅酸凝胶有时会从裂缝中流到混凝土的表面,新鲜的凝胶是透明或呈浅黄色的,外观类似于树脂状。脱水后,凝胶变成白色,凝胶流经裂缝、孔隙的过程中吸收钙、铝、硫等化合物也可变为茶褐色以至黑色,流出的凝胶多有比较湿润的光泽,长时间干燥后会变为无定形粉状物。

(6)ASR 的膨胀是由生成的碱-硅酸凝胶吸水引起的,因此 ASR 凝胶的存在是混凝土发生了碱-硅反应的直接证明。通过检查混凝土芯样的原始表面、切割面、光片和薄片,可在空洞、裂纹、骨-浆体界面区等处找到凝胶,因凝胶流动性较大,有时可在远离反应骨料的地方找到凝胶。

(7)一般认为,ASR 膨胀开裂是由存在于骨料-浆体界面和骨料内部的碱-硅酸凝胶吸水膨胀引起的;ACR 膨胀开裂是由反应生成的方解石和水镁石,在骨料内部受限空间结晶生长形成的结晶压力引起的。也就是说,骨料是膨胀源,这样骨料周围浆体中的切向应力始终为拉伸应力,在浆体-骨料界面处达到最大值,而骨料中的切向应力为压应力,骨料内部肿胀压力或结晶压力将使得骨料内部局部区域承受拉伸应力,而浆体和骨料径向均受压应力。结果在混凝土中形成与膨胀骨料相连的网状裂纹,反应骨料有时也会开裂,其裂纹会延伸到周围的浆体或砂浆中去,裂纹能延伸到达另一颗骨料,裂纹有时也会从未发生反应的骨料边缘通过。

2. 骨料碱活性检验方法

我国混凝土工程使用骨料种类很多,其中有许多为硅质骨料或含硅质矿物的其他骨料,另一类为碳酸盐骨料。建立一种科学、快速和简单的碱活性检测方法,这对我国混凝土工程防止碱-骨料反应破坏,具有十分重要的意义。

1)骨料碱活性岩相检验方法

本试验方法用于通过肉眼和显微镜观察,鉴定各种砂、石料的类型和矿物成分,从而检验各种骨料中是否含有活性矿物,如酸性-中性火山玻璃、隐晶-微晶石英、鳞石英、方石英、应变石英、玉髓、蛋白质、细粒泥质灰质白云岩或白云质灰岩、硅质灰岩或硅质白云岩、喷出岩及火山碎屑岩屑等,若有类似矿物存在,应采用砂浆棒快速法鉴定。

岩相检验方法按《水工混凝土试验规程》(SL 352—2006)中的 2.33 骨料碱活性检验(岩相法)进行。

2)骨料碱活性砂浆棒快速法检验

本试验用于测定骨料在砂浆中的潜在有害的碱-硅酸反应,适合于检验反应缓慢或其在后期才产生膨胀的骨料。如微晶石英、变形石英及玉髓等。砂浆棒快速法试件养护温度为 80 ℃±2 ℃。

结果评定:砂浆试件 14 d 的膨胀率小于 0.1%时,则骨料为非活性骨料;砂浆试件 14 d 的膨胀率大于 0.2%时,则骨料为具有潜在危害性反应的活性骨料;砂浆试件 14 d 的膨胀率在 0.1%~0.2%时,不能最终判定有潜在碱-硅酸反应危害,对于这种骨料应结合现场记录,岩相分析,开展其他辅助试验,试件观测时间延至 28 d 后的测试结果等来进行综合评定。

砂浆棒快速法按《水工混凝土试验规程》(SL 352—2006)中的 2.37 骨料碱活性检验(砂浆棒快速法)进行。

3)骨料碱活性砂浆长度法检验

本试验用于测定水泥砂浆试件的长度变化,以鉴定水泥中碱与活性骨料间反应所引起的膨胀是否具有潜在危害。本试验方法适用于碱-骨料反应较快的碱-硅酸盐反应和碱-硅酸反应,不适用于碱-碳酸盐反应。砂浆长度法试件养护温度为 38 ℃±2 ℃。

结果评定应符合下述要求:

对于砂、石料,当砂浆半年膨胀率超过 0.1%,或 3 个月膨胀率超过 0.05%时(只有缺少半年膨胀率资料时才有效),即评为具有危害性的活性骨料。反之,如低于上述数值,则评为非活性骨料。

砂浆长度法按《水工混凝土试验规程》(SL 352—2006)中的2.35骨料碱活性检验(砂浆长度法)进行。

4)碳酸盐骨料的碱活性检验(岩石柱法)

本试验用于在规定条件下测量碳酸盐骨料试件在碱溶液中产生的长度变化,以鉴定其作为混凝土骨料是否具有碱活性。本试验适用于碳酸盐岩石的研究与料场初选,不可用于硅质骨料。

结果评定,试件经84 d浸泡后膨胀率在0.1%以上时,该岩石评为具有潜在碱活性危害,不宜作混凝土骨料,必要时应以混凝土试验结果做出最后评定。对于长龄期,如果没有专门要求,至少应给出1周、4周、8周、12周的资料。

碳酸盐骨料的碱活性检验按《水工混凝土试验规程》(SL 352—2006)中的2.36碳酸盐骨料的碱活性检验进行。

5)骨料碱活性混凝土棱柱体试验方法

本试验用于评定混凝土试件在温度38 ℃±2 ℃及潮湿条件养护下,水泥中的碱-硅酸反应和碱-碳酸盐反应。

主要条件规定:硅酸盐水泥;水泥含碱量为0.9%±0.1%(以$Na_2O+0.658K_2O$);通过外加10%NaOH溶液使试验水泥含碱量达到1.25%;水泥用量为420 kg/m³±10 kg/m³;水灰比为0.42~0.45;石与砂的质量比为6:4。

试验结果判定:①试验精度应符合以下要求:当平均膨胀率小于0.02%时,同一组试件中单个试件的膨胀率的差值(最高值与最低值之差)不应超过0.008%;当平均膨胀率大于0.02%时,同一组试件中单个试件的膨胀率的差值(最高值与最低值之差),不应超过平均值的40%;②当试件一年的膨胀率不小于0.04%时,则判定为具有潜在危害性反应的活性骨料;膨胀率小于0.04%时,判定为非活性骨料。

混凝土棱柱体试验方法按《水工混凝土试验规程》(SL 352—2006)中的2.38骨料碱活性检验(混凝土棱柱体试验法)进行。

**3.抑制碱活性骨料的技术措施**

抑制碱活性骨料破坏的技术措施,经国内外各方试验研究结果证明,有碱-硅酸反应活性骨料存在时,可采用以下措施进行抑制,但对碱-碳酸盐反应活性骨料,目前尚无抑制技术。

(1)采用低碱水泥。水泥含碱量应≤0.6%,f-CaO含量≤1.0%,MgO含量≤5.0%(最好控制在2.5%以下),SO₃含量≤3.5%,水泥品种为硅酸盐水泥。

(2)掺用低碱粉煤灰。ASTMC 618限定地用于抑制ASR的粉煤灰含碱量必须小于1.5%。粉煤灰的细度及颗粒分布与抑制ASR有关,比表面积愈大,效果愈好。

粉煤灰抑制ASR的机理:粉煤灰对碱-硅反应的作用是化学作用和表面物理化学作用。在适当的条件下,化学作用可以使碱-硅反应得到有效抑制,而表面物理化学作用只能使碱-硅反应得到延缓。上述两种反应与体系中的$Ca(OH)_2$含量有着密切的关系,只有当$Ca(OH)_2$含量低到一定程度时,粉煤灰才能抑制碱-硅反应膨胀。

通过试验研究证明,掺用25%~35%的Ⅰ、Ⅱ级粉煤灰,有显著抑制碱活性骨料膨胀破坏的作用,但由于粉煤灰的化学成分、形态、级配及细度有较大差异性,使用时必须用工程原材料进行试验论证。

(3)掺用酸性矿渣较优,矿渣掺量为40%~50%为宜。

(4)掺用低碱外加剂。由于化学外加剂中含碱基本上为可溶盐,如$Na_2SO_4$、$NaNO_2$这些中性的盐加入到混凝土后,会与水泥的水化产物[如$Ca(OH)_2$等]发生反应,阴离子被部分结合到水泥水化产物中,新产生部分$OH^-$离子,并与留在孔隙溶液中$Na^+$和$K^+$离子保持电荷平衡。因此,外加含碱盐能显著增加孔溶液的$OH^-$离子浓度,加速AAR的进行,进而增加混凝土的膨胀。目前,我国的早强剂、防冻剂和减水剂等外加剂及其复合外加剂均在不同程度上含有可溶性的钾、钠盐、如$Na_2SO_4$和$K_2CO_3$等,此类外加剂不宜使用。

(5)国内外研究证明,有活性骨料的混凝土,混凝土的总碱量不超过3.0 kg/m³。

混凝土的总碱量是指混凝土中水泥、掺合料、外加剂等原材料含碱质量的总和,以当量氧化钠表示,单位为 kg/m³。按以下规定计算:

①水泥中所含的碱均为有效碱含量。

②掺合料中所含的有效碱含量为:粉煤灰中碱含量的 1/6 为有效碱含量;矿渣粉、磷渣粉、钢渣粉和硅粉中碱含量的 1/2 为有效碱含量。

③外加剂中所含的碱均为有效碱含量。

④混凝土总碱量=水泥带入碱量+外加剂带入碱量+掺合料中有效碱含量。

综上所述,由于各工程使用的各项原材料各有差异,地质条件、气温差异、环境所处的综合因素均有所不同,对于碱活性骨料的抑制材料都应通过工程材料对比试验论证,达到预期目标才能使用。

4. 抑制骨料碱-硅酸反应活性有效性试验

1)抑制试验方法 A——骨料置换法(石英玻璃)

本试验以高活性的石英玻璃砂与高碱水泥制成的砂浆试件即标准试件,与掺有抑制材料的砂浆试件即对比试件进行同一龄期膨胀率比较,以衡量抑制材料的抑制效能。当骨料通过试验被评为有害活性骨料,而低碱水泥又难以取得时,也可用这种方法选择合适的水泥品种、掺合料、外加剂品种及掺量。

主要规定,标准试件用高碱硅酸盐水泥,碱含量为 1.0%(Na₂O 计)或通过外加 10%NaOH 溶液使水泥含碱量达到 1.0%;判别外加剂的抑制作用,对比试件所用水泥与标准试件所用水泥相同;如判别掺合料效能时用 25%或 30%掺合料代替标准试件所用水泥。

结果评定,掺用掺合料或外加剂的对比试件,若 14 d 龄期砂浆膨胀率降低率不小于 75%,并且 56 d 的膨胀率小于 0.05%时,则认为所掺的掺合料或外加剂及其相应的掺量具有抑制碱-骨料反应的效能;对工程所选用的水泥制作的对比试验,除满足 14 d 龄期砂浆膨胀率降低率不小于 75%的要求外,对比试件 14 d 龄期膨胀率还不得大于 0.02%,才能认为该水泥不会产生有害碱-骨料膨胀。

本试验方法见《水工混凝土试验规程》(SL 352—2006)2.39 抑制骨料碱活性效能试验。

2)抑制试验方法 B——砂浆棒快速法(修正法)

本试验方法源于 ASTMC 1567-08 确定胶凝材料与骨料潜在碱-硅酸反应活性的标准测试方法。主要变动为:将用胶凝材料控制骨料碱-硅酸反应活性的判据由 0.1%调整为 0.03%,并规定了矿物掺合料的种类和掺量。本试验方法是由砂浆棒快速法发展而来的,不同的是本试验方法采用有矿物掺合料的胶凝材料,而砂浆棒快速法采用水泥,如果试验判据都是 0.1%,这会导致在很少矿物掺合料掺量的情况下也判定抑制骨料碱-硅酸反应活性有效,而采用这个很少的矿物掺合料掺量可能并不能满足实际工程中抑制骨料碱-硅酸反应活性的要求。

本试验方法曾在四个实验室进行过比对试验,试验结果表明:在胶凝材料中掺加规定的矿物掺合料及其掺量可以显著抑制骨料的碱-硅活性;本试验方法具有良好的敏感性,能够分辨在胶凝材料中掺加矿物掺合料对抑制骨料碱-硅酸反应的有效程度;试验方法对抑制骨料碱-硅酸反应的技术规律性显著,稳定性良好。

本试验方法见《预防混凝土碱骨料反应技术规范》(GB/T 50733—2011)附录 A。

**3.4.4.2　碱-硅酸反应活性骨料的混凝土原材料选择和配合比设计**

1. 原材料选择

1)骨料

(1)用于混凝土的骨料应进行碱活性检验。

(2)骨料碱活性检验项目应包括岩石类型和碱活性的岩相法、碱-硅酸反应活性和碱-碳酸盐反应活性检验。

宜先采用岩相法进行骨料岩石类型和碱活性检验,确定岩石名称及骨料是否具有碱活性。岩相法检验结果为不含碱活性矿物的非活性骨料可不再进行其他项目检验。岩相法检验结果为碱-硅酸反应活性或可疑骨料应再采用砂浆棒快速法进行检验;岩相法检验结果为碱-碳酸盐反应活性骨料应再采用岩石柱法进行检验。

在时间允许情况下,可采用混凝土棱柱体法进行碱活性检验或验证。

(3)河砂和海砂可不进行岩相法检验和碱-碳酸盐活性反应检验。

(4)碱活性反应骨料的判则。

砂浆棒快速法检验碱-硅酸活性反应,试验试件 14 d 膨胀率大于 0.1%的为活性骨料。

碳酸盐骨料碱活性检验(岩石柱法),试验试件 84 d 膨胀率大于 0.1%的为有潜在性危害骨料。

混凝土棱柱体法检验碱-硅酸反应活性骨料或碱-碳酸盐反应活性骨料,试验试件一年膨胀率大于 0.04%的为有潜在性危险骨料。

(5)试验结果的评定规则。

当同一检验批的同一检验项目进行一组以上试验时,应取所有试验结果中碱活性指标最大者作为检验结果。碱-硅酸反应抑制有效性检验亦然。

岩相法和砂浆棒快速法的检验结果互相矛盾时,以砂浆棒快速法的检验结果为准。

岩相法、砂浆棒快速法和岩石柱法的检验结果与混凝土棱柱体法的检验结果互相矛盾时,应以混凝土棱柱体法的检验结果为准。

(6)采用碱-硅酸反应活性骨料必须经过抑制有效性检验,检验证明抑制有效,方可用于混凝土工程和进行配合比设计。

抑制有效性检验方法推荐采用抑制试验方法 B——砂浆棒快速法(修正法)。试验结果:试件 14 d 膨胀率小于 0.03%时,抑制骨料碱-硅酸活性反应有效。

(7)混凝土骨料还应符合现行行业标准《水工混凝土施工规范》(DL/T 5144—2001)的规定,见第三章碾压混凝土的原材料中砂、石骨料的品质要求。

2)其他原材料

水泥、掺合料、外加剂及拌和水的品质应符合现行行业标准的规定,其中碱含量允许值见表 3-38。

表 3-38　其他原材料碱含量的规定

| 其他原材料 | 水泥 | Ⅰ级或Ⅱ级 F类粉煤灰 | 粒化高炉 矿渣粉 | 硅灰 | 外加剂 (当量 Na$_2$O 含量) | 拌和水 |
|---|---|---|---|---|---|---|
| 碱含量允许值 | 不宜大于 0.6% | 不宜大于 2.5% | 不宜大于 1.0% | 1.5% | 2.5% | 不大于 1 500 mg/L |

当个别项目检测值超出表 3-38 规定的限值时,最终以混凝土总碱量控制,应小于 3.0 kg/m$^3$。

外加剂应避免采用高碱含量的防冻剂、速凝剂和外加剂。硅灰中二氧化硅含量不宜小于 90%。

2. 配合比设计

(1)基本规定如下:

①混凝土工程宜采用非碱活性骨料。

②在盐渍土、海水或受除冰盐作用等含碱环境中,重要结构的混凝土不得采用碱活性骨料。

③具有碱-碳酸盐反应活性的骨料不得用于配制混凝土。

④碱-硅酸反应活性骨料经抑制有效性检验,确认有效后方可用于配制混凝土。

(2)混凝土碱含量不应大于 3.0 kg/m$^3$。混凝土碱含量计算应符合以下规定:

①混凝土碱含量应为配合比中各原材料的碱含量总和。

②水泥、外加剂和水的碱含量可用实测值计算;粉煤灰碱含量可用 1/6 实测值计算;硅灰和粒化高炉矿渣粉碱含量可用 1/2 实测值计算。

③骨料碱含量可不计入混凝土碱含量。

(3)当采用硅酸盐水泥和普通硅酸盐水泥时,混凝土中矿物掺合料掺量宜符合以下规定:

①对于砂浆棒快速法检验结果大于 0.20%膨胀率的骨料,混凝土中粉煤灰掺量不宜小于 30%;当

复合掺用粉煤灰和粒化高炉矿渣粉时,粉煤灰掺量不宜小于 25%,粒化高炉矿渣粉掺量不宜小于 10%。

②对于砂浆棒快速法检验结果为 0.10%~0.20% 膨胀率范围的骨料,宜采用不小于 25% 的粉煤灰掺量。

③当掺用粉煤灰或复合掺用粉煤灰和粒化高炉矿渣粉都不能满足抑制碱-硅酸反应活性有效性要求时,可再增加掺用硅灰或用硅灰取代相应掺量的粉煤灰或粒化高炉矿渣粉,硅灰掺量不宜小于 5%。

④掺加抑制碱-骨料反应型外加剂。掺加抑制型外加剂也是一条防止混凝土碱-骨料反应的技术途径。抑制碱-骨料反应型外加剂迄今没有技术标准,采用时必须进行抑制有效性检验。抑制型外加剂可选用的品种参考表 3-39。

**表 3-39　抑制碱-骨料反应型外加剂的品种和物理特性**

| 品种 | 含量/% | 推荐掺量/% | 物理特性 |
|------|--------|-----------|----------|
| 工业碳酸锂($LiCO_3$) | >98 | 1.0 | 白色粉末,微溶于水,对人体无伤害 |
| 无水氧化锂($LiCl$) | >98 | — | 白色粉末,水溶性好,密度 2.07 $g/cm^3$,对人体无伤害 |
| 硫酸钡($BaSO_4$) | >97 | 4~6 | 白色粉末,不溶于水,密度 4.50 $g/cm^3$,细度(45 $\mu m$ 筛筛余)≤0.3%,对人体无伤害 |

引气剂也有利于缓解碱-骨料反应。掺加引气剂使混凝土保持 4%~6% 的含气量,可容纳一定数量的反应产物,从而缓解碱-骨料反应膨胀力。

# 3.5　养护和拌和用水

混凝土用水大致可分为两类:一类是拌和用水;另一类是养护用水。

水作为混凝土拌和水,其作用是与水泥中硅酸盐、铝酸盐及铁铝酸盐等矿物成分发生化学反应,产生具有胶凝性能的水化物,将砂、石等材料胶结成混凝土,并使之具有许多优良建筑性能,而广泛地应用于建筑工程。

养护水的作用是补充混凝土因外部环境中湿度变化,或者混凝土内部水化过程中而失去的水分,为混凝土供给充足水,确保其水化反应持续地进行,混凝土的性能不断地发展。

自然界的水,由于产地或含有不同的物质,划分为不同名称和种类。取自河流中的水称为河水,湖泊水称为湖水,来自海洋中的水叫作海水。按照水贮存的地点划分为地表水和地下水。因水中所含的不同物质及其数量分为饮用水、软水、硬水、工业污水和生活污水。

## 3.5.1　混凝土用水的技术指标

基于水的品质对混凝土性能产生很大的影响,作为混凝土用水必须考虑以下原则:一是水中物质对混凝土质量是否有影响;二是水中物质允许的限度。

按照水工混凝土对水质的要求,凡符合国家标准的饮用水均可用于拌和与养护混凝土。未经处理的工业污水和生活污水不得用于拌和与养护混凝土。地表水、地下水和其他类型水在首次用于拌和与养护混凝土时,须按现行的有关标准,经检验合格后方可使用。水的技术指标应符合以下要求:

(1)混凝土拌和、养护用水与标准饮用水试验所得的水泥初凝时间差及终凝时间差均不得大于 30 min。

(2)用拌和与养护用水配制的水泥砂浆 28 d 抗压强度不得低于用标准饮用水拌和的砂浆抗压强度的 90%。

(3)拌和与养护混凝土用水的 pH 值、水中不溶物、可溶物、氯化物、硫酸盐的含量应符合表 3-40 的规定。

**表 3-40　水工混凝土拌和与养护用水技术指标**

| 检测项目 | 钢筋混凝土 | 素混凝土 | 检测项目 | 钢筋混凝土 | 素混凝土 |
|---|---|---|---|---|---|
| pH 值 | >4 | >4 | 氯化物(以 $Cl^-$ 计)/(mg/L) | <1 200 | <3 500 |
| 不溶物/(mg/L) | <2 000 | <5 000 | 硫酸盐(以 $SO_4^{2-}$ 计)/(mg/L) | <2 700 | <2 700 |
| 可溶物/(mg/L) | <5 000 | <10 000 | | | |

### 3.5.2　水质检验的试验方法

(1)水样的采集与保存。水样采集是为水质分析提供水样。适用于混凝土拌和、养护用水的水质分析和水工建筑物环境水侵蚀检验。水样的采集和保存方法见《水工混凝土试验规程》(SL 352—2006)9.1"水样的采集与保存"。

(2)pH 值测定方法。水的 pH 值测定方法有比色法和电极法两种。比色法只适用于低色度天然水质的检测,对含较多氧化剂、还原剂的水样不适用。电极法(或称酸度计法)测定水的 pH 值试验方法见 SL 352—2006。

(3)水的溶解性固形物测定。溶解性固形物是指溶解在水中的固体物质,如可溶性的氯化物、硫酸盐、硝酸盐、重碳酸盐、碳酸盐等。水中溶解性固形物含量测定方法见《水工混凝土试验规程》(SL 352—2006)。

(4)水的氯离子含量测定。方法见《水工混凝土试验规程》(SL 352—2006)。

(5)水的硫酸根离子含量测定。方法见《水工混凝土试验规程》(SL 352—2006)。

## 参考文献

[1] 水利水电科学研究院结构材料所.大体积混凝土[M].北京:水利电力出版社,1990.

[2] 姜福田.碾压混凝土[M].北京:铁道出版社,1991.

[3] 全国水泥标准化技术委员会.通用硅酸盐水泥:GB 175—2007[S]北京:中国标准出版社,2007.

[4] 全国水泥标准化技术委员会.中热硅酸盐水泥 低热硅酸盐水泥 低热矿渣硅酸盐水泥:GB 200—2003[S].北京:中国标准出版社,2004.

[5] 全国水泥标准化技术委员会.用于水泥和混凝土中的粉煤灰:GB/T 1596—2005[S].北京:中国标准出版社,2005.

[6] 中国建筑材料工业协会.用于水泥和混凝土中的粒化高炉矿渣粉:GB/T 18046—2008[S].北京:中国标准出版社,2008.

[7] 电力行业水电施工标准化技术委员会.水工混凝土掺用磷渣粉技术规范:DL/T 5387—2007[S].北京:中国电力出版社,2007.

[8] 全国钢标准化技术委员会.用于水泥和混凝土中的钢渣粉:GB/T 20491—2006[S].北京:中国标准出版社,2007.

[9] 陈改新,孔祥芝.石灰石粉:一种新的碾压混凝土掺合料[C]//第五届碾压混凝土国际研讨会论文集.贵阳,2007.

[10] 全国水泥制品标准化技术委员会.混凝土外加剂:GB 8076—2008[S].北京:中国标准出版社,2009.

[11] 全国水泥制品标准化技术委员会.混凝土外加剂匀质性试验方法:GB/T 8077—2000[S].北京:中国标准出版社,2001.

[12] 电力行业水电施工标准化技术委员会.水工混凝土施工规范:DL/T 5144—2001[S].北京:中国电力出版社,2002.

[13] 中华人民共和国建设部.普通混凝土用砂、石质量及检验方法标准:JGJ 52—2006[S].北京:中国建筑工业出版社,2007.

[14] 中华人民共和国住房和城乡建设部.预防混凝土碱骨料反应技术规范:GB/T 50733—2011[S].北京:中国建筑工业出版社,2012.

# 第 4 章　碾压混凝土配合比

## 4.1　概　述

　　大坝使用的碾压混凝土虽属混凝土,但有别于常态混凝土。它具有较大的砂率,水泥用量较少,一般都掺有较大比例的掺合料。其拌和物不具有流动性,呈松散状态,但拌和物经振动碾压密实、凝结硬化后具有混凝土的特点,即其中的胶凝材料经水化生成的水化产物将砂石骨料胶结成整体,随着混凝土龄期的延长,强度不断增长。由于碾压混凝土中胶凝材料浆含量较少,拌和物的黏聚性较差,以及施工方法与砾石土料的相似性,所以也可以把碾压混凝土拌和物视为类似砾石土料的物质。它是由固相、液相和气相组成的体系。碾压混凝土拌和物的振动压实增密不同于常态混凝土,它是依靠振动碾逐层振动压实的。拌和物在振动压实机具所施加的振动和动压力作用下,固相体积一般不发生变化,但固相颗粒的位置得到重新排列。颗粒之间产生相对位移,彼此靠近。小颗粒被挤压填充到大颗粒之间的空隙中。空隙里的空气受挤压而逐步逸出,拌和物逐渐密实。另外,拌和物中的胶凝材料浆具有触变性,在振动情况下由凝胶变为溶胶——“液化”而具有一定的流动性,逐渐填充了空隙,将空气“排挤”出去。因此,碾压混凝土拌和物的振动压实既具有混凝土的基本特点,也具有土料压实的某些施工特性。

　　正因为碾压混凝土拌和物及硬化后的碾压混凝土具有混凝土与砾石土料各自的某些特点,碾压混凝土配合比既有基于混凝土原理进行设计的,也有基于土工原理进行设计的。混凝土原理设计方法将碾压混凝土拌和物看成与常态混凝土相似的混凝土,其强度和其他性能遵循阿勃拉姆斯(Abrams)于1918年建立的水灰比关系。在混凝土拌和物中要求有足够的灰浆,以充填骨料间的空隙,使拌和物能完全被压实为无空隙的混凝土。土工原理设计方法将碾压混凝土拌和物看作与水泥土类似的物质。其配合比设计以含水量-密实度关系为依据,即根据现场碾压机械所能提供的压实功来确定拌和物的最优含水量。因此,拌和物压实后,灰浆通常不能填满骨料间的空隙。

　　根据不同的使用目的,碾压混凝土有不同的配合比类型。它们包括水泥稳固砂砾石碾压混凝土、干贫碾压混凝土和高粉煤灰含量碾压混凝土等。不同类型的碾压混凝土有各自不同的性能,因此在使用上也有差别。

　　碾压混凝土的配合比设计方法因习惯的不同而有差异,但碾压混凝土的配合比设计与常态混凝土一样有需要遵守的原则,如水灰比定则、需水量定则等。此外,为了使碾压混凝土的配合比设计更可靠、合理和快捷,碾压混凝土配合比设计参数的取值也有必要遵循相应的原则。

　　碾压混凝土的配合比设计由于涉及的因素多,不少配合比设计参数须根据工程使用原材料情况的不同通过试验后确定,因此企图使用计算机进行设计,但仍局限于使用计算机进行初步配合比的确定。初步确定的配合比仍必须通过试验验证及调整后得出满足设计技术要求且经济合理的配合比,才能提供工程施工使用。尽管如此,计算机的使用将加快碾压混凝土配合比的设计过程,提高工作效率。

　　中国的碾压混凝土筑坝技术虽起步不是最早,但目前中国已是碾压混凝土筑坝技术的强国,在碾压混凝土配合比设计方面也积累了丰富的经验。将已建和在建工程所获得的碾压混凝土配合比设计的经验和不足之处进行总结,对促进中国碾压混凝土筑坝技术的发展将有现实的借鉴意义。

### 4.1.1　碾压混凝土配合比的基本类型及应用

碾压混凝土通过室内试验、现场验证再到工程应用,各国所采用的方法不同。尽管如此,各国所用碾压混凝土的配合比,从材料角度出发可以分成大致相同的类型。

#### 4.1.1.1　碾压混凝土配合比的基本类型

1. 水泥稳固砂砾石碾压混凝土

水泥稳固砂砾石碾压混凝土(cement stabilized "as-dug" material roller compacted concrete or cemented sand and gravel roller compacted concrete)也称胶凝材料稳固砂砾石碾压混凝土(cementitious stabilized sand and gravel roller compacted concrete)或超贫碾压混凝土(especial lean roller compacted concrete)。在这一类碾压混凝土中,胶凝材料总量不大于 110 kg/m³,其中粉煤灰或其他掺合料用量大多不超过胶凝材料总量的 30%,少数可达到 50%。此类碾压混凝土胶凝材料用量少,为了获得碾压混凝土拌和物的可碾压性,必须通过加大用水量来实现。因此,混凝土的水胶比较大,一般达到 0.95~1.50。这就造成此类碾压混凝土的强度较低,抗渗性和耐久性能较差。

2. 干贫碾压混凝土

干贫碾压混凝土(dry lean roller compacted concrete)的胶凝材料用量为 120~130 kg/m³,其中掺合料占胶凝材料总质量的 25%~30%。此类碾压混凝土由于胶凝材料用量不多,通过适当加大用水量使拌和物满足可碾压性的要求,其水胶比一般为 0.70~0.90。此类碾压混凝土由于掺合料所占比例较低,故碾压混凝土的绝热温升较高。

3. 高粉煤灰含量碾压混凝土

高粉煤灰含量碾压混凝土(high fly-ash content roller compacted concrete)中胶凝材料用量为 140~250 kg/m³,其中掺合料占胶凝材料总质量的 50%~75%。这类碾压混凝土分为两种:一种胶凝材料用量 140~170 kg/m³,其中掺合料所占比例为 50%~65%,称为中等胶凝材料用量碾压混凝土;另一种胶凝材料用量为 180~250 kg/m³,其中掺合料所占比例为 60%~75%,称为富胶凝材料用量碾压混凝土。

#### 4.1.1.2　不同类型碾压混凝土的使用

水泥稳固砂砾石碾压混凝土中胶凝材料浆不足以填满砂子的空隙,碾压混凝土内部的孔隙多。工程设计者采用此类碾压混凝土,旨在利用胶凝材料浆把砂、砾石材料胶结成整体,作为坝体的一部分,依靠碾压混凝土的自身质量使坝体稳定。而坝体的防渗由其他类型混凝土或上游面的防渗材料承担,从而使工程建设达到快速及经济的目的。

干贫碾压混凝土的水胶比较大,抗渗性能不高。此类碾压混凝土一般不用作坝体的防渗层而作为内部混凝土。坝体的外部防渗由其他材料(如常态混凝土)承担。

中等胶凝材料用量碾压混凝土的胶凝材料用量相对较少,水泥用量较低,混凝土的绝热温升小,但施工层面胶结质量较难控制。目前一般将其用作坝体的内部混凝土。富胶凝材料用量碾压混凝土的胶凝材料用量较高(多为二级配碾压混凝土),碾压混凝土的绝热温升较高,施工层面黏结质量较前者易控制,混凝土的抗渗性能(特别是施工层面的抗渗性能)较前者好。它既可以作为坝体的内部混凝土,也可以直接用作坝体上游面防渗层混凝土。

#### 4.1.1.3　工程实例

1. 水泥稳固砂砾石碾压混凝土

水泥稳固砂砾石碾压混凝土应用的国外代表性工程是 1982 年建成的美国柳溪(Willow Creek)坝。该坝的内部碾压混凝土使用的配合比见表 4-1。

表 4-1　柳溪坝的内部碾压混凝土标准配合比

| 混凝土使用部位 | 最大骨料粒径/mm | 水胶比 | 粉煤灰掺量/% | 每立方米混凝土材料用量/kg | | | | |
|---|---|---|---|---|---|---|---|---|
| | | | | 水泥 | 粉煤灰 | 水 | 胶凝材料 | 砂石 |
| 坝体内部 | 76 | 1.62 | 28.8 | 47 | 19 | 107 | 66 | 2 293 |

水泥稳固砂砾石碾压混凝土在中国的使用实例:广西百龙滩水电站坝体内部碾压混凝土(水泥 39 kg/m³,粉煤灰 60 kg/m³);福建洪口水电站上游围堰(水泥 40 kg/m³,粉煤灰 40 kg/m³;水泥 55 kg/m³,粉煤灰 45 kg/m³);福建街面水电站围堰(水泥 40 kg/m³,粉煤灰 40 kg/m³)等。福建洪口水电站上游围堰所用配合比见表 4-2。

表 4-2　福建洪口水电站上游围堰碾压混凝土配合比

| 配合比编号 | 水泥/(kg/m³) | 粉煤灰/(kg/m³) | 石粉/(kg/m³) | 砂石混合料/(kg/m³) | 水/(kg/m³) | VC/s |
|---|---|---|---|---|---|---|
| 1 | 40 | 40 | 20 | 2 175 | 85 | 5~10 |
| 2 | 45 | 45 | 0 | 2 115 | 90 | 5~10 |

### 2. 干贫碾压混凝土

干贫碾压混凝土在日本碾压混凝土坝的内部混凝土得到广泛的应用。日本的所有碾压混凝土坝几乎都是在坝的上下游设置 3 m 厚的常态混凝土,碾压混凝土用作内部混凝土。其代表性的工程是玉川(Tamagawa)坝和岛地川(Shimajigawa)坝,它们的内部碾压混凝土配合比见表 4-3。

表 4-3　日本代表性的碾压混凝土坝的内部碾压混凝土标准配合比

| 坝名 | 最大骨料粒径/mm | 水胶比 | 粉煤灰掺量/% | 每立方米混凝土材料用量/kg | | | | |
|---|---|---|---|---|---|---|---|---|
| | | | | 水泥 | 粉煤灰 | 水 | 胶凝材料 | 砂石 |
| 玉川 | 80 | 0.850 | 20 | 91 | 39 | 95 | 130 | 2 201 |
| 岛地川 | 80 | 0.875 | 30 | 84 | 36 | 105 | 120 | 2 234 |

干贫碾压混凝土在中国大陆仅有的应用工程是辽宁省的观音阁水库碾压混凝土坝(该工程使用日本贷款,日方要求按日本碾压混凝土施工技术进行建设)的内部混凝土。观音阁大坝内部碾压混凝土的代表性配合比见表 4-4。

表 4-4　观音阁大坝内部碾压混凝土的代表性配合比

| 混凝土使用部位 | 最大骨料粒径/mm | 水胶比 | 粉煤灰掺量/% | 每立方米混凝土材料用量/kg | | | | |
|---|---|---|---|---|---|---|---|---|
| | | | | 水泥 | 粉煤灰 | 水 | 胶凝材料 | 砂石 |
| 坝体内部 | 120 | 0.58 | 30 | 91 | 39 | 75 | 130 | 2 262 |

### 3. 高粉煤灰含量碾压混凝土

高粉煤灰含量碾压混凝土在国外得到广泛的应用,其中最有代表性的是美国的上静水(Upper Stillwater)坝。该坝是应用富胶凝材料用量碾压混凝土的典型。上静水坝所用碾压混凝土配合比见表 4-5。

表 4-5　上静水坝碾压混凝土配合比

| 混凝土使用部位 | 最大骨料粒径/mm | 水胶比 | 粉煤灰掺量/% | 每立方米混凝土材料用量/kg | | | | |
|---|---|---|---|---|---|---|---|---|
| | | | | 水泥 | 粉煤灰 | 水 | 胶凝材料 | 砂石 |
| 距上游面3 m 范围内 | 50 | 0.39 | 68.5 | 80 | 174 | 99 | 254 | 2 205 |
| 坝体其余部位 | 50 | 0.33 | 68.6 | 95 | 208 | 100 | 303 | 2 140 |

　　中国大陆的碾压混凝土坝绝大部分采用高粉煤灰含量碾压混凝土进行建设，其中坝体上游面的二级配碾压混凝土属于富胶凝材料用量的碾压混凝土，其后的三级配碾压混凝土属于中等胶凝材料用量的碾压混凝土。典型的代表性工程（第一座获得鲁班奖的碾压混凝土重力坝）——棉花滩碾压混凝土坝，其所用碾压混凝土的配合比见表 4-6。

表 4-6　棉花滩大坝碾压混凝土配合比

| 混凝土使用部位 | 最大骨料粒径/mm | 水胶比 | 粉煤灰掺量/% | 每立方米混凝土材料用量/kg | | | | |
|---|---|---|---|---|---|---|---|---|
| | | | | 水泥 | 粉煤灰 | 水 | 胶凝材料 | 砂石 |
| 上游防渗层 | 40 | 0.50 | 57.5 | 85 | 115 | 99 | 200 | 2 150 |
| 内部混凝土 | 80 | 0.52 | 59.4 | 70 | 100 | 89 | 170 | 2 221 |
| 内部混凝土 | 80 | 0.59 | 60.0 | 60 | 90 | 89 | 150 | 2 259 |

## 4.1.2　碾压混凝土配合比设计应遵循的基本定则

　　碾压混凝土也是一种混凝土，在进行碾压混凝土配合比设计时，必须遵循混凝土配合比设计共同的原则，但碾压混凝土有别于常态混凝土，在进行碾压混凝土配合比设计时，若仅将常态混凝土的流动性减小至振动碾可以碾压施工的范围，不一定能获得良好的碾压混凝土。为了更好地进行碾压混凝土配合比设计，我们必须了解并掌握进行碾压混凝土配合比设计应遵循的基本原则。

### 4.1.2.1　水胶比定则

　　国内外的试验资料都表明，成型密实的碾压混凝土硬化后（与常态混凝土相同），其强度和水胶比之间存在密切关系，即随着拌和物水胶比的增大，硬化后碾压混凝土的抗压强度有规律地降低，如图 4-1 所示。也就是说，硬化后的碾压混凝土的抗压强度符合水灰比定则（或称水胶比定则）。这一定则为碾压混凝土配合比初步设计及配合比调整提供了方便。

### 4.1.2.2　需水量定则

　　碾压混凝土试验资料表明，当其他条件不变时，碾压混凝土拌和物的 VC 值取决于碾压混凝土的单位体积用水量，在一定范围内与所用的胶凝材料总量的变化关系不大。碾压混凝土拌和物与常态混凝土拌和物一样服从李斯恒的"需水量定则"。在不同的配合比设计方法中，都直接或间接地应用了这个基本原则。为了调整碾压混凝土拌和物的 VC 值而保持混凝土强度不变时，就保持水胶比不变而增减用水量和砂率。当保持 VC 值不变而调整水胶比从而调整混凝土的强度时，需保持用水量基本不变，增减胶凝材料用量和砂率，所增加或减少的胶凝材料以减少或增加等体积的砂进行替换，就可以达到改变水胶比从而调整碾压混凝土的强度而不影响用水量和 VC 值的目的。

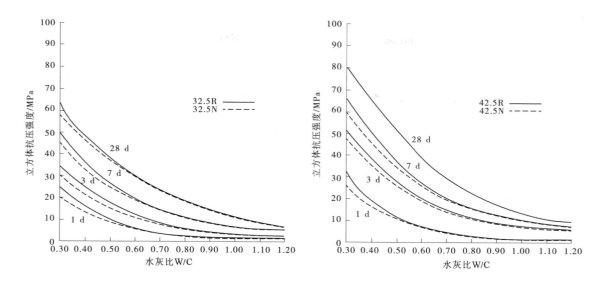

图 4-1　混凝土的抗压强度与水灰比的关系

# 4.2　碾压混凝土配合比设计的基本原理和要求

如前所述,由于碾压混凝土拌和物及硬化后的碾压混凝土具有混凝土与砾石土料各自的某些特点,人们对碾压混凝土的配合比既有基于混凝土原理进行设计的,也有基于土工原理进行设计的。但不管是基于何种原理,密实碾压混凝土的配合比设计的基本出发点是:胶凝材料浆包裹细骨料颗粒并尽可能地填满细骨料间的空隙,形成砂浆;砂浆包裹粗骨料颗粒并尽可能地填满粗骨料间的空隙,形成均匀密实的混凝土。所配制出的碾压混凝土应达到所需的技术、经济指标要求。因此,在进行碾压混凝土配合比设计时,必须了解胶凝材料浆能否填满细骨料间的空隙,砂浆量是否足以填满粗骨料间的空隙。在此基础上考虑到施工现场条件与室内条件的差别,适当增加一定的胶凝材料浆量和砂浆量作为余度。最终通过现场碾压试验,检验设计出的碾压混凝土拌和物对现场施工设备的适应性。

## 4.2.1　土工原理

按土工原理进行碾压混凝土配合比设计,是将碾压混凝土视为类似于土料(如水泥土)的物质,以其含水量-密实度的关系为依据,模拟施工现场振动碾压的压实功在室内进行击实试验,确定其最优单位用水量。对一定量的粗、细骨料和胶凝材料,在室内用击实方法,在现场用压实方法确定其最优单位用水量。室内击实功及击实的程度与现场碾压机械所能提供的压实功和压实程度相适应。土工原理方法借助普氏压实原理认为,一个给定的压实功有一个"最优含水量",按这个最优含水量,碾压混凝土拌和物可以获得最大的干表观密度。压实功增大,混凝土的最大干表观密度也增加,最优含水量则减少。在土工原理设计方法中,碾压混凝土的干表观密度被用作设计指标。图 4-2 示出了在三种击实功条件下的击实曲线室内试验成果。图 4-3 示出了不同碾压遍数(不同压实功)下的压实曲线现场试验结果。

试验表明,含水量与振动压实的单位压实功有密切关系。压实功大(2.7 J)比压实功小(0.6 J)的拌和物表观密度增大 12.2%;而最优含水量却降低 44.4%;美国的北环工程(Northloop)滞洪坝群碾压混凝土试验也表明:单位压实功大(2 706 kJ/m³)比单位压实功小(1 104 kJ/m³)的拌和物表观密度(2 163 kg/m³)增大 2.4%,而最优含水量(含水量=5.88%)却降低 25.4%。

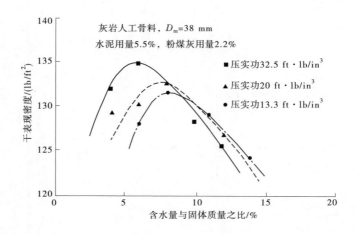

**图 4-2　不同压实功下碾压混凝土含水量-表观密度曲线**

**注**:1 ft=0.304 8 m;1 lb=0.453 6 kg;1 in=2.54 cm。

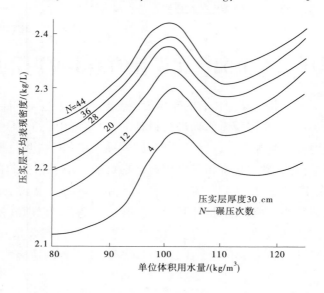

**图 4-3　压实层平均表观密度与单位用水量的关系**

　　一些研究资料表明:碾压混凝土压实性能与土石料的振动压实性能相近。英国大坝委员会认为,碾压混凝土的含水量和土石料一样,以能获得最优密实度为选用标准,并指出碾压混凝土的最优含水量为5%~7%。日本碾压混凝土的室内外压实试验资料表明:最大密实度和强度与混凝土一定的用水量相对应,而且最高强度对应的含水量与最大表观密度所对应的最优含水量很接近。

　　一般认为,水泥完全水化的需水量为:当 $W/C=0.55$ 时,7 d 龄期的需水量为水泥质量的 21.2%,365 d 为 35.9%。由此,当碾压混凝土单位胶凝材料用量为 140 kg/m³ 时,碾压混凝土中的胶凝材料完全水化的需水量只需 50.3 kg。但是,这种用水量无法使碾压混凝土振动碾压密实。美国混凝土学会207 委员会的报告指出:当掺有粉煤灰的碾压混凝土用水量增加至 68 kg/m³ 时,碾压混凝土的振动压实的密实度随之迅速上升,但振动压实时间(VC 值)在 40 s 以上;当用水量增加到 86 kg/m³ 时,振动压实的时间仅为 30 s,碾压混凝土相对密实度可达 98%。可见,碾压混凝土用水量应根据施工的需要来确定。

## 4.2.2　混凝土原理

混凝土原理的配合比设计方法把碾压混凝土拌和物视为与常态混凝土相似的实际混凝土,其抗压强度和其他性能遵循阿勃拉姆斯(Abrams)于 1918 年建立的水灰比关系,即假定混凝土骨料干净坚硬,则密实地硬化后混凝土的抗压强度与水灰比存在相应的关系,水灰比增大,抗压强度降低。混凝土原理的配合比设计以水灰比(或水胶比)–抗压强度关系为依据,即对于一定量的混凝土粗、细骨料和胶凝材料,在保证碾压混凝土拌和物碾压密实的条件下,随着碾压混凝土拌和物水灰比(或水胶比)的增大,硬化碾压混凝土的抗压强度有规律地降低。碾压混凝土的水胶比被用作配合比设计指标。

混凝土原理的配合比设计方法以碾压混凝土中各种原材料相互填充密实为基础,即在碾压混凝土拌和物中有足够多的胶凝材料浆包裹并填充细骨料间的空隙、足够多的砂浆包裹并填充粗骨料间的空隙,形成均匀密实的碾压混凝土。因而,碾压混凝土的配合比设计方法可以沿用常规混凝土的各种配合比设计方法,如绝对体积法、假定表观密度法、填充包裹理论法等方法,只是在配合比设计过程中增加掺合料的掺用比例作为碾压混凝土的配合比设计参数。

## 4.2.3　混凝土原理与土工原理的关系

混凝土原理与土工原理两种配合比设计方法的关系可以用混凝土水灰比与抗压强度的关系曲线加以解释,见图 4-4。图 4-4 中标有"压实不充分的混凝土"的两条虚线具有含水量–表观密度关系的一般形状。其中,曲线 $a$ 对应较小的压实功,曲线 $b$ 对应较大的压实功并具有较低的最优含水量。考虑到碾压混凝土拌和物中夹杂有一定量的空气,充分压实的碾压混凝土的实际水灰比–抗压强度关系曲线应该与理论的无空气的曲线平行但略低些。尽管碾压混凝土可以用两种原理进行配制,但通常是按照混凝土原理进行的。因为混凝土的强度除与压实程度有关外,还与胶结程度有关。压实程度与胶结程度越高,混凝土的抗压强度也越大。土工原理强调的主要是压实程度。就大多数按土工原理配制的拌和物而言,经振动碾压实后,混凝土表面并没有足够多的灰浆出现,说明混凝土内部没有足够的灰浆填充空隙,因此混凝土中各种颗粒之间不可能完全胶结。保证经碾压后混凝土表面出现足够的灰浆不仅可以达到提高层面黏结能力的目的,还说明了该混凝土拌和物具有较好的抵抗粗骨料分离的能力。另外,混凝土中各种颗粒之间的胶结程度,还强烈地依赖于胶凝材料浆的强度。水灰比越小,胶凝材料浆的胶结强度也越高。土工原理方法中并没有考虑水胶比这一因素。因此,当使用土工原理进行碾压混凝土配合比设计时,不应仅仅强调最优含水量,而应该强调的是最优含浆量。

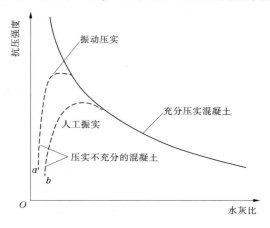

**图 4-4　水灰比与抗压强度的一般关系**

### 4.2.4　配合比参数和确定原则

碾压混凝土是以水泥和掺合料为胶凝材料,与水、外加剂和骨料按适当比例配合拌制成拌和物,再经铺筑成型硬化后得到的人造石材。碾压混凝土配合比设计的任务是将上述各种原材料合理地配合,使所得的碾压混凝土满足工程设计所提出的各项技术性能指标,并达到经济的目的。为此,需处理好各种原材料之间的比例(配合比参数),同时遵循相应的参数确定原则。

#### 4.2.4.1　配合比参数

碾压混凝土配合比参数包括:水与胶凝材料用量之间的对比关系即水胶比[$W/(C+F)$];掺合料与胶凝材料用量之间的对比关系即掺合料掺用比例[$F/(C+F)$ 或 $F/C$];砂与骨料用量之间的对比关系即砂率[$S/(S+G)$];胶凝材料浆的用量与砂用量之间的对比关系即浆砂比[$(C+F+W)/S$ 或浆体填充砂子间空隙的盈余系数 $\alpha$ 或单位用水量 $W$]。

上述四个配合比参数之间存在密切的关系,正确地确定这四个参数就能使配制出的碾压混凝土既满足工程设计提出的技术性能指标要求,又达到经济的目的。

#### 4.2.4.2　配合比参数的确定原则与要求

为了使设计出的碾压混凝土能满足各项技术、经济指标的要求,在确定配合比参数时应遵循相应的原则与要求。

1. 水胶比的确定原则与要求

碾压混凝土的水胶比[$W/(C+F)$]大小直接影响碾压混凝土拌和物的施工性能和硬化碾压混凝土的技术性质。当胶凝材料用量一定时,水胶比增大则拌和物的 VC 值减小,硬化碾压混凝土的强度及耐久性降低。相反则拌和物的 VC 值增大,硬化碾压混凝土的强度及耐久性改善。若固定水泥用量不变,采用较大的 $F/(C+F)$ 或 $F/C$,使 $W/(C+F)$ 降低,有利于碾压混凝土中掺合料活性的发挥,碾压混凝土的强度和耐久性提高。在达到相同的强度及耐久性要求的条件下,可以获得较为经济的效果。因此,确定碾压混凝土水胶比[$W/(C+F)$]的原则是:在满足强度、耐久性及施工要求的 VC 值的前提条件下,选用较小值,相应选用较大的 $F/(C+F)$ 或 $F/C$ 及较小的水泥用量。

2. 掺合料掺用比例的确定原则与要求

在碾压混凝土中,掺用较大比例的掺合料(如粉煤灰)不仅可以节约水泥、改善混凝土的某些性能,而且可以降低碾压混凝土的造价,变废为宝、减少环境污染。因此,碾压混凝土中不仅一定要掺用掺合料,而且应尽量多地掺用掺合料。确定碾压混凝土掺合料掺用比例[$F/(C+F)$ 或 $F/C$]的原则是:在满足设计对碾压混凝土提出的技术性能指标要求的前提条件下,尽量选用较大值。

3. 浆砂比(或单位用水量)的确定原则与要求

浆砂比(或单位用水量)的大小既是影响碾压混凝土拌和物 VC 值的重要因素,也是影响碾压混凝土密实度的因素。随着碾压混凝土浆砂比(或单位用水量)的增大,拌和物的 VC 值减小,在一定的振动能量条件下碾压混凝土的密实度提高。浆砂比(或单位用水量)过度增大不仅造成 VC 值过小,无法碾压施工,而且造成碾压混凝土胶凝材料用量的增加,给温度控制带来困难的同时也增大了混凝土的造价。因此,确定碾压混凝土浆砂比(或单位用水量)的原则是:在保证碾压混凝土拌和物于一定的振动能量下能振碾密实并满足施工要求的 VC 值的前提条件下,尽量取小值。

4. 砂率的确定原则与要求

砂率的大小直接影响碾压混凝土拌和物的施工性能、硬化后碾压混凝土的强度及耐久性。砂率过大,拌和物干硬、松散,VC 值大,难于碾压密实,碾压混凝土的强度低、耐久性差。砂率过小,砂浆不足以填充粗骨料间的空隙并包裹粗骨料颗粒,拌和物的 VC 值大,粗骨料分离,碾压混凝土的密实度低、强度及耐久性下降。因此,在确定碾压混凝土配合比时,必须选择最优砂率。所谓最优砂率,就是在保证碾压混凝土拌和物具有好的抗离析性并达到施工要求的 VC 值时,胶凝材料用量最少时的砂率。

#### 4.2.4.3　现行规范提供的配合比参数范围和有关的资料

碾压混凝土的配合比参数应通过试验确定。根据中国大陆工程的实践经验,《水工碾压混凝土施工规范》(DL/T 5112—2009)指出,碾压混凝土的水胶比宜不大于 0.65。有抗侵蚀性要求时,水胶比宜小于 0.45,并应进行试验论证。《碾压混凝土坝设计规范》(SL 314—2004)指出,胶凝材料中掺合料所占的质量比,在外部碾压混凝土中不宜超过总胶凝材料的 55%,在内部碾压混凝土中不宜超过总胶凝材料的 65%,超过 65% 应进行论证。应通过试验选取最优砂率值。《水工碾压混凝土施工规范》(DL/T 5112—2009)指出,使用天然砂石料时,三级配碾压混凝土的砂率为 28%~32%,二级配时为 32%~37%;使用人工砂石料时,砂率应增加 3%~6%。单位用水量可根据碾压混凝土施工工作度(VC 值)、骨料的种类及最大粒径、砂率以及外加剂等经过试验选定。

根据中国大陆 51 座碾压混凝土坝的统计,实际使用水胶比的情况见表 4-7,掺合料掺用比例见表 4-8,浆砂比见表 4-9,砂率见表 4-10,单位用水量一般处在 75~95 kg/m³。

**表 4-7　碾压混凝土的水胶比情况(根据 51 个工程的 113 个配合比进行的统计)**

| 水胶比 | 0.40~0.49 | 0.50~0.59 | 0.60~0.69 | 0.70~0.79 |
|---|---|---|---|---|
| 配合比个数 | 30 | 57 | 24 | 2 |
| 所占比例/% | 26.55 | 50.44 | 21.24 | 1.77 |
| 水胶比范围 | 0.79(百龙滩)~0.40(石门子) | 平均水胶比 | | 0.536 |

**表 4-8　碾压混凝土的掺合料掺用比例情况(根据 51 个工程的 113 个配合比进行的统计)**

| 掺合料掺用比例/% | 30 以下 | 30~49 | 50~59 | 60~69 | 70 以上 |
|---|---|---|---|---|---|
| 配合比个数 | 1 | 17 | 45 | 49 | 1 |
| 所占比例/% | 0.88 | 15.04 | 39.82 | 43.36 | 0.88 |
| 掺合料掺用比例范围/% | 70(江垭)~18(马回) | 掺合料掺用比例平均值/% | | | 55.46 |

**表 4-9　碾压混凝土的浆砂比情况(根据 51 个工程的 113 个配合比进行的统计)**

| 浆砂比 | 0.30 以下 | 0.30~0.39 | 0.40~0.49 | 0.50 以上 |
|---|---|---|---|---|
| 配合比个数 | 5 | 81 | 25 | 2 |
| 所占比例/% | 4.42 | 71.68 | 22.12 | 1.77 |
| 浆砂比的范围 | 0.63(马回)~0.24(百龙滩) | 浆砂比的平均值 | | 0.359 |

**表 4-10　碾压混凝土的砂率情况(根据 51 个工程的 113 个配合比进行的统计)**

| 砂率/% | 25 以下 | 25~29 | 30~34 | 35~40 | 40 以上 |
|---|---|---|---|---|---|
| 配合比个数 | 2 | 21 | 58 | 29 | 2 |
| 所占比例/% | 1.77 | 18.58 | 51.33 | 25.66 | 1.77 |
| 砂率的范围/% | 41(百龙滩)~21(马回) | 砂率的平均值/% | | 32.64 | |

碾压混凝土水胶比、掺合料掺用比例、浆砂比、单位用水量、砂率等参数的选择可用单因素分析法、正交试验设计选择法或工程类比选择法通过试验确定。水胶比也可以参考表 4-7 初步确定。此外,根据中国 26 个工程碾压混凝土的胶水比[$B/W$]、粉煤灰掺用比例[$F/(C+F)$]及 90 d 龄期碾压混凝土的

抗压强度,得到下列的关系,并可以作为参考:

$$f_c = 12.46 \frac{B}{W} - 14.24 \frac{F}{C+F} + 1.82 \left(\frac{F}{C+F}\right)^2 + 6.52 \tag{4-1}$$

表 4-11　碾压混凝土初选用水量　　　　　　　　　　单位:kg/m³

| 碾压混凝土 VC/s | 卵石最大粒径/mm | | 碎石最大粒径/mm | |
|---|---|---|---|---|
| | 40 | 80 | 40 | 80 |
| 1~5 | 120 | 105 | 135 | 115 |
| 5~10 | 115 | 100 | 130 | 110 |
| 10~20 | 110 | 95 | 120 | 105 |

**注:**1. 本表适用于细度模数为 2.6~2.8 的天然中砂,当使用细砂或粗砂时,用水量需增加或减少 5~10 kg/m³。

　　2. 采用人工砂,用水量增加 5~10 kg/m³。

　　3. 掺入火山灰质掺合料时,用水量需增加 10~20 kg/m³;采用Ⅰ级粉煤灰时,用水量可减少 5~10 kg/m³。

　　4. 采用外加剂时,用水量应根据外加剂的减水率做适当调整,外加剂的减水率应通过试验确定。

　　5. 本表适用于骨料含水状态为饱和面干状态。

表 4-12　碾压混凝土砂率初选值　　　　　　　　　　　　　%

| 骨料最大粒径/mm | 水胶比 | | | |
|---|---|---|---|---|
| | 0.40 | 0.50 | 0.60 | 0.70 |
| 40 | 32~34 | 34~36 | 36~38 | 38~40 |
| 80 | 27~29 | 29~32 | 32~34 | 34~36 |

**注:**1. 本表适用于卵石、细度模数为 2.6~2.8 的天然中砂拌制的 VC 值为 3~7 s 的碾压混凝土。

　　2. 砂的细度模数每增减 0.1,砂率相应增减 0.5%~1.0%。

　　3. 使用碎石时,砂率需增加 3%~5%。

　　4. 使用人工砂时,砂率需增加 2%~3%。

　　5. 掺用引气剂时,砂率可减小 2%~3%;掺用粉煤灰时,砂率可减小 1%~2%。

　　为了便于配合比设计和节省配合比设计试验所需的时间,对于大、中型水利水电工程的碾压混凝土配合比参数选择,一般都事先进行一系列的碾压混凝土各种性能与碾压混凝土配合比参数之间关系的试验并获得各种性能与配合比参数关系的规律性资料,为配合比参数的选择和施工过程中碾压混凝土的配合比调整提供依据。

# 4.3　碾压混凝土配合比设计的基本方法和一般步骤

　　碾压混凝土的配合比设计方法,至今尚无被普遍认可的统一规定。目前已有的几种设计方法也存在一些差别。这些方法都是从不同的角度建立的。其中,有的带有假想的性质,有的带有经验的性质。但它们各自分析问题的方法对于我们进一步研究碾压混凝土设计理论很有益处。

## 4.3.1　碾压混凝土配合比设计的基本方法

　　碾压混凝土配合比设计的基本方法有假定表观密度法、绝对体积法、填充包裹理论法和密实填充理论法等。

### 4.3.1.1　假定表观密度法

　　假定新铺筑好的碾压混凝土单位体积的质量为已知的表观密度 $\gamma_{con}$ ( kg/m³ ),因此有

$$C + F + W + S + G = \gamma_{con} \tag{4-2}$$

式中：$C$、$F$、$W$、$S$、$G$ 分别是碾压混凝土中水泥、掺合料、水、砂和石子的用量，$kg/m^3$；$\gamma_{con}$ 为碾压混凝土的假定表观密度，$kg/m^3$。

碾压混凝土的表观密度大小与骨料母岩的种类有关，与配合比（如掺合料的掺用比例、含气量、水胶比的大小和粗骨料最大粒径等）有关，一般可以在 2 380~2 450 $kg/m^3$ 范围内暂时选定。

我们假定四个配合比参数的取值如下：

$$W/(C + F) = m \tag{4-3}$$

$$F/C = n \tag{4-4}$$

$$(C + F + W)/S = K_p \tag{4-5}$$

$$S/(S + G) = K \tag{4-6}$$

解上述方程组（五个方程），则得每立方米碾压混凝土的各种材料用量为

$$C = \frac{\gamma_{con} \times K_p}{R \times \left(K_p + \dfrac{1}{K}\right)} \tag{4-7}$$

$$F = n \times C \quad 或 \quad F = \frac{n_1}{1 - n_1} \times C \tag{4-8}$$

$$W = m \times C \times (1 + n) \tag{4-9}$$

$$S = \frac{R \times C}{K_p} \tag{4-10}$$

$$G = \frac{R \times C \times (1/K - 1)}{K_p} \tag{4-11}$$

$$n_1 = \frac{F}{C + F}, n = \frac{n_1}{1 - n_1}, R = 1 + m + n + mn$$

以上各式中：$m$、$n$、$K_p$ 和 $K$ 分别为配合比参数水胶比、掺合料掺用比例、浆砂比和砂率；其他符号的意义同前。

#### 4.3.1.2　绝对体积法

假定 1 $m^3$ 新铺筑的碾压混凝土中各种材料（包括所含的空气）的绝对体积之和正好为 1 $m^3$（1 000 L）。因此有

$$C/\rho_c + F/\rho_f + W/\rho_w + S/\rho_s' + G/\rho_g' + 10a = 1\,000 \tag{4-12}$$

式中：$\rho_c$、$\rho_f$、$\rho_w$ 分别为水泥、掺合料和水的密度（水的密度一般取为 1.0），$kg/L$ 或 $g/cm^3$；$\rho_s'$、$\rho_g'$ 分别为砂和石子的视密度，$kg/L$ 或 $g/cm^3$；$a$ 为碾压混凝土的含气量（%）；其他符号含义同前。

若已知碾压混凝土的参数水胶比 $[W/(C + F)]$、掺合料掺用比例 $(F/C)$、浆砂比 $[(C + F + W)/S]$ 和砂率 $[S/(S + G)]$ 以及碾压混凝土的含气量 $a$，则式（4-12）的 4 个参数可以通过求解获得。

$$C = (1\,000 - 10a) \div \left[ \frac{1}{\rho_c} + \frac{n_1}{1 - n_1}\frac{1}{\rho_f} + m\left(1 + \frac{n_1}{1 - n_1}\right)\frac{1}{\rho_w} + \frac{1 + \dfrac{n_1}{1 - n_1} + m\left(1 + \dfrac{n_1}{1 - n_1}\right)}{K_p}\left(\frac{1}{\rho_s'} + \frac{K - 1}{K\rho_g'}\right) \right]$$

$$\tag{4-13}$$

$$F = C \times n \tag{4-14}$$

$$W = m \times C \times (1 + n) \tag{4-15}$$

$$S = C \times [1 + n + m(1 + n)]/K_p \tag{4-16}$$

$$G = S \times (1/K - 1) \tag{4-17}$$

#### 4.3.1.3　填充包裹理论法

假定新铺筑的碾压混凝土中胶凝材料浆和少量的空气填充砂子颗粒之间的空隙并包裹砂子颗粒形成砂浆；砂浆填充石子颗粒之间的空隙并包裹石子形成均匀密实的碾压混凝土。胶凝材料浆对砂子之

间空隙的填充程度用胶凝材料浆的富余系数 $\alpha$ 表示；砂浆填充石子之间空隙的富余程度用砂浆富余系数 $\beta$ 表示。由于考虑胶凝材料浆需要包裹砂子颗粒，砂浆需要包裹石子颗粒，因此 $\alpha$ 和 $\beta$ 都必须大于 1.0。

因为

$$\left(1 - \frac{\gamma_s}{\rho_s'}\right) = P_s; \qquad \left(1 - \frac{\gamma_g}{\rho_g'}\right) = P_g$$

以及

$$\frac{C}{\rho_c} + \frac{F}{\rho_f} + \frac{W}{\rho_w} + \frac{S}{\rho_s'} = 1\ 000 - 10a - \frac{G}{\rho_s'}$$

而

$$\alpha = \frac{\dfrac{C}{\rho_c} + \dfrac{F}{\rho_f} + \dfrac{W}{\rho_w}}{S \times \left(\dfrac{1}{\gamma_s} - \dfrac{1}{\rho_s'}\right)}$$

则

$$\frac{C}{\rho_c} + \frac{F}{\rho_f} + \frac{W}{\rho_w} = \alpha \times \frac{P_s \times S}{\gamma_s}$$

$$\beta = \frac{\dfrac{C}{\rho_c} + \dfrac{F}{\rho_f} + \dfrac{W}{\rho_w} + \dfrac{S}{\rho_s'}}{G \times \left(\dfrac{1}{\gamma_g} - \dfrac{1}{\rho_g'}\right)}$$

$$1\ 000 - 10a - \frac{G}{\rho_g'} = \beta \times \frac{P_g \times G}{\gamma_g}$$

又因为 $\dfrac{W}{C+F} = m$；$\dfrac{F}{C+F} = n_1$，则可以计算出 $1\ \mathrm{m}^3$ 碾压混凝土的各种材料用量：

$$G = \frac{1\ 000 - 10a}{\beta \times \dfrac{P_g}{\gamma_g} + \dfrac{1}{\rho_g'}} \qquad (4\text{-}18)$$

$$S = \frac{\beta \times G \times \dfrac{P_g}{\gamma_g}}{\alpha \times \dfrac{P_s}{\gamma_s} + \dfrac{1}{\rho_s'}} \qquad (4\text{-}19)$$

$$C = \frac{\alpha \times S \times \dfrac{P_s}{\gamma_s}}{\dfrac{1}{\rho_c} + \dfrac{n_1}{(1-n_1)\rho_f} + \dfrac{m}{\rho_w} + \dfrac{m \times n_1}{(1-n_1)\rho_w}} \qquad (4\text{-}20)$$

$$F = \frac{C \times n_1}{1 - n_1} \qquad (4\text{-}21)$$

$$W = m \times (C + F) \qquad (4\text{-}22)$$

以上各式中：$P_s$、$P_g$ 分别为砂子和石子振实状态的空隙率(%)；$\gamma_s$、$\gamma_g$ 分别为砂子和石子振实状态的堆积表观密度，$\mathrm{kg/L}$；其他符号意义同前。

对于碾压混凝土，一般来说，$\alpha = 1.1 \sim 1.3$，$\beta = 1.6 \sim 1.8$。

#### 4.3.1.4　密实填充理论法

假定新铺筑的碾压混凝土中，胶凝材料浆密实(没有空气)填充砂子颗粒之间的空隙；砂浆密实(没有空气)填充石子颗粒之间的空隙形成均匀密实的碾压混凝土。该方法引入了无空气(完全密实)胶凝材料浆体积与无空气(完全密实)砂浆体积的比值 $P_v$ 和 1 $m^3$ 碾压混凝土所需无空气(完全密实)砂浆体积 $V_m$(或粗骨料体积 $V_g$)的概念。对于三级配碾压混凝土 $P_v$,一般要求不小于 0.42。此外,由于 $P_v$ 的数值 0.42 是在完全密实状态下针对一般的河砂提出的,掺有引气剂的碾压混凝土之中所含的空气体积和人工砂中所含大量的小于 0.074 mm(或 0.080 mm)的颗粒的体积也应计入胶凝材料浆的体积中。

计算公式如下:

$$V_m = V_{con} \times (1 - a) - V_g \tag{4-23}$$

$$V_p = V_m \times P_v \tag{4-24}$$

$$V_s = V_m \times (1 - P_v) \tag{4-25}$$

$$V_w = V_P \times \frac{V_w}{V_c + V_f} \times \frac{1}{1 + \dfrac{V_w}{V_c + V_f}} \tag{4-26}$$

$$V_c = V_w \times \frac{V_c + V_f}{V_w} \times \frac{1}{1 + \dfrac{V_f}{V_c}} \tag{4-27}$$

$$V_f = V_c \times \frac{V_f}{V_c} \tag{4-28}$$

式中:$V_m$、$V_{con}$、$a$、$V_p$、$V_s$、$V_g$ 分别为 1 $m^3$ 碾压混凝土中砂浆、混凝土、空气、胶凝材料净浆、细骨料和粗骨料的体积,$m^3$;$V_w$、$V_c$、$V_f$ 分别为水、水泥、掺合料的体积,$m^3$;$\dfrac{V_w}{V_c + V_f}$、$\dfrac{V_f}{V_c}$ 分别为水胶比(体积比)及掺合料与水泥的体积比。

初步设计时 $V_{con} = 1$;$a$ 由设计含气量(根据抗冻等级要求)给出;根据经验确定粗骨料体积 $V_g$:对于三级配($D_{max} = 80$ mm)碾压混凝土,$V_g = 0.51 \sim 0.61$ $m^3$;对于二级配($D_{max} = 40$ mm)碾压混凝土,$V_g = 0.52 \sim 0.58$ $m^3$。根据中国碾压混凝土工程的经验,对于三级配碾压混凝土,$V_g \leq 0.54$ $m^3$;对于二级配碾压混凝土,$V_g \leq 0.53$ $m^3$。

粗骨料、砂子、水、水泥、掺合料等五种材料的体积确定或计算出来以后,分别乘以各自的密度或视密度,即可得到 1 $m^3$ 碾压混凝土的各种材料用量。

$$C = \rho_c \times V_c = \rho_c \times V_w \times \frac{V_c + V_f}{V_w} \times \frac{1}{1 + \dfrac{V_f}{V_c}} \tag{4-29}$$

$$F = \rho_c \times V_f = \rho_f \times V_c \times \frac{V_f}{V_c} \tag{4-30}$$

$$W = \rho_w \times V_w = \rho_w \times V_p \times \frac{V_w}{V_c + V_f} \times \frac{1}{1 + \dfrac{V_w}{V_c + V_f}} \tag{4-31}$$

$$S = \rho'_s \times V_s = \rho'_s \times V_m \times (1 - P_v) \tag{4-32}$$

$$G = \rho'_g \times V_g \tag{4-33}$$

按上述公式计算出的结果,一般还需要进行充填系数 $\alpha$、$\beta$ 等控制参数的验算。

### 4.3.1.5 光照工程采用粉煤灰替代人工砂石粉含量偏低的经验

光照工程大坝在国内率先提出对碾压混凝土层面结合力学性能按灰浆与砂浆体积比进行控制。对碾压混凝土层面结合力学性能指标的控制,采用美国提出的灰浆与砂浆体积比 $P_v$,比采用 $\alpha$、$\beta$ 标准容易控制。灰浆与砂浆体积比最低要求是不小于 0.42,光照工程的最优值是 0.45。光照工程把碾压混凝土中人工砂粒径小于 0.16 mm、0.08 mm 和 0.045 mm 的含量作为经常性检测项目,并检测砂的松散和振实空隙率,以进行灰浆与砂浆体积比的分析与控制。在人工砂含粉量偏低的情况下,采用增加 2%～3%的粉煤灰替代人工砂石粉含量偏低的措施,有效地控制灰浆与砂浆体积比在 0.42～0.45。从碾压混凝土钻取的芯样状况及芯样长度(最长 15.33 m)来看,芯样表面光滑,层间结合良好,保证了碾压混凝土的铺筑质量。

#### 4.3.1.6　计算机辅助设计法

1. 建立碾压混凝土配合比数据库

除上述几种配合比设计方法外,南京水利科学研究院曾尝试使用计算机进行碾压混凝土配合比初步设计。该方法通过对不同碾压混凝土类型建立碾压混凝土配合比数据库,数据库结构图见图 4-5。

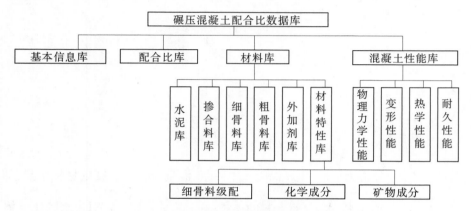

**图 4-5　碾压混凝土配合比数据库结构图**

2. 碾压混凝土配合比参数的统计分析

通过数据库中的资料,对碾压混凝土配合比参数进行统计分析,得出碾压混凝土配合比参数的选择范围及其与碾压混凝土宏观性能的关系。

3. 按配合比设计程序进行计算获得初步配合比

通过图 4-6 所示的配合比设计程序进行计算获得初步配合比设计结果。

4. 得到满足设计要求的碾压混凝土配合比

在上面的基础上,通过试拌和必要的相应混凝土宏观性能试验并调整后得到满足设计要求的碾压混凝土配合比。

### 4.3.2　碾压混凝土配合比设计的一般步骤

碾压混凝土的配合比设计方法和一般步骤,尽管在《水工混凝土配合比设计规程》(DL/T 5330—2005)中有所推荐,但目前仍然根据设计人员的习惯采用各自习惯的设计方法进行设计。总结各种设计方法,可以将碾压混凝土配合比设计的步骤大致分成以下六步:①收集配合比设计所需的资料;②初步配合比设计;③配合比的试拌调整;④室内配合比的确定;⑤施工现场配合比换算;⑥现场碾压试验与施工配合比确定。

#### 4.3.2.1　收集配合比设计所需的资料

进行碾压混凝土配合比设计之前应收集与配合比设计有关的全部文件及技术资料。它们包括:①碾压混凝土所处的工程部位;②工程设计对碾压混凝土提出的技术要求,如强度、变形、抗渗和抗冻、耐久性、热学性能、拌和物的凝结时间、VC 值、表观密度等;③工程施工队伍的施工技术水平,如施工队伍施工过的类似工程情况、相应工程混凝土的强度保证率、混凝土的标准差或离差系数等;④工程可能使用或拟使用的原材料的品质及单价等。

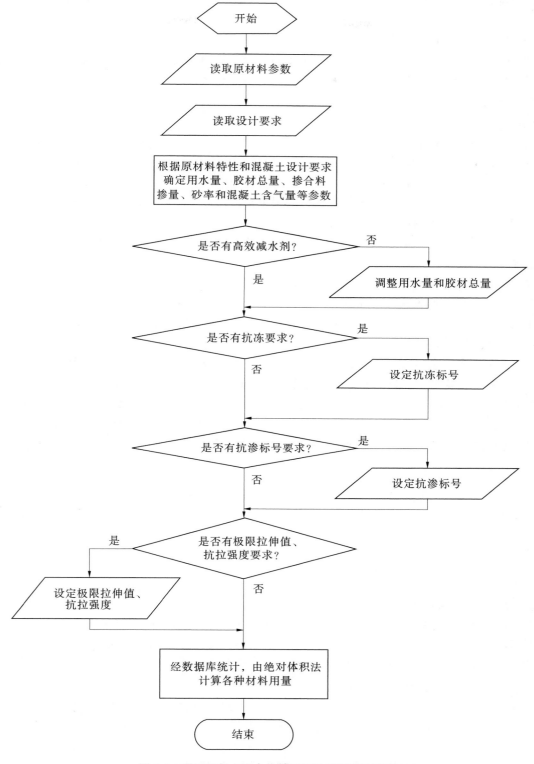

**图 4-6 碾压混凝土配合比辅助设计简要程序框图**

#### 4.3.2.2 初步配合比设计

初步配合比设计的内容包括:确定工程不同部位使用的碾压混凝土的粗骨料最大粒径和各级粗骨料所占比例;根据工程设计对不同碾压混凝土提出的不同技术性能要求,依据参考资料或个人积累的经验初步选择配合比参数;采用所选择(或习惯使用)的配合比设计方法计算出每立方米碾压混凝土的各种材料用量。

中国大陆水工混凝土粗骨料分级为:特大石 80~150(120) mm,大石 40~80 mm,中石 20~40 mm,小石 5~20 mm。碾压混凝土工程使用三级配和二级配碾压混凝土,大多数三级配碾压混凝土大、中、小三级粗骨料所占的比例为 3:4:3 或 4:3:3;二级配碾压混凝土粗骨料所占的比例为,中石:小石 = 5:5。碾压混凝土水胶比和掺合料掺用比例的选择可用单因素分析法、正交试验设计选择法或工程类比选择法通过试验确定。

在确定碾压混凝土配合比参数的基础上,通过上述配合比设计方法的计算公式,可以计算出每立方米碾压混凝土的各种材料用量。

### 4.3.2.3 配合比的试拌调整

按以上各种配合比设计方法求得的各种材料用量是借助一些经验公式和经验数据求得的,或是利用经验资料获得的。即使某些参数是通过实验室试验确定的,由于试验条件与实际情况的差异,也不可能完全符合实际情况,必须通过试拌来调整碾压混凝土拌和物的工作度并实测碾压混凝土拌和物的含气量和表观密度。

按初步确定的配合比称取各种原材料(另外掺入经过试验确定品种和掺量的外加剂——缓凝高效减水剂和引气剂)进行试拌,测定拌和物的 VC 值。若 VC 值大于设计要求,则应在保持水胶比不变的条件下增加用水量。若 VC 低于设计要求,可在保持砂率不变的情况下增加骨料用量。若拌和物的抗分离性能差,则可保持浆砂比不变情况下适当增大砂率;反之,则减小砂率。

当试拌调整的工作完成后,测定拌和物的含气量(含气量必须满足设计要求,否则须调整引气剂的掺量,相应调整 VC)及实际表观密度。根据实际的拌和物各种原材料的用量计算出 1 m³ 碾压混凝土实际的各种材料用量。若实测碾压混凝土拌和物的表观密度为 $\gamma'_{con}$ (kg/m³),经过试拌调整后拌和物的水泥、掺合料、水、砂和石子的实际用量分别是 $C'$、$F'$、$W'$、$S'$ 和 $G'$ (kg),则按下面各式可以计算出 1 m³ 碾压混凝土各种材料的实际用量(外加剂按计算出的胶凝材料用量和掺入比例求得实际掺用量),即基准配合比,单位为 kg/m³。

$$
\left.
\begin{aligned}
C &= \frac{\gamma'_{con}}{C' + F' + W' + S' + G'} \times C' = kC' \\
F &= kF' \\
W &= kW' \\
S &= kS' \\
G &= kG'
\end{aligned}
\right\}
\tag{4-34}
$$

### 4.3.2.4 室内配合比的确定

按基准碾压混凝土配合比,成型碾压混凝土强度、抗渗、抗冻等试件,标准养护至规定龄期,进行试验。此外,按设计所要求的性能试验项目进行相应的其他性能试验。如果碾压混凝土的各项性能均满足设计要求,且超过要求指标不多,则此配合比是经济合理的;否则,应将水胶比进行必要的调整,并重新做试验,直至符合要求,由此所得的碾压混凝土配合比即为实验室配合比。

为了缩短试验时间,可以基准碾压混凝土配合比为基础,同时拌制 3~5 种配合比进行试验,从中选出满足各项技术要求的配合比。在这 3~5 种配合比中,其中有一种是基准碾压混凝土配合比,其他几种配合比的水胶比值应分别比基准碾压混凝土配合比的水胶比逐次增加及减少 0.05,其用水量与基准碾压混凝土配合比相同,砂率根据增加或减少的胶凝材料做相同体积的相应调整。

对于大型碾压混凝土工程,常对碾压混凝土配合比进行系统试验。在确定初步水胶比时,就同时选取 3~5 个值,对每一种水胶比,又选取 3~5 种含砂率、3~5 种单位用水量和 3~5 种掺合料的掺入比例,组成多种配合比,平行进行试验并相互校核。通过试验,绘制水胶比与单位用水量,水胶比与合理砂率,水胶比及掺合料掺入比例与强度、抗渗等级、抗冻等级等的关系曲线。综合这些关系曲线最终确定出实验室配合比。

#### 4.3.2.5　施工现场配合比换算

实验室配合比是在室内标准条件下通过试验获得的。施工过程中,工地砂石材料含水状况、级配等会发生变化,气候条件、碾压混凝土运输及结构物铺筑条件也会变化,为保证混凝土质量,应根据条件的变化将实验室配合比进行换算和调整,得出施工配料单(也称施工配合比)供施工应用。

1. 施工配料单的换算

当骨料含水量变化较大及超、逊径颗粒含量超过规定时,应随时换算施工配料单,换算的目的是准确地实现实验室配合比。

(1)骨料含水量变化时施工配料单计算。实验室确定配合比时,若以气干状态的砂石为标准,则施工时应扣除砂石的全部含水量;若以饱和面干状态的砂石为标准,则应扣除砂石的表面含水量或补足其达到饱和面干状态所需吸收的水量。同时,相应地调整砂石用量。

设实测工地砂及石子的含水量(或表面含水量)分别为 $\alpha_a\%$ 及 $\alpha_b\%$,则碾压混凝土施工配合比的各项材料用量(配料单)应为

$$\left.\begin{array}{l} C_0 = C \\ S_0 = S(1 + \alpha_a\%) \\ G_0 = G(1 + \alpha_b\%) \\ W_0 = W - S\alpha_a\% - G\alpha_b\% \end{array}\right\} \qquad (4\text{-}35)$$

(2)骨料含超、逊径颗粒时施工配料单计算。当某级骨料有超径颗粒时,则将其计入上一粒径级,并增加本粒径级用量;当有逊径颗粒时,将其计入下一粒径级,并增加本粒径级用量。各级骨料换算校正数为

校正量＝(本级超径量 + 本级逊径量)－(下一级超径量 + 上一级逊径量)

根据骨料超径含量、逊径含量[❶],施工配料单换算示例见表4-13。

表 4-13　各级骨料用量换算表

| 项目 | 砂子 | 石子 | | |
| --- | --- | --- | --- | --- |
| | | 5~20 | 20~40 | 40~80 |
| 实验室配合比的骨料用量/kg | 567 | 448 | 373 | 672 |
| 现场实测骨料超径含量/% | 2.1 | 3.3 | 1.6 | |
| 现场实测骨料逊径含量/% | | 2.2 | 10.2 | 10.0 |
| 超径量/kg | 11.9 | 14.8 | 6.0 | |
| 逊径量/kg | | 9.9 | 38.0 | 67.2 |
| 校正量/kg | +2.0 | −25.2 | −38.0 | +61.2 |
| 换算后骨料用量/kg | 569 | 422.8 | 335 | 733.2 |

注:表4-13中为以合格颗粒为基数的超、逊径含量(%);另一种表示方法是以总质量为基数的超、逊径含量(%)。

2. 施工配料单的调整

施工过程中发生气候条件变化、拌和物运输及浇筑条件改变时,需对设计的 VC 值指标进行调整,进而需调整配合比。当砂的细度模数等发生变化时,也需调整配合比。在进行配合比调整时,必须保持

---

❶ 超径量(kg)＝ $\dfrac{\text{预定的合格骨料含量}}{1-\text{超径含量}(\%)-\text{逊径含量}(\%)} \times$ 超径含量(%);

逊径量(kg)＝ $\dfrac{\text{预定的合格骨料含量}}{1-\text{超径含量}(\%)-\text{逊径含量}(\%)} \times$ 逊径含量(%)。

水胶比不变,仅对含砂率及用水量做必要的调整。调整时可参照表 4-14 进行。

表 4-14　条件变动时砂率及用水量的大致调整值

| 条件变动情况 | 调整值 | | 条件变动情况 | 调整值 | |
|---|---|---|---|---|---|
| | 用水量 | 含砂率 | | 用水量 | 含砂率 |
| 降低或增大 VC 值 1 s | ±3.0 kg/m³ | — | 增减砂率 1% | ±5.0 kg/m³ | — |
| 增减含气量 1% | ±3% | ±0.5% | 砂的细度模数增减 0.1 | — | ±0.5% |

#### 4.3.2.6　现场碾压试验与施工配合比确定

在目前条件下,一个工程在进行碾压混凝土施工之前都必须进行现场碾压试验。其目的除确定施工参数、检查施工生产系统的运行和配套情况、落实施工管理措施外,通过现场碾压试验还可以检验设计出的碾压混凝土配合比对施工设备的适应性(包括可碾压性、易密性等)及拌和物的抗分离性能。必要时可以根据碾压试验情况对配合比做适当的调整。通过碾压试验最终认为合适而确定的碾压混凝土配合比即为施工配合比,可用于现场施工使用。

### 4.3.3　几种碾压混凝土配合比设计方法的应用算例

#### 4.3.3.1　坑口坝碾压混凝土配合比设计(假定表观密度法)

1. 设计要求

坑口碾压混凝土坝初步设计要求:坝体上游面设防渗层;坝内碾压混凝土采用三级配;拌和物 VC 值控制在 10~24 s;碾压混凝土 90 d 龄期抗压强度 $f_d$ = 9.8 MPa,抗压强度保证率 85%;90 d 龄期抗渗等级 W4;坝体允许温差控制在 10~14 ℃以下;设计碾压混凝土表观密度 2 320 kg/m³。

2. 原材料

由侏罗纪岩屑碎屑凝灰熔岩加工成人工砂石料。砂中细粉占 6.6%~15.2%,超径含量 7%~23%。细度模数变化在 2.8~3.3。使用大田县广平水泥厂生产的 32.5 等级(当时的 425 号)普通硅酸盐水泥(实际强度等级为 42.5,相当于当时的 525 号),其中水泥熟料含量 92%。掺合料为邵武电厂静电收尘粉煤灰。外加剂为吉林开山屯化纤厂生产的木质素磺酸钙。

3. 配合比参数选择

配合比参数选择采用正交试验设计方法,用 $L_3(3^4)$ 正交表安排试验。选择各参数(因子)及水平见表 4-15。

表 4-15　正交试验设计的因子及水平

| 因子 | $W/(C+F)$ | | | $F/C$ | | | $(C+F+W)/S$ | | | $S/(S+G)$ | | |
|---|---|---|---|---|---|---|---|---|---|---|---|---|
| 水平 | 0.50 | 0.60 | 0.70 | 1.0 | 1.2 | 1.4 | 0.35 | 0.40 | 0.45 | 0.32 | 0.34 | 0.36 |

通过考察 VC 值、表观密度、7 d 及 28 d 龄期碾压混凝土的抗压强度,初步选定碾压混凝土配合比参数 $W/(C+F)$ = 0.60,$F/C$ = 1.2,$(C+F+W)/S$ = 0.40,$S/(S+G)$ = 0.33。

4. 室内试验

将以上配合比参数代入式(4-2)~式(4-6),假定碾压混凝土的表观密度 $\gamma_{con}$ 为 2 400 kg/m³,用式(4-7)~式(4-11)进行计算获得每立方米碾压混凝土的各种材料用量分别为:水泥 79.51 kg/m³,掺合料 95.41 kg/m³,水 104.95 kg/m³,砂 699.65 kg/m³,石子 1 420.30 kg/m³。

经试拌、调整后测得碾压混凝土的实际表观密度 2 370 kg/m³。因此,碾压混凝土各种材料的实际用量为:水泥 78.52 kg/m³,掺合料 94.22 kg/m³,水 103.64 kg/m³,砂 690.90 kg/m³,石子 1 402.55

kg/m³。最终提供现场碾压试验的碾压混凝土配合比及相应的部分性能见表 4-16。

表 4-16　提供现场碾压试验的碾压混凝土配合比

| 碾压混凝土的各种材料用量/(kg/m³) | | | | | 碾压混凝土的部分技术性能 | | | | |
| --- | --- | --- | --- | --- | --- | --- | --- | --- | --- |
| C | F | W | S | G | VC/s | $f_{28}$/MPa | $f_{90}$/MPa | $W_n$ | $\gamma_{con}$/(kg/m³) |
| 80 | 95 | 105 | 700 | 1 448 | 16 | 14.7 | 27.2 | ≥W12 | 2 374 |
| 65 | 91 | 101 | 728 | 1 415 | 12 | 10.4 | 21.0 | — | 2 364 |
| 65 | 85 | 94 | 704 | 1 488 | 20 | 13.6 | 22.9 | W12 | 2 350 |

注:碾压混凝土中掺用 0.2% 的木质素磺酸钙。

5. 现场碾压试验

坑口坝现场碾压试验所用配合比由该工程领导小组扩大会议研究决定,经现场碾压试验后进行调整。针对现场碾压试验中存在的问题进行的配合比调整包括:为适应拌和设备的性能,将投料量减少为搅拌机额定投料量的 80%。为减少粗骨料分离,将粗骨料的比例由原来的大石:中石:小石 = 4:3:3 改为 3:4:3,相应增大砂率,由此带来的碾压混凝土表观密度的降低经校核能满足坝体稳定的要求。考虑到混凝土超强较多,把胶凝材料用量降为 140 kg/m³,其中水泥用量 60 kg/m³,单位用水量为 98~100 kg/m³。最终确定的碾压混凝土配合比及部分性能见表 4-17。

表 4-17　坑口坝使用碾压混凝土配合比及其部分性能试验结果

| 混凝土各种材料用量/(kg/m³) | | | | | | VC/s | $\gamma_{con}^{*}$/(kg/m³) | 抗压强度/MPa | | | | | | 绝热温升/℃ | | 抗渗等级(90 d) |
| --- | --- | --- | --- | --- | --- | --- | --- | --- | --- | --- | --- | --- | --- | --- | --- | --- |
| C | F | W | S | G | 木钙 | | | 3 d | 7 d | 28 d | 90 d | 180 d | 365 d | 28 d | 最终 | |
| 60 | 80 | 98 | 798 | 1 370 | 0.28 | 13 | 2 324 | 4.1 | 6.4 | 9.8 | 20.5 | 23.5 | 24.4 | 13.7 | 14.2 | ≥W12 |

注:*二级配碾压混凝土表观密度。

6. 实用效果

坑口坝施工实践表明,经碾压试验后确定的碾压混凝土配合比施工性能是好的。机口取样平均 VC 值为 15 s(n = 371 次)。现场用核子水分密度仪及试坑法测试,碾压混凝土平均压实表观密度为 2 355 kg/m³(2 616 个测次),相对压实度为 97.9%。机口取样试件 90 d 龄期抗压强度满足设计要求。

### 4.3.3.2　铜街子水电站坝体碾压混凝土配合比设计(绝对体积法)

1. 设计要求

铜街子水电站碾压混凝土作为坝体内部混凝土。骨料最大粒径 80 mm。拌和物 VC 值控制为 8~25 s。碾压混凝土 90 d 龄期抗压强度 10 MPa(溢流坝段),抗渗等级为 W2。碾压混凝土的表观密度 2 450 kg/m³。

2. 原材料

工程使用水电站下游葫芦坝料场天然河卵石及河砂作为碾压混凝土的粗细骨料,母岩多为玄武岩。河砂细度模数为 2.0~2.3。经试验粗骨料最佳比例为大石:中石:小石 = 3:4:3。使用四川峨嵋水泥厂生产的 42.5 级(原 525 号)硅酸盐大坝水泥。掺合料为四川宜宾市豆坝电厂原状粉煤灰,其需水量比为 95%,烧失量 2.31%,质量较好。外加剂为吉林开山屯化纤厂生产的木质素磺酸钙。

3. 配合比参数选择

碾压混凝土配合比参数采用单因素试验分析法确定。通过粉煤灰掺用比例对碾压混凝土抗压强度影响的试验确定 $F/(C+F)$。测定胶凝材料 28 d 龄期胶砂强度,通过试验建立如下水胶比与碾压混凝土 90 d 龄期抗压强度关系:

$$f_{90} = Af_{cf28}\left(\frac{C+F}{W} - B\right) \tag{4-36}$$

式中:$f_{90}$为碾压混凝土90 d龄期的抗压强度,MPa;$f_{cf28}$为胶凝材料胶砂28 d龄期的抗压强度,MPa;$A$、$B$为试验回归常数,当使用卵石时$A = 0.733$、$B = 0.789$;其他符号含义同前。

根据混凝土的配制强度,求出水胶比。通过单位用水量与VC值关系的试验,确定单位用水量。根据砂率与碾压混凝土抗压强度及混凝土拌和物表观密度关系的试验结果确定砂率。初步选定配合比参数:$F/(C+F) = 0.53 \sim 0.56$,$W/(C+F) = 0.44 \sim 0.57$,$W = 75 \sim 85$ kg/m³,$S/(S+G) = 0.28 \sim 0.29$。用绝对体积法按式(4-13)~式(4-17)可以求得不同配合比参数条件下每立方米碾压混凝土的各种材料用量。

**4. 室内试拌调整**

经试拌调整,推荐用于铜街子水电站溢流坝段的碾压混凝土配合比见表4-18。

表4-18　推荐用于铜街子溢流坝段的碾压混凝土配合比

| 混凝土设计强度/MPa | 碾压混凝土中各种材料用量/(kg/m³) | | | | | |
|---|---|---|---|---|---|---|
| | $C$ | $F$ | $W$ | $S$ | $G$ | 木钙 |
| 10 | 79 | 79 | 93 | 646 | 1 663 | 0.395 |

#### 4.3.3.3　某工程碾压混凝土配合比设计的算例(填充包裹理论法)

某工程碾压混凝土设计要求$f_{90} = 18$ MPa(施工配制强度)。测得水泥密度为3.13 g/cm³,粉煤灰密度为2.12 g/cm³,玄武岩细骨料的视密度为2.87 g/cm³,振实状态的堆积表观密度为1.89 kg/L;玄武岩粗骨料的视密度为2.96 g/cm³,振实状态的堆积表观密度为1.90 kg/L。试设计该碾压混凝土配合比。根据粗、细骨料的视密度和振实状态的表观密度可计算出粗、细骨料振实状态的空隙率为$P_s = 0.341$、$P_g = 0.358$。

根据已有的参考资料取水胶比(质量比)$[W/(C+F)] = m = 0.50$,掺合料的掺用比例(质量比)$F/C = n = 1.50$,$\alpha = 1.25$,$\beta = 1.50$。因此,$F/(C+F) = n_1 = n/(1+n) = 0.60$。

初步配合比设计计算:

根据式(4-18)~式(4-22)可以计算碾压混凝土的各种材料用量(kg/m³),则

$$G = \frac{1\,000 - 10a}{\beta \times \dfrac{P_g}{\gamma_g} + \dfrac{1}{\rho'_g}} = 1\,563.12 \quad (\text{取碾压混凝土的含气量为 }3.0\%)$$

$$S = \frac{\beta \times G \times \dfrac{P_g}{\gamma_g}}{\alpha \times \dfrac{P_s}{\gamma_s} + \dfrac{1}{\rho'_g}} = 796.54$$

$$C = \frac{\alpha \times S \times \dfrac{P_s}{\gamma_s}}{\dfrac{1}{\rho_c} + \dfrac{n_1}{(1 - n_1)\rho_f} + \dfrac{m}{\rho_w} + \dfrac{m \times n_1}{(1 - n_1)\rho_w}} = 76.32$$

$$F = \frac{C \times n_1}{1 - n_1} = 114.48$$

$$W = m \times (C + F) = 95.40$$

云南省某水电站坝体三级配碾压混凝土配合比之一,采用上述参数用绝对体积法进行初步设计,经过调整得到碾压混凝土初步配合比的各种材料用量是:水泥72 kg/m³、粉煤灰108 kg/m³、水90 kg/m³、砂子802 kg/m³、石子1 558 kg/m³,与上述计算结果相差不大。

#### 4.3.3.4　某工程碾压混凝土配合比设计的算例(密实填充包裹理论法)

某工程碾压混凝土设计要求$f_{90} = 18$ MPa(施工配制强度)。测得水泥密度为3.15 g/cm³,粉煤灰密

度为 2. 20 g/cm³,细骨料的视密度为 2. 60 g/cm³,粗骨料的视密度为 2. 66 g/cm³,试设计该碾压混凝土配合比。

设计过程如下:

(1)经试验确定 $P_v = 0.42$;

(2)根据碾压混凝土抗压强度的要求,从抗压强度–水胶比(体积比)–掺合料掺用比例(体积比)的关系曲线图上查得 $W/(C+F) = 1.30$,$F/C = 2.05$;

(3)由 $D_{max} = 80$ mm,选择 $V_g = 54\%$;

(4)$V_m = 1 \times (1-a) - V_g = 0.98 - 0.54 = 0.44$(m³)(取含气量为 2%);

(5)$V_p = V_m \times P_v = 0.44 \times 0.42 = 0.1848$(m³);

(6)$V_s = V_m(1-P_v) = 0.44 \times (1-0.42) = 0.2552$(m³);

(7)$V_w = \dfrac{W/(C+F)}{1+W/(C+F)} \times V_p = \dfrac{1.30}{1+1.30} \times 0.1848 = 0.10445$(m³);

(8)$V_c = \dfrac{V_w}{W/(C+F) \times (1+F/C)} = \dfrac{0.10445}{1.30 \times (1+2.05)} = 0.02634$(m³);

(9)$V_f = V_c \times F/C = 0.02634 \times 2.05 = 0.05400$(m³);

(10)$C = V_c \times \rho_c = 0.02634 \times 10^3 \times 3.15 = 82.97$(kg/m³);

$F = V_f \times \rho_f = 0.05400 \times 10^3 \times 2.20 = 118.80$(kg/m³);

$S = V_s \times \rho'_s = 0.2552 \times 10^3 \times 2.60 = 663.52$(kg/m³);

$G = V_g \times \rho'_g = 0.54 \times 10^3 \times 2.66 = 1436.40$(kg/m³);

$W = V_w \times \rho_w = 0.10445 \times 10^3 \times 1.00 = 104.45$(kg/m³);

$\gamma_{con} = 2406.14$(kg/m³)。

若按质量比计算得

$W/(C+F) = 0.518$;$F/C = 1.432$;$C+F = 201.77$ kg/m³;$S/(S+G) = 0.316$。

$\alpha$、$\beta$ 值验算:

$$\alpha = \frac{\dfrac{C}{\rho_c} + \dfrac{F}{\rho_f} + \dfrac{W}{\rho_w}}{S \times \left(\dfrac{1}{\gamma_s} - \dfrac{1}{\rho'_s}\right)} = \frac{26.34 + 54.00 + 104.45}{663.52 \times (1/1.59 - 1/2.60)} = 1.140 \quad (\text{取}\ \gamma_s = 1.59)$$

$$\beta = \frac{\dfrac{C}{\rho_c} + \dfrac{F}{\rho_f} + \dfrac{W}{\rho_w} + \dfrac{S}{\rho'_s}}{G \times \left(\dfrac{1}{\gamma_g} - \dfrac{1}{\rho'_g}\right)} = \frac{26.34 + 54.00 + 104.45 + 255.20}{1436.40 \times (1/1.62 - 1/2.66)} = 1.269 \quad (\text{取}\ \gamma_g = 1.62)$$

用上面所得的配合比拌制碾压混凝土拌和物,检验 VC 值,并确定获得最大的振实表观密度所需持续振动的最小时间。选择水胶比(质量比)大于与小于 0.518 的两个水胶比与上述水胶比的碾压混凝土配合比一起进行混凝土的各种性能试验,根据试验获得的结果最终确定配合比。

## 4.4　一些工程的碾压混凝土配合比及统计分析

### 4.4.1　一些工程的碾压混凝土配合比的统计

中国大陆自 1986 年建成第一座碾压混凝土坝——坑口坝以来,碾压混凝土筑坝技术有了快速的发展。据不完全统计,截至 2009 年底已经建成碾压混凝土坝 90 座,其中 100 m 及以上碾压混凝土坝 22 座。2009 年在建的碾压混凝土坝多达 43 座,其中 100 m 及以上的碾压混凝土坝 24 座。这些已建和在建的碾压混凝土工程为碾压混凝土配合比的统计分析提供了丰富的资料和可靠的依据(见表 4-19)。

表 4-19　中国大陆已建和在建部分工程(72 个工程)碾压混凝土的配合比

| 工程名称 | 水胶比 | 掺合料比例/% | 浆砂质量比 | 砂率/% | 碾压混凝土中各种材料用量/(kg/m³) | | | | | | | | | 备注 |
|---|---|---|---|---|---|---|---|---|---|---|---|---|---|---|
| | | | | | 水泥 | 掺合料 | 水 | 砂子 | 石子 | 外加剂 | | | | |
| | | | | | | | | | | 品种 | 掺量 | 品种 | 掺量 | |
| 坑口 (56.8 m) | 0.70 | 57 | 0.30 | 37 | 60 | 80 | 98 | 798 | 1 370 | 木钙 | 0.35 | | | 普硅 425 |
| 龙门滩 (57.5 m) | 0.70 | 61 | 0.30 | 38 | 54 | 86 | 98 | 805 | 1 319 | 木钙 | 0.35 | | | 普硅 325 |
| | 0.62 | 57 | 0.30 | 38 | 64 | 86 | 93 | 805 | 1 319 | | 0.38 | | | |
| 马回 (20.2 m) | 0.67 | 34 | 0.63 | 22 | 115 | 60 | 117 | 465 | 1 648 | 木钙 | 0.44 | | | 普硅 425 |
| | 0.73 | 18 | 0.52 | 21 | 115 | 25 | 102 | 468 | 1 762 | | 0.35 | | | |
| 铜街子 (82.0 m) | 0.58 | 57 | 0.37 | 28 | 65 | 85 | 87 | 637 | 1 638 | 木钙 | 0.38 | | | 普硅 525 |
| | 0.59 | 50 | 0.38 | 28 | 76 | 76 | 90 | 635 | 1 633 | | 0.38 | | | |
| 荣地 (56.3 m) | 0.48 | 61 | 0.45 | 38 | 90 | 140 | 110 | 750 | 1 266 | 糖蜜 | 0.575 | | | 普硅 425 |
| | 0.55 | 61 | 0.37 | 34 | 69 | 110 | 90 | 729 | 1 430 | | 0.448 | | | |
| | 0.58 | 62 | 0.37 | 30 | 60 | 100 | 93 | 679 | 1 496 | | 0.320 | | | |
| 天生桥二级 (60.7 m) | 0.55 | 61 | 0.29 | 34 | 55 | 85 | 77 | 756 | 1 466 | DH₄ₐ | 0.56 | | | 普硅 525 |
| 岩滩 (110.0 m) | 0.53 | 65 | 0.32 | 33 | 55 | 104 | 85 | 754 | 1 527 | TF | 0.32 | | | 普硅 525 |
| 万安 (49.0 m) | 0.60 | 55 | 0.40 | 29 | 72 | 88 | 96 | 633 | 1 561 | 糖蜜 | 0.32 | | | 普硅 425 |
| | 0.54 | 45 | 0.47 | 33 | 116 | 94 | 114 | 692 | 1 415 | | 0.42 | | | |
| 大广坝 (57.0 m) | 0.62 | 67 | 0.35 | 32 | 50 | 100 | 93 | 691 | 1 469 | 木钙 | 0.38 | | | 普硅 525 |
| 普定 (75.0 m) | 0.52 | 55 | 0.33 | 38 | 81 | 99 | 94 | 840 | 1 390 | 复合 | 1.53 | | | 普硅 525 |
| | 0.59 | 65 | 0.30 | 32 | 48 | 89 | 81 | 730 | 1 570 | | 1.16 | | | |
| 锦江 (62.7 m) | 0.59 | 53 | 0.37 | 30 | 70 | 80 | 88 | 646 | 1 523 | MG | 0.30 | | | 普硅 425 |
| | 0.59 | 60 | 0.37 | 30 | 60 | 90 | 88 | 645 | 1 520 | | 0.30 | | | |
| 广蓄下库 (43.5 m) | 0.56 | 64 | 0.44 | 29 | 62 | 108 | 95 | 609 | 1 517 | DH₄ₐₐ | 1.02 | | | 普硅 525 |
| 水口 (100 m) | 0.49 | 69 | 0.36 | 29 | 50 | 110 | 69 | 635 | 1 571 | C₆₂₂₀ | 0.160 | | | 纯硅 525 |
| | 0.53 | 62 | 0.32 | 32 | 60 | 105 | 62 | 701 | 1 506 | | 0.165 | | | |
| 山仔 (64.6 m) | 0.59 | 67 | 0.36 | 33 | 50 | 100 | 89 | 661 | 1 529 | DH₄ₐ | 0.60 | | | 普硅 525 |
| | 0.54 | 66 | 0.41 | 34 | 65 | 125 | 102 | 716 | 1 377 | | 0.76 | | | |
| 温泉堡 (48 m) | 0.60 | 43 | 0.38 | 38.2 | 110 | 84 | 107 | 789 | 1 300 | DH₄ₐ | 0.970 | DH₉ | 0.058 | 普硅 425 |
| | 0.55 | 51 | 0.38 | 37.7 | 95 | 100 | 107 | 788 | 1 300 | | 0.975 | | 0.059 | |
| | 0.60 | 45 | 0.38 | 32.2 | 95 | 78 | 91 | 686 | 1 490 | | 0.865 | | 0.052 | |
| | 0.60 | 58 | 0.38 | 31.6 | 69 | 96 | 92 | 693 | 1 500 | | 0.825 | | 0.050 | |

续表 4-19

| 工程名称 | 水胶比 | 掺合料比例/% | 浆砂质量比 | 砂率/% | 碾压混凝土中各种材料用量/（kg/m³） | | | | | | | | | 备注 |
|---|---|---|---|---|---|---|---|---|---|---|---|---|---|---|
| | | | | | 水泥 | 掺合料 | 水 | 砂子 | 石子 | 外加剂 | | | | |
| | | | | | | | | | | 品种 | 掺量 | 品种 | 掺量 | |
| 观音阁 (82 m) | 0.58 | 30 | 0.31 | 29 | 91 | 39 | 75 | 652 | 1 609 | AD1 | 0.33 | | | 普硅 425 |
| | 0.58 | 30 | 0.33 | 28 | 91 | 39 | 75 | 630 | 1 632 | | 0.33 | | | |
| 石漫滩 (40.5 m) | 0.52 | 50 | 0.476 | 31 | 98 | 98 | 102 | 626 | 1 403 | 木钙 | 0.46 | | | 中热 525 |
| | 0.59 | 68 | 0.434 | 28 | 51 | 107 | 94 | 581 | 1 524 | | 0.33 | | | |
| 桃林口 (74.5 m) | 0.50 | 60 | 0.39 | 29 | 63 | 95 | 79 | 608 | 1 510 | 复合 | 0.51 | | | 普硅 425 |
| | 0.50 | 50 | 0.36 | 29 | 75 | 75 | 75 | 617 | 1 533 | | 0.33 | | | |
| 石板水 (84.1 m) | 0.61 | 30 | 0.326 | 41 | 126 | 54 | 110 | 890 | 1 261 | 木钙 | 0.450 | — | — | 普硅 425 |
| | 0.63 | 63 | 0.316 | 35 | 55 | 95 | 95 | 775 | 1 416 | | 0.375 | — | — | |
| | 0.63 | 52 | 0.318 | 36 | 75 | 80 | 98 | 795 | 1 395 | | 0.388 | — | — | |
| 高坝洲 (57 m) | 0.48 | 45 | 0.47 | 35 | 125 | 102 | 109 | 712 | 1 358 | UNF3 | 0.908 | DH₉ | 0.023 | 中热 42.5 |
| | 0.45 | 45 | 0.46 | 31 | 114 | 93 | 93 | 650 | 1 486 | | 0.828 | | 0.021 | |
| | 0.52 | 50 | 0.40 | 31 | 88 | 88 | 91 | 660 | 1 510 | | 0.704 | | 0.018 | |
| 红坡 (55.2 m) | 0.55 | 65 | 0.30 | 35 | 54 | 99 | 84 | 797 | 1 491 | QHR | 1.377 | Q | 0.061 | |
| | 0.60 | 65 | 0.28 | 36 | 50 | 92 | 85 | 823 | 1 474 | | 1.278 | | 0.057 | |
| 花滩 (85.3 m) | 0.56 | 55 | 0.36 | 33 | 77 | 93 | 95 | 730 | 1 450 | ZB-1 | 0.850 | | | 普硅 425 |
| 江垭 (128 m) | 0.53 | 55 | 0.411 | 36 | 87 | 107 | 103 | 783 | 1 413 | 木钙 | 0.49 | | | 普硅 525 |
| | 0.58 | 60 | 0.362 | 33 | 64 | 96 | 93 | 738 | 1 520 | | 0.41 | | | |
| | 0.61 | 70 | 0.323 | 34 | 46 | 107 | 93 | 761 | 1 500 | | 0.38 | | | |
| 汾河二库 (84.3 m) | 0.50 | 45 | 0.45 | 35.4 | 103 | 85 | 94 | 784 | 1 423 | H2-2 | 0.738 | DH₉ | 0.021 | 普硅 425 |
| | 0.59 | 63 | 0.35 | 34.5 | 57 | 96 | 90 | 775 | 1 474 | | 0.564 | | 0.016 | |
| 长顺 (69 m) | 0.65 | 40 | 0.29 | 31 | 72 | 48 | 78 | 693 | 1 542 | RC-1 | 0.24 | | | 普硅 425 |
| 阎王鼻子 (34.5 m) | 0.42 | 34 | 0.43 | 30 | 126 | 64 | 80 | 632 | 1 474 | MJS | 1.140 | | | 纯硅 425 |
| | 0.45 | 34 | 0.44 | 26 | 112 | 58 | 76 | 564 | 1 605 | | 0.680 | | | |
| | 0.46 | 65 | 0.43 | 26 | 60 | 110 | 78 | 572 | 1 629 | | 0.340 | | | |
| 棉花滩 (111 m) | 0.55 | 55 | 0.34 | 38 | 82 | 100 | 100 | 819 | 1 342 | BD5 | 1.092 | | | 普硅 525 |
| | 0.60 | 60 | 0.31 | 34.5 | 59 | 88 | 88 | 765 | 1 460 | | 0.882 | | | |
| | 0.65 | 65 | 0.29 | 34.5 | 48 | 88 | 88 | 769 | 1 469 | | 0.816 | | | |
| 龙首 (80.5 m) | 0.43 | 53 | 0.43 | 32 | 96 | 109 | 88 | 674 | 1 433 | MgO | 8.815 | NF | 2.767 | 普硅 525 |
| | 0.43 | 66 | 0.39 | 30 | 58 | 113 | 82 | 644 | 1 503 | | 7.353 | | 1.625 | |
| 石门子 (109 m) | 0.40 | 54 | 0.40 | 33 | 93 | 110 | 81 | 707 | 1 442 | PMS | 1.929 | NEA₃ | 0.812 | |
| | 0.49 | 64 | 0.38 | 31 | 62 | 110 | 84 | 670 | 1 540 | | 1.634 | | 0.069 | |

续表 4-19

| 工程名称 | 水胶比 | 掺合料比例/% | 浆砂质量比 | 砂率/% | 碾压混凝土中各种材料用量/(kg/m³) | | | | | | | | | 备注 |
|---|---|---|---|---|---|---|---|---|---|---|---|---|---|---|
| | | | | | 水泥 | 掺合料 | 水 | 砂子 | 石子 | 外加剂 | | | | |
| | | | | | | | | | | 品种 | 掺量 | 品种 | 掺量 | |
| 山口三级 (57.4 m) | 0.50 | 45 | 0.46 | 30 | 106 | 86 | 96 | 631 | 1 518 | HGP3 | 0.960 | HPW | 0.019 | 普硅425 |
| | 0.50 | 50 | 0.45 | 30 | 96 | 95 | 96 | 638 | 1 534 | ZB-1 | 0.955 | | | |
| | 0.60 | 56 | 0.38 | 28 | 63 | 80 | 86 | 608 | 1 611 | HGP3 | 0.798 | HPW | 0.014 | |
| | 0.60 | 65 | 0.37 | 28 | 50 | 93 | 86 | 614 | 1 628 | ZB-1 | 0.858 | | | |
| 沙牌 (132 m) | 0.49 | 50 | 0.35 | 33 | 88 | 88 | 86 | 748 | 1 496 | TG2a | 1.408 | TG1 | 0.017 | 普硅425 |
| | 0.50 | 50 | 0.38 | 33 | 93 | 93 | 93 | 730 | 1 470 | | 1.425 | | 0.019 | |
| | 0.50 | 40 | 0.33 | 37 | 109 | 73 | 91 | 832 | 1 397 | | 1.456 | | 0.036 | |
| | 0.53 | 40 | 0.36 | 37 | 115 | 77 | 102 | 810 | 1 378 | | 1.440 | | 0.038 | |
| 蔺河口 (100 m) | 0.47 | 60 | 0.34 | 38 | 75 | 111 | 87 | 802 | 1 366 | JM-2 | 1.30 | DH9 | 0.037 | 中热525 |
| | 0.47 | 62 | 0.34 | 34 | 66 | 106 | 81 | 750 | 1 457 | | 1.24 | | 0.035 | |
| 白莲崖 (102 m) | 0.60 | 60 | 0.39 | 34.5 | 72 | 108 | 108 | 736 | 1 396 | 木钙 | 0.810 | | | 普硅42.5 |
| | 0.60 | 60 | 0.36 | 28.5 | 56 | 84 | 90 | 630 | 1 580 | | 0.450 | | | |
| 龙滩 (216.5 m) | 0.40 | 55 | 0.378 | 38 | 99 | 121 | 87 | 812 | 1 340 | ZB-1 | 1.32 | ZB-1G | 0.044 | 中热525 |
| | 0.41 | 56 | 0.369 | 34 | 86 | 109 | 79 | 743 | 1 457 | RCC | 1.17 | | 0.039 | |
| | 0.45 | 61 | 0.348 | 33 | 68 | 107 | 78 | 727 | 1 493 | | 1.05 | | 0.035 | |
| | 0.48 | 66 | 0.325 | 34 | 56 | 109 | 79 | 751 | 1 474 | | 0.99 | | 0.033 | |
| 大朝山 (115 m) | 0.50 | 50 | 0.332 | 37 | 94 | 94 | 94 | 850 | 1 423 | FDN-04 | 1.316 | — | — | 普硅525 |
| | 0.50 | 60 | 0.327 | 34 | 67 | 107 | 87 | 798 | 1 521 | | 1.305 | | | |
| 百色 (128 m) | 0.50 | 58 | 0.375 | 38 | 91 | 125 | 108 | 864 | 1 410 | ZB-1 | 1.728 | DH9 | 0.032 | 中热42.5 |
| | 0.60 | 63 | 0.314 | 34 | 59 | 101 | 96 | 814 | 1 579 | | 1.280 | | 0.024 | |
| 临江 (103.5 m) | 0.50 | 50 | 0.413 | 27 | 83 | 83 | 83 | 603 | 1 625 | | | | | 硅大525 |
| | 0.50 | 50 | 0.424 | 27 | 85 | 85 | 85 | 602 | 1 620 | | | | | |
| 碗窑 (79 m) | 0.55 | 60 | 0.401 | 29.5 | 64 | 96 | 88 | 618 | 1 500 | 木钙 | 0.398 | | | 普硅32.5 |
| | 0.53 | 60 | 0.422 | 30 | 68 | 103 | 90 | 618 | 1 466 | | 0.428 | | | |
| | 0.52 | 60 | 0.437 | 29.5 | 70 | 104 | 91 | 606 | 1 470 | | 0.435 | | | |
| 双溪 (54.7 m) | 0.47 | 65 | 0.417 | 40 | 80 | 150 | 108 | 810 | 1 216 | 木钙 | 0.48 | — | — | 普硅32.5R |
| | 0.64 | 70 | 0.310 | 37 | 45 | 105 | 96 | 793 | 1 351 | | 0.30 | — | — | |
| 白石 (50.3 m) | 0.40 | 63 | 0.399 | 28 | 66 | 112 | 71 | 624 | 1 609 | | | | | 硅大525 |
| 皂市 (88 m) | 0.53 | 55 | 0.384 | 38 | 88 | 108 | 104 | 782 | 1 324 | UNF-2 | 0.98 | AIR202 | 0.069 | 中热42.5 |
| | 0.55 | 64 | 0.345 | 35 | 60 | 106 | 91 | 746 | 1 426 | | 0.83 | | 0.058 | |
| 索风营 (115.8 m) | 0.55 | 55 | 0.315 | 39 | 78 | 78+17 | 95 | 850 | 1 334 | FE-C | 1.471 | NF-C | 0.014 | 普硅42.5 |
| | 0.60 | 60 | 0.306 | 32 | 55 | 69+14 | 82 | 718 | 1 530 | | 1.173 | | 0.007 | |
| 周宁 (73.4 m) | 0.60 | 55 | 0.353 | 37.5 | 77 | 95 | 103 | 779 | 1 300 | FDN-100 | 1.032 | DH9 | 0.026 | 普硅32.5 |
| | 0.60 | 65 | 0.328 | 33.5 | 52 | 95 | 88 | 717 | 1 426 | | 0.882 | | 0.022 | |

续表 4-19

| 工程名称 | 水胶比 | 掺合料比例/% | 浆砂质量比 | 砂率/% | 碾压混凝土中各种材料用量/(kg/m³) | | | | | | | | | 备注 |
|---|---|---|---|---|---|---|---|---|---|---|---|---|---|---|
| | | | | | 水泥 | 掺合料 | 水 | 砂子 | 石子 | 外加剂 | | | | |
| | | | | | | | | | | 品种 | 掺量 | 品种 | 掺量 | |
| 通口 (71.5 m) | 0.56 | 70 | 0.37 | 33 | 53 | 123 | 98 | 735 | 1 474 | | 0.88 | | 0.012 | |
| 鱼简河 (81 m) | 0.55 | 50 | 0.359 | 35 | 87 | 69+17 | 95 | 746 | 1 386 | FE-C | 1.211 | | | 普硅 42.5 |
| | 0.55 | 65 | 0.341 | 33 | 55 | 87+18 | 87 | 724 | 1 471 | | 1.106 | | | |
| 舟坝 (74 m) | 0.50 | 45 | 0.406 | 36 | 112 | 92 | 102 | 754 | 1 340 | GK-4 | 1.224 | GK-9 | 0.122 | 普硅 32.5 |
| | 0.50 | 55 | 0.362 | 32 | 83 | 101 | 92 | 722 | 1 513 | | 1.104 | | 0.110 | |
| 光照 (200.5 m) | 0.45 | 50 | 0.353 | 38 | 92 | 92+15 | 83 | 799 | 1 363 | HLC-NAF | 0.995 | HJAE-A | 0.060 | 普硅 42.5 粉煤灰代砂 |
| | 0.45 | 50 | 0.365 | 38 | 92 | 92+22 | 83 | 791 | 1 363 | | 1.442 | | 0.062 | |
| | 0.45 | 50 | 0.358 | 39 | 92 | 92+23 | 83 | 811 | 1 348 | | 1.449 | | 0.124 | |
| | 0.50 | 55 | 0.331 | 39 | 75 | 91+23 | 83 | 822 | 1 366 | | 1.323 | | 0.113 | |
| | 0.45 | 50 | 0.348 | 34 | 83 | 83+14 | 75 | 732 | 1 496 | | 0.900 | | 0.054 | |
| | 0.45 | 50 | 0.359 | 34 | 83 | 83+21 | 75 | 729 | 1 496 | | 1.309 | | 0.056 | |
| | 0.50 | 55 | 0.326 | 35 | 68 | 82+21 | 75 | 755 | 1 488 | | 1.197 | | 0.068 | |
| | 0.55 | 60 | 0.305 | 35 | 55 | 82+22 | 75 | 768 | 1 513 | | 1.113 | | 0.064 | |
| 招徕河 (105.5 m) | 0.45 | 55 | 0.359 | 36 | 85 | 104 | 85 | 763 | 1 375 | GK4A | 1.14 | AE-A | 0.284 | 普硅 42.5 |
| | 0.43 | 60 | 0.351 | 33 | 70 | 105 | 75 | 712 | 1 470 | | 1.05 | | 0.263 | |
| 白沙 (74.9 m) | 0.50 | 55 | 0.460 | 35 | 99 | 121 | 110 | 718 | 1 315 | P622-C | 1.320 | AE-202 | 0.044 | 普硅 32.5 |
| | 0.58 | 65 | 0.406 | 31 | 59 | 110 | 98 | 658 | 1 470 | | 1.014 | | 0.034 | |
| 玉石 (50.2 m) | 0.56 | 50 | 0.385 | 30 | 70 | 70 | 90 | 637+15 | 1 520 | 木钙 | 0.350 | AE202 | 0.014 | 中热 42.5 |
| 禹门河 (64.5 m) | 0.45 | 45 | 0.454 | 36 | 128 | 105 | 105 | 744 | 1 322 | FDN-5B | 1.398 | CTE | 0.100 | 普硅 32.5 |
| | 0.55 | 60 | 0.408 | 34 | 76 | 114 | 105 | 723 | 1 404 | | 1.140 | | 0 | |
| 洪口 (130 m) | 0.40 | 58 | 0.41 | 28.0 | 75 | 104 | 71 | 604 | 1 553 | CH-Ⅲ | 1.070 | AEA | 0.027 | 普硅 32.5 |
| | 0.42 | 59 | 0.39 | 28.0 | 68 | 98 | 69 | 610 | 1 569 | | 0.996 | | 0.025 | |
| | 0.43 | 54 | 0.38 | 31.5 | 82 | 96 | 77 | 675 | 1 466 | | 1.070 | | 0.027 | |
| | 0.43 | 59 | 0.39 | 28.0 | 67 | 96 | 70 | 605 | 1 557 | | 0.978 | | 0.024 | |
| | 0.46 | 60 | 0.36 | 28.0 | 60 | 90 | 69 | 610 | 1 567 | | 0.900 | | 0.023 | |
| | 0.44 | 55 | 0.35 | 31.5 | 75 | 92 | 74 | 683 | 1 486 | | 1.002 | | 0.025 | |
| 悬庙观 (65.5 m) | 0.47 | 50 | 0.368 | 40 | 108 | 108 | 101 | 862 | 1 302 | 减水剂液 | 13 | 引气剂液 | 6.8 | 普硅 32.5 |
| | 0.54 | 50 | 0.396 | 35 | 100 | 100 | 108 | 777 | 1 453 | | 11.4 | | 6.0 | |
| 麒麟观 (77 m) | 0.48 | 50 | 0.357 | 38 | 92.7 | 92.7 | 89 | 769 | 1 329 | SD-RC | 1.25 | SDY | 0.034 | 普硅 42.5 |
| | 0.50 | 55 | 0.341 | 35 | 76.5 | 93.5 | 85 | 747 | 1 388 | | 1.15 | | 0.044 | |
| 彭水 (116.5 m) | 0.50 | 60 | 0.41 | 36 | 81 | 121 | 101 | 745 | 1 370 | JG3 | 1.212 | DH9 | 0.061 | 中热 42.5 |
| | 0.55 | 60 | 0.35 | 33 | 64 | 96 | 88 | 716 | 1 465 | | 0.640 | | 0.048 | |
| 喜河 (62.8 m) | 0.50 | 50 | 0.417 | 32 | 95 | 95 | 95 | 683 | 1 452 | JN1229-D | 1.140 | JN1229-F | 0.038 | 中热 42.5 |
| | 0.55 | 55 | 0.368 | 32 | 70 | 102 | 85 | 699 | 1 484 | | 1.032 | | 0.034 | |

续表 4-19

| 工程名称 | 水胶比 | 掺合料比例/% | 浆砂质量比 | 砂率/% | 碾压混凝土中各种材料用量/(kg/m³) | | | | | | | | | 备注 |
|---|---|---|---|---|---|---|---|---|---|---|---|---|---|---|
| | | | | | 水泥 | 掺合料 | 水 | 砂子 | 石子 | 外加剂 | | | | |
| | | | | | | | | | | 品种 | 掺量 | 品种 | 掺量 | |
| 大花水 (133 m) | 0.50 | 50 | 0.345 | 37 | 92 | 92 | 92 | 799 | 1 377 | QH-R20 | 1.472 | ZB-1G | 0.184 | 普硅 42.5 |
| | 0.50 | 50 | 0.359 | 37 | 95 | 95 | 95 | 793 | 1 366 | | 1.520 | | 0.190 | |
| | 0.50 | 50 | 0.323 | 33 | 79 | 79 | 79 | 733 | 1 505 | | 1.264 | | 0.158 | |
| | 0.50 | 50 | 0.343 | 33 | 83 | 83 | 83 | 726 | 1 491 | | 1.328 | | 0.166 | |
| | 0.55 | 60 | 0.306 | 34 | 60 | 89 | 82 | 754 | 1 480 | | 1.192 | | 0.149 | |
| | 0.55 | 60 | 0.324 | 34 | 62 | 94 | 86 | 748 | 1 467 | | 1.248 | | 0.156 | |
| 景洪 (108 m) | 0.45 | 50 | 0.362 | 35 | 94 | 94 | 84 | 752 | 1 398 | 减水剂 | 0.752 | 引气剂 | 0.038 | 普硅 42.5 |
| | 0.50 | 60 | 0.324 | 30 | 58 | 86 | 72 | 667 | 1 557 | | 0.576 | | 0.029 | |
| 居俌渡 (95 m) | 0.44 | 45 | 0.360 | 37 | 110 | 90 | 88 | 800 | 1 387 | GK-4A | 1.400 | GK-9A | 0.040 | 普硅 42.5 |
| | 0.50 | 55 | 0.300 | 34 | 67.5 | 82.5 | 75 | 749 | 1 456 | | 1.050 | | 0.030 | |
| 武都引水 (120.3 m) | 0.50 | 50 | 0.335 | 38 | 93 | 93 | 93 | 832 | 1 367 | JM-Ⅱ | 1.116 | TG-1 | 0.186 | 中热 42.5 |
| | 0.55 | 60 | 0.307 | 35 | 62 | 93 | 85 | 783 | 1 464 | JM-Ⅱ | 0.930 | | 0.155 | |
| | 0.51 | 55 | 0.355 | 37 | 85 | 103 | 96 | 799 | 1 386 | GK-4A | 1.316 | | 0.188 | 普硅 42.5 |
| | 0.56 | 62 | 0.318 | 34 | 59 | 95 | 86 | 754 | 1 491 | GK-4A | 1.078 | | 0.154 | |
| 土卡河 (59.2 m) | 0.50 | 55 | 0.346 | 35 | 78 | 48+48 | 87 | 754 | 1 400 | FDN-S | 0.680 | 松香热聚物 | 0.170 | 普硅 42.5 |
| | 0.50 | 55 | 0.348 | 38 | 85 | 53+53 | 95 | 819 | 1 336 | | 1.146 | | 0.229 | |
| | 0.55 | 60 | 0.306 | 33 | 57 | 43+43 | 78 | 728 | 1 479 | | 0.572 | | 0.143 | 矿渣/石粉 |
| | 0.55 | 60 | 0.330 | 34 | 64 | 48+48 | 88 | 752 | 1 460 | | 0.936 | | 0.187 | |
| 金安桥 (160 m) | 0.47 | 55 | 0.370 | 37 | 96 | 117 | 100 | 808+38 | 1 441 | ZB-1RC | 2.130 | ZB-1G | 0.426 | 中热 42.5/石粉 |
| | 0.47 | 60 | 0.363 | 34 | 76 | 115 | 90 | 740+35 | 1 574 | | 1.910 | | 0.286 | |
| | 0.53 | 63 | 0.332 | 33 | 63 | 107 | 90 | 746+36 | 1 588 | | 1.700 | | 0.340 | |
| 喀腊塑克 (121.5 m) | 0.45 | 40 | 0.439 | 35 | 131 | 87 | 98 | 690+29 | 1 333 | | 2.180 | | 0.262 | 普硅 42.5 |
| | 0.47 | 55 | 0.404 | 35.5 | 91 | 111 | 95 | 701+35 | 1 325 | | 1.818 | | 0.141 | |
| | 0.53 | 61 | 0.380 | 32 | 65 | 105 | 90 | 630+55 | 1 454 | | 1.530 | | 0.068 | |
| | 0.56 | 62 | 0.366 | 32 | 61 | 100 | 90 | 632+55 | 1 465 | | 1.449 | | 0.064 | |
| 戈兰滩 (113 m) | 0.45 | 55 | 0.383 | 38 | 93 | 114 | 93 | 784 | 1 318 | | 1.242 | | 0.104 | 矿渣石粉各半 |
| | 0.50 | 60 | 0.341 | 34 | 66 | 100 | 83 | 731 | 1 463 | | 1.328 | | 0.066 | |
| 铁成 (44.3 m) | 0.45 | 40 | 0.359 | 42 | 89 | 133 | 100 | 898 | 1 240 | | 1.776 | | 0.089 | |
| | 0.55 | 60 | 0.300 | 38 | 66 | 100 | 90 | 853 | 1 391 | | 1.328 | | 0.025 | |
| 莲花台 (72.9 m) | 0.60 | 65 | 0.307 | 34 | 50 | 92 | 85 | 739 | 1 434 | | 0.852 | | 0.007 | 天然骨料 |
| | 0.60 | 70 | 0.312 | 30 | 39 | 91 | 78 | 667 | 1 555 | | 0.780 | | 0.006 | |
| 阿海 (138 m) | 0.48 | 50 | 0.414 | 36 | 107 | 107 | 103 | 765 | 1 380 | JM-Ⅱ | 2.140 | GYQ | 0.171 | 普硅 42.5 |
| | 0.50 | 60 | 0.376 | 32 | 70 | 105 | 89 | 703 | 1 516 | | 1.750 | | 0.140 | |
| | 0.48 | 50 | 0.392 | 32 | 93 | 93 | 89 | 701 | 1 513 | | 1.860 | | 0.149 | |

续表 4-19

| 工程名称 | 水胶比 | 掺合料比例/% | 浆砂质量比 | 砂率/% | 碾压混凝土中各种材料用量/(kg/m³) | | | | | | | | | 备注 |
|---|---|---|---|---|---|---|---|---|---|---|---|---|---|---|
| | | | | | 水泥 | 掺合料 | 水 | 砂子 | 石子 | 外加剂 | | | | |
| | | | | | | | | | | 品种 | 掺量 | 品种 | 掺量 | |
| 观音岩<br>(159 m) | 0.50<br>0.50<br>0.50 | 55<br>65<br>55 | 0.334<br>0.316<br>0.311 | 38<br>34<br>34 | 82<br>55<br>70 | 100<br>103<br>86 | 91<br>79<br>78 | 818<br>750<br>753 | 1 344<br>1 466<br>1 473 | JM-Ⅱ<br>(R1) | 1.274<br>1.106<br>1.092 | GYQ | 0.127<br>0.126<br>0.125 | 中热<br>42.5 |
| 永定桥<br>(126.5 m) | 0.55 | 60 | 0.304 | 33 | 60 | 89 | 82 | 761 | 1 544 | HC-FJ | 0.7% | — | — | 普硅<br>42.5 |
| 梯子洞<br>(55.5 m) | 0.65 | 50 | 0.266 | 35 | 66 | 66 | 86 | 820 | 1 500 | | 1.19 | | | |
| 百龙滩<br>(28 m) | 0.47<br>0.49<br>0.79 | 57<br>60<br>61 | 0.331<br>0.299<br>0.221 | 41<br>41<br>34 | 88<br>73<br>39 | 115<br>110<br>60 | 95<br>90<br>78 | 900<br>913<br>800 | 1 311<br>1 333<br>1 576 | | | | | 普硅<br>525 |
| 平班<br>(67.2 m) | 0.48 | 64 | 0.289 | 34 | 56 | 98 | 74 | 788 | 1 506 | | 0.6% | | | |

## 4.4.2　碾压混凝土工程所用的原材料

碾压混凝土所用原材料包括水泥、掺合料、水、粗细骨料和外加剂等。现就已建和在建碾压混凝土坝所用原材料做简要的分析与介绍。

### 4.4.2.1　水泥

1986~2008 年间,中国大陆的水泥规范于 1999 年将原强度"标号"更改为强度"等级"。由于规范的修改,使 1999 年以前和以后所建的碾压混凝土坝所使用的水泥不完全具有可比性。但总体上说,对于同一品种的水泥,原标准的 425 号、525 号水泥与现行标准的 32.5 MPa 和 42.5 MPa 等级的水泥在强度上大致相对应,因此将按这样的大致关系进行比照。

中国大陆大坝用碾压混凝土所使用的水泥(见表 4-19),绝大多数为普通硅酸盐水泥,少数使用中热硅酸盐水泥或硅酸盐水泥。2000 年以前,中国大陆的碾压混凝土坝(除岩滩外)都不超过 100 m,因此都使用 32.5 MPa 等级(当时的 425 号)的普通硅酸盐水泥。岩滩工程使用 42.5 MPa 等级(当时的 525 号)的普通硅酸盐水泥。2000 年以后,随着碾压混凝土坝坝高的增加,特别是现行水泥规范规定普通硅酸盐水泥的最低等级为 42.5 MPa,中国大陆几乎全部碾压混凝土坝(除个别大坝使用 32.5 MPa 级的水泥外)都使用 42.5 MPa 等级的普通硅酸盐水泥,其中有少数大坝使用 42.5 MPa 等级的中热硅酸盐水泥。

碾压混凝土一般都掺有较大比例的活性掺合料,活性掺合料的水化需要 $Ca(OH)_2$,从有利于活性掺合料的水化角度考虑,应该使用水化产物中有较多 $Ca(OH)_2$ 的水泥,也就是硅酸盐水泥和普通硅酸盐水泥。因此,中国大陆的碾压混凝土中一般都使用普通硅酸盐水泥或中热硅酸盐水泥,其他水泥品种使用极少。

### 4.4.2.2　掺合料

为了降低碾压混凝土的绝热温升,碾压混凝土的水泥用量应尽可能地减少,但为了满足碾压混凝土的施工性能,胶凝材料用量不能太少,这就必须掺用掺合料。碾压混凝土所用的掺合料一般选用活性掺合料,如粉煤灰、粒化高炉矿渣及火山灰或其他火山灰质材料等。当缺乏活性掺合料时,经试验论证,也可以掺用适量的非活性掺合料。中国大陆已建和在建的碾压混凝土坝多数使用粉煤灰作为碾压混凝土的掺合料,也有少数工程使用其他品种掺合料或复合掺合料。掺合料的细度应与水泥细度相似或更细,以改善碾压混凝土拌和物的工作性。

掺入碾压混凝土的粉煤灰、粒化高炉矿渣粉、磷矿渣粉应分别符合 DL/T 5055—2007、GB/T 18046—2000 和 DL/T 5387—2007 的要求,其他掺合料的品质要求也可参考这些标准的规定。

除上述已经被列入规范的掺合料外,我国工程实践在论证的基础上已成功使用了其他一些活性和非活性的矿物粉末作为碾压混凝土的掺合料。例如:云南大朝山碾压混凝土坝,使用磷矿渣粉与凝灰岩粉各占50%的混合料作为碾压混凝土的掺合料;云南景洪碾压混凝土坝,使用锰矿渣粉与石灰岩粉各占50%的混合物作为掺合料;云南戈兰滩工程碾压混凝土中使用高炉矿渣粉和石灰岩粉的混合物作为碾压混凝土的掺合料;云南金安桥碾压混凝土坝,使用粉煤灰作为掺合料,由于玄武岩人工砂中石粉不足而掺用石灰岩粉,这实际也是使用粉煤灰和石灰岩粉的混合物作为掺合料;云南弄另水电站使用火山灰粉作为碾压混凝土的掺合料;新疆冲乎尔水电站大坝 25#~28# 坝段高程 744.33~755.5 m 使用铜镍高炉矿渣粉作为碾压混凝土的掺合料(配合比见表 4-20);由我国水利水电第十一工程局承建的蒙古国泰西尔水电站工程使用白云岩粉作为碾压混凝土的掺合料(配合比见表 4-21);由我国水利水电第八工程局承建的柬埔寨王国甘再水电站工程大坝(高程 73 m 以上)碾压混凝土的掺合料掺用比例为60%,使用石灰岩粉与粉煤灰各占50%的混合物作为碾压混凝土的掺合料(当铺筑到一定高程后将改用石灰岩粉作为单一的掺合料);等等。这些都为碾压混凝土掺合料的使用提供了宝贵的经验。

表 4-20　冲乎尔水电站大坝碾压混凝土配合比

| 混凝土编号 | 水胶比 | 使用水泥 | 铜矿渣掺量/% | 砂率/% | 碾压混凝土中各种材料用量/(kg/m³) | | | | | | | | |
|---|---|---|---|---|---|---|---|---|---|---|---|---|---|
| | | | | | 水泥 | 铜渣 | 水 | 砂 | 小石 | 中石 | 大石 | 减水剂 | 引气剂 |
| C₁₈₀20W8F300 | 0.45 | P·O 42.5 | 50 | 37 | 92 | 92 | 83 | 804 | 700 | 705 | 0 | 1.104 | 0.110 |
| C₁₈₀20W8F200 | 0.45 | P·O 32.5 | 45 | 37 | 104 | 85 | 85 | 805 | 701 | 706 | 0 | 0.945 | 0.113 |
| C₁₈₀15W4F50 | 0.55 | P·O 32.5 | 55 | 33 | 65 | 80 | 80 | 744 | 463 | 622 | 466 | 0.580 | 0.073 |

表 4-21　蒙古国泰西尔水电站大坝碾压混凝土配合比

| 配合比参数 | | | 碾压混凝土中各种材料用量/(kg/m³) | | | | | | 减水剂及其 SH-2 掺量/% |
|---|---|---|---|---|---|---|---|---|---|
| W/C | W/(C+BF) | W/(C+BF+SF) | C | W | BF | S | 小石 | 中石 | |
| 1.53 | 0.71 | 0.50 | 75 | 114.6 | 85.2 | 791.2 | 633 | 686 | — |

**注**:BF 为白云岩粉;SF 为花岗岩人工砂中所含的小于 0.075 mm 的微粒。

### 4.4.2.3　骨料

中国大陆已建碾压混凝土坝所用碾压混凝土的骨料既有天然骨料,也有破碎岩石加工而成的人工骨料(包括人工砂和碎石)。但多数工程碾压混凝土使用的是人工骨料,这是因为已建工程多数在西南或西北地区,河流中没有足够的天然骨料可以使用。使用人工骨料的碾压混凝土一般情况下砂率较大,但由于人工砂中含有较多的石粉,用人工砂和碎石配制的碾压混凝土,其胶凝材料用量并不一定高于使用天然骨料配制的碾压混凝土。人工骨料的原岩涉及石灰岩、花岗岩、灰岩、白云岩、片麻岩、砂岩、辉绿岩、玄武岩等岩石,但用得最多的是石灰岩。

#### 4.4.2.4　外加剂

根据碾压混凝土的设计技术指标、不同工程及不同施工季节的不同要求,碾压混凝土中一般都掺有不同数量的化学外加剂。掺入碾压混凝土的化学外加剂不但能改善碾压混凝土的性能,使之便于施工,而且能节省工程费用。国内外碾压混凝土中几乎没有不掺化学外加剂的。碾压混凝土中胶凝材料用量较少,砂率较大,为了改善拌和物的和易性,必须掺入减水剂。减水剂的掺入可以降低拌和物的 VC 值,改善其黏聚性,提高其抗分离性能,有助于减少碾压混凝土达到完全密实所需的振动碾压时间。此外,碾压混凝土大仓面薄层铺筑的施工方法(尤其是夏季施工时)要求拌和物具有较长的初凝时间,以使碾压层面保持塑性、减少冷缝的出现和改善施工层面的黏结特性,为此应掺入缓凝剂。位于寒冷或严寒地区的工程,为了提高碾压混凝土的抗冻性(或为了提高碾压混凝土的综合耐久性),应考虑掺用引气剂。大约在 1990 年以前,中国大陆的碾压混凝土所掺用的化学外加剂主要是普通缓凝减水剂(主要使用的是木质磺酸钙、糖蜜等)。随着化学外加剂品种的发展,特别是要求的碾压混凝土 VC 值的降低和高碾压混凝土坝的建设,所用化学外加剂的品种逐渐从普通缓凝减水剂向缓凝高效减水剂(如奈系缓凝高效减水剂:ZB-1RCC、JM-Ⅱ、GK-4 等)过渡。缓凝高效减水剂也根据施工季节对碾压混凝土拌和物凝结时间要求的不同分为夏季型和秋、冬季型。此外,位于寒冷或严寒地区碾压混凝土工程的建设促进了引气剂(如 ZB-1G、GYQ、DH₉ 等)的使用。

中国大陆部分碾压混凝土工程要求用于碾压混凝土的水泥中含有较高的 MgO(如 3.5%~4.5%)或在施工中掺入了适量的轻烧 MgO,以改善碾压混凝土的自生体积收缩变形、提高其抗裂能力。

### 4.4.3　碾压混凝土配合比参数

表 4-19 是中国大陆已建和在建 72 个碾压混凝土工程 170 个配合比的情况。对表 4-19 的各种配合比参数进行统计,可以得到一些有意义的信息,这些信息可为今后碾压混凝土配合比设计提供参数选择的参考资料。

#### 4.4.3.1　水胶比的统计

根据表 4-19 的资料,可以分别得出表 4-22~表 4-25 的统计数据。

**表 4-22　坝高≥100 m 的坝,二级配碾压混凝土的水胶比情况**

(根据 23 个工程的 28 个配合比进行的统计)

| 水胶比 | 0.40~0.44 | 0.45~0.49 | 0.50~0.54 | 0.55~0.59 | 0.60 |
|---|---|---|---|---|---|
| 配合比个数 | 4 | 9 | 12 | 2 | 1 |
| 所占比例/% | 14.29 | 32.14 | 42.86 | 7.14 | 3.57 |
| 水胶比范围 | 0.40~0.60 | 平均水胶比 | | 0.484 | |

**表 4-23　坝高<100 m 的坝,二级配碾压混凝土的水胶比情况**

(根据 24 个工程的 29 个配合比进行的统计)

| 水胶比 | 0.42~0.44 | 0.45~0.49 | 0.50~0.54 | 0.55~0.59 | ≥0.60 |
|---|---|---|---|---|---|
| 配合比个数 | 3 | 10 | 10 | 2 | 4 |
| 所占比例/% | 10.34 | 34.48 | 34.48 | 6.90 | 13.79 |
| 水胶比范围 | 0.42~0.62 | 平均水胶比 | | 0.502 | |

表 4-24　坝高≥100 m 的坝,三级配碾压混凝土的水胶比情况

(根据 26 个工程的 47 个配合比进行的统计)

| 水胶比 | 0.40~0.44 | 0.45~0.49 | 0.50~0.54 | 0.55~0.59 | 0.60~0.64 | 0.65 |
|---|---|---|---|---|---|---|
| 配合比个数 | 4 | 11 | 16 | 9 | 6 | 1 |
| 所占比例/% | 8.51 | 23.40 | 34.04 | 19.15 | 12.77 | 2.13 |
| 水胶比范围 | 0.40~0.65 | 平均水胶比 | | | 0.512 | |

表 4-25　坝高<100 m 的坝,三级配碾压混凝土的水胶比情况

(根据 46 个工程的 64 个配合比进行的统计)

| 水胶比 | 0.40~0.44 | 0.45~0.49 | 0.50~0.54 | 0.55~0.59 | 0.60~0.64 | ≥0.65 |
|---|---|---|---|---|---|---|
| 配合比个数 | 2 | 3 | 12 | 27 | 13 | 7 |
| 所占比例/% | 3.12 | 4.69 | 18.75 | 42.19 | 20.31 | 10.94 |
| 水胶比范围 | 0.40~0.79 | 平均水胶比 | | | 0.571 | |

　　对比表 4-22 和表 4-23 可以看出,百米及以上高碾压混凝土坝的二级配碾压混凝土的水胶比落在 0.40~0.60 的范围,其中水胶比主要落在 0.45~0.54 的范围(占 75%),百米及以上高碾压混凝土坝的二级配碾压混凝土的水胶比平均值为 0.484。百米以下的碾压混凝土坝,其二级配碾压混凝土的水胶比落在 0.42~0.62 的范围,其中水胶比主要落在 0.45~0.54 的范围(占 68.96%)。百米以下碾压混凝土坝的二级配碾压混凝土的水胶比平均值为 0.502。

　　从表 4-24 可以看出,百米及以上高碾压混凝土坝的三级配碾压混凝土的水胶比落在 0.40~0.65 的范围,平均值为 0.512,水胶比落在 0.45~0.59 的配合比所占的比例比较大(达到 76.59%)。从表 4-25 可以得出,百米以下碾压混凝土坝的三级配碾压混凝土的水胶比落在 0.40~0.79 的范围,水胶比的平均值为 0.571,其中水胶比处在 0.50~0.64 的配合比较多(达到 81.25%)。

#### 4.4.3.2　掺合料的掺用比例的统计

　　根据表 4-19 的资料,可以分别得出表 4-26~表 4-29 的统计数据。

表 4-26　坝高≥100 m 的坝,二级配碾压混凝土的掺合料掺用比例的情况

(根据 23 个工程的 28 个配合比进行的统计)

| 掺合料掺用比例/% | 40~44 | 45~49 | 50~54 | 55~59 | 60 |
|---|---|---|---|---|---|
| 配合比个数 | 3 | 0 | 10 | 12 | 3 |
| 所占比例/% | 10.71 | 0 | 35.71 | 42.86 | 10.71 |
| 掺合料掺用比例范围/% | 40~60 | 掺合料掺用比例的平均值/% | | 52.54 | |

表 4-27　坝高<100 m 的坝,二级配碾压混凝土的掺合料掺用比例的情况

(根据 24 个工程的 29 个配合比进行的统计)

| 掺合料掺用比例/% | <40 | 40~44 | 45~49 | 50~54 | 55~59 | ≥60 |
|---|---|---|---|---|---|---|
| 配合比个数 | 3 | 2 | 6 | 7 | 7 | 4 |
| 所占比例/% | 10.34 | 6.90 | 20.69 | 24.14 | 24.14 | 13.79 |
| 掺合料掺用比例范围/% | 30~65 | 掺合料掺用比例的平均值/% | | | 49.76 | |

表4-28　坝高≥100 m 的坝,三级配碾压混凝土的掺合料掺用比例的情况

（根据 26 个工程的 47 个配合比进行的统计）

| 掺合料掺用比例/% | 50~54 | 55~59 | 60~64 | 65~69 | 70 |
|---|---|---|---|---|---|
| 配合比个数 | 9 | 6 | 26 | 5 | 1 |
| 所占比例/% | 19.15 | 12.77 | 55.32 | 10.64 | 2.13 |
| 掺合料掺用比例范围/% | 50~70 | 掺合料掺用比例平均值 | | | 58.94 |

表4-29　坝高<100 m 的坝,三级配碾压混凝土的掺合料掺用比例的情况

（根据 46 个工程的 64 个配合比进行的统计）

| 掺合料掺用比例/% | <50 | 50~54 | 55~59 | 60~64 | 65~69 | 70 |
|---|---|---|---|---|---|---|
| 配合比个数 | 8 | 9 | 11 | 20 | 13 | 3 |
| 所占比例/% | 12.50 | 14.06 | 17.19 | 31.25 | 20.31 | 4.69 |
| 掺合料掺用比例范围/% | 18~70 | 掺合料掺用比例平均值 | | | | 57.00 |

对比表 4-26 和表 4-27 可以看出,百米及以上高碾压混凝土坝的二级配碾压混凝土的掺合料掺用比例落在 40%~60% 的范围,掺合料掺用比例主要落在 50%~59% 的范围(占 78.57%),掺合料掺用比例的平均值为 52.54%。百米以下的碾压混凝土坝,其二级配碾压混凝土的掺合料掺合比落在 30%~65% 的范围,掺合料掺用比例主要落在 45%~59% 的范围(占 68.97%),掺合料掺用比例的平均值为 49.76%。百米以下碾压混凝土坝的二级配碾压混凝土的掺合料掺用比例反而低于百米及以上高碾压混凝土坝的二级配碾压混凝土的掺合料掺用比例的原因,可能与碾压混凝土筑坝初期对粉煤灰的效能的研究不充分有关。

从表 4-28 可以看出,百米及以上高碾压混凝土坝的三级配碾压混凝土掺合料掺用比例落在 50%~70% 的范围,其中大部分碾压混凝土配合比的掺合料的掺用比例落在 50%~64% 的范围(达到 87.24%),掺合料掺用比例的平均值为 58.94%。从表 4-29 可以得出,百米以下碾压混凝土坝的三级配碾压混凝土掺合料掺用比例落在 18%~70% 的较宽的范围,其中掺合料掺用比例处在 55%~69% 的配合比较多(达到 68.75%),掺合料掺用比例的平均值为 57.00%。百米以下碾压混凝土坝的三级配碾压混凝土的掺合料掺用比例反而低于百米及以上高碾压混凝土坝的三级配碾压混凝土的掺合料掺用比例的原因,可能与碾压混凝土筑坝初期对粉煤灰的效能的研究不充分和我国早期的碾压混凝土施工规范规定碾压混凝土中水泥熟料不少于 45 kg/m³ 等因素有关。

#### 4.4.3.3　浆砂比及单位用水量的统计

1. 浆砂比的统计

根据表 4-19 的资料,可以分别得出表 4-30~表 4-33 的统计数据。

表4-30　坝高≥100 m 的坝,二级配碾压混凝土的浆砂比的情况

（根据 23 个工程的 28 个配合比进行的统计）

| 浆砂比 | 0.32~0.34 | 0.35~0.37 | 0.38~0.40 | 0.41~0.43 |
|---|---|---|---|---|
| 配合比个数 | 9 | 10 | 6 | 3 |
| 所占比例/% | 32.14 | 35.71 | 21.43 | 10.71 |
| 浆砂比的范围 | 0.32~0.43 | 浆砂比的平均值 | | 0.363 |

**表 4-31　坝高<100 m 的坝,二级配碾压混凝土的浆砂比的情况**

(根据 24 个工程的 29 个配合比进行的统计)

| 浆砂比 | 0.30~0.34 | 0.35~0.37 | 0.38~0.40 | 0.41~0.43 | 0.44~0.46 | ≥0.47 |
|---|---|---|---|---|---|---|
| 配合比个数 | 5 | 8 | 3 | 4 | 7 | 2 |
| 所占比例/% | 17.24 | 27.59 | 10.34 | 13.79 | 24.14 | 6.90 |
| 浆砂比的范围 | 0.30~0.48 | 浆砂比的平均值 | | | 0.393 | |

**表 4-32　坝高≥100 m 的坝,三级配碾压混凝土的浆砂比的情况**

(根据 26 个工程的 47 个配合比进行的统计)

| 浆砂比 | <0.30 | 0.30~0.34 | 0.35~0.39 | ≥0.40 |
|---|---|---|---|---|
| 配合比个数 | 1 | 23 | 20 | 3 |
| 所占比例/% | 2.13 | 48.94 | 42.55 | 6.38 |
| 浆砂比的范围 | 0.29~0.42 | 浆砂比的平均值 | | 0.346 |

**表 4-33　坝高<100 m 的坝,三级配碾压混凝土的浆砂比的情况**

(根据 46 个工程的 64 个配合比进行的统计)

| 浆砂比 | <0.30 | 0.30~0.34 | 0.35~0.39 | 0.40~0.44 | ≥0.45 |
|---|---|---|---|---|---|
| 配合比个数 | 6 | 18 | 22 | 14 | 4 |
| 所占比例/% | 9.38 | 28.12 | 34.38 | 21.88 | 6.25 |
| 浆砂比的范围 | 0.22~0.63 | 浆砂比的平均值 | | 0.364 | |

　　对比表 4-30 和表 4-31 可以看出,百米及以上高碾压混凝土坝的二级配碾压混凝土的浆砂比落在 0.32~0.43 的范围,其中多数落在 0.32~0.40 的范围(占 89.28%),浆砂比的平均值为 0.363。百米以下的碾压混凝土坝的二级配碾压混凝土的浆砂比落在 0.30~0.48 的范围,其中多数落在 0.35~0.46 的范围(占 75.86%),浆砂比的平均值为 0.393。

　　从表 4-32 可以看出,百米及以上碾压混凝土高坝的三级配碾压混凝土的浆砂比落在 0.29~0.42 的范围,其中大多数浆砂比处在 0.30~0.39 的范围(达到 91.49%),浆砂比的平均值为 0.346。从表 4-33 可以得出,百米以下碾压混凝土坝的三级配碾压混凝土的浆砂比落在 0.22~0.63 的范围,其中主要落在 0.30~0.44 的范围(达到 84.38%),浆砂比的平均值为 0.364。

　　2. 单位用水量的统计

　　根据表 4-19 的资料,可以分别得出表 4-34~表 4-37 的统计数据。

**表 4-34　坝高≥100 m 的坝,二级配碾压混凝土单位用水量的情况**

(根据 23 个工程的 28 个配合比进行的统计)

| 单位用水量/(kg/m³) | 74~80 | 81~85 | 86~90 | 91~95 | 96~100 | >100 |
|---|---|---|---|---|---|---|
| 配合比个数 | 2 | 7 | 2 | 8 | 4 | 5 |
| 所占比例/% | 7.14 | 25.00 | 7.14 | 28.57 | 14.29 | 17.86 |
| 单位用水量的范围/(kg/m³) | 74~108 | 单位用水量的平均值/(kg/m³) | | | 91.75 | |

表 4-35　坝高<100 m 的坝,二级配碾压混凝土单位用水量的情况

（根据 24 个工程的 29 个配合比进行的统计）

| 单位用水量/(kg/m³) | 76~80 | 81~85 | 86~90 | 91~95 | 96~100 | 101~105 | >105 |
|---|---|---|---|---|---|---|---|
| 配合比个数 | 2 | 1 | 5 | 5 | 3 | 6 | 7 |
| 所占比例/% | 6.90 | 3.45 | 17.24 | 17.24 | 10.34 | 20.69 | 24.14 |
| 单位用水量的范围/(kg/m³) | 76~110 | 单位用水量的平均值/(kg/m³) | | | | | 97.45 |

表 4-36　坝高≥100 m 的坝,三级配碾压混凝土单位用水量的情况

（根据 26 个工程的 47 个配合比进行的统计）

| 单位用水量/(kg/m³) | <70 | 70~74 | 75~79 | 80~84 | 85~89 | 90~94 | ≥95 |
|---|---|---|---|---|---|---|---|
| 配合比个数 | 4 | 3 | 11 | 8 | 12 | 8 | 1 |
| 所占比例/% | 8.51 | 6.38 | 23.40 | 17.02 | 25.53 | 17.02 | 2.13 |
| 单位用水量的范围/(kg/m³) | 62~96 | 单位用水量的平均值/(kg/m³) | | | | | 82.04 |

表 4-37　坝高<100 m 的坝,三级配碾压混凝土单位用水量的情况

（根据 46 个工程的 64 个配合比进行的统计）

| 单位用水量/(kg/m³) | 71~75 | 76~80 | 81~85 | 86~90 | 91~95 | 96~99 | ≥100 |
|---|---|---|---|---|---|---|---|
| 配合比个数 | 6 | 7 | 6 | 17 | 15 | 7 | 6 |
| 所占比例/% | 9.38 | 10.94 | 9.38 | 26.56 | 23.44 | 10.94 | 9.38 |
| 单位用水量的范围/(kg/m³) | 71~117 | 单位用水量的平均值/(kg/m³) | | | | | 89.34 |

对比表 4-34 和表 4-35 可以看出,百米及以上的碾压混凝土高坝的二级配碾压混凝土的单位用水量落在 74~108 kg/m³ 的范围,其中多数落在 81~100 kg/m³ 的范围(占 75%),单位用水量平均值为 91.75 kg/m³。百米以下的碾压混凝土坝的二级配碾压混凝土的单位用水量落在 76~110 kg/m³ 的范围,其中落在 86~105 kg/m³ 的范围的配合比占较大比例(达到 65.51%),单位用水量平均值为 97.45 kg/m³。

从表 4-36 可以看出,百米及以上的碾压混凝土高坝的三级配碾压混凝土的单位用水量落在 62~96 kg/m³ 的范围,其中主要落在 75~94 kg/m³ 的范围(占 82.97%),单位用水量的平均值为 82.04 kg/m³。从表 4-32 可以得出,百米以下的碾压混凝土坝的三级配碾压混凝土的单位用水量落在 71~117 kg/m³ 的范围,其中的大多数落在 76~99 kg/m³ 的范围(占 81.26%),单位用水量的平均值为 89.34 kg/m³。

#### 4.4.3.4　砂率的统计

根据表 4-19 的资料,可以分别得出表 4-38~表 4-41 的统计数据。

表 4-38　坝高≥100 m 的坝,二级配碾压混凝土的砂率的情况

（根据 23 个工程的 28 个配合比进行的统计）

| 砂率/% | 32~33 | 34~35 | 36~37 | 38~39 |
|---|---|---|---|---|
| 配合比个数 | 3 | 3 | 11 | 11 |
| 所占比例/% | 10.71 | 10.71 | 39.29 | 39.29 |
| 砂率的范围/% | 32~39 | 砂率的平均值/% | | 36.61 |

**表 4-39　坝高<100 m 的坝,二级配碾压混凝土的砂率的情况**

(根据 24 个工程的 29 个配合比进行的统计)

| 砂率/% | 26~28 | 29~31 | 32~34 | 35~37 | 38~40 | 41~42 |
|---|---|---|---|---|---|---|
| 配合比个数 | 1 | 4 | 2 | 8 | 10 | 4 |
| 所占比例/% | 3.45 | 13.79 | 6.90 | 27.59 | 34.48 | 13.79 |
| 砂率的范围/% | 26~42 | | | 砂率的平均值/% | | 36.07 |

**表 4-40　坝高≥100 m 的坝,三级配碾压混凝土的砂率的情况**

(根据 26 个工程的 47 个配合比进行的统计)

| 砂率/% | 27~29 | 30~32 | 33~35 |
|---|---|---|---|
| 配合比个数 | 8 | 8 | 31 |
| 所占比例/% | 17.02 | 17.02 | 65.96 |
| 砂率的范围/% | 27~35 | 砂率的平均值/% | 32.40 |

**表 4-41　坝高<100 m 的坝,三级配碾压混凝土的砂率的情况**

(根据 46 个工程的 64 个配合比进行的统计)

| 砂率/% | <25 | 26~30 | 31~35 | 36~38 |
|---|---|---|---|---|
| 配合比个数 | 2 | 22 | 33 | 7 |
| 所占比例/% | 3.12 | 34.38 | 51.56 | 10.94 |
| 砂率的范围/% | 21~38 | | 砂率的平均值/% | 31.81 |

对比表 4-38 和表 4-39 可以看出,百米及以上碾压混凝土高坝的二级配碾压混凝土的砂率落在 32%~39% 的范围,其中大多数落在 36%~39% 的范围(占 78.58%),砂率的平均值为 36.61%。百米以下碾压混凝土坝的二级配碾压混凝土的砂率落在 26%~42% 的范围,其中大多数落在 35%~40% 的范围(占 62.07%),砂率的平均值为 36.07%。

从表 4-40 可以看出,百米及以上碾压混凝土高坝的三级配碾压混凝土的砂率落在 27%~35% 的范围,其中砂率处在 33%~35% 的配合比较多(达到 65.96%),砂率的平均值为 32.40%。从表 4-41 可以得出,百米以下碾压混凝土坝的三级配碾压混凝土的砂率落在 21%~38% 的范围,其中砂率处在 26%~35% 的配合比较多(达到 85.94%),砂率的平均值为 31.81%。

#### 4.4.3.5　胶凝材料用量的统计

1. 水泥用量的统计

根据表 4-19 的资料,可以分别得出表 4-42~表 4-45 的统计数据。

**表 4-42　坝高≥100 m 的坝,二级配碾压混凝土的水泥用量的情况**

(根据 23 个工程的 28 个配合比进行的统计)

| 水泥用量/(kg/m³) | 72~80 | 81~85 | 86~90 | 91~95 | 96~100 | >100 |
|---|---|---|---|---|---|---|
| 配合比个数 | 5 | 6 | 1 | 11 | 2 | 3 |
| 所占比例/% | 17.86 | 21.43 | 3.57 | 39.29 | 7.14 | 10.71 |
| 水泥用量范围/(kg/m³) | 72~131 | | 平均水泥用量/(kg/m³) | | | 90.29 |

表 4-43　坝高<100 m 的坝,二级配碾压混凝土的水泥用量的情况
(根据 24 个工程的 29 个配合比进行的统计)

| 水泥用量/(kg/m³) | <70 | 71~75 | 76~80 | 81~85 | 86~90 | 91~95 | 96~100 | 101~105 | >105 |
|---|---|---|---|---|---|---|---|---|---|
| 配合比个数 | 1 | 1 | 3 | 2 | 5 | 2 | 4 | 1 | 10 |
| 所占比例/% | 3.45 | 3.45 | 10.34 | 6.90 | 17.24 | 6.90 | 13.79 | 3.45 | 34.48 |
| 水泥用量范围/(kg/m³) | 50~128 | 平均水泥用量/(kg/m³) | | | | | 96.86 | | |

表 4-44　坝高≥100 m 的坝,三级配碾压混凝土的水泥用量的情况
(根据 26 个工程的 47 个配合比进行的统计)

| 水泥用量/(kg/m³) | <50 | 50~59 | 60~69 | 70~79 | 80~89 | ≥90 |
|---|---|---|---|---|---|---|
| 配合比个数 | 2 | 11 | 18 | 7 | 7 | 2 |
| 所占比例/% | 4.26 | 23.40 | 38.30 | 14.89 | 14.89 | 4.26 |
| 水泥用量范围/(kg/m³) | 46~93 | 平均水泥用量/(kg/m³) | | 67.04 | | |

表 4-45　坝高<100 m 的坝,三级配碾压混凝土的水泥用量的情况
(根据 46 个工程的 64 个配合比进行的统计)

| 水泥用量/(kg/m³) | <50 | 50~59 | 60~69 | 70~79 | 80~89 | 90~99 | ≥100 |
|---|---|---|---|---|---|---|---|
| 配合比个数 | 4 | 17 | 20 | 12 | 2 | 4 | 5 |
| 所占比例/% | 6.25 | 26.56 | 31.25 | 18.75 | 3.12 | 6.25 | 7.81 |
| 水泥用量范围/(kg/m³) | 39~116 | 平均水泥用量/(kg/m³) | | | 67.98 | | |

对比表 4-42 和表 4-43 可以看出,百米及以上碾压混凝土高坝的二级配碾压混凝土的水泥用量落在 72~131 kg/m³ 的范围,其中落在 95~81 kg/m³ 范围的配合比所占的比例较大(达到 64.29%),水泥用量的平均值为 90.29 kg/m³。百米以下碾压混凝土坝的二级配碾压混凝土的水泥用量落在 50~128 kg/m³ 范围,其中落在 86~105 kg/m³ 范围的配合比所占的比例较大(达到 75.86%),水泥用量的平均值为 96.86 kg/m³。百米以下碾压混凝土坝使用的二级配碾压混凝土水泥用量反而多的原因是一部分工程使用 32.5 MPa 级(或原 425 号)的水泥。

从表 4-44 可以看出,百米及以上碾压混凝土高坝的三级配碾压混凝土的水泥用量落在 46~93 kg/m³ 的范围,其中水泥用量处在 50~79 kg/m³ 范围的配合比较多(达到 76.59%),水泥用量的平均值为 67.04 kg/m³。从表 4-45 可以得出,百米以下碾压混凝土坝的三级配碾压混凝土的水泥用量落在 39~116 kg/m³ 的范围,其中水泥用量处在 50~79 kg/m³ 的配合比较多(达到 76.59%),水泥用量的平均值为 67.98 kg/m³。百米以下碾压混凝土坝使用的三级配碾压混凝土水泥用量与百米及以上碾压混凝土高坝使用的水泥用量相当的原因是百米以下碾压混凝土坝的一部分使用 32.5 MPa 级(或原 425 号)的水泥。

2. 胶凝材料用量

根据表 4-19 的资料,可以分别得出表 4-46~表 4-49 的统计数据。

表 4-46　坝高≥100 m 的坝,二级配碾压混凝土的胶凝材料用量的情况

(根据 23 个工程的 28 个配合比进行的统计)

| 胶凝材料用量/(kg/m³) | <170 | 170~179 | 180~189 | 190~199 | 200~209 | 210~219 | 220 |
|---|---|---|---|---|---|---|---|
| 配合比个数 | 1 | 2 | 12 | 4 | 5 | 3 | 1 |
| 所占比例/% | 3.57 | 7.14 | 42.86 | 14.29 | 17.86 | 10.71 | 3.57 |
| 胶凝材料用量范围/(kg/m³) | 167~220 | 平均胶凝材料用量/(kg/m³) | | | | | 192.93 |

表 4-47　坝高<100 m 的坝,二级配碾压混凝土的胶凝材料用量的情况

(根据 24 个工程的 29 个配合比进行的统计)

| 胶凝材料用量/(kg/m³) | <170 | 170~179 | 180~189 | 190~199 | 200~209 | 210~219 | ≥220 |
|---|---|---|---|---|---|---|---|
| 配合比个数 | 1 | 4 | 6 | 7 | 4 | 1 | 6 |
| 所占比例/% | 3.45 | 13.79 | 20.69 | 24.14 | 13.79 | 3.45 | 20.69 |
| 胶凝材料用量范围/(kg/m³) | 142~233 | 平均胶凝材料用量/(kg/m³) | | | | | 195.90 |

表 4-48　坝高≥100 m 的坝,三级配碾压混凝土的胶凝材料用量的情况

(根据 26 个工程的 47 个配合比进行的统计)

| 胶凝材料用量/(kg/m³) | <140 | 140~149 | 150~159 | 160~169 | 170~179 | 180~189 | ≥190 |
|---|---|---|---|---|---|---|---|
| 配合比个数 | 2 | 5 | 10 | 12 | 12 | 4 | 2 |
| 所占比例/% | 4.26 | 10.64 | 21.28 | 25.53 | 25.53 | 8.51 | 4.26 |
| 胶凝材料用量范围/(kg/m³) | 136~195 | 平均胶凝材料用量/(kg/m³) | | | | | 164.32 |

表 4-49　坝高<100 m 的坝,三级配碾压混凝土的胶凝材料用量的情况

(根据 46 个工程的 64 个配合比进行的统计)

| 胶凝材料用量/(kg/m³) | <130 | 130~139 | 140~149 | 150~159 | 160~169 | 170~179 | ≥180 |
|---|---|---|---|---|---|---|---|
| 配合比个数 | 2 | 5 | 9 | 17 | 9 | 14 | 8 |
| 所占比例/% | 3.12 | 7.81 | 14.06 | 26.56 | 14.06 | 21.88 | 12.50 |
| 胶凝材料用量范围/(kg/m³) | 99~210 | 平均胶凝材料用量/(kg/m³) | | | | | 159.23 |

　　对比表 4-46 和表 4-47 可以看出,百米及以上碾压混凝土高坝的二级配碾压混凝土的胶凝材料用量落在 167~220 kg/m³ 的范围,其中胶凝材料用量落在 180~209 kg/m³ 范围的配合比所占的比例比较大(达到 75.01%),胶凝材料用量的平均值为 192.93 kg/m³。百米以下碾压混凝土坝的二级配碾压混凝土的胶凝材料用量落在 142~233 kg/m³ 的范围,其中胶凝材料用量落在 170~209 kg/m³ 范围的配合比所占的比例比较大(达到 72.41%),胶凝材料用量的平均值为 195.90 kg/m³。百米以下碾压混凝土坝所用的二级配碾压混凝土胶凝材料用量反而多的原因可能是百米以下碾压混凝土坝一部分使用 32.5 MPa 级(或原 425 号)的水泥。

　　从表 4-48 可以看出,百米及以上碾压混凝土高坝的三级配碾压混凝土的胶凝材料用量落在 136~195 kg/m³ 的范围,其中胶凝材料用量处在 179~140 kg/m³ 的配合比较多(达到 82.98%),平均值为 164.32 kg/m³。从表 4-49 可以看出,百米以下碾压混凝土坝的三级配碾压混凝土的胶凝材料用量落在

99~210 kg/m³ 的范围,胶凝材料用量主要落在 140~179 kg/m³ 的范围(达到 76. 56%),胶凝材料用量的平均值为 159. 23 kg/m³。

# 4.5　与碾压混凝土配合比设计有关的一些建议

在我国碾压混凝土筑坝技术的发展过程中,由于历史的原因和人们认识的原因,仍然存在不少有待解决的问题,例如:工程施工的碾压混凝土的强度超出设计要求比较多;碾压混凝土的掺合料资源紧缺;工程技术人员对人工砂中小于 0. 08 mm 的微细颗粒的作用认识不足;片面追求使用高品质的原材料等。这些问题直接与碾压混凝土的配合比设计有关。下面就一些问题提出相应的建议。

## 4.5.1　碾压混凝土的设计龄期

由于碾压混凝土中掺用了大量的活性或非活性的掺合料,这些掺合料的水化过程一般都比较缓慢。室内试验资料表明,碾压混凝土的后期强度在不断的增长。根据我国 42 个工程碾压混凝土各龄期的 525 组抗压强度的室内试验数据,计算出每个工程碾压混凝土各个龄期的抗压强度相对于 28 d 龄期抗压强度的增长率,再以工程为单位求出各个龄期的平均抗压强度增长率,最后得出这 42 个工程的碾压混凝土每个龄期总的平均抗压强度增长率,见表 4-50。

表 4-50　碾压混凝土各个龄期的抗压强度平均增长率

| 龄期/d | 7 | 14 | 28 | 90 | 180 | 365 | 1 195 | 1 610 |
|---|---|---|---|---|---|---|---|---|
| 抗压强度平均增长率/% | 56. 5 | 69. 2 | 100 | 156. 9 | 189. 8 | 224. 3 | 265 | 404 |

根据我国 23 个工程碾压混凝土的 213 组劈裂抗拉强度的室内试验数据和 18 个工程碾压混凝土的 118 组轴心抗拉强度室内试验数据,按上述抗压强度增长率的计算方法,得出这 23 个工程的碾压混凝土各龄期的总平均劈裂抗拉强度增长率,见表 4-51。

表 4-51　各龄期碾压混凝土的劈裂抗拉强度增长率

| 龄期/d | 7 | 14 | 28 | 90 | 180 | 365 |
|---|---|---|---|---|---|---|
| 劈裂抗拉强度总平均增长率/% | 55 | 78 | 100 | 167 | 184 | 213 |

岩滩工程的试验研究成果显示,碾压混凝土的强度在 8~9 年期间还有一定程度的增长,其他性能也有所改善。

上述的研究资料表明,碾压混凝土的强度在 90 d 龄期时仅相当于 365 d 龄期强度的 70%~80%,而 365 d 以后强度还会进一步增长。为了充分发挥掺合料的效能并为碾压混凝土坝的温度控制减少难度,碾压混凝土的设计龄期应尽可能使用后龄期。《碾压混凝土坝设计规范》(SL 314—2004)规定,碾压混凝土的抗压强度宜采用 180 d(或 90 d)龄期。我国已建的不少碾压混凝土高坝的碾压混凝土设计龄期也确定为 180 d,如福建的棉花滩、云南的大朝山、四川的武都引水等工程,都取得了很好的效果。但仍有大量的工程设计人员受到有关规范规定的限制而采用 90 d 为设计龄期,或尽管将设计龄期改为 180 d 但相应提高了 180 d 龄期对应的碾压混凝土技术指标要求。其实,将碾压混凝土的设计龄期定为 180 d 也还不能充分发挥掺合料的效能。从表 4-50 和表 4-51 的统计情况看,从 180 d 到 365 d 期间碾压混凝土的强度仍在 180 d 的基础上增长 15% 以上。美国的坝工专家根据美国的规范,一直将混凝土(包括碾压混凝土)的设计龄期定为 365 d。我们的邻国越南,虽然碾压混凝土筑坝技术应用比中国晚,但他们博采美国及中国规范的优点,在建的几个高碾压混凝土工程都采用 365 d 的设计龄期,设计强度等级并不高。如位于越南中部距岘港市 2 h 车程的达克米(Dak Mi)4 级碾压混凝土重力坝,坝高 87 m,设计龄期 365 d,设计要求为坝体芯样(φ150 mm,高 300 mm)365 d 龄期的抗压强度 14. 2 MPa,现场取样成型试件(φ150 mm,高300 mm)365 d 的抗压强度要求为16 MPa;位于越南南方得农省的同奈3(Dong Nai 3)和同奈4(Dong Nai 4)两个工程,分别是110 m 和129 m 高的碾压混凝土重力坝,设计龄期都是365 d,设计要求为坝体芯样(φ150 mm,高300 mm)365 d 龄期的抗压强度14 MPa,现场取样成型试件(φ150 mm,高300 mm)365 d 的抗压强度要求为15.75 MPa,考虑保证率后现场取样成型试件(φ150 mm,高300 mm)365 d 龄期的抗压强度为18.4 MPa;位于越南北方莱州省的班扎(Ban Chat)碾压混凝土重力坝,坝高130 m,设计要求为坝体芯样(φ150 mm,高300 mm)365 d 龄期的抗压强度14.2 MPa,现场取样成型试件(φ150 mm,高300 mm)365 d 的抗压强度要求为15.75 MPa,考虑保证率后现场取样成型试件(φ150 mm,高300 mm)365 d 龄期的抗压强度要求为18.4 MPa。因此,碾压混凝土的水泥用量可以大为降低(班扎工程使用的碾压混凝土配合比见表4-52),使碾压混凝土的绝热温升显著减小。

表4-52　越南班扎工程碾压混凝土施工使用的配合比

| 水泥/<br>(kg/m³) | 粉煤灰/<br>(kg/m³) | 水/<br>(kg/m³) | 砂/<br>(kg/m³) | 粗骨料/(kg/m³) | | | 化学外<br>加剂 L |
| --- | --- | --- | --- | --- | --- | --- | --- |
| | | | | 50~25 mm | 25~12.5 mm | 12.5~4.75 mm | |
| 60 | 160 | 140 | 782 | 410 | 493 | 369 | 2.42 |

中国的部分碾压混凝土工程,水工设计者对碾压混凝土的抗压强度和抗拉强度既提出了设计龄期应达到的技术指标,也提出了28 d 龄期应达到的技术指标要求。由于碾压混凝土的强度增长率与使用的原材料品质及碾压混凝土的配合比密切相关,而设计者对这一强度增长规律并未确切地掌握,因此所提出的两个龄期的指标往往是有矛盾的。一般情况是设计龄期的强度指标可以比较容易地达到而28 d 龄期的强度指标不能满足要求。为了同时满足两个龄期的强度指标要求,不得不增加碾压混凝土的水泥用量或降低水胶比(增加总的胶凝材料用量),这都会给温度控制造成困难。也有一些工程的设计者对碾压混凝土的技术性能提出了多方面的技术性能的指标要求(包括强度、耐久性、绝热温升、极限拉伸等),应该承认,这些指标中的一部分是有矛盾的(比如,为了获得高的极限拉伸,可能会带来碾压混凝土的绝热温升值增高),有时是难以同时满足要求的。正因为如此,建议设计人员在提出多个设计指标要求时明确哪些指标是必须达到的,哪些指标是属于争取达到的。

## 4.5.2　碾压混凝土使用的水泥

碾压混凝土所使用的水泥宜选用硅酸盐水泥、普通硅酸盐水泥、中热硅酸盐水泥、低热硅酸盐水泥,一般不使用掺有较多混合材料的其他品种的水泥(如粉煤灰硅酸盐水泥、矿渣硅酸盐水泥和低热矿渣硅酸盐水泥等)。这是因为碾压混凝土中一般都掺有较大比例的掺合料,掺合料的水化需要 $Ca(OH)_2$ 的存在,$Ca(OH)_2$ 与掺合料的活性成分(如活性 $SiO_2$、活性 $Al_2O_3$ 等)发生式(4-37)和式(4-38)的水化反应(一般称为二次水化反应),生成具有胶结性能的稳定的水化产物——水化硅酸钙与水化铝酸钙等,对碾压混凝土的强度和其他性能的改善起作用。

$$xCa(OH)_2 + SiO_2 + m_1H_2O = xCaO \cdot SiO_2 \cdot n_1H_2O \tag{4-37}$$

$$yCa(OH)_2 + Al_2O_3 + m_2H_2O = yCaO \cdot Al_2O_3 \cdot n_2H_2O \tag{4-38}$$

碾压混凝土中胶凝材料的水化首先从水泥开始,水泥中的硅酸三钙和硅酸二钙水化[式(4-39)和式(4-40)]生成水化硅酸钙和 $Ca(OH)_2$,$Ca(OH)_2$ 再与掺合料的活性成分——活性 $SiO_2$、活性 $Al_2O_3$ 发生式(4-37)和式(4-38)的二次水化反应而对碾压混凝土的性能起到改善作用。

$$2(3CaO \cdot SiO_2) + 7H_2O = 3CaO \cdot 2SiO_2 \cdot 4H_2O + 3Ca(OH)_2 \tag{4-39}$$

$$2(2CaO \cdot SiO_2) + 5H_2O = 3CaO \cdot 2SiO_2 \cdot 4H_2O + Ca(OH)_2 \tag{4-40}$$

硅酸盐水泥、普通硅酸盐水泥、中热硅酸盐水泥、低热硅酸盐水泥等的硅酸三钙和硅酸二钙含量比其他掺混合材料的水泥所含的硅酸三钙和硅酸二钙的量多,因而水化生成的 $Ca(OH)_2$ 也多,有利于掺合料的水化反应。

　　根据国家标准《复合硅酸盐水泥》(GB 12958—1999)，复合硅酸盐水泥的定义是：凡由硅酸盐水泥熟料、两种或两种以上规定的混合材料、适量石膏磨细制成的水硬性胶凝材料，称为复合硅酸盐水泥（简称复合水泥），代号 P·C。水泥中混合材料总掺量按质量百分比计应大于 15%，但不超过 50%。水泥中允许用不超过 8%的窑灰代替部分混合材料；掺矿渣时混合材料掺量不得与矿渣水泥重复。从这一规定可以看出，复合硅酸盐水泥中所掺的混合材料比上述提到的几种硅酸盐水泥所掺的混合材料复杂而且掺量大。因此，碾压混凝土所用的水泥一般也不使用复合硅酸盐水泥。

　　由于硅酸盐水泥、普通硅酸盐水泥、中热硅酸盐水泥、低热硅酸盐水泥等的强度等级已经不存在 32.5 MPa 的等级，因此碾压混凝土所用水泥的强度等级一般为 42.5 MPa 的等级，极少数的碾压混凝土使用 52.5 MPa 等级的硅酸盐水泥、普通硅酸盐水泥、中热硅酸盐水泥、低热硅酸盐水泥配制。

## 4.5.3　碾压混凝土使用的掺合料

　　我国现行的碾压混凝土施工规范规定，碾压混凝土中应优先掺入适量的Ⅰ级或Ⅱ级粉煤灰、粒化高炉矿渣粉、磷渣粉、火山灰等活性掺合料。经过试验论证，也可以掺用非活性掺合料。

　　碾压混凝土中掺用粉煤灰等活性的掺合料已经被工程技术人员所接受，但对于磷渣粉和火山灰等使用较少的活性掺合料的应用，仍然处在资料和经验的积累过程中，工程技术人员对它们单独用作碾压混凝土的掺合料仍持谨慎态度是可以理解的。然而，对这些新的碾压混凝土掺合料的使用应该持积极的态度，认真做好碾压混凝土的配合比试验研究，掌握新型掺合料与常用的粉煤灰掺合料的不同特点。新型掺合料在碾压混凝土中的成功使用，不仅解决了粉煤灰掺合料资源的短缺和分布不均问题，而且存在资源的合理使用、废弃物的资源化和减少环境污染问题。根据这些掺合料的化学成分、水化机理等的研究结果，它们的作用与粉煤灰类似，在某些方面的效能比粉煤灰还强（比如磷渣粉的活性比粉煤灰高）。使用磷渣粉作为碾压混凝土的掺合料时应特别注意其缓凝作用比粉煤灰更加明显。使用火山灰作为碾压混凝土的掺合料时应特别注意不同产地的火山灰的品质有较大的差异，同时，火山灰的掺入可能使碾压混凝土拌和物的凝结时间有较大的缩短。

　　依据与水泥水化反应的化学活性的大小，混凝土掺合料被人为地分为活性和非活性两类。非活性掺合料包括天然的非活性掺合料（达不到活性掺合料品质要求的各种天然的火山灰质材料和岩石粉末）和人工的非活性掺合料（达不到活性掺合料品质要求的各种工业副产品）。非活性矿物质粉末用作碾压混凝土的掺合料在中国已经有了很好的开端。在前面 4.4.1 中已经介绍了碾压混凝土工程使用非活性掺合料的简要情况。

　　掺合料掺入到混凝土中，对新拌混凝土和硬化后混凝土的性能都有一定的影响，它们包括下列 5 个方面。

### 4.5.3.1　掺合料的形貌（或细度）对水泥砂浆及新拌混凝土性能的影响

　　某些掺合料（如粉煤灰）由于具有的适宜的形貌，掺入混凝土后使混凝土的工作性能得到明显的改善。其他一些掺合料，当将其磨细到合适的比表面积时，也能使其掺入后的混凝土的工作性能得到一定的改善。细度和掺量合适的掺合料微细颗粒能填充水泥颗粒间的空隙，使浆体的水胶比减小、初始结构更加密实。

　　掺合料的形貌可以用圆度和球度表示。圆度和球度与细度有关。圆度、球度（或细度）达到一定程度，掺合料具有一定的减水作用。表 4-53 是石灰石粉的粒径与圆度、球度和需水量比的关系。图 4-7 是磨细到一定细度的石灰石粉与水泥颗粒分布情况的比较。

### 4.5.3.2　掺合料的掺入促进水泥的早期水化

　　掺合料细小的颗粒成为水泥水化产物结晶的晶胚，有利于水泥水化产物的结晶，因而促进水泥的早期水化。试验资料显示，随着掺合料比表面积的增大（颗粒变细），水泥石的抗压强度提高（见图 4-8）；掺合料的掺入使水泥的早期水化热增加（见表 4-54）。

表 4-53　石灰石粉的粒径与圆度、球度和需水量比的关系

| 粒径/μm | 需水量比/% | 圆度 | 球度 |
|---|---|---|---|
| <160 | 100 | 0.476 | 0.71 |
| <80 | 97 | 0.478 | 0.73 |
| <45 | 96 | 0.500 | 0.74 |
| <30.8 | 95 | 0.556 | 0.78 |

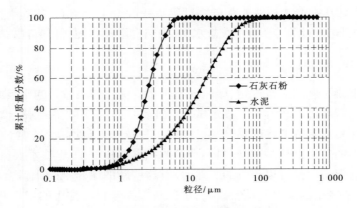

图 4-7　石灰石粉和水泥的粒径分布

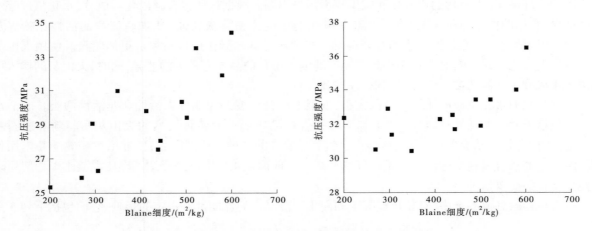

图 4-8　石灰石粉的掺入对水泥胶砂抗压强度的影响

表 4-54　掺合料的掺入对水泥水化热的影响

| 掺合料 | | 玄武岩粉 | 石灰石粉 | 磷矿渣粉 | 凝灰岩粉 | 矿渣粉 | 火山灰粉 | 粉煤灰 |
|---|---|---|---|---|---|---|---|---|
| 水泥 70%,掺合料 30% 时的水化热 (kJ/kg)/% | 1 d | $\dfrac{71.3}{57.4}$ | $\dfrac{96.7}{77.9}$ | $\dfrac{94.9}{76.4}$ | $\dfrac{82.8}{66.7}$ | $\dfrac{109.8}{88.4}$ | $\dfrac{97.8}{78.7}$ | $\dfrac{108.6}{87.4}$ |
| | 3 d | $\dfrac{120.0}{62.5}$ | $\dfrac{138.2}{71.9}$ | $\dfrac{156.8}{81.6}$ | $\dfrac{135.9}{70.7}$ | $\dfrac{153.5}{79.9}$ | $\dfrac{148.2}{77.1}$ | $\dfrac{170.5}{88.8}$ |
| | 5 d | $\dfrac{150.4}{64.0}$ | $\dfrac{167.1}{71.1}$ | $\dfrac{192.3}{81.8}$ | $\dfrac{168.1}{71.5}$ | $\dfrac{193.6}{82.4}$ | $\dfrac{180.2}{76.7}$ | $\dfrac{207.0}{88.1}$ |
| | 7 d | $\dfrac{173.6}{66.6}$ | $\dfrac{184.5}{70.8}$ | $\dfrac{217.0}{83.2}$ | $\dfrac{191.0}{73.3}$ | $\dfrac{215.3}{82.6}$ | $\dfrac{199.2}{76.4}$ | $\dfrac{230.7}{88.5}$ |

#### 4.5.3.3　掺合料的水化活性及其对硬化混凝土性能的影响

多数掺合料都含有一定数量的 $SiO_2$ 和 $Al_2O_3$。对矿渣粉、磷矿渣粉、铜镍高炉矿渣粉、粉煤灰、火山灰及石灰石粉、玄武岩粉、白云岩粉和花岗岩粉进行的 SEM（scanning electron microscope analysis）、XRD（x-ray diffraction analysis）和 DSC（differential scanning calorimetry analysis）、DTG（differential thermo-gravimetric analysis）和 TG（thermo-gravimetric analysis）等测试分析结果：玄武岩粉及其水化产物的测试结果见图 4-9~图 4-12；凝灰岩粉及其水化产物的测试结果见图 4-13~图 4-16；石灰石粉及其水化产物的测试结果见图 4-17~图 4-20；铜镍高炉矿渣粉及其水化产物的测试结果见图 4-21~图 4-24；花岗岩粉及其水化产物的测试结果见图 4-25~图 4-28；白云岩粉及其水化产物的测试结果见图 4-29~图 4-32。测试结果表明，这些掺合料磨细到一定细度后具有不同程度的水化活性，能与水泥的水化产物 Ca(OH)$_2$ 起反应生成与水泥相似的具有胶凝性能的水化产物——水化硅酸钙和水化铝酸钙，水化铝酸钙还能与水泥中的石膏起进一步的反应。石灰石粉和白云岩粉用作掺合料时，能与水泥中的水化铝酸钙起反应生成水化碳铝酸钙。也就是说，掺合料能够参与水泥的水化反应，对硬化混凝土的性能起改善作用。表 4-55 列出了石灰石粉的细度对掺有 30% 石灰石粉的水泥胶砂强度的影响。

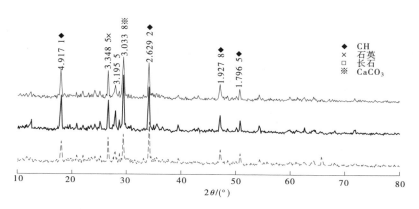

图 4-9　玄武岩粉 75 %、氢氧化钙 25 % 水化各龄期的 XRD 图
（自上而下各龄期顺序为水化 14 d、60 d 和 120 d）

图 4-10　原状玄武岩粉的 SEM 图

图 4-11　玄武岩粉 75%、氢氧化钙 25%
水化 120 d 龄期的 SEM 图

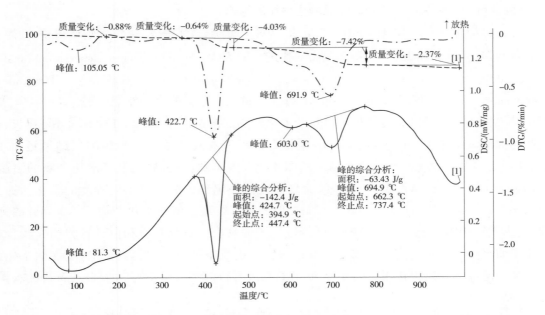

图 4-12　玄武岩粉 75%＋氢氧化钙 25%水化 120 d 龄期的 TG、DTG 和 DSC 图谱

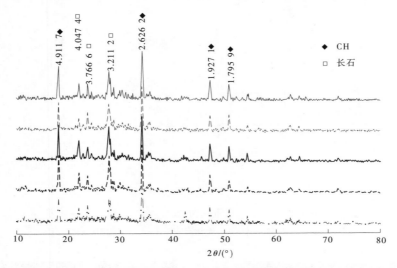

图 4-13　凝灰岩粉 75%、氢氧化钙 25%各龄期的 XRD 图
（自上而下各龄期顺序为水化 14 d、28 d、60 d、90 d 和 120 d）

图 4-14　原状凝灰岩粉的 SEM 图

图 4-15　凝灰岩粉 75 %、氢氧化钙 25 %水化
120d 龄期的 SEM 图

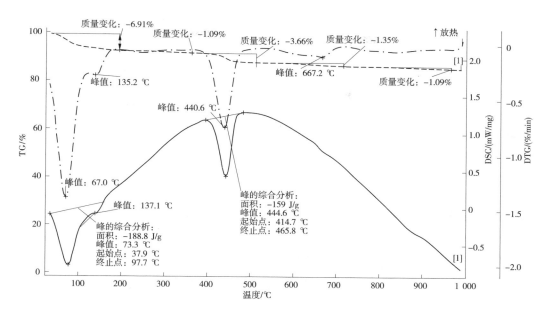

图 4-16　凝灰岩粉 75%+氢氧化钙 25%水化 120 d 龄期的 TG、DTG 和 DSC 曲线

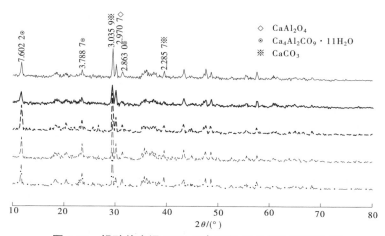

图 4-17　铝酸盐水泥 70%、石灰石粉 30%各龄期 XRD 图

（自上而下各龄期顺序为水化 14 d、28 d、60 d、90 d 和 120 d）

图 4-18　原状石灰石粉的 SEM 图

图 4-19　铝酸盐水泥 70%、石灰石粉 30%

水化 120 d 龄期的 SEM 图

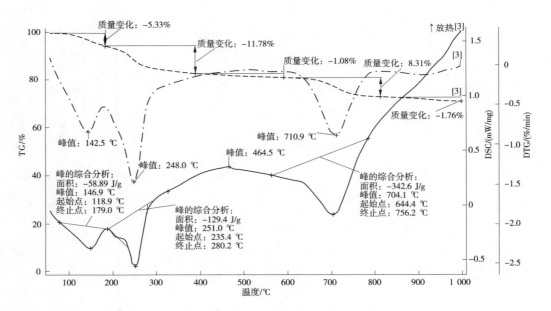

图 4-20　铝酸盐水泥 70%、石灰石粉 30%水化 120 d 龄期的 TG、DTG 和 DSC 图谱

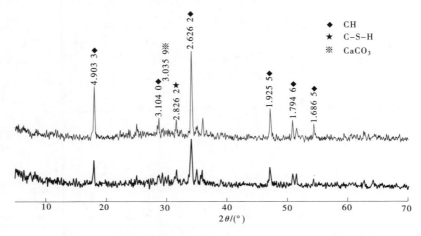

图 4-21　铜镍高炉矿渣粉 75%与 Ca(OH)₂ 25%水化各龄期 XRD 图

（自上而下各龄期顺序为 28 d 和 90 d）

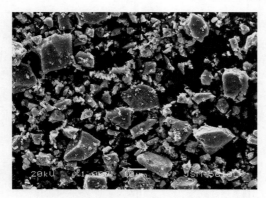

图 4-22　原状铜镍高炉矿渣粉的 SEM 图

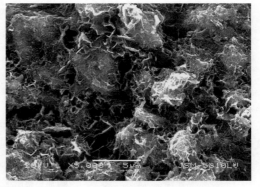

图 4-23　铜镍高炉矿渣粉 75%、
氢氧化钙 25%水化 90 d 龄期的 SEM 图

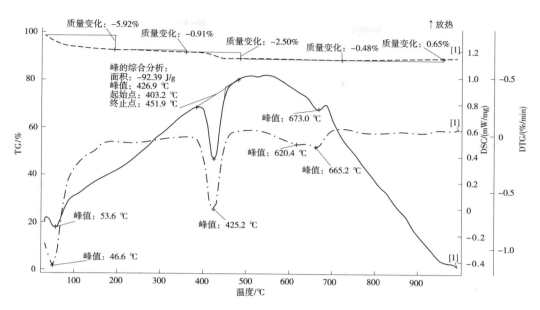

图 4-24　铜镍高炉矿渣粉 75%+Ca(OH)₂25%水化 90 d 的 TG、DTG 和 DSC 图谱

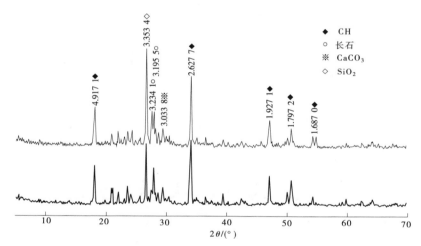

图 4-25　花岗岩粉 75 %与 Ca(OH)₂25 %水化各龄期 XRD 图

（自上而下各龄期顺序为 28 d 和 90 d）

图 4-26　原状花岗岩粉的 SEM 图

图 4-27　花岗岩粉 75%、氢氧化钙 25%
水化 90 d 龄期的 SEM 图

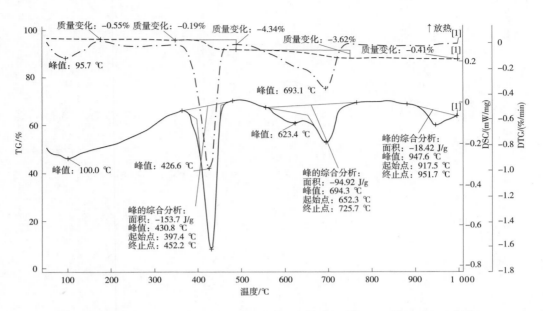

图 4-28　花岗岩粉 75% 与 Ca(OH)₂ 25% 水化 90 d 龄期的 TG、DTG 和 DSC 图谱

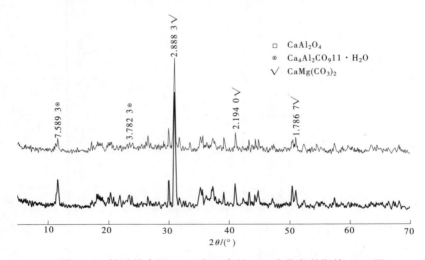

图 4-29　铝酸盐水泥 70%、白云岩粉 30% 水化各龄期的 XRD 图

（自上而下各龄期顺序为 28 d 和 90 d）

图 4-30　原状白云石粉的 SEM 图

图 4-31　铝酸盐水泥 70%、白云岩粉 30%

水化 90 d 龄期的 SEM 图

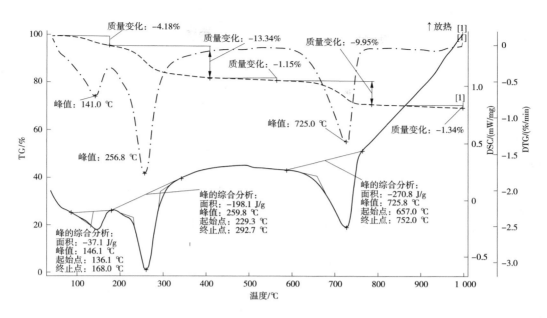

图 4-32　铝酸盐水泥 70%+白云石粉 30%水化 90 d 的 TG、DTG 和 DSC 图谱

表 4-55　石灰石粉的细度对掺有 30%石灰石粉的水泥胶砂强度的影响　　　　单位:MPa

| 强度 | 纯水泥 | <160 μm | <80 μm | <45 μm | <38.5 μm | <30.8 μm |
|---|---|---|---|---|---|---|
| 7 d 抗折强度 | 10.79 | 10.53 | 11.03 | 11.15 | 10.79 | 10.93 |
| 7 d 抗压强度 | 64.9 | 56.9 | 63.7 | 65.7 | 62.7 | 63.3 |
| 28 d 抗压强度 | 69.0 | 69.7 | 67.5 | 75.4 | 70.5 | 71.8 |

#### 4.5.3.4　掺合料的掺入有利于抑制可能发生的碱-骨料反应危害

活性掺合料的掺入可以起到抑制碱-骨料反应的作用,这是人们所熟知的。某些石粉的掺入也可以起到抑制碱-骨料反应的作用。表 4-56 是某工程使用的石灰石骨料的化学成分分析结果,1#料场和 4#料场石灰石骨料分别属于碱活性骨料和非碱活性骨料,但用这两种石灰石磨制的石灰石粉分别作为混凝土的掺合料,当掺量达到一定的比例后碱活性反应可以得到一定程度的抑制(见表 4-57~表 4-60)。试验结果表明,掺适量的砂岩粉也能起到抑制碱-骨料反应的作用(见表 4-61)。

表 4-56　某水电站使用的石灰石(1#、4#)骨料及水泥、粉煤灰的化学成分　　　　　　%

| 化学成分 | $SiO_2$ | $Fe_2O_3$ | $Al_2O_3$ | $TiO_2$ | $CaO$ | $MgO$ | $K_2O$ | $Na_2O$ | $SO_3$ | $P_2O_5$ | $MnO$ | Loss |
|---|---|---|---|---|---|---|---|---|---|---|---|---|
| 水泥 | 20.23 | 3.28 | 5.82 | 0.25 | 60.22 | 0.79 | 0.50 | 0.11 | 1.19 | 0.07 | 0.09 | 4.63 |
| 粉煤灰 | 55.90 | 4.84 | 31.57 | 0.76 | 1.07 | 1.21 | 3.50 | 0.38 | — | 0.11 | 0.01 | 0.74 |
| 石灰石粉 1# | 15.71 | 0.72 | 3.14 | 0.12 | 43.00 | 1.18 | 0.42 | 0.03 | — | 0.02 | 0.01 | 35.61 |
| 石灰石粉 4# | 6.72 | 0.17 | 0.53 | 0.02 | 49.10 | 2.05 | 0.03 | 0.01 | — | 0.01 | 0.01 | 41.16 |

表 4-57　某水电站 1#料场骨料砂浆棒快速法抑制试验结果

| 编号 | 膨胀率/% | | | | |
|---|---|---|---|---|---|
| | 3 d | 7 d | 14 d | 21 d | 28 d |
| 1#GZ100-0-0 | 0.023 | 0.090 | 0.200 | 0.308 | 0.404 |
| 1#GZ85-0-15 | 0.004 | 0.015 | 0.032 | 0.055 | 0.080 |
| 1#GZ80-0-20 | 0.003 | 0.014 | 0.028 | 0.040 | 0.066 |
| 1#GZ70-0-30 | 0.002 | 0.010 | 0.014 | 0.027 | 0.038 |
| 1#GZ85-15-0 | 0.036 | 0.117 | 0.204 | 0.263 | 0.314 |
| 1#GZ70-30-0 | 0.021 | 0.089 | 0.133 | 0.176 | 0.231 |
| 1#GZ50-50-0 | 0.015 | 0.062 | 0.076 | 0.093 | 0.112 |
| 1#GZ55-15-30 | 0.006 | 0.005 | 0.010 | 0.017 | 0.026 |
| 1#GZ50-25-25 | 0.002 | 0.007 | 0.017 | 0.019 | 0.021 |

注:GZ100-0-0 即水泥 100%-石灰石粉 0-粉煤灰 0。

表 4-58　某水电站 1#料场骨料样品混凝土棱柱体试验法碱活性抑制试验结果

| 编号 | 膨胀率/% | | | | | | | | |
|---|---|---|---|---|---|---|---|---|---|
| | 1 周 | 2 周 | 4 周 | 8 周 | 13 周 | 18 周 | 26 周 | 39 周 | 52 周 |
| 1#GZ100-0-0 | 0.001 | 0.002 | 0.004 | 0.007 | 0.013 | 0.020 | 0.030 | 0.038 | 0.043 |
| 1#GZ85-0-15 | 0.001 | 0.002 | 0.002 | 0.003 | 0.003 | 0.003 | 0.004 | 0.006 | 0.007 |
| 1#GZ80-0-20 | 0.003 | 0.005 | 0.007 | 0.007 | 0.006 | 0.006 | 0.006 | 0.006 | 0.005 |
| 1#GZ70-0-30 | 0.002 | 0.004 | 0.006 | 0.005 | 0.004 | 0.005 | 0.005 | 0.004 | 0.003 |
| 1#GZ85-15-0 | 0 | 0 | 0.001 | 0.001 | 0.002 | 0.003 | 0.004 | 0.005 | 0.006 |
| 1#GZ70-30-0 | 0 | 0.001 | 0.002 | 0.004 | 0.005 | 0.006 | 0.004 | 0.002 | 0.001 |
| 1#GZ50-50-0 | 0 | 0 | 0.001 | 0.002 | 0.002 | 0.003 | 0.002 | 0.001 | 0 |
| 1#GZ55-15-30 | 0 | 0.001 | 0.001 | 0.002 | 0.002 | 0.003 | 0.005 | 0.004 | 0.003 |
| 1#GZ50-25-25 | 0.001 | 0.001 | 0.002 | 0.003 | 0.004 | 0.005 | 0.004 | 0.003 | 0.002 |

注:GZ100-0-0 即水泥 100%-石灰石粉 0-粉煤灰 0。

表 4-59　某水电站 4#料场骨料砂浆棒快速法碱活性抑制试验结果

| 编号 | 膨胀率/% | | | |
|---|---|---|---|---|
| | 3 d | 7 d | 14 d | 28 d |
| 4#GZ100-0-0 | 0.005 | 0.017 | 0.055 | 0.166 |
| 4#GZ85-0-15 | −0.004 | −0.002 | 0 | 0.007 |
| 4#GZ80-0-20 | −0.004 | −0.008 | −0.015 | −0.020 |
| 4#GZ70-0-30 | −0.006 | −0.008 | −0.013 | −0.023 |
| 4#GZ85-15-0 | −0.004 | 0.006 | 0.056 | 0.176 |

续表 4-59

| 编号 | 膨胀率/% | | | |
|---|---|---|---|---|
| | 3 d | 7 d | 14 d | 28 d |
| 4#GZ70-30-0 | 0 | 0.015 | 0.043 | 0.120 |
| 4#GZ50-50-0 | 0.001 | 0.028 | 0.054 | 0.092 |
| 4#GZ55-15-30 | -0.001 | -0.002 | -0.011 | -0.013 |
| 4#GZ50-25-25 | 0.001 | -0.003 | -0.005 | 0 |

注:GZ100-0-0 即水泥 100%-石灰石粉 0-粉煤灰 0。

表 4-60　某水电站 4# 料场骨料样品混凝土棱柱体试验法碱活性抑制试验结果

| 编号 | 膨胀率/% | | | | | | | | |
|---|---|---|---|---|---|---|---|---|---|
| | 1 周 | 2 周 | 4 周 | 8 周 | 13 周 | 18 周 | 26 周 | 39 周 | 52 周 |
| 4#GZ100-0-0 | 0.002 | 0.003 | 0.004 | 0.005 | 0.005 | 0.006 | 0.006 | 0.007 | 0.007 |
| 4#GZ85-0-15 | -0.001 | 0 | 0 | -0.001 | -0.003 | -0.002 | -0.002 | -0.002 | -0.003 |
| 4#GZ80-0-20 | -0.001 | -0.002 | -0.007 | -0.010 | -0.010 | -0.010 | -0.010 | -0.010 | -0.011 |
| 4#GZ70-0-30 | -0.006 | -0.019 | -0.026 | -0.031 | -0.032 | -0.034 | -0.036 | -0.038 | -0.038 |
| 4#GZ85-15-0 | -0.002 | -0.004 | -0.009 | -0.008 | -0.012 | -0.013 | -0.014 | -0.015 | -0.016 |
| 4#GZ70-30-0 | 0 | -0.014 | -0.017 | -0.017 | -0.016 | -0.017 | -0.018 | -0.018 | -0.018 |
| 4#GZ50-50-0 | -0.005 | -0.005 | -0.012 | -0.016 | -0.024 | -0.026 | -0.030 | -0.032 | -0.031 |
| 4#GZ55-15-30 | -0.008 | -0.016 | -0.021 | -0.023 | -0.026 | -0.026 | -0.027 | -0.027 | -0.027 |
| 4#GZ50-25-25 | -0.005 | -0.009 | -0.010 | -0.012 | -0.014 | -0.016 | -0.017 | -0.018 | -0.018 |

注:GZ100-0-0 即水泥 100%-石灰石粉 0-粉煤灰 0。

表 4-61　某水电站工程砂岩骨料混凝土棱柱体试验法碱活性抑制试验结果

| 编号 | 膨胀率/% | | | | | | | | |
|---|---|---|---|---|---|---|---|---|---|
| | 1 周 | 2 周 | 4 周 | 8 周 | 13 周 | 18 周 | 26 周 | 39 周 | 52 周 |
| BW100-0-0-0 | 0.001 | 0.001 | 0.003 | 0.009 | 0.021 | 0.036 | 0.047 | 0.047 | 0.048 |
| BW90-10-0-0 | 0.001 | 0.002 | 0.002 | 0.005 | 0.006 | 0.007 | 0.008 | 0.009 | 0.011 |
| BW80-20-0-0 | 0 | 0.001 | 0.003 | 0.005 | 0.006 | 0.006 | 0.007 | 0.008 | 0.008 |
| BW70-30-0-0 | 0 | 0.001 | 0 | 0 | -0.001 | 0.001 | 0.001 | 0 | 0 |
| BW40-30-4-30 | -0.001 | -0.001 | -0.002 | 0 | 0 | -0.001 | -0.002 | -0.003 | -0.004 |
| BW70-0-4-30 | 0.001 | 0.001 | 0.002 | 0.001 | 0.002 | 0.003 | 0.004 | 0.004 | 0.004 |
| BW70-0-2-30 | 0.001 | 0 | -0.001 | 0.002 | 0.003 | 0.004 | 0.005 | 0.007 | 0.006 |
| BW70-0-3-30 | 0.001 | 0.002 | 0.003 | 0.004 | 0.004 | 0.005 | 0.006 | 0.006 | 0.005 |

注:BW100-0-0-0 即水泥 100%-粉煤灰 0-砂岩种类 0-砂岩粉 0。

#### 4.5.3.5　掺合料的不利影响及处理措施

　　某些掺合料的掺入可能对混凝土的某些性能有不利的影响,例如含 $P_2O_5$ 较多的磷渣粉可能使混凝土的凝结时间延长。这时可以通过减少水工混凝土中缓凝剂的掺量加以解决。以往认为石灰石粉的掺入会增大混凝土的干缩率,但研究表明,粉磨细度适当的石灰石粉的掺入并不增加混凝土的干缩率(见表 4-62 和图 4-33)。

表 4-62　石灰石粉的掺入对水泥砂浆干缩率影响的试验配合比　　　　　　　　单位:g

| 编号 | 水泥 | 石灰石粉 | 标准砂 | 水 |
|---|---|---|---|---|
| LP-0 | 450 | 0 | 1 350 | 225 |
| LP-10 | 405 | 45 | 1 350 | 225 |
| LP-20 | 360 | 90 | 1 350 | 225 |
| LP-30 | 315 | 135 | 1 350 | 225 |
| LP-40 | 270 | 180 | 1 350 | 225 |
| LP-50 | 225 | 225 | 1 350 | 225 |
| LP-60 | 180 | 270 | 1 350 | 225 |

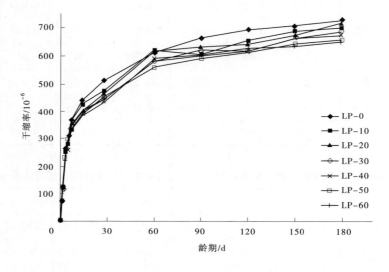

图 4-33　石灰石粉的掺入对水泥砂浆干缩率的影响

　　研究结果表明,所谓活性掺合料和非活性掺合料,是为了区别掺合料活性的大小而人为划分的界线。实际上,矿物质材料只要磨细达到足够的比表面积都会具有一定的与水泥的某些成分或某些水化产物发生化学反应的活性,差别只是活性的大小和活性发挥的早晚以及某些矿物的某些成分对水泥石和混凝土性能的改善可能起一定的不利影响。

　　很多矿物粉末可以用作混凝土的掺合料。这些矿物粉末磨细到一定的比表面积后掺入混凝土中,具有一定的减水作用。它们对于混凝土拌和物和硬化后混凝土性能的改善作用包括:①与水泥颗粒组成良好的级配,使胶凝材料浆的初始结构更加密实,起到减水和填充水泥颗粒间空隙的作用;②掺合料中的活性成分与水泥的某些成分或某些水化产物起二次水化作用,生成具有胶结性能的水化产物,对水泥石和硬化后混凝土性能的改善做出贡献;③未参与水化的掺合料内核在水泥石和硬化后的混凝土中起到微骨料作用,对水泥石和硬化后混凝土的某些性能的改善做出贡献。

掺合料的掺入有利于抑制可能发生的碱-骨料反应危害。

也就是说，"天生我材必有用"，关键是用在什么地方和如何用，即合理使用。因此，建议在活性掺合料资源缺乏的地区建造碾压混凝土坝而选择碾压混凝土掺合料品种时，多开展一些配合比设计的研究，定能在山重水复疑无路的情况下获得柳暗花明又一村的效果。

### 4.5.4　碾压混凝土所用人工砂中小于 0.08 mm 的颗粒含量

《碾压混凝土施工规范》（DL/T 5112—2009）建议，"人工砂的石粉（$d<0.16$ mm 的颗粒）含量宜控制在 12%～22%，其中 $d<0.08$ mm 的微粒含量不宜小于 5%。最佳石粉含量应通过试验确定"。粒径小于 0.08 mm 的微粒含量的多少，不仅直接影响碾压混凝土所用砂浆的需浆量及拌和物的施工性能（包括 VC 值和黏聚性等），也影响碾压混凝土的表观密度、强度和抗渗等性能。人工砂中小于 0.08 mm 的微粒含量适当多一些，可以改善碾压混凝土的上述性能，但过大的含量也将增大碾压混凝土的单位用水量。由于人工砂的母岩不同及加工设备、加工工艺的不同，人工砂中小于 0.08 mm 的微粒含量的变化也比较大。但应该重视人工砂中这部分微细颗粒的作用，如果人工砂中小于 0.08 mm 的微粒含量能达到人工砂的 10%～15%，将会对改善碾压混凝土的性能和降低胶凝材料用量起到很好的作用。这里介绍越南南方同奈 3 和同奈 4 两个碾压混凝土重力坝工程使用碾压混凝土的简单情况，以加深对人工砂中小于 0.08 mm（或 0.075 mm）颗粒作用的认识。同奈 3 和同奈 4 工程的坝高分别是 110 m 和 129 m，使用玄武岩加工的人工砂、碎石骨料。尽管工程所用的粗骨料标称为最大粒径 50 mm，但用 63 mm 孔径的筛进行筛分时，通过率为 100%，50 mm 孔径筛的筛分通过率也为 100%，37.5 mm 孔径筛的筛余量也仅为 8.1%，因此两个工程碾压混凝土使用的粗骨料的最大粒径仅应该相当于中国的 40 mm。工程所使用的人工砂系按美国 ASTM C33—2003 的要求（见表 4-63）进行加工，即粒径小于 0.075 mm 的颗粒含量达到砂子总量的 14.5%～25%。通过碾压混凝土配合比设计试验，同奈 3 和同奈 4 使用的碾压混凝土配合比基本相同。同奈 4 工程推荐用于施工的碾压混凝土配合比（见表 4-64）的胶凝材料总量仅为 80 kg/m³（全部为水泥，没有其他掺合料）。同奈 4 碾压混凝土坝实测的碾压混凝土抗压强度见表 4-65。

表 4-63　美国 ASTM C33:2003 关于人工砂的级配要求

| 筛孔尺寸/mm | 9.5 | 4.75 | 2.36 | 1.18 | 0.60 | 0.30 | 0.15 | 0.075 |
|---|---|---|---|---|---|---|---|---|
| 上限通过率/% | 100 | 100 | 82 | 62 | 48 | 38 | 30 | 25 |
| 下限通过率/% | 100 | 75 | 54 | 35 | 25 | 20 | 17 | 14.5 |

表 4-64　越南同奈 4 工程推荐用于施工的碾压混凝土配合比

| 水泥/<br>(kg/m³) | 小于 0.075 mm 的石粉<br>占骨料总量/% | 水/<br>(kg/m³) | 砂/<br>(kg/m³) | 粗骨料/(kg/m³) | | | TM25 外加剂/<br>(kg/m³) |
|---|---|---|---|---|---|---|---|
| | | | | 20～50 mm | 10～20 mm | 5～10 mm | |
| 80 | 8.0～8.5 | 105 | 883 | 697 | 511 | 255 | 3.5 |

注：所用的水泥为 PC40，相当于中国的 32.5 MPa 级。

表 4-65　越南同奈 4 工程碾压混凝土施工配合比实测的部分性能

| 测试项目 | 抗压强度/MPa | | | | 抗拉强度/MPa | 渗透系数/（cm/s） |
|---|---|---|---|---|---|---|
| 龄期/d | 7 | 14 | 28 | 90 | 28 | 365 |
| 实测值 | 10.63 | 12.44 | 13.78 | 18.18 | 1.78 | $<1\times10^{-8}$ |

注：表中所列强度为 $\phi$ 150 mm×300 mm 的试件强度；设计要求 365 d 龄期碾压混凝土的抗压强度为 18.4 MPa。

　　表4-64和表4-65的资料表明,当人工砂中小于0.075 mm的颗粒含量达到一定数量时,通过合理的配合比设计,即使不掺用活性的掺合料也能获得满足设计要求技术性能的碾压混凝土配合比。这说明人工砂中粒径小于0.08 mm的颗粒在碾压混凝土中发挥重要作用。

# 参考文献

[1] 王永存,阎俊如,薛永生.观音阁水库碾压混凝土坝的设计[J].水利水电技术,1995(8).

[2] 杨康宁.碾压混凝土坝施工[M].北京:中国水利水电出版社,1997.

[3] 李启雄,董勤俭,毛影秋.棉花滩碾压混凝土重力坝设计[J].水力发电,2001(7).

[4] 刘数华,李家正,译.混凝土配合比设计[M].北京:中国建材工业出版社,2009.

[5] Kenneth D Hansen,William G Reinhardt. Roller Compacted Concrete Dams[M]. Printed in USA,1991.

[6] 方坤河.碾压混凝土材料、结构与性能[M].武汉:武汉大学出版社,2004.

[7] 方坤河.中国碾压混凝土坝的混凝土配合比研究[J].水力发电,2003(11).

[8] 电力行业水电施工标委会.水工混凝土配合比设计规程:DL/T 5330—2005[S].北京:中国电力出版社,2006.

[9] 方坤河,阮燕,曾力.少水泥高掺粉煤灰碾压混凝土长龄期性能研究[J].水力发电学报,1999(4).

[10] 方坤河,蔡海瑜,曾力,等.岩滩水电站围堰少水泥碾压混凝土5年龄期性能研究[J].水力发电,1996(12).

[11] 刘数华.石灰石粉对复合胶凝材料水化特性的影响[D].北京:清华大学,2007.

[12] 杨华山,方坤河,涂胜金,等.石灰石粉在水泥基材料中的作用及其机理[J].混凝土,2006(6).

[13] 陈祖荣,方彦铨,吴秀荣,等.光照水电站碾压混凝土高坝快速筑坝技术[J].水利水电施工,2009(2).

# 第 5 章　碾压混凝土拌和物性能

## 5.1　概　述

碾压混凝土是近 30 年来发展起来的一种新型混凝土。它具有独特的性能,未凝固前碾压混凝土的性能完全不同于常规混凝土,凝固后与常规混凝土的性能又非常相近,难以区分。

碾压混凝土将土石方施工机械容量大、速度快、大面积作业的优点和混凝土强度高、耐久、体积小的特点融会到一体,其目的是快速经济施工。

为了使土石方施工机械能在混凝土面上作业,碾压混凝土稠度又要很干,干到足以使推土机、振动碾、自卸汽车不下陷。碾压混凝土比工业民用建筑的干硬性混凝土还要干,是一种坍落度为零的超干硬性混凝土。干硬性混凝土采用的维勃稠度仪,测定碾压混凝土稠度在 150～200 s 以上,已不适用于测定碾压混凝土稠度。碾压混凝土采用改良型维勃稠度仪,在该仪器上达到液化所需要的时间(s),定义为碾压混凝土的稠度,又称工作度(VC)。

从施工机械角度,碾压混凝土浇筑机械与常规混凝土完全不同,仓内运输用自卸汽车,摊铺用推土机或铺料机,振实用振动碾压机。这种混凝土最适宜用于大体积混凝土结构。

从工艺学角度,经过振动碾碾压的混凝土,只有压实到接近密实体积,才具有结构设计所要求的强度、抗渗性和抗冻性。因此,现场实测仓面碾压混凝土的压实度不得低于密实体积的 97%,即压实度≥97%。

碾压混凝土稠度服从"恒用水量定则",当用水量不变时,稠度恒定不变,即稠度不随水灰比改变而变动。碾压混凝土稠度要与施工机械相适应,既不能太稀,施工机械下沉而无法作业;又不能太稠,振动碾的能量不足以使混凝土液化。因此,碾压混凝土用水量由稠度决定,随着用水量的增加,碾压混凝土稠度降低。施工时,必须严格控制用水量,才能保证碾压混凝土正常作业。

当碾压混凝土的胶凝材料用量不变时,用水量与强度关系和用水量与密实体积关系的试验结果都表明它们之间存在一个最优用水量,即最优强度用水量和最优密实体积用水量,两个最优用水量中后者略高于前者。碾压混凝土强度与灰水比呈线性关系。

从填充包裹理论来看,碾压混凝土配合比设计必须有足够的灰浆体积来填充骨料的空隙。如果拌和物含有充分灰浆体积,那么碾压密实的混凝土表面将显出塑性,并在振动碾碾筒前有辨认出的压痕波形;如果灰浆体积不足以填充骨料的空隙,那么骨料与骨料相接触,会出现粗骨料被轧碎和不可能被碾压密实的情况。

灰浆体积包括水和胶凝材料,胶凝材料由水泥和掺合料组成。水泥用量主要取决于结构设计强度、抗冻和抗渗性要求,而掺合料则是增加灰浆体积的最好填料。粉煤灰、火山灰质材料和磨细高炉矿渣均可用于碾压混凝土,其作用是:①改善和易性,减少分离;②提供胶凝材料填充骨料空隙;③利用掺合料与水泥的二次水化反应,增加后期强度,减少水泥用量和降低水化热温升;④提高连续浇筑层间黏结强度和层缝抗渗能力;⑤提供密实、平整的碾压混凝土表面。

骨料中通过筛孔尺寸为 0.075 mm 筛的微粒也是良好的填充材料,可视为惰性掺合料,同样能起到改善和易性、减少分离、填充骨料空隙和提供密实平整表面的作用。因此,在碾压混凝土骨料级配控制界限中,对通过 0.075 mm 筛含量的规定要比常规混凝土骨料的界限放宽,允许这部分含量占骨料总量的 5%～12%。国外已建多数碾压混凝土工程,骨料中含有 5%～10%的小于 0.075 mm 的微粒。也有工程采用混合砂,即天然砂与粉砂混合,以增加骨料中的微粒含量。

　　碾压混凝土采用天然骨料和人工骨料均可。采用天然骨料,拌和用水量较少,容易压实,但也容易分离;采用人工骨料,拌和用水量较多,不易发生分离。

　　碾压混凝土掺加减水型外加剂可改善其和易性,减少用水量,相应减小水灰比,提高强度和减少发热量。夏季施工,掺加缓凝型减水剂可适当延长直接铺筑层面允许间隔时间,但主要还是可提高浇筑速度。

# 5.2　碾压混凝土拌和物的流动性及振动碾压实分析

## 5.2.1　拌和物的结构机理和流变特性

### 5.2.1.1　结构机理

　　碾压混凝土的特征是无流动性,它的密实性主要取决于作用在其上振动碾的激振力和频率。在振动力作用下,石子移位受到石子之间和石子与水泥砂浆之间摩阻力的影响,石子克服摩阻力占据空间形成骨架,其空隙被水泥砂浆填充并包裹,形成密实体。根据上述特征,引用维莫斯(Wegmouth)粒子干扰学说来阐明碾压混凝土的结构机理。

　　粒子干扰学说的要义为:"凡用具有一定直径比的骨料组成混凝土时,其粒度级配是以某一单位骨料的平均相互间隔($t$)恰好等于其次一级大小的单位骨料平均直径与包裹骨料的水泥膜的厚度之和($t_0$)时为最佳,当$t$比上述条件小($t<t_0$)时,则发生粒子干扰,而使混凝土空隙增加,密实度减小。"

　　引用粒子干扰学说可以进一步说明如何使碾压混凝土拌和物由液相变为固相达到最佳状态($t \geqslant t_0$)。碾压混凝土在激振力和频率的作用下,拌和物中的石子将发生移位,当$t<t_0$时,石子与石子之间将产生干摩擦,此时摩阻系数很大,振实克服摩阻力将要消耗大量的功,而且也不可能达到密实状态。当$t \geqslant t_0$时,水泥砂浆在石子之间形成润滑介质,石子之间的摩阻系数将大大减小,摩阻系数大小取决于水泥浆介质黏滞度、骨料颗粒形状和表面性质。我们所要讨论的碾压混凝土拌和物由液相变为固相达到理想密实状态正是这样一个条件。因此,在碾压混凝土配合比设计上应满足这样一个条件。

### 5.2.1.2　流变特性

　　碾压混凝土的流变性质可用三个性能表示,即稳定性、振实性和流动性。稳定性以未施加力时新拌混凝土的泌水和分离度量。振实性以振动条件下新拌混凝土的最大密实体积度量。流动性以新拌混凝土的黏聚力和内摩擦阻力度量。黏聚力来自水泥浆基体和骨料之间的黏结力。内摩擦阻力来自骨料颗粒的移动或转动所发生的摩擦力,取决于骨料颗粒的形状和质地。

　　无振动条件下新拌混凝土堆积体,在黏聚力和内摩擦力的作用下而处于稳定状态,即

$$\tau = c + \sigma \tan\varphi$$

式中:$\tau$为剪应力;$c$为黏聚力;$\sigma$为骨料表面的正应力;$\varphi$为内摩擦角。

　　在振动条件下混凝土内摩擦力显著减小,埃尔米特(L' Hermite)和吐昂(Tournon)的试验指出,振动下的内摩擦力只有静止堆体积体的5%。所以,碾压混凝土堆积体将失去稳定状态而流动,此种现象称为液化。液化后的碾压混凝土处于重液流体状态,骨料颗粒在重力作用下向下滑动,排列紧密构成骨架,骨架间的空隙被流动的水泥砂浆所填满,形成密实体。

　　碾压混凝土要达到密实体积必须使其液化,而碾压混凝土液化又取决于振动碾的振动特性。

## 5.2.2　碾压混凝土液化的临界时间

　　碾压混凝土的液化作用是用其表面出现泛浆时的时间表示,称液化临界时间。试验表明,激发碾压混凝土液化作用的因素有二:一是施振振动加速度;二是表面压强。

### 5.2.2.1　施振特性与碾压混凝土的液化

　　在变频、变幅振动台上测定不同振幅和频率振动条件下,碾压混凝土液化临界时间试验结果

见表 5-1。

表 5-1　不同振动振幅和频率下碾压混凝土液化

| 混凝土试样 | | | 液化临界时间/s | | | | |
|---|---|---|---|---|---|---|---|
| | | | 频率/Hz | | | | |
| 容器尺寸/mm | 表面压强/MPa | 振幅/mm | 30 | 40 | 50 | 55 | 60 |
| $\phi$ 240×200 | $5×10^{-3}$ | 0.2 | 62.5 | 31.0 | 23.5 | — | 23.0 |
| | | 0.4 | 43.0 | 23.0 | 18.0 | — | 15.1 |
| | | 0.6 | 35.5 | 19.5 | 16.5 | 15.0 | 14.5 |
| | | 0.8 | 30.5 | 15.5 | 13.8 | 10.0 | 1 |

由表 5-1 计算得到振动加速度与液化临界时间关系,见图 5-1。

图 5-1 是不同的振动振幅和振动频率组合下计算的加速度。图 5-1 所示试验结果表明,碾压混凝土液化临界时间随振动质点加速度增加而降低,但当最大加速度($a_m$)大于 $5g$ 后,液化临界时间变化平稳,已趋稳定。最大加速度($a_m$)小于 $5g$,液化临界时间急骤增加。因此,不论是高振幅低频率的振动台,或是低振幅高频率的振动台,只要最大加速度大于 $5g$,均可以达到同样的液化作用效果。

### 5.2.2.2　表面压强与碾压混凝土液化

表面施加不同压强,测定液化临界时间的试验结果见图 5-2 和表 5-2。由图 5-2 和表 5-2 所示的试验结果说明,表面压强对碾压混凝土液化作用有显著性影响,随着表面压强的增加,碾压混凝土的液化临界时间减小,当表面压强增至 $5×10^{-3}$ MPa 时,液化临界时间的变化趋于平稳。

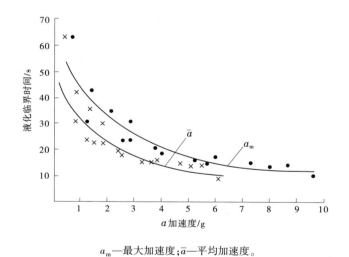

$a_m$—最大加速度;$\bar{a}$—平均加速度。

**图 5-1　质点振动加速度与碾压混凝土液化的关系**

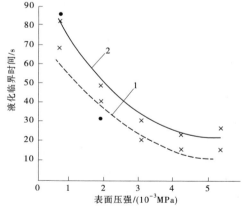

1—卵石骨料;2—碎石骨料。

**图 5-2　表面压强与液化临界时间的关系**

表 5-2　不同表面压强时碾压混凝土液化临界时间

| 振动台振动参数及试件尺寸 | 频率 50 Hz,振幅±0.5 mm,试验容器 $\phi$ 240×200 mm | | | | |
|---|---|---|---|---|---|
| 表面压强/$10^{-3}$ MPa | 0.7 | 1.9 | 3.1 | 4.3 | 5.4 |
| 表面压荷/kg | 2.75 | 7.75 | 12.75 | 17.75 | 22.75 |

续表 5-2

| | | 第 1 次 | 51 | 40 | 19 | 13 | 10 |
|---|---|---|---|---|---|---|---|
| 液化临界时间/s | 卵石骨料 | 第 2 次 | 68 | 41 | 22 | 17 | 17.5 |
| | | 第 3 次 | 55 | 32 | 22 | 17 | 14 |
| | 碎石骨料 | 第 1 次 | 86 | 52 | 35 | 24 | 28 |
| | | 第 2 次 | 82 | 49 | 32 | 24 | 29 |

### 5.2.3　振动碾压实碾压混凝土

#### 5.2.3.1　振动碾对碾压混凝土压实作用的分析

室内试验成果应用到现场应注意到振动台和振动碾两种振源工况上的差别。室内试验的试件在振动台上,质点是连续振动使其液化,达到密实体积,碾压混凝土才具有设计要求的强度和抗渗性能。振动碾对碾压混凝土的压实是通过振动轮对混凝土层面多次反复作用,而使碾压混凝土液化,达到密实体积。室内试验,振动台上的混凝土质点是做简谐运动,波形不会发生畸变。振动碾压实混凝土,刚开始时混凝土处于松散状态,振动轮在其上做铅垂方向振动,受到的反作用力小,基本上可视为简谐运动。随着碾压遍数的增加,被碾压的混凝土逐渐被压实,其表观密度、硬度及弹性模量等参数也逐渐增加。因而,被压体对振动轮的反作用力也逐渐增加,强迫振动轮的运动产生畸变。

BW-200 型双轮振动式振动碾压实量与实效遍数关系测定结果见表 5-3 和图 5-3。压实量以无振碾压二遍的层面为基准,测定有振实效遍数的表面下沉量。

表 5-3　BW-200 型振动碾压实量与实效遍数关系

| 摊铺层厚/cm | 有振实效遍数的下沉量/cm | | | | | | | | | | 下沉比/% |
|---|---|---|---|---|---|---|---|---|---|---|---|
| | 无振 2 遍 | 2 | 4 | 6 | 8 | 10 | 12 | 16 | 20 | 24 | |
| 39.9 | 0 | 1.3 | 1.9 | 2.4 | 2.7 | 2.9 | 3.3 | — | — | — | 8.3 |
| 84.5 | 0 | 0.8 | 1.4 | 1.8 | 2.1 | 2.4 | 2.5 | — | — | — | 3.0 |
| 83.3 | 0 | 0.7 | 1.3 | 1.6 | 1.9 | 2.1 | 2.2 | 2.1 | 2.4 | 2.8 | 3.4 |
| 80.0 | 0 | — | 1.5 | — | 2.3 | — | 2.8 | — | — | — | 3.5 |
| 88.1 | 0 | — | 0.7 | — | 1.1 | — | 1.6 | 2.0 | 2.1 | 2.4 | 2.7 |
| 85.5 | 0 | — | 0.9 | — | 2.8 | — | 3.1 | — | — | — | 3.6 |
| 76.0 | 0 | — | 1.3 | — | 1.8 | — | 2.8 | 3.1 | 3.5 | 3.9 | 5.1 |

注:下沉比=表面总下沉量/摊铺层厚。

振动碾压实过程中,开始几遍层面下沉量较大,表明骨料移动或转动,骨料形成骨架后层面下沉量逐渐减小,此时混凝土开始液化。不同的碾压混凝土配合比有不同的液化反映。对富灰浆量碾压混凝土,液化后层面出现水露,或层面呈黏弹状随着振动轮变形,此时应停止碾压,再继续碾压是没有必要的。对贫灰浆量碾压混凝土,虽已达到液化,但灰浆量只能填裹骨料空隙而无多余逸出,所以不会出现上述情况。对此种碾压混凝土应严格控制碾压遍数和加强压实表面密度的检测。

#### 5.2.3.2　加速度在碾压混凝土的衰减

前已阐明随着碾压遍数的增加,被压实的碾压混凝土刚性增加,对振动轮的反作用力也增加,因而振动波形发生畸变。

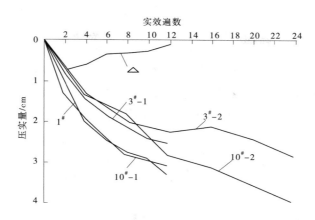

图 5-3　BW-200 型振动碾压实量与碾压遍数测定结果

图 5-4 是碾压混凝土摊铺层厚 73 cm，采用 CA51S 型单轮振动式振动碾压实，埋设在层面不同深度的三支加速度计，测得不同碾压遍数的加速度实效值。

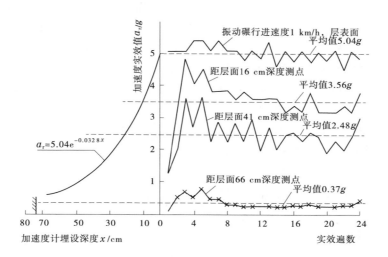

图 5-4　CA51S 型振动碾压实不同深度的加速度实效值测定结果

由图 5-4 可以看出，碾压 6 遍以前加速度增加较快，而 6 遍以后加速度变化比较平稳，基本上在平均值上下波动。同时也表明加速度由层面向下沿层深衰减。

## 5.2.4　碾压混凝土流动性与振动碾压实的关系

由碾压混凝土结构机理、流变特性、室内研究成果到振动碾压实分析，可以提出以下重要结论。这些结论将是指导和控制碾压混凝土施工压实质量的重要准则。

（1）振动液化。对碾压混凝土施加强迫振动，使其液化后碾压混凝土才能达到或接近密实体积。液化时间与振动加速度和表面压强有关。振动台为振源时，加速度平均值不宜小于 3g。对振动碾，加速度实效值也不宜低于 3g，否则很难在有效碾压遍数内使其液化。

（2）压实与流动度。由理论分析可知，碾压混凝土压实量（下沉量）和振动加速度与碾压混凝土的刚度成反比。碾压混凝土刚度与流动度直接相关。所以，振动碾在流动度大的碾压混凝土上碾压，压实量增大，质点的振动加速度也增大，碾压混凝土容易液化，但是下沉量增大又会使振动碾陷入其中无法工作。因此，碾压混凝土配合比设计工作度选择应与振动碾的振动特性相适应。

（3）加速度和激振力衰减。振动碾的加速度和激振力在混凝土层内传播可用指数衰减函数表示，它们随着层深增加而减小。加速度衰减将影响层内碾压混凝土振动液化,衰减程度将限定每层的碾压厚度。激振力衰减又会减小振动碾在上层碾压对下层的影响。

(4)密实体积。碾压混凝土的设计表观密度是建筑物的稳定性对结构设计提出的要求,碾压混凝土只有压实到密实体积才具有结构设计要求的力学性能和抗渗性能。正确施工条件下压实体积可达到配合比设计理论容重的98%以上。因此,施工现场控制碾压混凝土的压实度是重要的。有些国家的工程施工规范规定碾压混凝土现场压实质量控制主要是压实度,而对抗压强度检测只作为建筑物验收的依据。

# 5.3 碾压混凝土的工作度(VC)

## 5.3.1 碾压混凝土工作度(VC)的测定方法

工作度是碾压混凝土拌和物一个重要特性,对不同振动特性的振动碾和不同碾压层厚度应有与其相适应的碾压混凝土工作度,方能保证碾压质量。

通过振动参数和表面压强对碾压混凝土液化临界时间关系的研究表明,振动液化临界时间随混凝土振动加速度和表面压强的增大而减小。因此,采用振动液化临界时间表示混凝土的工作度,必须对振动台的振动参数和表面压强确定统一的标准,以便于现场施工质量控制和试验结果的分析比较。

试验结果证明,维勃试验台用于测定碾压混凝土工作度、振动台参数(频率、振幅)是合适的。但是,表面加荷不足,维勃稠度试验的表面压荷质量只有 2.75 kg±0.05 kg,还需要再增加 15 kg±0.05 kg 质量才能满足试验要求,见图 5-2。本节提出的碾压混凝土工作度测定法是在维勃稠度试验法的基础上增加表面压荷质量到 17.75 kg±0.1 kg,所以称为改良型维勃稠度测定法。

目前,各国对碾压混凝土工作度测定方法的研究,也是在维勃试验法振动台基础上增加压重,只是所加压荷质量有所不同,见表 5-4。目前各国标准尚不统一,所以在引用各国资料时应注意碾压混凝土的液化临界时间随表面压荷增加而减小这一特点。

表 5-4 各国标准测定碾压混凝土稠度的方法

| 提出单位 | 维勃振台特性 | | | 表面压重 | | 容器尺寸/mm | 测试方法简要说明 |
| --- | --- | --- | --- | --- | --- | --- | --- |
| | 频率/Hz | 加速度 | 振幅/mm | 外加重/kg | 总重/kg | | |
| 美国 ACI-207 | 50 | 5g | 0.5 | 9.07 | 12.47 | $\phi$ 240×200 | 标准圆锥坍落度的混凝土体积在容器中振实所需秒数 |
| 日本碾压混凝土设计与施工 | 50~66 | 5g | 0.5 | — | 20 | $\phi$ 240×200 | 混凝土分两次装入容器中用捣棒捣实,满平为止,测定液化所需秒数 |
| 《水工混凝土试验规程》(SL 352—2006) | 50 | 5g | 0.5 | 15 | 17.75 | $\phi$ 240×200 | 混凝土分两层装入容器中,分层捣实,装满刮平,测定液化临界时间 |

注:碾压混凝土工作度(VC)试验方法详见《水工混凝土试验规程》(SL 352—2006)。

## 5.3.2 工作度(VC)的影响因素

### 5.3.2.1 用水量

碾压混凝土稠度主要由单位体积用水量决定。"李斯(Lyse's rule)恒用水量定则"同样适用于碾压混凝土。试验结果说明,当混凝土原材料、最大骨料粒径和砂率不变时,如果用水量不变,在实用范围内即使水泥用量变化,碾压混凝土的稠度也大致保持不变。这个定则成立,在碾压混凝土配合比设计和调整是极其便利的,只要单位体积用水量不变,变动水灰比,可获得相同工作度的碾压混凝土。

#### 5.3.2.2　砂率

砂率对碾压混凝土工作度影响的试验结果表明,当用水量和胶凝材料用量不变时,随着砂率减小,碾压混凝土工作度减小,见图 5-5。砂率减小到一定程度后,再继续减小砂率,相应粗骨料用量增加,砂浆充满粗骨料空隙并泛浆到表面的时间增长,所以碾压混凝土的工作度反而增大。图 5-5 所示曲线的最低点所对应的砂率即为最佳砂率。选用最佳砂率,可得到最易压实的碾压混凝土。

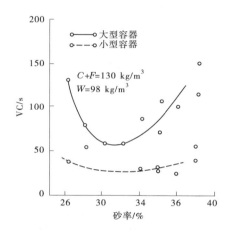

图 5-5　砂率与碾压混凝土 VC 值关系试验结果

在选择砂率时还应考虑碾压混凝土施工中骨料分离情况。对人工骨料最大骨料粒径为 80 mm 的碾压混凝土,砂率一般选择在 28%~34% 范围内。

#### 5.3.2.3　粗骨料品种

卵石和碎石由于表面形状和粗糙度不同,需要被水泥砂浆包裹的表面积不同,因此在同一配合比条件下,采用碎石骨料的碾压混凝土工作度要比卵石骨料的碾压混凝土工作度大,为得到同一工作度的碾压混凝土,采用碎石骨料所用水泥砂浆量要比卵石骨料多,试验结果见表 5-5。

大型容器尺寸为 $\phi$ 400×400 mm;小型容器为 $\phi$ 240×200 mm。

$C+F$=水泥+粉煤灰;$W$ 为用水量。

表 5-5　粗骨料品种对碾压混凝土稠度影响

| 碾压混凝土配合比/(kg/m³) | | | | | 粗骨料种类 | 工作度(VC)/s |
|---|---|---|---|---|---|---|
| 水 | 水泥 | 粉煤灰 | 砂 | 石 | | |
| 90 | 84 | 36 | 682 | 1 593 | 卵石 | 16 |
| | | | | | 石灰岩碎石 | 24 |

#### 5.3.2.4　人工砂中微粒含量

人工砂生产伴随着产生一部分比砂料最小粒径 0.15 mm 更细的物质,称为石粉。石粉中与水泥细度相同部分,即粒径小于 0.075 mm 的微粒,在碾压混凝土中可以起到非活性掺合料作用。微粒除不具有粉煤灰二次水化反应效果外,与粉煤灰一样,可以改善碾压混凝土和易性。

试验表明,细骨料中的微粒含量对碾压混凝土工作度有不可忽视的影响,见图 5-6。随着微粒含量的增加,碾压混凝土的工作度相应减小,也就是说,为取得同一工作度的碾压混凝土用水量减少。由此证明,微粒对碾压混凝土有减水作用。

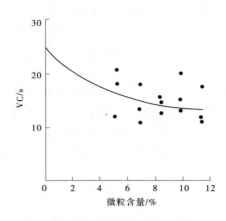

图 5-6　微粒含量对碾压混凝土工作度(VC)影响

### 5.3.2.5　粉煤灰品质

粉煤灰品质优劣对碾压混凝土工作度有明显影响,在相同的用水量和胶材用量下,掺量相同而品质不同的粉煤灰,碾压混凝土工作度相差较大;如果采用相同的掺量,两种粉煤灰要得到相同的工作度,则用水量相差较多。

以 1983 年沙溪口水电站开关站和 2003 年龙滩坝相差 20 年的两个碾压混凝土工程为例,说明粉煤灰品质对工作度的影响,见表 5-6 和表 5-7。

表 5-6　1983 年沙溪口坝开关站不同品质粉煤灰试验结果

| 粉煤灰 | | | 骨料品种 | 用水量/<br>(kg/m³) | 水泥用量/<br>(kg/m³) | 粉煤灰用量/<br>(kg/m³) | 工作度(VC)/<br>s |
|---|---|---|---|---|---|---|---|
| 生产厂 | 细度/% | 需水量比/% | | | | | |
| 邵武Ⅱ级 | 3.0 | 98.5 | 天然砂石料 | 93 | 70 | 70 | 21 |
| 南平Ⅲ级 | 29.0 | 118.2 | | 109 | 70 | 70 | 21 |

表 5-7　2004 年龙滩坝碾压混凝土不同品质粉煤灰试验结果

| 粉煤灰 | 减水剂/% | 引气剂/10⁻⁴ | 砂率/<br>% | 用水量/<br>(kg/m³) | 水泥用量/<br>(kg/m³) | 粉煤灰用量/<br>(kg/m³) | 工作度/<br>s | 含气量/<br>% |
|---|---|---|---|---|---|---|---|---|
| | ZB-1 | DH₉ | | | | | | |
| 凯里粉煤灰 | 0.5 | 15 | 32 | 78 | 75 | 105 | 4.9 | 2.6 |
| 贵阳粉煤灰 | 0.5 | 15 | 32 | 85 | 75 | 105 | 5.5 | 2.5 |

龙滩坝采用的两种粉煤灰品质指标检验结果见表 5-8。

表 5-8　粉煤灰的品质指标检验结果

| 粉煤灰 | 细度/% | 烧失量/% | 需水量比/% | 三氧化硫/% | 表观密度/(g/cm³) | 抗压强度比/% | 颜色 |
|---|---|---|---|---|---|---|---|
| 凯里粉煤灰 | 14.2 | 0.90 | 101 | 0.64 | 2.41 | 69 | 浅灰 |
| 贵阳粉煤灰 | 11.5 | 8.98 | 105 | 1.32 | 2.33 | 69 | 黑灰 |

邵武粉煤灰的细度和需水量比均比南平粉煤灰小。通过扫描电子显微镜直接观察,邵武粉煤灰的颗粒细小、多呈球状,而南平粉煤灰则多呈玻璃状。如果采用相同的掺量,两种粉煤灰要得到相同的工作度,则南平粉煤灰的用水量要比邵武粉煤灰多 16 kg/m³。

　　龙滩坝两种混凝土,VC、含气量、水泥用量、外加剂掺量和粉煤灰掺量均相同,唯有粉煤灰品质不同,其用水量相差 7 kg/m³。

### 5.3.2.6　外加剂

　　胶材用量和用水量不变,掺加几种常用品牌的外加剂对碾压混凝土工作度(VC)无明显影响。以 1983 年常用的外加剂和 2000 年以来常用的外加剂为例,说明外加剂对碾压混凝土工作度无显著性影响,见表 5-9 和表 5-10。

表 5-9　20 世纪 80 年代常用几种外加剂的碾压混凝土工作度试验结果

| 外加剂品种 | 不掺 | 木钙 | 801 | FDN | DH₃ | DH₄ |
|---|---|---|---|---|---|---|
| 用水量/(kg/m³) | 90 | 81 | 81 | 81 | 81 | 81 |
| 工作度(VC)/s | 24.5 | 18~22 | 17~22 | 22~35 | 20.5~24.5 | 15~19.5 |

表 5-10　2000 年以来常用几种外加剂的碾压混凝土工作度试验结果

| 外加剂及掺量/% | | | 1 m³ 碾压混凝土材料用量/(kg/m³) | | | | | VC/s | 含气量/% |
|---|---|---|---|---|---|---|---|---|---|
| 名称 | 掺量 | DH₉ | 水 | 水泥 | 粉煤灰 | 砂 | 石 | | |
| JG₃ | 0.4 | 0.15 | 78 | 90 | 110 | 704 | 1 496 | 5.0 | 2.7 |
| JM-Ⅱ | 0.4 | 0.15 | 78 | 90 | 110 | 704 | 1 496 | 5.2 | 2.6 |
| FDN-9001 | 0.4 | 0.15 | 78 | 90 | 110 | 704 | 1 496 | 5.5 | 2.7 |
| SK-2 | 0.4 | 0.15 | 78 | 90 | 110 | 704 | 1 496 | 5.0 | 2.8 |
| R561C | 0.4 | 0.15 | 78 | 90 | 110 | 704 | 1 496 | 5.0 | 2.8 |
| ZB-1 | 0.4 | 0.15 | 78 | 90 | 110 | 704 | 1 496 | 6.2 | 2.4 |

### 5.3.2.7　出机后停搁时间对工作度(VC)的影响

　　碾压混凝土出搅拌机后,拌和物中一部分水被骨料所吸收,一部分水蒸发,还有一部分水参与初始水化反应,所以碾压混凝土拌和物随着搁置时间增长而逐渐变稠,试验结果见图 5-7。出机 VC 为 14 s 的碾压混凝土,搁置 2 h,VC 值增加 10 s,搁置 4.5 h,VC 值增至 40 s,此时已使振动碾压实困难。

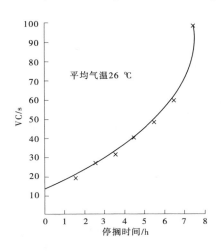

图 5-7　拌和后停搁时间对碾压混凝土工作度影响

### 5.3.3　碾压混凝土工作度(VC)检测在现场质量管理上的意义

碾压混凝土施工中要求碾压混凝土工作度与所用振动碾的振动能量相适应;太稠,振动碾能量不足以使碾压混凝土液化,达不到完全压实的目的;太稀,振动碾将下沉,无法工作。因此,现场测定碾压混凝土工作度(VC),将其控制在允许范围内,对保证振动碾的碾压密实性是重要的。

现代化混凝土搅拌楼的配料计量设备的精度完全可以满足质量控制要求,但是砂石骨料表面含水量的变化则不易控制,这是生产失控的主要因素之一。

对碾压混凝土工作度进行现场检测能及时发现施工中的失控因素,如砂、石骨料表面含水量,砂细度模数和粗骨料超逊径等。质检人员能够及时调整碾压混凝土配合比,以确保碾压混凝土生产质量。

# 5.4　碾压混凝土的密实性

在工程实践中,碾压混凝土的密实性是其一切性能来源的根本,包括强度、变形性能、抗渗性和抗冻耐久性。碾压混凝土的密实性可以用其表观密度和压实度来表征。碾压混凝土的密实性与以下因素有关。

### 5.4.1　与施振加速度的关系

试验表明碾压混凝土表观密度随振动加速度的增大而增大,当最大加速度大于 $5g$ 时,表观密度增长才趋于稳定,接近于理论密实体积。

### 5.4.2　与振动时间的关系

试验表明振动时间达到液化临界时间(VC=13 s),碾压混凝土表观密度没有达到理论密实体积,液化后需要一段自身密实的时间,振动时间达到 1 倍液化临界时间[ $2×13=26$(s)]以后,碾压混凝土表观密度才接近理论密实体积。美国混凝土学会(ACI-207)的研究结果,图 5-8 表明,碾压混凝土表观密度百分率随着用水量和振动时间不同而变化,相同用水量的碾压混凝土,振动时间增长,表观密度增加;振动时间相同时,不同用水量的碾压混凝土随着用水量增加,表观密度增加,相应于最大表观密度的用水量为最优用水量,超过最优用水量后,表观密度反而下降。图 5-8 中,最大表观密度可达到配合比设计理论表观密度的98%,又称压实度为98%。

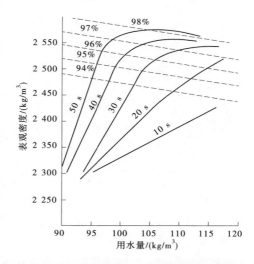

**图 5-8　碾压混凝土表观密度与用水量和振动时间的关系**

### 5.4.3　与灰浆/砂浆(体积比)的关系

邓斯坦(M. R. H. Dunstan)统计了十几个碾压混凝土工程资料得出:碾压混凝土的表观密度与灰浆/砂浆(体积比)有关,因为一般工程用砂的空隙率在 32%~40%,所以要使碾压混凝土达到密实体积,配合比设计灰浆/砂浆(体积比)不应小于 0.40(见图 5-9)。

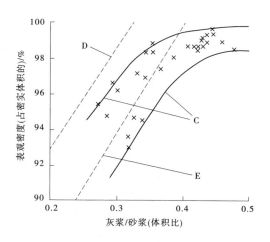

C—实测结果的界限;D—空隙率为 32% 的细骨料;E—空隙率为 40% 细骨料表观密度。

**图 5-9　碾压混凝土表观密度与灰浆/砂浆(体积比的关系)**

### 5.4.4　与骨料中微粒含量的关系

图 5-10 是粒径小于 0.075 mm 的微粒含量(占骨料质量的百分率)对碾压混凝土表观密度的影响。随着微粒含量增加,碾压混凝土中的空隙得到填充,故表观密度增加。不同微粒含量的碾压混凝土都有一个最优用水量(占碾压混凝土表观密度百分率),微粒含量低者,用水量对表观密度的影响没有微粒含量高者敏感。

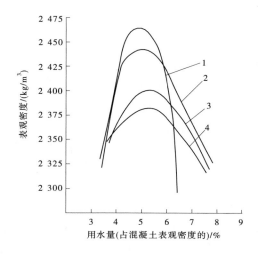

1—微粒含量 10%;2—微粒含量 8%;3—微粒含量 6%;4—微粒含量 4%。

**图 5-10　骨料中微粒含量与碾压混凝土表观密度的关系**

# 5.5　碾压混凝土的含气量

## 5.5.1　碾压混凝土含气量研究的进展

全断面碾压混凝土坝能充分发挥碾压混凝土筑坝方法快速、经济施工的特点。但在严寒地区修建碾压混凝土坝存在着外部碾压混凝土抗冻性问题。20世纪80年代初期发表的论文,多数认为碾压混凝土掺加引气剂无引气效果。后期的研究(日本、美国和中国)发现,碾压混凝土掺加引气剂的掺量要比常规混凝土高许多,特别是粉煤灰掺量高的碾压混凝土,掺加引气剂的量就更多。碾压混凝土掺加引气剂并控制最佳含气量,则碾压混凝土抗冻性完全能满足规范对坝体外部混凝土抗冻性要求。

20世纪90年代以来,我国东北和华北地区修建的碾压混凝土坝(潘家口下池、白石坝和温泉堡坝),这些碾压混凝土掺加市场品牌的引气剂,碾压混凝土的含气量均可满足抗冻性要求。因此,碾压混凝土的引气问题,没有进行更多研究。

技术的进步使人们认识到混凝土耐久性的重要性。美国、日本等国家混凝土的安全使用年限均比我国长,究其原因,这些国家的混凝土均掺加引气剂,混凝土内微小气泡能显著提高混凝土的耐久性,同时改善混凝土的其他性能。这些新的认识也被我国水利工程专家们认可,因此在华东和中南地区修建的碾压混凝土坝,也提出了抗冻等级耐久性要求。

龙滩碾压混凝土坝对坝体各部位皆有抗冻等级要求,我们对国内3种品牌的引气剂进行了引气性试验,但碾压混凝土的含气量均达不到规范推荐的含气量值。为此引起我们对龙滩坝碾压混凝土引气问题的重视,并再次对碾压混凝土引气问题进行深入研究。

## 5.5.2　影响碾压混凝土含气量的因素

掺入引气剂后,碾压混凝土在搅拌时会引进大量微气泡,泡径为 $20\sim200~\mu m$,但是引气量的多少受诸多因素影响。我们试图通过试验揭开龙滩坝碾压混凝土引气难之谜。确定标准试验参数,然后变动某个参数,以对比各影响因素对含气量的影响。标准试验参数如下:

投料顺序:一次投料和二次投料;

搅拌时间:3 min、5 min;

含气量试样振动时间:3VC。

### 5.5.2.1　引气剂品种和掺量与碾压混凝土含气量的关系

选用3种引气剂即 JM-2000、AEA-202 和 ZB-1H,进行不同掺量碾压混凝土含气量试验,试验结果见表 5-11。通常经验是引气量随着引气剂掺量增加而增大。但是龙滩坝碾压混凝土试验结果却相反,3种引气剂掺量到 $5\times10^{-4}$ 还不够,再增加引气剂掺量,含气量变动不大,而且3种引气剂的引气效果也相差不多。

江苏省建筑科学研究院对 JM-2000 引气剂进行改进,合成出 JM-2000C 产品。试验结果表明,引气剂掺量为 $10\times10^{-4}$(比通常掺量多 2/3),碾压混凝土含气量达到国内外规范含气量参考值 3.5% ~ 4.5% 规定。

### 5.5.2.2　搅拌时间与碾压混凝土含气量

采用 3 min 和 5 min 两个搅拌时间拌制碾压混凝土,测定其含气量,试验结果见表 5-12。按通常经验,搅拌时间在 8 min 内,混凝土含气量随搅拌时间增长而增大。但是,龙滩坝碾压混凝土搅拌时间 3 min 和 5 min,其含气量几乎相等。

### 5.5.2.3　测定含气量的试样振动时间与碾压混凝土的含气量

试验规程规定,试样振动时间为 3VC,实测振动时间达 1.5VC 试样已液化,表面泛浆。本次试验采用 2VC 和 3VC 两种振动时间进行对比,以验证振动时间对碾压混凝土含气量测值的影响,试验结果见表 5-13。2VC 和 3VC 两种振动时间对碾压混凝土含气量测值无显著性影响,测值变化均在含气量仪测试误差内。

表 5-11　引气剂品种和掺量与碾压混凝土含气量试验结果

| 部位 | 减水剂 | | 引气剂 | | 石粉含量/% | 水胶比 | $1m^3$ 胶材用量/kg | | | VC/s | 含气量/% |
| | 品名 | 掺量/% | 品名 | 掺量/$10^{-4}$ | | | 水 | 水泥 | 粉煤灰 | | |
| --- | --- | --- | --- | --- | --- | --- | --- | --- | --- | --- | --- |
| 上游面 RCC（二级配） | JM-2 | 0.5 | JM-2000 | 1 | 9.9 | 0.36 | 86 | 100 | 140 | 5 | 2.2 |
| | JM-2 | 0.5 | JM-2000 | 2 | 9.9 | 0.36 | 86 | 100 | 140 | 2 | 2 |
| | JM-2 | 0.5 | JM-2000 | 3 | 9.9 | 0.36 | 86 | 100 | 140 | 5 | 2.1 |
| | JM-2 | 0.5 | JM-2000 | 5 | 9.9 | 0.36 | 86 | 100 | 140 | 4.6 | 2.5 |
| | JM-2 | 0.5 | JM-2000 | 8 | 9.9 | 0.36 | 86 | 100 | 140 | 3.5 | 2.6 |
| | JM-2 | 0.5 | JM-2000 | 10 | 9.9 | 0.36 | 86 | 100 | 140 | 4.2 | 2.3 |
| | JM-2 | 0.5 | AEA-202 | 1 | 9.9 | 0.36 | 86 | 100 | 140 | 2 | 2.2 |
| | JM-2 | 0.5 | AEA-202 | 2 | 9.9 | 0.36 | 86 | 100 | 140 | 3 | 3 |
| | JM-2 | 0.5 | AEA-202 | 8 | 9.9 | 0.36 | 86 | 100 | 140 | 3 | 2.7 |
| | JM-2 | 0.5 | AEA-202 | 10 | 9.9 | 0.36 | 86 | 100 | 140 | 2.8 | 2.5 |
| | JM-2 | 0.5 | ZB-1H | 2 | 9.9 | 0.36 | 86 | 100 | 140 | 2.5 | 2.5 |
| | JM-2 | 0.5 | ZB-1H | 3 | 9.9 | 0.36 | 86 | 100 | 140 | 2.8 | 2.5 |
| | JM-2 | 0.5 | ZB-1H | 5 | 9.9 | 0.36 | 86 | 100 | 140 | 2.9 | 2.4 |
| | JM-2 | 0.5 | ZB-1H | 8 | 9.9 | 0.36 | 86 | 100 | 140 | 3 | 2.7 |
| | JM-2 | 0.5 | ZB-1H | 10 | 9.9 | 0.36 | 86 | 100 | 140 | 3.2 | 2.7 |
| | JM-2 | 0.63 | JM-2000C | 6.3 | 17.3 | 0.42 | 82 | 90 | 100 | 5.3 | 2.8 |
| | JM-2 | 0.63 | JM-2000C | 10 | 17.3 | 0.42 | 82 | 90 | 100 | 3.5 | 3.8 |

表 5-12　搅拌时间与碾压混凝土含气量试验结果

| 部位 | 减水剂 | | 引气剂 | | 搅拌时间/min | 水胶比 | $1m^3$ 胶材用量/kg | | | VC/s | 含气量/% |
| | 品名 | 掺量/% | 品名 | 掺量/$10^{-4}$ | | | 水 | 水泥 | 粉煤灰 | | |
| --- | --- | --- | --- | --- | --- | --- | --- | --- | --- | --- | --- |
| 坝下 RCC（三级配） | JM-2 | 0.58 | JM-2000 | 5.8 | 3 5 | 0.42 | 72 | 80 | 90 | 5 | 2.5 2.7 |
| | JM-2 | 0.62 | JM-2000 | 6.2 | 3 5 | 0.45 | 72 | 80 | 80 | 5 | 2.7 2.6 |
| | JM-2 | 0.66 | JM-2000 | 6.6 | 3 5 | 0.48 | 72 | 80 | 70 | 5.1 | 2.8 2.7 |
| | JM-2 | 0.58 | JM-2000 | 5.8 | 3 5 | 0.42 | 72 | 80 | 90 | 5.1 | 2.6 2.7 |
| | JM-2 | 0.58 | JM-2000 | 5.8 | 3 5 | 0.42 | 72 | 80 | 90 | 5.1 | 2.5 2.5 |
| | JM-2 | 0.58 | JM-2000 | 5.8 | 3 5 | 0.42 | 72 | 80 | 90 | 5.2 | 2.8 2.8 |

表 5-13　含气量试样振动时间与碾压混凝土引气量试验结果

| 部位 | 减水剂 | | 引气剂 | | VC/s | 振动时间 | | 1 m³ 胶材用量/kg | | | 含气量/% |
| | 品名 | 掺量/% | 品名 | 掺量/10⁻⁴ | | ×VC | s | 水 | 水泥 | 粉煤灰 | |
|---|---|---|---|---|---|---|---|---|---|---|---|
| 坝中 RCC（三级配） | JM-2 | 0.70 | JM-2000 | 7.1 | 3 2 | 3.8 | 12 8 | 72 | 70 | 70 | 2.5 2.5 |
| | JM-2 | 0.62 | JM-2000 | 6.2 | 3 2 | 4 | 12 8 | 72 | 70 | 90 | 2.8 2.1 |
| | JM-2 | 0.62 | JM-2000 | 6.2 | 3 2 | 5.7 | 15 10 | 72 | 70 | 90 | 2.2 2.3 |
| | JM-2 | 0.62 | JM-2000 | 6.2 | 3 2 | 6.2 | 18 12 | 72 | 70 | 90 | 2.1 2.1 |

振动含气量试样的振动台无止动装置,停机后因惯性仍有余振 10 s 左右方能停机。通过本次试验,建议将振动时间定为 2VC 较合适。

#### 5.5.2.4　砂中石粉含量对碾压混凝土含气量的影响

用不同石粉含量的人工砂拌制碾压混凝土,测定其含气量试验结果,见表 5-14。石粉含量增加,碾压混凝土含气量有下降趋势,石粉含量超过 20%,含气量下降比较明显。

表 5-14　砂中石粉含量与碾压混凝土含气量试验结果

| 部位 | 减水剂 | | 引气剂 | | 石粉含量/% | 水胶比 | 1 m³ 胶材用量/kg | | | VC/s | 含气量/% |
| | 品名 | 掺量/% | 品名 | 掺量/10⁻⁴ | | | 水 | 水泥 | 粉煤灰 | | |
|---|---|---|---|---|---|---|---|---|---|---|---|
| 上游面 RCC | JM-2 | 0.50 | JM-2000 | 5 | 9.9 | 0.36 | 86 | 90 | 148 | 2.5 | 2.6 |
| | JM-2 | 0.60 | JM-2000 | 5 | 14.5 | 0.43 | 86 | 90 | 110 | 2.2 | 2.7 |
| | JM-2 | 0.63 | JM-2000 | 5 | 17.4 | 0.45 | 86 | 90 | 100 | 2.4 | 2.8 |
| | JM-2 | 0.63 | JM-2000 | 6.3 | 19 | 0.45 | 86 | 90 | 100 | 4.5 | 2.3 |
| | JM-22 | 0.63 | JM-2000 | 6.3 | 20.7 | 0.45 | 86 | 90 | 100 | 3.2 | 2.4 |

#### 5.5.2.5　投料顺序与碾压混凝土含气量

二次投料顺序是先向搅拌机投入水泥、粉煤灰、砂和水(含外加剂),搅拌 2 min,再投入粗骨料,搅拌 1~1.5 min。试验表明,在相同引气剂掺量下,先拌制砂浆会在砂浆中引入较多空气量,碾压混凝土的含气量增大,达到国内外规范含气量参考值 3.5%~4.5%规定,试验结果见表 5-15。

表 5-15　两次投料与碾压混凝土含气量试验结果

| 部位 | 减水剂 | | 引气剂 | | 投料顺序 | 石粉含量/% | 水胶比 | 1 m³ 胶材用量/kg | | | VC/s | 含气量/% |
| | 品名 | 掺量/% | 品名 | 掺量/10⁻⁴ | | | | 水 | 水泥 | 粉煤灰 | | |
|---|---|---|---|---|---|---|---|---|---|---|---|---|
| 上游面 RCC | JM-2 | 0.63 | JM-2000C | 6.3 | 一次 | 17.3 | 0.42 | 82 | 90 | 100 | 5.3 | 2.8 |
| | JM-2 | 0.63 | JM-2000C | 6.3 | 二次 | | | | | | 3.2 | 3.9 |

续表 5-15

| 部位 | 减水剂 | | 引气剂 | | 投料顺序 | 石粉含量/% | 水胶比 | 1 m³ 胶材用量/kg | | | VC/s | 含气量/% |
| --- | --- | --- | --- | --- | --- | --- | --- | --- | --- | --- | --- | --- |
| | 品名 | 掺量/% | 品名 | 掺量/10⁻⁴ | | | | 水 | 水泥 | 粉煤灰 | | |
| 坝下 RCC | JM-2 | 0.58 | JM-2000C | 5.8 | 一次 | 17.5 | 0.42 | 72 | 80 | 90 | 7.6 | 2.7 |
| | JM-2 | 0.58 | JM-2000C | 5.8 | 二次 | | | | | | 5.6 | 3.8 |
| 坝中 RCC | JM-2 | 0.62 | JM-2000C | 6.2 | 一次 | 16.5 | 0.45 | 72 | 70 | 90 | 4.8 | 3.1 |
| | JM-2 | 0.62 | JM-2000C | 6.2 | 二次 | | | | | | 4.1 | 4.1 |

#### 5.5.2.6　粉煤灰品种对碾压混凝土含气量的影响

凯里、宣威和石门三种Ⅰ级粉煤灰,在相同配合比条件下进行粉煤灰品种与 JM-2000C 引气剂不同掺量试验,试验结果见表 5-16。凯里和石门两种粉煤灰引气剂掺量与碾压混凝土含气量关系相近,要使碾压混凝土含气量达到 3.5%以上,则引气剂掺量应加到 10×10⁻⁴。宣威粉煤灰引气剂掺量只需要 4×10⁻⁴,碾压混凝土含气量即可达到 4%以上。由此表明,工程采用不同品种粉煤灰时,应注意与其相适应的引气剂掺量,否则会使碾压混凝土强度降低,造成质量事故。

**表 5-16　粉煤灰品种与碾压混凝土含气量关系试验结果**

| 部位 | 粉煤灰品种 | 石粉含量/% | JM-2000C 掺量/10⁻⁴ | JM-2 掺量/% | 用水量/(kg/m³) | VC/s | 含气量/% |
| --- | --- | --- | --- | --- | --- | --- | --- |
| 上游面 RCC | 宣威粉煤灰 | 18.4 | 10 | 0.63 | 80 | 4.3 | 6.5 |
| | 宣威粉煤灰 | 18.4 | 4 | 0.63 | 80 | 5.1 | 4.3 |
| | 石门粉煤灰 | 18.4 | 10 | 0.63 | 80 | 3 | 4 |
| | 凯里粉煤灰 | 17.3 | 6.3 | 0.63 | 80 | 5.3 | 2.8 |
| | 凯里粉煤灰 | 17.3 | 10 | 0.63 | 80 | 3.5 | 3.8 |

通过试验,可以得出以下结论:

(1)目前,市场上 3 种品牌引气剂(JM-2000、ZB-1H 和 AEA202)对龙滩坝碾压混凝土来说,通常 6×10⁻⁴ 掺量下含气量只能达到 2.5%~3.0%范围内,再增加掺量对引气量无甚效果。

(2)改进的 JM-2000C 引气剂,增加引气剂掺量,碾压混凝土含气量相应增加。掺量到 10×10⁻⁴(比通常掺量增加 2/3),碾压混凝土含气量达到国内外规范含气量参考值 3.5%~4.5%的规定。

(3)改变投料次序,采用两次投料,搅拌时间增加 30~60 s,在通常引气剂掺量下碾压混凝土含气量也可以增加到 3.5%~4.5%。

(4)粉煤灰品种对 JM-2000C 引气剂掺量有明显影响。

# 5.6　碾压混凝土的凝结时间

## 5.6.1　碾压混凝土凝结与硬化

试验表明,碾压混凝土的凝结过程与常规混凝土相同。混凝土中水泥熟料矿物成分与水起水化反应,生成新的生成物,如图 5-11 所示。

| 水 | | 水泥矿物 | | 生成物 | 形态 |
|---|---|---|---|---|---|
| H$_2$O | + | C$_3$S | → $\Big\{$ | Ca(OH)$_2$<br>2CaO · SiO$_2$ · 4H$_2$O $\Big\}$ | 结晶连生体<br>凝胶体 |
| | | C$_2$S | → $\Big\{$ | 2CaO · SiO$_2$ · 4H$_2$O $\Big\}$ | |
| | | C$_3$A | → | 3CaO · Al$_2$O$_3$ · 6H$_2$O | 结晶连生体 |
| | | C$_4$AF | → | 3CaO · Al$_2$O$_3$ · 6H$_2$O $\Big\}$<br>CaO · Fe$_2$O$_3$ · $n$H$_2$O $\Big\}$ | 凝胶体 |

**图 5-11　水泥熟料矿物成分与水的水化反应**

　　水泥水化物中包括结晶连生体和凝胶体两种基本结构,另外还有少量其他生成物。水泥水化作用是从水泥颗粒表面向内部渗透进行,所以随着水化时间的增长,结晶连生体继续增加和凝胶体浓度增高,凝胶粒子相互凝聚成网状结构。宏观表现是,水泥浆变稠,混凝土失去塑性,进而凝结和硬化。这个过程可分四个阶段来描述,见表 5-17。

**表 5-17　碾压混凝土凝结和硬化过程**

| 第一阶段 | 从加水拌和开始,30 min 以内,水泥颗粒表面大部分被生成的凝胶包裹时水化反应减慢 |
|---|---|
| 第二阶段 | 30 min 到 4 h 静止期 |
| 第三阶段 | 凝胶浓度上升,粒子相互凝聚成网状结构,水泥浆变稠,混凝土失去塑性,水化速率迅速增加,混凝土的凝结在这个阶段开始和结束 |
| 第四阶段 | 凝结终止即硬化开始,这个阶段开始了漫长的硬化过程,结晶连生体继续增多,凝胶体逐渐硬化,混凝土产生承载能力,水化速率逐渐下降 |

　　碾压混凝土的凝结和硬化,从绝热条件下碾压混凝土水化温升速率测定结果,可以清楚地表现出凝结和硬化的四个阶段(见图 5-12)。静止期期间水化温升速率基本不变,温升速率快速上升,相当于碾压混凝土凝结开始(初凝),温升速率的高峰相当于凝结结束(终凝)。过峰值后,水化温升速率急剧下降,开始了漫长的硬化过程。

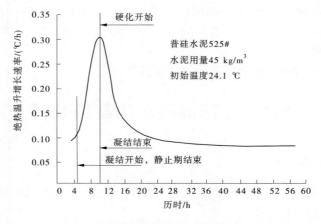

**图 5-12　碾压混凝土初期绝热温升增长速率过程线**

## 5.6.2　碾压混凝土凝结时间的测定

### 5.6.2.1　凝结时间测定方法评述

(1)电测法。测量混凝土拌和物的电阻随时间的改变。不掺外加剂的混凝土拌和物,电阻由开始十分平稳地增加,到接近某一点后变化平稳,电阻不再增加,此两点可以分别代表混凝土凝结过程的起点和终点。掺加化学外加剂的混凝土,这种方法受到限制,如掺加氯化钙的混凝土拌和物电阻几乎一直不变,而且电阻值很低。

(2)稠度法。测量混凝土拌和物稠度随时间变化的仪器有改良维卡针和贯入棒等。这种方法因为受到大骨料的干扰,其结果一般认为是不满意的。如果筛除骨料测定砂浆的稠度,则存在水泥砂浆和混凝土稠度之间的差异。

(3)声波法。测量通过混凝土拌和物的波速,由波速的突变点来确定混凝土凝结过程的起点和终点。

(4)热量法。在绝热试验条件下,通过测定水泥水化热引起的混凝土等效温升速率变化,来判断混凝土的凝结与硬化。

(5)力学法。包括贯入阻力法和拔出强度法两种。拔出强度法是通过预埋在混凝土中的不锈钢棒(直径9.5 mm、长度127 mm)测定混凝土与钢棒的黏结强度。由黏结强度大小来判断混凝土的初凝和终凝。

电测法、声波法和热量法是测量混凝土拌和物的电阻、波速和温升速率随混凝土加水后的时间变化规律。这些物理量的变化规律由混凝土中水泥的水化作用决定,随着水泥凝结过程的发展都有一个量变的突变,而人们把这些突变点定义为混凝土的初凝和终凝。在这众多的测定混凝土凝结时间的方法中,只有贯入阻力法被美国材料试验学会认为是混凝土凝结时间测定的标准方法(ASTM C403)。

贯入阻力法是吐兹尔(Tuthill)和卡尔顿(Cordon)于1955年提出的,该法采用普氏贯入针测定从混凝土筛出的砂浆硬化特性。从混凝土中筛出的砂浆装入容器深度至少15.2 cm,砂浆振实后抹平表面并排除泌水,不同间隔时间将贯入针压入砂浆2.54 cm深,测定测针贯入阻力。

吐兹尔和卡尔顿确定混凝土初凝界限,是指在硬化期间混凝土重新振动不能再变成塑性,即一个振动着的振捣器靠它的自重不能再插入混凝土中。超过此界限,上层浇筑的混凝土不再能与下层已浇的混凝土变成一个整体。此时用贯入阻力法测定混凝土砂浆的贯入阻力大约是3.4 MPa。当贯入阻力达到27.6 MPa时,可以认为砂浆已完全硬化,此时混凝土抗压强度大约是0.7 MPa。

### 5.6.2.2　碾压混凝土拌和物凝结时间测定

碾压混凝土凝结时间测定方法借用的是美国ASTM C403普通混凝土凝结时间测定的贯入阻力法,套用到碾压混凝土。两者的区别是:①普通混凝土初凝时间测定,测针直径为11.2 mm(断面面积为100 mm²),碾压混凝土初凝和终凝时间测定,采用统一测针直径,均为5 mm(断面面积为20 mm²);②普通混凝土初凝时间由贯入阻力为3.5 MPa的点确定,而碾压混凝土初凝时间由贯入阻力-历时关系中直线的拐点确定。

大量试验表明,混凝土的凝结表现在加水后水泥凝胶体由凝聚结构向结晶网状结构转变时有一个突变。用测针测定碾压混凝土中砂浆贯入阻力也存在一个突变点,即测试关系线存在一个拐点。原试验方法试验时拐点时而出现,时而不出现,究其原因是测定贯入阻力的仪器测力精度不够。

2006年借修订水工混凝土试验规程之际,研制出新的高精度贯入阻力仪。《水工混凝土试验规程》(SL 352—2006)6.4"碾压混凝土拌和物凝结时间试验(贯入阻力法)"采纳了高精度贯入阻力仪,额定荷载1 kN、精度±1%、最小示值0.1 N。

# 参考文献

[1] 姜福田. 碾压混凝土[M]. 北京:中国铁道出版社,1991.

[2] Dunstan M R H. 碾压混凝土坝设计和施工考虑的问题[C]//第十六届国际大坝会议论文译文集. 北京:水利电力出版社,1989.

[3] Arjovan M,等. 碾压混凝土用于尔韦达坝小型工程施工[C]//第十六届国际大坝会议论文译文集. 北京:水利电力出版社,1989.

[4] 姜福田. 碾压混凝土现场层间允许间隔时间测定方法的研究[J]. 水力发电,2008(2).

# 第 6 章　碾压混凝土的性能

## 6.1　概　述

### 6.1.1　碾压混凝土性能试件规格

混凝土试件成型一般都在混凝土拌和间内完成,室温为 20 ℃±5 ℃。标准养护室温度应控制在 20 ℃±2 ℃,相对湿度在 95% 以上。没有标准养护室时,试件可在 20 ℃±2 ℃ 的饱和石灰水中养护,但应在报告中注明。

不论是普通混凝土还是碾压混凝土,各项性能试验仪器设备和试件规格都是相同的,只是成型方法不同。两种混凝土各项性能试验所用试件规格见表 6-1。

表 6-1　混凝土各项性能试验采用的试件规格

| 标准试件 | | 专用试件 | |
| --- | --- | --- | --- |
| 试验项目 | 试件规格/mm | 试验项目 | 试件规格/mm |
| 抗压强度 | 150×150×150 | 自生体积变形 | $\phi$ 200×600 |
| 劈裂抗拉强度 | 150×150×150 | 热扩散率系数 | $\phi$ 200×400 |
| 轴向抗拉强度 | 100×100×550 | 导热系数 | $\phi$ 200×400 |
| 极限拉伸 | 100×100×550 | 比热容 | $\phi$ 200×400 |
| 抗剪强度 | 150×150×150 | 热胀系数 | $\phi$ 200×500 |
| 抗弯强度 | 150×150×550 | 绝热温升 | $\phi$ 400×400 |
| 静力抗压弹性模量 | $\phi$ 150×300 | 渗透系数 | $\phi$ 150×150<br>150×150×150<br>$\phi$ 300×300<br>300×300×300<br>$\phi$ 450×450 |
| 混凝土与钢筋握裹力 | 150×150×150 | | |
| 压缩徐变 | $\phi$ 150×450 | 抗冲磨(圆环法) | 外径 500、内径 300、高 100 |
| 拉伸徐变 | $\phi$ 150×500 | 抗冲磨(水下钢球法) | $\phi$ 300×100 |
| 干缩 | 100×100×515 | 氯离子渗透性 | $\phi$ 95×50 |
| 抗渗等级 | 圆台体:顶面 $\phi$ 175<br>底面 $\phi$ 185<br>高度 150 | 氯离子扩散系数 | $\phi$ 100×50 |
| 抗冻等级 | 100×100×400 | | |

### 6.1.2　碾压混凝土性能试件成型方法

碾压混凝土性能试验包括拌和、成型、养护和性能试验等四个工序,其中只有成型是特定的,其余三项与普通混凝土相同。

碾压混凝土性能试验试件成型方法有两种。

### 6.1.2.1　振动台成型试件

成型机具如下:

(1)振动台。频率50 Hz±3 Hz,振幅0.5 mm±0.1 mm,承载能力不低于200 kg。试模应在振动台台面上固定,可采用压板和螺杆相结合的方法紧固。

(2)成型套模。套模的内轮廓尺寸与试模相同,高度50 mm,不易变形并能固定于试模上。

(3)成型压重块及承压板。形状与试件表面形状一致,尺寸略小于试件内面尺寸。根据不同试模尺寸,将压重块和承压板的质量调整至碾压混凝土试件表面压强为5 kPa。

### 6.1.2.2　振动成型器成型试件

成型机具如下:

(1)振动成型器。质量35 kg±5 kg,频率50 Hz±3 Hz,振幅3 mm±0.2 mm。振动成型器由平板振动器和成型振头组成。振头装有可拆卸且有一定刚度的压板($\phi$145 mm圆板和145 mm方板)。

(2)成型套模。与振动台成型所用套模相同。

(3)承压板。形状与试件表面形状一致,尺寸略小于试件表面尺寸,且有一定刚度。

两种成型方法皆可用于成型碾压混凝土各项性能试验的试件,按《水工混凝土试验规程》(SL 352—2006)中各项性能试验规定的装料次数和振实时间进行。

振动成型器成型,用于现场成型量较多的抽样试件(150 mm立方体和$\phi$150 mm×300 mm圆柱体试件)较为方便,而且效率较高。

# 6.2　碾压混凝土的强度

## 6.2.1　抗压强度

抗压强度是碾压混凝土结构设计的重要指标,是碾压混凝土配合比设计的重要参数。在现场机口或仓面取样,测定抗压强度,用于评定施工管理水平和验收质量。

### 6.2.1.1　施振特性与碾压混凝土抗压强度

1. 振动加速度与碾压混凝土抗压强度

碾压混凝土工作度VC=21 s,15 cm立方体试件,表面压强$5×10^{-3}$ MPa,在振动台不同振动频率和振幅振动条件下成型碾压混凝土试件,测定试件抗压强度,得到碾压混凝土抗压强度与振动加速度的关系的试验结果表明:碾压混凝土抗压强度随着振动加速度的增大而增大,当最大加速度大于5$g$时,抗压强度增长逐渐趋于稳定。所以,研究碾压混凝土抗压强度的先决条件必须是在振动力作用下使其液化,达到密实体积,这样碾压混凝土的力学特性才能发挥出来。

2. 表面压强与碾压混凝土抗压强度

试件尺寸为15 cm立方体,试模固定在振动频率为50 Hz和振幅为±0.5 mm的振动台上,振动成型时间为1倍液化临界时间(2VC=40 s),采用不同表面压强成型试件,测定碾压混凝土抗压强度,试验结果见图6-1。表面压强在$5×10^{-3}$ MPa左右时,碾压混凝土抗压强度最高,再继续增大表面压强,混凝土抗压强度反而下降。

3. 振动时间与碾压混凝土抗压强度

将15 cm立方体试模固定于振动频率为50 Hz和振幅为±0.5 mm的振动台上,表面压强$5×10^{-3}$ MPa,采用不同振动时间成型试件,测定碾压混凝土抗压强度,试验结果表明:随着成型振动时间的增长,碾压混凝土抗压强度增大,当振动时间超过2倍液化临界时间时,抗压强度增长才趋于稳定。

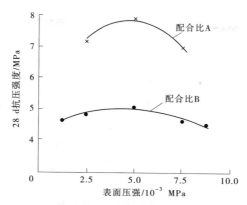

**图 6-1　试件成型表面压强与抗压度关系试验结果**

4. 碾压混凝土表观密度与抗压强度

碾压混凝土配合比设计表观密度为 2 480 kg/m³,工作度 VC=21 s,表面压强为 5×10⁻³ MPa,振动成型时间为 40 s。采用不同的振动台频率和振幅成型试件,测定表观密度和抗压强度,试验结果见图 6-2。图 6-2 表明碾压混凝土只有振实到接近密实体积后,才能达到设计抗压强度。

在现场钻取芯样,测定碾压混凝土表观密度与抗压强度的关系,得出与室内试验一致的结果,即碾压混凝土抗压强度随着表观密度的增加而增加,见图 6-3。

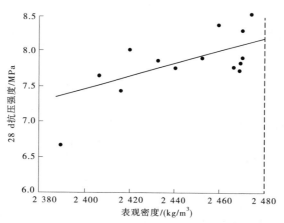

**图 6-2　碾压混凝土表观密度与抗压强度的关系**

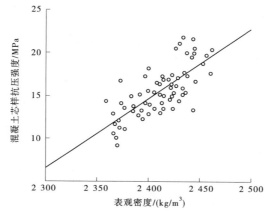

**图 6-3　碾压混凝土芯样表观密度与抗压强度的关系**

5. 振动机具与碾压混凝土抗压强度

采用振动台、平板振动器和手提式振动器三种机具成型碾压混凝土试件,测定其抗压强度。试验结果表明,只要碾压混凝土振压密实,表观密度达到或接近配合比设计表观密度的98%,试件成型采用不同振实机具,对抗压强度无明显影响。

### 6.2.1.2　碾压混凝土抗压强度的种类

碾压混凝土抗压强度有标准立方体抗压强度和圆柱体轴心抗压强度两种。

1. 标准立方体抗压强度

标准立方体抗压强度是水工混凝土结构抗压强度的强度等级(或强度标号)的基准。设计规范规定:"设计强度标准值应按照标准方法制作养护的边长为 150 mm 的立方体试件,在设计龄期用标准试验方法测得具有规定保证率的强度来确定。"水利水电工程包括大坝、水闸和水电站厂房等建筑物的标准,对混凝土设计强度标准值保证率的规定是不同的,工业与民用建筑为95%,水闸工程为90%,大坝混凝土为80%。

抗压强度试验方法见《水工混凝土试验规程》(SL 352—2006)中 6.5"碾压混凝土立方体抗压强度试验"。

2. 轴心抗压强度

立方体试件测定混凝土抗压强度,由于试件横向膨胀受到端面压板约束而产生摩阻力(剪力),使试件受力条件复杂,而不是单独的轴向力,试件破坏呈"双锥体"。要测定混凝土轴心抗压强度则必须将试件端面与压板接触面的摩阻力消除。消除摩阻力的方法有两种:其一,在试件端面与压板之间放置刷形承压板或加 $2\sim5$ mm 厚度的聚四氟乙烯板,均可将摩阻力消除;其二,增加试件高度,试件端面约束所产生的剪应力,由试件端面向中间逐渐减小,其影响范围(高度)约为试件边长($b$)的$\frac{\sqrt{3}}{2}$倍。当试件高度增加到 1.7 倍边长($b$)时,端面约束可认为减弱到不予考虑的程度。

测定轴心抗压强度通常采用第二种方法。圆柱体试件高径比为 2:1,即高度为直径的 2 倍,棱柱体试件高边比为 3:1,即高度为边长的 3 倍。此时,混凝土破坏由单轴压缩荷载产生。测定轴心抗压强度的标准圆柱体尺寸为 $\phi$ 150 mm×300 mm。

水工结构设计采用线弹性理论,许用应力计算方法,计算出最大点压应力 $\sigma_{max} \leqslant f_{max}/K$,其中 $f_{max}$ 为混凝土轴心抗压强度,$K$ 为安全系数。所以,轴心抗压强度也是一个设计抗压强度指标。

圆柱体轴心抗压强度试验方法见《水工混凝土试验规程》(SL 352—2006)4.8"混凝土圆柱体(轴心)抗压强度与静力抗压弹性模量试验"。

3. 圆柱体和标准立方体的抗压强度比

英国 BS1881:Part 4 标准规定:标准圆柱体抗压强度等于标准立方体的80%。试验表明,标准圆柱体试件抗压强度与标准立方体试件抗压强度的比值,主要取决于混凝土抗压强度,混凝土强度愈高,其比值亦愈高,见表6-2。

表 6-2　标准圆柱体和标准立方体的抗压强度比

| 强度等级/MPa | $10\sim20$ | $20\sim30$ | $30\sim40$ | $40\sim50$ |
|---|---|---|---|---|
| $\dfrac{\phi\ 150\ \text{mm}\times300\ \text{mm}}{150\ \text{mm 立方体}}$ | 0.775 | 0.821 | 0.861 | 0.910 |

注:强度等级之间的比值可用内插法求得。

### 6.2.1.3　影响抗压强度的因素

在振动条件下使碾压混凝土液化,达到密实体积,碾压混凝土抗压强度不再受成型条件影响。所以,本节所讨论的抗压强度是指充分密实的碾压混凝土。

1. 水灰比

在工程实践中,龄期一定和养护温度一定的碾压混凝土的强度仅取决于两个因素,即水灰比和密实度。对充分密实的碾压混凝土,其抗压强度服从于阿布拉姆斯(D. A. Ablams)水灰比定则。试验表明,碾压混凝土抗压强度与水灰比成反比,即随着水灰比增大而减小;或碾压混凝土抗压强度与灰水比成正比,呈线性相关关系。

作者分析了 100 组 42.5 中热硅酸盐水泥和普通硅酸盐水泥;掺加 Ⅰ 级、Ⅱ 级粉煤灰,掺量 50% ~ 60%;人工砂石骨料的碾压混凝土,28 d 抗压强度与灰水比相关关系见式(6-1)。

$$R_{c \cdot 28} = 30.022(C/W) - 6.62 \tag{6-1}$$

$$R^2 = 0.8936$$

式中:$R_{c \cdot 28}$ 为龄期 28 d 碾压混凝土抗压强度,MPa;$C/W$ 为灰水比;$R$ 为相关系数。

式(6-1)表明,碾压混凝土抗压强度与灰水比呈直线相关关系。

2. 砂率

砂率只影响碾压混凝土的工作度,而对碾压混凝土的抗压强度无影响,试验结果见图 6-4。这对现场质量管理是方便的,当现场砂的细度模数波动超过 ±0.20 时,调整配合比的砂率,不会影响碾压混凝土的抗压强度。

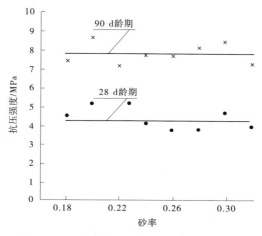

图 6-4　砂率与碾压混凝土抗压强度的关系

3. 粉煤灰掺量

粉煤灰掺合料在碾压混凝土中的主要角色是改善其和易性、密实性和可碾性。当胶材用量达到上述要求时,掺加需水量比 ≤100% 的粉煤灰,增加粉煤灰掺量不会影响其可碾性,但会降低水泥用量,减少碾压混凝土温升,有利于控制温度裂缝,是有效的防裂措施。

增加粉煤灰掺量置换水泥用量,碾压混凝土的抗压强度降低,但要以满足设计强度等级要求为限,试验结果见表 6-3。

表 6-3　粉煤灰掺量与抗压强度的关系

| 粉煤灰 | 粉煤灰掺量/% | 水泥用量/(kg/m³) | 粉煤灰用量/(kg/m³) | 抗压强度/MPa | | | | 配合比 |
| --- | --- | --- | --- | --- | --- | --- | --- | --- |
| | | | | 7 d | 28 d | 90 d | 180 d | |
| 贵阳粉煤灰 | 50 | 90 | 90 | 16.5 | 26.6 | 36.7 | 41.7 | 水胶比 0.47;<br>用水量 85 kg/m³;<br>减水剂 ZB-1,0.5%;<br>引气剂 DH₉,15×10⁻⁴ |
| | 52.8 | 85 | 95 | 15.4 | 24.9 | 33.5 | 39.0 | |
| | 55.5 | 80 | 100 | 14.2 | 24.0 | 33.6 | 37.4 | |
| | 58.3 | 75 | 105 | 14.3 | 23.6 | 37.9 | 41.0 | |

续表 6-3

| 粉煤灰 | 粉煤灰掺量/% | 水泥用量/(kg/m³) | 粉煤灰用量/(kg/m³) | 抗压强度/MPa | | | | 配合比 |
|---|---|---|---|---|---|---|---|---|
| | | | | 7 d | 28 d | 90 d | 180 d | |
| 凯里粉煤灰 | 50 | 100 | 100 | 21.0 | 31.3 | 40.7 | 50.0 | 水胶比 0.39；用水量 78 kg/m³；外加剂同上 |
| | 55 | 90 | 110 | 17.7 | 28.8 | 40.2 | 43.2 | |
| | 60 | 80 | 120 | 15.1 | 26.9 | 43.0 | 44.7 | |

4. 外加剂

1)减水剂

碾压混凝土掺加减水剂的目的是降低用水量,从而提高灰水比,相应增加强度和耐久性。对国产减水率进行减水率检验,六种减水剂的减水率相近,因此其提高碾压混凝土强度的功效也相近,试验结果见表 6-4。

表 6-4　六种减水剂对碾压混凝土抗压强度的功效试验结果

| 商品名称 | 生产厂 | 减水率/% | 抗压强度/MPa | | | | 备注 |
|---|---|---|---|---|---|---|---|
| | | | 7 d | 28 d | 90 d | 180 d | |
| ZB-1 | 浙江龙游 | 17.3 | 17.7 | 28.8 | 40.2 | 43.2 | |
| JG₃ | 北京冶建 | 18.2 | 18.1 | 27.9 | 38.5 | 48.6 | 525 中热硅酸盐水泥；凯里粉煤灰掺量 55%；胶材用量 200 kg/m³；水胶比 0.39；水泥用量 90 kg/m³；减水剂掺量 0.4%；引气剂 DH₉ 掺量 15×10⁻⁴ |
| FDN | 武汉浩源 | 17.2 | 16.6 | 29.3 | 38.0 | 42.7 | |
| R561C | 上海麦斯特 | 19.3 | 21.1 | 28.9 | 40.9 | 47.9 | |
| JM-11 | 江苏建科院 | 18.2 | 17.0 | 30.4 | 43.1 | 46.9 | |
| SK | 北京科海利 | 19.6 | 16.6 | 27.6 | 38.8 | 42.7 | |
| DH₉ | 河北外加剂厂 | 6.5 | | | | | |
| 平均值/MPa | | | 17.8 | 28.8 | 39.8 | 45.3 | |
| 偏差/% | $\dfrac{最大值-平均值}{平均值}$ | | 10.0 | 5.5 | 8.3 | 7.3 | |
| | $\dfrac{最小值-平均值}{平均值}$ | | -7.0 | -4.2 | -4.5 | -5.7 | |

六种减水剂提高碾压混凝土抗压强度功效的差异,最大为 10.0%,最小为 -7%,而且出现在 7 d 龄期的抗压强度。

2)引气剂

掺加引气剂的碾压混凝土试验结果表明:保持同样工作度,掺加引气剂可减少用水量;如果水灰比不变,则可减少水泥用量,但是抗压强度随着含气量的增加而降低。掺加引气剂,每增加 1% 含气量的效益见表 6-5。表 6-5 表明,保持碾压混凝土工作度和水泥用量不变,掺加引气剂不但提高了碾压混凝土的耐久性,改善了和易性,而且抗压强度增加。

掺加引气剂的碾压混凝土应严格控制含气量,否则会因含气量过大而使抗压强度过度下降,造成工程质量事故。

表 6-5　掺加引气剂每增加 1%含气量的效益

| 水胶比 | 含气量 2% | | | 含气量 3% | | | 增加 1%含气量的结果 | | | |
|---|---|---|---|---|---|---|---|---|---|---|
| | 用水量/(kg/m³) | 水泥用量/(kg/m³) | 28 d 抗压强度/MPa | 用水量/(kg/m³) | 水灰比 | 28 d 抗压强度/MPa | 水泥用量不变 | | 水灰比不变 | |
| | | | | | | | 强度增加/MPa | 水灰比减小 | 强度降低/MPa | 减少水泥/(kg/m³) |
| 0.80 | 113 | 141 | 17.0 | 107 | 0.76 | 18.8 | +1.8 | 0.04 | −1.7 | 7 |
| 0.55 | 105 | 191 | 32.4 | 99 | 0.52 | 35.0 | +2.6 | 0.03 | −2.9 | 11 |

**5. 人工砂中石粉含量与碾压混凝土抗压强度**

人工砂中石粉特别是粒径在 0.075 mm 以下的微粒,能与水泥、粉煤灰组成三元粉体,三者颗粒间发生"填充效应",空隙率减小会使浆体中空隙水减少,自由水增多,因而碾压混凝土工作度(VC)减小。水泥用量不变,减少粉煤灰用量,增加人工砂石粉含量,用石粉置换粉煤灰,可以获得良好的经济效益、技术效益。

人工砂中石粉含量、置换粉煤灰量与抗压强度关系试验结果见表 6-6(龙滩坝碾压混凝土石灰岩粉优化试验的部分成果)。

表 6-6　人工砂中石粉含量与碾压混凝土抗压强度

| 部位 | 石粉含量/% | 砂率/% | 1 m³ RCC 材料用量/kg | | | | | 抗压强度/MPa | | | | 工作度 VC/s |
|---|---|---|---|---|---|---|---|---|---|---|---|---|
| | | | 水 | 水泥 | 粉煤灰 | 砂 | 石 | 7 d | 28 d | 90 d | 180 d | |
| 上游面 RCC(二级配) | 9.88 | 36 | 86 | 90 | 148 | 767 | 1 363 | 15.0 | 25.7 | 38.2 | 42.7 | 2.5 |
| | 14.51 | 37.2 | 86 | 90 | 110 | 809 | 1 363 | 14.5 | 24.0 | 36.2 | 41.2 | 2.2 |
| | 15.67 | 37.5 | 86 | 90 | 100 | 820 | 1 363 | 13.2 | 22.6 | 32.5 | 38.0 | 2.2 |
| | 16.79 | 37.9 | 86 | 90 | 90 | 731 | 1 363 | 12.7 | 20.4 | 31.2 | 37.5 | 2 |
| | 17.79 | 38.2 | 86 | 90 | 80 | 842 | 1 363 | 13.2 | 21.3 | 32.3 | 37.5 | 2 |
| 坝下 RCC(三级配) | 9.88 | 32 | 72 | 80 | 118 | 707 | 1 503 | 16.8 | 30.2 | 40.4 | 48.2 | 5.3 |
| | 12.28 | 32.6 | 72 | 80 | 100 | 726 | 1 503 | 16.5 | 26.0 | 38.1 | 45.8 | 5.4 |
| | 13.6 | 32.9 | 72 | 80 | 90 | 738 | 1 503 | 16.7 | 27.3 | 41.6 | 49.7 | 5.0 |
| | 14.8 | 33.3 | 72 | 80 | 80 | 749 | 1 503 | 15.9 | 27.2 | 37.2 | 46.8 | 5.0 |
| | 16.12 | 33.6 | 72 | 80 | 70 | 760 | 1 503 | 15.5 | 25.6 | 36.4 | 41.3 | 5.1 |

表 6-6 试验结果表明:①上游面 RCC(二级配),石粉含量 9.88%为基准,粉煤灰用量 148 kg/m³,加大砂率以增加石粉含量,碾压混凝土抗压强度也随之下降,但粉煤灰用量由 148 kg/m³ 降到 80 kg/m³,减少了 68 kg/m³(46%),抗压强度只降低 15%~17%,28 d 抗压强度下降 4.4 MPa(17%);90 d 抗压强度下降 5.9 MPa(15.4%)。②坝下 RCC(三级配),石粉含量 9.88%为基准,粉煤灰用量 118 kg/m³,加大砂率以增加石粉含量,碾压混凝土抗压强度也随之下降,但粉煤灰用量由 118 kg/m³ 降到 70 kg/m³,减少了 48 kg/m³(40%),抗压强度只降低 10%~15%,28 d 抗压强度下降 4.6 MPa(15.2%);90 d 抗压强度下降 4 MPa(9.9%)。在配合比设计中,可适当调整水泥用量以满足设计强度等级或耐久性要求。

**6. 骨料种类与碾压混凝土抗压强度**

我国碾压混凝土坝采用天然骨料的比人工骨料少,大多采用人工砂石骨料。作者统计了 4 座人工砂石骨料(包括石灰岩、白云岩、玄武岩人工骨料)和 2 座天然河砂石骨料的碾压混凝土坝,2 种骨料均采用 42.5 普通硅酸盐水泥,掺加 50%~60%的粉煤灰。2 种碾压混凝土抗压强度与灰水比的相关关系见图 6-5。

图 6-5 表明,在相同灰水比条件下,人工骨料的抗压强度比天然骨料高出 6 MPa,但是天然骨料碾压混凝土单方用水量也低,所以达到相同灰水比的水泥用量也少的效果。相比之下,两类骨料皆可用于碾压混凝土,主要取决于料源充足和供应有保障。

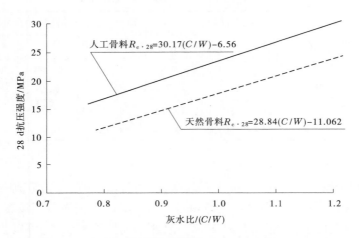

**图 6-5　人工骨料和天然骨料混凝土抗压强度与灰水比的关系**

**7. 抗压强度与龄期的增长关系**

作者统计了 42.5 中热硅酸盐水泥和普通硅酸盐水泥,掺加 Ⅰ 级、Ⅱ 级粉煤灰,掺量为 50%～60%,人工砂石骨料的碾压混凝土,抗压强度随龄期增长而增加的关系式为

$$R_{c \cdot t} = [1 + 0.341 \ln(t/28)] R_{c \cdot 28} \tag{6-2}$$

式中:$R_{c \cdot t}$ 为龄期 $t$(d)碾压混凝土抗压强度,MPa;其他符号含义同前。

## 6.2.2　轴向抗拉强度

### 6.2.2.1　轴向拉伸试验

混凝土轴向拉伸试验是用直接拉伸试件的方法测定抗拉强度、极限拉伸值和拉伸弹性模量。计算时不必做任何理论上的假定,测定结果接近混凝土实际应力-应变状况。由于测试技术上的原因,目前各国虽然都在研究,但标准试验方法尚未见公布。

混凝土轴向拉伸性能测试方法,原理比较简单,但要准确测定却难度较大,制定轴向拉伸试验方法的原则是:①荷载应是轴向施加,使试件断面上产生均匀拉应力,沿试件长度方向有一均匀应力段,并且断裂在均匀应力段的概率高。②试件形状应易于制作,费用低。③试件夹具与试验机装卡简单易行,且能重复使用。

**1. 试件装卡和偏心**

混凝土试件装卡在试验机上,下卡头中的装卡方式往往与试件形状相联系,可分为外夹式、内埋式和粘贴式三种。外夹式简单易行,不需要埋设拉杆和粘贴拉板,但是试件体积大。内埋式试件体积适中,拉杆埋设必须有胎具保证与试件对中,拉杆可以重复使用。粘贴式效率低,粘贴表面需要预先处理,但是试件体积小,尤其是对混凝土芯样试验,除此而无更简便的方法。

混凝土轴向拉伸试验中一个关键问题是试件几何中心线与试验机加荷轴心线同心,以保证试件断面受力均匀,但是要完全做到这一点是比较困难的,实际上总有偏心发生,但应将其减小到允许范围以内。解决偏心的办法是:①试件成型几何尺寸准确。②由胎具保证拉伸夹头或粘贴拉板定位准确,并与试件同轴。此外,试验机卡头上都装有球铰,用以消除试件偏心对试验机加荷活塞或丝杆的作用,但是球铰并不能消除试件偏心所产生的附加弯矩对试件的影响。

**2. 力和变形的测定**

液压式万能试验机、机械式万能试验机或拉力试验机均可对混凝土试件施加轴向荷载。

在荷载作用下混凝土试件变形测量,着重使用外部测量变形的方法和装置。外夹式变形测量装置使用方便、性能可靠,且可以多次重复使用,经济耐用是人们所喜欢采用的测试方法。外夹式变形测量装置包括变形传递夹具和引伸计两部分。引伸计是对夹具传递过来的试件标距内变形量的量测机构,可分为机械式和电测式两类。通常使用的机械式引伸计有千分表,测定的变形量由表盘直接读取。电测式引伸计有差动变压器型引伸计和应变片型引伸计,其将标距内的变形量换成电量,然后经放大器放大,输入到显示仪表或记录仪。

碾压混凝土轴向拉伸试验方法见《水工混凝土试验规程》(SL 352—2006)中 6.8"碾压混凝土轴向拉伸试验"。

#### 6.2.2.2　与轴向抗拉强度相关的因素

1. 轴向抗拉强度与灰水比的关系

作者分析了 42.5 中热硅酸盐水泥和普通硅酸盐水泥;掺加Ⅰ级、Ⅱ级粉煤灰,掺量 50% ~ 60%;人工砂石骨料的碾压混凝土,28 d 轴拉强度与灰水比的相关关系为

$$R_{t\cdot28} = 2.325(C/W) - 0.284 \tag{6-3}$$
$$R^2 = 0.8176$$

式中:$R_{t\cdot28}$ 为龄期 28 d 碾压混凝土轴拉强度,MPa;其他符号含义同前。

式(6-3)表明,碾压混凝土轴拉强度与灰水比呈直线相关关系。

2. 轴向抗拉强度与龄期增长的关系

作者统计了 42.5 中热硅酸盐水泥和普通硅酸盐水泥;掺加Ⅰ级、Ⅱ级粉煤灰,掺量 50% ~ 60%;人工砂石骨料的碾压混凝土,随龄期增长轴向抗拉强度增加的关系式见式(6-4)。

$$R_{t\cdot t} = [1 + 0.413\ln(t/28)] R_{t\cdot28} \tag{6-4}$$
$$R^2 = 0.9931$$

式中:$R_{t\cdot t}$ 为龄期 $t$(d)碾压混凝土的轴拉强度,MPa;其他符号含义同前。

3. 标准轴向抗拉强度与标准立方体抗压强度及标准轴心抗压强度的关系

1)标准轴向抗拉强度与标准立方体抗压强度的关系

作者统计了龙滩坝、光照坝、金安桥、龙江坝等 5 个碾压混凝土坝试验结果,样本容量各 140 组标准轴拉强度和标准立方体抗压强度,得出的两者相关关系如下:

28 d 龄期　　　　　　　　　　　$R_t = 0.085R_c \tag{6-5}$

90 d 龄期　　　　　　　　　　　$R_t = 0.088R_c \tag{6-6}$

式中:$R_t$ 为 100 mm×100 mm×550 mm 轴向抗拉强度,MPa;$R_c$ 为 150 mm 立方体抗压强度,MPa。

2)标准轴拉强度与标准轴心抗压强度的关系

由表 6-2 可知,强度等级为 C20~C30 的混凝土,标准圆柱体与标准立方体抗压强度比为 0.821,即

$$\frac{\phi 150 \text{ mm} \times 300 \text{ mm 圆柱体的抗压强度}}{150 \text{ mm 立方体的抗压强度}} = 0.821 \tag{6-7}$$

将式(6-7)代入式(6-5)得

28 d 龄期　　　　　　　　　　　$R_t = \dfrac{0.085}{0.821} f_c = 0.103 f_c \tag{6-8}$

将式(6-7)代入式(6-6)得

90 d 龄期　　　　　　　　　　　$R_t = \dfrac{0.088}{0.821} f_c = 0.107 f_c \tag{6-9}$

式中:$f_c$ 为 $\phi$ 150 mm×300 mm 标准轴心抗压强度,MPa。

28 d 和 90 d 公式的系数相近,取 0.10,即碾压混凝土轴向抗拉强度是轴心抗压强度的 1/10。

美国垦务局坝工设计标准,混凝土轴向抗拉强度与轴心抗压强度的换算也是采用 0.10 换算系数。

4. 重力坝和拱坝拉、压应力协调的差异

重力坝设计理念是靠自重产生的摩擦力抵抗水压力,坝基抗滑稳定和坝踵不出现拉应力条件控制坝的结构尺寸,筑坝材料用来产生自重和抵消扬压力;重力坝结构设计坝体不允许出现拉应力,所以不

存在拉、压应力协调;重力坝的拉应力主要是温度应力,来自内外温差和基础温差所产生的拉应力,有时是瞬间的,只要裂开,拉应力就会消失,有时是长期的,拉应力会持续10余年。

拱坝是一种压力结构,高度超静定的空间壳体结构;拱坝结构即使局部拉应力造成裂缝,也能自行调整应力使裂缝停止发展而得到新的平衡,所以拱坝坝体容许有一定限度的拉应力;在保持拱座稳定的条件下,通过调整坝的体形来减少坝体拉应力的作用范围和大小。

拱坝设计理念是允许坝体有局部范围的有限拉应力,因此拱坝分区分标号就存在一个拉、压应力协调问题。

美国垦务局《混凝土拱坝设计准则》规定:正常荷载组合,抗压强度安全系数不小于3.0且最大压应力不超过1 500 lb/in²(合10.5 MPa);应尽可能避免产生拉应力,而对于正常荷载组合允许局部出现有限的拉应力,但不得超过150 lb/in²(合1.05 MPa)。虽然对拉应力安全系数没有规定,但拉应力和压应力是协调的,拉压比为0.10,符合拉、压强度规律,见式(6-8)和式(6-9)。

以我国已建3座碾压混凝土拱坝为例,就坝体分区拉、压应力协调问题进行讨论,供设计参考。3座碾压混凝土拱坝的结构参数列入表6-7。

表 6-7  3座碾压混凝土拱坝设计参数

| 坝名 | 坝高/m | 坝顶宽/m | 坝底宽/m | 厚高比 | 许用压应力/MPa |
|------|--------|----------|----------|--------|----------------|
| 蔺河口 | 96.5 | 6 | 27.6 | 0.286 | 5 |
| 招徕河 | 105 | 6 | 18.5 | 0.17 | 5.5 |
| 黄花寨 | 110 | 6 | 26.5 | 0.24 | 5 |

3座碾压混凝土拱坝设计强度标准是相同的,都是龄期90 d、20 MPa。分析如下:

(1)由许用应力5 MPa和抗压安全系数为4,计算标准轴心抗压强度$f_c$,$f_c = 4 \times 5 = 20$(MPa)。

(2)按式(6-9)计算标准轴拉强度$R_t$,$R_t = 0.1f_c = 0.1 \times 20 = 2$(MPa)。

(3)由轴拉应力-应变曲线本构关系可知,拉应力行为在$0 \sim 0.35 f_c$线弹性区间是稳定的。当拉应力行为超出$0.35 \times 2 = 0.7$(MPa),拉应力就进入裂缝扩展区间,3座拱坝的拉应力都超过0.7 MPa,拉应力越大,出现裂缝的概率就越大。

(4)我国《混凝土拱坝设计规范》(SL 282—2003)规定:对基本荷载组合,拉应力不得大于1.2 MPa。所以,$\dfrac{\sigma}{f_c} = \dfrac{1.2}{2} = 0.60$,已进入裂缝集中扩展区,发生裂缝是必然的,只是出现的时间早晚不同。对3座碾压混凝土拱坝实际考证,均出现不同程度的裂缝。

(5)重要拱坝,坝体分区时对拉应力较高部位最好设置抗拉强度分区,或设置抗压强度分区时要考虑拉、压强度协调,按拉、压强度比为0.10的关系设置。

## 6.2.3  劈裂抗拉强度

### 6.2.3.1  劈裂抗拉强度试验

劈裂抗拉强度试验方法是非直接测定抗拉强度的方法之一。试验方法简单,对试验机要求、操作方法和试件尺寸与抗压强度试验相同,只需要增加简单的夹具和垫条。该试验方法在国际上得到广泛采用,并被列入标准,如美国ASTM C496和日本JISA1113。美国和日本标准试件采用$\phi$150 mm×300 mm圆柱体,中国《水工混凝土试验规程》(SL 352—2006)采用150 mm×150 mm×150 mm立方体试件。

计算劈裂抗拉强度的理论公式是由圆柱体径向受压推导出来的。采用立方体试件,假设圆柱体是立方体的内切圆柱,由此将圆柱体水平拉应力计算公式变换成立方体计算公式圆柱体直径变换成立方体边长。立方体试件劈裂试验的试验机压板是通过垫条加载的,理念上应该是一条线接触,而实际上是面接触,所以垫条宽度就影响计算公式的准确性。试验也表明垫条尺寸和形状对劈裂抗拉强度有显著影响,见图6-6。

我国颁布的行业试验规程,劈裂抗拉强度统一采用边长为150 mm立方体为标准试件,但是对垫条

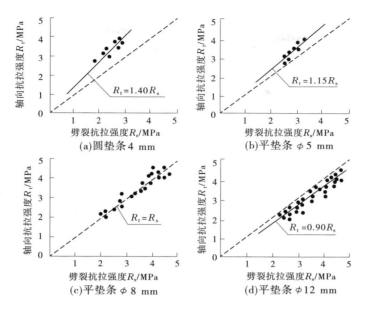

**图 6-6　垫条尺寸和形状对劈裂抗拉强度与轴向抗拉强度关系影响**
（劈裂试件：15 cm 立方体；轴拉试件：15 cm×15 cm×55 cm）

尺寸和形状的规定却不统一，因此在进行同一种混凝土劈裂抗拉试验时，采用不同试验规程会得出不同的结果。

综上所述，大坝结构拉应力和温度应力计算，抗拉强度采用轴向抗拉强度而不采用劈裂抗拉强度，原因就在于此。

碾压混凝土劈裂抗拉强度试验方法见《水工混凝土试验规程》（SL 352—2006）中 6.7"碾压混凝土劈裂抗拉强度试验"。

#### 6.2.3.2　劈拉强度与轴拉强度的关系

轴拉强度测定方法比劈拉强度复杂，且需要专用拉力试验机。中小型水利水电工程可采用劈拉强度，通过相关关系换算取得轴拉强度。

图 6-6 试验结果表明，垫条形状和宽度均影响劈拉强度测值的大小。《水工混凝土试验规程》（SL 352—2006）对劈拉强度试验规定：标准试件尺寸为 150 mm 立方体，垫条为 5 mm×5 mm 平垫条。20 世纪 90 年代，作者进行过劈拉强度和轴心抗拉强度相关关系试验，得出 $R_t = 1.15R_s$（$R_t$ 为轴拉强度，$R_s$ 为劈拉强度）。

2005 年修订《水工混凝土试验规程》时，将轴心抗拉强度的湿筛筛孔尺寸从 40 mm 孔改为 30 mm 方孔筛，又进行一次两者相关关系统计。统计样本容量为 140 组，标准劈拉强度（试件为 150 mm 立方体）与标准轴拉强度（100 mm×100 mm×550 mm 方 8 字试件）相关关系分析，得出

$$R_t = 1.12R_s \tag{6-10}$$

两次统计分析结果基本无差异。

## 6.3　碾压混凝土的变形性能

### 6.3.1　静力抗压弹性模量

#### 6.3.1.1　弹性模量

1. 抗压弹性模量

根据静荷载试验得到的应力-应变（$\sigma$-$\varepsilon$）曲线分析计算得出的弹性模量称为静弹性模量，其物理

意义见图 6-7。碾压混凝土弹性模量由荷载-应变曲线上升段的斜率确定。因为计算斜率所选测点不同,所以弹性模量可分为以下几种。

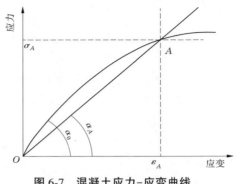

图 6-7　混凝土应力-应变曲线

1)初始切线弹性模量

初始切线弹性模量($\tan\alpha_0$)是通过 $\sigma$-$\varepsilon$ 曲线坐标原点所作切线的斜率,它几乎没有什么工程意义。

2)切线弹性模量

在 $\sigma$-$\varepsilon$ 曲线上任意一点所作切线的斜率称为该点的切线弹性模量($\tan\alpha_T$)。切线弹性模量仅适用于切点处荷载上下变化很微小的情况。

3)割线弹性模量

在 $\sigma$-$\varepsilon$ 曲线上规定两点的连线(割线)的斜率($\tan\alpha_A$)称为割线弹性模量,在工程上常被采用。

碾压混凝土弹性模量测定方法见《水工混凝土试验规程》(SL 352—2006)中的 6.11"碾压混凝土圆柱体(轴心)抗压强度和静力抗压弹性模量试验"。

液压万能试验机和伺服程控万能试验机皆可对试件施加轴向荷载。试件变形测定装置包括变形传递架和引伸计两部分,与轴向拉伸试验变形测定装置相同。多数试验机都具有自动绘图功能,因此荷载-应变曲线随着试验进行自动给出,试验结束即可取得。

混凝土弹性模量由荷载-应变曲线上升段两个测点的斜率确定。目前,各国标准对弹性模量计算所选测点也不尽相同,见表 6-8。

表 6-8　各国标准对计算弹性模量的规定

| 标准名称 | 试件尺寸/cm | 标距长度/mm | 计算弹性模量(斜率)的测点 | |
|---|---|---|---|---|
| | | | 测点 1 | 测点 2 |
| 《水工混凝土试验规程》(SL 352—2006) | 压缩弹性模量:$\phi$ 15×30 | 150 | 应力 0.5 MPa | 40%极限荷载 |
| 美国 ASTM、日本 JIS | 压缩弹性模量:$\phi$ 15×30 | 150 | 应变 $50\times10^{-6}$ | 40%极限荷载 |
| 英国建筑工业研究与情报协会 CIRIA | 压缩弹性模量:15×15×35 | 200 | 原点 | 50%极限荷载 |
| | 拉伸弹性模量:15×15×71 | 200 | 原点 | 50%极限荷载 |

我国《水工混凝土试验规程》(SL 352—2006)6.11 规定:测点 1 为应力 0.5 MPa,测点 2 为 40%极限荷载。我国标准 SL 352 和美国 ASTM C469 标准基本一致。

图 6-8 是压缩弹性模量与轴心抗压强度的关系。为了比较,图 6-8 中除列出岩滩和观音阁碾压混凝土的弹性模量外,同时也列出了英国 CIRIA 高掺粉煤灰碾压混凝土的弹性模量和美国 ACI-207 报告大体积混凝土弹性模量。可以认为,碾压混凝土的弹性模量基本上在 ACI-207 大体积混凝土弹性模量

的界限内,没有显著性差异。

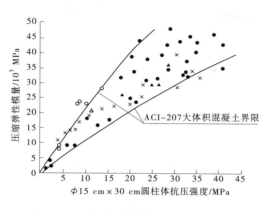

**图 6-8　压缩弹性模量与抗压强度的关系**

**2. 抗压弹性模量与轴拉弹性模量的差异**

《水工混凝土试验规程》(SL 352—2006)中 6.8"碾压混凝土轴向拉伸试验",计算抗拉弹性模量取值点与抗压弹性模量是不同的,见表 6-9。

**表 6-9　抗压弹性模量与轴拉弹性模量计算方法上的差异**

| 类型 | 计算弹性模量斜率选点 | | 应力-应变曲线线弹性区间 | 混凝土本构关系 | 理论分析两者关系 |
|---|---|---|---|---|---|
| | 第 1 点 | 第 2 点 | | | |
| 抗压弹性模量 | 0.5 MPa | 0.4 极限抗压强度 | 0~0.4 极限抗压强度 | 在弹性段计算结果稳定 | 以抗压弹性模量为准 |
| 轴拉弹性模量 | 0(原点) | 0.5 极限轴拉强度 | 0~0.35 极限轴拉强度 | 超出弹性段,进入裂缝扩展段,不稳定 | 比抗压弹性模量低 |

作者收集了 3 个水利水电工程碾压混凝土 2 种弹性模量试验结果,列于表 6-10。表 6-10 中个别试验结果轴拉弹性模量/抗压弹性模量比大于 1.0,理论分析是不能接受的。

**表 6-10　3 个水利水电工程碾压混凝土轴拉弹性模量与抗压弹性模量比试验结果**

| 工程名称 | 试验编号 | 抗压弹性模量/GPa | | | 轴拉弹性模量/GPa | | | 轴拉弹性模量/抗压弹性模量 | | |
|---|---|---|---|---|---|---|---|---|---|---|
| | | 28 d | 90 d | 180 d | 28 d | 90 d | 180 d | 28 d | 90 d | 180 d |
| 光照坝 | $R_2$ | 41.5 | 46.7 | — | 36.5 | 38.8 | — | 0.88 | 0.83 | — |
| | $R_3$ | 38.6 | 44.4 | — | 34.1 | 36.7 | — | 0.88 | 0.83 | — |
| | $R_4$ | 40.7 | 47.5 | — | 37.5 | 40.6 | — | 0.92 | 0.85 | — |
| | $R_5$ | 40.0 | 46.8 | — | 35.9 | 37.4 | — | 0.90 | 0.80 | — |
| | 平均值 | | | | | | | 0.89 | 0.83 | — |
| 金安桥坝 | F-47 | 27.7 | 43.7 | 46.6 | 27.8 | 39.9 | 43.7 | 1.00 | 0.91 | 0.94 |
| | FL-45 | 31.1 | 44.1 | 46.1 | 32.6 | 40.1 | 43.3 | 1.05 | 0.91 | 0.94 |
| | PL-45 | 30.8 | 42.4 | 45.6 | 31.5 | 38.7 | 41.4 | 1.02 | 0.91 | 0.91 |
| | 平均值 | | | | | | | 1.02 | 0.91 | 0.93 |

续表 6-10

| 工程名称 | 试验编号 | 抗压弹性模量/GPa | | | 轴拉弹性模量/GPa | | | 轴拉弹性模量/抗压弹性模量 | | |
|---|---|---|---|---|---|---|---|---|---|---|
| | | 28 d | 90 d | 180 d | 28 d | 90 d | 180 d | 28 d | 90 d | 180 d |
| 龙开口坝 | 1 | 32.0 | 40.5 | 43.6 | 33.8 | 37.0 | 39.5 | 1.06 | 0.91 | 0.91 |
| | 2 | 27.2 | 36.4 | 41.4 | 32.0 | 33.2 | 38.7 | 1.17 | 0.91 | 0.93 |
| | 3 | 35.5 | 43.3 | 48.1 | 34.4 | 35.2 | 37.3 | 0.97 | 0.81 | 0.77 |
| | 4 | 31.8 | 42.2 | 47.2 | 32.8 | 37.2 | 40.6 | 1.03 | 0.88 | 0.86 |
| | 5 | 23.9 | 38.4 | 39.9 | 26.5 | 34.3 | 38.5 | 1.11 | 0.89 | 0.96 |
| | 6 | 34.8 | 41.9 | 45.8 | 35.1 | 40.0 | 40.2 | 1.01 | 0.95 | 0.88 |
| | 7 | 30.9 | 39.8 | 42.2 | 30.5 | 36.9 | 39.1 | 0.99 | 0.93 | 0.93 |
| 平均值 | | | | | | | | 1.05 | 0.90 | 0.89 |

2 种弹性模量的最大差异是拉伸弹性模量第 2 个测点为 $0.5f_{max}$(极限轴拉强度),应力-应变曲线已向下弯曲,进入裂缝扩展区,抗拉弹性模量比抗压弹性模量明显减少。混凝土拉伸力学行为应服从应力-应变关系曲线。结构设计拉应力在 $0.5f_{max}$ 区段工作是不安全的,一个恒定荷载对结构产生的拉应力,长时间持荷会使混凝土发生脆性断裂,因此不建议采用在 $0.5f_{max}$ 点选用轴拉弹性模量。

正如材料力学所约定的,拉、压弹性模量相等一样,水工建筑物结构混凝土设计应采用统一弹性模量,作者建议采用抗压弹性模量。因为混凝土的拉、压应力-应变曲线的线弹性区段是相近的。抗压弹性模量测定结构的变异性会比轴拉弹性模量小,较为准确。

### 6.3.1.2　与静力抗压弹性模量相关的因素

1. 与抗压强度和灰水比的关系

1)与抗压强度的关系

美国混凝土学会(ACI)提出近似公式,即

$$E_c = 57\,000\sqrt{f_{cyl}} \tag{6-11}$$

式中:$E_c$ 为混凝土弹性模量,MPa;$f_{cyl}$ 为混凝土圆柱体抗压强度,MPa。

式(6-11)表明,混凝土弹性模量与抗压强度直接相关,但是骨料的性质会对混凝土弹性模量有影响。骨料弹性模量愈高,混凝土弹性模量也就愈高。粗骨料的颗粒形状及其表面特征也影响混凝土弹性模量。

作者分析了相当数量的弹性模量试验样本,粗骨料的特性对混凝土弹性模量的影响,在应力-应变曲线的线弹性段反映不明显,只有应力超过极限强度的 40% 以后才有表现,反映在应力-应变曲线上的脆性断裂段。

2)与灰水比的关系

弹性模量计算取自应力-应变曲线上线弹性阶段直线的斜率,所以弹性模量与抗压强度的相关性比较密切。式(6-1)表明,抗压强度与灰水比呈直线相关,类推之,弹性模量与灰水比也应呈直线相关。

作者分析了样本容量为 50 组的弹性模量试验,包括:42.5 中热硅酸盐水泥和普通硅酸盐水泥;掺加 I 级、II 级粉煤灰,掺量 50%~60%;人工砂石骨料的碾压混凝土,28d 弹性模量与灰水比相关关系,见式(6-12)。

$$E_{28} = 28.61(C/W) + 6.535 \tag{6-12}$$
$$R^2 = 0.8572$$

式中:$E_{28}$ 为龄期 28 d 碾压混凝土弹性模量,GPa;其他符号含义同前。

2. 弹性模量与龄期增长的关系

作者统计了 42.5 中热硅酸盐水泥和普通硅酸盐水泥；掺加Ⅰ级、Ⅱ级粉煤灰，掺量 55%～60%；人工砂石骨料的碾压混凝土（砂岩和辉绿岩骨料除外），弹性模量随龄期增长而增加的关系式如下：

$$E_t = [1 + 0.165\ln(t/28)]E_{28} \tag{6-13}$$
$$R^2 = 0.9997$$

式中：$E_t$ 为龄期 $t(\mathrm{d})$ 碾压混凝土的弹性模量，GPa；其他符号含义同前。

## 6.3.2　极限拉伸

### 6.3.2.1　极限拉伸及抗拉强度破坏模型

1. 极限拉伸测试方法

极限拉伸是碾压混凝土坝裂缝控制的重要参数，国内大型碾压混凝土坝对碾压混凝土极限拉伸规定了设计指标，如龙滩坝设计指标为龄期 90 d、极限拉伸 $0.8 \times 10^{-6}$。

极限拉伸试验是与轴向抗拉强度试验同时进行的。极限拉伸是指拉伸应力-应变曲线上，试件被拉断时抗拉强度所对应的拉伸应变。所以，极限拉伸值取得不必做任何理论上的假设，测定值最接近碾压混凝土实际应力-应变状态。极限拉伸试验方法见《水工混凝土试验规程》(SL 352—2006) 中 6.8"碾压混凝土轴向拉伸试验"。要准确测出极限拉伸值仍需研究和提高仪器功能和测试技术水平。

《水工混凝土试验规程》(SL 352—2006) 对拉力试验机没有严格规定，允许在普通试验机上进行。由于混凝土试件刚度与材料试验机的刚度在同一量级水平上，因此当荷载加至峰值时发生试件骤然断裂。为保护位移传感器不受伤害，当荷载加到极限荷载的 90% 时，将位移传感器卸下，再拉断。然后在应力-应变曲线上作图，将曲线延伸与极限荷载的水平线相切。因此，所测极限拉伸是不准确的。

最好的方法是测出拉伸应力-应变全曲线，在刚性拉力试验机上进行是最理想的，但是费用太昂贵，对较高水平的液压伺服试验机增加功能或添加变形约束装置也可测得。

2. 拉伸荷载-应变全曲线及碾压混凝土拉伸破坏模型

中国水利水电科学研究院用 DSS-10T 型电机伺服控制试验机，等应变加荷测定了碾压混凝土拉伸荷载-应变曲线。图 6-9 是岩滩坝碾压混凝土荷载-应变全曲线试验结果，等应变加荷速率为 $10 \times 10^{-6}$ $\mathrm{min}^{-1}$。拉伸荷载-应变全曲线的特征包括：全曲线的线型、裂缝扩展、延伸和断裂，裂缝集中扩展点的位置对线型的影响，以及裂缝扩展而导致的试件破坏。

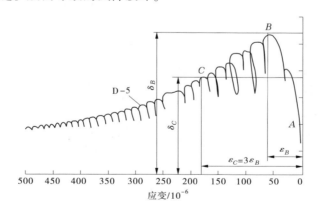

**图 6-9　混凝土拉伸荷载-应变全曲线（等应变加荷速率 $10 \times 10^{-6}$ $\mathrm{min}^{-1}$）**

分析了多个像图 6-9 这样的荷载-应变全曲线模型，见表 6-11，可得出以下拉伸破坏模型要点：

(1)荷载-应变曲线的下降段线型与试件裂缝发展过程密切相关。试件的初始微裂缝、粗骨料粒径大小和排列，以及黏着状况等随机因素都将影响裂缝发展过程，因而曲线下降段的线型有较大的离散性。

**表 6-11　由荷载–应变全曲线测得碾压混凝土拉伸力学模型的特征参数**

| 试件编号 | 龄期/d | 峰值应力 $\sigma_B$/MPa | 峰值应变 $\varepsilon_B$/$10^{-6}$ | 原点初始弹性模量 $E_{0.35}$/GPa | 割线弹性模量 $E_{0.5}$/GPa | 剩余应变 $\varepsilon_C = 3\varepsilon_B$/$10^{-6}$ | 剩余应力 $\sigma_C$/MPa | 剩余应力比 $\sigma_C/\sigma_B$ |
|---|---|---|---|---|---|---|---|---|
| KA-4 | 7 | 1.223 | 80 | 21.0 | 20.0 | 240 | 0.770 | 0.630 |
| D-5 | 28 | 1.506 | 60 | — | — | 180 | 1.031 | 0.685 |
| KA-3 | 90 | 1.359 | 80 | 30.6 | 29.6 | 240 | 0.476 | 0.350 |
| | | 1.359 | 70 | 30.6 | 32.3 | 210 | 0.613 | 0.450 |
| SA4-6 | 337 | 0.487 | 100 | — | — | 300 | 0.374 | 0.768 |
| SA32-6 | 357 | 1.212 | 85 | 61.0 | 40.0 | 255 | 0.815 | 0.672 |

（2）试验开始后,用显微放大器观察试件表面出现的微裂缝,试件表面上观察到的微裂缝基本上是荷载–应变曲线偏离直线段开始处,即当拉应力达到极限抗拉强度的 35% 时,由此点开始裂缝并随着荷载增加而扩展,见图 6-10。

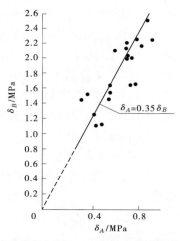

$\delta_A$—直线段与曲线切点应用；$\delta_B$—峰值应力(极限抗拉强度)。

**图 6-10　混凝土裂缝扩展点应力 $\delta_A$ 与峰值应力 $\delta_B$ 的关系**

（3）荷载达到峰值,其对应的应变为极限拉伸,碾压混凝土承载能力下降,裂缝扩展集中到试件最弱断面,即裂缝集中扩展区。在此区域中裂缝集中扩展、延伸而形成最后破坏断面而破坏。

#### 6.3.2.2　与极限拉伸相关的因素

1. 极限拉伸与灰水比的关系

作者分析了 42.5 中热硅酸盐水泥和普通硅酸盐水泥;掺加 Ⅰ 级、Ⅱ 级粉煤灰,掺量 50%~60%;人工骨料(砂岩和辉绿岩除外)的碾压混凝土,龄期 28 d 极限拉伸与灰水比的相关关系如下:

$$\varepsilon_{28} = 40.388(C/W) + 26.433 \tag{6-14}$$
$$R^2 = 0.785\,3$$

式中:$\varepsilon_{28}$ 为龄期 28 d 碾压混凝土的极限拉伸,$10^{-6}$;其他符号含义同前。

2. 极限拉伸与龄期增长的关系

作者统计了 42.5 中热硅酸盐水泥和普通硅酸盐水泥;掺加 Ⅰ 级、Ⅱ 级粉煤灰,掺量 55%~60%;人工砂石骨料(砂岩和辉绿岩骨料除外)的碾压混凝土,极限拉伸随龄期增长的关系式如下:

$$\varepsilon_t = [1 + 0.247\ln(t/28)]\varepsilon_{28} \tag{6-15}$$
$$R^2 = 0.971\,9$$

式中：$\varepsilon_t$ 为龄期 $t(\mathrm{d})$ 碾压混凝土的极限拉伸，$10^{-6}$；其他符号含义同前。

## 6.3.3　徐变度

### 6.3.3.1　徐变特性

1. 徐变与松弛

徐变和松弛是变形和应力随时间变化的两个方面；当施加到试件上的荷载不变时，试件变形随着持荷时间的增长而增大，称为徐变。当施加到试件上的变形不变时，试件中的应力随着时间的增长而减小，称为松弛。

混凝土无论在多么低的应力状态下也要产生徐变，而且由徐变引起体积变化。在施加荷载时，要将瞬时弹性应变与早期徐变区分开来是困难的，而且弹性应变随着龄期增长而减小。因此，徐变视为超过初始弹性应变的应变增量。虽然在理论上欠精确，但实用上却是方便的。

在恒定应力和试件与周围介质湿度平衡条件下，随时间增加的应变称为基本徐变。

如果试件在干燥的同时，又施加了荷载，那么通常假定徐变与收缩是可以叠加的。因此，可将徐变视为加荷试件随时间而增长的总应变与同生无荷载试件在相同条件，经过相同时间干缩应变之间的差值。但是，边干燥、边承受荷载测得的徐变大于基本徐变加干燥应变的代数和。所以，从此徐变中扣除基本徐变后，称为干燥徐变。事实上干燥对徐变的影响是使徐变值增大。

混凝土卸除持续荷载后，应变立即减小，称为瞬时回复，其数量等于相应卸荷龄期的弹性应变，通常比刚加荷时的弹性应变小。紧接着瞬时回复有一个应变逐渐减小阶段，称为徐变回复（弹性后效），残余的部分成为永久变形，见图 6-11。

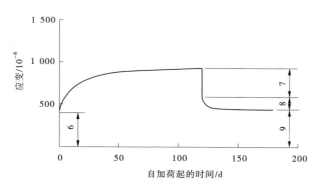

6—弹性应变；7—瞬时回复；8—徐变回复；9—残余变形。

**图 6-11　徐变与回复过程曲线**

残余变形的产生是由于卸荷后具有弹性变形的骨料将力图恢复它原来的形状，但受到被硬化了的水泥石阻止，所以骨料只能部分恢复，而剩余一部分不可恢复的残余变形。

2. 徐变机理

解释混凝土徐变的机理有黏弹性理论、渗出理论、内力平衡理论、黏性流动理论和微裂缝理论等。虽然这些理论相互交错、千差万别，但其共同结论是混凝土徐变是由硬化水泥石的徐变所引起的，骨料所产生的徐变可以忽略不计，占混凝土组成大部分的骨料性质可以明显地改变水泥石的徐变量。

硅酸盐水泥与水拌和后，其矿物成分有新的生成物，即

$$C_3S \rightarrow \begin{cases} Ca(OH)_2 & (\text{结晶连生体}) \\ 2CaO \cdot SiO_2 \cdot 4H_2O & (\text{凝胶体}) \end{cases}$$

$$C_2S \rightarrow 2CaO \cdot SiO_2 \cdot 4H_2O \quad (\text{凝胶体})$$

$$C_3A \rightarrow 3CaO \cdot Al_2O_3 \cdot 6H_2O \quad (\text{结晶连生体})$$

$$C_4AF \rightarrow \begin{cases} 3CaO \cdot Al_2O_3 \cdot 6H_2O & (结晶连生体) \\ CaO \cdot Fe_2O_3 \cdot nH_2O & (凝胶体) \end{cases}$$

这样,在水泥石中生成结晶连生体和凝胶体两种基本结构,另外还有少量未分解的水泥熟料颗粒。水泥石徐变的发展是由凝胶体作用造成的,而不是由具有弹性的结晶连生体所促成的。当水灰比一定时,结晶连生体和凝胶体的数量随着时间而改变,凝胶体的数量减少,而结晶连生体由于亚微晶体转变为微晶体而增加。同时,由于凝胶体结构的改变,凝胶体的黏度增大。

凝胶体结构相对体积减少和黏度增加,就会使水泥石在长期荷载下徐变逐渐减小。与此同时,结晶连生体由于数量增加而在结晶连生体和凝胶体之间产生应力重分布,即作用于凝胶体上的应力减小,而使水泥石在长期持荷下徐变逐渐停止。混凝土骨料可视为弹性材料,水泥石中掺入骨料,应当减小徐变,并且由于应力从全部胶结材料到骨料的重分布,而使混凝土的徐变随着时间减小。

上述徐变作用机理已被大量试验资料所证实;随着水灰比和胶凝材料用量的增大,混凝土徐变增大,骨灰比和骨料弹性模量增大,混凝土徐变减小。

上述混凝土徐变机理也可以用图 6-12 所示的流变学模型表示。在混凝土徐变线性范围内,当施加压缩或拉伸荷载 $P(t=0)$ 时,产生瞬时弹性变形(弹簧 1)。此时($t>0$)徐变变形即开始发展,水泥石中的凝胶体开始黏性流动(黏性活塞 3),结晶连生体(弹簧 2)和凝胶体发生应力重分布。同时,水泥石和骨料(弹簧 4)也发生应力重分布。随着持荷时间的增加,混凝土徐变速率趋于停止,即达到极限徐变。

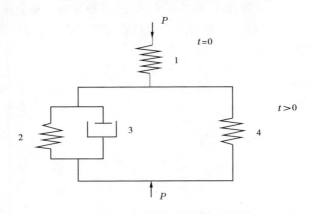

图 6-12　混凝土徐变的流变学模型

3. 不同应力状态下的徐变

混凝土即使承受较小应力时也发生徐变。应力在混凝土极限强度的 30%~40% 以下时,不论是压缩还是拉伸徐变均与应力成比例,其比例常数大体相等,这就是 Davis-Glanville 法则。试验表明,在此应力范围内弹性应变与应力也成比例。所以

$$\varepsilon_\tau = \frac{1}{E_\tau} \sigma \tag{6-16}$$

$$\varepsilon_t = K \cdot \sigma \tag{6-17}$$

式中:$\varepsilon_\tau$ 为加荷龄期 $\tau$ 瞬时弹性应变;$\sigma$ 为作用于混凝土上的应力;$E_\tau$ 为龄期 $\tau$ 瞬时弹性模量;$\varepsilon_t$ 为持荷后任意持荷时间($t-\tau$)的徐变,$t$ 为混凝土成型龄期;$K$ 为比例常数。

由 Davis-Glanville 法则可知,徐变与应力呈线性关系,所以可以用单位应力的徐变来表示徐变的特性,称为徐变度,即

$$C(t,\tau) = \frac{\varepsilon_t}{\sigma} \tag{6-18}$$

混凝土徐变规定是在应力-应变曲线的线弹性阶段,低于 40% 极限强度的应力作用下测得的。假定条件是 Davis-Glanville 法则,这个法则虽然尚有不同意见,但大多数试验结果是被认可的。因此,结

构设计混凝土应力行为也应该不超出线弹性阶段。

当应力超过 40% 极限强度时,混凝土徐变会如何发展已有文献介绍。混凝土受压试件内的微裂缝,在应力/强度比为 0.4~0.6 时即可出现,因此这些裂缝一旦出现徐变特性也会变化。当应力/强度比超过 0.75 时,混凝土变形加速,产生新的微裂缝,且新老微细裂缝不断扩展、加宽、互相贯通,直至混凝土破坏。作用于混凝土上的应力超过极限强度的 40% 时,徐变以更快的速率随着应力增加而增加,徐变与应力的线性关系已不复存在;应力达到极限强度的 80%~90% 时,则在一定的持荷时间内混凝土就会破裂。这与要解决工程结构长期安全运行相距甚远。对质量低下的混凝土建筑物,实有应力达到多少就会发生徐变断裂破坏(脆性断裂破坏),尚难准确、科学地给出答案。

### 6.3.3.2　影响徐变的内部和外部因素

#### 1. 内部影响因素

内部影响因素是指碾压混凝土原材料和配合比参数对徐变的影响。

##### 1) 骨料的影响

在外荷载作用下,岩石骨料只产生瞬时弹性变形,而徐变变形较小,但是,骨料的存在对水泥浆体有约束作用,约束程度取决于骨料岩质。试验表明,骨料的岩质对混凝土徐变有明显影响,不同骨料的混凝土徐变增大次序是,石灰岩、石英岩、花岗岩、砾石、玄武岩和砂岩。砂岩骨料混凝土的徐变最大,约为石灰岩骨料混凝土的 1 倍多。

对普通混凝土和轻骨料混凝土进行徐变对比试验,同一加荷龄期推算出两种混凝土徐变表达式和徐变极限值,见表 6-12。

表 6-12　普通混凝土和轻骨料混凝土的徐变表达式和极限值

| 混凝土 | 徐变表达式/$10^{-6}$ | 徐变极限值/$10^{-6}$ | 弹性应变/$10^{-6}$ |
|---|---|---|---|
| 普通 | $\varepsilon_t = \dfrac{t}{0.060 + 0.0132\,t}$ | 760 | 330 |
| 轻骨料 | $\varepsilon_t = \dfrac{t}{0.040 + 0.0096\,t}$ | 1 040 | 640 |

表 6-12 表明,轻骨料混凝土的徐变比普通混凝土大,徐变约增大 37%。

作者统计了 6 座碾压混凝土坝碾压混凝土徐变试验结果得出,天然河砂石骨料碾压混凝土的徐变度比人工砂石骨料碾压混凝土徐变度低,约小 50%。

##### 2) 灰浆率的影响

单方体积碾压混凝土内胶凝材料浆体含量称为灰浆量。它综合反映了浆体对徐变的影响,因为碾压混凝土产生徐变的主要材料是浆体。相关文献试验结果表明,若保持强度不变,徐变随灰浆率增加而增大,两者近似成正比关系,见表 6-13。

表 6-13　灰浆率对徐变的影响

| 灰浆率/% | 25.5 | 29.3 | 34.8 | 41.3 |
|---|---|---|---|---|
| 徐变度/($10^{-6}$ MPa$^{-1}$) | 40.0 | 48.0 | 54.5 | 63.8 |

**注:**加荷龄期 28 d,持荷时间 50 d。

#### 2. 外部影响因素

外部影响因素是指环境的加荷龄期、持荷时间、温度和相对湿度、持荷应力与强度比等外部因素。

##### 1) 加荷龄期

混凝土徐变与加荷龄期呈直线关系下降。在早龄期,由于水泥水化正在进行,强度较低,因此徐变较大;随着龄期增长,强度增高,所以后龄期徐变减小。试验结果统计表明,不同龄期加荷的徐变与 28 d 龄期加荷的比率:3 d 加荷为 1.8~2.0,7 d 加荷为 1.5~1.7,90 d 加荷为 0.7,365 d 加荷为 0.5~0.6。

2)持荷时间

混凝土徐变随持荷时间的增加而增加,徐变的速率却随持荷时间的增加而降低。混凝土徐变可持续很长时间,但徐变的大部分在 1~2 年完成。如果以持荷 1 年的徐变为准,则后期徐变的平均增长率如表 6-14 所示。

表 6-14  一年持荷龄期后徐变平均增长率  %

| 1 年 | 2 年 | 5 年 | 10 年 | 20 年 | 30 年 |
|------|------|------|-------|-------|-------|
| 1.00 | 1.14 | 1.20 | 1.26 | 1.33 | 1.36 |

3)温度和相对湿度

试验表明,混凝土徐变随温度上升而增大。温度对徐变的影响可用下式经验式推算:

$$\frac{C_T}{C_{20}} = 1 + b(T - 20) \tag{6-19}$$

式中:$C_T$ 为温度 $T(℃)$ 时的徐变度,$10^{-6}$ MPa$^{-1}$;$C_{20}$ 为温度 20 ℃时的徐变度,$10^{-6}$ MPa$^{-1}$;$T$ 为温度,℃;$b$ 为经验系数,0.013~0.025。

相对湿度对混凝土徐变的影响,取决于加荷前试件的湿度与周围环境相对湿度是否达到平衡(没有湿度交换)。如果试件与周围环境不平衡,则混凝土徐变随环境相对湿度减小而增大,同时徐变速率也随之增大,这是由于试件本身干燥收缩引起干燥徐变;当试件湿度与环境相对湿度平衡时,即没有湿度交换,则环境相对湿度对混凝土徐变无影响。水工混凝土徐变试验,将试件密封就是为了达到湿度平衡试验条件。

混凝土试件先在 100%相对湿度下养护,而后在不同的相对湿度下加荷,周围介质相对湿度愈低,混凝土徐变愈大。混凝土试件在承受荷载的同时经受干燥,使混凝土徐变增加的原因是干燥过程引起了附加的干燥徐变。

4)持荷应力与强度比

《水工混凝土试验规程》(SL 352—2006)4.10"混凝土压缩徐变试验"规定:施加于试件上的最大荷载不超过试件破坏荷载的 30%,即应力与强度比为 0.30。

应力与强度比超出弹性阶段,我国的研究工作极少。

### 6.3.3.3  徐变试验方法和徐变表达式

1.徐变试验方法

混凝土试件受力状况和混凝土试件强度一样,徐变分为压缩徐变和拉伸徐变。两种徐变的基本特性相同,只是变形方向相反。压缩徐变试件承受压缩荷载,徐变量缩短;拉伸徐变试件承受拉伸荷载,徐变量伸长。本节只讨论碾压混凝土的压缩徐变。

对徐变试验加荷系统的要求:①能够长期保持已知应力的荷载,且操作简单;②试件横截面上的应力分布均匀;③为区别瞬时弹性应变和徐变,加荷应迅速,且无冲击;④测量试件变形的差动式电阻应变计长期稳定性好,且精度满足试验要求。

徐变试验机加荷系统分为机械式、液压式和气液式三种。弹簧式徐变试验机分压缩徐变试验机和拉伸徐变试验机。压缩徐变试验机最大额定荷载为 200 kN,拉伸徐变试验机额定荷载为 50 kN,压缩徐变加荷荷载若超过 200 kN,则需要采用液压式徐变试验机。目前国内生产有 400 kN、1 000 kN 和 2 000 kN 压缩徐变试验机产品。徐变变形测量多采用差动式电阻应变计,很少采用钢弦式应变计。徐变试验方法见《水工混凝土试验规程》(SL 352—2006)6.12"碾压混凝土压缩徐变试验"。

中国水利水电科学研究院对岩滩水电站碾压混凝土测定不同加荷龄期的徐变度过程线见图 6-13。岩滩坝碾压混凝土配合比如下:水泥 47 kg/m$^3$、粉煤灰 101 kg/m$^3$、水 89 kg/m$^3$、砂 669 kg/m$^3$、石 1 629 kg/m$^3$。

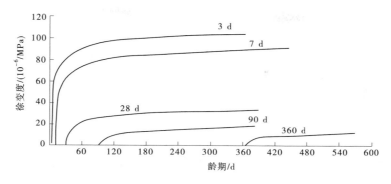

图 6-13　岩滩坝碾压混凝土徐变度过程线

**2. 徐变表达式**

碾压混凝土徐变试验除用不同持荷时间的徐变测值表,徐变度与持荷历时过程线图表示外,也可提出徐变度-持荷历时表达式表示其规律性。

研究碾压混凝土徐变,除对徐变规律进行研究外,在解决工程问题时还必须估计徐变量。各国学者在分析徐变规律和试验数据的基础上,对混凝土单轴压缩徐变随时间变化的规律提出的经验公式有幂函数、对数函数、双曲线函数和指数函数等。

图 6-13 试验结果表明,碾压混凝土徐变度 $C(t,\tau)$ 不仅与加荷龄期 $\tau$ 有关,而且与持荷时间 $(t-\tau)$ 有关。所建立的数学公式应符合碾压混凝土的徐变规律:① 当 $t-\tau=0$ 时,$C(t,\tau)=0$;② 当 $t\to\infty$ 时,$\dfrac{\partial C(t,\tau)}{\partial t}=0$;③ 当 $t-\tau=$ 常量时,$\dfrac{\partial C(t,\tau)}{\partial t}\le 0$;④ 当 $\tau=$ 常量时,$C(t,\tau)$ 单调增加。

**1) 对数型表达式**

由图 6-13 可知,碾压混凝土试件加荷后,任意持荷时间的总应变 $\varepsilon$ 可由下式表示,即

$$\varepsilon=\varepsilon_\tau+\tau_t$$

所以

$$\frac{\varepsilon}{\sigma}=\frac{\varepsilon_\tau}{\sigma}+\frac{\varepsilon_t}{\sigma}$$

即

$$S(t,\tau)=\frac{1}{E_\tau}+C(t,\tau) \tag{6-20}$$

式中:$S(t,\tau)$ 为单位应力的总应变。

美国垦务局对大坝混凝土徐变做过大量研究,发现徐变度可以用对数函数表示,即

$$C(t,\tau)=F(\tau)\ln(t-\tau+1) \tag{6-21}$$

式中:$t$ 为龄期,d;$t-\tau$ 为持荷时间,d;$F(\tau)$ 为与加荷龄期 $\tau$ 有关的系数,由试验确定。

美国垦务局对津坦尔峡(Zintel Canyon)坝和上静水(Upper Stillwater)坝的碾压混凝土进行了徐变试验。根据徐变测定结果,计算 $1/E_\tau$ 和 $F(\tau)$,列于表 6-15。

表 6-15　津坦尔峡坝和上静水坝碾压混凝土计算 $1/E_\tau$ 和 $F(\tau)$ 结果

| 工程名称 | 水灰比 | 水泥用量/<br>(kg/m³) | 粉煤灰用量/<br>(kg/m³) | 加荷龄期<br>$\tau$/d | 抗压强度/<br>MPa | 弹性模量<br>$E_\tau$/MPa | $\dfrac{1}{E_\tau}$/<br>($10^{-6}$ MPa⁻¹) | $F(\tau)$ |
|---|---|---|---|---|---|---|---|---|
| 津坦尔峡坝 | 1.95 | 59.3 | — | 7 | — | 4 820 | 204.27 | 12.285 |
| | | | | 28 | — | 9 067 | 108.56 | 11.713 |
| | 0.85 | 118.7 | — | 7 | | 9 067 | 108.56 | 7.713 |
| | | | | 28 | | 15 321 | 64.28 | 4.714 |

续表 6-15

| 工程名称 | 水灰比 | 水泥用量/$(\mathrm{kg/m^3})$ | 粉煤灰用量/$(\mathrm{kg/m^3})$ | 加荷龄期 $\tau/\mathrm{d}$ | 抗压强度/MPa | 弹性模量 $E_\tau/\mathrm{MPa}$ | $\dfrac{1}{E_\tau}/$ $(10^{-6}\ \mathrm{MPa}^{-1})$ | $F(\tau)$ |
|---|---|---|---|---|---|---|---|---|
| 上静水坝 | 0.47 | 107 | 123.6 | 180 | 28.8 | 10 273 | 95.70 | 4.571 |
| | | | | 365 | 34.9 | 12 066 | 81.42 | 2.571 |
| | 0.45 | 71.8 | 159.6 | 180 | 22.5 | 11 376 | 87.13 | 2.714 |
| | | | | 365 | 34.2 | 12 066 | 81.42 | 1.999 |
| | 0.43 | 76.5 | 169.7 | 180 | 29.1 | 12 066 | 81.42 | 3.856 |
| | | | | 365 | 35.9 | 13 031 | 75.71 | 1.857 |

2)指数型表达式

实测徐变度过程线不是单一的曲线,而是相互联系的曲线簇,见图 6-13。对大量试验数据分析,认为式(6-22)指数型表达式与试验资料符合得比较好。

$$C(t,\tau)=g(\tau)\left[1-\mathrm{e}^{-r(\tau)(t-\tau)^{b(\tau)}}\right] \tag{6-22}$$

式中:$g(\tau)$、$r(\tau)$ 和 $b(\tau)$ 为加荷龄期 $\tau$ 的函数,对每一个加荷龄期将有一个与其相对应的 $g(\tau)$、$r(\tau)$ 和 $b(\tau)$ 及一条徐变度曲线;$g(\tau)$ 为该曲线的最终徐变度;$r(\tau)$ 和 $b(\tau)$ 为徐变度增长速率;$t-\tau$ 为持荷时间。

根据有限个加荷龄期的实测徐变度数据,求出 $g(\tau)$、$r(\tau)$ 和 $b(\tau)$ 与 $\tau$ 的关系,利用式(6-22)就可以计算任意加荷龄期和任意持荷时间的徐变度。

利用式(6-23)双曲线函数的特点来求取 $g(\tau)$,即

$$C(t,\tau)=\frac{g(\tau)(t-\tau)}{N+(t-\tau)} \tag{6-23}$$

式中:$N$ 为由试验确定的系数。

式(6-23)的特点是:当 $(t-\tau)\to\infty$ 时,$C(t,\tau)=g(\tau)$,即 $g(\tau)$ 为 $\tau$ 加荷龄期的徐变度极限值。

根据实测数据和利用最小二乘法,由式(6-23)可计算出规定加荷龄期 $\tau_1$、$\tau_2$、$\cdots$、$\tau_i$、$\cdots\tau_n$ 的 $g(\tau_1)$、$g(\tau_2)$、$\cdots$、$g(\tau_i)$、$\cdots g(\tau_n)$。由 $g(\tau_i)$ 用同样的算法可求得 $r(\tau_i)$ 和 $b(\tau_i)$。

令

$$g(\tau)=E\tau^{-p} \tag{6-24}$$

$$r(\tau)=H\tau^{-q} \tag{6-25}$$

$$b(\tau)=\frac{d\tau}{f+\tau} \tag{6-26}$$

式中:$E$、$p$、$H$、$q$、$d$ 和 $f$ 为待定试验系数。

同样,利用最小二乘法和 $g(\tau_i)$、$r(\tau_i)$ 和 $b(\tau_i)$ 数组,可求得 $E$、$p$、$H$、$q$、$d$ 和 $f$ 值,最后得到指数型徐变度表达式为

$$C(t,\tau)=E\tau^{-p}\left[1-\mathrm{e}^{-H\tau^q(t-\tau)^{\frac{d\tau}{f+\varepsilon}}}\right] \tag{6-27}$$

根据岩滩水电站围堰碾压混凝土徐变试验结果,计算各待定系数如表 6-16 所示。

表 6-16　各待定系数

| $E$ | $p$ | $H$ | $q$ | $d$ | $f$ |
|---|---|---|---|---|---|
| 206.04 | 0.517 | 0.709 | 0.249 | 0.517 | 4.037 |

岩滩水电站围堰碾压混凝土徐变度与持荷时间关系的表达式为

$$C(t,\tau)=206\tau^{-0.517}(1-\mathrm{e}^a) \tag{6-28}$$

$$a=-0.709\tau^{-0.249}(t-\tau)^{\frac{0.517\tau}{4.03+\tau}} \tag{6-29}$$

$$\tau=3\sim365\ \mathrm{d} \tag{6-30}$$

# 6.4　碾压混凝土的体积变形

体积变形是指无荷载作用下碾压混凝土的体积变形,包括初期凝缩变形、干缩变形、温度变形和自生体积变形。

## 6.4.1　早期收缩——凝缩

混凝土早期收缩,包括塑性沉降收缩、水泥水化的化学收缩和混凝土表面失水产生的干燥收缩,均发生在混凝土浇筑成型后 3~12 h 初凝阶段内,又称凝缩。国内外学者都进行过研究,挪威学者采用非接触式试验方法,引入浮力测量法测定了水泥砂浆早期的体积变化;国内江苏省建筑科学研究院也进行过这方面的工作。

早期出现的塑性收缩体积变形,是因为骨料吸水和水泥水化时消失水分,使水分在混凝土内部发生迁移,造成相对湿度降低,体积收缩会使混凝土表面产生微细裂纹。

塑性收缩裂缝在混凝土泵浇筑的大流动度混凝土溢洪道建筑物表面上时有发生。碾压混凝土坝施工,当层面碾压完毕后,等待上层铺筑前,也有塑性裂纹发生。因为碾压混凝土用水量较低,塑性收缩裂缝偶有发生,数量不多,如果是连续浇筑,一般不处理。曾钻取芯样检查,塑性收缩裂缝对碾压混凝土质量无影响。

## 6.4.2　干燥收缩——干缩

### 6.4.2.1　影响混凝土干缩的因素

试验表明,对混凝土干缩有利的因素都会在碾压混凝土特性上表现出来。

(1)混凝土干缩随用水量增加而增大,碾压混凝土的用水量低,所以碾压混凝土的干缩比常规混凝土的干缩率低,见图 6-14。

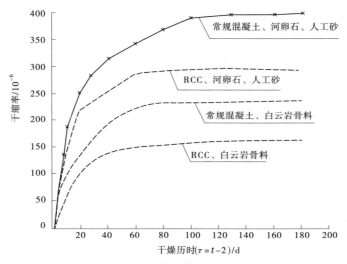

**图 6-14　碾压混凝土干缩率与常规混凝土干缩率比较**

(2)在用水量一定的条件下,混凝土收缩随水泥用量增加而增大,碾压混凝土的水泥用量较低,所以其收缩率也低。

(3)增加粉煤灰用量,可降低混凝土的干缩率。掺 20% 粉煤灰的混凝土干缩率比不掺的低 13.6%;掺加 40% 粉煤灰的混凝土干缩率比不掺的低 16.7%。碾压混凝土粉煤灰掺量为 50%~60%,干燥历时 60 d,其干缩率比不掺加粉煤灰的低 24.4%。

(4)混凝土中发生收缩的主要组分是水泥石,因此减小水泥石的相对含量,也就是增加骨料的相对含量,可以减小混凝土干缩。碾压混凝土粗骨料含量占总量的60%以上,所以碾压混凝土的干缩率较低。

(5)碾压混凝土的干缩率与骨料的岩质密切相关,它们的顺序是:石英岩的干缩率最小,其次是石灰岩、花岗岩、玄武岩、砾石、砂岩,砂岩骨料混凝土的干缩率最大。

图6-15是作者收集到不同品质骨料、掺加50%~60%粉煤灰的碾压混凝土干缩率试验结果。从图6-15中可以看出:石灰岩和白云岩骨料的碾压混凝土干缩率较小;玄武岩和天然河卵石骨料的碾压混凝土干缩率居中;砂岩骨料的碾压混凝土干缩率最大。

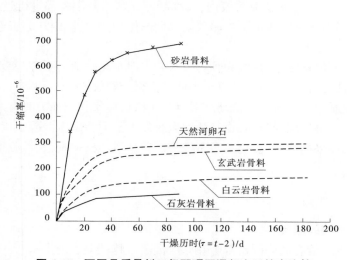

**图6-15　不同品质骨料三级配碾压混凝土干缩率比较**

#### 6.4.2.2　混凝土湿度场和干缩变形的计算

首先要了解混凝土内湿度变化的规律及变形与相对湿度的关系。有关混凝土的湿度场及其干缩应力计算方法,人们掌握甚少,特别是有关参数及边界条件往往不易确定,通常采用经验法估算。

国外有很多估算混凝土收缩的方法,如欧洲混凝土委员会/国际预应力联合会(CEB/FIP)方法、美国混凝土学会(ACI)建议方法、日本土木学会方法等。这些估算方法都是采用多系数表达式,即根据实验室试验结果考虑实际工程所处环境湿度、温度、混凝土配合比、养护方法、结构断面尺寸等因素,乘上相应的修正系数,便可得出混凝土结构物的收缩值。

对于大体积碾压混凝土,干缩只限于表面有限深度内,但是干缩量级,足以导致大体积混凝土表面开裂。目前,防止干缩开裂多采用拆模后表面保护方法,如仓面喷雾、表面常流水等;有时与防止温度裂缝相结合,秋冬交接时拆模后,采用苯板保温或直接采用保温模板等措施。

#### 6.4.2.3　碾压混凝土干缩试验方法

试验方法见《水工混凝土试验规程》(SL 352—2006)中6.17"碾压混凝土干缩(湿胀)试验"。该方法规定:恒温恒湿干缩室相对湿度为60%±5%,与国际标准ISO和美国ASTM标准规定的相对湿度50%±3%,相差10%。

碾压混凝土组分中,水泥石是产生干缩的主要因素。水泥石是由凝胶体、结晶体、未水化的水泥残渣和水结合在一起的多孔密集体。在这些空隙中,对干缩有影响的空隙是凝胶体之间,空隙较大的毛细管孔,其间充满水。另外,还有一部分游离水存在于空隙和水泥石与骨料的交接面上,这部分水极易蒸发。

当环境相对湿度低于碾压混凝土饱和蒸气压时,游离水首先被蒸发。最先失去的游离水几乎不引起干缩。当毛细管水被蒸发时,空隙受到压缩,而导致收缩。只有当环境湿度低于40%相对湿度时,凝胶水才能蒸发,并引起更大的收缩。所以,碾压混凝土干缩与周围介质的相对湿度关系极大,相对湿度愈低,其干缩愈大。

SL 352—2006 规定的干缩试验方法测定混凝土干缩率比国际标准 ISO 测定值低,特提请注意。目前,国内仪器水平已能生产满足国际标准 ISO 要求的恒温恒湿干燥室(箱),建议修订,以便于国际交流。

### 6.4.3　自生体积变形

#### 6.4.3.1　自生体积变形的特性

1. 自生体积变形对大体积混凝土抗裂性的影响

混凝土因胶凝材料自身水化引起的体积变形称为自生体积变形(简称自变)。近年来,随着补偿收缩水泥混凝土和轻烧氧化镁(MgO)膨胀剂在大坝混凝土应用的研究,认识到如果有意识地控制和利用混凝土的自生体积膨胀变形,可改善大坝混凝土的抗裂性,减少大坝混凝土裂缝。但是,并不是每一种膨胀剂都会产生这样的效果。有的膨胀剂掺入混凝土中,在水下膨胀,失水会收缩,可用于水下工程。如果用于面板混凝土,停止养护,在失水条件下,混凝土收缩,因而不能抵偿温降时的收缩,仍有产生裂缝的可能。

混凝土早期体积变形是在绝湿条件下进行的,这是由大体积混凝土特点所限定的。首先发生塑性收缩,骨料吸水及水与水泥水化作用,使水分在混凝土内部发生迁移,由此引起体积收缩变形。塑性收缩产生后,相继水与水泥水化,而引起化学和物理化学作用产生变形,可能是膨胀,也可能是收缩,主要由水泥的化学成分和矿物组成决定。自生体积变形发生在早期,并延续到后期,一年、两年,甚至数年。

2. 碾压混凝土的自生体积变形

作者研究了 10 余座碾压混凝土坝自生体积变形试验结果,从中选出 6 组试验结果列于图 6-16。6 组结果中除水泥品种和骨料品质不同外,还掺加 50%～60%粉煤灰的三级配碾压混凝土。

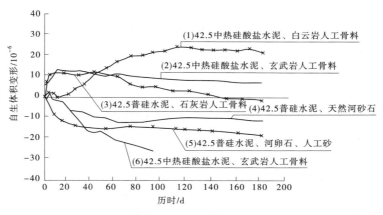

图 6-16　2 种水泥、三级配碾压混凝土自体变形

自生体积变形是混凝土中水泥水化生成物的化学和物理化学作用而产生的体积变形。除与水泥化学成分和矿物组成有关外,还与掺合料、骨料和外加剂等因素的品种有关;另外,石膏、游离 CaO 和 MgO 含量也影响混凝土的自生体积变形。如果不是刻意要使碾压混凝土产生补偿膨胀自生体积变形,在碾压混凝土配合比设计时顾及不到专门考虑自生体积变形的作用;因为影响因素太多,目前研究深度达不到此等水平,有较大的随机性。

图 6-16 说明了这种随机性:①同一批 42.5 中热硅酸盐水泥拌制的碾压混凝土,掺加相同品质和掺量的粉煤灰,白云岩人工骨料的自生体积变形,自龄期 12 d 开始一直膨胀增长,至 180 d 龄期膨胀变形达 22×10⁻⁶,自此以后膨胀减小,至龄期 180 d,膨胀变形为 8×10⁻⁶,见曲线(1)。②同是 42.5 中热硅酸盐水泥,生产厂家不同,自生体积变形会有相反的结果,见曲线(1)和曲线(2),曲线(1)水泥中 MgO 含量(4.1%)比曲线(2)的水泥高。③42.5 普通硅酸盐水泥拌制的碾压混凝土,自生体积变形基本上是收

缩变形,见曲线(4)和曲线(5),但是曲线(3)龄期 150 d 以前是膨胀变形,龄期 7 d 膨胀变形最高达 $11×10^{-6}$。

碾压混凝土自生体积变形试验是从早期凝缩直至后期的自生体积变形,延续数载。对大体积碾压混凝土来说,是利用其膨胀变形补偿温度收缩变形,减小由此产生的温度拉应力。所以,掌握碾压混凝土自生体积变形的信息,对实施温控措施是有利的。

### 6.4.3.2　外掺氧化镁(MgO)的碾压混凝土自生体积变形

碾压混凝土自生体积变形受诸多因素影响,而且难于主观掌握,要刻意利用碾压混凝土膨胀性自生体积变形达到补偿温降收缩变形的目的,只有外掺氧化镁才能按照设计意图达到目的。

目前,水利工程使用的氧化镁膨胀剂有两种:其一是轻烧氧化镁;其二是特性氧化镁。轻烧氧化镁是以辽宁省海城浮窑生产的菱镁矿为原材料的氧化镁;特性氧化镁是以钙-硅-镁为原材料生产的氧化镁。不论采用哪种原材料生产的氧化镁膨胀剂,使用前都应采用工程原材料拌制碾压混凝土,进行压蒸安定性评定,以确定氧化镁膨胀剂的容许掺量氧化镁膨胀剂的用量,按下式计算:

$$D = \frac{(C + F)B}{A} \tag{6-31}$$

式中:$D$ 为氧化镁膨胀剂的用量,$kg/m^3$;$C$ 为水泥用量,$kg/m^3$;$F$ 为粉煤灰用量,$kg/m^3$;$B$ 为氧化镁膨胀剂的外掺量(%);$A$ 为膨胀剂中 MgO 的有效含量(%)。

外掺氧化镁碾压混凝土已有 10 余年历史,取得了良好的效益:①外掺氧化镁碾压混凝土具有延续性微膨胀变形,单调增加,且无回缩,可以补偿温降收缩引起的拉应力。在重力坝强约束区和拱坝中应用,可以部分取代温控措施达到防裂目的。②采用外掺氧化镁补偿收缩碾压混凝土,其效果大致估计:如果能提供 $100×10^{-6}$ 膨胀量,可补偿 10 ℃ 的温降收缩。

1. 外掺轻烧氧化镁安全掺量试验

1)压蒸试验

成型好的试件放入标准养护室,7 d 后拆模,经 100 ℃ 煮沸 3 h。然后将试件移入压蒸釜内,为提高釜内温度,使其压力表达到 2 MPa±0.05 MPa,相当于 215.7 ℃±1.3 ℃,保持 3 h,让压蒸釜在 90 min 内冷却至釜内压力低于 0.1 MPa。

2)试验项目

(1)胶凝材料压蒸安定性试验,试件尺寸为 25 mm×25 mm×250 mm。

(2)全级配碾压混凝土安定性试验,试件尺寸为 φ 240 mm×240 mm 圆柱体。

3)试验结果与评定

(1)胶凝材料压蒸安定性试验结果见表 6-17。

表 6-17　胶凝材料压蒸安定性试验结果

| 氧化镁掺量/% | 0 | 2 | 3 | 4 | 5 | 6 |
|---|---|---|---|---|---|---|
| 压蒸膨胀率/% | −0.01 | 0.08 | 0.15 | 0.29 | 溃裂 | 溃裂 |

评定:氧化镁膨胀剂掺量应小于 5%。

(2)全级配碾压混凝土压蒸安定性试验结果见表 6-18。

表 6-18　全级配碾压混凝土压蒸安定性试验结果

| 氧化镁掺量/% | 0 | 2 | 4 | 5 | 6 | 7 | 8 | 9 | 10 | 12 |
|---|---|---|---|---|---|---|---|---|---|---|
| 压蒸膨胀率/% | 0.066 | 0.104 | 0.309 | 1.607 | 溃裂 | 溃裂 | 溃裂 | 溃裂 | 溃裂 | 溃裂 |
| 劈拉强度/MPa | 3.87 | 2.95 | 2.13 | 1.51 | 1.1 | 0.94 | 0.72 | 0.52 | 0.35 | 溃裂 |

评定:氧化镁掺量应小于 5%,超过 4%,压蒸膨胀率增大,劈拉强度明显下降。

**2. 外掺氧化镁膨胀剂混凝土工程应用实例**

（1）可外掺氧化镁，用以补偿温度收缩，主要用于拱坝。长沙坝、坝美坝和沙老河坝未采取大坝分缝措施，出现了若干条裂缝。实践经验和分析都表明，拱坝仅靠氧化镁的微膨胀，不足以完全补偿温降收缩，还应采取适当的分缝措施。以后建成的三江河、鱼简河、落脚河等拱坝是外掺氧化镁加少量分缝方式建成的拱坝，均取得了成功。

（2）索风营碾压混凝土重力坝强约束区采用外掺轻烧氧化镁碾压混凝土，以减小因温降而产生的拉应力。轻烧氧化镁膨胀剂的氧化镁含量为 90.4%；氧化镁掺量为 3%。实验室测定龄期 90 d 碾压混凝土的自生体积变形为 $24 \times 10^{-6}$。

在坝体中埋设的无应力计观测结果：龄期 210 ~ 240 d 无应力计自生体积变形观测值为 $12 \times 10^{-6}$ ~ $26 \times 10^{-6}$。观测结果表明，外掺氧化镁碾压混凝土的自生体积变形呈膨胀型，观测点处于压应力状态，避免了坝体裂缝。

（3）龙滩坝下游围堰采用外掺特性氧化镁碾压混凝土。特性氧化镁膨胀剂的氧化镁含量为 60%，掺量为 6%。龄期 365 d 不同养护温度湿筛标准试件自生体积变形试验结果：20 ℃时为 $36.4 \times 10^{-6}$；40 ℃时为 $99 \times 10^{-6}$；50 ℃时为 $109.6 \times 10^{-6}$。全级配碾压混凝土的自生体积变形是湿筛标准试件的 0.82 倍。

利用氧化镁的延迟膨胀性能，补偿温度下降引起的碾压混凝土收缩，减小拉应力以达到防裂的目的。温控补偿计算，计算了 3 种方案，围堰典型剖面运行期最大温度应力值见表 6-19。

**表 6-19　围堰典型剖面运行期最大温度应力值**　　　　　　单位：MPa

| 方案 | 内容 | $\sigma_{x\max}$ | $\sigma_{y\max}$ | $\sigma_{z\max}$ |
|---|---|---|---|---|
| 1 | 围堰整体不分缝，不掺氧化镁 | 2.85 | 3.78 | 2.09 |
| 2 | 不分缝，掺氧化镁 | 2.39 | 3.10 | 1.83 |
| 3 | 分一条缝，不掺氧化镁 | 2.10 | 3.00 | 1.74 |

从计算结果看，方案 2 由于掺加了氧化镁，与不掺氧化镁的方案 1 相比，$\sigma_{x\max}$ 减少了 16.1%，$\sigma_{y\max}$ 减少了 18%，$\sigma_{z\max}$ 减少了 12.4%，氧化镁的微膨胀补偿作用明显。方案 3 与方案 1 相比，$\sigma_{x\max}$ 减少了 26.3%，$\sigma_{y\max}$ 减少了 20.6%，$\sigma_{z\max}$ 减少了 16.7%，说明掺氧化镁补偿温度应力的效果基本上可以取代分缝。

# 6.5　碾压混凝土的耐久性能

## 6.5.1　渗透性

### 6.5.1.1　碾压混凝土渗透性的基本概念

碾压混凝土本体存在着渗水的原因：①用水量超过水泥水化所需水量，而在内部形成毛细管通道；②骨料和水泥石由于泌水而形成空隙；③振动不密实而造成的孔洞。

毛细孔半径范围很宽，从几微米到数百微米不等。在长期不断的水化过程中，毛细孔被新水化生成物充填、覆盖。随着龄期增长，混凝土中的毛细孔结构也是变化着的。

液体流过材料的迁移过程称为渗透，其特点是层流和紊流状态的黏性流。渗透流量可用达西定律（Darcy's law）表示，即

$$Q = K \cdot A \frac{H}{L} \tag{6-32}$$

式中：$Q$ 为通过孔隙材料的流量，$cm^3/s$；$K$ 为渗透系数，$cm/s$；$A$ 为渗透面积，$cm^2$；$L$ 为渗透厚度，$cm$；$H$ 为水头，$cm$。

由式（6-32）得

$$K = \frac{QL}{AH} \tag{6-33}$$

渗透系数 $K$ 反映材料渗透率的大小，$K$ 值越大，表示渗透率越大；反之，则渗透率越小。

### 6.5.1.2　渗透性测试方法

渗透性测试方法必须与渗透性评定标准相适应。我国和苏联采用抗渗等级评定标准，而欧美和日本则采用渗透系数评定标准。

1. 抗渗等级测定的逐级加压法

碾压混凝土抗渗性试验目的是测定抗渗等级。根据作用水头对建筑物最小厚度的比值，对混凝土提出不同抗渗等级，见表6-20。

表6-20　抗渗等级的最小允许值

| 作用水头对建筑物最小厚度的比值 | <5 | 5~10 | 10~50 | >50 |
|---|---|---|---|---|
| 抗渗等级 | W4 | W6 | W8 | W12 |

抗渗等级试验的优点是试验简单、直观，但是没有时间概念，不能正确反映碾压混凝土实际抗渗能力。

中国水利水电科学研究院的试验结果表明，配合比设计良好的龙滩大坝碾压混凝土，在 4 MPa 水压力作用下，历时 1 个月不透水，抗渗等级大于 W40。

当今，我国原材料的生产工艺和质量，以及混凝土浇筑技术水平均有较大发展和进步，不论是常规混凝土，还是碾压混凝土，抗渗等级都超过 W12 要求的 1 倍，因此抗渗等级评定指标已失去作为控制混凝土抗渗性的功能。

国内已有行业规范取消了混凝土，抗渗等级质量要求。如《铁路混凝土结构耐久性设计暂行规定》(铁建设〔2005〕157 号)和中国土木工程学会《混凝土结构耐久性设计与施工指南》均取消了抗渗等级质量要求。

自 2000 年以来，中国水利水电科学研究院进行了 10 余个碾压混凝土工程抗渗等级试验，均表明抗渗等级已失去了作为碾压混凝土渗透性评定指标的意义，而采用渗透系数指标更为直接，工程含义更清楚。因此，建议《碾压混凝土重力坝设计规范》采用渗透系数作为设计渗透性指标。

2. 渗透系数测定试验方法

渗透系数测定按《水工混凝土试验规程》(SL 352—2006)6.14"碾压混凝土渗透系数试验"进行。渗透系数计算采用式(6-33)。

由式(6-33)可知，水头 $H$、试件面积 $A$ 和试件长度 $L$ 都是试验常数，实际上是测定流过碾压混凝土试件的流量 $Q$。流量必须达到恒定不变，才能计算要确定的流量。可以在直角坐标纸上绘制流入累积水量-历时线和流出累积水量-历时线，当两条线变成平行时，此时达到流量恒定不变，取 100 h 时段的直线斜率，即要确定的流量 $Q$。然后，由式(6-33)计算碾压混凝土的渗透系数。

混凝土重力坝对渗透系数的允许限值见表6-21，这个限值已被各国标准认可。

表6-21　混凝土重力坝渗透系数允许限值

| 提出者 | 混凝土重力坝坝高/m | 渗透系数允许限值/(cm/s) |
|---|---|---|
| 美国汉森(Hansen) | <50 | <$10^{-6}$ |
| | 50 | <$10^{-7}$ |
| | 100 | <$10^{-8}$ |
| | 200 | <$10^{-9}$ |
| | >200 | <$10^{-10}$ |
| 英国邓斯坦(Dunstan) | 200 | <$10^{-9}$ |

#### 6.5.1.3　影响碾压混凝土渗透性的因素

除本章前述影响碾压混凝土密实性和强度的因素都会影响碾压混凝土的渗透性外,再着重说明胶凝材料用量和养护龄期对碾压混凝土渗透性的影响。

**1. 胶凝材料用量**

从 8 个不同国家的 16 个不同工程得到的结果表明,增加碾压混凝土胶凝材料用量,其渗透系数明显减小,见图 6-17。

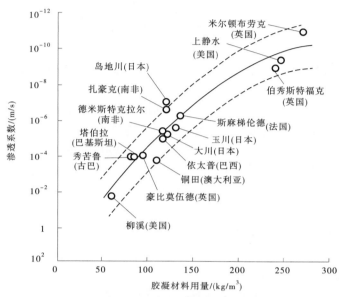

**图 6-17　现场实地测定渗透系数与胶凝材料用量**

图 6-17 的结果中,有几个坝做了水平层缝的全面处理和铺垫层拌和物;一部分坝没有层面处理,局部铺垫层拌和物;而另一部分坝没有层面处理和铺垫层拌和物。在各种处理方法之间区分其差异是困难的。一般说来,胶凝材料用量低于 100 kg/m³ 的碾压混凝土渗透系数在 $10^{-2} \sim 10^{-7}$ cm/s;胶凝材料用量为 120~130 kg/m³ 的碾压混凝土渗透系数在 $10^{-5} \sim 10^{-8}$ cm/s;胶凝材料用量大于 150 kg/m³ 的碾压混凝土渗透系数为 $10^{-8} \sim 10^{-11}$ cm/s。

另外,骨料中粒径小于 0.075 mm 微粒的含量也影响碾压混凝土的渗透率。微粒起到填充碾压混凝土空隙的作用,所以微粒含量高的碾压混凝土,其渗透率也低。

**2. 养护龄期**

由于水泥颗粒的水化过程长期不断地进行,因此水泥石孔结构发生变化。这个变化表现在初期进行得比较快,随之空隙率减小,后期逐渐减慢。只有在潮湿养护下,水化过程不断地进行,渗透系数才随龄期减小,试验结果表明,60 d 龄期的渗透系数比 30 d 龄期减小 50%;90 d 龄期的渗透系数是 30 d 龄期的 38%。

### 6.5.2　抗冻性

#### 6.5.2.1　冻融破坏作用及冻融试验

**1. 冻融破坏作用**

碾压混凝土遭受冻融破坏的条件:①处于潮湿状态下,混凝土内有足量的可冻水;②周期性受到较大正负温变化的作用。

混凝土在冻结温度下,内部可冻水变成冰时体积膨胀率约达 9%,冰在毛细孔中受到约束而产生巨大压力;过冷的水发生迁移,冰水蒸气压差造成渗透压力,这两种压力共同作用,当超过混凝土抗拉强度时则产生局部裂缝。当冻融循环作用时,这种破坏作用反复进行,使裂缝不断扩展,相互贯通,而最后崩溃。在冻融过程中,混凝土强度、表观密度和动弹性模量均发生变化。水饱和试件冻融破坏程度要比干燥试件强烈得多,因为冻融破坏的主要原因是可冻水的存在。

2.冻融试验

水利设计标准是根据建筑物所在地区的气候条件,确定混凝土所要求的抗冻等级,即在标准试验条件下混凝土所能达到的冻融循环次数。因为混凝土试件的抗冻性(所能达到的冻融循环次数)受冻结速度、水饱和程度和试件尺寸的影响非常显著,所以必须对试验方法和设备加以严格规定。

混凝土抗冻等级评定,是以相对弹性模量下降至初始值的60%,质量损失率5%为评定指标。

混凝土抗冻性试验见《水工混凝土试验规程》(SL 352—2006)4.23"混凝土抗冻性试验"和6.15"碾压混凝土抗冻性试验"。

国外混凝土抗冻性试验采用的方法与《水工混凝土试验规程》(SL 352—2006)4.23"混凝土抗冻性试验"的差异。

(1)混凝土抗冻性试验的方法有:以美国ASTM C606为代表的快冻法,以RILEM TC117-IDC和美国ASTM C672为代表的盐冻法及以苏联 TOCT 10060为代表的慢冻法。该方法目前只有俄罗斯和我国建工行业采用。日本(JIS A1148)及亚洲国家多采用美国ASTM C666方法,加拿大引用美国ASTM C666快冻法和ASTM C672盐冻法。我国大部分行业标准均采用ASTM C666类似的方法。在试件尺寸、冻融温差等方面与ASTM C666有一定差异,这意味着混凝土试件升降温速率会产生差别,而势必影响混凝土的抗冻性。

试件开始冻融的龄期不相同,美国ASTM C606和日本JIS A1148规定14 d龄期;我国行业标准规定28 d龄期;而《水工混凝土试验规程》(SL 352—2006)规定:如无特殊要求,一般为90 d龄期。试验证明,开始冻融龄期愈晚,混凝土抗冻性愈强。

试验结束条件也不相同,美国ASTM C666有3条:①已达到300次循环;②相对动弹性模量已降到60%以下;③长度膨胀率达0.1%(可选)。我国GBJ 82有3条:①和②与ASTM C666相同;③质量损失率达5%。《水工混凝土试验规程》(SL 352—2006)有2条:①相对动弹性模量已降到60%以下;②质量损失率达5%。

同样一个快冻试验方法,源自美国ASTM C666,但各国引用该试验方法时有的原封不动,如加拿大CSA-A23.2-9B标准;我国引用时做了某些修改,如试验龄期、测试参数等。因此,同样一种混凝土,采用不同的试验方法和标准,对混凝土抵抗冻融破坏能力的表现是不同的。混凝土抗冻能力不足,其破坏表现为表面混凝土剥落和内部结构破坏。

(2)混凝土抗冻性评定方法有较大差别,美国ASTM C666评定标准采用抗冻耐久性指数DF(durability factor)。对有抗冻性要求的混凝土,试件经受300次冻融循环后,DF值需大于或等于60%。

$$DF = P\frac{N}{M} = P\frac{N}{300} \tag{6-34}$$

式中:DF为混凝土抗冻耐久性指数(%);P为经N次冻融循环后试件的相对动弹性模量(%);M为规定的冻融循环次数,M=300。

我国GBJ 82标准也采用冻融耐久性指数(DF),而《水工混凝土试验规程》(SL 352—2006)采用动弹性模量降低到初始值的60%或质量损失率到5%(两个条件中有一个先达到时的循环次数作为混凝土抗冻等级)。其他行业标准如公路、港口、铁道等标准也都采用抗冻等级评定标准。

### 6.5.2.2　原材料和配合比设计参数的选定

有抗冻性要求的碾压混凝土,材料和配合比设计参数的选定,应遵从《水工建筑物抗冰冻设计规范》(DL/T 5082—2008)的规定。首先根据水工结构物所处气候分区、冻融循环次数、水分饱和程度及重要性等确定设计抗冻等级;另外,要注意原材料的稳定性和掺加引气剂等规定。

1.粗骨料的质量

分析碾压混凝土冻融破坏时,以粗骨料质量良好为前提,破坏原因是水泥砂浆中的裂隙水膨胀而引起混凝土破坏。如果粗骨料质量软弱,会引起试件整个断面断裂,更甚者可使混凝土崩溃,其破坏作用比砂浆冻胀严重。因此,有抗冻性要求的碾压混凝土,粗骨料质量应满足第 3 章表 3-36 的技术指标,尤其是表观密度和吸水率。

2. 含气量

试验表明,砂浆含气量为 9%±1% 是抗冻性最优含气量,当以整个混凝土的含气量表示时,其数据随骨料最大粒径增大而减小。对骨料最大公称粒径为 40 mm 混凝土拌和物,最优含气量为 4.5%±1%。为取得碾压混凝土的最优含气量,最简单而有效的方法是掺加引气剂。

引气剂是具有憎水作用的表面活性物质,它可以明显地降低拌和水的表面张力,使碾压混凝土内部产生大量的微小、稳定和分布均匀的气泡。这些气泡使碾压混凝土冻结时由于冻结水膨胀而产生的内向压力,被无数气泡吸收而缓解,减轻了冻结破坏作用;这些气泡可以切断碾压混凝土毛细孔的通路,使外界水分不易侵入,减少水饱和程度,相应也减轻了冻结破坏作用。

掺加相同剂量引气剂时,常规混凝土产生的含气量要比碾压混凝土大 1 倍多。碾压混凝土掺入引气剂与常规混凝土相比,有以下三个特点:①为得到确定的含气量,引气剂用量要比常规混凝土多;②含气量对碾压混凝土的工作度和强度影响较大;③虽然碾压混凝土难以加气,但仍能引入大量的、对改善抗冻性有效的微细气泡。

在冻融后的试件上切片、研磨和抛光,然后在显微镜下测定气泡分布和直径,测线长 2.5 m。

气泡参数测定结果见图 6-18。碾压混凝土掺引气剂后,随着含气量增加,100 μm 以下直径的微气泡明显增加,气泡间距系数减小。100 μm 以下直径的微气泡比较稳定,是缓冲冻融破坏作用的主要成分。气泡间距系数减小,表示每厘米导线所切割的气泡个数增多,因而抗冻性提高。

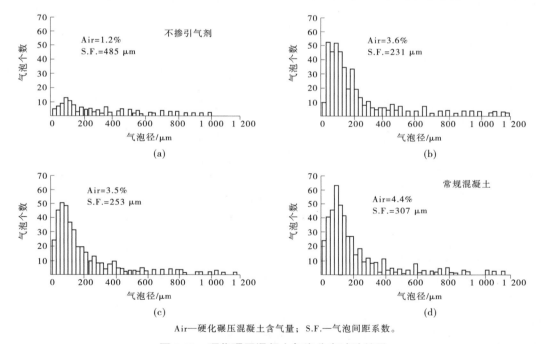

Air—硬化碾压混凝土含气量；S.F.—气泡间距系数。

**图 6-18　硬化碾压混凝土气泡分布试验结果**

3. 最低水泥用量

试验表明,在碾压混凝土含气量相同情况下,水泥用量多者,其相对动弹性模量下降率比水泥用量少者低,即水泥用量高者的抗冻性比水泥用量的低者高。这是因为水泥用量低者,在碾压混凝土中生成小于 100 μm 微气泡的数量比高者少,相应水泥砂浆中可冻水的百分率增加,气泡间距系数增大。因此,对有抗冻性要求的碾压混凝土,除规定含气量达到最优含气量 4.5%±1% 外,同时还对水泥用量加以限制,最低不得低于 60 kg/m³,见表 6-22。

表 6-22　各坝碾压混凝土抗冻等级与配合比设计参数汇总

| 工程名称 | 原材料 | 胶材用量/(kg/m³) | | | 粉煤灰掺量 $\frac{F}{C+F}$ | 灰水比 $\frac{C}{W}$ | 水胶比 $\frac{W}{C+F}$ | 含气量/% | VC/s | 试验终止 | | | 级配 |
|---|---|---|---|---|---|---|---|---|---|---|---|---|---|
| | | 水 W | 水泥 C | 粉煤灰 F | | | | | | 循环次数 | 相对动弹性模量 | 质量损失 | |
| 布尔津冲乎尔重力坝 | 42.5普通硅酸盐水泥 粉煤灰Ⅰ级 天然河砂石料 | 85 | 94.4 | 94.4 | 0.50 | 1.11 | 0.45 | 5.0 | 5.5 | 100<br>150<br>300 | 93.5<br>92.9<br>89.7 | 0.35<br>0.66<br>1.96 | 二 |
| | | 85 | 88.5 | 88.5 | 0.50 | 1.04 | 0.48 | 5.2 | 5.5 | 100<br>150<br>300 | 93.1<br>92.1<br>88.1 | 0.61<br>1.07<br>2.75 | 二 |
| 赛格重力坝 | 42.5普通硅酸盐水泥 粉煤灰Ⅱ级 河卵石,白云岩人工砂石料 | 78 | 60 | 90 | 0.60 | 0.77 | 0.52 | 3.6 | 4.7 | 100 | 88.4 | 0.50 | 三 |
| 山口岩拱坝 | 42.5普通硅酸盐水泥 粉煤灰Ⅱ级 长石石英砂岩人工砂石料 | 88 | 79 | 97 | 0.55 | 0.90 | 0.50 | 3.1 | 6.2 | 100 | 88.2 | 0.94 | 三 |
| | | 97 | 97 | 97 | 0.50 | 1.0 | 0.50 | 3.4 | 7.1 | 100 | 90.1 | 1.15 | 二 |
| 光照重力坝 | 42.5普通硅酸盐水泥 粉煤灰Ⅱ级 石灰岩人工砂石料 | 74 | 71.2 | 87 | 0.55 | 0.96 | 0.47 | 5.0 | 4.8 | 100 | 95.4 | 1.0 | 三 |
| | | 86 | 105 | 86 | 0.45 | 1.22 | 0.45 | 5.0 | 5.1 | 150 | 97.2 | 0.79 | 二 |
| | | 86 | 80.6 | 98.6 | 0.55 | 0.94 | 0.48 | 4.6 | 5.3 | 100 | 96.3 | 0.76 | 二 |
| 龙开口重力坝 | 42.5普通硅酸盐水泥 粉煤灰Ⅱ级 白云岩人工砂石料 | 83 | 66.4 | 99.6 | 0.60 | 0.80 | 0.50 | 4.5 | 4.4 | 100 | 86.5 | 0.18 | 三 |
| | | 83 | 60.4 | 90.5 | 0.60 | 0.73 | 0.55 | 4.3 | 4.2 | 100 | 85.8 | 0.57 | 三 |
| | | 96 | 96 | 96 | 0.50 | 1.0 | 0.50 | 4.2 | 4.0 | 100 | 91.0 | 0.03 | 二 |
| | 42.5普通硅酸盐水泥 粉煤灰Ⅱ级 玄武岩人工砂石料 | 83 | 66.4 | 99.6 | 0.60 | 0.80 | 0.50 | 4.1 | 4.0 | 100 | 94.8 | 0.04 | 三 |
| | | 83 | 60.4 | 90.5 | 0.60 | 0.73 | 0.55 | 4.4 | 4.2 | 100 | 95.8 | 0.45 | 三 |
| | | 97 | 97 | 97 | 0.50 | 1.0 | 0.50 | 4.1 | 4.6 | 100 | 96.3 | 0.08 | 二 |
| 金安桥重力坝 | 42.5中热水泥 粉煤灰Ⅱ级 玄武岩人工砂石料 | 86 | 69 | 103 | 0.60 | 0.80 | 0.50 | 4.5 | 5.3 | 100 | 80.4 | 1.02 | 三 |
| | | 98 | 88 | 108 | 0.55 | 0.90 | 0.50 | 4.5 | 4.5 | 150 | 80.9 | 1.30 | 二 |
| 龙滩重力坝 | 42.5中热水泥 粉煤灰Ⅱ级 石灰岩人工砂石料 | 78 | 90 | 110 | 0.55 | 1.15 | 0.39 | 3.0 | 4.2 | 150 | 86.1 | 3.18 | 三 |
| | | 78 | 90 | 110 | 0.55 | 1.15 | 0.39 | 2.4 | 6.2 | 150 | 86.1 | 3.18 | 三 |
| | | 90 | 100 | 140 | 0.58 | 1.11 | 0.37 | 2.6 | 5.7 | 150 | 83.7 | 0.79 | 二 |

#### 6.5.2.3　各坝碾压混凝土抗冻等级与配合比设计参数汇总

作者统计了 7 座碾压混凝土坝,表 6-22 列出了抗冻等级与相应配合比设计参数。近年来随着碾压混凝土的发展,配合比设计参数也与其发展相适应,其特点是:①掺合料品种增加,掺量稳定在 50% ~ 60%,并使用复合掺合料。因此,掺合料存在活性掺合料和非活性掺合料之分,在计算水胶比时,只能计算活性掺合料部分,而非活性掺合料不能计入,因为它不是胶凝材料。②水胶比 $N=\dfrac{W}{C+F}$ 不是一个独立参数,水胶比 $N=(1-K)\dfrac{W}{C}$,即水胶比 $N$ 是水灰比($W/C$)和掺合料掺量($K$)的函数。掺合料掺量 $K$ 为常数时,水胶比($N$)与水灰比($W/C$)直接相关,严格讲,水胶比($N$)不能作为配合比设计的独立参数。采用水胶比($N$)反映碾压混凝土性能指标是不唯一的,对相同水胶比($N$)的碾压混凝土,其性能指标与掺合料掺量 $K$ 成反比相关,$K$ 愈大,性能指标愈低。③作者提出灰水比($C/W$)为碾压混凝土性能指标的独立参数,因为灰水比与碾压混凝土强度和变形性能指标直接相关。

分析表 6-22 所提供的配合比设计参数与碾压混凝土抗冻等级相关关系,可得出以下结论。这些结论可作为对有抗冻性要求的碾压混凝土配合比设计参数选择的准则。

(1)目前碾压混凝土坝选用的水泥品种几乎都是 42.5 中热硅酸盐水泥和普通硅酸盐水泥,而且选用普通硅酸盐水泥比中热硅酸盐水泥多。采用粉煤灰掺合料居多,掺量普遍采用 50% ~ 60%。

(2)在规定的工作度($VC=5\ s\pm2\ s$)条件下,碾压混凝土用水量取决于掺合料品质和需水量比、外加剂的减水率、骨料颗粒形状和表面糙率及砂率选择是否最佳。因此,用水量是碾压混凝土配合比设计的重要参数,用水量高或低表示上述因素不利影响的高或低。统计表明,人工骨料三级配碾压混凝土用水量估计值是 $80\ \mathrm{kg/m^3}\pm8\ \mathrm{kg/m^3}$,二级配碾压混凝土用水量估计值为 $90\ \mathrm{kg/m^3}\pm9\ \mathrm{kg/m^3}$,变动幅度都是 10%。天然河砂、砾石用水量比人工骨料略低,接近于波幅的下限。

(3)统计表明有抗冻性要求的碾压混凝土,二级配碾压混凝土的灰水比($C/W$)≥1.0;三级配碾压混凝土的灰水比($C/W$)<1.0。

(4)水胶比 0.45 可拌制出抗冻等级为 F300 的碾压混凝土,但 F100 的碾压混凝土水胶比不宜超过 0.55。拌制抗冻等级为 F100 的碾压混凝土,水泥用量不宜低于 $60\ \mathrm{kg/m^3}$,F300 的碾压混凝土水泥用量也不宜超过 $110\ \mathrm{kg/m^3}$。与此同时,碾压混凝土的含气量应控制在 4.5%±1% 范围内。

(5)碾压混凝土的抗冻性尚有潜力,F100 的碾压混凝土相对动弹性模量均在 80% 以上,距其限值 60% 还有余量,设计合理时 F300 的碾压混凝土不难达到。

# 6.6　碾压混凝土的热性能

大体积碾压混凝土浇筑后,水泥水化热不能很快散发,结构物混凝土温度升高,早期混凝土处于塑性状态。随着历时增长,混凝土逐渐失去塑性,变成弹塑性体。降温时混凝土不能承受相应体积变形,作用到混凝土的拉应力超过混凝土抗拉强度时会在结构物内产生裂缝。

结构设计和施工要求防止因初始温度升高而导致的裂缝。采取的措施有:混凝土搅拌前原材料人工冷却和(或)埋设冷却水管浇筑后冷却。这些措施实施者必须掌握混凝土的热性能。

大体积碾压混凝土温控设计必须了解混凝土中温度的变动(分布)。混凝土的热性能决定了这种变动(分布),并提供了大体积混凝土温度分布和内部多余热量冷却、降温体系计算所需的参数。这些热性能参数包括绝热温升、比热容、热扩散率、导热系数和热胀系数,是混凝土体内温度分布、温度应力和裂缝控制的基本资料。

上述五个热性能参数按其特征可分为两类:其一,是其特性主要由组成混凝土原材料自身的热性能参数所决定,如导热系数、比热容、热扩散率和热胀系数;其二,主要由水泥和掺合料的品质和用量决定其热性能,如绝热温升。

## 6.6.1　热性能的特征和影响因素

### 6.6.1.1　导温性能

**1. 导温性的特征**

混凝土的导温性以热扩散率表征,表示材料在冷却或加热过程中,各点达到同样温度的速率。热扩散率大,则各点达到同样温度的速率就快。热扩散率的单位是 $m^2/h$。

**2. 热扩散率的影响因素**

(1)不同岩质的骨料是对混凝土热扩散率影响的主要因素,石英岩骨料拌制的混凝土,温度 21 ℃ 热扩散率为 0.005 745 $m^2/h$,而流纹岩骨料拌制的混凝土为 0.003 372 $m^2/h$,石英岩混凝土是流纹岩混凝土的 1.7 倍。

(2)温度对混凝土热扩散率的影响次之,温度增高热扩散率降低,温度由 21 ℃ 升高到 54 ℃,热扩散率大约降低 10%。

(3)用水量对混凝土热扩散率的影响,用水量与混凝土表观密度比(用水量/混凝土表观密度)每增加 1%,混凝土热扩散率减少 3.75%。

(4)水灰比和骨料相同的混凝土,不论是普通硅酸盐水泥、中热硅酸盐水泥还是低热硅酸盐水泥,其热扩散率几乎相等,水泥品种对混凝土热扩散率无影响。

(5)混凝土掺加掺合料(粉煤类、矿渣粉等),其胶材用量(水泥+掺合料)及和易性相同时,混凝土热扩散率几乎相等。

(6)混凝土龄期从 3 d 到 180 d,热扩散率增加约 2%,所以龄期的影响不予考虑。

### 6.6.1.2　导热系数

**1. 导热性的特征**

材料或构件两侧表面存在着温差,热量由材料的高温面传导到低温面的性质称为材料的导热性,用导热系数表征。导热系数的单位是 $kJ/(m \cdot h \cdot ℃)$。

**2. 导热系数的影响因素**

(1)粗骨料的不同岩质对混凝土导热系数有显著性影响,粗骨料的导热系数差异极大,温度 21 ℃ 石英岩的导热系数为 16.91 $kJ/(m \cdot h \cdot ℃)$,而流纹岩为 6.77 $kJ/(m \cdot h \cdot ℃)$,石英岩骨料比流纹岩高出 2.5 倍。所以,骨料本身的导热系数对混凝土导热系数起主导作用。流纹岩骨料拌制的混凝土导热系数为 7.49 $kJ/(m \cdot h \cdot ℃)$,石英岩骨料拌制的混凝土导热系数为 12.71 $kJ/(m \cdot h \cdot ℃)$,后者约为前者的 1.7 倍。

(2)温度对混凝土导热系数的影响次之。当混凝土导热系数 ≤2.0 $kJ/(m \cdot h \cdot ℃)$ 时,温度增高,导热系数增大或不变;而当导热系数 >2.0 $kJ/(m \cdot h \cdot ℃)$ 时,温度增高,导热系数减小。

(3)用水量对混凝土导热系数的影响,用水量与混凝土表观密度比(用水量/混凝土表观密度)每增加 1%,混凝土导热系数减少 2.25%。

(4)水泥品种对混凝土导热系数的影响与热扩散率相同,水泥品种的影响可不予考虑。

(5)混凝土掺加掺合料对导热系数的影响与热扩散率相同,胶材用量及和易性相同时,掺加与不掺加掺合料的混凝土导热系数几乎相等。

(6)混凝土龄期从 3 d 到 180 d,导热系数约增加 3.8%,龄期影响可不予考虑。

### 6.6.1.3　比热容

**1. 比热容的特征**

质量为 1 kg 的物质温度升高或降低 1 ℃ 时所吸收或放出的热量以比热容表征。比热容的单位为 $kJ/(kg \cdot ℃)$。

2. 比热容的影响因素

（1）不同岩质骨料拌制混凝土，其比热容相差不多，石英岩骨料拌制混凝土温度 21 ℃ 比热容为 0.909 kJ/(kg·℃)，而流纹岩骨料的混凝土为 0.946 kJ/(kg·℃)。所以，骨料岩质对混凝土比热容无显著性影响。

（2）混凝土比热容与温度呈抛物线关系，温度由 21 ℃ 升高到 54 ℃，石英岩骨料混凝土比热容约增加 12%，流纹岩骨料混凝土约增加 10%。

（3）混凝土用水量对比热容的影响，用水量与混凝土表观密度比（用水量/混凝土表观密度）每增加 1%，混凝土比热容增加 2.5%。

（4）水泥品种对混凝土比热容的影响可忽略不计。水灰比和骨料相同的混凝土，不论是普通硅酸盐水泥、中热硅酸盐水泥或低热硅酸盐水泥，其比热容是相等的。

（5）混凝土掺加掺合料对比热容的影响与热扩散率相同，胶材用量及和易性相同时，掺加与不掺加掺合料的混凝土比热容几乎相等。

（6）混凝土龄期从 3 d 到 180 d，比热容约增加 1.8%，龄期影响不予考虑。

### 6.6.1.4　热胀系数

1. 热胀系数的特征

混凝土单位温度变化导致单位长度线性变化以热胀系数表征。热胀系数的单位是 ℃$^{-1}$。

2. 热胀系数的影响因素

（1）混凝土的热胀系数主要取决于骨料的岩质。一般石英岩骨料热胀系数大（$10\times10^{-6}$ ℃$^{-1}$）拌制混凝土的热胀系数也大（$11.1\times10^{-6}$ ℃$^{-1}$）；石灰岩骨料热胀系数小（$4\times10^{-6}$ ℃$^{-1}$），拌制混凝土的热胀系数也小（$4.3\times10^{-6}$ ℃$^{-1}$）。骨料热胀系数的排序是石英岩最大，接下来是砂岩、花岗岩、玄武岩，石灰岩最小。

（2）单方骨料用量与热胀系数的关系。水泥浆的热胀系数在 $11\times10^{-6}\sim20\times10^{-6}$ ℃$^{-1}$，比骨料的热胀系数大，所以骨料用量多的混凝土热胀系数会小些。

（3）水泥品种对混凝土热胀系数可以认为没有影响。

（4）掺合料品种对混凝土热胀系数的影响甚微，但掺膨胀性掺合料的混凝土比不掺的热胀系数要大得多。

（5）同一种骨料的混凝土，在水中养护的比空气中养护的热胀系数小。

（6）从常温到 70 ℃ 温度范围内，混凝土热胀系数可视为常数，但当温度超出此范围，温度低于 10 ℃，热胀系数减小，-5 ℃ 时最小。

（7）热胀系数与龄期的关系，混凝土热胀系数随龄期增长而变化，以龄期 3~28 d 为准，龄期增长到 180~210 d，热胀系数约增加 18%，龄期再增加到 5~6 年，热胀系数不再增加，而下降约 4%。

## 6.6.2　绝热温升及其影响因素

### 6.6.2.1　碾压混凝土绝热温升测定

碾压混凝土浇筑后因水泥水化而发热，随着其强度增加，温度也上升。从温控设计角度，需要掌握温升随历时变化（增长）的过程，即温升-历时过程线。取得混凝土温升-历时过程线的方法有三种：①直接法。采用试验手段直接测定，但历时有限，只能测定到历时 28 d 前的温升值，后期的温升值要依靠统计数学模型推算。②由水泥水化热推算混凝土绝热温升。因水泥水化热测定试验条件与混凝土相差较多，推算出来的混凝土绝热温升偏低。③根据已有工程观测到的温升资料反演分析。

### 6.6.2.2　绝热温升的影响因素

1. 水泥对混凝土绝热温升的影响

混凝土中胶凝材料的水化反应及放热特性，如胶凝材料的组成、水胶比和反应起始温度等因素均会影响混凝土的绝热温升。影响水泥水化热的因素都对混凝土绝热温升有重要影响。

1) 水泥熟料的矿物成分对水化热的影响

水泥单矿物的水化热试验数值有较大的差别,但是其大体的规律是一致的。不同熟料矿物的水化热和放热速率大致遵循下列顺序:$C_3A>C_3S>C_4AF>C_2S$。

硅酸盐水泥四种主要组成矿物的相对含量不同,其发热量和发热速率也不相同。$C_3A$ 与 $C_3S$ 含量较多的水泥其发热量大,发热速率也快,对大体积混凝土防止开裂是不利的,见第 3 章表 3-2 和表 3-3。

当已知水泥矿物成分时,可用维尔拜克(Verbeck)经验式计算水泥水化热(溶解热法)。

$$H = 4.187[a \times C_3S(\%) + b \times C_2S(\%) + c \times C_3A(\%) + d \times C_4AF(\%)] \tag{6-35}$$

式中:$H$ 为水泥水化热(溶解热法),J/g;$C_3S$、$C_2S$、$C_3A$ 和 $C_4AF$ 为四种矿物成分(%);$a$、$b$、$c$ 和 $d$ 为多元回归系数,见表 6-23。

表 6-23　多元回归水化热经验式的四个回归系数

| 龄期 | 3 d | 7 d | 28 d | 90 d | 1 年 |
|---|---|---|---|---|---|
| a | 0.58±0.08 | 0.53±0.11 | 0.90±0.07 | 1.04±0.05 | 1.17±0.07 |
| b | 0.12±0.05 | 0.10±0.07 | 0.25±0.04 | 0.42±0.03 | 0.54±0.04 |
| c | 2.12±0.28 | 3.72±0.39 | 3.29±0.23 | 3.11±0.17 | 2.79±0.23 |
| d | 0.69±0.27 | 1.18±0.37 | 1.18±0.22 | 0.98±0.16 | 0.90±0.22 |

蔡正咏(1979)曾用式(6-35)对国内生产的大坝硅酸盐水泥 7 d 龄期的水化热(蓄热法)进行过比对,结果见表 6-24。

表 6-24　大坝硅酸盐水泥水化热推算值比对　　　　　　　　　单位:J/g

| 大坝硅酸盐水泥 | 山西太原水泥厂 | | | 甘肃永登水泥厂 |
|---|---|---|---|---|
| | A | B | C | D |
| 式(6-35)计算值 | 262.94 | 241.17 | 250.38 | 264.20 |
| 实测值 | 285.97 | 264.20 | 253.31 | 252.89 |
| 偏差 | 23.03 | 23.03 | 2.93 | 11.31 |

表 6-24 表明,式(6-35)计算值与实测值比较接近,推荐用于初步设计阶段水泥水化热的估值。

2) 掺合料(混合材料)的掺量对水泥水化热的影响

我国通用硅酸盐水泥,除 P·Ⅰ 外均掺有掺合料(混合材料)。在水泥熟料中掺入混合材料后,相应降低水泥水化热,混合材料掺量越大,降低水化热愈多。

3) 水灰比对水泥水化热的影响

水灰比增大造成水泥更完全水化的条件,因而其发热量有一定的增加。索伦逊(Sörensen)曾用绝热法测定同一种水泥不同水灰比的水化热,其结果见图 6-19。图 6-19 表明水灰比对水泥水化热的影响是不忽视的。

美国维尔拜克(Verbeck)等对各类水泥 20 个样品不同水灰比的水化热试验(溶解热法)结果见表 6-25。试验结果表明:水泥水化热随着水灰比的增加而增大。

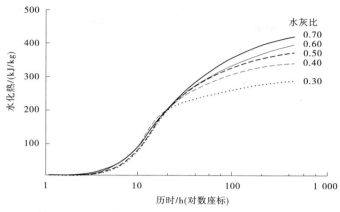

图 6-19　用绝热法测定 Ⅲ 型水泥水化热-历时过程线

表 6-25　不同水灰比的水泥水化热试验结果

| 水灰比 | 各龄期的水化热/(J/g) | | | | | |
|---|---|---|---|---|---|---|
| | 3 d | 7 d | 28 d | 90 d | 1 年 | 6.5 年 |
| 0.40 | 233.0 | 295.3 | 362.2 | 395.4 | 420.9 | 445.8 |
| 0.60 | 252.4 | 320.9 | 397.8 | 435.4 | 436.5 | 473.0 |
| 0.80 | 252.0 | 327.2 | 410.0 | 453.0 | 477.4 | 483.2 |

4) 温度对水泥水化热的影响

水泥水化热及其速率随着温度的升高而加大,见表 6-26。

表 6-26　不同温度时水泥的水化热(溶解热法)

| 温度/℃ | 水化热/(J/g) | | | |
|---|---|---|---|---|
| | 3 d | 7 d | 28 d | 90 d |
| 4.4 | 123.5 | 182.1 | 328.3 | 371.8 |
| 23.3 | 219.4 | 303.1 | 350.0 | 380.2 |
| 40.0 | 302.7 | 336.2 | 363.4 | 389.8 |

温度对水泥后期水化热没有太大影响,与温度 20 ℃相比,相差不超过 3%。

因为混凝土的绝热温升来源于水泥的水化热,所以上述四个影响水泥水化热的因素对混凝土同样是重要影响因素。

2. 水泥用量对混凝土绝热温升的影响

绝热温升随着混凝土水泥用量增加而增加。浇筑温度 20 ℃时,水泥用量增加 10 kg/m³,混凝土绝热温升增加值:普通硅酸水泥为 0.9~1.0 ℃;中热硅酸盐水泥为 0.8 ℃;粉煤灰硅酸盐水泥为 1.0~1.3 ℃;矿渣硅酸盐水泥为 0.8~1.0 ℃。

3. 掺合料对混凝土绝热温升的影响

混凝土掺加掺合料使其绝热温升降低,掺合料品种和掺量与混凝土绝热温升的关系见表 6-27。

表6-27　不同品种和掺量的掺合料相当于不掺的绝热温升值

| 水泥品种 | 水泥用量/<br>(kg/m³) | 28 d绝热温升/℃ | 掺合料<br>品种 | 不同品种和掺量的掺合料相当于不掺的绝热温升值/% | | | | | |
| --- | --- | --- | --- | --- | --- | --- | --- | --- | --- |
| | | | | 20 | 30 | 40 | 50 | 60 | 70 |
| 普通硅<br>酸盐水泥 | 350 | 49.0 | 粉煤灰 | 90 | 86 | 82 | | | |
| | 280 | 39.0 | 矿渣粉 | | | 92 | 90 | | 72 |
| 中热硅<br>酸盐水泥 | 358 | 41.5 | 粉煤灰 | | | 82 | 59 | | |
| | 311 | 35.2 | | | | 82 | 59 | | |
| | 264 | 30.3 | | | | 82 | 59 | | |

混凝土绝热温升随着粉煤灰掺量增加而降低,同时,水化速率(℃/h)也相应降低,而且,水化速率峰值出现的时间也比不掺加粉煤灰的混凝土滞后6~10 h。

4. 外加剂对混凝土绝热温升的影响

掺加普通型外加剂对绝热温升的影响是间接的,因为掺加普通型减水剂使混凝土用水量减少,从而使水泥用量降低,所以绝热温升降低。但是,掺加缓凝型减水剂,混凝土早期温升速率的峰值出现时间延长2~4 h或更长时间。早期温升值也比不掺缓凝型减水剂的低。

5. 初始温度(出机温度)对混凝土绝热温升测值的影响

混凝土出机温度低,水泥水化温度低,热量不能充分发出来,所以绝热温升也低。试验规定:混凝土出机初始温度为20 ℃±2 ℃,出机浇筑温度降低1 ℃,28 d绝热温升降低值:普通硅酸盐水泥为0.6 ℃;中热硅酸盐水泥为0.9 ℃。

以岩滩坝碾压混凝土绝热温升试验为例,说明不同初始温度对其绝热温升的影响,见表6-28。

表6-28　不同初始温度的碾压混凝土绝热温升对比

| 试验<br>编号 | 水泥用量/<br>(kg/m³) | 粉煤灰用量/<br>(kg/m³) | 初始温度/<br>℃ | 不同历时混凝土绝热温升值/℃ | | | | | 备注 |
| --- | --- | --- | --- | --- | --- | --- | --- | --- | --- |
| | | | | 1 d | 3 d | 7 d | 14 d | 28 d | |
| YT-A | 47 | 107 | 12.4 | 1.5 | 4.2 | 6.3 | 8.8 | 11.5 | 525普通硅酸盐水泥<br>Ⅰ级粉煤灰 |
| YT-B | 45 | 65 | 24.1 | 3.5 | 7.2 | 11.0 | 13.0 | 14.3 | |

混凝土出机温度对绝热温升的影响只是表现在混凝土浇筑后的初期一段时间。从理论上讲,不论出机温度如何,只要胶凝材料达到相同的水化程度,其绝热温升最终值基本上是相同的。

# 6.7　碾压混凝土主要性能典型工程示例

表6-29列出了几座各具特色的碾压混凝土坝,其特点表现在:水泥品种不同、掺合料品质不同、骨料种类和料源不同、设计强度等级(或标号)和耐久性设计要求不同。表6-30列出了这些典型工程碾压混凝土的主要性能,包括抗压强度、轴拉强度、弹性模量、极限拉伸值、抗渗等级和抗冻等级。

对一个新建的碾压混凝土坝,初设阶段采用第7章碾压混凝土性能统计分析和推算数学模式,可以取得设计所需碾压混凝土各项性能参数值。如果结合表6-29和表6-30进行分析、对照和修正,会得出更接近工程实际的结果。

表 6-29　碾压混凝土坝典型工程设计指标、原材料品质和配合比(三级配)主要参数*

| 坝名 | 坝高/m | 部位 | 设计指标 | 用水量/(kg/m³) | 砂率/% | 水泥用量/(kg/m³) | 胶材用量/(kg/m³) | 水泥 | 掺合料 | 砂 | 石 |
|---|---|---|---|---|---|---|---|---|---|---|---|
| 龙滩坝 | 200 | 坝内下部 | $C_{90}25W12F100$ | 72 | 32.9 | 80 | 170 | 42.5 中热硅酸盐水泥 | I 级粉煤灰,需水量比 94% | 石灰岩人工砂,石粉含量 16%~18%,细度模数 2.72 | 石灰岩碎石 |
| | | 坝内中部 | $C_{90}20W12F100$ | 72 | 33.2 | 70 | 160 | | | | |
| 景洪坝 | 110 | 坝内 | $R_{90}150W4F50$ | 75 | 30.7 | 65 | 189.6 | 42.5 普通硅酸盐水泥 | 磨细矿渣 50%+石灰石粉 50%,需水量比 98%,比表面积 330 m²/kg | 天然河砂模数 2.77,过 0.16 m 筛微粒含量 2.8% | 河卵石 |
| 龙开口坝 | 119 | 坝内上部(1) | $C_{90}15W6F100$ | 85 | 35 | 61.8 | 154.6 | 42.5 普通硅酸盐水泥 | II 级粉煤灰,需水量比 98% | 玄武岩人工砂,细度模数 2.78,石粉含量 17% | 玄武岩碎石 |
| | | 坝内下部(1) | $C_{90}20W6F100$ | 85 | 34 | 68 | 170 | | | | |
| | | 坝内上部(2) | $C_{90}15W6F100$ | 85 | 35 | 61.8 | 154.6 | | | 白云岩人工砂,细度模数 2.65,石粉含量 18% | 白云岩碎石 |
| | | 坝内下部(2) | $C_{90}20W6F100$ | 85 | 34 | 68 | 170 | | | | |
| 金安桥坝 | 160 | 坝内上部(1) | $C_{90}15W6F100$ | 82 | 31.5 | 66 | 164 | 42.5 普通硅酸盐水泥 | II 级粉煤灰 50%+石灰石粉 50%,粉煤灰需水量比 101%,石粉需水量比 99% | 玄武岩人工砂,细度模数 2.41,石粉含量 13.7% | 玄武岩碎石 |
| | | 坝内下部(1) | $C_{90}20W6F100$ | 81 | 31.5 | 72 | 180 | | | | |
| | | 坝内上部(2) | $C_{90}15W6F100$ | 78 | 31.5 | 62 | 155 | | 磷渣粉 40%+石灰石粉 60%,磷渣粉需水量比 98%,石粉需水量比 99% | | |
| | | 坝内下部(2) | $C_{90}20W6F100$ | 77 | 31.5 | 68 | 171 | | | | |
| 山口岩坝 | 99 | 坝内 | $R_{90}200W6F100$ | 88 | 31 | 79 | 176 | 42.5 普通硅酸盐水泥 | III 级粉煤灰,102.4%,烧失量 10% | 石英砂岩人工砂,细度模数 2.55,石粉含量 10% | 石英砂岩碎石 |

注:* 与配合比参数有关的相同部分是:碾压混凝土拌和物工作度 VC=5±2 s,含气量 3.5%~4.5%;最大骨料粒径为 80 mm,级配:大石:中石:小石=30:40:30。

本表摘自 2000 年以来中国水利水电科学研究院承担的工程项目试验报告。

**表 6-30　碾压混凝土主要性能典型工程试验结果**

| 坝名 | 部位 | 设计指标 | 抗压强度/MPa | | | | 轴拉强度/MPa | | | | 弹性模量/GPa | | | | 极限拉伸/10^{-6} | | | | 抗渗等级 90 d | 抗冻等级 90 d |
|---|---|---|---|---|---|---|---|---|---|---|---|---|---|---|---|---|---|---|---|---|
| | | | 7 d | 28 d | 90 d | 180 d | 7 d | 28 d | 90 d | 180 d | 7 d | 28 d | 90 d | 180 d | 7 d | 28 d | 90 d | 180 d | | |
| 龙滩坝 | 坝内下部 | C_{90}25W12F100 | 16.7 | 27.3 | 41.1 | 48.9 | — | 2.48 | 3.62 | 3.91 | — | 35.3 | 42.2 | 46.6 | — | 71 | 91 | 103 | >W12 | F100 |
| | 坝内中部 | C_{90}20W12F100 | 12.7 | 26.3 | 32.6 | 38.9 | — | 2.01 | 3.14 | 3.31 | — | 34.3 | 41.1 | 44.2 | — | 64 | 87 | 90 | >W12 | F100 |
| 景洪坝 | 坝内 | R_{90}150W4F50 | 12.7 | 22.1 | 26.8 | — | 1.19 | 1.92 | 2.91 | — | 29.0 | 31.9 | 38.4 | — | 53 | 70 | 86 | — | >W6 | F100 |
| 龙开口坝 | 坝内上部(1) | C_{90}15W6F100 | 7.4 | 14.5 | 21.8 | 25.6 | 0.69 | 1.06 | 1.84 | 2.16 | 16.5 | 23.9 | 38.4 | 39.9 | 38 | 48 | 63 | 64 | >W6 | F100 |
| | 坝内下部(1) | C_{90}20W6F100 | 10.2 | 17.7 | 25.9 | 30.2 | 0.75 | 1.12 | 1.83 | 2.51 | 23.7 | 31.8 | 42.2 | 47.2 | 39 | 49 | 65 | 67 | >W6 | F100 |
| | 坝内上部(2) | C_{90}15W6F100 | 8.4 | 15.2 | 22.0 | 25.1 | 0.70 | 1.31 | 2.11 | 2.73 | 18.2 | 27.7 | 36.4 | 41.4 | 42 | 54 | 75 | 79 | >W6 | F100 |
| | 坝内下部(2) | C_{90}20W6F100 | 10.6 | 18.2 | 25.1 | 29.9 | 0.79 | 1.69 | 2.53 | 2.85 | 21.2 | 32.0 | 40.5 | 43.6 | 45 | 60 | 82 | 87 | >W6 | F100 |
| 金安桥坝 | 坝内上部(1) | C_{90}15W6F100 | 9.5 | 17.4 | 29.4 | 34.1 | 0.60 | 1.27 | 2.51 | 3.31 | 14.6 | 30.1 | 39.0 | 46.9 | 38 | 56 | 74 | 83 | >W6 | F100 |
| | 坝内下部(1) | C_{90}20W6F100 | 11.0 | 20.1 | 30.9 | 36.2 | 0.83 | 1.72 | 3.06 | 3.67 | 19.4 | 31.3 | 44.1 | 46.1 | 46 | 66 | 87 | 90 | >W6 | F100 |
| | 坝内上部(2) | C_{90}15W6F100 | 11.3 | 18.5 | 28.8 | 32.8 | 0.76 | 1.35 | 2.02 | 2.45 | 18.1 | 26.9 | 39.2 | 44.1 | 41 | 55 | 71 | 78 | >W6 | F100 |
| | 坝内下部(2) | C_{90}20W6F100 | 13.1 | 20.6 | 29.8 | 34.5 | 0.79 | 1.55 | 2.65 | 3.13 | 20.0 | 30.8 | 42.4 | 45.6 | 45 | 60 | 74 | 81 | >W6 | F100 |
| 山口岩坝 | 坝内 | R_{90}200W6F100 | 14.7 | 24.0 | 33.3 | 40.9 | 1.12 | 1.90 | 3.16 | 3.80 | 16.0 | 21.0 | 25.4 | 27.1 | 70 | 95 | 141 | 148 | >W6 | F100 |

注：本表摘自 2000 年以来中国水利水电科学研究院承担的工程项目试验报告。

# 参考文献

[1] 姜福田.碾压混凝土[M].北京:中国铁道出版社,1991.

[2] 姜福田.混凝土力学性能与测定[M].北京:中国铁道出版社,1989.

[3] 内维尔 A M.混凝土的性能[M].李国泮,马贞勇,译.北京:中国建筑工业出版社,1983.

[4] The Concrete Society. The creep of structural concrete[R]. Report of a working party of the Materials Technology Commilte, 1973.

[5] 黄国兴,等.混凝土的徐变[M].北京:中国铁道出版社,1988.

[6] 水利水电科学研究院结构材料所.大体积混凝土[M].北京:水利电力出版社,1990.

[7] 张国新,张翼.MgO 微膨胀混凝土在 RCC 拱坝中的应用研究[C]//第五届国际碾压混凝土研讨会论文集,2008.

[8] 何湘安,等.氧化镁微膨胀剂在全断面碾压混凝土大坝施工中的应用与研究[C]//第五届国际碾压混凝土研讨会论文集,2008.

[9] 冯树荣,等.龙滩碾压混凝土围堰采用 MgO 混凝土的研究及应用[C]//第五届国际碾压混凝土研讨会,2008.

[10] 德斯坦 M R H.碾压混凝土坝设计和施工考虑的问题[C]//碾压混凝土坝.第十六届国际大坝会议论文译文集.北京:水利电力出版社,1989.

[11] 中原康,等.碾压混凝土施工法的研究(之五)[C]//干硬性混凝土加气特性的基本试验.鹿岛建设技术研究所年报,1980.

[12] 蔡正咏.混凝土性能[M].北京:中国建筑工业出版社,1979.

[13] 德田弘.Experimental studies on Themal properties of concrete[C]//土木学会论文报告集.第 212 号,1973.

[14] 日本混凝土温度应力委员会.混凝土温度应力推定法[J].コンクリート工学,1983,21(8).

[15] 姜福田.混凝土绝热温升的测定及其表达式[J].水利水电技术,1989(11).

# 第7章　碾压混凝土性能的统计分析和推算数学模式

## 7.1　概　述

碾压混凝土的主要性能有密实性、力学性能、耐久性和热性能。密实性以碾压混凝土表观密度和压实度表征,已在第5章讨论过。对于碾压混凝土耐久性中的抗渗性和抗冻性,试验表明:抗渗性在碾压混凝土密实性得到保障的条件下,其抗渗等级高出设计要求抗渗等级数倍,可不予考虑;碾压混凝土的抗冻性,只要拌和物含气量得到满足,试验测定碾压混凝土试件的抗冻性指标可达到设计规定,见第6章6.5节。因此,碾压混凝土的密实性和耐久性不在本章讨论。

本章研究的是密实的碾压混凝土,结构设计所涉及的性能包括:抗压强度、轴向拉伸和劈裂抗拉强度;变形性能有压缩弹性模量、极限拉伸和徐变;热性能有热扩散率、比热容、导热系数、热胀系数和绝热温升。

对一个新建的碾压混凝土工程,要取得上述性能需花费较多的人力、物力和时间。尤其是在可行性设计或初步设计阶段,规划、设计人员更急于能根据当地材料的来源和特性,掌握和了解与结构设计有关的碾压混凝土性能指标。

本章的资料来自2000年以来,我国大、中型碾压混凝土工程的资料、试验报告和施工文件总结。通过建立数据库,进行统计分析、归纳和升华到一个新的平台。从众多影响碾压混凝土性能的因子中,采用数理统计方法(数据整理、统计检验、方差分析和回归分析等),寻找出主要因子,建立相关关系,进而得出数学推算表达式,供设计选用,满足规划、初步设计需求。

## 7.2　碾压混凝土强度推算数学模式

### 7.2.1　碾压混凝土强度影响因子相关分析

#### 7.2.1.1　碾压混凝土强度与灰水比相关关系

1. 已有研究成果的回顾和讨论

碾压混凝土的历史较短,在此回顾的多是普通混凝土,但仍有重要价值。混凝土强度是混凝土极为重要的性能,因为强度与已硬化水泥浆的结构发生直接关系,通常可以反映出混凝土质量的全貌。

影响混凝土强度的因子有密实度、水泥强度等级、水灰比、掺合料掺量、龄期、温度、相对湿度、骨料品质和最大骨料粒径等。本章所要讨论的混凝土或碾压混凝土是标准试验环境养护、标准试件规格、标准测试方法和标准成型方法制作的充分密实混凝土的强度,即全部满足《水工混凝土试验规程》(SL 352—2006)的要求和规定。由此上述影响强度的因子由9个减少到4个,只剩下水泥强度等级、水灰比、掺合料掺量和骨料品质。

1)水灰比定则

最早提出水灰比定则的学者有两人,1896年菲雷特(Feret)提出一个普遍性定则,即

$$f_c = K\left(\frac{c}{c+w+a}\right)^2 \tag{7-1}$$

式中：$f_c$ 为混凝土强度；$K$ 为经验常数；$c$、$w$ 和 $a$ 分别为水泥、水和空气的绝对体积。

另一个水灰比定则由学者达夫·艾布拉姆斯（Duff Abrams）于 1919 年建立，即"当混凝土充分密实时，其强度与水灰比成反比"，用公式表示为

$$f_c = \frac{K_1}{K_2^{w/c}} \tag{7-2}$$

式中：$w/c$ 为水灰比；$K_1$ 和 $K_2$ 为经验常数；其他符号含义同前。

文献[1]对水灰比定则做了最好的说明。对给定的水泥和适用的骨料，由水泥、骨料和水配制的拌和物具有良好的和易性且浇筑得当，在搅拌、养护和试验条件相同的情况下，混凝土强度受下述因素影响：①水泥与拌和水之比（灰水比）；②水泥与骨料之比（灰骨比）；③骨料颗粒级配、表面质地、形状、强度与坚硬度；④骨料的最大粒径。当采用最大粒径为 40 mm 的骨料时，因素②～④与因素①相比，次要得多。因此，水灰比是混凝土强度唯一的最重要的因子。

强度与水灰比的关系曲线近似为双曲线，对强度（$y$）与水灰比（$x$）的倒数（$1/x$）作图，两者呈线性关系，这就是双曲线 $y = \dfrac{k}{x}$ 的几何特性。强度与灰水比的关系，在灰水比介于 1.2～2.5 时为直线关系。曾对碾压混凝土做过统计分析，强度与灰水比的直线关系延伸到灰水比为 0.65～1.30。

2）强度与胶水比直线相关式对碾压混凝土强度适应性讨论

早在碾压混凝土开发前，普通混凝土的掺合料掺量不超过 30%，硅酸盐水泥掺加掺合料被视为粉煤灰、矿渣或火山灰质硅酸盐水泥，同等对待。混凝土强度是以胶水比为自变量的强度计算表达式，即

$$f_c = A f_{ce} \left( \frac{C + P}{W} - B \right) \tag{7-3}$$

式中：$f_c$ 为混凝土强度，MPa；$f_{ce}$ 为 28 d 水泥强度，MPa；$C$、$P$ 和 $W$ 分别为水泥用量、掺合料掺量和用水量，kg/m³；$A$、$B$ 分别为试验常数。

《水工混凝土配合比设计规程》（DL/T 5330—2005），将式（7-3）移入碾压混凝土配合比设计，计算配制强度。但是，碾压混凝土掺合料掺量达 50%～60%，已超出胶材用量的一半以上，碾压混凝土强度是否与胶水比仍呈线性关系值得讨论。

（1）水胶比在配合比设计参数中不是独立变量。

水胶比（$N$）和掺合料掺量（$K$）定义为：$N = \dfrac{W}{C + P}$，$K = \dfrac{P}{C + P}$，将掺合料（$P$）变换成 $P = \dfrac{CK}{1 - K}$，代入水胶比 $N$ 中得

$$N = \frac{W}{C + \dfrac{CK}{1 - K}} = (1 - K)\left( \frac{W}{C} \right) \tag{7-4}$$

所以，水胶比（$N$）与水灰比（$W/C$）成正比，与掺合料掺量（$K$）成反比，只有当掺合料掺量（$K$）固定时，式（7-3）成立。

（2）以实测值检验强度与胶水比的线性关系。

以龙滩坝碾压混凝土强度试验结果为依据，检验强度与胶水比的线性。

按表 7-1 的试验结果，绘制统计分析图，见图 7-1。图 7-1（a）表明：

①碾压混凝土强度与灰水比呈线性关系，建立线性表达式，即

$$R_{28} = 21.43 \left( \frac{C}{W} \right) + 3.92$$

$$R^2 = 0.9380$$

式中：$R_{28}$ 为 28 d 抗压强度，MPa；$\dfrac{C}{W}$ 为灰水比；$R$ 为相关系数。

表 7-1　龙滩坝碾压混凝土强度试验结果

| 水泥品种 | 胶材用量/<br>(kg/m³) | 水泥用量/<br>(kg/m³) | 胶水比 | 灰水比 | 粉煤灰掺量/<br>% | 抗压强度/MPa | | | |
|---|---|---|---|---|---|---|---|---|---|
| | | | | | | 7 d | 28 d | 90 d | 180 d |
| 强度等级 42.5 中热硅酸盐水泥 | 200 | 90 | 2.564 | 1.153 | 55.0 | 17.7 | 28.8 | 40.2 | 43.2 |
| | 200 | 100 | 2.564 | 1.282 | 50.0 | 21.0 | 31.3 | 40.7 | 50.0 |
| | 200 | 80 | 2.564 | 1.026 | 60.0 | 15.1 | 26.9 | 43.0 | 44.7 |
| | 180 | 75 | 2.325 | 0.961 | 58.3 | 15.0 | 23.2 | 35.6 | 42.4 |
| 强度等级 42.5 普通硅酸盐水泥 | 180 | 75 | 2.127 | 0.882 | 58.3 | 14.3 | 23.6 | 37.9 | 41.0 |
| | 180 | 80 | 2.127 | 0.941 | 55.5 | 14.2 | 24.0 | 33.6 | 37.4 |
| | 180 | 85 | 2.127 | 1.000 | 52.8 | 15.4 | 24.9 | 33.5 | 39.0 |
| | 180 | 90 | 2.127 | 1.059 | 50.0 | 16.5 | 26.6 | 36.7 | 41.7 |

②碾压混凝土强度与胶水比呈非线性关系,式(7-3)不适宜用于碾压混凝土配制强度计算。

③在胶材用量相同的条件下,碾压混凝土强度与水泥用量呈线性关系,见图 7-1(b)。

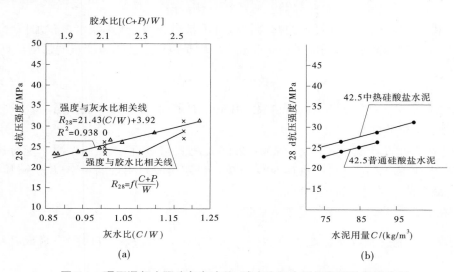

图 7-1　碾压混凝土强度与灰水比、胶水比和水泥用量相关关系分析

在此需要说明,水胶比是反映用水量、水泥用量和掺合料掺量参数之间的综合指标,在碾压混凝土密实性、抗渗和抗冻耐久性设计中仍需严格控制的指标。

**2. 统计样本选取**

本章数据来自 2000 年以来,我国大、中型碾压混凝土坝筑坝材料的试验报告和工程施工总结,初步建立起来的数据库。由龙滩、百色、白石、岩滩等 10 个大坝和 100 余个配合比中通过筛选法选取统计样本。对筛选确定的统计样本进行影响强度因子分析,由 9 个强度因子减少到 3 个,即水泥、灰水比和骨料品质。再对此统计样本按 3 个影响因子进行分类、排除,水泥分成 42.5 中热硅酸盐水泥和 42.5 普通硅酸盐水泥两类;骨料品质分成人工骨料和天然河砂、石料两类。由此组合成三种碾压混凝土强度样本:

(1)42.5 中热硅酸盐水泥和人工骨料统计样本,在此样本中建立碾压混凝土强度推算数学模式。

(2)42.5 普通硅酸盐水泥和人工骨料统计样本,在此样本中建立碾压混凝土强度推算数学模式。

(3)42.5 普通硅酸盐水泥和天然河砂、石骨料统计样本,在此样本中建立碾压混凝土强度推算数学模式。

#### 7.2.1.2　碾压混凝土强度与龄期相关关系

碾压混凝土强度随着龄期的增长而增加，其增加幅度与水泥水化程度有关。水泥水化程度因水泥矿物成分、掺合料品质和掺量及外加剂品种不同而异。碾压混凝土一般掺用减水剂和引气剂，夏季偶尔掺用缓凝剂。对强度增长的关注点是后期设计龄期强度（90 d 和 180 d），所以对外加剂的影响可不予考虑。

在研究碾压混凝土强度时，只能选择数个特定龄期（7 d、28 d、90 d、180 d）进行测定。坝体结构设计、温度应力裂缝控制计算，需要坝体碾压混凝土浇筑后整个历时过程的强度值。因此，需要建立强度与龄期（历时）关系的数学模式。

当碾压混凝土原材料选定后，掺合料品种和掺量将是影响强度增长速率的重要因子。坝体不同部位，掺合料掺量是不同的，所以强度与龄期关系的数学模式表现形式也是不同的。根据前人的研究成果，强度与龄期关系可用以下四种函数表达式表示：

双曲线函数

$$R = \frac{R_m t}{M_1 + t} \tag{7-5}$$

指数 I 型

$$R = R_m(1 - e^{-M_2 t}) \tag{7-6}$$

指数 II 型

$$R = R_m(1 - e^{-at^b}) \tag{7-7}$$

对数函数

$$R = R_{28}\left[1 + K\ln\left(\frac{t}{28}\right)\right] \tag{7-8}$$

式中：$R$ 为碾压混凝土强度；$R_m$ 为碾压混凝土强度的最终估计值；$R_{28}$ 为 28 d 龄期强度测值；$t$ 为龄期，d；$M_1$、$M_2$、$a$、$b$、$K$ 为试验待定系数。

式（7-5）~式（7-8）经过变量转换，转变成直线方程式，用最小二乘法将特定龄期（7 d、28 d、90 d、180 d）强度测值输入电算程序，可求出试验待定系数 $M_1$、$M_2$、$a$、$b$ 和 $K$，即建立 4 个强度与龄期关系表达式。经过优化比较，在 4 个表达式中选择最优者为推荐数学模式。

拟合方程式优劣的比较条件如下：

（1）最优拟合方程式的相关系数是接近于 1 的较大值，不小于 0.8。

（2）最优拟合方程式的剩余标准差是 4 个表达式中最小者。

$$S = \sqrt{\frac{\sum_{i=1}^{n}(R_{ci} - R_i)^2}{N - 2}} \tag{7-9}$$

式中：$S$ 为剩余均方差；$R_{ci}$ 为 $i$ 龄期混凝土力学性能实测值；$R_i$ 为 $i$ 龄期混凝土力学性能公式计算值；$N$ 为统计测点数。

以阎王鼻子坝碾压混凝土配合比和强度试验结果为依据，见表 7-2 和表 7-3，进行相关系数和剩余标准差比对，以确定最优强度与龄期相关关系表达式。

表 7-2　碾压混凝土推荐配合比

| 部位 | 试验编号 | 外加剂 | | 每立方米混凝土材料用量/kg | | | | | 含气量/% | 工作度/s |
|------|----------|--------|--------|------|------|--------|------|------|----------|----------|
| | | MJS/% | TMS/% | 水 | 水泥 | 粉煤灰 | 砂 | 石 | | |
| 上游面 RCC | YG-8 | 0.6 | 4 | 80 | 126 | 64 | 632 | 1 474 | 4.3 | 8 |
| 内部 RCC | YF-7 | 0.2 | | 78 | 60 | 110 | 572 | 1 629 | 3.2 | 10 |

**表 7-3　抗压强度和轴向抗拉强度试验结果**

| 部位 | 试验编号 | 设计强度 90 d/MPa | 配比强度 90 d/MPa | 15 cm 标准立方体抗压强度/MPa | | | 轴向抗拉强度/MPa | | |
|---|---|---|---|---|---|---|---|---|---|
| | | | | 7 d | 28 d | 90 d | 7 d | 28 d | 90 d |
| 上游面 RCC | YG-8 | 20 | 24.1 | 12.48 | 22.29 | 30.78 | 1.012 | 1.237 | 1.614 |
| 内部 RCC | YF-7 | 10 | 13.8 | 5.7 | 10.19 | 19.77 | 0.301 | 0.735 | 1.745 |

抗压强度与龄期关系拟合方程式相关系数和剩余标准差计算结果见表 7-4。轴拉强度与龄期关系拟合方程式相关系数和剩余标准差计算结果见表 7-5。

**表 7-4　抗压强度与龄期关系拟合方程式相关系数和剩余标准差比较**

| 线型 | | 双曲线函数 | 指数 I 型 | 指数 II 型 | 对数函数 |
|---|---|---|---|---|---|
| 上游面 RCC (YG-8) | 试验待定系数 | $M_1 = 14.54$ | $M_2 = 0.023$ | $a = 0.133$, $b = 0.6$ | $K = 0.321$ |
| | 表达式 | $R_c = \dfrac{35.57t}{14.54 + t}$ | $R_c = 35.57(1 - e^{-0.023t})$ | $R_c = 35.57(1 - e^{-0.133t^{0.6}})$ | $R_c = 22.29\left[1 + 0.321\ln\left(\dfrac{t}{28}\right)\right]$ |
| | 相关系数 | 0.999 | 0.994 1 | 0.999 9 | 0.999 9 |
| | 剩余均方差/MPa | 1.459 | 8.71 | 0.087 | 0.174 |
| 内部 RCC (YF-7) | 试验待定系数 | $M_1 = 34.01$ | $M_2 = 0.015$ | $a = 0.06$, $b = 0.671$ | $K = 0.533$ |
| | 表达式 | $R_c = \dfrac{26.62t}{34.01 + t}$ | $R_c = 26.62(1 - e^{-0.015t})$ | $R_c = 26.62(1 - e^{-0.06t^{0.671}})$ | $R_c = 10.19\left[1 + 0.533\ln\left(\dfrac{t}{28}\right)\right]$ |
| | 相关系数 | 0.974 | 0.999 2 | 0.996 8 | 0.967 6 |
| | 剩余均方差/MPa | 2.208 | 3.115 | 1.616 | 4.422 |

**表 7-5　轴向抗拉强度与龄期关系拟合方程式相关系数和剩余标准差比较**

| 线型 | | 双曲线函数 | 指数Ⅰ型 | 指数Ⅱ型 | 对数函数 |
|---|---|---|---|---|---|
| 上游面 RCC（YG-8） | 试验待定系数 | $M_1 = 7.69$ | $M_2 = 0.031$ | $a = 0.351$,<br>$b = 0.429$ | $K = 0.188$ |
| | 表达式 | $R_t = \dfrac{1.735t}{7.69 + t}$ | $R_t = 1.735(1 - e^{-0.031t})$ | $R_t = 1.735(1 - e^{-0.351t^{0.429}})$ | $R_t = 1.237[1 + 0.188\ln(\frac{t}{28})]$ |
| | 相关系数 | 0.997 1 | 0.998 9 | 0.967 5 | 0.981 2 |
| | 剩余均方差/MPa | 0.223 | 0.705 | 0.115 | 0.143 |
| 内部 RCC（YF-7） | 试验待定系数 | $M_1 = 78.57$ | $M_2 = 0.008$ | $a = 0.019$,<br>$b = 0.81$ | $K = 0.758$ |
| | 表达式 | $R_t = \dfrac{3.194t}{78.57 + t}$ | $R_t = 3.194(1 - e^{-0.008t})$ | $R_t = 3.194(1 - e^{-0.019t^{0.81}})$ | $R_t = 0.735[1 + 0.758\ln(\frac{t}{28})]$ |
| | 相关系数 | 0.953 6 | 0.999 8 | 0.996 2 | 0.962 2 |
| | 剩余均方差/MPa | 0.118 | 4.064 | 0.095 | 0.493 |

对相关系数和剩余标准差进行分析,4 个表达式中指数Ⅱ型和对数函数略显优势。但是,从使用角度考虑,28 d 龄期碾压混凝土强度是施工质量检测所必需的,因此选用对数函数。

### 7.2.1.3　碾压混凝土强度推算数学模式的适用条件

我国碾压混凝土筑坝是与美国、日本等发达国家相继开发的。结合中国建材和机械工业发展的特点,创新了一套完整的碾压混凝土配合比、拌制、浇筑、质量检测等技术。

1988 年,曾在岩滩坝上游碾压混凝土围堰(高 52.3 m、碾压混凝土 16.5 万 m³)进行过"少水泥碾压混凝土"研究,其目的是探索碾压混凝土的最少水泥和胶材用量,水泥用量 37 kg/m³、45 kg/m³,胶材用量 110 kg/m³。此前,美国两座碾压混凝土胶材用量比岩滩上游围堰还要低,见表 7-6。

**表 7-6　胶材用量较少的碾压混凝土坝**

| 国别 | 坝名 | 水泥用量/（kg/m³） | 粉煤灰用量/（kg/m³） | 胶材用量/（kg/m³） |
|---|---|---|---|---|
| 美国 | 柳溪坝 | 47 | 19 | 66 |
| | 欧克溪坝 | 53.6 | 25.4 | 79 |
| 中国 | 岩滩坝上游围堰 | 45 | 65 | 110 |

岩滩坝上游围堰碾压混凝土,设计标号为 $R_{28}100$,抗渗等级 W4,表观密度 2 450 kg/m³。碾压混凝土配合比见表 7-7;性能试验结果见表 7-8;现场抽样检测结果见表 7-9。

**表 7-7　岩滩坝上游围堰碾压混凝土配合比**

| 水胶比 | 砂率/% | 粉煤灰掺量/% | TF 外加剂剂量/% | 砂中石粉含量/% | VC/s | 每立方米混凝土材料用量/kg | | | | |
|---|---|---|---|---|---|---|---|---|---|---|
| | | | | | | 水 | 水泥 | 粉煤灰 | 砂 | 石 |
| 0.69 | 34 | 65.2 | 0.2 | 12.5 | 15±5 | 90 | 45 | 85 | 770 | 1 512 |

表 7-8 岩滩坝上游围堰碾压混凝土性能试验结果

| 抗压强度/MPa | | | 轴拉强度/MPa | | 拉伸变形能力/ $10^{-6}$ | | 弹性模量/MPa | | 抗渗标号 | 密度/ (kg/m³) |
|---|---|---|---|---|---|---|---|---|---|---|
| 7 d | 28 d | 90 d | 28 d | 90 d | 28 d | 90 d | 28 d | 90 d | | |
| 7.6 | 14.9 | 17.0 | 0.86 | 1.30 | 52 | 67 | 24 500 | 31 960 | W6 | 2 496 |

表 7-9 岩滩坝上游围堰碾压混凝土现场抽样检测结果

| 工作度 VC | | 仓面压实表观密度 | | 抗压强度/MPa | | | | |
|---|---|---|---|---|---|---|---|---|
| 抽样数 | 平均值/s | 测点数 | 平均值/(kg/m³) | 龄期/d | 组数 | 平均值 | 均方差 | 变异系数 |
| 12 | 9.3 | 227 | 2 482 | 28 | 12 | 17.3 | 3.59 | 0.20 |

柳溪坝建成蓄水后,坝体渗漏较严重,据报道,渗漏率达 5.68 m³/min,但坝体强度和稳定性皆满足设计要求。柳溪坝施工不足是限于当时的经验,胶材用量太少,不能满足碾压混凝土自身的密实性,更无多余的浆液提供给层面结合需求,而且对层间间隔时间的规定也缺少充分的科学论证。

岩滩坝上游围堰蓄水后检查:廊道有明显漏水,能听到滴水声,但经受了汛期围堰过水的考验,壅水高度 1.5 m。汛后检查只在上游面出现两条较长的表面裂缝,间距约 60 m,其余坝体完整无损。大坝蓄水前,采用无声爆破拆除上游围堰,检查破裂面大多在层面;有不密实空隙、空洞缺陷存在,再次说明胶材用量不足。

上述三个工程实例,为碾压混凝土选用水泥和胶材最低用量提供了佐证。另外,根据已建碾压混凝土数据库,对 20 座已建碾压混凝土坝近百个配合比数据进行统计得出,水泥用量不少于 50 kg/m³,胶材用量不少于 150 kg/m³。因此,使用本章提出的碾压混凝土各项性能推算数学模式时应遵从以下适用条件:

(1)从强度方面考虑,水泥用量 $C \geqslant 50$ kg/m³;

(2)从密实性方面考虑,胶材用量 $(C+F) \geqslant 150$ kg/m³;

(3)掺合料掺量 $\dfrac{F}{C+F} = 40\% \sim 60\%$;

(4)水灰比 $\dfrac{W}{C} = 0.75 \sim 1.40$;

(5)水胶比 $\dfrac{W}{C+F} = 0.38 \sim 0.65$;

(6)从碾压施工方面考虑,工作度 VC 规定值为 5~7 s,允许值为 3~9 s。

## 7.2.2 碾压混凝土抗压强度推算数学模式

我国采用的设计强度等级或标号是指标准立方体抗压强度,即 150 mm×150 mm×150 mm 立方体试件在标准养护和试验条件下测定的抗压强度,是混凝土结构设计的重要指标,也是混凝土配合比设计的重要参数。在现场机口或仓面取样测定 28 d 龄期抗压强度,用于评定施工管理水平和验收质量。因此,设计龄期强度标准值(90 d 或 180 d)和 28 d 龄期强度是两个重要指标。

首先选定 28 d 龄期抗压强度为推算数学模式的基本算式,理由:①水泥强度等级取决于 28 d 强度;②混凝土龄期选用 28 d 与水泥相同,将水泥后期强度增长因子移入混凝土强度与龄期关系中;③混凝土施工质量监控需要 28 d 龄期强度。

设计龄期抗压强度由强度与龄期推算数学模式求得。

#### 7.2.2.1  碾压混凝土抗压强度与灰水比关系式

1. 42.5 中热硅酸盐水泥和人工砂石骨料统计样本

选取 42.5 中热硅酸盐水泥和人工砂石骨料统计样本,输入 Excel 计算程序,拟合抗压强度与灰水比关系式(见图 7-2)如下:

$$R_{c·28} = 30.248(C/W) - 7.037 \tag{7-10}$$

$$R^2 = 0.923\ 7$$

式中:$R_{c·28}$ 为龄期 28 d 碾压混凝土抗压强度,MPa;$C/W$ 为灰水比;$R$ 为相关系数。

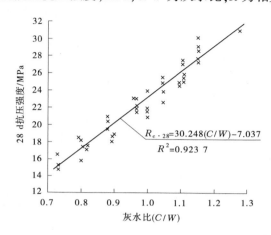

**图 7-2  42.5 中热硅酸盐水泥的碾压混凝土抗压强度与灰水比相关关系**
**(人工砂石骨料:石灰岩、玄武岩)**

2. 42.5 普通硅酸盐水泥和人工砂石骨料统计样本

选取 42.5 普通硅酸盐水泥和人工砂石骨料统计样本,输入 Excel 计算程序,拟合抗压强度与灰水比关系式(见图 7-3)如下:

$$R_{c·28} = 30.169(C/W) - 6.558 \tag{7-11}$$

$$R^2 = 0.836\ 2$$

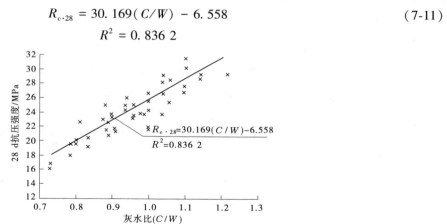

**图 7-3  42.5 普通硅酸盐水泥的碾压混凝土抗压强度与灰水比相关关系**
**(人工砂石骨料:石灰岩、玄武岩)**

3. 42.5 普通硅酸盐水泥和天然河砂石骨料统计样本

选取 42.5 普通硅酸盐水泥和天然河砂石骨料统计样本,输入 Excel 计算程序,拟合抗压强度与灰水比关系式(见图 7-4)如下:

$$R_{c·28} = 28.84(C/W) - 11.062 \tag{7-12}$$

$$R^2 = 0.893\ 6$$

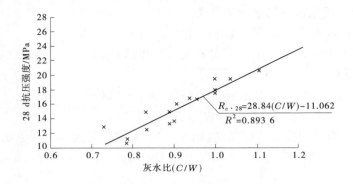

图 7-4　42.5 普通硅酸盐水泥的碾压混凝土抗压强度与灰水比相关关系
(天然河砂石骨料)

### 7.2.2.2　碾压混凝土抗压强度与龄期关系式

掺合料采用粉煤灰(Ⅰ级、Ⅱ级),按粉煤灰掺量选取统计样本。

1.42.5 中热硅酸盐水泥和粉煤灰统计样本(人工砂石骨料)

选取 42.5 中热硅酸盐水泥和粉煤灰统计样本,按不同粉煤灰掺量分别输入 Excel 计算程序,拟合不同粉煤灰掺量的抗压强度与龄期关系式,见表 7-10。

表 7-10　42.5 中热硅酸盐水泥和粉煤灰的碾压混凝土抗压强度增长关系式

| 粉煤灰掺量/% | 相关关系式 | 公式号码 | 相关系数 $R^2$ | 备注 |
|---|---|---|---|---|
| 45 | $R_{c \cdot t} = \left[ 1 + 0.320\ 7\ln\left(\dfrac{t}{28}\right) \right] R_{c \cdot 28}$ | (7-13a) | 0.992 6 | $R_{c \cdot t}$ 为龄期 $t$ 时抗压强度,MPa; $t$ 为龄期,d; $t = 7 \sim 180$ d; 人工砂石骨料 |
| 50 | $R_{c \cdot t} = \left[ 1 + 0.349\ 7\ln\left(\dfrac{t}{28}\right) \right] R_{c \cdot 28}$ | (7-13b) | 0.992 9 | |
| 55 ~ 60 | $R_{c \cdot t} = \left[ 1 + 0.358\ 7\ln\left(\dfrac{t}{28}\right) \right] R_{c \cdot 28}$ | (7-13c) | 0.993 7 | |

2.42.5 普通硅酸盐水泥和粉煤灰统计样本(人工砂石骨料)

选取 42.5 普通硅酸盐水泥和粉煤灰统计样本,按不同粉煤灰掺量分别输入 Excel 计算程序,拟合不同粉煤灰掺量的抗压强度与龄期关系式,见表 7-11。

表 7-11　42.5 中热水泥和粉煤灰的碾压混凝土抗压强度增长关系式

| 粉煤灰掺量/% | 相关关系式 | 公式号码 | 相关系数 $R^2$ | 备注 |
|---|---|---|---|---|
| 50 ~ 54 | $R_{c \cdot t} = \left[ 1 + 0.304\ 3\ln\left(\dfrac{t}{28}\right) \right] R_{c \cdot 28}$ | (7-14a) | 0.998 8 | $R_{c \cdot t}$ 为龄期 $t$ 时抗压强度,MPa; $t$ 为龄期,d; $t = 7 \sim 180$ d; 人工砂石骨料 |
| 55 ~ 59 | $R_{c \cdot t} = \left[ 1 + 0.351\ 6\ln\left(\dfrac{t}{28}\right) \right] R_{c \cdot 28}$ | (7-14b) | 0.994 3 | |
| 60 | $R_{c \cdot t} = \left[ 1 + 0.377\ 5\ln\left(\dfrac{t}{28}\right) \right] R_{c \cdot 28}$ | (7-14c) | 0.989 3 | |

3.42.5 普通硅酸盐水泥、粉煤灰和天然河砂石骨料统计样本

选取 42.5 普通硅酸盐水泥、粉煤灰和天然河砂石骨料统计样本,按不同粉煤灰掺量分别输入 Excel 计算程序,拟合不同粉煤灰掺量的抗压强度与龄期关系式,见表 7-12。

**表 7-12　42.5 普通硅酸盐水泥、粉煤灰和天然河砂骨料的碾压混凝土抗压强度增长关系式**

| 粉煤灰掺量/% | 相关关系式 | 公式号码 | 相关系数 $R^2$ | 备注 |
|---|---|---|---|---|
| 50 | $R_{c·t} = \left[1 + 0.310\,5\ln\left(\dfrac{t}{28}\right)\right]R_{c·28}$ | (7-15a) | 0.996 6 | $R_{c·t}$ 为龄期 $t$ 时抗压强度，MPa；$t$ 为龄期，d； |
| 55 | $R_{c·t} = \left[1 + 0.373\,4\ln\left(\dfrac{t}{28}\right)\right]R_{c·28}$ | (7-15b) | 0.997 8 | $t=7\sim180$ d；天然河砂石骨料 |

### 7.2.2.3　应用算例

1. 算例一

龙滩坝中部碾压混凝土，设计强度等级为 $C_{90}20$；采用 42.5 中热硅酸盐水泥，掺加 55% Ⅱ 级粉煤灰、石灰岩人工砂石骨料，试确定配合比设计水灰比。

（1）计算碾压混凝土配制抗压强度。已给设计龄期 90 d，设计强度标准值 20 MPa，强度保证率为 80%（$t=0.842$），初定强度标准差为 4 MPa，由第 2 章配制强度计算得：配制强度为 23.4 MPa。

（2）按给定原材料品质和 55% 粉煤灰掺量选用式（7-13c）计算龄期 28 d 抗压强度。

$$R_{c·t} = \left[1 + 0.358\,7\ln(t/28)\right]R_{c·28}$$

当 $t=90$ 时，$R_{c·t}=23.4$，$\ln(90/28)=1.168$，代入式（7-13c），得 $R_{c·28}=16.5$。

（3）选用式（7-10）计算水灰比：

$$R_{c·28} = 30.248(C/W) - 7.037$$

将 $R_{c·28}=16.5$ 代入上式，得 $C/W=0.778$，所以配合比设计水灰比为 1.285。

2. 算例二

龙滩坝下部碾压混凝土，设计强度等级为 $C_{90}25$，配合比试验确定用水量为 75 kg/m³，水灰比为 1.0，掺加 50% 粉煤灰，请估算该配合比是否能满足设计强度等级要求：

（1）由式（7-10）推算龄期 28 d 抗压强度 $R_{c·28}$：

$$R_{c·28} = 30.248(C/W) - 7.037 = 30.248 \times 1.0 - 7.037 = 23.2$$

（2）由式［7-13(b)］计算设计龄期 90 d 抗压强度，$t=90$，则

$$R_{c·90} = \left[1 + 0.349\,7 \times \ln(90/28)\right] \times 23.2 = 32.7$$

（3）设计规定：龄期 90 d，抗压强度不得低于 28.4 MPa，估算 $R_{c·90}=32.7$ MPa，满足设计强度等级。

## 7.2.3　碾压混凝土轴拉强度推算数学模式

### 7.2.3.1　碾压混凝土轴拉强度与灰水比关系式

1. 42.5 中热硅酸盐水泥和人工砂石骨料统计样本

选取 42.5 中热硅酸盐水泥和人工砂石骨料统计样本，输入 Excel 计算程序，拟合轴拉强度与灰水比关系式（见图 7-5）如下：

$$R_{t·28} = 2.807(C/W) - 0.808 \tag{7-16}$$
$$R^2 = 0.903\,2$$

式中：$R_{t·28}$ 为龄期 28 d 碾压混凝土轴拉强度，MPa；其他符号含义同前。

2. 42.5 普通硅酸盐水泥和人工砂石骨料统计样本

选取 42.5 普通硅酸盐水泥和人工砂石骨料统计样本，输入 Excel 计算程序，拟合轴拉强度与灰水比关系式（见图 7-6）如下：

$$R_{t·28} = 1.659(C/W) + 0.460 \tag{7-17}$$
$$R^2 = 0.909\,1$$

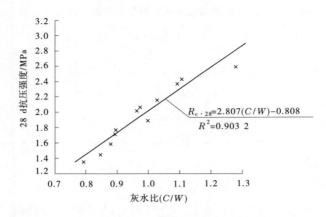

**图 7-5　42.5 中热硅酸盐水泥的碾压混凝土轴拉强度与灰水比相关关系**
**（人工砂石骨料:石灰岩、玄武岩）**

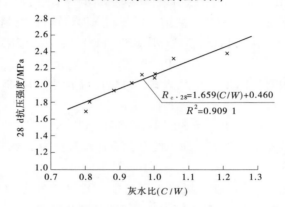

**图 7-6　42.5 普通硅酸盐水泥的碾压混凝土抗拉强度与灰水比相关关系**
**（人工砂石骨料:石灰岩、白云岩、玄武岩）**

### 7.2.3.2　碾压混凝土轴拉强度与龄期关系式

掺合料采用粉煤灰（Ⅰ级、Ⅱ级），按粉煤灰掺量选取样本。

1.42.5 中热硅酸盐水泥和粉煤灰统计样本（人工砂石骨料）

选取 42.5 中热硅酸盐水泥和粉煤灰统计样本，按不同粉煤灰掺量分别输入 Excel 计算程序，拟合不同粉煤灰掺量的轴拉强度与龄期关系式，见表 7-13。

**表 7-13　42.5 中热硅酸盐水泥和粉煤灰的碾压混凝土轴拉强度增长关系式**

| 粉煤灰掺量/% | 相关关系式 | 公式序号 | 相关系数 $R^2$ | 备注 |
|---|---|---|---|---|
| 50~60 | $R_{t \cdot t} = \left[ 1 + 0.356\ln\left(\dfrac{t}{28}\right) \right] R_{t \cdot 28}$ | (7-18) | 0.988 6 | $R_{t \cdot t}$ 为龄期 $t$ 时轴拉强度，MPa；<br>$t$ 为龄期，d；<br>$t = 7 \sim 180$ d；<br>人工砂石骨料 |

2.42.5 普通硅酸盐水泥和粉煤灰统计样本（人工砂石骨料）

选取 42.5 普通硅酸盐水泥和粉煤灰统计样本，按不同粉煤灰掺量分别输入 Excel 计算程序，拟合不同粉煤灰掺量的轴拉强度与龄期关系式，见表 7-14。

表 7-14 42.5 普通硅酸盐水泥和粉煤灰的碾压混凝土轴拉强度增长关系式

| 粉煤灰掺量/% | 相关关系式 | 公式序号 | 相关系数 $R^2$ | 备注 |
|---|---|---|---|---|
| 50~54 | $R_{t \cdot t} = \left[1 + 0.277\ln\left(\dfrac{t}{28}\right)\right]R_{t \cdot 28}$ | (7-19a) | 0.972 4 | $R_{t \cdot t}$ 为龄期 $t$ 时轴拉强度,MPa; $t$ 为龄期,d; |
| 55~60 | $R_{t \cdot t} = \left[1 + 0.379\ln\left(\dfrac{t}{28}\right)\right]R_{t \cdot 28}$ | (7-19b) | 0.991 9 | $t = 7 \sim 180$ d; 人工砂石骨料 |

## 7.2.4 碾压混凝土劈拉强度

### 7.2.4.1 问题提出

水工混凝土结构设计混凝土抗拉强度采用轴拉强度,裂缝控制采用极限拉伸值,设计指标中无劈拉强度。《水工混凝土试验规程》(SL 352—2006)规定,劈拉强度试验试件为立方体,测值受垫条宽度影响,因此劈拉强度是一个名义强度,而非真实的轴向拉伸强度。

轴向拉伸试验测试方法比较复杂,虽然 SL 352—2006 已有轴拉强度试验方法,但中小型水利水电工程试验室尚难进行,因此本章提出劈拉强度换算成轴拉强度的方法。

### 7.2.4.2 应用算例

M 坝坝高 60 m,碾压混凝土设计强度等级为 $C_{90}15$,要求 28 d 轴拉强度不低于 1.0 MPa。现场要求检验轴拉强度,但没有轴拉强度试验装置,监理方和设计方同意用劈拉强度代替。现场检验 28 d 劈拉强度为 1.0 MPa,试问该检验是否满足轴拉强度设计规定?

由第 6 章式(6-10)知,标准轴拉试件强度与标准劈拉试件强度的关系为

$$R_t = 1.12R_s$$

式中:$R_t$ 为轴拉强度,MPa;$R_s$ 为劈拉强度,MPa。

已检测劈拉强度 $R_s = 1.0$ MPa,所以轴拉强度 $R_t = 1.12$ MPa,满足设计规定。

# 7.3 碾压混凝土变形性能的推算数学模式

通过数据库样本选取表明:7.2.1 节所讨论强度影响因子相关分析得出的结论同样适用于碾压混凝土变形性能(压缩弹性模量、极限拉伸)。本样本中人工骨料是指石灰岩、白云岩和玄武岩人工骨料,不适用于砂岩、辉绿岩骨料。

## 7.3.1 碾压混凝土压缩弹性模量推算数学模式

### 7.3.1.1 碾压混凝土弹性模量与灰水比关系式

1. 42.5 中热硅酸盐水泥和人工砂石骨料统计样本

选取 42.5 中热硅酸盐水泥和人工砂石骨料统计样本,输入 Excel 计算程序,拟合压缩弹性模量与灰水比关系式(见图 7-7)如下:

$$E_{c \cdot 28} = 33.506(C/W) + 1.652 \tag{7-20}$$
$$R^2 = 0.890\ 2$$

式中:$E_{c \cdot 28}$ 为龄期 28d 碾压混凝土压缩弹性模量,GPa;其他符号含义同前。

2. 42.5 普通硅酸盐水泥和人工砂石骨料统计样本

选取 42.5 普通硅酸盐水泥和人工砂石骨料统计样本,输入 Excel 计算程序,拟合压缩弹性模量与灰水比关系式(见图 7-8)如下:

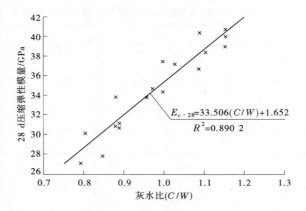

**图 7-7　42.5 中热硅酸盐水泥的碾压混凝土压缩弹性模量与灰水比相关关系**

**（人工砂石骨料：石灰岩、玄武岩）**

$$E_{c \cdot 28} = 22.362(C/W) + 12.548 \tag{7-21}$$

$$R^2 = 0.878\ 1$$

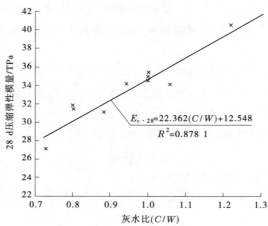

**图 7-8　42.5 普通硅酸盐水泥的碾压混凝土压缩弹性模量与灰水比相关关系**

**（人工砂石骨料：石灰岩、玄武岩、白云岩）**

### 7.3.1.2　碾压混凝土压缩弹性模量与龄期关系式

掺合料采用粉煤灰（Ⅰ级、Ⅱ级），按粉煤灰掺量选取统计样本。

1.42.5 中热硅酸盐水泥和粉煤灰统计样本

按不同粉煤灰掺量分别输入 Excel 计算程序，拟合不同粉煤灰掺量的弹性模量与龄期关系式，见表 7-15。

**表 7-15　42.5 中热硅酸盐水泥和粉煤灰的碾压混凝土弹性模量增长关系式**

| 粉煤灰掺量/% | 相关关系式 | 公式号码 | 相关系数 $R^2$ | 备注 |
|---|---|---|---|---|
| 50~60 | $E_{c \cdot t} = \left[1 + 0.144\ln\left(\dfrac{t}{28}\right)\right]E_{c \cdot 28}$ | (7-22) | 0.985 2 | $E_{c \cdot t}$ 为龄期 $t$ 时弹性模量，GPa；<br>$t$ 为龄期，d；<br>人工砂石骨料 |

2.42.5 普通硅酸盐水泥和粉煤灰统计样本（人工砂石骨料）

选取 42.5 普通硅酸盐水泥和粉煤灰统计样本，按不同粉煤灰掺量分别输入 Excel 计算程序，拟合不同粉煤灰掺量的弹性模量与龄期关系式,见表 7-16。

表 7-16　42.5 普通硅酸盐水泥和粉煤灰的碾压混凝土弹性模量增长关系式

| 粉煤灰掺量/% | 相关关系式 | 公式号码 | 相关系数 $R^2$ | 备注 |
|---|---|---|---|---|
| 50~54 | $E_{c \cdot t} = \left[1 + 0.151\ln\left(\dfrac{t}{28}\right)\right]E_{c \cdot 28}$ | (7-23a) | 0.999 5 | $E_{c \cdot t}$ 为龄期 $t$ 时弹性模量,GPa; |
| 55~60 | $E_{c \cdot t} = \left[1 + 0.16\ln\left(\dfrac{t}{28}\right)\right]E_{c \cdot 28}$ | (7-23b) | 0.991 3 | $t$ 为龄期,d; 人工砂石骨料 |

#### 7.3.1.3　应用算例

龙滩坝下部碾压混凝土设计强度等级为 $C_{90}25$,配合比试验已得出:42.5 中热硅酸盐水泥用量 80 kg/m³,用水量 72 kg/m³,粉煤灰用量 90 kg/m³,请估算设计龄期压缩弹性模量值。

(1)计算配合比参数:

$$\frac{C}{W} = \frac{80}{72} = 1.11,\quad 粉煤灰掺量\ K = \frac{90}{80 + 90} = 0.53。$$

(2)由式(7-20)计算龄期 28 d 压缩弹性模量 $E_{c \cdot t}$,则

$$E_{c \cdot 28} = 33.506(C/W) + 1.652 = 33.506 \times 1.11 + 1.652 = 38.84(\text{GPa})$$

(3)由式(7-22)计算设计龄期 90 d 的弹性模量 $E_{c \cdot 90}$,则

$$E_{c \cdot 90} = [1 + 0.144\ln(90/28)] \times 38.84 = [1 + 0.144 \times 1.168] \times 38.84 = 45.37(\text{GPa})$$

设计龄期 90 d 弹性模量为 45.37 GPa。

### 7.3.2　碾压混凝土极限拉伸推算数学模式

#### 7.3.2.1　碾压混凝土极限拉伸与灰水比关系式

1.42.5 中热硅酸盐水泥和人工砂石骨料统计样本

选取 42.5 中热硅酸盐水泥和人工砂石骨料统计样本,输入 Excel 计算程序,拟合极限拉伸与灰水比关系式(见图 7-9)如下:

$$\varepsilon_{28} = 42.266(C/W) + 22.66 \tag{7-24}$$
$$R^2 = 0.967\ 6$$

式中:$\varepsilon_{28}$ 为龄期 28d 极限拉伸,$10^{-6}$;其他符号含义同前。

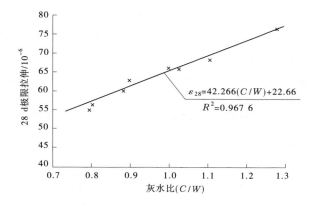

图 7-9　42.5 中热硅酸盐水泥的碾压混凝土极限拉伸与灰水比相关关系<br>(人工砂石骨料:石灰岩、玄武岩)

2.42.5普通硅酸盐水泥和人工砂石骨料统计样本

选取42.5普通硅酸盐水泥和人工砂石骨料统计样本,输入Excel计算程序,拟合极限拉伸与灰水比关系式(见图7-10)如下:

$$\varepsilon_{28} = 43.8(C/W) + 26.31 \tag{7-25}$$

$$R^2 = 0.840\ 6$$

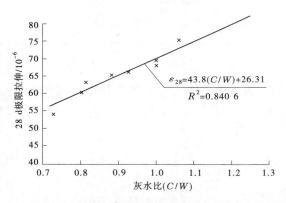

图7-10　42.5普通硅酸盐水泥的碾压混凝土极限拉伸与灰水比相关关系
(人工砂石骨料:石灰岩、白云岩、玄武岩)

### 7.3.2.2 碾压混凝土极限拉伸与龄期关系式

掺合料采用粉煤灰(Ⅰ级、Ⅱ级),按粉煤灰掺量选取统计样本。

1.42.5中热硅酸盐水泥和粉煤灰统计样本(人工砂石料)

选取42.5中热硅酸盐水泥和粉煤灰统计样本,按不同粉煤灰掺量分别输入Excel计算程序,拟合不同粉煤灰掺量极限拉伸与龄期关系式,见表7-17。

表7-17　42.5中热硅酸盐水泥和粉煤灰的碾压混凝土极限拉伸增长关系式

| 粉煤灰掺量/% | 相关关系式 | 公式序号 | 相关系数 $R^2$ | 备注 |
|---|---|---|---|---|
| 50 | $\varepsilon_t = [1 + 0.136\ln(\frac{t}{28})]\varepsilon_{28}$ | (7-26a) | 0.969 2 | $\varepsilon_t$ 为龄期 $t$ 时极限拉伸,$10^{-6}$; $t$ 为龄期,d; 人工砂石骨料 |
| 55~60 | $\varepsilon_t = [1 + 0.239\ln(\frac{t}{28})]\varepsilon_{28}$ | (7-26b) | 0.988 5 | |

2.42.5普通硅酸盐水泥和粉煤灰统计样本(人工砂石料)

选取42.5普通硅酸盐水泥和粉煤灰统计样本,按粉煤灰掺量不同分别输入Excel计算程序,拟合不同粉煤灰掺量极限拉伸与龄期关系式,见表7-18。

表7-18　42.5普通硅酸盐水泥和粉煤灰的碾压混凝土极限拉伸增长关系式

| 粉煤灰掺量/% | 相关关系式 | 公式序号 | 相关系数 $R^2$ | 备注 |
|---|---|---|---|---|
| 50~54 | $\varepsilon_t = [1 + 0.151n(\frac{t}{28})]\varepsilon_{28}$ | (7-27a) | 0.982 5 | $\varepsilon_t$ 为龄期 $t$ 时极限拉伸,$10^{-6}$; $t$ 为龄期,d; 人工砂石骨料 |
| 55~60 | $\varepsilon_t = [1 + 0.23\ln(\frac{t}{28})]\varepsilon_{28}$ | (7-27b) | 0.988 7 | |

### 7.3.3　碾压混凝土徐变度推算方法

#### 7.3.3.1　徐变度推算的数学模式

研究混凝土徐变时,除对徐变规律及其影响因素进行研究外,在解决工程问题时还必须估计其量。各国学者在分析混凝土徐变规律和试验数据的基础上,对混凝土单轴压缩徐变随时间变化的规律提出了大量经验公式,如幂函数、对数函数、双曲线函数和指数函数等。

所建立的数学公式应符合混凝土徐变的规律。虽然持荷 30 年,混凝土徐变度仍有少量增长,徐变趋于其极限值没有被试验证实,但是从工程实用考虑,这样假定数学处理是方便的。

经分析采用双曲线函数最符合徐变的规律。每个加荷龄期有一条徐变度与持荷时间过程线,其表达式为

$$C(t,\tau) = \frac{DT}{M + T} \tag{7-28}$$

式中:$C(t,\tau)$ 为加荷龄期 $\tau$ 时,不同持荷时间的徐变度,$10^{-6}$ MPa$^{-1}$;$t$ 为混凝土龄期,d;$\tau$ 为加荷龄期,d;$T$ 为持荷时间,$T = t - \tau$,d;$D$ 和 $M$ 为待定试验常数。

双曲线函数有以下特征:当 $T = 0$ 时,$C(t,\tau) = 0$;当 $T \to \infty$ 时,$C(t,\tau) = D$;当 $T = M$ 时,$C(t,\tau) = \frac{D}{2}$。由此表明,式(7-27)符合混凝土徐变的规律。

给定的混凝土配合比,加荷龄期一般规定 3~5 个,持荷时间为 180~365 d。每个加荷龄期由式(7-28)可得出一组 $D_i$、$M_i$;如果有 $n$ 个加荷龄期,则可得出 $n$ 组 $D_i$、$M_i$,将其进行相关分析,得 $D = F(\tau)$ 和 $M = G(\tau)$ 相关关系式。经分析,$D = F(\tau)$ 和 $M = G(\tau)$ 关系式采用对数函数表达式相关性最好。

所以

$$D = A_1 - B_1 \log\tau \tag{7-29}$$
$$M = A_2 + B_2 \log\tau \tag{7-30}$$

式中:$A_1$、$A_2$、$B_1$ 和 $B_2$ 为待定试验常数;其他符号含义同前。

由式(7-28)、式(7-29)和式(7-30)求解,可得出 $n$ 个加荷龄期的徐变度与持荷时间历时过程线簇。

或将式(7-29)和式(7-30)代入式(7-28)得

$$C(t,\tau) = \frac{(A_1 - B_1 \log\tau)(t - \tau)}{(A_2 + B_2 \log\tau) + (t - \tau)} \tag{7-31}$$

#### 7.3.3.2　各坝碾压混凝土徐变度的数学模式

作者统计分析了各坝碾压混凝土徐变度与持荷历时试验结果,得出了具有典型代表性的徐变度数学模式,列于表 7-19。

**表 7-19　类比法推算碾压混凝土徐变度与持荷历时关系的选择数学模型**

| 模型 | 类比参数 | | | | | $\tau/$d | $D = A_1 - B_1 \log\tau$ | $M = A_2 + B_2 \log\tau$ | $C(t,\tau) = \dfrac{D(t-\tau)}{M + (t-\tau)}$ |
|---|---|---|---|---|---|---|---|---|---|
| | 灰浆率 | 水胶比 | 灰水比 | 级配 | 原材料 | | | | |
| 1 | 0.185 | 0.50 | 0.80 | 三 | 42.5 中热硅酸盐水泥玄武岩人工骨料 | 7~90 | $D = 145.6 - 69.06\log\tau$;<br>$R^2 = 0.9529$ | $M = 0.216 + 3.794\log\tau$;<br>$R^2 = 0.9889$ | $C(t,\tau) = $<br>$\dfrac{(145.6 - 69.06\log\tau)(t-\tau)}{(0.216 + 3.794\log\tau) + (t-\tau)}$ |
| 2 | 0.163 | 0.52 | 0.77 | 三 | 42.5 普通硅酸盐水泥河卵石、白云岩人工砂 | 7~90 | $D = 81.91 - 36.78\log\tau$;<br>$R^2 = 0.9917$ | $M = 2.12 + 4.2\log\tau$;<br>$R^2 = 0.9541$ | $C(t,\tau) = $<br>$\dfrac{(81.91 - 36.78\log\tau)(t-\tau)}{(2.12 + 4.2\log\tau) + (t-\tau)}$ |

续表 7-19

| 模型 | 类比参数 | | | | | $\tau/$d | $D = A_1 - B_1\log\tau$ | $M = A_2 + B_2\log\tau$ | $C(t,\tau) = \dfrac{D(t-\tau)}{M+(t-\tau)}$ |
|---|---|---|---|---|---|---|---|---|---|
| | 灰浆率 | 水胶比 | 灰水比 | 级配 | 原材料 | | | | |
| 3 | 0.189 | 0.50 | 1.11 | 三 | 42.5普通硅酸盐水泥长石石英砂岩人工骨料 | 7~90 | $D = 157.57 - 68.12\log\tau$;<br>$R^2 = 0.9975$ | $M = 7.55\log\tau - 2.44$;<br>$R^2 = 0.9987$ | $C(t,\tau) = \dfrac{(157.57 - 68.12\log\tau)(t-\tau)}{(7.55\log\tau - 2.44) + (t-\tau)}$ |
| 4 | 0.172 | 0.50 | 1.0 | 二 | 42.5普通硅酸盐水泥长石石英砂岩人工骨料 | 7~90 | $D = 154.16 - 64.06\log\tau$;<br>$R^2 = 0.997$ | $M = 2.18 + 6.49\log\tau$;<br>$R^2 = 0.9916$ | $C(t,\tau) = \dfrac{(154.16 - 64.06\log\tau)(t-\tau)}{(2.18 + 6.49\log\tau) + (t-\tau)}$ |
| 5 | 0.164 | 0.48 | 0.83 | 三 | 42.5普通硅酸盐水泥天然砂石料 | 7~180 | $D = 78.16 - 31.37\log\tau$;<br>$R^2 = 0.9904$ | $M = 4.92 + 1.81\log\tau$;<br>$R^2 = 0.8614$ | $C(t,\tau) = \dfrac{(78.16 - 31.37\log\tau)(t-\tau)}{(4.92 + 1.81\log\tau) + (t-\tau)}$ |
| 6 | 0.158 | 0.45 | 1.11 | 二 | 42.5普通硅酸盐水泥天然砂石料 | 7~180 | $D = 74.63 - 30.1\log\tau$;<br>$R^2 = 0.9574$ | $M = 3.88 + 2.63\log\tau$;<br>$R^2 = 0.9626$ | $C(t,\tau) = \dfrac{(74.63 - 30.1\log\tau)(t-\tau)}{(3.88 + 2.63\log\tau) + (t-\tau)}$ |
| 7 | 0.222 | 0.51 | 1.03 | 二级配变态 | 42.5普通硅酸盐水泥长石石英砂岩人工骨料 | 7~90 | $D = 166.6 - 74.23\log\tau$;<br>$R^2 = 0.996$ | $M = 2.866 + 2.737\log\tau$;<br>$R^2 = 0.8405$ | $C(t,\tau) = \dfrac{(166.6 - 74.23\log\tau)(t-\tau)}{(2.866 + 2.737\log\tau) + (t-\tau)}$ |

### 7.3.3.3　徐变度推算的类比法

混凝土徐变度试验受内部和外部因素的影响(见第6章6.3.3节)。按照已有的试验数据尚难确定影响徐变度的主导因素,无法采用一个独立的变量来建立其与徐变度的相关关系,目前技术水平只能采取类比法。

表7-19提供了7个推算模型。根据要推算徐变度的碾压混凝土配合比的原材料性能,包括水泥品种、掺合料、骨料品质和灰水比,与表7-19提供的模型类比,选择与其相近的作为推算徐变度的数学模式。

### 7.3.3.4　算例

怒江赛格坝碾压混凝土设计强度等级为 $C_{90}15$,三级配。原材料选用:42.5普通硅酸盐水泥、Ⅱ级粉煤灰、白云岩人工砂、粗骨料(河卵石);试验配合比如下:用水量 78 kg/m³、水泥用量 60 kg/m³、粉煤灰用量 90 kg/m³。请推算加荷龄期为 7 d、28 d、90 d,持荷时间至 180 d,碾压混凝土的持荷历时过程线簇。

(1)根据原材料品质和配合比设计参数,由表7-19选择其推算数学模型。

计算配合比设计参数:灰浆率为 0.16、水胶比为 0.52、灰水比为 0.77,三级配碾压混凝土,原材料品质与表7-19类比,选用 Model 2 数学模型,即

Model 2:
$$C(t,\tau) = \frac{(81.91 - 36.78\log\tau)(t-\tau)}{(2.12 + 4.2\log\tau) + (t-\tau)}$$

(2)将 $\tau=7、28、90$ 分别代入 Model 2 公式中,计算不同持荷时间 $(t-\tau)$ 的徐变度,计算结果列于表7-20。

（3）根据表 7-20 数据绘制赛格坝碾压混凝土徐变度与持荷历时过程线簇，见图 7-11。

表 7-20　Model 2 数学模型推算赛格坝碾压混凝土不同加荷龄期的徐变度　　　单位：$10^{-6}$ $MPa^{-1}$

| 持荷时间 ($t-\tau$)/d | 加荷龄期/$\tau$ | | | 持荷时间 ($t-\tau$)/d | 加荷龄期/$\tau$ | | |
|---|---|---|---|---|---|---|---|
| | 7 d | 28 d | 90 d | | 7 d | 28 d | 90 d |
| 1 | 6.69 | 3.12 | 0.88 | 40 | 44.51 | 23.80 | 7.97 |
| 2 | 13.25 | 5.62 | 1.63 | 50 | 45.64 | 24.64 | 8.31 |
| 3 | 17.58 | 7.68 | 2.26 | 60 | 46.43 | 25.23 | 8.56 |
| 5 | 23.81 | 10.86 | 3.27 | 70 | 47.01 | 25.67 | 8.74 |
| 7 | 28.08 | 13.21 | 4.05 | 80 | 47.46 | 26.01 | 8.88 |
| 10 | 32.43 | 15.76 | 4.93 | 90 | 47.81 | 26.28 | 9.0 |
| 15 | 36.88 | 18.54 | 5.94 | 100 | 48.09 | 26.51 | 9.09 |
| 20 | 39.59 | 20.34 | 6.61 | 120 | 48.53 | 26.85 | 9.23 |
| 25 | 41.42 | 21.60 | 7.10 | 140 | 48.84 | 27.09 | 9.34 |
| 30 | 42.74 | 22.52 | 7.46 | 160 | 49.11 | 27.28 | 9.42 |
| 35 | 43.73 | 23.24 | 7.74 | 180 | 49.26 | 27.43 | 9.49 |

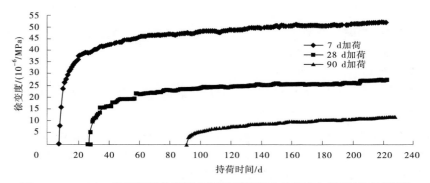

图 7-11　Model 2 数学模型推算赛格坝碾压混凝土徐变度与持荷历时过程线

# 7.4　碾压混凝土热性能参数的推算方法

　　一个新建的水利水电工程，在可行性设计阶段，混凝土温控防裂计算需要混凝土热性能参数。在当地原材料和混凝土配合比初步确定以后，可通过计算方法比较准确地确定混凝土的热性能参数，以供设计计算所需，这是建立推算方法的初衷。

　　建立混凝土热性能参数推算方法的依据如下：

　　（1）分析试验结果得出混凝土热扩散率、导热系数和热胀系数与骨料的岩质密切相关，并起主导作用，但骨料岩质对比热容无显著性影响。

　　（2）用水量对混凝土热性能参数的影响是有规律性的。

　　（3）水泥和掺合料品种对混凝土热性能参数无显著性影响。

　　通过大量试验结果统计分析，得出这样一个假定：混凝土热性能包括热扩散率、导热系数、比热容和热胀系数皆与组成混凝土原材料的热性能有关；混凝土的热性能参数是这些原材料在单方混凝土中所占体积与其自身的热性能参数乘积之和。这个假定是根据大量试验资料统计分析得出的，并经过实践检验。

　　混凝土热性能参数按式（7-32）和式（7-33）计算，即

$$M = m_1 V_1 + m_2 V_2 + m_3 V_3 + m_4 V_4 + m_5 V_5 \tag{7-32}$$

$$V_i = \frac{G_i}{\rho_i} \tag{7-33}$$

式中:$M$ 为混凝土热性能参数,包括导热系数、比热容和热胀系数;$m_1$、$m_2$、$m_3$、$m_4$、$m_5$ 为水、水泥、掺合料、细骨料和粗骨料的热性能参数;$V_i$ 为各种原材料在每立方米混凝土中所占体积,m³;$G_i$ 为每立方米混凝土配合比中各组分材料用量,kg;$\rho_i$ 为各组材料的密度或表观密度,kg/m³。

### 7.4.1　混凝土导热系数、比热容和热扩散率的推算方法

混凝土原材料的导热系数和比热容的统计值见表 7-21。

表 7-21　原材料导热系数和比热容统计值

| 原材料名称 | 导热系数/[kJ/(m·h·℃)] | 比热容/[kJ/(kg·℃)] | 原材料名称 | 导热系数/[kJ/(m·h·℃)] | 比热容/[kJ/(kg·℃)] |
|---|---|---|---|---|---|
| 水 | 2.160 | 4.187 | 白云岩 | 15.534 | 0.804 |
| 水泥 | 4.447 | 0.456 | 花岗岩 | 10.505 | 0.716 |
| 掺合料 | | | 石灰岩 | 14.529 | 0.749 |
| 石英砂 | 10.752 | 0.699 | 石英岩 | 16.991 | 0.691 |
| 玄武岩 | 6.892 | 0.776 | 流纹岩 | 6.770 | 0.766 |

以下结合龙滩坝下内部碾压混凝土工程实例说明导热系数、比热容和热扩散率的推算方法。

#### 7.4.1.1　导热系数和比热容推算的步骤

(1)列出原材料品种和密度(表观密度),见表 7-22 中的 No.1。

(2)碾压混凝土配合比,按式(7-33)计算每立方米混凝土中各组分材料的体积,见表 7-22 中的 No.2。

(3)推算导热系数,见表 7-22 中的 No.3:①由表 7-21 查得各组分材料的导热系数;②按式(7-32)分别计算各组分材料在混凝土导热系数中所占的量值;③5 组分导热系数之和即为混凝土导热系数。

(4)推算比热容,推算步骤与(3)相同,见表 7-22 中的 No.4。

由表 7-22 推算得:龙滩坝下内部碾压混凝土导热系数为 12.512 kJ/(m·h·℃),比热容为 0.953 kJ/(kg·℃)。

表 7-22　龙滩碾压混凝土导热系数和比热容计算

| No. | 计算序号 | 原材料名称 | 水 | 水泥 | 掺合料 | 人工砂 | 碎石 |
|---|---|---|---|---|---|---|---|
| 1 | | 原材料品种 | | 525 中热 | Ⅱ级粉煤灰 | 石灰岩 | 石灰岩 |
| | (1) | 密度或表观密度/(kg/m³) | 1 000 | 3 190 | 2 350 | 2 660 | 2 700 |
| 2 | (2) | 配合比各组分用量/(kg/m³) | 72 | 80 | 90 | 737 | 1 503 |
| | (3)=(2)/(1) | 每立方米混凝土各组分体积/m³ | 0.072 | 0.025 | 0.038 | 0.277 | 0.557 |
| | (4)=Σ(2) | 碾压混凝土表观密度/(kg/m³) | 2 480 | | | | |
| 3 | (5) | 由表 7-21 查得的各组分导热系数/[kJ/(m·h·℃)] | 2.16 | 4.447 | 4.447 | 14.529 | 14.529 |
| | (6)=(3)×(5) | 按式(7-32)计算的各组分的值/[(kJ/(m·h·℃)] | 0.115 | 0.111 | 0.170 | 4.024 | 8.092 |
| | (7)=Σ(6) | 碾压混凝土导热系数/[kJ/(m·h·℃)] | 12.512 | | | | |

续表 7-22

| No. | 计算序号 | 原材料名称 | 水 | 水泥 | 掺合料 | 人工砂 | 碎石 |
|---|---|---|---|---|---|---|---|
| 4 | (8) | 由表 7-21 查得的各组<br>分比热容/[(kJ/(kg·℃)] | 4.187 | 0.456 | 0.456 | 0.749 | 0.749 |
| | (9)＝(3)×(8) | 按式(7-32)计算的各组<br>分的值/[(kJ/(kg·℃)] | 0.301 | 0.011 | 0.017 | 0.207 | 0.417 |
| | (10)＝∑(9) | 碾压混凝土比热容/[(kJ/(kg·℃)] | 0.953 | | | | |

#### 7.4.1.2　热扩散率推算

热传导理论表明,物质的热扩散率、导热系数、比热容和密度(表观密度)的关系为

$$a = \frac{K}{\rho \cdot C} \tag{7-34}$$

式中:$a$ 为热扩散率,$m^2/h$;$K$ 为导热系数,kJ/(m·h·℃);$C$ 为比热容,kJ/(kg·℃);$\rho$ 为表观密度,$kg/m^3$。

将表 7-22 推算所得 $K$、$C$ 和 $\rho$ 代入式(7-34)可得碾压混凝土的热扩散率($a$),即

$$a = \frac{12.512}{0.953 \times 2\,480} = 0.005\,3(m^2/h)$$

### 7.4.2　热胀系数的推算

原材料热胀系数的统计值列于表 7-23。

表 7-23　原材料热胀系数的统计值　　　　　　　单位:$10^{-6}$ ℃$^{-1}$

| 浆材<br>(水+水泥+掺合料) | 骨料 | | | | | | | | |
|---|---|---|---|---|---|---|---|---|---|
| | 玄武岩 | 花岗岩 | 石灰岩 | 石英岩 | 砂岩 | 安山岩 | 片岩 | 辉绿岩 | 白云岩 |
| 14.7 | 6.52 | 7.0 | 5.0 | 11.80 | 9.52 | 7.45 | 7.85 | 6.80 | 8.0 |

以下结合龙滩坝下内部碾压混凝土工程实例说明热胀系数的推算方法。

热胀系数推算按下列步骤进行:

(1)列出原材料品质和密度(表观密度),与导热系数和比热容相同,见表 7-24 中的 No.1。

表 7-24　龙滩碾压混凝土热胀系数计算

| No. | 计算序号 | 原材料名称 | 水 | 水泥 | 掺合料 | 人工砂 | 碎石 |
|---|---|---|---|---|---|---|---|
| 1 | | 原材料品种 | | 525 中热 | Ⅱ级粉煤灰 | 石灰岩 | 石灰岩 |
| | (1) | 密度或表观密度/(kg/m³) | 1 000 | 3 190 | 2 350 | 2 660 | 2 700 |
| 2 | (2) | 配合比各组分用量/(kg/m³) | 72 | 80 | 90 | 737 | 1 503 |
| | (3)＝(2)/(1) | 每立方米混凝土各组分体积/m³ | 0.072 | 0.025 | 0.038 | 0.277 | 0.557 |
| | (4)＝∑(2) | 碾压混凝土表观密度/(kg/m³) | 2 480 | | | | |
| 3 | (5) | 由表 7-23 查得的各组<br>分热胀系数/($10^{-6}$ ℃$^{-1}$) | 14.7 | 14.7 | 14.7 | 5.0 | 5.0 |
| | (6)＝(3)×(5) | 按式(7-32)计算的各组<br>分的值/($10^{-6}$ ℃$^{-1}$) | 1.058 | 0.367 | 0.559 | 1.385 | 2.785 |
| | (7)＝∑(6) | 碾压混凝土热胀系数/($10^{-6}$ ℃$^{-1}$) | 6.154 | | | | |

（2）碾压混凝土配合比，按式(7-32)计算每立方米混凝土中各组分材料的体积，与导热系数和比热容相同，见表 7-24 中的 No. 2。

（3）推算热胀系数，见表 7-23 中的 No. 3。

①由表 7-23 查得各组分材料的热胀系数；

②按式(7-32)分别计算各组分材料在混凝土热胀系数中所占的量值；

③5 组分热胀系数之和即为混凝土热胀系数。

由表 7-24 推算得：龙滩坝下内部碾压混凝土热胀系数为 $6.154 \times 10^{-6} ℃^{-1}$。

4 个热性能参数中热扩散率、导热系数和热胀系数主要影响因素是骨料的岩质，骨料的热性能参数大小决定了混凝土热性能参数值，骨料的岩质对比热容的影响不明显。水泥和掺合料品种对比热容也无显著性影响。

### 7.4.3　绝热温升推算数学模式

#### 7.4.3.1　混凝土绝热温升与历时过程线的数学拟合

直接法测定不同历时的混凝土绝热温升值，历时 28 d，以此数组为基础，采用统计法拟合绝热温升–历时数学表达式，推断后期绝热温升值，用于大体积混凝土结构的温度应力计算和裂缝控制。

混凝土的热传导方程为

$$\frac{\partial \theta}{\partial t} = a \left( \frac{\partial^2 \theta}{\partial x^2} + \frac{\partial^2 \theta}{\partial y^2} + \frac{\partial^2 \theta}{\partial z^2} \right) + \frac{\partial T}{\partial t} \tag{7-35}$$

式中：$\theta$ 为温度，℃；$t$ 为时间，d；$x$、$y$、$z$ 为三维坐标；$T$ 为绝热温升，℃；$a$ 为热扩散率，$m^2/d$。

由式(7-35)可知，在混凝土温度场计算中，绝热温升的历时函数是特别重要的热性能参数。

1. 混凝土绝热温升表达式

混凝土出搅拌机的温度称为初始温度，此时混凝土的绝热温升值为零。以后随着水泥水化产生热量，绝热温升逐渐升高，最后达到一个稳定值，所以式(7-35)末项 $\frac{\partial T}{\partial t}$ 中绝热温升 $T$ 为历时 $t$ 的函数，即 $T = F(t)$，该式应满足以下数学条件：

（1）当 $t = 0$ 时，$T = F(0) = 0$；

（2）当 $t = \infty$ 时，$T = F(\infty) = T_0$（定值，最终绝热温升）；

（3）在 $(0, \infty)$ 区间，$T = F(t)$ 单调增加；

（4）在 $(0, \infty)$ 区间，$\frac{\mathrm{d}T}{\mathrm{d}t} = G(t)$ 单调降低。

$T = F(t)$ 是要拟合的数学模式，其与实测值 $T_c$ 之差称为估值误差，可表示为

$$\Delta_i = T_{ci} - F(t_i)$$

式中：$T_{ci}$ 为实测值，℃；$F(t_i)$ 为数学模式推算值，℃；$\Delta_i$ 为估值误差或称偏差，$i = 1, 2, 3, \cdots, N$，$N$ 为统计样本容量。

最优拟合表达式应该是偏差 $\Delta_i$ 最小，$\Delta_i$ 有正、有负，故常用偏差平方和（$B$）表示为

$$B = \sum_{i=1}^{N} \Delta_i^2 \tag{7-36}$$

1）表达式的线型

国内外学者提出混凝土绝热温升–历时表达式的线型有指数 Ⅰ 型、指数 Ⅱ 型和双曲线型三种。

指数 Ⅰ 型：

$$T = T_0 (1 - e^{-mt}) \tag{7-37}$$

指数Ⅱ型：

$$T = T_0(1 - e^{-at^b}) \tag{7-38}$$

双曲线型：

$$T = \frac{T_0 t}{n + t} \tag{7-39}$$

式中：$m$、$a$、$b$ 和 $n$ 均为拟合常数。

2）表达式的拟合方法

将式(7-37)、式(7-38)和式(7-39)转化为直线方程 $Y=A+Mx$ 形式。采用最小二乘法原理对测取的温升值作回归分析，得出拟合常数和数学表达式。

（1）指数Ⅰ型：

变换式(7-37)，并取自然对数得

$$\ln\left(1 - \frac{T}{T_0}\right) = -mt$$

设：$Y = \ln\left(1 - \dfrac{T}{T_0}\right)$，$x = t$，$M = -m$，得直线方程 $Y = Mx$。

（2）指数Ⅱ型：

变换式(7-38)，并取自然对数得

$$\ln\left[-\ln\left(1 - \frac{T}{T_0}\right)\right] = \ln a + b\ln t$$

设：$Y = \ln\left[-\ln\left(1 - \dfrac{T}{T_0}\right)\right]$，$A = \ln a$，$M = b$，$x = \ln t$，得直线方程 $Y = A + Mx$。

（3）双曲线型：

变换式(7-39)，移项得

$$\frac{t}{T} = \frac{n}{T_0} + \frac{1}{T_0}t$$

设：$Y = \dfrac{t}{T}$，$A = \dfrac{n}{T_0}$，$M = \dfrac{1}{T_0}$，$x = t$，得直线方程 $Y = A + Mx$。

由式(7-37)和式(7-38)拟合方程中可以看出最终绝热温升 $T_0$ 是给定值，而不是拟合常数，只有式(7-39)的 $T_0$ 是拟合常数。实际工程中采用指数Ⅱ型绝热温升-历时数学模型，最终绝热温升 $T_0$ 可根据水泥矿物成分和矿物掺合料种类的水化热最终理论值推算。

3）拟合常数及偏差平方和比较

为考察三种线型拟合表达式的精度，特选用四个混凝土配合比的实测温升值，见表 7-25；对式(7-37)、式(7-38)和式(7-39)变换坐标后，采用最小二乘法进行线性方程数学拟和，并计算偏差平方和，见表 7-26。

**表 7-25　四个混凝土配合比实测绝热温升试验结果**

| 历时/d | 绝热温升/℃ | | | | 历时/d | 绝热温升/℃ | | | | 历时/d | 绝热温升/℃ | | | |
| | 配合比编号 | | | | | 配合比编号 | | | | | 配合比编号 | | | |
| | P | R | K | D | | P | R | K | D | | P | R | K | D |
|---|---|---|---|---|---|---|---|---|---|---|---|---|---|---|
| 0 | 0 | 0 | 0 | 0 | 10 | 22.4 | 12.4 | 14.2 | 14.6 | 20 | 26.8 | 16.1 | 18.4 | 18.6 |
| 1 | 6.3 | 3.7 | 3.5 | 4.6 | 11 | 23.0 | 13.0 | 14.7 | 15.2 | 21 | 27.0 | 16.5 | 18.7 | 18.8 |
| 2 | 11.6 | 6.4 | 6.9 | 6.9 | 12 | 23.6 | 13.3 | 15.3 | 15.6 | 22 | 27.1 | 16.7 | 18.9 | 19.3 |
| 3 | 14.4 | 7.7 | 8.4 | 8.6 | 13 | 24.3 | 13.7 | 15.7 | 16.4 | 23 | 27.2 | 17.0 | 19.1 | 19.5 |

| 历时/d | 绝热温升/℃ | | | | 历时/d | 绝热温升/℃ | | | | 历时/d | 绝热温升/℃ | | | |
|---|---|---|---|---|---|---|---|---|---|---|---|---|---|---|
| | 配合比编号 | | | | | 配合比编号 | | | | | 配合比编号 | | | |
| | P | R | K | D | | P | R | K | D | | P | R | K | D |
| 4 | 16.0 | 8.9 | 9.6 | 10.0 | 14 | 24.7 | 14.1 | 16.2 | 16.4 | 24 | 27.2 | 17.3 | 19.4 | 19.7 |
| 5 | 17.4 | 9.7 | 10.5 | 11.1 | 15 | 25.1 | 14.4 | 16.7 | 17.1 | 25 | 27.3 | 17.6 | 19.6 | 19.9 |
| 6 | 18.7 | 10.4 | 11.3 | 12.1 | 16 | 25.5 | 14.8 | 17.0 | 17.5 | 26 | 27.3 | 17.9 | 19.8 | 20.4 |
| 7 | 19.9 | 11.0 | 12.1 | 13.0 | 17 | 25.8 | 15.1 | 17.4 | 17.8 | 27 | 27.3 | 18.2 | 20.1 | 20.5 |
| 8 | 20.9 | 11.6 | 12.8 | 13.9 | 18 | 26.2 | 15.5 | 17.8 | 18.1 | 28 | 27.3 | 18.4 | 20.3 | 20.7 |
| 9 | 21.8 | 12.1 | 13.5 | 14.3 | 19 | 26.5 | 15.8 | 18.1 | 18.3 | | | | | |

表 7-26　三种线型拟合常数和偏差平方和计算结果

| 配合比编号 | $T_0$/℃ | 双曲线型 | | 指数 I 型 | | 指数 II 型 | | |
|---|---|---|---|---|---|---|---|---|
| | | $n$ | $\sum\Delta^2$ | $m$ | $\sum\Delta^2$ | $a$ | $b$ | $\sum\Delta^2$ |
| P | 31.55 | 3.885 | 3.00 | 0.063 | 1 044 | 0.285 | 0.624 | 7.86 |
| R | 21.71 | 6.750 | 10.52 | 0.056 | 210.9 | 0.203 | 0.639 | 3.54 |
| K | 24.70 | 6.809 | 5.47 | 0.053 | 287.4 | 0.185 | 0.673 | 1.48 |
| D | 24.49 | 6.040 | 5.66 | 0.057 | 322.2 | 0.211 | 0.643 | 0.86 |

表 7-26 表明,指数 I 型表达式偏差平方和最大,双曲线型和指数 II 型表达式偏差平方和较小。

作者 1989 年曾对 7 个工程 16 个混凝土配合比进行过指数 I 型和指数 II 型拟合精度检验。检验指标采用剩余均方差 $s$,即

$$s = \sqrt{\frac{\sum_{i=1}^{N}\Delta_i^2}{N-2}} \tag{7-40}$$

式中:$s$ 为剩余均方差,℃;$N$ 为统计样本容量。

剩余均方差检验结果表 7-27 表明,指数 I 型表达式剩余均方差最大,即估值误差最大。

表 7-27　各工程大坝混凝土绝热温升–历时表达式的拟合常数和剩余均方差

| 工程名称 | 最终绝热温升 $T_0$/℃ | 指数 I 型 | | 指数 II 型 | | |
|---|---|---|---|---|---|---|
| | | $T = T_0(1-e^{-mt})$ | | $T = T_0(1-e^{-at^b})$ | | |
| | | $m$ | 剩余均方差/℃ | $a$ | $b$ | 剩余均方差/℃ |
| 观音阁 | 36.24 | 0.090 0 | 4.028 5 | 0.314 0 | 0.607 0 | 1.230 9 |
| | 32.97 | 0.080 2 | 2.987 6 | 0.245 8 | 0.631 0 | 0.505 1 |
| | 27.24 | 0.071 0 | 2.636 1 | 0.245 0 | 0.606 0 | 0.529 2 |
| | 38.94 | 0.119 9 | 5.444 5 | 0.531 0 | 0.579 0 | 1.511 2 |
| | 26.58 | 0.045 0 | 1.074 6 | 0.085 0 | 0.792 0 | 0.255 9 |
| | 26.58 | 0.073 0 | 2.132 5 | 0.211 0 | 0.647 0 | 0.466 4 |
| | 20.67 | 0.118 0 | 2.855 2 | 0.413 0 | 0.596 0 | 0.380 0 |

续表 7-27

| 工程名称 | 最终绝热温升 $T_0$/℃ | 指数 I 型 $T = T_0(1 - e^{-mt})$ | | 指数 II 型 $T = T_0(1 - e^{-at^b})$ | | |
|---|---|---|---|---|---|---|
| | | $m$ | 剩余均方差/℃ | $a$ | $b$ | 剩余均方差/℃ |
| 漫湾 | 24.33 | 0.081 0 | 1.918 4 | 0.210 8 | 0.674 2 | 0.309 7 |
| | 27.25 | 0.081 5 | 2.817 6 | 0.251 4 | 0.637 5 | 0.338 3 |
| | 21.59 | 0.097 4 | 2.257 7 | 0.319 0 | 0.597 2 | 0.097 3 |
| 岩滩 | 14.74 | 0.057 9 | 0.900 7 | 0.149 7 | 0.689 3 | 0.131 9 |
| 铜街子 | 26.88 | 0.044 4 | 1.798 7 | 0.159 8 | 0.625 3 | 1.039 1 |
| 沙溪口 | 26.28 | 0.053 0 | 1.115 7 | 0.114 6 | 0.729 6 | 0.566 6 |
| 五强溪 | 23.58 | 0.053 7 | 1.465 1 | 0.123 5 | 0.760 8 | 0.396 0 |
| 二滩 | 24.51 | 0.091 2 | 3.047 0 | 0.279 5 | 0.658 5 | 0.775 1 |
| | 31.76 | 0.084 7 | 3.465 9 | 0.224 1 | 0.701 2 | 0.905 9 |

4) 数学拟合表达式的选定

指数 I 型表达式被否定后,再进一步分析指数 II 型和双曲线型的优劣。式(7-38)指数 II 型拟合中,回避了一个问题,$T_0$ 是作为已知常数处理的,具体地说是借用双曲线模式求得 $T_0$ 值。实际上指数 II 型有三个待定常数:$a$、$b$ 和 $T_0$,该模式是非线性的。式(7-38)求解过程中固定了 $T_0$,以 $a$ 和 $b$ 为参数作线性拟合,所以求得的拟合方程不是最佳的。

指数 II 型模式在求解过程中要对检测值作两次对数变换,容易造成对测值的歪曲,影响计算成果。相比之下,双曲线型模式是一种比较好的拟合模式。选定双曲线型模式有下列三个优点:其一是当 $t \to \infty$ 时,$T = T_0$,在数学拟合的同时求得最终绝热温升;其二是另一个常数 $n$,当 $t = n$ 时,$T = \dfrac{T_0}{2}$ 即混凝土绝热温升达到最终绝热温升一半的天数,其倒数间接表示温升速率,$n$ 值愈大,混凝土温升速率愈小;其三是拟合数学模式计算估值与实际测值偏差较小。

2. 拟合数学表达式采取样本的规定和处理

1) 样本历时对最终绝热温升($T_0$)的影响

试验历时长短,对拟合数学表达式的拟合常数 $T_0$ 有较大影响。不同历时的样本,历时为 7 d、14 d、20 d 和 28 d 的样本,拟合常数 $T_0$ 相差悬殊,计算结果见图 7-12。因此,SL 352—2006 规定:试验历时 28 d,是不能随意改动的。

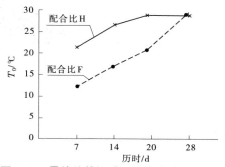

图 7-12　最终绝热温升($T_0$)与样本历时关系

2)早期温升速率的峰值及样本取舍

水泥水化作用是从水泥颗粒表面向内部渗透,水化物中包括结晶连生体和凝胶体,另外还有少量其他生成物。这个水化过程从混凝土早期绝热温升和温升速率测定结果表现出来。

图7-13是铜街子坝碾压混凝土实测60 h绝热温升和温升速率过程线,即$T = F(t)$和$\dfrac{\mathrm{d}T}{\mathrm{d}t} = G(t)$。$t_0$是$G(t)$出现峰值时的历时,$t_0 = 18$ h。$t_0$值随着外加剂和掺合料的品种和掺量而变化。掺加缓凝型减水剂和粉煤灰的混凝土一般比未掺加者延长$6 \sim 8$ h,或更长时间。

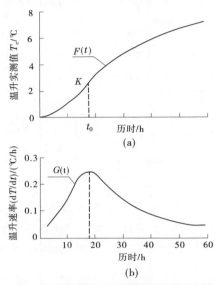

**图7-13　早龄期混凝土绝热温升及速率过程线**

$t_0$以前,$G(t)$上升,$t_0$时$G(t)$达到峰值,相对应的$F(t)$曲线上出现拐点$K$。$t_0$以后,$G(t)$曲线下降,相对应的$F(t)$曲线过$K$点后由向上凸变为向下凹。$t_0$前温升$F(t)$的变化与以后整个过程规律不协调,且双曲线型数学模式不具备这种性质。

对式(7-39)双曲线型表达式取二次导数:

$$\frac{\mathrm{d}^2 T}{\mathrm{d}t^2} = \frac{-2T_0 n}{(n + t)^3}$$

式中:$T_0$、$n$和$t$均大于零,所以恒有$\dfrac{\mathrm{d}^2 T}{\mathrm{d}t^2} < 0$,表明式(7-39)的$\dfrac{\mathrm{d}T}{\mathrm{d}t} = G(t)$单调下降。

采用双曲线型拟合表达式必须对取样样本进行技术处理。处理方法比较简单,由计算机程序完成。将早期(60 h)温升记录取出,每1 h为一个时段,计算温升速率$\dfrac{\Delta T}{\Delta t}$,绘制温升速率过程线,找出峰值对应的历时$t_0$,舍去$t_0$以前的数据,取$t_0$以后的数据为统计样本起始值。$t_0$一般不超过20 h,对试验历时672 h(28 d)不超过3%,不会影响拟合常数值。

### 7.4.3.2　水工混凝土绝热温升与历时过程线的推算数学模式

#### 1.适用条件

推算数学模式只适用于大体积混凝土,包括常规混凝土和碾压混凝土,用水量、水灰比(水胶比)和掺合料均应在适用条件内。近年来发展的高性能混凝土,胶凝材料的水化程度和速率与水工混凝土有较大变异,因此本方法统计分析得出的规律和参数不适宜高性能混凝土。

大体积混凝土是指结构实体最小尺寸大于1.0 m,预计会因水泥水化热引起内外温差过大而导致裂缝的混凝土。与本推算方法相适用的混凝土条件如下:

(1)混凝土设计强度等级:低于或等于,C30(国标),$C_{90}35$、$C_{180}40$(水电行业标准);$R_{90}350$、$R_{180}400$

（水利行业标准）。

（2）水胶比：0.38~0.65。

（3）掺合料品种：粉煤灰、矿渣粉、磷渣粉、火山灰、钢渣粉、石灰石粉和凝灰岩粉；掺量（占胶材用量百分比）：40%~65%。

2. 各大工程混凝土绝热温升成果汇总和统计分析

统计资料来源于 1987 年以来作者进行的各大水利水电工程试验报告，包括铜街子、普定、二滩、五强溪、岩滩、桃林口、观音阁、漫湾、白石、阎王鼻子、百色、大朝山、大广坝、三峡和龙滩等 21 个大、中型常规混凝土和碾压混凝土坝，共计 88 个混凝土配合比绝热温升试验。

绝热温升试验条件如下：

（1）试验仪器应满足《混凝土热物理参数测定仪》（JG/T 329—2011）行业标准，温差跟踪精度为 ±0.1 ℃。

（2）混凝土试验初始温度为 15~25 ℃。

（3）试验历时 28 d。

测得每个混凝土配合比不同历时的绝热温升后，按上节拟合数学表达式的规定和方法进行线性方程数学拟合，求得双曲线型表达式中的拟合常数 $T_0$ 和 $n$。从水泥品种和用量、掺合料品种和用量、外加剂品种和用量诸多因素中寻求拟合常数 $T_0$ 和 $n$ 与 $C$（水泥用量）的直线相关关系式，从而取得混凝土绝热温升推算数学模式。

3. 混凝土绝热温升推算数学模式

（1）强度等级 42.5（标号 525）中热硅酸盐水泥和粉煤灰（Ⅰ级、Ⅱ级）掺合料的混凝土绝热温升推算数学模式。

7 个大坝工程 34 个配合比拟合常数 $T_0$ 和 $n$ 与水泥用量 $C$ 的关系见图 7-14 和图 7-15。用最小二乘法拟合的线性关系式为

$$T_0 = 15.3 + 0.087C \tag{7-41}$$
$$R^2 = 0.851$$
$$n = 4.535 - 0.015C \tag{7-42}$$
$$R^2 = 0.8235$$

式中：$R$ 为相关系数。

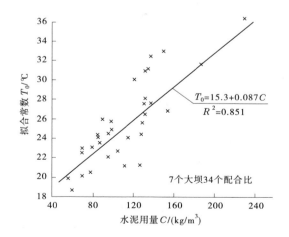

图 7-14　双曲线型数学模式拟合常数 $T_0$ 与水泥用量 $C$ 关系

［强度等级 42.5（标号 525）中热硅酸盐水泥和粉煤灰掺合料］

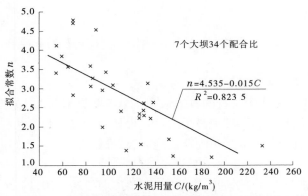

**图 7-15　双曲线型数学模式拟合常数 $n$ 与水泥用量 $C$ 关系**

**[强度等级 42.5(标号 525)中热硅酸盐水泥和粉煤灰掺合料]**

将式(7-41)和式(7-42)代入式(7-39)得 $T=f(C,t)$ 关系式,见式(7-43),即不同水泥用量的混凝土绝热温升–历时过程线推算数学模式。

$$T = \frac{(15.3 + 0.087C)t}{(4.535 - 0.015C) + t} \tag{7-43}$$

(2)强度等级 42.5 普通硅酸盐水泥和粉煤灰(Ⅰ级、Ⅱ级)掺合料的混凝土绝热温升推算数学模式。

7 个大坝工程 22 个配合比拟合常数 $T_0$ 和 $n$ 与水泥用量 $C$ 的关系见图 7-16 和图 7-17。用最小二乘法拟合的线性关系式为

$$T_0 = 16.85 + 0.081\,4C \tag{7-44}$$

$$R^2 = 0.831\,7$$

$$n = 5.685 - 0.020\,1C \tag{7-45}$$

$$R^2 = 0.822\,6$$

将式(7-44)和式(7-45)代入式(7-39)得 $T=f(C,t)$ 关系式,见式(7-46),即不同水泥用量的混凝土绝热温升–历时过程线推算数学模式。

$$T = \frac{(16.85 + 0.081\,4C)t}{(5.685 - 0.020\,1C) + t} \tag{7-46}$$

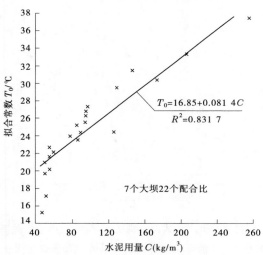

**图 7-16　双曲线型数学模式拟合常数 $T_0$ 与水泥用量 $C$ 的关系**

**[强度等级 42.5(标号 525)普通硅酸盐水泥和粉煤灰掺合料]**

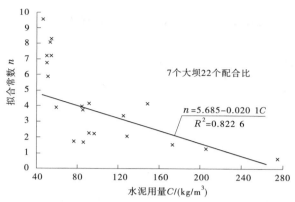

**图 7-17　双曲线型数学模式拟合常数 $n$ 与水泥用量 $C$ 的关系**
[强度等级 42.5(标号 525)普通硅酸盐水泥和粉煤灰掺合料]

（3）强度等级 32.5 低热矿渣硅酸盐水泥(标号 425 矿渣大坝硅酸盐水泥)和无外掺掺合料的混凝土绝热温升推算数学模式。

观音阁碾压混凝土坝 4 个配合比拟合常数 $T_0$ 和 $n$ 与水泥用量 $C$ 的关系见图 7-18、图 7-19。用最小二乘法拟合的线性关系式为

$$T_0 = 17.895 + 0.066\ 9C \qquad (7\text{-}47)$$
$$R^2 = 0.833\ 8$$
$$n = 8.659 - 0.019\ 6C \qquad (7\text{-}48)$$
$$R^2 = 0.932\ 8$$

将式(7-47)和式(7-48)代入式(7-39)得 $T=f(C,t)$ 关系式,即式(7-49),也就是不同水泥用量的混凝土绝热温升-历时过程线推算数学模式。

$$T = \frac{(17.895 + 0.066\ 9C)t}{(8.659 - 0.019\ 6C) + t} \qquad (7\text{-}49)$$

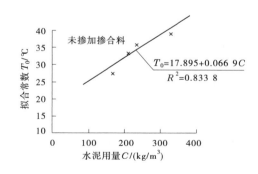

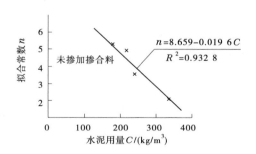

图 7-18　双曲线型数学模式拟合常数 $T_0$ 与水泥用量的关系(强度等级 32.5 低热矿渣硅酸盐水泥拟合常数与水泥用量关系)　　图 7-19　双曲线型数学模式拟合常数 $n$ 与水泥用量的关系(强度等级 32.5 低热矿渣硅酸盐水泥拟合常数与水泥用量关系)

（4）强度等级 42.5(标号 525)硅酸盐水泥和粉煤灰(Ⅰ级、Ⅱ级)掺合料的混凝土绝热温升推算数学模式。

桃林口和五强溪坝 4 个配合比拟合常数 $T_0$ 和 $n$ 与水泥用量 $C$ 的关系见图 7-20、图 7-21。用最小二乘法拟合的线性关系式为

$$T_0 = 15.072 + 0.141\ 5C \qquad (7\text{-}50)$$
$$R^2 = 0.863\ 5$$

$$n = 10.101 - 0.050\ 7C \tag{7-51}$$
$$R^2 = 0.918\ 4$$

将式(7-50)和式(7-51)代入式(7-39)得 $T=f(C,t)$ 关系式,即式(7-52),也就是不同水泥用量的混凝土绝热温升-历时过程线推算数学模式。

$$T = \frac{(15.072 + 0.141\ 5C)t}{(10.101 - 0.050\ 7C) + t} \tag{7-52}$$

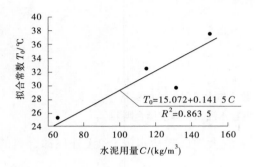 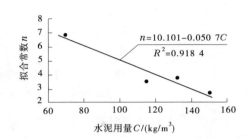

图 7-20　双曲线型数学模式拟合常数 $T_0$ 与水泥
用量关系[强度等级 42.5(标号 525)硅酸盐水泥
和粉煤灰掺合料]

图 7-21　双曲线型数学模式拟合常数 $n$ 与水泥
用量关系[强度等级 42.5(标号 525)硅酸盐水泥
和粉煤灰掺合料]

(5)强度等级 42.5(标号 525)普通硅酸盐水泥和凝灰岩掺合料的混凝土绝热温升推算数学模式。

大朝山坝 4 个配合比拟合常数 $T_0$ 和 $n$ 与水泥用量 $C$ 的关系见图 7-22、图 7-23。用最小二乘法拟合的线性关系式为

$$T_0 = 9.044 + 0.145\ 1C \tag{7-53}$$
$$R^2 = 0.970\ 7$$
$$n = 7.584 - 0.038\ 2C \tag{7-54}$$
$$R^2 = 0.695\ 2$$

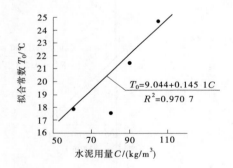 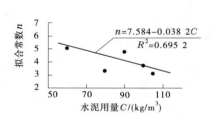

图 7-22　双曲线型数学模式拟合常数 $T_0$ 与水泥用量
关系[强度等级 42.5 普通硅酸盐水泥
和凝灰岩粉掺合料]

图 7-23　双曲线型数学模式拟合常数 $n$ 与水泥用量
关系[强度等级 42.5 普通硅酸盐水泥
和凝灰岩粉掺合料]

将式(7-53)和式(7-54)代入式(7-39)得 $T=f(C,t)$ 关系式,即式(7-55),也就是不同水泥用量的混凝土绝热温升-历时过程线推算数学模式。

$$T = \frac{(9.044 + 0.145\ 1C)t}{(7.584 - 0.038\ 2C) + t} \tag{7-55}$$

**4. 大体积混凝土选用水泥和掺合料的思考**

从温控和防裂角度,大体积混凝土如何选用水泥和掺合料,本书以上述 5 个绝热温升推算数学模式

为依据,以龙滩碾压混凝土坝配合比设计指标为实例,进行分析讨论。

龙滩碾压混凝土坝各部位混凝土配合比设计指标见表 7-28。

表 7-28　龙滩碾压混凝土坝各部位混凝土配合比设计指标

| 部位 | 设计指标 | 水泥用量/<br>（kg/m³） | 粉煤灰/<br>（kg/m³） | 最大骨料粒径/<br>mm | 备注 |
|---|---|---|---|---|---|
| 上游面<br>（RCC） | C18<br>$C_{90}25$ | 90 | 100 | 40 | |
| 坝下部<br>（RCC） | C18<br>$C_{90}25$ | 80 | 90 | 80 | 42.5 中热硅酸盐<br>水泥，Ⅰ级粉煤灰 |
| 坝中部<br>（RCC） | C15<br>$C_{90}20$ | 70 | 90 | 80 | |
| 基础常态 | C20<br>$C_{90}28$ | 126 | 54 | 150 | |

用式(7-43)、式(7-46)、式(7-49)、式(7-52)和式(7-56)计算表 7-28 龙滩坝各部位混凝土在胶材用量相同、采用不同水泥品种和掺合料条件下,混凝土的绝热温升-历时过程线表达式,见表 7-29。

表 7-29　大体积混凝土胶凝材料组合对绝热温升的影响

| 部位 | 由式(7-43)导出<br>（中热硅酸盐水<br>泥+粉煤灰） | 由式(7-46)导出<br>（普通硅酸盐水<br>泥+粉煤灰） | 由式(7-49)导出<br>（32.5 低热矿渣水泥） | 由式(7-52)导出<br>（硅酸盐水<br>泥+粉煤灰） | 由式(7-55)导出<br>（普通硅酸盐水<br>泥+凝灰岩粉） |
|---|---|---|---|---|---|
| 上游面<br>（RCC） | $T=\dfrac{23.14t}{3.176+t}$ | $T=\dfrac{24.18t}{4.077+t}$ | $T=\dfrac{30.61t}{4.966+t}$ | $T=\dfrac{27.81t}{5.538+t}$ | $T=\dfrac{22.1t}{4.1+t}$ |
| 坝下部<br>（RCC） | $T=\dfrac{22.27t}{3.327+t}$ | $T=\dfrac{23.36t}{4.077+t}$ | $T=\dfrac{29.27t}{5.327+t}$ | $T=\dfrac{26.39t}{6.045+t}$ | $T=\dfrac{20.65t}{4.528+t}$ |
| 坝中部<br>（RCC） | $T=\dfrac{21.4t}{3.478+t}$ | $T=\dfrac{22.55t}{4.278+t}$ | $T=\dfrac{28.6t}{5.523+t}$ | $T=\dfrac{24.98t}{6.552+t}$ | $T=\dfrac{19.2t}{4.91+t}$ |
| 基础<br>（CC） | $T=\dfrac{26.3t}{2.633+t}$ | $T=\dfrac{27.12t}{3.152+t}$ | $T=\dfrac{29.94t}{5.131+t}$ | $T=\dfrac{32.9t}{3.713+t}$ | $T=\dfrac{27.33t}{2.77+t}$ |

通过表 7-29 的分析,对大体积混凝土选用水泥和掺合料提出以下新理念,供参考。

(1)20 世纪 60 年代以来,部分学者主张采用低热矿渣硅酸盐水泥修建大坝。改革开放以来,掺合料得到开发,不但有优质粉煤灰,而且品种多样,包括矿渣粉、磷渣粉、石粉(石灰岩、凝灰岩)等都在大坝工程中采用。中热硅酸盐水泥或 42.5 普通硅酸盐水泥掺加各种掺合料,从技术、经济两方面考虑都优于低热矿渣硅酸盐水泥。因为该种水泥强度低不宜再掺加掺合料,致使水泥用量不能降低使水泥低热效应减弱,反而绝热温升增加。

（2）大体积混凝土胶凝材料中发热量主导因素是水泥品种和用量。胶凝材料中的掺合料只是满足施工工艺性要求，对混凝土拌和物的均匀性、流动性、密实性是重要的。

（3）式（7-41）和式（7-42）表明，水泥用量增多，绝热温升（$T_0$）增高，拟合常数（$n$）减小。$n$表示混凝土温升达到$T_0/2$所需时间天数，$n$的倒数表示混凝土水化速率，$n$愈小，温升速率愈大，混凝土绝热温升上升愈快，形成了较大的水化热温升，冷却后温度应力较大；反之，$n$大一些，温升速率变小，混凝土绝热温升和弹性模量发展较慢，有较多时间让表面散热和冷却水管发挥作用，混凝土内部的最高温度和冷却过程中的拉应力都较小，有利于混凝土防裂。由此说明，提高混凝土抗裂性的重要措施是降低水泥用量，所以选用优质减水剂和掺合料是行之有效的。

除粉煤灰掺合料外，上述几种掺合料均能减少水泥用量，只是在满足设计要求的强度、变形性和耐久性要求，所能减少的水泥用量有所差别。

# 参考文献

[1] 内维尔 A M.混凝土的性能[M].北京:中国建筑工业出版社,1983.

[2] 电力行业水电施工标委会.水工混凝土配合比设计规程:DL/T 5330—2005[S].北京:中国电力出版社,2006.

[3] 中国科学院数学研究所统计组.常用数理统计方法[M].北京:科学出版社,1979.

[4] 姜福田.碾压混凝土[M].北京:中国铁道出版社,1991.

[5] 水利水电科学研究院结构材料研究所.大体积混凝土[M].北京:水利电力出版社,1990.

[6] 姜福田.混凝土绝热温升的测定及其表达式[J].水利水电技术,1989(11).

[7] 蔡正咏.混凝土性能[M].北京:中国建筑工业出版社,1979.

[8] 美国垦务局.混凝土坝的冷却[M].侯建功译.北京:水利电力出版社,1958.

# 第 8 章　变态混凝土

## 8.1　概　述

### 8.1.1　变态混凝土的由来

变态混凝土(enriched vibrated RCC,简称 EVR)由中国首创,是指在摊铺完毕未经压实的碾压混凝土中加入适量水泥类浆材,使碾压混凝土中灰浆含量达到低塑性混凝土的浆量水平,然后用插入式振捣器振捣密实,即为碾压混凝土的变态,相应的经加浆振实的碾压混凝土称为变态混凝土。

#### 8.1.1.1　变态混凝土的优越性

变态混凝土的应用带来了以下好处:

(1)拌和楼不用变换混凝土品种(VCC 或 RCC),可提高混凝土生产率。

(2)运输工具不需另外安排,可提高运输生产率。

(3)不存在两种混凝土先后施工产生的时间间隔问题,保证混凝土浇筑同步上升,并避免了异种混凝土在接合处产生薄弱面的问题。

(4)变态混凝土的宽度可以相当小,简化了施工工艺,减少了施工干扰,加快了 RCC 施工进度,提高了效率。

#### 8.1.1.2　变态混凝土在国内工程的应用概况

变态混凝土来源于工程实践。我国在 1989 年岩滩碾压混凝土(RCC)围堰施工中创造了变态混凝土,主要用于贴近模板处不便碾压的部位,其基本原理是:在 RCC 摊铺层表面泼洒水泥浆,使该处的 RCC 变成具有坍落度的常态混凝土(VCC),用插入式振捣器振捣密实。这种方法有效解决了 RCC 在模板附近不易碾压的难题。

1991 年,在荣地混凝土预制模板后采用了变态混凝土,效果很好。1992 年,在普定 RCC 拱坝施工时,在电梯井、楼梯井、廊道边墙布置有钢筋的部位、设止水片和诱导缝部位、模板相交阴角部位、下游顺坡坝面模板底部等处,使用变态混凝土代替常态混凝土,使坝体施工简单并保证了质量。1993 年,在福建山仔坝上游模板后采用了变态混凝土,后在两岸基岩接触部也采用了。1994 年,在石漫滩的模板周边和下游预制混凝土模板后也采用了变态混凝土。1996 年,在江垭坝模板周边、竖井、廊道周围、岸坡和止水片周边等部位,浇筑的变态混凝土约 2 万 m³,占相应 RCC 方量的 1.8%。1998 年,在大朝山水电站 RCC 坝采用了不少变态混凝土,应用于新老混凝土接合部、有钢筋的孔洞和横缝止水附近及岸坡垫层接合部等。1999 年,在山口三级水电站边角、基础垫层采用了变态混凝土。2000 年,在世界最高的沙牌 RCC 拱坝,除上下游面用变态混凝土外,岸坡岩基接触带、电梯井周围也都用了变态混凝土。

几乎每座 RCC 坝的变态混凝土工艺都不尽相同。江垭使用的变态混凝土宽度范围为 20~100 cm,加水泥或水泥粉煤灰浆使干硬性碾压混凝土变成坍落度 3~5 cm 的混凝土,用装载机运送到工地;用橡皮筒铺洒,不抽槽分层,或用四联振捣器,或用手持 φ100 振捣器振捣,振捣后再进行碾压。在山仔和石漫滩坝都是在平仓后进行人工挖槽,槽宽 30 cm,深 15 cm,再将水泥灰浆注入,回填碾压混凝土,再用插入式振捣器振捣。棉花滩采用过人工摊铺成低于碾压面 5~10 cm 的槽,再用自制脚踩打孔器,按间距 30 cm×30 cm 人工手提桶定量定孔加浆;5 min 后,再用高频器振捣或软轴式振捣器插入下层 10 cm;振捣时间 25~30 s。大朝山 RCC 坝工艺与普定拱坝的相同,采用的加浆法是先铺洒一层水泥净浆,然后分两次铺 RCC,中间再铺一层水泥净浆,再按常态混凝土振捣密实。山口三级水电站采用的变态混凝土是与 RCC 同步上升的,RCC 平仓后先做孔,孔距 0.2 m,深 0.3 m,然后人工注浆,用垂直振捣器振捣密实,注浆量上下面为 6%,坝肩为 8%,水与胶凝材料之比为 0.47。

### 8.1.1.3　变态混凝土在国外工程的应用概况

澳大利亚学者 B. A. 福贝斯将变态混凝土技术推荐应用于澳大利亚的卡甸古龙坝(Cadiongullong,坝高 46 m,坝长 356 m);2000 年,在土耳其高 135 m 的奇内 RCC 坝上下游面应用,后又在约旦的塔努尔坝(Tannur,坝高 60 m)上采用。在美国乔治亚州的亚特兰大路坝(Atlanta Road)、圣迭戈的奥利文海恩坝、西弗吉尼亚州北福克休斯(North Fork Hughes)坝分别使用。

## 8.1.2　变态混凝土和二级配碾压混凝土组合作防渗体系

### 8.1.2.1　一些工程的应用

20 世纪 90 年代,变态混凝土施工工艺技术进入了迅速发展的阶段。在这个阶段中,工程技术人员把变态混凝土施工工艺技术应用到水电站的主坝上,变态混凝土不但要满足外露表面光滑平整,无蜂窝、麻面要求,而且要满足抗渗和抗冻等耐久性要求。因此,工程技术人员必须考虑变态混凝土能否用在碾压混凝土坝上,在变态混凝土掺合料中需加入什么样配方的水泥浆液和如何加入水泥浆液等问题。贵阳勘测设计研究院在这方面做出了创新和突破,将变态混凝土与二级配碾压混凝土施工工艺技术应用在贵州省的普定碾压混凝土拱坝上获得成功。结束了碾压混凝土坝防渗结构"金包银"的历史,开创了变态混凝土与二级配碾压混凝土组合形成防渗结构的新方法。随后,在一些碾压混凝土坝的变态混凝土施工中工程技术人员对加入什么样水泥浆液和如何加入水泥浆液等问题做了深入的探讨。例如,在云南大朝山碾压混凝土重力坝对变态混凝土施工中采用 35 cm 分两次加浆,加浆量为混凝土体积的 1/16～1/10 等工艺。在四川沙牌碾压混凝土拱坝对变态混凝土施工中采用开槽或凿孔等方法加浆,加浆量为混凝土体积的 4%～6%。在平班水电站碾压混凝土试验段试验时对变态混凝土分别使用开槽、凿孔、面层和分层加浆等多种加浆方式试验,并在实际施工中应用了试验成果。

### 8.1.2.2　龙滩工程采用变态混凝土和二级配碾压混凝土组合作防渗体系的设计和应用

经过多年的研究,推荐变态混凝土与二级配碾压混凝土组合方案,大坝下部为变态钢筋混凝土与二级配组合防渗,大坝上部为变态混凝土与二级配碾压混凝土组合防渗。

高程 342.00 m 以上变态混凝土厚度为 0.50 m,高程 342.00 m 以下变态混凝土平均宽度为 1.00 m;变态混凝土的分缝与坝体结构分缝布置相同,为限制上游变态混凝土开裂后裂缝的发展,在高程 340.00 m 以下变态混凝土内设置一层水平和竖直方向间距均为 200 mm、直径为 25 mm 的钢筋网。上游二级配碾压混凝土水平宽度根据作用水头不同采用 3.00～15.00 m。为提高二级配碾压混凝土层面的结合效果和抗渗性,在连续上升的二级配碾压混凝土层面范围内逐层铺洒水泥粉煤灰浆。

在大坝下部还采取了辅助防渗措施,包括上游面高程 342.00 m 以下设置一道水泥基渗透结晶材料坝面涂层,充分利用龙滩上游围堰与大坝相距较近的有利条件,在 250.00 m 高程以下围堰与大坝之间回填黏土设置铺盖。

### 8.1.2.3　变态混凝土和二级配碾压混凝土组合作防渗体系在国内水电工程的应用前景

早期修建的碾压混凝土坝,除坑口坝采用沥青混凝土外,大部分均在上游面采用 3 m 厚的常态混凝土作防渗体。由于施工中出现了碾压混凝土与常态混凝土结合面胶结不良现象,以及两种混凝土的运输方式不同,给施工造成困难。变态混凝土的应用给大坝防渗体带来了巨大的变化,自 1993 年以后,所有的碾压混凝土坝在上游面区全部采用变态混凝土与富胶材二级配碾压混凝土(骨料最大粒径为 40 mm)组合式防渗体。变态混凝土靠上游坝面,厚度通常为 30～50 cm,二级配富胶材碾压混凝土厚度为坝高的 1/20～1/15。研究结果认为,二级配富胶材碾压混凝土厚度为坝高的 1/40～1/30 已经足够了。少数高坝在上游面附加防渗涂料。

全断面浇筑三级配碾压混凝土,在上游面 1.0 m 宽变态混凝土,距上游坝高 6%～8%的宽度处,层面铺水泥灰浆 3～5 mm 厚,再摊铺和碾压混凝土,构成的上游面防渗技术是成熟的,推荐在碾压混凝土坝逐步推广。

# 8.2　变态混凝土配合比

## 8.2.1　变态浆液配合比和性能

### 8.2.1.1　浆液的材料组成和配合比

常用的加浆材料由水泥、粉煤灰、高效缓凝减水剂加水经机械搅拌而成,拌制好的加浆材料称为浆液;大朝山工程由于主坝没用粉煤灰,因此用 PT 掺合料代替。研究表明,Ⅰ级粉煤灰浆液配合比的设计采用绝对体积法为最好,首先根据流动度确定单方浆液的用水量,其次根据绝对体积法计算水泥用量以确定水灰比。当掺用粉煤灰时,可采用固定粉煤灰掺量,如采用与碾压混凝土相同的粉煤灰掺量,也可采用水灰比固定,再用绝对体积法计算粉煤灰用量。例如,选取水灰比=1.0,即水泥用量与用水量相同,再用绝对体积法计算单位体积混凝土中的粉煤灰用量($F$),即

$$F = \gamma_f \left( 1\,000 - W - \frac{C}{\gamma_c} \right) \tag{8-1}$$

式中:$F$ 为粉煤灰用量,$kg/m^3$;$W$ 为用水量,$kg/m^3$;$C$ 为水泥用量,$kg/m^3$;$\gamma_c$ 和 $\gamma_f$ 分别为水泥和粉煤灰的密度,$kg/m^3$。

### 8.2.1.2　浆液的各项性能

变态混凝土加浆液必须具有良好的流变性、体积稳定性和抗离析性。浆液凝固后有较高的强度和变形性能。

1. 浆液的流动度

浆液流变性能中一个指标是流动度,其受水、水泥和粉煤灰用量、质量及外加剂品质和掺量影响较大。控制浆液流动度是保证浆液流变性能稳定和变态混凝土质量的必要条件。

浆液流动度测定常用水泥净浆流动度测定方法(GB/T 8077)。这种方法一般适用于稠度较稠的浆液,净浆流动度在 130~180 mm。变态混凝土用浆液一般稠度较稀,净浆流动度在 250 mm 以上,超出净浆流动度的精度测试范围,不能真实反映变态混凝土浆液的流动性能,见图 8-1。为此,中国水利水电科学研究院专门研制了一种新的锥体流动度仪,见图 8-2,又称 Marsh 流动度仪。

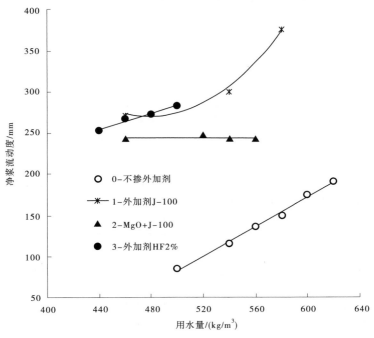

图 8-1　加浆材料用水量与流动度关系

**图 8-2　Marsh 流动度仪**

Marsh 流动度仪主要由等边锥形漏斗和量杯组成。Marsh 流动度仪测试方法如下:将拌制好的浆液倒入锥形漏斗中,盛满顶面略有突起,用钢尺刮平。将漏斗阀门打开,同时用秒表计时,然后观察量杯顶面三角开口尖端,当浆液液面与尖端齐平时计时结束,流动时间以秒(s)计,称为 Marsh 流动度。

Marsh 流动度对浆液用水量、外加剂品质和掺量反应非常灵敏,见图 8-3。Marsh 流动度可用于现场制浆质量控制。它也是现场控制浆液质量的有效工具。

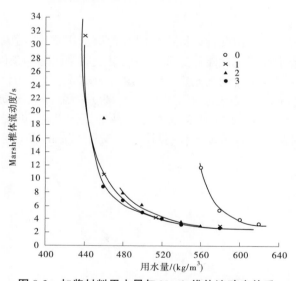

**图 8-3　加浆材料用水量与 Marsh 锥体流动度关系**

**2. 浆液的强度**

浆液凝固后应有较高的强度,通常制成 4 cm×4 cm×16 cm 试件,测定其抗压强度和抗折强度,表 8-1 列出了龙滩工程改性外加剂的浆液强度试验研究成果。

**表 8-1　浆液抗压强度和抗折强度试验成果**

| 试验 | 外加剂 | | 抗压强度/MPa | | | 抗折强度/MPa | | |
|---|---|---|---|---|---|---|---|---|
| 编号 | 品名 | 掺量/% | 7 d | 28 d | 90 d | 7 d | 28 d | 90 d |
| LT-16<br>LT-12 | J-100 | 0.5 | — | 19.6 | — | — | 4.33 | — |

续表 8-1

| 试验编号 | 外加剂 | | 抗压强度/MPa | | | 抗折强度/MPa | | |
|---|---|---|---|---|---|---|---|---|
| | 品名 | 掺量/% | 7 d | 28 d | 90 d | 7 d | 28 d | 90 d |
| LT-43<br>LT-44 | J-400 | 0.5 | 8.6<br>8.1 | 20.8<br>20.1 | 32.3<br>31.4 | 2.21<br>2.42 | 4.22<br>4.56 | 5.2<br>5.2 |
| LT-57<br>LT-58 | J-500 | 0.5 | 10.5<br>10.4 | 22.2<br>19.7 | 40.1<br>33.1 | 3.04<br>3.00 | 4.34<br>4.45 | 5.65<br>5.82 |
| LT-61<br>LT-63 | J-600 | 0.5 | 10.5 | 19.2 | 29.3 | 2.82 | 4.15 | 5.02 |

3. 浆液的凝结时间和静置稳定性

浆液的凝结时间测定执行《水泥标准稠度用水量、凝结时间、安定性检验方法》（GB/T 1346—2001），静置稳定性用浆液的 Marsh 流动度与历时的关系表示，即拌制好的浆液静置不同时间后重新搅拌测定其 Marsh 流动度。表 8-2 是龙滩工程改性外加剂的浆液凝结时间和静置稳定性试验成果。

表 8-2　浆液凝结时间和静置稳定性试验成果

| 试验编号 | 凝结时间（h:min） | | Marsh 流动度/s | | | |
|---|---|---|---|---|---|---|
| | 初凝 | 终凝 | 0 h | 2 h | 4 h | 6 h |
| LT-16 | 49:45 | 52:00 | 7.1 | 5.7 | 5.7 | 4.6 |
| LT-43 | 46:30 | 50:30 | 8.5 | 8.1 | 7.1 | 6.3 |
| LT-57 | 46:15 | 50:15 | 8.2 | 8.1 | 6.5 | 5.4 |
| LT-61 | 48:30 | 52:00 | 6.9 | 6.7 | 5.8 | 5.4 |

4. 浆液的水化特性

浆液的水化热可采用《水泥水化热试验方法（直接法）》（GB 2022—80）进行；龙滩工程变浆材料的水化热试验成果见表 8-3。

表 8-3　水化热试验成果

| 序号 | 配比编号 | 变浆材料配合比 | 各龄期水化热值/（kJ/kg） | | | | | | |
|---|---|---|---|---|---|---|---|---|---|
| | | | 1 d | 2 d | 3 d | 4 d | 5 d | 6 d | 7 d |
| 1 | — | 100% 42.5 中热硅酸盐水泥 | 151<br>(100) | 197<br>(100) | 220<br>(100) | 235<br>(100) | 247<br>(100) | 255<br>(100) | 263<br>(100) |
| 2 | BTY | 50%水泥+50%宣威灰+0.5%ZB-1RCC15+0.15‰ZB-1G | 22<br>(15) | 26<br>(13) | 44<br>(20) | 79<br>(34) | 100<br>(40) | 115<br>(45) | 126<br>(48) |
| 3 | BTO | 50%水泥+20%宣威灰+30%高性能掺合料+0.5% ZB-1RCC15+0.15‰ZB-1G | 24<br>(16) | 94<br>(48) | 153<br>(70) | 180<br>(77) | 198<br>(80) | 212<br>(83) | 222<br>(84) |
| 4 | BTP | 50%水泥+20%宣威灰+30%高性能掺合料+0.5%ZB-1RCC15+0.15‰DH₉ | 25<br>(17) | 82<br>(42) | 140<br>(64) | 170<br>(72) | 190<br>(77) | 205<br>(80) | 217<br>(83) |
| 5 | BTR | 50%水泥+20%凯里灰+30%高性能掺合料+0.5%ZB-1RCC15+0.15‰ZB-1G | 23<br>(15) | 66<br>(34) | 141<br>(64) | 177<br>(75) | 200<br>(81) | 217<br>(85) | 230<br>(87) |

续表8-3

| 序号 | 配比编号 | 变浆材料配合比 | 各龄期水化热值/(kJ/kg) | | | | | | |
|---|---|---|---|---|---|---|---|---|---|
| | | | 1 d | 2 d | 3 d | 4 d | 5 d | 6 d | 7 d |
| 6 | BTS | 60%水泥+20%宣威灰+20%高性能掺合料+0.5%ZB-1RCC15+0.15‰ZB-1G | 28 (19) | 86 (44) | 135 (61) | 162 (69) | 183 (74) | 199 (78) | 214 (81) |
| 7 | BTZ | 50%水泥+50%高性能掺合料+0.5%ZB-1RCC15+0.15‰ZB-1G | 22 (15) | 90 (46) | 174 (79) | 205 (87) | 221 (89) | 233 (91) | 242 (92) |

注:"( )"内数据为该龄期水化热与纯水泥水化热值的比值(%)。

5. 浆液的干缩性能

浆液的干缩性能可参照《水工混凝土试验规程》(DL/T 5150—2001)中水泥砂浆干缩(湿胀)试验方法进行。表8-4列出了龙滩工程变态浆液干缩性能试验成果。

表8-4　龙滩工程变态浆液干缩性能试验成果

| 序号 | 配合比编号 | 凝结时间(h:min) | | 抗压强度/MPa | | 抗折强度/MPa | | 干缩率/10⁻⁴ | | | | | | |
|---|---|---|---|---|---|---|---|---|---|---|---|---|---|---|
| | | 初凝 | 终凝 | 14 d | 28 d | 14 d | 28 d | 3 d | 7 d | 14 d | 21 d | 28 d | 43 d | 81 d |
| 1 | BTY | 23:17 | 38:28 | 12.6 | 18.0 | 3.2 | 4.1 | 0.31 | -4.03 | -10.84 | -16.18 | -20.42 | -24.335 7 | -27.07 |
| 2 | BTO | 32:32 | 33:43 | 28.3 | 41.8 | 4.8 | 6.5 | -2.04 | -10.44 | -17.67 | -24.25 | -30.61 | -38.06 | -41.47 |
| 3 | BTP | 30:47 | 32:08 | 29.3 | 42.6 | 4.7 | 6.9 | -2.56 | -11.60 | -18.02 | -25.32 | -31.35 | -37.98 | -42.32 |
| 4 | BTR | 29:37 | 32:13 | 20.5 | 29.6 | 4.1 | 4.9 | -5.78 | -16.84 | -26.23 | -33.53 | -40.63 | -49.84 | -53.44 |
| 5 | BTS | 27:04 | 28:20 | 28.6 | 40.4 | 5.3 | 6.2 | -1.75 | -10.00 | -16.93 | -24.43 | -30.66 | -37.90 | -41.79 |
| 6 | BTZ | 31:11 | 32:00 | 41.3 | 53.5 | 5.9 | 7.3 | -8.71 | -19.60 | -25.27 | -31.55 | -37.05 | -45.22 | -50.44 |

### 8.2.1.3　掺浆量的确定原则

掺浆量以浆液的体积占变态混凝土的体积百分比表示;浆液的流变性直接影响变态混凝土的掺浆量,浆液较稀,流变性能好,则掺浆量低,但浆液容易泌水;浆液较稠,流变性较差,掺浆量较高,胶凝材料用量增加,不利于混凝土的抗裂性。合适的掺浆量使浆液稳定性好且容易扩散填充,振捣密实后表面无浮浆。如果变态混凝土的掺浆量较高,则会在顶面形成浮浆层,并发生泌水与离析,在浮浆表面形成粉煤灰浆层,降低层缝的抗拉强度和抗剪黏聚力,也容易形成渗漏通道。因此,选择流动度合适的浆液和掺浆量对保证变态混凝土的质量十分重要。

现场的施工以控制变态混凝土的坍落度来选择掺浆量,各个工程的做法不尽相同,江垭采用的变态混凝土坍落度3~5 cm,龙滩和石漫滩水库1~3 cm,三峡三期围堰5~7 cm,相应的掺浆量也就各异,江垭10%,龙滩6%,石漫滩水库5%~6%,三峡三期围堰3%~4.5%。当然这些工程的浆液流变性是不同的。掺浆量对变态混凝土的坍落度影响十分敏感,图8-4是龙滩工程掺浆量与变态混凝土坍落度的关系。

变态混凝土掺浆量随碾压混凝土的 VC 值变化而变化,掺浆量控制范围一般为变态混凝土体积的6%~10%,相应的坍落度为3~5 cm,根据碾压混凝土的级配调整掺浆量,二级配比三级配灰浆用量应适当增加。不能实现快速施工时,变态混凝土的灰浆用量也应适当增加。

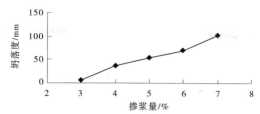

**图 8-4　龙滩工程掺浆量与变态混凝土坍落度的关系**

## 8.2.2　变态混凝土配合比

### 8.2.2.1　室内试验的加浆方法

在碾压混凝土配合比和浆液配合比确定情况下,现场加浆方式和加浆率是影响变态混凝土配合比和质量的重要因素。采用实验室仿真试验研究变态混凝土加浆方式、加浆率和变态混凝土振动液化形态,是研究确定变态混凝土配合比的有效方法,并可为变态混凝土施工加浆方式提供试验依据。

1. 仿真试验模型

仿真试验模型见图 8-5,仿真试件高 0.3 m,相当于一层碾压混凝土层厚。插入式振动器采用 ZX-50 型振动器,规格如下:振动棒直径 36 mm,长度 500 mm;棒空载频率≥11 000 次/min,最大振幅≥1.1 mm,功率 1.1 kW。

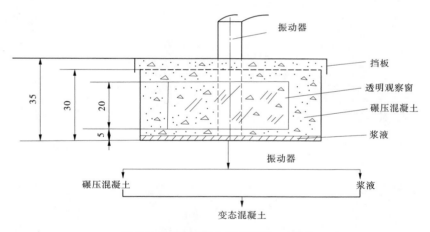

**图 8-5　变态混凝土仿真模型**　(单位:cm)

2. 试验基材

变态混凝土仿真试验用的浆液配合比见表 8-5,二级配碾压混凝土配合比见表 8-6。

**表 8-5　变态混凝土仿真试验用的浆液配合比**

| 试验编号 | 改性外加剂 | | 1 m³ 浆液材料用量/kg | | | Marsh 流动度/s | |
| --- | --- | --- | --- | --- | --- | --- | --- |
| | 品名 | 掺量/% | 水 | 水泥 | 粉煤灰 | 测次 | 平均值 |
| LT-16 | J-100 | 0.5 | 480 | 480 | 888 | 11 | 8.6 |
| LT-12 | | | 500 | 500 | 825 | | |
| LT-43 | J-400 | 0.5 | 480 | 480 | 888 | 8 | 12.2 |
| LT-44 | | | 500 | 500 | 825 | | |
| LT-57 | J-500 | 0.5 | 480 | 480 | 888 | 8 | 8.8 |
| LT-58 | | | 500 | 500 | 825 | 7 | 7.1 |
| LT-61 | J-600 | 0.5 | 480 | 480 | 888 | 8 | 9.4 |
| LT-63 | | | 500 | 500 | 825 | 7 | 6.6 |

表 8-6　上游面二级配碾压混凝土配合比

| 类别 | 试验编号 | 水胶比 | 石粉含量/% | 砂率/% | 外加剂 | | 1 m³RCC 材料用量/kg | | | | | 工作度 VC/s | 含气量/% |
| --- | --- | --- | --- | --- | --- | --- | --- | --- | --- | --- | --- | --- | --- |
| | | | | | JM-2/% | JM-2000/10⁻⁴ | 水 | 水泥 | 粉煤灰(凯里) | 砂 | 石 | | |
| 设定 RCC 优化 RCC | LTR6-11 | 0.36 | 9.9 | 36 | 0.5 | 5 | 86 | 100 | 140 | 765 | 1 360 | 5 | 2.5 |
| | LTR6-31 | 0.43 | 15.6 | 37.5 | 0.63 | 6.3 | 82 | 90 | 100 | 823 | 1 370 | 5.4 | 2.7 |
| | LTR6-32 | 0.43 | 17.3 | 37.5 | 0.63 | 6.3 | 82 | 90 | 100 | 823 | 1 370 | 4.6 | 2.8 |

**3. 不同加浆方法和加浆率仿真试验**

从国内各工程已采用的加浆方法中筛选出底层、中间层和造孔加浆三种加浆方法进行仿真试验。由观察窗可以清楚观察到振动液化后浆液上浮和碾压混凝土颗粒排列整个过程的形态变化。图 8-6~图 8-9 清楚反映出浆液振动液化形成变态混凝土的整个过程。

图 8-6　加浆率 5%,底层加浆方法,
碾压混凝土摊铺后

图 8-7　加浆率 5%,底层加浆方法,
插入振捣器浆液液化上浮

图 8-8　加浆率 5%,底层加浆方法,
插入振捣器 12 s 浆液上浮

图 8-9　加浆率 5%,底层加浆方法,
插入振捣器 25 s 浆液浮出表面

从振动液化机理考虑,三种加浆方法中以底层加浆最好;从简化施工工艺考虑,底层加浆方法最简便。合适的加浆率(体积%)可以从仿真试件表面泛浆分析判断,加浆率为 4%~5%,表面全部泛浆,振动时间大约为 30 s。

加浆率应与浆液的流变性相适应。浆液 Marsh 流动度为 9 s±3 s 的浆液与其相适应的加浆率为 4%~5%。加浆率过高,会在顶面上形成一层浮浆。如果浆液泌水,稳定性差,浮浆表面会出现一层粉煤灰浆,将降低层缝的抗拉强度和抗剪黏聚力,也易形成渗漏通道。

以表 8-5 三种浆液的 6 个配合比和表 8-6 两个 RCC 优化配合比为基材,变态混凝土仿真试验结果见表 8-7 和表 8-8。不论是底层加浆还是造孔加浆,加浆率 5%(体积百分比)时三种优化浆液的 6 个配合比均在 30 s 内表面泛浆,7 d 龄期抗压强度差异不大,振实密度达到 2 450 kg/m³ 以上,满足设计规定值。

**表 8-7　三种加浆方法和不同加浆率仿真试验结果**

| 试验编号 | 基材 | | 加浆方法 | 加浆率体积/% | 振动液化描述 | 仿真试件抗压强度(7 d)/MPa | 仿真试件振实密度/(kg/m³) |
|---|---|---|---|---|---|---|---|
| | 名称 | 试件编号 | | | | | |
| LTG1-11 | 设定RCC浆液 | LTR6-11 LT-16 | 中间层加浆:先铺 10 cm 厚 RCC,再铺浆液,然后铺 RCC 至顶面高出 3~5 cm | 4 | 插入振动器后 10 s 内激振液化,20 s 内浆液上浮,30~35 s 顶面见浆,但不能扩展 | 15.9 | 2 500 |
| LTG1-12 | | | | 6 | 插入振动器 30 s 内整个顶面见浆,扩展迅速成片,浆量足够 | 13.2 | 2 463 |
| LTG1-13 | | | | 8 | 插入振动器 15 s 顶面见浆,25 s 扩展成片并流淌,浆量过多 | 13.8 | 2 470 |
| LTG1-14 | 设定RCC浆液 | LTR6-11 LT-12 | 底层加浆:浆液全部铺满底层,上面铺 RCC,高 35 cm | 4 | RCC 摊铺后浆液升高 5~7 cm,插入振动器 15 s 内浆液上升 25 cm,表面全部出浆 30 s,但不能扩展成片 | 14.9 | 2 481 |
| LTG1-15 | | | | 5 | 浆铺底层,厚 18 mm,插入振动器 10 s 浆液上浮 25 cm 高度,25 s 浆液全部浮出表面,浆量足够 | 14.8 | 2 469 |
| LTG1-16 | | | | 6 | 浆铺底层,厚 20 mm,插入振动器 10 s 浆液上浮 30 cm 高度,15 s 完全浮出表面,浆量足够 | 11.9 | 2 452 |
| LTG2-11 | 优化RCC浆液 | LTR6-31 LT-58 | 造孔加浆:对角线上相距 25 cm 造 2 孔,孔径 5 cm,浆液平均倒入孔内 | 5 | 插入振动器,上部孔中浆液上浮封住下部孔中浆液上升通道,气泡不能全部逸出,30 s 表面全部出浆 | 14.7 | 2 478 |
| LTG2-12 | 优化RCC浆液 | LTR6-31 LT-44 | | | | 13.3 | 2 507 |
| LTG2-13 | 优化RCC浆液 | LTR6-31 LT-63 | | | | 12.3 | 2 489 |

变态浆液的室内加浆方式有两种:一种是在基准混凝土拌和完成后,直接在搅拌机内掺加浆液,再拌和 2 min,得到变态混凝土(简称机内变态);另一种是先在试模内铺一层浆液,加入混凝土,再在混凝土上部加一层浆液,最后进行振捣,从而得到变态混凝土(简称模内变态)。

表 8-8　以三种浆液和两个优化 RCC 为基材的变态混凝土仿真试验

| 试验编号 | 基材 | | 加浆方法 | 加浆率体积/% | 液化出浆描述 | 仿真试件抗压强度 7 d/MPa | 仿真试件振实密度/(kg/m³) |
|---|---|---|---|---|---|---|---|
| | 二级配 RCC | 浆液 | | | | | |
| LTG2-11 | LTR6-31 | LT-58 | 造孔加浆 | 5 | 30 s 表面完全出浆 | 14.7 | 2 478 |
| LTG2-12 | LTR6-31 | LT-44 | 造孔加浆 | 5 | 30 s 表面完全出浆 | 13.3 | 2 507 |
| LTG2-13 | LTR6-31 | LT-63 | 造孔加浆 | 5 | 30 s 表面完全出浆 | 12.3 | 2 489 |
| LTG2-21 | LTR6-32 | LT-57 | 底层加浆 | 5 | 30 s 表面完全出浆 | — | 2 456 |
| LTG2-22 | LTR6-32 | LT-43 | 底层加浆 | 5 | 30 s 表面完全出浆 | 12.5 | 2 474 |
| LTG2-23 | LTR6-32 | LT-61 | 底层加浆 | 5 | 30 s 表面完全出浆 | 12.6 | 2 470 |

#### 8.2.2.2　现场施工的加浆方法

变态混凝土施工的现场加浆方法和均匀性都影响变态混凝土的施工质量,碾压混凝土中变态混凝土注浆方式先后经历了顶部、分层、掏槽和插孔等多种注浆方式。

1. 顶部注浆方法

顶部注浆方法是在摊铺好的碾压混凝土上面直接用工具将计量准确的浆液均匀地洒在其表面,随后用插入式振捣器振动密实。

2. 分层加浆方法

分层加浆方法碾压混凝土分两层摊铺,分别在底层和中部加浆,加浆量各为 50%,采用大功率振捣器振动密实。

3. 掏槽加浆方法

掏槽加浆方法是指浇筑变态混凝土时分两层铺料,每层铺料厚度控制在 16 cm 左右,铺完第一层后,人工在已摊铺混凝土上按规定尺寸和数量掏槽,用定量容器在规定长度的槽沟内均匀注入水泥粉煤灰浆液,然后进行第二层变态混凝土的铺料、掏槽和加浆,最后振捣密实。

4. 插孔注浆方法

大量的工程实践表明,目前已成为主流方式,关键是造孔质量。它是指在摊铺好的碾压混凝土上面采用 40~60 mm 直径的插孔器每隔一定距离造出排孔和行孔,并采用"容器法"定量加浆,每个部位加浆要均匀,水泥粉煤灰净浆掺入碾压混凝土 10~15 min 后开始用振捣器振动密实,加浆到振捣完毕控制在 40 min 以内。目前,造孔均采用人工脚踩插孔器进行,使孔深达到≥25 cm 深度的要求。孔内灰浆往往渗透不到底部和周边,所以造孔深度是影响变态混凝土施工质量的关键。需要技术创新研究机械化的插孔器,机械化的插孔器可以借鉴手提式振动夯原理,把振动夯端部改造为插孔器。在夯头端部安装单杆或多杆插孔器,这样可以有效地提高造孔深度和造孔率,减轻劳动强度,明显改善变态混凝土施工质量。

#### 8.2.2.3　变态混凝土配合比的计算方法

变态混凝土由碾压混凝土加水泥粉煤灰类浆液混合而成,在掺浆量一定的情况下,变态混凝土配合比的计算方法如下:

$$W = W_r(1 - X) + W_j X \qquad (8-2)$$

$$C = C_r(1 - X) + C_j X \qquad (8-3)$$

$$F = F_r(1 - X) + F_j X \qquad (8-4)$$

$$S = S_r(1 - X) \tag{8-5}$$
$$G = G_r(1 - X) \tag{8-6}$$
$$A_{减} = A_{减r}(1 - X) + A_{减j}X \tag{8-7}$$
$$A_{引} = A_{引r}(1 - X) \tag{8-8}$$

式中：$X$ 为变态混凝土掺浆量(%)；$W_r$、$C_r$、$F_r$、$S_r$、$G_r$、$A_{减r}$、$A_{引r}$ 分别为碾压混凝土水、水泥、粉煤灰、砂、石、高效缓凝减水剂和引气剂的用量,kg/m³；$W_j$、$C_j$、$F_j$、$A_{减j}$ 分别为浆液的水、水泥、粉煤灰和高效缓凝减水剂的用量,kg/m³；$W$、$C$、$F$、$S$、$G$、$A_{减}$、$A_{引}$ 分别为变态混凝土水、水泥、粉煤灰、砂、石、高效缓凝减水剂和引气剂的用量,kg/m³。

# 8.3　变态混凝土的性能

## 8.3.1　变态混凝土拌和物性能

### 8.3.1.1　坍落度

碾压混凝土是干硬性的混合物,其稠度指标由 VC 值表示,加浆变成低塑性的混凝土后,坍落度指标控制就显得尤为重要,通过现场的试验资料表明,坍落度控制在 3~5 cm 是较为可行的。

### 8.3.1.2　含气量

碾压混凝土中的引气剂一般掺量较高,经加浆变成低塑性的混凝土后,含气量会大幅度上升,其中掺浆量对变态混凝土的含气量有较大影响,图 8-10 为龙滩工程试验研究阶段变态混凝土掺浆量与含气量的关系。现在变态混凝土大都起到防渗功能的作用,为保持变态混凝土的抗冻防渗性能,含气量宜控制在 4%~6%。

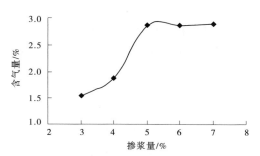

图 8-10　掺浆量与变态混凝土含气量的关系

### 8.3.1.3　表观密度

在材料特别是骨料相同的情况下,碾压混凝土的表观密度一般较常态混凝土要大一些,这是因为碾压混凝土振动碾压密实效果好。经加浆变态的碾压混凝土表观密度在一定范围内有减小的趋势,龙滩工程曾经在室内做过试验研究,表明了随掺浆量的增加和变态混凝土坍落度的增加表观密度的变化情况,如图 8-13 所示。

表观密度的大小反映变态混凝土的密实情况,对强度和其他各项性能都有很大的影响,除控制好掺浆量、坍落度和含气量外,施工过程中的操作措施要到位,质量要有保证,这样才能获得理想的表观密度。

### 8.3.1.4　凝结时间

变态混凝土由碾压混凝土加入适量水泥类浆液演变成具有 3~5 cm 坍落度的常态混凝土。碾压混凝土和常态混凝土的凝结时间测定都采用贯入阻力法,但在定义初凝时间上有区别：对于常态混凝土,贯入阻力达到 3.5 MPa 的时间即为初凝时间,而碾压混凝土则是当贯入阻力与时间的曲线上出现拐点的时间为初凝时间。两种混凝土的终凝时间都是贯入阻力达到 28 MPa 所对应的时间。变态混凝土所

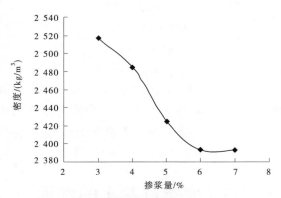

图 8-11 掺浆量与变态混凝土表观密度的关系

用的原材料与碾压混凝土相同,其所需的初凝时间比常态混凝土的初凝时间稍长,但与相邻带碾压混凝土的初凝时间相同。

#### 8.3.1.5 泌水率

在材料相同的情况下,碾压混凝土由于拌和用水量较少,拌和物呈干硬性状态,因此泌水率是相对较小的。经加浆变成低塑性的常态混凝土后,实际上单方混凝土的用水量增加了,拌和物的流动性也变大了,容易产生泌水现象,泌水率就增大。

### 8.3.2 变态混凝土力学性能

#### 8.3.2.1 抗压强度

抗压强度是变态混凝土的一项基本性能,抗压强度的大小能大致反映变态混凝土性能的优劣;经加浆变态的碾压混凝土胶凝材料用量稍有增加,但比相应级配的常态混凝土的胶凝材料低得多,而抗压强度增大了。表 8-9 列出了石漫滩和江垭工程的碾压混凝土和变态混凝土的抗压强度性能对比结果。

表 8-9 变态混凝土与碾压混凝土抗压强度性能对比

| 工程名称 | 混凝土类别 | 级配 | 混凝土指标 | 抗压强度 | |
|---|---|---|---|---|---|
| | | | | 组数 | 平均值/MPa |
| 石漫滩 | 变态 | 二 | $R_{90}200S6F50$ | 15 | 26.5 |
| | | 三 | $R_{90}150S4F50$ | 15 | 20.8 |
| | 碾压 | 二 | $R_{90}200S6F50$ | 15 | 25.2 |
| | | 三 | $R_{90}150S4F50$ | 15 | 19.0 |
| 江垭 | 变态 | 二 | $R_{90}200S12$ | 24 | 32.1 |
| | 碾压 | 二 | $R_{90}200S12$ | | 30.0 |

石漫滩室内试验结果表明:二级配碾压混凝土加浆后,当水胶比小于 0.70 时,90 d 龄期抗压强度大于基准混凝土;当水胶比小于 1.00 时,180 d 龄期抗压强度大于基准混凝土;当水胶比相同时,变态混凝土的强度大于基准混凝土。施工现场取混凝土芯样试验也发现:变态混凝土的抗压强度大于碾压混凝土;混凝土层面结合良好,混凝土芯样外表面光滑致密,骨料分布均匀;拆模后的坝面混凝土表面光滑,变态混凝土与二级配碾压混凝土之间看不出结合面,只能从混凝土的颜色区别。江垭水利枢纽工程的芯样试验结果也表明:变态混凝土芯样平均抗压强度比碾压混凝土高。

1999 年,在棉花滩坝体进行钻孔取芯时,对岸坡变态混凝土取芯做了试验,而且将直接机拌变态混凝土与现场加浆的变态混凝土进行了比较,表观密度和弹性模量相差不多,而抗压强度提高不少。百色大量的试验表明,掺纤维变态混凝土各龄期的抗压强度略有降低,但降幅在 5% 以内。

变态混凝土的抗压强度规律符合水胶比定则,并且随养护龄期的延长而增加。

#### 8.3.2.2　劈裂抗拉强度和轴心抗拉强度

迄今为止,国内很少工程对变态混凝土的劈裂抗拉强度和轴心抗拉强度进行取芯检测。百色工程大量的试验结果认为,纤维变态混凝土 180 d 龄期的劈裂抗拉强度提高 21.5%;大朝山检测了 $R_{90}200$ 变态混凝土,一组 90 d 龄期的劈裂抗拉强度为 2.16 MPa,一组轴心抗拉强度为 2.23 MPa。

龙滩工程在室内对变态混凝土和相应二级配基准碾压混凝土的劈裂抗拉强度、轴心抗拉强度进行了试验研究,结果列于表 8-10。研究表明:变态混凝土的劈裂抗拉强度普遍比相应的基准二级配碾压混凝土高,但拉压强度比变化不大,这对提高变态混凝土的防裂性能是有利的。

表 8-10　龙滩工程变态混凝土抗拉强度研究成果

| 配合比 编号 | 混凝土 类别 | 抗拉强度/MPa | | | | 拉压强度比 | | | | 备注 |
|---|---|---|---|---|---|---|---|---|---|---|
| | | 7 d | 28 d | 90 d | 180 d | 7 d | 28 d | 90 d | 180 d | |
| C20-X | 碾压 | 0.96 | 1.68 | 2.75 | 3.14 | 0.10 | 0.09 | 0.11 | 0.10 | 劈拉 |
| BTO | 变态 | 1.36 | 2.38 | 3.15 | 3.54 | 0.10 | 0.09 | 0.11 | 0.12 | 劈拉 |
| | | 1.52 | 2.48 | 3.55 | 3.81 | 0.11 | 0.10 | 0.13 | 0.12 | 轴拉 |
| C20-K | 碾压 | 1.00 | 1.87 | 3.23 | 3.27 | 0.10 | 0.10 | 0.11 | 0.09 | 劈拉 |
| BTR | 变态 | 1.24 | 2.15 | 2.99 | 3.75 | 0.11 | 0.09 | 0.11 | 0.12 | 劈拉 |
| | | 1.46 | 2.42 | 3.49 | 3.68 | 0.13 | 0.10 | 0.13 | 0.12 | 轴拉 |

#### 8.3.2.3　抗剪断强度

有(含)层面存在情况下的碾压混凝土抗剪断强度,更为人们所重视。

变态混凝土抗剪断强度研究很少。目前,只有龙滩工程的变态混凝土做过室内的抗剪断试验,试验采用尺寸 15 cm×15 cm×15 cm 立方体试件,水平荷载施力的剪切面为变态混凝土的一次加浆位置,试验成果见表 8-11。试件的变态成型及试验方式见图 8-12。抗剪应力与位移的关系见图 8-13 及图 8-14。变态混凝土抗剪断试验剪应力与法向应力关系见图 8-15。试验表明:在不考虑抗剪断参数尺寸效应情况下,两个配比的变态混凝土的抗剪断指标都能满足龙滩工程的设计要求。

表 8-11　龙滩变态混凝土抗剪断研究成果

| 试件 编号 | 龄期 | 抗剪(断)峰值强度参数 | | | 残余强度参数 | | | 摩擦强度参数 | | |
|---|---|---|---|---|---|---|---|---|---|---|
| | | $c'$/MPa | $f'$ | $\tau$/MPa | $c$/MPa | $f$ | $\tau$/MPa | $c$/MPa | $f$ | $\tau$/MPa |
| BTO | 180 d | 3.65 | 1.21 | 7.28 | 0.50 | 0.82 | 2.96 | 0.41 | 0.85 | 2.96 |
| BTR | 180 d | 2.51 | 1.60 | 7.31 | 0.57 | 0.82 | 3.03 | 0.32 | 0.93 | 3.11 |

注:$\tau = c + 3.0f$。

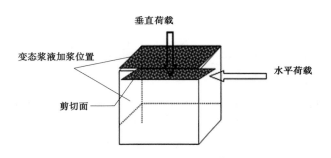

图 8-12　抗剪断试件的成型及试验方式

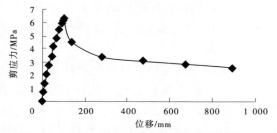

图 8-13 $\sigma = 2.25$ MPa 剪应力与位移关系(BTR)

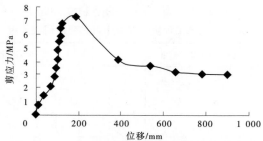

图 8-14 $\sigma = 3.0$ MPa 剪应力与位移关系(BTR)

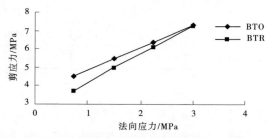

图 8-15 变态混凝土剪应力与法向应力关系

### 8.3.3 变态混凝土变形性能

#### 8.3.3.1 抗压弹性模量

大朝山水电站大坝现场检测了一组 $R_{90}200$ 变态混凝土 90 d 龄期的抗压弹性模量,为 32.5 GPa。百色工程大量的室内试验和现场试验表明,掺纤维变态混凝土的弹性模量降低 10%~20%。

龙滩工程对变态混凝土的抗压弹性模量做了深入的室内研究。研究成果列于表 8-12,变态混凝土的抗压弹性模量与基准的二级配碾压混凝土相近。变态混凝土的泊松比为 0.22~0.24。

表 8-12 龙滩工程变态混凝土抗压弹性模量研究成果

| 配合比编号 | 抗压弹性模量/万 MPa | | | | 抗压弹性模量增长率 | | | | 抗压弹性模量 $E_c$ 与龄期 $\tau$ 的表达式 |
|---|---|---|---|---|---|---|---|---|---|
| | 7 d | 28 d | 90 d | 180 d | 7 d | 28 d | 90 d | 180 d | |
| BTO | 2.38 | 3.71 | 3.82 | 4.11 | 0.64 | 1.00 | 1.03 | 1.11 | $E_c = 4.20\tau/(5.56+\tau)$ |
| BTR | 2.66 | 3.40 | 4.15 | 4.31 | 0.78 | 1.00 | 1.22 | 1.27 | $E_c = 4.46\tau/(6.65+\tau)$ |

#### 8.3.3.2 极限拉伸

龙滩工程变态混凝土的极限拉伸值研究成果列于表 8-13,研究成果说明,变态混凝土较相应的基准二级配碾压混凝土的极限拉伸值提高较多。施工阶段室内测得大坝上游面麻村骨料变态混凝土 28 d 龄期极限拉伸值为 86.7~88.4 $\mu\varepsilon$,满足设计要求。龙滩工程变态混凝土极限拉伸值与龄期的关系见表 8-13。

表 8-13　攻关期间龙滩工程变态混凝土极限拉伸研究成果

| 配合比编号 | 极限拉伸/με | | | | 极限拉伸增长率 | | | | 极限拉伸 $\varepsilon_p$ 与龄期 $\tau$ 的表达式 |
|---|---|---|---|---|---|---|---|---|---|
| | 7 d | 28 d | 90 d | 180 d | 7 d | 28 d | 90 d | 180 d | |
| BTO | 58.1 | 88.4 | 101.0 | 95.4 | 0.66 | 1.00 | 1.14 | 1.08 | $\varepsilon_p = 98\tau/(2.55+\tau)$ |
| BTR | 63.7 | 86.7 | 94.3 | 92.5 | 0.73 | 1.00 | 1.09 | 1.07 | $\varepsilon_p = 94.34\tau/(2.28+\tau)$ |

1999 年,对大朝山变态混凝土性能做过检测,其中 90 d 龄期平均极限拉伸值为 79 με;百色工程,掺纤维变态混凝土 28 d 和 180 d 龄期的极限拉伸值分别提高了 5.0% 和 21.8%。

### 8.3.3.3　干缩

龙滩试验成果见表 8-14:BTO 变态混凝土干缩较 BTR 变态混凝土略大,变态混凝土干缩比上游面二级配碾压混凝土略大。中国水利水电科学研究院:龙滩工程变态混凝土 28 d 龄期后干缩值基本稳定,后龄期略有增加,至 90 d 龄期干缩值在 $1.60\times10^{-4} \sim 2.00\times10^{-4}$。龙滩变态混凝土用水量只有 102 kg/m³,故干缩值比常态混凝土小,但比二级配碾压混凝土的干缩值高出 10%~15%。百色工程大量试验表明,掺纤维变态混凝土各龄期的干缩值均有所降低,其中 28 d 和 180 d 的干缩值分别降低了 9.3% 和 14.7%。

表 8-14　变态混凝土干缩性能试验成果

| 序号 | 配合比编号 | 干缩率/10⁻⁴ | | | | | 拟合公式 | |
|---|---|---|---|---|---|---|---|---|
| | | 3 d | 7 d | 14 d | 28 d | 60 d | 复合指数式 | 相关系数 |
| 1 | BTO | -0.43 | -0.71 | -1.17 | -1.45 | -1.72 | $\varepsilon_t = -1.79[1-\text{EXP}(-0.108\,4\tau^{0.829\,8})]$ | $r = 0.997\,9$ |
| 2 | BTR | -0.13 | -0.50 | -0.87 | -1.30 | -1.50 | $\varepsilon_t = -1.51[1-\text{EXP}(-0.025\,5\tau^{1.309\,7})]$ | $r = 0.995\,4$ |

### 8.3.3.4　自生体积变形

(1)中南勘测设计研究院有限公司研究。龙滩大坝上游面的变态混凝土自生体积变形,龄期 197 d 研究成果,见表 8-15。自生体积变形随龄期变化曲线见图 8-16 和图 8-17。BTO 是早期膨胀,后期收缩型,3 d 前膨胀迅速,后收缩,28 d 后趋于平稳。BTR 是膨胀型,早期膨胀较大,随着龄期的增长,膨胀量减少,10 d 后趋于稳定,收缩较小。以上两种变态混凝土最大膨胀量为 $25.68\times10^{-6}$,最大收缩为 $-17.82\times10^{-6}$,而同级配碾压混凝土均为收缩变形,最大收缩为 $23.60\times10^{-6}$,与之相比减少 24.5%。(注:为二级配碾压混凝土,使用 42.5 普通硅酸盐水泥,凯里灰,胶材用量为 100+140,减水剂 ZB-1 0.5%,引气剂 DH₉0.15‰,以下二级配碾压混凝土所指配比均同)

表 8-15　龙滩工程变态混凝土自身体积变形试验研究成果　　　　　　　　单位:10⁻⁶

| 龄期/d | 自生体积变形 $G_t$ | | 龄期/d | 自生体积变形 $G_t$ | | 龄期/d | 自生体积变形 $G_t$ | | 龄期/d | 自生体积变形 $G_t$ | |
|---|---|---|---|---|---|---|---|---|---|---|---|
| | BTO | BTR | | BTO | BTR | | BTO | BTR | | BTO | BTR |
| 1 | 0 | 0 | 11 | -9.97 | 1.10 | 64 | -15.37 | 0.72 | 148 | -9.30 | 2.98 |
| 2 | 19.25 | 25.68 | 17 | -11.45 | -1.21 | 70 | -12.31 | 2.02 | 155 | -12.05 | -1.34 |
| 3 | 7.14 | 9.45 | 24 | -14.52 | -2.21 | 77 | -14.20 | 1.06 | 162 | -12.84 | -0.93 |
| 4 | -3.75 | 4.24 | 28 | -12.42 | 2.49 | 84 | -11.64 | 3.44 | 169 | -13.31 | — |
| 5 | -5.80 | 4.89 | 35 | -16.83 | -0.85 | 98 | -12.72 | -0.40 | 177 | -10.42 | 0.46 |
| 6 | -8.55 | 1.16 | 42 | -17.82 | -1.58 | 106 | -13.03 | 1.12 | 183 | -10.88 | -1.50 |
| 7 | -8.24 | 2.78 | 49 | -13.92 | 2.32 | 113 | -9.87 | -0.53 | 190 | -12.90 | -3.12 |
| 8 | -7.83 | 4.52 | 56 | -13.78 | 1.97 | 133 | -12.56 | -0.74 | 197 | -12.43 | -3.78 |
| 9 | -9.53 | 2.16 | | | | 141 | -12.59 | -1.45 | | | |

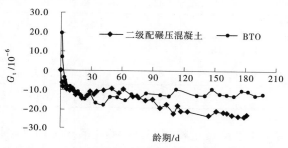

图 8-16　（BTO）自生体积变形随龄期变化过程曲线

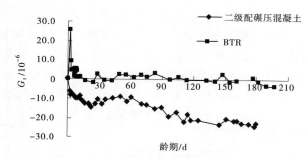

图 8-17　（BTR）自生体积变形随龄期变化过程曲线

（2）中国水利水电科学研究院研究。结果认为龙滩变态混凝土自生体积变形是膨胀型,将减缓降温时所引起变态混凝土的收缩变形,减小温度应力有利于防止上游面发生裂缝。28 d 龄期自生体积变形为 $20×10^{-6}\sim25×10^{-6}$,90 d 龄期后仍维持不变或略有增长。膨胀体积变形为 $20×10^{-6}\sim25×10^{-6}$,相当于抵消 $2\sim3$ ℃温差所引起的拉应力。

### 8.3.4　变态混凝土耐久性能

#### 8.3.4.1　抗渗

大朝山水电站大坝现场检测了 3 组变态混凝土抗渗指标,最小值>S10,最大值>S20,工程的变态混凝土抗渗性能良好。江垭变态混凝土芯样试件,渗透系数为 $0.87×10^{-11}$ cm/s,相当于抗渗等级 S16,远超过大坝防渗要求的指标;现场压水试验,变态混凝土 30 cm 层面的渗透系数为 $9.65×10^{-11}$ cm/s;而碾压混凝土 30 cm 层面的渗透系数为 $1.14×10^{-9}$ cm/s。说明变态混凝土的层面结合效果好于碾压混凝土。百色工程大量试验表明,掺纤维变态混凝土 180 d 龄期的抗渗等级从 S10 提高到 S12。龙滩工程攻关期间和施工阶段所做的大坝上游面变态混凝土室内抗渗指标均大于 S12,相对渗透系数为 $5.19×10^{-11}\sim1.72×10^{-10}$ cm/s。

变态混凝土无论是抗渗性还是均匀性方面均已达到常态混凝土的水平,作为防渗结构,其性能优于二级配碾压混凝土。变态混凝土施工中要求将振捣器插入下层,使层面结合质量提高,基本消除了层面的影响。有关工程二级配碾压混凝土和变态混凝土渗透系数统计成果列于表 8-16,其渗透系数总体达到 $10^{-9}$ cm/s,可以满足坝体防渗的要求。

表 8-16　二级配碾压混凝土和变态混凝土渗透系数统计成果

单位:cm/s

| 混凝土种类 | 总体 | 含层面 | 含缝面 | 本体 |
| --- | --- | --- | --- | --- |
| 二级配碾压混凝土 | $1.02×10^{-9}$ | $5.60×10^{-10}$ | $2.35×10^{-9}$ | $9.20×10^{-11}$ |
| 变态混凝土 | $8.13×10^{-10}$ | $2.26×10^{-11}$ | $1.44×10^{-11}$ | $7.07×10^{-11}$ |

#### 8.3.4.2　抗冻

在变态混凝土抗冻性与碾压混凝土的关联性研究中,设计了 3 个变态混凝土配合比,经过 200 次快速冻融试验后,相对动弹性模量分别保持在 86.0%、84.3% 和 82.1%,质量损失率分别为 1.66%、1.79% 和 1.50%,抗冻等级达到了 F200 以上。

龙滩工程对变态混凝土抗冻性的试验研究结果,抗冻等级达到 F150,少数变态混凝土由于含气量较低,抗冻等级只有 F100;施工期龙滩上游面变态混凝土的抗冻室内试验达到 F150 以上。

大朝山对变态混凝土进行了抗冻性能试验,试验检测成果见表 8-17;变态混凝土抗冻等级在 F125 以上,最高的达到了 F300,表现了良好的抗冻性能。

表 8-17　大朝山水电站大坝变态混凝土抗冻性能检测成果

| 试件编号 | 试验龄期/d | 抗冻等级 | 质量损失/% | 相对动弹性模量/% | 试件编号 | 试验龄期/d | 抗冻等级 | 质量损失/% | 相对动弹性模量/% |
|---|---|---|---|---|---|---|---|---|---|
| 拌 1-114-2 | 613 | F125 | 0.36 | 64.4 | 拌-115-1 | 610 | F200 | 0.79 | 64.4 |
| D-568 | 123 | F125 | 1.24 | 70.7 | D-435 | 132 | F300 | 1.90 | 63.1 |
| B-1 | 174 | F150 | 0.11 | 68.2 | | | | | |

## 8.3.5　变态混凝土热学性能

### 8.3.5.1　绝热温升

变态混凝土的水泥用量比碾压混凝土多,因此绝热温升比碾压混凝土要高。

龙滩变态混凝土绝热温升试验成果列于表 8-18。过程线见图 8-18 和图 8-19。试验表明:28 d 时 BTO 配比每千克胶凝材料产生的温度值为 0.09 ℃,BTR 配比为 0.088 ℃。其绝热温升值略高于碾压混凝土,较常态混凝土低很多。采用 3 种函数形式对试验结果进行拟定,拟定的方程见表 8-18。编号为 BTO 和 BTR 的变态混凝土,最终绝热温升分别为 26.65 ℃ 和 25.8 ℃,均较低。

表 8-18　变态混凝土绝热温升与龄期函数关系

| 序号 | 配合比编号 | 函数形式 | 拟合方程式 | 相关系数 |
|---|---|---|---|---|
| 1 | BTO | 双曲线式 | $\theta = 34.72\tau/(6.41+\tau)$ | $r = 0.9526$ |
| | | 复合指数式 | $\theta = 26.65[1-\mathrm{EXP}(-0.13041\tau^{1.2058})]$ | $r = 0.9762$ |
| | | 指数式 | $\theta = 26.65(1-e^{-0.2064\tau})$ | $r = 0.9747$ |
| 2 | BTR | 双曲线式 | $\theta = 32.30\tau/(5.36+\tau)$ | $r = 0.9683$ |
| | | 复合指数式 | $\theta = 25.8[1-\mathrm{EXP}(-0.1440\tau^{1.1791})]$ | $r = 0.9846$ |
| | | 指数式 | $\theta = 25.8(1-e^{-0.2232\tau})$ | $r = 0.9915$ |

注:$\theta$ 为绝热温升值,$\tau$ 为试验龄期。

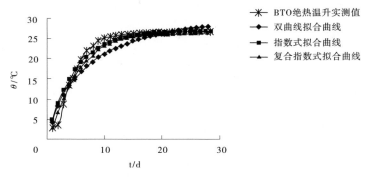

图 8-18　绝热温升值(BTO)随时间变化曲线

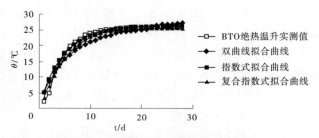

图 8-19　绝热温升值(BTR)随时间变化曲线

#### 8.3.5.2　线膨胀系数

龙滩工程研究了变态混凝土的线膨胀系数,对于编号为 BTO 和 BTR 的变态混凝土,线膨胀系数分别为 $4.24\times10^{-6}$ ℃ $^{-1}$ 和 $3.47\times10^{-6}$ ℃ $^{-1}$。两种变态混凝土线膨胀系数均较小。

# 8.4　变态混凝土在一些工程中的应用

## 8.4.1　变态混凝土在国内一些工程中的应用

### 8.4.1.1　岩滩工程的应用

岩滩是最早采用变态混凝土的工程。在岩滩上游围堰试验段进行过碾压混凝土变态的试验,即将碾压混凝土改变成常态混凝土,以达到防渗目的。将岩滩水电站重力坝段 150# 常态混凝土与围堰 150# 碾压混凝土的配合比进行比较,见表 8-19。

表 8-19　常态混凝土与碾压混凝土配合比比较

| 混凝土种类 | | 岩滩重力坝段常态混凝土 | 岩滩围堰碾压混凝土 | 常态混凝土与碾压混凝土差值 |
|---|---|---|---|---|
| 配合比 | 设计标号 | $R_{90}150^{\#}$ | $R_{90}150^{\#}$ | |
| | 525 普通水泥用量/(kg/m³) | 92 | 50 | |
| | 粉煤灰用量/(kg/m³) | 75 | 105 | |
| | 胶凝材料总用量/(kg/m³) | 167 | 155 | 12 |
| | 用水量/(kg/m³) | 117 | 95 | 22 |
| | 水胶比 | 0.70 | 0.61 | |
| | 砂率/% | 32 | 34 | -2 |
| | 砂用量/(kg/m³) | 681 | 756 | -75 |
| | 碎石用量/(kg/m³) | 1 464 | 1 484 | -20 |
| | 骨料最大粒径/mm | 80 | 80 | |
| | 坍落度/cm | 4~6 | | |
| | VC/s | | 15~20 | |

两者明显的区别是,胶凝材料增加 12 kg/m³,水量增加 22 kg/m³。若在碾压混凝土中加入一定量的水泥浆体补充其水及水泥之不足,一经振捣,碾压混凝土就由干硬性变成流塑性,成为常态混凝土。

1987 年,在离岸坡 20 m 范围内的上游面,进行碾压混凝土变态试验,其目的是使它起到防渗作用。试验是在距上游模板 1.0~1.5 m 范围内进行的。先按碾压混凝土的施工程序进行铺料、平仓、碾压,当碾压达到设计要求的容重后,在距上游模板 1.0~1.5 m 范围内灌入 1∶0.8 的水泥浆液(水泥 1 kg、水 0.8 kg 配比),从模板逐步向内灌入。当灌注水泥浆后,即用插入式振捣器进行振捣,达到起浆与密实。经拆模检查,表面光滑平整,与常态混凝土一样,无层面痕迹;60 d 后,在距离模板面 0.5 m 处,用静态爆破将它剥离,检验内部是否一致,从剥离后的混凝土来看,与常态混凝土无区别,无层面痕迹,整体性很好。后又沿边线进行钻孔取样,岩芯获得率 100%,其抗压强度达 18.0 MPa,劈裂抗拉强度 1.21 MPa,抗渗标号达 S5,密度达到 2 490 kg/m³,满足上游面防渗混凝土的要求。

这一试验,提供了碾压混凝土坝防渗的途径。它比"金包银"的施工要简单得多。

### 8.4.1.2　大朝山工程的应用

大朝山变态混凝土主要应用在模板边、台阶式坝面、坝体孔洞附近、廊道周边、止水片附近等碾压设备无法靠近的部位。5 个溢流表孔在宽尾墩末端与消力池反弧起点之间设置了 44 个高 1 m、宽 0.7 m 的台阶,台阶采用变态混凝土浇筑,可省去台阶上二期混凝土光滑坝面浇筑,简化坝面施工。利用变态混凝土作为永久过流修理台阶,在国内尚属首创。

坝体上游迎水面靠模板边 30~50 cm 的变态混凝土直接承受水压,对抗渗性要求高,正常蓄水位以上部位变态混凝土的抗冻性和抗裂性也有较高的要求,因此对上游迎水面 30~50 cm 宽变态混凝土的密实性、抗渗性、抗裂性和抗冻性要求与百米级常态混凝土重力坝完全相同。此外,变态混凝土台阶式坝面的水力体形及修能结构必须满足防空化、防空蚀及抗冲磨要求。

1. 变态混凝土施工

大朝山水电站变态混凝土施工工艺流程:建造制浆站→水泥净浆生产→水泥净浆输送→铺洒下层水泥净浆→摊铺碾压混凝土拌和物→铺洒上层水泥净浆→振捣棒振捣→碾压。

大朝山工程碾压混凝土采用凝灰岩和磷矿渣按 1∶1 的比例混合磨细而成的 PT 掺合料,相对粉煤灰而言,PT 料密度大、需水比高、强度比低、包裹性差。为保证变态混凝土的防渗性能、耐久性能、抗冲磨性能,试验成果确定水泥净浆的水胶比为 0.5,净浆中的胶材由滇西 525 号水泥和 PT 掺合料两部分组成,两种胶材质量比为 1∶1;经试验论证,水泥 PT 掺合料净浆加浆量按变态混凝土体积的 6%左右控制为宜,加浆后变态混凝土的胶凝材料用量与相同强度等级和级配的富胶材常态混凝土相当,变态混凝土各项物理力学性能指标完全满足设计要求。变态混凝土施工配合比如表 8-20 所示。典型仓面一次铺浆实施成果列于表 8-21。变态混凝土的振捣采用常态混凝土的振捣方法,利用高频振捣器垂直插入碾压混凝土中。

表 8-20　二级配碾压混凝土拌和物加浆后的变态混凝土施工配合比　　　　　单位:kg/m³

| 设计标号 | 级配 | $C$ | PT | FDN-04 | $S$ | $G$ |
| --- | --- | --- | --- | --- | --- | --- |
| $R_{90}200-2$ | 60∶40 | 130 | 130 | 1.504 | 850 | 1 423 |

表 8-21　典型仓面一次铺浆实施成果

| 铺浆长度/m | 铺浆宽度/m | 混凝土体积/(m³) | 铺浆量/L | 水胶比 | 净浆含量 | 胶材用量/kg |
| --- | --- | --- | --- | --- | --- | --- |
| 12 | 0.3 | 1.08 | 64.8 | 0.5 | 6% | 78(C∶39;PT∶39) |

2. 防渗层碾压混凝土物理力学性能检测成果

为检查坝体碾压混凝土的物理力学性能,先后分四阶段对碾压混凝土进行了取芯、压水试验及声波测试。防渗层碾压混凝土共布置了 21 个压水孔,总压水段数 233 段,总段长 735.85 m,透水率均小于 1 Lu(极个别孔段透水率大于 1 Lu,经过补强灌浆后均小于 1 Lu)。防渗层碾压混凝土共布置了 9 个取芯孔,总孔深 287.7 m,芯样长 286.29 m,芯样获得率 99.5%。在 18 号坝段同一取芯孔内取出了 10.12 m 和 10.47 m 长的完整芯样,取出的碾压混凝土芯样表面光滑,冷热升层层间结合良好,结构密实。强度保证率 99.6%,离差系数在 0.04~0.08,说明碾压混凝土均匀性较好。对变态混凝土进行了各项物理力学性能指标检测。检测成果列于表 8-22。结果表明:变态混凝土各项物理力学性能指标均超过设计要求;抗冻标号均在 D125 以上,远远大于设计要求。

表 8-22　大坝变态混凝土物理力学性能检测成果

| 试验项目 | 龄期/d | 组数 | 最小值 | 最大值 | 平均值 |
|---|---|---|---|---|---|
| 抗压强度/MPa | 90 | 3 | 25.0 | 28.5 | 26.7 |
| 劈拉强度/MPa | 90 | 1 | 2.16 | 2.16 | 2.16 |
| 抗拉强度/MPa | 90 | 1 | 1.93 | 2.76 | 2.23 |
| 抗压弹性模量/万 MPa | 90 | 3 | 3.25 | 3.25 | 3.25 |
| 抗拉弹性模量/万 MPa | 90 | 3 | 2.98 | 3.22 | 3.10 |
| 极限拉伸/$10^{-6}$ | 90 | 3 | 70 | 95 | 79 |
| 抗渗 | 90 | 3 | >S10 | >S20 | — |

### 8.4.1.3　百色水利枢纽主坝工程中的应用

在百色碾压混凝土重力坝施工中,变态混凝土充分运用于两岸坝基垫层混凝土、坝基、孔洞、模板周边及拼缝钢筋网部位,并在施工工艺上进行了一些新的尝试,包括采用插孔加浆新工艺,有效控制加浆量;对于具备汽车直接入仓的岸坡变态混凝土集中部位及钢筋网部位,使用拌和楼直接拌制变态混凝土等,取得了较好的效果。

1. 制浆

主坝变态混凝土所使用的浆液采用集中制浆,制浆站生产能力为 5.0 m³/h。净浆通过管道从制浆站输送至浇筑仓面,然后用机动翻斗车运往使用地点,在摊铺好的 30 cm 厚碾压混凝土层面上人工手提(有计量)铺洒。通过试验,变态混凝土的加浆量确定为在碾压混凝土基础上掺 6%的水泥粉煤灰净浆,不同强度等级碾压混凝土采用不同配合比净浆。净浆的配合比见表 8-23。

表 8-23　变态混凝土净浆配合比

| 变态混凝土 强度等级 | 级配 | 配合成分/(kg/m³) | | | 外加物/% |
|---|---|---|---|---|---|
| | | 水泥 | 粉煤灰 | 水 | ZB-1RCC15 |
| $R_v150$ | 准三级配 | 400 | 600 | 550 | 0.6 |
| $R_v200$ | 二级配 | 462 | 638 | 550 | 0.6 |

2. 变态混凝土的施工工艺

1)铺料

变态混凝土铺料采取人工辅助摊铺平整,同时为防止变态混凝土的灰浆流入碾压混凝土仓面,一般要求将变态混凝土区域摊铺成低于碾压混凝土 6~10 cm 的槽状。

2)加浆

对变态混凝土所用灰浆进行试验,设计出灰浆的配合比及加浆量等参数。为了保证浆液的均匀性,应配置制浆站进行集中制浆,净浆从开始拌制到使用完毕控制在 1 h 以内,做到随用随拌。

加浆方式主要有底部加浆和顶部加浆。底部加浆是在下一层变态混凝土层面上加浆后再在其上面摊铺碾压混凝土后进行振捣,用振动力使浆液向上渗透,直到顶面泛浆为止,优点是均匀性好,但振捣困难。顶部加浆是在摊铺好的碾压混凝土面上铺洒灰浆进行振捣,这种方式振捣容易,但浆液向下渗透困难,不易均匀,且会出现浆体浮在表面的不利状况。经试验,最终采取新的插孔加浆施工工艺。设计了插孔器,改水平加浆为垂直加浆方式(插孔器构造见图 8-20)。一般铺浆前先在摊铺好的碾压混凝土面上用 $\phi$ 10 的造孔器进行造孔,插孔按梅花形布置,孔距一般为 30 cm,孔深 20 cm。然后用人工手提桶(有计量)铺洒净浆,加浆时控制一桶浆液加入既定的加浆孔内,从而达到控制加浆量的目的。

3)振捣

振捣一般采用 $\phi$ 100 高频振捣器或 $\phi$ 70 软抽式振捣器。振捣一般要求在加浆 15 min 之后进行,振捣时间控制在 25~30 s,振捣时振捣器插入下层的深度要达到 10 cm 以上。在与碾压混凝土搭接部位处要求高频振捣向碾压混凝土一侧振捣,使两者互相融混密实。

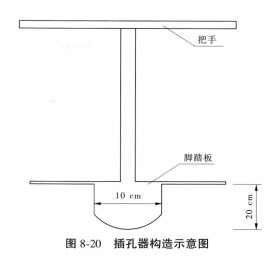

图 8-20　插孔器构造示意图

4)机拌变态混凝土

主坝的部分岸坡坝基垫层、坝面拼缝钢筋网部位及模板拉条比较多且集中的部位采用变态混凝土,于是岸坡平台等变态混凝土量大而集中的地方,若按现场加浆的施工方法,加浆工作量过大,并且加浆均匀性很难保证。在实际施工中,能够应用汽车运输直接入仓的部位采用拌和楼直接拌制变态混凝土。机拌变态混凝土是在拌制碾压混凝土时,加入规定比例的水泥粉煤灰浆液,而拌制成一种干硬性混凝土。这种新的工艺简化了操作程序,对大体积变态混凝土的施工质量更有保证。

3.变态混凝土的质量检查

对变态混凝土施工质量进行了检查,其相应的各项物理力学性能见表 8-24。

表 8-24　变态混凝土各项物理力学性能

| 试验指标 | | 机拌变态混凝土 | | 现场加浆变态混凝土 | |
| --- | --- | --- | --- | --- | --- |
| | | $R_V$ 200 二级配 | $R_V$ 150 准三级配 | $R_V$ 200 二级配 | $R_V$ 150 准三级配 |
| 表观密度/<br>( kg/m$^3$ ) | 范围 | 2 610~2 620 | 2 630~2 670 | 2 590~2 630 | 2 630~2 690 |
| | 平均值 | 2 610 | 2 660 | 2 610 | 2 660 |
| 抗压强度/MPa | 范围 | 21.6~30.2 | 18.2~25.6 | 20.6~28.3 | 16.7~23.2 |
| | 平均值 | 25.7 | 20.4 | 25.4 | 20.7 |
| 弹性模量/<br>万 MPa | 范围 | 2.21~2.44 | 2.35~2.56 | 2.06~2.37 | 2.13~2.40 |
| | 平均值 | 2.32 | 2.44 | 2.24 | 2.28 |
| 抗拉强度/MPa | 范围 | 2.2~2.9 | 1.8~2.3 | 1.6~2.4 | 1.4~2.2 |
| | 平均值 | 2.4 | 2.0 | 2.1 | 1.7 |
| 极限拉伸/<br>$10^{-6}$ | 范围 | 84~108 | 78~92 | 78~102 | 72~86 |
| | 平均值 | 90 | 84 | 89 | 80 |

#### 8.4.1.4　江垭大坝工程中的应用

1. 变态混凝土应用范围

允许应用变态混凝土的范围是:模板、电梯井、埋设件、上游面、竖井、廊道周边、岸坡和止水片周边等部位。江垭大坝变态混凝土应用部位和厚度见表8-25。根据统计,江垭大坝变态混凝土方量为2.0万 $m^3$。

表 8-25　江垭大坝变态混凝土应用部位和厚度　　　　　　　　单位:cm

| 部位 | 变态混凝土厚度 | 常态混凝土设计厚度 | 部位 | 变态混凝土厚度 | 常态混凝土设计厚度 |
|------|------|------|------|------|------|
| 上游面 | 30 | | 廊道、电梯井周边钢筋混凝土 | 50 | 100 |
| 下游面 | 20 | | 岸坡 | 50 | 200/100 |
| 横缝面 | 20 | | 溢流面下卧层 | 50 | 300 |
| 止水周边 | 100 | 100~120 | 中孔周边一期常态混凝土过渡区 | 100 | 100 |

2. 配合比

江垭大坝共有三种强度等级的碾压混凝土,设计龄期均为90 d。其中,A1为20 MPa,为上游面防渗体碾压混凝土;A2为15 MPa,用于191 m高程以下;A3为10 MPa,用于190 m高程以上。三种碾压混凝土配合比见表2-42。

变态混凝土采用525号大坝硅酸盐水泥的净浆,掺用比例为100~80 L/$m^3$水泥浆加900~920 L/$m^3$碾压混凝土,水泥净浆的配合比为水泥986 kg/$m^3$、水690 kg/$m^3$、外加剂($DH_4R$)3.94 kg/$m^3$。三种变态混凝土使用同一种灰浆。

按10%灰浆+90%碾压混凝土的掺配比例,坍落度值均为3~5 cm。

3. 施工工艺

采用集中制浆站拌浆,制浆站产量为6 $m^3$/h,采用高速搅拌机拌浆。拌好后放入低速搅拌筒内,通过管道泵送到左岸230 m高程的低速搅拌筒,然后沿左坝坡管道自流放入仓面,中间设一级低速搅拌筒中转。230 m以上直接泵入仓面。仓面用装载机斗盛装由管道送入的灰浆,再运送到使用地点。

江垭工程采用四联振捣器组振捣,插入深度超过30 cm(这是层面芯样也具有高抗渗性能的原因);但止水片附近用手持φ100振捣器振捣,以免止水片因强力振捣而发生变位。靠近上游模板处,先振捣变态混凝土,再碾压A1混凝土,此时已振好的变态混凝土表面会突起,因而对其再振捣1次。由于用大型振捣器振捣,而变态混凝土每层只有30 cm,因此插入下层的深度都大于10 cm。

4. 抗压和抗渗性能检测

对A1变态混凝土进行现场取样,测试结果如表8-26所示。

表 8-26　A1变态混凝土现场取样抗压强度测试结果

| 试件数 | $R_{90平均}$/MPa | $R_{90max}$/MPa | $R_{90min}$/MPa | $\Sigma$/MPa | $C_V$ |
|------|------|------|------|------|------|
| 24 | 32.1 | 38.9 | 28.5 | 3.16 | 0.098 |

1997年,汛期在上游面布设了8个直径150 mm的水平取芯孔进行检查,检查结果表明,A1变态混凝土与A1碾压混凝土结合良好,过渡自然,没有可分辨的交界痕迹。A1变态混凝土芯样由河海大学渗流实验室加工成边长140 mm或100 mm立方体进行渗透试验,测试渗透系数结果见表8-27。

从检测结果看,A1 变态混凝土抗压强度和抗渗性均达到了较高的指标,优于 A1 碾压混凝土;A2、A3 变态混凝土未进行过系统的检测,但从混凝土的性状看应当优于 A2、A3 碾压混凝土。

表 8-27　A1 变态混凝土渗透特性试验结果　　　　　　　单位:cm/s

| 部位 | 试样编号 | 渗透系数 | 平均值 | 部位 | 试样编号 | 渗透系数 | 平均值 |
|---|---|---|---|---|---|---|---|
| 本体 | 22 号本变 P-1 | $10^{-11}$ | $8.70\times10^{-10}$ | 3 m 缝面 | 2 号缝变 P-1 | $10^{-11}$ | $1.79\times10^{-9}$ |
| | 22 号本变 P-2 | $1.01\times10^{-10}$ | | | 2 号缝变 P-2 | $3.31\times10^{-10}$ | |
| | 24 号本变 P-1 | $10^{-11}$ | | | 4 号缝变 P-1 | $5.14\times10^{-9}$ | |
| | 24 号本变 P-2 | $3.36\times10^{-9}$ | | | 4 号缝变 P-2 | $1.15\times10^{-9}$ | |
| 30 cm 层面 | 1 号层变 P-1 | $10^{-11}$ | $9.65\times10^{-11}$ | | 23 号缝变 P-1 | $10^{-11}$ | |
| | 1 号层变 P-2 | $10^{-11}$ | | | 23 号缝变 P-2 | $4.01\times10^{-10}$ | |
| | 3 号层变 P-1 | $10^{-11}$ | | | 23 号缝变 P-3 | $10^{-11}$ | |
| | 3 号层变 P-2 | $3.56\times10^{-10}$ | | | 25 号缝变 P-1 | $10^{-11}$ | |
| | | | | | 25 号缝变 P-2 | $4.34\times10^{-10}$ | |
| | | | | | 25 号缝变 P-3 | $10^{-11}$ | |

### 8.4.1.5　龙滩大坝工程中的应用

**1. 前期的变态混凝土室内试验研究**

龙滩大坝上游迎水面面积 7.71 万 $m^2$,水库库容为 272.7 亿 $m^3$。前期的变态混凝土试验于 2000 年开始,龙滩工程拟在上游面采用 1.5 m 以上厚度的二级配变态混凝土防渗方案而考虑。研究内容包括:变态混凝土的变态方式、采用的变态材料、成型工艺及力学性能、耐久性能、绝热温升、抗剪断特性等。

**1)变态混凝土基本试验原则**

参照原龙滩工程"八五"科技攻关二级配常态混凝土和碾压混凝土配合比[RIVC25(90d)],采用柳州 525(R)普通硅酸盐水泥,田东 II 级粉煤灰,大法坪灰岩料场人工砂及人工碎石和 ZB-1RCC15、DH₉、BSII(水剂)外加剂,进行配合比验证调整工作,使常态混凝土坍落度达到 6～10 cm,碾压混凝土拌和物 VC 值达到 3～6 s。

变态混凝土变态用浆液胶凝材料用量按碾压混凝土与常态混凝土胶凝材料总量的差值控制。变态混凝土变态采用的材料分别考虑了水泥浆和高性能掺合料浆两种。变态混凝土的变态方式分别考虑机口变态、一次装模变态(碾压混凝土层厚 15 cm)和二次装模变态(碾压混凝土层厚 7.5 cm)3 种形式。变态混凝土的成型工艺主要从不同的变态方式和不同的成型振动时间等方面进行考虑。

**2)变态混凝土采用的变态材料**

龙滩工程采用变态混凝土防渗方案,由于坝高库大,要求变态混凝土具有良好的抗渗防裂性能。采用水泥浆作变态材料,变态混凝土平均抗压强度 39.26 MPa,平均劈拉强度为 3.32 MPa,拉压比为 8.46%;采用高性能掺合料浆作变态材料,变态混凝土平均抗压强度 32.10 MPa,平均劈拉强度为 3.11 MPa,拉压比为 9.69%。可使变态混凝土的强度指标满足 C25 强度等级要求。

由于高性能掺合料较水泥的水化热值低得多,故其掺入不会引起变态混凝土绝热温升值提高,且价格比水泥便宜,变态混凝土的拉压比值又可提高 14.4%,这对提高变态混凝土的抗裂性非常有利,因此可进一步研究其用作变态混凝土材料的可行性。

**3)变态混凝土变态方式**

对于变态混凝土变态方式,结合施工状况共考虑了 3 种形式:碾压混凝土出拌和机时在机口立即进行变态(机口变态)、碾压混凝土层厚控制在 15 cm 时进行装模变态(一次装模变态)和碾压混凝土层厚控制在 7.5 cm 左右分两次进行装模变态(二次装模变态)。在上述 3 种变态方式下,变态混凝土的平均抗压强度分别为 37.6 MPa、34.75 MPa 和 39.26 MPa,一次、二次装模变态的平均劈拉强度分别为 3.13 MPa 和 3.32 MPa。

经比较变态混凝土的工作性能、抗压强度和劈拉强度,得出采用二次装模变态方式较好的结论。

4)变态混凝土成型工艺

研究表明,由于变态混凝土的变态方式不同、成型振动时间不同、使用的变态材料不同等,将直接影响变态混凝土的质量。从选择的变态方式看,成型插捣装模时变态方式以分两层为好,即要控制变态混凝土的变态层厚度,以 75 mm 左右为好,水泥浆容易渗入混合,试件均匀性较好。成型振动时间宜控制在 2 倍 VC 值左右。

对各工况配成的常态混凝土、碾压混凝土、变态混凝土的强度指标进行比较,发现变态混凝土的强度值接近常态混凝土而高于碾压混凝土,并且变态混凝土强胶比(抗压强度与胶凝材料总量的比值)与常态混凝土相近。研究成果见图 8-21。

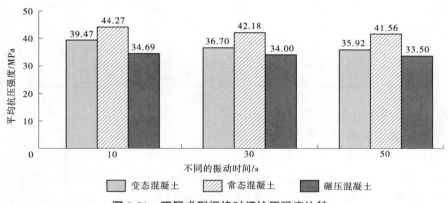

图 8-21　不同成型振捣时间抗压强度比较

5)变态混凝土性能

变态混凝土的抗压强度和抗渗等级较高,同时相对渗透系数基本上与常态混凝土相近;变态混凝土的抗压弹性模量为 $3.67 \times 10^4$ MPa、极限拉伸值达到 87 $\mu\varepsilon$、泊松比为 0.296;上述各参数均能满足设计要求。变态混凝土在 28 d 时,每千克胶凝材料产生的温度升高值约为 0.108 ℃,碾压混凝土为 0.08 ℃,常态混凝土为 0.119 ℃,变态混凝土介于两者之间。选择 15 cm×15 cm×15 cm 的试件并采用多点法进行变态混凝土抗剪断试验,取最大正应力 3.0 MPa,其抗剪断指标 $f'$ 为 1.69,$c'$ 值等于 3.39 MPa,能满足龙滩坝体上游防渗混凝土的要求。

2. 开工期的变态混凝土室内试验研究

设计采用了变态混凝土与二级配碾压混凝土组合防渗结构形式,同时对变态混凝土的工艺、质量、性能提出了更高的要求,并于 2002~2003 年在中国水利水电科学研究院、南京水利科学研究院和中南勘测设计研究院平行开展了变态混凝土的室内试验研究。主要研究成果如下:

(1)针对龙滩大坝的变态混凝土性能要求,研究了水泥浆材、水泥粉煤灰浆材、丙乳,以及以水泥和粉煤灰为基本掺浆材料,分别掺入复合高性能掺合料、渗透结晶防水剂、丙乳的变态混凝土浆液配合比,对变态混凝土浆液的性能、浆液质量控制方法提出了相应研究成果。系统地探索了室内变态混凝土配合比试验研究方法,为规范变态混凝土配合比设计和试验方法提供了重要的系统参考成果。

(2)以龙滩大坝二级配碾压混凝土为基材,采用了多种试验方法,研究将其改性为变态混凝土的掺浆方式及掺浆比例。研究证明:掺浆量和掺浆均匀性对变态混凝土的性能有较大的影响;采用底部掺浆有利于浆液均匀分布;提出的底层加浆方式可在龙滩及其他碾压混凝土工程的变态混凝土施工和质量控制中推广应用。

龙滩大坝二级配碾压混凝土中掺入以水泥和粉煤灰为基本材料的浆液,其合适的掺浆比例(体积比)为 5%左右;采用丙乳乳液作为改性浆液时,其合适的掺浆比例(体积比)为 1.5%左右。

在常规的变态混凝土掺浆浆液(水泥+粉煤灰+减水剂)中,引入了其他改性材料用以提高变态混凝土性能,减少变态混凝土中水泥增加量,使变态混凝土具有高抗渗性、耐久性和抗裂性,满足 200 m 水头大坝的表面防渗要求,试验证明是十分有效的。

(3)利用浆液流动度对浆液质量的敏感性,提出采用流动度指标进行现场浆液质量控制,并对各种浆液流动扩散度试验方法进行了对比分析,提出了适合于不同材料和配合比的变态混凝土浆液、操作简便、易于现场检测的对应的方法和仪器以及相应的质量控制标准,可在现场质量检测中采用。

(4)研究了多种变态混凝土室内成型方法和仿真模拟方法,对各种成型方法和各类浆液材料成型的变态混凝土进行了系统的物理力学性能试验。通过变态混凝土性能比较,提出了多种满足龙滩大坝变态混凝土性能要求的配合比。试验证明:变态混凝土的强度和抗渗性易于满足,抗冻性和抗裂性较难满足;采用高性能掺合料型、渗透结晶防水剂型、丙乳型变态混凝土能更好地满足龙滩变态混凝土的各项性能要求。

(5)采用室内仿真试验方法研究变态混凝土施工的各种加浆方式,充分揭示了变态混凝土振捣过程中浆液的运动与分布规律和特点,通过对仿真试件的力学性能对比试验,提出科学合理的变态混凝土施工的加浆方式,对规范变态混凝土的施工具有指导意义。室内仿真试验研究提出了确定变态混凝土加浆率的原则,过大的加浆率不但发热量增大,而且将影响层面结合性能,降低层缝面的抗拉强度和抗剪黏聚力,也容易形成渗漏通道。

**3. 施工期间大坝承包商的变态混凝土室内试验研究和现场试验**

施工期间龙滩承包商结合工程用的材料开展了变态混凝土的室内试验研究和现场工艺性试验。

**1)室内试验研究**

采用水泥+粉煤灰+高效缓凝减水剂的常规掺浆材料,开展了浆液密度、凝结时间、析水率、安定性及抗压抗折试验项目,随着水胶比的减小,浆液密度增大,总体上浆液析水率呈减小趋势,浆体的静置稳定性逐渐变好;随着外加剂掺量增大,浆液稠度增大,浆液密度减小,浆液析水率增大;随着粉煤灰掺量增大,浆液密度减小,凝结时间呈延长趋势,浆液结石强度降低;粉煤灰掺量为 55%时,28 d 强度较低,不利于提高变态混凝土的 28 d 强度性能及极限拉伸值。根据不同粉煤灰掺量的浆液结石强度试验结果,并参考龙滩前期试验研究成果,浆液粉煤灰掺量选择 50%,同时推荐了实际施工的浆液配合比,如表 8-28 所示。

表 8-28　龙滩工程变态混凝土浆液配合比　　　　　　　　　　　　　　单位:kg/m³

| 水胶比 | 粉煤灰掺量 | 减水剂掺量 | 水 | 水泥 | 粉煤灰 | 减水剂 |
|--------|-----------|-----------|-----|------|--------|--------|
| 0.40 | 50% | 0.4% | 497 | 621 | 621 | 4.97 |

通过试验比较,选择了 6%的掺浆量,其中采用麻村骨料的大坝上游面变态混凝土坍落度为 1.8~3.6 cm,含气量 3.9%~4.2%;90 d 龄期的抗压强度达 33.0~41.8 MPa、极限拉伸值 85~87 με、抗渗等级大于 W12、抗冻等级大于 F150。大法坪骨料的大坝上游面变态混凝土坍落度为 1.4~1.8 cm,含气量 3.4%~3.8%,泌水率 0~0.3%,初凝时间 8 h:48 min~12 h:45 min,终凝时间 17 h:15 min~37 h,表观密度 2 410~2 420 kg/m³;90 d 龄期的抗压强度达 36.5~39.4 MPa、劈拉强度 2.86~3.4 MPa、极限拉伸值 86~89 με、抗压弹性模量 3.83×10⁴~4.02×10⁴ MPa、抗渗等级大于 W12、抗冻等级大于 F150。

**2)现场变态混凝土施工试验**

在第 Ⅰ 区采用挖槽加浆法,在第 Ⅱ 区采用底层加浆法,在第 Ⅲ 区采用插孔加浆法。实际施工过程中,均采用面层加浆法,辅以振捣棒振捣的方式。由于振捣不够充分,芯样获得率相对很低。变态混凝土芯样 90 d 龄期物理力学性能检测结果见表 8-29。

表 8-29　变态混凝土芯样 90 d 龄期物理力学性能检测结果

| 区号 | 抗压强度/MPa | 劈拉强度/MPa | 轴拉强度/MPa | 极限拉伸应变/με | 抗拉弹性模量/万 MPa | 轴心抗压强度/MPa | 抗压弹性模量/万MPa | 泊松比 | 抗剪断强度 | |
|------|------|------|------|------|------|------|------|------|------|------|
| | | | | | | | | | 摩擦系数 | 黏聚力/MPa |
| BDⅠ | 35.8 | 2.91 | 2.04 | 56 | 3.76 | 25.7 | 4.06 | 0.24 | 2.03 | 1.73 |
| BDⅡ | 42.0 | 2.34 | 1.17 | 57 | 3.21 | 31.4 | 3.85 | 0.22 | 2.72 | 1.59 |
| BDⅢ | 41.8 | 1.82 | 2.03 | 65 | 3.86 | 32.1 | 3.81 | 0.21 | 2.94 | 2.68 |

变态芯样 90 d 龄期抗渗等级大于 W12,抗冻等级小于 F25,但拌和楼出机口混凝土抗冻等级均满足设计要求。单点法的压水试验,变态混凝土的透水率在 0~0.33 Lu。

4. 变态混凝土的施工

采用平仓机辅以人工分两次摊铺平整,顶面低于碾压混凝土面 3~5 cm。浆液采取集中拌制,按配合比拌制的水泥粉煤灰净浆,通过输送泵、管道从制浆站输送至仓面搅拌储浆车。变态混凝土加浆是一道极其关键的施工工艺,直接关系到变态混凝土质量,主要控制以下两个环节:①加浆方式。主要采用"双层"加浆法和"抽槽"加浆法来进行施工,以达到加浆的均匀性,加浆方式控制着平面洒浆均匀和立面浆液渗透均匀。②定量加浆。主要采用"容器法"人工定量加浆,今后应向采用机械定量加浆发展。水泥煤灰净浆掺入碾压混凝土 10~15 min 后,开始用大功率振捣器进行振捣,加浆到振捣完毕控制在 40 min 以内。

龙滩大坝上游面采用变态混凝土与二级配碾压混凝土组合防渗方案,大坝除在建基面采用常态混凝土找平外全部使用碾压混凝土。充分利用碾压混凝土自身抗渗性,使大坝的防渗结构施工简便、干扰少、投资省。上游面变态混凝土厚度仅 1 m 左右,二级配碾压混凝土厚度也只有 6~8 m,为了防止面板裂缝,除采取常规的温控措施外,上游面增设了限裂钢筋网,已浇混凝土经过了三个冬季和两个夏季,上游面没有发现裂缝,防渗结构的渗透系数达到了 $10^{-9}$ cm/s 以上。

## 8.4.2　变态混凝土在国外一些工程中的应用

### 8.4.2.1　哥伦比亚 Miel 号 RCC 坝的应用

1. 大坝上游面变态混凝土的应用

哥伦比亚 Miel 号 RCC 坝,是世界上独一无二的工程,不仅因其 188 m 的坝高和 $1.75×10^6$ m³ 的 RCC 总量,还因其所处的热带雨林的环境温度高(超过 38 ℃),降雨量大(年雨量超过 4 200 mm),以及所采用的先进施工技术。

混凝土浇筑层厚 0.3 m,使用低到中热水泥(不含火山灰),每立方米用量 85~160 kg,大多数部位浇筑层间的砂浆层和每隔 18.5 m 的收缩缝也是坝的主要特征。

通过由变态混凝土层和沿上游面覆盖的 PVC 土工模组成的双重防护系统实现了防渗。RCC 浇筑使用了运输带、塔式起重机和履带式浇筑机,月浇筑量达到 120 000 m³。

大坝的原设计采用滑模钢筋混凝土面板。由于合同协议要按计划进行,上游面通过浇筑 0.40 m 厚的变态混凝土和覆盖与变态混凝土平行的 2.5~3.0 mm 厚的 PVC 土工膜进行防渗处理。因为裸露的坝面高 188 m,双倍保护是有必要的。

变态混凝土由经改进的未压实的 RCC 拌和物组成,加有少量的水泥浆,这改善了其和易性,便于振捣固结。变态混凝土最大的效用是产生均质隔水层,能防 RCC 浇筑层和接缝间不连续性所造成的渗漏,而不会降低 RCC 块的渗透性。

PVC 薄膜固定在底座上,覆盖了大坝的上游面。它也固定在埋设于变态混凝土面的镀锌钢结构上。通过镀锌钢管网将薄膜下的渗漏引到坝内的排水廊道。

2. 变态混凝土的施工

沿大坝上游垂直面和靠近垂直面的 RCC 坝肩浇筑变态混凝土。沿 0.4 m 宽的槽缝加入水灰比 0.8 的水泥浆,每延米体积为 10 000 cm³。为了使水泥浆进一步渗透到 RCC 层,添加了超塑化剂(所占比例为水泥质量的 0.8%)。水泥浆在坝址用人工拌和、加工和浇筑。用插入式振捣器和振捣板振实拌和物。变态混凝土拌和物的浇筑率为 80~100 m/h。

### 8.4.2.2 约旦坦努尔 RCC 坝的应用

坦努尔坝是约旦的第一座 RCC 坝,坝高 60 m。采用了 RCC 及变态混凝土。RCC 骨料为碎石灰岩,采自河床中的裸露岩层。添加的细砂是天然砂。采用约旦产普通波特兰水泥,拌以天然火山灰,火山灰的黏性有限,但确保混合物不易分离。

最初,RCC 的水泥和火山灰的配比为 125:75(kg/m³),随着施工进展及代表性成果有所调整。后来浇筑的 RCC 中,有一半采用 120:50(kg/m³)配比。在 RCC 中添加了 DaratardP2 缓凝剂,在整个施工过程中,根据早期实验室成果,其剂量为 1 L/m³。缓凝剂延长了 RCC 初凝时间,对于同样的浇筑效能而言能减少用水量,降低水灰比,产生了更高的水泥效率。

所有的上游面、下游台阶、180 m 宽阶梯式溢洪道、廊道墙、止水片以及 RCC 与坝肩石灰岩体邻接的交界面均采用变态混凝土。变态混凝土采用的水灰比为 1.0,并用 75 mm 直径的振捣器捣实。变态混凝土的最小宽度规定为 400 mm,但是用 16 t 滚筒碾压上游面附近 RCC 和变态混凝土的交界面时遇到了困难,因为截水墙突出到模板以外 450 mm。解决的办法是将变态混凝土的宽度增加到 600 mm,使交界面能更好地碾压,同时也会减小模板的荷载。使用变态混凝土的效果是对外表面进行装饰,并且它对大坝与基岩的黏结作用就像普通的大体积混凝土重力坝一样。对下游 1.2 m 高的阶梯,采用 4 层 300 mm 厚的变态混凝土。

表 8-30 列出了 RCC 和变态混凝土的抗压强度检测结果,其中 24 h 热养护为 60 ℃的水浸泡。变态混凝土的抗压强度比 RCC 的抗压强度约小 5%;因为变态混凝土的水灰比为 1.0,比 RCC 的水灰比 0.6 大。而且,变态混凝土的变差系数非常接近 RCC 的值,前者为 10%,后者为 9.8%。

表 8-30　约旦坦努尔坝 RCC 和变态混凝土抗压强度一览表

| 整个坝体(所有拌和物,150 mm 立方体试件) | | | | | | | | |
|---|---|---|---|---|---|---|---|---|
| 混凝土种类 | RCC | | | | | 变态混凝土 | | |
| 龄期 | 24 h 热养护 | 7 d | 28 d | 90 d | 180 d | 24 h 热养护 | 28 d | 90 d |
| 测试次数 | 335 | 331 | 344 | 340 | 120 | 325 | 335 | 336 |
| 平均值/MPa | 11.9 | 14.8 | 21.2 | 25.7 | 27.7 | 10.7 | 20.0 | 24.6 |
| 标准差/MPa | 1.7 | 1.9 | 2.6 | 2.7 | 3.0 | 1.8 | 2.8 | 3.1 |
| 变差系数/% | 14.5 | 12.9 | 12.2 | 10.6 | 10.7 | 16.9 | 14.0 | 12.5 |
| 最后 50%的坝体(混合 120 kg/m³ 的水泥和 50 kg/m³ 的火山灰,150 mm 立方体试件) | | | | | | | | |
| 龄期 | 24 h 热养护 | 7 d | 28 d | 90 d | 180 d | 24 h 热养护 | 28 d | 90 d |
| 测试次数 | 142 | 142 | 146 | 142 | 36 | 135 | 143 | 138 |
| 平均值/MPa | 11.6 | 14.9 | 20.9 | 24.8 | 27.7 | 10.6 | 19.6 | 23.5 |
| 标准差/MPa | 1.4 | 2.0 | 2.5 | 2.4 | 2.9 | 1.7 | 2.4 | 2.3 |
| 变差系数/% | 12.4 | 13.1 | 11.8 | 9.8 | 10.8 | 16.3 | 12.3 | 10.0 |

## 8.4.3　变态混凝土应用中的问题与进一步提高

从 20 世纪 80 年代到今天,我国的变态混凝土施工工艺技术已经经历了 40 多年的不断发展。就施工、材料的性质和施工成本等方面看,变态混凝土施工相对方便、使用材料与碾压混凝土相同、施工成本相对较低,并有方便施工、光滑表面、防渗、保护表面四个方面的主要作用。变态混凝土从萌发、发展到成熟,应用已日趋普遍;从工程实例可以看出,变态混凝土积累的经验仍然不多,迄今尚未形成较为成熟的模式,因此在认识到变态混凝土诸多优点的同时还应看到各工程中使用的变态混凝土在浆体配方、拌制、加浆量、加浆量的控制方式、变态后混凝土的工作度、振实方法、变态混凝土的厚度、变态混凝土的性能等方面存在着较大的差异,在加浆和振捣过程的操作中仍因人为因素的影响而难以保证施工工艺的标准化和施工质量的均匀性。因此,为了更好地发挥变态混凝土的优越性、保证施工质量,尚需要技术工作者从材料、施工机械、变态方式等方面对变态混凝土做进一步的研究和创新。

### 8.4.3.1　变态混凝土浆液材料

变态混凝土一般是在工作仓面已摊铺碾压混凝土物料部位通过洒布流动性良好的浆液,使干硬的混凝土物料工作度变为接近常态混凝土,要求所形成的变态混凝土具有饱满、可振性、黏结性和较好的强度、抗渗防裂性能等,因此变态浆液材料是保证变态混凝土质量的关键之一。根据材料理论和变态混凝土的实践经验,浆液材料的改进需要从以下几个方面进行研究:

(1)常规水泥浆体流动性大时稳定性较差,容易出现泌水、沉降,此现象随水灰比的增加将更加明显,因此需要对变态混凝土用浆液进行改性研究,以保证水泥浆体的稳定性、降低析水率、延长失水时间和析水稳定时间,尽量减少水泥悬浮液静态时的泌水离析问题。

(2)研究在保证灌浆施工和混凝土性能的条件下尽量减少和控制单位加浆量和单位体积浆液中水泥含量的措施,以降低水化温升、延缓水化热峰,防止变态混凝土的温度裂缝。

(3)高效分散剂、保水剂品种及掺量对浆液性能的影响显著,应研究采用合适的外加剂,以获得流动性和稳定性良好的浆液,使浆料更容易实现浇灌、渗透和振捣工艺。

(4)研究缓凝剂品种、掺量与浆体流动性保持时间和温度的关系,以及对浆体絮凝时间延缓的影响效果,使其不仅能保持较长时间的流动态,而且凝结时间又与碾压混凝土基本保持一致。

### 8.4.3.2　变态混凝土的注浆与振捣的机械化

除碾压坝不便于机械施工的一些细部构造部位外,模板边界的变态混凝土施工可研究采用快速标准的机械化模式,方法为:仍采用坝外制浆和管路供浆,但为方便供浆量的控制,直接将水泥浆泵至可行走微型机动车上的水泥浆储罐内,罐内设搅拌装置防止浆液沉淀,机动车上安装压力水泥浆泵、压力注浆管组和斜向的插入式振捣器组,在机动车牵引运行下完成浆液洒布和拖拉式连续振捣(振捣器不提出混凝土面)。

可对三种方案进行研究:①喷浆和振捣分步完成,即先在混凝土物料表面喷浆,待浆液渗入碾压混凝土物料后再进行振捣;②为使浆液均匀分布,增加洒浆后混凝土物料的均翻工序,可参照设计类似微型土壤拌和机的均翻设备,安装于喷浆管和振捣器组之间,使混凝土物料表面喷浆、物料现场均翻和拖拉式振捣同步完成;③设计能斜向(与振捣器反向倾斜)插入碾压混凝土物料的喷浆管组以直接喷浆于物料中(需考虑避免浆液堵塞的方法),同步进行拖拉式振捣。为了简化施工操作,实现加浆的均匀和振捣的均匀、密实和连续性,关键是研制既可单独作业又能同步运行的喷浆及振捣配套机械,并对同步作业时喷浆管和振捣器组的操作方法进行功能匹配研究。

由于目前变态混凝土的加浆工艺还比较粗糙,很难实现均匀加浆。因此,要浇筑出高质量的变态混凝土,其关键问题是要对变态混凝土料实现均匀加浆。应重视密间距、小孔径开孔加浆方法的研究,在变态混凝土物料上造密间距、小孔径的孔,均匀布浆,用高频插入式振捣器振动密实的施工工艺技术和方法作为浇制高质量变态混凝土的首选。

在碾压混凝土摊铺中,变态混凝土的加浆工艺、加浆设备、浆量计量装置曾有单位研制,提供样机,但在现场使用尚有困难,建议继续研究改进。变态混凝土施工应实现机械化、自动化和规范化,早日形成变态混凝土工法。

### 8.4.3.3　变态混凝土的厚度与抗渗、抗冻、防裂

变态混凝土在上游面的厚度,目前国内应用的情况是:普定 40 cm,汾河二库 40~100 cm,棉花滩 50 cm,沙牌 50 cm,江垭 30~60 cm,碗米坡 50~100 cm,大朝山 40~60 cm,蔺河口 30~50 cm,龙滩 100 cm 左右。变态混凝土的布浆及振捣必须达到均匀,在振捣过程中要求出现泛浆现象,即表明浆液在二级配 RCC 中已经比较均匀,才能取得良好的防渗作用。因此,变态混凝土不宜太宽,如果超过 1 m,则振捣次数过多,时间过长,质量保证困难。因为防渗主体仍然是靠二级配 RCC。

由于变态混凝土常用于上下游坝面,直接受气候变化影响,因此面临两个问题:一是防止出现表面裂缝,分横缝间距应合理;二是变态混凝土的耐久性是能否满足整个坝体要求,特别是在寒冷地区,冬季低温需满足抗冻要求,这样就要求变态混凝土要有足够的含气量,一般应该达到 4%~6%。

## 参考文献

[1] 沈崇刚.碾压混凝土坝变态混凝土的应用与发展[J].水利水电快报,2001(10).

[2] 庞力平,袁瑶才.变态混凝土施工技术的应用与发展[J].红水河,2005(2).

[3] 周海慧,赵红敏,王红斌,等.龙滩碾压混凝土大坝设计及施工实践广西,水利水电,2008(1).

[4] 姜福田.我国碾压混凝土筑坝技术的新水平[J].水利水电技术,2008(5).

[5] 纪国晋,陈改新,姜福田.变态混凝土浆液的试验研究[J].水利水电科技进展,2005(12).

[6] 陈改新,纪国晋,姜福田,等.高性能变态混凝土掺浆材料及配合比研究子题研究报告[R].北京:中国水利水电科学研究院,2003.

[7] 金双全,朱育岷.变态混凝土掺浆材料及配合比研究子题研究报告[R].北京:中南勘测设计研究院,2003.

[8] 印大秋,郑智仁.大朝山水电站大坝变态混凝土施工工艺研究与实施[J].水力发电,2001(12).

[9] 吴胜光.碾压混凝土筑坝技术研讨(广西壮族自治区电力开发公司)[R].2000.

[10] 张正国,任永义,王洪浪,等.变态混凝土在百色水利枢纽主坝施工中的应用[J].人民珠江,2006(增刊).

[11] 关佳茹,杨康宁.变态混凝土在碾压混凝土坝施工中的应用[J].水力发电,1999(7).

[12] 林长农.变态混凝土试验研究[J].水力发电,2001(2).

[13] 广西龙滩联营体试验室.龙滩水电站大坝工程(LT/C-Ⅲ标)"混凝土配合比试验报告"(第三期)[R].2004.

[14] 郑家祥,钟登华,胡程顺,等.变态混凝土在三峡三期围堰中的应用[J].中南水力发电,2004(6).

[15] 刘家祥,钟登华,胡程顺,等.沙牌拱坝碾压混凝土浇筑中的关键技术研究[J].水力发电学报,2004,23(2).

[16] Marulanda A,等.哥伦比亚建成世界最高 RCC 坝[J].水力发电快报,2002(11).

[17] 福贝斯 B A,等.约旦坦努尔 RCC 坝达到高标准[J].水利水电快报,2002(3).

[18] 黎思幸.魏志远关于变态混凝土技术及其研究方向的讨论[J].水力发电,2002(1).

# 第 9 章　氧化镁(MgO)碾压混凝土

## 9.1　概　述

　　氧化镁(MgO)微膨胀混凝土筑坝技术是我国的一项自主知识产权。从 20 世纪 70 年代起,通过实践和观测,发现在坝工混凝土的约束区掺入一定量的氧化镁粉后,在安定性合格的前提下,混凝土具有一定的延迟微膨胀性能,对补偿混凝土收缩、减少和防止混凝土出现裂缝起到重要作用。

　　"氧化镁混凝土筑坝技术"是指在生产大坝混凝土时加入适量的、特制的氧化镁,或者提高水泥中氧化镁的含量,利用其特有的后期微膨胀性能补偿混凝土的收缩和温度变形,以防止产生裂缝。以华东勘测设计研究院等单位共同组成的课题组,科研试验工作已进行了 30 多年;在氧化镁水泥化学机理、混凝土变形性能和大坝温度应力补偿及施工控制等方面已形成了一套完整的理论体系,并在许多大中型水利水电工程上应用,且获得了成功。1973 年首先在东北寒冷地区修建了第一座内含氧化镁混凝土的高拱坝——白山重力拱坝;1982 年修建了吉林红石重力坝;1990 年,在广东修建了第一座全坝外掺氧化镁混凝土的青溪坝及福建水口大坝的七个坝段;1999 年在广东省建了全断面外掺 MgO 不分横缝的长沙双曲拱坝;2001 年在新疆玛纳斯高寒强震弱基上建了全断面外掺 MgO 的 109 m 高的石门子碾压混凝土拱坝。另外,在浙江石塘、四川铜街子、贵州东风和普定等水电工程中也将氧化镁混凝土用于填塘、隧洞封堵等方面,均取得显著的技术经济效益。实践证明,氧化镁混凝土筑坝技术是国内外筑坝技术的重大创新和突破。

　　氧化镁微膨胀混凝土筑坝技术是一项多学科的研究课题,它涉及混凝土温度补偿理论、水泥化学机理、混凝土原材料性能、水工结构设计及混凝土施工工艺等许多方面,应用氧化镁微膨胀混凝土筑坝技术,应该以积极的态度、科学的方法,认真做好温控设计及试验研究。

### 9.1.1　MgO 碾压混凝土微膨胀的物理化学机理

　　波特兰水泥的化学分析表明,氧化镁含量不超过 6%,除了少量存在于水泥化合物晶格内,氧化镁主要以游离形式存在。熟料中氧化镁的主要来源是石灰石(水泥的原料)。在水泥烧成温度 1 400~1 500 ℃下,游离氧化镁是处于方镁石晶体形式的死烧状态。在暴露于正常的温度、湿度条件下,方镁石在几年时间内水化。MgO 转变为 $Mg(OH)_2$ 得到 117% 的摩尔体积膨胀。硬化混凝土中过量氧化镁的存在导致膨胀及形成裂缝。然而氧化镁水化产生的膨胀力也能有益于混凝土的化学自应力,这就是氧化镁碾压混凝土微膨胀的物理化学机理。

　　虽然以方镁石形式存在的游离氧化镁水化引起膨胀,但并不说明水泥的膨胀正比于方镁石含量。粗颗粒比细颗粒引起更大的膨胀。图 9-1 表示含不同颗粒大小的氧化镁的波特兰水泥的蒸压膨胀。结果表明,对一定氧化镁百分数,膨胀与颗粒大小有关,小于 5 μm 的颗粒表现出最小的膨胀。

　　水泥水化的固相体积一般表现为收缩。水工大体积混凝土,由于水泥水化热的作用及混凝土的热传导性能较差,使混凝土的温度上升至较高的水平。然而,混凝土最终的温度将下降,并引起混凝土产生拉应力。若在混凝土降温收缩,混凝土的自生体积变形表现为一定膨胀,就能一定程度地补偿降温产生的收缩,使混凝土不发生或少发生裂缝。大体积混凝土的降温是在后期,少则在混凝土浇筑以后几个月,多则几年甚至十几年才发生,因此希望混凝土在后期产生自生体积膨胀。水泥中的氧化镁正好是后期膨胀,若水泥中含有适量的氧化镁,则可以达到目的。吉林白山大坝的内部混凝土和基础混凝土分别使用抚顺 425 号矿渣硅酸盐水泥和抚顺 525 号硅酸盐大坝水泥,水泥中含 4.5% 的氧化镁,混凝土的自

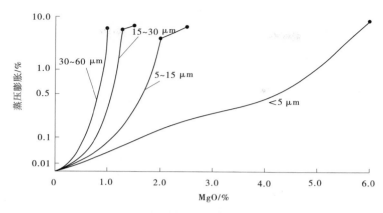

**图 9-1　含不同颗粒大小氧化镁的水泥压蒸膨胀**

生体积变形试验结果显示,内部混凝土最初 3 个月的自生体积变形可达最大值的 50%,1 年时为最大值的 75%,3 年时为最大值的 92%,4~5 年时才接近最大值。此外,研究和工程实践表明,在混凝土中外掺适量的氧化镁粉可使混凝土产生一定量的、稳定的自生体积膨胀变形,同样达到混凝土补偿收缩的目的。

### 9.1.2　MgO 碾压混凝土的特点

碾压混凝土水泥用量少,粉煤灰掺量大,而大掺量的粉煤灰对混凝土的自生体积变形有一定的抑制作用,这就是氧化镁碾压混凝土的特点。掺粉煤灰能使水泥浆体孔隙液的碱度降低,并使水泥石结构的总孔增多,使得部分氢氧化镁晶体长入孔洞中以及可供氢氧化镁晶体占用的氧化镁水泥颗粒界面区增大,使浆体膨胀的有效的氢氧化镁量减少,从而抑制了氧化镁混凝土的自生体积膨胀;常温下氢氧化镁能与 $SiO_2$、$Al_2O_3$ 等起反应,所以尽管掺粉煤灰会加速氧化镁的水化,但随着粉煤灰掺量的增加,混凝土的膨胀变形减小。图 9-2 为龙滩工程掺特性氧化镁与粉煤灰耦合作用碾压混凝土自生体积变形过程线图,图 9-3 反映了掺 10% 特性 MgO(它的性能在后面介绍)样品 1 后不同粉煤灰掺量的碾压混凝土自生体积变形特性。

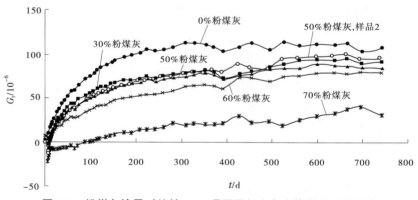

**图 9-2　粉煤灰掺量对特性 MgO 碾压混凝土自生体积变形的影响**

在特性 MgO 掺量相同时,自变受粉煤灰掺量的影响,粉煤灰掺量增大,同龄期自变值愈小。以掺 10% 特性 MgO 样品 1、741 d 龄期的碾压混凝土自变为例,当粉煤灰掺量为 0、30%、50%、60% 和 70% 时,自变分别为 $107.83×10^{-6}$、$91.71×10^{-6}$、$84.52×10^{-6}$、$79.80×10^{-6}$ 和 $30.71×10^{-6}$,如以不掺粉煤灰的自变为基准,则掺 30%、50%、60%、70% 粉煤灰的自变分别降低 14.9%、21.6%、26.0%、71.5%。这说明碾压混凝土中的粉煤灰,对特性 MgO 混凝土的膨胀有抑制作用,并且随着粉煤灰掺量增加,抑制作用加剧;当粉煤灰掺量为 70% 时,碾压混凝土的自变 90 d 以前为收缩,但随养护时间增长朝膨胀方向发展,此后

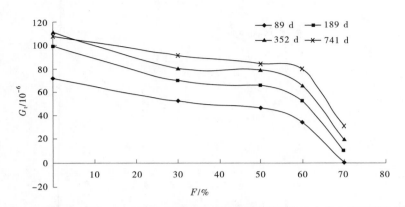

图 9-3　掺 10%特性 MgO 样品 1 后不同粉煤灰掺量碾压混凝土自生体积变形特性

逐渐成膨胀型。

近年来的研究说明,高掺量的粉煤灰和 MgO 之间的关系并不是完全互相排斥的,至少在粉煤灰占胶凝材料的 30%~40%时,MgO 的膨胀性能发挥得很好,超过此比例时,膨胀性能会有所下降。因此,MgO 混凝土技术既可以用于常态混凝土,也可以应用于碾压混凝土。

### 9.1.3　MgO 碾压混凝土的应用前景

大仓面施工的碾压混凝土拱坝可减少拱坝横缝,加快混凝土上升速度。但是大仓面施工加大了施工期内外约束温度应力,运行期温降带来的温度应力比常态柱状块浇筑混凝土带来的温度应力更大。利用 MgO 微膨胀混凝土能补偿碾压混凝土拱坝的收缩和温度变形产生的拉应力,防止产生裂缝。

MgO 碾压混凝土与 MgO 常态混凝土相比,只是膨胀量可能略为降低一些,但是高掺粉煤灰带来的绝热温升降低的效应可以补偿这一损失。外掺 MgO 较水泥熟料中内含 MgO 在设计应用中有更多的灵活性,到底采用多大的掺量,应该在严格控制 MgO 质量的前提下按照工程设计要求经过试验和仿真分析,从而确定合适的掺量。北科院朱伯芳院士认为,如能突破掺率 5%的限制,则有可能在全国把 MgO 混凝土应用于碾压混凝土重力坝,使混凝土筑坝技术有较大改观。

## 9.2　氧化镁(MgO)碾压混凝土的材料和配合比

### 9.2.1　MgO 材料的特性和基本性能指标

较一般碾压混凝土而言,MgO 碾压混凝土中多了 MgO 组分;它可以是水泥中内含的 MgO,也可以是外掺适量的 MgO 粉。这些 MgO 是碾压混凝土的微膨胀源,它的生产工艺、水化特性等对 MgO 碾压混凝土的膨胀效果及其控制起到了关键作用,同时也在一定程度上对混凝土性能造成影响。

#### 9.2.1.1　MgO 的生成条件及其对水化行为的影响

1. 氧化镁及其工业制备

天然的氧化镁也称方镁石(MgO),属等轴晶系,形态为立方体或八面体,密度为 3.56~3.65 g/cm³,硬度 5.5~6.0,熔点 2 800 ℃,非常致密,水化活性很小,只有将其磨至相当细时,在常温下数分钟之内能完全水化。工业中所用的氧化镁,一般是菱镁矿(主要成分是 $MgCO_3$)加热分解逸出 $CO_2$ 或将 $Mg(OH)_2$ 加热失水后形成的 MgO。

$MgCO_3$ 加热分解的理论温度为 600~650 ℃,工业生产中为提高效益,实际生产温度达 800~850 ℃,反应式如下:

$$MgCO_3 \rightarrow MgO + CO_2 \uparrow$$

使用 $Mg(OH)_2$ 加热失水获得 MgO 的反应式如下:

$$Mg(OH)_2 \rightarrow MgO + H_2O$$

2. 氧化镁的活性与煅烧制度的关系

1) 煅烧制度对 MgO 的晶格及内比表面积的影响

煅烧温度的高低能影响反应生成的 MgO 晶格大小及其内比表面积的大小。当煅烧温度低时,反应生成的 MgO 晶格较大,并且在晶粒之间存在着较大的空隙和相应较大的内比表面积。这时,MgO 与水的反应面积大,反应速度快。如果提高煅烧温度或延长煅烧时间,则反应生成的 MgO 晶格的尺寸减小,结晶粒子之间也逐渐密实。所以,随煅烧温度的提高,生成的 MgO 的水化速度延缓。

格拉森曾列举了 $Mg(OH)_2$ 与 $MgCO_3$ 经过不同煅烧温度制成的 MgO,其晶格常数随煅烧温度升高而变化的情况(见图 9-4)。天然方镁石的晶格常数 $\alpha = 4.204$ Å,而 400 ℃煅烧的 MgO 的晶格常数为 4.24~4.25 Å;1 000 ℃煅烧时的晶格常数为 4.21 Å 左右。

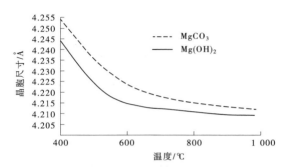

**图 9-4　MgO 的晶格常数与煅烧温度的关系**

图 9-5 示出了以 $Mg(OH)_2$ 为原料,经过不同煅烧温度制取的 MgO,其内比表面积随煅烧温度而变化的情况。当煅烧温度为 400 ℃时,MgO 的内比表面积最大,达到 180 m²/g;当煅烧温度高于 400 ℃后,随煅烧温度的提高,制成的 MgO 的内比表面积下降;在 1 000 ℃的煅烧温度下,制成的 MgO 的内比表面积仅十几平方米每克。

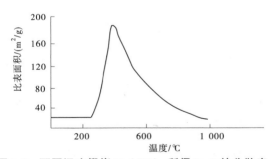

**图 9-5　不同温度煅烧 $Mg(OH)_2$ 所得 MgO 的分散度**

斯米尔诺夫等的研究同样证明了上述观点,即随煅烧温度的提高,用 $Mg(OH)_2$ 制成的 MgO 的内比表面积减小。当温度大于 1 000 ℃时,重结晶的速度加快,内比表面积急剧降低(见表 9-1)。

**表 9-1　MgO 的内比表面积与 $Mg(OH)_2$ 煅烧温度的关系**

| 编号 | 煅烧温度/℃ | 煅烧时间/h | 内比表面积/(m²/g) | 编号 | 煅烧温度/℃ | 煅烧时间/h | 内比表面积/(m²/g) |
|---|---|---|---|---|---|---|---|
| 1 | 450 | 5 | 125 | 3 | 1 000 | 2 | 15 |
| 2 | 680 | 4 | 32 | 4 | 1 300 | 3 | 3 |

2）煅烧温度对 MgO 的水化速度及水化后膨胀率的影响

MgO 与水的反应如下：

$$MgO + H_2O = Mg(OH)_2$$

煅烧温度不同，获得的 MgO 的水化速度不同。MgO 的水化速度与煅烧温度的关系如表 9-2 所示。显然，随着煅烧温度的提高，MgO 的水化速度明显下降。

表 9-2　MgO 的水化速度与煅烧温度的关系

| 水化时间/d | 煅烧温度/℃ | | | 水化时间/d | 煅烧温度℃ | | |
|---|---|---|---|---|---|---|---|
| | 800 | 1 200 | 1 400 | | 800 | 1 200 | 1 400 |
| 1 | 75.4 | 6.49 | 4.72 | 30 | 94.76 | 32.80 | |
| 3 | 100.0 | 23.40 | 9.27 | 360 | 97.60 | — | |

注：以水化程度的百分率表示。

斯米尔诺夫等曾研究过氧化镁砂浆的水化过程与硬化砂浆的结构强度的发展过程。所采用的 MgO 具有的内比表面积分别为 125 $m^2/g$、32 $m^2/g$、15 $m^2/g$ 和 3 $m^2/g$，砂浆的组成是 10% 的 MgO 加 90% 的砂，除内比表面积为 3 $m^2/g$ 的 MgO 配合比采用 0.27 的水固比外，其他配合比的水固比均为 0.32。研究显示，MgO 内比表面积越大，其水化速度越快，强度的发展也越快，但最终的结构强度越小。由于 MgO 的溶解度比较小，随着煅烧温度的提高，其内比表面积降低，溶解速度和溶解度变低，水化过程变慢。如果提高 MgO 的内比表面积，可以相应地增大 MgO 的溶解速度和溶解度，加快水化过程，但浆体过大的过饱和度会产生大的结晶应力，使形成的结晶结构网受到破坏，使强度显著降低。

天然的水镁石[$Mg(OH)_2$]属六方晶系，形态为叶片状、鳞片状或纤维状的集合体，密度为 2.4~2.5 $g/cm^3$，硬度 2.5，400 ℃ 以上脱水。1 000 ℃ 以上温度煅烧出的 MgO，其晶格常数已经接近天然的方镁石，可以近似地认为，此时的 MgO 的密度接近于天然的方镁石，即密度为 3.56~3.65 $g/cm^3$。计算时 MgO 的密度取 3.60 $g/cm^3$，由化学反应方程式 $MgO+H_2O=Mg(OH)_2$ 得，MgO 吸收周围的水分并与其反应生成 $Mg(OH)_2$，体积增大为原来的 212.6%。煅烧温度越高，获得的 MgO 的水化速度越慢，水化后体积越大，膨胀引起对混凝土骨架和砂浆骨架的内应力越大。

3. 水泥中所含 MgO 及其水化行为

水泥的最高煅烧温度为 1 450 ℃，水泥中的 MgO 是在高温情况下生成的。如表 9-2 所示，在此温度下生成的 MgO 的内比表面积低于 3 $m^2/g$，水化 3 d，水化程度不足 10%；水化 30 d，水化程度不到 33%，大量的水化发生在后期，而且 MgO 的水化使固相的体积增大到原来的 2 倍以上。过大的 MgO 含量将造成水泥的安定性不良，适当的 MgO 含量将使水泥的自生体积变形表现为膨胀。

### 9.2.1.2　轻烧氧化镁

混凝土中外掺的 MgO 都是过烧的。过烧的 MgO 分轻烧和重烧两种，轻烧 MgO 的煅烧温度为 850~1 200 ℃，重烧 MgO 的煅烧温度为 1 500~1 800 ℃。轻烧和重烧获得的 MgO，由于煅烧温度及工艺的不同，方镁石存在的形态、晶体的致密程度、晶体尺寸大小、水化快慢、活性高低等都不同。因而造成掺用轻烧与重烧 MgO 的混凝土膨胀率、变形过程与规律、膨胀稳定时间、MgO 掺量对膨胀量的影响等膨胀变形性能相差较大。

李承木的外掺轻烧 MgO 试验表明，水泥净浆试体的膨胀发生在水泥水化 3 d 以后，即具有延时膨胀的性能，水泥净浆试体 3~30 d 的膨胀率最大，之后的膨胀率逐渐降低，到半年至 1 年龄期时已基本趋于稳定。

1995 年，电力工业部水利水电规划设计总院和水利部水利水电规划设计总院印发了《氧化镁微膨胀混凝土筑坝技术暂行规定》(试行)，规定中所指的"MgO 混凝土"限定为"外掺 MgO 混凝土"，即经一定温度煅烧、磨细的轻烧 MgO 粉，适量掺入混凝土中。MgO 原材料的质量是 MgO 混凝土筑坝质量的根本，它关系到 MgO 混凝土筑坝技术的成败，因此要求采用水工专用 MgO 作为原材料。根据以往的工程经验,辽宁海城地区所产的 MgO 品位最高,适合制作水工补偿混凝土,但煅烧时窑温控制全凭经验,尚没有理想的测温手段,用活性指标量测间接判断煅烧程度。具体做法如下:称取 MgO 粉试样 1.7 g 放在烧杯中,加 100 mL 中性水,再加 100 mL 柠檬酸溶液(溶液中有 2.6 g 柠檬酸)放在磁力搅拌器上搅拌并加热,使溶液维持在 30~35 ℃,加入 1~2 滴酚酞指示剂,同时记下从开始搅拌到溶液出现微红色的时间。时间短的说明 MgO 活性大,时间长的则说明 MgO 活性小。

水工专用 MgO 技术指标规定的内容一般都可以达到长期稳定,唯有颗粒细度和活性指标有一定的波动,这两项决定 MgO 混凝土特性的指标,制备时受制备工艺的影响较大,而活性指标的量测受操作人员的素质、环境温度、搅拌时间等因素影响,同样材料不同量测人员测值之间相差较大,因此必须严格检验和复检。

MgO 原材料容易吸湿受潮而失去活性,受潮严重则不能使用,MgO 出厂后往往需要长途运输和转运,因此包装材料和包装方式非常重要,应寻找更好的装运材料,避免 MgO 受潮。大规模使用 MgO 混凝土施工时,必须注意加强对 MgO 原材料的管理。

### 9.2.1.3　特性氧化镁

水利水电工程应用 MgO 补偿混凝土温度应力的研究与应用工作到 20 世纪末已进行了 20 多年。然而,在世纪交接之际该技术的应用出现了停滞,MgO 混凝土仍然主要用于大坝的完全约束区和导流洞等部位,其主要原因是水利工程使用的是为冶金工业生产的轻烧 MgO,该材料多年来基本上采用竖窑进行生产,生产过程基本不控制,产品质量稳定性差。另外,我国生产 MgO 的原材料菱镁矿主要分布在辽东半岛和胶东半岛,而水电工程主要分布在西南地区,长距离的运输会增加成本,同时如果包装不良,膨胀材料的活性容易损失。

采用普适性钙-硅-镁原材料开发的特性 MgO 膨胀材料,其 MgO 含量可达到 60%,膨胀过程可以通过调节煅烧制度和粉磨细度进行控制。特性 MgO 膨胀材料煅烧温度宜控制在 1 200 ℃±25 ℃,煅烧时间为 2 h,成品质量控制指标为:0.080 mm 筛筛余为 6%~10%,MgO 含量达 60%±1.5%,CaO 含量达 27.8%±2%,SiO 含量达 6.2%±1%,烧失量≤4%。特性 MgO 混凝土起膨时间为 7~14 d,膨胀起始温度在 20 ℃以下,MgO 混凝土 90 d 的膨胀量可达到 90 $\mu\varepsilon$;在温度不超过 40 ℃的条件下,其最大膨胀量可望达到 120 $\mu\varepsilon$ 以上。

采用混凝土进行特性 MgO 安定性评定,合理确定工程混凝土中允许的 MgO 膨胀材料掺量,解决使用水泥安定性评定方法带来的膨胀材料允许掺量过小、掺入的 MgO 起不到有效补偿温度应力的问题,同时可防止过多掺入 MgO 膨胀材料引起的长期安定性问题。

特性 MgO 的研制和生产地位于我国南方,膨胀材料的膨胀特性基本满足水工大体积混凝土补偿温度收缩应力的要求,有利于防止裂缝的产生。研究成果拓宽了制备 MgO 膨胀材料的原材料领域,完善了 MgO 混凝土筑坝技术,有利于促进 MgO 膨胀混凝土筑坝技术的推广应用。

## 9.2.2　水泥中内含 MgO 的碾压混凝土配合比

### 9.2.2.1　原理和特点

凡是符合 GB/T 750—1992 的要求,熟料中的 MgO 含量不超过 6%、不少于 1.5% 的水泥,利用其 MgO 的延迟性膨胀特性,拌制的碾压混凝土称"内含 MgO 碾压混凝土"。《水泥压蒸安定性试验方法》(GB/T 750—1992)的原理是在饱和水蒸气条件下提高温度 215.7 ℃ 和压力 2.0 MPa,使水泥中的方镁石在较短的时间(3 h)内绝大部分水化,用试件的变形来判断水泥浆体积安定性。当普通硅酸盐水泥、矿渣硅酸盐水泥、火山灰硅酸盐水泥、粉煤灰硅酸盐水泥的压蒸膨胀率不大于 0.50%,硅酸盐水泥压蒸膨胀率不大于 0.80%,为体积安定性合格,反之为不合格。国家标准规定:硅酸盐水泥中 MgO 的含量一般不得超过 5%;若经试验论证,其含量允许放宽到 6%。含量不符合规定的水泥为废品。

内含 MgO 混凝土:某些水泥中含较多 MgO,如白山等工程使用的抚顺水泥和本溪水泥,都是经过国家标准检验的正规产品,安定性可靠,MgO 在水泥中的含量较稳定,能够保证制备的混凝土中 MgO 的均匀性,因此易为人们所接受,不必经常检验混凝土的安定性和均匀性,所以工艺更加简单。用这种内含 MgO 水泥已经建成 2~3 座大坝,累计混凝土量 200 万 m³ 以上。

内含 MgO 压蒸安定性试验符合国家标准,20 世纪 50 年代我国一些水利工程和港口工程用此种水泥(如本溪水泥)已经几十年,证明安定性是没问题的,由于 MgO 颗粒较细,尽管煅烧温度较高,但水化膨胀过程一般在一年左右已趋稳定,抚顺水泥现有近 40 年的资料证明了这一点。内含 MgO 混凝土不能调整 MgO 含量,对于施工中不同的混凝土温度和浇筑部位,适应性较差。

#### 9.2.2.2　配合比

内含 MgO 碾压混凝土的配合比基本上与碾压混凝土的配合比相同,所不同的是在配合比的试验和确定过程中,要观测 MgO 混凝土的微膨胀量,并满足补偿收缩的要求。内含 MgO 碾压混凝土硬化后的强度符合"水灰比定则",这一定则为配合比初步设计及配合比调整提供了方便。同时内含 MgO 碾压混凝土拌和物与常态混凝土一样服从李斯恒的"需水量定则",在不同的配合比设计方法中,都能直接或间接地应用这个基本原则。

确定内含 MgO 碾压混凝土配合比实际上就是确定:水胶比—$W/(C+F)$、粉煤灰掺量—$F/(C+F)$、砂率—$S/(S+G)$ 和浆砂比—$(C+F+W)/S$。在满足强度、耐久性及施工要求的 VC 值条件下,选用较小的 $W/(C+F)$,即相应选用较大的 $F/(C+F)$ 及较小的水泥用量。

### 9.2.3　外掺 MgO 的碾压混凝土配合比

#### 9.2.3.1　概念和特点

凡经一定温度煅烧、磨细的轻烧 MgO 粉或特性 MgO 粉,适量掺入碾压混凝土中称为"外掺 MgO 碾压混凝土"。外掺 MgO 混凝土,是 1985 年以来研究和推广的重点,其优点是 MgO 和水泥的制备分开,可以单独调整 MgO 的煅烧温度、颗粒细度等工艺参数,使之更接近理想的延迟膨胀曲线,提供更有效的应力补偿效应,其次是 MgO 的掺量可以根据补偿的需要调节。此外,外掺 MgO 可以和任何品种水泥相掺混,可利用当地合格水泥制备 MgO 混凝土,较内含 MgO 有更大适应性。实践证明,只要投料准确,在适当延长拌和时间和不改变混凝土配比的情况下,不论人工投料还是机械投料都可以做到 MgO 掺量均匀。

对于外掺 MgO 混凝土,原材料的质量很关键,特别是轻烧 MgO 材料的煅烧温度,它影响着混凝土的安定性和膨胀性,因此要求严格加强管理和提高工艺水平,使煅烧温度能够达到长期稳定,并宜尽量采用机械化自动投料。

#### 9.2.3.2　安定性、掺量及均匀性

尽管 MgO 碾压混凝土筑坝技术简化了温度控制,工艺简单,但是技术要求却是比较严格的,这主要是因为:MgO 材料本身不合格,或掺量过多,将造成混凝土不安定;MgO 混凝土在坝上浇筑部位不当,或膨胀时间不相宜,将不能满足补偿变形的需要,达不到防裂的目的,甚至在某些结构部位形成附加拉应力,反而助长了混凝土开裂;MgO 在混凝土内分布不均匀,造成局部差膨胀,产生内部约束拉应力。如果疏于控制,严重的就有可能造成工程危害。

外掺 MgO 水泥和掺合料的物理、力学试验和常规方法相同。经验表明,按要求制备的外掺 MgO 对水泥的性能基本没有影响。水泥(包括掺合料)安定性试验,应按《水泥压蒸安定性试验方法》(GB/T 750—1992)的规定进行。

MgO 的安定掺量,应根据各种 MgO 掺量和压蒸膨胀率的关系曲线确定,当超过某一掺量,试件压蒸膨胀率突然增大时(关系曲线上的拐点),应将此掺量乘以 0.80~0.95 的安全系数,作为安定掺量的上限。硅酸盐化学表明,掺合料中的 MgO 呈化合态存在,不以游离方镁石状态参与水化反应,因此不计入掺合料中的 MgO 含量。GB 1344—2007 规定,水泥中的 MgO 含量是以水泥熟料中的 MgO 含量为准的,而外掺 MgO 水泥中的 MgO 含量不同,是根据水泥的安定性的基本含义和水工碾压混凝土的贫水泥的特点规定 MgO 含量,是以胶凝材料为准的,即 MgO 质量占水泥加掺合料质量的百分数,MgO 质量包括

水泥内含和外掺的两部分；当水泥中 MgO 含量小于 1.5% 时，MgO 呈固溶体不产生膨胀，此部分不计入 MgO 质量之内。因此，MgO 含量的计算公式如下：

$$MgO\ 含量(\%) = \frac{MgO\ 质量}{(水泥质量 + 掺合料质量)} \times 100\% \tag{9-1}$$

对于特性 MgO，由于其中的 MgO 含量不是很高，厂家建议采用式(9-2)计算 MgO 掺量。

$$\zeta(\%) = \frac{x \times \eta}{c + f + x} \tag{9-2}$$

式中：$x$ 为特性 MgO 质量，$kg/m^3$；$\eta$ 为特性 MgO 中 MgO 的含量(%)；$c$ 为单方混凝土中水泥的质量，$kg/m^3$；$f$ 为单方混凝土中粉煤灰的质量，$kg/m^3$；$\zeta$ 为特性 MgO 掺量(%)。

国内有关学者研究了掺 MgO 膨胀剂(87.2% 的含量)的碾压混凝土在常压、90 ℃、绝湿条件下的安定性。结果显示，MgO 混凝土膨胀破坏主要发生在水泥石与骨料的界面上，随着 MgO 膨胀剂掺量的增加，劈裂抗拉强度降低，孔隙率提高；超过临界掺量 6% 后，水泥石与骨料界面出现裂缝，孔隙率激增，强度锐减。

外掺 MgO 混凝土施工的关键是控制 MgO 在混凝土中掺混均匀，必须做到水泥掺合料和 MgO 称量准确，误差不得超过 MgO 含量的 ±1%。为避免出意外，可适当延长拌和时间。

MgO 均匀性检验在青溪、水口两项工程推广时，分三级检验：单机单罐检验、拌和楼随机检验、坝上检验，累计 1 000 多组试件，进行统计分析，从而掌握了均匀性的一般规律，得到如下认识：①单灌检验结果证明：运转正常的拌和机在 120 s 左右的拌和时间内 MgO 完全有把握搅拌均匀。②拌和楼随机检验，大致相当于混凝土强度随机检验，是 MgO 均匀性检验的主要手段，检验时间按 8 h 一次进行控制。③坝上均匀性检验是外掺 MgO 混凝土均匀性的主要凭证，应根据拌和楼取样结果，相对应坝上浇筑部位，进行分坝段分层块的统计分析。

碾压混凝土中的 MgO 含量宜采用化学方法检验，测定胶凝材料中 MgO 的含量。评定施工中 MgO 含量均匀性，应以拌和机口随机检验为准。根据抽样结果编制质量控制图表，对 MgO 碾压混凝土拌和均匀性进行实控。MgO 含量施工均匀性指标见表 9-3。单罐 MgO 含量均匀性评定标准见表 9-4。

表 9-3　MgO 含量施工均匀性指标 $C_v$

| 强度等级 | 优秀 | 良好 | 一般 | 较差 |
|---|---|---|---|---|
| $<C_{90}20$ | <0.15 | 0.15~0.18 | 0.18~0.22 | >0.22 |
| $\geqslant C_{90}20$ | <0.11 | 0.11~0.14 | 0.14~0.18 | >0.18 |

表 9-4　单罐 MgO 含量均匀性评定标准

| 项目 | 优秀 | 良好 | 合格 | 较差 |
|---|---|---|---|---|
| 均方差 | <0.002 | 0.002~0.002 5 | 0.002 5~0.003 | >0.003 |
| 级差 | <0.008 | 0.008~0.01 | 0.01~0.012 | >0.012 |
| 离差系数 $C_v$ | <0.05 | 0.05~0.062 5 | 0.062 5~0.075 | >0.075 |
| 保证率/% | >95 | >95 | >95 | >95 |

### 9.2.3.3　配合比

外掺 MgO 碾压混凝土的配合比设计基本上与碾压混凝土配合比设计一致。在配合的设计过程中多了个 MgO 组分，当 MgO 材料用量较少(轻烧 MgO)时，可以计入胶凝材料，属内掺形式。而 MgO 材料用量较大(特性 MgO)，可以采用外掺的方式，不计入胶凝材料。配合比的设计应考虑满足强度、耐久性等一些基本方面的要求，但混凝土的微膨胀量是一个重要指标，须满足补偿温度应力的需要。

# 9.3　氧化镁(MgO)碾压混凝土的性能

## 9.3.1　氧化镁碾压混凝土拌和物性能

### 9.3.1.1　VC 值

VC 值的大小对 MgO 碾压混凝土的性能有着显著的影响。出机口 VC 值一般控制在 1~5 s,现场 VC 值一般控制在 3~8 s 比较适宜。

用水量对 VC 值有很大影响,VC 值每增减 1 s,用水量相应增减约 1.5 kg/m³。如果单纯依靠增加用水量来调整 VC 值的大小,会对 MgO 碾压混凝土的水胶比和强度产生影响,如果配合比不合理,特别是在细骨料石粉含量偏低的情况下,就容易引起仓面泌水。选择与工程 MgO 碾压混凝土性能相适应的外加剂,通过调整外加剂掺量改变 VC 值的大小,达到改善 MgO 碾压混凝土拌和物性能。

### 9.3.1.2　含气量

在其他条件相同情况下,如果新拌 MgO 碾压混凝土中的含气量增加,则 VC 值变小、表观密度降低。增加新拌 MgO 碾压混凝土中的含气量,还可以改善其保水性,降低泌水率,提高抗冻、抗渗性能。MgO 碾压混凝土的含气量一般控制在 3.5%~4.5%。粉煤灰中的碳颗粒对气泡有较强的吸附作用,使新拌 MgO 碾压混凝土的含气量明显地降低。人工砂石粉含量增大,引气效果会降低,石粉含量每提高 1%,含气量就降低 0.1%。

### 9.3.1.3　表观密度

MgO 碾压混凝土的抗压强度与干表观密度成正比,如图 9-6 所示,MgO 碾压混凝土的表观密度愈大,其抗压强度也愈高。图 9-7 表示表观密度与密实度的比值和实际混凝土强度与密实混凝土的强度比之间的关系。

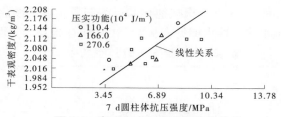

**图 9-6　表观密度与抗压强度的关系**

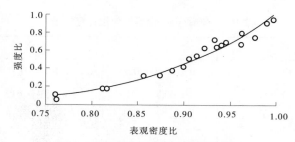

**图 9-7　强度比与表观密度比的关系**

含 5%孔隙时,强度约降低 30%,即使孔隙为 2%,强度也降低 10%以上。由此可见,MgO 碾压混凝土施工质量的控制要比常态混凝土更加严格。

实际工程中,MgO 碾压混凝土的密实性是用相对密实度来控制的。混凝土的相对密实度一般表示为

$$D = \frac{\gamma_{实测}}{\gamma_{理论}} \times 100\%$$

式中：$D$ 为混凝土相对密实度（%）；$\gamma_{实测}$ 为混凝土的实测表观密度，$kg/m^3$；$\gamma_{理论}$ 为混凝土的理论密实表观密度（指绝对密实时的单位体积质量，一般用实测最大密实表观密度代替），$kg/m^3$。

美国混凝土学会（ACI）要求碾压混凝土密实度达到 98% 以上。在柳溪坝施工时，实测碾压混凝土密实度达到 98%~99%。我国《水工碾压混凝土施工规范》（DL/T 5112—2009）规定，建筑物的外部混凝土相对密实度不应小于 98%，内部混凝土相对密实度不应小于 97%。混凝土的高密实度是其获得设计强度和耐久性的基础。

#### 9.3.1.4　凝结时间

水泥浆的塑性开始降低时称为初凝，水泥浆完全失去塑性并开始具有强度时称为终凝，相应自加水拌和时起至初凝（或终凝）所经历的时间称为初凝（或终凝）时间。水泥终凝以后强度逐渐提高，并变成坚固的石状物体——水泥石，这一过程称为硬化。

《水工混凝土试验规程》（SL 352—2006）规定，以测定碾压混凝土拌和物中砂浆的贯入阻力来确定碾压混凝土的凝结时间，贯入阻力历时曲线上出现拐点所对应的时间为碾压混凝土拌和物的初凝时间，而终凝时间则是贯入阻力达到 28 MPa 时所对应的时间。

MgO 碾压混凝土配合比中的水胶比、外加剂品种及掺量、掺合料品种及掺量等因素直接影响拌和物的初凝时间，通常情况下，水胶比越大，凝结时间越长；由于碾压混凝土胶凝材料用量相对较少，且采用大面积连续铺筑，因此须掺入缓凝型减水剂，对夏季高气温条件和特大仓面施工还应掺入超缓凝型减水剂，以延长其凝结时间，满足层间间隔的需要。

#### 9.3.1.5　泌水率

由于泌水，混凝土上表面层变得含水过多，形成多孔的、脆弱的和不耐久的混凝土；如果水分由混凝土表面的蒸发速度快于泌水速度，则会产生塑性收缩裂纹。

水泥性质、骨料的性质（尤其是细于 150 μm 筛孔的）均对泌水性有影响。富拌和物比贫拌和物不易泌水。掺入引气剂对降低泌水也很有效。可以通过减少水的含量来降低泌水率。

### 9.3.2　氧化镁碾压混凝土的力学性能

#### 9.3.2.1　抗压强度

（1）清华大学对外掺氧化镁混凝土 28 d 轴心抗压强度研究表明：氧化镁掺量为 4% 时，抗压强度上升，但继续增加掺量到 8%，抗压强度比 M4 下降明显（见表 9-5）；同配比氧化镁混凝土，氧化镁细度分别为 120 目和 200 目，掺量为水泥质量 5% 的试件，抗压强度分别为 14.6 MPa 和 11.7 MPa；氧化镁细度分别为 120 目和 200 目，掺量为胶凝材料（水泥+粉煤灰）质量 5% 时，抗压强度分别为 14.8 MPa 和 9.6 MPa。因此，氧化镁越细，水化就越充分，那么试件的强度就将越低。

表 9-5　外掺氧化镁混凝土 28 d 轴心抗压强度

| 配合比编号 | M0 | M4 | M8 |
|---|---|---|---|
| 氧化镁掺量/% | 0 | 4 | 8 |
| 28 d 抗压强度/MPa | 12.6 | 14.5 | 10.6 |

（2）中南勘测设计研究院有限公司科研所于 20 世纪 90 年代对龙滩工程氧化镁微膨胀混凝土的试验研究表明：在 5% 的掺量范围内，氧化镁混凝土 90 d 以内的龄期抗压强度与不掺氧化镁混凝土基本持平。但凌津滩水电站测试了氧化镁混凝土 270 d 龄期的抗压强度，当掺量为 4% 和 6% 时，抗压强度分别降低 21.0% 和 33.4%。

21 世纪初龙滩水电站研究了掺特性 MgO 碾压混凝土的强度规律，在 40 ℃养护条件下，碾压混凝土

R I(大坝底部)的强度研究成果分别见表9-6和图9-8;不同掺量条件下,碾压混凝土RI抗压强度降低率情况列于表9-7。掺量在6%~12%变化时,RI碾压混凝土90 d 的抗压强度降低0.93%~7.10%,180 d 抗压强度降低5.33%~8.28%,360 d 龄期,当掺量达到8%~12%时,R I 碾压混凝土的抗压强度便降低19.15%~21.75%。

表 9-6　特性 MgO 样品 1 不同掺量时碾压混凝土拉、压强度研究成果

| 碾压混凝土编号 | 样品 1 掺量/% | 抗压强度/MPa | | | 劈拉强度/MPa | | | 拉压比 | | |
|---|---|---|---|---|---|---|---|---|---|---|
| | | 90 d | 180 d | 360 d | 90 d | 180 d | 360 d | 90 d | 180 d | 360 d |
| R I | 0 | 32.4 | 33.8 | 42.3 | 3.95 | 4.01 | 4.02 | 0.12 | 0.12 | 0.10 |
| | 6 | 31.4 | 32 | 39.6 | 3.86 | 3.95 | 3.96 | 0.12 | 0.12 | 0.10 |
| | 8 | 32.1 | 31.9 | 33.1 | 3.82 | 3.94 | 3.96 | 0.12 | 0.12 | 0.12 |
| | 10 | 30.1 | 31 | 33.9 | 3.75 | 3.80 | 3.79 | 0.12 | 0.12 | 0.11 |
| | 12 | 31.7 | 31.5 | 34.2 | 3.62 | 3.73 | 3.72 | 0.11 | 0.12 | 0.11 |

注:养护温度40 ℃。

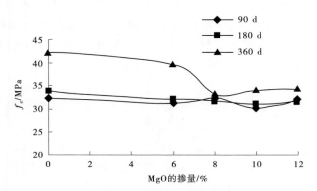

图 9-8　掺不同特性 MgO 样品 1 后 R I 抗压强度特性

表 9-7　特性 MgO 样品 1 不同掺量时碾压混凝土拉、压强度降低率研究成果

| 碾压混凝土编号 | 样品 1 掺量/% | 抗压强度 | | | 劈拉强度 | | | 备注 |
|---|---|---|---|---|---|---|---|---|
| | | 90 d | 180 d | 360 d | 90 d | 180 d | 360 d | |
| R I | 0 | 0 | 0 | 0 | 0 | 0 | 0 | 以不掺特性 MgO 碾压混凝土为基准,"-"表示降低,单位% |
| | 6 | -3.09 | -5.33 | -6.38 | -2.28 | -1.50 | -1.49 | |
| | 8 | -0.93 | -5.62 | -21.75 | -3.29 | -1.75 | -1.49 | |
| | 10 | -7.10 | -8.28 | -19.86 | -5.06 | -5.24 | -5.72 | |
| | 12 | -2.16 | -6.80 | -19.15 | -8.35 | -6.98 | -7.46 | |

注:养护温度40 ℃。

掺 MgO 碾压混凝土长龄期的抗压强度是稳定的(见表9-6),随着龄期的延长,不同掺量的 MgO 碾压混凝土抗压强度都在增长。龙滩下游围堰碾压混凝土施工中掺了特性 MgO,其水泥用量55 kg/m³,粉煤灰用量105 kg/m³,特性 MgO 用量14 kg/m³,芯样360 d 龄期的抗压强度达到了34.0 MPa。

(3)东北勘测设计院于1996年对白山大坝(掺 MgO 微膨胀混凝土)进行安全鉴定,基础混凝土钻孔取芯20年龄期的立方体抗压强度均值为40.7 MPa,施工期机口取样抗压强度均值只有34.9 MPa,

20 年后的抗压强度较施工期提高了 16.7%。

（4）成都勘测设计院李承木的研究表明：江山水泥掺 4% 和 6% 的轻烧 MgO 二年龄期混凝土的抗压强度比不掺 MgO 混凝土的分别提高了 7.5% 和 14.6%；采用峨眉水泥则分别提高了 5.3% 和 12.0%（见表 9-8）。其中Ⅳ、Ⅴ分别为内含 4.28% 和 4.38% MgO 水泥混凝土，Ⅱ则是外掺 4% 轻烧 MgO 的混凝土。

**表 9-8　氧化镁微膨胀混凝土长龄期抗压强度研究成果**　　　　　　　　　　单位：MPa

| 配比编号 | 龄期/d | | | | | 龄期/a | | | | | | |
|---|---|---|---|---|---|---|---|---|---|---|---|---|
| | 3 | 7 | 28 | 90 | 180 | 1 | 2 | 3 | 4.1 | 7.5 | 10 | 12 |
| Ⅳ | 12.2 | 15.7 | 26.6 | 30.5 | 33.2 | 33.3 | 32.2 | 32.1 | 32.1 | 31.9 | 32.8 | — |
| Ⅴ | — | 5.9 | 14.2 | 22.0 | 25.0 | 25.1 | 24.8 | 23.9 | 24.7 | 23.6 | 24.0 | 24.2 |
| Ⅱ | — | 13.4 | 23.8 | 34.6 | 36.6 | 40.8 | — | — | 39.5* | — | 38.9 | — |

注：* 为 5 年龄期的试验数据。

若以配比Ⅳ、Ⅴ一年龄期的抗压强度为基准值，则龄期 2~12 年的 11 组抗压强度略有降低，其降低幅度达 1.2%~5.8%，平均为 3.4%。这是因为抗压强度试件采用自生体积变形试件和徐变试验中的对比试件加工而成，长期处于密封绝湿状态养护所导致的结果。如果将 10 年和 12 年龄期的抗压强度与 1 年的强度比较，分别降低了 1.8% 和 3.5%。此外，将外掺轻烧 MgO 配比Ⅱ龄期 5 年和 10 年的抗压强度与 1 年的强度比较，则分别降低了 3.1% 和 4.7%。这个试验结果说明，掺 MgO 混凝土的微膨胀对长期强度影响不大，如果试件长期置于标准条件（水分充足）下养护或处于实际工程状态（有一定约束），混凝土的强度还会有所提高。

（5）大量的实践表明，如果混凝土的自由膨胀率控制在 $500 \times 10^{-6}$ 以内，一般膨胀变形对混凝土的强度不会带来多大的影响，况且用于大体积混凝土的补偿收缩膨胀量只需 $200 \times 10^{-6}$ 左右就能满足要求。

#### 9.3.2.2　劈裂抗拉强度和轴心抗拉强度

氧化镁水化过程中的颗粒崩解造成了微观结构强度的损伤甚至破坏；水泥水化速度远远快于氧化镁，水化形成的晶体则互相搭接连接，整体性较好，具有较高的强度。因此，掺入 MgO 后碾压混凝土的抗拉强度有所降低。表 9-6 和图 9-9 示出了龙滩工程掺特性 MgO 碾压混凝土 R Ⅰ 劈裂抗拉强度，降低率见表 9-7。当特性 MgO 的掺量达到 10% 时，其 90 d、180 d 和 360 d 的劈裂抗拉强度分别降低了 5.06%、5.24% 和 5.72%；当掺量达到 12% 时，其劈裂抗拉强度分别降低了 8.35%、6.98% 和 7.46%。碾压混凝土 R Ⅰ 拉压强度比在 0.10~0.12 变化，符合碾压混凝土强度特性的一般规律。

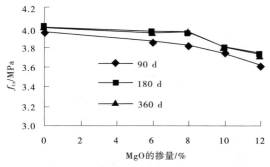

**图 9-9　掺不同特性 MgO 样品 1 后劈裂抗拉强度特性**

龙滩工程还研究了掺特性 MgO 碾压混凝土 R Ⅰ 轴心抗拉强度的规律（见表 9-9 和图 9-10）。特性 MgO 掺量为 6% 时，对轴心抗拉强度没有不利影响，360 d 时，还增加了 4.75%；当掺量超过 6% 时，轴心抗拉强度逐渐降低，在掺量为 12% 时，90 d、180 d 和 360 d 的轴心抗拉强度分别降低 10%、9.22% 和 5%。

表 9-9　特性 MgO 样品 1 不同掺量时碾压混凝土轴拉强度研究成果

| 碾压混凝土编号 | 样品 1 掺量/% | 轴心抗拉强度/MPa | | | 轴心抗拉强度降低率/% | | |
|---|---|---|---|---|---|---|---|
| | | 90 d | 180 d | 360 d | 90 d | 180 d | 360 d |
| R I | 0 | 4.00 | 4.12 | 4.00 | 0 | 0 | 0 |
| | 6 | 4.00 | 4.12 | 4.19 | 0 | 0 | +4.75 |
| | 8 | 3.92 | 3.94 | 4.07 | −2.00 | −4.37 | +1.75 |
| | 10 | 3.80 | 3.94 | 3.88 | −5.00 | −4.37 | −3.00 |
| | 12 | 3.60 | 3.74 | 3.80 | −10.00 | −9.22 | −5.00 |

**注**:以不掺特性 MgO 为基准,"−"表示下降,"+"表示增加;试验温度 40 ℃。

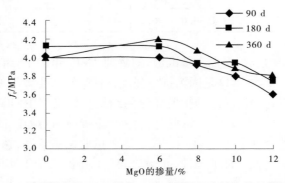

图 9-10　掺不同特性 MgO 样品 1 后 R I 混凝土轴心抗拉强度特性

　　中国建筑材料科学研究总院对常压 90 ℃绝湿养护条件下全级配碾压混凝土 180 d 龄期的劈裂抗拉强度进行了研究(见图 9-11),结果显示:MgO 掺量在小于 4%范围内,试件的劈裂抗拉强度与未掺MgO 的空白试件相比略有增加,这是由于 MgO 的膨胀作用使混凝土结构更致密,另外,外掺 MgO 使单位胶凝材料用量增加,水胶比减小所致。但随着 MgO 掺量提高劈裂抗拉强度呈逐步降低趋势,掺量超过 6%以后,混凝土的劈裂抗拉强度开始降低,而超过 12%后,试件强度急剧降低。

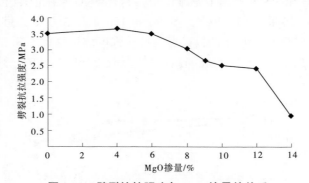

图 9-11　劈裂抗拉强度与 MgO 掺量的关系

　　MgO 掺量较低时,碾压混凝土长龄期的抗拉强度是稳定的。表 9-6 和表 9-9 中随着龄期的延长,不同掺量的特性 MgO 碾压混凝土劈裂抗拉强度和轴心抗拉强度都在增长。龙滩下游围堰水泥用量 55 kg/m³,粉煤灰用量 105 kg/m³,特性 MgO 用量 14 kg/m³,实测芯样 360 d 龄期的劈裂抗拉强度 2.36 MPa,轴心抗拉强度 1.76 MPa。龙滩内含 MgO 和外掺轻烧 MgO 常态混凝土的劈裂抗拉强度、轴心抗拉强度均随试验龄期的延长而增长。表 9-10 所示的云南小湾工程外掺轻烧 MgO 混凝土抗拉强度研究成果,同样说明了掺 MgO 混凝土抗拉强度的稳定性。

表 9-10　云南小湾工程外掺轻烧 MgO 混凝土抗拉强度研究成果

| 强度等级 | 混凝土种类 | 级配 | MgO掺量/% | 劈拉强度/MPa | | | 轴拉强度/MPa | | |
|---|---|---|---|---|---|---|---|---|---|
| | | | | 7 d | 28 d | 90 d | 7 d | 28 d | 90 d |
| C25 | 泵送 | 二 | 4 | 1.46 | 1.88 | 2.37 | 1.59 | 2.18 | 2.93 |
| | 常态 | 三 | 4 | 1.40 | 1.60 | 2.57 | 1.34 | 2.10 | 2.78 |

### 9.3.2.3　抗剪断强度

龙滩工程在室内研究了底部碾压混凝土 R I 分别掺 6% 的轻烧 MgO 和 10% 的特性 MgO 样品 1,基础垫层四级配常态混凝土 C I 掺 10% 的特性 MgO 样品 1 的抗剪断强度,研究龄期为 180 d 和 360 d,成果列于表 9-11。

表 9-11　龙滩大坝 MgO 混凝土抗剪断研究成果

| 试件编号 | MgO品种及掺量/% | 龄期/d | 峰值强度 | | | | 残余强度 | | | | 摩擦强度 | | | |
|---|---|---|---|---|---|---|---|---|---|---|---|---|---|---|
| | | | c/MPa | f | τ/MPa | τ/MPa | c/MPa | f | τ/MPa | τ/MPa | c/MPa | f | τ/MPa | τ/MPa |
| R I -1 | 样品 1,10% | 180 d | 2.74 | 1.72 | 7.90 | 8.05 | 0.06 | 1.14 | 3.48 | 3.43 | 0.25 | 1.03 | 3.34 | 3.22 |
| | | 360 d | 4.27 | 1.31 | 8.20 | | 0.38 | 1.00 | 3.38 | | 0.54 | 0.85 | 3.09 | |
| R I -M | 轻烧MgO,6% | 180 d | 3.76 | 1.30 | 7.66 | 7.93 | 0.09 | 1.14 | 3.51 | 3.30 | 0.18 | 1.05 | 3.33 | 3.22 |
| | | 360 d | 3.76 | 1.48 | 8.20 | | 0.37 | 0.91 | 3.10 | | 0.50 | 0.87 | 3.11 | |
| C I -1 | 样品 1,10% | 180 d | 3.53 | 1.54 | 8.15 | 8.24 | 0.61 | 0.80 | 3.01 | 3.21 | 0.57 | 0.79 | 2.94 | 3.03 |
| | | 360 d | 4.33 | 1.33 | 8.32 | | 0.29 | 1.04 | 3.41 | | 0.75 | 0.79 | 3.12 | |

注:$\tau = c + 3.0f$,试件尺寸 15 cm×15 cm×15 cm。

研究成果表明:MgO 混凝土的抗剪断性能较好,并且对龙滩底部碾压混凝土 R I 来说,掺 10% 特性 MgO 样品 1 或 6% 轻烧 MgO,抗剪断性能相近。若以峰值抗剪断强度($\tau$)来评价,则 C I -1 最大,为 8.24 MPa,R I -1 次之,为 8.05 MPa,R I -M 较小,为 7.93 MPa。

龙滩下游围堰碾压混凝土掺特性 MgO,表 9-12 示出了芯样 330 d 龄期的抗剪断试验成果。

表 9-12　龙滩下游围堰掺特性 MgO 碾压混凝土芯样抗剪断强度试验成果

| 孔号或其他 | 龄期/d | 峰值强度 | | | 残余强度 | | | 摩擦强度 | | | 备注 |
|---|---|---|---|---|---|---|---|---|---|---|---|
| | | c/MPa | f | τ/MPa | c/MPa | f | τ/MPa | c/MPa | f | τ/MPa | |
| 5 号孔 | 330 | 6.19 | 2.42 | 13.45 | 0.64 | 1.10 | 3.94 | 0.51 | 1.12 | 3.87 | 随机试件 |
| 7 号孔 | 330 | 5.95 | 1.48 | 10.39 | 0.56 | 1.17 | 4.07 | 0.48 | 1.13 | 3.87 | 含层面试件 |
| "九五"攻关成果（层面间隔 24 h） | 180 | 2.26 | 1.44 | 6.58 | 0.35 | 1.26 | 4.13 | — | — | — | 层面不处理 |
| | 180 | 5.14 | 0.92 | 7.90 | 0.61 | 1.04 | 3.73 | — | — | — | 层面铺净浆 |
| | 180 | 4.76 | 1.18 | 8.30 | 0.38 | 1.10 | 3.68 | — | — | — | 层面铺砂浆 |

注:1. $\tau = c + 3.0f$;

2. "九五"攻关用材料:柳州普通 42.5 硅酸盐水泥,田东Ⅱ级粉煤灰,大法坪灰岩人工骨料,0.4%ZB-1RCC15。试件尺寸:150 mm×150 mm×150 mm,筛去 40 mm 以上的粗骨料。

研究成果表明:5 号孔芯样的随机试件峰值抗剪断强度比含层面的 7 号孔芯样试件高,在 3.0 MPa 的法向应力下,分别为 13.45 MPa 和 10.39 MPa,前者比后者高 22.8%;而两种试件的残余强度和摩擦强度基本相同。

比较表 9-12 中中南勘测设计研究院有限公司研究成果(层面间隔 24 h;材料有所不同,但水泥、粉煤灰用量一样;筛去 40 mm 以上的粗骨料),随机试件和含层面试件芯样抗剪断强度都比较高。

### 9.3.3　变形性能

#### 9.3.3.1　抗压弹性模量、极限拉伸

龙滩工程研究了龙滩底部 RⅠ、中部碾压混凝土 RⅡ 和基础垫层四级配常态混凝土 CⅠ(掺 10%特性 MgO 样品 1)的弹性模量、极限拉伸,并与 RⅠ掺 6%的轻烧 MgO 的比较(见表 9-13);给出了抗压弹性模量、极限拉伸值与龄期的相关关系式(见表 9-14)。研究成果表明:

**表 9-13　MgO 混凝土弹性模量、极限拉伸研究成果**

| 混凝土编号 | MgO 品种及掺量 | 抗压弹性模量/万 MPa | | | | | 极限拉伸值/$10^{-6}$ | | | | |
|---|---|---|---|---|---|---|---|---|---|---|---|
| | | 28 d | 90 d | 180 d | 360 d | 720 d | 28 d | 90 d | 180 d | 360 d | 720 d |
| RⅠ-1 | 样品 1,10% | 3.46 (0.91) | 3.97 (0.91) | 4.07 (0.93) | 4.20 | 4.18 | 69 (1.06) | 75 (1.01) | 83 (1.00) | 91 | 95 |
| RⅠ-M | 轻烧 MgO,6% | 3.38 (0.89) | 3.83 (0.88) | 3.84 (0.88) | 4.03 | 3.87 | 70 (1.08) | 73 (0.99) | 91 (1.10) | 94 | 113 |
| RⅡ-1 | 样品 1,10% | 2.83 (0.87) | 3.92 (0.96) | 4.16 (0.98) | 4.64 | 4.53 | 57 | 72 (1.09) | 83 (1.05) | 90 | 94 |
| CⅠ-1 | 样品 1,10% | 3.41 (0.97) | 3.90 (1.04) | 4.34 | — | 4.25 | 74 (0.94) | 95 (1.03) | 99 | 102 | 110 |

注:括号内为与不掺 MgO 相应混凝土的比值。

**表 9-14　MgO 混凝土弹性模量、极限拉伸值与龄期关系式**

| 混凝土编号 | MgO 品种及掺量 | 抗压弹性模量 $E_c$ 与龄期 $t$(d)关系式 | 极限拉伸值 $\varepsilon_p$ 与龄期 $t$(d)关系式 |
|---|---|---|---|
| RⅠ-1 | 样品 1,10% | $E_c = 0.222\,6\ln t + 2.841\,2, R = 0.922\,3$ | $\varepsilon_p = 8.505\,7\ln t + 39.237, \quad R = 0.98\,77$ |
| RⅠ-M | 轻烧 MgO,6% | $E_c = 0.160\,7\ln t + 2.970\,7, R = 0.829\,9$ | $\varepsilon_p = 13.143\ln t + 21.196, \quad R = 0.944\,9$ |
| RⅡ-1 | 样品 1,10% | $E_c = 0.379\,8\ln t + 1.875\,7, R = 0.858\,3$ | $\varepsilon_p = 11.794\ln t + 19.074, \quad R = 0.989\,6$ |
| CⅠ-1 | 样品 1,10% | $E_c = 0.278\,8\ln t + 2.622\,7, R = 0.882\,4$ | $\varepsilon_p = 10.349\ln t + 43.243, \quad R = 0.964\,0$ |

注:弹性模量的单位是 $10^4$ MPa。

(1)掺特性 MgO 或轻烧 MgO 后,四个配合比的混凝土的抗压弹性模量随龄期的延长而增加,符合一般规律。其 180 d 的弹性模量在 38.4~43.4 GPa,彼此差别不大;掺 MgO 与不掺 MgO 相应混凝土的抗压弹性模量略有降低;轻烧 MgO 混凝土各龄期的比值在 0.88~0.89,特性 MgO 混凝土的比值在 0.87~0.98(一个除外为 1.04),平均为 0.932,轻烧 MgO 混凝土弹性模量降低得要多些。

(2)极限拉伸值随试验龄期的增长而增大,符合一般规律。各龄期一般都是常态混凝土(CⅠ-1)极限拉伸变形最大,180 d 龄期为 99×$10^{-6}$;在三个碾压混凝土中,轻烧 MgO 混凝土极限拉伸变形较大,180 d 龄期为 91×$10^{-6}$;两种特性 MgO 混凝土较低,分别为 83×$10^{-6}$ 和 83×$10^{-6}$。掺 MgO 与不掺 MgO 的相应混凝土极限拉伸值相比稍有增加,其 180 d 龄期比值平均为 1.05,对混凝土防裂有利。

（3）龙滩下游围堰施工掺了特性 MgO，芯样 360 d 龄期平均抗压弹性模量为 38.1 GPa，极限拉伸值 $64×10^{-6}$，轴拉弹性模量 30.4 GPa。

### 9.3.3.2　干缩

龙滩研究了掺 MgO 碾压混凝土和常态混凝土的干缩变形规律：龙滩底部碾压混凝土 RⅠ 分别掺 10%样品 1、10%样品 2 和 6%轻烧 MgO，龙滩中部碾压混凝土 RⅡ 和基础垫层四级配常态混凝土 CⅠ 掺 10%样品 1。观测龄期 360 d 的研究成果及与不掺 MgO 相应混凝土干缩率比值见表 9-15。图 9-12 给出了干缩率过程线。

表 9-15　MgO 混凝土干缩研究成果

| 混凝土编号 | MgO 品种及掺量 | 干缩率/$10^{-6}$ | | | | | | | | | |
|---|---|---|---|---|---|---|---|---|---|---|---|
| | | 1 d | 3 d | 6 d | 28 d | 60 d | 90 d | 120 d | 180 d | 270 d | 360 d |
| RⅠ-1 | 样品 1，10% | -7 (0.47) | -35 (1.00) | -54 (0.72) | -84 (0.73) | -113 (0.76) | -144 (0.72) | -149 (0.72) | -124 (0.56) | -133 | -142 |
| RⅠ-2 | 样品 2，10% | -2 (0.13) | -34 (0.97) | -52 (0.69) | -79 (0.70) | -107 (0.72) | -138 (0.69) | -143 (0.69) | -120 (0.55) | -126 | -130 |
| RⅠ-M | 轻烧 MgO，6% | -7 (0.47) | -35 (1.00) | -53 (0.71) | -76 (0.67) | -109 (0.74) | -143 (0.72) | -148 (0.71) | -127 (0.58) | -136 | -146 |
| RⅡ-1 | 样品 1，10% | -7 | -32 | -49 | -67 | -88 | -118 | -122 | -100 | -107 | -113 |
| CⅠ-1 | 样品 1，10% | -17 (0.85) | -41 (0.85) | -60 (0.67) | -104 (0.66) | -150 (0.80) | -192 (0.72) | -201 (0.73) | -163 (0.57) | -176 | -197 |

注：“-”表示收缩，括号内为与不掺 MgO 相应混凝土的比值。

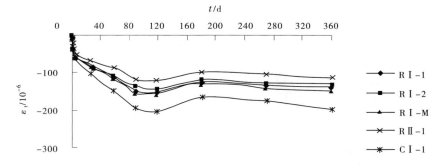

图 9-12　MgO 混凝土干缩率过程线

掺 10%特性 MgO 样品 1 的碾压混凝土 RⅠ、RⅡ，360 d 龄期的干缩率值分别为 $-142×10^{-6}$ 和 $-113×10^{-6}$，常态混凝土 CⅠ，360 d 龄期的干缩率值为 $-197×10^{-6}$，后者分别为前者的 1.39 倍和 1.74 倍，说明常态混凝土的干缩率比碾压混凝土要大，在这方面碾压混凝土优于常态混凝土对于 RⅠ 碾压混凝土，无论掺 6%的轻烧 MgO，还是掺 10%的特性 MgO 样品 1 或样品 2，其干缩率值和发展规律都很接近，其 360 d 的干缩率在 $130×10^{-6}$～$146×10^{-6}$，说明上述掺量的特性 MgO 或轻烧 MgO 对碾压混凝土的干缩性能没有多大区别。

### 9.3.3.3　自生体积变形的一般分析

#### 1.氧化镁混凝土的自生体积变形

方镁石(MgO)晶体水化生成氢氧化镁时体积膨胀，常温下方镁石水化缓慢，所以膨胀变形出现较晚。温度对方镁石水化速率影响较大，因此温度对氧化镁混凝土膨胀变形的速率也有重要影响。李承木在掺有 30%粉煤灰的峨眉 525 号硅酸盐大坝水泥中外掺 4%MgO,进行了不同试验温度条件下的自生体积变形试验,见图 9-13。由图 9-13 可以看出,在不同龄期的自生体积变形及环境温度的影响。

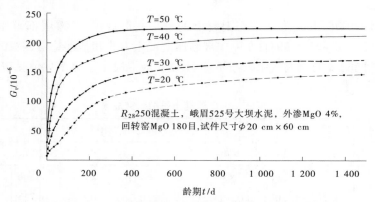

**图 9-13　不同试验温度 MgO 混凝土的自生体积变形**

除 MgO 掺量和温度对氧化镁混凝土的自生体积变形有重要影响外,水泥品种、粉煤灰掺量、氧化镁的煅烧温度和粉磨粒度也有一定影响。

根据李承木资料,国内各工程使用外掺 MgO 混凝土一年的自生体积变形膨胀量大多在 $80 \times 10^{-6}$ ~ $120 \times 10^{-6}$,只有三个工程超过 $125 \times 10^{-6}$,但其水泥用量较多。

2. 自生体积变形与单位体积氧化镁含量的关系

混凝土中 MgO 含量多少($kg/m^3$)显然是影响自生体积变形的一个重要因素,朱伯芳院士整理了混凝土自生体积变形 $\varepsilon(10^{-6})$ 与 MgO 含量 $M(kg/m^3)$ 之间的关系,见图 9-14,总的趋势是 $\varepsilon$ 与 $M$ 成正比,在平均意义上的近似关系为:

$$\varepsilon = 13.59(M - 0.500) \times 10^{-6} \tag{9-3}$$

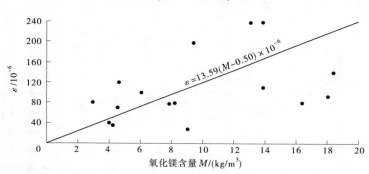

**图 9-14　混凝土中氧化镁含量 $M$ 与自生体积变形的关系(365 d)**

由图 9-14 可见,点子比较分散,这是由于除 MgO 掺量外,环境温度、水泥品种、粉煤灰掺量等其他多种因素都对混凝土的自生体积变形有影响。因此,在 MgO 应用于实际工程之前,一定要进行混凝土自生体积变形的试验。

3. 室内试验与实际工程的差别

在应用室内试验成果于实际工程时一定要注意到室内试验条件与实际工程的差别。引起差别的原因除温度等环境因素外,一个重要的因素是单位体积内氧化镁含量的不同。现场混凝土含有大骨料,水泥用量和氧化镁含量较少,室内试件经过湿筛,剔除了大骨料,单位体积内氧化镁含量较高,因此实际工程中的自生体积变形将小于室内试验值。目前,现场埋设观测仪器时,无应力计周围的混凝土也经过湿筛,因而现场测出的自生体积变形也偏大。建议今后在无应力计周围采用原级配混凝土。重要工程在设计阶段应进行全级配混凝土自生体积变形试验,在缺乏全级配试验资料时,建议按照下列方法进行修正。设龄期 $S$ 年时自生体积变形为

$$G = Kf_1(T)f_2(M) \tag{9-4}$$

$$f_1(T) = 1 - \exp(-aT^b) \tag{9-5}$$

$$f_2(M) = e(M - g) \tag{9-6}$$

式中:$K$ 为试验参数;$T$ 为试验温度;$M$ 为混凝土中氧化镁含量,$\text{kg/m}^3$;$a$、$b$、$e$、$g$ 为试验常数。

设 $S$ 年现场混凝土自生体积变形为 $G_{S1}$,温度为 $T_1$,氧化镁含量为 $M_1$;$S$ 年室内试验自生体积变形为 $G_{S2}$;温度为 $T_2$,氧化镁含量为 $M_2$,由式(9-4)可得

$$G_{S1} = G_{S2}\frac{f_1(T_1)f_2(M_1)}{f_1(T_2)f_2(M_2)} = \frac{G_{S2}(M_1 - g)[1 - \exp(-aT_1^b)]}{(M_2 - g)[1 - \exp(-aT_2^b)]} \tag{9-7}$$

根据已有的 20~50 ℃ 试验资料,当 $S = 4$ 年时,$a = 0.0424$,$b = 1.065$;当 $S = 1$ 年时,$a = 0.01066$,$b = 1.374$。根据目前试验资料,可暂取 $g = 0.50 \text{ kg/m}^3$。

4. 氧化镁混凝土自生体积变形与温度变形的本质差别

必须指出,氧化镁混凝土自生体积膨胀与混凝土温升引起的变形,虽然宏观上相似,但微观上却有本质的差别。混凝土由于温度变化而产生变形时,水泥石与骨料的变形基本是同步的,而氧化镁混凝土的自生膨胀则不同,水泥石产生膨胀,而骨料本身并不膨胀,因而当氧化镁掺量超过一定值时,水泥石与骨料的界面可能产生破坏,从而影响到混凝土的强度、极限拉伸、抗渗性、耐久性等基本性能。根据李承木"氧化镁混凝土自生体积变形的长期观测结果",当 MgO 含量不超过 5%时,氧化镁对混凝土的力学特性和耐久性影响不大,但总的说来,这方面的试验资料目前还比较少。

### 9.3.3.4　龙滩工程氧化镁混凝土自生体积变形研究成果

1. 特性 MgO 掺量对碾压混凝土自生体积变形的影响

特性 MgO 样品 1 不同掺量时碾压混凝土 R Ⅰ 的自生体积变形随龄期过程线(见图 9-15)。自生体积变形研究表明(粉煤灰掺量 55%):

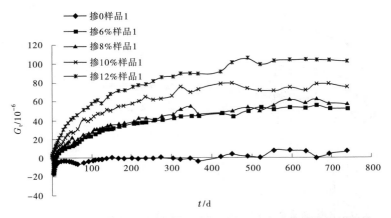

**图 9-15　特性 MgO 不同掺量时碾压混凝土 R Ⅰ 自生体积变形过程线**
**(粉煤灰掺量 55%,养护温度 40 ℃)**

(1)不掺特性 MgO 时,即使是 40 ℃ 的养护环境,碾压混凝土 R Ⅰ 的自生体积变形 400 d 前仍为收缩型,但收缩量不大(最大为 $-15.34 \times 10^{-6}$),400 d 后即变为膨胀型,且膨胀值小,最大为 $8.92 \times 10^{-6}$(594 d),738 d 为 $7.79 \times 10^{-6}$。

(2)掺 6%的特性 MgO 样品 1 后,碾压混凝土 R Ⅰ 的自生体积变形即为膨胀型,661 d 龄期为 $56.29 \times 10^{-6}$,738 d 龄期时为 $52.65 \times 10^{-6}$,膨胀趋势已经稳定;掺量 8%的自生体积变形略大于掺量 6%的碾压混凝土自生体积变形,相应上述两个龄期的膨胀率分别为 $63.90 \times 10^{-6}$ 和 $58.85 \times 10^{-6}$;掺量分别为 10%和 12%的碾压混凝土的膨胀量明显增加,738 d 龄期时,分别达到 $75.95 \times 10^{-6}$ 和 $103.14 \times 10^{-6}$,并已稳定。研究成果说明掺特性 MgO 的碾压混凝土的自生体积变形为膨胀型,与不掺特性 MgO 混凝土进行比较,

当掺量为 10% 时,738 d 产生的附加膨胀率为 $75.95 \times 10^{-6} - 7.79 \times 10^{-6} = 68.16 \times 10^{-6}$,若采用龙滩碾压混凝土线膨胀系数 $5.0 \times 10^{-6}$ ℃$^{-1}$ 或 $7.0 \times 10^{-6}$ ℃$^{-1}$,则可补偿 13.6 ℃ 或 9.7 ℃ 的温度收缩变形。随着特性 MgO 掺量的增加,膨胀值增大;养护龄期延长,膨胀值亦增加,但在 600 d 龄期时各种掺量下的膨胀值均已基本稳定。

(3)经回归分析,40 ℃ 养护温度条件下,R I 碾压混凝土最终自生体积变形值($G_t$)与特性 MgO 样品 1 的掺量($M$)关系式如下:

$$G_t = 9.724\ 9e^{0.213\ 5M}　　　R = 0.966\ 7 (粉煤灰掺量 55\%)　　　　　(9-8)$$

2. 不同温度条件下的 MgO 混凝土自生体积变形研究

1)试验方法和试验项目

温度对 MgO 混凝土自生体积变形影响的研究,采用 $\phi$ 200 mm×600 mm 的圆柱体钢模,D I -25 大型应变计,按照《水工碾压混凝土试验规程》(SL 48—94)和《水工混凝土试验规程》(SD 105—82)中规定的混凝土自生体积变形的方法进行,试件成型后 6 d 脱模并放入各自的养护环境中。研究内容包括:

(1)在 20 ℃、40 ℃、60 ℃ 三个温度养护条件下,碾压混凝土 R I 分别掺 10% 特性 MgO 样品 1 和 6% 轻烧 MgO 的自生体积变形。

(2)在 60 ℃ 养护条件下,碾压混凝土 R I 掺 10% 特性 MgO 样品 2 的自生体积变形。

(3)研究碾压混凝土 R II 和常态混凝土 C I,掺 10% 特性 MgO 样品 1,在 20 ℃、40 ℃、60 ℃ 三个温度养护条件下的自生体积变形。

2)养护温度对特性 MgO 碾压混凝土(R I)自生体积变形的影响

养护温度对特性 MgO 碾压混凝土(R I)自生体积变形研究成果见图 9-16,分析如下:

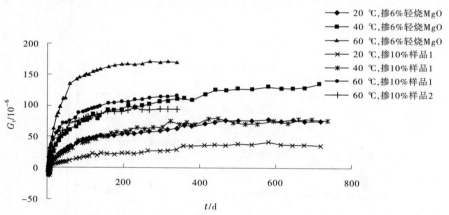

图 9-16　R I 碾压混凝土掺 MgO 自生体积变形过程线

(1)温度对方镁石水化速度的影响较大,温度越高膨胀速度越快,因此高温下混凝土的膨胀速度比常温大。养护温度是影响 MgO 混凝土自生体积变形的重要因素之一,养护环境温度升高,自生体积变形增大。

(2)自生体积变形也随龄期的延长而增加,后期的膨胀变形速度变慢,到 719 d 时已基本稳定(60 ℃ 时只做到 347 d),且各种温度下的膨胀变形规律是基本一致的。仍以碾压混凝土 R I 掺 10% 特性 MgO 样品 1 分析,34~36 d 龄期时,在上述 60 ℃、40 ℃、20 ℃ 三种温度的自生体积变形依次为 $57.91 \times 10^{-6}$、$21.94 \times 10^{-6}$ 和 $8 \times 10^{-6}$,前两者分别为 20 ℃ 的 7.23 倍和 2.65 倍;龄期 347 d 在 60 ℃、40 ℃ 和 20 ℃ 的自生体积变形分别为 $115.18 \times 10^{-6}$、$69.90 \times 10^{-6}$ 和 $29.12 \times 10^{-6}$,前两者的自生体积变形分别为 20 ℃ 的 3.96 倍和 2.40 倍。这说明高温下的自生体积变形在初期的膨胀变形速度比常温的大得多,因此其变形值也较常温迅速增大,其他各龄期的自变随养护温度增长规律见表 9-16。

表 9-16　不同温度条件下自生体积变形的相对倍数关系

| 不同温度/<br>（℃）<br>$G_t(T)$之比 | 15 d | 28 d | 41 d | 57 d | 83 d | 90 d | 100 d | 120 d | 140 d | 180 d | 210 d | 270 d | 340 d | 平均 |
|---|---|---|---|---|---|---|---|---|---|---|---|---|---|---|
| $G_t(20)/G_t(20)$ | 1.00 | 1.00 | 1.00 | 1.00 | 1.00 | 1.00 | 1.00 | 1.00 | 1.00 | 1.00 | 1.00 | 1.00 | 1.00 | 1.00 |
| $G_t(40)/G_t(20)$ | 1.36 | 2.39 | 2.88 | 2.21 | 2.63 | 2.15 | 2.35 | 2.19 | 2.18 | 2.64 | 2.64 | 2.44 | 2.40 | 2.34 |
| $G_t(60)/G_t(20)$ | 7.97 | 7.78 | 8.23 | 6.10 | 5.52 | 4.87 | 5.09 | 4.40 | 4.23 | 4.95 | 4.58 | 4.24 | 3.96 | 5.53 |
| $G_t(60)/G_t(40)$ | 5.84 | 3.25 | 2.86 | 2.76 | 2.10 | 2.27 | 2.17 | 2.01 | 1.94 | 1.87 | 1.74 | 1.74 | 1.65 | 2.48 |

注：碾压混凝土 RI 掺 10% 特性 MgO 样品 1。

3. 三种 MgO 碾压混凝土自生体积变形的比较

在 RⅠ 碾压混凝土中分别掺三种 MgO（即海城轻烧 MgO、南京化工大学特性 MgO 样品 1 和样品 2），比较其自生体积变化，见图 9-17~图 9-20，结果如下：

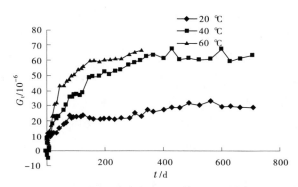

图 9-17　RⅡ 碾压混凝土掺 10% 特性 MgO 样品 1 的自生体积变形过程线

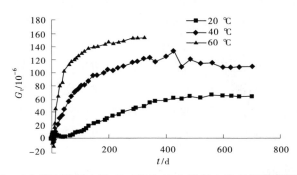

图 9-18　CⅠ 常态混凝土掺 10% 特性 MgO 样品 1 的自体积变形过程线

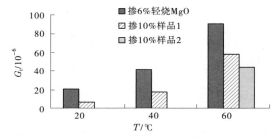

图 9-19　掺三种 MgO 情况下 RⅠ 碾压混凝土自生体积变形柱状图（28 d）

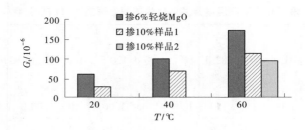

**图 9-20　掺三种 MgO 情况下 R Ⅰ 碾压混凝土自生体积变形柱状图(339 d)**

（1）在 20 ℃、40 ℃ 和 60 ℃ 的养护环境温度下,28 d 龄期的自生体积变形,掺轻烧 MgO 的为 21.14×$10^{-6}$、41.74×$10^{-6}$ 和 91.06×$10^{-6}$,掺特性 MgO 样品 1 的为 7.44×$10^{-6}$、17.81×$10^{-6}$ 和 57.91×$10^{-6}$,掺特性 MgO 样品 2 的为（60 ℃）44.37×$10^{-6}$。此时,掺轻烧 MgO 是掺特性 MgO 样品 1 自生体积变形的 2.84 倍、2.34 倍和 1.57 倍,即随养护温度增加,自变倍数减少。

（2）在 20 ℃、40 ℃ 和 60 ℃ 的养护环境温度下,339 d 龄期的自生体积变形值:掺 6% 的轻烧 MgO 分别为 62.58×$10^{-6}$、109.88×$10^{-6}$ 和 171.43×$10^{-6}$;掺 10% 特性 MgO 样品 1 为 29.12×$10^{-6}$、69.90×$10^{-6}$ 和 115.18×$10^{-6}$;掺 10% 特性 MgO 样品 2、60 ℃ 的养护环境温度下,339 d 龄期的自生体积变形值是 94.20×$10^{-6}$。此时,掺轻烧 MgO 是掺特性 MgO 样品 1 自生体积变形的 2.15 倍、1.57 倍和 1.49 倍。说明在此龄期下,亦有随养护温度增加,自变相差倍数减少的特性,但倍数没有早龄期的大。

（3）轻烧 MgO 的掺量虽为 6%,但在上述三种养护环境温度下比掺 10% 特性 MgO 样品 1 的膨胀效果要好。例如,719 d 龄期、40 ℃ 时,掺轻烧 MgO 混凝土的自变为 135.29×$10^{-6}$,掺特性 MgO 样品 1 为 75.95×$10^{-6}$,前者为后者的 1.78 倍,这主要是因为前者 MgO 含量高。在两种特性 MgO 混凝土中掺样品 1 又比掺样品 2 的自生体积变形要大一些。

**4. 掺 MgO 的常态混凝土与碾压混凝土自生体积变形的比较**

龙滩常态混凝土 C Ⅰ、碾压混凝土 R Ⅰ 和 R Ⅱ,掺 10% 特性 MgO 样品 1 的自生体积变形比较如下:

（1）养护环境温度为 20 ℃、40 ℃ 和 60 ℃,28 d 龄期的自生体积变形值:R Ⅰ 为 7.44×$10^{-6}$、17.81×$10^{-6}$ 和 57.91×$10^{-6}$;R Ⅱ 为 12.39×$10^{-6}$、23.33×$10^{-6}$ 和 31.86×$10^{-6}$;C Ⅰ 为 2.79×$10^{-6}$、30.86×$10^{-6}$ 和 82.95×$10^{-6}$,见柱状图 9-19。在 40 ℃ 时,三种混凝土自变比值为:R Ⅰ : R Ⅱ : C Ⅰ = 1 : 1.31 : 1.73。

（2）养护环境温度为 20 ℃、40 ℃ 和 60 ℃,326 d 的自生体积变形值:R Ⅰ 为 29.12×$10^{-6}$、75.43×$10^{-6}$ 和 115.18×$10^{-6}$;R Ⅱ 碾压混凝土分别为 23.08×$10^{-6}$、60.08×$10^{-6}$ 和 66.88×$10^{-6}$;C Ⅰ 为 49.17×$10^{-6}$、121.91×$10^{-6}$ 和 155.89×$10^{-6}$,如图 9-21 和图 9-22 所示。在 40 ℃ 时,三种混凝土自变比值为:R Ⅰ : R Ⅱ : C Ⅰ = 1 : 0.80 : 1.62。

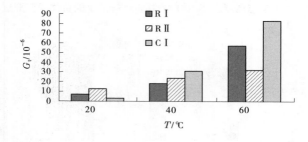

**图 9-21　掺 10% 特性 MgO 情况下三种碾压混凝土自生体积变形柱状图(28 d)**

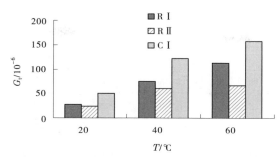

图 9-22　掺 10% 特性 MgO 情况下三种碾压混凝土自生体积变形柱状图 ( 326 d )

（3）相同条件下，C I 常态混凝土膨胀效果比 R II 碾压混凝土要好，也比 R I 碾压混凝土强。这主要是因为碾压混凝土中粉煤灰掺量大，抑制了特性 MgO 的膨胀。

5. MgO 混凝土后期膨胀的稳定性分析

试验成果表明，不论是碾压混凝土还是常态混凝土，掺轻烧 MgO（6%）或特性 MgO 样品 1（10%），400 d 龄期后它们的膨胀均已比较稳定，分述如下：

（1）碾压混凝土 R I 中掺 6% 轻烧 MgO，40 ℃ 条件下，415 d 的膨胀率为 $118.79 \times 10^{-6}$，719 d 的膨胀率为 $135.29 \times 10^{-6}$，后者比前者增长了 13.89%。

（2）碾压混凝土 RI 中掺 10% 特性 MgO 样品 1，40 ℃ 条件下，300 d 后膨胀率在 $66.12 \times 10^{-6} \sim 79.70 \times 10^{-6}$ 波动，到 738 d 时为 $75.95 \times 10^{-6}$，不呈现增长趋势。

（3）常态混凝土 C I 中掺 10% 特性 MgO 样品 1，40 ℃ 条件下，402 d 的膨胀率为 $126.19 \times 10^{-6}$，706 d 的膨胀率为 $109.87 \times 10^{-6}$，反而收缩了 16.32%。

（4）由以上数据看来，特性 MgO 混凝土 400 d 以后，已不再膨胀。这是与轻烧 MgO 混凝土的不同之处。这与轻烧 MgO 中的 MgO 含量高有关。

6. 全级配特性 MgO 碾压混凝土自生体积变形研究

全级配特性 MgO 碾压混凝土自生体积变形研究，选取龙滩底部全级配碾压混凝土 RI 作为对象，掺 10% 特性 MgO 样品 1，研究在 20 ℃、40 ℃、60 ℃ 养护条件下的自生体积变形。

研究成果见表 9-17。图 9-23 是全级配碾压混凝土 R I 的自生体积变形过程线，图 9-24、表 9-18 是 R I 全级配与湿筛碾压混凝土自生体积的比值。现分述如下：

表 9-17　全级配碾压混凝土 R I 自生体积变形成果　　　　　　　　单位：$10^{-6}$

（特性 MgO 样品 1　粉煤灰掺量 55%　氧化镁掺量 10%）

| 龄期/d | 温度/℃ | | | 龄期/d | 温度/℃ | | |
|---|---|---|---|---|---|---|---|
| | 20 | 40 | 60 | | 20 | 40 | 60 |
| 1 | 0 | 0 | 0 | 149 | 15.97 | 46.00 | 73.83 |
| 2 | −2.01 | 1.60 | 1.75 | 169 | 14.92 | 48.20 | 77.35 |
| 3 | −0.84 | 3.18 | 1.69 | 185 | 13.96 | 49.30 | 77.01 |
| 7 | −0.14 | −15.04 | −9.60 | 205 | 14.95 | 52.35 | 79.74 |
| 8 | −0.84 | −13.59 | −1.23 | 220 | 15.17 | 52.96 | 81.07 |
| 14 | −1.04 | 1.35 | 13.34 | 238 | 13.72 | 54.70 | 80.42 |
| 15 | −1.35 | 3.28 | 15.73 | 256 | 13.71 | 56.51 | 79.57 |
| 21 | −0.28 | 8.27 | 26.96 | 277 | 15.42 | 58.31 | 82.53 |
| 25 | 1.58 | 11.23 | 33.18 | 305 | 18.82 | 62.11 | 85.64 |
| 32 | 2.99 | 14.41 | 38.71 | 324 | 17.70 | 63.35 | 88.23 |

续表9-17

| 龄期/d | 温度/℃ | | | 龄期/d | 温度/℃ | | |
|---|---|---|---|---|---|---|---|
| | 20 | 40 | 60 | | 20 | 40 | 60 |
| 37 | 5.19 | 16.77 | 41.28 | 348 | 22.03 | 61.77 | 86.44 |
| 43 | 5.70 | 19.95 | 45.26 | 367 | 20.23 | 63.22 | — |
| 50 | 6.26 | 24.27 | 50.73 | 388 | 22.78 | 64.88 | — |
| 57 | 6.87 | 24.05 | 50.90 | 424 | 24.08 | 69.31 | — |
| 66 | 9.58 | 26.90 | 58.25 | 450 | 30.59 | 71.66 | — |
| 83 | 10.97 | 31.17 | 60.07 | 490 | 27.13 | 70.62 | — |
| 92 | 10.96 | 33.72 | 63.37 | 521 | 30.68 | 70.97 | — |
| 102 | 14.53 | 35.74 | 63.46 | 556 | 28.77 | 71.36 | — |
| 109 | 12.69 | 39.13 | 67.20 | 595 | 30.77 | 69.35 | — |
| 117 | 14.80 | 39.76 | 67.54 | 634 | 23.25 | 67.68 | — |
| 128 | 15.07 | 41.84 | 69.83 | 662 | 29.77 | 71.93 | — |
| 140 | 15.57 | 45.64 | 71.36 | 694 | 25.67 | 71.49 | — |
| 149 | 15.97 | 46.00 | 73.83 | 748 | 26.08 | 70.15 | — |

注:1. $\phi$ 200 mm×600 mm 的圆柱体试件;DI-25 型大应变计。

　　2. 成型后 7 d 脱模并放入各自养护温度环境中。

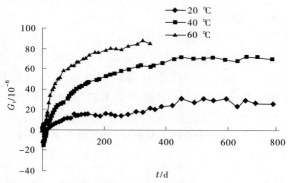

图 9-23　全级配碾压混凝土 R I 自生体积变形过程线

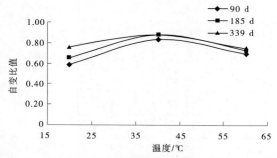

图 9-24　R I 全级配与湿筛碾压混凝土自生体积变形比值

（1）三种养护温度条件下,全级配碾压混凝土 R I 的自生体积变形值随养护龄期的延长而增加,随养护环境温度升高而增大,但比湿筛的小。以龄期 348 d 为例:20 ℃情况下,全级配为 22.03×10⁻⁶,湿筛后为 29.12×10⁻⁶,比值为 0.76;40 ℃情况下,全级配为 61.77×10⁻⁶,湿筛后为 69.90×10⁻⁶,比值为

0.88;60 ℃情况下,全级配为 86.44×10⁻⁶,湿筛后为 115.18×10⁻⁶,比值为 0.75,上述三种温度下的平均比值为 0.797。又以 719 d 为例,20 ℃情况下,全级配为 26.08×10⁻⁶,湿筛后为 34.91×10⁻⁶,比值为 0.75;40 ℃情况下,全级配为 70.15×10⁻⁶,湿筛后为 75.95×10⁻⁶,比值为 0.92,上述三种温度下的平均比值为 0.835。据计算,全级配碾压混凝土 RⅠ 的 MgO 含量是湿筛碾压混凝土的 0.82 倍,与两个自变的平均比值很接近,因而全级配与湿筛后混凝土自变的比值与其混凝土中 MgO 含量的比值相一致。

（2）与湿筛碾压混凝土相同,龄期 400 d 后,全级配碾压混凝土膨胀已经稳定。例如,养护温度 40 ℃时,424~748 d 的膨胀率在 67.68×10⁻⁶~71.93×10⁻⁶ 波动,在观测时间范围内没有上升的趋势。

（3）全级配与湿筛碾压混凝土的自变比值,在观测龄期 110 d 后趋向稳定,但受养护环境温度的影响:20 ℃养护条件下,比值在 0.56~0.78 变化;40 ℃情况下,在 0.79~0.94;60 ℃养护条件下,则在 0.63~0.75 波动。显然,40 ℃养护条件下,全级配与湿筛碾压混凝土的自变比值最大。

（4）RⅠ 碾压混凝土全级配 720 d 的抗压强度（250 mm×250 mm×250 mm 尺寸的试件）为 34.2 MPa,湿筛的（150 mm×150 mm×150 mm 尺寸的试件）抗压强度为 42.7 MPa,前者是后者的 80%,即大尺寸试件混凝土的强度小于小尺寸试件混凝土的强度,与混凝土的一般规律一致。

表 9-18　RⅠ 全级配与湿筛碾压混凝土自生体积变形值的比值

| 龄期/ d | 20 ℃ | | | 40 ℃ | | | 60 ℃ | | |
|---|---|---|---|---|---|---|---|---|---|
| | 全级配 自变/10⁻⁶ | 湿筛后 自变/10⁻⁶ | 自变 比值 | 全级配 自变/10⁻⁶ | 湿筛后 自变/10⁻⁶ | 自变 比值 | 全级配 自变/10⁻⁶ | 湿筛后 自变/10⁻⁶ | 自变 比值 |
| 42 | 5.70 | 8.74 | 0.65 | 19.95 | 25.16 | 0.79 | 45.26 | 71.93 | 0.63 |
| 57 | 6.87 | 12.36 | 0.56 | 24.05 | 27.34 | 0.88 | 50.90 | 75.37 | 0.68 |
| 90 | 10.96 | 18.65 | 0.59 | 33.72 | 40.07 | 0.84 | 63.37 | 90.77 | 0.70 |
| 110 | 12.69 | 19.82 | 0.64 | 39.13 | 44.07 | 0.89 | 67.20 | 93.45 | 0.72 |
| 140 | 15.57 | 23.52 | 0.66 | 45.64 | 51.35 | 0.90 | 71.36 | 99.41 | 0.74 |
| 185 | 13.96 | 22.54 | 0.66 | 49.30 | 56.32 | 0.88 | 77.01 | 105.98 | 0.73 |
| 277 | 15.42 | 26.31 | 0.59 | 58.31 | 64.09 | 0.91 | 82.53 | 111.62 | 0.74 |
| 339 | 22.03 | 29.12 | 0.76 | 61.77 | 69.90 | 0.88 | 86.44 | 115.18 | 0.75 |
| 556 | 28.77 | 36.78 | 0.78 | 71.36 | 75.91 | 0.94 | — | — | — |
| 719 | 26.08 | 34.91 | 0.75 | 70.15 | 75.95 | 0.92 | — | — | — |
| 平均 | — | — | 0.66 | — | — | 0.88 | — | — | 0.71 |

注:自变比值=全级配碾压混凝土自生体积变形/湿筛碾压混凝土自生体积变形。

### 9.3.3.5　徐变

对 MgO 混凝土徐变性能研究资料很少,龙滩研究了底部碾压混凝土 RⅠ 掺 10%特性 MgO 样品 1 的徐变,成果见表 9-19 和图 9-25。为便于比较,不掺 MgO 碾压混凝土 RⅠ 的徐变资料也列于表 9-20 和图 9-26。现分述如下:

（1）特性 MgO 碾压混凝土徐变的变形规律与不掺 MgO 混凝土徐变基本一致,都是随加荷龄期的增加而减小,随持荷时间的延长而增大。

（2）加荷龄期较早时,特性 MgO 碾压混凝土的徐变速率稍大于不掺 MgO 混凝土的徐变速率,徐变值也大一些。例如,加荷龄期 7 d,持荷 355 d,掺 10%特性 MgO 样品 1 碾压混凝土 RⅠ-1 的徐变度为 42.90×10⁻⁶ MPa⁻¹,而不掺 MgO 的 RⅠ 碾压混凝土徐变度则为 33.58×10⁻⁶ MPa⁻¹,前者比后者大 21.7%,对早期防裂有利。但在后期加荷的混凝土,两者徐变度逐渐接近。

表 9-19　RⅠ-1 徐变度研究成果

| 徐变度 $C(10^{-6}\ \mathrm{MPa}^{-1})$ 与持荷时间 $t(\mathrm{d})$ 的关系式 | $C(7\ \mathrm{d}) = 4.877\ 9\ln(t) + 15.993,\quad R = 0.988\ 9$ |
| --- | --- |
| | $C(28\ \mathrm{d}) = 2.577\ 3\ln(t) + 4.471\ 3,\quad R = 0.997\ 3$ |
| | $C(90\ \mathrm{d}) = 1.483\ 7\ln(t) + 0.647\ 7,\quad R = 0.983\ 8$ |
| | $C(180\ \mathrm{d}) = 1.169\ 3\ln(t) + 0.936\ 5,\quad R = 0.982\ 8$ |
| | $C(360\ \mathrm{d}) = 0.558\ 7\ln(t) + 1.111\ 2,\quad R = 0.991\ 4$ |

注:掺 10% 特性 MgO 样品 1。

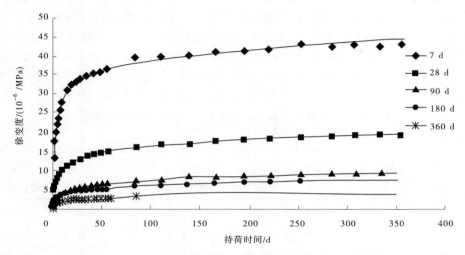

图 9-25　RⅠ-1 不同加荷龄期徐变度随持荷时间过程线图

表 9-20　碾压混凝土 RⅠ 徐变度试验成果(不掺 MgO)

| 徐变度 $C(10^{-6}\ \mathrm{MPa}^{-1})$ 与持荷时间 $t(\mathrm{d})$ 的关系式 | $C(7\ \mathrm{d}) = 3.866\ 8\ln t + 12.51,\quad R = 0.978\ 9$ |
| --- | --- |
| | $C(28\ \mathrm{d}) = 1.869\ 6\ln t + 3.816\ 9,\quad R = 0.987\ 0$ |
| | $C(90\ \mathrm{d}) = 1.090\ 8\ln t + 1.667\ 1,\quad R = 0.991\ 4$ |
| | $C(180\ \mathrm{d}) = 0.932\ 3\ln t + 0.778\ 9,\quad R = 0.967\ 2$ |
| | $C(360\ \mathrm{d}) = 0.878\ 1\ln t - 0.650\ 3,\quad R = 0.952\ 5$ |

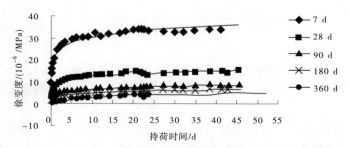

图 9-26　碾压混凝土 RⅠ 不同加荷龄期徐变度随持荷时间变化关系曲线

## 9.3.4　耐久性能

### 9.3.4.1　抗渗

(1)清华大学研究了两种不同氧化镁细度(120 目和 200 目)和两种不同氧化镁掺量(水泥用量的 5%,用 C5 表示;胶凝材料的 5%,用 CF5 表示)的碾压混凝土抗渗性能(不掺氧化镁用 NMgO 表示),研究成果列于表9-21。

表 9-21　外掺氧化镁碾压混凝土的抗渗性能

| 项目 | NMgO | C5-120 | CF5-120 | C5-200 | CF5-200 |
|---|---|---|---|---|---|
| 相对渗透系数/(m/s) | $8.78\times10^{-9}$ | $11.4\times10^{-9}$ | $15.8\times10^{-9}$ | $141.0\times10^{-9}$ | $187.0\times10^{-9}$ |

研究成果表明,外掺氧化镁碾压混凝土抗渗性能有所降低,外掺 120 目氧化渗透性能降低不多,外掺 200 目氧化镁渗透性能大幅度降低。说明外掺氧化镁细度对抗渗性能影响较大,工程应用中应慎重选择,另外,掺量越大,渗透性能降低也越大。

（2）龙滩研究了特性 MgO 掺量对碾压混凝土抗渗性能的影响,研究成果如表 9-22 所示。特性 MgO 掺量在 6%~12%变化时,碾压混凝土 RⅠ的抗渗等级均大于 W12,但相对渗透系数随特性 MgO 样品 1 掺量的增加有增大的趋势,不掺特性 MgO 时,相对渗透系数为 $5.09\times10^{-8}$ cm/h,当特性 MgO 掺量为 8%时,相对渗透系数便增加到 $17.13\times10^{-8}$ cm/h。

表 9-22　特性 MgO 样品 1 不同掺量时碾压混凝土 RⅠ抗冻、抗渗（40 ℃）研究成果

| 样品 1 掺量/% | 抗渗性能（360 d） | | 抗冻等级（360 d） |
|---|---|---|---|
| | 抗渗等级 | 相对渗透系数/(cm/h) | |
| 0 | >W12 | $5.09\times10^{-8}$ | F75 |
| 6 | >W12 | $7.83\times10^{-8}$ | F75 |
| 8 | >W12 | $17.13\times10^{-8}$ | F75 |
| 10 | >W12 | $19.56\times10^{-8}$ | F50 |
| 12 | >W12 | — | F50 |

龙滩底部碾压混凝土 RⅠ分别掺 6%的轻烧 MgO 和 10%的特性 MgO 样品 1,基础垫层四级配常态混凝土 CⅠ掺 10%的特性 MgO 样品 1,抗渗性能研究（360 d）成果列于表 9-23。

表 9-23　MgO 混凝土的抗冻、抗渗研究成果

| 混凝土编号 | MgO 品种及掺量 | 抗渗等级 | 平均渗水高度/cm | 相对渗透系数/(cm/h) | 抗冻性能 | | |
|---|---|---|---|---|---|---|---|
| | | | | | 质量损失/% | 相对动弹性模量下降/% | 抗冻等级 |
| RⅠ-1 | 样品 1,10% | >W12 | 1.53 | $5.99\times10^{-8}$ | 3.14 | 5.66 | F75 |
| RⅠ-M | 轻烧 MgO,6% | >W12 | 1.42 | $3.26\times10^{-8}$ | 3.49 | 11.83 | F100 |
| CⅠ-1 | 样品 1,10% | >W12 | 0.86 | $1.85\times10^{-8}$ | 2.09 | 19.78 | F100 |

以上三种 MgO 混凝土的抗渗性能较好。抗渗等级均大于 W12,且平均渗水高度都很低,在 0.86~1.53 cm。其中 CⅠ-1 最好,RⅠ-M 次之,RⅠ-1 略差。龙滩下游围堰掺特性 MgO 后,现场压水试验每孔每段的透水值均为零。说明掺特性 MgO 碾压混凝土密实,不透水。

### 9.3.4.2　抗冻

一般认为外掺氧化镁对碾压混凝土抗冻性能是不利的。例如,G. M. Idom 认为,仅仅发生在水泥浆体内的膨胀会导致水泥浆体和骨料界面的破坏,而水利工程骨料粒径大,这一问题更加突出。也有研究认为,外掺氧化镁造成的膨胀压力会使得混凝土更加密实,因而氧化镁对混凝土的抗冻性能可能会有有利的影响。

（1）清华大学以高寒地区某拱坝全断面外掺氧化镁的碾压混凝土为背景,研究了外掺氧化镁碾压混凝土的抗冻性能,分析了不同氧化镁掺量对碾压混凝土抗冻性能的影响规律,并研究了养护期间的温

度变化对混凝土抗冻性能的影响。研究成果表明,外掺氧化镁会降低碾压混凝土的抗冻性能;但使用DH$_9$高效引气剂后,外掺氧化镁的 C20 碾压混凝土抗冻等级可达到 F300,满足工程要求;混凝土养护初期,高温和低温都会对其抗冻性能造成危害。

研究采用 32.5 矿渣硅酸盐水泥,内含 3.2%氧化镁;粉煤灰由新疆玛纳斯电厂收尘干灰加工而成的Ⅱ级灰;氧化镁为辽宁海成生产,细度 120 目;砂细度模数 2.92,碎石粒径 5~35 mm。碾压混凝土配合比见表 9-24。

表 9-24　碾压混凝土配合比　　　　　　　　　　　　　　　　　　　　　单位:kg/m³

| 水 | 水泥 | 粉煤灰 | 砂 | 小石 | 中石 | JG4 溶液 |
| --- | --- | --- | --- | --- | --- | --- |
| 93 | 90 | 100 | 737 | 708 | 708 | 5.7 |

氧化镁掺量分别为 0、4%、8%三种情况,其中百分比为氧化镁与胶凝材料(水泥+粉煤灰)的比例,分别用 A0、A4、A8 表示,其抗冻性研究成果见图 9-27 和图 9-28。由图 9-27 可以看出,混凝土的相对动弹性模量随着冻融次数的增加而下降,A4 和 A8 的混凝土抗冻标号均小于设计要求的 F100,且氧化镁掺量越大,相对动弹性模量下降越大。图 9-28 表明,除头 25 次冻融由于微裂缝吸水使 A4、A8 质量有所增加,质量损失随着冻融次数的增加而增大,氧化镁掺量越多,质量损失也就越大。若以失重率为判据,则此种混凝土不掺氧化镁亦未能达到设计要求的 F100。分析原因,可能是试验所用水泥本身内含3.2%氧化镁所致。以上研究成果说明氧化镁的掺入对此种混凝土的抗冻性能有不利影响。

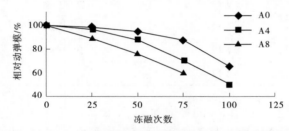

图 9-27　掺 MgO 混凝土的相对动弹性模量与冻融次数的关系

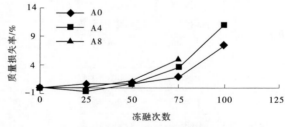

图 9-28　掺 MgO 混凝土的质量损失与冻融次数的关系

在上述三种氧化镁掺量的条件下,再掺入 DH$_9$ 引气剂,文中分别以代号 B0、B4、B8 表示,其抗冻性研究成果如图 9-29 和图 9-30 所示。图 9-29 表明,混凝土的相对动弹性模量亦随着冻融次数的增加而下降;掺量越大,相对动弹性模量下降越大。但冻融 300 次后,B0、B4、B8 的相对动弹性模量均高于要求的 60%,且都在 85%以上。由图 9-30 可以看出,质量损失随着冻融次数的增加而增大,冻融 300 次后,B0、B4、B8 的质量损失率均小于要求的 5%,且小于 2%。三者之间差距不明显,其中 B4 的质量损失率最小。上述研究成果说明,在掺入 DH$_9$ 引气剂后,此种氧化镁碾压混凝土的抗冻等级能达到 F300。

氧化镁掺量均为 4%(未掺引气剂),部分时段的温度分别为 0、20 ℃、40 ℃三种,即拆模后分别在0、20 ℃、40 ℃的温度下保湿养护 3 d,之后在标准养护条件下养护至 24 d。文中分别以 C0、C20、C40 表示,其抗冻性研究成果见图 9-31 和图 9-32。研究成果表明,50 次冻融后,C0 的相对动弹性模量即降低到临界状态的 60%,此时的质量损失已经超过了 5%。C40 的质量损失率虽然仅为 2.7%,但相对动弹

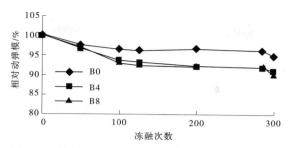

**图 9-29　掺引气剂后相对动弹性模量与冻融次数关系**

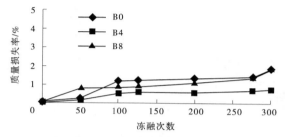

**图 9-30　掺引气剂后质量损失与冻融次数关系**

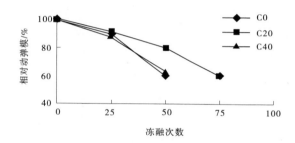

**图 9-31　养护温度变化时相对动弹性模量与冻融次数的关系**

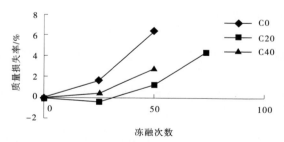

**图 9-32　养护温度变化时质量损失与冻融次数的关系**

性模量已经降到 65%,预计将在 55 次左右破坏。C20 预计可以达到 F75,与 A4 结果基本吻合。可见外掺氧化镁的混凝土在养护初期如遇温度变化,无论温度是过高还是过低都将损害其抗冻能力。

　　龙滩工程研究了特性 MgO 掺量对碾压混凝土抗冻性能的影响,表 9-25 示出了研究成果。当特性 MgO 掺量为 6% 和 8% 时,对碾压混凝土 R I 的抗冻标号没有明显的影响,与不掺特性 MgO 相同,均可达 F75;但掺量为 10% 和 12% 时,抗冻标号均为 F50,都降低 25 个抗冻标号。

　　(2)龙滩底部碾压混凝土 R I 分别掺 6% 的轻烧 MgO 和 10% 的特性 MgO 样品 1,基础垫层四级配常态混凝土 C I 掺 10% 的特性 MgO 样品 1,抗冻性能研究(360 d)成果见表 9-23。三种混凝土的抗冻性能以 C I -1 和 R I -M 较好,抗冻标号 F100,R I -1 较差,抗冻标号 F75。在混凝土中掺入 MgO 后,在抗冻性能方面,常态混凝土优于碾压混凝土;掺轻烧 MgO 优于掺特性 MgO 样品 1。

### 9.3.5　热学性能

#### 9.3.5.1　绝热温升

龙滩工程采用 MEA2 型特性 MgO 膨胀剂研究了混凝土的绝热温升,其 MEA2 的掺量为 6%,以 MgO 膨胀剂中 MgO 的实际含量占胶材总用量的百分数计,胶材总用量包括水泥、粉煤灰和 MgO 膨胀剂。研究表明,混凝土的 28 d 绝热温升值在 16.1 ~ 23.9 ℃,最终绝热温升值在 16.5 ~ 24.1 ℃,最终绝热温升值仅比 28 d 绝热温升值高 0.2 ~ 0.6 ℃,绝热温升的过程线见图 9-33,绝热温升曲线方程式见表 9-25。

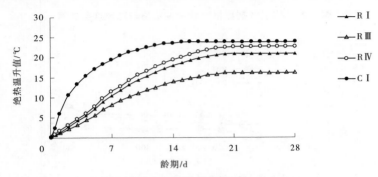

**图 9-33　混凝土的绝热温升曲线**

**表 9-25　混凝土的绝热温升曲线方程式**

| 编号 | 绝热温升值/℃ | | 绝热温升值 $T$(℃)<br>与龄期 $t$(d)的关系 | 相关性 |
| --- | --- | --- | --- | --- |
| | 28 d | 最终 | | |
| R I | 20.9 | 21.5 | $T = 21.5(1 - e^{-0.042\,0t^{1.425\,4}})$ | 0.999 27 |
| R III | 16.1 | 16.5 | $T = 16.5(1 - e^{-0.043\,1t^{1.411\,1}})$ | 0.999 31 |
| R IV | 22.7 | 23.3 | $T = 23.3(1 - e^{-0.050\,0t^{1.500\,0}})$ | 0.999 31 |
| C I | 23.9 | 24.1 | $T = 24.1(1 - e^{-0.273\,1t^{0.945\,3}})$ | 0.998 27 |

#### 9.3.5.2　导温系数、导热系数和线膨胀系数

**1. 导温系数**

龙滩工程研究了掺 6%MEA2 特性 MgO 的碾压和常态混凝土导温系数,结果在 0.002 844 ~ 0.003 250 $\text{m}^2$/h,符合混凝土导温系数范围,如表 9-26 所示。

**表 9-26　龙滩 MgO 混凝土导温系数、导热系数和线膨胀系数研究成果(试件养护 90 d)**

| 编号 | R I | R III | R IV | C I |
| --- | --- | --- | --- | --- |
| 导温系数/($\text{m}^2$/h) | 0.003 250 | 0.003 172 | 0.003 032 | 0.002 844 |
| 导热系数/[kJ/(m·h·℃)] | 8.69 | 8.68 | 8.45 | 8.51 |
| 线膨胀系数/($10^{-6}$ ℃$^{-1}$) | 5.3 | 6.6 | 6.3 | 6.3 |

**2. 导热系数**

混凝土的导热系数随混凝土的表观密度、温度及含水状态而变化,也与骨料的导热系数及骨料用量有关。表 9-26 示出了龙滩工程掺 6%MEA2 特性 MgO 的碾压和常态混凝土导热系数研究成果,结果在 8.45 ~ 8.69 kJ/(m·h·℃),符合混凝土导热系数的规律。

**3. 线膨胀系数**

混凝土的线膨胀系数受母岩的种类、混凝土配合比、混凝土含水率等的影响。从表 9-27 中可见,普通岩石的线膨胀系数在 $0.9 \times 10^{-6}$ ~ $16 \times 10^{-6}$ ℃$^{-1}$,但大多数岩石的线膨胀系数为 $5 \times 10^{-6}$ ~ $13 \times 10^{-6}$ ℃$^{-1}$。

一般认为,石英质骨料的线膨胀系数最大,然后按砂岩、花岗岩、玄武岩和石灰岩的顺序依次减小。

**表 9-27　不同岩石的线膨胀系数**

| 岩石种类 | 内长岩安山岩 | 辉绿岩玄武岩辉长岩 | 花岗岩 | 砂岩 | 白云岩 | 石英岩 | 燧石 | 大理石 |
|---|---|---|---|---|---|---|---|---|
| 线膨胀系数/$(10^{-6}℃^{-1})$ | 4.1~10.3 | 3.6~9.7 | 1.8~11.9 | 4.3~13.9 | 6.7~8.6 | 0.9~12.2 | 7.4~13.1 | 1.1~16.0 |

硬化胶凝材料浆的线膨胀系数为 $11×10^{-6}~20×10^{-6}℃^{-1}$,这比骨料的线膨胀系数高。混凝土的线膨胀系数是混凝土中骨料的数量和骨料线膨胀系数的函数。表 9-28 列出了细骨料含量对砂浆线膨胀系数的影响。可以认为,胶凝材料用量高的 MgO 碾压混凝土的线膨胀系数稍大。相反,骨料用量较大的 MgO 碾压混凝土的线膨胀系数稍小。室内经过湿筛的 MgO 碾压混凝土测得的线膨胀系数比坝体混凝土的实际线膨胀系数大。此外,潮湿的混凝土,其线膨胀系数比干燥混凝土大。

**表 9-28　骨料含量对砂浆线膨胀系数的影响**

| 砂:水泥 | 0 | 1 | 2 | 3 |
|---|---|---|---|---|
| 两年龄期线膨胀系数/$(10^{-6}℃^{-1})$ | 18.5 | 13.5 | 11.5 | 10.1 |

龙滩工程掺 6%MEA2 特性 MgO 的碾压和常态混凝土线膨胀系数研究成果如表 9-26 所示,结果在 $5.3×10^{-6}~6.6×10^{-6}℃^{-1}$,与采用的灰岩骨料相吻合,也在碾压混凝土的线膨胀系数的范围内($5.0×10^{-6}~10.5×10^{-6}℃^{-1}$)。

### 9.3.5.3　比热容

一般混凝土的比热容介于 $0.80~1.20$ kJ/(kg·℃),碾压混凝土的比热容与常态混凝土无明显差别。表 9-29 列出了龙滩工程掺 6%MEA2 特性 MgO 的碾压和常态混凝土比热容的研究成果,结果在 $0.9668~1.0050$ kJ/(kg·℃),符合混凝土比热容的规律。

**表 9-29　龙滩 MgO 混凝土的比热容研究成果(试件养护 90 d)**

| 编号 | 30 ℃比热容/[kJ/(kg·℃)] | 比热容 C 与温度 t(℃)的关系 | 编号 | 30 ℃比热容/[kJ/(kg·℃)] | 比热容 C 与温度 t(℃)的关系 |
|---|---|---|---|---|---|
| R I | 1.0050 | $1.866-0.04136×t+0.0004220×t^2$ | R IV | 0.9668 | $1.556-0.02544×t+0.0001933×t^2$ |
| R III | 0.9845 | $1.548-0.02376×t+0.0001659×t^2$ | C I | 0.9874 | $1.532-0.02335×t+0.0001732×t^2$ |

# 9.4　氧化镁(MgO)碾压混凝土在一些工程中的应用

## 9.4.1　索风营大坝中的应用

索风营水电站最大坝高 115.8 m,高程 730~755 m 的坝体为全断面外掺 MgO 微膨胀碾压混凝土重力坝,采用左、右块全断面通仓薄层连续交替上升施工工艺浇筑。在当时,国内其他工程只是在基础垫层强约束区常态混凝土中外掺膨胀剂或者 MgO,故索风营水电站大坝在全断面碾压混凝土中外掺 MgO 还是首例。利用 MgO 微膨胀混凝土的延迟膨胀性来调整混凝土的自生体积变形,能补偿坝体混凝土的一部分温度变形,从而达到防止混凝土产生收缩裂缝的目的。

索风营大坝外掺 MgO 混凝土的应用范围是：在基础约束区 730~755 m 高程全断面外掺 3% 的 MgO，在应力过渡区 755~760 m 高程外掺 2% 的 MgO，760 m 高程以上脱离约束区则不掺 MgO。

### 9.4.1.1　外掺 MgO 施工工艺参数

由于 MgO 的自身微膨胀作用直接影响坝体内部应力分布，其拌和均匀性就会影响坝体内部应力分布的均匀性，因此大坝碾压混凝土外掺 MgO 的关键是怎样使其拌和均匀而且操作简单。考虑了干掺（MgO 直接与水泥、粉煤灰、水、砂、石一起加入拌和机内做常规搅拌，只投料一次）和水掺（MgO 先与部分水搅拌均匀，然后注入拌和机中拌制混凝土，投料两次）两种施工工艺。干掺法较为经济、简单，故采用干掺法进行外掺 MgO 施工的工艺试验。MgO 拌和均匀与否的关键是 MgO 在拌和楼中的投料工艺与拌和工艺，故工艺试验时主要选择这两个环节作为突破点。

1. 外掺 MgO 投料工艺

拌和楼选用 HZ300-2S4000L 型双卧轴强制式混凝土拌和楼一座，搅拌机为 2 台德国 BHS 公司生产的双卧轴强制变速搅拌机，出料容积为 $2×4$ m³。由于基础约束区全断面需外掺 MgO，为适应这一要求，对原拌和系统进行了改造，增设了一个 MgO 拆包间、一个 MgO 储存罐、一套风送系统和一套自动称量系统；采用气送将 MgO 送至拌和楼配料层，再由螺旋输送器运至称量料斗内，由控制室计算机控制进行自动称量和机械自动投料。这种自动化投料方式减少了人工投料的人为误差，提高了 MgO 的称量精度，为大规模的外掺 MgO 混凝土施工提供了可靠保证。

2. 外掺 MgO 混凝土拌和

外掺 MgO 混凝土拌和所使用拌和机与常态混凝土是相同的，拌和工艺的关键是混凝土拌和时间的选定。在索风营建设公司 2 号营地模拟大坝施工工况，进行了第二次碾压混凝土生产性工艺试验。

生产性工艺试验时，根据双轴卧强制变速搅拌机厂家额定拌和时间 45 s 时自落式拌和楼拌制常态混凝土的时间为 150 s 的经验，在拌制外掺 MgO 混凝土时考虑增加 60 s 的拌和时间，并对增加拌和时间分别 60 s 和 75 s 的两种方案进行试验比较。每种方案进行了 5 机混凝土拌和试验，分别各取 50 个样品（每机 10 个样），经分析两种不同拌和时间所拌制外掺 MgO 混凝土中 MgO 的均匀性比较结果，如表 9-30 所示。

表 9-30　不同拌和时间所拌制外掺 MgO 混凝土中 MgO 的均匀性比较

| 项目 | | 拌和时间增加 60 s | 拌和时间增加 75 s |
|---|---|---|---|
| 样品数 $N$ | | 50 | 50 |
| MgO 掺量/% | 最大值 | 1.69 | 1.66 |
| | 最小值 | 1.44 | 1.39 |
| | 平均值 | 1.56 | 1.50 |
| 级差 $R$ 平均值 | | 0.25 | 0.27 |
| 离差系数 $C_v$ 平均值 | | 0.037 | 0.046 |

由表 9-31 可以看出，当拌和时间增加 60 s 时，其级差 $R$ 和离差系数 $C_v$ 分别为 0.25 和 0.037；而拌和时间增加 75 s 时，其级差 $R$ 和离差系数 $C_v$ 分别为 0.27 和 0.046，这说明拌和混凝土中外掺 MgO 的均匀性都是比较好的，但拌和时间增加 60 s 时混凝土中外掺 MgO 的均匀性比拌和时间增加 75 s 的要好。因此，生产外掺 MgO 混凝土的拌和时间定为增加 60 s。

### 9.4.1.2　碾压混凝土生产过程中的 MgO 均匀性检测分析

1. 外掺 MgO 均匀性检测简况

MgO 均匀性检测试验是委托中国科学院地球化学研究所资源环境测试分析中心进行的，检测仪器采用 PE5100 型原子吸收分光光度计,试验过程为:首先是将样品放进干燥箱中进行烘干,之后放入球磨机内进行磨细、用强酸溶解,然后用原子吸收分光光度计进行含量测试。

在碾压混凝土生产过程中共进行了三次外掺 MgO 均匀性论证试验,每次试验均在 5 机混凝土中分别各取 10 个样进行检测。经统计,碾压混凝土中 MgO 的均匀性见表 9-31。在碾压混凝土生产过程中还对原材料中含 MgO 的情况进行了检测,成果列于表 9-32。

**表 9-31　碾压混凝土中 MgO 的均匀性检测结果**

| 项目 | | 第一次 | 第二次 | 第三次 |
|---|---|---|---|---|
| 样品数 $N$ | | 50 | 50 | 50 |
| MgO 掺量/% | 最大值 | 1.46 | 1.42 | 1.49 |
| | 最小值 | 1.26 | 1.22 | 1.32 |
| | 平均值 | 1.35 | 1.29 | 1.39 |
| 级差 $R$ 平均值 | | 0.20 | 0.20 | 0.17 |
| 离差系数 $C_v$ 平均值 | | 0.039 | 0.036 | 0.035 |

**表 9-32　大坝原材料中 MgO 含量检测成果**

| 原材料 | MgO 含量各次检测值/% | | | | | | MgO 含量统计值/% | | | |
|---|---|---|---|---|---|---|---|---|---|---|
| | 1 | 2 | 3 | 4 | 5 | 6 | 最大值 | 最小值 | $X$ | $R$ |
| 水泥 | 1.57 | 1.38 | 1.32 | 1.39 | 1.36 | 1.39 | 1.57 | 1.32 | 1.40 | 0.25 |
| 砂子 | 1.21 | 1.08 | 1.00 | 1.06 | 1.14 | 1.14 | 1.21 | 1.00 | 1.11 | 0.21 |
| 粉煤灰 | 1.00 | 0.73 | 0.65 | 0.71 | 0.73 | 0.72 | 1.00 | 0.65 | 0.76 | 0.35 |

2. 外掺 MgO 均匀性分析

由表 9-31 可看出,碾压混凝土外掺 MgO 均匀性的检测数据有微小波动,三次检测的级差分别为 0.20、0.20、0.17,$C_v$ 值分别是 0.039、0.036、0.035,但波动离差都很小,说明外掺 MgO 均匀性控制水平优良。再由表 9-32 可见,六次水泥、砂子、粉煤灰的 MgO 含量分析的级差分别为 0.25、0.21、0.35,与表 9-31 比较得出原材料 MgO 含量分析的级差比混凝土 MgO 含量分析的级差要大,这就说明碾压混凝土外掺 MgO 的拌和是均匀的。

### 9.4.1.3　原型观测

现以 2005 年 12 月的观测资料为例进行分析。

1. 坝体混凝土实测自生体积变形监测成果

大坝 760 m 高程以下的主体混凝土在浇筑时掺用了 MgO,而 760 m 以上高程的主体混凝土未掺 MgO。通过分别埋设在混凝土中各部位的无应力计观测资料分析,可以看出进入冬季极限温度区后混凝土的实测应变、自生体积变形受环境气温的影响相对较大,自生体积变形均呈收缩变形趋势。两种坝体混凝土自生体积变形的区别在于:760 m 高程以下主体混凝土自生体积均呈收缩变形趋势,但整个过程仍为膨胀过程,各测点最大自生体积变形见表 9-33,平均值约为 $26.85 \times 10^{-6}$;760 m 高程以上(未掺 MgO)主体混凝土的自生体积变形一直呈收缩变形,如表 9-34 所示,最大自生体积变形的平均值约为 $-25.01 \times 10^{-6}$。

表 9-33　大坝 760 m 高程以下掺 MgO 混凝土 12 月最大自生体积变形

| 观测日期 (年-月-日) | 仪器编号 | 埋设位置 | | | 最大自生体积 变形/$10^{-6}$ |
| --- | --- | --- | --- | --- | --- |
| | | 高程/m | 桩号坝纵/m | 桩号坝横/m | |
| 2005-11-22 | N6-1 | 729.00 | 0-009.25 | 0+097.32 | 39.39 |
| 2005-11-22 | N6-2 | 732.30 | 0+076.00 | 0+097.32 | 34.90 |
| 2005-11-22 | N6-3 | 734.00 | 0+025.00 | 0+097.00 | 21.94 |
| 2005-12-20 | N6-4 | 739.00 | 0+025.00 | 0+097.32 | 16.47 |
| 2005-12-20 | N6-5 | 745.00 | 0+025.00 | 0+097.32 | 26.10 |
| 2005-12-20 | N6-6 | 745.00 | 0+050.00 | 0+097.00 | 29.82 |
| 2005-11-22 | N6-7 | 750.00 | 0+025.00 | 0+097.00 | 19.34 |

表 9-34　大坝 760 m 高程以上不掺 MgO 混凝土 12 月最大自生体积变形

| 观测日期 (年-月-日) | 仪器编号 | 埋设位置 | | | 最大自生体积 变形/$10^{-6}$ |
| --- | --- | --- | --- | --- | --- |
| | | 高程/m | 桩号坝纵/m | 桩号坝横/m | |
| 2005-12-20 | N2-1 | 810.00 | 0+002.00 | 0+021.02 | -38.50 |
| 2005-12-20 | N2-2 | 810.00 | 0+021.02 | 0+020.28 | -24.60 |
| 2005-12-20 | N3-1 | 774.00 | 0+000.75 | 0+033.00 | -3.81 |
| 2005-12-20 | N3-2 | 774.00 | 0+045.72 | 0+033.10 | -55.88 |
| 2005-12-20 | N6-8 | 774.00 | 0+000.75 | 0+096.32 | -1.31 |
| 2005-12-20 | N6-9 | 774.00 | 0+045.72 | 0+096.32 | -26.52 |
| 2005-12-20 | N6-9-1 | 810.00 | 0+020.00 | 0+097.32 | -10.78 |
| 2005-12-20 | N8-1 | 774.00 | 0+000.75 | 0+138.52 | -33.00 |
| 2005-12-20 | N8-2 | 774.00 | 0+045.72 | 0+135.54 | -20.13 |
| 2005-12-20 | N9-1 | 810.00 | 0+002.00 | 0+149.62 | -37.90 |
| 2005-12-20 | N9-2 | 810.00 | 0+002.28 | 0+149.62 | -22.75 |

2. 观测结果的对比分析

坝体 760 m 高程以下外掺 MgO 混凝土的变形规律是:在混凝土浇筑初期随混凝土温度升高,实测应变呈微膨胀变形,当混凝土温度达到最大时,实测应变随之达到最大;混凝土随着自身温度升高、水化加快,混凝土自生体积膨胀曲线升幅明显;但当混凝土温度下降、水化放慢时,自生体积变形仍呈缓慢增长趋势,说明 MgO 的延迟膨胀作用是明显的;应力应变随着坝体混凝土的浇筑高程增加,其上部的质量增加、重力加大,应力应变压缩变形量增大。

坝体 760 m 高程以上不掺 MgO 混凝土的变形规律为:在混凝土浇筑初期随着混凝土温度的升高,实测应变及自生体积变形均呈膨胀变形;但当混凝土温度降低时,坝体收缩变形增幅明显;随着坝体升高,应力应变压缩变形量增大。

通过 760 m 高程上下混凝土掺与不掺 MgO 的对比分析可知,两者的平均最大自生体积变形相差约 $51.86 \times 10^{-6}$,而一般混凝土相应单位微应变产生的补偿应力为 $0.004 \sim 0.009$ MPa,可知 MgO 对混凝土的补偿应力为 $0.21 \sim 0.47$ MPa,应力补偿效果是明显的。

#### 9.4.1.4　外掺 MgO 施工工艺评价

(1)索风营大坝碾压混凝土外掺 MgO 的施工拌和是均匀的,对波动离差($C_v$ 小于 0.04)的控制已达到优良水平。全断面外掺 MgO 区的混凝土,至后期处于温降时也会由于 MgO 延迟微膨胀性能的发挥对混凝土产生 0.21~0.47 MPa 的预压应力,可以补偿因温降导致混凝土体积收缩而产生的部分拉应力,使坝体应力分布更趋合理。

(2)利用 MgO 的延迟微膨胀性能可以简化传统的温控措施,突破暑期高温季节混凝土大坝不能大规模施工这一"禁区",能大大加快大坝混凝土施工的进度。索风营正是由于采用了全断面外掺 MgO 施工工艺(同时辅以预埋冷却水管措施),实现了暑期高温季节坝体混凝土的连续上升,并创下了在主体大坝混凝土浇筑中连续上升 31 m 的纪录,至今大坝运行良好,没有发现单独因温度原因产生的危害性裂缝。

## 9.4.2　某碾压混凝土坝基础断层填塘中的应用

某碾压混凝土坝,基础断层填塘及 1#~8# 坝段镶嵌岩内部位,采用外掺 MgO 混凝土,借鉴国内已成工程经验,经过水泥压蒸试验确定 MgO 掺量为 2%~4%,通过混凝土自生体积变形试验及有限元仿真分析,证明采用 MgO 微膨胀混凝土对填塘混凝土防裂及改善坝体镶嵌部位应力状态有一定作用。

### 9.4.2.1　外掺 MgO 几个具体问题

1. MgO 选材和安定掺量的确定

阎王鼻子大坝混凝土外掺 MgO 采用海城镁矿轻烧氧化镁粉。具体选材要求:海城回转窑轻烧氧化镁粉,对煅烧温度、细度及 CaO 含量等都有一定要求,使用时测定其活性及其他成分,满足《水利水电工程轻烧 MgO 材料品质技术要求》的要求。

根据第 9 章文献[6],外掺 MgO 水泥的物理、力学性能试验,其 MgO 含量按下式确定:

$$MgO 含量(\%) = MgO 质量/(水泥质量+掺合料质量) \times 100\% \tag{9-9}$$

式中:MgO 质量应包括水泥中 MgO 质量和外掺 MgO 质量(水泥中 MgO 含量低于 1.5%者,MgO 质量不计)。

水泥(包括掺合料)安定性试验应按《水泥压蒸安定性试验方法》(GB/T 750—1992)的规定进行。

MgO 的安定掺量,应根据各种 MgO 掺量和压蒸膨胀率的关系曲线确定,当超过某一掺量,试件压蒸膨胀率突然增大时(关系曲线上的拐点),应将此掺量乘以 0.80~0.95 的安全系数作为安定掺量的上限。

2. 现场检验

对每批 MgO 粉进行现场检验,主要检验活性指标、烧失量和氧化钙的含量。压蒸膨胀率<0.5%,即认为安定性合格。MgO 混凝土的均匀性,机口外掺 MgO 膨胀混凝土中 MgO 含量测定,宜采用化学小样品法,每个试样建议不超过 2 g,每盘混凝土在不同部位上取样总数应满足数理统计要求,否则不能反映混凝土局部最小质点的 MgO 含量和总体分布情况(见表 9-35)。

表 9-35　MgO 含量均匀性单罐检验标准

| 项目 | 优秀 | 良好 | 合格 | 较差 |
|---|---|---|---|---|
| 均方差 | <0.002 | 0.002~0.002 5 | 0.002 5~0.003 | >0.003 |
| 级差 | <0.008 | 0.008~0.01 | 0.01~0.012 | >0.012 |
| 离差系数 $C_v$ | <0.05 | 0.05~0.062 5 | 0.062 5~0.075 | >0.075 |
| 保证率/% | >95 | >95 | >95 | >95 |

连续施工外掺 MgO 混凝土均匀性检验。控制施工中 MgO 掺量均匀性标准可以和控制施工中混凝土强度均匀性标准一致,即可取《水工混凝土施工规范》(SDJ-207-82)表 4.9.17 中的标准作为检验 MgO 混凝土施工均匀性的标准。

#### 9.4.2.2　大坝混凝土外掺 MgO 水泥压蒸试验及 MgO 掺加量的确定

材料来源:抚顺大坝 525 号中热水泥及锦西产 425 号普通硅酸盐水泥;元宝山电厂 I 级粉煤灰;海城镁矿反射窑轻烧 MgO。根据膨胀率试验结果,并观察试件的颜色、声音及有无翘曲情况,确定常态混凝土及碾压混凝土 MgO 合适掺量分别为 2%~3% 及 3%~4%。

安定性压蒸试验分别进行了纯水泥外掺 MgO 净浆、常态混凝土配比胶凝材料外掺 MgO 净浆及碾压混凝土配比胶凝材料外掺 MgO 净浆压蒸试验。试验按照水泥规范(GB/T 750—92)进行。根据膨胀率试验结果,并观察试件的颜色、声音及有无翘曲情况,确定常态混凝土及碾压混凝土 MgO 合适掺量分别为 2%~3% 及 3%~4%。

#### 9.4.2.3　自生体积变形试验和有限元仿真计算

1. 自生体积变形试验

自生体积变形试验结果:碾压混凝土不掺 MgO 时,后期有 $20\times10^{-6}$~$30\times10^{-6}$ 微应变的收缩;常态混凝土不掺 MgO 时,后期有 $10\times10^{-6}$~$20\times10^{-6}$ 微应变的膨胀;常态混凝土外掺 4%MgO 时,后期可达到 $60\times10^{-6}$~$70\times10^{-6}$ 微应变的膨胀,可见掺加 MgO 后,混凝土膨胀变形效果十分明显。

2. 有限元仿真计算

选择 6# 挡水坝段及 14# 溢流坝段作为典型坝段进行二维有限元仿真计算,分别考虑了混凝土浇筑温度、边界保温、升程过程,计入了水压,坝体自重、温度,自生体积变形及徐变等荷载作用的不同组合情况。计算结果表明,外掺 MgO 将在坝体基础部位产生 0.3~0.5 MPa 的补偿应力。

#### 9.4.2.4　采用微膨胀混凝土的可行性

抚顺大坝 525 号水泥及锦西 425 号普通硅酸盐水泥,均内含 4.5%MgO,其自身具有延长性微膨胀性能,使用该种水泥拌制的常态混凝土,后期有 $10\times10^{-6}$~$20\times10^{-6}$ 微应变膨胀。工程上所使用的混凝土配合比中,均掺加不同数量的粉煤灰,总胶凝材料有所增加,水泥熟料相对较小,通过水泥压蒸试验证明,使用各种水泥拌制的混凝土,均可适量外掺 MgO,其掺量一般可达到胶凝材料总量的 2%~4%,使混凝土后期产生 $60\times10^{-6}$~$70\times10^{-6}$ 微应变的膨胀。MgO 外掺技术容易实现,混凝土均匀性能够保证,在坝体镶嵌部位使用 MgO 微膨胀混凝土经济技术指标上看都是可行的。

#### 9.4.2.5　外掺 MgO 的工程实施

采用抚顺大坝 525 号水泥,每立方米混凝土中水泥 130 kg,粉煤灰 83 kg,胶凝材料总量 213 kg,外掺 5.3 kg MgO,占胶凝材料总量 2.5%。由于抚顺大坝 525 号水泥自身含 4.5% MgO,外掺后 MgO 含量不超过净水泥含量的 6%。采用拌和楼直接外掺,搅拌时间增加 20~30 s。

基础填塘常态混凝土外掺 MgO,11#~13# 坝段坝基断层,底宽 8 m,顶宽 12 m,深 4 m,其走向为顺水流方向,该部位填塘采用外掺 MgO 混凝土。

左岸 1#~2# 坝段,完全镶嵌在岩石之中,3#~8# 坝段基础 3~5m 深镶嵌在岩石中(满槽灌筑混凝土)。在左岸 1#~8# 坝段镶嵌岩内采用外掺 MgO 常态混凝土。

### 9.4.3　龙滩下游围堰碾压混凝土工程应用

#### 9.4.3.1　工程概况

龙滩工程下游围堰最大堰高 45.9 m、轴线长 273.043 m,堰体混凝土方量约 10.1 万 $m^3$。系统研究了特性 MgO 混凝土的自身体积变形、物理力学特性等性能,根据特性 MgO 微膨胀混凝土对温度应力补偿作用的分析,决定在下游围堰碾压混凝土中外掺纯度为 60% 的特性 MgO,不分横缝,整体全断面浇筑特性 MgO 微膨胀混凝土。根据现场取芯样试验及原型监测资料分析,温度应力满足要求,从围堰施工至拆除未发现裂缝。特性 MgO 微膨胀混凝土(C10)施工配合比见表 9-36。

表 9-36　龙滩下游围堰特性 MgO 微膨胀碾压混凝土(C10)施工配合比

| 水灰比 | 粉煤灰掺量/% | 砂率/% | 单方材料用量/(kg/m³) | | | | | | | | |
|---|---|---|---|---|---|---|---|---|---|---|---|
| | | | 水 | 水泥 | 粉煤灰 | 砂 | 大石 | 中石 | 小石 | 特性 MgO | EB-1 |
| 0.54 | 65 | 33 | 87 | 55 | 105 | 740 | 453 | 590 | 443 | 14 | 0.8% |

#### 9.4.3.2　均匀性检测

在拌和楼机口和仓面取样,采用化学法对单罐进行特性 MgO 混凝土的均匀性检测。机口均方差为 0.233%,离差系数 4.94%,仓面均方差 0.256%,离差系数 5.64%。按相关规定,机口取样达到良好至优秀的水平,仓面达合格至良好的水平。因此,机口外掺特性 MgO,在一定的搅拌时间下,特性 MgO 分布是均匀的,是可以保证质量的。

#### 9.4.3.3　现场取芯样及试验

为了验证堰体质量,现场进行了钻孔取芯和试验。压水试验表明,每孔每段的透水率值均很小,说明特性 MgO 碾压混凝土密实性好,抗渗性能良好。物理力学性能试验成果见表 9-37。由表 9-37 可看出,抗压强度超强较多,完全满足对 C10 强度等级混凝土的强度要求,拉压比基本正常。抗压弹性模量和极限拉伸值与机口取样试验值相似。抗剪断指标 $c'$、$f'$(峰值)较高。

表 9-37　龙滩下游围堰碾压混凝土芯样的物理力学性能试验成果汇总

| 抗压强度/MPa | 劈裂抗拉强度/MPa | 拉压比 | 抗压弹性模量/万 MPa | 极限拉伸/$10^{-6}$ | 抗渗标号 | | 抗剪断强度(330 d) | | | | | | 备注 |
|---|---|---|---|---|---|---|---|---|---|---|---|---|---|
| | | | | | 随机 | 层面 | 峰值 | | 残余 | | 摩擦 | | |
| | | | | | | | $c$/MPa | $f$ | $c$/MPa | $f$ | $c$/MPa | $f$ | |
| 34.0 | 2.36 | 0.07 | 3.81 | 64 | >W25 | | 6.19 | 2.42 | 0.64 | 1.10 | 0.51 | 1.12 | 随机 |
| | | | | | | | 5.95 | 1.48 | 0.56 | 1.17 | 0.48 | 1.13 | 层面 |

**注**:除抗剪断强度外,其余试验项目龄期均为 360 d。

#### 9.4.3.4　温控补偿计算

温控补偿计算了 3 种方案。方案 1:围堰整体不分缝,不掺特性 MgO;方案 2:不分缝,掺特性 MgO;方案 3:分一条横缝,不掺特性 MgO。

从计算结果看,由于围堰施工期从 2004 年 2 月底开浇,至 5 月即可完工,施工速度快,温降小,相应应力小。运行期由于蓄水等外界环境变化复杂,温降大,相应温度应力值也大。典型剖面运行期最大温度应力值见表 9-38。

表 9-38　围堰典型剖面运行期最大温度应力值　　　　　　　　　　单位:MPa

| 方案 | $\sigma_{x,\max}$ | $\sigma_{y,\max}$ | $\sigma_{z,\max}$ |
|---|---|---|---|
| 方案 1 | 2.85 | 3.78 | 2.09 |
| 方案 2 | 2.39 | 3.1 | 1.83 |
| 方案 3 | 2.10 | 3.0 | 1.74 |

从计算结果看,方案 2 由于掺加了特性 MgO,与不掺特性 MgO 的方案 1 相比,$\sigma_{x,\max}$ 减少了 19%,$\sigma_{y,\max}$ 减少了 24.8%,$\sigma_{z,\max}$ 减少了 14.2%,特性 MgO 的微膨胀补偿作用明显。围堰分缝方案 3 与方案 2 相比,$\sigma_{x,\max}$ 减少了 13.8%,$\sigma_{y,\max}$ 减少了 3.3%,$\sigma_{z,\max}$ 减少了 5.2%。主要是顺堰轴线向最大应力值减小,但减小幅度不是很大,说明掺加特性 MgO 补偿温度应力可以基本代替分缝的效果。

#### 9.4.3.5　监测及反馈分析

下游围堰施工从 2004 年 2 月开始,至 5 月完成,历时 3 个多月。设计中设置了 2 个监测断面,75

台仪器,对混凝土变形、应力和温度等物理量进行了监测,一直至围堰拆除,取得了 2 年多的监测成果。根据监测资料,反演材料参数,进而将计算温度与实测温度相比。总体上看,坝体中心温度的降低幅度较坝体表面小,而且测点处的实测最大温度值与计算最大值基本接近,最大误差均小于 5%。

根据施工过程的实际施工进度、浇筑温度、水温和气温等资料及原型观测成果进行了反演计算分析,并依据室内试验自生体积变形、现场抽样试验的自生体积变形及原型观测自生体积变形,分别计算分析了堰体的温度场和温度应力。从计算结果可以看出,除个别点外,围堰中的应力均较小,这说明围堰不分缝是可行的,这与实际工程中围堰运行后没有产生任何裂缝是相符合的。

各方案典型剖面各高程的最大温度应力值见表 9-39。从成果可以看出:由于围堰表面及其附近受外界气温和环境变化影响较大,而围堰内部的影响较小,因此在围堰基础面附近,上、下游边缘附近温度应力较大,内部温度应力值相对较小。测点离围堰上下游面越近,其应力随时间的变化增加越快;测点离围堰上下游面越远,其应力随时间的变化增加越慢。因此,温度变化也较大,从而温差也较大,应力也较大;而围堰内部温度随外界气温变化缓慢,温度变化也较小,从而温差也较小,应力也较小。方案 2 采用现场抽样自生体积变形计算的应力均比方案 1 采用室内实测自生体积变形和方案 3 采用原型观测自生体积变形小,主要是因为现场抽样自生体积变形比其他的大,产生的预压应力也大,更大程度地抵消了混凝土中因降温收缩而产生的拉应力,因此应力相对较小。

表 9-39　各方案围堰典型剖面不同高程运行期的最大温度应力及其出现位置

| 自身体积变形 | 出现位置（距堰基面高度）/m | $\sigma_{x,max}$/MPa | $\sigma_{x,max}$ 出现时间（年-月-日） | $\sigma_{y,max}$/MPa | $\sigma_{y,max}$ 出现时间（年-月-日） | $\sigma_{z,max}$/MPa | $\sigma_{z,max}$ 出现时间（年-月-日） |
|---|---|---|---|---|---|---|---|
| 方案 1 | 7.5 | 1.30 | 2005-01-19 | 0.18 | 2006-01-09 | 0.70 | 2005-01-29 |
| | 15 | 1.35 | 2005-01-09 | 0.34 | 2005-01-09 | 1.15 | 2005-01-09 |
| | 23.4 | 1.59 | 2005-01-09 | 0.45 | 2005-01-19 | 1.30 | 2005-01-19 |
| 方案 2 | 7.5 | 1.12 | 2005-02-05 | 0.22 | 2006-01-09 | 0.38 | 2005-01-19 |
| | 15 | 1.30 | 2005-01-19 | 0.25 | 2005-01-09 | 0.92 | 2005-01-19 |
| | 23.4 | 1.48 | 2005-01-09 | 0.36 | 2005-01-19 | 1.10 | 2005-01-09 |
| 方案 3 | 7.5 | 1.87 | 2005-11-09 | 0.82 | 2006-01-09 | 0.49 | 2005-02-05 |
| | 15 | 1.51 | 2005-01-19 | 0.47 | 2005-01-09 | 1.23 | 2005-01-09 |
| | 23.4 | 1.86 | 2005-01-09 | 0.32 | 2005-01-19 | 1.04 | 2005-01-19 |

## 9.4.4　MgO 碾压混凝土应用中的问题与进一步提高

### 9.4.4.1　MgO 混凝土应用的历史教训和经验

1884 年,法国建设的桥梁和高架公路,混凝土中 MgO 含量达 16%~30%;与此同时,德国建设的 Cassel 市政厅,混凝土中 MgO 含量达 27%,建成 2 年后,都因膨胀值过大而失事或重建,其后 100 多年来,一提起 MgO 混凝土,人们都忧心忡忡,国外很少有人再涉足此领域。新中国成立初期,交通部第一航运设计院曾在大连、塘沽、秦皇岛等混凝土码头沉箱工程采用了本溪水泥,水泥中含 MgO 都达到 4.5%~6%。苏联专家和国内一些专家很担心,所以该院一直对混凝土结构进行观测与调查。这些工程经 50 多年的历史考验,没有发现因混凝土崩解而产生破坏的迹象。事实说明,在安定性允许的范围内,MgO 混凝土的微膨胀对混凝土建筑物的温控防裂是有利的。

位于甘肃省的刘家峡水电站(1975 年 5 月投产,最大坝高 147 m),由于该大坝开工于 20 世纪 60 年代,所使用的永登水泥中含 MgO 都达到 4.5%~6%。大坝建成后人们担心水泥中 MgO 含量偏高,会产生安定性问题,所以进行了细致的观测研究。从原型观测成果的研究分析发现,刘家峡采用的永登大坝水泥,坝体实测混凝土自生体积变形(膨胀)达 $60×10^{-6}$,混凝土的极限拉伸值为 $100×10^{-6}$。大坝不但未发生安定性问题,而且基础也未产生贯穿性裂缝。

中国水利水电科学研究院 1968 年编写的刘家峡大坝原型观测总结提出了一个重要的观点:"混凝土自身体积变形 $G(t)$ 和温度变形 $α\Delta t$ 有同等重要的作用,因此若按变形条件规定基础温差时,应将 $G(t)$ 加到混凝土极限拉伸中去"。这是我国坝工界首次对 MgO 混凝土的作用做了肯定。刘家峡水电工程无意中的"冒险"成功,为后来白山重力拱坝采用 MgO 混凝土提供了依据。

白山重力拱坝(1975～1982 年,坝高 149.5 m)位于东北高寒地区(吉林省),在进行温控设计时,采用当时国内所有的温控降温措施,都不能解决大坝防裂问题。经过大量 MgO 混凝土变形试验,MgO 水泥化学机理研究和工程调查,选定抚顺高镁水泥。该水泥 MgO 含量高达 4.5%,接近国际允许 MgO 掺量的上限。在白山大坝施工过程中,有 60% 的基础混凝土是在夏季浇筑的,混凝土最大温差超过 40 ℃,基础温差超过规范一倍,未实施其他降温措施,没有产生基础贯穿性裂缝。到现在大坝蓄水已达 30 多年,没有漏水现象。

继刘家峡和白山两工程之后,我国先后在红石、安康、青溪、水口、石塘、铜街子、东风、飞来峡、长沙坝、蓬辣滩国花滩、龙潭、东西关、铜头、二滩、黑土坡、红叶Ⅰ级、莲花、沙牌、红波、普定、沙老河、索风营、龙首、三江河、鱼简河和石门子等工程中应用,取得了可喜的应用成果。因我国 MgO 掺量控制过于偏紧,目前只发现因 MgO 掺量过少,微膨胀量补偿不足而产生裂缝的工程,至今尚未发现因 MgO 掺量过多而给工程带来危害的事例。

### 9.4.4.2　推广 MgO 微膨胀碾压混凝土筑坝技术必须重视的几个问题

#### 1. 研究氧化镁含量的合理限制

如果根据现有国家水泥标准,把氧化镁掺量控制在 5% 以内,一年的自生体积膨胀变形大多在 $125×10^{-6}$ 以内,只有华南地区可利用 MgO 混凝土建筑通仓常态混凝土重力坝并全年施工,或在冬季 3 个月内浇筑中小型常态混凝土拱坝,从全国范围来看,筑坝水平难有大的改观。如果能突破 5% 掺率的限制,把混凝土一年的自生体积膨胀变形提高到 $200×10^{-6}$～$300×10^{-6}$,那么在全国范围内常态混凝土重力坝可取消纵缝、通仓浇筑并全年施工,常态混凝土拱坝也有可能取消横缝并全年施工,如果能突破 5% 的限制,碾压混凝土重力坝的施工速度也可能进一步提高。可见,5% 掺率的限制能否突破是 MgO 混凝土筑坝技术能否改观的关键。国家水泥标准中关于 MgO 掺量的规定包括各种混凝土,特别是包括钢筋混凝土,它的水泥用量高,按照水泥用量 5% 所掺的 MgO,远比水工混凝土多。因此,对水工混凝土特别是水工碾压混凝土而言,MgO 掺率突破 5% 是可能的。

考虑到水工混凝土骨料粒径大,水泥石膨胀时在界面上产生的破坏可能较大,水工混凝土的工作条件也不同于钢筋混凝土,而突破规范是一个大问题。因此,建议进行大量的室内试验和现场试验,然后总结经验,可根据试验研究结果,制定新的规定。在缺乏充分试验研究前,切不可贸然行事。

#### 2. 改善掺混工艺

氧化镁碾压混凝土的另一个重要问题就是膨胀要均匀,如果膨胀不均匀就可能破坏混凝土内部结构,降低混凝土质量。掺加氧化镁的方式有水泥内含、水泥厂内掺和水泥厂外掺等三种。对于前两种方式,均匀性一般是有保证的。但对于水泥厂外掺能否做到均匀,目前存在着不同意见,有人认为厂外掺可以均匀,但不少人对此抱有疑虑。

在施工现场掺加氧化镁,可以根据需要而调整掺量,是一大优点。鉴于掺混是否均匀是一个重要问题,可以研究在拌和楼中增加一套设备,先把氧化镁与水泥掺混均匀,然后再进入搅拌机。

#### 3. 改善氧化镁品质

氧化镁的煅烧温度、磨细粒度等对 MgO 混凝土质量有重要影响,目前国内氧化镁的生产设备和制造工艺比较落后,难以满足大规模应用的需要,应采用先进的生产设备和工艺,提高氧化镁品质。为满足今后大规模应用的需要,氧化镁应在严格的生产程序下产出,能严格保证产品质量,并能广泛而稳定地供应市场。

4. 研制具有不同膨胀速率的膨胀剂

除氧化镁外,氧化钙和钙矾石等也可引起混凝土自生体积膨胀,但它们具有与 MgO 不同的膨胀速率。另外,粉磨粒度也影响水化速率从而影响膨胀速率。因此,适当地改变掺加料的成分和粒度,有可能得到不同速率的膨胀剂系列,以适应不同的结构需要。

# 参考文献

[1] Ramachandran V S,Feldman R F,Beaudoin J J. 混凝土科学:有关近代研究的专论[M]. 黄士元,等译 . 北京:中国建筑工业出版社,1981.

[2] 金双全. 特性 MgO 混凝土配合比及性能研究第一阶段报告[R]. 长沙:中南勘测设计研究院有限公司,2004.

[3] 陈正作. MgO 混凝土拱坝设计方法及其仿真分析[J]. 水利规划设计,2001(3).

[4] 朱伯芳. 论微膨胀混凝土筑坝技术[J]. 水力发电,2000(3).

[5] 方坤河. 过烧氧化镁的水化及其对混凝土自生体积变形的影响[J]. 水力发电学报,2004(8).

[6] 方坤河. 碾压混凝土材料、结构与性能[M]. 北京:武汉大学出版社,2004.

[7] 中华人民共和国水利部. 水工混凝土试验规程:SL 352—2006[S]. 北京:中国水利水电出版社,2006.

[8] 李鹏辉,许维,刘光廷. 外掺氧化镁混凝土水化宏细观试验研究[J]. 水力发电学报,2004(10).

[9] 金双全. 湖南沅水凌津滩水电站人工骨料氧化镁微膨胀混凝土试验最终报告[R]. 长沙:中南勘测设计研究院,1997.

[10] 金双全. 龙滩下游围堰掺特性 MgO 碾压混凝土芯样物理力学性能研究报告[R]. 长沙:中南勘测设计研究院,2005.

[11] 李承木. 氧化镁混凝土自生体积变形的长期试验研究成果水力发电学报[J]. 1999(2).

[12] 刘立,赵顺增,张源. 碾压混凝土外掺 MgO 安定性试验研究[J]. 水利水电技术,2008(5).

[13] 昆明勘测设计研究院. 云南澜仓江小湾水电站中热水泥外掺 MgO 混凝土配合比及其性能研究报告[R]. 2006.

[14] 李承木. 掺 MgO 混凝土自身变形的温度效应试验及其应用[J]. 水利水电科技进展,1999(5).

[15] 李鹏辉,刘光廷,许维,等. 外掺氧化镁碾压混凝土试验研究[J]. 水利水电技术,2004(4).

[16] 李鹏辉,许维. 外掺氧化镁碾压混凝土抗冻性能试验研究[J]. 混凝土与水泥制品,2003(3).

[17] 陆采荣,孙君森. 特性 MgO 碾压混凝土的热学性能试验研究子题研究报告[R]. 南京:南京水利科学研究院,2005.

[18] 李重用,罗明华. 全断面外掺 MgO 技术在索风营水电站工程中的应用[J]. 贵州水力发电,2006(8).

[19] 王成山,陈国平,等. 坝体镶嵌部位采用 MgO 微膨胀混凝土的研究与应用[J]. 水利水电技术,1999(8).

[20] 冯树荣,等. 龙滩碾压混凝土围堰采用 MgO 混凝土的研究及应用[C]//第五届碾压混凝土坝国际研讨会论文集,2006.

# 第 10 章　全级配碾压混凝土和大坝<br>混凝土强度溯源

## 10.1　概　述

### 10.1.1　全级配混凝土试验研究的目的

20 世纪 50 年代,美国对大体积混凝土强度设计标准放弃了 28 d 龄期强度作为设计标准,规定以 $\phi$ 450 mm×900 mm 圆柱体试件,1 年龄期强度作为大体积混凝土设计强度。为了在工地进行经常性的质量控制,规定用湿筛法筛除全部大于公称粒径 40 mm 骨料的湿筛混凝土成型 $\phi$ 150 mm×300 mm 圆柱体试件,作为检控试件。湿筛混凝土 28 d 龄期强度与全级配混凝土设计规定强度的关系,由室内相应试验确定。

我国坝工设计标准对大体积混凝土规定了设计强度等级(或设计标号),以 150 mm 立方体试件强度作为标准值。从执行规范角度看,只要大体积混凝土湿筛强度满足设计强度等级即可。为什么还要研究全级配混凝土呢? 其目的如下:

(1)从理论上讲,150 mm 立方体试件强度只是一个公称强度,因为立方体试件测定抗压强度受试验方法上难以消除端面摩擦阻力的影响,测得的强度不能反映混凝土的轴心抗压强度。

(2)湿筛混凝土缺失大粒径骨料,不能反映大体积混凝土的真实状况,必须还原到全级配混凝土试验。

(3)混凝土轴心抗压强度必须用高度/直径比≥2 的圆柱体或棱柱体试件测定。全级配混凝土试验是为了寻找试件比尺效应系数,包括尺寸影响系数、形状影响系数和湿筛影响系数。

(4)掌握大体积混凝土实有强度,对大体积混凝土结构进行安全评估。

### 10.1.2　全级配混凝土试验的特点

(1)骨料最大粒径为 80 mm,试件尺寸不低于粒径的 3 倍,立方体试件规格采用 300 mm×300 mm× 300 mm;圆柱体试件规格采用 $\phi$ 300 mm×600 mm,轴向拉伸试验试件规格采用 $\phi$ 300 mm×900 mm。

(2)碾压混凝土与常规混凝土施工工艺不同,常规混凝土柱状浇筑成型,碾压混凝土采用薄层连续碾压成型,在研究碾压混凝土性能时要考虑层面影响。

国内常规混凝土如二滩、五强溪、东江、三峡等工程曾进行过全级配混凝土试验,由于受大型试验机设备条件限制,提供的资料尚难达到初衷和用于现场评估混凝土质量要求。

本章总结以龙滩坝碾压混凝土全级配试验为主,美国垦务局 20 世纪 50~60 年代大体积混凝土大试件资料为辅,阐述全级配碾压混凝土试验成果及进行碾压混凝土结构强度安全评估的方法。

## 10.2　全级配碾压混凝土的强度

依据龙滩公司所提供的施工配合比,分别掺用珞璜 I 级粉煤灰和凯里 II 级粉煤灰进行全级配碾压混凝土特性试验,在确定每立方米混凝土材料用水量不变的条件下,调整两种粉煤灰所用的减水剂掺量,满足 VC 值 5 s±2 s,含气量 3%~4%。配合比见表 10-1。

表 10-1　龙滩全级配碾压混凝土特性试验配合比

| 粉煤灰种类 | 级配 | 配合比参数 | | | | VC/s | 含气量/% | 每方材料用量/(kg/m³) | | | | | | | 外加剂及掺量 | |
| | | $\frac{W}{C+F}$ | W | F/% | S/% | | | 水 | 水泥 | 粉煤灰 | 人工砂 | 碎石 | | | JM-II/% | ZB-1G/10⁻⁴ |
| | | | | | | | | | | | | 小石 | 中石 | 大石 | | |
| 珞璜 I 级 | 三 | 0.41 | 79 | 56 | 34 | 4.4 | 3.4 | 79 | 86 | 109 | 743 | 437 | 583 | 437 | 0.2 | 5 |
| 凯里 II 级 | 三 | 0.41 | 79 | 56 | 34 | 5.2 | 3.7 | 79 | 86 | 109 | 743 | 437 | 583 | 437 | 0.8 | 5 |

## 10.2.1　抗压强度

全级配碾压混凝土抗压强度试件规格采用 300 mm×300 mm×300 mm 立方体,标准试件为 150 mm×150 mm×150 mm 立方体。两种试件的成型和试验方法见《水工混凝土试验规程》(SL 352—2006)。

表 10-2　龙滩全级配碾压混凝土和湿筛混凝土抗压强度试验结果

| 粉煤灰种类 | 试件标志 | 不同龄期抗压强度/MPa | | | |
| | | 28 d | 90 d | 180 d | 365 d |
| 珞璜 I 级 | L(大试件) | 25.4 | 35.6 | 40.7 | 42.6 |
| | S(小试件) | 27.0 | 38.1 | 45.2 | 47.3 |
| | 大小试件强度比 | 0.94 | 0.93 | 0.90 | 0.90 |
| 凯里 II 级 | L(大试件) | 27.8 | 41.2 | 42.7 | 44.0 |
| | S(小试件) | 29.1 | 44.1 | 46.8 | 48.1 |
| | 大小试件强度比 | 0.96 | 0.93 | 0.91 | 0.91 |

300 mm×300 mm×300 mm 立方体试件与标准立方体试件抗压强度比平均值为 0.92。

## 10.2.2　轴向抗拉强度

全级配碾压混凝土轴向抗拉强度试件规格采用 φ300 mm×900 mm 的圆柱体,标准轴拉强度试件为 100 mm×100 mm×550 mm 方 8 字形。两种试件的成型和试验方法见《水工混凝土试验规程》(SL 352—2006),轴向抗拉强度试验结果列于表 10-3。

表 10-3　龙滩全级配碾压混凝土和湿筛混凝土轴拉强度试验结果

| 粉煤灰种类 | 试件标志 | 轴向抗拉强度/MPa | | |
| | | 28 d | 90 d | 180 d |
| 珞璜 I | L(大试件) | 1.87 | 2.25 | 2.79 |
| | S(小试件) | 2.56 | 3.19 | 3.99 |
| | 大小试件轴拉强度比 | 0.73 | 0.71 | 0.70 |
| 凯里 II | L(大试件) | 1.78 | 2.35 | 2.82 |
| | S(小试件) | 2.43 | 3.32 | 4.03 |
| | 大小试件轴拉强度比 | 0.73 | 0.71 | 0.70 |

φ300 mm×900 mm 圆柱体试件与标准轴拉强度试件轴向抗拉强度比平均值为 0.71。

### 10.2.3　劈裂抗拉强度

#### 10.2.3.1　全级配碾压混凝土劈拉强度与标准试件劈拉强度的关系

全级配碾压混凝土劈拉强度试件规格采用 300 mm×300 mm×300 mm 立方体,标准劈拉强度试件为 150 mm×150 mm×150 mm 立方体。两种试件的成型和试验方法见《水工混凝土试验规程》(SL 352—2006),劈拉强度试验结果列于表 10-4。

**表 10-4　龙滩全级配碾压混凝土和湿筛混凝土劈裂抗拉强度试验结果**

| 粉煤灰种类 | 试件标志 | 劈裂抗拉强度/MPa | | | |
| --- | --- | --- | --- | --- | --- |
| | | 28 d | 90 d | 180 d | 365 d |
| 珞璜 I 级 | L(大试件) | 1.54 | 2.58 | 2.71 | 2.88 |
| | S(小试件) | 2.07 | 2.93 | 3.16 | 3.47 |
| | 大小试件劈拉强度比 | 0.74 | 0.88 | 0.86 | 0.83 |
| 凯里 II 级 | L(大试件) | 1.51 | 2.47 | 2.58 | 2.81 |
| | S(小试件) | 2.18 | 3.06 | 3.14 | 3.39 |
| | 大小试件劈拉强度比 | 0.69 | 0.81 | 0.82 | 0.83 |

300 mm×300 mm×300 mm 立方体试件与标准劈拉强度试件劈拉强度比平均值为 0.81。

#### 10.2.3.2　全级配碾压混凝土轴拉强度与劈拉强度的关系

计算劈裂抗拉强度的理论公式是由圆柱体径向受压推导出来的。采用立方体试件,假设圆柱体是立方体的内切圆柱,由此将圆柱体水平拉应力计算公式变换成立方体计算公式,圆柱体直径变换成立方体边长。立方体试件劈裂试验,试验机压板是通过垫条加载,理论上应该是一条线接触,而实际上是面接触,所以垫条宽度将影响计算公式的准确性。试验也表明,垫条尺寸和形状对劈裂抗拉强度有显著影响。

对碾压混凝土来说,全级配碾压混凝土轴拉强度试件为 $\phi$ 300 mm×900 mm 圆柱体,劈拉强度试件为 300 mm×300 mm×300 mm 立方体,劈拉强度试验垫条宽度为 15 mm,在此试验条件下轴拉强度与劈拉强度的关系见表 10-5。

**表 10-5　龙滩全级配碾压混凝土轴拉强度与劈拉强度的比值**

| 粉煤灰种类 | 轴拉强度/MPa | | | 劈拉强度/MPa | | | $\dfrac{轴拉强度(R_t)}{劈拉强度(R_s)}$ | | |
| --- | --- | --- | --- | --- | --- | --- | --- | --- | --- |
| | 28 d | 90 d | 180 d | 28 d | 90 d | 180 d | 28 d | 90 d | 180 d |
| 珞璜 I | 1.87 | 2.25 | 2.79 | 1.54 | 2.58 | 2.71 | 1.21 | 0.87 | 1.03 |
| 凯里 II | 1.78 | 2.35 | 2.82 | 1.51 | 2.47 | 2.58 | 1.18 | 0.95 | 1.09 |
| 平均值 | | | | | | | 1.05 | | |

所以,全级配碾压混凝土轴拉强度($R_t$)与劈拉强度($R_s$)的关系式为

$$R_t = 1.05R_s \tag{10-1}$$

式(10-1)估值误差<±15%。

劈裂抗拉强度试验方法是非直接测定抗拉强度的方法之一。试验方法简单,对试验机要求、操作方法和试件尺寸与抗压强度试验相同,只需要增加简单的夹具和垫条。

对中小型碾压混凝土坝,可以采用式(10-1)估算全级配碾压混凝土的轴向抗拉强度。

# 10.3　全级配碾压混凝土的变形性能

## 10.3.1　压缩弹性模量

全级配碾压混凝土压缩弹性模量试件规格采用 $\phi$ 300 mm×600 mm 圆柱体,标准弹性模量试件为 $\phi$ 150 mm×300 mm 圆柱体。两种试件的成型和试验方法见《水工混凝土试验规程》(SL 352—2006),压缩弹性模量试验结果列于表 10-6。

表 10-6　龙滩全级配碾压混凝土和湿筛混凝土压缩弹性模量试验结果

| 粉煤灰种类 | 试件标志 | 压缩弹性模量/GPa | | |
| --- | --- | --- | --- | --- |
| | | 28 d | 90 d | 180 d |
| 珞璜 I | L(大试件) | 37.7 | 43.2 | 45.5 |
| | S(小试件) | 36.5 | 42.7 | 45.2 |
| | 大小试件弹性模量比 | 1.03 | 1.01 | 1.01 |
| 凯里 II | L(大试件) | 35.4 | 42.1 | 43.2 |
| | S(小试件) | 34.8 | 41.3 | 42.8 |
| | 大小试件弹性模量比 | 1.02 | 1.02 | 1.01 |

$\phi$ 300 mm×600 mm 圆柱体试件与标准弹性模量试件压缩弹性模量比平均值为 1.02,全级配碾压混凝土压缩弹性模量略高于湿筛混凝土标准弹性模量,约高出 2%。因为碾压混凝土最大骨料粒径为 80 mm,湿筛后大于 40 mm 骨料的体积缺失不到 16%,所以两者差别不大。

## 10.3.2　极限拉伸

全级配碾压混凝土极限拉伸试验与轴拉强度相同,极限拉伸试验结果列于表 10-7。

表 10-7　龙滩全级配碾压混凝土和湿筛混凝土极限拉伸试验结果

| 粉煤灰种类 | 试件标志 | 极限拉伸/$10^{-6}$ | | |
| --- | --- | --- | --- | --- |
| | | 28 d | 90 d | 180 d |
| 珞璜 I | L(大试件) | 63 | 76 | 85 |
| | S(小试件) | 80 | 108 | 119 |
| | 大小试件极限拉伸比 | 0.79 | 0.70 | 0.71 |
| 凯里 II | L(大试件) | 59 | 73 | 83 |
| | S(小试件) | 77 | 101 | 114 |
| | 大小试件极限拉伸比 | 0.77 | 0.72 | 0.73 |

$\phi$ 300 mm×900 mm 圆柱体试件与标准极限拉伸试件极限拉伸比平均值为 0.74。

## 10.3.3　徐变度

全级配碾压混凝土压缩徐变度试验试件规格采用 $\phi$ 300 mm×900 mm,标准徐变度试验试件为

$\phi$ 150 mm×450 mm 圆柱体。两种试件的成型和试验方法见《水工混凝土试验规程》（SL 352—2006）。两种粉煤灰全级配碾压混凝土不同加荷龄期徐变度试验结果见表 10-8、表 10-9、图 10-1 和图 10-2。

表 10-8　龙滩珑璜粉煤灰全级配碾压混凝土不同加荷龄期徐变度试验结果　　单位：$10^{-6}$ MPa$^{-1}$

| 试验编号 | 加荷龄期/d | 持荷时间/d | | | | | | | | |
|---|---|---|---|---|---|---|---|---|---|---|
| | | 1 | 2 | 3 | 5 | 7 | 10 | 15 | 20 | 25 |
| 珑璜大试件 | 28 | 3.5 | 5.3 | 5.1 | 6.6 | 7.3 | 7.2 | 8.4 | 8.4 | 8.9 |
| | 90 | 2.6 | 3.0 | 3.7 | 4.0 | 4.4 | 4.4 | 5.3 | 5.5 | 5.7 |
| | 180 | 0.5 | 0.8 | 1.1 | 1.3 | 1.7 | 2.0 | 2.4 | 2.6 | 3.1 |

| 试验编号 | 加荷龄期/d | 持荷时间/d | | | | | | | | |
|---|---|---|---|---|---|---|---|---|---|---|
| | | 28 | 35 | 40 | 45 | 50 | 60 | 70 | 80 | 90 |
| 珑璜大试件 | 28 | 9.3 | 9.8 | 10.1 | 10.8 | 10.8 | 11.2 | 11.4 | 11.5 | 11.5 |
| | 90 | 5.9 | 6.0 | 6.6 | 6.7 | 6.7 | 6.7 | 6.8 | 6.9 | 7.0 |
| | 180 | 3.3 | 3.3 | 3.5 | 3.7 | 3.8 | 4.2 | 4.3 | 4.2 | 4.2 |

表 10-9　龙滩凯里粉煤灰全级配碾压混凝土不同加荷龄期徐变度试验结果　　单位：$10^{-6}$ MPa$^{-1}$

| 试验编号 | 加荷龄期/d | 持荷时间/d | | | | | | | | |
|---|---|---|---|---|---|---|---|---|---|---|
| | | 1 | 2 | 3 | 5 | 7 | 10 | 15 | 20 | 25 |
| 凯里大试件 | 28 | 8.7 | 9.0 | 10.0 | 12.7 | 14.1 | 15.5 | 17.1 | 18.2 | 18.5 |
| | 90 | 4.0 | 5.0 | 5.2 | 5.5 | 5.6 | 5.2 | 6.9 | 6.6 | 7.1 |
| | 180 | 2.5 | 2.5 | 2.3 | 1.8 | 2.0 | 2.5 | 4.8 | 4.7 | 5.0 |

| 试验编号 | 加荷龄期/d | 持荷时间/d | | | | | | | | |
|---|---|---|---|---|---|---|---|---|---|---|
| | | 28 | 35 | 40 | 45 | 50 | 60 | 70 | 80 | 90 |
| 凯里大试件 | 28 | 19.0 | 19.2 | 18.5 | 19.2 | 19.4 | 20.1 | 19.7 | 20.6 | 20.7 |
| | 90 | 7.1 | 7.5 | 7.7 | 7.6 | 7.9 | 7.8 | 8.1 | 8.6 | 8.6 |
| | 180 | 5.4 | 5.5 | 5.4 | 5.9 | 6.1 | 6.3 | 6.3 | 7.4 | 7.5 |

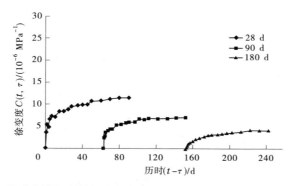

图 10-1　龙滩珑璜粉煤灰全级配碾压混凝土不同加荷龄期徐变度过程线

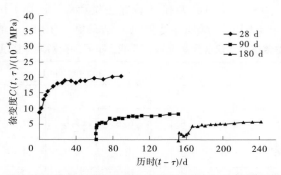

图 10-2　龙滩凯里粉煤灰全级配碾压混凝土不同加荷龄期徐变度过程线

两种粉煤灰湿筛混凝土不同加荷龄期徐变度试验结果见表 10-10、表 10-11、图 10-3 和图 10-4。

表 10-10　龙滩珞璜粉煤灰湿筛混凝土不同加荷龄期徐变度试验结果　　　单位:$10^{-6}$ MPa$^{-1}$

| 试验编号 | 加荷龄期/d | 持荷时间/d | | | | | | | | |
|---|---|---|---|---|---|---|---|---|---|---|
| | | 1 | 2 | 3 | 5 | 7 | 10 | 15 | 20 | 25 |
| 珞璜<br>小试件 | 28 | 4.2 | 5.8 | 6.4 | 6.9 | 8.1 | 8.5 | 9.2 | 9.4 | 10.3 |
| | 90 | 2.5 | 3.1 | 3.4 | 4.1 | 4.5 | 4.7 | 4.9 | 6.2 | 5.7 |
| | 180 | 2.4 | 3.1 | 3.1 | 3.5 | 4.3 | 4.5 | 4.8 | 4.9 | 5.0 |
| 试验编号 | 加荷龄期/d | 持荷时间/d | | | | | | | | |
| | | 28 | 35 | 40 | 45 | 50 | 60 | 70 | 80 | 90 |
| 珞璜<br>小试件 | 28 | 10.4 | 11.2 | 11.5 | 11.6 | 11.9 | 12.4 | 12.6 | 13.1 | 13.2 |
| | 90 | 6.3 | 6.5 | 6.8 | 6.9 | 7.2 | 7.6 | 8.0 | 8.1 | 8.1 |
| | 180 | 5.1 | 5.3 | 5.5 | 5.8 | 6.1 | 5.9 | 6.2 | 6.2 | 6.3 |

表 10-11　龙滩凯里粉煤灰湿筛混凝土不同加荷龄期徐变度试验结果　　　单位:$10^{-6}$ MPa$^{-1}$

| 试验编号 | 加荷龄期 | 持荷时间/d | | | | | | | | |
|---|---|---|---|---|---|---|---|---|---|---|
| | | 1 | 2 | 3 | 5 | 7 | 10 | 15 | 20 | 25 |
| 凯里<br>小试件 | 28 | 7.5 | 9.6 | 10.7 | 11.6 | 14.1 | 17.1 | 17.4 | 17.8 | 18.5 |
| | 90 | 2.6 | 3.3 | 3.4 | 4.7 | 4.2 | 4.6 | 6.3 | 7.1 | 7.6 |
| | 180 | 2.4 | 3.1 | 3.3 | 4.5 | 4.3 | 4.0 | 4.7 | 5.4 | 6.1 |
| 试验编号 | 加荷龄期/d | 持荷时间/d | | | | | | | | |
| | | 28 | 35 | 40 | 45 | 50 | 60 | 70 | 80 | 90 |
| 凯里<br>小试件 | 28 | 19.6 | 20.4 | 20.8 | 20.9 | 23.1 | 24.1 | 24.7 | 25.0 | 25.1 |
| | 90 | 8.2 | 8.8 | 10.4 | 10.1 | 11.6 | 12.1 | 12.8 | 13.1 | 13.1 |
| | 180 | 6.6 | 6.7 | 6.9 | 7.4 | 7.2 | 7.6 | 8.5 | 8.6 | 8.6 |

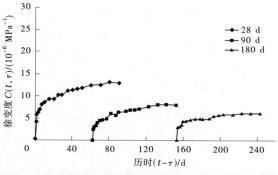

图 10-3　龙滩珞璜粉煤灰湿筛混凝土不同加荷龄期徐变度过程线

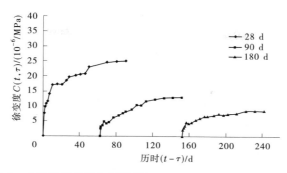

图 10-4　龙滩凯里粉煤灰湿筛混凝土不同加荷龄期徐变度过程线

由表 10-8 和表 10-10 对比可知,湿筛混凝土不同加荷龄期的徐变度均高于全级配碾压混凝土的徐变度;表 10-9 和表 10-11 对比也同样表明,湿筛混凝土不同加荷龄期的徐变度高于全级配碾压混凝土的徐变度。徐变度高出 $2×10^{-6}~4×10^{-6}$ $MPa^{-1}$,分析其原因,与压缩弹性模量试验相类似。

### 10.3.4　自生体积变形

在恒温绝湿条件下,由于胶凝材料的水化作用引起的体积变形称为自生体积变形。全级配碾压混凝土自生体积变形试验试件规格采用 $\phi 300$ mm×900 mm,标准自生体积变形试验试件为 $\phi 200$ mm×600 mm。两种试件的成型和试验方法见《水工混凝土试验规程》(SL 352—2006)。两种粉煤灰全级配碾压混凝土自生体积变形试验结果见表 10-12、表 10-13、图 10-5 和图 10-6。

表 10-12　龙滩珞璜大试件自变试验结果

| 持荷时间/d | 1 | 2 | 3 | 5 | 7 | 10 | 15 | 20 | 25 | 28 |
|---|---|---|---|---|---|---|---|---|---|---|
| 自生体积变形/$10^{-6}$ | -0.1 | 1.1 | 0.2 | 1.1 | 2.7 | 4.2 | 4.6 | 4.6 | 3.6 | 3.1 |
| 持荷时间/d | 35 | 40 | 45 | 50 | 60 | 70 | 80 | 90 | 105 | 120 |
| 自生体积变形/$10^{-6}$ | 6.6 | 8.1 | 7.2 | 6.2 | 7.7 | 5.2 | 5.5 | 6.3 | 5.2 | 5.2 |
| 持荷时间/d | 135 | 150 | 165 | 180 | 210 | 240 | 270 | 300 | 330 | 360 |
| 自生体积变形/$10^{-6}$ | 4.9 | 5.0 | 4.9 | 4.1 | 4.8 | 4.6 | 3.4 | 3.3 | 3.3 | 3.3 |

表 10-13　龙滩凯里大试件自变试验结果

| 持荷时间/d | 1 | 2 | 3 | 5 | 7 | 10 | 15 | 20 | 25 | 28 |
|---|---|---|---|---|---|---|---|---|---|---|
| 自生体积变形/$10^{-6}$ | 3.1 | 0.7 | 5.1 | 6.2 | 7.6 | 5.2 | 3.9 | 2.3 | 4.1 | 6.9 |
| 持荷时间/d | 35 | 40 | 45 | 50 | 60 | 70 | 80 | 90 | 105 | 120 |
| 自生体积变形/$10^{-6}$ | 4.1 | 6.5 | 8.3 | 11.9 | 9.7 | 13.1 | 12.8 | 10.3 | 9.5 | 9.1 |
| 持荷时间/d | 135 | 150 | 165 | 180 | 210 | 240 | 270 | 300 | 330 | 360 |
| 自生体积变形/$10^{-6}$ | 11.3 | 9.5 | 9.9 | 8.7 | 8.7 | 7.9 | 8.3 | 8.2 | 8.2 | 8.1 |

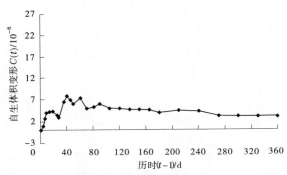

图 10-5　龙滩珞璜粉煤灰全级配碾压混凝土自生体积变形过程线

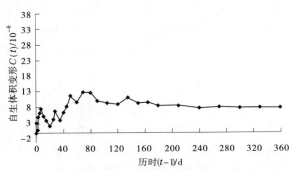

图 10-6　龙滩凯里粉煤灰全级配碾压混凝土自生体积变形过程线

两种粉煤灰湿筛混凝土自生体积变形试验结果见表 10-14、表 10-15、图 10-7 和图 10-8。

表 10-14　龙滩珞璜小试件自变试验结果

| 持荷时间/d | 1 | 2 | 3 | 5 | 7 | 10 | 15 | 20 | 25 | 28 |
|---|---|---|---|---|---|---|---|---|---|---|
| 自生体积变形/$10^{-6}$ | -0.1 | -0.5 | -2.5 | -1.8 | 2.8 | 4.0 | 2.7 | 2.9 | 3.9 | 3.2 |
| 持荷时间/d | 35 | 40 | 45 | 50 | 60 | 70 | 80 | 90 | 105 | 120 |
| 自生体积变形/$10^{-6}$ | 5.1 | 5.6 | 5.1 | 5.0 | 6.9 | 6.5 | 4.8 | 6.7 | 5.6 | 5.9 |
| 持荷时间/d | 135 | 150 | 165 | 180 | 210 | 240 | 270 | 300 | 330 | 360 |
| 自生体积变形/$10^{-6}$ | 4.6 | 4.3 | 4.8 | 4.7 | 3.7 | 5.2 | 5.3 | 5.3 | 5.3 | 5.3 |

表 10-15　龙滩凯里小试件自变试验结果

| 持荷时间/d | 1 | 2 | 3 | 5 | 7 | 10 | 15 | 20 | 25 | 28 |
|---|---|---|---|---|---|---|---|---|---|---|
| 自生体积变形/$10^{-6}$ | 5.6 | 20.9 | 24.5 | 21.6 | 29.6 | 25.7 | 23.1 | 24.7 | 30.6 | 26.9 |
| 持荷时间/d | 35 | 40 | 45 | 50 | 60 | 70 | 80 | 90 | 105 | 120 |
| 自生体积变形/$10^{-6}$ | 28.7 | 26.1 | 30.2 | 33.4 | 31.3 | 32.6 | 30.9 | 31.2 | 31.3 | 28.4 |
| 持荷时间/d | 135 | 150 | 165 | 180 | 210 | 240 | 270 | 300 | 330 | 360 |
| 自生体积变形/$10^{-6}$ | 30.5 | 29.4 | 32.1 | 29.4 | 29.2 | 29.7 | 29.5 | 28.0 | 29.4 | 28.2 |

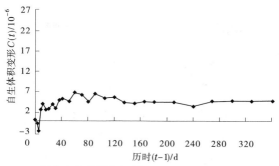

**图 10-7　龙滩珞璜粉煤灰湿筛混凝土自生体积变形过程线**

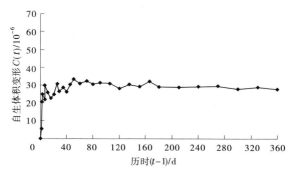

**图 10-8　龙滩凯里粉煤灰湿筛混凝土自生体积变形过程线**

从以上试验结果可得出：

（1）全级配碾压混凝土自生体积变形试验表明：掺珞璜粉煤灰的碾压混凝土自生体积变形,开始膨胀至 40 d 达到最高值,约 $8 \times 10^{-6}$,此后下降至 270 d 稳定,保持 3 个膨胀微应变（$3 \times 10^{-6}$）。掺凯里粉煤灰的碾压混凝土自生体积变形开始膨胀,至 70 d 达到最高值,约 $13 \times 10^{-6}$;此后下降,270 d 后稳定,保持 8 个膨胀微应变（$8 \times 10^{-6}$）。

（2）珞璜粉煤灰湿筛混凝土开始微有收缩,然后膨胀至 60 d 达到最高值,约 $7 \times 10^{-6}$,此后下降至 240 d 稳定,保持 5 个膨胀微应变（$5 \times 10^{-6}$）。凯里粉煤灰湿筛混凝土开始膨胀至 50 d 达到最高值 $34 \times 10^{-6}$,自此后逐渐下降至 180 d 稳定,保持 28 个膨胀微应变（$28 \times 10^{-6}$）。

（3）全级配碾压混凝土自生体积变形明显地低于湿筛混凝土的自生体积变形。掺凯里粉煤灰的约低 20 个微应变（$20 \times 10^{-6}$）,掺珞璜粉煤灰的约低 5 个微应变（$5 \times 10^{-6}$）。

（4）碾压混凝土的自生体积变形受粉煤灰组成影响,凯里粉煤灰产生的自生体积变形比珞璜粉煤灰大。

# 10.4　全级配碾压混凝土的抗渗透耐久性

渗透性对于防止碾压混凝土结构出现孔隙水压力至关重要。如果渗透水在碾压混凝土结构内高度饱和,则加剧冻融破坏。同时,渗流可以从碾压混凝土结构中的氢氧化钙和水化水泥浆中的其他成分带走,使其强度降低。

国内外研究混凝土渗透性能的试验方法有两种:其一是测定混凝土的抗渗等级;其二为测定混凝土的渗透系数。抗渗等级方法是苏联的国标规定方法,已不采用。我国只有水利水电行业和建工行业标准采用,其他行业标准已取消。

## 10.4.1　抗渗等级

全级配碾压混凝土抗渗等级试件规格采用 300 mm×300 mm×300 mm 立方体;标准抗渗等级试件为

上口直径 175 mm,下口直径 185 mm、高 150 mm 的截圆锥体。

龙滩坝全级配碾压混凝土(配合比见表 10-1)和湿筛混凝土成型后标准养护 90 d,然后施加水压力,加到 4 MPa 后保持恒荷,持荷 30 d 未出现渗漏。停止试验,将试件劈开,量测渗水高度,见表 10-16。

表 10-16　龙滩全级配碾压混凝土和湿筛混凝土抗渗等级试验结果

| 粉煤灰种类 | 试件标志 | 透水情况 | 渗水高度/mm |
|---|---|---|---|
| 珞璜 I | L(全级配试件) | 未透 | 63 |
| | S(标准试件) | 未透 | 76 |
| 凯里 II | L(全级配试件) | 未透 | 42 |
| | S(标准试件) | 未透 | 59 |

全级配碾压混凝土抗渗等极可达到 W40 抗渗等级指标,远远超出坝高 300 m 量级设计抗渗等级指标。

## 10.4.2　渗透系数

早在龙滩坝开工前,曾在岩滩坝现场进行过三次碾压混凝土现场试验。本节介绍从第二次现场试验钻取的芯样进行本体、不含层面的全级配碾压混凝土渗透系数试验。

### 10.4.2.1　芯样的试验方法

把钻取的芯样切割成 150 mm 的立方体。试验时,芯样放入试验容器内,并做好密封。试验从 0.1 MPa 水压力开始,每隔 8 h 增加 0.1 MPa 水压力。直至试件渗水,保持此水压力恒定,每隔 8~16 h 测量一次渗水量。

在直角坐标纸上绘制累积渗水量($W$)与历时($\tau$)关系线。当 $W=f(\tau)$ 呈直线时,取 100 h 时段的直线斜率,即为通过碾压混凝土孔隙的渗流量。每个试验周期大约需要 300 h。

### 10.4.2.2　计算渗透系数

压力水通过碾压混凝土孔隙的渗流量(稳定流)可用达西定律(Darcy′s law)表示。渗流量和渗透系数按式(10-32)和式(10-33)计算。

由式(10-33)知,水头 $H$、试件面积 $F$ 和试件高度 $L$ 都是常数,只有渗流量 $Q$ 需要确定。所以,试验测定的渗流量必须达到恒定不变。

### 10.4.2.3　试验成果

1.现场试验碾压混凝土配合比

现场试验碾压混凝土配合比见表 10-17。

表 10-17　龙滩设计阶段第二次现场试验碾压混凝土配合比

| 试验段 | 强度等级 | 水胶比 | 粉煤灰掺量/% | 级配 | 单方材料用量/(kg/m³) | | | | |
|---|---|---|---|---|---|---|---|---|---|
| | | | | | 水 | 水泥 | 粉煤灰 | 砂 | 石 |
| C、E | C₉₀25 | 0.46 | 68 | 三 | 100 | 70 | 150 | 724 | 1 422 |
| F | | 0.56 | 58 | | 100 | 75 | 105 | 735 | 1 476 |

2.现场试验温度

仓面气温 32~36 ℃,碾压混凝土入仓温度 23~24 ℃,浇筑温度 25~28 ℃。

3.芯样试验结果

试验段共钻取 27 个芯样,其中 11 个是碾压混凝土本体(不含层面)龄期一年余。芯样渗透系数测定结果见表 10-18。

表 10-18　龙滩设计阶段第二次现场试验碾压混凝土芯样渗透系数试验结果

| 工况 | 试件编号 | 计算参数 | | | | | 渗透系数/（cm/s） | 平均值/（cm/s） |
| | | 试件长/cm | 试件宽/cm | 试件高/cm | 水头/m | 渗流量/（mL/h） | | |
|---|---|---|---|---|---|---|---|---|
| C、E | C8-8-1 | 15 | 15 | 15.3 | 220 | 0.28 | $2.4 \times 10^{-10}$ | $0.94 \times 10^{-9}$ |
| | C8-8-2 | 14.8 | 15 | 15.3 | 190 | 0.10 | $1.0 \times 10^{-10}$ | |
| | C8-8-3 | 15 | 15 | 15.1 | 220 | 0.37 | $3.1 \times 10^{-10}$ | |
| | E5-4-3 | 15 | 15.5 | 14.9 | 120 | 0.43 | $6.4 \times 10^{-10}$ | |
| | E5-5-3 | 15.2 | 15 | 15 | 80 | 1.94 | $4.4 \times 10^{-9}$ | |
| | E5-1-2 | 15 | 15.1 | 15.1 | 80 | 0.33 | $7.7 \times 10^{-10}$ | |
| | E5-1-3 | 15.1 | 15 | 15 | 240 | 0.20 | $1.5 \times 10^{-10}$ | |
| F | F8-16-6 | 15 | 15 | 15 | 200 | 1.15 | $1.4 \times 10^{-10}$ | $1.37 \times 10^{-9}$ |
| | F8-17-3 | 14.8 | 15.3 | 15.5 | 150 | 0.68 | $8.6 \times 10^{-10}$ | |
| | F5-1-1 | 15.1 | 15.1 | 14.2 | 80 | 1.84 | $3.9 \times 10^{-9}$ | |
| | F5-1-3 | 15 | 14.6 | 15 | 120 | 0.36 | $5.8 \times 10^{-10}$ | |

英国邓斯坦教授在第十六届国际大坝会议上撰文提出，坝高 200 m 混凝土重力坝混凝土渗透系数应达到 $10^{-9}$ cm/s 量级。表 10-18 试验结果表明龙滩坝现场试验已达到此水平。第二次现场试验是1991 年 9 月 1 日在岩滩坝现场进行的，基本没有采取温控措施。

# 10.5　层面对全级配碾压混凝土性能的影响

碾压混凝土重力坝施工特点是通仓、薄层、连续浇筑，每个铺筑层厚 0.3 m，每米坝高就含有 3 个水平层面。研究表明：水平层面压实后，再在其上铺筑上层碾压混凝土，间隔时间不论长或短，都构成含层面碾压混凝土，都使层面处的强度和抗渗性能下降。

相关文献提出：碾压混凝土胶砂贯入阻力低于 5 MPa，层面轴拉强度和黏聚力下降不超过 15%，由此提出以贯入阻力为 5 MPa 对应的时间作为层面直接铺筑允许间隔时间。

为此，龙滩坝在设计阶段曾在岩滩坝现场进行过三次现场碾压试验；实验室对工程实用配合比进行过多次胶砂贯入阻力对比试验。龙滩坝在施工阶段下部碾压混凝土，掺用珞璜 I 级和凯里 II 级粉煤灰，JM-II 高效缓凝减水剂，胶砂贯入阻力试验结果见表 10-19。

表 10-19　胶砂贯入阻力特征值测试结果

| 配合比 | 粉煤灰 | JM-II 掺量 | 用水量/（kg/m³） | 贯入阻力为 5 MPa 相应历时/h | 历时 6 h 时相应贯入阻力值/MPa |
|---|---|---|---|---|---|
| No.2 | 珞璜 I 级 | 0.6 | 74 | 6.8 | 3.9 |
| No.3 | 凯里 II 级 | 0.6 | 83 | 6.8 | 4.2 |

总结室内和现场碾压试验成果，龙滩坝提出直接铺筑允许间隔时间为 6 h，即从碾压混凝土加水拌和出机至铺筑，碾压结束形成水平层面，到铺筑上层碾压混凝土不超过 6 h，允许继续上升。

### 10.5.1　层面对抗压强度影响

掺加珞璜Ⅰ级和凯里Ⅱ级两种粉煤灰的全级配碾压混凝土,配合比见表 10-1。

试件尺寸为 300 mm×300 mm×300 mm 立方体,层面间隔时间为 6 h。抗压强度试验时施力方向与层面平行,层面对抗压强度影响试验结果见表 10-20。

**表 10-20　龙滩坝碾压混凝土抗压强度层面影响系数试验结果**

| 粉煤灰种类 | | 珞璜Ⅰ | | 凯里Ⅱ | |
|---|---|---|---|---|---|
| 工况 | | 无层面($D_1$) | 有层面($D_2$) | 无层面($D_1$) | 有层面($D_2$) |
| 抗压强度/MPa | 28 d | 25.4 | 23.1 | 27.8 | 25.6 |
| | 90 d | 35.6 | 32.9 | 41.2 | 37.8 |
| | 180 d | 40.7 | 37.5 | 42.7 | 40.5 |
| | 365 d | 42.6 | 39.7 | 44.0 | 42.4 |
| 层面影响系数 $\left(\dfrac{D_2}{D_1}\right)$ | 28 d | 0.91 | | 0.92 | |
| | 90 d | 0.92 | | 0.92 | |
| | 180 d | 0.92 | | 0.95 | |
| | 365 d | 0.93 | | 0.96 | |
| | 平均值 | 0.92 | | 0.93 | |

由于立方体试件受压端面约束,试件破坏呈锥形。试件中部留下一个未完全破坏的锥形体,而层面就在锥形体内,层面影响系数为 0.93。与碾压混凝土本体相比,含层面碾压混凝土抗压强度降低 7%。

### 10.5.2　层面对轴拉强度影响

试件尺寸为 φ 300 mm×900 mm 圆柱体,层面间隔时间为 6 h。两种粉煤灰的全级配碾压混凝土,层面对轴拉强度影响的试验结果见表 10-21。

**表 10-21　龙滩坝碾压混凝土轴拉强度层面影响系数试验结果**

| 粉煤灰种类 | | 珞璜Ⅰ | | 凯里Ⅱ | |
|---|---|---|---|---|---|
| 工况 | | 无层面($D_1$) | 有层面($D_2$) | 无层面($D_1$) | 有层面($D_2$) |
| 轴拉强度/MPa | 28 d | 1.87 | 1.53 | 1.78 | 1.43 |
| | 90 d | 2.25 | 1.84 | 2.35 | 1.95 |
| | 180 d | 2.79 | 2.63 | 2.82 | 2.59 |
| 层面影响系数 $\left(\dfrac{D_2}{D_1}\right)$ | 28 d | 0.82 | | 0.80 | |
| | 90 d | 0.82 | | 0.83 | |
| | 180 d | 0.94 | | 0.92 | |
| | 平均值 | 0.86 | | 0.85 | |

层面外露时间对含层面碾压混凝土轴拉强度有显著性影响。层面间隔时间为 6 h,层面影响系数为 0.85;含层面碾压混凝土轴拉强度比本体降低 15%。这也是龙滩坝施工、设计允许的连续浇筑层面间隔时间。随着龄期增长,层面影响系数也有增加。

### 10.5.3　层面对压缩弹性模量影响

试件尺寸为 $\phi$ 300 mm×600 mm 圆柱体,层面间隔时间为 6 h。两种粉煤灰的全级配碾压混凝土,层面对压缩弹性模量的影响试验结果见表 10-22。

表 10-22　龙滩坝碾压混凝土压缩弹性模量层面影响系数试验结果

| 粉煤灰种类 | | 珞璜 I | | 凯里 II | |
|---|---|---|---|---|---|
| 工况 | | 无层面($D_1$) | 有层面($D_2$) | 无层面($D_1$) | 有层面($D_2$) |
| 压缩弹性模量/GPa | 28 d | 37.7 | 37.1 | 35.4 | 35.2 |
| | 90 d | 43.2 | 42.5 | 42.1 | 41.9 |
| | 180 d | 45.5 | 44.9 | 43.2 | 43.0 |
| 层面影响系数 ($\dfrac{D_2}{D_1}$) | 28 d | 0.98 | | 0.99 | |
| | 90 d | 0.98 | | 1.0 | |
| | 180 d | 0.99 | | 1.0 | |
| | 平均值 | 0.983 | | 0.997 | |

弹性模量试验施荷方向垂直于层面,且试验加荷只有破坏荷载的 40%,处于弹性阶段,层面影响尚难显现。所以,层面影响系数接近于 1.0,可视为层面对压缩弹性模量无影响。

### 10.5.4　层面对极限拉伸影响

两种粉煤灰的全级配碾压混凝土层面间隔时间 6 h,极限拉伸层面影响系数试验结果见表 10-23。

表 10-23　龙滩坝碾压混凝土极限拉伸层面影响系数试验结果

| 粉煤灰种类 | | 珞璜 I | | 凯里 II | |
|---|---|---|---|---|---|
| 工况 | | 无层面($D_1$) | 有层面($D_2$) | 无层面($D_1$) | 有层面($D_2$) |
| 极限拉伸/ $10^{-6}$ | 28 d | 63 | 47 | 59 | 46 |
| | 90 d | 76 | 64 | 73 | 66 |
| | 180 d | 85 | 78 | 83 | 78 |
| 层面影响系数 ($\dfrac{D_2}{D_1}$) | 28 d | 0.75 | | 0.78 | |
| | 90 d | 0.84 | | 0.90 | |
| | 180 d | 0.92 | | 0.94 | |
| | 平均值 | 0.84 | | 0.87 | |

碾压混凝土极限拉伸层面影响系数与轴拉强度相当,约为 0.85。

### 10.5.5　层面对抗渗透耐久性影响

#### 10.5.5.1　抗渗等级比较

两种粉煤灰的全级配碾压混凝土,含层面和本体试件进行抗渗等级比较,试件尺寸为 300 mm×300 mm×300 mm 立方体,龄期 90 d 后进行压水试验,持荷 30 d 含层面碾压混凝土出现渗水,而碾压混凝土本体试件没有渗水。劈开试件观察,渗水高度只有 50 mm,约为试件高度的 1/6,显然层面对碾压混凝土抗渗透性有明显影响。

#### 10.5.5.2　含层面碾压混凝土的渗透系数

含层面两种粉煤灰的全级配碾压混凝土,加水压至 4 MPa,持荷 30 d 出现渗水,其累积渗出水量过程线见图 10-9 和图 10-10。直线的斜率为通过孔隙的渗流量 $Q$,珞璜粉煤灰的全级配碾压混凝土渗流量 $Q=0.113\ 2$ g/h;凯里粉煤灰的全级配碾压混凝土渗流量 $Q=0.083\ 1$ g/h。由式(10-33)计算渗透系数结果,见表 10-24。

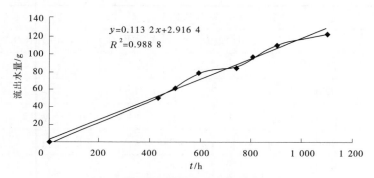

$y=0.113\ 2x+2.916\ 4$
$R^2=0.988\ 8$

**图 10-9　珞璜有层面大试件累积流出水量过程线**

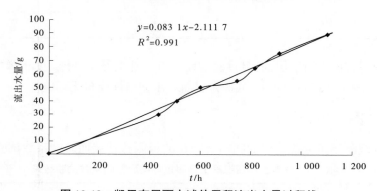

$y=0.083\ 1x-2.111\ 7$
$R^2=0.991$

**图 10-10　凯里有层面大试件累积流出水量过程线**

**表 10-24　含层面碾压混凝土的渗透系数**

| 粉煤灰种类 | 计算参数 | | | | 渗透系数/(cm/s) |
| --- | --- | --- | --- | --- | --- |
| | 厚度 $L$/cm | 面积 $F$/cm² | 水头 $H$/cm | 渗流量 $Q$/(mL/s) | |
| 珞璜 I 级 | 30 | 900 | 40 000 | $3.14\times10^{-5}$ | $2.62\times10^{-11}$ |
| 凯里 II 级 | 30 | 900 | 40 000 | $2.3\times10^{-5}$ | $1.92\times10^{-11}$ |

表 10-24 表明,龙滩坝层面间隔时间为 6 h,含层面的全级配碾压混凝土渗透系数达 $10^{-11}$ cm/s 量级,其抗渗透性能是相当高的。

#### 10.5.5.3　现场芯样渗透系数检测

第二次现场试验碾压混凝土配合比见表 10-17,第三次现场试验碾压混凝土配合比见表 10-25。钻取芯样切割成 150 mm 立方体试件,测定其渗透系数。试验计算参数和渗透系数计算结果见表 10-26。

**表 10-25　第三次现场试验碾压混凝土配合比**

| 配合比 | 水胶比 | 粉煤灰掺量/% | 级配 | 单方材料用量/(kg/m³) | | | | | 实测 VC/s |
| --- | --- | --- | --- | --- | --- | --- | --- | --- | --- |
| | | | | 水 | 水泥 | 粉煤灰 | 砂 | 石 | |
| I | 0.50 | 55 | 三 | 100 | 90 | 110 | 761 | 1 470 | 8.2 |
| G | 0.53 | 58 | 三 | 95 | 75 | 105 | 782 | 1 485 | 9.2 |

表 10-26　含层面芯样及中断层面处理后的芯样渗透系数测定结果

| 现场试验 | 工况 | 配合比 | 芯样编号 | 计算参数 | | | | 渗透系数/(cm/s) | 平均值/(cm/s) |
| | | | | 厚度 $L$/cm | 面积 $A$/(cm$^2$) | 水头 $H$/cm | 渗流量/(mL/s) | | |
| --- | --- | --- | --- | --- | --- | --- | --- | --- | --- |
| 第三次 | 连续浇筑层面间隔 5.0 h | I | I-1 | 15 | 235.6 | 26 000 | 0.470 4 | $3.199\times10^{-10}$ | $3.105\times10^{-10}$ |
| | | | I-2 | 15.4 | 229.5 | | 1.224 6 | $8.229\times10^{-10}$ | |
| | | | I-3 | 15.3 | 232.5 | | 0.161 2 | $1.133\times10^{-10}$ | |
| | | | I-4 | 15.7 | 229.5 | | 0.343 6 | $2.511\times10^{-10}$ | |
| | | | I-5 | 15 | 232.5 | | 0.142 3 | $0.981\times10^{-10}$ | |
| | | | I-6 | 14.7 | 231.0 | | 0.298 | $2.025\times10^{-10}$ | |
| | 连续浇筑层面间隔 4.5 h | G | G-1 | 15.2 | 232.6 | | 0.880 9 | $6.151\times10^{-10}$ | $6.555\times10^{-10}$ |
| | | | G-2 | 15.3 | 218.9 | | 0.216 6 | $1.617\times10^{-10}$ | |
| | | | G-3 | 15.1 | 219.0 | | 0.335 8 | $2.473\times10^{-10}$ | |
| | | | G-4 | 15 | 225.0 | | 1.611 1 | $11.475\times10^{-10}$ | |
| | | | G-5 | 14.6 | 225.0 | | 1.311 1 | $9.089\times10^{-10}$ | |
| | | | G-6 | 14.5 | 225.0 | | 1.238 6 | $8.527\times10^{-10}$ | |
| 第二次 | 间隔 7.5 h 中断，层面铺水泥砂浆，厚度小于 1 cm | C | C8-1 | 15 | 225.0 | 7 000 | 0.95 | $2.516\times10^{-9}$ | $4.053\times10^{-9}$ |
| | | | C8-2 | 15.1 | 226.5 | 15 000 | 1.493 | $1.844\times10^{-9}$ | |
| | | | C8-3 | 15 | 225.0 | 5 000 | 2.105 | $7.8\times10^{-9}$ | |
| | 间隔 7 h 中断，层面铺小骨料混凝土 2~3 cm 厚 | F | F5-1-1 | 14.3 | 226.5 | 15 000 | 0.345 | $4.034\times10^{-10}$ | $2.534\times10^{-9}$ |
| | | | F5-1-3 | 15 | 218.9 | 4 000 | 1.433 | $6.817\times10^{-9}$ | |
| | | | F5-2 | 15.5 | 229.5 | 9 000 | 0.409 | $8.525\times10^{-10}$ | |
| | | | F5-3 | 15.3 | 228.0 | 4 000 | 0.443 | $2.064\times10^{-9}$ | |

表 10-26 渗透系数测定结果表明:含层面碾压混凝土芯样,层面间隔时间不超过 6 h,渗透系数均低于 $1\times10^{-9}$ cm/s;层面间隔时间超过 6 h,应该中断浇筑,对层面铺 1 cm 厚水泥砂浆或 2~3 cm 小骨料混凝土,然后接着浇筑上层碾压混凝土,使层面渗透系数达到 $10^{-9}$ cm/s 量级,以满足坝高 200 m 级重力坝设计对渗透系数要求的指标。

# 10.6　碾压混凝土坝结构强度安全评估

## 10.6.1　混凝土坝安全评估的理念和方法

朱伯芳院士近年来率先提出了混凝土坝安全评估的理念和方法。在拱坝和重力坝设计都是先用线弹性方法计算应力,再按点应力控制,即最大应力不超过许用应力。结构计算最大应力,许用应力和安全系数的关系,即

$$\sigma_{max} \leqslant \sigma_a = \frac{f_{max}}{K} \tag{10-2}$$

式中:$\sigma_{max}$ 为结构计算最大应力,MPa;$\sigma_a$ 为许用应力,MPa;$K$ 为安全系数;$f_{max}$ 为混凝土极限强度,MPa。

大坝设计规范提出的混凝土抗压强度等级或设计标号是将 $f_{max}$ 轴心极限抗压强度经过比尺效应转变成 150 mm 标准立方体抗压强度,称为设计龄期抗压强度标准值($f_c$),如 $C_{90}20$ 或 $R_{90}200$ 等。

强度安全评估是设计强度标准值与材料实有强度的比值。在进行混凝土坝安全评估时,必须对材料的实有强度有充分的估计。现以混凝土抗压强度为例,说明如下:

混凝土拱坝和重力坝设计规范中的混凝土强度等级(或标号)为设计强度标准值($f_c$),由室内标准试验方法得出。大坝内的混凝土实有压应力($R_c$)按下式计算:

$$R_c = f_c \cdot b_1 \cdot b_2 \cdot b_3 \cdot b_4 \cdot b_5 \cdot b_6 \tag{10-3}$$

式中:$R_c$ 为坝内混凝土实有压应力,MPa;$f_c$ 为设计龄期抗压强度标准值,MPa;$b_1$ 为试件比尺效应系数,包括试件形状、尺寸与湿筛影响系数;$b_2$ 为龄期影响系数;$b_3$ 为持荷时间影响系数;$b_4$ 为入仓前混凝土质量影响系数;$b_5$ 为平仓振捣质量系数;$b_6$ 为混凝土耐久性系数。

按抗压强度安全评估的定义得

$$\mathrm{SF} = \frac{R_c}{f_c} = \frac{f_c(b_1 b_2 b_3 b_4 b_5 b_6)}{f_c} = b_1 \cdot b_2 \cdot b_3 \cdot b_4 \cdot b_5 \cdot b_6 \tag{10-4}$$

式中:SF 为设计安全系数折减率。

## 10.6.2　试件比尺效应

### 10.6.2.1　抗压强度试件比尺效应系数

美国垦务局早在 20 世纪 40 年代建设胡佛坝(Hoover Dam)进行过大体积混凝土比尺效应试验,对不同直径圆柱体试件测定抗压强度,试件最大直径为 600 mm、长 1 200 mm。同时,在坝体钻取大直径芯样进行比对试验。当试件直径超过混凝土最大骨料粒径的 3~4 倍时,比尺效应减弱,其抗压强度趋于一致,即可视为原型混凝土的抗压强度,设计计算单元也将大体积混凝土视为均质材料。这就是美国垦务局大坝混凝土设计理念。

20 世纪 50 年代,美国大坝设计标准有重大变革,放弃了 28 d 龄期 $\phi$ 150 mm×300 mm 圆柱体抗压强度设计标准,规定以 $\phi$ 450 mm×900 mm 圆柱体试件成型的全级配混凝土,1 年龄期抗压强度作为大坝混凝土抗压强度设计标准。为了工地经常性的质量管理,规定 $\phi$ 150 mm×300 mm 试件、龄期 28 d 的抗压强度作为施工管理抗压强度标准值。湿筛混凝土龄期 28 d 小圆柱体抗压强度与全级配混凝土龄期 1 年大圆柱体抗压强度的关系由实验室试验测定。在美国标准中不存在形状影响系数,只有尺寸和湿筛影响系数。

美国垦务局的报告也提供了尺寸影响系数的信息,见表 10-27。

表 10-27　美国垦务局对圆柱体试件尺寸影响系数试验结果

| 试件尺寸/mm | $\phi$ 150×300 | $\phi$ 200×400 | $\phi$ 450×900 | $\phi$ 600×1 200 |
|---|---|---|---|---|
| 尺寸影响系数 | 1.0 | 0.862 | 0.827 | 0.803 |

我国碾压混凝土坝设计标准的抗压强度试件是 150 mm 立方体,在确定大坝原型碾压混凝土强度,需要得出直径为骨料最大粒径 3~4 倍的试件轴心抗压强度,即 $\phi$ 300 mm×600 mm 圆柱体轴心抗压强度。首先,通过形状影响系数,将 150 mm 立方体抗压强度(湿筛混凝土)变换成 $\phi$ 150 mm×300 mm 圆柱体轴心抗压强度(湿筛混凝土);其次,通过尺寸影响系数,将 $\phi$ 150 mm×300 mm 圆柱体湿筛混凝土抗压强度变换成 $\phi$ 300 mm×600 mm 圆柱体湿筛混凝土抗压强度;再次,通过湿筛影响系数将 $\phi$ 300 mm×600 mm 圆柱体湿筛混凝土抗压强度变换成 $\phi$ 300 mm×600 mm 圆柱体全级配混凝土轴心抗压强度,即大坝原型碾压混凝土轴心抗压强度。

根据我国大坝设计标准,确定试件比尺效应系数应按表 10-28 的试验设计进行。

表 10-28　试件比尺效应试验全级配碾压混凝土和湿筛混凝土成型试件规格

| 比尺效应系数 | 试件规格/mm | |
|---|---|---|
| | 全级配碾压混凝土 | 湿筛混凝土 |
| 形状影响系数 | | 150×150×150 |
| 尺寸影响系数 | | $\phi$ 150×300 |
| 湿筛影响系数 | $\phi$ 300×600 | $\phi$ 300×600 |

　　20 世纪 90 年代以来,我国不少大型水利水电工程进行过大体积混凝土抗压强度试件比尺效应试验研究,如二滩坝、五强溪坝、东江坝及三峡坝等,因试验设计方面的缺失,所得试验结果因缺少大坝原形轴心抗压强度参数,不能推出三个比尺效应系数,也不可能用于大坝安全评估。

　　龙滩坝试件比尺效应试验设计没有严格按表 10-28 的规定。先将 150 mm 立方体抗压强度(湿筛混凝土)变换成 300 mm 立方体抗压强度(全级配碾压混凝土),包含了尺寸和湿筛影响,合并成一个系数;再通过形状影响系数,将 300 mm 立方体全级配碾压混凝土抗压强度变换成 $\phi$ 300 mm×600 mm 全级配碾压混凝土轴心抗压强度,完成了还原于大坝原型。

　　龙滩坝碾压混凝土抗压强度试件比尺效应试验的碾压混凝土配合比见表 10-1,试验结果见表 10-29。

表 10-29　龙滩坝碾压混凝土抗压强度试件比尺效应试验结果

| 粉煤灰种类 | | | 珞璜 I | | | 凯里 II | | |
|---|---|---|---|---|---|---|---|---|
| 龄期/d | | | 28 | 90 | 180 | 28 | 90 | 180 |
| 抗压强度/MPa | 150 mm 立方体(湿筛) | $S_c$ | 27.0 | 38.1 | 45.2 | 29.1 | 44.1 | 46.8 |
| | 300 mm 立方体(全级配) | $L_c$ | 25.4 | 35.6 | 40.7 | 27.8 | 41.2 | 42.7 |
| | $\phi$ 300 mm×600 mm(全级配) | $L$ | 14.5 | 28.9 | 34.9 | 21.5 | 31.9 | 38.2 |
| 尺寸和湿筛影响系数 | | $C_1 = L_c / S_c$ | 0.941 | 0.934 | 0.900 | 0.955 | 0.934 | 0.912 |
| 形状影响系数 | | $C_2 = L / L_c$ | 0.571 | 0.812 | 0.857 | 0.773 | 0.774 | 0.895 |
| 比尺效应系数 | | $b_1 = C_1 \times C_2$ | 0.537 | 0.758 | 0.771 | 0.738 | 0.723 | 0.816 |
| 平均比尺效应系数 | | | 0.72 | | | | | |

### 10.6.2.2　轴拉强度试件比尺效应系数

　　碾压混凝土坝设计标准对轴拉强度标准试件规格没有规定。试验方法执行《水工混凝土试验规程》(SL 352—2006)的规定。还原大坝原型轴拉强度仍按试件尺寸为骨料最大粒径的 3~4 倍约定。因此,从标准试件到还原大坝碾压混凝土轴拉强度的转变在一次试验中完成。

　　标准轴拉强度试件尺寸为 100 mm×100 mm×550 mm,全级配碾压混凝土试件尺寸为 $\phi$ 300 mm×900 mm。龙滩坝碾压混凝土轴拉强度试件比尺效应试验碾压混凝土配合比见表 10-1,试验结果见表 10-30。

表 10-30　龙滩坝碾压混凝土轴拉强度试件比尺效应试验结果

| 粉煤灰种类 | | | 珞璜 I | | | 凯里 II | | |
|---|---|---|---|---|---|---|---|---|
| 龄期/d | | | 28 | 90 | 180 | 28 | 90 | 180 |
| 轴拉强度/MPa | 标准试件 | $S$ | 2.56 | 3.19 | 3.99 | 2.43 | 3.32 | 4.03 |
| | 全级配试件 | $L$ | 1.87 | 2.25 | 2.79 | 1.78 | 2.35 | 2.82 |
| 比尺效应系数 | $b'_1 = L / S$ | | 0.73 | 0.71 | 0.70 | 0.73 | 0.71 | 0.70 |
| 平均比尺效应系数 | | | 0.71 | | | | | |

### 10.6.3　层面对碾压混凝土强度的影响

碾压混凝土施工特点是薄层铺筑、连续碾压,在坝体中形成多个水平层面,像千层饼一样。如果千层饼面是互不相连的,那么大坝无法承受水荷载推力,所以各个层面应该是有黏聚力的。碾压混凝土坝设计应关注大坝层面处的强度和渗透性,而不是碾压混凝土本体(无层面的碾压混凝土)。碾压混凝土形成层面后,在其上再浇筑上层碾压混凝土,不论间隔时间多少,都构成含层面碾压混凝土,其强度和抗渗性都将降低。每 0.3 m 坝高就存在一个水平层面,所以含层面碾压混凝土在坝体无处不在。

从层面浆体胶结作用开始,研究碾压混凝土层面胶砂贯入阻力与层面力学特性的关系。从多个工程试验得出,贯入阻力与层面特性密切相关,胶砂贯入阻力低于 5 MPa 时,层面轴拉强度和黏聚力下降不超过 15%。由此提出以贯入阻力为 5 MPa 对应的时间作为层面直接铺筑允许间隔时间。再深入到现场层面实时检控,形成了一套较完整的现场层间允许间隔时间测定方法。该方法已列入《水工混凝土试验规程》(SL 352—2006)。

部分研究成果是结合确定龙滩碾压混凝土坝层间直接铺筑允许间隔时间研究项目进行的。本章10.5 节层面对全级配碾压混凝土性能影响是其中的研究成果。采用龙滩坝坝下碾压混凝土施工配合比,进行不同层面工况的胶砂贯入阻力测定,其中典型测定结果见图 10-11 和图 10-12。根据层面胶砂贯入阻力值不大于 5 MPa,决定龙滩坝层面直接铺筑允许间隔时间为 6 h。

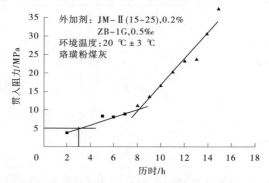

**图 10-11　龙滩坝下碾压混凝土施工配合比(珞璜粉煤灰)层面胶砂贯入阻力–历时过程线**

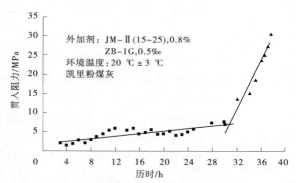

**图 10-12　龙滩坝下碾压混凝土施工配合比(凯里粉煤灰)层面胶砂贯入阻力–历时过程线**

在层面标准工况下,层间间隔 6 h,进行的层面对抗压强度和轴拉强度影响系数试验结果见表 10-20和表 10-21。层面碾压混凝土抗压强度的影响系数为 0.93;轴拉强度的影响系数为 0.85,对其他性能的影响系数参见 10.5 节。

碾压混凝土坝结构强度安全评估时,必须考虑层面影响,因为碾压混凝土坝就是用含多个层面的碾压混凝土筑成的。

### 10.6.4　龄期影响系数

混凝土强度随着龄期增长而增加是一个不争的事实。20 世纪美国混凝土学会(ACI)报道过 50 年龄期标准养护的混凝土抗压强度统计资料,50 年来混凝土抗压强度一直缓慢增加;美国垦务局曾对已建大坝钻取芯样,表明大坝建成后十多年来芯样抗压强度也一直增加。但是,计算龄期影响系数时,只能考虑到坝建成至蓄水库满为止。龄期增长有效期采用 1 年,与美国大坝设计标准规定设计龄期为 1 年有相同含义。此后长期强度增长作为安全储备考虑。

龙滩坝坝下全级配碾压混凝土采用 42.5 中热硅酸盐水泥,掺加 50%~60% 粉煤灰,根据抗压强度标准养护试验结果统计,设计龄期 90 d 以后的强度影响系数(增长率)按下式计算:

$$b'_2 = \frac{R_t}{R_{90}} = 1 + 0.111\ln(\frac{t}{90})$$

$$R^2 = 0.9549$$

$$b_2 = Db'_2 = [1 + 0.111\ln(\frac{t}{90})] \cdot D \tag{10-5}$$

式中:$b_2$ 为龄期影响系数;$b'_2$ 为标准养护龄期影响系数;$D$ 为标准养护龄期增长系数修正值,$D = 0.86 \sim 0.93$;$R_t$ 为 $t$ 龄期(d)的抗压强度,MPa,$t>90$ d;$R_{90}$ 为设计龄期 90 d 抗压强度标准值,MPa;$t$ 为计算龄期,$t>90$ d;$R$ 为相关系数。

美国垦务局的试验表明,混凝土浇完后,在干燥空气中暴露 6 个月龄期的强度,只相当于先潮湿养护 14 d,然后暴露在空气中同龄期混凝土强度的一半。不同潮湿养护时间与标准养护至 180 d 龄期抗压强度的关系如表 10-31 所示。

表 10-31　不同潮湿养护时间与标准养护至 180 d 龄期抗压强度的关系

| 养护条件 | 相当于标准养护 180 d 龄期抗压强度比 | 养护条件 | 相当于标准养护 180 d 龄期抗压强度比 |
|---|---|---|---|
| 标准养护 3 d 后置于空气中 180 d | 0.63 | 标准养护 14 d 后置于空气中 180 d | 0.86 |
| 标准养护 7 d 后置于空气中 180 d | 0.74 | 标准养护 28 d 后置于空气中 180 d | 0.93 |

$b'_2$ 是在标准养护(20 ℃±2 ℃)雾室条件下养护 1 年得到的资料建立的抗压强度与龄期相关关系式推算的,实际施工养护是不可能达到的。

我国《水工混凝土施工规范》(DL/T 5144—2001)规定,混凝土养护时间不宜少于 28 d,有特殊要求的部位宜适当延长养护时间。国内各大水利工程能否保证连续养护 28 d 还待考证。即使连续养护 28 d,龄期 180 d 抗压强度还比标准养护低 7%;如果按连续养护 14 d 考虑,抗压强度比标准养护 180 d 龄期低 14%。因此,采用式(10-5)计算龄期影响系数时需要乘以修正系数 0.86~0.93。

### 10.6.5　生产质量影响系数

碾压混凝土生产质量是被严格监控的,包括原材料进场质量检验,进入搅拌楼的质量控制检验,出机口抽样检验,运送、进仓、布料、摊铺和碾压,各个环节都有严格的检验。碾压混凝土施工工艺与常规混凝土的差异在于入仓后,入仓前生产控制是类同的。入仓后常规混凝土平仓、振捣工序不易分明,特别是高速皮带运送混凝土至搭带机布料,会出现堆料、漏振和空洞等质量失控问题;而碾压混凝土入仓后,推土机摊铺对层厚和层面水平有控制,碾压遍数和振动碾行进速度有控制,碾压工序结束层面压实度要逐点检查(每 100 m² 规定一个测点),达不到要求可以再补碾,这是常规混凝土所不能做到的。相比之下,碾压混凝土入仓后的质量更有保障。

试验研究表明,压实度与强度和密实性密切相关,现场压实度检查合格,就意味着碾压混凝土强度和密实性达到设计指标。仓面压实度合格的前提是机口拌制出的拌和物合格,所以说,碾压混凝土生产质量检验的重要环节是机口出料的检验,其结果可以反映整个生产过程的质量检控水平。

碾压混凝土机口抽样的主要检验项目是抗压强度、工作度 VC 值和含气量。抗压强度用于检控设计龄期强度标准值,即强度等级或标号。设计规范规定:"设计强度标准应按照标准方法制作养护的边长为 150 mm 的立方体试件,在设计龄期用标准试验方法测得的具有 80% 保证率的强度确定"。施工时,对抗压强度进行检测与控制,其目的就是保证抗压强度达到设计要求,必须有 80% 以上的抽样强度超过设计强度标准值。因此,要求机口抽样抗压强度平均值应满足下式:

$$m_{f_{cu}} = f_{cu \cdot k} + tS \tag{10-6}$$
$$f_{cu \cdot k} = m_{f_{cu}} - 0.842S$$

式中:$m_{f_{cu}}$ 为实测总体抗压强度平均值,MPa;$f_{cu \cdot k}$ 为实有设计龄期抗压强度标准值,MPa;$S$ 为实测总体强度标准差,MPa;$t$ 为抗压强度保证率系数,当保证率为 80% 时,$t = 0.842$。

所以,生产质量影响系数按下式计算:

$$b_4 = \frac{f_{cu \cdot k}}{f_c} = \frac{m_{f_{cu}} - 0.842S}{f_c} \tag{10-7}$$

式中:$b_4$ 为生产质量影响系数;$f_c$ 为设计龄期抗压强度标准值。

$m_{f_{cu}}$ 和 $S$ 均由机口取样抗压强度试块取得,一座大型碾压混凝土坝机口取样近万组试块。但是,施工期每月或季度都从机口抽取 30 组以上试块为样本,计算样本抗压强度平均值和标准差。$m_{f_{cu}}$ 和 $S$ 计算可按坝段、分区、分标号统计,由样本到总体,统计出大坝总体抗压强度平均值和标准差。

1952 年,美国垦务局对 77 个工程进行过统计,以验收接受强度为中心,1 个标准差为间距。将统计数据划分为四个区域,统计结果如下:

(1)实测强度平均值超出验收接受强度 1 个标准差,有 8 个工程,占 11%;

(2)实测强度平均值超出验收接受强度 1 个标准差以内,有 28 个工程,占 36%;

(3)实测强度平均值低于验收接受强度,但低于不超过 1 个标准差,有 31 个工程,占 40%;

(4)实测强度平均值低于验收接受强度,并低于 1 个标准差以下,有 10 个工程,占 13%。

以式(10-7)生产质量影响系数为标准,评定美国垦务局 1952 年质量报告,结果是:有 53% 工程生产质量影响系数低于 1.0,其中 13% 低于设计龄期强度标准值;有 47% 工程生产质量影响系数高于 1.0,其中 11% 超强,生产质量影响系数在 1.1~1.2。

少数工程超强,除非由于耐久性需要或其他因素要求外,否则毫无必要。低强工程是大坝质量检控最严重的问题,因为低于设计强度标准值就降低了结构安全。质量检控在很大程度上可以决定结构物的使用寿命。

## 10.6.6 脆性断裂影响系数

脆性断裂影响系数相关文献也称为持荷时间影响系数($b_3$)。混凝土承受荷载后,持荷时间的长短对混凝土强度有影响,主要原因是:①持荷大小;②混凝土自身所固有的脆性所引起。美国 20 世纪发表的两个试验研究报告,说明了混凝土脆性断裂的本质。

第一个试验研究报告,试验在圆柱体混凝土试件不同加荷阶段,对试件切片,用电子显微镜观测裂缝发展。加荷前试件切片上观察到只有少量微裂缝,发生在骨料颗粒界面上,这些裂缝称为初始界面裂缝。多属新拌混凝土骨料沉降、泌水、化学凝缩等原因产生。在极限荷载的 30%~40% 以下时,初始界面裂缝无甚增加,基本稳定。超过极限荷载 40% 以后,界面裂缝的长度、宽度和数量随着应力增加而增加,同时砂浆出现裂缝。达到极限荷载 70% 时,砂浆裂缝明显增加,并出现连续型裂缝。砂浆裂缝往往是由界面裂缝诱发,在大颗粒骨料界面裂缝之间搭桥。达到极限荷载90%以后,裂缝进一步扩散,有少量裂缝穿过骨料颗粒,而导致混凝土承载能力下降,达到峰值后被破坏。混凝土从加荷到破坏实质上是混凝土微裂缝扩散和贯穿的过程。表10-32是一组混凝土试件在不同加荷阶段对试件切片,用电子显微镜观测裂缝发展的结果。

表 10-32　不同应变时界面裂缝砂浆裂缝长度观测结果

| 应力-应变曲线 | 应变/$10^{-6}$ | 0 | 600 | 1 200 | 1 800 | 2 400 | 3 000 |
|---|---|---|---|---|---|---|---|
| | 相应于极限抗压强度百分率/% | 0 | 30 | 70 | 90 | — | — |
| 骨料与砂浆界面开裂 | 石子界面总周长/mm | 3 825 | 3 853 | 3 751 | 3 327 | 3 441 | |
| | 界面开裂缝总长/mm | 457 | 551 | 750 | 553 | 1 005 | |
| | 界面开裂缝/总周长/% | 12 | 14 | 20 | 17 | 29 | |
| 砂浆开裂 | 砂浆开裂缝总长/mm | 2.8 | 20.3 | 34.3 | 50.5 | 156.2 | |

第二个试验研究报告是混凝土长期持荷破坏试验。试验表明,混凝土试件破坏的持荷时间与持荷应力的应力强度比有关。当持荷应力与极限强度比为95%时,持荷10 min试件就破坏;持荷应力与极限强度比为90%时,持荷1 h试件就破坏;当持荷应力与极限强度比为77%时,持荷一年试件破坏;持荷应力与极限强度比为69%时,试件破坏需要30年之久。

将两个试验研究报告结合起来看,当持荷应力与极限强度比超过40%时,混凝土已进入裂缝扩散区。长期持荷下,应变能积蓄会导致裂缝扩展,以消耗应变能量,但是试件有效断面减小,又会使应力增长,应变能继续积聚,而使裂缝进一步扩展。由此延续,长期持荷会使混凝土最后破坏,这就是混凝土脆性断裂破坏。

混凝土的力学行为在其应力-应变曲线上反映最清楚。单轴荷载作用下,混凝土应力-应变关系表现为:在极限荷载的40%以前,应力-应变关系呈线性,即线弹性段;过40%极限荷载后,直线弯曲,随着荷载增加,继续向应变增大方向弯曲,直至极限荷载试件溃裂。

坝体内混凝土力学行为同样服从应力-应变关系。40%极限荷载前,混凝土内初始裂缝是稳定的;超过40%极限荷载后进入裂缝扩散区,长期持荷会因应变能积蓄而导致裂缝扩展,直至溃裂破坏。对坝体混凝土结构强度安全评估,只要能确定坝体混凝土应力行为是在其应力-应变曲线上的线弹性段还是裂缝扩展段,就可以决定在安全评估中要不要取用脆性断裂影响系数(或持荷时间影响系数)。对需要安全评估的劣质工程,特别是大坝整体强度低于设计强度等级(标号)的工程尤为重要。

大坝设计规范对混凝土重力坝规定安全系数$K=4$,由式(10-2)得:$\sigma_{max} = \dfrac{1}{4}f_{max} = 0.25f_{max} < 0.4f_{max}$,因此设计压应力$\sigma_{max}$的行为在应力-应变曲线的线弹性区段,不会发生脆性断裂。那么,坝内混凝土实有压应力$R_c$的行为会在应力-应变曲线哪个区段,假设按式(10-4)统计得出安全系数折减率SF = 0.70、0.625和0.50三个统计值,采用的试算结果如表10-33所示。

表 10-33　$R_c$在应力-应变曲线的区段

| 假定 SF 值 | $R_c$ 的安全系数 $K$ | $R_c$ 的行为区间 | 判断 $R_c$ 的行为区间 | 安全评估应否计算脆性断裂影响系数 |
|---|---|---|---|---|
| 0.70 | 4×0.7 = 2.8 | $\dfrac{f_{max}}{2.8} = 0.357f_{max}$ | 线弹性区间 | 否 |
| 0.625 | 4×0.625 = 2.5 | $\dfrac{f_{max}}{2.5} = 0.4f_{max}$ | 0.4 临界点上 | 分界线 |
| 0.50 | 4×0.5 = 2.0 | $\dfrac{f_{max}}{2} = 0.5f_{max}$ | 脆性断裂区间 | 应该 |

因此,大坝结构强度安全评估,统计安全系数拆减率 SF 低于 0.625 时,就应重视结构混凝土脆性断裂破坏。这仅是基于应力-应变本构关系的推论,并没有试验结论证实。

脆性断裂破坏是大体积混凝土所独有的课题,因为在行业标准中只有大体积混凝土采用骨料最大粒径大于 40 mm,由此而引起比尺效应等一系列影响,使大体积混凝土结构实有安全系数降低。此课题虽然有学者提出,但并没有引起水利水电行业重视。

# 10.7　碾压混凝土坝结构强度安全评估(示范性安全评估)

## 10.7.1　大坝碾压混凝土抗压强度的安全系数折减率和影响系数

大坝碾压混凝土抗压强度安全评估按下式计算:

$$SF = b_1 \cdot b_2 \cdot b_3 \cdot b_4 \cdot b_7$$

选用的影响系数有:$b_1$ 为试件比尺效应系数;$b_2$ 为龄期影响系数;$b_3$ 为脆性断裂影响系数(持荷时间影响系数);$b_4$ 为生产质量影响系数;$b_7$ 为抗压强度层面影响系数,共五个影响系数。其中,$b_1$、$b_2$、$b_7$ 系采用龙滩碾压混凝土所用原材料和施工配合比取得的。$b_4$ 为估计值,没有得到施工单位提供搅拌楼机口取样质量报告,是作者参加过龙滩工程试验工作,凭经验估计的,仅能参考。$b_3$ 是根据碾压混凝土力学行为推演的。

五个影响系数又可分为以下类型:

$b_1$:标准试件和全级配试件尺寸固定时基本不变。

$b_2$:采用 42.5 中热硅酸盐水泥和掺用 I 级、II 级粉煤灰 50%~60%,基本固定。

$b_7$:施工层面允许间隔时间规定 6 h 以内,基本固定。

$b_4$:与施工质量管理水平有关的系数,变幅较大。

$b_3$:是否取用,根据坝内碾压混凝土实有压应力的行为区段决定,当 SF<0.625 时应进行专门研究。

## 10.7.2　龙滩坝碾压混凝土抗压强度安全评估

龙滩坝碾压混凝土抗压强度安全评估各影响系数选取见表 10-34。

**表 10-34　龙滩坝碾压混凝土抗压强度安全评估各影响系数选取**

| 系数代号 | 名称 | 提出依据 | 影响系数 | $SF_i$ ($i=1\sim5$) |
|---|---|---|---|---|
| $b_1$ | 试件抗压强度比尺影响系数 | 表 10-29 试验结果 | 0.72 | |
| $b_7$ | 抗压强度层面影响系数 | 表 10-20 试验结果 | 0.93 | $SF_2 = b_1 \cdot b_7 = 0.67$ |
| $b_4$ | 生产质量影响系数 | 设计规定 $C_{90}25$;<br>估计 $m_{f_{cu}} = 32$ MPa;<br>估计 $S = 3.8$ MPa;<br>代入式(10-7)得:<br>$b_4 = \dfrac{32 - 0.84 \times 3.8}{25} = 1.15$ | 1.15 | $SF_3 = b_1 \cdot b_7 \cdot b_4$<br>$= 0.77$ |

续表 10-34

| 系数代号 | 名称 | 提出依据 | 影响系数 | $SF_i$ ($i=1\sim5$) |
|---|---|---|---|---|
| $b_2$ | 龄期影响系数 | 计算 $t=360$ d;<br>选用 $D=0.90$;<br>按式(10-5)得:<br>$b_2 = \left[1 + 0.111\ln\left(\dfrac{360}{90}\right)\right] \times 0.90$<br>$= 1.15 \times 0.9 = 1.035$ | 1.035 | $SF_4 = b_1 \cdot b_7 \cdot b_4 \cdot b_2$<br>$= 0.80$ |
| $b_3$ | 脆性断裂影响系数<br>(持荷时间影响系数) | 因为 $SF=0.80>0.625$;<br>$R_c$ 的安全系数 $K=4\times0.8=3.2$;<br>$R_c$ 的行为区间 $\dfrac{f_{max}}{3.2} = 0.31<0.4$<br>在线弹性区段,所以暂不考虑 $b_3$ 影响 | 1.0 | |

由表 10-34 各影响系数取值,按式(10-4)计算的龙滩坝碾压混凝土抗压强度的安全系数折减率:

$$SF = b_1 \cdot b_7 \cdot b_4 \cdot b_2 = 0.779 \approx 0.80$$

需要说明:

(1)$b_1$ 和 $b_7$ 是用龙滩工程原材料和施工碾压混凝土配合比,试验取得的影响系数,$SF_2 = b_1 \cdot b_7 = 0.67$,信度较高。

(2)$b_2$ 和 $b_4$,可信度较低,没有见到施工单位的质量报告,纯凭经验估计。

(3)表 10-34 仅是一个碾压混凝土结构强度安全评估的示范,没有真正意义上的工程价值。真实的评估需要来自工程详尽的施工质量报告、观测资料和科学的分析方法。

# 10.8　大坝混凝土设计强度的特征及其与国外的差异

## 10.8.1　大坝混凝土设计强度标准值

### 10.8.1.1　美国大坝混凝土设计强度标准值的规定

美国大坝混凝土抗压强度设计规定以 $\phi$ 450 mm×900 mm 圆柱体试件成型的全级配混凝土,1 年龄期,按标准试验方法测得的抗压强度。

混凝土坝设计先用线弹性方法计算应力,再按点应力控制,最大压应力不超过许用应力。结构计算最大压应力,许用应力和安全系数的关系,见式(10-8)。

美国大坝设计规范规定,安全系数 $K$ 不得低于 3.0。实际应用中如奥鲁威尔(Orovill)拱坝 $K$ 采用 4.0。

因此,美国大坝混凝土设计强度标准值等于许用应力,即

$$f_{0.k} = \sigma_a = K\sigma_{max} \tag{10-8}$$

式中:$f_{0.k}$ 为设计强度标准值($\phi$ 450 mm×900 mm 试件测定,龄期 1 年);$\sigma_a$ 为设计许用应力;$\sigma_{max}$ 为结构计算最大压应力;$K$ 为结构设计安全系数。

#### 10.8.1.2 日本大坝混凝土设计强度标准值的规定

日本大坝混凝土设计强度规定以 $\phi$ 150 mm×300 mm 圆柱体试件成型的湿筛混凝土,91 d 龄期,按标准试验方法测得的轴心抗压强度。

日本大坝设计规定,安全系数 $K=4.0$。所以,日本大坝混凝土设计强度标准值仍等于许用应力,如式(10-8)所示,不过式中的 $f_{0.k}$ 为湿筛混凝土成型的 $\phi$ 150 mm×300 mm 圆柱体试件,龄期91 d 的抗压强度。

#### 10.8.1.3 中国大坝混凝土设计强度标准值的规定

中国设计规范规定:"设计强度标准值应按照标准方法制作的边长为 150 mm 的立方体试件,在设计龄期(90 d 或 180 d)用标准试验方法测得的具有80%保证率的强度来确定"。

中国规范的特点:①抗压强度设计规定为 150 mm 立方体,龄期 90 d 或 180 d 测得的抗压强度;②许用应力计算安全系数为 4.0,选用 $\phi$ 150 mm×300 mm 圆柱体轴心抗压强度;③设计强度标准值由试件形状效应系数转换,将 $\phi$ 150 mm×300 mm 圆柱体强度转换为 150 mm 立方体强度。所以,设计强度标准值为

$$f_{cu.k} = b_{1.1}\sigma_a = b_{1.1} \cdot K \cdot \sigma_{max} \tag{10-9}$$

式中:$f_{cu.k}$ 为 150 mm 立方体抗压强度,龄期 90 d 或 180 d;$b_{1.1}$ 为形状效应系数;其他符号含义同前。

### 10.8.2　大坝混凝土配合比的配制强度

#### 10.8.2.1 配制强度的计算

大坝混凝土配合比的配制强度由设计强度标准值、结构要求强度保证率和施工质量控制水平相关的变异系数决定,即

$$f_m = \frac{f_k}{1 - tC_v} \tag{10-10}$$

式中:$f_k$ 为混凝土设计强度标准值,其与各国规范的定义相吻合;$f_m$ 为混凝土配制强度,其与定义设计强度标准值的试件尺寸和龄期相一致;$t$ 为强度保证率系数,当保证率 $P=80\%$ 时,$t=0.842$;$C_v$ 为施工质量控制水平相关的变异系数,$C_v$ 选用 0.15~0.25。

#### 10.8.2.2 配制强度计算工程实例

**1. 美国奥鲁威尔(Oroville)拱坝**

美国大坝混凝土配合比设计直接采用全级配混凝土,成型 $\phi$ 450 mm×900 mm 圆柱体试件测定轴心抗压强度。

结构计算最大压应力($\sigma_{max}$)为 7.87 MPa,安全系数 $K=4.0$(考虑到拱坝结构没有采用 3.0)。由式(10-8)计算设计强度标准值($f_{0.k}$),得

$$f_{0.k} = \sigma_a = 4 \times 7.87 = 31.5(\text{MPa})$$

式中:$f_{0.k}$ 为龄期 1 年 $\phi$ 450 mm×900 mm 试件的抗压强度。

混凝土配制强度由式(10-10)计算,假设施工质量控制水平优良 $C_v=0.15$,则

$$f_m = \frac{f_{0.k}}{1 - tC_v} = \frac{31.5}{1 - 0.84 \times 0.15} = 36.04(\text{MPa})$$

**2. 日本大川重力坝**

日本大坝混凝土设计强度标准值规定,由湿筛混凝土制作 $\phi$ 150 mm×300 mm 圆柱体的抗压强度。

坝体结构计算主压应力为 2 MPa,安全系数 $K=4$。由式(10-8)计算设计强度标准值得

$$f_{0.k} = \sigma_a = 4 \times 2 = 8(\text{MPa})（龄期91d, \phi 150mm \times 300mm 试件抗压强度）$$

混凝土配制强度由式(10-10)计算,大川坝对施工质量控制水平没有把握,选用了较大的变异系数 $C_v=0.35$,则

$$f_{\mathrm{m}} = \frac{f_{0.\mathrm{k}}}{1 - tC_{\mathrm{v}}} = \frac{8}{1 - 0.84 \times 0.35} = 11.33(\mathrm{MPa})$$

3. 中国岩滩碾压混凝土重力坝

中国大坝混凝土设计强度标准值规定,由湿筛混凝土制作的 150 mm 立方体试件的抗压强度。

岩滩坝结构计算最大点压应力为 3.0 MPa,安全系数 $K = 4.0$,设计许用应力 $\sigma_{\mathrm{a}} = 4 \times 3 = 12(\mathrm{MPa})$。许用应力由圆柱体强度转换为立方体强度,形状效应系数 $b_{1.1} = 1.22$,由式(10-9)计算得

$$f_{\mathrm{cu.k}} = b_{1.1} \cdot \sigma_{\mathrm{a}} = 1.22 \times 4 \times 3 = 14.63(\mathrm{MPa})(龄期 90 \mathrm{d}, 150 \mathrm{mm} 立方体强度)$$

所以,混凝土设计强度等级为 $C_{90}15$。

混凝土配制强度由式(10-10)计算,岩滩坝对施工质量控制水平采用中等水平 $C_{\mathrm{v}} = 0.20$,则

$$f_{\mathrm{m}} = \frac{f_{\mathrm{cu.k}}}{1 - tC_{\mathrm{v}}} = \frac{15}{1 - 0.84 \times 0.20} = 18.0(\mathrm{MPa})$$

## 10.8.3　大坝混凝土的比尺效应

美国对大坝混凝土比尺效应进行了大量试验,其数量是相当可观的,其他国家资料较少,且不系统。作者统计分析了相关试验数据,提出试件尺寸效应系数、湿筛效应系数和尺寸、龄期、养护转换系数。

### 10.8.3.1　试件尺寸效应

试验选用 4 种圆柱体试件,$\phi$ 150 mm×300 mm、$\phi$ 200 mm×400 mm、$\phi$ 450 mm×900 mm 和 $\phi$ 600 mm×120 0 mm。混凝土拌和物的最大骨料公称粒径均为 40 mm($1\frac{1}{2}$ in),试验龄期 90 d。不同水泥用量的混凝土成型不同试件抗压强度试验结果和试件尺寸效应系数见表 10-35。

表 10-35　不同尺寸圆柱体 90 d 龄期抗压强度和尺寸效应系数统计

| 最大骨料/mm | 水泥用量/ (kg/m³) | 不同尺寸(mm×mm)圆柱体 抗压强度[3 系列]/MPa | | | | 不同尺寸(mm×mm)圆柱体 抗压强度[4 系列]/MPa | | | |
|---|---|---|---|---|---|---|---|---|---|
| | | 150× 300 | 200× 400 | 450× 900 | 600× 1 200 | 150× 300 | 200× 400 | 450× 900 | 600× 1 200 |
| 40 | 278 | 44.66 | 38.15 | 35.77 | 36.10 | 36.90 | 29.82 | 32.60 | 28.14 |
| | | 1.0 | 0.854 | 0.801 | 0.810 | 1.0 | 0.823 | 0.901 | 0.777 |
| | 334 | 52.08 | 47.74 | 42.63 | 44.73 | 36.26 | 30.24 | 33.18 | 32.40 |
| | | 1.0 | 0.916 | 0.818 | 0.858 | 1.0 | 0.833 3 | 0.915 | 0.895 |
| | 390 | 55.23 | 50.96 | 46.06 | 48.58 | 43.89 | 39.41 | 37.03 | 33.60 |
| | | 1.0 | 0.922 | 0.833 | 0.879 | 1.0 | 0.854 | 0.843 | 0.765 |
| 尺寸效应系数平均值 | | 1.0 | 0.897 | 0.817 | 0.849 | 1.0 | 0.836 | 0.886 | 0.872 |
| [3 系列]+[4 系列]尺寸 效应系数平均值 | | 1.0 | 0.866 | 0.850 | 0.830 | | | | |

表 10-35 表明,随着试件尺寸增大,混凝土抗压强度下降。$\phi$ 150 mm×300 mm 试件对 $\phi$ 450 mm×900 mm 试件的抗压强度比为 1:0.85,即尺寸效应系数($b_{1.2}$)为 0.85。

### 10.8.3.2　湿筛效应

试件全部采用 $\phi$ 450 mm×900 mm 圆柱体试件。混凝土拌和物最大骨料公称粒径分别为 40 mm、80 mm 和 150 mm。试验龄期 90 d,不同水泥用量的混凝土抗压强度和湿筛效应试验结果见表 10-36。

表 10-36 表明,小粒径骨料混凝土的抗压强度比大粒径骨料高,40 mm 骨料对 80 mm 和 150 mm 骨

料抗压强度比为 1:0.94,即湿筛效应系数($b_{1.3}$)为 0.94。

**表 10-36　$\phi$ 450 mm×900 mm 试件不同最大骨料粒径混凝土 90 d 龄期抗压强度湿筛效应系数统计**

| 水泥用量/ (kg/m³) | 最大骨料粒径/mm | 1 系列 | | 2 系列 | | 3 系列 | | 4 系列 | |
|---|---|---|---|---|---|---|---|---|---|
| | | 抗压强度/MPa | 效应系数 | 抗压强度/MPa | 效应系数 | 抗压强度/MPa | 效应系数 | 抗压强度/MPa | 效应系数 |
| 390 | 150 | 36.61 | 0.823 | 34.09 | 0.815 | 38.36 | 0.832 | 33.39 | 0.901 |
| | 80 | 41.51 | 0.933 | 37.17 | 0.889 | 44.73 | 0.971 | 32.62 | 0.888 |
| | 40 | 44.45 | 1.0 | 41.79 | 1.0 | 46.06 | 1.0 | 37.03 | 1.0 |
| 334 | 150 | — | — | — | — | 37.17 | 0.872 | 28.91 | 0.871 |
| | 80 | — | — | — | — | 43.19 | 1.013 | 32.90 | 0.991 |
| | 40 | — | — | — | — | 42.63 | 1.0 | 33.18 | 1.0 |
| 278 | 150 | 33.04 | 0.969 | 33.95 | 1.0 | 37.94 | 1.060 | 32.48 | 0.995 |
| | 80 | 34.51 | 1.012 | 33.18 | 0.977 | 43.19 | 1.207 | 29.19 | 0.894 |
| | 40 | 34.09 | 1.0 | 33.95 | 1.0 | 35.77 | 1.0 | 32.62 | 1.0 |
| 抽样数 | | 4 | | 4 | | 6 | | 6 | |
| 平均值 | | 0.934 | | 0.920 | | 0.992 | | 0.923 | |
| 4 个系列平均值 | | $\dfrac{18.913}{20} = 0.94$ | | | | | | | |

### 10.8.3.3　试件形状效应

中国混凝土抗压强度等级(或标号)规定为 150 mm 立方体试件抗压强度,而设计惯用轴心抗压强度,许用应力指 $\phi$ 150 mm×300 mm 圆柱体试件测定的轴心抗压强度。两者必须采用形状效应系数由标准圆柱体强度转换为标准立方体强度。

英国 BS 1881:Part 4 标准规定:标准圆柱体抗压强度等于标准立方体强度的 80%。试验表明,标准圆柱体抗压强度与标准立方体抗压强度的比值,主要取决于混凝土抗压强度,强度愈高其比值亦愈高。在大坝混凝土抗压强度等级范围内,大量试验表明:标准圆柱体试件抗压强度比标准立方体抗压强度低,其比值为 0.82,即

$$\frac{\phi\,150\text{ mm} \times 300\text{ mm 抗压强度}}{150\text{ mm 立方体抗压强度}} = 0.82$$

或

$$150\text{ mm 立方体抗压强度} = b_{1.1} \times (\phi\,150\text{ mm} \times 300\text{ mm 圆柱体抗压强度})$$
$$= 1.22 \times (\phi\,150\text{ mm} \times 300\text{ mm 圆柱体抗压强度})$$

式中:$b_{1.1}$ 为试件形状效应系数,$b_{1.1} = 1.22$。

### 10.8.3.4　尺寸和龄期综合效应

美国大坝设计标准,混凝土设计强度标准值为全级配混凝土、$\phi$ 450 mm×900 mm 试件、1 年龄期的抗压强度;而施工质量验收强度为湿筛混凝土、$\phi$ 150 mm×300 mm 试件、28 d 龄期的抗压强度。因此,需要对试件尺寸和龄期进行转换。

因为混凝土抗压强度增长率与水泥品种和掺合料活性指数有关。各工程选用水泥品种、掺合料类别等原材料不同,会得出不同的抗压强度增长率。现以美国奥鲁威尔(Oroville)拱坝全级配混凝土为例,说明尺寸和龄期综合效应的建立方法和步骤。

奥鲁威尔拱坝混凝土配合比:美国 II 型水泥,150 kg/m³;天然火山灰,45 kg/m³;火山灰掺量 23%;

外加剂为木质素 OP;天然河砂及卵石,最大骨料粒径 150 mm;砂率 19.5%。

1. 全级配混凝土抗压强度增长率

全级配混凝土(最大骨料粒径 150 mm)成型 $\phi$ 450 mm×900 mm(mass)试件,养护采用 mass 养护,测定 28 d、90 d 和 1 年龄期抗压强度,其增长率见表 10-37。

表 10-37　mass 试件 mass 养护抗压强度增长率

| 龄期/d | 28 d | 90 d | 1 年 |
|---|---|---|---|
| 相对抗压强度试验 | 0.97 | 1.30 | 1.40 |
| 抗压强度增长率 | 1.0 | 1.34 | 1.44 |

美国 II 型水泥外掺 23% 火山灰掺合料,1 年龄期抗压强度增长率只有 1.44,如果掺加 40%~60% 粉煤灰,推算 1 年龄期抗压强度增长率会达到 1.60~1.80。

大型试件采用 mass 养护是指 mass 试件没有放在雾室标准养护,而是试件用铁皮焊接密封,放在可调控温度的室内。由于试件得不到充分的水分水化,故抗压强度有所降低,不到 2%,见表 10-38。

表 10-38　mass 试件 mass 养护和标准养护的强度差异

| 混凝土(1 年龄期) | | mass 养护 | 标准雾室养护 |
|---|---|---|---|
| 30 组掺加火山灰 AB | 抗压强度/MPa | 28.76 | 29.22 |
| | 增长率/% | 100 | 101.6 |
| 5 组掺加其他火山灰 | 抗压强度/MPa | 28.55 | 29.15 |
| | 增长率/% | 100 | 101 |

2. 龄期 28 d、试件尺寸和养护综合效应

湿筛混凝土、标准养护、龄期 28 d、$\phi$ 150 mm×300 mm 抗压强度与全级配混凝土 mass 试件和 mass 养护的龄期 28 d 抗压强度的比值为 1:1.13,即

$$\frac{28\ d\ \phi\ 150\ mm \times 300\ mm\ 标准养护相对抗压强度试验}{28\ d\ \phi\ 450\ mm \times 900\ mm\ mass\ 养护相对抗压强度试验} = \frac{1.10}{0.97} = 1.13$$

3. 奥鲁威尔拱坝混凝土施工质量验收强度系数

28 d 龄期中 $\phi$ 150 mm×300 mm 试件标准养护的抗压强度与 1 年龄期 $\phi$ 450 mm×900 mm 全级配混凝土 mass 养护试件的抗压强度比为 1:0.786。

$$M = \frac{28\ d\ 龄期\ \phi\ 150\ mm \times 300\ mm\ 标准养护相对抗压强度试验}{1\ 年龄期\ \phi\ 450\ mm \times 900\ mm\ mass\ 养护相对抗压强度试验} = \frac{1.10}{1.40} = 0.786$$

式中:M 为强度验收系数。

强度验收系数包括了龄期、试件尺寸、湿筛和养护条件等综合效应。

## 10.8.4　大坝混凝土施工质量强度验收

### 10.8.4.1　一般准则

国内外混凝土工程施工质量强度验收的惯例是验收强度大于或等于混凝土配制强度,而配制强度应同时满足设计规范规定的设计强度龄期、强度保证率和施工变异性要求。

### 10.8.4.2　大坝混凝土强度验收工程实例

1. 美国大坝混凝土强度验收(以奥鲁威尔拱坝为例)

美国大坝混凝土配制强度采用 1 年龄期 $\phi$ 450 mm×900 mm 全级配混凝土抗压强度,而验收强度却采用 28 d 龄期 $\phi$ 150 mm×300 mm 标准试件抗压强度。

前述奥鲁威尔拱坝混凝土配制强度 $f_m = 36.04$ MPa,施工质量强度验收系数 $M = 0.786$,所以施工质

量验收强度 $R_y$ 为

$$R_y \geqslant M \cdot f_m = 0.786 \times 36.04 = 28.3 (\text{MPa}) (28\ \text{d 龄期} \phi 150 \times 300\ \text{抗压强度})$$

2. 日本大坝混凝土强度验收(以日本大川重力坝为例)

日本大坝混凝土配制强度采用 91d 龄期 $\phi$ 150 mm×300 mm 圆柱体抗压强度,验收强度大于或等于配制强度。

前述大川坝混凝土配制强度 $f_m = 11.33$ MPa,所以验收强度 $R_y \geqslant f_m = 11.33$ MPa(91 d 龄期 $\phi$ 150 mm×300 mm 抗压强度)。

3. 中国大坝混凝土强度验收(岩滩碾压混凝土重力坝为例)

前述岩滩重力坝设计强度等级为 $C_{90}15$,配制强度 $f_m = 18.0$ MPa,验收强度大于或等于配制强度,验收强度 $R_y \geqslant 18.0$ MPa(90 d 龄期 150 mm 立方体抗压强度)。

# 10.9　大坝混凝土强度溯源

## 10.9.1　大坝混凝土的实有抗压强度

我国大坝混凝土设计规定,设计强度采用湿筛混凝土抗压强度,即筛除大于公称粒径 40 mm 骨料的混凝土强度来表征大坝混凝土强度。实际大坝用全级配混凝土浇筑,承受荷载是全级配混凝土,骨料公称粒径为 80 mm 或 150 mm。原型和模型材料组成存在较大差别。根据混凝土原型和模型比尺效应理论,只有模型尺寸大于原型混凝土中最大骨料粒径的 3~4 倍时,比尺效应影响才能减至最小。因此,美国大坝混凝土设计规定试件尺寸为 $\phi$ 450 mm×900 mm,又称 mass 试件。由 mass 试件测定轴心抗压强度才能代表原型混凝土的抗压强度。

美国大坝混凝土规定用全级配混凝土浇制 mass 试件,测定抗压强度确定混凝土配制强度,所以不存在比尺效应。中国大坝混凝土是用湿筛混凝土浇制 150 mm 立方体试件,测定的抗压强度确定混凝土配制强度,这个强度是名义的,不能真实反映原型大坝混凝土的实有强度。对大坝结构强度安全度评估需要确定原型大坝混凝土实有强度,采用比尺效应转换评估方法是简单、实用和经济的方法。

比尺效应转换的流程见表 10-39。

表 10-39　大坝混凝土强度溯源流程

| 序号 | 混凝土 | 试件规格 | 效应系数名称 | 效应系数 | 设计安全系数 | 安全系数折减 | 实有安全系数 |
|---|---|---|---|---|---|---|---|
| 1 | 湿筛 | 150 mm 立方体 | 形状效应 | $b_{1.1} = 1.22$ | | | |
| 2 | 湿筛 | $\phi$ 150 mm×300 mm 圆柱体 | 基准 | 1.0 | 4.0 | 1.0 | 1×4 = 4.0 |
| 3 | 湿筛 | mass 试件圆柱体 | 尺寸效应 | $b_{1.2} = 0.85$ | | 1×0.85 = 0.85 | 0.85×4 = 3.4 |
| 4 | 全级配 | mass 试件圆柱体 | 湿筛效应 | $b_{1.3} = 0.94$ | | 1×0.85×0.94 = 0.80 | 0.8×4 = 3.2 |

表 10-39 中,效应系数是取用美国垦务局的试验数据,见表 10-35 和表 10-36,mass 试件是指试件最小尺寸大于最大骨料粒径的 3~4 倍。

上述分析表明,中国大坝设计规定与美国大坝设计起点是不同的。中国规定 $\phi$ 150 mm×300 mm 试件测定的轴心抗压强度为设计强度,许用应力安全系数为 4.0;美国是以全级配混凝土 $\phi$ 450 mm×900 mm 试件测定的抗压强度为设计强度,许用应力安全系数不低于 3.0。表 10-39 强度溯源流程表明,中国坝原型全级配混凝土实有安全系数为 3.2。结果是一致的,结构强度安全度基本相同,中国的安全度略高一点,最终要由实测比尺效应系数确定。但是,两者的设计龄期是不同的,美国标准设计龄期为 1 年。

### 10.9.2 大坝混凝土配合比的关注点

#### 10.9.2.1 全级配混凝土与湿筛混凝土拌和物的差异

现以工程实例来说明拌和物组成的变化,某工程四级配大坝混凝土配合比和湿筛后混凝土配合比变化,见表 10-40。湿筛筛除粒径大于 40 mm 骨料的体积,还应考虑骨料表面黏附的水泥浆液和胶砂的体积,按筛除骨料体积的 5% 估算。

表 10-40 全级配混凝土和湿筛混凝土配合比对比

| 混凝土 | $1 m^3$ 混凝土材料用量/kg | | | | | $1 m^3$ 混凝土材料体积/$m^3$ | | | | | |
|---|---|---|---|---|---|---|---|---|---|---|---|
| | 水 | 水泥 | 掺合料 | 砂 | 石 | 水 | 水泥 | 掺合料 | 砂 | 石 | 含气量 |
| 全级配 | 85 | 128 | 43 | 429 | 1 719 | 0.085 | 0.039 6 | 0.015 6 | 0.165 6 | 0.661 1 | 0.04 |
| 湿筛 | 145.7 | 219.4 | 71.7 | 735 | 1 178 | 0.145 7 | 0.067 9 | 0.026 1 | 0.283 9 | 0.453 1 | 0.03 |

湿筛后配合比明显变化的是砂率和粗骨料级配,砂率由 0.20 增大到 0.38,粗骨料级配由四级配变到二级配(中石:小石=50:50)。湿筛混凝土的砂率(0.38)与正常设计的二级配混凝土砂率(0.28~0.32)截然不同,已超出判断最优砂率的范围。因此,根据湿筛混凝土拌和物判断全级配混凝土拌和物的最优砂率是不真实的,全级配混凝土的最优砂率必须由全级配混凝土的拌和、运送和浇筑试验来判断。

#### 10.9.2.2 试验重点不同,导致试验与结构设计安全度实际脱离

美国大坝混凝土配合比设计以全级配混凝土为主体,配合比设计参数取自全级配混凝土的特性,如用水量、水灰比、胶材用量和抗压强度。中国大坝混凝土配合比设计参数选取重点在于由全级配混凝土拌和物湿筛出的湿筛混凝土,而忽视了全级配混凝土拌和物的性能和设计抗压强度,导致试验与结构设计安全度实际脱离。

#### 10.9.2.3 改变设计理念,吸取美国大坝混凝土全级配配合比设计经验

作者无意改变我国大坝混凝土设计规定,采用全级配混凝土设计强度方法,但是需要指出,大坝混凝土配合比设计关注点应放在全级配混凝土性能上。

对大型水利水电工程大坝混凝土,配合比设计应增加全级配混凝土试验内容,将关注点有所转移,以便更接近大坝原型。

此前,我国三峡、东风坝等大型水利水电工程都是在工程施工近半,才进行全级配混凝土试验,既无助于大坝混凝土配合比参数选择,又无针对大坝结构安全度评估,有较大盲目性。作者认为全级配混凝土 mass 试件试验应在开工前进行,其目的如下:

(1)通过少量试验,从拌和物形态、浇筑试验了解全级配混凝土拌和物的和易性、砂率等参数选择是否合适。

(2)mass 试件所能达到的抗压强度水平。

(1)和(2)两项工作必须在配合比选择阶段同时进行,摆脱大坝混凝土研究只注重湿筛混凝土,而忽略对大坝原型混凝土的试验。

(3)对大坝结构混凝土强度安全度评估,做好强度溯源试验测定。

#### 10.9.2.4 美国大坝全级配混凝土试验、研究经验初步总结

从 20 世纪 50 年代,美国大坝混凝土设计标准改用全级配混凝土抗压强度为设计强度标准值以来,已进行了大量试验研究工作,摘其部分内容供参考。

(1)美国垦务局研究全级配混凝土抗压强度和胶材用量的关系表明,大坝混凝土的胶材用量不宜低于 160 kg/$m^3$,低于 160 kg/$m^3$ 的大坝混凝土抗压强度的规律性将失衡,且波动增大,难于施工质量控制。

（2）奥鲁威尔（Oroville）拱坝混凝土配合比设计共计浇制了 915 个 ϕ 450 mm×900 mm mass 试件。研究了以下内容：①不同水泥用量、火山灰掺量的混凝土与抗压强度的关系，龄期包括 7 d、28 d、90 d、180 d、1 年、2 年至 4 年；②养护条件：标准雾室养护与 mass 养护对混凝土强度的影响；③不同圆柱体试件的尺寸效应，龄期效应，龄期由 28 d、90 d、180 d 至 1 年；④砂率对全级配混凝土密实性和强度的影响；⑤火山灰掺合料和木质素外加剂对混凝土干缩的影响。

现今，我国科技发展水平已具备利用大型试验机开展这方面研究的能力。如何在美国已有研究成果基础上更上一层，这里只是做个铺垫。

# 10.10　一些工程大体积混凝土强度的尺寸效应

重力坝坝体常态混凝土一般采用四级配，粗骨料的最大粒径达 150 mm，碾压混凝土一般采用三级配，粗骨料最大粒径为 80 mm。为节省试验费用、便于现场试验、质量检查和质量控制，规范规定在确定混凝土配合比及混凝土强度质量检验时均采用小尺寸标准试件，成型时采用湿筛法，将混凝土中的大骨料和特大骨料筛除。湿筛后试件配合比与坝体混凝土配合比已不同，试件中粗骨料减少、胶凝材料含量增加，配合比变化使标准试件测得的混凝土性能与坝体全级配混凝土性能有较大差异。研究了这个差异，就可以从采用小尺寸和小骨料的标准试件的强度试验结果，推测出全级配（大尺寸和大骨料）混凝土的强度，它与坝体混凝土强度更接近。这对于确定大坝真实的应力安全度有重要的意义。大体积混凝土强度的尺寸效应和骨料级配效应可以分为三种情况：试件尺寸效应、骨料级配效应、全级配效应（试件尺寸效应和骨料级配效应的联合效应）。本节介绍的是文献[10]中对常态混凝土和碾压混凝土研究的一些成果，作为上面的补充资料。

## 10.10.1　混凝土强度的尺寸效应和骨料级配效应

### 10.10.1.1　混凝土强度的尺寸效应

试件尺寸效应是指混凝土在骨料粒径、配合比和龄期相同的条件下，试件尺寸大小和形状对于混凝土强度的影响。对一些工程的混凝土进行了试验研究工作，现列于表 10-41 和表 10-42 中。

表 10-41　二滩大坝混凝土强度的试件尺寸效应（骨料最大粒径为 40 mm）

| 试件尺寸/cm | 10×10×10 | 15×15×15 | 20×20×20 | 30×30×30 |
|---|---|---|---|---|
| 相对抗压强度 | 1.09 | 1.00 | 0.97 | 0.86 |
| 相对劈拉强度 | 1.25 | 1.00 | 0.89 | 0.78 |

表 10-42　胡佛大坝混凝土强度的试件尺寸效应（骨料最大粒径为 38 mm）

| 试件尺寸/cm | ϕ 7.6×15.2 | ϕ 15.2×30.4 | ϕ 20.1×40.2 | ϕ 30.4×60.8 | ϕ 45.0×90.0 | ϕ 60.8×121.6 |
|---|---|---|---|---|---|---|
| 相对抗压强度 | 1.03 | 1.00 | 0.96 | 0.98 | 0.84 | 0.87 |

由上述表中试验结果可以看出，相同骨料粒径及相同配合比的混凝土，其抗压强度随试件尺寸的增大而逐步降低。试件尺寸对混凝土抗拉强度的影响比抗压强度的影响敏感，这是因为在承受拉力时，试件中的薄弱部位对黏结性能、混合物比例的变化、泌水通道的影响、均匀性、成型工艺的差别及养护因素等比较敏感，试件越大、抗拉强度降低越多。

### 10.10.1.2　混凝土强度的骨料级配效应

骨料级配效应是混凝土的配合比相同，试件尺寸相同，但骨料分别采用二级配、三级配、四级配，研究骨料的大小对抗压强度的影响。表 10-43 是二滩大坝混凝土的试验结果。

表 10-43　二滩大坝混凝土强度的骨料级配效应

| 骨料最大粒径/mm | 150 | 80 | 40 |
|---|---|---|---|
| 相对抗压强度 | 0.98 | 0.95 | 1.00 |
| 相对劈拉强度 | 0.80 | 0.85 | 1.00 |

注:抗压强度试件尺寸为 30 cm×30 cm×30 cm;劈拉强度试件尺寸为 30 cm×30 cm×30 cm。

由表 10-43 可知,相对抗压强度,骨料最大粒径为 80 mm 时,强度较低,比骨料最大粒径为 40 mm 的降低了 5 %;相对劈拉强度则随着骨料最大粒径的增大而降低,骨料最大粒径为 150 mm 的混凝土强度比骨料最大粒径为 40 mm 的混凝土强度降低了 20 %。

### 10.10.1.3　混凝土强度的全级配效应(试件尺寸效应和骨料级配效应的联合效应)

采用骨料全级配(最大粒径 180 mm)和大尺寸试件进行混凝土强度试验,所得到的强度结果既有试件尺寸的影响,也有骨料最大粒径的影响,其得到的强度与大体积混凝土的强度较为接近,对于我们了解大坝混凝土的真实特性和大坝的真实安全度有重要意义。下面是一些工程混凝土的试验结果。

(1)东江、二滩、三峡大坝混凝土强度试验,见表 10-44~表 10-47。

表 10-44　东江大坝混凝土强度的试件尺寸效应(含骨料级配效应)

| 试件尺寸 | | $\phi$ 45 cm×45 cm | $\phi$ 45 cm×90 cm | 15 cm×15 cm×15 cm |
|---|---|---|---|---|
| 相对抗压强度 | 四级配 | 0.76 | 0.64 | 1.00 |
| | 三级配 | 0.69 | 0.57 | 1.00 |
| | 二级配 | 0.76 | 0.63 | 1.00 |
| 相对轴拉强度 | 四级配 | 0.63 | — | 1.00 |
| | 三级配 | 0.57 | — | 1.00 |
| | 二级配 | 0.67 | — | 1.00 |
| | 一级配 | 0.72 | — | 1.00 |

注:1. 表中级配为全级配大试件的级配。

2. 抗压强度 $\phi$ 45 cm×90 cm 结果为 $\phi$ 45 cm×45 cm 的折算值。

3. 轴拉大试件有等截面和八字形两种,全长均为 3.6 m,应力均匀段尺寸分别为 45 cm×45 cm×140 cm 和 45 cm×45 cm×90 cm。

表 10-45　二滩大坝混凝土强度的试件尺寸效应(含骨料级配效应)

| 试件尺寸 | | $\phi$ 45 cm×90 cm | $\phi$ 15 cm×30 cm | 15 cm×15 cm×15 cm |
|---|---|---|---|---|
| 相对抗压强度 | 四级配 | 0.54 | 0.76 | 1.00 |
| | 三级配 | 0.54 | 0.79 | 1.00 |
| 相对轴拉强度 | 四级配 | 0.65 | — | 1.00 |
| | 三级配 | 0.63 | — | 1.00 |

注:表中级配为 $\phi$ 45 cm×90 cm 全级配试件的级配。

表 10-46　三峡大坝混凝土强度的试件尺寸效应(含骨料级配效应)

| 试件尺寸 | $\phi$ 45 cm×90 cm | $\phi$ 15 cm×30 cm | 45 cm×45 cm×45 cm | 15 cm×15 cm×15 cm |
|---|---|---|---|---|
| 相对轴心抗压强度 | 0.73 | 0.75 | 1.08 | 1.00 |
| 相对劈裂抗拉强度 | 1.03 | 1.27 | 0.86 | 1.00 |

表 10-47　试件尺寸效应与振捣频率对强度的影响

| 骨料种类及最大粒径 | 含气量/% | 振捣频率 | 抗压强度/MPa | | 同振捣频率强度比 | 不同振捣频率强度比 | | |
|---|---|---|---|---|---|---|---|---|
| | | | 15 cm立方体 | 45 cm立方体 | | 高频/低频(45 cm立方体) | 高频(45 cm立方体)/低频(15 cm立方体) | 高频/低频(15 cm立方体) |
| 人工骨料40 | 4.9 | 高频 | 21.1 | 21.5 | 1.02 | 1.17 | 1.05 | 1.03 |
| | | 低频 | 20.5 | 18.3 | 0.89 | | | |
| 人工骨料150 | 4.9 | 高频 | 23.6 | 25.2 | 1.07 | 1.21 | 1.03 | 0.97 |
| | | 低频 | 24.4 | 20.9 | 0.86 | | | |
| 天然骨料150 | 4.9 | 高频 | 17.9 | 19.4 | 1.08 | | 1.11 | 1.02 |
| | | 低频 | 17.5 | | | | | |
| 平均强度比 | | | | | 0.98 | 1.19 | 1.06 | 1.01 |

从表 10-44~表 10-47 的试验成果可以看出:

①东江大坝、二滩大坝和三峡大坝混凝土抗压强度都随试件尺寸的增大而降低;其中轴拉强度降低更多。

②三峡混凝土试验的全级配大试件的抗压强度高于或接近标准试件的强度,主要与高频振捣对含气量的影响有关:由于湿筛标准试件采用振动台振捣,混凝土含气量控制在 4.0%~5.0%;而全级配大试件采用振捣频率为 12 000 次/min 的软轴高频振捣棒振捣,消除了混凝土中的大部分气泡,使混凝土的密度和抗压强度提高。表 10-47 为高、低频振捣和试件尺寸对混凝土强度影响的验证性试验的结果,证实了振捣频率对混凝土强度的影响。

③三峡混凝土试验的圆柱体试件劈裂抗拉强度高于立方体试件的劈裂抗拉强度,主要与劈裂抗拉试验时两者采用的垫条不同有关。

(2)三峡大坝全级配混凝土性能试验资料表明,由于全级配混凝土中骨料含量高、灰浆含量少,全级配大试件弹性模量约为湿筛标准试件的弹性模量的 120%;全级配混凝土灰浆率小,其干缩较湿筛混凝土小,干缩变形约为湿筛混凝土的 30%;全级配混凝土轴拉强度、极限拉伸值和拉伸弹性模量分别为湿筛混凝土的 61%、58% 和 118%;全级配混凝土自生体积变形为湿筛混凝土的 30%;全级配混凝土 7 d、28 d、90 d 加荷龄期的徐变分别为湿筛混凝土的 55%、73% 和 98%。

### 10.10.1.4　一些国内外单位混凝土强度的试件尺寸效应和骨料级配效应试验成果

中国水利水电科学研究院、国际标准化组织第 71"混凝土试验方法"技术委员会第一分委会(ISO/TC71/SC1)和美国及苏联对于立方体试件尺寸效应(含骨料级配效应)的试验研究结果列于表 10-48 和表 10-49;美国混凝土协会 J. M. Raphael 建议的圆柱体与边长 15 cm 立方体试件抗压强度之间的关系见表 10-50。从表 10-48、表 10-49 中可以看出,混凝土抗压强度都随试件尺寸的增大而降低,但降低的比例没有前面的大。

表 10-48　不同尺寸立方体试件的相对抗压强度

| 资料来源 | 试件尺寸/cm | | | |
|---|---|---|---|---|
| | 10×10×10 | 15×15×15 | 20×20×20 | 30×30×30 |
| 中国水利水电科学研究院 | 1.04 | 1.00 | 0.95 | 0.93 |
| ISO | 1.00 | 1.00 | 0.95 | 0.90 |
| 苏联 | 1.12 | 1.00 | 0.93 | 0.90 |

注:表中系数均以 15 cm 立方体试件强度为标准。

表 10-49　不同尺寸圆柱体试件的相对抗压强度

| 资料来源 | 试件尺寸/cm | | | | | | |
|---|---|---|---|---|---|---|---|
| | $\phi$ 10×20 | $\phi$ 15×30 | $\phi$ 20×40 | $\phi$ 30×60 | $\phi$ 45×90 | $\phi$ 60×120 | $\phi$ 90×180 |
| ISO | 1.02 | 1.00 | 0.97 | 0.91 | | | |
| 美国 | 1.06($\phi$ 7.5×15) | 1.00 | 0.96 | 0.91 | 0.86 | 0.84 | 0.82 |

注:表中系数均以 $\phi$ 15 cm×30 cm 圆柱体试件强度为标准。

表 10-50　圆柱体试件和立方体试件的抗压强度关系

| 资料来源 | 试件尺寸/cm | | | |
|---|---|---|---|---|
| | $\phi$ 15×30 | $\phi$ 15×15 | 15×15×30 | 15×15×15 |
| 美国 | 0.88 | 1.02 | 0.82 | 1.00 |

注:表中系数均以 15 cm 立方体试件强度为标准。

## 10.10.2　混凝土强度与试件尺寸效应和形状的换算关系(含骨料级配效应)

### 10.10.2.1　混凝土抗压(拉)强度与试件尺寸的换算关系

综合分析国内外资料,混凝土单轴抗压强度和混凝土劈裂抗拉强度与试件尺寸、形状的换算关系(含骨料级配效应)可分别采用表 10-51 和表 10-52 中的数值。由上述表中结果可以看出:相同骨料粒径及相同配合比的混凝土,其抗压强度随试件尺寸的增大而逐步降低;试件尺寸对混凝土抗拉强度的影响比抗压强度的影响敏感,这是因为在承受拉力时,试件中的薄弱部位对黏结性能、混合物比例的变化、泌水通道的影响、均匀性、成型工艺的差别及养护因素等较敏感,试件越大,抗拉强度降低越多。

表 10-51　混凝土单轴抗压强度与试件尺寸、形状的换算关系

| 试件尺寸/cm | $\phi$ 45×90 | $\phi$ 30×60 | $\phi$ 15×30 | 45×45×45 | 20×20×20 | 15×15×15 |
|---|---|---|---|---|---|---|
| 相对强度 | 0.66 | 0.70 | 0.80 | 0.76 | 0.95 | 1.00 |

表 10-52　试件尺寸对混凝土劈裂抗拉强度的影响

| 试件尺寸/cm | 10×10×10 | 15×15×15 | 20×20×20 | 30×30×30 | 40×40×40 |
|---|---|---|---|---|---|
| 相对强度 | 1.25 | 1.00 | 0.85 | 0.70 | 0.70 |

上述尺寸效应系数实际包含了试件尺寸、形状效应和湿筛产生的骨料级配效应的综合影响,为固定骨料级配时试件尺寸影响系数与骨料级配影响系数的乘积。国内外试验资料表明,当试件直径大于或等于 45 cm 后,试件尺寸对抗压强度的影响甚微,当试件抗拉断面大于或等于 30 cm×30 cm 后,对抗拉强度的影响已很小。

### 10.10.2.2　碾压混凝土全级配(三级配)层面和湿筛尺寸效应系数

龙滩大坝碾压混凝土全级配(三级配)大试件用大功率平板振动成型器振实成型,湿筛标准试件用小型平板振动器振实成型。湿筛标准试件无层面,全级配混凝土分为有层面和无层面 2 种情况,层面间隔时间为 6 h。两种粉煤灰的试验结果平均值见表 10-53。表 10-53 中层面效应系数为有层面大试件性能结果与无层面大试件性能结果之比,湿筛尺寸效应系数为无层面大试件性能结果与湿筛小试件性能结果之比。层面效应系数的平均值:抗压强度为 0.93,轴拉强度为 0.86,极限拉伸为 0.86。湿筛尺寸效应系数的平均值:抗压强度为 0.93,轴拉强度为 0.71,极限拉伸为 0.74,徐变为 0.83,自变为 0.62。

表 10-53　龙滩全级配碾压混凝土层面和湿筛尺寸效应系数

| 项目 | | 龄期 | | | | 平均值 |
|---|---|---|---|---|---|---|
| | | 7 d | 28 d | 90 d | 180 d | |
| 层面效应系数 | 抗压强度 | 0.92 | 0.92 | 0.94 | 0.95 | 0.93 |
| | 劈拉强度 | 0.75 | 0.83 | 0.88 | 0.91 | 0.84 |
| | 弹性模量 | — | 0.99 | 0.99 | 0.99 | 0.99 |
| | 轴拉强度 | — | 0.81 | 0.83 | 0.93 | 0.86 |
| | 极限拉伸 | — | 0.77 | 0.87 | 0.93 | 0.86 |
| 湿筛尺寸效应系数 | 抗压强度 | 0.95 | 0.93 | 0.91 | 0.91 | 0.93 |
| | 劈拉强度 | 0.72 | 0.85 | 0.84 | 0.83 | 0.81 |
| | 弹性模量 | — | 1.03 | 1.02 | 1.01 | 1.02 |
| | 轴拉强度 | — | 0.73 | 0.71 | 0.70 | 0.71 |
| | 极限拉伸 | — | 0.78 | 0.71 | 0.72 | 0.74 |
| | 徐变 | 0.91 | 0.97 | 0.62 | — | 0.83 |
| | 自变 | 0.61 | 0.62 | 0.64 | 0.59 | 0.62 |

**注**：全级配大试件尺寸：抗压、劈拉强度试件 30 cm×30 cm×30 cm；极限拉伸试件 $\phi$ 30 cm×90 cm；弹性模量试件 $\phi$ 30 cm×60 cm；抗渗试件 30 cm×30 cm×30 cm；自变和徐变试件 $\phi$ 30 cm×90 cm。

### 10.10.2.3　碾压混凝土芯样抗压强度与机口样抗压强度的关系

几个碾压混凝土工程芯样平均抗压强度与机口样平均抗压强度之间的关系见表 10-54。碾压混凝土机口取样成型的标准试件属于湿筛后混凝土小试件(15 cm×15 cm× 15 cm)，碾压混凝土芯样试件的强度为按照试件尺寸与形状对于强度影响的关系换算成标准试件尺寸后的强度。根据表 10-54，碾压混凝土坝芯样与机口样抗压强度值的比较，可以看出芯样的平均抗压强度低于机口样的平均抗压强度，碾压混凝土坝芯样试件与机口样试件平均抗压强度的比值为 0.70~0.85，该比值反映了粒径效应和碾压混凝土施工中各种因素对于碾压混凝土抗压强度的影响：①芯样试件是三级配，骨料最大粒径 80 mm，湿筛试件是二级配，骨料最大粒径 40 mm；②芯样可能有层面；③取样和加工对芯样可能有损伤和芯样加工不好使芯样试验时受力不均；④机口取样和大坝芯样成型和养护方法不同；⑤试验龄期可能不一致即使换算也不一定准确；⑥试件尺寸与形状对于强度影响的换算系数不一定准确等。

表 10-54　碾压混凝土坝芯样与机口样抗压强度值的比较

| 工程名称 | 芯样强度/MPa | 机口样强度/MPa | 芯样强度/机口样强度 | 工程名称 | 芯样强度/MPa | 机口样强度/MPa | 芯样强度/机口样强度 |
|---|---|---|---|---|---|---|---|
| 龙滩 $C_{90}20$ | 30.8 | 33.8 | 0.91 | 铜街子 1# 坝 | 13.0 | 20.4 | 0.64 |
| 江垭坝 $R_{90}200$ | 20.8 | 28.7 | 0.72 | 岛地川(日本) | 16.2~22.0 | 23.7~28.2 | 0.60~0.75 |
| 江垭坝 $R_{90}150$ | 19.9 | 23.3 | 0.85 | 大川(日本) | 12.3 | 14.2 | 0.87 |
| 沙溪口挡墙 | 27.9 | 35.1 | 0.80 | 玉川试验坝(日本) | 16.2~20.0 | 23.9~28.3 | 0.60~0.75 |
| 铜街子左挡水坝 | 14.1 | 16.7 | 0.84 | 神室(日本) | 16.4 | 19.4 | 0.85 |

# 参考文献

[1] 姜福田.混凝土力学性能与测定[M].北京:中国铁道出版社,1989.

[2] 姜福田.碾压混凝土[M].北京:中国铁道出版社,1991.

[3] M R H Dunstan.碾压混凝土坝设计和施工考虑的问题[C]//第十六届国际大坝会议论文译文集.北京:水利电力出版社,1989.

[4] 姜福田.碾压混凝土坝现场层间允许间隔时间测定方法的研究[J].水力发电,2008(2).

[5] 朱伯芳.混凝土坝计算技术与安全评估展望[J].水利水电技术,2006(10).

[6] 朱伯芳.混凝土坝安全评估的有限元全程仿真与强度递减法[J].水利水电技术,2007(1).

[7] 美国内务部垦务局.混凝土手册(1981)[M].王圣培,等译.北京:水利电力出版社,1990.

[8] 冯树荣,肖峰,杨华全.混凝土重力坝的材料分区及其设计[C]//周建平,等.混凝土重力坝设计20年,北京:电力工业出版社,2008.

# 第 11 章　碾压混凝土渗透与溶蚀特性

## 11.1　概　　述

混凝土和碾压混凝土与陶瓷材料一样是毛细孔-多孔体的材料,同时混凝土和碾压混凝土也是亲水性材料。当混凝土或碾压混凝土与水接触时便会吸水;当混凝土或碾压混凝土的相对两个表面有压力、浓度或电位差异时,将会有物质从压力(或浓度、电位等)高的地方向低的方向迁移的过程。然而,混凝土和碾压混凝土是与陶瓷材料不同的毛细孔-多孔体的材料,混凝土和碾压混凝土中的胶凝材料具有活性或潜在的活性,在一定的条件下,胶凝材料会不断地水化并生成水化产物使其内部的孔隙不断发生变化而影响物质通过孔隙的迁移过程。混凝土和碾压混凝土孔结构的特点是毛细孔半径的范围很宽,从十几个埃到几百微米不等。长期不断的水化过程中,毛细孔被新水化生成物不断地充填,毛细孔体系不断发生变化。由于毛细孔孔径的不同,液体透过混凝土和碾压混凝土的迁移机理也不同。当混凝土或碾压混凝土相对的两个表面存在压力差时,液体的迁移可按流体动力学规律以及黏性流、分子流、扩散流的规律进行。当混凝土或碾压混凝土相对的两个表面存在浓度差时,物质相应发生扩散现象(包括渗透和渗析)。在扩散作用下,液体和溶解于液体中的物质迁移,也可能发生与电渗和电析有关的电动现象。

水透过混凝土的迁移机理与渗透系数、孔的最大半径和孔隙率有关,有关的研究数据列于表 11-1。

**表 11-1　水透过混凝土的迁移机理与渗透系数和孔半径的关系**

| 渗透的液体 | 迁移机理 | 渗透系数/(cm/s)　* | 孔半径/cm | 孔隙率/% | 混凝土种类 |
|---|---|---|---|---|---|
| 水 | 黏性流 | $\geqslant 10^{-4}$ | $\geqslant 10^{-4}$ | $\geqslant 8$ | 普通混凝土 |
| | 毛细孔流 | $10^{-4} \sim 10^{-7}$ | $10^{-4} \sim 10^{-5}$ | $3 \sim 8$ | 密实的混凝土 |
| | 扩散流 | $\leqslant 10^{-7}$ | $\leqslant 10^{-5}$ | $1 \sim 3$ | 特别密实的混凝土 |

注:* 压力差为 0.3~1.5 MPa。

混凝土和碾压混凝土中胶凝材料的水化产物或多或少地会溶于水(特别是软水),水通过混凝土或碾压混凝土中的毛细孔进行迁移也会将部分水化产物逐渐溶出。不同的水通过混凝土或碾压混凝土的毛细孔迁移而产生的溶蚀过程不同。有些混凝土早期发生渗透和溶蚀,随着时间的延长,渗透和溶蚀减缓并逐渐出现"自愈",有些混凝土出现的渗透和溶蚀随着时间的延长愈发严重。对于渗透和溶蚀的程度及发展的趋势需要有清晰的认识,必要时需做好预防,以避免工程发生严重事故。

## 11.2　碾压混凝土的渗透与溶蚀特性

碾压混凝土与常态混凝土一样,是亲水的、含有孔隙的多孔体系材料。碾压混凝土与水接触时便会吸水,在压力作用下水会在碾压混凝土的毛细孔体系中发生迁移,形成渗漏。然而,水在碾压混凝土中的迁移过程与规律有别于水在陶瓷中的迁移,因为组成混凝土(特别是碾压混凝土)的胶凝材料是有活性的,其水化是随时间而进行的、水化产物是不断变化的,因而碾压混凝土中的孔隙体系是随碾压混凝土的龄期和水化环境条件而变化的复杂过程。这导致水在碾压混凝土中的迁移和渗透具有复杂的变化规律。

碾压混凝土中胶凝材料的水化产物与其他水泥混凝土中的水化产物相似,都是碱性并一定程度地溶于水。在碾压混凝土孔隙中迁移的渗透水或多或少地溶解碾压混凝土的水化产物并将其带出混凝土。当渗透水为软水时,渗透水对水化产物的溶蚀作用将更加明显。水对混凝土中胶凝材料的水化产物的溶蚀(包括渗透溶蚀和接触溶蚀)作用,严重时将影响混凝土的耐久性。

## 11.2.1　混凝土中的孔隙及其演变

孔隙是混凝土的必然组分,一方面混凝土不可能浇筑得完全密实;另一方面混凝土中的孔隙对混凝土的性能并非完全起到负面作用。混凝土中的水泥和掺合料的水化是一个过程,此过程受很多方面的影响。它与原材料的品种、性能等有关,也与水化条件与水化环境有关。胶凝材料中的水泥是水化较早的材料,但水泥是多种矿物材料组成的混合物,其中不同矿物的水化进程是不一致的,不同的水泥品种、矿物含量等的不同,都影响着混凝土中孔隙体系。胶凝材料中的掺合料是水化相对比较慢的成分,其水化不仅受到水泥水化产物的影响,也受到其水化产物生成条件等的影响。因此,混凝土中的孔隙是极其复杂、随原始条件和环境条件而变化的长期过程。

### 11.2.1.1　混凝土中的孔隙

孔隙是混凝土的重要组分,也是必然存在的组分。孔隙存在于硬化胶凝材料浆、骨料及硬化胶凝材料浆与骨料的界面上,分原生孔隙和次生孔隙两类。后者多由前者发展而成。这些孔隙在混凝土中呈网络分布并受内外条件影响而变化。

混凝土中的孔隙来源于下述几个方面:①混凝土中残留的水分。这部分水是为了混凝土拌和物获得必要的施工和易性而加入的。当残留的水分蒸发逸出后即形成连通的(或独立的)毛细孔和微细孔。随着混凝土硬化龄期及硬化条件的不同,毛细孔和微细孔可以被水、空气或胶凝材料的水化产物等填充。②混凝土拌和物中含有一定量的空气。这些空气最初吸附在胶凝材料与骨料的表面,搅拌时由于空气未被完全排出或者由于掺用引气剂等而形成气孔。这些气孔多为球状,孔的尺寸一般平均为 25 ~ 500 μm 或稍大一些。③在混凝土浇筑完毕开始凝结硬化时,部分水分上泌,形成连通的孔道。部分水分积聚在粗骨料下表面形成水膜或水囊,混凝土硬化后也形成孔隙。④在混凝土中还可能存在由于漏振捣而产生的不密实孔;因温差收缩作用产生温度裂缝;由于干燥收缩产生干缩裂缝等。

孔隙对混凝土的影响既有负面作用也有正面作用,有的孔没有负面作用,有的孔正面作用十分显著。孔隙的负面作用包括降低混凝土的强度、抗渗性和抗冻性等。混凝土含气量每增加 1%,其强度下降 3% ~ 5%。与外界连通的某些孔隙降低了混凝土的抗渗性和抗冻性。孔隙的正面作用概括起来有如下几个方面:①孔隙为混凝土中胶凝材料的继续水化提供水源与供水渠道。②孔隙为胶凝材料水化产物的生长提供空间。③尺寸小于某一限度的孔隙对混凝土的某些性能没有负面作用甚至有正面作用。如引气剂引入混凝土中的气泡明显改善混凝土的抗冻性和抗渗性。

吴中伟教授根据多年资料,按孔径对强度的不同影响,将混凝土中的孔分为四类:孔径小于 20 nm 为无害孔;孔径 20 ~ 100 nm 为少害孔;孔径 100 ~ 200 nm 为有害孔;孔径大于 200 nm 为多害孔。美国加州大学 P. K. Mehta 教授认为,水泥石中只有孔径在 100 nm(或 50 nm)以上的孔才对强度和抗渗性有害,小于 50 nm 的孔可能属于凝胶孔为主的水化产物内部的微孔。因此,小于 50 nm 的孔数量多少,可能反映凝胶数量的多少,而水化产物的数量越多,则强度越高,抗渗性越好。

混凝土的渗透性与其孔隙率有关,更重要的是与孔径分布与孔的形态、孔的连通性密切相关。如果混凝土内部的孔隙都是球形孔或者虽是管状孔但彼此不连通且封闭,则混凝土显然是不透水的。即使是不封闭的管状孔,只要孔径小到一定程度,水也是不易通过的。

### 11.2.1.2　混凝土中孔隙的发展变化

混凝土的密实度及混凝土中的孔隙构造一方面取决于混凝土的原生孔隙及构造;更重要的是另一方面,即随着龄期的延长混凝土中原生孔隙的发展变化情况。众所周知,混凝土中水泥的水化是从水泥颗粒表面开始并逐渐往内部进行的,随着水化的不断加深,水化速度逐渐降低。根据 S. Giertz Hedstrom

的资料,水泥与水接触 28 d 以后,实测水泥颗粒水化深度只有 4 μm,水化 1 年以后水化深度也仅为 8 μm。按此速度推算,水化 13 年也仅有粒径小于 32 μm 的水泥颗粒能完全水化。正如 T. C. Powers 的计算结果所反映的,只有当水泥颗粒小于 50 μm,在普通条件下才有可能完全水化。因此,水泥的水化是长期的,水化至一定龄期之后是缓慢进行的。根据水蒸气压力的测量,水泥石中毛细孔的直径估计为 1.3 μm。随着水泥水化程度的增大,水泥石中固相物质所占比例逐渐增加,即水泥石越来越密实。在水化程度高的密实水泥石中,毛细孔可能被凝胶堵塞而分段隔开,使它们成为只与凝胶孔相连的毛细孔。水灰比适当且长期湿养护的水泥石可以达到不存在连续毛细孔。表 11-2 列出了水泥石中毛细孔分隔成段所需时间。

表 11-2　水泥石中毛细孔分隔成段所需时间

| 水灰比 | 0.40 | 0.45 | 0.50 | 0.60 | 0.70 | >0.70 |
|---|---|---|---|---|---|---|
| 所需时间/d | 3 | 7 | 14 | 180 | 365 | 不可能 |

在混凝土中,粗骨料颗粒与硬化胶凝材料浆体之间的界面区(过渡区),对于纯水泥混凝土来说该区厚为 10~50 μm。它是混凝土中最薄弱的部分。根据 F. Maso 的研究,在新捣实的混凝土中沿粗骨料颗粒的周围形成水膜或由于泌水在粗骨料颗粒下部形成水囊,从而在贴近粗骨料处比远离粗骨料处实际水灰比要高。由于高水灰比,在贴近粗骨料处钙矾石和氢氧化钙等结晶矿物含有比较大的结晶,板状氢氧化钙晶体往往形成择优取向层,故所形成的骨架结构比水泥石或砂浆基体孔隙为多。随着水泥水化的进行,结晶差的 C-S-H 及氢氧化钙和钙矾石的二次较小的晶体填充于大的钙矾石和氢氧化钙晶体所构成的骨架间的孔隙内,使过渡层孔隙逐渐减少和密实。

碾压混凝土中掺有较大比例的掺合料(如粉煤灰等),这些掺合料初期水化较少,大量的水化产物产生于碾压混凝土铺筑 28 d 之后,这时碾压混凝土内部的原生孔隙结构已形成,新生的水化产物将填充碾压混凝土中的原生孔隙,使毛细孔细化、分段、堵塞。因此,碾压混凝土内部孔隙构造随碾压混凝土龄期的延长变化更大。

表 11-3 是用压汞法测得的 90 d 龄期碾压混凝土砂浆中孔隙的孔径分布。很显然,水胶比越低,孔隙率越小(由比孔容反映),大孔所占比例越小,小孔所占比例越大,小于 50 nm 的无害孔和少害孔随着水胶比的下降所占的比例明显增大。

表 11-3　碾压混凝土砂浆中孔隙的孔径分布(90 d)

| 孔级 | 占总孔隙率/% | | |
|---|---|---|---|
| | $C=90$ kg/m³, $F=30$ kg/m³, 水胶比 = 0.80 | $C=85$ kg/m³, $F=85$ kg/m³, 水胶比 = 0.50 | $C=75$ kg/m³, $F=162$ kg/m³, 水胶比 = 0.45 |
| 7 500~1 000 nm | 5.01 | 3.16 | 1.37 |
| 1 000~100 nm | 30.52 | 14.41 | 10.32 |
| 100~50 nm | 19.25 | 20.01 | 20.95 |
| 50~25 nm | 17.58 | 22.68 | 21.58 |
| 25~5 nm | 27.64 | 39.76 | 45.76 |
| 比孔容/(mm³/g) | 102.55 | 84.56 | 74.57 |

表 11-4 是岩滩水电站工程碾压混凝土室内砂浆试样孔隙压汞测试结果。由表 11-4 可见,孔径 100 nm 以上的孔所占的比例从 28 d 到 90 d 期间显著下降。100 nm 以下的孔隙所占的比例增大,特别是孔径小于 30 nm 的孔隙所占的比例明显增大,总孔隙率(从比孔容反映)下降。

**表 11-4　岩滩工程碾压混凝土室内砂浆试样孔隙压汞测试结果**

| 测试项目 | | 围堰砂浆配合比 | | 主坝砂浆配合比 | |
| --- | --- | --- | --- | --- | --- |
| | | 28 d | 90 d | 28 d | 90 d |
| 孔径分布/% | <10 nm | 10.08 | 12.78 | 8.51 | 12.72 |
| | 10~30 nm | 16.34 | 31.16 | 16.84 | 33.97 |
| | 30~100 nm | 14.66 | 21.45 | 16.16 | 27.51 |
| | 100~300 nm | 17.03 | 9.08 | 12.61 | 12.96 |
| | 300~1 000 nm | 32.39 | 17.13 | 44.06 | 11.45 |
| | >1 000 nm | 9.51 | 8.40 | 1.86 | 1.39 |
| 平均孔径/nm | | 428.9 | 339.0 | 311.7 | 134.1 |
| 最可几孔径/nm | | 479.4 | 21.6 | 479.4 | 21.6 |
| 比孔容/(mm³/g) | | 93.6 | 72.5 | 62.6 | 55.6 |
| 比表面积/(cm²/g) | | 265 346 | 297 000 | 167 750 | 238 286 |

　　图 11-1 示出了岩滩工程围堰碾压混凝土 5 年、6 年和 8 年龄期碾压混凝土中砂浆孔隙压汞试验测得的孔径分布累积曲线。由图 11-1 可见，即使碾压混凝土龄期达到 5 年以上，随着碾压混凝土龄期的延长，碾压混凝土中砂浆试样的孔径仍不断地下降，孔径小于 50 nm 的孔隙随龄期的延长所占的比例逐渐增加。相反，大于 50 nm 的孔所占的比例不断下降。

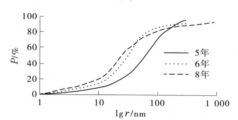

**图 11-1　岩滩工程围堰碾压混凝土中砂浆孔隙分布累积曲线**

　　对岩滩工程围堰 9 年和 10 年龄期碾压混凝土芯样中的砂浆试样进行压汞测孔试验，结果列于表 11-5 中。由表 11-5 可以看出，10 年龄期的混凝土砂浆的孔隙率在 9 年龄期的基础上又有了一定的降低，平均孔径下降，孔径小于 50 nm 的孔隙所占的比例进一步增大。

**表 11-5　岩滩围堰 9 年及 10 年龄期碾压混凝土芯样中砂浆孔隙测试结果**

| 测试项目 | | 9×365 d | 10×365 d |
| --- | --- | --- | --- |
| 孔径分布/% | <10 nm | 6.49 | 19.87 |
| | 10~30 nm | 19.07 | 25.17 |
| | 30~50 nm | 23.58 | 18.71 |
| | 50~150 nm | 45.56 | 26.32 |
| | >150 nm | 5.30 | 9.93 |
| 平均孔径/nm | | 4.882 | 4.191 |
| 比孔容/(cm³/g) | | 0.075 5 | 0.060 4 |

　　随着胶凝材料水化作用的进行，硬化胶凝材料浆中毛细孔逐渐被新生成水化产物所占据，因为有凝胶孔的水泥凝胶体积比未水化的水泥体积增大 1.2 倍，因而水化产物充填了由拌和水占有的那部分体

积。毛细孔体积减小,凝胶孔体积增加。随着龄期的延长,硬化胶凝材料浆的积分孔隙率下降。同时,小于 50 nm 的毛细孔隙率增多,大于 50 nm 的大毛细孔孔隙率减少。随着硬化胶凝材料浆和碾压混凝土养护龄期的延长,胶凝材料的水化程度提高,硬化胶凝材料浆和碾压混凝土的总孔隙率和开口(显)孔隙率都在下降,总孔隙率与开口孔隙率之差(与外界不连通的隐孔隙率)增大,硬化胶凝材料浆和碾压混凝土中孔隙的平均孔径下降。

混凝土中的孔隙还可能由于荷载、环境因素引起混凝土裂缝而发生变化或由于渗透水挟带杂质经过混凝土的渗滤作用而存留于混凝土孔隙中,填塞了孔隙而引起变化。此外,当水中含有对水泥石起侵蚀溶解作用的物质时,渗透水将使混凝土中的孔隙产生不利的变化。

## 11.2.2 水在混凝土中的迁移与混凝土的渗透

混凝土是一种亲水的毛细孔多孔体系,当其相对的两个表面水压力存在差异时,将有水从压力高的表面通过毛细孔多孔体系向压力低的表面迁移。水在混凝土中的迁移速度一般用渗透系数表示。不同的混凝土水的迁移速度不同,这是因为不同的混凝土中毛细孔体系不同。相同的混凝土在不同的试验龄期测得的渗透系数不同,这是因为混凝土中胶凝材料随着龄期的延长不断的进行水化,使不同龄期混凝土的内部毛细孔体系发生了变化。即使是同一混凝土,随着试验时间的延长,混凝土的渗透系数也随试验时间的延长而逐渐变小,这是试验过程混凝土中的胶凝材料仍在不断的水化,使混凝土内的毛细孔体系在试验前期与试验后期发生了逐渐的变化。此外,试验所依据的理论是假定多孔体内部孔隙为等直径且孔隙彼此平行、不发生横向渗流。这与混凝土内部孔隙体系的实际情况不一致。实际混凝土中的孔隙体系是粗孔、细孔及微细孔的复杂分叉体系,孔隙与孔隙之间通过微毛细孔发生联系。不连通的孔隙是不会透水的。混凝土的渗透性由连通孔隙的最小断面——微毛细孔决定。

基于上述原因,混凝土渗透系数的影响因素是复杂的。

### 11.2.2.1 水在混凝土中的迁移与渗透系数

混凝土是一种毛细孔多孔体系,在其相对的两个表面当水压力存在差异时,将有水从压力高的表面通过毛细孔体系向压力低表面迁移。毛细孔孔径不同,水透过混凝土的迁移机理也不同。对于大多数混凝土来说,毛细孔最大半径大多小于或等于 10 um。水与混凝土表面接触时,由于混凝土的亲水性,有两种力对水不断地向混凝土深部迁移的过移发生影响:压力差 $\Delta P$ 和毛细孔压力 $P_0$。随着迁移的进程,水与毛细孔壁摩擦阻力增大,渗水的速度随渗透深度的增加成比例下降。水到达混凝土相反的一侧,毛细孔压力 $P_0$ 实际上变更了方向,毛细孔原先促进水迁移,此时成为阻力。若压力差大于孔壁摩擦阻力和毛细孔阻力,则水按泊萧叶(Poiseuille)定律迁移(此时混凝土相反的一侧有水滴出)。若压力差小于摩擦阻力和毛细孔阻力,则水的迁移为毛细孔迁移,此时的迁移速度取决于混凝土背水面水的蒸发速度。

假设碾压混凝土坝防渗混凝土中水的渗透按照泊萧叶定律迁移。根据泊萧叶定律,水以层流流态在细管中流动时,流过管子的水量为 $q$,设管子半径为 $r$,管子长度为 $l$,流入与流出两侧压力差为 $\Delta p$,水的黏度系数为 $\eta$ 时,可用泊萧叶公式表示为

$$q = \frac{\pi r^4}{8\eta} \cdot \frac{\Delta p}{l} \tag{11-1}$$

很多学者与上式的作者一样,以圆柱管当作多孔体系的模型。这种模型的一个主要缺点是多孔体的横向渗透性为零。此概念不正确,与实际不符。M. M. 杜宾宁提出毛细孔结构应是粗孔和细孔的一种分叉体系,彼此间以微毛细孔相连接。由于混凝土中水泥的后期水化产物的填塞,混凝土是带变截面的毛细孔多孔体,其渗透性由连通孔道的最小断面——微毛细孔决定。考虑到混凝土内部孔隙结构的形状、尺寸的复杂性,以及混凝土内部存在裂缝等情况,设混凝土透水方向长度为 $L$,孔隙率为 $m$,渗透面积为 $A$,孔隙的有效面积为 $mA$(并假定孔隙的长度为 $L$),则根据泊萧叶公式得

$$Q = \frac{\pi r^4}{8\eta} mA \frac{\Delta P}{L} = K \frac{A\Delta P}{L} \tag{11-2}$$

此式为达西定律,式中 $K$ 为渗透系数,它表征混凝土的孔结构和水的特性。

#### 11.2.2.2　影响混凝土渗透性能的因素

由式(11-2)可见,透过混凝土的水量与混凝土的渗透系数成正比,与混凝土的厚度成反比,与混凝土两侧面的水压力差及混凝土的渗透面积成正比。混凝土的渗透系数与混凝土的孔隙结构(包括有效孔径、孔的连通性、孔隙率等)和水的黏度有关。混凝土内部孔隙结构受很多因素影响,可分为两大类。第一类为影响混凝土原生孔隙结构的因素,其中以水胶比、掺合料、外加剂等的影响最为显著。第二类是随混凝土龄期的延长而发生变化的因素,随着水化程度的提高,混凝土中孔隙发生的变化,随着水的渗透,可能发生孔隙堵塞或溶蚀等。

水胶比直接影响到混凝土的原生孔隙率。水胶比越大,原生孔隙越多,混凝土的透水性越强。但在一定的振动能量条件下,过低的水胶比将导致混凝土不密实,其渗透性反而增强。掺合料的掺入将改变混凝土的渗透性,改变程度将随掺合料的品种、质量及掺量而变化。某些掺合料如火山灰质材料的掺入将改善混凝土的抗渗性,某些掺合料掺量合适时,可能使混凝土的早期抗渗性变差,而后期抗渗性得到改善。减水剂的掺入降低了混凝土拌和物的用水量,或降低混凝土的水胶比,使混凝土透水性下降。引气剂的掺入改变了混凝土内部孔隙构造,形成分散的、不连通的微小气泡,可以明显地提高混凝土的抗渗性能。另外,混凝土密实剂、防水剂等外加剂的掺入对提高混凝土的抗渗性也有明显的作用。

如前所述,随着混凝土中胶凝材料的水化,孔隙细化、分段甚至堵塞。因此,随着混凝土龄期的延长,混凝土的渗透系数降低。此外,随着混凝土渗透时间的延长,渗透系数发生变化。在一般情况下,渗透系数随渗水时间的延长而下降,在某种情况下却相反地增大。

### 11.2.3　碾压混凝土的渗透特性

与常态混凝土一样,碾压混凝土是一种多孔且亲水的材料。碾压混凝土与水接触时,其中细小的孔隙便因毛细管作用而吸水,在压力水的作用下与外界连通的开口孔隙中的渗透水便开始发生迁移。由于碾压混凝土中胶凝材料的不断水化和水化产物的不断生成,碾压混凝土中的孔隙体系不断发生变化,因此碾压混凝土的渗透特性随碾压混凝土的试验龄期及试验过程发生相应的变化。碾压混凝土的施工层面是碾压混凝土有别于常态混凝土的部位,施工层面的暴露时间及超过允许暴露时间的施工层面的处理质量是影响层面渗透特性的因素。

#### 11.2.3.1　碾压混凝土本体的渗透特性

1. 渗透系数与碾压混凝土的龄期关系

如前所述,在正常养护条件下,混凝土中胶凝材料的水化过程长期不断地进行着。随着混凝土龄期的延长,混凝土的孔隙率不断下降,孔隙结构不断得到改善(见表 11-4、表 11-5 及图 11-1)。因此,随着混凝土龄期的延长,其渗透系数降低。表 11-6 列出了 T. C. Powers 提供的水泥浆体渗透系数随其养护龄期延长而减小的资料。

**表 11-6　水泥浆体(水灰比 0.70)渗透系数随龄期的变化**

| 龄期/d | 新拌水泥浆 | 5 | 6 | 8 | 13 | 24 | ∞ |
|---|---|---|---|---|---|---|---|
| 渗透系数/(cm/s) | $2\times10^{-4}$ | $4\times10^{-8}$ | $1\times10^{-8}$ | $4\times10^{-9}$ | $5\times10^{-10}$ | $1\times10^{-10}$ | $6\times10^{-11}$(计算值) |

根据苏联水利工程科学研究所的研究,养护 15 d 的普通水泥混凝土渗透系数是 3 d 龄期渗透系数的 70%,龄期延长渗透系数进一步下降,下降的量逐渐减少。6 个月龄期混凝土的渗透系数是一个月龄

期的 25%～30%,一年龄期时,混凝土的渗透系数是一个月龄期时的 15%～20%。水灰比为 0.3 的混凝土,90 d 龄期时混凝土孔隙中长满了凝胶状水化产物,实际上是不透水的。掺粉煤灰的混凝土,由于粉煤灰的水化作用主要发生在 28 d 龄期以后,因此其后期孔隙构造有更大的改善,长龄期时掺粉煤灰的混凝土的渗透系数降低更显著。根据表 11-4、表 11-5 所测得的碾压混凝土砂浆孔隙直径和孔隙率资料并假定其他条件不变,可计算得岩滩工程围堰碾压混凝土 90 d、9×365 d、10×365 d 龄期的渗透系数分别为 28 d 龄期碾压混凝土渗透系数的 73.0%、45.9%和 35.0%。另外,根据有关资料计算,岩滩工程主坝碾压混凝土 90 d、5×365 d、7×365 d 龄期的渗透系数分别为 28 d 龄期碾压混凝土渗透系数的 71.9%、54.1%和 45.7%。龙滩碾压混凝土 LTRⅢ 配合比的试验结果显示,120 d 龄期碾压混凝土的实测渗透系数是 90 d 龄期渗透系数的 43.6%。

需要指出的是,只有保证混凝土中的胶凝材料水化过程不断进行时,其渗透系数才随混凝土龄期的延长而下降。

2.渗透系数与碾压混凝土渗透历时关系

根据达西定律,混凝土的渗透系数与渗透历时无关,但试验结果并非如此。表 11-7、表 11-8 列出了混凝土渗透系数随混凝土渗透历时变化的试验结果。试验结果表明,混凝土的渗透系数随渗透历时的延长而降低并逐渐趋于某一特定值。研究土壤、岩石、陶瓷、混凝土和石棉水泥管的许多学者也发现渗透速度随渗透时间的延长而下降。

**表 11-7 28 d 龄期混凝土的渗透系数与渗透历时关系的试验结果**

| 配合比编号 | 水压/MPa | 各历时渗透系数/($10^{-9}$ cm/s) | | | | | 备注 |
|---|---|---|---|---|---|---|---|
| | | $t$ | $2t$ | $3t$ | $4t$ | $5t$ | |
| Sby3-2F | 2.8 | 4.44 | 4.47 | 4.10 | 4.03 | 3.87 | 逐级加压,经过 276 h 至 2.8 MPa,$t=12$ h |
| Sby3-2C | 3.2 | 6.63 | 5.84 | 5.78 | 5.14 | 4.69 | 在 2.8 MPa 稳压 96 h 后加压至 3.2 MPa,$t=12$ h |

**表 11-8 90 d 龄期混凝土的渗透系数随渗透历时的变化试验结果**　　单位:$10^{-9}$ cm/s

| 配合比编号 | 水压/MPa | 渗透历时/d | | | | | | | | | |
|---|---|---|---|---|---|---|---|---|---|---|---|
| | | 1 | 2 | 3 | 4 | 5 | 6 | 7 | 8 | 9 | 10 |
| LTRⅢ | 2.8 | 8.91 | 10.87 | 11.15 | 11.16 | 11.20 | 10.93 | 10.76 | 10.60 | 10.49 | 10.39 |
| LTRⅣ | 2.8 | 3.46 | 3.11 | 2.93 | 5.25 | 5.25 | — | 5.48 | 4.95 | 4.24 | 4.15 |

| 配合比编号 | 水压/MPa | 渗透历时/d | | | | | | | | | |
|---|---|---|---|---|---|---|---|---|---|---|---|
| | | 11 | 12 | 13 | 14 | 15 | 16 | 17 | 18 | 19 | 20 |
| LTRⅢ | 2.8 | 10.41 | 10.11 | 9.95 | 9.57 | — | — | 9.27 | 8.72 | 8.72 | 8.62 |
| LTRⅣ | 2.8 | 3.92 | 3.70 | 3.26 | 3.29 | 3.26 | 3.16 | 3.20 | 3.12 | 3.09 | 2.90 |

| 配合比编号 | 水压/MPa | 渗透历时/d | | | | | | | | | |
|---|---|---|---|---|---|---|---|---|---|---|---|
| | | 21 | 22 | 23 | 24 | 25 | 26 | 27 | 28 | 29 | 30 |
| LTRⅢ | 2.8 | 8.49 | 8.52 | 8.37 | 8.34 | 8.47 | 8.80 | 8.81 | 8.54 | 8.49 | 8.44 |
| LTRⅣ | 2.8 | 2.79 | 2.62 | 2.49 | 2.31 | 2.35 | 2.35 | 2.33 | 2.31 | 2.26 | 2.11 |

续表 11-8

| 配合比编号 | 水压/MPa | 渗透历时/d | | | | | | | | | |
|---|---|---|---|---|---|---|---|---|---|---|---|
| | | 31 | 35 | 36 | 37 | 38 | 39 | 40 | 41 | 42 | 43 |
| LTRⅢ | 2.8 | 8.28 | — | — | — | — | — | — | — | — | — |
| LTRⅣ | 2.8 | 2.10 | 1.78 | 1.78 | 1.73 | 1.64 | 1.71 | 1.69 | 1.61 | 1.71 | 1.65 |

| 配合比编号 | 水压/MPa | 渗透历时/d | | | | | | | | 回归公式 |
|---|---|---|---|---|---|---|---|---|---|---|
| | | 44 | 45 | 46 | 47 | 48 | 49 | 50 | ∞ | |
| LTRⅢ | 2.8 | — | — | — | — | — | — | — | 8.05 | $K = 8.051t/(t-1.756)$, $n=25$, $r=-0.92$ |
| LTRⅣ | 2.8 | 1.66 | 1.71 | 1.70 | 1.70 | 1.69 | 1.67 | 1.66 | 1.57 | $K = 1.573t/(t-6.435)$, $n=41$, $r=-0.90$ |

说明:这里的 LTRⅢ 和 LTRⅣ 就是龙滩的 RⅢ 和 RⅣ 两种级配的碾压混凝土,以下均同。

混凝土的渗透系数随渗透历时的延长而降低,原因可能包括以下几方面:

第一,水中夹杂的细泥、黏土等悬浮粒子堵塞混凝土中孔隙通道。

第二,混凝土孔隙中的水随渗透距离的延长,氢氧化钙的浓度逐渐提高并在某些微细孔隙中结晶,堵塞了毛细孔。

第三,存在于混凝土大孔隙中或溶于水中的气泡在压力作用下体积缩小,随渗透水迁移,压力逐渐减小,气泡膨胀堵塞孔隙阻碍水的流动。假定在水压力 $P_1$ 的水中有直径为 $d_1$ 的微细气泡存在,在压力水的作用下该气泡进入混凝土孔隙中。随着水在混凝土孔隙中的流动,气泡随之迁移,水压逐渐下降,气泡体积逐渐增大(见图 11-2)。为了研究方便,将气泡视为理想气体并暂不考虑在压力增加或减小过程中引起气泡向水中溶解或析出,则根据理想气体状态方程得

$$P_1 V_1 = nRT_1$$

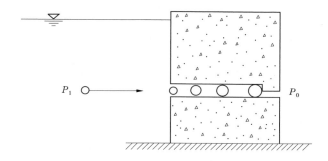

图 11-2　毛细孔中气泡迁移过程体积变化示意图

当气泡迁移一定距离之后,水压力降为 $P_i$,此时气泡体积由 $V_1$ 变为 $V_i$,则

$$P_i V_i = nRT_i$$

忽略气泡迁移过程中温度的变化,即 $T_1 = T_i$,则

$$P_1 V_1 = P_i V_i$$

又因气泡体积 $V = \frac{\pi}{6} d^3$,故

$$\frac{d_1}{d_i} = \left(\frac{P_i}{P_1}\right)^{1/3}$$

若 $P_1 = 2.8$ MPa, $P_i = 0.1$ MPa,则 $d_i = 3.03 d_1$。在水压为 2.8 MPa 情况下直径为 $d_1$ 的气泡,经过迁移到达水压为 0.1 MPa 位置时,气泡直径扩大为原来的 3 倍。

第四,渗透水流经毛细孔,毛细孔中的水化产物吸水膨胀。

第五,随着渗透历时的延长,胶凝材料的不断水化使混凝土进一步密实。

混凝土的渗透性随渗透历时的延长而降低的工程实例很少。图11-3示出几个已建成的国外碾压混凝土工程渗漏量观测资料,显示出渗漏量随着蓄水时间的延长而减少。工程实际中还常常出现所谓的"自愈现象"或"自封闭现象",即由裂缝造成的渗漏量随时间的延长逐渐减少和裂缝最终自动弥合。

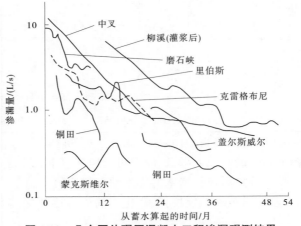

图11-3　几个国外碾压混凝土工程渗漏观测结果

需要指出的是,表11-6及表11-7所试验的混凝土所承受的水力梯度已达1 866~2 133,此时仍然测得混凝土的渗透系数随渗透历时的延长而降低。我们相信,当渗透的水力梯度增大至某一数值(临界水力梯度)或者混凝土的抗渗能力太差时,混凝土内部孔隙中的某些部位可能被水压力击穿导致渗透系数随渗透历时的延长而增大。

3. 不同水力梯度下碾压混凝土的渗透系数

按照达西定律,混凝土两侧的水压力差并不影响其渗透系数。但现有的试验结果显示,对于某些混凝土,随着压力差增加(即水力梯度增大),不仅渗透系数下降,混凝土的渗透流量也减少。对于另外一些混凝土,随着压力差的增大,渗透系数增大,渗透流量也增加。

表11-9列出了前一种混凝土试验的典型数据。

表11-9　不同水力梯度下混凝土的渗透系数测试结果

| 水压/MPa | 水力梯度 | 渗透系数 $K/(10^{-9} \text{cm/s})$ | |
|---|---|---|---|
| | | Sby3-2F | Sby3-2C |
| 1.2 | 800 | 10.63 | — | — |
| 1.6 | 1 067 | 7.16 | — | — |
| 2.0 | 1 333 | 5.01 | — | — |
| 2.4 | 1 600 | 4.50 | — | — |
| 2.8 | 1 867 | 3.87 | 7.23 | |
| 3.2 | 2 134 | | 4.69 | 7.69 |
| 3.6 | 2 400 | | 4.70 | 7.47 |

表11-10列出了后一种情况的测试结果。从表11-10中可见,随着混凝土两侧压力差的增大(水力梯度增大),混凝土的渗透系数增大,但当压力差稳定不变时,混凝土的渗透系数又随渗透历时的延长而下降。说明该混凝土在此压力差作用下并未出现渗透破坏。

表 11-10　　LTR Ⅲ 配合比碾压混凝土渗透试验结果(112 d)

| 水压/MPa | 1.2 | 1.6 | 2.0 | 2.4 | 2.8 | 3.2 | 3.2 | | | | | |
| --- | --- | --- | --- | --- | --- | --- | --- | --- | --- | --- | --- | --- |
| | | | | | | | 0.5 d | 1.0 d | 1.5 d | 2.0 d | 2.5 d | 3.0 d |
| 渗透系数/<br>($10^{-9}$ cm/s) | 6.891 | 9.301 | 9.703 | 9.783 | 10.466 | 10.303 | 10.617 | 10.704 | 10.460 | 10.408 | 9.991 | 9.638 |

**4. 混凝土的渗透系数与渗径**

根据达西定律,渗径长短只影响渗透流量(渗透流量与渗径成反比),而与渗透系数无关。因为达西定律推导过程中对多孔材料的孔隙构造进行了简化,假定孔隙是等直径的、彼此平行的,也就是水在其中迁移受到的阻力是随渗径的延长等比例增大的。实际混凝土中的孔隙不仅不可能是等直径的,更不可能是彼此平行的。它是粗孔和细孔的一种分叉体系,彼此之间以微孔相连接。渗透性由连通孔道的最小孔径决定,也即由微孔孔径决定。混凝土厚度越大(渗径越长),微孔的连通可能性越小。混凝土的渗透性不仅与孔隙的连通程度有关,还与孔隙是否和接触水的表面的孔隙连通有关。因此,混凝土的渗透性与混凝土接触水的表面积同其体积的比值(即面体比)直接相关。混凝土的厚度增加 1 倍,其面体比变为原来的 1/2。假如混凝土的显孔隙率(即与两表面连通的开口孔隙所占的比例)为 $m$ ( $m$ 小于 1),则厚度增大一倍后,其显孔隙率将变为 $m^2$。因此,混凝土渗透系数变为原来的 $m$ 倍。也就是说,渗径长短不仅影响渗透流量,而且影响渗透系数。随着渗径的延长,混凝土的渗透系数减小。

**5. 渗透系数与碾压混凝土配合比**

如前所述,混凝土的孔结构影响混凝土的渗透系数,而混凝土的孔结构取决于混凝土的原生孔结构和原生孔结构随混凝土龄期的变化。水胶比低且施工密实的混凝土,其原生孔隙较少,孔隙的孔径较小,因此同龄期时混凝土的渗透系数较小。前面表 11-8 列出龙滩工程内部碾压混凝土 LTR Ⅲ 及外部防渗碾压混凝土 LTR Ⅳ 渗透系数的试验结果。从该表可以看到,LTR Ⅳ 配合比碾压混凝土的渗透系数明显小于 LTR Ⅲ 配合比碾压混凝土。这是因为 LTR Ⅳ 配合比碾压混凝土的水胶比低于 LTR Ⅲ 配合比,且粉煤灰掺量较后者小,在相同的相对较短龄期(90 d)时,碾压混凝土中胶凝材料水化相对于 LTR Ⅲ 配合比碾压混凝土充分,故其内部孔隙构造优于 LTR Ⅲ 配合比碾压混凝土。表 11-11 列出了上述两种配合比碾压混凝土中砂浆 90 d 龄期用水银压入法测得的孔结构情况。由表 11-11 可见,90 d 龄期时,尽管两种混凝土砂浆中的总孔隙率大致相当,但 LTR Ⅲ 配合比碾压混凝土砂浆中大于 50 nm 的孔隙所占比例达到 72.89 %,而 LTR Ⅳ 配合比碾压混凝土砂浆中大于 50 nm 的孔隙所占比例仅为 63.91 %。相反,小于 50 nm 的孔隙所占的比例分别为 27.11 % 和 36.08 %。

表 11-11　　两种碾压混凝土的砂浆压汞测孔结果

| 配合比 | 不同孔径范围的孔隙率/($cm^3$/kg) | | | | | | | | | | 孔隙比例/% | | | |
| --- | --- | --- | --- | --- | --- | --- | --- | --- | --- | --- | --- | --- | --- | --- |
| | >200<br>nm | 150~<br>200<br>nm | 100~<br>150<br>nm | 50~<br>100<br>nm | 25~<br>50<br>nm | 20~<br>25<br>nm | 10~<br>20<br>nm | 5~<br>10<br>nm | <5 nm | Σ | >200<br>nm | 50~<br>200<br>nm | 20~<br>50<br>nm | <20<br>nm |
| LTR Ⅲ | 14.3 | 6.7 | 14.0 | 19.3 | 9.9 | 1.7 | 3.5 | 0.9 | 4.2 | 74.5 | 19.20 | 53.69 | 15.57 | 11.54 |
| LTR Ⅳ | 9.2 | 4.2 | 10.6 | 24.0 | 13.4 | 1.6 | 4.8 | 1.7 | 5.6 | 75.1 | 12.25 | 51.66 | 19.97 | 16.11 |

**6. 混凝土渗透的临界水力梯度**

混凝土渗透的临界水力梯度定义为一定厚度的混凝土承受的作用水头超过某值后其内部结构开始发生破坏造成渗透流量、渗透系数随渗透时间的延长而增大的水力梯度。很显然,不同的混凝土其内部孔隙构造不同,临界水力梯度不同;同一混凝土不同龄期时,其内部孔隙构造不同,因而抗渗能力不同,临界水力梯度也必然不同。

表 11-8 的试验资料表明,90 d 龄期的 LTR Ⅲ 和 LTR Ⅳ 配合比碾压混凝土,当承受水压力为 2.8

MPa 时,随着渗透历时的延长,其渗透系数逐渐降低并趋于稳定。这表明在该水压(或水力梯度)下,碾压混凝土并未发生渗透破坏。将渗透试验后混凝土中的砂浆试样进行孔隙结构分析,结果见表 11-12。比较表 11-12 与表 11-11 可见,经过 2.8 MPa 的压力水渗透长达 31 d 之后的 LTR Ⅲ 配合比碾压混凝土,其孔隙率有所增加,大孔增加,说明混凝土的孔结构在一定程度上受到破坏。因此,可以断定,LTR Ⅲ 配合比碾压混凝土 90 d 龄期所能承受的,使内部孔隙结构不发生严重破坏以致渗透系数增大的最大水压为 2.8 MPa,即临界水力梯度为 1 867。作为防渗层使用的 LTR Ⅳ 配合比碾压混凝土,经过 2.8 MPa 的压力水渗透长达 50 d 之后,其孔隙率不仅不增加,相反有所下降,大孔减少,小孔增加,孔隙结构得到一定程度的改善。因此,可以断定,LTR Ⅳ 配合比碾压混凝土 90 d 龄期的临界水力梯度大于 1 867。

表 11-12　经渗透试验后混凝土中砂浆压汞测孔结果

| 配合比 | 不同孔径范围的孔隙率/(cm³/kg) | | | | | | | | | | 孔隙比例/% | | | |
| --- | --- | --- | --- | --- | --- | --- | --- | --- | --- | --- | --- | --- | --- | --- |
| | >200 nm | 150~200 nm | 100~150 nm | 50~100 nm | 25~50 nm | 20~25 nm | 10~20 nm | 5~10 nm | <5 nm | Σ | >200 nm | 50~200 nm | 20~50 nm | <20 nm |
| LTR Ⅲ | 18.6 | 7.4 | 15.0 | 24.3 | 12.0 | 2.1 | 5.8 | 2.2 | 4.7 | 92.1 | 20.20 | 50.70 | 15.31 | 13.79 |
| LTR Ⅳ | 8.0 | 2.0 | 6.2 | 18.2 | 14.6 | 2.6 | 5.4 | 3.3 | 4.6 | 64.9 | 12.33 | 40.68 | 26.50 | 20.49 |

试验资料表明,龄期 112 d 的龙滩 LTR Ⅲ 配合比碾压混凝土,当其承受的水压为 3.2 MPa 时,随着渗透历时的延长,其渗透系数逐渐下降,然而当水压上升至 3.6 MPa 时,随着渗透时间的延长,碾压混凝土的渗透系数已出现上升的趋势(见表 11-13)。同一碾压混凝土在 121 d 龄期的渗透试验结果也列于表 11-13 中。从表 11-13 中的资料可看出,龙滩 LTR Ⅲ 配合比碾压混凝土的龄期 112~121 d 时,承受水压为 3.6 MPa(此时水力梯度为 2 400),已出现渗透系数随渗透历时的延长而增大的趋势,也就是说,该混凝土在此龄期的临界水力梯度约为 2 400。可以预计,龙滩 LTR Ⅳ 配合比碾压混凝土此时的临界水力梯度大于 2 400。

表 11-13　LTR Ⅲ 配合比碾压混凝土渗透系数随渗透历时变化试验结果

| 水压/MPa | | 3.2 | | | | | | 3.6 | | | | | | 备注 |
| --- | --- | --- | --- | --- | --- | --- | --- | --- | --- | --- | --- | --- | --- | --- |
| 历时/d | | 0.5 | 1.0 | 1.5 | 2.0 | 2.5 | 3.0 | 0.5 | 1.0 | 1.5 | 2.0 | 2.5 | 3.0 | |
| 渗透系数/(10⁻⁹ cm/s) | 养护 112 d | 10.617 | 10.704 | 10.460 | 10.408 | 9.991 | 9.638 | 9.395 | 9.517 | 8.947 | 9.510 | 9.555 | 9.572 | 起始水压 1.2 MPa 逐级加压 |
| | 养护 121 d | 9.200 | 8.021 | 7.608 | 7.319 | 6.666 | 6.238 | 6.437 | 6.340 | 6.132 | 5.144 | 6.072 | 6.314 | 起始水压 2.4 MPa 逐级加压 |

7. 达西定律与混凝土的渗透特性

如前所述,研究多孔体系材料渗透特性的学者都以圆柱管当作多孔体系的模型,也即假定多孔体内部孔隙为等直径且孔隙彼此平行、不发生横向渗流。这与混凝土内部孔隙实际情况不一致。实际混凝土中的孔隙是粗孔、细孔及微细孔的复杂分叉体系,孔隙与孔隙之间通过微毛细孔发生联系。不连通的孔隙是不透水的。混凝土的渗透性由连通孔隙的最小断面——微毛细孔决定。达西定律在泊萧叶公式的基础上考虑到毛细孔体系的复杂性,增加了混凝土孔隙率的参数,但仍然解决不了上述假定存在的实际问题。由于混凝土渗透系数的测定从开始试验到渗流稳定经历较长的过程,而混凝土不同于其他多孔体系材料(如陶瓷材料),在这一过程中,混凝土中的胶凝材料不断水化产生新的水化产物、原有水化产物吸水肿胀或与渗透水中某些成分发生化学反应、物理吸附、部分水化产物发生溶解、渗透水中悬浮物质随渗透水而迁移等。这些都造成混凝土的渗透系数随渗透历时的延长而降低或升高。此外,试验已表明,不同水压情况下混凝土的渗透系数不同。同一混凝土不同龄期渗透系数不同。渗透路径长短也并非不影响渗透系数。所有这些都表明,应用达西定律研究混凝土的渗透问题时,应考虑混凝土的上述特殊情况。

### 11.2.3.2　碾压混凝土施工层面的渗透特性

碾压混凝土坝的抗渗性,主要取决于碾压混凝土施工层面和坝体裂缝的渗透性,因此研究有层面碾压混凝土的抗渗性能具有重要意义。以下关于有层面的碾压混凝土的渗透试验研究分别考虑 4 h、24 h 和 72 h 三种层间间隔时间;层面不处理、铺净浆、铺砂浆三种处理方式;对胶凝材料用量分别考虑 200 kg/m³ 和 160 kg/m³ 两种工况。室内制作有层面的碾压混凝土试件,并按渗流方向平行层面方向的渗透试验方式进行渗透试验,试验结果见表 11-14。

表 11-14　碾压混凝土层面相对渗透系数　　　　　　　　　　　单位:cm/s

| 层面间隔时间/h | 处理层面结合的材料 | 试件编号 | 胶凝材料(水泥+粉煤灰)用量/(kg/m³) | |
|---|---|---|---|---|
| | | | 90+110 | 55+105 |
| 4 | 本体 | — | $1.7\times10^{-10}$ | — |
| | 不处理 | A4-1 | $4.0\times10^{-10}$ | — |
| | 净浆 | A4-2 | $3.3\times10^{-10}$ | — |
| | 砂浆 | A4-3 | $2.2\times10^{-10}$ | — |
| 4 | 本体 | — | — | $1.3\times10^{-9}$ |
| | 不处理 | C4-1 | — | $2.3\times10^{-9}$ |
| | 净浆 | C4-2 | — | $1.6\times10^{-9}$ |
| | 砂浆 | C4-3 | — | $2.5\times10^{-10}$ |
| 24 | 不处理 | A24-1 | $4.6\times10^{-10}$ | — |
| | 净浆 | A24-2 | $8.3\times10^{-10}$ | — |
| | 砂浆 | A24-3 | $1.1\times10^{-10}$ | — |
| | | C24-3 | — | $2.1\times10^{-10}$ |
| 72 | 不处理 | A72-1 | $4.1\times10^{-9}$ | — |
| | 净浆 | A72-2 | $3.0\times10^{-9}$ | — |
| | 砂浆 | A72-3 | $2.4\times10^{-9}$ | — |
| | — | C72-1 | — | $3.1\times10^{-9}$ |
| | 净浆 | C72-2 | — | $2.3\times10^{-9}$ |
| | 砂浆 | C72-3 | — | $1.0\times10^{-9}$ |

研究成果表明,当层间间隔时间为 4 h 时(碾压混凝土初凝前),层面处理与否及采用怎样的处理层面结合的材料,碾压混凝土相对渗透系数差别不大,相对渗透系数为 $2.06\times10^{-10}$ cm/s,而本体平均为 $0.91\times10^{-10}$ cm/s,属同一数量级,但当胶凝材料用量不同时,碾压混凝土相对渗透系数有所差别,采用 200 kg/m³ 胶凝材料碾压混凝土相对渗透系数比用 160 kg/m³ 胶凝材料碾压混凝土相对渗透系数小一个数量级,当对层面铺水泥砂浆处理后,碾压混凝土相对渗透系数相差不大。当层间间隔时间为 72 h 时,即碾压混凝土终凝以后,碾压混凝土相对渗透系数明显增大,比初凝前增大一个数量级,层面抗渗能力明显降低,说明层间间隔时间太久对碾压混凝土的抗渗性能是不利的。

从不同层间间隔时间条件下两种不同的处理层面结合的材料情况看,层面铺水泥砂浆效果要好些,碾压混凝土的抗渗性能略优。

通过对碾压混凝土本体和有层面的碾压混凝土进行的抗渗试验,综合分析研究结果,可以得出层面的存在仍然是影响碾压混凝土抗渗性能的主要因素。如果在碾压混凝土下层初凝前及时覆盖上层碾压混凝土,则可以明显改善碾压混凝土层面胶结状态,提高其抗渗性能。如果在下层碾压混凝土终凝后覆盖上层碾压混凝土,则抗渗性能明显降低,层面经过铺水泥砂浆处理后,抗渗性能有所改善。试验结果表明,配合比合理的碾压混凝土并在初凝以前铺筑其上层碾压混凝土或者经过合理的层面处理,碾压混凝土的层面抗渗性能可以满足 200 m 及以上坝高的混凝土抗渗指标的要求。

国外的混凝土坝通常采用渗透系数作为混凝土渗透性能的评价指标,表 11-15 给出了国内外混凝土重力坝渗透性的评价方法。

表 11-15　重力坝混凝土抗渗性能评定方法

| 我国重力坝混凝土抗渗等级<br>最小允许值 | | | 国外重力坝混凝土<br>渗透系数允许限值 | | | 备注 |
|---|---|---|---|---|---|---|
| 部位 | 水力坡降 | 抗渗<br>等级 | 坝高/<br>m | 渗透系数允许限值/<br>（cm/s）<br>［美国汉森(Hansen)］ | 苏联<br>$H/L=10\sim50$ | — |
| 坝体内部 | — | W2 | — | — | W8 | — |
| 坝体各<br>部位按<br>水力坡降<br>考虑时 | $i<10$ | W4 | <50 | $10^{-6}$ | | 美国垦务局确定混凝土渗透率<br>为 $1.5\times10^{-7}$ cm/s 的限值 |
| | $10\leqslant i\leqslant30$ | W6 | 50 | $10^{-7}$ | | |
| | $30\leqslant i<50$ | W8 | 100 | $10^{-8}$ | | — |
| | $i>150$ | W10 | 150 | $10^{-9}$ | | — |
| | — | — | >200 | $10^{-10}$ | | — |

### 11.2.3.3　碾压混凝土工程大坝的渗漏

中国推广碾压混凝土筑坝技术初期建设的碾压混凝土坝的一部分,由于各种原因存在一定的渗漏。如我国第一座碾压混凝土坝——坑口坝就由于沥青砂浆防渗层施工质量存在一些不足而出现少量的渗漏。坑口坝水库蓄水初期,在坝体下游设三角形量水堰对大坝总渗漏量进行观测,因渗漏量较小改用量水桶进行测试。结果显示,1987 年水库水位 613.46 m 时总渗漏量为 4.42 L/s,1988 年水库水位 610.47 m 时测得渗漏量为 3.35 L/s。经过对坝体沥青砂浆防渗层的周边缝和分段浇筑的接缝进行修补处理后总渗漏量逐渐减少,至 1995 年水库水位 614.51 m(大坝正常蓄水位为 614.50 m)时测得总渗漏量为 0.758 L/s。

龙滩碾压混凝土坝第一期坝高 192 m,坝顶长 836 m,2006 年 9 月下闸蓄水。2009 年 3 月中旬对龙滩工程廊道集水情况进行现场考察时发现,基础灌浆廊道内地坪干燥、排水沟流水很小,廊道内量水堰过水量很小。基础灌浆廊道下游第一条廊道流水极少,下游第二条及第三条廊道未见渗漏水。由此可见,龙滩工程的总渗漏水量非常有限。

## 11.2.4　水对混凝土的溶蚀

水通过混凝土内部的孔隙进行迁移,渗入水与混凝土孔隙液的 CaO 浓度差造成孔隙中的 CaO(以离子的形式)向渗入水中迁移。另外,渗入水迁移经过的孔(缝)周围的易溶水化产物［如 $Ca(OH)_2$］也会溶解进入渗透液中被带出。当渗入水为软水并源源不断的迁移时,其对混凝土水化产物的溶解作用就不断的进行,最终造成混凝土的破坏。

普通河水或软水流经混凝土表面,基于上述相同原理对混凝土表面进行侵蚀。若河水为软水,则对混凝土表面的侵蚀更加严重。

### 11.2.4.1　碾压混凝土的渗透溶蚀

1.混凝土的渗透溶蚀

众所周知,混凝土中水泥的水化产物有 $Ca(OH)_2$、水化硅酸钙、水化铁酸钙、水化铝酸钙及水化硫铝酸钙等。这些水化产物都属碱性且都一定程度地溶于水。只有在液相中石灰含量超过水化产物各自的极限浓度的条件下,这些水化产物才稳定,不向水中溶解。相反,当液相中石灰含量低于水化产物稳定的极限浓度时,这些水化产物依次发生溶解。水泥水化产物的极限石灰浓度如下:$Ca(OH)_2$ 为 1.3

$g/L$；$2CaO \cdot SiO_2 \cdot aq$ 约为 $1.3 \ g/L$；$3CaO \cdot 2SiO_2 \cdot aq$ 约为 $1.3 \ g/L$；$4CaO \cdot Al_2O_3 \cdot aq$ 为 $1.08 \ g/L$；$4CaO \cdot Fe_2O_3 \cdot aq$ 为 $1.06 \ g/L$；$3CaO \cdot Al_2O_3 \cdot aq$ 为 $0.42 \sim 0.56 \ g/L$；$CaO \cdot SiO_2 \cdot aq$ 为 $0.03 \sim 0.52$ $g/L$；$3CaO \cdot Al_2O_3 \cdot 3CaSO_4 \cdot aq$ 为 $0.045 \ g/L$；$CaCO_3$［$Ca(OH)_2$ 碳化后生成］为 $0.013 \ g/L$。

从上述可见，最易溶解的水化产物是 $Ca(OH)_2$ 和 $2CaO \cdot SiO_2 \cdot aq$ 及 $3CaO \cdot 2SiO_2 \cdot aq$，而 $2CaO \cdot SiO_2 \cdot aq$ 和 $3CaO \cdot 2SiO_2 \cdot aq$ 水解分离出 CaO 后形成更稳定的低钙硅比水化产物。

2. 渗透溶蚀试验

为了更接近混凝土使用时的实际情况，渗透溶蚀试验采用自来水作为渗透介质。将混凝土渗透试验获得的渗透液进行化学分析。测定渗透液的 pH、电导率、$Ca^{2+}$、$SiO_3^{2-}$、$SO_4^{2-}$、$Cl^-$、$OH^-$、$Na^+$、$K^+$、$Al^{3+}$、$Fe^{3+}$、$CO_3^{2-}$ 等离子的溶出量随渗透时间、水压力等的变化。为了避免空气中的二氧化碳使渗透液碳酸化，渗透液直接滴落入塑料膜袋中并及时装瓶密封。电导率用 DDS-11A 电导率仪测定；pH 用玻璃电极测定；$OH^-$、$CO_3^{2-}$、$Cl^-$、$Ca^{2+}$ 用容量法测定；$SiO_3^{2+}$、$SO_4^{2-}$、$Fe^{3+}$、$Al^{3+}$ 用分光光度法测定；$Na^+$ 用钠电极，$K^+$ 用原子吸收法测定。

3. 碾压混凝土的渗透溶蚀特性

1）渗透溶出物的种类

混凝土渗透溶出物的种类，与组成混凝土的材料及性质、混凝土配合比及龄期等有关。混凝土中凡能溶于水的物质，均有可能随渗透过程的进行而溶出。一些易溶于水的碱性氧化物如 $Na_2O$、$K_2O$、CaO、MgO 等当水渗入混凝土时，很快转变为 NaOH、KOH、$Ca(OH)_2$ 等。由于 NaOH 和 KOH 的存在，$Ca(OH)_2$ 的溶解受到抑制，溶解度会降低，因此混凝土渗透初期 K、Na 的氢氧化物含量较高，但随时间延长而减小。与此同时，$Ca(OH)_2$ 却随时间的延长有所增加，这一现象在掺有少量粉煤灰的混凝土渗透液中明显地表现出来。还有一些可溶性盐类如氯化物（NaCl、KCl、$CaCl_2$ 等）、硫酸盐（$Na_2SO_4$、$K_2SO_4$ 等）、碳酸盐（$Na_2CO_3$、$K_2CO_3$ 等）、硅酸盐（$Na_2SiO_3$ 等）也会溶出。这已被渗透水化学成分的分析结果所证实。

2）渗透液的 pH 值

表 11-16 列出了不同混凝土渗透液 pH 值随渗透时间 $t$ 变化的测试结果。该试验结果表明，随着渗透时间的延长，混凝土渗透液的 pH 值逐渐降低。渗透开始阶段，pH 值降低较快，然后逐渐变慢，经过较长时间的渗透，渗透液的 pH 值仍达 11 以上，且随渗透时间的延长逐渐趋于稳定。渗透液 pH 值高低与混凝土配合比有直接关系。粉煤灰掺量高的混凝土，pH 值较低，但经过较长时间的渗透后，渗透液的 pH 值差距逐渐缩小。

表 11-16　不同混凝土渗透液 pH 值随渗透时间 $t$ 的变化

| | $t/d$ | 1 | 2 | 3 | 4 | 5 | 6 | 7 | 8 | 9 | 10 | 11 | 12 | 13 | 13.5 |
|---|---|---|---|---|---|---|---|---|---|---|---|---|---|---|---|
| pH 值 | Sby3-2F | 13.08 | 12.96 | 12.95 | 12.91 | 12.86 | 12.84 | 12.80 | 12.80 | 12.83 | 12.85 | 12.80 | 12.80 | 12.75 | 12.70 |
| | LTRⅢ | 12.15 | 12.04 | 12.04 | 12.00 | 11.94 | 11.88 | 11.71 | 11.53 | 11.40 | 11.45 | 11.43 | 11.39 | 11.42 | — |
| | LTRⅣ | — | 12.72 | 12.48 | 12.46 | 12.12 | 12.34 | 12.40 | 12.43 | 12.31 | 12.40 | 12.32 | 12.32 | 12.16 | |

| | $t/d$ | 14 | 15 | 16 | 17 | 18 | 19 | 20 | 21 | 备注 | | |
|---|---|---|---|---|---|---|---|---|---|---|---|---|
| pH 值 | Sby3-2F | — | — | — | — | — | — | — | — | $t_0 = 28 \ d$，$\sigma = 1.2 \sim 2.8 \ MPa$，$pH_水 = 7.88$，常态混凝土 | | |
| | LTRⅢ | 11.37 | 11.24 | 11.30 | 11.27 | 11.26 | 11.26 | 11.22 | 11.17 | $t_0 = 112 \ d$，$\sigma = 1.2 \sim 3.6 \ MPa$，$pH_水 = 8.32$，碾压混凝土 | | |
| | LTRⅣ | 12.32 | 12.16 | 11.86 | 11.82 | 11.79 | 11.68 | — | — | $t_0 = 90 \ d$，$\sigma = 2.0 \sim 3.6 \sim 1.6 \ MPa$，$pH_水 = 7.88$，碾压混凝土 | | |

应该指出的是，渗透液的 pH 值一定程度上反映的是渗透水流经混凝土中连通的孔隙所溶解带出的碱的数量。混凝土的渗透性较大时，其渗透液的 pH 值就较低，且随渗透历时的延长降低较快。相

反,则渗透液的 pH 值较高,且随渗透历时的延长降低较慢。混凝土中大量不连通的及封闭孔隙中的孔隙水的 pH 值将会明显高于上述测试值。此外,随着混凝土龄期和渗透历时的延长,混凝土的渗透系数下降,混凝土渗透液的 pH 值将逐渐稳定。

3)CaO 的溶出

混凝土中水泥的水化产物都属碱性且都一定程度地溶于水。渗透水对这些水化产物的溶蚀表现形式之一是这些水化产物失去 CaO,而逐渐转变为低钙硅比的水化产物。因此,随渗透液带出的 CaO 反映出混凝土的溶蚀情况。表 11-17 列出了部分混凝土渗透液累计溶出的 CaO 随渗透历时的变化。由表 11-16 可见,对于粉煤灰掺量较少的常态混凝土(如 Sby3-2F),渗透水从混凝土中溶解出 CaO。对于粉煤灰掺量较大的碾压混凝土(如龙滩工程的 LTR Ⅲ 和 LTR Ⅳ 配合比),渗透水不仅不能从混凝土中溶解出 CaO,相反地,混凝土从渗透水中吸收 CaO。而且粉煤灰掺量越大者,吸收渗透水中 CaO 的量越多。

表 11-17　渗透液累计从混凝土中溶出 CaO 的量随渗透历时的变化

| 渗透历时/d | | 0.5 | 1.0 | 1.5 | 2.0 | 3.0 | 3.5 | 4.0 | 4.5 |
|---|---|---|---|---|---|---|---|---|---|
| 累计溶出 CaO/ mg | Sby3-2F | 376.7 | 789.1 | 1 166.5 | 1 516.9 | 2 123.0 | 2 415.6 | 2 861.2 | 3 209.6 |
| | LTR Ⅲ | — | -27.0 | - | -56.0 | -92.7 | | -44.2 | |
| | LTR Ⅳ | — | — | — | — | -1.6 | | | |
| 渗透历时/d | | 5.0 | 5.5 | 6.0 | 6.5 | 7.0 | 7.5 | 8.0 | 8.5 | 9.0 | 9.5 |
| 累计溶出 CaO/ mg | Sby3-2F | 3 553.6 | 3 848.6 | 4 116.0 | 4 500.3 | 4 839.5 | 5 155.4 | 5 446.8 | 5 698.4 | 6 050.1 | 6 395.0 |
| | LTR Ⅲ | -63.7 | | -113.4 | | -133.4 | | -141.0 | | -158.5 | |
| | LTR Ⅳ | | | -24.8 | | | -32.9 | | -35.5 | | -30.4 |
| 渗透历时/d | | 10.0 | 10.5 | 11.0 | 11.5 | 12.0 | 12.5 | 13.0 | 13.5 | 14.0 | 14.5 |
| 累计溶出 CaO/ mg | Sby3-2F | 6 696.0 | 6 988.6 | 7 273.9 | 7 633.4 | 7 970.1 | 8 277.3 | 8 581.2 | 8 863.4 | — | — |
| | LTR Ⅲ | -232.5 | | -284.9 | | -231.6 | | -366.7 | | -358.4 | |
| | LTR Ⅳ | | -29.7 | | -27.7 | | -32.6 | | -31.8 | | -41.3 |
| 渗透历时/d | | 15.0 | 15.5 | 16.0 | 16.5 | 17.0 | 17.5 | 18.0 | 18.5 | 19.0 | 19.5 |
| 累计溶出 CaO/ mg | Sby3-2F | — | | | | | | | | | |
| | LTR Ⅲ | -444.6 | | -552.9 | | -685.7 | | -834.2 | | -1 005.1 | |
| | LTR Ⅳ | | -40.4 | | -37.0 | | -35.4 | | -59.9 | | -81.7 |

| 渗透历时/d | | 20.0 | 20.5 | 21.0 | 21.5 | 22.5 | 23.5 | 24.5 | 备注 |
|---|---|---|---|---|---|---|---|---|---|
| 累计溶出 CaO/ mg | Sby3-2F | — | — | — | — | — | — | — | $t_0 = 28$ d,$\sigma = 1.2 \sim 2.8$ MPa |
| | LTR Ⅲ | -1 135.2 | | -1 280.3 | | | | | $t_0 = 112$ d,$\sigma = 1.2 \sim 3.6$ MPa |
| | LTR Ⅳ | — | -106.1 | — | -101.1 | -118.0 | -138.4 | 163.8 | $t_0 = 90$ d, $\sigma = 1.2 \sim 3.6 \sim 1.6$ MPa |

4)SiO₂ 的溶出

掺粉煤灰的混凝土中,由于粉煤灰含有大量的 $SiO_2$,其中的一部分是可溶性的,在渗透水的作用下可能被溶解带出。此外,混凝土中的 CaO 也会与 $SiO_2$ 起反应生成不同钙硅比的水化产物——水化硅酸钙。因此,渗透液中 $SiO_2$ 含量的变化也在一定程度上反映了渗透水对混凝土的溶蚀情况。表 11-18 列出了两种碾压混凝土在 2.8 MPa 的固定水压下,$SiO_2$ 的溶出量随渗透历时的变化。由表 11-18 可见,由于碾压混凝土中粉煤灰掺量较高,渗透水逐渐溶蚀碾压混凝土中的 $SiO_2$,而且粉煤灰掺量较大的龙滩 LTR Ⅲ 碾压混凝土配合比被溶蚀带出的 $SiO_2$ 较多。

**表 11-18　在 2.8 MPa 水压下混凝土中 $SiO_2$ 溶出量随渗透历时的变化**

| $t/d$ | | 1 | 2 | 3 | 4 | 5 | 6 | 7 | 8 | 9 | 10 | 11 | 12~14 | 15 | 16 |
|---|---|---|---|---|---|---|---|---|---|---|---|---|---|---|---|
| $SiO_2$ 溶出量/ (mg/d) | LTRⅢ | 106.6 | 103.7 | 86.4 | 97.9 | 63.4 | 56.2 | 57.6 | 41.8 | 60.5 | 44.6 | 40.3 | 34.6 | 24.5 | 21.6 |
| | LTRⅣ | — | — | — | 44.6 | 29.0 | 13.5 | 19.4 | 14.5 | 23.4 | 12.9 | 12.6 | — | — | — |
| $t/d$ | | 17 | 18 | 19 | 18~20 | 21~22 | 23~25 | 26~28 | 29~31 | 32~34 | 35~37 | 38~40 | 41~43 | 44~46 | 47~50 |
| $SiO_2$ 溶出量/ (mg/d) | LTRⅢ | 14.4 | 15.8 | 15.8 | — | — | — | — | — | — | — | — | — | — | — |
| | LTRⅣ | (11.5) | — | — | 18.5 | 14.2 | 22.3 | 16.1 | 13.1 | 12.7 | 12.6 | 14.8 | 11.9 | 11.9 | 12.2 |

#### 11.2.4.2　混凝土的接触溶蚀

水泥混凝土应是耐久性的材料,在某些条件下可以使用数十年而且完好无损,但在另一些条件下,水泥混凝土受侵蚀破坏。长期与软水或有侵蚀性的水接触的水泥混凝土所受的破坏称为软水(或侵蚀性水)溶出性侵蚀破坏(或侵蚀破坏)。

一般认为,硅酸盐水泥的主要矿物水化后的主要产物是:水化硅酸钙($m$ CaO · $SiO_2$ · aq)、水化铝酸钙($n$ CaO · $Al_2O_3$ · aq)、水化铁酸钙($p$ CaO · $Fe_2O_3$ · aq)、水化硫铝酸钙($m$ CaO · $Al_2O_3$ · $n$CaSO$_4$ · aq)、氢氧化钙[Ca(OH)$_2$]等。由于水泥成分和水化条件的不同,水化产物的 CaO/$SiO_2$ 比、CaO/$Al_2O_3$ 比等(上述水化产物中的 $m$、$n$、$p$ 等系数)不同,结晶水的量也不相同。硅酸盐水泥完全水化后,将产生大约 25% 的氢氧化钙。已有资料表明,硅酸盐水泥水化 1 个月,氢氧化钙的量约占水泥质量的 10%,3 个月约为 15%。

上述水泥的水化产物都属碱性且都一定程度地溶于水,只有在液相中石灰含量超过水化产物各自的极限浓度的条件下,这些水化产物才稳定。相反,当液相中石灰含量低于水化产物稳定的浓度时,这些水化产物依次发生溶解。水泥的这些水化产物在酸或某些碱溶液环境条件下会与其发生反应,反应的生成物若具有破坏性或降低胶结性能将使原有混凝土的性能降低,随着反应的不断进行,混凝土最终将破坏。

当混凝土与具有侵蚀性的水接触时,由于水与混凝土孔隙水的 Ca(OH)$_2$ 浓度差而产生 Ca(OH)$_2$ 从孔隙水向界面水扩散溶出。若接触水是流动的且其中的 Ca(OH)$_2$ 含量较低(如软水),则此种扩散溶出将一直进行下去,因而可能造成混凝土表面的破坏。

#### 11.2.4.3　影响混凝土溶蚀的因素

影响混凝土渗透溶蚀的因素:①渗透水的石灰浓度及水中其他影响 Ca(OH)$_2$ 溶解度的物质(离子)。渗透水中 CaO 含量越多,水的暂时硬度(每升水中 CaO 含量为 10 mg 时称为一度)越高,渗透水对水化产物的溶蚀量就越小。水中有 $Na_2SO_4$ 及 NaCl 存在时,石灰的溶解度就会增大,当水中有钙盐(如 $CaSO_4$、$CaCl_2$ 等)时,将降低石灰的溶解度。因此,这些物质(离子)的存在也影响渗透溶蚀。②混凝土中含极限石灰浓度高的水化产物[如 Ca(OH)$_2$]量的多少也是影响渗透溶蚀的因素。用硅酸盐水泥配制的混凝土中,存在较多 Ca(OH)$_2$ 和高钙硅比的水化产物,比较容易出现 CaO 的溶出。掺有混合材料的水泥或混凝土掺用掺合料时,混凝土中 Ca(OH)$_2$ 较少、低钙硅比的水化产物较多,因此混凝土的抗渗透溶蚀性能较好。③混凝土的密实性及不透水性。混凝土的渗透溶蚀是通过混凝土内部的孔隙进行的。渗透水在混凝土内部孔隙迁移的过程中,水泥的水化产物逐渐溶解进入渗透水。随着渗透水的迁移,渗透水的石灰浓度逐渐提高。混凝土的孔隙率越大、粗大的连通渗透通道越多,渗透溶蚀就可能越严重。

影响水泥混凝土抵抗软水侵蚀能力的因素有以下几个方面:

(1)溶蚀的类型。渗透溶蚀与接触溶蚀的溶蚀机理是不同的。前者是渗透溶出,其溶出的动力是水压力,溶出量与渗透水量直接相关。后者是扩散溶出,其溶出的动力是混凝土内部与外部的氢氧化钙的浓度差。

（2）环境水的溶蚀能力。除上述所说的石灰浓度及水中其他影响 Ca(OH)$_2$ 溶解度的物质(离子)含量外,是否存在其他的侵蚀介质而发生复合侵蚀也是一个因素。当环境水存在复合侵蚀时,侵蚀的速度加快。如软水侵蚀夹杂有碳酸性侵蚀,溶蚀加快。

（3）水泥混凝土本身抵抗侵蚀能力的强弱。对于渗透溶蚀,主要取决于混凝土的密实程度和抵抗渗透的能力。因为渗透溶蚀的溶出量与渗透水量直接相关,混凝土密实、抵抗渗透的能力越强,渗透水量越少,渗透溶出量就越少。对于软水的接触溶蚀,溶出量的多少主要取决于混凝土内部与外部的氢氧化钙的浓度差。但水泥混凝土经过较长时间的溶蚀作用,混凝土表面的水泥水化产物产生局部分解,溶蚀破坏首先表现为混凝土表面水泥石剥落。因此,能否长时间保持混凝土表面水泥石不剥落是衡量混凝土抵抗接触溶蚀破坏能力的一个指标。当混凝土内部有足够多的 Ca$^{2+}$、OH$^-$离子源不断地补充混凝土表面的水泥石因溶蚀丧失的 Ca$^{2+}$、OH$^-$离子时,混凝土表面水泥石的剥落就可以避免。混凝土厚度越大,对混凝土表面水泥石的保护能力越强。这也就是说,对于表面接触溶蚀影响结果是:

①随着表面接触溶蚀时间的延长,砂浆和混凝土被溶蚀得越来越严重,溶出的物质越来越多。水灰比对溶蚀有一定的影响,但是影响不大。

②粉煤灰的渗入使溶蚀量增大。粉煤灰掺量越大,溶蚀量越大(见图 11-4 和图 11-5)。用矿渣粉代替粉煤灰作为混凝土的掺合料,对抵抗软水接触溶蚀的性能并没有改善。矿渣掺量增大,抵抗软水溶蚀能力变差(见图 11-6 和图 11-7)。减水剂的掺入对抵抗软水溶蚀有一定的影响,但影响范围较小,而膨胀剂的掺入会加速溶蚀。

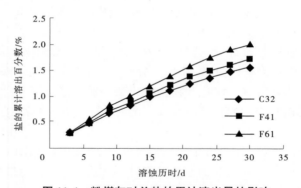

**图 11-4　粉煤灰对总盐的累计溶出量的影响**

[水泥砂浆(C32)、粉煤灰掺量 13%(F41)以及粉煤灰掺量 23%(F51)的粉煤灰水泥砂浆]

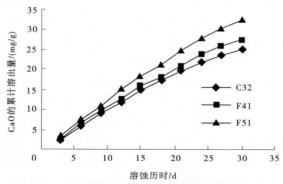

**图 11-5　粉煤灰对 CaO 的累计溶出量的影响**

[水泥砂浆(C32)、粉煤灰掺量 13%(F41)以及粉煤灰掺量 23%(F51)的粉煤灰水泥砂浆]

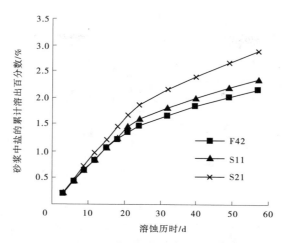

**图 11-6　矿渣对总盐的累计溶出量的影响**

( 粉煤灰掺量 30% 的 F42 和矿渣粉掺量 13% 的 S11 与掺量 23% 的 S21 比较 )

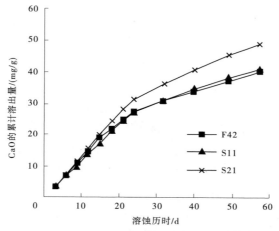

**图 11-7　矿渣对 CaO 的累计溶出量的影响**

( 粉煤灰掺量 30% 的 F42 和矿渣粉掺量 13% 的 S11 与掺量 23% 的 S21 比较 )

③软水中富含游离 $CO_2$ 的量对溶蚀有明显的影响,随着水中游离 $CO_2$ 含量的增大,溶蚀加重( 见图 11-8 和图 11-9)。

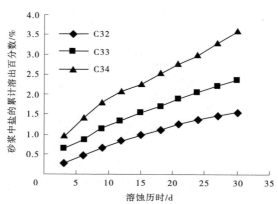

**图 11-8　水质对总盐的累计溶出量的影响**

( 其中 C32 未掺入 $CO_2$,C33 定期通入少量 $CO_2$,C34 通入 $CO_2$ 至溶液饱和 )

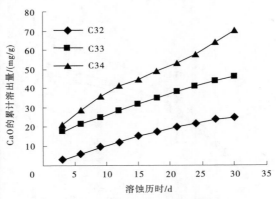

**图 11-9　水质对 CaO 的累计溶出量的影响**

(其中 C32 未掺入 $CO_2$,C33 定期通入少量 $CO_2$,C34 通入 $CO_2$ 至溶液饱和)

④混凝土的龄期对混凝土抵抗软水溶蚀能力并没有改善,相反,由于水泥的水化比较充分,水泥石中的氢氧化钙含量较多,初期的溶蚀量增加(见图 11-10 和图 11-11)。试件厚度越薄,越不利于抗溶蚀(见图 11-12 和图 11-13)。混凝土表面的粗糙度增大使软水接触溶蚀加重(见图 11-14 和图 11-15)。

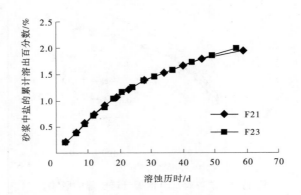

**图 11-10　龄期对总盐的累计溶出量的影响**

(F21 为龄期 28 d,F23 为龄期 180 d)

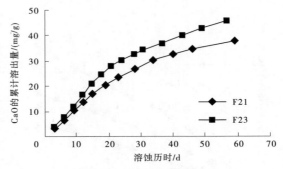

**图 11-11　龄期对 CaO 的累计溶出量的影响**

(F21 为龄期 28 d,F23 为龄期 180 d)

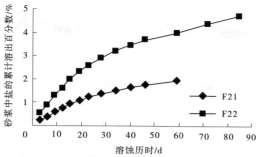

**图 11-12　试件厚度对总盐的累计溶出量的影响**
［**试件** F21（100 mm×35 mm×8 mm）和 F22（100 mm×35 mm×4 mm）］

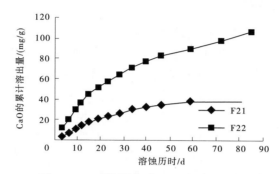

**图 11-13　试件厚度对 CaO 的累计溶出量的影响**
［**试件** F21（100 mm×35 mm×8 mm）和 F22（100 mm×35 mm×4 mm）］

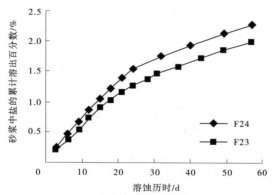

**图 11-14　表面粗糙度对总盐的累计溶出量的影响**
（F23 为一般砂浆表面，F24 为有刻痕的粗糙砂浆表面）

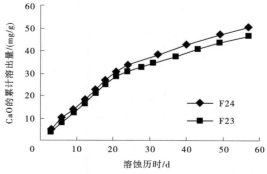

**图 11-15　表面粗糙度对 CaO 的累计溶出量的影响**
（F23 为一般砂浆表面，F24 为有刻痕的粗糙砂浆表面）

# 11.3　碾压混凝土的渗透及溶蚀耐久性评价

碾压混凝土在压力水的作用下发生渗流,随着渗透时间的延长渗流发生变化,可能会出现随着渗透时间的延长渗流量逐渐减少,最终趋向稳定的结果,也可能出现随着渗透时间的延长渗流量逐渐增大的结果。了解碾压混凝土的渗透耐久性发展规律,避免渗透破坏条件的产生是十分重要的。

碾压混凝土在渗透水的作用下发生一定程度的溶蚀,长期的溶蚀是否会造成破坏?另外,在软水的作用下渗透溶蚀是否更加严重?接触溶蚀的结果如何?如何保证碾压混凝土的溶蚀稳定性?这些都是必须了解的问题。

## 11.3.1　碾压混凝土的渗透稳定性

前面已提到,混凝土的渗透系数受多方面因素的影响。当混凝土承受不同水压力时,渗透也呈现不同的发展趋势。若混凝土承受的水力梯度低于其临界水力梯度,混凝土的渗透系数与渗透历时呈现图 11-16 所示的典型关系。该曲线前半段从混凝土透水开始,渗透系数逐渐增大直至该混凝土渗透系数的最大值 $K_{max}$。

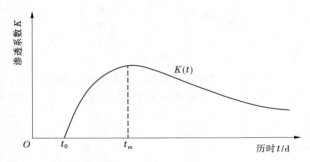

**图 11-16　固定水力梯度下混凝土渗透性随时间的变化曲线**

混凝土开始透水所需的时间 $t_0$ 及达到最大渗透系数所需的时间 $t_m$ 随混凝土而异。抗渗性较差的混凝土 $t_0$ 较小,$t_m - t_0$ 也较小,即混凝土透水后较早达到渗透系数的最大值。相反,抗渗性较好的混凝土,$t_0$ 和 $t_m - t_0$ 都较大。如表 11-17 所列,90 d 龄期时 LTR Ⅲ 混凝土从透水至 $K_{max}$ 经历了 5 d 时间,而 LTR Ⅳ 混凝土同一过程经历了 7 d 时间,两者 $t$ 相差则更大些。这两种混凝土 120 d 龄期时,从透水至 $K_{max}$ 出现经历了 16 d 及以上。混凝土渗透性随时间变化曲线的后半段符合如下的表达式:

$$K(t) = K_\infty t / (t - m) \tag{11-3}$$

式中:$K_\infty$ 为混凝土稳定渗流($t \rightarrow \infty$)时的渗透系数;$m$ 为因混凝土及龄期等而不同的试验常数。

表 11-19 列出了几个配合比混凝土渗透系数随时间变化的表达式及拟合相关系数,说明用式(11-3)来反映混凝土的渗透系数与时间关系是可行的。

**表 11-19　几个配合比混凝土渗透系数回归分析结果**

| 回归公式 | | LTR Ⅲ<br>$t = 90$ d<br>2.8 MPa | LTR Ⅳ<br>$t = 90$ d<br>2.8 MPa | Sby3-2F<br>$t = 28$ d<br>1.2~2.8 MPa |
|---|---|---|---|---|
| $K(t) = \dfrac{K_\infty t}{t - m}$ | $K_\infty / (10^{-9} \mathrm{cm/s})$ | 8.051 | 1.573 | 3.207 |
| | $m$ | 1.756 | 6.435 | 3.203 |
| | 相关系数 $\gamma$ | -0.918<br>$n = 25$ | -0.901<br>$n = 41$ | -0.983<br>$n = 19$ |

当混凝土承受的水力梯度低于临界水力梯度时,混凝土经过渗透,内部孔结构不仅未受破坏,相反还有一定程度的改善。

当混凝土承受的水力梯度高于当时混凝土的临界水力梯度时,混凝土在渗透过程中孔隙结构逐渐受到破坏,渗透系数逐渐增大。当承受的水力梯度降至临界水力梯度以下时,混凝土的渗透系数又随着渗透历时的延长而下降。图 11-17 示出了龙滩工程坝体内部 R Ⅲ 配合比的碾压混凝土 90 d 龄期时在不同水力梯度情况下渗透系数随渗透历时的变化(该碾压混凝土 90 d 龄期时的临界水力梯度是1 867)。

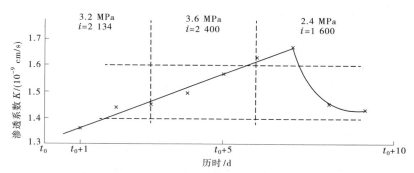

图 11-17　龙滩 R Ⅲ 在不同水力梯度下渗透系数-历时关系

## 11.3.2　碾压混凝土的溶蚀稳定性

由于碾压混凝土的亲水性及多孔性,在压力水的作用下,水将进入碾压混凝土中并在其内部孔隙体系中进行迁移。又由于碾压混凝土中胶凝材料的水化产物或多或少地溶于水,渗透水将使水化产物先后发生溶解。随着渗透时间的延长,碾压混凝土抵抗渗透溶蚀的能力如何应该有清晰的概念。另外,软水与碾压混凝土接触,将溶出其表面的部分水化产物,长期的软水接触溶蚀是否造成碾压混凝土的表面发生破坏? 下面着重介绍有关的研究成果。

### 11.3.2.1　碾压混凝土的渗透溶蚀稳定性

如前所述,混凝土溶蚀与渗透水性质有关,也与混凝土中粉煤灰掺量有关。当渗透水无化学侵蚀性时,渗透水对混凝土的渗透溶蚀取决于渗透水的暂时硬度及混凝土中易被溶蚀物质的含量。

1. CaO 的溶蚀稳定性

对于不掺粉煤灰或粉煤灰掺量较低的混凝土,渗透水溶解并带走混凝土中的 CaO,而混凝土吸收水中的可溶性 $SiO_2$。单位体积渗透液中携带的 CaO 随渗透时间的延长逐渐减少,也即经过较长时间的渗透后,CaO 的累计溶出量趋于一个固定值。表 11-20 为 28 d 龄期的混凝土试件渗透溶蚀试验结果。

表 11-20　从 28 d 龄期的普通硅酸盐水泥混凝土中溶出的石灰数量与历时关系

| 渗透历时/d | | 1 | 3 | 5 | 6 | 7 | 8 | 10 |
|---|---|---|---|---|---|---|---|---|
| 累计溶出 Ca(OH)$_2$ | mg | 1 780 | 3 260 | 4 780 | 5 310 | 5 710 | 6 060 | 6 490 |
| | 占水泥质量/% | 1.8 | 3.3 | 4.8 | 5.3 | 5.7 | 6.1 | 6.5 |
| 渗透历时/d | | 11 | 12 | 13 | 14 | 15 | 16 | 18 |
| 累计溶出 Ca(OH)$_2$ | mg | 6 600 | 6 810 | 6 950 | 7 090 | 7 260 | 7 353 | 7 430 |
| | 占水泥质量/% | 6.6 | 6.8 | 6.9 | 7.1 | 7.3 | 7.4 | 7.5 |

表 11-19 的试验结果经拟合,可用如下经验公式表示:

$$G_1 = 8\,961.3t/(t + 4.14) \tag{11-4}$$
$$W(\%) = 8.937t/(t + 4.07) \tag{11-5}$$

式中:$G_1$ 为 Ca(OH)$_2$ 累计溶出的数量,mg;$W$ 为溶出的 Ca(OH)$_2$ 占水泥质量的百分数(%);$t$ 为渗透历时,d。

上面经验公式 $n = 14$,相关系数 0.994。从式(11-4)、式(11-5)可见,当 $t$ 为无穷大时,累计溶出的 Ca(OH)$_2$ 为 8.96 g,相当于水泥质量的 8.94%,该值大约相当于水泥水化产生 Ca(OH)$_2$ 的 1/3。

将表 11-16 实测 Sby3-2F 配合比混凝土累计溶出 CaO 的数量进行拟合,可得如下经验公式:

$$G(t) = 52\,214.6t/(t + 67.96) \tag{11-6}$$

式中:$G(t)$ 为渗透水溶出的 CaO 累计数量,mg;$t$ 为渗透历时,d。

式(11-6)中的 $n = 26$,相关系数为 0.99。当 $t$ 为无穷大时,$G(t)$ 的最大值是 52 214.6 mg。该试验所用混凝土中水泥用量 6.11 kg,按产生 25% 的 Ca(OH)$_2$ 进行估计,可产生 Ca(OH)$_2$ 1.528 kg,相当于存在 1.156 kg 的 CaO,故渗透水能溶出的 CaO 仅占混凝土中 CaO 数量的 5% 以下。

试验结果和分析表明,一般的水对正常使用的混凝土中 CaO[或 Ca(OH)$_2$] 的渗透溶蚀量是有一定限度的。能溶出的 CaO 数量与混凝土中水泥品种及含量有关,也与混凝土的不透水性有关。掺用适量粉煤灰的密实、高抗渗性能的混凝土,渗透溶蚀出的 CaO 较少。掺粉煤灰较多且抗渗性能较高的混凝土渗透出的 CaO 极少。此时若渗透水中存在较多 CaO,则混凝土吸收水中的 CaO。

2. SiO$_2$ 的溶蚀稳定性

对于粉煤灰掺量较高的混凝土,渗透水溶解并带走混凝土中的可溶性 SiO$_2$,而混凝土吸收渗透水中的 CaO。单位体积渗透液中携带的 SiO$_2$ 随渗透时间的延长逐渐减少,也即经过较长时间渗透后,SiO$_2$ 的累计溶出量趋于某一固定值。

将表 11-17 中的龙滩 LTR Ⅲ 配合比的试验数据进行曲线拟合,可得到如下经验公式:

$$G = Ae^{-Bt} \tag{11-7}$$

式中:$G$ 为单位时间内渗透水从混凝土中溶出的 SiO$_2$ 数量,mg/d;$t$ 为渗透历时,d;$A$、$B$ 为试验常数,此处 $A = 126.26$,$B = 0.111\,1$。

式(11-7)中的 $n = 17$,相关系数为 0.97。

对于流体-固体反应体系,我们不妨将反应速率定义为单位时间内,单位体积固态反应物试样的消耗量或产物的增加量。因此,单位体积混凝土中 SiO$_2$ 的溶蚀量即被溶蚀物的溶度可用下式表示:

$$C = \frac{1}{V}G = \frac{1}{V}Ae^{-Bt} \tag{11-8}$$

将式(11-8)对时间微分可得

$$dc/dt = \frac{-AB}{V}e^{-Bt}$$

反应速率可表示为

$$-dc/dt = KC \tag{11-9}$$

以上各式中:$V$ 为试验混凝土的体积;$C$ 为被溶蚀物的浓度;$K$ 为与 $A$ 和 $B$ 有关的常数,即 SiO$_2$ 溶出的表观速率,其值与配合比及水压力有关。

根据式(11-8)可知,溶出物浓度 $C$ 随渗透时间 $t$ 呈指数性下降。根据表 11-17 的试验资料,也可获得龙滩 LTR Ⅲ 配合比碾压混凝土在 2.8 MPa 的水压下 SiO$_2$ 累计溶出量表达式:

$$G(t) = 1\,955.39t/(t + 17.102) \tag{11-10}$$

式中:$G(t)$ 为渗透水溶出的 SiO$_2$ 累计数量,mg;$t$ 为渗透历时,d。

式(11-10)中的 $n = 17$,相关系数为 0.999。当 $t$ 为无穷大时,$G(t)$ 的最大值是 1 955.39 mg。该试

验所用混凝土中粉煤灰用量为 0.472 kg,其中含 $SiO_2$ 0.242 kg,故渗透水能溶出的 $SiO_2$ 仅占混凝土中 $SiO_2$ 数量的 0.81%。相应的,对龙滩 LTRⅣ 配合比碾压混凝土,渗透水能溶出的 $SiO_2$ 仅占混凝土中 $SiO_2$ 数量的 0.38%。

试验结果和分析表明,一般的水对正常使用的碾压混凝土中 $SiO_2$ 的渗透溶蚀也是有一定限度的。能溶出的 $SiO_2$ 数量与碾压混凝土中粉煤灰品质及粉煤灰含量有关,也与混凝土的不透水性有关。掺用适量粉煤灰的密实、高抗渗性能的碾压混凝土,渗透溶蚀出的可溶性 $SiO_2$ 极少。

3. 水化产物的稳定性

水化产物的稳定性直接影响混凝土的耐久性及结构物的安全性,如前所述,各种水化产物只有在液相中石灰含量超过水化产物各自的极限浓度的条件下,这些水化产物才稳定,不向水中溶解。其中 $2CaO \cdot SiO_2 \cdot aq$ 的极限浓度最高,与 $Ca(OH)_2$ 的极限浓度相当,即只有在 $Ca(OH)_2$ 的饱和溶液中才能稳定存在,因此 $2CaO \cdot SiO_2 \cdot aq$ 最不容易稳定。

当混凝土中掺有粉煤灰时,由于粉煤灰中的活性组分与水泥水化产物 $Ca(OH)_2$ 发生二次水化反应,使混凝土中液相的 $Ca(OH)_2$ 浓度下降,pH 值也有所降低。此时,水化产物能否稳定存在? 现以最不易稳定的 $2CaO \cdot SiO_2 \cdot aq$ 为例,依据热力学基本原理进行探讨。设水化硅酸二钙以 $2CaO \cdot SiO_2 \cdot \frac{7}{6}H_2O$ 为代表并按下式水解:

$$2CaO \cdot SiO_2 \cdot \frac{7}{6} \cdot H_2O + \frac{17}{6}H_2O \rightarrow 2Ca^{2+}(aq) + 4OH^-(aq) + Si(OH)_4(s) \qquad (11\text{-}11)$$

其热力学数据为

$$G^\theta_{298}(C_2SH) = -2711.2 \text{ kJ/mol}$$

$$G^\theta_{298}(H) = -306.4 \text{ kJ/mol}$$

$$G^\theta_{298}(SH_2) = -1514.0 \text{ kJ/mol}$$

$$G^\theta_{298}(Ca^{2+}) = -513.9 \text{ kJ/mol}$$

$$G^\theta_{298}(OH^-) = -232.9 \text{ kJ/mol}$$

反应式(11-11)的自由能变化为

$$\Delta G^\theta_{R298} = \sum G^\theta_{298}(产物) - \sum G^\theta_{298}(反应物) = 105.9 \text{ kJ/mol}$$

反应式(11-11)的平衡常数为

$$K^\theta = \exp(-\Delta G^\theta_{R298}/RT) = 2.73 \times 10^{-19}$$

设 $C = [Ca^{2+}]$,则 $[OH^-] = 2C$,$K^\theta = C^2 \cdot [2C]^4 = 2.73 \times 10^{-19}$,
解得

$$C = [Ca^{2+}] = 5.1 \times 10^{-4} \text{ mol/L}$$

计算结果表明,当渗透液中 $Ca^{2+}$ 离子浓度大于 $5.1 \times 10^{-4}$(相当于 29 mg/L),即 pH 值高于 11 时,反应式(11-11)不可能向右进行,即不易分解产生 $Si(OH)_4$。但在此条件下 $2CaO \cdot SiO_2 \cdot aq$ 有可能变为 $CaO \cdot SiO_2 \cdot aq$。由于一般自然水中 CaO 的浓度不低于 50 mg/L,因此水化产物 $CaO \cdot SiO_2 \cdot aq$ 是可以稳定存在的。从平衡常数的表达式中可知,$OH^-$ 离子浓度(pH 值)的变化对 $K^\theta$ 数值的影响大得多。因此,pH 值的大小对保证水化产物的稳定性更为重要。

根据 $Ca^{2+}$ 离子浓度、pH 值随渗透历时变化的试验结果,Sby3-2F 配合比混凝土中的水化产物能稳定存在,而龙滩 LTRⅢ 配合比及龙滩 LTRⅣ 配合比混凝土中的 $2CaO \cdot SiO_2 \cdot \frac{7}{6} \cdot H_2O$ 可能会转化为 $CaO \cdot SiO_2 \cdot xH_2O$ 或 $CaO \cdot 2SiO_2 \cdot xH_2O$,转化后的水化产物是最稳定的,且其强度比转化前的水化产物的强度更高。

**4. 积盐形成的热力学条件**

已有的研究表明,盐积聚在混凝土的毛细孔、凝胶孔内,产生结晶作用,造成固相体积膨胀。这些盐的生成,或是由于侵蚀介质与混凝土组分相互作用的化学反应,或是从外部带入的,随着水的蒸发,从溶液中析出的结果。由于盐在混凝土孔隙内逐渐积聚,而使混凝土更加密实,渗透液将减少。如果这种过程发生缓慢,混凝土孔隙和空洞被生成的结晶物填充,混凝土因而密实。只有持续的结晶作用致使混凝土的孔隙壁产生很大的张力之后,混凝土结构的破坏和强度下降才变得明显起来。积盐腐蚀中最常见的是硫酸盐的侵蚀。下面讨论硫酸盐侵蚀发生的条件及影响因素。

大多数天然水中均含有硫酸盐。地表水中硫酸根的含量通常不超过 60 mg/L。在地下矿化水中,$SO_4^{2-}$ 离子的含量要高得多。对于高掺粉煤灰混凝土,若原煤中含硫量较高,其粉煤灰中所含硫酸盐也相应较高。将龙滩 LTR Ⅲ 配合比及龙滩 LTR Ⅳ 配合比数据与掺粉煤灰较少的常态混凝土 Sby3-2F 试验数据比较可知,渗透液中硫酸盐($SO_4^{2-}$)离子的浓度大了 2~17 倍。

系统中有可能产生积盐的有下列反应:

$$Ca^{2+} + SO_4^{2-} = CaSO_4 \qquad K_{Se}^{\theta} = 9.1 \times 10^{-6}$$

$$Ca^{2+} + CO_3^{2-} = CaCO_3 \qquad K_{Se}^{\theta} = 2.8 \times 10^{-9}$$

$$Ca^{2+} + SiO_3^{2-} = CaSiO_3 \qquad K_{Se}^{\theta} = 2.5 \times 10^{-8}$$

$$Ca^{2+} + 2OH^- = Ca(OH)_2 \qquad K_{Se}^{\theta} = 5.5 \times 10^{-6}$$

如果取龙滩工程的 LTR Ⅲ 及 LTR Ⅳ 中的实际数据:pH = 12,$[OH]^- = 10^{-2}$ mol/L,$[Ca^{2+}] = 2 \times 10^{-3}$ mol/L,$[CO_3^{2-}] = 10 \times 10^{-3}$ mol/L,$[SiO_4^{2-}] = 1.5 \times 10^{-3}$ mol/L,$[SO_4^{2-}] = 2 \times 10^{-3}$ mol/L,则

$$[Ca^{2+}][OH^-]^2 = 2 \times 10^{-3} \times 10^{-4} = 2 \times 10^{-7} < 5.5 \times 10^{-6}$$

$$[Ca^{2+}][CO_3^{2-}] = 2 \times 10^{-3} \times 10^{-3} \times 10 = 2 \times 10^{-5} \gg 2.8 \times 10^{-9}$$

$$[Ca^{2+}][SiO_3^{2-}] = 2 \times 10^{-3} \times 1.5 \times 10^{-3} = 3 \times 10^{-6} > 2.5 \times 10^{-8}$$

$$[Ca^{2+}][SO_4^{2-}] = 2 \times 10^{-3} \times 2 \times 10^{-3} = 4 \times 10^{-6} < 9.1 \times 10^{-6}$$

计算结果表明,在 LTR Ⅲ 及 LTR Ⅳ 试件的孔隙中,应有 $CaCO_3$ 和 $CaSiO_3$ 固相析出。由于 $Ca^{2+}$ 离子与 $SO_4^{2-}$ 离子浓度的乘积接近于 $K_{Se}^{\theta}$,考虑到 $Ca(OH)_2$ 等盐效应存在的情况下,在 $CaSO_4$ 浓度较低时,固相 $CaSO_4 \cdot 2H_2O$ 也有可能形成。但根据一般性原则,当溶液中 $SO_4^{2-}$ 离子含量小于 1 000 mg/L 时,不会引起石膏性破坏。在 LRT Ⅲ 及 LTR Ⅳ 试验数据中只有极少数点的 $SO_4^{2-}$ 离子浓度超过 1 000 mg/L,其余均小于 1 000 mg/L,而且随着时间的延长,渗透液中 $SO_4^{2-}$ 离子的浓度迅速减小。因此,即使有少量 $CaSO_4 \cdot 2H_2O$ 生成,也不会对混凝土造成结构性破坏。

然而,当溶液中 $SO_4^{2-}$ 离子浓度不大(<1 500 mg/L)时,其侵蚀作用主要表现为生成水化硫铝酸钙("水泥杆菌"):

$$3CaO \cdot Al_2O_3 \cdot 6H_2O + 3CaSO_4 + 26H_2O = 3CaO \cdot Al_2O_3 \cdot 3CaSO_4 \cdot 32H_2O$$

生成物(钙矾石)含有 32 个结晶水,体积明显大于反应物,在混凝土内部产生膨胀压力,严重时造成混凝土开裂、强度下降。由于钙矾石的溶解度很小,故在 $SO_4^{2-}$ 离子浓度较小时也能形成。但有些研究资料指出,只有当混凝土孔隙中 $Ca(OH)_2$ 浓度很高,反应以高硫型水化硫铝酸钙出现时才产生上述破坏作用。当 $Ca(OH)_2$ 浓度较低时,反应生成的是低硫型水化硫铝酸钙,不产生破坏作用。此外,当氯化物存在时,提高了水化硫铝酸钙的溶解度,阻止了晶体的生成和长大。由于掺入较大比例的粉煤灰,使龙滩工程的 LTR Ⅲ 及 LTR Ⅳ 碾压混凝土的渗透液中 $SO_4^{2-}$ 和 $Cl^-$ 离子的浓度与 sby3-2F 相比均有所提高。但对于大多数试验数据而言,$SO_4^{2-}$ 离子浓度都小于 250 mg/L,且 pH 值不是很高,因此钙矾石的侵蚀发生的可能性不大。

$SO_4^{2-}$ 离子也有可能与水化硅酸钙反应生成侵蚀性石膏:

$$2CaO \cdot SiO_2 \cdot \frac{7}{6}H_2O + 2SO_4^{2-} + \frac{41}{6}H_2O \rightarrow 2(CaSO_4 \cdot 2H_2O) + Si(OH)_4 + 4OH^- \qquad (11-12)$$

反应式(11-12)的标准自由能变化为

$$\Delta G_{R298}^{\theta} = \sum G_{298}^{\theta}(产物) - \sum G_{298}^{\theta}(反应物) = 57.0 \text{ kJ/mol}$$

反应式(11-12)的平衡常数为

$$K^{\theta} = \exp(-\Delta G_{R298}^{\theta}/RT) = 1.02 \times 10^{-10}$$

又 $K^{\theta} = [OH^-]^4/[SO_4^{2-}]^2$,将 $[OH^-] = 10^{-14}/[H^+]$ 代入后整理可得

$$\lg[SO_4^{2-}] = 2pH - 23.2$$

此式说明侵入性硫酸根离子的浓度与溶液 pH 之间的关系。pH 很低时,$SO_4^{2-}$ 离子浓度很低时就可以发生侵蚀。当 pH = 11 时,$[SO_4^{2-}] = 0.063 \text{ mol/L}$,即混凝土中 $[SO_4^{2-}] < 0.063 \text{ mol/L}$(即 6 000 mg/L),硅酸二钙就能稳定存在。表 11-16 的试验结果表明,龙滩工程 LTR Ⅲ 及 LTR Ⅳ 配合比的渗透液中 pH 均大于 11。另外,测试结果显示 $[SO_4^{2-}] < 6\ 000 \text{ mg/L}$,因此 $SO_4^{2-}$ 对混凝土不会发生反应式(11-12)的侵蚀。

$CaCO_3$、$CaSiO_3$、$CaSO_4$ 等盐的结晶和积聚有双重作用。一方面,盐堵塞了混凝土中的孔隙,增加了混凝土的密实性;另一方面,析盐反应需消耗水化产物 $Ca(OH)_2$,即降低系统 pH 值,影响水化产物的稳定性,使混凝土易遭受侵蚀。

在 LTR Ⅲ 及 LTR Ⅳ 碾压混凝土中,可能同时存在下列积盐反应与水化反应,它们争夺溶液中的 $Ca^{2+}$ 离子:

$$2CaO(S) + SiO_2(非晶体) + \frac{7}{6}H_2O(1) = 2CaO \cdot SiO_2 \cdot \frac{7}{6}H_2O \tag{11-13}$$

$$Ca^{2+}(aq) + CO_3^{2-}(aq) = CaCO_3(s) \tag{11-14}$$

$$Ca^{2+}(aq) + SiO_3^{2-}(aq) = CaSiO_3(s) \tag{11-15}$$

$$Ca^{2+}(aq) + SO_4^{2-}(aq) = CaSO_4(s) \tag{11-16}$$

从能量角度看,在相同的介质中,特别是在 CaO 含量相对低的环境下,首先进行的是式(11-13)的反应,即首先生成水化产物,其次才是积盐反应的发生。实际上由于微孔中这些离子的浓度大于较大孔隙中的浓度,因此上述反应有可能在微小孔隙中同时发生,而在较大孔隙中则不能同时发生。因此,有理由认为,合适的配合比,少量的积盐不会对混凝土构成危害,相反有助于提高混凝土的密实性、改善其抗渗性。

5. 碾压混凝土的渗透溶蚀耐久性

硅酸盐水泥熟料的主要矿物成分是 $C_3S$、$C_2S$、$C_3A$ 和 $C_4AF$。其中,$C_3S$ 占 37% ~ 60%,$C_2S$ 占 15% ~ 37%,$C_4AF$ 占 10% ~ 18%。为计算方便,暂取 $C_3S$ 为 50%,$C_2S$ 为 25%,$C_4AF$ 为 14%。目前倾向性的认识是熟料矿物与水发生涉及 $Ca(OH)_2$ 的反应有

$$2C_3S + 6H = C_3S_2H_3 + 3CH$$
$$456.8 \qquad\qquad\qquad 222.3$$

$$2C_2S + 4H = C_3S_2H_3 + CH$$
$$344.6 \qquad\qquad\qquad 74.1$$

$$C_4AF + 2CH + 10H = C_3AH_6 + C_3FH_6$$
$$486 \qquad 148.2$$

因此,1 000 g 硅酸盐水泥熟料水化后将产生的 $Ca(OH)_2$ 为

$$243.32 + 53.76 - 42.69 = 254.39(g)$$

由上述粗略的计算可得,硅酸盐水泥熟料水化产物中 $Ca(OH)_2$ 的含量约占水泥熟料质量的 25%。在水泥的水化产物中,由于 $Ca(OH)_2$ 的极限浓度最大,最容易被渗透水溶解,以 CaO 的形式溶出。若将 $Ca(OH)_2$ 换算为 CaO,则 CaO 约占水泥熟料质量的 19%。已有学者根据试验曲线指出,CaO 析出大

于 10% 以后，混凝土的强度有明显的下降。若以此作为允许从混凝土中溶出 CaO 的限量，则可以评价混凝土的使用寿命。

假定每立方米混凝土使用的水泥中硅酸盐水泥熟料为 $c$（kg），水泥水化后 $Ca(OH)_2$ 含量以 CaO 计算，占熟料质量 $\alpha$（%），混凝土结构设计使用年限为 $T$，则在使用年限内厚度为 $b$（m）的混凝土结构每平方米渗透面积允许带走 CaO 的量 $G_{CaO}$ 为：

$$G_{CaO} = 0.1bc\alpha\% \tag{11-17}$$

在使用时间 $t$ 内，渗透水实际能带走的 CaO 数量为 $g_{CaO}(t)$，其值可根据实测资料经拟合处理求得。当使用达到 $T$ 年而 $g_{CaO}(t)$ 小于或等于 $G_{CaO}$ 时，建筑物安全，或者说建筑物混凝土结构使用寿命大于或等于设计使用年限。

在使用时间 $t$ 内，通过单位面积混凝土渗透出的水量 $Q_t$ 可用下式表示：

$$Q_t = \overline{K_t} \cdot \frac{Ht}{b} \tag{11-18}$$

$$\overline{K_t} = \int_{t_m}^{t} K(t)\,dt/t \tag{11-19}$$

式中：$\overline{K_t}$ 为在使用时间 $t$ 内，混凝土的平均渗透系数；$K(t)$ 为混凝土渗透系数，其值随渗透时间而变化，m/s；$H$ 为作用于混凝土结构上的水头，m；$b$ 为混凝土结构的厚度，m。

由实测的渗透系数随渗透历时变化的资料获得 $K(t)$，按式（11-19）求得 $\overline{K_t}$，代入式（11-18）可求得 $Q_t$。根据混凝土结构使用年限 $T$ 时的 $g_{CaO}(t)$ 及 $Q_t$ 值，可获得渗透液的 CaO 平均浓度，从而可以求得混凝土的允许平均渗透系数 $\overline{K}$。

前面试验的配合比 Sby3-2F 每立方米混凝土中用普通硅酸盐水泥 270 kg，其中硅酸盐水泥熟料 248 kg，即 0.248 g/cm³，试验试件厚度 $b = 15$ cm，则混凝土每平方厘米渗透面积允许带走的 CaO 数量为：

$$G_{CaO} = b \cdot c \cdot \alpha\% \cdot 10\% = 15 \times 0.248 \times 19\% \times 10\%$$
$$= 0.070\,68(g/cm^2) = 70.68\ mg/cm^2$$

试验获得该混凝土渗透液 CaO 累计溶出量如式（11-6）所示。当 $t$ 为无穷大时，CaO 的累计溶出量为 52 214.6 mg，试验时试件的总渗透面积为 1 361 cm²，平均每平方厘米渗透面积 CaO 的溶出量为 38.4 mg，小于允许溶出量值。因此，混凝土可以安全耐久。

假如要求混凝土安全使用 100 年，则在 100 年内混凝土的平均渗透系数可按式（11-19）计算。以 Sby3-2F 配合比混凝土为例，$t_m = 4.5$ d，$K(t) = 10^{-9} \times 3.207t/(t-3.203)$，则

$$\overline{K_t} = \frac{10^{-9}}{36\,500} \int_{4.5}^{36\,500} [3.207t/(t-3.203)]\,dt$$

$$= \frac{3.207 \times 10^{-9}}{36\,500} [t + 3.203\,l_n(t-3.203)]_{4.5}^{36\,500} = 3.209 \times 10^{-9}(cm/s)$$

通过每平方厘米混凝土渗透出的水量：

$$Q_t = 3.209 \times 10^{-9} \times \frac{(1.2+2.8) \div 2 \times 10^4 \times 36\,500 \times 86\,400 \times 1}{15} = 13\,493(cm^3)$$

根据式（11-6）可计算出使用期 100 年每平方厘米渗透面积渗透水累计带走 CaO 的量为 38.29 mg。因此，渗透液的 CaO 平均浓度为 $2.838 \times 10^{-3}$ mg/cm³。

假定混凝土渗透系数变化时不影响渗透液的 CaO 平均浓度。取混凝土厚度为 120 cm，作用水头为 230 m，则可计算出耐久 100 年的混凝土允许平均渗透系数：

$$\overline{K} = \frac{Q_t \times b \times t}{Ht}$$

$$= \frac{\dfrac{b \cdot 1 \cdot c \cdot \alpha\% \cdot 10\%}{2.838 \times 10^{-3}} \times b \cdot 1}{Ht}$$

$$= \frac{120 \times 0.248 \times 1\,000 \times 19\% \times 10\% \times 120}{2.838 \times 10^{-3} \times 23\,000 \times 36\,500 \times 86\,400} = 3.3 \times 10^{-7}(\text{cm/s})$$

从以上计算结果可以看出,当河水不具有侵蚀性且混凝土板不存在裂缝等缺陷时,只要混凝土的渗透系数不大于 $3.3 \times 10^{-7}$ cm/s,就可以满足抗溶蚀耐久 100 年的要求。面板堆石坝工程的面板设计要求混凝土抗渗等级一般都不小于 W8,相当于渗透系数达 $2 \times 10^{-9}$ cm/s 的数量级,因此应该是安全可靠的。

对于粉煤灰掺量较大的碾压混凝土,渗透液不仅不能从碾压混凝土中溶解出 CaO。相反,混凝土从渗透水中吸收 CaO。因此,这类碾压混凝土不会出现由于 CaO 被溶解带出引起的溶蚀破坏。对于粉煤灰掺量较大的碾压混凝土应该考虑是否会因可溶性 $SiO_2$ 的溶出引起溶蚀破坏。

假定每立方米碾压混凝土中粉煤灰用量为 $F$(kg),其中 $SiO_2$ 含量为 $\beta$(%),非晶态 $SiO_2$ 占 $\gamma$(%)。若以溶出非晶态 $SiO_2$ 5% 作为允许的限量 $G_f$,则可评价碾压混凝土的使用寿命。

前面试验的龙滩 LTRⅣ 配合比,$F=140$,$\beta=51.22$,若 $\gamma=60$,用该碾压混凝土作为坝体防渗层,其厚度为 3 m,则每平方米渗透面积允许溶出的 $SiO_2$ 的限量为

$$G_F = 140 \times 51.22\% \times 60\% \times 1 \times 3 \times 5\% = 6.454(\text{kg})$$

试验获得的该碾压混凝土渗透液 $SiO_2$ 累计溶出量如下:

$$G(t) = \exp\frac{6.921t}{3.954 + t} \tag{11-20}$$

式中:$G(t)$ 为渗透历时为 $t$(d)时,试验混凝土试件 $SiO_2$ 的累计溶出量,mg;$t$ 为渗透历时,d。

当 $t$ 为无穷大时,$G(\infty) = 1\,013.3$ mg。若不考虑水压的降低及混凝土厚度的增大对渗透溶蚀的影响,换算为一平方米面积 3 m 厚的混凝土,则最终被溶出的 $SiO_2$ 为 0.827 kg,仅占允许溶出量的 12.81%,因此该混凝土可以长期使用不受溶蚀破坏。

龙滩 LTRⅢ 配合比,$F=105$,$\beta=51.22$,若 $\gamma$ 仍取为 60,用该碾压混凝土作为防渗层(原设计用其作为坝体内部混凝土),其厚度为 3 m,则每平方米渗透面积允许溶出的 $SiO_2$ 的限量为

$$G_F = 105 \times 51.22\% \times 60\% \times 1 \times 3 \times 5\% = 4.840(\text{kg})$$

试验获得的该碾压混凝土渗透液 $SiO_2$ 累计溶出量按式(11-10)计算。当 $t$ 为无穷大时,$G(\infty) = 1\,955.39$ mg,换算为一平方米渗透面积,厚 3 m 的混凝土,则最终溶出的 $SiO_2$ 的量为 1.305 kg,仅占允许溶出量的 26.96%。说明该混凝土也能长期耐久不被溶蚀破坏。

应该指出的是,上述渗透溶蚀试验是在混凝土龄期 90 d 时进行的,随着混凝土龄期的延长,其密实性提高,渗透性降低,溶蚀量下降,此时混凝土的抗溶蚀性能更好。

6. 软水渗透溶蚀对混凝土表面的影响

图 11-18 是粉煤灰掺量 35% 的常态混凝土在软水环境条件下的渗透溶蚀过程中钙离子的浓度分布。可以看出,在渗透溶蚀过程中,随着渗透时间的延长,浓度锋面(即混凝土孔隙液中钙离子浓度由 0 变为最大值的过程线)距上边界的距离越来越长,即混凝土被渗透溶蚀的程度越来越大,但浓度锋面推进的速度越来越慢,即随着试验时间的延长,被渗透溶蚀的速度越来越慢,最终的溶蚀深度也不足 6 mm。由图 11-18 还可以看出,渗透溶蚀的结果主要是混凝土表面很薄的一层被溶蚀,造成混凝土表面粗糙,因此表面混凝土的抗渗性对整个混凝土建筑物的抗溶蚀性能来说至关重要。软水条件下的渗透溶蚀对于密实混凝土的内部并不会造成危害。

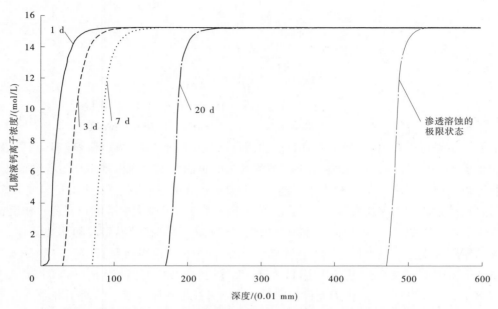

**图 11-18　常态混凝土在软水渗透溶蚀过程中不同时刻混凝土中钙离子的浓度分布**

### 11.3.2.2　混凝土的软水溶蚀稳定性

**1. 侵蚀机理**

暂时硬度(当每升水中重碳酸盐含量以 CaO 计为 10 mg 时,为 1 度)较大的水称为硬水。这种水中 $HCO_3^-$ 的含量较多,$HCO_3^-$ 与水泥混凝土表面水泥的水化产物——氢氧化钙产生如下的反应:

$$Ca(OH)_2 + HCO_3^- \longrightarrow CaCO_3 + H_2O + OH^-$$

生成的 $CaCO_3$ 溶解度很低,析出并形成保护层,阻止氢氧化钙被进一步溶出。

当环境水中含有游离 $CO_2$ 时,环境水成为碳酸水。水泥石中的 $Ca(OH)_2$ 与其反应,生成碳酸钙,而碳酸钙又与碳酸水反应生成易溶于水的碳酸氢钙。

$$Ca(OH)_2 + CO_2 + H_2O = CaCO_3 + 2H_2O$$
$$CaCO_3 + CO_2 + H_2O \longrightarrow Ca(HCO_3)_2$$

暂时硬度较小的水称为软水。软水与水泥混凝土接触,水泥混凝土表面未碳化的氢氧化钙将会被溶解,$CaCO_3$ 也会被软水溶解(每升软水可溶 7 mg),使氢氧化钙失去碳化保护层,暴露出来进一步被溶解。

根据《水利水电地质勘察规范》(GB 50287—99),当环境水中所含 $HCO_3^-$ 的量小于或等于 1.07 mmol/L(<61 mg/L)时,对水泥混凝土具有溶出性侵蚀,$HCO_3^-$ 的量小于或等于 0.70 mmol/L 时即具有中等溶出性侵蚀。氢氧化钙的溶出属于物理作用,但能导致水泥混凝土中的水泥水化产物被化学分解的病变。

氢氧化钙的溶出有两种形式:一种为渗透溶出;另一种为扩散溶出。

当混凝土承受水压力产生渗漏时,水通过混凝土中的连通毛细孔管道向压力低的一侧渗出,渗透动力是水压力。渗滤水首先将毛细孔壁的固相游离氢氧化钙溶解,每升渗滤水将直接溶解出 1 300 mg 的 $Ca(OH)_2$。毛细孔壁的固相游离氢氧化钙溶解完后,位于毛细孔周围被水化产物所覆盖的游离氢氧化钙将开始溶解,通过水化产物覆盖层向毛细孔液相扩散。若氢氧化钙扩散系数小于渗透系数,渗滤水中氢氧化钙达不到饱和浓度,毛细孔壁的水化产物将局部被分解,使孔径粗化,混凝土的孔隙率增大,从而氢氧化钙的扩散系数和混凝土的渗透系数进一步加大,渗漏现象加剧。随后渗滤水的氢氧化钙浓度越来越低,水化产物的分解由局部向周围发展,混凝土的强度开始出现下降。这种溶蚀称为渗透溶蚀。

处于水中的混凝土或与水接触的混凝土表面,氢氧化钙溶出按扩散形式进行。扩散动力为混凝土内、外部氢氧化钙的浓度差。混凝土液相中 $Ca^{2+}$、$OH^-$ 向外扩散,首先混凝土表面及毛细孔壁的固相游离氢氧化钙溶解,保持固、液相平衡,当表面和毛细孔壁的固相游离氢氧化钙被消耗完后,水化产物覆盖下的游离氢氧化钙开始溶解,通过水化产物向外部及毛细孔中的液相扩散。当接触混凝土的水为流动的极软的水时,氢氧化钙的扩散不可能使接触面附近水的氢氧化钙浓度达到饱和,因此混凝土表面的水泥水化产物产生局部分解,经过较长时间的作用,混凝土表面的水泥石便开始剥落。这种溶蚀称为接触溶蚀。

软水渗透溶蚀例子:图 11-19 为某碾压混凝土工程坝体由于施工原因形成渗漏通道,另外由于库水属软水(根据水样分析报告:该工程 2# 廊道水样的 $HCO_3^-$ 含量是 0.10 mmol/L;1# 副坝 1 水样的 $HCO_3^-$ 含量是 0.63 mmol/L;1# 出水口水样的 $HCO_3^-$ 含量是 0.05 mmol/L),造成渗透溶蚀带出大量的 $Ca(OH)_2$ 析晶。

通过对图 11-19 的析出进行化学成分分析(见表 11-21),得到析出物中 CaO 含量高达 54.27 %,烧失量达 42.83 %,两者的总含量占 97.10 %,其他物质含量很少,试样中的 $K_2O$、$Na_2O$ 含量很低。可以初步认为,溶出的初始物质主要为 $Ca(OH)_2$,经过与空气接触,部分(或全部)碳化为 $CaCO_3$。$Ca(OH)_2$ 在高温下失去水分(烧失量的一部分)留下 CaO,$CaCO_3$ 在高温下分解为 CaO 和 $CO_2$,$CO_2$ 逸失(烧失量的另一部分)。这表明坝体碾压混凝土在软水的溶蚀下,渗漏液溶蚀了水泥的水化产物带出了 $Ca(OH)_2$,随着浓度的增大而析晶并与空气中的 $CO_2$ 反应生成了 $CaCO_3$ 析出。

(a)廊道排水沟沉积大量析出物

(b)从坝体集水井中清理出的大量析出物

图 11-19　某碾压混凝土坝渗透溶蚀情况

表 11-21　某碾压混凝土工程大坝溶蚀渗漏析出物化学分析结果

| 化学成分 | $SiO_2$ | $SO_3$ | $Al_2O_3$ | $Fe_2O_3$ | CaO | MgO | $Na_2O$ | $K_2O$ | 烧失量 | 碱当量 |
|---|---|---|---|---|---|---|---|---|---|---|
| 含量/% | 1.24 | 0.40 | 0 | 0.51 | 54.27 | 0.21 | 0.045 | 0.045 | 42.83 | 0.075 |

**2.侵蚀过程**

软水渗透溶蚀的过程是软水通过混凝土的孔隙(毛细管)迁移溶解混凝土中易溶解的水泥水化产物 $Ca(OH)_2$。渗流在迁移过程中渗透液的石灰浓度逐渐提高,当达到石灰的饱和浓度时便有 $Ca(OH)_2$ 结晶,并逐渐堵塞渗流通道,发生渗透"自愈"现象。若在渗流的迁移过程中达不到石灰的饱和浓度,就不可能出现 $Ca(OH)_2$ 结晶并逐渐堵塞渗流通道的情况,因而渗透不断进行,渗透流量越来越大,混凝土被不断侵蚀直至最终破坏。侵蚀破坏首先表现为与软水接触的上表面附近混凝土孔隙的孔径增大、孔隙增多,逐渐发展到上表面水泥砂浆的剥落,破坏逐渐深入。

软水接触侵蚀的过程是软水溶解所接触混凝土表面的水泥水化产物 $Ca(OH)_2$,使混凝土内、外部产生毛细孔液的石灰浓度差,内部混凝土中的 $Ca(OH)_2$(离子的形式)通过孔隙液扩散到混凝土表面以维持混凝土内、外部的石灰浓度平衡。当达到石灰浓度平衡时,侵蚀停止。若达不到平衡,侵蚀不断进行。不断的侵蚀使混凝土表面毛细孔的孔径逐渐增大,孔隙增多,混凝土表面变得越来越粗糙,直至混凝土表面水泥砂浆局部脱落并不断向混凝土内部发展。

3. 碾压混凝土的软水接触溶蚀稳定性

碾压混凝土一般用于作为坝体的材料,与水接触而发生接触溶蚀的部位仅限于坝体的上游面的混凝土,而此部位一般情况下流速都很小,因而软水溶解所接触坝体碾压混凝土表面的水泥水化产物$Ca(OH)_2$,使碾压混凝土内、外部产生毛细孔液的石灰浓度差,内部碾压混凝土中的$Ca(OH)_2$(离子的形式)通过孔隙液扩散到碾压混凝土表面,以维持碾压混凝土内、外部的石灰浓度平衡的过程进行极其缓慢。因此,碾压混凝土坝受到软水接触溶蚀而发生破坏的情况仅限于坝体的上游表面的很薄范围,最终只能导致坝体上游表面成为粗糙表面。也就是说,由于溶蚀条件的限制,碾压混凝土坝在软水接触溶蚀条件下是能长时间稳定的。

### 11.3.2.3　提高碾压混凝土抗渗透、溶蚀耐久性的措施

混凝土的渗透和溶蚀是相辅相成的。渗透性小的混凝土,一般情况下耐溶蚀性能也较强。混凝土耐溶蚀性能的好坏反过来也影响其渗透特性。因此,提高碾压混凝土抗渗透耐溶蚀的措施应从以下几个方面着手:①配制高抗渗性、耐溶蚀的混凝土;②保证施工质量,铺筑出密实、无缺陷的防渗层;③采取特殊防护措施。

1. 配制高抗渗透、耐溶蚀的混凝土

混凝土的抗渗性能与混凝土的原生孔隙及孔隙的构造直接相关。水胶比大的混凝土,孔隙率大且连通开口的毛细孔隙较多,不利于提高混凝土的抗渗性。因此,应控制水胶比值。水胶比不仅应根据混凝土的抗压强度等级确定,更重要的是应以耐久性因素确定水胶比。一般宜不大于0.45。掺用引气剂可以改善混凝土中的原生孔隙构造,使连通开口孔隙变为独立、细小、分散的不连通气泡,既提高了混凝土的抗冻性能,也明显改善了混凝土的抗渗性能,因此应掺用引气剂。优质掺合料(如Ⅰ级粉煤灰)的适量掺入可使混凝土的结构密实,减少混凝土的原生孔隙。随着混凝土龄期的延长,掺合料不断水化,使混凝土原生孔隙分段、细化或堵塞,从而提高混凝土的抗渗性及耐溶蚀性。

混凝土的耐溶蚀性与其自身的密实性有关,混凝土越密实,通过其孔隙的渗透水越少,溶蚀作用越弱。此外,混凝土的耐蚀性还与本身水泥水化产物的耐蚀性有关。当环境水中无化学侵蚀性物质存在时,只发生物理性溶蚀,即渗透水溶解极限浓度较高的水化产物并使其随渗透水迁移出混凝土。此时,首先溶蚀的是$Ca(OH)_2$。因此,应该尽可能使混凝土中水泥水化产物$Ca(OH)_2$较少。采用$C_3S$相对含量较低的水泥是有效的途径。掺入适量的优质掺合料,也可起到降低混凝土中$Ca(OH)_2$含量的作用。因为掺合料的水化消耗部分水泥水化产物$Ca(OH)_2$,从而降低混凝土中$Ca(OH)_2$的含量,使后期水泥水化生成钙与硅的比值较低的水化硅酸钙,改善混凝土的抗溶蚀性。

2. 保证施工质量

混凝土密实性对其抗渗透性具有极大的影响。关于混凝土的密实性与其渗透系数的关系已有很多学者进行过研究并获得混凝土的渗透系数与其孔隙率(或有效孔隙率)相关的各种经验公式,即渗透系数随混凝土密实度的提高而降低。在相同条件下,渗透系数的降低提高了混凝土的抗溶蚀耐久性。然而,配制合理的碾压混凝土并不一定就铺筑出密实无缺陷的碾压混凝土,还必须依靠施工管理水平的提高及施工技术措施的配套。比如,准确配料并拌制出合格的碾压混凝土拌和物;运输及铺筑的正确操作,以获得骨料分离少、层面胶结良好且密实均匀的碾压混凝土;养护和防护的及时、有效,防止碾压混凝土防渗层的干缩裂缝、温度裂缝的出现等。

裂缝是混凝土抗渗透耐溶蚀的大忌。尽管有试验资料显示,一条宽为0.12 mm的裂缝开始漏水量500 mL/h,一年后只有4 mL/h。另一试验显示,裂缝宽0.25 mm,开始漏水量10 000 mL/h,一年后只有10 mL/h,即裂缝有自愈现象及自封现象。但是,在高水力梯度作用下,或当裂缝宽度超过自愈范围以后,自愈及自封现象是难以存在的。此时裂缝漏水量与裂缝宽度的三次方成比例,正如石川公式所示:

$$Q = \frac{La^2 \rho H}{12\sigma \eta d} \tag{11-21}$$

式中：$Q$ 为裂缝漏水量；$L$ 为裂缝长度；$a$ 为裂缝宽度；$\rho$ 为水的密度；$H$ 为压力水头；$\sigma$ 为经验系数；$\eta$ 为水的黏度；$d$ 为混凝土厚度。

假设宽度为 $a$ 长度为 $L$ 的裂缝变为 $m$ 条，每条的宽度为 $a/m$，长度仍为 $L$，则根据式(11-21)可计算出 $m$ 条小裂缝的总漏水量为原裂缝漏水量的 $1/m^2$。由此可见，避免及降低裂缝宽度对提高混凝土的抗渗透耐溶蚀性能的重要性。

3. 提高混凝土抗渗透耐溶蚀能力的特殊措施

1）在混凝土表面粘涂护面材料

使用密实的(或具有憎水性的)与混凝土不起化学作用的材料，使混凝土与环境水隔离是防止水渗透、提高混凝土耐溶蚀性能的有效措施。属于这类措施的有涂刷各种防水涂料，粘贴或设置各类防渗薄膜等。

防水涂料包括水乳型再生橡胶——沥青防水涂料、氯丁胶乳沥青防水涂料、JG-1 油溶性防水冷胶料、JG-2 水乳型防水冷胶料、聚氨酯防水涂料、水性石棉沥青防水涂料和弹性沥青防水涂料等。这些防水涂料都具有较好的不透水性、耐热性、抗裂性和耐久性，并可冷法施工，操作较方便。

防渗薄膜可使用高分子聚合物薄膜。主要有聚氯乙烯、增韧聚氯乙烯、氯乙烯、氯化聚乙烯、氯丁橡胶、丁基橡胶、三元乙丙橡胶等类型。根据工程应用要求，可制成带塑料衬、柔性衬的加筋膜。薄膜厚度一般为 1.5~3.5 mm。

2）对混凝土表面进行预处理

用盐溶液或某些低浓度酸溶液处理混凝土表面，使混凝土表面水泥石生成一层难溶解的钙盐以取代氢氧化钙，可提高混凝土耐溶蚀性能。用氟硅酸($H_2SiF_6$)3%溶液处理混凝土表面，使水泥石表面的毛细孔隙内形成极难溶的氟化钙及硅酸凝胶组成的薄膜。也可用草酸($H_2C_2O_4$) 5%溶液或磷酸二氢钙[$Ca(H_2PO_4)_2$]溶液处理。经过处理的混凝土不仅抗溶蚀能力增强，混凝土的强度也有一定的提高。工程实践中用氟硅酸溶液处理较为普遍，不仅效果好，也较为经济。

3）表层采用特种混凝土

碾压混凝土铺筑之后，在其上游面浇筑一层特种混凝土以提高其抗渗透性和耐溶蚀性。特种混凝土可以是抗水性好的聚合物混凝土(包括树脂混凝土、聚合物水泥混凝土和聚合物浸渍混凝土)、沥青混合料及掺用特种外加剂的防水、密实、耐溶蚀的高性能混凝土等。

## 11.4　对碾压混凝土中掺合料掺量的建议

碾压混凝土是掺用掺合料较多的混凝土。一般情况下，若设计技术指标相同，设计龄期越长，碾压混凝土掺用掺合料的比例可以取得越大。掺合料的掺入会一定程度地影响碾压混凝土的早龄期性能。掺合料掺入过多会影响碾压混凝土的早期结构密实性，对碾压混凝土的早期抗渗性能和耐溶蚀性能都有不利的影响。根据混凝土所用胶凝材料中 CaO 及 $SiO_2$ 的含量，计算不同配合比混凝土中 $CaO/SiO_2$ 的摩尔比值，并将不同比值的混凝土在不同水压力下的渗透水量和 CaO、$SiO_2$ 溶出量列于表 11-22。由表 11-22 可知：Sby3-2F 配合比常态混凝土的胶凝材料中 $CaO/SiO_2$ 的摩尔比为 2.3，CaO 过剩而溶出；龙滩 LTR Ⅲ 配合比碾压混凝土的胶凝材料中 $CaO/SiO_2$ 的摩尔比为 0.82，$SiO_2$ 过剩而溶出；龙滩 LTR Ⅳ 配合比碾压混凝土的胶凝材料中 $CaO/SiO_2$ 的摩尔比为 0.97，接近于 1，$SiO_2$ 略有过剩而溶出，CaO 略有不足而吸收。相比之下，龙滩 LTR Ⅳ 碾压混凝土发生溶蚀反应最少，也即最稳定，溶蚀耐久性较好。因此，对于坝体的上游面防渗层碾压混凝土，从提高抗渗透溶蚀耐久性考虑，其掺合料的掺用比例不应取得过大。根据试验结果，当碾压混凝土的胶凝材料中 $CaO/SiO_2$ 的摩尔比接近 1.0 时，抗渗透溶蚀的能力最强。当然，这是在碾压混凝土 90 d 龄期时的试验结果。

表 11-22　不同水压下混凝土的日均渗透及溶蚀量

| 配合比 CaO/SiO₂ | 项目 | 水压/MPa | | | | | | |
| --- | --- | --- | --- | --- | --- | --- | --- | --- |
| | | 1.2 | 1.6 | 2.0 | 2.4 | 2.8 | 3.2 | 3.6 |
| Sby3-2F 2.3 | 渗透历时/h | 60 | 60 | 60 | 60 | 60 | — | — |
| | 渗水量/(L/d) | 1.250 | 1.074 | 0.948 | 0.885 | 0.906 | — | — |
| | CaO 溶出量/(mg/d) | 690 | 680 | 633 | 630 | 636 | — | — |
| | SiO₂ 溶出量/(mg/d) | 2.33 | -2.36 | -2.30 | -2.18 | -2.20 | — | — |
| LTRⅢ 0.82 | 渗透历时/h | 72 | 72 | 72 | 72 | 72 | 72 | 72 |
| | 渗水量/(L/d) | 0.838 | 1.381 | 1.803 | 2.072 | 2.722 | 3.058 | 3.117 |
| | CaO 溶出量/(mg/d) | -32.50 | -6.90 | -15.12 | -24.29 | -70.56 | -129.90 | -148.70 |
| | SiO₂ 溶出量/(mg/d) | 53.40 | 44.89 | 51.70 | 58.20 | 78.60 | 82.20 | 132.60 |
| LTRⅣ 0.97 | 渗透历时/h | 72 | 72 | 58 | 72 | 72 | 72 | 72 |
| | 渗水量/(L/d) | 0.049 | 0.138 | 0.274 | 0.316 | 0.358 | 0.422 | 0.523 |
| | CaO 溶出量/(mg/d) | -0.53 | -7.73 | -1.30 | 0.74 | -0.26 | -2.11 | -15.55 |
| | SiO₂ 溶出量/(mg/d) | 4.66 | 11.04 | 25.98 | 22.60 | 31.63 | 35.49 | 50.49 |

注:表中数据均为六个试件的试验平均值。

# 参考文献

[1] 胡春芝,袁孝敏,高学善,译.水泥混凝土的结构与性能[M].北京:中国建筑工业出版社,1984.

[2] 吴中伟,廉慧珍.高性能混凝土[M].北京:中国铁道出版社,1999.

[3] 方坤河,阮燕,曾力.混凝土允许渗透坡降的研究[J].水力发电学报,2000(2).

[4] 林长农,金双全,涂传林.龙滩有层面碾压混凝土的试验研究[J].水力发电学报,2001(3).

[5] 阮燕,方坤河,曾力,等.影响水工混凝土表面接触溶蚀的因素研究[C]//水利工程海洋工程新材料新技术研讨会.南京,2007.

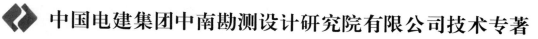中国电建集团中南勘测设计研究院有限公司技术专著

# 水工碾压混凝土研究与应用

## 下　册

涂传林　肖　峰　姜福田　方坤河　等　编著

黄河水利出版社

·郑　州·

# 目　录

序

前　言

# 上　册

## 第1篇　概　论

## 第2篇　碾压混凝土的基本性能

# 下　册

## 第 3 篇　有层面碾压混凝土的性能

# 第4篇　碾压混凝土坝温度应力仿真分析

# 第5篇　施工质量控制和原型观测

# 第3篇　有层面碾压混凝土的性能

## 第12章　碾压混凝土碾压工艺试验研究

## 12.1　概　述

### 12.1.1　碾压混凝土的结构及其对性能的影响

#### 12.1.1.1　碾压混凝土的结构层次

碾压混凝土是一种多相复合材料。它是复杂的多相堆聚体,由各级分散相分散在各级连续相中。碾压混凝土的结构层次从粗到细可分为宏观结构、亚微观结构和微观结构三个层次。

(1)微观结构。硬化胶凝材料浆由水化产物及未水化的胶凝材料内核、孔等组成,其中水化产物为连续相,未水化的胶凝材料内核及孔属分散相。目前这一层面上破坏分析的数值模拟还是很难进行的。硬化胶凝材料浆微观结构可能具有下列结构:晶体及未水化胶凝材料内核所形成的骨架、水化硅酸钙(C—S—H)凝胶、孔隙等。影响硬化胶凝材料浆微观结构物理、力学性能的因素,是水泥与掺合料的化学成分、矿物成分、粉磨细度、水胶比及硬化条件。对于砂浆的微观结构,除上述因素外,砂浆的配合比、砂的颗粒级配与矿物组成、砂的形状、颗粒表面特性及砂中杂质含量是最重要的控制因素。

(2)亚微观结构。从亚微观上看,砂浆由硬化胶凝材料浆及砂粒、孔缝组成。其中,硬化胶凝材料浆是连续相,砂粒、孔缝是分散相。

(3)宏观结构。从宏观上看,混凝土是由粗骨料和砂浆组成的,其中砂浆为连续相,粗骨料为分散相。粗骨料被砂浆包围,它们的接触面可能会有细微的分离(或裂缝),在外荷载或温度荷载的作用下,混凝土的破坏,一般是由这些细微裂缝发展的结果。对于碾压混凝土还存在一个人为的界面(层面),这些层面的特性取决于施工时的层面性状和层面处理情况。

亚微观结构和宏观结构的相互关系可按混凝土中骨料含量的多少分为三类:第一类,砂浆含量超过粗骨料间的空隙体积,结构中骨料相互不接触,混凝土性能主要由砂浆性能决定。第二类,结构中粗骨料用量增加,粗骨料周围砂浆层厚度较薄,但粗骨料颗粒尚未相互接触,形成相当紧密的骨架,它对混凝土性能影响很大,首先就是强度的提高。第三类,结构中粗骨料间的空隙未被砂浆填满,这种结构一般会使混凝土的强度降低。因此,在碾压混凝土中砂浆的足够含量是保证混凝土本体的质量和层面结合的质量所必须的。

#### 12.1.1.2　碾压混凝土中硬化胶凝材料浆的成分、形貌与结构

碾压混凝土中硬化胶凝材料浆的成分包括:①水化产物,主要是水化硅酸钙(C—S—H)凝胶体。②结晶相,如氢氧化钙[$Ca(OH)_2$]、钙矾石($C_3A \cdot 3CaSO_4 \cdot 31H_2O$)、单硫型水化硫铝酸钙($C_3A \cdot CaSO_4 \cdot 12H_2O$)、水化铝酸钙($C_4AH_{13}$)等。③未水化的水泥内核、未水化的粉煤灰内核、骨料微粒(如石粉)、孔隙和水化产物等。

水化硅酸钙凝胶体至少有四种形态:第一种为纤维状粒子,称为C—S—H(Ⅰ)凝胶,它是水泥水化早

期从水泥粒子表面向外辐射生长的细长物质,呈针柱状、棒状和管状,其长为 $0.5 \sim 2$ μm,直径一般小于 $0.2$ μm,C-S-H(Ⅰ)凝胶粒子常在尖端上分叉;第二种为网络状粒子,称为 C-S-H(Ⅱ)凝胶,它是由许多粒子互相接触而形成的相互连锁的网状构造,这些小粒子呈与 C-S-H(Ⅰ)型粒子截面大体相同的长条型,每个粒子在生长过程中往往每隔 $0.5$ μm 就叉开,且叉开的角度相当大,随着粒子的生成,粒子间的叉枝互相交结成一个相互连续的三度空间网;第三种为小而不规则的等大粒子,称为 C-S-H(Ⅲ)凝胶,这种粒子一般不大于 $0.3$ μm,在水泥石中占有相当的数量,这种粒子在水泥水化进行到相当程度时才出现,水化产物 $Ca(OH)_2$ 结晶(呈六角板状,约几十微米宽)常常插入在这类凝胶之中;第四种为"内部产物",称为 C-S-H(Ⅳ)凝胶,它存在于水泥粒子原来边界的内部,与其他产物的外缘保持紧密接触,其外观呈绉状,具有规则的孔隙或紧密结合的等大粒子,典型的颗粒尺寸或孔间隙为 $0.1$ μm 左右,这种"内部产物"在水化产物中不容易观察到。

影响水化硅酸钙凝胶体结构的因素是很复杂的,但主要是胶凝材料的水化阶段及水化产物的生成环境。对碾压混凝土还存在掺合料掺量问题、Ca/Si 大小等影响因素。在干贫碾压混凝土中,由于水胶比较大,水化产物生长的自由空间(如孔、缝)较大,C-S-H 多为(Ⅰ)型或(Ⅱ)型凝胶,其结晶完整、晶粒较大,但结构疏松、孔隙率较大,因而强度低、抗渗性较差。在高胶凝材料用量(或高粉煤灰含量)碾压混凝土中,水胶比一般较小,且掺用了大量的粉煤灰,使拌和物中胶凝材料总表面积增大很多,胶凝材料颗粒表面的水膜层减薄,因此水化产物生长空间较小,C-S-H 凝胶颗粒结晶程度较低,但数量却较干贫碾压混凝土多,晶体多呈密集粒状体,水化产物之间孔隙较小,结构紧密,为(Ⅲ)型 C-S-H 凝胶,其强度较高,抗渗性较好。在中等胶凝材料用量的碾压混凝土,其性能则介于上述两者之间。

水化产物中除水化硅酸钙外,还有 $Ca(OH)_2$,它是水泥熟料矿物 $C_3S$ 和 $C_2S$ 的水化产物。水泥水化早期一般可以看到比较完整的六角板状、假六角板状产物。当水泥水化到一定程度以后,$Ca(OH)_2$ 往往嵌固在 C-S-H(Ⅲ)等水化产物中间,比较难以看到其完整形状。

### 12.1.1.3 碾压混凝土与硬化胶凝材料浆的孔结构

碾压混凝土与硬化胶凝材料浆的孔结构对混凝土的性能具有重要的意义。

孔缝存在于硬化胶凝材浆中及骨料与硬化胶凝材料浆的界面上,孔缝可分为原生孔缝与次生孔缝两类。前者包括由于施工不密实造成的孔及密实混凝土中必然存在的孔,后者多由前者发展而成。这些孔缝在硬化胶凝材料浆与混凝土中形成网络分布,并受内外条件影响而发生变化。

网络分布的孔缝对硬化胶凝材料浆和混凝土的强度、变形及耐久性都有重要的影响。硬化胶凝材料浆与混凝土的结构从形成、发展直到破坏,均与孔缝的发生和发展密切相关,同时也与混凝土的抗渗性能和抗冻性能密切相关。人们总是希望通过各种手段(如掺加优质的减水剂和引气剂)在混凝土内生成一些不连续的、均匀的和微小的孔结构,以提高混凝土的各项性能。

**1. 混凝土中孔的来源**

硬化胶凝材料浆或混凝土中孔隙的来源与下列因素有关:

(1)混凝土中残留的水分。这部分水是为了混凝土拌和物获得必要的工作性而加入的,当此残留的游离水分逸出后即形成连通的(也有间断的)毛细孔和凝胶孔。

(2)混凝土拌和物中总含有一定量的空气。这些空气最初吸附在胶凝材料与骨料的表面,搅拌时由于空气未被完全排出或者由于掺用引气剂等而形成气孔。这些气孔多为球状,孔的尺寸一般平均为 $25 \sim 500$ μm 或稍大一些。

(3)在混凝土浇筑完毕开始凝结硬化时,部分水分上泌,形成连通的孔道,部分水分积聚在粗骨料下表面形成水膜或水囊,混凝土硬化后也形成孔隙。

(4)在碾压混凝土中还可能有由于粗骨料分离架空而不密实造成的孔,还可能有因温差收缩作用产生的温度裂缝、由于干燥收缩而产生的干缩裂缝。

**2. 混凝土中孔结构的含义及分类**

在第七届国际水泥化学会议上,维特曼(F. H. Wittman)提出用孔隙学(Pomlogy)这一名词来概括孔的各种特征:孔隙率、孔径分布或孔级配和孔几何学。

由于孔径分布对硬化胶凝材料浆与混凝土的强度、耐久性、抗渗性等性能影响极大,而且通过对孔的人为调整与控制,可以改善硬化胶凝材料浆与混凝土的性能,挖掘材料的潜力,所以采用孔级配的名称以表征孔分布更为合适。

一般都按孔径的尺寸对孔进行分类,但分类方法各有不同。较常用的分类见图 12-1。

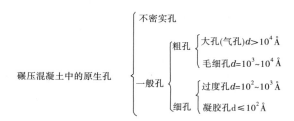

**图 12-1　碾压混凝土孔径分类**

3. 混凝土中孔的作用

硬化胶凝材料浆和混凝土中的孔既有负作用也有正作用,甚至有些孔没有负作用,有些孔的正作用十分显著。所以,孔隙不仅是必然的组分,而且是一种必需的组分。调整和利用孔结构,减少其不利影响,增加其有利作用,充分挖掘材料性能的潜力。孔的正作用有:①孔缝为胶凝材料的继续水化提供水源与供水渠道;②为水化物的生长提供空间;③尺寸小于某一限度的分离孔,对硬化胶凝材料浆和混凝土的某些性能(如抗冻性和抗渗性)是有益的。当然,碾压混凝土中,施工中产生的层面必然降低混凝土的抗剪断性能,孔对硬化胶凝材料浆和混凝土的强度等性能的作用可归纳为以下几方面:

(1)当孔隙率相同时,平均孔径小的强度高。在第七届国际水泥化学会议上,捷克的蒋布尔(J. Jamber)提供的资料见表 12-1。

**表 12-1　孔隙率相同时平均孔径对水泥石强度的影响**

| 平均孔径/Å | 100 | 250 | 1 000 | 5 000~10 000 |
|---|---|---|---|---|
| 抗压强度/MPa | >137.39 | ≈39.25 | ≈9.81 | <4.90 |

(2)某种尺度以下的孔对强度无影响。吴中伟曾将孔划分为四级:孔径在 200 Å 以下的孔为无害孔级;孔径在 200~500 Å 的孔为少害孔级;孔径在 500~2 000 Å 的孔为有害孔级;孔径在 2 000 Å 以上的孔为多害孔级。

(3)各种尺度的孔均能降低表观密度。

美国加州大学教授孟塔(P. K. Mehta)认为,只有孔径在 1 000 Å(或者 500 Å)以上的孔才对强度和抗渗性有害,孔径小于 500 Å 的孔可能属于以凝胶孔为主的水化产物内部的微孔。因此,孔径小于 500 Å 的孔数量的多少可能反映出凝胶数量的多少。水化产物的数量越多,则强度越高,抗渗性越好。

如同现在对混凝土的固相组分(粗细骨料、胶凝材料)可以进行级配一样,各级孔的数量可以人为调整控制。目前,常用以改变孔级配的方法有加入高效能外加剂、掺合料,采用合理施工工艺及掺用微膨胀剂等。这样可以使孔缝由大变小,增加无害、少害的孔,减少有害、多害的孔,对提高混凝土的性能(特别是抗渗、抗冻性能)效果甚为显著。

4. 干贫碾压混凝土与高粉煤灰含量碾压混凝土孔结构的差别

从室内试件上,取砂浆试样进行水银压入测孔试验,结果见表 12-2,干贫碾压混凝土砂浆与高碾压混凝土砂浆相比:前者孔径大于 500 Å 的孔隙占 54.8%,后者则分别占 37.6% 和 32.8%;总孔隙率和出现最大孔径的概率都是前者高于后者;前者多属有害或多害的孔,后者多属无害或少害的孔;随着龄期的延长,后者孔隙率的降低更为明显。

**表 12-2　碾压混凝土砂浆孔径分布测试结果(90 d)**

| 孔级/Å | | 碾压混凝土配合比($C$代表水泥，$F$代表粉煤灰，$W$代表水，材料用量的单位为 kg/m³) | | |
| --- | --- | --- | --- | --- |
| | | $C=90,F=39,$<br>$W/(C+F)=0.80$ | $C=85,F=85,$<br>$W/(C+F)=0.50$ | $C=75,F=162,$<br>$W/(C+F)=0.45$ |
| 75 000~10 000 | cm³/g | 0.005 13 | 0.002 67 | 0.001 02 |
| | % | 5.01 | 3.16 | 1.37 |
| 10 000~1 000 | cm³/g | 0.031 30 | 0.012 19 | 0.007 69 |
| | % | 30.52 | 14.41 | 10.32 |
| 1 000~500 | cm³/g | 0.019 74 | 0.016 92 | 0.015 62 |
| | % | 19.25 | 20.01 | 20.95 |
| 500~250 | cm³/g | 0.018 03 | 0.019 16 | 0.016 09 |
| | % | 17.58 | 22.68 | 21.58 |
| 250~50 | cm³/g | 0.028 35 | 0.033 62 | 0.034 12 |
| | % | 27.64 | 39.76 | 45.76 |
| 75 000~50 | cm³/g | 0.102 55 | 0.084 56 | 0.074 57 |

#### 12.1.1.4　孔结构对硬化胶凝材料浆及混凝土性能的影响

1. 混凝土孔结构对强度的影响

现有的关于孔隙率与强度的关系式基本上都是经验公式。它们都是由一定范围变化的总孔隙率与相应强度通过回归而得到的,最典型的为

赖希尔特克(Rysheartch)公式:

$$\sigma = \sigma_0 e^{-\beta\varepsilon} \tag{12-1}$$

贝欣(Baishin)公式:

$$\sigma = \sigma_0(1 - \varepsilon)^n \tag{12-2}$$

式中: $\sigma_0$ 为孔隙率为零时的强度; $\varepsilon$ 为孔隙率; $\beta$、$n$ 为试验常数。

式(12-1)、式(12-2)表明,随着孔隙率的增大,硬化胶凝材料浆和混凝土的强度降低,这种提法并非完全正确,孔隙率并非是影响强度的唯一因素。很多研究都证明,在相同孔隙率情况下,由于孔径不同,强度可以相差很大。因此,孔结构对强度的影响除考虑孔隙率外,还应考虑孔径大小、孔径分布、孔的形状、孔的分布及孔的方向等才较全面。

2. 混凝土孔结构对硬化胶凝材料浆和混凝土抗渗性的影响

孔隙对混凝土性质的另一个重要影响是渗透性。作为水工碾压混凝土,抗渗性尤为重要。混凝土的渗透性与其孔隙率、孔的形态、孔的连通性密切相关。如果孔隙都是球形孔,或者虽是管状孔但彼此不连通,则混凝土显然是不透水的。即使是连通的管状孔,只要孔径小到一定程度,水也是不易通过的。碾压混凝土中渗透的主要途径是毛细孔和施工不密实形成的不规则孔。由于碾压混凝土中掺有粉煤灰,粉煤灰的水化产物大部分在 28 d 以后产生,这些水化产物在原生孔隙中生长,使原生孔隙得到部分的充填,使孔隙细化、分段、堵塞,部分孔隙由连通变为封闭。特别是高粉煤灰含量碾压混凝土的这种作

用更加明显。因此,随着龄期的延长,碾压混凝土的抗渗性会不断提高。

**3. 孔结构对混凝土变形性能的影响**

碾压混凝土弹性模量与骨料性质和含量、孔隙的数量与分布状况有关。增加大孔含量或增加毛细孔含量,都将导致混凝土弹性模量的降低。弹性模量与强度随孔隙结构变化的规律基本相同。当孔径大于 1 000 Å 的孔隙增多或平均孔径增大时,都会导致混凝土弹性模量降低。总孔隙率较大或孔径小于 150 Å 的孔隙较多(相当于凝胶体较多)时,则徐变较大。

混凝土弹性模量降低,会降低混凝土的温度应力,一些试验还表明,低弹性模量的混凝土极限拉伸值比较高,这也提高了混凝土的抗裂能力。但是,低弹性模量的混凝土一般线膨胀系数较大、用水量较大、强度较低,这是其不利的一面。同样,徐变较大的混凝土,也会降低混凝土的温度应力,当然弹性模量低和徐变大的混凝土坝的变形会比较大,对于要严格限制混凝土变形的部位,这是不利的一面。

**4. 孔结构对碾压混凝土的容重的影响**

1) 容重、密实度及其影响因素

(1) 碾压混凝土无空隙的理论容重 $\gamma_T$,是指各种原材料重量的总和 $\sum W$ 与相应的绝对体积的总和 $\sum V$ 之比,即 $\gamma_T = \sum W / \sum V$,它表示绝对密实的混凝土单位体积的重量,当原材料配合比不变时,$\gamma_T$ 值为一个常数,所用骨料的容重、细骨料的空隙率和灰浆/砂浆的比值与振动碾压密实度关系很大。

(2) 碾压混凝土的设计容重 $\gamma_D$,是高碾压混凝土重力坝设计的一个重要指标,不仅是坝体应力和稳定分析中的一个重要参数,而且能反映其物理力学性能,与强度、耐久性、抗渗性、传热性能等主要技术性能都有密切的联系,因此也是施工现场质量控制的一个指标。只有达到相当高的密实度,碾压混凝土才能达到预期的强度和抗渗性,满足重力坝设计的要求。

(3) 混凝土的配合比容重 $\gamma_M$,是单位体积混凝土中所有固体组分的重量总和(包括化学结合水和单分子层吸附水),$\gamma_M$ 与 $\gamma_T$ 的差值很小。

(4) 混凝土的基准容重 $\gamma_B$,是指已选定配合比的碾压混凝土,在室内试验中获得的容重值的平均值。在不使用引气剂的条件下,基准容重 $\gamma_B$ 略小于配合比容重 $\gamma_M$。铜街子工程实测 $\gamma_B = 0.997\gamma_M$。

(5) 碾压混凝土的坝体实测容重 $\gamma_P$,是在施工仓面采用核子水分密度仪量测的容重值,在材料配合比不变时,它是随振动碾压条件变化而变化的数值。

(6) 相对密实度 $D$,是指施工仓面实测容重 $\gamma_P$ 与 $\gamma_B$ 之比,即 $D = \gamma_P / \gamma_B$。$D$ 是评价碾压混凝土压实质量的指标。对于建筑物外部混凝土,要求相对密实度不得小于 98%;对于内部混凝土,要求相对密度不得小于 97%。

邓斯坦(M. R. H. Dunsmn)给出的图 12-2,表示 50 多个碾压混凝土实例的容重(以理论容重的百分率表示)和灰浆/砂浆比之间的关系。由图 12-2 可以看出,砂浆比介于 0.35~0.40 时,容重下降很快。其原因是典型的振实细骨料的空隙率为 0.32~0.40,如果没有足够的灰浆填充这些空隙,不论施加什么样的振实效应,也不能将夹杂的空气排除。在图 12-2 上表示用空隙率为 0.32 和 0.40 的细骨料能够得到的最大理论容重。即使采用非常良好级配的细骨料,仍有一个灰浆需要量的最小体积。细骨料的级配,可以用外加人工砂的石粉来改善,但是它有一个最优的石粉含量,超过此量时,空隙率和用水量增加。一般来说,干贫碾压混凝土容重是理论密实容重的 94%~97%,RCD 坝在 96.5%~98.5%,富胶凝材料碾压混凝土在 98%~99.5%。

碾压混凝土的密实程度直接影响其物理力学性能。从图 12-3 中可以看出,碾压混凝土的密实度下降 1%,强度下降 8%~10%,相应渗透系数增加和层面抗剪强度降低。

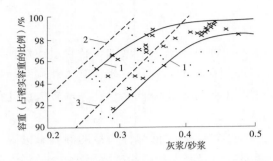

1—实测结果的界限;2—用空隙率为 0.32 细骨料最大容重;
3—用空隙率为 0.40 细骨料最大理论容重。

**图 12-2　容重和灰浆/砂浆比的关系**

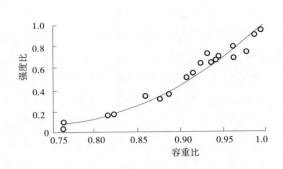

**图 12-3　强度比和容重比的关系**

我国《水工碾压混凝土施工规范》(DL/T 5112—2021)定义了碾压混凝土的基准容重和相对密实度,并对碾压混凝土的相对密实度做了明确的规定。

2)碾压混凝土设计容重 $\gamma_D$ 的确定

碾压混凝土压实后的仓面实测容重 $\gamma_P$ 与施工质量控制水平有关。不少工程对坝体实测容重值进行了分布拟合检验证实,碾压混凝土实测容重为正态分布。根据容重值保证率的概念,研究确定设计容重 $\gamma_D$ 的取值范围,最后由现场压实试验进行验证。步骤如下:

(1)选定的混凝土配合比,通过计算得出混凝土的配合比容重 $\gamma_M$;再根据室内试验求得基准容重 $\gamma_B$。在进行粗略估算时,也可以用配合比容重 $\gamma_M$ 替代基准容重 $\gamma_B$。

(2)根据基准容重 $\gamma_B$,针对具体工程振动碾压质量的实际控制水平,确定坝体混凝土的容重均值 $\overline{\gamma}_P$。对于高碾压混凝土重力坝,压实后的混凝土容重 $\gamma_P$ 不应出现较大的变异系数 $C_v$,施工中把 $C_v = \sigma/\overline{\gamma}_P$ 控制在 0.015 以下是完全可以做到的($\sigma$ 是压实后的混凝土容重 $\gamma_P$ 的均方差)。设 $t_B$ 是基准容重 $\gamma_B$ 与坝体容重均值 $\overline{\gamma}_P$ 的差值与均方差 $\sigma$ 的比值,参照已建工程的资料,可以选择基准容重 $\gamma_B$ 对应的概率度系数 $[t_B = (\gamma_B - \overline{\gamma}_P)/\sigma、C_v = \sigma/\overline{\gamma}_P]$ 的合适范围。一般可供考虑的选择范围是 $t_B = 1.0 \sim 1.3$。这时已知:$t_B = (\gamma_B - \overline{\gamma}_P)/\sigma,C_v = \sigma/\overline{\gamma}_P$,求得

$$\gamma_B = \overline{\gamma}_P(1 + t_B C_v) \tag{12-3}$$

同时得到容重均值 $\overline{\gamma}_P$ 的相对密实度 $D_M$:

$$D_M = \overline{\gamma}_P/\gamma_B = 1/(1 + t_B C_v) \tag{12-4}$$

这样由已知的混凝土基准容重 $\gamma_B$ 可以求得坝体的容重均值 $\overline{\gamma}_P$。显然 $t_B$ 的数值越小,$\gamma_B$ 与 $\overline{\gamma}_P$ 越接近,对于施工的振动碾压质量要求越高。

(3)在已知混凝土坝体容重均值 $\overline{\gamma}_P$ 的条件下,给定混凝土设计容重 $\gamma_D$ 的保证率 $P$,即可得到 $\gamma_D$ 相对应的概率度系数 $t_D$,进一步推算得出混凝土的设计容重:

$$\gamma_D = \overline{\gamma}_P(1 - t_D C_v) \tag{12-5}$$

由于 $\overline{\gamma}_P = \gamma_B/(1 + t_B C_v)$,则有 $\gamma_D = \gamma_B(1 - t_D C_v)/(1 + t_B C_v)$,同时得出设计容重 $\gamma_D$ 的相对密实度:

$$D_D = (1 - t_D C_v)/(1 + t_B C_v) \tag{12-6}$$

最后求得

$$\gamma_D = D_D \gamma_B \tag{12-7}$$

如果取设计容重 $\gamma_D$ 的保证率 $P = 80\%$,对应的概率度系数 $t_D = 0.842$,从上述的数据可以得到设计容重 $\gamma_D$ 的计算值。

龙滩碾压混凝土的配合比见表 12-3。

表 12-3　碾压混凝土配合比

| 水用量/(kg/m³) | 水泥用量/(kg/m³) | 粉煤灰用量/(kg/m³) | 砂用量/(kg/m³) | 大石用量/(kg/m³) | 中石用量/(kg/m³) | 小石用量/(kg/m³) | 外加剂/掺量(%) | 总用量/(kg/m³) |
|---|---|---|---|---|---|---|---|---|
| 90 | 75 | 105 | 736 | 448 | 598 | 448 | 0.3 | 2 500 |

由表 12-3 得到 $\gamma_M = 25.00$ kN/m³，作为初步估算，采用 $\gamma_B \approx \gamma_M$，选取 $C_v = 0.015$，设 $t_B = 1.0 \sim 1.3$，当 $P = 80\%$ 时，求得 $t_D = 0.84$，碾压混凝土的设计容重计算结果见表 12-4。

表 12-4　碾压混凝土的设计容重 $\gamma_D$ 计算值

| 基准容重的概率度系数 $t_B$ | 坝体容重均值的相对密实度 $D_M$ | 坝体容重均值 $\overline{\gamma_P}$/(kN/m³) | 设计容重 $\gamma_D$ 的相对密实度 $D_D$ | 设计容重 $\gamma_D$/(kN/m³) |
|---|---|---|---|---|
| 1.0 | 0.985 | 24.63 | 0.973 | 24.33 |
| 1.1 | 0.984 | 24.60 | 0.972 | 24.30 |
| 1.2 | 0.982 | 24.55 | 0.970 | 24.25 |
| 1.3 | 0.981 | 24.53 | 0.969 | 24.20 |

龙滩碾压混凝土重力坝在可行性研究阶段的科研工作中，曾在现场进行了多次碾压试验，测量了碾压后混凝土的容重。碾压层厚 30 cm，采用 BW-200 型振动碾，工作总质量 7.13 t，振动频率 43 Hz，振幅 0.86 mm，行驶速度 0.306 m/s，前后双排共 4 个碾筒，单碾筒宽度 0.96 m，总激振力 100 kN。该振动碾碾压一遍，对单位体积混凝土所做功 $E_D = 56.8$ kJ/m³，碾压 6~8 遍后，对单位体积混凝土所做功 $\sum E_D = 341 \sim 454$ kJ/m³。实测的混凝土容重均值 $\overline{\gamma_P}$ 见表 12-5，从而可以进一步分析现场实测容重均值 $\overline{\gamma_P}$ 的相对密实度 $D_M$，为最终确定碾压混凝土的设计密度值提供试验依据。

表 12-5　龙滩碾压混凝土可行性研究阶段现场碾压试验实测容重值

| 试验工况 | 容重测点数 | 配合比容重 $\gamma_M$/(kN/m³) | 实测容重均值 $\gamma_P$/(kN/m³) | 容重均值的相对密实度 $D_M$ | 试验工况 | 容重测点数 | 配合比容重 $\gamma_M$/(kN/m³) | 实测容重均值 $\gamma_P$/(kN/m³) | 容重均值的相对密实度 $D_M$ |
|---|---|---|---|---|---|---|---|---|---|
| C | 6 | 24.68 | 24.27 | 0.983 | G | 19 | 25.42 | 24.48 | 0.963 |
| D | 6 | 24.158 | 24.42 | 0.989 | H | 10 | 25.31 | 24.80 | 0.980 |
| E | 6 | 24.68 | 24.50 | 0.992 | I | 7 | 25.29 | 24.56 | 0.971 |
| F | 6 | 24.69 | 24.53 | 0.993 | J | 8 | 25.31 | 24.58 | 0.971 |

## 12.1.2　碾压混凝土拌和物的压实机理及工作性

碾压混凝土拌和物必须具有良好的工作性，以保证获得良好的铺筑质量。碾压混凝土拌和物的工作性，全部含义包括工作度、可塑性、稳定性及易密性。工作性好的碾压混凝土拌和物，应具有与施工设备及施工环境条件（如气温、相对湿度等）相适应的工作度、较好的可塑性、较好的稳定性、较好的易密性。

### 12.1.2.1　碾压混凝土拌和物的流变特性

碾压混凝土拌和物可以看成是由水和分散粒子组成的体系，它具有弹、黏、塑等特性。凡是在适当的外力作用下，物质能流动和变形的性能称为该物质的流变性，用流变学理论对拌和物各种特性进行研究，可以更深刻地了解其变形的本质。

1. 碾压混凝土拌和物的流变性能

混凝土拌和物的流变性能可用其屈服应力 $\tau_y$ 和塑性黏度系数 $\eta_{pl}$ 两个流变参数来反映。

混凝土拌和物的屈服应力 $\tau_y$ 由组成材料各颗粒间的黏附力和摩擦力决定,可用式(12-8)表示:

$$\tau_y = \tau_{yo} + p\tan\varphi \tag{12-8}$$

式中:$\tau_{yo}$ 为黏附力;$\varphi$ 为摩擦角;$p$ 为垂直压力。

骨料与浆体界面处的黏附力是浆体与骨料间的物理吸附、机械咬合和化学键三种作用的结果。它使骨料周围形成一个接触层,其结构形态决定了界面处黏附力的大小,接触层的结构形态与浆体的内聚力或黏度、骨料的性质(如亲水性等)及骨料表面特征有关。

混凝土拌和物的塑性黏度系数 $\eta_{pl}$ 由浆体黏度、骨料的形状、尺寸及骨料比例决定。浆体的黏度越大、骨料的棱角越多、颗粒尺寸越小、所占比例越高,则拌和物的塑性黏度系数也越大。

碾压混凝土拌和物与常态混凝土拌和物比较,骨料所占比例一般较大,相应浆体所占比例较小,游离状态的浆体少,因而屈服应力较大。

2. 碾压混凝土拌和物振动增实过程及其实质

碾压混凝土拌和物的增实方法:在现场使用的是振动碾,振动碾把振动波传给混凝土拌和物,同时施加动压力,使拌和物得到逐步增实;在试验室用振动台(或表面振动器)给拌和物提供振动波,在拌和物表面施加压强以模拟动压力,使拌和物得到逐步增实。它们都可以使碾压混凝土拌和物达到需要的密实度,从而使两者的试验成果具有可比性。试验观察到:振压初期,拌和物快速沉落,这主要是在振动和压力作用下,拌和物内部的架空部位得到填充,这一过程很短;随后,拌和物中的骨料发生颤振运动,并借助于重力和振压作用调整了各自的位置,浆体在振动作用下发生液化,拌和物各组分逐步挤压了各自周围的空气所占的空间,空气逐渐排出,因此拌和物逐步得到增实;振动停止后拌和物各组分相对位置基本不再发生变化。

从流变学的角度看,混凝土拌和物在振动波的作用下,骨料及浆体发生颤振运动,胶凝材料浆体在振动情况下黏度系数降低,骨料颗粒周围的临界浆层厚度变薄,相应游离浆体增多,因而拌和物的屈服应力和塑性黏度系数均降低。骨料在颤动过程中进行了重新排列,浆体充填了骨料间的空隙,内部空气逐渐排出。

3. 碾压混凝土拌和物的组成对流变参数的影响

拌和物的屈服应力取决于组成材料各颗粒之间的黏附力和摩擦力。塑性黏度系数取决于浆体的黏度、骨料的特征及骨料所占的比例。当其他条件不变时,增大骨料的比例,浆体的比例必然减小,这就增大了拌和物的咬合力,拌和物的屈服应力和塑性黏度系数都增大,因此拌和物难以增实。要使拌和物得到增实,必须耗费更大的能量。当拌和物中胶凝材料用量一定时,增大水胶比,则浆体的黏度系数降低,浆体与骨料间的黏附力减小,拌和物的屈服应力和塑性黏度系数均变小,拌和物易于振动增实。

### 12.1.2.2　碾压混凝土拌和物工作度测定及影响工作度的主要因素

1. 拌和物工作度的测定

碾压混凝土拌和物十分干硬,不具有流动性,不能用坍落度和维勃稠度仪测定其工作度,而是用 VC 值表示碾压混凝土拌和物的工作度。VC 值的测定是将拌和物按规定装入内径 240 mm、内高 200 mm 的容量筒中,在规定压重、规定振动频率和振幅的情况下,测定拌和物从开始振动至拌和物表面泛浆所需时间的秒数。比值在一定程度上反映了拌和物的流变特性,它的大小在一定程度上反映了拌和物振动增实的难易。我们可以把此值作为衡量碾压混凝土拌和物工作度和可施工性能的一个指标。VC 值的大小应根据振动碾的能量,施工现场温、湿度条件进行选定,一般选用 5~7 s 较合适,这样的 VC 值,振动碾可以在碾压混凝土拌和物上行走而不会陷入混凝土中,同时拌和物又不会过度干燥而难以压实。

2. 影响 VC 值的主要因素

碾压混凝土拌和物的 VC 值受多方面因素的影响,主要有水胶比及单位用浆量、粗细骨料的特性及用量、粉煤灰的特性及掺量、外加剂、拌和物停置时间等。

（1）水胶比及单位用浆量。在单位胶凝材料用量一定的情况下,水胶比的大小实际上是单位用水量的多少;在水胶比一定的情况下,单位用浆量的多少,实际上是单位胶凝材料用量和单位水量的多少。这也反映了 $\alpha$（胶凝材料浆体积与砂体积的比值）的大小,同样反映了灰骨比的大小。

若其他条件不变,随水胶比的增大,拌和物中的胶凝材料浆内聚力减小,黏度系数降低,骨料与浆体界面处的黏附力下降,临界浆层厚度变薄;此外,随着水胶比的增大,单位体积拌和物中浆体的体积增大,拌和物游离浆体增多。因此,拌和物在受振情况下易出浆,即 VC 值随水胶比的增大而降低。

在水胶比不变的情况下,随着单位用浆量的增大,拌和物中骨料颗粒周围浆层增厚,游离浆体增多。故随着单位用浆量的增大（或胶凝材料用量增大）,拌和物的 VC 值减小。

（2）细骨料的特性及用量。细骨料的特性（包括表面状态、粗细程度及级配、微粒含量、吸水性等）和细骨料用量[用砂率或 $\beta$（砂浆体积与粗骨料空隙体积的比值）表示]显著影响拌和物的工作度。人工砂表面粗糙,浆体与砂的黏附力大,临界浆层厚度增大,拌和物中游离浆体减少,因而拌和物的屈服应力增大,VC 值大。细骨料的级配好、中等及粗颗粒稍多,则其比表面积小、空隙率小,这时包裹砂粒及填充空隙所需的浆量少,相应游离浆体多,拌和物的 VC 值小。由于碾压混凝土拌和物中单位浆量较少,砂中微粒减小了砂的空隙,相当于增加了用浆量。因此,在一定范围内随着砂中微粒含量的增加,拌和物的 VC 值减小,有利于改善碾压混凝土的性能。

砂的吸水性改变了浆体与砂颗粒界面的黏附力,因而改变了浆层的临界厚度。吸水性小的砂拌制的拌和物 VC 值较小。在水胶比和胶凝材料用量保持不变的条件下增大砂率,实际上是减少了游离浆体的量。因此,拌和物的 VC 值增大。但砂率过小,砂浆不足以填充粗骨料的空隙,拌和物很粗涩,内摩擦力大,因此 VC 值也大。若保持 $\alpha$ 不变,增大砂率（即增大砂浆量）,则拌和物的 VC 值降低。

（3）粗骨料的特性及用量。粗骨料的特性（包括粗骨料种类、级配、颗粒形状、最大粒径、吸水性等）影响黏附力及空隙率的大小,因而影响拌和物的 VC 值。碎石表面粗糙、多棱角,它与浆体间的黏附力和机械咬合力较卵石的大。界面黏附力大,临界浆层厚度增加,造成拌和物中游离浆体减少。碎石的空隙率一般较大,因此增大了拌和物的屈服应力。故用碎石代替卵石一般均使拌和物的 VC 值增大。若骨料中针片状颗粒含量多或级配不好,则空隙率大、比表面积也大,拌和物中游离浆体减少,VC 值增大。拌和物经过湿筛去掉较粗的骨料,实际上是在 $\alpha$ 不变的情况下增大 $\beta$ 值,也即增大了灰骨比,故经过湿筛后的拌和物测得的比值较未湿筛时小。

（4）粉煤灰的特性及掺量。颗粒球形度、表面光滑度、球体密实度、各类颗粒所占的比例、粉煤灰的粗细程度、含碳量及粉煤灰掺量等,这些因素都影响粉煤灰的需水性,进而影响拌和物的工作度。在粉煤灰掺量及水胶比一定的情况下,粉煤灰需水量越大则胶凝材料浆越稠,拌和物中骨料周围的临界浆层厚度越大,相应游离浆体体积越小,拌和物的 VC 值越大。若水胶比及胶凝材料用量一定,增大粉煤灰掺量,浆体的内聚力略有增加（因我国多数粉煤灰需水量较大）,因此拌和物的 VC 值有所增加。但当粉煤灰掺量超过一定值以后,随着粉煤灰掺量的增大,胶凝材料浆体积的增加对 VC 值的影响作用占主导地位,这时拌和物的 VC 值反而降低。当使用的粉煤灰需水量比小于 100% 时,则随粉煤灰掺量的增大,拌和物的 VC 值降低。

（5）外加剂。由于外加剂的掺入影响了浆体的内聚力,因而影响临界浆层厚度和游离浆体体积,进而影响拌和物的 VC 值。一般来说,掺入减水剂或引气剂可以使拌和物的 VC 值降低,影响的程度随外加剂的品质及掺量而有所不同。

（6）拌和物停置时间。随着拌和物停置时间的延长,拌和物中胶凝材料不断水化和吸收水分,拌和物水分蒸发,拌和物的 VC 值增大。

## 12.1.2.3 　碾压混凝土拌和物的易密性及不同施工条件对拌和物增实速度的影响

碾压混凝土拌和物的易密性,是指获得密实混凝土所需耗费的能量大小。不同配合比的混凝土拌和物,从松散状态不断吸收能量,到获得致密的混凝土所需的能量是不同的。拌和物表面泛浆,表明混凝土拌和物已基本密实。因此,拌和物 VC 值的大小在一定程度上反映了拌和物的易密性。

碾压混凝土在不同的施工条件下,振碾增实的速度是不同的,可以用拌和物在振碾作用下的出浆快慢加以衡量。出浆快,说明增实快,反之则慢。影响振碾增实速度的因素如下。

1. 振动频率及振幅

碾压混凝土拌和物在振动作用下的增实过程,是振动波在拌和物中传播的结果。设有一余弦振动波在拌和物中持续传播,取波传播的方向为 $x$ ,在某点 $x$ 处的位移为 $\xi$ ;设波的振幅为 $A$ ,振动角速度为 $\omega$ ,波在拌和物中的传播速度为 $v$ ,则

$$\xi = A\cos \omega\left(t - \frac{x}{v}\right) \tag{12-9}$$

在 $X = x$ 处,位移梯度为

$$\frac{\partial \xi}{\partial x} = \frac{A\omega}{v}\sin \omega\left(t - \frac{x}{v}\right) \tag{12-10}$$

假设振动波对混凝土拌和物液化作用的大小用 $L$ 表示,因振动频率 $f = \frac{\omega}{2\pi}$ ,则

$$L \propto f\left(\frac{\partial \xi}{\partial x}\right)_{\max}$$

即位移梯度越大、振动次数越多,液化作用越强,有

$$L \propto f\frac{A\omega}{v} = \frac{2\pi A f^2}{v} \tag{12-11}$$

因为加速度 $a = \frac{\partial^2 \xi}{\partial t^2} = A\omega^2\cos \omega\left(t - \frac{x}{v}\right)$ ,故

$$a_{\max} = A\omega^2 = 4\pi^2 A f^2$$

$$L \propto \frac{2\pi A f^2}{v} = \frac{a_{\max}}{2\pi v} \tag{12-12}$$

也就是说,混凝土拌和物的振动液化作用与振动波的振幅 $A$ 成正比,与振动频率 $f$ 的平方成正比,与振动加速度的最大值成正比,与振动波在拌和物中的传播速度 $v$ 成反比。实际混凝土拌和物的颗粒大小不一致,配合比也有变化,振幅和频率应相互协调。振幅过小则粗颗粒振不动,这样会使增实变慢甚至不能获得密实的混凝土。振幅过大会使振动转变为跳跃,振实效果差,拌和物出现分层,并在跳跃过程中吸入空气,密实度降低。频率过小振动衰减大,采用高频率振动,可使胶凝材料颗粒产生较大的相对运动,使其凝聚结构解体。这对提高碾压混凝土的密实度是有利的。

在振幅保持一定的情况下,随着振动频率的增大,拌和物受振出浆所需的时间减少(见图 12-4)。随着振动加速度的增大,拌和物受振出浆所需的时间减少(见图 12-5)。

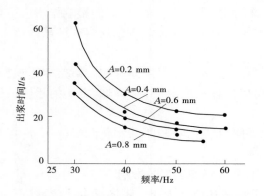

图 12-4　振动频率与拌和物出浆时间的关系

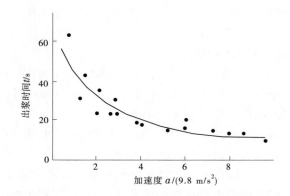

图 12-5　振动加速度与拌和物出浆时间的关系

当选用振动碾的主要施工技术参数时,通过理论分析和实践论证,振动碾的振动频率为 50 Hz 左右

时振动密实效果最好。

### 2. 振动压力

在振动设备的频率和振幅一定的情况下,振动时拌和物的表面压强对拌和物的增实速度有影响(见表12-6)。因为碾压混凝土拌和物是一种松散物,随着表面压强的增大,散粒体更易于聚集在一起,便于振动波的传播。

表 12-6　表面压强对拌和物振动出浆时间的影响

| 表面压强/kPa | | 1.304 | 2.618 | 3.923 | 6.973 | 8.277 | 10.896 |
|---|---|---|---|---|---|---|---|
| 出浆时间/ s | 下层 | 43 | 30 | 25 | 21 | 11 | 10 |
| | 上层 | 25 | 25 | 14 | 9 | 8 | 7 |

### 3. 施工铺层厚度

振动碾通过振动轮把固定频率及振幅的振动波传给混凝土拌和物并自上而下传播。随着拌和物中各种组成材料比例的不同,拌和物工作度不同,传播的速度及沿深度的衰减程度是不同的。拌和物铺层越厚,铺层下部拌和物获得的振动能量就越少,要使拌和物均匀密实所需的振动时间就越长。如果铺层过厚,即使增加振碾时间,下部拌和物也无法达到所要求的密实度。相反,由于过多增加振碾时间(或碾压遍数),使表层拌和物过碾发生剪切破坏,或出现"波浪状"而无法继续增实。合理的铺层厚度应根据所用碾压机具的性能及经过实际混凝土拌和物试验确定,以达到施工高效率且混凝土质量均匀密实的目的。碾压混凝土的铺层厚度不应使混凝土的压实厚度小于最大骨料粒径的3倍,否则会影响压实度。

### 4. 压实厚度的试验成果

通过对有关工程的碾压混凝土室内模拟振动压实试验,就压实厚度对层面结合质量的影响进行了初步的探讨。

试验中以单位体积压实功能(即单位体积的碾压混凝土达到某一压实容重时所需要的振动碾压能量)进行控制。根据碾压混凝土工程实践经验,当压实厚度为30 cm,达到设计要求的容重或密实度时,一般大型振动碾(如BW-200型)单碾筒有振碾压约为8遍,相当于单位体积压实功能为$(3.3 \sim 4.4) \times 10^5$ J/m³。为达到同一压实平均容重,小型振动碾的单位体积压实功能一般均大于大型振动碾的单位体积压实功能。需要指出的是,若振动碾的功率过小或压实厚度过大,即使采用了较多的压实功能也难以获得理想的压实效果。可以认为,不同的振动碾,某一压实容重或密实度对应有某一最优的压实厚度。

#### 1)振动加速度、压应力及压实容重沿压实厚度的分布

一般来说,振动加速度愈大、压应力愈大,压实容重也愈大。为了探讨振动加速度、压应力及压实容重沿压实厚度的分布规律,在特制的碾压槽里,分别进行了压实厚度为30 cm 和50 cm,沿碾压厚度埋设数个加速度传感器和压应力传感器,采用的单位体积压实功能均为$3.3 \times 10^5$ J/m³ 的试验。根据实测的振动加速度、压应力及压实容重结果,分别绘制出了压实厚度为30 cm 和50 cm 时振动加速度、压应力及压实容重沿压实厚度的分布形态(见图12-6)。各特征值见表12-7。

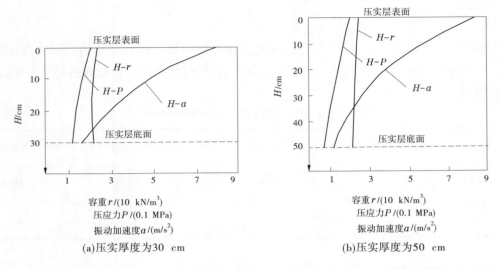

**图 12-6　不同压实厚度时振动加速度、压应力及压实容重沿压实厚度的分布**

**表 12-7　振动加速度（ a ）、压应力（ P ）及压实容重（ γ ）实测值**

| 压实厚度/ | 表面 | | | 底面 | | | 自表面至底面衰减百分率/% | | |
|---|---|---|---|---|---|---|---|---|---|
| cm | $a$ /<br>（m/s²） | $P$ /<br>MPa | $\gamma$ /<br>（kN/m³） | $a$ /<br>（m/s²） | $P$ /<br>MPa | $\gamma$ /<br>（kN/m³） | $a$ | $P$ | $\gamma$ |
| 30 | 8.36g | 0.21 | 24.2 | 1.70g | 0.121 | 22.0 | 79.8 | 42.4 | 9.0 |
| 50 | 8.36g | 0.21 | 24.2 | 1.25g | 0.076 | 21.5 | 85.0 | 63.8 | 11.2 |

注：$g$ 为重力加速度，m/s²。

由图 12-6、表 12-7 均可以看出：在碾压混凝土的表面，振动加速度、压应力及压实容重均为最大值，因压实厚度的大小而有明显的变化；但随着压实厚度的加深，振动加速度及压应力逐渐衰减，而压实容重也在减小，三者均呈曲线变化，经曲线拟合，可分别建立三者与压实厚度的关系式，即可用负指数表示。但就三者曲线从压实厚度表面到底面（自上而下）的变化特点而言，振动加速度衰减较快，压应力次之，压实容重较小。总之，不论压实厚度的大小如何，由于碾压混凝土对压实能量的阻尼作用，振动加速度、压应力及压实容重随着压实厚度的增加而逐渐衰减这一基本规律是相同的。这就表明，在其他所有相同条件下，由于压实厚度不一样，其压实效果是不相同的。

当单位体积压实功能相同时，对不同压实厚度的表面而言，振动加速度、压应力及压实容重没有明显的变化或变化不大，可认为在表面以下一定深度的范围里，碾压混凝土的压实容重或密实度基本接近或差别不大。当单位体积压实功能相同时，对不同压实厚度的底面而言，压实厚度较小者在底面的振动加速度、压应力及压实容重相对较大；而压实厚度较大者在底面的振动加速度、压应力及压实容重相对较小。层面结合质量除与采取的层面处理措施等有关外，显然还与结合层面混凝土的均匀性和压实质量有关。均匀性好、密实度好，则层面结合质量较好；反之，则较差。

2）不同压实厚度的抗剪断试验

进行了在相同单位体积压实功能条件下，不同压实厚度的层面抗剪断强度参数（ $f'$ 、$c'$ ）的试验比较。碾压混凝土的设计强度等级为 C25（90 d），配合比均相同，碾压混凝土层面暴露时间都为 8 h，气温为 30~33 ℃，相对湿度为 70%~85%。采用 YZS1A 型手扶式振动碾进行碾压，以相同的设计容重 24.5 kN/m³ 进行控制，所需的单位体积压实功能为 6.2×10⁵ J/m³ 左右，采用的压实厚度分别为 10 cm、20 cm、30 cm 和 40 cm，则相应的单筒碾压遍数为 14 遍、28 遍、42 遍和 56 遍。上下层采用相同的压实厚度和相同的碾压遍数。不同压实厚度的层面抗剪断强度参数值见表 12-8。

表 12-8　不同压实厚度的层面抗剪断强度参数

| 压实厚度/cm | 碾压遍数 | 层面抗剪断强度参数 | | 层面抗剪断强度 | 压实厚度/cm | 碾压遍数 | 层面抗剪断强度参数 | | 层面抗剪断强度 |
|---|---|---|---|---|---|---|---|---|---|
| | | $f'$ | $c'$ /MPa | $\tau$ /MPa | | | $f'$ | $c'$ /MPa | $\tau$ /MPa |
| 10 | 14 | 2.75 | 1.45 | 9.70 | 30 | 42 | 2.50 | 1.36 | 8.86 |
| 20 | 28 | 2.62 | 1.40 | 9.20 | 40 | 56 | 2.40 | 1.27 | 8.47 |

**注**:计算层面抗剪断强度时,取 $\sigma = 3$ MPa。

　　在外界环境(即层面暴露时间、气温及相对湿度等)基本上相同的条件下,不同的压实厚度的层面抗剪断强度参数 $c'$、$f'$ 和抗剪断强度 $\tau$ 有所差别,压实厚度较小者,其值大一些;反之,则小一些。这也反映了压实厚度较小的,层面结合质量好一些;反之,则差一些。

　　一般来说,以薄层碾压较好,因薄层碾压上下层的压实容重或密实度更容易接近,但薄层碾压又将增加层面处理的工作量和影响施工进度。为保证层面结合质量,施工中应尽可能使原材料分布均匀、上下层层面压实容重或密实度基本接近或不能相差过大。工程实践中,还应结合工地的具体条件进行分析比较来确定最佳的压实厚度。

### 12.1.2.4　碾压混凝土拌和物的抗分离性能及减少分离的措施

　　碾压混凝土施工过程中,常常引起拌和物的离析,造成碾压混凝土不均匀或失去连续性的现象,降低碾压混凝土的各项性能。适当的配合比和合理的施工操作可以减少离析。

　　混凝土拌和物的离析通常有两种形式:一种是粗骨料从拌和物中分离出来,因为它们比细骨料更易沿着斜面下滑或在模内下沉,它主要发生在卸料和转运过程中;另一种离析是稀浆从拌和物中淌出,一般在拌和物的水胶比较大,如大于 0.75 的情况下发生。

　　拌和均匀的拌和物发生各类颗粒分离的直接原因是它们之间发生了不同的运动而产生相对位移。下文讨论从高处下落的混凝土拌和物下落停止时的分离情况。

　　假定混凝土拌和物中的颗粒为球形,周围的混凝土拌和物为黏性体。当运动停止时,颗粒对于周围拌和物有相对速度 $v_0$,则颗粒在运动过程中承受的黏性阻力按斯托克斯(Stokes)定律为

$$f = 6\pi r \eta v \tag{12-13}$$

式中:$r$ 为颗粒半径, cm;$\eta$ 为混凝土拌和物的黏性系数,$10^{-3}$ Pa·s;$v$ 为颗粒对周围拌和物的相对速度, cm/s;$f$ 为颗粒在运动中承受的黏性阻力,$\mu$N。

　　设颗粒的密度为 $\rho$,则颗粒的运动方程为

$$\frac{4}{3}\pi r^3 \rho \frac{dv}{dt} = -6\pi r \eta v \tag{12-14}$$

　　式(12-14)中负号表示黏性阻力与速度 $v$ 的方向相反。将式(12-14)简化得

$$\frac{dv}{dt} + \frac{9\eta}{2\rho r^2} v = 0 \tag{12-15}$$

　　设该微分方程的解为

$$v = Ce^{-\frac{9\eta}{2\rho r^2}t} \tag{12-16}$$

　　由初始条件 $t = 0$、$v = v_0$,代入式(12-6)可求得 $C = v_0$,故

$$v = v_0 e^{-\frac{9\eta}{2\rho r^2}t} \tag{12-17}$$

　　假定颗粒停下来时产生的位移为 $X$,则

$$v = \frac{dX}{dt} = v_0 e^{-\frac{9\eta}{2\rho r^2}t} \tag{12-18}$$

解得

$$X = -\frac{2\rho r^2}{9\eta}v_0 e^{-\frac{9\eta}{2\rho r^2}t} + C \qquad (12\text{-}19)$$

由初始条件 $t = 0$、$X = 0$ 得 $C = -\dfrac{2\rho r^2}{9\eta}v_0$，故

$$X = -\frac{2\rho r^2}{9\eta}v_0\left(1 - e^{-\frac{9\eta}{2\rho r^2}t}\right) \qquad (12\text{-}20)$$

当相对速度由 $v_0$ 变为 0 时，$X = X_0$，则由式(12-14)知，$v \to 0$ 时，要求 $t \to \infty$，故由式(12-20)得

$$X = [X]_{t \to \infty} = \frac{2\rho r^2}{9\eta}v_0 \qquad (12\text{-}21)$$

尽管要使颗粒与周围拌和物均停止运动,所需时间为无穷大,与实际情况不符,但从式(12-21)定性分析可知,由运动变为静止时,颗粒对于周围拌和物的相对位移 $X_0$ 与颗粒半径的平方成正比,与密度和初始相对速度成正比,与拌和物的黏性系数成反比,即黏度小、骨粒最大粒径大、拌和物高速度运动,则易发生粗骨料分离。

因此,防止碾压混凝土拌和物发生分离的措施,除在配合比方面加以考虑(如正确选定粗骨料最大粒径、合理确定最大粒径骨料所占比例、选择合适的砂率、保持适当的胶凝材料用量等)外,还应在施工方面采取切实有效的防止或减少粗骨料分离的措施,如降低卸料高度等。

# 12.2　碾压混凝土的碾压试验

## 12.2.1　碾压混凝土本体试件的室内压实试验

碾压混凝土本体试件室内成型和试验见《水工碾压混凝土试验规程》(SL 48—1994),简述如下:

(1)拌和好碾压混凝土拌和物。

(2)测定碾压混凝土拌和物工作度(VC 值),为配合比设计及施工质量控制提供依据。

(3)测定碾压混凝土拌和物物理性能:测定碾压混凝土单位体积质量(容重)和含气量,为配合比设计计算材料用量提供依据,并计算混凝土相对压实度。

## 12.2.2　含层面碾压混凝土试件的室内压实试验

### 12.2.2.1　常温(20 ℃)室内试件成型

由于碾压混凝土的层面对碾压混凝土性能有着重要的影响,而且这种影响是多方面的,因此在室内模拟各种工况(主要是层面处理方式和层间间歇时间等)模拟制作含层面的试件,进行各项性能试验,对于了解层面的影响,是简单而方便的方法,尽管这与工程的实际情况有一定的差距,但对于了解层面性能的规律性还是很有帮助的。这种试件应分两次成型,先成型下半部分,然后按规定的要求对层面进行处理,再按规定的层间间歇时间覆盖上层混凝土,养护到规定龄期进行性能试验。

### 12.2.2.2　高温(25~40 ℃)和相对湿度(0~100%)室内模拟碾压试验

高温(20~40 ℃)、相对湿度(0~100%)和风速对碾压混凝土的层面结合性能有重要影响,可通过模拟相应的环境条件来实现。

### 12.2.2.3　室内人工降雨模拟试验

#### 1.降雨量的定义

根据我国水文气象规范,降雨量是指在一定时间 $t$(min 或 h)内降落到平地(假定无渗漏、蒸发、流失)上的雨水深度。降雨量可用雨量器测定,其大小以降雨强度 $q_i$ 表示,我国以 24 h 或 1 h 内降雨量的多少作为划分降雨强度的标准。降雨强度 $q_i$(mm/h)的数学物理模型可直观地表示为

$$q_i = \frac{W}{tA} \qquad (12\text{-}22)$$

式中:$q_i$ 为降雨强度,mm/h;$W$ 为降落在受雨面积上的雨水总量,$mm^3$;$t$ 为受雨时间,h;$A$ 为受雨面积,$mm^2$。

2. 降雨的分类

按照我国气象学的规定,降雨可按不同的方式分类。

1)按降雨的性质分类

(1)连续性阵雨:其降雨的特点为降雨强度变化小,持续时间长。

(2)阵性降雨:其降雨的特点为降雨强度变化大,持续时间短。

(3)毛毛雨:其降雨的特点为雨滴颗粒极小,飘浮于空中缓慢地降落。

2)按降雨强度分类

(1)小雨:1 h 内的降雨量小于或等于 2.5 mm,或 24 h 内的降雨量小于或等于 10 mm。

(2)中雨:1 h 内的降雨量为 2.6~8.0 mm 或 24 h 内的降雨量为 10.1~24.9 mm。

(3)大雨:1 h 内的降雨量为 8.1~15.9 mm 或 24 h 内的降雨量为 25.0~49.9 mm。

(4)暴雨:1 h 内的降雨量为 16.0 mm 以上。

(5)大暴雨:24 h 的降雨量达到 100~200 mm。

(6)特大暴雨:24 h 的降雨量达到 200 mm 以上。

3. 雨滴冲击强度

雨滴冲击强度是指雨水对混凝土拌和料中骨料表面砂浆的冲击功能。它与雨水的水滴滴径、降落速度及密度等有关。可以采用降雨过程中的雨滴直径 $d$ 的大小来度量。由式(12-23)计算雨滴滴径 $d$ ( mm)。

$$d = 0.34D^{0.729} \qquad (12\text{-}23)$$

式中:$d$ 为实测雨滴滴径,mm;$D$ 为滤纸上量测的雨滴色斑直径平均值,mm。

4. 多雨季节碾压混凝土施工研究的试验条件和技术路线

为了通过室内试验及现场测试分析论证降雨对碾压混凝土可碾性、压实容重及对层面结合质量的影响,在室内试验中采用模拟降雨、振动碾碾压测试的方式提出降雨对碾压混凝土可碾性、压实容重、层间抗剪断参数等的影响程度,提出雨季碾压混凝土施工的质量控制标准及连续施工的技术措施。

武汉大学水利水电学院室内试验采用长 6 m、宽 2.8 m、压实厚度 0.6 m 的试验块,分两层用小型振动碾进行碾压。假设在第一层碾压过程中发生给定强度的降雨,到规定时间后铺筑第二层混凝土,养护到试验龄期后测定混凝土本体和层面的性能。试验用碾压混凝土原材料及配合比按龙滩水电站重力坝碾压混凝土的要求配置。外加剂选用 ZB-1-RCC15 型高效缓凝减水剂,掺量为胶凝材料用量的 0.6%。

1)碾压机具及其性能

室内试验中采用 YZSIA 型手扶振动碾压实,其工作性能参数见表 12-9。

**表 12-9　YZSIA 型振动碾工作性能参数**

| 碾重/kg | 激振力/kg | 振动频率/Hz | 振幅/mm | 碾筒长度/m | 行驶速度/(m/s) |
|---|---|---|---|---|---|
| 1 000 | 2 500 | 50 | 0.6 | 0.7 | 0.417 |

该振动碾对碾压混凝土的单位体积压实功能采用式(12-24)计算:

$$E = 2(2\sigma_0 + \sigma_k)\frac{9.81AfN}{1\,000hV} \qquad (12\text{-}24)$$

式中:$E$ 为单位体积压实功能,$kJ/m^3$;$\sigma_0$ 为振动碾单碾筒静线压力[ 1 000/(2×0.7)= 714.29 kg/m];$\sigma_k$ 为振动碾单碾筒动线压力[ 2 500/(2×0.7)= 1 785.7 kg/m];$A$ 为振幅,m;$f$ 为振动频率,Hz;$N$ 为振

动碾压遍数;$V$ 为振动碾行驶速度,m/s; $h$ 为混凝土的压实层厚度,m。

2)测试装置和仪器

美国 CPN 核子仪器公司生产的 MC-3 型核子密度水分仪测试碾压混凝土的压实容重和含水量。该仪器的主要技术参数见表 12-10。

表 12-10　MC-3 型核子密度水分仪技术参数

| 测量范围 | | 测量精度/(kg/m³) | | | 测量深度/mm | | |
|---|---|---|---|---|---|---|---|
| 密度/(kg/m³) | 水分/(kg/m³) | 透射法 | 散射法 | 水分 | 透射法 | 散射法 | 水分 |
| 1 220~2 725 | 0~640 | ±4.0 | ±8.0 | ±4.0 | 0~300 | 75 | 300 |

HGC-1 型维勃工作度仪测试混凝土拌和物的 VC 值。

人工降雨器喷头如图 12-7 所示。其工作原理是:以一定压力(0.3~0.5 MPa)的水流经喷头偏心孔进入离心室,使水流产生离心旋转,并碰撞离心室壁而破碎雾化。喷头流量由式(12-25)计算:

$$q = 0.319\mu f\sqrt{2gp} \tag{12-25}$$

式中:$q$ 为喷头流量,m³/s; $p$ 为喷嘴流量系数;$f$ 为喷嘴过水断面面积,m²; $g$ 为重力加速度,9.81 m/s²; $p$ 为喷嘴压力,MPa。

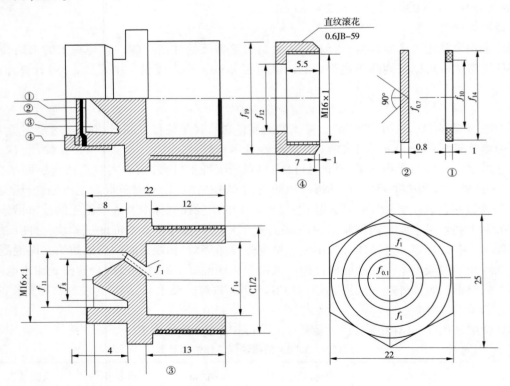

图 12-7　人工降雨器喷头组装及配件　(单位:mm)

设计降雨器的降雨滴径小于 1 mm,这与中雨以下的降雨滴径相接近。

## 12.2.3　碾压混凝土现场碾压试验

### 12.2.3.1　现场碾压试验的目的和意义

碾压混凝土沿碾压层面的抗拉强度、抗剪强度和渗透特性是坝体稳定研究的一个重要方面,在室内模拟碾压层面制作试件,测定层面的上述性能,可以得到一些有价值的成果,但这些模拟的碾压层面与实际的碾压混凝土层面特性状况有一定差别,对于一些大中型碾压混凝土坝工程,在大坝施工前,采用与大坝施工相同的设备、材料和工艺进行现场碾压试验就是必要的。它一方面可以检验大坝施工的各个环节是否能满足大规模施工的要求,并检验混凝土配合比的合理性和能否满足设计要求。另一方面,可以在试验块上进行:①现场原位剪切断试验,测定各种工况的碾压混凝土沿层面的抗剪断参数$(f_c',c')$;②现场压水试验,测定碾压混凝土的渗透特性;③现场取芯,测定混凝土的各项物理力学性能。

　　对于一些高坝,其层面性能能否满足建设高坝的要求,是设计和施工的关键技术之一;夏季高气温条件下,能否连续施工也是能否按期和提前发电并保证碾压混凝土质量的关键技术之一。鉴于上述情况,也需要通过现场碾压试验对提高碾压混凝土层面黏结性能的措施进行深入研究。现场碾压试验的目的如下:

　　(1)在室内试验的基础上,检验室内试验推荐的碾压混凝土配合比的合理性。

　　(2)研究和确定在常温和高温条件下碾压混凝土施工工艺参数。

　　(3)研究在不同环境条件下,不同层间处理和不同间歇时间对碾压混凝土层间结合的影响和提高层间结合的处理措施。

　　(4)现场检测碾压混凝土的各项物理力学性能和抗剪断参数,现场检测碾压混凝土层间抗剪(断)强度、抗渗性能和取样进行室内各项物理力学性能试验,以便对配合比进行进一步的优化,为碾压混凝土大坝设计和施工提供基础资料。

　　(5)研究在常温和高温条件下碾压混凝土的施工质量控制措施。

### 12.2.3.2　现场碾压试验内容

1. 研究工作的路线和方法

　　对于大型工程,在设计阶段可进行现场碾压试验;在施工阶段,在大坝浇筑前,必须分别在高温和常温条件下进行碾压混凝土现场碾压试验,研究碾压混凝土施工的可行性。通过试验选定碾压混凝土配合比、VC值、层面间歇时间、层面处理措施等施工工艺参数,以寻求改善和提高碾压混凝土层面结合的有效方法。

2. 监测项目

　　(1)测定碾压混凝土的施工工艺参数。

　　(2)对每种工况的碾压混凝土层面进行现场原位抗剪断试验,测定其抗剪断强度和残余强度,试验的数量应满足设计要求。对碾压混凝土层面抗剪断试验成果进行统计分析,计算一定保证率下的抗剪断参数,为大坝稳定分析和非线性分析提供设计参数。

　　(3)进行现场压水试验,以测定碾压混凝土抗渗性能。

　　(4)现场取样,进行室内抗剪断、抗压、抗渗、超声波、变形特性和断裂特性等试验,测定其物理力学参数,研究碾压混凝土的破坏机制、破坏过程和强度特性。

　　(5)要对试验方案进行规划,如试验场地选择。

　　(6)试验设备和人员的准备。

3. 碾压试验中应关注的几个问题

　　(1)拌和后的碾压混凝土在运输平仓过程中产生骨料分离,影响碾压混凝土的密实度,导致层面连续性较差,层面黏结面积减少,直接影响层面的黏结强度和抗渗性能。

　　(2)碾压混凝土在震动碾压过程中,粗骨料下沉,浆体上升,水的层间移动,使上部水灰比较大,气泡移动使空隙发生变化,导致碾压层的表层成为多空隙的薄弱层。

　　(3)下层混凝土表面需要保持湿润而又无水状态,表面湿度过大不利于层面黏结,表面干燥又会使层面黏结强度降低。

　　(4)碾压混凝土的工作度(VC)过大,在震动碾压过程中产生摩擦力会使混凝土表面产生裂缝;VC

值过小,导致碾压困难。

(5)夏季高气温条件下,由于覆盖不及时,下层混凝土已经初凝后覆盖上层混凝土,导致层面黏结不良,降低层面黏结强度和抗渗性能。

# 12.3　龙滩工程碾压混凝土现场碾压试验

## 12.3.1　龙滩工程碾压混凝土现场碾压试验情况介绍

龙滩水电站坝高 216.5 m(初期 192.5 m),装机容量 630 万 kW,是我国目前仅次于三峡水利枢纽的第二大水电站。在设计阶段,龙滩水电站的枢纽布置原采用部分地下厂房(5 台地面+4 台地下)和常态混凝土重力坝方案。经充分研究,决定采用碾压混凝土重力坝,为了充分发挥碾压混凝土的优势,改为全地下厂房方案,避免了大坝和厂房施工的干扰。同时要求不改变原常态混凝土重力坝的设计断面,并采用全断面碾压,不分纵缝。这就对设计、施工和碾压混凝土材料提出了更高的技术要求。为了获得更符合大坝的碾压混凝土材料性能,进行了大量的碾压混凝土室内试验和现场碾压试验。在设计阶段,先后举行了三次现场碾压试验和一系列性能试验,主要是认证龙滩采用碾压混凝土高坝的可行性;在施工阶段,又进行了两次(高温和低温条件下)现场碾压试验和一系列性能试验,主要是认证设计提出的碾压混凝土材料和施工参数的可行性和实用性。

这些现场碾压试验和一系列性能试验的规模空前,为碾压混凝土坝的设计和施工提供了宝贵的资料和成果,现介绍如下(这里只介绍现场碾压试验情况,其他各项性能分别在有关章节中介绍)。

## 12.3.2　龙滩工程设计阶段的现场碾压试验

龙滩水电站坝体碾压混凝土物理力学性能、层面抗剪断特性,以及在夏季高气温条件下连续施工都是设计的关键技术,亦是关系到大坝安全和电站能否按期和提前发电的重要问题。为此,在设计阶段进行了三次大型现场碾压试验和一系列性能试验以及现场原位抗剪断试验和压水试验予以论证。碾压混凝土现场碾压试验的地点选在龙滩水电站下游,选择与龙滩气候环境条件相似、混凝土使用胶凝材料相同、粗细骨料都为人工石灰岩的岩滩水电站作为试验研究基地。当时该电站尚在施工,并具有全套施工设备和碾压混凝土的施工经验。自 1990 年 10 月开始至 1993 年 12 月止,先后在岩滩水电站工地进行了总计 10 个工况的三次现场碾压试验和现场原位抗剪(断)试验等,共浇筑碾压混凝土 819 m³。根据室内配合比试验,确定三次现场试验碾压混凝土和垫层料配合比(见表 12-11)。

表 12-11　龙滩工程设计阶段三次现场碾压试验碾压混凝土和垫层料配合比

| 工况 | 混凝土配合比参数 | | | | | 混凝土材料用量/(kg/m³) | | | | | | |
| --- | --- | --- | --- | --- | --- | --- | --- | --- | --- | --- | --- | --- |
| | 级配 | 水胶比 | 粉煤灰/% | 砂率/% | 外加剂名称 | 掺量/% | 水 | 水泥 | 粉煤灰 | 砂 | 大石 | 中石 | 小石 |
| A、B | 三 | 0.544 | 58.3 | 33.3 | TF | 0.25 | 98 | 75 | 105 | 735 | 442 | 590 | 442 |
| F、G、H | 三 | 0.556 | 58.3 | 33.3 | FDN | 0.30 | 100 | 75 | 105 | 735 | 442 | 590 | 442 |
| C、D | 三 | 0.464 | 68.2 | 33.8 | 金星 | 0.50 | 103 | 70 | 150 | 724 | 427 | 569 | 427 |
| E | 三 | 0.455 | 68.2 | 33.8 | 金星 | 0.50 | 100 | 70 | 150 | 724 | 284 | 640 | 498 |
| I | 三 | 0.525 | 55 | 33.3 | FDN | 0.30 | 105 | 90 | 110 | 735 | 441 | 588 | 441 |
| J | 三 | 0.60 | 40 | 33.2 | FDN | 0.30 | 90 | 90 | 60 | 745 | 449 | 598 | 449 |

续表 12-11

| 工况 | 混凝土配合比参数 | | | | | 混凝土材料用量/(kg/m³) | | | | | | |
| --- | --- | --- | --- | --- | --- | --- | --- | --- | --- | --- | --- | --- |
| | 级配 | 水胶比 | 粉煤灰/% | 砂率/% | 外加剂 | | 水 | 水泥 | 粉煤灰 | 砂 | 大石 | 中石 | 小石 |
| | | | | | 名称 | 掺量/% | | | | | | | |
| F | — | 0.467 | 66.7 | 41.7 | FDN | 0.30 | 140 | 100 | 200 | 758 | — | — | 1 062 |
| 用于 A | 砂浆 | 0.435 | 10.2 | 100 | TF | 0.25 | 253 | 523 | 59 | 1 457 | — | — | — |
| 用于 C | 砂浆 | 0.435 | 21.1 | 100 | — | | 251 | 461 | 116 | 1 444 | — | — | — |
| 用于 H、J | 砂浆 | 0.435 | 10 | 100 | FDN | 0.30 | 210 | 434 | 49 | 1 208 | — | — | — |

注:第一次现场试验为 A、B 工况;第二次现场试验为 C、D、E、F 工况;第三次现场试验为 G、H、I、J 工况。

#### 12.3.2.1　龙滩工程设计阶段第一次现场碾压试验

1990 年 10 月 16~17 日,在岩滩水电站下游围堰顶部进行 A、B 工况现场碾压试验。试验目的为:①验证室内选定的配合比的合理性;②考察和选择合适的碾压工艺参数,包括碾压设备、碾压遍数和浇筑厚度;③验证和确定碾压混凝土质量控制标准(VC 值和密度等);④实测碾压混凝土各项物理力学指标;⑤研究不同层面处理和不同间歇时间对层面黏结性能的影响。碾压混凝土使用 4×3 m³ 的日本拌和楼拌和,日产 15 t 三菱牌自卸汽车直接运料入仓,120 匹马力推土机平仓,美国 DN-50 型 10 t 振动碾碾压,边缘地带用西德 BW-75S 型振动碾碾压,先无振碾压 2 遍,再有振碾压 6~8 遍,最后无振碾压 2 遍。本次试验总面积为 35 m×5 m,底层厚度 30 cm,A、B 工况上层厚度分别为 50 cm 和 30 cm,浇筑碾压混凝土总量为 175 m。

碾压混凝土现场试验施工程序为:在完成第一层碾压后,A 工况层面间歇 24 h,层面铺 1 层 1.5~2.0 cm 厚的水泥砂浆,再摊铺 60 cm 厚的混凝土,并碾压;B 工况层间间歇 4~6 h,层面不做处理,即摊铺上层混凝土,并碾压,待 12 h 后洒水养护。本次试验实测机口 VC 值为 6~8 s,仓面 VC 值为 6.2~12.9 s,实测机口和仓面混凝土平均温度分别为 23.0 ℃ 和 23.6 ℃。浇筑过程中气温为 27~33 ℃。碾压混凝土的压实密度用核子密度计进行测定,第一层平均密度为 2 469 kg/m³,第二层 A、B 工况平均密度分别为 2 490 kg/m³ 和 2 472 kg/m³。机口取样,测定碾压混凝土力学性能见表 12-12,90 d 抗压强度大于 28.3 MPa,抗渗等级 S9~S15。现场碾压试验成果表明:所选用的碾压混凝土配合比拌和均匀,可碾性好,砂浆充裕,极少骨料分离,略有反弹和泛浆,有利于层间结合,完全能满足龙滩大坝设计的技术要求。

表 12-12　龙滩工程设计阶段第一次现场试验用的碾压混凝土与砂浆力学性能试验成果

| 设计强度等级 | 取样地点 | 抗压强度/MPa | | 抗拉强度/MPa | 抗压弹性模量/(10⁴ MPa) | 抗渗等级 | 砂浆抗压强度/MPa |
| --- | --- | --- | --- | --- | --- | --- | --- |
| | | 28 d | 90 d | 90 d | 90 d | 90 d | |
| C₉₀25 | 机口 | 22.6 | 31.1 | 2.71 | 3.74 | S4 | |
| | 仓口 | 25.5 | 31.5 | 2.79 | 3.94 | S8 | |
| | | 24.1 | 31.5 | 2.95 | 4.19 | S10 | 62.0 |
| | | 23.7 | 28.3 | 2.68 | 4.02 | S10 | |

#### 12.3.2.2　龙滩工程设计阶段第二次现场碾压试验

第二次现场碾压试验于 1991 年 9 月 1~2 日在岩滩水电站上游围堰顶部进行。这次试验的主要目的是研究高气温条件下如何改善碾压混凝土层间结合,进一步提高抗剪(断)指标和抗渗性能。为此,采取了以下措施:①采用高掺粉煤灰富胶凝材料碾压混凝土;②控制混凝土 VC 值为 5~7 s;③掺缓凝剂,确保在混凝土初凝前覆盖上层混凝土;④加冰拌和,喷雾保湿;⑤层间铺小石子常态混凝土和水泥砂浆。

第二次现场碾压试验采用 C、D、E、F 共 4 个工况,试验段总面积为 86 m×5.5 m,浇筑层厚 30 cm。采用的碾压混凝土配合比见表 12-11,浇筑断面见图 12-8,试验用碾压混凝土配合比分为 2 类:一是 $C+F=(70+150)\text{kg/m}^3$,掺金星 V 型外加剂 0.5%,现场检测初凝时间 5 h 20 min,终凝时间 6 h 30 min;二是 $C+F=(75+105)\text{kg/m}^3$,掺 FDN-MS00R 缓凝剂 0.3%,现场实测初凝时间 5 h 50 min,终凝时间 7 h,浇筑时实测气温 32~36 ℃,各工况情况如下:

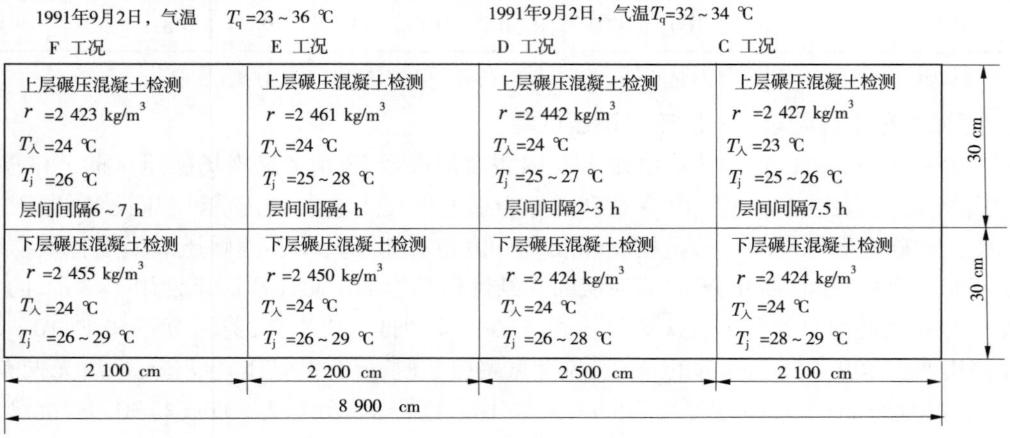

| 1991年9月2日,气温 $T_q=23\sim36$ ℃ | | 1991年9月2日,气温 $T_q=32\sim34$ ℃ | | |
|---|---|---|---|---|
| **F 工况** | **E 工况** | **D 工况** | **C 工况** | |
| 上层碾压混凝土检测<br>$r$ =2 423 kg/m³<br>$T_入$ =24 ℃<br>$T_j$ =26 ℃<br>层间间隔6~7 h | 上层碾压混凝土检测<br>$r$ =2 461 kg/m³<br>$T_入$ =24 ℃<br>$T_j$ =25~28 ℃<br>层间间隔4 h | 上层碾压混凝土检测<br>$r$ =2 442 kg/m³<br>$T_入$ =24 ℃<br>$T_j$ =25~27 ℃<br>层间间隔2~3 h | 上层碾压混凝土检测<br>$r$ =2 427 kg/m³<br>$T_入$ =23 ℃<br>$T_j$ =25~26 ℃<br>层间间隔7.5 h | 30 cm |
| 下层碾压混凝土检测<br>$r$ =2 455 kg/m³<br>$T_入$ =24 ℃<br>$T_j$ =26~29 ℃ | 下层碾压混凝土检测<br>$r$ =2 450 kg/m³<br>$T_入$ =24 ℃<br>$T_j$ =26~29 ℃ | 下层碾压混凝土检测<br>$r$ =2 424 kg/m³<br>$T_入$ =24 ℃<br>$T_j$ =26~28 ℃ | 下层碾压混凝土检测<br>$r$ =2 424 kg/m³<br>$T_入$ =24 ℃<br>$T_j$ =28~29 ℃ | 30 cm |
| 2 100 cm | 2 200 cm | 2 500 cm | 2 100 cm | |
| | | 8 900 cm | | |

注:$T_入$ 为入仓温度;$T_j$ 为浇筑温度;$T_q$ 为气温。

**图 12-8　龙滩工程设计阶段第二次现场碾压试验浇筑剖面图和现场记录**

(1)工况 C(Ⅲ):$C+F=(70+150)\text{kg/m}^3$,层间间歇 7.5 h,表面保湿,然后铺 1:2.5 水泥砂浆 M1,厚度约 3 cm,再铺上层碾压混凝土。

(2)工况 D(Ⅳ):$C+F=(70+150)\text{kg/m}^3$,层间间歇 3 h,表面湿润,表面不处理连续上升。

(3)工况 E(Ⅵ):$C+F=(70+150)\text{kg/m}^3$,层面不处理,层间间歇 4 h,保湿,继续浇上层碾压混凝土。

(4)工况 F(Ⅴ):$C+F=(75+105)\text{kg/m}^3$,层间间歇 7 h,保持湿润。铺小石子常态混凝土垫层料(CCV),厚度 3 cm 左右,然后铺上层碾压混凝土。

因施工时气温最高为 36 ℃,平均气温为 33.4 ℃,为保证层间结合,VC 值控制在 5 s 左右。实测机口 VC 值为 4~8 s,仓面 VC 值为 5~12 s。碾压混凝土实测温度平均值:机口为 22.8 ℃,仓面为 23.6 ℃。碾压混凝土力学性能试验成果见表 12-13。

**表 12-13　龙滩工程设计阶段第二次现场试验用的碾压混凝土与砂浆力学性能试验成果**

| 工况 | 抗压强度/MPa | | | 抗拉强度/MPa | | 抗渗等级 |
|---|---|---|---|---|---|---|
| | 7 d | 28 d | 90 d | 28 d | 90 d | 90 d |
| C、D | 14.7 | 25.4 | 24.4 | 1.24 | 2.74 | S4 |
| F | 17.0 | — | 30.7 | — | 1.35 | |
| E | 17.0 | — | 27.1 | 1.30 | 1.92 | S10 |

本次碾压混凝土现场试验表明:碾压混凝土砂浆充裕,拌和均匀,可碾性好,极少骨料分离,碾压时微小反弹并泛浆。实测混凝土密度为 2 424~2 473 kg/m³,90 d 抗压强度为 24.4~30.7 MPa,抗渗等级

为 S6 ~S15,表明碾压混凝土质量优良。

### 12.3.2.3　龙滩工程设计阶段第三次现场碾压试验

1992 年 12 月 17—24 日在岩滩水电站大坝下游右岸高程 203.00 m 平台上进行 G、H、I、J 共 4 种工况现场碾压试验。本次试验的目的是研究在常温条件下改善层间结合,提高碾压混凝土层面抗剪断指标和抗渗性能的措施,为龙滩大坝提供设计参数。本次现场碾压试验面积为 55.9 m×6.0 m,共浇筑碾压混凝土 344 m³。浇筑时最高气温 20~28 ℃。4 个工况碾压混凝土配合比见表 12-11。现场碾压试验段情况见图 12-9。各工况的设计要求和特点如下:

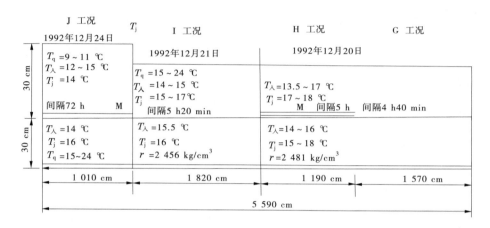

注:$T_q$ 为气温;$T_入$ 为入仓温度;$T_j$ 为浇筑温度;$\gamma$ 为容重。

**图 12-9　龙滩工程设计阶段第三次现场碾压试验浇筑剖面图和现场记录**

(1)工况 G(Ⅶ):$C+F=(75+105)\text{kg/m}^3$,层面不处理,层间间歇 4 h 40 min,层面湿润,初凝前覆盖上层碾压混凝土并碾压。

(2)工况 H(Ⅷ):$C+F=(75+105)\text{kg/m}^3$,层间间歇 5 h,保湿,铺 7~13 mm 厚水泥砂浆,然后铺上层碾压混凝土。

(3)工况 I(Ⅸ):$C+F=(90+110)\text{kg/m}^3$,层面不处理,间歇 5 h 20 min 摊铺上层碾压混凝土。

(4)工况 J(Ⅹ):按 RCD 法施工,$C+F=(90+60)\text{kg/m}^3$,层间间歇 72 h,凿毛、冲洗、铺砂浆,上层碾压混凝土厚 50 cm。

碾压混凝土机口实测 VC 值为 4.8~18 s;碾压混凝土实测平均温度:机口为 15.6 ℃,仓面为 16.4 ℃;实测仓面气温为 10~20 ℃,平均气温为 18.5 ℃。碾压混凝土力学性能试验结果见表 12-14。

**表 12-14　龙滩工程设计阶段第三次现场试验碾压混凝土性能成果**

| 工况 | 外加剂 FDN-M500R/% | 抗压强度/MPa | | | 抗拉强度/MPa | | |
|---|---|---|---|---|---|---|---|
| | | 28 d | 90 d | 180 d | 28 d | 90 d | 180 d |
| G、H | 0.3 | 18.8 | 33.3 | 39.0 | 1.08 | 2.46 | 3.07 |
| I | 0.3 | 24.3 | 36.9 | 44.4 | | | |
| J | 0.3 | 25.6 | 36.5 | 44.9 | | 3.27 | |

试验表明,所采用的配合比可碾压性好,砂浆充裕,极少分离,并略有反弹。当碾压层厚 30 cm 时,密度可达 2 448~2 480 kg/m³;当层厚 50 cm 时,密度可达 2 457 kg/m³。碾压混凝土 180 d 抗压强度为 39~44.8 MPa,表明混凝土性能良好。

### 12.3.2.4　龙滩工程设计阶段三次现场碾压试验成果汇总

三次现场碾压试验各工况实测数据汇总见表 12-15。

表 12-15　龙滩工程设计阶段三次现场碾压试验混凝土各项数据实测值汇总

| 现场试验次数、时间 | 工况 | 胶材用量/(kg/m³) | | 层面施工条件 | | 气温/℃ | 密度/(kg/m³) | VC/s | 混凝土方量/m³ |
| --- | --- | --- | --- | --- | --- | --- | --- | --- | --- |
| | | 水泥 | 粉煤灰 | 间歇时间/h | 层面处理 | | | | |
| 第一次1990 年 10 月 | A | 75 | 105 | 24 | 铺 1.5~2.0 cm 厚水泥砂浆 | 33 | 2 470 | 8.1 | 175 |
| | B | 75 | 105 | 4~6 | — | 30 | 2 469 | | |
| 第二次1991 年 9 月 | C | 70 | 150 | 7.5 | 铺 3.0 cm 厚水泥砂浆 | 33 | 2 425 | 6.6 | 300 |
| | D | 70 | 150 | 3 | — | 34 | 2 432 | | |
| | E | 70 | 150 | 4 | — | 34 | 2 450 | | |
| | F | 75 | 105 | 7 | 铺 3.0 cm 厚小骨料混凝土 | 34 | 2 463 | | |
| 第三次1992 年 12 月 | G | 75 | 105 | 4.5 | — | 23 | 2 465 | 5.9 | 344 |
| | H | 75 | 105 | 5.5 | 铺 1.0 cm 厚水泥砂浆 | 23 | 2 465 | | |
| | I | 90 | 110 | 5 | — | 20 | 2 452 | | |
| | J | 90 | 60 | 72 | 打毛冲洗衣铺水泥砂浆 | 20 | 2 446 | | |

注:气温、密度、VC 值都是平均值。

#### 12.3.2.5　龙滩工程设计阶段现场碾压试验成果分析

龙滩工程在设计阶段共进行了三次共 10 种工况的现场碾压试验,每次试验完成后,分别进行了芯样的物理力学性能试验(其成果见第 13 章 13.2 节)、现场原位试验和芯样层面抗剪断试验(其成果见第 14 章 14.5 节)、现场压水试验和芯样渗透试验(其成果见第 15 章 15.5 节)。现综合分析如下:

(1)现场碾压试验表明,碾压混凝土配合比拌和均匀,砂浆充裕,很少骨料分离,可碾性好,碾压中略有少量泛浆,有利于层间结合,证明配合比设计是可行的。根据现场量测结果,压实密度在 2 424~2 490 kg/m³,压实密度均达到了 98%以上,说明碾压工艺和碾压制度是可行的。

(2)通过碾压混凝土物理力学性能试验和现场原位抗剪断试验,获得了大量丰富的第一手资料和成果,表明采用富胶凝材料建造龙滩 200 m 级碾压混凝土高坝是合适和必要的。

(3)通过室内碾压混凝土配合比优化和现场碾压试验论证,提出的胶凝材料用量分别为:在坝的下部(坝高在 210~156 m)采用胶凝材料 200 kg/m³($C+F=90+110$),在坝的中部(坝高在 156~100 m)采用胶凝材料 180 kg/m³($C+F=75+105$),在坝的上部(坝高小于 100 m)采用胶凝材料 160 kg/m³($C+F=55+105$)。

(4)大量室内外碾压混凝土试验研究表明,在龙滩条件下,建造 200 m 级的碾压混凝土高坝是完全可行的。

### 12.3.3　龙滩工程施工阶段现场碾压工艺性试验

#### 12.3.3.1　龙滩工程施工阶段第一次现场碾压工艺性试验

1.试验概况

为了确定广西龙滩水电站大坝工程碾压混凝土的拌和工艺参数、碾压施工参数(包括运输方式、平仓方式、摊铺厚度、碾压遍数和振动行进速度等)、骨料分离控制措施、层面处理技术措施、成缝工艺、变态混凝土施工工艺,验证室内选定碾压混凝土配合比的可碾性和合理性、常温碾压混凝土质量控制标准和措施,以及确定在常温季节各分区混凝土施工配合比参数,广西龙滩水电站七局八局葛洲坝联营体(简称联营体)结合现场施工实际,进行了第一次现场碾压工艺性试验。

2004 年 1 月 16~18 日及 2 月 8 日,联营体分两次在下游引航道进行了第一次碾压混凝土工艺性试验。2004 年 1 月 16~18 日浇筑试验块第 Ⅰ 区、第 Ⅱ 区的一至四层及第五层;2 月 8 日对第 Ⅲ 区的第四层表面进行了冲毛处理后,浇筑第 Ⅲ 区的第五层,以便在第 Ⅲ 区的第五层进行原位抗剪试验。

2004 年 4 月下旬,联营体在碾压混凝土浇筑块上进行了碾压混凝土的钻芯取样工作,按有关规定进行了碾压混凝土芯样的加工与试验工作。

2. 碾压混凝土工艺性试验内容

为了尽可能模拟大坝坝体施工工况,原材料(包括水泥、粉煤灰、人工砂石骨料、外加剂等)、混凝土运输、施工设备(包括摊铺、制浆、碾压、振捣、成缝等施工设备)与计划用于大坝碾压混凝土的相同。

第一次碾压混凝土工艺性试验内容包括:碾压混凝土拌和工艺参数试验;运输入仓试验;碾压遍数与压实度试验;连续上升层允许间歇时间试验;不同层面处理方式试验;变态混凝土施工工艺试验;现场原位抗剪断试验;芯样性能试验;压水试验;碾压混凝土性能试验及其质量控制。

3. 碾压混凝土原材料及施工配合比

1) 原材料

龙滩施工阶段第一次碾压混凝土工艺性试验采用鱼峰牌 525# 中热硅酸盐水泥和宣威 Ⅰ 级粉煤灰。检测结果分别见表 12-16 和表 12-17。使用的缓凝高效减水剂有两种,分别为 ZB-1RCC15 和 JM-Ⅱ,品质检验结果见表 12-18;引气剂为 ZB-1G,品质检验结果见表 12-19。人工砂的品质检验结果见表 12-20。

表 12-16　柳州中热 42.5 水泥物理性能

| 检测项目 | 比表面积/ ($m^2$/kg) | 安定性/ mm | 凝结时间 (h:min) | | 抗折强度/ MPa | | | 抗压强度/ MPa | | |
|---|---|---|---|---|---|---|---|---|---|---|
| | | | 初凝 | 终凝 | 3 d | 7 d | 28 d | 3 d | 7 d | 28 d |
| 检测结果 | 312 | 合格 | 2:45 | 4:15 | 5.0 | 6.5 | 8.7 | 24.5 | 33.7 | 55.6 |
| GB 200—2003 要求 | >250 | 合格 | ≥60 min | ≤12 h | ≥3.0 | ≥4.5 | ≥6.5 | ≥12.0 | ≥22.0 | ≥42.5 |

表 12-17　粉煤灰的品质检验结果

| 试验项目 | 细度/ % | 需水量比/ % | 含水量/ % | 比重 | 烧失量/% | 三氧化硫/ % |
|---|---|---|---|---|---|---|
| 试验结果 | 4.3 | 93.8 | 0.04 | 2.39 | 2.34 | 1.76 |
| DL/T 5055—1996 规定(1 级) | ≤12 | ≤95 | ≤1 | — | ≤5 | ≤3 |

表 12-18　减水剂的品质检验结果

| 减水剂名称 | 掺量/ % | 减水率/ % | 泌水率比/ % | 含气量/ % | 凝结时间差/ min | | 抗压强度比/ % | | |
|---|---|---|---|---|---|---|---|---|---|
| | | | | | 初凝 | 终凝 | 3 d | 7 d | 28 d |
| JM-Ⅱ | 0.5 | 16.4 | 48.0 | 1.4 | +193 | +112 | 158 | 168 | 149 |
| ZB-1RCC15 | 0.5 | 17.5 | 69.9 | 2.3 | +535 | +730 | 143 | 171 | 151 |
| GB 8076—1997 规定 (合格品) | — | ≥10 | ≤100 | <4.5 | >+90 | — | ≥120 | ≥115 | ≥110 |

表 12-19　引气剂的品质检验结果

| 引气剂名称 | 掺量/ 10⁴ | 减水率/ % | 泌水率比/ % | 含气量/ % | 凝结时间差/min | | 抗压强度比/% | | |
|---|---|---|---|---|---|---|---|---|---|
| | | | | | 初凝 | 终凝 | 3 d | 7 d | 28 d |
| ZB-1G | 0.4 | 6.2 | 54 0 | 4.4 | +14 | +66 | 97 | 91 | 94 |
| GB 8076—1997 规定(合格品) | — | ≥6 | ≤80 | >3.0 | −90~+120 | | ≥80 | ≥80 | ≥80 |

表 12-20　人工砂的品质检验结果

| 取样日期 | 试验编号 | 细度模数 | 石粉含量/ % | 泥块含量/ % | 0.98 mm 以下颗粒含量/% |
|---|---|---|---|---|---|
| 2004 年 1 月 16 日 | 联-3 | 2.59 | 16.6 | 无 | 10.0 |
| | 联-4 | 2.58 | 14.2 | 无 | 7.5 |
| 龙滩工程《技术条款》要求 | | 2.4~2.8 | 16~20 | 无 | 占石粉含量的50%为宜 (专家建议) |

2)碾压混凝土工艺性试验施工配合比

进行第一次碾压混凝土工艺性试验的混凝土强度等级有四种,其中三级配有三种强度等级,分别浇筑在 A、B、C 三个条带;二级配只有一种强度等级,浇筑在 D 条带。

A 条带混凝土强度等级为 RⅢC₉₀15W4F50(三级配);B 条带混凝土强度等级为 RⅡC₉₀20W6F100(三级配);C 条带混凝土强度等级为 RⅠC₉₀25W6F100(三级配);D 条带混凝土强度等级为 RⅣC₉₀25W12F150(二级配)。碾压混凝土工艺性试验施工配合比参数见表 12-21。

表 12-21　碾压混凝土工艺性试验施工配合比参数

| 条带 | 碾压混凝土类别 | | 外加剂品种及掺量 | | 混凝土材料用量/(kg/m³) | | | | | 水胶比 |
|---|---|---|---|---|---|---|---|---|---|---|
| | 类别 | 强度等级 | JM-Ⅱ/ % | ZB-1G/ 10⁻⁴ | 水 | 水泥 | 粉煤灰 | 砂 | 石 | |
| A | RⅢ | C₉₀15W4F50 | 0.6 | 2 | 79 | 56 | 105 | 722 | 1 500 | 0.49 |
| B | RⅡ | C₉₀20W6F100 | 0.5 | 3 | 78 | 71 | 99 | 700 | 1 520 | 0.46 |
| C | RⅠ | C₉₀25W6F100 | 0.5 | 3 | 80 | 90 | 100 | 693 | 1 506 | 0.42 |
| D | RⅣ | C₉₀25W12F150 | 0.6 | 2 | 90 | 99 | 121 | 801 | 1 336 | 0.41 |
| D(第五层第Ⅲ区) | RⅠ | C₉₀25W6F100 | 0.6 | 0.8 | 80 | 90 | 100 | 693 | 1 506 | 0.42 |

注:1. 上述配合比为临时配合比。

2. D 条带第五层第Ⅲ区使用 ZB-1RCC15,其他部位使用 JM-Ⅱ。

4. 混凝土拌和均匀性试验

1)最佳投料顺序试验

选择 C₉₀20(RⅡ)三级配、C₉₀25(RⅣ)二级配碾压混凝土进行,其中 C₉₀20(RⅡ)三级配碾压混凝土选择三种投料顺序,C₉₀25(RⅣ)二级配碾压混凝土选择二种投料顺序。碾压混凝土拌和均匀性试验施工配合比参数见表 12-22。

表 12-22　碾压混凝土拌和均匀性试验施工配合比参数

| 序号 | 强度等级 | 级配 | 水胶比 | 水/(kg/m³) | 水泥+粉煤灰/(kg/m³) | 水泥/(kg/m³) | 粉煤灰/(kg/m³) | ZB-1RCC15/% | ZB-1G/10⁻⁴ |
|---|---|---|---|---|---|---|---|---|---|
| 1 | C₉₀20W6F100(RⅡ) | 三 | 0.45 | 76 | 170 | 71 | 99 | 0.5 | 1.0 |
| 2 | C₉₀25W12F150(RⅣ) | 二 | 0.41 | 87 | 220 | 99 | 121 | 0.5 | 1.0 |

参照以往类似碾压混凝土工程的施工经验,三级配碾压混凝土的三种投料顺序如下:

(1)砂+水泥+粉煤灰→水+外加剂→小石+中石+大石。

(2)大石+水+外加剂→水泥+粉煤灰+砂→中石+小石。

(3)小石+中石→水+外加剂→水泥+粉煤灰+砂→大石。

二级配碾压混凝土的二种投料顺序如下:

(1)砂+水泥+粉煤灰→水+外加剂→小石+中石。

(2)小石+中石→水+外加剂→水泥+粉煤灰+砂。

2)最佳拌和时间试验

参照以往类似碾压混凝土工程的施工经验,并根据拌和楼的实际拌和容量、拌和制式(是强制式还是自落式搅拌机),以及碾压混凝土的工作度(VC)要求,选择 90 s、120 s 进行碾压混凝土的拌和均匀性试验,投料顺序试验和拌和时间试验组合进行。每种组合情况下所得到的混凝土拌和物均进行罐首混凝土和罐尾混凝土的 VC 值,含气量,7 d、28 d 抗压强度及砂浆的密度试验,最后根据混凝土 28 d 抗压强度偏差率和砂浆密度偏差率确定碾压混凝土的最佳投料顺序和最佳投料时间。

3)拌和均匀性试验结果

根据《水工碾压混凝土试验规程》(SL 48—1994)进行试验,碾压混凝土拌和均匀性试验结果见表 12-23。由表 12-23 可知,对于 C₉₀20(RⅡ)三级配碾压混凝土,28 d 抗压强度最大值为 22.0 MPa,最小值为 16.6 MPa,28 d 抗压强度偏差率最大值为 4.1%,最小值为 1.6%;砂浆密度偏差率最大值为 1.66%,最小值为 0。对于 C₉₀25(RⅣ)二级配碾压混凝土,28 d 抗压强度最大值为 26.1 MPa,最小值为 23.4 MPa,28 d 抗压强度偏差率最大值为 10.3%,最小值为 5.5%;砂浆密度偏差率最大值为 0.96%,最小值为 0.13%。

投料顺序、拌和时间对混凝土拌和物的抗压强度和砂浆密度偏差率存在比较显著的影响。在相同的投料顺序情况下,拌和时间为 120 s 的混凝土拌和物,拌和均匀性优于 90 s 的混凝土拌和物,混凝土的抗压强度偏差率也相对更小。

当投料方式采用大石→水+外加剂→水泥+粉煤灰+砂→中石+小石且拌和时间为 120 s 时,混凝土的 28 d 抗压强度偏差率更小。但是,如果先投放大石,粗骨料的冲击会损伤搅拌机叶片,因此根据混凝土拌和物的拌和均匀性试验结果和以往工程类似经验,并综合考虑混凝土的生产进度要求,碾压混凝土的投料顺序和拌和时间如下:

(1)二级配碾压混凝土的投投料顺序选择为砂+水泥+粉煤灰→水+外加剂→小石+中石。

(2)三级配碾压混凝土的投料顺序选择为砂+水泥+粉煤灰→水+外加剂→小石+中石+大石。

(3)两种碾压混凝土的拌和时间均为 90 s。

5. 碾压混凝土现场工艺性试验

1)场地布置和规划

第一次碾压混凝土工艺性试验分别于 2004 年 1 月 16~18 日及 2 月 8 日在下游引航道进行,其中 1 月 16~18 日,天气晴,气温 6.0~13.5 ℃;2 月 8 日,小雨,气温 2.0~7.0 ℃。

表 12-23　龙滩大坝碾压混凝土拌和均匀性试验结果

| 编号 | 取样部位 | 强度等级 | 级配 | 投料顺序 | 拌和时间/s | VC/s | 含气量/% | 7 d抗压强度/MPa | 28 d抗压强度/MPa | 28 d抗压强度偏差率/% | 砂浆密度/(kg/m³) | 砂浆密度偏差率/% |
|---|---|---|---|---|---|---|---|---|---|---|---|---|
| 1-1前 | 1 | $C_{90}20$(RⅡ) | 三 | a | 90 | 5.0 | 2.7 | 12.3 | 21.1 | 4.1 | 2 310 | 1.17 |
| 1-1后 | 2 | $C_{90}20$(RⅡ) | 三 | a | 90 | 3.4 | 2.8 | 13.5 | 22.0 | | 2 283 | |
| 1-2前 | 1 | $C_{90}20$(RⅡ) | 三 | a | 120 | 3.9 | 2.2 | 11.5 | 19.4 | — | 2 294 | 0.48 |
| 1-2后 | 2 | $C_{90}20$(RⅡ) | 三 | a | 120 | 3.5 | 2.4 | 12.0 | — | | 2 283 | |
| 2-1前 | 1 | $C_{90}20$(RⅡ) | 三 | b | 90 | 3.0 | 2.3 | — | 18.2 | 3.7 | 2 289 | 0.26 |
| 2-1后 | 2 | $C_{90}20$(RⅡ) | 三 | b | 90 | 2.9 | 2.3 | — | 18.9 | | 2 283 | |
| 2-2前 | 1 | $C_{90}20$(RⅡ) | 三 | b | 120 | 5.6 | 2.9 | — | 18.3 | 1.6 | 2 294 | 1.66 |
| 2-2后 | 2 | $C_{90}20$(RⅡ) | 三 | b | 120 | 5.0 | 3.0 | — | 18.6 | | 2 256 | |
| 3-1前 | 1 | $C_{90}20$(RⅡ) | 三 | c | 90 | 5.1 | 3.3 | — | 16.6 | 18.2 | 2 278 | 0 |
| 3-1后 | 2 | $C_{90}20$(RⅡ) | 三 | c | 90 | 3.8 | 3.2 | — | 20.3 | | 2 278 | |
| 5-1前 | 1 | $C_{90}25$(RⅣ) | 二 | d | 90 | 10.0 | 3.0 | 14.1 | 23.4 | 10.3 | 2 289 | 0.13 |
| 5-1后 | 2 | $C_{90}25$(RⅣ) | 二 | d | 90 | 12.8 | 3.7 | 14.1 | 26.1 | | 2 286 | |
| 5-2前 | 1 | $C_{90}25$(RⅣ) | 二 | d | 120 | 5.8 | 3.5 | — | 23.9 | 5.5 | 2 261 | 0.96 |
| 5-2后 | 2 | $C_{90}25$(RⅣ) | 二 | d | 120 | 8.2 | 2.7 | — | 25.3 | | 2 283 | |

注:取样部位,1 表示罐首混凝土,2 表示罐尾混凝土。

　　整个试验区域(长 50 m,宽 20 m)分为 A、B、C、D 四个条带,Ⅰ、Ⅱ、Ⅲ 三个区域。A 条带宽 6 m,混凝土强度等级为 RⅢ $C_{90}$15W4F50(三级配);B 条带宽 4 m,混凝土强度等级为 RⅡ $C_{90}$20W6F100(三级配);C 条带宽 4 m,混凝土强度等级为 RⅠ $C_{90}$25W6F100(三级配);D 条带宽 6 m,混凝土强度等级为 RⅣ $C_{90}$25W12F150 C 二级配)。靠近上下游模板边缘 0.5m 宽的 RⅣ $C_{90}$25W12F150(二级配)和 RⅢ $C_{90}$15W4F50(三级配)碾压混凝土为变态混凝土,左右端模拟坝肩浇筑 1.0 m 宽变态混凝土。本次工艺性试验共浇筑 5 层,高度约为 1.5 m,平面布置见表 12-24。工艺流程见图 12-10。

表 12-24　龙滩施工阶段第一次现场碾压试验平面布置

| 条带 | Ⅰ 区 | Ⅱ 区 | Ⅲ 区 |
|---|---|---|---|
| A 条带 | 长 17 m,宽 6 m | 长 16 m,宽 6 m | 长 17 m,宽 6 m |
| B 条带 | 长 17 m,宽 4 m | 长 16 m,宽 4 m | 长 17 m,宽 4 m |
| C 条带 | 长 17 m,宽 4 m | 长 16 m,宽 4 m | 长 17 m,宽 4 m |
| D 条带 | 长 17 m,宽 6 m | 长 16 m,宽 6 m | 长 17 m,宽 6 m |

　　试验前,将试验场用推土机按试验要求尺寸(四周各外延 2.0~3.0 m)进行场平,用 BW202AD 型碾压机有振碾压 4 遍后,清除弹簧土,回填,补碾完成。2004 年 1 月 14 日浇筑 10 cm 厚碾压混凝土进行找平。

　　2)混凝土运输、入仓和浇筑

　　在第一次碾压混凝土工艺性试验中,采用 20 t 自卸汽车运输,进入仓面后,平稳慢行。采用两点卸

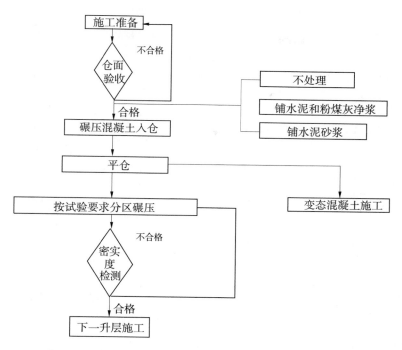

**图 12-10　龙滩工程施工阶段第一次现场碾压试验工艺流程**

料法,即汽车驶上条带后开始卸料,卸完一半左右在车斗门不关的情况下,前行 2~4 m 左右后继续卸料,同时要求每层起始条带料堆位置距离端模板 5~6 m,距离侧模板 1.5 m 左右。在试验过程中,减少在运输过程中出现骨料分离的现象。

　　第一层碾压层厚度为 30 cm,摊铺平仓厚度为 35 cm,分两次铺筑到位;第二层碾压层厚为 40 cm,摊铺平仓厚度为 45 cm,分两次铺筑到位;第三层碾压层厚为 20 cm,摊铺平仓厚度为 25 cm,一次铺料到位;第四层和第五层碾压层厚为 30 cm,摊铺平仓厚度为 35 cm,分两次铺筑到位。仓面平仓以后,做到基本平整,无显著坑洼。

　　3) 碾压遍数和压实度试验

　　整个试验区域(长 50 m,宽 20 m),分为 A、B、C、D 四个条带,Ⅰ、Ⅱ、Ⅲ 三个区域。Ⅰ区的碾压遍数为无振 2 遍+有振 10 遍,Ⅱ区的碾压遍数为无振 2 遍+有振 8 遍,Ⅲ区的碾压遍数为无振 2 遍+有振 6 遍。第一次碾压混凝土工艺性试验混凝土碾压遍数见表 12-25。

**表 12-25　龙滩施工阶段第一次碾压混凝土工艺性试验混凝土碾压遍数**

| | Ⅰ 区 | Ⅱ 区 | Ⅲ 区 |
|---|---|---|---|
| A 条带 | A 条带无振 2 遍+有振 10 遍 $C_{90}$15W4F50( 三级配) | A 条带无振 2 遍+有振 8 遍 $C_{90}$15W4F50( 三级配) | A 条带无振 2 遍+有振 6 遍 $C_{90}$15W4F50( 三级配) |
| B 条带 | 无振 2 遍+有振 10 遍 $C_{90}$20W6F100( 三级配) | B 条带无振 2 遍+有振 8 遍 $C_{90}$20W6F100( 三级配) | B 条带无振 2 遍+有振 6 遍 $C_{90}$20W6F100( 三级配) |
| C 条带 | 无振 2 遍+有振 10 遍 $C_{90}$25W6F100( 三级配) | C 条带无振 2 遍+有振 8 遍 $C_{90}$25W6F100( 三级配) | C 条带无振 2 遍+有振 6 遍 $C_{90}$25W6F100( 三级配) |
| D 条带 | 无振 2 遍+有振 10 遍 $C_{90}$25W12F150( 二级配) | D 条带无振 2 遍+有振 8 遍 $C_{90}$25W12F150( 二级配) | D 条带无振 2 遍+有振 6 遍 $C_{90}$25W12F150( 二级配) |

　　振动碾碾压方向平行于填铺条带,行走速度为 1~1.5 km/h,相邻碾压条带重叠 15~20 cm;同一条带分段碾压时,接头部位重叠碾压 2.4~3.0 m。

用核子密度仪在碾压混凝土浇筑仓面上进行碾压混凝土的压实度试验。当碾压混凝土达到规定的碾压遍数后进行压实度试验,如果压实度小于设计要求,要求再次进行碾压,直到达到设计的压实度。碾压混凝土的压实度检测试验结果见表 12-26。相对密实度在 98.88%~99.23%。

表 12-26　龙滩施工阶段第一次工艺性试验碾压混凝土的压实度检测试验结果

| 浇筑部位 | 湿容重/(kg/m³) | | | 含水量/% | | | 相对密实度/% | | |
|---|---|---|---|---|---|---|---|---|---|
| | 次数 | 最大值 | 最小值 | 平均值 | 次数 | 最大值 | 最小值 | 平均值 | 次数 | 最大值 | 最小值 | 平均值 |
| A 条带 | 14 | 2 479 | 2 453 | 2 465 | 14 | 6.70 | 4.34 | 5.51 | 14 | 99.56 | 98.51 | 98.94 |
| B 条带 | 17 | 2 488 | 2 453 | 2 471 | 17 | 6.20 | 3.46 | 4.91 | 17 | 99.92 | 98.51 | 99.23 |
| C 条带 | 15 | 2 485 | 2 453 | 2 465 | 15 | 5.78 | 3 57 | 4.68 | 15 | 99.80 | 98.51 | 98.99 |
| D 条带 | 5 | 2 475 | 2 453 | 2 462 | 5 | 7.6 | 4.39 | 5.81 | 5 | 99.94 | 98.51 | 98.88 |

6. 碾压混凝土连续升层间歇时间试验

为了解碾压混凝土连续上升层的允许间歇时间、从第一层到第四浇筑层的层面上设置不同的间歇时间。混凝土连续升层的间歇时间根据混凝土的凝结时间进行选择,控制在混凝土的初凝时间内,混凝土的连续升层间歇时间见表 12-27。

表 12-27　龙滩施工阶段第一次碾压混凝土工艺性试验连续升层间歇时间

| 层次(条带) | 设计值/h | 实际间歇时间/h | 说明 | 层次(条带) | 设计值/h | 实际间歇时间/h | 说明 |
|---|---|---|---|---|---|---|---|
| 第一层至第二层 | 8 | | | 第三层至第四层 | 16 | | |
| A 条带 | | 11.5 | | A 条带 | | 7.0 | |
| B 条带 | | 14.5 | 停 3.0 h | B 条带 | | 8.5 | |
| C 条带 | | 13.5 | | C 条带 | | 13.0 | 停 2.5 h |
| D 条带 | | 13.0 | | D 条带 | | 15.0 | 先铺第五层 A 条带,再铺第四层 D 条带 |
| 第二层至第三层 | 12 | | | 第四层至第五层 | | | |
| A 条带 | | 15.5 | | A 条带 | | 12.0 | |
| B 条带 | | 13.0 | | B 条带 | | 12.0 | |
| C 条带 | | 10.0 | | C 条带 | | 10.0 | |
| D 条带 | | 9.0 | | D 条带 | | 10.0 | |

**注:**由于在拌和楼生产初期,拌和楼系统运转不太正常,导致拌和楼系统有时候非计划性的停产,从而使混凝土连续升层间歇时间与计划间歇时间存在较大的差异。

7. 混凝土层面处理工艺

对连续升层的部位,当层面实际间歇时间超过层间允许间歇时间时,在层面铺上砂浆,再铺上一层碾压混凝土。对施工缝及冷缝,层面采用高压水冲毛的方法清除混凝土表面的浮浆及松动骨料,处理合格后再均匀摊铺一层 1.0~1.5 cm 的砂浆。砂浆的强度比碾压混凝土高一个等级,上层混凝土的碾压施工必须在砂浆初凝前碾压完毕。

**8. 变态混凝土施工工艺**

变态混凝土的施工,根据《试验大纲》的要求,在第Ⅰ区采用挖槽加浆法;在第Ⅱ区采用低层加浆法;在第Ⅲ区采用插孔加浆法。在实际施工过程中,均采用面层加浆辅以振捣棒振捣的方式。

**9. 混凝土质量控制**

**1)出机口混凝土质量控制**

试验项目主要有碾压混凝土拌和物的工作度(VC)、混凝土温度、凝结时间(初凝和终凝)、含气量检测;硬化混凝土的物理力学性能试验(成型),28 d、90 d、180 d 抗压强度试验,28 d、90 d、180 d 抗拉强度试验,抗渗、抗冻、极限拉伸、弹性模量试验等。

现场碾压混凝土拌和物的检测项目和频率见表12-28。

表 12-28　龙滩施工阶段第一次现场碾压试验混凝土拌和物的检测项目和频率

| 检测项目 | 检测频率 | 检测目的 |
|---|---|---|
| VC | 每 2 h 检测一次 | 检测碾压混凝土的可碾性,控制工作度变化 |
| 含气量 | 使用引气剂时,每 1~2 h 检测一次 | 调整外加剂用量 |
| 温度 | 每 2~4 h 检测一次 | 温控要求 |
| 抗压强度 | 每 300~500 m³ 成型一次,不足 300 m³,每班至少取样一次 | 检验碾压混凝土质量及施工质量 |

注:1. 气候条件较差(大风、雨天、高温)时应适当增加检测次数。

　　2. VC 值的机口允许偏差为 3 s。

出机口混凝土的力学性能试验结果见表12-29,出机口混凝土的抗冻试验结果见表12-30,出机口混凝土的凝结时间试验结果见表12-31。试验结果表明,出机口混凝土的 28 d、90 d 抗压强度,90 d 抗渗等级,90 d 抗冻等级,90 d 极限拉伸强度等试验结果均满足设计要求。

表 12-29　龙滩施工阶段第一次现场碾压试验出机口混凝土的力学性能试验结果

| VC/s | 含气量/% | 抗压强度/MPa 28 d | 抗压强度/MPa 90 d | 抗拉强度/MPa 28 d | 抗拉强度/MPa 90 d | 抗冻等级 90 d | 抗渗等级 90 d | 极限拉伸强度/MPa 90 d | 轴拉强度/MPa 90 d | 轴压强度/MPa 90 d | 弹性模量 90 d | 泊松比 90 d | 条带 | W/(C+F) | C+F | F/% | S/% | JM-2/% | ZB-1G/10⁻⁴ |
|---|---|---|---|---|---|---|---|---|---|---|---|---|---|---|---|---|---|---|---|
| 5.2 | 2.8 | 15.5 | 23.2 | 1.17 | 1.93 | — | — | — | — | — | — | — | A-1 | 0.5 | 161 | 65 | 33 | 0.6 | 2 |
| 5.8 | — | 12.3 | 22.6 | 0.96 | 1.79 | — | — | — | — | — | — | — | A-2 | 0.5 | 161 | 65 | 33 | 0.6 | 2 |
| 4.8 | 3.4 | 11.7 | 22.2 | 0.94 | 2.08 | >F50 | >W6 | 0.78 | 2 3 | 16.3 | 3.48 | 0.24 | A-3 | 0.5 | 161 | 65 | 33 | 0.6 | 2 |
| 5.2 | | 17 1 | 26.7 | 1.23 | 2.06 | — | — | — | — | — | — | — | A-4 | 0.5 | 161 | 65 | 33 | 0.6 | 2 |
| 4.3 | — | | 20.2 | — | 1.92 | — | — | — | — | — | — | — | A-5 | 0.5 | 161 | 65 | 33 | 0.6 | 2 |
| 5.8 | 3.4 | 19.5 | 29.4 | 1.52 | 2.45 | >F100 | >W6 | 0.86 | 2.87 | 21.3 | 3.75 | 0.26 | B-1 | 0.46 | 170 | 58 | 32 | 0.5 | 3 |
| 5.3 | | | 30.5 | 1.37 | 2.72 | — | — | — | — | — | — | — | B-3 | 0.46 | 170 | 58 | 32 | 0.5 | 3 |
| 7.0 | | 19.7 | 31.7 | 1.87 | 2.80 | — | — | — | — | — | — | — | B-4 | 0.46 | 170 | 58 | 32 | 0.5 | 3 |
| 5.0 | — | | 30.0 | | | — | — | — | — | — | — | — | B-5 | 0.46 | 170 | 58 | 32 | 0.5 | 3 |
| 7.0 | | | 40.5 | 2.07 | 3.06 | — | — | — | — | — | — | — | C-1 | 0.42 | 190 | 53 | 32 | 0.5 | 3 |
| 6.0 | 3.2 | | — | | — | >F100 | W12 | 0.83 | 2.84 | 27.4 | 3.82 | 0.22 | C-2 | 0.42 | 190 | 53 | 32 | 0.5 | 3 |
| 5.0 | — | 21 4 | 33.5 | 1.47 | 2.74 | — | — | — | — | — | — | — | C-3 | 0.42 | 190 | 53 | 32 | 0.5 | 3 |
| 6.7 | — | 27.8 | 43.3 | 1.99 | 2.86 | >F100 | >W6 | 0.80 | 2.98 | — | — | — | C-4 | 0.42 | 190 | 53 | 32 | 0.5 | 3 |
| 5.0 | — | | — | — | — | — | — | — | — | — | — | — | C-5 | 0.42 | 190 | 53 | 32 | 0.5 | 3 |
| 7.0 | | 21.8 | 30.2 | 1.64 | 2 38 | — | — | — | — | — | — | — | D-1 | 0.41 | 220 | 55 | 38 | 0.6 | 2 |
| 5.2 | 2.9 | 18.9 | 30.8 | 1.40 | 2.51 | >F150 | W12 | — | — | 23.4 | 3.68 | 0.25 | D-2 | 0.41 | 220 | 55 | 38 | 0.6 | 2 |
| 6.2 | | 20.9 | 32.4 | 1.74 | 2.69 | — | — | — | — | — | — | — | D-3 | 0.41 | 220 | 55 | 38 | 0.6 | 2 |

续表 12-29

| VC/s | 含气量/% | 抗压强度/MPa 28 d | 抗压强度/MPa 90 d | 抗拉强度/MPa 28 d | 抗拉强度/MPa 90 d | 抗冻等级 90 d | 抗渗等级 90 d | 极限拉伸强度/MPa 90 d | 轴拉强度/MPa 90 d | 轴压强度/MPa 90 d | 弹性模量 90 d | 泊松比 90 d | 条带 | 碾压混凝土配合比 W/(C+F) | C+F | F/% | S/% | JM-2/% | ZB-1G/$10^{-4}$ |
|---|---|---|---|---|---|---|---|---|---|---|---|---|---|---|---|---|---|---|---|
| 5.7 | — | 21.6 | 35.8 | 1.64 | 2.94 | F150 | W12 | 0.87 | 3.10 | 27.4 | 3.90 | 0.24 | D-4 | 0.41 | 220 | 55 | 38 | 0.6 | 2 |
| 5.0 | 3.5 | 18.4 | 31.1 | 1.47 | 2.47 | >F150 | >W12 | 0.81 | 3.15 | 23.3 | 3.92 | 0.24 | D-5 | 0.41 | 220 | 55 | 38 | 0.5 | 1 |
| 4.0 | — | 10.7 | 19.4 | — | — | — | — | — | — | — | — | — | A-5# | 0.50 | 161 | 65 | 33 | 0.6 | 2 |
| 6.7 | — | 20.1 | 31.4 | — | — | — | — | — | — | — | — | — | B-5# | 0.46 | 170 | 58 | 32 | 0.6 | 3 |
| 8.0 | — | 25.6 | 40.0 | — | — | — | — | — | — | — | — | — | C-5# | 0.42 | 190 | 53 | 32 | 0.5 | 3 |
| 8.0 | — | 18.0 | 29.2 | — | — | — | — | — | — | — | — | — | D-5# | 0.41 | 220 | 55 | 38 | 0.5 | 1 |

注:极限拉伸的数量级为 $10^{-4}$;弹性模量的数量级为 $10^4$ MPa;强度单位为 MPa;A-1 表示 A 条带的第 1 层,A-2 表示 A 条带的第 2 层,…,依次类推。

表 12-30　龙滩施工阶段碾压混凝土第一次工艺性试验抗冻试验成果

| 试件编号 | 抗冻次数 25 次 相对动弹性模量/% | 25 次 质量损失率/% | 50 次 相对动弹性模量/% | 50 次 质量损失率/% | 75 次 相对动弹性模量/% | 75 次 质量损失率/% | 100 次 相对动弹性模量/% | 100 次 质量损失率/% | 125 次 相对动弹性模量/% | 125 次 质量损失率/% | 150 次 相对动弹性模量/% | 150 次 质量损失率/% | 抗冻等级 |
|---|---|---|---|---|---|---|---|---|---|---|---|---|---|
| A-3 | 88.54 | 0.207 | 85.15 | 0.362 | — | — | — | — | — | — | — | — | >F50 |
| B-1 | 87.48 | 0.068 | 85.47 | 0.102 | 83.33 | 0.153 | 80.24 | 0.271 | — | — | — | — | >F100 |
| C-3 | 91.76 | 0.196 | 89.90 | 0.196 | 87.14 | 0.214 | 85.14 | 0.214 | 82.31 | 0.214 | 78.80 | 0.231 | >F150 |
| C-4 | 88.08 | 0.000 | 85.39 | 0.017 | 82.27 | 0.017 | 80.00 | 0.034 | — | — | — | — | >F100 |
| D-2 | 95.54 | 0.153 | 93.99 | 0.322 | 92.06 | 0.322 | 90.14 | 0.322 | 88.05 | 0.322 | 84.78 | 0.339 | >F150 |
| D-4 | 87.67 | 0.106 | 85.64 | 0.106 | 82/87 | 0.106 | 80.99 | 0.106 | 79.07 | 0.106 | 76.16 | 0.175 | >F150 |
| D-5 | 87.09 | 0.068 | 84.74 | 0.068 | 82.50 | 0.101 | 81.22 | 0.118 | 79.20 | 0.118 | 74.90 | 0.152 | >150 |

表 12-31　龙滩施工阶段碾压混凝土第一次工艺性试验出机口混凝土的凝结时间试验结果

| 条带 | 强度等级 | 外加剂品种及掺量 JM-Ⅱ/% | ZB-RCC15/% | ZB-1G/$10^{-4}$ | C+F/(kg/m³) | 凝结时间(h:min) 初凝 | 终凝 | 气温/℃ |
|---|---|---|---|---|---|---|---|---|
| A | RⅢC$_{90}$15W4F50（三级配） | 0.6 | — | 2 | 161 | 11:50 | 16:30 | 8.0~13.5 |
| B | RⅡC$_{90}$20W6F100（三级配） | 0.5 | — | 3 | 170 | 11:43 | 14:39 | 8.0~13.5 |
| C | RⅠC$_{90}$25W8F100（三级配） | 0.5 | — | 3 | 190 | 11:44 | 13:29 | 6.0~9.0 |
| D | RⅣC$_{90}$25W12F150（二级配） | 0.6。 | — | 2 | 220 | 7:15 | 15:34 | 6.0~9.0 |
| D 第五层 | RⅣC$_{90}$25W12F150（二级配） | — | 0.5 | 1 | 220 | 10:18 | 24:33 | 2.0~7.0 |

注:整个 A 条带、B 条带、C 条带以及 D 条带的一至四层、第五层的 Ⅰ~Ⅱ区使用的减水剂为 JM-Ⅱ,D 条带第五层的Ⅲ区使用的减水剂为 ZB-RCC15。

2) 仓面混凝土质量控制

混凝土运输到碾压仓面后,对碾压混凝土进行检测和试验,现场检测项目和仓面质量控制试验结果分别见表 12-32 和表 12-33。机口混凝土拌和物的颜色均匀,砂石骨料表面附浆均匀,没有水泥或粉煤灰结块,刚出机混凝土拌和物用手轻握时能成团成块,松开后手心无过多灰浆黏附,粗骨料表面有灰浆光亮感。

表 12-32　龙滩施工阶段碾压混凝土第一次工艺性试验混凝土铺筑现场检测项目和标准

| 检测项目 | 检测频率 | 控制标准 |
|---|---|---|
| VC | 每 2 h 一次 | 现场 VC 值允许偏差 5 s |
| 抗压强度 | 相当于出机口取样数量的 5%~10% | |
| 压实容重 | | 每个铺筑层测得的容重应全部达到规定的相对压实度指标(本工程要求不小于 98%) |
| 骨料分离情况 | 全过程控制 | 不允许出现骨料集中的现象 |
| 两个碾压层间隔时间 | 全过程控制 | 由试验确定不同气候条件下的层间允许时间 |
| 混凝土加水拌和时间至碾压完毕时间 | 全过程控制 | 小于 2 h |
| 入仓温度 | 每 2~4 h,一次 | |

表 12-33　龙滩施工阶段碾压混凝土第一次工艺性试验仓面质量控制试验结果

| 取样编号 | 设计强度等级 | $W/(C+F)$ | $W$ | $C+F$ | $F/$ % | $S/$ % | JM-Ⅱ/ % | ZB-1G/ $10^{-4}$ | VC/ s | 含气量/ % | 28 d 抗压强度/ MPa | 28 d 抗拉强度/ MPa | 90 d 抗压强度/ MPa | 90 d 抗拉强度/ MPa |
|---|---|---|---|---|---|---|---|---|---|---|---|---|---|---|
| B-1 | RⅡ$C_{90}$20 | 0.46 | 78 | 170 | 58 | 32 | 0.5 | 3.0 | 5.2 | 1.9 | 17.7 | 1.40 | 27.6 | 1.7 |
| C-2 | RⅠ$C_{90}$25 | 0.42 | 80 | 190 | 53 | 32 | 0.5 | 3.0 | 7.5 | 2.2 | 20.2 | 1.72 | 32.4 | 2.9 |
| A-3 | RⅢ$C_{90}$15 | 0.49 | 79 | 161 | 65 | 34 | 0.6 | 2.0 | 5.2 | 2.0 | 25.0 | 2.09 | 36.8 | |
| D-4 | RⅣ$C_{90}$25 | 0.41 | 90 | 220 | 55 | 38 | 0.6 | 2.0 | 6.0 | 2.4 | 22.8 | 1.74 | 36.2 | 3.0 |

注:1. B-1 表示第二条带(B 条带)第一层。

2. C-2 表示第三条带(C 条带)第二层。

3. A-3 表示第一条带(A 条带)第三层。

4. D-4 表示第四条带(D 条带)第四层。

5. $W$ 为水含量,$C$ 为水泥含量,$F$ 为粉煤灰含量,单位都是 kg/m³;$S$ 为砂率。

混凝土摊铺平仓后,在有振碾压 4~6 遍后,碾轮碾压过后混凝土富有弹性(塑性回弹),以上表面有明显灰浆湿润,有光亮感。

碾压混凝土拌和物的亲和性和工作性都比较好,表明碾压混凝土配合比参数组成合理。

10. 碾压混凝土性能参数试验

(1) 碾压混凝土芯样物理力学性能试验(见第 13 章 13.2.2 节)。

(2) 碾压混凝土现场层面原位抗剪断试验(见第 14 章 14.5.3 节)。

(3) 碾压混凝土现场压水试验(见第 15 章 15.5.2 节)。

11. 碾压混凝土第一次现场碾压试验成果的评价

(1) 水泥、粉煤灰、外加剂(减水剂和引气剂)的品质检验合格;人工砂中石粉含量偏低,人工粗骨料表面裹粉严重,颗粒级配不良。

(2) 出机口混凝土的抗压强度、极限拉伸值、抗渗、抗冻等性能均能满足设计要求。

(3) 碾压混凝土的亲和性和可碾性较好,表明混凝土施工配合比参数组成合理。

(4)碾压混凝土芯样的表面光滑程度较好,骨料分布均匀;变态混凝土区域的芯样有少许孔洞,表面致密性欠佳。这表明,混凝土的碾压工艺基本满足要求,变态混凝土的施工工艺有待进一步改进与完善。

(5)碾压混凝土芯样的抗压强度、抗渗指标满足设计要求。

(6)由于层面结合及骨料粒径的原因,碾压混凝土芯样的极限拉伸值偏低。

(7)由于粗骨料的表面裹粉、钻芯的机械扰动和破坏,以及混凝土含气量的损失,碾压混凝土芯样的抗冻指标不能满足设计要求。

第一次碾压混凝土工艺性试验在常温季节(2004年1~2月)进行,高温季节的碾压混凝土施工工艺在第二次碾压混凝土工艺性试验中加以试验和论证。

### 12.3.3.2　龙滩工程施工阶段第二次现场碾压工艺性试验

**1. 第二次现场碾压工艺性试验概述**

1)试验目的

2004年1月,在下游引航道进行了第二次碾压混凝土工艺性试验,着重模拟高温季节条件下碾压混凝土的施工工艺;研究改善混凝土层间结合的措施;VC值控制;落实碾压混凝土在高温季节条件的温度控制措施(包括混凝土的预冷、高速皮带机运输线的防晒与遮阳,以及仓面的喷雾等);实测碾压混凝土的物理力学指标,评定碾压混凝土的强度、抗渗、抗冻、弹性模量、极限拉伸、抗剪断强度等特性;验证和确定高温季节条件下碾压混凝土的质量控制标准和措施。

2004年9月中旬,联营体分别在上游围堰和下游引航道260平台的碾压混凝土浇筑块上进行了碾压混凝土的钻芯取样工作,进行了碾压混凝土芯样的加工与试验工作。

2)试验内容

2004年6月22日至7月1日在上游碾压混凝土围堰上进行了第一阶段试验(记为2~1,下同),主要进行 RI $C_{90}25$(三级配)碾压混凝土的招标文件配合比与大坝联营体施工配合比的比较,其中右岸 A 条带、左岸 C 条带采用招标文件提出的 RI $C_{90}25$(三级配)推荐配合比;右岸 B 条带、左岸 D 条带采用联营体提出的 RI $C_{90}25$(三级配)施工配合比。

2004年7月17~26日在下游引航道260平台进行了第二阶段试验(记为2~2,),主要进行大坝联营体 RI $C_{90}25$(三级配)、RⅡ$C_{90}20$(三级配)、RⅢ$C_{90}15$(三级配)、RⅣ$C_{90}25$(二级配)施工配合比的碾压工艺试验。其中,A 条带(第一层至第四层)混凝土强度等级为 RⅡ$C_{90}20$W6F100(三级配);B 条带(第一层至第四层)混凝土强度等级为 R Ⅲ$C_{90}15$W4F50(三级配);C 条带(第一层至第二层)混凝土强度等级为 RⅣ$C_{90}25$W12F150(二级配),C 条带(第三层至第四层)混凝土强度等级为 RI$C_{90}25$W6F100(三级配)。

**2. 第二次碾压混凝土工艺性试验用原材料**

试验用原材料及主要性能如下:鱼峰牌42.5中热硅酸盐水泥,比表面积为346 $m^2/kg$,28 d 抗折强度为8.4 MPa,28 d 抗压强度为44.0 MPa;珞璜电厂生产的 Ⅰ 级粉煤灰,细度为8.9%,需水量比为92.3%,含水量为0.09%,烧失量为2.7%;缓凝高效减水剂 JM-Ⅱ,掺量0.5%时,减水率为20.5%,泌水率比为73.99%,含气量为1.2%,凝结时间差(初凝+289 min,终凝+384 min),28 d 抗压强度比为128%;引气剂 ZB-1G,掺量 $0.4×10^{-4}$ 时,减水率为6.2%,泌水率比为54.0%,含气量为4.4%,凝结时间差(初凝+14 min,终凝+66 min),28 d 抗压强度比为94%;大法坪料场的石灰岩人工砂,细度模数为2.5,石粉含量为17.4%,0.08 mm 以下颗粒含量为10.6%[龙滩工程《技术条款》要求占石粉含量的50%为宜(专家建议)];石灰岩各级人工碎石:超径含量为0.9%~5.3%,逊径含量为3.5%~12.9%,中径含量为32.3%~64.8%,中石裹粉含量为1.8%。试验结果表明,中石的超径含量和逊径含量略大于《水工混凝土施工规范》(DL/T 5144—2001)要求,大石的中径含量偏低,中石的表面裹粉含量超标。

**3. 第二次碾压混凝土工艺性试验施工配合比**

第二次碾压混凝土工艺性试验施工配合比参数见表12-34。

表 12-34　龙滩施工阶段第二次(包括 2-1 和 2-2)碾压混凝土工艺性试验施工配合比参数

| 浇筑时间 | 浇筑部位 | 设计强度 | 级配 | 水胶比 | 水/<br>(kg/m³) | 胶材用量/<br>(kg/m³) | 粉煤灰<br>掺量/<br>% | 砂率/<br>% | JM-Ⅱ/<br>% | ZB-1G/<br>10⁻⁴ |
|---|---|---|---|---|---|---|---|---|---|---|
| 2004 年<br>6 月(2-1)<br>上游围堰 | 右岸:A 条带<br>1~5 层 | RⅠ C₉₀25W6F100<br>招标文件推荐配合比 | 三 | 0.40 | 80 | 200 | 55 | 33 | 0.6 | 2.0 |
| | 右岸:B 条带<br>1~5 层 | RⅠ C₉₀25W6F100<br>联营体施工配合比 | 三 | 0.41 | 78 | 190 | 55 | 33 | 0.6 | 2.0 |
| | 左岸:C 条带<br>1~5 层 | RⅠ C₉₀25W6F100<br>招标文件推荐配合比 | 三 | 0.40 | 80 | 200 | 55 | 33 | 0 6 | 2. O |
| | 左岸:D 条带<br>1~5 层 | RⅠ C₉₀25W6F100<br>联营体施工配合比 | 三 | 0.41 | 78 | 190 | 55 | 33 | 0.6 | 2.0 |
| | 变态浆液 | RⅠ C₉₀25W6F100<br>40L 联营体施工配合比 | 浆液 | 0.40 | 497 | 1 242 | 50 | — | 0.4 | — |
| | 小级配<br>混凝土 | C₉₀25W6F100<br>联营体施工配合比 | 一 | 0.37 | 124 | 335 | 55 | 37 | 0.5 | 0.4 |
| | 砂浆 | M₉₀25<br>联营体施工配合比 | 砂浆 | 0.38 | 275 | 724 | 55 | 100 | 0.3 | 0.3 |
| 2004 年<br>7 月(2-2)<br>下游引<br>航道 | A 条带<br>1~4 层 | RⅡ C₉₀20W6F100<br>联营体施工配合比 | 三 | 0.45 | 76 | 170 | 60 | 33 | 0.6 | 2.0 |
| | B 条带<br>1~4 层 | RⅢ C₉₀15W6F100<br>联营体施工配合比 | 三 | 0.48 | 77 | 160 | 65 | 34 | 0.6 | 2.0 |
| | C 条带<br>1~2 层 | RⅣ C₉₀20W6F100<br>联营体施工配合比 | 二 | 0.40 | 87 | 220 | 55 | 38 | 0.6 | 1.5 |
| | C 条带<br>3~4 层 | RⅠ C₉₀25W6F100<br>联营体施工配合比 | 三 | 0.41 | 79 | 193 | 55 | 33 | 0.6 | 2.0 |
| | 变态浆液 | Cb1 C₉₀25W6F100<br>联营体施工配合比 | 浆液 | 0.40 | 497 | 1 242 | 50 | — | 0.4 | — |
| | 小级配<br>混凝土 | C₉₀15W4F50<br>联营体施工配合比 | 一 | 0.43 | 122 | 284 | 65 | 39 | 0.5 | 0.25 |
| | 小级配<br>混凝土 | C₉₀20W6F100<br>联营体施工配合比 | 一 | 0.40 | 124 | 310 | 60 | 38 | 0.5 | 0.25 |
| | 小级配<br>混凝土 | C₉₀25W6F100<br>联营体施工配合比 | 一 | 0.37 | 124 | 335 | 55 | 37 | 0.5 | 0.25 |
| | 砂浆 | RⅢ M₉₀15<br>联营体施工配合比 | 砂浆 | 0.43 | 260 | 605 | 65 | 100 | 0.25 | 0.1 |
| | 砂浆 | RⅡ M₉₀20<br>联营体施工配合比 | 砂浆 | 0.40 | 270 | 675 | 60 | 100 | 0.25 | 0.1 |
| | 砂浆 | RⅠ ,RⅣ M₉₀25<br>联营体施工配合比 | 砂浆 | 0.37 | 275 | 743 | 55 | 100 | 0.25 | 0.1 |

4. 碾压混凝土工艺性试验

1) 场地布置和规划

2004 年 6 月 22 日在上游碾压混凝土围堰左右岸坝肩部分进行第一次试验(记为 2-1)。左右岸均分为两个条带,每个条带均分为 3.5 m。右岸 A、B 条带分为六个区,其中Ⅳ、Ⅴ、Ⅵ区为斜层碾压区域;左岸 C、D 条带分为三个区,共浇筑五层,浇筑总高度为 1.5 m,工艺性试验布置见表 12-35。

表 12-35　龙滩施工阶段第二次工艺性试验上游围堰工艺试验布置(记为 2-1)

| 条带 | 上游围堰右岸工艺试验布置图 | | | | | | 条带 | 上游围堰左岸工艺试验布置图 | | |
| | Ⅰ区 | Ⅱ区 | Ⅲ区 | Ⅳ区 | Ⅴ区 | Ⅵ区 | | Ⅰ区 | Ⅱ区 | Ⅲ区 |
|---|---|---|---|---|---|---|---|---|---|---|
| A 条带 | 长 24.51 m,宽 3.5 m | 长 22.00 m,宽 3.5 m | 长 22.00 m,宽 3.5 m | 长 16.00 m,宽 3.5 m | 长 15.00 m,宽 3.5 m | 长 24.08 m,宽 3.5 m | C 条带 | 长 21.00 m,宽 3.5 m | 长 21.00 m,宽 3.5 m | 长 22.64 m,宽 3.5 m |
| B 条带 | 长 24.51 m,宽 3.5 m | 长 22.00 m,宽 3.5 m | 长 22.0 m,宽 3.5 m | 长 16.00 m,宽 3.5 m | 长 15.00 m,宽 3.5 m | 长 24.8 m,宽 3.5 m | D 条带 | 长 21.0 m,宽 3.5 m | 长 21.00 m,宽 3.5 m | 长 22.64 m,宽 3.5 m |

2004 年 7 月 17 日在下游引航道 260 平台进行第二次试验(记为 2-2)。试验场地长 50 m,宽 13.5 m,分为 A、B、C 三个条带,其中 A 条带宽 4.5 m,B 条带宽 4.0 m,C 条带宽 5 m,每个条带分为三个区,共浇筑四层,浇筑总高度 1.2 m。工艺性试验布置见表 12-36。

表 12-36　龙滩施工阶段第二次工艺性试验下游引航道 260 平台工艺试验布置(记为 2-2)

| 条带 | Ⅰ区 | Ⅱ区 | Ⅲ区 |
|---|---|---|---|
| A 条带 | 长 17.00 m,宽 4.5 m | 长 16.00 m,宽 4.5 m | 长 17.00 m,宽 4.5 m |
| B 条带 | 长 17.00 m,宽 4.0 m | 长 16.00 m,宽 4.0 m | 长 17.00 m,宽 4.0 m |
| C 条带 | 长 17.00 m 宽 5.0 m | 长 16.00 m 宽 5.0 m | 长 17.00 m,宽 5.0 m |

2) 施工工艺流程

第二次碾压混凝土工艺性试验主要有碾压混凝土、一级配常态混凝土和砂浆试验等,碾压混凝土运输、入仓、卸料方法同第一次工艺性试验。各区碾压混凝土层厚均为 30 cm,摊铺平仓厚度为 35 cm,第一层、第二层分两次铺筑到位,第三层、第四层、第五层一次铺筑到位。原位抗剪试验在第五浇筑层上进行,碾压层厚为 30 cm,摊铺平仓厚度为 35 cm。碾压混凝土仓面 VC 值均控制在 5~7 s。

除右岸 A 条带Ⅰ区第二层按无振 2 遍+有振 10 遍进行碾压试验外,其余均按无振 2 遍+有振 8 遍进行碾压试验。在无振 2 遍+有振 6 遍碾压完毕 10 min 后,用核子密度仪检测一次压实度;在无振 2 遍+有振 8 遍碾压完毕 10 min 后,再用核子密度仪检测一次压实度,同时,在仓面上人工挖坑注水或灌砂检测碾压混凝土的密实度,以校核核子密度仪的误差。在右岸Ⅰ区第二层无振 2 遍+有振 10 遍碾压完毕 10 min 后再检测一次密实度。

模板周边变态混凝土采用挖槽加浆、双层加浆和面层加浆施工。

5. 碾压混凝土压实度试验

碾压混凝土的压实度检测试验结果见表 12-37,相对密实度在 99.1%~99.3%。

表 12-37　龙滩施工阶段第二次工艺性试验碾压混凝土的压实度检测试验结果

| 浇筑部位 | 条带 | 湿容重/（kg/m³） | | | | 含水量/% | | | | 相对密实度/% | | | |
|---|---|---|---|---|---|---|---|---|---|---|---|---|---|
| | | 次数 | 最大值 | 最小值 | 平均值 | 次数 | 最大值 | 最小值 | 平均值 | 次数 | 最大值 | 最小值 | 平均值 |
| 上游围堰右岸 | A 条带 | 51 | 2 489 | 2 452 | 2 469 | 51 | 5 5 | 3.3 | 4.6 | 51 | 99.9 | 98.5 | 99.1 |
| | B 条带 | 46 | 2 489 | 2 452 | 2 472 | 46 | 5.4 | 3.6 | 4.5 | 46 | 100.0 | 98.5 | 99.3 |
| 上游围堰左岸 | C 条带 | 22 | 2488 | 2 452 | 2 470 | 22 | 5.6 | 3.6 | 4.4 | 22 | 99.9 | 98.5 | 99.2 |
| | D 条带 | 25 | 2 489 | 2 451 | 2 470 | 25 | 5.0 | 3.7 | 4.4 | 25 | 99.9 | 98.5 | 99 2 |
| 下游引航道260平台 | A 条带 | 15 | 2 484 | 2 453 | 2 468 | 15 | 5.4 | 3.0 | 4.4 | 1.5 | 99.9 | 98.5 | 99 2 |
| | B 条带 | 16 | 2 489 | 2 453 | 2 470 | 16 | 5.8 | 3.2 | 4.3 | 16 | 100.0 | 98.5 | 99.2 |
| | C 条带 | 23 | 2 490 | 2 452 | 2 472 | 23 | 4.8 | 2 8 | 4.1 | 23 | 100.0 | 98.5 | 99.3 |

**注**：压实密度小于 98.5% 的测点，通过补碾后，压实度均不小于 98.5%。

**6. 碾压混凝土连续升层间歇时间**

为了了解碾压混凝土连续升层的允许间歇时间，在第一层到第四层的层面上设置不同的间歇时间。第一层到第二层的间歇时间为 2 h，第二层到第三层的间歇时间为 4 h，第三层到第四层的间歇时间为 8 h。层间实际间歇时间可根据实际情况略做调整，但必须控制在碾压混凝土的初凝时间范围内。实际的连续升层间歇时间见表 12-38 和表 12-39。

表 12-38　第二次碾压混凝土工艺性试验实际的连续升层间歇时间（试验地点：上游围堰）

| 浇筑部位 | 条带（层次） | 设计值/h | 实际间歇时间（h:min） | 备注 | 浇筑部位 | 条带（层次） | 设计值/h | 实际间歇时间（h:min） | 备注 |
|---|---|---|---|---|---|---|---|---|---|
| 上游围堰右岸A条带 | 1~2 层 | 2 | 5:49 | | 上游围堰左岸C条带 | 1~2 层 | 2 | 4:37 | |
| | 2~3 层 | 4 | 10:45 | 供料线皮带机出现故障 | | 2~3 层 | 4 | 3:45 | |
| | 3~4 层 | 8 | 4:51 | | | 3~4 层 | 8 | 6:37 | |
| | 4~5 层Ⅰ区 | | 2:40 | 用于原位抗剪 | | 4~5 层Ⅰ区 | | 2:35 | 用于原位抗剪 |
| | 4~5 层Ⅰ区Ⅱ区 | | 4:25 | 用于原位抗剪 | | | | 4:23 | 用于原位抗剪 |
| 上游围堰右岸B条带 | 1~2 层 | 2 | 2:59 | | 上游围堰左岸D条带 | 1~2 层 | 2 | 3:40 | |
| | 2~3 层 | 4 | 7:42 | | | 2~3 层 | 4 | 5:58 | |
| | 3~4 层 | 8 | 9:52 | 拌和楼出现小故障 | | 3~4 层 | 8 | 5:02 | |
| | 4~5 层Ⅰ区 | | 2:49 | 用于原位抗剪 | | 4~5 层Ⅰ区 | | 2:47 | 用于原位抗剪 |
| | 4~5 层Ⅰ区Ⅱ区 | | 4:50 | 用于原位抗剪 | | 4~5 层Ⅰ区Ⅱ区 | | 4:45 | 用于原位抗剪 |

**表 12-39  第二次碾压混凝土工艺性试验实际的连续升层间歇时间(试验地点:下游引航道 260 平台)**

| 浇筑部位 | 条带(层次) | 设计值/h | 实际间歇时间(h:min) | 备注 | 浇筑部位 | 条带(层次) | 设计值/h | 实际间歇时间(h:min) | 备注 |
|---|---|---|---|---|---|---|---|---|---|
| 下游引航道260平台A条带 | 1~2层 | 2 | 5:24 | | 下游引航道260平台C条带 | 1~2层 | 2 | 3:48 | |
| | 2~3层 | 4 | 9:41 | 4:30~9:20下大雨 | | 2~3层 | 4 | 10:39 | 4:30~9:20下大雨 |
| | 3~4层Ⅰ区 | 8 | 2:34 | 用于原位抗剪 | | 3~4层Ⅰ区 | 8 | 2:45 | 用于原位抗剪 |
| | 3~4层Ⅱ区 | | 2:48 | 用于原位抗剪 | | 3~4层Ⅱ区 | | 4:48 | 用于原位抗剪 |
| 下游引航道260平台B条带 | 1~2层 | 2 | 4:25 | | | | | | |
| | 2~3层 | 4 | 9:55 | 4:30~9:20下大雨 | | | | | |
| | 3~4层Ⅰ区 | 8 | 2:48 | 用于原位抗剪 | | | | | |
| | 3~4层Ⅱ区 | | 4:42 | 用于原位抗剪 | | | | | |

**7. 第二次现场碾压试验混凝土质量控制**

**1) 出机口混凝土质量控制**

进行第二次碾压混凝土工艺性试验前,试验室已对拟采用的水泥、粉煤灰、外加剂(减水剂和引气剂)等进行了品质检定,试验项目和频率见表 12-38。碾压混凝土含气量控制在 3.0%~4.0%。

上游围堰(2-1)右岸和上游围堰(2-1)左岸出机口混凝土的力学性能试验结果分别见表 12-40 和表 12-41;下游引航道 260 平台(2-2)出机口混凝土的力学性能试验结果见表 12-42。上游围堰出机口碾压混凝土工艺试验抗冻试验成果见表 12-43。试验结果表明,出机口混凝土的 28 d、90 d 抗压强度,90 d 劈裂抗拉强度,90 d 抗渗等级,90 d 天抗冻等级,90 d 极限拉伸强度等试验结果均满足设计要求。

**表 12-40  龙滩施工阶段第二次工艺试验上游围堰(2~1)右岸出机口混凝土的力学性能试验结果**

| 编号 | 层次 | 强度等级 | VC/s | 含气量/% | 抗压强度/MPa | | 劈拉强度/MPa | 抗渗等级 | 90 d 极限拉伸强度/90 d 轴拉强度 | | 轴压强度/MPa | 弹性模量 | 泊松比 |
|---|---|---|---|---|---|---|---|---|---|---|---|---|---|
| | | | | | 28 d | 90 d | 90 d | 90 d | 30 cm | 40 cm | 90 d | 90 d | 90 d |
| 右 s-1 | 1层 | M25 | — | — | 49.0 | 67.0 | | | | | | | |
| 右 1-6 | 4~5层 | | 14 | — | 27.2 | 40.0 | | | | | | | |
| 右 1-1-6 | 4~5层 | | 13 | 3.5 | — | 30.9 | | | | | | | |
| 右 1-1 | 1层 | | 5.7 | 3.0 | 28.2 | 35.6 | | | | | | | |
| 右 1-2 | 2层 | | 6.7 | 4.5 | 25.6 | 37.0 | | | | | | | |
| 右 1-3 | 3层 | RI $C_{90}25$(设计配合比) | — | 3.1 | 22.9 | 30.0 | | | | | | | |
| 右 1-4 | 4层 | | 4.5 | 3.5 | 29.0 | 34.0 | | >W6 | 0.93/3.06 | 0.84/2.96 | 25.1 | 5.94 | 0.24 |
| 右 1-5 | 5层 | | 7.2 | 3.2 | 24.5 | 36.0 | | | | | | | |
| 右 1-7 | 5层 | | 4.2 | 3.4 | — | 40.0 | | | | | | | |
| 右 2-1 | 1层 | | 6.6 | 3.3 | 27.6 | 37.8 | | | | | | | |
| 右 2-2 | 2层 | | 6.1 | 3.4 | 28.0 | 34.2 | | | | | | | |
| 右 2-3 | 3层 | RI $C_{90}25$(优化配合比) | 3.0 | 3.0 | 20.1 | 29.0 | 2.30 | >W6 | 0.61/2.15 | 0.76/2.04 | | 3.28 | 0.22 |
| 右 2-4 | 4层 | | 4.4 | 3.5 | 24.1 | 35.1 | 2.06 | >W6 | 0.92/3.16 | 0.96/3.37 | | 3.84 | 0.26 |
| 右 2-5 | 5层 | | 5.5 | 3.6 | — | 39.7 | | | | | | | |

注:1. 极限拉伸的数量级为 $10^{-4}$,弹性模量的数量级为 $10^4$,强度单位为 MPa。

2. 减水剂为 JM-Ⅱ,引气剂为 ZB-1A。

表 12-41　龙滩施工阶段第二次工艺试验上游围堰(2-1)左岸出机口混凝土的力学性能试验结果

| 编号 | 层次 | 强度等级 | VC/s | 含气量/% | 抗压强度/MPa | | 劈拉强度/MPa | 抗渗等级 | 90 d 极限拉伸强度/90 d 轴拉强度 | | 轴压强度/MPa | 弹性模量 | 泊松比 |
|------|------|----------|------|----------|------|------|------|------|------|------|------|------|------|
| | | | | | 28 d | 90 d | 90 d | 90 d | 30 cm | 40 cm | 90 d | 90 d | 90 d |
| 左 3-2 | 1 层 | M25 | — | — | 31.5 | — | — | — | — | — | — | — | — |
| 左 1-1 | 1 层 | RⅠC₉₀25（设计配合比） | 4.4 | 3.4 | 24.1 | 32.7 | — | — | — | — | — | — | — |
| 左 1-2 | 2 层 | | 5.1 | 3.3 | 28.0 | 37.4 | 3.08 | >W8 | 0.84/3.23 | 0.87/3.28 | 26.9 | 3.57 | 0.21 |
| 左 1-4 | 4 层 | | 3.4 | 3.4 | 27.9 | 35.6 | | >W8 | 0.85/2.86 | 0.85/2.91 | 20.2 | 4.24 | 0.26 |
| 左 1-5 | 5 层 | | 4.5 | 3.1 | 29.2 | 41.9 | — | — | — | — | — | — | — |
| 左 2-1 | 1 层 | RⅠC₉₀25（优化配合比） | 2.8 | 2.4 | 22.4 | 25.6 | — | — | — | — | — | — | — |
| 左 2-3 | 3 层 | | 5.6 | 3.5 | 28.9 | 35.9 | — | >W8 | 0.91/3.23 | 0.85/3.34 | 24.2 | 4.16 | 0.25 |
| 左 2-4 | 4 层 | | 4.2 | 3.4 | 28.5 | 35.3 | — | >W8 | 0.65/3.14 | 0.62/3.90 | 25.5 | 3.97 | 0.24 |
| 左 2-5 | 5 层 | | 5.2 | — | | 43.2 | — | >W8 | — | — | — | — | — |

注：1. 极限拉伸的数量级为 $10^{-4}$，弹性模量的数量级为 $10^4$，强度单位为 MPa。

2. 减水剂为 JM-Ⅱ，引气剂为 ZB-1A。

表 12-42　龙滩施工阶段第二次现场试验下游引航道 260 平台(2-2)出机口混凝土的力学性能结果

| 编号 | 层次 | 强度等级 | VC/s | 含气量/% | 抗压强度/MPa | | 劈拉强度/MPa | 抗渗等级 | 90 d 极限拉伸强度/90 d 轴拉强度 | | 轴压强度/MPa | 弹性模量 | 泊松比 |
|------|------|----------|------|----------|------|------|------|------|------|------|------|------|------|
| | | | | | 28 d | 90 d | 90 d | 90 d | 30 cm | 40 cm | 90 d | 90 d | 90 d |
| Ⅲ-0 | 垫层 | RⅢC₉₀15 | 3.8 | 3.5 | 18.6 | 26.9 | — | — | — | — | — | — | — |
| Ⅳ-1 | 1 层 | RⅣC₉₀25(二级配) | 6.0 | 3.3 | 35.2 | 42.3 | 3.60 | >W12 | 0.86/3.49 | 0.86/3.44 | 24.7 | 3.91 | 0.21 |
| Ⅲ-1 | 1 层 | RⅣC₉₀25(二级配) | 3.8 | 3.4 | 16.2 | 25.2 | — | >W6 | 0.81/2.74 | | 22.8 | 3.50 | 0.25 |
| Ⅱ-1 | 1 层 | RⅡC₉₀20 | 4.0 | 3.8 | 23.0 | 28.1 | 2.64 | >W6 | 0.87/3.08 | 0.82/2.99 | 24.3 | 3.84 | 0.26 |
| Ⅳ-2 | 2 层 | RⅣC₉₀25(二级配) | 4.8 | 3.6 | 30.9 | | | | | | | | |
| Ⅲ-2 | 2 层 | RⅢC₉₀15 | — | — | | 33.5 | | | | | | | |
| Ⅱ-2 | 2 层 | RⅡC₉₀20 | 5.5 | 3.6 | 24.1 | 26.1 | | | | | | | |
| Ⅰ-3 | 3 层 | RⅠC₉₀25 | 4.5 | 3.0 | 25.4 | 30.9 | 2.87 | >W6 | 1.01/3.63 | 0.82/3.18 | 28.4 | 3.90 | 0.22 |
| Ⅱ-3 | 3 层 | RⅡC₉₀20 | 4.6 | 3.4 | 20.0 | 29.5 | 2.37 | >W6 | 0.86/2.87 | 0.85/2.86 | 26.5 | 3.88 | 0.21 |
| Ⅲ-3 | 3 层 | RⅢC₉₀15 | 5.3 | 3.5 | 21.0 | 30.7 | | | | | | | |
| Ⅱ-4 | 4 层 | RⅡC₉₀20 | 3.1 | 3.4 | 23.4 | 27.3 | | | | | | | |
| Ⅲ-4 | 4 层 | RⅢC₉₀15 | 2.4 | 2.9 | 15.1 | | | | | | | | |
| Ⅱ-4 | 4 层 | RⅡC₉₀20 | 4.4 | 3.3 | 18.0 | | | | | | | | |
| RⅠ | 4 层 | M25 | — | — | 35.3 | | | | | | | | |

注：1. 极限拉伸的数量级为 $10^{-4}$，弹性模量的数量级为 $10^4$，强度单位为 MPa。

2. 减水剂为 JM-Ⅱ，引气剂为 ZB-1A。

表 12-43　龙滩施工阶段第二次工艺试验上游围堰出机口混凝土抗冻试验结果

| 编号 | 层次 | 设计强度等级 | 抗冻记录 | | | | | | | | 抗冻等级 |
|---|---|---|---|---|---|---|---|---|---|---|---|
| | | | 25 次 | | 50 次 | | 75 次 | | 100 次 | | |
| | | | 相对动弹性模量/% | 质量损失率/% | 相对动弹性模量/% | 质量损失率/% | 相对动弹性模量/% | 质量损失率/% | 相对动弹性模/% | 质量损失率/% | |
| 左1-2 | 2层 | RI | 98.01 | 0.185 | 87.16 | 0.186 | 85.84 | 0.509 | 85.07 | 0.509 | >F100 |
| 左1-4 | 4层 | | 87.41 | 0.461 | 86.27 | 0.478 | 85.29 | 1.176 | 84.72 | 1.219 | >F100 |
| 左2-3 | 3层 | RI 优化 | 86.06 | 0.200 | 84.43 | 0.204 | 81.38 | 0.493 | 80.55 | 0.661 | >F100 |
| 左2-4 | 4层 | | 91.0 | 0.101 | 89.51 | 0.364 | 88.32 | 0.470 | 87.67 | 0.490 | >F100 |
| 左2-3 | 3层 | RI 优化 | 97.0 | 0.280 | 85.24 | 0.200 | 83.89 | 0.332 | 83.10 | 0.384 | >F100 |

2)仓面混凝土质量控制

a.仓面碾压混凝土拌和物的质量控制

在混凝土浇筑仓面进行了碾压混凝土的质量控制。结合现场施工实际,在仓面上进行的检测试验项目同第一次工艺性试验。

仓面混凝土的凝结时间试验结果见表 12-44。碾压混凝土仓面质量控制试验结果见表 12-45。变态混凝土水泥净浆的力学试验成果见表 12-46。上游围堰(2-1)仓面变态混凝土力学性能试验结果见表 12-47。

表 12-44　龙滩施工阶段第二次现场试验仓面碾压混凝土凝结时间试验结果

| | 强度等级 | 条带 | 凝结时间(h:min) | | 气温/℃ |
|---|---|---|---|---|---|
| | | | 初凝 | 终凝 | |
| 上游围堰(2-1)右岸 | RI C$_{90}$25W6F100(三级配)招标文件推荐配合比 | A | 12:00 | 117:45 | 24~38 |
| | RI C$_{90}$25W6F100(三级配)大坝联营体施工配合比 | B | 11:17 | 16:31 | 24~38 |
| 下游引航道(2-2)260 平台 | RI C$_{90}$25W6F100(三级配) | C | 11:26 | 16:09 | 21~40 |
| | RⅢ C$_{90}$25W6F100(三级配) | B | 9:02 | 12:45 | 23~36 |
| | RⅡ C$_{90}$25W6F100(三级配) | A | 8:37 | 12:09 | 21~40 |

表 12-45　龙滩施工阶段第二次现场试验下游引航道(2-2)碾压混凝土仓面质量控制试验结果

| 类别 | 设计强度等级 | 编号 | 层次 | 抗压强度/MPa | | 类别 | 设计强度等级 | 编号 | 层次 | 抗压强度/MPa | |
|---|---|---|---|---|---|---|---|---|---|---|---|
| | | | | 28 d | 90 d | | | | | 28 d | 90 d |
| 碾压混凝土 | RⅣC$_{90}$25 | CⅣ-1 | 1 | 32.2 | 45.0 | 碾压混凝土 | RI C$_{90}$25 | CI-3-1 | 3 | 24.9 | 32.6 |
| | RⅢC$_{90}$15 | CⅢ-1 | 1 | 17.3 | 26.6 | | RI C$_{90}$25 | CI-3-3 | 3 | 24.3 | 34.1 |
| | RⅡC$_{90}$20 | CⅡ-1 | 1 | — | 32.9 | | RⅢC$_{90}$25 | CI-3-2 | 3 | 18.2 | 27.5 |
| 变态混凝土 | RⅣC$_{90}$25 | BⅣ-1-1 | 1★ | 34.1 | 44.2 | | RⅡC$_{90}$25 | CI-3 | 3 | 21.9 | 34.0 |
| | RⅣC$_{90}$25 | BⅣ-1-2 | 1★★ | 33.2 | 43.4 | | | | | | |

注:变态混凝土为二级配,★为面层加浆,★★为挖槽加浆。

表 12-46　龙滩施工阶段第二次现场试验变态混凝土净浆的物理力学试验结果

| 试验编号 | 试验日期（年-月-日） | 水胶比 | 水/（kg/m³） | 粉煤灰掺量/% | 水泥+粉煤灰/（kg/m³） | JM-Ⅱ/% | 抗压强度/MPa | | 抗折强度/MPa | |
|---|---|---|---|---|---|---|---|---|---|---|
| | | | | | | | 28 d | 90 d | 28 d | 90 d |
| 2-1 | 2004-06-23 | 0.40 | 497 | 50 | 1 242 | 0.4 | 29.6 | 41.4 | 5.7 | 8.1 |
| 2-2-1 | 2004-07-18 | 0.40 | 497 | 50 | 1 242 | 0.4 | 28.7 | 40.8 | 5.6 | 8.5 |
| 2-2-2 | 2004-07-18 | 0.40 | 497 | 50 | 1 242 | 0.4 | 28.0 | 43.5 | 5.2 | 8.5 |

注：1. 2-1 的取样地点：上游围堰。

　　2. 2-2-1、2-2-2 的取样地点：下游引航道 260 平台。

表 12-47　龙滩施工阶段第二次现场试验上游围堰（2-1）仓面变态混凝土力学性能试验结果

| 试验编号 | 加浆方式 | 配合比来源 | 抗压强度/MPa | | 试验编号 | 加浆方式 | 配合比来源 | 抗压强度/MPa | |
|---|---|---|---|---|---|---|---|---|---|
| | | | 28 d | 90 d | | | | 28 d | 90 d |
| A-1 | 挖槽加浆 | RI 推荐配合比 | 23.4 | 31.8 | C-1 | 碾压混凝土 | RI 推荐配合比 | 32.2 | 37.0 |
| A-2 | 双层加浆 | | 24.6 | 31.0 | C-2 | 碾压混凝土 | | — | 39.8 |
| A-3 | 面层加浆 | | 24.5 | 31.9 | C-3 | 面层加浆 | | — | 40.4 |
| B-1 | 挖槽加浆 | RI 优化配合比 | 24.2 | 31.4 | D-1 | 碾压混凝土 | RI 优化配合比 | 30.8 | 36.7 |
| B-2 | 双层加浆 | | 20.5 | 28.7 | D-2 | 碾压混凝土 | | — | 40.9 |
| B-3 | 面层加浆 | | 19.5 | 28.4 | D-3 | 面层加浆 | | — | 37.5 |

注：JM-Ⅱ掺量为 0.6%，ZB-1G 为 $3.0 \times 10^{-4}$。

根据《水工碾压混凝土施工规范》（DL/T 5112—2000）中"质量控制与评定"标准，仓面混凝土的 28 d、90 d 抗压强度，28 d、90 d 劈裂抗拉强度满足设计要求。

b. 现场碾压混凝土可碾性评价

经过对出机口混凝土的观察，拌和物的颜色均匀，砂石骨料表面附浆均匀，没有水泥或粉煤灰结块，拌和物用手轻握时能成团成块，松开后手心无过多灰浆黏附，粗骨料表面有灰浆光亮感。

碾压混凝土在摊铺平仓后，一般经过有振碾压 2~3 遍后，即开始泛浆；经过有振碾压 4~6 遍，泛浆明显，碾轮碾压过后混凝土富有弹性（塑性回弹），80%以上表面有明显灰浆湿润，有光亮感。因此，在第二次碾压混凝土工艺性试验中，碾压混凝土拌和物的亲和性和工作性都比较好，这表明混凝土配合比参数组成合理，能够满足施工设计要求。

8. 第二次现场碾压混凝土性能试验

（1）现场钻芯取样和芯样性能试验（见第 13 章 13.2.2 节）。

（2）碾压混凝土现场原位抗剪试验（见第 14 章 14.5.3 节）。

（3）碾压混凝土现场压水试验（见第 15 章 15.5.2 节）。

## 12.3.4　龙滩碾压混凝土现场碾压试验评价

通过设计阶段和施工阶段进行的大量室内和现场碾压试验，对碾压混凝土的配合比、基本性能、碾压混凝土施工工艺、层面处理措施、芯样性能、层面抗剪断、压水试验、抗渗和抗冻等进行了大量的试验研究，取得了丰富的试验成果，验证了建造 200 m 级龙滩碾压混凝土的可行性和合理性。

# 12.4　一些典型工程碾压混凝土现场碾压工艺试验

本节介绍一些有特色和代表性的工程碾压混凝土现场碾压工艺试验研究。彭水工程和景洪工程主要讨论了拌和工艺、MH 双掺料、碾压工艺(包括斜层碾压)、层面处理、变态混凝土施工和施工环境条件对碾压混凝土质量的影响。黄花寨工程和马堵山工程主要讨论了碾压设备和碾压层厚(最大层厚达100 cm)对碾压混凝土质量的影响。洪口围堰工程探讨了采用贫胶砂砾料和粗骨料(粒径最大达 25 cm)、碾压层厚约 60 cm 的碾压混凝土施工问题。沙沱水电站讨论了四级配碾压混凝土试验与应用。这些试验研究成果对碾压混凝土的进一步发展有着重要的意义。一些其他工程碾压混凝土现场碾压工艺试验见参考文献中有关资料。

## 12.4.1　一些典型工程的碾压混凝土现场碾压试验(一)—— 碾压工艺试验

### 12.4.1.1　彭水大坝碾压混凝土现场试验研究

1. 基本资料

混凝土设计指标:大坝碾混凝土材料分区和主要设计指标见表 2-49。

混凝土原材料:采用华新水泥股份有限公司生产的 42.5 号中热硅酸盐水泥,重庆珞璜电厂生产的Ⅰ级粉煤灰,江苏博特新材料股份有限公司生产的 JM-Ⅱ缓凝高效减水剂及 JM-2000 引气剂,砂石骨料为彭水电站主体工程采用的鸭公溪砂石系统生产的灰岩人工骨料。试验采用的碾压混凝土配合比见表 2-51。

2. 碾压混凝土工艺试验研究

1) 拌和工艺参数选择试验

彭水电站大坝碾压混凝土主要由设在 290 m 高程的 2 号、3 号两座拌和楼(均为 4 ×4.5 m³ 自落式,生产性试验以 2 号楼为主)供料,碾压混凝土拌和工艺试验内容包括不同拌和时间、投料顺序、单机拌和量对碾压混凝土拌和物均匀性影响,试验通过机前、机中、机尾分别取样检测砂浆含量、骨料级配比例来评定其均匀性。参照以往施工经验,每种级配碾压混凝土分别选择两种投料顺序进行试验。

三级配碾压混凝土的两种投料顺序试验如下:

第一种投料顺序:大石、中石、小石→水泥、煤灰→砂→水、外加剂。

第二种投料顺序:大石、中石→水泥、煤灰→小石→砂→水、外加剂。

二级配碾压混凝土的两种试验投料顺序如下:

第一种投料顺序:中石、小石→水泥、煤灰→砂→水、外加剂。

第二种投料顺序:中石→水泥、煤灰→水、外加剂→砂、小石。

根据 2 号楼的拌和容量、拌和制式、施工强度要求及碾压混凝土的工作度(VC) 要求,在不同投料顺序的情况下拌和时间采用 90 s、120 s ,三级配碾压混凝土每机拌和量采用 3 m³、3.5 m³、3.8 m³,二级配每机拌和量选择 3 m³、3.3 m³ 分别进行试验。

拌和物均匀性试验结果表明,在各工况下,机前、机中、机尾碾压混凝土拌和物的浆体含量和石子级配均相差不大,混凝土实测砂浆含量极差三级配为 0.2% ~0.5% ,二级配为 0~0.4%。参照其他工程的施工经验并考虑本工程施工进度要求,选择如下拌和工艺参数:

投料顺序:三级配为大石、中石、小石→水泥、煤灰→砂→水、外加剂。二级配为中石、小石→水泥、煤灰→砂→水、外加剂。

拌和时间:二级、三级配均为 90 s。

每机拌和量:三级配为 3.8 m³,二级配为 3.3 m³。

2) 碾压工艺参数选择试验

碾压工艺试验于 2005 年 9 月在大坝上游右岸替溪沟渣场进行,试验块为长 32 m、宽 16 m、高 2.1 m

的四边形,分 A、B、C、D 共 4 个区域,A、B 两区为 C$_{90}$15F100W6 三级配碾压混凝土,C、D 两区为 C$_{90}$20F150W10 二级配碾压混凝土,共分 6 层,层厚 30~40 cm。现场碾压试验检测布置见表 12-48。试验时碾压机采用低频高振,行走速度控制在 1.3~1.5 km/h,当碾压混凝土达到规定的碾压遍数后,进行压实度检测试验。施工中入仓摊铺碾压混凝土的 VC 值在 3~11 s。碾压混凝土压实容重检测结果见表 12-49,压实度与碾压遍数关系曲线见图 12-11 和图 12-12。

**表 12-48　彭水现场碾压试验碾压遍数与压实度关系检测布置**

| 区域 | 混凝土强度等级 | 条带 | 碾压遍数 | 区域 | 混凝土强度等级 | 条带 | 碾压遍数 |
|---|---|---|---|---|---|---|---|
| A | C$_{90}$15F100W6 （三级配） | 1 | 无振 2 遍+有振 6 遍 | C | C$_{90}$15F100W6 （三级配） | 5 | 无振 2 遍+有振 12 遍 |
| | | 2 | 无振 2 遍+有振 8 遍 | | | 6 | 无振 2 遍+有振 10 遍 |
| B | C$_{90}$15F100W6 （三级配） | 3 | 无振 2 遍+有振 10 遍 | D | C$_{90}$15F100W6 （三级配） | 7 | 无振 2 遍+有振 8 遍 |
| | | 4 | 无振 2 遍+有振 12 遍 | | | 8 | 无振 2 遍+有振 6 遍 |

**表 12-49　彭水现场碾压试验碾压混凝土压实容重量检测结果**

| 摊铺厚度 | 区域 | 级配 | 有振碾压遍数/遍 | 检测次数/次 | 湿容重/(kg/m³) | | | 相对密实度/% | | |
|---|---|---|---|---|---|---|---|---|---|---|
| | | | | | 最大值 | 最小值 | 平均值 | 最大值 | 最小值 | 平均值 |
| 30 | A、B | 三 | 6 | 8 | 2 512 | 2 489 | 2 501 | 99.4 | 98.5 | 98.9 |
| | | | 8 | 20 | 2 517 | 2 483 | 2 506 | 99.6 | 98.2 | 99.1 |
| | | | 10 | 15 | 2 516 | 2 489 | 2 504 | 99.5 | 98.5 | 99.1 |
| | | | 12 | 12 | 2 513 | 2 465 | 2 501 | 99.4 | 97.5 | 98.9 |
| | C、D | 二 | 6 | 7 | 2 510 | 2 496 | 2 504 | 99.7 | 99.1 | 99.4 |
| | | | 8 | 20 | 2 527 | 2 489 | 2 509 | 100.4 | 98.8 | 99.6 |
| | | | 10 | 15 | 2 520 | 2 474 | 2 508 | 100.1 | 98.3 | 99.6 |
| | | | 12 | 9 | 2 514 | 2 497 | 2 506 | 99.8 | 99.2 | 99.5 |
| 35 | A、B | 三 | 6 | 2 | 2 499 | 2 496 | 2 498 | 98.9 | 98.7 | 98.8 |
| | | | 8 | 14 | 2 532 | 2 489 | 2 512 | 100.2 | 98.5 | 99.4 |
| | | | 10 | 10 | 2 532 | 2 486 | 2 512 | 100.2 | 98.3 | 99.4 |
| | | | 12 | 6 | 2 521 | 2 498 | 2 512 | 99.7 | 98.8 | 99.4 |
| | C、D | 二 | 6 | 2 | 2 498 | 2 493 | 2 496 | 99.2 | 99.0 | 99.1 |
| | | | 8 | 8 | 2 533 | 2 503 | 2 510 | 100.6 | 99.4 | 99.7 |
| | | | 10 | 11 | 2 530 | 2 490 | 2 512 | 100.5 | 98.9 | 99.8 |
| | | | 12 | 11 | 2 523 | 2 498 | 2 512 | 100.2 | 99.2 | 99.8 |
| 30 | A、B | 三 | 6 | 4 | 2 530 | 2 459 | 2 505 | 100.1 | 97.3 | 99.1 |
| | | | 8 | 16 | 2 566 | 2 499 | 2 533 | 101.5 | 98.9 | 100.2 |
| | | | 10 | 11 | 2 594 | 2 485 | 2 532 | 102.6 | 98.3 | 100.2 |
| | | | 12 | 8 | 2 548 | 2 483 | 2 528 | 100.8 | 98.2 | 100.0 |
| | C、D | 二 | 6 | 4 | 2 489 | 2 478 | 2 482 | 98.8 | 98.4 | 98.6 |
| | | | 8 | 10 | 2 546 | 2 506 | 2 528 | 101.1 | 99.5 | 100.4 |
| | | | 10 | 9 | 2 543 | 2 502 | 2 527 | 101.0 | 99.4 | 100.4 |
| | | | 12 | 12 | 2 543 | 2 452 | 2 514 | 101.0 | 97.4 | 99.8 |

**注**:相对密实度为实际检测容重与配合比配置的理论容重之比。

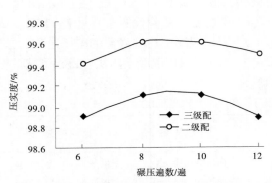 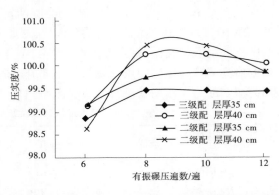

**图 12-11　彭水碾压混凝土压实度与碾压遍数关系曲线 1　图 12-12　彭水碾压混凝土压实度与碾压遍数关系曲线 2**

试验结果表明：有振碾压 6 遍，压实度就能达到设计要求（98 ％以上），有振碾压 8 遍、10 遍时压实度最大，碾压 12 遍后压实度有降低的趋势；相同碾压遍数，二级配混凝土的压实度高于三级配混凝土；摊铺厚度为 0～40 cm，压实度有随碾压厚度增加而增加的趋势；摊铺厚度为 30 cm 时，碾压遍数超过10，密实度反而降低，摊铺厚度不宜太薄；二级配混凝土摊铺厚度为 40 cm 时，碾压遍数超过 10，密实度反而降低，因此二级配混凝土摊铺厚度不宜太厚。为保证碾压质量，碾压混凝土以摊铺厚度为 35 cm 左右，无振碾压 2 遍+有振碾压 8～10 遍为宜。

3）层间间歇时间和层面处理措施试验

层间间歇时间和层面处理措施是影响碾压混凝土层间结合质量的重要因素，现场试验在第 6 层（顶层）进行，以第 5 层为基层，顶层布置 4 个条带 16 个试验区，进行不同级配、不同间歇时间和层面处理方式的现场试验。各试验区的碾压混凝土品种、间歇时间和层面处理方式见表 12-50。相应的现场原位层面抗剪断试验结果见表 14-81、表 14-82 和图 14-49。

**表 12-50　彭水各试验区的碾压混凝土品种、间歇时间和层面处理方式**

| 二级配碾压混凝土 | | | 三级配碾压混凝土 | | |
| --- | --- | --- | --- | --- | --- |
| 试验区 | 间歇时间/ h | 层面处理方式 | 试验区 | 间歇时间/ h | 层面处理方式 |
| D1 | 3 | 不处理 | B1 | 12 | 不处理铺砂浆 |
| D2 | 3 | 不处理 | B2 | 18 | 不处理铺砂浆 |
| D3 | 6 | 不处理铺净浆 | B3 | 26 | 冲毛铺砂浆 |
| D4 | 12 | 不处理铺净浆 | B4 | 45~48 | 冲毛铺砂浆 |
| C1 | 12 | 不处理铺砂浆 | A1 | 6 | 不处理 |
| C2 | 18 | 不处理铺砂浆 | A2 | 6 | 不处理 |
| C3 | 26 | 冲毛铺砂浆 | A3 | 8 | 不处理铺净浆 |
| C4 | 45~48 | 冲毛铺砂浆 | A4 | 12 | 不处理铺净浆 |

试验结果表明：三级配碾压混凝土试验采用的 7 种间歇时间和层面处理工艺组合，其摩擦系数 $f'$ 在 1.05～1.46，黏聚力 $c'$ 在 1.16～2.38 MPa，均满足 $f' > 1.0$、$c' > 1.0$ MPa 的设计要求；二级配碾压混凝土试验采用的 7 种间歇时间和层面处理工艺组合，其摩擦系数 $f'$ 在 1.05～1.47，黏聚力 $c'$ 在 1.22～2.62 MPa，也满足 $f' > 1.0$、$c' > 1.2$ MPa 的要求。

### 12.4.1.2　景洪电站碾压混凝土现场碾压工艺试验

1. 试验目的和试验内容

双掺料是用于代替粉煤灰的一种新材料，以解决粉煤灰缺乏地区大坝混凝土掺和料供应问题。景洪电站采用 MH 双掺料(水粹锰铁矿渣和石灰岩粉按 1:1 混掺)作为主体工程混凝土掺和料,解决了粉煤灰供应紧张的难题。通过双掺料碾压混凝土现场工艺试验,验证了双掺料碾压混凝土的性能,确定了双掺料碾压混凝土合理的施工工艺参数,为双掺料用于景洪电站主体工程积累了经验。

在配合比室内试验研究的基础上,开展了双掺料碾压混凝土现场碾压工艺试验。

试验目的是:检验经试验确定的双掺料碾压混凝土施工配合比的性能;确定与配合比相适应的拌和工艺参数;通过生产性试验,选择与试验用配合比相适应的各项施工工艺参数;通过进行不同层间间隔时间、不同层面处理方式的现场试验,确定不同层间间隔时间的最优层面处理方式;为双掺料碾压混凝土现场施工积累经验。

试验内容包括:拌和时间及投料顺序工艺试验;混凝土凝结时间试验;碾压混凝土温度回升及 VC 值损失试验;变态混凝土施工工艺试验;不同工况的层间结合处理工艺试验;钻孔取芯及芯样性能试验;不同工况的层面原位抗剪试验。

2.试验部位和场地布置

本次试验场地共分为二块,每块平面尺寸为 14 m ×30 m,单块面积 420 m²(见图 12-13)。采用经室内试验确定的 $C_{90}15$ 三级配碾压混凝土和 $C_{90}20$ 二级配碾压混凝土,骨料分别采用全天然骨料和人工骨料+天然砂的方案。变态混凝土净浆分别采用加 XYPEX(赛柏斯)防水剂的水泥、双掺料净浆和不加 XYPEX(赛柏斯)防水剂的水泥、双掺料净浆。混凝土配合比见表 2-59。

3.试验过程与成果分析

试验区混凝土浇筑共分四个阶段进行,分别采用不同的骨料方案、不同的碾压参数、不同的层面结合工艺和不同的变态混凝土工艺等进行生产,共浇筑混凝土 836 m³。试验区混凝土浇筑的同时,完成了拌和工艺试验、现场碾压工艺试验、变态混凝土施工工艺试验、室外凝结时间试验、温度回升及 VC 值损失试验等试验项目。待试验区混凝土达到设计龄期后,进行不同层间结合工况的原位抗剪试验和混凝土钻孔取芯试验(试验成果见表 14-92)。

1)投料顺序试验

投料顺序试验使用强制式拌和机。根据以往经验,采用了以下两种投料顺序:

(1)中、小石→水泥+双掺料→外加剂+水+砂→大石。

(2)大、中、小石→水泥+双掺料→外加剂+水、砂。

拌和时间选择 50 s、60 s 和 75 s 三种拌和时间,然后对不同下料顺序和拌和时间的混凝土取样进行 VC 值、含气量、砂浆容重和抗压强度试验。根据试验成果,采用第二种投料顺序,不加冰时拌和时间 50 s 最优,加冰时拌和时间 60 s 最优。

2)碾压工艺试验

碾压混凝土浇筑层厚按松铺厚度 35 cm,压实厚度 30 cm 控制,不同的骨料类型分别采用 VC 值 1~3 s、4~7 s 和碾压遍数无振 2 遍+有振 6~8 遍+无振 2 遍进行试验,确定最佳 VC 值和碾压遍数。从试验成果看,两种骨料测试深度越浅,混凝土压实容重越大,相同的碾压遍数时,VC 值越大,混凝土压实容重越小。天然骨料采用 2+6+2 的碾压遍数时,压实度合格率较低;采用 2+8+2 的碾压遍数时,压实度合格率提高较多。采用 2+8+2 的碾压遍数时,$C_{90}15$ 三级配混凝土和 $C_{90}20$ 二级配碾压混凝土压实度合格率分别为 82.1% 和 95.2%,不合格的测试点主要出现在碾压条带两端振动碾无法双轮碾压的部位。人工骨料除正常碾压外,在振动碾无法双轮碾压的部位采用单轮起振加碾 6~8 遍。碾压遍数为 2+6+2 时,压实容重合格率为 71.4%,碾压遍数为 2+8+2 时压实容重达 100%。因此,确定碾压混凝土 VC 值控制在 1~3 s,碾压遍数为 2+8+2 时压实效果最佳。

3)室外凝结时间试验

室外凝结时间试验采用贯入阻力法,试模成型后放置于试验区附近,使试验条件与现场条件一致。使用调整后的 GM26 减水剂进行了现场凝结时间试验,试件成型后放置于仓面进行检测,测得初凝时间为 5 h 22 min,终凝时间为 6 h 9 min。

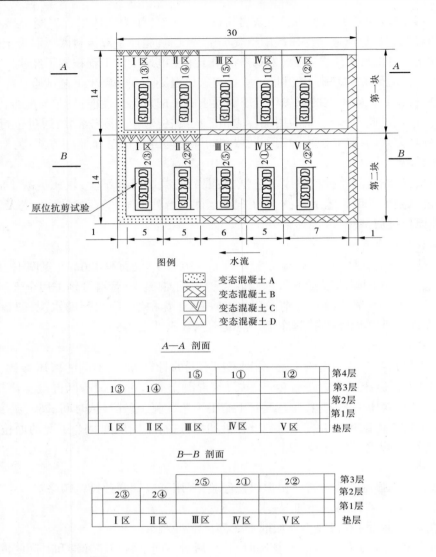

图 12-13　景洪工程双掺料碾压混凝土现场工艺试验平面布置图　（单位：m）

　　第一阶段天然骨料碾压混凝土贯入阻力-时间关系见图 12-14(a)（试验时段为 2005 年 1 月 31 日 15：30~22：25，试验气温为 38.5 ~ 21.0 ℃），第四阶段人工骨料碾压混凝土贯入阻力-时间关系见图 12-14(b)（试验时段为 2005 年 3 月 9 日 17：05~23：25，试验气温为 34~18.0 ℃）。

　　4）现场 VC 值损失和温度回升试验

　　碾压混凝土 VC 值损失和温度回升试验方法为：从出机口到碾压完毕的历时，分析混凝土 VC 值损失和温度回升过程。在试验时的运输速度及气温条件下，混凝土从机口到仓面的 VC 值损失和温度回升均较小，入仓到碾压前 1~2 h 时间间隔内，混凝土表面温度回升即达到 3 ℃左右，VC 值损失达到 3.0 s 以上。因此，混凝土从出机口到入仓时间应控制在 30 min 内，混凝土入仓后应及时平仓碾压，并做好混凝土仓面的喷雾降温、保湿工作，减少混凝土 VC 值的损失和混凝土温度的回升。

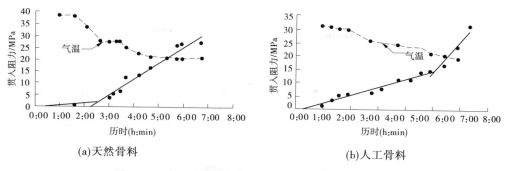

图 12-14　景洪工程碾压混凝土贯入阻力–时间关系

5）变态混凝土工艺试验

变态混凝土施工区宽度定为 1 m，采用挖孔注浆方式，人工用桶计量。净浆类型为掺防水剂的水泥双掺料净浆与不掺防水剂的水泥双掺料净浆。三级配混凝土注浆量分别为 40 L/m³、45 L/m³、50 L/m³，二级配混凝土注浆量分别为 50 L/m³、55 L/m³、60 L/m³。变态混凝土振捣完毕后现场取样进行抗压、抗渗、抗冻试验，混凝土达到设计龄期后进行钻孔取芯试验。拆模后变态混凝土表面光洁、平整，无架空、蜂窝现象出现，不同加浆量混凝土现场取样和芯样抗压强度、抗冻、抗渗均能满足设计要求，掺入XYPEX 防水剂后变态混凝土抗压强度提高较多，抗渗试件的渗透高度低于未掺 XYPEX 防水剂的混凝土试件。

6）层面处理工艺试验

根据设计技术要求，试验采用的不同层面结合工况为：工况①：Ⅰ型冷缝（碾压完毕后间隔 6 h 以上）不冲毛铺砂浆继续上升（砂浆厚 1~1.5 cm，强度比混凝土高一等级）；工况②：Ⅰ型冷缝（碾压完毕后间隔 6 h 以上）不冲毛铺净浆继续上升（水泥、双掺料净浆，水灰比与混凝土一致）；工况③：Ⅱ型冷缝（冷升层缝面）冲毛铺砂浆后铺筑碾压混凝土（砂浆厚 1~1.5 cm，强度比混凝土高一等级）；工况④：Ⅱ型冷缝（冷升层缝面）冲毛铺净浆后铺筑碾压混凝土（水泥、双掺料净浆，水灰比与混凝土一致）；工况⑤：热升层连续上升。

混凝土达到设计龄期后，分别对不同工况进行原位抗剪试验和钻孔取芯试验，确定最优层面处理方式。从试验成果分析，对于热升层连续上升的层间，无论人工骨料，还是天然骨料，摩擦系数 $f'$ 和黏聚力 $c'$ 均满足设计要求，层间胶结良好；对于Ⅰ型冷缝，天然骨料铺砂浆及人工骨料铺净浆的层间处理方式，其摩擦系数 $f'$ 和黏聚力 $c'$ 均满足设计要求，而天然骨料铺净浆和人工骨料铺砂浆的层间处理方式，其摩擦系数 $f'$ 和黏聚力 $c'$ 分别有一个或两个均略低于设计要求，钻孔取芯有个别芯样从结合面处断开；对于Ⅱ型冷缝，铺砂浆时，除天然骨料黏聚力 $c'$ 为略低于 1.10 的设计要求外，其余指标均满足设计要求，且芯样胶结良好，而铺净浆时无论人工骨料和天然骨料，层间抗剪参数均不能满足设计要求，且个别芯样从结合面处断开，表明铺净浆时结合效果较差。

## 12.4.2　一些典型工程碾压混凝土现场碾压试验（二）——碾压层厚试验

### 12.4.2.1　黄花寨水电站现场碾压试验

1. 工程概况

黄花寨水电站位于贵州省长顺县墩操乡格凸河上，挡水建筑物为碾压混凝土双曲拱坝，坝高 110 m，碾压混凝土总方量为 28 万 m³。大坝主体采用 C₉₀20W6D50 三级配碾压混凝土，上游面防渗层采用 C₉₀20W8D100 二级配变态混凝土和二级配碾压混凝土，变态混凝土厚度为 0.5 m，下游坝面采用 C₉₀20W6D50 三级配变态混凝土，厚度为 0.5 m。

为了采用先进的施工机具和工艺，在确保工程质量的前提下加快施工进度，简化或取代温度控制措施，决定采用日本酒井 SD451 和德国宝马 BW202AD 振动碾（见图 12-15）。在一水电站工地现场（就近使用现有砂石、混凝土系统)进行层厚 100 cm、75 cm 和 50 cm 碾压混凝土现场对比试验,通过现场碾压试验,获取第一手数据,探讨突破现行规范要求的 30 cm 碾压层厚的可行性,在工程次要部位进行工程性试验。

(a)德国宝马BW202AD振动碾

(b)日本酒井SD451振动碾

图 12-15　黄花寨水电站现场碾压试验采用的两种振动碾

2. 试验条件

根据水电站地理位置、气候条件和骨料岩性,选择与其条件相似的落脚河工地进行试验,其优点是有较好的试验场地,有完整的砂石和混凝土拌和系统,又有新购进的德国宝马 BW202AD 振动碾。

现场碾压试验设备如下:

(1)碾压机具。日本酒井 SD451 和德国宝马 BW202AD 振动碾,性能见表 12-51。

表 12-51　酒井 SD451 与宝马 BW202AD 性能对照

| 制造商 | | | 日本酒井工程机械有限公司 | 德国宝马公司 |
|---|---|---|---|---|
| 型号 | | | SD451 | BW202AD-4 |
| 质量 | 整机重量 | kg | 11 000 | 11 500 |
| | 前轮 | kg | 5 250 | 5 800 |
| | 后轮 | kg | 5 750 | 5 700 |
| 线压 | 前轮 | kg/cm | 25.0 | 27.2 |
| | 后轮 | kg/cm | 27.4 | 26.7 |
| 性能 | 激振力(2 轮) | kN/(kg·f) | 低:167(17 000);高:226(23 000) | 低:84(8 500);高:126(12 800) |
| | 振动频率(2 轮) | vpm | 低:43(2 600);高:43(2 600) | 低:50(3 000);高:40(2 400) |
| | 振幅 | mm | 低:0.9;高:1.4 | 低:0.35;高:0.81 |
| | 行走速度 | km/h | 1 速:0~1;2 速:0~2;3 速:0~4 | 1 速:0~6;2 速:0~11 |
| | 爬坡能力 | (°) | 22(40%) | 22(40%) |

续表 12-51

| 制造商 | | | 日本酒井工程机械有限公司 | 德国宝马公司 |
|---|---|---|---|---|
| 型号 | | | SD451 | BW202AD-4 |
| 尺寸 | 全长 | mm | 4 020 | 4 610 |
| | 宽度 | mm | 2 270 | 2 295 |
| | 高度 | mm | 2 800 | 3 000 |
| | 轴距 | m | 2 700 | 3 300 |
| | 碾压宽度 | | 2 100 | 2 135 |
| | 最低离地高度 | mm | 325 | 350 |
| | 轮径×轮宽 | mm | 1 000×2 100 | 1 220×2 135 |
| 发动机 | 厂家 | | 五十铃 | 道依兹 |
| | 型号 | | BB-BGIT | BF4M2012C |
| | 额定输出功率 | kW(PS)/min | 123.6(168)/2 200 | 98(133)/2 300 |
| 油箱容量 | 燃料油箱 | 1 | 165 | 200 |
| | 洒水水箱 | 1 | 0 | 1 000 |
| 电源 | | | 24 | 12 |

注:摘自有关资料,以厂家铭牌为准。

（2）测试仪器。国产核子水分密度仪；日本产 RI 密度仪(只进行对比测试)。

（3）混凝土拌和楼:2×1 500 一座。

3. 现场碾压试验场地布置及试验方案

试验场选择在落脚河水电站永久管理用房和宿舍用房场地,分 A、B 两个仓号进行试验,A 号仓采用日本酒井 SD451 振动碾,碾压层厚 100 cm,试验碾压 3 层,共 3 m 厚;B 号仓采用德国宝马 BW202AD 振动碾,碾压层厚 75 cm、50 cm,各试验碾压一层,2 层共厚 125 cm。

A、B 仓面积均为 11.5 m×30 m,每个仓面分 3 条碾压条带,每个条带宽 3.5 m、长 29 m,四周为 0.5 m 宽的变态混凝土,3 条碾压条带分别进行不同碾压遍数的试验:第一条带为 2-8-2(即先静碾压 2 遍,再振动碾压 8 遍,后静碾压 2 遍);第二条带为 2-10-2(即先静碾压 2 遍,再振动碾压 10 遍,后静碾压 2 遍);第三条带为 2-12-2(即先静碾压 2 遍,再振动碾压 l2 遍,后静碾压 2 遍)。

现场试验采用落脚河水电站现有材料:灰岩骨料为三级配,人工砂细度模数为 2.90,石粉含量为 12.8%;筑字牌 P·O42.5 普通硅酸盐水泥;安顺 Ⅱ 级粉煤灰;高效缓凝型减水剂。混凝土配合比见表 12-52。

表 12-52　黄花寨水电站现场碾压试验混凝土配合比

| 试验编号 | 混凝土设计强度等级 | 水胶比 | 混凝土材料用量/(kg/m³) | | | | | | | |
|---|---|---|---|---|---|---|---|---|---|---|
| | | | 水 | 水泥 | 粉煤灰 | 减水剂 | 砂 | 小石 | 中石 | 大石 |
| 1 | C$_{28}$20 | 0.5 | 87 | 87 | 87 | 1.305 | 736 | 598 | 598 | 748 |

注:减水剂 ADD 掺-4 为胶材重量的 0.75%,砂、骨料以饱和面干状态为基准。

**4.试验检测数据(核子水分密度仪检测)**

1)A仓检测数据(采用日本酒井SD451振动碾碾压)

(1)第一碾压层厚100 cm,每层分4次摊铺,每次摊铺厚度为27 cm。试验日期为2006年9月27日,底部厚100 cm。容重检测结果见表12-53。

表12-53　A仓第一碾压层检测结果

| 碾压遍数 | 检测编号内容 | 第一碾压层(碾压层厚100 cm) | | | | | | | | | | |
|---|---|---|---|---|---|---|---|---|---|---|---|---|
| | | 第1检测层检测结果(检测深度30 cm) | | | | | | 第2检测层检测结果(检测深度60 cm) | | | | 第3检测层检测结果(检测深度90 cm) | |
| 2-8-2 | 测点号 | 1 | 2 | 3 | 4 | 5 | 6 | 7 | 2 | | | 1 | 2 |
| | 容重/(t/m³) | 2.441 | 2.481 | 2.467 | 2.443 | 2.483 | 2.477 | 2.450 | 2.470 | | | 2.347 | 2.087 |
| | 密度/% | 97.7 | 99.3 | 98.8 | 97.4 | 99.4 | 99.2 | 98.1 | 98.9 | | | 94.0 | 83.6 |
| 2-10-2 | 测点号 | 7 | 8 | 9 | 10 | 11 | 12 | 7 | 8 | 9 | 10 | 7 | 8 |
| | 容重/(t/m³) | 2.436 | 2.453 | 2.439 | 2.513 | 2.488 | 2.508 | 2.457 | 2.412 | 2.459 | 2.402 | 2.483 | 2.492 |
| | 密度/% | 97.5 | 98.2 | 97.7 | 100.6 | 99.6 | 100.4 | 98.3 | 96.6 | 98.0 | 96.2 | 99.4 | 99.9 |
| 2-12-2 | 测点号 | 13 | 14 | 15 | 16 | 17 | 18 | 13 | 14 | 15 | 16 | 13 | 14 |
| | 容重/(t/m³) | 2.417 | 2.443 | 2.488 | 2.489 | 2.498 | 2.494 | 2.455 | 2.485 | 2.504 | 2.525 | 2.431 | 2.480 |
| | 密度/% | 96.8 | 97.4 | 99.6 | 99.6 | 100 | 99.9 | 98.3 | 99.5 | 100.2 | 101.1 | 97.3 | 99.3 |

注:1.表中测试数据(包括以下所有测试数据)均由贵州省黔水科研试验测试检测工程有限公司检测提供。

2.第2检测层,把表层30 cm碾压混凝土挖一坑,把仪器放入坑内测试。

3.第3检测层,把表层60 cm碾压混凝土挖一坑,把仪器放入坑内测试。

(2)第二碾压层厚100 cm,每层分4次摊铺,每次摊铺厚度为27 cm,合计厚度为200 cm。第三碾压层厚100 cm,每层分4次摊铺,每次摊铺厚度为27 cm,合计厚度为300 cm。试验成果见表12-54。

表12-54　A仓第二碾压层和第三碾压层检测结果(检测深度为30 cm)

| 碾压遍数 | 检测编号内容 | 第二碾压层(碾压层厚100 cm,总计200 cm) | | | | | | 第三碾压层(碾压层厚100 cm,总计300 cm) | | | | | |
|---|---|---|---|---|---|---|---|---|---|---|---|---|---|
| 2-8-2 | 测点号 | 19 | 20 | 21 | 22 | 23 | 24 | 1 | 2 | 3 | 4 | 5 | 6 |
| | 容重/(t/m³) | 2.442 | 2.453 | 2.447 | 2.433 | 2.417 | 2.452 | 2.406 | 2.475 | 2.455 | 2.459 | 2.423 | 2.480 |
| | 密度/% | 98.0 | 98.4 | 98.2 | 97.6 | 97.0 | 98.4 | 96.4 | 99.1 | 98.3 | 98.5 | 97.0 | 99.3 |
| 2-10-2 | 测点号 | 25 | 26 | 27 | 28 | 29 | 30 | 7 | 8 | 9 | 10 | 11 | 12 |
| | 容重/(t/m³) | 2.457 | 2.452 | 2.423 | 2.450 | 2.449 | 2.469 | 2.475 | 2.472 | 2.454 | 2.441 | 2.471 | 2.455 |
| | 密度/% | 98.6 | 98.4 | 97.2 | 98.3 | 98.3 | 99.1 | 99.1 | 98.99 | 98.28 | 97.76 | 98.96 | 98.3 |
| 2-12-2 | 测点号 | 31 | 32 | 33 | 34 | 35 | 36 | 13 | 14 | 15 | 16 | 17 | 18 |
| | 容重/(t/m³) | 2.448 | 2.422 | 2.420 | 2.385 | 2.378 | 2.452 | 2.470 | 2.478 | 2.417 | 2.440 | 2.485 | 2.469 |
| | 密度/% | 98.2 | 97.2 | 97.1 | 95.7 | 95.4 | 98.4 | 98.9 | 99.2 | 96.8 | 97.7 | 99.5 | 98.9 |

2）B 仓检测数据（采用德国宝马 BW202AD 振动碾碾压）

第一碾压层厚 50 cm，分 2 次摊铺，每次摊铺厚度为 27 cm。第二碾压层厚 75 cm，分 3 次摊铺，每次摊铺厚度为 27 cm。第一碾压层和第二碾压层检测结果见表 12-55。

**表 12-55　B 仓第一碾压层和第二碾压层检测结果**

| 碾压遍数 | 检测内容 | 第一碾压层（碾压层厚 50 cm，总计 200 cm） | | | | | | 第二碾压层（碾压层厚 75 cm，总计 300 cm） | | | | | |
|---|---|---|---|---|---|---|---|---|---|---|---|---|---|
| | | 检测深度 45 cm | | | | | | 检测深度 70 cm | | | | | |
| 2-8-2 | 测点号 | 1 | 2 | 3 | 4 | 5 | 6 | 1 | 2 | 3 | 4 | 5 | 6 |
| | 容重/（t/m³） | 2.350 | 2.361 | 2.248 | 2.276 | 2.265 | 2.295 | 2.198 | 2.363 | 2.153 | | | |
| | 密度/% | 94.1 | 94.6 | 90.0 | 91.1 | 90.7 | 91.9 | 88.0 | 94.6 | 86.3 | | | |
| 2-10-2 | 测点号 | 7 | 8 | 9 | 10 | 11 | 12 | 9 | 10 | 10-1 | | | |
| | 容重/（t/m³） | 2.285 | 2.300 | 2.297 | 2.370 | 2.300 | 2.298 | 2.138 | 2.263 | 2.234 | | | |
| | 密度/% | 91.5 | 92.1 | 92.0 | 94.9 | 92.1 | 92.0 | 85.5 | 90.6 | 89.5 | | | |
| 2-12-2 | 测点号 | 13 | 14 | 15 | 16 | 17 | 18 | 11 | 12 | 13 | 13-1 | 14 | |
| | 容重/（t/m³） | 2.300 | 2.298 | 2.412 | 2.312 | 2.285 | 2.295 | 2.241 | 2.297 | 2.352 | 2.290 | 2.28 | |
| | 密度/% | 92.1 | 92.0 | 96.6 | 92.6 | 91.5 | 91.9 | 89.7 | 92.0 | 94.2 | 91.7 | 91.3 | |
| | 测点号 | | | | | | | 15 | 15-1 | 16 | 17 | 17-1 | |
| | 容重/（t/m³） | | | | | | | 2.204 | 2.494 | 2.342 | 2.236 | 2.452 | |
| | 密度/% | | | | | | | 88.3 | 99.9 | 93.8 | 89.5 | 98.2 | |

注：10-1、13-1、15-1、17-1 为检测表面混凝土相对密度。

3）芯样检测数据

A、B 两仓碾压混凝土试验块，28 d 龄期后，用地质勘探钻机钻取岩芯样，芯样直径为 120 mm，对芯样进行抗压强度试验（见表 12-56、表 12-57），并对钻孔进行压水试验。

**表 12-56　A 仓各条碾压混凝土 28 d 龄期钻孔条带芯样抗压试验结果**

| 碾压遍数 2-8-2 条带芯样抗压 | | | | 碾压遍数 2-10-2 条带芯样抗压 | | | | | 碾压遍数 2-12-2 条带芯样抗压 | | | | |
|---|---|---|---|---|---|---|---|---|---|---|---|---|---|
| 芯样编号 | 抗压强度/MPa | 平均强度/MPa | 均方差/MPa | 离差系数 | 芯样编号 | 抗压强度/MPa | 平均强度/MPa | 均方差/MPa | 离差系数 | 芯样编号 | 抗压强度/MPa | 平均强度/MPa | 均方差/MPa | 离差系数 |
| 5-2/5 | 31.1 | | | | 5-2/2 | 51.3 | | | | 5-1/2 | 51.3 | | | |
| 5-1/3 | 33.6 | | | | 5-2/3 | 51.0 | | | | 5-2/2 | 50.4 | | | |
| 5-1/2 | 19.0 | | | | 5-1/1 | 52.2 | | | | 5-2/2 | 51.3 | | | |
| 5-1/2 | 25.3 | | | | 5-2/3 | 46.5 | | | | 5-1/1 | 43.5 | | | |
| 4-1/2 | 24.5 | 25.3 | 4.8 | 0.19 | 5-4/5 | 38.6 | | | | 4-2/2 | 32.9 | 44.7 | 7.8 | 0.174 |
| 4-1/2 | 33.2 | | | | 5-2/2 | 52.0 | 42.3 | 7.8 | 0.184 | 4-2/3 | 47.7 | | | |
| 4-1/2 | 23.5 | | | | 4-1/3 | 28.3 | | | | 4-1/2 | 48.7 | | | |
| 4-1/3 | 19.9 | | | | 4-1/3 | 39.2 | | | | 4-2/2 | 50.4 | | | |
| 4-2/3 | 24.0 | | | | 4-2/3 | 41.0 | | | | 4-2/2 | 46.3 | | | |
| 2-1/1 | 24.3 | | | | 4-1/2 | 38.1 | | | | 2-1/2 | 40.4 | | | |
| | | | | | 2-1/2 | 33.4 | | | | 2-1/1 | 40.5 | | | |
| | | | | | 2-1/1 | 39.6 | | | | | | | | |

注：试件直径为 120 mm，高径比为 2:1。

表 12-57　B 号仓芯样抗压强度汇总

| 部位 | 碾压层厚/cm | 抗压强度/MPa | | | | 平均值/MPa |
|---|---|---|---|---|---|---|
| 2-8-2 条带 | 50 | 24.9 | 26.7 | 25.8 | | 25.8 |
| 2-10-2 条带 | | 36.4 | 31.5 | 41.6 | | 36.5 |
| 2-12-2 条带 | | 34.9 | 35.7 | 39.4 | | 36.7 |
| 2-8-2 条带 | 75 | 12.6 | 12.6 | 22.6 | 27.0 | 18.7 |
| 2-10-2 条带 | | 31.6 | 24.8 | 25.0 | 25.1 | 26.6 |
| 2-12-2 条带 | | 33.2 | 33.6 | 27.6 | | 31.5 |

**注**：在试验碾压层厚 75 cm 时，天气间歇下小雨，使混凝土水灰比有所增大，对碾压混凝土强度有一定影响。

5. 试验成果分析

试验选在落脚河水电站，它与黄花寨水电站自然条件相近，同是贵州灰岩地区，碾压混凝土的配合比和原材料基本相似，试验成果可以适用于黄花寨水电站。

1）日本酒井 SD451 振动碾碾压试验（A 仓）

现场 100 cm 层厚（分 4 次摊铺，每次摊铺 27 cm）三层碾压试验（共 300 cm）检验结果如下。

（1）相对密度试验结果。

①距碾压表面 30 cm 处：碾压条带 2-8-2、2-10-2、2-12-2 各测 6 个点（共 18 个点），相对密度均大于 97%，符合规范要求。

②碾压表面 60 cm 处：碾压条带 2-8-2 检测 4 个点，相对密度均大于 97%，符合规范要求；碾压条带 2-10-2 检测 4 个点，有 2 个点相对密度均大于 97%，另外 2 个点小于 97%，分别为 96.9%、96.5%；碾压条带 2-12-2 检测 2 个点，相对密度均大于 97%，符合规范要求；60 cm 深处共检测 10 个点，相对密度均值为 98.92%。

③距碾压表面 90 cm 处：碾压条带 2-8-2 检测 2 个点，相对密度均小于 97%，不符合规范要求；碾压条带 2-10-2 检测 2 个点，相对密度均大于 97%，符合规范要求；碾压条带 2-12-2 检测 2 个点，相对密度均大于 97%，符合规范要求；90 cm 深处共检测 6 个点，除 1 个点值属异常外，其余相对密度均值为 97.44%。

（2）芯样强度试验结果。

日本酒井 SD451 振动碾碾压试验后取芯照片见图 12-16。共取芯样 37 个，试验结果：芯样强度未达到强度等级的有 2 个，分别为 19.0 MPa、19.9 MPa，占 5.4%；芯样强度超过 30 MPa 的有 27 个，占 73%；芯样强度超过 40 MPa 的有 17 个，占 45.9%；芯样强度超过 50 MPa 的有 9 个，占 24.3%。未达到强度的试件，抗压强度也达到设计强度的 95%～99.5%。初步分析 5-1/2、4-1/3 两芯样不合格的原因，可能是由于挖坑测试密实度，回填碾压不密实或时间过长。

（3）压水试验结果。

压水试验透水率为 0.095～0.11 Lu，说明碾压层厚 100 cm 的碾压混凝土具有良好的抗渗性能。

（4）由此可以得出：碾压层厚 100 cm，分 4 次摊铺，每次摊铺 27 cm，经 10～12 遍 SD451 振动碾碾压，相对密度可以达到 97% 的规范要求。

2）德国宝马 BW202AD 振动碾碾压试验（B 仓）

试验碾压混凝土压层厚 50 cm，分 2 次摊铺，每次摊铺厚度为 27 cm；碾压层厚 75 cm，分 3 次摊铺，每次摊铺厚度为 27 cm。

（1）相对密度。碾压层厚 50 cm，检测 18 个点，相对密度均小于 97%，不符合规范要求；碾压层厚 75 cm，检测 16 个点，除 2 个点相对密度大于 97% 外，其余均不符合规范要求。

（2）芯样强度。共取芯样 20 个，芯样强度未达到强度等级的有 2 个，分别为 12.6 MPa、14.8 MPa，占 10%；芯样强度超过 30 MPa 的有 9 个，占 45%；芯样强度超过 40 MPa 的有 1 个，占 5%；未达到强度

(a)2-8-2条带第2组取芯照片　　　　　　　　(b)2-10-2条带第3组取芯照片

图 12-16　日本酒井 SD451 振动碾碾压试验后取芯照片

的试件,抗压强度达到设计强度的占 63.74%,这与试验过程有间歇降雨有关。

(3)压水试验结果:透水率分别为 0.47 Lu、0.47 Lu、0.47 Lu、0.28 Lu,平均为 0.42 Lu。

(4)由此可以得出:德国宝马 BW202AD 对于碾压层厚 50~75 cm 情况不适用。

3)启示

(1)碾压混凝土施工,碾压层厚从 30 cm 增大为 100 cm,功效增加 2 倍,施工速度加快,工程工期缩短;由于施工速度加快,对于 100 m、130 m 级的碾压混凝土坝,可以在 3~4 个月完成坝体碾压混凝土施工,对于 100 m 级以下的碾压混凝土坝,可以在 2~3 个月完成坝体碾压混凝土施工,这样一来,坝体施工完全可安排在枯水期完成,简化导流,取消或简化温控措施,不仅加快速度、节约投资,还能保证碾压混凝土施工质量。

(2)由于碾压混凝土浇筑强度增加,相应要求砂石系统,混凝土拌和系统,水平、垂直运输系统和仓面平仓等都要大幅度增加生产能力和设备,增加一定投资,造成单个工程使用率较低;坝体施工模板承受荷载和锚固方式的变化,要求研发新型模板和锚固方式;变态混凝土的施工层厚发生变化,施工强度增大,要改变人工操作工艺,适应碾压混凝土层厚变化;碾压混凝土坝体施工工期缩短,使整个工程施工强度变得极不均衡,施工组织设计要适应新的变化。

(3)目前规范规定的质量检测设备核子水分密度仪,其检测范围不能满足要求,要研制新的检测设备建议通过生产性试验,获得更多、更有说服力的数据。

### 12.4.2.2　马堵山水电站现场碾压试验

1.基本情况

试验是在 2006 年 9 月黄花寨水电站厚层碾压混凝土试验的基础上,针对马堵山水电站的实际情况,开展的厚层碾压混凝土不同摊铺厚度对比现场试验。为了弥补黄花寨水电站试验过程中测试仪器的缺陷,重点进行厚层碾压混凝土测试仪器性能对比试验,以便工程项目实施中选择性价比高和测试方便、操作简单的测试设备。

1)碾压和试验设备

碾压设备:日本酒井公司提供的 SD451 垂直振动碾压机[见图 12-15(b)]。其规格见表 12-51。

测试设备:美国 CPN 公司制造的 MC-4 核子水分密度仪(测试深度 30 cm)和 MC-S-24 双管分层核子密度仪(简称 MC-S-24);日本土垠和岩石工程技术有限公司(SRE)制造的大型表面透过型 R I 密度仪(简称大型表面,测试深度 50 cm)和轻便型 1 孔式 R I 密度仪(简称轻便型,测试深度 100 cm)。

施工设备:混凝土拌和楼 2×1.5 m³、自落式搅拌机、20 t 自卸汽车、17 t 推土机(山推制造)(因为仓内狭窄大型的推土机转不开,随将本重型机械撤出)、小型反向铲(日立建筑机械产)、5 t 小平仓机插入式高频振动棒。

2)试验配合比

本次试验采用马堵山水电站碾压混凝土坝 $C_{90}15$ 三级配碾压混凝土。采用的混凝土原材料如下：通海秀山 P·O 42.5 水泥(相对密度3.1)，细度4.0%，3 d 抗折强度为4.5 MPa，28 d 抗折强度为7.7 MPa，3 d 抗压强度为20.6 MPa，28 d 抗压强度为49.5 MPa；昆明阳宗海Ⅱ级粉煤灰(相对密度2.2)，细度为18.2%，需水量比为100%，烧失量为3.2%，三氧化硫含量为0.2%，含水量为0.1%；山西格瑞特 FDN-O 高效缓凝减水剂；河砂饱和面干相对密度为2.65，细度模数为3.1，石粉含量为14.0%，含泥量为0.96%；河卵石比例，小石：中石：大石=30：40：30，卵石相对密度为2.68。

11月22日 2#、3# 试验块使用如表12-58所列的配合比，因砂偏粗，11月23日 1#、4# 试验块使用胶材175 kg(粉煤灰增加20 kg/m³代砂)配合比来改善混凝土和易性。

表12-58　马堵山水电站碾压混凝土坝 $C_{90}$15 三级配碾压混凝土配合比

| 强度等级 | 级配 | 外加剂 | | 砂率/% | 粉煤灰掺量/% | 单位材料用量/(kg/m³) | | | | | | | | VC/s | 密度/(kg/m³) |
| | | 品种 | 掺量/% | | | W | C | F | S | G8 | G4 | G2 | 剂 | | |
|---|---|---|---|---|---|---|---|---|---|---|---|---|---|---|---|
| C$_{90}$15 | 三 | FDN-O | 0.7 | 33 | 60 | 88 | 62 | 93 | 730 | 450 | 600 | 450 | 1.1 | 4~7 | 2 473 |

2. 试验块布置及试验成果

(1)第一试验块。试块尺寸：长×宽=14 m ×9.0 m。碾压层厚75 cm，分2次摊铺，每次摊铺厚41 cm。碾压参数分二组条带：D 条带为2-10-2(即先静压2遍，然后振动碾压10遍，再静压2遍)；E 条带为2-8-2(即先静压2遍，然后振动碾压8遍，再静压2遍)。压实度测试点：各层布置6个点。碾压遍数与各密度仪所测定结果的比较见表12-59，压实度和从表面起深度的关系见图12-17。

表12-59　马堵山第一试验块碾压遍数和各密度仪所测定结果的比较

| 工区编号 | 层厚/cm | 碾压遍数(静压+振动+静压) | 密度仪 | 测定深度/cm | 压实度/% | | | 标准偏差/% | 测定数 | 合格数 | 合格率/% |
| | | | | | 平均 | 最大 | 最小 | | | | |
|---|---|---|---|---|---|---|---|---|---|---|---|
| 2#仓 | 75 | 2+8+2 | MC-4(8) | 30 | 99.9 | 101.5 | 98.9 | 0.9 | 6 | 6 | 100 |
| | | | MC-24(8) | 30 | ND | ND | ND | ND | ND | ND | ND |
| | | | | 50 | ND | ND | ND | ND | ND | ND | ND |
| | | | 大型表面(8) | 30 | 99.1 | 101.3 | 97.6 | 1.6 | 6 | 6 | 100 |
| | | | | 50 | 101.3 | 105.1 | 98.4 | 2.5 | 6 | 6 | 100 |
| | | | 轻便式(8) | 30 | 98.8 | 100.0 | 97.4 | 0.9 | 6 | 6 | 100 |
| | | | | 50 | 98.1 | 100.4 | 95.8 | 1.8 | 6 | 4 | 67 |
| | | | | 70 | 98.0 | 100.4 | 95.8 | 2.1 | 6 | 4 | 67 |
| 2#仓 | 75 | 2+10+2 | MC-4(10) | 30 | 99.6 | 101.1 | 97.9 | 1.0 | 6 | 6 | 100 |
| | | | MC-24(10) | 30 | ND | ND | ND | ND | ND | ND | ND |
| | | | | 50 | ND | ND | ND | ND | ND | ND | ND |
| | | | 大型表面(10) | 30 | 97.8 | 99.4 | 94.4 | 1.8 | 6 | 5 | 83 |
| | | | | 50 | 99.7 | 101.4 | 94.7 | 2.5 | 6 | 5 | 83 |
| | | | 轻便式(10) | 30 | 98.8 | 100.4 | 95.5 | 1.8 | 6 | 5 | 83 |
| | | | | 50 | 99.8 | 101.2 | 98.2 | 1.0 | 6 | 6 | 100 |
| | | | | 70 | 98.2 | 99.7 | 95.7 | 1.4 | 6 | 5 | 83 |

注：ND 表示没有测定。

(2)第二试验块。试块尺寸：长×宽=14 m ×9 m。碾压层厚50 cm，共2层，合计100 cm，第一层50 cm 为一次摊铺，摊铺厚度为54 cm；第二层50 cm 分二次摊铺，每次摊铺27 cm。碾压参数分二组条带：F 条带为2-8-2(即先静压2遍，然后振动碾压8遍，再静压2遍)；G 条带为2-10-2(即先静压2遍，然后振动碾压10遍，再静压2遍)。压实度测试点：各层布置6个点，碾压遍数与各密度仪所测定结果的

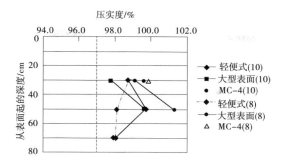

图 12-17　第一试验块压实度和从表面起深度的关系

比较见表 12-60，压实度与从表面起深度的关系见图 12-18。

表 12-60　马堵山第二试验块碾压遍数与各密度仪所测定结果的比较

| 工区 | 层厚/cm | 碾压遍数（静压+振动+静压） | 密度仪 | 测定深度/cm | 上下层记号 | | 压实度/% | | | | 标准偏差/% | 测定数 | 合格数 | 合格率/% |
|---|---|---|---|---|---|---|---|---|---|---|---|---|---|---|
| | | | | | | | 所有平均 | 层别平均 | 最大 | 最小 | | | | |
| 3#仓 | 550 | 2+8+2 | MC-4（8） | 30 | F2 | 上 | 100.1 | 99.7 | 102.0 | 98.5 | 1.3 | 6 | 6 | 100 |
| | | | | | F1 | 下 | | 100.6 | 101.5 | 99.8 | 0.6 | 6 | 6 | 100 |
| | | | MC-24（8） | 30 | F2 | 上 | 98.3 | 99.3 | 101.6 | 96.6 | 1.7 | 6 | 5 | 83 |
| | | | | | F1 | 下 | | 97.3 | 100.9 | 95.2 | 2.2 | 6 | 3 | 50 |
| | | | | 45 | F2 | 上 | 99.3 | 99.8 | 101.6 | 98.3 | 1.3 | 6 | 5 | 100 |
| | | | | | F1 | 下 | | 98.9 | 104.4 | 94.7 | 3.5 | 6 | 4 | 67 |
| | | | 大型表面（8） | 30 | F2 | 上 | 98.2 | 97.3 | 99.5 | 94.5 | 2.1 | 6 | 4 | 67 |
| | | | | | F1 | 下 | | 99.2 | 100.1 | 97.6 | 0.8 | 6 | 6 | 100 |
| | | | 轻便式（1） | 30 | F2 | 上 | 98.2 | 98.6 | 100.0 | 96.9 | 1.3 | 6 | 5 | 83 |
| | | | | | F1 | 下 | | 97.8 | 100.6 | 95.1 | 2.3 | 6 | 4 | 67 |
| | | | | 45 | F2 | 上 | 98.1 | 98.4 | 100.7 | 95.4 | 1.9 | 6 | 4 | 67 |
| | | | | | F1 | 下 | | 97.9 | 100.2 | 94.9 | 2.1 | 6 | 4 | 67 |
| | | 2+10+2 | MC-4（10） | 30 | G2 | 上 | 99.9 | 99.7 | 100.5 | 98.9 | 0.7 | 6 | 6 | 100 |
| | | | | | G1 | 下 | | 00.2 | 102.0 | 97.9 | 1.6 | 6 | 6 | 100 |
| | | | MC-24（10） | 30 | G2 | 上 | 99.2 | 99.5 | 100.8 | 97.5 | 1.4 | 6 | 6 | 100 |
| | | | | | G1 | F | | 98.9 | 100.6 | 97.0 | 1.6 | 6 | 6 | 100 |
| | | | | 45 | G2 | 上 | 99.2 | 99.5 | 101.3 | 96.0 | 2.2 | 5 | 4 | 80 |
| | | | | | G1 | 下 | | 98.8 | 100.2 | 96.5 | 1.5 | 6 | 5 | 83 |
| | | | 大型表面（10） | 30 | G2 | 上 | 99.1 | 98.9 | 100.5 | 98.2 | 0.9 | 6 | 6 | 100 |
| | | | | | G1 | 下 | | 99.3 | 100.5 | 98.9 | 0.6 | 6 | 6 | 100 |
| | | | 轻便式（10） | 30 | G2 | 上 | 98.0 | 98.5 | 100.6 | 96.7 | 1.6 | 6 | 5 | 83 |
| | | | | | G1 | 下 | | 97.6 | 98.3 | 95.4 | 1.1 | 6 | 5 | 83 |
| | | | | 45 | G2 | | 98.0 | 99.0 | 101.8 | 97.0 | 1.7 | 6 | 6 | 100 |
| | | | | | G1 | F | | 97.1 | 98.6 | 94.3 | 1.8 | 6 | 4 | 67 |

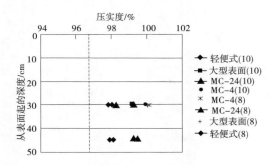

12-18　第二试验块压实度和从表面起深度的关系

　　(3)第三试验块。试块尺寸:长×宽＝14 m ×13 m。碾压层厚100 cm,分2次摊铺,每次摊铺厚54 cm。碾压参数分3组条带:A 条带为2-8-2(即先静压2遍,然后振动碾压8遍,再静压2遍);B 条带为2-10-2(即先静压2遍,然后振动碾压10遍,再静压2遍);C 条带为2-12-2(即先静压2遍,然后振动碾压12遍,再静压2遍)。压实度测试点:各层均布置6个点。碾压遍数与各密度仪所测定结果的比较见表12-61,压实度与从表面起深度的关系见图12-19。

表 12-61　马堵山第三试验块碾压遍数和各密度仪测定到的结果的比较

| 工区编号 | 层厚/cm | 碾压遍数(静压+振动+静压) | 密度仪 | 测定深度/cm | 压实度/% | | | 标准偏差/% | 测定数 | 合格数 | 合格率/% |
| --- | --- | --- | --- | --- | --- | --- | --- | --- | --- | --- | --- |
| | | | | | 平均 | 最大 | 最小 | | | | |
| 1#仓 | 1 100 | 2+8+2 | MC-4(8) | 30 | 98.6 | 99.0 | 98.1 | 0.4 | 6 | 6 | 100 |
| | | | MC-24 (8) | 50 | 98.9 | 101.4 | 96.2 | 2.4 | 6 | 3 | 50 |
| | | | | 60 | 97.1 | 99.5 | 94.4 | 1.9 | 5 | 2 | 40 |
| | | | 大型表面(8) | 50 | 99.9 | 102.4 | 98.6 | 1.7 | 6 | 6 | 100 |
| | | | 轻便式(8) | 50 | 99.4 | 101.2 | 97.9 | 1.4 | 6 | 6 | 100 |
| | | | | 75 | 97.6 | 101.5 | 94.9 | 3.0 | 6 | 3 | 50 |
| | | | | 95 | 95.9 | 100.0 | 92.2 | 3.3 | 6 | 2 | 33 |
| | | 2+10+2 | MC-4(10) | 30 | 98.1 | 98.9 | 97.2 | 0.7 | 6 | 6 | 100 |
| | | | MC-24(10) | 50 | 100.8 | 107.3 | 98.5 | 3.3 | 6 | 6 | 100 |
| | | | | 60 | 102.5 | 110.0 | 97.9 | 6.5 | 3 | 3 | 100 |
| | | | 大型表面(10) | 50 | 98.1 | 100.6 | 94.9 | 2.1 | 6 | 5 | 83 |
| | | | 轻便式(10) | 50 | 97.9 | 99.8 | 95.5 | 1.7 | 5 | 4 | 80 |
| | | | | 75 | 96.9 | 98.2 | 94.9 | 1.2 | 5 | 4 | 80 |
| | | | | 95 | 95.8 | 96.9 | 95.1 | 0.8 | 4 | 0 | 0 |
| | | 2+12+2 | MC-4(12) | 30 | 99.2 | 100.0 | 98.3 | 0.6 | 6 | 6 | 100 |
| | | | MC-24 (12) | 50 | 99.6 | 103.0 | 96.0 | 2.5 | 6 | 5 | 83 |
| | | | | 60 | 99.3 | 100.0 | 98.6 | 1.0 | 2 | 2 | 100 |
| | | | 大型表面 (12) | 50 | 97.8 | 100.9 | 94.3 | 2.4 | 6 | 4 | 67 |
| | | | 轻便式 (12) | 50 | 99.1 | 100.8 | 96.9 | 1.5 | 6 | 5 | 83 |
| | | | | 75 | 97.7 | 99.4 | 95.4 | 1.6 | 6 | 4 | 67 |
| | | | | 95 | 95.9 | 98.0 | 94.6 | 1.4 | 5 | 1 | 20 |

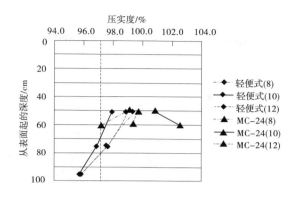

**图 12-19　第三试验块压实度和从表面起深度的关系**

（4）第四试验块（4#仓）。试块尺寸：长×宽＝14 m×9 m。碾压层厚 100 cm，分 4 次摊铺，每次摊铺厚 27 cm。碾压参数分 2 组条带：$h$ 条带为 2-10-2（即先静压 2 遍，然后振动碾压 10 遍，再静压 2 遍）；1 条带为 2-12-2（即先静压 2 遍，然后振动碾压 12 遍，再静压 2 遍）。压实度测试点：各层均布置 6 个点。碾压遍数与各密度仪所测定结果的比较见表 12-62，压实度与从表面起深度的关系见图 12-20 所示。

**表 12-62　马堵山第四试验块碾压遍数和各密度仪测定到的结果的比较**

| 工区编号 | 层厚/cm | 碾压遍数（静压+振动+静压） | 密度仪 | 测定深度/cm | 压实度/% | | | 标准偏差/% | 测定数 | 合格数 | 合格率/% |
|---|---|---|---|---|---|---|---|---|---|---|---|
| | | | | | 平均 | 最大 | 最小 | | | | |
| 4#仓 | 100 | 2+10+2 | MC-4(10) | 30 | 97.9 | 98.5 | 97.0 | 0.5 | 6 | 6 | 100 |
| | | | MC-24(10) | 50 | 99.8 | 101.7 | 98.3 | 1.3 | 5 | 5 | 100 |
| | | | | 60 | 100.6 | 103.1 | 99.4 | 1.5 | 5 | 5 | 100 |
| | | | 大型表面(10) | 50 | 101.1 | 104.3 | 98.3 | 2.2 | 6 | 6 | 100 |
| | | | 轻便式(10) | 50 | 99.14 | 100.6 | 98.3 | 0.9 | 6 | 6 | 100 |
| | | | | 75 | 96.5 | 98.3 | 95.1 | 1.1 | 6 | 2 | 33.33 |
| | | | | 95 | 95.2 | 97.1 | 93.3 | 1.3 | 6 | 1 | 16.67 |
| | | 2+12+2 | MC-4(12) | 30 | 98.9 | 99.8 | 98.3 | 0.5 | 6 | 6 | 100 |
| | | | MC-24(12) | 50 | 100.3 | 101.7 | 99.4 | 0.9 | 6 | 6 | 100 |
| | | | | 60 | 100.7 | 101.9 | 98.7 | 1.2 | 5 | 5 | 100 |
| | | | 大型表面(12) | 50 | 100.3 | 103.8 | 97.6 | 2.4 | 6 | 6 | 100 |
| | | | 轻便式(12) | 50 | 99.6 | 100.7 | 98.5 | 0.8 | 6 | 6 | 100 |
| | | | | 75 | 96.9 | 98.9 | 94.8 | 1.6 | 6 | 2 | 33.33 |
| | | | | 95 | 96.8 | 98.9 | 94.9 | 1.5 | 6 | 3 | 50 |

**3. 试验成果分析**

试验成果见表 12-59～表 12-62 和图 12-17～图 12-20，现分析如下。

1）摊铺层厚对压实度的影响

本次试验选择 3 种层厚，分别为 50 cm、75 cm、100 cm。其中，对 50 cm 层厚，选择二种摊铺层厚，一是一次摊铺 54 cm；二是分 2 次摊铺，每次摊铺 27 cm。对 75 cm 层厚，分 2 次摊铺，每次摊铺 41 cm。对

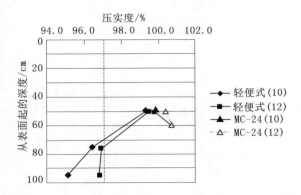

图 12-20　第四试验块压实度和从表面起深度的关系

100 cm 层厚,选择二种摊铺层厚,一是分 2 次摊铺,一次摊铺 54 cm;二是分 4 次摊铺,每次摊铺 27 cm。从 50 cm、100 cm 二种摊铺层厚对比试验压实度检测结果分析,摊铺厚度对压实度没有明显影响。

　　2)不同碾压层厚和碾压参数对压实度的影响(以下均是对 6 个测点的压实度平均值进行评价)

　　(1)50 cm 层厚,碾压参数对压实度的影响。

　　测定深度为 45 cm 时,碾压参数为 2-8-2 时,MC-S-24 测值为 99.3%,轻便型测值为 98.1%;碾压参数为 2-10-2 时,MC-S-24 测值为 99.2%,轻便型测值为 98.0%。两者都超过规范要求的 97%,说明层厚 50 cm 的碾压混凝土,碾压参数 2-8-2 满足要求。

　　(2)75 cm 层厚,碾压参数对压实度的影响。

　　①测点深度为 50 cm。

　　碾压参数为 2-8-2 时,大型表面测值为 101.3%,轻便型测值为 98.1%;碾压参数为 2-10-2 时,大型表面测值为 99.7%,轻便型测值为 99.8%。都超过规范要求的 97%,说明 50 cm 深的碾压混凝土,碾压参数 2-8-2 满足要求。

　　②测点深度为 70 cm。

　　碾压参数为 2-8-2 时,轻便型测值为 98.0%;碾压参数为 2-10-2 时,轻便型测值为 98.2%。都超过规范要求的 97%,说明层厚 75 cm 的碾压混凝土,碾压参数 2-8-2 也满足要求。

　　(3)100 cm 层厚,碾压参数对压实度的影响。

　　①测点深度为 50 cm。

　　碾压参数为 2-8-2 时,大型表面测值为 99.9%,轻便型测值为 99.4%,MC-S-24 测值为 98.4%;碾压参数为 2-10-2 时,大型表面测值为 98.1%(54 cm 的 2 层铺料,简称 2 层)~101.1% (27 cm 的 4 层铺料,简称 4 层)、97.8%(2 层)~99.4%(4 层);碾压参数为 2-12-2 时,大型表面测值为 97.8%(2 层)~100.13%(4 层),轻便型测值为 99.1%(2 层)~99.6%(4 层);MC-S-24 测值为 100.3%(4 层)。

　　②测点深度 75 cm。

　　碾压参数为 2-8-2 时,轻便型测值为 97.6%;MC-S-24(60 cm)测值为 97.1% ;碾压参数为 2-10-2 时,轻便型测值为 96.9%(2 层)~96.15%(4 层);MC-S-24(测深 60 cm)测值 102.5%(2 层)~100.6%(4 层);碾压参数为 2-12-2 时,压实度平均值,大型表面测值为 97.8%(2 层)~100.3%(4 层),轻便型测值为 97.7%(2 层)~ 96.19%(4 层);MC-S-24(测深 60 cm)测值为 99.3%(2 层)~100.7%(4 层)。说明层厚 100 cm 的碾压混凝土,测点深度为 50 cm、75 cm 时,碾压参数 2-8-2 也满足要求。

　　③测点深度 95 cm。

　　100 cm 层厚碾压参数进行三组(2-8-2、2-10-2、2-12-2)试验,因只有轻便型可检测 95 cm 深,没有对比,测值为 95.9%(2 层)~96.8%(4 层),都没有满足规范要求的 97%。

　　要说明的是,轻便型密度仪测试,首先要把直径为 45 mm 的套管打入测试碾压混凝土中,施工难度大,多数孔打不到 95 cm 深度,有的打入时间太长,对测试精度有影响。

3)三种检测设备试验实践评价

三种检测设备在现场都进行了率定,评价如下:

(1)在测深 30 cm 检测中,对 MC-4 核子水分密度仪、MC-S-24 双管分层核子密度仪、大型表面透过型 RI 密度仪和轻便型 1 孔式 RI 密度仪进行了对比测试,结果表明,同一测点后三种仪器测值与 MC-4 测值有很小差异,相关性很好。

(2)在测深 50 cm 检测中,对 MC-S-24 双管分层核子密度仪、大型表面透过型 RI 密度仪和轻便型 1 孔式 RI 密度仪进行了对比测试,结果表明,同一测点三种仪器测值(除个别异常点外)有很小差异,相关性很好。

(3)在测深 75 cm 检测中,对 MC-S-24 双管分层核子密度仪(测深 60 cm)和轻便型 1 孔式 RI 密度仪进行了对比测试(测深 70 cm),因测深不同,无法对比分析。

(4)在测深 100 cm 检测中,只有轻便型 1 孔式 RI 密度仪进行了测试(测深 95 cm)。

(5)对比测试结果表明,MC-S-24 双管分层核子密度仪、轻便型 1 孔式 RI 密度仪和大型表面透过型 RI 密度仪,检测 50 cm 层厚碾压混凝土密实度精度满足要求;轻便型 1 孔式 RI 密度仪可以检测 75~100 cm 层厚碾压混凝土密实度。但从适用性、轻便性和操作简单性来讲,MC-S-24 双管分层核子密度仪可自行选择测试单位,读数直观,仪器重 2.12 kg,双管插入要用导向板人工打双孔,两孔易产生偏离;大型表面透过型 RI 密度仪测试数据要经换算成密实度,读数不直观,单孔测试操作简便,重量 15 kg;轻便型 1 孔式 RI 密度仪测试数据要经换算成密实度,读数不直观,单孔要事先人工打入钢套管测试,钢套管增大测试成本,钢套管打入费力,操作复杂,重量 10 kg。因此,三种仪器经过对比试验实践检验,都需要进一步改进,以适应施工现场测试要求。

### 12.4.2.3　洪口碾压贫胶砂砾料围堰现场碾压试验

1.碾压混凝土采用厚层(层厚 50 cm)碾压的可行性

目前一般碾压混凝土大坝摊铺层厚约 34 cm,碾压层厚 30 cm,常用的碾压设备为 12 t 双钢轮振动碾,碾压 7~8 遍,相对密度可达 97%以上。相对面板堆石坝而言,碾压施工进度还不是很快,目前碾压混凝土高坝一般需分两三个枯期进行碾压施工,汛期溢洪道常态混凝土施工常受洪水威胁,因而有必要探讨加快碾压施工进度的方法。加大碾压层厚可以提高碾压施工进度,而目前进行的工程试验不多,尚未有很明确的结论,结合洪口水电站碾压贫胶砂砾料围堰施工实践和中国水利水电科学研究院等单位在贵州黄花寨水电站进行的碾压混凝土坝大层厚现场试验成果,对按碾压层厚 50 cm 施工碾压混凝土大坝的可行性进行探讨,并提出大坝上游变态混凝土采用掺 HF 外加剂拌制,增大坍落度,降低变态混凝土振捣难度,使变态混凝土更均匀密实,并增加混凝土强度的设想,以期解决加大碾压层厚带来的变态混凝土施工工艺难点。

洪口碾压贫胶砂砾料围堰粗骨料粒径最大达 25 cm,摊铺层厚约 70 cm,碾压层厚约 60 cm,采用面板堆石坝施工用的 26 t 单钢轮振动碾(三一重工生产的 YZ26E 型),碾压 3~4 遍,相对密度约 93%。2006 年 6 月洪口水电站碾压贫胶砂砾料围堰通过超标洪水漫顶考验,曾萌发 26 t 振动碾按碾压层厚 50 cm 施工碾压混凝土大坝的设想。经查 26 t 振动碾的激振力,约为 12 t 双钢轮振动碾的激振力的 2.5~4 倍,碾压层厚由 30 cm 提高到 50 cm,碾压 7~8 遍,使相对密度达 97%,有较大可能。

2006 年 9 月,中国水利水电科学研究院等单位在贵州黄花寨水电站进行了碾压混凝土坝大层厚现场试验。分别采用日本酒井 SD451 和德国宝马 BW202AD 两种振动碾进行试验,试验结果为:采用日本酒井 SD451 振动碾,碾压层厚 100 cm,分 4 次摊铺,碾压 10~12 遍,相对密度可以达到 97%的规范要求;采用德国宝马 BW202AD 振动碾,碾压层厚 50 cm,碾压 8~12 遍,相对密度约 92%。可以推断,采用 26 t 单轮振动碾按碾压层厚 50 cm 施工碾压混凝土大坝,应该是可行的。

2.碾压混凝土采用厚层(层厚 50 cm)碾压工艺实施的几个难点和解决办法

1)砂石、拌和系统,水平、垂直运输系统及模板类型和锚固体系投资大

采用加大的碾压层厚施工,仓面施工进度快,相应地要求拌和、运输能力大幅提高,砂石、拌和系

统、水平、垂直运输系统投资较大，碾压层厚由 30 cm 提高到 50 cm，上述系统所需投入可能翻倍。因碾压施工进度加快，模板体系的承载能力要提高，组合大型钢模板的肋板或散装模板的围檩需加密，锚栓、拉条需加长或加粗，可能的话，模板边混凝土的早期强度应提高。相应地，模板吊装设备能力要加大，模板边变态混凝土的宽度要加宽。但考虑到碾压工期加快带来的效益，若项目投资方和施工方能通过协商形成一个利益整体，增大上述投入是值得的。

2）容重检测的难度和精度

现有容重检测用的国产核子水分密度仪一般只能测到表面以下 30 cm 深处的容重，为测到 30 cm 以下深度的容重，在洪口碾压贫胶砂砾料围堰施工中和黄花寨碾压混凝土坝大层厚现场试验中，都采用挖坑、坑内找平、再打孔检测的方法，操作不易，且坑内受扰动，影响检测精度。现在有的国产核子水分密度仪已能测 45 cm 深处的容重（据了解，国外现有可打孔检测达 60 cm 或 95 cm 深处容重的核子水分密度仪），可较好地解决该难题。

3）分离料的处理进度要求提高

由于碾压施工进度加快，不论是单层摊铺或分两层摊铺，对摊铺前料堆旁边或摊铺后条带两侧的分离料，都要求更快地进行处理，否则可能影响施工进度或发生处理不到位现象。因而必须增加分离料人工力量，或增加摊铺设备进行三层摊铺，减少分离。

4）仓面两岸坡边采用单钢轮振动碾难于就位碾压的问题

采用单钢轮振动碾，仓面两岸坡边将各有一个振动碾难以就位碾压的区域，对此可采用改变碾压方向解决。当然，碾压设备应首选双钢轮振动碾，若能有类似日本酒井 SD451 振动碾的低自重高振幅双钢轮振动碾，经试验证实激振力满足要求，则更好。经查，三一重工 YZ14C、YZ16C、YZK18C、YZ20C 的激振力分别为 245 kN/139 kN、290 kN/208 kN、380 kN/260 kN、380 kN/260 kN，振幅在 1.6 mm/0.8 mm 左右，均有满足激振力要求的潜力。但采用大吨位振动碾，VC 值不宜过小，以防止振动轮下陷。

5）大吨位振动碾扰动已收仓仓面产生的影响大

施工中，大吨位振动碾在错车规避其他施工车辆时，有可能扰动已收仓仓面。对此，只要对仓面施工进行合理调度，就可以避免扰动影响施工质量。

6）采用低 VC 值混凝土施工时加剧运输车辆轮胎下陷的可能

采用低 VC 值碾压混凝土，有助于提高层间结合质量，但在斜层碾压时，可能出现运输车辆冲坡时轮胎下陷，碾压层厚加大，轮胎下陷的可能性更大。对此，可采用放缓斜层坡度的方法予以克服。另外，碾压层厚加大，碾压层数减少，轮胎下陷的概率相对会有所降低。

7）变态混凝土施工层厚加大后的施工难度大

目前对上游变态区的施工，仍以插孔注浆后高频振动器振捣的方法为主，一般注入同水灰比和同种外加剂的浆液，占变态混凝土体积的 6%~8%，10 min 后，利用高频振动器振捣密实。由于注浆浆液浓度大，很难渗入变态混凝土，因而经常发生浆液稀或浆液用量过大、随意泼洒的现象，影响施工质量，碾压层厚由 30 cm 提高到 50 cm，单层摊铺，插孔难，浆液很可能渗不到底部，分成 2~3 层摊铺，插孔、注浆、振捣的施工强度大，影响碾压施工速度。因而需要对变态混凝土施工工艺做较大调整，以适应施工质量要求和施工强度要求。在上游采用机拌变态混凝土，下游和两岸坡等部位仍采用分层摊铺、插孔、注浆、振捣，有望解决上述难点。采用金包银形式，碾压层厚可以达到 75~100 cm，但周边常态混凝土或机拌变态混凝土要分多层施工，干扰大，影响仓面覆盖进度。碾压层厚选为 50 cm，机拌变态混凝土可一次摊铺 50 cm 厚，用高频振动器可以振捣。机拌变态混凝土布浆均匀，有利于防裂。但采用机拌变态混凝土，上游变态区需加宽，机拌变态混凝土宽约 1 m，且机拌变态混凝土和碾压混凝土间仍需用人工插孔、注浆做变态，其宽度约需 50 cm。

3. 上游变态混凝土掺 HF 外加剂增加混凝土坍落度

HF 外加剂当前主要应用于抗冲磨常态混凝土的配制，目前洪口水电站溢洪道正在使用 HF 抗冲磨常态混凝土。HF 外加剂有很好的减水效果，用水量少，对抗压强度增强效果明显。掺 HF 外加剂的常态混凝土,其拌和物比较黏稠,但会缓慢自流动、自密实,坍落度可由 4 cm 缓慢增大到 15 cm,且坍落度损失较小。和掺加常规外加剂的常态混凝土相比,两者都有少量泌水,但掺 HF 外加剂的常态混凝土凝结时间相对短一些。HF 抗冲磨常态混凝土具备自流动性的这一特点,产生了在碾压混凝土坝上游变态混凝土中掺 HF 外加剂,增加混凝土坍落度并增加混凝土强度的设想。

经洪口试验人员试验,在相同胶凝材料、相同骨料、相同用水量的情况下,掺 HF 外加剂的碾压混凝土更黏稠,且具缓慢自流动性,掺常规外加剂的碾压混凝土不具流动性;掺常规外加剂的碾压混凝土初凝时间为 12 h,掺 HF 外加剂的碾压混凝土初凝时间为 7 h。仿变态混凝土施工工况,对掺常规外加剂的碾压混凝土,插孔后泼洒掺 HF 外加剂的浆液进行试验,混凝土坍落度增大不明显。初步分析,采用掺少量 HF 外加剂的变态混凝土,初凝时间能够基本满足仓面覆盖要求。因其混凝土外观更黏稠,略具缓慢自流动性,便于振捣密实,混凝土强度高,更有利于防止上游表面裂缝发生。且因混凝土强度高,模板体系安全更有保证。

**4. 碾压混凝土采用厚层(层厚 50 cm)碾压工艺实施工艺的效益分析**

1)工期效益大于实施工艺增加的投入

以洪口电站这个坝高 130 m、碾压混凝土大于 60 万 m³、发电量为 200 MW、指标一般的碾压混凝土坝工程为例,采用碾压层厚加大的新工艺,砂石、拌和系统投资约需增加 2 000 万元,水平、垂直运输约需增加 1 000 万元,模板体系改造和吊装设备变更约需增加 500 万元,摊铺设备和人工需增加约 200 万元,上、下游变态混凝土工作量增加约 3 万 m³,变态混凝土造价约为 260 元/m³,需增加投入约 800 万元。若采用掺 HF 外加剂的变态混凝土,变态混凝土造价增加约为 20 元/ m³,共需增加约 60 万元。总计需增加投入约 4 600 万元。考虑添置设备和设备改造费用能在多个工程中分摊,按 10 年折旧,以 10 年能建 3 个工程计,每个工程投入约 2 600 万元。

按常规工艺方法施工,碾压混凝土 30 d 升程按 10 m 计,碾压施工工期约需 1 年以上(不计工程防汛度汛),采用碾压层厚加大的新工艺,碾压混凝土 30 d 升程约可达 15 m,碾压施工工期约需 270 d,可节省 90 d 以上,且可在工程防汛度汛上更主动。不计在工程防汛度汛方面的效益,工程总工期应可提前 60 d。洪口发电的效益为每月 2 000 万~3 000 万元,可以说,工期效益将不少于实施工艺增加的投入,但收益一般,且投入费用和产出效益需投资方和施工方共同分担才比较合理。从投资方和施工方作为一个整体的角度而言,考虑添置设备和设备改造费用能在多个工程中分摊,实施工艺增加投入将有较好的收益。

2)采用大粒径骨料

在突破现有拌和系统设备能力情况下,采用大粒径骨料可产生较好的效益。碾压层厚由 30 cm 提高到 50 cm,粗骨料最大许用粒径可由 8 cm 提高到 12~15 cm,从而节省破碎费用,节省胶凝材料,并降低水化热,减少裂缝产生的可能性,但受现有拌和系统设备能力的限制,粗骨料最大许用粒径超过 8 cm,设备损耗大,因而制约了使用大粒径骨料的可能。若拌和设备抗损耗能力能得到改进,或在有条件的情况下采用无动力拌和器,碾压层厚变大的工期加快效益和节省投资效益都会得到体现。

3)在降雨频繁的地区能更好地保证质量

在雨量丰沛、降雨频繁的地区施工,因采用常规碾压层厚工艺施工,浇筑一仓一般需 5~6 d,受降雨影响大,采用加厚的碾压层厚工艺施工,浇筑一仓可能缩短为 3~4 d,受降雨影响相对小,对保证层面结合质量有益。

4)应用前景

对按碾压层厚 50 cm 施工碾压混凝土大坝的工艺,在目前条件下,仅能进行初步的探讨,若能进一步开展技术研究和工程性试验,有效解决技术难点,适当选择风险不大的工程进行实践、示范,其应用前景会更明朗。

### 12.4.3　四级配碾压混凝土试验与应用

#### 12.4.3.1　基本情况

沙沱水电站大为碾压混凝土重力坝,最大坝高 101 m,坝顶全长 631 m,共分为 16 个坝段。在左岸 1#~4#号挡水坝段及右岸 13#~16#号通航及挡水坝段,坝体 330 m 高程以上坝体内部采用 C₉₀15 四级配碾压混凝土,上游面采用 C₉₀20 三级配碾压混凝土及 C₉₀20 三级配变态混凝土防渗。通过对四级配碾压混凝土材料性能的研究及现场生产性试验,经过科学分析论证,四级配碾压混凝土在沙沱水电站重力坝得到成功应用,实践中形成了一套较完善的四级配碾压混凝土设计技术和施工工艺,成功地解决了碾压过程中的关键技术问题。四级配碾压混凝土的研究和应用在碾压混凝土筑坝技术上是一项突破,在国内尚属首次应用。

#### 12.4.3.2　四级配碾压混凝土特点及布置情况

目前,国内外仅在常态混凝土中利用了四级配混凝土,还未进行过碾压混凝土四级配的研究,因为其骨料粒径过大,胶凝材料用量相对较少,坝体结构的物理力学性能、防骨料分离、混凝土的碾压工艺及质量控制措施尚需深入研究,多年来一直未能在工程中得到应用。

四级配碾压混凝土筑坝因增加了碾压层厚(50 cm),减少了胶凝材料用量(水泥 55~60 kg/m³、粉煤灰 75~85 kg/m³),不但能加快坝体施工进度,还能简化温控措施,节约工程投资。结合电站两岸挡水坝段的结构受力和施工进度等实际情况,研究在左、右岸 8 个挡水坝段上部坝体采用四级配碾压混凝土(最大坝高 41 m,共计约 12 万 m³)的可能性,通过大量的结构分析论证、材料及配合比试验,成功地解决了四级配碾压混凝土材料性能和施工工艺的一些关键技术难题。沙沱水电站采用四级配碾压混凝土筑坝,不但具有较好的经济性,而且对提高我国碾压混凝土筑坝技术具有重大意义。

通过大量试验研究并结合重力坝的受力特点,最终在左岸 1#、2#、3#、4#挡水坝段及右岸 13#、14#、15#、16#通航及挡水坝段坝体 330 m 高程以上内部采用 C₉₀15 四级配碾压混凝土,上游面采用 C₉₀20 三级配碾压混凝土及 C₉₀20 三级配变态混凝土防渗,岸坡及坝体下游侧 50 cm 范围内等不便碾压的部位采用 C₉₀15 四级配变态混凝土。

研究表明:四级配碾压混凝土具有碾压层厚、胶凝材料用量少、施工快速和温控措施低的特点,比三级配碾压混凝土每立方米可节约直接投资 20~30 元,可大大降低大体积碾压混凝土的投资,同时可以降低坝体水化热温升,简化温控措施,可为沙沱水电站工程建设节约投资,并为国内同类工程提供借鉴经验。

#### 12.4.3.3　四级配碾压混凝土性能试验成果

为对四级配碾压混凝土筑坝技术提供理论支撑,首先对四级配碾压混凝土的材料、组成和性能进行了系统的试验研究,并与三级配碾压混凝土的配合比参数和性能进行了比较,同时进行了 C₉₀20 三级配和 C₉₀20 三级配变态混凝土的配合比设计和性能的试验研究。

1. 配合比试验成果

四级配碾压混凝土的配合比设计通过四级配碾压混凝土的材料、组成调整和性能试验,力求使四级配碾压混凝土的性能能够满足原来采用三级配碾压混凝土时的技术要求,以达到用四级配碾压混凝土取代三级配碾压混凝土的目的。为了减少级差,同时研究上游坝面用三级配碾压混凝土取代二级配碾压混凝土,三级配变态混凝土取代二级配变态混凝土,岸坡下游坝面三级配变态混凝土由四级配碾压混凝土和四级配变态混凝土取代的合理性。四级配碾压混凝土设计建议配合比见表 12-63。

**表 12-63　沙沱四级配碾压混凝土设计建议配合比**

| 混凝土种类 | 工程部位 | 强度等级 | 级配 | 水胶比 | 粉煤灰掺量/% | 砂率/% | 减水剂/% | 引气剂/% | 材料用量/(kg/m³) | | | | | VC/s | 含气量/% |
|---|---|---|---|---|---|---|---|---|---|---|---|---|---|---|---|
| | | | | | | | | | 水 | 水泥 | 粉煤灰 | 砂 | 石 | | |
| 碾压混凝土 | 迎水面防渗层 | $C_{90}20$ | 三 | 0.5 | 55 | 34 | 0.7 | 0.06 | 78 | 70 | 86 | 750 | 1 487 | 3~5 | 3.5~4.5 |
| | 坝体内部 | $C_{90}15$ | 四 | 0.53 | 60 | 30 | 0.7 | 0.05 | 70 | 53 | 79 | 679 | 1 620 | 3~5 | 2.5~3.5 |
| 变态混凝土 | 上游坝面 | $C_{90}20$ | 三母体 | 0.50 | 0.55 | 34 | 0.7 | 0.06 | 78 | 70 | 86 | 750 | 1 487 | 3~5 | 3.5~4.5 |
| | | | 浆液(6%) | 0.50 | 0.55 | 0 | 0.7 | 0 | 34 | 31 | 37 | 0 | 0 | — | — |
| | 下游坝面 | $C_{90}15$ | 四母体 | 0.50 | 0.55 | 30 | 0.7 | 0.06 | 70 | 63 | 77 | 673 | 1 620 | 3~5 | 3.5~4.5 |
| | | | 浆液(6%) | 0.50 | 0.55 | 0 | 0.7 | 0 | 34 | 31 | 37 | 0 | 0 | — | — |

注:1.最终上坝碾压混凝土配合比可在参考室内试验成果和满足设计要求的基础上进行适当调整。

　2.四级配石子组合比为特大石:大石:中石:小石 = 2:3:3:2,三级配石子组合比为大石:中石:小石 = 3:4:3。

　3.若在胶凝材料中掺加磷矿渣粉,混凝土配合比需进行试验后方可使用。

**2.室内试验成果结论**

(1)四级配碾压混凝土骨料最大粒径为 120 mm,用水量为 70 kg/m³左右。将 $C_{90}15$ 坝体内部三级配碾压混凝土改为四级配,用水量可以减少 8~10 kg/m³,胶凝材料节约 16~20 kg/m³;将 $C_{90}20$ 迎水面防渗层二级配碾压混凝土改为三级配,也可以收到同样的防渗效果。

(2)坝体内部三级配碾压混凝土改为四级配,迎水面防渗层二级配碾压混凝土改为三级配后,其主要设计指标都能满足设计要求,抗压强度有较大富余。

(3)四级配与三级配碾压混凝土全级配大试件相比,导温系数接近,导热系数和比热容略小。四级配与三级配碾压混凝土全级配大试件相比,相对渗透性系数较高,抗渗性能略低。

(4)坝体内部三级配碾压混凝土改为四级配,迎水面防渗层二级配碾压混凝土改为三级配后,可以降低混凝土水化热温升 2.2~2.5 ℃,不仅可以简化温控措施,同时还可加快碾压混凝土的施工进度,具有较大的技术经济效益。

**3.四级配碾压混凝土现场试验成果**

(1)拌和物 VC 值较低时,经振碾后浆体黏滞系数显著降低、游离浆体显著增多,表层拌和物过碾而底部拌和物无法继续增实。四级配碾压混凝土的 VC 值宜取 3~5 s。

(2)振动碾采用小振(激振力 280 kN)工作时,随着碾压层厚增加,四级配碾压混凝土相对压实度显著降低;振动碾采用大振(激振力 395 kN)工作时,随着碾压层厚增加,四级配碾压混凝土相对压实度降低幅度较小。最终碾压参数见表 12-64。

**表 12-64　沙沱水电站大坝四级配碾压混凝土推荐工艺参数**

| 层厚/m | 激振力/kN | VC/s | 碾压遍数 | 行走速度/(km/h) | 相对压实度/% |
|---|---|---|---|---|---|
| 0.5 | 395 | 3~5 | 无振 2 遍+有振 8 遍+无振 2 遍 | 1.0~1.5 | >98.5 |

(3)结合上坝要求,进行了四级配和三级配碾压混凝土同时上升碾压试验,取得了相关的碾压技术参数。当采取上述推荐碾压参数时,四级配碾压混凝土密实度指标大于 98%,且三级配和四级配碾压混凝

混凝土交接部位结合良好。

(4)结合四级配碾压混凝土上坝入仓方式及要求,进行了防骨料分离措施试验研究,试验表明,经过高速皮带机和垂直满管的混凝土卸入自卸车后,骨料分离现象明显,因此自卸车在仓面卸料时,应采用多点交叉卸料法,集中的大骨料靠人工辅助铺洒到未碾压的混凝土上。

(5)四级配碾压混凝土由于含胶凝材料较少,在生产性试验中对冷却水管间距进行了试验分析,冷却水管间距1.5 m,采取了通水与不通水等不同工况的对比,试验表明各种工况下四级配碾压混凝土内部温度变化符合一般规律且在可控范围之内。

### 12.4.3.4　四级配碾压混凝土坝段坝体结构设计

#### 1. 坝体断面设计

设计断面在满足坝体及坝基的稳定和应力控制标准的基础上,在体形上应力求简单,方便施工。

坝体基本断面呈三角形,其顶点定在正常蓄水位附近。坝体上游坝坡优化范围定为1:0~1:0.2,下游坝坡优化范围为1:0.6~1:0.8。断面优化的参数包括上下游坝坡和上游折坡点高程。在满足坝体抗压强度、稳定承载能力极限状态以及满足坝体上下游面拉应力正常使用极限状态的条件下,取单位宽度对坝体断面进行设计。拟定坝体基本断面的参数为:上游坝坡1:0.15,折坡点高程310 m;下游坝坡1:0.75,折坡点高程356.167 m。经分析计算,满足坝体稳定和应力控制要求的坝体各区材料力学指标及抗剪断指标见表12-65。

表12-65　沙沱水电站碾压混凝土力学指标及抗剪断指标

| 强度等级 | 级配 | 抗压强度/MPa | 层面抗剪断参数 | | 层间砂浆标号 |
|---|---|---|---|---|---|
| | | | $f'$ | $c'$/MPa | |
| $C_{90}20$ | 三 | 25.4 | 1.0 | 1.29 | M30 |
| $C_{90}15$ | 四 | 19.6 | 0.91 | 0.97 | M20 |

#### 2. 坝体材料分区设计

在分析坝段的工作条件及应力等设计成果的基础上,结合规范对混凝土特性指标的规定,坝体混凝土应满足强度、抗渗、抗冻、抗侵蚀、抗冲刷、低热等性能方面的要求。根据坝体混凝土的不同部位、不同工作条件及不同特性,同时考虑碾压混凝土坝材料分区力求简单的特点,碾压混凝土龄期选取90 d。对于左右岸坡四级配碾压混凝土坝段,坝体内部采用$C_{90}15$四级配碾压混凝土,上游面采用$C_{90}20$三级配碾压混凝土及$C_{90}20$三级配变态混凝土防渗。岸坡及坝体下游侧50 cm范围内采用$C_{90}15$四级配变态混凝土。沙沱水电站碾压及变态混凝土特性指标见表12-66,四级配碾压混凝土坝段典型断面坝段材料分区见图12-21。

表12-66　沙沱水电站碾压及变态混凝土特性指标

| 混凝土种类 | 强度等级 | 级配 | 抗渗等级 | 抗冻等级 | 抗压弹性模量/GPa | 混凝土容重/(kg/m³) | 28 d极限拉伸值/(×10⁻⁴) |
|---|---|---|---|---|---|---|---|
| 碾压混凝土 | $C_{90}20$ | 三 | W8 | F100 | >30 | ≥2 350 | ≥0.65 |
| | $C_{90}15$ | 四 | W6 | F50 | >30 | ≥2 350 | ≥0.60 |
| 变态混凝土 | $C_{90}20$ | 三 | W8 | F100 | >32 | ≥2 350 | ≥0.65 |
| | $C_{90}15$ | 四 | W6 | F100 | >30 | ≥2 350 | ≥0.60 |

#### 3. 四级配碾压混凝土关键技术

1)摊铺与碾压

碾压层厚度为50 cm,每次摊铺平仓厚度为58 cm左右,三级配与四级配需同步上升。碾压混凝土

图 12-21　沙沱水电站四级配碾压混凝土典型断面坝段材料分区示意图

铺筑层应以固定方向逐条带铺筑;坝体迎水面 8~15 m 范围内,平仓方向应与坝轴线方向平行。严格控制四级配和三级配碾压混凝土的分界线,其误差对于三级配不允许有负值,也不宜大于 30 cm。

施工采用 395 kN 振动碾进行碾压,碾压遍数采用"无振 2 遍+有振 8 遍+无振 2 遍"。核子密度仪采用能够测试 60 cm 深碾压混凝土压实容重的双管核子密度仪,按 7 m×7 m 的网格布点,相对压实度达到 98.5%、每一铺筑层 80% 的试样容重不小于设计值即为合格。

2)防骨料分离措施

四级配碾压混凝土采用自卸车直接入仓时骨料分离现象不明显,四级配碾压区分布在大坝左右两坝肩的挡水坝段,大部分碾压混凝土无法采用汽车直接入仓,施工过程中采用高速皮带机+满管作为四级配碾压混凝土垂直入仓方式,骨料分离现象较明显。在施工中通过不断研究,采取以下措施有效控制骨料分离情况:

(1)增加中转料斗以降低混凝土下落速度,减少四级配碾压混凝土因垂直下落过快产生的骨料分离现象。

(2)垂直满管在输送四级配 RCC 时保持满管内储一半满管容积的碾压混凝土,可降低碾压混凝土垂直落料高度,减少骨料分离。

(3)在满管底部接料后的自卸车卸料时,采用多点卸料法交叉卸料。

(4)通过将骨料卸到已经摊铺好的仓面,利用平仓机将卸料进行推铺翻转,以将骨料二次掺和均匀,并人工辅助将集中的大骨料分散铺洒到未碾压的混凝土上。

3)层间缝面处理

碾压前应在已浇混凝土面上先铺 1 层 1.5~2.0 cm 厚的水泥砂浆,其强度应比碾压混凝土等级高一级,摊铺面积应与浇筑能力相适应,铺后 15 min 内方可在其上铺筑碾压混凝土并继续上升。施工缝及冷缝的层面应采用高压水冲毛或人工凿毛等方法清除混凝土表面的浮浆、乳皮及松动骨料,处理合格后均匀铺 1.5~2 cm 厚的砂浆或铺 5 mm 厚的水泥掺合料浆,其强度应比碾压混凝土等级高一级,在其上摊铺碾压混凝土后,须在砂浆或水泥掺合料浆初凝前碾压完毕。

4)温控设计

三级配、四级配碾压混凝土坝体内部冷却水管布置自成体系。根据现场试验通水冷却技术参数,确定以下原则:

(1)在12月至翌年3月冬季施工中,三级配、四级配碾压混凝土内部采用自然散热降温,不布设冷却管。

(2)高温季节其余施工时段,四级配碾压混凝土冷却水管布置按照间距1.5 m、层距3 m布设,三级配碾压混凝土冷却水管布置按照间距1.5 m、层距1.5 m布设,各时段的通水参数(水温、流量)应根据当时的气温、坝体温度等资料进行动态控制,在确保坝体混凝土内外温差不超过16 ℃的条件下逐步散热降温。

# 12.5   碾压混凝土斜层现场碾压试验

## 12.5.1   斜层平推铺筑法施工概述

碾压混凝土筑坝技术追求的目标一直是以高速度、高效率的经济施工,获得优良的质量,把碾压混凝土筑坝技术的优势充分发挥出来。重力坝混凝土的浇筑能力必须在经济上与工程规模相适应。因此,工程实践中往往存在浇筑能力小而仓面面积大的矛盾,层间间隔时间很难大幅度削减。分仓浇筑的方法极大地限制了混凝土施工高速高效的优势的发挥。

一些大型的碾压混凝土工程实践以及有关的设计、科研及施工单位,都在致力于碾压混凝土施工工艺上的革新,以求更好地解决这一矛盾。

在湖南省澧水江垭水库重力坝的碾压混凝土施工中,从改进碾压混凝土铺筑方式入手,提出了斜层平推铺筑法,并付诸应用。目前,这一施工方法已在一些工程中获得了应用,并取得了良好的效果,但也可能会出现一些问题,有待今后不断地改进和完善。

## 12.5.2   斜层平推铺筑法的基本原理与工艺流程

### 12.5.2.1   斜层平推铺筑法的基本原理

假设一个碾压混凝土浇筑仓面的长度为 $L$,宽度为 $B$,一次连续浇筑的升程高度(一个浇筑块高度)为 $H$,压实层厚度为 $h$,则采用水平铺筑法一次开仓所能控制的最大面积为

$$S_s = L_1 B = E R_m T_0 / h \tag{12-26}$$

式中:$L_1$ 为一次开仓浇筑块长度;$E$ 为碾压混凝土施工综合效率系数;$R_m$ 为混凝土拌和系统的总额定生产能力;$T_0$ 为碾压混凝土拌和物的初凝时间。

可连续浇筑的最大方量为

$$V_s = S_s H = L_1 B H \tag{12-27}$$

若改变浇筑层的角度,使铺筑层与水平面呈 $\alpha$ 角,为3°~6°,斜面坡比为1:20~1:15,进行斜层铺筑,使斜层长度 $L_2 \leqslant L_1$,以满足层间塑性结合的要求(见图12-22)。这种斜层铺筑方法的主要特征是碾压混凝土碾压层面与浇筑块的顶面和底面相交。此外,其操作工艺和作业参数与常规的通仓薄层浇筑法(为便于区别,这里称为水平铺筑法,见图12-23)并无差别。这时一次开仓从图中的一端到另一端连续浇筑的最大方量为

$$V_x = LBH \tag{12-28}$$

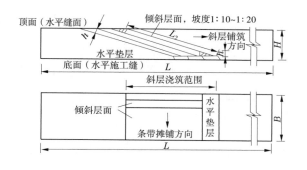

图 12-22　斜层铺筑法示意图　　　　　　　　图 12-23　水平层铺筑法示意图

采用斜层平推铺筑法,浇筑作业面积比仓面面积小,每层需要浇筑的混凝土方量比水平铺筑法小,因此在不改变混凝土生产、运输及浇筑能力的前提下,能够缩短层间间隔时间。通过调整层面坡度,可以灵活地控制层间间隔时间的长短,使之满足施工进度和层间结合质量的要求,特别是只要浇筑的升程 $H$ 和斜层坡度选择合适,即在不增加混凝土生产与运输机械设备配置的前提下,使层间间隔时间大大缩短,甚至远远小于混凝土的初凝时间。这种方法是介于 RCC 通仓薄层铺筑法与 RCD 工法之间的一种铺筑方式。

### 12.5.2.2　斜层平推铺筑法的施工工艺流程

(1)施工放样。与水平铺筑法相比,斜层平推铺筑法难度大。因此,浇筑前应在浇筑块的四周进行测量放样,使每一铺筑层的空间位置和尺寸被一一确定下来。

(2)开仓段仓面清洗,砂浆拌和、运输、摊铺。

(3)开仓段碾压混凝土施工。碾压混凝土拌和后运输到仓面,按规定的尺寸及图 12-24 所示的程序进行开仓段施工。其要领在于减薄每个铺筑层在斜层前进方向上的厚度,并使上一层全部包容下一层,逐渐形成倾斜层面。图 12-24 中的参数 $\alpha$、$l$、$m$ 需根据仓面具体条件和环境因素在每次开仓前确定。沿斜层前进方向每增加一个升程 $h$,都要对老混凝土面(水平施工缝面)进行清洗并铺砂浆,碾压时应注意控制振动碾不能行驶到老混凝土面上,以避免压碎坡脚处的骨料而影响该处碾压混凝土的质量。

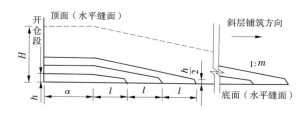

图 12-24　开仓段施工示意图

(4)碾压混凝土斜层铺筑。这是斜层平推铺筑法的核心部分,也是工程量最大的部分,其基本方法与水平铺筑法相同。为了防止坡脚处的碾压混凝土骨料被压碎而形成质量缺陷,施工中应采取预铺水平垫层的办法,并控制振动碾不得行驶到老混凝土面上去。水平垫层与斜层铺筑的程序见图 12-25,施工中按图中的序号顺序进行施工。首先清扫清洗①部位的老混凝土面(水平施工缝面),摊铺砂浆,然后沿碾压宽度方向摊铺并碾压混凝土拌和物,形成水平垫层。水平垫层超出坡脚前缘 30～50 cm,第一次不予碾压,而与下一层的水平垫层一起碾压。宽度 $b$ 由坡比及 $H$ 值确定,在开仓前事先给出。如坡比为 1:15,$H = 3$ m 时,$b = 4.5$ m;接下来进行②部位的斜层铺筑……。如此往复,直至收仓段施工(见图 12-26)。

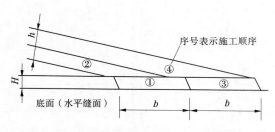

图 12-25　水平垫层及坡角施工示意图

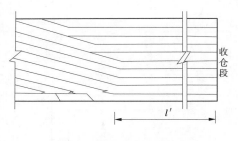

图 12-26　收仓段示意图

(5)收仓段碾压混凝土施工。收仓段施工相对开仓段要简单些,首先进行老混凝土面的清扫、冲洗、摊铺砂浆,然后采用如图 12-26 所示的折线形施工,$l'$ 的选取既要考虑减少设备运行干扰,又要考虑每个折线层间的塑性结合,一般取 8~10 m。浇筑面积越来越小时,水平层和折线层交替铺筑就可满足层间塑性结合的要求。

(6)与上述(3)~(5)工序同时穿插进行的有切缝、模板和结构物周边的常态(变态)混凝土施工及质量检测等工序。

(7)养护、冲毛,进行下一循环的斜层铺筑。

## 12.5.3　采用斜层平推铺筑法的必要性

对于浇筑能力小而仓面面积大的情况,之所以不希望采用逐层铺砂浆的层面处理措施,或者通过分仓浇筑以减小仓面面积,而要采用斜层平推铺筑法,原因如下:

(1)如果把层间间隔时间控制在混凝土拌和物的初凝时间以内,层面结合质量和抗剪能力一般都有可靠的保证。如果超出初凝时间太长,有时即使采用很严格的层面处理措施,也难以达到高坝对抗剪断指标的要求。逐层铺浆的浇筑,实质上是一种把层间间隔时间延长到初凝时间以上的处理措施,以延长层间间隔时间来适应施工。采用斜层平推铺筑法施工,可以控制层间间隔时间的长短。

(2)使用高效缓凝剂延长混凝土拌和物的初凝时间,虽然是一种有效措施,但也存在着一些问题。大幅度降低层间间隔时间,才是提高层间结合质量的最有效、最彻底的措施。

(3)逐层铺浆的做法不经济。对于中等胶凝材料用量的碾压混凝土,每 30 cm 的碾压层面铺 1.50 cm 厚的砂浆或 5 mm 的灰浆,以江垭工程为例,会使单位体积胶凝材料用量增加 8%~9%,单位水泥用量增加 13~15 kg。

(4)逐层铺浆,增加水泥用量,提高混凝土的发热量,对温度控制不利。铺浆还使层面上、下一定范围内的混凝土物理力学性能有所改变,加大了混凝土的不均匀性。

(5)从施工效率上看,逐层铺砂浆或灰浆,会使总体效率大为降低(20%~30%)。

## 12.5.4　斜层平推铺筑法施工要素分析

### 12.5.4.1　斜层平推方向

对于平推方向垂直于坝轴线,即碾压层面从下游倾向上游,碾压混凝土铺筑层面倾向上游,此时只有水平施工缝是从上游贯穿至下游的,其从上游贯穿至下游的碾压层面和施工缝面总数,比常用的水平铺筑法减少了。如果碾压混凝土连续浇筑块高度为 3 m,即 3 m 为一个升程,若压实层厚为 30 cm,则采用常用的水平铺筑法时,从上游贯穿至下游的碾压层面和施工缝面总共有 10 个(含一个水平施工缝);但若采用斜层平推铺筑法施工,则仅有一个水平施工缝(见图 12-27)。若坝高为 210 m,则采用常用的水平铺筑法时,从上游贯穿至下游的碾压层面和施工缝面大约有 700 个;但若采用斜层平推铺筑法施工,则只有 70 个水平施工缝面。

对于平推方向平行于坝轴线,即从一岸向另一岸推进的铺筑方法,碾压层面均是从上游贯穿至下游的。在一个连续浇筑升层内,从表面上看似乎增加了从上游贯穿至下游的碾压层面的数量,但实际上斜层平推铺筑法与水平铺筑法相比,由于斜层铺筑法中的层面长度短,从下游面看,出露下游面的层面总长度并没有变化,位置也没有变化(都在同一个连续浇筑升层内)。只不过对于水平铺筑法,出露下游面的层面是从一岸到另一岸的水平层面;而对于斜层平推铺筑法,则是起于施工缝面,也止于施工缝面(见图 12-28)。

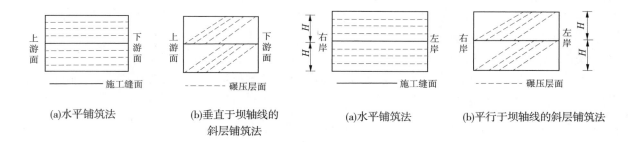

图 12-27　斜层平推动铺筑法与水平铺筑法层(缝)面　　　　　图 12-28　斜层平推动铺筑法与水平铺筑法层(缝)
　　　　　比较示意图(垂直于坝轴线剖面图)　　　　　　　　　　　　　面比较示意图(下游立视图)

### 12.5.4.2　斜层坡度

斜层层面坡度确定的原则应是:便于施工机械在斜坡上进行摊铺、碾压作业,同时所形成的混凝土浇筑层的混凝土量与混凝土生产运输等机械设备的配置能力相适应。江垭工程的场内道路的碾压混凝土路面的浇筑实践表明,摊铺及碾压施工机械在 1:8.7(即 11.5%)的斜坡上能正常施工,驾驶员无明显不适感。在碾压遍数与水平铺筑法施工相同时,混凝土的压实容重无明显减小。因此,若倾斜碾压层面的坡度不大于 1:10,则施工机械能在碾压层面上正常工作并发挥其效率。

另外,斜面坡度越陡,在升程高度一定时,一次摊铺的混凝土量越小,对混凝土生产、运输机械设备的容量配置的要求就越低;若倾斜的碾压层面坡度太小,则起不到减小一次摊铺混凝土量的作用,也就达不到缩短层间间隔时间的目的。因此,斜面坡度在 1:10~1:20 为宜。

### 12.5.4.3　连续浇筑的升程高度(浇筑块高度)

根据每个工程的条件,包括混凝土拌和物的初凝时间,层间允许间隔时间,混凝土生产、运输等机械设备的生产能力,混凝土的温度控制要求,坝体的应力状况等因素,选择合适的升程高度。

湖南江垭、云南大朝山、福建棉花滩、山西汾河二库和湖北清江高坝洲水电站重力坝(二期工程)碾压混凝土施工中,采用的升程高度均为 3 m,就是根据其实际施工条件选择的。

### 12.5.4.4　碾压层厚度与碾压遍数

碾压层厚度及碾压遍数应与混凝土现场碾压试验成果、铺筑的综合生产能力、单位体积碾压混凝土达到设计施工要求的压实度所需的压实能量等因素综合考虑确定。

若两种铺筑方法中的混凝土铺筑层厚相同,则在斜层平推铺筑法中实际压实层的厚度比平层铺筑法厚度大。若平层铺筑法压实层厚度为 $h$ ,则在斜层平推铺筑法中的实际压实层厚度 $h'$ 为

$$h' = h/\cos \alpha \tag{12-29}$$

式中:$\alpha$ 为斜层铺筑法中混凝土铺筑层面与水平面的夹角。

斜层平推铺筑法与平层铺筑法相比,单位体积混凝土获得的压实能量有如下的关系式:

$$E_x = E_s \cos \alpha \tag{12-30}$$

式中:$E_x$ 为斜层平推铺筑法中,单位体积混凝土获得的压实能量;$E_s$ 为平层铺筑法中单位体积混凝土获得的压实能量。

式(12-30)说明,当采用相同的碾压层厚时,斜层平推铺筑法中单位体积混凝土获得的压实能量将小于平层铺筑法中获得的压实能量。当斜层平推铺筑法的铺筑层面的坡比为 1:10 和 1:20 时,即斜层平推铺筑法中单位体积混凝土获得的压实能量比平层铺筑法中获得的压实能量分别减少 0.50% 和 0.12%。因此,可以认为采用与平层铺筑法相同的压实参数(碾压层厚、碾压遍数)可以达到设计施工

所要求的质量标准。

#### 12.5.4.5　斜层面上骨料分离和坡脚处骨料集中

由于斜层平推铺筑法一般采用很缓的坡比(1:10~1:20),即使采用其上限 1:10,斜坡面与水平面的夹角也仅为 5.71°。这个坡度与新拌的碾压混凝土拌和物的自然休止角相比,要小得多,比推土机摊铺过程中形成的碾压混凝土集料堆的坡度小得更多。因此,在这样的缓坡上施工,不会加剧骨料的分离,沿坡脚也不会引起明显的大骨料集中。根据湖南江垭水库、云南大朝山施工现场观察,没有发现斜坡上骨料分离明显加剧,也没有发现骨料沿坡脚明显集中。

#### 12.5.4.6　斜层底部不等厚层问题

对于下部混凝土,如果它与老混凝土面直接接触,骨料会被压碎,应采取在斜层底部预铺水平垫层,避免尖角部位的混凝土与底部老混凝土面直接接触而压碎骨料,且保证三角形碾压密实。

### 12.5.5　一些工程的斜层平推铺筑法试验成果及应用

#### 12.5.5.1　江垭工程

1.斜层平推铺筑法的应用

江垭水库碾压混凝土施工中,提出了斜层平推铺筑法,并付诸应用。从图 12-29 可以看出坝面上摊铺和碾压的情况,图 12-30 是部分钻孔取得的芯样,实践表明,这种新方法具有许多突出的优点,在江垭碾压混凝土重力坝的应用中取得了非常好的效果。

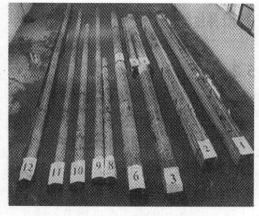

图 12-29　江垭碾压混凝土坝斜层摊铺与碾压　　　　图 12-30　江垭碾压混凝土坝钻芯标本

江垭坝应用斜层平推铺筑法和通仓薄层铺筑法施工,月最高的浇筑量分别达到 12 万 m³ 和 9.95 万 m³;小时最高的浇筑量分别达到 195 m³/h 和 154 m³/h;完成一个全坝 3 m 的升程(混凝土方量 3.5 万 m³ 左右)分别需要 8 d 和 15 d 左右。采用斜层平推铺筑法大大地加快了江垭碾压混凝土坝的施工速度。

2.芯样的质量特性和试验成果

表 12-67~表 12-69 给出了芯样的质量特性和试验成果,由表 12-67~表 12-69 可以看出:

表 12-67　江垭 A2 混凝土抗剪断指标测试成果

| 钻孔时间 | 龄期 | 工况条件 | $f'$ | $c'$/MPa | 试件个数 |
|---|---|---|---|---|---|
| 1997 年 8 月 | 换算为 90 d | 平浇层面 | 0.97 | 0.93 | 15 |
| | | 平浇铺浆层面 | 1.17 | 0.99 | 31 |
| | | 平浇缝面 | 0.97 | 0.90 | 11 |
| 1998 年 3 月 | 实测约 110 d | 平浇层面 | 1.40 | 1.03 | 18 |
| | | 斜浇层面 | 1.27 | 1.15 | 15 |

表 12-68　江垭碾压混凝土芯样获得率和外观质量评定

| 施工方法 | 混凝土种类 | 芯样获得率/% | 各级外观质量百分数/% | | |
| --- | --- | --- | --- | --- | --- |
| | | | 优良 | 合格 | 差 |
| 通仓薄层铺筑法 | A1 | 98.3 | 92.1 | 5.4 | 2.5 |
| | A2 | 97.9 | 70.4 | 19.4 | 10.2 |
| 斜层平推铺筑法 | Al | 98.7 | 96.4 | 1.4 | 2.2 |
| | A2 | 95.7 | 89.8 | 2.8 | 7.4 |

注：A1 强度等级为 C20(90 d)，为上游面二级配防渗体混凝土；A2 强度等级为 Cl5(90 d)，为大坝主体三级配混凝土。

表 12-69　江垭 Al 碾压混凝土压水试验成果

| 施工方法 | 累计百分数/% | | | |
| --- | --- | --- | --- | --- |
| | <0.001 Lu | <0.01 Lu | <0.1 Lu | <1 Lu |
| 通仓薄层铺筑法 | 20.0 | 45.7 | 80.0 | 97.1 |
| 斜层平推铺筑法 | 14.2 | 57.1 | 83.9 | 96.4 |

（1）江垭 A2 混凝土（$C_{90}15$），假设正应力为 2 MPa，平浇层面和斜浇层面的抗剪断强度分别为 3.83 MPa 和 3.69 MPa，两者比较接近，但斜浇层面略低。

（2）通仓薄层铺筑法和斜层平推铺筑法的 A1（$C_{90}25$）混凝土和 A2 混凝土的平均芯样获得率分别为 98.1% 和 97.2%，优良率分别为 81.25% 和 93.2%，斜层平推铺筑法略优。

（3）通仓薄层铺筑法和斜层平推铺筑法压水试验小于 1 Lu 的累计百分率分别为 97.1% 和 96.4%，两者比较接近。

3. 斜层平推铺筑法的优点

通过江垭水平和斜层铺筑施工的比较，后者最突出的优点如下：

（1）在资源配置一定的情况下可以进行大仓面连续施工作业，大幅度提高全套碾压混凝土施工设备的综合效率，通过调整斜面坡度控制层间结合时间取消了横缝模板，既降低了成本，又提高了效率。

（2）对斜层铺筑部位进行钻芯取样及压水试验（见表 12-70），并与水平铺筑法的芯样进行比较，结果发现斜层铺筑法的施工质量总体上明显优于水平铺筑法。于是在坝体 191 m 高程以上，直至坝体高程达 233 m，采用斜层铺筑法施工的碾压混凝土达 43.84 万 m³，占坝体碾压混凝土总量的 51.3%。

表 12-70　江垭水平和斜层铺筑施工钻芯取样及压水试验成果对比（以水平铺筑为 100%）

| 施工方法 | 试件数 | 抗剪断参数 | | 芯样外观 | | 压水试验透水率/[L/(min·m·m)] | | |
| --- | --- | --- | --- | --- | --- | --- | --- | --- |
| | | $f'$ | $c'$/MPa | 优良 | 合格 | $<10^{-4}$ | $<10^{-3}$ | <0.01 |
| 水平铺筑 | 33 | 100 | 100 | 100 | 100 | 100 | 100 | 100 |
| 斜层铺筑 | 15 | 105 | 117 | 128 | 103 | 125 | 105 | 99.3 |

（3）江垭工程水平铺筑的施工强度为 2 484 m³/d，斜层铺筑的强度为 4 390 m³/d（见表 12-71），根据江垭工程的实际应用情况，在同等施工条件下，斜层平推铺筑法的施工速度比通仓薄层铺筑法快 30%~40%；由表 12-72 可知，江垭工程水平铺筑的浇筑成本为 88 元/m³，斜层铺筑的浇筑成本为 48.4 元/m³，后者比前者节约了浇筑成本 39.6 元/m³。

表 12-71　江垭 164~176 m 高程水平和斜层铺筑施工强度对比

| 施工方法 | 数量/万 m³ | 历时/d | 强度/(m³/d) |
|---|---|---|---|
| 水平铺筑 | 15.103 1 | 60.8 | 2 484 |
| 斜层铺筑 | 15.103 1 | 34.4 | 4 390 |

表 12-72　江垭 164~176 m 高程水平和斜层铺筑模板工程量对比

| 施工方法 | 模板总量/m³ | 每方混凝土模板量/m³ | 浇筑成本/(元/m³) |
|---|---|---|---|
| 水平铺筑 | 6 960 | 0.046 | 88 |
| 斜层铺筑 | 4 800 | 0.032 | 48.4 |

#### 12.5.5.2　龙滩工程

**1. 斜层平推法施工要点分析**

龙滩大坝高温时段部分仓面采用了斜层平推法施工。铺筑时,从下游向上游推进,依次形成开仓段、缓坡段和收仓段。向上游推进铺筑面时,斜层坡脚水平段先铺垫 2~3 cm 厚的水泥粉煤灰砂浆,再及时铺一层混凝土,使上层混凝土完全包裹下层混凝土,渐次形成倾向上游、坡度较小的缓坡。缓坡坡度控制在 1:10~1:20,铺料厚度控制在 33~35 cm,压实厚度控制在 30 cm,坡脚前缘尖角要求人工挖除,形成厚度不小于 12~15 cm 的薄层。

**2. 斜层平推法施工碾压混凝土质量评价**

进水口坝段碾压混凝土进行斜层平推法施工,共评定 30 个单元,优良单元 29 个,优良率为 96.7%,所取芯样表面光滑的占 89.6%,表面致密的占 84.9%,骨料分布均匀的占 71.4%,层面完好率为 99.7%,缝面完好率为 96.7%,表明碾压混凝土致密性及骨料分布均匀性均良好,层面结合良好。

**3. 龙滩碾压混凝土坝采用斜层平推铺筑法施工的效益分析**

龙滩大坝夏季连续施工,全坝面分 3 仓浇筑,完成一次摊铺碾压的循环时间斜层平推铺筑法比水平铺筑法缩短近一半。以高程 250 m 处的大坝施工为例,此时坝面面积约 317 万 m²,施工中如果仍采用 3 台塔式布料机布料,在常温季节,碾压混凝土施工可争取大仓面连续作业,以充分发挥设备的效率,且层间间隔时间远小于 6 h。这样就更能充分发挥碾压混凝土快速、高效和经济的效果。

#### 12.5.5.3　**金安桥水电站**

金安桥斜层碾压施工工艺实施效果良好,极大地推动了斜层碾压混凝土施工工艺的应用。

**1. 金安桥大坝斜层碾压混凝土施工的工艺特点**

(1)便于温控。金安桥工地气温高,采用斜层碾压施工工艺相对平层碾压工艺来说,摊铺面积小,每层混凝土的覆盖时间短,从而大大减少了仓面的温度回升,保证了碾压混凝土的质量。

(2)加快进度。采用斜层施工工艺可以实现施工工序间的平行作业,大大缩短了施工准备时间。

(3)破坏程度小。采用平层碾压施工,不可避免地将遭受重型汽车转弯时对已碾压好仓面的严重破坏,但采取斜层碾压时,载重汽车可以在下一层收仓的层面上先调头,然后倒退至碾压层面,从而将对已碾压好层面的破坏程度降低到最小。

(4)层间覆盖时间短。金安桥碾压混凝土最大的仓面面积为 1.8 万 m²,层间允许的间隔时间须在 8 h 以内,高温季节应在 5 h 以内。平层碾压和斜层碾压仓面面积分别达到最大的 1.8 万 m³ 和 8 360 m²,后者仓面面积减小,拌和强度和碾压强度大大降低,缩短了层间间隔时间,工程质量也可以得到保证。

(5)特殊环境适应性强。金安桥汛期在 6~10 月,属高温多雨天气。斜层碾压施工面可将雨水顺利排出,从而保证了工程施工质量。

2. 金安桥大坝斜层碾压中关键环节的处理

斜层碾压中存在仓面污染、坡脚处理等问题,如何合理解决这些问题是保证施工质量的关键。

(1)坡脚处理。为防止坡脚处骨料被压碎而形成质量缺陷,预铺水平垫层(先平层施工)处理。坡脚处理施工步骤见图12-31。

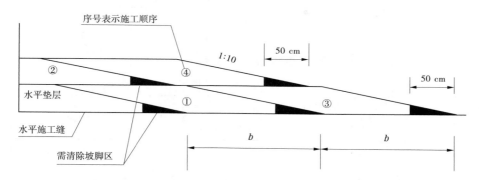

**图 12-31　金安桥大坝斜层碾压坡脚处理施工处理步骤**

(2)坡度控制。根据大坝的仓号面积、拌和楼的生产能力、入仓手段及摊铺碾压设备等的运行状况,将坡度控制在 1:10～1:15。

(3)平层方式。先摊铺水平垫层,后摊铺斜面混凝土,平仓方式从坡顶向坡底进行。斜面混凝土摊铺时下坡脚不得超出水平垫层的外边沿,斜层碾压时同平层外边沿部位一起碾压。

3. 大坝斜层碾压施工混凝土的质量检测

金安桥大坝斜层碾压混凝土在碾压施工过程中进行了密实度检测,当达到混凝土龄期后采用钻孔取芯的方式检查混凝土浇筑的内部质量,芯样长度最长达 15.73 m,最小长度为 0.12 m,芯样平均长度为 0.986 m,芯样断口在施工缝面上的较少。仅有 1 段(孔口段)透水率为 0.899 Lu,其他均在 0.5 Lu 以下;钻孔芯样表观密度最小为 2 580 kg/m³,最大为 2 665 kg/m³,压实度为 98.5%,均满足设计要求。碾压混凝土芯样表面光滑,骨料分布均匀,结构密实,胶结好,气孔少,骨料架空较少。

# 12.6　碾压混凝土碾压工艺试验综合分析

## 12.6.1　碾压工艺试验的意义

碾压混凝土与常态混凝土的最大区别是前者含有层面,它将影响碾压混凝土的一系列物理力学性能(容重、强度、变形性能、耐久性能等)。碾压混凝土与常态混凝土不同之处是通过碾压来使其密实的,各碾压层之间结合面的黏结性能不能使其恢复到本体的性能。碾压混凝土的层面是其薄弱环节,因此碾压混凝土坝是一个含有由众多薄弱结合面和本体组成的层状结构。

碾压混凝土碾压工艺试验包括室内碾压试验和现场碾压试验。室内碾压试验中,可以人物控制和研究各种因素(温度、湿度、层面处理方法等)对碾压混凝土层面性能的影响,而且试验费用较省,已被大量使用,获得了很好的成果。现场碾压试验由于与大坝实际的施工方法、试验设备、碾压混凝土材料与配合比、施工技术及施工人员是完全相同的,是大坝实际施工方法合理性的演习和检查,其试验成果对大坝碾压混凝土性能能否满足设计要求及施工工艺的优化具有重要的意义。

## 12.6.2　投料顺序的研究

各工程要根据设备情况进行投料顺序试验,选择投料顺序要求生产的碾压混凝土强度高,偏差率低。几个工程碾压混凝土拌和投料顺序和拌和时间见表12-73。除龙滩是先投砂+水泥+粉煤灰外,三峡三期围堰、彭水、景洪都是先投大石、中石、小石。拌和时间为 60～150 s。

12-73　　几个工程碾压混凝土拌和投料顺序及拌和时间

| 工程名称 | 级配 | 投料顺序 | 拌和时间/s |
|---|---|---|---|
| 龙滩 | 三 | 砂+水泥+粉煤灰→水+外加剂→小石+中石+大石 | 90 |
| | 二 | 砂+水泥+粉煤灰→水+外加剂→小石+中石 | 90 |
| 三峡围堰 | 三 | 大石、中石、小石→水泥+粉煤灰→外加剂+水、砂 | 150 |
| 彭水 | 三 | 大石、中石、小石→水泥、煤灰→砂→水、外加剂 | 90 |
| | 二 | 中石、小石→水泥、煤灰→砂→水、外加剂 | 90 |
| 景洪 | 三 | 中石、小石→水泥+双掺料→外加剂+水+砂→大石 | |
| | 三 | 大石、中石、小石→水泥+双掺料→外加剂+水、砂 | 60 |
| 高坝洲 | | 小石→中石→水泥→粉煤灰→水→外加剂→砂→大石 | 150 |

## 12.6.3　碾压遍数和压实度

碾压混凝土的压实度是保证混凝土质量的关键,要通过试验确定的最大压实度来确定最优的碾压遍数,一般要求压实度在98%以上。表12-74列出了几个工程碾压混凝土碾压遍数和压实度。碾压厚度一般取30 cm;VC值为1~8 s;碾压遍数以无振2遍+有振8遍+无振2遍比较多;实测压实度一般可达98%以上。

表12-74　　几个工程碾压混凝土碾压遍数和压实度

| 工程名称 | 碾压设备 | 碾压厚度/cm | VC/s | 碾压遍数 | 要求压实度/% | 实测压实度/% |
|---|---|---|---|---|---|---|
| 龙滩 | BW202AD | 30 | 5.2~7.5 | 无振2遍+有振8遍 | 98 | 99.1~99.3 |
| 高坝洲 | BW2200 | 30 | 6~10 | 振动碾压12~14遍 | 98 | |
| 江垭 | BW202AD | 30 | 5~8 | 无振2遍+有振6~8遍 | 98 | |
| 彭水 | BW2200 | 30 | | 无振2遍+有振8~10遍 | 98 | 99.8~99.4 |
| 景洪 | | | 1~3 | 无振2遍+有振8遍+无振2遍 | 98 | |

在黄花寨水电站进行了层厚100 cm、75 cm和50 cm碾压混凝土现场试验;在马堵山水电站进行了厚层100 cm碾压混凝土现场试验及检测仪器对比测试;在洪口水电站进行了碾压混凝土按层厚50 cm碾压施工试验;在沙沱水电站进行了四级配碾压混凝土试验($D_{max}$=120 mm,碾压层厚50 cm),都取得了一些成果。如果今后能增加碾压设备,加大混凝土的碾压层厚,不但可以大大加快施工进度,而且由于层面的减少,还可以提高混凝土的质量。

## 12.6.4　斜层平推铺筑法施工

斜层平推铺筑法实质上是一种把层间间隔时间延长到初凝时间以上的处理措施,以延长层间间隔时间来适应施工。采用斜层平推铺筑法施工,可以灵活地控制层间间隔时间的长短。特别是在高气温或干燥(相对湿度小)多风的环境条件下,表层混凝土的变化会更加迅速和剧烈,层面结合质量会明显下降。大幅度降低层间间隔时间,才是提高层间结合质量的最有效、最彻底的措施。斜层平推铺筑法可以兼顾质量、经济、效率等几个方面,既可以获得优良的质量,又能够加快施工速度提高施工效率,同时也使施工更为经济。

斜层平推铺筑法已在江垭、龙滩、景洪、光照、汾河二库、金安桥等一系列碾压混凝土大坝施工中获得了广泛应用,取得了很好的效果。从斜层平推铺筑法施工的碾压混凝土中取得的芯样表明:芯样外观质量和容重、芯样获得率、芯样的抗压强度、芯样抗剪断强度、芯样压水试验透水率等混凝土性能指标都不低于甚至略优于平层施工的碾压混凝土。

# 参考文献

[1] 姜福田.碾压混凝土[M].北京:中国铁道出版社,1991.

[2] 方坤河.碾压混凝土材料、结构与性能[M].武汉:武汉大学出版社,2004.

[3] 杨华全 任旭华 碾压混凝土的层面结合与渗流[M].北京:中国水利水电出版社,1999.

[4] 涂传林,孙君森,周建平.八五国家重点科技攻关项目《85-208-04-04:龙滩碾压混凝土重力坝结构设计与施工方法研究》专题总报告[R].长沙:电力工业部中南勘测设计研究院,1995.

[5] 孙恭尧,林鸿镁.九五国家重点科技攻关项目《96-220-01-01:高碾压混凝土重力坝设计方法的研究》专题研究报告[R].长沙:国家电力公司中南勘测设计研究院,2000.

[6] 孙恭尧,王三一,冯树荣.高碾压混凝土重力坝[M].北京:中国电力出版社,2004.

[7] 涂传林,何积树,金庭节,等.龙滩大坝碾压混凝土现场碾压试验研究[J].中南水力发电,1998(3).

[8] 袁宝珠.生卫民.龙滩水电站大坝工程 LT/C-Ⅲ标混凝土配合比试验报告[R].河池:广西龙滩水电站七局八局葛洲坝联营体,2004.

[9] 杨康宁.江垭大坝坝体碾压混凝土钻孔测试[J].水力发电,1999(7).

[10] 广西龙滩水电站七局八局葛洲坝联营体.龙滩碾压混凝土重力坝施工与管理[M].北京:中国水利水电出版社,2007.

[11] 方国建,袁宝珠.龙滩水电站大坝工程 LT/C-Ⅲ标第一次碾压混凝土工艺性试验报告[R].河池:广西龙滩水电站七局八局葛洲坝联营体,2004.

[12] 方国建,袁宝珠.龙滩水电站大坝工程 T/C-Ⅲ标第二次碾压混凝土工艺性试验报告[R].河池:广西龙滩水电站七局八局葛洲坝联营体,2004.

[13] 王述银.龙滩水电站碾压混凝土现场原位层间接触面抗剪强度试验研究总报告[R].武汉:长江科学院,2005.

[14] 姜荣梅,冯炜.层面与尺寸效应对全级配碾压混凝土力学性能的影响[J].水力发电,2007(4).

[15] 杜三林.彭水大坝碾压混凝土现场试验研究[J].人民长江,2007(2).

[16] 张湘涛,马经春.景洪电站双掺料碾压混凝土现场工艺试验[J].葛洲坝集团科技,2009,3(1).

[17] 李春敏,刘树坤.马堵山水电站厚层碾压混凝土现场试验及检测仪器对比测试成果[J].水利水电技术,2009(1).

[18] 陈振华,刘涛.浅谈碾压混凝土按层厚50厘米碾压施工的可行性[J].水利科技与经济,2008(4).

[19] 张海超,姚元成.四级配碾压混凝土在沙沱水电站中的设计及应用[J].贵州水力发电,2012(2).

[20] 李家正,林育强,杨华全,等.乌江沙沱水电站四级配碾压混凝土材料、组成与性能试验研究报告[R].武汉:长江科学院,2009.

[21] 林育强,李家正.乌江沙沱水电站四级配碾压混凝土工艺性试验研究报告[R].武汉:长江科学院,2011.

[22] 孙秀春.江垭大坝碾压混凝土施工技术[J].东北水利水电,2005(2).

[23] 肖桂梅,徐利君.江垭大坝碾压混凝土斜层铺筑法效果分析[J].吉林水利,2005(9).

[24] 马岚,杜志达.江垭水利枢纽大坝碾压混凝土施工[J].水力发电,1997(7).

[25] 黄锦波,余晓东.龙滩大坝左岸坝段碾压混凝土施工技术[J].水利水电技术,2006(7).

[26] 李翼.龙滩水电站水工碾压混凝土的质量控制要点[J].水电站设计,2006(3).

[27] 林鸿镁.龙滩大坝碾压混凝土施工问题的研究[J].红水河,2022,21(2).

[28] 郝文旭,雷绍华,王彦宏.金安桥 RCC 大坝斜层碾压混凝土施工工艺研究[J].四川水力发电,2009(8).

# 第13章　有层面碾压混凝土物理力学性能

## 13.1　概　述

### 13.1.1　有层面碾压混凝土的主要特点

　　黏结良好的层面具有和大体积混凝土一样的性质(如抗拉、抗压、抗渗、抗剪断等),但如果层面结合不好,层面间的抗拉强度和黏聚力会显著变小,甚至会形成渗漏通道。研究碾压混凝土层面的结合机制,确定影响层面结合质量的力学指标体系,进而综合分析施工层面结合质量的影响因素及其影响程度,并提出确保层面结合质量的指标体系,以及相应的层面处理技术措施对确保大坝的快速优质施工具有十分重要的意义。

　　从1988年开始,我国结合水电站大坝的建设展开了碾压混凝土层间结合问题研究,得出的一般性结论是:①层面对碾压混凝土抗压强度的影响不显著,与无层面的本体相比,抗压强度降低幅度仅为5%~8%;②层面暴露时间对层间抗拉强度有显著性影响,暴露时间越长,轴拉强度降低越大;③层间黏聚力的变化幅度要比抗滑摩阻力大得多,抗滑摩阻力主要受碾压混凝土本身性能影响,而黏聚力既受材料性能和配合比影响,又受施工过程影响;④层面暴露时间对碾压混凝土层间的抗渗性有显著影响,暴露时间越长,其抗渗性越差。

### 13.1.2　碾压混凝土凝结时间及对层面黏结特性的影响

#### 13.1.2.1　凝结时间对碾压混凝土性能和施工的重要性

　　室内和现场试验结果表明,当下层碾压混凝土未达初凝时,在正常条件下浇筑上层碾压混凝土,其层面性能与碾压混凝土的本体性能差别不大。在下层碾压混凝土初凝后,随着水化产物的大量生成,水泥浆结构在凝聚结构的基础上形成凝聚——结晶结构网,粒子之间的相互作用力不是范德华分子力,而是化学键力或次化学键力。所以,结晶结构破坏以后不具有触变复原的性能。这种结构的形式是依靠水化产物粒子间的交叉结合,或者依靠粒子界面上晶核衍生的结果,在此期间,如果直接在上面浇筑上层碾压混凝土,将显著降低层面的性能,尤其是层面的抗拉性能、抗剪断性能和抗渗性能。此时,上下层之间将不再能够完全结合成一个整体,形成近似的平面接触,使得层面性能显著降低。因此,碾压混凝土浇筑时,研究和现场判定碾压混凝土的凝结时间(初凝和终凝),从而确定层面直接铺筑允许间隔时间和层面处理方法具有重要的意义。

#### 13.1.2.2　碾压混凝土凝结时间的测定及影响因素分析

　　1. 碾压混凝土胶砂的凝结时间与贯入阻力的关系及测定方法

　　1)凝结时间与贯入阻力的基本关系与测定方法

　　混凝土的凝结表现在加水后水泥胶凝体由凝聚结构向结晶网状结构转变时有一个突变,这一理化现象被多种物理量测定表现出来以测定碾压混凝土的凝结过程,通常选用贯入阻力法比较方便。

　　碾压混凝土凝结时间测定方法是借用普通混凝土凝结时间测定的贯入阻力法。两者的区别在于:①普通混凝土初凝时间测针直径为11.2 mm(面积100 mm$^2$),碾压混凝土初凝和终凝时间测定采用统一测针,直径5 mm(面积20 mm$^2$);②普通混凝土初凝时间由贯入阻力为3.5 MPa的点确定(见《水工混凝土试验规程》(DL/T 5150—2001)和(SL 352—2006),具体方法是:以贯入阻力为纵坐标,测试时间为横坐标,绘制贯入阻力与时间关系曲线。以3.5 MPa及28 MPa画两条平行横坐标的直线,直线与曲线交点对应的横坐标值即为初凝时间与终凝时间。而碾压混凝土初凝时间由贯入阻力-历时关系直线的拐点确定[见《水工碾压混凝土试验规程》(SL 48—1994)]。室内测定碾压混凝土初凝时间的具体方法是:以贯入阻力为纵坐标,以砂浆拌和加水至测定贯入阻力时所经历的时间为横坐标,将测试结果点绘于图上。根据测点的具体分布情况,在转折点处将测点分为两组。用最小二乘法或平均法将两组测点分别用直线方程表示,两直线的交点对应的时间即为混凝土拌和物的初凝时间。从贯入阻力-历时关系第二段直线上查得贯入阻力为 27.5 MPa 对应的时间为该碾压混凝土拌和物的终凝时间。

2)施工现场测定碾压混凝土初凝时间

利用现场初凝时间测定仪进行测试:将碾压混凝土拌和物室内试验初凝时对应的贯入阻力扣除现场初凝时间测定仪承重盘及滑杆质量作为现场施测时的附加压重,测定砂浆试样在已知贯入压力作用下 10 s 的贯入深度。从碾压混凝土拌和加水至贯入深度为 25 mm 所经历的时间即为碾压混凝土拌和物在当时环境条件下的初凝时间。当贯入深度大于或小于 25 mm 时,即表示拌和物未初凝或已超过初凝时间。

利用手持式现场初凝时间测定仪进行测试:通过手把徐徐加压,使测针在 10 s 内贯入砂浆 25 mm,从贯入阻力显示屏(或显示表)上读记施测过程中的最大贯入阻力。当最大贯入阻力达到碾压混凝土拌和物室内初凝时对应的贯入阻力时所经历的时间即为该碾压混凝土拌和物在当时环境条件下的初凝时间。

3)贯入阻力仪的改进

由于测定碾压混凝土贯入阻力的测针直径变小(面积相差 5 倍)。将普通常态混凝土贯入阻力仪(分辨率为 5 N)用于测定碾压混凝土贯入阻力,显然其精度是不够的,为此,研制了高精度贯入阻力仪。该仪器分辨率比普通混凝土贯入阻力仪高 50 倍。用高精度贯入阻力仪测定 12 个碾压混凝土配合比,贯入阻力与历时关系见图 13-1。图的特征是:贯入阻力-历时关系由两段直线组成,水化初期贯入阻力值较低,增长速度也较缓慢,至一定历时,直线出现一个拐点,直线斜

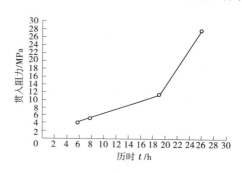

图 13-1　碾压混凝土贯入阻力-历时关系

率变陡,增长速率增加,按常规,出现拐点的历时称为初凝时间,贯入阻力达到 28 MPa 的历时称为终凝时间。因此,可以准确地测定不同历时贯入阻力值,以显示碾压混凝土凝结状态的变化。JFT-21 型 1 000 N 高精度贯入阻力仪见图 13-2,技术规格为:额定荷载 1 000 N,测力精度±1%,分度值 0.1 N。

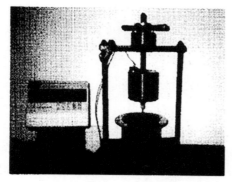

(a)JFT-21型1 000 N高精度贯入阻力仪

(b)JFT-11型500 N手持贯入阻力仪

图 13-2　测定碾压混凝土凝结时间的贯入阻力仪

碾压混凝土初凝时间只是根据水泥胶凝材料水化过程中,由凝胶变为结晶时物理量突变来确定的,没有考虑层间亲合力,与层面力学特性和渗流特性变化没有直接联系,显然用初凝时间来控制层面质量

是不够全面的。从多个工程试验得出,贯入阻力与层面特性密切相关,胶砂贯入阻力低于 5 MPa 时,层面轴拉强度和黏聚力下降不超过 15%。由此提出以贯入阻力为 5 MPa 对应的时间作为层面直接铺筑允许间隔时间。

普通混凝土初凝时间的确定也不是找出拐点,而是通过施工现场对混凝土进行振捣试验,用振捣棒插入混凝土中能出浆,拔出不留孔为准,此时砂浆的贯入阻力为 3.5 MPa。因此,美国 ASTMC403 规范规定,普通混凝土初凝时间相对应的贯入阻力值为 3.5 MPa。

2. 贯入阻力与层面特性的影响因素分析

层面砂浆的贯入阻力与层面特性的关系是通过贯入阻力–历时关系(见图 13-1)、黏聚力–历时关系[见图 13-3(a)]和轴拉强度–历时关系[见图 13-3(b)]三者联系起来的。在没有对层面进行处理的情况下,根据岩滩、普定、大广坝、大朝山、龙滩等工程的层间间歇时间与黏聚力关系和层间间歇时间与轴拉强度关系分别建立了图 13-3(a)和图 13-3(b)。从图 13-3 中可以看出,随着层间间歇时间的增加,贯入阻力增加,而轴拉强度、黏聚力和抗渗性能则降低,相应的层面抗剪断性能也会降低,这是已被多个工程试验证明的一个事实。从设计角度来看,可以提出一个允许降低的下限,在此下限以上,层面的各项性能是能够被大坝结构安全所接受的,以此下限作为层面质量控制标准。

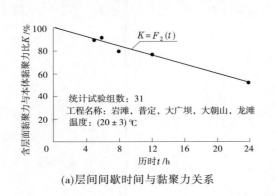

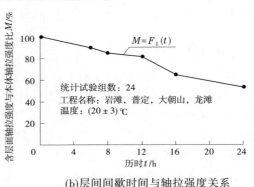

(a)层间间歇时间与黏聚力关系　　　　　　　　(b)层间间歇时间与轴拉强度关系

**图 13-3　层间间歇时间与黏聚力和轴拉强度关系**

现场仓面环境状况均影响层面砂浆的贯入阻力值。其表达式为

$$R = f(t, T, h, V, S) \tag{13-1}$$

式中:$R$ 为贯入阻力,MPa;$t$ 为历时,h;$T$ 为温度,℃;$h$ 为环境相对湿度,%;$V$ 为环境风速;$S$ 为环境日照烈度。

在标准试验条件下,$T$、$h$、$V$ 和 $S$ 均为常量,图 13-1 拐点前第一条直线可表示为

$$R = f(t) \tag{13-2}$$

同理,图 13-3 在标准试验条件下有

$$M = F_1(t) \tag{13-3}$$

$$K = F_2(t) \tag{13-4}$$

式中:$M$ 为含层面轴拉强度与本体轴拉强度比,%;$K$ 为含层面黏聚力与本体黏聚力比,%。

连续浇筑的碾压混凝土,如果坝体结构设计安全系数认可层面各项性能比本体降低 15% 是可以接受的,由图 13-3 曲线上可以得到降低 15% 所对应的历时 $t_0$(两者选小者)。由 $t_0$ 查图 13-1,可得到贯入阻力 $R$ 值,此值就是现场层面质量控制限值,超过此限值则不允许连续浇筑,层面应进行处理。对于每个工程,特别是大型工程,应建立自己的如图 13-3 所示曲线等,作为现场层面质量控制限值 $t_0$ 和 $R$。

3. 层面特性对碾压混凝土性能影响的一般分析

由于立方体试件端面约束,试件破坏呈锥形,试件中部留下一个未完全破坏的锥形体,而层面就在此锥形体内,所以层面对抗压强度的影响不明显,与碾压混凝土本体相比,层面抗压强度降低不超过 5%~8%,可不予以考虑。

层面外露时间对含层面碾压混凝土轴拉强度有显著性影响,外露时间愈长,轴拉强度降低愈多。历时 8 h 含层面碾压混凝土轴拉强度比本体降低 15%,历时 24 h 降低 45%(见图 13-3)。

试验表明,层面上的黏聚力变化幅度要比抗滑摩阻力大许多。澳大利亚卡舟古朗坝(Cadiangnllong Dam)在坝体上钻取芯样进行直剪试验表明,芯样黏聚力的变异系数为 0.33,比摩擦系数的变异系数大 83%。根据对龙滩、江垭、普定、棉花滩等 8 个工程 36 组大坝芯样抗剪断试验数据的统计,得摩擦系数 $f' = 1.312$,黏聚力 $c' = 2.803$ MPa,离差系数 $C_{v,f} = 0.167$,$C_{v,c'} = 0.382$,后者比前者大 129.3%。根据对龙滩、光照、彭水、铜街子、宝株寺、乐滩、水口、岩滩、景洪、皂市和金安桥等 11 个工程的 158 组现场原位抗剪断参数($f'$、$c'$)的统计,抗剪断参数离差系数($C_v$)值:$C_{v,f}$ 变化范围为 0.08~0.25,平均值为 0.144;$C_{v,c'}$ 变化范围为 0.08~0.41,平均值为 0.26,后者比前者大 80.5%。

按贯入阻力值等于 5 MPa 决定的直接铺筑允许间歇时间浇筑的含层面碾压混凝土,层面影响系数试验结果见表 13-1。由表 13-1 可知,层面对轴拉强度和黏聚力的影响比层面对抗压强度的影响要大一些。

**表 13-1　直接铺筑允许间歇时间浇筑的含层面碾压混凝土层面影响系数试验结果**

| 贯入阻力值等于 5 MPa 对应的历时/h | 层间间歇时间/h | 抗压强度试验 | | 轴拉强度试验 | | 黏聚力试验 | |
|---|---|---|---|---|---|---|---|
| | | 试件尺寸/cm | 层面影响系数 | 试件尺寸/cm | 层面影响系数 | 试件尺寸/cm | 层面影响系数 |
| 8.0 | 8.0 | 15×15×15 | 0.95 | 10×10×55 | 0.85 | 15×15×15 | 0.85 |
| 6.0 | 6.0 | 30×30×30 | 0.92 | $\phi$ 30×90 | 0.86 | | |

有层面碾压混凝土的抗渗性能将降低。姜福田根据大广坝和龙滩的一些抗渗等级试验结果认为,层面间隔超过 8 h 以后,抗渗等级明显下降,当层面间隔时间不超过 8 h 时,不论室内成型试件或是现场钻取芯样,渗透系数均达到 $10^{-11} \sim 10^{-9}$ cm/s 数量级,满足国外重力坝坝高 200 m 级设计标准。应该指出,这一结果有待更多试验资料的认证。

### 13.1.2.3　现场检控层面质量的方法

1. 贯入阻力控制值的选定

1)经验统计法

文献[18]根据取自岩滩、普定、大广坝、大朝山和龙滩 5 个工程试验资料统计数据,假定层面各项性能降低 15% 时,贯入阻力 $R = 5$ MPa,根据仓面实测贯入阻力-历时关系曲线,由贯入阻力为 5 MPa 的点确定层面直接铺筑允许时间。

2)实际测定法

对大型重要工程,必须采用工程材料和结合工程实际工况,按下述步骤确定层面贯入阻力控制值:①拌制施工配合比碾压混凝土,测定以下各项:贯入阻力-历时关系;不同历时,含层面碾压混凝土轴拉强度、黏聚力和渗透性与本体的关系。②确定层面各项性能允许降低值和层面贯入阻力控制值。

现场仓面的环境条件比室内标准试验条件复杂得多,气温、日光直射、风速变化加剧了水分蒸发,表面遮盖、喷雾等一系列不确定条件均影响层面浆体的贯入阻力值,但是,不论外界条件如何变化,同一碾压混凝土拌和物浆体对外力的阻抗能力应该是基本一致的。

2. 现场测定层面贯入阻力的方法

(1)从运到施工现场的碾压混凝土拌和物中筛取砂浆试样 40 L。

(2)在平仓后的碾压混凝土层某一预定位置挖取面积为 40 cm×40 cm、深 20 cm 的坑,将砂浆分两层装入试样坑内,每层插捣 40 次,刮平试样,表面略高出碾压混凝土表面。

(3)将砂浆表面覆盖一层尼龙编织布,然后砂浆试样与混凝土拌和物一起承受振动碾压,碾压制度按碾压混凝土碾压规定进行。碾压完毕后,除去覆盖编织布,与碾压混凝土暴露在相同外界环境中。

(4)按不同时间间隔(以碾压混凝土拌和物加水搅拌时开始计时)分次用手持式贯入阻力仪测定现场砂浆试样的贯入阻力值。

(5)测试时,两手持阻力仪,保持测针竖直,将测针端部与砂浆试样表面接触,通过手柄徐徐加压,使测针在 10 s 内贯入砂浆 25 mm,即测针顶端 25 mm 有一环刻印与层面浆体齐平,此时仪表上显示的荷载为最大贯入阻力。然后将测针徐徐拔出,阻力仪水平放置在平稳处。

(6)每次在砂浆试样上测定贯入力时,按照先周边后中心的顺序进行,测点间距离应不小于 25 mm。

(7)当实测层面贯入阻力大于控制值(按经验统计法选用贯入阻力 $R = 5$ MPa)时,即超过规范规定"直接铺筑允许时间",应通知施工单位中止直接铺筑,进行层面处理。

### 13.1.3　碾压混凝土层面处理材料和处理方法

#### 13.1.3.1　层面结合方式和处理技术

(1)层面不处理(热升层),即层间间隔时间小于初凝时间。在下层混凝土上直接铺筑上层混凝土,层间胶凝材料含量与混凝土本体一样,层间结合质量最好,且不会增加发热量。根据对上述龙滩等工程的碾压混凝土层面抗剪断试验,共获得 158 组现场原位抗剪断参数( $f'$ 、 $c'$ )的统计值(见 14.10 节):层面不处理(热缝),抗剪断参数的平均值 $f' = 1.33$, $c' = 1.98$ MPa;层面处理(温缝与冷缝),抗剪断参数的平均值 $f' = 1.28$, $c' = 1.83$ MPa;前者分别是后者的 104% 和 108.2%。说明碾压混凝土层面在热缝状态下浇筑,即使层面不处理也比在温缝与冷缝状态下浇筑对层面进行处理的抗剪断参数要高一些。

(2)层面铺胶凝材料净浆、水泥砂浆。它适合暖升层的情况,即层间间隔时间处于初凝临界状态。在层面上铺胶凝材料净浆、水泥砂浆及垫层细骨料混凝土三种处理方式中,从提高层面结合强度方面考虑,选择铺胶凝材料净浆、水泥砂浆的方式更有效。

(3)层面铺胶凝材料净浆、水泥砂浆(或一级配混凝土)和层面冲毛或凿毛处理的组合。层面铺浆前作冲毛或凿毛处理,能增大上下层碾压混凝土物料间的结合面积,提高上下层骨料间的咬合程度,进而有效提高层面结合强度,故对施工间歇缝面在铺浆前应对层面先作冲毛或凿毛处理。

#### 13.1.3.2　碾压混凝土层面处理材料实例

在碾压混凝土的施工过程中,施工缝及异种混凝土结合部位的处理常使用接缝砂浆或小骨料(5~10 mm)混凝土进行处理。龙滩水电站结合部位的处理采用接缝砂浆或一级配(5~20 mm)混凝土。一级配混凝土坍落度控制在 9~11 cm,砂浆稠度控制在 10~12 cm。一级配混凝土及接缝砂浆的粉煤灰掺量均与碾压混凝土相同,其强度等级较碾压混凝土等级高一级。龙滩碾压混凝土层面接缝砂浆与小骨料混凝土试验结果见表 13-2、表 13-3,接缝砂浆和小骨料混凝土水胶比与 28 d 抗压强度回归关系见表 13-4。

**表 13-2　龙滩碾压混凝土层面接缝砂浆配合比和性能试验结果**

| 层面接缝砂浆配合比参数和材料用量 | | | | | | | 层面接缝砂浆主要性能 | | | |
| 粉煤灰掺量/ % | ZB-1 RCC15/ % | 水胶比 | 材料用量/(kg/m³) | | | | 稠度/ cm | 密度/ (kg/m³) | 抗压强度/MPa | |
| | | | 水 | 水泥 | 粉煤灰 | 砂 | | | 28 d | 90 d |
| 65 | 0.30 | 0.50 | 205 | 144 | 266 | 1 543 | 8.6 | 2 158 | 14.9 | 26.4 |
| | | 0.45 | 210 | 164 | 303 | 1 513 | 8.9 | 2 190 | 17.7 | 29.2 |
| | | 0.40 | 215 | 188 | 350 | 1 527 | 8.7 | 2 220 | 22.8 | 34.4 |
| 58 | 0.30 | 0.45 | 215 | 201 | 277 | 1 488 | 8.8 | 2 181 | 22.1 | 27.8 |
| | | 0.40 | 220 | 230 | 319 | 1 446 | 8.8 | 2 216 | 26.1 | 33.7 |
| | | 0.35 | 230 | 276 | 381 | 1 312 | 7.8 | 2 199 | 33.7 | 42.2 |
| 53 | 0.30 | 0.45 | 220 | 230 | 259 | 1 448 | 10.0 | 2 157 | 23.7 | 29.1 |
| | | 0.40 | 225 | 264 | 298 | 1 415 | 9.6 | 2 202 | 28.2 | 35.1 |
| | | 0.35 | 240 | 322 | 364 | 1 291 | 8.5 | 2 217 | 35.7 | 47.3 |

表 13-3　龙滩碾压混凝土层面小骨料混凝土配合比试验结果

| 层面小骨料混凝土配合比参数和材料用量 | | | | | | | 层面小骨料混凝土主要性能 | | | |
|---|---|---|---|---|---|---|---|---|---|---|
| 粉煤灰掺量/% | ZB-1 RCC15/% | 水胶比 | 砂率/% | 主要材料用量/（kg/m³） | | | 稠度/cm | 含气量/% | 抗压强度/MPa | |
| | | | | 水 | 水泥 | 粉煤灰 | | | 28 d | 90 d |
| 65 | 0.10 | 0.50 | 45 | 165 | 115 | 215 | 9.6 | 3.45 | 15.7 | 25.8 |
| | | 0.45 | 44 | 170 | 132 | 246 | 9.3 | 3.00 | 17.5 | 30.3 |
| | | 0.40 | 43 | 175 | 153 | 285 | 7.9 | 3.20 | 19.5 | 36.0 |
| 58 | 0.10 | 0.45 | 44 | 173 | 161 | 223 | 9.5 | 3.25 | 21.2 | 35.4 |
| | | 0.40 | 43 | 180 | 216 | 234 | 11.5 | 3.15 | 24.6 | 41.6 |
| | | 0.35 | 42 | 188 | 258 | 279 | 7.0 | 2.80 | 32.1 | 44.8 |

表 13-4　龙滩碾压混凝土层面接缝砂浆和小骨料混凝土水胶比与 28 d 抗压强度关系式

| 类别 | 粉煤灰掺量/% | 组数 | 回归关系式 | R |
|---|---|---|---|---|
| 接缝砂浆 | 53 | 3 | $R_{28} = 19.00(C+F)/W - 18.80$ | 0.997 |
| | 58 | 3 | $R_{28} = 18.41(C+F)/W - 19.21$ | 0.994 |
| | 65 | 3 | $R_{28} = 15.90(C+F)/W - 17.17$ | 0.995 |
| 小骨料混凝土 | 65 | 3 | $R_{28} = 7.58(C+F)/W + 0.57$ | 0.999 |

注：$C$ 为水泥用量，$F$ 为粉煤灰用量，$W$ 为用水量，单位都是 kg/m³。

### 13.1.3.3　影响层面胶结材料性能的主要因素

（1）水胶比。施工过程中，应该对由配合比试验确定的胶凝材料配合比（主要是水胶比）做适当的调整，以适应气温、降雨、大气相对湿度、风速及太阳辐射等环境因素的变化。

（2）强度等级。层面上胶结材料的强度等级和剪断面上的起伏角是影响层面结合强度的重要因素。从提高层面的强度考虑，把层面上胶结材料的强度等级提高一级（可有效地提高层面抗拉强度和抗剪强度）是一种较可取的方法。

（3）粉煤灰掺量。应做到在确保层面结合强度的同时兼顾碾压混凝土的温度控制。在可能出现拉应力的部位，胶凝材料中的粉煤灰掺量不宜过高。

（4）VC 值。碾压混凝土的 VC 值一般以 3~8 为宜。

## 12.1.4　龙滩施工阶段碾压混凝土凝结时间和层间允许间歇时间实例分析

龙滩地区从 4 月开始进入次高温和高温季节，而且一直持续至 9 月末，其中尤以 6~8 月温度最高。根据多年气象资料统计，实测最高温度可达 38.9 ℃，高温时段的碾压混凝土连续施工是龙滩工程的关键技术问题。因此，研究各种因素对碾压混凝土层间结合特性的影响，建立科学的质量控制标准，可以在碾压混凝土施工过程中更合理地控制层面间歇时间，并采取适当的处理方式，更好地发挥碾压混凝土筑坝的优势。

### 12.1.4.1　碾压混凝土凝结时间测定

1. 凝结时间测定用的碾压混凝土试验配合比

凝结时间试验用的配合比选择了大坝下部的 $C_{90}25$ 和大坝上部的 $C_{90}15$ 两种碾压混凝土。以此为基准，根据减水剂的减水效果，保持 VC 值不变，每种高效缓凝减水剂，选择 0.5%、0.75%、1.0% 和 1.5% 四种掺量，进行凝结时间试验。随着减水剂掺量的增加，调整混凝土的用水量，对配合比的各项参数进行调整,表 13-5 为凝结时间试验用配合比。研究缓凝减水剂的缓凝组分用量在三种试验模拟环境下,对龙滩工程所选用的两种配合比碾压混凝土初凝时间的影响规律。

表 13-5 凝结时间试验用碾压混凝土基准配合比

| 编号 | 设计等级 | 混凝土配合比参数 | | | | | | 混凝土材料用量/(kg/m³) | | | | | | |
|---|---|---|---|---|---|---|---|---|---|---|---|---|---|---|
| | | 级配 | 水胶比 | 粉煤灰/% | 砂率/% | 缓凝剂/% | 引气剂/% | 水 | 水泥 | 粉煤灰 | 砂 | 大石 | 中石 | 小石 |
| W1、W2 | $C_{90}25$ | 三 | 0.42 | 53 | 32 | 0.5 | 0.02 | 80 | 90 | 101 | 697 | 450 | 599 | 450 |
| W3、W4 | $C_{90}15$ | 三 | 0.50 | 65 | 33 | 0.5 | 0.02 | 80 | 56 | 104 | 728 | 449 | 598 | 449 |

2. 试验结果及分析

测定凝结时间依据《水工碾压混凝土试验规程》(SL 48—1994)规定的贯入阻力方法进行。试验环境有三种情况:标准温度(20 ℃)、高温(38 ℃)和室外自然条件,同时记录了环境湿度和风速。

三种试验环境下不同缓凝剂掺量的碾压混凝土凝结时间试验结果列于表 13-6、表 13-7,图 13-4 为缓凝剂掺量对碾压混凝土初凝时间的影响规律。由表 13-6、表 13-7 和图 13-4 可知:

表 13-6 $C_{90}25$ 配合比在三种环境下的凝结时间

| 试件编号 | 缓凝剂 | | 引气剂掺量/% | 环境温度/℃ | 湿度/% | 风速/(m/s) | 初凝时间 | | 终凝时间 |
|---|---|---|---|---|---|---|---|---|---|
| | 名称 | 掺量/% | | | | | h:min | 转折点阻力/MPa | h:min |
| W1-1 | A | 0.50 | 0.03 | 20 | 68~72 | 0 | 11:22 | 6.1 | 14:27 |
| | A | 0.50 | 0.03 | 38 | 28~38 | 0 | 6:31 | 5.5 | 9:47 |
| | A | 0.50 | 0.03 | 22~25 | 55~66 | 0.4~2.7 | 5:49 | 5.4 | 10:21 |
| W1-2 | A | 0.75 | 0.03 | 20 | 68~72 | 0 | 14:08 | 6.4 | 18:35 |
| | A | 0.75 | 0.03 | 38 | 28~38 | 0 | 6:49 | 4.6 | 13:05 |
| | A | 0.75 | 0.03 | 22~25 | 55~70 | 0.4~2.7 | 6:45 | 5.2 | 16:52 |
| W1-3 | A | 1.00 | 0.03 | 20 | 62~72 | 0 | 16:46 | 5.8 | 34:29 |
| | A | 1.00 | 0.03 | 38 | 28~38 | 0 | 7:02 | 5.9 | 19:30 |
| | A | 1.00 | 0.03 | 22~25 | 55~66 | 0.4~2.7 | 8:08 | 5.0 | 22:14 |
| W1-4 | A | 1.50 | 0.03 | 20 | 60~78 | 0 | 18:15 | 6.5 | 142:22 |
| | A | 1.50 | 0.03 | 38 | 28~38 | 0 | 8:00 | 5.1 | 21:20 |
| | A | 1.50 | 0.03 | 22~25 | 55~72 | 0.4~2.7 | 8:48 | 5.0 | 24:58 |
| W2-1 | B | 0.50 | 0.08 | 20 | 60~75 | 0 | 4:50 | 5.4 | 12:41 |
| | B | 0.50 | 0.08 | 38 | 38~42 | 0 | 4:17 | 6.8 | 9:36 |
| | B | 0.50 | 0.08 | 22~28 | 57~75 | 0.8~1.4 | 3:27 | 6.8 | 9:10 |
| W2-2 | B | 0.75 | 0.08 | 20 | 62~72 | 0 | 2:50 | 6.5 | 8:40 |
| | B | 0.75 | 0.08 | 38 | 38~42 | 0 | 2:32 | 5.2 | 4:50 |
| | B | 0.75 | 0.08 | 22~28 | 57~72 | 0.8~1.4 | 2:00 | 4.6 | 4:46 |

| 试件编号 | 缓凝剂 | | 引气剂掺量/% | 环境温度/℃ | 湿度/% | 风速/(m/s) | 初凝时间 | | 终凝时间 |
| --- | --- | --- | --- | --- | --- | --- | --- | --- | --- |
| | 名称 | 掺量/% | | | | | h:min | 转折点阻力/MPa | h:min |
| W2-3 | B | 1.00 | 0.08 | 20 | 62~72 | 0 | 2:00 | 6.0 | 5:20 |
| | B | 1.00 | 0.08 | 38 | 38~42 | 0 | 1:30 | 6.0 | 4:20 |
| | B | 1.00 | 0.08 | 22~28 | 57~72 | 0.8~1.4 | 1:27 | 4.9 | 3:31 |
| W2-4 | B | 1.50 | 0.08 | 20 | 60~72 | 0 | 1:30 | 6.0 | 3:31 |
| | B | 1.50 | 0.08 | 38 | 38~42 | 0 | 1:20 | 6.5 | 3:9 |
| | B | 1.50 | 0.08 | 22~28 | 57~70 | 0.8~1.4 | 1:08 | 5.3 | 3:1 |

表 13-7　$C_{90}15$ 配合比在三种环境下的凝结时间

| 试件编号 | 缓凝剂 | | 引气剂掺量/% | 环境温度/℃ | 湿度/% | 风速/(m/s) | 初凝时间 | | 终凝时间 |
| --- | --- | --- | --- | --- | --- | --- | --- | --- | --- |
| | 名称 | 掺量/% | | | | | h:min | 转折点阻力/MPa | h:min |
| W3-1 | A | 0.50 | 0.02 | 20 | 40~72 | 0 | 12:08 | 6.1 | 19:07 |
| | A | 0.50 | 0.02 | 38 | 28~56 | 0 | 7:14 | 4.4 | 9:54 |
| | A | 0.50 | 0.02 | 22~25 | 36~70 | 0.6~2.2 | 10:26 | 5.1 | 14:52 |
| W3-2 | A | 0.75 | | 20 | 40~72 | 0 | 15:35 | 5.1 | 33:6 |
| | A | 0.75 | | 38 | 28~52 | 0 | 7:21 | 5.4 | 18:24 |
| | A | 0.75 | | 22~25 | 36~70 | 0.6~2.2 | 11:01 | 4.9 | 25:59 |
| W3-3 | A | 1.00 | 0.02 | 20 | 40~72 | 0 | 20:09 | 5.7 | 37:51 |
| | A | 1.00 | 0.02 | 38 | 28~52 | 0 | 7:30 | 7.5 | 24:21 |
| | A | 1.00 | 0.02 | 22~25 | 36~70 | 0.6~2.2 | 15:15 | 5.5 | 29:00 |
| W3-4 | A | 1.50 | 0.02 | 20 | 40~72 | 0 | 26:37 | 5.3 | 154:26 |
| | A | 1.50 | 0.02 | 38 | 28~52 | 0 | 9:13 | 6.8 | 31:58 |
| | A | 1.50 | 0.02 | 22~25 | 36~68 | 0.6~2.2 | 19:23 | 5.5 | 32:13 |
| W4-1 | B | 0.50 | 0.008 | 20 | 65~68 | 0 | 6:00 | 6.5 | 15:46 |
| | B | 0.50 | 0.008 | 38 | 23~33 | 0 | 4:45 | 6.3 | 11:00 |
| | B | 0.50 | 0.008 | 22~28 | 60~65 | 0.3~2.8 | 5:35 | 5.1 | 14:16 |
| W4-2 | B | 0.75 | 0.008 | 20 | 65~68 | 0 | 4:40 | 6.0 | 14:10 |
| | B | 0.75 | 0.008 | 38 | 23~33 | 0 | 3:20 | 5.4 | 7:30 |
| | B | 0.75 | 0.008 | 22~28 | 60~65 | 0.3~2.8 | 3:50 | 5.5 | 8:04 |

续表 13-7

| 试件编号 | 缓凝剂 | | 引气剂掺量/% | 环境温度/℃ | 湿度/% | 风速/(m/s) | 初凝时间 | | 终凝时间 |
| | 名称 | 掺量/% | | | | | h:min | 转折点阻力/MPa | h:min |
| --- | --- | --- | --- | --- | --- | --- | --- | --- | --- |
| W4-3 | B | 1.00 | 0.008 | 20 | 65~68 | 0 | 2:40 | 5.5 | 8:40 |
| | B | 1.00 | 0.008 | 38 | 23~33 | 0 | 2:25 | 5.5 | 5:08 |
| | B | 1.00 | 0.008 | 22~28 | 60~65 | 0.3~2.8 | 2:34 | 4.5 | 5:50 |
| W4-4 | B | 1.50 | 0.008 | 20 | 65~68 | 0 | 2:06 | 4.5 | 4:41 |
| | B | 1.50 | 0.008 | 38 | 23~33 | 0 | 1:55 | 4.6 | 3:54 |
| | B | 1.50 | 0.008 | 22~28 | 60~65 | 0.3~2.8 | 1:01 | 4.5 | 4:13 |

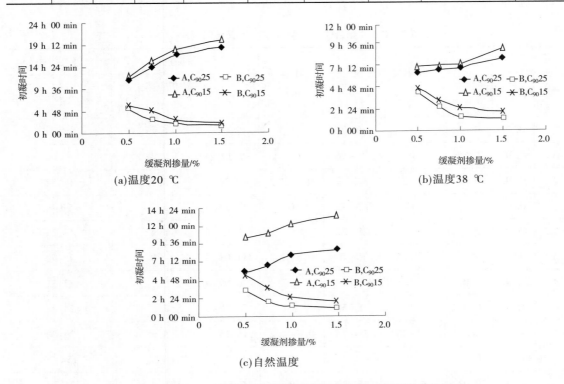

(a)温度20 ℃　　　　　　　(b)温度38 ℃

(c)自然温度

**图 13-4　不同温度下不同缓凝组分用量对初凝时间的影响**

(1)标准温度20 ℃和高温38 ℃下,随着缓凝剂 A 掺量的增加,两种配合比碾压混凝土的初凝和终凝时间均随之增加;而缓凝剂 B 则显示了相反的趋势。

(2)对于缓凝剂 A 而言,在标准温度20 ℃时,随着掺量的增大,初凝时间增加速率大大高于在高温38 ℃时的增加速率。这说明高温和相对低的湿度对碾压混凝土初凝时间的影响较为显著。在38 ℃时,缓凝剂 A 的掺量从0.5%增加到1.5%,初凝时间分别仅延长了1 h 30 min(强度等级 $C_{90}25$)和2 h(强度等级 $C_{90}15$);而在20 ℃时,这个数值分别约为7 h 和14 h 30 min。

(3)混凝土强度等级的变化会影响碾压混凝土的凝结时间,强度越高,凝结时间越短。掺缓凝剂 A 时,初凝时间延长值随掺量的增加而增加;掺缓凝剂 B 时,初凝时间延长值随掺量的增加而降低。

(4)在室外自然条件下,试验结果似乎有点捉摸不定,但仍然可以得到一些定性的规律。对于缓凝剂 A,强度较低的碾压混凝土初凝时间随掺量增加而显著延长,最多可以延长到10 h,与标准条件比较,初凝时间缩短了2~5 h;强度较高的碾压混凝土初凝时间随掺量的增加变化不大,略有下降,似乎有点反常。对于缓凝剂 B,缓凝效果均低于缓凝剂 A。

（5）综合比较 A、B 两种外加剂,缓凝剂 A 要明显优于缓凝剂 B,其缓凝时间大大超过缓凝剂 B,并且缓凝效果可以通过增加掺量来调整。掺缓凝剂 A,在正常掺量（0.5%~1.0%）下,即使在 38 ℃ 高温和自然条件（25~28 ℃,风速 2~3 m/s）下,初凝时间也分别有 6~8 h 和 5~15 h,显示了良好的缓凝效果;而掺缓凝剂 B,在最佳掺量 0.5% 时,在标准条件下其初凝时间最多也仅有 6 h;而在 38 ℃ 和室外自然条件下初凝时间仅有 2~3 h。

（6）两种缓凝剂对碾压混凝土终凝时间的影响规律与其对初凝时间的影响规律对应,显示了相同的变化趋势。在掺量较小时,终凝时间与初凝时间间隔时间很短。以缓凝剂 A 为例,掺量为 0.5%,终凝时间与初凝时间仅相差 2~3 h;掺量在 0.75% 以上时,终凝时间与初凝时间的间隔一般在 10 h 以上。

### 12.1.4.2　层面允许间隔时间控制标准

1. 层间间隔时间与三种层面性态和处理措施

碾压混凝土的层间允许间隔时间,是指从下层混凝土料拌和加水时起至上层混凝土碾压完毕为止的允许间隔时间,通常应控制在初凝时间以内。

当下层碾压混凝土拌和物初凝后延迟一定时间再铺筑上层混凝土,则延迟时间越长,施工层面混凝土与层内混凝土的性能差异越明显。

连续上升出现"冷缝"的层面抗剪强度,仅为其本体抗剪强度的 40%~50%,铺砂浆处理的层面抗剪强度为其本体抗剪强度的 60%~85%。

因此,保证碾压混凝土层面胶结质量有两方面的措施:一是控制施工层面间隔时间小于允许间隔时间;另外一个是掺加优质缓凝剂尽量延长碾压混凝土拌和物的初凝时间,从而增加允许间隔时间,这一点对于高温季节施工极为重要。

确定刚被碾压仍处于新浇状态的碾压混凝土的初凝时间,是确定层间允许间隔时间的依据。施工间隔时间在初凝时间或层面允许间隔时间内,相邻两层之间不需进行处理时,称为热缝;施工间隔时间超过初凝时间但在终凝时间内,相邻两层之间进行简单的清洁处理并铺筑水泥净浆或砂浆即可摊铺上层碾压混凝土时,称为温缝;施工间隔时间很长,一般在 24 h 以上时,层面缝必须作为冷缝处理,亦即在摊铺上层碾压混凝土之前,层面需经过高压水枪或凿毛处理,以使层面粗骨料外露,再铺筑层面胶结砂浆。

2. 龙滩碾压混凝土层间结合控制标准

根据前面所述的凝结时间的试验结果,结合龙滩地区的气候条件并参考国内外类似工程的经验,提出了龙滩水电站碾压混凝土施工层面允许间隔时间和形成热缝、温缝、冷缝的识别标准,考虑到龙滩地区最高气温、湿度、风速及缓凝剂质量波动的影响,确定相应时限时留有一定的安全系数（见表 13-8）。由表 13-8 可知:温度和湿度的变化对缓凝剂的缓凝效果影响显著;高温和低湿度条件下,碾压混凝土初凝时间明显下降;强度的变化也会影响碾压混凝土的凝结时间,强度越高,凝结时间越短。

表 13-8　龙滩水电站碾压混凝土施工热缝、温缝、冷缝形成时限的识别标准

| 施工时段 | 多年平均气温/℃ | 平均最高气温/℃ | 混凝土强度等级 | 热缝时限/h | 温缝时限/h | 冷缝时限/h | 施工时段 | 多年平均气温/℃ | 平均最高气温/℃ | 混凝土强度等级 | 热缝时限/h | 温缝时限/h | 冷缝时限/h |
|---|---|---|---|---|---|---|---|---|---|---|---|---|---|
| 1 月 | 11.0 | 15.8 | $C_{90}25$ | 10 | 16 | >16 | 7 月 | 27.1 | 32.6 | $C_{90}25$ | 4 | 14 | >14 |
| | | | $C_{90}15$ | 10 | 20 | >20 | | | | $C_{90}15$ | 5 | 18 | >18 |
| 2 月 | 12.6 | 17.4 | $C_{90}25$ | 10 | 16 | >16 | 8 月 | 26.7 | 32.8 | $C_{90}25$ | 4 | 14 | >14 |
| | | | $C_{90}15$ | 10 | 20 | >20 | | | | $C_{90}15$ | 5 | 18 | >18 |

续表 13-8

| 施工时段 | 多年平均气温/℃ | 平均最高气温/℃ | 混凝土强度等级 | 热缝时限/h | 温缝时限/h | 冷缝时限/h | 施工时段 | 多年平均气温/℃ | 平均最高气温/℃ | 混凝土强度等级 | 热缝时限/h | 温缝时限/h | 冷缝时限/h |
|---|---|---|---|---|---|---|---|---|---|---|---|---|---|
| 3 月 | 16.9 | 22.1 | $C_{90}25$ | 9 | 15 | >15 | 9 月 | 24.8 | 31.0 | $C_{90}25$ | 4 | 14 | >14 |
| | | | $C_{90}15$ | 10 | 19 | >19 | | | | $C_{90}15$ | 5 | 18 | >18 |
| 4 月 | 21.2 | 26.6 | $C_{90}25$ | 7 | 12 | >12 | 10 月 | 21.0 | 26.6 | $C_{90}25$ | 8 | 12 | >12 |
| | | | $C_{90}15$ | 9 | 16 | >16 | | | | $C_{90}15$ | 10 | 16 | >16 |
| 5 月 | 24.3 | 29.5 | $C_{90}25$ | 6 | 16 | >16 | 11 月 | 16.6 | 22.0 | $C_{90}25$ | 9 | 15 | >15 |
| | | | $C_{90}15$ | 7 | 20 | >20 | | | | $C_{90}15$ | 10 | 19 | >19 |
| 6 月 | 26.1 | 31.2 | $C_{90}25$ | 4 | 14 | >14 | 12 月 | 12.7 | 18.1 | $C_{90}25$ | 10 | 16 | >16 |
| | | | $C_{90}15$ | 5 | 18 | >18 | | | | $C_{90}15$ | 10 | 20 | >20 |

注：1. 以掺 A 为基准。

　　2. 表中气温取自设计资料。

由表 13-8 给出的各种强度等级混凝土，在不同月份、不同气温条件下确定的热缝时限、温缝时限、冷缝时限，就可以确定相应的层面处理措施。以 $C_{90}25$ 混凝土为例：低温施工时段（1 月、2 月、11 月、12 月），热缝时限是 9~10 h，温缝时限是 15~16 h，冷缝时限大于 15~16 h；高温施工时段（6 月、7 月、8 月、9 月），热缝时限是 4 h，温缝时限是 14 h，冷缝时限大于 14 h。

## 13.1.5　碾压混凝土钻孔取芯质量检测和无损检测

### 13.1.5.1　碾压混凝土钻孔取芯技术与质量检测

**1. 碾压混凝土钻孔取芯的目的和意义**

《水工碾压混凝土施工规范》（SL 53—1994）和《水工碾压混凝土施工规范》（DL/T 5112—2021）规定，钻孔取样是评定碾压混凝土质量的综合方法，芯样获得率和折断率是评定碾压混凝土均匀性的重要指标，芯样的物理力学性能是评定碾压混凝土的力学性能及其均质性指标。由于这些芯样一般都含有层面，与大坝碾压混凝土性能比较接近，是评定碾压混凝土和碾压混凝土坝性能的宝贵资料。另外，通过钻孔进行现场压水试验，测定混凝土的渗透性。钻孔取样可在碾压混凝土铺筑 3 个月后进行。

**2. 碾压混凝土钻孔取芯技术**

碾压混凝土钻孔取芯的质量取决于碾压混凝土本身的质量和钻孔取芯技术两个方面。如果所取得的芯样性能不好，就应从这两方面进行分析，才是比较客观的。为了避免因钻孔取芯技术问题影响取芯的质量，造成对碾压混凝土质量的误判，现就碾压混凝土钻孔取芯技术展开介绍。

碾压混凝土钻孔取芯的钻孔孔径一般为 150~250 mm，其质量评定的内容包括：①芯样获得率和折断率：评定混凝土的均匀性；②芯样的渗透试验：评定混凝土的抗渗性；③芯样的物理力学性能试验（容重、抗压强度、抗拉强度、抗剪强度、弹性模量、极限拉伸值、抗渗性、抗冻性、缝面抗剪性和抗拉性），评定混凝土的均质性和力学性能；④芯样外观鉴别，评定致密程度和骨料分布均匀性。混凝土的钻孔取芯应最大限度地满足上述要求。为取得高质量的碾压混凝土芯样，一般应采取下列技术措施：

（1）选择稳定性好、精度高、具有相应功率的地质回转钻机，以承受钻进过程中的扭矩，消除由于立轴晃动、偏心而产生的钻具振动与不稳定。如选择 XY－2 型或 XY－42 型液压立轴式钻机或具有相应性能的其他钻机。钻孔部位应埋设地锚螺栓，在钻孔时固定钻机，使钻机机座水平，立轴紧固，机身稳定不晃动，加压钻进时钻机前部不抬动。

（2）选择垂直的、适当长度的机身钻杆。一般 2.5~3.0 m 较好，机身钻杆太长，钻进时摆动大，对钻机和立轴的稳定不利。同时选择轻便高速水龙头、轻型高压胶管,避免头重脚轻现象。

（3）控制钻具的同轴度。钻具的同轴度包括钻杆与钻具的同轴、岩芯管及接头的同轴、岩芯管与钻头的同轴等。在更换钻具时也会因为两次钻具不同心而产生芯样磨损,造成芯样断裂,这可能是导致大多数取芯失败的根本原因。解决和减轻的办法有以下几点:①根据钻头直径和钻孔深度,选择相应的刚性与强度均能满足设计要求的岩芯管与钻杆。其不同轴度误差应小于 0.2 mm,每米长度内的弯曲度不得大于 0.5 mm。立轴钻杆必须保持垂直。钻进过程中注意保护钻杆、钻具。②尽量使用单根长的岩芯管和钻杆钻进,减少接头数量。③尽可能不要更换第一节岩芯管。④尽量使用粗径钻具和粗径钻杆钻进,减小钻具与孔壁间隙,从而降低钻具振动。

（4）选择合适的金刚石钻头。由于碾压混凝土属于中等硬度,一般可以选择胎体硬度 40 左右,粒度 25~40 粒/克拉中粒表镶钻头或孕镶钻头,可以使用标准钻头或薄壁钻头。一般二级配碾压混凝土可以使用 168 mm 金刚石钻头钻进,三级配碾压混凝土可以使用 219 mm 金刚石钻头钻进。

（5）选择合适的钻具结构。一般应选择单管钻具钻进,并尽量使用长岩芯管钻进,在条件允许时,最好使用全孔岩芯管钻进,即形成全孔管柱式钻具钻进。

（6）采用合理的钻进参数。一般情况下,钻具转速以中低速为宜,钻压使用 8~10 kN 为好。

（7）冲洗液的选择。一般情况下选用清水作为冲洗液即可。为了减少钻具振动,可在冲洗液中加入润滑剂、润滑膏等,也可使用低固相泥浆进行钻进。

（8）钻头不得安装卡簧。

（9）防止芯样堵塞,防止烧钻使芯样烧灼变质,在退芯样时,不得过分敲打岩芯管,以免破坏芯样。

**3. 进行碾压混凝土芯样外观评定**

评价碾压混凝土的均质性和密实性,评定标准见表 13-9。

表 13-9　碾压混凝土芯样外观评定标准

| 评定级别 | 评定标准 | | |
| --- | --- | --- | --- |
| | 表面光滑程度 | 表面致密程度 | 骨料分布均匀性 |
| 优良 | 光滑 | 致密 | 均匀 |
| 合格 | 基本光滑 | 稍有孔 | 基本均匀 |
| 差 | 不光滑 | 有部分孔洞 | 不均匀 |

**4. 混凝土芯样强度的试验和换算**

测定混凝土芯样圆柱体试件的抗压强度与劈裂抗拉强度,用以核查和验证建筑物混凝土强度。

（1）按《水工混凝土试验规程》（DL/T 5150—2017）和《水工混凝土试验规程》（SL/T 352—2020）进行混凝土芯样强度的试验和换算。

将混凝土芯样按长直比（长度与直径的比值）不小于 1.0 的尺寸要求截取试件,抗压和劈裂抗拉试验均以三个试件为一组。芯样的直径一般应为骨料最大直径的 3 倍,至少也不得小于 2 倍。

试件在试验前需泡入水中 4 d,使达到饱和,然后分别按混凝土立方体抗压强度试验及混凝土劈裂抗拉强度试验方法进行芯样试件的抗压强度和劈裂抗拉强度试验。以三个试件测值的平均值作为试验结果。

不同长直比的芯样试件,其抗压强度应换算成长直比为 1.0 的试件强度,换算系数可参照图 13-5 取值。劈裂抗拉强度可不换算。

长直比为 1.0 的芯样试件抗压强度,换算成 15 cm×15 cm×15 cm 立方体的抗压强度,应乘以换算系数 *A*（见表 13-10）。

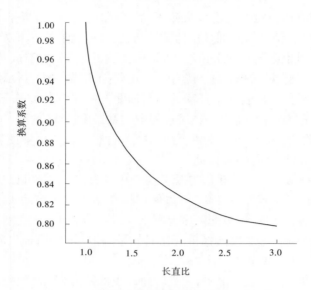

图 13-5　不同长直比试件抗压强度换算系数

表 13-10　芯样和 150 mm×150 mm×150 mm 立方体试件之间抗压强度换算系数

| 芯样尺寸/mm | $\phi$ 100×100 | $\phi$ 150×150 | $\phi$ 200×200 |
| --- | --- | --- | --- |
| 换算系数 $A$ | 1.00 | 1.04 | 1.18 |

（2）其他混凝土芯样强度的换算方法。

测定碾压混凝土的芯样性能时，芯样直径以 15~20 cm 为宜。对于大型工程或混凝土的最大骨料粒径大于 80 mm 的工程，可采用直径 20 cm 或更大直径的芯样。以高径比为 2.0 的芯样试件为标准试件，不同高径比的芯样试件的抗压强度与高径比为 2.0 的标准试件抗压强度的比值见表 13-10。高径比小于 1.5 的芯样试件不得用于测定抗压强度。$\phi$15×30 cm 标准试件与 15 cm 立方体试件的抗压强度换算关系见表 13-11。这个混凝土抗压强度换算系数与混凝土的强度等级有关。

表 13-11　不同高径比和圆柱体试件与立方体试件抗压强度换算关系

| 强度等级/MPa | 高径比 | | $\dfrac{\phi 15×30 \text{ cm 抗压强度}}{15 \text{ cm}×15 \text{ cm}×15 \text{ cm 立方体抗压强度}}$ | 强度等级/MPa | 高径比 | | $\dfrac{\phi 15 × 30 \text{ cm 抗压强度}}{15 \text{ cm} × 15 \text{ cm} × 15 \text{ cm 立方体抗压强度}}$ |
| --- | --- | --- | --- | --- | --- | --- | --- |
| | 1.5 | 2.0 | | | 1.5 | 2.0 | |
| 10~20 | 1.166 | 1.0 | 0.775 | 30~40 | 1.039 | 1.0 | 0.867 |
| 20~30 | 1.066 | 1.0 | 0.821 | 40~50 | 1.013 | 1.0 | 0.910 |

注:高径比 1.5~2.0 的换算系数可用内插法求得。

（3）试验龄期的换算。

混凝土取芯试验的龄期与设计龄期可能不一致,应将芯样试验的龄期换算到设计龄期,以评价芯样强度是否满足设计要求。芯样强度随龄期的增长系数,与很多因素有关,根据具体工程应通过试验来确定。一些统计表明,常态混凝土由 28 d 到 90 d 龄期的强度增长系数为 1.2;碾压混凝土由 28 d 到 90 d、180 d 龄期的强度增长系数分别为 1.5 和 1.7,由 28 d 龄期强度到任一龄期($t$)的强度增长系数也可近似取为 $\log(t)/\log(28)$。在 7.2.2.2 节已给出了碾压混凝土强度与龄期的关系,可供使用。

#### 13.1.5.2　碾压混凝土无损检测技术

##### 1.混凝土无损检测的意义

混凝土无损检测是评价混凝土质量的一个辅助方法。无损检测对混凝土结构不造成破坏,利用声、光、电、磁和射线等方法,测定有关混凝土性能方面的物理量,推定混凝土强度、密实性、均匀性,以及存在的缺陷等。无损检测既适用于工程施工过程中混凝土质量的监测,又适用于工程的竣工验收和建筑物使用期间混凝土质量的检定。

##### 2.几种主要混凝土无损检测技术及其比较

1)回弹法

回弹法是在混凝土侧面或顶面(底面)均匀布置一定数量的测点,利用回弹仪测得混凝土的回弹值,并根据已知的测强曲线,以及混凝土抗压强度与混凝土表面回弹值之间存在的统计相关关系,通过换算求得混凝土当前状态的强度,以检验混凝土的质量和抗压强度。

2)超声波法

超声波法是在被测体的表面或钻孔内布置一定的测点,利用低频超声波测混凝土的波速,根据已知的标准状态的声速来检测混凝土的质量(均匀性及内部缺陷)和强度。测量时,可在被测体的表面、相向的两对侧面进行对测,也可以钻孔进行单孔或跨孔测量。其优点有:①测试时超声脉冲穿透混凝土的全部厚度或较深的内部混凝土,试验结果能够较好地反映被测结构物的质量;②测试工作有较好的灵活性,可以在同一部位进行多次重复测试;③无须钻孔检测混凝土结构内部缺陷。

3)垂直反射法

垂直反射法是一种极小偏移距离(收发距离很小)的反射方法,其工作原理是由发射探头向混凝土块发射一声脉冲波,在波传播过程中遇到波阻抗有明显差异(如架空、蜂窝等)时将产生反射波而返回到混凝土表面被接收传感器接收。通过对记录下的弹性波信号的振幅、相位、频率等进行分析,即可判断出混凝土中的缺陷。

4)地质雷达法

地质雷达法是利用高频电磁波以宽频带短脉冲形式,由地面通过发射天线定向送入地下,经过存在电性差异的混凝土反射后返回地面,被接收天线接收,电磁波在混凝土传播时,其路径、电磁场强度与波形将随所通过混凝土的电性与状态而变化。当发射与接收天线以固定的间距沿测线同步移动时,就可以得到反映测线以下混凝土缺陷分布情况的雷达图像。

# 13.2　龙滩工程有层面碾压混凝土物理力学性能研究

由于龙滩工程的重要性,对碾压混凝土大坝进行了大量的试验和研究工作。这里分别介绍龙滩工程在设计阶段和施工阶段有层面碾压混凝土物理力学性能试验成果。

## 13.2.1　龙滩工程设计阶段有层面碾压混凝土的物理力学性能试验成果

### 13.2.1.1　龙滩工程设计阶段有层面碾压混凝土室内试验研究

##### 1.试验条件

碾压混凝土用原材料:柳州 52.5(R)普通硅酸盐水泥;田东Ⅱ级粉煤灰;ZB-1RCC15、FDN-HR$_3$ 和 FDN-HR$_6$ 缓凝减水剂;龙滩灰岩人工骨料。各种原材料的物理力学和化学性能见表 13-12~表 13-16。

表 13-12　水泥的物理力学性能(龙滩工程设计阶段有层面碾压混凝土室内试验用)

| 密度/(g/cm³) | 细度/% | 烧失量/% | MgO含量/% | SO₃含量/% | 安定性 | 水化热/(J/g) | | 凝结时间(h:min) | | 抗折强度/MPa | | | 抗压强度/MPa | | |
|---|---|---|---|---|---|---|---|---|---|---|---|---|---|---|---|
| | | | | | | 7 d | 28 d | 初凝 | 终凝 | 3 d | 7 d | 28 d | 3 d | 7 d | 28 d |
| — | 2.2 | 2.90 | 1.52 | 2.57 | 合格 | 251 | 276 | 1:56 | 2:38 | 6.70 | – | 9.20 | 35.8 | — | 62.8 |
| 3.11 | 1.0 | 2.68 | 1.48 | 2.26 | | — | — | 2:13 | 3:03 | 6.57 | 8.33 | 9.16 | 34.7 | 48.0 | 55.6 |

表 13-13　广西田东粉煤灰物理力学性能和化学成分(龙滩工程设计阶段有层面碾压混凝土室内试验用)

| 物理力学性能 | | | | | 化学成分/% | | | | | | | | |
|---|---|---|---|---|---|---|---|---|---|---|---|---|---|
| 密度/(g/cm³) | 细度/% | 需水量比/% | 含水量/% | 28 d抗压强度比/% | SiO₂ | Al₂O₃ | Fe₂O₃ | CaO | MgO | Na₂O | K₂O | SO₃ | 烧失量 |
| 2.28 | 18.0 | 95.6 | 1.0 | 83.0 | 50.88 | 25.85 | 6.28 | 8.23 | 1.70 | 0.89 | 2.36 | 1.21 | 1.64 |

表 13-14　外加剂室内外凝结时间检验成果(龙滩工程设计阶段有层面碾压混凝土室内试验用)

| 序号 | 外加剂掺量/% | VC/s | 初凝时间(h:min) | 终凝时间(h:min) | 试验条件 | | | | |
|---|---|---|---|---|---|---|---|---|---|
| | | | | | 水温/℃ | 室温/℃ | 相对湿度/% | 室外气温/℃ | 室外相对湿度/% |
| 1 | 0.60 | 5.0 | 16:18 | 19:45 | 20 | 18.5 | 80 | | |
| 2 | 0.40 | 4.0 | 17:00 | 24:12 | | | | | |
| 3 | 0.40 | 5.0 | 5:54 | 7:42 | 31 | 28 | | 35.5~45 | 27~56 |

注:1. 外加剂为 ZB-1RCC15。

　2. 序号 1 和 2 在室内做试验,序号 3 在室外做试验。

表 13-15　粗骨料的物理力学性质(龙滩工程设计阶段有层面碾压混凝土室内试验用)

| 骨料级配/mm | 干密度/(g/cm³) | 饱和面干密度/(g/cm³) | 饱和面干吸水率/% | 振实密度/(kg/m³) | 振实孔隙率/% |
|---|---|---|---|---|---|
| 5~20 | 2.73 | 2.71 | 0.46 | 1 826 | 32.6 |
| 20~40 | 2.74 | 2.72 | 0.31 | | |
| 40~80 | 2.72 | 2.72 | 0.12 | | |

表 13-16　细骨料的物理力学性质(龙滩工程设计阶段有层面碾压混凝土室内试验用)

| 干密度/(g/cm³) | 饱和面干密度/(g/cm³) | 饱和面干吸水率/% | 振实密度/(kg/m³) | 振实孔隙率/% | 细度模数 | 颗粒级配/% | | | | | | |
|---|---|---|---|---|---|---|---|---|---|---|---|---|
| | | | | | | ≤0.16 mm | 0.16~0.315 mm | 0.315~0.63 mm | 0.63~1.25 mm | 1.25~2.50 mm | 2.50~5.0 mm | ≥5.0 mm |
| 2.70 | 2.59 | 2.22 | 1 675 | 38 | 2.86 | 15.4 | 6.3 | 14.4 | 25.9 | 14.6 | 22.4 | 1.0 |

碾压混凝土及砂浆配合比:碾压混凝土本体和处理层面结合的材料配合比汇总结果见表 13-17。

试验方法:在遵照现行《水工碾压混凝土试验规程》(SL 48—1994)和《水工混凝土试验规程》(SD

105—1982)有关规定的基础上,也探索了一些新的试验方法,在涉及有关试验时将做必要的说明。

**表 13-17　碾压混凝土本体和处理层面结合的材料配合比汇总**

| 类型 | 配合比参数 | | | | 混凝土材料用量/(kg/m³) | | | | | | | VC(s)或稠度(cm) | 密度/(kg/m³) | 抗压强度/MPa | |
|---|---|---|---|---|---|---|---|---|---|---|---|---|---|---|---|
| | 水胶比 | 粉煤灰掺量/% | 砂率/% | 减水剂掺量/% | 水 | 水泥 | 粉煤灰 | 砂 | 大石 | 中石 | 小石 | | | 28 d | 90 d |
| 碾压混凝土 | 0.37 | 55 | 33 | 0.80 | 74 | 90 | 110 | 738 | 449 | 599 | 449 | 5.0 | 2 489 | | |
| | 0.41 | 58.3 | 33 | 0.72 | 73 | 75 | 105 | 738 | 450 | 600 | 450 | 4.5 | 2 506 | | |
| | 0.45 | 65.6 | 33 | 0.64 | 72 | 55 | 105 | 745 | 454 | 605 | 454 | 5.0 | 2 511 | | |
| 净浆 1 | 0.25 | 55 | — | 9.50 | 389 | 712 | 871 | — | — | — | — | | 1 821 | | |
| 净浆 2 | 0.35 | 66 | — | 5.40 | 472 | 539 | 810 | — | — | — | — | | 1 847 | 34.6 | 40.9 |
| 砂浆 | 0.35 | 60 | 100 | 2.17 | 190 | 217 | 326 | 1547 | — | — | — | 10.7 | 2274 | 35.7 | 47.2 |

注:减水剂为 ZB-1RCC15。

**2. 有层面碾压混凝土的强度特性**

1) 有层面碾压混凝土立方体抗压强度与劈拉强度

碾压混凝土的层面是一个薄弱面,它的存在削弱了碾压混凝土的各项强度指标。对于碾压混凝土抗压强度试验,采用施压方向平行于碾压混凝土层面的模型,可更充分地反映碾压混凝土层面的存在对抗压强度的影响。对于有层面碾压混凝土的劈裂抗拉强度试验,直接沿层面劈开。有层面碾压混凝土的抗压强度和劈裂抗拉强度试验研究成果见表 13-18。

**表 13-18　立方体抗压强度与劈拉强度**

| 处理层面结合的材料 | 层间间隔时间/h | 试件编号 | 抗压强度/MPa | 平均抗压强度/MPa | 与本体抗压强度比 | 劈拉强度/MPa | 平均劈拉强度/MPa | 与本体劈拉强度比 | 拉压比 | 层面处理后强度增长系数 | |
|---|---|---|---|---|---|---|---|---|---|---|---|
| | | | | | | | | | | 抗压 | 劈拉 |
| 不处理 | 4 | A4-1 | 39.2 | 37.5 | 0.78 | 2.63 | 2.00 | 0.60 | 0.053 | 1.00 | 1.00 |
| | 24 | A24-1 | 40.2 | | | 2.03 | | | | | |
| | 72 | A72-1 | 33.1 | | | 1.36 | | | | | |
| 铺净浆 | 4 | A4-2 | 35.9 | 38.9 | 0.80 | 2.49 | 2.26 | 0.67 | 0.058 | 1.04 | 1.13 |
| | 24 | A24-2 | 43.2 | | | 2.50 | | | | | |
| | 72 | A72-2 | 37.6 | | | 1.79 | | | | | |
| 铺砂浆 | 4 | A4-3 | 39.3 | 41.4 | 0.85 | 2.27 | 2.35 | 0.70 | 0.057 | 1.10 | 1.18 |
| | 24 | A24-3 | 45.9 | | | 2.34 | | | | | |
| | 72 | A72-3 | 38.9 | | | 2.45 | | | | | |
| 本体 | — | — | 48.5 | 48.5 | 1.00 | 3.35 | 3.35 | 1.00 | 0.069 | | |

注:试验龄期为 180 d,胶凝材料用量为 200 kg/m³。

表 13-18 数据表明,碾压混凝土设计强度等级为 $C_{90}25$($C+F=90+110=200$ kg/m³ 胶材用量),实测 180 d 抗压强度为 33.1~48.5 MPa,平均抗压强度 40.18 MPa;劈拉强度为 1.36~3.35 MPa,平均劈拉强度为 2.29 MPa。碾压混凝土本体的抗压强度、劈拉强度大于有层面试件相应强度,有层面碾压混凝土

平均抗压强度与本体抗压强度之比为0.81,平均劈拉强度之比为0.64。说明层面的存在降低了碾压混凝土的抗压强度和劈裂抗拉强度。它们间的比较情况见图13-6。在有层面的试件中,层面铺净浆处理后试件的平均抗压强度为38.9 MPa,平均劈拉强度为2.26 MPa;层面铺砂浆处理后试件的平均抗压强度为41.4 MPa,平均劈拉强度为2.35 MPa,对层面不处理工况的平均抗压强度为37.5 MPa,平均劈拉强度为2.0 MPa;层面不处理试件平均抗压强度与层面铺净浆处理后试件平均抗压强度之比为0.96,平均劈拉强度之比为0.88。而层面不处理试件与层面铺砂浆处理后试件平均抗压强度之比为0.91,平均劈拉强度之比为0.85。说明对层面进行处理比不处理好。尽管如此,对层面处理后其平均抗压强度、平均劈拉强度仍比碾压混凝土本体低,分别是本体的83%和69%。

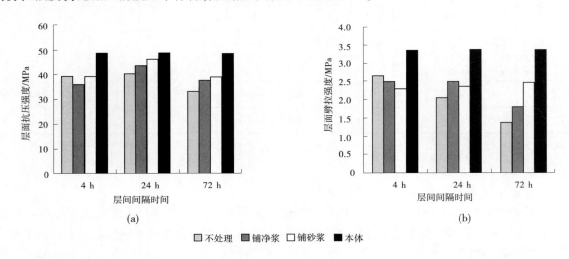

图 13-6　龙滩工程设计阶段碾压混凝土不同工况层面抗压强度、劈拉强度关系

根据表13-18绘出层面抗压强度$f_c$与层面劈拉强度$f_s$关系(见图13-7),两者间的数学关系表达式如下:

$$f_s = 0.114\,8f_c - 2.137\,7,\ R^2 = 0.751\,2 \tag{13-5}$$

式中:$f_c$为立方体层面抗压强度,MPa,30 MPa$\leqslant f_c \leqslant$50 MPa;$f_s$为层面劈拉强度,MPa。

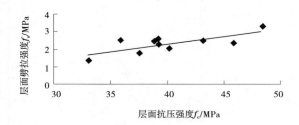

图 13-7　龙滩工程设计阶段碾压混凝土面抗压强度、劈拉强度关系

2)有层面碾压混凝土立方体抗压强度与圆柱体抗压强度

抗压强度试验的立方体试件尺寸为150 mm×150 mm×150 mm,圆柱体试件尺寸为$\phi$150 mm×300 mm。立方体试件的力施压方向与层面平行,圆柱体试件的力施压方向与层面垂直。试验结果见表13-19。

由表13-19可知,碾压混凝土本体实测立方体抗压强度为48.5 MPa,实测圆柱体抗压强度为39.2 MPa,为立方体抗压强度的80.7%;对有层面且进行分层处理的试件,实测立方体平均抗压强度为37.9 MPa,实测圆柱体平均抗压强度为32.3 MPa,为立方体抗压强度的85.1%;对有层面但不进行处理的试件,实测立方体平均抗压强度为 36.2 MPa,实测圆柱体平均抗压强度为 29.1 MPa,为立方体抗压强度的 80.6%。试验表明,碾压混凝土本体和有层面的碾压混凝土,圆柱体抗压强度与立方体抗压强度之比为 0.82。

表 13-19　龙滩设计阶段有层面碾压混凝土试验立方体抗压强度与圆柱体抗压强度

| 项目 | 有人为层面试件 | | | | | | 本体 |
| | 层面未处理 | | 层面处理 | | | | |
| | 层间间隔时间 | | 层间间隔时间 | | | | |
| | 4 h | 72 h | 4 h | | 72 h | | |
| 立方体强度/MPa | 39.2 | 33.1 | 35.9 | 39.3 | 37.6 | 38.9 | 48.5 |
| 平均/MPa | 36.2 | | 37.9 | | | | |
| 圆柱体强度/MPa | 28.9 | 29.4 | 32.7 | 33.2 | 31.7 | 31.5 | 39.2 |
| 平均/MPa | 29.1 | | 32.3 | | | | |
| 圆柱体与立方体抗压强度之比 | 0.74 | 0.89 | 0.91 | 0.84 | 0.84 | 0.81 | 0.82 |

注:试验龄期为 180 d,胶凝材料用量为 200 kg/m³。

根据表 13-19,绘出有层面碾压混凝土立方体抗压强度 $f_c$ 与圆柱体抗压强度 $f_c'$ 关系。经回归分析给出两者相关关系式如下:

$$f_c = 1.177\ 5f_c' + 0.825\ 2, R^2 = 0.701\ 1 \quad 28 \leqslant f_c' \leqslant 35 \tag{13-6}$$

3) 有层面碾压混凝土轴心抗拉强度

采用 $\phi$150 mm×300 mm 的有层面的碾压混凝土圆柱体试件,试件的轴心受拉方向与碾压混凝土层面垂直。试验研究成果见表 13-20。试件受力状态见图 13-8(a)。

表 13-20　龙滩设计阶段有层面碾压混凝土试验不同工况的轴拉强度成果

| 处理层面结合材料 | 胶凝材料量/(kg/m³) | 层间间隔时间/h | 试件编号 | 轴拉强度/MPa | 平均轴拉强度/MPa | 与本体轴拉强度比 | 平均轴拉强度比 | 层面处理后轴拉强度增长系数 |
|---|---|---|---|---|---|---|---|---|
| 不处理 | 200 | 4 h | A4-1 | 1.86 | 1.58 | 0.86 | 0.73 | 1.00 |
| | | 72 h | A72-1 | 1.30 | | 0.60 | | |
| | 160 | 4 h | C4-1 | 1.72 | 1.32 | 0.92 | 0.72 | 1.00 |
| | | 72 h | C72-1 | 1.00 | | 0.53 | | |
| 铺净浆 | 200 | 4 h | A4-2 | 1.92 | 1.66 | 0.89 | 0.77 | 1.05 |
| | | 72 h | A72-2 | 1.40 | | 0.65 | | |
| | 160 | 4 h | C4-2 | 1.92 | 1.65 | 1.03 | 0.88 | 1.25 |
| | | 72 h | C72-2 | 1.38 | | 0.74 | | |
| 铺砂浆 | 200 | 4 h | A4-3 | 2.19 | 1.92 | 1.02 | 0.90 | 1.22 |
| | | 72 h | A72-3 | 1.65 | | 0.77 | | |
| | 160 | 4 h | C4-3 | 1.93 | 1.82 | 0.92 | 0.98 | 1.38 |
| | | 72 h | C72-3 | 1.72 | | 1.03 | | |
| 本体 | 200 | — | — | 2.15 | — | 1.0 | — | — |
| | 160 | — | — | 1.87 | — | 1.0 | — | — |

注:试验龄期为 180 d,圆柱体试件尺寸为 $\phi$150 mm×300 mm。

a. 胶凝材料用量对轴心抗拉强度的影响

层面试件的轴心抗拉试验拉断区多为层面,但也有少数试件拉断区不是层面,见图 13-8(c)、(d)。由表 13-20 的数据可知,200 kg/m³ 胶材用量的本体平均轴拉强度为 2.15 MPa,有层面且未进行处理试件的平均轴拉强度为 1.58 MPa,其与本体轴拉强度之比为 0.73,而层面铺净浆处理后其轴拉强度与本体轴拉强度之比为 0.77,层面铺砂浆处理后其轴拉强度为与本体轴拉强度之比为 0.90。胶凝材料用量为 160 kg/m³ 的本体平均轴拉强度为 1.87 MPa,层面不处理的平均轴拉强度为 1.32 MPa,与本体轴拉强度之比为 0.72,层面铺净浆处理的平均轴拉强度与本体轴拉强度之比为 0.88,层面铺砂浆处理的平均轴拉强度与本体轴拉强度之比为 0.98。说明在胶凝材料用量少的情况下,对碾压混凝土层面采用铺砂浆或铺净浆处理后的轴拉强度增长较大。层面铺净浆后,轴拉强度比层面不处理试件轴拉强度增长 15%,而层面铺砂浆轴拉强度增长 30%。

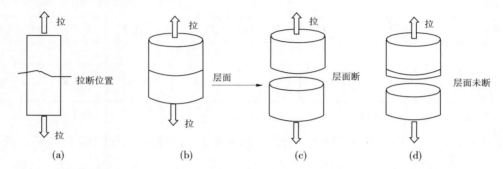

**图 13-8　龙滩设计阶段有层面碾压混凝土试验轴心抗拉试件承力状态及拉断位置示意**

b. 层间间隔对轴心抗拉强度的影响

对于层间间隔 4 h 工况(初凝前),层面抗拉强度为本体抗拉强度的 89%,而对于层间间隔 72 h 工况(终凝后),层面抗拉强度仅为本体抗拉强度的 65%,说明在碾压混凝土初凝前及时覆盖上层混凝土是非常必要的。各种工况下轴拉强度比较见图 13-9。

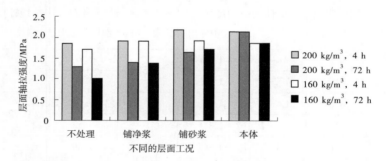

**图 13-9　龙滩设计阶段室内试验碾压混凝土不同层面处理与轴拉强度的关系**

根据表 13-18 和表 13-20,得到层面抗压强度 $f_c$、层面轴拉强度 $f_t$ 和层面劈拉强度 $f_s$ 间的相关关系(见图 13-10),相关关系式如下:

$$f_c = 15.013 f_t + 14.358,\ R^2 = 0.8526 \qquad 1.0 \leqslant f_t \leqslant 2.2 \tag{13-7}$$

$$f_s = 1.4579 f_t - 0.2642, R^2 = 0.6398 \qquad 1.4 \leqslant f_t \leqslant 3.5 \tag{13-8}$$

c. 有层面碾压混凝土强度特性的分析

对本体和有层面碾压混凝土的各种强度特性指标(包括立方体抗压强度、立方体劈裂抗拉强度、圆柱体抗压强度及轴心抗拉强度)的试验研究结果表明:①本体试件均大于有层面碾压混凝土的相应强度,后者与前者的比值分别是 0.81、0.66、0.80 和 0.83;②用水泥砂浆或水泥净浆对层面进行处理后,试件的上述各项强度特性指标都得到较大提高,试验表明用水泥砂浆对层面进行处理的效果比用水泥净浆要好;③碾压混凝土本体和有层面的碾压混凝土,圆柱体抗压强度与立方体抗压强度比值为 0.82,

符合一般规律。

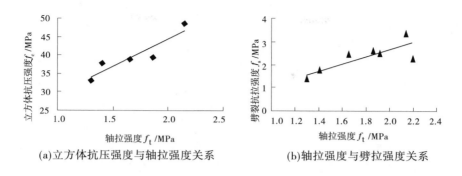

(a)立方体抗压强度与轴拉强度关系　　　　　(b)轴拉强度与劈拉强度关系

**图 13-10　龙滩设计阶段有层面碾压混凝土室内试验强度的相互关系**

3. 有层面碾压混凝土的极限拉伸特性

1) 试验方法和试验成果

对于不含层面的碾压混凝土本体,极限拉伸试件制作比较简单,试件尺寸采用 100 mm×100 mm× 515 mm 棱柱体,试件两端预埋 $\phi$ 14 mm 的螺纹钢筋,埋入深度各 150 mm,碾压混凝土本体试件分二层一次性连续成型。

对于有层面的碾压混凝土,由于要研究层面拉伸断裂情况,试件拉力方向必须考虑与层面垂直,采用上述试件成型方法不能满足要求,因此本试验采用 $\phi$ 150 mm×300 mm 圆柱体试件,即采用碾压混凝土弹性模量试验用试件。本体试件分二层一次性连续成型;对人为分层但不做处理的试件则先一次性成型约 150 mm 厚的下层碾压混凝土,待层间间隔时间分别为 4 h 或 72 h 后直接浇筑成型上层碾压混凝土;对人为分层并做处理的试件则在层面铺一层 12 mm 厚的水泥砂浆或 10 mm 厚的水泥净浆,然后成型上面部分的碾压混凝土。碾压混凝土下部施振时间为 2 倍的 VC 值,上部施振时间为 3 倍的 VC 值,养护 48 h 后脱模,将试件放在标准养护室养护。快到试验龄期时取出试件,放到钻床上对试件进行对中打孔处理,由于试件总长度为 300 mm,因此两边钻孔深度控制在 100 mm 以下,钻孔孔径控制在 15 mm;将处理好的试件的两孔中的水分吹干,然后放一根 $\phi$ 14 mm 的螺纹钢筋在其中一个孔中,钢筋长度一般为 250 mm;向孔中灌入环氧砂浆,如层面黏结性能较好,层面拉伸强度较高时,则需灌金刚砂环氧砂浆;数日后,再向另一孔中灌入环氧砂浆或金刚砂环氧砂浆。再过几天,该试件即可进行极限拉伸试验。有层面碾压混凝土极限拉伸试件及受力状态见图 13-11。

对于有层面碾压混凝土极限拉伸试验,在碾压混凝土胶凝材料用量方面,考虑了 200 kg/m³、180 kg/m³、160 kg/m³ 三种工况;在层间间隔时间方面,考虑了 4 h、72 h,即碾压混凝土初凝前和终凝后两种工况;在

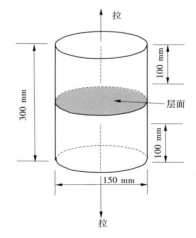

**图 13-11　有层面碾压混凝土极限拉伸试验**

层面结合的处理材料方面,考虑了不处理、铺净浆和铺砂浆三种工况。上述各种工况的有层面碾压混凝土的极限拉伸试验成果见表 13-21~表 13-24。

表 13-21 龙滩设计阶段有层面碾压混凝土不同工况极限拉伸值汇总

| 胶凝材料用量/(kg/m³) | 层间间隔时间/h | 试件编号 | 处理层面结合的材料 | 平均抗压强度/MPa | 平均极限拉伸值/10⁻⁶ | 平均轴拉强度/MPa |
|---|---|---|---|---|---|---|
| 200 | 4 | A4-2 | 净浆 | 35.9 | 66 | 1.92 |
| | | A4-3 | 砂浆 | 39.3 | 71 | 2.19 |
| | 72 | A72-2 | 净浆 | 37.6 | 58 | 1.40 |
| | | A72-3 | 砂浆 | 38.9 | 60 | 1.65 |
| | 平均值 | | | 37.9 | 64 | 1.79 |
| 160 | 4 | C4-2 | 净浆 | — | 67 | 1.92 |
| | | C4-3 | 砂浆 | — | 65 | 1.93 |
| | 72 | C72-2 | 净浆 | — | 56 | 1.38 |
| | | C72-3 | 砂浆 | — | 59 | 1.72 |
| | 平均值 | | | — | 62 | 1.74 |
| 200 本体 | | | | 48.5 | 66 | 2.15 |
| 180 本体 | | | | 35.3 | — | — |
| 160 本体 | | | | 27.8 | — | — |
| 200 | 4 | A4-1 | | 39.2 | 64 | 1.86 |
| | 72 | A72-1 | | 33.1 | 43 | 1.30 |
| | 平均值 | | | 36.2 | 54 | 1.58 |
| 160 | 4 | C4-1 | | — | 62 | 1.72 |
| | 72 | C72-1 | | — | 40 | 1.00 |
| | 平均值 | | | | 51 | 1.36 |

注:试验龄期为 180 d,圆柱体试件尺寸为 $\phi$ 150 mm×300 mm。

表 13-22 龙滩设计阶段有层面碾压混凝土层面处理方式与极限拉伸值

| 处理层面结合的材料 | 胶凝材料用量/(kg/m³) | 试件编号 | 极限拉伸值/10⁻⁶ | 平均极限拉伸值/10⁻⁶ | 与本体极限拉伸值之比 | 层面处理后极限拉伸值增长系数 |
|---|---|---|---|---|---|---|
| 不处理 | 200 | A4-1 | 64 | 53 | 0.80 | — |
| | | A72-1 | 43 | | | |
| | 160 | C4-1 | 62 | 51 | — | — |
| | | C72-1 | 40 | | | |
| 铺净浆 | 200 | A4-2 | 66 | 62 | 0.94 | 1.17 |
| | | A72-2 | 58 | | | |
| | 160 | C4-2 | 67 | 61 | — | 1.20 |
| | | C72-2 | 56 | | | |
| 铺砂浆 | 200 | A4-3 | 71 | 65 | 0.98 | 1.23 |
| | | A72-3 | 60 | | | |
| | 160 | C4-3 | 65 | 62 | — | 1.22 |
| | | C72-3 | 59 | | | |
| 本体 | 200 | — | 66 | 66 | 1.00 | — |

注:试验龄期为 180 d,圆柱体试件尺寸为 $\phi$ 150 mm×300 mm。

2）层面处理方式与极限拉伸值

由表 13-22 可知,对层面不进行处理的试件,层间间隔为 4 h 的碾压混凝土极限拉伸值比间隔 72 h 的极限拉伸值大,说明碾压混凝土终凝后,必须对层面进行处理,以提高碾压混凝土的抗裂性。对于有层面且处理的试件,亦有同样的规律。胶凝材料越多,碾压混凝土的极限拉伸值越大;铺砂浆的碾压混凝土极限拉伸值略大于铺净浆的碾压混凝土极限拉伸值;层面采取了处理措施,碾压混凝土的极限拉伸值增大。不同的层面处理方式与碾压混凝土极限拉伸值关系见图 13-12。

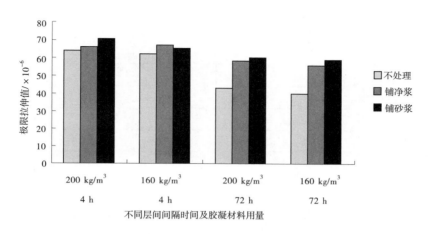

图 13-12　层面处理方式与极限拉伸值关系( 龙滩设计阶段室内试验)

3）轴心抗拉强度、抗压强度与极限拉伸值

对表 13-21 中的极限拉伸值分别与轴心抗拉强度和抗压强度进行回归分析,其中根据对有层面碾压混凝土的抗压强度 $f_c$ 与极限拉伸值 $\varepsilon_P$ 的回归分析( 见图 13-13),得出如下相关关系式:

$$\varepsilon_P = (3.7f_c - 80.5) \times 10^{-6}, R^2 = 0.899\,1 \tag{13-9}$$

式中: $f_c$ 为 150 mm×150 mm×150 mm 有层面碾压混凝土的抗压强度。

对层面碾压混凝土的轴拉强度 $f_t$ 与极限拉伸值 $\varepsilon_p$ 进行回归分析( 见图 13-14),得如下关系式:

$$\varepsilon_p = (24.2f_t + 18.5) \times 10^{-6}, R^2 = 0.861\,9 \tag{13-10}$$

式中: $f_t$ 为 $\phi$ 150 mm×300 mm 有层面碾压混凝土圆柱体试件轴心抗拉强度。

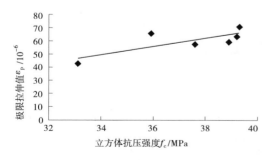

图 13-13　立方体抗压强度与极限拉伸值关系
( 龙滩设计阶段室内试验)

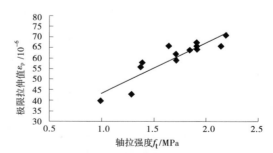

图 13-14　轴拉强度与极限拉伸值关系
( 龙滩设计阶段室内试验)

4）层间间隔时间与极限拉伸值

层间间隔时间与极限拉伸值的关系见表 13-23。由表 13-23 可知,两种胶材用量、不同层面处理方式条件下,层间间隔时间分别为 4 h 和 72 h 时,极限拉伸值的平均值分别为 $66 \times 10^{-6}$ 和 $53 \times 10^{-6}$,后者为前者的 80%。说明层间间隔时间延长,极限拉伸值下降。

表 13-23　龙滩设计阶段有层面碾压混凝土层间间隔时间与极限拉伸值的关系试验

| 层间间隔时间/h | 胶凝材料用量/(kg/m³) | 试件编号 | 层面处理 | 极限拉伸值/10⁻⁶ | 与本体极限拉伸值比值 | 平均极限拉伸值/10⁻⁶ | 不同层间间隔时间极限拉伸值比 |
|---|---|---|---|---|---|---|---|
| 4 | 200 | A4-1 | 不处理 | 64 | 1.00 | 66 | 1.00 |
| | | A4-2 | 铺净浆 | 66 | 1.03 | | |
| | | A4-3 | 铺砂浆 | 71 | 1.11 | | |
| | 160 | C4-1 | 不处理 | 62 | 1.00 | | |
| | | C4-2 | 铺净浆 | 67 | 1.08 | | |
| | | C4-3 | 铺砂浆 | 65 | 1.05 | | |
| 72 | 200 | A72-1 | 不处理 | 43 | 1.00 | 53 | 0.80 |
| | | A72-2 | 铺净浆 | 58 | 1.35 | | |
| | | A72-3 | 铺砂浆 | 60 | 1.39 | | |
| | 160 | C72-1 | 不处理 | 40 | 1.0 | | |
| | | C72-2 | 铺净浆 | 56 | 1.40 | | |
| | | C72-3 | 铺砂浆 | 59 | 1.47 | | |

注:试验龄期为 180 d,圆柱体试件尺寸为 $\phi$ 150 mm × 300 mm。

5)胶凝材料用量与极限拉伸值

胶凝材料用量与极限拉伸值的关系见表 13-24。由表 13-24 可知,胶凝材料用量分别为 200 kg/m³ 和 160 kg/m³ 时,大平均的极限拉伸值分别为 $60.5 \times 10^{-6}$ 和 $58.5 \times 10^{-6}$,后者为前者的 97%,说明胶材用量达到 160 kg/m³ 以上时,极限拉伸值主要由层面处理方式和层间间隔时间控制和确定。

表 13-24　龙滩设计阶段试验有层面碾压混凝土胶凝材料用量与极限拉伸值的关系

| 胶凝材料用量/(kg/m³) | 层间间隔时间/h | 试件编号 | 层面处理 | 极限拉伸值/10⁻⁶ | 平均极限拉伸值/10⁻⁶ | 大平均极限拉伸值/10⁻⁶ | 不同胶凝材料极限拉伸值比值 |
|---|---|---|---|---|---|---|---|
| 200 | 4 | A4-1 | 不处理 | 64 | 67 | 60.5 | 1.00 |
| | | A4-2 | 铺净浆 | 66 | | | |
| | | A4-3 | 铺砂浆 | 71 | | | |
| | 72 | A72-1 | 不处理 | 43 | 54 | | |
| | | A72-2 | 铺净浆 | 58 | | | |
| | | A72-3 | 铺砂浆 | 60 | | | |
| 160 | 4 | C4-1 | 不处理 | 62 | 65 | 58.5 | 0.97 |
| | | C4-2 | 铺净浆 | 67 | | | |
| | | C4-3 | 铺砂浆 | 65 | | | |
| | 72 | C72-1 | 不处理 | 40 | 52 | | |
| | | C72-2 | 铺净浆 | 56 | | | |
| | | C72-3 | 铺砂浆 | 59 | | | |

注:试验龄期为 180 d,圆柱体试件尺寸为 $\phi$ 150 mm × 300 mm。

6)混凝土极限拉伸值与抗拉强度或抗压强度的典型经验公式的比较

国内外已提出的关于混凝土极限拉伸值与抗拉强度或抗压强度的典型经验公式(见表 13-25),

表 13-25 中 $\varepsilon_p$ 为混凝土的极限拉伸值，$f_t$ 为混凝土的轴心抗拉强度（MPa），$f_c$ 为混凝土的立方体抗压强度（MPa）。这些公式中，日本狩野和姜福田的混凝土极限拉伸值与抗拉强度或抗压强度的经验公式为指数关系，其他为线性关系，一般来说，指数关系可能更合理一些。将本体抗压强度 48.5 MPa、轴拉强度 2.15 MPa、有层面碾压混凝土平均抗压强度 37.3 MPa、平均轴拉强度 1.68 MPa 的试验数据代入表 13-25 中各经验公式，分别计算得出的极限拉伸值结果列于表 13-26。

表 13-25　混凝土 $\varepsilon_p \sim f_t (f_c)$ 典型经验公式

| 序号 | 经验公式 | 提出（采用）单位 | 备注 |
|------|---------|-----------------|------|
| 1 | $\varepsilon_p = (24.2 f_t + 18.5) \times 10^{-6}$ | 中南院科研所 | 1.0 MPa $\leqslant f_t \leqslant$ 2.2 MPa |
| 2 | $\varepsilon_p = (3.7 f_c - 80.5) \times 10^{-6}$ | 中南院科研所 | 35 MPa $\leqslant f_c \leqslant$ 40 MPa |
| 3 | $\varepsilon_p = (29.0 + 3.0 f_c) \times 10^{-6}$ | 北京水科院 | |
| 4 | $\varepsilon_p = (46.0 + 7.0 f_t) \times 10^{-6}$ | 水电八局 | |
| 5 | $\varepsilon_p = (42.5 + 1.56 f_c) \times 10^{-6}$ | 福建坑口大坝 | |
| 6 | $\varepsilon_p = (16.7 f_t + 33.5) \times 10^{-6}$ | 大连理工大学 | |
| 7 | $\varepsilon_p = 187.0 f_t^{-0.65} \times 10^{-6}$ | 日本狩野 | |
| 8 | $\varepsilon_p = 60.0 f_t \times 10^{-6}$ | 苏联齐斯克列里 | |
| 9 | $\varepsilon_p = 90.0 \, e^{-\frac{\sigma_t}{R_t}} \times 10^{-6}$ | 姜福田 | |

表 13-26　按经验公式计算的极限拉伸值

| 项目 | 北京水科院 | 水电八局 | 福建坑口大坝 | 大连理工大学 | 苏联齐斯克列里 | 日本狩野 | 中南院科研所 | |
|------|-----------|---------|-------------|-------------|---------------|---------|-------------|---|
| 本体 $\varepsilon_p / 10^{-6}$ | 174.5 | 61.0 | 118.2 | 69.5 | 129.0 | 113.7 | 70.6 | 98.9 |
| 层面 $\varepsilon_p / 10^{-6}$ | 140.9 | 57.8 | 100.7 | 61.6 | 100.8 | 133.4 | 59.2 | 57.5 |

从表 13-21 和表 13-22 中可以看出，总体上碾压混凝土极限拉伸值 $\varepsilon_p$ 随着有层面碾压混凝土轴心抗拉强度 $f_t$ 和抗压强度 $f_c$ 的提高而增大。

从表 13-26 中根据经验公式计算的极限拉伸值数据来看，本书采用 $\phi$ 150 mm×300 mm 圆柱体试件测得的有层面碾压混凝土极限拉伸值与大连理工大学和水电八局提出的经验公式计算值较吻合。

4. 有层面碾压混凝土的弹性模量

1）试验方法和试验成果

碾压混凝土静力抗压弹性模量试验所采用的圆柱体试件尺寸是 $\phi$ 150 mm×300 mm，由于试件高度为 300 mm，分二层一次性连续成型。为了研究有层面碾压混凝土弹模特性，需人为制作有层面碾压混凝土弹模试件。在胶凝材料用量方面，考虑了 200 kg/m³ 和 160 kg/m³ 两种工况；在层间间隔时间方面，考虑了 4 h 和 72 h；在处理层面结合的材料方面，考虑了不处理、铺净浆和铺砂浆三种工况。上述各种工况有层面碾压混凝土的弹性模量试验成果见表 13-27。

表 13-27　龙滩设计阶段有层面碾压混凝土不同工况的弹性模量

| 胶凝材料用量/(kg/m³) | 层面间隔时间/h | 试件编号 | 处理层面结合的材料 | 抗压弹性模量 $E_c$/GPa | 抗拉弹性模量 $E_t$/GPa | $E_c/E_t$ |
|---|---|---|---|---|---|---|
| 200 | 4 | A4-1 | 不处理 | 42.0 | 34.7 | 1.21 |
| | 72 | A72-1 | 不处理 | 41.9 | 33.7 | 1.24 |
| | 平均值 | | | 42.0 | 34.2 | 1.23 |
| 160 | 4 | C4-1 | 不处理 | 41.0 | 39.5 | 1.04 |
| | 72 | C72-1 | 不处理 | 36.3 | 25.8 | 1.41 |
| | 平均值 | | | 38.7 | 32.6 | 1.19 |
| 200 | 4 | A4-2 | 铺净浆 | 43.6 | 33.5 | 1.30 |
| | | A4-3 | 铺砂浆 | 45.5 | 34.7 | 1.31 |
| | 72 | A72-2 | 铺净浆 | 41.5 | 31.3 | 1.33 |
| | | A72-3 | 铺砂浆 | 41.0 | 33.8 | 1.21 |
| | 平均值 | | | 42.9 | 33.3 | 1.29 |
| 160 | 4 | C4-2 | 铺净浆 | 38.6 | 36.0 | 1.07 |
| | | C4-3 | 铺砂浆 | 41.6 | 32.4 | 1.28 |
| | 72 | C72-2 | 铺净浆 | 36.2 | 28.2 | 1.28 |
| | | C72-3 | 铺砂浆 | 40.2 | 30.2 | 1.33 |
| | 平均值 | | | 39.2 | 31.7 | 1.24 |
| 200 | 无层面 | 200本体 | — | 46.6 | 41.0 | 1.14 |

注:圆柱体试件尺寸均为 $\phi$150 mm×300 mm。

2)试验成果分析

(1)试验测得的各种工况的抗压弹性模量为 36.2~46.6 GPa、抗拉弹性模量为 25.8~41.0 GPa。本体抗压、抗拉弹性模量分别为 46.6 GPa、41.0 GPa;层面不处理工况的碾压混凝土平均抗压、平均抗拉弹性模量分别为 40.4 GPa、33.4 GPa。对层面进行处理试件的平均抗压、平均抗拉弹性模量分别为 41.0 GPa、32.5 GPa。层面不处理试件与本体试件弹性模量测值的比为 0.86,说明了碾压混凝土的各向异性。

(2)随胶凝材料用量的降低,弹性模量也有降低,因此适当减少高坝碾压混凝土的胶凝材料总量,可以降低抗压、抗拉弹性模量,对提高碾压混凝土的抗裂性是有利的。

(3)碾压混凝土本体与采用了处理层面结合的材料的试件抗压弹性模量之比为 1.15,且随抗压强度的提高弹性模量增大,符合一般规律。

(4)有层面碾压混凝土的抗拉弹性模量与抗压弹性模量比值约为 0.8。

(5)层面铺砂浆比层面铺净浆抗压弹性模量提高 5%,抗拉弹性模量基本不变。

将表 13-27 中抗拉弹性模量与圆柱体轴拉强度成果进行回归分析,试验给出小范围内轴拉强度与抗拉弹性模量间相关关系式,即

$$E_t = 7.904f_t + 18.648, R^2 = 0.7408 \quad (1.0 \leqslant f_t \leqslant 2.2) \tag{13-11}$$

#### 13.2.1.2　龙滩设计阶段有层面碾压混凝土芯样试验研究

龙滩工程在设计阶段进行了现场碾压试验,试验的各种工况见表 12-11~表 12-15。碾压试验完成

后,从试验现场取回大量含层面的试验块,在室内进行各项性能试验,下面介绍其试验成果。

1. 碾压混凝土芯样的物理力学特性

碾压混凝土芯样物理力学试验尺寸为 200 mm×200 mm×200 mm(密度、强度、超声波速度),
φ200 mm×400 mm(抗压弹性模量),成果见表 13-28,现分述如下:

表 13-28　龙滩设计阶段碾压混凝土现场试验芯样物理力学性能试验成果汇总

| 工况 | 统计项目 | 密度/(kg/m³) | | 抗压强度/MPa | | 劈拉强度/MPa | | 抗压弹性模量/GPa | | 超声波速度/(m/s) | | | 轴向极限拉伸 | | |
|---|---|---|---|---|---|---|---|---|---|---|---|---|---|---|---|
| | | 层面 | 本体 | 层面 | 本体 | 层面 | 本体 | 层面 | 本体 | 垂直层面 | 平行本体 | 垂直本体 | $\sigma$/MPa | $E$/MPa | $\varepsilon_p$/10⁻⁶ |
| A | 样本数 | 6 | | 6 | 6 | 6 | | 6 | 3 | 9 | 15 | 6 | | | |
| | 平均值 | 2 474 | | 35.1 | | 1.43 | | 19.7 | 39.9 | 4 786 | 5 337 | 5 002 | | | |
| B | 样本数 | 9 | | 6 | | 9 | | 9 | 3 | 13 | 19 | 6 | | | |
| | 平均值 | 2 469 | | 25.6 | | 0.77 | | 25.0 | 39.0 | 4 808 | 5 315 | 4 908 | | | |
| C | 样本数 | 6 | 4 | 6 | | 7 | 3 | 6 | 4 | 27 | 27 | | 9 | 8 | 5 |
| | 平均值 | 2 455 | 2 443 | 26.5 | | 0.70 | 2.17 | 17.2 | 31.3 | 4 718 | 5 076 | | 1.11 | 26.59 | 54.5 |
| D | 样本数 | 5 | | 8 | | 8 | | 5 | | 30 | 30 | | 3 | 2 | 2 |
| | 平均值 | 2 484 | | 23.4 | | 2.23 | | 24.8 | 31.3 | 4 697 | 5 037 | | 1.15 | 24.12 | 52.7 |
| E | 样本数 | 8 | 4 | 8 | 3 | 7 | 3 | 8 | 4 | 14 | 14 | | 7 | 5 | 3 |
| | 平均值 | 2 451 | 2 450 | 28.4 | 28.8 | 2.24 | 3.95 | 28.3 | 34.3 | 4 665 | 4 952 | | 0.83 | 27.57 | 46.9 |
| F | 样本数 | 8 | 4 | 8 | 3 | 8 | 3 | 8 | 4 | 20 | 30 | | 8 | 7 | 6 |
| | 平均值 | 2 486 | 2 478 | 28.5 | 29.1 | 2.48 | 3.64 | 31.2 | 34.8 | 4 875 | 5 117 | | 1.07 | 30.48 | 50.1 |
| G | 样本数 | | | 8 | | 8 | | | | | | | | | |
| | 平均值 | | | 37.4 | | 2.16 | | | | | | | | | |
| H | 样本数 | | | 4 | | 4 | | | | | | | | | |
| | 平均值 | | | 36.2 | | 2.44 | | | | | | | | | |
| I | 样本数 | | | 8 | | 8 | | | | | | | | | |
| | 平均值 | | | 40.9 | | 2.34 | | | | | | | | | |
| J | 样本数 | | | 4 | | 4 | | | | | | | | | |
| | 平均值 | | | 31.9 | | 1.32 | | | | | | | | | |

注:$\sigma$ 为轴向拉伸强度,$E$ 为拉伸强度弹性模量,$\varepsilon_p$ 为极限拉伸值。

(1)密度。6 种工况(A~F)的密度为 2 443~2 486 kg/m³,平均为 2 462 kg/m³(包括本体的和含层面的),含层面的与本体的密度之比是 1.004 5。表明压实质量是优良的。

(2)抗压强度。10 种工况(A~J)的抗压强度为 23.44~40.91 MPa,平均为 31.37 MPa,其中第二次碾压试验成果偏低,可能与高气温下施工有关。两种(E、F)工况含层面的抗压强度与本体抗压强度之比为 0.984。

(3)层面劈裂抗拉强度。10 种工况沿层面的劈拉强度为 0.70~2.48 MPa,平均为 1.81 MPa,平均拉压比为 0.058,比一般拉压比偏低。4 个工况(A、C、E、F)层面劈裂抗拉强度平均值为 1.71 MPa,与本体劈裂抗拉强度 2.9 MPa 之比为 0.59。

(4)抗压弹性模量。6 种工况(A~F)含层面试件的抗压弹模为 17.2~31.2 GPa,不含层面的本体试件的抗压弹模为 31.3~39.9 GPa,平均为 35.0 GPa,前者与后者之比为 0.69。

(5)超声波速度。6 种工况(A~F)垂直层面的超声波速度为 4 655~4 875 m/s,平均为 4 756 m/s,而平行层面的超声波速度为 4 952~5 337 m/s,平均为 5 139 m/s,前者与后者之比为 0.925。

(6)轴向极限拉伸。4 种工况(C、D、E、F)的极限拉伸为 46.9×10⁻⁶~54.5×10⁻⁶。

通过上面碾压混凝土芯样的 6 个指标的比较可以看出,层面的存在对碾压混凝土的密度和抗压强度没有影响。但是,层面存在使抗拉强度、弹性模量、超声波速度和极限拉伸明显降低。它与本体比值分别是 0.59、0.69 和 0.925(芯样本体未做极限拉伸),说明碾压混凝土存在明显各向异性。

2. 碾压混凝土芯样的动力特性

本项试验由清华大学水利系张楚汉等完成,主要测试龙滩现场碾压混凝土在单轴受压状态下的力学性能指标。其中包括:平行层面(简称 X 向)和垂直层面(简称 Z 向)的弹性模量;静、动载荷作用下的峰值应力;静、动载荷作用下的峰值应变(即对应于峰值应力的应变);静、动载荷作用下的应力应变全过程曲线;碾压混凝土在受压状态下的破坏机制初探。

1)试件制备、试验装置和试验步骤

试验所用碾压混凝土取自龙滩水电站工程设计阶段第二次碾压混凝土现场试验的工况 D 和工况 E(D 和 E 工况的试验情况见 12.3.2 节)。由现场取得的试件尺寸为 25 cm×25 cm×25 cm,考虑到测试各向异性弹性模量及全曲线的需要和材料试验机的能力,对试件进行了再加工,先将原试件沿垂直层面方向一分为四切成 10 cm×10 cm×25 cm 的长方块,然后截取包含层面的 10 cm×10 cm× cm 的立方体试块,使层面位于试块中部。

为测量碾压混凝土在单轴受压状态下的应力-应变全曲线,需消除碾压混凝土试件受压面上的摩擦力,为此需采用减摩措施,在碾压混凝土试件与传力垫板间放置减摩垫层,经试验比较后采用 3 层0.06 mm 厚的铝箔,铝箔间涂薄层黄油。试验中曾对减摩与不减摩情况进行比较试验,以研究减摩措施对峰值强度的影响。在试件的相对两个侧面十字形粘贴应变片,应变片尺寸为 5 mm×60 mm。

试验在 MTS 50 t 电液伺服疲劳机上进行。位移、载荷及引伸仪的应变值由试验机给出,同时输出到 XY 记录仪和磁带记录仪上;应变片的应变经动态应变仪输入磁带记录仪。试验装置全貌见图 13-15。

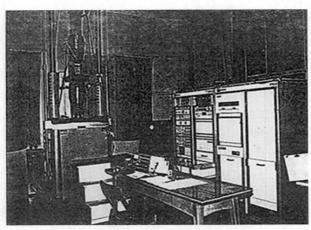

**图 13-15　龙滩设计阶段现场碾压试验芯样静动力试验装置图(清华大学水利系试验)**

试验步骤如下:

（1）平行层面加载，测量 X 向的弹性模量。放置试件时，使层面平行加压方向，预压至 50 kg/cm²，然后卸载，如此预压 3 次，消除混凝土的初期残余应变并扣除垫板与混凝土间的空隙后，进行正式加载并记录，应力由 0 加至 50 kg/cm²，然后卸载。

（2）垂直层面加载，测量 Z 向的弹性模量。将试件翻转 90°，使层面垂直加压方向，同上预压 3 次，然后记录。应力由 0 加至 50 kg/cm²，然后卸载。

（3）测量全曲线。保持试件不动，控制位移加载，直至试件破坏，待应力下降至 20 kg/cm² 时停机。

以上各步骤均为控制位移加载，加载速率设为 0.5 mm/s 和 0.005 mm/s，对应的碾压混凝土试件的应变速率约为：

①快速加载：$\varepsilon_1 = 0.5$ mm/s/100 mm $= 5×10^{-3}\varepsilon$/s $= 5\,000$ $\mu\varepsilon$/s。

②慢速加载：$\varepsilon_2 = 0.005$ mm/s/100 mm $= 5×10^{-3}\varepsilon$/s $= 50$ $\mu\varepsilon$/s。

以分别考查不同加载速率对混凝土特性的影响，其中 $\varepsilon_2$ 用于步骤（1）~（3），而 $\varepsilon_1$ 仅用于步骤（3）。

试验分为慢速加载、快速加载、减摩、不减摩等多组试验，有效试件总数为 43 块。试验成果汇总列于后文各表中，表中试件的试验工况除特别注明外均使用了减摩措施，而未使用减摩措施的试件均为慢速加载。

2）龙滩碾压混凝土现场芯样的静动力试验成果及统计特性

a. 弹性模量的静力试验成果及统计特性

对同一试件分别测量其平行层面的弹性模量 $E_x$ 和垂直层面的弹性模量 $E_z$，获得了 17 对成果，其中 D 工况 7 对，E 工况 10 对（含未减摩 3 对，未列出），列于表 13-29。由表 13-29 可知：D 组试件 $E_x/E_z$ 的平均值为 1.20，表明从 7 个试件 $E_x/E_z$ 值的平均值来看，水平向弹性模量较垂直向弹性模量大 20%；E 组 $E_x/E_z$ 的平均值为 1.22，就平均值来讲，E 组试件的水平向弹性模量较垂直向弹性模量大 22%，说明 D、E 两组试件均呈现一定的各向异性性质。用 $E_x$、$E_z$ 的均值进行计算，得出 D 组的弹性模量比 $E_x/E_z = 1.19$，E 组为 1.18，也说明两组试件呈现各向异性性质。

**表 13-29　龙滩设计阶段现场试验取芯样弹性模量试验统计**

| | 试件号 | 1SB | 3SA | 3SB | 3SC | 6SA | 9SC | 12SA | 个数 | 均值 | 均方差 | 变异系数 | 均值比 |
|---|---|---|---|---|---|---|---|---|---|---|---|---|---|
| 工况 D | $E_x$ | 2.11 | 3.11 | 1.21 | 1.67 | 2.05 | 2.80 | 1.74 | 7 | 2.10 | 0.61 | 0.29 | |
| | $E_z$ | 1.67 | 2.14 | 0.93 | 1.37 | 2.33 | 2.14 | 1.72 | 7 | 1.76 | 0.46 | 0.26 | |
| | $E_x/E_z$ | 1.26 | 1.45 | 1.30 | 1.22 | 0.88 | 1.31 | 1.01 | 7 | 1.20 | 0.18 | 0.15 | 1.19 |
| | 试件号 | 5SB | 7SA | 8SC | 11SA | 11SD | 13SD | 15SB | 个数 | 均值 | 均方差 | 变异系数 | 均值比 |
| 工况 E | $E_x$ | 2.00 | 1.61 | 2.86 | 2.06 | 2.47 | 1.32 | 3.33 | 7 | 1.90 | 0.43 | 0.23 | |
| | $E_z$ | 1.54 | 2.86 | 1.74 | 1.56 | 1.82 | 1.67 | 2.10 | 7 | 1.22 | 0.37 | 0.30 | |
| | $E_x/E_z$ | 1.30 | 0.56 | 1.64 | 1.32 | 1.36 | 0.79 | 1.56 | 7 | 1.22 | 0.37 | 0.30 | 1.18 |

b. 峰值应力的静动力试验成果及统计特性

试验共得到峰值应力值 43 个，分组统计值见表 13-30。由表 13-30 可知，慢速加载时 D 组的平均峰值应力为 14.10 MPa，E 组为 16.62 MPa；快速加载时，D 组的平均峰值应力为 15.50 MPa；E 组为 17.53 MPa。说明动载作用下的峰值应力均较静载作用下有所提高。

**表 13-30　龙滩设计阶段现场试验取芯样峰值应力分组统计**

| 统计指标 | D 组 | | E 组 | | |
|---|---|---|---|---|---|
| | 慢速加载 | 快速加载 | 慢速加载 | 快速加载 | 未减摩 |
| 试件数/个 | 14 | 11 | 8 | 6 | 4 |
| 均值/MPa | 14.10 | 15.50 | 16.62 | 17.53 | 27.39 |
| 均方差/MPa | 1.44 | 2.43 | 1.47 | 2.26 | 2.69 |
| 变异系数 | 0.10 | 0.16 | 0.09 | 0.13 | 0.10 |
| 对应不减摩强度 | 22.4 | 24.6 | 26.4 | 27.8 | |

c. 峰值应变的静动力试验成果及统计特性

共测得 21 个峰值应变,分组统计值见表 13-31。由表 13-31 可知,D 组试件共得到静载作用下的峰值应变 7 个,动载作用下的峰值应变 8 个,其统计均值分别为 2 147 με 和 2 050 με,对应的变异系数分别为 0.09 和 0.26。说明静载作用下试件的峰值应变的离散性小于动载作用下的离散性。

表 13-31 数字还显示,对于 E 组试件,同为慢速加载时,减摩试件的峰值应变均值为 1 440 με,未减摩试件的峰值应变均值为 3 470 με,二者相差较大。

**表 13-31　龙滩设计阶段现场试验取芯样峰值应变分组统计**

| 统计指标 | D 组 | | E 组 | | |
|---|---|---|---|---|---|
| | 慢速加载 | 快速加载 | 慢速加载 | 快速加载 | 未减摩 |
| 试件数/个 | 7 | 8 | 3 | 1 | 2 |
| 均值/με | 2 147 | 2 050 | 1 440 | 1 520 | 3 470 |
| 均方差/με | 188 | 539 | 126 | 0 | 200 |
| 变异系数 | 0.09 | 0.26 | 0.09 | 0 | 0.06 |

3)加载速率对材料性能的影响

(1)加载速率对弹性模量的影响。对同一试件分别以快、慢两种速率加载,共获得 12 组数据(见表 13-32)。由表 13-32 可知,当加载速率增加,对应的碾压混凝土试件的应变速率由 50 με/s 增加到 5 000 με/s 时,碾压混凝土垂直层向的弹性模量仅平均增加 10%。由此可知,当碾压混凝土的应变速率达到或超过 5 000 με/s 时,应考虑动载时碾压混凝土弹性模量的提高作用。而当加载速度使混凝土的应变速率小于 5 000 με/s 时,可忽略其对碾压混凝土弹性模量的影响。

**表 13-32　龙滩设计阶段现场试验取芯样加载速率对弹性模量的影响**

(垂直层向弹性模量 $E_z/10^4$ MPa)

| 试件号 | 3SC | 4SC | 6SC | 6SD | 9SA | 9SD | 10SC | 10SD | 11SA | 11SD | 12SC | 13SA | 个数 | 均值 | 均方差 | 变异系数 |
|---|---|---|---|---|---|---|---|---|---|---|---|---|---|---|---|---|
| 慢速加载 | 1.37 | 1.73 | 2.53 | 2.0 | 0.89 | 1.54 | 1.43 | 1.29 | 1.56 | 1.82 | 1.18 | 1.73 | 12 | 1.59 | 0.41 | 0.25 |
| 快速加载 | 1.54 | 1.52 | 3.75 | 3.2 | 0.95 | 1.45 | 1.60 | 1.67 | 1.67 | 1.52 | 0.88 | 1.75 | 12 | 1.80 | 0.81 | 0.45 |
| 快速加载与慢速加载比值 | 1.12 | 0.88 | 1.48 | 1.6 | 1.07 | 0.94 | 1.12 | 1.29 | 1.07 | 0.83 | 0.74 | 1.01 | 12 | 1.10 | 0.25 | 0.02 |

(2)加载速率对峰值应力的影响。对原试件一分为四得到一组四块试件,快、慢速加载各做两块,

测量其在静动荷载作用下的峰值应力,结果见表 13-33。由表 13-33 可知,加载速率对峰值强度有较为一致的影响。当增加加载速率,使混凝土的应变速率由 50 μɛ/s 增加到 5 000 μɛ/s 时,碾压混凝土的峰值强度的平均提高率为 11%。

**表 13-33　龙滩设计阶段现场试验取芯样加载速率对峰值应力和峰值应变影响**

| 试件号(1) | 平均峰值应力/MPa | | | | | 试件号(1) | 平均峰值应变/μɛ | | |
| | 慢速加载(2) | 块数 | 快速加载(3) | 块数 | 快速加载/慢速加载 | | 慢速加载(2) | 快速加载(3) | 比值 |
| --- | --- | --- | --- | --- | --- | --- | --- | --- | --- |
| 4S | 13.21 | 2 | 16.36 | 2 | 1.24 | 3S | 2 100 | 1 780 | 0.85 |
| 6S | 16.51 | 2 | 15.26 | 2 | 0.92 | 4S | 1 910 | 1 950 | 1.02 |
| 9S | 14.00 | 2 | 14.88 | 2 | 1.06 | 6S | 2 420 | 1 485 | 0.61 |
| 10S | 13.60 | 2 | 17.90 | 2 | 1.32 | 9S | 2 115 | 2 530 | 1.20 |
| 12S | 13.01 | 2 | 15.01 | 2 | 1.15 | 10S | 2 360 | 2 610 | 1.11 |
| 13S | 16.23 | 2 | 17.60 | 2 | 1.08 | | | | |
| 个数/个 | 6 | | 6 | | 6 | 个数/个 | 5 | 5 | 5 |
| 均值/MPa | 14.43 | | 16.17 | | 1.13 | 均值/μɛ | 2 180 | 2 071 | 0.96 |
| 标准差/MPa | 1.41 | | 1.22 | | 0.13 | 标准差/μɛ | 186 | 434 | 0.21 |
| 变异系数 | 0.10 | | 0.08 | | 0.11 | 变异系数 | 0.09 | 0.21 | 0.22 |

注:比值=快速加载(3)/慢速加载(2)。

(3)加载速率对峰值应变的影响。

峰值应变统计结果见表 13-33。由表 13-33 可知,增加加载速率并不一定增加(也不一定减小)峰值应变,动静载荷作用下峰值应变的比值在 0.61~1.20,峰值应变比值的均值为 0.96。说明碾压混凝土的应变速率在 50~5 000 μɛ/s 范围内变化时,加载速率对碾压混凝土的峰值应变的影响并无明显的规律性。由表 13-33 可知,快速加载时所得峰值应变具有较大的变异系数(0.21),而慢速加载时峰应变的变异系数较小(0.09),又由于两种加载速率下峰值应变的比值为 0.96,故当应变速率小于 5 000 μɛ/s 时,可近似地采用慢速加载时的均峰值应变值。

试验时共得到 19 个减摩试件和 2 个未减摩试件的峰值应变,不减摩情况由于侧向约束的影响,使得峰值应变有较大幅度提高,这反映了多向受力状态下混凝土材料性能的变化。

(4)加载速率对应力应变全过程曲线的影响。

碾压混凝土材料在受压状态下,无论是慢速加载,还是快速加载都呈现应变软化特性。对 19 条试验曲线进行规一化处理后的结果见图 13-16。从两条平均全过程曲线的线型来看,静态的软化段曲线可近似地用一条直线来代替;快速加载的软化段,可用双线型来逼近。

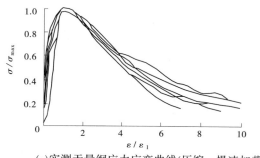

(a)实测无量纲应力应变曲线(压缩、慢速加载)

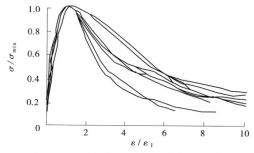

(b)实测无量纲应力应变曲线(压缩、快速加载)

**图 13-16　龙滩设计阶段现场碾压试验芯样静动力作用下的应力应变全过程曲线**

3. 碾压混凝土芯样的断裂特性(西安理工大学水利水电学院试验)

在碾压试验现场取得 D 和 E 两种工况含层面的试验块尺寸为 25 cm×25 cm×50 cm,每一块试体制成 4 个试件,尺寸为 12.4 cm×12.4 cm×50 cm,试件设计 $a/W=0.4$( $a$ 为缝深, $W$ 为试件高度),裂缝位于碾压混凝土层面。用三点弯曲试件测定 I 型问题的断裂韧度、断裂能和徐变断裂特性;用四点弯曲试件测定 I、II复合型断裂特性和断裂能。碾压混凝土龄期为 730 d 左右。试件及加荷情况见图 13-17、图 13-18,其成果介绍如下。

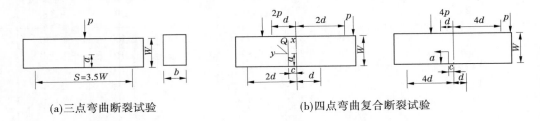

(a)三点弯曲断裂试验　　　　　　　　　　(b)四点弯曲复合断裂试验

**图 13-17　龙滩设计阶段有层面碾压混凝土现场芯样断裂试验**

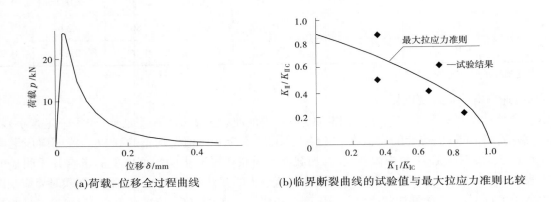

(a)荷载–位移全过程曲线　　　　　(b)临界断裂曲线的试验值与最大拉应力准则比较

**图 13-18　龙滩设计阶段碾压混凝土现场芯样断裂试验曲线**

1)断裂韧度与复合断裂

由表 13-34 可知,本体断裂韧度均大于层面断裂韧度。工况 D 层面 $K_{IC}$ 为本体的 0.99,层面 $K_{IIC}$ 为本体的 0.838;工况 E 层面 $K_{IC}$ 为本体的 0.73,层面 $K_{IIC}$ 为本体的 0.91。综合上 4 种情况,层面断裂韧度为本体的 0.87。

由图 13-18 可知,对于工况 D 层面,试验所得断裂曲线与最大拉应力准则计算所得断裂曲线,除个别点外大体上是吻合的。由表 13-35 可知,所测的开裂角与理论值相差较大。

**表 13-34　龙滩设计阶段现场碾压试验芯样层面断裂韧度**

| 工况 | $K_{IC}/$ ( kN/cm³ᐟ² ) | $K_{IIC}/$ ( kN/cm³ᐟ² ) | $K_I/K_{IC}$ | 工况/ ( kN/cm³ᐟ² ) | $K_{IC}/$ ( kN/cm³ᐟ² ) | $K_{IIC}/$ ( kN/cm³ᐟ² ) | $K_I/K_{IC}$ |
|------|------|------|------|------|------|------|------|
| D 本体 | 0.491 | 0.510 | 1.02 | E 层面 | 0.440 | 0.467 | 1.06 |
| E 本体 | 0.605 | 0.513 | 0.85 | F 层面 | 0.515 | 0.448 | 0.94 |
| D 层面 | 0.488 | 0.421 | 0.86 | | | | |

表 13-35　龙滩设计阶段现场碾压试验芯样工况 D 层面复合型断裂试验结果

| $c$/mm | $d$/mm | $K_{\mathrm{IC}}$/<br>($\mathrm{kN/cm^{3/2}}$) | $K_{\mathrm{IIC}}$/<br>($\mathrm{kN/cm^{3/2}}$) | 理论/<br>(°) | 实测/<br>(°) | $K_{\mathrm{I}}/K_{\mathrm{IC}}$ | $K_{\mathrm{II}}/K_{\mathrm{IIC}}$ |
|---|---|---|---|---|---|---|---|
| 0 | 45 | 0 | −0.421 | 70.5 | 37.7 | 0 | −0.863 |
| 5 | 45 | 0.178 | −0.427 | 62.8 | 30 | 0.365 | −0.875 |
| 15 | 90 | 0.179 | −0.421 | 57.2 | 28 | 0.367 | −0.494 |
| 30 | 90 | 0.326 | −0.197 | 44.1 | 25 | 0.668 | −0.404 |
| 55 | 90 | 0.430 | −0.122 | 28.0 | 17 | 0.881 | −0.250 |
|  |  | 0.488 | 0 | 0 | 0 | 1.0 | 0 |

2）断裂能

各工况断裂能:D 工况本体 132 N/m;E 工况本体 173 N/m;D 工况层面 106 N/m;E 工况层面 120 N/m;F 工况层面 109 N/m。由此可知,同一工况本体试件的断裂能大于层面试件的断裂能,如工况 D 本体试件的断裂能较层面的大 15%。对于工况 D 层面各复合型断裂试件,测得其断裂能 $G_{\mathrm{F}} = 101$ N/m,与用三点弯曲试件所测得断裂能($G_{\mathrm{F}} = 106$ N/m)属同一量级;对于其他复合型断裂试件以及纯 II 型试件所测得的断裂能,其值也与三点弯曲试件的 $G_{\mathrm{F}}$ 值属同一量级。这说明各复合型断裂试件及纯 II 型断裂试件也属于拉伸断裂。

3）碾压混凝土徐变断裂

研究碾压混凝土的徐变断裂,对于了解混凝土内部裂缝的延迟扩展过程及解析某些碾压混凝土坝为什么运行数年后发生裂缝的延迟扩展具有重要意义,这关系到大坝安全。以下是对龙滩设计阶段碾压混凝土第二次现场试验 D 工况芯样试件进行的徐变断裂试验。

a. 徐变断裂试验方法

徐变断裂试验是以 0.05 短期荷载作用下的断裂韧度 $K_{\mathrm{IC}}$ 为间隔划分各应力强度因子水平,即试验所加荷载使试件的应力强度因子比值 $K_{\mathrm{I}}/K_{\mathrm{IC}} = 1.0$、0.95、0.9、0.85、0.80、0.75。

试验采用杠杆式加荷设备,加荷速度按照《水工混凝土试验规范》(SD 105—1982)的要求进行。对高应力强度因子水平下的徐变断裂时间,用数据采集仪记录;对较低应力强度因子水平下的徐变断裂时间,采用改装的日历钟记录;为监测裂缝扩展情况,在裂缝延长线上贴有应变片;为减小环境对徐变断裂的影响,该试验在恒温恒湿条件下进行。

b. 裂缝扩展分析

不同应力强度因子水平作用下缝端及其延长线上的应变与时间关系曲线见图 13-19。

碾压混凝土的极限拉伸应变为 $53 \times 10^{-6}$,当应变值大于极限拉伸应变值时,意味着裂缝扩展。

由图 13-19 可知,试件的缝顶处分析如下:

（1）当应力强度因子水平较高($K_{\mathrm{I}}/K_{\mathrm{IC}} = 0.95$ 或 0.9）时,裂缝延长线上应变随时间延长不断增加,即裂缝随时间延长而不断扩展,其断裂时间为数十秒至数分钟,这一类的试件断裂具有瞬时断裂的性质。

（2）当应力强度因子水平较低($K_{\mathrm{I}}/K_{\mathrm{IC}} = 0.75$）时,在持续荷载作用下裂缝延长线上的应变随时间有所增加,但应变经历减速阶段后,应变增长缓慢,应变值趋于一稳定值,试件历时 6 个月尚未破坏。

（3）当应力强度因子水平 $K_{\mathrm{I}}/K_{\mathrm{IC}} = 0.85$ 时,徐变可分为三个阶段:第一阶段为开始阶段,这一阶段徐变速率随时间延长而逐渐减少,即徐变速率减速阶段;第二阶段徐变曲线接近直线,这是徐变稳定阶段;第三阶段,当总变形达到某一数值后,徐变速率值随时间延长而不断增大,最终导致试件破坏,这是徐变加速的断裂阶段。这一类型属典型的徐变断裂。

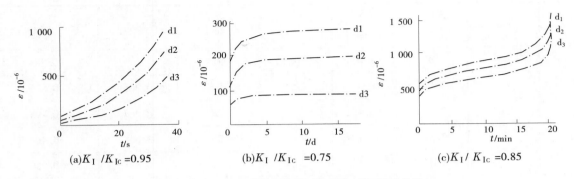

图 13-19　裂缝延长线上应变与时间关系曲线

(4)当变形超过材料的弯曲抗拉变形后,该处将开裂,原有裂缝将扩展。当裂缝扩展量达到一临界值时,裂缝快速扩展并失稳,导致构件断裂。

(5)徐变断裂性质与应力强度因子水平有关,当应力强度因子水平较低时,徐变是由水泥石内凝胶体的黏滞流动及加荷前骨料的初始界面裂缝引起的,这时尚未出现砂浆裂缝,界面裂缝仍然保持稳定,而不致引起徐变断裂;当应力强度因子水平较高时,界面裂缝扩展速度增大,并出现了砂浆裂缝,随着时间增加,界面裂缝与砂浆裂缝连接成贯通裂缝,从而导致断裂过程区长度不断扩大,直至发生徐变断裂。

c. 断裂时间与应力强度因子水平的关系

由 4 根试件得到瞬时断裂韧度 $K_{IC} = 0.448$ kN/cm$^{3/2}$,按照 $K_I/K_{IC} = 0.95$、0.90、0.85、0.80、0.75 等进行了不同应力强度因子水平下的徐变断裂试验,其结果见表 13-36。

表 13-36　龙滩设计阶段现场碾压试验芯样不同应力强度因子水平作用下的断裂时间

| 应力强度因子水平 | 试件编号 | 断裂时间/min | 应力强度因子水平 | 试件编号 | 断裂时间/min | 应力强度因子水平 | 试件编号 | 断裂时间/min | 应力强度因子水平 | 试件编号 | 断裂时间/min |
|---|---|---|---|---|---|---|---|---|---|---|---|
| 0.95 | 1 | 0.50 | 0.90 | 8 | 1.17 | 0.85 | 15 | 9 | 0.80 | 22 | 201 630 |
| | 2 | 0.30 | | 9 | 1.00 | | 16 | 145 | 0.75 | 23 | 6 个月未断 |
| | 3 | 0.77 | | 10 | 2.27 | | 17 | 4 583 | | 24 | 6 个月未断 |
| | 4 | 0.12 | | 11 | 0.63 | | 18 | 130 011 | | 25 | 6 个月未断 |
| | 5 | 0.06 | | 12 | 1.43 | 0.80 | 19 | 31 997 | | 26 | 6 个月未断 |
| | 6 | 0.70 | 0.85 | 13 | 20.0 | | 20 | 43 665 | | 27 | 6 个月未断 |
| | 7 | 1.0 | | 14 | 25.0 | | 21 | 171 554 | | 28 | 6 个月未断 |

由表 13-36 可以看出,断裂时间存在离散性。由于试验点数较少,不便用数理统计方法处理,表 13-37 给出了算术平均方法求得的平均断裂时间。

表 13-37　龙滩设计阶段现场碾压试验芯样不同应力强度因子水平作用下的平均断裂时间

| 序号 | 1 | 2 | 3 | 4 | 5 |
|---|---|---|---|---|---|
| 应力强度因子水平 | 0.95 | 0.90 | 0.85 | 0.80 | 0.75 |
| 平均断裂时间/min | 0.493 | 1.30 | 956.4 | 115 771.4 | 6 个月未断 |

由表 13-37 可知,随着 $K_I/K_{IC}$ 的降低,试件的平均断裂时间($t$)显著增加,取断裂时间对数值 $\lg t$ 进行一元线性回归,得到碾压混凝土断裂时间($t$)与应力强度因子水平($K_I/K_{IC}$)的关系为

$$K_{I}/K_{IC} = 0.923\ 4 - 0.024\ 7\lg t \tag{13-12}$$

上述回归线的相关系数 $r = -0.97$，可以根据式（13-12）来推测混凝土在持续荷载作用下，不致破坏断裂的应力强度因子水平。假定不同的工作年限，得到相应的应力强度因子水平见表13-38。

表 13-38　龙滩设计阶段现场碾压取芯样的徐变断裂试验不同使用年限应力强度因子水平

| 使用年限/年 | 20 | 30 | 50 |
|---|---|---|---|
| 应力强度因子水平（$K_I/K_{IC}$） | 0.749 9 | 0.745 6 | 0.740 1 |

通过试验验证碾压混凝土层面存在徐变断裂现象。徐变断裂过程中，裂缝扩展量随时间而增加，当裂缝扩展到临界长度时，裂缝快速扩展导致构件断裂。

### 13.2.2　龙滩施工阶段有层面碾压混凝土的试验研究

#### 13.2.2.1　龙滩施工阶段有层面碾压混凝土室内试验研究（长江科学院试验）

在龙滩工程施工阶段，应用龙滩工程施工选用的原材料，研究了缓凝高效减水剂在不同温度环境条件下对碾压混凝土凝结时间的影响规律；研究了不同间隔时间、不同层面处理措施对碾压混凝土层间抗压、抗拉、极限拉伸、抗剪强度的影响规律。根据以上研究成果，提出了科学的层面处理措施和适于龙滩工程碾压混凝土层间结合"热缝""温缝""冷缝"的识别标准及层间结合质量控制标准。

龙滩地区从 4 月开始进入次高温和高温季节，而且一直持续至 9 月末，其中尤以 6 月、7 月、8 月温度最高，根据多年气象资料统计，实测最高温度可达 38.9 ℃。高温时段的碾压混凝土施工是龙滩工程所面临的关键技术问题。

由于碾压混凝土是分层碾压而成的，其浇筑层通常为 30 cm，使碾压混凝土坝形成众多的水平层面，这些层面如果间歇时间欠妥、处理不当，可能会成为碾压混凝土坝渗流集中通道和抗滑稳定的相对薄弱面。研究各种因素对碾压混凝土层间结合特性的影响，建立科学的质量控制标准，可以在碾压混凝土施工过程中更合理地控制层间间歇时间，并采取适当的处理方式，更好地发挥碾压混凝土筑坝的优势。

1.碾压混凝土试验用原材料及配合比

试验采用广西鱼峰牌 42.5 中热硅酸盐水泥和广西来宾电厂 I 级灰、JM-II 缓凝高效减水剂和 ZB-1G 引气剂、大法坪砂石系统生产的石灰岩人工骨料，其品质均满足相关规范要求。

试验用的碾压混凝土配合比见表13-39，层面处理材料配合比见表13-40。

表 13-39　龙滩施工阶段有层面碾压混凝土室内试验配合比参数

| 编号 | 设计等级 | 水胶比 | 混凝土材料用量/（kg/m³） | | | | | | | 外加剂 | | VC/s | 含气量/% |
|---|---|---|---|---|---|---|---|---|---|---|---|---|---|
| | | | 水 | 水泥 | 粉煤灰 | 砂 | 小石 | 中石 | 大石 | JM-II/% | ZB-1G/10⁻⁴ | | |
| W1、W2 | C₉₀25 | 0.42 | 80 | 90 | 101 | 719 | 443 | 591 | 443 | 0.75 | 3.0 | 5～7 | 2.8 |
| W3、W4 | C₉₀15 | 0.50 | 80 | 56 | 104 | 730 | 450 | 600 | 450 | 0.75 | 2.0 | 5～7 | 2.9 |

2.碾压混凝土凝结时间试验

凝结时间试验用配合比选择了 $C_{90}25$ 和 $C_{90}15$ 两种，高效缓凝减水剂选择 0.5%、0.75%、1.0% 和 1.5% 四种掺量，保持 VC 值不变。试验环境有三种情况：标准温度（20 ℃）、高温（38 ℃）和室外自然条件，同时记录了环境湿度和风速。三种试验环境下不同缓凝剂掺量的碾压混凝土凝结时间试验结果见表13-6 和表13-7。

表 13-40　龙滩施工阶段有层面碾压混凝土室内试验接缝砂浆和小骨料混凝土配合比参数

| 强度等级 | 级配 | 配合比参数 | | | | | | | 材料用量/(kg/m³) | | | | | | | |
|---|---|---|---|---|---|---|---|---|---|---|---|---|---|---|---|---|
| | | 水胶比 | 水 | 粉煤灰/% | 砂率/% | ZB-1 RCC15/% | JM-II/% | ZB-1G/10⁻⁴ | 水 | 水泥 | 粉煤灰 | 人工砂 | 小石 | ZB-1 RCC15粉剂 | JM-II粉剂 | ZB-1G粉剂 |
| RI、RIV C90 25 | 一 | 0.37 | 124 | 55 | 37 | 0.5 | | 0.25 | 124 | 151 | 184 | 707 | 1 218 | 1.675 | | 0.008 4 |
| | | | | | | | 0.5 | 0.35 | | | | | | | 1.675 | 0.011 7 |
| RII C90 20 | 一 | 0.40 | 124 | 60 | 38 | 0.5 | | 0.25 | 124 | 124 | 186 | 734 | 1 211 | 1.550 | | 0.007 8 |
| | | | | | | | 0.5 | 0.35 | | | | | | | 1.550 | 0.010 8 |
| RIII C90 15 | 一 | 0.43 | 122 | 65 | 39 | 0.5 | | 0.25 | 122 | 99 | 185 | 764 | 1 208 | 1.42 | | 0.007 1 |
| | | | | | | | 0.5 | 0.35 | | | | | | | 1.420 | 0.009 9 |
| RI、RIV C90 25 | 砂浆 | 0.37 | 275 | 55 | 100 | 0.3 | | 0.1 | 275 | 334 | 409 | 1 088 | | 2.229 | | 0.007 4 |
| | | | | | | | 0.2 | 0.3 | | | | | | | 2.229 | 0.022 3 |
| RII C90 20 | 砂浆 | 0.42 | 270 | 60 | 100 | 0.3 | | 0.1 | 270 | 257 | 386 | 1 191 | | 1.929 | | 0.006 4 |
| | | | | | | | 0.2 | 0.3 | | | | | | | 1.929 | 0.019 3 |
| RIII C90 15 | 砂浆 | 0.45 | 260 | 65 | 100 | 0.3 | | 0.1 | 260 | 202 | 376 | 1 275 | | 1.734 | | 0.005 8 |
| | | | | | | | 0.2 | 0.3 | | | | | | | 1.734 | 0.017 3 |

### 3. 碾压混凝土层间结合性能试验

#### 1) 试件制作及试验方法

碾压混凝土的拌和、成型、抗压、极限拉伸、抗剪试验按《水工碾压混凝土试验规程》(SL 48—1994)进行。对于有层面的碾压混凝土试件,分两次振捣成型。其中,层面不处理的工况,分别在规定的间隔时间内浇筑上层碾压混凝土;而层面处理的工况,则在规定层间间隔时间内经层面刷毛处理后再铺筑成型上层碾压混凝土。层间间隔时间考虑 0 h、6 h、12 h、24 h 和 48 h 共 5 个时间段,即模拟碾压混凝土本体、初凝前(热缝)层面不处理、初凝后终凝前(温缝)层面不处理、终凝后(冷缝)直接铺砂浆和冷缝凿毛铺砂浆 5 种工况。分别采用两种养护制度,一种为温度 20 ℃、湿度 95% 的标准养护,另一种为层面间歇期间在室外自然状态下养护,层面覆盖后转为标准养护。表 13-41 为层间抗剪试验采取的各种层间间隔时间、层面处理方式和养护制度。

表 13-41　龙滩施工阶段有层面碾压混凝土室内试验层间试验条件

| 层面间歇时间/h | 0 | 6 | 12 | 24 | 48 |
|---|---|---|---|---|---|
| 层面处理方式 | 不处理 | 不处理 | 不处理 | 直接铺砂浆 | 凿毛后铺砂浆 |
| 层面缝形态 | 本体 | 热缝 | 温缝 | 冷缝 | 冷缝 |
| 养护制度 | W1、W2 | 温度 20 ℃、湿度 95% 的标准养护 | | | |
| | W3、W4 | 层面间歇期间在室外自然状态下养护,层面覆盖后转为标准养护 | | | |

#### 2) 力学和变形性能

不同工况条件下抗压强度、轴拉强度和极限拉伸值的试验结果见表 13-42,并得出如下结果:

(1)碾压混凝土本体抗压强度、轴心抗拉强度均大于有层面碾压混凝土相应强度;随着间歇时间的增加,抗压强度和轴拉强度均呈现下降趋势,且超过初凝时间后,下降速度加快。

（2）层面的存在对抗压强度的影响明显小于轴拉强度,由于层面的存在,抗压强度降低的最大值为13%,而轴拉强度由于层面的存在而降低的最大值达65%。特别是层面间隔24 h的冷缝直接铺砂浆工况,其轴拉强度只有本体强度的44%(平均值)。

（3）间歇48 h后,进行凿毛处理并铺砂浆的试件,其抗压强度没有降低,且略有增加;而其轴拉强度则不同,与本体比较有较大幅度的下降,与冷缝不凿毛比较,对轴拉强度有一定的改善,但达不到初凝时间内(热缝)的轴拉强度。

（4）碾压混凝土本体极限拉伸值大于有层面的极限拉伸值,且本体都能达到设计指标的要求。有层面碾压混凝土极限拉伸值随层间间隔时间的延长而减小,在初凝时间内的有层面试件,其极限拉伸值与对应的本体极限拉伸值相比,下降不多;超过初凝时间后,极限拉伸值下降速度显著加快,层间间歇时间24 h的极限拉伸值最低,只有本体极限拉伸值的50%左右。

（5）间歇48 h,凿毛并铺砂浆处理后试件的极限拉伸值较冷缝(24 h)直接铺砂浆有较大的提高,但仍达不到热缝(6 h)的极限拉伸值,平均只有本体极限拉伸值的62%(28 d)和82%(90 d)。

表 13-42　龙滩施工阶段有层面碾压混凝土室内试验混凝土力学性能和变形性能试验结果

| 试验编号 | 层间间歇/h | 层面处理 | 抗压强度/MPa | | 极限拉伸强度/$10^{-4}$ MPa | | 轴拉强度/MPa | |
|---|---|---|---|---|---|---|---|---|
| | | | 28 d | 90 d | 28 d | 90 d | 28 d | 90 d |
| W1-0 | 0 | 不处理 | 27.3 | 42.6 | 0.81 | 1.00 | 2.84 | 3.58 |
| W1-6 | 6 | 不处理 | 26.9 | 39.3 | 0.80 | 1.01 | 2.80 | 3.67 |
| W1-12 | 12 | 不处理 | 26.9 | 39.2 | 0.77 | 0.82 | 2.55 | 3.13 |
| W1-24 | 24 | 直接铺砂浆 | 24.5 | 40.3 | 0.39 | 0.51 | 1.62 | 1.72 |
| W1-48 | 48 | 凿毛后铺砂浆 | 28.1 | 40.1 | 0.61 | 0.83 | 1.99 | 2.97 |
| W2-0 | 0 | 不处理 | 27.5 | 40.6 | 0.79 | 0.98 | 2.70 | 3.41 |
| W2-6 | 6 | 不处理 | 25.9 | 42.6 | 0.76 | 0.95 | 2.43 | 3.33 |
| W2-12 | 12 | 不处理 | 24.3 | 35.5 | 0.70 | 0.76 | 2.46 | 2.76 |
| W2-24 | 24 | 直接铺砂浆 | 25.4 | 38.5 | 0.34 | 0.56 | 1.05 | 1.81 |
| W2-48 | 48 | 凿毛后铺砂浆 | 28.6 | 40.6 | 0.53 | 0.81 | 1.65 | 2.87 |
| W3-0 | 0 | 不处理 | 16.4 | 26.4 | 0.61 | 0.80 | 1.66 | 2.56 |
| W3-6 | 6 | 不处理 | 16.0 | 26.4 | 0.50 | 0.79 | 1.15 | 2.40 |
| W3-12 | 12 | 不处理 | 15.5 | 26.5 | 0.45 | 0.55 | 1.34 | 1.54 |
| W3-24 | 24 | 直接铺砂浆 | 15.9 | 24.5 | 0.32 | 0.42 | 0.66 | 0.93 |
| W3-48 | 48 | 凿毛后铺砂浆 | 16.2 | 26.7 | 0.35 | 0.63 | 0.78 | 1.68 |
| W4-0 | 0 | 不处理 | 17.7 | 28.0 | 0.65 | 0.81 | 1.56 | 2.72 |
| W4-6 | 6 | 不处理 | 17.4 | 29.1 | 0.51 | 0.74 | 1.28 | 2.26 |
| W4-12 | 12 | 不处理 | 17.2 | 27.9 | 0.52 | 0.62 | 1.41 | 2.04 |
| W4-24 | 24 | 直接铺砂浆 | 16.1 | 26.5 | 0.29 | 0.47 | 0.66 | 0.95 |
| W4-48 | 48 | 凿毛后铺砂浆 | 17.4 | 28.3 | 0.31 | 0.68 | 0.80 | 1.78 |

### 13.2.2.2　龙滩施工阶段碾压混凝土工艺性试验块芯样试验研究

1. 碾压混凝土第一次工艺性试验块取芯试验成果

1) 钻芯取样试验

碾压混凝土第一次工艺性试验的地点在下游引航道,钻孔取芯主要针对 R Ⅰ 区[ $C_{90}$15W4F50(三级配)]、RⅡ 区[ $C_{90}$20W6F100(三级配)]、R Ⅲ 区[ $C_{90}$25W6F100(三级配)]、R Ⅳ 区[ $C_{90}$25W12F150(二级配)]碾压混凝土及 Cbl 区[ $C_{90}$25W12F150(二级配)]变态混凝土等五个条带(A 条带、B 条带、C 条带、D 条带、BD 条带)取芯。

2004 年 4 月中旬,碾压混凝土第一次现场碾压工艺性试验达到 90 d 试验龄期,按照有关要求,结合现场实际,在第一次碾压混凝土工艺性试验现场进行了钻芯取样。钻芯取样评定内容包括:芯样获得率,评定碾压混凝土的匀质性;芯样的物理力学性能,评定碾压混凝土的匀质性和各项物理力学性能(密度、强度、变形和耐久性等);芯样外观描述,评定碾压混凝土的匀质性和密实性。评定标准见表 13-9。钻孔取芯数量和各项试验内容见表 13-43。在每个条带的每个区域,均钻孔 23 个,碾压混凝土芯样的90 d 和 180 d 力学性能检测试验结果分别见表 13-44 和表 13-45,芯样的外观评价见表 13-46。

**表 13-43　龙滩施工阶段第一次现场碾压试验钻孔取芯数量**

| 试验项目 | 龄期/d | | 总计数量 |
|---|---|---|---|
| | 90 | 180 | |
| 抗压强度 | 1组/工况<br>(3 个试件为一组) | 1组/工况<br>(3 个试件为一组) | 30 组<br>90 d 抗压:3 区×5 条带×3 个=45 个<br>180 d 抗压:3 区×5 条带×3 个=45 个 |
| 劈裂抗拉强度 | 1组/工况<br>(3 个试件为一组) | 1组/工况<br>(3 个试件为一组) | 30 组<br>90 d 劈拉:3 区×5 条带×3 个=45 个<br>180 d 劈拉:3 区×5 条带×3 个=45 个 |
| 极限拉伸(轴心抗拉强度、抗拉弹性模量) | 1组/工况<br>(3 个试件为一组) | 1组/工况<br>(3 个试件为一组) | 30 组<br>90 d:3 区×5 条带×3 个=45 个<br>180 d:3 区×5 条带×3 个=45 个 |
| 静力抗压弹性模量(轴心抗压) | 1组/工况<br>(6 个试件为一组) | 1组/工况<br>(6 个试件为一组) | 30 组<br>90 d:3 区×5 条带×6 个=90 个<br>180 d:3 区×5 条带×6 个=90 个 |
| 抗渗试验 | 1组/工况<br>(6 个试件为一组) | — | 15 组<br>90 d 抗渗:3 区×5 条带×6 个=90 个 |
| 抗冻试验 | 1组/工况<br>(3 个试件为一组) | — | 15 组<br>90 d 抗冻:3 区×5 条带×3 个=45 个 |
| 抗剪断试验 | 1组/工况<br>(5 个试件为一组) | 1组/工况<br>(5 个试件为一组) | 30 组<br>90 d 抗剪:3 区×5 条带×5 个=75 个<br>180 d 抗剪:3 区×5 条带×5 个=75 个 |

注:1. A 条带、B 条带、C 条带、D 条带及 BD 条带(变态)共 5 个条带,Ⅰ、Ⅱ、Ⅲ三个区,共 180 组,735 个试件。

　　2. 芯样尺寸和试验方法根据《水工混凝土试验规程》和《水工碾压混凝土施工规范》的规定进行。

表 13-44　龙滩施工阶段第一次现场碾压试验碾压混凝土芯样 90 d 力学性能检测试验结果

| 序号 | 检测项目 | A 条带 | | | B 条带 | | | C 条带 | | | D 条带 | | | BD 条带（变态混凝土） | | |
| --- | --- | --- | --- | --- | --- | --- | --- | --- | --- | --- | --- | --- | --- | --- | --- | --- |
| | | A I | A II | A III | B I | B II | B III | C I | C II | C III | D I | D II | D III | BD I | BD II | BD III |
| | | $C_{90}15W4F50$ $\varepsilon_{p,90}=0.7$ （三级配） | | | $C_{90}20W6F100$ $\varepsilon_{p,90}=0.75$ （三级配） | | | $C_{90}25W6F100$ $\varepsilon_{p,90}=0.80$ （三级配） | | | $C_{90}25W12F150$ $\varepsilon_{p,90}=0.80$ （二级配） | | | | | |
| 1 | 抗压强度/ MPa | 127 d 30.4 | 126 d 20.8 | 128 d 23.9 | 126 d 32.7 | 126 d 23.9 | 126 d 32.3 | 126 d 32.9 | 126 d 23.4 | 126 d 34.5 | 126 d 43.4 | 126 d 37.8 | 126 d 29.8 | 134 d 35.8 | 126 d 42.0 | 126 d 41.8 |
| 2 | 劈拉强度/ MPa | 133 d 2.11 | 133 d 1.79 | 133 d 2.32 | 133 d 2.30 | 133 d 2.05 | 133 d 2.27 | 133 d 2.39 | 133 d 2.06 | 133 d 2.08 | 133 d 2.19 | 133 d 2.00 | 133 d 2.51 | 133 d 2.91 | 133 d 2.34 | 133 d 1.82 |
| 3 | 轴拉强度/ MPa | 0.61 | 0.83 | 1.08 | 0.85 | 1.25 | 1.05 | 1.39 | 1.19 | 1.07 | 1.06 | 1.79 | 1.36 | 2.04 | 1.17 | 2.03 |
| 4 | 极限拉伸值/$10^{-4}$ | 0.20 | 0.26 | 0.34 | 0.26 | 0.34 | 0.33 | 0.56 | 0.36 | 0.36 | 0.61 | 0.58 | 0.46 | 0.56 | 0.57 | 0.65 |
| 5 | 抗拉弹性模量/ $10^4$ MPa | 4.15 | 5.04 | 3.28 | 3.67 | 3.97 | 3.60 | 3.73 | 2.89 | 3.94 | 3.40 | 2.97 | 3.77 | 3.76 | 3.21 | 3.66 |
| 6 | 轴压强度/ MPa | 131 d 26.8 | 127 d 19.6 | 131 d 23.0 | 131 d 29.4 | 131 d 22.1 | 131 d 23.6 | 131 d 26.9 | 131 d 27.4 | 131 d 32.5 | 131 d 23.0 | 131 d 33.7 | 131 d 24.0 | 131 d 25.7 | 131 d 31.4 | 131 d 32.1 |
| 7 | 抗压弹性模量/ $10^4$ MPa | 131 d 3.74 | 127 d 2.96 | 131 d 3.26 | 131 d 3.36 | 131 d 3.72 | 131 d 3.35 | 131 d 3.46 | 130 d 3.86 | 131 d 4.28 | 131 d 3.61 | 131 d 3.68 | 131 d 3.53 | 131 d 4.06 | 131 d 3.85 | 130 d 3.81 |
| 8 | 泊松比 | 131 d 0.21 | 127 d 0.18 | 131 d 0.19 | 131 d 0.22 | 131 d 0.22 | 131 d 0.20 | 131 d 0.24 | 130 d 0.24 | 131 d 0.22 | 131 d 0.22 | 131 d 0.23 | 131 d 0.22 | 131 d 0.24 | 131 d 0.22 | 130 d 0.21 |
| 9 | 抗渗等级 | >W4 | >W4 | >W4 | >W6 | >W6 | >W6 | >W6 | >W6 | >W6 | — | >W12 | >W12 | >W12 | >W12 | >W12 |
| 10 | 抗冻等级 | <F25 | <F25 | <F25 | <F25 | <F25 | <F25 | <F25 | <F25 | <F25 | <F25 | <F25 | <F25 | <F25 | <F25 | <F25 |
| 11 | $f'$ | 131 d 2.06 | | 129 d 1.57 | 129 d 1.64 | 134 d 1.57 | 131 d 2.08 | 133 d 2.29 | 130 d 1.28 | 128 d 2.14 | 127 d 2.61 | 138 d 1.15 | 127 d 2.03 | 125 d 2.72 | | 126 d 2.94 |
| | $c'$/MPa | 131 d 2.11 | | 129 d 1.53 | 129 d 2.22 | 134 d 2.85 | 131 d 1.57 | 133 d 2.29 | 130 d 1.32 | 128 d 1.96 | 127 d 1.50 | 131 d 1.54 | 127 d 1.73 | 125 d 1.59 | | 126 d 2.68 |

注：1. 由于芯样加工需要较长时间，混凝土芯样试验的龄期不是 90 d 设计龄期。

　　2. 芯样的力学性能检测试验结果能满足设计要求，试验数据之间存在较大幅度的波动。

表 13-45　龙滩施工阶段第一次现场碾压试验碾压混凝土芯样 180 d 力学性能检测试验结果

| 序号 | 检测项目 | | A 条带 | | | B 条带 | | | C 条带 | | | D 条带 | | | BD 条带（变态混凝土） | | |
|---|---|---|---|---|---|---|---|---|---|---|---|---|---|---|---|---|---|
| | | | A I | A II | A III | B I | B II | B III | C I | C II | C III | D I | D II | D III | BD I | BD II | BD III |
| | | | $C_{90}15W4F50$ $\varepsilon_{p,180}=0.7$ （三级配） | | | $C_{90}20W6F100$ $\varepsilon_{p,180}=0.75$ （三级配） | | | $C_{90}25W6F100$ $\varepsilon_{p,180}=0.80$ （三级配） | | | $C_{90}25W12F150$ $\varepsilon_{p,180}=0.80$ （二级配） | | | | | |
| 1 | 抗压强度/MPa | | 35.0 | 23.1 | 29.9 | 37.1 | 30.1 | 28.4 | 33.1 | 32.9 | 34.3 | 47.0 | 48.9 | 42.4 | 42.4 | 39.8 | 34.8 |
| 2 | 劈裂抗拉强度/MPa | | 2.22 | 1.83 | 1.97 | 2.20 | — | 2.42 | 2.11 | 2.23 | 2.40 | 2.21 | 2.13 | 1.81 | 1.92 | 2.14 | 2.20 |
| 3 | 轴心抗拉强度/MPa | | 1.33 | 1.06 | 1.15 | 1.08 | 1.53 | 1.27 | 1.39 | 1.01 | 1.25 | 1.05 | 1.84 | 1.49 | 2.10 | 1.79 | 1.47 |
| 4 | 极限拉伸值/$10^{-4}$ | | 0.33 | 0.29 | 0.53 | 0.31 | 0.36 | 0.55 | 0.64 | 0.56 | 0.46 | 0.39 | 0.60 | 0.61 | 0.64 | 0.75 | 0.63 |
| 5 | 抗拉弹性模量/$10^4$ MPa | | 3.47 | 3.81 | 2.40 | 3.35 | 3.36 | 2.50 | 3.82 | 3.59 | 3.45 | 3.00 | 3.36 | 2.60 | 2.19 | 1.72 | 2.62 |
| 6 | 抗压弹性模量/$10^4$ MPa | | 4.34 | — | 3.69 | 4.21 | 4.04 | 4.20 | 4.43 | — | 3.96 | 4.18 | 3.97 | 3.82 | 4.20 | 4.19 | 4.23 |
| 7 | 抗剪断参数 | $f'$ | 数据离散 | 0.84 | 1.08 | 1.93 | 3.79 | 1.28 | 2.31 | 1.92 | 数据离散 | 1.92 | 1.21 | 2.29 | 2.94 | 数据离散 | 1.63 |
| | | $c'$/MPa | 数据离散 | 2.46 | 2.55 | 1.92 | 0.87 | 2.69 | 1.52 | 2.67 | 数据离散 | 2.22 | 2.00 | 0.47 | 0.51 | 数据离散 | 1.80 |

表 13-46　龙滩施工阶段第一次现场碾压试验碾压混凝土芯样外观评价结果

| 检测项目 | | A 条带 | | | B 条带 | | | C 条带 | | | D 条带 | | | BD 条带（变态混凝土） | | |
|---|---|---|---|---|---|---|---|---|---|---|---|---|---|---|---|---|
| | | A I | A II | A III | B I | B II | B III | C I | C II | C III | D I | D II | D III | BD I | BD II | BD III |
| 芯样数量/个 | | 23 | 23 | 23 | 23 | 23 | 23 | 23 | 23 | 23 | 23 | 23 | 23 | 23 | 23 | 23 |
| 表面光滑程度 | 光滑 | 23 | 23 | 19 | 23 | 23 | 18 | 23 | 23 | 23 | 23 | 23 | 23 | 23 | 23 | 23 |
| | 基本光滑 | 0 | 0 | 4 | 0 | 0 | 5 | 0 | 0 | 0 | 0 | 0 | 2 | 0 | 0 | 0 |
| | 不光滑 | 0 | 0 | 0 | 0 | 0 | 0 | 0 | 0 | 0 | 0 | 0 | 0 | 0 | 0 | 0 |
| 表面致密程度 | 致密 | 18 | 21 | 14 | 17 | 18 | 12 | 18 | 18 | 17 | 16 | 18 | 18 | 14 | 8 | 10 |
| | 稍有孔 | 5 | 2 | 9 | 6 | 5 | 10 | 5 | 5 | 5 | 7 | 5 | 5 | 9 | 15 | 13 |
| | 有部分孔洞 | 0 | 0 | 0 | 0 | 0 | 1 | 0 | 0 | 1 | 0 | 0 | 0 | 0 | 0 | 0 |
| 骨料分布均匀性 | 均匀 | 23 | 23 | 20 | 23 | 23 | 21 | 23 | 22 | 23 | 23 | 22 | 22 | 23 | 22 | 22 |
| | 基本均匀 | 0 | 0 | 3 | 0 | 0 | 2 | 0 | 1 | 0 | 0 | 1 | 1 | 0 | 1 | 1 |
| | 不均匀 | 0 | 0 | 0 | 0 | 0 | 0 | 0 | 0 | 0 | 0 | 0 | 0 | 0 | 0 | 0 |

续表 13-46

| 检测项目 | | A 条带 | | | B 条带 | | | C 条带 | | | D 条带 | | | BD 条带(变态混凝土) | | |
|---|---|---|---|---|---|---|---|---|---|---|---|---|---|---|---|---|
| | | A Ⅰ | A Ⅱ | A Ⅲ | B Ⅰ | B Ⅱ | B Ⅲ | C Ⅰ | C Ⅱ | C Ⅲ | D Ⅰ | D Ⅱ | D Ⅲ | BD Ⅰ | BD Ⅱ | BD Ⅲ |
| 整体评价 | 优良 | 23 | 23 | 19 | 23 | 23 | 18 | 23 | 23 | 22 | 23 | 22 | 21 | 23 | 23 | 22 |
| | 一般 | 0 | 0 | 4 | 0 | 0 | 5 | 0 | 0 | 1 | 0 | 1 | 2 | 0 | 0 | 1 |
| | 差 | 0 | 0 | 0 | 0 | 0 | 0 | 0 | 0 | 0 | 0 | 0 | 0 | 0 | 0 | 0 |
| | 优良率/% | 100 | 100 | 82.6 | 100 | 100 | 78.3 | 100 | 100 | 95.7 | 100 | 95.7 | 91.3 | 100 | 100 | 96.7 |

2)试验成果分析

在碾压混凝土工艺性试验达到 90 d 和 180 d 试验龄期后,分别在上游围堰和下游引航道碾压混凝土工艺性试验现场进行了钻芯取样,评价项目包括芯样获得率、表面光滑程度、表面致密程度及骨料分布均匀性。同时进行了物理力学性能及耐久性能试验,试验项目包括抗压强度、劈裂抗拉强度、轴心抗拉强度、极限拉伸值、抗拉弹性模量、轴心抗压、静力抗压弹性模量、抗渗试验、抗冻试验、抗剪试验。对于同一种配合比的相同碾压工况而言,试验结果如下。

(1)混凝土芯样的抗压强度和劈裂抗拉强度均能满足设计要求。

(2)混凝土芯样的抗渗强度等级均能满足设计要求。

(3)混凝土芯样的抗冻强度等级均未达到设计要求。但由于拌和楼出机口混凝土的抗冻强度等级均能满足设计要求,经分析认为,造成这种差异的原因有二:

①粗骨料表面裹粉问题较为严重,影响粗骨料与胶凝材料之间的有效黏结。在钻芯扰动过程中,粗骨料与胶凝材料之间的黏附层剥落,在进行冻融循环时,极易在该剥落层处遭到破坏,使混凝土芯样的动弹模量降低,从而影响混凝土芯样的抗冻强度等级。

②混凝土含气量的变化。混凝土的设计抗冻强度等级是以出机口混凝土为考察判断对象的,含气量主要为控制出机口混凝土的含气量。由于碾压混凝土在拌和、运输、碾压等环节历时较长,现场碾压完毕后的混凝土含气量存在一定幅度的损失。

(4)混凝土芯样的极限拉伸值偏小,数据较为分散。混凝土芯样的极限拉伸值是原级配骨料(最大骨料粒径为 80 mm)的极限拉伸值,而出机口混凝土的极限拉伸试验对混凝土的骨料组成进行了筛分(最大骨料粒径为 30 mm 或 40 mm)。这是混凝土芯样的极限拉伸值比出机口混凝土的极限拉伸试验小的主要原因。此外,芯样长度为 400 mm(碾压混凝土层厚为 300 mm),大部分试件是从层间结合面拉开,极限拉伸值受层面结合的影响是其原因之一。

2. 碾压混凝土第二次工艺性试验块取芯试验成果

1)钻芯取样试验

龙滩施工阶段第二次现场碾压试验在上游围堰和下游引航道进行。上游围堰(2-1)和下游引航道(2-2)碾压混凝土工艺性试验钻芯取样数量分别见表 13-47 和表 13-48。

表 13-47　龙滩施工阶段第二次碾压混凝土工艺性试验钻芯取样

| 试验项目 | 上游围堰右岸取样组数/组 | | | | 上游围堰左岸取样组数/组 | | | | 合计/组 | 试件尺寸/cm | 试件总数/个 |
|---|---|---|---|---|---|---|---|---|---|---|---|
| | A 条带 | | B 条带 | | C 条带 | | D 条带 | | | | |
| | 90 d | 180 d | 90 d | 180 d | 90 d | 180 d | 90 d | 180 d | | | |
| 抗压强度 | 1 | 1 | 1 | 1 | 1 | 1 | 1 | 1 | 8 | $\phi$ 20×20 | 24 |
| 劈裂抗拉强度 | 1 | 1 | 1 | 1 | 1 | 1 | 1 | 1 | 8 | $\phi$ 20×20 | 24 |
| 极限拉伸(轴拉、拉弹) | 1 | 1 | 1 | 1 | 1 | 1 | 1 | 1 | 8 | $\phi$ 20×20 | 24 |
| 弹性模量 | 1 | 1 | 1 | 1 | 1 | 1 | 1 | 1 | 8 | $\phi$ 15×30 | 24 |
| 抗渗等级 | 1 | — | 1 | — | 1 | — | 1 | — | 4 | $\phi$ 15×15 | 24 |
| 抗冻等级 | 1 | — | 1 | — | 1 | — | 1 | — | 4 | 10×10×25($\phi$ 20) | 12 |
| 抗剪强度 | 1 | 1 | 1 | 1 | 1 | 1 | 1 | 1 | 8 | $\phi$ 20×25 | 40 |

注:1. 右岸分 A 条带、B 条带;左岸分 C 条带、D 条带。

　　2. 试件总数为 172 个。

　　3. 钻芯地点:上游围堰(2-1)。

表 13-48　龙滩施工阶段第二次碾压混凝土工艺性试验钻芯取样

| 试验项目 | A,B 条带 1-4 层取样组数/组 | | | | C 条带 1-2 层取样组数/组 | | | | C 条带 3-4 层取样组数/组 | | 合计/组 | 试件尺寸/cm | 试件总数/个 |
|---|---|---|---|---|---|---|---|---|---|---|---|---|---|
| | A 条带 R | | B 条带 RⅢ | | C 条带 RⅣ | | C 条带(变态) | | C 条带 R I | | | | |
| | 90 d | 180 d | 90 d | 180 d | 90 d | 180 d | 90 d | 180 d | 90 d | 180 d | | | |
| 抗压强度 | 1 | 1 | 1 | 1 | 1 | 1 | 1 | 1 | 1 | 1 | 8 | $\phi$ 20×20 | 30 |
| 劈裂抗拉强度 | 1 | 1 | 1 | 1 | 1 | 1 | 1 | 1 | 1 | 1 | 8 | $\phi$ 20×20 | 30 |
| 极限拉伸(轴拉、拉弹) | 1 | 1 | 1 | 1 | 1 | 1 | 1 | 1 | — | — | 8 | $\phi$ 20×20 | 24 |
| 弹性模量 | 1 | 1 | 1 | 1 | 1 | 1 | 1 | 1 | — | — | 8 | $\phi$ 15×30 | 24 |
| 抗渗等级 | 1 | — | 1 | — | 1 | — | 1 | — | | | 4 | $\phi$ 15×15 | 24 |
| 抗冻等级 | 1 | — | 1 | — | 1 | — | 1 | — | | | 4 | 10×10×25 | 12 |
| 抗剪强度 | 1 | 1 | 1 | 1 | 1 | 1 | 1 | | | | 8 | $\phi$ 20×25 | 40 |

注:1. 试件总数为 184 个。

　　2. 钻芯地点:下游引航道 260 平台(2-2)。

2)试验成果分析

第二次现场碾压试验芯样物理力学性能试验成果见表 13-49 和表 13-50,由表可知:

(1)碾压混凝土芯样的抗压强度和劈裂抗拉强度均能满足设计要求。

(2)碾压混凝土芯样(已有)的抗渗强度等级均能满足设计要求。

(3)碾压混凝土芯样极限拉伸值偏小,数据较为分散,原因在前文已经分析。

**表 13-49　龙滩施工阶段第二次碾压混凝土芯样力学性能检测试验结果(试验块位置:上游围堰)**

| 试验项目<br>(试验龄期90 d) | 上游围堰右岸 | | 上游围堰左岸 | |
|---|---|---|---|---|
| | A 条带 | B 条带 | C 条带 | D 条带 |
| 设计要求 | $C_{90}15W4F50$<br>$\varepsilon_{p,90}=0.7$<br>(三级配) | $C_{90}20W6F100$<br>$\varepsilon_{p,90}=0.75$<br>(三级配) | $C_{90}25W6F100$<br>$\varepsilon_{p,90}=0.80$<br>(三级配) | $C_{90}25W6F150$<br>$\varepsilon_{p,90}=0.80$<br>(二级配) |
| 抗压强度/MPa | 31.8 | 28.0 | 34.4 | 29.8 |
| 劈裂抗拉强度/MPa | 2.63 | 2.34 | 2.57 | 2.48 |
| 极限拉伸值/$10^{-4}$ | 0.54 | 0.44 | 0.54 | 0.54 |
| 轴心抗拉强度/MPa | 1.55 | 1.27 | 1.60 | 1.39 |
| 抗拉弹性模量/$10^4$ MPa | 3.27 | 3.26 | 5.06 | 5.16 |
| 抗压弹性模量/$10^4$ MPa | 3.95 | 4.13 | 3.82 | 4.63 |
| 泊松比 | 0.22 | 0.21 | 0.23 | 0.25 |
| 抗渗等级 | >W6 | >W6 | >W6 | >W6 |
| 抗剪断参数　摩擦系数 $f'$ | 2.42 | 1.45 | 2.33 | 2.17 |
| 黏聚力 $c'$/MPa | 1.37 | 3.25 | 1.64 | 1.19 |

**表 13-50　龙滩施工阶段第二次碾压混凝土芯样力学性能检测试验结果(试验块位置:下游引航道)**

| 试验项目<br>(试验龄期90 d) | A 、B 条带第1~4层<br>(0~1.2 m) | | C 条带第1、2层<br>(0~0.6 m) | C 条带第3、4层<br>(0.6~1.2 m) |
|---|---|---|---|---|
| | A 条带 RⅡ | B 条带 RⅢ | C 条带 RⅣ | C 条带 RⅠ |
| 设计要求 | $C_{90}15W4F50$<br>$\varepsilon_{p,90}=0.7$<br>(三级配) | $C_{90}20W6F100$<br>$\varepsilon_{p,90}=0.75$<br>(三级配) | $C_{90}25W6F100$<br>$\varepsilon_{p,90}=0.80$<br>(三级配) | $C_{90}25W6F150$<br>$\varepsilon_{p,90}=0.80$<br>(二级配) |
| 抗压强度/MPa | 43.4 | 35.7 | 36.6 | 39.2 |
| 劈裂抗拉强度/MPa | 2.4 | 2.08 | 2.52 | 2.32 |
| 抗压弹性模量/$10^4$ MPa | 4.01 | 3.70 | | 4.20 |
| 轴心抗压强度/MPa | 34.5 | 25.3 | | 34.1 |
| 泊松比 | 0.24 | 0.23 | | 0.25 |

### 13.2.2.3　龙滩大坝内部碾压混凝土试验成果

前文介绍的是龙滩施工阶段二次现场碾压试验块芯样的物理力学性能。已经浇筑完的大坝内部碾压混凝土的实际质量究竟如何,还需要通过科学试验来认证,这对大坝的安全具有重要意义。试验是从两个方面进行的:一方面是对坝体内部混凝土进行超声波检测,以便对大坝碾压混凝土质量进行初步评价;另一方面是在大坝上钻孔取芯,对芯样进行物理力学性能试验和对钻孔进行压水试验,测定渗透特性。

1. 龙滩大坝超声波检测成果

1)超声波检测情况

利用固结灌浆检查孔和部分针对性的检查孔对混凝土质量进行声波检测。检测工作始于 2004 年 6 月 7 日,到 2006 年 1 月结束,共涉及 15 个碾压混凝土坝段(8#、9#、10#、11#、12#、13#、15#、16#、17#、18#、19#、20#、21#、22#、23#坝段)。

2)龙滩大坝超声波检测成果统计分析

a. 超声波检测资料统计参数的计算和判别

结构密实完整程度主要依据纵波波速的统计参数来进行分析、判断,统计参数包括:纵波波速平均值(与抗压强度相关性较好)、标准差、变异系数和按 95%保证率确定的低值异常临界值(统计样本 $n$ 一般均不少于 20 个,综合考虑判断系数 $\lambda$ 为 1.64 等)。要求混凝土龄期达 28 d 后波速异常值所占比例不大于 5%,变异系数不大于 5%。统计参数按下列公式进行计算:

$$V_p = \frac{1}{n} \sum_{i=1}^{n} v_i \tag{13-13}$$

$$S_x = \sqrt{\frac{1}{n-1} \sum_{i=1}^{n} (v_i - V_p)^2} \tag{13-14}$$

$$V_0 = V_p - \lambda S_x \tag{13-15}$$

$$C_v = S_x / V_p \tag{13-16}$$

式中:$V_p$ 为 $n$ 个纵波波速的平均值;$S_x$ 为 $n$ 个纵波波速的标准差;$V_0$ 为纵波波速异常判断值;$C_v$ 为纵波波速变异系数;$v_i$ 为第 $i$ 个纵波波速的测值。

碾压混凝土按不同级配、不同龄期的统计参数见表 13-51 和图 13-20。碾压混凝土按不同坝段、不同级配、不同龄期的统计参数见图 13-21~图 13-25 和表 13-52、表 13-53。

表 13-51　龙滩大坝内部三级配碾压混凝土不同龄期的声波速度统计

| 序号 | 混凝土类别 | 设计强度等级 | 龄期/d | 波速平均值 $V_p$/(m/s) | 标准差 $S_x$/(m/s) | 低于异常临界值 $V_0$/(m/s) | 低于临界值所占比例/% | 变异系数 $C_v$/% |
|---|---|---|---|---|---|---|---|---|
| 1 | 三级配碾压混凝土 | C18 | 7~14 | 4 320 | 234.83 | 3 930 | 2.66 | 5.44 |
| 2 | | | 14~28 | 4 530 | 195.13 | 4 210 | 3.76 | 4.31 |
| 3 | | | >28 | 4 680 | 175.27 | 4 390 | 4.35 | 3.75 |

表 13-52　龙滩大坝各坝段、各龄期三级配碾压混凝土声波检测样本数统计

| 序号 | 坝段 | 声波检测样本数 | | | 序号 | 坝段 | 声波检测样本数 | | |
|---|---|---|---|---|---|---|---|---|---|
| | | 7~14 d | 14~28 d | >28 d | | | 7~14 d | 14~28 d | >28 d |
| 1 | 8 | 60 | 86 | 209 | 9 | 17 | — | 193 | — |
| 2 | 9 | 57 | 135 | 226 | 10 | 18 | 118 | — | 643 |
| 3 | 10 | 35 | 68 | 30 | 11 | 19 | 268 | 417 | 225 |
| 4 | 11 | — | — | 363 | 12 | 20 | 178 | 256 | 2 500 |
| 5 | 12 | 32 | 499 | 1 296 | 13 | 21 | 121 | 743 | 2 169 |
| 6 | 13 | 258 | 293 | 2 295 | 14 | 22 | — | — | 3 442 |
| 7 | 15 | — | 183 | 230 | 15 | 23 | — | — | 3 181 |
| 8 | 16 | — | — | 276 | 16 | 总计 | 1 382 | 3 022 | 17 085 |

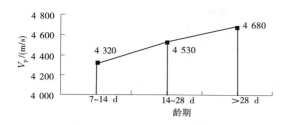

图 13-20　龙滩大坝三级配碾压混凝土不同龄期
声波检测 $V_p$ 增长规律

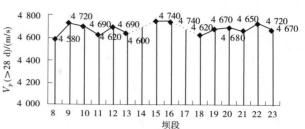

图 13-21　龙滩大坝各坝段同龄期三级配碾压混凝土
声波检测 $V_p$ 分布规律

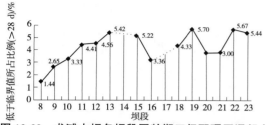

图 13-22　龙滩大坝各坝段同龄期三级配碾压混凝土
声波检测密实性分布规律

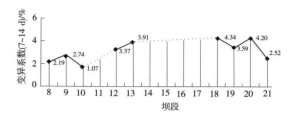

图 13-23　龙滩大坝各坝段同龄期三级配碾压混凝土
声波检测均匀性分布规律

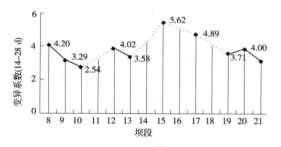

图 13-24　龙滩大坝各坝段同龄期三级配碾压混凝土
声波检测均匀性分布规律(14~28 d)

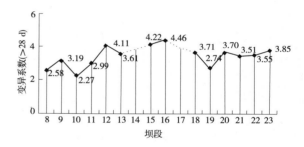

图 13-25　龙滩大坝各坝段同龄期三级配碾压混凝土
声波检测均匀性分布规律(>28 d)

表 13-53　龙滩大坝各坝段、各龄期三级配碾压混凝土声波参数统计

| 坝段 | 龄期/d | 完整密实性 | | | | 密实性评价 | 均匀性 | |
| --- | --- | --- | --- | --- | --- | --- | --- | --- |
| | | 波速平均值/(m/s) | 标准差/(m/s) | 低值异常临界值/(m/s) | 低于临界值所占比例/% | | 变异系数/% | 均匀性评价 |
| 8# | 7~14 | 4 060 | 89.00 | 3 910 | 1.67 | — | 2.19 | — |
| | 14~28 | 4 260 | 178.97 | 3 970 | 3.49 | 满足 | 4.20 | 较好 |
| | >28 | 4 580 | 118.04 | 4 390 | 1.44 | 满足 | 2.58 | 较好 |
| 9# | 7~14 | 4 620 | 126.44 | 4 410 | 5.26 | — | 2.74 | — |
| | 14~28 | 4 600 | 151.27 | 4 350 | 4.44 | 满足 | 3.29 | 较好 |
| | >28 | 4 720 | 150.57 | 4 470 | 2.65 | 满足 | 3.19 | 较好 |

续表 13-53

| 坝段 | 龄期/d | 完整密实性 | | | | 密实性评价 | 均匀性 | |
|---|---|---|---|---|---|---|---|---|
| | | 波速平均值/(m/s) | 标准差/(m/s) | 低值异常临界值/(m/s) | 低于临界值所占比例/% | | 变异系数/% | 均匀性评价 |
| 10# | 7~14 | 4 260 | 70.94 | 4 140 | 11.43 | — | 1.67 | — |
| | 14~28 | 4 570 | 129.69 | 4 360 | 1.47 | 满足 | 2.84 | 较好 |
| | >28 | 4 690 | 106.58 | 4 520 | 3.33 | 满足 | 2.27 | 较好 |
| 11# | >28 | 4 620 | 138.08 | 4 390 | 4.41 | 满足 | 2.99 | 较好 |
| 12# | 7~14 | 3 970 | 129.78 | 3 760 | 6.25 | — | 3.27 | |
| | 14~28 | 4 420 | 177.69 | 4 130 | 0.20 | 满足 | 4.02 | 较好 |
| | >28 | 4 690 | 192.82 | 4 370 | 4.56 | 满足 | 4.11 | 较好 |
| 13# | 7~14 | 4 470 | 174.57 | 4 180 | 5.43 | — | 3.91 | — |
| | 14~28 | 4 470 | 155.44 | 4 220 | 3.41 | 满足 | 3.48 | 较好 |
| | >28 | 4 630 | 166.97 | 4 360 | 5.42 | 满足 | 3.61 | 较好 |
| 15# | 14~28 | 4 680 | 262.98 | 4 250 | 6.01 | 不满足 | 5.62 | 一般 |
| | >28 | 4 740 | 199.97 | 4 410 | 5.22 | 微超 | 4.22 | 较好 |
| 16# | >28 | 4 740 | 211.41 | 4 390 | 3.26 | 满足 | 4.46 | 较好 |
| 17# | 14~28 | 4 650 | 227.28 | 4 280 | 10.42 | 不满足 | 4.89 | 较好 |
| 18# | 7~14 | 4 290 | 186.03 | 3 980 | 0 | — | 4.34 | — |
| | 14~28 | 4 620 | 171.35 | 4 340 | 4.35 | 满足 | 3.71 | 较好 |
| 19# | 7~14 | 4 320 | 151.22 | 4 070 | 0 | — | 3.50 | — |
| | 14~28 | 4 590 | 170.28 | 4 310 | 3.36 | 满足 | 3.71 | 较好 |
| | >28 | 4 670 | 127.73 | 4 460 | 5.78 | 满足 | 2.74 | 较好 |
| 20# | 7~14 | 4 460 | 190.77 | 4 150 | 0.56 | — | 4.28 | — |
| | 14~28 | 4 570 | 182.77 | 4 270 | 3.52 | 满足 | 4.00 | 较好 |
| | >28 | 4 680 | 173.17 | 4 400 | 3.80 | 满足 | 3.70 | 较好 |
| 21# | 7~14 | 4 010 | 100.97 | 3 840 | 5.79 | — | 2.52 | — |
| | 14~28 | 4 520 | 146.17 | 4 280 | 3.63 | 满足 | 3.23 | 较好 |
| | >28 | 4 650 | 163.30 | 4 380 | 3.83 | 满足 | 3.51 | 较好 |
| 22# | >28 | 4 720 | 167.67 | 4 450 | 5.67 | 微超 | 3.55 | 较好 |
| 23# | >28 | 4 670 | 179.89 | 4 370 | 5.44 | 微超 | 3.85 | 较好 |

b. 超声波检测资料统计分析

综合分析上述数据,可得到以下初步结论:

（1）三级配 C18（C$_{90}$25）碾压混凝土本体的波速平均值随龄期平稳增长，变异系数随龄期延长而逐渐减小，符合一般性规律。C18 碾压混凝土龄期 28 d 后（参与大于 28 d 数据统计的最长时间为 56 d）的平均波速可达 4 680 m/s。

（2）按不同龄期统计，14 d 以前波速增长较快，波速变异系数也较大，这主要与混凝土仍处于硬化过程中，各项指标正在调整的关系较大。

（3）用 28 d 以后的波速，按文中规定的标准判断，混凝土的密实性基本满足要求，仅有微超现象，均匀性指标满足要求，表明龙滩工程的碾压混凝土结构密实性和均匀性良好。

（4）声波检测是一种快速、经济和无损的方法，在碾压混凝土抽芯检测中，可作为质量综合判断手段之一使用。

龙滩大坝左岸碾压混凝土声波测试长度为 596.8 m，共 2 984 个测点，单孔声波波速平均值在 4 820～4 600 m/s，低于异常临界值的比例在 0～5.49%，说明混凝土的密实度满足要求，均匀性较好，与右岸大坝所得结果基本相同。

2. 大坝碾压混凝土芯样性能检测（长江科学院检测）

在左岸坝段高程 303 m、右岸 13 号坝高程 22 m 钻取了不同直径、不同强度等级 90 d 龄期的碾压混凝土芯样，按《水工混凝土试验规程》（DL/T 5150—2001）、《钻芯法检测混凝土强度技术规程》（CECS03:88）要求进行了物理力学性能、耐久性能试验，以评定龙滩大坝全年连续施工的碾压混凝土施工质量。龙滩大坝所钻取的芯样主要有坝体下部 RⅠ型、坝体中部 RⅡ型、坝表面防渗层 RⅣ型三种。

1）芯样的外观描述

按《水工碾压混凝土施工规范》（DL/T 5112—2000）对碾压混凝土芯样外观进行了描述。结果表明，所加工的 204 块试件中，表面光滑的占 81.4%，表面基本光滑的占 18.6%；表面致密的占 78.4%，表面稍有孔的占 13.7%；骨料分布均匀的占 72.5%，骨料分布基本均匀的占 18.1%。说明芯样表面光滑程度、表面致密程度、骨料分布均匀性均较好，且层间接触面结合较好。曾在同一孔中连续取出 3 根 10 m 以上芯样，最长芯样 15.03 m。

2）芯样的物理力学性能

a. 密度、抗压强度

RⅠ、RⅡ、RⅣ型三种类型碾压混凝土芯样和现场取样的密度及抗压强度试验结果见表 13-54。

表 13-54　龙滩施工阶段大坝碾压混凝土芯样和现场取样的密度及抗压强度试验结果

| 混凝土类型 | 设计强度等级 | 大坝芯样 | | | | 现场取样（90 d） | |
| --- | --- | --- | --- | --- | --- | --- | --- |
| | | 芯样直径/mm | 试验组数 | 抗压强度/MPa | 饱和面干密度/（kg/m³） | 试验组数 | 抗压强度/MPa |
| RⅠ | C$_{90}$25 | 200 | 6 | 32.1 | 2 494 | 59 | 37.9 |
| RⅡ | C$_{90}$20 | 200 | 9 | 30.8 | 2 499 | 31 | 32.1 |
| RⅣ | C$_{90}$25 | 150 | 5 | 37.0 | 2 488 | 11 | 42.6 |
| | | 200 | 1 | 34.0 | | | |

由表 13-54 可知：

（1）三种芯样的密度均满足相应的设计要求，表明压实质量较好。

（2）φ150 mm、φ200 mm 芯样抗压强度均满足相应的设计强度要求。

（3）相同类型、相同强度等级的芯样，φ200 mm 芯样抗压强度为 φ150 mm 的 80.9%。说明相同长径比的芯样，直径大小对芯样抗压强度有一定影响，直径越大，强度越低。三种碾压混凝土的机口取样强度平均值远大于设计强度，强度保证率达 100%。与芯样比较，芯样的抗压强度略低于机口取样的抗压强度。

b. 劈裂抗拉强度

碾压混凝土芯样和现场取样劈裂抗拉强度试验结果见表 13-55。由表 13-55 可知。相同强度等级、不同直径的碾压混凝土芯样劈裂抗拉强度较接近,芯样的拉压比为 0.07~0.13,符合混凝土一般的拉压比例关系。说明芯样直径对劈裂抗拉强度无明显影响。由芯样与现场取样比较可知,两者差距不大。

表 13-55　龙滩施工阶段大坝碾压混凝土芯样和现场取样的劈裂抗拉强度试验结果

| 混凝土类型 | 设计强度等级 | 芯样 | | | | 现场取样(90 d) | |
|---|---|---|---|---|---|---|---|
| | | 直径/mm | 试验组数 | 抗拉强度/MPa | 拉压比 | 试验组数 | 抗拉强度/MPa |
| RⅠ | C₉₀25 | 200 | 4 | 2.16 | 0.07 | 7 | 2.99 |
| RⅡ | C₉₀20 | 200 | 2 | 2.73 | 0.10 | 6 | 2.66 |
| | | 200 | 1 | 2.74 | 0.13 | | |

c. 轴心抗拉强度、极限拉伸值

碾压混凝土芯样和现场取样轴心抗拉强度、极限拉伸值试验结果见表 13-56。由表 13-56 可知,不同直径的碾压混凝土芯样轴心抗拉强度较接近,但直径大的芯样极限拉伸值略低于直径小的;芯样的轴心抗拉强度和极限拉伸值约为现场取样试件对应值的 50%;三种芯样的极限拉伸值均低于设计指标。究其原因,主要是因为芯样试件为原级配混凝土(骨料最大粒径为 40 mm 或 80 mm),而设计指标为湿筛后的标准试件(骨料最大粒径为 30 mm 或 40 mm),两种试件本体存在质的差别,试验结果自然不同。试验过程发现,骨料分布不均匀、层间接触面结合较差(极限拉伸值试验的芯样试件长度为 500 mm,而碾压混凝土层厚为 300 mm,芯样试件包含层间接触面)的芯样试件极限拉伸值均较低,仅达到设计指标或室内试验值的 40%~50%。碾压混凝土芯样中层面的存在、80 mm 粒径量料的存在、骨料分布均匀性均对碾压混凝土芯样的极限拉伸值有较大的影响。基于以上原因,可以认为芯样的极限拉伸值偏低是正常的,由于机口取样的极限拉伸值均达到设计指标要求,因此大坝碾压混凝土的极限拉伸值是满足要求的。另外,极限拉伸值是抗裂性的重要指标,从大坝碾压混凝土质量来看,除个别层面因冷却水管通水不当产生裂缝外,基本上没有发生裂缝,也足以证明龙滩大坝碾压混凝土极限拉伸值满足设计要求。应该指出,如果芯样没有受损伤,芯样试件的极限拉伸值反映有层面碾压混凝土的真实变形能力,过低的极限拉伸值有可能产生碾压混凝土坝后期的裂缝,应引起注意。

表 13-56　龙滩施工阶段大坝碾压混凝土芯样和现场取样的轴心抗拉强度及极限拉伸值试验结果

| 混凝土类型 | 强度等级 | 芯样 | | | | | 现场取样(90 d) | | |
|---|---|---|---|---|---|---|---|---|---|
| | | 直径/mm | 试验组数 | 轴拉强度/MPa | 极限拉伸值/10⁻⁴ | 拉弹模量/GPa | 试验组数 | 轴拉强度/MPa | 极限拉伸值/10⁻⁴ |
| RⅠ | C₉₀25 | 200 | 6 | 1.68 | 0.46 | 42.1 | 9 | 3.32 | 0.95 |
| RⅡ | C₉₀20 | 200 | 7 | 1.51 | 0.44 | 39.4 | 6 | 3.33 | 0.90 |
| | | 250 | 1 | 1.71 | 0.47 | 41.0 | | | |
| RⅣ | C₉₀25 | 250 | 1 | 1.65 | 0.42 | 39.1 | 10 | 3.65 | 0.99 |
| | | 150 | 1 | 1.75 | 0.56 | 38.6 | | | |

d. 抗压弹性模量

碾压混凝土芯样和现场取样抗压弹性模量试验结果见表 13-57。由表 13-57 可知,强度等级相同的两种芯样,直径和骨料级配不同时,其轴心抗压强度、抗压弹性模量均有一定差距。说明直径和骨料粒径对碾压混凝土芯样的轴心抗压强度、抗压弹性模量有较大的影响,由芯样与现场取样弹性模量比较可知,两者相差不大。

表 13-57　龙滩大坝碾压混凝土芯样和现场取样的弹性模量试验结果

| 混凝土类型 | 强度等级 | 芯样 | | | | 现场取样(90 d) | | |
|---|---|---|---|---|---|---|---|---|
| | | 直径/mm | 试验组数 | 轴心抗压强度/MPa | 抗压弹性模量/GPa | 试验组数 | 轴心抗压强度/MPa | 抗压弹性模量/GPa |
| R I | C$_{90}$25 | 200 | 5 | 23.8 | 39.0 | 7 | 29.2 | 41.4 |
| | | 150 | 4 | 21.1 | 41.8 | | | |
| R IV | C$_{90}$25 | 150 | 2 | 35.3 | 45.0 | 6 | 28.5 | 42.9 |

e. 抗剪断强度

从已浇筑的龙滩大坝碾压混凝土中钻取芯样,并进行抗剪试验,芯样分别取自 13#、15#、17#、20#、21#、22#、23# 坝段,按芯样的高程来确定碾压混凝土剪切试验的层面,原则上所剪切的面均是层面或接近层面,所取芯样为 $\phi$ 250 mm 圆柱体,按相关规范要求加工成尺寸约为 150 mm×150 mm×150 mm 的立方体试件,试验最大正应力 $\sigma = 3$ MPa。进行抗剪试验时碾压混凝土的龄期为 300~360 d。对芯样抗剪的试验结果按小值平均法和保证率 $P = 80\%$ 统计法 1 进行分析,芯样抗剪试验参数 $f'$、$c'$ 值分析结果及相应的抗剪强度见表 13-58。为了建立龙滩芯样抗剪断强度和原位抗剪断强度之间的关系,龙滩利用现场碾压混凝土试验区进行了相关试验,试验结果表明芯样抗剪强度折算为原位抗剪强度的系数约为0.73,按此折算后的芯样抗剪强度均高于设计指标,说明大坝碾压混凝土层面 $f'$、$c'$ 值均满足设计要求。

表 13-58　龙滩大坝碾压混凝土芯样抗剪试验参数分析结果

| 强度等级 | 龄期/d | 组数 | 平均值 | | 小值平均值 | | 统计法 1 | | 抗剪强度/MPa | | |
|---|---|---|---|---|---|---|---|---|---|---|---|
| | | | $f'$ | $c'$/MPa | $f'$ | $c'$/MPa | $f'$ | $c'$/MPa | 平均值 | 小值平均值 | 统计法 1 |
| C$_{90}$20 | 300~360 | 6 | 1.73 | 3.93 | 1.69 | 3.08 | 1.52 | 3.52 | 9.11 | 8.15 | 8.07 |
| C$_{90}$25 | 300~360 | 22 | 1.35 | 4.36 | 1.35 | 3.94 | 1.29 | 4.24 | 8.42 | 7.99 | 8.12 |

注:计算抗剪强度时取得正应力 $\sigma = 3.0$ MPa。

f. 耐久性能

碾压混凝土芯样和现场取样的抗渗性能、抗冻性能试验结果见表 13-59。芯样抗冻试验选用尺寸为 100 mm×100 mm×300 mm 的长方体试件。由表 13-59 可知,芯样和现场取样的抗渗性能均满足设计要求,但芯样抗冻等级均低于机口取样的,机口取样的抗冻等级均高于设计抗冻指标,但芯样则基本满足设计要求。可能是由于碾压混凝土在施工过程中产生了含气量损失,致使芯样的含气量偏低,且碾压混凝土芯样在钻取加工过程中会产生微裂纹,使芯样抗冻性能下降。

**表 13-59　龙滩大坝碾压混凝土芯样和现场取样的耐久性能试验结果**

| 混凝土类型 | 芯样 | | | 现场取样(90 d) | |
|---|---|---|---|---|---|
| | 抗冻等级 | 抗渗等极 | 渗水高度 | 抗冻等级 | 抗渗等极 |
| R I | F50~F100 | >W6 | 6.1 | >F125 | >W12 |
| RⅡ | F50~F75 | >W6 | 8.2 | >F125 | >W12 |
| RⅣ | F100 | >W12 | 4.3 | >F150 | >W12 |

3. 龙滩大坝右岸碾压混凝土芯样性能检测(大坝联营体检测)

龙滩大坝右岸碾压混凝土芯样检测结果见表 13-60。试验结果表明,除其抗冻等级和极限拉伸值小于设计要求和数据分散外(主要由取样时对芯样的扰动及尺寸效应引起,因为芯样试件是全级配,而室内实验是二级配,砂浆比例高),其余指标均满足设计要求。

**表 13-60　龙滩大坝右岸碾压混凝土芯样检测结果**

| 浇筑时段 | 高温时段 | | 低温时段 | |
|---|---|---|---|---|
| 强度等级 | R I<br>C18(C$_{90}$25)<br>W6F100<br>$\varepsilon_{p,28}=0.80\times10^{-4}$ | RⅣ<br>C18(C$_{90}$25)<br>W12F150<br>$\varepsilon_{p,28}=0.80\times10^{-4}$ | R I<br>C18(C$_{90}$25)<br>W6F100<br>$\varepsilon_{p,28}=0.80\times10^{-4}$ | RⅣ<br>C18(C$_{90}$25)<br>W12F150<br>$\varepsilon_{p,28}=0.80\times10^{-4}$ |
| 试验次数 | 1 | 1 | 1 | 1 |
| 试验编号 | G3 | G2 | D3 | D2 |
| 抗压强度/MPa<br>(高径比1:2,转换成标准立方体强度) | 37.0 | | 36.2 | |
| 劈裂抗拉强度/MPa<br>(高径比1:2) | 2.53 | | 2.90 | |
| 抗剪断试验　$f'$ | 2.04 | | 1.92 | |
| 抗剪断试验　$c'$/MPa | 5.96 | | 5.90 | |
| 弹性模量/MPa | 7.432×10$^{-4}$ | | 7.671×10$^{-4}$ | |
| 泊松比 | 0.26 | | 0.26 | |
| 极限拉伸值 | 0.42×10$^{-4}$ | | 0.30×10$^{-4}$ | |
| 轴心抗压强度/MPa<br>(高径比1:2,转换成标准立方体强度) | 36.3 | | 37.3 | |
| 抗渗等级 | >W6 | >W12 | >W6 | >W12 |
| 抗冻等级 | F50<F$_{实际}$<F75 | | F50<F$_{实际}$<F75 | F25<F$_{实际}$<F50 |

4. 龙滩大坝左岸坝段碾压混凝土芯样性能检测(武警水电第一总队检测)

1)出机口和仓面检测成果

$C_{90}20W6F100$ 三级配碾压混凝土机口抗压强度按频率共抽检 104 组,最小值 20.2 MPa,平均值 33.0 MPa;$C_{90}25W12F150$ 二级配碾压混凝土机口抗压强度共抽检 18 组,最小值 25.2 MPa,平均值 31.8 MPa。全面性能检测共抽检 3 组,抗压强度、抗拉强度、极限拉伸值、抗渗等级全部满足设计要求;仓面密实度检测二级配区检测 164 点,相对压实度最小值 98.3%,均值 99.4%;三级配碾压混凝土检测 621 点,相对压实度最小值 98.5%,均值 99.5%。

2)钻孔取芯及压水试验成果

(1)芯样外观。混凝土芯样总长 245.3 m,芯样获得率 99.7%,平均芯长 1.10 m。二级配区最大芯长 9.88 m,三级配最大芯长 12.67 m,层面完好率 99.7%,缝面完好率 96.7%。碾压混凝土芯样属于表面光滑、结构致密、骨料分布均匀、层缝面无界限的优良等级芯样。

(2)钻孔压水试验。二级配区共进行压水试验 147 段,单位透水率平均值 0.126 Lu,99.3% 的孔段单位透水率不大于设计要求的 0.5 Lu。三级配碾压混凝土共进行了 35 段压水试验,单位透水率平均值 0.12 Lu,100% 的孔段小于设计要求的 1 Lu 的标准。说明碾压混凝土的抗渗性能好。

(3)混凝土声波测试。碾压混凝土声波测试 596.8 m,2 984 个测点,单孔声波平均值在 4 820~4 600 m/s,低于异常临界值的比例为 0~5.49%,混凝土的密实度满足要求,均匀性较好。

(4)芯样的性能试验成果。芯样的性能试验平均成果见表 13-61。

表 13-61　龙滩大坝左岸碾压混凝土芯样性能检测结果(武警水电第一总队检测)

| 级配 | 干密度/(kg/m³) | 抗压强度/MPa | 劈拉强度/MPa | 轴拉强度/MPa | 抗压弹性模量/GPa | 极限拉伸值/$10^{-6}$ | 抗剪断参数 $f'$ | 抗剪断参数 $c'$/MPa | 单位透水率/Lu |
|---|---|---|---|---|---|---|---|---|---|
| 二 | 2 478 | 35.6 | 2.73 | 1.52~1.89 | 45.0 | 42~56 | 1.53 | 4.35 | 0.126 |
| 三 | 2 489 | 26.1 | | | | | 1.44 | 4.21 | 0.12 |

①二级配碾压混凝土的干密度平均值为 2 478 kg/m³,最小值为 2 466 kg/m³,湿密度平均值为 2 488 kg/m³,最小值为 2 477 kg/m³;三级配碾压混凝土的干密度平均值为 2 489 kg/m³,最小值为 2 469 kg/m³,湿密度平均值为 2 499 kg/m³,最小值为 2 479 kg/m³,均在相关规范允许范围内。

②二级配碾压混凝土芯样抗压强度(直径 200 mm)最小值为 31.8 MPa,平均值为 35.6 MPa;三级配碾压混凝土芯样抗压强度(直径 200 mm)最小值为 22.3 MPa,平均值为 26.1 MPa;芯样抗压弹性模量为 45.0 GPa。

③芯样劈拉强度为 2.73 MPa,轴拉强度为 1.52~1.89 MPa。芯样极限拉伸值为 $0.42\times10^{-4}$~$0.56\times10^{-4}$,低于机口极限拉伸值。据分析,混凝土芯样的极限拉伸值是全级配(骨料最大粒径 80 mm)的极限拉伸值,而室内试验或出机口混凝土的极限拉伸试件对骨料进行了筛分(骨料最大粒径 40 mm),试件尺寸效应、骨料粒径、骨料分布均匀性等是影响芯样极限拉伸值的原因。

④二级配碾压混凝土芯样抗剪断试验摩擦系数 $f'$ 和黏聚力 $c'$ 的平均值分别为 1.53 MPa、4.35 MPa;三级配碾压混凝土芯样抗剪断试验摩擦系数 $f'$ 和黏聚力 $c'$ 的平均值分别为 1.44 MPa、4.21 MPa,均在相关规范允许范围以内。

在龙滩碾压混凝土大坝取芯样,并进行物理力学性能试验。结果表明:抗压强度,芯样略低于现场取样;劈裂抗拉强度、弹性模量,芯样和现场取样两者相差不大;轴心抗拉强度和极限拉伸值,芯样约为现场取样的 50%;抗冻性能,芯样低于机口取样。以现场取样所得各项性能试验成果为准,将龙滩大坝碾压混凝土的各项性能与设计指标进行对比分析,结果均满足设计要求。

# 13.3　其他工程有层面碾压混凝土物理力学特性研究

## 13.3.1　某些工程有层面碾压混凝土性能（一）——宏观性能部分

### 13.3.1.1　江垭大坝有层面碾压混凝土的物理力学特性

1. 大坝混凝土质量检验概况

江垭大坝共进行了 4 次钻孔取样。在防渗混凝土和坝体混凝土中布置若干深孔（最大孔深 40.15 m），取样检测芯样的物理力学性能，并在现场进行压水试验。每坝段布置 1 个压水试验孔，测试防渗混凝土的透水率；对可能有问题的部位，有针对性地布置一些浅孔。4 次钻孔的工作量见表 13-62。

表 13-62　江垭大坝 4 次钻孔取芯工作量汇总

| 钻孔取样次数 | 钻孔时间 | 孔口高程/m | 孔口直径/mm | 孔数 | 总深度/m | 试验项目 |
|---|---|---|---|---|---|---|
| 1 | 1997 年 4 月 | BL6 下游,144.37 坝面 | 171 | 1 | 27.7 | 外观评定 |
| 2 | 1997 年 8 月 | 158(155)坝面 | 76 | 16 | 268.43 | 外观、容重、抗压强度、弹性模量、抗拉强度、抗渗性能、渗透系数、抗剪强度、压水试验 |
| | | | 171 | 21 | 96.55 | |
| | | | 275 | 4 | 111.87 | |
| 3 | 1998 年 3 月 | 188 坝面 | 75 | 8 | 232.52 | 外观、容重、抗压强度、抗拉强度、抗剪强度、压水试验 |
| | | | 171 | 3 | 87.48 | |
| | | | 275 | 1 | 28.65 | |
| 4 | 1999 年 2 月 | 188 以上 | | | | 外观、容重、抗压强度、抗拉强度、弹性模量、压水试验 |

2. 芯样的外观评定

芯样外观评定按《水工碾压混凝土施工规范》（SL 53—1994）规定的评定标准进行。针对该规定没有量化指标的缺点，增加了两项指标——缝面完好率、层面完好率，即未折断的层（缝）面数与总层（缝）面数之比。层面指的是 30 cm 碾压层的表面，缝面指的是 3 m 升程长间歇面。

芯样外观评定结果见表 13-63。由表 13-63 可知：①芯样获得率以各个钻孔分别计算，变化范围为 90%~99%，平均为 96%，优良芯样率为 44%~100%，1997 年平均为 69%，1998 年平均为 91.4%；②缝面完好率，1997 年为 80%，1998 年为 91%；③层面完好率，1997 年为 98%，1998 年为 99.6%。

3. 碾压混凝土物理力学性能

1）容重

压实容重在 2 416~2 579 kg/m³（见表 13-64），相对压实度在 99.2%~99.6%。实测芯样平均容重略大于配合比容重（见表 13-65）。

表 13-63　江垭大坝芯样外观评定

| 时间 | 混凝土代号 | 孔号 | 孔径/m | 孔深/m | 芯样长/m | 芯样获得率/% | 优芯样 长/m | 优芯样 比率/% | 差芯样 长/m | 差芯样 比率/% | 缝面完好情况 总数 | 缝面完好情况 折断数 | 缝面完好情况 完好率/% | 层面完好情况 总数 | 层面完好情况 折断数 | 层面完好情况 完好率/% |
|---|---|---|---|---|---|---|---|---|---|---|---|---|---|---|---|---|
| 1997 年 | A1 | 5 | 150 | 27.14 | 26.75 | 99 | 26.75 | 100 | 0 | 0 | 8 | 0 | 100 | 81 | 4 | 95 |
| | | 6 | 250 | 19.85 | 19.40 | 98 | 16.21 | 84 | 0.3 | 2 | 6 | 2 | 67 | 58 | 5 | 91 |
| | | 9 | 250 | 23.30 | 22.55 | 97 | 16.50 | 73 | 0 | 0 | 7 | 2 | 71 | 68 | 10 | 85 |
| | | 小计 | | 70.39 | 68.70 | 97.7 | 59.46 | 86.6 | 0.3 | 0.05 | 21 | 4 | 81 | 207 | 19 | 91 |
| | A2 | 7 | 250 | 40.15 | 38.44 | 96 | 23.75 | 62 | 3.75 | 10 | 14 | 4 | 71 | 114 | 10 | 91 |
| | | 8 | 150 | 13.90 | 13.37 | 96 | 8.21 | 61 | 0 | 0 | 4 | 1 | 75 | 40 | 5 | 88 |
| | A2 浆 | 10 | 250 | 27.87 | 26.4 | 95 | 10.55 | 44 | 1.79 | 7 | 11 | 1 | 95 | 70 | 6 | 91 |
| | 小计 | | | 81.92 | 78.21 | 95 | 42.51 | 54 | 5.54 | 7 | 29 | 6 | 79 | 224 | 21 | 91 |
| | 合计 | | | 152.21 | 146.91 | 96.5 | 101.9 | 69 | 5.84 | 4 | 50 | 10 | 80 | 431 | 40 | 91 |
| 1998 年 | A1 | 28 | 150 | 22.38 | 22.09 | 98.7 | 21.57 | 96.4 | 0.50 | 2.2 | 8 | 0 | 100 | 66 | 0 | 100 |
| | A2 | 26 | 150 | 20.8 | 20.38 | 98 | 19.45 | 93.5 | 1.02 | 4.9 | 7 | 0 | 100 | 62 | 0 | 100 |
| | | 29 | 150 | 23.79 | 23.31 | 98 | 21.66 | 91 | 1.16 | 4.9 | 8 | 0 | 100 | 71 | 0 | 100 |
| | | 27 | 250 | 28.35 | 26.10 | 92 | 24.40 | 86 | 3.23 | 11.4 | 10 | 3 | 70 | 85 | 1 | 98.8 |
| | 小计 | | | 72.94 | 69.79 | 95.7 | 65.51 | 89.8 | 5.41 | 7.4 | 25 | 3 | 88 | 218 | 1 | 99.5 |
| | 合计 | | | 95.32 | 91.88 | 96.4 | 87.08 | 91.4 | 5.91 | 6.2 | 33 | 3 | 91 | 284 | 1 | 99.6 |

注:A1 代表二级配防渗混凝土,设计强度等级 $R_{90}200$;A2 代表三级配坝体混凝土,设计强度等级 $R_{90}150$;A2 浆代表高应力区的 A2 混凝土,每一碾压层面都必须铺砂浆。

表 13-64　江垭大坝碾压混凝土压实密度检测成果(监理检测)

| 时间 | 部位/m | RCC 代号 | 检测点数 $N$/个 | 压实容重/($kg/m^3$) $\gamma_{min} \sim \gamma_{max}$ | 压实容重/($kg/m^3$) $\gamma_m$(均值) | 相对压实度/% | 合格率/% |
|---|---|---|---|---|---|---|---|
| 116~155(158) 1996 年 10 月至 1997 年 6 月 | | A1 | 259 | 2 416~2 542 | 2 470 | 99.5 | 100 |
| | | A2 | 1 488 | 2 420~2 579 | 2 477 | 99.3 | 100 |
| 1997 年 9 月至 1998 年 6 月 | 155(158)~200 | A1 | 326 | 2 417~2 528 | 2 473 | 99.6 | 100 |
| | | A2 | 870 | 2 429~2 548 | 2 485 | 99.6 | 100 |
| | | A3 | 193 | 2 434~2 538 | 2 474 | 99.2 | 100 |
| 1998 年 9 月至 1999 年 4 月 | 200~245 | A1 | 176 | 2 432~2 527 | 2 471 | 99.6 | 100 |
| | | A3 | 710 | 2 429~2 557 | 2 480 | 99.4 | 100 |
| 1996 年 10 月至 1999 年 4 月 | 116~245 | A1 | 757 | 2 416~2 542 | 2 471 | 99.6 | 100 |
| | | A2 | 2 358 | 2 420~2 579 | 2 481 | 99.5 | 100 |
| | | A3 | 710 | 2 429~2 557 | 2 480 | 99.4 | 100 |

注:设计要求的相对压实度不小于 98%。

表 13-65　江垭大坝芯样容重

| 时间 | 混凝土代号 | 芯样数/个 | $\gamma_{min}$ / (kg/m³) | $\gamma_{max}$ / (kg/m³) | $\gamma_m$ / (kg/m³) | $\gamma_配$ / (kg/m³) | $\dfrac{\gamma_m}{\gamma_配}$/% | 检测单位 |
|---|---|---|---|---|---|---|---|---|
| 1997 年 8 月 | A1 | 33 | 2 433 | 2 508 | 2 478 | 2 465 | 100.3 | 江垭监理总站 |
| | A2 | 53 | 2 436 | 2 504 | 2 481 | 2 481 | 100.0 | |
| 1998 年 3 月 | A1 | 16 | 2 489 | 2 599 | 2 546 | 2 475 | 102.9 | 辽宁工程局 |
| | A2 | 63 | 2 476 | 2 597 | 2 538 | 2 491 | 101.9 | |
| 1999 年 | A1 | 30 | 2 450 | 2 542 | 2 502 | | 100 | 江垭监理总站 |
| | A2 | 20 | 2 449 | 2 553 | 2 514 | | 100 | |
| | C1 | 10 | 2 439 | 2 519 | 2 501 | | | |

2)芯样抗压强度

试件尺寸:芯样直径为 250 mm 时,高径比取 1.0;芯样直径为 150 mm 时,高径比取 2.0 和 1.5。圆柱体试件检测数据换算成边长为 150 mm 的立方体成果,依照《水工碾压混凝土施工规范》及《钻芯法检测混凝土强度技术规程》(CECS 03:88)进行。

由于各个试件的龄期不同,将不同龄期的测试结果换算成 90 d 龄期的标准强度,根据室内试件试验资料(监理站和联营体的),用回归法得到的强度–龄期关系与通用公式很接近,因此按照通用公式($R_{90} = R_t \dfrac{\lg 90}{\lg t}$,式中 $R_{90}$、$R_t$ 分别为龄期 90 d 和 t d 的实测强度)进行换算。芯样抗压强度的成果见表 13-66。芯样测试成果与同期混凝土机口样比较,反映出芯样平均强度低于机口样平均强度(见表 13-67),芯样平均强度为机口样平均强度的 83.5%。国内外资料表明许多工程都有类似情况。

表 13-66　江垭大坝芯样抗压强度 R(90 d 龄期,换算成边长为 150 mm 的立方体强度)

| 时间 | 混凝土代号 | 孔号 | 芯样数 | $R_{min}$/MPa | $R_{max}$/MPa | $R$(平均)/MPa | 按混凝土试块总平均强度/MPa |
|---|---|---|---|---|---|---|---|
| 1997 年 8 月 | A1 ($R_{90}200S_{90}12$) | 5 | 15 | 12.7 | 21.8 | 17.7 | 20.1 |
| | | 6 | 15 | 17.8 | 30.5 | 22.9 | |
| | A2 ($R_{90}150S_{90}8$) | 7 | 28 | 15.6 | 28.7 | 21.9 | 21.6 |
| | | 8 | 10 | 17.3 | 24.7 | 19.7 | |
| | | 10 | 15 | 17.9 | 28.7 | 22.2 | |
| 1998 年 3 月 | A1($R_{90}200S_{90}12$) | 28 | 12 | 17.5 | 25.4 | 20.2 | 20.8 |
| | A2 ($R_{90}150S_{90}8$) | 28 | 27 | 10.6 | 26.1 | 18.7 | 19.9 |
| | | 27 | 11 | 10.8 | 31.9 | 23.0 | |

表 13-67　江垭大坝坝体芯样与机口样平均抗压强度

| 混凝土代号 | 坝体芯样强度/MPa | 机口样强度/MPa | 芯样强度与机口样强度之比/% | 备注 |
|---|---|---|---|---|
| A1($R_{90}200S_{90}12$) | 20.1 | 24.7 | 81 | 1997 年 8 月成果 |
| A2($R_{90}150S_{90}8$) | 21.6 | 22.6 | 96 | |
| A1($R_{90}200S_{90}12$) | 20.8 | 28.7 | 72 | 1998 年 3 月成果 |
| A2($R_{90}150S_{90}8$) | 19.9 | 23.3 | 85 | |

3）芯样压缩弹性模量

芯样压缩弹性模量测试成果见表 13-68。表 13-68 中"水平"和"垂直"分别代表对水平钻孔和垂直钻孔取出的芯样进行测试的结果，以表 13-68 中 1997 年 8 月的 A2（$R_{90}150S_{90}8$）芯样为例，垂直向压缩弹性模量为水平向压缩弹性模量的 70.7%（以最小值计）~91.2%（以平均值计）。所有芯样都不含缝（层）面，均代表碾压混凝土本体的性能，说明即使是本体，垂直向压缩弹性模量也低于水平向压缩弹性模量。全部 A1 芯样均取自垂直钻孔。

**表 13-68　江垭大坝芯样压缩弹性模量**

| 混凝土代号 | 试验个数 | 龄期/d | 大坝芯样压缩弹性模量/GPa | | | 均方差/MPa | 离差系数 | 取芯时间 |
| --- | --- | --- | --- | --- | --- | --- | --- | --- |
| | | | 最小值 | 最大值 | 平均值 | | | |
| A1（垂直） | 6 | 167~275 | 32.5 | 37.0 | 34.2 | 1.74 | 0.05 | 1997 年 8 月 |
| A2（垂直） | 16 | 147~190 | 26.1 | 38.5 | 35.0 | 3.24 | 0.09 | |
| A2（水平） | 2 | 148 | 36.9 | 40.7 | 38.4 | 2.00 | 0.05 | |
| A1（水平） | 20 | 100~363 | 31.6 | 57.0 | 41.4 | 5.61 | 0.14 | 1999 年 6 月 |
| A3 | 10 | 98~224 | 30.6 | 46.9 | 38.9 | 5.03 | 0.13 | |
| C2 | 6 | 39~96 | 35.9 | 48.6 | 40.0 | 4.68 | 0.12 | |

### 13.3.1.2　光照大坝有层面碾压混凝土的物理力学性能

**1. 第一次大坝碾压混凝土钻孔取芯**

1）钻孔取芯情况

从 2007 年 10 月 4 日至 12 月 12 日，对已施工完成的大坝 619.44~715.40 m 高程碾压混凝土进行了钻孔取芯和压水试验。在大坝 5#~16# 坝段内共布置了 11 个钻孔。其中，7 个取芯孔布置在三级配碾压混凝土区域内，孔深 412.7 m；1 个取芯孔布置在二级配碾压混凝土防渗区域内，孔深 79.7 m；压水试验布置了 3 个孔，均布置在对应的同一取芯孔周边 0.5~1.0 m 范围内。采用先钻压水孔做压水试验后钻取芯孔取芯。

2）碾压混凝土钻孔取芯成果分析

（1）芯样表面光滑、结构密实、骨料分布均匀、胶结情况良好，碾压混凝土整体质量较好。

（2）单根整长超过 3.0 m 的混凝土芯样统计见表 13-69。芯样总长 484.9 m，采取率为 98.83%；柱状芯样长 477.76 m，芯样获得率为 97.37%。其中，单根长度 3 m 以上的芯样共有 48 根，总长度达190.92 m，占芯样总长度的 39.37%；在二级配防渗区 9 号坝段 J3-4 号孔孔深 35.40~50.73 m 取出最长的 1 根岩芯为 15.33 m（$\phi$150 mm），达到碾压混凝土采取芯样的高水平。钻取芯样中龄期在 0~90 d 的进尺有 77.9 m，占芯样总进尺的 15.88%，其采取率达 97.82%，获得率达 95.52%；钻取芯样中龄期在 90 d 以上的进尺有 412.74 m，占芯样总进尺的 84.12%，其采取率达 99.07%，获得率达 97.9%。

（3）大坝碾压混凝土芯样层面、缝面折断率统计（见表 13-70）表明钻孔取芯钻遇层缝面共计 1 607个，断裂 25 个，层缝面折断率 1.56%；其中钻遇缝面 165 个，缝面断裂 6 个，缝面折断率为 3.63%；钻遇层面 1 442 个，断裂 19 个，层面折断率为 1.32%；28 d 龄期以上层缝面共计 1 528 个，断裂 19 个，层缝面折断率为 1.24%；90 d 龄期以上层缝面共计 1 413 个，断裂 14 个，层缝面折断率为 1.00%，碾压混凝土的龄期越长，层缝面折断率越小。

表 13-69　光照水电站碾压混凝土第一次大坝钻孔取芯(长 3.0 m 及以上)的芯样统计

| 孔号 | 级配 | 获得率/% | 孔深/m | 芯样长/m | 龄期/d | 孔深/m | 芯样长/m | 龄期/d |
|---|---|---|---|---|---|---|---|---|
| J3-1 | 三 | 97.07 | 11.64~14.74 | 3.10 | 111 | 44.07~47.37 | 3.20 | 217 |
| | | | 31.19~34.3 | 3.11 | 158 | 59.57~63.13 | 3.56 | 261 |
| J3-2 | 三 | 95.18 | 3.2~6.55 | 3.14 | 26 | 45.30~49.25 | 3.95 | 143 |
| | | | 24.25~28.87 | 4.62 | 96 | 57.04~61.64 | 4.60 | 181 |
| | | | 28.87~31.87 | 3.0 | 103 | 61.64~66.34 | 4.70 | 215 |
| | | | 35.80~39.14 | 3.04 | 115 | | | |
| J3-3 | 三 | 96.65 | 31.13~34.45 | 3.12 | 120 | 45.32~48.92 | 3.60 | 152 |
| | | | 35.82~38.94 | 3.08 | 128 | 50.82~54.12 | 3.33 | 184 |
| | | | 40.07~43.20 | 3.13 | 141 | 57.22~60.22 | 3.00 | 220 |
| J3-4 | 二 | 97.16 | 3.41~6.99 | 3.46 | 8 | 50.73~54.60 | 3.87 | 154 |
| | | | 8.10~11.20 | 3.10 | 18 | 54.60~58.52 | 3.86 | 176 |
| | | | 11.20~15.15 | 3.95 | 50 | 58.52~62.07 | 3.55 | 189 |
| | | | 16.50~25.70 | 8.80 | 73 | 62.07~65.97 | 3.90 | 220 |
| | | | 25.70~30.88 | 4.96 | 88 | 65.97~69.67 | 3.70 | 228 |
| | | | 32.10~35.40 | 3.30 | 98 | 69.67~73.30 | 3.63 | 234 |
| | | | 35.40~50.73 | 15.33 | 142 | 73.30~76.82 | 3.52 | 242 |
| J3-5 | 三 | 99.06 | 8.21~12.67 | 4.46 | 183 | 42.70~45.75 | 3.05 | 304 |
| | | | 15.22~18.75 | 3.45 | 225 | 45.75~49.10 | 3.35 | 309 |
| | | | 19.98~22.1 | 3.12 | 253 | 49.10~52.10 | 3.00 | 322 |
| | | | 13.32~30.22 | 3.90 | 284 | | | |
| J3-7 | 三 | 98.70 | 5.40~8.94 | 3.39 | 139 | 41.06~45.51 | 4.45 | 240 |
| | | | 11.40~15.40 | 4.00 | 148 | 45.51~50.11 | 4.60 | 252 |
| | | | 36.59~41.06 | 4.47 | 202 | 54.24~58.10 | 3.86 | 283 |
| J3-7 | 三 | 96.71 | 15.40~18.96 | 3.56 | 139 | 33.8~37.05 | 3.25 | 181 |
| | | | 30.3~33.8 | 3.50 | 173 | 39.45~42.78 | 3.33 | 198 |

表 13-70　光照水电站大坝碾压混凝土芯样层面、缝面折断率统计汇总

| 混凝土统计范围 | 缝面折断情况 | | | 层面折断情况 | | | 层缝面折断情况 | | |
|---|---|---|---|---|---|---|---|---|---|
| | 缝面数 | 缝面折断数 | 缝面折断率/% | 层面数 | 层面折断数 | 层面折断率/% | 层缝面数 | 层缝面折断数 | 层缝面折断率/% |
| 所有混凝土 | 165 | 6 | 3.63 | 1 442 | 19 | 1.32 | 1 607 | 25 | 1.56 |
| 28 d 龄期以上 | 156 | 5 | 3.21 | 1 372 | 14 | 1.02 | 1 528 | 19 | 1.24 |
| 90 d 龄期以上 | 139 | 4 | 2.88 | 1 274 | 10 | 0.78 | 1 413 | 14 | 1.00 |

2.大坝混凝土两次钻芯取样成果的汇总

共对大坝混凝土进行两次钻芯取样，共钻20个孔，总长1 041.42 m；10 m以上整长芯样7根，占取芯进尺的8.6%，其中3根芯样长度分别为14.70 m、14.73 m、15.33 m。

（1）总体芯样获得率为98.34%，优良率达到95.15%。

（2）钻孔取芯钻遇层缝面共计3 528个，断裂73个，层缝面折断率2.07%。其中，钻遇缝面349个，缝面断裂10个，缝面折断率2.87%；钻遇层面3 179个，断裂63个，层面折断率1.98%；90 d龄期混凝土缝面258个，缝面断裂5个，缝面折断率为1.94%；钻遇层面2 364个，断裂29个，层面折断率为1.23%。

（3）压水试验共9个孔，孔深532.5 m，分为174段次试验，100%的试段透水率小于设计要求的1 Lu。78.16%的试段透水率小于0.1 Lu，7.5%的试段透水率小于0.01 Lu，其中透水率最大值为0.54 Lu，最小值为0.004 9 Lu。大坝上游防渗区混凝土有较强的防渗性能。

（4）大坝碾压混凝土压实容重、抗压强度、抗剪断强度和抗渗指标均达到设计要求，坝体混凝土施工质量较好。

### 13.3.1.3　棉花滩有层面碾压混凝土物理力学性能

1999年7月底至1999年12月25日，在棉花滩水电站大坝碾压混凝土内开展了坝体钻孔取芯、芯样描述、压水、超声波物探及物理力学性能测试等工作。钻孔取芯共钻孔20个，其中二级配防渗区10孔（$\phi$150 mm 8孔，$\phi$250 mm 2孔），三级配区9孔（$\phi$150 mm 6孔，$\phi$250 mm 3孔），三级配变态混凝土1孔（$\phi$150 mm），芯样总长252.02 m。钻孔取芯后，首先对取出的芯样进行外观质量描述，随后进行压水试验和超声波物探，并按有关规程规定加工成不同尺寸的试件，进行相应的容重、抗压、弹性模量、抗渗、抗拉、抗剪断测试。

1.芯样外观质量描述

依据《水工碾压混凝土施工规范》对20孔芯样进行外观质量描述和分析，描述内容有混凝土芯样获取率、光滑程度、致密程度、集料分布均匀性、混凝土结合面结合情况等。

20个孔共钻深257.26 m，取出芯样总长252.02 m，芯样获取率97.96%。其中，混凝土芯样共260段（不计纯基岩段），总长249.51 m，平均段长0.96 m，最长芯样达到8.38 m（见表13-71）。

**表13-71　棉花滩水电站大坝钻孔芯样情况**

| 混凝土强度等级 | 芯径/mm | 孔深/m | 总芯长/m | 混凝土芯长/m | 芯样段数 | 平均段长/m | 最大段长/m | 芯样获得率/% |
|---|---|---|---|---|---|---|---|---|
| $R_{180}200$（二级配） | 150 | 112.58 | 110.63 | 109.37 | 121 | 0.90 | 8.27 | 98.30 |
| | 250 | 21.93 | 21.35 | 21.35 | 20 | 1.07 | 7.74 | 97.40 |
| $R_{180}150$（三级配） | 150 | 67.02 | 64.53 | 64.53 | 97 | 0.65 | 8.38 | 96.30 |
| | 250 | 48.38 | 48.16 | 48.16 | 20 | 2.41 | 7.03 | 99.50 |
| 三级配变态混凝土 | 150 | 7.35 | 7.35 | 7.35 | 2 | 3.68 | 6.23 | 100.00 |
| 合计 | — | 257.26 | 252.02 | 249.51 | 260 | 0.96 | 8.38 | 97.96 |

钻孔取芯穿过的混凝土结合面（层面、缝面、与基岩结合面）共计771个，其中层面数682个，缝面数73个，基岩面数16个；结合完好界面数705个，其中能分辨出层面、缝面的结合面数36；断裂、分离的结合面数共66个。结合面完好率为90.7%。

芯样外观评分标准见表13-9（5分为满分），评分情况见表13-72。

表 13-72　棉花滩芯样外观评分情况(5 分为满分)

| 项目 | 光滑程度 | 致密情况 | 骨料分布均匀性 |
|---|---|---|---|
| 外观描述 | 绝大多数芯样表面光滑,但 15#~19#孔芯样部分芯表面不光滑,此类芯样总长 10.51 m | 绝大多数芯样表面致密程度好,仅极少部因碾压不实而存在小孔或孔洞现象,11#孔有 1.2 m 长纵向裂缝(79.00~80.20 m 高程),此类芯样总长 3.51 m | 芯样显示碾压混凝土骨料分布绝大部分均匀,有局部芯样骨料较不均匀,也有出现骨料集中、架空现象,此类芯长总计 2.69 m |
| 评分 | 4.88 | 4.93 | 4.94 |

依据评分标准三项指标中有一项不合格即判定相应芯样不合格的原则,不合格芯样总长 15.13 m,综合混凝土芯样合格率为 93.94%;只有三项全部优良的芯样才评定为外观优良,优良芯样总长 214.28 m,优良率为 85.88%。

2.大坝碾压混凝土超声波物探

进行了 16 个单孔、8 对跨孔声波测试。经检测,16 个单孔中,声速在 4 160~4 474 m/s,平均声速为 4 328 m/s;8 组跨孔平均声速为 4 457 m/s,以声速 4 000 m/s 为临界值,则全部测孔平均声速均大于 4 000 m/s,表明混凝土质量总体水平良好。其中,部分测孔在某些部位声速略低于 4 000 m/s,表明该部位混凝土密实度略差。经统计,声速低于 4 000 m/s 的段长总和为 5.85 m,与混凝土芯样外观描述中的密实程度较差及骨料分布不均匀的部位芯样长度(6.63 m)相当,显示总体碾压混凝土质量较好。

3.大坝碾压混凝土芯样性能

1)容重、抗压强度及弹性模量

该部分测试项目共取试件 174 个(其中 63 个试件还做弹性模量测试),试件规格为 $\phi$ 150 mm×300 mm,高径比为 2:1。

容重测试结果与现场碾压施工过程中核子密度计测试的结果基本一致。表明大坝第一枯水期碾压混凝土密实度质量良好。

将轴心抗压强度换算成标准 150 mm 立方体后,所有试件抗压强度均超过设计要求。

压缩弹性模量测试:$R_{180}$200(R1,V1,二级配),样本数 34 个,芯样弹性模量为 21.7~33.7 GPa,平均弹性模量为 28.0 GPa;$R_{180}$150(R2,V2,三级配),样本数 29 个,芯样弹性模量为 22.7~37.2 GPa,平均弹性模量为 28.4 GPa。

2)抗拉强度和极限拉伸值

大坝混凝土 R1、R2、V1、V2 共取轴心抗拉芯样试件本体 28 个,层面 27 个,缝面 6 个。二级配 $R_{180}$200 和三级配 $R_{180}$150 轴心抗拉设计强度等级分别为 1.6 MPa 和 1.3 MPa,极限拉伸设计强度等级分别为≥0.80×10⁻⁴ MPa 和≥0.75×10⁻⁴ MPa。试件尺寸为 $\phi$ 150 mm×300 mm,测试结果见表 13-73,由表 13-73 可知:

(1)大坝芯样试件的轴向抗拉强度平均值与设计抗拉强度之比在 0.72~0.98。

(2)大坝芯样试件的极限拉伸平均值与设计极限拉伸之比在 0.56~0.79。有关资料显示,同类碾压混凝土钻孔取芯抗拉强度测试值为设计值的 0.5~0.85。

(3)轴向抗拉强度和极限拉伸值都没有达到设计要求。为进一步考查层面、缝面的抗拉强度与本体是否存在明显差异,对其进行了显著性检验,结果表明,除三级配缝面试件无法做出判断外,其余并不存在显著性差异。实际上,一些层面、缝面试件拉断断口并非层面、缝面,而是大骨料界面,这也说明层面、缝面的胶结状况良好。

表 13-73　棉花滩碾压混凝土芯样抗拉测试结果

| 试件类别 | | 二级配 | | | 三级配 | | |
|---|---|---|---|---|---|---|---|
| | | 本体 | 层面 | 缝面 | 本体 | 层面 | 缝面 |
| 样本数 | | 16 | 9 | 3 | 13 | 18 | 3 |
| 抗拉强度 | 最大值/MPa | 1.91 | 1.90 | 2.12 | 1.68 | 2.17 | 1.11 |
| | 最小值/MPa | 0.84 | 0.91 | 1.17 | 0.97 | 0.83 | 0.79 |
| | 平均值/MPa | 1.22 | 1.39 | 1.57 | 1.26 | 1.19 | 0.94 |
| | 设计值/MPa | 1.6 | | | 1.3 | | |
| | 平均值/设计值 | 0.76 | 0.87 | 0.98 | 0.96 | 0.92 | 0.72 |
| 极限拉伸值 | 最大值/$10^{-4}$ | 0.86 | 0.79 | 0.82 | 0.65 | 0.85 | 0.46 |
| | 最小值/$10^{-4}$ | 0.38 | 0.46 | 0.47 | 0.36 | 0.40 | 0.36 |
| | 平均值/$10^{-4}$ | 0.56 | 0.61 | 0.63 | 0.51 | 0.57 | 0.42 |
| | 设计值/$10^{-4}$ | ≥0.80 | | | ≥0.75 | | |
| | 平均值/设计值 | 0.70 | 0.76 | 0.79 | 0.68 | 0.76 | 0.56 |

3）大坝变态混凝土芯样物理力学性能

变态混凝土的各项性能均优于碾压混凝土或其至达到常态混凝土指标。棉花滩碾压混凝土坝变态混凝土取芯成果见表 13-74,从抗压强度来看,机拌优于现场加浆。变态混凝土应作为碾压混凝土大坝上游主要防渗体进行研究。

表 13-74　棉花滩变态混凝土芯样各项物理性能

| 混凝土种类 | | 机拌 | | 现场加浆 | |
|---|---|---|---|---|---|
| 试验指标 | | $R_{180}200$（二级配） | $R_{180}150$（三级配） | $R_{180}200$（二级配） | $R_{180}150$（三级配） |
| 密度/（kg/m³） | 范围 | 2 420~2 425 | | 2 404 | 2 407~2 455 |
| | 平均值 | 2 423 | | 2 404 | 2 435 |
| | 设计值 | 2 402 | | | |
| 抗压强度/MPa | 范围 | 35.3~38.3 | | 27.5 | 26.7~45.9 |
| | 平均值 | 36.8 | | 27.5 | 36.7 |
| | 设计值 | 20 | | 20 | 15 |
| 弹性模量/$10^4$ MPa | 范围 | 3.16 | | | 3.03~3.39 |
| | 平均值 | 3.16 | | | 3.25 |
| | 设计值 | 2.27~3.72 | | | 2.17~3.37 |
| 抗拉强度/MPa | 范围 | 1.76~1.91 | 1~1.59 | | |
| | 平均值 | 1.83 | 1.38 | | |
| | 设计值 | 1.6 | 1.3 | | |
| 极限拉伸值/$10^{-4}$ | 范围 | 0.72~0.86 | 0.36~0.64 | | |
| | 平均值 | 0.8 | 0.52 | | |
| | 设计值 | ≥0.8 | ≥0.75 | | |

注:上述空白部分无数据。

#### 13.3.1.4　汾河二库有层面碾压混凝土物理力学性能

**1. 芯样试件的取样及芯样获得率**

为检测坝体混凝土的浇筑质量,分别在 1998 年 11 月和 1999 年 12 月对大坝混凝土进行钻孔取芯和压水试验。大坝取芯和压水试验钻孔布置见图 13-26,大坝碾压混凝土 7 m 以上芯样统计见表 13-75。

(1)1998 年 11 月主要检查 1997 年 8 月至 1998 年 10 月铺筑的 829.802~873.45 m 高程的坝体,钻孔取芯共布置孔位 4 个(直径 171 mm),芯样直径 150 mm,累计进尺 160.22 m,芯样获得率为 97.76%,芯样单根最长 7.58 m。

(2)1999 年 12 月主要检查 1998 年 11 月至 1999 年 8 月铺筑的 873.45~911.70 m 高程的坝体,钻孔取芯孔 2 个,累计进尺 76.38 m,岩芯获得率为 99.93%,芯样单根最长 8.55 m。

(3)对于大坝所钻取混凝土芯样,实际用于做试验的 $\phi$150 mm 芯样 35.24 m(二级配 19.51 m,三级配 18.51 m),$\phi$300 mm 芯样 8.29 m(均为二级配)。

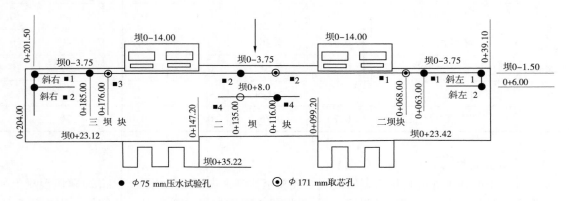

● $\phi$75 mm压水试验孔　　　　⊙ $\phi$171 mm取芯孔

**图 13-26　汾河二库大坝取芯和压水试验钻孔布置**

**表 13-75　汾河二库大坝碾压混凝土 7 m 以上芯样统计**

| 孔号 | 序号 | 取芯深度/m | 芯样长度/m | 龄期/d | 孔号 | 序号 | 取芯深度/m | 芯样长度/m | 龄期/d |
|---|---|---|---|---|---|---|---|---|---|
| 1孔<br>(二级配) | 1 | 8.73~15.75 | 7.02 | 101~156 | 2孔<br>(二级配) | 5 | 9.45~16.77 | 7.32 | 35~43 |
| | 2 | 15.75~22.87 | 7.12 | 156~163 | | 6 | 16.77~23.92 | 7.15 | 43~121 |
| | 3 | 22.87~30.12 | 7.25 | 183~211 | | 7 | 23.92~31.28 | 7.36 | 121~158 |
| | 4 | 30.12~37.35 | 7.23 | 211~237 | | 8 | 31.28~38.4 | 7.12 | 158~184 |
| 3孔<br>(二级配) | 9 | 9.18~16.61 | 7.43 | 107~149 | 4孔<br>(三级配) | 12 | 9.55~16.7 | 7.15 | 48~60 |
| | 10 | 16.61~24.17 | 7.56 | 149~175 | | 13 | 16.7~23.81 | 7.11 | 60~124 |
| | 11 | 24.17~31.75 | 7.58 | 175~203 | | 14 | 23.81~31.01 | 7.20 | 124~161 |
| | | | | | | 15 | 31.01~38.03 | 7.02 | 161~187 |
| | | | | | | 16 | 38.21~45.68 | 7.47 | 187~355 |

**2. 芯样试验成果及分析**

现场取芯和压水试验只反映混凝土的均质性和碾压混凝土的抗渗性,要全面检查碾压混凝土浇筑质量,还需对芯样做进一步试验,以评定碾压混凝土的结构强度。试验结果见表 13-76。

表 13-76　汾河二库大坝碾压混凝土芯样容重和抗压强度

| 级配 | 年份 | 容重 | | | | 抗压强度 | | | | |
|---|---|---|---|---|---|---|---|---|---|---|
| | | 数量/个 | 平均值/（kg/m³） | 均方差/（kg/m³） | 离差系数 | 数量/个 | 平均值/MPa | 最大值/MPa | 最小值/MPa | 均方差/MPa | 离差系数 |
| 二 | 1998 | 31 | 2 526 | 19 | 0.007 6 | 13 | 34 | 45 | 17 | | |
| | 1999 | 7 | 2 535 | | | 7 | 33 | 46 | 25 | 4.74 | 0.193 |
| 三 | 1998 | 29 | 2 530 | 33 | 0.013 | 22 | 24.5 | | | | |
| | 1999 | 6 | 2 574 | | | | 29.3 | | | | |

1）二级配碾压混凝土的容重、抗压强度

1998 年二级配碾压混凝土容重实测 31 个样，平均值为 2 526 kg/m³，均方差为 19 kg/m³，离差系数为 0.007 6；1999 年试件容重实测 7 个样，平均值为 2 535 kg/m³。容重大而且比较均匀，说明压实质量较高。分析容重较大的原因，主要是细骨料和粗骨料密度较大，为 2.82 g/cm³，碾压混凝土容重与计算值是吻合的，相对压实度达到 99% 以上。

1998 年二级配碾压混凝土抗压强度实测 13 个样，实际抗压强度在 17~45 MPa，平均值为 34 MPa。其中，有 2 块试件抗压强度明显偏低，分别为 17 MPa、19 MPa，浇筑时间为 1998 年 8 月 18 日，说明在施工过程中存在个别碾压不密实的情况。1999 年实测 7 个试件，实测抗压强度在 25~46 MPa，平均值为 33 MPa，满足设计指标。

2）三级配碾压混凝土的容重、抗压强度

1998 年容重试件共 29 块，实测平均值为 2 530 kg/m³，均方差为 33 kg/m³，离差系数为 0.013。抗压强度试件共 22 块，抗压强度平均值为 24.5 MPa，均方差为 4.74 MPa，离差系数为 0.193。1999 年容重试验实测 6 个试件，容量平均值为 2 574 kg/m³，而且比较均匀；抗压强度平均值为 29.3 MPa。从试验结果可以看出，三级配容重大而且均匀，1999 年试件抗压强度明显较 1998 年试件的抗压强度大，平均高出 4.8 MPa，1998 年龄期一般在 265~326 d，而 1999 年试件龄期在 410~417 d，由此可知，碾压混凝土后期强度仍在增长，平均增长 16.4%。

3）芯样劈裂抗拉强度

芯样劈裂抗拉强度试验采用 $\phi$ 150 mm 高径比为 1 的试件。二级配试件共 6 块，劈裂抗拉强度在 2.4~3.1 MPa，平均值为 2.9 MPa；三级配试件共 11 块，劈裂抗拉强度在 1.4~2.0 MPa，平均值为 1.7 MPa。二级配碾压混凝土劈裂抗拉强度明显高于三级配碾压混凝土劈裂抗拉强度。

4）芯样静力抗压弹性模量

二级配碾压混凝土弹性模量试件共 23 块。其中，龄期在 149~154 d 的试件共 8 个，平均值为 24.29 GPa；龄期在 223~366 d 的试件共 7 个，弹性模量在 28.45~44.31 GPa，平均值为 37.19 GPa；龄期为 422 d 的试件共 8 个，平均值为 41.10 GPa。可以看出，碾压混凝土弹性模量随龄期变化较为显著，龄期越长，弹性模量越大。

三级配碾压混凝土弹性模量试件共 20 个，1998 年试件龄期为 281~326 d，弹性模量平均值为 29.25 GPa；1999 年弹性模量试件龄期为 417 d，平均值为 34.68 GPa。二级配弹性模量高于三级配。

5）芯样轴向抗拉强度和极限拉伸应变

芯样尺寸为 $\phi$ 15 cm×40 cm。由于芯样表面平整光滑，外观很难辨认出层面，只能从芯样拉断时断口的形状来判断。本体拉断时断口呈锯齿形、不平整，而层面拉断时断口较平整。二级配碾压混凝土芯样有 75% 断在本体，而三级配碾压混凝土芯样只有 25% 断在本体。

二级配碾压混凝土本体轴拉强度 $R_t$ = 1.02~2.33 MPa，平均值 $R_t$ = 1.64 MPa；极限拉伸应变 $\varepsilon_t$ =

$0.75 \times 10^{-4} \sim 1.0 \times 10^{-4}$，平均值为 $0.90 \times 10^{-4}$；层面轴拉强度 $R_t = 0.77 \sim 1.418$ MPa，平均值为 1.094 MPa。

三级配本体轴拉强度 $R_t 1.4 \sim 1.85$ MPa，平均值为 1.62 MPa，极限拉伸应变 $\varepsilon_t = 0.70 \times 10^{-4}$；层面轴拉强度 $R_t = 0.34 \sim 1.2$ MPa，平均值为 0.61 MPa。

三级配层面与二级配层面平均轴拉强度之比为 0.56。碾压混凝土二级配的层面结合性能优于三级配。

### 13.3.1.5　高坝洲工程有层面碾压混凝土物理力学性能

**1. 现场试验采用的配合比**

高坝洲碾压混凝土现场试验采用的配合比见表 13-77。

表 13-77　高坝洲碾压混凝土试验采用的配合比

| 试验类别 | 混凝土强度等级 | 混凝土配合比参数 | | | | | 混凝土材料用量/(kg/m³) | | | | | | |
|---|---|---|---|---|---|---|---|---|---|---|---|---|---|
| | | 水胶比 | 粉煤灰掺量/% | 砂率/% | 木钙掺量/% | C-4掺量/% | 水 | 水泥 | 粉煤灰 | 砂子 | 粒径5~20mm骨料 | 粒径20~40mm骨料 | 粒径40~80mm骨料 |
| 室内试验 | R₉₀150 | 0.52 | 89 | 24.8 | 0.15 | 0.02 | 89 | 85 | 86 | 521 | 475 | 632 | 475 |
| | R₉₀200 | 0.48 | 108 | 33.7 | 0.15 | 0.02 | 108 | 112 | 113 | 673 | 661 | 661 | |
| 现场试验 | R₉₀150 | 0.52 | 89 | 28.1 | 0.15 | 0.02 | 89 | 85.6 | 86 | 594 | 456 | 608 | 456 |
| | R₉₀200 | 0.46 | 106 | 32.1 | 0.15 | 0.02 | 106 | 126.5 | 104 | 645 | 682 | 682 | |

**2. 试验成果综合分析**

室内试验、机口取样、仓面取样、钻孔芯样和原位抗剪断试验成果分析如下：

（1）从钻孔取样结果看，芯样获得率为 96.59 %，最长芯样为 2.56 m（钻机套管最大可取芯样长度为 3.0 m），正常情况下的芯样长度一般可达 1 m 以上。

（2）混凝土的力学强度试验结果对比见表 13-78。由表 13-78 可知，机口取样和仓面取样所得的力学强度普遍超强，现场取样的均方差偏大，达到 4.4~4.5 MPa，主要是统计样本中含有非试验段的样本，以及试验时砂子的含水率失控等原因造成的；机口取样和仓面取样的抗压强度高于钻孔取芯样抗压强度。

表 13-78　不同环节取样得到的碾压混凝土平均力学强度(90 d)

| 混凝土强度等级 | 混凝土级配 | 碾压混凝土强度/MPa | | | | | | | | |
|---|---|---|---|---|---|---|---|---|---|---|
| | | 保证强度 | 室内试验 | | 机口取样 | | 仓面取样 | | 钻孔取芯样 | |
| | | | 抗压强度 | 抗拉强度 | 抗压强度 | 抗拉强度 | 抗压强度 | 抗拉强度 | 抗压强度 | 抗拉强度 |
| R₉₀150 | 三 | 17.4 | 19.1 | 1.53 | 28.8 | 3.17 | 33.1 | 2.99 | 25.58 | 3.29 |
| R₉₀200 | 二 | 24.0 | 27.1 | 1.97 | 33.8 | 3.09 | 32.9 | 2.66 | | |

（3）混凝土弹性模量和极限拉伸试验结果见表 13-79。抗拉弹性模量高于抗压弹性模量；仓面取样弹性模量最高，室内试验弹性模量次之，钻孔取芯样弹性模量最低；混凝土强度高则弹性模量也高。室内试验、仓面取样、钻孔取芯样试件极限拉伸是仓面取样最高，室内试验和钻孔取芯样次之。

表 13-79　高坝洲不同环节取样得到的碾压混凝土弹性模量和极限拉伸值（90 d）

| 强度等级 | 级配 | 弹性模量/GPa | | | | | | 极限拉伸值/10⁻⁴ | | |
| | | 室内试验 | | 仓面取样 | | 钻孔取芯样 | | 室内试验 | 仓面取样 | 钻孔取芯样 |
| | | 抗压弹性 | 抗拉弹性 | 抗压弹性 | 抗拉弹性 | 抗压弹性 | 抗拉弹性 | | | |
| $R_{90}150$ | 三 | 21.4 | 23.3 | 27.8 | 36.1 | 18.67 | 22.4 | 0.62 | 0.70 | 0.65 |
| $R_{90}200$ | 二 | 31.9 | 34.1 | 31.1 | 37.2 | | | 0.74 | 1.06 | |

（4）混凝土自生体积变形见表 13-80。室内试验的结果最终均呈收缩变形，$R_{90}150$（三级配）和 $R_{90}200$（二级配）300 d 以后，混凝土自生体积变形分别是 $-38 \times 10^{-6}$ 和 $-27 \times 10^{-6}$；原型观测其变形，有膨胀，也有收缩，而且差别很大，说明原型可能受介质温度、湿度、干缩、测量的人物作用等因素的影响未完全排除，导致成果的规律性较差。

表 13-80　高坝洲不同环节得到的碾压混凝土自生体积变形 $(10^{-6})$

| 强度等级 | 级配 | 室内试验（>300 d） | 原型观测（>400 d） | |
| --- | --- | --- | --- | --- |
| $R_{90}150$ | 三 | -38 | -72.19 | 32.2 |
| $R_{90}200$ | 二 | -27 | 54.87 | -14.4 |

（5）碾压混凝土的抗冻性。室内试验表明，二级配碾压混凝土的抗冻能力大于 D75，三级配碾压混凝土的抗冻能力大于 D50，均满足设计要求。

（6）碾压混凝土抗剪断试验见 14.21 节，渗透试验见 15.6 节的 2 小节。

### 13.3.1.6　金安桥工程有层面碾压混凝土物理力学性能

1. 碾压混凝土机口强度检测

（1）大坝高程 1 352 m 以下（2007 年 5 月至 2008 年 5 月），碾压混凝土机口取样强度检测结果：$C_{90}20W8F100$ 二级配碾压混凝土 90 d 龄期抗压强度检测 116 组，平均抗压强度为 26.0 MPa；$C_{90}20W6F100$ 三级配碾压混凝土 90 d 龄期 1 317 组，试样的平均抗压强度为 25.1 MPa。

（2）大坝高程 1 352 m 以上（2008 年 6 月至 2009 年 2 月），碾压混凝土机口取样强度检测结果：$C_{90}20W6F100$ 三级配碾压混凝土 28 d 龄期抗压强度检测 745 组，试样平均抗压强度为 17.7 MPa；90 d 抗压强度检测 282 组，试样平均抗压强度为 22.2 MPa，标准差为 2.54 MPa，变异系数为 0.11，保证率为 99.5%。

（3）经统计，$C_{90}20W6F100$ 三级配碾压混凝土 7 d、90 d 和 180 d 龄期的平均抗压强度发展系数分别为 28 d 平均抗压强度的 50%、164% 和 203%；$C_{90}15W6F100$ 三级配碾压混凝土 7 d、90 d 和 180 d 龄期的平均抗压强度发展系数分别为 28 d 平均抗压强度的 54%、181% 和 218%。

（4）碾压混凝土其他性能：抗渗等级大于 W6 和 W8，抗冻等级大于 F100，极限拉伸值分别大于 75×10⁻⁶ 和 70×10⁻⁶，弹性模量平均值为 31.2 GPa。碾压混凝土的强度、耐久性及变形性能均满足设计要求。

2. 大坝钻孔取芯及评价

（1）钻孔取芯方式。在碾压混凝土达到设计龄期后，结合不同坝段的不同高程、部位、上游防渗区、变态混凝土，以及汽车入仓扰动过有可能影响到仓内混凝土质量等部位与薄弱环节布孔，所布孔位具有代表性。采用 HGY-300 钻机配 φ168 mm 钻具钻取碾压混凝土二级配区 φ150 mm 芯样；碾压混凝土三级配区 φ200 mm 芯样采用 HGY-300 钻机配 φ219 mm 钻具钻取。

（2）芯样获得率。大坝碾压混凝土共进行了三次钻孔取芯，三次钻孔数分别为 6 孔、8 孔、10 孔，总计钻孔 24 孔，钻孔总长度 791.92 m，芯样总长 783.14 m，获得率 98.89%；10 m 以上芯样共计 14 根，取出单根大于 15 m 的超长芯样两根，芯样长度分别为 15.73 m 和 16.49 m；芯样平均长度达到 0.986 m。

（3）芯样断口分析。芯样断口在层面或施工缝面明显较少；芯样外观质量良好，表面平整、光滑、骨料分布均匀，结构密实、胶结好、气孔少，骨料架空现象极少。

（4）芯样密度。芯样湿表观密度最小值为 2 580 kg/m³，最大值为 2 665 kg/m³，混凝土的相对压实度大于 98.5% 的设计要求。

3. 大坝芯样物理力学性能试验

主要对碾压混凝土芯样做容重、抗压强度、静力抗压弹性模量、抗拉强度、极限拉伸值、抗渗等级、抗冻等级、抗剪强度等试验检测，通过各种试验结果，以评述碾压混凝土的力学性能和耐久性能是否满足设计要求，综合评价大坝碾压混凝土施工质量。

（1）芯样抗压强度、容重试验结果见表 13-81。

表 13-81　金安桥大坝芯样抗压强度、容重试验结果

| 设计强度指标 | 容重 | | | | 抗压强度 | | | |
|---|---|---|---|---|---|---|---|---|
| | 组数/组 | 最大值/(kg/m³) | 最小值/(kg/m³) | 平均值/(kg/m³) | 组数/组 | 最大值/MPa | 最小值/MPa | 平均值/MPa |
| C₉₀20 二级配 | 25 | 2 590 | 2 455 | 2 541 | 15 | 32.5 | 18.6 | 26 |
| C₉₀20 三级配 | 40 | 2 729 | 2 573 | 2 641 | 15 | 38.6 | 17.9 | 24.1 |

$C_{90}20$ 二级配碾压混凝土容重检测 25 组，平均值为 2 541 kg/m³；$C_{90}20$ 三级配碾压混凝土容重检测 40 组，平均值为 2 641 kg/m³；符合玄武岩骨料表观密度值较大的特性。

$C_{90}20$ 二级配混凝土芯样抗压强度 15 组，平均值为 26.0 MPa；$C_{90}20$ 三级配混凝土芯样抗压强度平均值为 24.1 MPa。

（2）芯样抗拉强度、极限拉伸值试验结果见表 13-82。

表 13-82　金安桥大坝芯样抗拉强度、极限拉伸值结果

| 设计强度指标 | 芯样直径/mm | 试验组数 | 高径比 | 抗拉强度/MPa | 芯样极限拉伸值/10⁻⁶ | 抗压弹性模量/GPa | 机口极限拉伸值/10⁻⁶ |
|---|---|---|---|---|---|---|---|
| C₉₀20 二级配 | 150 | 9 | 2:1 | 1.09 | 69 | 31.5 | 75 |
| C₉₀20 三级配 | 200 | 9 | 2:1 | 1.01 | 59 | 29.5 | 70 |

$C_{90}20$ 二级配混凝土：芯样轴心抗拉强度在 0.92~1.12 MPa，平均值为 1.09 MPa；芯样极限拉伸值在 $53\times10^{-6}$~$80\times10^{-6}$，平均值为 $69\times10^{-6}$。

$C_{90}20$ 三级配混凝土：芯样轴心抗拉强度在 0.70~1.42 MPa，平均值为 1.01 MPa，；芯样极限拉伸值在 $47\times10^{-6}$~$77\times10^{-6}$，平均值为 $59\times10^{-6}$。

机口取样的极限拉伸，$C_{90}20$ 二级配混凝土和 $C_{90}20$ 三级配混凝土分别为 $75\times10^{-6}$ 和 $70\times10^{-6}$，是相应的芯样极限拉伸的 107.6% 和 108.7%。

$C_{90}20$ 二级配混凝土芯样所做的静力抗压弹性模量为 31.5 GPa，$C_{90}20$ 三级配为 29.5 GPa。

4. 大坝芯样抗冻、抗渗试验

大坝芯样抗冻、抗渗试验结果见表 13-83。3 组二级配 $C_{90}20$ 和 4 组三级配 $C_{90}20$ 碾压混凝土芯样抗渗等级均满足 W8 设计要求，但劈开后其渗水高度均较高。对三级配 $C_{90}20$ 碾压混凝土芯样进行 2 组

（6 块）抗冻试验，其抗冻等级 5 块为 F75、一块为 F50，低于设计要求的 F100。

**表 13-83　金安桥芯样抗渗、抗冻等级检测结果**

| 设计强度指标 | 试验组数 | 0.9 MPa 下渗水高度/cm | 抗渗等级 | 设计强度指标 | 检测龄期/d | 试验组数（2 组） | 抗冻等级 |
|---|---|---|---|---|---|---|---|
| 二级配 $C_{90}20W8$ | 3 | 9.2 | W8 | 三级配 $C_{90}20F100$ | 294~360 | 5 块 | F75 |
| 三级配 $C_{90}20W8$ | 4 | 11.7 | | | 294 | 1 块 | F50 |

### 13.3.1.7　大朝山工程有层面碾压混凝土物理力学性能

1. 碾压混凝土本体强度、抗冻、抗渗性检测

机口抽检 $R_{90}150$ 及 $R_{90}200$ 混凝土：实测 90 d 平均抗压强度分别为 21.0 MPa、26.7 MPa，均方差分别为 2.37 MPa、3.46 MPa，强度保证率分别为 99.4 %、97.3 %。

机口抽检 $R_{90}150$ 混凝土：第一批抗冻检测 3 组，抗冻等级均达到 D50，抗渗 1 组，大于 S4；第二批抗冻检测 1 组，达 D100 以上。机口抽检 $R_{90}200$ 混凝土：抗冻抽检 3 组，抗冻等级均达到 D50 以上，抗渗抽检 2 组，均大于 S8。

2. 坝体碾压混凝土钻孔芯样检测

施工期间，对坝体碾压混凝土进行了 3 次钻芯取样检测，在 9~18 号和 20 号等 11 个坝段共布置 42 个检查孔，其中取芯孔 21 个、压水检查孔 21 个。3 次试件分别以取芯高程为准，每 3 m 取一组（按每一浇筑层分类），3 次试验均未分平层碾压与斜层碾压，3 次共取芯样 1 332.45 m。3 次试验结果如下。

1）芯样获得率和芯样外观

统计钻孔芯样获得率为 95.9 %，单根芯样获得率最高达 99 % 以上，芯样单根长度大于 6 m 的共计 25 根，最长达 10.47 m。

芯样表面光滑、致密、骨料分布均匀、胶结良好，很难辨认出层面；短芯样所占比例虽大，但断口极大，部分粗糙凹凸不平，是在取芯时扭断或在运输过程中折断的；在多处断口处还发现芯样已在钻进过程中被研磨，是芯样断裂后未及时提取所致；也有在骨料集中或架空处断裂的，很少数是在冷升层或热升层处断裂，这种断裂断口平整；个别芯段仅在三级配混凝土中存在局部骨料集中、架空和蜂窝现象（很少数是整个断口），这反映了层面局部胶结欠佳，这与碾压混凝土高压实度是一致的。总体是二级配碾压混凝土比三级配碾压混凝土好。

2）碾压混凝土芯样性能和孔结构

芯样相对压实度为 99.4%~99.5%；抗压强度保证率为 96.5%~98.3%（见表 13-84）。

**表 13-84　大朝山水电站碾压混凝土芯样性能**

| 混凝土强度等级 | 容重 | | 相对压实度/% | 抗压强度 | | | 静压弹性模量 | |
|---|---|---|---|---|---|---|---|---|
| | 点数 | 单位：$kg/m^3$ | | 组数 | 单位：MPa | 保证率/% | 组数 | 单位：GPa |
| $R_{90}150$（内部） | 3 696 | 2 572.6 | 99.4 | 26 | 26.1 | 98.3 | 9 | 28.5 |
| $R_{90}200$（外部） | 374 | 2 568.2 | 99.5 | 28 | 26.3 | 96.5 | 24 | 31.9 |

**注**：1. 评定指标要求外部混凝土相对压实度不得小于 98 %，内部混凝土不得小于 97 %；容重指标要求大于 2 500 $kg/m^3$。

2. $R_{90}200$ 静压弹性模量值波动范围在 25.4~40.3 GPa；$R_{90}150$ 静压弹性模量值波动范围在 20.8~32.9 GPa。

由于混凝土的不均匀性，分布在水泥砂浆中的气泡一般呈圆形、椭圆形，少数呈不规则状，直径多为 0.02 mm，少数为 0.35 mm。分布在骨料与水泥砂浆接触处的气泡多呈不规则状，形成的气孔较大，一般气泡直径为 0.1~1.0 mm，极个别达 5~6 mm，芯样骨料占比例较大者，混凝土含气量稍小。

取芯压水检测成果（见 15.6 节）及原位抗剪断性能（见 14.6.4 节）等指标均满足设计要求。

**3. 坝体碾压混凝土波速**

大坝上游防渗层 $R_{90}200$ 混凝土平均波速达 4 850 m/s(标准离差 0.080),大于 4 500 m/s 的占 80.8%;坝体内部 $R_{90}150$(三级配)混凝土平均波速为 4 840 m/s(标准离差为 0.088),大于 4 500 m/s 的占 80.0%;大坝碾压混凝土总体平均波速为 4 845 m/s(标准离差为 0.085),大于 4 000 m/s 的占 97.7%,碾压混凝土质量相对较为均匀,无明显的低波速区,表明碾压混凝土均质性比较好。

### 13.3.1.8　皂市工程有层面碾压混凝土物理力学性能

**1. 现场试验块超声波测试**

试验块超声波测试平面布置见图 13-27,测试孔采用三角形布孔,以三孔对穿法为主测定。利用原位剪切试验锚固孔进行超声波测试,按铺筑层本体和相邻铺筑层接合部位分段进行。碾压混凝土试验块超声波测试成果见表 13-85,原位抗剪锚固孔间超声波检测成果见表 13-86。

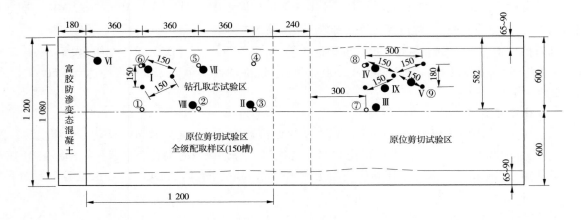

**图 13-27　皂市碾压混凝土试验块超声波测试、钻孔取芯和原位抗剪断试验平面布置图**　(单位:cm)

**表 13-85　皂市碾压混凝土试验块超声波检测成果**

| 混凝土分区 | 施工工况 | | 层本体或层间编号 | 检测数量 | 超声波波速 | | | | |
|---|---|---|---|---|---|---|---|---|---|
| | 间歇时间/h | 层面处理 | | | 最大值/(m/s) | 最小值/(m/s) | 平均值/(m/s) | 均方差/(m/s) | 离差系数 $C_v$/% |
| A1二级配 | 连续铺筑 | | I-7 | 9 | 4 697 | 4 500 | 4 601 | 59.57 | 1.30 |
| | | | 7/6 | 9 | 4 781 | 4 594 | 4 697 | 61.49 | 1.31 |
| | | | I-6 | 12 | 5 000 | 4 844 | 4 904 | 44.56 | 0.91 |
| | 72 | 冲毛铺砂浆 | 6/5 | 9 | 4 875 | 4 810 | 4 849 | 19.33 | 0.40 |
| | | | I-5 | 18 | 5 000 | 4 844 | 4 907 | 46.41 | 0.95 |
| | 32 | 铺砂浆 | 5/4 | 9 | 5 000 | 4 775 | 4 878 | 68.69 | 1.40 |
| | | | I-4 | 15 | 4 844 | 4 656 | 4 720 | 54.15 | 1.15 |
| | 5 | 铺筑 | 4/3 | 9 | 4 850 | 4 688 | 4 750 | 54.41 | 1.15 |
| | | | I-3 | 21 | 4 994 | 4 731 | 4 884 | 74.27 | 1.50 |
| | 连续铺筑 | | 3/2 | 9 | 5 000 | 4 891 | 4 944 | 41.86 | 0.85 |
| | | | I-2 | 21 | 5 031 | 4 881 | 4 960 | 47.43 | 0.96 |

续表 13-85

| 混凝土分区 | 施工工况 | | 层本体或层间编号 | 检测数量 | 超声波波速 | | | | |
| | 间歇时间/h | 层面处理 | | | 最大值/（m/s） | 最小值/（m/s） | 平均值/（m/s） | 均方差/（m/s） | 离差系数 $C_v$/% |
|---|---|---|---|---|---|---|---|---|---|
| A2 三级配 | 120 | 冲毛铺砂浆 | 2/1 | 9 | 5 025 | 4 810 | 4 920 | 69.14 | 1.41 |
| | | | I-1 | 9 | 4 922 | 4 663 | 4 795 | 77.86 | 1.62 |
| | | | II-6 | 18 | 4 750 | 4 310 | 4 566 | 135.02 | 2.96 |
| | 72 | 冲毛铺水泥浆 | 6/5 | 18 | 4 859 | 4 444 | 4 660 | 102.50 | 2.20 |
| | | | II-5 | 30 | 4 944 | 4 538 | 4 791 | 102.18 | 2.13 |
| | 30 | 铺砂浆 | 5/4 | 18 | 4 922 | 4 531 | 4 734 | 115.11 | 2.43 |
| | | | II-4 | 36 | 4 891 | 4 531 | 4 696 | 93.75 | 2.00 |
| | 9 | 铺筑 | 4/3 | 18 | 4 891 | 4 547 | 4 732 | 117.50 | 2.48 |
| | | | II-3 | 48 | 4 906 | 4 625 | 4 813 | 66.90 | 1.39 |
| | 连续铺筑 | | 3/2 | 18 | 4 953 | 4 750 | 4 848 | 64.29 | 1.33 |
| | | | II-2 | 30 | 4 969 | 4 688 | 4 901 | 64.61 | 1.32 |
| | 120 | 冲毛铺水泥浆 | 2/1 | 18 | 4 938 | 4 531 | 4 821 | 106.52 | 2.21 |
| | | | II-1 | 18 | 4 906 | 4 406 | 4 751 | 123.38 | 2.60 |

表 13-86　皂市原位抗剪锚固孔间超声波检测成果

| 混凝土分区 | 施工工况 | | 层本体或层间编号 | 检测数量 | 超声波波速 | | | | |
| | 间歇时间/h | 层面处理 | | | 最大值/（m/s） | 最小值/（m/s） | 平均值/（m/s） | 均方差/（m/s） | 离差系数 $C_v$/% |
|---|---|---|---|---|---|---|---|---|---|
| A1 二级配 | 连续铺筑 | | I-7 | 26 | 4 580 | 3 750 | 4 225 | 198.84 | 4.71 |
| | | | 7/6 | 26 | 4 757 | 3 731 | 4 367 | 271.52 | 6.22 |
| | | | I-6 | 26 | 5 160 | 3 974 | 4 469 | 251.63 | 5.63 |
| | 72 | 冲毛铺水泥浆 | 6/5 | 26 | 5 006 | 3 549 | 4 547 | 321.89 | 7.08 |
| | | | I-5 | 26 | 5 324 | 3 974 | 4 455 | 325.08 | 7.30 |
| | 32 | 铺砂浆 | 5/4 | 26 | 4 791 | 3 531 | 4 363 | 279.21 | 6.40 |
| | | | I-4 | 26 | 5 324 | 3 727 | 4 229 | 336.64 | 7.96 |
| | 5 | 铺筑 | 4/3 | 24 | 4 969 | 3 993 | 4 451 | 280.63 | 6.31 |
| | | | I-3 | 24 | 4 959 | 3 571 | 4 243 | 366.54 | 8.64 |
| | 连续铺筑 | | 3/2 | 20 | 5 082 | 3 531 | 4 444 | 420.36 | 9.46 |
| | | | I-2 | 15 | 4 959 | 3 822 | 4 291 | 347.96 | 8.11 |
| A2 三级配 | | | II-6 | 27 | 4 286 | 3 529 | 3 919 | 212.44 | 5.42 |
| | 72 | 冲毛铺水泥浆 | 6/5 | 27 | 4 757 | 3 900 | 4 287 | 213.08 | 4.97 |
| | | | II-5 | 27 | 4 688 | 3 871 | 4 289 | 208.37 | 4.86 |
| | 30 | 铺砂浆 | 5/4 | 27 | 4 791 | 3 946 | 4 321 | 225.22 | 5.21 |
| | | | II-4 | 27 | 4 545 | 3 727 | 4 083 | 239.54 | 5.87 |
| | 9 | 铺筑 | 4/3 | 27 | 4 969 | 4 041 | 4 423 | 231.37 | 5.23 |
| | | | II-3 | 27 | 4 918 | 3 750 | 4 203 | 258.00 | 6.14 |
| | 连续铺筑 | | 3/2 | 27 | 5 044 | 4 041 | 4 442 | 252.14 | 5.68 |
| | | | II-2 | 27 | 5 042 | 3 846 | 4 274 | 292.82 | 6.85 |
| | 120 | 冲毛铺水泥浆 | 2/1 | 25 | 5 082 | 4 049 | 4 433 | 295.53 | 6.67 |
| | | | II-1 | 22 | 4 688 | 3 750 | 4 091 | 259.41 | 6.34 |

(1)碾压混凝土试验块超声波检测。A1(二级配):各种工况的平均波速在 4 601～4 944 cm/s,离差系数在 0.4%～1.5%。A2(三级配):各种工况的平均波速在 4 566～4 920 cm/s。离差系数在 1.32%～2.96%。铺筑层缝和施工缝的声波波速均与施工层本体的声波波速相当,波速变异系数较小,说明铺筑层缝和施工缝的结合均良好。

(2)原位剪切试验锚固孔声波检测。A1(二级配):各种工况的平均波速在 3 919～4 547 cm/s,离差系数在 4.71%～9.46%。A2(三级配):各种工况的平均波速在 4 083～4 442 cm/s,离差系数在 1.32%～2.96%。

原位剪切试验锚固孔声波波速低于碾压混凝土试验块声波波速,而离差系数是后者大于前者,这可能与锚固孔造成的碾压混凝土的损伤有关。

2.芯样外观质量评定

芯样外观质量评定结果见表 13-87。芯样外观光滑、骨料分布均匀、混凝土致密,获取最大整长芯样 10.54 m,混凝土芯样容重平均为 2 478 kg/m³,合格率为 99.1%,但施工层、缝部位的折断率为 9.68%～17.52%,偏高,主要原因是雨天施工层面的 VC 值改变较大、缝面"二次"污染等。

表 13-87 皂市芯样外观质量评定结果统计

| 时间 | 项目 | 芯样孔数 | 芯样总长/cm | 平均段长/cm | 获得率/% | 评定结果/分 | 折断总数 | 折断原因/% | | |
|---|---|---|---|---|---|---|---|---|---|---|
| | | | | | | | | 人为折断 | 层、缝折断 | 其他原因 |
| 一枯 | 富胶防渗碾压混凝土 | 3 | 4 363 | 140.74 | 99.86 | 4.87 | 31 | 83.87 | 9.68 | 6.45 |
| | 三级配碾压混凝土 | 8 | 12 175 | 85.74 | 99.25 | 4.81 | 142 | 68.31 | 15.49 | 16.20 |
| 二枯 | 富胶防渗碾压混凝土 | 5 | 14 665 | 75.59 | 100 | 4.85 | 194 | 79.38 | 17.52 | 3.10 |
| | 三级配碾压混凝土 | 8 | 20 625 | 84.53 | 99.36 | 4.87 | 244 | 83.20 | 9.85 | 6.95 |

3.混凝土强度

1)混凝土机口取样的强度

现场随机抽样尺寸为 150 mm ×150 mm ×150 mm 的试件,在标准条件下养护至规定龄期,测定的抗压强度与龄期关系如下。

C20 碾压混凝土(粉煤灰掺量为 55%,水浆比为 0.54):

$$\left. \begin{array}{l} R = 9.23\ln d - 1.579 \\ r = 0.998\ 3 \end{array} \right\} \tag{13-17}$$

C15 碾压混凝土(粉煤灰掺量为 65%,水浆比为 0.58):

$$\left. \begin{array}{l} R = 8.194\ln d - 6.20 \\ r = 0.994\ 7 \end{array} \right\} \tag{13-18}$$

式中:$R$ 为混凝土抗压强度,MPa;$d$ 为混凝土龄期,d。

利用这两个公式,并以 28 d 强度为 1.0 MPa,则 C20 碾压混凝土 90 d 强度为 1.37 MPa,180 d 强度为 1.59 MPa;C15 碾压混凝土 90 d 强度为 1.45 MPa,180 d 强度为 1.72 MPa。

2)混凝土芯样抗压强度

a.芯样强度

现场钻取直径为 150 mm 的芯样,在实验室制备成长度为 225～300 mm 的芯样试件,其抗压强度见

表13-88（二级配），标准芯样抗压强度成果统计见表13-89。表13-88、表13-89中数值说明碾压混凝土抗压强度均质性较好。由表13-89可知，C20和C15碾压混凝土芯样的平均值分别为25.04 MPa和19.55 MPa，离差系数分别为19.53%和28.20%，合格率分别为84.21%和87.50%，表明合格率偏低。

　　b.芯样强度与现场取样强度的比较

　　用制备的芯样试件测定抗压强度，根据《水工碾压混凝土试验规程》（DL/T 5433—2009）界定的高径比相关关系，估算标准试件的抗压强度；按出机口混凝土标准试验测定的强度-龄期系数，计算设计龄期的抗压强度，结果见表13-90。由表13-90可知，芯样试件抗压强度与出机口试件抗压强度比值为67.89%～75.52%。

表 13-88　皂市混凝土芯样抗压强度试验成果（二级配）

| 编号 | 工况和条件 | VC/s | 高径比 | 修正系数 | 修正前抗压强度/MPa | 修正后抗压强度/MPa | 龄期/d | 90 d 龄期抗压强度/MPa | 标准芯样抗压强度/MPa |
|---|---|---|---|---|---|---|---|---|---|
| 1-5R | 常态混凝土（1-1）层 | | 2.03 | 0.996 | 31.58 | 31.45 | 132 | 28.64 | 35.89 |
| 8-6R | | | 2.00 | 1.00 | 29.72 | 29.72 | 132 | 27.07 | 33.92 |
| 6-7R | | | 2.01 | 1.00 | 23.01 | 23.01 | 132 | 20.96 | 26.27 |
| 7-8R | | | 1.69 | 1.041 | 26.67 | 27.76 | 132 | 25.28 | 31.68 |
| 8-5R | 1-1、1-2 层间；间歇 5 d 后冲毛铺砂浆 | 19.5 | 2.02 | 0.997 | 22.39 | 22.32 | 127 | 20.67 | 25.90 |
| 2-5R | 1-2、1-3 层间；连续铺筑 | 10.5～19.5 | 1.99 | 1.003 5 | 20.01 | 20.08 | 127 | 18.59 | 23.30 |
| 6-4R | 1-3 层 | | 1.98 | 1.002 5 | 21.10 | 21.15 | 127 | 19.26 | 24.14 |
| 2-4R | 1-3、1-4 层间；间歇 5 h 后铺筑 | 10.5～13.5 | 2.00 | 1.00 | 16.02 | 16.02 | 127 | 14.83 | 18.58 |
| 8-3R | | | 2.03 | 0.99 | 19.83 | 19.63 | 127 | 18.18 | 22.78 |
| 7-5R | | | 2.01 | 0.996 5 | 16.75 | 16.69 | 127 | 15.45 | 19.36 |
| 6-3R | 1-4 层 | 3.5 | 2.02 | 0.993 | 18.54 | 18.41 | 127 | 16.77 | 21.02 |
| 1-3R | 1-5 层 | 11.5 | 2.03 | 0.99 | 19.59 | 19.39 | 125 | 18.02 | 22.58 |
| 8-2R | | | 1.69 | 1.041 | 21.92 | 22.82 | 125 | 21.21 | 26.58 |
| 7-3R | 1-5、1-6 层间；间歇 3 d 后冲毛铺砂浆 | 8.5～11.5 | 2.03 | 0.996 | 22.22 | 22.13 | 121 | 20.72 | 25.96 |
| 6-2R | | | 1.93 | 1.009 5 | 26.76 | 27.01 | 121 | 24.60 | 30.83 |
| 2-2R | 1-6、1-7 层间；连续铺筑 | 8.5～12 | 2.03 | 0.99 | 19.59 | 19.39 | 121 | 18.16 | 22.76 |
| 6-1R | | | 2.06 | 0.98 | 18.55 | 18.18 | 121 | 16.56 | 20.75 |
| 8-1R | | | 2.03 | 0.99 | 15.69 | 15.53 | 121 | 14.54 | 18.22 |
| 1-2R | | | 1.70 | 1.099 5 | 19.51 | 21.45 | 121 | 20.08 | 25.16 |

表 13-89　皂市混凝土芯样试件标准芯样抗压强度

| 混凝土分区 | 设计抗压强度/MPa | 组数 | 最大值/MPa | 最小值/MPa | 平均值/MPa | 均方差/MPa | 离差系数/% | 合格率/% |
|---|---|---|---|---|---|---|---|---|
| A1(二级配) | C20 | 19 | 35.89 | 18.22 | 25.04 | 4.89 | 19.53 | 84.21 |
| A2(三级配) | C15 | 16 | 27.7 | 8.04 | 19.55 | 5.51 | 28.20 | 87.50 |

表 13-90　皂市芯样试件设计龄期抗压强度与机口试件强度的统计和比较

| 混凝土品种 | 试件数量 | 龄期/d | 饱和面干试件抗压强度 | | | | | 机口试件强度/MPa | 芯样试件与机口试件抗压强度比值/% |
|---|---|---|---|---|---|---|---|---|---|
| | | | 最大值/MPa | 最小值/MPa | 平均值/MPa | 均方差/MPa | 离差系数 | | |
| "一枯"碾压混凝土 | C20F100W8 | 29 | 90 | 28.3 | 14.1 | 21.16 | 3.34 | 0.158 | 31.17 | 67.89 |
| | C15F50W6 | 31 | 90 | 23.56 | 9.19 | 18.43 | 3.46 | 0.188 | 26.47 | 71.51 |
| "二枯"碾压混凝土 | C20F100W8 | 101 | 90 | 36.95 | 16.89 | 24.35 | 4.267 | 0.18 | 32.24 | 75.52 |
| | C15F50W6 | 104 | 90 | 44.24 | 12.56 | 19.69 | 4.078 | 0.21 | 27.40 | 71.86 |

4. 碾压混凝土芯样的抗剪和抗渗

(1)芯样的抗剪断强度。标准试件:$f' = 1.4675$,$c' = 3.803$ MPa(102 d);芯样试件:$f' = 1.628$,$c' = 3.00$ MPa(302~381 d)。

(2)芯样的抗渗等级。大于设计标准 W6。

### 13.3.1.9　普定有层面碾压混凝土物理力学性能

1. 普定坝体碾压混凝土压水检查和超声波探测检查

坝体钻孔压水检查分 2 个阶段进行,第一阶段为高程 1 099.3 m 以下,于 1992 年 9 月进行;第二阶段是由坝顶高程 1 149.52 m 至高程 1 098.5 m,于 1993 年 11 月施工。高程 1 099.3 m 以下布置 12 个压水孔,以上布置 2 个压水孔。根据压水检查结果来看,迎水面二级配区高程 1 099.3 m 以下 Ys1~Ys5 号(Ys5 号孔位于汽车入仓口)采用 0.6 MPa 压力做压水检查,单位吸水率在 0~0.003 L/(min·m·m),情况良好;高程 1 098.5 m 以上,Y3 号、Y4 号单位吸水率分别为 0~0.005 L/(min·m·m)、0.012 L/(min·m·m),下游三级配区 Y1 号及 Y2 号采用 0.3~0.6 MPa 压力压水检查,单位吸水率与上游孔相似,情况良好。

普定水电站拱坝高程 1 099.3 m 以下采用超声波探测检查,其测点布在压水检查孔中,每个测区均水平方向分布,并上下交叉穿过施工缝、混凝土碾压层面进行探测检查,共 236 个测点,波速为 4 576~5 069 m/s,平均达 4 900 m/s(见表 13-91)。由表 13-91 可知,坝体混凝土密实,施工缝和混凝土碾压层面结合质量良好。

表 13-91　普定碾压混凝土拱坝超声波探测检查

| 测试终点高程/m | 测区混凝土级配 | 孔号 | 孔距/m | 测试深度/m | 测点个数 | 波速范围/(m/s) | 平均波速/(m/s) |
|---|---|---|---|---|---|---|---|
| 1 090.98 | 二 | 1~2 | 8.32 | 12.0 | 68 | 4 780.1~5 069.2 | 4 942.6 |
| 1 093.34 | 二 | 3~7 | 5.96 | 11.5 | 62 | 4 854.2~5 046.0 | 4 950.3 |
| 1 089.50 | 二 | 4~5 | 9.70 | 9.5 | 24 | 4 754.8~4 972.3 | 4 845.7 |
| 1 092.84 | 三 | 6~8 | 6.46 | 8.0 | 44 | 4 576.7~5 054.4 | 4 868.0 |
| 1 090.08 | 跨二、三 | 7~9 | 9.22 | 7.0 | 38 | 4 762.9~4 985.7 | 4 893.3 |

注:测试起点高程都是 1 099.3 m。

**2. 坝体碾压混凝土芯样性能试验**

**1) 取芯布孔和芯样获得率**

第 1 次在 1 099.3 m 高程钻孔取芯,布 14 个孔,其中 1~4 号孔位于迎水面二级配区;5~14 号孔位于三级配区,6 号孔处于三级配变态混凝土和碾压混凝土交接区;13 号、14 号为斜孔,穿透碾压混凝土、经过变态混凝土进入左坝肩基岩。取芯样总长 210.25 m,芯样总获得率为 99.74%,其中最长混凝土芯样为 4.3 m,有 2 根(二、三级配各 1 根),3.5~4.0 m 有 3 根。第 2 次在 1 098.5 m 以上至 1 149.5 m 高程钻孔取芯,布 2 个孔(J1 和 J2),分别位于二级配区和三级配区,取芯样总长 88.14 m,芯样获得率为 98.9%,其中 2 根混凝土芯样长分别为 4.7 m 和 4.2 m,2 根混凝土芯样长分别为 3.5 m 和 4.0 m。两次累计芯样总长 298.39 m,总获得率为 99.5%,详见表 13-92。

表 13-92　普定拱坝碾压混凝土芯样统计

| 高程/m | 芯样分段/(cm/根) | | | | | | | | | 总根数/根 | 总长/m | 获得率/% |
| | <100 | 100~150 | 150~200 | 200~250 | 250~300 | 300~350 | 350~400 | 430 | 470 | | | |
|---|---|---|---|---|---|---|---|---|---|---|---|---|
| 1 099.3 以下 | 182 | 23 | 13 | 13 | 6 | | 3 | 2 | | 242 | 210.25 | 99.74 |
| 1 099.3~1 149.5 | 52 | 15 | 3 | 3 | 1 | 3 | 2 | 1 | 1 | 81 | 88.14 | 98.92 |
| 合计 | 234 | 38 | 16 | 16 | 7 | 3 | 5 | 3 | 1 | 323 | 298.39 | 99.50 |

混凝土芯样外表光滑致密,碾压混凝土层间结合、异种混凝土结合、混凝土和基岩结合、混凝土和模板拉锚块钢筋的结合等,均胶结紧密,除从粉煤灰、岩石、拉锚块、钢筋等颜色不同可区分胶结界面和不同物种类别外,无法辨认和区分结合层面,大部分呈不规则碎折粗糙断面。

**2) 芯样容重和抗压强度**

普定拱坝设计要求混凝土碾压容重(湿)为 2 400 kg/m³,二级配混凝土理论容重为 2 508 kg/m³,三级配混凝土理论容重为 2 517 kg/m³。在大坝 1 075~1 149.5 m 高程,二级配混凝土芯样实测容重平均为 2 497 kg/m³,密实度高达 99.56%;三级配混凝土芯样实测容重平均高达 2 518 kg/m³,和理论容重相同,密实度 100%;基础垫层混凝土平均容重高达 2 514 kg/m³。

普定拱坝混凝土芯样抗压强度全部超过设计要求。如迎水面二级配($R_{90}200$)混凝土强度在 26.9~46.3 MPa,平均达 36.1 MPa(1 099.3 m 高程以下,平均高达 38.1 MPa);三级配($R_{90}150$)混凝土强度在 30.9~51.6 MPa,平均高达 38.0 MPa;基础垫层混凝土强度平均高达 38.0 MPa(见表 13-93)。

表 13-93　普定拱坝混凝土芯样抗压强度和层面轴拉强度成果

| 类别 | 容重 | | | 抗压强度 | | | 层面轴拉强度 | | |
| | n | 变化范围/(kg/m³) | 平均值/(kg/m³) | n | 变化范围/MPa | 平均值/MPa | n | 变化范围/MPa | 平均值/MPa |
|---|---|---|---|---|---|---|---|---|---|
| 二级配 | 19 | 3 419~2 547 | 2 497 | 10 | 26.9~46.3 | 36.1 | 16 | 1.60~3.15 | 2.31 |
| 三级配 | 27 | 2 426~2 572 | 2 518 | 23 | 30.9~51.6 | 38.0 | 21 | 1.39~3.17 | 2.17 |
| 垫层 $R_{90}200$ | 4 | 2 510~2 520 | 2 514 | 3 | 34.5~40.0 | 38.0 | 4 | 1.60~3.10 | 2.18 |

3)芯样层面结合轴拉强度

轴拉试件是把混凝土芯样锯切成 10 cm×10 cm×52 cm 的棱柱体。由表 13-93 试验成果可知,基础垫层(整体)混凝土,轴拉强度平均值为 2.18 MPa,迎水面二级配碾压混凝土平均值为 2.31 MPa,三级配碾压混凝土平均值为 2.17 MPa。

在碾压混凝土芯样 30 个试件中,从粉煤灰颜色区别可明显辨别有层面结合的试件 8 个,其余 22 个虽然无法辨别层面结合位置,但 52 cm 长的试件一定有结合层面存在,因为碾压层厚仅 25 cm 左右。所以碾压混凝土芯样轴拉试验,实质上是测定碾压混凝土层面结合的抗拉强度,根据轴拉断面检查描述,所有轴拉断面均为碎断裂,不少粗骨料被拉断,却没有发现 1 根是断在结合层面上的,从三级配碾压混凝土轴拉强度 2.17 MPa、二级配碾压混凝土轴拉强度 2.31 MPa 和垫层常态混凝土 $R_{90}200$ 轴拉强度 2.18 MPa 比较可知,碾压混凝土层面结合抗拉强度不低于同强度等级常态整体混凝土的轴拉强度。

4)芯样弹性模量和极限拉伸

由表 13-94 可知,普定拱坝二、三级配碾压混凝土芯样抗压弹性模量分别为 39.8 GPa 和 41.2 GPa;抗拉弹性模量分别为 33.0 GPa 和 35.0 GPa;极限拉伸值分别为 $81.0×10^{-6}$ 和 $72×10^{-6}$,可见碾压混凝土芯样的极限拉伸值是比较高的。

表 13-94　普定拱坝混凝土芯样弹性模量和拉伸成果

| 类别 | 抗压弹性模量 | | | 抗拉弹性模量 | | | 极限拉伸值 | | |
|---|---|---|---|---|---|---|---|---|---|
| | 组数 | 变化范围/GPa | 平均值/GPa | 组数 | 变化范围/GPa | 平均值/GPa | 组数 | 变化范围/$10^{-6}$ | 平均值/$10^{-6}$ |
| 二级配 | 10 | 36.5~42.6 | 39.8 | 16 | 28.6~42.2 | 33.0 | 16 | 48~109 | 81 |
| 三级配 | 23 | 32.6~46.7 | 41.2 | 21 | 27.5~43.8 | 35.0 | 21 | 36~102 | 72 |
| 垫层 $R_{90}200$ | 3 | 35.0~43.0 | 39.8 | 4 | 29.8~35.7 | 33.9 | 4 | 53.5~104 | 77 |

## 13.3.2　某些工程有层面碾压混凝土性能(二)——长期性能和微观性能部分

### 13.3.2.1　岩滩围堰和大坝有层面碾压混凝土物理力学性能

岩滩水电站工程上游围堰长 341.8 m,最大堰高 52.3 m,顶宽 7 m。围堰不分纵横缝,全断面通仓薄层连续铺筑碾压混凝土。围堰碾压混凝土从 1988 年 1 月 26 日开始施工到 5 月 4 日完工,历时 98 d。同年 6 月 29 日,龄期仅 55 d 的围堰上部混凝土经受了超设计洪水的漫顶考验。该围堰运行 4 年后,于 1992 年汛期到来之前爆破拆除。

岩滩水电站大坝和上游围堰碾压混凝土使用 52.5 号普通硅酸盐水泥,其化学成分及水泥的物理性能见表 13-95;混凝土骨料为石灰岩人工砂、石,人工砂细度模数为 2.5~2.9,小于 0.16 mm 的细颗粒含量为 8%~18%,石子各级所占比例为大石:中石:小石=3:4:3;外加剂为糖蜜酒精糟浓缩物减水剂,掺量为 0.25%。大坝和上游围堰碾压混凝土配合比见表 2-64 和表 2-65。围堰碾压混凝土水泥用量仅 35~45 kg/m³,粉煤灰掺量高达 70%~77%。

表 13-95　岩滩用水泥化学成分和物理性能测试结果

| 水泥化学成分分析结果/% | | | | | | | 水泥物理性能测试结果 | | | | | |
|---|---|---|---|---|---|---|---|---|---|---|---|---|
| $SiO_2$ | $Fe_2O_3$ | $Al_2O_3$ | CaO | $SO_3$ | f-CaO | LOSS | 密度/(g/cm³) | 比表面积/(cm²/g) | 标稠需水量/% | 凝结时间(h:min) 初凝 | 终凝 | 安定性 |
| 20.67 | 5.24 | 5.87 | 64.76 | 1.97 | 1.26 | 0.33 | 3.10 | 4 116 | 27.8 | 1:32 | 2:22 | 合格 |

1. 岩滩碾压混凝土大坝本体一般性能

岩滩碾压混凝土大坝本体力学性能室内试验结果见表 13-96。

**表 13-96 岩滩碾压混凝土大坝本体力学性能试验结果(室内试验)**

| 龄期/<br>d | 抗压强度/<br>MPa | 轴拉强度/<br>MPa | 极限拉伸<br>变形/<br>$10^{-6}$ | 压缩弹性<br>模量/<br>GPa | 泊松比 | 干缩/<br>$10^{-6}$ | 自身体积<br>变形/<br>$10^{-6}$ | 徐变(持荷 180 d) | |
|---|---|---|---|---|---|---|---|---|---|
| | | | | | | | | 徐变度/<br>$10^{-6}$ MPa | 松弛系数 |
| 7 | 6.9 | 0.56 | 0.45 | 17.6 | 0.20 | 37.8 | 7.6 | 55.3 | 0.31 |
| 28 | 15.9 | 1.32 | 0.67 | 25.5 | 0.20 | 84.0 | 15.0 | 17.3 | 0.62 |
| 90 | 22.0 | 2.37 | 0.84 | 30.9 | 0.20 | 87.5 | 1.0 | 10.7 | 0.74 |
| 180 | 25.0 | | | 31.3 | 0.20 | 91.8 | −5.9 | 8.3 | 0.77 |

岩滩大坝碾压混凝土施工由广西水电科学研究所承担质量监测工作,现场统计抽样试件检验结果良好:13#~17#、19#~23#各坝段混凝土的 28 d 平均抗压强度为 19.0~20.9 MPa, $C_v$ = 0.12~0.25;90 d 平均抗压强度为 25.8~26.8 MPa, $C_v$ = 0.13~0.15;合格率 100%,保证率>99%;拉压比(28 d)约 1/10;抗渗等级均大于 S4。

2. 碾压混凝土围堰层缝抗拉强度和层缝抗剪强度

岩滩围堰碾压混凝土施工配合比见表 2-65。在岩滩水电站工地拌和楼取样成型层缝拔拉试件,层面处理包括以下几种方式,层缝抗拉强度测定结果见表 13-97。

**表 13-97 岩滩碾压混凝土不同层间间歇时间和层面处理方法检定的层缝轴拉强度**

| 层面状况 | 层间间歇<br>时间/h | 层面成熟度/<br>(℃·h) | 龄期/<br>d | 层缝轴拉强度/MPa | | | |
|---|---|---|---|---|---|---|---|
| | | | | 1 | 2 | 3 | 平均值 |
| 层面不处理<br>连续浇筑 | 4.3 | 73.6 | 14<br>180 | 0.521<br>(1.392) | 0.476 | 0.385 | 0.401<br>>1.392 |
| | 8.0 | 160.0 | 14<br>180 | 0.855<br>(2.010) | 0.946<br>(1.647) | 0.951<br>(1.812) | 0.917<br>>1.823 |
| | 12.3 | 223.0 | 14<br>180 | 0.402<br>(1.138) | 0.400<br>(1.342) | 0.464<br>(1.517) | 0.416<br>>1.332 |
| | 16.1 | 339.0 | 14<br>180 | 0.578<br>(1.081) | 0.617<br>(1.477) | 0.583<br>(1.469) | 0.593<br>>1.932 |
| | 20.0 | 400.0 | 14<br>180 | 0.770<br>(1.302) | (1.704) | (1.551) | 0.770<br>>1.510 |
| | 24.0 | 408 | 14<br>180 | 0.656<br>(1.698) | 0.719<br>(1.591) | (1.567) | 0.687<br>1.698 |
| 层间间歇 24 h,水<br>冲洗,不铺水泥砂浆 | 24.0 | — | 14<br>180 | 0.368<br>1.619 | 0.419<br>(0.979) | 0.357<br>(1.002) | 0.381<br>1.619 |
| 层间间歇 24 h 后刷毛,水<br>冲洗,不铺水泥砂浆 | 24.0 | — | 14<br>180 | 0.436<br>1.574 | 0.521<br>(1.557) | (1.528) | 0.479<br>>1.553 |
| 层间间歇 24 h 后刷毛,3 d<br>或 7 d 水冲洗,铺水泥砂浆 | 72<br>168 | | 180<br>180 | 1.375<br>1.477 | (0.922)<br>1.007 | (1.602)<br>1.270 | 1.375<br>1.254 |

注:1. 碾压混凝土胶材用量为 150 kg/m³(水泥用量为 45 kg/m³,粉煤灰用量为 105 kg/m³)。

2. 表中括号内数值表示试验时,层缝未拉开而混凝土被拉开的结果。

（1）层间间隔时间不超过 24 h（或 400 ℃·h），采用碾压混凝土连续浇筑，层面不处理，14 d 龄期，碾压混凝土平均层缝抗拉强度不低于 0.401~0.917 MPa；180 d 龄期不低于 1.332~1.932 MPa。

（2）层面间隔 24 h，三种层面处理情况，即层面不处理连续浇筑上层碾压混凝土、层面用高压水冲洗后再浇筑上层碾压混凝土和刷毛、水冲洗后再浇筑上层碾压混凝土，180 d 平均层缝抗拉强度分别是 1.698 MPa、1.618 MPa 和大于 1.553 MPa，说明三种情况层缝抗拉强度相近。

（3）层面间隔 24 h 刷毛后，3 d 或 7 d 水冲洗、浇上层碾压混凝土前层面铺水泥砂浆，180 d 龄期层缝抗拉强度分别是 1.375 MPa、1.254 MPa，它主要取决于水泥砂浆的强度。

（4）广西水电科学研究所在岩滩水电站进行了碾压混凝土层缝原位抗剪断试验。围堰碾压混凝土层缝的摩擦系数变动范围不大，不超过平均值 1.22 的 ±15%（1.05~1.35）。黏聚力变动范围较大，受层面状况和间隔时间等因素影响，变化范围为 0.6~1.425 MPa。

3. 岩滩水电站大坝碾压混凝土芯样 1~2 年龄期性能研究

大坝碾压混凝土芯样 1~2 年龄期性能试验结果见表 13-98、表 13-99。

**表 13-98　岩滩 13#~17#、19#~23#坝段碾压混凝土芯样检验结果（一）**

| 坝段 | 芯样数 | 龄期/d | 高程/m | 芯样尺寸 | | 实测强度/MPa | 换算成 15 cm³ 试件强度/MPa | 劈裂抗拉强度/MPa |
|---|---|---|---|---|---|---|---|---|
| | | | | 长径比 | 直径/mm | | | |
| 13# | 6 | 460~782 | 139.4~186.5 | 1.52~2.01 | | 16.4~25.3 | 27.4(25.8) | |
| 14# | 6 | 444~467 | 171.0~187.0 | 1.89~2.01 | | 12.1~27.3 | 25.1(26.1) | |
| 15# | 7 | 456~794 | 139.0~186.0 | 1.76~2.08 | | 16.3~24.8 | 25.8(26.9) | |
| 16# | 6 | 518~792 | 138.4~180.5 | 1.98~2.02 | | 17.6~22.8 | 26.9(26.8) | |
| 17# | 6 | 491~836 | 131.5~184.0 | 1.97~2.02 | 196~198 | 13.4~20.0 | 21.9(26.6) | |
| 19# | 6 | 360~500 | 164~195 | 1.51~1.52 | | 11.5~28.4 | 23.6 | 2.51 |
| 20# | 12 | 360~500 | 164~195 | 1.51~1.54 | | 14.4~34.3 | 28.0 | 2.79 |
| 21# | 12 | 360~500 | 164~195 | 1.51~1.55 | | 14.3~25.7 | 24.0 | 2.68 |
| 22# | 3 | 360~500 | 164~195 | 1.52 | | 16.7~22.3 | 22.5 | 2.51 |
| 23# | 3 | 360~500 | 164~195 | 1.52~1.55 | | 16.6~21.2 | 22.7 | 2.82 |

注：1. 括号内数值为拌和物机口抽样试验平均强度（90 d）。

　　2. 13#~17#坝共钻 15 孔，芯样总长 349 m，取出后于露天存放历时 1 年以上测定，表面碳化深度普遍达 2 cm。

　　3. 19#~23#坝共钻 12 孔。

　　4. 芯样用 φ600 mm，镶金刚石刀片切割，磨光机磨光端面，局部崩口用水泥净浆补平，于水中养护 4~7 d 后取出，按试验规程测定，吸水率用烘干法测定。

1）芯样外观和压实密度

（1）芯样外观评定按相关标准评定：平均Ⅰ级外观占 61.2%、Ⅱ级外观占 33.2%、Ⅲ级外观占 5.6%。主河床段 13#~17#坝共 15 孔，总芯长 349 m，芯长 100 cm 以上占 8.6%；50~100 cm 占 35.1%；50 cm 以下占 56.3%。

（2）各坝段的平均压实密度为 2 476~2 481 kg/m³，合格率为 96.9%~98.9%，保证率为 88.5%~98.9%，符合相关规定要求。配合比理论密度为 2 499 kg/m³，芯样平均饱和密度为 2 475 kg/m³、干燥密度为 2 387 kg/m³，吸水率为 3.68%。

2）芯样强度

（1）13#~17#坝段（龄期 444~836 d）。芯样平均抗压强度为 25.3±4.19 MPa，合格率为 100%，强度保证率为 99.4%。因芯样取出露天暴露 1 年以上，碳化深度一般达 2 cm，抗渗透水多在碳化处。

（2）19#～23#坝段芯样质量与13#～17#坝段接近，测定芯样抗压强度36块，平均为20.75 MPa，换算成15 cm³ 试件强度，平均为25.0 MPa；劈裂抗拉强度36块，平均2.69 MPa，约为抗压强度的1/9。

表 13-99　岩滩13#～17#、19#～23#坝段碾压混凝土芯样检验结果（二）

| 坝段 | 抗渗等级 | | | 密度、吸水率（平均） | | | | 压缩弹性模量 | | |
| | 组数 | 测值 | 平均 | 芯样数 | 干密度/（kg/m³） | 饱和面干密度/（kg/m³） | 吸水率/% | 芯样数 | 长径比 | $E$/GPa |
|---|---|---|---|---|---|---|---|---|---|---|
| 13# | 10 | S2～9 | S$_{5.4}$ | 6 | 2 398 | 2 478 | 3.33 | 7 | 2 | 28.0 |
| 14# | 10 | S1～9 | S$_{5.7}$ | 6 | 2 366 | 2 457 | 3.83 | 7 | 2 | 33.8 |
| 15# | 12 | S1～9 | S$_{6.0}$ | 6 | 2 419 | 2 501 | 3.39 | 6 | 2 | 28.0 |
| 16# | 10 | S2～9 | S$_{4.4}$ | 6 | 2 386 | 2 481 | 4.03 | 8 | 2 | 30.1 |
| 17# | 12 | S2～9 | S$_{6.1}$ | 6 | 2 367 | 2 458 | 3.82 | 7 | 2 | 28.0 |
| 19# | 2 | >S16 | | 6 | | 2 449 | | 6 | 2 | 24.9 |
| 20# | 2 | >S15 | | 12 | | 2 471 | | 12 | 2 | 27.9 |
| 21# | 2 | >S16 | | 12 | | 2 473 | | 12 | 2 | 26.5 |
| 22# | 1 | S13 | | 3 | | 2 477 | | 3 | 2 | 24.2 |
| 23# | 1 | >S15 | | 3 | | 2 455 | | 3 | 2 | 24.1 |

注：1. 括号内数值为拌和物机口抽样试验平均强度（90 d）。

　　2. 13#～17#坝共钻15孔，芯样总长349 m，取出后于露天存放历时1年以上测定，表面碳化深度普遍达2 cm。

　　3. 19#～23#坝共钻12孔。

　　4. 芯样用φ 600 mm、镶金刚石刀片切割，磨光机磨光端面，局部崩口用水泥净浆补平，于水中养护4～7 d后取出，按试验规程测定，吸水率用烘干法测定。

**4. 岩滩水电站围堰碾压混凝土芯样5年龄期性能研究**

岩滩水电站围堰碾压混凝土的水泥用量如此低，其长龄期性能如何？强度是随龄期的延长而不断增长，还是停止增长甚至下降？这种混凝土能否用于永久性建筑物？这都是人们所关心的问题。结合该工程围堰的拆除，从围堰上钻取了碾压混凝土芯样进行微观、亚微观及部分宏观性能试验。方坤河等根据试验成果，对少水泥碾压混凝土的5年龄期性能进行了分析。

1）芯样试验及结果

（1）抗压强度。将少水泥碾压混凝土芯样切割成φ 195 mm×200 mm的圆柱体试件，分别进行5年及6年龄期的抗压强度试验。抗压强度结果如下：配合比A，5年为20.68 MPa，6年为22.59 MPa；配合比B，5年为14.48 MPa，6年为15.13 MPa。抗压强度是随龄期的延长而增长的。

（2）抗剪（断）强度。在堰段高程162～163 m处，设置5年龄期碾压混凝土层间结合抗剪（断）强度试验试体共12块。试体的剪切面积为500 mm×500 mm，剪切面取在施工层面处，分5级施加正应力（分别为0.16 MPa、0.32 MPa、0.48 MPa、0.64 MPa、0.80 MPa），每级两个试体，余下两个试体作为补点用。试验结果见图13-28。抗剪（断）参数是：$f' = 1.66$，$c' = 1.57$ MPa；抗剪参数是：$f = 1.11$，$c = 0.37$ MPa。由此可知，长龄期（5年）

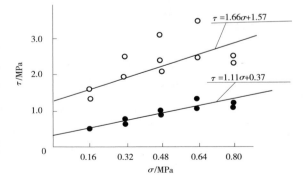

图 13-28　岩滩碾压混凝土层面抗剪断试验（龄期 5 年）

的抗剪断强度是比较高的,与 1 年相比,抗剪(断)强度提高了。

(3)混凝土内部孔隙参数。将芯样碾压混凝土切成 $\phi$ 195 mm×200 mm 的圆柱体试件,用吸水动力学方法研究混凝土内部孔隙参数随龄期的变化,结果见表 13-100。从碾压混凝土芯样中获取砂浆,用水银压入法测定碾压混凝土砂浆孔隙结构随龄期的变化,结果列于表 13-101 中。由表 13-101 可知:随着龄期的增长,混凝土孔隙率下降;砂率中小空隙的比例增加,大空隙的比例下降,这对混凝土结构有利。

**表 13-100　吸水动力学方法研究混凝土内部孔隙参数结果**

| 配合比 | 5 年龄期 | | | | 6 年龄期 | | | |
|---|---|---|---|---|---|---|---|---|
| | $W_0$/% | $W_m$/(mL/g) | $P$/% | $\lambda$ | $W_0$/% | $W_m$/(mL/g) | $P$/% | $\lambda$ |
| A | 1.87 | $4.63×10^{-2}$ | 4.49 | 0.83 | 1.42 | $3.51×10^{-2}$ | 3.35 | 0.65 |
| B | 1.92 | $4.76×10^{-2}$ | 4.69 | 1.32 | 1.45 | $3.60×10^{-2}$ | 3.48 | 0.90 |

注:$W_0$ 为混凝土重量吸水率;$W_m$ 为单位砂浆吸水率;$P$ 为混凝土孔隙率;$\lambda$ 为孔径参数。

**表 13-101　岩滩碾压混凝土芯样中砂率空隙压汞法试验结果**

| 项目 | 孔径/Å | 配合比 A | | 配合比 B | |
|---|---|---|---|---|---|
| | | 5 年龄期 | 6 年龄期 | 5 年龄期 | 6 年龄期 |
| 孔径分布 | <250/% | 20.22 | 40.71 | 18.82 | 41.02 |
| | 250~500/% | 22.39 | 29.06 | 22.36 | 30.86 |
| | 500~2 000/% | 15.60 | 19.00 | 48.91 | 22.00 |
| | >2 000/% | 11.79 | 11.23 | 9.87 | 6.11 |
| 平均半径/Å | | 1 512 | 1 106 | 2 073 | 1 548 |
| 比孔容/(ML·R) | | 7.69 | 6.56 | 8.68 | 7.28 |
| 比表面积/(cm·R) | | 20 476 | 30 221 | 23 429 | 33 987 |

2)微观、亚微观分析成果

为了解 5 年龄期碾压混凝土中胶凝材料水化产物的种类、形态及水化产物的稳定性,从碾压混凝土芯样中获取砂浆,按不同试验要求制取各种试样,对试样进行岩相、差热及失重、X 射线衍射、扫描电镜形貌、红外光谱等分析测试。结果分别见表 13-102、图 13-29~图 13-32。

**表 13-102　岩滩碾压混凝土芯样中砂浆岩相分析结果**

| 配合比 | 观察方法 | 分相结果 |
|---|---|---|
| A | 肉眼观察;显微镜观察 | 灰色,碎屑以灰岩为主,其次有硅质岩,胶结物为灰色。<br>碎屑部分占80%,胶结部分占20%,碎屑大小不等,粒径为 0.05~12 mm,灰岩、白云质灰岩占65%。<br>硅质岩、碳酸盐化硅质岩占15%,胶结部分中方解石、白云石占18%,炭质占1%~2%,石英占比小于0.1%,莫来石占0.2% |
| B | 肉眼观察;显微镜观察 | 灰色角砾以灰岩为主,粒径为 2~20 mm,其次为硅质岩,胶结物呈灰色。<br>碎屑部分占80%(大小不等,粒径为 0.17~20 mm),其中灰岩、白云岩、灰质白云岩、白云质灰岩占65%,硅质岩占15%,另有 0.1% 的石英。胶结部分占20%,其中方解石、白云石占17%~18%,炭质(粒径为 0.20~0.16 mm)占2%~3%,石英占0.5%,莫来石占0.1% |

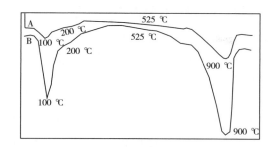

图 13-29　岩滩碾压混凝土硬化胶凝材料浆
差热分析结果(5 年龄期)

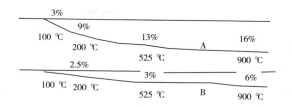

图 13-30　岩滩碾压混凝土硬化胶凝材料浆
失重分析结果(5 年龄期)

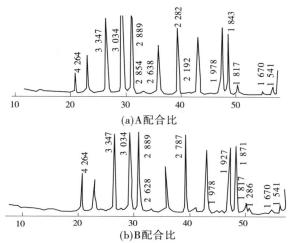

(a)A 配合比

(b)B 配合比

图 13-31　岩滩碾压混凝土硬化胶凝材料浆
X 射线衍射图谱(5 年龄期)

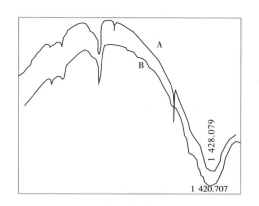

图 13-32　岩滩碾压混凝土硬化胶凝材料浆
红外光谱分析结果(5 年龄期)　　(单位:cm$^{-1}$)

(1)扫描电镜分析。观测结果显示,两种混凝土(配合比 A 和配合比 B)的水化产物中有网络状的 CSH( I 型)、纤维状的 CSH( II 型)、等大粒子状的 CSH( III 型)3 种凝胶;有呈长细纤维状分布于孔隙与裂缝中或呈叠层片状充实在水泥石结构中的碳铝酸钙,也有生长在石粉颗粒表面的呈纤维状的碳铝酸钙;可以见到少量结晶较完整的六角片状及板状的氢氧化钙。此外,还发现有少量针棒状的钙矾石晶体,水泥石中的粉煤灰颗粒表面已形成一层明显的 CSH 外壳。

(2)硬化胶凝材料浆差热分析和失重分析。由图 13-29、图 13-30 可知,70~160 ℃有吸热峰及失重出现,它是试样吸附水失去的特征,其中包括水化硫铝酸钙和碳铝酸盐的失水效应及 CSH 的脱水。在 200 ℃左右有另一吸热峰并伴随重量损失,它是 CSH 失去结晶水的象征。在 525 ℃有小的吸热峰及明显的失重,这是 $Ca(OH)_2$ 脱水的特征峰,是水化产物中存在 $Ca(OH)_2$ 的表现。在 900 ℃时有大的吸热峰和失重出现,这是 $CaCO_3$ 分解的特征峰。从图 13-31 中可以看到,试样中存在水化硅酸钙(9.800 Å、2.854 Å、1.817 Å、1.670 Å)、氢氧化钙(2.628 Å、1.927 Å、1.786 Å)、钙矾石(9.800 Å、2.192 Å)、方解石(3.034 Å、2.282 Å、1.873 Å)、石英(4.264 Å、3.347 Å、2.282 Å、2.236 Å、1.978 Å、1.817 Å)和白云石(2.889 Å、2.192 Å)等特征峰,说明试样中存在这些物质。

(3)硬化胶凝材料浆红外光谱分析。由图 13-32 可知碳酸根的特征峰(波数 1 420.707 cm$^{-1}$ 和 1 428.079 cm$^{-1}$)及碳铝酸钙的特征峰(波数 3 000 cm$^{-1}$)。

(4)芯样中砂浆岩相分析。由表 13-102 可知,在配合比 A 和配合比 B 中,灰岩、白云质灰岩占 65%,是主要成分;其次是硅质岩,占 15%。

(5)砂浆残余水化热和强度。将碾压混凝土芯样中的砂浆取出,干燥后研磨成粉末,过孔径 80 pm 筛获得试样。用溶解热法测得该试样的残余水化热为 9.8~16.0 J/g。用该试样与标准砂制备 4 cm×4 cm≥16 cm 的胶砂强度试件,养护至 28 d,测定胶砂抗压强度为 0.96~1.14 MPa。

(6)试验成果分析。

①少水泥碾压混凝土 5 年龄期时胶凝材料的主要水化产物是水化硅酸钙(包括 CSH Ⅰ型、Ⅱ型和 Ⅲ型)。此外,还有高硫型水化硫铝酸钙(钙矾石)、单硫型水化硫铝酸钙及少量的 $Ca(OH)_2$。尽管水化产物中 $Ca(OH)_2$ 较少,但这少量的 $Ca(OH)_2$ 足以使粉煤灰继续反应。

②根据 5 年龄期和 6 年龄期混凝土的抗压强度对比试验资料,6 年龄期混凝土的抗压强度高于 5 年龄期混凝土的抗压强度;5 年龄期混凝土中硬化水泥石密细物残余水化热达到 9.8~16.0 J/g,磨细物仍具有胶结性能(28 d 胶砂抗压强度达到 0.96~1.14 MPa);5 年龄期和 6 年龄期混凝土孔结构测试结果表明,随着龄期的延长,混凝土的孔隙率减小,孔隙结构得到改善。说明这种少水泥高掺粉煤灰碾压混凝土,5 年龄期时水化产物正常、稳定、结构致密,水化产物中仍存在 $Ca(OH)_2$,随着龄期的延长,粉煤灰还会不断水化,混凝土的强度仍在增长,孔结构不断改善。

③5 年龄期时混凝土层面的抗剪强度比 90 d 龄期时有所改善(峰值 $f'$ 由 1.25 增至 1.66,$c'$ 由 1.23 MPa 增长为 1.57 MPa)。

**5. 岩滩水电站碾压混凝土 10 年龄期性能研究**

高掺量粉煤灰碾压混凝土耐久性能关系工程的安全运行和碾压混凝土技术的发展,黄锦添等通过对岩滩水电站围堰、大坝碾压混凝土长龄期的力学性能试验和微观分析,证明 10 年龄期混凝土仍继续水化,强度仍在增长,目前未见有强度倒缩现象。

1)施工期碾压混凝土总体质量评价

施工期间,混凝土总体质量检验结果见表 13-103、表 13-104。说明混凝土质量合格。

表 13-103　岩滩水电站大坝(13#~17#、19#~23#坝段)碾压混凝土质量的检验统计(龄期 90 d)

| 坝段 | 浇筑高程/m | 混凝土抗压强度 | | | | 混凝土抗渗等级 | | | 混凝土湿密度 | | |
|---|---|---|---|---|---|---|---|---|---|---|---|
| | | 组数 | 平均值/MPa | 均方差/MPa | 合格率/% | 组数 | 抗渗等级/W | 合格率/% | 检测点数/个 | 平均值/(kg/m³) | 合格率/% |
| 13# | 130.9~190.0 | 41 | 25.8 | 3.60 | 100 | 10 | >4 | 100 | 1 294 | 2 477 | 97 |
| 14# | 129.0~190.0 | 36 | 26.1 | 3.55 | 100 | 12 | >4 | 100 | 1 315 | 2 480 | 97 |
| 15# | 129.0~190.0 | 38 | 26.9 | 3.56 | 100 | 4 | >4 | 100 | 1 238 | 2 181 | 98 |
| 16# | 129.0~188.0 | 47 | 26.8 | 3.78 | 100 | 6 | >4 | 100 | 1 183 | 2 481 | 98 |
| 17# | 129.0~186.0 | 35 | 26.6 | 3.95 | 100 | 3 | >6 | 100 | 1 217 | 2 480 | 98 |
| 19# | 164.0~191.0 | 12 | 23.5 | 2.59 | 100 | 2 | >6 | 100 | 1 473 | 2 475 | 99 |
| 20# | 164.0~205.0 | 24 | 26.6 | 3.92 | 100 | 3 | >6 | 100 | 1 917 | 2 476 | 99 |
| 21# | 164.0~205.0 | 21 | 27.5 | 0.40 | 100 | 2 | >6 | 100 | 1 396 | 2 476 | 99 |
| 22# | 164.0~205.0 | 16 | 26.0 | 2.91 | 100 | 3 | >6 | 100 | 1 676 | 2 476 | 90 |
| 23# | 164.0~205.0 | 15 | 26.0 | 2.99 | 100 | 4 | >6 | 100 | 1 676 | 2 476 | 99 |

表 13-104　围堰(河床段)混凝土质量的检验统计

| 项目 | VC/s | | 混凝土湿密度 | | 混凝土凝结时间 | | 抗压强度(28 d)/MPa | | 抗渗等级(60 d) | |
|---|---|---|---|---|---|---|---|---|---|---|
| | 次数 | 平均值 | 检测点数/个 | 平均值/(kg/m³) | 初凝/h | 终凝/h | 组数 | 平均值 | 组数 | 范围 |
| 1 号配合比 | 375 | 13.2 | 6 458 | 2 480 | 5~7 | <16 | 266 | 16.2 | 29 | W4~W6 |
| 11 号配合比 | 11 | 11.8 | 42 | 2 480 | 5~7 | <16 | 11 | 16.3 | 2 | W4~W6 |
| 设计指标 | 0~20 | | ≥2 450 | | ≥6 | ≤16 | 10.0 | | $S_{90}>4$ | |

2)钻孔取芯情况与混凝土芯样外观

大坝碾压混凝土和围堰碾压混凝土芯样取芯情况见表 13-105,芯样获得率分别是 98.3%、97.1% 和 99.5%。混凝土芯样外观评定按《水工碾压混凝土施工规范》(DL/T 5112—2000)标准进行,结果见表 13-106。各坝段优良率占 0~31%,一般的占 56%~87%,差的占 13%~38%。

表 13-105　岩滩水电站大坝及围堰碾压混凝土取芯情况

| 取芯样部位 | 取芯样日期 | 取芯样部位 | 取芯样高程/m | 取芯样长度/m | 芯样获得率/% |
|---|---|---|---|---|---|
| 大坝碾压混凝土 | 1996 年 4 月 | 13#~17#坝段廊道 | 191 | 68.59 | 98.3 |
| | 2000 年 12 月 | 22#、23#坝段 | 210 | 60.86 | 97.1 |
| 围堰碾压混凝土 | | 原堰体 10#~9#坝段 | 160 | 57.90 | 99.5 |

表 13-106　岩滩水电站大坝(13#~17#、22#~23#坝段)、下游围堰碾压混凝土芯样外观评定

| 坝段 | 试验芯样件数/件 | 优良 | 一般 | 差 |
|---|---|---|---|---|
| | | 占试验芯样件数百分率/% | 占试验芯样件数百分率/% | 占试验芯样件数百分率/% |
| 13# | 18 | 17 | 61 | 22 |
| 14# | 30 | 0 | 87 | 13 |
| 15# | 28 | 4 | 82 | 14 |
| 17# | 68 | 3 | 59 | 38 |
| 22# | 38 | 16 | 63 | 21 |
| 23# | 47 | 17 | 62 | 21 |
| 下游围堰 | 112 | 31 | 56 | 13 |
| DL/T 5112—2000 评定标准 | | 表面光滑、致密,骨料分布均匀 | 表面基本光滑,稍有孔洞,骨料分布基本均匀 | 表面不光滑,有部分孔洞,骨料分布不均匀 |

3)碾压混凝土芯样试验

a. 混凝土芯样的力学性能试验

抗压强度试件、静压弹性模量试件的高径比分别在 1.372~2.154、1.766~2.154。大坝 14#~17#坝段 8 年龄期、10 年龄期,以及围堰 10 年龄期的碾压混凝土芯样试件放在密封池中自然温度养护。芯样力学性能分别进行抗压强度、抗拉强度与静压弹性模量试验。结果如下(见表 13-107):

表 13-107　岩滩水电站大坝、围堰碾压混凝土芯样力学性能试验结果

| 坝段 | 抗压强度/MPa | | | | 抗拉强度/MPa | | | | 静压弹性模量/10⁴ MPa | | | |
|---|---|---|---|---|---|---|---|---|---|---|---|---|
| | 1~2 年 | 6 年 | 8 年 | 10 年 | 1~2 年 | 6 年 | 8 年 | 10 年 | 1~2 年 | 6 年 | 8 年 | 10 年 |
| 14#、15#、17#坝段平均值 | 24.2 | 25.1 | 25.3 | 28.0 | 1.87 | 2.03 | 2.20 | 2.48 | 3.00 | 3.71 | 3.69 | 3.76 |
| 22#、23#坝段平均值 | 22.6 | | | 32.6 | 2.53 | | | 2.69 | 2.42 | | | 4.04 |
| 下游围堰（160 m 以下高程） | 19.3（180 d） | 25.4 | 25.3 | | | 2.04 | 2.13 | | 3.20（180 d） | | 3.68 | 3.70 |

（1）大坝碾压混凝土力学性能随龄期变化的趋势是（主要指 14#、15#、17# 3 个坝段试验结果平均值）：6 年龄期、8 年龄期、10 年龄期抗压强度分别比 1~2 年龄期的增长了 3.7%、4.5% 和 15.7%；抗拉强度比 1~2 年龄期的增长了 8.5%、17.6% 和 32.6%；6 年龄期、8 年龄期、10 年龄期的静压弹性模量分别比 1~2 年龄期的增长了 23.7%、23.0% 和 25.3%。说明大坝高掺粉煤灰碾压混凝土在试验时段内，其力学性能是随龄期的增加而继续增长的，强度未见有"倒缩"现象。

（2）下游围堰（160 m 以下高程）碾压混凝土，8 年龄期、10 年龄期与 180 d 龄期芯样试验结果相比，抗压强度分别增长了 31.6% 和 31.1%，静压弹性模量分别增长了 15.1% 和 15.5%。由此看出，10 年龄期与 8 年龄期的抗压强度和静压弹性模量已基本持平，变化较小；与机口取样 28 d 抗压强度比较，增长的幅度较大，约增长了 55%。10 年龄期的抗拉强度与 8 年龄期比较，约增长了 4%。

b. 混凝土芯样的胶砂磨细物二次加水的水化热试验

试样制备：用锤子将混凝土芯样人工锤碎，并细心剔除可见石灰岩石子，用网筛筛除粒径大于 0.16 mm 的碎物，取 0.16 mm 以下的物料风干，再用金属研钵将其研碎成粉，取小于 0.08 mm 筛料为试验用料。试验方法：研细后的碾压混凝土进行胶砂剩余水化热测定，按《水泥水化热测定方法》水泥水化热溶解热法进行。结果见表 13-108。

表 13-108　岩滩水电站大坝、围堰碾压混凝土芯样的磨细物二次加水水化热试验结果

| 试验芯样所在部位 | 混凝土胶凝材料用量/(kg/m³) | | | 各龄期试验芯样磨细物的二次加水水化热/(J/g) | | | |
|---|---|---|---|---|---|---|---|
| | 水泥 | 粉煤灰 | 总量 | 5 年 | 6 年 | 8 年 | 10 年 |
| 大坝 14#~17#坝段 | 55 | 104 | 159 | | 21.0 | 14.0 | 11.0 |
| 大坝 19#~23#坝段 | 55 | 104 | 159 | | | | 12.0 |
| 下游围堰 | 45 | 105 | 150 | 16.0 | | 4.0 | 3.0 |

试验表明，岩滩大坝、围堰碾压混凝土水泥用量分别为 55 kg/m³、45 kg/m³，粉煤灰用量分别为 104 kg/m³ 和 105 kg/m³，两种混凝土芯样总胶材量分别为 159 kg/m³、150 kg/m³，均约占其胶砂配合比的 17%。假定没有破碎石成分并按其胶砂配合比计，经 10 年长龄期，大坝和围堰两种芯样混凝土胶砂的磨细物，经二次加水及 28 d 龄期水化，其水化热测值分别为 17.0~18.0 J/g 和 9.0 J/g，扣除石灰岩石粉因加酸溶解的放热 7.5 J/g，混凝土芯样胶凝材料实际水化热分别为 11.0~12.0 J/g、3.0 J/g，表明碾压混凝土水化产物的水化反应仍在继续，但反应能力已经微弱。

4）混凝土芯样微观分析

微观分析试样为大坝 22#、23# 坝段碾压混凝土芯样，做差热失重、X 光衍射（XRD）和扫描电镜

（SEM）分析。

a. 差热失重法分析

差热失重法分析,加热从 50 ℃开始,一直加热到 1 000 ℃,从结果看,热失重曲线和差热曲线其形貌基本相似(见图 13-33)。

由图 13-33 可见,在 500 ℃以前,失重基本上是个平缓的过程,失重量小于 3%,表明碾压混凝土试样中游离水和结晶水比较少(在 100 ℃左右游离水蒸发,在 200 ℃左右水化硅酸钙凝胶体脱水、硫铝酸钙等的结晶水蒸发)。继续加热至 440 ℃,失重速率加大,混凝土试样中氢氧化钙和硫铝酸钙开始分解。从 660 ℃开始,失重量迅速增加,至 820 ℃左右,重量损失分别为 25% 和 18%,混凝土试样中碳酸钙分解。

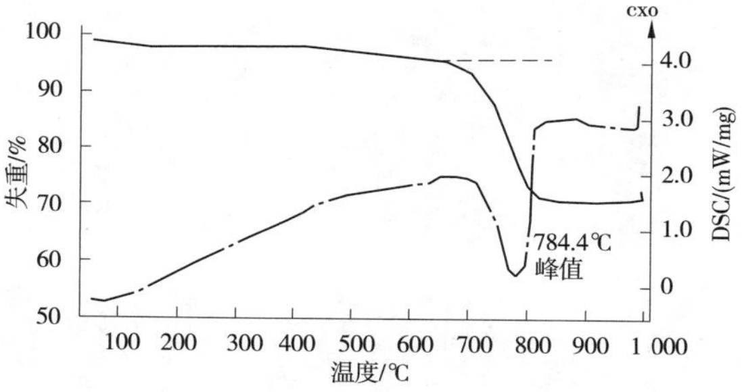

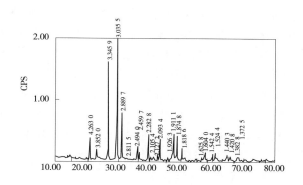

图 13-33　岩滩水电站 22# 坝段碾压混凝土芯样差热失重曲线

差热曲线与热失重曲线有很好的对应(差热曲线有变化时,在热失重曲线上亦有相应的变化)。从 50 ℃开始,直到 660 ℃,在很宽的温度范围内,放热过程是比较平缓的,它表明混凝土试样中水化硅酸钙等产物比较少。反应变化在 440 ℃ 和 660 ℃存在两个小的放热峰,为氢氧化钙和硫铝酸钙分解放热过程。在 784.4 ℃ 有一个非常明显的吸热谷,为碳酸钙分解吸热温度。

差热失重曲线分析结果表明,10 年龄期高掺粉煤灰碾压混凝土中存在形成混凝土水化产物所必需的水化硅酸钙、水化硫铝酸钙、氢氧化钙和碳酸钙等胶凝物质。

b. X 射线衍射分析

由曲线图 13-34 可知,3.34 Å、3.04 Å 为碳酸钙的特征峰值,强度很高,为主要成分;4.26 Å、2.50 Å 为水化硅酸钙的特征峰值,1.87 Å、2.67 Å、2.89 Å、3.85 Å 为水化硫铝酸钙的特征峰值,2.28 Å 为水化碳铝酸钙的特征峰值,1.91 Å 为氢氧化钙的特征峰值。表明混凝土试样中存在碳酸钙、水化硅酸钙、水化硫铝酸钙、水化碳铝酸钙等结构稳定的水化物,对碾压混凝土耐久性起重要作用。此外,10 年龄期试样中仍存在有少量的氢氧化钙,表明碾压混凝土中的粉煤灰火山灰反应仍在持续,其力学性能仍可能在持续发展。

图 13-34　岩滩水电站 22# 坝段碾压混凝土芯样 X 射线衍射曲线

c. 扫描电镜分析

由扫描电镜图(见图 13-35)可知:

(1)10 年龄碾压混凝土的主要水化产物为水化硅酸钙、水化硫铝酸钙、水化碳铝酸钙和氢氧化钙等。水化硅酸钙是混凝土中主要的水化物,它的存在形态有 3 种:①纤维状粒子,呈针柱状或棒状向外辐射;②网络状粒子,它由许多的粒子相互接触连锁而成;③大而不规则的等大粒子或扁平粒子。水化硫铝酸钙为棒状结构,交叉分布在混凝土结构的孔隙中,在结构中起胶结作用。

(2)水化碳铝酸钙呈叠层状或束状分布在混凝土空隙中,它由石粉中碳离子被铝离子部分取代而成。氢氧化钙属三方晶系,呈六角片状及板状结构。其数量已较少,说明碾压混凝土中较多的粉煤灰与其发生水化反应,且仍有继续水化的可能。

(3)混凝土结构中分布着数量较多的球形粉煤灰颗粒,这些粉煤灰颗粒表面几乎完全被一层絮状

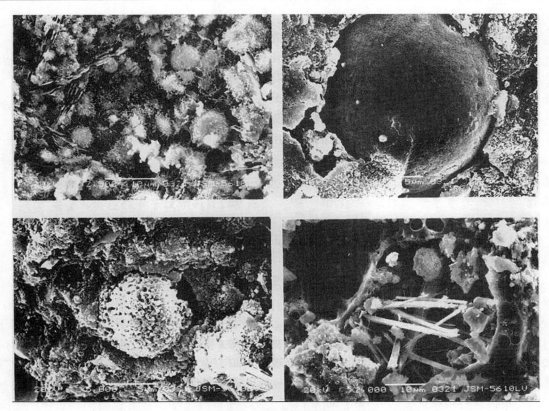

**图 13-35　岩滩水电站 22# 坝段碾压混凝土芯样扫描电镜图**

水化产物外壳包裹,这层外壳厚度约 1.5 μm,为水化硅酸钙。

(4)水化产物外壳有些已经与粉煤灰颗粒脱离,并在新的一层粉煤灰颗粒表面继续发生反应生成新的水化硅酸钙,一些较薄的整个外壳均已完全生成水化硅酸钙;一些在粉煤灰内壳也发生反应生成水化物。这说明水泥混凝土中液相 $Ca^{2+}$ 和 $OH^-$ 还可以通过水化层渗透到内部继续与粉煤灰发生反应。从而也证实了高掺粉煤灰碾压混凝土中,粉煤灰不断参与了水化的过程,生成了水化硅酸钙胶体等水化产物。只要混凝土中还有 $Ca^{2+}$ 和 $OH^-$ 存在,碾压混凝土中粉煤灰的火山灰反应将会持续下去,为碾压混凝土长龄期强度持续发展提供可能。

差热失重法、X 光衍射法(XRD)和扫描电镜法(SEM)等几种微观分析方法所得出的结果是一致的,主要水化产物都是水化硅酸钙、水化硫铝酸钙、水化碳铝酸钙、氢氧化钙等。

5)掺粉煤灰的水泥混凝土结构

首先是水泥熟料中硅酸三钙、硅酸二钙、铝酸三钙和铁铝酸四钙与水发生化学反应,生成水化硅酸钙和水化铝酸钙等,同时释放出氢氧化钙。然后粉煤灰中的活性二氧化硅、氧化铝与这些氢氧化钙反应生成水化硅酸钙和水化铝酸钙。因此,粉煤灰表面生成的水化产物外壳是粉煤灰与水泥中氢氧化钙等发生化学反应所形成的水化硅酸钙。而水化硅酸钙胶体结构致密,水化硫铝酸钙、水化碳铝酸钙、氢氧化钙等晶体分布在整个结构的空隙中,并起胶结作用,使得整个混凝土结构致密,决定了混凝土宏观结构的稳定性。

6)几点认识

(1)岩滩水电站大坝和下游围堰碾压混凝土芯样抗压强度、抗拉强度、静压弹性模量随龄期的增加而继续增长,但 8 年后变化已很小。目前,碾压混凝土未见有强度倒缩现象,这为评估岩滩大坝安全运行提供了可靠数据,为发展少水泥、高粉煤灰掺量碾压混凝土积累经验,具有现实意义,建议进行更长龄期的监测。

(2)岩滩大坝碾压混凝土掺粉煤灰 65%,经 10 年龄期,其芯样胶砂磨细风干物(实际胶凝材含量约占 17%）经二次加水水化，其水化热为 11~12 J/g，说明仍有一定的二次水化能力；下游围堰碾压混凝土高掺粉煤灰 70%，水泥 30%，10 年龄期芯样的胶砂磨细风干物经二次加水产生的水化热值已较弱，但混凝土力学性能仍在持续发展，内部继续水化，以上结果均与抗压强度变化规律吻合。

（3）岩滩大坝 22#、23# 坝段高掺粉煤灰碾压混凝土 10 年龄期芯样微观分析结果表明，主要水化产物为水化硅酸钙、水化硫铝酸钙、水化碳铝酸钙及少量的氢氧化钙，与纯水泥混凝土水化产物基本相同，这些水化产物的结构致密，决定了混凝土宏观结构的稳定性和耐久性。碾压混凝土中粉煤灰不断参与水化的过程，并且该过程仍持续进行，使混凝土长期性能得到提高。

### 13.3.2.2　坑口有层面碾压混凝土物理力学性能

#### 1. 基本资料

坑口碾压混凝土坝位于福建省中部大田县境内，最大坝高 56.8 m，1986 年建成。它是全长 122.5 m 不设纵缝的全断面碾压的整体式重力坝。坑口坝碾压混凝土于 1985 年 11 月 19 日开始碾压，1986 年 4 月结束，同年 7 月 30 日下闸蓄水运行。

1995 年 11 月，长江科学院杨松玲等对坑口坝的碾压混凝土芯样进行了扫描电镜电子显微图像观测。目的在于了解坝体碾压混凝土中胶凝材料的水化情况和微结构形态。

通过对坑口坝坝体碾压混凝土芯样（混合龄期 10 年）的扫描电镜显微图像观测得知：少胶材用量、较低熟料、较高水胶比配制的碾压混凝土中，主要水化产物仍是水化硅酸钙凝胶，其次是氢氧化钙和钙矾石；粉煤灰已参与水化反应，生成的水化产物对碾压混凝土的物理力学性能做贡献，未水化的部分作为微集料起填充骨架的作用；在碾压混凝土配合比设计中，应重视胶凝材料用量、粉煤灰掺量和水胶比，以保证良好的微结构和物理力学性能。

坝体芯样由坑口碾压混凝土坝管理委员会提供，此次观测的坝体碾压混凝土芯样为 1986 年 10 月钻取。该芯样所处位置高程在 576~579.36 m，距大坝上游面约 5 m。芯样刚好为一个碾压层，厚度约 33 cm。用肉眼观察，其断面结构较致密，上下接合层处均有天然砂浆层。芯样钻取以后，长期存放在管理处办公楼的底层楼梯拐角处，直至此次观测。施工所用水泥为大田县水泥厂生产的 42.5R 硅酸盐水泥；粉煤灰由福建邵武火电厂供应；人工砂为凝灰熔岩人工砂，并带有少量石粉。碾压混凝土芯样配合比见表 13-109。

**表 13-109　坑口坝管委会提供的碾压混凝土芯样配合比**

| 混凝土配合比参数 | | | 混凝土材料用量/（kg/m³） | | | | | | | |
| --- | --- | --- | --- | --- | --- | --- | --- | --- | --- | --- |
| 水胶比 | 粉煤灰掺量/% | 砂率/% | 水泥 | 粉煤灰 | 人工砂 | 小石 | 中石 | 大石 | 水 | 木钙 |
| 0.70 | 0.57 | 36.9 | 60 | 80 | 887 | 322 | 548 | 411 | 98 | 0.28 |

#### 2. 扫描电镜显微图像观测

从扫描电镜显微图像观测结果中可以看到，芯样的整个微观结构不均匀（见图 13-36~图 13-38）。局部结构疏松，水化产物之间未较好地延伸搭接（见图 13-38、图 13-39）。胶凝材料的水化产物主要是网络状的Ⅱ型水化硅酸钙[C—S—H（Ⅱ）]凝胶（见图 13-37、图 13-39、图 13-45 和图 13-46）。少量针棒状钙矾石晶体呈小堆分布在空隙中（见图 13-40 和图 13-41）。氢氧化钙晶体量较少，且边角遭溶蚀，已无完整的六方片状外形（见图 13-45 和图 13-46）。粉煤灰在碱性介质（溶解后的氢氧化钙等）的作用下，不同程度地参与水化（见图 13-42、图 13-43 和图 13-44）。个别孔隙中有结晶较好的粗大晶体（见图 13-47），可能是由氢氧化钙碳化后形成的碳酸钙晶体。

(结构较致密)

**图 13-36　坑口坝碾压混凝土芯样(1 000x)**

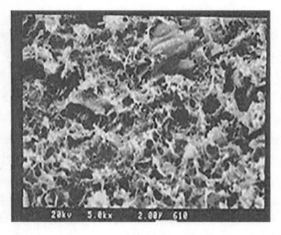

|网络状[C-S-H(Ⅱ)]凝胶相互延伸搭接,连成一片|

**图 13-37　坑口坝碾压混凝土芯样(5 000x)**

(局部结构疏松,水化产物间延伸搭接不好,孔隙较多)

**图 13-38　坑口坝碾压混凝土芯样(1 000x)(一)**

|网络状水化硅酸钙[C-S-H(Ⅱ)]凝胶,颗粒间延伸搭
接局部不好|

**图 13-39　坑口坝碾压混凝土芯样(1 000x)(二)**

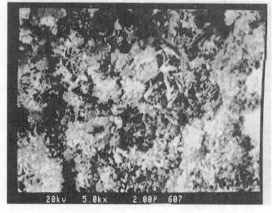

(少量针棒状钙矾石晶体呈小堆分布)

**图 13-40　坑口坝碾压混凝土芯样(5 000x)**

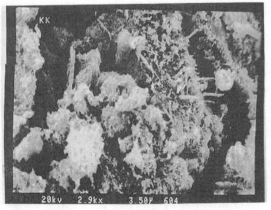

(少量针棒状钙矾石晶体和纤维状水化硅酸钙凝胶)

**图 13-41　坑口坝碾压混凝土芯样(2 900x)**

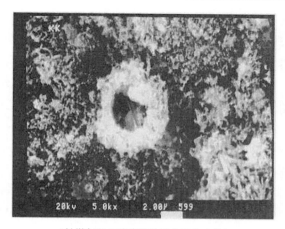

（粉煤灰空心玻璃微珠已大部分水化）
图 13-42　坑口坝碾压混凝土芯样(5 000x)(一)

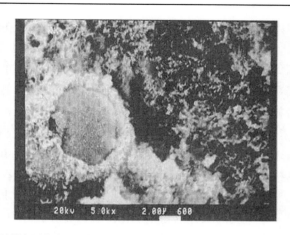

（粉煤灰颗粒表面已水化,主要水化产物为纤维状水化硅酸钙凝胶）
图 13-43　坑口坝碾压混凝土芯样(5 000x)(二)

（粉煤灰颗粒被水化产物包裹,颗粒
表面有微小的水化产物）
图 13-44　坑口坝碾压混凝土芯样(3 000x)(一)

（片状的氢氧化钙晶体无完整的六方片状外形,可能由于
其周边溶解与粉煤灰反应生成新相）
图 13-45　坑口坝碾压混凝土芯样(3 000x)(二)

（片状的氢氧化钙晶体无完整的六方片状外形,
可能由于其周边溶解与粉煤灰反应生成新相）
图 13-46　坑口坝碾压混凝土芯样(4 000x)

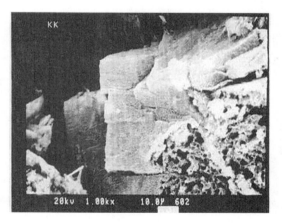

（孔隙中结晶较好的粗大晶体,可能是氢氧化钙碳
化形成的碳酸钙晶体）
图 13-47　坑口坝碾压混凝土芯样(1 000x)

**3. 微观结构分析**

坑口坝坝体碾压混凝土芯样中的胶凝材料由 42.5 硅酸盐水泥和粉煤灰两部分组成。每立方米碾压混凝土的胶凝材料用量仅 140 kg,胶凝材料中粉煤灰掺量为 57%,水胶比为 0.7。因此,坑口坝坝体

碾压混凝土具有胶材和水泥熟料用量较低、较大水胶比等特征。

在扫描电子显微镜拍摄到的坝体碾压混凝土芯样照片中,微观结构不均匀的现象,部分原因可以归结到胶凝材料用量较低、水胶比较大。当以上两个条件同时存在时,施工中可能导致胶凝材料较多地聚集在碾压混凝土中的某些区域,而碾压混凝土中的另一些区域,则因此显得胶凝材料相对较少。在胶凝材料较富集的区域,胶材颗粒间距较小,胶凝材料水化后生成的网络状凝胶相互延伸,搭接在一起连成一片(见图13-37),针棒状钙矾石晶体中填充水化硅酸钙形成晶网填充结构(见图13-41),微观结构就表现得较为致密。在胶凝材料相对较少的区域,由于胶材颗粒间距较大,水化产物之间未能较好地延伸搭接(见图13-38和图13-39),微观结构较疏松,孔隙也较多。

根据扫描电镜显微图像,坝体碾压混凝土芯样的水化产物与一般硅酸盐水泥-粉煤灰-水体系一致。最主要的水化产物是水化硅酸钙凝胶,其次是氢氧化钙晶体和钙矾石晶体,但形貌有所不同。由于芯样中胶凝材料的粉煤灰掺量达57%,而粉煤灰靠水泥熟料矿物水化产生的碱性溶液激发活性水化,需要消耗部分氢氧化钙。故水化产物中的氢氧化钙晶体较少,并呈片状分布。氢氧化钙晶体已无完整的六方片状外形(见图13-45和图13-46),其周边已溶解,与粉煤灰颗粒反应生成水化硅酸钙凝胶。较低的胶材用量,又使水化产物得到充分伸展的空间。因此,水化硅酸钙凝胶多数呈清晰的网络状(见图13-37和图13-39),少数为纤维状(见图13-41和图13-43)。

在坝体碾压混凝土的芯样中,粉煤灰的水化情况良好。粉煤灰颗粒有的已大部水化(见图13-42),有的已被水化层包围形成纤维状水化硅酸钙[C-S-H(Ⅰ)]凝胶(见图13-43和图13-44)。未水化的粉煤灰颗粒,可能继续参与水化反应,也可能作为集料填充微结构。

图13-47中个别孔隙中出现碳酸钙晶体,可能是由于碾压混凝土芯样取出后,长时间存放在空气中氢氧化钙碳化所致。

微观分析表明,10年龄期的碾压混凝土中,粉煤灰已参与二次水化反应,形成低碱水化硅酸钙,有利于后期性能提高。同时,由于水化环境中碱度降低,只有较少不完整的氢氧化钙,为钙矾石的形成与稳定提供有利条件。

在前面关于芯样取样情况的介绍中提到,芯样从坝体中钻取时的龄期接近1年,然后在坝址附近室内的自然条件下放置了9年余,检测时的混合龄期约为10年。胶凝材料在这10年中的水化状况显然不等于在坝体内部10年的状况,对该芯样水化产物和微结构的观测分析,只能部分表征坑口坝坝体碾压混凝土中胶凝材料的水化特点。要说明坝体碾压混凝土的水化胶结情况,还是以在指定龄期时钻取的芯样为好。

# 13.4　有层面碾压混凝土物理力学性能的综合分析

## 13.4.1　碾压混凝土层间结合控制标准

根据工程现场碾压混凝土凝结时间的试验结果,参考国内外类似工程的经验,结合工程地区的气候条件(工程地区最高气温、湿度、风速等),并考虑到温度和湿度的变化对缓凝剂的缓凝效果影响显著;高温和低湿度条件下,碾压混凝土初凝时间有明显的下降;强度的变化也会影响碾压混凝土的凝结时间,在留有一定安全系数的情况下,可以提出每个月的碾压混凝土施工层面允许间隔时间,以及形成热缝、温缝、冷缝的识别标准,以便供工程施工时使用。

凝结时间试验:表13-8给出龙滩工程的各种强度等级混凝土在不同月份、不同气温条件下确定的热缝时限、温缝时限、冷缝时限。对$C_{90}25$混凝土:低温(1月、2月、11月、12月),热缝(混凝土初凝前)时限是9~10 h,温缝(混凝土初凝到终凝之间)时限是15~16 h,冷缝(混凝土终凝后)时限是大于15

h;高温施工时段（6月、7月、8月、9月），热缝时限是 4 h，温缝时限是 14 h，冷缝时限是大于 14 h。对
$C_{90}15$ 混凝土:低温施工时段，热缝时限是 9~10 h，温缝时限是 19~20 h，冷缝时限是大于 19 h;高温施
工时段，热缝时限是 5 h，温缝时限是 18 h，冷缝时限是大于 18 h。据此可以提出相应的层面处理措施:
热缝时段，层面不处理;温缝时段，层面要处理，铺水泥浆或砂浆或小骨料混凝土（根据试验情况确定）;
冷缝时段，层面要处理，凿毛后铺砂浆或小骨料混凝土（根据试验情况确定）。这些控制标准对于指导
现场施工和保证混凝土的层面结合质量具有现实意义。

### 13.4.2　有层面碾压混凝土室内物理力学性能的综合分析与统计

有层面碾压混凝土室内物理力学性能按混凝土强度、层面处理和不处理进行统计。层面不处理只
统计热缝状态，因为温缝和冷缝状态而不进行处理在施工时是不允许的;考虑到层面处理方式（铺水泥
浆铺砂浆或铺小骨料混凝土）对混凝土层面性能影响是次要的，为简单起见，就不区分层面处理方式对
层面性能的影响。

#### 13.4.2.1　层面碾压混凝土物理力学性能的增长系数分析

1.龙滩施工阶段资料统计分析

（1）室内试验物理力学性能增长系数见表 13-110，表 13-110 中给出了 3 种工况（本体、热缝、冷缝）2
种强度等级（$C_{90}15$、$C_{90}25$）的混凝土室内试验物理力学性能 28 d 到 90 d 的增长情况，由表 13-110 可知:

**表 13-110　有层面碾压混凝土室内试验物理力学性能增长系数**

| | 本体 | | | | 热缝（层面不处理） | | | | 冷缝（层面不处理） | | | | $\dfrac{90\ d}{28\ d}$ | | | | | |
|---|---|---|---|---|---|---|---|---|---|---|---|---|---|---|---|---|---|---|
| 龄期/d | 28 | | 90 | | 28 | | 90 | | 28 | | 90 | | 本体 | | 热缝 | | 冷缝 | |
| 强度等级 | C15 | C25 | C15 | C25 | C15 | C25 | C15 | C25 | C15 | C25 | C15 | C25 | C15 | C25 | C15 | C25 | C15 | C25 |
| 抗压强度/MPa | 16.8 | 27.4 | 27.2 | 41.6 | 16.7 | 26.4 | 27.7 | 41.0 | 16.4 | 26.8 | 26.5 | 40.2 | 1.62 | 1.52 | 1.65 | 1.55 | 1.62 | 1.50 |
| 轴拉强度/MPa | 1.61 | 2.77 | 2.64 | 3.50 | 1.22 | 2.62 | 2.33 | 3.50 | 0.72 | 1.42 | 1.33 | 1.85 | 1.64 | 1.26 | 1.91 | 1.34 | 1.84 | 1.30 |
| 极限拉伸值/$10^{-4}$ | 0.63 | 0.80 | 0.80 | 0.99 | 0.32 | 0.78 | 0.54 | 0.98 | 0.32 | 0.47 | 0.54 | 0.67 | 1.27 | 1.23 | 1.68 | 1.26 | 1.68 | 1.43 |

①混凝土抗压强度。3 种工况（本体、热缝、冷缝），$C_{90}15$ 和 $C_{90}25$ 的抗压强度平均增长系数分别是
1.63 和 1.52，但 $C_{90}15$ 增长得快一些;本体、热缝、冷缝的增长系数差别不大。

②混凝土轴拉强度。3 种工况（本体、热缝、冷缝），$C_{90}15$ 和 $C_{90}25$ 的轴拉强度平均增长系数分别是
1.79 和 1.30，但 $C_{90}15$ 增长得更快一些;本体、热缝、冷缝的增长系数有一定差别。

③混凝土极限拉伸值。3 种工况（本体、热缝、冷缝），$C_{90}15$ 和 $C_{90}25$ 的极限拉伸平均增长系数分别
是 1.54 和 1.31，但 $C_{90}15$ 增长得更快一些;与热缝、冷缝相比，本体的增长系数小一些。

（2）芯样试验物理力学性能增长系数。

芯样试验物理力学性能增长系数见表 13-111，表 13-111 中给出了 3 种强度等级（$C_{90}15$、$C_{90}20$、
$C_{90}25$）的混凝土芯样物理力学性能 90 d 到 180 d 的增长情况，由表 13-111 可知:

①混凝土抗压强度。$C_{90}15$ 和 $C_{90}25$ 的抗压强度平均增长系数分别是 1.10 和 1.07。

②混凝土轴拉强度。$C_{90}15$ 和 $C_{90}25$ 的轴拉强度平均增长系数分别是 1.29 和 1.01。

③混凝土极限拉伸值。$C_{90}15$ 和 $C_{90}25$ 的极限拉伸值平均增长系数分别是 1.14 和 1.12。

表 13-111　有层面碾压混凝土芯样物理力学性能增长系数

| 龄期 | 90 d | | | 180 d | | | $\frac{180\ d}{90\ d}$ | | | $\frac{180\ d}{90\ d}$ 平均值 |
|---|---|---|---|---|---|---|---|---|---|---|
| 强度等级 | $C_{90}15$ | $C_{90}20$ | $C_{90}25$ | $C_{90}15$ | $C_{90}20$ | $C_{90}25$ | $C_{90}15$ | $C_{90}20$ | $C_{90}25$ | — |
| 抗压强度/MPa | 26.63 | 29.23 | 31.3 | 29.33 | 31.87 | 33.43 | 1.10 | 1.09 | 1.07 | 1.09 |
| 轴拉强度/MPa | 1.02 | 1.11 | 1.21 | 1.31 | 1.29 | 1.22 | 1.29 | 1.17 | 1.01 | 1.16 |
| 极限拉伸值/ $10^{-4}$ | 0.34 | 0.34 | 0.46 | 0.38 | 0.41 | 0.55 | 1.14 | 1.19 | 1.12 | 1.15 |

（3）从 28 d 到 180 d 物理力学性能增长系数的推算。

由于室内试验和芯样试验具有相似的增长特性,就可以从 28 d 到 90 d 的增长系数和 90 d 到 180 d 的增长系数获得从 28 d 到 180 d 的增长系数(见表 13-112):抗压强度从 28 d 到 90 d 的平均增长系数为 1.58,轴拉强度为 1.55,极限拉伸值为 1.54;抗压强度从 28 d 到 180d 的平均增长系数为 1.71,轴拉强度为 1.81,极限拉伸值为 1.74。这些成果对于从短龄期试验结果预测长龄期试验结果可能会有帮助。

表 13-112　有层面碾压混凝土物理力学性能增长系数

| 混凝土强度等级 | | $C_{90}15$ | | | $C_{90}25$ | | | 平均增长系数 | | |
|---|---|---|---|---|---|---|---|---|---|---|
| 龄期/d | | 28 | 90 | 180 | 28 | 90 | 180 | 28 | 90 | 180 |
| 增长系数 | 抗压强度 | 1.0 | 163 | 1.79 | 1.0 | 1.52 | 1.63 | 1.0 | 1.58 | 1.71 |
| | 轴拉强度 | 1.0 | 1.79 | 2.31 | 1.0 | 1.30 | 1.31 | 1.0 | 1.55 | 1.81 |
| | 极限拉伸值 | 1.0 | 1.54 | 1.75 | 1.0 | 1.54 | 1.73 | 1.0 | 1.54 | 1.74 |

2. 岩滩长龄期芯样资料的统计分析

（1）大坝碾压混凝土力学性能随龄期变化的趋势是:6 年龄期、8 年龄期、10 年龄期抗压强度分别比 1~2 年龄期的增长了 3.7%、4.5% 和 15.7%;抗拉强度比 1~2 年龄期的增长了 8.5%、17.6% 和 32.6%;6 年龄期、8 年龄期、10 年龄期的静压弹性模量分别比 1~2 年龄期的增长了 23.7%、23.0% 和 25.3%。

（2）下游围堰(160 m 以下高程)碾压混凝土,8 年龄期、10 年龄期与 180 d 龄期芯样试验结果相比,抗压强度分别增长了 31.6% 和 31.1%,静压弹性模量分别增长了 15.1% 和 15.5%。与机口取样 28 d 抗压强度比较,增长的幅度较大,约增长了 55%。10 年龄期的抗拉强度与 8 年龄期比较,约增长了 4%。

3. 碾压混凝土性能随龄期增长而改善

龙滩 180 d 龄期以内碾压混凝土试验成果和岩滩、坑口等 10 年龄期的试验成果表明,由于水泥和粉煤灰的不断水化,碾压混凝土结构不断致密,使碾压混凝土性能不断改善,具体表现在以下方面:

（1）大坝高掺粉煤灰碾压混凝土在试验时段内的力学性能是随龄期的增加而继续增长的,强度未见有"倒缩"现象,混凝土抗裂性提高。

（2）碾压混凝土层面抗剪断参数随龄期的增长而提高。

（3）碾压混凝土层面抗渗性能随龄期的增长而提高,渗透系数下降。

（4）碾压混凝土层面徐变断裂试验表明,若上游面有初开裂缝(包括层缝面未处理好),且高压水进入缝面,可能产生徐变断裂扩展,应引起注意。

### 13.4.2.2　碾压混凝土芯样的微观结构分析

（1）岩滩大坝。10 年龄期芯样的高掺粉煤灰碾压混凝土微观分析(差热失重法分析、X 射线衍射分析、扫描电镜分析)结果表明,主要水化产物为水化硅酸钙、水化硫铝酸钙、水化碳铝酸钙及少量的氢氧化钙,与纯水泥混凝土水化产物基本相同,这些水化产物的结构致密,决定了混凝土宏观结构的稳定性和耐久性。混凝土中粉煤灰不断参与了水化的过程,并且该过程仍持续进行,使混凝土长期性能得到提高。

(2)坑口大坝。10 年龄期的芯样根据扫描电镜显微图像观测,坝体碾压混凝土芯样最主要的水化产物是水化硅酸钙凝胶,其次是氢氧化钙晶体和钙矾石晶体。由于芯样中胶凝材料的粉煤灰掺量达 57%,而粉煤灰靠水泥熟料矿物水化产生的碱性溶液激发活性水化,需要消耗部分氢氧化钙,因此水化产物中的氢氧化钙晶体较少。较低的胶凝材料用量又使水化产物得到充分伸展的空间,因此水化硅酸钙凝胶多数呈清晰的网络状,少数为纤维状。在芯样中,粉煤灰的水化情况良好,粉煤灰颗粒有的已大部水化,有的已被水化层包围形成纤维状水化硅酸钙凝胶。未水化的粉煤灰颗粒可能继续参与水化反应,也可能作为集料填充微结构。微观分析表明,粉煤灰已参与二次水化反应,形成低碱水化硅酸钙,有利于后期性能提高。同时,由于水化环境中碱度降低,只有较少不完整的氢氧化钙,为钙矾石的形成与稳定提供有利条件。

## 13.4.3　有层面碾压混凝土物理力学性能相互关系的统计分析

与常态混凝土和碾压混凝土本体不同,有层面的碾压混凝土,其物理力学性能受多种因素的影响,它们之间的相互关系也比较复杂。

### 13.4.3.1　大坝芯样性能统计分析

下面列出一些国内碾压混凝土大坝芯样性能统计表(见表 13-113)。应该指出,由于是对大坝芯样性能统计,它们的龄期、试件尺寸、试验方法、是否一定包含有层面,甚至混凝土的强度等级都不明确,而且这里采用的一般是平均值,因此这些数据只能作为参考。

表 13-113　国内一些碾压混凝土大坝芯样性能统计

| 工程名称 | 密度/<br>(kg/m³) | 抗压强度/<br>MPa | 劈拉强度/<br>MPa | 轴拉强度/<br>MPa | 极限拉伸值/<br>$10^{-6}$ | 抗拉弹性<br>模量/GPa | 抗压弹性<br>模量/GPa | 抗冻<br>等级 | 抗渗<br>等级 |
|---|---|---|---|---|---|---|---|---|---|
| 龙滩($C_{90}25$) | 2 494 | 32.1 | 2.16 | 1.68 | 46 | 42.1 | | >F125 | >W12 |
| 龙滩($C_{90}20$) | 2 499 | 30.8 | 2.73 | 1.61 | 45 | 40.2 | | | >W12 |
| 龙滩($C_{90}25$) | 2 488 | 35.5 | | 1.70 | 44 | 38.9 | | | >W12 |
| 龙滩($C_{90}25$) | | 37 | 2.35 | | 42 | | | | |
| 龙滩($C_{90}25$) | | 36.2 | 2.9 | | 30 | | | | |
| 江垭 A1 | 2 478 | | | | | 37.8 | | | |
| 江垭 A2 | 2 481 | | | | | 36.7 | | | |
| 棉花滩(二) | | | | 1.39 | 61 | | | | |
| 棉花滩(二) | | | | 1.19 | 57 | | | | |
| 棉花滩<br>(变态,机拌)<br>($R_{180}200$) | 2 423 | 36.8 | | 1.83 | 80 | 31.6 | | | |

续表 13-113

| 工程名称 | 密度/<br>(kg/m³) | 抗压强度/<br>MPa | 劈拉强度/<br>MPa | 轴拉强度/<br>MPa | 极限拉伸值/<br>10⁻⁶ | 抗拉弹性<br>模量/GPa | 抗压弹性<br>模量/GPa | 抗冻<br>等级 | 抗渗<br>等级 |
|---|---|---|---|---|---|---|---|---|---|
| 棉花滩<br>(变态,加浆)<br>(R₁₈₀150) | | | | 1.38 | 52 | | | | |
| 汾河二库(二) | 2 530 | 34 | 2.9 | 1.09 | 90 | | 37.19 | | |
| 汾河二库<br>(三) | 2 552 | 30.3 | 1.4 | 0.61 | 70 | | 34.7 | | |
| 高坝洲(R₉₀150)<br>(三) | | 25.58 | 3.29 | | 65 | 22.4 | 18.67 | >F50 | |
| 金安桥(C₉₀20)<br>(二) | 2 541 | 26.0 | | 1.09 | 69 | | 31.5 | | W8 |
| 金安桥(C₉₀20)<br>(三) | 2 640 | 24.1 | | 1.01 | 59 | | 29.45 | F75 | |
| 大朝山(C₉₀15)<br>(三) | 2 572 | 26.1 | | | | 28.5 | | | |
| 大朝山(C₉₀20)<br>(二) | 2 568 | 26.3 | | | | 31.9 | | | |
| 蔺河口(C₉₀20)<br>(1 期) | 2 505 | 29.7 | 3.22 | | | 30~78 | | | |
| 蔺河口(C₉₀20)<br>(2 期) | 2 497 | 30 | 3.16 | | | 29~74 | | | |
| 岩滩围堰<br>(5 年,A) | | 20.68 | | | | | | | |
| 岩滩围堰<br>(6 年,A) | | 22.59 | | | | | | | |
| 岩滩围堰<br>(5 年,B) | | 14.48 | | | | | | | |
| 岩滩围堰<br>(6 年,B) | | 15.13 | | | | | | | |
| 岩滩大坝<br>(10 年) | | 30.3 | 2.5~2.7 | | | | 37.6~40 | | |
| 皂市(A1,<br>二级配) | | 25.04 | | | | | | | |
| 皂市(A2,<br>三级配) | | 19.55 | | | | | | | |
| 普定(二级配) | 2 497 | 36.1 | | 2.31 | 81 | 33 | 39.8 | | |
| 普定(三级配) | 2 518 | 38 | | 2.17 | 72 | 35 | 41.2 | | |
| 三峡围堰 | | 43.6 | 2.39 | | | | 28.7 | | W7 |
| 大广坝(粉煤灰) | 2 431 | 29.2 | 2.27 | 1.32 | 67 | | 26.8 | | |
| 大广坝(火山灰) | 2 423 | 23.8 | 2.75 | | | | | | |

#### 13.4.3.2　机口取样强度与芯样强度的比较

龙滩、江垭、铜街子、沙溪口、普定、棉花滩、皂市、高坝洲、金安桥、蔺河口、日本岛地川坝、日本大岛坝和日本玉川坝等 13 个国内外部分碾压混凝土工程机口取样强度与芯样强度的比较结果见表 13-114。由表 13-114 可知,芯样与机口抗压强度的比值(22 个工程)为 63.7%~96%,平均为 79.4%;芯样与机口轴拉强度的比值(龙滩)为 46.6%~50.6%,平均为 48.5%;芯样与机口极限拉伸的比值(8 个工程)为 49.5%~92.0%,平均为 68.9%。芯样的性能与机口取样的性能相差都比较大,这里有多种因素的影响。

表 13-114　国内外部分碾压混凝土工程机口取样强度与芯样强度对比

| 工程名称 | 抗压强度/MPa | | | 极限拉伸值/10⁻⁶ | | |
|---|---|---|---|---|---|---|
| | 芯样 | 机口 | 芯样/机口/% | 芯样 | 机口 | 芯样/机口/% |
| 龙滩 RⅠ($C_{90}25$) | 32.1 | 37.9 | 85 | 46 | 90 | 51.1 |
| 龙滩 RⅡ($C_{90}20$) | 30.8 | 32.1 | 96 | 45 | 90 | 50.0 |
| 龙滩 RⅣ($C_{90}25$) | 35.5 | 42.6 | 83 | 49 | 99 | 49.5 |
| 高坝洲 | 25.6 | 28.8 | 88.8 | 65 | 70 | 91.5 |
| 金安桥($C_{90}20$)(二) | 20.9 | 26.0 | 80.4 | 69 | 75 | 92.0 |
| 金安桥($C_{90}20$)(三) | 19.1 | 25.1 | 76.1 | 59 | 70 | 84.3 |
| 蔺河口一期 | 29.7 | | | 54 | 80 | 67.5 |
| 蔺河口二期 | 29.9 | | | 51 | 78 | 65.5 |
| 江垭 A1($R_{90}200S_{90}12$) | 20.1 | 24.7 | 81 | | | |
| 江垭 A2($R_{90}150S_{90}8$) | 21.6 | 22.6 | 96 | | | |
| 江垭 A1($R_{90}200S_{90}12$) | 20.8 | 28.7 | 72 | | | |
| 江垭 A2($R_{90}150S_{90}8$) | 19.9 | 23.3 | 85 | | | |
| 铜街子 1 号坝 | 13.0 | 20.4 | 63.7 | | | |
| 沙溪口围堰混凝土 | 27.9 | 35.1 | 79.5 | | | |
| 普定拱坝 | 36.1 | 41.9 | 86.2 | | | |
| 棉花滩重力坝(二) | 31.4 | 41.8 | 75.2 | 62 | | |
| 棉花滩重力坝(三) | 30.3 | 35.5 | 85.3 | 50 | | |
| 皂市(C20F100W8)(1) | 21.2 | 31.8 | 67.9 | | | |
| 皂市(C15F50W6)(1) | 18.44 | 26.8 | 71.5 | | | |
| 皂市(C20F100W8)(2) | 24.4 | 32.2 | 75.5 | | | |
| 皂市(C15F50W6)(2) | 19.7 | 27.4 | 71.8 | | | |
| 日本岛地川坝(内部) | 19.1 | 25.9 | 68.0 | | | |
| 日本大岛坝 | 12.3 | 14.2 | 86.6 | | | |
| 日本玉川坝 | 18.1 | 26.1 | 68.0 | | | |
| 平均值 | | | 79.4 | | | 68.9 |

### 13.4.3.3　极限拉伸值与各种性能指标的关系

碾压混凝土的极限拉伸值是混凝土坝设计的一个重要指标。目前,这一指标都是对碾压混凝土本体提出的,而且室内试件是经过湿筛后成型的,所包含的砂浆比较多,极限拉伸值就会比较大。但是有层面碾压混凝土的极限拉伸值比本体的极限拉伸值要低得多,如果是芯样试件,极限拉伸值可能还要低一些。下面的统计主要是对芯样进行的。从表15-115、图13-48~图13-51可知:

(1)根据对龙滩、棉花滩、金安桥、高坝洲、岩滩等工程299个试验点的统计,有层面碾压混凝土的极限拉伸平均值的变化范围在$36.63×10^{-6}~56.06×10^{-6}$。

(2)轴拉强度和抗拉弹性模量与极限拉伸值的拟合度比较好,相关系数分别为0.812和0.611,因为在实验室这三个指标一般都是在同一个试件中测得的。其他的相关系数都比较低。应该指出,轴拉强度、抗拉弹性模量与极限拉伸值都是反映混凝土抗裂能力的重要指标。

(3)轴拉强度与极限拉伸值是正相关关系,即轴拉强度大,极限拉伸值也大。抗拉弹性模量与极限拉伸值是负相关关系,即抗拉弹性模量大,极限拉伸值便小,这一现象已被一些试验所证实。

(4)抗压强度、劈拉强度、轴压强度和抗压弹性模量与极限拉伸值的关系都不密切,这可能与试验资料主要是有层面芯样试件有关。

表 13-115　有层面碾压混凝土的一些性能与极限拉伸值的关系

| 序号 | 拟合的参数 | 拟合的公式 | 拟合的点数 | 相关系数 | 极限拉伸平均值/$10^{-6}$ |
|---|---|---|---|---|---|
| 图 13-48 | 抗压强度与极限拉伸值的关系 | $\varepsilon_p = (0.836\ 1R_c + 30.61) × 10^{-6}$ | 89 | 0.363 | 56.06 |
| 图 13-49 | 轴拉强度与极限拉伸值的关系 | $\varepsilon_p = (21.425R_t + 21.48) × 10^{-6}$ | 108 | 0.812 | 55.87 |
| 图 13-50 | 抗拉弹性模量与极限拉伸值的关系 | $\varepsilon_p = (-1.065\ 6E_p + 81.417) × 10^{-6}$ | 30 | 0.611 | 45.45 |
| 图 13-51 | 轴压强度与极限拉伸值的关系 | $\varepsilon_p = (1.088\ 3R_u + 13.288) × 10^{-6}$ | 14 | 0.295 | 36.63 |

注:$\varepsilon_p$为极限拉伸值;$R_c$为抗压强度,MPa;$R_t$为轴拉强度,MPa;$E_p$为抗拉弹性模量,GPa;$R_u$为轴压强度,MPa。

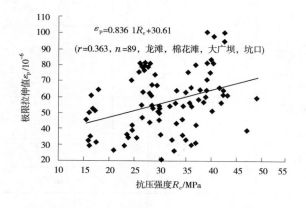

图 13-48　抗压强度与极限拉伸值关系

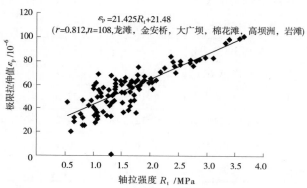

图 13-49　轴拉强度与极限拉伸值的关系

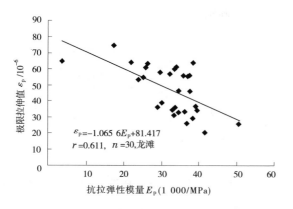

图 13-50　抗拉弹性模量与极限拉伸值关系　　　图 13-51　有层面碾压混凝土轴压强度与极限拉伸值关系

### 13.4.3.4　弹性模量与强度指标的关系

由表 13-116 可知：

（1）抗压弹性模量随轴压强度的增加而增加（见图 13-52）。

（2）抗压弹性模量随抗拉弹性模量的增加而增加（见图 13-53）。

（3）抗拉弹性模量随轴拉强度的增加而增加（见图 13-54）。

（4）轴拉强度随抗压强度的增加而增加（见图 13-55），平均轴拉强度是抗压强度的 0.057。

表 13-116　有层面碾压混凝土的一些性能与极限拉伸值的关系

| 序号 | 拟合的参数 | 拟合的公式 | 拟合的点数 | 相关系数 |
| --- | --- | --- | --- | --- |
| 图 13-52 | 轴压强度与抗压弹性模量的关系 | $E_c = 0.4655R_u + 23.9$ | 15 | 0.603 |
| 图 13-53 | 抗拉弹性模量与抗压弹性模量的关系 | $E_c = 0.3387E_p + 28.984$ | 56 | 0.32 |
| 图 13-54 | 轴拉强度与抗拉弹性模量的关系 | $E_p = 3.2326R_t + 29.168$ | 22 | 0.354 |
| 图 13-55 | 抗压强度与轴拉强度的关系 | $R_t = 0.0352R_c + 0.6652$ | 75 | 0.391 |

注：$R_c$ 为抗压强度，MPa；$R_t$ 为轴拉强度，MPa；$E_p$ 为抗拉弹性模量，GPa；$R_u$ 为轴压强度，MPa；$E_c$ 为抗压弹性模量，GPa。

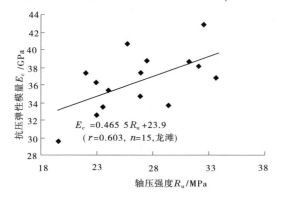

图 13-52　有层面碾压混凝土轴压强度与
抗压弹性模量的关系

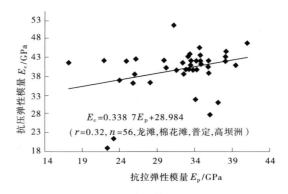

图 13-53　有层面碾压混凝土抗拉弹性模量与
抗压弹性模量的关系

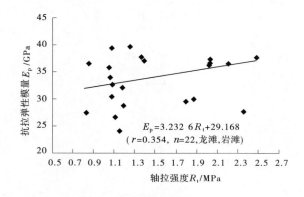

图 13-54　抗拉弹性模量与轴拉强度的关系

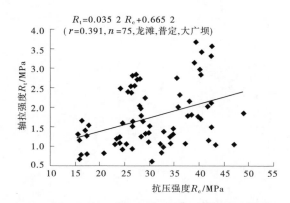

图 13-55　有层面碾压混凝土抗压强度与轴拉强度的关系

#### 13.4.3.5　大坝碾压混凝土性能的超声波波速统计

　　几个工程大坝碾压混凝土性能的超声波波速统计见表 13-117。波速最大值变化范围在 4 474~5 324 m/s,波速最小值变化范围在 4 238~4 665 m/s,波速平均值变化范围在 4 238~4 899 m/s,波速均方差变化范围在 75.3~425 m/s,波速离差系数变化范围在 1.57%~8.8%。可见各值变化范围都比较大,反映了碾压混凝土性能相差比较大。

表 13-117　大坝碾压混凝土性能的超声波波速的统计

| 工程名称 | 超声波波速特征值 | | | | |
| --- | --- | --- | --- | --- | --- |
| | 最大值/(m/s) | 最小值/(m/s) | 平均值/(m/s) | 均方差/(m/s) | 离差系数/% |
| 皂市(试验块) | 5 025 | 4 310 | 4 797 | 75.3 | 1.57 |
| 皂市(抗剪孔) | 5 324 | 3 529 | 4 311 | 276.3 | 6.4 |
| 龙滩(试验块) | 4 858 | 4 665 | 4 739 | | |
| 龙滩(大坝) | | | 4 521 | 159.0 | 3.5 |
| 棉花滩 | 4 474 | 4 160 | 4 238 | | |
| 普定 | 5 069 | 4 576 | 4 899 | | |
| 大朝山(上游防渗层) | | | 4 850 | 388 | 8 |
| 大朝山(大坝内部) | | | 4 840 | 425 | 8.8 |
| 光照(16 组单孔检测) | 4 474 | 4 160 | 4 328 | | |
| 光照(8 组跨孔检测) | | | 4 457 | | |

# 参考文献

[1] 冯立生. 碾压混凝土的层面允许暴露时间[J]. 武汉水利电力大学学报,1995(5).

[2] 姜荣梅,覃理利,李家健. 龙滩大坝碾压混凝土层间结合质量识别标准[J]. 水力发电,2005(4).

[3] 杨华全,周守贤,邝亚力. 三峡工程碾压混凝土层面结合性能试验研究[J]. 长江科学院院报,1996,13(4).

[4] 姜福田. 碾压混凝土坝现场层间允许间隔时间测定方法的研究[J]. 水力发电,2008(2).

[5] 宋拥军,肖亮达. 改善碾压混凝土坝层间结合性能的主要措施[J]. 湖北水力发电,2008(1).

[6] 黄锦添,蓝文坚,何玉珍. 岩滩水电站大坝及围堰高掺粉煤灰碾压混凝土长龄期性能试验与研究[A]. 中国碾压混凝土坝 20 年[M]. 北京:中国水利水电出版社,2006.

［7］姜福田.碾压混凝土［M］.北京：中国铁道出版社，1991.

［8］方坤河.碾压混凝土材料、结构与性能［M］.武汉：武汉大学出版社，2004.

［9］杨华全，任旭华.碾压混凝土的层面结合与渗流［M］.北京：中国水利水电出版社，1999.

［10］姜福田.碾压混凝土坝的层面与影响［J］.水利水电技术，2008（2）.

［11］林长农，金双全，涂传林，等.碾压混凝土的性能研究［R］.长沙：中南勘测设计研究院，1999.

［12］肖焕雄，卢文波，胡志根，等.龙滩碾压混凝土重力坝层面处理措施研究［J］.红水河，2002（4）.

［13］方国建.龙滩水电站大坝工程 LT/C-Ⅲ标第一次碾压混凝土工艺性试验报告［R］.河池：广西龙滩水电站七局八局葛洲坝联营体，2004.

［14］方国建.龙滩水电站大坝工程 LT/C-Ⅲ标第二次碾压混凝土工艺性试验报告［R］.河池：广西龙滩水电站七局八局葛洲坝联营体，2004.

［15］涂传林，王光纶，黄松梅.龙滩碾压混凝土芯样试件特性试验研究［J］.红水河，1998，17（3）.

［16］肖开涛，王述银.龙滩碾压混凝土芯样性能试验研究［A］.中国碾压混凝土坝 20 年［M］.北京：中国水利电力出版社，2006.

［17］杨康宁.江垭大坝坝体碾压混凝土钻孔测试［J］.水力发电，1999（7）.

［18］许剑华，黄开信，钟宝全.棉花滩水电站大坝第一枯水期碾压混凝土取芯试验［J］.水利水电技术，2000（11）.

［19］范世平，梁怀文.汾河二库大坝碾压混凝土芯样试验成果分析［J］.山西水利科技，2001（141）.

［20］张小明.汾河二库碾压混凝土坝钻孔取芯和压水试验检测［J］.水电站设计，2002（12）.

［21］郑国和，范世平.汾河二库碾压混凝土钻孔取芯和压水试验成果及分析［J］.水利水电技术，1999（6）.

［22］韩晋潭，唐怀珠.皂市大坝主体工程 RCC 现场试验成果浅析［J］.水利水电快报，2007（4）.

［23］中华人民共和国国家经济贸易委员会.水工碾压混凝土施工规范：DL/T 5112—2000［S］.北京：中国电力出版社，2001.

［24］夏东海，陈俊.碾压混凝土钻孔取芯施工技术探讨［J］.葛洲坝集团科技，2007（1）.

［25］涂传林，金双全，陆忠明.龙滩碾压混凝土性能研究［J］.水利学报，1999（4）.

［26］林长农，金双全，涂传林，等.碾压混凝土层面强度特性试验研究［J］.红水河，19（3）.

［27］林长农，涂传林，李双艳.高掺量粉煤灰碾压混凝土层面抗裂性能研究［J］.粉煤灰，2006（4）.

［28］林长农，金双全，涂传林.龙滩有层面碾压混凝土的试验研究［J］.水力发电学报，2001（3）.

［29］广西龙滩水电站七局八局葛洲坝联营体.龙滩水电站碾压混凝土重力坝施工与管理［M］.北京：中国水利水电出版社，2007.

［30］林长农，涂传林，李双艳.高掺量粉煤灰碾压混凝土层面抗裂性能研究［J］.粉煤灰，2006（4）.

［31］简政，黄松梅，涂传林，等.碾压混凝土层面断裂试验研究［J］.西安理工大学学报.1997（2）.

［32］冯立生.碾压混凝土压实厚度对层面结合质量的影响［J］.红水河，21（4）.

［33］肖焕雄，卢文波，胡志根，等.龙滩碾压混凝土重力坝层面处理措施研究［J］.红水河，2002（4）.

［34］成方，安冬英，林长农，等.碾压混凝土层面极限拉伸试验研究［J］.红水河，2001（2）.

［35］张楚汉.碾压混凝土在单轴受压状态下静动力力学性能的试验研究［R］.北京：清华大学水利系，1994.

［36］张楚汉.碾压混凝土在单轴拉伸下的全过程曲线试验研究［R］.北京：清华大学水利系，1993.

［37］邬钢.龙滩坝体碾压混凝土声波检测资料的统计分析［A］.中国碾压混凝土坝 20 年［M］.北京：中国水利电力出版社，2006.

［38］申时钊.龙滩左岸碾压混凝土施工质量控制［A］.中国碾压混凝土坝 20 年［M］.北京：中国水利水电出版社，2006.

［39］杨立忱，梁维仁，关晓明.江垭大坝碾压混凝土现场试验［J］.水利水电技术，1998（2）.

［40］林森.光照水电站大坝碾压混凝土钻孔取芯和压水试验检测［J］.贵州水力发电，2008（10）.

［41］陈祖容.光照水电站快速筑坝技术研究［J］.水利水电施工，2009（2）.

［42］覃向学.贵州光照电站大坝碾压混凝土施工质量控制监理措施［J］.科技资讯，2009（25）.

［43］曾祥虎，陈勇伦，李婧.高坝洲工程 RCC 现场试验及其成果［J］.水力发电，2002（3）.

［44］郝文旭，雷绍华，王彦宏.金安桥 RCC 大坝斜层碾压混凝土施工工艺研究［J］.四川水力发电，2009（8）.

［45］田育功.中国碾压混凝土筑坝技术［M］.北京：中国水利水电出版社，2010.

［46］涂传林，张南燕，李振明.三峡工程永久船闸混凝土质量控制与温度控制［M］.北京：中国水利水电出版社，2011.

［47］郭世明，黄国庆.大朝山水电站 RCC 施工质量控制及评价［J］.水力发电，2001（12）.

[48] 梁维仁,梁晶晶.皂市水利枢纽工程大坝混凝土钻孔压水检查与取芯检验[J].湖南水利水电,2008(4).

[49] 汪志福,王传杰,苗嘉生,等.普定水电站碾压混凝土拱坝性态研究[J].水力发电,1995(10).

[50] 高家训,何金荣,苗嘉生,等.普定碾压混凝土拱坝材料特性研究[J].水力发电,1995(10).

[51] 陶洪辉,罗燕,盘春军.岩滩水电站碾压混凝土坝的运行[J].中国水利,2007(21).

[52] 蔡继勋,朱敏敏.岩滩大坝 RCC 性能与试验[J].广西科学,1994(3).

[53] 方坤河,蔡海瑜.岩滩水电站围堰少水泥碾压混凝土 5 年龄期性能研究[J].水力发电,1996(12).

# 第 14 章　碾压混凝土层面抗剪断特性

## 14.1　概　述

### 14.1.1　抗剪断参数在大坝设计中的意义

根据大量研究,对于完整非均质或均质基岩上的碾压混凝土坝,其失稳可能表现为沿坝体施工碾压层面、坝基面的滑动或从碾压混凝土开始的大面积压剪屈服与层面剪切滑移的组合。因此,碾压混凝土碾压层面的抗剪强度是坝体稳定研究的一个重要方面。室内模拟碾压层面测定碾压混凝土抗剪断参数、碾压混凝土现场原位抗剪断试验和大坝芯样抗剪断特性试验,将取得的丰富的第一手资料以及理论分析的成果进行比较与总结分析,供有关设计研究人员参考。这对于建造碾压混凝土坝(特别是高坝)具有重要的意义。

### 14.1.2　研究的内容和方法

#### 14.1.2.1　碾压混凝土的成层特性及影响因素

由于碾压混凝土含有众多的层面,层面的物理力学性能(黏结强度、抗剪强度和抗渗性能等)必须满足设计要求。影响层面性能的因素包括以下方面:

(1)拌和后的碾压混凝土在运输平仓过程中产生骨料分离,影响碾压混凝土的密实度,导致层间连续性较差,层面黏结面积减少,直接影响层面的黏结强度和抗渗性能。

(2)碾压混凝土在振动碾压过程中,粗骨料下沉,浆体上升,水的层间移动使上部水灰比较大,气泡移动使空隙发生变化,导致碾压层的表层成为多空隙的薄弱层。

(3)下层混凝土表面需要保持湿润而又无水状态,表面湿度过大不利于层面黏结,表面干燥又会使层面黏结强度降低。

(4)碾压混凝土的工作度(VC)过大,在振动碾压过程中产生摩擦力会使混凝土表面产生裂缝;VC值过小,导致碾压困难。

(5)夏季高气温条件下,由于覆盖不及时,下层混凝土已经初凝后覆盖上层混凝土,导致层面黏结不良,降低层面黏结强度和抗渗性能。

#### 14.1.2.2　室内和现场抗剪断试验的目的

对于碾压混凝土重力坝,其层面抗剪断参数能否满足建坝的要求,是设计的关键技术之一;夏季高气温条件下,能否连续施工也是电站能否按期和提前发电的关键之一。鉴于上述情况,需要通过室内和现场碾压试验,对提高碾压混凝土层面黏结性能的措施进行深入研究。其目的如下:

(1)在室内试验的基础上,结合现场碾压试验选定碾压混凝土配合比。

(2)研究和确定在常温和高温条件下碾压混凝土施工工艺参数。

(3)研究改善碾压混凝土层间结合性能的处理措施。

(4)测定碾压混凝土的各项物理力学性能和抗剪断参数,为碾压混凝土大坝设计和施工提供基础资料。

#### 14.1.2.3　研究工作的路线和方法

(1)现场碾压试验基地的选取。

(2)制订现场碾压试验和抗剪断试验方案。

（3）进行现场碾压试验，重点研究在高气温条件下和常温条件下，碾压混凝土施工的可行性。通过试验选定碾压混凝土配合比、VC 值、层面间歇时间、层面处理措施等施工工艺参数，以寻求改善和提高碾压混凝土层面结合的有效方法。

（4）对每种工况的碾压混凝土层面进行现场原位抗剪断试验，测定其抗剪断强度和残余强度，研究碾压混凝土的抗剪断破坏机理、破坏过程和特性。

（5）进行现场压水试验，以测定碾压混凝土的抗渗性能。

（6）现场取芯样，进行室内抗剪断、抗压、抗渗、超声波、变形特性和断裂特性等试验，测定其物理力学参数，研究碾压混凝土的破坏机理、破坏过程和强度特性。

（7）对碾压混凝土层面抗剪断试验成果进行统计分析，计算一定保证率下的抗剪断参数，为大坝稳定分析和非线性分析提供设计参数。

（8）提出改善研究碾压混凝土层面结合性能的措施。

# 14.2　碾压混凝土抗剪断破坏机理

## 14.2.1　碾压混凝土层面结合性能与大坝安全性

根据《混凝土重力坝设计规范》，建基面和碾压混凝土层间的抗滑稳定安全系数都用抗剪断公式来计算：

$$K = (f' \sum W + c'A) / \sum P \tag{14-1}$$

式中：$K$ 为抗剪断稳定安全系数；$f'$ 为碾压混凝土层间的摩擦系数；$c'$ 为碾压混凝土层间的黏聚力；$W$ 为坝基面（或分析层面）以上载荷的向下垂直力；$A$ 为坝基截面面积；$P$ 为坝体（或分析层面）上游面水平压力。

在正常荷载情况下，要求抗剪断稳定安全系数 $K \geqslant 3.0$，由式（14-1）可知，在坝高一定的情况下，$f'$ 和 $c'$ 的大小决定了大坝断面的大小，而 $f'$ 和 $c'$ 的值随着混凝土配合比、气候等因素的变化而发生明显的变化。

## 14.2.2　碾压混凝土的凝结机理

碾压混凝土层面抗剪强度、劈拉强度和抗渗性能是碾压混凝土的三个重要性能指标，这三个性能指标紧密相关，都受碾压混凝土层面结合状态的控制，而控制层面结合状态的是上、下层碾压混凝土的层间间歇时间和层面处理措施。

从水化过程中水泥浆结构随时间的变化过程来分析层面结合性能的变化。

（1）当下层碾压混凝土未达初凝时，在正常条件下浇筑上层碾压混凝土，水泥浆的凝聚——结晶结构网尚未生成，粒子之间的相互作用力是范德华分子力，水泥浆具有触变复原的性能，其层面性能与碾压混凝土的本体性能差别不大。

（2）在下层碾压混凝土初凝后，随着水化产物的大量生成，水泥浆结构在凝聚结构的基础上形成凝聚——结晶结构网水泥浆，粒子之间的相互作用力不是范德华分子力，而是化学键力或次化学键力，所以结晶结构破坏以后不具有触变复原的性能，这种结构的形式是依靠水化产物粒子间的交叉结合，或者依靠粒子界面上晶核衍生的结果，在此期间，如果直接在上面浇筑上层碾压混凝土，将显著降低层面的性能。这是因为，一方面，由于下层碾压混凝土水化产物结晶结构网的形成，上层碾压混凝土的侵入将破坏下层碾压混凝土中已形成的水化产物的化学键，而这种破坏将直接影响层面的结构；另一方面，由于下层碾压混凝土开始结晶而具有强度，此时浇筑上层碾压混凝土，使上层碾压混凝土紧挨层面处的骨料逐渐开始出现过多的承受外力，从而使层面出现架空现象。此时，上下层之间将不再能够完全结合成一个整体，形成近似的平面接触，从而使得层面性能显著降低。

（3）在下层碾压混凝土终凝后，再浇上层混凝土，上、下层不能很好结合，形成缝面，一般要进行层面处理再浇上层混凝土。

### 14.2.3　碾压混凝土层面抗剪断破坏机理

为了研究碾压混凝土层面的结合机理及结合强度，先分析现场或室内抗剪断试验中试件的断裂面形貌：对于顺层剪断的试件，其断裂面往往比较光滑，擦痕明显、断裂面上的起伏差小；而对断裂发生在碾压混凝土本体上的试件，其断裂面上通常凹凸不平、起伏差大。对试验结果进行整理，如图 14-1 所示试件，通常要采用层面上的库仑抗剪（断）强度公式，即

$$\tau = c' + f'\sigma_n \tag{14-2}$$

式中：$\tau$ 为层面上的平均剪应力，MPa；$c'$ 为层面黏聚力，MPa；$f'$ 为层面内摩擦系数；$\sigma_n$ 为作用在试件上的正压力，MPa。

上述方法实际上是将断裂面看成是一种无起伏差的光滑面，这与实际情况有一定的差异。

混凝土依靠胶凝材料的结合作用将砂石骨料结合成一个整体。

研究表明，混凝土的宏观力学行为在很大程度上受骨料和水泥石间的界面物理力学特性所控制，该界面为混凝土的薄弱环节，混凝土的断裂往往沿该界面发生。因此，实际的混凝土断裂面是有高差起伏的粗糙面（见图 14-1）。

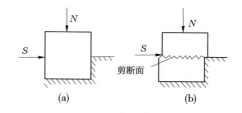

**图 14-1　抗剪断试验示意图**

黏聚力的物理本质是受剪面上的内聚力，由水泥水化净浆强度和水泥浆与骨料之间的黏结强度等构成。黏结强度的大小不仅与材料和工艺有关，而且有尺寸效应。尺寸效应的本源，是由于材料包含有内部初始缺陷（如混凝土内初始微裂纹、骨料与水泥浆基体界面结合薄弱、内部孔隙等）。当试件（结构件）较大或含有缺陷较多和较大时，强度降低；试件小，包含缺陷少，强度较高。

将图 14-1 所示的真实混凝土断裂面的形貌进行如图 14-2 所示的理想化，并对其中的一微小突台 $AOB$ 进行分析，如图 14-3 所示。在抗剪过程中，由于试件的上半部 $AOEFB$ 在发生沿剪切力方向侧移外，还有竖直向位移，若近似认为与突台 $OAB$ 相比，试件上半部 $AOEFB$ 的刚度很大，则根据位移相容条件，对于微小突出 $OAB$，其剪切破坏有以下两种可能：

（1）在试件的抗剪断试验过程中，若所施加的正应力水平较低，那么试件的抗剪断破坏形貌即为突台边缘 $OAB$，其中在 $OA$ 边上为剪切破坏，而在 $AB$ 边上为拉断破坏。

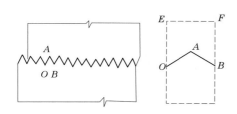

**图 14-2　理想抗剪断形貌示意图**

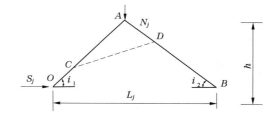

**图 14-3　典型突台的受力条件**

设水泥石与骨料间的内摩擦角为 $\varphi_1$，则考虑沿滑动面 $OA$ 方向的力的平衡，可得到

$$\frac{h}{\sin i_1}C_1 + \frac{h}{\sin i_2}\sigma_l + (S_j\sin i_1 + N_j\cos i_1)\tan\varphi_1 + N_j\sin i_1 = S_j\cos i_1 \tag{14-3}$$

显然：

$$\left.\begin{array}{l}
\overline{\tau} = \dfrac{S_j}{\overline{h}(\cot i_1 + \cot i_2)} \\[3mm]
\overline{\sigma}_n = \dfrac{N_j}{h(\cot i_1 + \cot i_2)}
\end{array}\right\} \qquad (14-4)$$

则式(14-3)可进一步化简为

$$\tau = \frac{c_1 \sin i_2 + \sigma_l \sin i_1)}{(\cos i_1 - \sin i_1 \tan \varphi_1)\sin(i_1 + i_2)} + \sigma_n \tan(\varphi_1 + i_1) \qquad (14-5)$$

式中: $c_1$ 为水泥砂浆结石与骨料间的内黏聚力; $\sigma_l$ 的物理意义则为水泥砂浆结石与骨料间的抗拉强度。

(2)如果正应力足够大,那么骨料突台 $OAB$ 可能会发生部分剪断,此时剪断面如图 14-3 所示的 $OCDB$。此时,层面的抗剪强度由 $OC$、$CD$ 和 $DB$ 三条边提供。若剪断面完全发生在骨料上,则式(14-5)可以改写为

$$\tau = \frac{c_2 \sin i_2 + \sigma_2 \sin i_1'}{(\cos i_1' - \sin i_1' \tan \varphi_2)\sin(i_1' + i_2)} + \sigma_n \tan(\varphi_2 + i_1') \qquad (14-6)$$

式中: $c_2$ 为骨料岩石的内黏聚力; $\varphi_2$ 为骨料岩石的内摩擦角。

一般来说,内摩擦角 $\varphi_2$ 和水泥砂浆结石与骨料间的内摩擦角 $\varphi_1$ 相差不大,而岩石骨料的内黏聚力 $c_2$ 则往往远大于水泥砂浆结石与骨料间的内凝聚力 $c_1$。因此,若断裂发生或部分发生在骨料中,则碾压混凝土的抗剪强度可大大提高。在一般情况下,碾压混凝土的层面抗剪强度应介于式(14-5)和式(14-6)所计算的值之间。在极限条件下,碾压混凝土的层面抗剪强度可达到碾压混凝土的本体强度。

### 14.2.4　碾压混凝土层面结合强度的影响因素

碾压混凝土层面结合强度常用抗剪强度指标来衡量,由上述分析并对比式(14-2)、式(14-5)和式(14-6)可知,碾压混凝土层面抗剪强度指标 $c'$ 和 $f'$ 主要与下述因素有关:

(1)水泥砂浆结石与骨料间的结合强度,包括水泥砂浆结石与骨料间的内黏聚力 $c_1$ 及基本内摩擦角 $\varphi_1$。

(2)水泥砂浆结石本身的强度。

(3)岩石骨料本身的抗剪强度指标 $c_2$ 及 $\varphi_2$。

(4)试件剪断时的突台角 $i_1$ 和 $i_2$,该突台角反映的是在层面上下层碾压混凝土骨料间的咬合程度。

(5)剪切过程中所施加的正应力水平 $\sigma_n$,$\sigma_n$ 的大小直接决定着剪断是沿水泥砂浆结石与骨料间的结合面剪断还是部分骨料的剪断。

由式(14-5)和式(14-6)可知,若剪断完全沿层面发生,那么有

$$i_1 = i_2 = 0$$

此时

$$c' = c_1(或 c' = c_2') \qquad f' = \tan\varphi_1(或 f' = \tan\varphi_2)$$

而对粗糙断裂面,总有 $i_1 > 0$、$i_2 > 0$。

## 14.3　抗剪断试验方法介绍

### 14.3.1　碾压混凝土室内抗剪强度试验

碾压混凝土室内抗剪强度试验所依据的相关规范包括:《水工碾压混凝土试验规程》(SL 48—1994),《水工混凝土试验规程》(DL/T 5150—2001),《水工混凝土试验规程》(SL 352—2006)。

#### 14.3.1.1　目的及适用范围

测定碾压混凝土及层面的抗剪强度,为评定碾压混凝土结构物的整体性、稳定性提供依据。

#### 14.3.1.2　仪器设备

（1）直剪仪，包括法向和剪切向的加荷设备（见图14-4）。

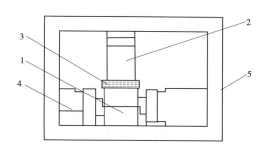

1—剪力盒；2—加荷千斤顶；3—滚轴排；
4—传力垫块；5—刚性架。

**图 14-4　室内混凝土剪切试验仪简图**

（2）测量法向和剪切位移的千分表或位移计、磁性千分表架。

（3）稳压装置。

（4）试模：150 mm×150 mm×150 mm 立方体。

#### 14.3.1.3　试验步骤

（1）制作 15 个试块，养护至要求龄期，进行碾压混凝土本身抗剪强度试验。

（2）用于层间结合的抗剪试件分两次成型。按配合比要求拌制碾压混凝土，称取试件 1/2 高度所需要的碾压混凝土质量装入试模（振实后应为试模深度的 1/2），放入养护室养护至要求的间隔时间后，取出试模，按施工要求进行表层处理，再成型上半部，并养护至试验要求龄期。

（3）对于混凝土和岩石胶结面的试件，必须先测定岩石的起伏差，绘制岩石沿剪切方向的高度变化曲线，然后按配合比要求在岩石上铺筑混凝土。

（4）将试件置于剪力盒中，放上传力板和滚轴排，安装法向和剪切向的加荷系统时，应保证法向力和剪切力的合力通过剪切面的中点。

（5）安装测量法向和剪切向位移的仪表，测杆的支点必须设置在剪切变形影响范围之外，测杆和表架应具有足够的刚度。

（6）法向荷重按设计的法向最大荷载等分为 4~5 级。

（7）在试件剪切过程中，宜用恒压装置使法向应力保持恒定，施加剪切荷载的速率为 0.4 MPa/min。

（8）试件剪断后，调整剪切位移表，在相同法向应力下按上述规定进行摩擦试验。必要时可改变法向应力进行单点摩擦试验。

（9）对剪切面进行描述，测定剪切面起伏差、骨料及界面破坏情况，绘制剪切方向的断面高度变化曲线，测量剪断面积。

（10）现场碾压混凝土芯样试件的抗剪断试验。芯样试件有以下三种类型：

①碾压混凝土现场碾压试验时的钻孔芯样，锯成圆柱体后，用外包裹混凝土的方法制成立方体，并在碾压混凝土层面预留剪切缝，以便抗剪断面积只在圆柱体内剪切。

②碾压混凝土现场碾压试验后，到龄期时，将试块切割成立方体，并使层面位于高度的中部。同时，切割一些没有层面的本体试件，以便与有层面的试验进行比较。

③在大坝混凝土上进行钻孔取芯样。对芯样试件进行加工后，可进行物理力学性能试验和渗透系

数试验及抗剪断试验。还可对钻孔进行压水试验,测定已浇筑大坝碾压混凝土的渗透特性。

(11)室内抗剪试验与现场原位抗剪试验结果之间存在尺寸效应,室内试验 $f'$ 和 $c'$ 值偏高;随着试件面积(长度)的增大,抗剪参数减小和抗剪强度降低。

### 14.3.1.4　试验结果处理

(1)按式(14-7)、式(14-8)计算各级法向荷载下的法向应力和剪应力。

$$\sigma_i = (P/A) \times 10 \tag{14-7}$$

$$\tau_i = (Q/A) \times 10 \tag{14-8}$$

式中:$\sigma_i$ 为作用于剪切面上的法向应力,MPa;$\tau_i$ 为作用于剪切面上的剪应力,MPa;$P$ 为作用于剪切面上的总法向荷载,kN;$Q$ 为作用于剪切面上的剪切荷载(应扣除滚轴排摩擦阻力),kN;$A$ 为剪切面面积,cm$^2$。

三个试件测值的平均值为本级法向荷载下的剪应力。

(2)按式(14-9)计算剪切面上极限抗剪强度。

$$\tau = \sigma f' + c' \tag{14-9}$$

式中:$\tau$ 为剪切面上极限抗剪强度,MPa;$\sigma$ 为作用于剪切面上的法向应力,MPa;$f'$ 为摩擦系数;$c'$ 为黏聚力,MPa。

式(14-9)中的 $f'$ 和 $c'$ 可用最小二乘法或作图法求得。

### 14.3.1.5　试验条件的一些说明

(1)边界条件。两向应力条件下的剪切试验,应该是在两侧无摩擦阻力的条件下进行的。试件在剪力盒中,在法向应力和水平推力的作用下,加力板与上、下底板接触会产生摩擦阻力,从而产生水平方向的约束。由于滚轴的摩擦系数很小,试件上端(或下端)加上滚轴排后可以认为未对试件产生水平轴向约束。

表 14-1 是不同上、下边界条件下碾压混凝土抗剪试验结果。从表 14-1 中可以看出,不同边界条件对碾压混凝土的抗剪强度试验结果有较大影响。当只在试件上端加滚轴排而下端不加时,可以看成试件上端不受水平约束,下端轴向有水平约束。试件无水平方向推力,这正与重力坝设计单位长度坝体的两向受力情况相似。同时,试验结果表明其抗剪强度也居于另外两边界条件的抗剪强度之间,说明上端加滚轴排下端不加滚轴排的模拟方法是正确的。

**表 14-1　不同上、下边界条件下碾压混凝土抗剪强度**

| 90 d 抗压强度/MPa | 90 d 劈拉强度/MPa | 上、下边界条件 | 90 d 抗剪强度 | |
|---|---|---|---|---|
| | | | $c'$/MPa | $\varphi'$/(°) |
| 20.9 | 1.9 | 上端加滚轴排 | 3.30 | 49.90 |
| | | 上、下端均不加滚轴排 | 3.5l | 54.30 |
| | | 上、下端均加滚轴排 | 3.00 | 54.60 |

(2)最大垂直荷载的确定。抗剪试验中加在试件上的最大垂直荷重应满足大坝设计要求,若设计未确定指标,垂直荷载可按 0.3 MPa、0.6 MPa、0.9 MPa、1.2 MPa、1.5 MPa 五级施加。

(3)试件注水饱和,使试验结果接近坝体蓄水所处状况。

### 14.3.2　碾压混凝土原位直剪试验(平推法)

#### 14.3.2.1　试验目的及范围

检测碾压混凝土坝体部位抵抗剪切的性能,以评价碾压混凝土的碾压质量,提供校核坝体抗滑稳定的参数。适用于坝体碾压混凝土自身、层间结合及混凝土与岩体接触面的原位抗剪强度试验。

#### 14.3.2.2　试验主要仪器设备

试验采用加荷、传力、量测系统的仪器、设备及其计量与滚轴排摩擦系数率定等,按相关规范规定进行。图 14-5 和 图 14-6 分别是龙滩和彭水碾压混凝土层面原位抗剪断试验的加载系统。

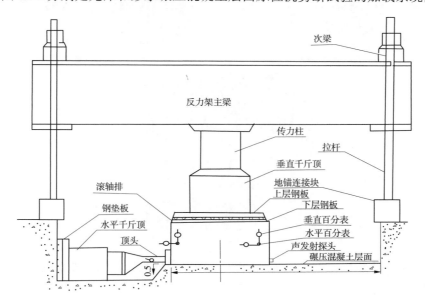

**图 14-5　现场原位抗剪断试验加载系统及测量系统布置图(龙滩工程)**

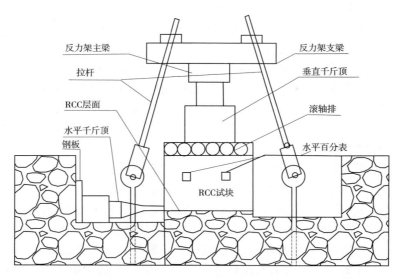

**图 14-6　现场原位抗剪断试验加载系统及测量系统布置图(彭水工程)**

#### 14.3.2.3　试验步骤

(1)试验布置。在碾压混凝土建筑物上选定代表性部位与试验层面,宜在碾压施工试验体或坝体顶部若干层面上选定,每组试件 5~6 块。每块试验体的剪切面积应不小于 500 mm×500 mm,试体间净距应不少于试体最小边长的 1.5 倍,高度则以试体边长 2/3 为宜。进行试验布置时,施加试体面上的水平推力方向,应与结构受力方向相一致。图 14-7 是龙滩碾压混凝土设计阶段三次现场原位抗剪断试验块布置图。

(a)第一次现场抗剪断试验　　　　　　　(b)第二次现场抗剪断试验

(c)第三次现场抗剪断试验

图 14-7　龙滩设计阶段碾压混凝土三次现场抗剪断试验块布置图

(2)试体开挖制备与养护。试体开挖时混凝土龄期应不少于 21 d。采用人工挖凿试验区内试体外围混凝土,严防试体扰动。

试体开挖深度应至试验层面,但受水平推力的影响,面下开挖深度需至层面以下,并以适合安装水平千斤顶为宜。试体开挖后的尺寸误差宜不大于±2 cm,并用与试块强度相近的水泥砂浆抹平。在做层缝抗剪时,在剪切面周边留约 10 mm 宽的剪切缝。

完成试体与试验区开挖后,应向试坑充水或回填湿砂,做好试体养护与保护,直至规定试验龄期前,仪器设备开始安装时再行清除。同时应有继续保持试体及其剪切面处于水饱和状态的措施。

(3)仪器设备安装与试验方法。试体承载面的表面处理,加荷、传力、量测系统的设备、仪器安装、布置、调试、检查与具体试验方法,按相关规范规定进行。

### 14.3.2.4　试验结果处理

(1)试验结果,一般可按相关规范规定处理。主要整理层面抗剪断强度,即 $f'$、$c'$。

(2)进行试验结果的整理,必须收集并给出剪切面上、下混凝土的配合比,拌和物质量,碾压质量的检测结果;施工层面铺碾方式、设备型号、碾压遍数、层面处理、间歇时间、混凝入仓温度、施工日期、气候等资料,以及试区布置图、剪切面描述图、试验装置及典型剪切面破坏状况拍片等,以利于成果分析与采用。

### 14.3.2.5　《水利水电工程岩石试验规程》的一些说明——碾压混凝土原位直剪试验(平推法)

(1)试验方法依照《水利水电工程岩石试验规程》进行,结合碾压混凝土层间结合原位直剪试验特点制订。

(2)试验方法已在铜街子、岩滩、龙滩等水电工程上应用,经 100 余块剪面积为 50 cm×50 cm、70 cm×70 cm 试体的现场检测,证明试验方法简便合适。试验结果能够较好地反映碾压混凝土坝体层面抗剪特性与应力、应变性能。部分试验结果见表 14-2。

**表 14-2　碾压混凝土层间现场抗剪(断)成果**

| 工程名称 | 编号 | 每立方米混凝土材料用量/(kg/m³) 水 | 水泥 | 粉煤灰 | 砂 | 石 | 设计混凝土标号 | 现场取样90 d龄期抗压强度/MPa | 抗剪试验碾压龄期/d | 剪切面积/cm² | 最大法向应力/MPa | 抗剪断强度 峰值 f' | 峰值 c'/MPa | 残余值 f | 残余值 c'/MPa | 摩擦值 f | 摩擦值 c/MPa | 施工及试验单位编号 |
|---|---|---|---|---|---|---|---|---|---|---|---|---|---|---|---|---|---|---|
| 坑口 | 坑2 | 98 | 60 | 80 | 790 | 1 370 | 100# | 8.74 | >90 | Φ15 | 0.98 | 1.12 | 1.172 | 0.84 | 0.348 | 0.79 | 0.252 | ① |
| | 坑3 | 104 | 60 | 20 | 617 | 1 474 | | | | | | 1.00 | 0.987 | 0.87 | | | | ② |
| 铜街子 | 砂浆层 | 90 | 65 | 65 | 635 | 1 634 | 100# | 14.64 | 118 | 3 928.2 | | 1.23 | 1.25 | 1.13 | 0.525 | 1.13 | 0.535 | ③ |
| | 碾压层 | | | | | | 100# | | | 3 815.0 | 0.993 | 1.70 | 1.28 | 1.26 | 0.47 | 1.25 | 0.47 | ④ |
| | | | | | | | | | | 3 820.5 | 1.131 | 1.80 | 1.60 | 1.28 | 0.53 | 1.88 | 0.53 | |
| 岩滩 | 坝1 | 85 | 55 | 104 | 754 | 1 527 | 150# | | 65~85 | 50×50 | 0.98 | 1.15 | 0.981 | 0.94 | 0.343 | 0.94 | 0.319 | ⑤ |
| | 坝2 | 85 | 55 | 104 | 754 | 1 527 | 150# | | | | | 1.20 | 1.618 | 1.03 | 0.466 | 1.08 | 0.368 | ⑥ |
| | 坝3 | 85 | 55 | 104 | 754 | 1 527 | 150# | | | | | 1.27 | 1.47 | 0.94 | 0.466 | 0.94 | 0.392 | |
| | 上堰1 | 90 | 45 | 115 | 757 | 1 555 | 100# | 17.2(28 d) | 90~100 | 50×50 | 0.98 | 1.36 | 1.40 | 0.96 | 0.84 | 0.90 | 0.66 | ⑤ |
| | 上堰2 | 90 | 45 | 115 | 757 | 1 555 | 100# | 17.2(28 d) | 90~100 | 50×50 | 0.98 | 1.05 | 0.61 | 0.79 | 0.25 | 0.75 | 0.17 | ⑥ |
| | 下堰1 | 86 | 45 | 105 | 739 | 1 546 | 100# | 20.6(28 d) | 90~100 | 50×50 | 0.98 | 1.26 | 1.24 | 1.15 | 0.29 | | 0.26 | ⑦ |
| | 下堰2 | 88 | 45 | 105 | 739 | 1 546 | 100# | 20.6(28 d) | 90~100 | 50×50 | 0.98 | 1.25 | 1.20 | 1.30 | 0.14 | | 0.17 | ⑥ |
| 龙滩(碾压试验体) | I层厚50 cm 冷缝铺砂浆(1:2)处理 | 98 | 75 | 105 | 735 | 1 475 | 250# | 28.0~31.5(90 d) | 90~100 | 50×50 | 2.96 | 1.20 ~ 1.30 | 2.50 ~ 2.60 | | | | | ⑤ |
| | II层厚30 cm，连续碾筑，层间间歇4~6 h | 98 | 75 | 105 | 735 | 1 475 | 250# | 28.0~31.5(90 d) | 90~100 | 50×50 | 2.96 | 1.05 ~ 1.10 | | | | | | ⑥ |

注:1. 施工及试验单位:①为福建省水电工程局;②为福建省水电设计院;③为水电部第七工程局;④为成都勘测设计院科研所;⑤为广西省水电设计院科研所;⑥为广西水电工程局;⑦为广西水电科研所;⑧为中南院科研所。

2. 设计混凝土标号的龄期都是90 d。

### 14.3.3　混凝土与岩体接触面直剪试验

试验方法可参考《水电水利工程岩石试验规程》(DL/T 5368—2007)进行,图 14-8 为混凝土与岩体接触面直剪试验设备布置图。

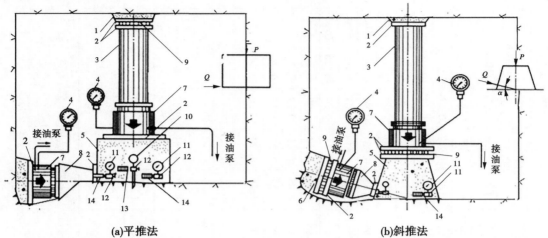

(a)平推法　　　　　　　　　　　　　　　　　(b)斜推法

1—砂浆;2—垫板;3—传力柱;4—压力表;5—混凝土试体;6—混凝土后座;7—液压千斤顶;8—传力块;9—滚轴排;
10—相对垂直位移测表;11—绝对垂直位移测表;12—测量标点;13—相对水平位移测表;14—绝对水平位移测表。

**图 14-8　混凝土与岩体接触面直剪试验布置图**

### 14.3.4　碾压混凝土抗剪强度试验技术的补充与改进

#### 14.3.4.1　室内抗剪强度试验方面

(1)采用先进的伺服试验机剪力仪。例如:龙滩碾压混凝土层面室内抗剪断试验就采用了如图 14-9 所示的湘秦-50 复合伺服试验机剪力仪。试验开始后,它可以按照预先设定的程序对加载过程进行自动控制(应力控制或应变控制)。在伺服试验机上进行抗剪断时,采用法向恒定荷载,定剪切位移速率的伺服方式。

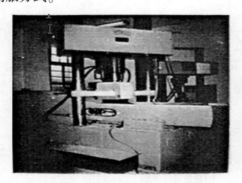

(a)湘秦-50复合伺服试验机剪力仪　　　　　　(b)湘秦-50复合伺服试验机控制仪

**图 14-9　湘秦-50 复合伺服试验机**

通过安装在试件上的位移传感器,可以获得更准确的剪应力-位移曲线;利用安装在试件上的声发射器探头,可以获得声发射率与时间的关系曲线。通过试验可以获得试件抗剪断破坏全过程的信息资料,为研究碾压混凝土层面的破坏机理和试件抗剪断参数的尺寸效应提供分析资料。

(2)采用大型抗剪断试验仪。目前混凝土试验规程中,都是采用尺寸为 150 mm×150 mm×150 mm 的立方体进行室内抗剪断试验,试件成型时,要筛除 40 mm 以上的大骨料,与碾压混凝土的实际级配有差别,不能研究混凝土抗剪断参数的尺寸效应。图14-10~图14-12是室内大型直剪试验仪的简图。

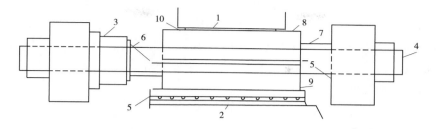

1—压力板上压板;2—压力板下压板;3—千斤顶;4—水平架;5—滚轴排;
6—推头;7—堵头;8—上剪力盘;9—下剪力盘;10—垫板。

**图 14-10　大型直剪仪示意图**

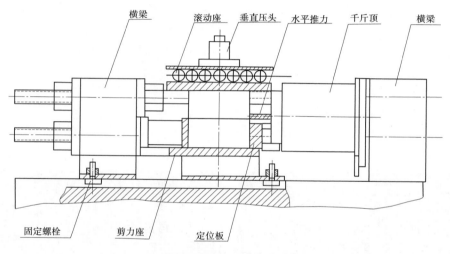

**图 14-11　混凝土层面剪切试验水平加荷结构**

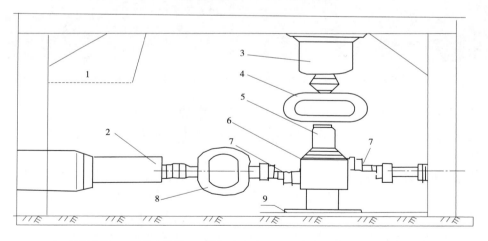

1—钢架主机;2—横向千斤顶;3—纵向千斤顶;4—纵向测力环;5—传感器;6—试体;
7—阶梯传力架;8—横向测力环;9—滚杆。

**图 14-12　大中型直剪仪抗剪断安装示意图**

这种新的传力系统,结构形式合理,减少了推力弯矩影响,符合坝体实际受力状态。稳压系统配有气压、油压微调节控制按钮,并通过油管、气管与加荷千斤顶连通,不仅适合室内试验控制,更有利于现场远距离遥控,这一新式控制中枢,加荷施力比手动油压千斤顶准确、均匀,且可以长期稳定。自动测量系统采用压力、位移传感器取代传统的机械仪表测力与变形,将其所受的物理量通过 ZWY-1 型智能遥测仪、微机、打印机等设备,实现试验数据处理微机化,使试验成果准确且具有可比性。

(3)进行抗剪断参数的统计分析。试验规程中规定的 15 个试块,分 5 级施加不同的正应力,在每级取三个试件测值的平均值为本级法向荷载下的剪应力。这样,共有 5 对正应力和剪应力($\sigma_i$、$\tau_i$),只能获得 1 组抗剪断参数($f'$、$c'$),若要进行抗剪断参数的统计分析,则要成型更多的试块。

### 14.3.4.2　现场原位抗剪强度试验方面

(1)抗剪断试验工况设计。首先应根据工程的实际要求确定和设计几种可能的工况,并进行现场碾压试验。一般采用多点法测定一对抗剪断参数($f'$、$c'$),这就需要在多个试块(一般为 4~5 块)上施加不同的正应力来进行抗剪断试验,其最大正应力根据坝体承受的最大正应力来确定,以获得一对抗剪断参数($f'$、$c'$)。为了对抗剪断参数($f'$、$c'$)进行统计分析,就要获得多对抗剪断参数,其数量应根据工程的重要性来确定。

(2)现场原位抗剪断试件的制备。在现场碾压试验完成并养护 14 d 左右后,用人工凿制抗剪断试块。按混凝土重力坝设计规范的要求,每块试块剪切面积为 50 cm×50 cm(长×宽)。试件的高度由一个碾压层面的厚度来确定,一般为 30 cm 左右,该处位于碾压混凝土层面。使布置在试验槽内的试块的剪力方向与坝体受水流推力方向一致。试件制作好后在试验槽内注水养护。

(3)现场抗剪断试验设备。试验设备包括加载系统和测量系统两大部分。

①加载系统。加载系统由反力架、水平千斤顶、垂直千斤顶和传力块(柱)等组成。图 14-13(a)为龙滩现场碾压试验常用的加载系统。反力架按锚杆不同埋深打孔,用高标号水泥砂浆埋设锚杆,待水泥砂浆达到预计拉力后即可进行试验。

(a)中南院龙滩碾压混凝土抗剪断试验加载系统　　　(b)中南院龙滩碾压混凝土抗剪断试验测量系统

图 14-13　龙滩现场抗剪断试验的加载系统和测量系统

②测量系统。龙滩碾压混凝土现场层面原位抗剪断试验测量系统见图 14-13(b),它包括百分表测量和多项目测量。

百分表测量:试件两边安装有 4 个测点,每个测点上安装有测量垂直变形和水平变形的百分表,计算变形取 4 个百分表的平均值。垂直荷载分 5 级等量施加,每级荷载施加后经 5 min 测读一次变形,加到最后一级荷载时,当连续两次垂直变形值之差小于 0.01 mm,便可施加剪切荷载,剪切荷载按预估量最大荷载的 1/10 等量分级施加,荷载施加速度为每隔 5 min 加荷一次,每级荷载施加前后各测读一次垂直变形和水平变形,当所加剪切荷载引起的水平变形大于前一级变形的 1.5 倍以上时,水平荷载每级相应减半施加。在全部试验过程中要保持垂直荷载为常数,试件剪断后,在保持垂直荷载下,测记试件的残余强度,并观测水平荷载退至零时的水平回弹变形值。抗剪断试验结束后,调整各试验设备再进行同一垂直应力情况下的摩擦试验。

多项目测量:龙滩工程现场抗剪断试验的测量系统包括千分表、百分表、电感式位移计、压力传感器、$X$-$Y$ 函数记录仪、CTS-25 非金属超声仪、声发射仪等。安装这些测量仪器是为了对整个抗剪断试验的破坏过程进行监测,分析破坏机理。试验后对每块试件再做详细描述(试件和层面破坏情况、剪断面积、最大起伏差和擦痕等)。另外,武汉大学水利水电学院在部分试件的碾压混凝土层面粘贴了大量的电阻片,获得层面附近的应力分布,为研究碾压混凝土层面破坏机理提供了资料。

### 14.3.4.3　抗剪断试验数据的处理

#### 1. 抗剪断强度试验方法 1——多点峰值法

多点峰值法是测定抗剪断参数的基本方法,也是通常采用的方法。它将同一工况下全部试件分成若干组,4~5 块试件为一组,试件养护到规定龄期(90 d 或 180 d)后进行抗剪断试验。在每一组不同试件上,分别施加不同的正应力,然后各自施加水平剪应力直至剪断,求出峰值强度和残余强度及抗剪(断)参数。具体的试验操作按《水利水电工程岩石试验规程》(DLJ 204—1981)中的平推方法进行。

抗剪断试验过程中记录下的剪应力-剪切位移典型曲线见图 14-14。图 14-14 表示了抗剪强度-水平位移($\tau$-$u$)的关系。从图 14-14 中,可以找出 $\tau$-$u$ 上的 4 个特征点:比例极限点;临近破坏极限点;峰值强度点;残余强度点。由于这些点基本上控制了抗剪断破坏的全过程,对于指导抗剪断试验和抗剪断破坏机理的研究具有重要的意义。根据对试验资料的统计结果,比例极限强度大约为峰值强度的 50%,临近破坏极限强度大约为峰值强度的 86%,残余强度为峰值强度的 50%~60%。

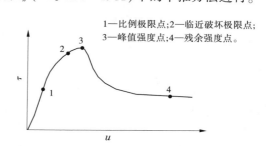

图 14-14　抗剪断强度典型曲线

多点峰值法为基本方法,比例极限单点法和临近破坏极限单点法为辅助方法。试验时,用 $X$-$Y$ 函数记录仪记录剪切荷载 $Q(\tau)$-剪切位移 $u$($\tau$-$u$)、剪切荷载 $Q(\tau)$-法向位移 $v$($\tau$-$v$) 及剪切荷载 $\tau$-声发射率 $AE$($\tau$-$AE$)关系曲线,龙滩工程设计阶段现场抗剪断试验的典型曲线见图 14-15 和图 14-16。图 14-16(b)为多点峰值法试验的 $\tau$-$u$、$\tau$-$v$、$\tau$-$AE$ 关系曲线;图 14-16(a)为临近破坏极限单点法的 $\tau$-$u$、$\tau$-$v$、$\tau$-$AE$ 关系曲线。

由试件剪切位移($u$)、法向位移($v$)及初裂声发射率($AE$)可大致确定其比例极限强度;由试件出现非线性剪切位移($u$)、法向剪胀位移($v$)及强烈的声发射($AE$)可大致确定其临近破坏极限强度;由试件最大剪切荷载可以确定峰值强度。试件剪断后,承受剪切荷载的能力逐渐下降,过程线趋向水平,进入稳定摩擦,由此确定残余强度。

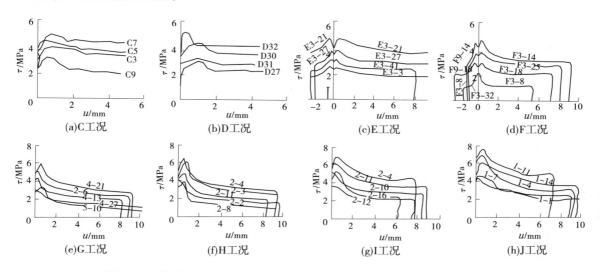

图 14-15　龙滩设计阶段现场碾压试验各工况抗剪断试验典型 $\tau$-$u$ 关系曲线

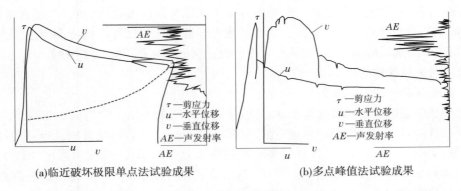

(a)临近破坏极限单点法试验成果　　　　　　　(b)多点峰值法试验成果

图 14-16　龙滩工程设计阶段现场原位抗剪试验时的 $\tau-u,\tau-v,\tau-AE$ 的关系曲线

**2. 抗剪断强度试验方法 2——单点法**

单点法是测定抗剪断参数的辅助方法。多点峰值法要 4~5 块试件为一组进行抗剪断试验,获得一组抗剪断参数($f'$、$c'$),需要进行多组抗剪断试验,才能获得多组抗剪断参数($f'$、$c'$),以满足对抗剪断参数($f'$、$c'$)进行统计分析的要求,以确定在设计规定的保证率(一般为 80%~90%)条件下抗剪断参数($f'$、$c'$),这个值称为抗剪断参数($f'$、$c'$)标准值,它是在对大坝进行抗滑稳定分析时需要的。有的工程由于条件的限制,不能进行大量的抗剪断试验,而在少量的多点峰值法试验成果(如 2~3 组)的基础上,在一个试件上,测定一组抗剪断参数($f'$、$c'$),这就是所谓的"单点法"。"单点法"又分两种,即比例极限单点法和临近破坏极限单点法。

**1)比例极限单点法**

比例极限点的判定方法是:①当某一级剪切荷载施加后,引起的试件水平变形明显大于前一级的;②试件上游面的垂直位移明显大于前一级的;③产生声发射的。试验中当这 3 种现象同时发生或其中一种发生时,就认为达到比例极限。由于在比例极限之前,水平位移或垂直位移均很小,故采用声发射接收试件初始产生微裂纹时发出的声波,是判定比例极限点的有效方法。试验时,首先施加第一级正应力,然后按预估最大剪切荷载的 5%逐步施加剪应力,当通过对测量系统仪器绘制的 $\tau-u$ 曲线的观察,发现已到达比例极限点时,记下相应的正应力和剪应力,再施加第二级正应力和检测的到达相应比例极限点时的剪应力,直到最后一级。这样,就得到了在比例极限条件下的一组正应力和剪应力($\tau,\sigma_i,i=1、2、3、4、5$),从而获得一组比例极限条件下的抗剪断参数($f'$、$c'$)。在进行多点峰值法试验时,就建立了峰值强度与比例极限强度的对应关系(或换算系数)。这样,就可以将比例极限条件下的抗剪断参数($f'$、$c'$)换算到多点峰值法的抗剪断参数($f'$、$c'$)。

**2)临近破坏极限单点法**

临近破坏极限点的判定方法是:①当某一剪切荷载施加后,引起的试件水平变形速率显著大于前一级的;②试件下游面开始上抬变形的;③超声波速度、振幅明显减小的,产生声发射的;④声发射频率明显加密、振幅增高的。这 4 种判定方法以超声波振幅衰减最为敏感,当超声波振幅变得很小时,认为已经达到临近破坏极限点。同样,可以获得一组临近破坏极限条件下的抗剪断参数($f'$、$c'$)。在进行多点峰值法试验时,就建立了峰值强度与临近破坏极限强度的对应关系(或换算系数)。这样,就可以将临近破坏极限抗剪断参数($f'$、$c'$)换算到多点峰值法的抗剪断参数($f'$、$c'$)。

**14.3.4.4　抗剪断试验情况的描述**

(1)从抗剪强度-水平位移($\tau-u$)的关系曲线(见图 14-14)来分析。图 14-14 是抗剪断试验和抗剪断破坏机理研究的重要资料。

(2)从试件抗剪断剖面情况来分析。层面仍是一个弱面。通常,上层碾压混凝土覆盖快的,剪断面起伏差大,有利于抗剪断参数的提高。图 14-17 和图 14-18 给出了龙滩抗剪断破坏面的典型照片,表 14-3 给出了龙滩抗剪断破坏面的起伏差的统计情况。在统计的 259 块试件中,全部在层面剪断的有

100 块,占 38.6%,平均起伏差 1.02 cm;部分在层面剪断的有 159 块,占 61.4%,平均起伏差 2.5 cm。由此可见,层面是一个弱面,其抗剪断能力比本体要低。

图 14-17　龙滩设计阶段碾压混凝土第二次现场原位抗剪断试验层面破坏图 1

(a)层面较平整

(b)层面胶结良好,剪断面粗糙,凹凸差大,起伏差1.7 cm

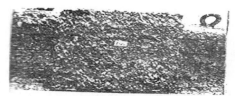

(c)层面胶结良好,剪断面毛糙,起伏差0.9 cm

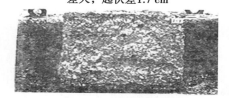

(d)层面胶结较差,剪断面较平滑,起伏差0.5 cm

图 14-18　龙滩设计阶段碾压混凝土第二次现场原位抗剪断试验层面破坏图 2

表 14-3　龙滩工程设计阶段三次现场碾压试验各工况剪断面位置和起伏差情况统计

| 工况 | 试件数/块 | 全部在碾压混凝土层面剪断 | | | 部分在碾压混凝土层面剪断 | | |
| --- | --- | --- | --- | --- | --- | --- | --- |
| | | 块数/块 | 百分数/% | 起伏差/cm | 块数 | 百分数/% | 起伏差/cm |
| C | 39 | 7 | 17.95 | 0.4~0.9 | 32 | 82.05 | 1.0~6.0 |
| D | 40 | 9 | 22.50 | 0.5~1.2 | 31 | 77.50 | 2.0~7.0 |
| E | 48 | 20 | 41.66 | 0.6~1.6 | 22 | 45.83 | 0.9~5.0 |
| F | 48 | 23 | 47.92 | 0.4~1.2 | 25 | 52.08 | 0.6~3.7 |
| G | 28 | 18 | 64.29 | 0.4~1.4 | 10 | 71.43 | 1.2~3.6 |
| H | 14 | 4 | 28.57 | 0.4~0.9 | 20 | 71.43 | 0.9~2.9 |
| I | 28 | 11 | 39.29 | 0.3~1.7 | 17 | 60.71 | 1.3~5.7 |
| J | 14 | 2 | 14.29 | 0.3~2.3 | 12 | 85.71 | 1.0~4.5 |
| 合计 | 259 | 94 | | | 169 | | |

# 14.4　碾压混凝土抗剪断参数统计方法介绍

在完成了抗剪断试验后,就要对试验成果进行统计分析。以便计算在给定保证率下的抗剪断试验参数($f'$、$c'$),供设计使用。

抗剪断参数的统计方法可分为两大类,见表 14-4:一类是规范中使用过的或正在使用的统计方法,称为规范统计法,初步估计有 8 个(简称规范统计法 1~8);另一类是规范中没有规定的统计方法,但在一些工程中使用过,初步估计有 5 个(简称统计法 1~5);可能还有一些其他统计方法未收集到。这 13 个抗剪断参数的统计方法和抗剪断强度标准值的选取方法阐述如下。

表 14-4　抗剪断参数的统计方法

| 分类 | 本总结中的名称 | 统计法名称 | 抗剪断强度标准值的选取方法 |
|---|---|---|---|
| 规范统计法 | 规范统计法 1 | 《混凝土重力坝设计规范》（SDJ 21—78） | 用小值平均值计算 $f'$、$c'$ |
| | 规范统计法 2 | 《混凝土重力坝设计规范》（DL 5108—1999） | 概率分布模型用 0.2 分位值,$f'$ 用正态分布,$c'$ 用对数正态分布 |
| | 规范统计法 3 | 《水利水电工程岩石试验规程》（SL 264—2001） | 用 $t$ 分布和给定的分位值计算 $f'$ 和 $c'$ |
| | 规范统计法 4 | 《混凝土重力坝设计规范》（SL 319—2005） | 抗剪断参数 $f'$、$c'$ 的取值:规划阶段可参考附录 D-2 选用;可行性研究阶段及以后的设计阶段,应经试验确定没有提到的统计取值问题 |
| | 规范统计法 5 | 《水电水利工程岩石试验规程》（DL/T 5368—2007） | 没有提到抗剪断参数($f'$、$c'$)和抗剪摩擦系数($f$、$c$)的统计取值问题,只提到确定强度参数的试验最佳值,最佳值就是试验的平均值 |
| | 规范统计法 6 | 《混凝土重力坝设计规范》（NB/T 35026—2014） | 材料的抗剪断强度标准值采用平均值,设计值在保证率为 95% 处取值 |
| | 规范统计法 7 | 《碾压混凝土坝设计规范 》（SL 314—2004） | 提出了国内部分工程的碾压层(缝)面抗剪断参数,根据类似工程选用抗剪断参数时应慎重 |
| | 规范统计法 8 | 《水利水电工程地质勘察规范》（GB 50287—1999） | 当采用极限(峰值)强度时,应取大的安全系数;采用比例极限强度、屈服强度时,应取小的安全系数,并分别与剪摩和纯摩稳定计算公式相对应 |

**续表 14-4**

| 分类 | 本总结中的名称 | 统计法名称 | 抗剪断强度标准值的选取方法 |
|---|---|---|---|
| 非规范统计法 | 统计法 1 | 中南院方法 | 用 $t$ 分布和给定的分位值计算 $f'$ 和 $c'$ |
| | 统计法 2 | 广西电力设计院法 | 用正态分布和给定的分位值计算 $f'$ 和 $c'$ |
| | 统计法 3 | 随机组合法,中南院提出 | 对试验数据进行随机组合后,用正态分布和给定的分位值计算 $f'$ 和 $c'$ |
| | 统计法 4 | 《重力坝设计 20 年》中提出 | 根据统计 $f'$ 和 $c'$ 可能适合正态分布、对数正态分布或极值 I 型分布 |
| | 统计法 5 | 优定斜率法 | 优定确定 $\sigma-\tau$ 曲线中的斜率($f'$),再根据保证率确定 $c'$ |

## 14.4.1　抗剪断参数的规范统计法

### 14.4.1.1　抗剪断参数规范统计法 1——《混凝土重力坝设计规范》(SDJ 21—78)

抗剪断参数规范统计法 1 是《混凝土重力坝设计规范》(SDJ 21—78)中建议的方法。其中指出,抗剪断摩擦系数 $f'$ 和黏聚力 $c'$ 是指野外试验测定的峰值的小值平均值或野外试验和室内试验的峰值的小值平均值,且每一工程地质单元的野外试验不得少于 4 组。这种方法是,先对求出的几个 $f'$、$c'$ 值分别计算各自的平均值,再将平均值以下的值进行平均,所得之值称为 $f'$、$c'$ 的小值平均值。这一方法的特点是计算简单、概念明确、易为设计人员所接受。但是,在一般工程上,在一个工程地质单元(或一种碾压混凝土工况)要做 4 组以上的抗剪断试验是很困难的,而且如何分组又有一定的人为性,故其小值平均值也有一定的人为性。

### 14.4.1.2　抗剪断参数规范统计法 2——《混凝土重力坝设计规范》(DL 5108—1999)

《混凝土重力坝设计规范》(DL 5108—1999)中,第 8.4.2 节"抗剪强度标准值"规定:大型工程可行性研究及招标设计阶段,坝体混凝土与基岩接触面、基岩、坝基软弱结构面、碾压混凝土层面的抗剪断强度的标准值,按现场或室内试验测定成果概率分布的 0.2 分位值确定。当坝基地质条件简单时,其抗剪断强度的标准值可根据少量现场试验成果参照类似工程的试验成果分析确定。

大型工程可行性研究以前各设计阶段及中型的所有设计阶段可参考类似条件工程的试验成果或参考附录 D3(见表 14-5)所列标准值分析确定。上述抗剪断摩擦系数概率分布模型取正态分布,抗剪断黏聚力取对数正态分布。

**表 14-5　混凝土层面抗剪断参数**

| 序号 | 类别名称 | 特征 | 抗剪断参数均值和标准值 | | | |
|---|---|---|---|---|---|---|
| | | | $\mu f_c'$ | $f_{ck}'$ | $\mu c_c'$/MPa | $c_{ck}'$/MPa |
| 1 | 碾压混凝土(层面黏结) | 贫胶凝材料配比(180 d 龄期) | 1.0~1.1 | 0.82~1.00 | 1.27~1.50 | 0.89~1.05 |
| | | 富胶凝材料配比(180 d 龄期) | 1.1~1.3 | 0.91~1.07 | 1.73~1.96 | 1.21~1.37 |
| 2 | 常态混凝土(层面黏结) | C10~C20(90 d 龄期) | 1.3~1.5 | 1.08~1.25 | 1.6~2.0 | 1.16~1.45 |

注:1. 胶凝材料含量小于 130 kg/m³ 的为贫胶凝材料,含量大于 160 kg/m³ 的为富胶凝材料,含量在 130~160 kg/m³ 的为中等胶凝材料。

2. $\mu f_c'$ 为坝体混凝土层面抗剪断摩擦系数的均值,$f_{ck}'$ 为坝体混凝土层面抗剪断摩擦系数的标准值,$\mu c_c'$ 为坝体混凝土层面抗剪断黏聚力的均值,$c_{ck}'$ 为坝体混凝土层面抗剪断摩擦系数的标准值。

《混凝土重力坝设计规范》(DL 5108—1999)第 8.4.2 节条文说明"抗剪强度标准值"规定:坝体混凝土与基岩接触面、基岩、坝基深层软弱结构面、碾压混凝土层面的抗剪断强度标准值的确定方法按照《水工统标》规定。中型工程,可根据具体条件做少量中型试件校核试验以便用工程类比法选用本规范附录 D 的参考抗剪断数据。其中,表 D.0.1 中 $f'_{ck}$、$c'_{ck}$ 是根据国内 20 世纪 50~80 年代中期共 30 年间在现场所做大型抗剪试验确定的,包括三大类 52 种岩石(火成岩 19 种、沉积岩 23 种、变质岩 10 种)229 组试验资料,分布在全国 40 个大、中型水利水电工程,大部分工程有 2~4 组,少数工程超过 10 组。对坝基岩体分 Ⅰ、Ⅱ、Ⅲ、Ⅳ 四级,其抗剪强度试验子样依顺次 60、64、66、27 分别进行数理统计和概率分布模型拟合分析。

这种方法要预先分组,对每组求出一对抗剪断参数 $f'$、$c'$,然后对 $f'$、$c'$ 分别按 0.2 分位值确定抗剪断强度的标准值。同样,组数也要比较多,如何分组又有一定的人为性。求得几组 $f'$、$c'$ 后,由于通常都是小样本,上述规范中没有给出抗剪断强度参数 $f'$、$c'$ 的标准值的具体计算公式。

### 14.4.1.3 抗剪断参数规范统计法 3——《水利水电工程岩石试验规程》(SL 264—2001)

下文按《水利水电工程岩石试验规程》(SL 264—2001)中的方法计算 $f'$、$c'$ 的标准值。在这里,保持《水利水电工程岩石试验规程》(SL 264—2001)公式中的符号不变,即把原文的 $x$ 可看作是 $f'$ 或 $c$。具体计算过程如下。

1. 抗剪(断)参数试验最佳值的确定

求抗剪(断)参数试验最佳值(又称算术平均值)的方法有三种:①对同一强度等级、同工况的各组碾压混凝土层面抗剪(断)参数进行统计,确定试验最佳值;②将同一强度等级、同工况的碾压混凝土全部试验成果点绘在 $\tau$-$\sigma$ 坐标图上,用图解法或最小二乘法确定该强度等级的抗剪(断)强度参数的试验最佳值;③将同一强度等级、同工况的全部试验成果按正应力分组统计,确定各级正应力下的最佳剪应力值,用图解法或最小二乘法确定该强度等级的抗剪(断)强度参数的试验最佳值。

(1)图解法确定该强度等级、同工况的碾压混凝土的抗剪(断)强度参数的试验最佳值按下列步骤进行:将不同正应力下的最大剪应力(单值或统计值)点绘在 $\tau$-$\sigma$ 坐标图上;用目估方法作直线,直线至所有的点距离应最近;按直线的斜率和截距确定抗剪(断)强度参数 $\tan\varphi$(即 $f$)和 $c$。

(2)最小二乘法确定该强度等级的抗剪(断)强度参数的试验最佳值按式(14-10)、式(14-11)计算:

$$\tan\varphi = \frac{n\sum_{i=1}^{n}\sigma_i\tau_i - \sum_{i=1}^{n}\sigma_i\sum_{i=1}^{n}\tau_i}{n\sum_{i=1}^{n}\sigma_i^2 - \left(\sum_{i=i}^{n}\sigma_i\right)^2} \tag{14-10}$$

$$c = \frac{\sum_{i=1}^{n}\sigma_i^2\sum_{i=1}^{n}\tau_i - \sum_{i=1}^{n}\sigma_i\sum_{i=1}^{n}\sigma_i\tau_i}{n\sum_{i=1}^{n}\sigma_i^2 - \left(\sum_{i=1}^{n}\sigma_i\right)^2} \tag{14-11}$$

式中:$\tan\varphi$ 为摩擦系数;$c$ 为黏聚力;$\sigma_i$ 为正应力值,$i=1,\cdots,n$;$\tau_i$ 为 $\sigma_i$ 相对应的剪应力值,$i=1,2,\cdots,n$;$n$ 为试验的总点数。

2. 碾压混凝土层面抗剪(断)参数的数理特征值的确定

根据上面求出的同一强度等级、同工况的各组碾压混凝土层面抗剪(断)参数($\tan\varphi$ 和 $c_i$),再对其进行数理特征值的统计(后文 $\tan\varphi$ 和 $c_i$ 均用 $x_i$ 代表)。

试验值($x_i$)的算术平均值($\bar{x}$)、均方差($\sigma$)和偏差系数($C_v$)分别按式(14-12)、式(14-13)、式(14-14)计算:

$$\bar{x} = \frac{\sum x_i}{n} \tag{14-12}$$

$$\sigma = \frac{\sqrt{\sum (x_i - \bar{x})^2}}{\sqrt{n - 1}} \qquad (14\text{-}13)$$

$$C_v = \frac{\sigma}{\bar{x}} \qquad (14\text{-}14)$$

绝对误差($m_x$)和精度指标($p_x$)分别按式(14-15)、式(14-16)计算:

$$m_x = \pm \frac{\sigma}{n} \qquad (14\text{-}15)$$

$$p_x = \pm \frac{m_x}{\bar{x}} \qquad (14\text{-}16)$$

非代表性试验值可按式(14-17)确定,并予以舍弃:

$$| x_i - \bar{x} | > g\sigma \qquad (14\text{-}17)$$

式中:$g$ 为采用三倍标准差方法或 Grubbs 准则判别时给出的系数。用三倍标准差方法时,$g = 3$;用 Grubbs 准则判别时,$g$ 按表 14-6 的规定取值。

表 14-6 Grubbs 判别准则中 $g$ 取值

| 样本数 | 置信水平 | | 样本数 | 置信水平 | | 样本数 | 置信水平 | |
|---|---|---|---|---|---|---|---|---|
| | 95% | 99% | | 95% | 99% | | 95% | 99% |
| 3 | 1.15 | 1.15 | 9 | 2.11 | 2.32 | 15 | 2.41 | 2.71 |
| 4 | 1.46 | 1.49 | 10 | 2.18 | 2.41 | 20 | 2.56 | 2.88 |
| 5 | 1.67 | 1.75 | 11 | 2.23 | 2.48 | 25 | 2.66 | 3.01 |
| 6 | 1.82 | 1.94 | 12 | 2.29 | 2.55 | 30 | 2.75 | 3.10 |
| 7 | 1.94 | 2.10 | 13 | 2.33 | 2.61 | 40 | 2.87 | 3.24 |
| 8 | 2.03 | 2.22 | 14 | 2.37 | 2.66 | 50 | 2.90 | 3.34 |

3. 抗剪(断)试验参数标准值的确定

对于相同强度等级、同工况的碾压混凝土中有足够数量的抗剪(断)试验值,可以计算满足给定置信概率条件下的试验参数标准值。根据给定的置信概率 $p = 1 - \alpha$,标准值 $f_k$ 可按式(14-18)、式(14-19)计算:

$$f_k = \gamma_s \bar{x} \qquad (14\text{-}18)$$

$$\gamma_s = 1 \pm \frac{t_\alpha(n-1)}{n} C_v \qquad (14\text{-}19)$$

式中:$f_k$ 试验参数标准值;$\gamma_s$ 统计修正系数,其正负号按不利组合考虑。

$t_\alpha(n-1)$ 置信概率为 $1-\alpha$($\alpha$ 为风险率),自由度为 $n-1$ 的 $t$ 分布单值置信区间系数值,可按 $t$ 分布单值置信区间 $t_\alpha$ 系数表规定取值。置信概率为 80%、85%、90% 和 95% 时,$t_\alpha$ 按表 14-7 规定取值。

### 14.4.1.4 抗剪断参数规范统计法 4——《混凝土重力坝设计规范》(SL 319—2005)

《混凝土重力坝设计规范》(SL 319—2005)中第 6.4.2 节中规定,坝体混凝土与坝基接触面之间的抗剪断摩擦系数 $f'$、黏聚力 $c'$ 和抗剪摩擦系数 $f$ 的取值:规划阶段可参考附录 D-2 选用;可行性研究阶段及以后的设计阶段,应经试验确定;中型工程的中、低坝,若无条件进行野外试验时,宜进行室内试验,并参照《混凝土重力坝设计规范》(SL 319—2005)附录表 D-2(见表 14-8)和表 D-3(见表 14-9)选用。

表 14-7　t 分布单值置信区间 $t_\alpha$ 系数

| 自由度 $n-1$ | 置信概率 | | | | 自由度 $n-1$ | 置信概率 | | | | 自由度 $n-1$ | 置信概率 | | | |
|---|---|---|---|---|---|---|---|---|---|---|---|---|---|---|
| | 80% | 85% | 90% | 95% | | 80% | 85% | 90% | 95% | | 80% | 85% | 90% | 95% |
| 2 | 1.061 | 1.386 | 1.886 | 2.920 | 9 | 0.883 | 1.100 | 1.383 | 1.833 | 20 | 0.860 | 1.064 | 1.325 | 1.725 |
| 3 | 0.978 | 1.250 | 1.638 | 2.353 | 10 | 0.879 | 1.093 | 1.372 | 1.812 | 25 | 0.856 | 1.058 | 1.316 | 1.708 |
| 4 | 0.941 | 1.190 | 1.533 | 2.132 | 11 | 0.876 | 1.088 | 1.363 | 1.796 | 30 | 0.854 | 1.055 | 1.310 | 1.697 |
| 5 | 0.920 | 1.156 | 1.476 | 2.015 | 12 | 0.873 | 1.083 | 1.356 | 1.782 | 40 | 0.851 | 1.050 | 1.303 | 1.684 |
| 6 | 0.906 | 1.134 | 1.440 | 1.943 | 13 | 0.870 | 1.079 | 1.350 | 1.771 | 60 | 0.848 | 1.046 | 1.296 | 1.671 |
| 7 | 0.896 | 1.119 | 1.415 | 1.895 | 14 | 0.868 | 1.076 | 1.345 | 1.761 | 120 | 0.845 | 1.041 | 1.289 | 1.658 |
| 8 | 0.889 | 1.108 | 1.397 | 1.86 | 15 | 0.866 | 1.074 | 1.341 | 1.753 | ∞ | 0.842 | 1.036 | 1.282 | 1.645 |

表 14-8　坝基岩体力学参数

| 岩体分类 | 混凝土与坝基接触面 | | | 岩体 | | 变形模量 $E_0$/GPa |
|---|---|---|---|---|---|---|
| | $f'$ | $c'$/MPa | $f$ | $f'$ | $c'$/MPa | |
| Ⅰ | 1.50~1.30 | 1.50~1.30 | 0.85~0.75 | 1.60~1.40 | 2.50~2.00 | 40.0~20.0 |
| Ⅱ | 1.30~1.10 | 1.30~1.10 | 0.75~0.65 | 1.40~1.20 | 2.00~1.50 | 20.0~10.0 |
| Ⅲ | 1.10~0.90 | 1.10~0.70 | 0.65~0.55 | 1.20~0.80 | 1.50~0.70 | 10.0~5.0 |
| Ⅳ | 0.90~0.70 | 0.70~0.30 | 0.55~0.40 | 0.80~0.55 | 0.70~0.30 | 5.0~2.0 |
| Ⅴ | 0.70~0.40 | 0.30~0.05 | — | 0.55~0.40 | 0.30~0.05 | 2.0~0.2 |

注:1. $f'$、$c'$ 为抗剪断参数, $f$ 为抗剪参数。

　　2. 表中参数限于硬质岩,软质岩应根据软化系数进行折减。

表 14-9　结构面、软弱层和断层力学参数

| 类型 | $f'$ | $c'$/MPa | $f$ |
|---|---|---|---|
| 胶结的结构面 | 0.80~0.60 | 0.250~0.100 | 0.70~0.55 |
| 无充填的结构面 | 0.70~0.45 | 0.150~0.050 | 0.65~0.40 |
| 岩块岩屑型 | 0.55~0.45 | 0.250~0.100 | 0.50~0.40 |
| 岩屑夹泥型 | 0.45~0.35 | 0.100~0.050 | 0.40~0.30 |
| 泥夹岩屑型 | 0.35~0.25 | 0.050~0.020 | 0.30~0.23 |
| 泥 | 0.25~0.18 | 0.005~0.002 | 0.23~0.18 |

注:1. $f'$、$c'$ 为抗剪断参数, $f$ 为抗剪参数。

　　2. 表中参数限于硬质岩中的结构面。

　　3. 软质岩中的结构面应进行折减。

　　4. 胶结或无充填的结构面抗剪断强度,应根据结构面的粗糙程度选取大值或小值。

　　应该指出,在《混凝土重力坝设计规范》(SL 319—2005)中,没有提到碾压混凝土层面抗剪断参数(抗剪断摩擦系数 $f'$、黏聚力 $c'$ 和抗剪摩擦系数 $f$)的统计取值问题。

### 14.4.1.5　抗剪断参数规范统计法 5——《水电水利工程岩石试验规程》(DL/T 5368—2007)

　　《水电水利工程岩石试验规程》中,关于抗剪断参数的统计问题,只在其附录 E9 中提出了对直剪强

度特性指标整理应符合下列要求：

（1）直剪强度试验成果整理应按库仑-纳维强度准则的线性表达式确定强度参数的试验最佳值。

（2）对于各试体的试验数据，应根据试体的破坏机理、剪切面情况、混凝土与岩体胶结面性质、结构面的性状等因素，分析试体的代表性和试验数据的合理性。对于缺乏代表性的试验数据，可不参与该分类岩体的资料整理。

（3）直剪强度特性指标应提出抗剪断峰值强度和抗剪（摩擦）强度的试验最佳值。需要时，可在各级法向应力下的剪应力和剪切位移关系曲线上，确定比例极限和屈服极限应力特征点，并提出相应的试验最佳值。

（4）当同一分类的岩体进行多组试验时，按试验代表的典型岩类在分类中的权值，计算加权平均值作为该分类岩体的试验最佳值。

同样应该指出，在《水电水利工程岩石试验规程》（DL/T 5368—2007）中，也没有提到抗剪断参数（抗剪断摩擦系数 $f'$、黏聚力 $c'$ 和抗剪摩擦系数 $f$、$c$）的统计取值问题，只提到"确定强度参数的试验最佳值"。最佳值就是试验的平均值。而《水利水电工程岩石试验规程》（SL 264—2001）中，则提出了抗剪断参数的统计取值问题。

### 14.4.1.6　抗剪断参数规范统计法6——《混凝土重力坝设计规范》（NB/T 35026—2014）

《混凝土重力坝设计规范》抗剪强度标准值中规定，坝体混凝土与基岩接触面、基岩、坝基软弱结构面的抗剪断强度的标准值，应按照《水力发电工程地质勘察规范》（GB 50287—2006）附录 D 的规定确定。

大型工程可行性研究及招标设计阶段，现场或室内试验成果应按有关的试验规定分析研究整理，再根据水工建筑物地基或基岩的工程地质条件进行调整，提出标准值；本标准采用抗剪强度的平均值作为标准值。当坝基地质条件简单时，其抗剪断强度的标准值可根据少量现场试验成果参照类似工程的试验成果分析确定。

大型工程可行性研究以前各设计阶段及中型工程的所有设计阶段可参考类似条件工程的试验成果或参考表 14-10 和表 14-11 所列标准值分析确定。

表 14-10　[《混凝土重力坝设计规范》（NB/T 35026—2014）附录表 D-1）] 坝基面及岩体抗滑稳定抗剪断参数
（坝基岩体分类及岩体与混凝土接触面和岩体抗剪断参数）

| 岩体工程分类 | 坝基岩体特性 | 岩体基本参数变化范围类比值 | 接触面抗剪断参数标准值 | | 岩体抗剪断参数标准值 | |
|---|---|---|---|---|---|---|
| | | | $f_R'$ | $c_R'/MPa$ | $f_d'$ | $c_d'/MPa$ |
| I | 坚硬岩，岩体呈整体块状或巨厚层、厚层状结构，新鲜—微风岩体完整，结构面不发育 | $R_b>60\ MPa$，$v_p>5\ 000\ m/s$，$E_r>20\ GPa$；具各向同性的力学特性 | 1.50～1.30 | 1.50～1.30 | 1.60～1.40 | 2.50～2.00 |
| II | 坚硬岩，岩体呈块状或厚层状结构，微风化—弱风化，岩体较完整，结构面中等发育。中硬岩，岩体呈块状或厚层状结构，新鲜—微风化，岩体完整，结构面不发育 | $R_b>30\ MPa$，$v_p>4\ 000\ m/s$，$E_r>10\ GPa$；具各向同性的力学特性 | 1.30～1.10 | 1.30～1.10 | 1.40～1.20 | 2.00～1.50 |

续表 14-10

| 岩体工程分类 | 坝基岩体特性 | 岩体基本参数变化范围类比值 | 接触面抗剪断参数标准值 | | 岩体抗剪断参数标准值 | |
|---|---|---|---|---|---|---|
| | | | $f_R'$ | $c_R'$/MPa | $f_d'$ | $c_d'$/MPa |
| III | 坚硬岩,岩体呈次块状、中厚层状或呈互层状、镶嵌碎裂状结构,弱风化,结构面发育。<br>中硬岩,岩体呈次块状或中厚层状结构,微风化—弱风化,岩体较完整,结构面中等发育。<br>软岩,岩体呈整体状或厚层状结构,新鲜、完整,结构面不发育 | $R_b > 15$ MPa, $v_p > 3\ 000$ m/s, $E_r > 5$ GPa;力学特性不均一 | 1.10~0.90 | 1.10~0.70 | 1.20~0.80 | 1.50~0.70 |
| IV | 坚硬岩,岩体呈互层状、薄层状或碎裂状结构,弱风化上限,岩体破碎,结构面很发育。<br>中硬岩,岩体呈互层状、薄层状或碎裂状结构,弱风化,岩体较破碎,结构面较发育。<br>软岩,岩体呈整体状或互层状结构,微风化—弱风化,岩体较完整,结构面中等发育 | $R_b > 10$ MPa, $v_p > 2\ 000$ m/s, $E_r > 2$ GPa;力学特性显著不均一 | 0.90~0.70 | 0.70~0.30 | 0.80~0.55 | 0.70~0.30 |
| V | 强风化、极破碎的坚硬岩或中硬岩,结构松散或断层带、破碎带;风化、泥化的软岩 | $R_b < 10$ MPa, $v_p < 2\ 000$ m/s, $E_r < 2$ GPa;力学特性各异 | 0.70~0.40 | 0.30~0.05 | 0.55~0.40 | 0.30~0.05 |

**注**:1. $R_b$ 为饱和抗压强度,$v_p$ 为声波纵波波速,$E_r$ 为变形模量。

　　2. 坚硬岩为 $R_b > 60$ MPa 的岩石,中硬岩为 $R_b = 60 \sim 30$ MPa 的岩石,软岩为 $R_b < 30$ MPa 的岩石。

**表 14-11**　[《混凝土重力坝设计规范》(NB/T 35026—2014)》附录表 D-3]混凝土层面抗剪断参数

| 类别名称 | 特征 | 抗剪断参数标准值 | |
|---|---|---|---|
| | | $f_c'$ | $c_c'$/MPa |
| 碾压混凝土（层面黏结） | 贫胶凝材料配比(180 d 龄期) | 1.0~1.1 | 1.27~1.50 |
| | 富胶凝材料配比(180 d 龄期) | 1.1~1.3 | 1.73~1.96 |
| 常态混凝土（层面黏结） | C10~C20(90 d 龄期) | 1.3~1.5 | 1.6~2.0 |

**注**:胶凝材料含量小于 130 kg/m³ 的为贫胶凝材料,含量大于 160 kg/m³ 的为富胶凝材料,在 130~160 kg/m³ 的为中等胶凝材料。

　　《混凝土重力坝设计规范》(NB/T 35026—2014)条文说明的 6.2.1~6.2.2 节中指出,承载能力设计表达式是采用五类分项系数,即结构重要性系数 $\gamma_0$、设计状况系数 $\psi$、作用分项系数 $\gamma_F$、材料性能分项系数 $\gamma_f$ 和结构系数 $\gamma_d$ 及其各设计变量的标准值表示的。

　　作用及材料性能分项系数是根据结构功能函数中基本变量的统计参数和概率分布模型,经分析并结合工程经验确定的。作用标准值的取值继承了以前规范的标准,分项系数考虑对标准值的不利变异,按《水工统标》的规定确定,是超载系数的概念。本标准作用分项系数引自《水工建筑物荷载设计规范》(DL 5077—1997)。材料性能的标准值根据混凝土强度试验、基岩与混凝土接触面抗剪断试验成果统计分析而定,分项系数根据反映材料实际强度对所采用的材料强度标准值的不利变异而定出,类似强度的降低系数。

要说明的是,《水力发电工程地质勘察规范》(GB 50287—2006)提出了坝基岩体力学参数表和结构面、软弱层及断层的抗剪断强度表,在试验资料不足时,可结合地质条件根据表中参数进行折减选用地质建议值,表中数值相当于平均值。通过对以往大量现场试验资料的统计,坝体混凝土与基岩接触面、基岩、坝基软弱结构面、碾压混凝土层面的抗剪断强度,对应Ⅰ、Ⅱ、Ⅲ、Ⅳ、Ⅴ类坝基岩体,抗剪断摩擦系数的变异系数分别为 0.20、0.20、0.20、0.25、0.25,黏聚力变异系数分别为 0.35、0.35、0.35、0.45、0.45;软弱结构面的抗剪断摩擦系数的变异系数为 0.25,黏聚力变异系数为 0.65。Ⅰ、Ⅱ、Ⅲ类坝基岩体和Ⅳ、Ⅴ类坝基岩体的抗剪断摩擦系数和黏聚力降低比值差距不大,而与软弱结构面降低比值差距很大。为了简化并与其他的标准一致,材料的抗剪断强度标准值采用平均值,设计值在保证率为 95% 处取值,按式(14-20)、式(14-21)计算其设计值:

$$f'_{sj} = \mu_{f'_R}(1 - 1.645\delta_{f'_R}) \tag{14-20}$$

$$c'_{sj} = \frac{\mu_{c'_R}}{\sqrt{1 + \delta_{c'_R}^2}}\exp\left[-1.645\sqrt{\ln(1 + \delta_{c'_R}^2)}\right] \tag{14-21}$$

式中:$f'_{sj}$、$c'_{sj}$ 为抗剪断摩擦系数、黏聚力的设计值;$\mu_{f'_R}$、$\mu_{c'_R}$ 为抗剪断摩擦系数、黏聚力的平均值;$\delta_{f'_R}$、$\delta_{c'_R}$ 为抗剪断摩擦系数、黏聚力的变异系数。则Ⅰ~Ⅲ类岩体的强度折减系数为 1.49、1.85,Ⅳ、Ⅴ类岩体的强度折减系数为 1.49、1.85,Ⅳ、Ⅴ类岩体的强度折减系数为 1.70、2.22,软弱结构面的强度折减系数为 1.70、5.56。考虑到按此指标设计的重力坝与以前的单一安全系数设计法设计的基本一致,其分项系数不仅要反映材料实际强度的不利变异,也要适应从单一安全系数设计法到分项系数法的过渡,所以对材料分项系数进行了适当调整,见表 14-12。调整材料分项系数时按Ⅱ类岩体的抗剪断强度指标进行测算。

表 14-12　[《混凝土重力坝设计规范》(NB/T 35026—2014)》条文说明表 9]材料分项系数计算

| 坝基面分类及强度指标 | Ⅰ~Ⅲ类岩体 | | Ⅳ、Ⅴ类岩体 | | 软弱结构面 | |
| --- | --- | --- | --- | --- | --- | --- |
| | $f'$ | $c'$ | $f'$ | $c'$ | $f'$ | $c'$ |
| 变异系数 | 0.2 | 0.35 | 0.25 | 0.45 | 0.25 | 0.65 |
| 强度折减系数 | 1.49 | 1.85 | 1.70 | 2.22 | 1.70 | 5.56 |
| 调整材料分项系数 | 2.00 | 2.49 | 1.96 | 2.57 | 1.47 | 4.86 |
| 建议采用 | 2.0 | 2.5 | 2.0 | 2.5 | 1.5 | 4.5 |

坝体混凝土与基岩接触面、基岩、坝基深层软弱结构面、碾压混凝土层面的抗剪断强度标准值的确定方法,按照《水工统标》规定,本标准考虑与《水力发电工程地质勘察规范》(GB 50287—2006)基本一致,按 0.5 分位取值。

现场试验,大部分工程有 2~4 组,少数工程超过 10 组。中型工程可根据工程具体条件进行少量现场试验,而主要参考本标准附录 D 选用抗剪断数据。

附录表 D-1 中 $f'_R$、$c'_R$ 和 $f'_1$、$c'_1$ 是根据国内 20 世纪 50 年代至 2007 年共 50 余年间,94 个大、中型水利水电工程共 451 组现场大型抗剪试验资料统计得出。坝基岩体按质量分为Ⅰ、Ⅱ、Ⅲ、Ⅳ、Ⅴ五类,其抗剪强度试验子样顺次为 70、121、148、67、45 组,分别按数理统计方法进行分析计算和概率分布模型拟合。表 D-2 中 $f_i'$、$c_i'$ 值根据北京勘测设计院统计 40 多个工程共 452 组软弱结构面及硬性结构面的抗剪试验资料分析成果得出。最后的取值与《水力发电工程地质勘察规范》(GB 50287—2006)统一。

　　常态混凝土层面比两种不同材料构成的接触面的抗剪断指标均值大一些,但变异性小一些;碾压混凝土层面与胶凝材料贫、富关系密切,但比常态混凝土略差,抗剪断指标部分根据试验资料部分参照经验类比定出。

### 14.4.1.7　抗剪断参数规范统计法 7——《碾压混凝土坝设计规范》(SL 314—2004)

　　《碾压混凝土坝设计规范》(SL 314—2004)没有对碾压混凝土抗剪断参数的统计和取值方法提出意见,只有一段文字:国内部分工程的碾压层(缝)面抗剪断参数见表 14-13。由表 14-13 可知,碾压层(缝)面的抗剪断参数离散性较大,这与施工质量、配合比、气候条件、是否及时覆盖上一层碾压混凝土以及取样方式等密切相关,碾压混凝土重力坝中、低坝在无抗剪断试验资料时,根据类似工程选用抗剪断参数时应慎重。

表 14-13　[《碾压混凝土坝设计规范》(SL 314—2004)条文说明表 4]国内部分工程碾压层(缝)面抗剪断参数

| 工程名称 | 混凝土标号 | 胶凝材料用量/(kg/m³) | | 取样方式 | 抗剪断强度 | | 备注 |
|---|---|---|---|---|---|---|---|
| | | 水泥 | 粉煤灰 | | $f'$ | $c'$ /MPa | |
| 坑口 | $R_{90}100$(层面) | 60 | 80 | | 1.12 | 1.17 | 抗剪断强度峰值 |
| 铜街子 | $R_{90}100$(层面) | 65 | 85 | 现场原位试验 | 1.54 | 1.23 | 初凝前覆盖 |
| 岩滩 | $R_{90}150$(层面) | 55 | 104 | 现场原位试验 | 1.17 | 1.36 | 初凝前覆盖 |
| 普定 | $R_{90}150$(层面 1) | 54 | 99 | 芯样 | 1.82 | 2.75 | |
| 高坝洲 | $R_{90}150$(层面) | 88 | 88 | 现场原位试验 | 1.70 | 1.58 | |
| | $R_{90}150$(铺浆层面) | | | | 1.22 | 1.78 | |
| | $R_{90}150$(缝面) | | | | 0.92 | 2.28 | |
| 江垭 | $R_{90}150$(缝面) | 64 | 96 | 芯样 | 0.97 | 0.90 | 1997 年芯样成果 |
| | $R_{90}150$(层面) | | | | 0.97 | 0.93 | |
| | $R_{90}150$(铺浆层面) | | | | 1.17 | 0.99 | |
| | $R_{90}150$(平层铺筑层面) | | | | 1.40 | 1.03 | 1998 年芯样成果 |
| | $R_{90}150$(斜层铺筑层面) | | | | 1.27 | 1.15 | |
| 大朝山 | $R_{90}150$(层面) | 67 | 101(PT) | 芯样 | 2.14 | 4.00 | 龄期大于 90 d |
| | $R_{90}150$(缝面) | | | | 1.88 | 3.5 | |
| 棉花滩 | $R_{90}150$(层面) | 64 | 96 | 芯样 | 1.20 | 2.80 | 第一枯水期 |
| | $R_{90}150$(缝面) | | | | 1.37 | 2.55 | |
| | $R_{90}150$(层面) | 51 | 96 | | 1.26 | 2.06 | 第二、三枯水期 |
| | $R_{90}100$(层面) | 48 | 88 | | 1.24 | 1.58 | |

### 14.4.1.8　抗剪断参数规范统计法 8——《水利水电工程地质勘察规范》(GB 50287—1999)

　　《水利水电工程地质勘察规范》(GB 50287—1999)规定的抗剪强度取值方法是根据岩体剪切破坏准则的概念提出来的,岩体呈脆性破坏时,则取峰值强度进行统计;岩体呈弹塑性或塑性破坏时,则取屈服强度进行统计。经过葛洲坝和二滩等工程大量室内外试验所证实,并经国内各工程在近十几年的具体应用,认为合理可行。本附录是在《水利水电工程地质勘察规范》(试行)(SDJ 14—1978)取值原则的基础上,补充新的国内试验统计成果和软弱层等的科技攻关成果,使其更加具体化,提高其实用性。

岩体和混凝土坝基础面与岩体接触面的抗剪断强度和抗剪强度取值与设计理论、安全系数是配套一致的。因此,当采用极限(峰值)强度时,应取大的安全系数;采用比例极限强度、屈服强度时,应取小的安全系数,并分别与剪摩和纯摩稳定计算公式相对应。如拱坝坝基抗滑稳定,要求剪摩的安全系数为3~3.5,则其抗剪断强度采用峰值平均值。《水利水电工程地质勘察规范》(GB 50287—1999)中所附的力学性质参数表,是以国内水利水电工程长期积累的岩土试验资料的统计值和经验值为基础,并参照国家标准《混凝土重力坝设计规范》(SDJ 21—1978)的补充规定和《水闸设计规范》(SD 133—1984)协调后提出的,不属于坝、闸的其他水工建筑物地基,可根据具体地质条件参考使用。至于坝基混凝土与基岩接触面的抗剪断强度值,随坝体混凝土后期强度的提高而提高,因此可以提高其黏聚力值,其是依据岩滩、水口、池潭、白山、新丰江等工程试验资料提出的,试验成果见表 14-14。

**表 14-14　(《水利水电工程地质勘察规范》条文说明表 7)混凝土强度与混凝土坝基接触面强度对比**

| 工程名称 | 岩性 | 统计组数 | 混凝土标号 $R$ | 混凝土/岩石抗剪断强度 | | $K=\dfrac{c'}{R}$ | $K_{平均}/\%$ |
|---|---|---|---|---|---|---|---|
| | | | | $f'$ | 黏聚力 $c'$/MPa | | |
| 岩滩 | 微风化—新鲜辉长辉绿岩 | 1 | 150# | 0.90 | 1.40 | 0.093 3 | 8.32 |
| | | 1 | 185# | 1.24 | 1.30 | 0.070 3 | |
| | | 1 | 150# | 1.21 | 1.25 | 0.083 3 | |
| | | 1 | 170# | 1.45 | 1.46 | 0.085 9 | |
| 水口 | 新鲜黑云母花岗石 | 25 | 150#~200# | 1.53 | 1.12 | 0.074 0 ~ 0.056 0 | 6.54 |
| 池潭 | 微风化—新鲜流纹斑岩 | 2 | 150# | 1.23~1.39 | 1.30 | 0.086 7 | 8.67 |
| 白山 | 花岗岩 | 3 | 200# | 1.19 | 2.40 | 0.120 0 | 12.00 |
| 新丰江 | 花岗岩 | | 200#~250# | 1.21 | 1.88 | 0.094 0~ 0.075 2 | 8.40 |

## 14.4.2　抗剪断参数的非规范统计法

前文介绍的 8 种抗剪断参数统计法都是一些规范中提出的方法。后文提出的是非规范统计法,即统计法 1~统计法 5。

### 14.4.2.1　抗剪断参数统计法 1(中南院方法)

1.抗剪断参数统计法 1 的计算公式和应用实例

统计法 1 是中南院涂传林提出,这种方法曾由中南勘测设计研究院应用于龙滩工程设计阶段、长江科学院应用于龙滩工程施工阶段进行的大量的碾压混凝土室内和现场原位抗剪断参数($f'$、$c'$)的统计分析中。

统计法 1 不需预先将试验成果分成若干组,计算每一组的值($f'$、$c'$),而是直接对每个试验点进行统计,解答是唯一的,这是其优点。保证率为 $1-\alpha/2$ 的抗剪断参数($f'$、$c'$)的值如下:

$$f' = \hat{f}'(1 - t_{\alpha/2,n-2}C_{v,f'}) \tag{14-22}$$

$$c' = \hat{c}'(1 - t_{\alpha/2,n-2}C_{v,c'}) \tag{14-23}$$

其中:

$$\hat{f}' = S_{\sigma\tau} S_{\sigma\sigma}$$

$$\hat{c}' = \bar{\tau} - \bar{\sigma}\hat{f}'$$

$$\bar{\tau} = \frac{1}{n}\sum_{i=1}^{n}\tau_i$$

$$\bar{\sigma} = \frac{1}{n}\sum_{i=1}^{n}\sigma_i$$

$$S_{\sigma\tau} = \sum_{i=1}^{n}(\sigma_i - \bar{\sigma})(\tau_i - \bar{\tau})$$

$$S_{\sigma\sigma} = \sum_{i=1}^{n}(\sigma_i - \bar{\sigma})^2$$

$$S_{\tau\tau} = \sum_{i=1}^{n}(\tau_i - \bar{\tau})^2$$

$$\hat{\sigma}_0^2 = \frac{1}{n-2}(S_{\tau\tau} - \hat{f}'^2 S_{\sigma\sigma})$$

$$C_{v,f'} = \sqrt{\hat{\sigma}_0^2/S_{\sigma\sigma}}/\hat{f}'$$

$$C_{v,c'} = \sqrt{\hat{\sigma}_0^2\left(\frac{1}{n} + \frac{\bar{\sigma}^2}{S_{\sigma\sigma}}\right)}/\hat{c}'$$

式中：$\sigma_i$、$\tau_i$ 分别为第 $i$ 试验点的给定正应力和相应的峰值剪应力；$\hat{f}'$、$\hat{c}'$ 为抗剪断参数的平均值；$C_{v,f'}$、$C_{v,c'}$ 分别为 $f'$、$c'$ 的离差系数；$n$ 为试验总点数；$t$ 为 $t$ 分布函数。当试验总点数 $n$ 比较多时(如保证率 $p = 80\%$，$n \geq 20$)，近似地也可用正态分布函数代替 $t$ 分布函数进行计算。此时，计算 $f'$、$c'$ 的公式为

$$f' = \hat{f}'(1 - \Phi^{-1}C_{v,f'}) \tag{14-24}$$

$$c' = \hat{c}'(1 - \Phi^{-1}C_{v,c'}) \tag{14-25}$$

式中：$\Phi^{-1}$ 为正态分布函数的反函数。

表 14-15、表 14-16 给出了在不同保证率下，$t$ 分布函数的 $t_{\alpha/2,n-2}$ 和正态分布函数的反函数 $\Phi^{-1}$。根据试验点数 $n$ 和给定的保证率 $p$，即可由式(14-22)和式(14-23)算出相应的 $f'$ 和 $c'$。

**表 14-15　不同保证率的标准正态分布函数的反函数 $\phi^{-1}$**

| 保证率 $p$/% | 80 | 85 | 90 | 95 |
|---|---|---|---|---|
| $\phi^{-1}$ | 0.842 | 1.036 | 1.282 | 1.645 |

**表 14-16　$t$ 分布函数的 $t_{\alpha/2,n-2}$**

| 试验点数 $n$ | $n-2$ | 保证率 $p$/% | | | | 试验点数 $n$ | $n-2$ | 保证率 $p$/% | | | |
|---|---|---|---|---|---|---|---|---|---|---|---|
| | | 80 | 85 | 90 | 95 | | | 80 | 85 | 90 | 95 |
| 4 | 2 | 1.061 | 1.386 | 1.886 | 2.920 | 20 | 18 | 0.862 | 1.067 | 1.330 | 1.734 |
| 5 | 3 | 0.978 | 1.250 | 1.638 | 2.353 | 21 | 19 | 0.861 | 1.066 | 1.328 | 1.729 |
| 6 | 4 | 0.941 | 1.190 | 1.533 | 2.132 | 22 | 20 | 0.860 | 1.064 | 1.325 | 1.725 |
| 7 | 5 | 0.920 | 1.156 | 1.476 | 2.015 | 23 | 21 | 0.859 | 1.063 | 1.323 | 1.721 |

续表 14-16

| 试验点数 $n$ | $n-2$ | 保证率 $p/\%$ | | | | 试验点数 $n$ | $n-2$ | 保证率 $p/\%$ | | | |
|---|---|---|---|---|---|---|---|---|---|---|---|
| | | 80 | 85 | 90 | 95 | | | 80 | 85 | 90 | 95 |
| 8 | 6 | 0.906 | 1.134 | 1.440 | 1.943 | 24 | 22 | 0.858 | 1.061 | 1.321 | 1.717 |
| 9 | 7 | 0.896 | 1.119 | 1.415 | 1.895 | 25 | 23 | 0.858 | 1.060 | 1.319 | 1.714 |
| 10 | 8 | 0.889 | 1.108 | 1.397 | 1.806 | 26 | 24 | 0.857 | 1.059 | 1.318 | 1.711 |
| 11 | 9 | 0.883 | 1.100 | 1.383 | 1.833 | 27 | 25 | 0.856 | 1.058 | 1.316 | 1.708 |
| 12 | 10 | 0.879 | 1.093 | 1.372 | 1.812 | 28 | 26 | 0.856 | 1.058 | 1.315 | 1.706 |
| 13 | 11 | 0.876 | 1.088 | 1.363 | 1.796 | 29 | 27 | 0.855 | 1.057 | 1.314 | 1.703 |
| 14 | 12 | 0.873 | 1.083 | 1.356 | 1.782 | 30 | 28 | 0.855 | 1.056 | 1.313 | 1.701 |
| 15 | 13 | 0.870 | 1.079 | 1.350 | 1.771 | 40 | 38 | 0.851 | 1.050 | 1.303 | 1.648 |
| 16 | 14 | 0.868 | 1.076 | 1.345 | 1.761 | 60 | 58 | 0.848 | 1.046 | 1.296 | 1.671 |
| 17 | 15 | 0.866 | 1.074 | 1.341 | 1.753 | 120 | 118 | 0.845 | 1.041 | 1.289 | 1.658 |
| 18 | 16 | 0.865 | 1.071 | 1.337 | 1.746 | ∞ | ∞ | 0.842 | 1.036 | 1.282 | 1.645 |
| 19 | 17 | 0.863 | 1.069 | 1.333 | 1.740 | | | | | | |

**2. 抗剪断参数统计法 1 计算公式的证明**

1) 基本概念

抗剪断试验时,抗剪断强度($\tau$)与垂直于抗剪面上的正应力($\sigma$)有关。但是,在同样正应力下,各个试件的抗剪断强度并不相同,因此同一个 $\sigma$ 下的 $\tau$ 值应看作一个随机变量,它可用下列模型来描述。

$$\tau = f(\sigma) + e \tag{14-26}$$

式中:$\sigma$ 为回归变量;$\tau$ 为响应变量;$f(\sigma)$ 为回归函数;$e$ 是一个均值为 0 的随机变量。

为了估计回归函数 $f(\sigma)$,作 $n$ 次(即 $n$ 个试块)的独立抗剪断试验,对第 $i$ 个试块有

$$\tau_i = f(\sigma_i) + e_i \qquad (i = 1, 2, \cdots, n) \tag{14-27}$$

由于每个试块的试验都是独立进行的,可假定 $e_1, e_2, \cdots, e_n$ 是独立同分布的。

式(14-26)、式(14-27)只有一个控制变量,称为一元回归模型,当 $f(\sigma)$ 为线性函数时,称为一元线性回归模型,于是式(14-27)可写为

$$t_i = c' + f'\sigma_i + e_i \qquad (i = 1, 2, \cdots, n) \tag{14-28}$$

$e_1, e_2, \cdots, e_n$ 是独立同分布 $N(0, \tau_0^2)$。

式中:$c'$、$f'$、$\sigma_0^2$ 是未知参数;$c'$、$f'$ 为回归系数;$N(0, \sigma_0^2)$ 表示均值为 0、方差为 $\sigma_0^2$ 的正态分布。

用最小二乘法来估计 $c'$、$f'$,因此先构造平方和:

$$S_e = \sum_{i=1}^{n} (\tau_i - c' - f'\sigma_i)^2 \tag{14-29}$$

$$\partial S_e / \partial c' = 0 \qquad \partial S_e / \partial f' = 0 \tag{14-30}$$

求得方程组(14-30)的解为

$$\hat{f}' = S_{\sigma\tau} / S_{\sigma\sigma} \qquad \hat{c}' = \overline{\tau} - \overline{\sigma}\,\hat{f}' \tag{14-31}$$

式中:

$$\bar{\sigma} = \frac{1}{n}\sum_{i=1}^{n}\sigma_i, \bar{\tau} = \frac{1}{n}\sum_{i=1}^{n}\tau_i, S_{\tau\tau} = \sum_{i=1}^{n}\tau_i^2 - n(\bar{\tau})^2 \\ S_{\sigma\sigma} = \sum_{i=1}^{n}\sigma_i^2 - n(\bar{\sigma})^2, S_{\tau\sigma} = \sum_{i=1}^{n}\sigma_i\tau_i - n\bar{\sigma}\bar{\tau} \right\}$$　　　　(14-32)

由式(14-31)给出的 $\hat{f}'$、$\hat{c}'$ 为 $f'$、$c'$ 的最小二乘法估计,而回归函数的估算 $\hat{\tau}$ 为

$$\hat{\tau} = \hat{c}' + \hat{f}'\sigma$$　　　　(14-33)

或　　　　　　　　　　　$$\hat{\tau} - \bar{\tau} = \hat{f}'(\sigma - \bar{\sigma})$$　　　　(14-34)

2)一元线性回归分析的几个主要定理和公式

(1)定理1。

回归系数 $f'$、$c'$ 的最小二乘法估计 $\hat{f}'$、$\hat{c}'$ 满足:

$$E\hat{c}' = c', E\hat{f}' = f'$$

$$D(\hat{c}') = \left(\frac{1}{n} + \bar{\sigma}^2/S_{\sigma\sigma}\right)\sigma_0^2, D(\hat{f}') = \sigma_0^2/S_{\sigma\sigma}$$　　　　(14-35)

$$\mathrm{COV}(\hat{c}',\hat{f}') = -\bar{\sigma}\sigma_0^2/S_{\sigma\sigma}$$

$$\rho(\hat{c}',\hat{f}') = \mathrm{COV}(\hat{c}',\hat{f}')/\sqrt{D(\hat{c}')D(\hat{f}')}$$

式中:$E(\hat{c}')$、$E(\hat{f}')$ 分别表示 $\hat{f}'$、$\hat{c}'$ 的数学期望;$D(\hat{c}')$、$D(\hat{f}')$ 分别表示 $\hat{f}'$、$\hat{c}'$ 的方差;$\mathrm{COV}(\hat{c}',\hat{f}')$ 表示 $\hat{f}'$ 和 $\hat{c}'$ 的协方差;$\rho(\hat{c}',\hat{f}')$ 表示 $\hat{f}'$ 和 $\hat{c}'$ 的相关系数;而未知方差 $\sigma_0^2$ 的无偏估计 $\hat{\sigma}_0^2$ 为

$$\hat{\sigma}_0^2 = \frac{1}{n-2}\sum_{i=1}^{n}(\tau_i - \hat{\tau}_i)^2 = \frac{1}{n-2}(S_{\tau\tau} - \hat{f}'^2 S_{\sigma\sigma})$$　　　　(14-36)

(2)定理2。

在一元正态线性回归模型中,有:$(\hat{c}'、\hat{f}')$ 服从二元正态分布;$(n-2)\hat{\sigma}_0^2/\sigma_0^2$ 服从自由度为 $n-2$ 的 $\chi^2$ 分布;$(\bar{\tau},\hat{f}')$ 与 $\hat{\sigma}_0^2$ 相互独立。

3)回归方程的显著性检验

线性回归方程设

$$H_0: f' = 0$$　　　　(14-37)

根据数理统计理论,在原假设为真时:

$$F = \hat{f}'^2 S_{\sigma\sigma}/\hat{\sigma}_0^2$$　　　　(14-38)

服从参数为 $(1, n-2)$ 的 $F$ 分布,设检验水平为 $a$,检验法的构造如下:若 $F > f_{aj,1,n-2}$ 接受原假设,即否定线性回归模型;若 $F > f_{aj,1,n-2}$ 拒绝原假设,即认可线性回归模型。

4)抗剪断参数的区间估计

(1)$c'$ 的区间估计。

因 $\hat{c}'$ 是一个正态随机变量,$c'$ 是其数学期望,则 $(\hat{c}'-c')$ 亦是一个正态随机变量,且 $(\hat{c}'-c')/\sigma_0\sqrt{\hat{\sigma}_0^2(1/n+\hat{\sigma}^2)/S_{\sigma\sigma}}$ 是一个标准正态随机变量 $N(0,1)$,它与 $(n-2)\hat{\sigma}_0^2/\sigma_0^2$ 相互独立,而后者又服从自由度为 $(n-2)$ 的 $\chi^2$ 分布,于是

$$t_0 = (\hat{c}' - c')\sqrt{\hat{\sigma}_0^2(1/n + \bar{\sigma}^2/S_{\sigma\sigma})}$$　　　　(14-39)

服从自由度为 $n-2$ 的 $t$ 分布。则

$$对 0 < a < 1, P\left[|\hat{c}' - c'| < t_{\alpha/2,n-2}\sqrt{\hat{\sigma}_0^2\left(\frac{1}{n} + \frac{\bar{\sigma}^2}{S_{\sigma\sigma}}\right)}\right] = 1 - \alpha$$　　　　(14-40)

所以,$c'$的置信度为 $1-\alpha$ 的置信区间,即

$$\left[\hat{c}' - t_{\alpha/2,n-2}\sqrt{D(\hat{c}')},\hat{c} + t_{\alpha/2,n-2}\sqrt{D(\hat{c}')}\right] \tag{14-41}$$

式中:$D(\hat{c}') = \left(\dfrac{1}{n}+\overline{\sigma}^2/S_{\sigma\sigma}\right)\hat{\sigma}_0^2$。

(2)$f'$的区间估计。

同样,$(\hat{f}-f')/\sigma_0\sqrt{1/S_{\sigma\sigma}}$是标准正态变量,且与$(n-2)\hat{\sigma}_0^2/\sigma_0^2$互相独立,而后者服从自由度为$n-2$的$\chi^2$分布,于是

$$t_1 = (\hat{f}' - f')/\sigma_0\sqrt{\hat{\sigma}_0^2/S_{\sigma\sigma}} \tag{14-42}$$

服从自由度为$n-2$的$t$分布。则

对 $0 < \alpha < 1$ $\qquad P\mid\hat{f}' - \hat{f}\mid < t_{\alpha/2,n-2}\sqrt{\sigma_0^2/S_{\sigma\sigma}} = 1 - \alpha \tag{14-43}$

所以,$\hat{f}$的置信度为 $1-\alpha$ 的置信区间,即

$$\left[\hat{f}' - t_{\alpha/2,n-2}\sqrt{D(\hat{f}')},\hat{f}' + t_{\alpha/2,n-2}\sqrt{D(\hat{f}')}\right] \tag{14-44}$$

式中:$D(\hat{f}') = \sigma_0^2/S_{\sigma\sigma}$。

(3)$\sigma_0^2$的区间估计。

$\sigma_0^2$的置信区间可直接从$(n-2)\hat{\sigma}_0^2/\tau_0^2=S_e/\tau_0^2$服从自由度为$n-2$的$\chi^2$分布得到。

对 $0 < \alpha < 1$ $\qquad P(\chi_{1-\alpha/2,n-2}^2 < S_e/\sigma_0^2 < \chi_{\alpha/2,n-2}^2) = 1 - \alpha \tag{14-45}$

所以,$\sigma_0^2$的置信度为 $1-\alpha$ 的置信区间,即

$$(S_e/\chi_{\alpha/2,n-2}^2, S_e/\chi_{1-\alpha/2,n-2}^2) \tag{14-46}$$

(4)$f'$、$c'$的联合置信区域。

由于采用同一套样本数据分别对$f'$、$c'$求出的置信区间并不互相独立,那么所谓$f'$、$c'$的联合置信区域是指在重复抽样基础上有给定的概率可保证$f'$、$c'$的真值在内的一个区域,列出$f'$、$c'$的$1-\alpha$的联合置信区域,即

$$\dfrac{n(\hat{c}' - c')^2 + 2n\overline{\sigma}(\hat{c}' - c')(\hat{f}' - f') + \sum_{i=1}^{n}\sigma_i^2(\hat{f}' - f')^2}{2\hat{\sigma}_0^2} \leqslant F_{\alpha/2,n-2} \tag{14-47}$$

亦即该区域由所有满足以上不等式的数据$f'$、$c'$构成。当式(14-47)中等号成立时,可得该区域的边界,这是关于$f'$、$c'$的椭圆方程。

5)抗剪断强度的预测问题

这是要在给定的控制变量$\sigma_1$值和置信度为$1-\alpha$的情况下求相应的响应变量$\tau_1$的预测区间,由于$\hat{\tau}_1'$、$\tau_1$服从正态分布且互相独立,可得$(\tau_1-\hat{\tau}_1')$是标准正态分布,且与$(n-2)\hat{\sigma}_0^2/\sigma_0^2$独立,而后者又服从自由度为$n-2$的$\chi^2$分布,于是可得$(\tau_1-\hat{\tau}_1')/\sqrt{\hat{\sigma}_0^2\left[1+\dfrac{1}{n}+\dfrac{(\sigma_1-\overline{\sigma})^2}{S_{\sigma\sigma}}\right]}$服从自由度为$n-2$的$t$分布,则

对 $0 < \alpha < 1$ $\qquad P\mid\tau_1 - \hat{\tau}_1'\mid < t_{\alpha/2,n-2}\sqrt{\hat{\sigma}_0^2\left[1 + \dfrac{1}{n} + (\sigma_1 - \overline{\sigma})^2/S_{\sigma\sigma}\right]} = 1 - \alpha \tag{14-48}$

那么,当正应力为$\sigma_1$时,抗剪断强度$\tau_1$的置信度为$1-\alpha$的预测区间为

$$\left\{\hat{\tau}_1' - t_{\alpha/2,n-2}\sqrt{\hat{\sigma}_0^2\left[1 + \dfrac{1}{n} + (\sigma_1 - \overline{\sigma})^2/S_{\sigma\sigma}\right]}\right\}$$

$$\left\{ \hat{\tau}_1 + t_{\alpha/2,n-2} \sqrt{ \hat{\sigma}_0^2 \left[ 1 + \frac{1}{n} + (\sigma_1 - \overline{\sigma})^2/S_{\sigma\sigma} \right] } \right\} \tag{14-49}$$

$$\tau = \hat{\tau} \pm \delta(\sigma) \tag{14-50}$$

式中:$\delta(\sigma) = t_{\alpha/2,n-2} \sqrt{ \hat{\sigma}_0^2 \left[ 1 + \frac{1}{n} + (\sigma_1 - \overline{\sigma})^2/S_{\sigma\sigma} \right] }$。

当 $n$ 比较大,$\sigma$ 比较接近 $\overline{\sigma}$,$S_{\sigma\sigma}$ 充分大时,则 $1 + \frac{1}{n} + (\sigma - \overline{\sigma})^2/S_{\sigma\sigma} \approx 1$,有

$$\tau = \hat{\tau} \pm t_{\alpha/2,n-2} \sqrt{\hat{\sigma}_0^2} \tag{14-51}$$

这样可得近似的预测区间:它是两条平行直线,它们随保证率的变化在 $\hat{\tau}$ 线上下平行移动,它就是所谓"优定斜率法"的理论基础。

6)抗剪断强度的控制问题

它是在保证响应变量($\tau$)的值以某一概率落在预先给定范围的情况下,求控制变量($\sigma$)的值应控制在什么范围,设给定的抗剪断强度的范围为($\tau'$,$\tau''$),且($\tau' < \tau''$),要求

$$p(\tau' < \tau_1 < \tau'') \geqslant 1 - \alpha \tag{14-52}$$

将 $\tau' < \tau_1 < \tau''$ 改写为

$$\frac{\tau' - (\hat{c}' + \hat{f}'\sigma_1)}{\sqrt{\hat{\sigma}_0^2 \left[ 1 + \frac{1}{n} + (\sigma_1 - \overline{\sigma})^2/S_{\sigma\sigma} \right]}} < \frac{\tau_1 - (\hat{c}' + \hat{f}'\sigma_1)}{\hat{\sigma}_0^2 \left[ 1 + \frac{1}{n} + (\sigma_1 - \overline{\sigma})^2/S_{\sigma\sigma} \right]} < \frac{\tau'' - (\hat{c}' + \hat{f}'\sigma_1)}{\sqrt{\hat{\sigma}_0^2 \left[ 1 + \frac{1}{n} + (\sigma_1 - \overline{\sigma})^2/S_{\sigma\sigma} \right]}} \tag{14-53}$$

应用与上面推导相同的方法,可知 $[\tau_1 - (\hat{c}' + \hat{f}'\sigma_1)] \Big/ \sqrt{\hat{\sigma}_0^2 \left[ 1 + \frac{1}{n} + (\sigma_1 - \overline{\sigma})^2/S_{\sigma\sigma} \right]}$ 服从自由度为 $n-2$ 的 $t$ 分布。因此,可解下列不等式组:

$$\left. \begin{array}{l} [\tau'' - (\hat{c}' + \hat{f}'\sigma_1)] \Big/ \sqrt{\hat{\sigma}_0^2 \left[ 1 + \frac{1}{n} + (\sigma_1 - \overline{\sigma})^2/S_{\sigma\sigma} \right]} \geqslant t_{\alpha/2,n-2} \\[4mm] [\tau' - (\hat{c}' + \hat{f}'\sigma_1)] \Big/ \sqrt{\hat{\sigma}_0^2 \left[ 1 + \frac{1}{n} + (\sigma_1 - \overline{\sigma})^2/S_{\sigma\sigma} \right]} \leqslant -t_{\alpha/2,n-2} \end{array} \right\} \tag{14-54}$$

由此得到 $\sigma_1$ 的取值范围。如果近似地认为 $1 + \frac{1}{n} + (\sigma_1 - \overline{\sigma})^2/S_{\sigma\sigma} \approx 1$,那么,$f' > 0$ 时,$\sigma_1$ 的取值范围为

$$\left[ \left(\tau' + t_{\alpha/2,n-2} \sqrt{\hat{\sigma}_0^2} - \hat{c}' \right) \Big/ \hat{f}', \left(\tau'' - t_{\alpha/2,n-2} \sqrt{\hat{\sigma}_0^2} - \hat{c}' \right) \Big/ \hat{f}' \right] \tag{14-55}$$

7)计算方法的简化

在实用中,考虑到安全,应取置信区间的下限作为抗剪断参数选择的依据,即取:

$$\left. \begin{array}{l} c' = \hat{c}' - t_{\alpha/2,n-2} \sqrt{D(\hat{c}')} \\[3mm] f' = \hat{f}' - t_{\alpha/2,n-2} \sqrt{D(\hat{f}')} \\[3mm] \tau' = \hat{\tau}' - t_{\alpha/2,n-2} \sqrt{\hat{\sigma}_0^2 \left[ 1 + \frac{1}{n} + (\sigma_1 - \overline{\sigma})^2/S_{\sigma\sigma} \right]} \end{array} \right\} \tag{14-56}$$

引入工程中经常采用的离差系数 $C_v$ 的概念,即令:

$$c_{v,f'} = \sqrt{D(\hat{f}')} \big/ f', \quad C_{v,f'} = \sqrt{D(\hat{c}')} \big/ c' \tag{14-57}$$

式中：$C_{v,f'}$、$C_{v,c'}$ 分别为 $f'$、$c'$ 的离差系数，于是式（14-56）成为

$$c' = \langle 1 - t_{\alpha/2,n-2} C_{v,c'} \rangle \hat{c}' = \beta_{c'} \hat{c}' \atop f' = \langle 1 - t_{\alpha/2,n-2} C_{v,f'} \rangle \hat{f}' = \beta_{f'} \hat{f}' \} \tag{14-58}$$

假定当试验点数较多时（如 $n \geq 20$），可用正态分布近似代替上面的 $t$ 分布，则有类似的表达式如下：

$$c' = \langle 1 - \Phi^{-1}(p) C_{v,c'} \rangle \hat{c}' = \alpha_{c'} \hat{c}' \atop f' = \langle 1 - \Phi^{-1}(p) C_{v,f'} \rangle \hat{f}' = \alpha_{f'} \hat{f}' \} \tag{14-59}$$

式中：$\beta_{c'}$、$\beta_{f'}$ 分别为采用 $t$ 分布时确定的 $c'$、$f'$ 的折减系数；$\alpha_{c'}$、$\alpha_{f'}$ 分别为采用正态分布时确定的 $c'$、$f'$ 的折减系数；$\Phi^{-1}(p)$ 为某一保证率 $p$（或置信度 $1-\alpha$）下标准正态函数的反函数。

为了供设计中确定 $f'$、$c'$ 参考，假定一系列 $C_v$ 值用 $t$ 分布和正态分布分别计算出了不同保证率下的折减系数 $\alpha$、$\beta$ 值，并制成图 14-19 供查用。由于按 $t$ 分布计算是准确解，按正态分布计算是近似解，而且按 $t$ 分布计算得出的抗剪断参数比按正态分布计算得出的抗剪断参数略小，对工程来说是偏于安全的，建议按 $t$ 分布计算抗剪断参数（$f'$、$c'$）。

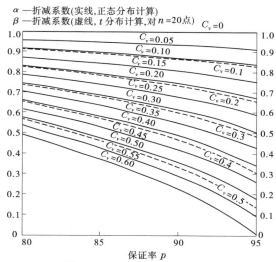

图 14-19　按 $t$ 分布和正态分布计算保证率的比较

8）讨论

（1）用抗剪断参数 $f'$、$c'$ 或直接用抗剪断强度 $\tau$ 都可进行大坝稳定分析，后者更直观，但前者获得的是材料参数，便于工程类比，其稳定分析方法比较简单，已为广大工程人员和现有规范所接受，建议对重要的工程大坝稳定分析用两种方法平行进行，以进行比较。

（2）试验结果一般都是在特定条件下，根据小规模的抗剪试验获得的，对于大坝的设计与施工，遇到的问题比试验复杂得多，大坝材料真实的抗剪断特性受多种因素的影响，应结合工程实际和过去已建工程的经验，在试验资料所得成果的基础上，合理确定抗剪断参数供设计采用。首先，应考虑到大坝各部位抗剪断参数可能比试验成果更为离散，将试验获得的方差 $\hat{\sigma}_0^2$（或 $C_v$）加大后代入各区间估计公式进行计算；其次，根据采用数理统计法所得结果应与现有规范方法所得结果（如抗剪断参数的小值平均值）保持一定的衔接和可比性，作者经过一些实例计算表明，置信度取 80% 或 85% 比较合适。

9）抗剪断参数算例

某工程的抗剪断试验成果见表 14-17。根据前面给出的公式计算有关数据，按式（14-22）和式（14-23）计算得：$\hat{\sigma} = 1.875\,0$，$\bar{\tau} = 5.127\,5$，$S_{\sigma\sigma} = 14.062\,5$，$S_{\tau\tau} = 27.133\,7$，$S_{\sigma\tau} = 18.226\,3$，$\hat{f}' = $

$1.296\ 1$，$\hat{c}' = 2.697\ 3$，$\hat{\sigma}_0^2 = 0.195\ 0$，$D(\hat{c}') = 0.058\ 5$，$D(\hat{f}') = 0.013\ 87$，$C_{v,c'} = 0.089\ 7$，$C_{v,f'} = 0.090$
$9$，$\rho(\hat{f}',\hat{c}') = -0.091\ 24$(各数据的单位略)。进行显著性检验，计算得 $F = 121.144\ 8$，取检验水平 $\alpha = 0.05$，查 $F$ 检验的临界值表得 $f = 4.45$，所以拒绝原假设 $f' = 0$，即认可线性回归模型，抗剪断参数的区间(或下限)估算，计算结果见表14-18。抗剪断的预测区间，取置信度 $1-\alpha = 0.9$，然后 $\sigma_1$ 取一系列的值，代入式(14-51)进行计算，得各相应的抗剪断强度的预测区间的上、下限，其围成的区域见图14-20的阴影部分。

**表 14-17　某工程现场原位抗剪断试验成果(峰值法)**

| 正应力 | $\sigma$/MPa | 0.75 | 1.5 | 2.25 | 3.0 |
|---|---|---|---|---|---|
| 剪应力 | $\tau$/MPa | 3.79 | 5.33 | 5.94 | 6.97 |
| | | 3.58 | 4.92 | 5.53 | 6.55 |
| | | 2.64 | 4.92 | 5.94 | 6.55 |
| | | 3.58 | 4.29 | 4.90 | 5.93 |
| | | 3.79 | 5.12 | 5.94 | 6.34 |

**表 14-18　两种计算方法获得的结果的比较($n = 20$)**

| 保证率 | 区间保证率80%；单边保证率90% | | 区间保证率95%；单边保证率97.5% | |
|---|---|---|---|---|
| 抗剪断参数 | $f'$ | $c'$/MPa | $f'$ | $c'$/MPa |
| $t$ 分布计算结果① | 1.139 2 | 2.375 4 | 1.048 6 | 2.190 0 |
| 正态分布计算结果② | 1.145 2 | 2.387 6 | 1.065 2 | 2.223 1 |
| 误差[((②-①)/①]/% | 0.52 | 0.51 | 1.58 | 1.51 |

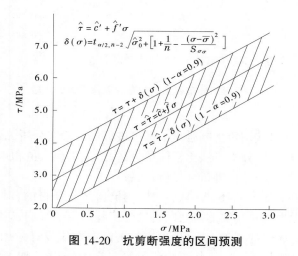

**图 14-20　抗剪断强度的区间预测**

$f'$、$c'$ 的90%的联合置信区域由椭圆方程[$20(2.697\ 3-c')^2 + 75(2.697\ 3-c')(1.296\ 1-f') + 84.375(1.296\ 1-f')^2 = 10\ 218$]确定。

两种计算方法获得的结果的比较($n = 20$)见表14-18，由表14-18可知，在所给条件下，按 $t$ 分布计算与按正态分布计算相比，其抗剪断参数 $f'$、$c'$ 减小 0.5%~1.5%。当试验块较少或 $C_{v,f'}$、$C_{v,c'}$ 较大或要求保证率较高时，两者计算结果之差都会加大。

### 14.4.2.2　抗剪断参数统计法2(广西电力设计院法)

重力坝坝基混凝土与坝基岩体之间的抗剪断参数(摩擦系数 $f'$ 和黏聚力 $c'$)是核算建筑物抗滑稳

定或确定坝基承载力的重要指标。通常坝基岩体介质材料有较大的变异性,这主要是由岩体内部物质成分及构造变化引起的,形成岩体介质材料物理、力学参数的不确定性;此外,也与抗剪断试验选点或取样时拟定的试验组数的多少,以及测试过程带来的随机误差等因素有关。因此,应该把试验数据作为随机变量进行必要的误差处理,这就需要应用概率理论和数理统计方法。

抗剪断试验是使试样在不同法向应力($p_1$、$p_2$、$p_3$…)作用下,得到相应的剪应力值($\tau_1$、$\tau_2$、$\tau_3$…)。如果每组试件用 $k$ 个试样在 $k$ 个不同垂直应力作用下剪切,若一个工程地质单元有 $n$ 组试验,则共有 $m(m=nk)$ 对 $p$、$\tau$ 数据。在一般应力水平下,通常假定库仑强度包络线是一条直线,抗剪试验成果可按线性回归方程进行整理,计算包络线上的 $f'$、$c'$ 参变量,即

$$\tau_i = f'p_i + c' + \varepsilon_i \quad (i = 1, 2, \cdots, m) \tag{14-60}$$

式中:$\tau_i$ 为在 $p_i$ 正应力下的剪应力值;$p_i$ 为第 $i$ 块正应力;$f'$ 为摩擦系数;$c'$ 为黏聚力;$\varepsilon_i$ 为随机扰动量,是相对于回归直线的误差值。

采用最小二乘法求解线性回归参数 $f'$、$c'$ 值,要求相对于回归直线 $\varepsilon_i$ 的绝对值的平方和为最小。同时,假定 $\varepsilon_i$ 相对于回归直线服从正态分布,根据线性方程相加(减)时概型不变的原理,$f'$、$c'$ 的概率分布也应是正态分布。因此,采用这种方法计算 $f'$、$c'$ 值可不再进行概型检验,即认为 $f'$、$c'$ 的随机变量均服从正态分布。

经过线性回归方程运算后可得出以下各值。

回归方程标准差 $\sigma$:

$$\sigma = \sqrt{\frac{\sum(\tau_i - f'p_i - c')}{m - 2}} \tag{14-61}$$

$\tau$ 与 $p$ 的相关系数 $\gamma_{\tau,p}$:

$$\gamma_{\tau,p} = \frac{m\sum\tau_i p_i - \sum\tau_i \sum p_i}{\sqrt{\left[m\sum\tau_i^2 - (\sum\tau_i)^2\right]\left[m\sum p_i^2 - (\sum p_i^2)\right]}} \tag{14-62}$$

摩擦系数 $f'$ 及黏聚力 $c'$ 的均值:

$$\bar{f} = (m\sum\tau_i p_i - \sum\tau_i \sum p_i)/\Delta \tag{14-63}$$

$$\bar{c} = (\sum\tau_i \sum p_i \sum\tau_i p_i)/\Delta \tag{14-64}$$

式中:$\Delta = m\sum p_i^2 - (\sum p_i)^2$;$m$ 为试件总点数。

$f'$ 及 $c'$ 的标准差:

$$\sigma_f = \sigma\sqrt{(m/\Delta)} \tag{14-65}$$

$$\sigma_c = \sigma\sqrt{(\sum p_i^2)/\Delta} \tag{14-66}$$

$f'$ 及 $c'$ 的协方差:

$$\text{cov}(f', c') = -\bar{p}\left(\frac{\sigma^2}{\Delta}\right) \tag{14-67}$$

式中:$\bar{p}$ 为正应力的均值。

$f'$ 及 $c'$ 的相关系数 $\gamma_{f,c}$:

$$\gamma_{f,c} = \frac{\text{cov}(f', c')}{\sigma_f \sigma_c} \tag{14-68}$$

显然,$f'$ 与 $c'$ 是一对呈负相关的变量,它与 $f'$、$c'$ 的协方差成正比,而与它们各自的标准差成反比。工程实践也反映,往往是 $c'$ 值大而 $f'$ 值减少;反之 $c'$ 值小,而 $f'$ 值会增大。$\gamma_{f,c}$ 就是用以衡量它们相关密切程度的指标。根据统计资料,坝基混凝土与岩石抗剪断参数 $f'$、$c'$ 的相关系数一般都在 0.85 以上。

对于一对相关的变量,通常可以用二元随机变量的联合分布来拟合试验数据。前已述及,$f'$、$c'$ 是

一组抗剪断试验数据,是经库仑方程整理出来的具有高度相关性的两个参数,而他们的数值都是在区间 $[a,b]$ 内,因此用 $\beta$ 分布进行拟合较为合适。$\beta$ 分布的概率密度函数为

$$f_{u,v} = \frac{\Gamma(\alpha + \beta + \gamma + 3)}{\Gamma(\alpha + 1)\Gamma(\beta + 1)\Gamma(\gamma + 1)} u^\alpha v^\beta (1 - u - v)^\gamma \tag{14-69}$$

$$(u,v \geqslant 0, 0 \leqslant u + v \leqslant 1, \alpha \setminus \beta \setminus \gamma > -1)$$

式中:$u$、$v$ 分别为相应于变量 $f'$、$c'$ 的无量纲参数,即 $f'$、$c'$ 的标准化变量;$\Gamma(\cdot)$ 为 $\Gamma$ 函数;$\alpha$、$\beta$、$\gamma$ 为尺度参数,其计算式为

$$\alpha = (\beta + 1)(\bar{u}/\bar{v}) - 1 \tag{14-70}$$

$$\beta = -[\bar{u} \cdot \bar{v}^2/(\gamma_{u,v}\sigma_u\sigma_v)] - \bar{v} - 1 \tag{14-71}$$

$$\gamma = (\beta + 1)/\bar{v} - (\alpha + \beta + 3) \tag{14-72}$$

式中:$\bar{u} = \frac{1}{2}\frac{\bar{c} - c_{min}}{c_{max} - c_{min}}$;$\bar{v} = \frac{1}{2}\frac{\bar{f} - f_{min}}{f_{max} - f_{min}}$;$\sigma_u = \sqrt{\frac{\sigma_c^2}{4(c_{max} - c_{min})}}$;$\sigma_v = \sqrt{\frac{\sigma_f^2}{4(f_{max} - f_{min})}}$;$\bar{c}$、$\bar{f}$ 分别为 $c'$、$f'$ 指标的均值;$c_{max}$、$c_{min}$、$f_{max}$、$f_{min}$ 分别为 $c'$、$f'$ 指标的上限和下限;$\gamma_{u,v} = \gamma_{c,f}$,为 $c'$ 与 $f'$ 的相关系数。

在求得联合 $\beta$ 分布的概率密度函数之后,可利用累积联合分布计算某一置信水平的 $u_0$ 和 $v_0$ 的估值,或在指定了估值 $u_0$ 和 $v_0$ 之后可计算随机变量 $u$ 和 $v$ 小于 $u_0$ 和 $v_0$ 的概率,即

$$F_{u,v}(u_0,v_0) = p[u \leqslant u_0, v \leqslant v_0]$$

其值定义为

$$F_{u,v}(u_0,v_0) = \int_{u_{min}}^{u_0} \int_{v_{min}}^{v_0} f_{u,v}(u_0,v_0) \mathrm{d}u\mathrm{d}v \tag{14-73}$$

累积联合分布可用于同步计算抗剪断强度 $c'$、$f'$ 指标的可靠性取值。例如,在一个工程地质单元体内有若干组现场抗剪断试验结果,按最小二乘法进行综合统计,得出 $c'$、$f'$ 的均值 $\bar{c}'$、$\bar{f}'$,并作为 $u_0$ 和 $v_0$ 的估值代入以上诸式计算,求得累积联合分布 $F_{u,v}(u_0,v_0)$。它表示随机变量 $u$ 和 $v$ 小于 $u_0$ 和 $v_0$ 的概率,称为超越概率或风险概率,以 $p_f$ 表示。定义可靠度 $p_r = 1 - p_f$,则

$$p_r = 1 - F_{v,v}(u_0,v_0) \tag{14-74}$$

如果计算的可靠度 $p_r$ 太低,达不到规定的目标值 $p_s$,则可以降低 $c'$ 和 $f'$ 值,例如将均值减去一定倍数的标准差得出"标准值"作为新的 $u_0$ 和 $v_0$ 的估值重复上述计算。计算结果若 $p_r > p_s$,则计算终止;若 $p_r < p_s$,则可改变 $\alpha$ 取值重新计算,直到满足工程上按不同设计阶段对单项目标可靠度指标的要求,此时的 $c'$ 和 $f'$ 即为所求,它具有明确的概率含义。标准值按下式计算:

$$c_k = \bar{c} - K_p\sigma_c \tag{14-75}$$

$$f_k = \bar{f} - K_p\sigma_f \tag{14-76}$$

式中:$K_p$ 为与概率有关的系数,若取显著性水平 $\alpha = 0.20$ 分位数时,则 $K_p = 0.842$;若取 $\alpha = 0.15$ 分位数时,则 $K_p = 1.036$。

以上是在工程地质单元抽取样本进行试验,根据样本信息推断的总体。样本或称之为"试验组数",究竟多少比较合适,目前尚无明确标准。样本容量与岩体变异性、置信水平和精度要求有关,可用式(14-77)确定最小样本容量 $N$:

$$N \geqslant (\delta_x t_\alpha/\rho)^2 \tag{14-77}$$

式中:$\delta_x$ 为岩体单元抗剪断强度的变异系数,反映岩体非均质特性和随机误差;$t_\alpha$ 为可信指标,根据置信水平 $\alpha$ 查表得出;$\rho$ 为精度指标(相对偏差率),$\alpha$ 与 $\rho$ 是根据工程设计要求提出的期望值。

根据式(14-77)绘制成如图 14-21、图 14-22 所示的一组双曲线。从图 14-20 可以看出,$N > 30$ 时曲线明显变缓,$\rho$ 趋于一定值,它表明即使样本再增加,但精度提高有限。而 $N = 20 \sim 30$ 是一个过渡区,$\rho$-$N$ 曲线的曲率也比较平缓,所以对岩石抗剪断试验而言,大子样可定为 $N \geqslant 20$。基于岩体变异系数、

可信概率及精度指标,初步拟定岩石抗剪断试验最小样本容量见表 14-19。

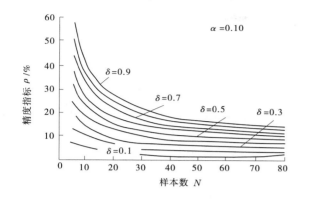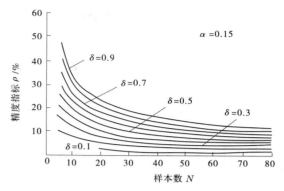

图 14-21　样本容量与精度指标间的关系(一)　　　图 14-22　样本容量与精度指标间的关系(二)

表 14-19　岩石抗剪断试验最小样本容量

| 变异系数 $\delta_x$ | 0.10 | | 0.20 | | 0.30 | | 0.40 | |
|---|---|---|---|---|---|---|---|---|
| 精度指标 $\rho$ /% | 5 | | 10 | | 10 | | 10 | |
| 置信水平 $\alpha$ | 0.15 | 0.10 | 0.15 | 0.10 | 0.15 | 0.10 | 0.15 | 0.10 |
| 样本容量 $N$ | 6 | 7 | 8 | 9 | 12 | 15 | 17 | 25 |

现在进一步研究样本容量($N$)与可靠度($p_r$)及置信概率($C$)的关系。根据统计理论,要求总体包括在样本最大、最小值之内的百分比不小于 $C$ 的概率 $p_r$ 时,所需样本容量 $N$ 由式(14-78)确定:

$$C = 1 - \exp(N\ln p_r) \tag{14-78}$$

根据式(14-78)绘制成如图 14-23 所示的诺模图。由图 14-23 可以看出,在 $N=10\sim30$ 情况下,可以满足工程上的不同精度要求。因此,可以得出重力坝坝基混凝土与基岩抗剪断强度指标概率取值的各项目标值(见表 14-20)。

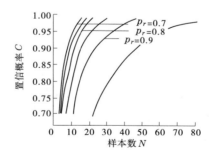

图 14-23　置信概率与样本容量的关系

光耀华对一些电站的坝身混凝土与坝基岩体现场抗剪断试验成果,按 $c'$、$f'$ 联合分布的分析方法进行整理,首先用最小二乘法计算工程单元体的摩擦系数和黏聚力的统计均方差 $\overline{X}$、标准差 $\sigma_x$、变异系数 $\delta_x$ 及相关系数 $\gamma_{f,c}$,然后求 $c'$、$f'$ 的联合分布概率密度,并以 $\overline{f}$、$\overline{c}$ 作为 $u_0$、$v_0$ 的估计值,计算随机变量 $u$ 和 $v$ 小于 $u_0$ 和 $v_0$ 的概率 $p_f$ 及可靠度 $p_{r1}$、置信概率 $C_1$,计算结果见表 14-21。

表 14-20　岩石抗剪断强度指标概率取值的目标值

| 目标可靠度 $p_r$ | ≥0.80 | ≥0.85 | ≥0.90 |
|---|---|---|---|
| 置信概率 $C$ | 0.85 | 0.90 | 0.95 |
| 最小样本数 $N$ | 8 | 14 | 30 |
| 精度指标 $\rho/\%$ | 15~20 | 10~15 | 5~10 |

表 14-21　一些水电站混凝土与坝基岩石抗剪断参数

| 工程 | 坝基岩石 | 试验组数 $N$ | 统计值 | | | | | | | | | 标准值 | | | |
|---|---|---|---|---|---|---|---|---|---|---|---|---|---|---|---|
| | | | $f'$ | | | $c'$ | | | 相关系数 $\gamma_{f,c}$ | 可靠度 $p_{r1}$ | 置信概率 $C_1$ | 摩擦系数 $f_k$ | 黏聚力 $c_k$ | 可靠度 $p_{r2}$ | 置信概率 $C_2$ |
| | | | 均值 | 标准差 $\sigma'_f$ | 变异系数 $\delta'_f$ | 均值 | 标准差 $\sigma'_c$ | 变异系数 $\delta_c'$ | | | | | | | |
| 岩滩 | 辉绿岩 | 10 | 1.11 | 0.19 | 0.17 | 1.10 | 0.32 | 0.29 | -0.86 | 0.70 | 0.97 | 0.95 | 0.83 | 0.8 | 0.81 |
| 水口 | 花岗岩 | 25 | 1.47 | 0.29 | 0.20 | 1.18 | 0.36 | 0.31 | -0.82 | 0.70 | 0.99 | 1.23 | 0.88 | 0.8 | 0.99 |
| 长洲 | 花岗岩 | 7 | 1.04 | 0.15 | 0.14 | 0.77 | 0.13 | 0.17 | -0.89 | 0.79 | 0.81 | 0.91 | 0.66 | 0.87 | 0.61 |
| 马骝滩 | 石灰岩 | 8 | 0.93 | 0.06 | 0.06 | 1.73 | 0.22 | 0.13 | -0.92 | 0.69 | 0.95 | 0.88 | 1.54 | 0.86 | 0.70 |
| 安康 | 千枚岩 | 9 | 0.92 | 0.23 | 0.25 | 1.37 | 0.38 | 0.28 | -0.86 | 0.75 | 0.92 | 0.73 | 1.05 | 0.87 | 0.71 |
| 紫荆关 | 花岗岩 | 7 | 1.15 | 0.11 | 0.10 | 0.99 | 0.18 | 0.18 | -0.77 | 0.66 | 0.95 | 1.06 | 0.84 | 0.86 | 0.65 |
| 潘家口 | 石英片岩 | 14 | 1.71 | 0.17 | 0.10 | 0.62 | 0.22 | 0.35 | -0.91 | 0.68 | 0.99 | 1.56 | 0.44 | 0.83 | 0.93 |

　　从表 14-21 中可以看出,7 个水电站的坝体混凝土与坝基岩石抗剪断均值的可靠度 $p_{r1}$ 均小于 0.80,在 0.66~0.79,这说明统计的均值偏大,不能用于设计。如果用标准值计算 $p_{r2}$ 及 $C_2$,此时各工程可靠度 $p_{r2}$ 均超过 0.80,有些超过了 0.85,但置信概率 $C_2$ 却降低了。这是因为置信概率 $C$ 与 $p_r$ 成反比,而与 $N$ 成正比,尽管 $p_r$ 值提高,但样本容量 $N$ 没有增加,因此必然使 $C$ 值有所降低。按表 14-20 的目标值,对表 14-21 所列的各工程坝基混凝土与岩体抗剪断参数进行评定,只有岩滩、水口、潘家口 3 个水电站达到了要求,它们可用标准值进行设计。其他水电站由于样本数量偏少,抗剪断指标可靠性较低。在此情况下,可考虑适当提高概率分位数、再一次降低标准值 $f_k$、$c_k$,重新计算。此时,可靠度将有所降低,但置信概率却增大了。

　　综上所述,重力坝与基岩之间的抗剪断参数可以通过直剪试验求得。这些成果表示了试验选点或取样位置局部岩体介质的力学参数,但几乎还无法直接掌握坝基整个岩层的物理、力学参数。坝基岩体的地质条件由于构成的岩石种类、风化程度的不同,以及断层、节理、破碎带等断裂的存在,各部位、各方向均有所不同,因而对其很难全面评价。然而在重力坝的设计中,要求全面地评价整个坝基岩体的地质条件和岩体的物理和力学性质,坝基岩体质量分类,则是根据这一要求进行的。

### 14.4.2.3　抗剪断参数统计法 3——随机组合法（中南院方法）

为了消除试验数据分组的人为性,涂传林提出了随机组合法。这种方法认为任意不同正应力下的一组试验数据都可组成一组,获得一对抗剪断参数 $f'$、$c'$,这样就可以生成很多抗剪断参数 $f'$、$c'$,然后对它们按 0.2 分位值(也可采用其他分位值)确定抗剪断强度的标准值。这种方法的缺点是一个试验数据重复使用,但是消除了抗剪试件分组的人为性。一般来说,由于经费问题,同一种工况的现场原位抗剪断试验不可能做很多组,过去要求做 4 组以上才能进行统计分析,这是很难做到的。假设只做了 2 组试验,每组 4 块,共有 8 块,只能得到两组抗剪断参数 $f'$、$c'$,无法进行统计分析。前面介绍的统计法 1,由于有 8 个点,可以做统计分析;下面介绍的随机组合法,则可获得 16 对 $f'$、$c'$,从而可以分别对 $f'$、$c'$ 进行常规的统计分析。

#### 1. 随机组合法的基本思想

假设在同一工况下做了 $n$ 组抗剪断试验,每组有不同等级正应力 $\sigma_i$ 的 $m$ 个试块,共有 $n \times m$ 个试块,通过抗剪断试验在每个试块(假设为第 $i$ 块)抗剪破坏时获得了一个正应力 $\sigma_i$ 和相应的剪应力 $\tau_i$,也就是说获得了 $n \times m$ 个 $\sigma_i$、$\tau_i$,通常在计算抗剪断参数时,是把不同大小的正应力 $\sigma_i$ 和相应的剪应力 $\tau_i$ 的 $m$ 个试块划为一组,用最小二乘法计算出来一对抗剪断参数 $f'$、$c'$,这样就可以获得 $n$ 组 $f'$、$c'$,然后分别对 $f'$、$c'$ 进行统计分析,确定抗剪断强度的标准值。事实上,把那 $m$ 个试块放在一组,完全是人为的,如果是另外一个人,可能又是另外一种方法,从而也就获得了不同的 $f'$、$c'$。既然是同一工况下的试验,把那 $m$ 个试块放在一组应该是完全随机的,于是就提出了随机组合法,只要一组的 $m$ 个试块内,不是完全相同的试块,就可以组成一个组,获得一对抗剪断参数 $f'$、$c'$。这样就可以把 $n$ 组扩展为 $k$ 组,则

$$k = n^m \tag{14-79}$$

式中:$k$ 为扩展后的组数;$n$ 为原来的组数;$m$ 为每组的试件块数。

一般情况下,每组试件四五块,按式(14-79)可计算出不同组数 $n$ 扩展后的组数 $k$(见表 14-22)。

**表 14-22　不同 $n$、$m$ 下随机组合法生成的抗剪断组数 $k$**

| $m$ | $n=2$ | $n=3$ | $n=4$ | $n=5$ | $n=6$ | $n=7$ | $n=8$ |
|---|---|---|---|---|---|---|---|
| 4 | 16 | 81 | 256 | 625 | 1 296 | 2 401 | 4 096 |
| 5 | 32 | 243 | 1 024 | 3 125 | 7 776 | 16 807 | 32 768 |

对扩展后的各组用最小二乘法分别计算其 $f'$、$c'$,这样共有 $k$ 对 $f'$、$c'$,然后对 $f'$、$c'$ 分别进行统计分析,分别求得 $f'$、$c'$ 的离差系数和给定保证率下的 $f'$、$c'$。

#### 2. 随机组合法的算例

从龙滩现场原位抗剪断试验(Ⅰ工况)的数据中取出 2 组,在给定的正应力 $\sigma$ 下,这 2 组的相应剪应力 $\tau$ 列在表 14-23 中的第 1 列、第 2 列,根据随机组合法的原则,可以把它扩展为 16 组,在这 16 组中,没有两组的剪应力 $\tau$ 是完全相同的,同时也没有遗漏剪应力 $\tau$ 不相同的组,以保证扩展的充分性和完备性,否则将会得出错误的结论。

根据上述试验和计算成果,分别用 3 种方法——随机组合后的统计法、随机组合后的小值平均值法和统计法 1,分别计算保证率80%情况下的抗剪断参数($f'$、$c'$),结果见表 14-24,3 种方法计算的抗剪断参数 $f'$ 分别为 1.329 6、1.320 7 和 1.336 2;$c'$ 分别为 2.651 9、2.641 3 和 2.603 0;当取 $\sigma=3.0$ MPa 时,3 种方法计算抗剪断强度 $\tau$ 分别是 6.739 MPa、6.603 MPa 和 6.612 MPa,因此 3 种方法计算的抗剪断参数($f'$、$c'$)是比较接近的。

**表 14-23　龙滩现场原位抗剪断试验(Ⅰ工况)的数据中取出 2 组后进行随机组合**

| 正应力/MPa | 原始分组的剪应力 $\tau$ /MPa | | 扩展后的分组剪应力 $\tau$ 和抗剪断参数($f'$、$c'$) | | | | | | | | | | | | | |
|---|---|---|---|---|---|---|---|---|---|---|---|---|---|---|---|---|
| | 1 | 2 | 3 | 4 | 5 | 6 | 7 | 8 | 9 | 10 | 11 | 12 | 13 | 14 | 15 | 16 |
| 3.0 | 7.07 | 6.63 | 6.63 | 7.07 | 7.07 | 6.63 | 7.07 | 6.63 | 7.07 | 6.63 | 6.63 | 7.07 | 6.63 | 7.07 | 7.07 | 6.63 |
| 2.25 | 6.04 | 6.02 | 6.04 | 6.02 | 6.04 | 6.02 | 6.04 | 6.02 | 6.02 | 6.04 | 6.02 | 6.04 | 6.04 | 6.02 | 6.02 | 6.04 |
| 1.5 | 5.02 | 5.00 | 5.02 | 5.00 | 5.00 | 5.02 | 5.02 | 5.00 | 5.02 | 5.00 | 5.02 | 5.00 | 5.02 | 5.00 | 5.02 | 5.00 |
| 0.75 | 3.68 | 3.66 | 3.68 | 3.66 | 3.68 | 3.66 | 3.66 | 3.68 | 3.68 | 3.66 | 3.68 | 3.66 | 3.66 | 3.68 | 3.66 | 3.68 |
| $f'$ | 1.492 | 1.324 | 1.316 | 1.5 | 1.495 | 1.321 | 1.5 | 1.316 | 1.489 | 1.327 | 1.313 | 1.505 | 1.324 | 1.492 | 1.497 | 1.319 |
| $c'$ | 2.655 | 2.845 | 2.875 | 2.625 | 2.645 | 2.855 | 2.635 | 2.865 | 2.655 | 2.845 | 2.875 | 2.625 | 2.855 | 2.645 | 2.635 | 2.865 |

注:正应力 $\sigma$ 、剪应力 $\tau$ 和抗剪断参数 $c'$ 的单位都是 MPa。

**表 14-24　3 种方法计算抗剪断参数($f'$、$c'$)的比较**

| 项目 | 平均值 | | 离差系数 | | 抗剪断参数(保证率80%) | | 比值 | | 抗剪断强度 $\tau$ /MPa |
|---|---|---|---|---|---|---|---|---|---|
| (1) | (2) | (3) | (4) | (5) | (6) | (7) | (8) | (9) | (10) |
| | $\bar{f'}$ | $\bar{c'}$ | $(C_v)_{f'}$ | $(C_v)_{c'}$ | $f'$ | $c'$ | $\dfrac{(2)-(6)}{(2)}$ | $\dfrac{(3)-(7)}{(3)}$ | |
| 随机组合后的统计法3(保证率80%) | 1.408 | 2.75 | 0.064 15 | 0.041 1 | 1.329 6 | 2.651 9 | 5.6 % | 3.6 % | 6.739 |
| 随机组合后的小值平均值法 | 1.408 | 2.75 | | | 1.320 7 | 2.641 3 | 6.2 % | 4.0 % | 6.603 |
| 统计法1(保证率80%) | 1.408 | 2.75 | 0.059 14 | 0.062 2 | 1.336 2 | 2.603 0 | 5.1 % | 5.3 % | 6.612 |

$$\bar{\tau} = \bar{f}\sigma + \bar{c} = 1.408 \times 3 + 2.75 = 6.974(\text{MPa})$$

#### 14.4.2.4　抗剪断参数统计法4——《重力坝设计20年》中介绍的方法和一些成果

1.坝基岩体及混凝土与基岩接触面抗剪强度的一般分析

1)坝基混凝土与基岩接触面抗剪强度特性

由表 14-25 可知,当接触面起伏差从 0.5 cm 增加至 2.0 cm 左右时,$f'$ 值提高 23%;弱风化带下部岩体比微风化岩体与混凝土接触面抗剪断强度 $f'$ 值低 3%,$c'$ 值低 12.7%。

**表 14-25　三峡工程不同混凝土强度时接触面抗剪强度参数**

| 混凝土标准试件抗压强度 $R_c$/MPa | 平均值 | 14.4 | 23.1 | 39.0 |
|---|---|---|---|---|
| | 范围值 | 18~18.6 | 17.2~28 | 36~42 |
| $f'$ | | 1.17 | 1.28 | 1.40 |
| $c'$ /MPa | | 1.67 | 2.25 | 2.60 |

注:表中岩体为微风化闪云斜长花岗岩。

2)坝基岩体力学试验及抗剪断参数的取值

目前,关于岩体力学试验及抗剪断参数的取值,具体步骤可归纳如下:

（1）对坝基岩体进行工程地质单元划分和坝基岩体分类，针对坝基岩体不同类别和具体工程问题进行岩体力学试验设计，确定试验方法、试验数量以及试验点布置。

（2）根据《工程岩体试验方法标准》（GB/T 50266—1999）等标准或试验规程规定的试验方法，进行室内试验和现场试验。

（3）按岩石试验规程规定的方法，对岩体抗剪强度、变形模量、基岩承载力等试验成果进行整理，取得坝基岩体力学参数试验值。抗剪强度参数采用最小二乘法、优定斜率法或小值平均法，分别按峰值、屈服值、比例极限值、残余强度值或者长期强度等进行整理。

（4）根据坝基岩体力学参数试验值，按有关标准的规定，经过统计分析或考虑一定的保证概率，提出坝基岩体力学参数标准值；有条件时，按规定的概率分布的某个分位值确定标准值。

（5）考虑试验点的地质代表性、坝基工程地质条件、试验条件的差别等多方面因素，对坝基岩体力学参数标准值进行调整，提出地质建议值。

（6）设计、地质、试验三方结合建筑物实际工作条件、设计条件和计算方法、工程类比等，共同研究确定设计采用值。对于某些重要的岩石力学参数，必要时进行专门论证研究。

（7）坝基岩体抗剪强度参数取值。

关于坝基抗滑稳定性分析及评价，目前国内有两种不同的方法：一种是分项系数设计法，如《混凝土重力坝设计规范》（DL 5108—1999）、《混凝土重力坝设计规范》（SL 319—2005）等。由于设计规范不统一，坝基抗滑稳定性分析的抗剪强度参数取值应根据坝基稳定性分析方法及与之匹配的安全系数合理选择。

采用安全系数设计法，采用纯摩计算公式进行坝基抗滑稳定分析时，安全系数 $K'$ 取 1.05~1.10。采用剪摩计算公式进行坝基抗滑稳定分析时，安全系数 $K'$ 取 3.0。采用结构可靠度分项系数进行坝基抗滑稳定分析时，由于摩擦系数 $f$ 和黏聚力 $c$ 采用不同的分项系数，使两者的可靠度水平基本一致。对于两者的取值原则，可按照《水利水电工程地质勘察规范》（GB 50287—1999）的规定，对于岩体本身或坝基混凝土与基岩接触面抗剪断强度参数采用概率分布的 0.2 分位值作为标准值，还有其他取值方法。

3）坝基岩体及结构面抗剪强度经验参数

《水利水电工程地质勘察规范》（GB 50287—1999）提出了坝基岩体抗剪断强度和变形模量经验参数（见表 14-26）及结构面、软弱夹层和断层的抗剪断强度经验参数（见表 14-27）；《工程岩体分级标准》（GB 50218—1994）也提出了各级别岩体抗剪断强度参数及变形模量（见表 14-28）。

**表 14-26　坝基岩体抗剪断强度及变形模量经验参数**

| 岩体分类 | 混凝土与基岩接触面 | | 岩体 | | 岩体变形模量 $E_0$/GPa |
| | 抗剪断摩擦系数 $f'$ | 抗剪断黏聚力 $c'$/MPa | 抗剪断摩擦系数 $f'$ | 抗剪断黏聚力 $c'$/MPa | |
|---|---|---|---|---|---|
| I | 1.30~1.50 | 1.30~1.50 | 1.40~1.60 | 2.00~2.50 | >20 |
| II | 1.10~1.30 | 1.10~1.30 | 1.20~1.40 | 1.50~2.00 | 10~20 |
| III | 0.90~1.10 | 0.70~1.10 | 0.80~1.20 | 0.70~1.50 | 5~10 |
| IV | 0.70~0.90 | 0.30~0.70 | 0.55~0.80 | 0.30~0.70 | 2~5 |
| V | 0.40~0.70 | 0.05~0.30 | 0.40~0.55 | 0.05~0.30 | 0.2~2 |

注：表中参数限于硬质岩，软质岩应根据软化系数进行折减。

**2.坝基混凝土与基岩接触面抗剪强度的数理统计分析**

1）抗剪强度参数的数理统计分析方法综述

同一地质单元或同一岩体类别与坝基混凝土接触面抗剪强度试验所获得的试验数据，作为随机抽

**表 14-27　结构面抗剪断强度参数经验取值**

| 结构面类型 | | $f'$ | $c'$/MPa |
|---|---|---|---|
| 胶结结构面 | | 0.70~0.90 | 0.100~0.250 |
| 无充填结构面 | | 0.45~0.70 | 0.050~0.150 |
| 软弱结构面 | 岩块岩屑型 | 0.45~0.55 | 0.100~0.250 |
| | 岩屑夹泥型 | 0.35~0.45 | 0.050~0.100 |
| | 泥夹岩屑型 | 0.25~0.35 | 0.020~0.050 |
| | 泥塑 | 0.18~0.25 | 0.002~0.005 |

**注**:1. 表中参数限于硬质岩中胶结结构面、无充填结构面,软质岩中结构面应进行折减。

　　2. 胶结结构面、无充填结构面抗剪断强度参数应根据结构面胶结程度和粗糙程度取大值或小值。

**表 14-28　各级别岩体抗剪断强度及变形模量参数**

| 岩体基本质量级别 | 岩体力学参数 | | |
|---|---|---|---|
| | 抗剪断摩擦系数 $f'$ | 抗剪断黏聚力 $c'$/MPa | 变形模量 $E_0$/GPa |
| I | >1.73 | >2.1 | >33 |
| II | 1.73~1.19 | 2.1~1.5 | 33~20 |
| III | 1.19~0.81 | 1.5~0.7 | 20~6 |
| IV | 0.81~0.51 | 0.7~0.2 | 6~1.3 |
| V | <0.51 | <0.2 | <1.3 |

**注**:本表引自《工程岩体分级标准》(GB 50218—1994)附录 C 中表 C0.1。

样的结果,具有随机不确定的特征,但总体上服从一定的统计规律。统计分析的目的就是要根据这些随机抽样的结果,求得表征抗剪参数总体分布规律的统计特征参数和分布概型(概率模型),建立相应的统计模型。

(1)试验数据的误差分析。在进行统计分析之前剔除异常的、不合理的试验资料。恪鲁包斯(Grubbs)方法是对异常数据进行统计判别的一种常用方法,约定一危险率(如 $\alpha=0.05$),确定相应的置信限,凡超过这个界限的误差,就认为是不允许的误差。具体做法如下:设试验数据总体服从正态分布(非正态分布可用正态当量代替),当某一试验值 $x_i$ 满足式(14-80)、式(14-81)时,即为突异值,应予以剔除。

$$x_i > \bar{x} + t_\alpha(n,\alpha)\sigma \tag{14-80}$$

$$x_i < \bar{x} - t_\alpha(n,\alpha)\sigma \tag{14-81}$$

式中:$x_i$ 为随机变量;$\bar{x}$、$\sigma$ 分别为随机变量的均值和标准差;$t_\alpha$ 表示当统计样本为 $n$、危险率为 $\alpha$ 时的临界值,可由 $t$ 分布表查得。

(2)几个重要统计特征参数的抽样估计方法。根据随机抽样的试验结果,可给出相应的估计值,均值、方差、相应的标准差如下:

$$\bar{x} = \frac{1}{n}\sum_{i=1}^{n} x_i \tag{14-82}$$

$$S^2 = \frac{1}{n-1}\sum_{i=1}^{n}(x_i - \bar{x})^2 \tag{14-83}$$

$$\sigma = \sqrt{S^2} \tag{14-84}$$

式中：$n$ 为试验组数；$x_i$ 为某一个试验值。

事实上，随机变量母体均值和标准差的真值是无法确切知道的。作为统计结果，在工程实际应用中，给出在一定概率保证值下的取值范围或区间（又称置信区间）就显得更为重要。给定的置信度 $\alpha$、小子样均值和方差的置信区间可按以下公式确定：

均值的置信区间为

$$\left[ \bar{x} - \frac{U_\alpha \sigma}{\sqrt{n-1}}, \bar{x} + \frac{U_\alpha \sigma}{\sqrt{n-1}} \right]$$

其中，$U_\alpha$ 由式（14-85）从 $t$ 分布表中查出。

$$\int_{U_\alpha}^\infty t(n-1)\mathrm{d}s = \frac{\alpha}{2} \tag{14-85}$$

标准差的置信区间为

$$\left[ \sqrt{\frac{1}{U_\alpha} \sum_{i=1}^n (x_i - \bar{x})^2}, \sqrt{\frac{1}{U'_\alpha} \sum_{i=1}^n (x_i - \bar{x})^2} \right]$$

其中，$U_\alpha$、$U'$ 由式（14-86）、式（14-87）从 $\chi^2$ 分布表中查出。

$$\int_{U_\alpha}^\infty \chi^2(n-1)\mathrm{d}s = 1 - \frac{\alpha}{2} \tag{14-86}$$

$$\int_{U'_\alpha}^\infty \chi^2(n-1)\mathrm{d}s = \frac{\alpha}{2} \tag{14-87}$$

（3）随机变量的分布概型。已有的研究成果表明，岩体抗剪强度参数大都服从正态分布、对数正态分布或极值 I 型分布等几种常用的概型。这几种常用概型的概率密度函数和分布函数如下所示。

正态分布：

$$f(x) = \frac{1}{\sqrt{2\pi}\sigma} \exp\left[ -\frac{1}{2}\left(\frac{x-\mu}{\sigma}\right)^2 \right] \tag{14-88}$$

$$F(x) = \frac{1}{\sqrt{2\pi}\sigma} \int_{-\infty}^x \frac{1}{x} \exp\left[ -\frac{1}{2}\left(\frac{x-\mu}{\sigma}\right)^2 \right] \mathrm{d}x \tag{14-89}$$

式中：$\mu$、$\sigma$ 分别为随机变量的期望值和标准差。

对数正态分布：

$$f(x) = \frac{1}{\sqrt{2\pi}x\xi} \exp\left[ -\frac{1}{2}\left(\frac{\ln x - \lambda}{\xi}\right)^2 \right] \tag{14-90}$$

$$F(x) = \frac{1}{\sqrt{2\pi}x\xi} \int_0^x \frac{1}{x} \exp\left[ -\frac{1}{2}\left(\frac{\ln x - \lambda}{\xi}\right)^2 \right] \mathrm{d}x \tag{14-91}$$

其中，

$$\xi = \sqrt{\ln\left[ 1 + \left(\frac{\mu}{\sigma}\right)^2 \right]} \tag{14-92}$$

$$\lambda = \ln x - \frac{1}{2}\xi^2 \tag{14-93}$$

极值 I 型分布：

$$f(x) = \alpha \exp\left[ -\alpha(x-k) \right] \exp\left[ -\mathrm{e}^{-\alpha(x-k)} \right] \tag{14-94}$$

$$F(x) = \exp\{ -\exp[\alpha(x-k)] \} \tag{14-95}$$

其中，

$$\alpha = \frac{\pi}{\sqrt{6}\sigma} \tag{14-96}$$

$$k = \mu - \frac{0.577\ 2}{\alpha} \tag{14-97}$$

在实际应用中,确定某个随机变量的分布概型,一般可先根据实测样本数据采用经验的方法(如绘制概率图或直方图)对分布形式做出初步判断,然后通过假设检验,最终选定合理的分布概型。

在数理统计中,假设检验常用的有 $\chi^2$ 法、K-S 法和 A-D 法等几种方法。分析结果表明,A-D 法较其他检验方法严格,尤其是对于小子样变量具有检验识别强、精度高的优点,特别适用于岩土工程问题的研究。A-D 检验法的统计量为

$$A_n^2 = -n - \frac{1}{n}\sum_{i=1}^{n}(2i-1)\{\ln F(x_i) + \ln[1 - F(x_{n+1-i})]\} \tag{14-98}$$

当 $A_n^2 < A_{n,\alpha}^2$ 时,则认为假设的分布概型可以接受,否则予以拒绝。$A_{n,\alpha}^2$ 为统计量在一定置信水平下的临界值。如果取 $\alpha = 0.05$,$A_{n,\alpha}^2$ 可按式(14-100)计算:

极值 I 型分布

$$A_{n,\alpha}^2 = \frac{0.757}{\left(1 + \dfrac{0.2}{\sqrt{n}}\right)} \tag{14-99}$$

对数或正态分布

$$A_{n,\alpha}^2 = \frac{0.787}{\left(1 + \dfrac{4}{n} + \dfrac{25}{n^2}\right)} \tag{14-100}$$

如果随机变量对所设各理论分布的假设检验都被接受,可用式(14-101)判别,选择拟合度大的作为优选概型:

$$\psi = 1 - \frac{D}{D_0} \tag{14-101}$$

式中：$D$ 为假设理论分布统计量；$D_0$ 为检验临界值。

2)统计分析成果

对收集到的抗剪强度试验资料,按照分类标准经过逐组逐块甄别、归类,并进行粗差检验剔除特异值后,进行了统计分析。

混凝土与基岩接触面、软弱夹层、无充填结构面和岩体本身四类剪切面抗剪强度参数的统计结果分别见表 14-29~表 14-32,各类岩体及基岩与混凝土接触面的抗剪强度参数均值置信区间见表 14-33。

统计分析结果表明,各类岩体的抗剪强度参数都具有很强的统计规律性。统计所获得的分布概型和相应的统计特征参数,在总体上代表了岩石工程中各类岩体抗剪强度参数的统计特征。

表 14-29　混凝土与基岩接触面抗剪强度试验参数统计分析结果

| 分类 | 参数类型 | 参数 | 样本数 | 均值 | 标准差 | 概率分布形式(A-D 法假设检验,显著水平 $\alpha = 0.05$) | | | | | | | 概型 |
|---|---|---|---|---|---|---|---|---|---|---|---|---|---|
| | | | | | | 正态分布 | | 对数正态分布 | | 极值 I 型 | | | |
| E1 | 抗剪断 | $c'$/MPa | 65 | 1.30 | 0.540 | 统计量 | 0.879 | 统计量 | 1.205 | 统计量 | 0.512 | | 极值 I 型 |
| | | | | | | 临界值 | 0.787 | 临界值 | 0.787 | 临界值 | 0.757 | | |
| | | $f'$ | 65 | 1.36 | 0.297 | 统计量 | 0.888 | 统计量 | 0.415 | 统计量 | 0.465 | | 对数正态 |
| | | | | | | 临界值 | 0.787 | 临界值 | 0.787 | 临界值 | 0.757 | | |
| | | | | | | 拟合度 | | 拟合度 | 0.473 | 拟合度 | 0.386 | | |
| | 抗剪 | $c$/MPa | 59 | 0.48 | 0.296 | 统计量 | 0.380 | 统计量 | 12.47 | 统计量 | 1.444 | | 正态分布 |
| | | | | | | 临界值 | 0.742 | 临界值 | 0.742 | 临界值 | 0.738 | | |
| | | $f$ | 59 | 1.14 | 0.280 | 统计量 | 0.313 | 统计量 | 0.620 | 统计量 | 1.105 | | 正态分布 |
| | | | | | | 临界值 | 0.742 | 临界值 | 0.742 | 临界值 | 0.738 | | |

**续表 14-29**

| 分类 | 参数类型 | 参数 | 样本数 | 均值 | 标准差 | 概率分布形式（A-D 法假设检验，显著水平 α=0.05） | | | |
| --- | --- | --- | --- | --- | --- | --- | --- | --- | --- |
| | | | | | | 正态分布 | 对数正态分布 | 极值Ⅰ型 | 概型 |
| E2 | 抗剪断 | $c'$/MPa | 100 | 1.09 | 0.526 | 统计量 1.769 | 统计量 1.647 | 统计量 1.055 | 极值Ⅰ型 ★ |
| | | | | | | 临界值 0.787 | 临界值 0.787 | 临界值 0.738 | |
| | | $f'$ | 100 | 1.36 | 0.296 | 统计量 0.313 | 统计量 0.826 | 统计量 2.051 | 正态分布 |
| | | | | | | 临界值 0.787 | 临界值 0.787 | 临界值 0.757 | |
| | 抗剪 | $c$/MPa | 112 | 0.52 | 0.351 | 统计量 2.850 | 统计量 3.167 | 统计量 0.899 | 极值Ⅰ型 ★ |
| | | | | | | 临界值 0.787 | 临界值 0.787 | 临界值 0.757 | |
| | | $f$ | 112 | 1.00 | 0.243 | 统计量 0.365 | 统计量 1.873 | 统计量 3.515 | 正态分布 |
| | | | | | | 临界值 0.787 | 临界值 0.787 | 临界值 0.757 | |
| E3 | 抗剪断 | $c'$/MPa | 117 | 1.05 | 0.474 | 统计量 0.640 | 统计量 3.433 | 统计量 1.249 | 正态分布 |
| | | | | | | 临界值 0.787 | 临界值 0.787 | 临界值 0.757 | |
| | | $f'$ | 117 | 1.04 | 0.285 | 统计量 0.163 | 统计量 0.830 | 统计量 1.629 | 正态分布 |
| | | | | | | 临界值 0.787 | 临界值 0.787 | 临界值 0.757 | |
| | 抗剪 | $c$/MPa | 115 | 0.42 | 0.326 | 统计量 2.987 | 统计量 9.575 | 统计量 0.659 | 极值Ⅰ型 |
| | | | | | | 临界值 0.787 | 临界值 0.787 | 临界值 0.757 | |
| | | $f$ | 115 | 0.81 | 0.195 | 统计量 0.461 | 统计量 1.749 | 统计量 3.379 | 正态分布 |
| | | | | | | 临界值 0.787 | 临界值 0.787 | 临界值 0.757 | |
| E4 | 抗剪断 | $c'$/MPa | 92 | 0.68 | 0.567 | 统计量 5.482 | 统计量 3.504 | 统计量 2.874 | 极值Ⅰ型 ★ |
| | | | | | | 临界值 0.787 | 临界值 0.787 | 临界值 0.759 | |
| | | $f'$ | 92 | 0.95 | 0.391 | 统计量 1.930 | 统计量 6.543 | 统计量 3.611 | 正态分布 ★ |
| | | | | | | 临界值 0.787 | 临界值 0.787 | 临界值 0.757 | |
| | 抗剪 | $c$/MPa | 99 | 0.31 | 0.238 | 统计量 3.079 | 统计量 4.479 | 统计量 0.951 | 极值Ⅰ型 ★ |
| | | | | | | 临界值 0.787 | 临界值 0.787 | 临界值 0.757 | |
| | | $f$ | 99 | 0.75 | 0.190 | 统计量 1.579 | 统计量 0.618 | 统计量 0.628 | 对数正态 |
| | | | | | | 临界值 0.787 | 临界值 0.787 | 临界值 0.757 | |
| | | | | | | 拟合度 | 拟合度 0.215 | 拟合度 0.170 | |
| E5 | 抗剪断 | $c'$/MPa | 21 | 0.42 | 0.432 | 统计量 1.817 | 统计量 2.335 | 统计量 1.364 | 极值Ⅰ型 |
| | | | | | | 临界值 0.694 | 临界值 0.694 | 临界值 0.725 | |
| | | $f'$ | 21 | 0.83 | 0.411 | 统计量 0.789 | 统计量 0.302 | 统计量 0.319 | 对数正态 |
| | | | | | | 临界值 0.694 | 临界值 0.694 | 临界值 0.725 | |
| | 抗剪 | $c$/MPa | 17 | 0.31 | 0.246 | 统计量 0.544 | 统计量 2.659 | 统计量 0.563 | 极值Ⅰ型 |
| | | | | | | 临界值 0.685 | 临界值 0.685 | 临界值 0.722 | |
| | | | | | | 拟合度 0.206 | 拟合度 | 拟合度 0.220 | |
| | | $f$ | 17 | 0.81 | 0.403 | 统计量 1.182 | 统计量 0.678 | 统计量 0.760 | 对数正态 |
| | | | | | | 临界值 0.685 | 临界值 0.685 | 临界值 0.722 | |

**注**：带 ★ 号的表示该项参数未能通过概型检验，余同。

### 表 14-30　软弱夹层抗剪强度试验参数统计分析结果

| 分类 | 参数类型 | 参数 | 样本数 | 均值 | 标准差 | 概率分布形式(A-D 法假设检验,显著水平 $\alpha=0.05$) | | | | | | 概型 |
|---|---|---|---|---|---|---|---|---|---|---|---|---|
| | | | | | | 正态分布 | | 对数正态分布 | | 极值 I 型 | | |
| A1 | 抗剪断 | $c'$/MPa | 52 | 0.03 | 0.035 | 统计量 | 2.896 | 统计量 | 40.49 | 统计量 | 1.342 | 极值 I 型★ |
| | | | | | | 临界值 | 0.737 | 临界值 | 0.737 | 临界值 | 0.737 | |
| | | $f'$ | 52 | 0.21 | 0.039 | 统计量 | 0.488 | 统计量 | 0.790 | 统计量 | 1.618 | 正态分布 |
| | | | | | | 临界值 | 0.737 | 临界值 | 0.737 | 临界值 | 0.737 | |
| | 抗剪 | $c$/MPa | 19 | 0.03 | 0.026 | 统计量 | 1.168 | 统计量 | 4.345 | 统计量 | 0.567 | 极值 I 型 |
| | | | | | | 临界值 | 0.690 | 临界值 | 0.690 | 临界值 | 0.724 | |
| | | $f$ | 19 | 0.18 | 0.030 | 统计量 | 0.415 | 统计量 | 0.465 | 统计量 | 0.731 | 正态分布 |
| | | | | | | 临界值 | 0.690 | 临界值 | 0.690 | 临界值 | 0.724 | |
| A2 | 抗剪断 | $c'$/MPa | 69 | 0.04 | 0.035 | 统计量 | 2.435 | 统计量 | 29.90 | 统计量 | 1.039 | 极值 I 型 |
| | | | | | | 临界值 | 0.787 | 临界值 | 0.787 | 临界值 | 0.759 | |
| | | $f'$ | 69 | 0.30 | 0.045 | 统计量 | 0.533 | 统计量 | 0.398 | 统计量 | 0.839 | 对数正态 |
| | | | | | | 临界值 | 0.787 | 临界值 | 0.787 | 临界值 | 0.757 | |
| | 抗剪 | $c$/MPa | 27 | 0.05 | 0.073 | 统计量 | 3.523 | 统计量 | 2.330 | 统计量 | 2.510 | 对数正态★ |
| | | | | | | 临界值 | 0.707 | 临界值 | 0.707 | 临界值 | 0.729 | |
| | | $f$ | 27 | 0.25 | 0.038 | 统计量 | 0.965 | 统计量 | 1.269 | 统计量 | 2.237 | 正态分布★ |
| | | | | | | 临界值 | 0.707 | 临界值 | 0.707 | 临界值 | 0.729 | |
| B | 抗剪断 | $c'$/MPa | 135 | 0.10 | 0.090 | 统计量 | 4.424 | 统计量 | 30.03 | 统计量 | 1.781 | 极值 I 型★ |
| | | | | | | 临界值 | 0.787 | 临界值 | 0.787 | 临界值 | 0.757 | |
| | | $f'$ | 135 | 0.45 | 0.080 | 统计量 | 1.338 | 统计量 | 1.071 | 统计量 | 1.984 | 对数正态★ |
| | | | | | | 临界值 | 0.787 | 临界值 | 0.787 | 临界值 | 0.757 | |
| | 抗剪 | $c$/MPa | 49 | 0.05 | 0.049 | 统计量 | 2.653 | 统计量 | 17.24 | 统计量 | 1.245 | 极值 I 型★ |
| | | | | | | 临界值 | 0.735 | 临界值 | 0.735 | 临界值 | 0.736 | |
| | | $f$ | 49 | 0.37 | 0.075 | 统计量 | 0.855 | 统计量 | 0.698 | 统计量 | 0.944 | 对数正态 |
| | | | | | | 临界值 | 0.735 | 临界值 | 0.735 | 临界值 | 0.736 | |
| C | 抗剪断 | $c'$/MPa | 27 | 0.10 | 0.160 | 统计量 | 1.744 | 统计量 | 2.982 | 统计量 | 0.990 | 极值 I 型★ |
| | | | | | | 临界值 | 0.707 | 临界值 | 0.707 | 临界值 | 0.729 | |
| | | $f'$ | 27 | 0.76 | 0.164 | 统计量 | 1.176 | 统计量 | 0.726 | 统计量 | 0.528 | 极值 I 型 |
| | | | | | | 临界值 | 0.707 | 临界值 | 0.707 | 临界值 | 0.729 | |
| | 抗剪 | $c$/MPa | 10 | 0.07 | 0.049 | 统计量 | 0.310 | 统计量 | 1.671 | 统计量 | 0.290 | 极值 I 型 |
| | | | | | | 临界值 | 0.684 | 临界值 | 0.684 | 临界值 | 0.712 | |
| | | $f$ | 10 | 0.62 | 0.107 | 统计量 | 0.182 | 统计量 | 0.200 | 统计量 | 0.346 | 正态分布 |
| | | | | | | 临界值 | 0.684 | 临界值 | 0.484 | 临界值 | 0.712 | |

**注**:带★号的表示该项参数未能通过概型检验,余同。

**表 14-31　无充填结构面抗剪强度试验参数统计分析结果**

| 分类 | 参数类型 | 参数 | 样本数 | 均值 | 标准差 | 概率分布形式(A–D 法假设检验,显著水平 α=0.05) | | | | | | 概型 |
|---|---|---|---|---|---|---|---|---|---|---|---|---|
| | | | | | | 正态分布 | | 对数正态分布 | | 极值Ⅰ型 | | |
| D1 | 抗剪断 | $c'$/MPa | 53 | 0.12 | 0.077 | 统计量 | 0.436 | 统计量 | 10.94 | 统计量 | 0.697 | 正态分布 |
| | | | | | | 临界值 | 0.738 | 临界值 | 0.738 | 临界值 | 0.737 | |
| | | $f'$ | 53 | 0.48 | 0.092 | 统计量 | 0.259 | 统计量 | 0.454 | 统计量 | 1.188 | 正态分布 |
| | | | | | | 临界值 | 0.738 | 临界值 | 0.738 | 临界值 | 0.737 | |
| | 抗剪 | $c$/MPa | 27 | 0.11 | 0.125 | 统计量 | 1.951 | 统计量 | 5.157 | 统计量 | 1.025 | 极值Ⅰ型★ |
| | | | | | | 临界值 | 0.707 | 临界值 | 0.707 | 临界值 | 0.729 | |
| | | $f$ | 27 | 0.39 | 0.113 | 统计量 | 0.372 | 统计量 | 0.485 | 统计量 | 0.655 | 正态分布 |
| | | | | | | 临界值 | 0.707 | 临界值 | 0.707 | 临界值 | 0.729 | |
| D2 | 抗剪断 | $c'$/MPa | 43 | 0.24 | 0.205 | 统计量 | 1.925 | 统计量 | 2.247 | 统计量 | 0.686 | 极值Ⅰ型 |
| | | | | | | 临界值 | 0.729 | 临界值 | 0.729 | 临界值 | 0.735 | |
| | | $f'$ | 43 | 0.77 | 0.117 | 统计量 | 0.291 | 统计量 | 0.388 | 统计量 | 1.043 | 正态分布 |
| | | | | | | 临界值 | 0.729 | 临界值 | 0.729 | 临界值 | 0.735 | |
| | 抗剪 | $c$/MPa | 6 | 0.11 | 0.070 | 统计量 | 0.295 | 统计量 | 0.620 | 统计量 | 0.366 | 对数正态 |
| | | | | | | 临界值 | 0.809 | 临界值 | 0.809 | 临界值 | 0.700 | |
| | | $f$ | 6 | 0.63 | 0.184 | 统计量 | 0.373 | 统计量 | 0.286 | 统计量 | 0.276 | 正态分布 |
| | | | | | | 临界值 | 0.809 | 临界值 | 0.809 | 临界值 | 0.700 | |
| D3 | 抗剪断 | $c'$/MPa | 48 | 0.09 | 0.099 | 统计量 | 3.058 | 统计量 | 46.99 | 统计量 | 1.707 | 极值Ⅰ型★ |
| | | | | | | 临界值 | 0.734 | 临界值 | 0.734 | 临界值 | 0.736 | |
| | | $f'$ | 48 | 0.40 | 0.158 | 统计量 | 1.827 | 统计量 | 1.432 | 统计量 | 1.439 | 对数正态★ |
| | | | | | | 临界值 | 0.734 | 临界值 | 0.734 | 临界值 | 0.736 | |

**表 14-32　岩体抗剪强度试验参数统计分析结果**

| 分类 | 参数类型 | 参数 | 样本数 | 均值 | 标准差 | 概率分布形式(A–D 法假设检验,显著水平 α=0.05) | | | | | | 概型 |
|---|---|---|---|---|---|---|---|---|---|---|---|---|
| | | | | | | 正态分布 | | 对数正态分布 | | 极值Ⅰ型 | | |
| E2 | 抗剪断 | $c'$/MPa | 13 | 1.57 | 1.211 | 统计量 | 0.586 | 统计量 | 0.693 | 统计量 | 0.394 | 极值Ⅰ型 |
| | | | | | | 临界值 | 0.679 | 临界值 | 0.679 | 临界值 | 0.717 | |
| | | $f'$ | 13 | 2.02 | 0.345 | 统计量 | 1.462 | 统计量 | 1.139 | 统计量 | 0.879 | 极值Ⅰ型★ |
| | | | | | | 临界值 | 0.679 | 临界值 | 0.679 | 临界值 | 0.717 | |

续表 14-32

| 分类 | 参数类型 | 参数 | 样本数 | 均值 | 标准差 | 概率分布形式(A-D法假设检验,显著水平 $\alpha=0.05$) | | | | | | | 概型 |
|---|---|---|---|---|---|---|---|---|---|---|---|---|---|
| | | | | | | 正态分布 | | 对数正态分布 | | 极值 I 型 | | | |
| E3 | 抗剪断 | $c'/\text{MPa}$ | 19 | 1.89 | 0.938 | 统计量 | 0.184 | 统计量 | 0.193 | 统计量 | 0.451 | | 正态分布 |
| | | | | | | 临界值 | 0.690 | 临界值 | 0.690 | 临界值 | 0.724 | | |
| | | $f'$ | 19 | 1.56 | 0.177 | 统计量 | 0.388 | 统计量 | 0.497 | 统计量 | 1.180 | | 正态分布 |
| | | | | | | 临界值 | 0.690 | 临界值 | 0.690 | 临界值 | 0.724 | | |
| | 抗剪 | $c/\text{MPa}$ | 8 | 0.85 | 0.588 | 统计量 | 0.255 | 统计量 | 0.482 | 统计量 | 0.161 | | 极值 I 型 |
| | | | | | | 临界值 | 0.709 | 临界值 | 0.709 | 临界值 | 0.707 | | |
| | | $f$ | 8 | 1.11 | 0.287 | 统计量 | 0.242 | 统计量 | 0.298 | 统计量 | 0.377 | | 正态分布 |
| | | | | | | 临界值 | 0.709 | 临界值 | 0.709 | 临界值 | 0.707 | | |
| E4 | 抗剪断 | $c'/\text{MPa}$ | 37 | 1.20 | 0.897 | 统计量 | 1.083 | 统计量 | 5.630 | 统计量 | 1.309 | | 正态分布 ★ |
| | | | | | | 临界值 | 0.722 | 临界值 | 0.722 | 临界值 | 0.733 | | |
| | | $f'$ | 37 | 1.10 | 0.408 | 统计量 | 0.935 | 统计量 | 3.097 | 统计量 | 2.963 | | 正态分布 ★ |
| | | | | | | 临界值 | 0.722 | 临界值 | 0.722 | 临界值 | 0.733 | | |
| | 抗剪 | $c/\text{MPa}$ | 14 | 0.73 | 0.414 | 统计量 | 0.208 | 统计量 | 2.188 | 统计量 | 0.643 | | 正态分布 |
| | | | | | | 临界值 | 0.680 | 临界值 | 0.680 | 临界值 | 0.719 | | |
| | | $f$ | 14 | 1.02 | 0.311 | 统计量 | 0.818 | 统计量 | 0.470 | 统计量 | 0.425 | | 极值 I 型 |
| | | | | | | 临界值 | 0.680 | 临界值 | 0.680 | 临界值 | 0.719 | | |

表 14-33　各类岩体及基岩与混凝土接触面的抗剪强度参数均值置信区间

| 岩体类型 | 抗剪强度参数 | 置信水平 $\alpha$ 和置信区间 | | |
|---|---|---|---|---|
| | | $\alpha=0.10$ | $\alpha=0.05$ | $\alpha=0.01$ |
| E1 ★ | $f'$ | 1.312,1.408 | 1.298,1.422 | 1.271,1.449 |
| | $c'/\text{MPa}$ | 1.212,1.388 | 1.187,1.413 | 1.137,1.463 |
| E2 ★ | $f'$ | 1.321,1.399 | 1.310,1.410 | 1.288,1.432 |
| | $c'/\text{MPa}$ | 1.021,1.159 | 1.001,1.179 | 0.963,1.217 |
| E3 ★ | $f'$ | 1.006,1.074 | 0.996,1.084 | 0.976,1.104 |
| | $c'/\text{MPa}$ | 0.993,1.107 | 0.976,1.124 | 0.944,1.156 |
| E4 ★ | $f'$ | 0.897,1.003 | 0.881,1.019 | 0.851,1.049 |
| | $c'/\text{MPa}$ | 0.603,0.757 | 0.580,0.780 | 0.537,0.823 |
| E5 ★ | $f'$ | 0.709,0.951 | 0.672,0.988 | 0.598,1.062 |
| | $c'/\text{MPa}$ | 0.292,0.548 | 0.254,0.586 | 0.176,0.663 |
| A1 | $f'$ | 0.203,0.217 | 0.201,0.219 | 0.197,0.223 |
| | $c'/\text{MPa}$ | 0.023,0.037 | 0.022,0.038 | 0.018,0.042 |
| A2 | $f'$ | 0.293,0.307 | 0.291,0.309 | 0.287,0.313 |
| | $c'/\text{MPa}$ | 0.034,0.046 | 0.033,0.047 | 0.030,0.050 |

续表 14-33

| 岩体类型 | 抗剪强度参数 | 置信水平 $\alpha$ 和置信区间 | | |
|---|---|---|---|---|
| | | $\alpha = 0.10$ | $\alpha = 0.05$ | $\alpha = 0.01$ |
| B | $f'$ | 0.441,0.459 | 0.438,0.462 | 0.433,0.467 |
| | $c'$ /MPa | 0.090,0.110 | 0.087,0.113 | 0.081,0.119 |
| C | $f'$ | 0.718,0.802 | 0.705,0.815 | 0.681,0.839 |
| | $c'$ /MPa | 0.073,0.127 | 0.065,0.135 | 0.049,0.151 |
| D1 | $f'$ | 0.463,0.497 | 0.459,0.501 | 0.449,0.511 |
| | $c'$ /MPa | 0.106,0.134 | 0.102,0.138 | 0.094,0.146 |
| D2 | $f'$ | 0.747,0.793 | 0.740,0.800 | 0.726,0.814 |
| | $c'$ /MPa | 0.199,0.281 | 0.187,0.293 | 0.164,0.316 |
| D3 | $f'$ | 0.370,0.430 | 0.361,0.439 | 0.344,0.456 |
| | $c'$ /MPa | 0.071,0.109 | 0.066,0.114 | 0.055,0.125 |
| E2 | $f'$ | 1.886,2.042 | 1.844,2.196 | 1.756,2.284 |
| | $c'$ /MPa | 1.098,2.042 | 0.951,2.189 | 0.664,2.496 |
| E3 | $f'$ | 1.505,1.615 | 1.488,1.632 | 1.454,1.666 |
| | $c'$ /MPa | 1.596,2.184 | 1.508,2.272 | 1.328,2.452 |
| E4 | $f'$ | 1.012,1.188 | 0.985,1.215 | 0.935,1.265 |
| | $c'$ /MPa | 1.006,1.394 | 0.947,1.453 | 0.837,1.563 |

**注**:表中有★者代表基岩与混凝土接触面的抗剪强度分类。

#### 14.4.2.5　抗剪断参数统计法 5——优定斜率法

它是根据点绘在 $\sigma-\tau$ 坐标系上试验点的趋势,优先确定 $\sigma-\tau$ 曲线中的斜率($f'$),再根据保证率确定曲线中的截距($c'$)。

根据统计法 1 的证明,当 $n$(试验点数)比较大、$\sigma$ 比较接近 $\overline{\sigma}$、$S_{\sigma\sigma}$ 充分大时,则 $1+\dfrac{1}{n}+(\sigma-\overline{\sigma})^2/S_{\sigma\sigma} \approx 1$,有

$$\tau = \hat{\tau} \pm t_{\alpha/2,n-2}\sqrt{\hat{\sigma}_0^2} \tag{14-102}$$

这样可得近似的预测区间。它是两条平行直线,它们随保证率的变化在 $\hat{\tau}$ 线上、下平行移动,它就是"优定斜率法"的理论基础。也就是说,当试验点数比较多时,可以近似地采用优定斜率法来确定抗剪断参数($f'$、$c'$)。

### 14.4.3　抗剪断参数统计方法的讨论

前文共介绍了 13 种抗剪断参数的统计方法,现讨论如下。

#### 14.4.3.1　抗剪断参数统计分析问题

一些规范,如《混凝土重力坝设计规范》(DL 5108—1999),都认为要进行抗剪断参数统计分析,并用 0.2 的分位值(保证率为 80%)来确定抗剪断参数($f'$、$c'$)的标准值,这个标准值是否直接用于大坝的抗滑稳定安全度的计算,没有明确规定。但是,《混凝土重力坝设计规范》(NB/T 35026—2014)中,为了

简化并与其他的标准一致,这次修编时,则取抗剪断参数($f'$、$c'$)的平均值(0.5的分位值)作为标准值,而设计值在保证率为95%处取值。并按式(14-20)、式(14-21)计算其设计值,按表14-12采用强度折减系数,而Ⅰ~Ⅲ类岩体(各种标号混凝土可视为Ⅰ~Ⅲ类岩体),则材料的强度折减系数为$f'=1.49$、$c'=1.85$。这两个规范中哪个对抗剪断参数要求更高,值得研究。

### 14.4.3.2　抗剪断参数统计分布函数问题

根据对试验实测($f'$、$c'$)的统计分析和理论分析,各家分别提出了统计分布函数,包括正态分布、对数正态分布、$t$分布、极值Ⅰ型分布等。这么多统计分布函数是否都适合抗剪断参数统计分析,值得进一步研究。作者分析认为,$t$分布比较适合抗剪断参数($f'$、$c'$)的统计分析,而且当试验点数较多时,正态分布与$t$分布已经非常接近。

### 14.4.3.3　抗剪断试验数据的分组问题

目前,各种传统的抗剪断试验数据统计分析方法一般都是在完成抗剪断试验后,根据不同的正应力,将试验数据分成若干组(一般设5块不同正应力的试件为1组),用最小二乘法计算这1组的一对$f'$、$c'$,如果做了$n$组(共5×$n$块试件),才能获得$n$对$f'$、$c'$,然后分别对$n$个$f'$和$n$个$c'$按选定的统计分布函数,计算在给定的分位值(即保证率)下的$f'$、$c'$,这样做样本空间就大大缩小了。这里就存在2个问题:第一,要进行统计分析,试验组数$n$就比较大,但是在实际工程中,同一种工况,要进行4组或者4组以上的抗剪断试验都是很困难的,甚至是不可能的;第二,在5×$n$块试件中,把5块不同正应力的试件放在1组,完全是人为的,不同的人会有不同的分法,也就获得了另外$n$对不同的$f'$、$c'$,因此统计结果也就存在人为性。这是目前的传统统计方法无法克服的两个困难。

### 14.4.3.4　抗剪断试验数据统计分析的两种新方法

针对各种传统的抗剪断试验数据统计分析方法的缺点,中南院涂传林提出了两种抗剪断试验数据统计分析的方法,这就是非规范统计法——统计法1和统计法3。

(1)统计法1。它不进行预先分组,直接对每个试验块进行统计,某一保证率下的$f'$、$c'$由式(14-22)、式(14-23)进行计算,它可以在Excel表格中进行,只要按Excel表格中的要求输入试验数据($\sigma$、$\tau$),就可以在表格中自动显示不同保证率下的抗剪断参数$f'$、$c'$,计算简单、方便,而且解答是唯一的,没有人为性。

(2)统计法3(又称为随机组合法)。为了克服进行抗剪断统计分析前预先进行人为分组的缺点,就应放弃人为分组,而应将所有可能的组合都包括进去形成大量的$f'$、$c'$,这在计算机上是很容易实现的,然后由计算机对这些$f'$、$c'$进行统计分析,这就是随机组合法。这种方法计算简单、方便,而且解答是唯一的,没有人为性。

(3)统计法1和统计法3的工程应用。在龙滩工程设计阶段,中南勘测设计研究院用3种方法(统计法1、统计法3和小值平均值法),对现场原位抗剪断试验和芯样抗剪断试验成果进行了统计分析,成果见表14-41~表14-46,并将成果用于龙滩工程设计中。在龙滩工程施工阶段,由长江科学院进行了现场原位抗剪断试验和芯样抗剪断试验,并用统计法1和小值平均值法对抗剪断试验成果进行了统计分析,成果见表14-62和表14-63,并将成果用于龙滩工程设计复核分析中。结果表明,龙滩碾压混凝土层面抗剪断参数($f'$、$c'$)满足设计要求。

# 14.5　龙滩工程碾压混凝土抗剪断特性

## 14.5.1　龙滩工程碾压混凝土抗剪断试验研究概况

### 14.5.1.1　龙滩大坝碾压混凝土抗剪断参数设计指标

设计提出的龙滩大坝碾压混凝土抗剪断参数设计指标见表14-34。

### 14-34　龙滩大坝碾压混凝土抗剪断参数设计指标

| 部位 | 强度等级 | 摩擦系数 $f'$ | 黏聚力 $c'$ /MPa | 保证率/% (180 d) | 离差系数 $C_v$ | | 极限拉伸值/ $10^{-4}$ |
|---|---|---|---|---|---|---|---|
| | | | | | $C_{v,f'}$ | $C_{v,c'}$ | |
| 坝体下部 R I（250 m 高程以下） | $C_{90}25$，C18 | 1.0~1.1 | 1.9~1.7 | 80 | 0.2 | 0.3 | 0.80 |
| 坝体中部 R II（250~342 m 高程） | $C_{90}20$，C15 | 1.0~1.1 | 1.4~1.2 | 80 | 0.2 | 0.3 | 0.70 |
| 坝体上部 R III（250~342 m 高程） | $C_{90}15$，C10 | 0.9~1.0 | 1.0 | 80 | 0.2 | 0.3 | 0.70 |
| 坝体上游 R IV | $C_{90}25$，C18 | 1.0 | 2.0 | 80 | 0.2 | 0.3 | |

**注**：龙滩大坝碾压混凝土每一强度等级都有两个强度指标。例如：$C_{90}25$ 是对 90 d 的强度要求，保证率为 80%，其对应的 C18 是对 28 d 的强度要求，保证率为 95%。

#### 14.5.1.2　龙滩工程设计阶段的碾压混凝土层面抗剪断试验研究

龙滩工程在设计阶段就对碾压混凝土层面抗剪断特性进行了全面的试验研究；整个研究工作是分为以下 7 个方面进行的：①碾压混凝土室内抗剪断试验；②现场碾压试验；③碾压混凝土现场原位和芯样抗剪断试验；④对碾压混凝土层面抗剪断试验成果进行统计分析；⑤碾压混凝土抗剪断参数的尺寸效应试验；⑥特殊施工环境条件下的碾压混凝土层面抗剪断特性试验研究；⑦提出满足设计要求的龙滩大坝各高程碾压混凝土的抗剪断参数。

#### 14.5.1.3　龙滩工程施工阶段的碾压混凝土层面抗剪断试验研究

龙滩工程施工阶段在现场对碾压混凝土层面抗剪断特性进行了深入的试验研究。整个研究工作是分为以下 6 个方面进行的：①室内碾压混凝土层面抗剪断试验；②冬季常温条件下碾压混凝土的现场原位抗剪断试验（第一次试验）；③夏季高温条件下碾压混凝土的现场原位抗剪断试验（第二次试验）；④试验块和大坝内部碾压混凝土芯样的抗剪断试验；⑤碾压混凝土抗剪断试验成果的统计分析和尺寸效应分析；⑥龙滩大坝碾压混凝土设计抗剪断强度的验证。

### 14.5.2　龙滩工程设计阶段碾压混凝土抗剪断试验研究

#### 14.5.2.1　室内层面抗剪断试验研究

对室内成型的 150 mm×150 mm×150 mm 的立方体试件进行了本体和各种工况条件下有层面碾压混凝土抗剪断试验研究。研究内容包括：在不同的层间间隔时间条件下，对碾压混凝土层面分别采取不处理、铺水泥粉煤灰浆（简称水泥净浆）、水泥砂浆等措施及采用不同的胶凝材料用量和不同试验龄期研究碾压混凝土层面抗剪断特性。

1. 试验用原材料及基本性能

试验采用的原材料：鱼峰 52.5（R）普通硅酸盐水泥；田东 II 级粉煤灰；ZB-1RCC15 和 $RH_6$ 缓凝减水剂；大法坪料场的灰岩人工骨料，细骨料的细度模数为 2.86。

2. 抗剪断试验装置与试验方法

试验在刚性反力架上进行，采用平推多点法。正应力分别按 0.75 MPa、1.50 MPa、2.25 MPa 和 3.0 MPa 共四级分别施加在一组试件的 4~6 个试块上。

3. 各种因素对碾压混凝土层面抗剪断特性的影响

1）不同层间间隔时间碾压混凝土层面抗剪断特性

层间间隔时间共设 4 h、12 h、24 h、72 h 四种工况。每种工况下对层面又分别采用不处理、铺净浆、铺砂浆三种方式，抗剪断试验成果经过"最小二乘法"进行整理，成果见表 14-35。

表 14-35　龙滩设计阶段不同层间间隔时间碾压混凝土层面抗剪断试验成果

| 层间间隔时间 | 处理层面结合材料 | 试件编号 | 峰值强度 | | | | 残余强度 | | | |
|---|---|---|---|---|---|---|---|---|---|---|
| | | | $c'$ | $f'$ | $\tau$ | $\bar{\tau}$ | $c$ | $f$ | $\tau$ | $\bar{\tau}$ |
| 4 h | 不处理 | A4-1 | 4.41 | 1.44 | 8.73 | 9.16 | 0.66 | 1.27 | 4.47 | 4.32 |
| | 净浆 | A4-2 | 4.10 | 1.73 | 9.29 | | 0.84 | 1.11 | 4.17 | |
| | 砂浆 | A4-3 | 6.48 | 0.99 | 9.45 | | 0.26 | 1.35 | 4.31 | |
| 12 h | 不处理 | A12-1 | 2.81 | 1.75 | 8.06 | 8.78 | 0.15 | 1.31 | 4.08 | 3.79 |
| | 净浆 | A12-2 | 3.15 | 1.99 | 9.12 | | 0.84 | 1.04 | 3.96 | |
| | 砂浆 | A12-3 | 4.07 | 1.70 | 9.17 | | 0.61 | 0.91 | 3.34 | |
| 24 h | 不处理 | A24-1 | 2.77 | 1.38 | 6.91 | 7.89 | 0.38 | 1.21 | 4.01 | 3.66 |
| | 净浆 | A24-2 | 3.83 | 1.44 | 8.15 | | 0.11 | 1.18 | 3.65 | |
| | 砂浆 | A24-3 | 5.67 | 0.98 | 8.61 | | 0.65 | 0.89 | 3.32 | |
| 72 h | 不处理 | A72-1 | 2.05 | 1.47 | 6.46 | 7.59 | 1.18 | 0.88 | 3.82 | 3.52 |
| | 净浆 | A72-2 | 3.61 | 1.35 | 7.66 | | 0.20 | 1.09 | 3.47 | |
| | 砂浆 | A72-3 | 5.90 | 0.92 | 8.66 | | 1.07 | 0.73 | 3.26 | |

注:1.试验龄期 180 d, $C+F=(90+110)$ kg/m$^3$,剪应力 $\tau$ 和平均剪应力 $\bar{\tau}$ 均是正应力为 3.0 MPa 时计算得出的(余同)。

　　2. $c'$、$c$、$\tau$、$\bar{\tau}$ 的单位都为 MPa。

　　试验成果表明,当垂直正应力 $\sigma=3.0$ MPa 时,随着层间间隔时间的延长即由 4 h 到 72 h,碾压混凝土抗剪断平均峰值强度由 9.16 MPa 逐渐降至 7.59 MPa;残余剪断强度平均值也随层间间隔时间延长,逐渐从 4.32 MPa 降低至 3.52 MPa(以上结果是选取 $\sigma=3.0$ MPa,且将三种层面处理工况下的抗剪强度取平均值后获得的)。对于有层面碾压混凝土,随层间间隔时间的延长,采用不同的层面处理结合材料,其抗剪强度是不同的。层面铺净浆处理方式比层面不处理的碾压混凝土抗剪断强度高 6.4% ~ 18.6%;而层面铺砂浆的碾压混凝土抗剪断强度又优于层面铺净浆的碾压混凝土抗剪断强度,且层面铺砂浆的黏聚力比层面铺净浆的黏聚力大,而摩擦系数小。不同层间间隔时间与碾压混凝土层面抗剪断平均强度关系曲线见图 14-24。$c'$ 和 $f'$ 随层间间隔时间变化情况见图 14-25 和图 14-26。层面抗剪断平均强度($\bar{\tau}$)与层间间隔时间($t$)的回归方程关系见式(14-103)。

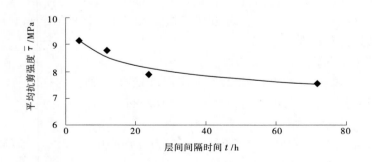

图 14-24　层面抗剪断强度($\bar{\tau}$)与层间间隔时间($t$)关系

$$\bar{\tau}=10.154t^{-0.0699} \quad (R^2=0.9227) \quad (t\leqslant 72 \text{ h}, \sigma=3.0 \text{ MPa}) \tag{14-103}$$

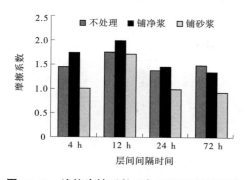

**图 14-25　峰值摩擦系数 $f'$ 与层面间隔时间关系**

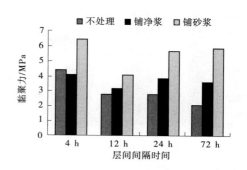

**图 14-26　峰值黏聚力 $c'$ 与层面间隔时间关系**

2）不同胶凝材料用量碾压混凝土层面抗剪断特性

采用 200 kg/m³、180 kg/m³、160 kg/m³ 三种胶凝材料用量。层面又分别考虑不处理、层面铺净浆和层面铺砂浆三种方式。抗剪断试验研究成果列于表 14-36、图 14-27 和图 14-28。

**表 14-36　龙滩设计阶段不同胶凝材料用量的碾压混凝土层面抗剪断试验成果**

| 胶凝材料用量/（kg/m³） | 处理层面结合的材料 | 试件编号 | 峰值强度 | | | | 残余强度 | | | |
|---|---|---|---|---|---|---|---|---|---|---|
| | | | $c'$ | $f'$ | $\tau$ | $\bar{\tau}$ | $c$ | $f$ | $\tau$ | $\bar{\tau}$ |
| 200 | 不处理 | A24-1 | 2.77 | 1.38 | 6.91 | | 0.38 | 1.21 | 4.01 | |
| | 净浆 | A24-2 | 3.83 | 1.44 | 8.15 | 7.89 | 0.11 | 1.18 | 3.65 | 3.66 |
| | 砂浆 | A24-3 | 5.67 | 0.98 | 8.61 | | 0.65 | 0.89 | 3.32 | |
| 180 | 不处理 | B24-1 | 2.55 | 1.41 | 6.78 | | 0.26 | 1.27 | 4.07 | |
| | 净浆 | B24-2 | 4.50 | 1.17 | 8.01 | 7.77 | 0.47 | 1.07 | 3.68 | 3.72 |
| | 砂浆 | B24-3 | 4.22 | 1.42 | 8.48 | | 0.43 | 0.99 | 3.40 | |
| 160 | 不处理 | C24-1 | 2.26 | 1.44 | 6.58 | | 0.35 | 1.26 | 4.13 | |
| | 净浆 | C24-2 | 5.14 | 0.92 | 7.90 | 7.59 | 0.61 | 1.04 | 3.73 | 3.85 |
| | 砂浆 | C24-3 | 4.76 | 1.18 | 8.30 | | 0.38 | 1.10 | 3.68 | |

注：1. 试验龄期为 180 d，层间间隔时间为 24 h。

2. $c'$、$c$、$\tau$、$\bar{\tau}$ 的单位都为 MPa。

试验成果表明，胶凝材料用量分别采用 200 kg/m³、180 kg/m³、160 kg/m³ 时，碾压混凝土抗剪断强度随着胶凝材料用量的降低而降低。另外，层面铺净浆的抗剪断强度比层面不处理的抗剪断强度高 18%～20%；层面铺砂浆的抗剪断强度又略大于层面铺净浆的抗剪断强度。

$f'$ 和 $c'$ 随胶凝材料用量变化情况分别见图 14-27 和图 14-28。不同胶凝材料用量（$C+F$）与碾压混凝土层面抗剪断平均强度（$\bar{\tau}$）的回归方程关系见式（14-104）。

$$\bar{\tau} = 0.0075(C+F) + 6.4$$

$$(R^2 = 0.9868)\quad(\sigma = 3.0\ \text{MPa}, C+F \leqslant 200\ \text{kg/m}^3) \qquad (14\text{-}104)$$

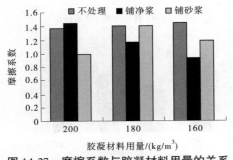

图 14-27　摩擦系数与胶凝材料用量的关系

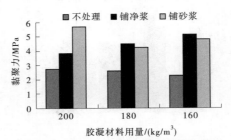

图 14-28　黏聚力与胶凝材料用量的关系

3）不同试验龄期的碾压混凝土层面抗剪断特性

试验龄期分别采用 28 d、90 d、180 d 和 360 d 共 4 种。每一龄期对碾压混凝土层面又采用不处理和铺净浆两种处理方式。研究成果见表 14-37。

表 14-37　龙滩设计阶段不同试验龄期的碾压混凝土层面抗剪断试验结果

| 试验龄期/d | 层面状况 | 试件编号 | 峰值强度 | | | | 残余强度 | | | |
|---|---|---|---|---|---|---|---|---|---|---|
| | | | $c'$ | $f'$ | $\tau$ | $\bar{\tau}$ | $c$ | $f$ | $\tau$ | $\bar{\tau}$ |
| 28 | 不处理 | A24-1 | 2.87 | 1.14 | 6.29 | 6.86 | 0.46 | 1.03 | 3.55 | 3.38 |
| | 铺净浆 | A24-2 | 2.71 | 1.57 | 7.42 | | 0.44 | 0.92 | 3.20 | |
| 90 | 不处理 | A24-1 | 2.78 | 1.25 | 6.53 | 7.14 | 0.51 | 0.88 | 3.15 | 3.20 |
| | 铺净浆 | A24-2 | 4.20 | 1.18 | 7.74 | | 0.56 | 0.90 | 3.26 | |
| 180 | 不处理 | A24-1 | 2.77 | 1.38 | 6.91 | 7.53 | 0.38 | 1.21 | 4.01 | 3.83 |
| | 铺净浆 | A24-2 | 3.83 | 1.44 | 8.15 | | 0.11 | 1.18 | 3.65 | |
| 360 | 不处理 | A24-1 | 2.38 | 1.50 | 6.88 | 7.75 | 0.36 | 1.00 | 3.36 | 3.53 |
| | 铺净浆 | A24-2 | 5.02 | 1.20 | 8.62 | | 0.61 | 1.03 | 3.70 | |

注：1. $C+F=(90+110)\,\text{kg/m}^3$，层间间隔时间为 24 h。

2. $c'$、$c$、$\tau$、$\bar{\tau}$ 的单位都为 MPa。

表 14-37 的成果表明，试验龄期越长，碾压混凝土抗剪断强度越大；在每一个试验龄期内，层面铺净浆的碾压混凝土比层面不处理的碾压混凝土抗剪断强度大约高 18%。试验龄期（d）与碾压混凝土层面抗剪断平均强度 $\bar{\tau}$ 关系见图 14-29。$c'$ 和 $f'$ 与试验龄期（d）关系见图 14-30 和图 14-31，试验龄期（d）与碾压混凝土层面抗剪断平均强度 $\bar{\tau}$ 的回归关系见式（14-105）。

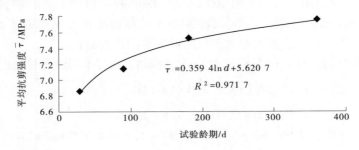

图 14-29　试验龄期（d）与碾压混凝土层面抗剪断平均强度 $\bar{\tau}$ 关系

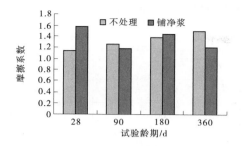

图 14-30　峰值摩擦系数与试验龄期的关系

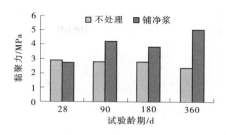

图 14-31　峰值黏聚力与试验龄期的关系

$$\overline{\tau} = 0.359\,4\ln d + 5.620\,7(\sigma = 3.0\text{ MPa}, d \leqslant 360\text{ d})\quad(R^2 = 0.971\,7)\quad\quad(14\text{-}105)$$

4)不同的层面结合材料的碾压混凝土层面抗剪断特性

研究了三种不同的层面处理方式,即层面不处理、层面铺净浆和层面铺砂浆,另外还进行了 200 kg/m³ 胶凝材料用量的碾压混凝土本体抗剪断试验。成果汇总见图 14-32、表 14-38、表 14-39。图 14-32、表 14-38、表 14-39 的数据表明,采用层面铺净浆方式和铺砂浆方式,抗剪断峰值强度分别比层面不处理方式提高 17.7% 和 25.1%,说明碾压混凝土层面平均间隔时间在 25 h 以上,即碾压混凝土终凝后,必须对层面进行处理,以提高层面黏结强度。采用层面铺砂浆处理方式较好,其次是铺净浆方式,铺砂浆与铺净浆方式抗剪断强度的比为 1.06,黏聚力 $c'$ 的比值为 1.32。

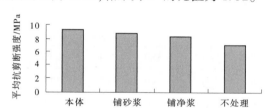

图 14-32　不同层面处理方式的碾压混凝土层面抗剪断特性

剪应力与水平位移关系见图 14-33 和图 14-34。由图 14-33、图 14-34 可知,达到峰值剪应力时的水平位移随正应力的增大而降低,变化范围为 0.1~0.4 mm。

### 14.5.2.2　龙滩设计阶段现场碾压试验的芯样和原位层面抗剪断试验研究

对进行试验的 10 种工况的抗剪断试验成果,分别用小值平均值法(规范统计法 1)、统计法 1 和统计法 3(随机组合法)进行统计分析。室内芯样试件的层面抗剪断试验成果见表 14-40~表 14-43,现场原位层面抗剪断试验成果见表 14-44~表 14-46。在这些试验成果的基础上,提出了 200 m 级的龙滩碾压混凝土高坝层面抗剪断参数的建议值(见表 14-47)。现对试验成果分析如下。

1.统计方法的比较与选取

对现场原位抗剪断的 10 种工况和室内芯样抗剪的 9 种工况的试验成果分别用统计法 1、小值平均法和随机组合法进行统计,现分析如下。

1)统计法 1 和小值平均值法的比较(取 10 种工况计算的平均值进行比较,统计法 1 取保证率为 80%)

现场原位抗剪断(见表 14-44):小值平均值法的 $f'$、$c'$ 分别为 1.02 和 1.83 MPa;统计法 1 分别为 1.00 和 1.99 MPa,两种方法相差分别为 2.0% 和 8.0%。

室内芯样抗剪断(见表 14-41):小值平均值法的 $f'$、$c'$ 分别为 1.02 和 2.39 MPa,统计法 1 分别为 1.05 和 2.68 MPa,两种方法相差分别为 3% 和 10.8%。

以上两种统计方法所得 $f'$、$c'$ 比较接近,其中 $f'$ 平均相差 2.5%,$c'$ 平均相差 9.4%。

**表 14-38　龙滩设计阶段不同层面工况碾压混凝土层面抗剪断试验成果**

| 序号 | 层面工况 | 层间间隔时间/h | 胶材用量 | | 龄期/d | 峰值强度 | | | 残余强度 | | |
|---|---|---|---|---|---|---|---|---|---|---|---|
| | | | $C$ | $F$ | | $f'$ | $c'$ | $\tau$ | $f'$ | $c'$ | $\tau$ |
| 1 | 不处理 | 4 | 90 | 110 | 180 | 1.44 | 4.41 | 8.73 | 1.27 | 0.66 | 4.47 |
| 2 | | 12 | 90 | 110 | 180 | 1.75 | 2.81 | 8.06 | 1.31 | 0.15 | 4.08 |
| 3 | | 24 | 90 | 110 | 180 | 1.38 | 2.27 | 6.91 | 1.21 | 0.38 | 4.01 |
| 4 | | 72 | 90 | 110 | 180 | 1.47 | 2.05 | 6.46 | 0.88 | 1.18 | 3.82 |
| 5 | | 24 | 75 | 105 | 180 | 1.41 | 2.55 | 6.98 | 1.27 | 0.26 | 4.07 |
| 6 | | 24 | 55 | 105 | 180 | 1.44 | 2.26 | 6.58 | 1.26 | 0.35 | 4.13 |
| 7 | | 24 | 90 | 110 | 28 | 1.14 | 2.87 | 6.29 | 1.03 | 0.46 | 3.55 |
| 8 | | 24 | 90 | 110 | 90 | 1.25 | 2.78 | 6.53 | 0.88 | 0.51 | 3.15 |
| 9 | | 24 | 90 | 110 | 360 | 1.50 | 2.38 | 6.88 | 1.00 | 0.36 | 3.36 |
| 平均值 | | 25.8 | 84.4 | 108 | 173 | 1.42 | 2.71 | 7.02 | 1.12 | 0.48 | 3.85 |
| 10 | 铺净浆 | 4 | 90 | 110 | 180 | 1.73 | 4.10 | 9.29 | 1.11 | 0.84 | 4.17 |
| 11 | | 12 | 90 | 110 | 180 | 1.99 | 3.15 | 9.12 | 1.04 | 0.84 | 3.96 |
| 12 | | 24 | 90 | 110 | 180 | 1.44 | 3.83 | 8.15 | 1.18 | 0.11 | 3.65 |
| 13 | | 72 | 90 | 110 | 180 | 1.35 | 3.61 | 7.66 | 1.09 | 0.20 | 3.47 |
| 14 | | 24 | 75 | 105 | 180 | 1.17 | 4.50 | 8.01 | 1.07 | 0.47 | 3.68 |
| 15 | | 24 | 55 | 105 | 180 | 0.92 | 5.14 | 7.90 | 1.04 | 0.61 | 3.73 |
| 16 | | 24 | 90 | 110 | 28 | 1.57 | 2.71 | 7.42 | 0.92 | 0.44 | 3.20 |
| 17 | | 24 | 90 | 110 | 90 | 1.18 | 4.20 | 7.74 | 0.90 | 0.56 | 3.26 |
| 18 | | 24 | 90 | 110 | 360 | 1.20 | 5.02 | 8.62 | 1.03 | 0.61 | 3.70 |
| 19 | | 24 | 90 | 110 | 90 | 1.56 | 3.80 | 8.48 | 1.31 | 0.12 | 4.05 |
| 20 | | 24 | 90 | 110 | 360 | 1.78 | 3.10 | 8.44 | 0.82 | 0.59 | 3.04 |
| 平均值 | | 25.4 | 85.4 | 109 | 182 | 1.44 | 3.92 | 8.26 | 1.05 | 0.49 | 3.63 |
| 21 | 铺砂浆 | 4 | 90 | 110 | 180 | 0.99 | 6.48 | 9.45 | 1.35 | 0.26 | 4.31 |
| 22 | | 12 | 90 | 110 | 180 | 1.00 | 4.00 | 9.17 | 0.91 | 0.61 | 3.34 |
| 23 | | 24 | 90 | 110 | 180 | 0.98 | 5.67 | 8.61 | 0.89 | 0.65 | 3.32 |
| 24 | | 72 | 90 | 110 | 180 | 0.92 | 5.90 | 8.66 | 0.73 | 1.07 | 3.26 |
| 25 | | 24 | 75 | 105 | 180 | 1.42 | 4.22 | 8.48 | 0.99 | 0.43 | 3.40 |
| 26 | | 24 | 155 | 105 | 180 | 1.18 | 4.76 | 8.30 | 1.10 | 0.38 | 3.68 |
| 平均值 | | 26.7 | 81.7 | 108 | 180 | 1.20 | 5.18 | 8.78 | 1.00 | 0.57 | 3.55 |
| 27 | 本体 | | 90 | 110 | 180 | 1.55 | 4.67 | 9.32 | 1.12 | 0.90 | 4.26 |

注:1. 胶材用量 $C$ 和 $F$ 的单位为 kg/m³。

2. $c'$、$c$、$\tau$、$\bar{\tau}$ 的单位都为 MPa,计算 $\tau$ 时,正应力 $\sigma = 3$ MPa,余同。

表 14-39　龙滩设计阶段不同的层面工况碾压混凝土层面抗剪断试验结果

| 序号 | 处理层面结合的材料 | 层间间隔时间/h | 胶材用量/(kg/m³) | | 龄期/d | 峰值强度 | | | 残余强度 | | |
|---|---|---|---|---|---|---|---|---|---|---|---|
| | | | $C$ | $F$ | | $f'$ | $c'$/MPa | $\tau'$/MPa | $f$ | $c$/MPa | $\tau$/MPa |
| 1 | 不处理 | 4 | 90 | 110 | 180 | 1.44 | 4.41 | 5.85 | 1.27 | 0.66 | 1.93 |
| 2 | | 12 | 90 | 110 | 180 | 1.75 | 2.81 | 4.56 | 1.31 | 0.15 | 1.46 |
| 3 | | 24 | 90 | 110 | 180 | 1.38 | 2.27 | 3.65 | 1.21 | 0.38 | 1.59 |
| 4 | | 72 | 90 | 110 | 180 | 1.47 | 2.05 | 3.52 | 0.88 | 1.18 | 2.06 |
| 5 | | 24 | 75 | 105 | 180 | 1.41 | 2.55 | 3.96 | 1.27 | 0.26 | 1.53 |
| 6 | | 24 | 55 | 105 | 180 | 1.44 | 2.26 | 3.70 | 1.26 | 0.35 | 1.61 |
| 7 | | 24 | 90 | 110 | 28 | 1.14 | 2.87 | 4.01 | 1.03 | 0.46 | 1.49 |
| 8 | | 24 | 90 | 110 | 90 | 1.25 | 2.78 | 4.03 | 0.88 | 0.51 | 1.39 |
| 9 | | 24 | 90 | 110 | 360 | 1.50 | 2.38 | 3.88 | 1.00 | 0.36 | 1.36 |
| 平均值 | | 25.8 | 84.4 | 108 | 173 | 1.43 | 2.76 | 4.19 | 1.12 | 0.48 | 1.60 |
| 10 | 铺净浆 | 4 | 90 | 110 | 180 | 1.73 | 4.10 | 5.83 | 1.11 | 0.84 | 1.95 |
| 11 | | 12 | 90 | 110 | 180 | 1.99 | 3.15 | 5.14 | 1.04 | 0.84 | 1.88 |
| 12 | | 24 | 90 | 110 | 180 | 1.44 | 3.83 | 5.27 | 1.18 | 0.11 | 1.29 |
| 13 | | 72 | 90 | 110 | 180 | 1.35 | 3.61 | 4.96 | 1.09 | 0.20 | 1.29 |
| 14 | | 24 | 75 | 105 | 180 | 1.17 | 4.50 | 5.67 | 1.07 | 0.47 | 1.54 |
| 15 | | 24 | 55 | 105 | 180 | 0.92 | 5.14 | 6.06 | 1.04 | 0.61 | 1.65 |
| 16 | | 24 | 90 | 110 | 28 | 1.57 | 2.71 | 4.28 | 0.92 | 0.44 | 1.36 |
| 17 | | 24 | 90 | 110 | 90 | 1.18 | 4.20 | 5.38 | 0.90 | 0.56 | 1.46 |
| 18 | | 24 | 90 | 110 | 360 | 1.20 | 5.02 | 6.22 | 1.03 | 0.61 | 1.64 |
| 19 | | 24 | 90 | 110 | 90 | 1.56 | 3.80 | 5.16 | 1.31 | 0.12 | 1.43 |
| 20 | | 24 | 90 | 110 | 360 | 1.78 | 3.10 | 4.88 | 0.82 | 0.59 | 1.41 |
| 平均值 | | 25.4 | 85.4 | 109 | 182 | 1.44 | 3.92 | 5.36 | 1.05 | 0.49 | 1.54 |
| 21 | 铺砂浆 | 4 | 90 | 110 | 180 | 0.99 | 6.48 | 7.47 | 1.35 | 0.26 | 1.61 |
| 22 | | 12 | 90 | 110 | 180 | 1.70 | 4.07 | 5.77 | 0.91 | 0.61 | 1.52 |
| 23 | | 24 | 90 | 110 | 180 | 0.98 | 5.67 | 6.65 | 0.89 | 0.65 | 1.54 |
| 24 | | 72 | 90 | 110 | 180 | 0.92 | 5.90 | 5.82 | 0.73 | 1.07 | 1.80 |
| 25 | | 24 | 75 | 105 | 180 | 1.42 | 4.22 | 5.64 | 0.99 | 0.43 | 1.42 |
| 26 | | 24 | 155 | 105 | 180 | 1.18 | 4.76 | 5.94 | 1.10 | 0.38 | 1.48 |
| 平均值 | | 26.7 | 81.7 | 108 | 180 | 1.20 | 5.18 | 6.38 | 0.99 | 0.57 | 1.56 |
| 27 | 本体 | — | 90 | 110 | 180 | 1.55 | 4.67 | 9.32 | 1.12 | 0.90 | 2.02 |

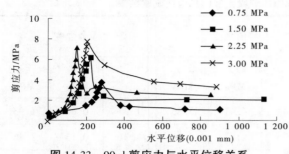

图 14-33　90 d 剪应力与水平位移关系

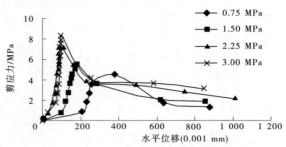

图 14-34　360 d 剪应力与水平位移关系

表 14-40　三种抗剪断参数统计方法的比较(龙滩设计阶段原位抗剪断试验 G、I 工况)

| 工况 | 试验的平均值 | | | 小值平均值法 | | | 统计法 1 | | | 用随机组合法生成大量数据后再统计 | | | | | |
| --- | --- | --- | --- | --- | --- | --- | --- | --- | --- | --- | --- | --- | --- | --- | --- |
| | | | | | | | | | | 小值平均值法 | | | 统计法 1 | | |
| | $f'$ | $c'$ | $\tau$ | $f'$ | $c'$ | $\tau$ | $f'$ | $c'$ | $\tau$ | $f'$ | $c'$ | $\tau$ | $f'$ | $c'$ | $\tau$ |
| G | 1.17 | 2.10 | 5.61 | 1.04 | 2.05 | 5.17 | 1.07 | 1.92 | 5.13 | 1.10 | 1.79 | 5.09 | 1.11 | 1.77 | 5.10 |
| I | 1.29 | 2.80 | 6.67 | 1.13 | 1.92 | 5.31 | 1.19 | 2.58 | 6.15 | 1.13 | 2.26 | 5.65 | 1.10 | 2.37 | 5.67 |

注:1. G 工况(R Ⅱ,$C_{90}20$)为龙滩坝高为 156 m 时的采用工况,胶材用量 $C+F=75+105$ kg/m³,层面不处理,层间间歇时间 4.5 h;I 工况(R Ⅰ,$C_{90}25$)为龙滩坝高为 216.5 m 时的采用工况,胶材用量 $C+F=90+110$ kg/m³,层面不处理,层间间歇时间 4.5 h。

2. $\tau$ 的值是根据 $\sigma=3$ MPa 时计算出来的。

表 14-41　龙滩设计阶段碾压混凝土室内芯样多点峰值法抗剪断试验成果(小值平均值法、统计法 1)

| 工况 | 层面处理 | 层间间隔时间/h | 胶材用量/(kg/m³) | | 龄期/d | 试件组数 | 试件个数 | 平均值 | | 小值平均值 | | 统计法 1 | | | | | |
| --- | --- | --- | --- | --- | --- | --- | --- | --- | --- | --- | --- | --- | --- | --- | --- | --- | --- |
| | | | $C$ | $F$ | | | | $f'$ | $c'/$MPa | $f'$ | $c'/$MPa | 离差系数 | | 正态分布保证率(80%) | | $t$ 分布保证率(80%) | |
| | | | | | | | | | | | | $f'$ | $c'/$MPa | $f'$ | $c'/$MPa | $f'$ | $c'/$MPa |
| A | 铺砂浆 | 24.0 | 75 | 105 | 180 | 3 | 12 | 0.99 | 4.04 | 0.95 | 3.50 | 0.27 | 0.12 | 0.76 | 3.63 | 0.75 | 3.61 |
| B | 不处理 | 5.0 | 75 | 105 | 180 | 3 | 12 | 1.00 | 2.56 | 0.63 | 1.92 | 0.13 | 0.10 | 0.89 | 2.35 | 0.88 | 2.33 |
| C | 铺砂浆 | 7.5 | 70 | 150 | 535 | 8 | 32 | 1.23 | 2.00 | 0.79 | 1.55 | 0.18 | 0.23 | 1.05 | 1.61 | 1.04 | 1.60 |
| D | 不处理 | 3.0 | 70 | 150 | 535 | 8 | 32 | 1.24 | 2.97 | 0.99 | 1.71 | 0.09 | 0.07 | 1.15 | 2.80 | 1.14 | 2.79 |
| E | 不处理 | 4.0 | 70 | 150 | 535 | 8 | 32 | 1.49 | 2.13 | 1.19 | 1.42 | 0.10 | 0.14 | 1.37 | 1.88 | 1.36 | 1.87 |
| F | 铺小石混凝土 | 7.0 | 75 | 105 | 535 | 8 | 32 | 1.40 | 2.63 | 0.99 | 1.75 | 0.15 | 0.16 | 1.22 | 2.28 | 1.22 | 2.27 |
| G | 不处理 | 4.5 | 75 | 105 | 605 | 3 | 12 | 1.13 | 2.78 | 1.07 | 2.62 | 0.11 | 0.09 | 1.03 | 2.57 | 1.02 | 2.56 |
| H | 铺砂浆 | 5.5 | 75 | 105 | 613 | 2 | 8 | 1.31 | 3.99 | 1.28 | 3.34 | 0.26 | 0.18 | 1.02 | 3.39 | 1.00 | 3.34 |
| I | 不处理 | 5.0 | 90 | 110 | 619 | 3 | 12 | 1.36 | 4.30 | 1.30 | 3.74 | 0.27 | 0.18 | 1.05 | 3.65 | 1.02 | 3.60 |
| 平均值 | | | | | | | | 1.23 | 3.07 | 1.02 | 2.39 | 0.17 | 0.14 | 1.05 | 2.68 | 1.04 | 2.68 |

表 14-42　龙滩设计阶段碾压混凝土室内芯样抗剪断多点峰值法试验成果（随机组合法）

| 工况 | 龄期/ d | 试件 组数 | 试件 个数 | 平均值 | | 随机组合法（统计法 3） | | | | | |
| | | | | | | 小值平均值 | | 离差系数 | | 保证率（80%） | |
| | | | | $f'$ | $c'/$ MPa | $f'$ | $c'/$ MPa | $f'$ | $c'/$ MPa | $f'$ | $c'/$ MPa |
| A | 180 | 3 | 12 | 0.99 | 4.04 | 0.72 | 3.54 | 0.32 | 0.13 | 0.75 | 3.52 |
| B | 180 | 2 | 8 | 1.00 | 2.56 | 0.80 | 2.30 | 0.22 | 0.12 | 0.81 | 2.30 |
| C | 535 | 10 | 40 | 1.23 | 2.00 | 0.92 | 1.65 | 0.29 | 0.31 | 0.92 | 1.48 |
| D | 535 | 10 | 40 | 1.24 | 2.97 | 1.02 | 2.44 | 0.22 | 0.20 | 1.01 | 2.48 |
| E | 535 | 8 | 32 | 1.49 | 2.13 | 1.11 | 1.48 | 0.25 | 0.26 | 1.12 | 1.78 |
| F | 535 | 8 | 32 | 1.40 | 2.63 | 1.03 | 1.83 | 0.31 | 0.36 | 1.03 | 1.84 |
| G | 650 | 5 | 20 | 1.13 | 2.78 | 1.01 | 2.58 | 0.13 | 0.10 | 1.00 | 2.54 |
| H | 613 | 2 | 8 | 1.31 | 3.99 | 0.97 | 3.28 | 0.33 | 0.22 | 0.94 | 3.26 |
| I | 619 | 5 | 20 | 1.36 | 4.30 | 1.08 | 3.61 | 0.26 | 0.17 | 1.06 | 3.68 |
| 平均值 | | | | | | 0.97 | 2.52 | | | 0.96 | 2.54 |

表 14-43　龙滩设计阶段碾压混凝土室内芯样多点残余强度试验成果（统计法 1）

| 工况 | 龄期/ d | 试件 组数 | 试件 个数 | 平均值 | | 小值平均值法 小值平均值 | | 离差系数 | | 保证率（80%） | | | |
| | | | | | | | | | | 统计法 1 （正态分布） | | 统计法 1 （$t$ 分布） | |
| | | | | $f'$ | $c'/$ MPa | $f'$ | $c'/$ MPa | $f'$ | $c'/$ MPa | $f'$ | $c'/$ MPa | $f'$ | $c'/$ MPa |
| A | 180 | 6 | 24 | 0.72 | 1.33 | | | 0.11 | 0.11 | 0.653 | 1.207 | 0.652 | 1.204 |
| B | 180 | 5 | 20 | 0.62 | 1.38 | | | 0.14 | 0.12 | 0.546 | 1.241 | 0.545 | 1.237 |
| C | 535 | 6 | 30 | 1.04 | 0.63 | | | 0.08 | 0.27 | 0.970 | 0.487 | 0.968 | 0.485 |
| D | 535 | 10 | 32 | 1.05 | 1.08 | | | 0.06 | 0.12 | 0.997 | 0.970 | 0.996 | 0.969 |
| E | 535 | 8 | 31 | 1.03 | 0.66 | | | 0.05 | 0.17 | 0.986 | 0.565 | 0.985 | 0.564 |
| F | 535 | 8 | 31 | 1.01 | 0.86 | | | 0.09 | 0.21 | 0.933 | 0.708 | 0.932 | 0.705 |
| G | 605 | 3 | 12 | 0.84 | 0.59 | | | 0.07 | 0.19 | 0.790 | 0.496 | 0.788 | 0.490 |
| H | 613 | 2 | 8 | 0.99 | 0.40 | | | 0.07 | 0.34 | 0.932 | 0.282 | 0.928 | 0.279 |
| I | 619 | 2 | 8 | 0.95 | 0.66 | | | 0.11 | 0.34 | 0.862 | 0.471 | 0.857 | 0.461 |
| 平均值 | | | | | | | | | | | | | |

**表 14-44　龙滩设计阶段碾压混凝土现场原位抗剪断多点峰值法试验成果**
**(小值平均值法、统计法 1)**

| 工况 | 龄期/d | 试件组数 | 试件个数 | 平均值 | | 小值平均值法 | | | | 统计法 1 | | | |
| | | | | | | 小值平均值 | | 离差系数 | | 正态分布保证率(80%) | | t 分布保证率(80%) | |
| | | | | $f'$ | $c'$/MPa | $f'$ | $c'$/MPa | $f'$ | $c'$/MPa | $f'$ | $c'$/MPa | $f'$ | $c'$/MPa |
| A | 90 | 3 | 12 | 1.30 | 2.40 | 1.29 | 2.02 | 0.11 | 0.12 | 1.18 | 2.16 | 1.17 | 2.15 |
| B | 90 | 2 | 10 | 1.13 | 1.67 | 1.02 | 1.56 | 0.16 | 0.22 | 0.98 | 1.36 | 0.97 | 1.34 |
| C | 90 | 10 | 38 | 0.89 | 1.59 | 0.81 | 1.11 | 0.13 | 0.16 | 0.79 | 1.38 | 0.79 | 1.37 |
| D | 90 | 10 | 40 | 1.09 | 2.31 | 0.93 | 1.87 | 0.09 | 0.09 | 1.01 | 2.13 | 1.01 | 2.13 |
| E | 90 | 8 | 32 | 0.98 | 1.64 | 0.91 | 1.19 | 0.12 | 0.15 | 0.88 | 1.43 | 0.88 | 1.43 |
| F | 90 | 8 | 32 | 1.00 | 1.94 | 0.89 | 1.57 | 0.09 | 0.09 | 0.93 | 1.79 | 0.92 | 1.79 |
| G | 180 | 5 | 20 | 1.17 | 2.10 | 1.04 | 2.05 | 0.09 | 0.10 | 1.08 | 1.93 | 1.07 | 1.92 |
| H | 180 | 2 | 10 | 1.22 | 2.62 | 1.18 | 2.40 | 0.16 | 0.16 | 1.05 | 2.27 | 1.04 | 2.24 |
| I | 180 | 5 | 20 | 1.29 | 2.80 | 1.13 | 1.92 | 0.09 | 0.09 | 1.19 | 2.59 | 1.19 | 2.58 |
| J | 180 | 3 | 12 | 1.16 | 3.29 | 1.00 | 2.60 | 0.22 | 0.16 | 0.94 | 2.85 | 0.93 | 2.83 |
| 平均值 | | | | 1.12 | 2.34 | 1.02 | 1.83 | 0.13 | 0.13 | 1.00 | 1.99 | 0.99 | 1.98 |

**表 14-45　龙滩设计阶段碾压混凝土现场原位抗剪断多点峰值法试验成果(随机组合法)**

| 工况 | 龄期/d | 试件组数 | 试件个数 | 平均值 | | 随机组合法 (统计法 3) | | | | | | | |
| | | | | | | 小值平均值 | | 离差系数 | | 保证率(80%) 正态分布 | | 保证率(80%) t 分布 | |
| | | | | $f'$ | $c'$/MPa | $f'$ | $c'$/MPa | $f'$ | $c'$/MPa | $f'$ | $c'$/MPa | $f'$ | $c'$/MPa |
| A | 90 | 3 | 12 | 1.30 | 2.40 | 1.23 | 2.01 | 0.09 | 0.12 | 1.20 | 2.16 | 1.19 | 2.14 |
| B | 90 | 2 | 10 | 1.13 | 1.67 | 0.98 | 1.44 | 0.16 | 0.17 | 0.98 | 1.43 | 0.97 | 1.41 |
| C | 90 | 10 | 38 | 0.89 | 1.59 | 0.67 | 1.17 | 0.29 | 0.34 | 0.67 | 1.14 | 0.66 | 1.13 |
| D | 90 | 10 | 40 | 1.09 | 2.31 | 0.87 | 1.82 | 0.25 | 0.27 | 0.86 | 1.78 | 0.85 | 1.77 |
| E | 90 | 8 | 32 | 0.98 | 1.64 | 0.74 | 1.19 | 0.29 | 0.33 | 0.74 | 1.19 | 0.73 | 1.18 |
| F | 90 | 8 | 32 | 1.00 | 1.94 | 0.78 | 1.53 | 0.25 | 0.27 | 0.79 | 1.50 | 0.78 | 1.49 |
| G | 180 | 5 | 20 | 1.17 | 2.10 | 1.10 | 1.79 | 0.12 | 0.10 | 1.06 | 1.92 | 1.05 | 1.91 |
| H | 180 | 2 | 10 | 1.22 | 2.62 | 1.08 | 2.49 | 0.11 | 0.11 | 1.11 | 2.37 | 1.10 | 2.36 |
| I | 180 | 5 | 20 | 1.29 | 2.80 | 1.13 | 2.26 | 0.18 | 0.18 | 1.09 | 2.38 | 1.08 | 2.36 |
| J | 180 | 3 | 12 | 1.16 | 3.29 | 0.97 | 2.88 | 0.21 | 0.16 | 0.96 | 2.85 | 0.94 | 2.83 |
| 平均值 | | | | 1.12 | 2.34 | 0.96 | 1.86 | 0.20 | 0.21 | 0.95 | 1.87 | 0.94 | 1.86 |

表14-46　龙滩设计阶段碾压混凝土现场多点残余强度试验成果(统计法1)

| 工况 | 龄期/d | 试件组数 | 试件个数 | 平均值 | | 统计法1 | | | |
| --- | --- | --- | --- | --- | --- | --- | --- | --- | --- |
| | | | | | | 离差系数 | | 统计法1(正态分布) | |
| | | | | $f'$ | $c'/$ MPa | $f'$ | $c'/$ MPa | $f'$ | $c'/$ MPa |
| A | 90 | 3 | 10 | 0.95 | 0.82 | 0.12 | 0.26 | 0.85 | 0.64 |
| B | 90 | 2 | 8 | 0.94 | 0.43 | 0.11 | 0.45 | 0.85 | 0.27 |
| C | 90 | 10 | 32 | 0.91 | 1.05 | 0.13 | 0.23 | 0.81 | 0.85 |
| D | 90 | 10 | 32 | 0.98 | 1.48 | 0.09 | 0.12 | 0.91 | 1.33 |
| E | 90 | 8 | 32 | 0.79 | 0.89 | 0.08 | 0.15 | 0.73 | 0.77 |
| F | 90 | 8 | 32 | 0.78 | 0.95 | 0.08 | 0.14 | 0.72 | 0.83 |
| G | 180 | 5 | 19 | 0.73 | 0.59 | 0.06 | 0.16 | 0.69 | 0.51 |
| H | 180 | 2 | 10 | 0.74 | 0.76 | 0.14 | 0.09 | 0.68 | 0.64 |
| I | 180 | 5 | 20 | 0.95 | 1.14 | 0.11 | 0.23 | 0.86 | 0.95 |
| J | 180 | 3 | 10 | 0.75 | 1.53 | 0.17 | 0.34 | 0.61 | 0.24 |

表14-47　龙滩设计阶段碾压混凝土层面抗剪断参数建议值

| 坝高/m | 混凝土种类 | 级配 | 层间间歇时间/h | 胶材用量/(kg/m³) | | 层面处理要求 | 现场试验平均值 | | 建议设计采用参数 | | | |
| --- | --- | --- | --- | --- | --- | --- | --- | --- | --- | --- | --- | --- |
| | | | | | | | | | $C_{v,f'}=0.20$ $C_{v,c'}=0.30$ | | $C_{v,f'}=0.20$ $C_{v,c'}=0.35$ | |
| | | | | C | F | | $f'$ | $c'$ | $f'$ | $c'$ | $f'$ | $c'$ |
| 210 | RⅠ | 三 | 5.0 | 90 | 110 | 不处理 | 1.29 | 2.80 | 1.07 | 2.09 | 1.07 | 1.97 |
| 156 | RⅡ | 三 | 4.5 | 75 | 105 | 不处理 | 1.17 | 2.10 | 0.97 | 1.57 | 0.97 | 1.48 |
| 100 | RⅢ | 三 | 5.0 | 65 | 100 | 不处理 | | | | | 0.90 | 0.95 |

注:RⅣ、RⅤ未做层面抗剪断试验,因为这是二级配,而且层面铺了砂浆,抗剪断强度满足要求。

2)随机组合法中两种统计方法的比较(取10种工况计算的平均值进行比较,统计法1取保证率为80%)

用随机组合法获得大量抗剪断参数$f'_0$、$c'_0$后,可用两种方法进行下一步的统计:一种方法是对$f'_0$、$c'_0$取小值平均值法计算出新的$f'$、$c'$;另一种方法是对$f'_0$、$c'_0$进行统计分析求出$C_{v,f}$、$C_{v,c}$后,再取保证率80%计算新的$f'$、$c'$。

现场原位抗剪(见表14-45):小值平均值法的$f'$、$c'$分别为0.96和1.86 MPa;统计法1分别为0.94和1.86 MPa,两种方法相差分别为2.1%和0。

室内芯样抗剪(见表14-42):小值平均值法的 $f'$、$c'$ 分别为0.97和2.52 MPa;统计法1分别为0.96和2.54 MPa,两种方法相差分别为1.04%和0.79%。

这两种方法所得的抗剪断参数 $f'$、$c'$ 基本相等,现场10种工况的 $f'$、$c'$ 的小值平均值法的平均值分别为0.95和1.86 MPa,统计法分别为0.94和1.86 MPa,说明当有大量试验数据时,小值平均值法和统计法(取保证率80%时)基本等价。但当试验数据减少时,两种方法计算的结果有一定的差别。

3)三种抗剪断参数统计方法的比较

以表14-44和表14-45的龙滩碾压混凝土现场原位抗剪断多点峰值法试验成果的G工况(设计采用工况)为例(见表14-40),这个工况共做了5组20个试块的抗剪断试验,$f'$ 的平均值为1.17,$c'$ 的平均值为2.10 MPa。

(1)用统计法1的小值平均值法计算,得到 $f'$、$c'$ 分别为1.04和2.05 MPa。

(2)用统计法1,取80%保证率计算时,得到 $f'$、$c'$ 分别为1.07和1.92 MPa。

(3)用随机组合法生成大量数据后,又分两种方法进行统计:

①用小值平均值法计算,$f'$、$c'$ 分别为1.10和1.79 MPa;

②用统计法1,取80%保证率计算,$f'$、$c'$ 分别为1.11和1.77 MPa。

由①、②可知,当统计的数据很多时,用小值平均值法和用统计法1(取80%保证率)计算所得到的 $f'$、$c'$ 基本相等,两者相差只有1%左右。

4)统计方法的选取

考虑到统计法1有比较好的数学基础,计算也比较简单,下面以统计法1的成果进行分析。在采用统计法1时,求出 $C_{v,f'}$、$C_{v,c'}$ 后,用正态分布代替 $t$ 分布来求保证率为80%时的 $f'$、$c'$,当试验块数大于或等于20时,产生的误差一般不会超过1%~2%,可以满足工程需要的精度。

2. 抗剪断试验的成果分析

室内芯样层面抗剪断试验研究成果见表14-41~表14-43,现场原位层面抗剪断试验研究成果见表14-44~表14-46,下面提到的抗剪断强度都用公式 $\tau = f'\sigma + c'$ 进行计算,且取 $\sigma = 3$ MPa。现分析如下:

(1)施工温度对碾压混凝土的初凝时间影响很大,高气温条件下施工若不能及时覆盖上层混凝土,会严重影响层面胶结强度。例如,C工况(层间间隔为7.5 h)的抗剪断强度仅为D工况(层间间隔为3.0 h)的76%。

(2)高温施工和常温施工的层面抗剪断强度有较大差异。例如,B、G两工况的施工参数都相同,但B是高气温施工,G是常温施工,前者的抗剪断强度是后者的90%。

(3)高胶凝材料的碾压混凝土层面抗剪断强度大于低胶凝材料的碾压混凝土层面的抗剪断强度。例如,G工况[胶材用量为 $C+F=75+105=180(\mathrm{kg/m^3})$]为I工况[胶材用量为 $C+F=90+110=200(\mathrm{kg/m^3})$]的层面抗剪断强度的84%。

(4)层面处理后的抗剪断强度均大于层面不处理的。例如,高温条件下施工的E工况(层面不处理)和F工况(铺3 cm厚小石子混凝土),E工况的层面抗剪断强度为F工况的92.7%;常温条件下施工的G工况(层面不处理)和H工况(层面铺1 cm厚砂浆),G工况的层面抗剪断强度为H工况的89%。

(5)J工况为RCD工法,虽然其胶材用量较少[ $C+F=60+90=150(\mathrm{kg/m^3})$ ],但其抗剪断强度在10个工况中是最高的,说明层面经冲洗、打毛和铺砂浆后,层面胶结状态大为提高。

(6)室内抗剪断强度高于现场原位抗剪断强度。C工况、D工况、E工况、F工况的室内平均抗剪强度为现场原位抗剪强度的1.35倍;G工况、H工况、I工况的室内平均抗剪强度为现场原位抗剪强度的1.26倍。在这个比值中,包括混凝土强度增长、尺寸效应、试验条件和取样位置等多种因素的影响。

(7)尽管碾压混凝土的配合比和碾压质量都是好的,其各项物理力学指标均能达到设计要求,但试验表明,碾压混凝土层面不论处理与否,都为碾压混凝土中的弱面,必须在碾压混凝土初凝前覆盖上层混凝土,否则要进行层面处理,以提高层面胶结能力。

3. 龙滩碾压混凝土层面抗剪断参数的选取与建议

1）抗剪断参数选择的原则

（1）为了有利于快速施工，充分发挥碾压混凝土的优势，建议在下层混凝土初凝前覆盖上层混凝土，这样层面可不做处理，其防渗问题可在上游面附近采取适当措施来解决。

（2）针对龙滩工程的重要性和具体情况，应采用富胶凝材料的碾压混凝土配合比，并以现场试验180 d多点法抗剪断峰值强度进行统计。

（3）对大坝抗滑稳定起控制作用的高程，应尽可能在常温下施工，以此选择相应的工况。

（4）通过大量试验表明，统计法1中，当计算点数比较多时，采用小值平均值法与统计法1（当保证率为80%时）计算所得的 $f'$、$c'$ 值相当接近，后者计算更科学、更合理，建议用后者进行 $f'$、$c'$ 的计算。

（5）由于施工期间影响混凝土质量的因素远比试验期间多，用统计法1选取碾压混凝土层面的 $f'$、$c'$ 时，选取的 $C_v$ 值应比试验得出的 $C_v$ 值大。根据龙滩碾压混凝土现场和室内抗剪断试验情况并参考其他工程的经验，建议 $f'$ 的 $C_v$ 值选用0.20，$c'$ 的 $C_v$ 值选用0.30或0.35。

2）龙滩碾压混凝土层面抗剪断参数的选取

根据试验成果和选取的原则，提出龙滩碾压混凝土层面抗剪断参数的建议值见表14-47。

## 14.5.3　龙滩施工阶段碾压混凝土层面抗剪断试验研究

龙滩工程施工阶段进行了大量的室内和现场原位抗剪断试验，取得了大量有价值的成果。现对这些成果进行综合介绍。

### 14.5.3.1　龙滩施工阶段碾压混凝土室内层面抗剪断试验研究

1. 碾压混凝土室内层间结合性能试验

模拟研究了层面处理措施和适于龙滩工程碾压混凝土层间结合的"热缝""温缝""冷缝"的识别标准及层间结合质量控制标准，其中层面不处理的工况，分别在规定的间隔时间内浇筑上层碾压混凝土；而层面处理的工况，则在规定层间间隔时间内经层面刷毛铺层面处理材料后再铺筑成型上层碾压混凝土。层间间隔时间考虑0、6 h、12 h、24 h和48 h共5个时间段，即模拟碾压混凝土本体、初凝前（热缝）、初凝后终凝前（温缝）不处理、终凝后（冷缝）直接铺砂浆和冷缝凿毛铺砂浆5种工况。

试验时分别采用两种养护制度，一种为养护温度20 ℃、湿度95%的标准养护；一种为层面间歇期间在室外自然状态下养护，层面覆盖后转为标准养护。

2. 碾压混凝土室内层间抗剪特性试验

1）基本试验结果

进行了28 d龄期和90 d龄期的各20组抗剪试验，每组5个试件，最大正应力为6 MPa，采用最小二乘法得抗剪断强度参数 $f'$ 和 $c'$（见表14-48）。从表14-48可知，龄期28 d的 $f'$ 和 $c'$，平均值分别为1.12和2.70 MPa，抗剪断强度为9.4 MPa。龄期90 d的 $f'$ 和 $c'$ 平均值分别为1.25和2.78 MPa，抗剪强度为10.3 MPa。与28 d相比，90 d的 $f'$ 和 $c'$ 分别增长了11.61%和2.96%，抗剪强度增长了9.57%。

2）不同养护方式对抗剪强度的影响

图14-35和表14-48是标准养护和室外自然养护条件下不同间歇时间对抗剪强度的影响。试验时，室外温度与标准养护温度的差别不大，养护方式的变化对层间抗剪强度有一定的影响，但不是很明显，养护方式的变化主要是对层间凝结时间造成影响，进而对层间抗剪强度产生作用。28 d龄期，$C_{90}25$ 和 $C_{90}15$ 两种混凝土的平均抗剪强度，室外自然养护比标准养护分别低2.6%和7.4%；90 d龄期，$C_{90}25$ 和 $C_{90}15$ 两种碾压混凝土，室外自然养护比标准养护的平均抗剪强度分别低2.9%和5.1%。

表 14-48　龙滩施工阶段室内试验不同养护条件下碾压混凝土抗剪强度试验结果

| 试验编号 | 强度等级 | 层间间歇/h | 层面及处理情况 | 养护条件 | 28 d f' | 28 d c'/MPa | 90 d f' | 90 d c'/MPa | 抗剪强度/MPa (σ=6 MPa) 28 d | 抗剪强度/MPa (σ=6 MPa) 90 d |
|---|---|---|---|---|---|---|---|---|---|---|
| W1-0 | C18 | 0 | 本体 | 标准养护 | 1.23 | 3.90 | 1.58 | 3.63 | 11.3 | 13.1 |
| W2-0 | C18 | 0 | 本体 | 自然养护 | 1.22 | 3.80 | 1.56 | 3.51 | 11.1 | 12.9 |
| W3-0 | C10 | 0 | 本体 | 自然养护 | 1.31 | 2.50 | 1.40 | 2.55 | 10.4 | 11.0 |
| W4-0 | C10 | 0 | 本体 | 标准养护 | 1.23 | 3.56 | 1.45 | 2.63 | 10.9 | 11.3 |
| W1-6 | C18 | 6 | 不处理 | 标准养护 | 1.35 | 3.63 | 1.36 | 3.79 | 11.7 | 12.0 |
| W2-6 | C18 | 6 | 不处理 | 自然养护 | 1.22 | 3.08 | 1.36 | 2.67 | 10.4 | 10.8 |
| W3-6 | C10 | 6 | 不处理 | 自然养护 | 1.08 | 3.12 | 1.09 | 3.16 | 9.6 | 9.7 |
| W4-6 | C10 | 6 | 不处理 | 标准养护 | 1.15 | 3.36 | 1.33 | 2.36 | 10.3 | 10.3 |
| W1-12 | C18 | 12 | 不处理 | 标准养护 | 1.12 | 2.66 | 1.30 | 3.12 | 9.4 | 10.9 |
| W2-12 | C18 | 12 | 不处理 | 自然养护 | 1.19 | 2.30 | 1.27 | 2.93 | 9.4 | 10.6 |
| W3-12 | C10 | 12 | 不处理 | 自然养护 | 1.03 | 2.30 | 1.18 | 2.38 | 8.5 | 9.5 |
| W4-12 | C10 | 12 | 不处理 | 标准养护 | 1.05 | 2.62 | 1.25 | 2.13 | 8.9 | 9.6 |
| W1-24 | C18 | 24 | 铺砂浆 | 标准养护 | 1.10 | 2.20 | 1.14 | 1.82 | 8.8 | 8.7 |
| W2-24 | C18 | 24 | 铺砂浆 | 自然养护 | 1.01 | 2.60 | 1.04 | 2.82 | 8.7 | 9.1 |
| W3-24 | C10 | 24 | 铺砂浆 | 自然养护 | 0.85 | 1.83 | 0.81 | 2.25 | 6.9 | 7.1 |
| W4-24 | C10 | 24 | 铺砂浆 | 标准养护 | 0.99 | 1.82 | 0.80 | 2.82 | 7.8 | 7.6 |
| W1-48 | C18 | 48 | 凿毛铺砂浆 | 标准养护 | 1.08 | 2.78 | 1.36 | 2.79 | 9.3 | 11.0 |
| W2-48 | C18 | 48 | 凿毛铺砂浆 | 自然养护 | 1.15 | 2.73 | 1.33 | 2.74 | 9.6 | 10.7 |
| W3-48 | C10 | 48 | 凿毛铺砂浆 | 自然养护 | 0.96 | 1.68 | 1.08 | 2.63 | 7.4 | 9.1 |
| W4-48 | C10 | 48 | 凿毛铺砂浆 | 标准养护 | 1.11 | 1.47 | 1.22 | 2.95 | 8.1 | 10.3 |
| 平均值 | | | | | 1.12 | 2.70 | 1.25 | 2.78 | 9.4 | 10.3 |

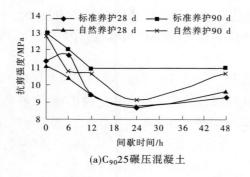

(a)C₉₀25碾压混凝土

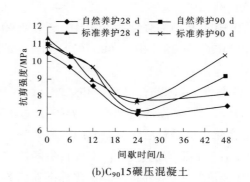

(b)C₉₀15碾压混凝土

图 14-35　龙滩施工阶段室内试验不同养护条件对碾压混凝土抗剪强度的影响

3) 不同间歇时间和层面处理方式对抗剪强度的影响

根据表 14-48 的碾压混凝土 C18 和 C10 的试验结果, 计算了正应力为 6 MPa 时在不同间歇时间和层面处理方式下碾压混凝土的 28 d 龄期和 90 d 龄期平均抗剪强度, 计算结果见表 14-49。分析如下:

表 14-49　龙滩施工阶段室内试验不同层面间歇时间和处理方式下的抗剪强度平均值

| 层间间歇时间/h | 层面处理方式 | 层面缝形态 | 抗剪强度平均值/MPa（$\sigma = 6$ MPa） | |
|---|---|---|---|---|
| | | | 28 d | 90 d |
| 0 | 不处理 | 本体 | 10.9 | 12.1 |
| 6 | 不处理 | 热缝 | 10.5 | 10.7 |
| 12 | 不处理 | 温缝 | 9.1 | 10.1 |
| 24 | 直接铺砂浆 | 冷缝 | 8.0 | 8.1 |
| 48 | 凿毛后铺砂浆 | 冷缝 | 8.6 | 10.3 |

（1）两种强度等级的碾压混凝土均是随着层面间歇时间的延长, 抗剪断强度下降, 尤其是冷缝（24 h）出现后, 抗剪强度最低, 凿毛铺砂浆有利于抗剪断强度的提高, 但仍低于间歇时间 6 h（热缝）的抗剪断强度。冷缝与温缝及热缝相比, 抗剪强度平均值分别降低了 13.75% 和 31.25%。

（2）冷缝层面凿毛铺砂浆比直接铺砂浆碾压混凝土抗剪强度提高 13% 左右。

（3）碾压混凝土胶凝材料用量越大, 层面抗剪强度越高。例如, 层间间歇 6 h, 层面不处理, 标准养护条件下, C18 混凝土比 C10 混凝土的 28 d 龄期和 90 d 龄期抗剪强度分别提高了 13.6% 和 16.5%。

（4）层面自然养护条件下比标准养护条件下的抗剪强度稍低, 均低 4%～5%。

（5）温缝不处理与冷缝凿毛铺砂浆, 90 d 龄期抗剪强度相当, 后者比前者约高 2%。

（6）对龙滩工程, 要求下层混凝土初凝前覆盖上层混凝土, 则低温（20 ℃以下）、中温（20～28 ℃）、高温（28 ℃以上）时段碾压混凝土层面间歇时间分别为 8 h、6 h、4 h。

### 14.5.3.2　龙滩施工阶段碾压混凝土第一次现场原位层面抗剪断试验研究（冬季常温条件）

1. 试验方法和试验设备

层面抗剪断试件的截面尺寸为 50 cm×50 cm, 高度约 30 cm。每组 5 块试件, 平推法施工, 推力方向与层面平行且与振动碾压方向垂直。试件剪断后继续进行残余强度试验, 卸荷后将试件复位, 再施加相应的正压力, 进行摩擦试验。试验设备由垂直反力系统、水平加载及传力系统和量测系统组成。

A 组、B 组的最大正应力为 3.0 MPa, 分为 5 级, 即 0.6 MPa、1.2 MPa、1.8 MPa、2.4 MPa、3.0 MPa; C 组的最大正应力为 4.5 MPa, 也分为 5 级, 即 0.9 MPa、1.8 MPa、2.7 MPa、3.6MPa、4.5 MPa。

试验完毕后, 计算各级垂直荷载下剪切面上的正应力（$\sigma$）、剪应力（$\tau$）及相应变形; 用最小二乘法求得抗剪断强度参数 $f'$ 和 $c'$、残余强度参数 $f_{残}$ 和 $c_{残}$、抗摩擦参数 $f_{摩}$ 和 $c_{摩}$。

2. 抗剪断试验结果及分析

1) 90 d 龄期抗剪断试验结果

90 d 龄期共进行了 11 组试验, 56 块试件, 原位抗剪试验结果见表 14-50。由表 14-50 可知:

（1）剪断面最大起伏差平均约为 1.5 cm, 60% 沿上层试体或下层试体剪断, 40% 沿层面剪断。间歇 6～8 h 的 A1-1、B1-1、C1-1 组试件, 其剪断面大都沿胶结面剪断, 剪断面起伏较大, 有骨料被剪断, 说明层面结合较好; 间歇时间长的沿层面剪断的概率提高, 即使铺设较高强度的砂浆, 其剪断面也大都沿砂浆与下层碾压混凝土的结合层面剪开。

（2）11 组现场原位抗剪试验的 $f'$ 和 $c'$, 平均值分别为 1.03 和 1.69 MPa, 与国内其他工程的 $f'$ 和 $c'$ 值相比较, $f'$ 值稍低, $c'$ 值稍高。$f_{残}$ 和 $c_{残}$ 值均高于相对应的 $f_{摩}$ 和 $c_{摩}$ 值。

表 14-50　龙滩施工阶段第一次工艺性试验原位抗剪试验结果汇总(90 d 龄期,$c$ 的单位为 MPa)

| 试件编号 | 工况条件 | $f'$ | $c'$/MPa | $f_残$ | $c_残$/MPa | $f_摩$ | $c_摩$/MPa | 抗剪断强度/MPa | | 平均值/MPa | |
|---|---|---|---|---|---|---|---|---|---|---|---|
| | | | | | | | | $\sigma=$3 MPa | $\sigma=$4.5 MPa | $\sigma=$3 MPa | $\sigma=$4.5 MPa |
| A1-1 | $C_{90}$15,三级配,间歇 6~8 h | 1.15 | 1.36 | 0.67 | 0.99 | 0.70 | 0.50 | 4.8 | 6.5 | | |
| A2-1 | $C_{90}$15,三级配,间歇 10~12 h | 0.58 | 2.68 | 0.63 | 0.93 | 0.65 | 0.72 | 4.4 | 5.3 | 4.59 | 6.02 |
| A4-1 | $C_{90}$15,三级配,间歇 10 d,铺砂浆 | 1.14 | 1.11 | 0.92 | 0.43 | 0.86 | 0.28 | 4.5 | 6.2 | | |
| B1-1 | $C_{90}$20,三级配,间歇 6~8 h | 1.09 | 1.96 | 0.70 | 0.88 | 0.63 | 0.83 | 5.2 | 6.9 | | |
| B2-1 | $C_{90}$20,三级配,间歇 10~12 h | 1.05 | 1.81 | 0.64 | 1.08 | 0.54 | 0.98 | 5.0 | 6.5 | 4.88 | 6.50 |
| B3-1 | $C_{90}$20,三级配,间歇 18~20 h | 1.04 | 1.32 | 0.70 | 0.45 | 0.65 | 0.27 | 4.4 | 6.0 | | |
| B4-1 | $C_{90}$20,三级配,间歇 10 d,铺砂浆 | 1.15 | 1.44 | 0.69 | 0.82 | 0.67 | 0.51 | 4.9 | 6.6 | | |
| C1-1 | $C_{90}$25,三级配,间歇 6~8 h | 1.22 | 1.88 | 0.60 | 1.15 | 0.35 | 1.34 | 5.5 | 7.4 | | |
| C2-1 | $C_{90}$25,三级配,间歇 10~12 h | 1.02 | 1.08 | 0.59 | 1.09 | 0.73 | 0.66 | 4.1 | 5.7 | 4.81 | 6.35 |
| C3-1 | $C_{90}$25,三级配,间歇 18~20 h | 0.54 | 2.94 | 0.74 | 0.65 | 0.70 | 0.42 | 4.6 | 5.4 | | |
| C4-1 | $C_{90}$25,三级配,间歇 10 d,铺砂浆 | 1.33 | 1.01 | 0.78 | 0.77 | 0.73 | 0.50 | 5.0 | 7.0 | | |
| 平均值 | | 1.03 | 1.69 | 0.70 | 0.84 | 0.66 | 0.64 | | 4.8 | 4.80 | 6.30 |
| 最大值 | | 1.46 | 2.94 | 0.92 | 1.15 | 0.86 | 1.34 | | | | |
| 最小值 | | 0.54 | 1.01 | 0.59 | 0.43 | 0.35 | 0.27 | | | | |

(3)计算正应力分别为 3 MPa 和 4.5 MPa 的情况下,三种强度等级和不同工况的抗剪断强度,计算结果见表 14-50。由表 14-50 可知,$C_{90}$15 三种不同工况条件,正应力为 3 MPa 时的平均抗剪断强度为 4.59 MPa;$C_{90}$20 四种不同工况条件,正应力为 3 MPa 时的平均抗剪断强度为 4.88 MPa;$C_{90}$25 四种不同工况条件,正应力分别为 3 MPa 和 4.5 MPa 时的平均抗剪断强度分别为 4.81 MPa 和 6.35 MPa。三种强度等级的碾压混凝土均是随着层面间歇时间的延长,抗剪断强度下降;铺砂浆有利于抗剪断强度的提高,但仍低于间歇时间为 6~8 h(即初凝时间以内)时的抗剪断强度。

(4)碾压混凝土层间的抗剪强度与碾压混凝土本身的强度等级有一定的关系。一般来说,碾压混凝土本身的等级越高,其抗剪强度也就越高,亦即 $f'$、$c'$ 值也越大。但对于富胶材混凝土,可能只有在下层混凝土初凝前(间歇 6~8 h)铺筑上层混凝土,这种规律才是存在的。例如,初凝前(间歇 6~8 h),$C_{90}$15、$C_{90}$20、$C_{90}$25 三种混凝土的抗剪断强度分别是 6.02 MPa、6.50 MPa 和 6.35 MPa(90 d 龄期,$\sigma=$ 4.5 MPa),但是混凝土初凝后或终凝后,经过层面处理,层面抗剪强度随胶材用量的增加并不明显。

2)180 d 抗剪试验结果

180 d 龄期进行了 19 组试验,共剪切试件 95 块,试验结果见表 14-51,分析如下:

(1)实测剪断面最大起伏差平均约为 1.5 cm,剪断面平均约有 59%沿上层试体或下层试体剪断,约有 41%沿层面剪断。间歇时间为 6~8 h 的 A、B、C 系列试件,大都沿胶结面剪断,剪断面起伏较大,有骨料被剪断,说明层面结合较好;间歇时间长的沿层面剪断的概率提高,即使铺设较高强度的砂浆,其剪断面也大都沿砂浆与下层碾压混凝土的结合层面剪开。

（2）$f'$和$c'$的平均值分别为 1.28 和 2.14 MPa，这一结果比 90 d 龄期的$f'$和$c'$的平均值都要高。而且，$f_残$和$c_残$值均高于相对应的$f_摩$和$c_摩$值，也高于相对应的 90 d 龄期的值。

（3）根据表 14-51 中的$f'$和$c'$，计算正应力分别为 3 MPa 和 4.5 MPa 的情况下，180 d 龄期的试件在三种强度等级和不同工况条件下的抗剪断强度，计算结果见表 14-51。由表 14-51 可知，$C_{90}15$ 三种不同工况条件，正应力为 3 MPa 时的平均抗剪断强度为 5.28 MPa；$C_{90}20$ 四种不同工况条件，正应力为 3 MPa 时的平均抗剪断强度为 6.13 MPa；$C_{90}25$ 四种不同工况条件，正应力分别为 3 MPa 和 4.5 MPa 时的平均抗剪断强度分别为 6.09 MPa 和 7.96 MPa。三种强度等级的碾压混凝土均是随着层面间歇时间的延长，抗剪断强度下降，铺砂浆有利于抗剪断强度的提高，但仍低于间歇时间为 6~8 h（即初凝时间以内）时的抗剪断强度。

表 14-51　龙滩施工阶段第一次工艺性试验原位抗剪试验结果汇总（180 d 龄期，$c$、$c'$、$c_残$、$c_摩$的单位为 MPa）

| 试件编号 | 工况条件 | $f'$ | $c'$ | $f_残$ | $c_残$ | $f_摩$ | $c_摩$ | 抗剪断强度/MPa | | 平均值/MPa | |
|---|---|---|---|---|---|---|---|---|---|---|---|
| | | | | | | | | $\sigma=$ 3 MPa | $\sigma=$ 4.5 MPa | $\sigma=$ 3 MPa | $\sigma=$ 4.5 MPa |
| A1-2 | $C_{90}15$，三级配，间歇 6~8 h | 1.15 | 2.13 | 1.00 | 0.40 | 0.98 | 0.25 | 5.58 | 7.31 | 5.58 | 7.31 |
| A2-2 | $C_{90}15$，三级配，间歇 10~12 h | 1.10 | 1.78 | 0.79 | 0.97 | 0.71 | 0.87 | 5.08 | 6.73 | 5.08 | 6.73 |
| A4-2 | $C_{90}15$，三级配，间歇 10 d，铺砂浆 | 1.18 | 1.63 | 0.95 | 0.78 | 0.91 | 0.45 | 4.98 | 6.81 | 4.98 | 6.81 |
| B1-2 | $C_{90}20$，三级配，间歇 6~8 h | 1.61 | 1.50 | 1.26 | 0.34 | 1.06 | 0.31 | 6.33 | 8.75 | 6.31 | 8.67 |
| B1-3 | | 1.54 | 1.67 | 1.01 | 0.71 | 0.98 | 0.36 | 6.29 | 8.60 | | |
| B2-2 | $C_{90}20$，三级配，间歇 10~12 h | 1.30 | 2.38 | 1.14 | 0.66 | 0.96 | 0.56 | 6.28 | 8.23 | 6.34 | 8.40 |
| B2-3 | | 1.45 | 2.04 | 1.27 | 0.04 | 1.03 | 0.37 | 6.39 | 8.57 | | |
| B3-2 | $C_{90}20$，三级配，间歇 18~20 h | 1.20 | 1.66 | 0.74 | 0.87 | 0.84 | 0.39 | 5.26 | 7.06 | 5.37 | 7.15 |
| B3-3 | | 1.18 | 1.93 | 0.80 | 1.02 | 0.70 | 0.90 | 5.47 | 7.24 | | |
| B4-2 | $C_{90}20$，三级配，间歇 10 d，铺砂浆 | 1.32 | 2.40 | 1.28 | 0.35 | 1.08 | 0.33 | 6.36 | 8.34 | 6.52 | 8.52 |
| B4-3 | | 1.35 | 2.63 | 1.19 | 0.82 | 1.07 | 0.60 | 6.68 | 8.71 | | |
| C1-2 | $C_{90}25$，三级配，间歇 6~8 h | 1.23 | 2.95 | 0.82 | 1.07 | 0.49 | 1.42 | 6.64 | 8.49 | 6.63 | 8.43 |
| C1-3 | | 1.17 | 3.10 | 0.53 | 1.90 | 0.50 | 1.43 | 6.61 | 8.37 | | |
| C2-2 | $C_{90}25$，三级配，间歇 10~12 h | 1.30 | 2.49 | 0.97 | 0.56 | 0.83 | 0.51 | 6.39 | 8.34 | 6.21 | 8.21 |
| C2-3 | | 1.37 | 1.92 | 0.86 | 0.53 | 0.86 | 0.30 | 6.03 | 8.09 | | |
| C3-2 | $C_{90}25$，三级配，间歇 18~20 h | 1.11 | 2.03 | 0.69 | 0.81 | 0.69 | 0.57 | 5.36 | 7.03 | 5.32 | 7.17 |
| C3-3 | | 1.36 | 1.20 | 0.76 | 0.67 | 0.75 | 0.41 | 5.28 | 7.32 | | |
| C4-2 | $C_{90}25$，三级配，间歇 10 d 铺砂浆 | 1.14 | 3.08 | 0.77 | 0.83 | 0.80 | 0.48 | 6.50 | 8.21 | 6.22 | 8.04 |
| C4-3 | | 1.29 | 2.06 | 0.64 | 0.99 | 0.78 | 0.46 | 5.93 | 7.87 | | |
| 平均值 | | 1.28 | 2.14 | 0.92 | 0.75 | 0.84 | 0.58 | 5.97 | 7.89 | 5.97 | 7.89 |
| 最大值 | | 1.61 | 3.10 | 1.28 | 1.90 | 1.08 | 1.43 | | | | |
| 最小值 | | 1.05 | 1.20 | 0.53 | 0.04 | 0.49 | 0.25 | | | | |

3)90 d 和 180 d 的试验结果比较分析

a. 间歇时间与抗剪断强度的关系

由表 14-50 和表 14-51 中的数据分别做出 90 d 龄期和 180 d 龄期试件在不同工况条件下最大正应力为 4.5 MPa 时,间歇时间与抗剪断强度的关系(见图 14-36)。由图 14-36 可知,两种龄期的抗剪强度随间歇时间的变化,有相似的关系,对于同一强度等级的碾压混凝土,随着间歇时间的延长,抗剪断强度下降,并且铺砂浆有利于抗剪断强度的提高,间歇时间为 10 d、铺砂浆的试件抗剪断强度要高于间歇时间为 18~20 h、没有铺砂浆的试件,但仍低于间歇时间为 6~8 h 的抗剪断强度。

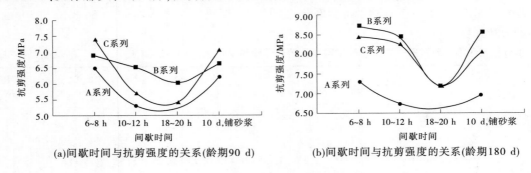

(a)间歇时间与抗剪强度的关系(龄期90 d)　　　(b)间歇时间与抗剪强度的关系(龄期180 d)

**图 14-36　龙滩施工阶段第一次现场试验原位抗剪**

b. 碾压混凝土本身强度等级与抗剪强度的关系

碾压混凝土层间的抗剪强度不仅与浇筑工况等因素有关,而且与碾压混凝土本身的强度等级有一定的关系。一般来说,碾压混凝土本身的等级越高,其抗剪强度也就越高。试验结果也验证了这一点。由图 14-37 可知,在同一工况条件下,$C_{90}20$(即 B 系列)、$C_{90}25$(即 C 系列)都比 $C_{90}15$ 的抗剪断强度高,但 B 系列的部分数据高于或接近于 C 系列的数据,这可能是试验时的外界条件或试件本身浇筑等方面的原因造成的。

c. 碾压混凝土龄期与抗剪强度的关系

为了研究养护时间对抗剪断强度的影响,比较不同龄期的试件的抗剪断强度的变化。选取 A、B、C 系列的试件,比较在同一工况条件下,其抗剪断强度与龄期的关系,分别做出的关系曲线见图 14-37。由图 14-37 可知,在同一工况条件下,180 d 龄期混凝土的抗剪断强度要明显高于 90 d 龄期混凝土的抗剪断强度。

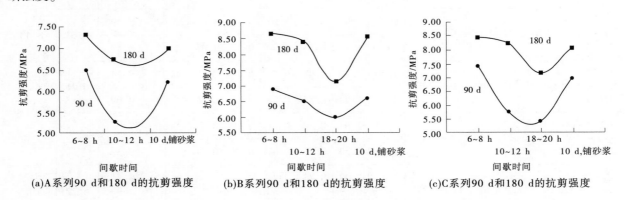

(a)A系列90 d 和 180 d 的抗剪强度　　(b)B系列90 d 和 180 d 的抗剪强度　　(c)C系列90 d 和 180 d 的抗剪强度

**图 14-37　龙滩施工阶段第一次工艺性试验碾压混凝土抗剪断强度与间歇时间关系曲线**

### 14.5.3.3　龙滩施工阶段碾压混凝土第二次现场原位层面抗剪断试验研究(夏季高温条件)

1. 第二次现场原位层面抗剪断试验概况

龙滩施工阶段第二次碾压混凝土工艺试验块在 2004 年 6~7 月高温期浇筑。

　　此次试验着重模拟高温季节条件下碾压混凝土的施工工艺,研究改善碾压混凝土层间结合的措施、VC 值控制措施、高温季节的温度控制措施,验证和确定高温季节条件下碾压混凝土的质量控制标准和措施。原位抗剪强度试验层面的实际间歇时间见表 14-52。第二次碾压混凝土现场原位抗剪试验布置(上游围堰和下游引航道)见表 14-53 和表 14-54。

　　碾压混凝土层面抗剪断试件的尺寸、层厚、试验方法同第一次现场试验。

表 14-52　龙滩施工阶段第二次现场试验抗剪断试验层面间歇时间

| 试验地点<br>上游围堰 | 层次 | 允许间<br>歇时间/h | 实际间歇<br>时间<br>(h:min) | 试验地点<br>下游<br>引航道 | 层次 | 允许间歇<br>时间/h | 实际间歇<br>时间<br>(h:min) |
|---|---|---|---|---|---|---|---|
| 右岸<br>A 条带 | 第 4 层至第 5 层 I 区 | 2~3 | 2:40 | A 条带 | 第 3 层至第 4 层 I 区 | 2~3 | 2:34 |
| | 第 4 层至第 5 层 II 区 | 4~5 | 4:25 | | 第 3 层至第 4 层 II 区 | 4~5 | 2:48 |
| 右岸<br>B 条带 | 第 4 层至第 5 层 I 区 | 2~3 | 2:49 | B 条带 | 第 3 层至第 4 层 I 区 | 2~3 | 2:48 |
| | 第 4 层至第 5 层 II 区 | 4~5 | 4:50 | | 第 3 层至第 4 层 II 区 | 4~5 | 4:42 |
| 左岸<br>C 条带 | 第 4 层至第 5 层 I 区 | 2~3 | 2:35 | C 条带 | 第 3 层至第 4 层 I 区 | 2~3 | 2:45 |
| | 第 4 层至第 5 层 II 区 | 4~5 | 4:23 | | 第 3 层至第 4 层 II 区 | 4~5 | 4:48 |
| 左岸<br>D 条带 | 第 4 层至第 5 层 I 区 | 2~3 | 2:47 | | | | |
| | 第 4 层至第 5 层 II 区 | 4~5 | 4:45 | | | | |

表 14-53　龙滩施工阶段第二次碾压混凝土现场原位抗剪试验布置(上游围堰)

| 试验部位<br>及配合比 | 试验工况 | | | |
|---|---|---|---|---|
| | 层间间歇 2~3 h | 层间间歇 4~5 h | 施工缝刷毛后铺<br>1.5~3.0 cm 砂浆 | 施工缝刷毛后铺<br>3~5 cm 厚一级配混凝土 |
| 右岸(上游边)A 条带,<br>$C_{90}25$,<br>三级配设计配合比 | 最大正应力 4.5 MPa;<br>90 d 龄期、180 d 龄期<br>各 5 块;<br>试验编号上 1- | 最大正应力 4.5 MPa;<br>90 d 龄期、180 d 龄期<br>各 5 块;<br>试验编号右上 2- | 最大正应力 4.5 MPa;<br>90 d 龄期、180 d 龄期<br>各 5 块;<br>试验编号右上 3- | 最大正应力 4.5 MPa;<br>90 d 龄期、180 d 龄期<br>各 5 块;<br>试验编号右上 4- |
| 右岸(下游边)B 条带,<br>$C_{90}25$,<br>三级配施工配合比 | 最大正应力 4.5 MPa;<br>90 d 龄期、180 d 龄期<br>各 5 块;<br>试验编号右下 1- | 最大正应力 4.5 MPa;<br>90 d 龄期、180 d 龄期<br>各 5 块;<br>试验编号右下 2- | 最大正应力 4.5 MPa;<br>90 d 龄期、180 d 龄期<br>各 5 块;<br>试验编号右下 3- | 最大正应力 4.5 MPa;<br>90 d 龄期、180 d 龄期<br>各 5 块;<br>试验编号右下 4- |
| 左岸(上游边)C 条带,<br>$C_{90}25$,<br>三级配设计配合比 | 最大正应力 4.5 MPa;<br>90 d 龄期、180 d 龄期<br>各 5 块;<br>试验编号左上 1- | 最大正应力 4.5 MPa;<br>90 d 龄期、180 d 龄期<br>各 5 块;<br>试验编号左上 2- | 最大正应力 4.5 MPa;<br>90 d 龄期、180 d 龄期<br>各 5 块;<br>试验编号左上 3- | 最大正应力 4.5 MPa;<br>90 d 龄期、180 d 龄期<br>各 5 块;<br>试验编号左上 4- |
| 左岸(下游边)<br>D 条带,<br>$C_{90}25$,<br>三级配施工配合比 | 最大正应力 4.5 MPa;<br>90 d 龄期、180 d 龄期<br>各 5 块;<br>试验编号左下 4- | 最大正应力 4.5 MPa;<br>90 d 龄期、180 d 龄期<br>各 5 块;<br>试验编号左下 3- | 最大正应力 4.5 MPa;<br>90 d 龄期、180 d 龄期<br>各 5 块;<br>试验编号左下 2- | 最大正应力 4.5 MPa;<br>90 d 龄期、180 d 龄期<br>各 5 块;<br>试验编号左下 1- |

表 14-54　龙滩施工阶段第二次碾压混凝土现场原位抗剪试验布置(下游引航道)

| 试验部位及配合比 | 试验工况 | | | |
|---|---|---|---|---|
| | 施工缝刷毛后铺 3~5 cm 厚一级配混凝土 | 施工缝刷毛后铺 1.5~2.0 cm 砂浆 | 层间间歇 4~5 h | 层间间歇 2~3 h |
| A 条带，$C_{90}20$，三级配 | 最大正应力 3 MPa；90 d 龄期 5 块，180 d 龄期 10 块；试验编号 A1- | 最大正应力 3 MPa；90 d 龄期 5 块，180 d 龄期 10 块；试验编号 A2- | 不做 | 最大正应力 3 MPa；90 d 龄期 5 块，180 d 龄期 10 块；试验编号 A4- |
| B 条带，$C_{90}15$，三级配 | 最大正应力 3 MPa；90 d 龄期 5 块，180 d 龄期 5 块；试验编号 B1- | 最大正应力 3 MPa；90 d 龄期 5 块，180 d 龄期 5 块；试验编号 B2- | 最大正应力 3 MPa；90 d 龄期 5 块，180 d 龄期 5 块；试验编号 B3- | 最大正应力 3 MPa；90 d 龄期 5 块，180 d 龄期 5 块；试验编号 B4- |
| C 条带，$C_{90}25$，三级配 | 最大正应力 4.5 MPa；90 d 龄期 5 块，180 d 龄期 10 块；试验编号 C1- | 最大正应力 4.5 MPa；90 d 龄期 5 块，180 d 龄期 10 块；试验编号 C2- | 最大正应力 4.5 MPa；90 d 龄期 5 块，180 d 龄期 10 块；试验编号 C3- | 最大正应力 4.5 MPa；90 d 龄期 5 块，180 d 龄期 10 块；试验编号 C4- |

2. 第二次现场原位层面抗剪断试验成果

在上游围堰，采用 $C_{90}25$ 强度等级，分别按设计推荐的配合比和施工配合比，对 4 种工况的碾压混凝土层面进行抗剪断试验；在下游引航道，采用 $C_{90}25$、$C_{90}20$、$C_{90}15$ 三个强度等级，按施工配合比，对 4 种工况的碾压混凝土层面进行抗剪断试验。试验龄期分别为 90 d 和 180 d。

1)上游围堰 90 d 龄期抗剪试验结果

上游围堰原位抗剪断试验 90 d 龄期剪切试件 16 组，共剪切试块 80 块。成果见表 14-55。

(1)剪断面最大起伏差平均约为 2.0 cm，剪断面平均约有 89% 分布于层面上部或下部，约有 11% 沿层面剪断，有 30% 的试块在试验后出现不同程度的开裂或破碎，剪断面起伏较大，有骨料被剪断，说明层面结合较好。间歇时间长的沿层面剪断的概率提高。间歇时间长的层面，即使铺设较高强度的砂浆或一级配混凝土，其剪断面也大都沿砂浆或一级配混凝土与下层碾压混凝土的结合层面剪开。

(2)16 组原位抗剪断试验的 $f'$ 和 $c'$ 平均值分别为 1.40 和 1.99 MPa，与国内其他工程的 $f'$ 和 $c'$ 值相比较，$f'$ 值较高，$c'$ 值也高；与第一次工艺试验的 $f'$ 和 $c'$ 值相比较，有了较大幅度的提高；$f_{残}$ 和 $c_{残}$ 值均高于相对应的 $f_{摩}$ 和 $c_{摩}$ 值。

(3)四种不同工况条件下，正应力为 3 MPa 和 4.5 MPa 时的平均抗剪强度分别为 6.20 MPa 和 8.31 MPa。随着层面间歇时间的延长，抗剪强度下降，因高温时的缓凝时间在 8 h 以上，因此 2~3 h 和 4~5 h 两种工况均在初凝时间以内，这两种工况对抗剪强度的影响不是很明显；铺砂浆和铺一级配混凝土有利于层面抗剪强度的提高，铺一级配混凝土的抗剪强度等于或稍低于铺砂浆工况。

表 14-55　龙滩施工阶段第二次工艺试验 90 d 龄期原位抗剪试验结果汇总 ( 上游围堰 )

| 试件编号 | 混凝土类型 | 工况条件 | 抗剪断参数 | | | | | | 抗剪断强度/MPa | | 平均值/MPa | |
|---|---|---|---|---|---|---|---|---|---|---|---|---|
| | | | $f'$ | $c'$/MPa | $f_残$ | $c_残$/MPa | $f_摩$ | $c_摩$/MPa | $\sigma=3$ MPa | $\sigma=4.5$ MPa | $\sigma=3$ MPa | $\sigma=4.5$ MPa |
| 右下 1-1 | $C_{90}25_{施工}$ | 层间歇 2~3 h | 1.68 | 1.17 | 1.12 | 0.60 | 1.03 | 0.53 | 6.21 | 8.73 | 5.99 | 8.16 |
| 左下 4-1 | $C_{90}25_{施工}$ | 层间歇 2~3 h | 1.22 | 2.10 | 0.83 | 0.86 | 0.70 | 0.81 | 5.76 | 7.59 | | |
| 右上 1-1 | $C_{90}25_{设计}$ | 层间歇 2~3 h | 1.76 | 1.43 | 0.69 | 1.54 | 0.66 | 1.04 | 6.71 | 9.35 | 6.68 | 9.00 |
| 左上 4-1 | $C_{90}25_{设计}$ | 层间歇 2~3 h | 1.33 | 2.66 | 0.80 | 1.16 | 0.73 | 0.94 | 6.65 | 8.65 | | |
| 右下 2-1 | $C_{90}25_{施工}$ | 层间歇 4~5 h | 1.63 | 1.62 | 0.83 | 1.00 | 0.76 | 0.69 | 6.51 | 8.96 | 6.54 | 8.72 |
| 右下 3-1 | $C_{90}25_{施工}$ | 层间歇 4~5 h | 1.27 | 2.76 | 0.69 | 1.10 | 0.66 | 0.90 | 6.57 | 8.48 | | |
| 右上 2-1 | $C_{90}25_{设计}$ | 层间歇 4~5 h | 1.61 | 1.42 | 1.00 | 0.52 | 0.96 | 0.28 | 6.25 | 8.67 | 5.82 | 8.04 |
| 左上 3-1 | $C_{90}25_{设计}$ | 层间歇 4~5 h | 1.35 | 1.34 | 0.86 | 0.88 | 0.76 | 0.73 | 5.39 | 7.42 | | |
| 右下 3-1 | $C_{90}25_{施工}$ | 施工缝刷毛后铺砂浆 | 1.24 | 3.30 | 1.09 | 0.75 | 0.98 | 0.41 | 7.02 | 8.88 | 6.58 | 8.70 |
| 左下 2-1 | $C_{90}25_{施工}$ | 施工缝刷毛后铺砂浆 | 1.59 | 1.36 | 0.87 | 0.94 | 0.75 | 0.76 | 6.13 | 8.52 | | |
| 左上 2-1 | $C_{90}25_{设计}$ | 施工缝刷毛后铺砂浆 | 1.50 | 1.59 | 0.82 | 0.85 | 0.74 | 0.73 | 6.09 | 8.34 | 6.07 | 8.13 |
| 右上 3-1 | $C_{90}25_{设计}$ | 施工缝刷毛后铺砂浆 | 1.24 | 2.33 | 0.79 | 0.93 | 0.66 | 0.67 | 6.05 | 7.91 | | |
| 右下 4-1 | $C_{90}25_{施工}$ | 施工缝刷毛后铺一级配混凝土 | 1.31 | 2.89 | 0.87 | 0.87 | 0.69 | 0.88 | 6.82 | 8.79 | 5.86 | 7.74 |
| 左下 1-1 | $C_{90}25_{施工}$ | 施工缝刷毛后铺一级配混凝土 | 1.19 | 1.33 | 0.63 | 1.26 | 0.58 | 1.05 | 4.90 | 6.69 | | |
| 右上 4-1 | $C_{90}25_{设计}$ | 施工缝刷毛后铺一级配混凝土 | 1.21 | 3.14 | 0.69 | 1.34 | 0.69 | 0.96 | 6.77 | 8.59 | 6.10 | 8.00 |
| 左上 1-1 | $C_{90}25_{设计}$ | 施工缝刷毛后铺一级配混凝土 | 1.32 | 1.47 | 0.80 | 0.92 | 0.77 | 0.72 | 5.43 | 7.41 | | |
| | | 平均值 | 1.40 | 1.99 | 0.84 | 0.97 | 0.76 | 0.76 | 6.20 | 8.31 | 6.20 | 8.31 |
| | | 最大值 | 1.76 | 3.30 | 1.12 | 1.54 | 1.03 | 1.05 | | | | |
| | | 最小值 | 1.19 | 1.17 | 0.63 | 0.52 | 0.58 | 0.28 | | | | |

2 ) 上游围堰 180 d 龄期抗剪断试验结果

上游围堰原位抗剪试验 180 d 龄期剪切试件 16 组, 共剪切试块 80 块。成果见表 14-56。

( 1 ) 实测剪断面最大起伏差平均约为 2.5 cm, 剪断面平均约有 88% 分布于层面上部或下部, 约有 12% 沿层面剪断, 有 23% 的试块在试验后出现不同程度的开裂或破碎, 约 5% 的试块剪断面局部有骨料堆积或蜂窝现象。其剪断面大都沿胶结面剪断, 剪断面起伏较大, 有骨料被剪断, 说明层面结合较好。间歇时间长的沿层面剪断的概率提高。间歇时间长的层面, 即使铺设较高强度的砂浆或一级配混凝土, 其剪断面也大都沿砂浆或一级配混凝土与下层碾压混凝土的结合层面剪开。

( 2 ) 16 组原位抗剪试验 $f'$ 和 $c'$ 的平均值分别为 1.39 和 2.56 MPa, 与国内其他工程的 $f'$ 和 $c'$ 值相比较, $f'$ 值较高, $c'$ 值也高。与第一次工艺试验的 $f'$ 和 $c'$ 值相比较, 有了较大幅度的提高。$f_摩$ 和 $c_残$ 值均高于相对应的 $f_摩$ 和 $c_摩$ 值。

( 3 ) 四种不同工况条件下, 正应力为 3 MPa 和 4.5 MPa 时的平均抗剪强度分别为 6.70 MPa 和 8.77 MPa; 随着层面间歇时间的延长, 抗剪强度下降; 铺砂浆和铺一级配混凝土有利于层面抗剪强度的提高, 铺一级配混凝土的抗剪强度等于或稍低于铺砂浆工况。

**表 14-56　龙滩施工阶段第二次工艺试验不同工况 180 d 龄期抗剪强度比较（上游围堰）**

| 试件编号 | 混凝土类型 | 工况条件 | 抗剪断参数 | | | | | | 抗剪断强度/MPa | | 平均值/MPa | |
|---|---|---|---|---|---|---|---|---|---|---|---|---|
| | | | $f'$ | $c'$/MPa | $f_残$ | $c_残$/MPa | $f_摩$ | $c_摩$/MPa | $\sigma=3$ MPa | $\sigma=4.5$ MPa | $\sigma=3$ MPa | $\sigma=4.5$ MPa |
| 右下 1-2 | $C_{90}25_{施工}$ | 层间歇 2~3 h | 1.47 | 2.65 | 0.78 | 1.21 | 0.82 | 0.76 | 7.06 | 9.27 | 6.40 | 8.61 |
| 左下 4-2 | $C_{90}25_{施工}$ | 层间歇 2~3 h | 1.47 | 1.33 | 0.87 | 0.54 | 0.74 | 0.53 | 5.74 | 7.95 | | |
| 右上 1-2 | $C_{90}25_{设计}$ | 层间歇 2~3 h | 1.33 | 2.46 | 1.31 | 0.35 | 0.93 | 0.49 | 6.45 | 8.45 | 6.65 | 8.65 |
| 左上 4-2 | $C_{90}25_{设计}$ | 层间歇 2~3 h | 1.34 | 2.82 | 0.76 | 0.97 | 0.69 | 0.87 | 6.84 | 8.85 | | |
| 右下 2-2 | $C_{90}25_{施工}$ | 层间歇 4~5 h | 1.45 | 2.01 | 0.99 | 0.60 | 0.88 | 0.45 | 6.36 | 8.54 | 7.01 | 9.04 |
| 左下 3-2 | $C_{90}25_{施工}$ | 层间歇 4~5 h | 1.26 | 3.87 | 0.75 | 1.31 | 0.68 | 1.22 | 7.65 | 9.54 | | |
| 右上 2-2 | $C_{90}25_{设计}$ | 层间歇 4~5 h | 1.24 | 2.89 | 0.71 | 1.18 | 0.65 | 0.98 | 6.61 | 8.47 | 6.81 | 9.03 |
| 左上 3-2 | $C_{90}25_{设计}$ | 层间歇 4~5 h | 1.72 | 1.84 | 0.92 | 0.85 | 0.82 | 0.68 | 7.00 | 9.58 | | |
| 右下 3-2 | $C_{90}25_{施工}$ | 施工缝刷毛后铺砂浆 | 1.31 | 3.04 | 1.12 | 0.60 | 1.03 | 0.53 | 6.97 | 8.94 | 7.16 | 9.12 |
| 左下 2-2 | $C_{90}25_{施工}$ | 施工缝刷毛后铺砂浆 | 1.30 | 3.45 | 0.84 | 1.22 | 0.75 | 1.02 | 7.35 | 9.30 | | |
| 右上 3-2 | $C_{90}25_{设计}$ | 施工缝刷毛后铺砂浆 | 1.12 | 3.30 | 0.73 | 1.52 | 0.64 | 1.36 | 6.66 | 8.34 | 6.80 | 8.97 |
| 右上 2-2 | $C_{90}25_{设计}$ | 施工缝刷毛后铺砂浆 | 1.78 | 1.59 | 0.86 | 0.76 | 0.75 | 0.65 | 6.93 | 9.60 | | |
| 右下 4-2 | $C_{90}25_{施工}$ | 施工缝刷毛后铺一级配混凝土 | 1.34 | 2.60 | 1.12 | 0.60 | 1.03 | 0.53 | 6.62 | 8.63 | 6.74 | 8.85 |
| 左下 1-2 | $C_{90}25_{施工}$ | 施工缝刷毛后铺一级配混凝土 | 1.47 | 2.45 | 0.99 | 0.63 | 0.82 | 0.55 | 6.86 | 9.07 | | |
| 右上 4-2 | $C_{90}25_{设计}$ | 施工缝刷毛后铺一级配混凝土 | 1.20 | 2.60 | 1.12 | 0.60 | 1.03 | 0.53 | 6.2 | 8.00 | 6.05 | 7.92 |
| 左上 1-2 | $C_{90}25_{设计}$ | 施工缝刷毛后铺一级配混凝土 | 1.30 | 1.99 | 0.97 | 0.61 | 0.92 | 0.41 | 5.89 | 7.84 | | |
| | | 平均值 | 1.39 | 2.56 | 0.94 | 0.86 | 0.83 | 0.74 | 6.70 | 8.77 | 6.70 | 8.77 |
| | | 最大值 | 1.78 | 3.87 | 1.31 | 1.52 | 1.03 | 1.36 | | | | |
| | | 最小值 | 1.12 | 1.33 | 0.71 | 0.35 | 0.64 | 0.41 | | | | |

　　3）下游引航道 90 d 龄期的抗剪试验结果

　　下游引航道原位抗剪试验 90 d 龄期剪切试件 11 组，共剪切试块 55 块。成果见表 14-57。

　　（1）实测剪断面最大起伏差平均约为 1.3 cm，剪断面平均约有 62% 沿上层试体或下层试体剪断，约有 38% 沿层面剪断，有 12% 的试块在试验后出现不同程度的开裂或破碎。

　　（2）11 组现场原位抗剪试验的 $f'$ 和 $c'$ 的平均值分别为 1.32 和 2.29 MPa。

　　（3）四种不同工况条件下，正应力为 3 MPa 和 4.5 MPa 时的平均抗剪强度分别为 6.25 MPa 和 8.23 MPa；随着层面间歇时间的延长，抗剪强度下降；铺砂浆和铺一级配混凝土有利于层面抗剪强度的提高。

表 14-57 龙滩施工阶段第二次工艺试验不同工况 90 d 龄期抗剪强度比较(下游引航道)

| 试件编号 | 混凝土强度等级 | 工况条件 | 抗剪断参数 | | | | | | 抗剪断强度/MPa | | 平均值/MPa | |
|---|---|---|---|---|---|---|---|---|---|---|---|---|
| | | | $f'$ | $c'$/MPa | $f_残$ | $c_残$/MPa | $f_摩$ | $c_摩$/MPa | $\sigma=3$ MPa | $\sigma=4.5$ MPa | $\sigma=3$ MPa | $\sigma=4.5$ MPa |
| A1-1 | $C_{90}20$ | 铺一级配混凝土 | 1.59 | 1.88 | 1.02 | 0.37 | 0.95 | 0.29 | 6.65 | 9.04 | | |
| A2-1 | $C_{90}20$ | 铺砂浆 | 1.24 | 2.42 | 0.78 | 0.68 | 0.80 | 0.46 | 6.14 | 8.00 | 6.64 | 8.94 |
| A4-1 | $C_{90}20$ | 层间间歇 2~3 h | 1.77 | 1.82 | 0.90 | 0.83 | 0.88 | 0.53 | 7.13 | 9.79 | | |
| B1-1 | $C_{90}15$ | 铺一级配混凝土 | 1.15 | 1.97 | 0.80 | 0.82 | 0.87 | 0.53 | 5.42 | 7.15 | | |
| B2-1 | $C_{90}15$ | 铺砂浆 | 1.07 | 1.95 | 0.78 | 0.56 | 0.71 | 0.49 | 5.16 | 6.77 | 5.62 | 7.38 |
| B3-1 | $C_{90}15$ | 层间间歇 4~5 h | 1.20 | 2.05 | 0.78 | 0.82 | 0.82 | 0.51 | 5.65 | 7.45 | | |
| B4-1 | $C_{90}15$ | 层间间歇 2~3 h | 1.26 | 2.47 | 0.85 | 0.77 | 0.85 | 0.44 | 6.25 | 8.14 | | |
| C1-1 | $C_{90}25$ | 铺一级配混凝土 | 1.31 | 3.10 | 0.84 | 0.93 | 0.79 | 0.84 | 7.03 | 9.00 | | |
| C2-1 | $C_{90}25$ | 铺砂浆 | 1.25 | 2.80 | 0.95 | 0.59 | 0.81 | 0.62 | 6.55 | 8.43 | 6.38 | 8.35 |
| C3-1 | $C_{90}25$ | 层间间歇 4~5 h | 1.16 | 2.99 | 0.75 | 0.80 | 0.75 | 0.56 | 6.47 | 8.21 | | |
| C4-1 | $C_{90}25$ | 层间间歇 2~3 h | 1.52 | 1.70 | 0.73 | 1.11 | 0.69 | 0.93 | 6.26 | 8.54 | | |
| 平均值 | | | 1.32 | 2.29 | 0.83 | 0.75 | 0.81 | 0.56 | 6.25 | 8.23 | 6.25 | 8.23 |
| 最大值 | | | 1.77 | 3.10 | 1.02 | 1.11 | 0.95 | 0.93 | | | | |
| 最小值 | | | 1.07 | 1.70 | 0.73 | 0.37 | 0.69 | 0.29 | | | | |

4)下游引航道 180 d 龄期的抗剪结果

下游引航道原位抗剪试验 180 d 龄期剪切试件 18 组,共剪切试块 90 块。成果见表 14-58。

表 14-58 龙滩工程施工阶段第二次工艺试验不同工况 180 d 龄期抗剪强度比较(下游引航道)

| 试件编号 | 混凝土强度等级 | 工况条件 | $f'$ | $c'$/MPa | $f_残$ | $c_残$/MPa | $f_摩$ | $c_摩$/MPa | 抗剪断强度/MPa | | 平均值/MPa | |
|---|---|---|---|---|---|---|---|---|---|---|---|---|
| | | | | | | | | | $\sigma=3$ MPa | $\sigma=4.5$ MPa | $\sigma=3$ MPa | $\sigma=4.5$ MPa |
| A1-2 | $C_{90}20$ | 铺一级配混凝土 | 1.69 | 1.69 | 0.91 | 0.76 | 0.94 | 0.41 | 6.76 | 9.30 | | |
| A1-3 | $C_{90}20$ | 铺一级配混凝土 | 1.63 | 1.76 | 1.22 | 0.39 | 1.15 | 0.30 | 6.65 | 9.10 | | |
| A2-2 | $C_{90}20$ | 铺砂浆 | 1.24 | 2.79 | 0.86 | 0.80 | 0.91 | 0.63 | 6.51 | 8.37 | | |
| A2-3 | $C_{90}20$ | 铺砂浆 | 1.26 | 3.03 | 0.99 | 0.63 | 1.02 | 0.37 | 6.81 | 8.70 | 6.89 | 9.02 |
| A4-2 | $C_{90}20$ | 层间间歇 2~3 h | 1.31 | 3.49 | 0.62 | 1.92 | 0.96 | 0.64 | 7.42 | 9.39 | | |
| A4-3 | $C_{90}20$ | 层间间歇 2~3 h | 1.39 | 3.02 | 1.00 | 0.97 | 0.94 | 0.72 | 7.19 | 9.28 | | |
| B1-2 | $C_{90}15$ | 铺一级配混凝土 | 1.40 | 1.41 | 1.18 | 0.20 | 1.09 | 0.17 | 5.61 | 7.71 | | |
| B2-2 | $C_{90}15$ | 铺砂浆 | 1.49 | 1.61 | 1.13 | 0.44 | 1.00 | 0.38 | 6.08 | 8.32 | | |
| B3-2 | $C_{90}15$ | 层间间歇 4~5 h | 1.69 | 1.48 | 1.08 | 0.41 | 0.95 | 0.35 | 6.55 | 9.09 | 6.33 | 8.72 |
| B4-2 | $C_{90}15$ | 层间间歇 2~3 h | 1.78 | 1.74 | 1.28 | 0.30 | 1.12 | 0.26 | 7.08 | 9.75 | | |

续表 14-58

| 试件编号 | 混凝土强度等级 | 工况条件 | $f'$ | $c'$/MPa | $f_{残}$ | $c_{残}$/MPa | $f_{摩}$ | $c_{摩}$/MPa | 抗剪断强度/MPa | | 平均值/MPa | |
|---|---|---|---|---|---|---|---|---|---|---|---|---|
| | | | | | | | | | $\sigma=3$ MPa | $\sigma=4.5$ MPa | $\sigma=3$ MPa | $\sigma=4.5$ MPa |
| C1-2 | $C_{90}25$ | 铺一级配混凝土 | 1.30 | 3.63 | 0.87 | 1.30 | 0.75 | 1.21 | 7.53 | 9.48 | | |
| C1-3 | $C_{90}25$ | 铺一级配混凝土 | 1.43 | 2.67 | 0.97 | 0.43 | 0.95 | 0.18 | 6.96 | 9.11 | | |
| C2-2 | $C_{90}25$ | 铺砂浆 | 1.66 | 2.02 | 0.99 | 0.62 | 0.96 | 0.34 | 7.00 | 9.49 | | |
| C2-3 | $C_{90}25$ | 铺砂浆 | 1.45 | 2.79 | 0.93 | 0.82 | 0.86 | 0.69 | 7.14 | 9.32 | | |
| C3-2 | $C_{90}25$ | 层间间歇 4~5 h | 1.64 | 2.21 | 0.92 | 0.90 | 0.90 | 0.61 | 7.13 | 9.59 | | |
| C3-3 | $C_{90}25$ | 层间间歇 4~5 h | 1.69 | 1.63 | 1.03 | 0.44 | 0.99 | 0.23 | 6.70 | 9.24 | 7.03 | 9.28 |
| C4-2 | $C_{90}25$ | 层间间歇 2~3 h | 1.41 | 2.66 | 0.51 | 2.43 | 0.91 | 0.49 | 6.89 | 9.01 | | |
| C4-3 | $C_{90}25$ | 层间间歇 2~3 h | 1.40 | 2.71 | 0.79 | 1.31 | 0.72 | 1.10 | 6.91 | 9.01 | | |
| 平均值 | | | 1.49 | 2.35 | 0.96 | 0.84 | 0.95 | 0.50 | 6.83 | 9.07 | 6.83 | 9.07 |
| 最大值 | | | | | 1.28 | 2.43 | 1.15 | 1.21 | | | | |
| 最小值 | | | | | 0.51 | 0.20 | 0.72 | 0.17 | | | | |

（1）实测剪断面最大起伏差平均约为 1.5 cm，剪断面平均约有 61%沿上层试体或下层试体剪断，约有 39%沿层面剪断，有 11%的试块在试验后出现不同程度的开裂或破碎。

（2）18 组现场原位抗剪试验的 $f'$ 和 $c'$ 的平均值分别为 1.49 和 2.35 MPa。

（3）同工况条件下，正应力为 3 MPa 和 4.5 MPa 时的平均抗剪强度分别为 6.83 MPa 和 9.07 MPa；并随着层面间歇时间的延长，抗剪强度下降；铺砂浆和铺一级配混凝土有利于层面抗剪强度的提高。

5）上游围堰 90 d 龄期和 180 d 龄期的试验结果比较分析

根据表 14-55、表 14-56 的数据分别绘出间歇时间与抗剪强度的关系曲线（见图 14-38），由图 14-38 可知：

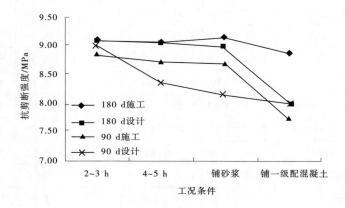

图 14-38　龙滩施工阶段现场试验不同龄期间歇时间与抗剪强度的关系曲线

（$\sigma=4.5$ MPa）（试验地点：上游围堰）

（1）对同一龄期、同一工况，采用施工配合比的碾压混凝土抗剪强度等于或略高于采用设计配合比的，这表明胶凝材料用量相近时，它对抗剪强度的影响是有限的，而对施工质量的影响是关键的。

（2）对一工况、同一配合比，180 d 龄期的抗剪强度明显高于 90 d 龄期的抗剪强度，说明层面抗剪强度随龄期的增长而有所提高，约可提高 5.5%。

（3）对同一配合比、同一龄期，2~3 h 间歇时间的抗剪强度等于或稍高于 4~5 h 间歇时间的抗剪强度，两种间歇时间条件下的抗剪强度差异不明显，说明碾压混凝土的初凝时间较长时，间歇时间的长短对层面抗剪强度影响不明显。

（4）铺砂浆的抗剪强度高于铺一级配混凝土的抗剪强度。

6）下游引航道 90 d 龄期和 180 d 龄期试验结果的比较分析

根据表 14-57、表 14-58 数据分别绘出 90 d 龄期和 180 d 龄期试件在不同工况条件下，间歇时间与抗剪强度的关系曲线（见图 14-39）。由图 14-39 可知：

（1）不同配合比或胶凝材料用量对抗剪强度有一定的影响，其他条件相同时，胶凝材料用量大或设计标号高时，其层面抗剪强度也随之较高。

（2）180 d 龄期的层面抗剪强度均大于相应的 90 d 龄期的抗剪强度，可提高 5%~10%；其余的结论与上游围堰试验相同。

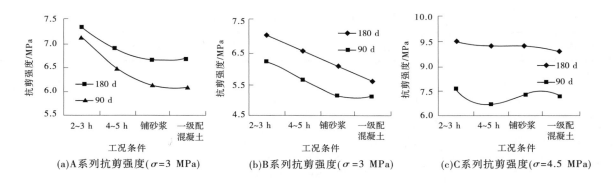

**图 14-39　龙滩施工阶段第二次现场试验碾压混凝土层面处理与抗剪强度关系曲线**
**（试验地点：下游引航道）**

#### 14.5.3.4　龙滩施工阶段碾压混凝土室内外抗剪断试验研究成果的对比

对龙滩大坝碾压混凝土的室内抗剪断、现场原位抗剪断、取自试验块的芯样抗剪断和取自大坝内部的芯样抗剪断试验成果进行了对比分析，并采用小值平均值法和保证率为 80% 时的统计法 1 对试验成果进行统计分析。结果表明，3 种强度等级的碾压混凝土现场原位抗剪试验的 $f'$、$c'$ 值均能满足设计要求，小值平均值法较统计法 1 的 $f'$ 值稍高，$c'$ 值稍低；分别用根据小值平均值法和统计法 1 得出的 $f'$、$c'$ 值来计算的抗剪强度差别不大，小值平均值法稍低。除去尺寸效应和龄期的影响后，芯样抗剪断强度均大于设计抗剪强度。

1.龙滩碾压混凝土抗剪断试验成果及统计分析

1）室内抗剪试验成果

室内抗剪试体的截面尺寸为 15 cm×15 cm，试验成果见表 14-48，试验结果汇总见表 14-59，$\sigma=3$ MPa 时抗剪强度与层面间歇时间及处理方式的关系见图 14-40。由表 14-59、图 14-40 可知：

（1）随着层面间歇时间的延长，两种强度等级的碾压混凝土的抗剪强度均下降，尤其是冷缝（24 h）出现后，抗剪强度最低，与间歇 0 h 的抗剪强度比，下降约 31%。

（2）间歇 48 h 后凿毛铺砂浆有利于抗剪强度的提高，但仍低于间歇 6 h（热缝）的抗剪强度，与间歇 0 h 比，凿毛铺砂浆抗剪强度下降约 19%。

表 14-59　龙滩施工阶段室内碾压混凝土层面抗剪断试验结果汇总

| 强度等级 | 组数 | 层面试验工况 | | $f'$ | | $c'$/MPa | | 抗剪强度/MPa($\sigma=3$ MPa) | |
|---|---|---|---|---|---|---|---|---|---|
| | | 层间间歇/h | 层面处理 | 28 d | 90 d | 28 d | 90 d | 28 d | 90 d |
| $C_{90}25$ | 2 | 0 | — | 1.23 | 1.57 | 3.85 | 3.57 | 7.53 | 8.28 |
| $C_{90}25$ | 2 | 6 | — | 1.29 | 1.36 | 3.36 | 3.23 | 7.21 | 7.31 |
| $C_{90}25$ | 2 | 12 | — | 1.16 | 1.29 | 2.48 | 3.03 | 5.95 | 6.88 |
| $C_{90}25$ | 2 | 24 | 铺砂浆 | 1.06 | 1.09 | 2.40 | 1.98 | 5.57 | 5.25 |
| $C_{90}25$ | 2 | 48 | 凿毛铺砂浆 | 1.12 | 1.35 | 2.76 | 2.76 | 6.10 | 6.80 |
| $C_{90}15$ | 2 | 0 | — | 1.27 | 1.43 | 2.93 | 2.59 | 6.74 | 6.87 |
| $C_{90}15$ | 2 | 6 | — | 1.12 | 1.21 | 3.24 | 2.76 | 6.59 | 6.39 |
| $C_{90}15$ | 2 | 12 | — | 1.04 | 1.22 | 2.46 | 2.26 | 5.58 | 5.90 |
| $C_{90}15$ | 2 | 24 | 铺砂浆 | 0.92 | 0.81 | 1.83 | 2.54 | 4.59 | 4.95 |
| $C_{90}15$ | 2 | 48 | 凿毛铺砂浆 | 1.04 | 1.15 | 1.58 | 2.79 | 4.68 | 6.24 |

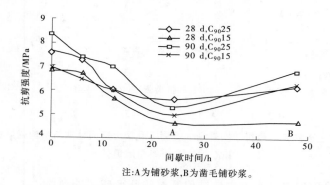

注:A为铺砂浆,B为凿毛铺砂浆。

图 14-40　抗剪强度与层面间歇时间及处理方式的关系曲线($\sigma=3$ MPa)

(3)90 d 龄期与 28 d 龄期相比,抗剪参数及抗剪强度随龄期的增长而增长,不同工况、不同强度等级增量不同,抗剪强度平均增长约 7%。

2)现场原位抗剪试验成果及统计分析

原位抗剪试体的截面尺寸为 50 cm×50 cm。进行了 38 组 90 d 龄期和 53 组 180 d 龄期现场原位抗剪试验。180 d 龄期试验汇总结果见表 14-60,统计分析结果见表 14-61。由试验结果可知:

(1)随着层面间歇时间的延长,3 种强度等级的碾压混凝土的抗剪强度均下降,尤其是冷缝(18~20 h)出现后,抗剪强度最低,与间歇 2~3 h 相比,间歇 20 h 以内抗剪强度下降约 29%。

(2)间歇几天后冲毛铺砂浆有利于层面抗剪强度的提高,但仍低于间歇 5 h(热缝)的抗剪强度,与间歇 2~3 h 相比,冲毛铺砂浆抗剪强度下降约 13.5%。

(3)间歇几天后冲毛铺一级配混凝土有利于层面抗剪强度的提高,但仍低于间歇 5 h 的抗剪强度,与间歇 2~3 h 比,冲毛铺一级配混凝土的抗剪强度下降约 9.3%。从层面抗剪试验结果看,冷缝冲毛铺一级配混凝土稍优于铺砂浆。

(4)180 d 龄期与 90 d 龄期相比,抗剪参数及抗剪强度均随龄期的增长而增长,不同工况、不同强度等级增量不同,抗剪强度平均增长约 14%。

(5)对抗剪断试验成果,分别用小值平均值法和统计法 1 进行了统计分析。对 38 组 90 d 龄期和 53 组 180 d 龄期现场原位抗剪试验数据,按设计强度等级分类,运用小值平均值法和统计法 1 分别得出 $f'$、$c'$ 值,并求得相应的抗剪断强度(见表 14-61)。由表 14-61 可知,采用小值平均值法和保证率为 80% 的统计法 1 分析,3 种强度等级的碾压混凝土现场原位抗剪的 $f'$、$c'$ 值均能达到设计要求。小值平均值法的 $f'$ 值较统计法 1 稍高,$c'$ 较统计法 1 稍低。用小值平均值法和统计法 1 得出 $f'$、$c'$ 值,分别计算出抗剪强度,两者差别不大,小值平均值法稍低。对 3 种强度等级,2 种方法算出的抗剪断强度之差与平均值之比在 -0.22% ~ 8.34%。

表 14-60　龙滩工程施工阶段碾压混凝土原位抗剪断试验成果汇总(180 d 龄期)

| 工程部位 | 强度等级 | 组数 | 层面试验工况 | | 层面抗剪断参数 | | 抗剪断强度/MPa | |
|---|---|---|---|---|---|---|---|---|
| | | | 层间间歇/h | 层面处理 | $f'$ | $c'$/MPa | $\sigma = 3$ MPa | $\sigma = 4.5$ MPa |
| 大坝上部 342 m 高程以上 (坝高< 70.5 m) | C₉₀15 | 1 | 2~3 | — | 1.78 | 1.74 | 7.08 | 9.75 |
| | | 1 | 4~5 | — | 1.68 | 1.48 | 6.55 | 9.08 |
| | | 1 | 6~8 | — | 1.15 | 2.13 | 5.58 | 7.31 |
| | | 1 | 10~12 | — | 1.10 | 1.78 | 5.08 | 6.73 |
| | | 2 | 72 | 铺砂浆 | 1.34 | 1.62 | 5.63 | 7.63 |
| | | 1 | 72 | 铺一级配混凝土 | 1.40 | 1.41 | 5.61 | 7.71 |
| 大坝中部 250~342 m 高程 (坝高 70.5~ 163.5 m) | C₉₀20 | 2 | 2~3 | — | 1.35 | 3.26 | 7.31 | 9.33 |
| | | 2 | 6~8 | — | 1.58 | 1.59 | 6.31 | 8.67 |
| | | 2 | 10~12 | — | 1.38 | 2.21 | 6.34 | 8.40 |
| | | 2 | 18~20 | — | 1.19 | 1.80 | 5.37 | 7.15 |
| | | 4 | 72 | 铺砂浆 | 1.30 | 2.72 | 6.60 | 8.54 |
| | | 2 | 72 | 铺一级配混凝土 | 1.66 | 1.73 | 6.71 | 9.20 |
| 大坝下部 250 m 高程以下 (坝高 163.5~ 216.5 m) | C₉₀25 | 6 | 2~3 | — | 1.40 | 2.39 | 6.60 | 8.70 |
| | | 6 | 4~5 | — | 1.51 | 2.00 | 6.53 | 8.79 |
| | | 2 | 6~8 | — | 1.20 | 3.03 | 6.63 | 8.43 |
| | | 2 | 10~12 | — | 1.34 | 2.21 | 6.21 | 8.21 |
| | | 2 | 18~20 | — | 1.24 | 1.62 | 5.32 | 7.17 |
| | | 8 | 72 | 铺砂浆 | 1.32 | 2.67 | 6.61 | 8.58 |
| | | 6 | 72 | 铺一级配混凝土 | 1.34 | 2.56 | 6.56 | 8.57 |

表 14-61　龙滩工程施工阶段碾压混凝土原位抗剪断试验数据统计分析结果

| 强度等级 | 龄期/d | 组数 | $f$ | | | $c'$/MPa | | | 抗剪强度/MPa ($\sigma = 3$ MPa) | | | 2种方法强度的比较 (统计法1-小值平均值法)/平均值/% |
|---|---|---|---|---|---|---|---|---|---|---|---|---|
| | | | 平均值 | 小值平均值法 | 统计法1 | 平均值 | 小值平均值法 | 统计法1 | 平均值 | 小值平均值法 | 统计法1 | |
| $C_{90}15$ | 90 | 7 | 1.15 | 1.10 | 0.95 | 1.77 | 1.27 | 1.70 | 5.22 | 4.57 | 4.56 | -0.22 |
| $C_{90}20$ | 90 | 7 | 1.29 | 1.19 | 1.14 | 1.79 | 1.45 | 1.55 | 5.66 | 5.02 | 4.97 | -1.01 |
| $C_{90}25$ | 90 | 24 | 1.35 | 1.21 | 1.29 | 2.02 | 1.58 | 1.86 | 8.10 | 7.03 | 7.67 | 8.34 |
| $C_{90}15$ | 180 | 7 | 1.40 | 1.26 | 1.30 | 1.68 | 1.48 | 1.48 | 5.88 | 5.27 | 5.38 | 2.04 |
| $C_{90}20$ | 180 | 14 | 1.42 | 1.40 | 1.35 | 2.27 | 1.84 | 2.12 | 6.53 | 6.04 | 6.17 | 2.11 |
| $C_{90}25$ | 180 | 32 | 1.40 | 1.38 | 1.36 | 2.48 | 1.96 | 2.37 | 8.78 | 8.16 | 8.49 | 3.89 |

**注**:抗剪断强度计算中,$C_{90}20$、$C_{90}15$ 取 $\sigma = 3$ MPa;$C_{90}25$ 取 $\sigma = 4.5$ MPa;统计法1取保证率80%。

3)大坝芯样和试验块芯样抗剪试验成果及统计分析

从已浇筑的龙滩大坝碾压混凝土中钻取芯样,进行抗剪试验,芯样分别取自 13#、15#、17#、20#、21#、22#、23# 坝段,按芯样的高程来确定碾压混凝土剪切试验的层面,原则上剪切面均是层面或接近层面,所取芯样为 $\phi 25$ cm 圆柱体,按规范要求完成 15 cm×15 cm×15 cm 的立方体试件,试验最大正应力 $\sigma = 3$ MPa。进行抗剪试验时碾压混凝土的龄期为 300~360 d。

由于坝体缺陷处理和抗剪参数评价的需要,从芯样试验结果考虑尺寸效应等因素后反推设计参数,建立芯样抗剪强度试验结果与原位抗剪强度参数之间的关系是必要的。但目前关于芯样尺寸效应的资料很少,且对已有资料的研究不系统、差异大,所以在现场碾压混凝土试验区补充进行了芯样抗剪强度试验,碾压混凝土龄期约为 520 d。

对芯样的抗剪参数试验结果,按小值平均值法和保证率 $p = 80\%$ 统计法1进行分析,芯样抗剪试验参数 $f'$、$c'$ 值分析结果及相应的抗剪强度见表 14-62,从表 14-62 可知,大坝碾压混凝土层面 $f'$、$c'$ 值均满足设计要求(未考虑尺寸效应和龄期)。对3种强度等级,2种方法算出的抗剪断强度之差与平均值之比在 -0.99%~1.6%。

表 14-62　龙滩施工阶段大坝芯样和试验块的碾压混凝土芯样抗剪试验参数分析

| 强度等级 | 取芯样部位 | 龄期/d | 组数 | $f'$ | | | $c'$/MPa | | | 抗剪强度/MPa | | | 2种方法比较 (统计法1-小值平均值法)/平均值/% |
|---|---|---|---|---|---|---|---|---|---|---|---|---|---|
| | | | | 平均值 | 小值平均值法 | 统计法1 | 平均值 | 小值平均值法 | 统计法1 | 平均值 | 小值平均值法 | 统计法1 | |
| $C_{90}25$ | 试验块 | 520 | 6 | 1.75 | 1.78 | 1.62 | 4.01 | 3.35 | 3.75 | 9.26 | 8.68 | 8.61 | -0.75 |
| $C_{90}20$ | 试验块 | 520 | 6 | 1.67 | 1.64 | 1.52 | 3.90 | 3.18 | 3.59 | 8.90 | 8.10 | 8.14 | 0.49 |
| $C_{90}20$ | 大坝 | 300~360 | 6 | 1.73 | 1.69 | 1.52 | 3.93 | 3.08 | 3.52 | 9.11 | 8.15 | 8.07 | -0.99 |
| $C_{90}25$ | 大坝 | 300~360 | 22 | 1.35 | 1.35 | 1.29 | 4.36 | 3.94 | 4.24 | 8.42 | 7.99 | 8.12 | 1.60 |

**注**:表中抗剪强度的正应力为 3 MPa,统计法1的保证率为80%。

2. 龙滩施工阶段碾压混凝土室内外抗剪断试验结果比较分析

1)抗剪断参数的尺寸效应

室内抗剪试验与现场原位抗剪试验结果之间存在尺寸效应,室内试验 $f'$ 和 $c'$ 值偏高。随着试件面积(长度)的增大,抗剪参数和抗剪强度降低。

（1）90 d 龄期原位抗剪与室内抗剪试验的尺寸效应分析结果见表 14-63。由表 14-63 可知，与现场原位抗剪试验比较，室内试验抗剪参数 $f'$ 平均高 8.55%，$c'$ 平均高 62.5%，且离散性很大；对相似工况条件的抗剪强度（$\sigma$ =3 MPa、4.5 MPa 和 6 MPa）计算结果进行比较，室内抗剪强度较原位抗剪强度平均高约 20%，离散性较小，且随着正应力的增大，抗剪强度的增长率减小，反映了 $c'$ 的尺寸效应减少。$f'$ 的尺寸效应较小，$c'$ 的尺寸效应较大，这与理论分析一致。

表 14-63　龙滩施工阶段碾压混凝土原位抗剪与室内抗剪试验的尺寸效应分析（90 d 龄期）

| 强度等级 | 工况条件 | $f'$ | | $c'$/MPa | | $\dfrac{f'_2-f'_1}{f'_1}$/% | $\dfrac{c'_2-c'_1}{c'_1}$/% | $\dfrac{\tau_2-\tau_1}{\tau_1}$/% | | |
| | | 原位抗剪 $f'_1$ | 室内抗剪 $f'_2$ | 原位抗剪 $c'_1$ | 室内抗剪 $c'_2$ | | | $\sigma=$ 3 MPa | $\sigma=$ 4.5MPa | $\sigma=$ 6 MPa |
|---|---|---|---|---|---|---|---|---|---|---|
| $C_{90}15$ | 间歇 2 h | 1.26 | 1.43 | 2.47 | 2.59 | 13.1 | 4.9 | 9.8 | 10.6 | 11.1 |
| $C_{90}15$ | 间歇 6 h | 1.20 | 1.21 | 2.05 | 2.76 | 0.8 | 34.6 | 13.1 | 10.1 | 8.3 |
| $C_{90}15$ | 间歇 12 h | 1.03 | 1.22 | 1.24 | 2.26 | 18.0 | 81.9 | 36.3 | 31.4 | 28.6 |
| $C_{90}15$ | 凿毛铺砂浆 | 1.11 | 1.15 | 1.53 | 2.79 | 4.1 | 82.4 | 28.8 | 22.5 | 18.8 |
| $C_{90}25$ | 间歇 2 h | 1.51 | 1.57 | 1.77 | 3.57 | 4.0 | 101.7 | 31.4 | 24.2 | 19.9 |
| $C_{90}25$ | 间歇 6 h | 1.32 | 1.36 | 2.39 | 3.23 | 3.4 | 35.1 | 15.4 | 12.5 | 10.8 |
| $C_{90}25$ | 间歇 12 h | 1.01 | 1.29 | 1.47 | 3.03 | 27.2 | 105.8 | 52.9 | 46.4 | 42.6 |
| $C_{90}25$ | 间歇 24 h | 1.02 | 1.09 | 1.08 | 1.98 | 6.9 | 82.9 | 26.7 | 21.3 | 18.3 |
| $C_{90}25$ | 凿毛铺砂浆 | 1.36 | 1.35 | 2.07 | 2.76 | -1.1 | 33.3 | 10.5 | 7.6 | 5.9 |
| 平均值 | | 1.20 | 1.79 | 1.29 | 1.79 | 8.5 | 62.5 | 25.0 | 20.8 | 18.2 |

（2）与原位抗剪试验对应的试验块芯样龄期约为 520 d，现场原位抗剪试验的龄期分别为 90 d 和 180 d。试验块芯样与原位抗剪强度、抗剪参数的比较见表 14-64。从表 14-64 可知，试验块芯样与龄期为 180 d 的原位试验相比，$C_{90}25$ 碾压混凝土 $f'_3/f'_2$ 为 1.02，$c'_3/c'_2$ 为 1.95；$C_{90}20$ 碾压混凝土 $f'_3/f'_2$ 为 1.24，$c'_3/c'_2$ 为 1.36；$f'_3/f'_2$ 平均为 1.13，$c'_3/c'_2$ 平均为 1.66；正应力 $\sigma$ =3 MPa 时，$C_{90}25$ 碾压混凝土 $\tau_3/\tau_2$ 为 1.28，$C_{90}20$ 碾压混凝土 $\tau_3/\tau_2$ 为 1.29。同样情况下，芯样抗剪强度比原位抗剪强度大 28%～29%，两种类型混凝土的抗剪强度的比值相近。

表 14-64　龙滩施工阶段碾压混凝土试验块芯样与试验块原位抗剪的龄期、尺寸效应分析

| 强度等级 | 工况条件 | $f'$ | | | $c'$/MPa | | | $\dfrac{\tau_i}{\tau_2}$/% | | |
| | | 原位 $f'_1$ 90 d | 原位 $f'_2$ 180 d | 芯样 $f'_3$ 520 d | 原位 $c'_1$ 90 d | 原位 $c'_2$ 180 d | 芯样 $c'_3$ 520 d | $\tau_1/\tau_2$ | $\tau_2/\tau_2$ | $\tau_3/\tau_2$ |
|---|---|---|---|---|---|---|---|---|---|---|
| $C_{90}25$ | 间歇 4~5 h | 1.16 | 1.665 | 1.69 | 2.99 | 1.92 | 3.74 | 94 | 100 | 128 |
| $C_{90}20$ | 凿毛铺砂浆 | 1.24 | 1.25 | 1.55 | 2.42 | 2.91 | 3.96 | 92 | 100 | 129 |

注：表中抗剪强度的正应力为 3 MPa，$\tau_1$、$\tau_2$ 和 $\tau_3$ 分别为 90 d 原位、180 d 原位和 520 d 芯样的抗剪强度（MPa）。

2)试验龄期对碾压混凝土抗剪参数的影响

取不同工况、不同强度等级抗剪强度增长平均值进行比较,可得以下结论:

(1)室内 90 d 龄期与 28 d 龄期相比,抗剪参数及抗剪强度均随龄期的增长而增长,抗剪强度平均增长约 7%。

(2)原位抗剪 180 d 龄期与 90 d 龄期相比,抗剪参数及抗剪强度均随龄期的增长而增长,抗剪强度平均增长约 14%。

(3)15 cm×15 cm×15 cm 试件比 50 cm×50 cm×30 cm 试件的抗剪强度高约 20%(尺寸效应),520 d 龄期比 180 d 龄期的抗剪强度增长约 9%,后期增长稍慢。

3)龙滩大坝设计抗剪强度的验证

为验算芯样的抗剪强度是否满足设计要求,假定其正应力 $\sigma = 3$ MPa,选取保证率 $p = 80\%$ 时,按统计法 1 得到的 $f'$、$c'$ 值,计算抗剪强度 $\tau$,按设计龄期 180 d,扣除芯样的尺寸效应和龄期(300~360 d)的影响,抗剪强度 $\tau$ 总折减系数约为 0.73,原位抗剪、大坝芯样抗剪计算结果与设计抗剪指标的比较见表 14-65。由表 14-65 可知,两种强度等级的芯样抗剪强度均大于设计抗剪强度,例如,$C_{90}25$ 混凝土,$\sigma = 3$ MPa 时,设计要求 180 d 龄期的抗剪强度为 5.2 MPa(保证率 80%),而 180 d 龄期的原位抗剪强度为 6.45 MPa,大坝芯样换算到原位的抗剪强度为 5.92 MPa,后两者比前者分别高 24% 和 14%,说明龙滩 200 m 级高坝全年施工的层间质量控制标准和措施是可行的、有效的,特别是令人担心的高温季节层间结合质量也可满足设计要求。

表 14-65　龙滩施工阶段碾压混凝土原位抗剪、大坝芯样抗剪强度与设计强度的比较

| 强度等级 | $f'$ | | | $c'$/MPa | | | $\tau$/MPa | | | $\tau \times 0.73$/MPa |
|---|---|---|---|---|---|---|---|---|---|---|
| | 设计指标 | 原位抗剪 | 芯样抗剪 | 设计指标 | 原位抗剪 | 芯样抗剪 | 设计指标 | 原位抗剪 | 芯样抗剪 | 芯样抗剪折算到原位抗剪 |
| $C_{90}25$ | 1.1 | 1.36 | 1.29 | 1.9 | 2.37 | 4.24 | 5.2 | 6.45 | 8.11 | 5.92 |
| $C_{90}20$ | 1.1 | 1.35 | 1.52 | 1.4 | 2.12 | 3.52 | 4.7 | 6.17 | 8.08 | 5.90 |
| $C_{90}15$ | 1.0 | 1.30 | | 1.0 | 1.48 | | 4.0 | 5.38 | | |

注:1. 抗剪强度 $\tau$ 计算时的正应力为 3.0 MPa,$C_{90}15$ 尚未取芯样。

2. 表中原位抗剪、大坝芯样抗剪均匀采用 $p = 80\%$ 的统计法 1,与设计要求的 $p = 80\%$ 相同。

# 14.6　国内外工程碾压混凝土抗剪断特性研究

## 14.6.1　国内工程碾压混凝土抗剪断特性研究

### 14.6.1.1　光照工程

1. 基本情况

大坝碾压混凝土抗剪断参数设计指标见表 14-66。碾压混凝土抗剪断试验用的原材料:42.5 普通硅酸盐水泥;Ⅱ级粉煤灰;砂石骨料为灰岩;外加剂为北京 JG-3 缓凝高效减水剂和上海 AIR202 引气剂。碾压混凝土基本性能见表 14-67。

表 14-66　光照水电站大坝碾压混凝土抗剪断参数设计指标

| 混凝土强度等级 | 最低层面高程/m | 相应坝高/m | 设计要求抗剪断参数 | |
|---|---|---|---|---|
| | | | $f'$ | $c'$/MPa |
| C25 | 558 | 192.5 | 1.10 | 1.50 |
| C20 | 600 | 150.5 | 1.00 | 1.28 |
| C15 | 680 | 70.5 | 0.90 | 0.60 |

表 14-67　光照水电站抗剪断试验用的碾压混凝土性能

| 混凝土种类 | 混凝土设计指标 | 级配 | 抗压强度/MPa | | 轴拉强度/MPa | | 极限拉伸值/$10^{-4}$ | | 抗压弹性模量/GPa | | 抗冻等级 | 抗渗等级 |
|---|---|---|---|---|---|---|---|---|---|---|---|---|
| | | | 28 d | 90 d | 28 d | 90 d | 28 d | 90 d | 28 d | 90 d | 90 d | 90 d |
| R Ⅰ | $C_{90}25W8F100$ | 三 | 25.4 | 36.8 | 2.20 | 2.91 | 0.78 | 0.86 | 39.1 | 45.6 | F100 | W8 |
| R Ⅱ | $C_{90}20W8F100$ | 三 | 21.8 | 31.8 | 2.04 | 2.68 | 0.75 | 0.82 | 38.2 | 44.5 | F100 | W6 |
| R Ⅲ | $C_{90}15W8F100$ | 三 | 17.8 | 26.3 | 1.83 | 2.43 | 0.70 | 0.78 | 37.3 | 43.1 | F50 | W6 |
| R Ⅳ | $C_{90}25W8F100$ | 二 | 26.8 | 36.8 | 2.21 | 2.97 | 0.79 | 0.90 | 41.1 | 46.9 | F150 | W12 |
| R Ⅴ | $C_{90}20W8F100$ | 二 | 19.8 | 29.8 | 1.87 | 2.42 | 0.71 | 0.83 | 38.6 | 44.2 | F100 | W10 |

**2. 碾压混凝土层面抗剪断试验**

碾压混凝土层面抗剪断试验研究分为两部分进行：一是室内研究部分，试件的成型、养护、测试均在标准条件下完成；二是现场研究部分，混凝土养护、试件的加工成型、测试均在现场条件下完成。通过室内外对比研究解决下列问题：检测核定坝体碾压混凝土设计配合比的合理性；为制定碾压施工的实施细则提供依据；检测碾压混凝土层面抗剪断性能，提供坝体抗剪稳定计算参数；检测所选用的碾压机的适用性及其性能的可靠性；确定达到设计标准的经济合理的施工碾压参数（如施工铺层厚度、碾压遍数、施工层面允许间隔时间、VC 值等）和层间结合技术及碾压层面处理措施；确定碾压施工质量控制检测方法。

1）室内抗剪断试验

每组试验制作 15 个试块，试件尺寸为 200 mm×200 mm×200 mm（二级配）和 300 mm×300 mm×300 mm（三级配）。试件分两次成型，按配合比要求拌制混凝土，取试件 1/2 高度所需要的混凝土量装入试模，放入养护室养护至要求的间隔时间后，取出试模，按设计要求进行层面处理再成型上半部，并养护至试验要求龄期。将达到养护龄期的试件取出并装入相应尺寸的剪力盒中进行剪切试验，试验最大正应力为 3.5 MPa。

混凝土设计等级及层面工况见表 14-68。根据不同组合共安排布置了 105 组试验，具体成果见表 14-68。破坏面情况统计见表 14-69。

2）现场碾压混凝土层面抗剪断试验

每组试验制作 4~5 个试块，试件尺寸为 500 mm×500 mm×分层厚度。达到养护龄期时进行层面抗剪断试验，试验最大正应力为 2.5 MPa。

表 14-68　光照碾压混凝土层面室内抗剪断强度试验成果

| 设计强度等级 | 试验编号 | 层面处理措施 | | 试验组数 | 层面抗剪断参数综合值 | | |
|---|---|---|---|---|---|---|---|
| | | 层间间隔/h | 层面处理 | | 摩擦系数 $f'$ | 黏聚力 $c'$ /MPa | 抗剪断强度 $\tau'$ /MPa（ $\sigma$ =3.5 MPa） |
| C$_{90}$15W6F50（三级配） | $\tau_1^1$ | 0 | 不处理 | 3 | 1.576 | 1.429 | 6.945 |
| | $\tau_1^2$ | 6 | 不处理 | 3 | 1.622 | 1.350 | 7.027 |
| | $\tau_1^3$ | 10 | 不处理 | 3 | 1.652 | 1.257 | 7.039 |
| | $\tau_1^4$ | 16 | 不处理 | 3 | 1.637 | 1.264 | 6.994 |
| | $\tau_1^5$ | 20 | 不处理 | 3 | 1.237 | 1.130 | 5.460 |
| | $\tau_1^6$ | 20 | 铺砂浆 | 3 | 1.659 | 2.009 | 7.816 |
| | $\tau_1^7$ | 20 | 铺净浆 | 3 | 1.693 | 2.028 | 7.941 |
| | 平均值 | | | | 1.582 | 1.495 | 7.031 |
| C$_{90}$15 与 C$_{90}$20 接触面 | $\tau_1^8$ | 48 | 铺砂浆 | 3 | 1.663 | 2.015 | 7.836 |
| C$_{90}$20W6F100（三级配） | $\tau_2^1$ | 0 | 不处理 | 3 | 1.423 | 1.727 | 6.708 |
| | $\tau_2^2$ | 6 | 不处理 | 3 | 1.399 | 1.514 | 6.411 |
| | $\tau_2^3$ | 10 | 不处理 | 3 | 1.382 | 1.493 | 6.330 |
| | $\tau_2^4$ | 16 | 不处理 | 3 | 1.376 | 1.492 | 6.308 |
| | $\tau_2^5$ | 20 | 不处理 | 3 | 1.017 | 1.100 | 4.660 |
| | $\tau_2^6$ | 20 | 铺砂浆 | 3 | 1.651 | 2.387 | 8.166 |
| | $\tau_2^7$ | 20 | 铺净浆 | 3 | 1.678 | 2.655 | 8.528 |
| | 平均值 | | | | 1.418 | 1.767 | 6.731 |
| C$_{90}$20 与 C$_{90}$25 接触面 | $\tau_2^8$ | 48 | 铺砂浆 | 3 | 1.659 | 2.315 | 8.122 |
| C$_{90}$25W8F100（三级配） | $\tau_3^1$ | 0 | 不处理 | 3 | 1.521 | 1.782 | 7.106 |
| | $\tau_3^2$ | 6 | 不处理 | 3 | 1.516 | 1.531 | 6.837 |
| | $\tau_3^3$ | 10 | 不处理 | 3 | 1.474 | 1.517 | 6.674 |
| | $\tau_3^4$ | 16 | 不处理 | 3 | 1.444 | 1.491 | 6.545 |
| | $\tau_3^5$ | 20 | 不处理 | 3 | 1.128 | 1.309 | 5.257 |
| | $\tau_3^6$ | 20 | 铺砂浆 | 3 | 1.685 | 2.466 | 8.364 |
| | $\tau_3^7$ | 20 | 铺净浆 | 3 | 1.704 | 2.687 | 8.651 |
| | 平均值 | | | | 1.496 | 1.826 | 7.062 |

续表 14-68

| 设计强度等级 | 试验编号 | 层面处理措施 | | 试验组数 | 层面抗剪断参数综合值 | | |
|---|---|---|---|---|---|---|---|
| | | 层间间隔/h | 层面处理 | | 摩擦系数 $f'$ | 黏聚力 $c'$/MPa | 抗剪断强度 $\tau'$/MPa （$\sigma$ =3.5 MPa） |
| $C_{90}25$（碾压）与 $C_{90}25$（垫层）接触面 | $\tau_3^8$ | 48 | 铺砂浆 | 3 | 1.670 | 2.472 | 8.317 |
| C₉₀25W12F150 （二级配） | $\tau_4^1$ | 0 | 不处理 | 3 | 1.512 | 1.795 | 7.087 |
| | $\tau_4^2$ | 6 | 不处理 | 3 | 1.505 | 1.557 | 6.825 |
| | $\tau_4^3$ | 10 | 不处理 | 3 | 1.483 | 1.548 | 6.739 |
| | $\tau_4^4$ | 16 | 不处理 | 3 | 1.436 | 1.518 | 6.544 |
| | $\tau_4^5$ | 20 | 不处理 | 3 | 1.120 | 1.290 | 5.210 |
| | $\tau_4^6$ | 20 | 铺砂浆 | 3 | 1.687 | 2.475 | 8.380 |
| | $\tau_4^7$ | 20 | 铺净浆 | 3 | 1.697 | 2.731 | 8.671 |
| | 平均值 | | | | 1.491 | 1.844 | 7.065 |
| C₉₀20W6F1050 （二级配） | $\tau_5^1$ | 0 | 不处理 | 3 | 1.420 | 1.755 | 6.725 |
| | $\tau_5^2$ | 6 | 不处理 | 3 | 1.319 | 1.528 | 6.145 |
| | $\tau_5^3$ | 10 | 不处理 | 3 | 1.384 | 1.518 | 6.362 |
| | $\tau_5^4$ | 16 | 不处理 | 3 | 1.340 | 1.459 | 6.149 |
| | $\tau_5^5$ | 20 | 不处理 | 3 | 1.054 | 1.188 | 4.877 |
| | $\tau_5^6$ | 20 | 铺砂浆 | 3 | 1.643 | 2.446 | 8.197 |
| | $\tau_5^7$ | 20 | 铺净浆 | 3 | 1.652 | 2.822 | 8.604 |
| | 平均值 | | | | 1.402 | 1.817 | 6.723 |

表 14-69　光照碾压混凝土层面室内抗剪断破坏面统计

| 设计强度等级 | 试验编号 | 试件数量/块 | 剪切破坏面数量/块 | | |
|---|---|---|---|---|---|
| | | | 接触面 | 混凝土面 | 其他 |
| $C_{90}15W6F50$（三级配） | $\tau_1^1 \sim \tau_1^7$ | 315 | 208 | 68 | 39 |
| $C_{90}20W6F100$（三级配） | $\tau_2^1 \sim \tau_2^7$ | 315 | 148 | 143 | 24 |
| $C_{90}25W8F100$（三级配） | $\tau_3^1 \sim \tau_3^7$ | 315 | 135 | 153 | 27 |
| $C_{90}25W12F150$（二级配） | $\tau_4^1 \sim \tau_4^7$ | 315 | 158 | 122 | 35 |
| $C_{90}20W6F150$（二级配） | $\tau_5^1 \sim \tau_5^7$ | 315 | 216 | 84 | 15 |
| 合计/块 | | 1 575 | 865 | 570 | 140 |
| 比例/% | | | 54.9 | 36.2 | 8.9 |

混凝土设计强度等级及层面工况见表 14-70。根据不同组合共安排布置了 40 组试验，成果见表 14-70。层面现场原位抗剪断破坏面统计见表 14-71。

**表 14-70　光照碾压混凝土层面现场原位抗剪断强度试验成果**

| 设计强度等级 | 层面工况 | | 试验编号 | 抗剪断参数 | | 抗剪断强度 $\tau'$/MPa ($\sigma = 3.5$ MPa) |
|---|---|---|---|---|---|---|
| | 层间间隔/h | 层面处理 | | $f'$ | $c'$/MPa | |
| C$_{90}$25W12F150 (二级配) | 6 | 不处理 | $\tau_{IV-1}$ | 1.18 | 1.06 | 5.190 |
| | 12 | 铺砂浆 | $\tau_{IV-3}$ | 1.36 | 1.17 | 5.930 |
| | 48 | 冲毛,铺砂浆 | $\tau_{IV-4}$ | 1.19 | 1.13 | 5.295 |
| | 平均值 | | | 1.243 | 1.120 | 5.471 |
| | 6 | 铺砂浆 | $\tau_{IV-2}$ | 1.33 | 1.67 | 6.325 |
| C$_{90}$25W8F100 (三级配) | 6 | 不处理 | $\tau_{I-1}$ | 1.42 | 1.40 | 6.370 |
| | 12 | 铺砂浆 | $\tau_{I-2}$ | 1.35 | 1.07 | 5.795 |
| | 48 | 冲毛,铺砂浆 | $\tau_{I-3}$ | 1.37 | 1.11 | 5.905 |
| | 平均值 | | | 1.380 | 1.197 | 6.023 |
| | 72 (常态与碾压结合面) | 冲毛,铺砂浆 | $\tau_{I-4}$ | 1.22 | 1.41 | 5.680 |
| C$_{90}$20W6F100 (三级配) | 6 | 不处理 | $\tau_{II-1}$ | 1.27 | 1.35 | 5.795 |
| | 12 | 铺砂浆 | $\tau_{II-2}$ | 1.41 | 1.97 | 6.905 |
| | 48 | 冲毛,铺砂浆 | $\tau_{II-3}$ | 1.17 | 1.19 | 5.285 |
| | 平均值 | | | 1.283 | 1.503 | 5.99 |
| C$_{90}$15W6F50 (三级配) | 6 | 不处理 | $\tau_{III-1}$ | 1.02 | 1.02 | 4.590 |
| | 12 | 铺砂浆 | $\tau_{III-2}$ | 1.01 | 0.70 | 4.235 |
| | 48 | 冲毛,铺砂浆 | $\tau_{III-3}$ | 1.26 | 1.26 | 5.670 |
| | 平均值 | | | 1.097 | 0.993 | 4.832 |

**表 14-71　光照碾压混凝土层面现场原位抗剪断破坏面统计**

| 设计强度等级 | 试验编号 | 试件数量/块 | 剪切破坏面数量/块 | | |
|---|---|---|---|---|---|
| | | | 接触面 | 混凝土面 | 其他 |
| C$_{90}$25W12F150(二级配) | $\tau_{IV-1} \sim \tau_{IV-4}$ | 53 | 41 | 0 | 12 |
| C$_{90}$25W8F100(三级配) | $\tau_{I-1} \sim \tau_{I-4}$ | 41 | 9 | 17 | 15 |
| C$_{90}$20W6F100(三级配) | $\tau_{II-1} \sim \tau_{II-3}$ | 43 | 13 | 19 | 11 |
| C$_{90}$15W6F50(二级配) | $\tau_{III-1} \sim \tau_{III-3}$ | 33 | 20 | 5 | 8 |
| 合计/块 | | 170 | 83 | 41 | 46 |
| 比例/% | | | 48.8 | 24.1 | 27.1 |

3)室内外层面抗剪断成果的分析

(1)在同样碾压参数和层面工况下,碾压混凝土层面抗剪断参数随混凝土设计强度等级提高而升高。以现场原位抗剪断试验三种工况抗剪断强度平均值为例($\sigma = 3.5$ MPa):C$_{90}$15、C$_{90}$20 和 C$_{90}$25 的抗剪断强度分别为 4.832 MPa、5.990 MPa、6.023 MPa,说明 C$_{90}$20 比 C$_{90}$15 抗剪断强度提高了 23.96%,效果比较明显,但是 C$_{90}$25 比 C$_{90}$20 的抗剪断强度只提高了 0.55%,效果不大。龙滩碾压混凝土抗剪试验也有类似结果。

（2）同样设计强度等级的碾压混凝土,其三级配和二级配层面抗剪断参数有一定差异。从表 14-70 可以看出,$C_{90}25$(三级配)和 $C_{90}25$(二级配)的平均抗剪断强度分别为 6.023 MPa 和 5.471 MPa,前者比后者高 10.08%。

（3）剪切破坏面统计分析表明,碾压混凝土层面(接触面)是个弱面,多数剪切破坏面沿层面破坏。根据统计(见表 14-69 和表 14-71),在室内抗剪试验的 1 575 块试件中,接触面破坏的占 54.9%,混凝土面破坏的占 36.2%,其他的占 8.9%;在现场原位抗剪试验的 170 块试件中,接触面破坏的占 48.8%,混凝土面破坏的占 24.1%,其他的占 27.1%。

（4）层面不处理工况的抗剪断强度低于层面处理工况的抗剪断强度。例如,表 14-70 中的现场原位抗剪断试验成果,$C_{90}25$(二级配)混凝土,层间间隔 6 h,层面不处理工况的抗剪断强度 $f'$、$c'$ 和 $\tau'$ 分别为 1.18、1.06 MPa 和 5.190 MPa;而层间间隔 6 h,层面铺砂浆工况的抗剪断强度 $f'$、$c'$ 和 $\tau'$ 分别为 1.33、1.67 MPa 和 6.325 MPa,后者比前者抗剪断强度分别提高了 12.71%、57.55% 和 21.87%。室内抗剪断试验也有类似情况(见表 14-68)。

（5）对比室内和现场同配合比、同层面处理工况的层面抗剪断强度参数,室内测试所得参数指标明显高于现场的抗剪断强度参数。整个试验情况也是如此,例如,室内抗剪断强度参数(不计不同等级混凝土接触面的成果)的总平均 $f'$、$c'$ 和 $\tau'$ 分别为 1.478、1.750 MPa 和 6.922 MPa;现场原位抗剪断强度参数的总平均 $f'$、$c'$ 和 $\tau'$ 分别为 1.251、1.203 MPa 和 5.579 MPa,后者的 $f'$、$c'$ 和 $\tau'$ 分别为前者的 $f'$、$c'$ 和 $\tau'$ 的 84.64%、68.74% 和 80.59%,这可能是尺寸效应、试验方法、施工和养护条件等不同引起的。

（6）高温条件下施工时,应设有喷雾保湿、加缓凝剂、加冰拌和、及时覆盖混凝土有效技术措施,以保证层间良好结合。对大坝抗滑动稳定起控制作用的高程,应尽可能在常温下施工。

（7）碾压混凝土配合比是可行的,碾压质量是好的,各项物理力学指标均能达到设计要求。

### 14.6.1.2　江垭工程

1. 设计阶段碾压混凝土现场试验和抗剪断试验

1) 碾压混凝土现场试验

在大坝混凝土浇筑之前,就在碾压混凝土现场试验块上进行了原位抗剪断试验和芯样的室内抗剪断试验。

试验中采用与大坝施工相同的设备、操作人员、质量检查人员及试验人员。试验块尺寸为 15 m×20 m×1.5 m。每个试验块至少由压实层厚度为 30 cm 的 3 层碾压混凝土组成。

2) 碾压混凝土抗剪断试验及尺寸效应

室内抗剪断试验的试件剪切面尺寸一般为 15 cm×15 cm 或 25 cm×25 cm,现场原位抗剪断试件剪切面尺寸一般为 50 cm×50 cm,两者的抗剪断试验结果之间存在尺寸效应,抗剪断参数室内试验结果值偏高,已被很多试验所证明。这在抗剪断试块的有限元分析、剪切试验块的光弹应力分析和沿剪切面的电阻片应力分析中可以看出,承受剪切荷载的前沿部位有很大的应力集中,剪切破坏首先从这里开始,即从所谓的"点破坏"开始,随着剪切荷载的增加,剪切破坏扩展到整个剪切面。

造成室内结果与原位结果差异的原因还包括两种试件剪切试验方式不同、养护条件不同和试验龄期不同等所带来的影响。因此,为了将芯样室内抗剪断强度试验的结果转换为设计标准所依据的原位试验结果,首先应进行所采用的室内试验与原位试验间的对比试验。

室内剪断试验在湘秦-50 伺服试验机(剪切面尺寸为 25 cm×25 cm)上进行,标准原位剪断试验(剪切面尺寸为 55.5 cm×45.5 cm)是在现场进行的。两种试件 6 种层面进行了对比试验,结果见表 14-72 和表 14-73。由表 14-73 可知,$f'$(室内)/$f'$(原位) = 1.06,$c'$(室内)/$c'$(原位) = 2.06。$f'$ 比值接近于 1.0,可以不考虑尺寸影响,而 $c'$ 比值接近于两种试件的长度比(55.5/25.0 = 2.22)。

表 14-72　江垭碾压混凝土施工试验块原位和室内抗剪强度测试结果

| 层面编号 | 工况 | 原位抗剪试验 | | | | 室内抗剪试验 | | | |
|---|---|---|---|---|---|---|---|---|---|
| | | $f'$ | $c'$ | $f$ | $c$ | $f'$ | $c'$ | $f$ | $c$ |
| Ⅰ-⑤/④ | A2/C2(施工缝铺砂浆) | 1.28 | 1.32 | 0.90 | 0.76 | 1.21 | 3.84 | 0.91 | 1.19 |
| Ⅰ-③/② | A2/A2(初凝前铺水泥浆) | 1.14 | 1.30 | 0.86 | 0.47 | 1.33 | 3.76 | 1.16 | 0.99 |
| Ⅰ-②/① | A1/A1(终凝后铺水泥浆) | 0.86 | 1.66 | 0.74 | 0.36 | 1.01 | 2.32 | 1.05 | 0.64 |
| Ⅰ-④/③ | A2/A2(初~终凝后铺砂浆) | 1.09 | 1.37 | 0.83 | 0.39 | 1.29 | 2.22 | 0.93 | 0.61 |
| Ⅰ-③/② | A2/A2(初凝后) | 0.97 | 1.20 | 0.82 | 0.41 | 1.01 | 2.11 | 1.07 | 0.55 |
| Ⅰ-②/① | A2/A2(终凝后铺砂浆) | 1.36 | 1.07 | 0.195 | 0.22 | 1.12 | 1.92 | 0.89 | 0.62 |

注：$f'$、$c'$ 为抗剪断强度参数；$f$、$c$ 为摩擦(残余值)强度参数；$c'$、$c$ 的单位为 MPa。

表 14-73　江垭碾压混凝土现场试验室内与原位抗剪断试验结果的比值

| 层面编号 | Ⅰ-⑤/④ | Ⅰ-③/② | Ⅰ-②/① | Ⅱ-⑤/⑥ | Ⅱ-③/② | Ⅱ-②/① | 平均值 |
|---|---|---|---|---|---|---|---|
| $f'_{室内}/f'_{原位}$ | 0.96 | 1.17 | 1.17 | 1.08 | 1.04 | 0.82 | 1.06 |
| $c'_{室内}/c'_{原位}$ | 2.91 | 2.89 | 1.40 | 1.62 | 1.76 | 1.79 | 2.06 |

**2. 施工阶段大坝碾压混凝土钻孔取芯抗剪断强度试验**

1) 钻孔取芯抗剪断强度检测概况

为了检查大坝施工质量及论证大坝混凝土强度指标,安排了两次钻孔取芯及芯样试验工作,其中涉及抗剪断试验的钻孔芯样及试验工作量见表 14-74:两次共完成芯样抗剪断强度试验 96 块。该芯样多为三级配碾压混凝土 A2,设计指标为 $R_{90}20$,碾压层厚 30 cm,层面处理分为加水泥砂浆工况和不加砂浆工况。碾压分平层浇筑及斜层浇筑(1:5、1:10)。另外,有一部分非连续碾压、按施工缝面处理的缝面。

表 14-74　江垭大坝碾压混凝土芯样抗剪断强度测试工作量

| 钻孔时间 | 孔号 | 坝段 | 芯样直径/mm | 孔深/m | 混凝土类型 | 试件尺寸:长×宽×高/cm | 测试部位 | | |
|---|---|---|---|---|---|---|---|---|---|
| | | | | | | | 本体 | 层面 | 缝面 |
| 1997 年 8 月 | 7 | 6 | 250 | 39.44 | A2 | 21×12×25 | 3 | 15 | 1 |
| 1997 年 8 月 | 10 | 5 | 250 | 24.10 | A2 浆 | 21×12×25 | | 14 | 6 |
| 1997 年 8 月 | 倒 2 | 4 | 300 | 28.63 | A2 浆 | 23×14×25 | | 17 | 4 |
| 1998 年 3 月 | 27 | 4 | 250 | 27.90 | A2 平 | 21×12×25 | | 18 | 3 |
| | | | | | A2 斜 | | | 15 | |
| 合计 | | | | | | | 3 | 79 | 14 |

江垭大坝碾压混凝土钻孔芯样获得率大多数超过 95%,供切取抗剪断试件的 φ250 芯样最大段长约 2.7 m。在对芯样加工之前必须仔细判明碾压混凝土缝面、层面位置,此项工作对斜层法芯样尤其具有一定难度。确定抗剪强度试验试件尺寸的原则是在保证试件具有一定宽度条件下,尽可能增加试件长度。因此,江垭碾压混凝土芯样抗剪试件采用了 21 cm×12 cm×25 cm(φ250 mm 芯样)和 23 cm×14 cm×25 cm(φ300 mm 芯样)两种尺寸。预定的受剪层面或缝面平置于试件 1/2 高度处。芯样加工在液压式石材圆锯床上进行,金刚石圆锯片直径为 1 200~1 600 mm。配置专用夹座,保证试件各面达到一定的垂直度和平行度。

2）抗剪断试验方法

试验在湘秦-50 复合剪切伺服试验机上进行，由微机采集应力 $\tau$、剪切变形 $u$ 和垂直变形 $v$ 数据并处理，同时由 $X$-$Y$ 记录仪绘制 $\tau$-$u$、$\tau$-$v$、$\tau$-$AE$（声发射）全过程线。由于芯样数量有限，且试件、龄期各异，试验采用伺服控制剪断峰值变形的单点法，每个试件在 4~5 级垂直压力阶段进行剪切试验；每级垂直压力达到预定恒载以后，施加水平剪应力，采用剪位移伺服加载，各级剪切加载初期控制剪位移速率为 0.01 mm/s，超过比例极限后，减速为 0.003 mm/s。并注意观测剪切变形、垂直变形曲线和声发射过程线，使试验刚达到该级垂直压力下的剪切峰值变形时停机。如此逐级加载，在进行最后一级垂直压力试验时不再控制峰值位移，一直做到试件完全破坏。芯样试件采用上述试验设备与方法，获得了每块试件的 $f'$、$c'$。试件在最后一级垂直压力下的剪断全过程线大多数具有明显的尖峰，如图 14-41 所示；缺峰型的剪断全过程线见图 14-42。

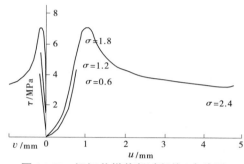

图 14-41　江垭芯样剪断过程线（尖峰型）

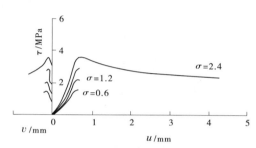

图 14-42　江垭芯样剪断过程线（缺峰型）

在芯样试件抗剪断试验（单点法）过程中，对试件侧壁光弹贴片的观察表明，在逐级增大的垂直压力下，剪切应力 $\tau$ 达到各级峰值时，试件受剪部位的光弹贴片上色区逐级扩宽，条纹增加，说明高一级垂直压力下的剪损发生在新的更大的范围。只要能有效地控制每级剪切峰值变形，使其剪损范围不致继续发展，便能逐级确定各级垂直压力 $\sigma$ 下的峰值剪应力 $\tau$，即由单个试件得到它内在的抗剪断强度 $f'$、$c'$。

由图 14-41 中的 $\tau$-$u$ 抗剪断过程线可以看出，每级曲线的上升斜率重叠，反映了试件刚度未因逐级加载而明显改变。需要指出的是，进行单点法抗剪断试验，施加垂直压力应逐级增大，而不可先大后小。先大后小分级剪断将引起试件大的剪损，剪切刚度降低而导致试验失败。

3. 大坝芯样抗剪断试验成果分析

1）碾压混凝土抗剪断特征及与抗剪断强度关系

（1）混凝土层面剪断过程线（$\tau$-$u$）形状基本分为两种，即有峰型（尖峰型、宽峰型）和缺峰型。有峰型试件（见图 14-41）的抗剪断峰值强度和层面黏结性能都较好，缺峰型试件（见图 14-42）的抗剪断峰值强度和层面黏结性能都比较差。

（2）剪面起伏差分为平整、较平整、欠平整和不平整等 4 种。其量值范围分别定为小于 1.0 cm、1.0~2.0 cm、2.0~3.0 cm 和大于 3.0 cm。它们在一定程度上反映了试件面碾压或胶结情况，并影响抗剪强度值的大小。例如剪面平整的试件，较可能出现缺峰型过程线，其 $f'$、$c'$ 值也较低。将该两种层面试件的 $f'$、$c'$ 值与其起伏差 $\delta$（约定为区间中值，以 cm 计）进行线性回归，得到它们的相关关系，[见式（14-106）~式（14-109）及图 14-43~图 14-46]。这些关系式说明抗剪断参数 $f'$、$c'$ 与起伏差 $\delta$ 具有正相关关系，即 $\delta$ 大，$f'$、$c'$ 也大，且 A2 浆层面的值略大于 A2 层面的值。

A2 层面试件：

$$f' = 0.99 + 0.16\delta \tag{14-106}$$

$$c' = 1.74 + 0.29\delta \tag{14-107}$$

A2 浆层试件：

$$f' = 1.05 + 0.18\delta \tag{14-108}$$
$$c' = 2.16 + 0.08\delta \tag{14-109}$$

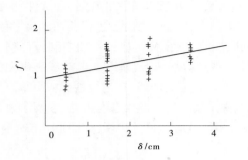

图 14-43　江垭 A2 层面试件 $f'$ 值与起伏差 $\delta$ 关系

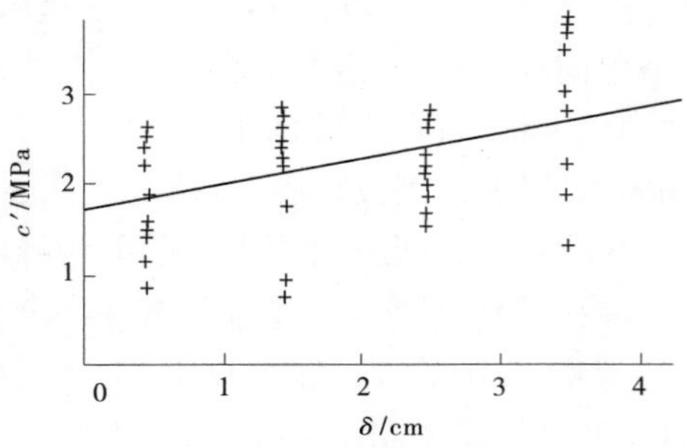

图 14-44　江垭 A2 层面试件 $c'$ 值与起伏差 $\delta$ 关系

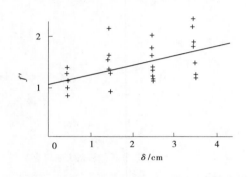

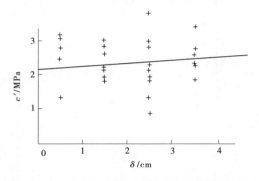

图 14-45　江垭 A2 浆面试件 $f'$ 值与起伏差 $\delta$ 关系

图 14-46　江垭 A2 浆面试件 $c'$ 值与起伏差 $\delta$ 关系

2）碾压混凝土层面特性对抗剪断强度的影响

江垭大坝碾压混凝土抗剪断芯样主要包括 4 种混凝土类别或工况：A2 浆层面、A2 平浇法层面、A2 斜浇法层面和 A2 缝面。表 14-75 给出了这 4 种芯样的峰值抗剪断强度的测试平均值。由表 14-75 可知，当 $\sigma = 3.5$ MPa 时，A2 浆层面抗剪断强度最高，为 7.290 MPa；A2 平浇法层面和 A2 斜浇法层面次之，抗剪断强度分别为 6.800 MPa 和 6.835 MPa，两者十分接近；A2 缝面抗剪断强度较低，为 6.200 MPa。$f'$ 和 $c'$ 也有类似结果。因此，在施工过程中对碾压混凝土层面适当铺垫水泥砂浆是有益的。

表 14-75　江垭大坝碾压混凝土各类芯样峰值抗剪强度检测平均值

| 序号 | 混凝土类别 | 抗剪断强度 | | | | |
|---|---|---|---|---|---|---|
| | | $f'$ | $c'/\text{MPa}$ | 抗剪断强度 $\tau'/\text{MPa}$ ($\sigma = 3.5$ MPa) | 抗剪断强度 $\tau'$ 比值 | |
| | | | | | | 比率 |
| （1） | A2 浆层面 | 1.42 | 2.32 | 7.290 | （1）/（4） | 1.176 |
| （2） | A2 平浇法层面 | 1.30 | 2.25 | 6.800 | （2）/（4） | 1.097 |
| （3） | A2 斜浇法层面 | 1.27 | 2.39 | 6.835 | （3）/（4） | 1.102 |
| （4） | A2 缝面 | 1.18 | 2.07 | 6.200 | （4）/（4） | 1.000 |

各类试件剪断过程线和剪断情况统计见表 14-76。A2 浆层面试件的剪断面起伏差以欠平整、不平整情况较多，占 55%，且缺峰型过程线出现较少，为 23%；A2 平浇法层面，欠平整、不平整情况占 45%，缺峰型也较少，为 24%；A2 斜浇法层面，欠平整、不平整情况占 39%，缺峰型过程线为 27%；A2 缝试件剪断面起伏差欠平整、不平整较少，占 21%，缺峰型过程线较多，占 36%。以上结果表明，斜浇法层面和平浇法层面的剪断特征无明显差异，它们的起伏差介于浆层面和层（缝）面两者之间。这些结果与抗剪断强度是相对应的，即层（缝）面欠平整、不平整情况较多的，其抗剪断强度会较高。

表 14-76　各类芯样剪断过程线及剪断面情况统计

| 混凝土类型 | 试件总数 | 缺峰型过程线 | | 平整 | | 较平整 | | 欠平整 | | 不平整 | |
|---|---|---|---|---|---|---|---|---|---|---|---|
| | | 数量 | 占比/% | 数量 | 占比/% | 数量 | 占比/% | 数量 | 占比/% | 数量 | 占比/% |
| A2 浆层面 | 31 | 7 | 23 | 6 | 19 | 8 | 26 | 10 | 32 | 7 | 23 |
| A2 平层面 | 33 | 8 | 24 | 8 | 24 | 10 | 30 | 6 | 18 | 9 | 27 |
| A2 斜浇层面 | 15 | 4 | 27 | 4 | 27 | 5 | 33 | 5 | 33 | 1 | 6 |
| A2 缝面 | 14 | 5 | 36 | 5 | 36 | 6 | 43 | 3 | 21 | 0 | 0 |

3）碾压混凝土龄期对抗剪断强度的影响

由于每个钻孔自下而上的芯样试件代表不同的浇筑龄期，为了解芯样抗剪断强度随龄期的增强情况，曾对 1997 年 8 月钻取的各类芯样测试结果，除去个别偏离过大的值，得到 365 d 龄期强度与 90 d 龄期强度比较的平均增长系数，$f'$ 为 1.09，$c'$ 为 1.16 MPa。做抗剪断强度与龄期的回归分析，分别得到回归方程式（14-110）~式（14-115）（当龄期≥90 d 时，这些方程有效）。由此可推算 $R_{90}20$ 混凝土的各类层面处理试件的抗剪断强度与龄期 $t$（d）的关系如下（$c'$ 的单位是 MPa）：

A2 浆层面：

$$f' = 0.220 + 0.210\ln t \tag{14-110}$$

$$c' = 0.472 + 0.355\ln t \tag{14-111}$$

A2 平层面：

$$f' = 0.347 + 0.139\ln t \tag{14-112}$$

$$c' = 0.138 + 0.398\ln t \tag{14-113}$$

A2 缝面：

$$f' = -0.182 + 0.256\ln t \tag{14-114}$$

$$c' = 0.132 + 0.388\ln t \tag{14-115}$$

4）碾压混凝土碾压方式对抗剪断强度的影响

由于芯样试件抗剪断强度试验得出的 $f'$、$c'$ 值比较分散，影响回归统计精度，每种（工况）混凝土芯样试件数量以不少于 30 件为宜。表 14-77 给出了江垭芯样物理性能试验统计成果。对于缝面抗剪断，平层和斜层的抗剪断强度分别为 4.6 MPa 和 5.46 MPa；对于层面抗剪断，平层和斜层的抗剪断强度分别为 7.53 MPa 和 6.36MPa。如果将缝面和层面合在一起统计，则层面和斜层抗剪断强度分别为 6.06 MPa 和 5.91 MPa，两者比较接近。

表 14-77　江垭大坝碾压混凝土芯样抗剪断试验统计成果

| 项目 | 施工方法 | 龄期/d | 数量 | 平均值/MPa | 抗剪断强度/MPa | 最大值/MPa | 最小值/MPa | 均方差/MPa |
|---|---|---|---|---|---|---|---|---|
| 抗压强度 | 平层 | 90 | 16 | 19.4 | — | 26.0 | 10.6 | 5.005 |
| | 斜层 | 90 | 22 | 20.4 | — | 31.9 | 12.2 | 5.409 |
| 缝面抗剪断 $f'/c'$/MPa | 平层 | 100 | 1 | 1.16/0.54 | 4.60 | 1.20/1.19 | 0.94/1.50 | |
| | 斜层 | 100~130 | 2 | 1.07/1.71 | 5.46 | | | |
| 层面抗剪断 $f'/c'$/MPa | 平层 | 95~140 | 7 | 1.57/2.03 | 7.53 | 1.71/2.91 | 1.36/0.96 | |
| | 斜层 | 100~120 | 11 | 1.18/2.23 | 6.36 | 1.67/2.76 | 0.87/1.46 | |

### 14.6.1.3　棉花滩工程

大坝混凝土 R1（$R_{180}200$，二级配）和 R2（$R_{180}150$，三级配）共取芯样抗剪试件本体 30 个，层面 30 个，缝面 5 个，芯样直径为 φ250 mm，加工成尺寸为 150 mm×150 mm×150 mm 的试件。在中型剪力仪上采用多点法进行试件饱和状态下抗剪断强度试验。水平推力方向与试件碾压方向垂直（垂直于坝轴线),施加剪切荷载采用时间控制,剪切过程中测记剪切向水平位移值,取各级正应力下测得的最大剪应力 $\tau_{\max}$(峰值),用最小二乘法计算 $f'$ 和 $c'$ 值,测试结果见表 14-78。

表 14-78　棉花滩大坝芯样抗剪断检测结果

| 类别 | | 样本数 $n$ | 摩擦系数 $f'$ | 黏聚力 $c'$/MPa | 抗剪断强度/ MPa ($\sigma$ =3 MPa) | 剪断面状况/% | |
|---|---|---|---|---|---|---|---|
| | | | | | | 较平整 (起伏差<2 mm) | 欠平整 (起伏差>2 mm) |
| 二级配 | 本体 | 15 | 1.68 | 2.68 | 7.72 | 13.3 | 86.7 |
| | 层面 | 15 | 1.38 | 2.56 | 6.70 | 46.7 | 53.3 |
| | 缝面 | 3 | 1.37 | 2.55 | 6.66 | 100 | 0 |
| 三级配 | 本体 | 15 | 1.77 | 2.20 | 7.51 | 0 | 100 |
| | 层面 | 15 | 1.20 | 2.80 | 6.40 | 40 | 60 |
| | 缝面 | 2 | 1.36 | 2.26 | 6.34 | 100 | 0 |

由表 14-78 可见:

(1)三种层面情况(本体、层面、缝面)下,二级配 R1 和三级配 R2 碾压混凝土的平均抗剪断强度分别为 7.027 MPa 和 6.750 MPa,两者相差 4.10%。

(2)本体、层面、缝面的平均抗剪断强度分别为 7.615 MPa、6.55 MPa 和 6.50 MPa。

(3)本体比层(缝)面的平均抗剪断强度高 16.5%,层面和缝面的抗剪断强度基本相等。

### 14.6.1.4　大朝山工程

**1.现场抗剪断试验基本情况**

在电站右岸 A 渣场上,对 $R_{90}15$ 碾压混凝土进行了 6 组现场抗剪断试验。共分 6 个碾压块,每个碾压块长 11 m、宽 4 m。碾压分 3 层进行,每层厚度 30 cm。自卸汽车入仓布料,平仓机摊铺,振动碾压机碾压,碾压方式为平碾。碾压混凝土按工况可分为 6 种:层间间隔时间大于 24 h,层面进行冲毛铺砂浆的有、无二次筛分工况;层间间隔时间为 20 h,层面铺净浆的有、无二次筛分工况;层间间隔为 6 h,层面不处理的有、无二次筛分工况。抗剪试件的体积为 50 cm×50 cm×30 cm,试验采用平推法,最大垂直正应力为 2.506~2.879 MPa。

**2.现场抗剪断试验成果分析**

**1)剪切破坏形态分析**

试件剪切破坏形式可分为两大类:第一类为基本在碾压层面剪断,第二类为在混凝土本体中剪断。对第二类又可分为两种情况:一种是基本沿骨料之间的结合面胶凝材料剪断,剪断面混凝土粗骨料大多分布不够均匀,密实度稍差;第二种是在剪断面中除水泥石破坏外,骨料被剪断,断口新鲜,混凝土骨料分布却均匀,混凝土密实。

从抗剪断试验的剪应力与剪切变形的关系曲线($\tau-u$ 曲线,见图 14-47)可以看出:6 组抗剪试验均呈现出较明显的脆性破坏特征,即在一定的正应力作用下,当剪应力较小时,剪切变形也很小,曲线近似呈陡坡上升,比倒极限清楚;当剪应力超过比例极限时,剪

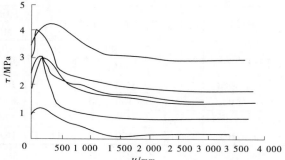

图 14-47　棉花滩剪应力与剪切变形($\tau-u$)关系线

切变形在很短的时间内突增,并迅速达到极限强度,出现峰值。而后剪应力急速下降,剪切变形则继续增大,当最终剪应力降至某一值时,剪切变形直线增长,出现水平段,其转折点也清楚。这种尖峰、陡坡、

明显平段的曲线,显示了试验段 $R_{90}150$ 混凝土具有较明显的脆性材料特征。

2)抗剪断强度影响因素的分析

(1)同类碾压混凝土,层间间隔时间短的抗剪强度高。

层面剪断的四组现场抗剪断试验中,层间间隔时间为 6 h(初凝前)的试验成果( $f' = 1.412$ )就分别大于层间间隔时间为 20 h 的成果( $f' = 1.210$ )及层间间隔时间为 24 h 的成果( $f' = 1.172$ ),而 $c'$ 值也是前者高于后者,按不同正应力计算总强度,仍有前者高于后者的明显趋势(见表 14-79),对于在碾压混凝土本体中剪断的两组试件也存在着层间间隔时间越短总抗剪强度指标越高的情况(见表 14-80)。

表 14-79　大朝山工程碾压混凝土总抗剪强度(层面剪断)

| 序号 | 剪断位置 | 计划层间间歇时间/h | 实际层间间歇时间/h | 层面处理 | 抗剪断参数 | | $\tau$ /MPa | | |
|---|---|---|---|---|---|---|---|---|---|
| | | | | | $f'$ | $c'$ / MPa | $\sigma = 1$ MPa | $\sigma = 2.0$ MPa | $\sigma = 2.5$ MPa |
| 1 | 层面 | >24 | 60 | 冲毛铺砂浆 | | | 2.67 | 3.74 | 4.14 |
| 3 | 层面 | 20 | 20 | 冲毛铺水泥浆 | 1.172 | 1.18 | 2.29 | 3.52 | 4.11 |
| 4 | 层面 | 20 | 20 | 冲毛铺水泥浆 | 1.210 | 1.126 | 2.34 | 3.55 | 4.15 |
| 5 | 层面 | 6 | 6 | 不处理 | 1.412 | 1.358 | 2.77 | 4.18 | 4.89 |

表 14-80　大朝山工程碾压混凝土抗剪强度指标(混凝土本体剪断)

| 序号 | 计划层间间歇时间/h | 实际层间间歇时间/h | 层面处理 | $\tau$ /MPa | | | |
|---|---|---|---|---|---|---|---|
| | | | | $\sigma = 1$ MPa | $\sigma = 1.5$ MPa | $\sigma = 2.0$ MPa | $\sigma = 2.5$ MPa |
| 2 | >24 | 60 | 铺砂浆 | 2.83 | 3.22 | 3.61 | 4.00 |
| 6 | 20 | 20 | 不处理 | 2.84 | 3.44 | 4.04 | 4.63 |

(2)同类碾压混凝土,层面处理方式不同,也影响抗剪强度指标。

在碾压层面上冲毛后铺砂浆比铺水泥净浆可提高抗剪强度。现以同种破坏形式的三组(1 组、3 组、4 组,见表 14-79)为例做比较可看出:虽 $f'_1$ 略低于 $f'_3$ 、 $f'_4$ ,但 $c'_1$ 大于 $> c'_3$ 、 $c'_4$ 值,其总强度 $\tau_1$ 值在正应力小于 2.5 MPa 时,均大于 $\tau_3$ 、 $\tau_4$ 值。由此可见,尽管第 1 组层间间隔时间长于第 3 组、第 4 组,但因层面进行了冲毛和铺砂浆,所以比仅铺净浆的第 3 组、第 4 组总抗剪强度 $\tau$ 值高一些。

(3)有、无二次筛分对抗剪强度影响较小。

以表 14-79 的第 3 组、第 4 组为例,该两组均为层面破坏, $f'$ 、 $c'$ 略有差别。但按不同正应力计算总抗剪强度 $\tau$ 值,二者仍相当接近(见表 14-79)。该成果表明,在其他条件相同的情况下,有、无二次筛分对抗剪强度影响较小。

(4)层间间隔时间很短(初凝前)、层面处理方式也相同(均不处理)时,无论是在碾压层面剪断还是在混凝土本体中剪断,其抗剪强度十分接近。在碾压混凝土施工中应当尽量减少层间间隔时间,才有利于提高碾压混凝土层面的抗剪强度,使碾压混凝土具备很好的整体性。

### 14.6.1.5　彭水工程

1.彭水工程碾压混凝土原位抗剪试验方法

原位抗剪试验布置在试验块的第 5 层和第 6 层(顶层),以第 5 层为基层,顶层布置 4 个条带 16 个试验区,安排 16 组不同级配、不同间隔时间和层面处理方法的原位抗剪试验。间隔时间的确定以在当时现场环境条件下掺 0.6%JM-Ⅱ(c)、C15 碾压混凝土的初凝时间约 6 h、终凝时间约 48 h 的试验结果为依据。每组原位抗剪试验布置 5 个试件。碾压混凝土品种、间隔时间和层面处理方法见表 14-81。

表 14-81　彭水碾压混凝土现场原位抗剪断试验结果

| 层间间歇/h | 层面处理(三级配) | 正应力/MPa | 极限抗剪强度/MPa | 残余抗剪强度/MPa | 摩擦强度/MPa | 间歇时间/h | 层面处理(二级配) | 正应力/MPa | 极限抗剪强度/MPa | 残余抗剪强度/MPa | 摩擦强度/MPa |
|---|---|---|---|---|---|---|---|---|---|---|---|
| 6 | 层面不处理 | 0.7 | 2.65 | 1.20 | 1.09 | 6 | 层面不处理,铺净浆 | 0.7 | 3.20 | 1.19 | 1.09 |
|  |  | 1.4 | 3.37 | 2.30 | 1.63 |  |  | 1.4 | 3.92 | 2.29 | 2.18 |
|  |  | 2.1 | 4.48 | 3.00 | 2.83 |  |  | 2.1 | 5.17 | 3.42 | 3.16 |
|  |  | 2.8 | 4.86 | 3.32 | 3.14 |  |  | 2.8 | 6.11 | 3.38 | 3.05 |
|  |  | 3.5 | 5.89 | 3.65 | 3.49 |  |  | 3.5 | 7.03 | 3.92 | 3.64 |
| 12 | 层面不处理 | 0.7 | 2.00 | 1.04 | 0.76 | 12 | 层面不处理,铺净浆 | 0.7 | 3.38 | 1.52 | 1.30 |
|  |  | 1.4 | 2.50 | 1.57 | 1.41 |  |  | 1.4 | 4.54 | 2.18 | 1.92 |
|  |  | 2.1 | 3.71 | 2.48 | 2.18 |  |  | 2.1 | 6.87 | 3.49 | 3.16 |
|  |  | 2.8 | 4.65 | 3.01 | 2.72 |  |  | 2.8 | 6.06 | 3.12 | 2.94 |
|  |  | 3.5 | 4.91 | 3.27 | 3.16 |  |  | 3.5 | 9.01 | 4.19 | 3.86 |
| 12 | 层面不处理,铺砂浆 | 0.7 | 1.74 | 0.98 | 0.76 | 12 | 层面不处理,铺砂浆 | 0.7 | 2.18 | 1.19 | 1.09 |
|  |  | 1.4 | 3.06 | 1.63 | 1.41 |  |  | 1.4 | 3.33 | 1.74 | 1.23 |
|  |  | 2.1 | 4.39 | 2.55 | 2.40 |  |  | 2.1 | 4.25 | 2.72 | 2.61 |
|  |  | 2.8 | 4.45 | 3.27 | 2.83 |  |  | 2.8 | 5.61 | 3.49 | 3.05 |
|  |  | 3.5 | 5.67 | 3.60 | 3.27 |  |  | 3.5 | 5.89 | 3.60 | 3.38 |
| 26 | 层面冲毛,铺砂浆 | 0.7 | 1.74 | 0.98 | 0.76 | 26 | 层面冲毛,铺砂浆 | 0.7 | 2.18 | 1.55 | — |
|  |  | 1.4 | 3.06 | 1.63 | 1.41 |  |  | 1.4 | 3.92 | 1.85 | 1.74 |
|  |  | 2.1 | 4.39 | 2.55 | 2.40 |  |  | 2.1 | 3.99 | 2.68 | 2.63 |
|  |  | 2.8 | 4.45 | 3.27 | 2.83 |  |  | 2.8 | 4.58 | 3.16 | 3.05 |
|  |  | 3.5 | 5.67 | 3.60 | 3.27 |  |  | 3.5 | 5.51 | 3.60 | 3.49 |
| 45~48 | 层面冲毛,铺砂浆 | 0.7 | — | — | 0.90 | 45~48 | 层面冲毛,铺砂浆 | 0.7 | 2.10 | 0.82 | 0.71 |
|  |  | 1.4 | — | 2.00 | 1.80 |  |  | 1.4 | 2.98 | 1.52 | 1.41 |
|  |  | 2.1 | 4.65 | 2.83 | 2.50 |  |  | 2.1 | 3.37 | 2.07 | 1.85 |
|  |  | 2.8 | 5.58 | 3.27 | 3.05 |  |  | 2.8 | 4.13 | 2.72 | 2.50 |
|  |  | 3.5 | 6.20 | 4.00 | 3.50 |  |  | 3.5 | 5.52 | 3.49 | 3.38 |

　　碾压混凝土养护至 90 d 龄期前 30 d 开始制作原位抗剪试件。试件尺寸为 50 cm×50 cm,高度约 30 cm。共制作 16 组、80 个原位抗剪试件。

　　试验最大正应力按彭水大坝最大正应力的 1.2 倍计算,即 3.5 MPa,分 0.7 MPa、1.4 MPa、2.1 MPa、2.8 MPa 和 3.5 MPa 五个等级。水平剪切荷载的施加采用多点峰值法,测定抗剪断强度、残余抗剪强度和摩擦强度。

　　2.彭水工程原位抗剪试验结果及分析

　　现场原位抗剪试验结果见表 14-81,现场原位抗剪特性参数见表 14-82。现分析如下:

**表 14-82　彭水碾压混凝土不同层面条件下碾压混凝土现场原位抗剪断特性**

| 编号 | 层间间歇时间及处理方式 | | | 极限抗剪强度 | | 残余抗剪强度 | | 摩擦强度 | |
|---|---|---|---|---|---|---|---|---|---|
| | 级配 | 层间间歇时间/h | 层面处理方式 | $f'$ | $c'$ | $f_残$ | $c_残$ | $f_摩$ | $c_摩$ |
| A1 | 三 | 6 | 层面不处理 | 1.14 | 1.86 | 0.84 | 0.90 | 0.87 | 0.66 |
| A4 | | 12 | 层面不处理，铺净浆 | 1.14 | 1.16 | 0.84 | 0.50 | 0.87 | 0.21 |
| B1 | | 12 | 层面不处理，铺砂浆 | 1.46 | 1.19 | 0.98 | 0.34 | 0.92 | 0.20 |
| B3 | | 26 | 层面冲毛，铺砂浆 | 1.07 | 1.20 | 0.95 | 0.32 | 0.92 | 0.24 |
| B4 | | 45~48 | 层面冲毛，铺砂浆 | 1.11 | 2.38 | 0.92 | 0.77 | 0.92 | 0.42 |
| D2 | 二 | 3 | 层面不处理 | 1.43 | 2.00 | 1.02 | 0.60 | 0.92 | 0.51 |
| D3 | | 6 | 层面不处理，铺净浆 | 1.41 | 2.13 | 0.94 | 0.88 | 0.85 | 0.83 |
| D4 | | 12 | 层面不处理，铺净浆 | 1.25 | 2.62 | 0.90 | 1.02 | 0.88 | 0.79 |
| D1 | | 45~48 | 层面不处理，铺砂浆 | 0.81 | 1.15 | 0.62 | 0.15 | 0.84 | 0.12 |
| C1 | | 12 | 层面不处理，铺砂浆 | 1.39 | 1.34 | 0.94 | 0.58 | 0.91 | 0.35 |
| C2 | | 18 | 层面不处理，铺砂浆 | 1.47 | 1.28 | 0.74 | 0.47 | 0.75 | 0.28 |
| C3 | | 26 | 层面冲毛，铺砂浆 | 1.05 | 1.84 | 0.77 | 0.94 | 0.81 | 0.74 |
| C4 | | 45~48 | 层面冲毛，铺砂浆 | 1.14 | 1.22 | 0.93 | 0.16 | 0.92 | 0.04 |

注：1. $c'$、$c_残$、$c_摩$ 的单位为 MPa。

　　2. A、B、C、D 的配合比见 2.4.8 节和 12.4.3 节。

（1）根据试验块浇筑时段工地室外碾压混凝土凝结时间试验结果，结论如下：对于 5 个试验间隔时间而言，间隔时间在 6 h 以内，碾压混凝土尚未初凝，层间结合缝属于所谓的热缝；间隔时间为 8 h、12 h、18 h 和 26 h 时，碾压混凝土处于初凝后、终凝前的阶段，层间结合缝属于所谓的温缝；间隔时间为 45~48 h 时，碾压混凝土已经终凝，层间结合应按冷缝处理。

（2）对试验采用的间隔时间和层面处理工艺组合：三级配碾压混凝土，$f'$ 在 1.05~1.46，$c'$ 在 1.16~2.38 MPa；二级配碾压混凝土 $f'$ 在 1.05~1.47，$c'$ 在 1.22~2.62 MPa，均能满足设计提出的三级配碾压混凝土 $f' > 1.0$、$c' > 1.0$ MPa，二级配碾压混凝土 $f' > 1.0$、$c' > 1.2$ MPa 的要求。

（3）对于三级配碾压混凝土（$\sigma = 3.5$ MPa）：在碾压混凝土初凝前（间隔 6 h）进行层间覆盖施工，$f' = 1.14$，$c' = 1.86$ MPa，极限抗剪强度为 5.89 MPa；在初凝后、终凝前（间隔 12 h），采用层面不处理铺净浆或铺砂浆，极限抗剪强度低于初凝前的 5.89 MPa，分别为 4.91 MPa 和 5.67 MPa；间隔 12 h 层面不处理，铺砂浆的效果明显好于涂刷净浆；间隔 26 h 层面冲毛铺砂浆时，$f'$ 在 1.05~1.07，$c'$ 在 1.20~1.84 MPa，都能满足设计要求，但极限抗剪强度为 5.67 MPa；间隔时间为 45~48 h 时，碾压混凝土已经终凝，层间结合采用冲毛铺砂浆的冷缝处理工艺时的极限抗剪强度为 6.20 MPa，高于热缝时的 5.89 MPa；两者的 $f'$ 相当，$c'$ 从 1.86 MPa 提高到 2.38 MPa。

（4）二级配碾压混凝土的抗剪特性与层面处理方式的关系与三级配碾压混凝土的基本相同。间隔

26 h 层面冲毛铺砂浆时的极限抗剪强度最低。从总体看,二级配碾压混凝土的极限抗剪强度高于三级配碾压混凝土,二级配碾压混凝土的 $f'$ 和 $c'$ 的平均值都高于三级配碾压混凝土。

(5)同样是间隔 12 h 层面不处理,铺砂浆的效果明显好于涂刷净浆,主要表现在 $f'$ 的提高。

(6)三个不同时间段(热缝、温缝和冷缝)的层面不同处理情况下,抗剪断强度和摩擦系数的变化为热缝抗剪断强度最高, 温缝次之,冷缝最低,见图 14-48。

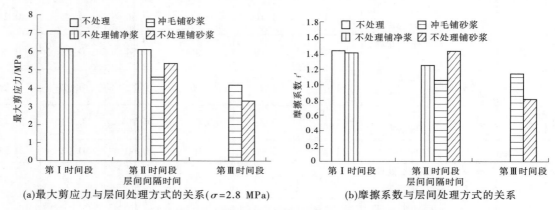

(a)最大剪应力与层间处理方式的关系($\sigma$=2.8 MPa)　　　(b)摩擦系数与层间处理方式的关系

**图 14-48　彭水工程碾压混凝土层间处理方式与抗剪断参数的关系**

### 14.6.1.6　临江工程

1. 碾压混凝土抗剪断试验研究情况

(1)试验方案的模拟。碾压层面种类的设计分为 4 种情况:①坝体一次浇筑完毕(简称整体);对间歇浇筑接触面的最薄弱部位又分 3 种情况:②间歇不超过混凝土初凝时间(简称层间缝或统称热缝);③间歇时间超过初凝,接近终凝,即铺第二层碾压混凝土时,层间不进行处理(称温缝);④第 1 层混凝土超过终凝时间 72~96 h,浇第 2 层混凝土前,对老混凝土层面进行凿毛冲洗浮浆,在其上铺一层 0.3~0.5 cm、强度等级较高的纯水泥砂浆,在砂浆初凝前,即浇第 2 层碾压混凝土(简称施工缝或统称冷缝)。

(2)抗剪试验加荷方法。按照岩石试验规程直剪试验平推法有关规定进行逐级加荷。采用如图 14-10 所示的 200~600 kN 大型剪力仪主机,配以按独立抗滑体理论设计的阶梯式传力及反力框架进行荷载传递。

(3)试验用原材料和配合比。采用硅酸盐大坝 52.5 号水泥;吉林和浑江热电厂粉煤灰;木质素磷醋钙粉末减水剂;粗骨料为最大粒径 80 mm、比重 2.62 的河砾石;细骨料为比重 2.63、细度模数 2.64 的河砂。碾压混凝土及接缝砂浆配合比参数和抗压强度见表 14-83。

**表 14-83　临江碾压混凝土及接缝砂浆配合比和抗压强度**

| 编号 | 水灰比 | 胶材用量/<br>(kg/m³) | 粉煤灰<br>掺量/% | 粉煤灰<br>厂家 | VC/s | 混凝土及<br>砂浆配合比 | 混凝土(砂浆)强度/MPa | |
|---|---|---|---|---|---|---|---|---|
| | | | | | | | 28 d | 90 d |
| R4 | 0.5 | 166 | 50 | 吉林 | 13 | 1:3.63:9.79 | 12.6(13.2) | 20.1(20.0) |
| R1 | 0.5 | 170 | 50 | 浑江 | 17 | 1:3.54:9.53 | 13.6 | 23.0 |
| 砂浆 | 0.57 | 430 | | | | 0.57:1:3.33 | 23.1 | 34.0 |

注:1. 括号内为大试件值。

2. 混凝土与砂浆试件强度为平均值。

2. 碾压混凝土抗剪断参数( $f'$ 、$c'$ )成果分析

碾压混凝土抗剪断参数 $f'$ 、$c'$ 值见表 14-84。试验成果表明:

(1)龄期对 $f'$ 、$c'$ 的影响。在水灰比与粉煤灰掺量相同时,2 种粉煤灰(吉林灰 R4 和浑江灰 R1)在各种浇筑情况下的 $f'$ 、$c'$ 值均随龄期的延长而提高。各种情况下的 $c'$ 值 90 d 龄期与 28 d 龄期相比,龄

期系数在 130~160,平均为 145.6 MPa;$f'$ 值 90 d 龄期与 28 d 龄期相比,龄期系数在 102~129,平均为 115.7。这说明,龄期越高,$f'$、$c'$ 也越高,而且 $c'$ 增高得更多。

(2)粉煤灰品种对 $f'$、$c'$ 的影响。采用 R4 配合比的 2 个灰种 28 d 龄期、90 d 龄期成果表明,浑江灰的 $c'$ 值平均比吉林灰高 3.5%~9.4%;$f'$ 值前者比后者平均高 7.7%~9.5%,这与表 14-83 中抗压强度变化成正比,即抗压强度高的其抗剪强度参数($f'$、$c'$)也高。

(3)层面处理对 $f'$、$c'$ 的影响。各种浇筑情况下的 $f'$、$c'$ 值的对比可看出,以配合比 R4、剪断面积 225 cm$^2$、90 d 龄期成果为例,整体、热缝、温缝和冷缝的 $f'$ 分别为 1.33、1.25、1.22 和 1.40;$c'$ 分别为 1.82 MPa、1.50 MPa、1.40 MPa 和 1.50 MPa。综合抗剪强度来看,整体和冷缝(层面铺砂浆)最高,热缝次之,温缝最低。虽然施工缝(称冷缝)上、下层混凝土浇筑间隔时间达 72~96 h,下层老混凝土早已终凝硬化,并产生了初期强度,但采取了层面铺砂浆工艺后,大大地提高新老混凝土的黏结效果,从而大幅度地提高了 $f'$、$c'$ 值。从剪断面观察中看出,接缝砂浆已渗入新老混凝土中,从而在混凝土剪断破坏时,很大一部分发生在上、下层混凝土之中,说明接缝处的黏结强度很高。

(4)剪断面积大小对 $f'$、$c'$ 的影响。以整体和热缝浇筑、90 d 龄期成果为例,由表 14-84 可知,整体浇筑的大试件(尺寸为 30 cm×30 cm)与小试件(尺寸为 15 cm×15 cm)的抗剪断参数 $f'$ 值分别为 1.33 和 1.33,两者相等,而 $c'$ 值分别为 1.75 MPa 和 1.82 MPa,后者比前者高 4%;热缝浇筑的大试件与小试件的抗剪断参数 $f'$ 值分别为 1.20 和 1.25,后者比前者高 4%,$c'$ 值均为 1.50 MPa,两者相等;综合抗剪强度来看,小试件比大试件约高 2.0%。

表 14-84　临江碾压混凝土抗剪断时的 $f'$、$c'$ 值

| 配合比号 | 浇筑情况 | 试验尺寸/cm | 剪断面积/cm$^2$ | 最大法向应力/MPa | $f'$ | | | | $c'$/MPa | | | |
|---|---|---|---|---|---|---|---|---|---|---|---|---|
| | | | | | 28 d | 90 d | 龄期系数 | | 28 d | 90 d | 龄期系数 | |
| | | | | | | | 28 d | 90 d | | | 28 d | 90 d |
| R4 | 整体 | 15×15 | 225 | 3.0 | 1.25 | 1.33 | 100 | 106 | 1.20 | 1.82 | 100 | 152 |
| | | 30×30 | 900 | 3.0 | 1.30 | 1.33 | 100 | 102 | 1.15 | 1.75 | 100 | 152 |
| R1 | | 15×15 | 225 | 3.0 | 1.20 | 1.58 | 100 | 132 | 1.25 | 1.85 | 100 | 148 |
| R4 | 热缝 | 15×15 | 225 | 3.0 | 1.05 | 1.25 | 100 | 119 | 1.10 | 1.50 | 100 | 136 |
| | | 30×30 | 900 | 3.0 | 1.11 | 1.20 | 100 | 108 | 1.10 | 1.50 | 100 | 136 |
| R1 | | 15×15 | 225 | 3.0 | 1.05 | 1.35 | 100 | 129 | 1.11 | 1.70 | 100 | 153 |
| R4 | 温缝 | 15×15 | 225 | 3.0 | 1.05 | 1.22 | 100 | 116 | 0.96 | 1.40 | 100 | 147 |
| R1 | | 15×15 | 225 | 3.0 | 1.05 | 1.20 | 100 | 114 | 1.00 | 1.60 | 100 | 160 |
| R4 | 冷缝 | 15×15 | 225 | 3.0 | 1.25 | 1.40 | 100 | 112 | 1.15 | 1.50 | 100 | 130 |
| R1 | | 15×15 | 225 | 3.0 | 1.35 | 1.60 | 100 | 119 | 1.20 | 1.70 | 100 | 142 |

3.碾压混凝土抗剪(摩擦)试验参数($f$、$c$)成果分析

把各种工况的剪断试件进行复位后做摩擦试验,其剪断参数 $f$、$c$ 值在各种剪切状态下的变化规律见表 14-85,现分析如下:

(1)由于剪断后上、下层混凝土面呈凸凹不平状态,其 $\tau - \sigma$ 关系曲线上的试验点不如抗剪断时规律性好,比较离散。但 $f$、$c$ 值随龄期延长而提高,各种浇筑情况下的相对比较值变化规律与剪断时相近。各种工况情况下的 $c$ 值 90 d 龄期与 28 d 龄期相比,龄期系数在 126~285,平均为 165.25 MPa;$f$ 值 90 d 龄期与 28 d 龄期相比,龄期系数在 100~133,平均为 113.38。这说明,龄期越高,$f$、$c$ 也越高,而且 $c$ 增高得更多。

(2)从以上龄期发展系数、不同工况下的 $c'$、$c$ 值及 $f'$、$f$ 的变化规律中得出:$c'$、$c$ 值受浇筑情况、龄期发展的影响,剪断后又进行复位剪切的变化幅度大,敏感性强;$f'$、$f$ 值随其变化的敏感性差。由表 14-85 可知,总结各种浇筑情况,$f'$ 比 $f$ 高 15%~42%,平均高 28%,其变化值与岩滩电站现场直剪试验成果相

近,这说明$f'$、$f$值的稳定性与可靠性比较好,而$c'$、$c$值则因某些因素的变化受到较大影响,各种浇筑情况下的$c'$比$c$高43.5%~76.5%,平均高57.6%。

(3)摩擦面积大小对$f$、$c$的影响。以整体和热缝浇筑、28 d龄期成果为例,由表14-85可知,整体浇筑的大试件(尺寸为30 cm×30 cm)与小试件(尺寸为15 cm×15 cm)的抗剪断参数$f$值分别为1.12和1.02,前者比后者大9.8%,而$c'$值分别为0.68 MPa和0.63 MPa,前者比后者大7.9%;热缝浇筑的大试件与小试件的抗剪断参数$f'$值分别为0.95和0.78,前者比后者大21.8%,$c'$值分别为0.87 MPa和0.42 MPa,前者比后者大107.1%。这一尺寸效应与抗剪断的尺寸效应是相反的。

表 14-85　临江碾压混凝土抗剪(摩擦)试验$f$、$c$值

| 配合比号 | 浇筑情况 | 试验尺寸/cm | 剪断面积/cm² | 最大法向应力/MPa | $f$ 28 d | $f$ 90 d | 龄期系数 28 d | 龄期系数 90 d | $c$/MPa 28 d | $c$/MPa 90 d | 龄期系数 28 d | 龄期系数 90 d |
|---|---|---|---|---|---|---|---|---|---|---|---|---|
| R4 | 整体 | 15×15<br>30×30 | 225<br>900 | 3.0×15<br>3.0×15 | 1.02<br>1.12 | 1.16 | 100 | 114 | 0.63<br>0.68 | 1.04 | 100 | 165 |
| R1 | | 15×15 | 225 | 3.0 | 0.94 | 1.01 | 100 | 107 | 0.73 | 1.03 | 100 | 144 |
| R4 | 热缝 | 15×15<br>30×30 | 225<br>900 | 3.0<br>3.0 | 0.78<br>0.95 | 0.91 | | 117 | 0.42<br>0.87 | 0.82 | 100 | 195 |
| R1 | | 15×15 | 225 | 3.0 | 0.72 | 0.82 | 100 | 114 | 0.43 | 0.50 | 100 | 116 |
| R4 | 温缝 | 15×15 | 225 | 3.0 | 0.72 | 0.85 | 100 | 114 | 0.40 | 0.57 | 100 | 143 |
| R1 | | 15×15 | 225 | 3.0 | 0.83 | 0.90 | 100 | 108 | 0.27 | 0.34 | 100 | 126 |
| R4 | 冷缝 | 15×15 | 225 | 3.0 | 0.75 | 1.00 | 100 | 133 | 0.33 | 0.94 | 100 | 285 |
| R1 | | 15×15 | 225 | 3.0 | 0.91 | 0.91 | 100 | 100 | 0.50 | 0.74 | 100 | 148 |

**4.碾压混凝土抗剪断强度试验成果分析**

按库仑公式,计算抗剪断强度($\tau'$)和抗剪或摩擦强度($\tau$)。计算出的抗剪强度值见表14-86和表14-87。分析如下:

表 14-86　临江碾压混凝土抗剪强度值(法向应力=3.0 MPa)

| 配合比号 | 浇筑情况 | 试验尺寸/cm | 间歇时间/h | 最大法向应力/MPa | 剪断时,抗剪强度值/MPa 28 d | 剪断时,抗剪强度值/MPa 90 d | 龄期系数 28 d | 龄期系数 90 d | 摩擦时,抗剪强度值/MPa 28 d | 摩擦时,抗剪强度值/MPa 90 d | 龄期系数 28 d | 龄期系数 90 d |
|---|---|---|---|---|---|---|---|---|---|---|---|---|
| R4 | 整体 | 15×15<br>30×30 | 0 | 3.0<br>3.0 | 4.95<br>5.05 | 5.81<br>5.74 | 100<br>100 | 117.4<br>113.7 | 3.69<br>4.04 | 4.52 | 100 | 122.5 |
| R1 | | 15×15 | | 3.0 | 4.85 | 5.59 | 100 | 115.3 | 3.55 | 4.06 | 100 | 114.4 |
| R4 | 热缝 | 15×15<br>30×30 | 5~6 | 3.0<br>3.0 | 4.25<br>4.43 | 5.25<br>5.10 | 100<br>100 | 123.5<br>115.1 | 2.76<br>3.72 | 3.55 | 100 | 128.6 |
| R1 | | 15×15 | | 3.0 | 4.26 | 5.75 | 100 | 135 | 2.59 | 2.96 | 100 | 114.7 |
| R4 | 温缝 | 15×15 | 17~18 | 3.0 | 4.14 | 5.06 | 100 | 122.2 | 2.56 | 3.12 | 100 | 121.9 |
| R1 | | 15×15 | | 3.0 | 4.15 | 5.20 | 100 | 125.3 | 2.76 | 3.04 | 100 | 110.1 |
| R4 | 冷缝 | 15×15 | 72~98 | 3.0 | 4.90 | 5.70 | 100 | 116.3 | 2.58 | 3.94 | 100 | 152.7 |
| R1 | | 15×15 | | 3.0 | 5.25 | 6.30 | 100 | 120 | 3.23 | | | |
| | 平均值 | | | | | | 100 | 120.4 | | | | 123.6 |

表 14-87　临江混凝土抗剪强度增长系数(90 d 与 28 d 抗剪强度之比)(法向应力 = 3.0 MPa)

| 配合比 | 抗剪强度增长系数/% | | 配合比 | 抗剪强度增长系数/% | | 配合比 | 抗剪强度增长系数/% | |
|---|---|---|---|---|---|---|---|---|
| | 抗剪断 | 摩擦 | | 抗剪断 | 摩擦 | | 抗剪断 | 摩擦 |
| R1 | 123.9 | 113.1 | R4 | 119.9 | 131.4 | R1+R4 | 120.4 | 123.6 |

(1)当水灰比、粉煤灰掺量相同时,令 $\sigma = 3$ MPa,2 个灰种的抗剪强度值仅差 0.13~0.56 MPa。因为 2 个灰种的 $SiO_2$、$Al_2O_3$、$Fe_2O_3$ 活性成分相近,其抗剪强度亦相近。

(2)进行各种工况的抗剪断、摩擦试验时,抗剪强度均随龄期延长而提高,R1 配合比的抗剪强度和摩擦强度,90 d 龄期与 28 d 龄期的龄期系数分别是 123.9 和 113.1;R4 配合比的龄期系数分别是 119.8 和 131.4;R1 配合比和 R4 配合比的抗剪强度和摩擦强度合成统计,90 d 龄期与 28 d 龄期的龄期系数分别是 120.4 和 123.6。

(3)各种工况与整体的比较值及剪断、摩擦试验后的剪断面观察分析表明,抗剪强度与浇筑情况,试件尺寸,剪断面上含卵砾石多少、大小等因素有关。

(4)无论是抗剪断试验,还是复位摩擦试验,都表明总的趋势是混凝土整体的抗剪强度均大于热缝、温缝和冷缝的抗剪强度,规律性较好。以 R4 的 90 d 龄期小试件抗剪断强度为例,整体、热缝、温缝、冷缝的抗剪强度分别为 5.81 MPa、5.25 MPa、5.06 MPa、5.70 MPa,它们的比值为 1∶0.903∶0.871∶0.981。

(5)抗剪强度的尺寸效应。以 90 d 龄期 R4 配合比的抗剪断强度为例,当抗剪强度法向应力为 3.0 MPa 时,小试件的抗剪强度比大试件高 2.1%。

### 14.6.1.7　某拱坝工程

本节介绍某拱坝常态混凝土施工层面抗剪断试验情况,以便与碾压混凝土缝面抗剪断试验成果进行比较。因为常态混凝土施工层面(一般 1.5~3.0 m 左右有一个层面)与碾压混凝土缝面(一般 3.0 m 左右有一个缝面)的处理方式是基本相同的,其成果可供碾压混凝土缝面处理参考。

1. 抗剪断试验情况

在层间结合面的处理上,各工程采用的施工方法不尽相同,某拱坝工程采用在四级配混凝土上凿毛清洗后浇 50 cm 三级配混凝土,再浇 250 cm 四级配混凝土;但也有工程采用上层浇一、二级配或直接浇同级配混凝土的办法。为比较各种层间胶结面抗剪断性能,同时考虑到由于小试件是用湿筛后的混凝土,不能完全反映实际层间剪切面的骨料组成情况,因此选用了大试模(尺寸为 45 cm×45 cm×45 cm)成型混凝土全级配试件,并专门自制了一台大吨位直剪仪(简图见图 14-10),通过试验揭示了不同施工工艺形成的层间胶结面的抗剪断强度特性。为了解坝体层间胶结实际质量情况,从大坝芯样室内抗剪试验和室内成型试件的对比分析,基本上了解了该大坝实际层间结合面的抗剪断性能。

根据施工过程中可能存在的层间处理方法,选择了各种胶结面(见表 14-88)。试验所用原材料为该工程工地材料,室内成型试件参照《水工混凝土试验规程》(SD 105—1982)进行,尺寸为 45 cm×45 cm×45 cm 的大试件采用插入式振动棒振捣,振捣时注意保持每个试件的振捣时间、插入次数、插入位置的一致性,以及装模的均匀性。N2~N7 试件分二次成型,间隔时间为 7 d。坝体混凝土芯样制备:将 $\phi$ 14.5 cm 的芯样置于方形制样盒内,四周填筑高强度砂浆将其包裹,制成尺寸为 20 cm×20 cm×20 cm 的正方体。同时在其高的 1/2 处预留剪切缝。缝宽约 5 mm,缝深 27.5 mm,试件的剪切面积为混凝土芯样的实际面积,即 165.13 cm²。垂直荷载利用 YE-200A 液压式压力试验机,最大压力为 2 000 kN,水平剪力由高精度双向液压千斤顶加荷,最大推力为 5 000 kN,用百分表读取水平剪切位移,最大量程为 30 mm。

在试验时参照《水利水电工程岩石试验规程》中直剪试验方法(G306-81)进行。最大垂直荷载与设计荷载相同或稍高。试验最大垂直应力为 5.0 MPa,由压力机分五级加载并稳压。水平载荷由液压千斤顶和手动液压油泵施加,荷载分为 1~8 级,每级加载应稳压 5 min 或直到水平剪切位移基本稳定。

在剪切过程中,若上、下试件的剪切缝相对位移达到 20 mm 以上,应视为试件完全剪断。

表 14-88　某拱坝不同工况的抗剪断试验工况及胶结面处理

| 编号 | 第一层混凝土 | | 表面处理情况 | 层间胶结材料情况 | 第一层混凝土 | |
|---|---|---|---|---|---|---|
| | 级配 | 高度/cm | | | 级配 | 高度/cm |
| N1 | 四 | 45 | 在 45 cm 高度上一次性浇筑四级配混凝土 | | | |
| N2 | 四 | 22.5 | 表面不凿毛 | — | 四 | 22.5 |
| N3 | 四 | 22.5 | 表面凿毛,冲洗 | — | 四 | 22.5 |
| N4 | 四 | 22.5 | 表面凿毛,冲洗 | 铺 1 cm 厚砂浆 | 四 | 22.0 |
| N5 | 四 | 22.5 | 表面凿毛,冲洗 | | 三 | 22.5 |
| N6 | 四 | 21.5 | 表面凿毛,冲洗 | 铺 2 cm 厚一级配混凝土 | 四 | 21.5 |
| N7 | 二 | 22.5 | 表面凿毛,冲洗 | | 二 | 22.5 |

**2. 全级配大试件混凝土抗剪断试验**

1)全级配大试件混凝土抗剪断强度

根据该电站工程施工配合比,模拟施工工况成型全级配大试件,在 90 d 龄期时做室内大试件剪切试验,得出了 7 种不同剪切面的抗剪断试验结果(见表 14-89、图 14-49)。试验结果表明:

表 14-89　某拱坝工程全级配混凝土层面剪应力与法向应力关系式

| 试验编号 | 抗剪断参数 | | 试验编号 | 抗剪断参数 | | 试验编号 | 抗剪断参数 | |
|---|---|---|---|---|---|---|---|---|
| | $f'$ | $c'$/MPa | | $f'$ | $c'$/MPa | | $f'$ | $c'$/MPa |
| N1 | 1.234 | 5.492 | N4 | 1.013 | 4.413 | N7 | 1.009 | 3.736 |
| N2 | 0.780 | 3.516 | N5 | 1.009 | 3.699 | E1 | 0.810 | 3.200 |
| N3 | 0.942 | 4.604 | N6 | 1.318 | 3.910 | | | |

（1）整体浇筑的四级配混凝土（N1）层面黏聚力和抗剪强度最大,分别为 $f' = 1.234$, $c' = 5.492$ MPa;而层面不做处理直接浇筑四级配混凝土（N2）时,层面黏聚力和抗剪强度最低,分别为 $f' = 0.784$, $c' = 3.516$ MPa,后者分别为前者的 63.2% 和 64.0%。

（2）层面处理（凿毛、冲洗）后再浇筑混凝土（N3~N7）的五种工况,其层面黏聚力和抗剪强度居上述两种情况（N1、N2）之间,其平均值为 $f' = 1.058$, $c' = 4.072$ MPa,分别为整体浇筑的 85.7% 和 74.1%。

（3）层面处理（凿毛、冲洗）后再浇筑混凝土（N3、N5、N7）的三种工况,其平均值为 $f' = 0.987$, $c' = 4.013$ MPa;层面处理（凿毛、冲洗、铺 1 cm 厚砂浆或铺 2 cm 厚一级配混凝土）后再浇筑混凝土（N4、N6）的两种工况,其平均值为 $f' = 1.165$, $c' = 4.162$ MPa;前者分别为后者的 84.7% 和 96.4%。说明后者可适当提高混凝土的抗剪强度,并且对提高层间抗渗性有益。

（4）七种不同剪切面的黏聚力大小排序为 N1>N3>N4>N6>N7>N5>N2;在法向应力为 6 MPa 时（约相当于层面至坝顶 240 m）抗剪强度大小排序为 N1>N6>N4>N3>N7>N5>N2。以上黏聚力和抗剪强度的排序说明,相同的法向应力,层间处理方法不同则对应的抗剪强度不同,说明坝的不同高程的层面处理方法应有所变化,但为方便施工,一个工程往往只采取一种或两种处理方法。图 14-49 中 C1 为初设

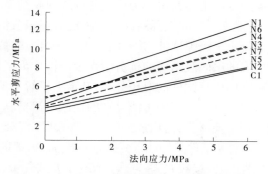

图 14-49　某拱坝全级配混凝土层面抗剪断特性

阶段的混凝土与岩石原位大试件剪切试验结果,其 $\tau$、$\sigma$ 线位于以上 7 种抗剪面的最下面,说明 N2~N7 的层面处理单从抗剪断强度指标考虑是可行的。

（5）以上成果说明,不论是常态混凝土,还是碾压混凝土,其浇筑层面都是弱面,与本体混凝土相比,其层面抗剪断强度(还有抗拉强度和抗渗性能的一系列指标)都会下降。

2）抗剪断试验破坏形态

按试件剪切面破坏的形态划分,有以下 3 种情况:①沿上、下剪力盒间剪切缝剪断,且剪断面平整（N2、N4）;②沿上、下剪力盒间剪切缝剪断,剪切面比较平整,有一定起伏（N3、N6、N7）;③试件周围沿上、下剪力盒间剪切缝剪断,剪断面上有大骨料剪断,也有沿砂浆与骨料的胶结面剪断,断口高低起伏大（N1、N5）。总之都是沿剪切缝剪断。

3. 大坝芯样混凝土室内抗剪断试验

为了解该工程大坝的实际层间、层内抗剪断强度指标,在坝体 9 个坝段 4 个浇筑层内钻取了约 100 d 龄期的层内、层间混凝土芯样 52 个,由于同一高程的混凝土浇筑时间比较接近,为提高可比性,按同一高程分层内及层间计算混凝土芯样法向应力和剪应力关系式,同时也按总的层内、层间计算了两种情况的混凝土层芯样法向应力、剪应力关系式（C2、C3）（见表 14-90、图 14-50）。

表 14-90　某拱坝大坝芯样层面抗剪断参数（剪应力与法向应力关系式）

| 高程/m | $f'$ | $c'$/MPa | 高程 | $f'$ | $c'$/MPa |
|---|---|---|---|---|---|
| 1 037~1 040 高程层内 | 1.12 | 4.49 | 1 037 高程层间 | 1.16 | 3.76 |
| 1 034~1 037 高程层内 | 0.94 | 5.96 | 1 034 高程层间 | 1.29 | 4.03 |
| 1 031~1 037 高程层内 | 1.01 | 5.48 | 1 031 高程层间 | 1.04 | 5.00 |
| 1 028~1 031 高程层内 | 0.89 | 5.99 | 1 028 高程层间 | 1.10 | 4.19 |
| 4 层平均值 | 0.98 | 5.48 | 4 层平均值 | 1.14 | 4.25 |
| 4 个浇筑层层内（C2） | 1.04 | 5.18 | 4 个浇筑层层间（C3） | 1.10 | 4.49 |
| 岩石原位大试件剪切（E1） | 1.00 | 6.00 | 混凝土与岩石原位大试件剪切（C1） | 0.81 | 3.20 |

**注**:大坝四级配混凝土浇筑层间处理,采用表面凿毛冲洗浇筑 50 cm 三级配混凝土的层面处理措施。

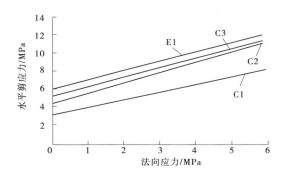

图 14-50　某拱坝芯样试件抗剪断特性

为便于分析比较,表 14-90 中列出了初设阶段岩石及岩石与混凝土原位大试件剪切试验值 E1、C1,从以上试验结果分析:

（1）4 个浇筑层的混凝土层间、层内抗剪断强度值不尽相同,4 个层内的 $f'$ 在 0.89~1.12,$c'$ 在 4.49~5.99 MPa,综合抗剪断强度值（C2）,$f'$ = 1.04,$c'$ = 5.18 MPa;4 个层间的 $f'$ 在 1.04~1.29,$c'$ 在 3.76~5.00 MPa, 综合抗剪断强度值（C3）,$f'$ = 1.10,$c'$ = 4.49 MPa。总的来看,层内抗剪断强度值高于层间抗剪断强度,4 个浇筑层层间之间抗剪断强度值相差比层内之间更大一些,即层间之间抗剪断强度值离散较大,主要受层面的凿毛清洗及混凝土芯样层间位置的准确性等因素影响。

(2)4 层混凝土层内芯样综合抗剪断强度值(C2)小于室内成型大试件的层内抗剪断强度值(N1);而 4 层混凝土层间芯样抗剪断强度值(C3)大于室内成型大试件的层间抗剪断强度值(N5),可能与芯样的层间进行了处理,室内成型大试件(N5)没有进行层面处理有关。

(3)产生上述抗剪断强度值差别的原因主要有:层间取样位置的准确性;骨料最大粒径为 15 cm,试件尺寸(φ14.5 cm)偏小及混凝土表面凿毛深度大于预留剪切缝宽度,而出现层间剪切面剪断较多骨料现象。尽管如此,这些试验数据还是反映了大坝坝体混凝土抗剪断强度的基本情况。

4. 大坝芯样和混凝土室内抗剪断试验成果综合分析

(1)通过室内模拟某工程大坝混凝土浇筑工艺成型全级配大试件,以及从该大坝坝体钻取混凝土芯样做抗剪断强度试验,了解了几种不同层间胶结面处理的抗剪断强度,其抗剪断强度不仅同层间胶结面处理方法有关,而且随着法向应力(即层面至坝顶高度)增加而增大。

(2)从 6 种不同层间胶结面处理效果看,层间铺一级配混凝土抗剪断强度较高,表面凿毛冲洗浇二、三级配混凝土,铺砂浆浇四级配混凝土抗剪断强度居中,而表面不凿毛直接浇四级配混凝土抗剪断强度最低,但都远高于混凝土和岩石胶结面的原位大试件剪切试验值。

(3)大坝四级配混凝土浇筑层间处理,采用表面凿毛冲洗浇筑 50 cm 三级配混凝土的层面处理措施,从混凝土芯样试验看(尽管芯样直径偏小,试验有一定偏差),其层间处理效果较好,比层面铺砂浆的方法更便于施工。

### 14.6.1.8　景洪工程

1. 碾压混凝土层面处理工艺试验

景洪工程碾压混凝土主要设计指标、碾压混凝土配合比见 2.4.12 节。碾压混凝土层面允许停歇时间及施工冷缝分类见表 14-91。试验采用的不同层面结合工况共分为 5 种:工况①,Ⅰ型冷缝(碾压完毕后间隔 6 h 以上)不冲毛铺砂浆继续上升(砂浆厚 1~1.5 cm,强度比混凝土高一等级);工况②,Ⅰ型冷缝(碾压完毕后间隔 6 h 以上)不冲毛铺净浆继续上升(水泥、双掺料净浆,水灰比与混凝土一致);工况③,Ⅱ型冷缝(冷升层缝面)冲毛铺砂浆后铺筑碾压混凝土(砂浆厚 1~1.5 cm,强度比混凝土高一等级);工况④,Ⅱ型冷缝(冷升层缝面)冲毛铺净浆后铺筑碾压混凝土(水泥、双掺料净浆,水灰比与混凝土一致);工况⑤,热升层连续上升。对上述工况又分别采用天然骨料和人工骨料的碾压混凝土平行进行抗剪断试验。

表 14-91　景洪碾压混凝土层面允许停歇时间及施工冷缝分类

| 施工时间 | 层面允许停歇时间/h | Ⅰ型冷缝/h | Ⅱ型冷缝/h |
| --- | --- | --- | --- |
| 11 月至翌年 2 月 | | >10 且≤20 | >20 |
| 3 月、9~10 月 | ≤初凝时间-1 | >8 且≤16 | >16 |
| 4~8 月 | | >6 且≤12 | >12 |

2. 碾压混凝土抗剪试验成果及分析

混凝土达到设计龄期后,分别对不同工况进行原位抗剪试验和钻孔取芯试验,确定最优层面处理方式。不同工况的原位抗剪试验及钻孔取芯成果见表 14-92,典型工况的剪应力-水平位移曲线见图 14-51。现分析如下:

(1)热升层连续上升工况⑤:人工骨料 $f'=1.18$,$c'=1.29$ MPa;天然骨料,$f'=1.17$,$c'=1.19$ MPa;均满足设计要求;层间胶结良好,层间结合不明显。

(2)Ⅰ型冷缝(工况①和工况②):天然骨料铺砂浆及人工骨料铺净浆的层间处理方式,其摩擦系数 $f'$ 和黏聚力 $c'$ 均满足设计要求,而天然骨料铺净浆和人工骨料铺砂浆的层间处理方式,其摩擦系数 $f'$ 和黏聚力 $c'$ 分别有一个或两个均略低于设计要求,钻孔取芯有个别芯样从结合面断开。

表 14-92　景洪工程不同工况碾压混凝土层面原位抗剪及钻孔取芯成果

| 骨料类型 | 层面结合工况 | 层间抗剪参数 | | 芯样结合情况 |
| --- | --- | --- | --- | --- |
| | | $f'$ | $c'$/MPa | |
| 天然骨料 | 工况①，Ⅰ型冷缝，不冲毛铺砂浆 | 1.32 | 1.26 | 完整芯样结合良好，层间结合不明显，15 号孔芯样从层面断开，断面平整，有砂浆 |
| | 工况②，Ⅰ型冷缝，不冲毛铺净浆 | 1.08 | 1.11 | 胶结良好，Ⅰ型冷缝层间结合不明显 |
| | 工况③，Ⅱ型冷缝，冲毛铺砂浆 | 1.14 | 1.07 | 胶结良好，层间结合不明显 |
| | 工况④，Ⅱ型冷缝，冲毛铺净浆 | 0.89 | 0.84 | 完整芯样结合良好，层间结合不明显，1 号孔芯样铺净浆层面断开 |
| | 工况⑤，热升层，连续上升 | 1.17 | 1.19 | 胶结良好，层间结合不明显 |
| | 平均值 | 1.12 | 1.094 | |
| 人工骨料 | 工况① | 0.95 | 1.06 | 胶结良好，层间结合不明显 |
| | 工况② | 1.74 | 1.21 | 胶结良好，层间结合不明显 |
| | 工况③ | 1.46 | 1.91 | 胶结良好，层间结合不明显 |
| | 工况④ | 2.52 | 0.68 | 胶结良好，层间结合不明显 |
| | 工况⑤ | 1.18 | 1.29 | 胶结良好，层间结合不明显 |
| | 平均值 | 1.57 | 1.23 | |

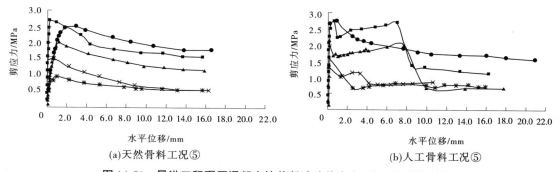

图 14-51　景洪工程碾压混凝土抗剪断试验剪应力-水平位移关系曲线

（3）Ⅱ型冷缝（工况③和工况④）：铺砂浆时，除天然骨料黏聚力 $c'$ 略低于 1.10 的设计要求外，其余指标均满足设计要求，且芯样胶结良好，而铺净浆时无论人工骨料和天然骨料，层间抗剪参数均不能满足设计要求，且个别芯样从结合面处断开，表明铺净浆时结合效果较差。

（4）天然骨料碾压混凝土层面冷缝铺砂浆（工况①和工况③）：抗剪断参数的平均值 $f' = 1.23$，$c' = 1.16$ MPa；层面冷缝铺净浆（工况②和工况④），$f' = 0.99$，$c' = 0.97$ MPa；后者分别是前者的 80.5% 和 83.6%，铺砂浆优于铺净浆。

人工骨料碾压混凝土，层面冷缝铺砂浆（工况①和工况③）：抗剪断参数的平均值 $f' = 1.21$，$c' = 1.48$ MPa；层面冷缝铺净浆（工况②和工况④）：抗剪断参数的平均值 $f' = 2.13$，$c' = 0.95$ MPa；后者分别是前者的 176% 和 64.2%，铺砂浆和铺净浆效果基本接近。

(5)5种工况人工骨料碾压混凝土层面抗剪断参数的平均值 $f'=1.57$, $c'=1.23$ MPa;天然骨料为 $f'=1.12$, $c'=1.094$ MPa。后者分别是前者的71.3%和88.9%,而且人工骨料碾压混凝土层面结合良好,说明人工骨料碾压混凝土层面抗剪断特性优于天然骨料。

(6)从两种骨料的碾压混凝土的剪应力-水平位移关系曲线(见图14-51)来看,都是随着水平位移的增加,剪应力达到峰值后,再缓慢下降。

(7)对于Ⅰ型冷缝,当面积较小时,综合试验情况,并考虑到施工方便,可采用铺净浆后继续铺筑的方式处理;对于Ⅱ型冷缝,铺净浆的处理方式层间抗剪参数不能满足设计要求,推荐采用冲毛后铺砂浆的处理方式。

### 14.6.1.9　金安桥工程

**1. 碾压混凝土芯样抗剪强度**

对 $C_{90}20$ 碾压混凝土,做了2组二级配(本体、热缝)、2组三级配(本体、热缝)和3组三级配层面冷缝的芯样抗剪强度试验,其结果见表14-93。分析如下:

(1)二级配(本体)芯样抗剪断强度参数 $f'=1.32$, $c'=1.83$ MPa,略高于三级配(本体)芯样抗剪断强度参数 $f'=1.27$, $c'=1.82$ MPa。

(2)三级配混凝土的本体比层间(冷缝)抗剪强度参数高,其中 $f'$ 高8.2%, $c'$ 高11%。

**表 14-93　金安桥大坝芯样抗剪试验结果**

| 设计强度指标 | 芯样直径/mm | 试验组数 | 检测龄期/d | 抗剪断峰值强度参数 | |
|---|---|---|---|---|---|
| | | | | $f'$ | $c'$ /MPa |
| $C_{90}20$ 二级配,本体 | 150 | 2 | 306~336 | 1.32 | 1.83 |
| $C_{90}20$ 三级配,本体 | 200 | 2 | 286~313 | 1.27 | 1.82 |
| $C_{90}20$ 三级配,层面 | 200 | 3 | 337~433 | 1.22 | 1.65 |

**2. 现场原位抗剪试验**

**1)试验方法**

大坝碾压混凝土现场共布置6组原位抗剪断试验。混凝土设计等级分别为 $C_{90}20W6F100$ 和 $C_{90}15W6F100$,三级配碾压混凝土。

碾压混凝土现场抗剪试验的最大正应力为3.0 MPa,采用多点峰值法,5块试件的正应力设定为0.6 MPa、1.2 MPa、1.8 MPa、2.4 MPa、3.0 MPa。试验完毕后,翻转试块,对剪断面的物理特征,如破坏形式、起伏情况、剪断面面积等进行描述和测算。

**2)试验成果分析**

碾压混凝土现场原位抗剪断试验成果分别见表14-94、表14-95,分析如下:

(1)坝体 $C_{90}20W6F100$ 三级配碾压混凝土原位抗剪断强度参数值(热缝): $f'$ 为1.24~1.32、 $c'$ 为1.51~1.73 MPa;抗剪断强度参数综合值: $f'=1.28$, $c'=1.63$ MPa。试件剪切破坏面沿缝面剪断或混凝土剪断,混凝土剪断面占20%~45%,剪切面起伏差大,为5~7 cm,混凝土胶结良好,石子分布均匀。

(2)坝体 $C_{90}15W6F100$ 三级配碾压混凝土原位抗剪断强度参数值(热缝): $f'$ 为1.20~1.21、 $c'$ 为1.71~1.87 MPa;抗剪断强度参数综合值: $f'=1.20$、 $c'=1.79$ MPa。试件剪切破坏面沿缝面剪断或混凝土剪断,剪切面较平整,最大起伏差3~5 cm,混凝土胶结良好,石子分布均匀,有少量石子剪断。

(3)比较两种强度等级混凝土原位抗剪断强度参数值: $C_{90}20W6F100$ 的 $f'$、 $c'$ 分别为 $C_{90}15W6F100$ 的106.67%和91.06%;若取正应力为3 MPa,则抗剪断强度分别是5.47 MPa和5.35 MPa,前者比后者高2.24%,两者胶材用量分别是166 kg/m³和153 kg/m³,前者比后者多用胶材8.49%。由此说明,胶材用量在150 kg/m³以上,且层面为热缝时,增加胶材用量对提高碾压混凝土层面抗剪断强度效果不大。

表 14-94　金安桥 $C_{90}20W6F100$(三级配)碾压混凝土现场原位抗剪断试验成果

| 试验部位 | 抗剪断峰值强度参数 | | | | | | | |
|---|---|---|---|---|---|---|---|---|
| 11 号坝段坝后高程 1 320 m 平台 | 综合值 | | 第一组($\tau_\mathrm{I}$) | | 第二组($\tau_\mathrm{II}$) | | 第三组($\tau_\mathrm{III}$) | |
| | $f'$ | $c'$/MPa | $f'$ | $c'$/MPa | $f'$ | $c'$/MPa | $f'$ | $c'$/MPa |
| | 1.28 | 1.63 | 1.28 | 1.65 | 1.32 | 1.51 | 1.24 | 1.73 |
| 龄期/d | 仓面高程/m | 开仓时间 | | 收仓时间 | | 试验日期 | | |
| 302 | 1 315.00~1 318.70 | 2008 年 2 月 8 日下午 9:30 | | 2008 年 2 月 19 日下午 9:30 | | 2008 年 12 月 16~17 日 | | |
| 浇筑条件 | | 天气:小雨　气温:13 ℃　相对湿度:62%　风速:2.0 m/s | | | | | | |

表 14-95　金安桥 $C_{90}15W6F100$(三级配)碾压混凝土现场原位抗剪断试验成果

| 试验部位 | 抗剪断峰值强度参数 | | | | | | | |
|---|---|---|---|---|---|---|---|---|
| 1 号坝段高程 1 422.5 m | 综合值 | | 第四组($\tau_\mathrm{IV}$) | | 第五组($\tau_\mathrm{V}$) | | 第六组($\tau_\mathrm{VI}$) | |
| | $f'$ | $c'$/MPa | $f'$ | $c'$/MPa | $f'$ | $c'$/MPa | $f'$ | $c'$/MPa |
| | 1.20 | 1.79 | 1.20 | 1.87 | 1.20 | 1.71 | 1.21 | 1.78 |
| 龄期/d | 仓面高程/m | 开仓时间 | | 收仓时间 | | 试验日期 | | |
| 106 | 1 420.00~1 422.5 | 2008 年 11 月 8 日 | | 2008 年 11 月 10 日 | | 2009 年 2 月 22~24 日 | | |
| 浇筑条件 | | 天气:晴　气温:20 ℃　相对湿度:　%　风速:　m/s | | | | | | |

#### 14.6.1.10　官地水电站

1. 试验概况

具体的试验内容如下:采用的碾压混凝土强度分别为 R I($C_{180}25$)、R II($C_{180}20$)和 R III($C_{90}15$)。试验的工况分别为:①初凝前直接铺筑,层面不处理;②初凝前直接铺筑,层面不处理,降雨强度为 3 mm/h;③混凝土本体;④施工缝及冷缝(层面处理,加垫层)。

2. 试验成果

试验各工况下碾压混凝土抗剪断成果见表 14-96。

3. 试验成果分析

1)降雨对碾压混凝土层面结合的影响

现场碾压试验模拟降雨强度为 3 mm/h 时,共进行了 3 组抗剪(断)强度试验。分析如下:

(1)$\tau$R III$C_{90}15$-1 组。$f'=1.36$,$c'=1.79$ MPa;$f=0.85$,$c=1.05$ MPa。试件剪断面大部分都是平整的,个别试件起伏差较大,而且碾压密实,甚至剪断骨料,降雨对层面没有不利的影响。

(2)$\tau$R II$C_{180}20$-1 组。$f'=1.45$,$c'=2.50$ MPa;$f=1.19$,$c=0.92$ MPa。试件剪断面大部分不平整,骨料分布不均匀,层面没有出露,而且每块试件都有剪断骨料现象,因此降雨的影响微乎其微。

(3)$\tau$R I$C_{180}25$-1 组。$f'=1.45$,$c'=2.45$ MPa;$f=1.08$,$c=1.18$ MPa。试件剪断面大部分平整,起伏差不大,个别试件起伏差大,该组的骨料大小分布均匀,没有层面出露,而且试件都剪断骨料,擦痕清晰,同 C25 本体的抗剪断 $c'$ 相比,经降雨过的 $c'$ 值仅减小 5.77%。

从以上 3 组抗剪断后的情况看出,降雨强度为 3 mm/h 时,对抗剪断强度参数 $c'$ 值没有影响或影响不大。因此,当降雨强度小于 3 mm/h 时,可采用适当措施继续施工。

表14-96 官地水电站碾压混凝土现场原位抗剪(断)试验成果汇总

| 试组编号 | 强度等级及龄期 | 工况 | 抗剪断强度参数 | | | | | | | 抗剪强度参数 | | | | | | | |
|---|---|---|---|---|---|---|---|---|---|---|---|---|---|---|---|---|---|
| | | | $f'$ | $c'$/MPa | 算术平均值 | | 综合值 | | 范围值 | | $f$ | $c$/MPa | 算术平均值 | | 综合值 | | 范围值 | |
| | | | | | $f'$ | $c'$/MPa | $f'$ | $c'$/MPa | $f'$ | $c'$/MPa | | | $f$ | $c$/MPa | $f$ | $c$/MPa | $f$ | $c$/MPa |
| τRⅢ-1 | C15 90 d | 降雨的影响采用降雨强度为3 mm/h | 1.36 | 1.79 | | | | | | | 0.85 | 1.05 | | | | | | |
| τRⅢ-2 | | 直接铺筑,层面不加垫层 | 1.32 | 1.43 | 1.35 | 1.57 | 1.35 | 1.56 | 1.28~1.42 | 1.43~1.79 | 0.93 | 1.02 | 0.98 | 0.98 | 0.93 | 1.04 | 0.85~1.15 | 0.82~1.05 |
| τRⅢ-3 | | 本体 | 1.42 | 1.60 | | | | | | | 1.15 | 1.03 | | | | | | |
| τRⅢ-4 | | 施工缝及冷缝 | 1.28 | 1.46 | | | | | | | 0.99 | 0.82 | | | | | | |
| τRⅡ-1 | C20 180 d | 降雨的影响采用降雨强度为3 mm/h | 1.45 | 2.50 | | | | | | | 1.19 | 0.92 | | | | | | |
| τRⅡ-2 | | 直接铺筑,层面不加垫层 | 1.42 | 2.48 | 1.42 | 2.46 | 1.40 | 2.47 | 1.39~1.45 | 2.27~2.58 | 1.15 | 1.35 | 1.10 | 1.11 | 1.04 | 1.17 | 0.93~1.19 | 0.92~1.35 |
| τRⅡ-3 | | 本体 | 1.40 | 2.58 | | | | | | | 1.12 | 1.11 | | | | | | |
| τRⅡ-4 | | 施工缝及冷缝 | 1.39 | 2.27 | | | | | | | 0.93 | 1.07 | | | | | | |
| τRⅠ-1 | C25 180 d | 降雨的影响采用降雨强度为3 mm/h | 1.45 | 2.45 | | | | | | | 1.08 | 1.18 | | | | | | |
| τRⅠ-2 | | 直接铺筑,层面不加垫层 | 1.51 | 2.60 | 1.49 | 2.57 | 1.49 | 2.57 | 1.45~1.53 | 2.45~2.62 | 1.14 | 1.23 | 1.12 | 1.18 | 1.10 | 1.19 | 1.08~1.14 | 1.07~1.23 |
| τRⅠ-3 | | 本体 | 1.48 | 2.60 | | | | | | | 1.12 | 1.23 | | | | | | |
| τRⅠ-4 | | 施工缝及冷缝 | 1.53 | 2.62 | | | | | | | 1.12 | 1.07 | | | | | | |

注:综合值是指碾压混凝土相同强度等级下的剪应力 $\tau_{ck}$、$\tau$ 与法向应力 $\sigma$ 的强度进行线性回归,而得出的抗剪(断)强度参数。

2）初凝前直接铺筑

（1）$\tau R \mathrm{III} C_{90} 15-2$ 组。该组为直接铺筑，层面不加垫层。$f' = 1.32$，$c' = 1.43$ MPa；$f = 0.93$，$c = 1.02$ MPa。试件剪断面大部分平整，起伏差为 4.00 cm 左右，而且剪断面可见不连续交错细小的裂隙，延伸不长，有的试件断面可见骨料被剪断。

（2）$\tau R \mathrm{II} C_{180} 20-2$ 组。该组亦为直接铺筑，层面不加垫层。$f' = 1.42$，$c' = 2.48$ MPa；$f = 1.15$，$c = 1.35$ MPa。该组试件剪断面平整，起伏差为 5.0 cm 左右，每块试件都有少量的骨料被剪断，说明该组较 $\tau R \mathrm{III} C_{90} 15-2$ 组的抗剪断强度参数大得多，碾压混凝土强度和水泥砂浆强度都胶结得很好，看不到层面出露，碾压质量较好。

（3）$\tau R \mathrm{I} C_{180} 25-2$ 组。该组同样为直接铺筑，层面不加垫层。$f' = 1.51$，$c' = 2.60$ MPa；$f = 1.14$，$c = 1.23$ MPa。该组试件剪断面平整，起伏差为 2.0~5.0 cm，每块试件上都有少量的细骨料被剪断，该组的抗剪断强度参数略比 $\tau R \mathrm{II} C_{180} 20-2$ 组高，抗剪强度参数比 $\tau R \mathrm{II} C_{180} 20-2$ 组低。

从以上 3 组剪断后的情况看出，除 $\tau R \mathrm{III} C_{90} 15-2$ 组的试验强度等级为 C15 外，$\tau R \mathrm{II} C_{180} 20-2$ 和 $\tau R \mathrm{I} C_{180} 25-2$ 都具有较高的抗剪（断）强度指标，说明在施工过程中，碾压混凝土上层、下层结合紧密，上层骨料嵌入到下层混凝土中，初凝前的时间把握得好，相应得到了较为理想的碾压混凝土抗剪（断）强度指标。

3）本体（层内）结合

（1）$\tau R \mathrm{III} C_{90} 15-3$ 组。$f' = 1.42$，$c' = 1.60$ MPa；$f = 1.15$，$c = 1.03$ MPa。该组试件剪断面较为平整，起伏差为 5.0 cm，每块试件上都有少量的骨料被剪断，个别试件的起伏差较大。

（2）$\tau R \mathrm{II} C_{180} 20-3$ 组。$f' = 1.40$，$c' = 2.58$ MPa；$f = 1.12$，$c = 1.11$ MPa。该组试件剪断面平整，最大起伏差为 5.0 cm，每块试件剪断面上分布较多的细骨料，而且有少量的细骨料被剪断，由于该组的细骨料较多，对试验成果有一定的影响。

（3）$\tau R \mathrm{I} C_{180} 25-3$ 组。$f' = 1.48$，$c' = 2.60$ MPa；$f = 1.12$，$c = 1.23$ MPa。该组试件剪断面平整，起伏差为 2.0~4.0 cm，并且剪断面可见少量的粗、细骨料被剪断，$\tau R \mathrm{I} C_{180} 25-3-3$、$\tau R \mathrm{I} C_{180} 25-3-5$ 试件断面上有明显的擦痕，因此该组得出相对较高的试验参数。

以上 3 组碾压混凝土本体的原位抗剪（断）强度试验成果规律性较好，说明混凝土碾压得比较密实，碾压混凝土的质量比较好。

4）施工缝和冷缝的处理（施工缝及冷缝加砂浆垫层）

（1）$\tau R \mathrm{III} C_{90} 15-4$ 组。$f' = 1.28$，$c' = 1.46$ MPa；$f = 0.99$，$c = 0.82$ MPa。该组试件剪断面较平整，最大起伏差为 6.0 cm，每块试件断口有个别骨料被剪断，该组有一试件沿前部剪断层面，试件后部剪断下层混凝土，其余试件均沿上层混凝土剪断破坏，说明结合面黏结紧密，层面处理较好，砂浆强度较高。

（2）$\tau R \mathrm{II} C_{180} 20-4$ 组。$f' = 1.39$，$c' = 2.27$ MPa；$f = 0.93$，$c = 1.07$ MPa。该组试件剪断面平整，起伏差为 2.0~4.0 cm，有半数试件沿部分砂浆层面剪断，同时，剪断上层或下层的混凝土，而且这一类型的破坏断面，在剪断破坏时，发出清脆的响声，属典型脆性破坏，另半数试件主要沿混凝土剪断破坏，剪断少量细骨料，并有明显的擦痕，说明该组的砂浆强度高，结合面处理得好，黏结紧密。

（3）$\tau R \mathrm{I} C_{180} 25-4$ 组。$f' = 1.53$，$c' = 2.62$ MPa；$f = 1.12$，$c = 1.07$ MPa。该组试件剪断面较平整，起伏差为 2.0~6.0 cm，大部分试件沿部分砂浆层面剪断，另一部分沿下层混凝土剪断，在剪断破坏时，部分试件发生清脆的响声，剪断少量的细骨料，剪断面上有明显的擦痕，说明该组的砂浆强度和混凝土强度都很高，层间结合面处理得好，黏结紧密。

5）剪应力与剪切位移的关系

各工况剪应力与剪切位移的关系见图 14-52~图 14-63。由图 14-52~图 14-63 可以看出：当剪切位移达到 1~2 mm 时，剪应力一般出现最大值，随着剪切位移增加，剪应力不断下降，出现软化特性。

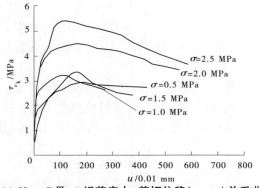

图 14-52　$\tau R\,\mathbb{II}-1$ 组剪应力-剪切位移（$\tau_{ck}-u$）关系曲线

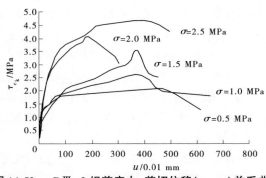

图 14-53　$\tau R\,\mathbb{II}-2$ 组剪应力-剪切位移（$\tau_{ck}-u$）关系曲线

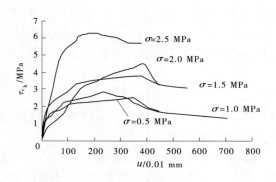

图 14-54　$\tau R\,\mathbb{II}-3$ 组剪应力-剪切位移（$\tau_{ck}-u$）关系曲线

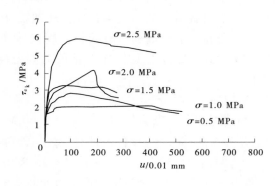

图 14-55　$\tau R\,\mathbb{II}-4$ 组剪应力-剪切位移（$\tau_{ck}-u$）关系曲线

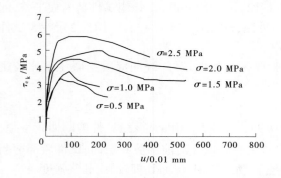

图 14-56　$\tau R\,\mathbb{II}-1$ 组剪应力-剪切位移（$\tau_{ck}-u$）关系曲线

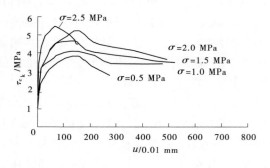

图 14-57　$\tau R\,\mathbb{II}-2$ 组剪应力-剪切位移（$\tau_{ck}-u$）关系曲线

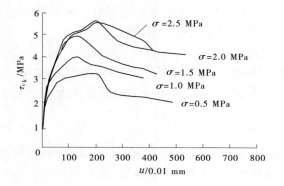

图 14-58　$\tau R\,\mathbb{II}-3$ 组剪应力-剪切位移（$\tau_{ck}-u$）关系曲线　　　　图 14-59　$\tau R\,\mathbb{II}-4$ 组剪应力-剪切位移（$\tau_{ck}-u$）关系曲线

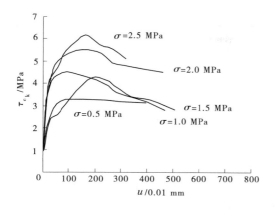

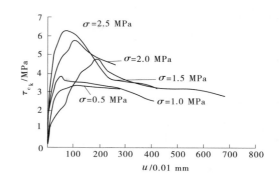

图 14-60　$\tau R\,I\!-\!1$ 组剪应力-剪切位移($\tau_{ck}-u$)关系曲线　　图 14-61　$\tau R\,I\!-\!2$ 组剪应力-剪切位移($\tau_{ck}-u$)关系曲线

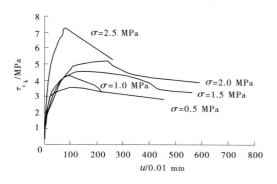

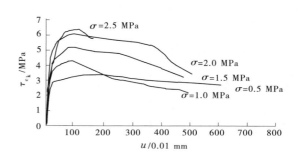

图 14-62　$\tau R\,I\!-\!3$ 组剪应力-剪切位移($\tau_{ck}-u$)关系曲线　　图 14-63　$\tau R\,I\!-\!4$ 组剪应力-剪切位移($\tau_{ck}-u$)关系曲线

## 14.6.2　美国垦务局的碾压混凝土层面抗剪断试验成果

表 14-97～表 14-103 中列出的是美国垦务局和波特兰水泥协会提供的不同配比、不同层面间隔时间及层面处理方式条件下的层面结合强度室内及野外试验成果资料。

表 14-97　碾压混凝土结合强度室内试验综合成果(美国垦务局及波特兰水泥协会提供)

| 结合面条件 | | 龄期/d | 本体平均抗压强度/MPa | 平均抗拉强度 | | | 抗剪断强度 | | 抗剪强度 | |
| --- | --- | --- | --- | --- | --- | --- | --- | --- | --- | --- |
| 层间间隔/h | 层面处理 | | | 抗拉强度 | | 结合面破坏情况 | $c'$/MPa | $f'$ | $c$/MPa | $f$ |
| | | | | MPa | % | | | | | |
| $(C+F)=89\ \mathrm{kg/m^3}$ | | | | | | | | | | |
| 8 | 缝面不处理 | 28 | 1.724 | — | — | — | — | — | — | — |
| | | 56 | 3.585 | 0.241 | 6.7 | 结合面未破坏,环氧胶结板破坏 | 0.483 | 0.93 | 0.241 | 0.81 |
| | | 90 | 4.585 | 0.412 | 9.0 | 结合面未破坏,环氧胶结板破坏 | 0.690 | 1.15 | 0.414 | 1.00 |
| | | 365 | 7.722 | 0.758 | 9.8 | 结合面未破坏,环氧胶结板破坏 | 1.482 | 1.07 | 0.345 | 0.97 |
| 24 | 缝面不处理 | 56 | 3.585 | 0.241 | 6.7 | 结合面未破坏 | 0.276 | 0.87 | 0.138 | 0.65 |
| | | 90 | 4.585 | 0.310 | 6.8 | 结合面未破坏,环氧胶结板破坏 | 0.758 | 0.84 | 0.310 | 0.70 |
| | | 365 | 7.722 | 0.412 | 5.4 | 结合面未破坏,环氧胶结板破坏 | 1.827 | 0.65 | 0.138 | 0.90 |

续表 14-97

| 结合面条件 | | 龄期/d | 本体平均抗压强度/MPa | 平均抗拉强度 | | | 抗剪断强度 | | 抗剪强度 | |
|---|---|---|---|---|---|---|---|---|---|---|
| 层间间隔/h | 层面处理 | | | 抗拉强度 | | 结合面破坏情况 | $c'$/MPa | $f'$ | $c$/MPa | $f$ |
| | | | | MPa | % | | | | | |
| | | | | | | $(C+F) = 89\ \mathrm{kg/m^3}$ | | | | |
| 72 | 缝面不处理 | 56 | 3.585 | 0.207 | 5.8 | 结合面未破坏 | — | | 0.021 | 0.73 |
| | | 90 | 4.585 | 0.241 | 8.3 | 结合面破坏 | 0.276 | 0.60 | 0.172 | 0.81 |
| | | 365 | 7.722 | 0.412 | 5.4 | 结合面未破坏，环氧胶结板破坏 | 0.724 | 1.28 | 0.138 | 0.81 |
| 24 | 铺水泥稀浆 | 90 | 4.585 | 0.448 | 9.8 | 结合面未破坏，环氧胶结板破坏 | 1.310 | 1.04 | 0.207 | 0.81 |
| | | 365 | 7.722 | 0.758 | 9.8 | 结合面未破坏 | 1.862 | 1.07 | 0.207 | 0.87 |
| | 铺砂浆 | 90 | 4.585 | 0.310 | 6.8 | 结合面未破坏，环氧胶结板破坏 | 1.172 | 1.04 | 0.172 | 0.78 |
| | | 365 | 7.722 | 0.724 | 9.4 | 结合面未破坏 | 1.793 | 1.28 | 0.172 | 0.90 |
| | 喷砂 | 90 | 4.585 | 0.448 | 9.8 | 结合面未破坏，环氧胶结板破坏 | 0.690 | 1.24 | 0.172 | 0.70 |
| | | 365 | 7.722 | 0.793 | 10.3 | 结合面未破坏 | 1.758 | 0.97 | 0.241 | 1.04 |
| | 铺干水泥 | 90 | 4.585 | 0.412 | 9.0 | 结合面破坏 | 0.965 | 1.38 | 0.241 | 0.97 |
| | | 365 | 7.722 | 0.655 | 8.5 | 结合面破坏 | 1.724 | 1.38 | 0.138 | 1.07 |
| | 垫层混凝土 | 90 | 4.585 | 0.412 | 9.0 | 结合面破坏 | 1.103 | 0.90 | 0.207 | 0.84 |
| | | 365 | 7.722 | 0.690 | 8.9 | 结合面破坏 | 1.827 | 0.93 | 0.103 | 0.90 |
| | | | | | | $(C+F) = 178\ \mathrm{kg/m^3}$ | | | | |
| 8 | 缝面不处理 | 28 | 10.205 | 1.000 | 908 | 结合面破坏 | 0.552 | 1.04 | 0.379 | 0.87 |
| | | 90 | 18.203 | 1.344 | 7.4 | 结合面未破坏 | 2.827 | 0.75 | 0.276 | 0.97 |
| | | 365 | 31.303 | 1.620 | 5.2 | 结合面未破坏，环氧胶结板破坏 | 4.137 | 1.28 | 0.345 | 1.07 |
| 24 | 缝面不处理 | 28 | 10.205 | 1.069 | 10.5 | 结合面破坏 | 1.827 | 0.36 | 0.776 | 0.93 |
| | | 90 | 18.203 | 1.241 | 6.8 | 结合面未破坏 | 3.103 | 0.58 | 0.241 | 0.87 |
| | | 365 | 31.303 | 1.724 | 5.5 | 结合面未破坏 | 4.275 | 0.70 | 0.172 | 0.97 |
| 72 | 缝面不处理 | 28 | 10.205 | 1.000 | 9.7 | 结合面破坏 | 1.517 | 0.84 | 0.241 | 0.75 |
| | | 90 | 18.203 | 1.241 | 6.8 | 结合面破坏 | 2.620 | 1.28 | 0.207 | 0.87 |
| | | 365 | 31.303 | 1.862 | 6.0 | 结合面破坏 | 3.310 | 2.15 | 0.138 | 0.84 |
| 24 | 铺水泥稀浆 | 90 | 18.203 | 1.379 | 7.6 | 结合面未破坏 | 2.896 | 1.38 | 0.241 | 0.90 |
| | 铺砂浆 | 90 | 18.203 | 1.448 | 8.0 | 结合面未破坏 | 3.310 | 0.97 | 0.138 | 1.04 |
| | 喷砂 | 90 | 18.203 | 1.207 | 7.4 | 结合面未破坏 | 2.275 | 1.66 | 0.172 | 0.84 |
| | 铺干水泥 | 90 | 18.203 | 1.345 | 7.4 | 结合面破坏 | 3.033 | 0.73 | 0.138 | 0.84 |
| 本体 | 无缝面 | 90 | 18.203 | 1.310 | 7.2 | 结合面未破坏 | — | — | — | — |

表 14-98　碾压混凝土结合强度室内试验综合统计成果表一（美国垦务局及波特兰水泥协会提供）

| 层间间隔/h | 层面处理 | 龄期/d | 胶材用量[(C+F)= 89 kg/m³] | | | | 胶材用量[(C+F)= 178 kg/m³] | | | |
| | | | 抗剪断强度 | | 抗剪强度 | | 抗剪断强度 | | 抗剪强度 | |
| | | | $c'$/MPa | $f'$ | $c$/MPa | $f$ | $c'$/MPa | $f'$ | $c$/MPa | $f$ |
| 8 | 不处理 | 56,90,365 | 0.885 | 1.05 | 0.333 | 0.927 | 2.505 | 1.023 | 0.333 | 0.923 |
| 24 | 不处理 | 56,90,365 | 0.954 | 0.79 | 0.195 | 0.750 | 3.068 | 0.547 | 0.396 | 0.750 |
| 72 | 不处理 | 56,90,365 | 0.500 | 0.94 | 0.110 | 0.783 | 2.482 | 1.423 | 0.195 | 0.780 |
| 平均值 | | | 0.780 | 0.93 | 0.213 | 0.820 | 2.685 | 0.998 | 0.308 | 0.820 |

注：层间间隔时间对抗剪断强度参数的影响，根据表 14-97 提供的数据进行的统计。

表 14-99　碾压混凝土结合强度室内试验综合统计成果表二（美国垦务局及波特兰水泥协会提供）

| 层间间隔/h | 层面处理 | 胶材用量[(C+F)= 89 kg/m³] | | | | | 胶材用量[(C+F)= 178 kg/m³] | | | |
| | | 龄期/d | 抗剪断强度 | | 抗剪强度 | | 龄期 | 抗剪断强度 | | 抗剪强度 | |
| | | | $c'$/MPa | $f'$ | $c$/MPa | $f$ | | $c'$/MPa | $f'$ | $c$/MPa | $f$ |
| 24 | 不处理 | 90,365 | 1.293 | 0.75 | 0.224 | 0.80 | 90 | 2.827 | 0.75 | 0.276 | 0.97 |
| | 铺水泥稀浆 | 90,365 | 1.586 | 1.05 | 0.207 | 0.84 | 90 | 2.896 | 1.38 | 0.241 | 0.90 |
| | 铺砂浆 | 90,365 | 1.48 | 1.16 | 0.172 | 0.84 | 90 | 3.310 | 0.97 | 0.138 | 1.04 |
| | 喷砂 | 90,365 | 1.22 | 1.11 | 0.210 | 0.87 | 90 | 2.275 | 1.66 | 0.172 | 0.84 |
| | 铺干水泥 | 90,365 | 1.34 | 1.38 | 0.189 | 1.02 | 90 | 3.033 | 0.73 | 0.138 | 0.84 |
| | 垫层混凝土 | 90,365 | 1.47 | 0.91 | 0.150 | 0.87 | 90 | | | | |
| 平均值 | | | 1.398 | 1.06 | 0.192 | 0.87 | | 2.868 | 1.098 | 0.193 | 0.918 |

注：层间处理材料对抗剪断强度参数的影响，根据表 14-97 提供的数据进行的统计。

表 14-100　碾压混凝土结合强度室内试验综合统计成果表三（美国垦务局及波特兰水泥协会提供）

| 层间间隔/h | 层面处理 | 胶材用量[(C+F)= 89 kg/m³] | | | | | 胶材用量[(C+F)= 178 kg/m³] | | | |
| | | 龄期/d | 抗剪断强度 | | 抗剪强度 | | 龄期 | 抗剪断强度 | | 抗剪强度 | |
| | | | $c'$/MPa | $f'$ | $c$/MPa | $f$ | | $c'$/MPa | $f'$ | $c$/MPa | $f$ |
| 24 | 不处理 | 90 | 0.758 | 0.84 | 0.310 | 0.70 | 90 | 2.827 | 0.75 | 0.276 | 0.97 |
| | 铺水泥稀浆 | 90 | 1.310 | 1.04 | 0.207 | 0.81 | 90 | 2.896 | 1.38 | 0.241 | 0.90 |
| | 铺砂浆 | 90 | 1.172 | 1.04 | 0.172 | 0.78 | 90 | 3.310 | 0.97 | 0.138 | 1.04 |
| | 喷砂 | 90 | 0.690 | 1.24 | 0.172 | 0.70 | 90 | 2.275 | 1.66 | 0.172 | 0.84 |
| | 铺干水泥 | 90 | 0.965 | 1.38 | 0.241 | 0.97 | 90 | 3.033 | 0.73 | 0.138 | 0.84 |
| 平均值 | | | 0.979 | 1.11 | 0.220 | 0.79 | | 2.868 | 1.10 | 0.193 | 0.918 |

注：层间处理材料对抗剪断强度参数的影响，根据表 14-97 提供的数据进行的统计。

### 14.6.2.1 层间间隔时间对抗剪断强度参数的影响

表 14-101 给出了 3 个层间间隔(8 h、24 h、72 h)情况下,对 3 个龄期(56 d、90 d、365 d)抗剪断强度的平均值进行的分析,似乎看不出层间间隔对抗剪断强度有什么影响,有点不符合一般规律,可能在覆盖上层混凝土时,下层混凝土已经初凝或终凝了。

表 14-101　碾压混凝土结合强度室内试验综合统计成果表三(美国垦务局及波特兰水泥协会提供)

(层间处理材料对抗剪断强度参数的影响——根据表 14-97 提供的数据进行的统计)

| 层间间隔/h | 层面处理 | 胶材用量($C+F$)为 89 kg/m³ 和 178 kg/m³ 时抗剪(断)强度参数成果的平均值 | | | | | |
|---|---|---|---|---|---|---|---|
| | | 龄期/d | 抗剪断强度 | | | 抗剪强度 | | |
| | | | $c'$/MPa | $f'$ | $\tau$/MPa | $c$/MPa | $f$ | $\tau$/MPa |
| 24 | 不处理 | 90 | 1.792 | 0.71 | 3.372 | 0.293 | 0.84 | 1.973 |
| | 铺水泥稀浆 | 90 | 2.103 | 1.21 | 4.523 | 0.228 | 0.85 | 1.928 |
| | 铺砂浆 | 90 | 2.24 | 1.00 | 4.240 | 0.155 | 0.91 | 1.975 |
| | 喷砂 | 90 | 1.482 | 1.45 | 4.382 | 0.172 | 0.77 | 1.712 |
| | 铺干水泥 | 90 | 1.994 | 1.05 | 4.094 | 0.189 | 0.91 | 2.009 |

### 14.6.2.2 胶材用量($C+F$)对抗剪断强度参数的影响(只分析平均值)

对表 14-97 成果的分类进行统计,得到表 14-102 和表 14-103,分析如下:

(1)表 14-98 表明,胶材用量($C+F$)为 89 kg/m³ 时,抗剪断强度参数 $c'$ = 0.780 MPa,$f'$ = 0.93;胶材用量($C+F$)为 178 kg/m³ 时,$c'$ = 2.685 MPa,$f'$ 为 0.998。后者分别是前者的 344.2% 和 121.7%。

(2)表 14-99 表明,胶材用量($C+F$)为 89 kg/m³ 时,抗剪断强度参数 $c'$ = 1.398 MPa,$f'$ = 1.06;胶材用量($C+F$)为 178 kg/m³ 时,$c'$ = 2.868 MPa,$f'$ = 1.098。后者分别是前者的 205.2% 和 103.6%。

(3)表 14-100 表明,胶材用量($C+F$)为 89 kg/m³ 时,抗剪断强度参数 $c'$ = 0.979 MPa,$f'$ = 1.11;胶材用量($C+F$)为 178 kg/m³ 时,$c'$ = 2.868 MPa,$f'$ = 1.10。后者分别是前者的 292.9% 和 99.1%。

以上成果表明,胶材用量对抗剪断强度参数 $c'$ 影响很大,对 $f'$ 影响较小。两种胶材用量时,$c'$ 的比值为 205.2%~344.2%,$f'$ 的比值为 99.1%~121.7%。

### 14.6.2.3 层面处理材料对抗剪断强度参数的影响(只分析平均值)

由表 14-101 可知,各种层面处理材料的抗剪断强度参数,以层面铺水泥稀浆、喷砂和铺砂浆比较高,铺干水泥次之,层面不处理的最低。以 $\sigma$ = 2 MPa 为例,层面抗剪断强度 $\tau$ 分别是 4.523 MPa、4.382 MPa、4.240 MPa、4.094 MPa 和 3.372 MPa;抗剪强度 $\tau$ 为 1.712~2.009 MPa。

### 14.6.2.4 碾压混凝土养护条件对试验坝层间结合和抗剪强度的影响

表 14-102 和表 14-103 的成果表明:配合比 A-mc1(胶材用量为 89 kg/m³)分别在湿润和空气条件下养护,平均抗拉强度分别为 0.483 MPa 和 0.519 MPa;平均抗剪强度分别为 1.528 MPa 和 1.66 MPa,两者相差不大。配合比 A-mc2(胶材用量为 178 kg/m³)分别在湿润和空气条件下养护,平均抗拉强度分别为 1.137 MPa 和 0.965 MPa;平均抗剪强度分别为 2.482 MPa 和 2.216 MPa,两者相差也不大。但胶材用量高的抗拉强度和抗剪强度也高,后者分别为前者的 209.78% 和 147.36%。

芯样本体的抗拉强度和抗剪强度也有类似规律。

表 14-102　碾压混凝土试验坝层间结合强度试验成果(美国垦务局及波特兰水泥协会提供)

| 配合比 | 缝面间隔/h | 养护 | 处理情况 | 碾压混凝土配合比编号 mc1 | | | 碾压混凝土配合比编号 mc2 | | |
|---|---|---|---|---|---|---|---|---|---|
| | | | | 芯样结合完好数 | 抗拉强度/MPa | 抗剪强度/MPa | 芯样结合完好数 | 抗拉强度/MPa | 抗剪强度/MPa |
| A | 6 | 湿润 | 不处理 | 0 | — | — | 0 | — | — |
| | | | 铺水泥浆(砂浆) | 6 | 0.552(1层破坏) | 1.413 | 4 | — | 0.758 |
| | | | | — | 0.414(2层破坏) | 2.000/1.172 | — | — | — |
| | | | 垫层混凝土 | 6 | 0.414(结合面破坏) | — | 4 | 0.483(2层破坏) | 1.655/0.724 |
| | | | | — | 0.552(1层破坏) | — | — | — | — |
| | | 空气 | 不处理 | 0 | — | — | 0 | — | — |
| | | | 铺水泥浆(砂浆) | — | 0.552(1层破坏) | 1.000 | — | — | — |
| | | | | 6 | 0.724(2层破坏) | — | 5 | 0.103(1层破坏) | — |
| | | | 垫层混凝土 | 5 | 0.214(结合面破坏) | — | 4 | 0.379(2层破坏) | —/1.103 |
| | | | | — | 0.586(1层破坏) | 2.482/1.517 | — | — | — |
| B | 6 | 湿润 | 不处理 | 3 | — | 1.00 | 3 | — | 0.793 |
| | | | 铺水泥浆(砂浆) | 6 | 0.586(结合面破坏) | 2.275 | 6 | 1.034(1层破坏) | 2.413 |
| | | | 垫层混凝土 | 5 | 2.413(2层破坏) | — | 6 | 1.069(1层破坏) | 2.378/1.793 |
| | | | | — | 0.414(1层破坏) | 2.999/2.172 | — | — | — |
| | | 空气 | 不处理 | 2 | — | 0.517 | 4 | 0.448(结合面破坏) | 0.758 |
| | | | 铺水泥浆(砂浆) | 6 | 0.827(结合面破坏) | 1.482 | 6 | 552(结合面破坏) | — |
| | | | | — | — | — | — | 0.093(2层破坏) | 2.448 |
| | | | 垫层混凝土 | 5 | 1.034(2层破坏) | — | 6 | 1.034(2层破坏) | 3.034/2.344 |
| | | | | — | 1.034(1层破坏) | 2.999/2.172 | — | — | — |

续表 14-102

| 配合比 | 缝面间隔/h | 养护 | 处理情况 | 碾压混凝土配合比编号 mc1 | | | 碾压混凝土配合比编号 mc2 | | |
|---|---|---|---|---|---|---|---|---|---|
| | | | | 芯样结合完好数 | 抗拉强度/MPa | 抗剪强度/MPa | 芯样结合完好数 | 抗拉强度/MPa | 抗剪强度/MPa |
| B | 48 | 湿润 | 不处理 | — | — | — | 4 | 0.517（结合面破坏） | 1.241 |
| | | | 铺水泥浆（砂浆） | | 1.207（2层破坏） | 2.000 | 5 | 1.379（结合面破坏） | — |
| | | | 垫层混凝土 | | 1.241（结合面破坏） | — | 6 | 1.448（结合面破坏） | 1.586 |
| | | | | | 1.138（2层破坏） | —/2.448 | — | 0.862（结合面破坏） | 3.723/2.310 |
| | | 空气 | 不处理 | | 0.138（结合面破坏） | — | 4 | 0.414（结合面破坏） | 1.034 |
| | | | 铺水泥浆（砂浆） | | 1.381（2层破坏） | — | 6 | 0.695（1层破坏） | — |
| | | | | | 1.207（结合面破坏） | 1.931 | — | 0.896（1层破坏） | 1.862 |
| | | | 垫层混凝土 | | 0.414（结合面破坏） | — | 5 | 0.414（结合面破坏） | 3.379/1.069 |
| | | | | | 1.103（2层破坏） | —/1.103 | — | | |
| A | 48 | 湿润 | 不处理 | | — | — | 0 | | |
| | | | 铺水泥浆（砂浆） | | 0.655（2层破坏） | — | 4 | | 1.448 |
| | | | | | 0.586（1层破坏） | 1.482 | — | | |
| | | | 垫层混凝土 | | 0.414（结合面破坏） | — | 5 | 0.517（1层破坏） | 1.482 |
| | | | | | 0.793（2层破坏） | 2.965/1.586 | | | |
| | | 空气 | 不处理 | | — | — | 1 | — | — |
| | | | 铺水泥浆（砂浆） | | 0.931（2层破坏） | — | 5 | 0.517（1层破坏） | 1.379 |
| | | | | | 0.655（1层破坏） | 1.586 | 6 | 0.827（结合面破坏） | — |
| | | | 垫层混凝土 | | 0.758（1层破坏） | 1.020/1.792 | | 0.621（1层破坏） | —/1.103 |

注:1.芯样试验在施工后 75 d 与 105 d 之间进行;抗剪强度是在无法向荷载下测得的。

　　2.垫层混凝土的抗剪试验(1/2):1 为垫层混凝土用层 1 间的抗剪强度,2 为垫层混凝土用层 2 间的抗剪强度。

表 14-103　试验坝使用的配合比及芯样本体强度试验成果(美国垦务局及波特兰水泥协会提供)

| 工况 | 水泥掺量/<br>(kg/m³) | 粉煤灰掺量/<br>(kg/m³) | 用水量/<br>(kg/m³) | 骨料容重(饱和<br>面干)/(kg/m³) | 抗压强度/<br>MPa | 抗拉强度/<br>MPa | 抗剪强度/<br>MPa |
|---|---|---|---|---|---|---|---|
| A-mc1 | 89 | 0 | 107 | 2 192 | 6.447 | 1.100 | 0.655 |
| A-mc2 | 89 | 0 | 119 | 2 180 | 5.120 | 1.096 | 0.445 |
| B-mc1 | 89 | 89 | 107 | 2 103 | 16.210 | 2.337 | 1.083 |
| B-mc2 | 89 | 89 | 119 | 2 091 | 13.221 | 2.796 | 1.027 |

# 14.7　高气温环境条件对碾压混凝土层面抗剪断参数的影响

目前,碾压混凝土层面抗剪断试验研究一般是在室内常温(气温 20 ℃,无风和饱和湿度 95%以上)条件下进行的,此时混凝土初凝时间比较长,在下层混凝土初凝时间内覆盖上层混凝土,层面的结合性能(包括层面抗剪断强度、抗拉强度和抗渗等)都较好。但是在碾压混凝土全年施工时,必会遇到高气温环境条件下(包括高气温、大风速、低湿度)的施工问题,此时碾压混凝土的初凝时间会大大缩短,如果不能在下层混凝土初凝前覆盖上层混凝土,层面的结合性能会大大降低。因此,就要在下层混凝土初凝后,对层面进行处理后再覆盖上层混凝土,以提高碾压混凝土的层面结合性能。

本节是探讨在不进行层面处理时,在高气温条件下,碾压混凝土层面抗剪断参数 $f'$、$c'$ 与层间间歇时间的关系,以确定满足设计要求的 $f'$、$c'$ 下的碾压混凝土的层间允许间歇时间。

## 14.7.1　高气温及高气温环境条件的界定

我国《水工碾压混凝土施工规范》指出:碾压混凝土宜在日平均气温 3~25 ℃的情况下进行施工,当日平均气温高于 25 ℃时,应采取防高温和防日晒的措施。因此,这里研究的高气温是指日平均气温高于 25 ℃时浇筑仓面上的气温。

我国龙滩地区多年实测资料显示 6~8 月的月平均气温高于 25 ℃,7 月极端最高气温达 38.9 ℃,一般高气温季节也多达 35 ℃以上。三峡地区多年实测资料显示 6~8 月的月平均气温为 26~28.7 ℃,7月最高日平均气温达 32.7 ℃,极端最高气温达 42 ℃。为此,研究的高气温一般为 25~40 ℃,而重点研究 25~37 ℃的高气温。

气温是环境条件中的重要因素,但非孤立的唯一因素。碾压混凝土浇筑仓面上的相同气温并不产生同样的影响效果。例如,碾压混凝土拌和物的初凝时间及 VC 值,除与它的材料本身特性(含配合比)密切相关外,还受施工仓面气温、日照、太阳辐射热、大气相对湿度、风速、蒸发量、降雨等因素影响,统称为环境综合因素影响。

## 14.7.2　环境综合因素对碾压混凝土连续施工的宏观影响分析

碾压混凝土的连续施工指的是不考虑碾压层间进行处理,各碾压层间不间断地施工,直至完成一个浇筑块的混凝土施工,根据温控和施工要求间歇一定天数进行层面处理后,再浇筑上层混凝土。

施工环境条件的各因素之间是相互联系、相互影响的,情况较为复杂。目前,还难以将某一因素分离出来单独进行研究。为了能使问题得到简化,研究中将太阳的辐射热和气温一起考虑,将蒸发、风速和大气相对湿度一起考虑。这样就提出了在高气温环境条件下连续施工中影响施工质量的两类主要因素,即环境仓面气温和大气相对湿度。

混凝土拌和物会因吸收太阳辐射热而温度升高、浇筑仓面上大气相对湿度小和刮风,而使混凝土表面的水分蒸发加快和失水,使混凝土初凝时间缩短、VC 值增大,导致振动碾难以压实。

采取场地模拟试验与现场试验相结合方式进行研究。现场试验选择湖南省江垭碾压混凝土重力坝和福建省涌溪三级水电站碾压混凝土重力坝施工现场进行。

### 14.7.3 高气温环境条件下各因素对碾压混凝土连续施工影响的研究

#### 14.7.3.1 对层面抗剪断指标 $f'$、$c'$ 影响的试验研究

1. 试验基本条件

场地模拟试验是在武汉的 6～8 月进行的,试验时的环境气温达 28～37.5 ℃。试验采用龙滩碾压混凝土设计配合比,外加剂采用 FDN-M500R 型缓凝减水剂,掺量为 0.3%,碾压混凝土配合比见表 14-104。

表 14-104  试验用碾压混凝土配合比                       单位:kg/m³

| 水 | 水泥 | 粉煤灰 | 砂 | 骨料 | | |
|---|---|---|---|---|---|---|
| | | | | 5～20 mm | 20～40 mm | 40～80 mm |
| 95 | 90 | 110 | 730 | 442 | 591 | 442 |

因是研究碾压混凝土的连续施工问题,层面均不做处理。试验中除直接采用自然环境的气温外,拟控制各种不同的大气相对湿度,即 1.0、0.75、0.55,以及和不同层间间隔时间,即 2 h、5 h、8 h、12 h、24 h、48 h、96 h。总计得出 21 种工况的层间抗剪断强度参数 $f'$、$c'$ 的实测资料(见表 14-105)。

表 14-105  层面不处理时不同工况下的抗剪断试验成果

| 相对湿度 $H_r$ | 层间间隔时间 $t$/h | 气温 $T_a$/℃ | 成熟度 $tT_a$/(h·℃) | 抗剪断强度参数 $c'$/MPa | $f'$ | 实测正应力与剪应力/MPa $\sigma_1/\tau_1$ | $\sigma_2/\tau_2$ | $\sigma_3/\tau_3$ | $\sigma_4/\tau_4$ | 龄期/d |
|---|---|---|---|---|---|---|---|---|---|---|
| 1.00 | 2 | 33.0 | 66 | 3.49 | 1.65 | 0.82/5.01 | 1.68/6.04 | 2.24/7.09 | 3.05/8.52 | 137 |
| | 5 | 31.6 | 158 | 2.99 | 1.58 | 0.77/4.21 | 1.54/5.42 | 2.24/6.52 | 3.15/3.97 | 137 |
| | 8 | 30.0 | 240 | 3.00 | 1.48 | 0.81/4.21 | 1.79/5.66 | 2.37/6.51 | 3.15/7.66 | 133 |
| | 12 | 30.8 | 370 | 2.65 | 1.40 | 0.81/3.79 | 1.58/4.87 | 2.44/6.06 | 2.98/6.83 | 132 |
| | 24 | 29.5 | 708 | 2.04 | 1.31 | 0.77/3.05 | 1.50/4.00 | 2.24/4·97 | 3.03/6.02 | 130 |
| | 48 | 28.0 | 1 344 | 1.51 | 1.12 | 0.81/2.43 | 1.54/3.23 | 2.24/4.24 | 2.98/4.84 | 132 |
| | 96 | 28.0 | 2 690 | 0.99 | 1.05 | 0.77/1.81 | 1.58/2.66 | 2.24/3.34 | 3.02/4.17 | 120 |
| 0.75 | 2 | 33.0 | 66 | 3.55 | 1.59 | 0.84/4.68 | 1.83/6.27 | 2.45/7.25 | 3.06/8.23 | 138 |
| | 5 | 31.6 | 158 | 3.04 | 1.52 | 0.77/4.21 | 1.63/550 | 2.24/6.44 | 3.15/7.83 | 138 |
| | 8 | 30.0 | 240 | 2.75 | 1.45 | 0.81/3.93 | 1.50/4.92 | 2.17/5.90 | 3.93/6.99 | 136 |
| | 12 | 30.8 | 370 | 2.46 | 1.38 | 0.81/3.58 | 1.53/4.58 | 2.30/5.63 | 3.15/6.81 | 122 |
| | 24 | 29.5 | 708 | 1.93 | 1.26 | 0.77/2.90 | 1.50/3.81 | 2.47/5.04 | 2.96/5.66 | 127 |
| | 48 | 28.0 | 1 344 | 1.34 | 1.04 | 0.73/2.10 | 1.42/2.81 | 2.24/3.67 | 3.05/4.51 | 111 |
| | 96 | 28.0 | 2 690 | 0.79 | 0.95 | 0.77/1.53 | 1.58/2.31 | 2.24/2.93 | 3.15/3.80 | 119 |
| 0.55 | 2 | 33.0 | 70 | 3.23 | 1.54 | 0.77/4.15 | 1.59/5.68 | 2.37/6.88 | 2.98/7.81 | 138 |
| | 5 | 31.6 | 163 | 2.92 | 1.49 | 0.81/4.14 | 1.58/5.28 | 2.51/6.65 | 3.05/7.46 | 138 |
| | 8 | 30.0 | 280 | 2.40 | 1.40 | 0.79/3.36 | 1.58/4.81 | 2.37/5.65 | 2.98/6.48 | 135 |
| | 12 | 30.8 | 450 | 2.28 | 1.30 | 0.86/3.41 | 1.54/4.28 | 2.25/5.20 | 2.98/6.15 | 122 |
| | 24 | 29.5 | 850 | 1.52 | 1.12 | 0.81/2.34 | 1.54/3.24 | 2.25/4.04 | 3.05/4.94 | 120 |
| | 48 | 28.0 | 1 490 | 1.05 | 1.00 | 0.81/1.86 | 1.46/2.51 | 1.46/2.51 | 2.98/4.03 | 115 |
| | 96 | 28.0 | 3 091 | 0.63 | 0.88 | 0.82/1.35 | 1.50/1.95 | 1.50/1.95 | 3.04/3.32 | 109 |

注:湿度为 0.55 的试件因去湿机运转,不易散热,罩内气温较高一些。

2. 基本关系式的建立

表 14-105 和以往多次的试验成果及工程实践均表明,层间抗剪断强度参数随着结合层面混凝土成熟度的增大而减小,随着湿度的增大而增大。武汉水利电力大学(现武汉大学)首先提出了这种关系符合负指数曲线规律。将表 14-105 的各相关点绘制在图 14-64 中。

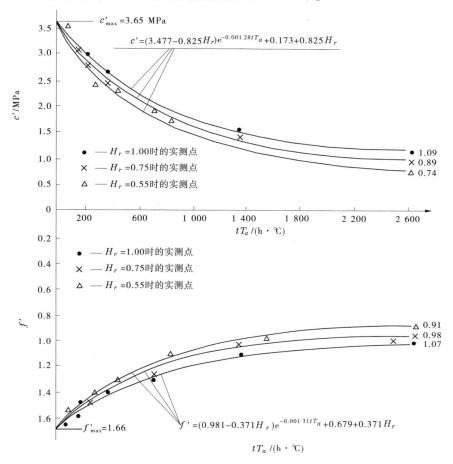

图 14-64　不同湿度时层间抗剪断强度参数与成熟度关系曲线

将图 14-64 中相应的实测点进行曲线拟合,其关系式可表达为

$$c' = (c'_{max} - c'_{min}) e^{-\alpha t T_a} + c'_{min} \tag{14-116}$$

$$f' = (f'_{max} - f'_{min}) e^{-\beta t T_a} + f'_{min} \tag{14-117}$$

式中:$c'$ 为碾压混凝土层间的黏结力,MPa;$f'$ 为碾压混凝土层间的内摩擦系数;$c'_{max}$ 为碾压混凝土层间间隔时间接近于 0 时层间最大黏结力,实测 $c'_{max} = 3.65$ MPa;$f'_{max}$ 为碾压混凝土层间间隔时间接近于 0 时层间最大内摩擦系数,实测 $f'_{max} = 1.66$;$c'_{min}$ 为当 $tT_a \to \infty$(以 $tT_a \to 2\,600$ h·℃考虑)时,碾压混凝土层间的最小黏结力,与湿度 $H_r$ 有关,经拟合为 $c'_{min} = 0.173 + 0.825 H_r$;$f'_{min}$ 为当 $tT_a \to \infty$(以 $tT_a \to 2\,600$ h·℃考虑)时,碾压混凝土层间的最小摩擦系数,与湿度 $H_r$ 有关,经拟合为 $f'_{min} = 0.679 + 0.371 H_r$;$\alpha$ 为拟合 $c' - tT_a$ 及 $H_r$ 关系曲线的参数,经拟合为 $\alpha = 0.001\,28$;$\beta$ 为拟合 $f' - tT_a$ 及 $H_r$ 关系曲线的参数,经拟合为 $\beta = 0.001\,31$;$t$ 为碾压混凝土的层间间隔时间,h;$T_a$ 为碾压混凝土层间间隔时的仓面环境气温,℃;e 为自然对数的底。

将上述各参数值代入式(14-118)、式(14-119)中并将常数项合并经整理得

$$c' = (3.477 - 0.825 H_r) e^{-0.001\,28 t T_a} + 0.173 + 0.825 H_r \tag{14-118}$$

$$f' = (0.981 - 0.371H_r)e^{-0.001\,31tT_a} + 0.679 + 0.371H_r \qquad (14-119)$$

**3. 关系曲线基本规律**

根据式（14-118）、式（14-119）绘制的如图 14-64 所示的曲线形态特征,可揭示如下的基本规律:

（1）当成熟度 $tT_a$ 较小时,即当层间间隔时间很短时,不同的环境大气相对湿度 $H_r$ 对碾压混凝土层间抗剪断强度参数 $c'$ 及 $f'$ 的影响不明显。

（2）在环境大气相对湿度 $H_r$ 相同时,层间抗剪断强度参数 $c'$ 及 $f'$ 值随成熟度 $tT_a$ 值的增大而减小。当 $tT_a$ 约小于 800 h·℃时,其曲线的变化率较大;当 $tT_a \to \infty$ 时,曲线几乎呈水平状态。这说明层间结合质量与成熟度关系密切。

（3）在成熟度 $tT_a$ 相同条件下,层间抗剪断强度参数 $c'$ 及 $f'$ 值随环境大气相对湿度 $H_r$ 的增大而增大,当 $tT_a \to \infty$ 时,则不同的 $H_r$ 对 $c'$ 及 $f'$ 的影响维持稳定,可见 $H_r$ 也影响层间结合质量。

**14.7.3.2　碾压混凝土连续施工的层面间隔时间研究**

判断碾压混凝土是否可以连续施工,其标准可用碾压混凝土的层间允许间隔时间来表示。

**1. 层间允许间隔时间界定**

碾压混凝土层间允许间隔时间是指当碾压混凝土连续上升铺筑时,从下层混凝土拌和加水算起到上层混凝土碾压完毕为止的允许间隔时间。我国《水工碾压混凝土施工规范》要求碾压混凝土的层间允许间隔时间应控制在初凝时间以内,且混凝土拌和物从拌和到碾压完毕的历时应不大于 2 h。这个规定的实质是说明只有在允许的间隔时间以内,才能保证下层混凝土在初凝以前的塑性状态下铺盖上层混凝土并碾压完毕,也才能保证上下层面的良好结合。

**2. 层间允许间隔时间的确定**

在高气温环境条件下进行碾压混凝土连续施工,其关键问题是要严格控制层间间隔时间在层间允许间隔时间内。由于层间允许间隔时间受碾压混凝土拌和物自身的性质和环境条件的影响,为此,重点探讨了碾压混凝土浇筑时在已知的仓面环境气温和大气相对湿度下层间允许间隔时间与层间抗剪断强度参数 $c'$ 及 $f'$ 之间的关系。

对式（14-116）、式（14-117）做进一步的变换,将式（14-116）、式（14-117）移项后,两边取对数得

$$\ln(c' - c'_{min}) = \ln(c'_{max} - c'_{min}) - \alpha tT_a \qquad (14-120)$$

$$\ln(f' - f'_{min}) = \ln(f'_{max} - f'_{min}) - \beta tT_a \qquad (14-121)$$

将式（14-120）、式（14-121）相加,经变换后为

$$t = \frac{\ln\dfrac{(c'_{max} - c'_{min})(f'_{max} - f'_{min})}{(c' - c'_{min})(f' - f'_{min})}}{(\alpha + \beta)T_a} \qquad (14-122)$$

式中:$c'$ 为碾压混凝土设计施工控制的层间黏结力,对龙滩水电站重力坝碾压混凝土,$c' = 3.24$ MPa;$f'$ 为碾压混凝土设计施工控制的层间内摩擦系数,对龙滩重力坝碾压混凝土,$f' = 1.56$;其余各符号意义同前。

则碾压混凝土的层间允许间隔时间可表示为

$$[t] \leqslant \frac{\ln\dfrac{(c'_{max} - c'_{min})(f'_{max} - f'_{min})}{(c' - c'_{min})(f' - f'_{min})}}{(\alpha + \beta)T_a} \qquad (14-123)$$

将各有关值代入式（14-123）并简化后为

$$[t] \leqslant \frac{\ln\dfrac{(3.477 - 0.825H_r)(0.981 - 0.371H_r)}{(3.067 - 0.825H_r)(0.881 - 0.371H_r)}}{0.002\,59T_a} \qquad (14-124)$$

式（14-124）即为碾压混凝土层间允许间隔时间的计算分析式。从式（14-123）可知,在设计施工控

制的 $c'$、$f'$ 确定后,式(14-124)即简化为 $[t] \leqslant f(T_a, H_r)$ 函数关系,该式表明了碾压混凝土层间允许间隔时间 $[t]$ 与仓面气温 $T_a$、大气相对湿度 $H_r$ 之间的关系,由此即可以计算出在不同气温和不同湿度条件下,碾压混凝土连续施工时的层间允许间隔时间。

3. 设计施工控制层间抗剪断强度参数的取值说明

由于室内试验与现场原位试验在试件尺寸上的差异,一般室内试验值大于原位试验值,小试件试验值大于大试件试验值。因此,应将龙滩水电站重力坝碾压混凝土设计施工控制的 $f'$、$c'$ 值,换算成室内试验值以便于同室内试验成果相一致。

根据中南勘测设计研究院提供的有关设计报告,龙滩水电站重力坝碾压混凝土设计施工控制的 $c' = 2.4$ MPa,$f' = 1.26$。室内抗剪断强度与现场原位抗剪断强度之比平均为 1.36(范围值为 1.22 ~ 1.42)。结合室内 $f'$、$c'$ 实测值的大小、分布特点及对偶关系等,对 $f'$、$c'$ 值分别取为现场值的 1.35 倍和 1.24 倍,即上述公式中采用 $c' = 1.35 \times 2.4 = 3.24$(MPa),$f' = 1.24 \times 1.26 = 1.56$。

需要指出的是,具体使用公式时,式中的 $f'$、$c'$ 值必须满足对偶关系,这种对偶关系是在试验的基础上并经曲线拟合后得出的(见图 14-64)。

### 14.7.3.3　气温及湿度对碾压混凝土连续施工的影响分析

高气温环境条件下,以层间的允许间隔时间作为控制碾压混凝土连续施工的标准,而层间允许间隔时间与仓面气温及大气相对湿度有关,由此就可以分析气温及大气相对湿度对碾压混凝土连续施工的影响程度。为了更清楚地说明问题,结合计算实例,进行分析比较,根据式(14-124),计算龙滩水电站重力坝碾压混凝土在不同的仓面气温、湿度及无风环境条件下连续施工中相应的层间允许间隔时间 $[t]$,结果见表 14-106。

表 14-106　不同温度和相对湿度时的层间允许间隔时间 $[t]$ 汇总　　　单位:h

| 相对湿度 $H_r$ | 不同气温 $T_a$ 下的允许间隔时间 $[t]$ | | | | | | |
|---|---|---|---|---|---|---|---|
| | 10 ℃ | 15 ℃ | 20 ℃ | 25 ℃ | 30 ℃ | 35 ℃ | 40 ℃ |
| 0.95 | 13.06 | 8.71 | 6.53 | 5.23 | 4.36 | 3.73 | 3.47 |
| 0.90 | 12.75 | 8.50 | 6.38 | 5.10 | 4.25 | 3.64 | 3.19 |
| 0.85 | 12.46 | 8.30 | 6.23 | 4.98 | 4.15 | 3.56 | 3.11 |
| 0.80 | 12.17 | 8.11 | 6.09 | 4.87 | 4.06 | 3.48 | 2.04 |
| 0.75 | 11.91 | 7.94 | 5.95 | 4.76 | 3.97 | 3.40 | 2.98 |
| 0.70 | 11.65 | 7.77 | 5.82 | 4.66 | 3.88 | 3.33 | 2.91 |
| 0.65 | 11.41 | 7.60 | 5.70 | 4.56 | 3.80 | 3.26 | 2.85 |
| 0.60 | 11.17 | 7.45 | 5.59 | 4.47 | 3.72 | 3.19 | 2.79 |
| 0.50 | 10.73 | 7.15 | 5.37 | 4.29 | 3.58 | 3.07 | 2.68 |
| 0.40 | 10.33 | 6.89 | 5.16 | 4.13 | 3.44 | 2.95 | 2.58 |
| 0.30 | 9.96 | 6.64 | 4.98 | 3.98 | 3.32 | 2.85 | 2.49 |
| 0.20 | 9.61 | 6.41 | 4.81 | 3.84 | 3.20 | 2.75 | 2.40 |
| 0.10 | 9.29 | 6.19 | 4.65 | 3.72 | 3.09 | 2.65 | 2.32 |

1. 气温的影响

从表 14-106 中任意选取一横行,例如在大气相对湿度 $H_r = 0.85$ 时,即 $H_r$ 不变,气温(环境温度)$T_a$ 变化时,分析比较 $T_a$ 的大小对层间允许间隔时间 $[t]$ 的影响。

在相同的 $H_r$ 下,$[t]$ 与 $T_a$ 变化的基本规律是 $[t]$ 随 $T_a$ 的升高而减少,$T_a$ 由 15 ℃ 上升到 30 ℃ 时,$[t]$

则由 8.3 h 下降到 4.15 h,即 $T_a$ 增加一倍,则 $[t]$ 减少一半。换句话说, $T_a$ 的降低可延长 $[t]$。当然实际工程施工中在 $[t]$ 的时间内, $T_a$ 不会有如此大的温差变化,此处只是借以说明 $[t]$ 受 $T_a$ 的影响较大,由此说明环境气温是影响碾压混凝土连续施工的一个最为重要的因素。

2.湿度的影响

同理在表 14-106 中任取一竖列,如在气温 $T_a = 30$ ℃时,层间允许间隔时间 $[t]$ 随相对湿度的变化见表 14-107。

表 14-107　层间允许间隔时间随相对湿度的变化

| $H_r$ | 0.10 | 0.20 | 0.30 | 0.40 | 0.50 | 0.60 | 0.65 | 0.70 | 0.75 | 0.80 | 0.85 | 0.90 | 0.95 |
|---|---|---|---|---|---|---|---|---|---|---|---|---|---|
| $[t]$/h | 3.09 | 3.20 | 3.32 | 3.44 | 3.58 | 3.72 | 3.80 | 3.88 | 3.97 | 4.06 | 4.15 | 4.23 | 4.36 |

当 $T_a$ 不变时, $[t]$ 随 $H_r$ 变化的基本规律是: $[t]$ 随 $H_r$ 的增大而增大,说明施工环境(仓面)的大气相对湿度也是影响碾压混凝土连续施工的一个不可忽视的因素。可见在高气温环境条件下,提高仓面的大气相对湿度,对提高碾压混凝土的施工质量具有明显的作用。

### 14.7.3.4　湿度与允许成熟度的关系

在式(14-124)中,若将 $T_a$ 移至左端,则变换为

$$[t]T_a \leqslant \frac{\ln \dfrac{(3.477 - 0.825H_r)(0.981 - 0.371H_r)}{(3.067 - 0.825H_r)(0.881 - 0.371H_r)}}{0.002\,59} \tag{14-125}$$

式(14-125)左端为层间允许间隔时间与环境气温的乘积,即为允许成熟度,它是施工环境(仓面)大气相对湿度的函数。从式(14-125)可以看出,在某一设计施工控制的层间抗剪断强度参数值确定后,层间的允许成熟度与仓面大气相对湿度有关,即在某一湿度下,允许成熟度是一个固定值,层间的成熟度小于或等于允许成熟度时,才可进行连续施工。于是表 14-107 也可变换为表 14-108 的形式,即相对湿度与允许成熟度的关系。

表 14-108　相对湿度与允许成熟度对应关系

| $H_r$ | 0.10 | 0.20 | 0.30 | 0.40 | 0.50 | 0.60 | 0.65 | 0.70 | 0.75 | 0.80 | 0.85 | 0.90 | 0.95 |
|---|---|---|---|---|---|---|---|---|---|---|---|---|---|
| $[t]T_a$/<br>(h·℃) | 93.0 | 96.1 | 99.6 | 103.3 | 107.3 | 111.7 | 114.1 | 116.1 | 119.1 | 121.7 | 124.6 | 127.5 | 130.6 |

由表 14-108 作图(见图 14-65),并经拟合,得出仓面大气相对湿度与层间允许成熟度的关系表达式为

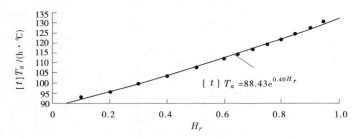

图 14-65　相对湿度与层间允许成熟度关系曲线

$$[t]T_a = 88.43\mathrm{e}^{0.40H_r} \tag{14-126}$$

式中:e 为自然对数的底;其余各符号意义同前。

由式(14-126)可以求出任一湿度下的层间允许成熟度。施工环境(仓面)的大气相对湿度对碾压混凝土连续施工的影响,在式(14-126)中得到了进一步的反映。

### 14.7.3.5　抗剪断参数对层间允许成熟度的影响

对图 14-64 而言,有价值的是在设计施工确定的层间抗剪断强度参数下寻求层间的允许成熟度。具体的做法是在图 14-64 的纵坐标上通过设计施工确定的层间抗剪断强度参数取点,作平行于横坐标的直线与某一湿度的曲线相交,其交点对应的横坐标上的成熟度,即为相应湿度下的层间允许成熟度。由此可计算出在不同湿度条件下,层间抗剪断强度参数与允许成熟度的关系(见表 14-109)。

表 14-109　不同相对湿度时层间抗剪断强度参数与允许成熟度的对应关系

($c'$ 值的单位为 MPa,$[t]T_a$ 的单位为 h·℃)

| $H_r$ | | 不同成熟度 $[t]T_a$ | | | | | | | | | | | | | | |
|---|---|---|---|---|---|---|---|---|---|---|---|---|---|---|---|---|
| | | 0 | 10 | 20 | 30 | 40 | 50 | 60 | 70 | 80 | 90 | 100 | 110 | 120 | 130 | 140 |
| 0.10 | $c'$ | 3.65 | 3.61 | 3.56 | 3.52 | 3.48 | 3.44 | 3.40 | 3.36 | 3.32 | 3.28 | 3.24 | 3.20 | 3.17 | 3.13 | 3.09 |
| | $f'$ | 1.66 | 1.65 | 1.64 | 1.62 | 1.61 | 1.60 | 1.59 | 1.58 | 1.57 | 1.56 | 1.54 | 1.53 | 1.52 | 1.51 | 1.50 |
| 0.20 | $c'$ | 3.65 | 3.61 | 3.57 | 3.53 | 3.48 | 3.44 | 3.41 | 3.37 | 3.33 | 3.29 | 3.25 | 3.22 | 3.18 | 3.14 | 3.11 |
| | $f'$ | 1.66 | 1.65 | 1.64 | 1.63 | 1.61 | 1.60 | 1.59 | 1.58 | 1.57 | 1.56 | 1.55 | 1.54 | 1.53 | 1.52 | 1.51 |
| 0.30 | $c'$ | 3.65 | 3.61 | 3.57 | 3.53 | 3.49 | 3.45 | 3.41 | 3.37 | 3.34 | 3.30 | 3.26 | 3.23 | 3.19 | 3.15 | 3.12 |
| | $f'$ | 1.66 | 1.65 | 1.64 | 1.63 | 1.62 | 1.60 | 1.59 | 1.58 | 1.57 | 1.56 | 1.55 | 1.54 | 1.53 | 1.52 | 1.51 |
| 0.40 | $c'$ | 3.65 | 3.61 | 3.57 | 3.53 | 3.49 | 3.45 | 3.42 | 3.38 | 3.34 | 3.31 | 3.27 | 3.24 | 3.20 | 3.17 | 3.13 |
| | $f'$ | 1.66 | 1.65 | 1.64 | 1.63 | 1.62 | 1.61 | 1.60 | 1.59 | 1.58 | 1.57 | 1.56 | 1.55 | 1.54 | 1.53 | 1.52 |
| 0.50 | $c'$ | 3.65 | 3.61 | 3.57 | 3.53 | 3.50 | 3.46 | 3.42 | 3.39 | 3.35 | 3.32 | 3.28 | 3.25 | 3.21 | 3.18 | 3.14 |
| | $f'$ | 1.66 | 1.65 | 1.64 | 1.63 | 1.62 | 1.61 | 1.60 | 1.59 | 1.58 | 1.57 | 1.56 | 1.55 | 1.54 | 1.54 | 1.53 |
| 0.55 | $c'$ | 3.65 | 3.61 | 3.57 | 3.54 | 3.50 | 3.46 | 3.43 | 3.39 | 3.36 | 3.32 | 3.29 | 3.25 | 3.22 | 3.19 | 3.15 |
| | $f'$ | 1.66 | 1.65 | 1.64 | 1.63 | 1.62 | 1.61 | 1.60 | 1.59 | 1.58 | 1.57 | 1.56 | 1.56 | 1.55 | 1.54 | 1.53 |
| 0.60 | $c'$ | 3.65 | 3.61 | 3.57 | 3.54 | 3.50 | 3.47 | 3.43 | 3.39 | 3.36 | 3.32 | 3.29 | 3.26 | 3.23 | 3.19 | 3.16 |
| | $f'$ | 1.66 | 1.65 | 1.64 | 1.63 | 1.62 | 1.61 | 1.60 | 1.59 | 1.58 | 1.58 | 1.57 | 1.56 | 1.55 | 1.54 | 1.53 |
| 0.65 | $c'$ | 3.65 | 3.61 | 3.58 | 3.54 | 3.50 | 3.47 | 3.43 | 3.40 | 3.36 | 3.33 | 3.30 | 3.26 | 3.23 | 3.20 | 3.17 |
| | $f'$ | 1.66 | 1.65 | 1.64 | 1.63 | 1.62 | 1.61 | 1.60 | 1.60 | 1.59 | 1.58 | 1.57 | 1.56 | 1.55 | 1.54 | 1.54 |
| 0.70 | $c'$ | 3.65 | 3.61 | 3.58 | 3.54 | 3.51 | 3.47 | 3.44 | 3.40 | 3.37 | 3.33 | 3.30 | 3.27 | 3.24 | 3.21 | 3.17 |
| | $f'$ | 1.66 | 1.65 | 1.64 | 1.63 | 1.62 | 1.61 | 1.61 | 1.60 | 1.59 | 1.58 | 1.57 | 1.56 | 1.56 | 1.55 | 1.54 |
| 0.75 | $c'$ | 3.65 | 3.61 | 3.58 | 3.54 | 3.51 | 3.48 | 3.44 | 3.41 | 3.37 | 3.34 | 3.31 | 3.27 | 3.24 | 3.21 | 3.18 |
| | $f'$ | 1.66 | 1.65 | 1.64 | 1.63 | 1.62 | 1.61 | 1.61 | 1.60 | 1.59 | 1.58 | 1.57 | 1.56 | 1.56 | 1.55 | 1.54 |
| 0.80 | $c'$ | 3.65 | 3.61 | 3.58 | 3.54 | 3.51 | 3.48 | 3.44 | 3.41 | 3.38 | 3.34 | 3.31 | 3.28 | 3.25 | 3.22 | 3.19 |
| | $f'$ | 1.66 | 1.65 | 1.64 | 1.63 | 1.63 | 1.62 | 1.61 | 1.60 | 1.59 | 1.58 | 1.58 | 1.57 | 1.56 | 1.55 | 1.54 |
| 0.85 | $c'$ | 3.65 | 3.61 | 3.58 | 3.55 | 3.51 | 3.48 | 3.44 | 3.41 | 3.38 | 3.35 | 3.32 | 3.29 | 3.25 | 3.22 | 3.19 |
| | $f'$ | 1.66 | 1.65 | 1.64 | 1.63 | 1.63 | 1.62 | 1.61 | 1.60 | 1.60 | 1.59 | 1.58 | 1.57 | 1.56 | 1.56 | 1.55 |
| 0.90 | $c'$ | 3.65 | 3.62 | 3.58 | 3.55 | 3.51 | 3.48 | 3.45 | 3.42 | 3.38 | 3.35 | 3.32 | 3.29 | 3.26 | 3.23 | 3.20 |
| | $f'$ | 1.66 | 1.65 | 1.64 | 1.63 | 1.63 | 1.62 | 1.61 | 1.60 | 1.60 | 1.59 | 1.58 | 1.57 | 1.56 | 1.56 | 1.55 |
| 0.95 | $c'$ | 3.65 | 3.62 | 3.58 | 3.55 | 3.52 | 3.48 | 3.45 | 3.42 | 3.39 | 3.36 | 3.33 | 3.30 | 3.27 | 3.24 | 3.21 |
| | $f'$ | 1.66 | 1.65 | 1.64 | 1.63 | 1.63 | 1.62 | 1.61 | 1.60 | 1.60 | 1.59 | 1.58 | 1.58 | 1.57 | 1.56 | 1.55 |
| 1.00 | $c'$ | 3.65 | 3.62 | 3.58 | 3.55 | 3.52 | 3.49 | 3.45 | 3.42 | 3.39 | 3.36 | 3.33 | 3.30 | 3.27 | 3.24 | 3.21 |
| | $f'$ | 1.66 | 1.65 | 1.64 | 1.63 | 1.63 | 1.62 | 1.61 | 1.61 | 1.60 | 1.59 | 1.58 | 1.58 | 1.57 | 1.56 | 1.56 |

表 14-109 进一步扩大了试验成果的使用范围,在碾压混凝土原材料及配合比等不变的情况下,若对不同部位设计施工要求的层间抗剪断强度参数不同,即可很快找出在某一湿度下相应的层间允许成熟度,若温度已知,便可确定其层间的允许间隔时间。例如,当设计施工要求的 $c' = 2.36$ MPa 时,换算为实验室控制值为 $c' = 1.35 \times 2.36 = 3.19$ MPa,$f' = 1.24 \times 1.24 = 1.54$,当仓面大气相对湿度 $H_r = 0.55$ 时,则允许成熟度 $[t] T_a = 130$ h·℃,若仓面气温 $T_a = 30$ ℃,则层间允许间隔时间 $[t] = 4.3$ h。

由表 14-109 的横行可以看出,当施工环境(仓面)的大气相对湿度 $H_r$ 相同时,随着设计施工要求的碾压混凝土抗剪断强度指标 $f'$、$c'$ 的降低,允许成熟度 $[t] T_a$ 将增大,反之则减小;从纵列看当允许成熟度 $[t] T_a$ 相同时,随着仓面大气相对湿度 $H_r$ 的增加,施工的碾压混凝土的抗剪断强度参数 $f'$、$c'$ 的值也将随之增加,反之则减小。

### 14.7.3.6　风速对碾压混凝土连续施工的影响研究

碾压混凝土在高气温环境条件下施工除气温(含日照的影响)和施工环境(仓面)的大气相对湿度的影响外,还会受到刮风的影响,其影响程度与风速的大小有关。

**1. 无风时混凝土层面相对湿度**

由于刮风,混凝土层面的湿度将会降低,引起混凝土表面蒸发加快,使其表面水分迁移与散失,从而引起混凝土表层含水量的减小。这种水分迁移与混凝土的热传导原理相似。

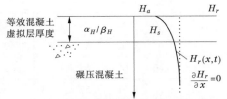

如图 14-66 所示,将混凝土已浇筑部位坝体视为半无限体,坐标原点定在无风时等效混凝土虚拟层面边界上,虚拟层厚度为 $\alpha_H/\beta_H$,其中 $\alpha_H$ 为湿度迁移系数($\text{m}^2/\text{h}$),$\beta_H$ 为湿度交换系数($\text{m}/\text{h}$)。

**图 14-66　无风时湿度沿碾压混凝土层厚的分布曲线**

将相对湿度 $H_r(x, t)$ 方程写成

$$\frac{\partial H_r}{\partial t} = \alpha_H \frac{\partial^2 H_r}{\partial x^2} \tag{14-127}$$

上述偏微分方程的定解条件为

$$t = 0, x \geq 0, H_r = 1.0$$
$$t > 0, x = 0, H_r = H_a$$
$$t > 0, x = \infty, \frac{\partial H_r}{\partial x} = 0$$

其数学解为

$$H_s = H_a + (1 - H_a)\,\text{erf}(u) \tag{14-128}$$

式中:$H_s$ 为碾压混凝土层面的相对湿度;$H_a$ 为浇筑仓面大气的相对湿度;$t$ 为碾压混凝土层间的间隔时间。

如令 $u = \dfrac{\alpha_H/\beta_H}{\sqrt{4\alpha_H t}}$,则该误差函数表示为

$$\text{erf}(u) = \text{erf}\left(\frac{\alpha_H/\beta_H}{\sqrt{4\alpha_H t}}\right)$$

**2. 有风时混凝土层面湿度与大气湿度**

起风时,由于湿度交换系数的增大,等效混凝土虚拟层的厚度由无风时的 $\alpha_H/\beta_H$ 减少到有风时的 $\alpha_H/\beta_{H1}$,混凝土层面的湿度也由无风时的 $H_s$ 降低到有风时的 $H_{s1}$(见图 14-67),即风的作用相当于使混凝土表面的相对湿度由 $H_s$ 降低到 $H_{s1}$。因此,只要以 $H_{s1}$ 代替 $H_s$,以 $\alpha_H/\beta_{H1}$ 代替 $\alpha_H/\beta_H$,则可得到有风时的碾压混凝土层面湿度的计算式:

$$H_{s1} = H_a + (1 - H_a)\,\text{erf}\left(\frac{\alpha_H/\beta_{H1}}{\sqrt{4\alpha_H t}}\right) \tag{14-129}$$

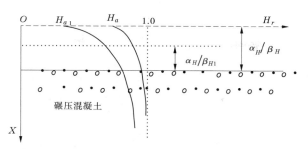

**图 14-67　有风与无风时的混凝土层面湿度及空气相对湿度的关系曲线**

式中: $H_{s1}$ 为有风时碾压混凝土层面的湿度; $\beta_{H1}$ 为有风时碾压混凝土层面湿度交换系数, m/h; $t$ 为碾压混凝土层面遭受风吹的持续时间, h。为使问题简化以及考虑最不利情况, 假设在层面允许间隔时间内均在刮风, 即认为风的持续时间与层面的允许间隔时间相同。

如令 $u_1 = \dfrac{\alpha_H/\beta_H}{\sqrt{4\alpha_H t}}$, 则 $\mathrm{erf}(u_1) = \mathrm{erf}\left(\dfrac{\alpha_H/\beta_{H1}}{\sqrt{4\alpha_H t}}\right)$。

将式(14-128)减去式(14-129), 并经整理得

$$H_s - H_{s1} = (1 - H_a)\left[\mathrm{erf}\left(\frac{\alpha_H/\beta_H}{\sqrt{4\alpha_H t}}\right) - \mathrm{erf}\left(\frac{\alpha_H/\beta_{H1}}{\sqrt{4\alpha_H t}}\right)\right] \tag{14-130}$$

由图 14-67 可知, 起风时相当于使碾压混凝土浇筑仓面的大气相对湿度由 $H_a$ 降低到 $H_{a1}$, 相应使混凝土表面湿度由 $H_s$ 降低到 $H_{s1}$。由于虚拟层厚度 $\alpha_H/\beta_H$ 或 $\alpha_H/\beta_{H1}$ 均较小, 一般只有几厘米, 可近似假设 $H_s - H_{s1} = H_a - H_{a1}$, 将其代入式(14-130)中, 则

$$H_{a1} = H_a + (1 - H_a)\left[\mathrm{erf}\left(\frac{\alpha_H/\beta_H}{\sqrt{4\alpha_H t}}\right) - \mathrm{erf}\left(\frac{\alpha_H/\beta_{H1}}{\sqrt{4\alpha_H t}}\right)\right] \tag{14-131}$$

式中: $H_{a1}$ 为碾压混凝土浇筑仓面有风时大气相对湿度。

式(14-131)为有风时浇筑仓面大气相对湿度转换计算式。按此式求得 $H_{a1}$ 之后, 代入式(14-124)中的 $H_r$, 即为所求有风时的层面允许间隔时间 $[t]$。

$$[t] \leq \frac{\ln\dfrac{(3.477 - 0.825H_{a1})(0.981 - 0.371H_{a1})}{(3.067 - 0.825H_{a1})(0.881 - 0.371H_{a1})}}{0.00259T_a} \tag{14-132}$$

根据前文有风时的分析方法, 也可计算出无风时的各参数之间的相互关系, 不再赘述。

3. 混凝土湿度交换系数

求解 $H_{a1}$ 时, 必须有参数 $\alpha_H$、$\beta_H$、$\beta_{H1}$ 的值, 可通过以下分析和实测资料求得。

由于混凝土的湿度交换作用与混凝土的热交换作用具有相似性, 两者的相似关系表现为毕欧准数的相似性。混凝土热交换作用的毕欧准数 $\beta_{iT}$ 为

$$\beta_{iT} = \frac{\beta_T L}{C\rho\alpha_T} \tag{14-133}$$

式中: $\beta_T$ 为混凝土热交换系数, W/(m²·K); $L$ 为混凝土的结构尺寸, m; $C$ 为混凝土的比热容, J/(kg·K); $\rho$ 为混凝土的容重, kg/m³; $\alpha_T$ 为混凝土的导温系数, m²/h。

混凝土湿度交换作用的毕欧准数 $\beta_{iT}$ 为

$$\beta_{iT} = \frac{\beta_H L}{\alpha_H} \tag{14-134}$$

式中: $\beta_H$ 为混凝土的湿度交换系数, m/h; $L$ 为混凝土的结构尺寸, m; $\alpha_H$ 为混凝土的湿度迁移系数, m²/h。

由相似准则可写为

$$\lambda = \frac{\beta_{iH}}{\beta_{iT}} = \frac{C\rho\alpha_T\beta_H}{3\ 600\alpha_H\beta_T} \tag{14-135}$$

式中：$\lambda$ 为相似系数；其他符号意义同前。

由实测资料得：$C = 837.2\ \text{J}/(\text{kg} \cdot \text{K})$；$\rho = 2\ 450\ \text{kg}/\text{m}^3$；$\alpha_T = 0.005\ \text{m}^2/\text{h}$；$\beta_H = (1.3 \sim 1.5) \times 10^{-4}$ $\text{m}/\text{h}$(当风速 $V_W = 2.5\ \text{m}/\text{s}$ 时)；$\alpha_H = 1.8 \times 10^{-6}\ \text{m}^2/\text{h}$；$\beta_H = 7.33 + 4.00V_W$(碾压混凝土层面以粗糙表面考虑)。

将各值代入式(14-135)，则有 $\lambda = 12.3 \sim 14.2$，如取 $\lambda = 13$：

$$\beta_H = 13 \times \frac{3\ 600\alpha_H\beta_T}{C\rho\alpha_T}$$

有风时(风速 $V_W > 0$)，碾压混凝土的湿度交换系数的计算式为

$$\beta_{H1} = (0.578 + 0.316V_W) \times 10^{-4}\ \text{m}/\text{h} \tag{14-136}$$

无风时(风速 $V_W = 0$)，碾压混凝土湿度交换系数为

$$\beta_H = 0.578 \times 10^{-4}\ \text{m}/\text{h} \tag{14-137}$$

**4. 有风时的层间允许间隔时间**

将上述有关参数代入式(14-131)中，计算出 $H_{a1}$，再将 $H_{a1}$ 代入式(14-132)中，则可计算出有风时的层间允许间隔时间$[t]$。假设在碾压混凝土施工过程中一直受到刮风的影响，式(14-132)是一个隐式，可用迭代法求解。计算式中的误差函数 erf($u$) 和 erf($u_1$)，按三点高斯数值积分求得。

龙滩水电站坝址区高温季节中，在 6~9 月，最大风速分别为 12 m/s、14 m/s、12 m/s、8 m/s，全年最大风速为 14 m/s。为了研究风速 $V_W$ 的大小对层间允许间隔时间$[t]$的影响程度，分别计算了风速为 5 m/s、10 m/s、14 m/s 3 种情况下层间允许间隔时间(见表 14-110~表 14-112)。为了比较有风时仓面大气相对湿度 $H_{a1}$ 与无风时仓面大气相对湿度 $H_a$ 的变化关系，表 14-110~表 14-112 中左边竖列中同时列出了 $H_{a1}$ 及 $H_a$(括号中)，有风时的$[t]$值是根据计算出来的。

**表 14-110　风速 $V_W = 5$ m/s 时层间允许间隔时间**

| $H_{a1}(H_a)$ | 各种不同气温 $T_a$ 下的允许间隔时间/h | | | | | | |
| --- | --- | --- | --- | --- | --- | --- | --- |
| | 10 ℃ | 15 ℃ | 20 ℃ | 25 ℃ | 30 ℃ | 35 ℃ | 40 ℃ |
| 0.93(0.95) | 12.99 | 8.67 | 6.50 | 5.20 | 4.32 | 3.70 | 3.25 |
| 0.88(0.90) | 12.61 | 8.42 | 6.31 | 5.05 | 4.20 | 3.60 | 3.15 |
| 0.82(0.85) | 12.26 | 8.19 | 6.14 | 4.91 | 4.07 | 3.50 | 3.07 |
| 0.76(0.80) | 11.93 | 7.97 | 5.98 | 4.78 | 3.97 | 3.41 | 2.98 |
| 0.70(0.75) | 11.62 | 7.77 | 5.82 | 4.65 | 3.87 | 3.32 | 2.91 |
| 0.63(0.70) | 11.33 | 7.58 | 5.67 | 4.53 | 3.77 | 3.24 | 2.83 |
| 0.58(0.65) | 11.06 | 7.39 | 5.54 | 4.42 | 3.68 | 3.16 | 2.77 |
| 0.52(0.60) | 10.80 | 7.22 | 5.40 | 4.31 | 3.59 | 3.08 | 2.70 |
| 0.40(0.50) | 10.32 | 6.89 | 5.16 | 4.12 | 3.43 | 2.95 | 2.59 |
| 0.28(0.40) | 9.88 | 6.60 | 4.93 | 3.94 | 3.28 | 2.80 | 2.48 |

表 14-111　**风速 $V_W = 10$ m/s 时层间允许间隔时间**

| $H_{a1}(H_a)$ | 各种不同气温 $T_a$ 下的允许间隔时间/h | | | | | | |
| --- | --- | --- | --- | --- | --- | --- | --- |
| | 10 ℃ | 15 ℃ | 20 ℃ | 25 ℃ | 30 ℃ | 35 ℃ | 40 ℃ |
| 0.92(0.95) | 12.88 | 8.59 | 6.44 | 5.15 | 4.31 | 3.68 | 3.23 |
| 8.85(0.90) | 12.46 | 8.30 | 6.23 | 4.98 | 4.15 | 3.57 | 3.11 |
| 0.77(0.85) | 12.05 | 8.04 | 6.04 | 4.83 | 4.02 | 3.45 | 3.02 |
| 0.70(0.80) | 11.65 | 7.77 | 5.82 | 4.66 | 3.88 | 3.33 | 2.91 |
| 0.63(0.75) | 11.31 | 7.54 | 5.65 | 4.53 | 3.77 | 3.23 | 2.83 |
| 0.55(0.70) | 10.98 | 7.30 | 5.47 | 4.38 | 3.65 | 3.13 | 2.74 |
| 0.48(0.65) | 10.65 | 7.10 | 5.32 | 4.26 | 3.55 | 3.04 | 2.66 |
| 0.41(0.60) | 11.33 | 6.89 | 5.17 | 4.13 | 3.44 | 2.95 | 2.58 |
| 0.27(0.50) | 9.85 | 6.57 | 4.93 | 3.94 | 3.29 | 2.82 | 2.46 |
| 0.13(0.40) | 9.30 | 6.25 | 4.52 | 3.75 | 3.13 | 2.68 | 2.35 |

表 14-112　**风速 $V_W = 14$ m/s 时层间允许间隔时间**

| $H_{a1}(H_a)$ | 各种不同气温 $T_a$ 下的允许间隔时间/h | | | | | | |
| --- | --- | --- | --- | --- | --- | --- | --- |
| | 10 ℃ | 15 ℃ | 20 ℃ | 25 ℃ | 30 ℃ | 35 ℃ | 40 ℃ |
| 0.92(0.95) | 12.87 | 8.59 | 6.44 | 5.15 | 4.29 | 3.68 | 3.22 |
| 0.84(0.90) | 12.39 | 8.27 | 6.20 | 4.96 | 4.14 | 3.55 | 3.11 |
| 0.76(0.85) | 11.95 | 7.98 | 5.99 | 4.79 | 4.00 | 3.43 | 3.01 |
| 0.68(0.80) | 11.55 | 7.71 | 5.79 | 4.63 | 3.87 | 3.32 | 2.90 |
| 0.60(0.75) | 11.17 | 7.47 | 5.60 | 4.49 | 3.75 | 3.22 | 2.83 |
| 0.52(0.70) | 10.83 | 7.23 | 5.43 | 4.35 | 3.64 | 3.13 | 2.73 |
| 0.459(0.65) | 10.54 | 7.02 | 5.27 | 4.22 | 3.53 | 3.04 | 2.66 |
| 0.37(0.60) | 10.20 | 6.81 | 5.12 | 4.10 | 3.43 | 2.95 | 2.58 |
| 0.21(0.50) | 9.64 | 6.44 | 4.84 | 3.89 | 3.26 | 2.81 | 2.46 |
| 0.05(0.40) | 9.15 | 6.11 | 4.60 | 3.74 | 3.10 | 2.68 | 2.35 |

**5. 风速对碾压混凝土连续施工的影响**

为了便于分析比较无风和有风及风速大小等对碾压混凝土层间允许间隔时间 $[t]$ 的影响程度,现选取几种不同气温 $T_a$、仓面大气相对湿度 $H_a(H_{a1})$,以研究风速 $V_W$ 与层间允许间隔时间 $[t]$ 的变化情况,将表 14-107、表 14-110~表 14-112 中部分有关参数值录于表 14-113 中。

表 14-113　不同 $T_a$、$H_a(H_{a1})$ 条件下 $V_W$ 与 [t] 的对应关系

| $T_a$ /℃ | 不同风速 $V_W$ 与相对湿度下的允许间隔时间/h | | | |
|---|---|---|---|---|
| | 0 | 5 m/s | 10 m/s | 14 m/s |
| 30 | 4.15(0.85) | 4.07(0.82) | 4.02(0.77) | 3.99(0.76) |
| | 3.58(0.50) | 3.43(0.40) | 3.29(0.27) | 3.22(0.21) |
| 15 | 8.30(0.85) | 8.19(0.82) | 8.04(0.77) | 7.97(0.76) |
| | 7.15(0.50) | 6.89(0.40) | 6.57(0.27) | 6.43(0.21) |

注:括号中数值为 $H_a(H_{a1})$。

由表 14-113 可知,在浇筑仓面高气温(30 ℃)、高湿度(0.82~0.76)与低气温(15 ℃)、高湿度(0.82~0.76)的条件下,风速 14 m/s 时比无风时的层间允许间隔时间缩短约 4%;而在高气温(30 ℃)、低湿度(0.40~0.21)与低气温(15 ℃)、低湿度(0.40~0.21)的条件下,均缩短约 10%。这说明风速对层间允许间隔时间的影响除与风速的大小有关外(风速大影响大;风速小影响小),还与当时仓面大气相对湿度的大小密切相关,而与气温的高低关系相对较小。在低湿度时风速对层间允许间隔时间[t]的影响比高湿度时影响要大,即仓面风速越大,大气相对湿度越低,层间允许间隔时间就越小。

6. 风速大小对相对湿度的影响

从各表的左端竖列可见,起风前的湿度 $H_a = 0.95$,风速 $V_W$ 分别为 5 m/s、10 m/s、14 m/s 时,有风时的湿度 $H_{a1}$ 均降低到 0.92 左右,为 $H_a$ 的 96.8%;$H_a = 0.40$ 时,则 $H_{a1}$ 分别降低到 0.28、0.13、0.05,相应为 $H_a$ 的 70%、32.5%、12.5%。因此,若刮风尤其是刮大风且刮风的持续时间较长时,应采取相应措施,尽可能地提高施工环境的大气相对湿度,这对保证碾压混凝土的施工质量无疑是有好处的。

图 14-68 和图 14-69 给出了龙滩不同气温、风速和相对湿度情况下层间允许间隔时间。

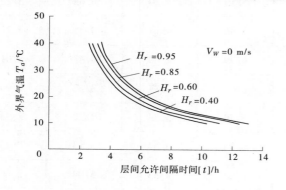

图 14-68　无风时层间允许间隔时间
与气温、湿度的关系曲线

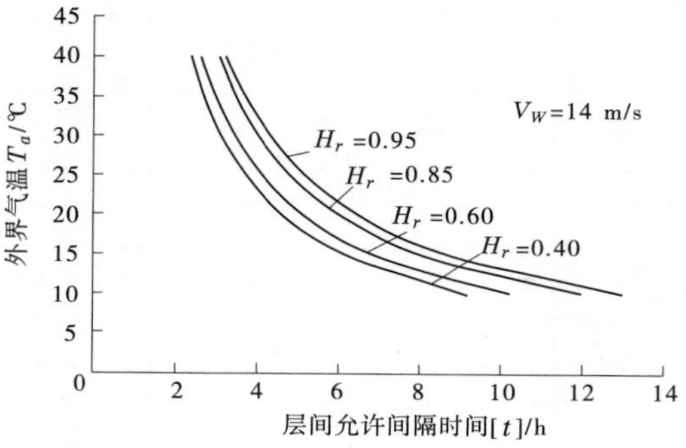

图 14-69　风速 $V_W = 14$ m/s 时层间允许间隔时间
与气温、湿度的关系曲线

## 14.7.4　太阳辐射热对碾压混凝土施工的影响

前面所提到的环境气温,是将太阳辐射热引起的等效气温增量与气温叠加一起考虑的。

龙滩水电站位于北纬 24°~25°,纬度偏低。尤其是在高气温季节,日照较为强烈,太阳辐射热引起的等效气温增量也必然较大,为进一步了解太阳辐射热引起的气温增量及对碾压混凝土施工的影响程度,以便采取更有效的技术措施,对太阳辐射热进行了分析和探讨。

#### 14.7.4.1　太阳辐射热的特点

太阳辐射热经过大气减弱以后,到达地面的辐射共有两部分:一部分以平行光线的形式直接投射到地面,称为"直接辐射";另一部分经散射后自天空投射到地面,称为"散射辐射",两者之和称为"总辐射",这就是到达地面的太阳辐射。太阳直接辐射的强弱直接关系着到达地面的太阳辐射能量的大小,影响太阳直接辐射到物体表面的能量大小,与太阳的高度角(太阳入射线与地平面的夹角)、物体接受太阳辐射热表面的方向、大气透明度、云量、海拔、地理纬度等有关。

混凝土同其他任何物体一样,当接受太阳的辐射热时,并不能全部将它吸收,另有一部分辐射热被它所反射。当混凝土体积较大时,辐射能不可能穿透混凝土,则成无透射现象(见图 14-70)。

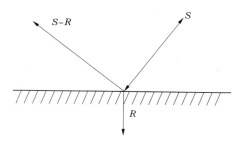

**图 14-70　大体积混凝土表面对辐射的吸收和反射示意**

#### 14.7.4.2　太阳辐射热对龙滩碾压混凝土施工影响计算分析

碾压混凝土施工全过程中的温度变化应当考虑太阳辐射热的影响。在温度边界条件中,以环境气温 $T_a + \Delta T_a$ 代替气温 $T_a$,因由气象台(站)提供的气温是在百叶箱中测得的,没有考虑太阳辐射热的影响,通过对太阳辐射热影响值的计算、平均辐射热计算、浇筑仓面上太阳辐射热计算等,可以看出龙滩工程碾压混凝土在高气温条件下施工对气温升高的影响很大,据粗略计算,因太阳辐射热引起的等效气温增量,占了环境气温的 60% ~ 70%,可见其影响程度之大。计算所得主要参数汇总于表 14-114。

**表 14-114　太阳辐射热对龙滩工程碾压混凝土施工影响的主要参数汇总**

| 主要参数 | | | 数值 | 备注 |
|---|---|---|---|---|
| 地表面 | 年平均气温增高值/℃ | | 7.78 | 多年平均气温为 20 ℃ |
| | 日照最强月增温值/℃ | | 9.53 | 6 月(月平均气温 25.8 ℃) |
| | 日照最弱月增温值/℃ | | 5.23 | 12 月(月平均气温 21.6 ℃) |
| | 日照影响年变幅/℃ | | 2.15 | (9.53 ~ 5.23 ℃)/2 |
| 碾压混凝土施工仓面 | 高气温季节 | 6 月 25 日日照时间/h | 13.44 | |
| | | 太阳辐射热在中午的峰值 [kJ/(m²·h)] | 2 476.0 | 6 月 25 日,晴天(n=0) |
| | | | 2 139.0 | 6 月 25 日,阴天(n=0.2) |
| | | 太阳辐射热在中午引起的等效气温增量/℃ | 39.7 | 6 月 25 日,晴天(n=0) |
| | | | 34.3 | 6 月 25 日,阴天(n=0.2) |
| | 低气温季节 | 12 月 20 日日照时间/h | 10.55 | |
| | | 太阳辐射热在中午的峰值/ [kJ/(m²·h)] | 1 730.6 | 12 月 20 日,晴天(n=0) |
| | | | 1 495.3 | 12 月 20 日,阴天(n=0.2) |
| | | 太阳辐射热在中午引起的等效气温增量/℃ | 27.7 | 12 月 20 日,晴天(n=0) |
| | | | 24.0 | 12 月 20 日,阴天(n=0.2) |

# 14.8　降雨情况下碾压混凝土连续施工

## 14.8.1　降雨对碾压混凝土性能影响研究的现状

目前,国内外对降雨环境条件下的碾压混凝土施工尚无统一的控制标准,仅是做了一些笼统的规定,在这些笼统的规定中存在着较大的差异,如我国《水工碾压混凝土施工规范》(SL 53—94)规定,当每小时降雨量超过了 3 mm 时,停止碾压混凝土施工;国外如日本玉川坝根据人工降雨的试验方法确定认为,当每小时降雨量超过 2 mm 时应停止碾压混凝土施工碾压;然而智利的 pangue 坝经现场试验则认为,在碾压层为 300 mm 的情况下,当每小时降雨量不超过 7 mm 时仍可进行施工碾压,而且在这么大的降雨强度范围内,若适当减小压实层厚,还可获得 98% 的相对压实度。

此外,我国有的工程在施工中根据工程的具体情况,对在高气温及降雨环境条件下施工的碾压混凝土采取增减拌和用水量,调整拌和物 VC 值的方式来控制和改善碾压混凝土的施工碾压性质。如表 14-115 所示为江垭水库碾压混凝土坝的碾压混凝土 VC 值及用水量调整控制范围。

表 14-115　江垭碾压混凝土 VC 值及用水量调整范围对应关系

| 名称 | 降雨强度/(mm/h) | | | | | |
|---|---|---|---|---|---|---|
| | <2 | 2~3 | 3~4 | 6~9 | 10~13 | 20 |
| 用水量调整/(kg/m³) | 0 | −(2~3) | −(6~7) | −(12~15) | −(20~40) | −(32~40) |
| VC/s | 8 | 10 | 12 | 15 | 25 | 40 |

注:表中"−"表示减水。

在高碾压混凝土坝的施工中,由于工程规模大、施工周期长,雨季环境条件下的施工难以避免。因而在工程实际中就提出了这样一个研究课题:在降雨环境条件下如何进行碾压混凝土的连续施工?受降雨影响后的碾压混凝土施工质量如何判断?这一课题的研究成果,对高碾压混凝土坝的连续施工、快速施工具有重要的实际应用价值,特别是对在多雨地区更具有重大的现实意义。

武汉大学水利水电学院在降雨环境条件下,开展了室内模拟试验研究,并在现场碾压测试分析的基础上,提出了以下研究成果。

## 14.8.2　降雨对碾压混凝土拌和物性能的影响

### 14.8.2.1　不降雨条件下混凝土单位用水量对 VC 值和容重的影响

在不降雨条件下施工的碾压混凝土,当碾压混凝土原材料及配合比确定时,衡量混凝土拌和物工作度的量化指标是混凝土单位体积含水量 $W$(kg/m³) 或 VC 值。依据龙滩碾压混凝土配合比,经试验可确定碾压混凝土单位体积用水量 $W$ 与其拌和物 VC 值之间的关系如图 14-71 所示。由图 14-71 可知,随着 $W$ 增加,VC 下降。

碾压混凝土特定的施工方法要求拌和物具有良好的工作度,这就是要求混凝土拌和物既能承受住振动碾在其上行走不沉陷,又不至于过于干硬而难以甚至无法碾压密实。在碾压混凝土施工前,通过现场碾压试验,确定混凝土拌和物的最优单位体积用水量 $W_{op}$ 或基准 $VC_{op}$ 值,此时混凝土拌和物最易于碾压密实而达到最大压实容重值。图 14-72 为依据龙滩碾压混凝土配合比经碾压试验曲线而得到的单位体积用水量与混凝土压实容重的实测关系曲线,它的 $W_{op}$ 值是 97 kg/m³,对应的 $VC_{op}$ 值是 8 s。

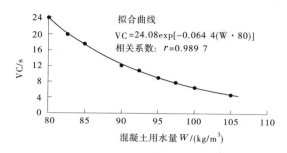

**图 14-71　龙滩碾压混凝土单位体积**
**用水量与 VC 值关系曲线**

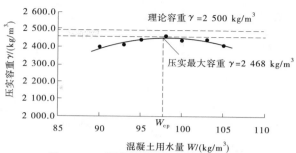

**图 14-72　龙滩碾压混凝土压实容重量**
**与用水量关系曲线(压实层厚 30 cm)**

#### 14.8.2.2　降雨量对混凝土拌和物含水量及 VC 值的影响

人工模拟降雨量分别为 0、2.6 mm/h、5 mm/h、8 mm/h 和 10 mm/h,同时在降雨量为 3 mm/h、5 mm/h、8 mm/h 3 种工况条件下,对碾压混凝土拌和物进行减少拌和用水量的试验测试。

1. 实测数据

表 14-116 为在不同降雨强度条件下碾压混凝土拌和物单位体积含水量及 VC 值变化的实测数据(按最优单位体积用水量 97 kg/m³ 拌制混凝土)。试验程序为:混凝土拌和料摊铺(34 cm)→降雨→摊铺料静置→测试拌和物 VC 值→振动碾压实→利用核子密度水分仪采用透射法测量压实层内不同深度下的混凝土单位体积含水量和容重。

**表 14-116　不同降雨时碾压混凝土拌和物单位体积含水量及 VC 值**

| 测点距层面深度/ cm | 混凝土拌和物含水量/(kg/m³) | | | | |
|---|---|---|---|---|---|
| | 降雨强度 | | | | |
| | 0 | 2.6 mm/h | 5.0 mm/h | 8.0 mm/h | 10 mm/h |
| 0 | 95.13 | 100.82 | 104.26 | 106.57 | 107.26 |
| 5 | 97.91 | 101.34 | 103.45 | 106.49 | 106.43 |
| 7.5 | 97.66 | 101.26 | 104.56 | 106.59 | 107.10 |
| 10.0 | 96.96 | 101.10 | 104.72 | 106.70 | 106.15 |
| 12.5 | 96.93 | 99.16 | 103.24 | 107.93 | 107.34 |
| 15.0 | 97.96 | 98.06 | 101.23 | 108.96 | 107.35 |
| 17.5 | 93.32 | 97.63 | 99.52 | 105.18 | 108.52 |
| 20.0 | 97.00 | 97.73 | 98.04 | 98.70 | 109.57 |
| 25.0 | 97.34 | 97.73 | 98.63 | 98.07 | 102.05 |
| 压实层内含水量均值 | 97.12 | 99.43 | 101.96 | 105.02 | 106.86 |
| VC 值均值/s | 8 * | 7 | 6 | 4.8 | 4.3 |

注:* 为最优稠度 VC 值;采用无振碾压 4 遍后测值。

表 14-117 为碾压混凝土拌和物在原配合比用水量的基础上减少拌和用水量后在降雨条件下施工的碾压混凝土的含水量及 VC 值实测数据,试验程序同前。

表 14-117　减少混凝土拌和用水量时压实层内含水量值及 VC 值实测数据

| 测点距层面深度/cm | 混凝土含水量/(kg/m³) | | |
|---|---|---|---|
| | 降雨强度 3 mm/h | 降雨强度 5 mm/h | 降雨强度 8 mm/h |
| 0 | 94.46 | 95.72 | 96.05 |
| 5 | 94.12 | 95.58 | 95.64 |
| 7.5 | 93.36 | 94.40 | 96.42 |
| 10.0 | 93.17 | 94.27 | 97.68 |
| 12.5 | 91.07 | 94.78 | 96.51 |
| 15.0 | 91.75 | 92.65 | 96.78 |
| 17.5 | 93.72 | 92.65 | 96.78 |
| 20.0 | 93.64 | 93.71 | 95.33 |
| 25.0 | 92.16 | 89.93 | 94.46 |
| 实测压实层内含水量均值/(kg/m³) | 92.49 | 93.52 | 96.07 |
| VC 值均值/s | 3 | 6 | 9 |
| 实测 VC 值均值/s | 10.8 | 10 | 8.5 |
| VC 值基准值/s | 10 | 12 | 14 |

2. 实测数据分析

(1)当碾压混凝土拌和物不受降雨影响时,混凝土压实层内各测点的混凝土单位体积含水量基本一致,其均值为 97.12 kg/m³,与之对应的 VC 值为 8 s。根据图 14-72 的实测数据知,此时混凝土按设计条件碾压后可得到压实容重 2 468 kg/m³,相对压实度为 98.7%。

(2)当碾压混凝土拌和物摊铺至碾压期间遇到强度为 2.6 mm/h 的降雨时,混凝土碾压后压实层内各测点的混凝土单位体积含水量已发生变化,表层 10 cm 范围内混凝土拌和物含水量的均值为 101.13 kg/m³,VC 值为 6.0 s,压实容重(均值)为 2 447 kg/m³,相对压实度为 97.9%;而整个混凝土压实层(厚 30 cm)内含水量的平均值为 99.43 kg/m³,VC 值为 7 s,压实容重(均值)为 2 449 kg/m³,相对压实度为 98.0%。

(3)当碾压混凝土拌和物摊铺至碾压期间遇到强度为 5 mm/h 的降雨时,受降雨显著影响的混凝土拌和物深度约为 15 cm,在这一范围内拌和物含水量均值为 103.58 kg/m³,VC 值为 5.3 s,压实容重(均值)为 2 438 kg/m³,相对压实度为 97.5%;而整个混凝土压实层(厚 30 cm)内含水量的平均值为 101.96 kg/m³,VC 值为 6 s,混凝土压实容重为(均值)为 2 443 kg/m³,相对压实度为 97.7%。

(4)当降雨强度为 8 mm/h 时,受降雨显著影响的混凝土拌和物深度进一步增大,约为 17.5 cm,在这一范围内拌和物含水量为 106.92 kg/m³,VC 值为 4.3 s,压实容重(均值)为 2 405 kg/m³;相对压实度为 96.2%;而整个压实层厚内各测点混凝土含水量的平均值为 105.02 kg/m³,VC 值为 4.8 s,压实容重(均值)为 2 415 kg/m³,相对压实度为 96.6%。显然此时的碾压混凝土已不能满足质量要求。

(5)当降雨强度增大到 10 mm/h 时,整个 30 cm 厚的混凝土碾压层均受到降雨的影响,此时整个混凝土铺筑层内各测点含水量平均值为 106.86 kg/m³,相应的混凝土 VC 值为 4.3 s。

降雨对碾压混凝土拌和物含水量值的影响范围见表 14-118,降雨强度与碾压混凝土压实层内单位体积含水量值的关系见图 14-73。降雨强度与碾压混凝土 VC 值关系曲线见图 14-74。

表 14-118　不同降雨强度下混凝土层内含水量、压实容重及 VC 值的均值

| 名称 | 降雨强度/(mm/h) | | | | | | | |
|---|---|---|---|---|---|---|---|---|
| | 0 | 2.6 | | 5 | | 8 | | 10 |
| | 整个碾压层内 | 表层 10 cm 范围内 | 整个碾压层内 | 表层 15 cm 范围内 | 整个碾压层内 | 表层 17.5 cm 范围 | 整个碾压层内 | 整个碾压层内 |
| 含水量均值/(kg/m³) | 97.12 | 101.13 | 99.43 | 103.58 | 101.96 | 106.92 | 105.02 | 106.86 |
| VC 值均值/s | 8 | 7 | 7 | 5.3 | 6 | 4.3 | 4.8 | 4.3 |
| 压实容重均值/(kg/m³) | 2 468 | 2 447 | 2 449 | 2 438 | 2 443 | 2 405 | 2 415 | |
| 相对压实度/% | 98.7 | 97.9 | 98.0 | 97.5 | 97.7 | 96.2 | 96.6 | |

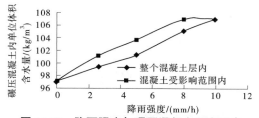

图 14-73　降雨强度与碾压混凝土压实层内
单位体积含水量关系曲线

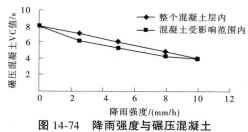

图 14-74　降雨强度与碾压混凝土
VC 值关系曲线

由实测数据所获得的降雨强度 $q_i$(mm/h)与受影响的碾压混凝土压实层范围内的 VC 值平均值的关系可用(式 14-138)表示：

$$VC = 7.76e^{-0.073\ 1q_i}　(相关系数\ r = 0.996\ 2) \tag{14-138}$$

降雨强度 $q_i$ 与整个碾压混凝土压实层的 VC 值平均值的关系可用式(14-139)表示：

$$VC = 8.34e^{-0.073\ 2q_i}　(相关系数\ r = 0.984\ 9) \tag{14-139}$$

式(14-138)表明，当 $q_i$ 为 6 mm 时，VC 值为 5 s，不会对拌和物的可碾性产生大的影响；当 $q_i$ 超过 6 mm 时，VC 值小于 5 s，降雨将对拌和物的可碾性产生明显的影响。

在降雨环境条件下施工的碾压混凝土拌和物，适当减少拌和用水量，对降低降雨对混凝土可碾性的影响是一种可行的施工技术措施。表 14-119 给出了通过试验实测数据分析得到的在降雨环境条件下，碾压混凝土拌和物的 VC 值控制值及相应的拌和用水量调整值。

表 14-119　碾压混凝土雨季施工 VC 值及拌和用水量调整值

| 降雨强度/(mm/h) | <2.6 | 3~4 | 5~6 | 7~8 |
|---|---|---|---|---|
| 拌和用水减少量/(kg/m³) | 0 | 3 | 6 | 9 |
| 混凝土拌和物 VC/s | 8 | 10 | 12 | 14 |

### 14.8.3　降雨对碾压混凝土压实容重的影响

#### 14.8.3.1　室内试验实测数据及分析

表 14-120 为在不同降雨强度下碾压混凝土压实层内各测点容重测试值。表 14-121 为碾压混凝土拌和物减少拌和用水量后，在不同降雨强度条件下碾压混凝土压实层内各测点压实容重测试值。

表 14-120　不同降雨强度条件下碾压混凝土压实容重 γ 值　　　　　　　单位:kg/m³

| 测点距层面深度/ | 降雨强度/(mm/h) | | | | |
|---|---|---|---|---|---|
| cm | 0 | 2.6 | 5 | 8 | 10 |
| 0 | 2 400 | 2 403 | 2 415 | 2 324 | 2 330 |
| 5 | 2 474 | 2 430 | 2 411 | 2 347 | 2 413 |
| 7.5 | 2 488 | 2 438 | 2 45l | 2 404 | 2 406 |
| 10 | 2 481 | 2 443 | 2 461 | 2 406 | 2 406 |
| 12.5 | 2 471 | 2 440 | 2 447 | 2 430 | 2 411 |
| 15 | 2 476 | 2 445 | 2 406 | 2 430 | 2 418 |
| 17.5 | 2 469 | 2 463 | 2 433 | 2 432 | 2 417 |
| 20 | 2 471 | 2 458 | 2 433 | 2 414 | 2 412 |
| 25 | 2 483 | 2 460 | 2 430 | 2 406 | 2 418 |
| 实测 $\gamma_{max}$ | 2 488 | 2 463 | 2 461 | 2 432 | 2 418 |
| 实测 $\gamma_{min}$ | 2 400 | 2 403 | 2 406 | 2 324 | 2 330 |
| 实测 γ 均值 | 2 468 | 2 442 | 2 433 | 2 399 | 2 400 |

表 14-121　减少拌和用水量后碾压混凝土压实容重测试值　　　　　　　单位:kg/m³

| 测点距层面深度/cm | 降雨强度 3 mm/h,拌和用水减少 3 kg/m³ | 降雨强度 5 mm/h,拌和用水减少 6 kg/m³ | 降雨强度 8 mm/h,拌和用水减少 9 kg/m³ |
|---|---|---|---|
| 0 | 2 458 | 2 445 | 2 422 |
| 5 | 2 455 | 2 457 | 2 457 |
| 7.5 | 2 448 | 2 458 | 2 481 |
| 10 | 2 424 | 2 450 | 2 411 |
| 12.5 | 2 436 | 2 460 | 2 488 |
| 15 | 2 414 | 2 418 | 2 46l |
| 17.5 | 2 432 | 2 416 | 2 479 |
| 20 | 2 418 | 2 419 | 2 453 |
| 25 | 2 417 | 2 405 | 2 411 |
| 实测 $\gamma_{max}$ | 2 458 | 2 460 | 2 488 |
| 实测 $\gamma_{min}$ | 2 414 | 2 405 | 2 411 |
| 实测 γ 均值 | 2 434 | 2 438 | 2 451 |

　　《水工碾压混凝土施工规范》(SL 53—1994)中 5.4.9 条款规定,相对压实度是评价碾压混凝土压实质量的指标。对于建筑物外部混凝土,相对压实度不得小于 98%;对于内部混凝土,相对压实度不得小于 97%。国外也有类似的规定,如美国规定碾压混凝土相对压实度应达到 98% 以上。

　　相对压实度是指碾压混凝土施工仓面的实测压实容重值与碾压混凝土配合比理论容重之比的百分数,即 $\gamma_{测}/\gamma_{配}(\%)$。相对压实度的大小与施工质量的好坏密切相关。碾压混凝土的相对压实度愈接近 100%,则表明混凝土的压实质量愈高。已有研究表明,相对压实度降低 1%,混凝土强度降低 8% ~ 10%。日本的实测资料也表明,相对压实度下降 1%,90 d 龄期的混凝土强度降低 2 MPa。因此,设计规定的施工条件是要保证达到设计要求的相对压实度。

　　本次室内试验表明,在不同降雨强度时,碾压混凝土实测相对压实度见表 14-122(碾压混凝土配合比理论容重 $\gamma_配 = 2\ 500\ kg/m^3$)。当减少混凝土拌和用水量后,在降雨条件下施工的碾压混凝土的实测相对压实度见表 14-123。试验成果表明,当降雨强度达到 5 mm/h 以上时,所测得的混凝土相对压实度已不满足规范所要求的压实质量。而相应减少一定量的拌和用水量时施工的碾压混凝土仍可得到满意的相对压实度。

**表 14-122　不同降雨强度的碾压混凝土实测相对压实度值**

| 降雨强度/(mm/h) | 0 | 2.6 | 5 | 8 |
|---|---|---|---|---|
| 混凝土相对压实度/% | 98.7 | 97.7 | 97.3 | 96.0 |

**表 14-123　减少拌和用水量后的碾压混凝土实测相对压实度值**

| 降雨强度/(mm/h) | 3 | 5 | 8 |
|---|---|---|---|
| 用水量减少值/(kg/m³) | 3 | 6 | 9 |
| 混凝土相对压实度/% | 97.3 | 97.5 | 98.0 |

#### 14.8.3.2　工程现场试验数据及分析

　　湖南省江垭水库碾压混凝土坝施工中,在降雨条件下进行了碾压混凝土施工的现场试验。现场试验表明,碾压混凝土拌和物的 VC 值为 5~8 s 时,受 8 mm/h 以内的降雨作用后其 VC 值为 3~4 s。混凝土拌和物初凝时间为 6~8 h,在无降雨条件下对现场坝段进行了 12 点容重测试,其均值为 2 455~2 471 kg/m³;当 1 h 降雨量在 8 mm 以下时,对现场碾压坝段进行了 22 点容重测试,其均值为 2 401~2 415 kg/m³。上述两种工况条件下实测的碾压混凝土容重值相差 40~70 kg/m³。在降雨条件下施工的碾压混凝土容重值降低了 1.63%~2.83%。

　　室内外试验的实测数据表明,室内模拟试验与现场试验取得了较为一致的结果。碾压混凝土压实容重受不同降雨量作用后,其容重将会有不同程度的降低。不同降雨条件下施工碾压的混凝土层内压实容重值实测分布曲线见图 14-75。

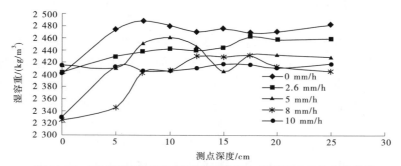

图 14-75　不同降雨强度条件下碾压混凝土容重沿深度的分布曲线

### 14.8.4　降雨对碾压混凝土层面抗剪断强度参数( $c'$ 、 $f'$ )的影响

　　模拟了两种施工状况:第一种工况,在碾压混凝土施工过程中,碾压混凝土已碾压完毕并已形成施工层面,施工层面受不同降雨量作用后,在其允许的间隔时间内铺筑上层混凝土;第二种工况,在碾压混凝土拌和料摊铺及碾压过程中受到不同降雨量作用后,连续进行碾压混凝土施工。

#### 14.8.4.1　实验室模拟

　　在上述两种情况下分别对不同降雨强度,测试 $c'$ 、 $f'$ 值(见表 14-124)。

表 14-124　不同降雨环境条件下碾压混凝土层面抗剪断强度参数试验成果

| | 降雨强度/<br>(mm/h) | $\sigma_1/\tau_1$ | $\sigma_2/\tau_2$ | $\sigma_3/\tau_3$ | $\sigma_4/\tau_4$ | $c'$/MPa | $f'$ |
|---|---|---|---|---|---|---|---|
| 第一种<br>工况 | 0 | 0.82/4.95 | 1.80/6.99 | 2.40/7.69 | 3.00/8.64 | 3.72 | 1.67 |
| | 3 | 0.80/4.71 | 1.40/5.54 | 2.31/7.00 | 2.98/8.10 | 3.38 | 1.63 |
| | 5 | 0.97/4.78 | 1.48/5.58 | 2.34/6.54 | 2.97/7.93 | 3.28 | 1.58 |
| | 8 | 0.77/4.45 | 1.60/5.75 | 2.26/6.79 | 3.01/7.97 | 3.24 | 1.57 |
| 第二种<br>工况 | 0 | 0.82/4.95 | 1.80/6.99 | 2.40/7.69 | 3.00/8.64 | 3.72 | 1.67 |
| | 3 | 0.80/4.40 | 1.61/5.62 | 2.40/6.80 | 3.01/7.72 | 3.27 | 1.57 |
| | 5 | 0.80/4.32 | 1.61/5.52 | 2.40/6.67 | 3.01/7.51 | 3.18 | 1.45 |
| | 8 | 0.80/4.05 | 1.60/5.14 | 2.36/6.18 | 3.01/7.07 | 2.96 | 1.37 |

注:$\sigma_1$、$\sigma_2$、$\sigma_3$、$\sigma_4$、$\tau_1$、$\tau_2$、$\tau_3$、$\tau_4$ 的单位均为 MPa。

(1)在第一种工况下,当已碾压成型的混凝土层面受不同降雨量作用时,只要在层面允许的间隔时间范围内铺筑上层混凝土拌和料,其层面抗剪断强度参数指标所受影响不是很显著。当降雨达到 8 mm/h 时,其实测层面抗剪断强度参数 $c'$ 和 $f'$ 值仍能达到设计所要求的规定值。如设计规定 $c'=3.24$ MPa,$f'=1.56$,表 14-124 中的实测值均满足设计要求。

(2)在第二种工况下,抗剪断强度参数受降雨作用影响较显著。当降雨强度大于 3 mm/h 时,所测得的层间抗剪断强度参数 $c'$ 和 $f'$ 值均低于设计所规定的要求值。

### 14.8.4.2　施工现场试验

在江垭施工现场进行了上述第二种工况的碾压混凝土原位抗剪断测试,试件尺寸为 55.5 cm×45.5 cm×35 cm。在无降雨时,层面原位抗剪断参数 $c'=1.32\sim2.03$ MPa,$f'=1.14\sim1.36$;而当降雨强度超过 8 mm/h 时,碾压混凝土层面原位抗剪断强度参数 $c'=0.86\sim0.97$ MPa,$f'=1.07\sim1.20$,后者分别为前者的 54.76% 和 90.4%。

# 14.9　碾压混凝土层面抗剪断参数的尺寸效应

目前混凝土重力坝设计规范中,是以剪断面积为 500 mm×500 mm 的野外原位抗剪断试验得出的层面抗剪断参数($f'$、$c'$)为主进行大坝的稳定分析,而且对同一工况要进行多组抗剪断试验,得出多组 $f'$、$c'$,然后进行统计分析,获得在某一保证率(如 80%)下的抗剪断参数,供设计使用。试验的工作量是一般工程难以承受的。于是,就提出了以下问题:能否用室内小试件(如 15 cm×15 cm)的抗剪断参数($f'$、$c'$)得到抗剪断面积为 50 cm×50 cm 的抗剪断参数($f'$、$c'$)?大坝的剪断面长度一般在 100 cm 以上,这样大的抗剪断面积的抗剪断参数($f'$、$c'$)应如何选取?怎样评价大坝的真实安全度?这些都是非常重要的问题。下面分 2 节介绍这方面的一些研究成果:14.9.1 节是通过试验和有限元分析研究大、小试件(15~75 cm)的抗剪断参数($f'$、$c'$)的变化;14.9.2 节是通过有限元分析研究更大试件(0.5~100 m)的抗剪断参数($f'$、$c'$)的变化。以上研究是为工程设计确定大坝混凝土抗剪特性参数 $f'$、$c'$ 值提供参考。

## 14.9.1　抗剪断参数尺寸效应的试验研究

### 14.9.1.1　碾压混凝土抗剪断参数尺寸效应试验块的浇筑

广西大学于 1998 年 12 月在室外场地浇筑两层碾压混凝土,试验块用材料为龙滩工程用材料,配合比采用胶凝材料总量为(75+105)kg/m³ 配比方案,其配合比见表 12-15 中的龙滩设计阶段现场碾压试验的 G 工况的全级配碾压混凝土。

用人工斗车摊铺碾压混凝土,控制层厚 35 cm,接着用 YZ12 型液压振动压路机振动碾进行碾压,先无振碾压 2 遍,再有振碾压 6 遍,最后再无振碾压 2 遍。层间间隔时间为 4 h 50 min。浇筑第一层碾压混凝土时,气温为 15~17 ℃,浇筑第二层碾压混凝土时,气温为 17~13.5 ℃。碾压混凝土浇筑后 12 h 开始洒水养护,10 d 后开始锯缝,灌水浸泡养护,直至试验。

试件尺寸 75 cm×75 cm×30 cm、50 cm×50 cm×30 cm、30 cm×30 cm×30 cm,15 cm×15 cm×20 cm,缝深 10 cm,人工凿制试块 40 块,进行 90 d 龄期原位抗剪断试验,经资料分析整理,得出尺寸效应。

### 14.9.1.2　抗剪断参数尺寸效应的试验成果分析

试验按《水利水电工程岩石试验规程》方法进行。采用平推法,推力方向与层面平行,且与碾压机械行驶轨迹正交。试件在 90~110 d 内完成试验。最大正应力为 3 MPa。

用最小二乘法对上述 4 种尺寸的试件所得的试验成果进行线性回归分析,得以下数据:

试件尺寸为 75 cm×75 cm×30 cm 时,$f'=1.05$,$c'=1.60$ MPa;

试件尺寸为 50 cm×50 cm×30 cm 时,$f'=1.11$,$c'=1.76$ MPa;

试件尺寸为 30 cm×30 cm×30 cm 时,$f'=1.20$,$c'=1.91$ MPa;

试件尺寸为 15 cm×15 cm×20 cm 时,$f'=1.33$,$c'=2.42$ MPa。

将试验得出的不同尺寸的 $f'$、$c'$ 值,以 50 cm×50 cm 为基准,给出尺寸效应换算系数如下:

尺寸为 75 cm×75 cm 时,$f'$ 的换算系数为 1.06,$c'$ 的换算系数为 1.10;

尺寸为 50 cm×50 cm 时,$f'$ 的换算系数为 1.00,$c'$ 的换算系数为 1.00;

尺寸为 30 cm×30 cm 时,$f'$ 的换算系数为 0.92,$c'$ 的换算系数为 0.92;

尺寸为 15 cm×15 cm 时,$f'$ 的换算系数为 0.83,$c'$ 的换算系数为 0.73。

## 14.9.2　抗剪断参数尺寸效应的计算分析

上一节的试验研究表明,碾压混凝土层面原位抗剪断参数($f'$、$c'$)具有尺寸效应,并给出了不同小尺寸试块($f'$、$c'$)的尺寸效应换算系数。抗剪断参数($f'$、$c'$)的大尺寸试块($f'$、$c'$)的尺寸效应换算系数,也可以通过非线性有限元分析来计算。这里主要介绍清华大学、武汉水利电力大学和华北水电学院利用虚裂纹模型、钝裂纹带模型、节理单元模型和弹塑性有限元法的($f'$、$c'$)的尺寸效应计算结果。这些计算是通过与中南勘测设计研究院在龙滩设计阶段碾压混凝土层面原位抗剪断试验(剪断面积为 50 cm×50 cm)成果进行拟合来进行的。

### 14.9.2.1　碾压混凝土沿层面虚裂纹模型的压剪断裂破坏机制分析

碾压混凝土沿层面的抗剪断试验是属于压剪破坏,其层面特性可用莫尔-库仑准则来描述,即用抗剪断参数($f$、$c$)来反映。压剪破坏是一个渐进发展的过程,也就是随着剪应力的不断增大,压剪破坏区域不断向前推进,并且抗剪断参数($f$、$c$)不断软化(降低),直到试块被剪断,这一过程可用虚裂纹模型来描述。虚裂纹模型假定剪切裂纹破裂区发生在一个带状区域,并分为真实裂纹区(主裂纹区)、虚裂纹区(断裂过程区)、弹性区(未损伤区)3 个区域(见图 14-76)。在真实裂纹区内,裂纹面发生过很大的错位,材料已经完全剪断,材料的抗剪强度采用残余强度 $f_R$、$c_R$ 来表示;在虚裂纹区内材料正处于剪切破坏的过程中,材料抗剪强度取决于缝面错动位移 $D$,其抗剪断参数数值介于残余强度和未损伤材料的强度之间;在虚裂纹顶端,其错开位移为 0,材料刚好为其未损伤的点抗剪断强度参数 $f_0$、$c_0$。在弹性区内,材料承受的应力未剪断裂虚裂纹模型超过材料未损伤强度参数 $f_0$、$c_0$ 下的莫尔-库仑准则包络线。假定与错动位移 $D$ 的关系可用双折线图形来描述,见图 14-76 的 $f$、$c$,它称为抗剪断强度参数软化曲线。

根据这些假设碾压混凝土层面抗剪断强度,可以写成如下形式:

$$\tau = c(D) + f(D)\sigma_n \tag{14-140}$$

式中:$D$ 为碾压混凝土层面压剪断裂时裂纹面相对剪切(错动)位移;$\sigma_n$ 为法向压应力。

$f(D)$、$c(D)$ 为缝面错动位移 $D$ 的函数,该函数具有下列性质:①当压剪断裂开始发生时,$D=0$、$c(D)=c_0$、$f(D)=f_0$,其中 $c_0$、$f_0$ 为碾压层面各点无损伤抗剪断强度参数;②当压剪断裂正在过程中时,$D=D_m$、$c(D)=c_m$、$f(D)=f_m$,其中 $c_m$、$f_m$ 为碾压层面各点已部分损伤抗剪断强度参数;③当压剪断裂已完成,即 $D=D_R$ 时,$c(D)=c_R$、$f(D)=f_R$,其中 $D_R$ 为试块已完全剪断的极限剪切位移,$c_R$、$f_R$ 为碾压层面各点的残余抗剪强度参数。

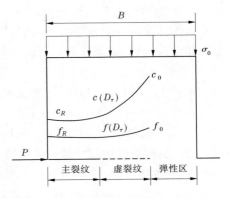

**图 14-76　碾压混凝土层面压**

图 14-76 和图 14-77 中的 $f(D)$、$c(D)$ 为抗剪断强度参数与裂纹面相对剪切(错动)位移的关系,称为剪切断裂参数软化曲线或抗剪断强度软化曲线,它可以概化为单折线型、双折线型或曲线型。为了简单又能真实反映材料特性,取双折线型作为以后分析的概化模型。双折线型虚裂纹模型黏聚力 $c$ 与剪切(错动)位移 $D$ 的关系及摩擦系数 $f$ 与剪切(错动)位移 $D$ 的关系,可以用式(14-141)来表示,即:

$$c = c_1 + k_c D \qquad f = f_1 + k_f D \tag{14-141}$$

式中:$D$ 为剪切(错动)位移;$c$ 为黏聚力;$f$ 为摩擦系数;$c_1$、$f_1$、$k_c$、$k_f$ 为系数,其大小根据 $D$ 取值按如下方法确定。

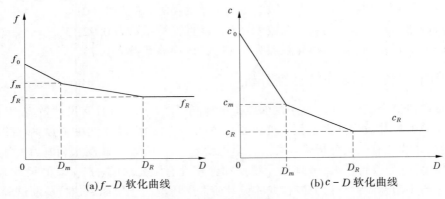

(a) $f-D$ 软化曲线　　　　　　(b) $c-D$ 软化曲线

**图 14-77　碾压混凝土层面抗剪断强度参数($f$、$c$)与剪切位移($D$)的关系**

当 $0 \leqslant D \leqslant D_m$ 时:

$$c_1 = c_0 ; k_c = \frac{c_m - c_0}{D_m}$$

$$f_1 = f_0 ; k_f = \frac{f_m - f_0}{D_m}$$

当 $D_m \leqslant D \leqslant D_R$ 时:

$$c_1 = \frac{c_R D_m - c_m D_R}{D_m - D_R} ; k_c = \frac{c_m - c_R}{D_m - D_R}$$

$$f_1 = \frac{f_R D_m - f_m D_R}{D_m - D_R} ; k_f = \frac{f_m - f_R}{D_m - D_R}$$

当 $D_R < D$ 时:

$$c_1 = c_R ; k_c = 0$$
$$f_1 = f_R ; k_f = 0$$

对于非线性断裂过程中的混凝土结构分析可建立如下有限元方程:

$$[\boldsymbol{K}]_{nn} \{\boldsymbol{u}\}_n = \{\boldsymbol{F}\}_n \tag{14-142}$$

其中 $\{F\}$ 由 $\{F\}_1$ 和 $\{F\}_2$ 组成，$\{F\}_1$ 为外荷载，$\{F\}_2$ 为虚裂纹面传递的力。设虚裂纹及处于闭合压剪状态的真实裂纹的节点对是从 $i$ 到 $i+j$，则对于其中某节点对 $m$ 和 $m'$，根据式（14-143）可得此点节点力与错位的关系如下：

$$
\begin{aligned}
F_{2m-1} &= (c + f\sigma_{2m})A_m \\
&= (c_1 + k_c D_{2m-1})A_m + fF_{2m} \\
&= c_1 A_m + k_c A_m (u_{2m-1} - u_{2m'-1}) + f(u_1 k_{2m-1} + \cdots + u_n k_{2m,n}) \\
&\quad\quad\quad (m = i, \cdots, i + j)
\end{aligned}
\tag{14-143}
$$

式中：$A_m$ 为 $m$ 节点控制的面积；$f$ 由上步的 $D_{2m-1}$ 确定，对于第一步，$f = f_0$。

此外，压剪裂纹面处于闭合状态，可用主元素乘大数法使 $u_{2m} = u_{2m'}$，故有

$$
u_1 k_{2m-1} + 10^{20} u_{2m} k_{2m,2m+1} + \cdots - 10^{20} u_{2m',2m'} \cdots u_n k_{2m,n} = 0
\tag{14-144}
$$
$$
(m = i, \cdots, i + j)
$$

把式（14-143）和式（14-144）代入式（14-142）中，并把虚裂纹面上有关部分移到右端，有

$$
[K]^* \{u\}^* = \{F\}^*
\tag{14-145}
$$

式中：$\{F\}^*$ 为外荷载向量及虚裂纹面传递的力。

$$
[K]^* = \begin{bmatrix}
\cdots & \cdots & \cdots & \cdots & & & & & & & \cdots & \cdots \\
\cdots & \cdots & \cdots & k_{2m-1,2m-1} - fk_{2m,2m-1} - k_c A_m & \cdots & k_{2m-1,2m'-1} & -fk_{2m,2m'-1} + k_c A_m & \cdots & \cdots \\
\cdots & \cdots & \cdots & 10^{20} k_{2m,2m} & & & & 10^{20} k_{2m,2m'} & \cdots \\
\cdots & \cdots & \cdots & \cdots & & & & & & & \cdots & \cdots
\end{bmatrix}
$$

要保证新产生的虚裂纹尖端的单元节点 $i$ 和 $i'$ 始终处于初裂的极限状态，必须保证：

$$
\left.
\begin{aligned}
F_{2i-1} &= (c_0 + f_0 \sigma_i)A \\
u_i - u'_i &= 0
\end{aligned}
\right\}
\tag{14-146}
$$

为了满足上述条件，可得到两组计算方法。

（1）由开裂过程反算某组外荷法。

要使式（14-146）的条件得到满足，则在求解方程式（14-145）时就必须将式（14-146）作为补充方程。显然在开裂条件满足的情况下，某组外力与裂纹扩展深度有一一对应关系，这样在求解方程组式（14-145）时，由于引入了式（14-146）条件，则外力 $\{F'\}$ 可作为未知量进行求解。

首先把式（14-146）作为补充条件并入方程组式（14-145），再把需反算的某组作用力 $\{F'\}$ 从右端项中提取出来，并入刚度矩阵作为 $n + 1$ 列，则方程组为 $n + 1$ 阶，其第 $n + 1$ 个变量为要求解的力向量 $\{F'\}$ 的放大系数 $\alpha$，此时方程组为

$$
\begin{bmatrix}
\cdots & \cdots & \cdots & \cdots \\
\cdots & \cdots & \cdots & \cdots \\
\cdots & \cdots & \cdots & P_i \\
\cdots & \cdots & \cdots & \cdots \\
\cdots & \cdots & \cdots & P_j \\
\cdots & 1 & -1 & 0
\end{bmatrix}
\begin{Bmatrix}
\cdot \\ \cdot \\ \cdot \\ u \\ \cdot \\ \alpha
\end{Bmatrix}
=
\begin{Bmatrix}
c_1 A_1 \\ \cdot \\ c_1 A_i \\ \cdot \\ c_1 A_j \\ 0
\end{Bmatrix}
$$

或简写为

$$
[k]^{**} [u]^{**} = \{F\}^{**}
\tag{14-147}
$$

计算过程可根据实际情况，确定从最危险的某单元开裂，对于每一个裂纹扩展步，均由式（14-147）求解出相应的外荷载 $\{F'\}$ 的倍数系数 $\alpha$ 及相应的位移场，从而进一步可得到这个开裂过程时刻的外荷载值及相应的应力、应变场。从本步还可求出最危险单元作为下一步裂纹扩展区域。

（2）由开裂过程反算材料强度储备系数。

对于混凝土坝,在正常情况下,结构承受设计荷载时往往具有相当的安全度,通常难以发生开裂和破坏情况。人们往往关心在设计情况下,材料的强度是否有足够的储备系数,因此可保持外荷载不变,始终为设计荷载,从而反算裂纹开裂过程与强度储备系数的关系,其意义是坝体材料强度储备系数为 $\zeta$ 时,在正常荷载下裂纹的开裂深度及相应的应力和位移场。

在计算开裂过程与坝体强度储备系数的关系过程中,对应开裂过程的每个时刻,坝体材料的强度储备系数都不同,即材料所需的 $f$、$c$ 值不同。在此假定材料抗剪断参数 $f$ 和 $c$ 的软化曲线总是相似的,比如黏聚力 $c$ 的软化曲线见图 14-78。由 $(m=i,\cdots,i+j)$、$c_m$、$c_R$ 组成的材料的实际软化曲线,如果强度储备系数为 $\zeta$,则相应的软化曲线由 $c_0/\zeta$、$c_m/\zeta$、$c_R/\zeta$ 组成。

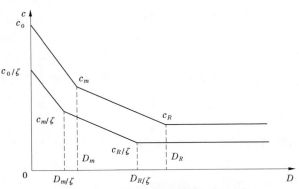

图 14-78　不同强度储备系数软化图

根据上述假定,对于裂纹面上的 $i$ 到 $i+j$ 各节点对,有应力与错动位移的关系如下：

$$F_{2m-1} = A_m(c+f\sigma_{2m})/\zeta$$
$$= A_m[(c_1/\zeta)+k_c(u_{2m-1}-u_{2m'-1})]+F_{2m}f/\zeta \quad (m=i,\cdots,i+j) \qquad (14\text{-}148)$$

同样,裂纹面上法向错动位移应为零,故可用主元素乘大数法来使 $u_{2m}=u_{2m'}$,第 $2m$ 行改写成为

$$\sum_{i=1}^{n}k_{2m,i}u_i+10^{20}(u_{2m}-u_{2m'})=0 \quad (m=i,\cdots,i+j) \qquad (14\text{-}149)$$

假定裂纹尖端为第 $k$ 节点对,则其剪切错动位移刚好为零,因此需另加第 $n+1$ 行：

$$u_{2k-1}-u_{2k'-1}=0 \qquad (14\text{-}150)$$

把裂纹面上各节点对的式(14-148)、式(14-149)及式(14-150)代入式(14-145),并把含有强度储备系数 $\zeta$ 的各项单独提取出来,放至第 $n+1$ 列可得：

$$\begin{bmatrix} \cdots & \cdots & \cdots & \cdots & \cdots & \cdots & \cdots \\ & & & & & \cdot & \\ & & & & & \cdot & \\ k_{2m-1,1} & \cdots & k_{2m-1,2m-1}-k_cA_m & \cdots & k_{2m-1,2m'-1}+k_cA_m & c+fF_{2m} \\ k_{2m-1} & \cdots & 10^{20}\,k_{2m,2m} & \cdots & -10^{20}k_{2m,2m'} & \cdots \\ & & & & & \cdot & \\ & & & & & \cdot & \\ \cdots & & 1 & & -1 & \cdots & 0 \end{bmatrix}\cdot\begin{Bmatrix} u \\ \\ \\ \\ \\ 1/\zeta \end{Bmatrix}=\begin{Bmatrix} F \\ \\ \\ \\ \\ 0 \end{Bmatrix} \qquad (14\text{-}151)$$

上式简写为

$$[K]^{**}[u]^{**}=\{F\}^{**} \qquad (14\text{-}152)$$

计算过程可根据实际情况规定裂纹首先从最危险的单元开裂,裂纹按步骤由当前步的最危险单元逐渐开裂,由式(14-152)可反算到相应各步的强度储备系数 $\zeta$ 及相应的此步的应力、位移场。

对于剪切断裂参数 $f$ 和 $c$,也可以从计算的标准值开始,根据变异系数 $V_{sf}$ 和 $V_{sc}$ 不相同的特点,采用提高材料强度保证率的方法,分别计算 $f$ 和 $c$ 对应于计算标准值的强度储备系数 $\zeta_f$ 和 $\zeta_c$。

### 14.9.2.2　抗剪断参数( $f$ 和 $c$ )的尺寸效应计算分析

用虚裂纹边界元方法解这个非线性虚裂纹模型是只在一个界面上考虑应力软化问题,因而用这种方法解这个非线性断裂的裂纹扩展时,只需向前增加单元,不需改变原来网格,也没有单元的宽度效应。对于现场或室内抗剪断试验,通常是不断地增加试件的某组荷载,直至试件完全破坏,这个过程可由开裂过程反算外荷的方法来模拟。对于实际工程,可保持外荷载不变(始终为设计荷载),反算裂纹开裂

过程与强度储备系数的关系来模拟。这两方面都具有重要意义又相互联系。前者可根据试验获得的抗剪断试验 $\tau{-}u$（剪应力-水平位移）全过程曲线来反算断裂参数（$f_0$、$c_0$ 等），后者可根据这些参数计算大坝裂缝开展过程和强度储备系数。

压剪断裂破坏过程分析也可用钝裂纹带模型或节理单元模型的有限元方法来模拟，这两种模型采用的理论不相同，它们适合于用非线性有限元来求解。

以虚裂纹模型为例，对龙滩工程现场原位抗剪断试验过程进行数值模拟。选取 E、F 工况现场试验获得的 8 组（每组 4 块试件）$\tau{-}u$ 曲线作为比较的依据。计算时，通过改变抗剪断参数 $f_0$、$c_0$、$f_m$、$c_m$、$D_m$、$D_R$（$f_R$、$c_R$ 取试验得到的残余强度值），使得到的计算曲线和试验曲线有比较满意的吻合为止（见图 14-79）。计算得出的断裂参数及其软化过程曲线见图 14-80 和表 14-125。

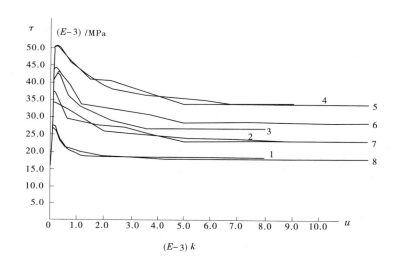

**图 14-79　龙滩设计阶段碾压混凝土原位抗剪断试验 F 工况 $F_6$ 试块 $\tau{-}u$ 曲线**

**（试验值与虚裂纹模型计算值的 $\tau{-}u$ 全过程曲线的比较）**

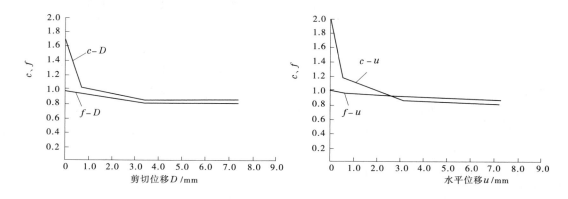

**图 14-80　龙滩设计阶段碾压混凝土原位抗剪断试验 E 工况 $f$ 和 $c$ 平均软化曲线（$c$ 的单位为 MPa）**

**表 14-125　龙滩设计阶段原位抗剪断试验断裂参数反分析结果（虚裂纹模型边界元法计算结果）**

| 类别 | 试件组号 | 实验抗剪断参数 | | 数值反分析剪切断裂参数 | | | | | | | | | |
|---|---|---|---|---|---|---|---|---|---|---|---|---|---|
| | | $f'$ | $c'$ | $f_0$ | $c_0$ | $f_m$ | $c_m$ | $f_R$ | $c_R$ | $D_m$ | $D_R$ | $G_{F1}$ | $G_{F2}$ |
| F 组 | F2 | 0.93 | 1.70 | 0.93 | 1.95 | 0.92 | 1.20 | 0.89 | 0.65 | 0.000 8 | 0.004 5 | 580 | 460 |
| | F3 | 1.14 | 1.54 | 1.15 | 1.80 | 1.10 | 0.80 | 0.87 | 0.67 | 0.000 8 | 0.004 5 | | |
| | F4 | 1.00 | 1.80 | 1.00 | 2.00 | 0.90 | 1.30 | 0.73 | 1.10 | 0.000 8 | 0.004 5 | | |
| | F5 | 0.91 | 2.23 | 0.91 | 2.50 | 0.85 | 1.70 | 0.68 | 1.27 | 0.000 8 | 0.004 5 | | |
| | 平均 | 1.00 | 1.82 | 1.00 | 2.06 | 0.94 | 1.25 | 0.79 | 0.92 | 0.000 8 | 0.004 5 | | |
| E 组 | E2 | 1.05 | 1.76 | 1.05 | 2.00 | 0.90 | 1.40 | 0.91 | 1.04 | 0.000 8 | 0.004 5 | 450 | 230 |
| | E3 | 0.90 | 1.68 | 0.90 | 1.90 | 0.88 | 0.80 | 0.86 | 0.70 | 0.000 8 | 0.003 0 | | |
| | E4 | 1.07 | 1.19 | 1.07 | 1.40 | 0.90 | 0.90 | 0.71 | 0.81 | 0.000 8 | 0.003 0 | | |
| | E5 | 0.82 | 1.34 | 0.82 | 1.55 | 0.81 | 0.90 | 0.72 | 0.81 | 0.000 8 | 0.003 0 | | |
| | 平均 | 0.97 | 1.50 | 0.97 | 1.71 | 0.90 | 1.00 | 0.80 | 0.84 | 0.000 8 | 0.003 4 | | |

注：1. $c'$、$c_0$、$c_m$、$c_R$ 的单位为 MPa；$D_R$、$D_m$ 的单位为 m。
　　2. $G_{F1}$ 为第一折线段内断裂能，$G_{F2}$ 为第二折线段内断裂能，单位为 N/m。

通常情况下，抗剪断强度参数 $f$、$c$ 是在假定试件的剪切面上剪切应力均匀分布而获得的断面平均强度。但是，上面给出的是材料"点"的强度参数，$f_R$、$c_R$ 是材料"点"完全剪断后的残余强度参数。可以证明，只要材料严格遵守摩尔-库仑准则，就有 $f_0 > f' > f_R$，$c_0 > c' > c_R$。

由图 14-80 和表 14-125 可知，材料软化曲线 $f$-$D$ 变化较小，在第一折线段内，$f$ 几乎不变，且与 $f'$ 几乎相等；而软化曲线 $c$-$D$ 变化很大，而且主要是在第一折线段内降低，这说明材料压剪破坏主要是黏聚力 $c$ 的丧失，而且大部分是在剪切断裂的前期失去的。虚裂纹模型，边界元法的计算结果是 $f_0$ 与 $f'$ 大致相等，$c_0$ 比 $c'$ 约大 15%，$f_m$ 是 $f'$ 的 90%~95%，$c_m$ 是 $c'$ 的 60~70 %，$f_R$ 是 $f'$ 的 75%~80%，$c_R$ 是 $c'$ 的 50%~60%。钝裂纹带非线性有限元法的计算结果是，$f_0$ 比 $f'$ 大 4%~7%，$c_0$ 比 $c'$ 大 23%；$f_m$ 比 $f'$ 大 2%，$c_m$ 比 $c'$ 小 30%；$f_R$ 是 $f'$ 的 82%，$c_R$ 约是 $c'$ 的 49%。下文给出用不同模型计算获得的"点"抗剪断强度参数（压裂参数）$f_0$、$c_0$ 与试件平均抗剪断强度参数（通常称抗剪断参数）$f'$、$c'$ 的比值 $f_0/f'$、$c_0/c'$，见表 14-126。

**表 14-126　龙滩设计阶段各种计算方法所得压剪断裂参数与抗剪断强度参数的比值**

| 计算模型与计算方法 | 试件 F3 | | 试件 E5 | | 计算单位 |
|---|---|---|---|---|---|
| | $\dfrac{f_0}{f'}$ | $\dfrac{c_0}{c'}$ | $\dfrac{f_0}{f'}$ | $\dfrac{c_0}{c'}$ | |
| 虚裂纹模型边界元法 | 1.01 | 1.16 | 1.00 | 1.13 | 清华大学刘光廷等 |
| 钝裂纹带模型弹塑性有限元法 | 1.05 | 1.27 | 1.05 | 1.25 | 华北水电学院张镜剑等 |
| 夹层单元模型弹塑性有限元法 | 1.20 | 1.20 | 1.18 | 1.18 | 清华大学曾昭扬等 |
| 节理单元模型弹塑性有限元法（理想软化） | 1.131 | 1.88 | | | 武汉水利电力大学段亚辉等 |
| 节理单元模型弹塑性有限元法（非线性） | 0.95 | 1.50 | | | |
| 节理单元模型弹塑性有限元法（理想弹塑性） | 1.00 | 1.00 | | | |

由表 14-126 可知,各种计算方法所得的压裂参数都大于抗剪断强度参数,$f_0/f'$ 的变化在 0.95 ~ 1.20,$c_0/c'$ 的变化在 1.00 ~ 1.88,前者变化小一些,后者变化大一些;不同的模型计算的结果都有一定的差别,有的差别还较大。同时,即使采用同一模型计算条件的变化也会使计算结果发生某些变化。实际上,"点"抗剪断强度,是反映材料在某点的抗剪断能力,不应受计算方法和条件的影响。因此,"点"抗剪断强度计算值得进一步研究与完善。

### 14.9.2.3　抗剪断参数的尺寸效应计算分析

抗剪断强度参数 $f'$、$c'$ 是在标准加载和标准试件尺寸下获得的材料在剪断面上的宏观平均意义下的抗剪断强度参数。那么各种因素的变化(如试件尺寸变化)时,剪断面上这种宏观的平均效果也会变化。现以上文及分析获得的现场原位抗剪断 F6 组和 F2 组的非线性断裂参数($f_0$、$c_0$、$f_m$、$c_m$、$D_m$、$D_R$、$f_R$、$c_R$)为例,在参数和受载情况完全一致且试件完全相似的情况下,取抗剪断面尺寸(试件长度)分别为 0.5 m、2.5 m、5.0 m、25.0 m、50.0 m,用虚裂纹模型的边界元法和钝裂纹带有限元法进行了剪切断裂渐进过程分析,并得到了各个尺寸试件在正应力分别为 0.75 MPa、1.5 MPa、2.25 MPa 和 3.0 MPa 时的峰值荷载和 $f'$、$c'$(见表 14-127)。由表 14-127 可以看出,随试件尺寸增大,试件能承受的剪切荷载降低,相应的 $f'$、$c'$ 也相应降低。当试件长度由 0.5 m 增至 50 m 时,虚裂纹模型计算结果是 $f'$ 降低了 18%,$c'$ 降低了 34%;钝裂纹带模型计算结果是 $f'$ 降低了 3%,$c'$ 降低了 47%;夹层单元模型计算结果是,当试件长度由 0.5 m 增至 13 m 时,$f'$ 降低了 42%,$c'$ 降低了 42%(以上 3 种计算都是以 0.5 m 试件结果为准,进行比较)。由此可见,不同模型计算结果相差较大。

上述计算结果与试件拉压强度随试件尺寸的增大而降低,具有共同的规律,也与强度统计理论的概念相符。

表 14-127　龙滩设计阶段试件尺寸对抗剪断参数 $f'$、$c'$ 的影响

| 试件 | 分析方法 | 试件长度/m | 各种正应力下的峰值强度/MPa | | | | 抗剪断参数 | | 以 0.5 m 的比值试件为准/% | |
| --- | --- | --- | --- | --- | --- | --- | --- | --- | --- | --- |
| | | | 3.0 | 2.25 | 1.5 | 0.75 | $f'$ | $c'$/MPa | $f'$ | $c'$ |
| F6 | 现场试验 | 0.5 | 5.06 | 4.25 | 3.40 | 3.06 | 0.91 | 2.23 | 100 | 100 |
| | 虚裂纹模型 | 0.5 | 5.09 | 4.40 | 3.62 | 2.90 | 0.91 | 2.23 | 100 | 100 |
| | | 2.5 | 4.67 | 4.04 | 3.25 | 2.55 | 0.91 | 1.90 | 100 | 85 |
| | | 5.0 | 4.40 | 3.69 | 3.08 | 2.29 | 0.90 | 1.70 | 99 | 76 |
| | | 25.0 | 3.90 | 3.31 | 2.70 | 2.11 | 0.82 | 1.50 | 90 | 67 |
| | | 50.0 | 3.66 | 3.10 | 3.55 | 1.99 | 0.75 | 1.48 | 82 | 66 |
| F2 | 现场试验 | 0.5 | 4.47 | 3.90 | 2.96 | 2.45 | 0.93 | 1.70 | 100 | 100 |
| | 钝裂纹模型 | 0.5 | 4.46 | 3.83 | 3.12 | 2.38 | 0.93 | 1.70 | 100 | 100 |
| | | 2.5 | 4.21 | 3.47 | 2.82 | 2.10 | 0.92 | 1.42 | 99 | 84 |
| | | 5.0 | 3.95 | 3.24 | 2.56 | 1.91 | 0.915 | 1.21 | 98 | 71 |
| | | 50.0 | 3.60 | 2.95 | 2.28 | 1.55 | 0.902 | 0.90 | 97 | 53 |

注:1. P6 表示现场试验编号,虚裂纹模型计算采用对 F6 反分析获得的断裂参数。

　　2. F2 表示现场试验编号,钝裂纹模型计算采用对 F2 反分析获得的断裂参数。

# 14.10　碾压混凝土层面抗剪断参数的综合分析与讨论

## 14.10.1　碾压混凝土层面抗剪断参数统计的必要性和统计的方法

### 14.10.1.1　统计的必要性

由于碾压混凝土坝内部存在众多的水平层(缝)面,试验研究表明,即使进行了各种处理,其抗剪断参数都不能恢复到本体的水平,若层面抗剪断参数不能满足设计要求,这将影响大坝的安全。目前,各工程都进行了大量的层面抗剪断试验,取得了丰富的试验资料,这在前文各节已做了详细的介绍。由于影响层面抗剪断参数的因素很多,使这些试验成果的差异都比较大,但基本规律还是存在的。为了便于大坝设计对抗剪断参数的选取,对碾压混凝土层面抗剪断参数进行统计分析是必要的,尽管这样的统计是比较不严格的,由于碾压混凝土层面抗剪断试验比较麻烦,需要的时间也比较长,通过对现有试验资料的分析整理,建立各种试验成果的相互关系,以供大坝抗剪断参数的选取是有参考价值的。

在本章的14.5节,根据龙滩工程坝设计的需要,对碾压混凝土层面抗剪断性能进行了大量的试验研究。在设计阶段,由中南勘测设计研究院涂传林采用统计法1、小值平均值法和随机组合法对设计阶段的抗剪断试验成果进行了统计分析。在施工阶段,由长江科学院(龙滩试验中心)王述银等采用统计法1、小值平均值法对施工阶段的抗剪断试验成果进行了统计分析,认证了龙滩200 m级碾压混凝土高坝层面抗剪断参数可以满足设计要求,但是要进行这样的统计分析,必须有试验原始资料,而目前其他工程都没有提供试验原始资料,这里就只能根据已经从原始资料中用最小二法分离出来的 $f'$、$c'$,分别进行统计分析,求得 $f'$、$c'$ 的平均值以及 $f'$ 的离差系数 $C_{v,f'}$ 和 $c'$ 的离差系数 $C_{v,c'}$,对各种工况进行比较分析。

### 14.10.1.2　统计分析的原则和方法

影响碾压混凝土层面抗剪断参数的主要因素有混凝土配合比、层面处理方式、试验的龄期、试件尺寸和试验方法等,为了便于统计,应对这些因素进行一些分类和简化,以便获得比较多的统计资料,现分述如下:

(1)混凝土配合比。混凝土的强度等级(或者说胶材用量和水胶比)是影响层面抗剪断强度的重要因素。一般来说,混凝土的强度等级越高,其层面抗剪断强度也越高。考虑到目前获得的试验数据不是很多,做了一些近似处理,我国大坝目前通常使用的 4 种碾压混凝土强度等级是 $C_{90}25$、$C_{90}20$、$C_{90}15$ 和 $C_{90}10$。试验表明,当混凝土强度等级达到 $C_{90}20$ 和 $C_{90}25$ 时,这两个强度等级的碾压混凝土的层面抗剪断强度差别不大,可以放在一起进行统计;同样 $C_{90}10$ 和 $C_{90}15$ 也放在一起进行统计。

(2)层面处理方式。目前,对层面的处理方式主要有:层面不处理(热缝情况);层面处理(温缝和冷缝情况),处理方式包括铺净浆、铺砂浆和铺小骨料混凝土 3 种;此外还有层面是否冲毛等处理方式。如果出现温缝和冷缝情况而不进行层面处理在施工中是不允许的,这样的试验资料这次不参与统计。试验表明,层面不处理(热缝)和层面处理(温缝与冷缝),对层面抗剪断强度影响是存在的,这里分为 2 种情况进行统计。

(3)试验的龄期。混凝土试验的龄期越长,层面抗剪断强度越高。我国试验的龄期一般是 90 d 和 180 d,应分别进行统计,以便获得龄期对抗剪断强度的影响。

(4)试件尺寸和试验方法。层面抗剪断试验包括室内成型层面抗剪断试验(试件剪断面尺寸一般为 15 cm×15 cm)、现场原位抗剪断试验(试件剪断面尺寸一般为 50 cm×50 cm)和现场取芯样抗剪断试验(试件剪断面尺寸一般为 φ15 cm 或 φ20 cm),应分这 3 种情况进行统计。前两者试验龄期比较明确,可研究室内外试验成果的相互关系;后者是在现场取芯,运到实验室加工进行试验,试验的龄期和养护条件都不确定,而且剪切面可能不在层面上,暂时不分强度等级,合在一起进行统计。特别是这些芯样一般取自大坝内部,对于评价大坝混凝土的质量具有重要的意义。

## 14.10.2　碾压混凝土层面抗剪断参数统计分析

下文这些统计分析,由于掌握的资料有限,分析是初步的和不完全的,有待今后进一步提高和完善,但就这些分析已经初步给出了 3 种抗剪断参数之间的一些相互关系和抗剪断参数随龄期的增长情况,在实际中都具有一定的参考价值。

### 14.10.2.1　现场原位抗剪断试验成果统计分析

根据对龙滩、光照、彭水、铜街子、宝株寺、乐滩、水口、岩滩、景洪、皂市和金安桥等工程的碾压混凝土层面抗剪断试验,共获得 158 组现场原位抗剪断参数($f'$、$c'$),对两种层面处理方式、两种碾压混凝土强度等级和两个龄期的统计结果见表 14-128。这里要指出,有的工程,同一工况做了多组试验,由于只给出了平均值,就按 1 组进行统计,现分述如下。

**表 14-128　现场原位抗剪断试验成果统计**

| 缝面处理 | 层面不处理(热缝) | | | | | | | | 层面处理(温缝和冷缝) | | | | | | | |
|---|---|---|---|---|---|---|---|---|---|---|---|---|---|---|---|---|
| 混凝土强度等级 | $C_{90}20 \sim C_{90}25$ | | | | $C_{90}10 \sim C_{90}15$ | | | | $C_{90}20 \sim C_{90}25$ | | | | $C_{90}10 \sim C_{90}15$ | | | |
| 龄期/d | 90 | | 180 | | 90 | | 180 | | 90 | | 180 | | 90 | | 180 | |
| 抗剪断参数 | $f'$ | $c'$ | $f'$ | $c'$ | $f'$ | $c'$ | $f'$ | $c'$ | $f'$ | $c'$ | $f'$ | $c'$ | $f'$ | $c'$ | $f'$ | $c'$ |
| 平均值 | 1.34 | 1.94 | 1.39 | 2.47 | 1.16 | 1.72 | 1.43 | 1.78 | 1.22 | 1.77 | 1.39 | 2.57 | 1.18 | 1.41 | 1.36 | 1.55 |
| 离差系数 | 0.13 | 0.33 | 0.12 | 0.28 | 0.16 | 0.29 | 0.15 | 0.25 | 0.14 | 0.41 | 0.16 | 0.26 | 0.11 | 0.29 | 0.08 | 0.08 |

注:$c'$ 的单位是 MPa。

(1)随龄期增长,层面抗剪断强度提高。4 种工况的抗剪断参数的平均值:90 d 龄期和 180 d 龄期的 $f'$ 分别是 1.225 和 1.39,后者是前者的 113.5%,90 d 龄期和 180 d 龄期的 $c'$ 分别是 1.71 MPa 和 2.09 MPa,后者是前者的 122%,而且,$c'$ 增长得快一些。

(2)混凝土强度高,层面抗剪断强度也高。$C_{90}20$ 和 $C_{90}25$ 的混凝土,抗剪断参数的平均值:$f'=1.34$,$c'=2.19$ MPa;$C_{90}10$ 和 $C_{90}15$ 的混凝土抗剪断参数的平均值:$f'=1.28$,$c'=1.62$ MPa;前者分别是后者的 105% 和 135%,强度对 $c'$ 的影响大一些。

(3)层面不处理(热缝),抗剪断参数的平均值:$f'=1.33$,$c'=1.98$ MPa;层面处理(温缝与冷缝),抗剪断参数的平均值:$f'=1.28$,$c'=1.83$ MPa;前者分别是后者的 104% 和 108.2%。说明碾压混凝土层面在热缝状态下浇筑,即使层面不处理也比在温缝与冷缝状态下浇筑对层面进行处理的抗剪断参数要高一些。

(4)抗剪断参数离差系数值。$C_{v,f'}$ 变化范围为 0.08 ~ 0.16,平均值为 0.13;$C_{v,c'}$ 变化范围为 0.08 ~ 0.41,平均值为 0.27。

### 14.10.2.2　室内抗剪断试验成果分析

满足上文统计要求的室内抗剪断试验成果比较少,且只有龙滩、光照 90 d 龄期的成果,共 24 组,层面不处理(热缝)时,$C_{90}20$ 和 $C_{90}25$ 混凝土抗剪断参数 $f'=1.404$,$c'=2.256$ MPa,$C_{90}10$ 和 $C_{90}15$ 混凝土抗剪断参数 $f'=1.404$,$c'=2.07$ MPa,两者平均值为 $f'=1.404$,$c'=2.15$ MPa。现场原位抗剪断参数 90 d 龄期两者平均值分别为 $f'=1.225$,$c'=1.71$ MPa,前者分别是后者的 115% 和 126%。说明室内层面抗剪断强度较现场高。

### 14.10.2.3　大坝芯样抗剪断成果分析

由于芯样的特性,所有工程碾压混凝土芯样合在一起统计,根据对龙滩、江垭、普定、棉花滩等 8 个工程 36 组大坝芯样抗剪断成果的统计,得 $f' = 1.312$,$c' = 2.803$ MPa,离差系数 $C_{v,f'} = 0.167$,$C_{v,c'} = 0.382$。大坝芯样抗剪断成果与现场和室内试验成果的比较:大坝芯样的 $f'$ 与后两者比较接近,$c'$ 则较大;$C_{v,f'}$ 接近后两者,$C_{v,c'}$ 比后两者大。

#### 14.10.2.4　碾压混凝土抗剪断参数的 $C_v$ 值的选取

取原位和芯样抗剪断试验所得到的 $C_v$ 值的平均值,即取 $C_{v,f'} = 0.15$,$C_{v,c'} = 0.33$。考虑到已进行的试验的局限性及工程的重要性,初步设计时,可取 $C_{v,f'} = 0.15 \sim 0.20$;$C_{v,c'} = 0.30 \sim 0.35$。

### 14.10.3　碾压混凝土层面抗剪断参数尺寸效应

根据试验和计算分析,初步提出碾压混凝土层面抗剪断参数尺寸效应的换算系数(见表 14-129)。以 50 cm×50 cm 抗剪断面积为准,其他尺寸的试件,试验得到的抗剪断参数 $f'$、$c'$ 乘以表 14-129 中的系数就换算成 50 cm×50 cm 的标准试件的抗剪断参数 $f'$、$c'$。

**表 14-129　碾压混凝土层面抗剪断参数尺寸效应换算系数**

| 试件抗剪断面尺寸/ cm | 换算系数 | | 试件抗剪断面尺寸/ cm | 换算系数 | |
|---|---|---|---|---|---|
| | $f'$ | $c'$ | | $f'$ | $c'$ |
| 75×75 | 1.06 | 1.10 | 30×30 | 0.92 | 0.92 |
| 50×50 | 1.00 | 1.00 | 15×15 | 0.83 | 0.73 |

# 参考文献

[1] 涂传林,孙君森,周建平,等.龙滩碾压混凝土重力坝结构设计与施工方法研究[R].长沙:中南勘测设计研究院,1995.

[2] 林长农,金双全,涂传林,等.碾压混凝土的性能研究[R].长沙:中南勘测设计研究院,1999.

[3] 涂传林,何积树,陈子山,等.龙滩碾压混凝土层面抗剪断试验研究[J].红水河,1999(2).

[4] 王述银.龙滩水电站碾压混凝土现场原位层间接触面抗剪强度试验研究总报告[R].武汉:长江科学院,2005.

[5] 杨华全,任旭华.碾压混凝土的层面结合与渗流[M].北京:中国水利水电出版社,1999.

[6] 广西龙滩水电站七局八局葛洲坝联营体.龙滩碾压混凝土重力坝施工与管理[M].北京:中国水利水电出版社,2007.

[7] 孙恭尧,王三一,冯树荣.高碾压混凝土重力坝[M].北京:中国电力出版社,2004.

[8] 涂传林,何积树,金庭节,等.龙滩大坝碾压混凝土现场碾压试验研究[J].中南水力发电,1998(3).

[9] 林长农,金双全,涂传林.龙滩有层面碾压混凝土的试验研究[J].水力发电学报,2001(3).

[10] 涂传林,王光纶,黄松梅,等.龙滩碾压混凝土芯样试件特性试验研究[J].红水河,1998(3):19.

[11] 周中贵.混凝土层间胶结面剪断特性研究[J].水电工程研究,1993,9(3).

[12] 中华人民共和国国家发展和改革委员会.混凝土重力坝设计规范:DL 5108—1999[S].北京:中国电力出版社,2000.

[13] 中华人民共和国水利部.水利水电工程岩石试验规程:SL 264—2001[S].北京:中国水利水电出版社,2001.

[14] 中华人民共和国水利部.碾压混凝土坝设计规范:SL 314—2004[S].北京:中国水利水电出版社,2005.

[15] 张学易.岩石抗剪断参数的统计分析方法[J].岩石力学,1992(25).

[16] 周华章.工业技术应用数理统计学[M].北京:人民教育出版社,1960.

[17] 何声武.概率论与数理统计[M].北京:经济科学出版社,1992.

[18] 张小蒂.应用回归分析[M].杭州:浙江大学出版社,1991.

[19] 周建平.重力坝设计 20 年[M].北京:电力工业出版社,2007.

[20] 金双全,林长农,黄东霞,等.有层面碾压混凝土抗剪断特性试验研究[J].红水河,2002(4).

[21] 韩晓凤,张仲卿.试件尺寸对碾压混凝土层面抗剪断强度的影响[J].人民长江,2000(7).

［22］姜荣梅,冯炜.层面与尺寸效应对全级配碾压混凝土力学性能的影响［J］.水力发电,2007(4).

［23］覃向学.贵州光照电站大坝碾压混凝土施工质量控制监理措施［J］.科技资讯,2009(25).

［24］林森.光照水电站大坝碾压混凝土钻孔取芯和压水试验检测［J］.贵州水力发电,2008(10).

［25］胡华雄,张如强.江垭碾压混凝土重力坝结构设计与筑坝材料选择［J］.水利水电技术,1997(7).

［26］马岚,杜志达.江垭水利枢纽大坝碾压混凝土施工［J］.水力发电,1999(7).

［27］杨康宁.江垭大坝坝体碾压混凝土钻孔测试［J］.水力发电,1999(7).

［28］杨立忱,梁维仁,关晓明.江垭大坝碾压混凝土现场试验［J］.水利水电技术,1998(2).

［29］周群力.江垭大坝碾压混凝土芯样抗剪断强度测试研究［J］.人民长江,2000(3).

［30］周翠云,王良之.单点法抗剪断强度的试验研究［J］.湖南水利,1999(1).

［31］王永开,郝伟,肖承杰,等.江垭大坝 RCC 斜层铺筑法施工［J］.东北水利水电,1999(6).

［32］李启雄,董勤俭,毛影秋.棉花滩碾压混凝土重力坝设计［J］.水力发电,2001(7).

［33］许剑华,黄开信,钟宝全,等.棉花滩水电站大坝第一枯水期碾压混凝土取芯试验［J］.水利水电技术,2000(11).

［34］杨槐.从棉花滩水电站碾压混凝土质量评定谈评定方法［J］.华东水电技术,2001(3).

［35］于忠政,陆采荣.大朝山水电站碾压混凝土新型 PT 掺合料的研究和应用［J］.水力发电,1998(9).

［36］于飞.大朝山水电站大坝碾压砼层间抗剪强度模拟试验［J］.云南水电技术,1999(3).

［37］曾祥虎,陈勇伦,李婧.高坝洲工程 RCC 现场试验及其成果［J］.水力发电,2002(3).

［38］杨富亮.三峡 3 期围堰碾压混凝土层面抗剪强度试验研究［J］.云南水力发电,2008,24 (6).

［39］梁维仁,梁晶晶.皂市水利枢纽工程大坝混凝土钻孔压水检查与取芯检验［J］.湖南水利水电,2008(4).

［40］杨华全,周守贤,邝亚力.三峡工程碾压混凝土层面结合性能试验研究［J］.长江科学院院报,1996(12).

［41］韩淑琴,杨科元.大坝碾压混凝土原位抗剪强度试验问题［J］.四川水利,1996(5).

［42］刘晖,吴效红,李国勇,等.彭水碾压混凝土大坝设计［J］.人民长江,2006(1).

［43］张业勤,周浪,蔡胜华.彭水水电站碾压混凝土原位抗剪试验研究［J］.四川水力发电,2008(10).

［44］王文德,李桂芳,李东升.临江水电站碾压混凝土坝设计［J］.东北水利水电,1990(2).

［45］负燕文.(临江)碾压混凝土高坝抗剪(断)试验研究［J］.东北水利水电,1991(7).

［46］杨金莎,梁德平,肖志平.景洪水电站碾压混凝土施工质量及控制［J］.水力发电,2008(4).

［47］殷洁.景洪水电站混凝土掺和料选择试验研究［J］.云南水力发电,2005,21(3).

［48］李迪光.金安桥大坝碾压混凝土芯样及原位抗剪试验［M］.北京:中国水利水电出版社,2010.

［49］中南勘测设计研究院.官地水电站碾压混凝土抗剪断试验报告［R］.长沙:中南勘测设计研究院,2011.

［50］彭明,李敏.碾压混凝土筑坝的抗剪特性研究［J］.四川水力发电,1999(3).

［51］负燕文.碾压混凝土高坝抗剪(断)试验研究［J］.东北水利水电,1991(7).

# 第 15 章　有层面碾压混凝土渗透和渗流特性

## 15.1　碾压混凝土坝防渗的重要性及发展趋势

### 15.1.1　碾压混凝土坝防渗的重要性

#### 15.1.1.1　碾压混凝土坝渗水的原因

　　碾压混凝土坝的抗渗性,主要取决于碾压混凝土水胶比、胶凝材料用量和压实程度、施工层面处理情况和坝体裂缝的渗透性。碾压混凝土配合比中胶凝材料用量过少,混凝土内部的原生孔隙过多,碾压混凝土的浆体不足以填满砂石骨料中的孔隙,难于克服运输与平仓时的骨料分离,留下松散的渗水层,另外,坝体碾压混凝土层面产生冷缝造成渗水通道,都会使混凝土的抗渗性显著降低。归结起来包括下列几个方面。

　　1. 防渗设计方面

　　(1)防渗结构设计不合理。

　　(2)坝上游防渗体失效或部分失效而形成的渗漏,如素混凝土防渗层或常态钢筋混凝土防渗面板开裂;上游坝面防渗钢板锈蚀出现孔洞。

　　(3)上游面防渗涂料老化;PVC 膜等护面材料焊接不良或老化;沥青混合料浇筑层出现漏浇或漏捣实等。

　　(4)温度控制设计不合理,引起混凝土裂缝。

　　2. 碾压混凝土原材料配合比方面

　　(1)天然骨料中杂质未洗净或由于人工骨料(特别是大骨料)粘贴或附着的石粉未洗净(或搅拌时间不充分)而形成的缝隙。

　　(2)配合比不合理,胶材用量过少,用水量超过水泥水化热所需用水量,在混凝土内部形成毛细管渗流路径。胶材用量过多,导致温度应力过大,引起混凝土裂缝。

　　(3)骨料和水泥由于泌水性形成的空隙。

　　(4)混凝土初凝快,形成层面结合不良。

　　(5)溶蚀作用而形成的渗漏通道。

　　3. 施工技术方面

　　(1)由于混凝土下料方式不合理,骨料分离形成架空与蜂窝。

　　(2)碾压不密实而形成的孔洞。

　　(3)层面和缝面(特别是冷缝面)上下层嵌接不良(包括层面污染)而形成的缝隙。

　　(4)在斜层平推铺筑法中由于坡脚处理不当,而形成粗骨料集中堆积的渗漏路径。

　　(5)暴雨冲走了碾压层的水泥浆体而形成渗漏层。

　　(6)止水失效或止水周边变态混凝土振捣不密实而形成缝隙渗漏。

　　(7)温控措施不到位,使混凝土温度应力超过混凝土允许拉应力,形成裂缝,产生渗漏通道。

#### 15.1.1.2　碾压混凝土重力坝对防渗结构的要求

　　(1)防渗结构必须安全可靠,且具有很好的耐久性。

　　(2)防渗结构必须能有效地控制坝体渗流量和降低层面扬压力。

　　(3)防渗结构必须与坝体施工相互协调,减少干扰,以利于坝体快速施工。

（4）上游面防渗体必须具有良好的整体性和强度，防止坝面裂缝的扩展。

（5）防渗结构要求简单、经济、施工方便，并对环境无污染。

### 15.1.1.3 碾压混凝土重力坝渗流分析和防渗结构研究的内容和必要性

碾压混凝土筑坝材料与常态混凝土筑坝材料一样，都是孔隙介质，在一定水头作用下，其本身就存在一定渗透性。所以，必须从设计、材料防渗特性和施工控制三方面进行研究，以达到控制渗透量、防止出现渗漏通道的目的。

（1）碾压混凝土坝防渗结构必须有较好的抗渗性，以满足大坝的挡水功能和坝体材料的耐久性要求；达到有效控制渗透量、降低层面扬压力、增大坝体稳定性的目的。

（2）要保证坝基廊道和排水幕的排水畅通，以防止坝基发生侵蚀性渗透变形而危及建筑物的安全。

（3）混凝土重力坝是靠自身重量来维持稳定的，而扬压力的作用方向与重力方向相反，即抵消了坝体部分重量的作用，而设置排水孔幕是减小扬压力的有效措施。

（4）有些工程（例如龙滩工程等）地处我国南亚热带气候区，每年夏季高气温时段达 5 个月以上，碾压混凝土浇筑层面最大的面积达 39 100 $m^2$，要求层面暴露时间短，以保证层面结合质量，所以进行施工措施研究尤为必要。

（5）由于碾压混凝土采用分层摊铺碾压，对于 200 m 的高坝施工层面多达 600 层以上，水平层面面积又大，若上层碾压混凝土未在下层仍处于塑性状态下及时覆盖，或由于降雨，或由于跳仓碾压时施工冷缝未处理好，容易造成层面隐伏状结构，所以必须研究层面的处理措施。

（6）对于坝高、混凝土工程量大并采用通仓薄层浇筑的大体积碾压混凝土，研究防止防渗体的开裂，并且分析计算坝面可能开裂时的渗流和扬压力的变化情况是非常必要的。

（7）对于高重力坝，一般是一个多年调节水库，上游迎水面面积很大且库大水深，放空机会少，检修条件差，所以必须研究防渗结构的可靠性与耐久性。

（8）大坝防渗结构应在保证安全可靠、耐久的前提下，要求结构简单，便于施工，对大坝施工干扰少，以便提前发电，增加发电效益。

## 15.1.2 碾压混凝土坝防渗结构介绍

### 15.1.2.1 钢板防渗结构

钢板防渗结构曾在意大利 Plan Palifa 坝（坝高 47 m）和 Apla Gera 坝（坝高 175 m）等作为上游面防渗结构。现着重介绍 Apla Gera 坝的情况。

Apla Gera 混凝土坝坝高 175 m，混凝土方量为 180 万 $m^3$，是采用水平连续浇筑的常态混凝土坝，采用水泥配量最低为 115 kg/$m^3$，浇筑层厚 0.70 m，用插入式振捣器振实，伸缩缝切割而成。大坝上游面用钢板防渗，在 45 000 $m^2$ 的上游坝面的总漏水量≤1.5 L/s。微小漏水量是钢板焊接不严所致的。该坝在 1963 年部分蓄水，1966 年首次达到正常高水位。工程中虽将钢板电镀并涂上一层乙烯基丙酸涂料，钢板上安装了用来中和电化腐蚀的阴极防腐装置，但运行 20 年后发现钢板局部腐蚀产生了许多直径超过 3 mm 的小洞，钢板有的部分局部"起泡"。1987 年对腐蚀最严重的部分试用 PVC 膜进行修补，经验证满意后，并于 1993—1994 年将水库放空，对大坝上游面采用 PVC 膜进行了全面覆盖。PVC 膜后粘贴土工织物，以排除可能出现的渗水。

### 15.1.2.2 常态混凝土防渗

1. "金包银"式常态混凝土防渗

此种方式日本使用最多，我国也有一些工程采用，它一般是在上游面设置 1.5~3.5 m 厚的常态混凝土作防渗结构，下游面亦设 1.5~2.5 m 厚的常态混凝土。常态混凝土与碾压混凝土均设置横缝，且同步上升，横缝内设置完善的止水，碾压混凝土层间铺设 1~5 cm 厚水泥砂浆。

采用此种方式防渗的坝有：日本的玉川坝（坝高 103 m）、八汐下坝（坝高 104 m）、官濑坝（坝高 155 m）、八田野（坝高 82 m）、境川（坝高 115 m）、富户（坝高 48 m）、津川（坝高 76 m）、蛇尾川（坝高 104

m)、千屋(坝高 97.5 m)、小玉(坝高 102 m)、扎内川(坝高 114 m)、浦山(坝高 156 m)、大松川(坝高 65 m)、泷里(坝高 50 m)、月山(坝高 125 m)、岛川(坝高 89.5 m)、水山(坝高 65 m)、岛地川(坝高 89 m)、真野(坝高 69 m)、美利河(坝高 40 m)、白水川(坝高 54.5 m)、旭日川(坝高 84 m)、布目(坝高 72 m)、道平川(坝高 70 m)、朝里(坝高 74 m)、神室(坝高 61 m)和中国的白石坝(坝高 50.3 m)、岩滩坝(坝高 110 m)、铜街子坝(坝高 82 m)、大广坝(坝高 55 m)、观音阁坝(坝高 82 m)、龙门坝(坝高 99.5 m)等。

**2. 仅上游面采用常态混凝土防渗**

上游面浇筑厚度为 0.3~1.0 m 的常态混凝土薄面层,在面层后一定宽度(2~5 m)的碾压混凝土层面上铺设常态混凝土垫层或水泥砂浆,下游面不采用常态混凝土。面层常态混凝土一般分缝并设置完善的止水,碾压混凝土内设诱导缝,也有大坝面层不分缝,每隔一定间距设"y"形切口,控制裂缝,适应干缩和表面温度收缩,槽内充填塑性止水材料。

采用此种防渗方式的坝有:中叉坝(坝高 38 m)、盖尔斯威尔坝(坝高 52 m)、铜田坝(坝高 40 m)、萨科坝(坝高 56 m)、天生桥二级(坝高 58.7 m)、马回坝(坝高 24 m)、万安坝(坝高 55 m)、广蓄下池(坝高 42.5 m)、水口坝(坝高 100 m)、锦江坝(坝高 62.6 m)、桃林口(坝高 81.5 m)、宝珠寺(坝高 132 m)、石板水(坝高 84 m)、东西关(坝高 45 m)、中福克(坝高 38 m)、荣克斯威尔(坝高 46 m)、磨石峡坝(坝高 42 m)、上静水(坝高 87 m)、麋溪坝(坝高 76 m)、Urdahtr(坝高 58 m)、塔什库米(坝高 75 m)、Joy THOUa(坝高 57 m)、克·布特重力拱坝(坝高 50 m)、沃尔威斯坦重力拱坝(坝高 70 m)、塔翁(坝高 70 m)、卡潘达(坝高 110 m)、萨库–德斯奥林达(坝高 56 m)。

### 15.1.2.3 钢筋混凝土面板防渗

上游设置与面板堆石坝相似的钢筋混凝土面板,面板通过锚筋附着在碾压混凝土坝体上,面板一般间隔 15~18 m 设置横缝,在面板横缝内布置完善的止水系统,利用面板钢筋限制裂缝的发展,一般采用常规的混凝土层间处理措施。

采用此种方式防渗的坝有 SERRE DE LAFARE 坝(坝高 80 m)、斯苔西坝(坝高 45 m)、利欧坝(坝高 25 m)、龙门滩坝(坝高 57.5 m)、Aoulovz 坝(坝高 76 m)等。

### 15.1.2.4 碾压混凝土自身防渗

(1)在坝体上游一定范围内采用较坝体内部碾压混凝土胶凝材料用量为高的碾压混凝土作为防渗体,与坝体碾压混凝土同仓碾压、同步上升,可根据要求设置横缝。

采用此种方式防渗的坝有:柳溪坝(坝高 52 m)、荣地坝(坝高 56.3 m)、普定拱坝(坝高 75 m)、石漫滩坝(坝高 39.5 m)、大朝山坝(118 m)、圣塔龙尼西坝(坝高 83 m)、马罗诺坝(坝高 53 m)、Publa de cazalla 坝(坝高 71 m)、Sierra Brava 坝(坝高 53 m)、涌溪三级坝(坝高 86.5 m)、汾河二库(坝高 87 m)等。

(2)采用(1)的方式另附加防渗措施的坝有:潘家口下池(坝高 28.5 m,碾压混凝土自身防渗,在下部涂沥青乳胶薄膜)、水东(坝高 63 m,上游面水泥砂浆砌筑 1.0 m×0.5 m 的混凝土预制块,表面用丙乳砂浆填宽缝)、温泉堡拱坝(坝高 48.5 m,二级配碾压混凝土加复合薄膜防渗)。

(3)采用变态混凝土加二级配碾压混凝土防渗和坝面涂防渗材料的有:山仔(坝高 64.6 m,表面涂 5~8 mm 丙乳砂浆)、江垭坝(坝高 131 m,死水位以下涂 5 mm 厚橡胶乳液改性水泥砂浆)等。

(4)采用变态混凝土加二级配碾压混凝土防渗的有:龙滩(坝高 216.5 m)、光照(坝高 216.5 m)等。

### 15.1.2.5 薄膜防渗

一般采用 PVC 膜,内贴土工织物。

(1)内贴薄膜防渗。采用预先贴好防渗膜的预制板现场安装,模板接头部位采用防渗膜互相搭接粘贴,用密封圈等措施密封穿过防渗膜的锚筋,也可在立模后现场黏接或在浇筑好的坝面上铺设薄膜和安装预制护面板。为保险起见,有的还在膜后浇筑一层常态混凝土作第二道防渗体。

采用此种方式防渗的坝有:温彻斯特坝(坝高 21 m)、多拉圭–I 坝(坝高 77 m)等。

(2)外贴薄膜防渗。在碾压混凝土坝面上用金属肋和锚筋将防渗膜固定。

采用此种方式防渗的坝有:概念坝(坝高 70 m)、利欧坝(坝高 30 m)、康赛普申(坝高 68 m,PVC 复合膜加 0.5 m 常态混凝土)、Miez-I 坝(坝高 188 m,外贴 PVC 膜,膜内粘贴土工织物,外加钢筋混凝土预制板)等。

#### 15.1.2.6　沥青混合料防渗

在碾压混凝土上游坝面设一定厚度的沥青混合料防渗层,外侧加设钢筋混凝土预制板,通过锚筋与坝体连接。实质上是将内贴防渗膜改为沥青混合料。

采用此种方式防渗的坝有:坑口坝(坝高 56.8 m)、马马康宽缝重力坝(坝高 55 m)、上犹江坝(坝高 68.5 m,混凝土重力坝坝内厂房)、Agger(坝高 40 m)、凤滩空腹拱坝(坝高 112.58 m)、湖南镇(坝高 128 m,混凝土重力梯形支墩坝)、碧流河(坝高 53.5 m)、白山重力拱坝(坝高 149.5 m)、枫树坝(坝高 95.3 m,宽缝重力坝坝内厂房)、桓仁(坝高 78.5 m,单支墩大头坝)、丰满(坝高 90.5 m)等。

### 15.1.3　碾压混凝土坝防渗结构的发展趋势

除日本的 RCD 工法即"金包银"式常态混凝土防渗仍在进行之外,钢板防渗结构因 Apla Gera 坝钢板锈蚀而不再应用。其他防渗方案仍在国内广泛使用。从近年来碾压混凝土材料、施工技术及已建成大坝的现场压水试验与室内芯样试验成果来看,利用碾压混凝土自身防渗(指变态混凝土与二级配碾压混凝土组合防渗方案),通过对龙滩、光照等高坝的成功实践,高碾压混凝土重力坝已成为可能并有进一步发展的趋势,外加 PVC 膜或防渗涂料等是因为设计人员或业主不放心而多加了一道额外设施。但由于碾压混凝土坝建成后坝面出现裂缝现象较为普遍,设计人员寻求在大坝迎水面混凝土中加钢筋网限制裂缝深入开展,应该说是可行的和有效的。另外,应进一步研究寻求利用微膨胀补偿技术防止裂缝出现。其次,沥青混合料防渗具有抗裂、适应变形、保温性能好及裂缝能自愈等优点也备受人们关注。

### 15.1.4　规程规范对大坝混凝土的防渗要求

#### 15.1.4.1　《混凝土重力坝设计规范》对大坝的防渗要求

《混凝土重力坝设计规范》(DL 5108—1999)、《混凝土重力坝设计规范》(SL 319—2005)和《混凝土重力坝设计规范》(NB/T 35026—2014)对大坝的防渗要求如下。

(1)混凝土重力坝坝上游垂直应力,用有限元法计算,其控制标准为:

坝基上游面:计扬压力时,拉应力区宽度宜小于坝底宽度的 0.07 倍(垂直拉应力分布宽度/坝底面宽度),或坝踵至帷幕中心线的距离。

坝体上游面:计扬压力时,拉应力区宽度宜小于计算截面宽度的 0.07 倍,或计算截面上游面至排水孔中心线的距离。

(2)防渗帷幕体内岩体相对隔水层的透水率($q$)根据不同坝高可采用下列标准:

坝高在 100 m 以上,$q$ 在 1~3 Lu;

坝高在 50~100 m,$q$ 在 3~5 Lu;

坝高在 50 m 以下,$q$ 为 5 Lu。

(3)碾压混凝土重力坝设横缝并采用常态混凝土作为上游防渗层时,横缝内止水应设置在常态混凝土内;采用其他类型材料作为上游坝面防渗层时,应结合防渗布置考虑设置止水的方法,并应由试验论证其可靠性。

(4)碾压混凝土重力坝竖向排水系统的排水管,当采用常态混凝土作为上游防渗层时,一般设置在上游防渗层后面。排水管可采用钻孔形成或预制无砂混凝土管,管距可为 2~3 m,内径 15~20 cm。采用其他类型的防渗材料时,也应根据其抗渗性能和耐久性,确定是否设置坝内排水系统。

(5)大坝混凝土的抗渗等级应根据所在部位和水力坡降,可按相应规范采用。

(6)碾压混凝土重力坝的分区,上游坝面分区应与防渗层结构结合考虑。当上游防渗层结构采用常态混凝土防渗层、富胶凝材料碾压混凝土防渗层、加膨胀剂的补偿收缩混凝土防渗层时,其厚度及抗渗等级应满足坝体防渗要求。必要时,可在碾压混凝土重力坝上游面喷涂柔性防渗材料。下游坝面应根据溢流与水位变幅情况,按防渗、防冲、防蚀、防冻等要求设置保护层。坝体基础混凝土,应采用常态混凝土,其厚度可根据基础开挖起伏差、温度控制及基础灌浆等要求确定。

### 15.1.4.2 《水工混凝土结构设计规范》(DL/T 5057—1996)对大坝的防渗要求

《水工混凝土结构设计规范》(DL/T 5057—1996)对于有抗渗性要求的结构,混凝土应满足有关抗渗等级的规定。混凝土抗渗等级按 28 d 龄期的标准试件测定,混凝土抗渗等级分为:W2、W4、W6、W8、W10、W12 六级。根据建筑物开始承受水压力的时间,也可利用 60 d 或 90 d 龄期的试件测定抗渗等级。结构所需的混凝土抗渗等级应根据所承受的水头、水力梯度及下游排水条件、水质条件和渗透水的危害程度等因素确定,并不得低于表 15-1 的规定值。

表 15-1　混凝土抗渗等级的最小允许值

| 项次 | 结构类型及运用条件 | | 抗渗等级 |
| --- | --- | --- | --- |
| 1 | 大体积混凝土结构的下游面及建筑物内部 | | W2 |
| 2 | 大体积混凝土结构的挡水面 | $H<30$ | W4 |
| | | $H=30\sim70$ | W6 |
| | | $H=70\sim150$ | W8 |
| | | $H>150$ | W10 |
| 3 | 素混凝土及钢筋混凝土结构构件其背水面能自由渗水者 | $i<10$ | W4 |
| | | $i=10\sim30$ | W6 |
| | | $i=30\sim50$ | W8 |
| | | $i>50$ | W10 |

注:1. 表中 $H$ 为水头(m),$i$ 为水力梯度。

　2. 当结构表层设有专门可靠的防渗层时,表中规定的混凝土抗渗等级可适当降低。

　3. 承受侵蚀水作用的结构,混凝土抗渗等级应进行专门的试验研究,但不得低于 W4。

　4. 埋置在地基中的结构构件(如基础防渗墙等),可按照表中第 3 项的规定选择混凝土抗渗等级。

　5. 对背水面能自由渗水的素混凝土及钢筋混凝土结构构件,当水头小于 10 m 时,其混凝土抗渗等级可根据表中第 3 项降低一级。

　6. 对严寒、寒冷地区且水力梯度较大的结构,其抗渗等级应按表中的规定提高一个等级。

### 15.1.4.3 《碾压混凝土坝设计导则》(DL/T 5005—92)对大坝的防渗要求

(1)采用常态混凝土作为上游坝面防渗层时,其抗渗标号的最小允许值为:

$H<30$ m 时,S4;

$H=30\sim60$ m 时,S6;

$H=60\sim120$ m 时,S8;

$H>120$ m 时,应进行专门试验论证($H$ 为水头,m)。

防渗层最小有效厚度,一般为坝面水头的 $1/30\sim1/15$,但不宜小于 1.0 m。

(2)采用富胶凝材料的碾压混凝土作碾压混凝土坝的防渗层时,其厚度和抗渗标号也应满足坝体防渗要求。

(3)采用其他材料,如沥青材料、合成橡胶、聚氯乙烯薄膜及其他防渗涂料等作为上游坝面防渗层时,其厚度应根据材料的抗渗性、耐久性、变形性能及其与混凝土面的结合情况,由试验确定。

(4)坝体横缝内设置止水应根据工作水头、气候条件、所在部位和便于施工等因素确定;采用常态混凝土作为上游防渗层时,止水设施应置于常态混凝土内;采用其他类型材料作为上游坝面防渗层时,应结合防渗布置考虑设置止水的方法,并应由试验论证其可靠性。

(5)坝内竖向排水系统的排水管,一般设置在上游防渗层后,应便于检查维修。排水管一般为预制的无砂混凝土管,管距为 2.0~3.0 m,内径为 7~15 cm,亦可采用钻孔或拔管等方法形成。

（6）采用其他类型的防渗材料时,应根据其抗渗性能和耐久性,确定是否设置坝内排水系统。根据坝的重要性和地质条件等因素,若需要设置水平排水系统时,可在各排水设计高程的碾压层面上设置排水廊道或铺设水平排水条带。

### 15.1.4.4　《水工碾压混凝土施工规范》(SL 53—94)对大坝的防渗要求

SL 53—94 规定,钻孔取样是评定碾压混凝土质量的综合方法。钻孔取样可在碾压混凝土铺筑 3 个月后进行。钻孔数量应根据工程规模确定。钻孔取样评定的内容如下:芯样获得率,评价碾压混凝土的均质性;压水试验,评定碾压混凝土抗渗性;测定芯样容重、抗压强度、抗拉强度、抗剪强度、弹性模量和拉伸变形等性能,评定碾压混凝土的均质性和结构强度;芯样外观描述,评定碾压混凝土的均质性和密实性,评定标准见表 15-2。

表 15-2　碾压混凝土芯样外观评定标准

| 级别 | 评定标准 | | |
|---|---|---|---|
| | 表面光滑程度 | 表面致密程度 | 骨料分布均匀性 |
| 优良 | 光滑 | 致密 | 均匀 |
| 合格 | 基本光滑 | 稍有孔 | 基本均匀 |
| 差 | 不光滑 | 有部分孔洞 | 不均匀 |

**注**:＊采用金钢石钻头钻取芯样。

### 15.1.4.5　《水工混凝土施工规范》( DL/T 5144—2001) 对大坝的防渗要求

已建成的混凝土建筑物,应适量地进行钻孔取芯和压水试验。大坝大体积混凝土取芯和压水试验可按每万立方米混凝土钻孔 2~10 m,具体钻孔取样部位、检测项目与压水试验的部位、吸水率的评定标准,应由监理、设计和业主共同研究确定。钢筋混凝土结构物应以无损检测为主,在必要时采取钻孔法检测混凝土。

### 15.1.4.6　国内外对混凝土大坝的防渗规定和要求的比较

1. 国外对混凝土大坝的防渗规定

（1）苏联有关规范是以作用水头（$H$）对建筑物最小厚度（$L$）之比来确定抗渗标号的。如 $H/L=10$~50 时,规定抗渗标号为 W8。

（2）美国垦务局对碾压混凝土坝的抗渗要求,渗透系数 $K \leqslant 1.5 \times 10^{-7}$ cm/s。

（3）美国 Hansen 提出:当坝高 $H<50$ m 时,$K \leqslant 10^{-6}$ cm/s;当 50 m$\leqslant H<100$ m 时,$K \leqslant 10^{-7}$ cm/s;当 100 m$\leqslant H<150$ m 时,$K \leqslant 10^{-8}$ cm/s;当 150 m$\leqslant H<200$ m 时,$K \leqslant 10^{-9}$ cm/s;当 $H \geqslant 200$ m 时,$K \leqslant 10^{-10}$ cm/s。

（4）英国 Dustan 提出:当坝高 $H \geqslant 200$ m 时,$K \leqslant 10^{-9}$ cm/s。

2. 我国对混凝土大坝的防渗规定

《混凝土重力坝设计规范》(DL 5108—1999)、《混凝土重力坝设计规范》(SL 319—2005)、《碾压混凝土坝设计导则》(DL/T 5005—92)、《水工混凝土结构设计规范》(SL/T 191—96)标准中对有抗渗要求的水工混凝土,以抗渗等级作为渗透性的评定标准。混凝土的抗渗等级分为 W2、W4、W6、W8、W10 和 W12 共计 6 级。

3. 国内外对混凝土大坝防渗规定的比较

我国与苏联都以抗渗等级(抗渗标号)来确定混凝土坝的防渗要求,它与混凝土抗渗试验方法相适应。苏联在 $H/L=10$~50 时,要求抗渗等级为 W8,比我国要严格;只有在水力坡降大于 50 时,我国要求 W10。国外(美国、英国等)对混凝土坝通常用渗透系数作为混凝土渗透性的评定标准,随着大坝的升高(50~200 m),渗透系数由 $10^{-6}$ cm/s 降低到 $10^{-10}$ cm/s(美国 Hansen)。

# 15.2　碾压混凝土渗流的基本概念

## 15.2.1　碾压混凝土中的空隙及渗透系数

碾压混凝土水力学的内涵包括裂隙水力学和孔隙介质渗流学。在进入裂隙水力学讨论之前,需对作为孔隙介质的完整碾压混凝土水力特性作扼要介绍。

另外,对于含有大量层缝面的碾压混凝土大坝,水对碾压混凝土的物理力学性质的影响不可忽视。

### 15.2.1.1　碾压混凝土中的空隙

1.碾压混凝土空隙的种类及渗水性

碾压混凝土中的空隙有以下3类:

(1)孔隙。碾压混凝土中的空隙如其各方向的尺寸属于同一量级,则称为孔隙。碾压混凝土中的孔隙分为两类:水力连通孔隙和水力不连通孔隙。水力连通孔隙是完整碾压混凝土中的渗水通道。

(2)微裂纹。若碾压混凝土中的空隙,在一个方向的尺寸远大于其他两个方向的尺寸,且最长方向的尺寸也是微小的,则称为微裂纹。碾压混凝土为脆性材料,在其形成过程中受到多种环境影响而出现微裂纹,被视为材料的缺陷。微裂纹分布既有完全随机的,也有大体定向的。微裂纹尖端产生的应力集中现象,对碾压混凝土的强度有重大影响。应力环境对微裂纹的宽度有影响,因而其渗透性和应力环境有明显的相关性。

(3)裂隙。若碾压混凝土中的空隙,在某一方向的尺寸远小于其他两个方向的尺寸(达米级以上),则称为裂隙(或称为裂缝、缝面、层面)。若混凝土中无裂隙存在,则称为完整碾压混凝土;若混凝土中有裂隙发育,则称为裂隙碾压混凝土。

以上三种空隙,都会影响碾压混凝土的渗水性和渗透系数。

2.碾压混凝土中的空隙比

在碾压混凝土中,除孔隙外尚有微裂纹和裂隙等空隙。碾压混凝土中空隙的体积与总体积之比称为空隙比或含气量,一般碾压混凝土的含气量为 2%~4%。

### 15.2.1.2　水的物理力学性质与碾压混凝土渗透性的关系

水的某些物理力学性质对碾压混凝土的渗透系数或裂隙(或称为裂缝、缝面、层面)的水力传导系数及其他力学性质都有重要影响,因而有必要首先对常温下(0~40 ℃)水的一些相关物理力学性质作简要叙述。

1.水的容重和密度

设水的质量为 $M$,则其重量 $G$ 为 $G=mg$,式中 $g$ 为重力加速度。水的容重 $\gamma$ 表示单位体积水的重量,即 $\gamma=G/V$,水的容重在 4 ℃时为最大值,见表 15-3。水的密度 $\rho$ 表示单位体积水的质量,即 $\rho=m/V$,蒸馏水在 4 ℃时的密度为 1 000 kg/m³。容重与密度之间的关系为 $\gamma=\rho g$。

2.水的黏滞性

1)水的黏滞系数

水在静止状态下其抗剪强度为零,但在运动状态下,水有抵抗剪切变形的能力,称为水的黏滞性,用黏滞系数 $\mu$ 表示,其单位为 Pa·s 或 N·s/m²,称为泊(Poise)。水的黏滞系数 $\mu$ 随温度升高而减小(见表 15-3)。在温度固定不变时,$\mu$ 为常量的流体称为牛顿流体,当 $\mu$ 为变量时,称为非牛顿流体,$\mu$ 随 $\tau$(剪应力)的增加而减小时称为假塑性流体。当 $\mu=0$ 时,为无黏滞性理想流体;当 $\mu \to \infty$ 时,为弹性固体。若剪应力 $\tau$ 小于某一值时,$\mu \to \infty$,而后为一常数,则为理想 Bingham 塑性流体。碾压混凝土水力学主要研究牛顿流体的水在碾压混凝土中孔隙及裂隙中的运动。

2)运动黏滞系数

水的黏滞系数 $\mu$ 与其密度 $\rho$ 之比称为水的运动黏滞系数 $\nu=\mu/\rho$,而 $\nu$ 的单位为 m²/s。具有运动学要素,故称为运动黏滞系数。黏滞系数 $\mu$ 及运动黏滞系数 $\nu$ 均随温度的升高而减小,如表 15-3 所示。

3. 水的压缩性

水不能承受拉力,因此一般不用弹性而用压缩性来表示在外力作用下水的变形能力,当压力增加 $\mathrm{d}P$ 时,水的体积增加率为 $\mathrm{d}V/V$,则水的压缩系数 $\beta_\mathrm{w}$ 为

$$\beta_\mathrm{w} = \frac{\mathrm{d}V/V}{\mathrm{d}P}$$

$\beta_\mathrm{w}$ 的单位为 $\mathrm{m}^2/\mathrm{N}$,$E_\mathrm{w} = 1/\beta_\mathrm{w}$,$E_\mathrm{w}$ 的单位为 $\mathrm{N}/\mathrm{m}^2$,在工程中常用水的体积弹性系数 $E_\mathrm{w}$ 表示水的压缩性。

水在 10 ℃时,$E_\mathrm{w} = 2.1 \times 10^9\ \mathrm{N}/\mathrm{m}^2$,这是一个很大的值,表明水的压缩性很小,工程分析中一般可忽略不计,但在某些特定条件下,水的压缩性对工程设计具有影响,因而必须考虑。

4. 水的表面张力

水体不能承受张力,但有缩小其表面的特性,这种特性称为表面张力。表面张力多出现在水与其他介质,或水与其他液体的界面上。当温度为 20 ℃时,水的表面张力 $T_\mathrm{b} = 0.072\ 8\ \mathrm{N}/\mathrm{m}$。常温下水的表面张力较小,在工程水力学中常予以忽略。当水的自由面为曲率半径很小的曲面时,表面张力形成的合力对自由面产生影响,这时就必须考虑表面张力。在孔隙介质渗流或裂隙水力学中,由于孔隙或缝宽均很小,会形成毛细现象,使自由面沿毛细管升高,因而表面张力就成为必须考虑的水的一个重要性质。水的表面张力与温度有一定关系,见表 15-3。

表 15-3 水的物理力学参数与温度的关系

| 温度/ ℃ | 容重 $\gamma$/ $(\mathrm{kN}/\mathrm{m}^3)$ | 密度 $\rho$/ $(\mathrm{kg}/\mathrm{m}^3)$ | 黏滞系数 $\mu$/ $(10^{-3}\ \mathrm{N}\cdot\mathrm{s}/\mathrm{m}^2)$ | 运动黏滞系数 $\nu$/ $(10^{-6}\ \mathrm{m}^2/\mathrm{s})$ | 体积弹性系数 $E_\mathrm{w}$/ $(10^9\ \mathrm{N}/\mathrm{m}^2)$ | 表面张力 $T_\mathrm{b}$/ $(\mathrm{N}/\mathrm{m})$ |
|---|---|---|---|---|---|---|
| 5 | 9.807 | 1 000.0 | 1.518 8 | 1.518 9 | 2.06 | 0.074 9 |
| 10 | 9.804 | 999.7 | 1.309 7 | 1.310 1 | 2.10 | 0.074 2 |
| 15 | 9.798 | 999.1 | 1.144 7 | 1.145 7 | 2.15 | 0.073 5 |
| 20 | 9.789 | 998.1 | 1.008 7 | 1.010 5 | 2.18 | 0.072 8 |
| 25 | 9.777 | 997.0 | 0.894 9 | 0.897 6 | 2.22 | 0.072 0 |
| 30 | 9.764 | 995.7 | 0.800 4 | 0.803 7 | 2.25 | 0.071 2 |

### 15.2.1.3 碾压混凝土的渗透系数

Darcy 在 1856 年通过试验研究了水在砂土中的流动,发现通过的流量 $Q$ 与水力梯度 $J$ 成正比,即

$$Q = -KA(h_2 - h_1)/L = -KAJ \tag{15-1}$$

式中:$K$ 称为比例系数(渗透系数);$A$ 为既包括孔隙,也包括颗粒在内的与流速方向垂直的试件断面面积;$L$ 为试件沿水流方向的长度。

对碾压混凝土本体(或层面处理材料本身)而言,可表示为水在多孔介质中的流动,服从达西定律。对碾压混凝土的裂隙(未填充的缝面或层面)而言,可表示为水在平行板裂隙间的流动(见图 15-1),它服从立方定律。对于碾压混凝土整体而言,它包含了本体和裂隙两部分,分别服从达西定律和立方定律。

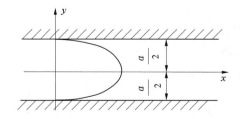

图 15-1 平行板缝隙水流流速分布

对于达西定律。由于水头 $h$ 与压力有关系:$h = p/\gamma + z$,对水平流动,式(15-1)可写为

$$Q = -KA(\Delta p/\Delta L)/\gamma \tag{15-2}$$

$$u = Q/A \tag{15-3}$$

式中：$\gamma$ 为水的容重；$u$ 为平均流速,也称为达西流速或概化流速。

对于孔隙介质,一般情况下达西流速略小于水在孔隙中流动的实际流速。

## 15.2.2 裂隙水力特性和水力传导系数

### 15.2.2.1 概述

碾压混凝土层面的渗透系数(称为水力传导系数)远远大于完整岩石(或碾压混凝土本体)的渗透系数。层面(或裂隙)错综复杂,它所构成的网络是水的运动的主要通道,因此必须首先对单一裂隙的水力特性进行研究。碾压混凝土层面(或裂隙)受其生成环境(混凝土材料、施工方法、层面处理方式、应力、温度等)影响,其几何特性十分复杂。为了方便研究,必须将层面(或裂隙)进行简化或抽象。最早的研究是将裂隙简化为由两块光滑平行板构成的缝隙。一些学者对缝隙水力学进行过开创性的试验研究及理论研究,建立了通过裂隙的流量与隙宽 3 次方成比例的经典公式,即著名的立方定律。由于实际裂隙面远非光滑面,因此立方定律必须根据裂隙面粗糙度进行修正。这些修正都基于对裂隙面粗糙度的测量。但这类技术无法用于碾压混凝土层面中裂隙的测量,于是又提出了平均隙宽、机械隙宽和水力等效隙宽的概念。将实际裂隙进行实验室或现场试验,求得恒定的流量后,按立方定律反求隙宽,即为水力等效隙宽。水力等效隙宽在更高的层次上反映了裂隙面粗糙度对其过流能力的影响。

在平行板缝隙水力特性试验成果的基础上,很自然地就进入实际粗糙裂隙的试验研究。由于通过裂隙的流量与其隙宽的立方关系成正比,而隙宽又受裂隙应力环境的影响,因此实际裂隙的水力传导系数试验必须引入应力环境因素,即裂隙法向应力、剪切应力与隙宽的函数关系,从而确定应力与裂隙水力传导系数的关系。立方定律是否成立、在什么条件下成立一直是学术界讨论的热点。上述问题只能通过单一裂隙水力特性的试验研究来解决。很多学者在这方面进行过研究。他们先后进行了实际粗糙裂隙的水力特性试验,研究单一裂隙在应力环境下的饱和/非饱和水力特性,并提出了许多试验成果。

如前所述,研究裂隙水力学的目的是解决实际工程中存在的问题。裂隙的几何特性千差万别,其几何要素有很大的随机性,隙宽的量测又很困难,通过裂隙水力特性试验解决工程问题难度很大。在实际裂隙试验研究的同时,开展了合成裂隙(synthetic fracture)研究,即用计算机生成的样本裂隙的水力特性进行研究。设隙宽服从对数正态分布,只要统计出隙宽均值、标准差及其各向异性比值,就可用统计方法生成合成裂隙。

### 15.2.2.2 光滑平行板缝隙水力学

#### 1. 立方定律

假定碾压混凝土裂隙(裂缝、缝面、层面)是由两片光滑平行板构成的缝隙,即所谓的平行板模型,隙宽 $a$ 为常数(见图 15-1)。缝隙中的水流运动符合 Navier-Stokes 方程,即

$$\frac{\partial u_i}{\partial t} = F_i - \frac{1}{\rho} p_{,i} + \nu u_{i,jj} \tag{15-4}$$

式中：$u_i$ 为流速分量；$F_i$ 为作用力,对缝隙水流 $F_i = 0$；$\rho$ 为水的密度；$p$ 为水的压力；$\nu$ 为水的运动黏滞系数,其值与温度有关。

当流速甚小时,光滑平行板缝隙中的水流为层流流态,显然有 $u_z = 0$,即 $z$ 方向(垂直于缝隙面)流速为零。令水力梯度最大的方向为 $x$,问题可简化为只需研究 $x$ 方向流速的一维问题。因隙宽 $a$ 为常值,沿 $x$ 方向各点 $u_x$ 也为常值。对恒定流,式(15-4)可写为

$$\frac{\mathrm{d}^2 u_x}{\mathrm{d}z^2} = \frac{1}{\rho \nu} \frac{\mathrm{d}p}{\mathrm{d}x} \tag{15-5}$$

缝隙内流速一般很小,其流速水头常可忽略。水力势(水头)即为位置水头与压力水头之和,即

$$h = z + \frac{p}{\rho g} \tag{15-6}$$

则式(15-5)可化为

$$\frac{\mathrm{d}^2 u_x}{\mathrm{d}z^2} = \frac{g}{\nu}\frac{\mathrm{d}h}{\mathrm{d}x}$$ (15-7)

由于隙宽 $a$ 为常值,因而水力梯度为

$$J = \frac{\mathrm{d}h}{\mathrm{d}x} = 常值$$

当 $z = \pm a/2$ 时, $u_x = 0$,由式(15-7)求积分可得流速按抛物线分布,即

$$u_x = \frac{g(a^2 - 4z^2)}{8\nu}J$$ (15-8)

通过缝隙的流量为

$$q = 2\int_0^{a/2} u_x \mathrm{d}z = \frac{ga^3}{12\nu}J$$ (15-9)

由式(15-9)可知,通过等宽缝隙的流量 $q$ 与隙宽 $a$ 的 3 次方成正比,此即为著名的立方定律,是缝隙(碾压混凝土层面、缝面)水力学的理论基础。将其写成达西定律的形式为

$$q = -K_f aJ$$ (15-10)

式中: $K_f$ 为缝隙的水力传导系数。

$$K_f = \frac{ga^2}{12\nu}$$ (15-11)

将式(15-11)写成如下形式

$$K_f = (K_{in})_f \frac{\rho g}{\nu}$$ (15-12)

其中

$$(K_{in})_f = \frac{a^2}{12}$$ (15-13)

式中: $(K_{in})_f$ 为缝隙内在水力传导的系数,它只和缝隙的几何要素——隙宽 $a$ 的平方呈线性关系。

2. 缝隙水流的水力损失

由式(15-9)可求得缝隙水流的平均流速为

$$u = \frac{q}{a} = \frac{ga^2}{12\nu}J$$ (15-14)

对于管道水力学,长度 $l$ 的水力损失的一般表达式为

$$h_m = \lambda \frac{l}{d}\frac{u^2}{2g}$$ (15-15)

式中: $\lambda$ 为阻力系数; $d$ 为管内径。

仿照式(15-15),对于缝隙水力学,水力损失表达式可写为

$$h_m = \lambda \frac{l}{a}\frac{u^2}{2g}$$ (15-16)

选定一无量纲数,即著名的雷诺数 $Re$,设

$$Re = ua/\nu$$ (15-17)

则由式(15-14)、式(15-16)、式(15-17)可求得缝隙流为层流流态的阻力系数,即

$$\lambda = 6/Re$$ (15-18)

管道水力学水流一般为紊流流态,其水力损失与平均流速 $u$ 的平方成比例[式(15-16)]。在层流流态区,式(15-18)中阻力系数含有 $u$ 的负一次方,因而水力损失与平均流速的一次方成比例。无论是管道水力学还是缝隙水力学,如为层流流态,其水力损失均与 $u$ 的一次方成比例。

3. 光滑平行板缝隙水力学试验研究

1)ломизе 的缝隙水力学试验

Ломизе(1951)对缝隙水力学进行了系统研究,并进行了光滑和粗糙平行板缝隙水力学试验,将 9 种不同隙宽的光滑平行板缝隙($n=0.50\sim5.23$ mm)水力学试验成果整理成阻力系数 $\lambda$ 与雷诺数 $Re$ 的双对数坐标关系图(见图 15-2)。从图 15-2 可以明显看出,当 $Re<500$ 时,不同隙宽缝隙的试验成果与式(15-18)符合得较好;当 $Re>600$ 时,$\lambda$ 与 $Re$ 的关系为

$$\lambda = 0.056/Re^{0.25} \tag{15-19}$$

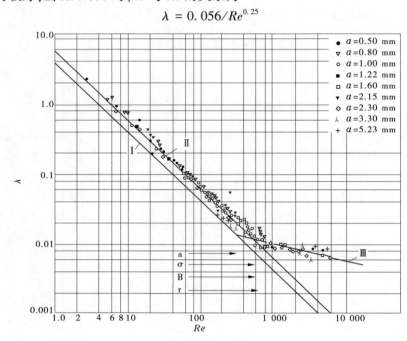

Ⅰ—$\lambda=4/Re$,光滑管,层流;Ⅱ—$\lambda=6/Re$,光滑管,紊流;Ⅲ—$\lambda=0.056/Re^{0.25}$,光滑缝隙及光滑管;
a—光滑管,$Re=300$;$\sigma$—光滑缝,$Re=500$;B—光滑管,$Re_k=500$;r—光滑缝,$Re_k=600$。

**图 15-2　缝隙水力学试验成果(摘自 POMM,1966)**

式(15-19)表明,当 $Re>600$ 时,水力损失与 $u^{1.75}$ 成比例,是阻力由 $u$ 向 $u^2$ 的过渡区。许多试验表明,当 $Re>100\ 000$ 时,式(15-17)已不再适用,水流进入平方阻力区,见图 15-2。

2)立方定律的适用范围

立方定律是按光滑平行板缝隙为层流流态推导出来的。根据 ломизе 的试验,其适用范围为 $Re<500$。将式(15-14)的平均流速代入式(15-19),得

$$Re = \frac{1}{12\nu^2}ga^3J \tag{15-20}$$

设碾压混凝土中水的温度为 15 ℃,相应的 $\nu=0.011\ 4$ cm²/s。若水力梯度为 1,则由 $Re=500$ 可求得隙宽 $a=0.927$ mm,即隙宽不大于 1 mm,水流为层流流态。碾压混凝土中的层面和缝面中的裂隙隙宽一般较小,通常小于 0.1 mm,因此对为数众多的小裂隙,立方定律是成立的。对于隙宽大于 1 mm 的大裂隙,当水力梯度较大时,水流进入由层流向紊流的过渡区,立方定律不再适用。

3)考虑裂隙面粗糙度对立方定律的修正

实际裂隙的壁面是粗糙的,若将由光滑平行板缝隙层流流态导出的立方定律用于实际裂隙,则需对立方定律进行修正。实际裂隙面起伏不平,有许多凸体,致使水流为曲线而不再为直线,与光滑平行板模型中的水流相比,流线长度加长了,使得在同一水力梯度下,同一隙宽的粗糙裂隙比光滑缝隙通过的流量要小,即阻力系数加大。Ломизе(1951)进行了粗糙裂隙水力试验,发现裂隙面的凸起度 $\Delta$(又称为不平整度或起伏差)与隙宽的比值对裂隙过流能力有很大影响。将立方定律加入一个粗糙度修正系数

$C$，则

$$q = \frac{ga^3}{12\nu C}J \tag{15-21}$$

根据试验结果，Ломизе 认为 $C$ 值与相对起伏差 $\Delta/a$ 有关，可用下式表示

$$C = 1 + \left(\frac{\Delta}{a}\right)^{1.5}$$

除上述修正公式外，一些人通过试验或理论研究提出了各自的修正公式。上述各种修正公式在实用上均不方便。

### 15.2.3　含层面的碾压混凝土渗透特性和渗透系数

碾压混凝土坝是一个包含很多水平的本体块和层面(缝)组合而成的。因此，碾压混凝土的渗透特性一般包括三个方面的内容，即碾压混凝土本体(或层面处理材料)的渗透特性，由达西定律的渗透系数来表达;碾压混凝土层面(或层面缝)的渗透特性，由立方定律的水力传导系数来表达;包含有层面(或层面缝)和本体的碾压混凝土的渗透特性则是两者的合成。前面讨论的主要是后面一种。由于碾压混凝土层面与本体相比，其渗透系数要大两个数量级，因此碾压混凝土的渗透量主要是由层面的水力传导系数和渗流量决定的。大量的室内外试验及已建工程的原型观测资料都表明，碾压混凝土坝渗漏问题主要是通过集中渗流通道"漏水"问题，而不是通过作为渗流场的坝体(碾压混凝土本体)"漏水"问题。许多工程的现场压水试验也表明，配合比适当且施工精良的、层面处理很好的碾压混凝土坝的透水性是很小的，与常态混凝土坝类似，渗透系数平均值为 $10^{-9}$ cm/s。然而由于碾压混凝土坝的施工特点，存在大量水平施工缝，在运输和铺筑过程中，骨料(主要是粗骨料)容易分离，特别在层面附近，分离更为严重，如处理不当，层面将成为强透水面。

#### 15.2.3.1　用含有层面的空心圆柱体试验确定碾压混凝土层面的等效渗透系数(水力传导系数)

碾压混凝土的层面不同于两块平板构成的平整接触面，也不同于岩体的裂隙面，它实质上是上、下两层混凝土间有一定嵌入的起伏不同的啮合面，尽管由于层面结合状况不同而导致层面的渗流不均一性，但就总体而言，通过试验测定层面的渗流量和计算相应的雷诺数证明，层面的渗流仍在层流状态，基本符合立方定律，可用含有层面的空心圆柱体或立方体来研究层面的渗流特性。

依裂缝水力学原理，辐向流的流量关系可表示为

$$\frac{Q}{\Delta h} = Ab^3 \tag{15-22}$$

$$A = \frac{2\pi g}{12\nu \ln(r_0/r_i)}$$

式中：$Q$ 为试块层面渗流量，cm³/s；$\Delta h$ 为试块层面内外边界水头差，m；$A$ 为试验常数；$\nu$ 为水的运动黏滞系数；$g$ 为重力加速度；$b$ 为试块层面等效水力隙宽。

用式(15-22)及实测流量 $Q$，可求得碾压混凝土层面的等效隙宽 $b$，再按式(15-23)求层面的等效渗透系数(水力传导系数)：

$$K_{\mathrm{f}} = \frac{gb^2}{12\nu} \tag{15-23}$$

式(15-23)反映隙宽 $b$ 的裂缝过水能力，即层面等效渗透系数 $K_{\mathrm{f}}$ 与隙宽 $b$ 的平方成正比。注意，由于碾压混凝土本体(或层面处理材料)的渗透系数与裂缝面的等效渗透系数(水力传导系数)相比是很小的，通过碾压混凝土本体的渗流量可忽略不计。下面是根据实测流量 $Q$，可求得碾压混凝土层面的等效隙宽 $b$，求层面的等效渗透系数 $K_{\mathrm{f}}$ 的例子：三峡纵向围堰碾压混凝土，设计标号 $R_{90}200$，水泥 114 kg/m³，粉煤灰 61 kg/m³，三级配，层面实际曝露时间 03：40～04：00，层面间隔时间 06：40～07：10，层面不处理，现场取样的试件为 $\phi$50 cm 的圆柱体，中心孔 $\phi$5.1 cm。编号为 $I_1$ 试件的试验结果见表 15-4。

### 表 15-4　碾压混凝土试块层面渗流特性

| 轴向应力/MPa | 水头 $h$/m | 渗流量 $Q$/(cm³/s) | 层面等效隙宽 $b$/cm | 平均渗透系数 $K_f$/(cm/s) | 轴向应力/MPa | 水头 $h$/m | 渗流量 $Q$/(cm³/s) | 层面等效隙宽 $b$/cm | 等效渗透系数 $K_f$/(cm/s) |
|---|---|---|---|---|---|---|---|---|---|
| 2.82 | 50 | 0.001 8 | $2.66\times10^{-4}$ | $4.45\times10^{-4}$ | 5.64 | 50 | 0.117 | $1.07\times10^{-3}$ | $7.20\times10^{-3}$ |
| | 80 | 0.071 7 | $7.77\times10^{-4}$ | $3.80\times10^{-3}$ | | 80 | 0.193 | $1.08\times10^{-3}$ | $7.35\times10^{-3}$ |
| | 100 | 0.113 4 | $8.41\times10^{-4}$ | $4.44\times10^{-3}$ | | 100 | 0.246 | $1.09\times10^{-3}$ | $7.44\times10^{-3}$ |
| | 130 | 0.174 | $8.88\times10^{-4}$ | $4.95\times10^{-3}$ | | 130 | 0.332 | $1.10\times10^{-3}$ | $7.63\times10^{-3}$ |
| | 150 | 0.224 | $9.21\times10^{-4}$ | $5.34\times10^{-3}$ | | 150 | 0.390 | $1.11\times10^{-3}$ | $7.72\times10^{-3}$ |
| | 180 | 0.33 | $9.87\times10^{-4}$ | $6.10\times10^{-3}$ | | 180 | 0.480 | $1.12\times10^{-3}$ | $7.85\times10^{-3}$ |
| | 200 | 0.394 | $1.01\times10^{-3}$ | $6.42\times10^{-3}$ | | 200 | 0.559 | $1.14\times10^{-3}$ | $8.11\times10^{-3}$ |
| | 250 | | | | | 250 | 0.735 | $1.16\times10^{-3}$ | $8.38\times10^{-3}$ |
| 3.59 | 50 | 0.021 3 | $6.07\times10^{-4}$ | $2.31\times10^{-3}$ | 6.41 | 50 | 0.111 | $1.05\times10^{-3}$ | $6.95\times10^{-3}$ |
| | 80 | 0.097 | $8.66\times10^{-4}$ | $4.64\times10^{-3}$ | | 80 | 0.183 | $1.06\times10^{-3}$ | $7.09\times10^{-3}$ |
| | 100 | 0.140 | $9.02\times10^{-4}$ | $5.11\times10^{-3}$ | | 100 | 0.232 | $1.07\times10^{-3}$ | $7.16\times10^{-3}$ |
| | 130 | 0.191 | $9.19\times10^{-4}$ | $5.30\times10^{-3}$ | | 130 | 0.310 | $1.08\times10^{-3}$ | $7.29\times10^{-3}$ |
| | 150 | 0.259 | $9.69\times10^{-4}$ | $5.90\times10^{-3}$ | | 150 | 0.362 | $1.09\times10^{-3}$ | $7.35\times10^{-3}$ |
| | 180 | 0.356 | $1.01\times10^{-3}$ | $6.41\times10^{-3}$ | | 180 | 0.451 | $1.10\times10^{-3}$ | $7.54\times10^{-3}$ |
| | 200 | 0.426 | $1.04\times10^{-3}$ | $6.76\times10^{-3}$ | | 200 | 0.539 | $1.12\times10^{-3}$ | $7.91\times10^{-3}$ |
| | 250 | 0.662 | $1.12\times10^{-3}$ | $8.00\times10^{-3}$ | | 250 | 0.686 | $1.13\times10^{-3}$ | $8.00\times10^{-3}$ |
| 4.61 | 50 | 0.048 | $7.93\times10^{-4}$ | $3.95\times10^{-3}$ | 7.43 | 50 | 0.107 | $1.04\times10^{-3}$ | $6.78\times10^{-3}$ |
| | 80 | 0.126 | $9.38\times10^{-4}$ | $5.53\times10^{-3}$ | | 80 | 0.177 | $1.05\times10^{-3}$ | $6.93\times10^{-3}$ |
| | 100 | 1.177 | $9.75\times10^{-4}$ | $5.98\times10^{-3}$ | | 100 | 0.223 | $1.05\times10^{-3}$ | $6.97\times10^{-3}$ |
| | 130 | 0.242 | $0.94\times10^{-4}$ | $6.20\times10^{-3}$ | | 130 | 0.299 | $1.06\times10^{-3}$ | $7.12\times10^{-3}$ |
| | 150 | 0.302 | $1.02\times10^{-3}$ | $6.50\times10^{-3}$ | | 150 | 0.355 | $1.07\times10^{-3}$ | $7.25\times10^{-3}$ |
| | 180 | 0.384 | $1.04\times10^{-3}$ | $6.80\times10^{-3}$ | | 180 | 0.444 | $1.09\times10^{-3}$ | $7.46\times10^{-3}$ |
| | 200 | 0.464 | $1.07\times10^{-3}$ | $7.20\times10^{-3}$ | | 200 | 0.525 | $1.11\times10^{-3}$ | $7.77\times10^{-3}$ |
| | 250 | 0.760 | $1.17\times10^{-3}$ | $8.57\times10^{-3}$ | | 250 | 0.636 | $1.12\times10^{-3}$ | $7.93\times10^{-3}$ |

　　试验表明,沿层面切线方向的渗透系数可达 $10^{-2}$ cm/s,甚至更大,而碾压混凝土本体渗透试验其值在 $10^{-9}$ cm/s（S8~S12）,这说明施工不良的碾压混凝土坝沿层面的透水性比碾压混凝土本体大得多,层面的渗透性是整个碾压混凝土坝的控制因素。同时,通过试验发现,碾压混凝土同一个层面内的渗透性也存在很大差异,即使同一试块,其层面水的渗出也不是沿四周均匀的,有的主要集中在几个渗水通道,有的则是局部的某些部分的渗水性明显大于其余部分。由于拌和料的离散性,铺筑厚度及碾压的不均匀性,以及在施工过程中难于避免的施工设备对局部层面造成的扰动,都将造成层面胶结的不均匀性,这种不均匀性会造成同一层面内有的地方渗透性与碾压混凝土本体相差无几,有的地方却相差很大,不同区域的渗透系数相差 1 至数个数量级。这种层面渗透的不均匀性使得碾压混凝土坝的渗流问题更为复杂,渗控设计时应引起重视。

　　从表 15-4 的试验数据和图 15-3 还可以看出:层面等效渗透系数 $K_f$ 与作用在层面的水头差有关,水头差越大,等效渗透系数 $K_f$ 越大;轴向压应力 $\sigma$ 增大,等效渗透系数 $K_f$ 一般会下降,但不是很明显。

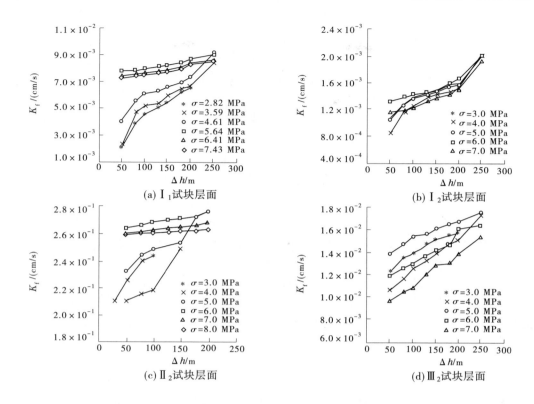

图 15-3　不同轴向压应力 $\sigma$ 作用下等效渗透系数与水头差的关系

#### 15.2.3.2　用含有层面的立方体试件研究碾压混凝土层面的渗流特性和渗透系数

若采用含有层面的碾压混凝土立方体试件进行渗流试验确定层面的渗流特性,根据层面处理特点,分下列两种情况进行分析,见图 15-4。

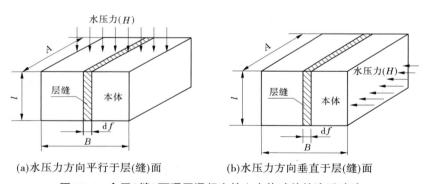

图 15-4　含层(缝)面碾压混凝土的立方体试件的渗透试验

1. 碾压混凝土连续浇筑,层面不进行处理[只有一个层(缝)面]

1)水压力方向平行于层(缝)面(并联情况)

如采用图 15-4(a) 所示的含有层(缝)面的碾压混凝土立方体试件进行渗流试验,先分别测得碾压混凝土本体渗透系数 $K_{RCC}$ 和有层面碾压混凝土(包括本体和层缝)顺层面方向的渗透系数 $K_t$ 后,再根据流量平衡原理求得层缝的渗透系数(水力传导系数) $K_f$ 和层缝的厚度 $d_f$。

此时水压力方向平行于层(缝)面,通过整个芯样试件的渗流量 $Q_t$ 是通过碾压混凝土本体的渗流量 $Q_0$ 和通过碾压混凝土层面的渗流量 $Q_f$ 的和,即

$$Q_t = Q_0 + Q_f \tag{15-24}$$

因为

$$Q_t = K_t AB\left(\frac{H}{L}\right)$$

$$Q_0 = K_{RCC}(B - d_f)A\left(\frac{H}{L}\right)$$

$$Q_f = K_f d_f A\left(\frac{H}{L}\right)$$

所以

$$K_t AB\left(\frac{H}{L}\right) = K_{RCC}(B - d_f)A\left(\frac{H}{L}\right) + K_f d_f A\left(\frac{H}{L}\right)$$

化简得

$$K_t B = K_{RCC}(B - d_f) + K_f d_f \tag{15-25}$$

式中:$A$ 为芯样长度;$B$ 为芯样宽度;$L$ 为芯样高度;$d_f$ 为芯样层面(缝)部分的宽度;$H$ 为水压力;$Q_t$ 为通过整个芯样试件(包括层缝和本体)的渗流量;$K_t$ 为整个芯样试件沿层面(缝)方向的渗透系数;$Q_0$ 为通过芯样本体部分的渗流量;$K_{RCC}$ 为芯样试件本体部分的渗透系数;$Q_f$ 为通过芯样层面(缝)部分的渗流量;$K_f$ 为芯样层面(缝)部分沿层面方向的渗透系数。

根据缝隙水流的水力学原理,层面(缝)沿层面方向的渗透系数(水力传导系数)$K_f$ 与缝隙宽度 $d_f$ 有下列关系

$$K_f = \frac{g d_f^2}{12\nu} \tag{15-26}$$

将式(15-26)代入式(15-27),得

$$K_t = \frac{1}{B}\left[(B - d_f)K_{RCC} + \frac{g}{12\nu}d_f^3\right] \tag{15-27}$$

2)水压力方向垂直于层(缝)面(串联情况)

如采用图15-4(b),根据流量平衡原理有

$$K_n AL\left(\frac{H}{B}\right) = K_{RCC}AL\left(\frac{H}{B - d_f}\right) \tag{15-28}$$

化简得

$$K_n = \frac{K_{RCC}B}{B - d_f} \tag{15-29}$$

因此,可先由式(15-27)求得 $d_f$,再由式(15-26)求得 $K_f$,由式(15-29)求得 $K_n$。

由于 $d_f < B$,可认为 $B - d_f \cong B$,因此式(15-27)可写为

$$d_f = \sqrt[3]{\frac{12\nu B}{g}(K_t - K_{RCC})} \tag{15-30}$$

由(15-27)可知,通过试验求得芯样试件本体的渗透系数 $K_{RCC}$ 和整个芯样试件(包括本体和层面在内)沿层面(缝)方向的渗透系数 $K_t$ 后,就可以由式(15-30)求出缝隙宽度 $d_f$,再代入式(15-26)求得层面(缝)沿层面方向的渗透系数(水力传导系数)$K_f$,由式(15-29)求出垂直于层(缝)面的渗透系数 $K_n$,有了含层面碾压混凝土的 $K_t$ 和 $K_n$,就可以进行正交各向异性的有限元渗流分析。

3)工程算例

(1)龙滩碾压混凝土坝。

龙滩设计阶段现场碾压试验,工况(E)编号 E7-25-2 芯样,根据渗透试验实测资料:$K_t = 1.51 \times 10^{-6}$ cm/s,$K_{RCC} = 1.50 \times 10^{-9}$ cm/s,$B = 15$ cm,$A = 15$ cm,$H = 1\,800$ cm,$g = 981$ cm/s$^2$,$\nu = 0.010\,1$ cm$^2$/s,代入式(15-30)得

$$d_f = \sqrt[3]{\frac{12 \times 0.010\,1 \times 15}{981} \times (1.51 \times 10^{-6} - 1.50 \times 10^{-9})} = 1.406 \times 10^{-3}(cm) = 14.06 \times 10^{-3}\ mm$$

再将 $d_f$ 代入式(15-26)得

$$K_f = \frac{981 \times (1.406 \times 10^{-3})^2}{12 \times 0.010\ 1} = 1.6 \times 10^{-2}(\text{cm/s})$$

由以上计算说明，E7-25-2 芯样的层面相当于一条均匀宽度为 14 μm(14.06×10$^{-3}$ mm)的缝隙，其渗透系数 $K_f = 1.6 \times 10^{-2}$ cm/s，它是芯样试件本体部分的渗透系数($K_{RCC} = 1.50 \times 10^{-9}$ cm/s)的 $10^7$ 倍(1 千万倍)，是有层面芯样试件渗透系数的 $10^4$ 倍(1 万倍)，则

$$Q_t = K_t AB\left(\frac{H}{L}\right) = 1.51 \times 10^{-6} \times 15 \times 15 \times 1\ 800/14.8 \times 3\ 600 = 148(\text{mL/h})$$

$$Q_0 = K_{RCC}(B - d_f)A\left(\frac{H}{L}\right) = 1.50 \times 10^{-9} \times (15 - 0.001\ 406) \times 15 \times 1\ 800/14.8 \times 3\ 600$$

$$= 1.47(\text{mL/h})$$

$$Q_f = K_f bA\left(\frac{H}{L}\right) = 1.6 \times 10^{-2} \times 1.406 \times 10^{-3} \times 15 \times 1\ 800/14.8 \times 3\ 600 = 147.7(\text{mL/h})$$

由上述可见，碾压混凝土的渗漏主要是通过层(缝)面产生的，通过层面部分的渗流量($Q_t$)大约为通过本体部分的渗流量($Q_0$)的 100 倍。

(2)美国 Willow Greek 碾压混凝土坝。

根据 Willow Greek 坝芯样渗透试验得 $K_{RCC} = 10^{-8}$ cm/s 和钻孔渗透系数试验得 $K_t = 10^{-3}$ cm/s, $B = 30$ cm, $g = 981$ cm/s$^2$, $\nu = 0.010$ cm$^2$/s，代入式(15-30)得 $d_f = 0.022\ 3$ cm，即 Willow Greek 碾压混凝土坝层面相当于 0.223 mm 的缝隙。

这里需要说明的是，所谓"层面等效渗透系数"，从概念上说不太确切的，因为"层面"在理论上是没有厚度的，只有假定有某一厚度才能通过试验，获得一般概念中所谓的渗透系数，不明确所假定的厚度而孤立地谈渗透系数是没有意义的。碾压混凝土的层面不同于两块平板叠合时构成的平整接触面，也不同于岩体的裂隙面，它实质上是上下两层混凝土间有一定嵌入的起伏不平的啮合面。这是由于碾压上层混凝土时，某些骨料嵌入下层尚未完全凝固的混凝土或砂浆中而形成的。因此，碾压混凝土的渗流有其特殊的规律。碾压混凝土本体具有良好的抗渗性，碾压混凝土的渗流特性主要由层面的渗流特性决定。碾压混凝土层面的渗流特性受诸多因素影响，其中主要是施工条件，如层面间隔时间、层面处理方式、碾压质量、填筑时的气候条件等，还与渗流水头、层面的应力状态和混凝土配合比等有关。

2.碾压混凝土层面进行刷毛铺设富胶水泥砂浆或纯水泥浆垫层处理时

这时图 15-4 的层缝填充了垫层，并形成了 2 条缝隙，利用与上面相同的计算方法，对于并联和串联分别可得下列 2 个公式

$$K_t = \frac{1}{B}\left[(B - d_s - 2d_f)K_{RCC} + \frac{g}{6\nu}d_f^3 + d_s K_s\right] \tag{15-31}$$

$$K_n = \frac{BK_s K_{RCC}}{d_s K_{RCC} + (B - d_s - 2d_f)K_s} \tag{15-32}$$

式中：$d_s$ 为层面垫层的厚度；$K_s$ 为垫层的渗透系数；$d_f$ 为垫层与碾压混凝土层之间的层面水力隙宽。

因 $B$ 远大于 $d_f$ 和 $d_s$ 及 $K_s$ 和 $K_{RCC}$ 都很小，从式(15-29)～式(15-32)中可以看出，碾压混凝土沿层面法向的主渗透系数主要取决于碾压混凝土本体及层面垫层体的透水性，层面缝隙的存在对它的影响可忽略不计；而沿层面切向的主渗透系数则主要取决于层面的隙宽。

若在六面体试件中先测得 $K_t$ 和 $K_n$ 及已知层面垫层材料的渗透系数 $K_s$，则由上述各式可求得层面水力等效隙宽 $d_f$ 和碾压混凝土本体渗透系数 $K_{RCC}$。

可先用解析法或数值法解得式(15-33)或式(15-35)计算 $d_f$ 的一元三次方程的根 $d_f$，再由式(15-34)或(15-36)算得 $K_{RCC}$ 的大小。

$$\frac{g}{12\nu}Bd_f^3 + K_n d_f^2 - 2BK_n d_f + B^2(K_n - K_t) = 0 \tag{15-33}$$

$$K_{RCC} = \frac{B - d_f}{B} K_n \tag{15-34}$$

以及

$$C_1 d_f^3 + C_2 d_f^2 + C_3 d_f + C_4 = 0 \tag{15-35}$$

$$K_{RCC} = \frac{K_s K_n (B - d_s - 2d_f)}{K_s (B + d_s) - K_n d_s} \tag{15-36}$$

式中: $C_1 = \dfrac{g}{6\nu} [K_s(B + d_s) - K_n d_s]$; $C_2 = 4K_s K_n$; $C_3 = 4K_s K_n(B - d_s)$; $C_4 = K_s K_n B(B - 2d_s) + (B + d_s)[K_s^2 d_s + K_n K_t d_s - K_s K_t(B + d_s)]$。

同理,并联及串联模型和其试验结果可得式(15-37) ~式(15-40)所示的求解层面水力隙宽和碾压混凝土本体渗透系数的算式

$$\frac{g}{12\nu} B_2 d_f^3 + K_n d_f^2 - (B_1 + B_2) K_n d_f + B_1 B_2 (K_n - K_t) = 0 \tag{15-37}$$

$$K_{RCC} = \frac{B_2 - d_f}{B_2} K_n \tag{15-38}$$

以及

$$C_1 d_f^3 + C_2 d_f^2 + C_3 d_f + C_4 = 0 \tag{15-39}$$

$$K_{RCC} = \frac{d_s K_n (B_2 - d_s - 2d_f)}{K_s B_2 - K_n d_s} \tag{15-40}$$

式中: $C_1 = \dfrac{g}{6\nu} (K_s B_2 - K_n d_s)$; $C_2 = 4K_s K_n$; $C_3 = 2K_s K_n(2d_s - B_1 - B_2)$; $C_4 = B_1 B_2 K_s (K_n - K_t) + B_1 d_s K_n(K_t - K_s) + B_2 d_s K_s(K_s - K_n)$。

其中 $B_1$ 为并联模型中长方体试件渗水面垂直于层面方向的短边长度或圆柱体试件并联模型中试件的等效面积的宽度, $B_2$ 为串联模型中的渗水高度或渗径长度。

根据试验和计算验证,以上两种模型对于渗透材料并联关系所得的计算结果,基本上在同一数量级范围内。利用上述计算模型对龙滩设计阶段现场碾压试验芯样的渗透系数进行了计算,成果见15.5部分的河海大学芯样的渗透系数试验成果。龙滩设计阶段现场碾压试验的 D、E、F、H、J 共 5 种工况渗透试验的平均值分别是,碾压混凝土本体渗透系数 $K_{RCC} = 2.06 \times 10^{-10}$ cm/s,层面等效水力隙宽 $d_f = 0.00218$ mm, 等效渗透系数 $K_t = 3.51 \times 10^{-4}$ cm/s。

3. 渗流分析模型及在大坝渗流分析中的应用

1) 层面倾斜时的处理

渗透各向异性连续体模型采用平行于层面和垂直于层面的两个主渗透系数来描述碾压混凝土坝的渗流特性。当层面为水平时,两个渗透主向与坐标轴方向重合;当层面为倾斜时,渗透主向不与坐标轴方向重合,坝体的渗流特性需用渗透系数张量来表示。若层面的倾角为 $\theta$ ,倾向上游, $K_t$ 和 $K_n$ 分别为层面切向和法向的主渗透系数,以及渗透各向异性比 $\gamma = K_t / K_n$ ,则式(15-41)为此时碾压混凝土坝体的二阶对称渗透系数张量[ $K$ ]的表达式。

$$[K] = K_n \begin{bmatrix} \gamma\cos^2\theta + \sin^2\theta & 0 & \frac{1}{2}(\gamma - 1)\sin2\theta \\ 0 & \gamma & 0 \\ \frac{1}{2}(\gamma - 1)\sin2\theta & 0 & \gamma\sin^2\theta + \cos^2\theta \end{bmatrix} \tag{15-41}$$

若坝体中层面倾向左岸或右岸,则坝体此时的渗透系数张量为式(15-42)所示。

$$[K] = K_n \begin{bmatrix} \gamma & 0 & 0 \\ 0 & \gamma\cos^2\theta + \sin^2\theta & \dfrac{1}{2}(\gamma - 1)\sin2\theta \\ 0 & \dfrac{1}{2}(\gamma - 1)\sin2\theta & \gamma\sin^2\theta + \cos^2\theta \end{bmatrix} \tag{15-42}$$

2) 碾压混凝土施工连续升层的处理

基于碾压混凝土成层材料结构的特点,渗流分析计算模型有对碾压混凝土本体及层面和缝面分别用达西渗流理论和缝隙渗流理论进行模拟的连续和非连续体混合模型,这就是前面介绍的方法,它建模概念明确,能重点刻画出层面缝面的渗流行为,但由于大坝层面和缝面太多,该模型解题规模太大,不太实用;另一种方法是将碾压混凝土本体、层面和缝面的透水性平均到整个坝体中去的渗透各向异性连续体模型,采用多个层面合并的等效水力隙宽来模拟,则分析结果有些部位容易失真,但模型理论成熟,简单实用,工程应用经验丰富,是目前在碾压混凝土坝渗流分析中运用得最多的模型。

若碾压混凝土坝施工时平均每连续上升 $n$ 层才有一个较长施工间歇时间的缝面,连续上升时层间的层面不作抗渗处理,而缝面用厚为 $d_s$、渗透系数为 $K_s$ 的垫层材料处理,此时按坝体渗水能力等效的原则,得到层(缝)面切向和法向的主渗透系数 $K_t$ 及 $K_n$ 分别为式(15-43)和式(15-44)所示。

$$K_t = \frac{ndK_{RCC} + n(d_f^3 + d_s K_s)}{n(d + d_f) + d_s} \tag{15-43}$$

$$K_n = \frac{gd_f K_s K_{RCC}[n(d + d_f) + d_s]}{ngdd_f K_s + 12n\mu K_s K_{RCC} + gd_f d_s K_{RCC}} \tag{15-44}$$

式中: $d$ 为混凝土本体层厚; $d_f$ 为层面或缝面的等效水力隙宽; $g$ 为重力加速度; $\mu$ 为水的运动黏滞系数; $K_{RCC}$ 为碾压混凝土本体的渗透系数。

经室内外试验已经知道了坝体层面切向和法向的主渗透系数是 $K_t$ 和 $K_n$。则由上述两式就可用式(15-45)和式(15-46)解出碾压混凝土本体的渗透系数 $K_{RCC}$ 和层面与缝面的平均水力隙宽 $d_f$,这两个重要的渗流系数。

$$c_2 n^5 K_s d_f^5 + c_2 n^2 [K_s(nd + d_s) - d_s K_n]d_f^4 - cn^2 K_s(K_t + K_n)d_f^3 +$$
$$cn[d_s(K_s^2 + K_t K_n - 2K_t K_s(nd + d_s)]d_f^2 + [K_n K_s(n^2 K_n + cn^2 d^2 - cd_s^2) +$$
$$cd_s(nd + d_s)(K^2 + K_n K_t) - cK_t K_s(nd + d_s)^2]d_f +$$
$$nK_n K_s[K_t(nd + d_s) - K_s d_s] = 0 \tag{15-45}$$

$$K_{RCC} = \frac{1}{nd}\{K_t[n(d + d_f) + d_s] - ncd_f^3 - d_s K_s\} \tag{15-46}$$

式中: $c = \dfrac{g}{12\mu}$。

## 15.3　有层面碾压混凝土渗透特性的试验方法

### 15.3.1　碾压混凝土渗透特性的评价指标

碾压混凝土坝存在众多的层(缝)面,它是抗渗的薄弱环节,因此需要研究有层面碾压混凝土的渗透性能,它是评价其质量的一个重要参数。从混凝土渗透性能的角度评价碾压混凝土坝的质量,主要有以下 3 个指标:抗渗标号、渗透系数(相对渗透系数)和透水率。抗渗标号这个指标虽然简单直观,但没有时间和渗透量的定量概念,不能正确反映碾压混凝土的实际抗渗能力,且设计计算中不能直接采用;渗透系数则能反映时间和渗透量的定量概念,能正确反映碾压混凝土的实际抗渗能力,也更易为设计直接采用来评价碾压混凝土坝的渗透质量和进行渗流分析,但是试验时间比较长。由于我国长期以来采用抗渗标号来评价混凝土的抗渗性能,为了将抗渗标号指标转变为渗透系数指标,就需要寻找两者之间的换算关系,而在现行的规程规范中尚未有上述指标间的换算关系,给实际工作带来困难,应在试验资料的基础上,建立它们之间的对应关系。透水率是现场压水试验得出的成果,可根据压水流态将它换算为渗透系数。由于压水试验需在碾压混凝土坝的施工现场进行,故存在一定的坝面施工干扰,试段压力过大还会对坝体产生不良影响。此外,相对室内试验来说,压水试验更耗费人力、物力。故若能根据大量试验资料建立室内试验渗透系数与压水试验渗透系数间的相关关系,就可根据室内试验的渗透系数来预测大坝渗透系数,为碾压混凝土坝渗透性指标的获得创造简化的条件,从而在评价碾压混凝土坝渗透性时,既可节约资金,又可减少坝面施工干扰。针对上述问题和需要,应建立室内试验渗透系数与抗渗标号及室内试验和现场压水试验求得的渗透系数间的初步关系。

### 15.3.2　碾压混凝土室内渗透特性的试验方法

通过室内渗透试验可以求得碾压混凝土的抗渗标号、相对渗透系数和渗透系数3个渗透性能指标,现分述如下。

#### 15.3.2.1　碾压混凝土的抗渗标号(抗渗等级)的测定

用常规的抗渗试模和设备(例如 HS-40 型混凝土渗透仪)可以测定碾压混凝土的抗渗标号(抗渗等级)。为了反映层面的影响,可制作两种试件,如图 15-5(c)所示的模型,渗水压力与碾压混凝土层面垂直,称为串联渗透试验模型,采用这种试验模型,试件制作容易,但碾压混凝土层面的渗水压力方向与碾压混凝土坝沿层面渗流方向互相垂直,不能反映碾压混凝土沿层面的渗透特性;如图 15-5(b)所示的模型,渗透水流方向平行于层面,称为并联渗透试验模型,可以反映碾压混凝土沿层面的渗透特性。

(a)抗渗试件成型　　　　　(b)并联渗透试验模型　　　　　(c)串联渗透试验模型

**图 15-5　有层面碾压混凝土的渗透试验模型**

混凝土渗透试验采用的试模尺寸为上口直径 175 mm、下口直径 185 mm 和高 150 mm 的截头圆锥体。试验中,对于无层面碾压混凝土,采用截头圆锥体试件进行渗透试验;对于有层面碾压混凝土,由于采用"并联"模型方式(渗透水流方向平行于层面)进行渗透试验,所以试件成型要分两次进行。首先按碾压混凝土的强度试件成型方法,成型各种工况的 150 mm×150 mm×150 mm 的标准立方体试件,拆模后将试件标准养护至规定龄期,再将立方体试件切割成规定尺寸,装入上述($\phi$ 175 mm/$\phi$ 185 mm)×150 mm 截头圆锥体试模中,并使得碾压混凝土层面尽量在试模中心且垂直于截头圆锥体上、下表面,然后在试模周围填充密封材料,脱模后将试件再放入标准养护室养护至试验龄期后取出继续试验。这种方法的优点是可以利用一般实验室现有的混凝土渗透仪进行试验,但要测定混凝土层面对渗透特性的影响时,试件加工比较麻烦,而且对试件有损伤。这种试件通常用来测定混凝土的抗渗等级和相对渗透系数,如果进一步测出稳定的渗漏量与时间的关系,也可计算出渗透系数。

如果是采用含有层面的立方体进行渗透试验,一般是要在有条件的实验室进行,可测定混凝土的相对渗透系数和渗透系数,试验时间一般较长。

抗渗标号是以每组 6 个试件中 4 个未出现渗水时的最大压力来表示的。一般采用逐次加压法测定抗渗标号。6 个试件从 0.1 MPa 水压开始,由试件底面加水压,每隔 8 h 增加 0.1 MPa 水压;当有 3 个试件顶面渗水时,或加至规定压力在 8 h 内 6 个试件中表面渗水的试件不超过 2 个时,即可停止试验,记下此时的水压力 $H$。抗渗标号按下式计算:

$$S = 10H - 1$$

式中:$S$ 为抗渗标号;$H$ 为 6 个试件中有 2 个渗水时的水压力,MPa。

### 15.3.2.2　碾压混凝土相对渗透系数的测定

由于混凝土试件存有孔隙,压水试验只有试件孔隙全部被水填充后,即渗透流量达到一恒定值,才能达到恒定渗流状态。由于混凝土渗透性很微小,混凝土渗透试验达到恒定流状态历时非常长,设备效率极低,且由于试验历时过长,发生意外试件的概率就越高。因此,用正规方法测定混凝土渗透系数的试验必须在有装备良好的实验室内,且不受时间的限制时才能进行。快速求得混凝土试件渗透系数,特别是在工地实验室条件下混凝土渗透试验常采用如下简易方法:通过较短时间($T$)压水,不等待水将整个试件完全饱和就将试件劈开,测得饱和水上升高度,即可求得混凝土相对渗透系数。

记录试验开始的时间(准至分),将渗透仪水压力一次加到 0.8 MPa,并在此压力下恒定 24 h,然后降压、从模套中取出试件。注意:①在恒压过程中,如有试件端面已出现渗水,即停止该试件的加压,并记录出水的时间(准至分)。此时该试件的渗水高度即为试件的高度 15 cm。②必要时,可将渗透仪的水压力一次加到 1.0 MPa 或 1.2 MPa。

在试件端面和底面直径处,按平行方向各放一根劈裂垫条,用压力机将试件劈开。将劈开面的底边 10 等分,在各等分点处量出渗水高度(试件被劈开后,2~3 min 即可看出水痕,此时可用笔画出水痕位置,便于量取渗水高度)。以各等分点渗水高度的平均值作为该试件的渗水高度,即可计算混凝土相对渗透性系数。

混凝土相对渗透性系数的计算公式见水工混凝土试验规程,现推导如下:

设混凝土试块见图 15-6,由底面向上压水,压水的水头为 $H$。设时间为 $t$ 时,饱和水面上升高度为 $y$,该处水力梯度为 $J = H/y$。依达西定律水面上升速度 $v = KJ = KH/y$,设时间增量为 d$t$,水面升高为 d$y$,混凝土孔隙率为 $m$,则水量增量 d$q = mB$d$y = Bv$d$t$,或 $my$d$y = KH$d$t$。压水时间 $T$ 时水面上升到 $D_m$,通过积分,$\int_0^{D_m} my$d$y =$ $\int_0^T kH$d$t$,积分后可求得:

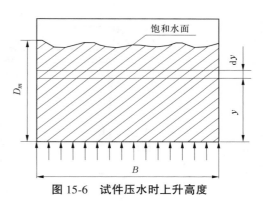

图 15-6　试件压水时上升高度

$$S_k = \frac{mD_m^2}{2TH} \tag{15-47}$$

式中:$S_k$ 为相对渗透系数,cm/h;$D_m$ 为平均渗水高度,cm;$H$ 为水压力,以水柱高度表示,cm;$T$ 为恒压经过的时间,h;$m$ 为混凝土的吸水率,一般为 0.03。

这就是混凝土快速渗透试验所常用的公式,这种快速试验不如正规试验精度高,式(15-47)在理论上也不够严密,但经对比试验,混凝土试件快速试验方法可以满足工程要求,因而仍被广泛应用。

### 15.3.2.3　碾压混凝土渗透系数的测定

#### 1. 利用实心试模测定碾压混凝土渗透系数

利用专门制作的(或现成的)试模,按规定要求浇筑上下两层碾压混凝土,再放入标准养护室养护至试验龄期后取出做试验,以测定混凝土的渗透系数。

测定渗透系数的试验仪器示意图见图 15-7、图 15-8。其中,图 15-7 是中国水利水电科学研究院改制的碾压混凝土渗透系数测定仪工作原理图;图 15-8 是美国垦务局实验室设计的美国混凝土渗透系数测定仪,采用常水头渗透试验法测定碾压混凝土的渗透系数,即在给定压力水头差的作用下,测定给定时间内通过试件的渗流量,最后计算渗透系数值。以每个试件测得一条累积流出水量过程线,在过程线的直线段上,横坐标截取 100 h 时段,其斜率即为通过试件的恒定流量。三个试件的平均流量为试验所要确定的恒定流量。假定混凝土内部水流为层流,而且处于恒定流状态,根据达西定律,碾压混凝土渗透系数按下式计算:

$$K = \frac{\eta_T Q L}{A H} \tag{15-48}$$

式中:$K$ 为碾压混凝土渗透系数,cm/s;$Q$ 为通过碾压混凝土的平均流量,cm³/s;$A$ 为试件面积,cm²;$L$ 为试件高度,cm;$\eta_T$ 为温度修正系数;$H$ 为作用水头(例如,取额定试验压力 3 MPa=300 m 水头),cm。

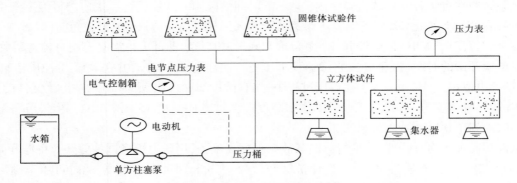

**图 15-7　改制的碾压混凝土渗透系数测定仪工作原理**

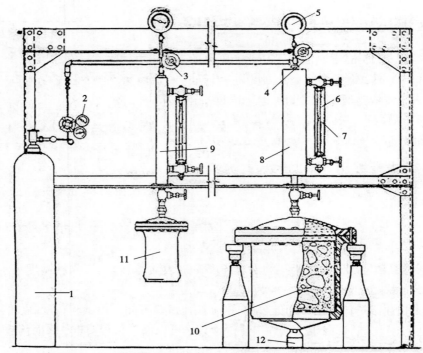

1—气压瓶;2、3、4—调压器;5—压力表;6—防护罩;7—有刻度水位计;8、9—水箱;
10—大试件容器(试件 $\phi$45 cm×45 cm);11—标准试件容器(试件 $\phi$15 cm×15 cm);12—集水器。

**图 15-8　美国混凝土渗透系数测定仪(美国垦务局实验室)**

**2.利用空心圆柱体试模测定碾压混凝土渗透系数**

据美国柳溪坝渗透测试资料发现,坝上部的渗透系数较下部的大,这是龄期的影响还是应力环境差异的影响？对于高坝(例如高 200 m 级的龙滩碾压混凝土坝)的上下部位自重荷载相差甚大,坝趾比坝踵的压应力高,如果碾压混凝土渗透性对应力变化的响应很灵敏,坝体下游部分随压应力增高,渗透性减弱,一旦上游产生裂缝,上游和下游碾压混凝土层面扬压力会明显提高,对坝体稳定安全很不利,因此应研究碾压混凝土坝材料应力环境对渗流的影响。

长江科学院和河海大学水电学院分别设计了这种试验装置。试验方法是采用空心圆柱体试件,在对试件端部施加轴向荷载作用的同时,向空心圆柱体试件中心孔提供稳定压力水源,使水从中心孔向外产生径向渗透运动。待压力、渗流量稳定后,测记渗透水量和相应的轴向荷载,从而寻找渗流量和应力变化的对应关系,试验装置见图 15-9。

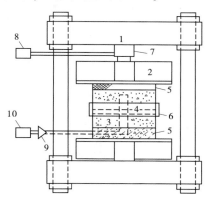

1—横梁；2—传力刚架；3—RCC试块；4—层面；
5—垫层；6—层面集水槽；7—千斤顶；
8—油增压器；9—水过滤器；10—水增压器。

(a)试验装置

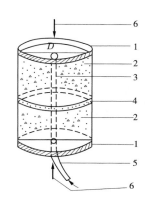

1—传力板；2—碾压混凝土；3—内孔；
4—结合层面；5—压力进水管；6—荷载。

(b)试件

**图 15-9  碾压混凝土渗流应力耦合试验图**

渗透系数计算时,设试样中心孔内水压力处处相等,中心孔压力水头为 $H_内$,试件外周面压力水头为 $H_外$,当 $H_内 > H_外$ 时,水由内孔向外周产生径向渗透。将该试件近似看作是均质各向同性体,渗透即为一轴对称问题。此时试件内部各点的水头($H_r$)与中心距 $r$ 的关系为

$$H_r = H_外 + (H_内 - H_外) \frac{\ln \dfrac{R_1}{r}}{\ln \dfrac{R_1}{R_2}}$$
(15-49)

式中：$H_外$ 为试件外周压力水头；$H_内$ 为试件中心孔压力水头；$R_1$ 为试件外半径；$R_2$ 为试件中心孔半径；$r$ 为试件内部任一点至同一平面中心的距离。

设试样总高为 $T$,在某一应力状态下的总体平均渗透系数为 $K$,则可得到总渗流量的基本关系

$$Q = 2\pi TK \frac{H_内 - H_外}{\ln \dfrac{R_1}{R_2}}$$

渗透系数计算公式则为

$$K = \frac{Q \ln \dfrac{R_1}{R_2}}{2\pi T (H_内 - H_外)}$$
(15-50)

当 $H_外$ 与 $H_内$ 相差很大或 $H_外 = 0$ 时,也可简化为

$$K = \frac{Q \ln \dfrac{R_1}{R_2}}{2\pi T H_内}$$
(15-51)

### 15.3.2.4　利用多功能高压渗透仪测定碾压混凝土渗透系数

#### 1. 多功能高压渗透仪

河海大学研制了 KS-50B 型多功能高压渗透仪,其额定最大水压力为 6 MPa,管路、阀门、仪器筒的安全系数为 10.0。压力水库有两个连续交替不断供水的高压水箱,压力由高压氮气瓶供给,可长时间维持稳定,精度较高,这台仪器既可测混凝土、岩石的渗透性,也可测柔性的防渗土工膜的渗透性,还可测混凝土的抗渗等级和岩体软弱夹层的抗渗强度。其渗透试验基本原理和加压系统管道线路见图 15-10。试验仪器照片见图 15-11(a),渗透试验时层面和水流方向见图 15-11(b)。

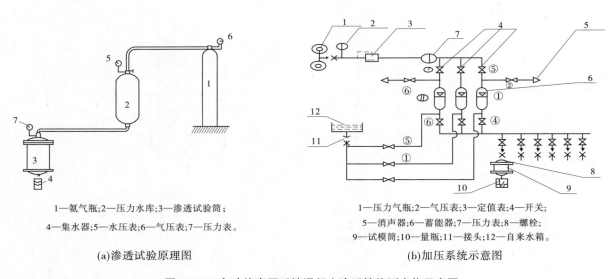

1—氮气瓶;2—压力水库;3—渗透试验筒;
4—集水器;5—水压表;6—气压表;7—压力表。

(a)渗透试验原理图

1—压力气瓶;2—气压表;3—定值表;4—开关;
5—消声器;6—蓄能器;7—压力表;8—螺栓;
9—试模筒;10—量瓶;11—接头;12—自来水箱。

(b)加压系统示意图

**图 15-10　多功能高压系统混凝土渗透性能测定仪示意图**

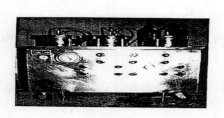

(a)多功能混凝土高压渗透仪(照片)

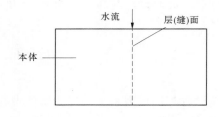

(b)含层(缝)面试件示意图

**图 15-11　多功能混凝土高压渗透系数测定仪和水压方向图**

#### 2. 芯样渗透试验试件的制备

对江垭大坝现场取的芯样,利用多功能高压渗透仪进行了室内芯样渗透试验,获得了大量宝贵资料,为评价江垭大坝的工程质量提供了重要依据,现将试验过程介绍如下。

(1)将现场取回的芯样试件周围表面污物、尘土和松动部分去掉,同时用铁砂纸人工打毛表面。

(2)将试件浸泡在清洁自来水中 24 h 以上。

(3)配制试件周围止水填料为丙乳砂浆:①水泥用 600 磨细硅酸盐水泥;②砂子、河砂,过 2.5 mm 的筛,取筛下部分,洗净风干;③准备丙乳;④拌制止水材料时必须充分拌和均匀,要求在 30~45 min 内用完;⑤试件面干后入模,在试件与模具壁间的空隙中充填止水材料,边填边轻微振动直到填满,至表面开始出现扰动液化为止;⑥蒸汽养护 3 昼夜后拆模,继续养护 7 d 左右;⑦在空气中干养护 21 d 或在 30

℃的烘箱中养护 14 d；⑧将准备好的试件热压入渗透试验筒，水流方向沿层缝面示意图见图 15-11(b)，每 6 个试件为一组，试件状态稳定后，方可开始进行渗透试验。

3. 碾压混凝土渗透试验计算模型的检验

为了研究含层(缝)面的碾压混凝土的渗透特性，首先做了检验试验。一般情况下，试验中即使在梯度较大时，出流量和渗透梯度间仍基本呈线性关系(见图 15-12)。另外，将经过渗透试验的试件劈开观察(见图 15-13)。发现渗透水基本上在全断面上同步往前渗透饱和，饱和缝面比较均衡(个别有孔眼的试件是单孔附近首先饱和)，而且由于渗透速度极慢，流态为层流，因此仍借用多孔连续渗透介质模型，采用达西线性定律对试验测试结果进行计算分析，按常规混凝土的抗渗试验方法测其抗渗指标。

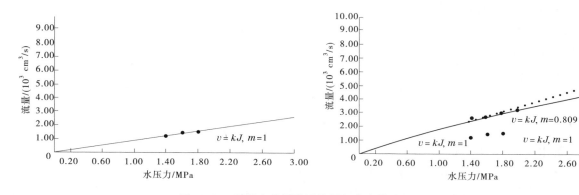

图 15-12　混凝土芯样渗透流量与水力梯度关系曲线

4. 芯样渗透试验方法和水力击穿的测定

1) 碾压混凝土芯样的渗透试验方法

(1) 压力水库有两个可连续交替不断供水的高压水箱，压力由高压氮气瓶供给。

(2) 渗流方向与试件层面平行。

(3) 起始控制压力为 0.1 MPa，昼夜连续测试，水压力每隔 8 h 增加 0.1 MPa，当发现混凝土表面潮湿渗水时，记录相应的初渗压力值和首先出水部位，然后继续加压测试。

图 15-13　芯样渗透试验后劈开饱和缝面情况

(4) 处于正常渗透情况下，压力逐级增加到 2.8 MPa 停止，并保持 2.8 MPa 压力，每隔 2~3 h 测一次流量(一般 8 h 内测 2~3 次流量)，待渗透水量逐渐稳定后，再继续测读 4 d 渗流量，取 4 d 测试结果的平均值，作为该试件的渗透值。

2) 渗透系数和水力击穿压力测定

做渗透试验时，需待出流量稳定后计算渗透系数 $K$ 值，2~3 h 测算一次渗透系数，边测边点绘出压力与渗透系数的关系曲线(P-K 曲线)，测得 3 个 $K$ 值后，升压间隔改为 0.1 MPa，并继续试验。在一定压力范围内，P-K 多为直线变化，符合达西定律，但在试验中发现当水压力 $P$ 升高到某个压力值 $P_c$ 时，流量突然增大，直线发生转折，拐点压力称为该试件的水力击穿压力。渗透试验的目的除测定芯样试件的渗透系数外，另一个目的就是寻找有无水力击穿的可能和临界压力梯度值，以便对碾压混凝土的抗渗性有更深入的认识。找出 $P_c$ 后，停止试验。但可能有的试件抗渗性能很强，当压力增加到 $P=2.8$ MPa 时还不出现水力击穿现象，测记完渗透系数后，就停止试验，表明该芯样的抗渗性已大大超过工程的要求，能确保安全。

3) 模型试验结果修正因素分析

由于芯样渗透试验周期长，为了使试验数据的样本具有一致性，故需对碾压混凝土龄期和环境温度对试验结果的影响进行修正。现分析如下。

（1）不同养护龄期对渗透系数的影响。

由于水泥颗粒的水化过程是在长期不断地进行着,生成物使水泥石孔隙结构发生变化,表现在初期进行得比较快,随着时间延长空隙减小的幅度逐渐减缓,使渗透系数随龄期延长而下降,但变化会愈趋平缓,见图 15-14。江垭碾压混凝土芯样养护龄期都大大超过 90 d,因此不再对试验结果进行修正研究。其他龄期进行试验时,可按图 15-14 中的曲线对渗透系数进行修正。

（2）温度对渗透系数的影响。

温度升高,水的黏滞系数减小,水流速度增

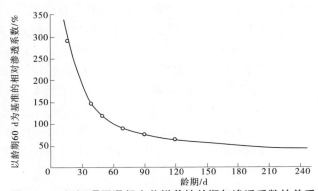

图 15-14　江垭碾压混凝土芯样养护龄期与渗透系数的关系

大。在温差变化较大的环境下做渗透试验,外界温度必然会对试验结果有影响,按土工试验修正方法,把当时温度环境测得的渗透系数都统一换算到水温为 10 ℃时试样的渗透系数,换算公式为

$$K_{10} = K_T \frac{\eta_T}{\eta_{10}} \qquad (15\text{-}52)$$

式中:$K_{10}$ 为水温为 10 ℃时试样的渗透系数(以下均用 $K$ 表示),cm/s;$\eta_T$ 为水温 $T$ ℃时水的动力黏滞系数,g·s/cm$^2$;$\eta_{10}$ 为水温 10 ℃时水的动力黏滞系数,g·s/cm$^2$。

根据有关资料数表,可查得 $\eta_T/\eta_{10}$ 的比例关系:温度低于 10 ℃,$\eta_T/\eta_{10}$ 比值将大于 1.0;温度高于 10 ℃,$\eta_T/\eta_{10}$ 小于 1.0,上下相差可到 1.0 倍以上。冬夏两季大环境气温平均相差达 30 ℃以上,实验室条件虽然较好,但也难控制恒温,故应对结果给予相应修正。此时,试件渗透系数 $K$ 按下式计算

$$K = \eta_T \frac{QL}{A\Delta H} \qquad (15\text{-}53)$$

式中:$K$ 为渗透系数,cm/s;$\eta_T$ 为温度修正系数;$Q$ 为通过试件断面的渗流量;$L$ 为渗径长度;$A$ 为有效渗水面积;$\Delta H$ 为压力水头。

## 15.3.3　碾压混凝土大坝(或现场试验块)渗透特性的研究

反映碾压混凝土大坝(或现场试验块)渗透特性指标有透水率和渗透系数,这两个指标都是通过压水试验获得的。由于目前尚无水工碾压混凝土压水试验规程,只能套用《水利水电工程钻孔压水试验规程》(SL 25—92)和《水利水电工程钻孔压水试验规程》(SL 31—2003)进行操作。

### 15.3.3.1　压水段综合透水率与渗透系数

压水试验成果主要用透水率来评价碾压混凝土的渗透特性,碾压混凝土透水率用单位透水率吕荣值(Lu)表示。1 Lu 的定义为当试段压力为 1 MPa 时,每米试段的压入流量为 1 L/min。

试段综合透水率可按下式计算:

$$q = \frac{Q}{L} \cdot \frac{1}{P} \qquad (15\text{-}54)$$

式中:$q$ 为压水段综合透水率,Lu;$L$ 为压水段长,m;$Q$ 为压水段在压力为 $P$（MPa）时的流量,L/min。

常规压水试验是在 20 世纪 30 年代提出来的,由于方法简单,工程经验积累丰富,目前在工程建设中被广泛应用。长期以来,人们试图提出种种理论模型,指导常规压水试验成果的整理和分析,建立压水试验透水率与渗透系数的定量关系,以便根据透水率确定渗透系数,供计算分析使用。图 15-15(a)和图 15-15(b)是其中最为流行的两种理论。在碾压混凝土坝体上进行压水试验时,若假定层面和缝面的渗透特性是各向同性的,则钻孔压水试验所造成的渗流场流态就基本符合这两种理论的假定情况。

在图 15-15(a)中,假定在饱和介质内进行单孔常规压水试验时,压水试验段的水流流态为图 15-15(a)中所示的沿压水孔周边均匀分布的理想径向流流态,这种流态假定在层面法向与层面切向

渗透系数相差较大的情况下较符合实际情况;而在图 15-15(b)中,考虑到压水段的长度很有限,试验孔段的两端区域内有呈弯曲形态的流线,假定试验孔段的周围渗流场中的流线呈椭圆形态分布,这种流态假定在层面法向与层面切向渗透系数相差较小的情况下较符合实际情况。

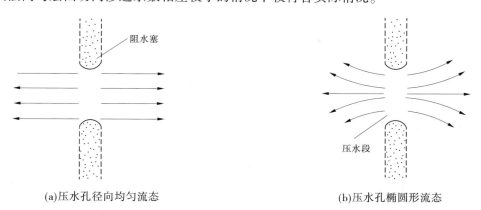

(a)压水孔径向均匀流态　　　　　　　　　(b)压水孔椭圆形流态

图 15-15　碾压混凝土中单孔常规压水试验的流态假定

对于图 15-15(a)的渗流流态模型,在各向同性介质中对于一段长度为 $l$、压力水头为 $H_0$、孔径为 $r_0$ 的压水孔段,经推导即可获得如下确定渗透介质在钻孔径方向上的渗透系数的理论算式:

$$K = \frac{Q\ln(R/r_0)}{2\pi l(H_0 - H_R)} \tag{15-55}$$

式中: $K$ 为渗透介质在钻孔横向上的平均渗透系数,在碾压混凝土坝体中即为平行于层面和缝面切向上的主渗透系数 $K_t$,m/s; $R$ 为压水试验的有效影响半径,m; $H_0$ 为钻孔压水工作水头,m; $Q$ 为压水试验流量,m³/s; $l$ 为压水段长度,m; $r_0$ 为压水孔半径,m; $H_R$ 为压水试验的有效影响半径处的水头,m。

式(15-55)适用于试段内混凝土都被水充满、透水性较小( $q<10$ Lu)和渗流模型流态。

对于图 15-15(b)的渗流流态模型,美国 Hvorslev 于 1951 年提出了在各向同性介质中,在这种流态模式情况下,考虑了水流朝压水孔试验段两端低压区呈椭圆形流态扩散影响的渗透介质在钻孔横向的渗透系数 $K$ 的计算公式:

$$K = \frac{Q}{lH_0}\left\{\frac{1}{2\pi}\ln\left[\frac{l}{2r_0} + \sqrt{1 + (l/2r_0)}\right]\right\} \tag{15-56}$$

式中系数意义同式(15-55)。

### 15.3.3.2　碾压混凝土层面的平均等效水力隙宽

图 15-15 和式(15-55)的流态模型给出的是一个垂直于钻孔方向的全孔段长度均化了的渗透系数值,它是按符合达西定律的多孔介质渗流来确定的,因而并不直接涉及垂直于钻孔方向的层面或缝面的水力隙宽。在碾压混凝土坝中,由于混凝土本体与层(缝)面相比的弱透水性,层面切向与法向上的两个主渗透系数的各向异性比可达 2 个及以上数量级,就工程应用意义而言,可以认为单孔压水试验时钻孔周围的渗透水流都是在碾压混凝土层面中渗流的,因此根据上述方法获得的层面切向的均化主渗透系数为 $K_t$,也可以反算出碾压混凝土层面的平均等效水力隙宽 $d_f$。

假设长度为 $l$ 压水孔段内单位长度混凝土中含有 1 个渗水层面,可以得到长度为 $l$ 的压水段范围内碾压混凝土坝体层面的平均等效水力隙宽 $d_{f_1}$[ 见式(15-30),为假定本体不透水]为

$$d_{f_1} = \left(\frac{12\nu l K_t}{g}\right)^{\frac{1}{3}} \tag{15-57}$$

因为由式(15-56),可以得到含有 1 个渗水层面时 $K_t = \dfrac{g d_{f_1}^3}{12\nu l}$,因此长度为 $l$ 的混凝土中含有 $n$ 个渗水层面时,则压水试验测到的 $K_t$ 是 $n$ 个渗水层面之和,即

$$K_{t} = \frac{ngd_{f_{2}}^{3}}{12\nu l} \tag{15-58}$$

于是可以得到长度为 $l$ 的压水段范围内,碾压混凝土坝体层面的平均等效水力隙宽为

$$d_{f_{2}} = \left(\frac{12\nu l K_{t}}{ng}\right)^{\frac{1}{3}} \tag{15-59}$$

式中: $\nu$ 和 $g$ 分别为水体的运动黏滞系数和重力加速度。

式(15-58)也可以考虑混凝土本体的渗透性,对流量 $Q$ 进行减去混凝土本体(本体的渗透系数事先为已知)的渗流量的修正即可。

### 15.3.3.3　压水试验的数值反演分析

碾压混凝土现场压水试验成果整理的数值反演分析,主要是采用有限元数值计算的方法,通过对特定压水试验试段的模拟,确定在该透水率情况下碾压混凝土的渗透系数。从理论上而言,坝体的渗流特性和混凝土的饱和度有关,非饱和区多孔介质的渗流特性是极其复杂的,一般难以得到问题的解析解,而有限单元法可以得到高次非线性稳定-非稳定、饱和-非饱和渗流场的数值近似解,因此同时使用渗流有限单元法和数学优化算法就可以在理论上较严密地对压水试验方法进行反分析评估和成果整理。同时,数值反分析结果又可以用来检验各种基于一定理论假定前提下的解析解所获得的压水试验整理成果的正确性和可靠性。

数值反演分析采用多孔介质非饱和渗流模型和改进加速遗传算法进行,在求解坝体的渗透系数时,先假定已知碾压混凝土层面法向的主渗透系数 $K_{v}$,通过反分析计算来反演碾压混凝土层面切向的主渗透系数 $K_{h}$ 值的大小。考虑到碾压混凝土的孔隙率相对很低,并且在碾压混凝土通常水灰比条件下,施工后一定时间内碾压混凝土保持近似的饱和状态,因此近似地将碾压混凝土施工现场所进行的压水试验的渗流场问题按非稳定饱和渗流场来处理,解题时的初始条件为碾压混凝土处于饱和状态,为进一步验证采用非稳定饱和渗流场的假定在工程上的可行性,反演分析采用其他饱和度模拟近似饱和状态进行对比分析。采用江垭碾压混凝土坝体现场压水资料进行解析解和数值近似解的对比,江垭 53 号压水孔位于三级配碾压混凝土内,钻孔直径为 75 mm,对比计算结果见表 15-5。

表 15-5　江垭碾压混凝土坝 53 号压水孔渗透系数数值解和解析解对比

| 压水段次 | 孔段高程/m | | 压力/MPa | 流量/(L/min) | 渗透系数/($10^{-6}$ cm/s) | | | |
|---|---|---|---|---|---|---|---|---|
| | | | | | 解析解 | | 数值解 | |
| | 自 | 至 | | | 径向均匀流态 | 椭圆形流态 | 饱和状态 | 饱和度 90% |
| 1 | 184.5 | 183.0 | 0.3 | 0.193 7 | 4.21 | 4.21 | 4.26 | |
| 7 | 183.0 | 181.5 | 0.6 | 3.845 6 | 41.83 | 41.82 | 38.5 | |
| 8 | 174.0 | 172.5 | 0.6 | 0.025 0 | 0.27 | 0.27 | 0.250 | 0.114 |
| 13 | 166.5 | 165.0 | 0.6 | 0.008 0 | 0.087 1 | 0.087 3 | 0.080 1 | |

从表 15-5 对比分析中可知:

(1)径向均匀流态模型与径向椭圆形流态模型解析解计算结果基本相同。

(2)有相对严密理论基础的数值反演解和两种流态模型解析解结果基本一致,说明径向均匀流态模型和径向椭圆型流态模型基本上符合碾压混凝土坝现场单孔压水试验时的真实情况,并具有相当高的精度,能够满足工程应用需要。

(3)利用三维数值反分析求解,可对这种解析解的具体计算成果进行验证,对于一些复杂的现场施工情况,采用渗流场反演分析求解没有参数个数和达西渗流场具体流态的假定,也没有对待定未知参数个数多少的限制,三维数值反分析是确定大坝混凝土渗透系数的较好方法。

（4）在碾压混凝土坝的现场压水试验成果整理的数值反分析中,按相对简单的混凝土的初始饱和度为 100% 或接近于完全饱和的假定所进行得到的计算结果差别不大,工程应用能接受。

### 15.3.3.4 混凝土处于非饱和情况下的渗透特性

式(15-55)在推导时有下列假定:碾压混凝土为连续渗透介质;地下水位在压水段以上;水流由孔内沿平面呈辐射流,为轴对称问题;影响半径 $R$ 等于压水段长 $L$。

碾压混凝土常在非饱和状态下压水,故需研究混凝土处于非饱和情况下的渗透特性。如果压水段附近的混凝土处于非饱和状态,表现压水时水流沿钻孔径向外渗,为饱和圈逐渐扩大的非恒定过程,如图 15-16 所示。渗透系数公式推导过程为:

当试验孔内压力水头为 $H_0$,经过一定时间,饱和圈扩大至 $r_1$(该处 $H=0$),求渗流场。

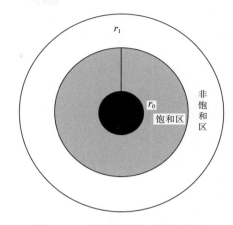

**图 15-16　碾压混凝土内渗流状态**

（1）水流连续条件

$$\frac{(u_r + \mathrm{d}u_r)(r + \mathrm{d}r) - u_r r \mathrm{d}\theta}{\mathrm{d}r} = 0$$

展开,略去高阶项得

$$u_r + r\mathrm{d}u_r = 0 \qquad (15\text{-}60)$$

（2）由达西定律

$$u_r = -K\frac{\mathrm{d}H}{\mathrm{d}r} \qquad (15\text{-}61)$$

将方程(15-61)代入方程(15-59)得

$$\frac{\mathrm{d}H}{\mathrm{d}r} + r\frac{\mathrm{d}^2 H}{\mathrm{d}r^2} = 0 \qquad (15\text{-}62)$$

解方程(15-62)得到

$$H = c_1 + c_2\ln r$$

边界条件 $r = r_0$ 时, $H = H_0$; $r = r_1$ 时, $H = 0$,可求得 $c_1$、$c_2$。由以上可得

$$H = H_0 \frac{\ln\dfrac{r}{r_1}}{\ln\dfrac{r_0}{r_1}} \qquad (15\text{-}63)$$

$r = r_1$ 处的水力梯度为

$$\frac{\mathrm{d}H}{\mathrm{d}r_1} = \frac{H_0}{\ln\dfrac{r_0}{r_1}}\frac{1}{r_1} \qquad (15\text{-}64)$$

$$u_{r_1} = K\frac{\mathrm{d}H}{\mathrm{d}r_1} \qquad (15\text{-}65)$$

将方程(15-64)代入方程(15-65)得

$$u_{r_1} = K\frac{H_0}{\ln\dfrac{r_0}{r_1}}\frac{1}{r_1} \qquad (15\text{-}66)$$

（3）由水量平衡得

$$2\pi r_1 u_{r_1} \mathrm{d}t = 2\pi r_1 m \mathrm{d}r_1 \tag{15-67}$$

$$u_{r_1}\mathrm{d}t = m\mathrm{d}r_1 \tag{15-68}$$

将方程(15-67)代入方程(15-68)得

$$K\frac{H_0}{\ln\dfrac{r_0}{r_1}}\frac{1}{r_1}\mathrm{d}t = \mathrm{d}r_1 m$$

两边进行积分

$$\int_0^T KH_0\mathrm{d}t = m\int_0^{r_i} r_1\ln\frac{r_0}{r_1}\mathrm{d}r_1$$

积分得

$$KH_0T = m\left[\frac{r_i^2}{2}\left(\ln\frac{r_0}{r_1}\right) + \frac{r_i^2}{4}\right] \tag{15-69}$$

则非饱和区混凝土的渗透系数为

$$K = \frac{m}{H_0T}\left[\frac{r_1^2}{2}\left(\ln\frac{r_0}{r_1}\right) + \frac{r_1^2 - r_0^2}{4}\right] \tag{15-70}$$

式中：$r_0$ 为钻孔半径；$m$ 为混凝土的吸水率，一般为 0.03；$r_1$ 为 $T$ 时段饱和区半径，由式(15-71)求得。

在压水过程中如果没有水量损失，那么压入碾压混凝土内的总水量应为

$$w = \pi(r_1^2 - r_0^2)m \tag{15-71}$$

$w$ 可由试验求得，由式(15-71)知 $r_1$ 后，$k$ 即可由式(15-70)求得。

为了研究碾压混凝土的渗透性，为高碾压混凝土重力坝设计提供依据，在江垭大坝进行了现场压水试验，按式(15-70)和式(15-71)计算每一压水段的综合渗透系数。

由江垭碾压混凝土坝第一次压水试验 31 号孔第四段压水成果，总时间 65 min，平均流量 0.04 L/min，透水率为 0.022 Lu，由式(15-71)求得 $r_1 = 10.3$ cm，再由式(15-70)解得渗透系数 $K = 3.9 \times 10^{-8}$ cm/s，这一渗透系数是坝体该压水段的综合渗透系数，比较切合实际。按这一方法求渗透系数要知道压入总水量，包括试压过程的水量，应对现场压水记录提出专门要求。由于碾压混凝土坝体中压水试验多为非饱和状态下压水，通过式(15-70)和式(15-71)基本解决了透水率和渗透系数的换算问题。

由于碾压混凝土含层(缝)面与碾压混凝土本体的渗流特性有一定的差异，有资料表明，沿碾压混凝土层面切向与法向的主渗透系数的各向异性比达 3~4 个数量级，而且沿层面切向渗透系数大于沿层面法向渗透系数。因此，研究碾压混凝土沿层面切向渗透特性具有重要意义。

式(15-55)是按照压水至恒定状态($Q$ 维持一不变的常量)所求得的压水段坝体平均渗透系数，由于在压水试验前碾压混凝土内部存在未被水填满的孔隙，要达到恒定不变的压水流量需要极长的时间，这在实际上是办不到的。因此，不能用式(15-55)来确定其渗透系数。

### 15.3.3.5　现场压水试验设备的改进

下面介绍河海大学和中国水利水电科学研究院等单位在现场压水试验设备的革新成果。

#### 1. 进水量的量测装置的改进

进水量观测也是现场压水试验的重要环节。如何使量测装置既能满足微小渗水量的要求，又能满足较大渗水量的要求，是碾压混凝土现场压水试验中需要解决的问题。为此，专门研制了 2 套装置用于测定水量。其中，一套装置由 5 个高度 1.5 m 左右的无缝钢管连接而成，在每个钢管外侧均有一玻璃测压管连通，通过玻璃测压管读取进水量，单位 mL。根据进水量大小可打开一根或几根钢管的阀门。为了更好地适应不同进水量的要求，又研制了一套由 3 个直径较大的无缝钢管和 2 个直径较小的无缝钢管连接而成的装置，我们把这两套装置均称为测压管-体积观测仪。

2. 供水管路的改进

施工质量好的碾压混凝土渗水量很小,供水管路中水量的微小损失都将对压水试验结果产生很大影响。江垭现场压水试验的深孔一般在 30 m 以上,用钻杆做供水管路时,钻杆接头较多(12 个以上),对钻杆接头是否漏水没有把握。压水试验初期采用锥形接头、长钻杆,并且在接头处缠裹生胶带和涂抹黄油,以防止接头漏水,操作过程需要熟练的技术工人,并且劳动强度大。因为供水管路在孔内,经过这样处理的供水管路的漏水量无法量测,但由露在孔外的接头可以看出,高压时接头处仍有水珠滴出,为此对供水管路进行改造,将外径 12 mm 的氧气管插入钻杆内供水,有效地解决了供水管路接头的漏水问题。

3. 碾压混凝土坝现场压水试验设备的成套装置

以往的碾压混凝土现场压水试验用灌浆泵或泥浆泵压水,供水不稳定,压力、流量波动大,精度和灵敏度远不能满足碾压混凝土压水试验要求。为此,在江垭现场压水试验时,选择了本溪水泵厂生产的 JX 型行程计量泵。该计量泵能够无级调节行程,根据碾压混凝土渗透性的不同,方便地调节流量和压力,其最大压力为 1.6 MPa,最大流量为 80 L/h,使用时可以在 0 至最大压力(最大流量)之间任意无级调节,它压水稳定、精度和灵敏度高。因计量泵供水量小,难以满足大流量的要求,当碾压混凝土渗透性较大时则用 150 泵。流量 $Q \geqslant 1$ L/min,采用 150 泵供水;$Q < 1$ L/min,采用计量泵供水。

压水试验装置如图 15-17 所示,包括:计量泵;150 泵;XJ-100A 型钻机;XY-4 型钻机(兼取芯);测压管-体积测试仪 2 个;0.6 MPa 标准压力表 2 个;1.6 MPa 标准压力表 2 个;民用水表 2 个;计时用秒表 1 个;胶塞,供水用氧气管等。

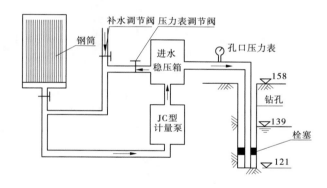

图 15-17　压水试验装置连接示意图

### 15.3.3.6　现场压水试验各环节对试验结果的影响分析

1. 供水管路的影响分析

在江垭的现场压水试验初期采用钻杆作为压水试验的供水管路,接头较多,压水时接头处时有渗水现象发生,后改用氧气管供水,能承受 1.2 MPa 压力,内壁光滑,每根长度 30 m,避免了接头处的水量损失。

35 号和 32 号孔钻杆作供水管路,在它们不远处的 45 号孔和 44 号孔以氧气管供水。试验反映出两种供水管路透水率结果有差别,如表 15-6 及图 15-18、图 15-19 所示。可以看出:采用钻杆供水的 32 号压水孔平均透水率为 0.064 3 Lu,采用氧气管供水的 44 号压水孔平均透水率为 0.019 5 Lu,采用钻杆供水的 35 号压水孔平均透水率为 0.336 Lu,采用氧气管供水的 44 号压水孔平均透水率为 0.022 6 Lu,说明采用钻杆供水时,由于钻杆接头漏水,测得的透水率偏大,甚至相差 1 个数量级以上。

表 15-6　分别采用钻杆供水和氧气管供水的压水试验孔透水率

| 压水段次 | 32 号压水孔<br>透水率/Lu<br>(钻杆供水) | 44 号压水孔<br>透水率/Lu<br>(氧气管供水) | 35 号压水孔<br>透水率/Lu<br>(钻杆供水) | 45 号压水孔<br>透水率/Lu<br>(氧气管供水) |
|---|---|---|---|---|
| 1 | 0.090 | 0.013 | | |
| 2 | 0.040 | 0.005 | | |
| 3 | 0.122 | 0.064 | 0.270 | 0.018 |
| 4 | 0.090 | 0 | 0.380 | 0.001 |
| 5 | 0.054 | 0.012 4 | 0.440 | 0.008 |
| 6 | 0.032 | 0.042 | 0.280 | 0.060 |
| 7 | 0.022 | 0.000 1 | 0.310 | 0.026 |
| 平均值 | 0.064 3 | 0.019 5 | 0.336 | 0.022 6 |

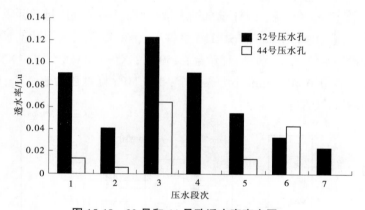

**图 15-18　32 号和 44 号孔透水率直方图**

(32 号钻杆与 44 号氧气管压水成果比较,44 号孔第 4 段与第 7 段
透水率大小图反映不出来)

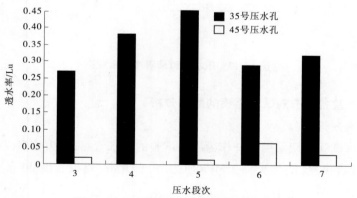

**图 15-19　35 号和 45 号孔透水率直方图**

(35 号与 45 号孔第 1 段,第 2 段透水率均很大,两种供水管影响不明显,
故在此图中未画出,45 号孔第 4 段透水率很小,图中未能反映出)

**2. 压水设备的影响分析**

江垭现场压水试验采用两种压水装置,即流量 $Q \geqslant 1$ Lu 用 150 泵压水,$Q < 1$ Lu 用计量泵压水,成果如表 15-7 所示。由表 15-7 可见:同一压水段,用 150 泵和计量泵测得的平均透水率分别是 0.017 6 Lu

和 0.041 8 Lu；胶塞涂凡士林和胶塞不涂凡士林测得的平均透水率分别是 0.004 8 Lu 和 0.017 4 Lu。因此,江垭现场试验中仅在渗透量较小的部位用计量泵压水,避免了渗透系数为零的误判。

**表 15-7　同一压水段 150 泵和计量泵与胶塞涂不涂凡士林压水成果**

| 时间段 | 150 泵透水率/Lu | 计量泵透水率/Lu | 胶塞不涂凡士林<br>透水率/Lu | 胶塞涂凡士林<br>透水率/Lu |
|---|---|---|---|---|
| 1 | 0.026 | 0.045 | 0.022 | 0.006 |
| 2 | 0.017 | 0.049 | 0.020 | 0.005 |
| 3 | 0.017 | 0.046 | 0.022 | 0.007 |
| 4 | 0.016 | 0.041 | 0.023 | 0.006 |
| 5 | 0.017 | 0.039 | | |
| 6 | 0.014 | 0.040 | | |
| 7 | 0.016 | 0.033 | | |
| 平均值 | 0.017 6 | 0.041 8 | 0.017 4 | 0.004 8 |

**3. 止水胶塞的影响分析**

压水试验中采用 5 段止水胶塞顶压式止水,尽管胶塞有弹性,但也不可能与孔壁完全贴合在一起,特别是对有缺陷的孔壁更难以完全封闭好。对于渗透量较大的孔段,胶塞的微量渗水影响不大,但对于每分钟仅几十毫升甚至几毫升的孔段来讲,胶塞部位的微量渗水的影响不容忽视。选其中一孔段进行压水,在胶塞结合处涂一圈凡士林,下到孔底顶压将凡士林挤出将胶塞周围密封好。测出两种结果见表 15-7,胶塞涂凡士林和胶塞不涂凡士林测得的平均透水率分别是 0.004 8 Lu 和 0.017 4 Lu,后者是前者的 3.625 倍。由此可见,不同的胶塞止水措施,对测试成果是有影响的。

**4. 水量量测装置的影响分析**

量测装置有水表及测压管-体积观测仪两种,其中计量泵压水均用测压管-体积观测仪,150 泵压水时两种装置共用。在供水管路没有水量损失的情况下,测压管-体积观测仪测得成果稳定可靠,精度高,误差小。水表由于压力波动引起指针摆动有一定误差,但对渗透量比较大的孔段来讲,误差也很小,精度满足要求。

**5. 供水管路水量损失与压力损失的影响分析**

采用钻杆供水,接头多,漏水量大,压力损失亦大。采用氧气管供水,接头少或无接头,一般不漏水,管壁光滑,管路压力损失影响不大。管路压力损失可用下式计算

$$P_s = \lambda \frac{L}{d} \frac{v^2}{2g}$$

式中：$\lambda$ 为摩阻系数, $\lambda = 2 \times 10^{-4} \sim 4 \times 10^{-4}$ MPa/m; $L$ 为工作管长度,m; $d$ 为工作管内径,m; $v$ 为管内流速,m/s; $g$ 为重力加速度, $g = 9.8$ m/s$^2$。

氧气管直径为 10 mm,氧气管长度为 20 m,不同透水率情况下的压力损失见表 15-8。从表 15-8 可以看出,因为碾压混凝土透水率很小,供水管内流速很小,管路压力损失主要产生在接头部位,本次采用氧气管供水,管壁光滑,接头只有一个或没有接头,减少了压力损失影响。例如,渗水率为 1.00 Lu 时,管内流速为 0.191 m/s,相应压力损失为 0.000 73 MPa,可见压力损失是很小的。

**表 15-8　不同渗水率时管路压力损失值(氧气管供水)**

| 渗水率/Lu | 管内流速/(m/s) | 压力损失/MPa | 渗水率/Lu | 管内流速/(m/s) | 压力损失/MPa |
|---|---|---|---|---|---|
| 10.00 | 1.91 | 7.3×10$^{-2}$ | 0.10 | 0.019 1 | 7.3×10$^{-6}$ |
| 1.00 | 0.191 | 7.3×10$^{-4}$ | 0.01 | 0.001 91 | 7.3×10$^{-8}$ |

**6. 碾压混凝土坝现场渗透性能试验方法的制定**

(1)钻孔。采用金刚石钻头回旋钻进。

（2）洗孔。钻孔完成后即采用高压水冲洗，直至回水清洁，肉眼观察已无粉尘为止。

（3）试段隔离。采用 $\phi$75 mm 胶塞进行试段隔离止水。为减少漏水在每个胶塞接合处均匀涂上一层凡士林，在顶压胶塞时将其挤出，使胶塞与孔壁碾压混凝土完全封闭。

（4）压水压力。现场压水试验采用的压力应既能满足现场压水要求又不对大坝产生抬动破坏。在压水过程中采用单点法，浅孔采用 0.2~0.3 MPa，孔深 6.5 m 以内采用 0.3 MPa，大于 6.5 m 以下采用0.6 MPa。

（5）压力观测。压力值通过压力表观测，在压水过程中，要保持压力表压力稳定。

（6）流量观测。根据压水过程中压水段渗水量的不同，分别采用了水表或测压管-体积观测仪作为观测设备。压水段渗水量 $Q<1$ L/min 时，采用计量泵压水，用测压管-体积观测仪观测压入水的体积。压水段渗水量 $Q>1$ L/min 时，采用 150 泵压水，水表读数。如果流量无持续增大趋势，且连续 5 次读数中流量最大值与最小值之差小于最终值的 10% 时，该压水段压水结束。

### 15.3.4 碾压混凝土渗透特性指标的相互关系

#### 15.3.4.1 室内试验渗透系数与抗渗标号间的关系

从抗渗性能的角度评价碾压混凝土的质量，主要有以下两个指标：一是抗渗标号；二是渗透系数。我国长期以来采用抗渗标号作为混凝土的抗渗性指标，应寻找二者之间的换算关系，以便根据抗渗标号的控制指标提出相应的渗透系数的控制指标。

虽然在有关文献中能找到混凝土抗渗等级与渗透系数之间的换算关系，见表15-9，但主要是针对常态混凝土，而且多为依据室内制作试件的试验得出的研究结果。对于碾压混凝土来说，这二者的关系还是一个新问题，在现行的规程规范中尚未有换算关系，给实际工作带来困难。河海大学速宝玉提出一种确定碾压混凝土渗透系数与抗渗标号间关系的思路和方法，并对取自国内某碾压混凝土坝的大量碾压混凝土芯样进行了渗透系数和抗渗标号的试验测定，建立了碾压混凝土渗透系数与初渗压力的相关关系。根据抗渗标号的定义，在渗透系数与初渗压力相关关系的基础上，给出了渗透系数与抗渗标号的初步关系。

**表 15-9  混凝土抗渗等级与渗透系数之间的换算关系**

| 抗渗等级 | 渗透系数/(cm/s) | 抗渗等级 | 渗透系数/(cm/s) |
|---|---|---|---|
| W2 | $0.196\times10^{-7}$ | W10 | $0.177\times10^{-8}$ |
| W4 | $0.783\times10^{-8}$ | W12 | $0.129\times10^{-8}$ |
| W6 | $0.419\times10^{-8}$ | W16 | $0.767\times10^{-9}$ |
| W8 | $0.261\times10^{-8}$ | W18 | $0.236\times10^{-9}$ |

他们利用研制的高压多功能渗透仪，在同一个试件上既能测定碾压混凝土芯样的初渗压力（至少可以认为是单件的抗渗强度），又能测出它的渗透系数，这就为建立渗透系数与抗渗标号的关系提供了硬件支持。

1. 渗透系数和抗渗标号的测定

测定碾压混凝土抗渗标号和渗透系数的试验是在河海大学渗流实验室研制的 KS-50B 多功能高压渗透仪上进行的，试验用碾压混凝土芯样均取自国内某碾压混凝土坝。芯样类型有二级配碾压混凝土、三级配碾压混凝土和变态碾压混凝土三种，每种碾压混凝土均包括含层、含缝和本体芯样。由于工程所关心的是平行于层（缝）面方向的碾压混凝土抗渗性及其渗透系数，故含层（缝）面芯样试验时的渗水方向与层（缝）面平行。芯样为圆柱体，$\phi$150 mm，长 150 mm。对每一个芯样，先测初渗压力，再测渗透系数，其测定方法和步骤如下：

（1）按水工混凝土试验规程规定的程序制备好碾压混凝土试件。

（2）将制备好的碾压混凝土试件安装于多功能高压渗透仪上（6 个试件为 1 组），开始试验。

（3）起始水压力为 0.1 MPa，每隔 8 h 水压力增加 0.1 MPa，当发现混凝土试件表面潮湿渗水时，记录相应的压力值作为该试件的初渗压力值和相应时段的渗流量，然后继续加压测试。

（4）压力逐级增加到 2.8 MPa 后，保持该压力，每隔 2~3 h 测一次流量，待渗流量逐渐稳定后，再继续测读 4 d 渗流量，取平均值计算该试件的渗透系数值。

（5）对离散的试件初渗压力作统计分析，引入抗渗标号定义中隐含的保证率概念，即可确定出碾压混凝土的抗渗标号。

剔除少数渗透异常的试件后，共获得 89 个有效的渗透系数和初渗压力数据，其中二级配碾压混凝土 58 个，三级配碾压混凝土 22 个，变态碾压混凝土 9 个。

**2.渗透系数与抗渗标号的初步关系**

1）渗透系数与初渗压力的相关关系

由于层（缝）面严格按要求处理得很好，故从芯样外观看，层（缝）面界线很不明显，尽管试验时的渗水方向与层（缝）面平行，但典型的由层（缝）面首先渗水的试件仅占完成测试试件的 3% 左右，且含层（缝）面试件的平均渗透系数与本体试件的平均渗透系数基本相同，故在以下分析中未区分层（缝）面和本体芯样。三级配碾压混凝土和变态碾压混凝土芯样的有效数据较少，未进行单独分析，但由于它们的平均初渗压力和平均渗透系数与二级配的相近，故将它们与二级配合并，分析整个坝体碾压混凝土的渗透系数与初渗压力间的相关关系。

根据实际芯样所测到的大量配套数据，采用最小二乘法拟合了二级配碾压混凝土及整个坝体碾压混凝土的渗透系数和初渗压力间的相关关系，见图 15-20。

根据拟合结果建立的相关关系式如下：

二级配碾压混凝土 $\qquad \lg K = -3.321\lg p - 9.0$， $\qquad r = 0.83$ （15-72）

整个坝体碾压混凝土 $\qquad \lg K = -2.281\lg p - 8.84$， $\qquad r = 0.81$ （15-73）

上述两式中：$K$ 为渗透系数，cm/s；$p$ 为初渗压力，MPa。

由式（15-72）和式（15-73）可以看出，二级配碾压混凝土及整个坝体碾压混凝土的渗透系数对数值与初渗压力对数值之间呈线性相关关系，且相关性较好。

2）渗透系数与抗渗标号的初步关系

由抗渗标号定义式可得

$$p = (S + 1)/10 \qquad (15-74)$$

式中：$S$ 为抗渗标号；$p$ 为 6 个试件中有 3 个渗水时的水压力，MPa，可根据芯样初渗压力的统计结果得到，即 50% 试件出现渗水（水压力大于其初渗压力）时的特征水压力。

将式（15-74）代入式（15-72）和式（15-73）可得碾压混凝土渗透系数与抗渗标号的初步关系式如下：

二级配碾压混凝土 $\qquad \lg K = -3.321\lg(S + 1) - 5.68$ （15-75）

整个坝体碾压混凝土 $\qquad \lg K = -2.281\lg(S + 1) - 6.56$ （15-76）

以江垭碾压混凝土坝为例，采用数理统计方法，分别对二级配碾压混凝土和整个坝体碾压混凝土芯样的初渗压力进行了统计分析，对 50% 试件出现渗水时的特征水压力为 1.0 MPa（二级配碾压混凝土）和 0.9 MPa（整个坝体碾压混凝土）。由抗渗标号定义及初渗压力的统计结果可知：二级配碾压混凝土的抗渗标号为 S9，相应的渗透系数为 $0.998 \times 10^{-9}$ cm/s；整个坝体碾压混凝土的抗渗标号为 S8，相应的渗透系数为 $1.84 \times 10^{-9}$ cm/s。这个结果与表 15-9 的数据比较接近。

上述关系仅仅是根据江垭碾压混凝土坝的资料而得出的，要外延至其他碾压混凝土坝，还有待于收集更多的相关资料来检验和修正，使其具有更普遍的意义，以便在碾压混凝土坝中建立以渗透系数为坝体混凝土抗渗性能的评价指标。

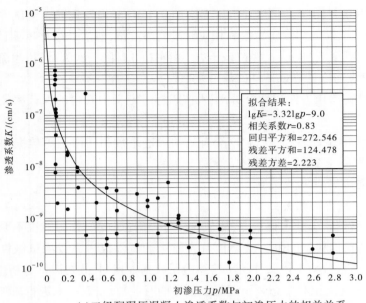

(a)二级配碾压混凝土渗透系数与初渗压力的相关关系

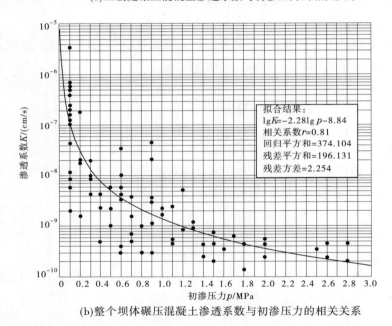

(b)整个坝体碾压混凝土渗透系数与初渗压力的相关关系

**图 15-20  碾压混凝土渗透系数与初渗压力的相关关系(江垭芯样试件)**

### 15.3.4.2  室内试验与现场压水试验渗透系数间的相关关系

室内芯样渗透试验和现场压水试验是测定碾压混凝土渗透系数的两种方法。若能根据室内渗透试验的渗透系数来预测现场压水试验的渗透系数,就可为碾压混凝土渗透性指标的获得创造简化的条件。根据国内外一些资料来看,现场压水试验渗透系数一般比室内渗透试验渗透系数大 2 个数量级左右。这里根据江垭大坝二级配、三级配碾压混凝土室内渗透试验和现场压水试验渗透系数的统计分析结果,来拟合出碾压混凝土室内渗透试验和现场压水试验渗透系数间的相关关系式。

1.渗透试验和压水试验概况

室内芯样渗透试验是在 KS-50B 多功能高压渗透仪上进行的,试验用碾压混凝土芯样均取浇好的江垭碾压混凝土大坝上。芯样分属于坝体不同高程、不同部位,总计为 162 件。芯样类型有二级配碾压混凝土、三级配碾压混凝土和变态混凝土三种(每种碾压混凝土均包括含层、含缝和本体芯样),芯样为圆柱体,尺寸为 φ150 mm ×150 mm。剔除少数渗透异常(0.1 MPa 下射水)的芯样后,共获得 107 个有效的渗透系数数据。

为检查碾压混凝土施工质量,中国水利水电科学研究院和湖南湘水基础施工有限公司分别于 1997年和 1998 年对江垭碾压混凝土大坝高程 158.0 m 以下坝体和高程 160.0~191.0 m 坝体碾压混凝土进行了现场压水试验。压水试验钻孔直径为 75 mm,压水试段一般长为 1.5 m,孔深 6.5 m 以上压水压力为 0.3 MPa,孔深 6.5 m 以下压水压力为 0.6 MPa。在统计分析之前,对前述压水试验的透水率数据作了取舍。二级配碾压混凝土中少量透水率大于 3.0 Lu 及三级配碾压混凝土中少量透水率大于 4.0 Lu的试段属于特殊非正常渗透,不列入统计样本中。此外,透水率为 0 的试段也不列入统计样本中。剔除上述试段后,总共有 161 段次的有效透水率数据,其中二级配碾压混凝土 123 段次,三级配碾压混凝土38 段次。

**2. 渗透试验渗透系数和压水试验渗透系数间的换算关系**

1)压水试验透水率与渗透系数间的相关关系

要得出渗透试验和压水试验渗透系数间的相关关系式,首先需把压水试验测得的透水率换算为渗透系数值。在计算换算因子之前先叙述压水试验过程。

由于压水段附近的混凝土处于非饱和状态,故严格地讲,压水时水流沿钻孔径向外渗,为一饱和圈逐渐扩大的非恒定渗流过程。但由压水规程可知,透水率是根据压水流量相对稳定后给定时段内的渗水量来求取的(做压水试验时,直至连续 5 次渗水量读数的最大值与最小值的差值小于最终值的 10%才终止压水)。由此可知,求解透水率所依据的渗流量是压水相对稳定后的渗流量,此时饱和圈已有足够大的范围,使得由钻孔进入该饱和圈的流量近似等于饱和圈继续扩大所需的流量,达到动态的相对平衡状态。因此,压水稳定后,饱和圈中的水流可看成是饱和稳定渗流,饱和圈外缘的压力水头为 0。

要得出室内试验和压水试验渗透系数间的相关关系式,首先需把压水试验测得的透水率换算为渗透系数值。假设压水稳定后的流型为辐射流型,则其渗透系数的计算公式为

$$K = \frac{Q}{2\pi HL} \ln \frac{L}{r_0} \tag{15-77}$$

式中:$K$ 为综合渗透系数,cm/s;$Q$ 为试段内的压水流量,cm³/s;$H$ 为试验水头(由试验压力换算为水头),cm;$L$ 为压水段长,cm;$r_0$ 为钻孔半径,cm。

试段综合透水率可按下式计算:

$$q = \frac{Q}{L} \cdot \frac{1}{P} \tag{15-78}$$

式中:$q$ 为压水段综合透水率, Lu;$L$ 为压水段长;$Q$ 为压水段在压力为 $P$(MPa)时的流量,L/min。

式(15-78)右端与式(15-77)右端变量统一单位,得

$$q = \frac{Q}{LP} \times 6.0 \times 10^4 \tag{15-79}$$

式(15-77)除以式(15-79),可得透水率(Lu)和渗透系数(cm/s)的换算因子 $C$ 为

$$C = \frac{K}{q} = \frac{\ln \dfrac{R}{r}}{12\pi} \times 10^{-4} \tag{15-80}$$

把压水试验中的钻孔半径 $r_0$ = 3.75 cm 和试段长 $L$ =150 cm、300 cm、240 cm、204 cm、203 cm、100 cm、600 cm 分别代入式(15-77)和式(15-79),然后由式(15-77)除以式(15-79),可得透水率(Lu 值)和渗透系数(cm/s)的换算因子 $C$,结果见表 15-10。

表 15-10　透水率(Lu 值)与渗透系数(cm/s)的换算因子

| 试段长/cm | 100 | 150 | 203 | 204 | 240 | 300 | 600 |
|---|---|---|---|---|---|---|---|
| 换算因子 $C/10^{-6}$ | 8.71 | 9.79 | 10.6 | 10.6 | 11.0 | 11.6 | 13.4 |

注:透水率与渗透系数的换算关系为:1 Lu $=C\times10^{-6}$ cm/s。

2)芯样渗透试验和现场压水试验渗透系数的统计分析

由于现场压水试验所得的渗透系数是反映层缝面和本体渗透性的综合渗透系数,故为确定它与渗透试验所测得的渗透系数间的关系,对应的渗透试验渗透系数应是层(缝)面和本体渗透系数合起来统计的结果。

根据二级配、三级配碾压混凝土室内渗透试验渗透系数的频率统计结果和频率直方图,先假设二级配、三级配碾压混凝土室内渗透试验渗透系数均服从对数正态分布。再用柯尔莫哥洛夫检验法对假设的分布函数进行检验。检验结果表明,二级配、三级配碾压混凝土室内渗透试验渗透系数均在显著性水平 $\alpha=0.05$ 下服从对数正态分布。根据二级配、三级配碾压混凝土室内渗透试验渗透系数的统计特征值(见表 15-11)作出的对数正态分布的累积概率曲线如图 15-21 所示。

表 15-11　碾压混凝土室内试验和压水试验渗透系数的统计特征值

| 混凝土类型 | | 样本容量 $n$ | 均值 | | 变异系数 $C_v$ |
|---|---|---|---|---|---|
| | | | $\lg K$ | $K/(\text{cm/s})$ | |
| 室内试验 | 二级配 | 67 | −8.94 | $1.14\times10^{-9}$ | 0.17 |
| | 三级配 | 22 | −7.87 | $1.34\times10^{-8}$ | 0.15 |
| 压水试验 | 二级配 | 23 | −6.96 | $1.10\times10^{-7}$ | 0.13 |
| | 三级配 | 38 | −6.19 | $6.44\times10^{-7}$ | 1.16 |

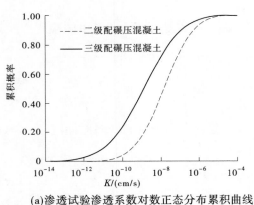

(a)渗透试验渗透系数对数正态分布累积曲线

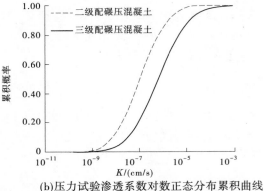

(b)压力试验渗透系数对数正态分布累积曲线

图 15-21　渗透试验渗透系数和压水试验渗透系数对数正态分布累积概率曲线的比较

3)室内试验渗透系数和压水试验渗透系数间的相关关系

由上述室内试验渗透系数和现场压水试验渗透系数的累积概率曲线可得出 30%、50%、60%、66.7%、80%和90%保证率下室内试验和压水试验的渗透系数值,见表 15-12。

表 15-12　渗透试验和压水试验 6 种保证率下的渗透系数

| 保证率 | | 30% | 50% | 60% | 66.7% | 80% | 90% |
|---|---|---|---|---|---|---|---|
| 二级配 | 室内试验的渗透系数/($10^{-9}$ cm/s) | 0.17 | 1.14 | 2.82 | 3.57 | 23.34 | 112.07 |
| | 压水试验的渗透系数/($10^{-7}$ cm/s) | 0.37 | 1.10 | 1.88 | 2.74 | 6.51 | 16.37 |
| 三级配 | 室内试验的渗透系数/($10^{-8}$ cm/s) | 0.31 | 1.34 | 2.74 | 4.53 | 14.38 | 49.02 |
| | 压水试验的渗透系数/($10^{-6}$ cm/s) | 0.19 | 0.64 | 1.17 | 1.77 | 4.64 | 12.09 |

　　根据上述保证率下的渗透系数,假设江垭碾压混凝土坝二级、三级配碾压混凝土室内试验渗透系数与压水试验渗透系数间满足线性关系,用最小二乘法拟合得出的线性相关关系如图 15-22 所示。

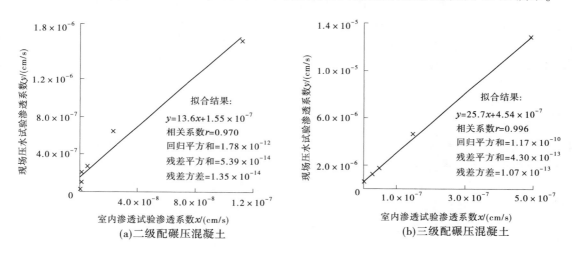

拟合结果:
$y=13.6x+1.55\times10^{-7}$
相关系数 $r=0.970$
回归平方和 $=1.78\times10^{-12}$
残差平方和 $=5.39\times10^{-14}$
残差方差 $=1.35\times10^{-14}$

(a)二级配碾压混凝土

拟合结果:
$y=25.7x+4.54\times10^{-7}$
相关系数 $r=0.996$
回归平方和 $=1.17\times10^{-10}$
残差平方和 $=4.30\times10^{-13}$
残差方差 $=1.07\times10^{-13}$

(b)三级配碾压混凝土

图 15-22　碾压混凝土渗透试验与压水试验渗透系数间的关系

二级配碾压混凝土:　　　　　　　　　$y = 13.61x + 1.55 \times 10^{-7}$
三级配碾压混凝土:　　　　　　　　　$y = 25.7x + 4.54 \times 10^{-7}$
以上两式中: $x$ 为室内试验渗透系数,cm/s; $y$ 为现场压水试验渗透系数,cm/s。

　　采用相关系数 $r$ 检验法,由相关系数值可知,对江垭坝二级、三级配碾压混凝土,室内试验渗透系数和压水试验渗透系数均在显著性水平 $a=0.05$ 上,满足线性相关关系。

　　由表 15-12 的数据可看出,现场压水试验的渗透系数比室内渗透试验的渗透系数大 1~2 个数量级。这与以往的一些试验成果是一致的。通过对 6 种保证率下两者渗透系数值的相关关系分析可知,现场压水试验和室内渗透试验的渗透系数间存在很好的线性相关关系。这样就可以根据室内渗透试验渗透系数来预测现场压水试验的渗透系数。值得指出的是,上述关系式仅仅是根据江垭碾压混凝土坝的资料而得出的,应根据更多的碾压混凝土坝的相关资料进行整理分析。

# 15.4　有层面碾压混凝土渗透特性统计分析

## 15.4.1　碾压混凝土渗透特性统计分析的目的和意义

　　如何正确测试碾压混凝土的渗透性,关系到对碾压混凝土防渗效果的正确评价,现场压水试验是评价碾压混凝土渗透性的重要方法,其可靠性、准确性至关重要。目前国内已建的碾压混凝土坝的现场压水试验结果不是为0就是偏大,主要原因是压水设备及量测装置的精度不能达到要求,作为粗略检查施工质量及测试渗透性较大的碾压混凝土抗渗性尚可,但作为衡量检测渗透性小的碾压混凝土防渗效果则误差太大,不能作为依据。

　　必须在解决了现场压水试验的方法后,才能通过对大量的压水试验成果进行统计分析,研究碾压混凝土的渗透规律。河海大学和中国水利水电科学研究院进行了这方面的研究工作,并取得了一些成果,现应用数理统计学理论,对这些成果进行统计分析,从而分析碾压混凝土渗透性分布规律。

　　统计分析的对象是以近年来施工的江垭、汾河二库、大朝山和龙滩等百米级以上的碾压混凝土坝室内芯样渗流试验和现场压水试验的成果为基础进行的。

　　目前主要是采用室内芯样试验和现场压水试验两种方法研究碾压混凝土的渗透性。室内芯样试验的试件取自于坝体,由于各种原因,能做成试件的芯样都是一些层(缝)面结合较好的情况,并不能完全代表碾压混凝土坝整体的渗透性。现场压水试验基本上反映了碾压混凝土坝整体的渗透性,既包含了结合较好的层(缝)面,也包含了层间结合不良的层(缝)面。现场压水试验测出的是透水率(Lu),而工程中经常采用的是渗透系数(K),它无法体现出碾压混凝土抗渗性的横观各向异性。故上述两种方法各有其优点和缺陷。

## 15.4.2　河海大学的渗透特性统计方法及应用

### 15.4.2.1　统计方法的基本原理

　　统计分析按以下步骤进行:

　　(1)根据试验数据划分区间并计算落入每一区间的频率画出直方图。

　　(2)根据直方图初步认定芯样渗透系数满足对数正态分布,令 $x = \ln K$( $K$ 为渗透系数,单位为 cm/s),则其概率密度曲线的函数式 $f(x)$ 和累积概率曲线 $P(x)$ 分别为

$$f(x) = \frac{1}{\sqrt{2\pi}\sigma} e^{-\frac{(x-\mu)^2}{2\sigma^2}} \tag{15-81}$$

$$P(x) = \frac{1}{\sqrt{2\pi}\sigma} \int_{-\infty}^{x} e^{-\frac{(x-\mu)^2}{2\sigma^2}} \, dx \tag{15-82}$$

　　(3)计算样本的统计特征值:

均值　　　　　　　　　　　　　　$\mu = \dfrac{\sum\limits_{i=1}^{n} x_i}{n}$ 　　　　　　　　　　　　　(15-83)

均方差　　　　　　　　　　　　$\sigma = \sqrt{\dfrac{\sum\limits_{i=1}^{n} (x_i - \mu)^2}{n-1}}$ 　　　　　　　　　(15-84)

变异系数　　　　　　　　　　　$C_v = \dfrac{\sigma}{|\mu|}$ 　　　　　　　　　　　　　(15-85)

　　(4)概率密度函数的拟合检验和判断。

① $K - S$ 检验法。将给定的样本数据 $x_1^*, x_2^*, \cdots, x_n^*$ 按从小到大的顺序排列有 $x_1^* < x_2^* < \cdots < x_n^*$。

相应的经验分布函数 $F_N(x)$ 可表达为

$$F_N(x) = \begin{cases} 0 & \text{当 } x \leqslant x_1^* \\ \dfrac{i}{n} & \text{当 } x_1^* \leqslant x \leqslant x_{i+1}^* \quad i = 1, 2, \cdots, n - 1 \\ 1 & \text{当 } x_N^* \leqslant x \end{cases} \quad (15\text{-}86)$$

$F_N(x)$ 与所拟合的分布函数 $F(x)$ 可作比较其最大偏差即为 $K - S$ 检验量：

$$D_N = \max(D_N^+, D_N^-) \quad (15\text{-}87)$$

式中：$D_N^+ = \max\limits_{1 \leqslant i \leqslant N}\left[ \dfrac{i}{N} - F(x_i) \right]$，$D_N^- = \max\limits_{1 \leqslant i \leqslant N}\left[ f(x_i) - \dfrac{i-1}{N} \right]$。

设总体的分布函数 $F(x)$ 为原假设 $H_0 : F(x) = F_0(x)$ 为理论分布，$F_0(x)$ 为假定分布，对给定的检验水平 $\alpha$ 和样本大小 $n$ 查相关表可求得相应的临界值 $D_{n,1-\alpha}$，经取样算得的统计量 $D_n$ 的值。

若 $D_n > D_{n,1-\alpha}$ 时，则否定原假设，即认为总体分布不是已知分布 $F_0(x)$。

若 $D_n \leqslant D_{n,1-\alpha}$ 时，则接受原假设，即认为总体分布是已知分布 $F_0(x)$。

② $\chi^2$ 检验法。

设未知的总体 $X$ 的分布函数为 $F(x)$，$F^*(x)$ 为一已知的分布函数即理论分布函数，假设 $H_0$：$F(x) = F_0(x)$，检验的目标即为检验 $H_0$ 是否成立，检验的手段是采用统计量 $\chi^2$ 刻画 $F(x)$ 与 $F^*(x)$ 的差异程度。

$$\chi^2 = \sum_{i=1}^{m}\left[ \left( \dfrac{m_i}{n} - P_i \right)^2 \dfrac{n}{P_i} \right] = \dfrac{1}{n}\sum_{i=1}^{m}\dfrac{m_i^2}{P_i} - n \quad (15\text{-}88)$$

式中：$m_i$ 为样本落入第 $i$ 个区间 $[t_{i-1}, t_i]$ 的频数；$n$ 为样本容量；$P_i$ 为总体落入区间 $[t_{i-1}, t_i]$ 上的概率。

在显著性水平 $\alpha$ 情况下，根据 $\chi^2$ 分布可查表求出 $\chi^2$ 的上侧分位点 $\chi_\alpha^2(m - r - 1)$，使得

$$P\{\chi^2 > \chi_\alpha^2(m - r - 1)\} = \alpha \quad (15\text{-}89)$$

式中：$r$ 为 $F^*(x)$ 中待估计的参数的个数；$m$ 为样本分组区间数。

若 $\chi^2 > \chi_\alpha^2(m - r - 1)$，则接受 $H_0$；若 $\chi^2 < \chi_\alpha^2(m - r - 1)$，则拒绝 $H_0$。

通过对江垭工程室内芯样渗流试验和现场压水试验数据进行拟合性检验，在显著性水平 $\alpha = 0.05$ 情况下，室内芯样试验和现场压水试验所反映的碾压混凝土的渗透性分布服从于对数正态分布，其概率密度函数和累积概率（保证率）分别为式（15-81）和式（15-82）。

（5）施工工艺检验。

在碾压混凝土施工中有平层浇筑和斜层浇筑两种不同的施工工艺，为了比较不同工艺对碾压混凝土抗渗性的影响，在已知其抗渗性服从对数正态分布的前提下，采用 $U$-检验法和 $T$-检验法对样本均值进行检验原理如下：

设平层浇筑均值为 $\mu_0$、均方差 $\sigma$，斜层浇筑均值为 $\mu$、均方差 $s$，$n$ 为斜层浇筑样本容量。

原假设 $H_0 : \mu = \mu_0$（抗渗性无显著变化）。

备选假设 $H_1 : \mu < \mu_0$（抗渗性有显著提高）。

若均方差 $\sigma$ 已知，则采用 $U$-检验法，统计量 $U = \dfrac{\bar{x} - \mu_0}{\sigma / \sqrt{n}} \sim N(0,1)$。

若均方差 $\sigma$ 未知，则采用 $T$-检验法，统计量 $T = \dfrac{\sqrt{n}(\bar{x} - \mu_0)}{s} \sim t(n - 1)$。

在给定显著性水平 $\alpha$ 情况下,对原假设 $H_0$ 的拒绝域 $U$ -检验法为 $\left[-\infty, \mu_0 - \dfrac{\sigma}{\sqrt{n}} z_\alpha\right]$ , $T$ -检验法为 $\left[-\infty, \mu_0 - \dfrac{s}{\sqrt{n}} t_\alpha(n-1)\right]$ ,当 $\bar{x}$ 落在以上拒绝域中时即备选假设 $H$ 成立。

根据以上原理,分别采用 $U$ -检验法和 $T$ -检验法对江垭工程斜层浇筑的均值进行检验,取显著性水平 $\alpha = 0.05$ ,接受 $\mu < \mu_0$ ,即采用斜层浇筑法施工对碾压混凝土抗渗性有显著提高。

### 15.4.2.2　江垭工程碾压混凝土渗透试验成果统计分析

1. 室内芯样渗流试验统计成果分析

1) 芯样取样位置

所有试验芯样均取自坝体,为达到试验目的,大部分芯样含有层(缝)面,为便于对比在碾压混凝土本体和变态混凝土本体中取部分芯样,取样位置见钻孔布置示意图(见图 15-23)。其中水平钻孔共 8 个,布置在大坝上游面的左右岸,每岸各 4 个,所取出的芯样在江垭工地制备成试件,含层面试件 77 个,含缝面试件 51 个,混凝土本体试件 16 个,变态混凝土试件 18 个,共 162 个试件。

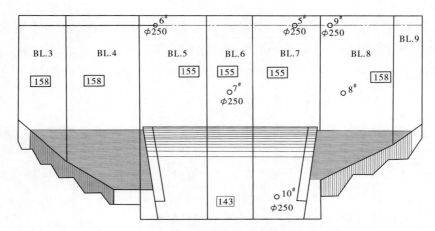

**图 15-23　江垭碾压混凝土坝取样钻孔布置**

江垭碾压混凝土室内芯样渗流试验渗透系数统计成果见表 15-13 ~ 表 15-16,芯样渗透系数对数正态分布的概率密度曲线和渗透系数对数正态分布的累积概率曲线见图 15-24。

**表 15-13　江垭碾压混凝土室内芯样渗流试验渗透系数 $K$ 统计特征值**

| 项目 | 二级配碾压混凝土 | | | | 三级配碾压混凝土 | | | | 变态混凝土 | | | |
| --- | --- | --- | --- | --- | --- | --- | --- | --- | --- | --- | --- | --- |
| | 总体 | 含层面 | 含缝面 | 本体 | 总体 | 含层面 | 含缝面 | 本体 | 总体 | 含层面 | 含缝面 | 本体 |
| 样本容量 | 67 | 28 | 35 | 4 | 22 | 12 | 4 | 5 | 18 | 4 | 10 | 4 |
| 最大值/(cm/s) | $3.89 \times 10^{-6}$ | $1.27 \times 10^{-7}$ | $3.89 \times 10^{-6}$ | $1.1 \times 10^{-9}$ | $1.75 \times 10^{-6}$ | $5.5 \times 10^{-7}$ | $1.5 \times 10^{-7}$ | $1.75 \times 10^{-6}$ | $9.42 \times 10^{-9}$ | $3.56 \times 10^{-10}$ | $9.42 \times 10^{-9}$ | $3.05 \times 10^{-10}$ |
| 最小值/(cm/s) | $9 \times 10^{-12}$ | $9 \times 10^{-12}$ | $9 \times 10^{-12}$ | $9 \times 10^{-12}$ | $2.29 \times 10^{-10}$ | $2.61 \times 10^{-10}$ | $4.16 \times 10^{-10}$ | $2.29 \times 10^{-10}$ | $10^{-11}$ | $10^{-10}$ | $10^{-11}$ | $10^{-10}$ |

表 15-14　江垭变态混凝土芯样渗透试验成果汇总

| 类别 | 试件编号 | 初渗压力/MPa | 平均渗透系数/（cm/s） | 渗透梯度 | 初渗时出水面情况 |
|---|---|---|---|---|---|
| 含层面 | 1#层变 P-1 | 2.0 未出水 | <10⁻¹¹ | >1 333 | — |
| | 1#层变 P-2 | 2.5 发潮 | <10⁻¹¹ | 1 667 | 沿试件部位周边发潮 |
| | 3#层变 P-1 | 2.0 未出水 | <10⁻¹¹ | >1 333 | — |
| | 3#层变 P-2 | 2.5 发潮 | 3.6×10⁻¹⁰ | 1 667 | 沿试件部位周边发潮 |
| 含缝面 | 2#缝变 P-1 | 2.0 未出水 | <10⁻¹¹ | >1 333 | |
| | 2#缝变 P-2 | 1.6 出水 | 3.31×10⁻¹⁰ | 1 067 | 非缝面出水 |
| | 2#缝变 P-3 | 2.8 出水 | 1.94×10⁻¹⁰ | 1 867 | 沿缝面有细小水珠 |
| | 4#缝变 P-1 | 0.6 发潮 | 5.4×10⁻⁹ | 400 | 沿缝面出渗 |
| | 4#缝变 P-2 | 0.6 出水 | 9.42×10⁻⁹ | 400 | 沿缝面出渗 |
| | 23#缝变 P-1 | 2.8 未出水 | <10⁻¹¹ | >1 867 | |
| | 23#缝变 P-2 | 1.4 发潮 | 4.01×10⁻¹⁰ | 933 | 试件一侧边沿发潮 |
| | 25#缝变 P-1 | 2.0 未出水 | <10⁻¹¹ | >1 333 | — |
| | 25#缝变 P-2 | 2.6 发潮 | 4.34×10⁻¹⁰ | 1 773 | 非缝面局部发潮 |
| | 25#缝变 P-3 | 2.8 未出水 | <10⁻¹¹ | >1 867 | |
| 本体 | 22#本变 P-1 | 2.0 未出水 | <10⁻¹¹ | >1 333 | — |
| | 22#本变 P-2 | 2.8 发潮 | 1.01×10⁻¹⁰ | 1 867 | 试件部分边沿潮 |
| | 24#本变 P-1 | 1.2 发潮 | <10⁻¹¹ | 800 | 试件中部稍有潮感 |
| | 24#本变 P-2 | 0.6 出水 | 3.05×10⁻⁹ | 400 | 试件中部出水 |

表 15-15　江垭碾压混凝土坝芯样室内试验小于某一渗透系数分析成果

| 项目 | | 混凝土类型 | | | | | | |
|---|---|---|---|---|---|---|---|---|
| | | 变态混凝土 | 二级配混凝土 | 三级配混凝土 | 变态混凝土含缝 | 二级配含层 | 二级配含缝 | 三级配含层 |
| 渗透系数 $K$ 统计量级/（cm/s） | ≤10⁻⁴ | 100.00 | 99.92 | 99.92 | 99.99 | 99.99 | 99.82 | 99.92 |
| | ≤10⁻⁵ | 99.99 | 99.37 | 99.08 | 99.95 | 99.89 | 98.86 | 99.01 |
| | ≤10⁻⁶ | 99.92 | 97.08 | 93.67 | 99.53 | 99.08 | 94.77 | 93.01 |
| | ≤10⁻⁷ | 99.16 | 89.48 | 76.03 | 97.38 | 94.82 | 83.95 | 73.21 |
| | ≤10⁻⁸ | 94.72 | 72.91 | 45.83 | 89.79 | 81.85 | 63.55 | 40.69 |
| | ≤10⁻⁹ | 80.31 | 48.40 | 17.91 | 71.78 | 57.44 | 37.69 | 13.73 |
| | ≤10⁻¹⁰ | 53.28 | 24.84 | 4.06 | 46.53 | 29.56 | 17.03 | 2.51 |
| | ≤10⁻¹¹ | 24.84 | 9.35 | 0.51 | 22.39 | 10.52 | 5.68 | 0.25 |
| | ≤10⁻¹² | 7.20 | 2.51 | 0.04 | 7.50 | 2.34 | 1.31 | 0.01 |

续表 15-15

| 项目 | | 混凝土类型 | | | | | | |
|---|---|---|---|---|---|---|---|---|
| | | 变态混凝土 | 二级配混凝土 | 三级配混凝土 | 变态混凝土含缝 | 二级配含层 | 二级配含缝 | 三级配含层 |
| 统计特征值 | $n$ | 18 | 67 | 22 | 10 | 28 | 35 | 12 |
| | $C_v$ | 0.13 | 0.17 | 0.15 | 0.15 | 0.15 | 0.18 | 0.15 |
| | $K_{统计}/$ $(10^{-9}\text{ cm/s})$ | 0.075 9 | 1.14 | 13.40 | 0.135 | 0.560 | 2.96 | 18.90 |

其中:$K_{统计}$(二级配)$/K_{统计}$(变态混凝土)$=14.77$;$K_{统计}$(三级配)$/K_{统计}$(变态混凝土)$=174.0$;$K_{统计}$(三级配)$/K_{统计}$(二级配)$=11.75$;$K_{统计}$(二级配含缝)$/K_{统计}$(二级配含层)$=5.28$

**注**:1. 表中渗透系数 $K$ 服从对数正态分布。

2. 表中 $K$ 统计指的是样本渗透系数的统计平均值。

3. 变态混凝土含层和本体芯样二级配本体芯样及三级配含缝和本体芯样因试验数据太少或太散没有进行统计分析。

表 15-16　　江垭碾压混凝土坝芯样特征保证率下的渗透系数值　　　　单位:cm/s

| 混凝土类型 | | 特征保证率/% | | | | |
|---|---|---|---|---|---|---|
| | | 50 | 60 | 66.7 | 80 | 90 |
| 变态混凝土 | | $7.59\times10^{-11}$ | $1.66\times10^{-10}$ | $2.75\times10^{-10}$ | $9.55\times10^{-10}$ | $3.55\times10^{-9}$ |
| 二级配碾压混凝土 | | $1.14\times10^{-9}$ | $2.82\times10^{-9}$ | $3.57\times10^{-9}$ | $2.33\times10^{-8}$ | $1.12\times10^{-7}$ |
| 三级配碾压混凝土 | | $1.34\times10^{-8}$ | $2.74\times10^{-8}$ | $4.53\times10^{-8}$ | $1.44\times10^{-7}$ | $4.90\times10^{-7}$ |
| 变态混凝土含缝 | | $1.29\times10^{-10}$ | $2.82\times10^{-10}$ | $5.62\times10^{-10}$ | $2.24\times10^{-9}$ | $1.00\times10^{-8}$ |
| 二级配 | 含层 | $6.03\times10^{-10}$ | $1.26\times10^{-9}$ | $2.24\times10^{-10}$ | $7.59\times10^{-9}$ | $3.09\times10^{-8}$ |
| | 含缝 | $2.81\times10^{-9}$ | $7.06\times10^{-9}$ | $1.32\times10^{-8}$ | $6.03\times10^{-8}$ | $2.51\times10^{-7}$ |
| 三级配含层 | | $1.66\times10^{-8}$ | $3.55\times10^{-8}$ | $5.05\times10^{-8}$ | $1.65\times10^{-7}$ | $5.01\times10^{-7}$ |

2)芯样渗透系数 $K$ 统计特征值

(1)二级配碾压混凝土。

总体试件(包括本体、含层面、含缝面):样本容量 67,渗透系数 $K=9\times10^{-12}\sim3.89\times10^{-6}$ cm/s,平均值 $K=1.14\times10^{-9}$ cm/s,变异系数 $C_v=0.17$,保证率 66.7% 下的渗透系数 $K=3.57\times10^{-9}$ cm/s。

(2)三级配碾压混凝土。

总体试件(包括本体、含层面、含缝面):样本容量 22,渗透系数 $K=2.29\times10^{-10}\sim1.75\times10^{-6}$ cm/s,平均值 $K=13.40\times10^{-9}$ cm/s,变异系数 $C_v=0.15$,保证率 66.7% 下的渗透系数 $K=4.53\times10^{-8}$ cm/s。

(3)变态混凝土。

总体试件(包括本体、含层面、含缝面):样本容量 18,平均值 $K=0.075\ 9\times10^{-9}$ cm/s,变异系数 $C_v=0.13$。变态混凝土 18 个试件的试验结果见表 15-14。

3)芯样渗透系数统计分布特征

经统计检验,江垭碾压混凝土变态、二级配和三级配芯样渗透系数服从对数正态分布。由于以前还没有对碾压混凝土室内试验渗透系数做过系统的统计分析,为了更清楚地说明问题这里还是把含层含缝和本体分开统计,小于某一渗透系数结果列于表 15-15。

根据累积概率曲线和统计分析结果可得出,5 个特征保证率下的渗透系数值见表 15-16。

4)芯样室内渗透试验成果综合分析

(1)由大量的芯样渗透试验和统计分析证明,碾压混凝土存在明显的不均匀性,渗透系数量级变化

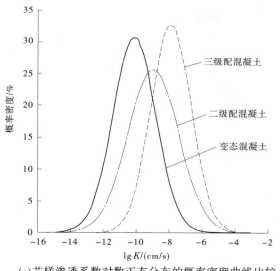

(a)芯样渗透系数对数正态分布的概率密度曲线比较

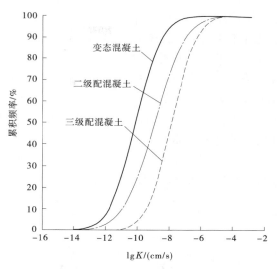

(b)芯样渗透系数对数正态分布的累积概率曲线比较

**图 15-24　江垭碾压混凝土芯样渗透系数对数正态分布的概率曲线比较**

范围很大。例如,变态混凝土渗透系数为 $10^{-9} \sim 10^{-12}$ cm/s,二级配碾压混凝土渗透系数为 $10^{-7} \sim 10^{-12}$ cm/s,三级配碾压混凝土渗透系数为 $10^{-7} \sim 10^{-10}$ cm/s。初渗压力大小也相差很大,这与江垭大坝芯样抗剪断强度试验结论也是一致的。

（2）根据一些资料统计,碾压混凝土胶凝材料用量小于 100 kg/m³ 的,渗透系数在 $10^{-2} \sim 10^{-7}$ cm/s;胶凝材料用量为 100~150 kg/m³ 的,渗透系数在 $10^{-5} \sim 10^{-8}$ cm/s;胶凝材料用量大于 150 kg/m³ 的,渗透系数在 $10^{-8} \sim 10^{-11}$ cm/s。江垭碾压混凝土芯样:二级配 $C_{90}20$ 胶凝材料用量为 187 kg/m³,渗透系数小于 $10^{-8}$ cm/s 的占 80% 以上;三级配 $C_{90}15$ 和 $C_{90}10$ 胶凝材料用量分别为 163 kg/m³ 和 153 kg/m³,芯样渗透系数小于 $10^{-7}$ cm/s 的占 75%。

（3）无论二级配碾压混凝土还是三级配碾压混凝土,含层面的试件渗透性都比含缝面的要小,说明施工间歇时间不能过长,缝面虽然经过打毛,铺砂浆处理,但试验结果仍反映出缝面的抗渗性比层面的要差一点。

（4）尽管从试验中发现碾压混凝土试件表面存在许多随机孔眼,碾压混凝土的渗透表现出明显的不均匀性,但对整个碾压混凝土大坝来说,这些孔眼一般是相互孤立、不相连通的,一般不易形成击穿渗漏通道。所以,由江垭大坝碾压混凝土芯样室内渗透试验成果表明,大坝利用碾压混凝土自身防渗,完全满足混凝土重力坝设计规范的规定要求。

2. 江垭现场压水试验统计成果分析

1）江垭现场压水试验基本情况

现场压水试验是评定碾压混凝土大坝抗渗性能的一种方法。通过现场压水试验所得的透水率可对碾压混凝土施工质量进行检查,并为我国碾压混凝土的高坝建设提供更加可靠的设计依据。江垭现场压水试验在碾压试验块和坝体上分别进行。

第一次钻孔压水试验在防渗区 A1(二级配内),总进尺 271.7 m,为 100 段次;第二次在防渗区 A1 和 A2,总进尺 233.15 m,为 129 段次试验;第三次总进尺 241.0 m,共进行 155 段次压水试验。

钻孔压水试验包含二级配和三级配碾压混凝土,也包含平层碾压和斜层碾压,试验段次多,试验条件也不尽相同,为便于进行整理分析可按不同情况进行样本划分。

碾压试验块上的现场压水试验最大压力为 0.3 MPa,透水量采用玻管量筒计量,最小读数 4 mL;坝体上进行的现场压水试验最大压力为 0.6 MPa,当渗水量 $Q>1$ L/min 时,采用 150 泵供水,水表读数;当

$Q<1$ L/min 时,采用计量泵供水,测压管-体积观测仪读数,观测精度可达 1 mL。后者不但在观测精度,而且在压力稳定、管道漏水、绕塞渗水等影响试验精度的环节上都对前者进行了改进。

上述样本中,样本 1、样本 2 和样本 10 与其他样本的差别主要是压水试验工艺的不同;样本 5 和样本 6 主要是施工工艺的不同;样本 3、样本 4、样本 7 主要是反映大坝施工各阶段的施工质量情况;样本 8 反映大坝施工全过程中总体的施工质量情况;样本 7 和样本 13 是第三次现场压水试验成果,试验部位为大坝上部,据现场情况反馈,施工中出现了质量控制放松的情况,在设计上对上部混凝土的各项性能要求也有所降低;样本 9 和样本 15 剔除了第三次现场压水试验成果,更能反映目前碾压混凝土的施工水平和所能达到的品质。

2)江垭大坝现场压水试验不同透水率所占百分比的统计成果

江垭大坝碾压混凝土现场压水试验不同透水率所占百分比数统计见表 15-17,现分析如下。

表 15-17　江垭大坝碾压混凝土现场压水试验不同透水率所占百分比数统计　　　　　　　　%

| 项目 | | 透水率/Lu | | | | | | | | | | | 合计 |
| --- | --- | --- | --- | --- | --- | --- | --- | --- | --- | --- | --- | --- | --- |
| | | <0.000 1 | 0.001 ~0.001 | 0.001~ 0.005 | 0.005~ 0.01 | 0.01~ 0.05 | 0.05~ 0.1 | 0.1~ 0.5 | 0.5~1 | 1~5 | 5~10 | >10 | |
| 二级配 | 样本 1 | — | — | | | 6.67 | 22.22 | 46.67 | 4.44 | 11.11 | 4.44 | 4.44 | 100 |
| | 样本 2 | — | — | — | | 8.33 | 27.78 | 58.33 | 2.7 | 2.78 | — | — | 100 |
| | 样本 3 | 5.63 | 5.63 | 14.08 | 8.45 | 25.35 | 7.04 | 14.08 | 5.63 | 5.63 | 7.04 | 1.41 | 100 |
| | 样本 4 | 5.21 | 9.38 | 26.04 | 8.33 | 26.04 | 6.25 | 12.50 | 3.13 | 2.08 | 1.04 | | 100 |
| | 样本 5 | 2.50 | 10.00 | 17.50 | 7.50 | 27.50 | 10.00 | 15.00 | 7.50 | 2.50 | — | | 100 |
| | 样本 6 | 9.09 | 10.91 | 30.91 | 10.91 | 20 | 5.45 | 9.09 | 0 | 1.82 | 1.82 | | 100 |
| | 样本 7 | | | 8.60 | 11.83 | 22.58 | 8.60 | 19.35 | 9.68 | 13.98 | 3.23 | 2.15 | 100 |
| | 样本 8 | 3.46 | 5.00 | 16.54 | 9.62 | 24.62 | 7.31 | 15.38 | 6.15 | 7.31 | 3.46 | 1.15 | 100 |
| | 样本 9 | 5.39 | 7.78 | 20.96 | 8.38 | 25.75 | 6.59 | 13.17 | 4.19 | 3.59 | 3.59 | 0.60 | 100 |
| 三级配 | 样本 10 | | | | | 8.33 | 8.33 | 50.00 | | 8.33 | 8.33 | 16.67 | 100 |
| | 样本 14 | 1.87 | 1.87 | 9.43 | 7.55 | 22.64 | 13.21 | 18.87 | 1.89 | 18.87 | 3.77 | | 100 |
| | 样本 15 | 2.22 | 2.22 | 8.89 | 6.67 | 15.56 | 15.56 | 20.00 | 2.22 | 22.22 | 4.44 | | 100 |

**注**:样本 1:碾压试验块上进行的二级配碾压混凝土压水试验成果;样本 2:在样本 1 基础上剔除部分外逸孔段的成果;样本 3:第一次现场压水试验二级配碾压混凝土试验成果;样本 4:第二次现场压水试验二级配碾压混凝土试验成果;样本 5:第二次现场压水试验二级配碾压混凝土平层试验成果;样本 6:第二次现场压水试验二级配碾压混凝土斜层试验成果;样本 7:第三次现场压水试验二级配碾压混凝土试验成果;样本 8:第一、二、三次现场压水试验二级配碾压混凝土试验成果;样本 9:第一、二次现场压水试验二级配碾压混凝土试验成果;样本 10:碾压试验块上进行的三级配碾压混凝土压水试验成果;样本 11:第一次现场压水试验三级配碾压混凝土压水试验成果;样本 12:第二次现场压水试验三级配碾压混凝土压水试验成果;样本 13:第三次现场压水试验三级配碾压混凝土压水试验成果;样本 14:第一、二、三次现场压水试验三级配碾压混凝土压水试验成果;样本 15:第一、二次现场压水试验三级配碾压混凝土压水试验成果。

(1)二级配碾压混凝土。共有 9 个样本。现讨论其中样本 8(它反映在大坝施工全过程中总体的施工质量情况):透水率小于 1 Lu 的占 88.08%;1~5 Lu 的占 7.31%;5~10 Lu 的占 3.46%;大于 10 Lu 的占 1.15%。

(2)三级配碾压混凝土。共有 3 个样本。现讨论其中样本 14(第一、二、三次现场压水试验三级配碾压混凝土压水试验成果):透水率小于 1 Lu 的占 77.36%;1~5 Lu 的占 18.87%;5~10 Lu 的占 3.77%;大于 10 Lu 的占 0%。

由上述可见:大坝三级配的透水率比二级配的大 1 倍。

3. 江垭大坝碾压混凝土现场压水试验不同透水率的统计特性

现场压水试验不同透水率的统计特性见表 15-18,现分析如下。

**表 15-18　江垭大坝碾压混凝土现场压水试验统计成果**

| 项目 | 二级配碾压混凝土 | | | | | | | | | 三级配碾压混凝土 | | | | | |
|---|---|---|---|---|---|---|---|---|---|---|---|---|---|---|---|
| 样本号 | 1 | 2 | 3 | 4 | 5 | 6 | 7 | 8 | 9 | 10 | 11 | 12 | 13 | 14 | 15 |
| 样本容量/个 | 45 | 36 | 71 | 96 | 40 | 56 | 93 | 260 | 157 | 12 | 14 | 31 | 8 | 53 | 45 |
| 最大值/Lu | 25.26 | 1.68 | 13.8 | 7.46 | 1.57 | 7.46 | 15.56 | 15.36 | 13.8 | 83.56 | 5.35 | 6.141 | 0.120 | 5.141 | 5.14 |
| 最小值/Lu | 0.019 | 0.019 | $1\times10^{-5}$ | $1\times10^{-5}$ | $1\times10^{-5}$ | $1\times10^{-5}$ | 0.002 | $1\times10^{-5}$ | $1\times10^{-3}$ | 0.044 | 0.01 | $1\times10^{-5}$ | 0.003 | $1\times10^{-5}$ | $1\times10^{-5}$ |
| 倍差 | $1.3\times10^{-3}$ | 88 | $1.4\times10^{-3}$ | $7.5\times10^{6}$ | $1.1\times10^{3}$ | $7.5\times10^{5}$ | $7.8\times10^{3}$ | $1.6\times10^{6}$ | $1.4\times10^{6}$ | $1.9\times10^{3}$ | $6.4\times10^{3}$ | $6.1\times10^{6}$ | 43 | $6.1\times10^{5}$ | $6.1\times10^{2}$ |
| 均方差别 $\sigma$ | 0.709 | 0.394 | 1.404 | 1.173 | 1.085 | 1.262 | 1.029 | 1.264 | 1.291 | 1.067 | 0.863 | 1.310 | 0.503 | 1.291 | 1.277 |
| 变异系数 $C_v$ | 1.332 | 0.482 | 0.904 | 0.590 | 0.530 | 0.550 | 1.043 | 0.835 | 0.716 | 6.452 | 2.761 | 0.963 | 0.263 | 1.064 | 1.235 |
| 各保证率下的透水率/Lu　50% | 0.294 | 0.152 | 0.028 | 0.010 | 0.019 | 0.005 | 0.103 | 0.031 | 0.016 | 0.083 | 0.485 | 0.644 | 0.017 | 0.071 | 0.092 |
| 60% | 0.444 | 0.192 | 0.054 | 0.020 | 0.036 | 0.011 | 0.188 | 0.064 | 0.033 | — | — | — | — | -0.146 | 0.195 |
| 66.7% | 0.594 | 0.225 | 0.113 | 0.033 | 0.056 | 0.023 | 0.287 | 0.142 | 0.067 | — | — | — | — | -0.240 | 0.326 |
| 70% | 0.691 | 0.243 | 0.153 | 0.042 | 0.070 | 0.023 | 0.357 | 0.142 | 0.075 | — | — | — | — | -0.311 | 0.432 |
| 80% | 1.163 | 0.327 | 0.426 | 0.100 | 0.156 | 0.038 | 0.757 | 0.357 | 0.192 | — | — | — | — | -0.759 | 1.098 |
| 90% | 2.377 | 0.487 | 1.766 | 0.927 | 0.467 | 0.210 | 2.147 | 1.284 | 0.709 | — | — | — | — | -3.608 | 4.065 |

(1)二级配碾压混凝土。共有 9 个样本,样本容量为 854 个。透水率最大值为 1.57~25.26 Lu,最小值为 $1\times10^{-5}$~0.019 Lu,变异系数 $C_v=0.482$~1.332,保证率 66.7% 下的透水率为 0.016~0.594 Lu。

(2)三级配碾压混凝土。共有 6 个样本,样本容量为 163 个。透水率最大值为 0.120~83.56 Lu,最小值为 $1\times10^{-5}$~$3\times10^{-3}$ Lu,变异系数 $C_v=0.263$~6.452,保证率 66.7% 下的透水率为 -0.240~0.326 Lu。

由上述可见,三级配碾压混凝土比二级配碾压混凝土的透水率大,而且变异系数也大。

4. 三次现场压水资料作同一样本进行统计分析

江垭碾压混凝土重力坝三次现场压水试验成果中,有的压水段透水率为 0,这是由于该段的碾压混凝土质量很好,渗水量极小,量测设备未能反映出来。把这几段的透水率给定一比实测最小值还小的数 0.000 01 Lu(实测透水率最小值为 0.000 07 Lu)。把二级配现场压水试验成果和三级配现场压水试验成果分别取对数后做统计分析。经概率模型的拟合检验,压水试验数据符合对数正态分布。计算出特征保证率下的透水率见表 15-19。

**表 15-19　江垭碾压混凝土特征保证率下的透水率**

| 混凝土类型 | | 特征保证率/% | | | | | | |
|---|---|---|---|---|---|---|---|---|
| | | 10 | 30 | 50 | 60 | 70 | 80 | 90 |
| 二级配 | $\lg x$ | -3.22 | -2.28 | -1.64 | -1.31 | -0.98 | -0.55 | -0.022 |
| | 透水率/Lu | $6.026\times10^{-4}$ | $6.026\times10^{-4}$ | $6.026\times10^{-4}$ | $6.026\times10^{-4}$ | $6.026\times10^{-4}$ | $6.026\times10^{-4}$ | $6.026\times10^{-4}$ |
| 三级配 | $\lg x$ | -2.36 | -1.51 | -0.85 | -0.68 | -0.31 | 0.049 | 0.544 |
| | 透水率/Lu | $4.036\times10^{-3}$ | $3.09\times10^{-2}$ | $14.13\times10^{-2}$ | $20.89\times10^{-2}$ | $48.98\times10^{-2}$ | 1.119 | 3.499 |

5. 三次现场压水资料作不同样本进行统计分析

将三次现场压水试验资料作不同样本进行统计分析。第一、二次现场压水试验透水率统计特征值见表 15-20,相应计算出特征保证率下的透水率见表 15-21。分析统计方法同上,求得第三次压水试验透水率的统计特征值见表 15-22。

**表 15-20　第一、二次现场压水试验透水率统计特征值**

| 混凝土类型 | 统计特征值 | | | |
|---|---|---|---|---|
| | 样本数 | 均值 lg$q$ | 均值 $Q$/Lu | 变异系数/$C_v$ |
| 二级配斜层 | 44 | −2.111 | 0.007 8 | 0.38 |
| 二级配平层 | 79 | −1.895 | 0.012 7 | 0.51 |
| 三级配斜层 | 15 | −1.587 | 0.025 9 | 0.54 |
| 三级配平层 | 23 | −0.937 | 0.115 6 | 1.11 |
| 二级配(含斜平层) | 123 | −1.972 | 0.010 7 | 0.46 |
| 三级配(含斜平层) | 38 | −1.194 | 0.064 0 | 0.85 |
| 整个(含二、三级配) | 161 | −1.789 | 0.016 3 | 0.56 |

**表 15-21　特征保证率下现场压水试验的透水率值**　　　　　　　　　单位:Lu

| 混凝土类型 | | 保证率/% | | | | |
|---|---|---|---|---|---|---|
| | | 50 | 60 | 66.5 | 80 | 90 |
| 二级配 | 斜层 | 0.007 8 | 0.014 5 | 0.017 8 | 0.035 5 | 0.079 4 |
| | 平层 | 0.012 7 | 0.020 9 | 0.028 8 | 0.066 1 | 0.208 9 |
| 三级配 | 斜层 | 0.025 9 | 0.038 0 | 0.049 0 | 0.128 8 | 0.316 2 |
| | 平层 | 0.115 6 | 0.213 8 | 0.316 2 | 0.794 3 | 2.630 3 |
| 二级配(含斜平层) | | 0.010 7 | 0.018 2 | 0.026 6 | 0.063 1 | 0.158 8 |
| 三级配(含斜平层) | | 0.064 0 | 0.116 3 | 0.175 9 | 0.461 2 | 1.282 3 |
| 整个(含二、三级配) | | 0.016 3 | 0.026 3 | 0.041 7 | 0.120 2 | 0.275 4 |

**表 15-22　江垭碾压混凝土第三次现场压水试验透水率统计特征值**

| 混凝土类型 | 统计特征值 | | | |
|---|---|---|---|---|
| | 样本数 | lg$q$ 均值 | 均值 $Q$/Lu | 变异系数 $C_v$ |
| 二级配 | 127 | −1.315 | 0.048 38 | 0.61 |
| 整个(含二级配和变态混凝土) | 135 | −1.343 | 0.045 44 | 0.59 |

由表 15-20~表 15-22 可以看出,第一、二次压水试验,二级配碾压混凝土的透水率均值为 0.010 7 Lu,变异系数为 0.46;而第三次压水试验,透水率均值为 0.048 38 Lu,变异系数为 0.61。这反映了高程 241.40~187.50 m 坝体的二级配碾压混凝土质量较高程 187.50 m 以下坝体的二级配碾压混凝土质量差,但由于高程 241.40~187.50 m 已处于坝体上部,承受的水头不大,可以满足这部分坝体的防渗要求。

6. 江垭重力坝现场压水试验成果综合分析

为了检查大坝的浇筑质量(包括平层碾压和斜层平推铺筑法的施工质量)并结合国家九五重点科

技攻关的需要,现场压水试验钻孔总进尺为 745.85 m,总压水次数为 384 段次。为对大坝进行质量评定与科技攻关工作提供了可贵的实测资料,对现场压水试验资料进行统计检验其透水率是否满足对数正态分布。分别按同一样本和不同样本进行统计分析,其主要成果如下。

(1)"不同样本"是按坝体高程分为两个样本分别进行统计分析的,即高程 187.50 m 以下(第一、二次现场压水试验资料)和其以上(第三次现场压水试验资料)分别进行统计分析。高程 187.50 m 以下二级配碾压混凝土透水率的均值为 0.010 7 Lu;三级配碾压混凝土透水率的均值为 0.064 0 Lu。高程 187.50 m 以上二级配碾压混凝土透水率的均值为 0.048 38 Lu。

(2)"同一样本"是把全部压水试验资料作为一个样本进行统计分析的,得其二级配碾压混凝土透水率的均值为 0.022 91 Lu,三级配碾压混凝土透水率的均值为 0.141 3 Lu。

(3)上面两种统计成果的主要差异在于"不同样本"统计是按坝体高程将试验资料作 2 个样本分别进行统计分析的,且舍弃了最小透水率为 0 的试验数据和最大透水率大于 3.0 Lu(对于二级配碾压混凝土)和大于 4.0 Lu(对于三级配碾压混凝土)的试验数据。"同一样本"统计是将全部压水试验资料作为一个样本进行统计分析的,对实测数据未进行舍弃。所以,两种最后结果有所不同。

(4)利用压水试验资料评定坝体混凝土的质量,现行的规程规范中尚无明确规定,混凝土重力坝设计规范规定防渗帷幕内岩体的透水率($q$),坝高在 100 m 以上,$q$ 在 1~3 Lu。即使坝体混凝土透水率要求的标准比防渗帷幕高 100 倍,即 $q$ 在 0.01~0.03 Lu,江垭实测透水率(二级配碾压混凝土)为 0.010 7~0.022 9 Lu。而高程 187.50 m 以上坝体二级配碾压混凝土,以属水头在 50~100 m,规范规定 $q$ 在 3~5 Lu;比规定高 100 倍要求的标准在 0.03~0.05 Lu,江垭实测透水率(二级配碾压混凝土)$q$ 为 0.048 38 Lu。这说明江垭大坝混凝土施工质量完全能满足 131 m 高坝的防渗要求。

### 15.4.2.3　龙滩等工程碾压混凝土渗透试验成果统计分析

通过对龙滩、大朝山等几个碾压混凝土大坝的现场压水试验成果进行统计分析,从透水率的角度认识碾压混凝土的渗透性。从表 15-23~表 15-26 列出的成果可知。

表 15-23　分析样本基本情况一览

| 工程名称 | 龙滩 | | | | 大朝山 | |
|---|---|---|---|---|---|---|
| 混凝土类型 | 常态 | 二级配 | 三级配 R Ⅱ 区 | 三级配 R Ⅲ 区 | 二级配 | 三级配 |
| 样本容量/个 | 81 | 266 | 413 | 626 | 74 | 87 |
| 胶凝材料用量/<br>(kg/m³) | 213~245 | 220 | 196 | 175 | 188 | 168 |
| 掺合料类型 | 一级粉煤灰 | | | | PT 料 | |

表 15-24　分析样本统计特征值

| 工程名称 | 龙滩 | | | | 大朝山 |
|---|---|---|---|---|---|
| 混凝土类型 | 常态 | 二级配 | 三级配 R Ⅰ 区 | 三级配 R Ⅱ 区 | 二级配 |
| 透水率最大值/Lu | 0.4 | 4.458 | 1.17 | 0.533 | 3.524 |
| 样本离散系数 | 0.7 | 0.71 | 0.46 | 0.68 | 0.59 |
| 50%保证率的透水率/Lu | 0.03 | 0.04 | 0.04 | 0.06 | 0.01 |
| 80%保证率的透水率/Lu | 0.24 | 0.28 | 0.13 | 0.30 | 0.10 |

表 15-25　分析样本透水率区间分布统计

| 项目 | | 透水率统计区间(Lu)及累计分布(%) | | | | | | | |
| --- | --- | --- | --- | --- | --- | --- | --- | --- | --- |
| 工程名称 | 混凝土类型 | ≤0.001 | ≤0.005 | ≤0.01 | ≤0.05 | <0.1 | ≤0.5 | ≤1 | ≤5 |
| 大朝山 | 二级配 | 9.46 | 35.14 | 45.95 | 77.03 | 81.08 | 93.24 | 98.65 | |
| | 三级配 | | | | | 25 | 68 | 89 | 100 |
| 龙滩 | 常态 | 13.58 | 13.58 | 14.81 | 34.57 | 70.37 | 100.00 | | |
| | 二级配 | 10.53 | 11.28 | 14.29 | 40.23 | 63.16 | 98.50 | 98.87 | 100 |
| | 三级配 R Ⅰ 区 | 2.91 | 5.81 | 10.41 | 65.62 | 81.60 | 97.34 | 99.52 | 100 |
| | 三级配 R Ⅱ 区 | 6.71 | 6.87 | 9.90 | 30.19 | 53.99 | 99.84 | 100.00 | |

表 15-26　极大似然法和最小二乘法所得到的统计参数

| 统计方法 | 均值 $\mu$ | | 标准差 $\sigma$ | |
| --- | --- | --- | --- | --- |
| | 二级配 | 三级配 | 二级配 | 三级配 |
| 极大似然法 | −1.619 15 | −0.892 68 | 1.258 5 | 1.133 6 |
| 最小二乘法 | −1.629 66 | −0.914 4 | 1.280 1 | 1.216 6 |

(1)富胶凝材料碾压混凝土的透水率与常态混凝土非常接近,离散性也基本相当。

(2)随着胶凝材料用量的增加,碾压混凝土的渗透性有逐渐减小的趋势,这种趋势不但表现为透水率的减小,还表现在离散系数的减小上。胶凝材料用量达到一定程度时(170~190 kg/m³),透水率减小的趋势减缓,在分析碾压混凝土现场原位剪切试验成果时也发现了同样的规律,综合二者成果,认为在170~190 kg/m³ 可能存在一个较经济的胶材用量,可获得较高抗剪断强度和较低渗透性。

(3)当胶凝材料用量达到一定程度时,二级配碾压混凝土与三级配碾压混凝土的透水率基本相当。

(4)透水率累积曲线表明,采用 0.5 Lu 作为胶凝材料用量 170 kg/m³ 以上的碾压混凝土施工质量检测标准是较为合理的。

## 15.4.3　中国水利水电科学研究院的压水试验统计方法及应用

应用数理统计学理论,对江垭碾压混凝土坝的三次现场压水试验丰富的资料进行统计分析,发现碾压混凝土的渗透特性服从对数正态分布,掌握了现场碾压混凝土的渗透规律,为今后碾压混凝土渗透特性的研究提供了理论依据。

### 15.4.3.1　碾压混凝土现场压水试验透水率的频率分布

在江垭碾压混凝土重力坝三次现场压水试验成果中,有的压水段透水率为 0,这是由于该段的碾压混凝土质量很好,渗水量极小,量测设备未能反映出来。把这几段的透水率给定一比实测最小值还小的数 0.000 01 Lu(实测透水率最小值为 0.000 07 Lu),把二级配和三级配碾压混凝土现场压水试验成果分别取对数后做统计分析,根据频率分析结果绘制的直方图见图 15-25。由图 15-25 可以看出,二级配和三级配碾压混凝土透水率近似满足对数正态分布。

### 15.4.3.2　统计参数的确定

确定了二级配和三级配现场压水试验结果的概率分布函数 $F(q)$ 和密度函数 $f(q)$ 后,下一个步骤就是要确定其相应的均值和标准差。也就是说,要确定 $\mu_q$ 和 $\sigma_q$,使 $F(x)$ 和 $f(x)$ 的图形最接近如图 15-25 所示的直方图,通常可采用极大似然法和最小二乘法。

极大似然法是估计随机变量统计参数的一种常用的方法,该方法的基本思想是保证计算所得的统

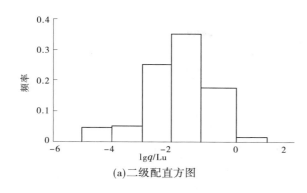

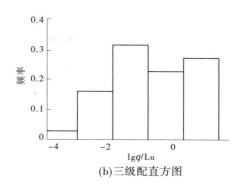

图 15-25　江垭大坝碾压混凝土透水率直方图

计参数使"似然函数"获得极大值,具有明确的统计意义。经验表明,按它得到的统计参数所建立的理论分布函数与经验分布函数之间通常都存在较大的差异。

为保证理论分布函数与经验分布函数之间达到较好的吻合,可以采用非线性函数的最小二乘拟合法来计算有关的统计参数,即对已经选定的概率密度函数 $f(\mu,\sigma)$ ,寻找一组 $(\mu,\sigma)$ ,使得到的 $f(\mu,\sigma)$ 图形最为接近根据实际数据所绘制的直方图。从理论上讲,按最小二乘法所得出的统计参量可以使理论分布函数与经验分布函数之间达到最佳的吻合,但它不像极大似然法估计的统计参数那样具有明确的概率统计意义。

在最终选取结果时,应综合加以考虑,合理地进行选取。表 15-26 为极大似然法和最小二乘法所得到的统计参数。由于本次现场压水试验的样本数较多,按极大似然法和最小二乘法所得的统计参数非常接近。在下面的统计分析中以极大似然法得到的统计参数进行分析。

### 15.4.3.3　概率模型的拟合性检验

在选择了碾压混凝土现场压水试验结果的概率分布形式,并确定了其具体统计参量后,该随机变量的统计特征(概率模型)就唯一地确定了。但从严格的数理统计意义上讲,还需要检验所建立的概率模型与给定的样本数据之间的吻合情况,即进行分布的拟合性检验以确认所分析的样本数据系列是否符合所建立的概率模型。常用的检验方法有 $\chi^2$ 法和 $K\text{-}S$ 法两种。

$\chi^2$ 检验用于检验直方图与所拟合的密度函数之间的差异是否显著,而 $K\text{-}S$ 检验则是检验经验分布函数与所拟合的分布函数之间的差异是否显著。两者相比,$K\text{-}S$ 检验具有以下几个方面的优点:①$K\text{-}S$ 检验不需要把数据分组,因此避免了选择子区划间数的麻烦,且不损失数据中的信息;②$K\text{-}S$ 检验可用于小样本的情况,而 $\chi^2$ 检验则一般只在渐近意义上成立,即只适用于大样本情况。$K\text{-}S$ 检验也有不足之处,首先它只适用于连续分布函数,其次它要求所检验分布函数的参数应当全部都是已知的而不能从数据中估计出来。对 $K\text{-}S$ 检验的后一限制,通过近几年来的研究已有所放松,现已允许对几种常用的分布在检验中使用从数据中估计的参数。

江垭大坝二级配碾压混凝土现场压水试验的样本大小为 266 个,计算统计量 $D_{n,1-\alpha}$ 的分位数见表 15-27。

表 15-27　二级配统计量 $D_{n,1-\alpha}$ 的分位数

| 样本数量/个 | 统计量 $D_{n,1-\alpha}$ 的分位数 $\alpha$ | 0.1 | 0.05 | 0.01 |
|---|---|---|---|---|
| 266 | 二级配统计量 $D_{n,1-\alpha}$ | 0.075 42 | 0.083 39 | 0.099 94 |
| 44 | 三级配统计量 $D_{n,1-\alpha}$ | 0.180 53 | 0.200 56 | 0.240 60 |

在概率统计分析中,通常取显著性水平 $\alpha = 0.05$ 作为固定水平,应用 $K$-$S$ 检验分别对二级配和三级配碾压混凝土的现场压水试验结果的对数正态分布函数进行检验。二级配碾压混凝土检验计算结果:$D_n = 0.065$,在显著性水平 $\alpha = 0.05$ 时,$D_{266,0.95} = 0.083$,有 $D_n < D_{266,0.95}$,故接受原假设,即二级配碾压混凝土现场压水试验成果服从对数正态分布。三级配碾压混凝土现场压水试验结果对数正态分布函数检验计算结果:$D_n = 0.114$,在 $\alpha = 0.05$ 时,$D_{44,0.95} = 0.200\,56$,有 $D_n < D_{44,0.95}$,故接受原假设,即三级配碾压混凝土现场压水试验成果服从对数正态分布。

#### 15.4.3.4　概率密度曲线、累积概率曲线和特征保证率下的透水率

二级配和三级配碾压混凝土现场压水试验结果的概率密度曲线分别如图 15-26(a)、(b)所示。二级配和三级配碾压混凝土现场压水试验结果的累积概率曲线如图 15-26(c)所示。由图 15-26(c)可查得不同特征保证率下的透水率见表 15-28。

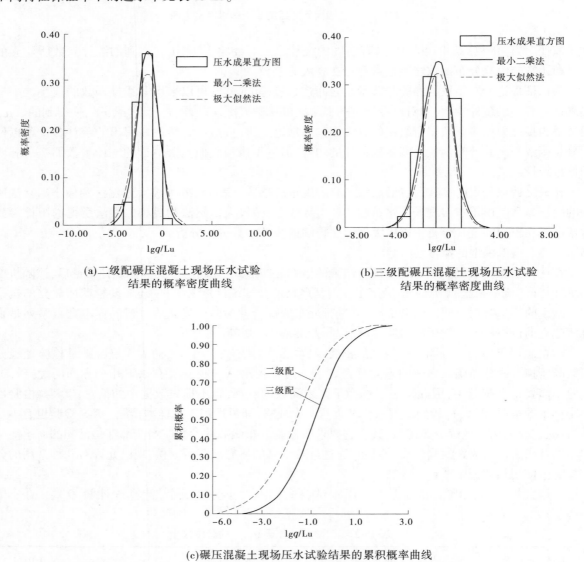

(a)二级配碾压混凝土现场压水试验
结果的概率密度曲线

(b)三级配碾压混凝土现场压水试验
结果的概率密度曲线

(c)碾压混凝土现场压水试验结果的累积概率曲线

**图 15-26　江垭碾压混凝土现场压水试验概率曲线**

表 15-28　江垭碾压混凝土现场压水试验特征保证率下的透水率

| | 特征<br>保证率/% | 10 | 30 | 50 | 60 | 70 | 80 | 90 |
|---|---|---|---|---|---|---|---|---|
| 二级配 | $\lg q$/Lu | −3.22 | −2.28 | −1.64 | −1.31 | −0.98 | −0.55 | −0.022 |
| | 透水率 $q$/Lu | $6.023×10^{-4}$ | $5.248×10^{-3}$ | $22.91×10^{-3}$ | $48.98×10^{-3}$ | $10.47×10^{-2}$ | $28.18×10^{-2}$ | $95.06×10^{-2}$ |
| | 渗透系数/<br>（cm/s） | $9.07×10^{-8}$ | $7.90×10^{-7}$ | $34.47×10^{-7}$ | $73.71×10^{-7}$ | $15.76×10^{-6}$ | $42.41×10^{-6}$ | $143×10^{-6}$ |
| 三级配 | $\lg q$/Lu | −2.36 | −1.51 | −0.85 | −0.68 | −0.31 | 0.049 | 0.544 |
| | 透水率 $q$/Lu | $4.364×10^{-2}$ | $3.09×10^{-2}$ | $14.13×10^{-2}$ | $20.89×10^{-2}$ | $48.98×10^{-2}$ | 1.119 | 3.499 |
| | 渗透系数/<br>（cm/s） | $6.57×10^{-7}$ | $4.65×10^{-6}$ | $21.26×10^{-6}$ | $31.44×10^{-6}$ | $73.71×10^{-6}$ | $1.684×10^{-4}$ | $5.27×10^{-4}$ |

　　应用数理统计学理论,对江垭大坝的三次现场压水试验的资料进行统计分析,发现渗透特性服从对数正态分布,掌握了现场碾压混凝土的渗透规律,为今后碾压混凝土的研究提供了理论依据。

## 15.5　龙滩工程碾压混凝土渗透特性试验成果分析

### 15.5.1　龙滩工程设计阶段碾压混凝土渗透特性试验

#### 15.5.1.1　龙滩工程设计阶段室内碾压混凝土渗透特性试验

　　对有层面的碾压混凝土,渗透试验研究分别考虑 4 h、24 h、72 h 三种层间间隔时间;采用层面不处理、铺净浆、铺砂浆 3 种处理方式;对胶凝材料用量则分别考虑 200 kg/m³ 和 160 kg/m³ 两种工况。按照有层面的碾压混凝土制作成型试件,并按"并联"方法进行渗透试验。试验成果见表 15-29。

　　(1)胶凝材料用量为 200 kg/m³ 和 160 kg/m³ 的碾压混凝土本体抗渗性能试验的相对渗透系数分别为 $1.7×10^{-10}$ cm/s 和 $1.3×10^{-9}$ cm/s。随着胶凝材料用量的减小,碾压混凝土相对渗透系数增加。

　　(2)当层间间隔时间为 4 h 时(在碾压混凝土初凝前),胶凝材料用量为 200 kg/m³,对碾压混凝土层面分别采用不处理、铺水泥砂浆、铺水泥净浆的处理方式,碾压混凝土相对渗透系数差别不大,这时的相对渗透系数分别为 $4.0×10^{-10}$ cm/s、$3.3×10^{-10}$ cm/s 和 $2.2×10^{-10}$ cm/s,而本体平均为 $1.7×10^{-10}$ cm/s,属同一数量级。而胶凝材料用量为 160 kg/m³ 时,上述 3 种层面处理方式的相对渗透系数分别为 $23×10^{-10}$ cm/s、$1.6×10^{-10}$ cm/s 和 $2.2×10^{-10}$ cm/s,与层面不处理相比,铺水泥砂浆相对渗透系数可降低一个数量级。

　　(3)当层间间隔时间为 72 h 时(碾压混凝土终凝以后),不对层面进行刷毛等处理而直接在碾压混凝土层面铺水泥净浆或水泥砂浆,碾压混凝土相对渗透系数明显增大,均分别比初凝前增加一个数量级,层面抗渗能力明显降低,说明层间间隔时间太久对碾压混凝土的抗渗性能是不利的。

表 15-29　碾压混凝土层面相对渗透系数　　　　　　　　单位:cm/s

| 层面间隔时间/h | 处理层面结合的材料 | 试件编号 | 胶凝材料用量(水泥+粉煤灰)/(kg/m³) | |
|---|---|---|---|---|
| | | | 90+110 | 55+105 |
| 4 | 本体 | — | $1.7×10^{-10}$ | — |
| | 不处理 | A4-1 | $4.0×10^{-10}$ | — |
| | 净浆 | A4-2 | $3.3×10^{-10}$ | — |
| | 砂浆 | A4-3 | $2.2×10^{-10}$ | — |
| 4 | 本体 | — | — | $1.3×10^{-9}$ |
| | 不处理 | C4-1 | — | $2.3×10^{-9}$ |
| | 净浆 | C4-2 | — | $1.6×10^{-9}$ |
| | 砂浆 | C4-3 | — | $2.5×10^{-10}$ |
| 24 | 不处理 | A24-1 | $4.6×10^{-10}$ | — |
| | 净浆 | A24-2 | $8.3×10^{-10}$ | — |
| | 砂浆 | A24-3 | $1.1×10^{-10}$ | — |
| | | C24-3 | | $2.1×10^{-10}$ |
| 72 | 不处理 | A72-1 | $4.1×10^{-9}$ | — |
| | 净浆 | A72-2 | $3.0×10^{-9}$ | — |
| | 砂浆 | A72-3 | $2.4×10^{-9}$ | — |
| | — | C72-1 | | $3.1×10^{-9}$ |
| | 净浆 | C72-2 | | $2.3×10^{-9}$ |
| | 砂浆 | C72-3 | | $1.0×10^{-9}$ |

### 15.5.1.2　龙滩设计阶段现场碾压试验块芯样渗透性试验

"八五"攻关期间,由中南勘测设计研究院在现场对龙滩第二次碾压试验块切取含层面的大型试块运输到切石加工厂切割成 20 cm×20 cm×20 cm 的立方体试件,再运输到河海大学和中国水利水电科学研究院进行芯样渗透性试验。

1. 中国水利水电科学研究院的芯样渗透性试验

试件尺寸为 15 cm×15 cm×15 cm,试验水压力从 0.1 MPa 开始,到 2.5 MPa 为止,测得渗流量,由达西定律计算渗透系数。各试件的试验结果见表 15-30 和表 15-31。第二次现场试验块试验龄期已近两年(455~750 d),并由工地运送试件期间有相当一段时间没有养护。碾压混凝土在长期水化过程中,其孔隙会被新生的水化产物所填充,随着养护龄期增长,碾压混凝土的渗透系数也随之减小。根据美国垦务局的试验结果,龄期对混凝土渗透系数的影响主要表现在 180 d 龄期以前,其后影响甚小。试验结果表明:

表 15-30　龙滩碾压混凝土芯样不同历时渗水量测定结果(中国水利水电科学研究院试验及计算成果)

| 工况 | 试件编号 | 压力/MPa | 不同历时(h)的渗水量(mL) | | | | | | | 流量/(mL/h) | 渗透系数K/(m/s) |
|---|---|---|---|---|---|---|---|---|---|---|---|
| C 工况本体无层面 | C8-8-1 | 2.2 | 历时 | 0 | 24 | 48 | 72 | 97 | | 0.28 | $2.405×10^{-10}$ |
| | | | 渗水量 | 0 | 5.3 | 14.9 | 21.5 | 27.1 | | | |
| | C8-8-2 | 1.9 | 历时 | 0 | 100 | | | | | 0.10 | $1.007×10^{-10}$ |
| | | | 渗水量 | 0 | 10 | | | | | | |
| | C8-8-3 | 2.2 | 历时 | 0 | 24 | 48 | 72 | 96 | 121 | 144 | 0.371 | $3.146×10^{-10}$ |
| | | | 渗水量 | 0 | 9 | 17.8 | 26.1 | 33.4 | 45.6 | 54.7 | | |

续表 15-30

| 工况 | 试件编号 | 压力/MPa | | 不同历时(h)渗水量(mL) | | | | | | | | | 流量/(mL/h) | 渗透系数 K/(m/s) |
|---|---|---|---|---|---|---|---|---|---|---|---|---|---|---|
| C 工况有层面 | C5-1-1 (b) | 0.7 | 历时 | 0 | 16 | 40 | 64 | 88 | 112 | | | | 0.95 | 2.516×10⁻⁹ |
| | | | 渗水量 | 0 | 16 | 39 | 60.5 | 84.8 | 105 | | | | | |
| | C5-1-3 (b) | 1.5 | 历时 | 0 | 15 | 39 | 63 | 87 | 112 | 135 | 159 | | 1.439 | 1.844×10⁻⁹ |
| | | | 渗水量 | 0 | 17 | 46 | 83.5 | 126 | 169 | 205 | 244 | | | |
| | C5-4-3 (b) | 0.5 | 历时 | 0 | 15 | 39 | 63 | 88 | 101 | | | | 2.105 | 7.8×10⁻⁹ |
| | | | 渗水量 | 0 | 37.3 | 94.3 | 135 | 176 | 214 | | | | | |
| E 工况本体无层面 | E8-15-2 | 0.6 | 历时 | 0 | 8 | 16 | 32 | 40 | 56 | 64 | 80 | 104 | 4.51 | 1.39×10⁻⁸ |
| | | | 渗水量 | 0 | 41.5 | 85.5 | 164 | 199 | 264 | 296 | 355 | 454 | | |
| | E8-15-3 | 0.7 | 历时 | 0 | 8 | 25 | 32 | 48 | 56 | 72 | 80 | 104 | 4.87 | 1.288×10⁻⁸ |
| | | | 渗水量 | 0 | 47 | 137 | 175 | 251 | 289 | 359 | 396 | 498 | | |
| | E8-25-1 | 0.6 | 历时 | 0 | 16 | 24 | 40 | 48 | 64 | 72 | 89 | 96 | 4.78 | 1.474×10⁻⁸ |
| | | | 渗水量 | 0 | 80 | 122 | 202 | 240 | 311 | 347 | 419 | 448 | | |
| | E5-4-3 (a) | 1.2 | 历时 | 0 | 15 | 39 | 63 | 87 | 111 | 135 | 159 | | 0.432 | 6.416×10⁻¹⁰ |
| | | | 渗水量 | 0 | 5.4 | 15.7 | 26.7 | 36.7 | 47.7 | 58.5 | 70 | | | |
| | E5-5-5 (a) | 0.8 | 历时 | 0 | 24 | 48 | 72 | 96 | 120 | 144 | | | 1.945 | 4.442×10⁻⁹ |
| | | | 渗水量 | 0 | 52 | 99 | 145 | 188 | 232 | 275 | | | | |
| | E5-1-2 (a) | 0.8 | 历时 | 0 | 24 | 48 | 72 | 96 | 120 | | | | 0.335 | 7.746×10⁻¹⁰ |
| | | | 渗水量 | 0 | 10.8 | 18.4 | 25.2 | 32.5 | 37.7 | | | | | |
| | E5-1-3 (a) | 2.4 | 历时 | 0 | 96 | 192 | 288 | | | | | | 0.199 | 1.523×10⁻¹⁰ |
| | | | 渗水量 | 0 | 19 | 37 | 58 | | | | | | | |
| E 工况有层面 | E7-16-2 | 0.7 | 历时 | 0 | 17 | 24 | 40 | 48 | 64 | 72 | 88 | 96 | 1.123 | 3.05×10⁻⁹ |
| | | | 渗水量 | 0 | 19 | 28.8 | 45.8 | 53.6 | 71.6 | 79.6 | 98.6 | 109 | | |
| | E7-16-3 | 1.0 | 历时 | 0 | 8 | 24 | 48 | 56 | 74 | 96 | | | 0.718 | 1.347×10⁻⁹ |
| | | | 渗水量 | 0 | 7.3 | 18.5 | 33 | 40.2 | 52.2 | 70 | | | | |
| | E7-25-2 | 0.18 | 历时 | 0 | 2 | 5 | 7 | 9 | | | | | 149.2 | 1.51×10⁻⁶ |
| | | | 渗水量 | 0 | 385 | 810 | 1 055 | 1 280 | | | | | | |
| | E5-1-3 (b) | 0.7 | 历时 | 0 | 24 | 48 | 72 | 97 | 127 | 145 | 168 | | 1.09 | 2.885×10⁻⁹ |
| | | | 渗水量 | 0 | 29 | 57.3 | 85.3 | 109 | 134 | 157 | 181 | | | |
| | E5-4-3 (b) | 0.7 | 历时 | 0 | 24 | 48 | 73 | 97 | 121 | 144 | | | 1.48 | 3.787×10⁻⁹ |
| | | | 渗水量 | 0 | 37.3 | 74.5 | 110 | 143 | 178 | 212 | | | | |
| | E5-5-3 (b) | 1.7 | 历时 | 0 | 15 | 39 | 63 | 87 | 111 | | | | 0.529 | 5.724×10⁻¹⁰ |
| | | | 渗水量 | 0 | 11.6 | 22 | 34.8 | 49.8 | 62 | | | | | |

续表 15-30

| 工况 | 试件编号 | 压力/MPa | | 不同历时(h)渗水量(mL) | | | | | | | | | 流量/(mL/h) | 渗透系数 K/(m/s) |
|---|---|---|---|---|---|---|---|---|---|---|---|---|---|---|
| F工况本体无层面 | F8-16-6 | 2.0 | 历时 | 0 | 15 | 39 | 63 | 87 | 111 | | | | 1.153 | $1.416×10^{-10}$ |
| | | | 渗水量 | 0 | 1.5 | 6.1 | 9.9 | 13.7 | 16.7 | | | | | |
| | F8-17-3 | 1.5 | 历时 | | 16 | 24 | 40 | 48 | 64 | 72 | 88 | 112 | 0.677 | $8.58×10^{-10}$ |
| | | | 渗水量 | 0 | 11.5 | 19.6 | 28.6 | 35.4 | 44.4 | 50.7 | 58.4 | 72.8 | | |
| | F5-1-1(a) | 0.8 | 历时 | 0 | 24 | 49 | 72 | 96 | 120 | | | | 1.845 | $3.989×10^{-9}$ |
| | | | 渗水量 | 0 | 53.3 | 90.3 | 128 | 179 | 221 | | | | | |
| | F5-1-3(a) | 1.2 | 历时 | 0 | 15 | 39 | 63 | 87 | 111 | 135 | | | 0.364 | $5.774×10^{-10}$ |
| | | | 渗水量 | 0 | 5.8 | 14.9 | 23.9 | 31.7 | 40.3 | 48.6 | | | | |
| F工况有层面 | F5-1-1(b) | 1.5 | 历时 | 0 | 24 | 48 | 72 | 97 | 120 | 144 | | | 0.345 | $4.034×10^{-10}$ |
| | | | 渗水量 | 0 | 5.2 | 10.9 | 23.7 | 36.1 | 42.9 | 49.7 | | | | |
| | F5-1-3(b) | 0.4 | 历时 | 0 | 24 | 49 | 72 | 96 | 120 | 144 | | | 1.433 | $6.817×10^{-9}$ |
| | | | 渗水量 | 0 | 36.5 | 77.5 | 111 | 146 | 170 | 196 | | | | |
| | F5-2-1(b) | 0.9 | 历时 | 0 | 24 | 49 | 72 | 96 | 120 | 144 | 168 | | 0.409 | $8.525×10^{-10}$ |
| | | | 渗水量 | 0 | 11 | 20.6 | 28.6 | 38.4 | 48.2 | 58.4 | 70.4 | | | |
| | F5-3-2(a) | 0.4 | 历时 | 0 | 25 | 48 | 72 | 96 | 120 | | | | 0.443 | $2.064×10^{-9}$ |
| | | | 渗水量 | 0 | 7.2 | 18.2 | 31.2 | 43.6 | 54.8 | | | | | |

表 15-31 龙滩碾压混凝土试样室内试验成果(中国水利水电科学研究院试验及计算成果)

| 工况 | 试样不含层面 | | 试样含层面 | | | |
|---|---|---|---|---|---|---|
| | 试样编号 | $K_{RCC}$/($10^{-10}$ cm/s) | 试样编号 | $K_t$/($10^{-10}$ cm/s) | $K_f$/($10^{-4}$ cm/s) | $d_f$/mm |
| C | C8-8-1 | 2.405 | C5-1-1b | 25.16 | 2.205 | 0.001 6 |
| | C8-8-2 | 1.007 | C5-1-3b | 18.44 | 1.775 | 0.001 5 |
| | C8-8-3 | 3.146 | C5-4-3b | 78.00 | 4.776 | 0.002 4 |
| | 平均值 | 2.180 | | 40.53 | | |
| E | C8-15-2 | 139.0 | E7-16-2 | 30.50 | 2.489 | 0.001 7 |
| | C8-15-3 | 128.8 | E7-25-3 | 13.47 | 1.379 | 0.001 3 |
| | C8-25-1 | 147.4 | E7-25-2 | 15 100 | 161.0 | 0.014 1 |
| | E5-4-3a | 6.416 | E7-1-3b | 28.85 | 2.390 | 0.001 7 |
| | E5-5-3a | 44.42 | E7-4-3b | 37.87 | 2.905 | 0.001 9 |
| | E5-1-2a | 7.746 | E7-5-3b | 5.724 | 0.687 | 0.000 9 |
| | E5-1-3a | 1.523 | — | — | — | — |
| | 平均值 | 15 | | 23.28 | | |

续表 15-31

| 工况 | 试样不含层面 | | 试样含层面 | | | |
|---|---|---|---|---|---|---|
| | 试样编号 | $K_{RCC}$ / $(10^{-10}\,cm/s)$ | 试样编号 | $K_t$ / $(10^{-10}\,cm/s)$ | $K_f$ / $(10^{-4}\,cm/s)$ | $d_f$ /mm |
| F | F8-16-6 | 1.416 | F5-1-1b | 4.034 | 0.501 | 0.000 8 |
| | F8-17-3 | 8.580 | F5-1-3b | 68.17 | 4.342 | 0.002 3 |
| | F5-1-1a | 39.89 | F5-1-3b | 8.525 | 0.976 | 0.001 1 |
| | F5-1-3a | 5.774 | F5-1-2b | 20.64 | $1.894\times10^{-4}$ | 0.001 5 |
| | 平均值 | 13.91 | | 25.34 | | |

注：表中 $K_{RCC}$ 为碾压混凝土本体渗透系数；$K_t$ 为碾压混凝土本体与层面两种材料并联的渗透系数；$K_f$ 为碾压混凝土缝隙渗透系数（水力传导系数）；$d_f$ 为缝隙水力隙宽。

（1）碾压混凝土施工工艺合理、压实质量良好情况下，胶凝材料用量 220 kg/m³ 的碾压混凝土，本体渗透系数可达 $2.1\times10^{-12}$ m/s；胶凝材料用量 180 kg/m³ 的碾压混凝土，本体渗透系数可达 $1.3\times10^{-11}$ m/s。层面处理方法不论是采用铺垫层混凝土还是铺水泥砂浆，其抗渗性均略逊于本体。

（2）层间间隔 4 h、层面不处理的碾压混凝土，其渗透系数可达 $2.3\times10^{-11}$ m/s 水平，与层间间隔 7 h、层面铺垫层混凝土的碾压混凝土渗透系数（$2.5\times10^{-11}$ m/s）相差无几。层面处理方法的比较表明，层面铺垫层混凝土的碾压混凝土抗渗性优于铺水泥砂浆的。当层间间隔时间为 7～7.5 h 时，两种处理方法的碾压混凝土渗透系数均达到 $2.5\times10^{11}$～$4\times10^{-11}$ m/s 量级。

（3）碾压混凝土本体的渗透系数达到了 $10^{-11}$ m/s 量级或更低一些。即使高气温（33～36 ℃）施工，只要施工工艺合理、严格控制层间间隔时间和辅以相应的层面处理措施，层面的碾压混凝土渗透系数也能达到 $10^{-11}$ m/s 量级。

（4）碾压混凝土配合比设计时应考虑胶凝材料用量有一定余度，以增加层面黏结质量，碾压混凝土施工应确定合理的层间间隔允许时间，这对防止大坝渗漏至关重要。

2. 河海大学的芯样渗透性试验

试验模型分为正方体和圆柱体，立方体试件当渗透水流方向平行于层面时，称为并联模型；渗透水流方向垂直于层面时，称为串联模型。渗透系数试验结果见表 15-32～表 15-35。

（1）根据表 15-32、表 15-33，取层面垫层材料的渗透系数 $K_s = 3.84\times10^{-11}$ cm/s，可得龙滩 D、E、F、H 及 J 五种工况的碾压混凝土的渗透系数 $K_{RCC}$、$K_t$ 和层面水力隙宽 $d_f$，计算结果见表 15-34。可见层面的水力隙宽均很小，只有几个 $\mu_m$ [（1.17～3.87）$\mu_m$]，在工况 F、H 和 J 中，碾压混凝土层面都进行了刷毛铺砂浆垫层或细骨料混凝土垫层的处理，与层面未进行处理时的工况 D 和 E 相比较，再次表明层面处理后垫层顶底面与碾压混凝土本体之间的层面水力隙宽较层面未处理时连续上升浇筑的两碾压混凝土本体上下层之间的层面水力隙宽的大小差不多，因此在碾压混凝土施工过程中要设法缩短层面的间歇时间。

（2）若取碾压混凝土层厚为 30 cm，本体的渗透系数为表 15-34 中的平均值 $2.06\times10^{-10}$ cm/s，垫层渗透系数为 $K_s = 3.84\times10^{-11}$ cm/s，垫层厚 1.5 cm，表 15-35 给出了碾压混凝土沿层面切向的均化主渗透系数 $K_t$ 与层面水力隙宽 $d_f$ 的关系。

因碾压混凝土本体的渗透系数很小（与常态混凝土的渗透基本相同），尽管层面的水力隙宽很小，但此时因层面的存在，碾压混凝土及碾压混凝土坝的渗透特性已在工程意义上发生了根本性的变化，渗透各向异性比已达到 2 个数量级。当层面隙宽从 4 $\mu m$ 增加到 200 $\mu m$ 时，碾压混凝土沿层面切向的渗透系数约已从 $1.0\times10^{-8}$ cm/s 变化到 $1.0\times10^{-3}$ cm/s，增大了 5 个数量级，碾压混凝土的渗透各向异性约从2个数量级变到7个数量级(碾压混凝土沿层面法向的主渗透系数通常为 $1.0 \times 10^{-9} \sim 1.0 \times 10^{-10}$ cm/s)。因此如前所述,碾压混凝土及碾压混凝土坝沿层面切向的主渗透系数主要取决于层面的水力隙宽,施工时设法减小层面的水力隙宽是提高碾压混凝土及碾压混凝土坝自身抗渗能力的基本策略。

表 15-32　龙滩碾压混凝土立方体芯样室内压水试验成果(河海大学试验成果)

| 工况 | 胶凝材料/(kg/m³) | | 层面施工条件 | | 试验情况 | 渗透系数/(cm/s) | | | 渗水穿透试件压力/MPa |
|---|---|---|---|---|---|---|---|---|---|
| | 水泥 | 粉煤灰 | 间歇时间/h | 层面处理 | | 最大值 | 最小值 | 平均值 | |
| C | 70 | 150 | 7.5 | 铺 3.0 cm 厚水泥砂浆 | 砂浆 | $5.51 \times 10^{-11}$ | $1.33 \times 10^{-11}$ | $3.84 \times 10^{-11}$ | |
| | | | | | 本体 | $6.55 \times 10^{-8}$ | $1.27 \times 10^{-10}$ | $1.51 \times 10^{-8}$ | 0.24 |
| | | | | | 并联 | $1.28 \times 10^{-5}$ | $6.04 \times 10^{-10}$ | $1.75 \times 10^{-6}$ | 0.23 |
| | | | | | 串联 | $4.95 \times 10^{-10}$ | $8.27 \times 10^{-11}$ | $1.86 \times 10^{-10}$ | 0.27 |
| D | 70 | 150 | 3 | 不处理 | 砂浆 | $5.51 \times 10^{-11}$ | $1.33 \times 10^{-11}$ | $3.84 \times 10^{-11}$ | |
| | | | | | 并联 | $6.33 \times 10^{-9}$ | $3.05 \times 10^{-10}$ | $2.89 \times 10^{-9}$ | 0.38 |
| E | 70 | 150 | 4 | 不处理 | 本体 | $4.47 \times 10^{-10}$ | $5.86 \times 10^{-11}$ | $2.20 \times 10^{-10}$ | 0.47 |
| | | | | | 并联 | $2.00 \times 10^{-8}$ | $4.44 \times 10^{-11}$ | $5.16 \times 10^{-9}$ | 0.48 |
| | | | | | 串联 | $4.56 \times 10^{-10}$ | $5.67 \times 10^{-11}$ | $2.44 \times 10^{-10}$ | 0.47 |
| F | 75 | 105 | 7 | 铺 3.0 cm 厚小石子混凝土 | 本体 | $1.68 \times 10^{-10}$ | $6.79 \times 10^{-11}$ | $6.20 \times 10^{-10}$ | 0.45 |
| | | | | | 并联 | $4.39 \times 10^{-8}$ | $3.56 \times 10^{-11}$ | $1.10 \times 10^{-8}$ | 0.43 |
| | | | | | 串联 | $6.64 \times 10^{-11}$ | $5.36 \times 10^{-11}$ | $5.84 \times 10^{-11}$ | 0.47 |
| G | 75 | 105 | 4.5 | 不处理 | 并联 | $9.1 \times 10^{-8}$ | $1.6 \times 10^{-8}$ | | |
| H | 75 | 105 | 5.5 | 铺 1.0 cm 厚水泥砂浆 | 本体 | $1.71 \times 10^{-10}$ | $0.70 \times 10^{-10}$ | $1.18 \times 10^{-10}$ | 1.20 |
| | | | | | 并联 | $5.59 \times 10^{-9}$ | $1.84 \times 10^{-11}$ | $1.48 \times 10^{-9}$ | 1.20 |
| | | | | | 串联 | $1.89 \times 10^{-10}$ | $7.36 \times 10^{-12}$ | $8.91 \times 10^{-11}$ | 1.30 |
| I | 90 | 110 | 5 | 不处理 | 并联 | $8.8 \times 10^{-8}$ | $9.8 \times 10^{-11}$ | | |
| J | 90 | 60 | 72 | 打毛冲洗铺砂浆 | 本体 | $2.88 \times 10^{-10}$ | $9.60 \times 10^{-11}$ | $9.11 \times 10^{-11}$ | 1.10 |
| | | | | | 并联 | $1.99 \times 10^{-7}$ | $1.31 \times 10^{-9}$ | $6.08 \times 10^{-8}$ | 0.25 |
| | | | | | 串联 | $1.07 \times 10^{-10}$ | $9.40 \times 10^{-11}$ | $1.01 \times 10^{-10}$ | 1.30 |

表 15-33　龙滩含层面的碾压混凝土圆柱体芯样试件的室内渗透试验结果(河海大学试验)

| 试验工况 | 胶凝材料/(kg/m³) | | 层面施工条件 | | 试验情况 | 平均渗透系数/(cm/s) | 平均渗水高度/cm | 渗水面直径/cm | 说明 |
|---|---|---|---|---|---|---|---|---|---|
| | 水泥 | 粉煤灰 | 间歇时间/h | 层面处理 | | | | | |
| H | 75 | 105 | 5.5 | 铺 1.0 cm 厚水泥砂浆 | 并联 | $1.92 \times 10^{-9}$ | 15.28 | 14.90 | 渗透试验加压至 1.2 MPa,试件先渗水 8 h 后才开始测渗流量 8~10 h |
| | | | | | 串联 | $1.89 \times 10^{-10}$ | 15.28 | 14.90 | |
| J | 90 | 60 | 72 | 打毛冲洗铺砂浆 | 并联 | $6.32 \times 10^{-8}$ | 16.28 | 14.77 | |
| | | | | | 串联 | $1.89 \times 10^{-10}$ | 16.28 | 14.77 | |

**表 15-34　龙滩碾压混凝土芯样本体及层面的渗透性(河海大学试验)**

| 工况 | 碾压混凝土本体渗透系数 $K_{RCC}$ /(cm/s) | 层面水力隙宽 $d_f$ /mm | 层面等效渗透系数 $K_t$ /(cm/s) | 工况 | 碾压混凝土本体渗透系 $K_{RCC}$ /(cm/s) | 层面水力隙宽 $d_f$ /mm | 层面等效渗透系数 $K_t$ /(cm/s) |
|---|---|---|---|---|---|---|---|
| D | | $1.70\times10^{-3}$ | $1.82\times10^{-4}$ | H | $2.61\times10^{-10}$ | $1.17\times10^{-3}$ | $8.63\times10^{-5}$ |
| E | $2.44\times10^{-10}$ | $2.09\times10^{-3}$ | $2.74\times10^{-4}$ | J | $2.54\times10^{-10}$ | $3.87\times10^{-3}$ | $9.43\times10^{-4}$ |
| F | $6.64\times10^{-12}$ | $2.07\times10^{-3}$ | $2.68\times10^{-4}$ | 平均 | $2.06\times10^{-10}$ | $2.18\times10^{-3}$ | $3.51\times10^{-4}$ |

**表 15-35　龙滩碾压混凝土芯样沿层面切向的主渗透系数与层面水力隙宽的关系**

| 层面水力隙宽/μm | | 2 | 4 | 8 | 20 | 40 | 80 | 100 | 200 |
|---|---|---|---|---|---|---|---|---|---|
| 层面渗透系数/(cm/s) | | $2.52\times10^{-4}$ | $1.01\times10^{-3}$ | $4.03\times10^{-3}$ | $2.52\times10^{-2}$ | $1.01\times10^{-1}$ | $4.03\times10^{-1}$ | $6.29\times10^{-4}$ | 2.52 |
| 碾压混凝土沿层面切向的主渗透系数/(cm/s) | $K_t$ | $1.88\times10^{-9}$ | $1.36\times10^{-8}$ | $1.08\times10^{-7}$ | $1.68\times10^{-6}$ | $1.34\times10^{-5}$ | $1.07\times10^{-4}$ | $2.10\times10^{-4}$ | $1.68\times10^{-3}$ |

3. 中国水利水电科学研究院和河海大学芯样渗透试验成果的讨论

(1)龙滩碾压混凝土本体除 C、J 工况外,其平均渗透系数为 $2.2\times10^{-10}\sim1.1\times10^{-11}$ cm/s,与常态混凝土基本相同,满足建 200 m 高坝的要求。

(2)大多数工况,渗透水流方向垂直于层面的平均渗透系数为 $1.0\times10^{-10}\sim5.84\times10^{-11}$ cm/s。绝大多数工况,渗透水流方向顺层面的平均渗透系数都达到 $10^{-9}$ cm/s,后者为前者的十几倍到几百倍,甚至上千倍,充分说明碾压混凝土为成层结构,其抗渗性具有宏观各向异性的特点。

(3)保证层面处于塑性结合状态,就无须铺任何黏结材料,连续摊铺碾压混凝土,顺层面的渗透系数达到 $10^{-9}$ cm/s,垂直于层面的渗透系数达到 $10^{-10}$ cm/s,与常态混凝土基本相近。

(4)碾压混凝土渗透系数与胶凝材料用量密切相关,胶凝材料用量多,其渗透系数减小。

### 15.5.1.3　龙滩设计阶段碾压混凝土试验块现场压水试验

龙滩碾压混凝土试验块现场压水试验成果见表 15-36。

(1)第一次现场碾压试验是 A、B 工况。

A 工况:透水率 $1.47\sim7.33$ Lu,平均 4.41 Lu;渗透系数 $2.20\times10^{-6}\sim1.10\times10^{-5}$ cm/s,平均 $3.87\times10^{-6}$ cm/s。

B 工况:透水率 $1.47\sim4.40$ Lu,平均 2.95 Lu;渗透系数 $2.20\times10^{-6}\sim6.59\times10^{-6}$ cm/s,平均 $4.41\times10^{-6}$ cm/s。

(2)第二次现场碾压试验是 C、D、E、F 工况。

C 工况:透水率 $0.27\sim0.52$ Lu,平均 0.36 Lu;渗透系数 $7.62\times10^{-7}\sim1.47\times10^{-6}$ cm/s,平均 $3.55\times10^{-7}$ m/s。

D 工况:透水率 $0.24\sim0.89$ Lu,平均 0.55 Lu;渗透系数 $6.77\times10^{-7}\sim2.74\times10^{-6}$ cm/s,平均 $2.07\times10^{-6}$ cm/s。

E 工况:透水率 $0.02\sim0.74$ Lu,平均 0.19 Lu;渗透系数 $5.64\times10^{-8}\sim2.00\times10^{-6}$ cm/s,平均 $5.16\times10^{-7}$ m/s。

F 工况:透水率 $0.03\sim0.94$ Lu,平均 0.28 Lu;渗透系数 $8.46\times10^{-8}\sim3.31\times10^{-6}$ cm/s,平均 $8.75\times10^{-7}$ cm/s。

表 15-36　龙滩碾压混凝土试验块现场压水试验成果(设计阶段试验)

| 工况 | 试件编号 | 透水率/Lu | 渗透系数/(cm/s) | 工况 | 试件编号 | 透水率/Lu | 渗透系数/(cm/s) |
|---|---|---|---|---|---|---|---|
| A | ZK1-15 | 2.92 | $4.37 \times 10^{-6}$ | B | | 2.96 | $4.43 \times 10^{-6}$ |
| | ZK1-21 | 7.33 | $1.10 \times 10^{-5}$ | | | 4.40 | $6.59 \times 10^{-6}$ |
| | ZK1-26 | 5.86 | $8.78 \times 10^{-6}$ | | | 1.47 | $2.20 \times 10^{-6}$ |
| | ZK1-35 | 1.47 | $2.20 \times 10^{-6}$ | | | 2.96 | $4.43 \times 10^{-6}$ |
| | 平均值 | 4.41 | $3.87 \times 10^{-6}$ | | 平均值 | 2.95 | $4.41 \times 10^{-6}$ |
| C | ⑤ | 0.48 | $1.35 \times 10^{-6}$ | D | ① | 0.89 | $2.51 \times 10^{-6}$ |
| | | 0.41 | $1.16 \times 10^{-6}$ | | | 0.97 | $2.74 \times 10^{-6}$ |
| | | 0.29 | $8.18 \times 10^{-7}$ | | | 0.24 | $6.77 \times 10^{-7}$ |
| | ⑥ | 0.27 | $7.26 \times 10^{-7}$ | | ② | 0.62 | $1.75 \times 10^{-6}$ |
| | | 0.41 | $1.16 \times 10^{-6}$ | | | 0.62 | $1.75 \times 10^{-6}$ |
| | | 0.29 | $8.18 \times 10^{-7}$ | | | 0.62 | $1.75 \times 10^{-6}$ |
| | ⑦ | 0.32 | $9.03 \times 10^{-7}$ | | ③ | 0.46 | $1.30 \times 10^{-6}$ |
| | | 0.43 | $1.21 \times 10^{-6}$ | | | 0.36 | $1.02 \times 10^{-6}$ |
| | | 0.27 | $7.62 \times 10^{-7}$ | | | 0.41 | $1.16 \times 10^{-6}$ |
| | ⑧ | 0.52 | $1.47 \times 10^{-6}$ | | ④ | 0.39 | $1.10 \times 10^{-6}$ |
| | | 0.39 | $1.10 \times 10^{-6}$ | | | 0.66 | $1.86 \times 10^{-6}$ |
| | | 0.29 | $8.18 \times 10^{-7}$ | | | 0.41 | $1.16 \times 10^{-6}$ |
| | 平均值 | 0.36 | $3.55 \times 10^{-7}$ | | 平均值 | 0.55 | $2.07 \times 10^{-6}$ |
| E | ⑤ | 0.74 | $2.00 \times 10^{-6}$ | F | ① | 0.64 | $1.81 \times 10^{-6}$ |
| | | 0.02 | $5.64 \times 10^{-8}$ | | | 0.82 | $3.31 \times 10^{-6}$ |
| | | 0.18 | $3.33 \times 10^{-7}$ | | | 0.94 | $2.65 \times 10^{-6}$ |
| | ⑥ | 0.26 | $7.34 \times 10^{-7}$ | | ② | 0.33 | $9.31 \times 10^{-7}$ |
| | | 0.11 | $3.10 \times 10^{-7}$ | | | 0.07 | $1.97 \times 10^{-7}$ |
| | | 0.04 | $1.13 \times 10^{-7}$ | | | 0.03 | $8.46 \times 10^{-8}$ |
| | ⑦ | 0.24 | $6.77 \times 10^{-7}$ | | ③ | 0.14 | $3.95 \times 10^{-7}$ |
| | | 0.13 | $3.67 \times 10^{-7}$ | | | 0.12 | $3.39 \times 10^{-7}$ |
| | | 0.11 | $3.10 \times 10^{-7}$ | | | 0.10 | $2.82 \times 10^{-7}$ |
| | ⑧ | 0.26 | $7.34 \times 10^{-7}$ | | ④ | 0.10 | $2.82 \times 10^{-7}$ |
| | | 0.13 | $3.67 \times 10^{-7}$ | | | 0.04 | $1.13 \times 10^{-7}$ |
| | | 0.07 | $1.97 \times 10^{-7}$ | | | 0.04 | $1.13 \times 10^{-7}$ |
| | 平均值 | 0.19 | $5.16 \times 10^{-7}$ | | 平均值 | 0.28 | $8.75 \times 10^{-7}$ |

由此可见,第一次现场碾压试验透水率和渗透系数都比较大,第二次现场碾压试验透水率和渗透系数都比较小。

## 15.5.2　龙滩工程施工阶段碾压混凝土渗透特性试验

### 15.5.2.1　龙滩施工阶段碾压混凝土试验块压水试验

对龙滩碾压混凝土试验块进行了压水试验,压力试验压力采用 80% 的灌浆压力,压力超过 1 MPa 时,采用 1 MPa。试验结果见表 15-37。最小透水率为 0,最大透水率为 0.47 Lu,平均透水率为 0.076 Lu,表明质量较好。

表 15-37　龙滩施工阶段碾压混凝土试验块压水试验检查

| 条带 | 透水率/Lu | 条带 | 透水率/Lu | 条带 | 透水率/Lu |
|---|---|---|---|---|---|
| A-1 | 0 | A-3 | 0 | B-2 | 0.24 |
| A-1 | 0 | A-3 | 0.42 | B-2 | 0 |
| A-2 | 0.02 | B-1 | 0 | B-3 | 0 |
| A-2 | 0 | B-1 | 0.47 | B-3 | 0 |

### 15.5.2.2　龙滩施工阶段下游碾压混凝土围堰压水检查

下游围堰采用渗透特性 MgO 碾压混凝土,自 2004 年 11~12 月进行围堰压水检查。压水试验钻孔规格 $\phi$75,钻孔 113 m,压水试验段 62 段,分别布置在下游围堰各个部位的 3 个压水试验孔,每孔每段的透水率值均为 0,说明渗透特性 MgO 碾压混凝土密实,不透水。

### 15.5.2.3　龙滩施工阶段大坝芯样抗渗检查

龙滩大坝碾压混凝土芯样和现场取样的抗渗性能、抗冻性能见表 15-38。从试验结果可知,芯样和现场取样的抗渗性能均满足设计要求,但芯样抗冻等级均低于机口取样,机口取样的抗冻等级均高于设计抗冻指标,但芯样则基本满足设计要求。可能是由于碾压混凝土在施工过程中,产生了含气量损失,致使芯样的含气量偏低,且碾压混凝土芯样在钻取加工过程中会产生微裂纹,使芯样抗冻性能下降。抗冻性能和抗渗性能芯样低于机口取样。

表 15-38　龙滩大坝芯样和现场取样碾压混凝土抗渗和抗冻试验成果

| 混凝土类型 | 大坝芯样 | | | 现场取样 90 d | |
|---|---|---|---|---|---|
| | 抗冻等极 | 抗渗等极 | 渗水高度/cm | 抗冻等极 | 抗渗等极 |
| R I ($C_{90}25$) | F50~F100 | >W6 | 6.1 | >F125 | >W12 |
| R II ($C_{90}20$) | F50~F75 | >W6 | 8.2 | >F125 | >W12 |
| R IV ($C_{90}15$) | F100 | >W12 | 4.2 | >F150 | >W12 |

### 15.5.2.4　龙滩大坝压水检查

为验证大坝内碾压混凝土的质量,布置了 45 个混凝土压水检查孔,压水检查情况见表 15-39。现场压水检查,总孔深 2 170.4 m,最小透水率 0。透水率小于 0.2 Lu 的 591 段,占 86.7%;小于 0.5 Lu 的 673 段,占 98.3%;等于 1 Lu 的 1 段(13 坝段的 13-JY3 号孔,孔口高程 242.9 m,孔深 50.4 m 处),大于 1 Lu 的压水段为 0,总平均透水率 0.098 Lu。都满足设计要求。

表 15-39　龙滩大坝碾压混凝土质量检查压水试验成果

| 坝段 | 序号 | 孔号 | 孔口高程/m | 孔深/m | 压水段数 | 合格段数 | 透水率/Lu | | |
|---|---|---|---|---|---|---|---|---|---|
| | | | | | | | 最大值 | 最小值 | 平均值 |
| 10 | 1 | 10-JY1 | 279 | 53.8 | 18 | 18 | 0.107 | 0.023 | 0.051 |
| | 2 | 10-JY2 | 263.5 | 41.0 | 14 | 14 | 0.800 | 0.012 | 0.131 |
| | 3 | 10-JY3 | 263.5 | 36.0 | 11 | 11 | 0.780 | 0.017 | 0.203 |
| | 4 | 10-JY4 | 279 | 59.9 | 20 | 20 | 0.140 | 0.017 | 0.044 |
| 11 | 5 | 11-JY1 | 279 | 63.6 | 21 | 21 | 0.099 | 0.025 | 0.050 |
| | 6 | 11-JY2 | 263.5 | 47.5 | 16 | 16 | 0.736 | 0 | 0.081 |
| | 7 | 11-JY3 | 263.5 | 51.0 | 16 | 16 | 0.330 | 0.010 | 0.071 |
| | 8 | 11-JY4 | 279 | 60.1 | 20 | 20 | 0.260 | 0.012 | 0.052 |
| 12 | 9 | 12-JY1 | 246 | 42.0 | 13 | 13 | 0.400 | 0 | 0.121 |
| | 10 | 12-JY2 | 246 | 42.0 | 13 | 13 | 0.666 | 0 | 0.297 |
| | 11 | 12-JY3 | 246 | 41.7 | 13 | 13 | 0.933 | 0 | 0.162 |
| | 12 | 12-JY4 | 246 | 45.0 | 15 | 15 | 0.660 | 0 | 0.130 |
| 13 | 13 | 13-JY1 | 242.9 | 48.0 | 15 | 14 | 0.890 | 0.006 | 0.176 |
| | 14 | 13-JY2 | 242.9 | 45.0 | 15 | 14 | 0.950 | 0.012 | 0.056 |
| | 15 | 13-JY3 | 242.9 | 50.4 | 17 | 16 | 1.000 | 0.012 | 0.216 |
| | 16 | 13-JY4 | 242.9 | 45.0 | 15 | 14 | 0.970 | 0.010 | 0.080 |
| 14 | 17 | 14-JY1 | 251.8 | 58.8 | 20 | 20 | 0.430 | 0.017 | 0.086 |
| | 18 | 14-JY2 | 251.8 | 52.2 | 18 | 18 | 0.700 | 0.020 | 0.084 |
| | 19 | 14-JY3 | 251.8 | 54.2 | 18 | 18 | 0.170 | 0.003 | 0.038 |
| | 20 | 14-JY4 | 251.8 | 53.1 | 18 | 18 | 0.110 | 0 | 0.018 |
| 15 | 21 | 15-YSJ2 | 236.6 | 46.0 | 15 | 15 | 0.889 | 0.100 | 0.278 |
| | 22 | 15-JY1 | 246 | 60.0 | 20 | 20 | 0.333 | 0 | 0.065 |
| | 23 | 15-JY2 | 246 | 56.8 | 18 | 18 | 0.533 | 0.020 | 0.140 |
| 16 | 24 | 16-YSJ1 | 236.6 | 46.0 | 15 | 15 | 0.533 | 0.006 | 0.203 |
| | 25 | 16-YJ2 | 246 | 62.5 | 21 | 21 | 0.222 | 0 | 0.057 |
| | 26 | 16-YJ3 | 246 | 57.0 | 19 | 19 | 0.200 | 0.017 | 0.071 |
| 17 | 27 | 17-YJ1 | 238.8 | 51.0 | 17 | 16 | 0.600 | 0.003 | 0.092 |
| | 28 | 17-YJ2 | 233.4 | 42.0 | 14 | 14 | 0.320 | 0.010 | 0.040 |
| | 29 | 17-YJ3 | 238.8 | 47.1 | 16 | 16 | 0.270 | 0 | 0.049 |
| | 30 | 17-YJ4 | 233.4 | 42.0 | 14 | 14 | 0.080 | 0 | 0.013 |
| 18 | 31 | 18-YJ1 | 243.2 | 50.3 | 17 | 17 | 0.270 | 0.010 | 0.127 |
| | 32 | 18-YJ2 | 243.2 | 46.2 | 15 | 15 | 0.880 | 0.010 | 0.427 |
| | 33 | 18-YJ3 | 250.6 | 53.0 | 18 | 18 | 0.500 | 0.030 | 0.110 |
| | 34 | 18-YJ4 | 250.37 | 53.0 | 18 | 18 | 0.417 | 0.020 | 0.050 |

续表 15-39

| 坝段 | 序号 | 孔号 | 孔口高程/m | 孔深/m | 压水段数 | 合格段数 | 透水率/Lu | | |
|---|---|---|---|---|---|---|---|---|---|
| | | | | | | | 最大值 | 最小值 | 平均值 |
| 19 | 35 | 19-YJ1 | 246 | 42.0 | 11 | 10 | 0.458 | 0.013 | 0.166 |
| | 36 | 19-YJ2 | 246 | 46.0 | 14 | 14 | 0.280 | 0.013 | 0.027 |
| | 37 | 19-YJ3 | 246.05 | 40.7 | 14 | 14 | 0.064 | 0 | 0.021 |
| | 38 | 19-YJ4 | 246.05 | 42.0 | 13 | 13 | 0.058 | 0 | 0.017 |
| 20 | 39 | 20-YJ1 | 260 | 44.0 | 12 | 12 | 0.207 | 0.010 | 0.051 |
| | 40 | 20-YJ2 | 260 | 51.6 | 14 | 14 | 0.150 | 0.012 | 0.034 |
| | 41 | 20-YJ3 | 260 | 47.2 | 13 | 13 | 0.150 | 0.031 | 0.054 |
| | 42 | 20-YJ4 | 260 | 44.8 | 12 | 12 | 0.170 | 0.016 | 0.041 |
| 21 | 43 | 21-YJ1 | 260 | 42.0 | 11 | 11 | 0.540 | 0.010 | 0.062 |
| | 44 | 21-YJ2 | 260 | 31.2 | 7 | 7 | 0.040 | 0.013 | 0.026 |
| | 45 | 21-YJ3 | 260 | 35.7 | 9 | 9 | 0.077 | 0.013 | 0.041 |
| 合计 | | | | 2 170.4 | 693 | 687 | | | 0.098 |

# 15.6　工程碾压混凝土渗透特性试验成果

## 15.6.1　国内工程碾压混凝土渗透特性试验成果

### 15.6.1.1　光照水电站大坝碾压混凝土渗透特性

#### 1. 抗渗等级及渗透系数

混凝土渗透系数见表 15-40。光照碾压混凝土抗渗等级为 W6~W12,层面法向渗透系数为 $1.24 \times 10^{-9} \sim 4.73 \times 10^{-9}$ cm/s,层面切向渗透系数为 $12.4 \times 10^{-9} \sim 47.3 \times 10^{-9}$ cm/s。

有的认为,碾压混凝土层面切向渗透系数与层面法向渗透系数之比可达 3~4 个数量级,光照碾压混凝土层面切向渗透系数的取值可能偏低。

表 15-40　光照水电站碾压混凝土抗渗特性

| 混凝土 | 分区编号 | 级配 | 抗渗等级 | 渗透系数/($10^{-9}$ cm/s) | | 混凝土 | 分区编号 | 级配 | 抗渗等级 | 渗透系数/($10^{-9}$ cm/s) | |
|---|---|---|---|---|---|---|---|---|---|---|---|
| | | | | 层面法向 | 层面切向 | | | | | 层面法向 | 层面切向 |
| 碾压混凝土 | R I | 三 | W8 | 2.81 | 28.1 | 常态混凝土 | C I | 三 | W10 | 1.77 | 1.77 |
| | R II | 三 | W6 | 4.73 | 47.3 | | C II | 三 | W8 | 2.61 | 2.61 |
| | R III | 三 | W6 | 4.52 | 45.2 | | C III | 三 | W8 | 2.61 | 2.61 |
| | R IV | 二 | W12 | 1.24 | 12.4 | 变态混凝土 | Cb I | 二 | W12 | 1.29 | 1.29 |
| | R V | 二 | W10 | 1.87 | 18.7 | | Cb II | 二 | W10 | 1.77 | 1.77 |

#### 2. 现场压水试验成果

碾压混凝土钻孔现场压水试验自上而下分段进行,钻孔直径为 75 mm。除最后一层碾压混凝土浇筑间歇层为 2.4 m 外,其他间歇层均为 3.0 m 一层。在试验的二、三级配碾压混凝土范围的每个压水段长均确定为 3.0 m，前 2 个试段压力为 0.3 MPa，以下各个试段压力均为 0.6 MPa，采用单点法进行试验，且连续 5 次流量读数中最大与最小流量值均小于最终值的 10%，试验即可结束。

大坝碾压混凝土钻孔压水试验共布置 3 个孔，钻孔进尺共计 212.0 m，分为 68 个段次进行压水试验。压水试验透水率统计见表 15-41。压水试验值中最大透水率为 0.536 67 Lu，最小透水率为 0.011 33 Lu 其中：透水率在 0.01~0.1 Lu 的为 37 段，占 54.4%；透水率在 0.1~1.0 Lu 的为 31 段，占 45.59%。说明碾压混凝土的抗渗性相对较好，其透水率最大值发生在三级配的碾压混凝土区域，其透水率较大值均发生在间歇层。

表 15-41　光照水电站大坝碾压混凝土钻孔压水试验透水率统计

| 孔号 | 级配 | 总段数 | 透水率 $q$/Lu | | | | 透水率 $q$/Lu | | |
| --- | --- | --- | --- | --- | --- | --- | --- | --- | --- |
| | | | $0.01 \leqslant q < 0.1$ | | $0.1 \leqslant q < 1.0$ | | 最大值 | 最小值 | 平均值 |
| | | | 段数 | 频率/% | 段数 | 频率/% | | | |
| J3-3 | 三 | 27 | 3 | 11.11 | 24 | 88.89 | 0.536 67 | 0.052 68 | 0.294 68 |
| J3-4 | 二 | 21 | 21 | 100 | 0 | 0 | 0.046 51 | 0.011 33 | 0.028 92 |
| J3-7 | 三 | 20 | 13 | 65 | 7 | 35 | 0.143 11 | 0.064 40 | 0.103 75 |
| 小计 | | 68 | 37 | 54.41 | 31 | 45.59 | 0.536 67 | 0.011 33 | 0.142 44 |

碾压混凝土由原来的水平层碾压改为从左至右或由右至左方向斜层碾压的施工方案，取芯和压水试验钻孔均穿过了斜层碾压和橡皮状态的混凝土范围，芯样外观和压水试验透水率分析表明，混凝土斜层碾压施工及橡皮状态均不会影响混凝土的外观和内在质量。

### 15.6.1.2　高坝洲碾压混凝土渗透特性

**1. 室内渗透试验和大坝芯样渗透试验**

室内试验结果：二级配碾压混凝土试件的抗渗标号大于 S6，三级配碾压混凝土试件的抗渗标号大于 S4。说明碾压混凝土本体能够满足防渗要求。三级配碾压混凝土芯样抗渗标号大于 S8，超过设计要求，未能从二级配碾压混凝土中取出芯样进行渗透试验。

**2. 大坝钻孔压水试验**

（1）大坝防渗体内的钻孔压水试验。布置在上游防渗体中有 4 个孔。因上游防渗层内难以布置钻机，故在三级配碾压混凝土中进行钻孔压水试验，各钻孔采取分段压水试验结果见表 15-42，由表 15-42 可知，未能在正常坝段的上游防渗体内进行钻孔压水试验，因此所测的 $q \geqslant 1.0$ Lu 的平均孔段率为 9%，较其他工程偏大（太朝山为 1.3%，江垭为 6.3%）。从埋设在试验段的不同层间缝面上的三组渗压计的测值可知，经过一个汛期后，渗压计并未受水压，说明试验段临水面的二级配碾压混凝土防渗体无渗水发生。

表 15-42　高坝洲碾压混凝土防渗体内的钻孔压水试验主要成果

| 孔号 | 实施时孔位 | $q \geqslant 1.0$ Lu 孔段率/% | 孔号 | 实施时孔位 | $q \geqslant 1.0$ Lu 孔段率/% | $q \geqslant 1.0$ Lu 的平均孔段率/% |
| --- | --- | --- | --- | --- | --- | --- |
| YZ1 | 取消 | | YZ5 | 距上游面 4 m | 6 | 9 |
| YZ3 | 距上游面 3.05 m | 4 | YZ7 | 距上游面 2 m | 18 | |

（2）大坝非防渗体内的钻孔压水试验（在三级配碾压混凝土）。布置了 2 个钻孔，平均渗透系数分别为 $9.81 \times 10^{-5}$ cm/s、$1.12 \times 10^{-5}$ cm/s。通过芯样观察和压水试验的成果分析发现，在 52~56 m 高程区

间的施工质量较差,获得的芯样层间缝较明显,因而该区间的渗透系数比较大,分别为 $3.46×10^{-4}$ cm/s、$1.01×10^{-4}$ cm/s。若剔除该部位的数值,则 2 孔的平均渗透系数分别为 $3.61×10^{-5}$ cm/s、$4.27×10^{-5}$ cm/s,而实际测得的 2 孔的个别孔段的渗透系数已分别达到 $6.22×10^{-6}$ cm/s、$8.43×10^{-6}$ cm/s。

### 15.6.1.3　棉花滩大坝碾压混凝土渗透特性

#### 1. 大坝现场压水试验

压水试验共压水 44 段,进尺 223.30 m,平均段长 5.075 m,各孔压水成果见表 15-43,同其他工程相比较,压水段长较大,段数较少,由于先取芯,压水孔又距取芯孔较近,透水率平均值偏大。由试验成果和现场观察可知,大部分压水段具有较小的透水率,且上游坝面在压水时未发现有出水点,透水率大($>1$ Lu)的部位集中在 $5^{#}$坝段部分试验段,经灌浆处理后,已全部达到设计要求($<1$ Lu)。

表 15-43　棉花滩大坝碾压混凝土现场压水试验成果

| 坝段 | $2^{#}$ | $3^{#}$ | | | $4^{#}$ | | | | $5^{#}$ | | | |
|---|---|---|---|---|---|---|---|---|---|---|---|---|
| 孔号 | YS1 | YS3–1 | YS4 | YS5 | YS9 | YS10 | YS11 | YS13 | YS15 | YS16 | YS17 | YS18 |
| 平均透水率/Lu | 0.4 | 0.3 | 0.035 | 0.007 | 0.155 | 0.023 | 0.023 | 0.167 | 3.575 | 3.420 | 0 | 2.78 |

#### 2. 大坝二级配防渗区芯样抗渗性能试验

二级配碾压混凝土芯样制作抗渗试件 22 个,其中 RCC 本体试件 6 个,层、缝面试件 16 个,层、缝面试件抗渗等级均大于设计抗渗等级 W8,本体试件除 1 个大于 W8 外,其余在 W3~W7,综合评定抗渗等级为 W4。6 个本体试件取自 $4^{#}$孔,透水率在 0~0.07 Lu,平均为 0.035 Lu,平均声速 4 472 m/s,上游坝面均未发现渗水点,表明碾压混凝土抗渗能力好,碾压混凝土本体抗渗试件仅 6 个,样本也太少,试验结果未能反映真实情况。

### 15.6.1.4　沙溪口水电站碾压混凝土渗透特性

碾压混凝土围堰和开关站挡墙的渗透性试验和现场实地压水试验结果见表 15-44。90 d 龄期试件抗渗等级为 W10;80 个芯样抗渗等级大于 W8,其中 86% 大于 W12。实地测定渗透系数在 $4.52×10^{-6}$~$5×10^{-8}$ cm/s。

表 15-44　沙溪口水电站碾压混凝土抗渗等级和实地测定渗透系数

| 水胶比 | 胶凝材料用量/（kg/m³） | | 试件抗渗等级 | | $\phi$ 15 cm×15 cm 芯样抗渗等级 | | |
|---|---|---|---|---|---|---|---|
| | 水泥 | 粉煤灰 | 28 d | 90 d | 芯样数 | 龄期/d | 抗渗等级 |
| 0.50 | 70 | 90 | W2 | W10 | 80 | 210~230 | 大于 W8,其中 86%大于 W12 |

现场实地压水试验测定渗透系数

| 围堰 | | | 开关水站挡墙 1 | | | 开关水站挡墙 2 | | |
|---|---|---|---|---|---|---|---|---|
| 孔数 | 龄期/d | 渗透系数/（cm/s） | 孔数 | 龄期/d | 渗透系数/（cm/s） | 孔数 | 龄期/d | 渗透系数/（cm/s） |
| 6 | 330 | $4.52×10^{-6}$ | 3 | 160 | $10^{-5}$~$10^{-8}$ | 4 | 180 | $2×10^{-5}$~$5×10^{-8}$ |

### 15.6.1.5　岩滩水电站碾压混凝土渗透特性

上游围堰碾压混凝土抗渗等级和现场实地压水试验测定结果见表 15-45。试件抗渗等级为 W4~W9,芯样抗渗等级为 W8,现场压水试验渗透系数为 $1.5×10^{-6}$~$3.1×10^{-7}$ cm/s。

**表 15-45　岩滩上游围堰碾压混凝土抗渗等级和现场实地压水试验测定结果**

| 水胶比 | 胶凝材料用量/(kg/m³) | | 试件抗渗等级 | | | φ 15 cm×15 cm 芯样抗渗等级 | | | 现场压水试验 | | |
|---|---|---|---|---|---|---|---|---|---|---|---|
| | 水泥 | 粉煤灰 | 组数 | 龄期/d | 抗渗等级 | 个数 | 龄期/d | 抗渗等级 | 孔数 | 龄期/d | 渗透系数/(cm/s) |
| 0.56 | 45 | 115 | 7 | 28 | W4 | 18 | 90 | W8 | 3 | 90 | $1.5×10^{-6}$ $3.1×10^{-7}$ |

#### 15.6.1.6　天生桥二级碾压混凝土渗透特性

天生桥二级碾压混凝土抗渗等级和现场实地压水试验测定结果见表 15-46,实地压水试验测定结果见表 15-47。试件抗渗等级为 W9,5 个压水孔的透水率为 0.35~4.6 Lu,渗透系数为 $3.95×10^{-6}~50×10^{-6}$ cm/s。

**表 15-46　天生桥二级碾压混凝土抗渗等级和现场实地压水试验测定结果**

| 水胶比 | 胶凝材料用量/(kg/m³) | | 试件抗渗等级 | | | 现场压水试验 | | |
|---|---|---|---|---|---|---|---|---|
| | 水泥 | 粉煤灰 | 组数 | 龄期/d | 抗渗等级 | 孔数 | 龄期/d | 渗透系数/(cm/s) |
| 0.59 | 55 | 85 | 7 | 28 | W7 | 7 | 90 | $1×10^{-7}$ |
| | | | | 90 | W9 | | | $8.3×10^{-8}$ |

**表 15-47　天生桥二级大坝(坝索)实地压水试验测定结果**

| 胶凝材料用量 | | 孔号 1-1 | | 孔号 1-2 | | 孔号 2-1 | | 孔号 2-2 | | 孔号 3 | |
|---|---|---|---|---|---|---|---|---|---|---|---|
| 水泥 | 粉煤灰 | 透水率/Lu | 渗透系数/($10^{-6}$ cm/s) | 透水率/Lu | 渗透系数/($10^{-6}$ cm/s) | 透水率/Lu | 渗透系数/($10^{-6}$ cm/s) | 透水率/Lu | 渗透系数/($10^{-6}$ cm/s) | 透水率/Lu | 渗透系数/($10^{-6}$ cm/s) |
| 55 | 85 | 0.59 | 6.66 | 0.40 | 4.35 | 4.6 | 50 | 0.35 | 3.95 | 3.6 | 46 |

#### 15.6.1.7　观音阁碾压混凝土渗透特性

观音阁大坝采用日本 RCD 工法施工,碾压层厚 75 cm,层面均进行刷毛铺砂浆处理,坝体碾压混凝土水泥用量为 84 kg/m³,粉煤灰用量 36 kg/m³。观音阁大坝压水试验成果见表 15-48。

**表 15-48　观音阁大坝压水试验成果**

| 序号 | 坝体压水试验 | | 层间压水试验 | | 序号 | 坝体压水试验 | | 层间压水试验 | |
|---|---|---|---|---|---|---|---|---|---|
| | 单位吸水率/Lu | 渗透系数/(cm/s) | 单位吸水率/Lu | 渗透系数/(cm/s) | | 单位吸水率/Lu | 渗透系数/(cm/s) | 单位吸水率/Lu | 渗透系数/(cm/s) |
| 1 | 0.180 | $1.4×10^{-4}$ | 4.050 | $2.2×10^{-2}$ | 11 | 0.112 | $8.5×10^{-5}$ | 0.507 | $2.7×10^{-4}$ |
| 2 | 0.110 | $8.2×10^{-5}$ | 1.318 | $7.2×10^{-3}$ | 12 | 0.420 | $3.2×10^{-4}$ | 0.768 | $4.1×10^{-4}$ |
| 3 | 0.115 | $8.9×10^{-3}$ | 0.203 | $1.1×10^{-4}$ | 13 | 0.300 | $2.3×10^{-4}$ | 1.307 | $7.0×10^{-4}$ |
| 4 | 0.160 | $1.3×10^{-4}$ | 0.725 | $3.8×10^{-4}$ | 14 | 0.056 | $4.3×10^{-5}$ | 1.470 | $7.9×10^{-4}$ |
| 5 | 0.042 | $3.2×10^{-5}$ | 0.188 | $9.8×10^{-5}$ | 15 | 0.240 | $1.8×10^{-4}$ | 0.560 | $3.0×10^{-4}$ |
| 6 | 0.012 | $9.3×10^{-6}$ | 0.208 | $1.1×10^{-4}$ | 16 | 0.510 | $3.9×10^{-4}$ | 0.990 | $5.1×10^{-4}$ |
| 7 | 0.130 | $1.0×10^{-4}$ | 0.162 | $9.8×10^{-5}$ | 17 | 0.180 | $1.4×10^{-4}$ | 0.760 | $4.0×10^{-4}$ |
| 8 | 0.058 | $4.4×10^{-5}$ | 0.225 | $1.2×10^{-4}$ | 18 | 0.030 | $2.8×10^{-5}$ | 1.150 | $6.0×10^{-4}$ |
| 9 | 0.003 | $2.2×10^{-6}$ | 0.272 | $1.5×10^{-4}$ | 19 | 0.130 | $9.9×10^{-5}$ | 0.810 | $4.2×10^{-4}$ |
| 10 | 0.003 | $2.1×10^{-6}$ | 0.507 | $2.8×10^{-4}$ | 20 | 0.003 | $2.1×10^{-6}$ | 0.260 | $1.3×10^{-4}$ |

（1）坝体压水试验。单位吸水率为 0.003~0.510 Lu；渗透系数为 $2.1×10^{-6}~8.9×10^{-3}$ cm/s。

（2）层间压水试验。单位吸水率为 0.162~4.050 Lu；渗透系数为 $9.8×10^{-5}~2.2×10^{-2}$ cm/s。

### 15.6.1.8　水口碾压混凝土渗透特性

分别在各坝段共钻 8 个孔，现场碾压混凝土压水试验成果见表 15-49。大坝碾压混凝土透水率为 0.04~25 Lu，渗透系数为 $2.20×10^{-7}~2.50×10^{-4}$ cm/s。

表 15-49　水口水电站大坝压水试验成果

| 部位 | 孔号 | 段数 | 透水率/Lu | 渗透系数/（cm/s） | 部位 | 孔号 | 段数 | 透水率/Lu | 渗透系数/（cm/s） |
|---|---|---|---|---|---|---|---|---|---|
| 27#坝块 | 1 | I | 9.8 | $1.02×10^{-5}$ | 18#坝块 | 1 | III | 0.6 | $6.04×10^{-6}$ |
| | | II | 0.89 | $8.80×10^{-6}$ | | | IV | 0.4 | $4.32×10^{-6}$ |
| | 2 | I | 0.6 | $6.14×10^{-6}$ | | | V | 0.2 | $2.18×10^{-6}$ |
| | | II | 1.0 | $9.92×10^{-7}$ | | | VI | 0.4 | $4.16×10^{-6}$ |
| 29#坝块 | 3 | I | 0.3 | $3.01×10^{-6}$ | | | VII | 0.3 | $3.18×10^{-6}$ |
| | | II | 0.04 | $4.11×10^{-7}$ | | 2 | V | 13 | $1.14×10^{-5}$ |
| | | III | 0.2 | $2.20×10^{-7}$ | | | VI | 0.6 | $6.60×10^{-6}$ |
| | 4 | I | 0.5 | $3.75×10^{-6}$ | | | VII | 25 | $2.50×10^{-4}$ |
| | | II | 0.5 | $5.23×10^{-6}$ | | | | | |
| | | III | 9 | $9.56×10^{-6}$ | | | | | |

### 15.6.1.9　普定水电站碾压混凝土渗透特性

**1. 坝体钻孔压水检查**

1 099.3 m 高程以下布置 12 个压水孔，以上布置 4 个压水孔。

迎水面二级配区：采用 0.6 MPa 做压水检查。高程 1 099.3 m 以下，单位吸水率在 0~0.003 L/（min·m·m）；高程 1 098.5 m 以上，单位吸水率为 0~0.012 L/（min·m·m）。

下游三级配区：采用 0.3~0.6 MPa 做压水检查，单位吸水率与上游孔相似，情况良好。

现场压水试验成果见表 15-50。二级配 C20(90 d)，透水率 0.02~0.25 Lu，渗透系数 $3.64×10^{-7}~4.48×10^{-6}$ cm/s；三级配 C15(90 d)，透水率 0~0.94 Lu，渗透系数 $0~1.63×10^{-5}$ cm/s。

表 15-50　普定水电站大坝压水试验成果

| 混凝土强度等级 $C_{90}20$ | | | 混凝土强度等级 $C_{90}15$ | | |
|---|---|---|---|---|---|
| 孔号 | 透水率/Lu | 渗透系数/（cm/s） | 孔号 | 透水率/Lu | 渗透系数/（cm/s） |
| Ys1 | 0.23 | $4.18×10^{-6}$ | Ys6 | 0.19 | $3.34×10^{-6}$ |
| Ys2 | 0.07 | $1.27×10^{-6}$ | Ys7 | 0.15 | $2.65×10^{-6}$ |
| Ys3 | 0.10 | $1.82×10^{-6}$ | Ys7-1 | 0 | 0 |
| Ys4 | 0.02 | $3.64×10^{-7}$ | Ys7-2 | 0.94 | $1.63×10^{-5}$ |
| Ys5 | 0.07 | $1.27×10^{-6}$ | Ys8 | 0.30 | $4.97×10^{-6}$ |
| Y3 | 0.10 | $1.79×10^{-6}$ | Ys8-1 | 0.11 | $1.94×10^{-6}$ |
| Y4 | 0.25 | $4.48×10^{-6}$ | Ys8-2 | 0.63 | $1.09×10^{-5}$ |

**2. 芯样抗渗**

普定拱坝混凝土芯样致密，抗渗试验结果符合设计要求。部分试件在试验时，当达到或超过设计要求的抗渗标号后,未再继续升压,结果如下:$R_{90}200$(二级配混凝土),试件 9 个,抗渗标号大于 S7;$R_{90}150$(三级配混凝土),试件 43 个,抗渗标号大于 S5;垫层混凝土 $R_{90}200$,试件 5 个,抗渗标号大于 S9。

### 15.6.1.10　皂市碾压混凝土渗透特性

1. 碾压混凝土现场试验块抗渗试验成果

分层压水试验成果见表 15-51,透水率变化范围为 0~0.49 Lu,平均值为 0.012~0.206 Lu。

表 15-51　皂市碾压混凝土试验块分层压水试验成果

| 混凝土分区 | 级配 | 编号 | 层面处理条件 | | 组数 | 最大值/Lu | 最小值/Lu | 平均值/Lu | 平方差/Lu |
| --- | --- | --- | --- | --- | --- | --- | --- | --- | --- |
| | | | 间歇时间/h | 层面处理 | | | | | |
| A1<br>$C_{90}20$ | 二 | 7/6 | 连续铺筑 | — | | | | | |
| | | 6/5 | 72 | 冲毛铺砂浆 | 6 | 0.27 | 0 | 0.081 | 0.108 |
| | | 5/4 | 32 | 冲毛铺砂浆 | 6 | 0.19 | 0 | 0.079 | 0.089 |
| | | 4/3 | 5 | — | 6 | 0.36 | 0 | 0.117 | 0.135 |
| A2<br>$C_{90}15$ | 三 | 3/2 | 连续铺筑 | | | 0.17 | 0.055 | 0.062 | |
| | | 2/1 | 120 | 冲毛铺砂浆 | 6 | 0.22 | 0 | 0.072 | 0.091 |
| | | 6/5 | 72 | 铺水泥浆 | | | | | |
| | | 5/4 | 30 | 铺砂浆 | 3 | 0.15 | 0 | 0.073 | 0.073 |
| | | 4/3 | 9 | 铺砂浆 | 3 | 0.49 | 0 | 0.184 | 0.267 |
| | | 3/2 | 连续铺筑 | — | 3 | 0.41 | 0 | 0.206 | 0.353 |
| | | 2/1 | 120 | 冲毛铺砂浆 | 3 | 0.04 | 0 | 0.012 | 0.021 |

混凝土芯样抗渗试件室内抗渗试验成果见表 15-52,渗透系数为 $0.29×10^{-7}~3.3×10^{-7}$ cm/s。

表 15-52　皂市碾压混凝土现场试验块芯样抗渗试验成果

| 项目 | 变态混凝土<br>$C_{90}20$ | A1 碾压混凝土<br>$C_{90}20$ | | | | A2 碾压混凝土<br>$C_{90}15$ | | |
| --- | --- | --- | --- | --- | --- | --- | --- | --- |
| 试件编号 | S-6 | S-1 | S-2 | S-7 | S-8 | S-3 | S-5 | S-9 |
| 最大水压力/MPa | 1.2 | 1.0 | 1.0 | 1.0 | 1.0 | 0.8 | 0.8 | 0.8 |
| 渗透系数/<br>($10^{-7}$ cm/s) | 0.29 | 1.3 | 1.5 | 2.6 | 3.3 | 3.3 | 3.3 | 3.3 |

2. 坝体混凝土压水检查

在每坝段的富胶防渗混凝土区随机布设,分别在"一枯"和"二枯"结束后的 7 月、8 月进行钻孔压水检查,检查标准以不大于 1.0 Lu 的设计要求为标准。

压水孔钻孔直径 75 mm,压水试验采用五点法,采用自上而下分段进行,分段长度 30 cm,封堵位置在混凝土结合缝上、下各 15 cm 处。总压水段数为 33 段,透水率 $q≤1.0$ Lu 为 29 段,占压水总段数的 87.9%;透水率 $q=1.05~1.43$ Lu 为 4 段,占压水总段数的 12.1%。大坝防渗区混凝土压水检查成果统计见表 15-53。对坝体混凝土局部透水率大于 1.0 Lu 的部位进行补强灌浆处理,处理后坝体混凝土透水率满足不大于 1.0 Lu 的设计要求。

表 15-53　皂市碾压混凝土芯样抗渗试验成果

| 项目 | | 防渗混凝土透水率($q$)统计 | | | | | 坝体混凝土补强处理后的透水率($q$)统计 | | |
|---|---|---|---|---|---|---|---|---|---|
| 渗透量分级/Lu | | $q<0.01$ | $0.01<$$q<0.1$ | $0.1<$$q<1.0$ | $1.0<$$q<10$ | $q>10$ | 渗透量分级/Lu | $0.01<$$q<0.1$ | $0.1<$$q<1.0$ |
| 孔段数比率/% | 一枯期混凝土 | 89.41 | 3 743.53 | 3 642.35 | 44.71 | | 孔段数（段） | 5 | |
| | 二枯期混凝土 | 10 428.7 | 17 648.5 | 7 921.8 | 30.86 | 10.28 | 孔段数（段） | 1 | 5 |

### 15.6.1.11　景洪碾压混凝土渗透特性

右岸混凝土工程共布置了 15 个检查孔钻孔取芯,检查成果见表 15-54。

压水试验共布置 10 个检查孔,压水 198 段次,透水率小于 1.0 Lu 的共 182 段次,占总段数的 91.9%;有 16 段·次超过 1.0 Lu,占总段数的 8.1%。不合格段次中,有 6 段与坝内预埋冷却水管有关,另有 6 段出现在 8 号坝段右侧入仓口附近。

表 15-54　景洪水电站大坝压水检查成果

| 检查孔数 | 压水检查孔数 | 压水/段次 | 透水率 $q$/Lu | | | |
|---|---|---|---|---|---|---|
| | | | $q<1.0$ | | $q>1.0$ | |
| | | | 段次 | 百分数/% | 段次 | 百分数/% |
| 15 | 10 | 198 | 182 | 91.9 | 16 | 8.1 |

### 15.6.1.12　蔺河口碾压混凝土渗透特性

1. 一期取芯检查试验成果

一期取出混凝土芯样总长 196.16 m,最大段长 2.37 m(受取芯设备和技术水平限制),二级配区芯样获得率 96.6%,三级配区芯样获得率 96%。芯样外观光滑、致密、骨料分布均匀。

现场压水试验检查 57 段,透水率最大值为 0.24 Lu,93%的透水率值在 0.01~0.1 Lu。

2. 二期取芯检查试验成果

现场压水试验检查共计 136 段,最小透水率为 0.002 Lu。小于 0.01 Lu 的 30 段,占 22.1%;小于 0.2 Lu 的 125 段,占 91.9%;大于 0.2 Lu 的 11 段,占 8.1%;大于 1 Lu 的 1 段(未到设计龄期),占 0.7%。

### 15.6.1.13　戈兰滩碾压混凝土渗透特性

在 8~11 号坝段进行混凝土钻孔取芯检验,钻孔高程 402 m。共完成钻孔 8 个,其中取芯孔 5 个,压水试段 33 段。钻孔取芯共完成混凝土钻进长度 180.73 m,取芯长度为 180.48 m,采取率为 99.86%。

总压水段数为 33 段,透水率 $q \leqslant 1$ Lu 为 29 段,占压水总段数的 87.9%;透水率 $q=1.05~1.43$ Lu 为 4 段,占压水总段数的 12.1%。

### 15.6.1.14　金安桥大坝碾压混凝土渗透特性

1. 大坝钻孔压水

压水检查孔充分考虑防渗区和主填筑区不同部位,压水孔每 3 m 为一压水段长,采用单点法进行压水试验,第一段压力为 0.3 MPa,第二段压力为 0.6 MPa,以下各段压力均为 1.0 MPa。总压水段数为 58 段,透水率 $q$ 小于 0.1 Lu 的为 19 段,占总段数的 33%;透水率为 0.1~0.5 Lu 的有 36 段,占总段数的 62%;透水率为 0.5~1.0 Lu 的有 3 段,占总段数的 5%。所选钻孔 58 段的压水试验结果表明,混凝土最

小透水率为 0.020 Lu,最大透水率为 0.90 Lu(孔口段)。

　　2.芯样抗渗

　　选取三组二级配 $C_{90}20$ 和四组三级配 $C_{90}20$ 碾压混凝土芯样,进行抗渗等级试验,抗渗等级均满足 W8 设计要求,但劈开后其渗水高度均较高,6 个试件当中有 1~2 个全透水。

### 15.6.1.15　红坡碾压混凝土渗透特性

　　在坝高程 2 009.2 m 共布置 5 个 $\phi$ 22 cm 芯样孔。共钻取芯样总长度 81.6 m,随机取 1 号和 3 号孔的芯样制件进行设计抗渗指标验证。

　　对 1 号、3 号孔芯样制件进行室内垂直渗透压力试验,其 7 组芯样的渗透压力超过 0.7 MPa。

　　为检验三级配碾压混凝土的水平渗透及吸水情况,对现场所钻 1 号、2 号、3 号孔进行了不同段次的压水试验,其试验结果见表 15-55。

表 15-55　红坡水库大坝碾压混凝土压水试验

| 高程 | 孔号 | 孔深/m | 试验段位置/m | | | | 压力范围/MPa | 单位吸水率/Lu | |
|---|---|---|---|---|---|---|---|---|---|
| | | | 段次 | 段部 | 试段 | 段长 | | 范围 | 平均 |
| 1 797.3 m 以下 | 压-1 | 10 | 1 | 4 | 10 | 6 | 0.4~0.8 | 0.042~0.083 | 0.061 |
| | 压-2 | 10 | 1 | 4 | 10 | 6 | 0.4~0.8 | 0.021~0.042 | 0.029 |
| | 压-3 | 10 | 1 | 4 | 10 | 6 | 0.4~0.8 | 0.02~0.083 | 0.039 |
| 2 009.2 m 以下 | 压-1 号孔 0+71 | 29 | 1 | 30 | 9 | 6 | 0.4~0.8 | 0.83~1.04 | 0.964 |
| | 压-1 号孔 0+71 | 29 | 2 | 9 | 19 | 10 | 0.4~0.8 | 0.75~1.0 | 0.852 |
| | 压-1 号孔 0+71 | 29 | 3 | 19 | 29 | 10 | 0.4~0.8 | 0.38~0.50 | 0.473 |
| | 压-2 号孔 0+165 | 19 | 1 | 3 | 9 | 6 | 0.4~0.8 | 0.25~1.20 | 0.640 |
| | 压-2 号孔 0+165 | 79 | 2 | 9 | 19 | 10 | 0.4~0.8 | 0.50~0.55 | 0.564 |
| | 压-3 号孔 0+233 | 9 | 1 | 3 | 9 | 6 | 0.4~0.8 | 0~0.32 | 0.165 |

　　从表 15-55 中看出,压水试验的单位吸水率较少,各孔段单位吸水率为 0.02~1.2 Lu,总平均吸水率仅为 0.4 Lu,且以大坝蓄水位以下部分的渗透性小,坝体蓄水以后基本不渗漏的结果也说明了这一点。因此,用骨料最大粒径 80 mm 的三级配碾压混凝土筑坝,只要科学管理,并采用先进的施工技术精心施工,是完全可以达到自防渗作用效果的。

### 15.6.1.16　圆满贯碾压混凝土渗透特性

　　对大坝 470.20 m 高程以下的碾压防渗区 C20 混凝土和 C15 混凝土钻孔取芯检查。此次检查共布置了 4 个取芯检查孔,其中 2 个取芯孔兼压水孔,共计压水 21 段,压水试验实测透水率为 0.364~5.100 5 Lu。透水率统计见表 15-56。

表 15-56　圆满贯水电站大坝压水试验试段透水率统计

| 孔号 | 段数 | 合格段数 | 不合格段数 | 透水率百分率/% | | 孔号 | 段数 | 合格段数 | 不合格段数 | 透水率百分率/% | |
|---|---|---|---|---|---|---|---|---|---|---|---|
| | | | | $q<1.0$ Lu(合格) | $q>1.0$ Lu(不合格) | | | | | $q<1.0$ Lu(合格) | $q>1.0$ Lu(不合格) |
| 1 | 11 | 8 | 3 | 72.73 | 27.27 | 2 | 10 | 7 | 3 | 70 | 30 |

## 15.6.2　国外工程碾压混凝土渗透特性试验成果

### 15.6.2.1　柳溪坝

　　美国曾对贫混凝土的柳溪坝做室内圆柱体试件和大坝芯样的渗透性试验,其测试成果见表 15-57。

柳溪坝碾压混凝土胶凝材料用量虽然很低,但渗透系数仍达 $6.7 \times 10^{-11}$ cm/s,其主要原因是骨料中含有约 8% 的小于 0.075 mm 的微粒,起到填充碾压混凝土空隙的作用。柳溪坝水库蓄水一年后,坝体钻孔压水试验结果平均渗透系数在 $3 \times 10^{-6} \sim 8.5 \times 10^{-5}$ cm/s,包括了各浇筑层的碾压混凝土和层面之间的渗漏。说明层面间的渗漏是相当可观的。

表 15-57　柳溪坝碾压混凝土试件和芯样渗透系数测定成果

| 部位 | 最大骨料直径/mm | 水泥用量/(kg/m³) | 粉煤灰用量/(kg/m³) | 渗透系数/($10^{-10}$ m/s) | |
| --- | --- | --- | --- | --- | --- |
| | | | | 圆柱体试件 | 芯样试件 |
| 坝体内部 | 76 | 47 | 19 | 67.5 | 18.3 |
| 坝体外部 | 76 | 104 | 47 | 1.68 | 20.1 |
| 溢流面 | 38 | 187 | 80 | 6.25 | 67.1 |

### 15.6.2.2　岛地川坝

在连续浇筑两层的碾压混凝土中,垂直层面钻取直径 150 mm 芯样,长 70 cm,分上、中、下三层。对芯样进行渗透试验,并对钻孔进行压水试验,测定成果见表 15-58。

表 15-58　岛地川坝碾压混凝土渗透系数测定成果

| 水胶比 | 胶凝材料用量/(kg/m³) | | 芯样平均渗透系数/($10^{-10}$ m/s) | | | 现场实地压水试验平均渗透系数/(m/s) |
| --- | --- | --- | --- | --- | --- | --- |
| | 水泥 | 粉煤灰 | 上层 | 中层(包括层面) | 下层 | |
| 0.80 | 91 | 39 | 2.3 | 0.83 | 11 | $1.78 \times 10^{-8}$ |

芯样平均渗透系数在 $10^{-11} \sim 10^{-9}$ cm/s,比常规大体积混凝土渗透系数要大一些。现场实地压水试验测定渗透系数比芯样大 10~100 倍,这是因为碾压混凝土材料离析形成空隙。

### 15.6.2.3　大川坝

钻取直径 170 mm、深 3 m 的钻孔,包含 6 层厚 0.5 m 的碾压层。芯样的渗透系数和现场压水试验(包括层面在内)的平均渗透系数见表 15-59。

表 15-59　大川坝碾压混凝土渗透系数测定成果

| 水胶比 | 胶凝材料用量/(kg/m³) | | 芯样测定结果 | | | 现场实地压水试验 | |
| --- | --- | --- | --- | --- | --- | --- | --- |
| | 水泥 | 粉煤灰 | 龄期/月 | 抗压强度/MPa | 渗透系数/($10^{-10}$ m/s) | 龄期/月 | 渗透系数/($10^{-10}$ m/s) |
| 0.80 | 84 | 32 | 20 | 20.1 | 4.2 | 20 | 7.4~17 |
| 0.85 | 84 | 32 | 21 | 16.0 | 4.5 | 21 | 0.29 |

这是一个现场压水试验所测得渗透系数比室内芯样测得的渗透系数小的特殊例子,估计是切割芯样及制作试件时芯样受损伤所致。

### 15.6.2.4　上静水坝

实验室测定上静水坝碾压混凝土试件的渗透系数为 $4 \times 10^{-12}$ cm/s,在相同压力强度条件下,等于或稍低于常规大坝混凝土的渗透系数,原因是水灰比低(0.37)和胶凝材料用量高(252 kg/m³)。

### 15.6.2.5　玉川坝

在坝体实地钻孔压水试验平均渗透系数为 $2.5 \times 10^{-8}$ cm/s。

#### 15.6.2.6　奥利韦特坝

实验室测定奥利韦特坝碾压混凝土试件的渗透系数为 $10^{-9}$ cm/s,钻取芯样测定渗透系数,渗流方向垂直层面为 $9×10^{-8}$ cm/s,渗流方向平行层面为 $5.1×10^{-10}~8×10^{-10}$ cm/s。

# 15.7　各种因素对碾压混凝土层面渗透特性的影响

下面讨论各种因素对碾压混凝土层面渗透特性的影响,这些因素包括碾压混凝土的配合比、层面处理、施工方法、碾压混凝土龄期、水力梯度、应力状态等。

## 15.7.1　碾压混凝土配合比对层面渗透特性的影响

### 15.7.1.1　水灰比和骨料粒径对渗透特性的影响

大体积混凝土的渗透率随着水泥水化的发展而变化,当浆体水化程度相同时,水灰比和骨料粒径与渗透系数的关系见图 15-27。由图 15-27 可见,水泥用量愈高,即水灰比愈小,渗透率愈低;在水灰比相同情况下,骨料最大粒径愈大,渗透率愈高。

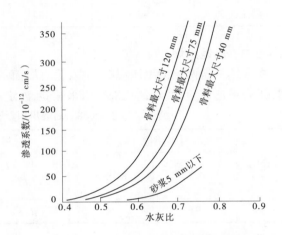

图 15-27　水灰比和骨料粒径与渗透系数的关系

### 15.7.1.2　胶凝材料用量对渗透特性的影响

(1)邓斯坦的统计。邓斯坦根据 8 个不同国家 16 个已建碾压混凝土坝坝体实测的渗透率的统计,得出坝体渗透率与胶凝材料之间存在着近似直线关系。增加碾压混凝土的胶凝材料用量显示其抗渗性的改善作用是明显的。由图可以看出,一般说来,胶凝材料用量低于 100 kg/m³ 的碾压混凝土渗透系数在 $10^{-4}~10^{-9}$ m/s;胶凝材料用量为 120~130 kg/m³ 的碾压混凝土渗透系数在 $10^{-7}~10^{-10}$ m/s;胶凝材料用量大于 150 kg/m³ 的碾压混凝土渗透系数为 $10^{-10}~10^{-13}$ m/s。

(2)巴西 Fumas 混凝土实验室。对碾压混凝土和常态混凝土所做的渗透试验,从胶凝材料用量 150 kg/m³ 开始,继续增加胶凝材料(水泥+火山灰)用量,对碾压混凝土和常态混凝土的渗透系数的减少并不明显。这与邓斯坦的统计结果有一定差异。

(3)柳溪坝室内试验。当胶凝材料用量分别为 66 kg/m³($C+F=47$ kg/m³+19 kg/m³)和 151 kg/m³($C+F=104$ kg/m³+47 kg/m³)时,圆柱体试件渗透系数分别为 $67.5×10^{-10}$ cm/s 和 $1.68×10^{-10}$ cm/s,即后者比前者渗透系数降低了约 40 倍;但是芯样的渗透系数是基本相等的,分别为 $18.3×10^{-10}$ cm/s 和 $20.1×10^{-10}$ cm/s。当胶凝材料用量分别为 151 kg/m³ 和 267 kg/m³ 时,圆柱体试件渗透系数分别为 $1.68×10^{-10}$ cm/s 和 $6.25×10^{-10}$ cm/s,后者反而提高了;芯样试件也有类似结果,分别为 $20.1×10^{-10}$ cm/s 和 $67.1×10^{-10}$ cm/s。

(4)龙滩碾压混凝土室内试验。

①设计阶段碾压混凝土不同胶材用量室内试件相对渗透系数试验结果见表 15-29 和图 15-28,主要结果是随着胶凝材料用量减小,碾压混凝土相对渗透系数增加。

②设计阶段碾压混凝土试验块芯样试验(见表 15-32),E、G 两种工况都是层面不处理,但是 E 和 G 工况胶凝材料用量分别为 220 kg/m³ 和 180 kg/m³,平均相对渗透系数分别为 $5.16×10^{-9}$ cm/s 和 $5.35×10^{-8}$ cm/s,两者相差 1 个数量级。

③设计阶段分别进行了 200 kg/m³、180 kg/m³ 和 160 kg/m³ 胶凝材料用量的碾压混凝土本体抗渗性能试验,结果见表 15-60。由表 15-60 可见,随胶凝材料用量增加,碾压混凝土相对渗透系数减小,抗

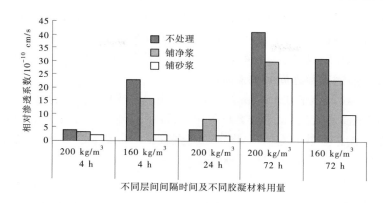

图 15-28　龙滩设计阶段的碾压混凝土层面相对渗透系数关系（室内试验）

渗性能增加。三种胶凝材料用量下的相对渗透系数分别为 $0.17×10^{-9}$ cm/s、$1.3×10^{-9}$ cm/s 和 $8.9×10^{-9}$ cm/s。虽然抗渗等级都达到了 $>W_{11}$，但相对渗透系数之比为 1.0、7.64、52.2。

④施工阶段大坝芯样试验（见表 15-38），对于 RⅣ（$C+F=99$ kg/m³ + 121 kg/m³）、RⅠ（$C+F=86$ kg/m³ + 104 kg/m³）和 RⅡ（$C+F=68$ kg/m³ + 102 kg/m³）三个胶凝材料用量的混凝土，测得抗渗标号分别为 $>W12$、$>W6$ 和 $>W6$，相应渗水高度分别为 4.2 cm、6.1 cm 和 8.2 cm，表明随着胶凝材料用量的降低，渗透性提高。

表 15-60　龙滩设计阶段碾压混凝土本体抗渗性能

| 胶凝材料用量/<br>（kg/m³） | 水胶比 | 抗渗等级 | 相对渗透系数/<br>（cm/s） | 相对渗透系数之比 |
| --- | --- | --- | --- | --- |
| 200（90+110） | 0.370 | $>W11$ | $1.7×10^{-10}$ | 1.0 |
| 180（75+105） | 0.405 | $>W11$ | $1.3×10^{-9}$ | 7.64 |
| 160（55+105） | 0.450 | $>W11$ | $8.9×10^{-9}$ | 52.2 |

（5）光照碾压混凝土。

光照水电站对 5 种等级碾压混凝土设计推荐配合比胶凝材料用量为 152～191.1 kg/m³，相应层面切向渗透系数为 $47.3×10^{-9}$～$12.4×10^{-9}$ cm/s。

（6）对混凝土水胶比的一些要求。水胶比与渗透率的关系密切，且随着水胶比的增大，混凝土渗透系数增大。因此，有的标准中，对于抗渗性有要求的混凝土，对水灰比做了规定：美国混凝土学会建议暴露于淡水中的结构混凝土水灰比不应超过 0.48，暴露于海水中则不应超过 0.44；日本土木学会规定，大体积结构混凝土水灰比不得超过 0.53，大坝外部混凝土水灰比不得超过 0.55；中国对混凝土最大水灰比的规定见《混凝土重力坝设计规范》（DL 5108—1999 和 SL 319—2005）中相关规定。

### 15.7.1.3　粉煤灰掺量对渗透特性的影响

高粉煤灰掺量碾压混凝土中，胶凝材料（水泥+粉煤灰）用量较多，水胶比相对较小，混凝土中原生孔隙较少，其水化主要在 28 d 龄期以后开始，因此至 90 d 龄期时，碾压混凝土的孔隙率和孔隙构造与 28 d 时相比有明显改善，抗渗性明显提高。研究表明，干贫碾压混凝土，28 d 龄期和 90 d 龄期孔隙率分别为 27.78% 和 19.46%；高粉煤灰碾压混凝土，28 d 龄期和 90 d 龄期孔隙率分别为 24.84% 和 13.88%。试验还表明，干贫碾压混凝土和高粉煤灰掺量碾压混凝土中，孔径大于 500 Å 的孔隙分别占 54.78% 和 37.58%，而孔径大于 500 Å 的孔隙对于混凝土的抗渗性不利，因此高粉煤灰碾压混凝土的抗渗性能较好。但是，当掺量由 75% 增加为 85% 时，抗渗性急剧下降。

对碾压混凝土分别掺 4 种Ⅰ级粉煤灰及混合使用（凯里、凯里+宣威、凯里+襄樊、凯里+珞璜）进行抗渗试验，采用三级配，当水胶比为 0.41，粉煤灰掺量为 54.7%，水泥用量为 86 kg/m³，粉煤灰用量为

104 kg/m³,抗渗试验最大加压至 1.2 MPa,90 d 龄期试验结果,抗渗等级都>W12,平均渗水高度分别为 2.8 cm、2.6 cm、1.3 cm 和 1.5 cm。说明不同的粉煤灰对抗渗性无明显影响,均可以配制出满足抗渗等级 W12 的碾压混凝土,碾压混凝土坝钻孔压水试验透水率可以达到 0.1 Lu 以下。

#### 15.7.1.4　石粉含量与渗透系数之间的关系研究

碾压混凝土骨料中,粒径小于 0.16 mm 微粒能起到填充空隙的作用,适量的微粒含量可以改善碾压混凝土的抗渗性,降低渗透系数,减少胶凝材料用量,抑制混凝土中的碱骨料反应。

石粉含量对混凝土渗透系数的影响,见图 15-29:混凝土中含石粉的多寡,对渗透系数的影响非常明显(本资料摘自巴西 Itaipu Binacional 实验室研究成果)。

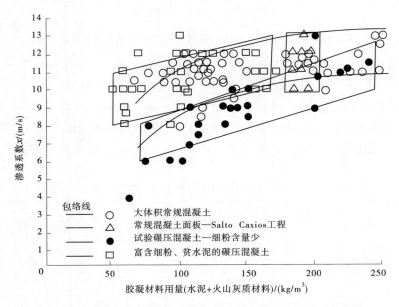

图 15-29　碾压混凝土的常态混凝土渗透系数的比较研究

从图 15-30 和图 15-31 可以看出:①石粉含量在一定范围内,可以起到填充碾压混凝土空隙、增加碾压混凝土密实性的作用,使其渗透率降低;②碾压混凝土骨料间的初始空隙率较小时,增加石粉含量对碾压混凝土的密实性影响不大,因此石粉含量超过 16%时,其渗透系数基本趋于稳定。

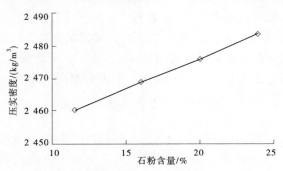

图 15-30　石粉含量与压实密度的关系(龄期 90 d)

(试验采用三级配,水胶比为 0.5,粉煤灰掺量 60%,
水泥用量 62 kg/m³,粉煤灰用量 92 kg/m³)

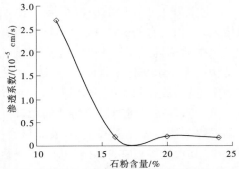

图 15-31　石粉含量与抗渗性能的关系(龄期 90 d)

(试验采用三级配,水胶比为 0.5,粉煤灰掺量 60%,
水泥用量 62 kg/m³,粉煤灰用量 92 kg/m³)

### 15.7.2　混凝土层面处理对渗透特性的影响

由于碾压混凝土坝存在大量水平施工缝(层面),如处理不当将成为强透水面。沿层面切线方向的

渗透系数可达 $10^{-2}$ cm/s 或更大,而本体其值在 $1.29×10^{-9}$ ~ $2.61×10^{-9}$ cm/s(S8~S12),层面的渗透性是整个碾压混凝土坝的控制因素。下面介绍不同层间间隔时间和层面处理方式(层面不处理、铺净浆、铺砂浆和涂黏结剂等)对碾压混凝土渗透特性的影响。

(1)龙滩研究成果。

①当层间间隔时间为 4 h 时(碾压混凝土初凝前),层面处理与否,碾压混凝土相对渗透系数差别不大,含层面的和本体的相对渗透系数分别为 $2.06×10^{-10}$ cm/s、$0.91×10^{-10}$ cm/s,属同一数量级;采用 200 kg/m³ 胶凝材料碾压混凝土相对渗透系数比用 160 kg/m³ 的相对渗透系数小一个数量级。

②当层间间隔时间为 72 h 时(碾压混凝土终凝以后),相对渗透系数与初凝前相比明显增大一个数量级,此时层面铺水泥砂浆比铺净浆效果要好些,碾压混凝土的抗渗性能略优。

③在龙滩现场碾压试验中,进行了不同层面处理措施防渗效果的对比试验表明:对超过初凝时间的碾压混凝土层面进行处理后,可使层间抗渗性接近或超过连续上升时的层间抗渗性能,而小石子混凝土的效果好于水泥砂浆。

(2)江垭研究成果。

①在初凝时间(8 h 左右)以内,层面抗渗性能基本上没有变化。

②初凝后将随间隔时间的延长,抗渗性能而显著降低。对于层面不处理的情况:当层间间歇分别为 0、4 h、8 h、16 h、24 h、48 h 时,相应的层面抗渗标号分别为 S8、S8、S8、S6、S4、S2,现场取样室内试验结果也印证了这一点;层间间隔时间为 6 h 40 min ~ 7 h 10 min 的层面平均渗透系数比层间间隔时间为 13 h ~ 13 h 50 min 的层面的平均渗透系数小 2~3 个数量级甚至更多。

③层面间隔 24 h,分别采取层面不处理、层面铺砂浆、层面铺水泥浆三种方式处理层面,测得抗渗标号分别为 S4、S6、S8。因此,碾压混凝土如果层面间隔时间太长,对层面进行铺水泥浆或砂浆处理是非常有效和必要的。

④现场取样试块,铺设砂浆处理的层面,其平均渗透系数为 $10^{-6}$ cm/s 左右。

(3)皂市试验块分层压水试验成果。

连续铺筑时,平均透水率为 0.055~0.206 Lu;间隔 30 h 后,层面铺砂浆,平均透水率为 0.073 Lu;间隔 120 h 后,层面冲毛铺水泥砂浆,平均透水率为 0.012~0.071 Lu。说明层面铺砂浆后,透水率达到连续铺筑的水平。

(4)铜街子工程试验成果(见表 15-61)。

层面长间歇形成冷缝后,不同的层面处理措施能使层间抗渗性接近或超过连续上升时层间的抗渗性能,效果以水泥砂浆好于水泥浆。

表 15-61　铜街子工程不同层面间隔时间和处理方法抗渗性测定成果

| 编号 | 层间间歇时间 | 层面处理措施 | 抗渗标号 |
| --- | --- | --- | --- |
| $R_{D-1}$ | 小于 1 h | 未处理 | S8 |
| $R_{D-2}$ | 7 d | 刷毛铺砂浆 | S8 |
| $R_{D-3}$ | 28 d | 刷毛铺砂浆 | S8 |
| $R_{D-4}$ | 28 d | 刷毛铺水泥浆 | S6 |

(5)美国得克萨斯州的梯级坝群的北环工程实验室进行了不同层缝面处理技术的现场试验,钻芯测定渗透系数,其试测结果见表 15-62,表明层面铺水泥砂浆能降低渗透系数。

表 15-62　美国北环工程钻芯测定渗透系数

| 层面处理方法 | 渗流方向 | 平均渗透系数/ $(10^{-6}$ cm/s) | 层面处理方法 | 渗流方向 | 平均渗透系数/ $(10^{-6}$ cm/s) |
|---|---|---|---|---|---|
| 无缝 | 垂直层面 | 2.30 | 铺水泥浆 | 平行层面 | 2.60 |
| 只洒水 | 平行层面 | 2.25 | 铺水泥砂浆 | 平行层面 | 0.19 |

### 15.7.3　水力梯度对渗透特性的影响

(1)A. H. 基里洛夫的试验结果表明,随着水压力(或水力梯度)的增大,混凝土的渗透系数下降。当每次提高水压力时,混凝土的渗透系数稍有增大,但随后逐渐下降。这可能是某些孔隙的渗透阀门在新的更高的压力下被打开,渗透量增大。但随着渗透时间的延长,孔隙被新生成的水化产物、水中悬浮粒子或气泡所堵塞,形成新的关闭的阀门。

(2)龙滩工程碾压混凝土渗透试验成果表明,随着混凝土两侧压力差的增大(水力梯度增大),混凝土的渗透系数增大,但当压力差稳定不变时,混凝土的渗透系数又随渗透历时的延长而下降。说明该混凝土在此压力差作用下并未出现渗透破坏。

(3)江垭和龙滩碾压混凝土室内试验,当压力增大到 2.8 MPa,都未发现水力击穿现象,亦未发现渗透破坏。但经压汞测孔试验,发现其孔隙率有所增加,大孔增大,说明混凝土的孔结构在一定程度上受到破坏,若把该种情况定义为临界水力梯度,它们的数值都分别达到或大于 1 867 和 2 400。

### 15.7.4　应力状态对渗透特性的影响

混凝土是一种非均质的人造石料,它由拌和、浇筑到凝固,会产生沉陷,水泥浆的水化、干缩、碳化等,这些作用都将引起收缩,导致混凝土结硬后内部产生微细裂缝,用放大镜方能看清,这种微细裂缝主要发生在石子与砂浆黏结面上(称为黏结裂缝)和砂浆本体内(称为砂浆裂缝)。以上裂缝与应力应变曲线特征有密切关系,当应力只为极限强度的 30%~50% 时,混凝土变形主要是骨料和水泥石的弹性变形,混凝土内部固有的裂缝并未扩张。受压时,材料的孔隙和微裂缝口产生压缩有闭合的趋势,但是随着荷载继续增加,裂缝的长度、宽度和数量都相应增加,当应力达到强度的 70%~80% 时,砂浆裂缝也急骤增加、扩展、贯通,导致混凝土破坏。从渗流应力测试结果看,当应力达到一定强度后,渗流均随应力增加而迅速增大,渗透量由小转而增大所对应的应力值称为临界应力,各种标号的碾压混凝土临界应力不同,应通过试验确定。下面介绍一些试验结果。

(1)美国柳溪碾压混凝土重力坝。渗流观测资料发现,坝上部的渗透系数较下部的大,这是龄期的影响还是应力、水头环境的影响?某些高坝上、下部位应力相差很大,在运行期坝趾、坝踵的应也有很大的差异,如果碾压混凝土渗透性对应力变化的响应很敏感,坝体下游部分随压应力增大而渗透性减弱,一旦上游有细微的裂缝,高压水将进入缝面并向下游扩展,当下游由于压应力增大而渗透性减弱时,高压水难于排出使缝水压增加,对大坝安全不利。

(2)龙滩碾压混凝土。设计阶段现场碾压试验的 F 工况的圆柱体芯样,河海大学做了碾压混凝土本体渗流应力耦合试验。试验结果见表 15-63,试验初始荷载为 25~50 kN,水头增到 9.0 m 时,几天都不渗水,直至水头加到 57.5 m 时,方测得其稳定渗透流量,继续逐级加载,渗透流量基本上维持不变,当荷载增到 300 kN 时,渗流量突然增大,停止试验。两个试件均遵循这一规律。

表 15-63　渗透系数与应力关系的试验结果

| 工况及试件编号 | 轴向荷载/kN | 施加正应力/MPa | 施加正应力/极限强度/% | 渗水流量/（cm³/s） | 渗透系数/（cm/s） |
|---|---|---|---|---|---|
| F1-76 | 25～200 | 1.473～11.78 | 60 | 1.13×10⁻³ | 3.35×10⁻⁹ |
|  | 300 | 17.83 | 84 | 180×10⁻³ | 5.33×10⁻⁷ |
| F1-19 | 50～150 | 2.947～8.842 | 35 | 1.48×10⁻³ | 4.39×10⁻⁹ |
|  | 250 | 14.73 | 58 | 47.1×10⁻³ | 1.40×10⁻⁷ |

对龙滩施加不同的压力,测得其渗透系数,当应力达到极限强度的 30%～50% 时,因为混凝土内部空隙产生弹性压缩,渗透系数随应力的增加而减少,当应力达到极限强度的 70%～80% 时,由于产生了新的裂缝,渗透系数猛烈增大达 100 倍以上。

（3）江垭大坝碾压混凝土芯样。做了渗透系数与劈裂荷载间关系的试验研究（见表 15-64）,得劈裂荷载 $p$ 与渗透系数 $K$ 的经验公式为

$$\ln K = 849.67/p - 29.81 \qquad （相关系数 r = 0.91）$$

表 15-64　江垭大坝碾压混凝土芯样渗透系数与劈裂荷载间的关系

| 试样编号 | 劈裂荷载/kN | 平均渗透系数/（cm/s） | 渗透总历时/h | 试样编号 | 劈裂荷载/kN | 平均渗透系数/（cm/s） | 渗透总历时/h |
|---|---|---|---|---|---|---|---|
| 7#缝 P-2 | 120 | 4.0×10⁻¹⁰ | 1 104 | 1# P-4 | 60 | 6.0×10⁻⁷ | 射水,停止试验 |
| 23#缝 P-3 | 90 | 7.0×10⁻¹⁰ | 1 490 | 3# P-4 | 68 | 1.2×10⁻⁸ | 514 |
| 1# P-8 | 80 | 1.3×10⁻⁹ | 768.7 | 7#本 P-13 | 95 | 3.5×10⁻¹⁰ | 792 |

试验表明,渗透系数越小,能承受劈裂荷载越大。

## 15.7.5　混凝土龄期对渗透系数的影响

根据达西定律,混凝土的渗透系数与渗透历时无关,但试验结果并非如此。由于水泥颗粒的水化过程长期不断地进行,使水泥石孔隙结构发生变化,其空隙率随之减小。这个变化表现在初期进行得比较快,随着空隙率减小,后来逐渐衰减,渗透系数随龄期下降,其抗渗性随着养护龄期的增长而增加,且后期抗渗性显著提高。

### 15.7.5.1　国外的一些研究成果

（1）A.n.基里洛夫（Кириллов）试验成果。混凝土的渗透系数随渗透历时的延长而降低并逐渐趋于某一特定值。研究土壤、岩石、陶瓷、混凝土和石棉水泥管的许多学者也发现渗透速度随渗透时间的延长而下降。

（2）国外几座坝的单位渗透系数与时间的关系观测表明,蓄水 4 年后,单位渗透系数大大下降。

（3）T.C.Powers 试验成果。在垫层水泥浆与砂浆中,其渗透系数随水化的进展亦逐渐减小,试验数据列于表 15-65。

表 15-65　水泥浆渗透系数随龄期的变化

| 龄期/d | 新水泥浆 | 5 | 6 | 8 | 13 | 24 | ∞ |
|---|---|---|---|---|---|---|---|
| 渗透系数/（cm/s） | 2×10⁻⁴ | 4×10⁻⁸ | 1×10⁻⁸ | 4×10⁻⁹ | 5×10⁻¹⁰ | 1×10⁻¹⁰ | 6×10⁻¹¹（计算值） |

（4）苏联水利工程科学研究所的研究成果。养护 15 d 的普通水泥混凝土渗透系数是龄期 3 d 渗透

系数的70%,龄期延长渗透系数进一步下降,下降的量逐渐减少。6个月龄期混凝土的渗透系数是1个月龄期的25%~30%;1年龄期时,混凝土的渗透系数是1个月龄期时的15%~20%。水灰比为0.3的混凝土,90 d龄期时混凝土孔隙中填满了凝胶状水化产物,实际上是不透水的。掺粉煤灰的混凝土,由于粉煤灰的水化作用主要发生在28 d龄期以后,因此其后期孔隙构造有更大的改善,长龄期时混凝土的渗透系数降低更显著。

#### 15.7.5.2 国内的一些研究成果

**1. 龙滩攻关研究成果**

60 d龄期的渗透系数比30 d龄期的减小50%,90 d龄期的渗透系数是30 d龄期的38%。高粉煤灰含量碾压混凝土中胶凝材料用量较多,水胶比相对较小,混凝土中原生孔隙较少,28 d龄期抗渗等级可达W4~W6或者更高,90 d龄期抗渗等级一般可达W8~W12以上,或者渗透系数可达到$10^{-11}$~$10^{-9}$ cm/s。由于粉煤灰的水化作用主要在28 d龄期以后开始,因此碾压混凝土的孔隙率和孔隙构造,28 d以前和90 d时有明显的差别。

**2. 岩滩碾压混凝土围堰**

90 d、9×365 d、10×365 d龄期的渗透系数分别为28 d龄期碾压混凝土渗透系数的73%、45.9%和35%。另外,根据有关资料计算,岩滩工程主坝碾压混凝土90 d、5×365 d、7×365 d龄期的渗透系数分别为28 d龄期碾压混凝土渗透系数的71.9%、54.1%和45.7%。

**3. 龙滩大坝**

三级配碾压混凝土($C+F=55$ kg/m³+105 kg/m³)的试验结果,120 d龄期碾压混凝土的实测渗透系数是90 d龄期混凝土渗透系数的43.6%。

**4. 江垭碾压混凝土芯样**

在碾压混凝土芯样渗流试验中可观察到渗透系数随渗透历时的延长而减小的现象。在江垭碾压混凝土芯样试验中随机取出6块芯样,每个试件均在大水力梯度下持续作用将近40 d,芯样渗透流量随渗透历时的变化规律见表15-66和图15-32。国内外已建的碾压混凝土工程渗漏量观测资料也显示出渗漏量随蓄水时间的延长而减小,即所谓自愈现象。产生自愈现象的原因可能包括以下几个方面。

表15-66 江垭碾压混凝土芯样的流量($Q$)、渗透系数($K$)与时间($T$)试验结果

| 项目 | | 1.6 MPa | 1.8 MPa | 2.0 MPa | 2.8 MPa | | | |
|---|---|---|---|---|---|---|---|---|
| | | | | | 5 d | 15 d | 25 d | 35 d |
| 23#缝 P-3 | 渗透系数/(cm/s) | $1.48×10^{-9}$ | $1.48×10^{-9}$ | $1.45×10^{-9}$ | $1.46×10^{-9}$ | $1.01×10^{-9}$ | $7.55×10^{-10}$ | $7.48×10^{-10}$ |
| | 流量/(m³/s) | $2.67×10^{-4}$ | $2.95×10^{-4}$ | $3.19×10^{-4}$ | $4.49×10^{-4}$ | $3.09×10^{-4}$ | $2.33×10^{-4}$ | $2.31×10^{-4}$ |
| 1#层 P-2 | 渗透系数/(cm/s) | $2.37×10^{-9}$ | $2.12×10^{-9}$ | $2.19×10^{-9}$ | $2.00×10^{-9}$ | $1.50×10^{-9}$ | $2.25×10^{-10}$ | $7.48×10^{-9}$ |
| | 流量/(m³/s) | $4.12×10^{-4}$ | $4.15×10^{-4}$ | $4.77×10^{-4}$ | $6.12×10^{-4}$ | $4.59×10^{-4}$ | $3.80×10^{-4}$ | $4.92×10^{-4}$ |

(1)水中夹杂的细泥、黏土等悬浮粒子堵塞混凝土中孔隙通道。

(2)孔隙中的水随渗透距离的延长,$Ca(OH)_2$的浓度逐渐提高并在某些微细孔隙中结晶而堵塞了毛细孔。

(3)存在于混凝土大孔隙中或溶于水中的气泡在压力作用下体积缩小,随渗透水迁移,压力逐渐减小,气泡膨胀堵塞孔隙,阻碍水的流动;水经毛细孔中的水化产物吸水膨胀。

(4)在有$Ca(OH)_2$和水的环境下,粉煤灰中的活性物质与$Ca(OH)_2$产生二次水化反应生成新的水化产物——凝胶(C-S-H)等物质,充填堵塞和细化碾压混凝土中的原生孔隙结构。

### 15.7.6 混凝土龄期对大坝渗漏量的影响

许多工程的大坝渗漏观测表明,碾压混凝土坝蓄水初期一般渗漏量较大,但往往随着时间的推移

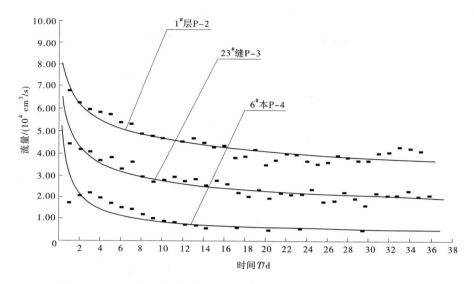

**图 15-32　江垭碾压混凝土芯样的流量($Q$)与时间($T$)拟合关系曲线**

渗流量会显著减小,并趋于稳定。

#### 15.7.6.1　国外一些碾压混凝土坝的渗漏量

(1)图 15-33 给出了国外一些坝的渗漏量随时间的变化情况,经过 3 年后,渗漏量已降低到蓄水初期的 1/10～1/8。

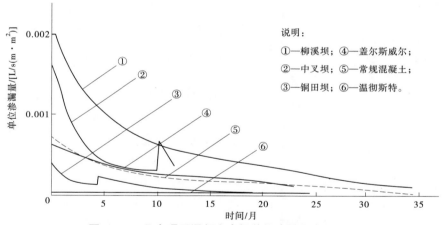

**图 15-33　几个碾压混凝土大坝单位渗漏量变化曲线**

(2)图 15-34 给出了澳大利亚的克雷格布尔坝的蓄水过程与渗漏过程的观测资料。该图表明,蓄水初期大坝的渗漏量较大,随着时间的推移,渗漏量显著减小并趋于稳定。

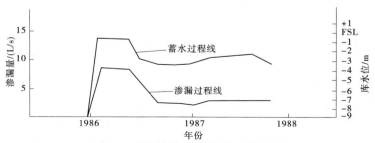

**图 15-34　克雷格布尔坝渗漏过程曲线**

（3）图 15-35 给出了 Willow Creek 碾压混凝土坝和排水廊道渗流量与时间的关系。

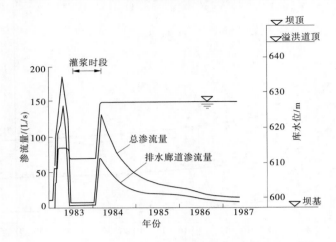

**图 15-35　Willow Creek RCC 坝渗流量与时间的关系**

（4）表 15-67 给出了国内外部分碾压混凝土坝运行的渗漏情况。

**表 15-67　国外部分碾压混凝土坝运行的渗漏情况**

| 坝名 | 防渗结构形式 | 坝高/ m | 分缝情况 | 渗漏情况 | 单位渗流量/ [L/(s·m·m²)] | 裂缝情况 |
|---|---|---|---|---|---|---|
| 岛地川 | 厚常态混凝土防渗 | 89 | 分横缝 | 0 5 L/s | 0.009 | |
| 中叉 | 薄常态混凝土防渗 | 38 | 整体 | 蓄水初期为 30 L/s，18 个月后降为 3 L/s | 1.62 | 有些不严重的垂直裂缝 |
| 铜田 | 薄常态混凝土防渗 | 40 | 3 条横缝 | 蓄水初期为 17.8 L/s，2 年后降为 5.6 L/s | | 有横向裂缝 |
| 盖尔斯威尔 | 薄常态混凝土防渗 | 50 | 整体 | 蓄水初期为 45 L/s，1 年后降为 20 L/s | 0.64 | 发现 7 条垂直裂缝 |
| 蒙克斯威尔 | 薄常态混凝土防渗 | 48 | 横缝间距 36 m | 蓄水初期为 15.8 L/s | | 表面常规混凝土出现少量短裂缝 |
| 柳溪 | RCC 自身防渗 | 52 | 整体 | 蓄水初期为 189 L/s，2 个月后降为 150 L/s | 1.95 | 溢洪道与大坝间出现垂直裂缝 |
| 克雷格布尔 | RCC 自身防渗 | 25 | 有 1 条横缝 | 蓄水初期为 8.8 L/s，7 个月后降为 2.7 L/s | | |
| 上静水 | 富胶 RCC 自身防渗 | | 整体 | 蓄水初期为 44 L/s，因坝体开裂增加为 100 L/s | 0.4 | 上、下游共发现 12 条裂缝 |
| Porce Ⅱ | 富胶 RCC 自身防渗 | 123 | 横缝间距 35 m | 蓄水初期为 26 L/s（主要集中在 3 条横缝） | | |
| 温彻斯特 | 内贴 PVC 薄膜 | 23 | 整体 | 无渗漏 | | |
| 乌拉圭-Ⅰ | 内贴 PVC 薄膜 | 76 | | 9.2 L/s | 0.2 | |
| 概念 | 外贴 PVC 薄膜 | | | 无渗漏 | | |

### 15.7.6.2　我国一些碾压混凝土坝的渗漏量

**1. 江垭大坝坝体排水孔渗水量观测成果**

坝体布置了排水孔总数 265 个,实际施工 254 个,排水孔为机钻孔,孔径 $\phi100$,孔距为 2.5~3.0 m,排水孔渗水量随着库水位上升,进行了不定期观测,其成果见表 15-68。由表 15-68 可见,在 2000 年 1 月 25 日库水位为 213.98 m 时,实测最大渗水量为 0.481 L/s。后对渗水量较大的裂缝进行了处理,在

2000 年 10 月 31 日,库水位达到 235.7 m 接近正常水位(236.0 m)时,测得渗水量为 0.445 L/s。这些数值与美国上静水坝初期蓄水渗水量 107 L/s、阿根廷乌拉圭坝 84.6 L/s、中国坑口坝 4.8 L/s 相比渗水量极少。

表 15-68　江垭碾压混凝土大坝坝体排水孔渗水量

| 日期<br>(年-月-日) | 库水位/<br>m | 灌浆廊道<br>渗水量/<br>(L/min) | 135 m 斜坡<br>廊道渗水量/<br>(L/min) | 160 m 排水<br>廊道渗水量/<br>(L/min) | 180 m 交通<br>廊道渗水量/<br>(L/min) | 200 m 排水<br>廊道渗水量/<br>(L/min) | 全坝排水孔<br>渗水量/<br>(L/s) |
|---|---|---|---|---|---|---|---|
| 1999-01-23 | 169.21 | 8.18 | | | | | |
| 1999-02-21 | 171.3 | 11.96 | | | | | |
| 1999-03-29 | 174.14 | 8.68 | | | | | |
| 1999-04-28 | 193.94 | 15.02 | | | | | |
| 1999-11-12 | 216.16 | 1.85 | 2.79 | 7.63 | 4.69 | | |
| 1999-12-24 | 217.83 | 1.55 | 3.64 | 15.46 | 3.62 | 0.79 | 0.418 |
| 2000-01-25 | 213.98 | 1.67 | 2.05 | 17.67 | 4.90 | 2.59 | 0.481 |
| 2000-02-20 | 210.43 | 3.31 | | | 7.88 | | |
| 2000-03-04 | 195.28 | 2.30 | 1.04 | 6.33 | | | |
| 2000-03-15 | 191.0 | 2.03 | 0.90 | 3.11 | 0.07 | | 0.106 |
| 2000-04-13 | 189.6 | 2.17 | 0.89 | 1.97 | 0.02 | | 0.082 |
| 2000-07-15 | 210.36 | 5.96 | 1.82 | 3.30 | 0.07 | 0.11 | 0.125 |
| 2000-10-08 | 228.58 | 3.34 | 3.21 | 5.17 | 0.28 | 8.37 | 0.383 |
| 2000-10-31 | 235.7 | | 2.52 | 8.74 | 0.44 | 11.64 | 0.445 |

**2. 岩滩碾压混凝土坝渗透压力和渗漏量**

1) 大坝渗压观测

坝体渗透压力均很小,最大测值仅为 2 m 左右,有的甚至没有压力。水库蓄水对各测点的影响不明显,说明上游面常态混凝土的防渗效果良好。从外观来看,坝体蓄水前后均无缺陷,坝内廊道仅有 2 个渗水点,但仅为潮湿现象。

2) 大坝扬压力观测

扬压力最大值出现在两岸重力坝段,28 个幕后孔水头中有 18 个孔年变幅小于 1 m,其他孔年变幅在 1~3.4 m,变化比较稳定。

帷幕前测压管水位与库水位有明显的相关关系,管水位随库水位升降而升降。扬压力在帷幕后下降迅速,年变幅一般都小于 1 m,表明这些坝段防渗质量较好。

扬压力实测值与设计值比较深河槽坝段实测扬压力折减系数 $\alpha$ 远小于设计值 0.3。

3) 大坝渗漏量

大坝总渗流量有逐渐减小的趋势。2000 年前,平均渗流量为 2.72 L/s;2000~2002 年,平均渗流量减小为 1.51 L/s;而 2003 年 10 月及 11 月的渗流量均在 0.7 L/s 左右。

3. 坑口坝渗漏量观测成果

坑口坝于 1986 年 6 月建成蓄水后,随着库水位的升高,发现了渗漏现象,曾怀疑为坝肩渗漏,经调查分析后基本排除。1987 年库水位 613.46 m(正常蓄水位 614.5 m)时,全坝总渗漏量达 4.427 L/s。1992 年在库水位较低时,发现局部沥青砂浆防渗层在实施过程中,浇筑层面存在缺陷是渗漏的主要原因。后对沥青砂浆保护层进行深勾缝处理,得到很大好转,再次高水位时测得渗漏量为 1.52 L/s,2004 年为 0.56 L/s,其后逐年下降。对此认为,除对防渗层的局部修补发挥作用外,也说明坝体碾压混凝土自身的缺陷逐渐得到弥合,自身的防渗功能在不断增强。

坑口坝现场取得的坝体渗漏水样,发现有微量沉降析出物,对水样析出物进行了"X 射线延射"分析。结论认为析出物主要成分是黄土,其构成矿物主要是累托石、伊利石和少量高岭土等,从而排除了对粉煤灰被带出的顾虑。

# 参考文献

[1] 涂传林,孙君森,周建平,等.龙滩碾压混凝土重力坝结构设计与施工方法研究[R].长沙:中南勘测设计研究院,1995.

[2] 狄原涪,欧红光,王红斌,等.龙滩碾压混凝土重力坝防渗结构研究[R].长沙:中南勘测设计研究院,2000.

[3] 孙君森,鲁一晖,欧红光.高碾压混凝土重力坝渗流分析和防渗结构的研究[R].长沙:中南勘测设计研究院,2000.

[4] 杨华全,任旭华.碾压混凝土的层面结合与渗流[M].北京:中国水利水电出版社,1999.

[5] 张有天.碾压混凝土重力坝渗流问题综述 水利情[M].北京:中国水利水电出版社,2003.

[6] 国家电力公司水电水利规划设计总院.混凝土重力坝设计规范:DL 5108—1999[S].北京:中国电力出版社,2000.

[7] 中华人民共和国水利部.混凝土重力坝设计规范:SL 319—2005[S].北京:中国水利水电出版社,2005.

[8] 电力工业部华东勘测设计研究院.水工混凝土结构设计规范:DL/T 5057—1996[S].北京:中国电力出版社,1997.

[9] 电力行业水电施工标准化技术委员会.水工混凝土施工规范:DL/T 5144—2001[S].北京:中国电力出版社,2002.

[10] 张有天.高碾压混凝土重力坝层面扬压力研究 水利情[M].北京:中国水利水电出版社,2003.

[11] 张有天.岩石水力学与工程[M].北京:中国水利水电出版社,2005.

[12] 姜福田.龙滩碾压混凝土试验块芯样渗透特性试验研究[R].北京:水利水电科学研究院 1993.

[13] 速宝玉,张祝添,胡云进.碾压混凝土渗透性的评价指标及其关系初探[J].红水河,2002,21(2).

[14] 电力行业水施工标准化技术委员会.水工混凝土试验规程:DL/T 5150—2001[S].北京:中国电力出版社,2002.

[15] 水利部水利水电规划设计总院.水工混凝土试验规程:SL 352—2006[S].北京:中国水利水电出版社,2006.

[16] 胡云进,速宝玉,詹美礼,等.碾压混凝土室内试验和压水试验渗透系数间的关系[J].水利学报,2001(6).

[17] 速宝玉,胡云进,詹美礼.碾压混凝土渗透试验和压水试验渗透系数间的相关关系[J].红水河,2001,20(4).

[18] 速宝玉,张祝添,胡云进.碾压混凝土渗透性的评价指标及其间关系初探[J].红水河,2002,21(2).

[19] 窦铁生,张有天,于梅开,等.江垭 RCC 重力坝坝体压水试验[J].水利水电技术,2001,9.

[20] 胡云进,速宝玉,毛根海.碾压混凝土渗透系数与抗渗标号关系研究[J].水力发电学报,2006,25(4).

[21] 窦铁生,张有天.碾压混凝土渗透系数的确定方法[J].水利学报,2002,6.

[22] 窦铁生,王小青.碾压混凝土现场压水试验成果统计分析水利水电技术[J].2002,33(10).

[23] 速宝玉,詹美礼,刘俊勇,等.江垭大坝碾压混凝土的渗透规律初探[J].河海大学学报,2000,3.

[24] 速宝玉,胡云进,刘俊勇.江垭碾压混凝土坝芯样渗透系数统计特性研究[J].河海大学学报,2002,6.

[25] 林森.光照水电站大坝碾压混凝土钻孔取芯和压水试验检测[J].贵州水力发电,2008,10.

[26] 曾祥虎,陈勇伦,李婧.高坝洲工程 RCC 现场试验及其成果[J].水力发电,2002,3.

[27] 陶洪辉,罗燕,盘春军.岩滩水电站碾压混凝土坝的运行[J].中国水利,2007,21.

[28] 韩晋潭,唐怀珠.皂市大坝主体工程 RCC 现场试验成果浅析[J].水利水电快报[J].2007.

[29] 梁维仁,梁晶晶.皂市水利枢纽工程大坝混凝土钻孔压水检查与取芯检验[J].湖南水利水电,2008,4.

[30] 马经春.景洪水电站右岸工程碾压混凝土施工[J].水力发电,2008,4.

[31] 余圣刚,赵全胜,余奎.蔺河口水电站拱坝碾压混凝土施工质量控制[J].水力发电,2004,2.

[32] 吴小会,李伟.金安桥水电站碾压混凝土配合比设计及其应用[J].青海水力发电,2009(4).

[33] 何湘安,关败. 全断面三级配碾压混凝土坝自身防渗施工技术研究[J]. 中国水利水电出版社,2006,5.

[34] 陈刚,侯学华. 圆满贯水电站碾压混凝土层间碾压结合控制及坝体取芯芯样成果分析[J]. 贵州水力发电,2010,2.

[35] 林长农,金双全,涂传林. 龙滩有层面碾压混凝土的试验研究[J]. 水力发电学报,2001,3.

[36] 蔡胜华,杨华全,周浪,等. 石粉含量对大坝碾压混凝土性能的影响[J]. 水力发电,2008(1).

[37] 陈改新,姜福田,等. 碾压混凝土筑坝材料研究[C]//中国碾压混凝土坝 20 年. 北京:中国水利水电出版社,2006.

[38] 张志,陈以确. 坑口碾压混凝土试验坝 20 年回眸[C]//中国碾压混凝土坝 20 年. 北京:中国水利水电出版社,2006.

[39] 罗志林,刘宏伟. 戈兰滩水电站重力坝碾压混凝土施工质量控制[J]. 云南水力发电,2008(B09).

[40] 刘数华,方坤河. 粉煤灰对碾压混凝土耐久性的影响[J]. 水泥工程,2005,4.

# 第4篇 碾压混凝土坝
# 温度应力仿真分析

# 第16章 碾压混凝土本构模型及
# 对大坝位移和应力的影响

## 16.1 碾压混凝土坝层内力学参数分析

### 16.1.1 碾压混凝土坝层内力学参数的渐变分析模型

碾压混凝土坝的筑坝材料和施工工艺的特殊性,使得碾压混凝土坝在变形、强度、断裂、热学、渗流等方面的性能明显不同于常规混凝土坝。振动碾压施工特性导致碾压层内物理力学参数呈渐变分布。这里基于分解刚度法和串联、并联模型,研究并提出了确定碾压层内弹性模量、瞬时弹性模量、延迟弹性模量、黏性系数及渗透系数等力学参数分布规律的分析理论和研究方法。

碾压混凝土的密实度取决于作用在其上振动碾的激振力、振动振幅和频率及碾压遍数等。研究表明,激振力在碾压层内的传播呈指数衰减,加速度由层面向下沿层深衰减。密度衰减是因为混凝土孔隙率从碾压层上表面至底面的逐渐增大。孔隙率沿层深的渐变,对抗压强度、弹性模量、渗透系数等物理力学参数有重要的影响。孔隙率较大,则抗压强度较小,弹性模量较小,渗透系数较大。

#### 16.1.1.1 碾压层内力学参数的渐变特性

由于碾压混凝土分层浇筑和多次碾压的施工特性,层内很多参数(如抗压强度、密度、振动加速度等)与层深关系密切。试验表明,很多参数沿层深呈指数分布。

*1. 层内振动加速度衰减规律*

碾压混凝土通过振动碾的激振力使混凝土产生强迫振动而液化,从而达到振实目的。试验表明,碾压6遍以前加速度增加比较快,而碾压6遍以后加速度变化比较平稳,基本上在平均值上下波动。同时,加速度由层面向下沿层深衰减,并可以用式(16-1)表示:

$$a_r = a_0 e^{-\frac{\beta}{2}x}$$

(16-1)

式中:$a_r$ 为距基准点深度为 $x$ 点的加速度实效值;$a_0$ 为层面基准点的加速度实效值;$\beta$ 为衰减系数,除振动加速度外,碾压混凝土的振动振幅也由层面向下沿层深衰减。

*2. 层内激振力衰减规律*

通过在碾压混凝土摊铺层内不同深度埋设土压力计,可以测定混凝土内的压力。激振力在混凝土层内的传播过程可通过弹性介质正弦压缩波的传播公式来表示,即

$$p = p_0 e^{-\frac{\beta}{2}x}$$

(16-2)

式中:$p$ 为距基准点深度为 $x$ 点的混凝土压力;$p_0$ 为层面基准点的压力;$\beta$ 为衰减系数。

对 BW-200、CC41 和 CA51S 3 种振动碾压机型的 2 种碾压混凝土配合比而言,实测混凝土压力衰减系数大致相近,$\beta=0.05$。以 BW-200 型振动碾为例,层深 70 cm 时混凝土压力约为 0.12 MPa,层深 1

m 时混凝土压力约为 0.059 MPa。如果碾压混凝土连续浇筑,每层 35 cm,按每天浇筑 1 m 高度计,上层振动碾碾压时,底层已接近终凝的混凝土的振动压力已衰减到可以忽略不计的程度。

3. 层内密度分布规律

对于 BW-201 的单轮起振,在一定的振实条件下,密度在层内沿层深基本上也呈指数分布,如图 16-1 所示。图 16-1 中 $V_c$ 为混凝土稠度指标。层内密度的变化将影响碾压混凝土的一系列性能。

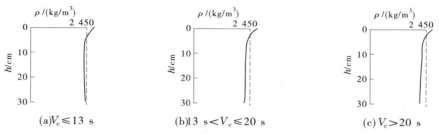

(a)$V_c \leqslant 13$ s　　　　(b)$13$ s$< V_c \leqslant 20$ s　　　　(c)$V_c > 20$ s

**图 16-1　碾压混凝土层内密度分布规律**

#### 16.1.1.2　碾压混凝土坝层内力学参数渐变分析理论和方法

将碾压混凝土坝视为横观各向同性介质,故可在二维范围内讨论。设在碾压层内力学参数按函数 $y=f(x)$ 连续分布。宏观上,碾压混凝土坝呈现明显的各向异性特征,即平行于层面参数与垂直于层面参数在数值上不等,如弹性模量和渗透系数,尤以渗透系数各向异性明显。在分析碾压混凝土坝性态时,经常是以综合等效参数进行的,它是碾压层内力学参数的综合反映。找出这种对应关系就成为建立力学模型的关键。

1. 弹性模量等效变换

设碾压层厚度为 $H$,将碾压层进行离散化处理,将其分为 $n$ 个平行于层面的小层,第 1 小层弹性模量为 $E_1$,厚度为 $h_1$;第 2 小层弹性模量为 $E_2$,厚度为 $h_2$;依次类推,第 $n$ 小层弹性模量为 $E_n$,厚度为 $h_n$。用函数表示就是 $E=E(x)$。根据分解刚度法及复合材料的串联、并联模型,可得弹性模量的串联和并联公式:

$$\frac{H}{E_v} = \frac{h_1}{E_1} + \frac{h_2}{E_2} + \cdots + \frac{h_n}{E_n}; \quad E_h H = E_1 h_1 + E_2 h_2 + \cdots + E_n h_n \tag{16-3}$$

式中:$E_v$ 为碾压层垂直向等效弹性模量;$E_h$ 为碾压层水平向等效弹性模量。

当碾压层划分的小层数目足够大时,式(16-3)可以写成以下的积分形式:

$$\frac{H}{E_v} = \int_0^H \frac{1}{E(x)} dx; \quad E_h H = \int_0^H E(x) dx \tag{16-4}$$

当 $h_1 = h_2 = \cdots = h_n$,即各小层厚度相同时,式(16-3)可变为如下的离散形式:

$$\frac{n}{E_v} = \frac{1}{E_1} + \frac{1}{E_2} + \cdots + \frac{1}{E_n}; \quad E_h n = E_1 + E_2 + \cdots + E_n \tag{16-5}$$

所以,只要知道了碾压层内弹性模量的分布函数 $E=E(x)$,就可以根据式(16-4)或式(16-5)求出等效弹性模量;反之,可根据等效弹性模量求出分布函数及各个小层弹性模量的数值大小。

从弹性模量的串联和并联公式可以看出,当碾压层内弹性模量相差很大时,与层面平行的等效弹性模量将取决于弹性模量的最大值,与层面垂直的等效弹性模量将取决于弹性模量的最小值。故一般情况下,与层面平行的等效弹性模量总是大于与层面垂直的等效弹性模量,这一结论正好符合碾压混凝土坝的弹性模量分布规律。

2. 黏弹性参数等效变换

依据三峡等工程的碾压混凝土的徐变试验资料,结合碾压混凝土的特点和三单元模型,可以较好地模拟结构受力变形的黏弹性状态的特点。选用三单元模型(广义 Kelvin 模型)来描述碾压混凝土的流变特性。

三单元模型由一根弹簧和一个 Kelvin 模型串联而成,如图 16-2 所示。其本构方程为

$$\dot{\varepsilon} + \frac{E_2}{\eta}\varepsilon = \frac{E_1 + E_2}{E_1\eta}\sigma + \frac{1}{E_1}\dot{\sigma} \tag{16-6}$$

式中:$\dot{\varepsilon}$ 为应变速率;$\dot{\sigma}$ 为应力变化率;$E_1$ 为碾压混凝土坝的瞬时弹性模量;$E_2$ 为代表流变特性的延迟弹性模量;$\eta$ 为黏壶的黏性系数。

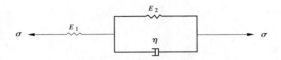

**图 16-2　碾压混凝土流变模型(广义 Kelvin 模型)单元**

在 $t=0$ 时起对模型施加常应力 $\sigma = \sigma_0$,因 $\varepsilon(t_0) = \sigma_0/E_0$,故有

$$\varepsilon(t) = \sigma_0 \left[ \frac{1}{E_1} + \frac{1}{E_2}(1 - e^{-\frac{E_2}{\eta}t}) \right] \tag{16-7}$$

将碾压层内的瞬时弹性模量、延迟弹性模量、黏性系数的表达式分别用渐变形式 $E_1(x)$、$E_2(x)$ 和 $\eta(x)$ 表示,则式(16-7)可表示为

$$\varepsilon(t) = \sigma_0 \left[ \frac{1}{E_1(x)} + \frac{1}{E_2(x)}(1 - e^{-\frac{E_2(x)}{\eta(x)}t}) \right] \tag{16-8}$$

黏弹性参数渐变规律分析步骤如下:

(1)将碾压层分成若干小层。

(2)假定 $E_1(x)$、$E_2(x)$ 和 $\eta(x)$ 分布参数(线性、指数分布等)。

(3)确定三单元模型中的 3 个参数需要一个资料系列,在资料起始阶段,大坝尚未进入黏性阶段,此时只有瞬时弹性模量起作用,故可以利用资料起始阶段的数据先确定瞬时弹性模量 $E_1(x)$,此时采用前述的弹性模量分析方法即可。

(4)当 $E_1(x)$ 的具体表达式确定之后,式(16-8)中就只剩下 $E_1(x)$ 和 $\eta(x)$ 两个未知参数。依据资料系列,并根据串联、并联模型建立若干组方程组,先假定一组 $E_2(x)$ 和 $\eta(x)$,利用优化理论对参数求解。若结果满足精度要求,则 $E_2(x)$ 和 $\eta(x)$ 即为所求;若结果不能满足精度要求,则重新假定一组参数;重复求解过程,直到满足一定的精度要求为止,由此最终确定 $E_2(x)$ 和 $\eta(x)$。

3. 渗透系数等效变换

先考虑水平向渗流情况。将碾压层进行离散化处理,将其分为 $n$ 个平行于层面的小层。在渗流场中截取渗径长度为 $L$ 的一段与层面平行的渗流区域,各层的水平向渗透系数分别为 $K_1$、$K_2$、$\cdots$、$K_n$,厚度分别为 $h_1$、$h_2$、$\cdots$、$h_n$,总厚度为 $H$。若通过各层的渗流量为 $q_{1x}$、$q_{2x}$、$\cdots$、$q_{nx}$,则通过整个碾压层的总渗流量 $Q_h$ 应为各层渗流量之总和,即

$$Q_h = q_{1x} + q_{2x} + \cdots + q_{nx} \tag{16-9}$$

根据达西定律,总渗流量又可表示为

$$Q_h = K_h JH \tag{16-10}$$

式中:$K_h$ 为水平向碾压层等效渗流系数;$J$ 为等效水力梯度。

对于这种条件下的渗流,通过各层相同距离的水头损失均相等。因此,各层的水力梯度及整个结构的等效水力梯度亦应相等。于是,任一层的渗流量为

$$q_{ix} = K_i J h_i \tag{16-11}$$

将式(16-10) 和式(16-11) 代入式(16-9) 后可得

$$K_h JH = K_1 J h_1 + K_2 J h_2 + \cdots + K_n J h_n \tag{16-12}$$

因此,最后得到整个碾压层与水平向等效渗透系数之间的关系为

$$K_{\mathrm{h}}H = K_1 h_1 + K_2 h_2 + \cdots + K_n h_n \tag{16-13}$$

这就是成层结构渗流的并联公式。

对于与各层层面垂直的渗流情况,可以用类似方法求解。设通过各层的渗流量为 $q_{1y}$、$q_{2y}$、$\cdots$、$q_{ny}$,根据水流连续定理,通过整个碾压层的渗流量 $Q_{\mathrm{v}}$ 等于通过各层的渗流量,即

$$Q_{\mathrm{v}} = q_{1y} = q_{2y} = \cdots = q_{ny} \tag{16-14}$$

设渗流通过任一层的水头损失为 $\Delta h_i$,水力梯度 $J_i$ 为 $\Delta h_i / h_i$,则通过整个碾压层的水头总损失 $h$ 应为 $\sum \Delta h_i$,等效水力梯度 $J$ 应为 $h/H$。由达西定律可知,通过整个结构的总渗流量为

$$Q_{\mathrm{v}} = K_{\mathrm{v}} \frac{h}{H} A \tag{16-15}$$

式中:$K_{\mathrm{v}}$ 为垂直向碾压层等效渗透系数;$A$ 为渗流截面面积。

通过任一层的渗流量为

$$q_{iy} = K_i \frac{\Delta h_i}{h_i} A = K_i J_i A \tag{16-16}$$

将式(16-15)和式(16-16)代入式(16-14),消去 $A$ 后可得

$$K_{\mathrm{v}} \frac{h}{H} = K_i J_i \tag{16-17}$$

而整个碾压层的水头总损失又可以表示为

$$h = J_1 h_1 + J_2 h_2 + \cdots + J_n h_n \tag{16-18}$$

将式(16-18)代入式(16-17)并整理,即可得到整个碾压层与垂直向的等效渗透系数之间的关系为

$$\frac{H}{K_{\mathrm{v}}} = \frac{h_1}{K_1} + \frac{h_2}{K_2} + \cdots + \frac{h_n}{K_n} \tag{16-19}$$

这就是成层结构渗流的串联公式。

通过对比发现,渗透系数的串联、并联公式和弹性模量的公式形式完全一样。因此,渗透系数的串联、并联公式可以写成式(16-4)的积分形式或式(16-5)的离散形式。

由式(16-13)和式(16-19)可知,对于层状结构,如果各层的厚度大致相同,而渗透性却相差很大时,与层面平行的等效渗透系数将取决于最透水层的厚度和渗透性,并可近似地表示为 $K'H'/H$,式中 $K'$ 和 $H'$ 分别为最透水层的渗透系数和厚度;而与层面垂直的等效渗透系数将取决于最不透水层的厚度和渗透性,并可近似地表示为 $K''H/H''$,式中 $K''$ 和 $H''$ 分别为最不透水层的渗透系数和厚度。因此,层状结构与层面平行的等效渗透系数总大于与层面垂直的等效渗透系数。这一现象正好与碾压混凝土坝的渗流特性相符合。

### 16.1.1.3　层内力学参数指数分布模型

根据前面建立的碾压层内力学参数的渐变公式,设碾压层内弹性模量分布函数为

$$E(x) = E_0 \mathrm{e}^{-\alpha x} \tag{16-20}$$

式中:$E$ 为距上表面 $x$ 处的弹性模量;$E_0$ 为上表面的弹性模量;$\alpha$ 为衰减系数。

现在将碾压层均匀划分成 $n$ 个小层,每一小层厚度为 $h = H/n$,则各层内的弹性模量分布为

$$E_1 = E_0 \mathrm{e}^{-\alpha h}, \ E_2 = E_0 \mathrm{e}^{-2\alpha h}, \cdots, \ E_n = E_0 \mathrm{e}^{-n\alpha h} \tag{16-21}$$

令 $\mathrm{e}^{-\alpha h} = \lambda$,则式(16-21)变为

$$E_1 = E_0 \lambda, \ E_2 = E_0 \lambda^2, \cdots, \ E_n = E_0 \lambda^n \tag{16-22}$$

根据式(16-5),化简后有

$$\left.\begin{array}{c} \dfrac{1}{E_0} \left[ \dfrac{1}{\lambda} + \dfrac{1}{\lambda^2} + \cdots + \dfrac{1}{\lambda^n} \right] = \dfrac{n}{E_{\mathrm{v}}} \\[3mm] E_0 (\lambda + \lambda^2 + \cdots + \lambda^n) = n E_{\mathrm{h}} \end{array}\right\} \tag{16-23}$$

类似地,可令 $K(x) = K_0 \lambda^x$ 对渗透系数进行分析。如果从碾压层上表面开始,渗透系数应呈递增趋势,而不是衰减趋势,这里之所以用衰减公式是为了和计算弹性模量的公式保持一致,计算方便,其本质是一样的。因为从上表面到下表面的递增就是从下表面到上表面的衰减。与弹性模量类似,经过推导可得出以下两式

$$\left.\begin{array}{l}\dfrac{1}{K_0}\left(\dfrac{1}{\lambda} + \dfrac{1}{\lambda^2} + \cdots + \dfrac{1}{\lambda^n}\right) = \dfrac{n}{K_v} \\[3mm] K_0(\lambda + \lambda^2 + \cdots + \lambda^n) = nK_h\end{array}\right\} \tag{16-24}$$

#### 16.1.1.4　计算结果

现根据以上分析方法,对弹性模量和渗透系数的指数分布进行计算。

1. 弹性模量分布规律

分别取 $E_v/E_h = 0.5$、$0.6$、$0.7$、$0.8$、$0.9$,碾压层厚 $H$ 为 30 cm、50 cm 和 70 cm 进行计算。其中 $E_h = 1$ MPa 保持不变,此结果具有普遍意义。表 16-1 为弹性模量的指数分布。图 16-3 为碾压层厚 30 cm 时弹性模量的分布曲线。

表 16-1　碾压混凝土弹性模量的指数分布

| $E_v/E_h$ | 碾压层厚 30 cm | | 碾压层厚 50 cm | | 碾压层厚 70 cm | |
| --- | --- | --- | --- | --- | --- | --- |
| | $E_0$ /MPa | $\lambda$ | $E_0$ /MPa | $\lambda$ | $E_0$ /MPa | $\lambda$ |
| 0.5 | 2.99 | 0.905 | 3.05 | 0.942 | 3.08 | 0.958 |
| 0.6 | 2.64 | 0.919 | 2.69 | 0.950 | 2.71 | 0.964 |
| 0.7 | 2.32 | 0.932 | 2.35 | 0.959 | 2.36 | 0.970 |
| 0.8 | 1.99 | 0.946 | 2.01 | 0.967 | 2.02 | 0.977 |
| 0.9 | 1.64 | 0.963 | 1.65 | 0.978 | 1.66 | 0.984 |

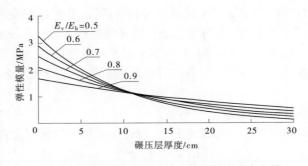

图 16-3　碾压层厚 30 cm 时弹性模量的分布曲线

由表 16-1 和图 16-3 可见,碾压层厚度越小,弹性模量的各向异性程度越大,弹性模量在碾压层内衰减程度越大;反之,碾压层厚度越大,弹性模量的各向异性程度越小,弹性模量的衰减程度越小。在弹性模量渐变模型下,碾压混凝土的层面特性由弹性模量的层内衰减和上下表面的差异来描述。

2. 渗透系数分布规律

分别取 $K_h/K_v = 100$、$500$、$1\,000$、$5\,000$、$10\,000$,$K_h = 1$,对渗透系数的指数分布进行计算,碾压层厚度分别为 30 cm、50 cm、70 cm。表 16-2 为渗透系数的分布参数。图 16-4 为碾压层厚 30 cm 时渗透系数的分布曲线,其中 $K_h/K_v = 100$ 相比于其他 4 条曲线太低,几乎与横坐标重合,无法正常显示。

表 16-2　渗透系数的指数分布

| $\dfrac{K_h}{K_v}$ | 碾压层厚 30 cm | | 碾压层厚 50 cm | | 碾压层厚 70 cm | |
|---|---|---|---|---|---|---|
| | $K_0$ /（cm/s） | $\lambda$ | $K_0$ /（cm/s） | $\lambda$ | $K_0$ /（cm/s） | $\lambda$ |
| 100 | 778.344 | 0.740 58 | 824.062 | 0.835 21 | 844.827 | 0.879 33 |
| 500 | 4 613.630 | 0.692 43 | 4 943.993 | 0.802 24 | 5 096.365 | 0.854 40 |
| 1 000 | 9 802.192 | 0.673 26 | 10 557.271 | 0.788 86 | 10 906.347 | 0.844 20 |
| 5 000 | 57 238.562 | 0.666 67 | 60 175.523 | 0.759 30 | 62 479.820 | 0.821 49 |
| 10 000 | 112 782.950 | 0.658 94 | 126 433.750 | 0.747 12 | 131 552.484 | 0.812 07 |

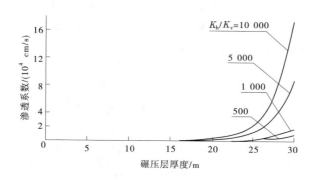

图 16-4　碾压层厚 30 cm 时渗透系数的分布曲线

由表 16-2 和图 16-4 可见,当渗透系数的各向异性程度保持不变时,渗透系数在碾压层的衰减程度与碾压层厚度成反比;当碾压层厚度相同时,渗透系数在碾压层的衰减程度与渗透系数的各向异性程度成正比。

在渗透系数渐变模型下,渗流各向异性由层内渗透系数的衰减和上、下表面的差异来描述。从图 16-4 可知,渗透系数开始增长缓慢,变化不大,大约从深度 25 cm 处开始加速增加,下表面的渗透系数最大,渗透系数的渐变最明显的厚度在 5 cm 左右。与传统的渗流等效裂隙模型相比,实现了渗透系数的渐变,而非突变。

## 16.1.2　碾压混凝土坝层面影响带黏弹性参数的确定

碾压混凝土层与层之间必然会产生一个过渡区(称为层面影响带),它是影响碾压混凝土坝应力及稳定的关键部位。大量实测资料表明:碾压混凝土坝在蓄水期和运行期,在水压、温度等荷载作用下,将会产生弹性变形及由黏性特性引起的时效变形。层面影响带黏弹性参数的确定对于大坝结构性态的研究是极其重要的。目前对层面影响带还无法用试验的手段直接获取它的黏弹性参数值,而对于本体的黏弹性参数利用试验可较容易确定。为此,基于变形等效原理和相关的试验结果,探讨了碾压混凝土坝层面影响带黏弹性参数确定方法。

### 16.1.2.1　黏弹性参数确定方法

若像反演常规黏弹性参数的方法一样,直接利用实测位移场资料来反演层面影响带的黏弹性参数,就必然在有限元计算网格剖分时面临如何处理层面影响带的问题。由于碾压混凝土坝的坝体可以近似地看成由层面影响带和本体构成(见图 16-5),大坝的整体黏弹性参数是层面影响带和本体黏弹性

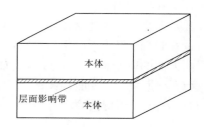

图 16-5　碾压混凝土本体及层面影响带示意图

参数的综合反映,因此碾压混凝土坝的整体黏弹性参数和本体以及层面影响带的黏弹性参数有一定的对应关系。

碾压混凝土坝整体黏弹性参数反演方法已经进行了详尽的研究。如果能利用一定的方法找出这种关系,那么,反演出整体黏弹性参数,并结合相关的试验成果,即可确定出层面影响带的黏弹性参数。因此,求解碾压混凝土坝层面影响带黏弹性参数的关键是找出大坝整体黏弹性参数、本体以及层面影响带的黏弹性参数之间的对应关系。

### 16.1.2.2　碾压混凝土整体、本体及层面影响带黏弹性参数之间关系的确定

假设碾压混凝土层面影响带和本体为均匀各向同性,用三单元模型(见图 16-2)描述它们的黏弹性,则层面影响带的黏弹性参数为 $E_{a1}$、$E_{a2}$、$\eta_a$,本体的黏弹性参数为 $E_{c1}$、$E_{c2}$、$\eta_c$。此时,层面影响带和本体的黏弹性参数值的不同,使得碾压混凝土坝整体表现为双向异性的黏弹性特征,需采用双向异性三单元模型来描述整体的黏弹性,即垂直层面方向和平行层面方向的黏弹性参数分别为 $E_{11}$、$E_{21}$、$\eta_1$、$E_{12}$、$E_{22}$、$\eta_2$。碾压混凝土层厚度为 $B$,其层面影响带厚度为 $b_a$,碾压混凝土本体厚度为 $b_c$,则 $b_c = B - b_a$。在以下公式中,下标 c 和 a 均分别表示本体和层面影响带。

1. 层面影响带与本体串联模型

设本体和层面影响带的横截面上作用相同的应力 $\sigma$,如图 16-6 所示。根据复合材料力学的串联理论,在同一时刻碾压混凝土层、本体和层面影响带变形协调。在时刻 $t$,本体和层面影响带的伸长量 $\Delta b_c(t)$ 和 $\Delta b_a(t)$ 分别为

$$\Delta b_c(t) = \varepsilon_c(t) b_c = \sigma \left[ \frac{1}{E_{c1}} + \frac{1}{E_{c2}} (1 - e^{-\frac{E_{c2}}{\eta_c} t}) \right] b_c \tag{16-25}$$

式中:$E_{c1}$、$E_{c2}$、$\eta_c$ 为本体黏弹性模型的黏弹性参数,其中 $E_{c1}$ 称为本体的瞬时弹性模量。

$$\Delta b_a(t) = \varepsilon_a(t) b_a = \sigma \left[ \frac{1}{E_{a1}} + \frac{1}{E_{a2}} (1 - e^{-\frac{E_{a2}}{\eta_a} t}) \right] b_a \tag{16-26}$$

式中:$E_{a1}$、$E_{a2}$、$\eta_a$ 为层面影响带黏弹性模型的黏弹性参数,其中 $E_{a1}$ 称为层面影响带的瞬时弹性模量。

则时刻 $t$ 碾压混凝土层的总伸长量 $\Delta B(t)$ 为

$$\Delta B(t) = \Delta b_c(t) + \Delta b_a(t) = \sigma \left[ \frac{1}{E_{c1}} + \frac{1}{E_{c2}} (1 - e^{-\frac{E_{c2}}{\eta_c} t}) \right] b_c + \sigma \left[ \frac{1}{E_{a1}} + \frac{1}{E_{a2}} (1 - e^{-\frac{E_{a2}}{\eta_a} t}) \right] b_a \tag{16-27}$$

在时刻 $t$,碾压混凝土层的总伸长量 $\Delta B(t)$ 还可以表示为

$$\Delta B(t) = \varepsilon(t) B = \sigma \left[ \frac{1}{E_{11}} + \frac{1}{E_{21}} (1 - e^{-\frac{E_{21}}{\eta_1} t}) \right] B \tag{16-28}$$

式中:$E_{11}$、$E_{21}$、$\eta_1$ 为垂直层面方向的整体黏弹性参数。

由式(16-27)和式(16-28)可得

$$\left[ \frac{1}{E_{11}} + \frac{1}{E_{21}} (1 - e^{-\frac{E_{21}}{\eta_1} t}) \right] B = \left[ \frac{1}{E_{c1}} + \frac{1}{E_{c2}} (1 - e^{-\frac{E_{c2}}{\eta_c} t}) \right] b_c + \left[ \frac{1}{E_{a1}} + \frac{1}{E_{a2}} (1 - e^{-\frac{E_{a2}}{\eta_a} t}) \right] b_a \tag{16-29}$$

式中:$t$ 为在任意时刻。

2. 层面影响带与本体并联模型

设在时刻 $t$ 碾压混凝土层平行层面方向产生均匀应变 $\varepsilon(t)$,即本体和层面影响带在 $t$ 时刻产生平行层面方向的应变相等,都为 $\varepsilon(t)$,如图 16-7 所示。由复合材料力学的并联理论,由于两者的刚度不同,这势必使本体和层面影响带产生应力不等,分别设为 $\sigma_c$、$\sigma_a$,则层面影响带和本体平行层面方向的应力 $\sigma_a$、$\sigma_c$ 可分别表示为

$$\sigma_c = \frac{\varepsilon(t)}{\frac{1}{E_{c1}} + \frac{1}{E_{c2}} (1 - e^{-\frac{E_{c2}}{\eta_c} t})} \tag{16-30}$$

$$\sigma_a = \frac{\varepsilon(t)}{\dfrac{1}{E_{a1}} + \dfrac{1}{E_{a2}}(1 - e^{-\frac{E_{a2}}{\eta_a}t})} \tag{16-31}$$

对碾压混凝土层而言,在平行层面方向的应力 $\sigma$ 为

$$\sigma = \frac{\varepsilon(t)}{\dfrac{1}{E_{12}} + \dfrac{1}{E_{22}}(1 - e^{-\frac{E_{22}}{\eta_2}t})} \tag{16-32}$$

式中: $E_{12}$、$E_{22}$、$\eta_2$ 为平行层面方向的整体黏弹性参数。由力平衡可得

$$\sigma B = \sigma_c b_c + \sigma_a b_a \tag{16-33}$$

将式(16-30)~式(16-32)代入式(16-33),并由 $b_c = B - b_a$,可得

$$\frac{b_a}{B} = \frac{\left[\dfrac{1}{E_{a1}} + \dfrac{1}{E_{a2}}(1 - e^{-\frac{E_{a2}}{\eta_a}t})\right]\left\{\left[\dfrac{1}{E_{c1}} + \dfrac{1}{E_{c2}}(1 - e^{-\frac{E_{c2}}{\eta_c}t})\right] - \left[\dfrac{1}{E_{12}} + \dfrac{1}{E_{22}}(1 - e^{-\frac{E_{22}}{\eta_2}t})\right]\right\}}{\left[\dfrac{1}{E_{12}} + \dfrac{1}{E_{22}}(1 - e^{-\frac{E_{22}}{\eta_2}t})\right]\left\{\left[\dfrac{1}{E_{c1}} + \dfrac{1}{E_{c2}}(1 - e^{-\frac{E_{c2}}{\eta_c}t})\right] - \left[\dfrac{1}{E_{a1}} + \dfrac{1}{E_{a2}}(1 - e^{-\frac{E_{a2}}{\eta_a}t})\right]\right\}} \tag{16-34}$$

式中: $t$ 为任意时刻。

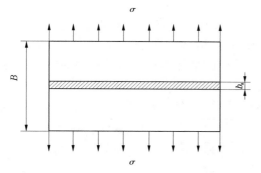

图 16-6　层面影响带与本体串联模型

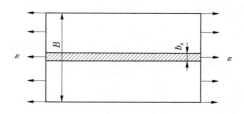

图 16-7　层面影响带与本体并联模型

**3. 黏弹性参数的确定**

联立式(16-29)和式(16-34),并令 $\dfrac{b_a}{B} = \alpha$ ,则 $\dfrac{b_c}{B} = 1 - \alpha$ 得

$$\frac{1}{E_{11}} + \frac{1}{E_{21}}(1 - e^{-\frac{E_{21}}{\eta_1}t}) = \left[\frac{1}{E_{c1}} + \frac{1}{E_{c2}}(1 - e^{-\frac{E_{c2}}{\eta_c}t})\right](1 - \alpha) + \left[\frac{1}{E_{a1}} + \frac{1}{E_{a2}}(1 - e^{-\frac{E_{a2}}{\eta_a}t})\right]\alpha \tag{16-35a}$$

$$\left[\frac{1}{E_{12}} + \frac{1}{E_{22}}(1 - e^{-\frac{E_{22}}{\eta_2}t})\right]\left\{\left[\frac{1}{E_{c1}} + \frac{1}{E_{c2}}(1 - e^{-\frac{E_{c2}}{\eta_c}t})\right] - \left[\frac{1}{E_{a1}} + \frac{1}{E_{a2}}(1 - e^{-\frac{E_{a2}}{\eta_a}t})\right]\right\} \times \alpha = $$
$$\left[\frac{1}{E_{a1}} + \frac{1}{E_{a2}}(1 - e^{-\frac{E_{a2}}{\eta_a}t})\right]\left\{\left[\frac{1}{E_{c1}} + \frac{1}{E_{c2}}(1 - e^{-\frac{E_{c2}}{\eta_c}t})\right] - \left[\frac{1}{E_{12}} + \frac{1}{E_{22}}(1 - e^{-\frac{E_{22}}{\eta_2}t})\right]\right\} \tag{16-35b}$$

式(16-35)建立了层面影响带黏弹性参数的反演模型。其中,$B$ 为已知值,当层面影响带厚度 $b_a$ 确定后,$\alpha$ 为常数。本体的黏弹性参数 $E_{c1}$、$E_{c2}$、$\eta_c$,通过混凝土试验数据的拟合可比较方便地得到;大坝整体黏弹性参数 $E_{11}$、$E_{12}$、$E_{21}$、$E_{22}$、$\eta_1$、$\eta_2$ 依据有关文献可以求得。而层面影响带的瞬时弹性模量 $E_{a1}$ 和影响带厚度 $b_a$ 采用提出的碾压混凝土坝弹性参数反演方法求得。因此,层面影响带其余的黏弹性参数 $E_{a2}$、$\eta_a$ 可由式(16-35)求得。

4. 算例

某碾压混凝土重力坝坝顶高程 145 m,坝顶长 196.62 m,最大坝高 63 m,坝顶宽 8 m。由于坝两岸接头要求,坝轴线采用折线型布置,两岸采用常规混凝土与岸坡相接,具有拱坝的一些特征,溢流坝布置在河道中部,两岸为挡水坝段。

1)计算模型及参数

根据该碾压混凝土坝的特点、基础的地质条件及大坝上的观测点布置情况,有限元模型范围:上游取 200 m,约为 3 倍最大坝高,下游取 150 m,约为 2.5 倍最大坝高;左、右坝肩部分各取 150 m,约为 2.5 倍最大坝高。单元划分:采用六面体 8 节点等参单元和五面体 6 节点单元,共计 22 925 个等参单元,26 787 个节点。大坝基础岩体的计算参数主要参考室内外试验资料及类似工程,其值如下:①左岸 132 m 高程以上为 20 GPa,105～132 m 高程为 25 GPa,105 m 高程以下为 29 GPa。②右岸 132 m 高程以上为 20 GPa,105～132 m 高程为 22 GPa,105 m 高程以下为 29 GPa,断层变形模量取为 2.5 GPa。

2)反演及成果分析

本算例分析按以下步骤进行:

(1)根据该坝视准线测点的实测资料,建立测点的位移统计模型,从中分离出水压分量和时效分量。

(2)根据测点的水压分量,结合有限元计算成果,反演出坝体的整体瞬时弹性模量 $E_{11}$ 和 $E_{12}$。

(3)计算出层面影响带的瞬时弹性模量 $E_{a1}$ 和厚度 $b_a$。

(4)结合测点的水压分量和时效分量,反演出坝体整体的黏弹性参数 $E_{21}$、$E_{22}$、$\eta_1$、$\eta_2$。

(5)将步骤(2)、(3)、(4) 中求得的参数值代入式(16-35),结合相关的试验资料,即可求得层面影响带的其余黏弹性参数 $E_{a2}$、$\eta_a$。计算结果见表 16-3,其中本体的黏弹性参数参考相关的试验资料取为 $E_{c1} = 28.437$ GPa,$E_{c2} = 90.0$ GPa,$\eta_c = 2.5 \times 10^7$ GPa · s。

表 16-3　整体黏弹性参数和层面影响带黏弹性参数反演成果

| 整体黏弹性参数 | | | | | | 层面影响带黏弹性参数 | | | |
|---|---|---|---|---|---|---|---|---|---|
| 瞬时弹性模量/GPa | | 延时弹性模量/GPa | | 黏性系数/(GPa · s) | | 瞬时弹性模量/GPa | 延时弹性模量/GPa | 黏性系数 $\eta_a$/(GPa · s) | 厚度 $b_a$/mm |
| 垂直向 | 水平向 | 垂直向 | 水平向 | 垂直向 | 水平向 | $E_{a1}$/GPa | $E_{a2}$/GPa | | |
| $E_{21}$ | $E_{12}$ | $E_{21}$ | $E_{12}$ | $\eta_1$ | $\eta_2$ | | | | |
| 25.43 | 27.10 | 78.10 | 82.20 | $2.15 \times 10^7$ | $2.23 \times 10^7$ | 11.286 | 67.40 | $1.82 \times 10^7$ | 23.6 |

为了验证计算结果,将上述求得的参数值回代到三维黏弹性有限元计算程序,并计算库水位为 142.16 m 荷载条件下的测点位移值 $\delta$,并与实测水压分量和时效分量之和 $\delta'$ 进行比较分析,见图 16-8。由图 16-8 中可以看出,计算值与实测值比较接近,说明计算结果是合理的,求解方法是可行的。实例表明,计算得到的参数值符合大坝运行的实际情况,为确定层面影响带黏弹性参数提供了一条有效的途径。

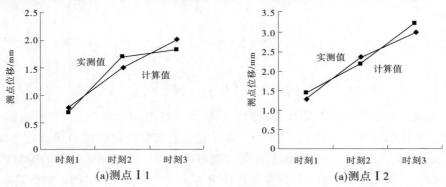

图 16-8　某碾压混凝土坝典型测点的实测位移值与计算位移值对比

# 16.2　有层面碾压混凝土结构力学性能的数值模拟

## 16.2.1　碾压混凝土细观结构力学性能的数值模拟

碾压混凝土材料力学行为的研究,大都建立在试验研究基础上,需要花费大量的人力、物力,试验成果还受试验条件的限制。在细观层次上将碾压混凝土看成是由硬化水泥粉煤灰砂浆体、粗骨料颗粒及二者间的黏结带构成的两相非均质复合材料,以随机骨料模型代表碾压混凝土的细观结构,采用有限元技术模拟劈拉试件的开裂过程,探索碾压混凝土细观结构与宏观力学性能的关系。

### 16.2.1.1　随机骨料模型的形成

假定已知级配的骨料其颗粒形状为球形,按骨料达到最优密实度条件的 Fuller 三维级配曲线,其级配曲线表达式为

$$Y = \left(\frac{D_0}{D_{max}}\right)^{\frac{1}{2}} \tag{16-36}$$

式中:$Y$ 为骨料通过直径为 $D_0$ 筛孔的质量百分比;$D_{max}$ 为最大骨料颗粒径。

Walraven J C 基于 Fuller 公式,将三维级配曲线转化为试件内截平面上任一点具有骨料直径 $D < D_0$ 的概率 $P_c(D < D_0)$,其表达式为:

$$P_c(D < D_0) = P_k\left[1.056\left(\frac{D_0}{D_{max}}\right)^{0.5} - 0.053\left(\frac{D_0}{D_{max}}\right)^4 - 0.012\left(\frac{D_0}{D_{max}}\right)^6 - \right.$$
$$\left. 0.0045\left(\frac{D_0}{D_{max}}\right)^8 + 0.0025\left(\frac{D_0}{D_{max}}\right)^{10}\right] \tag{16-37}$$

式中:$P_k$ 为骨料体积占试件总体积的百分比,一般取 $P_k = 0.75$;$D_{max}$ 为骨料最大粒径。

根据不同的 $D_0$ 值,由式(16-37)可求得概率分布曲线 $P_c(D < D_0) \sim D_0/D_{max}$,据此可求得在试件内截平面上各种料径的颗粒数。

由以上结果,将小于 5 mm 的细骨料计入砂浆均质体,按各种粗骨料在截面上不相重叠的条件,用蒙特卡洛法,随机生成各粗骨料颗粒的形心坐标,即可形成随机骨料模型。

以桃林口水库碾压混凝土劈拉试验为算例进行数值模拟,采用该水库碾压混凝土芯样尺寸,模拟试件的随机骨料模型及尺寸如图 16-9 所示。

### 16.2.1.2　有限元程序、计算网格及材料参数

**1. 有限元程序**

利用有限元程序 NLFE1,以碾压混凝土劈拉试件仿真模拟分析为例,进行细观结构力学性能研究。对混凝土拌和物的两个主要构元——粗骨料和硬化水泥粉煤灰砂浆分别进行试验,都会出现弹性破坏,而碾压混凝土本身在破坏前却表现出非弹性性质。因此,采用碾压混凝土的各相在破坏前符合弹脆性材料假设,应力-应变关系为线弹性关系。当单元体主应力大于该相材料强度时,则单元发生开裂,程序自动用简单超余应力转移法将超余应力转移至相邻未破坏单元。

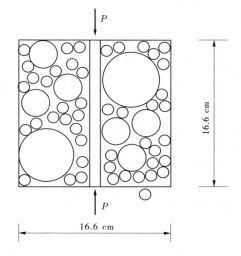

**图 16-9　碾压混凝土劈拉试件骨料随机分布**

**2. 计算网格**

在随机地生成骨料颗粒系统之后,对结构进行有限元分析时,首先要将研究区域划分为有限元网

格,这将涉及成千上万个单元和节点,数据准备工作则变得极其繁重。特别是对于需要随机改变颗粒组合,反复进行网格剖分的情况下,不寻求某种自动或半自动的方法,是难以实现的。

采用 Delaunay 三角剖分的原理,通过引进程序实现了对随机骨料颗粒分布区域的全自动剖分。当某三角形单元的 3 个节点均落在骨料颗粒内时,定为骨料单元;当某三角形单元的 3 个节点均落在硬化水泥粉煤灰砂浆区域内时,定为砂浆单元;当某三角形单元的 3 个节点分别落在骨料和砂浆区域内时,则定为黏结带单元。对不同单元分配不同的材料特性。为模拟碾压混凝土层面处理的条件,在试件中部设置厚度为 1 cm 的水泥砂浆层面,考虑施工因素影响,可使层面力学性能弱化,故取水泥砂浆层面力学性能与粉煤灰砂浆相同。以上材料类型的判断完全通过编程由计算机实现。对于劈拉试件的有限元计算网格如图 16-10 所示。

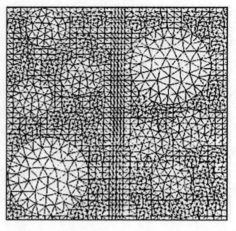

**图 16-10　碾压混凝土劈拉试件的有限元计算网格**

3. 材料参数

随机骨料模型材料性能,综合有关试验资料后,取值见表 16-4。

**表 16-4　桃林口碾压混凝土随机骨料模型材料性能**

| 材料 | 抗压强度 $f_c$/MPa | 抗拉强度 $f_t$/MPa | 弹性模量 $E$/GPa | 泊松比 $\mu$ |
|---|---|---|---|---|
| 水泥砂浆层面 | 25.0 | 2.5 | 26.0 | 0.22 |
| 水泥粉煤灰砂浆 | 25.0 | 2.5 | 26.0 | 0.22 |
| 骨料 | 80.0 | 10.0 | 35.5 | 0.16 |
| 黏结带 | 22.0 | 1.5 | 25.0 | 1.16 |

### 16.2.1.3　数值模拟结果归纳及分析

1. 碾压混凝土试件受劈拉的开裂过程

为了模拟开裂过程,取单宽厚度的试件断面进行研究,每级荷载增量较小,共分 10 级施加。图 16-11 为试件受劈拉时的开裂过程。从图 16-11 中可以看出,在试件受劈拉时裂缝先沿黏结带扩展,最后沿碾压混凝土的层面破坏,且裂缝的扩展方式不是连续的,即所谓的裂缝面桥现象,与试件破坏状态相似。

2. 碾压混凝土的劈拉强度

(1)计算强度与试验强度的对比。在计算劈拉强度时,荷载分级施加。当荷载增加到最后一级,总荷载达到 $P = 6.78$ kN/cm,裂缝沿碾压混凝土层面贯通,试件破坏。劈拉强度按下式计算:

$$R = \frac{2P}{\pi A} = 0.637 \frac{P}{A} \tag{16-38}$$

式中:$R$ 为试件的劈拉强度;$P$ 为破坏荷载;$A$ 为劈裂面积。

计算劈拉强度与试验强度的对比如表 16-5 所示。计算结果与试验结果基本吻合,计算值略偏小。

(2)有中间层面的碾压混凝土劈拉强度与无中间层面碾压混凝土劈拉强度的比较。为了探讨有中间层面(软弱面)碾压混凝土劈拉强度与无中间层面碾压混凝土的区别,对无层面碾压混凝土试件也进行了数值模拟。其计算强度对比列于表 16-5,试件破坏形态如图 16-12 所示。

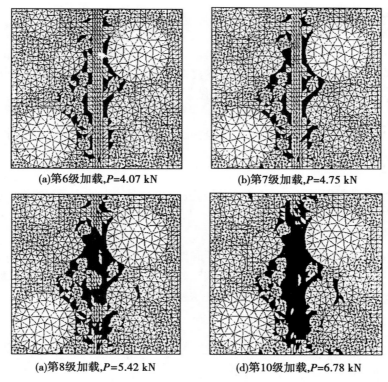

(a)第6级加载,P=4.07 kN　　　　(b)第7级加载,P=4.75 kN

(a)第8级加载,P=5.42 kN　　　　(d)第10级加载,P=6.78 kN

图 16-11　碾压混凝土试件受劈拉时的开裂过程

表 16-5　计算劈拉强度与试验强度

| 模拟类型 | 数值计算值 | 试验值 | 模拟类型 | 无层面碾压混凝土 | 有层面碾压混凝土 |
|---|---|---|---|---|---|
| 劈拉强度/MPa | 2.60 | 2.71 | 劈拉强度/MPa | 2.81 | 2.60 |

　　从表 16-5 可见,无层面碾压混凝土的劈拉强度较有层面碾压混凝土的略大,其主要原因是有层面碾压混凝土劈裂面为薄弱的层面,没有骨料,而无层面碾压混凝土劈开面上有粗骨料。在细观层次上,采用基于随机骨料模型的有限元分析方法,对有层面碾压混凝土的劈拉强度进行数值模拟的对比。

　　其计算结果与试验结果基本吻合,说明模型及方法是可行的。模拟了碾压混凝土细观结构的非均质性,从而能模拟裂纹的开展过程,是一种研究细微损伤断裂的有效工具。在随机骨料模型中,代表骨料、砂浆和黏结带的力学参数非常重要,其确切值应由参数研究及试验测量结果比较来确定。

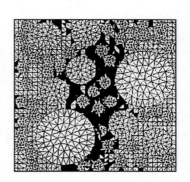

图 16-12　无中间层面碾压混凝土试件的破坏图形

## 16.2.2　碾压混凝土层间拉伸破坏和断裂过程的数值模拟研究

　　应用材料破坏全过程分析的软件系统 MFPA2D,充分考虑了碾压混凝土的非均质性的细观结构特征,模拟再现了三种层面处理方式的软弱层的拉伸破坏过程。研究表明,在所讨论的三种软弱层的处理方式中,最为有效的是下层混凝土终凝后对层面进行凿毛(冲毛)处理;其次是下层混凝土初凝后、终凝前,对层面进行铺水泥粉煤灰砂浆的处理;最不好的是下层混凝土初凝后、终凝前,在层面上直接铺筑上层混凝土。

#### 16.2.2.1　碾压混凝土的层间细观结构模型分类

下面主要分析如下三种软弱层面。

1. 模型Ⅰ

第一种情形是在下层碾压混凝土初凝后,直接浇筑上层碾压混凝土。此时上下层面之间不再能完全结合成一个整体,形成近似的平面接触,从而将显著降低软弱层的性能。

2. 模型Ⅱ

第二种情形是在下层碾压混凝土初凝后、终凝前,采用在层面铺水泥砂浆或净水泥浆后再浇筑上层碾压混凝土的处理方法。

3. 模型Ⅲ

第三种情形是在下层碾压混凝土终凝后对层面进行凿毛或冲毛处理后,再覆盖上层混凝土。

#### 16.2.2.2　细观数值模型

1. 材料非均匀性的表述

把碾压混凝土视为由砂浆基质、粗骨料及两者黏结带构成的三相复合材料,简化成平面应力问题来研究。为了反映每个组成相内部结构的离散性,假定砂浆基质、粗骨料及两者黏结带的材料力学性质满足 Weibull 分布。该 Weibull 分布可以按照如下分布密度函数表示:

$$\left.\begin{array}{l} f(\sigma_c) = m_1(\sigma_c/\sigma_0)^{m_1-1}\exp(-\sigma_c/\sigma_0)^{m_1} \\ f(E_c) = m_2(E_c/E_0)^{m_2-1}\exp(-E_c/E_0)^{m_2} \end{array}\right\} \tag{16-39}$$

式中:$\sigma_0$ 和 $E_0$ 分别为模型中所有单元体强度和弹性模量的均值;$\sigma_c$ 和 $E_c$ 分别为任意一个单元体的强度和弹性模量;$m_1$、$m_2$ 为统计分布函数的形状参数,即材料的均质度,定义了 Weibull 分布密度函数的形状,其值越大表明材料越均匀。

对于材料的每个力学参数都按照在给定其 Weibull 分布参数的条件下按照式(16-39)定义的随机分布赋值。

2. 单元的破坏准则

破坏准则采用最大拉应变准则,单轴受拉的应力状态下单元的最大拉应变为

$$\varepsilon \geqslant \varepsilon_{tu} \tag{16-40}$$

式中:$\varepsilon_{tu}$ 为单元的极限拉应变,当单元的单轴拉应变达到极限拉应变时,单元达到拉伸破坏状态。

3. 数值模型

选取上述分析的碾压混凝土层面的三种情形及碾压混凝土本体进行紧凑拉伸破坏的细观模拟分析,四种数值模型的碾压混凝土本体的力学参数、模型尺寸、单元数、预裂缝的位置与尺寸均相同。模型尺寸为 150 mm×150 mm,单元数为 150 ×150 = 22 500(个),碾压混凝土本体及软弱层的力学参数赋值参照有关标准选取,具体赋值情况见表 16-6。经计算其本体的单轴抗拉强度为 2.85 MPa。

表 16-6　碾压混凝土试样的力学参数赋值

| 模型 | 本体或层面 | 材料 | 弹性模量 | | 单轴抗压强度 | | 单轴抗拉强度 | |
|------|-----------|------|------|------|------|------|------|------|
| | | | 均值/$10^4$ MPa | 均质度 | 均值/MPa | 均质度 | 均值/MPa | 均质度 |
| 模型Ⅰ | 碾压混凝土本体 | 砂浆基质 | 2.30 | 3.0 | 125 | 3.0 | 12.5 | 3.0 |
| | | 骨料 | 6.00 | 6.0 | 500 | 6.0 | 50.0 | 6.0 |
| | | 黏结带 | 1.20 | 2.0 | 120 | 2.0 | 12.0 | 2.0 |
| | 软弱层 | 砂浆基质 | 1.90 | 2.0 | 94 | 2.0 | 8.7 | 2.0 |
| | | 黏结带 | 1.00 | 1.5 | 90 | 1.5 | 8.3 | 1.5 |

续表 16-6

| 模型 | 本体或层面 | | 材料 | 弹性模量 | | 单轴抗压强度 | | 单轴抗拉强度 | |
|---|---|---|---|---|---|---|---|---|---|
| | | | | 均值/ $10^4$ MPa | 均质度 | 均值/ MPa | 均质度 | 均值/ MPa | 均质度 |
| 模型 Ⅱ | 碾压混凝土本体 | | 砂浆基质 | 2.30 | 3.0 | 125 | 3.0 | 12.5 | 3.0 |
| | | | 骨料 | 6.00 | 6.0 | 500 | 6.0 | 50.0 | 6.0 |
| | | | 黏结带 | 1.20 | 2.0 | 120 | 2.0 | 12.0 | 2.0 |
| | 软弱层 | 渗透分层 | 砂浆基质 | 1.96 | 2.5 | 100 | 2.5 | 9.4 | 2.5 |
| | | | 黏结带 | 1.10 | 1.5 | 96 | 1.5 | 9.0 | 1.5 |
| | | 反应分层 | 砂浆基质 | 2.73 | 2.0 | 155 | 2.0 | 14.3 | 2.0 |
| | | | 黏结带 | 1.44 | 1.5 | 150 | 1.5 | 13.8 | 1.5 |
| | | 渐变分层 | 砂浆基质 | 2.30 | 2.0 | 125 | 2.0 | 12.5 | 2.0 |
| | | | 黏结带 | 1.20 | 1.5 | 120 | 1.5 | 12.0 | 1.5 |
| 模型 Ⅲ | 碾压混凝土本体 | | 砂浆基质 | 2.30 | 3.0 | 125 | 3.0 | 12.5 | 3.0 |
| | | | 骨料 | 6.00 | 6.0 | 500 | 6.0 | 50.0 | 6.0 |
| | | | 黏结带 | 1.20 | 2.0 | 120 | 2.0 | 12.0 | 2.0 |
| | 软弱层 | 渗透分层 | 砂浆基质 | 2.07 | 2.5 | 110 | 2.5 | 10.2 | 2.5 |
| | | | 黏结带 | 1.08 | 1.5 | 105 | 1.5 | 9.7 | 1.5 |
| | | 反应分层 | 砂浆基质 | 2.30 | 2.0 | 125 | 2.0 | 12.5 | 2.0 |
| | | | 黏结带 | 1.20 | 1.5 | 120 | 1.5 | 12.0 | 1.5 |
| | | 渐变分层 | 砂浆基质 | 2.05 | 2.0 | 112 | 2.0 | 11.2 | 2.0 |
| | | | 黏结带 | 1.13 | 1.5 | 107 | 1.5 | 10.7 | 1.5 |

（1）模型 Ⅰ 取值由于上层振捣的扰动，其砂浆基质以及骨料与砂浆基质之间的黏结带的力学参数要较碾压混凝土本体的砂浆基质和黏结带弱，上层混凝土紧靠软弱层处的部分骨料嵌入下层中。经计算，模型 Ⅰ 软弱层的单轴抗拉强度为 2.02 MPa，为碾压混凝土本体单轴抗拉强度的 70.8%。

（2）模型 Ⅱ 取值其渗透分层靠下层混凝土一侧部分骨料的黏结带和砂浆基质要较碾压混凝土本体的砂浆基质和黏结带弱，但比模型 Ⅰ 中的相关部位强度要高；反应分层的砂浆基质强度比本体的砂浆基质高，但均质度低；渐变分层的部分骨料的黏结带和砂浆基质，要较碾压混凝土本体的砂浆基质和黏结带弱。经计算，模型 Ⅱ 软弱层的单轴抗拉强度为 2.30 MPa，为碾压混凝土本体单轴抗拉强度的 80.7%。

（3）模型 Ⅲ 取值其渗透分层靠下层混凝土一侧的砂浆基质的均质度要低于碾压混凝土本体，其骨料的黏结带较碾压混凝土本体的弱，但比模型 Ⅱ 中的相关部位强度和均质度高；反应分层的砂浆基质和骨料的黏结带的均质度均低于碾压混凝土本体；渐变分层的部分骨料的黏结带和砂浆基质，要较碾压混凝土本体的砂浆基质和黏结带弱。经计算，模型 Ⅲ 软弱层的单轴抗拉强度为 2.48 MPa，是其本体单轴抗拉强度的 87.1%。

经数值计算表明，软弱层的单轴抗拉强度计算结果与宏观试验结果基本相符，这说明以上参数的选择是合理的。值得注意的是，对于软弱层层间的力学参数的设置，由于缺乏实际试验和数值模拟数据，其参数的选择是参照有关文献分析来得到的。

### 16.2.2.3　模拟结果分析

**1. 数据分析**

通过数值模拟,得到了荷载、应力、位移、单元破坏等信息的 MFPA$^{2D}$ 模拟结果:图 16-13 为软弱层破裂过程中荷载和单元破坏的变化曲线;图 16-14 为模型Ⅰ软弱层破裂过程;图 16-15 为模型Ⅱ软弱层破裂过程;图 16-16 为模型Ⅲ的最终破坏形态。其中,单元破坏图中的圆圈大小代表单元破坏释放的能量大小,圆圈的多少代表单元破坏的数量,白圆圈代表拉伸破坏,黑色区域反映的是以前积累的单元破坏。

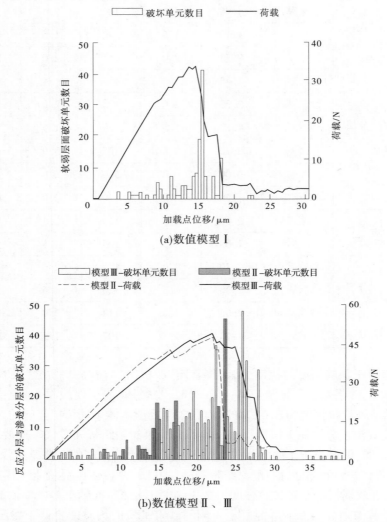

(a)数值模型Ⅰ

(b)数值模型Ⅱ、Ⅲ

**图 16-13　紧凑拉伸试件软弱层破裂过程中荷载和破坏单元数目的变化(MFPA$^{2D}$ 的模拟结果)**

从图 16-14、图 16-15 可以看到:在加载初级阶段,由于混凝土材料的非均质性,单元破坏呈现出一种随机的无序的分布,单元破坏的影响范围很小,破坏单元之间的关联作用很弱,并且相互统计独立。随着荷载的增加,破坏单元之间的关联作用增强,模型Ⅰ在加载点位移达到 9.5 μm(第 19 步) 时,在裂缝的尖端连续有 4 个单元发生破坏,呈现出破坏局部化的分布表现微短程关联,并呈现出局部小尺度范围内串级,在破坏单元数目曲线上出现第一个峰值,在裂缝的尖端单元破坏开始趋于活跃、连续,此时试样的预裂缝开始起裂,其对应的起裂荷载为 2.57 ×10$^{-2}$ kN。用同样的判断手段,可以得到模型Ⅱ、模型Ⅲ及碾压混凝土本体的起裂荷载。

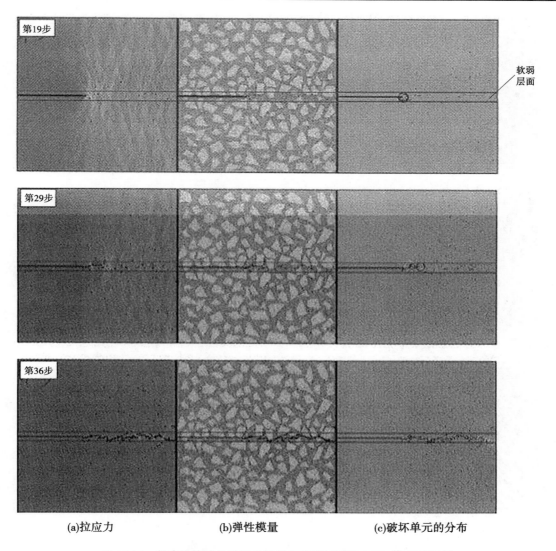

(a)拉应力　　　　　　　(b)弹性模量　　　　　　　(c)破坏单元的分布

图 16-14　紧凑拉伸试件模型 I 软弱层破裂过程的 MFPA$^{2D}$ 模拟结果

　　通过对数值模拟结果的分析,可以大致得到模型在极限荷载时的临界缝长,利用混凝土双 K 断裂参数的计算公式可直接计算得到模型的起裂断裂韧度和失稳断裂韧度,计算结果见表 16-7。从表 16-7中可以看到,软弱层经过处理后,其力学参数指标得到了提高。三种处理方式中最有效的为模型Ⅲ,其次为模型Ⅱ。

　　2. 三种层面处理方式的软弱层破坏过程分析

　　(1)模型 I 的破坏情况(见图 16-14)。当加载点位移达到 9.5 μm(第 19 步)时,试样的预裂缝起裂,裂缝沿着软弱层靠近上层的混凝土处向前扩展,但由于上层混凝土受振捣的扰动较少,其强度较高,裂缝继续沿原路径扩展,需要消耗更多的能量,因此裂缝扩展变缓。当加载点位移达到 14.5 μm(第 29步)时,达到极限荷载,在软弱层靠近下层混凝土处又有新的裂缝产生,这是由于软弱层靠近下层混凝土处施工时受到振捣的扰动较多,强度较低,新的裂缝继续向前扩展,同时由于嵌入的骨料的黏结带受振捣的影响强度较低,黏结带受拉破坏,裂缝沿着破坏的黏结带向前扩展。当加载点位移达到 18.0 μm(第 36 步)时,新裂缝与原裂缝迅速贯通,试样失稳破坏。模型 I 的整个破坏过程,其裂缝基本在软弱层中扩展、贯通,其断裂路径呈轻微台阶状,断裂面比较平直,没有粗骨料破坏。

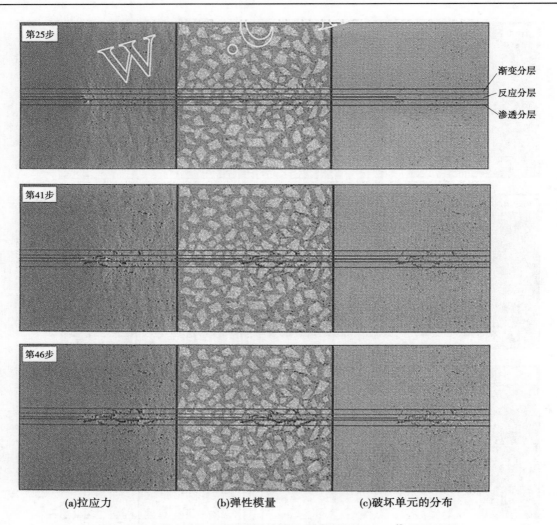

图 16-15　紧凑拉伸试件模型 Ⅱ 软弱层破裂过程的 MFPA$^{2D}$ 模拟结果

表 16-7　碾压混凝土紧凑拉伸试件数值模拟结果

| 模型 | 初始缝长 $\alpha_0$/ mm | 临界缝长 $\alpha_c$/mm | 起裂荷载 | | 极限荷载 | | 起裂断裂韧度 | | 失稳断裂韧度 | |
| --- | --- | --- | --- | --- | --- | --- | --- | --- | --- | --- |
| | | | $p_{ini}$ / $10^{-2}$ kN | $p_{ini}^*$ / % | $p_{max}$ / $10^{-2}$ kN | $p_{max}^*$ / % | $K_{IC}^{ini}$ / ( MPa · m$^{1/2}$ ) | $K_{IC}^{ini *}$ / % | $K_{IC}^{c}$ / ( MPa · m$^{1/2}$ ) | $K_{IC}^{c *}$ / % |
| Ⅰ | 60.0 | 78.6 | 2.47 | 58.1 | 3.18 | 63.5 | 0.525 | 58.1 | 0.919 | 46.3 |
| Ⅱ | 60.0 | 85.4 | 3.04 | 68.7 | 4.03 | 77.4 | 0.620 | 68.7 | 1.351 | 68.1 |
| Ⅲ | 60.0 | 87.6 | 3.01 | 68.1 | 4.21 | 80.8 | 0.615 | 68.1 | 1.489 | 75.1 |
| 本体 | 60.0 | 90.7 | 4.42 | 100.0 | 5.21 | 100.0 | 0.903 | 100.0 | 1.984 | 100.0 |

注:表中 $p_{ini}^*$、$p_{max}^*$、$K_{IC}^{ini *}$、$K_{IC}^{c *}$ 均为与本体结果的百分比。

(2)模型 Ⅱ 的破坏情况(见图 16-15)。当加载点位移达到 12.5 μm(第 25 步)时,试样的预裂缝在渗透分层起裂,裂缝沿着渗透分层向前扩展,这是由于渗透分层在三个分层中受振捣的扰动较大,其强度较弱。当加载点位移达到 20.5 μm(第 41 步) 时,达到极限荷载。荷载达到峰值后,裂缝扩展速度加快,当加载点位移达到 23.0 μm(第 46 步)时裂缝迅速贯通,试样基本失稳破坏。从图 16-15 可看到,裂缝在渗透分层起裂,在反应分层和渗透分层扩展、贯通,其断裂路径呈台阶状和锯齿状,断裂面不平,但没有横断粗骨料。至基本失稳破坏为止,反应分层和渗透分层破坏单元所释放的能量为软弱层破坏所释放的能量的 95.6%,可见在模型 Ⅱ 软弱层层间的细观结构中,反应分层和渗透分层对软弱层层间的黏结强度起主要作用。

(3)模型 Ⅲ 的破坏情况(见图 16-16)。破坏过程是裂缝在反应分层、渗透分层层面及老混凝土层面上的扩展及破坏,但裂缝更多的是在渗透分层层面及老混凝土层面上扩展,其破坏路径较为曲折,呈台阶状路径,最终在老混凝土层面上破坏,断裂面明显凹凸不平,断裂面积大于模型 Ⅱ,但也没有横断粗骨料。可见在模型 Ⅲ 软弱层层间的细观结构中,渗透分层对软弱层的黏结强度起主要作用。

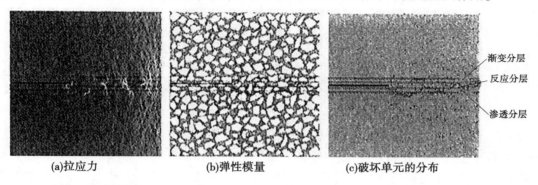

　　(a)拉应力　　　　　　　　　(b)弹性模量　　　　　　　　(c)破坏单元的分布

图 16-16　紧凑拉伸试件模型 Ⅲ 软弱层间破裂过程的 MFPA$^{2D}$ 模拟结果(最终破坏形态)

### 16.2.3　碾压混凝土直剪试件细观结构的数值模拟

#### 16.2.3.1　基本概念

用非线性有限元法模拟试件在直剪作用下的细观损伤断裂,求得其宏观抗剪断强度,从而节省直剪试验工作量,并可进行直剪试件的尺寸效应分析。

采用混凝土随机骨料模拟技术及有限元数值分析技术来研究碾压混凝土直剪试件的细观损伤断裂与宏观力学性能的相互关系。随机骨料模型的生成是把混凝土视为由粗骨料、水泥砂浆及界面黏结带组成的复合材料。骨料分为细骨料和粗骨料,骨料的大小可用颗粒分配曲线表示,颗粒分配曲线是颗粒尺寸的函数,它限定了尺寸不得大于某一给定值颗粒的百分数。对于卵石和砾石等球状或浑圆的骨料,假定其颗粒为球状,可借助于富勒(Fuller)抛物线确定骨料颗粒的三维级配曲线,由该级配浇筑的混凝土可产生优化的结构密度和强度。富勒(Fuller)抛物线为式(16-36),J. C. Walraven 基于富勒公式将三维级配曲线转化为试件内截面上任一点具有骨料直径 $D<D_0$ 的内截圆内的概率为式(16-37)。

采用 22.5 cm×22.5 cm 的试件截面的三级配碾压混凝土,计算得出的各级骨料颗粒数:6 cm 粒径的骨料 3 粒,3 cm 粒径的骨料 11 粒,1.2 cm 粒径的骨料 86 粒。借助蒙特卡罗方法,在试件截面上随机确定骨料的位置、形状和尺寸,产生出随机骨料模型。考虑到骨料随机分布的影响,对 7 种不同骨料分布的试件进行模拟计算,取峰值抗剪参数 $f'$、$c'$ 的统计平均值作为计算值。其中,一种随机分布骨料模型如图 16-17 所示。

#### 16.2.3.2　非线性有限元分析及材料参数

1. 非线性有限元分析

利用有限元分析程序,对碾压混凝土直剪试件作仿真模拟分析,进行细观结构力学性能研究。

对混凝土拌和物的两个主要构元——粗骨料和硬化水泥粉煤灰砂浆分别进行试验,都会出现弹性破坏,而碾压混凝土本身在破坏前却表现出非弹性性质。因此,采用碾压混凝土的各相在破坏前符合弹脆性材料假设,应力-应变关系为线弹性关系。当计算单元主应力大于该相材料强度时,则单元开裂,由简单超余应力转移法将超余应力转移至相邻未破坏单元。

在随机地生成骨料颗粒系统之后,对结构进行有限元分析时,首先要将研究区域剖分为有限元网

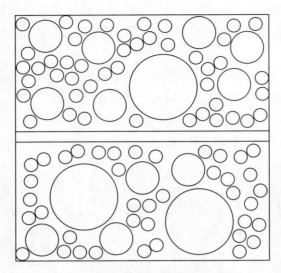

**图 16-17　碾压混凝土随机颗粒分布**

格,这将涉及成千上万个单元和节点,数据准备工作则变得极其繁重。特别是对于需要随机改变颗粒组合,反复进行网格剖分的情况下,不寻求某种自动或半自动的方法,是难以实现的。

采用 Delaunay 三角剖分原理,通过程序实现了对随机骨料颗粒分布区域的全自动剖分方法见 16.2.1.2 节,为模拟碾压混凝土层面处理的条件,在试件中部设置厚度为 1 cm 的水泥砂浆层面,考虑施工因素影响,可使层面力学性能弱化,故取水泥砂浆层面力学性能与粉煤灰砂浆相同。对于直剪试件的有限元计算网格如图 16-18 所示。

**图 16-18　碾压混凝土有限元网格剖分图**

2. 材料参数

综合有关文献及有关试验资料,随机骨料模型材料性能的取值见表 16-8。

### 16.2.3.3　直剪试验模拟

如图 16-19 所示为直剪试件受力状况示意图。其中,加压垫板与试件之间的滚轴排摩擦系数取 0.1。

**表 16-8　有层面碾压混凝土三种方法获得的抗剪断强度参数的比较**

| 模拟类型 | 数值计算值 | 设计规范参考值 | 龙滩试验值 |
|---|---|---|---|
| $f'$ | 1.29 | 1.1~1.3 | 1.35 |
| $c'$/MPa | 2.81 | 1.73~1.96 | 3.69 |

1. 直剪试件裂纹分布

有中间层面碾压混凝土裂纹分布,施加法向应力为 0.3 MPa、剪切破坏荷载 $P_1 = 8.92$ kN。

无中间层面碾压混凝土裂纹分布,施加法向应力为 0.3 MPa、剪切荷载 $P_1 = 14.00$ kN 时,碾压混凝土模拟试件层面直剪破坏时的裂纹分布如图 16-20 所示。

从图 16-20 中可以看出,裂纹沿着剪切荷载作用的方向传播并扩散开来,同时,由于界面黏结带及层面的材料性能较差,强度较低,故裂纹基本上出现在骨料与砂浆界面及层面中。

2. 抗剪断强度特性的数值模拟

采用表 16-7 中的材料性能参数,对图 16-19 所示模拟的直剪试件进行计算。

(1)有层面碾压混凝土的抗剪断强度特性。模拟计算结果与《混凝土重力坝设计规范》(DL 5108—

1999)中提供的碾压混凝土层面抗剪断参数 $f'$、$c'$ 及龙滩水电站碾压混凝土芯样(20 cm)室内抗剪断参数研究报告的对比列于表 16-8。计算结果与规范和研究报告中提供的抗剪断参数基本吻合。

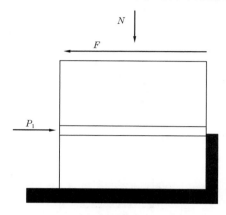

**图 16-19 碾压混凝土模拟直剪试件受力状况示意图**　　**图 16-20 无层面碾压混凝土模拟试件直剪破坏裂纹分布**

（2）无层面碾压混凝土(本体)的抗剪断强度特性。当数值模拟计算的破坏剪应力值为 6.19 MPa，有层面碾压混凝土的平均破坏剪应力值为 3.21 MPa。可以看出，无层面碾压混凝土由于骨料的阻碍作用，其破坏剪应力远较有层面碾压混凝土的大。

碾压混凝土的破坏机理与常规混凝土的相同点是骨料与砂浆的界面都是它们薄弱的环节；不同点是由于碾压混凝土存在薄弱的层面，所以破坏更容易从层面发生。所用的这种随机骨料模型具有广泛的应用前景，可以节省室内外直剪试验的工作量，并为碾压混凝土结构的细观损伤断裂破坏机理分析提供了一条新的途径。

# 16.3　碾压混凝土层面对大坝应力和变形的影响

## 16.3.1　碾压混凝土坝的等效连续本构模型

### 16.3.1.1　基本模型

如图 16-21(a)所示某一碾压混凝土坝，可以从中找出一个足够大的包含多个层面的代表性单元[见图 16-21(b)]，这个代表性单元和工程尺度相比又足够小，针对这个代表性单元，根据变形等效原理，得出该等效单元[见图 16-21(c)]的本构关系，并给出碾压混凝土层间真实应力的估算式，为复杂成层结构(碾压混凝土坝)的应力分析提供了一条系统的简化计算技术路径。

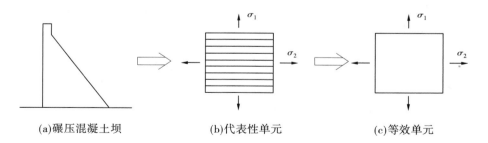

(a)碾压混凝土坝　　　　(b)代表性单元　　　　(c)等效单元

**图 16-21 碾压混凝土坝模型的建立与简化**

### 16.3.1.2　变形等效连续模型

变形等效的基本原理就是假设连续体与层状体单元在同样荷载作用下变形相等，由此推导出等效单元与代表性单元之间的材料常数关系，这个等效单元可依据不同的实际情况，假定为各向同性体、正交各向异性体、横观各向同性体或一般的各向异性体。将等效单元作为一般的各向异性体看待,在平面情况下的各向异性材料的应力应变关系为

$$\begin{Bmatrix} \sigma_x \\ \sigma_y \\ \sigma_z \end{Bmatrix} = \begin{bmatrix} c_{11} & c_{12} & c_{13} \\ c_{12} & c_{22} & c_{23} \\ c_{13} & c_{32} & c_{33} \end{bmatrix} \begin{Bmatrix} \varepsilon_x \\ \varepsilon_y \\ \varepsilon_z \end{Bmatrix}$$ (16-41)

由于 $c_{ij} = c_{ji}(i,j = 1,2,3)$ 的独立常数为 6 个,只要能够确定这 6 个参数,则进行有限元的弹性计算将无困难,但是要测定这种各向异性的弹性常数很不方便。王宗敏(1996)的思路是:既然这种层状体可以看作是由各向同性本体与层面组成的,则可以通过分别测定本体的弹性常数 $E_b$、$\nu_b$ 和有厚度的层面的弹性常数 $E_j$、$\nu_j$ 或无厚度的层面刚度系数 $k_n$、$k_s$ 及几何参数(层厚、间距等),然后按照变形等效的方法来推导等效单元的变形参数。

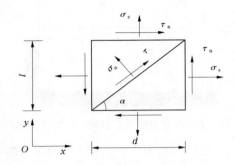

**图 16-22　代表性单元受力分析**

假定代表性单元为平面含有一条贯穿整个单元的无厚度弱面的单元,如图 16-22 所示,本体为一般各向异性体,其弹性本构关系可以表示为

$$\begin{Bmatrix} \varepsilon_x \\ \varepsilon_y \\ \gamma_{xy} \end{Bmatrix} = \begin{bmatrix} S_{11}^b & S_{12}^b & S_{13}^b \\ S_{21}^b & S_{22}^b & S_{23}^b \\ S_{31}^b & S_{32}^b & S_{33}^b \end{bmatrix} \begin{Bmatrix} \sigma_x \\ \sigma_y \\ \tau_{xy} \end{Bmatrix}$$ (16-42)

由平衡方程得层面上的应力为

$$\left. \begin{aligned} \sigma_n &= \sigma_x \sin^2\alpha + \sigma_y \cos^2\alpha - \tau_{xy}\sin2\alpha \\ \tau &= \sigma_y \sin\alpha\cos\alpha - \sigma_x \sin\alpha\cos\alpha - \tau_{xy}\cos2\alpha \end{aligned} \right\}$$ (16-43)

由变形叠加原理得单元体在 $x$、$y$ 方向的位移为

$$\left. \begin{aligned} \delta_x &= S_{11}^b \sigma_x d + S_{12}^b \sigma_y d + S_{13}^b \tau_{xy} d + \frac{\sigma_n}{k_n}\sin\alpha - \frac{\tau}{k_s}\cos\alpha \\ \delta_y &= S_{21}^b \sigma_x l + S_{22}^b \sigma_y l + S_{23}^b \tau_{xy} l + \frac{\sigma_n}{k_n}\cos\alpha + \frac{\tau}{k_s}\sin\alpha \end{aligned} \right\}$$ (16-44)

将式(16-43)代入式(16-44),整理得

$$\begin{aligned} \delta_x &= \left( S_{11}^b d + \frac{1}{k_n}\sin^2\alpha\sin\alpha + \frac{1}{k_s}\cos^2\alpha\sin\alpha \right)\sigma_x + \left( S_{12}^b d + \frac{1}{k_n}\cos^2\alpha\sin\alpha - \frac{1}{k_s}\cos^2\alpha\sin\alpha \right)\sigma_y + \\ &\quad \left( S_{13}^b d - \frac{1}{k_n}\sin2\alpha\sin\alpha + \frac{1}{k_s}\cos2\alpha\cos\alpha \right)\tau_{xy} \\ \delta_y &= \left( S_{21}^b l + \frac{1}{k_n}\sin^2\alpha\cos\alpha - \frac{1}{k_s}\sin^2\alpha\cos\alpha \right)\sigma_x + \left( S_{22}^b l + \frac{1}{k_n}\cos^2\alpha\cos\alpha + \frac{1}{k_s}\sin^2\alpha\cos\alpha \right)\sigma_y + \\ &\quad \left( S_{23}^b l - \frac{1}{k_n}\sin2\alpha\cos\alpha - \frac{1}{k_s}\cos2\alpha\sin\alpha \right)\tau_{xy} \end{aligned}$$

(16-45)

另外,等效单元的弹性本构关系为

$$\begin{Bmatrix} \varepsilon_x \\ \varepsilon_y \\ \gamma_{xy} \end{Bmatrix} = \begin{bmatrix} S_{11} & S_{12} & S_{13} \\ S_{21} & S_{22} & S_{23} \\ S_{31} & S_{32} & S_{33} \end{bmatrix} \begin{Bmatrix} \sigma_x \\ \sigma_y \\ \tau_{xy} \end{Bmatrix}$$ (16-46)

在和代表性单元同样荷载条件下,等效单元的变形为

$$
\left.\begin{aligned}
\delta_x^e &= S_{11}\sigma_x d + S_{12}\sigma_y d + S_{13}\tau_{xy}d \\
\delta_y^e &= S_{21}\sigma_x l + S_{22}\sigma_y l + S_{23}\tau_{xy}l
\end{aligned}\right\}
\tag{16-47}
$$

根据变形等效原理,即 $\delta_x = \delta_x^e$ , $\delta_y = \delta_y^e$ ,可得等效体的弹性常数

$$
\left.\begin{aligned}
S_{11} &= S_{11}^b + \left(\frac{1}{k_n d}\sin^2\alpha + \frac{1}{k_s d}\cos^2\alpha\right)\sin\alpha \\
S_{12} &= S_{12}^b + \left(\frac{1}{k_n d}\cos^2\alpha - \frac{1}{k_s d}\cos^2\alpha\right)\sin\alpha \\
S_{13} &= S_{13}^b + \left(\frac{1}{k_s d}\cos2\alpha\cos\alpha + \frac{1}{k_n d}\sin2\alpha\sin\alpha\right) \\
S_{21} &= S_{21}^b + \left(\frac{1}{k_n l}\sin^2\alpha - \frac{1}{k_s l}\sin^2\alpha\right)\cos\alpha \\
S_{22} &= S_{22}^b + \left(\frac{1}{k_n l}\cos^2\alpha + \frac{1}{k_s l}\sin^2\alpha\right)\cos\alpha \\
S_{23} &= S_{23}^b - \left(\frac{1}{k_s l}\cos2\alpha\sin\alpha + \frac{1}{k_n l}\sin2\alpha\cos\alpha\right)
\end{aligned}\right\}
\tag{16-48}
$$

由图 16-22,有 $l = d\tan\alpha$ ,可以推导出 $S_{12} = S_{21}$ 。从本构关系的对称性出发,不难得到 $S_{31} = S_{13}$ , $S_{32} = S_{23}$ ,并假定 $S_{33} = S_{33}^b$ ,至此等效单元(一般各向异性体)的本构关系所需的 6 个参数已全部求出。

对于含两个弱面的代表性单元,根据式(16-48)计算出含一条弱面时的 $S_{ij}$ ,然后将式(16-48)中的 $S_{ij}^b$ 用 $S_{ij}$ 代替,重复式(16-48)的计算,即得含两个弱面时的本构关系。多条弱面的情况依此类推。

为了碾压混凝土坝有限元分析实际应用方便起见,这里给出 $\alpha = 0$ ,代表性单元含 $m$ 条材料性质相同的无厚度弱面时的等效本构关系

$$
\begin{Bmatrix}\varepsilon_x \\ \varepsilon_y \\ \gamma_{xy}\end{Bmatrix} =
\begin{bmatrix}
S_{11}^b & S_{21}^b & S_{31}^b + \dfrac{m}{k_s d} \\[2mm]
S_{21}^b & S_{22}^b + \dfrac{m}{k_n l} & S_{23}^b \\[2mm]
S_{31}^b + \dfrac{m}{k_s d} & S_{32}^b & S_{33}^b
\end{bmatrix}
\begin{Bmatrix}\sigma_x \\ \sigma_y \\ \tau_{xy}\end{Bmatrix}
\tag{16-49}
$$

对于含有一定厚度弱面的代表性单元,根据以上变形等效原理,不难推导出相应的本构关系,这里仅给出代表性单元含 $m$ 条材料性质相同、层厚为 $h_j$ 的弱面时的等效本构关系

$$
\begin{Bmatrix}\varepsilon_x \\ \varepsilon_y \\ \gamma_{xy}\end{Bmatrix} =
\begin{bmatrix}
S_{11}^b + S_{11}^j & S_{21}^b + S_{21}^j & S_{31}^b + S_{31}^j \\[2mm]
S_{21}^b + (S_{21}^j - S_{21}^b)\dfrac{mh_j}{l} & S_{22}^b + (S_{22}^j - S_{22}^b)\dfrac{mh_j}{l} & S_{23}^b + (S_{23}^j - S_{23}^b)\dfrac{mh_j}{l} \\[2mm]
S_{31}^b + S_{31}^j & S_{23}^b + (S_{23}^j - S_{23}^b)\dfrac{mh_j}{l} & S_{33}^b
\end{bmatrix}
\begin{Bmatrix}\sigma_x \\ \sigma_y \\ \tau_{xy}\end{Bmatrix}
\tag{16-50}
$$

### 16.3.1.3　本构模型的进一步简化与层间应力的计算

式(16-49)和式(16-50)所给出的碾压混凝土本构模型是一种变形等效的连续模型,但是式(16-50)为一非对称的柔度矩阵,这在有限元计算中是十分不方便的。很自然产生两个问题:一是当弱面具有一定尺寸厚度,但是当厚度很小时,能否将对称的式(16-49)应用于有厚度弱面的情况,以代替式(16-50),这种情况下的刚度系数 $k_n$ 、$k_s$ 如何确定;另一个是弱面层的层间真实应力如何得到。下面将论述这两个问题。

由弱面的弹性模量 $E_j$ 、泊松比 $\nu_j$ 和剪切模量 $G_j$ 及弱面的厚度 $h_j$ ,不难近似地推得符合模型

式(16-49)的弱面刚度系数 $k_n$、$k_s$ 值。

$$k_n = \frac{E_0}{h_j} \qquad k_s = \frac{G_j}{h_j} \qquad\qquad (16\text{-}51)$$

式中,对于平面应变,$E_0 = \dfrac{E_j(1 - \nu_j)}{(1 + \nu_j)(1 - 2\nu_j)}$;对于平面应力,$E_0 = \dfrac{E_j}{1 - \nu_j^2}$。

这样,根据等效模型,即可得到结构的宏观力学行为。然而在实际应用中,工程界往往关心的是某处较危险部位的层间内部真实应力。为解决这一问题,一种方法是在整体结构中取出某一局部结构进行有限元网格细化,来分析层间真实的应力场;另一种方法是一种层间应力的算法,根据层间应力的平衡条件、层间位移(导数连续)连续条件,得到层间应力 $\sigma_{ij}^j$ 的算式:

对于平面应变

$$\sigma_x^j = \frac{E_j}{E_b}\sigma_x^b + \left[\nu_j - \frac{E_j}{E_b}\nu_b\right]\sigma_y^b$$

对于平面应力

$$\sigma_x^j = \frac{E_j}{E_b}\left[\frac{1 - \nu_b^2}{1 - \nu_j^2}\right]\sigma_x^b + \left[\frac{\nu_j}{1 - \nu_j} - \frac{E_j\nu_b(1 + \nu_b)}{E_b(1 - \nu_j^2)}\right]\sigma_y^b$$

$$\sigma_y^j = \sigma_y^b, \qquad \tau_{xy}^j = \tau_{xy}^b$$

$$\qquad\qquad (16\text{-}52)$$

### 16.3.1.4　算例

在实际的碾压混凝土坝的施工过程中,很多工程采用 RCC 浇筑法,为了模拟实际施工过程,对某一工程的施工过程进行了仿真累积自重及温度应力计算,采用了 3 m 厚的均质连续单元来进行计算,然而实际上施工中是每上升 30 cm、间歇 4~5 h,可能造成一定的弱面,为考虑弱面的影响,本书取出一 3 m 厚的代表性单元,分别考虑为各向同性的模型和这里的无厚度弱面等效模型式(16-49),来考察两个模型的差别。如图 16-23 所示,一个长×宽 = 3 m×3 m 的代表性单元,包含 9 条间距 30 cm 的弱面,每条弱面的厚度分别假定为 0.5 cm、1.0 cm、2.0 cm,在如图示的简单荷载作用下,按照无厚度弱面等效模型和各向同性均质模型来分别计算该代表性单元的垂直层面方向的位移,并和该结构分层细化网格的有限元解对比,见表 16-9。

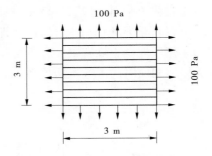

**图 16-23　碾压混凝土代表性单元**
注:$E_b = 100\,000$ Pa,$E_j = 10\,000$ Pa,$\nu_b = \nu_j = 0.2$。

**表 16-9　不同计算方法的位移值的比较**

| 模型 | 弱面厚度 0.5 cm | | 弱面厚度 1.0 cm | | 弱面厚度 2.0 cm | |
|---|---|---|---|---|---|---|
| | 位移/cm | 相对误差/% | 位移/cm | 相对误差/% | 位移/cm | 相对误差/% |
| 等效模型 | 0.400 5 | 1.98 | 0.441 0 | 3.54 | 0.522 0 | 5.84 |
| 均质模型(无弱面) | 0.360 0 | 11.9 | 0.360 0 | 21.2 | 0.360 0 | 35.1 |
| 有限元解 | 0.408 6 | | 0.457 2 | | 0.554 4 | |

由表 16-9 可以看出,忽略碾压混凝土坝层间弱面的影响,将坝看成各向同性均质连续体来进行模拟,随着弱面层厚的增加,其变形差别较大。而本书的无厚度弱面的变形等效模型即使模拟有一定厚度弱面的结构,只要弱面的厚度小于 2 cm,是可以满足工程精度要求的。

由上述可见:由等效连续模型来模拟成层状碾压混凝土结构,可以大大减小计算工作量,是一种便于实际工程应用的简化计算法;变形等效连续模型,仅仅需要知道弱面数量,在原有的柔度矩阵或刚度矩阵中略加修改,这对于已具有有限元结构分析程序的部门,仅需要略加变动即可模拟碾压混凝土成层结构物,并且在剖分网格时,不必顾虑网格的大小,通用性强,精度满足工程需要。

## 16.3.2　碾压混凝土坝双向异弹性模量对大坝位移的影响

碾压混凝土含有层间弱面(简称层面)。层面引起坝体整体弹性模量降低,特别是垂直层面方向即竖向弹性模量降低更多,形成坝体双向异弹性模量,而使碾压混凝土坝具有横观各向同性性质。碾压混凝土的竖向弹性模量仅为横向弹性模量的 50%~80%。弹性参数的变化势必引起坝体位移的变化,通过等效模型并结合实例分析碾压混凝土坝双向异弹性模量对位移的影响。

### 16.3.2.1　碾压混凝土双向异弹性模量对位移的影响

碾压混凝土是层面的厚度比其平面特征尺寸小很多,可采用薄片单元建立等效模型(见图 16-24)。该模型假设层面和本体分别为各向同性体、等效体为横观各向同性体。

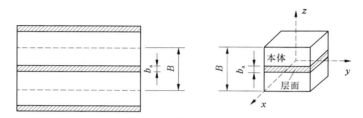

**图 16-24　碾压混凝土坝薄片单元模型**

设本体弹性模量、层面弹性模量及坝体等效竖向弹性模量和横向弹性模量分别为 $E_c$、$E_a$、$E_v$、$E_1$,层面厚度、本体厚度及碾压层厚度分别为 $b_a$、$b_c$、$B$;碾压层数为 $N$。据相关文献导出坝体等效竖向和横向弹性模量计算公式分别为

$$E_v = \frac{E_a E_c}{E_a(1-\beta) + E_c\beta} \tag{16-53}$$

$$E_1 = E_c(1-\beta) + E_a\beta \tag{16-54}$$

式中:$\beta$ 为层面影响带厚度占坝体总高度的比例,$\beta = (N-1)b_a/NB$。

碾压混凝土坝双向异弹性模量主要是因层间弱面引起的,从式(16-53)、式(16-54)可以看出,当 $E_v$、$E_1$ 一定时,$E_v$、$E_1$ 受 $\beta$(即层面厚度)的影响。在式(16-53)中,因本体弹性模量一般比层面弹性模量大,分母 $E_a(1-\beta) + E_c\beta$ 随 $\beta$ 的增大而增大,即 $E_v$ 随 $\beta$ 的增大而减小,且只要 $\beta$ 不为零(即层面存在),$E_v$ 总小于 $E_c$;同样在式(16-54)中,$E_1$ 也总小于 $E_c$。通过绘制 $E_v - \beta$ 曲线和 $E_1 - \beta$ 曲线可明显看出 $\beta$ 对 $E_v$ 的影响比对 $E_1$ 的影响大。

另外,设 $n = E_1/E_v$,由式(16-53)、式(16-54)得

$$n = \frac{E_1}{E_v} = \frac{(E_c - E_a)^2(-\beta^2 + \beta)}{E_c E_a} \tag{16-55}$$

式中:$n$ 取极大值($\partial n/\partial \beta = 0$)时,$\beta = 0.5$。

因此 $n$ 在区间[$\beta \subset (0, 0.5)$]内是递增的。实际中 $\beta$ 不可能达到 0.5,因此可推得 $n$ 值随 $\beta$ 值的增大而增大。

坝体弹性模量的下降使坝体在相同荷载情况下位移量增大,也就是 $\beta$ 值增大,异弹性模量比 $n$ 增大,坝体位移量增大;$\beta$ 值减小;异弹性模量比 $n$ 减小,坝体位移量减小,且竖向弹性模量 $E_v$ 比水平向弹性模量 $E_1$ 对位移的影响大。

### 16.3.2.2　算例

1. 计算工况和计算公式

某整体式碾压混凝土重力坝,$E_1$ 分别取为 $2.0 \times 10^4$ MPa、$2.3 \times 10^4$ MPa、$2.6 \times 10^4$ MPa、$2.8 \times 10^4$ MPa,$E_1$ 和 $E_v$ 之比分别取 1.0、1.1、1.3、1.5、1.7、2.0。单元形态采用六面体 8 节点等参单元或五面体 9 节点单元。

有限元模型节点位移和节点荷载之间的平衡方程：

$$[K]^e\{\delta\}^e = \{R\}^e + \{R_0\}^e$$

式中：$[K]^e$ 为单元劲度矩阵；$\{\delta\}^e$ 为单元节点位移列阵；$\{R\}^e$ 为单元节点荷载；$\{R_0\}^e$ 为单元初始应力等效节点荷载。

$[K]^e$ 表达式为

$$[K]^e = \iiint\limits_{\Omega} [B]^T[B][D]\mathrm{d}\Omega$$

式中：$\Omega$ 为单元计算域；$[B]$ 为单元几何特性矩阵，与单元的尺寸、形状等有关；$[B]^T$ 为其转置矩阵；$[D]$ 为弹性矩阵，与弹性模量 $E$ 和泊松比 $\mu$ 有关。

有层面碾压混凝土坝其等效模型为横观各向同性体，其弹性矩阵 $[D]$ 为

$$[D] = \begin{bmatrix} C_1 & C_2 & C_3 & 0 & 0 & 0 \\ C_2 & C_1 & C_3 & 0 & 0 & 0 \\ C_3 & C_3 & C_4 & 0 & 0 & 0 \\ 0 & 0 & 0 & C_5 & 0 & 0 \\ 0 & 0 & 0 & 0 & C_6 & 0 \\ 0 & 0 & 0 & 0 & 0 & C_6 \end{bmatrix} \tag{16-56}$$

其中

$$C_1 = \lambda n(1 - n\mu_v^2); \quad C_2 = \lambda n\mu_v(1 + \mu_1); \quad C_3 = \lambda n\mu_v(1 + \mu_1)$$

$$C_4 = \lambda(1 - \mu_1^2); \qquad C_5 = \frac{E_1}{2(1 + \mu_1)}; \qquad C_6 = G_v$$

$$\lambda = \frac{E_v}{(1 + \mu_1)(1 - \mu_1 - 2n\mu_v^2)}; \qquad n = \frac{E_1}{E_v}$$

式中：$E_1$、$\mu_1$ 分别为水平平面内弹性模量和泊松比；$E_v$、$\mu_v$ 分别为竖向平面内弹性模量和泊松比；$G_v$ 为竖向平面内的剪切模量。

2. 计算成果

典型水位下节点（4 070）位移随 $E_v$ 和 $E_1$ 变化曲面见图 16-25；典型水位下节点（4 070）在不同 $E_1$ 时 $n$ 值与水平位移变化曲线见图 16-26；$n$ 在不同 $E_1$ 值时对竖向位移的影响见图 16-27；典型水位下不同坝高处、不同 $E_1$ 值条件 $n$ 值对竖向位移的影响曲线见图 16-28。

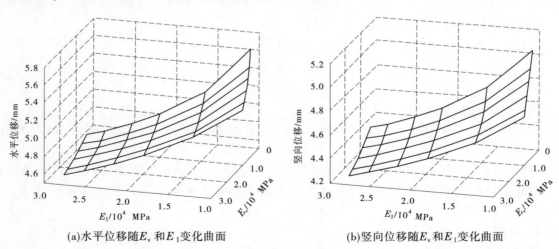

(a)水平位移随 $E_v$ 和 $E_1$ 变化曲面　　　　　　(b)竖向位移随 $E_v$ 和 $E_1$ 变化曲面

图 16-25　某整体式碾压混凝土重力坝典型水位下节点（4 070）位移随 $E_v$ 和 $E_1$ 变化曲面

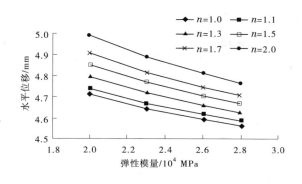
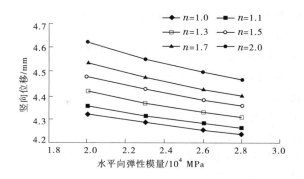

图 16-26　不同 $E_1$ 时 $n$ 值与水平位移变化曲线　　　图 16-27　在不同 $E_1$ 值时 $n$ 值对竖向位移的影响(4 070 节点)

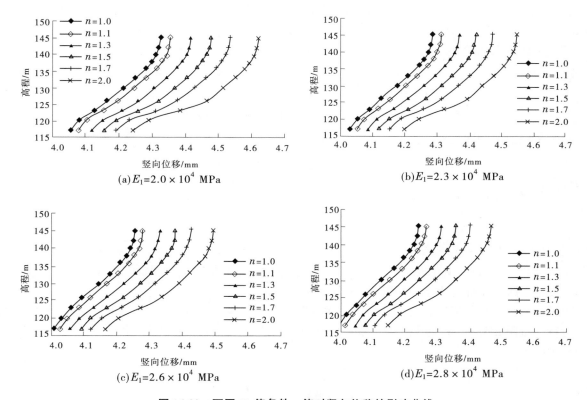

(a) $E_1 = 2.0 \times 10^4$ MPa　　　(b) $E_1 = 2.3 \times 10^4$ MPa

(c) $E_1 = 2.6 \times 10^4$ MPa　　　(d) $E_1 = 2.8 \times 10^4$ MPa

图 16-28　不同 $E_1$ 值条件 $n$ 值对竖向位移的影响曲线

3. 成果分析

(1)竖向弹性模量 $E_v$ 比横向弹性模量 $E_1$ 对水平位移和竖向位移的影响大(见图 16-25)。

(2)当 $n$ 值增大时,坝体水平位移增大(见图 16-28)。

(3) $n$ 无论取何值,坝体水平位移和竖向位移都随弹性模量 $E_1$ 的增大而减小(见图 16-26 和图 16-27)。

(4)竖向泊松比与横向泊松比的比值 $m$ 的变化对水平位移的影响非常小。

(5)坝体双向异弹性模量对坝体变形的影响较大,在 $E$ 为 $2.04 \times 10^4$ MPa、$n$ 为 2 时,其对坝体水平位移和竖向位移的影响均超过 6%,特别当 $E_1$ 为 $2.04 \times 10^4$ MPa、$n$ 为 2 时,其对坝体水平位移和竖向位移的影响均超过 10%,而泊松比对位移影响很小,均在 1% 以下。

## 16.3.3　碾压混凝土成层特性对重力坝静、动力分析的影响研究

碾压混凝土由于采用逐层碾压的施工方法,致使所形成的大体积混凝土在竖向和水平向具有不同

的弹性常数。本书以某碾压混凝土重力坝为工程实例,研究了上述弹性特性差异对坝体静、动力分析所产生的影响。研究结果表明,碾压混凝土竖向弹性模量的降低对自重、水压等主要静压力产生的应力分布影响不大,但对坝踵、坝趾局部控制性应力值将会产生一定的影响;对坝体的自振振型特性影响不大,但对自振频率值有明显影响。

### 16.3.3.1　横观各向同性体的本构模型

作为一般的三维各向异性弹性体,其本构方程中有 21 个独立的弹性常数,而对于横观各向同性体,如成层结构,则只有 5 个独立的弹性常数,若取一个弹性主轴 1 与横观各向同性体的层面平行(见图 16-29),则 5 个弹性常数为:顺层向的弹性模量和泊松比 $E_1$ 和 $\mu_1$,垂直于层面方向的弹性模量和泊松比 $E_2$ 和 $\mu_2$,以及切层的剪切模量 $G_{12}$。

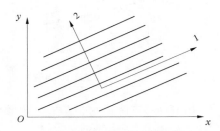

图 16-29　横观各向同性体局部坐标系

若令 $E_1/E_2 = n$,$G_{12}/E_2 = m$,则横观各向同性体在局部坐标系 $(1,2)$ 内的弹性矩阵为

对于平面应力问题

$$[D] = \frac{E_2}{1 - n\mu_2^2} \begin{bmatrix} n & n\mu_2 & 0 \\ n\mu_2 & 1 & 0 \\ 0 & 0 & m(1 - n\mu_2^2) \end{bmatrix} \tag{16-57}$$

对于平面应变问题

$$[D] = \frac{E_2}{(1 + \mu_1)(1 - \mu_1 - 2n\mu_2^2)} \begin{bmatrix} n(1 - n\mu_2^2) & n\mu_2(1 + \mu_1) & 0 \\ n\mu_2(1 + \mu_1) & (1 - \mu_1^2)(1 + \mu_1) & 0 \\ 0 & 0 & m(1 + \mu_1)(1 - \mu_1 - 2n\mu_2^2) \end{bmatrix} \tag{16-58}$$

式(16-58)中 $(1 - \mu_1 - 2n\mu_2^2)$ 应不小于 0。若 $\mu_1 = \mu_2 = \mu$,$E_1 = E_2 = E$,$G_{12} = E/2(1 + \mu)$,则上述式(16-57)、式(16-58)将退化成一般各向同性体平面应力问题和平面应变问题的弹性矩阵。

### 16.3.3.2　龙滩碾压混凝土重力坝静、动力分析

为了研究坝体材料横观各向同性特性对龙滩碾压混凝土重力坝静、动力分析的影响,对大坝-地基系统进行了有限元分析,单元网格划分和 4 个典型剖面位置如图 16-30 所示。各分区材料主要力学参数见表 16-10。

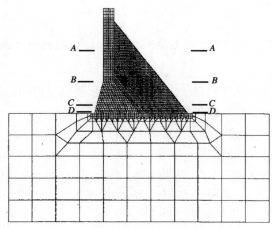

图 16-30　龙滩碾压混凝土重力坝网格划分

表 16-10　各分区材料主要力学参数

| 材料 | 弹性模量/$10^4$ MPa | 泊松比 $\mu_{xy}$ | 容重/( $kN/m^3$ ) |
|---|---|---|---|
| CC | 2.1 | 0.2 | 34 |
| RCC(碾压混凝土) | 2.0( $E_x$ ) | 0.2 | 24 |
| RCD | 2.0 | 0.2 | 24 |
| 地基岩石 | 1.6 | 0.27 | 27 |

1. 坝体碾压混凝土部分横观各向同性对坝体静应力的影响

在计算中考虑了坝体碾压混凝土竖向弹性模量 $E_y$ 分别为水平向弹性模量 $E_x$ 的 0.5、0.6、0.7、0.8、0.9、1.0( 各向同性)的六种情况。计算荷载考虑了水压、自重和两者组合 3 种情况,并选择了 4 个典型剖面 A—A、B—B、C—C、D—D( 见图 16-30),以显示应力变化规律。现仅列举几个典型结果,以说明其影响规律。

对于上述 4 个剖面,在水压和自重荷载工况下,当 $E_y$ 从 $1.0E_x$ 变化到 $0.5E_x$ 时,各剖面上的应力分布规律( 包括 $\sigma_x$、$\sigma_y$、$\tau_{xy}$ )变化不大,基本相同。如图 16-31 示出的是在水压荷载作用下,对于 C—C 剖面,当 $E_y = E_x$ 和 $E_y = 0.5E_x$ 时的三个应力( $\sigma_x$,$\sigma_y$,$\tau_{xy}$ )分布,表明即使 $E_y$ 减少了一半,应力分布趋势仍大体一致。$E_y$ 减少,在 4 个剖面中对 D—D 剖面的应力影响最大,而且主要是影响坝踵和坝趾的局部应力集中值,表 16-11 列出了在水压和自重分别作用下,在坝踵和坝趾,当 $E_y = 0.5E_x$ 和 $E_y = 1.0E_x$ 时的应力值比较,表 16-11 中所列的应力值可以看出总的变化幅度不大,对龙滩具体情况而言,不会超过 7%,对正应力而言使压应力集中增大、拉应力集中减小。

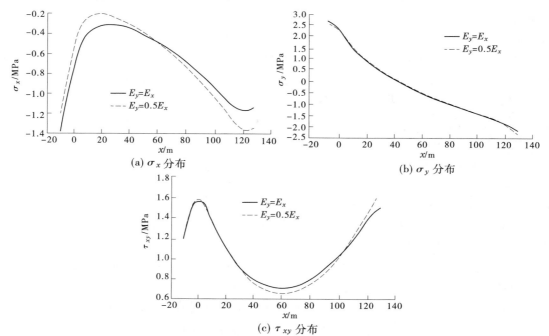

图 16-31　龙滩碾压混凝土重力坝 C—C 切面上应力分布( 水压作用)

对于水压和自重组合作用,碾压混凝土竖向弹性模量 $E_y$ 的变化对坝体应力分布的影响仍不大,这是由于自重、水压单独作用时的影响都较小的缘故。但是对于坝踵和坝趾处,尤其是坝踵处,由于自重和水压使这一区域的混凝土处于相反的应力集中状态,虽然各自单独作用时对应力值的影响幅度不大,但由于拉、压抵消,而且 $E_y$ 变小使坝踵的自重压应力增大、水压拉应力减小,故此使得合成后的应力值随碾压混凝土竖向弹性模量的变小有较大幅度的变化,表 16-11 中同时列出了坝踵和坝趾处合成应力

随 $E_y$ 变化的比较值。

表 16-11　某碾压混凝土重力坝 $E_y$ 变化时，坝踵和坝趾处应力值比较

| 荷载 | 弹性模量 | 坝踵/MPa | | | 坝趾/MPa | | |
| --- | --- | --- | --- | --- | --- | --- | --- |
| | | $\sigma_x$ | $\sigma_y$ | $\tau_{xy}$ | $\sigma_x$ | $\sigma_y$ | $\tau_{xy}$ |
| 自重 | $E_y = 1.0E_x$ | −2.941 | −6.676 | −3.230 | −1.142 | −1.200 | 1.034 |
| | $E_y = 0.5E_x$ | −3.041 | −6.918 | −3.325 | −1.220 | −1.227 | 1.101 |
| | 变幅/% | (−)增3.5 | (−)增3.4 | 增3.3 | (−)增6.8 | (−)增2.3 | 增6.5 |
| 水压 | $E_y = 1.0E_x$ | 3.453 | 7.057 | 5.080 | −3.746 | −3.311 | 3.102 |
| | $E_y = 0.5E_x$ | 3.438 | 7.047 | 5.063 | −3.833 | −3.425 | 3.190 |
| | 变幅/% | (+)减0.4 | (+)减0.14 | 减0.3 | (−)增2.3 | (−)增3.4 | 增2.8 |
| 自重+水压 | $E_y = 1.0E_x$ | 0.511 | 0.380 | 1.859 | −4.888 | −4.511 | 4.136 |
| | $E_y = 0.5E_x$ | 0.398 | 0.130 | 1.739 | −5.054 | −4.653 | 4.292 |
| | 变幅/% | (+)减22.1 | (+)减65.8 | 减6.5 | (−)增3.4 | (−)增3.1 | 增3.8 |

**注**：(−)为负应力，(+)为正应力。

从水压加自重荷载条件下的应力比较(见表 16-11)可以看出，坝踵 $\sigma_x$ 和 $\sigma_y$ 的变幅高达 22.1% 和 65.8%，但 $\tau_{xy}$ 的变幅仅 6.5%，由于 $\tau_{xy}$ 的值远大于 $\sigma_x$ 和 $\sigma_y$ 的值，故在坝踵处主应力的变幅并没有像 $\sigma_x$ 和 $\sigma_y$ 的变幅那样大，根据计算，当 $E_y$ 由 $1.0E_x$ 变为 $0.5E_x$ 时，坝踵处的主拉应力由 2.31 MPa 降为 2.01 MPa，约减小 13%，而坝趾处的主压应力约增大 4%。考虑材料的横观各向同性，对应力集中程度会产生一定的影响。

2. 坝体碾压混凝土部分横观各向同性对坝体自振特性的影响

在计算中考虑了坝体碾压混凝土部分的竖向弹性模量 $E_y$ 由 $1.1E_x$ 变到 $0.5E_x$ 的七种情况，对这七种情况计算所得的坝体前三阶自振频率已列于表 16-12。将上述频率和弹性模量分别以各向同性 $E_y = E_x$ 时的频率 $\omega_{10}$ 及 $E_{y0}$ 进行标准化处理，然后将 $(\omega/\omega_{10})$ 及 $\sqrt{(E_y/E_{y0})}$ 的关系绘成图 16-32，表明竖向弹性模量的变化将影响系统的自振频率值，但自振频率并非完全成比例地依赖于竖向弹性模量 $E_y$，因为对于像重力坝这样的悬臂梁结构，由于水平向弹性模量的变化对坝体自振频率的影响甚微，经计算得知 $E_x$ 由 $1.0E_y$ 变到 $0.5E_y$，坝体前三阶自振频率的变化不会超过 1.5%。坝体的自振频率主要由竖向弹性模量决定，自振频率应和 $\sqrt{E_y}$ 基本上成比例关系。总的来说，碾压混凝土竖向弹性模量降低会

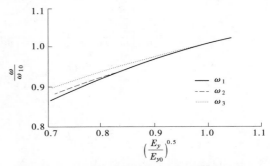

图 16-32　自振频率和竖向弹性模量的关系

使坝体自振频率减小是明显的，但对振型顺序和形状影响不大(见表 16-12)。坝体自振频率的减小，必然对动力反应产生影响，至于是增大还是减小动力反应，这取决于地震荷载的频谱特性，就我国抗震规范的设计反应谱而言，龙滩重力坝竖向弹性模量 $E_y$ 的降低会使坝体的动力反应有所减弱。

表 16-12　龙滩碾压混凝土重力坝自振频率值　　　　　　　　　单位：rad/s

| $E_y/E_x$ | 1.1 | 1.0 | 0.9 | 0.8 | 0.7 | 0.6 | 0.5 |
| --- | --- | --- | --- | --- | --- | --- | --- |
| $\omega_1$ | 9.199 | 9.068 | 8.904 | 8.734 | 8.503 | 8.226 | 7.874 |
| $\omega_2$ | 19.349 | 19.060 | 18.725 | 18.341 | 17.896 | 17.372 | 16.752 |
| $\omega_3$ | 20.439 | 20.189 | 19.904 | 19.579 | 19.191 | 18.714 | 18.106 |

**3. 对坝体地震反应的影响**

考虑水平向的震动,对龙滩大坝以人工地震时程曲线作为设计地震进行线弹性动力分析。在分析计算中考虑 $E_y = E_x$ 和 $E_y = 0.5E_x$ 两种情况,图 16-33 示出了坝顶上游端点($A$ 点)的水平向($x$ 方向)和竖直向($y$ 方向)的位移时程反应曲线,图 16-34 示出了坝基面(高程 210.00 m)主应力包线图,即动应力最大值的包络线图。

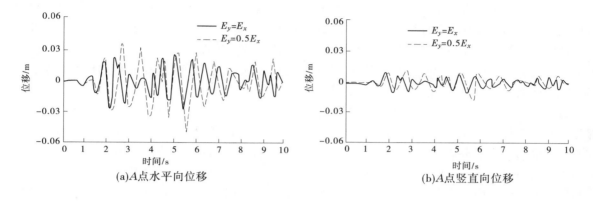

(a)$A$ 点水平向位移　　　　　　　　　　(b)$A$ 点竖直向位移

图 16-33　在地震荷载作用下龙滩碾压混凝土重力坝坝顶位移时程反应曲线

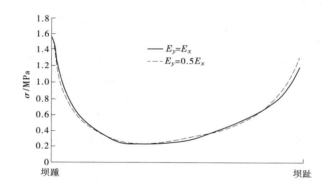

图 16-34　在地震荷载作用下,龙滩坝基面上最大动应力包络线图

对于 $E_y = E_x$,$A$ 点的水平向和竖直向最大位移分别增大 3.13 cm 和 1.02 cm,出现在 $t = 2.22$ s 和 $t = 2.24$ s;而对于 $E_y = 0.5E_x$,由于 $E_y$ 减小,则上两个位移值分别增大 4.80 cm 和 1.60 cm,且出现时间变为 $t = 5.68$ s 和 $t = 5.7$ s。另外,从图 16-34 还可以明显地看出,由于 $E_y$ 的减小,坝踵自振频率降低,动力反应的频率也明显地随之降低,当 $E_y$ 由 $1.0E_x$ 降为 $0.5E_x$ 时,在 10 s 内位移反应的峰值数由 16 个降为 12 个,而且这个反应频率的变化基本上和坝体的基频的变化规律一致,即由 1.44 Hz 变为 1.25 Hz。自振频率的变化明显地使动力反应频率变化。

$E_y$ 的降低对动应力的分布影响不大,对最大动应力值略有影响,在坝踵部位最大动应力从 1.63 MPa 降为 1.38 MPa,在坝趾部位最大动应力由 1.19 MPa 增大为 1.32 MPa,最大动应力的变化有利于改善坝踵区的拉应力集中。

从龙滩大坝的研究成果来看,对于采用中等材料或富胶凝材料碾压混凝土、采用现代方法施工和质量控制的坝高不超过 200 m 的碾压混凝土重力坝,设计工况下的坝体动静力反应分析可不考虑碾压混凝土平行层面和垂直层面方向的物理力学特性的影响。

# 16.4　碾压混凝土非线性和弹塑性本构模型

## 16.4.1　混凝土弹性和弹塑性的基本概念

混凝土在一定外力作用下(在弹性极限或称屈服应力内),会产生一定限度的变形,当外力卸除后,变形完全消失的物体称为弹性体。此时,物体内各点的应力状态和应变状态之间存在着一一对应的关系。弹性介质的响应仅与当时的状态有关,而与应变路径或应力路径(即如何达到当时状态的)无关。不论过去的变形历史怎样,只要积累到当时的应变状态,介质的应力状态都是相同的。在卸除引起应力和应变的外部作用之后,混凝土会回到初始状态。

通常,混凝土在应力超过一定限度(弹性极限或称屈服应力)后,其变形有一部分为可恢复的,另一部分为不可恢复的。前者又称可逆的弹性变形,后者又称不可逆的塑性变形,对于这些变形应在宏观的现象学理论意义下去理解。塑性变形中不仅包括晶粒内和晶界的滑移及断裂所造成的不可逆变形,还包括微观和细观尺度的不均一性和不连续性引起的残余应力对应的那部分未恢复的弹性变形。这些变形和材料的内部结构变化有关,一般与变形的历史有关。由于这种历史相关性,本构关系应以增量形式表达。然而由于数学上简单,人们广泛地使用塑性全量理论。这种理论假设应力全量与应变全量之间存在着一一对应关系,而不考虑应力和应变变化的历史,严格说来,这种理论在各应力分量的比值保持不变的加载历史(称为简单加载)下是正确的,然而理论和试验研究表明,在偏离简单加载一个相当大范围内的加载历史下,它也适用。

碾压混凝土坝的施工特点决定了坝体的水平层间结合面比常规混凝土坝多出 5~7 倍。这众多结合面的存在,将使坝体混凝土的物理参数、力学参数及渗透系数明显地出现垂直异性性质,并会因此使坝的应力、稳定等特性与常规混凝土坝有所不同,有必要研究当坝体混凝土的物理参数、力学参数及渗透系数具有垂直异性性质时,坝体各部位的应力、变位及大坝的整体稳定等情况。

在高水头混凝土重力坝的设计中,需要用有限元法分析坝体与坝基应力状态,确定大坝和坝基软弱结构面中最危险的部位,以及材料抗力的最有效部位,作为加固处理的依据。用非线性有限元法研究坝体的极限承载能力,以便与刚体极限平衡法相配合,综合评价大坝的抗滑稳定性。因此,非线性有限元分析已经成为高坝设计中应力分析的重要方面。混凝土和岩石类材料一般表现为脆性,承受较小的应变就将破坏。

## 16.4.2　弹性和非线性弹性材料的本构方程

### 16.4.2.1　弹性材料的本构方程

弹性材料的本构理论是目前最为完善的理论,许多材料在通常的荷载作用下应力值不超出比例极限,这时的应力与应变呈线性关系,其一般表达式为

$$\sigma = D\varepsilon \tag{16-59}$$

式中:$\sigma$、$\varepsilon$ 分别为六维应力矢量和应变矢量。

$$\left.\begin{array}{l} \sigma = \begin{bmatrix} \sigma_x & \sigma_y & \sigma_z & \tau_{yz} & \tau_{zx} & \tau_{xy} \end{bmatrix} \\ \varepsilon = \begin{bmatrix} \varepsilon_x & \varepsilon_y & \varepsilon_z & \gamma_{yz} & \gamma_{zx} & \gamma_{xy} \end{bmatrix} \end{array}\right\} \tag{16-60}$$

$D$ 是由材料常数组成的 6×6 的矩阵,称为弹性本构矩阵或弹性矩阵。可以证明,这个矩阵是对称的,也就是,最一般线性弹性材料最多有 21 个独立的弹性常数。如果考虑到材料在结构上的对称性,独立的弹性常数的数目还会减少。例如,正交各向异性材料是 9 个独立常数,横观同性材料是 5 个独立常数,而各向同性材料只有 2 个独立常数。

对于各向同性材料,$D$ 矩阵可以具体地写为

$$D = \begin{bmatrix} K + \dfrac{4}{3}G & K - \dfrac{2}{3}G & K - \dfrac{2}{3}G & 0 & 0 & 0 \\[2mm] K - \dfrac{2}{3}G & K + \dfrac{4}{3}G & K - \dfrac{2}{3}G & 0 & 0 & 0 \\[2mm] K - \dfrac{2}{3}G & K - \dfrac{2}{3}G & K + \dfrac{4}{3}G & 0 & 0 & 0 \\[2mm] 0 & 0 & 0 & G & 0 & 0 \\[1mm] 0 & 0 & 0 & 0 & G & 0 \\[1mm] 0 & 0 & 0 & 0 & 0 & G \end{bmatrix} \tag{16-61}$$

$$K = \frac{E}{3(1 - 2\nu)}, \qquad G = \frac{E}{2(1 + \nu)} \tag{16-62}$$

式中：$E$ 为弹性模量；$\nu$ 为泊松比。

　　显然，式(16-59)是线弹性本构关系的应变空间表述形式，而应力空间表述的形式为

$$\varepsilon = C\sigma \tag{16-63}$$

式中：$C$ 为 $6 \times 6$ 的材料常数组成的矩阵，称为弹性柔度矩阵。

　　不难看出矩阵 $C$ 和 $D$ 是互逆的。

　　对于横观同性材料，取 $z$ 轴垂直于层面，如图 16-35 所示，$E_1$ 和 $\nu_1$ 分别是层面内的弹性模量和泊松比，在层面内变形是各向同性的，切变模量 $G_1$ 与弹性模量 $E_1$、泊松比 $\nu_1$ 之间不是独立的，有

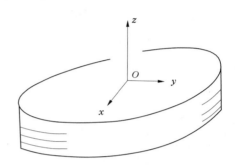

图 16-35　横观同性材料

$$G_1 = \frac{E_1}{2(1 + \nu_1)} \tag{16-64}$$

而 $E_2$、$\nu_2$ 和 $G_2$ 是与层面垂直方向有关的量。横观同性材料的弹性矩阵 $D$ 为

$$D = \frac{E_2}{(1 + \nu_1)(1 - \nu_1 - 2n\nu_2^2)} \begin{bmatrix} d_{11} & d_{11} - 2d_{55} & d_{13} & 0 & 0 & 0 \\ d_{11} - 2d_{55} & d_{11} & d_{13} & 0 & 0 & 0 \\ d_{13} & d_{13} & d_{22} & 0 & 0 & 0 \\ 0 & 0 & 0 & d_{44} & 0 & 0 \\ 0 & 0 & 0 & 0 & d_{44} & 0 \\ 0 & 0 & 0 & 0 & 0 & d_{55} \end{bmatrix} \tag{16-65}$$

式中：$n = E_1/E_2, m = G_1/E_2$。

$$d_{11} = n(1 - n\nu_2^2), \qquad d_{13} = n\nu_2(1 + \nu_1), \qquad d_{22} = 1 - \nu_1^2$$

$$d_{44} = m(1 + \nu_1)(1 - \nu_1 - 2n\nu_2^2), \qquad d_{55} = \frac{1}{2}n(1 - \nu_1 - 2n\nu_2^2) \tag{16-66}$$

在平面应变情况下，各向同性材料弹性矩阵 $D$ 是

$$D = \frac{E}{(1 + \nu)(1 - 2\nu)} \begin{bmatrix} 1 - \nu & \nu & 0 \\ \nu & 1 - \nu & 0 \\ 0 & 0 & \dfrac{1}{2}(1 - 2\nu) \end{bmatrix} \tag{16-67}$$

在平面应变情况下，横观同性材料的弹性矩阵 $D$ 见式(16-58)。

### 16.4.2.2　非线性弹性材料的本构方程

　　现仅对各向同性的非线性弹性材料讨论其本构关系。对于混凝土和砂浆岩等介质，弹性变形可认

为是各向同性的。本构方程可具体地写为

$$\varepsilon_{ij} = \frac{1 + \nu_s}{E_s}\sigma_{ij} - \frac{\nu_s}{E_s}\sigma_{kk}\delta_{ij} \qquad (16\text{-}68)$$

或

$$\sigma_{ij} = \left(K_s - \frac{2}{3}G_s\right)\varepsilon_{kk}\delta_{ij} + 2G_s\varepsilon_{ij} \qquad (16\text{-}69)$$

式中：$\delta_{ij}$ 为克罗内克尔(Kronecker)记号；$E_s$ 为材料的割线弹性模量；$\nu_s$ 为割线泊松比；$K_s$ 为割线体积模量；$G_s$ 为割线剪切模量。

$K_s$ 或 $\nu_s$ 的含义可参见图 16-36。

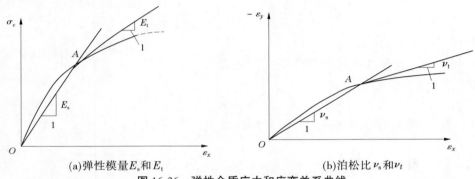

(a)弹性模量 $E_s$ 和 $E_t$　　　　　　　(b)泊松比 $\nu_s$ 和 $\nu_t$

**图 16-36　弹性介质应力和应变关系曲线**

对于非线性弹性介质,这些模量都是应力不变量或应变不变量的状态函数。由于这四个模量仅有两个是独立的

$$K_s = \frac{E_s}{3(1 - 2\nu_s)}, \qquad G_s = \frac{E_s}{2(1 + \nu_s)}$$

对于式(16-68),基本状态变量是应力张量,$E_s$ 和 $\nu_s$ 看作是应力不变量的函数,而应变张量是状态函数,这种形式的本构方程称为应力空间表述的本构方程。对于式(16-69),基本状态变量是应变张量,$K_s$ 和 $G_s$ 看作是应变不变量的函数,而应力是状态函数,这种形式的表述称为应变空间表述。对于非线性弹性介质,这两种表述是等价的,可以由其中的一个导出另一个。

在传统塑性理论中曾假设体积变化是完全弹性的,对金属在不太高的压力下这是成立的,而对混凝土和岩石类材料这却明显不符。试验表明,不仅静水应力可引起岩石的塑性体积变化,偏量应力也能引起塑性体积变化(称为剪胀)。因而对混凝土和岩石类材料不能使用传统的全量理论公式,一般地将采用如下公式

$$\sigma = D\varepsilon \qquad (16\text{-}70)$$

式中：$\sigma$、$\varepsilon$ 分别为六维应力、应变矢量；$D$ 为 6×6 的材料系数矩阵,可以是 $\sigma$ 或 $\varepsilon$ 的函数。

对于砂浆岩和混凝土等材料,通常仍可假设是各向同性的,不过应力-应变关系取非线性形式,材料的割线模量和切线模量可由试验资料确定,在岩土工程计算中使用得相当广泛的非线性弹性模型是邓肯-张(Duncan-Chang)模型。在该模型中假设割线弹性模量 $E_s$ 和割线泊松比 $\nu_s$ 是应变分量的双曲线形式。由三轴试验得出的 $E_s$ 和 $\nu_s$ 表达式为

$$E_s = \frac{1}{\dfrac{1}{E_0} + \dfrac{\varepsilon_1}{(\sigma_1 - \sigma_3)_{\text{ult}}}} \qquad (16\text{-}71)$$

$$\nu_s = \nu_0 - d\varepsilon_3 \qquad (16\text{-}72)$$

式中：$d$ 为实测参数；$\varepsilon_1$ 和 $\varepsilon_3$ 分别为轴向应变和径向应变；$(\sigma_1 - \sigma_3)_{\text{ult}}$ 为应变 $\varepsilon_1$ 趋于无限大时极限的主压力差值；$E_0$、$\nu_0$ 分别为初始弹性模量和初始泊松比,它们随围压变化的规律,由试验给出为

$$E_0 = KP_a\left(\frac{\sigma_3}{P_a}\right)^n \tag{16-73}$$

$$\nu_0 = G - F\lg\left(\frac{\sigma_3}{P_a}\right) \tag{16-74}$$

式中：$K$、$n$、$G$、$F$ 为实测参数；$P_a$ 为大气压，与围压 $\sigma_3$ 的量纲相同。

进一步可用式（16-71）和式（16-72）导出切线模量为

$$E_t = E_0\left[1 - \frac{R_f(1 - \sin\varphi)(\sigma_1 - \sigma_3)}{2c\cos\varphi + 2\sigma_3\sin\varphi}\right]^2 \tag{16-75}$$

$$\nu_t = \frac{G - F\lg\left(\dfrac{\sigma_3}{P_a}\right)}{(1 - A)^2} \tag{16-76}$$

式中：$c$ 为凝聚力；$\varphi$ 为内摩擦角；$R_f$ 为 $(\sigma_1 - \sigma_3)_{ult}$ 与峰值强度 $(\sigma_1 - \sigma_3)_{max}$ 之比，称为破坏比；$A = (\sigma_1 - \sigma_3)d/E_t$。

由于混凝土和岩体结构中的应力和应变与施工过程（如坝基开挖的次序、重力坝分区浇筑的次序等）有关，有时分析计算采用渐增荷载法，即在施工阶段每个荷载增量计算中使用全量理论。

对于弹性介质，全量形式的本构方程与增量形式的本构方程式仅是表述的形式不同，在本质上是完全等价的。无论是割线模量还是切线模量，它们都是应力或应变的状态函数，与变形或应力路径无关，也就是在应力和应变之间存在着单值关系。有了这些割线模量与切线模量的表达式，就可使用全量形式和增量形式的本构方程去分析计算坝工设计中的问题。

塑性全量理论的本构关系，在本质上也是一种非线性弹性关系。在这种理论中，假设在全量应力与全量应变之间存在着一一对应的关系，卡恰诺夫（Каланов）称为单一曲线假设。他还证明了塑性全量理论与非线性弹性理论的一致性。因此，在混凝土坝工程计算中，只要是在比例加载或偏离比例加载的条件下使用的全量塑性理论模型，在本质上都是非线性弹性模型。在节理岩石的有限元分析中，广泛使用监凯维奇（Zienkiewicz）等提出的不抗拉材料模型和层状材料模型。在这些模型中，只要规定了超出莫尔库仑准则的应力点拉回到莫尔-库仑面上的具体方式，则在应变与应力之间也有一一对应的关系，因而它们可以被看作是一种全量形式的非线性弹性关系。

### 16.4.3　弹塑性材料本构模型的基本方程

#### 16.4.3.1　混凝土材料的弹塑性应力–应变关系

本构关系也称为应力–应变关系，为了直观地表述物体的应力和应变状态及它们的变化，可以引入所谓的应力空间和应变空间来表达。

本构关系是应力状态与应变状态所应满足的数学表达式。在具体的本构表述中，对于弹性介质的本构方程来说，这两种空间表述是完全等价的。

由于以应力空间建立的本构方程是以应力张量为基本变量的，它仅适用于强化材料，对于软化塑性材料（混凝土等材料），不能用应力增量建立加卸载准则。因此，在应力空间中表述的本构理论有很大的局限性。

由于塑性力学问题的有限元方法（主要是以位移为基本变量的位移法）得到很大发展，并在实际工程中得到广泛和成功的应用。在位移法中使用的弹塑性矩阵，在实质上就是应变空间表述的本构矩阵。由于伺服试验机的出现，用控制位移的方式测量全应力应变曲线（包含强化硬化和软化阶段的曲线）得以实现。可以用变形值表示屈服极限和强度极限。由于应变空间表述本构理论的重要性和广泛的适用性，因此这里仅介绍用应变空间表述的本构矩阵。

从图 16-37 的单轴应力的全应力应变曲线可以看到，从自然状态出发，当 $\varepsilon < \varepsilon_s$ 时，介质的反应是线弹性的，而当应变超过 $\varepsilon_s$ 后（如在 $B$ 点）就伴有塑性变形发生，应力和应变之间的关系不再是线性的

了。在卸载之后重新加载时,在应变重新达 B 点对应的值 $\varepsilon_{sB}$ 之前,反应是线性弹性的,而达到这个应变值时,才可能产生新的塑性应变。这样 $\varepsilon_{sB}$ 可以看作是用应变表示的后继屈服极限。在塑性状态的 B 点,可用 $d\varepsilon > 0$ 表示塑性加载,用 $d\varepsilon < 0$ 表示塑性卸载。而且这种表示在软化情况也是正确的,例如在 C 点表示的塑性状态,卸载时显然有 $d\varepsilon < 0$,在加载时虽然有 $d\varepsilon^e < 0$( 即 $d\sigma = Ed\varepsilon^e < 0$ ),但由于 $d\varepsilon^p > 0$,仍有 $d\varepsilon > 0$。这样就可以期望在应变空间中能给出对强化硬化、软化和理想塑性普遍适用的本构方程。

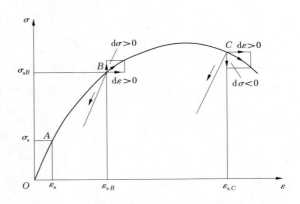

图 16-37　混凝土的单轴应力的全应力应变曲线

### 16.4.3.2　应变屈服条件和应变屈服面

将上面说明的一维情况的应变屈服极限推广到一般的应变状态,就得到应变屈服条件和应变屈服面。用六维应变空间中的一个点代表介质的应变状态。假设存在一个超曲面,它所包围区域内部所有的点能用纯弹性应变的路径达到,而在这个超曲面上的点表示介质将会发生进一步的塑性变形,这个曲面就是应变空间的屈服面,它可表示为

$$F(\varepsilon, \varepsilon^p, \kappa) = 0 \tag{16-77}$$

式中:应变矢量 $\varepsilon$ 是基本变量;塑性应变矢量 $\varepsilon^p$ 和标量 $\kappa$ 是内变量;$\kappa$ 可以是塑性功 $w^p$、塑性体应变 $\theta^p$ 或等效塑性应变 $\bar{\varepsilon}^p$,即

$$w^p = \int \sigma^T d\varepsilon^p \tag{16-78}$$

$$\theta^p = \int e^T d\varepsilon^p \tag{16-79}$$

式中:$e^T = \begin{bmatrix} 1 & 1 & 1 & 0 & 0 & 0 \end{bmatrix}$。

$$\bar{\varepsilon}^p = \int \left[ (d\varepsilon^p)^T d\varepsilon^p \right]^{1/2} \tag{16-80}$$

塑性应变矢量 $\varepsilon^p$ 和内标量 $\kappa$ 都是表明材料内部结构永久性变化的量,通常称为塑性内变量(简称内变量),应力 $\sigma$ 和应变 $\varepsilon$ 是可通过直接测量得到的,称为外变量。

这样,式(16-77)表示以内变量( $\varepsilon^p$ , $\kappa$ )为参数的一族超曲面。在式(16-77)中,如果 $\varepsilon^p = 0$,$\kappa = 0$,就得到初始屈服面,它是质点处于弹性和弹塑性的分界面(见图16-38),即

$$F(\varepsilon) = 0 \tag{16-81}$$

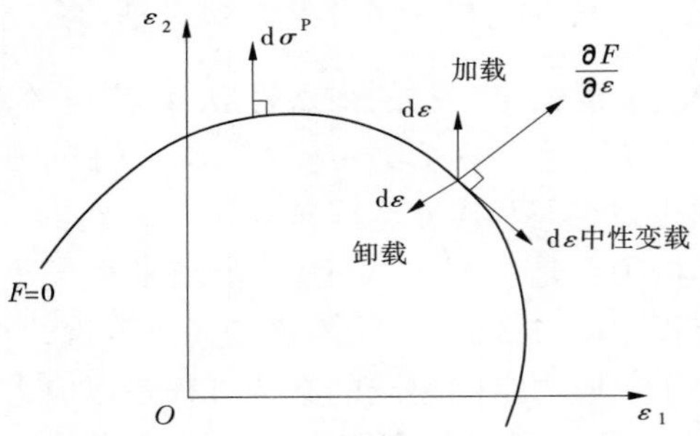

质点在此时处于弹性和弹塑性的分界面。

图 16-38　应变空间加载、卸载准则

如果

$$F(\varepsilon, \varepsilon^p, \kappa) < 0 \tag{16-82}$$

质点在此时处于弹性状态。

如果

$$F(\varepsilon, \varepsilon^p, \kappa) = 0 \tag{16-83}$$

质点在此时处于塑性状态,对无限小的外部作用的反应是弹塑性的。

由于以往对屈服函数的试验研究多是在控制载荷的试验机上进行的,因此屈服条件往往是用应力分量表示的;塑性力学的许多基本概念如强化、软化和理想塑性等,都是用应力分量定义的,而关于应变空间的屈服面的知识却很少。因此,通过变换

$$\left.\begin{aligned} \sigma^{\mathrm{p}} &= D\varepsilon^{\mathrm{p}} \\ \sigma &= D(\varepsilon - \varepsilon^{\mathrm{p}}) \end{aligned}\right\} \tag{16-84}$$

建立应力屈服函数与应变屈服函数之间的关系如下：

$$f(\sigma, \sigma^{\mathrm{p}}, \kappa) = f\big[D(\varepsilon - \varepsilon^{\mathrm{p}}), D\varepsilon^{\mathrm{p}}, \kappa\big] \equiv F(\varepsilon, \varepsilon^{\mathrm{p}}, \kappa) \tag{16-85}$$

$$\frac{\partial F}{\partial \varepsilon} = D\frac{\partial f}{\partial \sigma}, \qquad \frac{\partial F}{\partial \varepsilon^{\mathrm{p}}} = D\left(\frac{\partial f}{\partial \sigma^{\mathrm{p}}} - \frac{\partial f}{\partial \sigma}\right) \tag{16-86}$$

$$\frac{\partial F}{\partial \kappa} = \frac{\partial f}{\partial \kappa} \tag{16-87}$$

### 16.4.3.3　应变空间表述的加–卸载准则和流动(正交)法则

(1)应变空间表述的加–卸载准则是

$$L = \left(\frac{\partial F}{\partial \varepsilon}\right)^{\mathrm{T}} \mathrm{d}\varepsilon \begin{cases} < 0, & \text{塑性卸载(简称卸载)} \\ = 0, & \text{中性变载} \\ > 0, & \text{塑性加载(简称加载)} \end{cases} \tag{16-88}$$

塑性卸载表示应变点离开屈服面,退回弹性区,反应是纯弹性的。

中性变载表示应变点不离开屈服面,而又无新的塑性变形发生。

塑性加载表示在外部作用下,如果应变点保持在屈服面上,并有新的塑性变形发生。

(2)应变空间表述的正交法则是,加载时塑性应力增量 $\mathrm{d}\sigma^{\mathrm{p}}$ 指向应变屈服面的外法线,即

$$\mathrm{d}\sigma^{\mathrm{p}} = \mathrm{d}\lambda\frac{\partial F}{\partial \varepsilon} \tag{16-89}$$

式中：$\mathrm{d}\lambda$ 为非负的尺度因子,加载时 $\mathrm{d}\lambda > 0$,其他情况 $\mathrm{d}\lambda = 0$。

### 16.4.3.4　普遍适用的弹塑性材料的本构方程

利用应变空间的加–卸载准则和流动法则,并将应变空间表述的本构方程式用应力屈服函数 $f(\sigma, \sigma_{\mathrm{p}}, \kappa)$ 表示,经过一系列的推导后,可以给出对加载、卸载和中性变载普遍适用的弹塑性材料的本构方程[式(16-90)],它可由应变增量 $\mathrm{d}\varepsilon$ 唯一地确定应力增量 $\mathrm{d}\sigma$：

$$\mathrm{d}\sigma = \big[D - H(L)D_{\mathrm{p}}\big]\mathrm{d}\varepsilon \equiv D_{\mathrm{ep}}\mathrm{d}\varepsilon \tag{16-90}$$

式中：$D_{\mathrm{p}}$ 称为塑性矩阵；$D_{\mathrm{ep}}$ 称为弹塑性矩阵；$H(L)$ 是按式(16-91)定义的阶梯函数。

$$H(L) = \begin{cases} 0 & \text{当 } L \leqslant 0 \text{ 时} \\ 1 & \text{当 } L > 0 \text{ 时} \end{cases} \tag{16-91}$$

而且

$$L = \left(\frac{\partial f}{\partial \sigma}\right)^{\mathrm{T}} D\mathrm{d}\varepsilon \tag{16-92}$$

$L$ 是加–卸载准则参数。$L < 0$,卸载；$L = 0$,中性变载；$L > 0$,加载。

$$D_{\mathrm{p}} = \frac{1}{B}D\frac{\partial f}{\partial \sigma}\left(\frac{\partial f}{\partial \sigma}\right)^{\mathrm{T}} D \tag{16-93}$$

$$B = \left(\frac{\partial f}{\partial \sigma}\right)^{\mathrm{T}} D\left(\frac{\partial f}{\partial \sigma}\right) - \left(\frac{\partial f}{\partial \sigma^{\mathrm{p}}}\right)^{\mathrm{T}} D\frac{\partial f}{\partial \sigma} - \frac{\partial f}{\partial \kappa}m \tag{16-94}$$

$$m = \begin{cases} \sigma^{\mathrm{T}}\dfrac{\partial f}{\partial \sigma} & \text{当 } \kappa = w^{\mathrm{p}} \text{ 时} \\[3mm] e^{\mathrm{T}}\dfrac{\partial f}{\partial \sigma} & \text{当 } \kappa = \theta^{\mathrm{p}} \text{ 时} \\[3mm] \left[\left(\dfrac{\partial f}{\partial \sigma}\right)^{\mathrm{T}}\dfrac{\partial f}{\partial \sigma}\right]^{1/2} & \text{当 } \kappa = \bar{\varepsilon}^{\mathrm{p}} \text{ 时} \end{cases} \tag{16-95}$$

$$L = \left(\frac{\partial f}{\partial \sigma}\right)^{\mathrm{T}} D\mathrm{d}\varepsilon \tag{16-96}$$

$$H = \left( \frac{\partial f}{\partial \sigma} \right)^{\mathrm{T}} D \frac{\partial f}{\partial \sigma} > 0$$

$$A = B - H$$

于是,使用本构方程式(16-90),可由应变增量 $\mathrm{d}\varepsilon$ 确定唯一的应力增量 $\mathrm{d}\sigma$。到此已经给出了弹塑性介质的完整的本构关系。在一个已知的状态 $\varepsilon$、$\varepsilon^{\mathrm{p}}$、$\kappa$(或 $\sigma$、$\sigma^{\mathrm{p}}$、$\kappa$)的基础上,由应变增量 $\mathrm{d}\varepsilon$ 可以确定唯一的应力增量 $\mathrm{d}\sigma$。具体的做法可概括为以下几步:

(1)由内变量 $\varepsilon^{\mathrm{p}}$(或 $\sigma^{\mathrm{p}}$)和 $\kappa$ 确定屈服函数 $F$(或 $f$)。

(2)如果 $\varepsilon$(或 $\sigma$)使 $F < 0$(或 $f < 0$),反应是纯弹性的,有 $\mathrm{d}\sigma = D\mathrm{d}\varepsilon$。

(3)如果 $\varepsilon$(或 $\sigma$)使 $F = 0$(或 $f = 0$),反应是弹塑性的,又分下面两种情况:

① 当 $\left( \frac{\partial F}{\partial \varepsilon} \right)^{\mathrm{T}} \mathrm{d}\varepsilon = \left( \frac{\partial f}{\partial \sigma} \right)^{\mathrm{T}} D\mathrm{d}\varepsilon \leqslant 0$ 时为中性变载或卸载,反应是纯弹性的,有 $\mathrm{d}\sigma = D\mathrm{d}\varepsilon$;

② 当 $\left( \frac{\partial F}{\partial \varepsilon} \right)^{\mathrm{T}} \mathrm{d}\varepsilon = \left( \frac{\partial f}{\partial \sigma} \right)^{\mathrm{T}} D\mathrm{d}\varepsilon > 0$ 时为加载,反应是弹塑性的,有 $\mathrm{d}\sigma = (D - D_{\mathrm{p}})\mathrm{d}\varepsilon$。

### 16.4.4　大体积混凝土和岩体介质材料的弹塑性模型及应用

下面不加证明直接给出一些混凝土和岩体介质材料的屈服条件和弹塑性模型。作为上面理论的具体应用,对于适用于碾压混凝土层状材料的弹塑性模型给出了证明。

#### 16.4.4.1　等向强化−软化的米塞斯(Mises)材料

这种材料的屈服条件是

$$f = J_2^{1/2} - k(\kappa) = 0 \tag{16-97}$$

式中:$J_2$ 是偏应力张量 $s_{ij}$ 的第二不变量。

$$s_{ij} = \sigma_{ij} - \frac{1}{3}\sigma_{kk}\delta_{ij} \tag{16-98}$$

$$J_2 = \frac{1}{2}s_{ij}s_{ij} \tag{16-99}$$

$\delta_{ij}$ 是克罗内克尔(Kronecker)记号,重复出现的下标表示求和。$k$ 是根据简单应力试验数据给出的屈服参数。计算得出

$$D_{\mathrm{p}} = \frac{G}{(1 + G^{\mathrm{p}}/G)\tau_{\mathrm{s}}^2} \begin{bmatrix} s_{11}s_{11} & \cdots & s_{11}s_{12} \\ s_{22}s_{11} & \cdots & s_{22}s_{12} \\ \vdots & & \vdots \\ s_{12}s_{11} & \cdots & s_{12}s_{12} \end{bmatrix} \tag{16-100}$$

$G^{\mathrm{p}}$ 为 $\tau_{\mathrm{s}} - \gamma^{\mathrm{p}}$ 曲线的斜率,见图16-39(a),称为剪切塑性的切线模量;$E^{\mathrm{p}}$ 为 $\sigma_{\mathrm{s}} - \varepsilon_{\mathrm{p}}$ 曲线的斜率,见

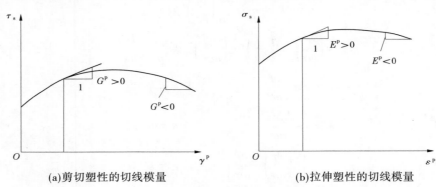

(a)剪切塑性的切线模量　　　　　　　　(b)拉伸塑性的切线模量

图16-39　剪切和拉伸塑性的切线模量

图 16-39(b),称为拉伸塑性的切线模量。

$$A = G^{\mathrm{p}} = \frac{E^{\mathrm{p}}}{3}$$ （16-101）

$$H = G$$

$$B = G + G^{\mathrm{p}}$$

$G^{\mathrm{p}} > 0$ 表示强化；$G^{\mathrm{p}} = 0$ 为理想塑性；$G^{\mathrm{p}} < 0$ 为软化。

### 16.4.4.2　等向强化-软化的德鲁克-普拉格(Drucker-Prager)材料

这种材料的屈服条件是

$$f = J_2^{1/2} + \alpha I_1 - k = 0$$ （16-102）

式中：$I_1$ 是应力张量的第一不变量。

$$I_1 = \sigma_{kk} = \sigma_{11} + \sigma_{22} + \sigma_{33}$$ （16-103）

$\alpha$ 和 $k$ 是内变量 $\kappa$ 的函数,即 $\alpha = \alpha(\kappa)$,$k = k(\kappa)$。

德鲁克-普拉格屈服条件考虑了围压(即静水压力)对屈服特性的影响,并且能反映剪切引起膨胀(扩容)的性质。在模拟岩石和混凝土一类材料的弹塑性性质时,这种模型得到了广泛的应用。

如果取内变量 $\kappa = w^{\mathrm{p}}$、$k = k(w^{\mathrm{p}})$、$\alpha = \alpha(w^{\mathrm{p}})$,那么

$$A = k(k' - \alpha' I_1)$$ （16-104）

$$B = H + A = 9\alpha K + G + k(k' - \alpha' I_1)$$ （16-105）

式中

$$\alpha' = \frac{\partial \alpha}{\partial w^{\mathrm{p}}}; \qquad k' = \frac{\partial k}{\partial w^{\mathrm{p}}}$$ （16-106）

如果取内变量 $\kappa = \theta^{\mathrm{p}}$、$\alpha = \alpha(\theta^{\mathrm{p}})$、$k = k(\theta^{\mathrm{p}})$,这时有

$$A = 3\alpha(k' - \alpha' I_1)$$ （16-107）

$$B = 9\alpha^2 K + G + 3\alpha(k' - \alpha' I_1)$$ （16-108）

式中

$$\alpha' = \frac{\partial \alpha}{\partial \theta^{\mathrm{p}}}, \qquad k' = \frac{\partial k}{\partial \theta^{\mathrm{p}}}$$ （16-109）

无论取 $\kappa = w^{\mathrm{p}}$ 还是取 $\kappa = \theta^{\mathrm{p}}$,$k' - \alpha' I_1 > 0$ 表示强化,$k' - \alpha' I_1 = 0$ 表示理想塑性,$k' - \alpha' I_1 < 0$ 表示软化。设

$$\beta_1 = \frac{G}{B^{1/2} J_2^{1/2}}, \qquad \beta_2 = \frac{3\alpha K}{B^{1/2}}$$ （16-110）

得到

$$\beta_1 s + \beta_2 e \equiv \phi = [\phi_1 \quad \phi_2 \quad \cdots \quad \phi_6]^{\mathrm{T}}$$ （16-111）

$$D_p = \phi\phi^{\mathrm{T}} = \begin{bmatrix} \phi_1\phi_1 & \cdots & \phi_1\phi_6 \\ \phi_2\phi_1 & \cdots & \phi_2\phi_6 \\ \vdots & & \vdots \\ \phi_6\phi_1 & \cdots & \phi_6\phi_6 \end{bmatrix}$$ （16-112）

### 16.4.4.3　等向强化-软化的德鲁克-普拉格材料一般(双曲型)模型

屈服条件可写为

$$f = \alpha I_1 + (J_2 + a^2 k^2)^{1/2} - k = 0$$ （16-113）

式中

$$I_1 = \sigma_{mm} = \sigma_{11} + \sigma_{22} + \sigma_{33}, \qquad J_2 = \frac{1}{2} s_{ij} s_{ij} = \frac{1}{2} s^{\mathrm{T}} \bar{s}$$

$$s_{ij} = \sigma_{ij} - \frac{1}{3} \sigma_{mm} \delta_{ij}$$

$$s = [s_{11} \quad s_{22} \quad s_{33} \quad s_{23} \quad s_{31} \quad s_{12}]^{\mathrm{T}}$$

$$\bar{s} = [s_{11} \quad s_{22} \quad s_{33} \quad 2s_{23} \quad 2s_{31} \quad 2s_{12}]^{\mathrm{T}}$$

式中：$I_1$、$J_2$ 分别为应力张量第一不变量和应力偏张量的第二不变量；$k$、$\alpha$ 分别为与凝聚力 $c'$ 和内摩擦系数 $f'$ 有关的材料常数；$a$ 为一个小参数，引入的目的是使整个屈服面成为一个正则曲面；$k$、$a$、$f'$、$c'$ 均为材料参数，都是内变量 $\kappa$ 的函数。

对加载、卸载和中性变载普遍适用的形式

$$\sigma = [D - H(L)D_{\mathrm{p}}]\,\mathrm{d}\varepsilon = D_{\mathrm{ep}}\mathrm{d}\varepsilon \tag{16-114}$$

$$H(L) = \begin{cases} 0, & \text{当 } L \leqslant 0 \text{ 时} \\ 1, & \text{当 } L > 0 \text{ 时} \end{cases} \tag{16-115}$$

$$D_{\mathrm{ep}} = D - \frac{H(L)}{A}RR^{\mathrm{T}} \tag{16-116}$$

其中

$$A = 9k\alpha^2 + \frac{G}{2\beta^2}s^{\mathrm{T}}\bar{s} + \left[\left(1 - \frac{a^2 k}{\beta}\right)\frac{\partial k}{\partial \kappa} - \frac{\partial \alpha}{\partial \kappa}I_1\right]m \tag{16-117}$$

$$m = \begin{cases} \left(3\alpha^2 + \dfrac{1}{4\beta^2}\bar{s}^{\mathrm{T}}\bar{s}\right)^{1/2} & \text{当 } \kappa = \bar{\varepsilon}^{\mathrm{p}} \text{ 时} \\[2mm] \alpha I_1 + \dfrac{J_2}{\beta} & \text{当 } \kappa = w^{\mathrm{p}} \text{ 时} \\[2mm] 3\alpha & \text{当 } \kappa = \theta^{\mathrm{p}} \text{ 时} \end{cases} \tag{16-118}$$

$$L = R^{\mathrm{T}}\mathrm{d}\varepsilon \tag{16-119}$$

$$\beta = (J_2 + a^2 k^2)^{1/2} \tag{16-120}$$

$$R = 3K\alpha e + \frac{G}{\beta}s \tag{16-121}$$

#### 16.4.4.4　等向强化–软化弹塑性层状模型

节理和裂隙有一定取向的节理岩石和碾压混凝土层面及断层带内的介质破坏时，微破裂在层面（节理面等软弱结构面）内占有优势，以致最后的宏观破裂将沿层面发生。这类介质在强度上是强烈各向异性的，破坏的形式仅可能是沿层面的剪破裂和垂直平面的张（拉）破裂。采用具有软化特性的弹塑性模型来描述这种介质的性质。若取 $z$ 轴为层面的法向，这种介质的屈服条件（强度条件）用层面内的应力分量 $\tau_{zx}$、$\tau_{zy}$、$\sigma_z$ 表示，即

$$f(\sigma, k) = (\tau_{zx}^2 + \tau_{zy}^2 + a^2 c'^2)^{1/2} + f'\sigma_z - c' = 0 \tag{16-122}$$

这里，$a^2$ 是一个小参数，引入 $a^2$ 的目的是用正则的双曲线屈服面代替顶点为奇点的莫尔库仑准则屈服面。由于符号 $f$ 运用于表示屈服函数，这里用 $f'$ 表示屈服面的内摩擦系数；同时用 $c'$ 表示层面内的凝聚力。而且 $f'$ 和 $c'$ 均是内变量 $\kappa$ 的函数，这与前面将 $f'$ 和 $c'$ 表示峰值强度不同。取 $\kappa = \theta^{\mathrm{p}}$，利用 $f$ 对 $\sigma$（矩阵）的求导，复合函数求导和矩阵运算法则，容易计算得

$$\frac{\partial f}{\partial \sigma} = [0 \quad 0 \quad f' \quad \tau_{zy}/\beta \quad \tau_{zx}/\beta \quad 0]^{\mathrm{T}} \tag{16-123}$$

$$D\frac{\partial f}{\partial \sigma} = \left[\left(K - \frac{2}{3}G\right)f' \left(K - \frac{2}{3}G\right)f' \quad \left(K + \frac{4}{3}G\right)f' \quad G\frac{\tau_{zy}}{\beta} \quad G\frac{\tau_{zx}}{\beta} \quad 0\right]^{\mathrm{T}} \tag{16-124}$$

$$\begin{aligned} B &= \left(\frac{\partial f}{\partial \sigma}\right)^{\mathrm{T}} D\left(\frac{\partial f}{\partial \sigma}\right) - \frac{\partial f}{\partial \theta^{\mathrm{p}}}e^{\mathrm{T}}\frac{\partial f}{\partial \sigma} \\ &= \left(K + \frac{4}{3}G\right)f'^2 + G\frac{\beta^2 - a^2 c'^2}{\beta^2} + f'(\bar{c'} + \bar{f'}\sigma_z) - a^2 c'\bar{c'}\bar{f'}/\beta \end{aligned} \tag{16-125}$$

其中

$$
\left.\begin{aligned}
\bar{c}' &= \frac{\partial c'}{\partial \theta^p} \\
\bar{f}' &= \frac{\partial f'}{\partial \theta^p} \\
\beta &= (\tau_{zx}^2 + \tau_{zy}^2 + a^2 c'^2)^{1/2}
\end{aligned}\right\}
\tag{16-126}
$$

可以由式（16-124）和式（16-125），按式（16-93）计算出塑性矩阵 $D_p$ 来。

碾压混凝土的浇筑层面和有一定取向的节理岩石及断层带内的介质破坏时，如果已知层面法向 $n$、层面内的方向 $t$，本构关系在局部坐标系 $t-n$ 中写出。应力和应变向量是三维向量

$$
\sigma = [\sigma_t \quad \sigma_n \quad \tau_n]^T
\tag{16-127}
$$

$$
\varepsilon = [\tau_t \quad \tau_n \quad \gamma_n]^T
\tag{16-128}
$$

$$
e = [1 \quad 1 \quad 0]^T
$$

这时弹性矩阵 $D$ 由反映层状材料特性的横观各向同性体弹性矩阵化简而得。在局部坐标系 $t-n$ 内的弹性矩阵 $D$ 见式（16-57）（平面应力）和式（16-58）（平面应变）。简化后写为

$$
D = \bar{K}_n \begin{bmatrix} b_1 & b_2 & 0 \\ b_2 & 1 & 0 \\ 0 & 0 & \bar{m} \end{bmatrix}
\tag{16-129}
$$

对于平面应变情况则有

$$
\bar{K}_n = \frac{E_2(1-\nu_1)}{1-\nu_1-2n\nu_2^2}, \qquad \bar{m} = \frac{\bar{K}_t}{\bar{K}_n} = \frac{(1-\nu_1-2n\nu_2^2)G_2}{(1-\nu_1)E_2}
$$

$$
b_1 = \frac{n(1-n\nu_2^2)}{1-\nu_1}, \qquad b_2 = \frac{n\nu_2}{1-\nu_1}
$$

屈服函数为

$$
f = f'\sigma_n + (\tau_n^2 + a^2 c'^2)^{1/2} - c' = 0
\tag{16-130}
$$

经计算同样可以得出弹塑性矩阵为

$$
D_{ep} = D - \frac{H(L)}{A} R R^T
\tag{16-131}
$$

其中

$$
A = \bar{K}_n f'^2 + \bar{K}_n \bar{m} \frac{\tau_n^2}{\beta^2} + \left[ \left(1 - \frac{a^2 c'}{\beta}\right)\frac{\partial c'}{\partial k} - \frac{\partial f'}{\partial k}\sigma_n \right] h
\tag{16-132}
$$

$$
h = \begin{cases}
(f'^2 + \dfrac{\tau_n^2}{\beta^2})^{1/2} & \text{当 } k = \varepsilon^p \text{ 时} \\[2mm]
f'\sigma_n \dfrac{\tau_n^2}{\beta} & \text{当 } k = \omega^p \text{ 时} \\[2mm]
f' & \text{当 } k = \theta^p \text{ 时}
\end{cases}
\tag{16-133}
$$

$$
L = R^T d\varepsilon; \qquad \beta = (\tau_n^2 + \alpha^2 c'^2)^{1/2}; \qquad R = \bar{K}_n \left[ b_2 f' \quad f' \quad \frac{\tau_n}{\beta}\bar{m} \right]^T
\tag{16-134}
$$

### 16.4.4.5　间断面的本构方程

#### 1. 间断面的弹塑性本构关系

先建立层状弹塑性材料的本构方程，然后在节理层厚远比层面尺寸小的条件下，得到节理面的本构方程。这个方程能够反映节理的软化和剪胀等特性。用塑性力学方法建立节理的本构关系不仅能够充分反映节理的复杂性质，而且还可以使人们在有限元分析中将节理元和连续体元统一处理，给编制程序

带来了很大方便。

坐标系的 $x$ 轴和 $y$ 轴取在间断面内，$z$ 轴指向间断面的法向，$x$、$y$ 和 $z$ 轴成右手系(见图 16-40)。考察间断面内的一点 $M$，在发生位移间断时，在 $M$ 点的上盘和下盘的位移矢量分别是

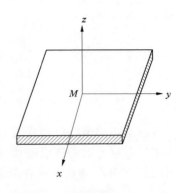

$$\left.\begin{array}{l} \boldsymbol{u}^{+} = \begin{bmatrix} u^{+} & v^{+} & w^{+} \end{bmatrix} \\ \boldsymbol{u}^{-} = \begin{bmatrix} u^{-} & v^{-} & w^{-} \end{bmatrix} \end{array}\right\} \tag{16-135}$$

而位移间断矢量为

$$\langle \boldsymbol{u} \rangle = \boldsymbol{u}^{+} - \boldsymbol{u}^{-} = \begin{bmatrix} (u^{+} - u^{-}) & (v^{+} - v^{-}) & (w^{+} - w^{-}) \end{bmatrix}^{\mathrm{T}} = \begin{bmatrix} \langle u \rangle \langle v \rangle \langle w \rangle \end{bmatrix} \tag{16-136}$$

式中：$\langle u \rangle$、$\langle v \rangle$ 分别为通过间断面在 $x$ 和 $y$ 方向的位移间断；$\langle w \rangle$ 为法向($z$ 方向)的位移间断。

图 16-40　间断面内的坐标系

间断面是由物质点组成的面，即物质面，它具有一个很小的厚度 $b$。$\langle \boldsymbol{u} \rangle$ 可以看作有限厚度为 $B$ 的板的 $\mathrm{d}u$ 沿厚度 $B$($z$ 方向)的积分在 $B \to b$ 时的极限，即

$$\langle \boldsymbol{u} \rangle = \lim_{B \to b} \begin{bmatrix} B\gamma_{xz} & B\gamma_{yz} & B\varepsilon_{z} \end{bmatrix}^{\mathrm{T}} = b \begin{bmatrix} \gamma_{xz} & \gamma_{yz} & \varepsilon_{z} \end{bmatrix}^{\mathrm{T}} \tag{16-137}$$

这个极限值就是在 $M$ 点通过间断面的位移间断矢量 $\langle \boldsymbol{u} \rangle$。与 $\langle \boldsymbol{u} \rangle$ 共轭的应力矢量是

$$\overline{\boldsymbol{\sigma}} = \begin{bmatrix} \tau_{xz} & \tau_{yz} & \sigma_{z} \end{bmatrix}^{\mathrm{T}} \tag{16-138}$$

式中：$\tau_{xz}$、$\tau_{yz}$ 分别为间断面上剪应力的 $x$ 方向分量和 $y$ 方向分量；$\sigma_{z}$ 为间断面上的法向应力。

下面建立联系 $\mathrm{d}\langle \boldsymbol{u} \rangle$ 和 $\mathrm{d}\overline{\sigma}$ 的本构关系。将有厚度 $B$ 的实体看作为上面介绍的层状材料，层面为 $x-y$ 平面。取两参数的莫尔–库仑型屈服条件

$$f(\boldsymbol{\sigma}, \boldsymbol{\kappa}) = (\tau_{zx}^{2} + \tau_{zy}^{2})^{1/2} + f'\sigma_{z} - c' = 0 \tag{16-139}$$

利用上面的基本公式，可以求得间断面的本构方程：

$$\mathrm{d}\overline{\boldsymbol{\sigma}} = \overline{\boldsymbol{D}}_{\mathrm{ep}} d\langle u \rangle \tag{16-140}$$

$$\overline{\boldsymbol{D}}_{\mathrm{ep}} = \overline{\boldsymbol{D}} - \frac{1}{\overline{\boldsymbol{H}} + \overline{\boldsymbol{A}}} \overline{\boldsymbol{D}} \left( \frac{\partial f}{\partial \boldsymbol{\sigma}} \right)^{\mathrm{T}} \frac{\partial f}{\partial \boldsymbol{\sigma}} \overline{\boldsymbol{D}} \tag{16-141}$$

$$\left( \frac{\partial f}{\partial \boldsymbol{\sigma}} \right)^{\mathrm{T}} = \begin{bmatrix} \dfrac{\tau_{zx}}{\tau} & \dfrac{\tau_{zy}}{\tau} & f' \end{bmatrix} \tag{16-142}$$

式中：

$$\overline{\boldsymbol{H}} = f'^{2} k_{n} + k_{t}; \qquad \overline{\boldsymbol{A}} = \frac{f'}{b} \left( \frac{\partial c'}{\partial \theta^{\mathrm{p}}} - \frac{\partial f'}{\partial \theta^{\mathrm{p}}} \sigma_{z} \right)$$

$$\overline{\boldsymbol{D}} = \begin{bmatrix} k_{t} & 0 & 0 \\ 0 & k_{t} & 0 \\ 0 & 0 & k_{n} \end{bmatrix} \tag{16-143}$$

式中，$k_{n}$、$k_{t}$ 分别为单位面积的间断面(有厚度 $b$ 的物质面)的切向刚度和法向刚度，它们可由含间断面的岩石试件用试验确定。

2. 平面问题节理单元使用的弹塑性矩阵

在大体积混凝土和岩体工程的有限元计算中，常用节理单元描述层面、节理和断层带、破碎带及其他软弱结构面的不连续性质。节理单元还可用来模拟混凝土坝体各种缝面的接触性质，这时称为连接单元。平面问题使用的节理单元中，用相对位移矢量 $\langle \boldsymbol{u} \rangle$ 描述变形

$$\langle \boldsymbol{u} \rangle = \begin{bmatrix} \langle u_{t} \rangle & \langle u_{n} \rangle \end{bmatrix}^{\mathrm{T}} \tag{16-144}$$

它是穿过节理时位移的间断量矢量。与 $\langle \boldsymbol{u} \rangle$ 共轭的应力矢量是

$$\boldsymbol{\sigma} = \begin{bmatrix} \tau_{n} & \sigma_{n} \end{bmatrix}^{\mathrm{T}} \tag{16-145}$$

式中：$\tau_{n}$、$\sigma_{n}$ 分别为节理面(间断面)上的剪应力和正应力。

已知节理材料的弹性模量 $E$ 和泊松比 $\nu$，对于平面应力情况设节理单元的切向刚度 $k_t = E/2(1+\nu)b$ 和法向刚度 $k_n = E/(1-\nu^2)b$，将平面应力改为平面应变时，$E$ 换为 $E/(1-\nu^2)$，而 $\nu$ 换为 $\nu/(1-\nu)$，得到平面应变时的切向弹性刚度 $k_t = E/2(1+\nu)b$ 和法向弹性刚度 $k_n = E(1-\nu)/(1+\nu)(1-2\nu)b$。最后得节理介质的本构方程

$$\boldsymbol{\sigma} = \overline{\boldsymbol{D}}\langle u \rangle \tag{16-146}$$

$$\overline{\boldsymbol{D}} = \begin{bmatrix} k_t & 0 \\ 0 & k_n \end{bmatrix} \tag{16-147}$$

这里的 $k_t$ 和 $k_n$ 分别是单位长度的节理在切向和法向上的弹性刚度。节理不仅是一个几何上的间断面，还是具有一定物质属性的物质点组成的面。上述的本构方程就是描述了这些物质点的弹性性质。下面讨论弹塑性矩阵。

设屈服函数为二参数形式

$$f = f'\sigma_n + \tau_n - c' = 0 \tag{16-148}$$

同样得出平面问题节理单元使用的弹塑性矩阵

$$\overline{\boldsymbol{D}}_{\mathrm{ep}} = \overline{\boldsymbol{D}} - \frac{H(L)}{\overline{A}}\overline{\boldsymbol{R}}\,\overline{\boldsymbol{R}}^{\mathrm{T}} \tag{16-149}$$

其中

$$\overline{A} = k_n f'^2 + k_t + \left[ \frac{\partial c'}{\partial \kappa} - \frac{\partial f'}{\partial \kappa}\sigma_n \right] h \tag{16-150}$$

$$h = \begin{cases} (f'^2 + 1)^{1/2} & \text{当 } \kappa = \langle \overline{u} \rangle \text{ 时} \\ f'\sigma_n + 1 & \text{当 } \kappa = w^{\mathrm{p}} \text{ 时} \\ f' & \text{当 } \kappa = \overline{v}^{\mathrm{p}} \text{ 时} \end{cases} \tag{16-151}$$

$$\boldsymbol{L} = \overline{\boldsymbol{R}}^{\mathrm{T}}\mathrm{d}\langle u \rangle \qquad \overline{\boldsymbol{R}} = \begin{bmatrix} k_t & k_n f' \end{bmatrix}^{\mathrm{T}}$$

因此在弹塑性有限元分析中，用这样的模型描述碾压混凝土和岩体工程中的层面（节理），能反映实际层面节理的剪胀特性和变形软化性质，还可以得到用增量形式的弹塑性关系 $\mathrm{d}\boldsymbol{\sigma} = \overline{\boldsymbol{D}}_{\mathrm{ep}}\mathrm{d}\langle \boldsymbol{u} \rangle$。对于加载和卸载，材料的反应是不同的。知道了节理单元的 $\boldsymbol{B}$ 矩阵和本构矩阵 $\overline{\boldsymbol{D}}_{\mathrm{ep}}$，就容易写出节理单元的刚度矩阵

$$\overline{\boldsymbol{K}}_e = \int_e \boldsymbol{B}^{\mathrm{T}}\overline{\boldsymbol{D}}_{\mathrm{ep}}\boldsymbol{B}\mathrm{d}x = \int_{-1}^{1} \boldsymbol{B}^{\mathrm{T}}\overline{\boldsymbol{D}}_{\mathrm{ep}}\boldsymbol{B}\,|J|\mathrm{d}r \tag{16-152}$$

以及荷载的等效节点力矢量等。

#### 16.4.4.6　算例:龙滩碾压混凝土重力坝的稳定性和承载能力分析

1. 分析用的资料

龙滩碾压混凝土重力坝最大坝高 216.5 m。挡水坝段的坝体、坝基材料分区见图 16-41,分区力学参数值见表 16-13。在弹塑性有限元计算中,内变量取为 $\theta^{\mathrm{p}}$（扩容），峰值强度对应的 $\theta_1^{\mathrm{p}} = 0.1 \times 10^{-2}$，而残余强度对应的 $\theta_2^{\mathrm{p}} = 5 \times 10^{-2}$。

坝体和坝基的有限元网格剖分为 1 339 个单元、1 400 个节点、11 种材料。其中坝体包含 1 164 个节点,由 945 个等参单元、201 个节理单元组成;坝基包含 235 个图节点,由 193 个等参单元组成。在坝体高程 210 m、216.2 m、222 m、228 m、234 m、250 m 处,设置 0.02 m 厚的夹层,用以模拟坝基及碾压混凝土的薄弱层面。等参单元采用等向强化、软化的 Drucker-prager 模型,节理单元采用等向强化、软化的节理元模型。坝基的计算范围在挡水坝段上、下游方向各取 2 倍坝底宽度,坝基深度取 2 倍以上的坝高。荷载包括挡水坝段建设后期剖面的正常水位的静水压力、泥沙压力、坝体自重和扬压力等。

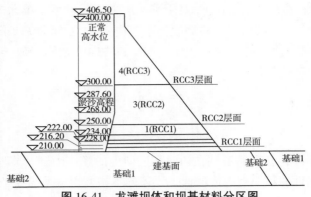

**图 16-41　龙滩坝体和坝基材料分区图**

**表 16-13　龙滩重力坝坝基面及碾压混凝土本体和层面抗剪强度参数**

| 强度参数值 | 坝基面 | | | | 碾压混凝 RCC1 本体 | | | | 碾压混凝土 RCC1 层面 | | | | 碾压混凝土 RCC2 层面 | | | |
|---|---|---|---|---|---|---|---|---|---|---|---|---|---|---|---|---|
| | 峰值强度 | | 残余强度 | | 峰值强度 | | 残余强度 | | 峰值强度 | | 残余强度 | | 峰值强度 | | 残余强度 | |
| 保证率 $P/\%$ | $f'$ | $c'/$ MPa | $f_r$ | $c_r/$ MPa | $f'$ | $c'/$ MPa | $f_r$ | $c_r/$ MPa | $f'$ | $c'/$ MPa | $f_r$ | $c_r/$ MPa | $f'$ | $c'/$ MPa | $f_r$ | $c_r/$ MPa |
| 80.00 标准值 | 1.10 | 1.20 | 0.90 | 0.50 | 1.17 | 2.16 | 0.94 | 0.72 | 1.05 | 1.70 | 0.80 | 0.80 | 0.93 | 1.50 | 0.76 | 0.70 |
| 85.00 | 1.05 | 1.08 | 0.86 | 0.45 | 1.11 | 1.94 | 0.89 | 0.65 | 1.00 | 1.53 | 0.76 | 0.72 | 0.88 | 1.35 | 0.72 | 0.63 |
| 90.00 | 0.98 | 0.93 | 0.81 | 0.39 | 1.04 | 1.67 | 0.83 | 0.56 | 0.93 | 1.31 | 0.71 | 0.62 | 0.83 | 1.16 | 0.68 | 0.54 |
| 93.00 | 0.93 | 0.81 | 0.76 | 0.34 | 0.98 | 1.45 | 0.79 | 0.48 | 0.88 | 1.14 | 0.67 | 0.54 | 0.78 | 1.01 | 0.64 | 0.47 |
| 95.00 | 0.89 | 0.70 | 0.73 | 0.29 | 0.93 | 1.26 | 0.75 | 0.42 | 0.84 | 1.00 | 0.64 | 0.47 | 0.74 | 0.88 | 0.60 | 0.41 |
| 96.00 | 0.86 | 0.64 | 0.70 | 0.27 | 0.90 | 1.15 | 0.72 | 0.38 | 0.81 | 0.90 | 0.61 | 0.42 | 0.71 | 0.80 | 0.58 | 0.37 |
| 97.00 | 0.83 | 0.56 | 0.68 | 0.23 | 0.86 | 1.00 | 0.69 | 0.33 | 0.77 | 0.79 | 0.59 | 0.37 | 0.68 | 0.70 | 0.56 | 0.32 |
| 97.50 | 0.80 | 0.51 | 0.66 | 0.21 | 0.84 | 0.91 | 0.67 | 0.30 | 0.75 | 0.72 | 0.57 | 0.34 | 0.67 | 0.63 | 0.54 | 0.30 |
| 98.00 | 0.78 | 0.45 | 0.64 | 0.19 | 0.81 | 0.81 | 0.65 | 0.27 | 0.73 | 0.64 | 0.55 | 0.30 | 0.64 | 0.56 | 0.53 | 0.26 |
| 98.40 | 0.76 | 0.39 | 0.62 | 0.16 | 0.78 | 0.71 | 0.63 | 0.24 | 0.70 | 0.56 | 0.53 | 0.26 | 0.62 | 0.49 | 0.51 | 0.23 |
| 98.70 | 0.73 | 0.34 | 0.60 | 0.14 | 0.76 | 0.61 | 0.61 | 0.20 | 0.68 | 0.48 | 0.52 | 0.23 | 0.60 | 0.42 | 0.49 | 0.20 |
| 99.00 | 0.71 | 0.28 | 0.58 | 0.12 | 0.73 | 0.50 | 0.58 | 0.17 | 0.65 | 0.40 | 0.50 | 0.19 | 0.58 | 0.35 | 0.47 | 0.16 |
| 99.10 | 0.70 | 0.26 | 0.57 | 0.11 | 0.72 | 0.46 | 0.58 | 0.15 | 0.64 | 0.36 | 0.49 | 0.17 | 0.57 | 0.32 | 0.47 | 0.51 |
| 99.20 | 0.69 | 0.23 | 0.56 | 0.10 | 0.70 | 0.41 | 0.56 | 0.14 | 0.63 | 0.33 | 0.48 | 0.15 | 0.56 | 0.29 | 0.46 | 0.13 |

**2. 按重力坝设计准则分析坝体应力状态和抗滑稳定安全系数**

从应力分析结果可以看出,在正常荷载作用下,除坝踵和坝趾局部区出现应力集中区发生塑性屈服外,大部分坝体处于弹性状态。根据线性弹性应力分析给出坝体剖面应力分布图,坝体的垂直正应力都是压应力,而拉应力仅出现在坝踵区很小的局部范围内。应力分布状态满足重力坝设计标准的要求。

根据坝基面和坝体材料的抗剪断强度参数 $f'$、$c'$ 和残余抗剪强度参数 $f_r$、$c_r$,求得峰值抗滑稳定安全系数和残余值抗滑稳定安全系数(见表 16-14)。从表 16-14 可见,坝基面和碾压混凝土层面都有足够的抗滑稳定安全储备。坝基面为坝体抗滑稳定的控制剖面,说明重力坝的剖面设计合理,安全系数符合现行规范规定的要求。此外,在大坝施工时,适当提高坝踵和坝趾区域内的混凝土强度等级,对于提高重力坝的整体安全度具有明显的意义。

表 16-14　龙滩碾压混凝土重力坝峰值和残余值抗滑稳定安全系数

| 强度取值 | 计算位置 | | |
| --- | --- | --- | --- |
| | 坝基面 | RCC1 层面 | RCC1 本体 |
| 峰值抗剪断强度 $f'$ 和 $c'$ 标准值 | 3.048 | 3.301 | 3.897 |
| 残余抗剪强度参数 $f_r$ 和 $c_r$ 标准值 | 2.094 | 2.108 | 2.296 |

3. 龙滩碾压混凝土重力坝的承载能力分析

在坝体承载能力分析中,通过对峰值抗剪断强度参数 $f'$、$c'$ 及残余抗剪强度参数 $f_r$、$c_r$ 的标准值逐步折减的方法,模拟材料软化影响和重力坝的渐进破坏过程,并分析确定坝体的临界承载能力和安全裕度。对强度参数的折减又有两种不同的方法。

(1) 第一种方法是简单地将强度参数中的凝聚力 $c'$、$c_r$ 和内摩擦系数 $f'$、$f_r$,按照相同的比例逐步折减,确定计算取值,以分析重力坝的强度储备系数。再按照荷载增量的加载方法,用弹塑性有限元法进行坝体承载能力计算。求得坝体失稳临界状态安全储备系数 $K_c$ 为 1.92。此时,强度分析的屈服区扩展速度已明显增大,但尚未急剧增加,相应的屈服破坏区的范围约占坝体宽度的 40%。坝体达到稳定性临界状态以后,屈服破坏区的范围扩展速度急剧增加,用强度分析给出的即将贯穿上下游坝面的屈服破坏状态作为坝体最终的极限状态,由此得到龙滩碾压混凝土重力坝极限安全储备系数 $K_L$ 为 2.50。从稳定性分析可知,极限状态已永久地改变了原有的平衡构形。

(2) 第二种方法是考虑混凝土凝聚力 $c'$、$c_r$ 和内摩擦系数 $f'$、$f_r$ 的变异系数不相同的特点,对于变异系数大的 $c'$、$c_r$ 值应有较大的安全储备,变异系数较小的 $f'$、$f_r$ 值宜采用较小的安全储备。于是从 $f'$、$c'$、$f_r$ 和 $c_r$ 的计算值开始,将其按不相同的比例折减。根据我国已建的 40 个大中型混凝土坝层面和坝基大型抗剪断试验结果的统计分析,建议内摩擦系数的变异系数 $V_{sf}$ 值选用 0.21,凝聚力的变异系数 $V_{sc}$ 值选用 0.36。已知内摩擦系数的平均值 $f_m$,按照标准正态分布表,可得到概率度系数 $t$ 与参数保证率 $P$ 之间的关系。根据我国有关规范规定,强度参数标准值的保证率 $P$ 为 80%,逐步增加材料强度计算值的保证率 $P$,就可得到材料强度按照不相同比例降低时的计算采用值。这种方法的含义明确,与《水利水电工程结构可靠度设计统一标准》(GB 50199—1994) 中的计算原则一致。在龙滩碾压混凝土重力坝承载能力分析中,在材料强度参数的概率分布曲线中,相应于各种不同的保证率 $P$ 值,材料参数的计算值见表 16-15,以坝体材料强度参数的初始计算值或标准值为基础,根据坝体破坏时材料强度参数的临界值,就可以得到内摩擦系数和凝聚力不相同的安全储备系数。进行龙滩碾压混凝土重力坝的承载能力计算,分别得到失稳临界状态内摩擦系数安全储备系数 $K_{cf} = 1.33$,凝聚力安全储备系数 $K_{cc} = 2.16$。坝基面处相应的坝体屈服破坏范围约为坝体宽度的 50%。最后得到极限状态内摩擦系数的安全储备系数 $K_{Lf} = 1.39$,凝聚力的安全储备系数 $K_{Lc} = 2.52$。全部安全储备系数汇总见表 16-15。

表 16-15　龙滩碾压混凝土重力坝承载能力安全储备系数

| 计算参数取值方法和保证率 | 临界状态 | | 极限状态 | |
| --- | --- | --- | --- | --- |
| 同比例折减抗剪强度参数标准计算值的方法 | 安全储备系数 $K_c$ | | 安全储备系数 $K_L$ | |
| | 1.92 | | 2.50 | |
| 提高抗剪强度参数计算值保证率的方法 | 内摩擦系数安全储备系数 $K_{cf}$ | 凝聚力安全储备系数 $K_{cc}$ | 内摩擦系数安全储备系数 $K_{Lf}$ | 凝聚力安全储备系数 $K_{Lc}$ |
| | 1.33 | 2.16 | 1.39 | 2.52 |
| | 抗剪强度参数计算值保证率 $P$ | | 抗剪强度参数计算值保证率 $P$ | |
| | 97.0% | | 97.8% | |

# 参考文献

[1] 陈龙,吴中如,顾永明.碾压混凝土坝层内力学参数渐变分析模型[J].水利学报,2006,3.

[2] 黄光明,李云,朱国金.碾压混凝土坝层面影响带粘弹性参数的确定[J].武汉大学学报(工学版),2008,6.

[3] 彭一江,黎保琨,刘斌.碾压混凝土细观结构力学性能的数值模拟[J].水利学报,2001,6.

[4] 黄志强,宋玉普,吴智敏.碾压混凝土层间拉伸破坏过程的数值模拟研究[J].水利学报,2005,6.

[5] 彭一江,黎保琨,屈彦玲.碾压混凝土直剪试件细观结构的数值模拟[J].三峡大学学报(自然科学版),2003,12.

[6] 王宗敏,刘光廷.碾压混凝土坝的等效连续本构模型[J].工程力学,1996,5.

[7] 彭友文,吴中如.碾压混凝土坝双向异弹性模量对位移的影响[J].水力发电,2005,1.

[8] 王光纶,张楚汉,王少敏.碾压混凝土成层特性对重力坝静、动力分析的影响研究[J].红水河,1995(1).

[9] 水工设计手册编写组.水工设计手册　第五卷[M].北京:中国电力出版社,2011.

[10] 冯树荣,孙恭尧,等.重力坝稳定性和承载能力分析[M].北京:中国电力出版社,2011.

[11] 涂传林,孙君森,周建平,等.1995年10月"八五"国家重点科技攻关项目《85-208-04-04:龙滩碾压混凝土重力坝结构设计与施工方法研究》专题总报告[R].长沙:电力工业部中南勘测设计研究院.

[12] 孙恭尧,林鸿镁,等."九五"国家重点科技攻关项目《96-220-01-01:高碾压混凝土重力坝设计方法的研究》专题研究报告[R].长沙:国家电力公司中南勘测设计研究院,2000.

# 第 17 章　碾压混凝土大坝的温度徐变应力仿真分析

## 17.1　温度徐变应力仿真计算主要理论

### 17.1.1　热传导原理与温度场的计算

#### 17.1.1.1　热传导方程与边值条件

假定混凝土为均匀的、各向同性的固体,混凝土中温度的变化应满足热传导方程(17-1),如下:

$$\frac{\partial T}{\partial \tau} = a\left(\frac{\partial^2 T}{\partial x^2} + \frac{\partial^2 T}{\partial y^2} + \frac{\partial^2 T}{\partial z^2}\right) + \frac{\partial \theta}{\partial \tau} \tag{17-1}$$

式中:$T$ 为温度;$\tau$ 为时间;$x$、$y$、$z$ 分别为直角坐标;$a$ 为导温系数;$\theta$ 为绝热温升。

初始瞬时的温度一般可近似地认为是均匀的,由此得初始条件(17-2)。

当 $\tau = 0$ 时

$$T = T_0 \tag{17-2}$$

边界条件有以下几种:

(1)混凝土表面温度是时间的已知函数,即

$$T_b = f(\tau) \tag{17-3}$$

式中:脚标 b 表示混凝土表面。

(2)混凝土表面温度是一个随时间变化的量,即

$$(T_b)_i = f(\tau_i) \tag{17-4}$$

通过线性插值得到任一时刻的温度,即

$$T_b = f(\tau_{i-1}) + (\tau - \tau_{i-1})/(\tau_i - \tau_{i-1})[f(\tau_i) - f(\tau_{i-1})] \quad (\tau_{i-1} \leqslant \tau < \tau_i) \tag{17-5}$$

(3)混凝土表面的热流量是时间的已知函数,即

$$-\lambda\left(\frac{\partial T}{\partial n}\right)_b = f(\tau) \tag{17-6}$$

式中:$\lambda$ 为混凝土导热系数;$n$ 为表面的法线。

#### 17.1.1.2　混凝土的热学性能、绝热温升及表面放热系数

混凝土的热学性能包括导温系数 $a$($m^2/h$)、导热系数 $\lambda$[$kJ/(m \cdot h \cdot ℃)$]、比热容 $c$ [$kJ/(kg \cdot ℃)$]和密度 $\rho$($kg/m^3$)。根据导温系数的定义,有

$$a = \frac{\lambda}{c\rho} \tag{17-7}$$

混凝土的热学性能应由试验测定,只需测定其中三个,另一个可由式(17-7)计算。

国内外 20 座混凝土坝的平均热学性能为:导热系数 $\lambda = 10.09 \ kJ/(m \cdot h \cdot ℃)$,比热容 $c = 0.987$ $kJ/(kg \cdot ℃)$,密度 $\rho = 2\ 475 \ kg/m^3$,导温系数 $a = 0.004\ 17 \ m^2/h$。

混凝土的绝热温升 $\theta(\tau)$ 与龄期 $\tau$ 的关系可用指数式、双曲线式及复合指数式表示如下:

$$\theta(\tau) = \theta_0(1 - e^{-m\tau}) \tag{17-8}$$

$$\theta(\tau) = \frac{\theta_0 \tau}{n + \tau} \tag{17-9}$$

$$\theta(\tau) = \theta_0(1 - e^{-a\tau^b}) \tag{17-10}$$

经验表明,式(17-9)、式(17-10)与试验资料符合较好。

考虑温度的影响式,混凝土绝热温升与混凝土温度有关,温度越高,水泥水化反应越快,绝热温升上升得也越快,为考虑温度影响,可采用水科院如下的三参数增量公式:

$$\frac{\mathrm{d}\theta}{\mathrm{d}\tau} = mT^p\tau^{-q}\big[\,1 - \theta(\tau,T)/\theta_0\,\big] \tag{17-11}$$

式中:$\theta_0$ 为最终绝热温升;$T$ 为混凝土温度;$\tau$ 为龄期;$m$、$p$、$q$ 为常数。

例如,根据某工程试验结果,整理得到

$$\frac{\mathrm{d}\theta}{\mathrm{d}\tau} = 1.69T^{0.515}\tau^{-0.640}\big[\,1 - \theta(\tau,T)/30\,\big] \tag{17-12}$$

混凝土的表面放热系数 $\beta$ 与表面粗糙度及风速有关,可用水科院公式计算如下:

粗糙表面

$$\beta = 21.06 + 17.58v^{0.910} = 21.06 + 14.60F^{1.38} \tag{17-13}$$

光滑表面

$$\beta = 18.46 + 17.30v^{0.883} = 18.46 + 13.60F^{1.36} \tag{17-14}$$

式中:$\beta$ 为混凝土表面放热系数,$\mathrm{kJ/(m^2 \cdot h \cdot {}^\circ\!C)}$;$v$ 为风速,$\mathrm{m/s}$;$F$ 为风力等级。

当混凝土表面附有模板和保温层时,如图 17-1 所示,混凝土表面通过模板和保温层向空气散热的等效表面放热系数 $\beta_s$ 可由下式计算:

$$\beta_s = \frac{1}{1/\beta + \sum(h_i/\lambda_i)} \tag{17-15}$$

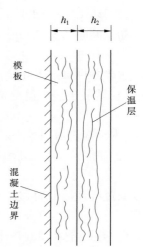

图 17-1　有保温层边界

式中:$\beta$ 为最外面保温板与空气间的表面放热系数;$\lambda_i$ 为第 $i$ 层保温材料的导热系数;$h_i$ 为第 $i$ 层保温材料的厚度。

## 17.1.2　水管冷却的算法

设水管的布置间距为 $s_1$、$s_2$,水管外半径为 $c$,内半径为 $r_0$,管长 $L$,非金属水管的导热系数为 $\lambda_1$,混凝土导热系数为 $\lambda$,混凝土导温系数为 $a$,水的密度为 $\rho_w$,水的比热容为 $c_w$,水的流量为 $q_w$,呈梅花形排列,水管控制半径:$b = \sqrt{1.07s_1s_2/\pi}$,直径 $D = 2b$,$t$ 为时间,水管散热残留比为 $\phi(t)$,混凝土温度为 $T(t)$,热生成函数为 $\theta(\tau) = \theta_0 f(\tau)$,$\theta_0$ 为绝热温升的最高值,$f(\tau)$ 为函数,$\tau$ 为混凝土浇筑的时间,详细理论计算公式如下:

(1)当 $b/c = 100$ 时。

$$\xi = \lambda L/c_w\rho_w q_w \tag{17-16}$$

$$k_1 = 2.08 - 1.174\xi + 0.256\xi^2 \tag{17-17}$$

$$s = 0.971 + 0.148\,5\xi - 0.044\,5\xi^2 \tag{17-18}$$

$$p = k_1(a/D^2)^s \tag{17-19}$$

当 $\phi(t) = \exp(-pt^s)$ 时,则 $\tag{17-20}$

$$T(t) = \int_0^t \mathrm{e}^{-p(t-\tau)}\frac{\partial\theta}{\partial\tau}\mathrm{d}\tau \tag{17-21}$$

$$\psi(t) = T(t)/\theta_0 = \int_0^t \mathrm{e}^{-p(t-\tau)}\frac{\partial f(\tau)}{\partial\tau}\mathrm{d}\tau = \sum \mathrm{e}^{-p(t-\tau-0.5\Delta\tau)}\big[f(\tau+\Delta\tau) - f(\tau)\big] \tag{17-22}$$

根据朱伯芳院士的理论公式,管冷后混凝土的平均温度为

$$T(t) = T_w + (T_0 - T_w)\phi(t) + \theta_0\psi(t) \tag{17-23}$$

与无管冷相比温度减少值为

$$\Delta T(t) = T_w + (T_0 - T_w)\phi(t) + \theta_0\psi(t) - Tp - \theta_0 f(t) \tag{17-24}$$

则从 $t$ 到 $t + \Delta t$ 减少的量为

$$\Delta T(t + \Delta t) - \Delta T(t) = (T_0 - T_w)[\phi(t + \Delta t) - \phi(t)] + \theta_0[\psi(t + \Delta t) - \psi(t)] - \theta_0[f(t + \Delta t) - f(t)] \tag{17-25}$$

式(17-25)除以 $\Delta t$ 即为负热源生成率。

（2）当 $b/c! = 100$ 时。

上面的 $a$ 用等效导温系数 $a'$ 代替,则金属水管的特征值为

$$\alpha_1 b = 0.926\exp[-0.031\ 4(b/c - 20)^{0.48}] \quad (20 \leqslant b/c \leqslant 130) \tag{17-26}$$

非金属水管的特征值为

$$k = \frac{\lambda_1}{c \cdot \ln(c/r_0)}$$

由 $b/c$ 和 $\dfrac{\lambda}{kb}$ 通过表 17-1 进行线性插值得到 $\alpha_1 b$ 。

表 17-1　非金属水管冷却问题特征根 $\alpha_1 b$

| $b/c$ | $\dfrac{\lambda}{kb}$ | | | | | |
|---|---|---|---|---|---|---|
| | 0 | 0.01 | 0.02 | 0.03 | 0.04 | 0.05 |
| 20 | 0.926 | 0.888 | 0.857 | 0.827 | 0.800 | 0.778 |
| 50 | 0.787 | 0.734 | 0.690 | 0.652 | 0.620 | 0.592 |
| 80 | 0.738 | 0.668 | 0.617 | 0.576 | 0.542 | 0.512 |

$$a' = \left(\frac{\alpha_1 b}{0.716\ 7}\right)^2 a = 1.947(\alpha_1 b)^2 a \tag{17-27}$$

### 17.1.3　混凝土的弹性变形、徐变与应力松弛及温度徐变应力的计算

#### 17.1.3.1　混凝土的弹性模量

混凝土在龄期 $\tau$ 受到应力 $\sigma(\tau)$ 的作用,其瞬时弹性应变为

$$\varepsilon^e(\tau) = \frac{\sigma(\tau)}{E(\tau)} \tag{17-28}$$

式中:$E(\tau)$ 为弹性模量。

过去常用 $E(\tau) = E_0(1 - e^{-a\tau})$ 表示,与试验资料符合得不好,目前多采用水科院下列三种公式之一表示,与试验资料吻合较好:

$$\left.\begin{array}{l} E(\tau) = E_0(1 - e^{-a\tau^b}) \\[2mm] E(\tau) = \dfrac{E_0\tau}{q + \tau} \\[2mm] E(\tau) = c \cdot \ln(\tau^b + 1) \end{array}\right\} \tag{17-29}$$

式中:$a$、$b$、$c$、$q$ 为常数;$E_0$ 为最终弹性模量。

考虑温度的影响式:养护温度对混凝土弹性模量的发展有较大的影响,考虑温度的影响时,可采用式(17-30)。

$$E(\tau) = E_0 \left[ 1 - e^{-a(T)\tau^{b(T)}} \right]$$

$$E(\tau) = \frac{E_0 \tau}{q(T) + \tau} \right\}　\quad (17\text{-}30)$$

$$q(T) = \sum a_i T^{-b_i}$$

一般情况下，$q(T) = aT^{-b}$，即 $q(T) = \sum a_i T^{-b_i}$ 中取一项即可满足要求。

### 17.1.3.2　混凝土的徐变

在常应力作用下，随着时间的延长，应变将不断增加，这一部分随着时间而增加的应变称为徐变。当应力不超过强度的一半时，徐变与应力之间保持线性关系，徐变 $\varepsilon^c(t)$ 可按下式计算：

$$\varepsilon^c(t) = \sigma(\tau) C(t, \tau) \quad (17\text{-}31)$$

式中：$C(t,\tau)$ 是在单位应力作用下产生的徐变，称为徐变度，其量纲为 $MPa^{-1}$。因此在龄期 $\tau$ 时施加常应力 $\sigma(\tau)$，到时间 $t$ 的总应变是弹性应变 $\varepsilon^e(\tau)$ 与徐变 $\varepsilon^c(t)$ 之和，即

$$\varepsilon(t) = \varepsilon^e(\tau) + \varepsilon^c(t) = \frac{\sigma(\tau)}{E(\tau)} + \sigma(\tau) C(t, \tau) = \sigma(\tau) J(t, \tau) \quad (17\text{-}32)$$

式中

$$J(t, \tau) = \frac{1}{E(\tau)} + C(t, \tau) \quad (17\text{-}33)$$

式中：$J(t,\tau)$ 称为徐变柔量，其量纲为 $MPa^{-1}$。

在龄期 $\tau$ 施加单位应力 $\sigma = 1$，到时间 $t$ 时产生的应变为徐变度 $C(t,\tau)$，其量纲为 $MPa^{-1}$，目前常用式（17-34）表示。

$$C(t, \tau) = \sum_{s=1}^{m} \psi_s(\tau) \left[ 1 - e^{-r_s(t, \tau)} \right] \right\}$$

$$\psi_s = f_s + g_s \tau^{-p_s} \quad (17\text{-}34)$$

### 17.1.3.3　自生体积变形

室内试件经过湿筛，剔除了大骨料，单位体积内 MgO 含量较高，测得的自生体积变形大于坝体混凝土。坝体混凝土与室内试件自生体积变形的关系可按下式计算。

$$G(\tau, T) = k(M) F(\tau, T) \quad (17\text{-}35)$$

式中：$G(\tau,T)$ 为坝体混凝土自生体积变形；$k(M)$ 为 MgO 含量修正系数；$F(\tau,T)$ 为室内混凝土试件测得的自生体积变形。

$k(M)$ 可按下式计算：

$$k(M) = \frac{M_d - g}{M_s - g} \quad (17\text{-}36)$$

式中：$M_d$ 为坝体原级配混凝土 MgO 含量，$kg/m^3$；$M_s$ 为试件试混凝土（湿筛后）MgO 含量，$kg/m^3$；$g$ 为试件常数，是抵消收缩变形所需 MgO 含量。

目前已提出几种 $F(\tau,T)$ 的计算模型，下面是水科院提出的一个计算比较简单并与试验资料符合得比较好的计算模型。设

$$\frac{dF}{d\tau} = mT^{\beta} \tau^{-s} \left[ 1 - F(\tau, T)/F_0 \right]^{\gamma} \quad (17\text{-}37)$$

式中：$m$、$\beta$、$s$、$\gamma$ 为常数；$F_0$ 为最终膨胀变形，下面利用试验资料来决定这些常数。室内试验多在恒温下进行，对于恒温下试验曲线，水科院给出下列表达式：

$$F(\tau, T) = F_0 \left[ 1 - \exp(-aT^b \tau^c) \right] \quad (17\text{-}38)$$

最终变形 $F_0$ 可从曲线中查得，以 $\ln T$ 为横坐标，$\ln[-\ln(1-F/F_0)]$ 为纵坐标，很容易求得参数 $a$、$b$、

$c$。由式(17-38)可知，$1 - F(\tau, T)/F_0 = \exp(-aT^b\tau^c)$，因此有

$$\frac{\mathrm{d}F}{\mathrm{d}\tau} = F_0 ac T^b \tau^{c-1} \left[ 1 - \frac{F(c, T)}{F_0} \right] \tag{17-39}$$

与式(17-37)相比，可知 $m = F_0 ac, \beta = b, s = 1-c, \gamma = 1$。计算结果表明，式(17-39)与试验资料符合得相当好，计算比较简单，参数也容易确定。当试验曲线比较复杂时，为了提高计算精度，也可采用式(17-40)：

$$F(\tau, T) = \sum F_{i0} \left[ 1 - \exp(-a_i T^{b_i} \tau^{c_i}) \right] \tag{17-40}$$

$$\frac{\mathrm{d}F}{\mathrm{d}\tau} = \sum F_{i0} a_i c_i T^{b_i} \tau^{c_i-1} \left[ 1 - \frac{F_i(\tau, T)}{F_{i0}} \right] \tag{17-41}$$

式中：$\sum F_{i0} = F_0$；$a_i$、$b_i$、$c_i$ 为常数。

事实上式(17-40)未考虑 $T$ 也是 $\tau$ 的函数，如果对式(17-40)修正，有

$$\frac{\mathrm{d}F}{\mathrm{d}\tau} = F_0 ac T^b \tau^{c-1} \left( 1 + \frac{b\tau}{cT}\frac{\mathrm{d}T}{\mathrm{d}\tau} \right) \left[ 1 - \frac{F(c, T)}{F_0} \right] \tag{17-42}$$

式(17-41)相应调整为

$$\frac{\mathrm{d}F}{\mathrm{d}\tau} = \sum F_{i0} a_i c_i T^{b_i} \tau^{c_i-1} \left( 1 + \frac{b_i\tau}{c_i T}\frac{\mathrm{d}T}{\mathrm{d}\tau} \right) \left[ 1 - \frac{F_i(c, T)}{F_{i0}} \right] \tag{17-43}$$

#### 17.1.3.4　混凝土弹性徐变温度应力的有限元解法

由于徐变的影响，混凝土弹性徐变温度应力不但与时间有关，还与应力历史有关。由于弹性模量和徐变都随时间而变化，故用增量法计算。把时间 $\tau$ 划分为一系列时段：$\Delta\tau_1$、$\Delta\tau_2$、$\cdots$、$\Delta\tau_n$，如图 17-2 所示，$\Delta\tau_n = \tau_n - \tau_{n-1}$。

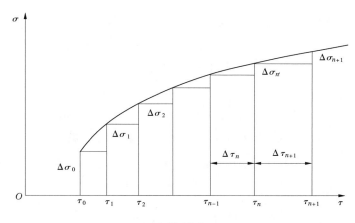

**图 17-2**

把求解域划分为有限个单元，在时段 $\Delta\tau_n$ 内，单元节点位移增量为 $\{\Delta\delta_n\}^e$，单元应变增量为

$$\{\Delta\varepsilon_n\} = [B]\{\Delta\delta_n\}^e \tag{17-44}$$

式中：$[B]$ 为单元几何矩阵。

单元节点力增量为

$$\{\Delta F\}^e = \iiint [B]^{\mathrm{T}} \{\Delta\sigma_n\} \mathrm{d}x\mathrm{d}y\mathrm{d}z \tag{17-45}$$

式中：$\{\Delta\sigma_n\}$ 为单元应力增量向量。

在任一节点 $i$，节点力之和应与作用于该节点的外荷载保持平衡，故

$$\sum_e \{\Delta F_{\mathrm{in}}\}^e = \{\Delta P_{\mathrm{in}}^L\} \tag{17-46}$$

式中：$\sum_e$ 表示对围绕节点 $i$ 的所有单元求和；$\{\Delta P_{\mathrm{in}}^L\}$ 为作用于节点 $i$ 的外荷载增量；$\{\Delta F_{\mathrm{in}}\}^e$ 为单元 $e$

在节点 $i$ 的节点力增量。

由于徐变变形与应力历史有关,在弹性徐变温度应力的有限元解法中,关键是解决好徐变变形的计算问题。把混凝土徐变度 $C(t,\tau)$ 表示为式(17-34)的形式,令泊松比为 $\mu$,采用水科院隐式解法,假定在 $\Delta\tau_n$ 内应力速率 $\partial\sigma/\partial\tau$ =常量,得到弹性应变增量 $\{\Delta\varepsilon_n^e\}$ 如下:

$$\{\Delta\varepsilon_n^e\} = \frac{1}{E(\bar{\tau}_n)}[Q]\{\Delta\sigma_n\} \tag{17-47}$$

式(17-47)中: $E(\bar{\tau}_n)$ 为中点龄期 $\bar{\tau}_n = (\tau_{n-1} + \tau_n)/2 = \tau_{n-1} + 0.5\Delta\tau_n$ 的弹性模量。

$$Q = \begin{bmatrix} 1 & -\mu & -\mu & 0 & 0 & 0 \\ & 1 & -\mu & 0 & 0 & 0 \\ & & 1 & 0 & 0 & 0 \\ & & & 2(1+\mu) & 0 & 0 \\ & & & & 2(1+\mu) & 0 \\ & & & & & 2(1+\mu) \end{bmatrix} \tag{17-48}$$

徐变应变增量 $\{\Delta\varepsilon_n^c\}$ 由下式计算:

$$\{\Delta\varepsilon_n^c\} = \{\eta_n\} + C(t,\bar{\tau}_n)[Q]\{\Delta\sigma_n\} \tag{17-49}$$

式中

$$\{\eta_n\} = \sum_s (1 - e^{-r_s\Delta\tau_n})\{\omega_{sn}\} \tag{17-50}$$

$$\{\omega_{sn}\} = \{\omega_{s,n-1}\}e^{-r_s\Delta\tau_{n-1}} + [Q]\{\Delta\sigma_{n-1}\}\psi_s(\bar{\tau}_{n-1})e^{-0.5r_s\Delta\tau_{n-1}} \tag{17-51}$$

应力增量与应变增量的关系为

$$\{\Delta\sigma_n\} = [\bar{D}_n](\{\Delta\varepsilon_n\} - \{\eta_n\} - \{\Delta\varepsilon_n^T\} - \{\Delta\varepsilon_n^0\}) \tag{17-52}$$

式中:

$$[\bar{D}_n] = \bar{E}_n[Q]^{-1} \tag{17-53}$$

$$[\bar{E}_n] = \frac{E(\bar{\tau}_n)}{1 + E(\bar{\tau}_n)C(t_n,\bar{\tau}_n)} \tag{17-54}$$

把式(17-52)所表示的 $\{\Delta\sigma_n\}$ 代入式(17-45),得到单元节点力增量:

$$\{\Delta F\}^e = [k]^e\{\Delta\delta_n\}^e - \iiint [B]^T[\bar{D}_n](\{\eta_n\} + \{\Delta\varepsilon_n^T\} + \{\Delta\varepsilon_n^0\})dxdydz \tag{17-55}$$

其中,$[k]^e$ 为单元刚度矩阵,即

$$[k]^e = \iiint [B]^T[\bar{D}_n][B]dxdydz \tag{17-56}$$

式(17-55)右边第二大项代表非应力变形引起的节点力,把它们改变符号,即得到非应力变形引起的单元荷载增量:

$$\{\Delta P_n\}_e^c = \iiint [B]^T[\bar{D}_n][\eta_n]dxdydz \tag{17-57}$$

$$\{\Delta P_n\}_e^T = \iiint [B]^T[\bar{D}_n]\{\Delta\varepsilon_n^T\}dxdydz \tag{17-58}$$

$$\{\Delta P_n\}_e^0 = \iiint [B]^T[\bar{D}_n]\{\Delta\varepsilon_n^0\}dxdydz \tag{17-59}$$

式中: $\{\Delta P_n\}_e^c$ 为徐变引起的单元节点荷载增量; $\{\Delta P_n\}_e^T$ 为温度引起的单元节点荷载增量; $\{\Delta P_n\}_e^0$ 为自生体积变形引起的单元节点荷载增量。

由平衡条件式(17-46),把节点力和节点荷载用编码法加以集合,得到整体平衡方程:

$$[K]\{\Delta\delta_n\} = \{\Delta P_n\}^L + \{\Delta P_n\}^C + \{\Delta P_n\}^T + \{\Delta P_n\}^0 \tag{17-60}$$

式中：$[K]$ 为整体刚度矩阵；$\{\Delta P_n\}^L$、$\{\Delta P_n\}^C$、$\{\Delta P_n\}^T$、$\{\Delta P_n\}^0$ 依次为外荷载、徐变、温度及自生体积变形引起的节点荷载增量，由环绕点 $i$ 的各单元节点荷载增量集合而成。

由整体平衡方程式（17-60）解出各节点位移增量 $\{\Delta\delta_n\}$ 后，由式（17-52）可算出各单元应力增量 $\{\Delta\sigma_n\}$，累加后，即得到各单元应力如下：

$$\{\sigma_n\} = \{\Delta\sigma_1\} + \{\Delta\sigma_2\} + \cdots + \{\Delta\sigma_n\} = \sum\{\Delta\sigma_n\} \tag{17-61}$$

## 17.1.4　库水温度的算法

预测水库水温分布的方法较多，按其性质，可划分为经验法和数学模型法两大类。东勘院法、朱伯芳法、统计法属于经验法范畴，而数学模型法又分为一维模型法、二维模型法和三维模型法。本节将介绍朱伯芳法，该方法简单实用，为业内广泛认可。该方法以国内外 15 座水库实测水温资料为基础，总结归纳出水库水温的周期性变化规律，并通过余弦函数进行模拟。

### 17.1.4.1　基本要点

（1）库水温度以一年为周期，呈周期性变化，温度变幅以表面为最大，随着水深的增加，变幅逐渐减少，在水深 70 m 以下，水温变化很少，终年维持在一个比较稳定的低温。

（2）与气温变化相比，水温的变化有滞后现象，相位差随着水深的增加而有所改变。

（3）由于日照的影响，水表面温度在多数情况下略高于气温。

### 17.1.4.2　基本算法

在有实测的条件下，以实测为准；在没有实测的情况下采用公式估算法。根据朱伯芳院士提出的基本公式，其算法如下：

任意深度的水温变化

$$T(y,\tau) = T_m(y) + A(y)\cos\omega(\tau - \tau_0 - \varepsilon) \tag{17-62}$$

任意深度的年平均水温

$$T_m(y) = c + (T_s - c)e^{-\alpha y} \tag{17-63}$$

水温年变幅

$$A(y) = A_0 e^{-\beta y} \tag{17-64}$$

水温相位差

$$\varepsilon = d - f e^{-\gamma y} \tag{17-65}$$

库水表面年平均气温

$$T_s = T_{am} + \Delta b \tag{17-66}$$

式中：$y$ 为水深，m；$\tau$ 为时间，月；$\omega$ 为温度变化的圆频率，$\omega = 2\pi/p$；$P$ 为温度变化的周期，12 个月；$\varepsilon$ 为相位差，月；$T(y,\tau)$ 为水深 $y$ 处在时间 $\tau$ 时的温度，℃；$T_m(y)$ 为水深 $y$ 处的年平均水温，℃；$A(y)$ 为水深 $y$ 处的温度年变幅，℃；$T_s$ 为表面年平均水温，℃；$T_{am}$ 为当地年平均气温，℃；$\Delta b$ 为温度增量，℃；$\tau_0$ 为气温最高的时间，气温通常以 7 月中旬最高，故可取 $\tau_0 = 6.5$ 月；$b$、$c$、$d$、$f$、$\alpha$、$\beta$、$\gamma$ 等为计算常数，在设计阶段可采用条件相似的水库实测水温来决定，在我国 $\alpha$ 可取 0.04，$\beta$ 可取 0.018，$d$、$f$、$\gamma$ 可分别取 2.15、1.30、0.085；在一般地区 $\Delta b = 2 \sim 4$ ℃，设计可取 3 ℃；炎热地区，$\Delta b = 0 \sim 2$ ℃，设计可取 1 ℃。

$$c = (T_b - T_s g)/(1 - g),\ g = e^{-0.04H} \tag{17-67}$$

式中：$H$ 为水库深度，m。

表面水温年变幅

$$A_0 = (T_7 - T_1)/2 \tag{17-68}$$

式中：$T_7$、$T_1$ 分别为 7 月和 1 月的月平均气温，℃。

## 17.1.5　缝的算法

施工缝在坝体的计算中占有重要地位。从是否对缝进行灌浆可将缝分为永久缝和灌浆缝。一般来说,缝的形成分两种:一种是由于缝的前后浇筑块浇筑时间不同,导致结合面的黏结强度小于浇筑块本体的,当本体靠近缝位置处的拉应力大于缝的抗拉强度时,沿着缝位置首先被拉开,当缝被拉开后不再进行灌浆时形成了永久缝;另一种缝是在施工时通过施工工艺使缝的前后坝体保持一定的间隙而形成的,该类缝的抗拉强度为 0。为使坝形成整体,需对缝进行灌浆,为便于有限元建模计算,可以将其区别地称为灌浆缝。灌浆缝的力学特点是:在缝灌浆前,没有被拉开且无初始间隙的情况下垂直于缝表面的抗拉强度不为 0,抗拉强度的大小与后浇坝体的龄期有关,一般来说,坝体早期由于受水化热作用,温度升高膨胀,在缝位置会受前后坝体的挤压,当前后坝体温度降低而收缩时,缝才可能开始受拉,而此时缝前后混凝土的强度变化不大,缝的抗拉强度可以简化为一个稳定的值,当缝被拉开过或具有一定初始间隙时,即使缝闭合也不再具有黏结强度(抗拉强度为 0);缝灌浆后原始结合面间填塞了具有一定厚度的新材料,即灌浆液,其厚度等于各位置缝灌浆时刻的张开值,而灌浆后缝的抗拉强度与灌浆材料的龄期有关,抗拉强度可以用灌浆材料的强度随时间的变化函数再乘以一个小于 1 的系数与初凝强度之和来表示,即

$$[\sigma_{gap}] = \delta[f_0 + f(\tau - \tau_0)] \tag{17-69}$$

式中:$[\sigma_{gap}]$ 为缝的抗拉强度,Pa;$\delta$ 为缝的抗拉系数;$\tau$ 为灌浆材料的龄期,d;$\tau_0$ 为灌浆材料的初凝时间,d;$f_0$ 为缝初凝的抗拉强度,Pa;$f(\tau)$ 为缝的抗拉强度函数式,Pa。

灌浆缝的几种典型状态可参见图 17-3。

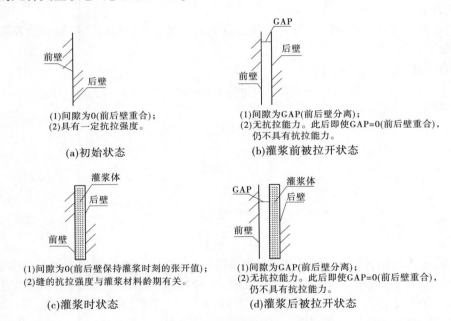

图 17-3　灌浆缝的几种典型状态

对于缝单元来说,由于灌浆后缝单元的厚度(即灌浆时刻缝的张开值)远远小于坝体的厚度,当受压时,其受压变形所导致的缝前后节点的位移比坝体变形所导致的位移小得多,也就是说缝的受压变形对前后节点位移的贡献可以忽略不计,当缝受拉时,由于抗拉强度有限,其变形仍可忽略不计,故无论受压或受拉,均可不考虑缝单元的内部变形,其刚度可以设为一个较大值,以便简化计算。

缝灌浆前,缝的前后壁不能相互嵌入,但当正面拉应力大于一定值时可以拉开;缝灌浆后,前后壁各位置处前后点间的距离不得小于灌浆时刻该位置的张开值,即没被拉开时保持张开值距离,被拉开后,即缝前后壁各位置处前后点间的距离大于灌浆时刻该位置的张开值,抗拉强度瞬间降为 0,以后不再具有抗拉能力,即使此后出现间隙为 0。

由于缝间隙极小,缝前后坝体靠得很近,可以不考虑缝介质对传热的影响。

# 17.2  温度徐变应力仿真软件 MSCA 简介

MSCA 软件是一套采用 VC++作为开发平台对国际通用商业软件 ANSYS 由中南勘测设计研究院进行二次开发得到的软件,该软件的操作界面友好,将施工过程中的浇筑块体、边界条件、材料特性、水管冷却等进行对象抽象化处理,便于一般技术人员掌握,该软件利用了 ANSYS 强大的求解器进行求解,自带后处理与 ANSYS 后处理相结合,继承了 ANSYS 的并行计算功能,具有防断电功能,一般设计和施工单位都可以开展此项工作。

## 17.2.1  MSCA 软件的特点

### 17.2.1.1  满足温控仿真计算的基本要求

(1)施工要素。包括混凝土逐层施工及其边界条件变化,缝的张开和并缝灌浆,水管冷却、表面保护、导流蓄水等。

(2)材料要素。水化热随龄期变化,弹性模量和混凝土强度随龄期变化,徐变和自生体积变形随时间变化,温度对这些材料热力学性能的影响等。

### 17.2.1.2  友好的操作平台

不同于常见的 APDL、UIDL 的 ANSYS 二次开发,或者 FORTRAN 自主开发,而是在 VC++开发平台上对 ANSYS 进行二次开发。开发出来的产品具有以下特点:

(1)窗口式操作,界面友好,交互性强。

(2)基于微软基础类库(MFC),开发速度快,兼容性好,易于移植。

(3)可内部调用微软的其他应用程序,如 Excel 等,符合一般工程人员的使用习惯。

### 17.2.1.3  并行计算功能

继承 ANSYS 的并行计算功能,顺应当前多核个人计算的发展潮流,提高计算效率。

### 17.2.1.4  防断电功能

针对大坝温控仿真计算时间长的特点,为防止意外断电,在程序中进行防断电处理,即具有断电后从断点继续计算的功能。

### 17.2.1.5  采用非接触算法对缝的结构变形形态进行模拟

非接触算法具有计算速度块、易于收敛的特点,且一般技术人员易于掌握。

## 17.2.2  MSCA 软件的工作流程和软件框架

MSCA 软件的工作流程见图 17-4。主要有以下五步:

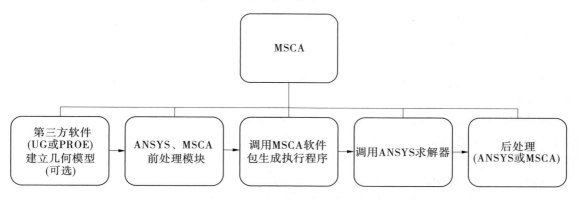

图 17-4  MSCA 软件的工作流程

(1)通过第三方软件(UG 或 PROE)建立几何模型,或者直接在 ANSYS 前处理里建立几何模型。

（2）ANSYS 前处理，划分网格，划分单元组、材料组和边界组。

（3）调用 MSCA 软件包生成执行程序。

（4）调用 ANSYS 求解器进行温度或应力求解。

（5）ANSYS 或 MSCA 后处理。

MSCA 软件框架包括 MSCA 重定义，温控计算参数定义（材料参数、环境参数、施工参数），温度计算宏自动生成，应力计算宏自动生成，MSCA 后处理等，见图 17-5。

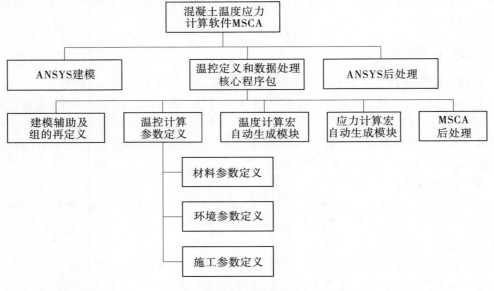

**图 17-5　MSCA 软件框架**

### 17.2.3　MSCA 软件的验算

软件验算包括：与理论解对比、与经典算例对比、与 MIDAS 计算结果对比。验证结果表明，MSCA 程序计算结果合理，对比误差非常小。

（1）选取弹性力学具有理论解的经典算例，进行热应力计算，并与理论值对比。

（2）以朱伯芳院士书中的单浇筑层和多浇筑层经典算例为例，对比软件的计算成果与书中计算成果，对比 MIDAS 计算成果。

（3）验证水管冷却等效计算（与公式对比）。

（4）库水温度验算（与公式对比）。

（5）重力的验算（与理论值对比）。

（6）水压力验算（与理论值对比）。

（7）验证温度影响式。

①考虑温度对水化热发热的影响，计算其温度和应力，并与不考虑温度对水化热影响所得计算结果进行差异分析。

②考虑温度对弹性模量的影响，对比计算混凝土的应力。

③考虑温度对自生体积变形的影响，对比计算混凝土的应力。

（8）缝的验算。

①单杆（梁）缝的张开间隙值及缝壁的应力计算值与理论值对比算例。

②单浇筑层缝的张开间隙值验算。

③多浇筑层综合考虑缝的多种工况的验算。

### 17.2.3.1　温度和应力与理论值对比

一无限长圆筒,假定内外壁温度恒定(内壁温度 10 ℃,外壁温度 0 ℃),计算温度场和应力场,见图 17-6。

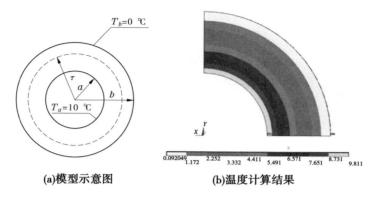

(a)模型示意图　　　　　(b)温度计算结果

**图 17-6　无限长圆筒模型及温度计算云图**

沿半径方向温度分布的 MSCA 数值解与理论解对比曲线图几乎完全吻合,见图 17-7(cal_temp 为 MSCA 计算温度值,theory_temp 为理论温度值)。图 17-8 为径向应力与周向应力的计算值与理论值对比曲线图,应力计算结果与理论结果非常吻合。

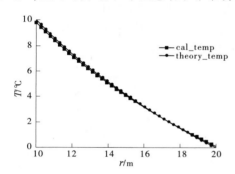

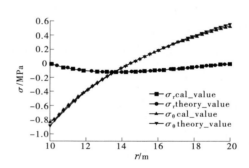

**图 17-7　无限长圆筒温度计算结果与理论值对比**　　　**图 17-8　无限长圆筒应力计算结果与理论值对比**

### 17.2.3.2　单浇筑层、3 浇筑层和 16 浇筑层标准算例对比

根据朱伯芳院士所著《大体积混凝土温度应力与温度控制》一书中关于单浇筑层、3 浇筑层和 16 浇筑层标准算例,采用 MSCA 进行计算对比,该例题的计算模型和计算条件为:

(1)在基岩上的混凝土浇筑块,长度为 25 m。单层浇筑块,层厚分别为 1 m、2 m、3 m;多层浇筑块层厚 1.5 m,层数分别为 3 层、16 层,表面与空气接触。混凝土导温系数 $\alpha = 0.004$ m²/h,导热系数 $\lambda = 10.0$ kJ/(m·h·℃),表面放热系数 $\beta = 60.0$ kJ/(m²·h·℃),$\lambda/\beta = 0.167$ m,热胀系数 $a = 1 \times 10^{-5}$ ℃⁻¹,混凝土初温 $T_0 = 0$ ℃,气温 $T_a = 0$ ℃。

(2)混凝土绝热温升为

$$\theta(\tau) = 25.0\tau/(4.5 + \tau)$$

式中:$\tau$ 以 d 计。

(3)混凝土弹性模量 $E(\tau) = 30\,000[1 - \exp(-0.40\tau^{0.34})]$。

(4)混凝土的徐变度

$$C(t,\tau) = \frac{0.23}{30\,000}(1 + 9.2\tau^{-0.45})[1 - e^{-0.30(t-\tau)}] + \frac{0.52}{30\,000}(1 + 1.7\tau^{-0.45})[1 - e^{-0.005\,0(t-\tau)}]$$

（5）混凝土的泊松比 $\mu = 1/6$。

（6）岩基弹性模量 $E_f = 30\ 000$ MPa，泊松比 $\mu_f = 0.2$，热胀系数 $a = 1 \times 10^{-5}\ ℃^{-1}$，导温系数 $a = 0.004\ 0\ m^2/h$。

模型坐标与《大体积混凝土温度应力与温度控制》中一致，即 $x$ 为水平方向，$y$ 为高度方向，$x$ 坐标轴在基岩顶面上（见图 17-9）。

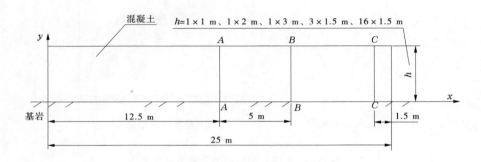

**图 17-9　基岩上单层或多层混凝土浇筑块模型尺寸、坐标和断面位置图**

（1）单浇筑层标准算例对比。

定义图 17-9 中的 $h = 1 \times 1$ m 厚的单层浇筑块，进行温度和应力验算。图 17-10 中（a）和（c）图为温度对比曲线，（b）和（d）图为应力对比曲线，对比结果表明：MSCA 的温度计算结果和应力计算结果与朱伯芳书中成果对比，在时间和空间上的分布规律吻合，在数值上误差非常小。

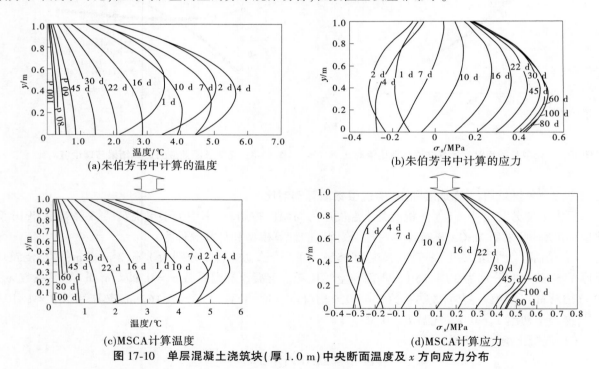

**图 17-10　单层混凝土浇筑块（厚 1.0 m）中央断面温度及 $x$ 方向应力分布**

（2）验证 16 浇筑层温度和应力。

本算例将 MSCA 计算结果与朱伯芳书中计算成果及 MIDAS 计算成果对比。

表 17-2 列出了 16 浇筑层（层厚 1.5 m）MSCA 与 MIDAS 的计算成果，浇筑块体从浇筑开始到 10 360 d 后温度和应力的数值比较，两者温度最大相差 0.19 ℃，应力最大相差 0.05 MPa。

表 17-2　16 浇筑层(层厚 1.5 m) MSCA 与 MIDAS 计算成果对比

| 龄期 | | MIDAS 计算 | | MSCA 计算 | | 与 MIDAS 相差量 | |
|---|---|---|---|---|---|---|---|
| d | h | 温度/℃ | 应力/MPa | 温度/℃ | 应力/MPa | 温度/℃ | 应力/MPa |
| 1 | 24 | 4.37 | −0.2 | 4.18 | −0.15 | −0.19 | 0.05 |
| 11 | 264 | 6.58 | 0.02 | 6.52 | 0.04 | −0.06 | 0.02 |
| 21 | 504 | 9.74 | −0.12 | 9.66 | −0.10 | −0.08 | 0.02 |
| 31 | 744 | 11.26 | 0.03 | 11.12 | 0.01 | −0.14 | −0.02 |
| 41 | 984 | 12.09 | 0.14 | 11.95 | 0.12 | −0.14 | −0.02 |
| 51 | 1 224 | 12.61 | 0.25 | 12.53 | 0.23 | −0.08 | −0.02 |
| 61 | 1 464 | 13.06 | 0.31 | 13.03 | 0.32 | −0.03 | 0.01 |
| 71 | 1 704 | 13.51 | 0.36 | 13.47 | 0.38 | −0.04 | 0.02 |
| 81 | 1 944 | 13.87 | 0.39 | 13.82 | 0.42 | −0.05 | 0.03 |
| 91 | 2 184 | 14.05 | 0.42 | 14.10 | 0.46 | 0.05 | 0.04 |
| 101 | 2 424 | 14.38 | 0.45 | 14.33 | 0.49 | −0.05 | 0.04 |
| 111 | 2 664 | 14.58 | 0.48 | 14.53 | 0.52 | −0.05 | 0.04 |
| 121 | 2 904 | 14.75 | 0.50 | 14.69 | 0.53 | −0.06 | 0.03 |
| 131 | 3 144 | 14.89 | 0.51 | 14.83 | 0.54 | −0.06 | 0.03 |
| 141 | 3 384 | 15.01 | 0.52 | 14.95 | 0.55 | −0.06 | 0.03 |
| 151 | 3 624 | 15.11 | 0.53 | 15.04 | 0.55 | −0.07 | 0.02 |
| 180 | 4 320 | 15.31 | 0.54 | 15.24 | 0.56 | −0.07 | 0.02 |
| 10 360 | 248 640 | 0.08 | 0.93 | 0.02 | 0.92 | −0.06 | 0.05 |

　　图 17-11 绘出了 MSCA 计算结果与朱伯芳书中 16 浇筑层算例的温度结果对比曲线,两者吻合很好。

### 17.2.3.3　缝的验算

　　中间带缝的杆(见图 17-12),杆内温度依照图 17-13 变化时,研究缝的张合及其间隙大小,研究杆内的温度应力,并与理论值比较(初始温度 30 ℃),又进一步考虑灌浆,计算灌浆后缝的间隙和杆的应力并与理论值比较。

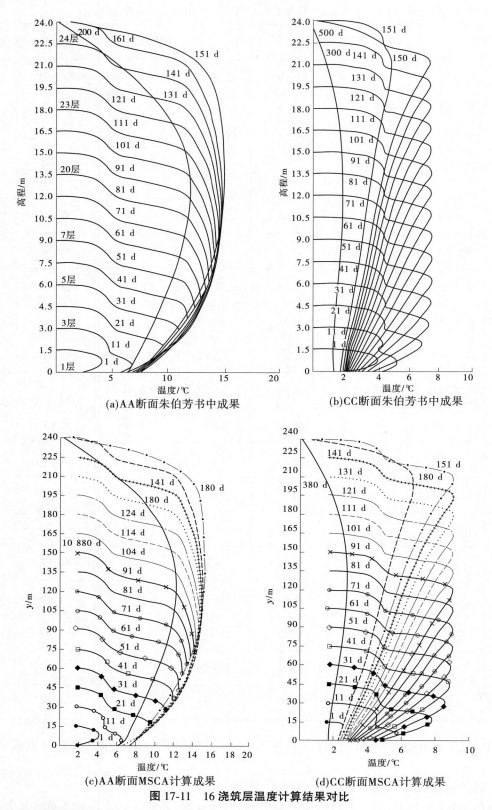

(a)AA断面朱伯芳书中成果

(b)CC断面朱伯芳书中成果

(c)AA断面MSCA计算成果

(d)CC断面MSCA计算成果

图 17-11　16 浇筑层温度计算结果对比

在不灌浆情况下,计算值与理论值误差不超过 0.02 mm(见图 17-14)。在第 10 d 灌浆情况下,不考虑缝的抗拉强度,最大间隙与理论值比较误差为 0.01 mm(见图 17-15),最大应力误差小于 0.08 MPa(见图 17-16)。考虑缝的抗拉强度及其间隙、应力、抗拉强度过程线见图 17-17。可见 MSCA 计算的间隙值和应力值都与理论值吻合,并且能很好地模拟缝灌浆前后的抗拉强度增长及被拉开等一系列力学行为。

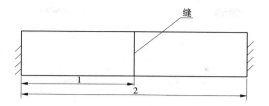

图 17-12　中间带缝的杆(梁)模型示意图

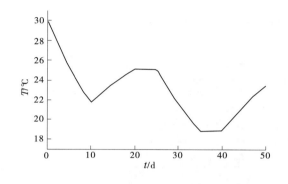

图 17-13　中间带缝的杆(梁)整体模型温度变化

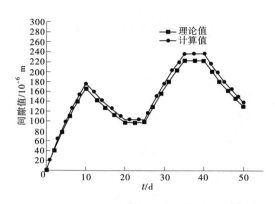

图 17-14　中间带缝的杆(梁)不灌浆时缝的张开间隙计算值与理论值对比

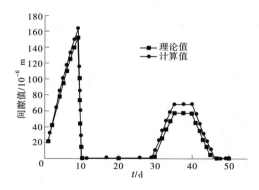

图 17-15　中间带缝的杆(梁)灌浆时缝的张开间隙计算值与理论值对比

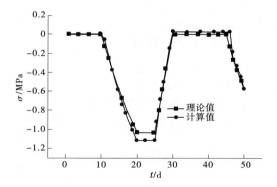

图 17-16　中间带缝的杆(梁)灌浆时缝的应力计算值与理论值对比

## 17.2.4　MSCA 软件的工程应用(一)——龙滩工程应用

以龙滩某坝段实际施工参数为“源”数据进行输入,对比分析温度计算结果、应力计算结果与实测结果。

图 17-18 和图 17-19 列出该坝段某时刻的温度等值线图和应力等值线图。

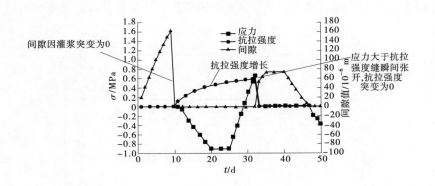

**图 17-17　灌浆后缝的抗拉强度增长、缝的间隙、杆的应力过程线**

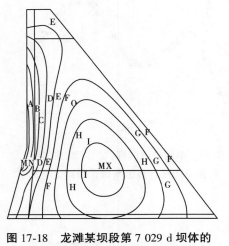

**图 17-18　龙滩某坝段第 7 029 d 坝体的温度等值线图**

**图 17-19　龙滩某坝段第 755 d 坝体顺河流方向应力等值线图**

计算温度与实测温度共对比了 39 个点,结果见表 17-3,误差都小于 10%,且大部分误差在 4%以内,计算结果是很精确的(见图 17-20)。

**表 17-3　计算最高温度与实测最高温度结果对比**

| 高程/m | 测量点数 | 计算最高温度/℃ | 实测最高温度/℃ | 相差量/℃ | 相对误差/% |
|---|---|---|---|---|---|
| 230.00 | 10 | 35.80 | 37.00 | 1.20 | 3.24 |
| 242.00 | 3 | 35.91 | 33.10 | −2.81 | −8.48 |
| 255.00 | 6 | 34.82 | 34.00 | −0.82 | −2.41 |
| 270.00 | 5 | 30.64 | 31.70 | 1.06 | 3.34 |
| 283.00 | 5 | 35.94 | 37.75 | 1.81 | 4.79 |
| 295.00 | 5 | 39.04 | 40.60 | 1.56 | 3.84 |
| 305.00 | 5 | 40.35 | 40.50 | 0.15 | 0.04 |

图 17-21、图 17-22 分别为高程 283.00 m 处、高程 305.00 m 处典型位置的温度过程线图,计算温度过程线与实测温度过程线非常类似。

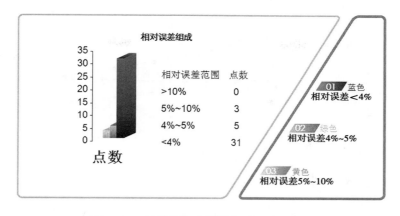

**图 17-20　计算值与实测值相对误差分布图**

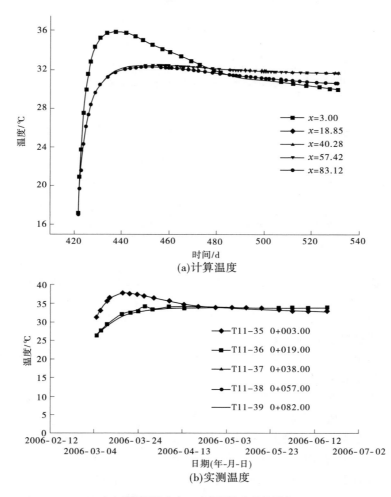

($x$ 方向为顺河流方向，$x$ 坐标原点为桩号零点)

**图 17-21　高程 283.00 m 处典型节点的计算温度与实测温度时程曲线对比**

## 17.2.5　MSCA 软件的工程应用(二)——向家坝工程应用

该坝段的计算非常复杂，几乎包括了一般混凝土仿真分析计算的所有要素，主要有以下几点：

(1)材料分区复杂。混凝土材料达 7 种之多，既有常态混凝土，也有碾压混凝土，材料的分布复杂，齿槽以碾压混凝土为主，基础强约束区纵缝上游块为碾压混凝土，下游块为常态混凝土，孔洞周边为高

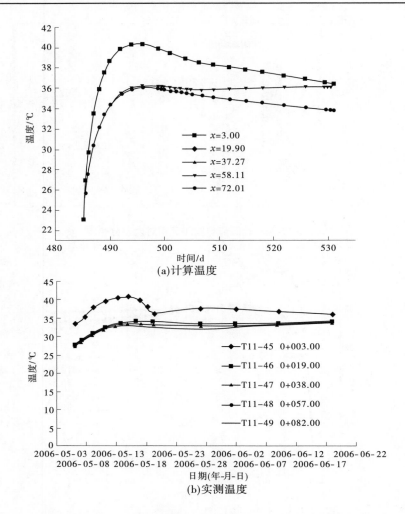

图 17-22　高程 305.00 m 处典型节点的计算温度与实测温度时程曲线对比

强度混凝土。

(2)结构复杂。中孔和表孔横贯其中。

(3)施工复杂。混凝土施工工艺有碾压施工和常规浇筑,分横缝、纵缝和齿槽诱导缝,且横缝、纵缝、诱导缝都要分时分段灌浆。

(4)温控措施复杂。初期冷却、中期冷却和后期冷却的冷却水温、流量已实施部分都是实测的,因此都会随时段变化,不是一成不变的设计值。

(5)施工导流过程复杂。蓄水分时段,逐步上升,表孔和中孔分时过流等。

(6)计算要求高。一般温控仿真计算不计算缝灌浆前的张开间隙(张开度)和分析缝灌浆后是否被拉开,即不进行缝的结构变形仿真计算,而本次仿真重点在缝的结构变形形态计算。

(7)计算大坝时间跨度长、施工步多。2010 年 2 月 1 日起开始浇筑,计算大坝时间跨度约 50 年,时间步>1 000 步。

图 17-23 为计算截止日期的温度等值线图,已基本趋近于稳定温度场。

图 17-24 为计算截止日期的应力等值线图,最大温度应力为 2. 19 MPa,发生在齿槽区域底部。该位置为碾压混凝土,虽然最高温度并不是很高,但由于前后及底部三个方向受地基约束,约束系数很大,故应力也最大,但该应力仍然在安全许可范围内。

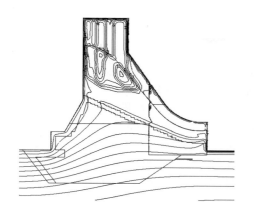

图 17-23　计算截止日期(2056 年 12 月 23 日)
温度等值线图(断面 $y = 4.50$ m)

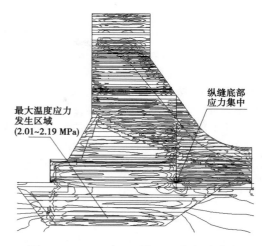

图 17-24　2056 年 12 月 23 日顺河流方向
应力等值线图

图 17-25 为缝取抗拉强度折减系数 0.2 时被拉开后缝的变形形态,定义缝灌浆后缝壁法向拉应力与浆体实时强度的比值为 $\gamma(t)$,图 17-26 为缝不会被拉开时在是否考虑重力两种情况下,沿着高程方向的最小折减系数包络线图,由图 17-26 可以看出缝的抗拉强度折减系数不得低于 0.57(考虑重力影响时取 0.5)。重力对缝的闭合是有利的。

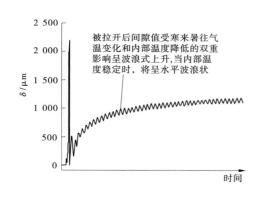

(a)全过程图(截至2056年12月23日)

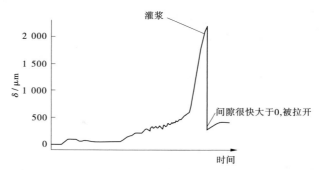

(b)时间局部放大(截至2012年4月1日)

图 17-25　当缝灌浆质量差被拉开过程图(缝的抗拉强度折减系数取 0.2)

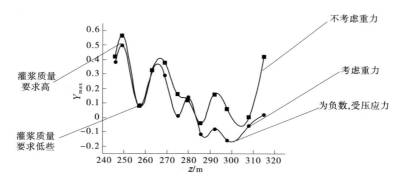

图 17-26　缝灌浆后不会被拉开的最小折减系数沿高程方向包络线图

# 参考文献

[1] 朱伯芳. 大体积混凝土温度应力与温度控制[M]. 北京:中国电力出版社,1999.

[2] 丁宝瑛, 黄淑萍, 秦明豪,等. 碾压混凝土坝的温度应力[J]. 水利水电技术,1987(10).

[3] 黄淑萍, 吴旭, 石端学,等. 龙滩碾压混凝土重力坝连续浇筑混凝土可行性研究[J]. 水利水电技术,2006(5).

[4] 黄达海, 宋玉普, 赵国藩. 碾压混凝土拱坝诱导缝的等效强度研究[J]. 工程力学,2000(3).

[5] 李广远, 赵代深, 柏承新. 碾压混凝土坝温度场与应力场全过程的仿真计算和研究[J]. 水利学报,1991(10).

[6] 冯明珲, 鲁林, 张钟鼎,等. 碾压混凝土坝温度应力仿真计算[J]. 大连理工大学学报,2000(2).

[7] 中南勘测设计研究院,金沙江向家坝水电站大体积混凝土温度场和温度应力研究[R]. 2007,11.

[8] 何建平,刘凯远,涂传林. 大坝缝结构变形形态的简单模拟方法[J]. 水力发电,2011,8.

[9] 中南勘测设计研究院. 龙滩水电站碾压混凝土坝温度应力分析报告[R]. 2006.

[10] 朱伯芳. 温度场有限元分析的接缝单元[J]. 水利水电技术,2005,11.

[11] 中华人民共和国电力工业部. 水工混凝土结构设计规范:DL/T 5057—1996[S]. 北京:中国电力出版社,1997.

[12] 朱伯芳. 蔡建波. 混凝土坝水管冷却效果的有限元分析[J]. 水利学报,1985,4.

[13] 李承木. MgO 混凝土自生体积变形的长期研究成果[J]. 水力发电,1998,6.

[14] 朱伯芳. 论混凝土坝抗裂安全系数[J]. 水利水电技术,2005,7.

[15] 陈宗梁. 美国德沃歇克坝的裂缝情况[J]. 水力发电,1985,7.

[16] 戴波,程纲为. 龙滩大坝高温条件下施工技术的研究及实践[J]. 水力发电,2006,9.

[17] 宁钟,李翼. 龙滩大坝碾压混凝土高温季节施工的温控措施[J]. 水力发电,2006,9.

[18] 朱伯芳,吴龙坤,郑璀莹,等. 重力坝运行期纵缝开度的变化[J]. 水利水电技术,2007,4.

[19] 何建平,涂传林. 向家坝水电站大体积混凝土温度应力与温度控制[J]. 人民长江,2009,11.

[20] 中南勘测设计研究院. 龙滩碾压混凝土重力坝结构设计与施工方法研究[R]. 1995,10.

[21] 中南勘测设计研究院. 高碾压混凝土重力坝设计方法的研究[R]. 2000.

[22] 中南勘测设计研究院. 红水河龙滩水电站施工规划设计报告[R]. 1994.

[23] 中南勘测设计研究院. 红水河龙滩水电站碾压混凝土重力坝温控设计专题报告[R]. 2002.

[24] 中南勘测设计研究院. 红水河龙滩水电站工程蓄水安全鉴定报告[M]. 2006,9.

# 第5篇　施工质量控制和原型观测

## 第18章　碾压混凝土的施工质量控制

### 18.1　原材料的检测与质量控制

碾压混凝土工程混凝土使用的原材料一般包括水泥、掺合料、外加剂、砂石骨料等。水泥、掺合料和外加剂等原材料一般使用外购的商品,砂石骨料一般在工程附近开采及加工后使用。水泥、掺合料和外加剂等碾压混凝土的商品原材料应通过优选试验确定厂家(主供厂家和备供厂家)和品种并应相对固定,产品应有合格证。用于碾压混凝土的水泥、掺合料和外加剂等商品原材料的品质应符合相应的现行规范、规程的规定。商品原材料运到工地后应进行复核检验,检验合格的商品原材料允许进入施工现场存放。商品原材料的运输及存放场地,应有防雨及防潮措施。应按不同厂家、品种、等级分别运输和存放。碾压混凝土使用的砂石骨料的品质应满足现行规范、规程的相关规定。砂石骨料应按不同的粒径级别分别堆放,防止掺混;砂石骨料的成品料仓宜设置遮阳、防雨棚,并设置排水沟防止雨水侵入。

#### 18.1.1　原材料的质量要求与检测

##### 18.1.1.1　水泥

水泥的质量要求见3.1节,水泥的品质及检验应符合 GB 175、GB 200、GB 1344、GB 2938 等的标准有关规定。

##### 18.1.1.2　掺合料

《水工碾压混凝土施工规范》(DL/T 5112—2008)指出,碾压混凝土所用的活性掺合料可以是粉煤灰、粒化高炉矿渣粉、磷渣粉或其他火山灰质材料。碾压混凝土中应优先掺入适量的Ⅰ级或Ⅱ级粉煤灰、粒化高炉矿渣粉、磷渣粉、火山灰等活性掺合料。经过试验论证,也可以掺用非活性掺合料。掺合料的质量要求见3.2节。

##### 18.1.1.3　外加剂

外加剂的质量要求见3.3节并符合 DL/T 5100 的规定。

##### 18.1.1.4　骨料

粗、细骨料的质量要求见3.4节。骨料试验应按照 DL/T 5151 现行标准中的有关规定进行。

##### 18.1.1.5　拌和及养护用水

用于拌和及养护碾压混凝土的水的质量要求见3.5节,并应符合 DL/T 5144 的要求。

#### 18.1.2　原材料的质量控制

碾压混凝土的原材料的质量控制包括原材料的监造、施工现场的质量检测和储存质量控制等。

##### 18.1.2.1　水泥的质量控制

各大中型水利水电工程碾压混凝土施工所用的水泥无论采用的是承包商供货还是业主供货方式,

一般都实行水泥厂监造以控制水泥的出厂质量。水泥的供货方派代表常驻水泥厂,了解水泥的选料、配料、生料粉磨、烧制、熟料粉磨、品质检测以至水泥成品的储存等生产全过程的工艺和质量控制制度,统计分析水泥原材料成分及熟料成分的稳定性和水泥成品的品质稳定性。水泥的驻厂质量监造,可以根据水泥供货合同上规定的水泥质量条款(如水泥的化学成分、矿物成分、使用的石膏品质、水泥的细度、水泥的水化热、水泥的出厂温度、水泥的强度波动范围等的规定)对水泥的质量进行控制。其中,尤其应该注意水泥生产中是否存在原材料的来源或品种发生变化;水泥的生产过程中是否出现某方面的工艺改变或发生影响水泥质量的某些因素的改变;是否存在相同牌号、相同强度等级的水泥与供应本工程使用的"专供水泥"发生混杂。驻厂监造还应及时统计水泥生产所用原材料的化学成分、水泥熟料的化学成分及矿物组成、水泥的比表面积、3 d 和 28 d 的水泥胶砂的抗压强度和抗折强度等的平均值、标准偏差和极差等资料,并对水泥的质量稳定性做出评价。

对于大多数碾压混凝土大坝工程,水泥从生产厂家到工地一般采用散装水泥运输车进行运输。水泥运至工地时应检查随车携带的产品检验合格证及相应的检测资料,检测水泥的实际温度。然后,按检测项目和检测频率对水泥的品质进行检测。检测合格的散装水泥按不同厂家、品种、等级分别存放到相应的水泥罐中,袋装水泥按不同厂家、品种、等级分别存放到相应的水泥仓库中,并做好防潮、防雨工作。

龙滩工程水泥控制质量标准(水泥抽样频率每 400 t 一次):氧化镁含量应不大于 5.0%;硅酸三钙的含量应不超过 55%;铝酸三钙的含量不应超过 6%;三氧化硫的含量应不大于 3.5%;碱含量以 $Na_2O + 0.658 K_2O$ 计,不得超过 0.6%;中热水泥的烧失量应不大于 3.0%;比表面积应不低于 250 $m^2/kg$ , 应控制在 300 $m^2/kg$ 左右为宜;初凝不得早于 60 min ,终凝不得迟于 12 h;安定性合格;水泥的胶砂强度合格;中热水泥 3 d 和 7 d 的水化热分别不得大于 251 kJ/kg 和 293 kJ/kg 。

### 18.1.2.2　掺合料的质量控制

碾压混凝土所用的活性掺合料一般属市售商品。掺合料的运输有散装的用罐车,也有袋装的用卡车运输。卡车运输掺合料应做好防潮、防雨工作。

这些活性掺合料运到工地后应按要求的检测项目和检测频率进行品质检测。对掺合料的质量控制,可根据已有的检测结果的资料进行统计分析,得出各检测指标的平均值、标准偏差和极差等数据,用以对供给工程的掺合料的质量稳定性做出评价。

龙滩工程碾压混凝土的掺合料使用粉煤灰,粉煤灰控制质量的标准(抽样频率为每 200~400 t 抽样一次):45 μm 筛的筛余小于或等于 12%;烧失量小于或等于 5.0%;需水量比小于或等于 95%;三氧化硫含量小于或等于 3.0%;含水率小于或等于 1.0%。

### 18.1.2.3　外加剂的质量控制

碾压混凝土所用的化学外加剂可以是业主供货也可以是承包商供货。化学外加剂一般采用袋装或罐装卡车运输,运输过程中应做好防潮、防雨工作。运到工地的混凝土化学外加剂应按供货合同的要求对外加剂的质量进行检测。

龙滩工程对缓凝高效减水剂和引气剂的质量要求是:减水率分别要求≥15%和≥6%;含气量分别要求<3.0%和4.5%~5.5%,泌水率比分别要求≤100%和≤70%;初凝分别要求+120 ～ +240 min 和 −90~+120 min;终凝分别要求+120 ～ +240 min 和−90~+120 min;抗压强度比,3 d 分别要求≥125%和≥90%,7 d 分别要求≥125%和≥90%,28 d 分别要求≥120%和≥85%,28 d 收缩率比均要求<125%;抗冻标号分别要求≥50 和≥200;应说明对钢筋有无锈蚀作用。

### 18.1.2.4　砂石骨料的质量控制

砂石骨料一般在工程附近开采及加工后使用。砂石骨料应按不同的粒径级别分别堆放,防止掺混;砂石骨料的成品料仓宜设置遮阳、防雨棚,并设置排水沟防止雨水侵入。

碾压混凝土施工过程中,应按要求项目和检测频率对砂石骨料进行检测。此外,可以根据检测所获得的资料对砂子的细度模数、石粉及微粒含量、含水率、含泥量,粗骨料的超径和逊径含量、含水率,黏土、淤泥、细屑的含量等进行统计分析,以评定砂石骨料的品质稳定性。

龙滩工程碾压混凝土的人工砂中 0.08 mm 以下的微粒,能够有效改善碾压混凝土拌和物的性能,提高了砂浆体积比,改善碾压混凝土拌和物的可碾压性,优化碾压混凝土的初始结构,提高碾压混凝土的密实性。但是,石粉中的微粒(80 μm 以下的颗粒)含量过高,会增大碾压混凝土拌和物的用水量,增大干缩率。根据试验,龙滩大坝碾压混凝土人工砂的石粉含量控制在 16%~20%,石粉中微粒含量控制在 50%左右,对碾压混凝土最为有利。在骨料的常规检测中,石粉含量是必测指标,如果达不到要求,则适当调整碾压混凝土的砂率,以保证混凝土的和易性不受影响。大量的检测资料表明,龙滩大坝碾压混凝土使用的人工砂中石粉含量最低为 14%,最高为 19.6%,平均为 16.8%。碾压混凝土使用的人工砂中微粒的最低含量为 9.0%,平均为 10.7%,碾压混凝土拌和物具有良好的工作性。

对工程使用的人工粗骨料还应注意是否存在裹粉问题,当裹粉现象比较严重时应研究其对碾压混凝土性能的影响程度并采取措施改善粗骨料的现象。龙滩碾压混凝土坝的砂石骨料由石灰岩制成,石灰岩质的骨料脆性较大,抗跌落和抗磨能力较差。骨料由生产系统至拌和系统由长达 4 km 的皮带机运输,运输途中多次跌落,骨料磨损和破碎较严重。检测结果表明,运输至拌和系统储料罐的中石存在逊径,大石中的中径筛的筛余量不足、骨料裹粉等不良情况。颗粒级配不良将影响混凝土的拌制质量;骨料裹粉影响了骨料与水泥等胶凝材料的黏结,降低混凝土的工作性,增加拌和用水量,影响混凝土的干缩、极限拉伸、抗渗和抗冻性能。为此,在骨料存储罐与拌和楼之间增设了二次筛分系统,对粗骨料进行二次筛分和用水冲洗。对二次筛分冲洗后进入拌和楼的粗骨料及时进行超逊径检测,根据检测结果对碾压混凝土配合比中的骨料用量作适当调整。这些措施改善了粗骨料的级配,提高了碾压混凝土的性能。

## 18.2　碾压混凝土生产的质量控制

### 18.2.1　碾压混凝土配料单的核定与原材料称量的控制

进行碾压混凝土生产之前,应检测施工使用的粗、细骨料的含水率及细骨料的细度模数,并据此计算碾压混凝土施工配料单。施工过程中,当细骨料的含水率偏差超过±0.5%、粗骨料的含水率偏差超过±0.2%时,应调整碾压混凝土拌和用水量,细骨料细度模数的允许偏差为±0.2,超过时应调整碾压混凝土配合比的砂率。应控制各级粗骨料超、逊径含量。以原孔筛检验时,其控制标准为:超径小于 5%、逊径小于 10%;以超、逊径筛检验时,其控制标准为:超径为 0、逊径小于 2%。当粗骨料的超、逊径含量超过要求时应调整碾压混凝土各级粗骨料的比例。

用于碾压混凝土的配料称量衡器施工前应进行率定,施工过程中每月应对配料称量衡器率定一次,配料称量允许偏差应符合下列规定:水允许偏差±1%;水泥、掺合料±1%;粗、细骨料±2%;外加剂±1%。分别要求每班称量前,应对称量设备进行零点校验。搅拌设备的称量系统应灵敏、精确、可靠,以保证在碾压混凝土生产过程中满足称量精度要求。

龙滩工程碾压混凝土配料误差通过拌和楼的衡量精度控制。碾压混凝土拌和前的准备工作:原材料的检测,包括砂的含水、粗骨料的含水、骨料超逊径、外加剂溶液浓度、配料单的签发、称量系统的校称和定称等。

### 18.2.2　碾压混凝土拌和质量的控制

拌制碾压混凝土宜选用强制式搅拌设备,也可采用自落式等其他类型搅拌设备。搅拌设备宜配备细骨料的含水率快速测定装置,并应具有相应的拌和水量自动调整功能。有预冷混凝土拌制要求的碾压混凝土搅拌楼应配备充足制冷量的设备并能拌制出出机温度符合设计要求的碾压混凝土。

碾压混凝土拌和楼卸料斗的出料口与运输工具之间的自由落差不宜大于 1.5 m。

砂浆和灰浆的拌制质量与碾压混凝土的拌制质量要求相同。灰浆应由机械拌制,大型工程宜设置集中制浆站,并配有维持浆体均质的装置。灰浆应按规定配合比进行配制并保持其均匀、不发生沉淀。

　　碾压混凝土拌和设备投入运行前,应通过碾压混凝土拌和物均匀性试验,以确定投料顺序、投料量和拌和时间。

　　碾压混凝土拌和物均匀性检测结果应符合下列规定:用洗分析法测定粗骨料含量时,两个样品的差值应小于 10%;用砂浆容重分析法测定砂浆容重时,两个样品的差值应不大于 30 kg/m³。

　　拌和设备投入运行后,应定期对碾压混凝土拌和物均匀性进行检测。

　　为了检验碾压混凝土拌和物的拌和均匀性,评定搅拌机的拌和质量和选择合适的拌和时间,可以进行如下试验。

　　借鉴《水工混凝土试验规程》(DL/T 5150—2001)的规定,为了检验搅拌机在一定拌和时间下碾压混凝土拌和物的均匀性,拌和时间为拟定的时间;为选择搅拌机合适的拌和时间时,可根据搅拌机容量大小选择 3~4 个可能采用的拌和时间(时间间隔可取 0.5 min),分别拌制原材料和配合比相同的碾压混凝土。

　　拌和达到规定时间后,从搅拌机口分别取最先出机和最后出机的碾压混凝土试样各一份(取样数量应能满足试验要求)。将所取试样分别拌和均匀,各取一部分按混凝土立方体抗压强度试验的有关规定进行边长 150 mm 立方体试件的成型、养护及 28 d 龄期抗压强度测定。将另一部分试样分别用 5 mm 筛筛取砂浆并拌和均匀,按水泥砂浆表观密度试验的有关规定测定砂浆表观密度。

　　碾压混凝土拌和物的拌和均匀性可用先后出机取样碾压混凝土的 28 d 龄期抗压强度的差值 $\Delta R$ 和砂浆表观密度的差值 $\Delta \rho$ 评定。混凝土强度和砂浆表观密度偏差率按式(18-1)和式(18-2)计算:

$$抗压强度偏差率(\%) = (\Delta R/两个强度值中的大值) \times 100\% \qquad (18-1)$$
$$砂浆表观密度偏差率(\%) = (\Delta \rho/两个表观密度值的大值) \times 100\% \qquad (18-2)$$

　　当选择合适拌和时间时,以拌和时间为横坐标,以不同批次碾压混凝土测得的强度偏差率或表观密度偏差率为纵坐标,绘制时间与偏差率曲线,在曲线上找出偏差率最小的拌和时间,即为最合适的拌和时间。

　　《水工混凝土施工规范》(DL/T 5144—2001)中 11.3.7 条指出:检查混凝土均匀性时,应在拌和机卸料过程中,从卸料流中约 1/4 和 3/4 的部位抽取试样进行试验,其检测结果应符合:混凝土中砂浆表观密度的两次测值的相对误差不应大于 0.8%;单位体积混凝土中粗骨料含量两次测值的相对误差不应大于 5%。

　　龙滩工程在每种碾压混凝土生产之前试验确定投料顺序,强制式拌和楼为水+ 外加剂→水泥+粉煤灰→小石+砂→大石+ 中石,自落式拌和楼为大石+ 中石→水泥+ 粉煤灰→小石+ 砂→水+ 外加剂。通过试验确定强制式拌和楼每一盘碾压混凝土的净拌和时间,碾压混凝土和常态混凝土的拌和时间均为 90 s,加冰时拌和时间为 105 s,掺 MgO 混凝土拌和时间为 120 s;自落式拌和楼每一盘混凝土的净拌和时间,碾压混凝土为 150 s(加冰时)180 s,常态混凝土为 120 s。

## 18.2.3　碾压混凝土拌和物性能的检测与控制

　　碾压混凝土拌和物质量的检测,可在搅拌机口随机取样进行,检测项目和频率按表 18-1 的规定执行。

　　《水工碾压混凝土施工规范》(DL/T 5112—2009)规定,碾压混凝土拌和物的现场 VC 值宜选用 2~12 s。机口 VC 值应根据施工现场的气候条件变化,动态选用和控制,宜为 2~8 s。碾压混凝土拌和物 VC 值选定后,机口碾压混凝土拌和物的 VC 值允许偏差±3 s,且应满足上述规定范围的要求,超出控制界限时,应查找原因,采取措施。如需调整碾压混凝土拌和物的用水量时,应保持水胶比不变。严格控制掺引气剂的碾压混凝土含气量,允许偏差为±1%。

**表 18-1 碾压混凝土拌和物的检测项目和频率**

| 检测项目 | 检测频率 | 检测目的 |
|---|---|---|
| VC 值 | 每 2 h 一次* | 控制工作度变化 |
| 含气量 | 使用引气剂时,每班 1~2 次 | 调整引气剂掺量 |
| 温度 | 每 2~4 h 一次 | 温度控制要求 |
| 抗压强度 | 28 d 龄期每 500 m³ 成型一组,<br>设计龄期每 1 000 m³ 成型一组;<br>不足 500 m³,至少每班取样一次 | 检验碾压混凝土拌和质量及施工质量 |

注:*气候条件变化较大(大风、雨天、高温)时应适当增加检测次数。

龙滩工程在实际施工中发现,对 C18W10F100 碾压混凝土,每立方米碾压混凝土的用水量变化 3~4 kg,VC 值就变化 1~2 s。相当于砂的含水率波动 0.4%~0.5%,或相当于粗骨料的含水率波动 0.6%~0.7%。由于骨料在碾压混凝土中所占比例大,其含水率对 VC 值的影响显著,所以保证骨料的含水率稳定和粗骨料处于饱和面干状态,对于控制碾压混凝土的 VC 值至关重要。龙滩工程采用湿法制砂并且粗骨料经过二次筛分冲洗,这两项工艺都增加了骨料的含水率,并且影响到骨料含水率的稳定性。在高强度生产、砂石骨料供应紧张的情况下,控制砂、石骨料含水率是保证混凝土质量的前提,而碾压混凝土拌和物的机口 VC 值的控制是保证碾压混凝土工作性能稳定的唯一措施。良好的碾压混凝土工作性能表现为骨料分离少,具有较好的黏聚性与可碾压性,碾压后能够充分泛浆,达到良好的层间结合的效果。龙滩大坝工程施工期间,拌和楼碾压混凝土生产质量控制人员与现场施工仓面的质量控制人员之间建立了有效的联络机理,随时关注环境温度、天气、施工方法、仓面的情况等的变化,及时调整碾压混凝土拌和物机口的 VC 值,使碾压混凝土在经过运输和摊铺过程造成 VC 值一定的损失之后,仍然能够满足碾压工作性的要求。现场碾压混凝土质量控制人员需凭自己的经验和判断力,通过对碾压混凝土的外观情况(混凝土的粗骨料分离、骨料的级配、混凝土的颜色,骨料裹浆情况、和易性)等的观察与现场碾压混凝土拌和物的 VC 值测试结果,判断碾压混凝土的质量并确定是否需要进行调整。

碾压混凝土拌和的前面三车必须检测 VC 值、含气量和温度,以便对混凝土用水量和外加剂掺量进行调整。含气量控制在配合比设计值的±1%(出机口的 3%~4%)。碾压混凝土的出机口温度不大于设计要求(出机口温度小于 12 ℃)。根据现场原材料和施工实际需要,现场值班质控人员可按有关程序和规定对混凝土用水量、砂率等参数作适当调整。碾压混凝土出机口 VC 值按(5±2)s 控制,并应根据仓面施工需要和气候条件进行动态控制。在小雨及高温中施工尤其应根据仓面需要及时调整 VC 值。环境温度在 35 ℃ 以下时应保证仓面碾压混凝土的 VC 值在 4.5 s 左右,在 35 ℃ 以上时应保证仓面碾压混凝土拌和物的 VC 值在 4 s 左右。掺引气剂的碾压混凝土拌和物的含气量超出规定时,应及时调整引气剂掺量。

通过碾压混凝土拌和物的外观质量对碾压混凝土进行质量判断。颜色均匀,砂石表面附浆均匀,无水泥粉煤灰团块;刚出搅拌机的拌和物用手轻捏时能成团,松开后手心无过多灰浆黏附,石子表面有灰浆光亮感。当出现以下情况之一时,碾压混凝土拌和物应作为废料处理:碾压混凝土配料单算错、用错或输入配料指令错误,无法补救,不能满足质量要求的碾压混凝土拌和物;碾压混凝土配料时,任意一种材料计量失控或漏配的不符合质量要求的碾压混凝土拌和物;碾压混凝土原材料未经质量验收检验或实用原材料类别与施工配料单不符的碾压混凝土拌和物;出机碾压混凝土拌和物的温度或 VC 值或含气量连续三盘超出允许值的碾压混凝土拌和物;任一盘的 VC 值超过 15 s 的碾压混凝土拌和物;未经拌和楼值班试验人员同意,擅自加水、修改配料量造成质量不符合要求的碾压混凝土拌和物;拌和不均匀,夹有生料或冰块等的碾压混凝土拌和物。碾压混凝土拌和物废料不得入仓,混入仓内的废料必须挖除。

# 18.3　碾压混凝土运输的质量控制

## 18.3.1　运输设备

运输碾压混凝土宜采用自卸汽车、皮带输送机、负压溜槽(管)或满管溜槽、专用垂直溜管,也可采用缆机、门机、塔机等设备。运输机具应在使用前进行全面检查清洗。

采用自卸汽车运输混凝土时,车辆行走的道路应平整;自卸汽车入仓前应将轮胎清洗干净,防止将泥土、水、杂物带入仓内;进出仓口应采取跨越模板措施(见图18-1),在仓面行驶的车辆应避免急刹车、急转弯等有损碾压混凝土层面质量的操作。采用皮带输送机运输混凝土时,应有遮阳、防雨设施,必要时加设挡风设施,并应采取措施以减少骨料分离和灰浆损失。采用负压溜槽(管)或满管溜槽运输混凝土时,应在负压溜槽(管)或满管溜槽出口处设置垂直向下的弯头;负压溜槽(管)的盖带或满管溜槽的盖板若出现局部破损,应及时修补,盖带或盖板破损到

**图 18-1　入仓口跨越模板的布置**

一定程度时应及时更换。负压溜槽(管)的坡度宜为 40°～50°,长度不宜大于 100 m,防分离措施应通过现场试验确定。专用垂直溜管应具有抗分离的功能,必要时可设置防止堵塞的控制装置。

## 18.3.2　运输方式级质量控制

各种运输机具在转运或卸料时,出口处碾压混凝土的自由落差均不宜大于 1.5 m,超过 1.5 m 宜加设专用垂直溜管或转料漏斗。连续运输机具与分批运输机具联合运用时,应在转料处设置容积足够大的贮料斗。使用转料漏斗时应有解决碾压混凝土起拱的措施。从搅拌设备到仓面的连续封闭式运输线路,应设置弃料及清洗废水出口。

砂浆运输可采用混凝土运输机具,也可采用专门的砂浆运输机具。灰浆的输送或输送应有防止浆液沉淀和泌水的措施,以确保现场的浆液均匀。

龙滩工程的碾压混凝土主要采用自卸汽车和高速皮带机供料线运输。碾压混凝土以三级配为主,运输过程中容易产生骨料分离。为此,采用汽车运输时,下料高度低于 1.5 m,分为三点下料;采用皮带运输时,要求均匀下料,碾压混凝土的拌制强度与运输强度相匹配,避免因断续下料造成仓面的骨料分离。混凝土运输过程中不得发生分离、漏浆、严重泌水及过多降低工作度等情况,因此应尽量缩短运输时间及减少转运次数。在特殊情况下(故障、堵车等)需在途中停留时,应立即报告。对停留时间过久的,要经过温度与 VC 值检测合格后方可入仓。晴天或气温高于 25 ℃ 时,运输车辆必须设置遮阳棚。运输碾压混凝土的汽车入仓前,必须冲洗轮胎和汽车底部(见图18-2),并严禁将水冲到车厢内的混凝

**(a)**　　　　　　　　　　　　　　**(b)**

**图 18-2　龙滩工程汽车运输入仓前轮胎**

土上,如发现应立即处理。冲洗汽车时需走动 1~2 次,未冲洗干净时不得入仓。采用高速皮带机供料时提前将皮带机上的废料及废水排至仓外,皮带机的装运厚度要达到设计要求。采用皮带运输时,碾压混凝土拌和物 VC 值的损失较汽车运输更大,因此必须根据气温、运输距离等情况,适当降低碾压混凝土拌和物的出机口 VC 值 1~3 s,才能保证碾压混凝土拌和物输送到仓面以后有良好的碾压性能。

# 18.4　碾压混凝土铺筑的质量控制

碾压混凝土的铺筑质量控制包括:碾压混凝土施工前的人力资源准备、仓面的准备、质量的控制和碾压混凝土的铺筑施工工艺及铺筑质量的控制等。

## 18.4.1　碾压混凝土施工前的准备情况的检查与控制

碾压混凝土施工前应对施工人员进行技术培训。每位参与工程施工的人员应了解工程施工各部位、各施工环节的技术要求和必须采取的技术措施;掌握本人负责的工程部位及施工环节的技术要求和所采取的施工技术措施的目的。

应对砂石料生产及贮存系统,原材料供应,混凝土制备、运输、铺筑、碾压和检测等设备的能力、工况及施工措施等,结合现场碾压试验进行检查,符合有关技术文件要求后,方能开始施工。

每个碾压混凝土铺筑仓应有仓面的施工设计。

基础块铺筑前,应在基岩面上先铺砂浆,再浇筑垫层混凝土或变态混凝土,也可在基岩面上直接铺筑小骨料混凝土或富砂浆混凝土。除有专门要求外,其厚度以找平后便于碾压作业为原则。

连续上升铺筑的碾压混凝土,层间间隔时间应控制在直接铺筑允许时间以内。超过直接铺筑允许时间的层面,应先在层面上铺垫层拌和物,再铺筑上一层碾压混凝土。超过了加垫层铺筑允许时间的层面应按施工缝处理。直接铺筑允许时间和加垫层铺筑允许时间,应根据工程结构对层面抗剪能力和结合质量的要求,综合考虑拌和物特性、季节、天气、施工方法、上下游不同区域等因素经试验确定。施工缝应进行缝面处理,缝面处理可用刷毛、冲毛等方法清除混凝土表面的浮浆及松动骨料,达到微露粗砂即可。冲毛、刷毛时间可根据施工季节、混凝土强度、设备性能等因素,经现场试验确定,不得过早冲毛。缝面处理完成并清洗干净,经验收合格后,及时铺垫层拌和物,然后铺筑上一层混凝土,并在垫层拌和物初凝前碾压完毕。垫层拌和物可使用与碾压混凝土相适应的灰浆、砂浆或小骨料混凝土。灰浆的水胶比应与碾压混凝土相同,砂浆和小骨料混凝土的强度等级应提高一级。垫层拌和物应与碾压混凝土一样逐条带摊铺,其中砂浆的摊铺厚度为 10~15 mm。因施工计划的改变、降雨或其他原因造成施工中断时,应及时对已摊铺的混凝土进行碾压。停止铺筑的混凝土面边缘宜碾压成不大于 1:4 的斜坡面,并将坡脚处厚度小于 150 mm 的部分切除。当重新具备施工条件时,可根据中断时间采取相应的层缝面处理措施后继续施工。

龙滩工程作为冷缝考虑的碾压混凝土舱面,冲毛(或刷毛)后,缝面无乳皮和松动骨料,以露出砂粒、小石为准。采用低压水冲毛,水压力一般为 0.2~0.5 MPa。冲毛在初凝之后、终凝之前进行,不得过早冲毛。一般在混凝土收仓后 16~24 h 进行,夏季取小值,冬季取大值。采用高压水冲毛,水压力一般为 20~50 MPa,冲毛必须在混凝土终凝后进行,一般在碾压混凝土收仓后 20~36 h 进行,夏季取小值,冬季取大值。严禁碾压混凝土未终凝就开始冲毛。要求缝面冲洗干净,无积水、积渣等,并保持湿润。距坝体上游迎水面 15 m 范围内的缝面碾压混凝土经过冲毛后,毛面要 100% 达到规范要求,其余部位的毛面不得小于规范要求的 90% 面积,且局部未达到规范要求的毛面面积不得大于 0.1 m²。施工封面所铺砂浆的强度等级符合设计要求,摊铺均匀,无漏铺,厚度不小于 1.5 cm,并于初凝前覆盖碾压混凝土。在老混凝土面或基岩面的接触层上必须摊铺砂浆或小骨料混凝土,砂浆厚度为 1.5~2.0 cm,小骨料混凝土厚度 3 cm,均要求摊铺均匀,不能太薄或太厚,其强度等级比同一部位的碾压混凝土高一级,可以用平仓机、砂浆刮子或人工辅助摊铺。对于上游面二级配防渗区的每个碾压层面,必须铺筑砂浆或水泥掺合料浆。

模板、止水、钢筋、埋件、孔洞、进出仓口等准备工作,应满足快速和连续铺筑施工要求,必要时需进行专门设计。

碾压混凝土施工所用的模板应满足强度、刚度和稳定性要求,承受振动碾压及施工中的各项荷载,并保证建筑物的设计形状、尺寸正确,变形在允许范围内。模板的设计、制作和使用,应遵循 DL/T 5110 的有关规定。模板形式应与结构、构件特征、施工条件和浇筑方法相适应。宜采用悬臂模板、翻升式或自升式模板,坝体的背水面和廊道等孔洞结构可采用预制混凝土模板或预拼式钢木模板。混凝土浇筑过程中,应安排专职人员检查、维护、调整模板的位置和形态,防止变位、漏浆等。碾压混凝土施工中模板拆除、翻升的时机,应通过计算、测试和现场生产性试验确定。如图 18-3 和图 18-4 所示,是云南大朝山工程大坝上、下游面的钢模板。

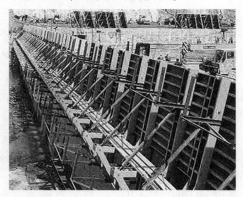 

图 18-3　云南大朝山工程大坝下游面悬臂式钢模板　　　图 18-4　云南大朝山工程大坝上游面的钢模板

### 18.4.2　碾压混凝土施工工艺检查与控制

碾压混凝土的铺筑包括拌和物的摊铺、平仓和碾压等工艺。

碾压混凝土宜采用大仓面薄层连续铺筑,铺筑方法宜采用平层通仓法,也可采用斜层平推法。铺筑面积应与铺筑强度及碾压混凝土允许层间间隔时间相适应。应注意严格控制被覆盖的碾压混凝土层面的间隔时间在初凝时间内;摊铺分散在仓面上的碾压混凝土拌和物的数量,应使其在所规定的摊铺面积内、平仓以恰好为(或接近于)所规定的平仓厚度,避免平仓时平仓机进行远距离推料;卸料摊铺要严格注意防止碾压混凝土拌和物产生分离,发现粗骨料分离应立即进行处理;一般应将拌和物倾斜在已平仓的层面上;采用"斜层平推法"时,拌和物应从坡顶开始摊铺;摊铺时应按固定方向逐个条带进行摊铺。

平仓是将摊铺在仓面上的碾压混凝土,按规定的厚度均匀地进行平整。平仓是碾压混凝土施工过程的一道重要的工序。它是使得碾压以后碾压混凝土获得表面平整、均匀密度的基本条件。平仓作业应做到碾压混凝土表面平整、厚度均匀;坝体迎水面在 3～4 m,平仓方向宜与坝轴线方向平行;平仓作业应避免拌和物产生分离。其操作要领是:平仓工作开始时,推土机刀片从料堆的一侧进刀,做到少刮、少推,短距离推料;当采用"斜层平推法"时,宜从下游向上游铺筑,使层面倾向上游;坡度不应该陡于1:10;平仓时,坡脚部位应避免形成尖角;施工层面在铺砂浆前应严格清除二次污染,铺砂浆后应立即覆盖碾压混凝土;在工艺熟练的情况下,"斜层平推法"也可从一岸向另一岸推进。

平仓厚度应根据碾压层的厚度和混凝土允许的间歇时间决定。当碾压层厚度为 30 cm 左右时,可以一次平仓铺筑;当碾压层厚度较大(如 50 cm)时,为了避免粗骨料分离,则分为 2 层或 3 层进行平仓为佳;如果碾压混凝土配合比具有好的抗分离能力,较厚的平仓厚度(如 50 cm)也可以不分层;当铺筑面积较大(特别是采用"平层通仓法"铺筑),为了满足在混凝土允许的间歇时间内能覆盖上一层混凝土,平仓厚度应该确定得较小一些。

碾压混凝土的铺筑应通过试验确定碾压层厚度,确定碾压层厚度时还应考虑:

（1）碾压层厚度应不小于碾压混凝土最大骨料粒径的 3 倍。

（2）施工中采用的碾压层厚度及碾压遍数应与现场碾压试验成果、铺筑的综合生产力等因素一并考虑，根据气候、铺筑方法等条件的不同，可选用不同的碾压厚度。

碾压工序应在平仓完毕后立即开始，碾压混凝土拌和物从开始加水拌和到碾压完毕的最长允许历时，应根据不同季节、天气条件及碾压混凝土工作度的变化规律，经过试验或参考其他工程实例确定，不宜超过 2 h。

振动碾的行驶速度应控制在 1.0~1.5 km/h 范围内。

碾压作业宜采用条带搭接法。碾压条带之间的搭接宽度为 10~20 cm；端头部位碾压的搭接宽度宜为 100 cm 以上。碾压层内铺筑条带边缘、斜层平推法的坡脚边缘和台阶法的台阶边缘，碾压时应预留 20~30 cm 宽度与下一条带同时碾压，这些部位最终完成碾压的时间应控制在直接铺筑允许时间内。

采用自卸汽车直接进仓卸料时，宜卸在已摊铺而未碾压的层面上再平仓，应控制料堆高度，卸料堆的分离骨料，应在平仓过程中均匀散布到混凝土内。龙滩工程碾压混凝土施工要求任一施工环节的接料、卸料的跌落高度不宜超过 1.0~1.5 m，并应设有缓冲设施；汽车在仓内卸料应采用梅花形重叠方式，卸料堆旁的分离骨料应用人工分散，禁止将其埋在碾压层的底部。

当压实厚度为 300 mm 左右时，可一次平仓铺筑。为了改善分离状况或压实厚度较大时，可分 2~3 次铺筑。平仓后混凝土表面应平整，碾压厚度应均匀。

碾压混凝土铺筑层应以固定方向逐条带铺筑。坝体迎水面 3~5 m 范围内，平仓方向应与坝轴线方向平行；其余部位也宜为垂直于水流方向。变态混凝土与碾压混凝土搭接处，应该采用小型振动碾进行补充振动碾压。

建筑物周边部位，宜采用与仓内相同型号的振动碾靠近模板碾压，无法靠近的部位采用小型振动碾压实，其允许压实厚度和碾压遍数应经试验确定。施工场景照片见图 18-5~图 18-8。

图 18-5　仓面铺砂浆后接着摊铺碾压混凝土

图 18-6　水平层碾压施工（1）

图 18-7　水平层碾压施工（2）

图 18-8　变态混凝土与碾压混凝土
搭接处用小型振动碾碾压

每个碾压条带作业结束后,应及时按网格布点检测混凝土的表观密度,低于规定指标时应立即重复检测,必要时可增加测点,并查找原因,采取处理措施(如增加碾压遍数)。对出现"弹簧土"现象的部位,如果检测的压实表观密度满足要求,可以不进行处理。需作为水平施工缝停歇的层面或冷缝,在达到规定的碾压遍数及压实表观密度后,宜进行1~2遍的无振动碾压;同时,碾压混凝土在没有强度之前,宜避免重型机械在其上行走。各种设备在碾压完毕的混凝土层面上行走时,应避免损坏已成型的层面。已造成损坏的部位,应及时采取修补措施。

龙滩工程采用平层通仓法施工时,碾压混凝土的松铺厚度35 cm,允许有3 cm的偏差,要求分两层摊铺,第一层17 cm左右;不允许形成向下游倾斜的坡度;边缘平仓机摊铺不到的部位辅以人工摊铺;平仓后的仓面应平整,无坑洼,厚度均匀;碾压混凝土拌和物从加水搅拌到碾压完毕的历时应不大于2 h。

摊铺顺序:始终沿一个方向铺料,坝体迎水面为8~15 m,平仓方向应与坝轴线方向平行。

条带方向:应垂直水流,条带宽度小于15 m。

层间间歇时间应小于混凝土的初凝时间(根据不同季节和不同温度条件确定不同的初凝时间,高温时段不大于4 h,次高温时段不大于6 h,低温时段不大于8 h)。

龙滩工程根据现场碾压试验结果,碾压设备为BW202AD-2型振动碾,无振2遍+有振8遍(振动碾一个来回计为2遍),所有振动碾(BW202AD大碾、BW75S小碾)的碾压作业程序必须按照工艺试验确定的程序进行。碾压方向应垂直水流方向(在上游面二级配防渗区内不允许顺水流方向碾压),只有在碾压混凝土与垫层混凝土(变态混凝土)结合处补充碾压或局部处理时才能改变方向。碾压条带与碾压条带之间搭接宽度不小于20 cm,端头部位为100~200 cm。碾压混凝土与变态混凝土搭接宽度不小于20 cm(先进行变态混凝土振捣,再进行混凝土结合面的碾压),靠近模板周边采用小型振动碾碾压,防止冲击模板。采用BW75S小碾靠近模板作业时,应及时清理靠模板沿线凸出的砂浆或混凝土残余,使混凝土水平面与模板接触密实,小碾与模板的距离控制在1.5~3 cm。要求碾压3~4遍后,碾压混凝土有弹性(塑性回弹),80%以上表面有明显灰浆泛出,碾压混凝土表面湿润,有光亮感,且碾压层无贯穿性裂缝,无浮露粗骨料。试验和施工人员根据现场碾压作业后的实际情况和对VC值的实测值,及时通知拌和楼的试验工作人员调整VC值。振动碾行走速度应控制在1.0~1.5 km/h。对需作为水平施工缝停歇的层面或冷缝,在达到规定碾压遍数及压实表观密度后,宜进行1~2遍的无振碾压。

采用斜层平推法铺筑时,层面不得倾向下游,坡度不应陡于1:10,坡脚部位应避免形成薄层尖角。施工缝面在铺浆(砂浆、灰浆或小骨料混凝土)前应严格清除二次污染物,铺浆后应立即覆盖碾压混凝土。斜层平推法碾压是我国辽宁省水利水电工程公司于1998年在江垭水电站碾压混凝土坝首次应用。采用水平层碾压施工法时,由于施工仓面的面积大而造成上一层碾压混凝土覆盖时,下一层的碾压混凝土往往超过凝结时间,层间成为冷缝。而采用斜层平推法施工缩小了仓面面积,大大地缩小了铺料、平仓和碾压的时间,解决了大面积仓面能够连续施工的问题。斜层碾压的施工案例见图18-9~图18-12。

将碾压混凝土拌和物倾卸在斜层的顶部,用平仓机沿着斜面向下平仓,最后到达斜面的底部(趾部),再沿水平方向延伸一段长度(当然该段长度碾压混凝土铺筑前应先摊铺砂浆)。这段长度($L$)应该是:$L > h/I$,其中$I$为斜坡的坡比,一般为1:12~1:15(例如:碾压层厚$h = 0.3$ m,$I = 1:12$,则长度$L$应大于3.6 m);其厚度($h$)同样为0.3 m。

平仓后将振动碾按碾压方向调转90°,按规定的碾压遍数对水平段($L$)进行碾压,水平层的端部"料头"可以暂时不进行碾压(不至于破坏斜面坡底"尖角"的碾压混凝土骨料),待上面一个铺筑层采用同样方法摊铺0.3 m厚(延长)水平层的碾压混凝土以后再进行碾压(由于碾压混凝土层面控制在初凝的时间内覆盖上面一层,下面一层的"料头"不存在质量问题,因此端部不需要做任何处理);然后再将振动碾调转90°,对倾斜层碾压混凝土进行碾压。依此类推,完成所有倾斜层碾压混凝土的碾压施工。

图 18-9　浙江西溪工程的斜层碾压

图 18-10　越南 A-Vuong 坝的斜层碾压

图 18-11　大朝山工程的斜层碾压

图 18-12　广西百色工程的斜层碾压

　　龙滩工程斜层平推法宜采用从下游向上游铺筑,使层面倾向上游,坡度应控制在不陡于 1∶10,应在 1∶10~1∶20 范围内,铺筑厚度与平层同为 34 cm。

　　工艺流程要求:开仓段应在混凝土入仓后,按规定的方向摊铺,并对老混凝土面进行铺浆处理;斜坡的坡角不允许延伸至二级配防渗区,二级配防渗区的碾压混凝土必须采用平层铺筑;收仓段应首先在老混凝土面上摊铺砂浆,然后采取折平线形施工。

　　坡角部位铺筑施工措施:坡角部位只能自上而下操作,严禁铲刀与混凝土底板相接触,发生摩擦和碰撞;坡角部位应避免形成尖角和大骨料集中。

　　碾压时,要求振动碾边线必须距坡角前缘 30~50 cm,剩余部分与下一层一起碾压;禁止振动碾穿过坡角前缘进行沿坡倾向的上、下碾压,避免坡角前缘的骨料被压碎;根据棉花滩碾压混凝土斜层平法的施工经验,对坡角碾压不密实和压碎泛白点的混凝土料进行切角,切除的标准应以切到底部有砂浆为准。

　　坝内常态混凝土宜与主体碾压混凝土同步进行浇筑。常态混凝土与碾压混凝土的结合部位用两种混凝土交叉浇筑,常态混凝土应在初凝前振捣密实,碾压混凝土应在层间允许间隔时间内碾压完毕。结合部位的常态混凝土振捣与碾压混凝土碾压应相互搭接。

　　变态混凝土应随碾压混凝土浇筑逐层施工,铺料时宜采用平仓机辅以人工两次摊铺平整,灰浆宜洒在新铺碾压混凝土的底部和中部。也可采用切槽和造孔铺浆,不得在新铺碾压混凝土的表面铺浆。变态混凝土的铺层厚度宜与平仓厚度相同,用浆量经试验确定。变态混凝土所用灰浆由水泥与掺合料及外加剂拌制成,其水胶比应不大于同种碾压混凝土的水胶比。灰浆应严格按规定用量,在变态区范围内铺洒,混凝土单位体积用浆量的偏差应控制在允许范围之内。变态混凝土振捣宜使用强力振捣器。振捣时应将振捣器插入下层混凝土 50~100 mm,相邻区域混凝土碾压时与变态区域搭接宽度应大于 200 mm。变态混凝土的振捣案例见图 18-13。

　　横缝可采用切缝机具切制、设置诱导孔或设置填缝材料等方法形成。缝面位置、缝的结构形式及缝

(a)　　　　　　　　　　　　(b)

图 18-13　变态混凝土的振捣

内填充材料均应满足设计要求。采用切缝机切缝时,宜根据工程具体情况采用"先碾后切"或"先切后碾"的方式。采用"先碾后切"时应对缝口进行补碾。设置诱导孔,宜在层间间歇期内完成。成孔后孔内应及时用干砂填塞。设置填缝材料时,衔接处的间距不得大于 100 mm,高度应比压实厚度低 30~50 mm。切缝机是横缝施工案例见图 18-14。

有重复灌浆要求的横缝,灌浆系统的制作和安装,均应满足设计要求。

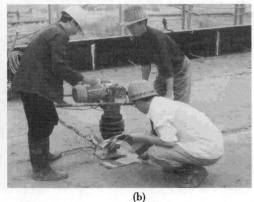

(a)　　　　　　　　　　　　(b)

图 18-14　切缝机具造横缝

龙滩工程碾压混凝土横缝采用的是"先碾后切"的施工工艺,要求切缝机刀片切到底,横缝位置准确。可以采用连续缝也可采用断续缝,成缝面积不小于 60%。现场要求采用的填缝材料为彩条布(具体填缝层数由现场施工效果确定,但不能少于 4 层),再用振动碾碾压 1~2 遍。

连续上升铺筑的碾压混凝土,层间间隔时间应控制在直接铺筑允许时间以内。超过直接铺筑允许时间的层面,应先在层面上铺垫层拌和物,再铺筑上一层碾压混凝土。超过了加垫层铺筑允许时间的层面应按施工缝处理。直接铺筑允许时间和加垫层铺筑允许时间,应根据工程结构对层面抗剪能力和结合质量的要求,综合考虑拌和物特性、季节、天气、施工方法、上下游不同区域等因素经试验确定。

施工缝应进行缝面处理,缝面处理可用刷毛、冲毛等方法清除混凝土表面的浮浆及松动骨料,达到微露粗砂即可。冲毛、刷毛时间可根据施工季节、混凝土强度、设备性能等因素,经现场试验确定,不得过早冲毛。缝面处理完成并清洗干净,经验收合格后,及时铺垫层拌和物,然后铺筑上一层混凝土,并在垫层拌和物初凝前碾压完毕。垫层拌和物可使用与碾压混凝土相适应的灰浆、砂浆或小骨料混凝土。灰浆的水胶比应与碾压混凝土相同,砂浆和小骨料混凝土的强度等级应提高一级。垫层拌和物应与碾压混凝土一样逐条带摊铺,其中砂浆的摊铺厚度为 10~15 mm。刷毛机刷毛和冲毛机冲毛案例见图 18-15。

因施工计划的改变、降雨或其他原因造成施工中断时,应及时对已摊铺的混凝土进行碾压。停止铺

(a)           (b)

**图 18-15 刷毛机刷毛和冲毛机冲毛**

筑的混凝土面边缘宜碾压成不大于 1:4 的斜坡面,并将坡脚处厚度小于 150 mm 的部分切除。当重新具备施工条件时,可根据中断时间采取相应的层缝面处理措施后继续施工。

为防止碾压混凝土发生裂缝,应根据设计要求,从原材料选择、配合比设计、施工方案、温度控制、养护和表面保护等方面采取综合措施,使混凝土最高温度控制在设计允许范围内。日平均气温高于 25 ℃时,应缩短层间间隔时间,在运输、摊铺和碾压各环节采取措施,减少混凝土的水分蒸发和温度回升。

高温季节施工,在满足碾压混凝土设计指标的前提下,宜采用中(低)热水泥、缓凝高效减水剂,可采用预冷骨料、加冷水拌和、加冰拌和等措施,降低混凝土的出机温度。高温季节施工,根据配置的施工设备的能力,合理确定碾压仓面的尺寸、铺筑方法,宜安排在早晚和夜间施工,混凝土运输过程中,采用隔热遮阳措施,减少温度回升,采用喷雾等办法,降低仓面的局部气温。必要时采用冷却水管进行初期或中期通水冷却,降低碾压混凝土温度,通水时间由计算确定。

在大风和干燥气候条件下施工,应采取专门措施保持仓面湿润。日平均气温连续 5 d 稳定在 5 ℃以下或最低气温连续 5 d 稳定在-3 ℃以下时,应按低温季节施工。气温-10 ℃以下不宜施工,如工程特殊需要,应进行专门论证,并采取相应措施。低温季节碾压混凝土施工,应有详细的施工组织设计。可采用掺加早强和防冻外加剂等配制混凝土、蓄热法施工、仓面保温等措施(见下面提供的龙首水电站大坝施工经验)。施工期间应加强气象预报信息的搜集工作,及时掌握现场的雨情和气温情况,妥善安排施工进度。在降雨等级为"小雨"时,可采取措施继续施工。降雨等级超过"小雨"时,应停止拌和,并迅速完成尚未进行的卸料、平仓和碾压作业。仓面应采取防雨和排水措施。恢复施工前,应严格处理已损失灰浆的碾压混凝土,并按规范中的有关规定进行层、缝面处理。

### 18.4.3 碾压混凝土铺筑质量的控制

#### 18.4.3.1 碾压混凝土的检测标准、项目和频率

碾压混凝土的铺筑质量的控制分为拌和楼出机口的质量控制与铺筑现场质量控制两方面。

拌和楼出机口碾压混凝土的质量检测项目与检测频率见表 18-2。

**表 18-2 碾压混凝土的质量检测项目和频率**

| 检测项目 | 检测频率 | 检测目的 |
| --- | --- | --- |
| 抗压强度 | 同一强度等级混凝土 28 d 龄期每 500 m³ 成型一组,设计龄期每 1 000 m³ 成型一组;不足 500 m³,至少每班取样一次 | 检验碾压混凝土拌和质量及施工质量 |
| 抗拉强度 | 同一强度等级混凝土 28 d 龄期每 2 000 m³ 成型一组,设计龄期每 3 000 m³ 成型一组;不足 2 000 m³,至少每班取样一次 | 检验碾压混凝土拌和质量及施工质量 |
| 抗渗、抗冻及其他性能 | 同一强度等级混凝土每季度施工的主要部位取样成型 1~2 组 | 检验碾压混凝土拌和质量及施工质量 |

碾压混凝土铺筑时,应按表18-3的规定进行碾压混凝土铺筑现场的施工质量检测与控制,并做好记录。

**表 18-3 碾压混凝土铺筑现场检测项目和标准**

| 检测项目 | 检测频率 | 控制标准 |
|---|---|---|
| VC | 每 2 h 一次* | 允许偏差±5 s 并处在 2~12 s |
| 抗压强度 | 相当于机口取样数量的 5%~10% | 设计指标 |
| 表观密度 | 每铺筑 100~200 m² 至少应有一个检测点,每一铺筑层仓面内应不少于 3 个检测点 | 外部混凝土相对密实度不应小于 98%。内部混凝土相对密实度不应小于 97% |
| 骨料分离情况 | 全过程控制 | 不允许出现骨料集中现象 |
| 两个碾压层间隔时间 | 全过程控制 | 由试验确定不同气温条件下的层间允许间隔时间,并按其判定 |
| 混凝土加水拌和至碾压完毕时间 | 全过程控制 | 小于 2 h 或通过试验确定 |
| 入仓温度 | 2~4 h 一次* | 设计指标 |

**注**:* 表示气候条件(大风、雨天、高温)变化较大时,应适当增加 VC 值、入仓温度的检测次数。

表观密度检测采用核子水分密度仪或压实密度计。以碾压完毕 10 min 后的核子水分密度仪测试结果作为表观密度判定依据。核子水分密度仪应在使用前用与工程一致的原材料配制碾压混凝土进行标定。

在《水工碾压混凝土施工规范》(DL/T 5112—2009)中推荐采用核子水分密度仪(或核子密度仪,见表18-4)进行碾压混凝土压实表观密度的检测。

**表 18-4 几种核子水分密度仪主要技术参数**

| 国家研制和生产商 | | | 中国杭州机械设计研究所 | 美国坎贝尔太平洋核子仪器公司(CPN) | 美国乔克司勒公司(Troxler) | 德国伯德霍尔特公司(Berthold) |
|---|---|---|---|---|---|---|
| 类型 | | | 表面型 | 表面型 | 表面型 | 表面型 |
| 型号 | | | ND-50(NDM-50) | MC-2(3) | 3411-B(3440) | LB362 |
| 放射源及源强/mCi | | | $^{137}$Cs,8~10 $^{241}$Am~Be,40~50 | $^{137}$Cs,10 $^{241}$Am~Be,50 | $^{137}$Cs,8±1 $^{241}$Am~Be,40±10 | $^{137}$Cs,5 $^{241}$Am~Be,30 |
| 探测器(光子接收器) | | | NaI(TI)计算器 | G-M 管、He-3 管 | G-M 管、He-3 管 | 锂玻璃闪烁计数管 |
| 测量时间/min | | | 0.25、0.5、1、2、4 | 0.25、0.5、1、2、4 | 0.25、1、4 | 5、10、20(S) |
| 测量范围 | 表观密度/(kg/m³) | | 1 500~2 700 | 1 120~2 725 | 1 100~2 700 | 1 200~2 500 |
| | 水分/(kg/m³) | | (试验中) | 0~640 | 0~650 | 0~40%(体积) |
| 测量精度/(kg/m³) 2 000 kg/m³ 时 | 表观密度 | 透射法 | ±0.5%(相对) | ±4.0 | ±3.84 | ±1.0%(相对) |
| | | 散射法 | ±1.0%(相对) | ±8.0 | ±8.30 | |
| | 水分(250 kg/m³ 时) | | — | ±4.0 | ±5.10 | |
| 测量深度/mm | 表观密度 | 透射法 | 0~500(11 挡) | 0~300(7 挡) | 0~300(7 挡) | 0~500 附加探头 0~150 可测 40 m |
| | | 散射法 | 75 | 75 | 75 | |
| | 水分(250 kg/m³ 时) | | — | 125 | 125 | — |
| 外形尺寸/mm | | | 400×200×126 | 355×230×560 | 368×229×183 | 135×350×340 |
| 主机质量/kg | | | 14 | 15.28 | 16 | 15 |

### 18.4.3.2　核子水分密度仪的使用

**1. 获取标准计数**

使用核子水分密度仪或核子密度仪之前,为了使核子水分密度仪能够作精确测量,应先对仪器进行标准计数,主要原因是:测量密度放射源的衰变遵循指数衰变定律,放射性强度随时间而变化;仪器中的电子元件(如计数管)会老化;辅助机械元件会磨损;各施工场地的放射性本底也不相同。因此,每天测量前和测量完毕后应进行一次标准计数测量。同时应积累全部有效的标准计数,以便在需要时可供分析对比。

标准计数测量是将仪器放在厂家提供的"模拟密度"标样上,按说明书中的有关说明进行测量。

取得标准计数应注意事项:

(1)严格标样的放置位置。对于每一种仪器都有严格的规定,操作者应认真执行。例如:3440 型仪器使用规定,"模拟密度"标样应放在沥青、混凝土、压紧的土体及水分不超过 240 kg/m³ 的类似材料的表面上。

(2)将仪器平整地放在标样上,中间不得留有空隙;仪器周围 2 m 内不要有其他物体;10 m 内不要有其他核子仪。

(3)将仪器的手把置于"安全"(手柄未压入)的位置。

**2. 核子水分密度仪的现场标定**

厂家在进行仪器率定时采用的是"模拟密度"标样(由聚乙烯板和镁板或铝板互层组成),它与实际组成碾压混凝土材料存在差异,而且各个工程碾压混凝土使用材料的化学成分、配合比及施工工艺都不尽相同,因此在仪器使用前和使用过程中,都需要对核子水分密度仪进行标定与校正,以确保检测数据的可靠性。常用的标定方法有压实箱法。

压实箱(非金属材料制成,坚固不易变形)内部的长和宽可依据仪器的尺寸(同时考虑进行平面四个象限检测所需的尺寸,并留有一定的富余量)确定,高度按仪器检测深度确定。例如:中国杭州机械设计研究所出品的 ND-50 型核子密度仪,其压实箱的内部尺寸为 40 cm×55 cm×60 cm。

核子水分密度仪标定的步骤如下:

(1)按现场施工的碾压混凝土配合比,配制一定数量的碾压混凝土拌和物。

(2)分层装入压实箱,每层(5 cm 或 10 cm)用表面振捣器振实,直至填满压实箱并振实碾压混凝土拌和物,以箱顶为准刮平压实箱内碾压混凝土拌合物。正确测定装入压实箱中的碾压混凝土拌和物的质量,计算碾压混凝土振实的表观密度。

(3)采用反向散射法和透射法对压实箱中的碾压混凝土拌和物进行表观密度检测,记录检测结果。

(4)用仪器附带的导板及钻杆造孔,采用透射法对碾压混凝土拌和物进行不同深度、"四个象限"的表观密度检测,并逐层记录检测结果。

(5)以压实箱测得的表观密度值作为标准,分别确定仪器(采用反向散射法和透射法)的校正值(偏置值)。

透射法和散射法测量密度示意图分别见图 18-16、图 18-17。

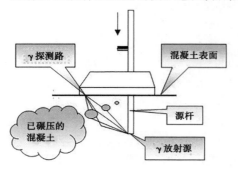

**图 18-16　透射法测量密度示意图**

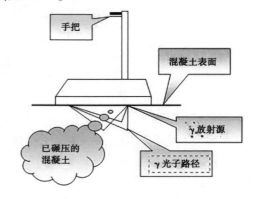

**图 18-17　散射法测量密度示意图**

表 18-5 是坑口坝的碾压混凝土采用 3411 型核子水分密度仪压实箱标定的碾压混凝土振实表观密度成果。

**表 18-5　坑口核子水分密度仪与压实箱法表观密度检测比较**

| 检测方法及偏差 | | 碾压混凝土的表观密度/（kg/m³） | | | | |
| --- | --- | --- | --- | --- | --- | --- |
| | | I | II | III | IV | 平均 |
| 压实箱法 | | — | — | — | — | 2 378 |
| 反向散射法 | | 2 347 | 2 356 | 2 343 | 2 311 | 2 339 |
| 透射法（各个深度测值的平均值） | | 2 285 | 2 305 | 2 309 | 2 299 | 2 299 |
| 以压实箱振实表观密度为准的偏差（偏置值） | 反向散射法 | −39 | −21 | −38 | −60 | −39 |
| | 透射法 | −101 | −72 | −72 | −71 | −79 |

**注**：摘自中国第一座碾压混凝土坝——坑口坝的试验资料。

核子水分密度仪应由受过专门培训的人员使用、维护保养，严禁拆装仪器内放射源，严格按操作规程作业。应进行仪器登记备案，存放在符合安全规定的地方，一旦发生丢失或仪器放射源损坏，应立即采取措施妥善处理，并及时报告有关管理部门。

核子水分密度仪的使用应按 SL 275 有关规定执行。

3. 碾压混凝土相对密实度的确定

建筑物的外部混凝土相对密实度不应小于 98%。内部混凝土相对密实度不应小于 97%。

碾压混凝土的相对密实度是施工现场碾压层压实后，实测碾压混凝土的表观密度平均值（$\overline{\gamma_a}$）与基准表观密度（$\gamma_0$）的比值。

$$D = \frac{\overline{\gamma_a}}{\gamma_0} \times 100\% \qquad (18-3)$$

式中：$\gamma_0$ 为该碾压混凝土在实验室测得的表观密度的大值平均值，现场取样照片见图 18-18。

**图 18-18　碾压混凝土的表观密度检测**

相对密实度表征碾压混凝土压实的程度，是评价碾压混凝土压实质量的指标。

为了对碾压混凝土的施工质量进行及时的控制，在进行拌和楼出机口和铺筑现场碾压混凝土质量检测的同时，可以对前期已经获得的检测资料进行数理统计与分析，得出碾压混凝土质量的变化趋势、质量的稳定程度和影响质量波动的主要因素。

龙滩工程大坝碾压混凝土施工时,要求在下一层碾压混凝土初凝之前完成上一层碾压混凝土的铺筑和碾压施工,以保证层间结合质量。超过层间覆盖控制时间则先铺一层水泥净浆或砂浆,然后才铺筑上一层混凝土并应及时碾压。

骨料分离是碾压混凝土施工中应尽量避免的。龙滩大坝碾压混凝土施工中,通过优化碾压混凝土配合比,确定合适的砂率,控制适当的 VC 值,控制卸料高度,对运输、卸料、平仓等机械加以改装。对仓面分离出的骨料辅以人工采取均匀分散等措施,较好地减少了骨料分离对混凝土质量的危害。碾压混凝土层间间隔时间要求比碾压混凝土拌和物的初凝时间小 1~2 h。具体要求为:高温季节(5~9 月) <4 h,次高温季节(3~4 月、10~11 月) <6 h,低温季节(12 月至翌年 2 月) <8 h。根据实际施工的情况,结合现场实际,在高温季节若仓面喷雾效果较好、保温被的覆盖及时、浇筑温度满足设计要求时,视层面实际情况间歇时间可适当大于 4 h,但仍控制在 6 h 内;在次高温季节,白天仍按 6 h 控制,夜间气温较低,水分散失小,视情况可适当放宽 1~2 h。

碾压混凝土在运输和碾压过程中都会有 VC 值损失,损失的程度与所处的环境条件密切相关。高气温、高辐射、干燥、有风等情况下,VC 值损失较大。龙滩工程高温季节典型时段碾压混凝土从出机口至仓面摊铺完毕,VC 值的变化统计情况见表 18-6。从表 18-6 可以看出,铺筑仓内的气温条件、出机口至铺筑仓面的运输时间以及入仓后至摊铺完毕的间隔时间等,是影响碾压混凝土工作性的三个关键时间。

表 18-6　碾压混凝土拌和物 VC 值变化统计情况

| 机口测试时间(h:min) | 机口至仓面时间差/min | 机口至混凝土摊铺后时间差/min | 机口与混凝土入仓后VC 值之差/s | 机口与混凝土摊铺后VC 值之差/s | 铺筑仓内气温/℃ |
|---|---|---|---|---|---|
| 09:20 | 8 | 16 | -0.3 | -0.6 | 30.5 |
| 08:56 | 13 | 24 | -0.3 | -1.0 | 29.0 |
| 12:13 | 17 | 27 | -3.1 | -3.5 | 35.5 |
| 01:57 | 11 | 21 | -0.2 | -0.6 | 27.0 |
| 09:33 | 17 | 23 | -0.6 | -0.7 | 30.5 |
| 15:44 | 20 | 30 | -1.7 | -2.5 | 34.0 |

在碾压混凝土施工中,可以采用目测方法判断碾压混凝土是否具有良好的工作性能。对于龙滩大坝,要求碾压混凝土在有振碾压 2~3 遍后,碾压面能达到 70%~80% 完全泛浆,混凝土在碾压过程中随振动碾形成小起伏的波形状,且不陷碾、不泌水;有振碾压 4~8 遍后层面能全面泛浆(碾压遍数根据碾压混凝土的级配和 VC 值不同有较大区别),层面湿润有亮感,表层无裸露骨料,脚踩在混凝土面上的感觉如硬橡胶,具有微小的弹性。

龙滩大坝碾压混凝土采用的碾压设备及相关参数为:大面采用"宝马"公司生产的 BW202AD 型,频率 45 Hz,振幅 0.35~0.74 mm;碾压遍数为无振 2 遍 + 有振 8 遍(振动碾行走一个来回计为 2 遍)。边角部位采用 BW75S 型碾压,BW75S 型振动碾的频率 55 Hz,振幅 0.49 mm,碾压遍数 24~30 遍。碾压方向为垂直水流方向,只有在碾压混凝土与变态混凝土结合处补充碾压或局部处理时才可改变方向。碾压范围为:碾压条带之间搭接宽度不小于 20 cm,端头部位为 100~200 cm,碾压混凝土与变态混凝土搭接宽度不小于 20 cm(先进行变态混凝土振捣,再进行混凝土结合面的碾压),靠近模板周边采用小型振动碾碾压,防止冲击模板,小型振动碾距模板的距离控制在 1.5~3.0 cm。振动碾的行走速度控制在 1.0~1.5 km/h 范围内。龙滩大坝碾压混凝土施工实践表明,碾压混凝土的仓面 VC 值控制在 5 s±2 s 范围具有较好的可碾性能。总的来说,只要保证碾压混凝土的水胶比在受控范围内,仓面能够碾压施工的条件之下,VC 值宜小不宜大。龙滩工程碾压混凝土拌和物的仓面 VC 值检测结果见表 18-7。

表 18-7　龙滩工程碾压混凝土拌和物的仓面 VC 值检测结果统计

| VC/s | ≤3 | 3~5 | 5~7 | >7 |
|---|---|---|---|---|
| 检测次数/次 | 42 | 1 354 | 653 | 29 |
| 所占百分数/% | 2.05 | 65.63 | 31.67 | 1.42 |

另外,由于碾压混凝土是干硬性混凝土,用水量很少,混凝土的表面极易失水,尤其是在混凝土拌和物铺料后完成碾压之前,以及碾压之后没有及时覆盖的情况下,放置时间一旦过长,即使没有超过初凝时间,但在阳光照射等自然条件作用下,表层的碾压混凝土骨料极易失水变干发白、浆体硬化或成粉末状,失去可塑性和胶结能力。在这种情况下碾压,碾压混凝土表面的大骨料极易破碎,层面也难以达到理想的泛浆效果,会形成缝隙麻面。在龙滩大坝碾压混凝土施工中,解决这种问题的办法是在碾压混凝土表面铺一层很薄的、高出碾压混凝土一个强度等级的水泥净浆,然后进行碾压施工;对于失水严重的层面,则必须将表面一层碾压混凝土铲去,重新碾压合格后才能铺筑上一层碾压混凝土。

碾压混凝土施工一般采取大仓面薄层碾压连续上升,为了防止失水对层间结合带来的危害,在施工仓面龙滩工程采用人工造雾保湿和覆盖保湿方法。

龙滩大坝碾压混凝土质量控制的特点是加强对原材料的检测,实行了业主、监理和承包人三方各自抽检的三重检测机理,并随时根据情况进行联合抽检和比对,以减小检测误差。通过这种方式,龙滩大坝碾压混凝土原材料的质量控制情况良好,水泥、钢筋、外加剂等入场检查质量全部合格;进入 2005 年的生产高峰期以后,粉煤灰的质量总体良好,达到 I 级灰的水平。龙滩大坝碾压混凝土仓面的碾压质量控制采用核子密度仪进行检查,主要检测指标包括压实密度、压实度、含水率等指标,检测一般在混凝土碾压完毕 10~60 min 内进行。采用网格布点法,总体 200 m² 检测一个点,监理工程师随即抽检。截至 2007 年 3 月,监理工程师抽检的 10 169 个测点中,一次性合格率为 99%,经过对不合格部位补碾后合格率为 100 %。龙滩大坝碾压混凝土经过过程质量控制,大量的机口取样、仓面取样和钻芯取样进行物理力学试验,结果表明碾压混凝土质量各项参数均能满足设计要求。

## 18.4.4　坝体仪器埋设质量的控制

碾压混凝土内部观测仪器和电缆的埋设,宜采用后埋法。应根据仪器埋设的高程合理安排施工计划,坑槽开挖层面宜位于施工间歇的水平施工缝面,并应保证埋设工作与混凝土铺筑施工之间的良好配合与协调。对没有方向性要求的仪器和电缆,坑槽深度应保证上部有大于 200 mm 的回填保护层,对有方向性要求的仪器,上部不少于 500 mm 的回填保护层。观测仪器和电缆在埋设前应检查确认品质完好,回填料应为原混凝土配合比剔除大于 40 mm 粒径骨料的新鲜混凝土。坑槽回填混凝土应采取措施保证与周围混凝土结合良好,除电缆外,均应采用人工分层回填,并用木槌等工具捣实,确保回填混凝土的密实性。对电缆(或电缆束)宜在槽内回填砂浆,以避免形成渗漏通道。观测电缆在埋设点附近应预留一定的富余长度。在仪器安装、埋设、混凝土回填作业中,应加强监测,如发现仪器有异常变化或损坏,应及时采取补救措施。在仪器和电缆埋设完毕,经检测确认符合要求后,应记录初始读数、绘制施工埋设草图、填写施工记录并做好标识和保护。

碾压混凝土中的止水片(带)的质量应符合要求,其安装应采用定型构架夹紧定位,支撑牢固。止水片(带)周边 500 mm 范围内宜采用变态混凝土施工。碾压混凝土中的排水孔宜采用预埋管、钻孔或拔管成孔。碾压混凝土中预埋构件时,应采取措施安装牢固,埋件周边宜采用变态混凝土施工。碾压混凝土中预埋冷却水管时,应在碾压完成后上层铺料前进行。管路接头应牢固,安装完毕后,应通水(气)检查,发现堵塞或漏水(气),及时处理,直至合格。冷却水管引入廊道或坝体外时,管道应按序排列,明确标识,周边宜采用变态混凝土施工。碾压混凝土施工过程中发现冷却水管漏水时,应挖开碾压混凝土寻找水管漏水的部位进行修补,不能采用处理基岩泉眼的引流方式进行处理。碾压混凝土中的冷却水管可在其上部的 30 cm 碾压层施工完毕后通水。通水的水温和流量按该部位碾压混凝土的温度控制要求设定,通水延续时间根据温度控制设计要求结合碾压混凝土的实际测温结果确定。冷却水管的铺设、固定与引出现场照片见图 18-19。

(a)铺设　　　　　　　(b)固定　　　　　　　(c)引出

图 18-19　冷却水管的铺设、固定与引出

# 18.5　碾压混凝土的养护和表面保护

施工过程中,碾压混凝土的仓面应保持湿润。正在施工和刚碾压完毕的仓面,应防止外来水流入。碾压混凝土终凝后即应开始保湿养护。对水平施工缝,养护应持续至上一层碾压混凝土开始铺筑为止。对永久暴露面,养护时间不应少于 28 d,台阶棱角应加强养护。冬季施工应按温度控制设计的要求做好仓面和碾压混凝土外露表面的保温工作。辽宁观音阁水电站碾压混凝土坝工程,遇到寒潮或越冬防寒、防冻的方法是:水平面采用草垫子进行随时铺盖;永久暴露的垂直面采用聚苯乙烯泡沫塑料板,板厚 3 cm,在混凝土浇筑之前,安装于模板与新浇筑的混凝土之间,在模板拆除时仍然保留在混凝土表面以长期保温。福建坑口碾压混凝土坝工程,在冬季施工期间遇到最低气温为 −6.5 ℃(尚未碾压的混凝土冻结)。保护的方法是在仓上面先铺一层塑料薄膜再加盖两层麻袋。当气温分别为 −3 ℃ 和 −6 ℃ 时,碾压混凝土的表面温度分别为 4.5 ℃ 和 2.0 ℃,保温效果良好(见图 18-20 和图 18-21)。

(a)　　　　　　　(b)

(c)

图 18-20　碾压混凝土施工仓面喷雾

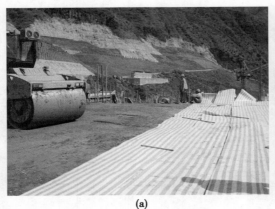

**(a)**　　　　　　　　　　　　　　　　　　　　**(b)**

图 18-21　碾压混凝土施工保温材料及仓面的保护

# 18.6　碾压混凝土的质量分析

## 18.6.1　碾压混凝土的生产质量控制分析

### 18.6.1.1　碾压混凝土的生产质量控制水平

碾压混凝土生产质量控制应以 150 mm 标准立方体试件、标准养护 28 d 的抗压强度为准。碾压混凝土试件应在搅拌机机口取样成型。碾压混凝土抗冻、抗渗检验的合格率不应低于 80%。碾压混凝土生产质量水平评定标准见表 18-8。应由一批(至少 30 组)连续机口取样的 28 d 龄期抗压强度标准差 $\sigma$ 值表示。

表 18-8　碾压混凝土生产质量水平

| 评定指标 | | 质量等级 | | | |
|---|---|---|---|---|---|
| | | 优秀 | 良好 | 一般 | 差 |
| 不同强度等级下的混凝土强度标准差 $\sigma$/MPa | $\leqslant C_{90}20(C_{180}20)$ | <3.0 | $3.0\leqslant\sigma<3.5$ | $3.5\leqslant\sigma<4.5$ | >4.5 |
| | $>C_{90}20(C_{180}20)$ | <3.5 | $3.5\leqslant\sigma<4.0$ | $4.0\leqslant\sigma<5.0$ | >5.0 |
| 强度不低于强度标准值的百分率 $P_s$/% | | $\geqslant90$ | $\geqslant85$ | $\geqslant80$ | <80 |

碾压混凝土的平均强度 $m_{f_{cu}}$、强度标准差 $\sigma$、强度标准值的百分率 $P_s$ 和抗压强度保证率 $P$ 的计算方法如下:

(1)碾压混凝土的平均强度 $m_{f_{cu}}$ 按式(18-4)计算:

$$m_{f_{cu}} = \frac{\sum\limits_{i=1}^{n} f_{cu,i}}{n} \tag{18-4}$$

式中: $m_{f_{cu}}$ 为 $n$ 组试件的强度平均值,MPa; $f_{cu,i}$ 为第 $i$ 组试件的强度值,MPa; $n$ 为试件的组数。

(2)碾压混凝土的强度标准差 $\sigma$ 按式(18-5)计算:

$$\sigma = \sqrt{\frac{\sum\limits_{i=1}^{n} f_{cu,i}^2 - nm_{f_{cu}}^2}{n-1}} \tag{18-5}$$

(3)强度不低于设计强度标准值的百分率 $P_s$ 按式(18-6)计算:

$$P_{\text{s}} = \frac{n_0}{n} \times 100\% \tag{18-6}$$

式中：$f_{\text{cu},i}$ 为统计周期内第 $i$ 组混凝土试件的强度值，MPa；$n$ 为统计周期内相同强度标准值的混凝土试件组数；$m_{f_{\text{cu}}}$ 为统计周期内 $n$ 组混凝土试件的强度平均值，MPa；$n_0$ 为统计周期内试件强度不低于要求强度标准值的组数。

验收批混凝土强度标准差 $\sigma_0$ 的计算公式和 $\sigma$ 的计算公式相同。

（4）碾压混凝土的强度保证率 $p$ 按式（18-7）计算出概率度系数 $t$ 后获得：

$$t = \frac{m_{f_{\text{cu}}} - f_{\text{cu},k}}{\sigma} \tag{18-7}$$

式中：$t$ 为概率度系数；$m_{f_{\text{cu}}}$ 为碾压混凝土试件的强度平均值，MPa；$f_{\text{cu},k}$ 为混凝土设计强度标准值，MPa；$\sigma$ 为混凝土强度标准差，MPa。

碾压混凝土强度保证率 $p$ 可根据强度保证率 $p$ 与概率度系数 $t$ 的关系由表 18-9 查得。

表 18-9　保证率和概率度系数关系

| 保证率 $p/\%$ | 65.5 | 69.2 | 72.5 | 75.8 | 78.8 | 80.0 | 82.9 | 85.0 | 90.0 | 93.3 | 95.0 | 97.7 | 99.9 |
|---|---|---|---|---|---|---|---|---|---|---|---|---|---|
| 概率度系数 $t$ | 0.40 | 0.50 | 0.60 | 0.70 | 0.80 | 0.84 | 0.95 | 1.04 | 1.28 | 1.50 | 1.65 | 2.00 | 3.00 |

### 18.6.1.2　混凝土生产质量控制的直方图法

直方图又称为质量分布图、矩形图。它是将产品质量特性（如混凝土的抗压强度）的分布状态用直方形表示，用以观察、分析质量分布规律，分析判断生产过程是否正常的一种图。利用直方图还可以估计工序不合格品率的高低、制定质量标准、确定公差范围、评价施工管理水平等。

1. 直方图的绘制

为了介绍直方图的绘制和利用直方图进行混凝土的生产质量控制，现结合如下例子加以说明。

某水工混凝土施工工地浇筑 C30 钢筋混凝土，对其抗压强度进行质量分析，共得到 50 组混凝土抗压强度的试验资料（MPa）：39.8、27.2、35.8、39.9、39.2、42.3、35.9、46.2、36.4、44.4、37.7、38.0、35.2、34.3、35.4、37.5、42.4、37.6、38.3、42.0、33.8、33.1、31.8、33.2、34.4、35.5、41.8、38.3、43.4、37.9、31.5、39.0、37.1、40.4、38.1、39.3、36.3、39.7、38.2、38.4、36.1、36.0、34.0、41.2、40.3、37.3、36.2、38.0、38.0、39.5。

（1）从数据中找出最大值和最小值，得出数据的变化范围。

本算例中，最大值为 46.2 MPa，最小值为 31.5 MPa。

数据变化范围为 31.5~46.2 MPa。

（2）对数据分组。

①确定组数 $k$。

确定组数的原则是分组的结果能正确地反映数据的分布规律。一般可供参考表 18-10 的经验数值确定。本算例中取 $k=8$。

表 18-10　数据分组参考值

| 数据总数 $n$ | 50~100 | 100~250 | 250 以上 |
|---|---|---|---|
| 分组数 $k$ | 6~10 | 7~12 | 10~20 |

②确定组距 $h$。

$$h = \frac{x_{\max} - x_{\min}}{k} = \frac{46.2 - 31.5}{8} = 1.8375(\text{MPa}) \approx 2\text{ MPa}$$

（3）确定分组的边界值。

为了避免数据正好落在边界上,边界值应比原数据的精度高出半个测量单位。算例中数据精度为 0.1 MPa,可取 0.05 MPa 的精度。

(4)计算频数,结果见表 18-11。

**表 18-11　频数统计**

| 组号 | 1 | 2 | 3 | 4 | 5 | 6 | 7 | 8 |
|------|---|---|---|---|---|---|---|---|
| 组限/MPa | 31.45~<br>33.45 | 33.45~<br>35.45 | 35.45~<br>37.45 | 37.45~<br>39.45 | 39.45~<br>41.45 | 41.45~<br>43.45 | 43.45~<br>45.45 | 45.45~<br>47.45 |
| 频数 | 4 | 6 | 11 | 15 | 7 | 5 | 1 | 1 |

(5)绘制直方图。

以混凝土抗压强度为横坐标,频数为纵坐标绘制直方图(见图 18-22)。

**2. 直方图的分析**

1)直方图的形状

直方图可能出现以下几种形状:

(1)正常型(正态分布)。表明生产正常,质量稳定。

(2)锯齿型。说明数据有误或分组不当。

(3)单侧缓坡型。表明上下限控制宽严不一致。

(4)孤岛型。表明有异常因素影响。

(5)双峰型。说明分类不当或未分类。

(6)陡壁型。表明没有将全部产品进行统计。

(7)超差型(或平峰分布)。说明出现废品。

(8)显集型。表明过分集中,有浪费。

正常直方图的形状应该是中间高、两边低、对称(以平均值为中心)、紧凑。图 18-23 表明,该直方图基本属正常图,但对称性略差。

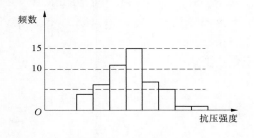

图 18-22　混凝土抗压强度分布的直方图

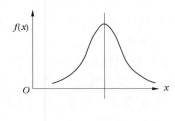

图 18-23　正态分布

2)将直方图与质量标准比较

根据《水工混凝土施工规范》(DL/T 5144—2001)的规定,C30 混凝土的最小抗压强度值应不小于混凝土抗压强度等级的 90%,即 27.0 MPa,该混凝土的抗压强度的平均值(即混凝土的配制强度)为 36.58 MPa。因此,该混凝土抗压强度的理想分布应该在 27.0~46.16 MPa。将上述直方图的分布范围与此范围比较,可见该混凝土的抗压强度平均值偏大,混凝土抗压强度整体上偏高。说明该混凝土配合比有进一步优化使其更具经济性的可能。

**18.6.1.3　混凝土生产质量控制的控制图法**

控制图也称管理图。它是 1924 年由美国贝尔电话研究室的休哈特(W. A. Shewhert)创立的。它简单明确,能在生产过程中更清楚地反映工序加工中的问题,使质量始终处于受控状态,因而逐渐成为质量控制与管理中的主要工具。

控制图是以质量特征值为纵坐标,时间或取样顺序为横坐标,且标有中心线、上下控制界限,能够动态地反映产品质量变化的一条链条状图形。

1. 控制图的原理

1) 正态分布曲线

随机变量 $x$ 的概率密度 $f(x)$ 服从如下关系

$$f(x) = \frac{1}{\sigma\sqrt{2\pi}}e^{-\frac{(x-\mu)^2}{2\sigma^2}} \quad (-\infty < x \leq \infty) \tag{18-8}$$

则称 $x$ 服从以参数 $\mu$ 、$\sigma^2$ ($\sigma > 0$, $-\infty < x \leq \infty$) 的正态分布,见图18-23。记为 $x \sim N(\mu 、\sigma^2)$。

2) 正态分布曲线的性质

正态分布曲线除具有 $f(x) \geq 0$ 和 $\int_{-\infty}^{\infty} f(x)\mathrm{d}x = 1$ 外,还具有如下性质:

(1) 曲线以 $x = \mu$ 为对称轴。

(2) $f(x)$ 在 $x = \mu$ 处取得极大值 $f(\mu) = \frac{1}{\sigma\sqrt{2\pi}}$。

(3) 固定参数 $\sigma$ 值,改变 $\mu$ 值,则曲线 $f(x)$ 沿 $x$ 轴平移,形状不改变。这说明 $\mu$ 值决定 $f(x)$ 的位置。

(4) 固定 $\mu$ 值,改变 $\sigma$ 值,当 $\sigma$ 变小时,$f(x)$ 的极大值越大;反之,则越小。这说明 $\sigma$ 值决定 $f(x)$ 的形状。

(5) $f(x)$ 在 $x = \mu + \sigma$ 及 $x = \mu - \sigma$ 处是曲线的拐点,且曲线以 $x$ 轴为渐近线。

如果 $\mu = 0$, $\sigma = 1$,则此种正态分布曲线称为标准正态分布曲线。记为 $x \sim N(0,1)$,此时

$$f(x) = \frac{1}{\sqrt{2\pi}}e^{-\frac{x^2}{2}} \tag{18-9}$$

$$\int_{\mu-2\sigma}^{\mu+2\sigma} f(x)\mathrm{d}x = 95.45\%$$

$$\int_{\mu-3\sigma}^{\mu+3\sigma} f(x)\mathrm{d}x = 99.73\%$$

当生产处于正常、受控状态时,产品质量特征值的分布符合正态分布曲线。也就是说,当生产处于统计控制状态时,由于正常原因造成的质量波动服从正态分布,产品的质量特征值落在区间 ($\mu - 2\sigma, \mu + 2\sigma$) 和 ($\mu - 3\sigma, \mu + 3\sigma$) 范围内的概率分别达到95.45%和99.73%。我们把正态分布图旋转、折叠一个角度(顺时针转90°,再朝上折叠180°),并添加中心线和上、下控制界限,即得控制图(见图18-24)。CL(central line)为中心线;UCL(upper control limit)为上控制限;LCL(lower control limit)为下控制限。

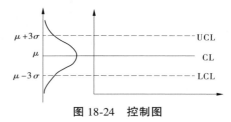

图 18-24　控制图

质量特征值落在($\mu - 3\sigma, \mu + 3\sigma$)之外的概率在100次中还不足1次,落在($\mu - 2\sigma, \mu + 2\sigma$)之外的概率在100次中还不足5次。显然,这两种事件都属数理统计中的小概率事件,而小概率事件在一次试验中是几乎不可能发生的。若发生,则说明生产过程中存在某些(种)异常原因,或者说,生产脱离了正常的控制状态,应及时查明原因。即使点子落在控制图的上、下控制界限内,也可以根据点子的分布情况、变动情况,了解到质量状况和变动趋势。

2. 控制图的种类

按用途分类,控制图可以分为分析用控制图和管理用(控制用)控制图。

按质量数据特点分类,控制图可以分为计量值控制图和计数值控制图。

3. 控制图的控制界限

控制图的控制界限除按 $(\mu - 3\sigma, \mu + 3\sigma)$ 计算获得外,还可以根据控制图的不同将表 18-12 的系数值代入表 18-13 所列的不同计算公式求得。

表 18-12　控制图界限公式的系数

| $n$ | $A_2$ | $M_3A_2$ | $D_3$ | $D_4$ | $E_2$ | $d_2$ | $d_3$ |
|---|---|---|---|---|---|---|---|
| 2 | 1.880 | 1.880 | — | 3.267 | 2.660 | 1.128 | 0.853 |
| 3 | 1.023 | 1.187 | — | 2.575 | 1.772 | 1.693 | 0.888 |
| 4 | 0.729 | 0.796 | — | 2.282 | 1.457 | 2.059 | 0.880 |
| 5 | 0.577 | 0.691 | — | 2.115 | 1.290 | 2.326 | 0.864 |
| 6 | 0.483 | 0.549 | — | 2.004 | 1.184 | 2.534 | 0.848 |
| 7 | 0.419 | 0.509 | 0.076 | 1.924 | 1.109 | 2.704 | 0.833 |
| 8 | 0.373 | 0.432 | 0.136 | 1.864 | 1.054 | 2.847 | 0.820 |
| 9 | 0.337 | 0.412 | 0.184 | 1.816 | 1.010 | 2.970 | 0.808 |
| 10 | 0.308 | 0.363 | 0.223 | 1.777 | 0.975 | 3.078 | 0.797 |

表 18-13　控制界限公式表

| 分类 | | 分布 | 图名 | 中心线 | 上下控制界限 | 说明 |
|---|---|---|---|---|---|---|
| 计量值控制图 | | 正态分布 | $X$ | $\overline{X}$ | $\overline{X} \pm E_2\overline{R}$ | $\overline{X} = \dfrac{\sum X}{K}$ |
| | | | $\overline{X}$ | $\overline{\overline{X}}$ | $\overline{\overline{X}} \pm A_2\overline{R}$ | $\overline{\overline{X}} = \dfrac{\sum \overline{X}}{K}$ |
| | | | $R$ | $\overline{R}$ | $D_4\overline{R}$ （UCL）<br>$D_3\overline{R}$ （LCL） | $\overline{R} = \dfrac{\sum R}{K}$ |
| | | | $\widetilde{X}$ | $\overline{\widetilde{X}}$ | $\overline{\widetilde{X}} \pm M_3A_2\overline{R}$ | $\overline{\widetilde{X}} = \dfrac{\sum \widetilde{X}}{K}$ |
| | | | $R_s$ | $\overline{R}_s$ | $D_4\overline{R}_s$ （UCL） | $\overline{R}_s = \dfrac{1}{K-1}\sum\limits_{i=1}^{K-1} R_{si}$ |
| 计数值控制图 | 计件值控制图 | 二项分布 | $p$ | $\overline{p}$ | $\overline{p} \pm 3\sqrt{\dfrac{\overline{p}(1-\overline{p})}{n}}$ | $\overline{p} = \dfrac{\sum r}{\sum n} = \dfrac{\sum pn}{Kn}$ |
| | | | $pn$ | $\overline{pn}$ | $\overline{pn} \pm 3\sqrt{\overline{pn}(1-\overline{p})}$ | $\overline{pn} = \dfrac{\sum pn}{K}$ |
| | 计点值控制图 | 泊松分布 | $c$ | $\overline{c}$ | $\overline{c} \pm 3\sqrt{\overline{c}}$ | $\overline{c} = \dfrac{\sum c}{K}$ |
| | | | $\mu$ | $\overline{\mu}$ | $\overline{\mu} \pm 3\sqrt{\dfrac{\overline{\mu}}{n}}$ | $\overline{\mu} = \dfrac{\sum c}{\sum n}$ |

4. 控制图的绘制

关于控制图的具体绘制方法,用一个算例加以说明如下:

对 C20 混凝土抗压强度进行试验,共取样 25 组,每组 3 个试件。试验结果列于表 18-14 中,依此资料绘制 $\overline{X}$ 和 $R$ 控制图。

表 18-14　混凝土抗压强度试验结果

| 样组号 | 抗压强度 $X$/MPa | | | 平均值 $\overline{X}$/MPa | 极差 $R$/MPa |
| --- | --- | --- | --- | --- | --- |
| | $X_1$ | $X_2$ | $X_3$ | | |
| 1 | 22.0 | 27.0 | 26.6 | 25.2 | 5.0 |
| 2 | 21.3 | 26.4 | 24.9 | 24.2 | 5.1 |
| 3 | 22.8 | 20.9 | 17.9 | 20.5 | 4.9 |
| 4 | 21.7 | 19.1 | 17.5 | 19.4 | 4.2 |
| 5 | 26.7 | 20.9 | 21.6 | 23.1 | 5.8 |
| 6 | 25.5 | 29.4 | 28.6 | 27.8 | 3.9 |
| 7 | 22.6 | 20.0 | 18.5 | 20.4 | 4.1 |
| 8 | 18.5 | 19.7 | 23.7 | 20.6 | 5.2 |
| 9 | 26.3 | 28.7 | 23.7 | 26.2 | 5.0 |
| 10 | 25.3 | 20.4 | 21.5 | 22.4 | 4.9 |
| 11 | 21.7 | 18.3 | 19.9 | 20.0 | 3.4 |
| 12 | 19.5 | 21.2 | 21.3 | 20.7 | 1.8 |
| 13 | 26.4 | 30.7 | 23.7 | 26.9 | 7.0 |
| 14 | 25.3 | 32.1 | 27.6 | 28.3 | 6.8 |
| 15 | 30.6 | 25.4 | 27.8 | 27.9 | 5.2 |
| 16 | 25.8 | 28.2 | 26.6 | 26.9 | 2.4 |
| 17 | 24.7 | 26.3 | 22.9 | 24.6 | 3.4 |
| 18 | 25.5 | 24.6 | 20.5 | 23.5 | 5.0 |
| 19 | 20.0 | 24.8 | 23.9 | 22.9 | 4.8 |
| 20 | 24.6 | 18.9 | 20.9 | 21.5 | 5.7 |
| 21 | 22.4 | 27.2 | 23.0 | 24.2 | 4.8 |
| 22 | 22.4 | 26.9 | 27.4 | 25.6 | 5.0 |
| 23 | 20.1 | 25.7 | 23.4 | 23.1 | 5.6 |
| 24 | 21.1 | 19.3 | 22.4 | 20.9 | 3.1 |
| 25 | 20.4 | 25.6 | 23.0 | 23.0 | 5.2 |
| | | | | $\sum \overline{X} = 589.8$ | $\sum R = 117.3$ |

计算每个样组的 $\overline{X}$ 和 $R$ 值(列于表 18-14 中),在本例中 $n=3$,$\sum \overline{X}$ 和 $\sum R$ 的计算结果也列于表 18-14 中。

$$\overline{\overline{X}} = \frac{\sum \overline{X}}{K} = \frac{589.8}{25} = 23.59$$

$$\overline{R} = \frac{\sum R}{K} = \frac{117.3}{25} = 4.69$$

由 $n=3$ 查表 18-14 得 $A_2=1.023, D_3=0, D_4=2.575$。

所以, $\overline{X}$ 管理图的控制界限为

$$CL = \overline{\overline{X}} = 23.59$$

$$UCL = \overline{\overline{X}} + A_2\overline{R} = 23.59 + 1.023 \times 4.69 = 28.39$$

$$LCL = \overline{\overline{X}} - A_2\overline{R} = 23.59 - 1.023 \times 4.69 = 18.79$$

$R$ 控制图的控制界限为

$$CL = \overline{R} = 4.69$$

$$UCL = D_4\overline{R} = 2.575 \times 4.69 = 12.08$$

$$LCL = D_3\overline{R} = 0$$

依据以上的计算结果,可绘制分析用的 $\overline{X}$ 和 $R$ 控制图(见图 18-25)。

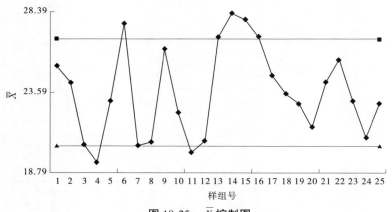

图 18-25　$\overline{X}$ 控制图

5. 控制图分析

(1)正常控制图。图上的点在上、下控制界限之间围绕中心线作无规律的波动。允许有少数的点超出上、下控制界限,但应满足以下条件:连续 35 点仅 1 点超出控制界限;连续 100 点仅 2 点超出控制界限;连续 25 点无点子超出控制界限。

(2)异常控制图。出现如下任何一种情况,都属于异常。

①单侧性排列。

a. 连续 7 点或更多点出现在中心线的同一侧,见图 18-26。

b. 连续 11 点中有 10 点或更多点出现在中心线的同一侧,见图 18-27。

c. 连续 14 点中有 12 点或更多点出现在中心线的同一侧。

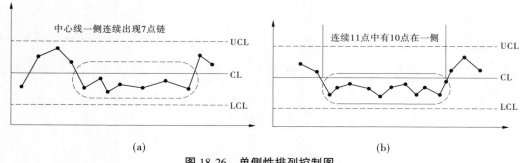

(a)　　　　　　　　　　　　　　　　(b)

图 18-26　单侧性排列控制图

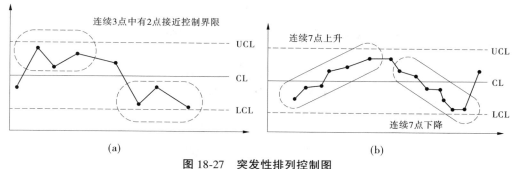

图 18-27　突发性排列控制图

d. 连续 17 点中有 14 点或更多点出现在中心线的同一侧。

e. 连续 20 点中有 16 点或更多点出现在中心线的同一侧。

②突发性排列。

a. 连续 3 点中有 2 点(或 3 点)落在 $2\sigma$ 与 $3\sigma$ 控制界限之间。

b. 连续 7 点中有 3 点(或 3 点以上)落在 $2\sigma$ 与 $3\sigma$ 控制界限之间。

③趋势性排列。连续 7 点或 7 点以上出现上升或下降。

④周期性排列。点的变动状态按一定间隔重复出现。

(3)控制图的分析。

观察图 18-25,我们发现混凝土抗压强度的平均值基本是围绕中心线上下摆动,也没有超出上、下控制界限的点子存在。但仔细观察可以发现,前 16 点的摆动比较大,从 17~25 点的摆动相对较小;同时,4~6 点中有 2 点超出上下警戒线、11~16 点中有 5 点超出上下警戒线(其中 13~16 点连续超出上下警戒线);此外,14~20 点连续出现强度下降情况。所有这些都说明,该混凝土施工的质量控制水平有待进一步提高。

利用前期的资料绘制的控制图用于分析前期混凝土施工质量,这样的控制图称为分析用控制图。还可以进一步利用此控制图对其后的混凝土施工质量进行控制,则此图变成控制用控制图。也就是在其后的施工中取样获得的混凝土抗压强度平均值接着点在该图上,用以观察其发展趋势从而预测混凝土平均抗压强度,估计可能存在的影响因素和需要采取的措施,从而达到对混凝土施工质量进行控制的目的。

6. 利用控制图对施工过程碾压混凝土质量进行控制

1)算例 1

某碾压混凝土工程施工过程中机口取样获得 106 个碾压混凝土 28 d 龄期的抗压强度试验资料如下(单位 MPa),要求 28 d 龄期碾压混凝土的抗压强度的平均值为 9.5 MPa,绘制质量控制图评价混凝土的生产质量。

7.4、5.9、10.8、5.4、6.5、9.4、9.9、11.7、9.7、8.0、7.5、9.5、10.1、7.1、7.8、9.3、9.5、9.5、5.9、8.0、8.8、8.0、7.4、6.8、7.1、10.5、6.8、12.8、8.5、7.5、8.5、9.5、10.3、9.1、11.3、9.6、9.1、10.2、8.2、9.1、8.5、8.2、7.9、9.3、10.5、11.0、9.9、10.2、8.8、11.9、8.5、13.9、10.4、11.7、11.4、11.7、12.6、11.9、11.8、9.4、11.4、10.8、9.9、10.5、9.1、9.1、9.8、10.2、11.0、7.2、8.9、10.0、10.6、9.4、10.6、9.2、10.1、13.1、11.4、14.1、10.8、11.9、10.6、10.8、10.2、13.6、11.1、10.5、9.6、9.6、10.4、11.0、8.2、10.4、9.8、10.1、12.7、14.1、13.5、14.8、12.4、11.5、11.0、9.9、9.9、9.9

数据的平均值为 9.93 MPa,标准偏差为 1.87,按上述方法绘制得到图 18-28。图 18-28 的控制中心线是 9.93 MPa,上、下控制界限是 15.54 MPa 和 4.32 MPa(9.93±3×1.87),上、下警戒界限是 13.67 MPa 和 6.19 MPa(9.93±2×1.87)。

由图 18-28 可见,该工程碾压混凝土的 28 d 龄期抗压强度随着施工的进行有逐渐提高的趋势,这可能有系统的原因在起作用,应及时查明。早期施工的碾压混凝土抗压强度的平均值低于要求的,后期施

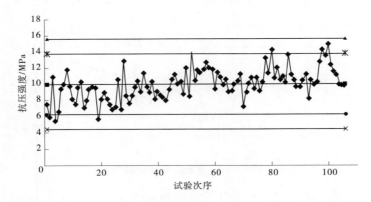

图 18-28 某工程大坝碾压混凝土 28 d 龄期抗压强度控制图

工的碾压混凝土抗压强度的平均值高于 9.5 MPa,但总体抗压强度的平均值高于设计要求。从控制图中各点的分布情况看,没有超出上、下控制界限的点子存在,施工早期有少数点子超出下警戒界限,施工后期有相对多一些的点子超出上警戒界限。在及时查明增长趋势的原因和进一步观察后续点子的变动情况之后,再确定应进一步采取的控制措施。

该工程 90 d 龄期 106 个碾压混凝土相应的抗压强度的控制图见图 18-29(控制图的中心线是平均抗压强度 12.59 MPa,标准偏差为 1.59 MPa,上、下控制界限分别是 17.36 MPa 和 7.82 MPa,上、下警戒界限分别是 15.77 MPa 和 9.41 MPa,设计要求 90 d 龄期碾压混凝土的平均抗压强度为 12.0 MPa)。

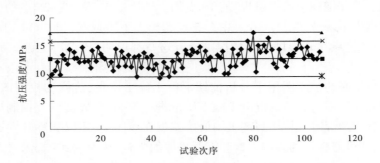

图 18-29 大坝碾压混凝土 90 d 龄期抗压强度控制图

从图 18-29 可见,90 d 龄期的控制图同样存在随施工进程碾压混凝土的平均抗压强度增高的趋势(也就是早期施工的碾压混凝土的平均抗压强度略低于后期施工的碾压混凝土的平均抗压强度)。就总体而言,碾压混凝土的施工质量基本属于受控的较为正常范围,但仍然有必须进一步改善的地方。

该工程 180 d 龄期 40 个碾压混凝土相应的抗压强度的控制图见图 18-30(控制图的中心线是平均抗压强度 17.72 MPa,标准偏差为 1.97 MPa,上、下控制界限分别是 23.63 MPa 和 11.81 MPa,上、下警戒界限分别是 21.66 MPa 和 13.78 MPa,设计要求 180 d 龄期碾压混凝土的平均抗压强度为 14.0 MPa)。

控制图用于生产过程中对碾压混凝土的质量控制是非常方便、快速和有用的。它不仅可以用于对前期的生产质量进行分析、评价,更重要的是可以利用它及时了解混凝土施工质量的发展趋势,从中分析得出影响混凝土质量的主要因素,及时采取措施预防质量事故的发生。

除利用控制图对碾压混凝土的抗压强度进行分析和用于施工过程对混凝土质量进行控制外,对于碾压混凝土施工过程中的其他指标,诸如碾压混凝土用砂的细度模数、石粉或微粒的含量、碾压混凝土拌和物的 VC 值、碾压混凝土的表观密度等,也可以利用控制图进行控制,以达到及时了解碾压混凝土质量的可能变化趋势并采取相应的措施使碾压混凝土的施工质量稳定可控的目的。

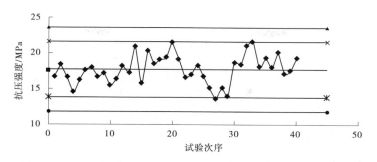

图 18-30　大坝碾压混凝土 180 d 龄期抗压强度控制图

2）算例 2

某工程碾压混凝土施工现场核子水分密度仪测定碾压混凝土的表观密度共 200 个数据，平均值为 2 462.4 kg/m³，标准偏差为 16.62 kg/m³，绘制的控制图见图 18-31。从图 18-31 可以看到，施工的碾压混凝土的表观密度基本围绕中心线摆动，只有 2 个测定值明显地偏离中心线，这 2 个测值应该是误测造成的。从图 18-31 中也可以看到，施工过程中存在某一段时间碾压混凝土的表观密度处于中心线下侧的情况，应该查明原因并及时加以纠正。

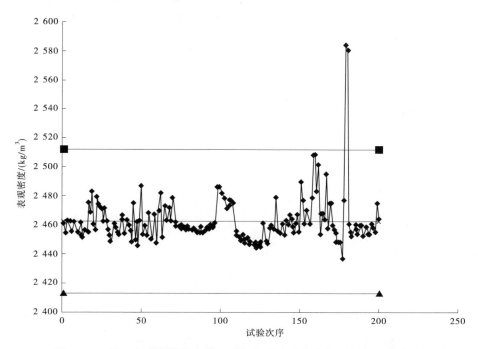

图 18-31　某工程碾压混凝土施工现场核子水分密度仪测得表观密度控制图

## 18.6.2　碾压混凝土的质量评定

碾压混凝土的质量评定，应以设计龄期的抗压强度为准，混凝土强度平均值和最小值应同时满足下列要求：

$$m_{f_{cu}} \geqslant f_{cu,k} + Kt\sigma_0 \tag{18-10}$$

$$f_{cu,min} \geqslant 0.75 f_{cu,k} \quad (\leqslant 20 \text{ MPa}) \tag{18-11}$$

$$f_{cu,min} \geqslant 0.80 f_{cu,k} \quad (> 20 \text{ MPa}) \tag{18-12}$$

式中：$m_{f_{cu}}$ 为混凝土强度平均值，MPa；$f_{cu,k}$ 为混凝土设计龄期的强度标准值，MPa；$K$ 为合格判定系数，根据验收批的统计组数 $n$ 值，按表 18-15 选取；$t$ 为概率度系数，见表 18-9；$\sigma_0$ 为验收批混凝土强度标准差,MPa;$f_{cu,min}$ 为 $n$ 组中的最小值,MPa。

碾压混凝土的抗压强度平均值按式(18-4)计算。

表 18-15　合格判定系数 $K$ 值

| $n$ | 2 | 3 | 4 | 5 | 6~10 | 11~15 | 16~25 | >25 |
|---|---|---|---|---|---|---|---|---|
| $K$ | 0.71 | 0.58 | 0.50 | 0.45 | 0.36 | 0.28 | 0.23 | 0.20 |

注:1. 同一验收批混凝土,应由强度标准相同、配合比和生产工艺基本相同的混凝土组成。

2. 验收批混凝土强度标准差 $\sigma_0$ 计算值小于 $0.06f_{cu,k}$ 时,应取 $\sigma_0 = 0.06f_{cu,k}$。

坝体钻孔取样是评定碾压混凝土质量的综合方法。钻孔取样可在碾压混凝土达到设计龄期后进行。钻孔的部位和数量应根据需要确定。

钻孔取样评定碾压混凝土质量的内容如下:芯样获得率——评价碾压混凝土的均质性;压水试验——评定碾压混凝土的抗渗性;芯样的物理力学性能试验——评定碾压混凝土的均质性和力学性能;芯样的断口位置及形态描述——描述断口形态,分别统计芯样断口在不同类型碾压层层间结合处的数量,并计算占总断口数的比例,评价层间结合是否符合设计要求。

测定碾压混凝土抗压强度的芯样直径以 150~200 mm 为宜。混凝土的最大骨料粒径大于 80 mm 的部位,宜采用直径 200 mm 或更大直径的芯样。

国内部分碾压混凝土坝芯样的代表性长度见表 18-16。几个工程碾压混凝土芯样资料见图 18-32。

表 18-16　部分碾压混凝土坝芯样的代表性长度(资料来源于湖南湘水基础公司)

| 工程名称 | 取样日期(年-月) | 芯样总长度/m | 最长单根长度/m | 说明 |
|---|---|---|---|---|
| 江垭 | 1997-08/1999-06 | 412.6 | 7.56 | 6 m 以上芯样 24 根 |
| 汾河二库 | 1998-11/1999-12 | 236.6 | 8.53 | 7 m 以上芯样 24 根 |
| 高坝洲 | 1999-09/2000-03 | 582.5 | 3.35 | — |
| 大朝山 | 1999-10/2001-08 | 631.2 | 10.47 | 7 m 以上芯样 14 根 |
| 蔺河口 | 2003-07 | 252.1 | 10.57 | 8 m 以上芯样 3 根 |
| 招徕河 | 2004-07 | 255.5 | 10.43 | 10 m 以上芯样 6 根 |
| 景洪 | 2004-09/2006-01 | 1 018.4 | 15.33 | 10 m 以上芯样 3 根 |
| 皂市 | 2005-08/2006-09 | 521.9 | 10.51 | 8 m 以上芯样 4 根 |
| 百色 | 2006-03 | 194.5 | 13.64 | 10 m 以上芯样 4 根 |
| 光照 | 2007-07/2007-12 | 549.5 | 15.53 | 10 m 以上芯样 6 根 |
| 龙桥 | 2007-03 | 54.1 | 10.25 | 10 m 以上芯样 1 根 |
| 戈兰滩 | 2007-01 | 80.0 | 15.86 | 10 m 以上芯样 1 根 |
| 洪口 | 2007-12 | 60.0 | 7.4 | 6 m 以上芯样 1 根 |
| 居甫渡 | 2008-02 | 60.0 | 13.31 | 10 m 以上芯样 2 根 |
| 思林 | 2008-04/2009-01 | 102.7 | 12.03 | 10 m 以上芯样 2 根 |
| 金安桥 | 2008-05/2009-05 | 862.6 | 16.49 | 10 m 以上芯样 10 根 |
| 沙沱 | 2010-08 | 59.0 | 16.92 | 10 m 以上芯样 3 根 |

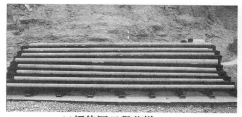
(a)招徕河工程芯样

(b)大朝山工程芯样

(c)汾河二库工程芯样

图 18-32　几个工程碾压混凝土芯样资料

# 参考文献

[1] 李翼.龙滩水电站水工碾压混凝土的质量控制要点[J].水电站设计,2006(1).

[2] 宁钟、张建.龙滩大坝碾压混凝土质量控制的关键要素[J].水力发电,2007(4).

[3] 电力行业水电施工标准化技术委员会.水工碾压混凝土施工规范:DL/T 5112—2009[S].北京:中国电力出版社,2009.

[4] 电力行业水电施工标准化技术委员会.水工混凝土施工规范:DL/T 5144—2001[S].北京:中国电力出版社,2002.

[5] 左建明,雷萍.百色水利枢纽碾压混凝土主坝施工进度与质量控制监理[J].广西水利水电,2004(增刊).

[6] 范世平,梁怀文.汾河二库大坝碾压混凝土芯样试验成果分析[J].山西水利科技,2001(增刊).

[7] 电力行业水电施工标准化技术委员会.水工混凝土试验规程:DL/T 5150—2001[S].北京:中国电力出版社,2002.

[8] 中国水利水电第四工程局有限公司,汉能控股集团金安桥水电站有限公司.弱风化玄武岩骨料在金安桥水电站碾压混凝土中研究应用[R].2009,12.

[9] 林森.光照水电站大坝碾压混凝土钻孔取芯和压水试验检测[J].贵州水力发电,2008(5).

[10] 杨康宁.江垭大坝坝体碾压混凝土钻孔测试[J].水力发电,1999(7).

[11] 窦铁生,张有天,于梅开,等.江垭 RCC 重力坝坝体压水试验[J].水利水电技术,2001(9).

[12] 涂传林,张南燕,等.三峡工程永久船闸混凝土质量与温度控制[M].北京:中国水利水电出版社,2011.

# 第 19 章　龙滩大坝运行期原型观测

## 19.1　工程和监测布置概况

### 19.1.1　工程概况

　　龙滩水电站按正常蓄水位 400 m 设计,前期按正常蓄水位 375 m 建设。前期正常蓄水位为 375 m,校核洪水位为 381.84 m,死水位为 330 m,坝顶高程为 382 m,装机 7 台,总装机容量为 4 200 MW;后期正常蓄水位为 400 m,校核洪水位为 404.74 m,死水位为 340 m,坝顶高程为 406.5 m,装机 9 台,总装机容量为 6 300 MW。龙滩水电站枢纽工程由拦河坝、通航坝、发电厂房等组成。

### 19.1.2　监测布置

　　在大坝内埋设了大量的监测仪器,对结构物的变形、渗流、应力应变等作了全面监测,以了解结构物的运行状况。主要内容有:①水平位移监测。包括正倒垂线和引张线、真空激光等监测项目。②垂直位移监测。采用静力水准、真空激光、几何水准、坝顶标墩等仪器进行监测。③渗流监测。包括坝基扬压力、渗流量监测。④内部监测。大坝埋设的内部监测仪器是振弦式仪器,总共埋设了 848 支仪器,仪器种类分别有温度计、钢板计、应变计、无应力计、裂缝计、测缝计、钢筋计、渗压计、基岩变位计。本次监测中除了钢板计以压为正、拉为负,其他仪器均以拉为正、压为负。

### 19.1.3　环境量监测资料

#### 19.1.3.1　库水位监测资料

　　上下游水位监测资料系列均为 2006 年 9 月 30 日至 2009 年 12 月 1 日。2006 年 9 月开始蓄水,上下游水位过程线见图 19-1 和图 19-2。

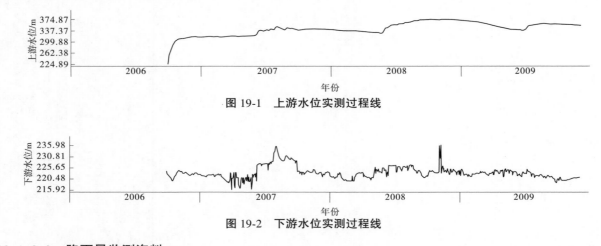

图 19-1　上游水位实测过程线

图 19-2　下游水位实测过程线

#### 19.1.3.2　降雨量监测资料

　　降雨量监测资料系列为 2006 年 1 月 1 日至 2009 年 12 月 31 日。水库坝址区降雨量过程线见图 19-3,特征值(包括历年日降雨最大值、年均值及年降雨总量)统计见表 19-1。降雨一般每年 5~8 月降雨较多,春冬季降雨较少。最大日降雨量为 179.3 mm(2008 年 5 月 28 日),最大年降雨量为 1 544.3

mm（2008 年）。

**图 19-3　降雨量实测过程线**

**表 19-1　降雨量特征值统计**

单位:mm

| 年份 | 最大日降雨量 | 出现日期 | 年均日降雨量 | 年降雨量 |
| --- | --- | --- | --- | --- |
| 2006 | 88.3 | 2006-07-16 | 3.42 | 1 248.8 |
| 2007 | 100.4 | 2007-07-26 | 2.85 | 1 039.8 |
| 2008 | 179.3 | 2008-05-28 | 4.22 | 1 544.3 |
| 2009 | 66.5 | 2009-08-15 | 2.27 | 828.5 |

### 19.1.3.3　气温监测资料分析

气温监测资料系列为 2006 年 1 月 1 日至 2009 年 11 月 30 日。坝区日均气温测值变化过程线见图 19-4。

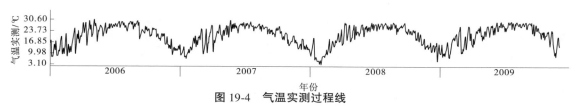

**图 19-4　气温实测过程线**

（1）日均气温总体呈年周期变化。每年的最高日均气温一般出现在夏季,为 29.0~30.6 ℃,一般出现在 5~8 月;最低日均气温为 3.1~7.4 ℃,一般出现在 12 月至翌年的 2 月。

（2）气温年变幅 22.2~25.9 ℃,日均气温年均值为 20.0~21.9 ℃。

# 19.2　坝体位移监测资料分析

## 19.2.1　坝顶水平位移监测

为监测坝顶水平位移和垂直位移,在坝顶 382 m 高程沿 2#坝段~33#坝段布置了 33 个坝顶标墩,于 2009 年 1 月开始监测,每月观测一次,目前测值截至 2009 年 11 月。分析如下。

### 19.2.1.1　坝顶水平位移变化规律分析

由坝顶标墩水平位移测值过程线(见图 19-5、图 19-6)可以看出:

（1）测点测值波动较频繁,且测值序列较短,规律性较差,但相邻坝段测点同步性较好,出现峰谷的时间基本接近,变化规律相似,说明大坝的水平位移变化较为协调。

（2）各坝段测点的整体变幅较小,除个别测点外,坝顶标墩测值的绝对值都在 5 mm 内,说明坝顶水平位移较稳定。

（3）坝顶各测点的水平位移测值均较小,并且无明显趋势性变化。

### 19.2.1.2　坝顶水平位移特征值分析

各坝段水平位移测点的顺河向特征值分布如图 19-5 所示,横河向特征值分布如图 19-6 所示。其最大值为 5.4 mm,变幅最大值为 14.1 mm,均值最大值为 0.77 mm(见表 19-2)。

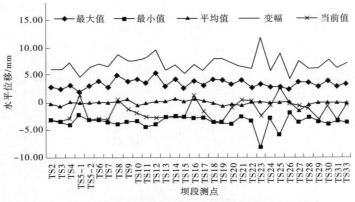

**图 19-5　坝顶标墩各坝段测点水平位移顺河向特征值**

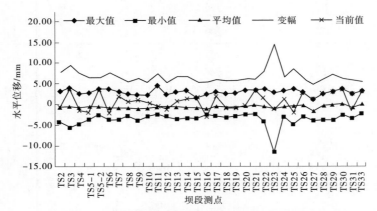

**图 19-6　坝顶标墩各坝段测点水平位移横河向特征值**

表 19-2　各坝段水平位移特征值　　　　　　　　　　　　单位:mm

| 水平位移方向 | 顺河向 | | 横河向 | |
| --- | --- | --- | --- | --- |
| 特征值 | 数值 | 坝段号 | 数值 | 坝段号 |
| 最大值 | 5.4 | 12#坝段 | 4.5 | 11#坝段 |
| 变幅最大值 | 11.7 | 23#坝段 | 14.1 | 23#坝段 |
| 均值最大值 | 0.77 | 16#坝段 | 0.32 | 30#坝段 |

## 19.2.2　坝顶垂直位移监测

### 19.2.2.1　坝顶垂直位移变化规律分析

(1)由于各测点的测值系列较短(不足一年),且测次较少,所以难以看出位移变化的明确规律,但相邻坝段测点同步性较好,出现峰谷的时间基本接近,变化规律相似,说明大坝的沉陷变化较为协调,未发生不均匀沉降现象。

(2)除个别测点外,坝顶标墩测值的绝对值都在 1.00 mm 内,且变幅均小于 2.00 mm,说明坝顶垂直位移较稳定。目前,坝顶各测点垂直位移测值均较小,而且无趋势性变化。

### 19.2.2.2　坝顶垂直位移特征值分析

图 19-7 为坝顶标墩垂直位移特征值沿坝轴线方向的分布。

(1)垂直位移最大值为 1.07 mm,发生在 23#坝段;最小值为−0.98 mm,发生在 19#坝段。

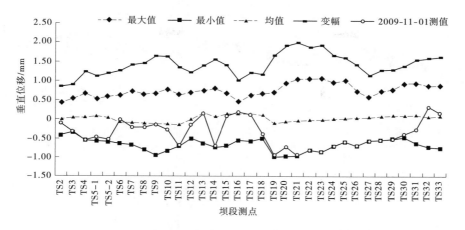

**图 19-7　坝顶标墩垂直位移特征值沿坝轴线分布**

（2）垂直位移变幅的最大值为 2.0 mm，发生在 21# 坝段。

（3）各测点垂直位移均值都接近于 0，均值介于 −0.15～0.17 mm。

# 19.3　大坝渗流监测资料分析

## 19.3.1　坝基扬压力监测

龙滩坝基扬压力采用在监测孔内放置 72 个渗压计进行监测，分布在 5#～30# 坝段。

### 19.3.1.1　坝基扬压力监测资料分析

1. 坝基扬压力变化规律分析

（1）上游库水位升高，坝基扬压力测值增大，上游库水位下降，测值减小。

（2）在相近库水位下，温度升高，坝基扬压力测值减小；温度降低，测值增大。

（3）2008 年后，UP5-1 和 UP9-1 测点测值出现较快速的上升阶段，之后测值趋于平稳；UP10-2、UP11-2、UP14-3 测点测值均有不同程度的突变上升，之后趋于平稳；UP27-2 和 UP30-2 测点测值则一直呈上升趋势。建议对上述测点加强监测和分析。图 19-8～图 19-10 为典型测点渗压计测值过程线。

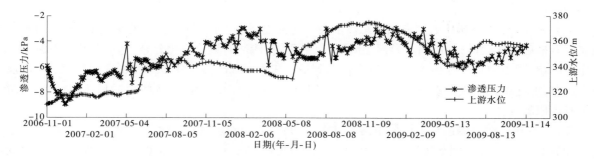

**图 19-8　12# 坝段测压管 UP12-4 测点实测过程线**

2. 沿上、下游方向坝基扬压力监测资料变化规律分析

由横断面扬压力测值过程线（见图 19-11 和图 19-12）可看出：

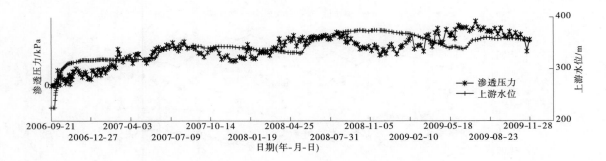

图 19-9　13#坝段测压管 UP13-1 测点实测过程线

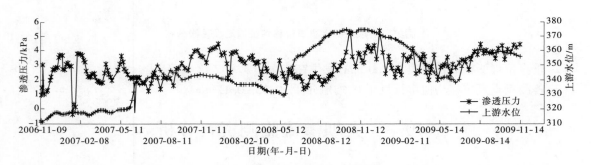

图 19-10　16#坝段测压管 UP16-1 测点实测过程线

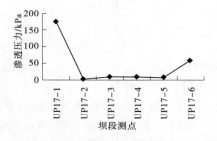

图 19-11　17#坝段典型日横断面渗压分布

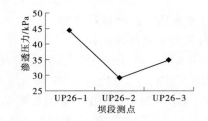

图 19-12　26#坝段典型日横断面渗压分布

（1）一些坝段坝基扬压力测点测值总体上表现为沿上下游方向呈中间低、两头高的分布，即帷幕前及靠近帷幕后渗压较高，而后向下游逐渐降低，靠近下游，渗压有增大变化分布，这主要是受下游水压反渗作用影响，图 19-11 和图 19-12 为上游水位达到最高 374.86 m（2008 年 11 月 15 日）时 17#、26#坝段的渗压分布，上述典型坝段坝基扬压力分布，较好地反映了上述变化规律，其他坝段的扬压力沿上、下游方向也有类似的规律。

（2）一些坝段测点测值从上游向下游呈增大分布，即下游测点测值较大。

（3）沿上、下游方向坝基扬压力，受上游库水位变化影响较大，尤其是靠近上游的测点，其测值变化受上游库水位变化影响显著。此外，靠近下游的扬压力测点，受下游水位变化有一定的影响。从整个监测系列看，沿上、下游方向扬压力分布变化较为平稳，无明显的趋势性变化。

3. 坝基扬压力监测资料特征值分析

坝基扬压力测值的极大值、变幅及平均值特征值统计见表 19-3，去除全部为负值的测点后的特征值见图 19-13、图 19-14 和表 19-3。最大值为 181.06 kPa，变幅最大值为 183.43 kPa，平均值最大值为 60.64 kPa，最小值为 0。

表 19-3　坝基扬压力监测资料特征值　　　　　　　　　　　　单位:kPa

| 特征值 | 第 1 大数值和坝段号 | | 第 2 大数值和坝段号 | | 第 3 大数值和坝段号 | |
| --- | --- | --- | --- | --- | --- | --- |
| | 数值 1 | 坝段号 | 数值 2 | 坝段号 | 数值 3 | 坝段号 |
| 最大值 | 181.06 | 17# | 98.81 | 12# | 81.91 | 13# |
| 变幅最大值 | 183.43 | 17# | 115.20 | 13# | | |
| 平均值最大值 | 60.64 | 18# | 59.7 | 12# | | |
| 最小值 | 0 | 5#、7#、14#、17#、18#、22#、24#、26#和 28#~30# | | | | |

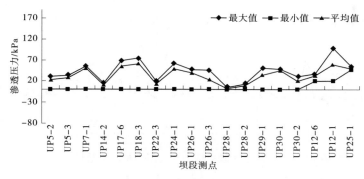

图 19-13　坝基扬压力测值特征值示意图

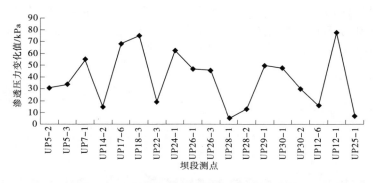

图 19-14　坝基扬压力测值年内变幅示意图

### 19.3.1.2　渗透压力强度系数( $\alpha_i$ )分布规律分析

考虑坝基设有抽排系统,扬压力折减系数的计算公式为

$$\alpha_1 = \frac{H_i}{H_1}, \qquad \alpha_2 = \frac{H_i}{H_2} \tag{19-1}$$

式中: $\alpha_1$ 为主排水孔前的扬压力折减系数; $\alpha_2$ 为残余扬压力折减系数; $H_1$ 为上游水位,m; $H_2$ 为下游水位,m;当测孔对应的基岩高程高于下游水位时, $H_2$ 用基岩高程代替; $H_i$ 为第 $i$ 个测压孔的实测水头,m。

表 19-4 统计了高水位时段各坝段的最大扬压力折减系数,图 19-15 为高水位时段最大扬压力折减系数分布。由图 19-15 和表 19-4 可见,高水位时段各测孔最大扬压力折减系数为 0~0.49,扬压力折减系数较小。

表 19-4　河床坝段的扬压力折减系数

| 坝段 | $\alpha_1$ | $\alpha_2$ | 坝段 | $\alpha_1$ | $\alpha_2$ | 坝段 | $\alpha_1$ | $\alpha_2$ |
|---|---|---|---|---|---|---|---|---|
| 10#坝段 | 0 | 0.01 | 17#坝段 | 0.01 | 0.22 | 24#坝段 | 0.05 | 0 |
| 11#坝段 | 0.01 | 0.49 | 18#坝段 | 0 | 0.32 | 25#坝段 | 0.06 | 0 |
| 12#坝段 | 0 | 0.22 | 19#坝段 | 0 | 0.14 | 26#坝段 | 0.06 | 0.05 |
| 13#坝段 | 0.02 | 0 | 20#坝段 | 0 | 0.32 | 27#坝段 | 0.07 | 0.02 |
| 14#坝段 | 0.01 | 0.01 | 21#坝段 | 0 | 0 | 28#坝段 | 0 | 0.01 |
| 15#坝段 | 0 | 0.12 | 22#坝段 | 0.04 | 0.01 | 29#坝段 | 0.06 | 0.01 |
| 16#坝段 | 0.01 | 0 | 23#坝段 | 0.03 | 0 | 30#坝段 | 0.07 | 0.04 |

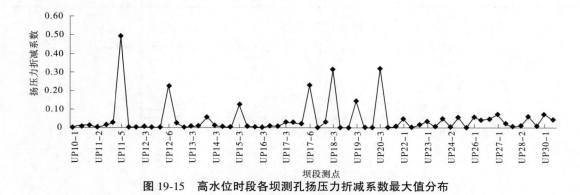

图 19-15　高水位时段各坝测孔扬压力折减系数最大值分布

## 19.3.2　渗漏量监测

右岸坝体廊道内共有 21 套量水堰,从 2006 年观测至 2009 年,这些量水堰均没有测值(测值为 0)。左岸坝体廊道内有测值的有 4 套量水堰,分别是 WE22-1、WE22-3、WE25-1、WE25-2。

图 19-16~图 19-19 为这些测点渗漏量过程线。

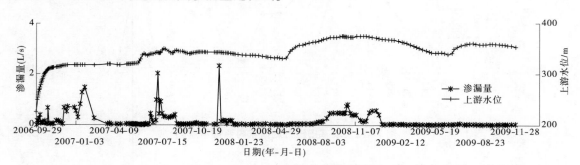

图 19-16　22#坝段量水堰 WE22-1 实测过程线

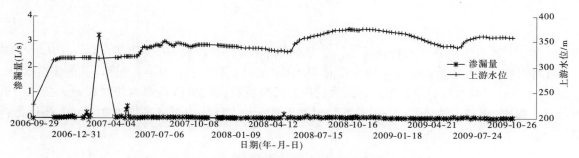

图 19-17　22#坝段量水堰 WE22-3 实测过程线

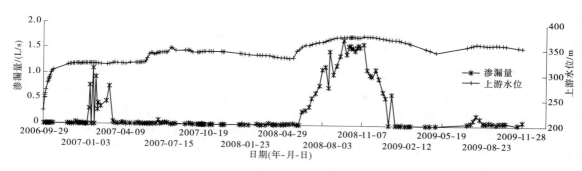

**图 19-18　25#坝段量水堰 WE25-1 实测过程线**

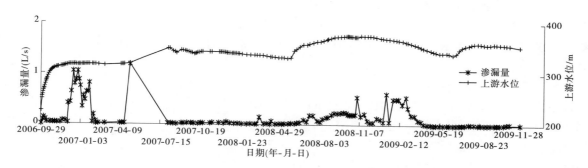

**图 19-19　25#坝段量水堰 WE25-2 实测过程线**

#### 19.3.2.1　渗漏量变化规律分析

（1）上游水位上升，渗漏量也在一定程度上随之增大，但具有一定的滞后性。2008 年之后，除 WE25-1 测点外其余测点渗漏量变幅均很小，总体上较为稳定。

（2）降雨量增大，渗漏量增大。

（3）温度变化对各坝段坝基渗漏量有一定的影响，但总体影响较小。

（4）各量水堰测点渗漏量测值总体较小，扣除个别突变时段后，大坝渗漏量变化总体平稳，没有明显的趋势性变化。有 4 个点渗漏量在一定时段范围内波动或突变，其他时段测值均很小。

#### 19.3.2.2　量水堰渗漏量测值特征值

各量水堰渗漏量测值特征值统计见表 19-5。最大值为 1.18～3.23 L/s，最小值为 0，变幅为 1.18～3.23 L/s，均值为 0.04～0.25 L/s。

**表 19-5　量水堰渗漏量测值特征值统计**

| 工程部位 | 测点编号 | 最大 | | 最小 | | 变幅/<br>(L/s) | 均值/<br>(L/s) | 当前 | |
| --- | --- | --- | --- | --- | --- | --- | --- | --- | --- |
| | | 值/<br>(L/s) | 出现日期<br>(年-月-日) | 值/<br>(L/s) | 出现日期<br>(年-月-日) | | | 值/<br>(L/s) | 日期/<br>(年-月-日) |
| 22#坝段 | WE22-1 | 2.30 | 2007-12-14 | 0 | 2006-09-29 | 2.30 | 0.16 | 0.02 | 2009-11-28 |
| 22#坝段 | WE22-3 | 3.23 | 2007-03-03 | 0 | 2006-09-29 | 3.23 | 0.04 | 0 | 2009-10-26 |
| 25#坝段 | WE25-1 | 1.68 | 2008-09-23 | 0 | 2006-09-29 | 1.68 | 0.25 | 0.08 | 2009-11-28 |
| 25#坝段 | WE25-2 | 1.18 | 2007-05-03 | 0 | 2006-09-29 | 1.18 | 0.12 | 0 | 2009-11-28 |

# 19.4　大坝内部监测资料分析

目前在测的内部监测仪器包括温度计、钢板计、钢筋计、测缝计、裂缝计、基岩变位计、压应力计、渗压计和应力应变计等,下面对其相应的监测资料进行分析。

## 19.4.1　温度计监测

坝体温度是影响大坝工作性态的重要作用因素,其监测资料在施工期是施工质量控制和指导施工进度的重要依据,在蓄水及运行期是掌握和分析坝体位移、应力变化的重要参数。坝体混凝土温度变化对大坝的变形及应力有很大的影响,为了解混凝土水化热、水温、气温及太阳辐射等因素对坝体温度的影响,分别在 14 个坝段布置温度计,测出不同时段的坝体温度场,分析其变化规律。12# 和 16# 坝段为典型监测坝段(分别为底孔坝段和溢流坝段)。因此,先对各坝段做整体分析,然后重点对 12# 典型坝段温度计监测资料进行分析。

### 19.4.1.1　各坝段坝前水温监测资料分析

坝上游水温是影响坝体混凝土温度场的重要边界条件,是分析坝体位移、应力、应变等的必要参考资料。在 5#、12#、16#、22# 和 28# 坝段的不同高程分别埋设温度计 7 支、10 支、11 支、7 支和 6 支,共 43 支。

1. 各坝段坝前表面水温特征值

各坝段坝前表面水温及其特征值:各测点的极大值变化范围为 22.9~33.25 ℃;极小值变化范围为 7.6~22.15 ℃;全时段平均值为 17.23~24.57 ℃;全时段变幅为 2.3~23 ℃。图 19-20(最高温度和最低温度分布)是各坝段不同高程实测的最高温度(右边的一些点子)和最低温度(左边的一些点子)的集合。

由坝前水温特征值变化规律表明:在埋设初期,水温计测点测值主要受水泥水化热的影响;时间序列在一年以上的水温度计测点,水温呈较为明显的年周期变化,主要受环境温度的影响。

2. 坝前表面水温变化规律

图 19-21、图 19-22 为 12# 坝段坝前水温测值过程线,实测点(TW12-1~TW12-10)对应高程和相应的特征值见表 19-6。由坝前水温测值过程线可以看出:水温计测值在 1~2 月最低,7~8 月最高,与环境气温变化基本同步,呈明显的年周期变化,且夏季水温低于气温而冬季水温高于气温。水温年内变幅小于气温年内变幅,同时愈深处水温年内变幅愈小。

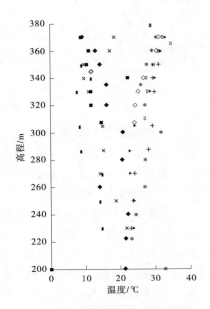

图 19-20　各坝段坝前表面水温及其特征值

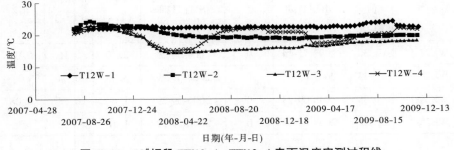

图 19-21　12# 坝段 TW12-1~TW12-4 表面温度实测过程线

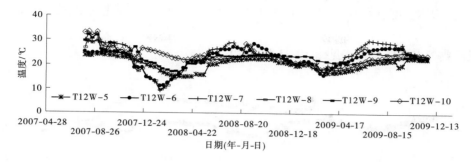

**图 19-22　12#坝段 TW12-5~TW12-10 表面温度实测过程线**

**表 19-6　12#坝段表面温度实测点(TW12-1~TW12-10)对应高程和相应的特征值**　　　单位:℃

| 高程 | 230 m | 250 m | 270 m | 287 m | 305 m | 330 m | 340 m | 350 m | 360 m | 370 m |
|---|---|---|---|---|---|---|---|---|---|---|
| 测点 | TW12-1 | TW12-2 | TW12-3 | TW12-4 | TW12-5 | TW12-6 | TW12-7 | TW12-8 | TW12-9 | TW12-10 |
| 极大值 | 23.95 | 24.05 | 22.9 | 22.9 | 24.4 | 28.9 | 30.35 | 29.8 | 32.1 | 33.25 |
| 极小值 | 21.75 | 18.65 | 14.35 | 15.15 | 15.00 | 10.90 | 9.55 | 9.45 | 17.15 | 18.35 |
| 全时段平均值 | 22.34 | 20.08 | 17.23 | 19.62 | 20.46 | 22.59 | 23.60 | 22.16 | 23.14 | 23.45 |
| 全时段变幅 | 2.1 | 5.4 | 8.55 | 7.75 | 9.4 | 18 | 20.8 | 20.35 | 14.95 | 14.9 |

#### 19.4.1.2　各坝段内部温度监测资料分析

**1. 各坝段温度监测资料特征值分析**

各坝段温度实测点特征值见表 19-7。极大值变化范围为 26.5~40.6 ℃,极小值变化范围为 6.6~30.4 ℃,全时段平均值为 22.6~35.0 ℃,全时段变幅为 8.6~30.8 ℃。它们的值主要由点的位置确定。

**表 19-7　各坝段温度实测点特征值**　　　单位:℃

| 坝段 | 5 | 11 | 12 | 16 | 22 | 23 | 24 | 25 | 26 | 27 | 28 | 29 | 30 | 16 坝段基岩 |
|---|---|---|---|---|---|---|---|---|---|---|---|---|---|---|
| 极大值 | 39 | 40.6 | 42.1 | 41.1 | 39.2 | 27.7 | 26.5 | 27.2 | 28.3 | 29.2 | 30.4 | 26.4 | 28.3 | 30.9 |
| 极小值 | 6.6 | 10.2 | 14.1 | 24.7 | 7.6 | 15.6 | 15.4 | 16.6 | 16.0 | 14.9 | 30.4 | 26.4 | 28.3 | 21.4 |
| 全时段平均值 | 28.8 | 33.9 | 33.8 | 35.0 | 30.5 | 24.4 | 22.7 | 22.6 | 25.1 | 24.8 | 24.7 | 22.8 | 23.8 | 26.4 |
| 全时段变幅 | 27.1 | 17.6 | 26.9 | 27.0 | 30.8 | 8.6 | 10.0 | 10.5 | 10.8 | 12.3 | 14.8 | 8.8 | 10.5 | 10.2 |

**2. 各坝段坝体温度变化规律分析**

(1)所有坝体温度计在埋设初期,由于水泥水化热的影响,测点温度形成了一个快速升温过程;其后,随着水泥水化热的散发,测点温度有一个降温过程。

(2)一般坝体内部测点的温度变幅较小,而坝体与库水、大气接触部位测点温度变幅较大。接近坝基部位的测点受气温及水温的影响很小,温度基本不变,处于稳定状态。

(3)夏天一般坝体内部温度比外部低;冬天则相反,内部温度比外部高。监测资料表明:在冬季,由于气温和水温较低,大坝表面及其附近部位的温度也较低,但内部温度相对较高,变幅较小。而在夏季,坝体内部温度相对较低,变幅也较小。

(4)从现有的坝体温度资料看,大坝的温度已基本处于较为稳定的变化状况,主要随环境温度的变化而变化。

(5)12#坝段典型点测值过程线见图19-23和图19-24。

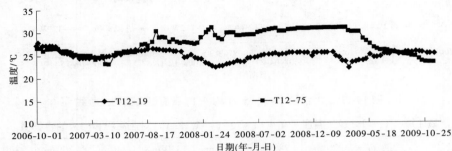

**图 19-23　12#坝段 230.00 m 高程 T12-19、T12-75 温度变化过程线**

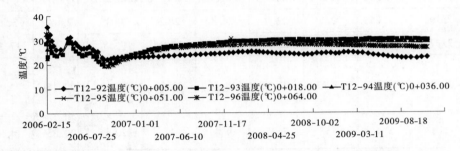

**图 19-24　12#坝段 287.00 m 高程 T12-92~T12-96 温度变化过程线**

### 3.12#坝段温度等值线

选取外界温度接近最高和最低的两种情况绘制等值线,即分别选择 2009 年 6 月 10 日和 2009 年 1 月 10 日的温度计绘制。从图 19-25 和图 19-26 中可以看出:

(1)高温时刻坝体内外温差不大,温度梯度也不大;但冬季混凝土表面温度低,而内部温度一般仍较高,因此混凝土表层温度梯度相对较大。

(2)冬季混凝土内部温度一般在 30 ℃以上,内外温差大,混凝土表层温度梯度较大。

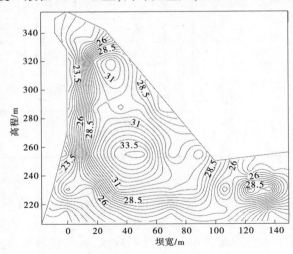

**图 19-25　12#坝段(0+065.00)2009-06-10 温度等值线**

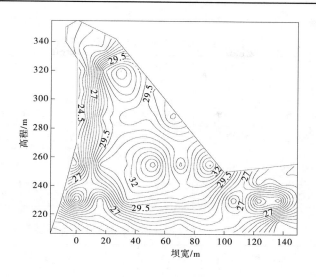

**图** 19-26　12#坝段（0+065.00）2009-01-10 温度等值线

## 19.4.2　钢板计监测

龙滩水电站大坝在 12#底孔坝段、22#进水口坝段及 28#进水口坝段这三个坝段分别已埋设 9 支、8 支和 10 支钢板计,分布在进水管道各监测断面的外壁上。钢板的折算弹性模量 $E=2\times10^5$ MPa,钢板的线膨胀系数 $\alpha=1.2\times10^{-5}$。钢板计测值符号规定拉应力为正,压应力为负。

各坝段钢板计实测点特征值见表 19-8。钢板计实测点全时段变化范围为:拉应力极大值为 7.64～57.87 MPa;压应力极大值为 22.39～132.7 MPa;全时段平均值极大值为-1.00～35.63 MPa;全时段变幅极大值为 40.23～136.21 MPa。钢板应力未超过钢板容许应力。

**表** 19-8　各坝段钢板计实测点特征值　　　　　　　　　　　　单位:MPa

| 坝段号 | 12# | | 22# | | | | 28# | | | |
|---|---|---|---|---|---|---|---|---|---|---|
| | 拉应力 | 压应力 | 拉应力 | 压应力 | 拉应力 | 压应力 | 拉应力 | 压应力 | 拉应力 | 压应力 |
| 全时段极大值 | 7.64 | 60.16 | 57.87 | 22.39 | 32.53 | 23.04 | 53.12 | 31.16 | 22.15 | 132.7 |
| 全时段平均值极大值 | -1.00 | | 35.63 | | 13.98 | | 10.78 | | 3.61 | |
| 全时段变幅极大值 | 40.23 | | 71.11 | | 55.56 | | 75.49 | | 136.21 | |

## 19.4.3　钢筋计监测

(1)各坝段钢筋计全时段实测点见表 19-9。极大值为 28.3～106.6 MPa(应力以拉应力为正,压应力为负),极小值为-92.2～-21.5 MPa,平均值为 14.0～64.3 MPa,变幅为 46.0～102.1 MPa。

(2)钢筋实测应力受坝体温度变化影响显著,且与测点处温度呈较好的负相关性。一般而言,温度升高时,钢筋压应力增大或拉应力减小;温度降低时,钢筋压应力减小或拉应力增大。

## 19.4.4　测缝计及裂缝计监测

(1)各坝段测缝计及裂缝计全时段实测点见表 19-10。极大值为 1.44～3.81 mm,极小值为-11.5～-0.37 mm,平均值为 0.69～2.85 mm,变幅为 2.15～12.16 mm。

(2)测值整体变化幅度有减小趋势,说明坝体与坝基及混凝土块之间接触良好,状态较稳定。

(3)对各典型坝段及部位的横缝、接触缝等监测资料分析表明,横缝的开度在 2007 年下半年以后变化较为稳定,其变化规律基本正常。此外,典型部位的接缝开度,测值变化平稳,无明显的异常迹象,说明各部位的接缝状态较好。

表 19-9　各坝段钢筋计实测点特征值　　　　　单位:MPa

| 坝段号 | 5 | 12 | 16 | 19 | 22 | 26 | 28 |
|---|---|---|---|---|---|---|---|
| 数量/支 | 32 | 31 | 56 | 10 | 16 | 6 | 17 |
| 全时段极大值 | 106.6 | 35.5 | 28.3 | 46.4 | 68.9 | 65.1 | 32.7 |
| 全时段极小值 | -92.2 | -37.1 | -89.2 | -21.5 | -65.5 | -77.5 | -70.9 |
| 全时段平均值极大值 | 64.3 | 26.1 | 15.1 | 14.0 | 38.3 | 34.6 | 26.1 |
| 全时段变幅极大值 | 102.1 | 46.0 | 67.6 | 52.4 | 82.9 | 79.5 | 60.9 |

表 19-10　各坝段测缝计及裂缝计特征值统计　　　　　单位:mm

| 坝段号 | 5 | 11 | 12 | 16 | 21 | 22 | 23 | 24 | 25 | 26 | 27 | 28 | 29 | 30 |
|---|---|---|---|---|---|---|---|---|---|---|---|---|---|---|
| 数量/支 | 15 | 8 | 5 | 12 | 22 | 18 | 6 | 6 | 6 | 10 | 16 | 23 | 12 | 19 |
| 极大值 | 2.96 | 3.69 | 1.64 | 1.44 | 2.37 | 2.06 | 2.12 | 2.36 | 2.03 | 3.81 | 2.99 | 2.56 | 3.35 | 2.43 |
| 极小值 | -0.73 | -0.89 | -2.05 | -11.5 | -2.03 | -0.38 | -0.44 | -2.85 | -0.37 | -0.37 | -0.55 | -0.89 | -1.45 | -2.92 |
| 平均值 | 2.04 | 1.09 | 1.06 | 0.69 | 1.85 | 1.44 | 1.61 | 1.66 | 1.41 | 2.85 | 2.14 | 1.89 | 2.19 | 1.38 |
| 变幅 | 3.02 | 3.80 | 2.73 | 12.16 | 2.54 | 2.15 | 2.55 | 4.86 | 2.49 | 3.81 | 3.20 | 2.47 | 3.35 | 3.07 |

## 19.4.5　基岩变位计监测

### 19.4.5.1　各坝段渗压计监测特征值统计

各坝段渗压计监测特征值统计见表 19-11:极大值为 0.85~5.86 mm;极小值为-14.8~2.27 mm;平均值为-10.3~0.44 mm;变幅为 6.74~15.0 mm。

表 19-11　各坝段渗压计监测特征值统计　　　　　单位:mm

| 坝段号 | 11 | 16 | 22 | 28 |
|---|---|---|---|---|
| 数量/支 | 12 | 12 | 8 | 4 |
| 极大值 | 0.85 | 1.81 | 3.91 | 5.86 |
| 极小值 | -6.84 | -14.8 | -6.44 | -2.27 |
| 平均值 | -4.98 | -10.3 | -5.13 | 0.44 |
| 变幅 | 6.89 | 15.0 | 6.74 | 7.12 |

### 19.4.5.2　各坝段渗压计变化规律

（1）基岩变位计基本都处于压缩状态。

（2）横向的和纵向的基岩变位计的测值在 2006 年下半年之后都有下降趋势,已处于收敛状态。

（3）横向的和纵向的大部分测值基本稳定在-5.8 mm 或-6.0 mm。

## 19.4.6　渗压计监测

为了监测大坝渗透压力的变化,渗压计分别布置在 11#、12#、16#、22#、28#坝段。其中大多数仪器的测值全部或大多是负值,这主要是由于碾压混凝土坝的渗透压力主要受库水位的影响,而大坝尚处在蓄水期,坝体内稳定的渗流场还没有形成,浇筑混凝土后由于混凝土的固结等使得含水率变小,从而产生负压,因此大多测点处无水压作用,测值多数为负值。下面分别分析各坝段渗压计的测值变化规律。

### 19.4.6.1　各坝段渗压计监测特征值

各坝段渗压计监测特征值统计见表 19-12。极大值为 2.5~1 417 kPa；极小值为-528~0 kPa；平均值为 0.11~1 065 kPa；变幅为 58~1 799 kPa。

表 19-12　各坝段渗压计监测特征值统计　　　　　　　　　　单位：kPa

| 坝段号 | 11 | 12 | 16 | 22 | 28 | 右堵头 | 左堵头 |
|---|---|---|---|---|---|---|---|
| 数量/支 | 18 | 13 | 28 | 11 | 4 | 24 | 25 |
| 极大值 | 1 417 | 947 | 359 | 53 | 2.5 | 1 030 | 1 256 |
| 极小值 | -340 | -201 | -75 | -43 | -528 | 0 | 0 |
| 平均值 | 780 | 85 | 1 065 | 9.8 | 0.11 | 791 | 1 032 |
| 变幅 | 1 430 | 966 | 1 799 | 58 | 524 | 1 030 | 1 129 |

### 19.4.6.2　各坝段渗压计监测资料变化的规律

（1）11#坝段建基面处 P11-1 位于帷幕前靠近上游水面，受库水位变化影响较大，水库蓄水后，最大值达到了 1 417 kPa，应加强观测；其他渗压计测值基本为负，测值变化比较稳定。

（2）12#坝段坝底面常态与碾压混凝土结合部和底孔钢衬外壁的测点除了个别点测值基本为负值；而坝内上游面的碾压混凝土的四支渗压计除去初期外测值都为正值，渗压测值变化较为稳定，尚未出现明显的异常迹象。

（3）16#、22#坝段渗压计测值蓄水前主要受施工的影响，测值呈先波动剧烈，后变化趋于平稳，从目前在监测的渗压计资料看，这两个坝段的渗压测值变化较为稳定，尚未出现明显的异常迹象。

（4）28#坝段渗压尚未发现有明显的异常迹象，但是压力钢管下的两支渗压计 P28-1 和 P28-2 的温度测值上线波动剧烈。

（5）左、右堵头渗压未出现异常现象，但右堵头 P1-10、P3-3 和左堵头 P4-5 测值呈上升趋势。

（6）各坝段和导流洞堵头渗压变化规律尚属正常，未发现有明显的异常现象。

图 19-27 为典型坝段渗压计实测过程线。

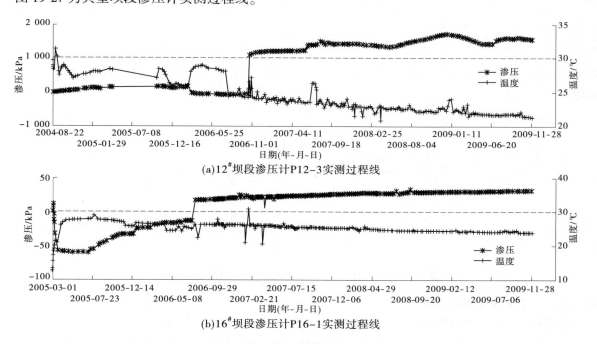

(a)12#坝段渗压计P12-3实测过程线

(b)16#坝段渗压计P16-1实测过程线

图 19-27　典型坝段渗压计实测过程线

### 19.4.7　应力应变监测

#### 19.4.7.1　无应力计监测资料分析

全坝段尚在监测的无应力计共有 80 支。

(1)各坝段全时段无应力计监测资料特征值统计见表 19-13。最大值为 37.74~274.92 με,最小值为 -240.78~-76.25 με,最大平均值为 -87.17~100.81 με,最大变幅为 92.38~443.72 με。

表 19-13　各坝段全时段无应力计监测资料特征值统计　　　　单位:με

| 坝段号 | 5 | 11 | 12 | 16 | 19 | 21 | 22 | 28 |
|---|---|---|---|---|---|---|---|---|
| 数量/支 | 16 | 5 | 17 | 9 | 3 | 7 | 15 | 8 |
| 最大值 | 177.70 | 108.87 | 88.62 | 75.49 | 274.92 | 37.74 | 183.64 | 175.65 |
| 最小值 | -210.63 | -82.2 | -189.28 | -136.28 | -240.78 | -86.41 | -115.51 | -76.25 |
| 最大平均值 | 9.43 | 90.09 | -3.25 | 9.05 | -87.17 | 12.32 | 100.81 | 86.75 |
| 最大变幅 | 294.55 | 186.44 | 225.63 | 196.31 | 443.73 | 92.38 | 183.64 | 242.88 |

(2)无应力计测值变化总体比较平稳,测值随温度略显正相关变化。

#### 19.4.7.2　无应力计自生体积变形变化规律分析

(1)各坝段全时段自生体积变形监测资料特征值统计见表 19-14。最大值为 46~389 με,最小值为 -198~-25 με,最大平均值为 21~92 με,最大变幅为 64~290 με。

表 19-14　各坝段全时段自生体积变形监测资料特征值统计　　　　单位:με

| 坝段号 | 5 | 11 | 12 | 16 | 19 | 21 | 22 | 28 |
|---|---|---|---|---|---|---|---|---|
| 数量/支 | 16 | 5 | 17 | 9 | 3 | 7 | 15 | 8 |
| 最大值 | 169 | 81 | 70 | 67 | 389 | 46 | 113 | 175 |
| 最小值 | -198 | -65 | -96 | -69 | -91 | -48 | -131 | -25 |
| 最大平均值 | 24.1 | 58 | 54 | 40 | 47 | 21 | 85.5 | 92 |
| 最大变幅 | 290 | 95 | 76 | 69 | 107 | 64 | 143 | 195 |

(2)由自生体积变形过程线(见图 19-28 和图 19-29)可以看出:有的点有缓慢减小趋势;有的测点无明显变化趋势。

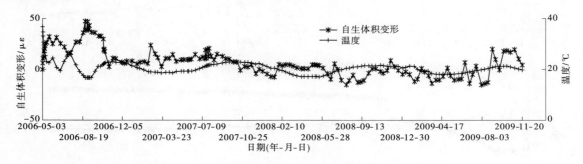

图 19-28　12# 坝段无应力计 $N^5 12-3$ 自生体积变形过程线

#### 19.4.7.3　应力应变计组监测资料分析

监测的应力应变计组共有 56 组(包括 7 向和 5 向应力应变计组),徐变应力分析如下。

(1)各坝段全时段应力应变计组监测资料特征值统计见表 19-15:最大值为 0.49~2.6 MPa;最小值为 -14.97~-4.22 MPa;最大变幅为 4.61~16.83 MPa。一些典型测点的应力过程线见图 19-30~图 19-39。

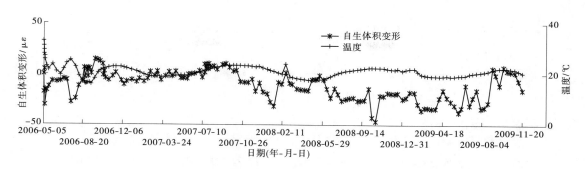

图 19-29 12#坝段无应力计 N⁵12-5 自生体积变形过程线

表 19-15 各坝段全时段应力应变计组监测资料特征值统计

单位:MPa

| 坝段号 | 5 | 11 | 12 | 16 | 21 | 22 | 28 |
|---|---|---|---|---|---|---|---|
| 数量/组 | 10 | 4 | 9 | 7 | 7 | 12 | 7 |
| 最大值 | 2.6 | 0.49 | 1.69 | 1.39 | 1.85 | 1.7 | 1.88 |
| 最小值 | -5.322 | -7.06 | -4.22 | -5.97 | -4.49 | -7.76 | -14.97 |
| 最大变幅 | 5.18 | 7.46 | 5.73 | 5.98 | 4.61 | 10.77 | 16.83 |

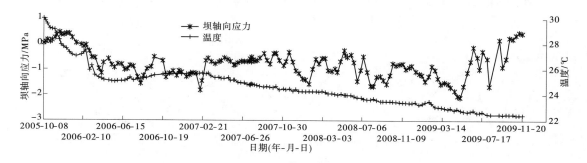

图 19-30 12#坝段左右桩号 78 m 上下桩号 0 m 埋设高程 242 m 测点 S⁵12-1-5 应力过程线

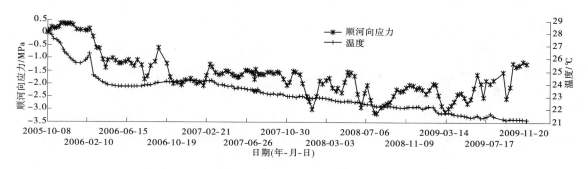

图 19-31 12#坝段左右桩号 78 m 上下桩号 0 m 埋设高程 242 m 测点 S⁵12-1-2 应力过程线

(2)5#、11#、12#、16#、19#、21#坝段从始测到 2009 年 4 月、5 月,垂向应力、顺河向及坝轴向应力整体呈现拉应力减小或压应力增大的趋势,2009 年 4 月、5 月至今压应力有略微减小的趋势,但整体为压应力状态,在 1~5 MPa 变化。22#、28#从始测日至今,三个方向应力整体呈现拉应力减小或压应力增大趋势,在 -5~-1 MPa 波动,大部分测点趋于稳定。随高程降低,压应力逐渐增加,从上游面到下游面压应力逐渐减小,沿坝轴线各部位压应力基本无变化。各个坝段三个方向整体呈压应力增大或稳定状态,局部受外界气温影响呈波动状态。

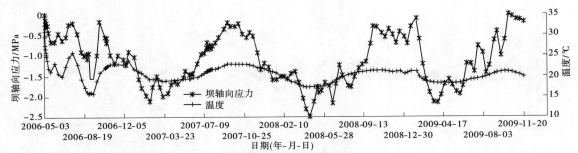

**图 19-32**　12#坝段左右桩号 78 m 上下桩号 0 m 埋设高程 242 m 测点 S⁵12-1-1 应力过程线

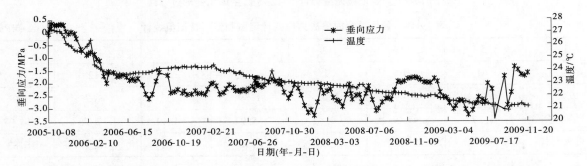

**图 19-33**　12#坝段左右桩号 78 m 上下桩号 10 m 埋设高程 288 m 测点 S⁵12-3-5 应力过程线

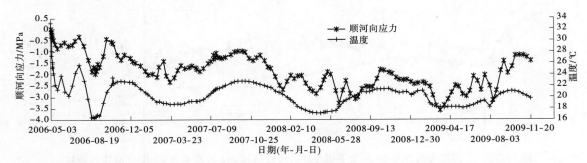

**图 19-34**　12#坝段左右桩号 78 m 上下桩号 10 m 埋设高程 288 m 测点 S⁵12-3-2 应力过程线

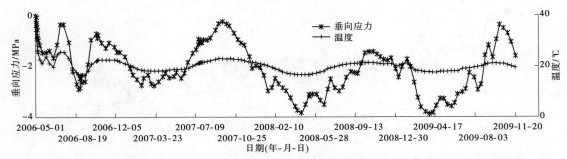

**图 19-35**　12#坝段左右桩号 78 m 上下桩号 10 m 埋设高程 288 m 测点 S⁵12-3-1 应力过程线

(3)总体而言,坝体的应力变化基本正常,大部分测点趋于稳定,并呈压应力状态。

### 19.4.7.4　压应力计监测资料分析

至 2009 年 11 月在 11#、12#、16#、28#坝段已埋设压应力计 10 支,以观测坝体混凝土应力。

各坝段全时段应力应变计组监测资料特征值统计见表 19-16:最大值为 0.24~3.53 MPa;最小值为 -5.95~-0.62 MPa;平均值最大值为 -1.15~2.34 MPa;最大变幅为 1.10~6.20 MPa。

对 11#、12#、16#、28#坝段压应力计监测资料分析表明:若扣除监测因素等影响,压应力计测值总体

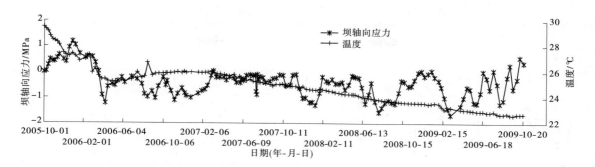

**图 19-36**　12#坝段左右桩号 65 m 上下桩号 0 m 埋设高程 242 m 测点 S⁵12-6-5 应力过程线

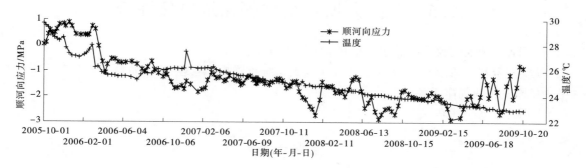

**图 19-37**　12#坝段左右桩号 65 m 上下桩号 0 m 埋设高程 242 m 测点 S⁵12-6-2 应力过程线

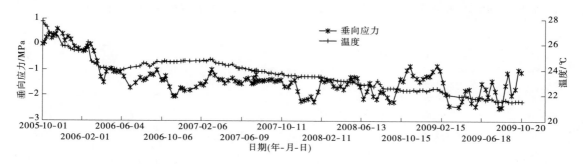

**图 19-38**　12#坝段左右桩号 65 m 上下桩号 0 m 埋设高程 242 m 测点 S⁵12-6-1 应力过程线

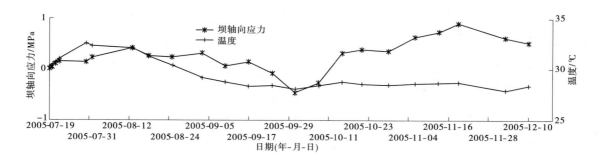

**图 19-39**　12#坝段左右桩号 65 m 上下桩号 34 m 埋设高程 242 m 测点 S⁵12-7-5 应力过程线

变化比较平稳,大坝各部位的混凝土压应力变化规律总体正常,未发现有明显异常迹象。

表 19-16　　各坝段全时段应力应变计组监测资料特征值统计　　　　单位:MPa

| 坝段号 | 11 | 12 | 16 | 28 |
|---|---|---|---|---|
| 数量/组 | 2 | 4 | 2 | 2 |
| 最大值 | 1.09 | 3.53 | 0.24 | 0.51 |
| 最小值 | -0.92 | -1.22 | -5.95 | -0.62 |
| 平均值最大值 | 0.16 | 2.34 | -1.15 | 0.02 |
| 最大变幅 | 1.44 | 4.09 | 6.20 | 1.10 |

## 19.5　龙滩大坝安全监测系统总体评价

(1)大坝各主要监测仪器的监测误差基本满足规范要求。

(2)从实测资料分析成果看,龙滩大坝安全监测系统布置总体合理,实测资料基本反映了监测量随环境量变化而变化的规律。

(3)大坝处于安全状态。

## 参考文献

[1] 肖峰,欧红光,王红斌.龙滩碾压混凝土重力坝设计[J].水力发电,2003(10).

[2] 中南勘测设计研究院.红水河龙滩水电站一期工程竣工安全鉴定大坝监测资料分析报告[R].2010(5).

# 后　记

　　在中南勘测设计研究院有限公司的积极组织和大力支持下,从 2008～2012 年,经过 5 年的资料收集和编写,形成初稿,又历经 10 年完善、校核,《水工碾压混凝土研究与应用》一书终于完成了出版工作。

　　碾压混凝土筑坝技术是在大型碾压设备产生后发展起来的。它与一般常态混凝土的不同之处是,不采用振动棒来振实流态混凝土,而是采用振动碾来压实干硬性混凝土。它的特点是:胶凝材料用量较低,降低了温度应力;施工时不分纵缝,通仓浇筑,大大加快了施工进度。

　　碾压混凝土坝在施工过程中,必然会产生许多层面。例如,一个高 200 m 的碾压混凝土坝,当碾压层厚度为 30 cm 时,会产生 600 多个层面。每个层面都是结构的弱面,导致层面上的三个重要指标——抗拉强度、抗剪断强度和抗渗性能下降。这对碾压混凝土坝的安全十分不利。因此,层面对碾压混凝土的影响如何,怎样处理层面,怎样提高层面的各项性能,就成为本书研究的重点。

　　我国在碾压混凝土筑坝技术方面有许多创新。主要有:胶凝材料中粉煤灰掺量高、迎水面采用变态混凝土、掺 MgO 碾压混凝土、碾压混凝土斜层碾压和施工过程中的实时温度应力仿真分析等。高掺粉煤灰可以降低碾压混凝土的温度应力,但是也降低了碾压混凝土的早期抗拉强度,由此粉煤灰掺量应控制在适当的范围内;变态混凝土是为提高迎水面抗渗性能而设计的,它是在一层碾压完成后,在迎水面的碾压混凝土上加水泥浆,然后用振动棒振实,使其变成常态混凝土,消除了碾压混凝土的层面,提高了迎水面混凝土的抗渗性能和抗拉强度,加浆方式和控制合适的加浆量是保证变态混凝土质量的重要措施。应加强施工质量控制,提高机械化、智能化程度,消除人为因素;MgO 碾压混凝土,可以使混凝土产生延迟微膨胀,对防止混凝土裂缝是有利的。目前,在填塘混凝土中使用较多,取得了较好的效果,但要注意 MgO 原料性能的稳定性和掺加的均匀性。由于混凝土温度对 MgO 碾压混凝土的膨胀率影响很大,而施工过程中总是内部温度高、外部温度低,即内部混凝土膨胀率大、外部混凝土膨胀率小,这就会在外部混凝土产生一个附加拉应力。对于大型工程,若用在主体大坝上,应该通过混凝土坝施工期温度应力仿真分析来认证;碾压混凝土斜层碾压可以提高碾压层面的抗剪能力,而且减少了一次铺筑的碾压混凝土面积,可以在下层混凝土初凝前覆盖上层混凝土,提高了混凝土层面的结合质量,实践证明这是一个很好的措施。施工过程中的实时温度应力仿真分析,可以利用计算机跟踪混凝土的施工过程,及时掌握混凝土内部温度应力的变化过程,若发现混凝土内部温度应力异常,可及时调整混凝土施工参数,使温度应力控制在允许范围内,这一方法在我国大型工程中得到了大量的应用。

　　碾压混凝土应采用多少胶凝材料用量(每立方米混凝土的水泥+粉煤灰用量)和粉煤灰在整个胶凝材料中的比例,是一个有争论的问题,不同的规范也提出了不同的要求。作者认为,对于包含有众多层面的碾压混凝土坝来说,与同样尺寸的常态混凝土坝相比,其整体性和各项性能都要差一些。碾压混凝土的施工质量与多种因素(施工人员素质、施工温度、天气、层面处理等)关系很大,因此以必要的胶凝材料用量来保证层面有比较好的胶结是必要的,粉煤灰用量的比例也不宜太高,以免使早期抗拉强度降低太多,影响混凝土的抗裂性。

　　碾压混凝土坝的两个重要问题是层面的抗剪断强度和抗渗性能的研究,因此对抗剪断强度和抗渗性能的试验方法和试验成果的统计方法,都做了详细的介绍。

　　本书编写的目的,不仅可供试验研究人员参考,也希望对碾压混凝土坝设计、施工和管理人员有所参考,因此书中列举了大量的碾压混凝土试验研究资料和相关工程资料。由于国内外关于碾压混凝土的资料很多,但是收集到的资料都不够详细,加之本书成稿时间跨度长,很多资料年代久远,当时试验研究采用的标准和技术规范现在都有了新的发展,加之作者水平有限,书中不免存在不当之处,敬请广大读者批评指正,谢谢!

作 者

2023 年 4 月